Gesamtverzeichnis des deutschsprachigen Schrifttums (GV) 1700 – 1910

Bearbeitet unter der Leitung von
Hilmar Schmuck und Willi Gorzny

Bibliographische und redaktionelle Beratung:
Hans Popst und Rainer Schöller

117

Reut - Rie

K · G · Saur München · New York · London · Paris 1984

CIP-Kurztitelaufnahme der Deutschen Bibliothek

Gesamtverzeichnis des deutschsprachigen Schrifttums :
(GV). München, New York, London, Paris : Saur.
Bd. 1 – 6 bearb. unter d. Leitung von Peter Geils
u. Willi Gorzny.
ISBN 3-598-30000-X

1700 – 1910 / bearb. unter d. Leitung von Hilmar
Schmuck u. Willi Gorzny. Bibliograph. u. red.
Beratung: Hans Popst u. Rainer Schöller

NE: Schmuck, Hilmar [Bearb.]

117. Reut - Rie. - 1984.

Techn. Realisierung und Druck: Norbert Gärtner, Mainz-Kastel
Binden: Karl Schaumann, Darmstadt
Printed in the Federal Republic of Germany
ISBN 3-598-30000-X (Gesamtwerk)

Reut, Christian Ludwig (Bautzen/Lausitz), De majestate in persona ministri ex odio privato laesa. Diss. jur. Präs. Johann Tobias Richter. Leipzig (Langenheim) 9. IX. 1745. 35 S. (4.25) 28451
Gew.: Heinrich von Brühl.

Reutener, Caesar, Gerichtsreferendar a. Danzig: **Kann an denjenigen Sachen des Mieters, die dem gesetzlichen Pfandrecht des Vermieters nicht unterliegen, dem Vermieter ein Pfand- oder Zurückbehaltungsrecht vertragsmäßig bestellt werden?** Danzig 1905: A. W. Kafemann. (VI, 47 S.) 8° [F.]
Rostock, Jur. Fak., Ref. Matthiass, Diss. v. 25. Apr. 1905
[Geb. 4. Sept. 81 Danzig; Wohnort: Danzig; Staatsangeh.: Preußen; Vorbildung: Gymn. Danzig Reife M. 99; Studium: München 2, Leipzig 2, Königsberg 3 S.; Rig. 6. März 05.]

Reuter, Fritz. Von Adf. Wilbrandt, s. Geister, führende.

Reuter, Fritz. Festschrift. (16 S. m. Abb.) Lex. 8. Berlin (910). Buchh. Vorwärts. —50

— Gedenkbuch zum 100. Geburtstage des Dichters. Hrsg. vom allgemeinen plattdeutschen Verbande E.-V. (VII, 160 S. m. 1 Bildnis.) gr. 8. Wismar 910. Hinstorff's Verl. 3. —

Reuter, Fritz, Erinnerungen an ihn, s. Trinius, W.

Reuter.– Fritz Reuter

— u. d. **Juden.** gr. 8. (29 S.) Dresden 895. Druckerei Glöß. n. -- 50

Reuter

— s. a. **Reuther, Reutter.**

Reuter, Anleitung zur Geschäftsführung f. Feldwebel u. Wachtmeister im Kriege. 8. (16 S.) Berlin 874. Militaria. n. — 50

Reuter, Hauptm. und Compagnie-Chef im 1. magdeburgischen Inft.-Reg. Nr. 26. Das militairische Berlin. Zusammenstellung der militairischen Einrichtung und Etablissements von Berlin in ihrer historischen Entwickelung. Nach amtlichen Quellen dargestellt.
kl. 8. Berlin 1873.

— das militärische Berlin. Zusammenstellung der militär. Einrichtgn. u. Etablissements v. Berlin in ihrer histor. Entwickelg. Nach amtl. Quellen dargestellt. gr. 16. (VIII, 389 S.) Berlin 873. Staude. geb. n 5. —

Reuter, Gebetbuch. 8. Bregenz, Brentano.

Reuter. Kriegsartikel vor 400 Jahren. (Lübeck 1909.) 8°. (Aus: Nachrichtenbl. f. d. Landes-Krieger-Verband Lübeck. 5.)

Reuter, Leben u. Treiben auf e. Häuptlingskraal in Nord-Transvaal, s.: Missionsschriften, neue.

[Lied.] Unsern lieben Schwestern zum heutigen Feste am 27. Dez. 1890. Gewidmet von **Reuter.** Worms [1890]: Boeninger. 2 Bl. 8⁰ [Umschlagtit.]
Ohne Noten: „Gruss aus tiefstem Herzensgrund, . . ."

Reuter, s.: Milch-Speisen u. Getränke.

Reuter, Paulus Ndumbane, s.a. Missionsschriften für Kinder. Nr. 41.

Paulus Ndumbane. Wie aus einem Saulus ein Paulus wird. Nach Aufzeichn. des Miss. Reuter in Medingen. *Berlin: Berliner ev. Missionsges. [1901].* (16 S.) 8° [F.]
— Missionsschriften für Kinder. No 41. [03. 14657

Reuter, das evangelische Pfarrhaus der Jetztzeit als Amts- u. Einfamilienhaus. Ein Beitrag zur Erbaug. v. Pfarrhäusern auf dem Lande an der Hand ausgeführter Bauten u. Entwürfe, nebst erläut. Text u. e. kurzen geschichtl. Rückblick. Mit 32 Außenansichten, 36 Grundrissen, 2 Innenansichten, 2 Gartenplänen u. 7 Textabbildgn. (63 S.) Lex.-8. Dresden 907. G. Kühtmann. n. 5. —; kart. n. 6. —

Reuter, die Sage von dem Altkönig. 8. (31 S.) Frankfurt a. M. 873, Keller.

Reuter. Quaeritur de patrum patriciorumque apud antiquissimos Romanos significatione. Pr. 1849. 31 S. 4°. 1.20

Reuter: Edm. Spenser's „The tears of the Muses" considered as a document of the literary history of the time. Saarlouis 1864. 10 S. 4⁰ Schul-/Univ.-Schrift

Reuter's **Wandkarte des nördlichen gestirnten Himmels. 4 Bl. 5. Aufl. Chromolithogr. gr. Fol. Gotha 883, J. Perthes.** *ℳ 5.; auf Leinw. in Mappe * 7 60
Mit Stäben *ℳ 9,60.; lackirt * 11 —

Reuter: Zeugnisse aus dem deutschen Unterricht in d. obersten Klass. des Gymnasiums zu Aurich. Aurich 1864. 42 S. 4⁰
Schul-/Univ.-Schrift

Reuter: Die sittlichen und socialen Zustände im germanischen Heidenthum.– Saarlouis, Progr. 1859.

Reuter, A., Ilias in nuce, id est: scientia ascetica et ars practice amandi Deum in compendio. 8. Salzb. 775. Duyle. 8 gr.

Reuter, A., Ilias in nuce etc. 8. Salzb. Duyle. 776.

Reuter, A., Unters. zu d. röm. Technographen Fortunatian, Julius Victor, Capella u. Sulpitius Victor. S.-A. 1892. 62 S.

Reuter, A. P., s.a. Reuter, Peter

REUTER, A. P.: Der Boden und die atmosphärische Luft in allseitigen materiellen, gasförmigen und dynamischen Einwirkungen auf Ernähren und Gedeihen der Pflanzen mit Bezug auf Land- und Forstwirthschaft. - Frankfurt a. M. 1833. XII, 325 S.

Reuter, A. P., der Boden u. d. atmosphär. Luft in allseit. materiellen, gasförm. u. dynam. Einwirkungen auf Ernähren u. Gedeihen d. Pflanzen mit Bezug auf Land- u. Forstwirthschaft. gr. 8. (21½ B.) Frankfurt a. M. 833, Sauerländer.

—— vollständ. Handbuch d. mathemat. Geographie, mit e. kurzen Darstellung v. Construktion d. Charten, künstl. Erdkugeln, u. barometr. Höhen- u. Nivellement-Bestimmungen, nebst e. Verzeichnisse d. geograph. Längen, Breiten u. Höhen d. vorzügl. Oerter; zum Gebr. f. d. Unterr. in d. höh. Bildungsanstalten u. z. Selbstunterr. M. 5 Stnt. (gr. Fol.) gr. 8. (33 B.) Mainz 828, Kupferberg.

—— Lehrbuch d. mathemat. u. physikal. Geographie f. Gymnasien. M. 4 Kpfrt. (qu. Fol.) gr. 8. (32½ B.) Nürnberg 830, Schrag.

—— Lehrbuch d. besond. Zahlenlehre f. latein. Vorbereitungs- u. Gewerbschulen, als Vorbereit. z. gründl. Studium d. Mathematik. gr. 8. (14¼ B.) Aschaffenburg 834, Pergay.

— der Ludwigskanal zwischen der Donau und dem Maine aus d. Gesichtspunkte des Zusammenhanges der fließenden Gewässer und der Gebirgswaldungen u. ihres Einflusses auf jene im Allgemeinen u. auf den Kanal insbesond. (Abdruck aus den Jahrbüchern v. St. Behlen.) gr. 8. Erfurt 837. Hennings u. H. 1/2 n∫

Ein Besuch in Kapernaum jetzt und einst. 5 religiöse Betrachtungen über e. Tag Christi u. d. Tage d. Christen. Von Adolf **Reuter**, Meldorf. Breklum: Christl. Buchh. 1903. (45 S.) 8° [J.] 1c6. 1331

Reuter, Adf., de Prometheï Septem, Persarum, Aeschyli fabularum codicibus recentioribus. gr. 8. (32 S.) Cervimontii 883. (Leipzig, Fock.) n. — 80

Reuter, *Adolf* [Dr.]: Ein Gedanke über Jugenderziehung. Höxter, Druck v. C. D. Flotho, 1895; 3—6 S. 4.
Höxter a. d. Weser, König Wilhelms-G, OP 1895 (302)

Reuter, Adf., in allen meinen Taten laß ich den Höchsten raten. Reisefrüchte in Predigten f. e. Jahr zur Befruchtung der Lebensreise. (IX, 488 S.) gr. 8. Leipzig 908. A. Deichert Nachf. 3. —

Reuter, Albert (geb. Popielluen in Ostpr. [illegible] 1847): Die Anwendung der Thoracocentese bei pleuritischen Exsudaten. Berlin (1873) (36 S.) 8°
Berl. Med. Diss. v. 4. Apr. 1873

Reuter, A[lbert]: Die Urbevölkerung Europas mit besonderer Berücksichtigung der alten Iberer. Burg b. M. 1905: W. Schultze. (S. 3—6.) 4°
Burg, st. HM OP 1905 [39]

Reuter, Andreas [pr. Arzt in Broacker]: **Über die Wirkung des Extractum Hyoscyami bei Enteralgie.** . . . **Kiel, Druck v. H. Fiencke, 1888;** 18 S. + 1 Bl. 8°
Kiel, Med. Fak., Inaug.-Diss. v. 8. Dez. 1888

Reuter, Andr., über die Wirkung des Extractum Hyoscyami bei Enteralgie. Inaugural-Dissertation. gr. 8. (18 S.) Kiel 888, (Lipsius und Tischer.) * — 80

Reuter, Aug. (I.), zu dem Augustinischen Fragment de arte rhetorica. gr. 8. (31 S.) Leipzig 888, Hinrichs'sche Buchh., Verlag. * — 80
Aus: Kirchengeschichtliche Studien, besonders abgedruckt.
—— dass. — s.a. S t u d i e n, kirchengeschichtliche.

REUTER, AUGUST: Gebetbuch und vollständiger Kirchlicher Liederkranz für Katholiken jeden Standes. Gesammelt und zusammengestellt und Jesu Christo, dem guten Hirten, als Huldigung zur Jahrhundertwende gewidmet von August Reuter, Lehrer im Ruhestand in Péterfa (Mörbisch am Neusiedlersee). 4. Aufl. Nezsider & Boldogasszony (Neusiedl am See & Frauenkirchen) 1900: J. Horváth. 540 S. 1 t. - 135 mm

Reuter, Aug.: Über die C o n s t i t u t i o n einiger neuer Pseudocumolderivate und des Durols. Rostock 1878.

Reuter, Augustus [Pomeranus]: De Quintiliani libro qui fuit de causis corruptae eloquentiae . . . Vratislaviae, apud Guilelmum Koebner, 1887; 3 Bl. + 77 + 1 S. 8°.
Göttingen, Phil. Fak., Inaug.-Diss. v. 26. Okt. 1886.

Reuter, Aug. (II.), de Quintiliani libro qui fuit de causis corruptae eloquentiae. Dissertatio inauguralis. gr. 8. (VI, 77 S.) Breslau 887, Koebner. * 2 —

—— Dorothea Schlözer. Eine biograph. Skizze. gr. 8. (24 S.) Göttingen 887, Spielmeyer. * — 50

Reuter, August, aus Homburg vor d. Höhe: Krystallographische Untersuchung einiger organischen Verbindungen. Mit 2 Taf. *(Stuttgart) 1899: (Hofbuchdr. Zu Gutenberg).* (S. 155—215.) 8°
¶ (Aus: N. Jahrbuch f. Mineralogie, 1899, Bd 1.)
Berlin, Phil. Diss. v. 15. Febr. 1899

Reuter, B., zur Geschichte der Kriegs- u. Domänen-Kammern, s.: **Schriften d. Vereins f. die Geschichte Berlins.**

Reuter, *Baptist* [aus Bayreuth, Assist. am chem. Laborat. d. Univ. Jena]: Beiträge zur Kenntniss des Acetessiganilids . . . Jena, Druck v. A. Kämpfe, 1893; 41 S. 8.
Jena, Phil. Fak., Inaug.-Diss. v. 1893

Reuter, Bernhard, Kgl. Gerichtsass. in Elberfeld: **Die Anwendung des Staatsangehörigkeitsprinzips auf das Personalstatut in den international-privatrechtlichen Bestimmungen des Bürgerlichen Gesetzbuches über Personen- und Eherecht.** *Tübingen 1900: G. Schnürlen.* (33 S.) 8°
Tübingen, Jur. Diss. v. 1900

Reuter, Bernhard Michael (Halle), Diss. inaug., Differentias juris Romani, Gallici et Germanici in peregrinitate Albinagio atque Wildfangiatu. Präs. Jo. Peter von Ludewig. Halle/Saale (J. Fr. Grunert) 10. IX. 1735. 109 S. (5.25) 28455
Widm. v.: von Ludewig.

Reuter, Bernh. Mich.: Erörterung der Frage: Ob die Politic . . . durch allgemeine Sätze könne vorgetragen werden? Halle o. J.

R e u t e r, C., de cultu Dei generatim. Viteb. 1702. 4.

Reuter, C., Bad Ems u. seine Heilmittel. 12. (VII, 90 S. m. 1 Tab.) Ems 901. A. Pfeffer. n. 1. 50

Reuter, C., Bad Ems u. seine Heilmittel. 2. Aufl. (VI, 125 S.) 8. Bad Ems 904. A. Pfeffer.
Geb. in Leinw. n. 2. —

Reuter, C., Bad Ems u. seine Heilmittel. 3. Aufl. (VI, 147 S. m. 1 Tab.) 8. Ems 910. A. Pfeffer. 1.60; geb. in Leinw. 2. —

R e u t e r, C., de eo, quod theologice sanctum et justum est circa tempus pentecostale. Servest. 1718. 4.

R e u t e r, C., de foederibus et testamentis divinis. 4. Viteb. Ludwig. 706.

Reuter, C., e. fideles Gefängniß od. der Proceß, s.: **Bloch's, E., Theater-Correspondenz.**

R e u t e r, C., Karte des Bezirks Ober-Elsass, mit Angabe der Entfernungen von Ort zu Ort nach den kürzesten fahrbaren Strassen und der Entfernungen per Eisenbahn, von einer Station zur andern nach dem neuesten Eisenbahn-Coursbuch hrsg. im März 1879. 1 : 150,000. Chromolithogr. Imp.-Fol. Colmar, Lang und Rasch. * 2 —

—— Karte des Bezirkes Unter-Elsass mit Angabe der Entfernungen von Ort zu Ort nach den kürzesten fahrbaren Strassen und den Entfernungen per Eisenbahn, von einer Station zur andern, nach dem neuesten Eisenbahn-Coursbuch hrsg. 1 : 150,000. 2 Bl. Chromolithogr. qu. gr. Fol. Strassburg 880, Schmidt's Universitäts-Buchh. * 2 —

Reuter, C.: Offizieller Katalog der Ausstellung von Geräten und Bedarfsgegenständen für Weinbau und Kellerwirtschaft sowie von Pfälzer Weinen und deutschen Schaumweinen in Neustadt a.d.Hdt. ... 1905. Neustadt a.d. Haardt 1905: Kranzbühler. 74, 80 S. -- 121*

Reuter, C. [aus Zülpich]: **Aus d. Klinik f. Hautkrankheiten zu Bonn. Über Lupus der Extremitäten.** . . . **Bonn, Buch- u. Steindr. Joseph Bach Wwe., 1890;** 30 + 1 S. + 1 Bl. 8°
Bonn, Med. Fak., Inaug.-Diss. v [7. Jun.] 1890

R e u t e r, C. **Observationes in carm. nonnulla Horat. (1. B. der Oden.)** 12 S. . . . .
Minden, Progr. 1826

Ortsentfernungskarte des Reichslandes Elsass-Lothringen. Angefert. auf Gr. d. Generalstabskarte v. C. **Reuter,** Reg.-Sekr. in Strassburg i. E. Maasst. 1: 200000. *Strassburg: Verlagsanst. vorm. R. Schultz & C. 1896.* 1 Ktnbl. gr. 2. (") in 2 Bl. [97. 8375

Reuter, C., die Schule des Tapezierers, s.a. Schauplatz, neuer, der Künste u. Handwerke.

Reuter C, d. Schule d. Tapezier. m Atl. 1. 2. u 3. A. (Schaupl. d. K. 19) Weimar 1877-93

Reuter, C., die Schule d. Tapezierers. 2. Aufl. Mit e. Atlas, enth. 22 (lith.) Foliotaf. gr. 8. (VIII, 119 S.) Weimar 884. B. F. Voigt. 7. 50

Reuter, C., die Schule d. Tapezierers. Anleitg. zu sämtl. in dieser Kunst vorkomm. Arbeiten, dargestellt v. den Grundlagen an bis z. höchsten Ausbildg., u. gestützt auf geometr. Verhältnisse. Ein Handbuch f. Fachschulen u. zum Selbstunterricht. 3., verb. u. verm. Aufl. Mit e. Atlas, enth. 28 Foliotaf. gr. 8. (X, 120 S.) Weimar 893. B. F. Voigt. 7. 50

Reuter, C., die Schule des Tapezierers. Anleitung zu sämtl. Tapezierer-, Polster- u. Dekorateur-Arbeiten. Ein Handbuch f. Fachschulen u. zum Selbstunterricht. 4. verb. u. bedeutend verm. Aufl. Mit e. Atlas v. 32 Taf. (in Lex.-8.) (VI, 148 S.) gr. 8. Leipzig 906. B. F. Voigt. 7. 50

Reuter, Carl, s. Reuter, Karl

Reuter, [Christian]: Antrittsrede. [„Begriff und Bedeutung der Autorität".] S. 10--16. 4. **Progr.** Kgl. Gymn. *Demmin* 1902 (148).

Reuter, (Christian), Dir. Dr.: Antrittsrede. *Demmin 1902: W. Gesellius.* (S. 10--16.) 4° [F.] Demmin, k. G, OP 1902 (148)

Reuter, Christian, Dir. Dr.: **Beiträge zur Pasewalker Schulgeschichte.** *Pasewalk 1901: H. Gnädig.* (S. 3--14.) 4° Pasewalk, st. PG m. Realabt., OP 1901 (152)

— Christian (Zerbst), Recentiores de baptismate controversias. Präs. Gottlieb Wernsdorf. Wittenberg (Chr. Gerdes) 28. II. 1708. (5.25) 28456

— — Letztes Denck- und Ehrenmahl, Der weyland gewesenen Ehrlichen Frau Schlampampe. In einer Gedächtnüss-Sermone. aufgerichtet von Herrn *Gergen.* Uf Special-Befehl der Seelig-Verstorbenen gedruckt im Jahr 1697 mit Wohlgemeinten Gedancken bei dem Grabe der Frau Schlampampe etc. Gedruckt im Jahr da die Schlampampe verschieden war. (Frühjahr 1697.) 8°. 42 S. (In Leipzig. bisher Unicum!)

— — Dasselbe. Genau faksim. Neudruck mit Einleitung von G. W(itkowski). Leipzig 1905. 8°. (20 Mk. Bernh. Liebisch, Lpz., 1906.)

—— Der Dichter des Schelmuffsky, s. Gehmlich, Ernst.

Ebbo von Reims und Ansgar. Ein Beitrag zur Missionsgeschichte des Nordens und zur Gründungsgeschichte des Bistums Hamburg v. Christian **Reuter.** Sonderdruck aus der Historischen Zeitschrift hrgg. v. Friedrich Meinecke. (Bd. 105.) 3. Folge Bd. 9. München. 1910. 8°

Reuter, Chr., das Kieler Erbebuch (1411—1604). Im Auftr. d. Gesellschaft f. Kieler Stadtgeschichte bearb. u. hrsg. gr. 8. (VII, LXIII, 371 S.) Kiel 897. H. Eckardt. n. 8. —

— dasselbe, s.a. Mitteilungen d. Gesellschaft f. kieler Stadtgeschichte, Hft. 14. 15.

Reuter, Chrn., die ehrliche Frau, nebst Harlequins Hochzeit- u. Kindbetterinschmaus. — Der ehrlichen Frau Schlampampe Krankheit u. Tod, s.a. Neudrucke deutscher Litteraturwerke d. XVI. u. XVII. Jahrh.

Reuter, Chrn., Die ehrliche Frau nebst Harlequins Hochzeit- und Kindbetterinschmaus. Der ehrlichen Frau Schlampampe Krankheit u. Tod. Lustspiele. 1695. 1696. Hrsg. v. G. Ellinger. 2 Thle. Halle 1890. 8°. (1 Mk. 50 Pfg. Emil Hirsch. München, 1909.)

* **HARLEQVIN,** Monsieur le, Oder des Harleqvins Hochzeit. In einem Singe-Spiele vorgestellet (von *Christian Reuter*). Gedruckt zu Haarburg im Hochzeit-Hause in diesem Jahr. (Budissin, Dav. Richter, c. 1710.) 8°. Auch im M. M. V. 1710. E 3b. erwähnt. — 31 SS.

— — Dasselbe, titulo: Monsievr le Harleqvin oder des Harleqvins Hochzeit, vorgestellet in einem Singe Spiel ganz neu gedruckt in diessem Jahr. — Harlequins Kind Betterin Schmauss in einem Singe Spiele vorgestellet. 8°. 32 u. 33 S. Mit 2 Kupfertiteln. (30 Mk. Scharre. Berlin, Cat. 1. [c. 1885] no. 309:]

Der Verfasser dieser beiden Dramen ist, wie Fr. Zarncke nachgewiesen, *Christian Reuter*, der sie 1695 geschrieben. Der obige Druck des ersten Stückes hat nach Zarncke, dem das Ex. vorgelegen, „ein ganz besonderes Interesse. Er ist von allen [ihm] bekannt gewordenen der einzige, der die Entrée III hat und ist etwa vom Jahre 1720."

— — Pickelhärings Hochzeit (1752). Den Leipziger Bibliophilen 1907 dargebracht von Georg Witkowski und W. Baensch. Gedruckt in 99 Expl. bei Drugulin in Leipzig. Pergamentumschlag.

* — — HARLEQUINS, Des, Hochzeit-Schmauß, In einem Singe-Spiele vorgestellet (von *Christian Reuter*). (Kopftitel, darunter „Personen".) Mit Titelkpfr (unsign., unten das Motto gestoch.: Castigat ridendo Mores.) Gr. 8°. (In Berlin: Yv 827. Beibd. 4.)

Mit der Seitenzahl 81- 140 (40 ist Druckf.). — Sehr rar

HARLEQUINS, Des, Hochzeitsschmauß, in einem Singe-Spiele vorgestellet (von *Christian Reuter*). (Frankfurt? 1750?) (Im British Museum.)

Anon.-Lex. II. p. 295. Vgl. Zarncke, Christian Reuter, der Verfasser des Schelmuffsky, sein Leben und seine Werke. Leipzig 1884.

* **HARLEQVINS,** Des, Hochzeit: und Kindtauffen-Schmauss In einem Singe:Spiele vorgestellet. Freywald Leipzig, Aug. Martini) 1730. 8°. 54 SS.

— *Des Harlequins Hochzeit- und Kindtauffen-Schmausz In einem Singe-Spiele vorgestellet. Freywald, 1735.*

16½ cm. 52 pages, 1 leaf.

— — Arlequins Lustiger Hochzeit-Schmaus. In einem Singenden Spiel vorgestellet. (Darunter:) „Persohnen Dieses Spiels." O. O. u. J. 8 Bll. 8°.

Seltenheit ersten Ranges! Gottsched schreibt darüber in seiner „Crit. Dichtkunst" v. 1751, S. 736: „Des Arlequins singender Hochzeitschmaus, den wir einzeln vielmal gedruckt haben und den ich selbst noch habe singend aufführen gesehen, besteht aus zweierlei Strophen und wird nach zweierlei Melodien gesungen." (Max Perl's Berliner Febr.-Auct. 1908.)

Reuter, Christian, Schelmuffskys wahrhaftige, kuriöse u. sehr gefährliche Reisebeschreibung zu Wasser u. zu Lande, s.a. Universal-Bibliothek.

— *Schelmuffskys wahrhaftige, curiöse und sehr gefährliche Reise-Beschreibung zu Wasser und Lande in Zweyen Theilen curiösen Liebhabern vor Augen geleget, und mit Zweyen Lust- und Trauer-Spielen versehen. Franckfurth und Leipzig, 1750.*

(REUTER, Chr.) Schellmuffskys Wahrhafftige Curiöse und sehr gefährliche Reisebeschreibung zu Waffer und Lande. Erster Theil, und zwar die allervollkommenste und accurateste Edition in hochteutscher Frau Mutter Sprache eigenhändig und sehr artig an den Tag gegeben von E. S. 2 Theile in 1 Bd. Gedruckt zu Schelmerade und Padua ein halbe Stunde von Rom, bey P. Martau in diesem Jahr (Kassel 1823). Kl. 8°.

[—] Schellmuffskys Wahrhaftige, curiöse und sehr gefährliche Reisebeschreibung zu Wasser und Lande ... an den Tag gegeben von E. S. München, Bibliogr.-artist. Inst. [1883]. 8°. 4 Bl. 124 S. 4 Bl. 55 S. Leicht ben. OBr. unbeschnitten. — Hübsche Neuausgabe beider Teile.

— das älteste Kieler Rentebuch [1300—1487], s. a. Mitteilungen d. Gesellsch. f. kieler Stadtgeschichte, Hft. 10. 11.

Das älteste Kieler Rentebuch (1300–1487) ... bearb. u. hrgg. v. Christian **Reuter.** Kiel. 1891–1892 und 1893. = Mittheilungen der Gesellschaft für kieler Stadtgeschichte. Heft 9—10 und 11. 8°.

Reuter, Chr., das älteste Kieler Rentebuch (1300—1487). Im Auftrage der Gesellschaft f. Kieler Stadtgeschichte bearb. u. hrsg. gr. 8. (CXII, 423 S. m. 1 Karte.) Kiel 893. H. Eckardt. n. 9. —

Reuter, Christian, Schellmuffsky, s.: Angermann's Bibliothek f. Bibliophilen. 2. Bd.

Reuter, Ch., Schelmuffsky, s. Neudrucke deutscher Litteraturwerke des XVI. und XVII. Jahrh.

—— drei Singspiele, s. Neudrucke, Berliner.

— s. a. Stadtbuch, d. 2. stralsundische.

Reuter, Christian [Dr.], **Lietz,** Paul, und **Wehner,** Otto [Dr.]: Das zweite stralsundische Stadtbuch '(1310—1342)'. Tl 1: Liber de hereditatum obligatione. Hrsg. [Forts. zu: Das älteste stralsundische Stadtbuch '[1270—1310]' ... hrsg. v. F. Fabricius. Berlin 1872.] Stralsund, Komm.-V. d. kgl. Regierungs-Buchdr., 1896; VIII, 185 S. 8.
Stralsund, G. u. RG, gemeinsames OP 1896 (150 u. 151)

Reuter, Christian [aus Kiel]: Thesen ... zur Erlangung der Doctorwürde ... Kiel, Druck v. Schmidt & Klaunig, 1892; 2 Bl. 4.
Kiel, Phil. Fak., Thes. v. 22. Dez. 1892
(Nicht für den Austausch)

§ — — Vie, la maladie et la mort de l'honnete femme, Das ist: Der ehrlichen Frau Schlampampe Leben, Kranckheit und Tod, in Zweyen Lust- und Trauer-Spielen vorgestellt, und Aus dem Frantzösischen in das Teutsche übersetzet von Schelmuffsky Reisegefährten. Mit 2 Kupfrn. Franckfurth u. Leipzig 1750.

Reuter, Christian. Werke. Herausgegeben von Georg Witkowski. 2 Bde. Leipzig, Insel Verlag, 1916. 8°. *Mit einigen Tafeln.* Etwas benutzte OHPgtbde.
Einzige Gesamtausgabe, in nur 800 Ex. gedruckt. Sie besteht aus faksimileartigen Neudrucken der einzelnen Werke. Mit histor.-krit. Nachwort.

Reuter, D., pädagog. Real-Lexicon, od. Repertorium f. Erziehungs- u. Unterrichtskunde u. ihre Literatur. 8. Nürnb. 811. Campe. 1 ℛ 8 gℓ

Reuter, D., praktisches Rechenbuch für Elementarschulen. 1—3. Thl. 8. Duisburg, Ewich. [1. (IV und 83 S.) 855. * 4 Ngr., 2. (113 S.) * 5 Ngr., 3. (115 S.) 856. * 5 Ngr.] *

Reuter, E. v., Erinnerungen e. preußischen Artillerie-offiziers aus den J. 1798 bis 1815, s. Beiheft zum Militär-Wochenblatt.

Reuter, E., Skizzen u. Studien aus Lübeck. (24 Bl. m. III S. Text.) gr. 4. Lübeck 904. B. Nöhring. In Leinw.-Mappe n. 12. —

Reuter, E. F., s. Reuter, F. E.

Reuter, Edmund (geb. am 28 Jan. 1844 in Haaren bei Aachen): Ueber angeborne Schenkelverrenkung ... Bonn, Druck v. F. Krüger 1868. 40 S., 1 Bl. 8.
Bonn, Med. Fak., Diss. v. 25 Juli 1868

Reuter, Eduard (geb. Potsdam 5. 5. 1861): De dialecto Thessalica. Berolini (1885). (85 S.) 8°
Berlin, Phil. Diss. v. 17. Jan. 1885

Reuter, Ed., de dialecto thessalica. Dissertatio inauguralis philologica. gr. 8. (86 S.) Berlin 885, (Mayer und Müller.) * 2 —

Le droit commercial, le droit de change et le droit des faillites du Luxembourg. Das Handelsrecht, Wechselrecht und Konkursrecht von Luxemburg. Bearb. u. übers. von Dr. Emil **Reuter,** Rechtsanw. in Luxemburg. (1.) Berlin: R. v. Decker 1906. 4°(8°)
= **Handelsgesetze,** Die, d. Erdballs. Ausg. D. Luxemburg. 1. [07. 2509

Le droit commercial, le droit de change et le droit des faillites du Luxembourg. Das Handelsrecht, Wechselrecht und Konkursrecht von Luxemburg. Bearb. u. übers. von Dr. Emil **Reuter,** Rechtsanw. in Luxemburg. Berlin: R. v. Decker 1906. (44, 45 S.) 4°(8°)
= **Handelsgesetze,** Die, d. Erdballs. Ausg. D. Luxemburg. [07. 13988

Reuter, Emil, das Handelsrecht, Wechselrecht u. Konkursrecht v. Luxemburg, s.: Handelsgesetze, die, des Erdballs.

Reuter, Emile, de l'industrie agricole dans la province de Luxembourg et renseignements divers sur le Grand-Duché de Luxembourg. gr. 8. (131 S.) Luxembourg 875. Brück. 3. —

Reuter, Emilie, Briefsteller f. Damen in Herzensangelegenheiten. 12. (96 S.) Styrum 891. A. Spaarmann. n. —50

Zwei neue Cecidomyinen. Von Enzio **Reuter.** Mit 2 Taf. Helsingfors 1895: (O. W. Backman, Kuopio). (15 S.) 8°
= **Acta** Societatis pro fauna et flora Fennica. 11, No 8. [07. 3939

Merokinesis, ein neuer Kernteilungsmodus. Von Enzio **Reuter.** Mit 40 Fig. Helsingfors: Finn. Literaturgesellsch. 1909. 56 S. 4°
(Acta Societatis scientiarum Fennicae. T. 37, Nr 7.) [10. 1409 9

Reuter, Enzio, Mesokinesis, e. neuer Kernteilungsmodus. (52 S. u. Bl. 53—56.) Lex. 8. Helsingfors 909. (Berlin, R. Friedländer & Sohn.) nn 4. —

— Zur Morphologie u. Ontogenie der Acariden m. besond. Berücksicht. v. Pediculopsis graminum (E. Reut.). (IV, 288 S. m. 12 Fig. u. 6 Taf.) Lex. 8. Ebd. 909. nn 12. —
2 Sonderabdrucke aus: „Acta soc. scient. fennicae".

Zur Morphologie und Ontogenie der Acariden mit besond. Berücks. von Pediculopsis graminum (E. Reut.) Von Enzio **Reuter.** Mit 6 Taf. u. 12 Textfig. Helsingfors: Finn. Lit.-Gesellsch. 1909. IV, 287 S. 4°
(Acta Societatis scientiarum Fennicae. T. 36, 4.) [10. 1336 4

Reuter, Enzio, üb. d. Palpen der Rhopaloceren. Ein **Beitrag zur Erkenntnis d.** verwandtschaftl. Beziehgn. **unter d. Tagfaltern. [Aus:** „Acta societatis scientiarum fennicae".] gr. 4. (XVI, 577 S. m. 6 Taf. u. 6 Bl. Erklärgn.) Helsingfors 896. (Berlin, R. Friedländer & Sohn.) n.n. 16. —

Über die Palpen der Rhopaloceren. E. Beitr. z. Erkenntnis d. Verwandtschaftl. Beziehgn unter d. Tagfaltern v. Enzio **Reuter.** M. 6 Taf. ... *(Helsingfors: Off. typ. Soc. litt. fennicae 1897.)* (3 Bl., XVI, 577 S., 6 Taf. m. je 1 Erl.-Bl.) 4.
= **Acta Societatis** scientiarum Fennicae. T. 22. No 1. [98. 5446

Eine schädliche, neue Uropoda-Art. Von Enzio **Reuter.** Mit 1 Taf. Helsingfors 1905: (K. Malmström in Kuopio). (17 S.) 8°
= **Acta** Societatis pro fauna et flora Fennica. 27, No 5. [07. 602 9

-Ueber die Weissährigkeit d. Wiesengräser in Finland ... Helsingf. 1900. 135 S. 2 Tvl.
(Acta Societatis pro fauna et flora fennica. 19, No 1). 58.

Reuter, Erich, aus Halle a. S.: **Der Feldzug Rudolfs I. von Habsburg gegen Burgund im Jahre 1289 im Zusammenhange mit seiner Vorgeschichte und der Politik zwischen Deutschland und Frankreich.** ***Halle a. S. 1901: M. Kändler.*** **(85 S.) 8°**
Halle, Phil. Diss. v. 1901

Reuter, Ernst, a. Siegen: Neuhochdeutsche Beiträge zur westgermanischen Konsonantengemination. Freiburg i. B. 1906: C. A. Wagner. (86 S.) 8° [F.]
Freiburg i. B., Phil. Fak., Ref. Kluge, Diss. v. 1906
[Geb. 21. Mai 82 Siegen i. Westf.; Wohnort: Freiburg i. B.; Staatsangeh.: Preußen; Vorbildung: Realgymn. Siegen Reife O. 01; Studium: Lausanne 1, Bonn 3, Freiburg i. B. 3, Bonn 1, Freiburg i. B. 2 S.; Rig. 31. Juli 05.]

Reuter, Ernst, Referendar: Erlangt das gegen eine offene Handelsgesellschaft ergangene Urteil gegen die Gesellschafter Rechtskraft? Borna-Leipzig 1908: Noske. IX, 37 S. 8°
Erlangen, Jur. Diss. v. 14. Dez. 1908, Ref. Oertmann
[Geb. 9. Febr. 85 Strehlen i. Schlesien; Wohnort: Oppeln; Staatsangeh.: Preußen; Vorbildung: Kaiser-Wilhelms-Gymn. Strehlen Reife O. 03; Studium: München 1, Berlin 1, Breslau 4 S.; Rig. 14. Mai 08.] [U 09. 730

REUTER, Ernst (Lübeck): Ueber die Grössenverhältnisse des Herzens bei Lungentuberculose.- München: Wolf 1884. 40 S.,1 Bl.
10.2.1885 - Urk (Titel: De athrophia cordis phthisicorum.); Chr 1883/84,13
Diss.Ingolst.-Landsh.-Mchn.

Reuter, Ernestus: De Avieni hexametrorum re metrica. Bonn 1909: Georgi. 106 S. 8°
Bonn, Phil. Diss. v. 29. Juli 1909, Ref. Marx
[Geb. 19. März 86 Bonn; Wohnort: Bonn; Staatsangeh.: Preußen; Vorbildung: Städt. Gymn. Bonn Reife O. 04; Studium: Bonn 2, Freiburg i. B. 1, Berlin 1, Bonn 6 S.; Rig. 19. Mai 09.] [U 09. 425

Reuter, F., s. Friede!

Plan von Stassfurt und Leopoldshall. 1:6,000. Reducirt nach vorhandenen Plänen von F. **Reuter**. Stassfurt: Gebr. Schenker [1906]. (1 Kartenbl. 60×45 cm.) [lith.] [kol.] [06. 10446

Reuter, F. E.

Reuter, E. F., die neue preußische Gebührentaxe f. Gerichte, Rechtsanwälte u. Notare mit den darauf bezügl. Gesetzen, dem Gesetze über die Diäten, Reisekosten u. Kommissions-Gebühren der Justiz-Beamten u. den, neben denselben noch in Geltung bleibenden, diese Materien betreff. Gesetzen, Verordnungen u. Reskripten alphabetisch geordnet u. praktisch erläutert. Lex. 8. (VIII u. 197 S.) Königsberg 851, Theile. 1 Thlr.

Reuter, F. E., die Gränzen der streitigen Civil-Gerichtsbarkeit der preuß. Gerichte, insbesondere in den Landestheilen, in welchen die allgem. Gerichtsordnung und das allgem. Landrecht Geltung haben. gr. 8. (102 S.) Königsberg 854, Gebr. Bornträger.

— — praktischer Kommentar zu den Gebühren-Taxen für Notare und Rechtsanwälte und den, diese Gebühren betreffenden Gesetzen vom 11. und 12. Mai 1851. gr. 8. (120 S.) Berlin 852, C. Heymann.

Reuter, F. E., die preußischen Stempelsteuer-Vorschriften, wie sie jetzt bestehen, systematisch dargestellt, f. den prakt. Gebrauch erläutert u. übersichtl. geordnet. gr. 8. (14¾ B. u. 1 Tab.) Königsberg 845, Gebr. Bornträger. *

Reuter, F. E., die preußischen Stempelsteuer-Vorschriften systematisch dargestellt, für den praktischen Gebrauch erläutert und übersichtlich geordnet. 2. Aufl. mit Ergänzungen bis auf die neueste Zeit u. vollständigem Sachregister. Ebend. 854. gr. 8. (XXVI, 277 S. u. 1 Tab. in 4.) 1 Thlr. 7½ ngr.

— Taschenbuch zum dienstlichen Gebrauch f. Geschworene u. Richter. Enthaltend eine systematische Uebersicht der auf das Schwurgerichtsverfahren bezügl. Verordnungen. Zusammengestellt u. mit prakt. Erläuterungen versehen. 16. (XII u. 129 S.) Ebd. 850. n. 12 ngr.

Reuter, Taschenbuch zum dienstlichen Gebrauch für Geschworene und Richter. Enthaltend eine systemat. Zusammenstellung der auf das Schwurgerichtsverfahren in den preuß. Landen, mit Ausschluß des Bezirks des Appellationsgerichtshofes zu Köln, bezüglichen Gesetze, Verordnungen rc. 2., verm. und verb. Aufl. 16. (XVI und 143 S.) Berlin 853, C. Heymann. *

Reuter, F. G., Essai d'une Flore de l'Ile de Zante, s. Margot.

Reuter, Ferdinand, aus Hanau a. M.: Ueber Citronylamin und Menthonylamin. Ein Beitrag zur Konstitution der Verbindungen der Citronellalreihe. *Berlin 1903: A. W. Schade.* (34 S.) 8°
Berlin, Phil. Diss. v. 19. Dez. 1903

Reuter, Ferdinand [aus Bonn, III. Unterrichtsassist. am chem. Inst. d. Univ. Bonn]: Ueber die Einwirkung von Anilin auf Citraconsäure, Mesaconsäure und Itaconsäure .... Bonn, Univ.-Buchdr. v. Carl Georgi (1888); 40 S. 8°
Bonn, Phil. Fak., Inaug.-Diss. v. 27. Jun. 1888

Reuter, Ferd., s.: Handwerker-Kalender f. Hessen.

Reuter, Ferd., der nördliche gestirnte Himmel. 4 lith. Bl. in Fol. Nebst Text. (8 S. in gr. 8.) Gotha 850, J. Perthes. n. 1½ Thlr.; auf Leinw. u. in Mappe n. 2 Thlr.

Reuter, Ferd., der nördliche gestirnte Himmel. 2. Aufl. Gotha 858. J. Perthes. gr. Fol. (4 lith. Bl. u. 8 S. Text in gr. 8.) n. 1 Thlr. 15 ngr.; auf Leinw. n. 2 Thlr.

Reuter, Ferd., der nördliche gestirnte Himmel. 3. Aufl. 4 Blatt. Chromolithogr. Gotha 865. J. Perthes. Imp.-Fol. Mit Text. (10 S. in gr. 8.) n. 1 Thlr. 15 ngr. Auf Leinw. u. in Mappe n. 2 Thlr. 10 ngr.

Reuter, Ferd., der nördliche gestirnte Himmel. [4 Sectionen nebst Begleitworten. 4. Aufl. (gr. 8. 10 S.)] Fol. Gotha 874, J. Perthes. *ℳ 5.; aufgez. in Mappe * 7 60 mit Stäben *ℳ 9,60.; lackirt * 11 —

Reuter's nördl. Himmel. 5. Aufl. (Transparent) auf Lwd in Mappe. Gotha 1883

Reuter, Fd., Naturgeschichte, s. 1) A. B. Reichenbach. 2) C. G. D. Stein's Naturgeschichte für Schulen.

Reuter, Ferd., Zusammenstellg. d. d. Schornsteinfegergewerbe u. d. Feuervisitation im Großherzogth. Hessen betr. gesetzl. u. reglement. Bestimmgn. gr. 8. (VII, 87 S.) Darmstadt 898. Selbstverlag. n. 2. —

Reuter, Fr., Bomben u. Granaten aus gezogenen Kanonen oder Ihr sollt u. müßt lachen! Ein lustiger Gesellschafter für alle Welt zur Unterhaltung u. Belustigung in fröhlichen Kreisen, bei Tafel u. auf Reisen, sowie interessanten Anecdoten u. Kriegs-Abenteuern aus dem deutsch-österreichischen Kriege. (1. Theil) 1—4. Aufl. Berlin 865—67. Mode's Verlag. 8. (IV, 156 S.) n. 10 ngr.

— — Neue Folge. Ebend. 867. 8. (IV, 140 S.) n. 10 ngr.

Reuter, Fr. (I.), Bomben und Granaten aus gezogenen Kanonen oder Ihr sollt und müßt lachen! Ein lust. Gesellschafter für alle Welt zur Unterhaltung und Belustigung in fröhl. Kreisen, bei Tafel und auf Reisen, enth.: Anecdoten, Schwänke, Schnurren, Raritäten aus dem Leben von Fürsten, Gelehrten, Schauspielern, nebst lust. Vorträgen, Räthseln, Wortspielen, kom. Druckfehlern, Narrheiten, Blödsinn sowie interessanten Anecdoten und Kriegsabenteuern. 10. Aufl. 8. (160 S.) Berlin 873, Mode's Verlag. 1 —
— dass. — Neue Folge. 10. Aufl. 8. (144 S.) Ebendas. 873. 1 —

Reuter, Fr., Bomben und Granaten aus gezogenen Kanonen oder Ihr sollt und müßt lachen! Ein lust. Gesellschafter für alle Welt zur Unterhaltung und Belustigung in fröhl. Kreisen, bei Tafel und auf Reisen, enth. 400 Anecdoten, Schwänke, Schnurren rc. 1. und 2. Bd. 11.—15. Aufl. 8. (160; 144 S.) Berlin 873—79, Mode's Verlag. à Bd. *ℳ 1. *

Reuter, Fr., Bomben u. Granaten aus gezogenen Kanonen od. Ihr sollt u. müßt lachen! Ein lust. Gesellschafter f. alle Welt zur Unterhaltg. u. Belustigg. in fröhl. Kreisen, bei Tafel u. auf Reisen, enth.: Anecdoten, Schwänke, Schnurren, Raritäten aus dem Leben v. Fürsten, Gelehrten, Schauspielern, nebst lust. Vorträgen, Räthseln, Wortspielen, kom. Druckfehlern, Narrheiten, Blödsinn sowie interessanten Anecdoten u. Kriegsabenteuern. 20 Bde. 13. Aufl. 8. (160 u. 194 S.) Berlin 876. Modes Verl. à n. 1. —

—— dass. — enth. Anecdoten aus dem Leben von Fürsten, Gelehrten, Schauspielern u. A., sowie Schnurren, Scherze, Bonmots rc. 3. und 4. Bd. 8. (IV, 140; 144 S.) Ebendas. 879. à Bd. * ℳ 1. *

Reuter, Fr., Bomben u. Granaten aus gezogenen Kanonen od. Ihr sollt u. müßt lachen! Ein lust. Gesellschafter f. alle Welt zur Unterhaltg. u. Belustigg. in fröhl. Kreisen, bei Tafel u. auf Reisen. 1. u. 2. Bd. 16. Aufl. 8. (160 u. 144 S.) Berlin 885. Mode's Verl. à n. 1. —

Reuter, Fr., Bomben und Granaten aus gezogenen Kanonen oder Ihr sollt und müßt lachen! Ein lust. Gesellschafter für alle Welt zur Unterhaltung und Belustigung in fröhl. Kreisen, bei Tafel und auf Reisen, enth. Anekdoten, Schwänke, Schnurren, Raritäten aus dem Leben von Fürsten, Gelehrten, Schauspielern, nebst lust. Vorträgen, Wortspielen, kom. Druckfehlern, Narrheiten, Blödsinn, sowie interessanten Anekdoten und Kriegs-Abenteuern. 1.—4. Bd. 8. Berlin 888, Mode's Verlag. [1. und 2. Bd. 19. Aufl. (160; 144 S.); 3. und 4. Bd. 6. Aufl. (140; 144 S.)] à Bd. * ℳ 1.—. * 4 —

Reuter, Fr., Bomben u. Granaten aus gezogenen Kanonen od. Ihr sollt u. müßt lachen! Ein lust. Gesellschafter f. alle Welt zur Unterhaltg. u. Belustigg. in fröhl. Kreisen, bei Tafel u. auf Reisen. 1. u. 4. Bd. 8. Berlin (900). S. Mode's Verl. à n. 1. —

1. 400 Anecdoten, Schwänke, Schnurren, Raritäten aus dem Leben v. Fürsten, Gelehrten, Schauspielern, nebst lust. Vorträgen, Räthseln, Wortspielen, kom. Druckfehlern, Narrheiten, Blödsinn, sowie interessanten Anecdoten u. Kriegs-Abenteuern. 21. Aufl. (160 S.)
4. Anecdoten aus dem Leben von Fürsten, Gelehrten, Schauspielern u. A., sowie Schnurren, Scherze, Bonmots, originelle Anzeigen, Druckfehler, kom. Vorträge, heitere Erzählungen, Räthsel, Scherzfragen. 8. Aufl. (144 S.)

Reuter, Fr., die Kultur der Eiche und der Weide in Verbindung mit Feldfrüchten zur Erhöhung des Ertrages der Wälder. (Abdr. aus der „Gerber-Zeitung.") Berlin 860. (Th. Grieben.) gr. 4. (11 S.) n. 10 ngr.

Reuter, Fr., die Kultur der Eiche u. der Weide in Verbindung mit Feldfrüchten zur Erhöhung des Ertrages der Wälder u. zur Verbesserung der Jagd. Die wilde Fasanenzucht in der Garbe. Hrsg. von seinem Sohne W. Reuter. 2., vollständig neu bearb. u. verm. Aufl. mit in den Text eingedr. Holzschn.) Berlin 867. Springer's Verlag. gr. 8. (III, 68 S.) n. 24 ngr.

Reuter, Fr. (II.), die Kultur der Eiche und der Weide in Verbindung mit Feldfrüchten zur Erhöhung des Ertrages der Wälder und zur Verbesserung der Jagd. Die wilde Fasanenzucht in der Garbe. Hrsg. von W. Reuter. 3. neu bearb. und verm. Aufl. gr. 8. (IV, 82 S. mit in den Text eingedr. Holzschn.) Berlin 875, Springer's Verlag. 2 80

Reuter, Fr., Lehrbuch der Geometrie für den Schul- und Selbst-Unterricht bearb. I. Thl.: Planimetrie. gr. 8. (IV und 104 S. mit 3 Steintaf. in qu. gr. 4. und qu. Fol.) Wismar 855, Hinstorff'sche Hofbuchh.

Reuter, Fr., Lehrbuch der Geometrie f. den Schul- u. Selbst-Unterricht bearb. 1. u. 2. Thl. gr. 8. Lübeck 871. 72. Grautoff. n. 3. 30

1. Planimetrie. 2. Aufl. (IV, 111 S. m. 3 Steintaf. in qu. Fol.) n. 1. 50
2. Ebene Trigonometrie u. Stereometrie (III, 99 S. m. 2 Steintaf. in qu. Fol.) n. 1. 80

Reuter, Fr., Repetitionstafeln. 8. (7 Steintaf. m. 1 S. Text.) Lübeck 872. Grautoff. n.n. — 45

Reuter, Fr., deutsche Sprache. Präparationen üb. die Wortarten m. Ausschluß d. Bindeworts. Zum Gebrauch in Volksschulen. gr. 8. (VI, 56 S.) Leipzig 894. B. Franke. n. — 80

Reuter, Franz: Ueber das Verhalten der Intelligenz bei älteren Fällen von Dementia paranoides. Bonn 1909: Broch. 39 S. 8°

Bonn, Med. Diss. v. 13. Mai 1909, Ref. Westphal

[Geb. 20. Febr. 82 Rocherath: Wohnort: Rocherath; Staatsangeh.: Preußen; Vorbildung: Gymn. Münstereifel Reife O. 03; Studium: Bonn 10 S.; Coll. 20. Mai 08; Approb. 26. Apr. 09.] [U 09. 361

Reuter, Franz Josef

De Aeschylo, Sophocle et Euripide, poëtis tragicis, quatenus inter se diversi suam quisque aetatem effinxerint. Scrips. Fra. Jos. Herm. Reuter, G. P. — 1831. Ibid. — S. 1—32.
Progr. Augsburg

Reuter, F. J., s. M. T. *Ciceronis*, orationes pro lege Manilia et pro Sexto Roscio Amerino.

Reuter, Frz. Jos., s. Demosthenes orationes.

Lectio Sophoclis ad pietatem augendam valet et castitatem morum. Scrips. F. J. Reuter, R. et P. — 1811. Ibid. — S. III—XVII.
Progr. Straubing.

Quaestiones in Demosthenis orationem de corona. Scrips. F. J. Reuter, R. et P. — 1812. Straubing, Terno — S. III—XVI.
Progr. Straubing.

Reuter, Frz. Jos., Ernst Ruthardt's Vorschlag u. Plan einer äußeren u. inneren Vervollständigung der grammatikalischen Lehrmethode, u. dessen Beleuchtung durch Carl Peter erläutert. gr. 8. Straubing 843, Schorner. 3/8 ₰

Reuter, F.: Disputatio de veteribus rei Catilinariae auctoribus. 27 S. - Kiel. Progr. 1869.

Reuter, Friedrich: Bilder aus Erlangen. Zum 16. Mai 1888.
Umschlagtitel: Friedrich Rückert in Erlangen. (104 Spalten).
Progr. Christianeum *Altona* 1888 (262).

Reuter, Frdr., d. Erlanger Burschenschaft 1816—1833. E. Beitrag zur inn. Geschichte d. Restaurationszeit. gr. 8. (VIII, 415 S.) Erlangen 896. M. Mencke. n. 6. —

Reuter, Friedrich, aus Kirchberg: Die psychologische Grundlage von Jean Pauls Pädagogik. *Borna 1901: A. Reiche.* (158 S.) 8°
Leipzig, Phil. Diss. v. [28. Juni] 1901

Vierzig Jahre deutschen Lebens (1860–1900). Renaud's poetische Auslese, angezeigt von F[riedrich] Reuter. *München 1900: Allgem. Zeitung.* (25 S.) 8° [Fr.]
Aus: Allgem. Zeitung No 211 u. 212 v. 15. u. 17. Sept. 1900. Beil. [1-4. 4234 2

Aus Friedrich Rückert's Leben. Nach Akten. Mit poet. Beigaben. Von Friedrich Reuter. Ansbach 1907: C. Brügel & Sohn. (91 S.) 8° [Fr.]
Aus: Jahresber. d. hist. Ver. f. Mittelfranken. 54. 1906. [07. 3329 5

Aus Friedrich Rückert's Leben. Nach Akten. Mit poet. Beigaben. Von Friedrich Reuter. T. [1.] 2. Ansbach 1907–08: L. Brügel & Sohn. 2 Bde 8° [Fr.]
Aus: Jahresbericht d. hist. Ver. f. Mittelfranken. 54. 55. 1906–07. [08. 5593 9

Mittheilungen aus dem Leben des Directors [Johann Jacob Heinrich] Bartelmann v. Friedrich Reuter. (1), (2) u. 3. Kiel. 1875. 76 u. 78. 4°. Gymn.-Progr.

Reuter, Fr. Mitteilungen aus dem Leben des Direktor Bartelmann, fortgesetzt von F. R. 32, 35 SS. [I: 1875.] G. *Kiel* 1876, 1878.
Das neue Realschulgebäude. S. 1 - 7 u. 2 Taf. OR. *Kiel* 1878.
Progr.

Reuter, Friedr., ein Referat über Curtius' griechische Schulgrammatik. gr. 8. (60 S.) Kiel 870, Schröder und Comp. * 1 —

Theodor Renaud (Vulpinus). Ein Gedenkblatt z. 6. Februar 1904 von Friedrich Reuter. *Erlangen 1904: E. Th. Jacob.* (16 S.) 8° [Fr.]
Aus: Fränk. Nachrichten. Jg. 1904. No 30. 34. 35. 41. 43. [1-4. 310

Reuter, Friedrich: Die Erlanger Freunde F. Rückert und J. Kopp in den Jahren 1834–1836. (Forts. d. P-Beil. 1888: Fr. Rückert in Erlangen.) Altona, Druck v. P. Meyer, 1893: 1—80 Sp. 4.
Altona, k. Christianeum, P 1893 (278)

Reuter, F., Friedrich Rückert in Erlangen u. Joseph Kopp. Nach Familienpapieren dargestellt, zum 100jähr. Geburtstag d. Dichters. 8. (IV, 104 S.) Hamburg 888. Seippel. n. 1. 50

Reuter, *Friedrich* [Prof.]: Friedrich Rückert und Joseph Kopp 1837—1842. M. 18 Briefen d. Dichters. (Forts. d. P-Beil. 1888. 93.) Altona, Druck v. P. Meyer, *1895*; 48 S. 8.
Altona, k. Christianeum, OP 1895 (270)

Rückert-Brünnlein. Von Friedrich **Reuter**. 1. *(Erlangen 1901: E. Th. Jacob.)* (30 S.) 8° [Kopft. F.]
Aus: Fränkische Nachrichten. Dez 1903. Jan 1904 [04. 6180]

Reuter, Friedr. Übungsstücke zum Übersetzen aus dem Deutschen in das Griechische. (Für Sekundaner und Primaner.) 32 S.
Progr. *Glückstadt* 1882.

Übungsstücke zum Übersetzen aus dem Deutschen in das Griechische. (Für Secundaner und Primaner.) Von Friedrich **Reuter.** Glückstadt. 1882. 4°. Gymn.-Progr.

Reuter, Frdr., der Ultramontanismus in Bildern seit Luthers Tagen dargestellt am 22. März 1871. gr. 8. (88 S.) Kiel 871. Schröder & Co. n. 1. 25

Drei Wanderjahre Platens in Italien 1826–1829. Mit 10 ungedr. Briefen [August Graf v.] Platens an Kopisch. Von Prof. F[riedr.] **Reutor** in Altona. *Ansbach 1900: C. Brügel & S.* (65 S.) 4° [Umschlagt. F.] [00. 5684 10

Reuter, Fritz

— Abendteuer des Entspekter Bräsig, s.a. **Mähler's Humoresken-** u. Novellen-Schatz. Nr. 4.

— **Abendteuer des Entspekter Bräsig,** s.a. **Verein f. Verbreitung guter Schriften Basel. Nr. 66.**

Reuter, Fritz. Abendteuer des Entspekter Bräsig bürtig aus Mekelborg-Schwerin, von ihm selbst erzählt. Aus F' Reuters «Schurr-Murr». 62 S. 8. Basel, Emil Birkhäuser, Juli 1905. fr. —. 10
Verein für Verbreitung guter Schriften. Basel, No. 66.

— dasselbe. Dörchläuchting. — Wat bi'ne Aewerraschung rute kamen kann, s.a. **Bibliothek**, plattdeutsche humoristische. I.

Fritz **Reuter**: Abendteuer des Entspekter Bräsig. Dörchläuchting. Wat bi'ne Aewerraschung rute kamen kann. Osnabrück: B. Wehberg [1907]. (296 S.) 8° [Umschlagt. F.]
= **Bibliothek**, Plattdeutsche humoristische. 1. [08. 614 9

— dasselbe. Schulerinnerungen. Hauhnesiken, s.a. **Erzähler**, unsere, 6. Buch.

Fritz **Reuter**. Abendteuer des Entspekter Bräsig. Schulerinnerungen. Hauhnetiken. Munster i. W.: Aschendorff [1909]. 100 S. 8°
(Unsere Erzähler. Buch 6.)

Reuter, Fritz, Abweisung der ungerechten Angriffe und unwahren Behauptungen, welche Dr. Klaus Groth in seinen Briefen über Plattdeutsch und Hochdeutsch gegen mich gerichtet hat. Berlin 858. Wagner. 8. (51 S.) n. 5 ngr.

Reuter, Fritz, der 1. April 1856 oder Onkel Jakob und Onkel Jochen, Lustspiel in 3 Acten. Blücher in Teterow, dramatischer Schwank in 1 Act. (Den Bühnen gegenüber als Mscr. gedr.) gr. 12. (181 S.) Greifswald 857, Koch's Verlagsbuchh. Thlr.

Briefe von Fritz Reuter, Klaus Groth und (John) Brinckman an Eduard Hobein veröffentl. von Wilhelm Meyer aus Speyer. Berlin: Weidmann 1909. 64 S. 8°

— **Briefe an s. Vater aus d. Schüler-, Studenten- u. Festungszeit (1827—1841).** Hrsg. v Frz. **Engel**. 2 Bde. M. 12 Facsms. 8. (VIII, 232 u. VIII, 267 S.) Braunschweig 896. G. Westermann. Geb. in Leinw. n. 6. —

— **dasselbe. 2 Bde. M. 1 Portr. u. 12 Facsms.** 2. [Titel-] Aufl. 8. (VIII, 232 u. VIII, 267 S.) Ebd. (896) 898. Geb. in Leinw. n. 4. —

— Dörchläuchting, s.a. Hesse, Max: Volksbücherei.

— **dasselbe, s.a. Meyer's Volksbücher.**

— **dasselbe, s.a. Universal-Bibliothek.**

Reuter, Fritz, Dörchläuchting. (Olle Kamellen VI.) [Aus: „Volks-Ausg. der sämmtl. Werke".] 8. (214 S.) Wismar 880. Hinstorff's Verl. geb. n. 1. 80

— dasselbe. De mecklenbörgischen Montechi u. Capuletti oder de Reis' nach Konstantinopel. (Olle Kamellen VII.) [Aus: „Volks-Ausg. der sämmtl. Werke".] 8. (444 S.) Ebend. 880. geb. n. 3. 60

— **Dörchläuchting. Olle Kamellen. VI. [Aus: „R., sämmtl. Werke, Volksausg."] 7. u. 8. Aufl. 8. (214 S.) Ebd. 893. 895. Geb. in Leinwd.** n. 2. —

— **Dörchläuchting, s.a. Bibliothek der Gesamtlitteratur.**

Dörchläuchting. Olle Kamellen von Fritz **Reuter**. Mit e. Vorbemerkung u. d. Bilde d. Dichters. (Vorr.: Dr. Arthur Ploch.) Halle a. S.: O. Hendel [1905]. (VIII, 219 S.) 8° [F.]
(Bibliothek d. Gesamtlitteratur d. In- u. Auslandes. No 1903–1905.) [06. 3498

— **eine heitere Episode aus e. traurigen Zeit, s.: Universal-Bibliothek.**

– Ut mine Festungstid, s.a. Hesse, Max: Volksbücherei.

— **dasselbe, s.a. Meyer's Volksbücher.**

—— Ut mine Festungstid. [Olle Kamellen II.] 8. (423 S.) Ebendas. 880. geb. * 3 60

— **ut mine Festungstid. Olle Kamellen. II. [Aus: „R., sämmtl. Werke, Volksausg."] 8. (227 S.) Ebd. 894. Geb. in Leinw.** n. 2. —

— **dasselbe, s. a. Bibliothek der Gesamtlitteratur.**

Ut mine Festungstid. Olle Kamellen von Fritz **Reuter**. Mit e. Vorbemerkung u. d. Bilde d. Dichters. (Hrsg.: Dr. Arthur Ploch.) Halle a. d. S.: O. Hendel (1905). (VIII, 212 S.) 8° [F.]
(Bibliothek d. Gesamtlitteratur d. In- u. Auslandes. No 1853–55.) [05. 10563

— dasselbe, s.a. **Diesterweg's** deutsche Schulausgaben.

Fritz **Reuter**. Ut mine Festungstid. Für d. deutsche Jugend hrsg. von Oberl. Dr. C. A. Hinstorff. Frankfurt a. M. & Berlin: M. Diesterweg 1908. (IV, 186 S.) 8° [F.]
= **Schulausgaben**, Diesterwegs Deutsche 12. [08. 17276 9

– Ut de Franzosentid, s.a. Hesse, Max: Volksbücherei.

— **ut de Franzosentid, s.a. Universal-Bibliothek.**

— **dasselbe, s.a. Volksbücher, Wiesbadener.**

— **ut de Franzosentid. Ausg. f. die Jugend, veranstaltet v. der literar. Vereinigg. des Berliner Lehrervereins u. des allgemeinen plattdeutschen Verbandes. Mit e Biographie des Dichters v Herm. Jahnke, dem Portr. Fritz Reuters u. 6 Vollbildern v. Otto Emil Lau. (XXXIV, 224 S.) 8. Wismar 904. Hinstorff's Verl.**
Geb. in Leinw 2. —

— **dasselbe. — Woans ik tau 'ne Fru kamm, s.a. Bibliothek der Gelitteratur.**

Ut de Franzosentid. Woans ik tau 'ne Fru kamm. Olle Kamellen von Fritz **Reuter**. Mit e. Vorbemerk. u. d. Bilde d. Dichters. (Hrsg.: Dr. Arthur Ploch.) Halle a. d. S.: O. Hendel (1905). (VIII, 184 S.) 8° [F.]
(Bibliothek d. Gesamtlitteratur d. In- u. Auslandes. No 1856–58.) [05. 10564

— **dasselbe, s.a. Universal-Bibliothek f. die Jugend.**

Ut de Franzosentid. Von Fritz **Reuter**. Mit e. biogr. Einl. u. e. Nachwort von Julius Reuper, Dir. a. D., mit 1 Portr. d. Dichters u. 7 Abb. von Ludwig Berwald. Stuttgart, Berlin, Leipzig: Union [1905]. (232 S.) 8° [F.]
— **Universal-Bibliothek** f. d. Jugend. 409–412. 07. 1194

— **Ut de Franzosentid.** (140 S.) gr. 8. Plau (907). (L. Hancke.) —50

— dasselbe, s. a. Bücher, die, des deutschen Hauses.

Ut de Franzosentid von Fritz **Reuter**. Ill. von W. A. Wellner. Berlin, Leipzig: Buchverl. fürs Deutsche Haus 1908. (303 S.) 8° [F.]
= **Bücher**, Die, d. Deutschen Hauses. Reihe 2. Bd 50. 08. 18049 9

— dasselbe, s. a. Von Buch zu Buch.

Ut de **Franzosentid** (Aus d. Franzosenzeit) von Fritz **Reuter**. Leipzig: Turm-Verl. 1908. (292 S.) 8° [F.]
= **Von Buch zu Buch**, von Blatt zu Blatt. 23–25. 08. 17673 9

— dasselbe, in 4 Aufzügen f. die Bühnendarstellg. bearb. v. Karl Rahmmacher. (51 S.) 8. Neustrelitz 910. G. Barnewitz. 1.—

— Aus der Franzosenzeit, s.: Lohmeyer's, Jul., vaterländische Jugendbücherei.

– Aus der Franzosenzeit, s. Theater, Deutsches.

— aus der Franzosenzeit, s.: Volksschriften, Münchener.

Reuter, Fritz, s. a.: Fritz Reuter-Album. — Fritz Reuter-Bibliothek.

Fritz Reuter-Bibliothek. [Fritz **Reuter**: Werke.] (Bd 1–15.) (Berlin: A. Weichert [1905].) 15 Bde 8° [Umschlagt. F.]
1. Hanner[!] Nute un de lütte Pudel. 2. Ut mine Festungstit[!].
3. 4. Läuschen un Rimels. 1. 2. 5. Woans ik tau 'ne Fru kamm. Ut de Franzosentit[!]
6. Kein Husung. Urgeschicht von Meklenburg. 7.–9. Ut mine Stromtit[!] 1–3.
10. De Reis' nah Belligen. 11. De mekelnborgschen Montecchi un Capuletti oder De Reis' nah Konstantinopel.
12. Dörchläuchting. 13. Schurr-Murr. 14. Ein gräfl. Geburtstag u. and. humorist. Erzählungen. Lustspiele.
15 = Jahnke, Hermann: F. Reuter. Sein Leben u. s. Werke. 06. 435

Reuter, Frz., Geschichten un Rimels. Plattdeutsche Gedichte heitern Inhalts in pommerscher Mundart. gr. 16. (176 S.) Elberfeld 887. Köln. geb. n. 1. 50

— twei lustige Geschichten. 1) Woans ick tau 'ne Fru kamm. 2) Ut de Franzosentid. Olle Kamellen. I. [Aus: „R., sämmtl. Werke, Volksausg."] 7. u. 8. Aufl. 8. (206 S.) Ebd. 892. 893. Geb. in Leinw. n. 2.—

— twei lustige Geschichten. 1) Woans ick tau 'ne Fru kamm. 2) Ut de Franzosentid. Olle Kamellen I. [Aus: „R., sämmtl. Werke, Volksausg."] 9. Aufl. 12. (206 S.) Wismar 895. Hinstorff's Verl. Geb. in Leinw. n. 2.—

—— Twei lustige Geschichten. 1. Woans ick tau 'ne Fru kamm. 2. Ut de Franzosentid. [Olle Kamellen I.] 8. (402 S.) Ebendas. 880. geb. * 3 60

— Korl Havermann, s. a. Schatzgräber, der.

Korl Havermann. Drei Kapitel aus 'Ut mine Stromtid' von Fritz **Reuter**. Hrsg. v. Dürer-Bunde. München: Callwey [1910]. 51 S. 8° (Der Schatzgräber. Nr 50.) 11. 619 9

— die Hübnersophie u. andere Erzählungen. (Hochdeutsche Uebersetzg.) (79 S.) 8. Leipzig (905). A. Hasert & Co. —50

Reuter, Fritz, Humoresken, s. a. Volks-Bücherschatz. Nr. 1.

Fritz **Reuter**. Humoresken. [Werke, Ausz.] (Hrsg.: G. Wettermann.) Jever: (G. Wettermann 1905). (63 S.) 8° [F.]
= **Volks-Bücherschatz**. No 1. 07. 16138 9

– Kein Hüsung, s.a. Hesse, Max: Volksbücherei.

— dasselbe, s. a. Meyer's Volksbücher.

— dasselbe, s. a. Universal-Bibliothek.

—— kein Hüsung. 12. (223 S.) Greifswald 858, Koch's Verlagsbuchh.

— kein Hüsung. [Aus: „R., sämmtl. Werke, Volksausg."] 8. (123 S.) Ebd. 897. Geb. in Leinw. n. 2.—

— kein Hüsung. [Aus: „R., sämmtl. Werke, Volksausg.") 6. Aufl. (III, 120 S.) kl. 8. Wismar 904. Hinstorff's Verl. Geb. in Leinw. n. 1. 20

— dasselbe, s. a. Bibliothek der Gesamtlitteratur.

Kein Hüsung. Von Fritz **Reuter**. Mit e. Vorbemerkung u. d. Bilde d. Dichters. (Hrsg.: Dr. Arthur Ploch.) Halle a. S.: O. Hendel (1905). (VIII, 141 S.) 8° [F.]
(Bibliothek d. Gesamtlitteratur d. In- u. Auslandes. No 1870–78.) 05. 6572

—— Illustrationen, s. Hiddemann, F., und H. Lüders.

— Julklappl Polterabendgedichte, s.: Universal-Bibliothek.

— dasselbe. — Lustspiele, s.: Vergnügungseck, das.

— Julklapp u. Lustspiele, s.: Hesse's, Max, Volksbücherei.

—— Olle Kamellen. Twei lustige Geschichten. 8. (341 S.) Wismar 860, Hinstorff'sche Hofbuchh.

Reuter, Fritz, Olle Kamellen. 4 Thle. Wismar 860–64. Hinstorff. 8. Jeder Thl. n. 1 *Thlr*; geb. n. 1 *Thlr* 10 *Ngr*.
1. Thl.: Twei lustige Geschichten. 1—4. Aufl. (292 S. u. 1 Lithogr.)
2. Thl.: Ut mine Festungstid. 1. u. 2. Aufl. (VII, 318 S.)
3. Thl.: Ut mine Stromtid. 1. Thl. 1. u. 2. Aufl. (VI, 293 S.)
4. Thl.: Ut mine Stromtid. 2. Thl. (IV, 299 S.)

—— Olle Kamellen. 7 Bde. 5. u. 6. Aufl. 8. Ebd. 890,91. geb. à Bd. * 2 —; * 14 —
1. Twei lustige Geschichten. I. Woans ick tau'ne Fru kamm. II. Ut de Franzosentid. (S. 199–402.) — 2. Ut mine Festungstid. (S. 199–423.) — 3.–5. Ut mine Stromtid. 3 Thle. in 1 Bd. (IV, 204; 436 S.) — 6. Dörchläuchting. (214 S.) — 7. De meckelnbörgschen Montecchi un Capuletti od. de Reis' nah Konstantinopel. (S. 215–448.)
3.–5. Bd. ist auch ohne Collectiv-Titel als Einzelwerk erschienen.

— olle Kamellen I—VII. [Aus: „R., sämmtl. Werke, Volksausg."] 12. Ebd. 897. Geb. in Leinw. à Bd. n. 2.—
I. Twei lustige Geschichten. 1) Woans ick tau 'ne Fru kamm. 2) Ut de Franzosentid. 11. Aufl. (206 S.)
II. Ut mine Festungstid. 11. Aufl. (227 S.)
III.–V. Ut mine Stromtid. 3 Thle. 11. Aufl. (IV, 204 u. 436 S.)
VI. Dörchläuchting. 10. Aufl. (214 S.)
VII. De meckelnbörgschen Montecchi un Capuletti od. de Reis' nah Konstantinopel. 10. Aufl. (236 S.)

— olle Kamellen. I—VII. Besonderer Abdr. aus der Volks-Ausg. der sämmtl. Werke. kl. 8. Wismar, Hinstorff's Verl. Geb. in Leinw. à n. 1. 20
I. Twei lustige Geschichten: 1) Woans ick tau'ne Fru kamm. 2) Ut de Franzosentid. 14. Aufl. (205 S.) 904.
II. Ut mine Festungstid. 13. Aufl. (S. 199–423.)
III–V. Ut mine Stromtid. I–III. Thl. 15. Aufl. (651 S.) 903, In 1 Bd. geb. 3.—
VI. Dörchläuchting. 12. Aufl. (214 S.) 901.
VII. De meckelnbörgschen Montecchi u. Capuletti od. De Reis' nah Konstantinopel. 12. Aufl. (S. 215–488.) 901.

— **Fritz** (Buschkowo/Kreis Bromberg), Zur Casuistik der Carcinome der männlichen Brustdrüse. Diss. med. u. chir. Berlin (M. Niethe) 6. VII. 1889. 34 S. mit Biogr. (2.50) 28459
Oppon.: Grüder, Spilker, Spörel.

— die drei Langhänse. Lustspiel in 3 Acten. Für die Bühnenaufführung eingerichtet von Emil Pöhl. 8. (112 S.) Ebend. 878. n. 1. 50

— Läuschen un Riemels. Plattdeutsche Gedichte heiteren Inhalts in mecklenburgisch-vorpommerscher Mundart. 853. (X, 293 S.) n. 1 Thlr. 10 ngr. — 2. durchges. Aufl. 854. — 3. durchges. ꝛc. Aufl. Anclam 856. Dietze. 12. (XII, 306 S.) n. 1 Thlr.

—— Läuschen un Riemels. Plattdeutsche Gedichte heiteren Inhalts in mecklenburgisch-vorpommerscher Mundart. 4., ganz neu überarb. und verm. Aufl. 8. (XXI und 309 S.) Wismar 859, Hinstorff'sche Hofbuchh. *

—— dass. — Neue Folge. Plattdeutsche Gedichte heitern Inhalts in mecklenburg-vorpommerscher Mundart. 8. (VIII und 303 S.) Neubrandenburg 859. (Stettin, Saunier. — Anclam, Dieke.) *

— — Neue Folge. 1—4. Aufl. Ebend. 859—63. 8. (VIII, 259 S.) n. 1 Thlr.; geb. n. 1 Thlr. 10 ngr.

— Läuschen un Riemels. Plattdeutsche Gedichte heiteren Inhalts in mecklenburgisch-vorpommerscher Mundart. 4. ganz neu überarb. u. verm. Aufl. 859. — 5. verb. Aufl. Ebend. 864. 8. (XXI, 296 S.) n. 1 Thlr.

—— Läuschen un Rimels. Illustrationen, s. a. Hacker, Carl.
Vgl.: Latendorf, Friedr., zur Erinnerung an Fritz Reuter.

— dasselbe, s. a. Hesse's, Max. Volksbücherei.

— dasselbe, s. a. Meyer's Volksbücher.

— dasselbe, s. a. Universal-Bibliothek.

—— Läuschen un Rimels. Plattdeutsche Gedichte heiteren Inhalts in mecklenburgisch-vorpommerscher Mundart. 1. Thl. 8. (178 S.) Ebendas. 880. geb. * 1 80

—— dass. — Neue Folge. Plattdeutsche Gedichte heiteren Inhalts in mecklenburgisch-vorpommerscher Mundart. 8. (165 S.) Ebendas. 880. geb. * 1 80

— Läuschen un Rimels. Plattdeutsche Gedichte heitern Inhalts in mecklenburgisch-vorpomm. Mundart. [Aus: „Volks-Ausg. der sämmtl. Werke".] 5. Aufl. 2 Bde. 8. (178 u. 165 S.) Ebd. 890. geb. à n. 2. —

— Läuschen un Rimels. 1. Thl. Plattdeutsche Gedichte heiteren Inhalts in mecklenburgisch-vorpommerscher Mundort. [Aus: „R., sämmtl. Werke, Volksausg."] 6.—8. Aufl. 8. (178 S.) Ebd. 891—895. Geb. in Leinw. n. 2. —

— dasselbe. Neue Folge. [Aus: „R., sämmtl. Werke, Volksausg."] 8. Aufl. 8. (165 S.) Ebd. 894. Geb. in Leinw. n. 2. —

— Läuschen un Rimels. 2 Thle. Plattdeutsche Gedichte heit. Inhalts in mecklenburgisch-vorpommerscher Mundart. [Aus: „R., sämmtl. Werke, Volksausg."] 11. Aufl. 12. (178 u. 165 S.) Ebd. 897. Geb. in Leinw. à n. 2. —

— Läuschen u. Rimels. 2 Tle. Plattdeutsche Gedichte heiteren Inhalts in mecklenburg.-vorpommerscher Mundart. [Aus: „R., sämmtl. Werke, Volksausg."] kl. 8. Ebd. 904. Geb. in Leinw. à n. 1. 50; erm. Pr. à n. 1. 20
I. 13. Aufl. (VIII, 165 S.)
II. Neue Folge. 14. Aufl. (IX, 156 S.)

— dasselbe, s. a. Bibliothek der Gesamtlitteratur.

Läuschen un Rimels. Plattdeutsche Gedichte heiteren Inhalts in mecklenburgisch-vorpommerscher Mundart von Fritz **Reuter**. Mit e. Vorbemerkung u. d. Bilde d. Dichters. (Hrsg.: Dr. Arthur Ploch.) Halle a. d. S.: O. Hendel (1905). (VIII, 323 S.) 8° [F.]
(Bibliothek d. Gesamtlitteratur d. In- u. Auslandes. No 1863–67.) [05. 10263

— Frei übersetzte Läuschen un Rimels. Auswahl u. Übersetzg. v. L. Schwacke. (VIII, 43 S.) 8. Dresden (907). E. Pierson. 1.—; geb. n 2. —

Reuter, Fritz, Lustspiele. Der 1. April 1856 oder Onkel Jakob und Onkel Jochen. Fürst Blücher in Teterow. 2. Aufl. 8. (VI, 157 S.) Leipzig 875, Koch. *ℳ 2.; geb. * 3 —

— Meisterwerke. Ins Hochdeutsche übertr. v. Heinr. Conrad. 6 Bde. 8. Stuttgart (905). R. Lutz. à n. 1. 20; geb. à n. 1. 80; auch in 30 Lfgn. à — 25
1. Aus der Franzosenzeit. — Wie ich zu 'ner Frau kam. (283 S.) — 2. Aus meiner Festungszeit. (295 S.) — 3—5. Aus meiner Stromzeit. 3 Tle. (292, 285 u. 333 S.) — 6. Dörchläuchting. (304 S.)

(B) — dasselbe. 6 Bde. 905. (KVL 34.) Erh. Pr. 10.—; geb. 14.—; einz. Bde. 1.80; geb. 2.50

— Meisterwerke. Ins Hochdeutsche übertr. v. Heinr. Conrad. (Neue Aufl.) 1. Bd. Aus der Franzosenzeit. — Wie ich zu 'ner Frau kam. (283 S.) 8. Stuttgart (910). R. Lutz. 1.20; geb. 1.80

— die meckelnbörgschen Montecchi un Capuletti od. De Reis' nah Konstantinopel, s. a. Bibliothek der Gesamtlitteratur.

— dasselbe, s. a. Hesse's, Max. Volksbücherei.

— dasselbe, s. a. Universal-Bibliothek.

— de meckelnbörgschen Montecchi u. Capuletti od. de Reis' nah Konstantinopel. Olle Kamellen. VII. [Aus: „R., sämmtl. Werke, Volksausg."] 8. (236 S.) Ebd. 893. Geb. in Leinw. n. 2. —

— de mecklenbörgschen Montecchi un Capuletti od. de Reis' nah Konstantinopel. Olle Kamellen VII. [Aus: „R., sämmtl. Werke, Volksausg."] 8. Aufl. 12. (236 S.) Ebd. 895. Geb. in Leinw. n. 2. —

De meckelnbörgschen Montecchi un Capuletti oder De Reis' nah Konstantinopel. Olle Kamellen von Fritz **Reuter**. Mit e. Vorbemerkung u. d. Bilde d. Dichters. (Vorr.: Dr. Arthur Ploch.) Halle a. S.: O. Hendel [1905]. (VIII, 232 S.) 8° [F.]
(Bibliothek d. Gesamtlitteratur d. In- u. Auslandes. No 1906–1908.) [06. 3499

— Hanne Nüte un de lütte Pudel, s. a. Hesse, Max: Volksbücherei.

— Hanne Nüte un de lütte Pudel, s. a. Meyer's Volksbücher.

— dasselbe, s. a. Universal-Bibliothek.

—— Hanne Nüte un de lütte Pudel. 'Ne Vagel- un Minschengeschicht. 8. (III und 331 S.) Wismar 860, Hinstorff'sche Hofbuchh. *

Reuter, Fritz, Hanne Nüte un de lütte Pudel. 'Ne Vagel- u. Minschengeschicht. 860. — 2. Aufl. Wismar 862. Hinstorff. 8. (336 S.) n. 1 Thlr.

— Hanne Nüte un de lüdde Puddel. 'Ne Vagel- u. Minschengeschicht. Illustrirte Ausg. mit 40 (eingedr.) Holzschn. nach Zeichnungen von Otto Speckter. Wismar 865. Hinstorff'sche Hofbuchh. gr. 8. (III, 329 S.) n. 2 Thlr.; aeb. n. 2 Thlr. 15 ngr.

— Hanne Nüte un de lütte Pudel. 'Ne Vagel- u. Minschengeschicht. Mit Holzschn. nach Zeichngn. v. Otto Speckter u. neuen Illustr. v. Otto Lau, auf Holz gezeichnet u. geschn. v. Emil Schröter. 2. Aufl. Lex.-8. (290 S.) Ebend. 875. n. 8. —; geb. m. Goldschn. n. 10. 50

— Hanne Nüte un de lütte Pudel. 'Ne Vagel- un Minschengeschicht. [Aus: „Volks-Ausg. der sämmtl. Werke".] 8. [199 S.] Ebend. 880. geb. n. 1. 80

— dasselbe. Olle Kamellen II. Ut mine Festungstid. [Aus: „Volks-Ausg. der sämmtl. Werke".] 8. (423 S.) Ebend. 880. geb. n. 3. 60

— Hanne Nüte un de lütte Pudel. 'Ne Vagel- un Minschengeschicht. [Aus: „Volks-Ausg. der sämmtl. Werke".] 5. Aufl. 8. (199 S.) Ebd. 890. geb. n. 2. —

— **Hanne Nüte un de lütte Pudel. 'Ne Vagel- un Minschengeschicht. [Aus: „R., sämmtl. Werke, Volksausg."] 6.—8. Aufl. 8. (199 S.) Ebd. 891—893. Geb. in Leinw. n. 2. —**

— Hanne Nüte un de lütte Pudel. 'Ne Vagel- un Minschengeschicht. [Aus: „R., sämmtl. Werke, Volksausg."] 11. Aufl. 12. (199 S.) Ebd. 897. Geb. in Leinw. n. 2. —

Hanne Nüte un de lütte Pudel. 'Ne Vagel- un Minschengeschicht von Fritz **Reuter**. Mit 37 Holzschn. nach Zeichn. von Otto Speckter. Wismar: Hinstorff 1904. 213 S. 8° (II. 1693) B

— **Hanne Nüte un de lütte Pudel. 'Ne Vagel- un Minschengeschicht. [Aus: „R., sämmtl. Werke, Volksausg."] 14. Aufl. (201 S.) kl. 8. Wismar 904. Hinstorff's Verl. Geb. in Leinw. n. 1. 50; erm. Pr. n. 1. 20**

— Hanne Nüte un de lütte Pudel, s.a. Bibliothek der Gesamtlitteratur.

Hanne Nüte un de lütte Pudel. 'Ne Vagel- un Minschengeschicht von Fritz **Reuter**. Mit e. Vorbemerkung u. d. Bilde d. Dichters. (Hrsg.: Dr. Arthur Ploch.) Halle a. S.: O. Hendel (1905). (VIII, 176 S.) 8° [F.]
(Bibliothek d. Gesamtlitteratur d. In- u. Auslandes. No 1873–75.) [illegible]

— **dasselbe. Illustriert v. E. Brüning. (316 S.) kl. 8. Berlin (905.) H. L. Schroeter. Geb. in Leinw. n. 4. —**

— **dasselbe. (Wohlfeile Sonderausg.) (201 S.) 8. Ebd. 906. Geb. n. 1. —**

— Fru Pastern up det „Utangbewuh" u. De Wedd, bearb. v. Paul Matzdorf, s.: Jugend- u. Volksbühne.

—— **Polterabendgedichte in hochdeutscher und niederdeutscher Mundart. 8. (IV und 164 S.) Treptow 855. (Stettin; Saunier.)** **

—— **dass. — 8. (IV und 164 S.) Treptow 855. (Neubrandenburg, Brünslow.)** *

—— Polterabend-Gedichte in hochdeutscher und niederdeutscher Mundart. 2., sehr verm. Aufl. 8. (IV und 188 S.) Schwerin 863, Hilbebrand. *

Reuter, Fritz (II.), über die Reaction von Aethylenbromid auf Naphtylamin und die Derivate derselben. Inaugural-Dissertation. gr. 8. (35 S.) Hannover 876. (Göttingen, Vandenhoeck und Ruprecht's Verlag.) *

— de Reis' nah Belligen, s.a. Bibliothek der Gesamtlitteratur.

— dasselbe, s.a. Hesse's, Max, Volksbücherei.

— De Reis' nah Belligen, s.a. Universal-Bibliothek.

—— die Reis' nah Belligen, poetische Erzählung in niederdeutscher Mundart. (4 Hefte.) 8. (XVI und 328 S.) Treptow 855. (Stettin, Nagel.) *

— **dei Reis' nah Belligen, poetische Erzählung in der in Mecklenburg u. Vorpommern gebräuchlichen niederdeutschen Mundart. 855. — 2. unveränd. Aufl. Anclam 858. Dietze. 8. (XVIII, 328 S.) n. 1 ⅓ ℛ.**

— de Reis' nah Belligen. Poetische Erzählung in niederdeutscher Mundart. [Aus: „Volks-Ausg. der sämmtl. Werke".] 8. (198 S.) Ebend. 880. geb. n. 1. 80

— dasselbe. Olle Kamellen. 1. Thl. Zwei lustige Geschichten. 1. Woans ick tau 'ne Fru kamm. 2. Ut de Franzosentid. [Aus: „Volks-Ausg. der sämmtl. Werke".] 8. (102 S.) Ebend. 880. geb. n. 3. 60

— de Reis' nah Belligen. Poetische Erzählg. in niederdeutscher Mundart. [Aus: „Volks-Ausg. der sämmtl. Werke".] 5. Aufl. 8. (198 S.) Ebd. 890. geb. n. 2. —

— **de Reis' nah Belligen. Poetische Erzählg. in niederdeutscher Mundart. [Aus: „R., sämmtl. Werke, Volksausg."] 6. u. 7. Aufl. 8. (198 S.) Ebd. 891. 893. Geb. in Leinw. n. 2. —**

— de Reis' nah Belligen. Poet. Erzählg. in niederdeutscher Mundart. [Aus: „R., sämmtl. Werke, Volksausg."] 10. Aufl. 12. (198 S.) Ebd. 897. Geb. in Leinw. n. 2. —

De Reis' nah Belligen. Poet. Erzählung in niederdeutscher Mundart von Fritz **Reuter**. 13. Aufl. Wismar: Hinstorff 1905. 199 S. 8°
Aus: Neue Volk ausg. d. sämmtl. Werke. [illegible]

De Reis' nah Belligen. Poetische Erzählung in niederdeutscher Mundart von Fritz **Reuter**. Mit e. Vorbemerkung u. d. Bilde d. Dichters. (Hrsg.: Dr. Arthur Ploch.) Halle a. S.: O. Hendel (1905). (VIII, 182 S.) 8° [F.]
(Bibliothek d. Gesamtlitteratur d. In- u. Auslandes. No 1803–05.) [illegible]

—— Reliquien, s. Gaedertz, K. Th.

— Schnurr-Murr, s.a. Hesse, Max: Volksbücherei.

— Schurr-Murr, s.a. Meyer's Volksbücher.

— Schnurr-Murr, s.a. Theater, Deutsches.

—— Schurr-Murr. Wat tausamen is schrapt ut de hochdütsche Schöttel, ut den plattdütschen Pott un den missingschen Ketel. 8. (VII und 335 S.) Wismar 861, Hinstorff'sche Hofbuchh. *
Vgl.: Blomen, en pea.

— Schurr-Murr. Wat tausamen is schrapt ut de hochdütsche Schöttel, ut den plattdütschen Pott un den missingschen Ketel. [Aus: „Volks-Ausg. der sämmtl. Werke".] 8. (187 S.) Ebend. 880. geb. n. 1. 80

— Schurr-Murr. Wat tausamen is schrapt ut de hochdütsche Schöttel, ut den plattdütschen Pott un den missingschen Ketel. [Aus: „Volks-Ausg. der sämmtl. Werke".] 5. Aufl. 8. (187 S.) Ebd. 890. geb. n. 2. —

— **Schurr-Murr. Wat tausamen is schrapt ut de hochdütsche Schöttel, ut den plattdütschen Pott un den missingschen Ketel. [Aus: „R., sämmtl. Werke, Volksausg."] 6.—8. Aufl. 8. (187 S.) Wismar 891 - 894. Hinstorff's Verl. Geb. in Leinw. n. 2. —**

— Schurr-Murr. Wat tausamen is schrapt ut de hochdütsche Schöttel, ut den plattdütschen Pott un den missingschen Ketel. [Aus: „R., sämmtl. Werke, Volksausg."] 10. Aufl. 12. (187 S.) Ebd. 897. Geb. in Leinw. n. 2. —

— **Schurr-Murr. Wat tausamen is schrapt ut de hochdütsche Schöttel, ut den plattdütschen Pott un den missingschen Ketel. [Aus: „R., sämmtl. Werke, Volksausg."] 13. Aufl. (187 S.) kl. 8. Wismar 904. Hinstorff's Verl. Geb. in Leinw. n. 1. 50; erm. Pr. n. 1. 20**

— Schnurr-Murr, s.a. Bibliothek der Gesamtlitteratur.

Schurr-Murr. Wat tausamen is schrapt ut de hochdütsche Schöttel, Ut den plattdütschen Pott und den missingschen Ketel. Von Fritz **Reuter**. Mit e. Vorbemerkung u. d. Bilde d. Dichters. (Hrsg.: Dr. Arthur Ploch.) Halle a. d. S.: O. Hendel (1905). (VIII, 199 S.) 8° [F.]
(Bibliothek d. Gesamtlitteratur d. In- u. Auslandes. No 1868–70.) [illegible]

— Skizzen aus der alten Zeit, s.a. Schatzgräber, der.

Skizzen aus der alten Zeit von Fritz **Reuter**. Hrsg. v. Dürer-Bunde. München: Callwey [1910]. 47 S. 8°
(Der Schatzgräber. Nr 49.) [11. 618 9

— Meine Vaterstadt Stavenhagen, s.a. Universal-Bibliothek.

Meine Vaterstadt Stavenhagen. Von Fritz **Reuter**. Hrsg. u. mit e. Einl. vers. von Prof. Dr. Karl Theodor Gaedertz. Mit 1 Abb. Leipzig: Reclam jun. [1909]. 151 S. 8°
(Universal-Bibliothek. Nr 5133/4.) [10. 3?? 9

— an old story of my farming days, s.: Collection of german authors.

Fritz **Reuter**. Stromtid [Ausz.]. 1. 2. (Hrsg.: G. Wettermann.) Jever: (G. Wettermann [1905–06].) 2 Bde 8° [F.]
= **Volks-Bücherschatz**. No 2. 6. [07. 16139 9

— dasselbe, s.a. Volks-Bücherschatz.

– Ut mine Stromtid, s.a. Hesse, Max: Volksbücherei.

— dasselbe, s.a. Meyer's Volksbücher.

— dasselbe, s.a. Universal-Bibliothek.

— ut mine Stromtid. 3 Thle. Ebend. 865. Lex.-8. (XIX, 797 S. mit eingedr. Holzschn. nach Zeichnungen von Ludw. Pietsch.) geb. mit Goldschn. n. 8 ₰

—— Ut mine Stromtid. 3 Thle. Billige illustr. Ausg. Lex.-8. (XIX, 797 S. mit eingedr. Holzschn. nach Zeichnungen von Ludw. Pietsch.) Wismar 870, Hinstorff'sche Hofbuchh. (*M. 15.) * 18 —
Vgl.: Ebner, Herm. — Glagau, Otto.

—— ut mine Stromtid. Neue illustr. Prachtausg. mit 140 Orig.-Illustr. von Ludw. Pietsch und Otto Emil Lau (in eingedr. Holzschn. und Holzschntaf.) gr. 4. (530 S. und Anhang 34 S.) Wismar 878, Hinstorff'sche Hofbuchh. *
geb. mit Goldschn. *

—— ut mine Stromtid. 3 Thle. [Olle Kamellen III—V.] 8. (IV, 204; 436 S.) Ebendas. 880. geb. in 1 Bd. * 5 40
aus: Sämmtliche Werke, Volksausg., besonders abgedruckt.

— ut mine Stromtid. 3 Thle. (Olle Kamellen III—V.) [Aus: „Volks-Ausg. d. sämmtl. Werke".] (5. Aufl.) 8. (IV, 204 u. 436 S.) Ebd. 890. In 1 Bd. geb. n. 6. —

Fritz Reuter. Ut mine Stromtid. Wismar 1891. 8°.

Reuter, Fritz, ut mine Stromtid. 3 Thle. Olle Kamellen. III—V. (Aus: „R., sämmtl. Werke, Volksausg.") 7. u. 8. Aufl. 8. (204 u. 436 S.) Wismar 892. 893. Hinstorff's Verl. In 1 Leinwbd. n. 6. —

— ut mine Stromtid. 3 Thle. Olle Kamellen III—V. [Aus: „R., sämmtl. Werke, Volksausg.] 9. Aufl. 12. (204 u. 436 S.) Ebd. 895. In 1 Leinw.-Bd. n. 6. —

— dasselbe. Hochdeutsche Ausg. v. Otto Heidmüller. (XV, 656 S.) kl. 8. Wismar 904. Hinstorff's Verl. n. 4. —; geb. in Leinw. 5. —; erm. Pr. n. 2. 40; geb. n. 3. —

— dasselbe. Mit 60 Holzschn. nach Zeichngn. v. Ludw. Pietsch. (639 S.) gr. 8. Ebd. 904. Geb. in Leinw. n. 6. —

— dasselbe in hochdeutscher Uebertragg. v. Karl Macke. Mit e. Geleitwort v. Aug. Junkermann. (Fritz Reuter's Werke, hrsg. v. Karl Macke u. A. Junkermann.) (VIII, 594 S. m. Bildnis.) 8. Berlin (905.) W. Herlet. n. 2. —; geb. in Leinw. 3. —

— dasselbe, s.a. Bücherei, deutsche.

Ut mine Stromtid. Von Fritz **Reuter**. Mit erklär. Anm. von Dr. Arnold Reimann, Oberl. zu Berlin. T. 1–3. Berlin: (H. Neelmeyer [1905!].) 3 Bde 8° [F.]
= **Bücherei**, Deutsche. Bd 22–24. [05. 11 61

— dasselbe, s.a. Bibliothek der Gesamtlitteratur.

Ut mine Stromtid. Olle Kamellen von Fritz **Reuter**. Mit e. Vorbemerkung u. d. Bilde d. Dichters. (Hrsg.: Dr. Arthur Ploch.) Halle a. d. S.: O. Hendel (1905). (XV, 646 S.) 8° [F.]
(Bibliothek d. Gesamtlitteratur d. In- u. Auslandes. No 1840–48.) [05. 1056 •

Ut mine Stromtid. Von Fritz **Reuter**. Mit erkl. Anm. von Dr. Arnold Reimann, Oberl. 2. Aufl. T. 1–3. Berlin: Neelmeyer [1906]. 8°
(Deutsche Bücherei. Bd 22–24.)

— Ut mine Stromtid. I., II., III. Tl. (Olle Kamellen, III., IV., V. Bd.) (Wohlfeile Sonderausg.) (412 u. 239 S.) 8. Wismar 906. Hinstorff's Verl. In 1 Bd. geb. n. 2. 40

— Ut mine Stromtid. Mit Text- u. Vollbild. v. Ludw. Berwald, Kopf- u. Schlußstücken v. Nicol. Bachmann. (VII, 482 S.) gr. 8. Berlin 907. G. Grote. Geb. in Leinw. 12. —

— dasselbe, s.a. Bücher, die, des deutschen Hauses.

Ut mine Stromtid. Von Fritz **Reuter**. T. 1. 2. Berlin: Buchverl. fürs Deutsche Haus 1909. 8°
(Die Bücher d. Deutschen Hauses. Bd 95. 96.) [10. 12364

— dasselbe u. Dörchläuchting. In hochdeutscher Uebertragg. v. Karl Macke. Mit e. Geleitwort v. Aug. Junkermann. Prachtausg. m. Illustr. v. Konr. Beckmann u. Herm. Tischler. (Fritz Reuters Werke. Hrsg. v. Karl Macke u. A. Junckermann.) (XII, 423 S.) gr. 8. Berlin (905). W. Herlet. Geb. in Leinw. n. 5. —

Reuter, Fritz [aus Bromberg]: **Aus d. Kgl. Univ.-Frauenklinik zu Bonn. Die Therapie des Nabelschnurvorfalls bei Kopflagen in ihrer allmählichen Entwicklung bis zum heutigen** Stande der Dinge ... **Berlin, Druck v. W. Greve, 1894;** 2 Bl., 99 S., 1 Bl. 8.
Bonn, Med. Fak., Inaug.-Diss. v. 20. [nach d. Diplom v. 21.] Juli 1894

Reuter, Fritz, die Therapie des Nabelschnurvorfalls bei Kopflagen in ihrer allmählichen Entwicklung bis zum heutigen Stande der Dinge. Diss. gr. 8. (99 S.) Berlin 894. (Bonn, P. Hanstein.) n. 1. 50

(**Reuter, Fritz.**) Unterhaltungsblatt f. beide Mecklenburg u. Pommern, red. v. Fritz Reuter. Geschichten u. Anekdoten. M. einleit. Studie hrsg. v. A. Römer. 8. (LIX, 158 S.) Berlin 897. Mayer & Müller. n. 2. —; geb. n. 2. 60

— Aus Unkel Bräsigs Welt, der Jugend dargereicht v. Marx Möller, s.a. Jugendbücher, Brandus'sche.

Fritz **Reuter**. Aus Unkel Bräsigs Welt [Werke, Ausz.]. Der Jugend dargereicht von Marx Möller. Bilder von Max Tilke. Berlin: Brandus (1909). 105 S. 8°
(Brandus'sche Jugendbücher.) [10. 520 9

Reuter, Fritz, Werke. Illustrationen dazu, s. Hiddemann, F. — Illustrationen.

— Werke. Volks-Ausg. Hrsg. v. Hans Reincke. Mit Illustr. v. Hans Stubenrauch. 12 Bde. (1.—8. Bd. 261, 256, 270, 216, 246, 250, 267 u. 227 S.) 8. Berlin (905). [R. Eckstein Nachf.] S. Hahne. In 6 Leinw.-Bdn. 16. —; erm. Pr. n. 6. —

Fritz **Reuters** Werke. In hochdeutscher Übertragung. Hrsg. von Dr. Karl Macke u. A(ugust) Junkermann. Prachtausg. mit Ill. von Konr. Beckmann u. Herm. Tischler. [1.] Berlin: W. Herlet 1905. 8° [F.] [07. 15999

Fritz **Reuters** Werke in hochdeutscher Übertr. hrsg. von Dr. Karl Macke u. A(ugust) Junkermann. [1.] Berlin: W. Herlet [1905]. 8° [F.] [07. 16000

Fritz **Reuters** Werke. Neue ill. Ausg. in 2 Bden hrsg. von Prof. Dr. Karl Macke u. August Junkermann. Mit Orig.-Ill. von Konrad Beckmann u. Herm. Tischler. Bd 1. 2. Berlin: 'Merkur' [um 1905]. 2 Bde 8° [06. 18048 B

(Fritz) **Reuters** Werke. Hrsg. von Wilhelm Seelmann. Krit. durchges. u. erl. Ausg. Bd 1–7. Leipzig & Wien: Bibliogr. Inst. [1905]. 7 Bde 8° [F.]
1. Mit Anm. von Prof. Dr. W. Seelmann u. Prof. Dr. Joh. Bolte.
4. 5. Bearb. von Dr. Ernst Brandes u. Prof. Dr. W. Seelmann.
6. Bearb. von Dr. Conrad Borchling u. Prof. Dr. E. Brandes.
7. Bearb. von Dr. E. Brandes u. Prof. Dr. W. Seelmann.
(Meyers Klassiker-Ausgaben.) [06. 9550

— dasselbe. Hrsg. v. Wilh. Seelmann. Kritisch durchgeseh. u. erläuterte Ausg. 7 Bde. 8. Leipzig (905. 906). Bibliographisches Institut. Geb. in Leinw. à n. 2. —; in Saffian à n. 3. —
1. Mit Anmerkungen v. W. Seelmann u. Joh. Bolte. (64, 436 S. m. 1 Bildnistaf. u. 1 Fk.m.) — 2. (472 S. m. 1 eingedr. Plan.) — 3. (462 S.) — 4. 5. Bearb. v. Ernst Brandes u. W. Seelmann. (522 u. 470 S.) — 6. Bearb. v. Konr. Borchling u. Ernst Brandes. (552 S.) — 7. Bearb. v. Ernst Brandes u. W. Seelmann. (534 S.)

— Werke. Dörchläuchting. (189 S.) 8. Plau (905). L. Hancke. — 50

— dasselbe. De Reis' nah Belligen. (148 S.) gr. 8. Ebd. (906). — 50

Fritz **Reuters** Werke in hochdeutscher Sprache. Aus d. Plattdeutschen übertr. von Dr. phil. E[rich] Bussler. Bd 1–5. Stuttgart: C. Weber & Co. [1905]. 5 Bde 8° [F.]
1. Aus d. Franzosenzeit. 2. Durchlaucht (Dörchläuchting).
3. Aus meiner Festungszeit. 4. 5. Aus meiner Stromzeit. T. 1. 2. [07. 16469 B

Reuter, Fritz, Werke in hochdeutscher Sprache. Aus dem Plattdeutschen übertr. v. E. Bußler. 50 Lfgn. 8. Stuttgart (905). C. Weber & Co. à — 20; auch in 5 Bdn. à 2. —; geb. in Leinw. à 2. 50
1. Bd. Aus der Franzosenzeit. (268 S.) — 2. Bd. Durchlaucht. (Dörchläuchting.) (305 S.) — 3. Bd. Aus meiner Festungszeit. (294 S.) — 4. 5. Bd. Aus meiner Stromzeit. 3 Tle. (227, 224 u. 260 S.)

[Fritz] Reuters Werke. Im Verein mit Dr. Conrad Borchling u. Prof. Dr. Ernst Brandes hrsg. von Prof. Dr. Wilhelm Seelmann. Krit. durchges. u. erl. Ausg. Bd 1–7. Leipzig & Wien: Bibliogr. Inst. [1907]. 8°
(Meyers Klassiker-Ausgaben.)

Reuter, Fritz, Werke, s. a. Klassiker-Bibliothek, goldene.

[Fritz] Reuters Werke in 12 Tlen. Hrsg. mit Einl. u. Anm. von Hans B. Grube. T. 1–12. Berlin [usw.]: Bong [1908]. 8°
1. Läuschen un Rimels. 2. De Reis' nah Belligen.
3. Kein Hüsung. 4. Hanne Nüte.
5. Woans ik tau 'ne Fru kamm. Ut de Franzosentid.
6. Ut mine Festungstid. 7–9. Ut mine Stromtid. 1–3.
10. Dörchläuchting. 11. De meckelnbörgschen Montecchi un Capuletti. Urgeschicht von Meckelnborg. 12. Schurr-Murr. Kleinere Schriften.
(Goldene Klassikerbibliothek.) [09. 947 B

Fritz **Reuters** Werke. Neue ill. Ausg. in 2 Bden. hrsg. von Prof. Dr. Karl Macke u. August Junkermann. Mit Orig. Ill. von Konrad Beckmann u. Hermann Tischler. 54. Aufl. Bd 1. 2. Berlin: Herlet [1909]. 8°

Fritz **Reuters** ausgewählte Werke. Krit. durchges. Ausg. in 9 Bden. Mit e. Biogr. u. mit Einl. hrsg. von Dr. Karl Friedrich Müller, Prof., Kiel. Als Beigaben: 5 Bildn., 9 Abb. u. 1 Brief als Handschriftprobe. Leipzig: Hesse (1904). 8°
1. Fritz Reuters Leben u. Schaffen. 2. 3. Läuschen u. Rimels. 1. 2.
4. Hanne Nüte un de lütte Pudel.
5. Woans ick tau'ne Fru kamm. Ut de Franzosentid.
6. Ut mine Festungstid. 7–9. Ut mine Stromtid. 1–3. [09. 18329 B

— ausgewählte Werke Kritisch durchgeseh. Ausg. in 9 Bdn. Mit e. Biographie des Dichters u. m. Einleitgn. hrsg. v. Carl Frdr. Müller. Als Beigaben: 5 Bildnisse, 9 Abbildgn. u. e. Brief als Handschriftprobe. (160, 167, 143, 176, 216, 244, 248, 224 u. 264 S.) kl. 8. Leipzig (905). M. Hesse. Geb. in 2 Leinw.-Bdn. n. 3. 50; feine Ausg. in 2 Halbfrz.-Bdn. n. 5. 25; Luxusausg. in 2 Liebhaber-Halbfrz.-Bdn. n. 7. —

— dasselbe in 6 Bdn. Kritisch durchgeseh. u. erläut. Ausg., m. Biographie u. Einleitgn. v. Karl Thdr. Gaedertz Mit zahlreichen Abbildgn. (208, 192, 196, 304, 351, 375 u. 216 S.) kl. 8. Leipzig (905). Ph. Reclam jun. In 2 Leinw.-Bdn. n. 3. 50

— Werke in Bildern. 21 Kunstblätter in Heliograv. u. 11 Phototyp. nebst erklär. Textabschnitten aus des Dichters Werken. Nach Gemälden u. Aquarellen v. R. de Witt. Erläuternder Text nebst e. Biographie des Dichters v. E. Kolbe u. R. de Witt. (74 S.) gr. 4. Berlin (905). Preuß' Institut Graphik. Geb. in Leinw. m. Goldschn. n. 25 —; in Kalbldr. n. 40. —

— gesammelte Werke. Hrsg. v. Hans Reincke. Mit Illustr. v. Hans Stubenrauch. 45 Lfgn. gr. 8. Berlin (905). [R. Eckstein Nachf.] S. Hahne. à — 30
1—3. Bd. Ut mine Stromtid. Roman. 3 Tle. (256, 261 u. 270 S.)
4. Bd. Olle Kamellen. 1. Tl. Twei lust. Geschichten. 1. Woans ick tau ne Fru kamm.
5. Bd. Olle Kamellen. 2. Tl. Ut mine Festungstid. (246 S.)
6. Bd. Dasselbe 3. Tl. Dörchläuchting. (249 S.)
7. Bd. Dasselbe 4 Tl. Die meckelnbörgschen Montecchi u. Capuletti od. De Reis' nah Konstantinopel. (267 S.)
8. Bd. De Reis' nah Belligen. Poetische Erzählg. in niederdeutscher Mundart. (227 S.)
9. Bd. Kein Hüsung. Poetische Erzählg. in niederdeutscher Mundart. (144 S.)
10. Bd. Hanne Nüte un de lütte Pudel. 'Ne Vagel- un Minschengeschicht. (226 S.)
11. Bd. Läuschen un Rimels. Plattdeutsche Gedichte heiteren Inhalts in mecklenburgisch-vorpommerscher Mundart. (207 S.)
12. Bd. Dasselbe. Neue Folge. (189 S.)

— sämmtliche Werke. Ebend. 863, 64. 8. Jeder Bd. n. 1 ₰; geb. n. 1 ₰ 10 ngr.
1. Bd.: Läuschen un Riemels. Plattdeutsche Gedichte heiteren Inhalts in mecklenburgisch-vorpommerscher Mundart. 7. Aufl. (XVIII, 269 S.)
3. Bd.: De Reis' nah Belligen. Poetische Erzählung in niederdeutscher Mundart. 2. Aufl. (XVIII, 294 S.)
4. Bd.: Olle Kamellen. 1. Thl. Twei lustige Geschichten. 5. Aufl. Mit 1 Titelbilde (in Holzschn.). (268 S.)
7. Bd.: Hanne Nüte un de lütte Pudel. 'Ne Vagel-un Minschengeschicht. 3. Aufl. (307 S.)
8. Bd.: Olle Kamellen. 3. Thl. Ut mine Stromtid. 1. Thl. 3. Aufl. (VI, 293 S.)
10. Bd.: Olle Kamellen. 5. Thl. Ut mine Stromtid. 3. Thl. (IV, 345 S.)
Den 2. Bd. bilden des Verf. Läuschen u. Riemels, Neue Folge, — den 5. Bd. Olle Kamellen. 2. Thl. Ut mine Festungstid, — den 6. Bd. Schurr-Murr, den 9. Bd. Olle Kamellen. 4. Thl. Ut mine Stromtid. 2. Thl.

Reuter, Fritz, sämmtliche Werke. 1—13. Bd. Wismar 865—68. Hinstorff'sche Hofbuchh. 8. Jeder Bd. n. 1 ₰; geb. n. 1 ₰ 10 ngr.
1. Bd. Läuschen un Rimels. Plattdeutsche Gedichte heiteren Inhalts in mecklenburgisch-vorpommerscher Mundart. 1. Thl. 8—10. Aufl. (XVIII, 269 S.)
2. Bd. — Neue Folge. (2. Thl.) 5—8. Aufl. (X, 260 S.)
3. Bd. De Reis' nah Belligen. Poetische Erzählung in niederdeutscher Mundart. 3—7. Aufl. (XVIII, 294 S.)
4. Bd. Olle Kamellen. 1. Thl.: Woans ik tau 'ne Fru kamm. — Ut de Franzosentid. Twei lustige Geschichten. 6—8. Aufl. (283 S. mit 1 Titelbilde in Holzschn.)
5. Bd. — 2. Thl.: Ut mine Festungstid. 3—7. Aufl. (VII, 322 S.)
6. Bd. Schurr-Murr. Wat tausamen is schrapt ut de hochdütsche Schöttel, ut den plattdütschen Pott un den messingschen Ketel. 3—5. Aufl. (VII, 305 S.)
7. Bd. Hanne Nüte un de lütte Pudel. 'Ne Vagel- un Minschengeschicht. 4—6. Aufl. (IV, 301 S.)
8—10. Bd. Olle Kamellen. 3—5. Thl.: Ut mine Stromtid. 3 Thle. 4—7. Aufl. (VI, 311 S., IV, 316 S., IV, 304 S.)
11. Bd. Kein Hüsung. 3—5. Aufl. (222 S.)
12. Bd. Olle Kamellen. 6. Thl.: Dörchläuchting. 1—4. Aufl. (VIII, 327 S.)
13. Bd. — 7. Thl.: De mecklenbörgschen Montecchi un Capuletti oder de Reis' nach Konstantinopel. 1—3. Aufl. (VI, 354 S.)

— — Illustrationen dazu, s. Hiddemann, F. — Illustrationen.

— — Wörterbuch dazu, s. Frehse, Fr.

Reuter, Fritz, sämmtliche Werke. 15 Bde. 8. Wismar 869—75, Hinstorff'sche Hofbuchh. à Bd. (*ℳ 3.) *ℳ 3,45. * 51 75
geb. à Bd. (*ℳ 4.) *ℳ 4,60. * 69 —

Inhalt:
Bd. 1. Läuschen un Rimels. Plattdeutsche Gedichte heiteren Inhalts in mecklenburgisch-vorpommerscher Mundart. 1. Thl. 11.—14. Aufl. (XV, 269 S.)
„ 2. —— dass. — Neue Folge. (2. Thl.) 9.—11. Aufl. (X, 260 S.)
„ 3. De Reis' nah Belligen. Poetische Erzählung in niederdeutscher Mundart. 8. Aufl. (XVIII, 294 S.)
„ 4. Olle Kamellen. 1. Thl.: Woans ik tau 'ne Fru kamm. — Ut de Franzosentid. Twei lustige Geschichten. 9.—11. Aufl. (293 S. mit 1 Titelbilde in Holzschn.)
„ 5. —— dass. — 2. Thl.: Ut mine Festungstid. 8.—10. Aufl. (VII, 322 S.)
„ 6. Schurr-Murr. Wat tausamen is schrapt ut de hochdütsche Schöttel, ut den plattdütschen Pott un den missingschen Ketel. 6.—8. Aufl. (VII, 305 S.)
„ 7. Hanne Nüte un de lütte Pudel. 'Ne Vagel- un Minschengeschicht. 7.—9. Aufl. (IV, 301 S.)
„ 8—10. Olle Kamellen. 3.—5. Thl.: Ut mine Stromtid. 3 Thle. 8.—11. Aufl. (340; 324; 374 S.)
„ 11. Kein Hüsung. 6. und 7. Aufl. (222 S.)
„ 12. Olle Kamellen. 6. Thl.: Dörchläuchting. 5.—7. Aufl. (VIII, 327 S.)
„ 13. —— dass. — 7. Thl.: De mecklenbörgschen Montecchi un Capuletti oder de Reis' nach Konstantinopel. 4.—6. Aufl. (VI, 355 S.)
„ 14. 15. Nachgelassene Schriften. 1. Thl. Hrsg. und mit der Biographie des Dichters eingeleitet von Adf. Wilbrandt. 1.—4. Aufl. (IV, 235 S.) — 2. Thl. Hrsg. von Adf. Wilbrandt. 1. und 2. Aufl. (277 S.)

Reuter, Fritz (I.), sämmtliche Werke. Volks-Ausg. in 7 Bdn. oder 28 Lfgn. 8. Wismar, Hinstorff'sche Hofbuchh.
à Lfg. * 75 Pf. *

Inhalt:
Bd. 1. Einleitung. — Fritz Reuter's Leben und Werke. — Ausgewählte Briefe. — Läuschen un Rimels I. (XXXII, 370 S. mit Portr.) 877.
„ 2. Läuschen un Rimels II. — Ein gräflicher Geburtstag. — Memoiren eines alten Fliegenschimmels. — Kein Hüsung. — Urgeschicht' von Meckelnborg. (442 S.) 877.
„ 3. De Reis' nach Belligen. — Olle Kamellen I. 1) Woans ick tau'ne Fru kamm. — 2) Ut de Franzosentid. — Briefe des Herrn Inspectors Bräsig. — Die Reise nach Braunschweig. (IV, 438 S.) 878.
„ 4. Hanne Nüte. — Olle Kamellen II: Ut mine Festungstid. — Gedichte. (436 S.) 878.
„ 5. Dörchläuchting. — De meckelnbörgschen Montecchi un Capuletti oder de Reis' nach Konstantinopel. (448 S.) 878.
„ 6. Schurr-Murr. — Eine Heirathsgeschichte. — Olle Kamellen III: Ut mine Stromtid. 1. Thl. (396 S.) 878.
„ 7. Olle Kamellen IV und V: Ut mine Stromtid. 2. und 3. Thl. (443 S.) 878.

—— Ergänzungsbände zu den sämmtlichen Werken. Billige Ausg. in 2 Bdn. [Lustspiele und Polterabend-Gedichte (Julklapp).] 8. (VII, 165; VI, 185 S.) Leipzig 878, C. A. Koch's Verlagsh.
à Bd. * ℳ 1,50. *
geb. à Bd. * ℳ 2,10. und *

Reuter, Fritz, sämmtliche Werke. 15 Bde. 8. Wismar, Hinstorff'sche Hofbuchh.
à Bd. *ℳ 3. *
geb. in Leinw. à Bd. *ℳ 4. *
geb. in Halbfrz. *

Inhalt:
Bd. 1. Läuschen un Rimels. Plattdeutsche Gedichte heiteren Inhalts in mecklenburgisch-vorpomm. Mundart. 15. und 16. Aufl. (XVI, 269 S.) 882.
„ 2. —— dass. — Neue Folge. 12.—14. Aufl. (X, 259 S.) 879—84.
„ 3. De Reis' nah Belligen. Poetische Erzählung in niederdeutscher Mundart. 9.—12. Aufl. (XVIII, 294 S.) 877—83.
„ 4. Olle Kamellen. 1. Thl.: Twei lustige Geschichten. 1. Woans ick tau 'ne Fru kamm. 2. Ut de Franzosentid. 12.—15. Aufl. (304 S. mit 1 Titelbilde in Holzschn.) 875—83.
„ 5. —— dass. — 2. Thl.: Ut mine Festungstid. 11.—13. Aufl. (IV, 350 S.) 878—82.
„ 6. Schurr-Murr. Wat tausamen is schrapt ut de hochdütsche Schöttel, ut den plattdütschen Pott un den missingschen Ketel. 9. und 10. Aufl. (305 S.) 879,82.
„ 7. Hanne Nüte un de lütte Pudel. 'Ne Vagel- und Minschengeschicht'. 10.—13. Aufl. (301 S.) 876—84.
„ 8. Olle Kamellen. 3. Thl.: Ut mine Stromtid. 1. Thl. 12.—15. Aufl. (IV, 340 S.) 878—83.
„ 9. —— dass. — 4. Thl.: Ut mine Stromtid. 2. Thl. 13.—14. Aufl. (324 S.) 879—83.
„ 10. —— dass. — 5. Thl.: Ut mine Stromtid. 3. Thl. 12. und 13. Aufl. (374 S.) 882,83.
„ 11. Kein Hüsung. 8. und 9. Aufl. (222 S.) 877,81.
„ 12. Olle Kamellen. 6. Thl.: Dörchläuchting. 8.—10. Aufl. (VIII, 328 S.) 877—82.
„ 13. —— dass. — 7. Thl.: De meckelnbörgschen Montecchi un Capuletti, oder: De Reis' nah Konstantinopel. 7.—9. Aufl. (IV, 378 S.) 877—882.
„ 14. Nachgelassene Schriften. 1. Thl. Hrsg. und mit der Biographie des Dichters eingeleitet von Adolf Wilbrandt. 1. Abthl.: Vorwort des Herausgebers. — Fritz Reuters Leben und Werke. — 2. Abthl.: Ein gräflicher Geburtstag. — Briefe des Herrn Inspector Bräsig an Fritz Reuter. — Die Reise nach Braunschweig. — Urgeschichte von Mecklenburg. — Gedichte. (Ok 'ne lütte Gaw' för Dütschland.) 5. Aufl. (IV, 96, 235 S.) 879.
„ 15. —— dass. — 2. Thl. Hrsg. von Adolf Wilbrandt. Vorwort des Herausgebers. — Memoiren eines alten Fliegenschimmels. — Eine Heirathsgeschichte. — Ausgewählte Briefe von Fritz Reuter. — Mit Fritz Reuter's Portr. 3. Aufl. (VIII, 277 S.) 883.

—— dass. — Volks-Ausg. 2. Aufl. 42 Lfgn. oder 7 Bde. 8. Ebendas. 882,83.
à Lfg. * 50 Pf. *
geb. in Leinw. *
geb. in Leinw. mit Deckelvergoldung *

Inhalt:
Bd. 1. Einleitung. — Fritz Reuter's Leben und Werke. — Ausgewählte Briefe. — Läuschen un Rimels I. (XXXII, 370 S. mit Portr.)
„ 2. Läuschen un Rimels II. — Ein gräflicher Geburtstag. — Memoiren eines alten Fliegenschimmels. — Kein Hüsung. — Urgeschicht' von Meckelnborg. (442 S.)
„ 3. De Reis' nah Belligen. — Olle Kamellen I: 1) Woans ick tau 'ne Fru kamm. 2) Ut de Franzosentid. — Briefe des Herrn Inspectors Bräsig. — Die Reise nach Braunschweig. (IV, 438 S.)
„ 4. Hanne Nüte un de lütte Pudel. — Olle Kamellen II: Ut mine Festungstid. — Gedichte. (436 S.)
„ 5. Olle Kamellen VI und VII: Dörchläuchting. — De meckelnbörgschen Montecchi un Capuletti oder: De Reis' nah Konstantinopel. (448 S.)
„ 6. Schurr-Murr. — Eine Heirathsgeschichte. — Olle Kamellen III: Ut mine Stromtid. 1. Thl. (396 S.)
„ 7. Olle Kamellen IV und V: Ut mine Stromtid. 2. und 3. Thl. (443 S.)

—— dass. — Ergänzungsbde. [Lustspiele und Polterabend-Gedichte (Julklapp).] Volks-Ausg. in 4 Lfgn. oder 2 Bdn. 2. Aufl. 8. (VII, 165; VI, 185 S.) Leipzig 883, C. A. Koch's Verlagsh.
à Lfg. 75 Pf.; à Bd.
compl. 2 Bde. in 1 Bd. geb. ℳ 3,75.; mit rothem Schnitt

Reuter, Fritz, sämmtliche Werke. 2—13. u. 15. Bd. 8. Wismar, Hinstorff's Verl. à n. 3. —; geb. à n. 4. —
2. Läuschen un Rimels. Neue Folge. Plattdeutsche Gedichte heiteren Inhalts in mecklenburgisch-vorpommerscher Mundart. 14. Aufl. (X, 259 S.) 884.
3. Die Reis' nah Belligen. Poetische Erzählg. in niederdeutscher Mundart. 12. Aufl. (XVIII, 294 S.) 883.
4. Olle Kamellen. 1. Thl. Twei lustige Geschichten. 1. Woans ick tau 'ne Fru kamm. 2. Ut de Franzosentid. Mit e. Titelbilde. (Holzschn.) 16. Aufl. (304 S.) 886.
5. Dasselbe. 2. Thl. Ut mine Festungstid. 14. Aufl. (VII, 350 S.) 886.
6. Schurr-Murr. Wat tausamen is schrapt ut de hochdütsche Schöttel, ut den plattdütschen Pott un den missingschen Ketel. 11. Aufl. (VII, 305 S.) 886.
7. Hanne Nüte un de lütte Pudel. 'Ne Vagel- u. Minschengeschicht. 13. Aufl. (301 S.) 884.
8—10. Olle Kamellen. 3—5. Thl. Ut mine Stromtid. 3 Thle. 16., resp. 15. u. 13. Aufl. (VI, 340; 342 u. 374 S.) 882—86.
11. Kein Hüsung. 10. Aufl. (222 S.) 885.
12. Olle Kamellen. 3. Thl. Dörchläuchting. 11. Aufl. (VIII, 327 S.) 886.
13. Dasselbe. 7. Thl. De meckelnbörgschen Montecchi un Capuletti od. de Reis' nah Konstantinopel. 10. Aufl. (VI, 378 S.) 885.
15. Nachgelassene Schriften. 2. Thl. Hrsg. v. Adf. Wilbrandt. (XII, 277 S.) 872.

— Ergänzungsbände zu den sämmtlichen Werken. [Lustspiele u. Polterabend-Gedichte (Julklapp).] Volks-Ausg. in 2 Bdn. od. 4 Lfgn. 2. Aufl. 8. (VII, 165 u. VI, 185 S.) Leipzig 883. C. A. Koch. à Lfg. — 75; à Bd. 1. 50; cplt. 2 Bde. in 1 Bd. geb. 3. 75; mit rothem
Schnitt 4. 20

— dasselbe. Volks-Ausg. in 7 Bdn. 3. Aufl. 8. (XXXII, 370; 442; VI, 438; 436; 448; 396 u. 443 S.) Ebend. 885.
n. 21. —; geb. n. 26. 25

Reuter's, Fritz, sämmtliche Werke. 15 Bde. 8. Wismar, Hinstorff's Verl. à Bd. n. 3. —; geb. in Leinw. à Bd. n. 4. —
1. Läuschen un Rimels. Plattdeutsche Gedichte heitern Inhalts in mecklenburgisch-vorpomm. Mundart. 18. Aufl. (XIV, 269 S.) 885; 18. Aufl. (XIV, 269 S.) 889.
2. — dasselbe. Neue Folge. 15. Aufl. (VI, 259 S.) 888.
3. De Reis' nah Belligen. Poetische Erzählung in niederdeutscher Mundart. 13. Aufl. (XVIII, 294 S.) 888.
4. Olle Kamellen. 1. Thl.: Twei lustige Geschichten: 1. Woans ick tau 'ne Fru kamm. — 2. Ut de Franzosentid. 17. Aufl. (304 S. m. 1 Titelbild.) 890.
5. — dasselbe. 2. Thl.: Ut mine Festungstid. 15. Aufl. (IV, 350 S.) 890.
6. Schurr-Murr. Wat tausamen is schrapt ut de hochdütsche Schöttel, ut den plattdütschen Pott un den missingschen Ketel. Enthält: 1. Wat bi 'ne Aewerraschung 'rute kamen kann. — 2. Hannesiken. — 3. Abendteuer des Entspekter Bräsig, bürtig aus Meckelborg-Schwerin, von ihm selbst erzählt. — 4. Von 't Pird up den Esel. — 5. Meine Vaterstadt Stavenhagen. 11. Aufl. (305 S.) 886.
7. Hanne Nüte un de lütte Pudel. 'Ne Vagel- un Minschengeschicht. 14. Aufl. (301 S.) 888.
8. Olle Kamellen. 3. Thl.: Ut mine Stromtid. 1. Thl. 17. Aufl. (IV, 340 S.) 890.
9. — dasselbe. 4. Thl.: Ut mine Stromtid. 2. Thl. 16. Aufl. (324 S.) 890.
10. — dasselbe. 5. Thl.: Ut mine Stromtid. 3. (Schluß-)Thl. 15. Aufl. (374 S.) 890.

11. Kein Hüsung. 11. Aufl. (222 S.) 890.
12. Olle Kamellen. 6. Thl.: Dörchläuchting. 11. Aufl. (VIII, 327 S.) 886.
13. — dasselbe. 7. Thl.: De meckelnbörgschen Montecchi un Capuletti od. de Reis' nah Konstantinopel. 10. Aufl. (VI, 378 S.) 885.
14. Nachgelassene Schriften. 1. Thl. Hrsg. u. m. der Biographie d. Dichters eingeleitet v. Adf. Wilbrandt. 6. Aufl. (V, 96 u. 235 S.) 887.
15. — dasselbe. 2. Thl. Hrsg. v. Adf. Wilbrandt. 4. Aufl. (XII, 277 S. m. Bild d. Verf.)

Reuter's, Fritz, sämmtliche Werke. Volks-Ausg. in 7 Bdn. 3.—6. Aufl. 8. Wismar 888—890. Hinstorff's Verl. n. 21. —; geb. in grüne Leinw. m. Schwarzpressung n. 26. —; m. Goldpressung u. rothem Schnitt n. 29. 40; in rothe Leinw. n. 29. 40; auch in 52 Lfgn. à n. — 40 u. 1 Lfg. à n. — 20

1. Vorwort. — Einleitung. Ueber Fritz Reuter's Sprache und Schrift, nebst sprachl. Tabellen. — Aus Adf. Wilbrandt's Vorwort zu Fr. Reuter's nachgelassenen Schriften. — Fritz Reuter's Leben und Werke, v. Adf. Wilbrandt. — Ausgewählte Briefe von Fritz Reuter. — Läuschen un Rimels. 1. Thl. (XXXII, 370 S. mit Reuter's Portr.)
2. Läuschen un Rimels. 2. Thl. — Ein gräflicher Geburtstag. — Memoiren eines alten Fliegenschimmels. — Kein Hüsung. — Urgeschicht' von Meckelnborg. (442 S.)
3. De Reis' nah Belligen. — Olle Kamellen. I. 1. Woans ick tau 'ne Fru kamm. — 2. Ut de Franzosentid. — Briefe des Herrn Entspekter Bräsig an Fritz Reuter. — Die Reise nach Braunschweig. (IV, 438 S.)
4. Hanne Nüte un de lütte Pudel. — Olle Kamellen. II. Ut mine Festungstid. — Gedichte (ok 'ne lütte Gaw för Dütschland. Großmutting, hei is dod!) (436 S.)
5. Olle Kamellen. VI. Dörchläuchting. — Olle Kamellen. VII. De meckelnbörgschen Montecchi un Capuletti. (448 S.)
6. Schurr-Murr. (Wat bi 'ne Aewerraschung 'rute kamen kann. Hannefiken. Abendteuer des Entspekter Bräsig, bürtig aus Meckelborg-Schwerin, von ihm selbst erzählt. Von 't Pird up den Esel. Meine Vaterstadt Stavenhagen.) — Eine Heirathsgeschichte. — Olle Kamellen. III. Ut mine Stromtid. 1. Thl. (396 S.)
7. Olle Kamellen. IV. Ut mine Stromtid. 2. Thl. — Olle Kamellen. V. Ut mine Stromtid. 3. Thl. Berichtigungen und Zusätze. (443 S.)

Reuter's, Fritz, sämmtliche Werke. 4.—6. u. 8.—14. Bd. 8. Wismar, Hinstorff's Verlag. à Bd. * 3 —; * 30 — geb. à Bd. * 4 —; * 40 —

4. Olle Kamellen. 1. Thl.: Twei lust. Geschichten. (Woans ick tau' ne Fru kamm. Ut de Franzosentid.) 17. Aufl. (304 S. m. 1 Titelbild.) 890. — 5. Dass. — 2. Thl.: Ut mine Festungstid. 15. Aufl. (VII, 350 S.) 890. — 6. Schurr-Murr. 12. Aufl. (VII, 305 S.) 891. — 8.—10. Olle Kamellen. 3.—5. Thl.: Ut mine Stromtid. 3 Thle. 17., 16. u. 15. Aufl. (310; 324; 374 S.) 890. — 11. Kein Hüsung. 11. Aufl. (222 S.) 890. — 12. Dass. — 6. Thl.: Dörchläuchting. 12. Aufl. (VIII, 327 S.) 891. — 13. Dass. — 7. Thl.: De meckelnbörgschen Montecchi un Capuletti. 11. Aufl. (VI, 378 S.) 891. — 14. Nachgelassene Schriften. 1. Thl. Hrsg. u. mit der Biographie des Dichters eingeleitet von Adf. Wilbrandt. 7. Aufl. (V, 235 S.) 892.

1.—3., 7. u. 15. Bd. Ebd. 1888,89. à * 3 —; geb. à * 4 —.

—— dass. — Volks-Ausg. in 7 Bdn. 5. u. 6. Aufl. 8. (XXXII, 370; 442; IV, 438; III, 436; III, 448; III, 396; III, 442 S.) Ebd. 890. * 21 —; geb. in grüne Leinw. m. Schwarzpressg. * 26 — Mit Goldpressg. u. roth. Schnitt * 29 40; in rothe Leinw. * 29 40 Auch in 52 Lfgn. à * — 40 u. 1 Lfg. à * — 20

Reuter, Fritz, sämmtliche Werke. 15 Bde. 8. Wismar, Hinstorff's Verl. à n. 3. —; geb. in Leinw. à n. 4. —

1. Läuschen un Rimels. 1. Thl. Plattdeutsche Gedichte heiteren Inhalts in mecklenburgisch-vorpommerscher Mundart. 19. Aufl. (XVI, 269 S.) 893.
2. — dasselbe. 2. Thl. 16. Aufl. (X, 259 S.) 894.
3. De Reis' nah Belligen. Poetische Erzählg. in niederdeutscher Mundart. 14. Aufl. (XVIII, 294 S.) 893.
4. Olle Kamellen. 1. Thl. Twei lust. Geschichten. 1. Woans ick tau 'ne Fru kamm. 2. Ut de Franzosentid. 18. Aufl. (304 S. m. 1 Titelbild.) 894.
5. — dasselbe. 2. Thl. Ut mine Festungstid. 16. Aufl. (VII, 350 S.) 894.
6. Schurr-Murr. Wat tausamen is schrapt ut de hochdütsche Schöttel, ut den plattdütschen Pott un den missingschen Ketel. 12. Aufl. (VII, 305 S.) 891.
7. Hanne Nüte un de lütte Pudel. 'Ne Vagel- un Minschengeschicht. 15. Aufl. (301 S.) 892.
8. Olle Kamellen. 3. Thl. Ut mine Stromtid. 1. Thl. 18. Aufl. (340 S.) 893.
9. — dasselbe. 4. Thl. Ut mine Stromtid. 2. Thl. 17. Aufl. (324 S.) 894.
10. — dasselbe. 5. Thl. Ut mine Stromtid. 3. Thl. 16. Aufl. (374 S.) 894.
11. Kein Hüsung. 12. Aufl. (222 S.) 894.
12. Olle Kamellen. 6. Thl. Dörchläuchting. 12. Aufl. (VIII, 327 S.) 891.
13. — dasselbe. 7. Thl. De meckelnbörgschen Montecchi un Capuletti, od. de Reis' nah Konstantinopel. 12. Aufl. (VI, 378 S.) 895.
14. Nachgelassene Schriften. 1. Thl. Hrsg. u. m. der Biographie d. Dichters eingeleitet v. Adf. Wilbrandt. 7. Aufl. (V, 235 S.) 892.
15. — dasselbe. 2. Thl. Hrsg. v. Adf. Wilbrandt. 6. Aufl. (VIII, 277 S. m. Bildnis.) 894.

— dasselbe. Volks-Ausg. in 7 Bdn. 8. Aufl. 8. (XXXII, 370; 442; IV, 438; III, 436; III, 448; III, 396 u. III, 442 S. m. Bildnis.) Ebd. 894. Geb. in Leinw. n. 26. —

[F.] Sämmtliche Werke von Fritz **Reuter**. Bd 1—15. *Wismar: Hinstorff 1893—97.* 15 Bde 8.

1. Läuschen un Rimels, Th. I. ... 19. Aufl ... 1893. (1 Bl., XVI, 269 S.)
2. Läuschen un Rimels, Th. II. ... 16. Aufl. ... 1894. (5 Bl., 259 S.)
3. De Reis' nah Belligen ... 14. Aufl. ... 1893. (XVIII, 294 S.)
4. Olle Kamellen I ... 18. Aufl. ... 1894. (2 Bl., 304 S., 1 Taf.)
5. Olle Kamellen II ... 16. Aufl. ... 1894. (4 Bl., 350 S.)
6. Schurr-Murr ... 13. Aufl. ... 1896. (4 Bl., 305 S.)
7. Hanne Nute ... 16. Aufl. ... 1897. (3 Bl., 301 S.)
8. Olle Kamellen III. Ut mine Stromtid, Th. 1. ... 19. Aufl. ... 1897. (3 Bl., 340 S.)
9. Olle Kamellen IV. Ut mine Stromtid, Th. 2. ... 17. Aufl. ... 1894. (3 Bl., 324 S.)
10. Olle Kamellen V. Ut mine Stromtid, Th. 3. ... 16. Aufl. ... 1894. (3 Bl., 374 S.)
11. Kein Husung ... 13. Aufl. ... 1898. (2 Bl., 222 S.)
12. Olle Kamellen VI. Dörchläuchting ... 13. Aufl. ... 1895. (VIII, 327 S.)
13. Olle Kamellen VII. De meckelnbörg'schen Montecchi un Capuletti ... 12. Aufl. ... 1895. (3 Bl., 378 S.)
14. Nachgelassene Schriften. Th. 1. Hrsg. u. mit d. Biographie d. Dichters eingel. v. Adolf Wilbrandt. 8. Aufl. ... 1897. (2 Bl., IV S., 1 Bl., 96, 235 S.)
15. Nachgelassene Schriften. Th. 2. ... 5. Aufl. ... 1894. (XII, 277 S., 1 Portr.)

[98. 5381 Go

Reuter, Fritz, sämtliche Werke. 6.—8., 12. u. 14. Bd. 8. Wismar, Hinstorff's Verl. à n. 3. —; geb. in Leinw. à n. 4. —; in Halbfrz. à n. 4. 80

6. Schurr-Murr. Wat tausamen is schrapt ut de hochdütsche Schöttel, ut den plattdütschen Pott un den missingschen Ketel. 13. Aufl. (VII, 305 S.) 896.
7. Hanne Nüte un de lütte Pudel. 'Ne Vagel- un Minschengeschicht. 16. Aufl. (301 S.) 897.
8. Olle Kamellen. III. Thl. Ut mine Stromtid. 1. Thl. 19. Aufl. (VIII, 340 S.) 897.
12. Dasselbe. VI. Thl. Dörchläuchting. 13. Aufl. (VIII, 327 S.) 895.
14. Nachgelassene Schriften. 1. Thl. Hrsg. u. m. d. Biographie d. Dichters eingeleitet v. Adf. Wilbrandt. 8. Aufl. (V, 235 S.) 897.

— dasselbe. Volks-Ausg. in 7 Bdn. 11. Aufl. 12. (XXXII, 370; 442; IV, 438; III, 436; III, 448; III, 396 u. III, 442 S. m. Bildn.) Ebd. 897. n. 21. —; geb. in Leinw. n. 26. —; m. Goldpressg. n. 29. 40; in Halbfrz. n. 34. —

Reuter, Fritz, sämmtliche Werke. Neue wohlf. Volksausg. in 8 Bdn. 1.—3. Aufl. 8. (à XXXI, 337; XI, 380; V, 407; III, 331; III, 412; III, 362; III, 420 u. V, 362 S. m. Bildnis.) Wismar 902. Hinstorff's Verl. Geb. in Leinw. n. 12. —; in Halbfrz. n. 20. —; in 4 Leinw.-Bdn. n. 10. —

Sämtliche Werke von Fritz **Reuter**. Neue Volksausg. in 8 Bden. 4. Aufl. Bd 1—8. Wismar: Hinstorff 1902—3. 8°
1. 1902. 2. 1903. 3. 1902. 4.5. 1903. 6. 1902. 7.8. 1903.

Sämtliche Werke von Fritz **Reuter**. Rechtmässige Orig.-Ausg. in 8 Bden. Bd 1—8. (Vorr.: Adolf Wilbrandt.) Doetinchem: E. Weißenturn; Berlin, Leipzig: Th. Knaur Nachf. in Komm. [1904]. 8 Bde 8° [F.] [06. 1746]

— dasselbe. Rechtmäßige Orig.-Ausg. in 8 Bdn. (V, 344; XI, 366; III, 395; III, 319; III, 398; III, 350; III, 406 u. IV, 344 S. m. Bildnis.) 8. Doetinchem (904). (Berlin, Th. Knaur Nachf.) In 4 Leinw.-Bdn. 6. —; in 8 Leinw.-Bdn. 8. —; in 4 Halbfrz.-Bdn. 11. — u. 15. —

Fritz **Reuters** sämtliche Werke. Vollst., krit. durchgesehene Ausg. in 18 Bden. Mit e. Biogr. d. Dichters u. mit Einl. hrsg. von Dr. Carl Friedrich Müller, Prof. in Kiel. Als Beigaben: 5 Bildn., 9 Abb., 1 Brief als Handschriftprobe, sowie e. vollst. Reuter-Lexikon. Bd 1—[19]. Leipzig: M. Hesse (1904). 10 Bde 8° [F.]

1. Fritz Reuters Leben u. Schaffen. 2. Julklapp! Polterabendgedichte.
3. Der 1. April 1856. Blücher in Teterow. Die 3 Langhänse.
4. 5. Läuschen un Rimels. 1. 2. 6. De Reis' nah Belligen.
7. Kein Hüsung. 8. Hanne Nüte un de lütte Pudel.
9. Woans ick tau ne Fru kamm. Ut de Franzosentid. 10. Ut mine Festungstid.
11. Schurr-Murr. 12—14. Ut mine Stromtid. 1—3. 15. Dörchläuchting.
16. De meckelnborgschen Montecchi un Capuletti.
17. 18. Kleinere Schriften [19.] Reuter-Lexikon.

[05. 905

— sämmtliche Werke. 3. 5., 7., 13. u. 14. Bd. 8. Wismar, Hinstorff's Verl. à 3. —; geb. in Leinw. à 4. —
3. De Reis' nah Belligen. Poetische Erzählg in niederdeutscher Mundart. 18. Aufl. (XVIII, 294 S.) 904.
5. Olle Kamellen. II. Tl. Ut mine Festungstid. 18. Aufl. (VII, 350 S.) 904.
7. Hanne Nüte un de lütte Pudel. 'Ne Vagel- u. Minschengeschicht. 17. Aufl. (V, 301 S.) 904.
13. Olle Kamellen. VII. Tl. De mecklenb. Montecchi un Capuletti od. De Reis' nah Konstantinopel. 14 Aufl. (VI, 378 S.) 904.
14. Nachgelassene Schriften. I. Tl. Hrsg. u. m. der Biographie des Dichters eingeleitet v. Adf. Wilbrandt. 9. Aufl. (V, 235 S.) 904.

— dasselbe. Neue Volksausg. in 8 Bdn. 5. Aufl. (XXXI, 337; XI, 380; V, 407; III, 331; III, 412; III, 362; III, 420 u. V, 362 S. m. Bildnis.) kl. 8. Ebd. 905. Geb. in 4 Leinw.-Bdn. n. 6. —

— dasselbe. Ausg. in 15 Büchern. Auf Grund der neuesten Reuterforschg. bearb. u. hrsg. v. Herm. Jahnke u. Alb Schwarz. Mit e. Lebensbilde des Dichters, e. sprachgeschichtl. Darstellg., mehreren Abbildgn. u. vollständ. Wörterbuch zu Fritz Reuters Werken. (217, 159, 158, 74; 176, 172, 105, 172; 200, 201, 221, 90; 198, 190, 228, 98, 124 u. IV S.) kl. 8. Berlin (905). A. Weichert. In 4 Leinw.-Bdn. 6. —

— dasselbe. Ausg. in 8 Bdn. Hrsg. v. Heinr. Lange (III, 293; III, 376; III, 363; III, 305; III, 390; III, 335; III, 386 u. III, 216 S. m. Bildnis.) kl. 8. Dresden (905). B. Sturm. In 4 Leinw.-Bdn. 5 —

— dasselbe. Vollständige, kritisch durchgeseh. Ausg. in 18 Bdn. Mit e. Biographie des Dichters u. m. Einleitgn. hrsg. v. Carl Frdr. Müller. Als Beigaben: 5 Bildnisse, 9 Abbildgn., e. Brief als Handschriftprobe, sowie e. vollständ. Reuter-Lexikon. (160, 109, 122, 167, 143, 170, 118, 176, 216, 244, 239, 248, 224, 264, 246, 269, 148, 123 u. VII, 175 S.) kl. 8. Leipzig (905). M. Hesse. 4. 50; geb. in 3 Leinw.-Bdn. 5. —; in 4 Leinw.-Bdn. 6. —; in 6 Leinw.-Bdn. 8. —; feine Ausg. in 4 Halbfrz.-Bdn. 9. 50; in 6 Halbfrz.-Bdn. 12. —; Luxusausg. geb. in 4 Liebhaber-Halbfrz.-Bdn. 12. 50; in 6 Liebhaber-Halbfrz.-Bdn. 16. —

Fritz **Reuters** sämtliche Werke in 12 Bden. Vollst., kritisch durchges. u. erl. Ausg. mit Biogr. u. Einl. von Prof. Dr. Karl Theodor Gaedertz. Mit zahlr. Abb. Bd 1–12 in 4 Bden. Leipzig: Ph. Reclam jun. [1905]. 12 Bde 8° [F.]
1. 1. Einl. Reuters Leben u. Schriften. Läuschen un Rimels 1.
2. Läuschen un Rimels 2. Humoristisches aus d. Unterhaltungsbl. f. beide Mecklenburg u. Pommern.
3. Julklapp!! 3 Lustspiele: Der 1. April 1856 oder Onkel Jakob u. Onkel Jochen. Blücher in Teterow. Die 3 Langhänse.
2. 4. De Reis' nach Belligen.
5. Hanne Nüte un de lütte Pudel. Kein Husung.
6. Olle Kamellen: Ut de Franzosentid. Ut min Festungstid.
3. 7. Olle Kamellen: Ut min Stromtid. T. 1 u. 2.
8. Olle Kamellen: Ut min Stromtid. T. 3.
9. Olle Kamellen: Dörchlauchting.
4. 10. Olle Kamellen: De meckelnbörgschen Montecchi un Capuletti oder De Reis' nach Konstantinopel.
11. Schurr-Murr. Urgeschicht von Meckelnborg.
12. Kleinere Schriften. Gelegenheitsgedichte.
(Ph. Reclams billigste Klassiker-Ausgaben.) [05. 15950

— dasselbe in 12 Bdn. Vollständige, kritisch durchgesch. u. erläuterte Ausg., m. Biographie u. Einleitgn. v. Karl Thdr. Gaedertz. Mit zahlr. Abbildgn. (282, 192, 263, 252, 196, 304, 351, 375, 216, 203, 216, 271 u. 307 S.) kl. 8. Leipzig (905). Ph. Reclam jun. n. 4. 50; in 4 Leinw.-Bdn. n. 6. —; auf Büttenpap. n. 25. —; geb in Halbfrz n. 50. —

— dasselbe. Mit Vorwort u. biographisch-literar. Würdigg. v. Otto Weltzien u. e. Bildnis des Dichters nach Jos. Kriehuber. (XVI, 959 S.) gr. 8. Stuttgart (905). Deutsche Verlags-Anstalt. Geb. in Leinw n. 4. —

— dasselbe. Neue illustr. Ausg. in 2 Bdn. Mit ausführl Wörterbuch in hochdeutscher Sprache. (584 u. 536 S.) gr. 8. Hamburg (906). (H. Carly.) Geb. in Leinw. n. 4. —

Sämtliche Werke von Fritz **Reuter**. Neue ill. Ausg. in 2 Bden. Mit ausführl. Wörterbuch in hochdeutscher Sprache. Bd 1. 2 [nebst] Wörterbuch. Hamburg: Hansa-Verl. [1906]. 3 Bde 8° [F.] [08. 12674 9

— Sämtliche Werke. 8., 11., 12. u. 15. Bd. kl. 8. Wismar, Hinstorff's Verl. Geb. in Leinw. à 4. —
8. Olle Kamellen. III. Tl. Ut mine Stromtid. 1. Tl. 21. Aufl. (VIII, 340 S.) 908.
11. Kein Hüsung. 14. Aufl. (222 S.) 901.
12. Olle Kamellen. VI. Thl. Dörchläuchting. 15. Aufl. (VIII, 327 S.) 908.
15. Nachgelassene Schriften. 2. Thl. Hrsg. v. Adf. Wilbrandt. 7. Aufl. (XII, 277 S. m. Bildnis.) 908.

— wie ich zu e. Frau kam u. andere Geschichten. (Hochdeutsche Uebersetzg.) (80 S.) 8. Leipzig (905). A. Hasert & Co. — 50

—— woans ick tau 'ne Fru kamm, s.a. Novellenschatz, neuer deutscher.

— woans ick tau 'ne Fru kamm, s.a. Volksbücher der deutschen Dichter-Gedächtnis-Stiftung. 9. Heft.

— Woans ick tau' ne Fru kam, s.a. Schatzgräber, der.

Woans ik tau 'ne Fru kamm von Fritz **Reuter**. Hrsg. v. Dürer-Bunde. München: Callwey [1910]. 32 S. 8°
(Der Schatzgräber. Nr 51.) [11. 610 9

—— in the year '13., s. Collection of German authors.

Reuter, G., Glück u. Geld. Ein Roman aus dem heut. Egypten. 8. (285 S.) Leipzig 888. Friedrich. n. 5. —; geb. n.n. 6. —

Reuter, Gabriele, der Amerikaner. Roman. 1.—5. Aufl. (318 S.) 8. Berlin 907.08. S. Fischer, Verl. 4. —; geb. n 5. —; in Ldr. 6. 50

Reuter, Gabriele, Frau Bürgelin u. ihre Söhne. Roman. 1.—4. Aufl. 8. (à 336 S.) Berlin 899. 900. S. Fischer, Verl. n. 4. —; geb. n. 5. —

— Frau Bürgelin u. ihre Söhne. Roman. 5. u. 6. Aufl. (320 S.) 8. Ebd. 907. 4. —; geb. n 5. —

Reuter, Gabriele, A. v. Droste-Hülshoff, s.a. Literatur, die.

Annette von Droste-Hülshoff. Von Gabriele **Reuter**. Mit 12 Abb. u. 1 Faks. Berlin: Bard, Marquardt & Co. [1905]. (87 S.) 8°
= Literatur, Die. Bd 19. [05. 1904

— Ebner-Eschenbach, s.a. Dichtung, die, 19. Bd.

Ebner-Eschenbach. Von Gabriele **Reuter**. *Berlin & Leipzig: Schuster & Loeffler [1904].* (79 S.) 8°
= Dichtung, Die. Bd 19.

[Ant. u. F.] Gabriele **Reuter**. Aus guter Familie. Leidensgesch. e. Mädchens. In 2 Tln. *Berlin: S. Fischer 1896.* (2 Bl., 370 S.) 1 Bd 8. [96. 2508

Reuter, Gabriele, aus guter Familie. Leidensgeschichte e. Mädchens. 2 Thle. in 1 Bd. 7. Aufl. 8. (369 S.) Berlin 898. S. Fischer, Verl. n. 4. —

— aus guter Familie. Leidensgeschichte e. Mädchens. 2 Thle. in 1 Bd. 10.—12. Aufl. 8. (à 380 S.) Ebd. 901—903. n. 4. —; geb. n.n. 5. —

— aus guter Familie. Leidensgeschichte e. Mädchens. 15. u. 16. Aufl. (Je 380 S.) 8. Berlin 906. S. Fischer, Verl. n. 4. —; geb. n. 5. —; in Ldr. n. 6. —

Reuter, Gabriele: Aus guter Familie. Leidensgeschichte eines Mädchens. 18. Aufl. — Berlin: S. Fischer 1908. 380 S. 8°

Gabriele Reuter. Frauenseelen. Novellen. *Berlin: S. Fischer 1902.* (260 S.) 8° [F.]

— Frauenseelen. Novellen. 1. u. 2. Aufl. 8. (à V, 260 S.) Ebd. 902. n. 3. —; geb. n. 4. —

— Frauenseelen. Novellen. 4. Aufl. (V, 260 S.) 8. Ebd. 904. n. 3. —; geb. n.n. 4. —

— Frauenseelen, s.a. Fischer's Bibliothek zeitgenöss. Romane. III, 3.

Frauenseelen. Novellen von Gabriele **Reuter**. Berlin: S. Fischer (1910). 184 S. 8°
(Fischers Bibliothek zeitgenössischer Romane. Jg. 3, Bd 3.) [11. 261

— Sanfte Herzen. Ein Buch f. junge Mädchen. (255 S.) kl. 8. Berlin 909. S. Fischer, Verl. 3.—; geb. n 4. —

Sanfte Herzen. Ein Buch f. junge Mädchen von Gabriele **Reuter**. 4. Aufl. Berlin: S. Fischer 1909. 255 S. 8° [10. 772

— Episode Hopkins. Zu spät. Zwei Studien. 8. (256 S.) Dresden 889. Pierson. n. 3. —

— Episode Hopkins, 2 Novellen. (Neue [Titel-]Ausg.) 8. (256 S.) Ebd. [889.] 897. n. 3. —; geb. in Leinw. n. 4. —

— Gunhild Kersten. Novelle 1.—4. Aufl. (Je 197 S.) 8. Stuttgart 904. Deutsche Verlags-Anstalt. n. 1. 50; geb. n. 2. 50

Reuter, G., Kolonistenvolk. Roman aus Argentinien. 8. (342 S.) Leipzig 891. W. Friedrich. n. 5. —

Reuter, Gabriele, Kolonistenvolk. Roman aus Argentinien. (Neue [Titel-]Ausg. 8. (342 S.) Berlin [891.] 897. S. Fischer, Verl. n. 3, 50; geb. n. 4. 50

— d. Lebenskünstler. 8. (V, 235 S.) Ebd. 897. n. 3. —

[Ant. u. F.] Gabriele **Reuter**. Der Lebenskünstler. 2. Aufl. *Berlin: L. Fischer 1897.* (3 Bl., 235 S.) 1 Bd 8. [96. 7590

— der Lebenskünstler. Novellen. 3. Aufl. (258 S.) 8. Berlin 904. S. Fischer, Verl. n. 3. —; geb. n.n. 4. —

— Wunderliche Liebe. Novellen. 1.—4. Aufl. (à 234 S.) 8. Ebd. 905. 906. n. 3. —; geb. in Leinw. n.n. 4. —

— s.: Meister der modernen Erzählungskunst.

— Margaretes Mission, s.: Deva-Roman-Sammlung.

Gabriele **Reuter**, Orestes. Berlin: Romanwelt 1897. (46 S.) 8° [F.]
= Geschichten, Kurze. 1, 5. [1.] [05. 3397

— das böse Prinzeßchen. Ein Märchenspiel f. Kinder in 3 Aufzügen. Begleitende Musik v. Max Marschalk. (78 S.) 8. Berlin 905. S. Fischer, Verl. n. 1.50; n.n 2. 50

— Das Problem der Ehe. (Veröffentlichung der Lessing-Gesellschaft f. Kunst u. Wissenschaft, E. V., Berlin.) 1.—5. Taus. (67 S.) 8. Berlin (907). [E. Kantorowicz.] C. A. Schwetschke & Sohn. 1.80; geb. in Leinw. 2. 50

— Liselotte v. Reckling. Roman in 2 Tln. 1.–6. Aufl. (à 324 S.) 8. Ebd. 904. n. 4. —; geb. n.n. 5. —

— Liselotte v. Reckling, s.a. Fischer's Bibliothek zeitgenössischer Romane. I, 4.

Liselotte von Reckling. Roman in 2 Tlen (in 1 Bd) von Gabriele **Reuter**. Berlin: S. Fischer (1909). 218 S. 8°
(Fischers Bibliothek zeitgenössischer Romane. Jg. 1, Bd 4.)

Reuter, Gabriele (Mitarb.), s. Der Roman der XII.

— Das Tränenhaus. Roman. 1.—10. Aufl. (254 S.) kl. 8. Berlin 909. S. Fischer, Verl. 3.50; geb. n 4. 50

— Ellen v. der Weiden. Ein Tagebuch. 1.—4. Aufl. 8. (à 283 S.) Ebd. 901. 902. n. 3. 50; geb. n.n. 4. 50

— Ellen v. der Weiden. Ein Tagebuch. 5. u. 6. Aufl. (à 283 S.) 8. Ebd. 907. n. 3. 50; geb. n.n. 4. 50

— Eines Toten Wiederkehr u. andere Novellen, s.a. Reclam's Novellen-Bibliothek.

— dasselbe, s.a. Universal-Bibliothek.

Eines Toten Wiederkehr u. andere Novellen von Gabriele **Reuter**. Mit e. Einl. von Hans Land [d. i. Hugo Landsberger] u. d. Bildn. d. Verf. Leipzig: Reclam [1908]. 103 S. 8°
(Universal-Bibliothek. 5001.)

Reuter, Georg [aus Gumbinnen in Ostpr.]: Die Beyrichien der obersilurischen Diluvialgeschiebe Ostpreussens. (Sep.-Abdr. aus d. Zeitschrift der deutschen geolog. Gesellsch. Hft. 3 Bd. XXXVII. S. 621—679) . . . Berlin, Druck v. J. F. Starcke, 1885: 59 + 2 S. 8°.
Königsberg, Phil. Fak., Inaug.-Diss. v. 17. Okt. 1885.

Reuter, Geo., die Beyrichien der obersilurischen Diluvial-Geschiebe Ostpreussens. Inaugural-Dissertation. gr. 8. (59 S.) Berlin 885. (Königsberg i. Pr., Koch's Antiqu.) **
Aus: Zeitschrift der Deutschen geologischen Gesellschaft, besonders abgedruckt.

— **Georg** (Stralsund), De phlegmatia alba dolente. Diss. med. Berlin (Brüschcke) 28. III. 1826. 29 S. mit Biogr. (M.: B. Bööck.) (3.25) 28460
Oppon.: Molineus, Beckhaus, Reinhardt.

Reuter, Gerh., s.: Kürschner's Staats-, Hof- u. Kommunal-Handbuch des Reichs u. der Einzelstaaten.

Reuter, Gerh., Staats-, Hof- u. Kommunal-Handbuch usw., s.: Kürschner.

— s.: Städte, die deutschen.

Reuter, H., deutl. u. f. Jeden leichtfaßl. Anleit., wie Brau-, Brennerei- u. andere Gefäße auf eine kurze u. ganz richtige Art cubisch zu vermessen sind ꝛc. 8. Wittenb. 823. (Zimmermann). 16 gr

Reuter, (H.) deutl. u. f. Jeden leichtfaßl. Anleitung, wie Brau-, Brennerei- u. andere Gefäße auf eine kurze u. ganz richtige Art cubisch zu vermessen sind ꝛc. 8. Wittenb. 824, (Zimmermann.)

Reuter, H., Pauli Bekenntniß vor Felix. Predigt über Apostel-Geschichte 24, 14. gehalten am XXV. Trinitatis den 9. Novbr. 1856 in der St. Sebalduskirche zu Nürnberg. gr. 8. (13 S.) Nürnberg 856(58), Raw'sche Buchh.

Reuter, H., „Friede und Eintracht zwischen Fürst und Volk eine Quelle reichen Segens." Predigt über 2 Könige 11, 17. am Namenstage des Königs, 12. Octbr. 1863, in der St. Sebaldus-Kirche gehalten. Nürnberg 863. Recknagel. 8. (11 S.) n. 1 ngr.

Reuter, H., „Gott, der Herr der Erndte, der Geber des tägl. Brods." Predigt über Haggai 1, 2—8, gehalten am Erndtefeste, 30. Septbr. 1866. Nürnberg 866. Löhe. gr. 8. (12 S.) 2 ngr.

— vollständ. Lehrbuch aller Rechnungs-Arten, zum Selbstunterricht f. Kaufleute, Lehrer u. Lernende. 3 Thle. 8. Wittenb. 819 u. 20. (Berl., Schlesinger). 2 ℛ 12 gr. Hbg. Pr. 1 ℛ 16 ß

Reuter, H., Rechnungs-Tabellen z. schnellen u. sichern Berechnung d. richt. Zusatzes v. Wasser zum Spiritus, um hierdurch Branntwein zu erhalten. Ein höchst nöth. Handb. f. Kaufleute, Destillateure, Branntweinbrenner, Apotheker ꝛc. 4. (4 lith. B.) Nordhausen 834, Fürst.

— u. C. Lohse, ausführl. alphabet. Uebersicht der nach d. Gesetz vom 25. Oct. 1821 verordn. Erhebungsrolle ꝛc. Fol. Wittenb. 822. Zimmermann. 1 ℛ

Reuter, H. L. C., Lehrbuch der christl. Glaubens- und Sittenlehre für evangel. Christen. 8. (92 S.) Elberfeld 848. [Iserlohn,] Bädeker.

Reuter, H. L. C., Lehrbuch der christl. Glaubens- u. Sittenlehre f. evangel. Christen. 8. (92 S.) Elberfeld 849, (Iserlohn) Bädeker. 1/4 ℛ

Reuter, H. L. C., Versuch e. Leitfadens beim Unterr. u. d. Vorbereit. junger evangel. Christen z. Confirmation. gr. 12. (3 1/2 B.) Elberfeld 831, Becker.

Reuter, H. L. Cr., Versuch eines Leitfadens beim Unterricht u. der Vorbereitung junger evangel. Christen zur Confirmation. gr. 12. Elberf. 832. Becker. 4 gr.

Reuter, H. L. C., über d. gegenwärt. Zustand d. häusl. u. öffentl. Erziehung, u. üb. Schulzucht u. Schulstrafen. gr. 8. (4 1/2 B.) Essen 835, Bädeker.
Aus: Rheinische Blätter, besond. abgedruckt.

Reuter, Hans, a. Bayreuth, Assistenzarzt an der Dr. Mayr'schen Augenklinik in Augsburg: Die neueren Anästhetika in der Ophthalmologie. Augsburg 1906: Ph. J. Pfeiffer. (46 S.) 8°
Würzburg, Med. Fak., Ref. Heß, Diss. v. 10. Okt. 1906
[Geb. 17. Juli 78 Bayreuth; Wohnort: Augsburg; Staatsangeh.: Bayern; Vorbildung: Gymn. Coburg Reife O. 99; Studium: Würzburg 4, Freiburg i. B. 1, München 3, Würzburg 2 S.; Coll. 31. Juli 06; Approb. 28. Juli 05.]

Reuter, Hans: Beiträge zur Praxis der Molekulargewichtsbestimmungen. Königsberg i. Pr. 1905: R. Leupold. (52 S.) 8°
Königsberg, Phil. Fak., Ref. Volkmann, Diss. v. 25. März 1905
[Geb. 15. Sept. 81 Worms a. Rhein; Wohnort: Königsberg i. Pr.; Staatsangeh.: Preußen; Vorbildung: Lessing-Gymn. Frankfurt a. M. Reife O. 00; Studium: Königsberg 4, München 2, Königsberg 4 S.; Coll. 1. März 05.]

Reuter, Hans, Referendar: Die Verurteilung zur Leistung Zug um Zug nach deutschem Reichsrecht. Leipzig: Veit 1909. VII, 132 S. 8° ¶(Ersch. auch als Buch ebd.)
Leipzig, Jur. Diss. v. 29. Juli 1909
[Geb. 9. Mai 85 Leipzig; Wohnort: Dresden; Staatsangeh.: Sachsen; Vorbildung: König-Albert-Gymn. Leipzig Reife O. 04; Studium: Lausanne 1, Leipzig 1, München 1, Leipzig 3 S.; Rig. 26. Juni 07.] [U 09. 2638

Reuter, Hnr., glaubet nicht einem jeglichen Geiste, sondern prüfet die Geister! Predigt über 1 Joh. 4, 1—6. 2. Abdruck. gr. 8. Nürnberg 845, Raw'sche Buchh. 1/12 ℛ

Reuter, Henr. (Guil.) (geb. Wittstock (1. 11. 1839)): De variis methodis ad impediendam mandibulae deviationem post resectionem. Berolini (1864). (32 S.) 8°
Berlin, Med. Diss. v. 19. Aug. 1864

Reuter, Heinr., sehet euch vor vor den falschen Propheten! Predigt über Matth. 7, 15—23, gehalten am VIII. Trin.-Sonntage zu Nürnberg. gr. 8. (12 S.) Nürnberg 849, Raw. 1 ngr.

Reuter, Heinrich [Dr., Regens u. Lycealprof.]: Das Subdiakonat, dessen historische Entwicklung und liturgisch-kanonistische Bedeutung. Augsburg, Lit. Inst. v. Dr. M. Huttler (Mich. Seitz), 1890; 3 Bl. + 304 S. 8°
München, Theol. Fak., Inaug.-Diss. v. 1889
(Nur in beschränkter Zahl für den Austausch)

Reuter, Heinr. Das Subdiakonat, dessen historische Entwicklung u. liturgisch-kanonistische Bedeutung. gr. 8. (V, 304 S.) Augsb. 890, Literar. Institut v. Huttler. * 4 —

—— „Uns ist bange, aber wir verzagen nicht." Festpredigt zur Jahresfeier des Central-Bibel-Vereins in Nürnberg gehalten am 21. Junius 1848. gr. 8. (14 S.) Nürnberg 848, Raw'sche Buchh.

Reuter, Herm., Abhandlungen zur systematischen Theologie. I. Zur Controverse über Kirche und Amt. II. Ueber Natur und Aufgabe des dogmatischen Beweises. Berlin 855. Wohlgemuth. gr. 8. (4 Bl., 260 S.) n. 1 ℛ. 10 ngr.

Reuter, Hermann, a. Viöl: Die ordentliche Bede des Grafschaft Holstein. ⟨Bis zur Mitte des 14. Jahrhunderts.⟩ Kiel 1905: A. F. Jensen. (65 S.) 8° [F.] ¶(Aus: Zeitschrift der Gesellschaft für Schlesw.-Holst. Geschichte Bd 35.)
Kiel, Phil. Fak., Ref. Rodenberg, Diss. v. 16. Febr. 1906
[Geb. 14. Mai 83 Viöl, Kr. Husum; Wohnort: Viöl; Staatsangeh.: Preußen; Vorbildung: Gymn. Husum Reife O. 01; Studium: Berlin 1, Kiel 2, Heidelberg 1, Marburg 1, Bonn 3 S.; Rig. 24. Juni 05.]

Reuter. Hermann, aus Siegen: Beiträge zur Lautlehre der Siegerländer Mundart. Mit 3 Sprachkarten zur Geogr. d. Siegerl. Mundart. *Halle a. S. 1903: E. Karras.* (63 S.) 8°
Freiburg i. B., Phil. Diss. v. 1903

Reuter, Herm., de erroribus qui aetate media doctrinam christianam de S. Eucharistia turpaverunt. Comment. histor. dogmat. 8maj. (7 B.) Berolini 840, Eichler.

Reuter, Herm., Geschichte Alexanders III. u. der Kirche seiner Zeit. 1. Bd. gr. 8. Berlin 845, F. Müller. n. 2 1/3 ℛ

Reuter, Herm., Geschichte Alexanders des Dritten und der Kirche seiner Zeit. (In 3 Bdn.) 1. Bd. 2., völlig neu ausgearb. Ausg. und 2. Bd. gr. 8. (XXIX und 1283 S.) Leipzig 860, Teubner. [1. Bd. * 4 Thlr., 2. Bd. * 3 Thlr. 20 Ngr.] *

Reuter, Herm., Geschichte Alexanders des Dritten und der Kirche seiner Zeit. 3. Bd. gr. 8. (XVIII und 808 S.) Leipzig 864, Teubner. *
1. und 2. Bd. Ebendas. 1860. * 7 Thlr. 20 Ngr.

Reuter, Herm., Geschichte der religiösen Aufklärung im Mittelalter vom Ende des 8. Jahrh. bis zum Anfange des 14. 2 Bde. gr. 8. Berlin, Hertz. [1. Bd. (XX, 335 S.) 875. * ℳ 7.; 2. Bd. (IX, 391 S.) 877. * ℳ 8.] *

— Johannes von Salisbury. Zur Geschichte der christlichen Wissenschaft im zwölften Jahrhundert. gr. 8. Berlin 842, Enslin'sche Buchh. (Fd. Müller.) 1/2 ℛ

Reuter, Herm., Rede zur Feier des hundertjährigen Geburtstages F. Schleiermacher's am 21. Novbr. 1868 gehalten. gr. 8. (24 S.) Breslau 869, Mälzer. [Gera, Reisewitz' Verlag.] * — 50

— s. Repertorium f. d. theolog. Literatur ꝛc.

Reuter, Herm., Augustinische Studien. gr. 8. (VIII, 516 S.) Gotha 887, F. A. Perthes. *

Reuter, Hermannus: Clementis Alexandrini theologiae moralis capitum selectorum particulae. Vratislaviae (1853). (44 S.) 8° *[Im Buchhandel 1853 bei Wiegandt & Grieben in Berlin.]*
Breslau, Ev.-theol. Fak., Antr.-Progr. als außerord. Prof. v. 26. Febr. 1853

— Clementis Alexandrini theologiae moralis capitum selectorum particulae. Commentatio academica. Berolini 853. Wiegandt et Grieben. gr. 8. (1 Bl., 45 S.) n. 7 1/2 ngr.

Reuter, Herm., unzufrieden. Geschichte aus dem Familienleben. (232 S.) 8. Berlin (904). H. Steinitz. n. 2. —

Reuter, Hermann, Referendar: Der nichtrechtsfähige Verein im bürgerlichen Recht. Borna-Leipzig 1910: Noske. 50 S. 8°
Heidelberg, Jur. Diss. v. 21. Febr. 1910, Ref. Heinsheimer
[Geb. 25. April 86 Bremen; Wohnort: Bremen; Staatsangeh.: Bremen; Vorbildung: Altes Gymn. Bremen Reife M. 05; Studium: Freiburg i. B. 2, Berlin 3, Göttingen 1 S.; Rig. 9. Dez. 09.] [U 10. 1983

Reuter, Herm. Ferd.: Theses theologicae. Berolini (1841). (2 Bl.) 4°
Berlin. Theol. Thes. v. 17. Juli 1841

The Gipsy Melodies by Hubert de **Reuter.** (Wiesbaden: C. Schnegelberger & Cie 1906.) (196 S.) 8° [F.] 107. 2290

Reuter, Hugo, Börsenfürsten. Roman aus den hohen Finanzkreisen d. Gegenwart. 8. (291 S.) Zürich 898. C. Schmidt. n. 3. —

Reuter, Hugo, zu den Friedensbedingungen im Orientkrieg. 1. Abth. aus der Abhandlg.: Woher? u. wohin? der Orientkrieg u. Europas Orientpolitik. [Aus: „Die Wacht an der Donau" 1. Hft.] gr. 8. (128 S.) Berlin 878. Peiser's Verl. n. 2. 50

Reuter, H. Liebessünden. Ein modernes Sittengemälde in Form einer Novelle. Kl. in-8°. 77 S. Zürich, Caesar Schmidt. 1897. 1 25

— Liebessünden. Moderne Sittennovelle. 8. (77 S.) Ebd. 897. n. 1. —

—— kurze Uebersicht zu den Friedensbedingungen im Orientkrieg. Nebst einem Beitrag: Zur Lage. gr. 8. (52 S.) Ebendas. 878. *
aus: Die Wacht an der Donau, besonders abgedruckt.

Reuter, H., die Wacht an der Leitha. gr. 8. (13 S.) Berlin 876. Peiser's Verl. -- 60

— dasselbe. Zur Lösg. der Ausgleichs-Frage. 2. verm. Aufl. [von „Die Wacht an der Leitha"]. In zwanglosen Blättern. 1. Blatt. Die Kernpunkte der Ausgleichs-Frage u. Interpellation an Hrn. Tisza üb. die Zertrümmerg. d. Siebenbürger Sachsenbodens [Einleitung]. Das Buch „mancher erfüllten Vorhersagen". gr. 8. (16 S.) Ebend. 876. n. — 60

— die Wacht an der Leitha. Ein Zeitbild. In zwangslosen Blättern. 1. Hft. 4. Blatt. Enth.: Ein Votum zur österr.-ungar. Ausgleichsfrage. gr. 8. (S. 51—112.) Ebend. 877. n. 2. 60

Reuter, J. — Ueber Fortschritte der Leinen-Industrie in Oesterreich. In der monatlichen Versammlung des n. ö. Gewerbvereines am 5. Nov. 1855 vorgetragen von — —. Wien. Druck von K. Gerolds Sohn. (15 S. 8.)

Reuter, J. — Ueber Fortschritte der Leinen-Industrie in Oesterreich. In der monatlichen Versammlung des n. ö. Gewerbvereines am 5. Nov. 1855 vorgetragen von — —. Wien, 1857. Dr. von Karl Gerolds Sohn. (15 S. 8.)

Reuter, J. — Ueber die Zukunft der bestehenden und im Entstehen begriffenen Flachszurichtungs-Anstalten in den verschiedenen Kronländern Oesterreichs. Vorgetragen von —— in der Monat-Versammlung des nieder-österreichischen Gewerbe-Vereins am 6. Februar 1854. 8. (16 S.) Wien. Druck von Karl Gerold und Sohn. 1854.

Reuter, J. L.: Histor.-publicist. Abh. üb. d. Rhein. Handel u. Schifffahrt, besond. über d. vorzüglich. Rechte d. vier. Rhein. Kurfürsten auf d. Rheinstrom. *Mainz,* gedr. b. Crass. (792.) 8. (8 Gr.)

Reuter, J. N., Die altindischen Nominalcomposita ihrer Betonung nach untersucht. I. Abtheilung. Die Betonung der copulativen und der determinativen Composita mit einem Verbalnomen als Schlussglied. [Diss.] [SA. aus KZ. Band XXXI.] Helsingfors 1891.

Reuter, Jacob, *kais. Rath.* Bericht der zweiten besonderen Commission über die Verwendung des Leders zu Militär-Bespannungen. *Wien. C. Gerold's S.* 18 S. 8°.
Besonders abgedr. aus dem Febr.-Hefte der Verhandl. und Mittheil. des n. ö. Gewerbe-Vereines.

Reuter, Jean: Der Beichtvater in allen seinen Amtsverrichtungen. Aus dem Latein. Von einem katholischen Geistlichen. Regensburg 1841. 8°

Reuter, Jean: Der Beichtvater in allen seinen Amtsverrichtungen. Aus dem Latein. Von einem katholischen Geistlichen. 2. gänzlich umgearbeitete und sehr vermehrte Auflage. Regensburg 1849. 549 S. 8°

– Dass. 3. gänzlich umgearb. und sehr vermehrte Auflage. Regensburg 1870. 526 S. 8°

Reuter, Jean: Der Beichtvater in der Verwaltung seines Amtes praktisch unterrichtet. Vierte Auflage der Übersetzung aus dem Lateinischen von Dr. Jul. Müllendorff, S. J. Regensburg 1890. XV, 498 S. 8°

Reuter, Jean: Der Beichtvater in der Verwaltung seines Amtes praktisch unterrichtet. Fünfte Auflage der Übersetzung aus dem Lateinischen, gänzlich umgearbeitet und den heutigen Verhältnissen angepasst von Julius Müllendorff, S. J. Mit Druckerlaubnis des bischöfl. Ordinariates Regensburg und der Ordensoberen. Regensburg 1898. 8°

– Dass. Sechste Auflage der Übersetzung aus dem Lateinischen, gänzlich umgearbeitet und den heutigen Verhältnissen angepasst von Julius Müllendorff, S. J. Mit Druckerlaubnis des bischöfl. Ordinariates Regensburg u. der Ordensoberen. Ebd. 1900. XVI, 509 S. 8°

Reuter, Jean: Casus conscientiae ex Theologia morali, et Methodo munus confessari rite obeundi sub nomine R. P. Joannis Reuter S. J. anno MDCCL in lucem editi, resolvendi, ab eodem admodum reverendis ac eruditis dominis animarum pastoribus ad dubia moralia dirimenda, etc., convocandis, aliisque, ad sacramentales fidelium confessiones excipiendas, approbandis, accomodati, additis sub finem Litteris et Constitutionibus Apostolicis, quarum pleraeque annis proxime elapsis sunt editae, & utrumque clerum, regularem, quam saecularem ferme ex aequoi concernunt. Coloniae Agrippinae 1753. 297 S. 8°

– Dass. Editio 2da auctior et emendatior. Coloniae Agrippinae 1756. 4, 48, 76, 104, 70, 1 S. 8°

Reuter, Jean: Casus conscientiae ex Neo-Confessario, seu Methodo rite munus Confessarii, resolvendi. Coloniae Agrippinae 1758. 194 S. 8°

– Dass. Brunsbergae 1763. 224 S. 8°

Reuter, Jean: Neo-Confessarius practice instructus, seu Methodus rite obeundi munus Confessarii in gratiam Juniorum, qui ad curam animarum adspirant, cum Appendice, sive brevi instructione et methodo dispensationes aliasque gratias petendi, et impetratas exequendi publice proposita. Editio secunda emendatior. Coloniae Agrippinae 1750. 16, 443, 14, 62, 1 S. 8°

– Dass. Editio tertia emendatior. Ebd. 1752. 20, 443, 4, 62, 13 S. 8° Folgt: Causus conscientiae ex neo-Confessario seu methodo rite obeundi munus confessarii resolvendi. Coloniae Aggrippinae 1753. 188 S. 8°

– Dass. Editio tertia. Coloniae Agrippinae o. J. 424, 148 S. 8°

– Dass. Editio quarta emendatior. Coloniae Agrippinae 1756. 510, 192 S. 8°

– Dass. Coloniae Agrippinae 1756. 8°. Folgt: Casus conscientiae ex Neo-Confessario seu Methodo rite obeundi munus confessarii resolvendi. Coloniae Agrippinae 1758. 194 S. 8°

Reuter, Jean: Neo - Confessarius practice instructus, seu Methodus rite obeundi munus Confessarii in gratiam Juniorum, qui ad curam animarum adspirant, cum Appendice, sive brevi instructione et methodo dispensationes aliasque gratias petendi, et impetratas exequendi publice proposita. Editio quinta emendatior Cum privilegio Sac. Caes. Majestatis speciali & permissu Superiorum. Coloniae Agrippinae 1763. 20, 512, 12 S. 8°

Reuter, Jean: Neo - Confessarius practice instructus, seu Methodus rite obeundi munus Confessarii in gratiam Juniorum, qui ad curam animarum aspirant publice proposita. In hac novissima editione praeter Appendicem, sive Brevem Instructionem et Methodum dispensationes, aliasque gratias petendi, et impetratas exequendi, accedunt nunc primum Literae et Constitutiones Apostolicae, pleraeque annis proxime elapsis editae, quae utrumque Clerum tam Saecularem quam Regularem ferme ex aequo concernunt. Coloniae Agrippinae 1763. XII, 588 S. 8°
Hrsg. von Bassano.

Reuter, Jean: Neo - Confessarius practice instructus, seu Methodus rite obeundi munus Confessarii in gratiam Juniorum, qui ad curam animarum aspirant publice proposita. In hac novissima editione praeter Appendicem, sive Brevem Instructionem et Methodum dispensationes, aliasque gratias petendi, et impetratas exequendi, accedunt nunc primum Literae et Constitutiones Apostolicae, pleraeque annis proxime elapsis editae, quae utrumque Clerum tam Saecularem quam Regularem ferme ex aequo concernunt. Brunsbergae 1764. 651, 67 S.

– Dass. Bonn 1766. 12°

Reuter, Johann. Neo-Confessarius practice instructus seu methodus rite obeundi munus Confessarii . . . Ed. nova Ratisbonae 1870. H: *Anderledy, Anton.* (50)

Reuter, Joa., Neoconfessarius practice instructus, sive methodus rite obeundi munus confessarii, in gratiam eorum, qui ad curam animarum adspirant, proposita. Editio nova et emendata. gr. 8. (XVI, 359 S.) Regensburg 870, Manz. 4 50

Reuter, Ioa, S. J., Neo-Confessarius practice instructus. Ed. nova, emendata et aucta cura Aug. Lehmkuhl, S. J. (XII, 498 S.) 8. Freiburg i/B. 905. Herder. n. 4.—; geb. in Leinw. n. 4. 80

— Neoconfessarius. Practice praesertim instructus sive methodus rite obeundi munus confessarii. Juxta versionem germanicam elaboratum et nostri temporis exigentiis accommodatum ed. Jul. Aug. Müllendorff, S. J. (XI, 358 S.) gr. 8. Regensburg 906. Verlagsanstalt vorm. G. J. Manz. n. 3.—; geb. in Leinw. n. 4.—

Reuter, Ioa., S. J., neoconfessarius practice instructus. Textus emendati et aucti cura Aug. Lehmkuhl, S. J. Ed. altera ab eodem recognita. (XIV, 498 S.) 8. Freiburg i/B. 910. Herder. 4.—; geb. in Leinw. 4. 80

Reuter, Jean: Theologia moralis quadripartita, incipientibus accommodata et in aula theologica S. J. Treviris publice exposita, nunc in usum et utilitatem plurium typis data. Cum praevia analysi doctrinae moralis e Sede Apostolica reformatae. Coloniae Agrippinae 1750. Bd 1-4. 8°

– Dass. Editio secunda auctior et emendatior. Coloniae Agrippinae 1756. Bd 1-4. 8°

— **Johann Andreas** (Elsterberg), Explicat. loc. ep. ad Hebr. IX. V. 11—14. Greiz (Henning) (Sept. 1794.) 12 S. (3.75) 28462
Gratulationsschrift für Joh. **Adolph Caspari.**

Reuter, Johann Georg

Reuter, J. G.: „Albansgulden oder kurze Geschichte des Ritterstiftes zum heil. Alban bey Mainz . . . . . mit Nachrichten von desselben Münzrechte, ... mit Kupfern und Urkunden", Mainz 1790 (Häfner). — Vorh.: StB Nürnberg.

Reuter, Jh. Geo., (✝ d. 4. Oct. 1810.) Albansgülden, oder kurze Gesch. des Ritterstifts zum heil. Alban bei Mainz. Mit Kpf. gr. 8. Mainz 790. (Streng in Frkf. a. M.) 1 ⁄ 10 gr.

— über die Krönungsmünzen der röm. Könige Rudolph I., Albert I., Adolph u. Heinrich d. VII. Mit 3 Münz-Vign. gr. 8. Nürnb. 804. (v. Ebner). 4 gr.

— Palmzweige auf Siegeln u. Münzen des Mittelalters, was sie bedeuten. Mit Kpf. gr. 8. Nürnb. 802. (v. Ebner). 12 gr.

— Sonne, Mond u. Sterne auf Siegeln u. Münzen des Mittelalters, was sie bedeuten? Mit 6 Kpft. u. 3 Vign. gr. 8. Nürnb. 804. (v. Ebner). 1 ⁄ 4 gr.

Reuter, Jh. Geo., Vogel auf Siegeln u. Münzen, was sie bedeuten? 8. Nürnb. ...

Reuter, Jh. Gf., katechet. Anweis. in den Anfangsgründen d. Rechenkunst. 8. Frkf. a. M. 799. Andreä. 5 gr.

Reuter, Jh. Gli., Ueber Gott gefällige Armenversorgung; eine geistl. Rede zum Besten des Armenfonds. 8°. Bayr. 1819.

– s. Handbuch, Katechetisches, der Landwirthschaft.

Reuter, Joh. Gtli., kurzer Leitfaden bei d. Unterr. üb. d. Augsburg. Confession in höh. Schulen. gr. 8. (1½ B.) Bayreuth 830, Grau.

— Predigt üb. das Evangelium am 7n Sonnt. nach Trinitatis. gr. 8. Bayr. 819. (Heyder in Erlang.) 2 gr.

— Predigt am 8n Sonnt. nach Trinitatis üb. Marc. 8. 1—10, nebst e. Altarrede, bei der feierl. Einbringung der ersten Feldfrüchte. 8. Bayr. 819. (Heyder in Erlang.) 2 gr.

— drei Predigten, im J. 1819 gehalten. gr. 8. Bayr., (Nürnb., Riegel u. W.)

— — fünf Predigten zu und bey der Säcularfeyer der Kirchenreformation 1817 gehalten. gr. 8. Erlangen, Heyder auch Seidel in Sulzbach. 818.

— zwei heil. Reden, gehalten am Vorabende u. am ersten Morgen d. neuen Jahres. 8. Bayr. (819.)

– s. Victoris Aurelii, von d. berühmt. Männern.

Reuter, Johann Hartwig

— — De arrha, pacto imperfecto, data. Halle/Magdeburg (Hendel) 30. IX. 1747. 46 S. (5.25) 28467
Widm. v.: Justus Henning Böhmer, Carl Gottlieb Knorre.

— — Dasselbe. Halle/Magdeburg (J. Chr. Hendel) 30. IX. 1747. 46 S. (5.25) 28468
Gew.: Samuel von Coccelius. — Widm. v.: Justus Henning Böhmer, Carl Gottlieb Knorre, C. A. von Liebeherr.

Reuter, Johann Hartwig [Praes.], s. Berendes, Christian Ludwig: De effectu querelae inofficiosi testamenti juxta ordinem edicti successorii institutae intuitu non querentis.

— — De doli incidentis et caussam dantis in contractibus effectu. Diss. jur. Präs. Daniel Nettelbladt. Halle/Magdeburg (J. Chr. Hilliger) (10.) Juni 1744. 51 S. (4.25) 28464
Gew.: Johann Ulrich von Cramer. — Widm. v.: Daniel Nettelbladt, Gust. Bernh. Becmann (Oppon.)

— — Dasselbe. Halle/Magdeburg (Hendel) Juni 1744. 42 S. (4.25) 28465

— — De doli incidentis et caussam dantis in contractibus effectu. Diss. Halle/Magdeburg (J. Chr. Hendel) 1744. Rec. 1765. 48 S. (4.25) 28466

Reuter, Johann Hartwig [Praes.], s. Ernst, Victor Tobias: De quaestione an jus Romanum jus positivum civile in specie in Germania esse possit.

Reuter, Jo. Hartw.: Exercitationes acad. praestantiora maxime iuris civilis capita illustrantes. Halae (1744–51).

— Johann Hartwich (Mecklenburg), De icto theologos imitante. Halle/Magdeburg (J. Chr. Hilliger) o. J. 20 S. (4.—) 28463
Gratulationsschrift für Daniel Nettelbladt.

Reuter, Johann Hartwig [Praes.], s. Loccenius, Adolph Friedrich: De foro competenti provocationum.

Reuter, Johann Hartwig [Praes.], s. Sutor, Johann Eberhard: De substitutione reciproca eiusque a iure adcrescendi discrimine.

— — Aenigmatis quod imperatori L. un. C. de nudo jure Quirit toll. visum in dominio Quiritario ac Bonitario solutio qua simul notiones juris in re ac ad rem evolutiores sistit. Halle (J. Chr. Hendel) 1755. 23 S. (4.25) 28469

— — Dasselbe. Halle/Magdeburg (J. Chr. Hendel) 1755. 24 S. (4.25) 28470

Reuter, Johann Hartwig [Praes.], s. Warneyer, Johann Ludwig: De iure testandi unientibus post initam unionem prolium competente, caussisque, quare non ubique unio prolium frequens, sublatis.

Reuter, Joh. Jac., Sendschreiben an D. E. Fr. Wahrhold, als Erwieder. auf dess. Schrift: „Auch etwas üb. d. Homöopathie.“ 8. (2½ B.) Nürnberg 835, Riegel u. Wießner.

Etwas zur Beherzigung für die Gegner Harms [v. Johann Nicolaus Reuter]. Kiel. [1818.] 8°

Reuter, Jh. Nic., ein Nachhall von Thesen, od. kurze Sätze wider allerlei gottlos. Wesen, Heuchelkram u. Unlauterkeit unter Christen. 8. Schlesw. 822. Taubst.-Inst.; (a. Cnobloch in Leipz.) 5 gr

Reuter, Johs., der Beichtvater in allen seinen Amtsverrichtungen. A. d. Latein. von e. kathol. Geistlichen. gr. 8. (31 B.) Regensburg 841, Manz. Thlr.

Reuter, Johs., der Beichtvater in allen seinen Amtsverrichtungen. Aus dem Latein. von einem kathol. Geistlichen. 2. gänzlich umgearb. u. sehr verm. Aufl. gr. 8. (549 S.) Regensburg 849, Manz. 1⅓ ₰

Reuter, Johs., der Beichtvater in allen seinen Amtsverrichtungen. Aus dem Latein. von einem kathol. Geistlichen. 3., gänzlich umgearb., sehr verm. und mit nützl. Anmerkungen versehene Aufl. gr. 8. (XVI, 526 S.) Regensburg 870, Manz. 4 50

Reuter, Johs., S. J., der Beichtvater in d. Verwaltg. s. Amtes prakt. unterrichtet. 4. Aufl. d. Uebersetzg. aus d. Latein., gänzl. umgearb. u. d. heut. Verhältnissen angepaßt v. Jul. Müllendorff, S. J. gr. 8. (XV, 498 S.) Regensburg 898. Verlagsanstalt vorm. G. J. Manz. n. 6. —; geb. in Halbfrz n. 6. 50

Reuter, Johs., S. J., der Beichtvater in der Verwaltung seines Amtes praktisch unterrichtet. 6. Aufl. der Übersetzg. aus dem Latein., gänzlich umgearb. u. den heut. Verhältnissen angepaßt von Jul. Müllendorff, S. J. gr. 8. (XVI, 509 S.) Regensburg 901. Verlagsanstalt vorm. G. J. Manz. n. 5. —; geb. in Halbfrz. n. 6. 50
5. Aufl. (XVI, 516 S.) 899. n. 5. —; geb. n. 6. 50.

[F.] Reuter, Johannes (geb. am 15 Jan. 1856 in Schwall Kr. St. Goar): Das Induktionsverfahren auf dem Gebiete des Werdens in der Natur, mit besonderer Berücksichtigung und Kritik von John Stuart Mill's induktiver Logik ... Bonn, Hauptmann'sche Buchdr. 1882. 2 Bl., 42 S., 1 Bl. 8.
Bonn, Phil. Fak., Diss. v. 23 März 1882

Reuter, Josef [aus Bischofsheim v. d. Rhön]: Ein Beitrag zur Lehre vom Hermaphroditismus. Drei Zwitterbildungen beim Saugethier [sic!] darunter ein Fall von Herm. ver. latereralis [sic!] .... (Sep.-Abdr. a. d. Verhdlgn. d. phys.-med. Ges. zu Wurzburg. N. F. XIX. Bd.) Wurzburg, Druck u. Verl. d. Stahel'schen Univ.-Buch- & Kunsth., 1885; 2 Bl. + 48 S. 8°.
Würzburg, Med. Fak., Inaug.-Diss. v. 1885.

Reuter, Jos., ein Beitrag zur Lehre vom Hermaphroditismus. gr. 8. (48 S. mit 1 lithogr. Taf.) Würzburg 885, Stahel'sche Universitäts-Buchh. *
Aus: Verhandlungen der physikalisch-medicinischen Gesellschaft zu Würzburg, besonders abgedruckt.

Reuter, Joseph Ignaz

Reuter, J. J., kathol. Gebetbuch. Mit 1 Kpf. 12. Bamb. 810. Lachmüller. 4 gr Schrbp. 5 gr

Reuter, Joseph Ignaz: Neues und sehr kräftiges Gebetbuch für Katholische Christen. Enthaltend: Morgen- Abend- Mess- Beicht- Kommunion- Vesper- und andere schöne Gebete, nebst den Tagzeiten von der unbefleckten Empfängnis Mariä; dann Gebete und Gesänge auf das Fest des Fronleichnams Jesu Christi, nebst schmerzhaften Kreuzweg und Litaney von allen Heiligen Gottes. Neueste, viel verm. Aufl. Bamberg: Lachmüller 1799. 212 S. 8°
[Mitteilung von Archivrat Martin Persch, Trier.]

Reuter, Karl

Reuter, Carl (geb. am 10 Mai 1860 in Ems): Die verschiedenen Arten der Osteotomie bei genu valgum mit besonderer Berücksichtigung der supracondylären Osteotomie von Mac Ewen ... Bonn, Univ.-Buchdr. v. C. Georgi 1883. 44 S., 1 Bl. 8.
Bonn, Med. Fak., Diss. v. 7 März 1883

Reuter, *Carl* [aus Blumenthal]: Über die Berechtigung des Gegensatzes „Verjährung und gesetzliche Befristung" und die Bedeutung der materiellrechtlichen Ausschlussfristen ... Erlangen, k. b. Hof- u. Univ.-Buchdr. v. F. Junge, 1896; 70 S. 8.
Erlangen, Jur. Fak., Inaug.-Diss. v. 1896

Reuter, Karl: Über die Entwickelung der Augenmuskulatur beim Schwein. M. 1 Taf. *Wiesbaden: J. F. Bergmann 1897.* (21 S. mit Taf.) 8° ¶(Aus: Anatomische Hefte, Abt. 1 H. 28—30.)
Göttingen, Med. Diss. v. [5. Aug.] 1897

Reuter, K.: Zur Geschichte des römischen Wiesbadens. 4 Hfte. M. Taf. Wiesbaden 1870–77. 8°

Reuter, K.: Zur Geschichte d. röm. Wiesbadens. IV. Röm. Wasserleitungen in Wiesbaden und seine Umgebung. 1877. 69 S., 7 Taf. u. 1 Plan.

Zur Geschichte des römischen Wiesbadens. Von K[arl] Reuter. 4. — Wiesbaden: Roth in Comm. 1877. 8°
(Annalen d. Ver. f. Nassauische Alterthumskunde u. Geschichtsforschung. Bd. 5. H. 4.)

Reuter, Karl, ihr seid das Licht der Welt — lasset euer Licht leuchten vor den Leuten. Predigt üb. Matthäi 5, 14–16, geh. am Kirchweihfeste, den 16. Sonnt. n. Trin. 1907 in der sep. ev.-luth. St. Johanniskirche zu Niederplanitz. (15 S.) kl. 8. Zwickau (908). Schriftenverein. — 10

Reuter, Karl, die Römer im Mattiakerland. Mit 2 Taf. v. Hoffmann. Lex.-8. (III, 50 S.) Wiesbaden 884. Niedner. n. 2. 40

Reuter, Karl Aug. Herm., König Otto II. Deutsches Schausp. in 5 Aufzgn. 8. (VI, 85 S.) Frankfurt a/M. 897. Mahlau & Waldschmidt. n. 1. 50

REUTER, CARL FRIEDRICH.
Gerichtliche Gutachten über Ausgrabung, Section und chemische Analyse von vier mit Arsenik vergifteten Leichen. Wiesbaden, 1846. pp. [vi]-140, 8vo.

Reuter, Carl Friedr. Rich., die Medicinalverfassung des Herzogth. Nassau, beurtheilt nach einem 30jähr. Bestande mit Rücksicht auf das Bedürfniss der Gegenwart. gr. 8. (40 S.) Wiesbaden 849, Schellenberg'sche Hofbuchh.

Reuter, Karl Mor. Melanchthons Briefwechsel mit den Magistraten deutscher Städte. 36 S. **Progr.** Rg. *Leipzig* 1878.

Reuter, Lilly. Unter den Zigeunern. Eine Erzählg. f. Kinder v. 8—12 Jahren. 8. (III, 166 S.) Gotha 889, F. A. Perthes. cart. 2 —

Reuter, Lothar, Geologe d. Bayer. Wasserversorgungs-Bur. in München: Die Ausbildung des oberen Braunen Jura im nördlichen Teile der Fränkischen Alb. (Ein Beitrag z. Kenntnis d. Fränkischen Jurameeres.) (Mit 13 Textfig., 2 Taf., 3 Profil- u. 4 Kartenbeil.) München: Piloty & Loehle 1908. 118 S. 4°(8°) ¶(Aus: Geognost. Jahreshefte. Jg 20. 1907.)
Erlangen, Phil. Diss. v. 14. Okt. 1908, Ref. Lenk
[Geb. 20. Febr. 77 Gunzenhausen; Wohnort: München; Staatsangeh.: Bayern; Vorbildung: Gymn. Ansbach Reife Sommer 95; Studium: München 4, Freiberg i. S. Bergakad. 2, Erlangen 1 S.; Rig. 26. Febr. 08.] [U 09. 857

Reuter, Ludw., üb. die Isomerisation höherer Homologen d. Aethylens u. Acetylens. Diss. gr. 8. (III, 29 S.) Heidelberg 892. (J. Hörning.) n. — 80

Reuter, L., Predigten, s.: Frerks, K. A.

Reuter, M., Anleitung zum Schreiblese-Unterricht in Elementarschulen, eingerichtet zu Sprech-, Sprach- und Schreib-Uebungen. 4. Aufl. 12. (72 S. mit 2 Stnt.) Trier 852, Gall's Vrlgsh. **

— Fibel zum Schreiblese-Unterricht in Elementarschulen, eingerichtet zu Sprech-, Sprach- und Schreib-Uebungen. 6. Aufl. 12. (24 und 10 lithogr. S.) Trier 852, Gall's Vrlgsh. **

Reuter, M., Trierische Fibel. Erstes Schreib-Lesebuch f. deutsche Volksschulen. 1. Tl. 4. Aufl. 8. (48 S.) Trier 885. Lintz. cart. n.n. — 35

— dasselbe. 2. Schreib-Lesebuch f. deutsche Volksschulen. 2. veränd. Aufl. 8. (IV, 112 S.) Ebend. 885. cart. n.n. — 60

Reuter, M., französische Grammatik. Für höhere Lehranstalten bearb. nach Art e. Grammatik in Beispielen. 3., verm. u. verb. Aufl. der „Hauptregeln rc." gr. 8. (VIII, 133 S.) Stuttgart 899. Muth. Geb. n. 2. 20

Reuter, M., Hauptregeln der französischen Grammatik. Ein Repetitorium. 2., umgearb. u. verb. Aufl. gr. 8. (VII, 100 S.) Stuttgart 894. J. Roth. n. 1. 60

— die Parsen u. ihre Schriften. gr. 8. (39 S.) Ebd. 893. n. — 80

Reuter, M., s.: Planeten-Kalender, neuer.

Reuter, M., erstes Schreib-Lesebuch für deutsche Volksschulen. 8. (48 S.) Trier 873, Braun's Verlag. * — 25

— 75 Stücke zur Einübung französischer Sprachregeln; f. mittlere Klassen zusammengestellt. 2. Aufl. 8. (III, 76 S.) Ebd. 892. n. — 50

— Uebersetzung d. 75 Stücke z. Einübung französ. Sprachregeln. 8. (55 S.) Ebd. 895. n. 2. —

Reuter, M., zusammenhängende Stücke zur Einübung englischer Sprachregeln. Für höhere Lehranstalten zusammengestellt. (101 S.) 12. Stuttgart 903. Muth. Geb. n. 1. —; Uebersetzung. (78 S.) Geb. n.n 2. —

Reuter, M., zusammenhängende Stücke zur Einübg. französ. Sprachregeln, stufenweise geordn. Für höhere Lehranst. 3., verm. u. verb. Aufl. der „75 Stücke". 8. (94 S.) Stuttgart 896. Muth. n. — 65; geb. — 80

— zusammenhängende Stücke zur Einübung französischer Sprachregeln, stufenweise geordnet. Für höhere Lehranstalten zusammengestellt. 4., verm. Aufl. 8. (IV, 128 S.) Ebd. 900. n. — 80; geb. n. 1. —

— dasselbe. Übersetzung. 8. (55, 10 u. 19 S.) Ebd. 900. n.n. 2. 30; geb. n.n. 2. 50

— zusammenhängende Stücke zur Einübung französischer Sprachregeln. Uebersetzung. 2. durchgeseh. Aufl. (VIII, 79 S.) 8. Ebd. 904. Geb. n.n. 2. 50

Reuter, M., zusammenhängende Stücke zur Einübg. französ. Sprachregeln stufenweise geordnet. Für höh. Lehranstalten zusammengestellt. 5., unveränd. Aufl. (IV, 128 S.) 8. Stuttgart 906, Muth. 1. —

Reuter, M., Übungsstücke zur französischen Komposition, f. mittlere Klassen zusammengestellt. 12. (64 S.) Schwäb.-Gmünd 890. (Roth.) n. — 40

Reuter, Margar., ein Winter auf dem Lande. Eine Erzählg. f. junge Mädchen. Mit 4 Vollbildern u. zahlreichen Textillustr. v. E. Schmauk. 2. Aufl. (177 S.) 8. Stuttgart, Levy & Müller. Geb. in Leinwand n. 4. —

Reuter, Martin

Reuter, Mart., Anleitung zur Schweine-Aufzucht. Für ausüb. Landwirthe bearb. gr. 8. (39 S.) Lohr a/M. 890. (Liebe.) n. — 60

Reuter, Mart., d. Bestimmgn. üb. d. bayerische Rindviehzucht. Commentar z. Gesetze v. 5. April 1888, betr. d. Haltg. u. Körg. d. Zuchtstiere, nebst den dazu gehör. Vollzugsbestimmgn. Anleitg. zur Haltg. u. Beurtheilg. d. Zuchtstiere. Anleitg. zur Gründg. u. zum Betriebe v. Zuchtgenossenschaften. Kurze Beschreibg. d. einz. Rindviehschläge Bayerns. Maßregeln gegen die Tuberkulose (Perlsucht) d. Rindes. Zum Gebrauche f. Gemeinde-, Verwaltungs- u. Justizbehörden, Thierärzte, landwirthschaftl. Lehranst. u. Vereine, Mitglieder der Köhrausschüsse, Viehzüchter u. Viehhändler bearb. 8. (X, 270 S.) München 896. J. Schweitzer Verl. Kart. n. 2. —

Die Gewährleistung bei Viehveräusserungen nach dem Bürgerlichen Gesetzbuch. In rechtl. u. techn. Hinsicht f. d. Praxis bearb. von M[artin] Reuter, Kgl. Bezirkstierarzt, u. K[arl] Sauer, Kgl. Oberamtsrichter in Karlstadt a. M. *Berlin: P. Parey 1900.* (X, 394 S.) 8° [F.]

Reuter, Mart., Gewährschaft u. Gewährfehler bei Haustierveräußerungen, s.: Landmanns, des, Winterabende.

— d. Hunde-Staupe u. deren Verhütg. (Für Hunde-Züchter u. -Besitzer bearb.) gr. 8. (67 S.) München 895. J. Schön. n. 1. —

Reuter, Mart., die Hunde-Staupe u. deren Verhütung. Für Hunde-Züchter u. -Besitzer bearb. 2. verm. u. verb. Aufl. (93 S.) München 904. J. Schön. n. 1. 50

— Katechismus der Schlachtvieh- u. Fleischbeschau. Eine Anleitg. zur Abhaltg. u. zum Bestehen d. Fleischbeschauer-Prüfg. nach dem Reichsgesetze betr. die Schlachtvieh- u. Fleischbeschau. Mit herausgegeben. v. Konr. Rogner. (VIII, 170 S.) 12. Ansbach 904. C. Brügel & Sohn. Kart. n. 1. 50

— die deutsche Margarinegesetzgebung, s.: Full, G.

Reuter, Martin [aus Weimar]: Ovariotomie bei Gravidität ... Jena, Frommannsche Buchdr. (Hermann Pohle), 1888; 27 S. 8°
Jena, Med. Fak., Inaug.-Diss. v. [26. März] 1888

— die staatliche Pferdeversicherung in Bayern. Das bayer. Gesetz v. 15. IV. 1900, die Pferdeversicherungsanstalt betr., nebst dem Normalstatut für die der bayer. Pferdeversicherungsanstalt beitret. Pferdeversicherungsvereine u. den hiezu erlassenen Vollzugsanweisgn. u. Formularen. Kommentar. 8. (VIII, 136 S.) München 900. J. Schweitzer Verl. Kart. n. 1. 60

— Pflege u. Aufzucht junger Hunde. Anleitung f. Züchter v. Rassehunden. gr. 8. (161 S.) München 897. J. Schön. n. 2. —

— über Pflege u. Behandlg. gebärender u. säugender Hündinnen. gr. 8. (III, IV, 89 S.) Ebd. 896. n. 1. 50

— — Die Rassekennzeichen der Hunde. Ebd. M. 1.50

Reuter, Mart. (II.), die Schweineseuche und deren wirksame Bekämpfung. Nach den neuesten Forschungen und prakt. Erfahrungen zur Hebung und Förderung der Schweinezucht bearb. gr. 8. (48 S.) München 887, Fritsch. *

— die Seuchen, deren Gefahren u. Bekämpfg., s.: Landmanns, des, Winterabende.

— die Staupe der Hunde, deren Wesen u. Bekämpfg., m. besond. Berücksicht. der am häufigsten vorkomm. Hundekrankheiten. Nach den neuesten Forschgn. u. prakt. Erfahrgn. bearb. gr. 8. (IV, 113 S.) Osterwieck 889. Zickfeldt. n. 1. 50

Reuter, Mart. u. K. Sauer

— — Viehkauf u. Viehgewährschaft nach dem bürgerlichen Gesetzbuch. An prakt. Beispielen erläutert. 8. (V, 188 S.) Ansbach 901. C. Brügel & Sohn. Geb. in Leinw. n. 2. 40

— d. deutsche Viehseuchengesetzgebung nach d. Reichsgesetz betr. d. Abwehr u. Unterdrückg. v. Viehseuchen in d. Fassung d. Gesetzes v. $\frac{23.\ \text{Juni } 1880}{1.\ \text{Mai } 1884}$, nebst d. Bundesrathsinstruction, d. hiezu erlass. Vollzugsbestimmgn., d. bayer. u. preuß. Milzbrandentschädigungsgesetze u. d. Viehseuchen-Uebereinkommen m. Oesterreich-Ungarn. M. Erläutergn. unt. Berücksicht. d. Motive, d. einschläg. Reichs- u. Landtagsverhandlgn. u. d. Rechtsprechg., sow. m. e. Anh., enth. e. Belehrg. üb. nicht unmittelbar in d. Reichsgesetzgebg. behand. Viehseuchen. (In 4 Lfgn.) gr. 8. (X, 383 S.) München 896. J. Schweitzer Verl. Geb. in Leinw. n. 6. —

— d. staatl. Viehversicherg. in Bayern, s.: Full, Glieb.

— der Vorstehhund, s.: Oswald, Frdr.

Reuter, Max [aus Wien]: Ueber die Löslichkeit der Bicarbonate des Calciums und Magnesiums. Zürich 1898. 47 S. 8°.
Zürich. Phil. Diss. II. S. 1897/98.

Reuter, Max, a. Halle a. S.: Über die Synthese phenylierter Cumarone. Rostock 1905: C. Boldt. (55 S.) 8°
Rostock, Phil. Fak., Ref. Stoermer, Diss. v. 7. Juli 1905
[Geb. 8. Dez. 71 Halle a. S.; Wohnort: Halle; Staatsangeh.: Preußen; Vorbildung: Gymn. Spandau Oberprima-Reife M. 92; Studium: Berlin 10, Rostock 5 S.; Rig. 3. Juli 05.]

Reuter, O. M., ist Jesus dein Ein u. Alles? Predigt üb. Lucas 10, Vers 38—42, bei Gelegenheit e. Kirchenvisitation geh. 2. Aufl. gr. 8. (16 S.) Braunschweig 898. Berlin-Charlottenburg, G. Reuter. n. — 30

Neue Beiträge zur Kenntniß der Copeognathen Finnlands. Von O[do] M[orannal] **Reuter.** Mit 3 Taf. Helsingfors 1904: (Kuopio, K. Malmström). (26 S.) 8°
= **Acta** Societatis pro fauna et flora Fennica. 26, No 9. [05. 7080

Bemerkungen über nearktische Capsiden nebst Beschreibung neuer Arten von O[do] M[orannal] **Reuter.** (Helsingfors: Finn. Lit.-Gesellsch. 1909.) 86, III S. 4°
(Acta societatis scientiarum Fennicae. T. 36, 2.)

Reuter, O. M., Bemerkungen üb. nearkt. Capsiden nebst Beschreibung neuer Arten. (Acta societatis scientiarum fennicae. Tom. XXXVI. Nr. 2.) (86 u. III S.) Lex. 8. Helsingfors 909. (Berlin, R. Friedländer & Sohn.) nn 3. 60

— Charakteristik u. Entwickelungsgeschichte d. Hemipteren-Fauna (Heteroptera, Auchenorrhynchia u. Psyllidae) der palaearkt. Coniferen. (Acta societatis scientiarum Fennicae. Tom. XXXVI. Nr. 1.) (VI, 129 S.) Lex. 8. Ebd. 908. nn 6. —

Charakteristik und Entwicklungsgeschichte der Hemipteren-Fauna (Heteroptera, Auchenorrhynchia u. Psyllidae) der palaearktischen Coniferen von O[do] M[orannal] **Reuter.** (Helsingfors: Finn. Lit.-Gesellsch. 1909.) 129 S. 4°
(Acta societatis scientiarum Fennicae. T. 36, 1.)

Reuter, O. M., Hemiptera gymnocerata Europae. Hémiptères gymnocérates d'Europe, du bassin de la Méditerranée et de l'Asie russe. Tome I—V. gr. 4. (I—III: 568 S. m. 18 Taf.; IV: 179 S. m. 6 Taf. u. V: 392 S. m. 10 Taf.) Helsingfors 878. 79. 83. 91. u. 96. (Berlin, R. Friedländer & Sohn.) à n.n. 16. —

Reuter, O. M., Revisio synonymica Heteropterorum palaearcticorum, quae descripserunt auctores vetustiores (Linnaeus 1758—Latreille 1806). — Synonymische Revision der v. den älteren Autoren (Linné 1758—Latreille 1806) beschriebenen palaearktischen Heteropteren. I. II. gr. 4. (458 S.) Ebd. 888. n. 20. —

Reuter, O. M., synonymische Revision der von den älteren Autoren (Linné 1758—Latreille 1806) beschriebenen Palaearktischen Heteropteren. I. und II. 4. (458 S.) Helsingfors 888. (Edlund's Buchh.) 6. —

Die Seele der Tiere im Lichte der Forschung unserer Tage. Von O[do] M[orannal] **Reuter,** Prof. Aus d. Schwed. übers. von Dr. Max Buch. Leipzig: Th. O. Weigel 1908. (VII, 112 S.) 8° [08. 13·5?

—— **Sminthurus Poppei n. sp., s. Abhandlungen, hrsg. vom naturwissenschaftlichen Verein zu Bremen.**

Reuter O. M.: [illegible] (S.-A. f. *Liparische* Tollo [illegible] S. 86. [illegible] . . . . . vgr.
Separatabdruck

Reuter, Oskar Hermann, Referendar: Der Kannkaufmann nach § 3 Abs. 2 HGB. Borna-Leipzig 1909: Noske. VIII, 35 S. 8°
Leipzig, Jur. Diss. v. 23. April 1909
[Geb. 11. Sept. 82 Dittersdorf b. Chemnitz; Wohnort: Zwickau i. S.; Staatsangeb.: Sachsen; Vorbildung: Gymn. Schneeberg Reife O. 02; Studium: München 1, Berlin 1, Leipzig 5 S.; Rig. 25. Jan. 07.] [U 09. 2639

Reuter, Otto, Hero Omkens Ausfahrt u. Heimkehr. Roman. (379 S.) 8. Berlin-Ch. (909). Vita. 4. —; geb. 5. —

Reuter, Otto, aus Wiesenfeld b. Geisa: Der **Chor** in der französischen Tragödie. *Berlin 1904: E. Ebering.* (30 S.) 8°
¶ Erscheint vollst. als: Roman. Studien, H. 6. *)
Jena, Phil. Diss. v. (12. Dez.) 1903

Reuter, Otto, der Chor i. der französischen Tragödie, s.a. Studien, romanische. 6. Hft.

Der Chor in der französischen Tragödie. Von Otto **Reuter,** Dr. phil. *Berlin: E. Ebering 1904.* (76 S.) 8°
[Ein Teil erschien als Inaug.-Diss., Jena 1904.]
— **Studien,** Romanische. H. 6. [04. 14645 2

Reuter, Otto, Referendar in Essen: Erlaubte Eigenmacht im Sinne des § 858 des B.G.B. Borna-Leipzig 1907: R. Noske. (VI, 50 S.) 8° [F.]
Leipzig, Jur. Fak., Diss. v. 22. Aug. 1907
[Geb. 14. April 82 Essen (Ruhr); Wohnort: Essen (Ruhr); Staatsangeb.: Preußen; Vorbildung: Gymn. Essen Reife O. 00; Studium: Tübingen 2, Zürich 1, Leipzig 1, Kiel 2 S.; Rig. 13. Juli 03.]

Reuter, Otto, a. Mücheln: Über den Einfluss der Häufung von Alkylen auf die Farbe der basischen Di- und triphenylmethanfarbstoffe und über die Einwirkung von Phosgen auf Dimethyl-o-Toluidin und Monoaethyl-o-Toluidin in Gegenwart von Aluminiumchlorid. Leipzig 1904: Thalacker u. Schöffer. (52 S.) 8°
Leipzig, Phil. Fak., Ref. Hantzsch u. Beckmann, Diss. v. Febr. 1905
[Geb. 16. Juli 79 Mücheln b. Merseburg; Wohnort: Leipzig; Staatsangeb.: Preußen; Vorbildung: Gymn. Plorta Reife O. 00; Studium: Leipzig 9 S.; Rig. 14. Dez. 04.]

Reuter, Otto, Referendar: **Die Eviktionshaftung nach gemeinem Recht und dem Bürgerlichen Gesetzbuch.** ***Bremen 1902: H. Frese.*** (73 S.) 8° [F.]
Freiburg i. B., Rechts- u. staatswiss. Diss. v. 1902

Reuter, Otto, Ludwig Jacobowski. Werk, Entwicklg. u. Verhältnis zur Moderne. gr. 8. (63 S.) Berlin 900. S. Calvary & Co. n. 1. —

Reuter, Otto, „Nur treu, nur treu unserm evangelischen Bekenntniß!" Ein brüderl. Gruß an die Evangel. in der Zerstreuung hin und her. Predigt bei der Jahresfeier des Annaberger Zweigvereins zur Gustav-Adolf-Stiftung. gr. 8. (15 S.) Annaberg 869, (Graser.) * — 30

— **Heilwig Rennenberg. Schauspiel in 4 Aufzügen. (190 S.) 8. Berlin 906. E. Ebering. n. 2. —; geb. n. 3. —**

Reuter, Otto Ludovicus *(geb. Goldapp in Ostpr. 1812)*: Utrum vestimentorum verus an quasi ususfructus constituendus sit, si e contrahentium lege vel e testatoris voluntate nihil certi apparet. Vratislaviae (1836). (48 S.) 8°
Breslau, Jur. Diss. v. 30. Juli 1836

Reuter, Otto Sigfr., Sigfrid od. Christus?! Ein Kampfruf. 2. Aufl. (84 S.) 8. Leipzig 910. Xenien-Verlag. 1.50; in Pappbd. n 2.50

REUTER, Paul (Lübeck): De febri recurrente. (Titel nach der Urkunde)
1.9.1880 - Urk; Chr 1880/81,14
Diss.Ingolst.-Landsh.-Mchn.

Reuter, Peter

Die Geographie als Wissenschaft und höchst wichtiger Lehrzweig für Gelehrtenschulen und Gelehrtenbildung, für soziales und politisches Leben der Völker, somit sichere Grundlage für die Geschichte. Von Dr. A. P. Reuter, P. der Math. u. Geogr. am G. u. s. w. — 1853. Ebend. — S. 3—32.
Progr. Aschaffenburg

Mathematik gehört zu den ersten Lehrobjecten für gelehrte Bildung. Einfluß und Erfordernisse zum guten Gedeihen ihres Unterrichtes mit Bezug auf die Studienordnung von 1830. Von Dr. P. Reuter, P. der Math. am G. — 1832. Aschaffenburg, M. J. Wailandt's Witt. u. Sohn. — S. 1—44.
Progr. Aschaffenburg

Reuter, R., soziale Reform und Verfassungsstaat, s. Zeitfragen, soziale.

Reuter, Richard

Reuter, Rich., der Austritt aus der nationalliberalen Partei. [Verb. Abdr. aus: „Merkur".] gr. 8. (32 S.) Berlin 880, Staude. — 60

Reuter, Rich., der hohe Hof des Parlaments von Deutschland. gr. 8. (34 S.) Berlin 873, Stilke. — 75

—— non volumus. Eine Betrachtung der polit. Lage. 2., in Gemäßheit eines gerichtl. Erkenntnisses abgeänd. und mit einem weiteren Vorworte versehene Aufl. gr. 8. (VI, 56 S.) Berlin 879, Staude. * 1 —

Reuter, Rich., die vereinigte freisinnige Partei. gr. 8. (IV, 46 S.) Berlin 877, Springer. * — 80

Reuter, Rich., was will das Volk? Weder Militarismus noch Krieg. gr. 8. (32 S.) Naumburg a/S. 893. M. Schmidt. n. — 75

— dasselbe. Es giebt nur Einen Weg. 5. u. 6. Taus. gr. 8. (47 S.) Leipzig 893. (F. Pfau.) n. — 50

Reuter, Richard, aus Kütten i. Sachs.: **Aus d. physiol. Institut d. Universität Würzburg. Über die sogenannten ditonischen Zuckungen.** *(Halle) 1899: (C. A. Kaemmerer & Co.).* (23 S.) 8°
Würzburg, Med. Diss. v. 1899

Reuter, Ronald, Narren der Liebe, s.a. Geschichten, intime.

Narren der Liebe. Von Ronald Reuter. *(Berlin: Berl. Roman-Verl. (1903).)* (48 S.) 8° [Kopft. F.]
= Geschichten, Intime. 5. [04. 1572

Reuter, Rudolf, Gerichts-Accessist in Worms: **Der Raufhandel im deutschen Reichsstrafgesetzbuch.** *Breslau: Schletter 1899.* (126 S.) 8°
Giessen, Jur. Diss. v. 1899

Reuter, Rud., der Raufhandel im deutschen Reichsstrafgesetzbuch, s.a. Abhandlungen, strafrechtliche.

Der Raufhandel im deutschen Reichsstrafgesetzbuch. Von Dr. Rudolf Reuter, Gerichts-Accessist in Worms. Breslau: Schletter 1899. (126 S.) 8°
(Abhandlungen, Strafrechtliche. H. 22.)

Reuter, Rudolf: Studien über Anhydridbildung in der Glutakonsäurereihe. Greifswald 1909: Abel. 54 S. 8°
Kiel, Phil. Diss. v. 25. Sept. 1909, Ref. Harries
[Geb. 16. Febr. 84 Iserlohn; Wohnort: Nierstein; Staatsangeh.: Hessen; Vorbildung: Domgymn. Magdeburg Reife O. 04; Studium: Darmstadt Techn. Hochsch. 6, Kiel 5 S.; Rig. 31. Juli 09.] [U 10. 2522

Reuter, Sim. Heinr.

Reuter, Sim. H., d. zu aller Zeit vergnügte Kind Gottes. 8. Lemgo, Meyer. 719.

— mächt. doch umschränktes Reich des Teufels. 4. Ebend. 716.

***Reuter**, Sim. Heinr., das — Reich des Teufels oder Bericht, was von der List, Macht und Wirkung des Satans und der bösen Geister zu halten. Lemgo 715. 4.

Reuter, Th. Tafeln zu Redtenbachers Vorträgen über Maschinenbau. Karlsruhe, 1875.

Reuter, W., Beispielsammlung zur Einübung der englischen Formenlehre mit gedrängter Zusammenstellung der wichtigsten Regeln und einer Auswahl von Lesestücken in Prosa und Versen. Für die Tertia höherer Lehranstalten. gr. 8. (IV, 144 S.) Saarlouis 869, Stein. * 1 20

Reuter, W., Beispielsammlung zur Einübung der engl. Syntax mit gedrängter Zusammenstellung der wichtigsten Regeln (in englischer Sprache). Für die Secunda höherer Lehranstalten. Saarlouis 867. Stein. gr. 8. (108 S.) n. 8 ngr.

Reuter, W., kurz gefaßte u. leicht verständliche Grammatik der englischen Sprache, } s.: Miniatur-Bibliothek.
— engl.-deutsche Handels-Correspondenz, }

Reuter, W., Lehrbuch d. französischen Sprache f. Handelslehranst. u. kaufmänn. Fortbildungsschulen. gr. 8. (VIII, 299 S.) Leipzig 898. O. A. Schulz Verl. n. 2. 80; geb. n.n. 3. 20

Reuter, W., das Minnelied der christlichen Seele. Trier 859. Lintz. 16. (126 S.) 12 ngr.

Reuter, W., das kaufmänn. Unterrichtswesen in Frankreich. Progr. (54 S.) Lex. 8. Leipzig 909. (Röder & Schunke.) 1. —

Reuter, Waldemar, approb. Arzt: **Beiträge zu den Untersuchungen über die spontane Gradestreckung der rachitischen Unterschenkelverkrümmungen.** *Kiel 1899: H. Fiencke.* (25 S.) 8°
Kiel, Med. Diss. v. [7. März] 1899

Reuter, Wilhard, appr. Arzt a. Seeheim a. d. Bergstr.: **Beiträge zur Behandlung der Eklampsia puerperalis. Statistik der in der Universitäts-Frauenklinik zu Gießen 1890—1906 behandelten Eklampsie-Fälle.** Gießen 1907: v. Münchow. (87 S.) 8°
Gießen, Med. Fak., Ref. Pfannenstiel, Diss. v. 7. Mai 1908
[Geb. 10. Mai 78 Komotau (Böhmen); Wohnort: Seeheim; Staatsangeh.: Preußen; Vorbildung: Pädagogium d. Klosters U. L. Fr. Magdeburg Reife O. 97; Studium: Berlin 2, Marburg 4, Kiel 1, Marburg 2 S.; Coll. 21. Dez. 05; Approb. 5. März 02.]

Reuter, Wilhelm

—— Lessings Erziehung des Menschengeschlechts. Darlegung des Gehaltes und des Zweckes; Erörterung und Prüfung im Lichte der heil. Schrift und der Geschichte. gr. 8. (IV, 80 S.) Leipzig 881, Hinrichs'sche Buchh. * 1 60

Reuter, Wilh., Garben und Farben. Neue Gedichte. 16. (X, 253 S.) Münster 884, Theissing'sche Buchh. * 3 —
geb. mit Goldschn. * 4 —

Reuter, Wilh., Geschichte der französischen Literatur. Mit Zugrundelegg. d. Werkes v. Alfr. Bougeault: „Précis historique de la littérature française" bearb. gr. 8. (XIX, 144 S.) Freiburg i/Br. 876. Herder. n. 1. 20

Reuter, Wilh., Geschichte der poetischen Literatur Deutschlands nebst einem kurzen Abriß der Poetik. Ein Leitfaden für höhere Lehranstalten zunächst für höhere Töchterschulen bearb. Freiburg im Br. 861. Herder. gr. 8. (VIII, 72 S.) n. 7 ngr.

Reuter, Wilh., s.: Kalender des Dresdner Gabelsberger-Stenographen-Vereins.

—— Lehrbuch der englischen Sprache. Für höhere Lehranstalten bearb. 2. Aufl., umgearb. und erweitert. gr. 8. (XII, 228 S.) Saarlouis 877, Stein. cart. * 2 50

Lesebuch zum Unterrichts-Buch der Deutschen Einheits-Stenographie nach Gabelsbergers System von Wilhelm Reuter, weil. Stadtsekr. in Aachen. 6., unter Berücks. d. Wiener Beschlüsse umgearb. Aufl. durch H[ubert] Koss, Dozent in Aachen. *Aachen: A. Jacobi & Co. 1899.* (24 S.) 8° [Text stenogr.]

Reuter, Wilh., Lesebuch zum Unterrichts-Buch der deutschen Einheits-Stenographie nach Gabelsbergers System. 7., unter Berücksicht. der Wiener Beschlüsse umgearb. Aufl. durch H. Koss. gr. 8. (24 S.) Aachen 901. A. Jacobi & Co. n. — 50

Reuter, Wilh., Lesebuch zum Unterrichtsbuch der deutschen Einheits-Stenographie nach Gabelsbergers System. 10. umgearb. u. erw. Aufl. durch H. Koss. (31 S.) 8. Aachen 907. A. Jacobi & Co. n. — 50

Reuter, Wilh. (II.), Lesebuch zum Unterrichtsbuch der deutschen Kurzschrift [Stenographie] nach Gabelsbergers System. gr. 8. (III, 24 autogr. S.) Aachen 888, A. Jacobi und Comp. *

Reuter, W., Lesebuch zum Unterrichtsbuch d. deutschen Kurzschrift [Stenographie] nach Gabelsberger's System. 2., verb. Aufl. gr. 8. (III, 24 autograph. S.) Aachen 890. Jacobi & Co. n. — 50

— Lesebuch zum Unterrichtsbuch der deutschen Kurzschrift (Stenographie) nach Gabelsbergers System. 3. Aufl. gr. 8. (III, 24 S.) Aachen 893. A. Jacobi & Co. n. — 50

Reuter, Wilh., Literaturkunde enthltd. Abriß der Poetik u. Geschichte der deutschen Poesie. Für höhere Lehranstalten, Töchterschulen u. zum Selbstunterrichte bearb. 2—4. Aufl., umgearb. u. erweit. Freiburg im Br. 866—70. Herder'sche Verlagsh. gr. 8. (XII, 167 S.) n. 12 ngr.

— Literaturkunde enth.: Abriß der Poetik u. Geschichte der deutschen Poesie. Für höhere Lehranstalten, Töchterschulen u. zum Selbstunterrichte. 5. verb. Aufl. gr. 8. (XII, 176 S.) Ebend. 872. n. 1. 20

— dasselbe. 7. verb. Aufl. gr. 8. (VIII, 215 S.) Ebend. 875. n. 1. 40

—— Literaturkunde, enth. Abriß der Poetik und Geschichte der deutschen Poesie. Für höhere Lehranstalten, Töchterschulen und zum Selbstunterrichte bearb. 8. Aufl. (VIII, 204 S.) 1877; 9. Aufl. gr. 8. (VIII, 208 S.) Freiburg i. Br. 878, Herder'sche Verlagsh. * ℳ 1,40.; geb. * 1 80

—— Litteraturkunde. Enthaltend Abriß der Poetik und Geschichte der deutschen Poesie. Für höhere Lehranstalten, Töchterschulen und zum Selbstunterrichte bearb. 10. Aufl. (VIII, 256 S.); 11. verb. Aufl. gr. 8. (VIII, 264 S.) Freiburg i. Br. 882, Herder'sche Verlagsh. * 1 50

— Litteraturkunde, enth. Abriß der Poetik u. Geschichte der deutschen Poesie. Für höhere Lehranstalten, Töchterschulen u. zum Selbstunterrichte bearb. 12. Aufl. gr. 8. (VIII, 272 S.) Freiburg i/Br. 886. Herder. n. 1. 50; Einbd. n.n. — 40

Reuter, W., Litteraturkunde, enth. Abriß der Poetik u. Geschichte der deutschen Poesie. Für höhere Lehranstalten, Töchterschulen u. zum Selbstunterrichte bearb. 13., verb. Aufl. 8. (VIII, 251 S.) Freiburg i/Br. 889. Herder. n. 1. 50; geb. n.n. 1. 85

Reuter, Wilh. (I.). Litteraturkunde, enth. Abriß der Poetik u. Geschichte der deutschen Poesie. Für höhere Lehranstalten, Töchterschulen u. zum Selbstunterrichte bearb. 14. verb. Aufl. 8. (VIII, 266 S.) Freib. i. Br. 891, Herder. * 1 50; geb. ** 1 85

Reuter, Wilh., Litteraturkunde, enth. Abriß der Poetik u. Geschichte der deutschen Poesie. Für höhere Lehranstalten, Töchterschulen u. zum Selbstunterrichte bearb. 15., verb. Aufl. gr. 8. (VIII, 253 S.) Freiburg i/B. 894. Herder. n. 1. 20; Einbd. in Halbldr. n.n.n. — 35

Reuter, Wilh., Litteraturkunde, enth. Abriß d. Poetik u. Geschichte d. deutschen Poesie. Für höhere Lehranst., Töchterschulen u. z. Selbstunterrichte. 16. Aufl., bearb. v. L. Lütteken. gr. 8. (VIII, 278 S.) Freiburg i/B. 898. Herder. n. 1. 40; Einbd. in Halbldr. n.n.n. — 35

Reuter, Wilh., Litteraturkunde, enth. Abriß der Poetik u. Geschichte der deutschen Poesie. Für höhere Lehranstalten, Lehrerbildungsanstalten, höhere Mädchenschulen u. zum Selbstunterricht. 17. Aufl., bearb. v. L. Lütteken. gr. 8. (X, 289 S.) Freiburg i/B. 902. Herder. n. 1. 40; Einbd. in Halbldr. n.n.n. — 35

Reuter, Wilh., Literaturkunde, enth. Abriß der Poetik u. Geschichte der deutschen Poesie. Für höh. Lehranstalten, Lehrerbildungsanstalten, höh. Mädchenschulen u. zum Selbstunterricht. 18. Aufl., bearb. v. Lor. Lütteken. (XI, 295 S.) 8. Freiburg i/B. 905. Herder. n. 1. 60; geb. in Halbldr. n. 2. —

Reuter, Wilh., Literaturkunde, enth. Abriß der Poetik u. Geschichte d. deutschen Poesie. Für höh. Lehranstalten, Lehrerbildungsanstalten, höh. Mädchenschulen u. zum Selbstunterricht. 19. Aufl., bearb. v. Lor. Lütteken. (XI, 302 S.) 8. Freiburg i/B. 908. Herder. 1.50; geb. 2. —

—— Literaturstunden in der höheren Töchterschule. Eine Auswahl von Proben mit vollständ. Commentar, biograph. und literaturhistor. Skizzen. gr. 8. (XV, 655 S.) Ebendas. 873. 4 80

Reuter, Wilh. Die Natur im Bereiche der dichterischen Stoffwelt. 21 S. Progr. Rpg. *Saarlouis* 1876. 4°

— unter Palmen u. Oliven. 2. Aufl. v. „Minnelied der christl. Seele“, durchgesehen u. erweitert. 12. (149 S.) Trier 888. Lintz. n. 2. —; geb. n. 2. 75

— Perlen aus dem Schatze deutscher Dichtung. Proben zur Litteraturkunde, ausgewählt und der Zeitfolge nach geordnet. 8. (XI, 156 S.) Freiburg i/Br. 890. Herder. n. 1. 20; geb. n. 1. 75

— Perlen aus dem Schatze deutscher Dichtung. Proben zur Litteraturkunde. 2. verb. u. verm. Aufl., besorgt v. L. Lütteken. 8. (XII, 172 S.) Ebd. 899. n. 1. 30; geb. in Leinw. n. 1. 75

Reuter, Wilh., Perlen aus d. Schatze deutscher Dichtung. Proben zur Literaturkunde. 3., verb. u. verm. Aufl., bearb. v. Lor. Lütteken. (XV, 268 S.) 8. Freiburg i/B. 907. Herder. 2.—; geb. in Leinw. 2. 50

—— Poetik. Eine Vorschule für die Geschichte der schönen Literatur und die Lectüre der Dichter. Für Gymnasien, Realschulen und zum Selbstunterrichte bearb. 8. (VII, 132 S.) Ebendas. 870. * 1 20

—— Poetik. Eine Vorschule für die Geschichte der schönen Litteratur und die Lektüre der Dichter. Für höhere Lehranstalten, Töchterschulen und zum Selbstunterrichte. 2. Aufl., umgearb. und erweit. 8. (VII, 135 S.) Freiburg i. Br. 885, Herder'sche Verlagsh. *

— Poetik. Eine Vorschule f. die Geschichte der deutschen Litteratur u. die Lektüre der Dichter. Für höhere Lehranstalten, Lehrerseminarien, Töchterschulen u. zum Selbstunterricht. 3. Aufl., umgearb. u. erweitert v. L. Lüttcken. gr. 8. (X, 169 S.) Ebd. 902. n. 1. 50; Einbd. in Leinw. n.n.n. — 30

— König Rhein. Lieder, Wanderbilder u. Sagen. Mit 7 Bildern in Lichtdr. 12. (VIII, 212 S.) Frankfurt a/M. 894. A. Foesser Nachf. Geb. in Leinw. m. Goldschn. n. 4. —

— Sang u. Sage. Gedichte. 16. (VIII, 251 S.) Münster 878. Theissing. 3. —; geb. n. 4. —

— Sinnen u. Singen. Neue Gedichte. [3. Sammlg.] 16. (VII, 176 S.) Münster 886. Theissing. n. 2. —; geb. m. Goldschn. n. 3. —

Reuter, Wilh., ein bunter Strauß. Gedichte. Trier 867. Braun's Verlag. 16. (V, 168 S.) n. 15 *ngr.*; geb. mit Goldschn. n. 24 *ngr.*

Unterrichts-Buch der Deutschen Einheits-Stenographie nach Gabelsbergers System v. Wilhelm **Reuter**. T. 1. 22. Aufl. Schlüssel. 2. Aufl. *Aachen: A. Jacobi & C. 1897.* 8. [98. 3699

— Unterrichts-Buch der deutschen Einheits-Stenographie nach Gabelsbergers System. 1. Tl.: Schul- u. Verkehrsschrift (Correspondenzschrift). 23., unt. Berücksicht. d. Wiener Beschlüsse umgearb. u. 24., vollst. umgearb. Aufl. durch H. Koss. gr. 8. (à VII, 51 S.) Ebd. 898. 99. à n. 1. —; geb. à n. 1. 50

— dasselbe. Schlüssel. 2., unt. Berücksicht. d. Wiener Beschlüsse umgearb. Aufl. durch H. Koss. gr. 8. (9 S.) Ebd. n. — 60

Unterrichts-Buch der Deutschen Einheits-Stenographie nach Gabelsbergers System von Wilhelm **Reuter**. Jubel-Ausg. T. 1. 25. umgearb. Aufl. durch H[ubert] Koss, Lehrer d. Stenogr. in Aachen. *Aachen: A. Jacobi & C. 1899.* 8° [Text teilw. stenogr.] [00. 4277

Unterrichts-Buch der Deutschen Einheits-Stenographie nach Gabelsbergers System von Wilhelm **Reuter**. 27., umgearb. Aufl. durch H[ubert] Koss, Doz. zu Aachen. T. 1. *Aachen: A. Jacobi & Cie 1900.* 8° [01. 3448

Unterrichts-Buch der Deutschen Einheits-Stenographie nach Gabelsbergers System von Wilhelm **Reuter**. 29. umgearb. Aufl. von H[ubert] Koss, Dozent zu Aachen. T. 1. *Aachen: A. Jacobi & Co. 1902.* 8° [02. 3437

— Unterrichts-Buch der deutschen Einheits-Stenographie nach Gabelsbergers System. 1. Tl.: Schul- u. Verkehrsschrift (Correspondenzschrift). Jubel-Ausg. 30., nach den Berliner Beschlüssen vollständig umgearb. Aufl. durch H. Koss. gr. 8. (VI, 55 S.) Ebd. 903. n. 1. —; geb. n. 1. 50

Unterrichts-Buch der Deutschen Einheits-Stenographie nach Gabelsbergers System von Wilhelm **Reuter**. 31., nach d. Berliner Beschlüssen vollst. umgearb. Aufl. durch H[ubert] Koß, Doz. zu Aachen. T. 1. *Aachen: A. Jacobi & Cie 1903 (1904).* 8° [04. 7770

Unterrichts-Buch der Deutschen Einheits-Stenographie nach Gabelsbergers System von Wilhelm **Reuter**. 32., nach d. Berliner Beschlüssen vollst. umgearb. Aufl. durch H[ubert] Koss, Doz., Aachen. T. 1. Aachen: A. Jacobi & Co. 1904 (1905). 8° [06. 10464

Reuter, Wilh., Unterrichts-Buch der deutschen Einheits-Stenographie nach Gabelsbergers System. 1. Tl. 8. Aachen. A. Jacobi & Co. n. 1. —
Schul- u. Verkehrsschrift (Correspondenzschrift). 33., vollst. umgearb. Aufl. durch H. Koss. (V, 69 S.) 906.

Unterrichts-Buch der Deutschen Einheits-Stenographie nach Gabelsbergers System von Wilhelm **Reuter**. 33., vollst. umgearb. Aufl. durch H[ubert] Koss, Doz., Aachen. T. 1. Aachen: A. Jacobi & Co. 1906 (1907). 8° [06. 10465

Reuter, Wilh., Unterrichtsbuch der deutschen Einheits-Stenographie nach Gabelsbergers System. 1. Tl. 8. Aachen 908. A. Jacobi & Co. 1. —
Schul- u. Verkehrsschrift (Correspondenzschrift). 34. Aufl, Nach dem Tode des Verf. hrsg. u. mehrfach umgearb. durch H. Koss. (V, 69 S.)

—— Unterrichtsbuch der deutschen Kurzschrift [Stenographie] nach Gabelsbergers System. 2 Tle. gr. 8. Ebendas. à Tl. *M 1.—. *

Inhalt:
Tl. 1. Schul- und Verkehrsschrift [Correspondenzschrift]. 2.—4. Aufl. (VII, 47 S.) 887,88.
» 2. Satzkürzung [Kammer- oder Debattenschrift]. (IV, 30 S.) 888.

— Unterrichts-Buch der deutschen Kurzschrift [Stenographie] nach Gabelsberger's System. 1. u. 2. Tl. gr. 8. Ebd. 890. à n. 1. —
1. Schul- u. Verkehrsschrift [Correspondenzschrift]. 7. Aufl. (VII, 51 S.) — 2. Satzkürzung [Kammer- od. Debattenschrift]. 2., verb. Aufl. (IV, 32 S.)

— dasselbe. Schlüssel zum 1. u. 2. Tl. gr. 8. (9 u. 10 S.) Ebd. 890. à n. — 60

— Unterrichts-Buch der deutschen Kurzschrift (Stenographie) nach Gabelsbergers System 1. Tl.: Schul- u. Verkehrsschrift (Correspondenzschrift). 15., durchgeseh. Aufl. gr. 8. (VII, 51 S.) Ebd. 895. n. 1. —; geb. in Leinw. n. 1. 50

Unterrichts-Buch der Deutschen Kurzschrift '(Stenographie)' nach Gabelsbergers System v. Wilhelm **Reuter**, in Aachen ... (umgearb.) durch H[ubert] Koss, Lehrer d. Stenogr. ... in Aachen. Tl 1. 2. *Aachen: A. Jacobi & C. (1896).* 2 Bde 8. [Z. Th. lithogr.]
1. Schul- u. Verkehrsschrift '(Correspondenzschrift)'. 18., unter Berücks. d. Wiener Beschlüsse umgearb. Aufl. (VII, 2–51 S.)
2. Satzkürzg '(Kammer- od. Debattenschrift)'. 3., vollst. umgearb. Aufl. (IV, 36 S.) [96. 7591

Unterrichts-Buch der Deutschen Kurzschrift '(Stenographie)' nach Gabelsbergers System v. Wilhelm **Reuter**, in Aachen. 20., unt. Berücks. d. Wiener Beschlüsse umgearb. Aufl. durch H. Koss ... in Aachen. T. 1. *Aachen: A. Jacobi & Co. (1897).* 8. [Text z. Th. lith.] [98. 3871

Schlüssel zum Unterrichtsbuch der Deutschen Kurzschrift '(Stenographie)' nach Gabelsbergers System v. Wilhelm **Reuter** in Aachen. 2., unter Berücks. d. Wien. Beschl. umgearb. Aufl. durch H[ubert] Koss ... Tl 1. *Aachen: A. Jacobi & C. 1897.* 8. [95. 5066

Reuter, Guil. (geb. Wollersheim im Rheinl. 6. 3. 1832): De thermometri in morbis acutis usu. Berolini (1858). (32 S.) 8°
Berlin, Med. Diss. v. 2. Aug. 1858

— was e. Waldbruder sang. Gedichte. gr. 16. (176 S.) Paderborn 888. Bonifacius-Druckerei. n. 1. 50

— was e. Waldbruder sang. Neue Gedichte. 2. Tl. 16. (252 S.) Paderborn 890. Bonifacius-Druckerei. 2. — (1 u. 2.: 3. 50)

—— Was ein Waldbruder sang. 2. Thl.: Neue Gedichte. 16. (252 S.) Paderb. 892, Bonifacius-Druckerei. * 2 —
[1. Bd.] Ebd. 1888. * 1 50.

— „was ist d. Deutschen Vaterland"?, s. a. Reuter's Bibliothek f. Gabelsberger-Stenographen.

Reuter, Wilh., was ist des Deutschen Vaterland? Eine Sammlg. deutscher Reden. (Schlüssel zu Reuters Bibliothek f. Gabelsberger-Stenographen, 31. Bd.) 8. (30 S.) Dresden 894. W. Reuter. n. — 40

— **Wolffgang Adam** (Monachomontan./Vogtland), De servitutibus in faciendo consistentibus. Diss. jur. German. Präs. Ephraim Gerhard. Jena (Muller) (11.) August 1710. 30 S. (4.50) 28172
Widm. v.: Ephraim Gerhard.

— — Dasselbe. Jena (Muller) Aug. 1710. 31 S. (4.50) 28473
Widm. v.: Ephraim Gerhard.

Fritz Reuter-Album. (21 Heliograv.) Nebst: Text zu den Illustrationen aus Reuter's Werken, nebst e. Biographie des Dichters. Von R. de Witt u. E. Kolbe. (48 S.) 4. Berlin (904). P. J. Oestergaard.
In Leinw.-Mappe 15. —

Reuter-Almanach. Hrsg. v. Antonie Lewin. Mit e. Vorwort v. Gust. Schalk. 16. (209 S. m. Bild.) Düsseldorf 890. F. Bagel. geb. m. Goldschn. n. 2. —

Reuter-Bibliothek 1r Thl., s. a. Bismark.

Reuter-Bibliothek, s. a. Reuter's Bibliothek.

Reuter-Bibliothek. Jg. 1–6. Karlsruhe: Müller 1825–31. 8°
Hrsg.: Graf Friedr. Wilh. v. Bismark.

Reuter-Bibliothek. (Von Graf v. Bismark.) 4—6. Thl. od. Jahrg. 1828, 30 u. 31. 12. Karlsruhe, Müller. [828. (19 B., 2 Stnt. u. 2 großen lith. Pläne.) 2 Thlr. 21 Gr., 30. (23 B. u. 14 Stnt.) 2 Thlr., 31. (24 B. u. 9 Stnt., z. Thl. Fol.) 2 Thlr.]
1—3. Thl. Jahrg. 1825—27. Ebendas. 4 Thlr. 15 Gr.

Fritz Reuter-Bibliothek. 15 Bde. 8. Berlin (905). A. Weichert. à — 50
1. Hanne Nüte un de lütte Pudel. 'Ne Vagel- un Minschen-Geschicht (172 S.) — 2. Ut mine Festungstid. (200 S.) — 3. 4. Läuschen un Rimels. Plattdeutsche Gedichte heiteren Inhalts in mecklenburgisch-vorpommerscher Mundart. 2 Tle. (Je 158 S.) — 5. Woans ik tau 'ne Fru kamm. — Ut de Franzosentid. Zwei lust. Geschichten. (172 S.) — 6. Kein Hüsung. — Urgeschicht van Meckelnborg. (105 u. 73 S.) — 7—9. Ut mine Stromtid. 3 Tle. (198, 190 u. 228 S.) — 10 De Reis' nah Belligen. Poetische Erzählg. in niederdeutscher Mundart. (176 S.) — 11. De meckelnbörgschen Montecchi un Capuletti oder De Reis' nah Konstantinopel. (221 S.) — 12. Dörchläuchting. (201 S.) — 13. Schurr-Murr. (III, 216 S.) — 14. Ein gräflicher Geburtstag u. andere humoristische Erzählungen. — Lustspiele (90 u. 98 S.) — 15. Fritz Reuter. Sein Leben u. seine Werke. Von Herm. Jahnke. (139 S.)

Ansgarius oder der Anfangspunkt des Christentums in Schweden. Von Heinrich Reuterdahl. Aus d. Schwed. übers. von Ernst Theodor Mayerhoff. — Berlin: Bethge 1837. XII, 222 S. 8°
(Reuterdahl: Geschichte der schwedischen Kirche. Th. 1.)

Reuterdahl, H., de fontibus historiae ecclesiasticae Eusebianae. 8maj. Lond. Gotha 826. (Kopenh., Gyldendal). 12 gr

Reuterdahl, Heinr., Geschichte d. schwed. Kirche. A. d. Schwed. übers. v. Ernst Theod. Mayerhoff. 1. Thl., die Einleit. u. d. Leben d. Ansgarius. — A. u. d. T.: Ansgarius, od. d. Anfangspunkt d. Christenthums in Schweden. gr. 8. (15 B.) Berlin 837, Bethge.

— **gamla ordspråk på latin och swenska, efter en Upsala-handskrift utgifne och med glossarier försedde. stor 8. Lund 840. (Leipzig, W. Vogel.) n. 1 1/2 Thlr**

Polizei, Die, im alten Wien (von *V. Reuterer*). Wien 1866.
Anon.-Lex. V. p. 232 (nach Mitth. des Dr. Ign. Schwarz).

Fritz Reuter-Gallerie m. Bildern v. Conr. Beckmann u. Text v. Karl Thdr. Gaedertz. gr. 4. (IV, 64 S. m. eingedr. Holzschn. u. 12 Lichtdr.) München 885. Verlagsanstalt f. Kunst u. Wissenschaft. geb. m. Goldschn. n. 20. —

Reuterhielm, Carl Friedrich (Schwedischer Adel), **De successione secundum jus naturae, nec non de con-atque disconvenientia juris Romani cum Succano tam antiqua, quam hodierna, potissimum collaterales concernente. Disput. jur. Erfurt (Hering) 11.V.1734. 54 S. (5.50) 28474**

Reuter-Kalender auf d. J. 1907. Im Herbste 1906 hrsg. v. Karl Thdr. Gaedertz, m. Schmuck u. Illustr. v. Joh Bahr, Zeichngn. u. Fksms. Fritz Reuters, e. Handschrift Adolf v. Menzels, sowie Abbildgn. nach Orig.-Aufnahmen. (118 S.) gr. 8. Leipzig, Dieterich. 1. —; geb. 2. —

Reuter-Kalender. Hrsg. von Karl Theodor Gaedertz. [Jg. 1.] Auf d. J. 1907. Leipzig: Th. Weicher 1906. 8° [F.]
[Umschlagt.:] Fritz Reuter-Kalender. [06. 13300

Reuter-Kalender auf das Jahr 1909. Hrgg. v. Karl Theodor Gaedertz. Leipzig. (1908.) 8°
[Umschlagt.:] Fritz Reuter-Kalender auf das Jahr 1909.

Reuter-Kalender auf d. J. 1911. Hrsg. v. Karl Thdr. Gaedertz, m. Schmuck u. Silhouetten v. Joh. Bahr, Porträts gezeichnet v. Fritz Reuter u. Paul Spangenberg, handschriftl. Gedichten Reuters, Abb. nach alten Orig.-Vorlagen u. neuen Aufnahmen. (106 S.) gr. 8. Leipzig, Dieterich. 1.—; geb. 2. —

Reutern, Gerhardt v. Ein Lebensbild, dargestellt v. seinen Kindern u. als Mscr. gedr. zur 100jähr. Gedächtnisfeier seines Geburtstags. gr. Lex.-8. (VI, 176 S. m. Bildnis.) St. Petersburg 894. (Berlin, Puttkammer & Mühlbrecht.) n. 10. —

Reutern, Gerh. v., An der Schwalm. Bilder aus dem hessischen Volksleben. Lithogr. und hrsg. von Geo. Koch. 1. Heft. Imp.-Fol. (3 Stnt. auf chines. Pap.) Cassel 855, Bertram. *

Reutern, Gerh. v., an den Schwalm. Bilder aus dem hessischen Volksleben. Lithogr. und hrsg. von Geo. Koch. 2—4. (Schluss-)Heft. (à 3 Stnt. auf chines. Pap.) Imp.-Fol. Cassel 859, Scheel. à Heft * 2 Thlr. *
1. Heft. Cassel 1855, Bertram. * 2 Thlr.

Reutern, Sophie v., der Jungfrau Leben im Lichte von Zeit u. Ewigkeit. 12. (312 S.) Calw 892. Vereinsbuchh. n. 3. — ; geb. in Leinw. n. 4. —

Reuter's Bibliothek f. Gabelsberger-Stenographen. 1.—39. Bd. 12. Dresden, W. Reuter. 41. 85
1. Das Abenteuer in der Neujahrsnacht. Novelle. Von Heinr. Zschokke. In stenograph. Schrift übertr v. Adf. Schöttner. (61 autogr. S.) 891. n. — 80; 2., verb. Aufl. (64 S.) 894. n. — 30
2. Ausgewählte Humoresken. Von M. G. Saphir. In stenograph. Schrift übertr. u. autogr. v. Adf. Schöttner. (47 S.) 891. n. — 60; 2., verb. Aufl. (47 S.) 894. n. — 60
3. Othello. Novelle. Von W. Hauff. In stenograph. Schrift übertr. u. autograph. v. Adf. Schöttner. (48 S.) 891. n. — 60
4. Als Walfischfahrer um die Erde. Reisen u. Erlebnisse v. Chrn. Beck. In stenograph. Schrift übertr. u. autogr. v. Adf. Schöttner. (86 S.) 891. n. 1. 50; geb. in Leinw. n. 2. —
5. Ausgewählte Reden d. Gen.-Feldmarsch. Graf Moltke. In stenograph. Debattenschrift übertr. u. autogr. v. Rich. Preuß. Mit e. Anh. u. Erklärung der Kürzgn. (31 S.) 891. n. — 40
6. Montagsgeschichten v. Alphonse Daudet. Aus dem Franz. übers. v. Otto Reuter. In stenograph. Schrift übertr. u. autogr. v. Rich. Preuß. (32 S.) 891. n. — 40

7. Der tote Gast. Humoristische Novelle v. Heinr. Zschokke. In stenograph. Schrift übertr. u. autogr. v. Adf. Schöttner. (92 S.) 892. n. 1.25; kart. n. 1.50
8. Prinzessin Ilse. Ein Märchen aus dem Harzgebirge v. Marie Petersen. In stenograph. Schrift übertr. u. autogr. v. Rich. Preuß. (35 S.) 892. n. — 50
9. Geographische Bilder aus Europa v. Gust. Ebert. In stenograph. Schrift übertr. u. autogr. v. Adf. Schöttner. (64 S.) 892. n. — 90
10. Die Sängerin. Novelle v. W. Hauff. In stenogr. Schrift übertr. u. autogr. v. Rich. Preuß. (56 S.) 892. n. — 75
11. Das Schloß Dürande. Novelle v. Jos. Frhrn. v. Eichendorff. In stenogr. Schrift übertr. u. autogr. v. Rich. Preuß. (52 S.) 892. n. — 75
12. Kleine Novellen v. M. G. Saphir. In stenograph. Schrift übertr. u. autogr. v. Adf. Schöttner. (41 S.) 892. n. — 60
13. Undine. Erzählung von Frdr. Frhrn. de la Motte Fouqué. In stenograph. Schrift übertr. u. autogr. v. Rich. Preuß. (81 S.) 892. n. 1.20; geb. n. 1.70
14. Geographische Bilder aus Afrika v. Gust. Ebert. In stenograph. Schrift übertr. u. autogr. v. Adf. Schöttner. (56 S.) 892. n. — 90
15. Kriegerische Abenteuer e. Friedfertigen. Humoristische Novelle v. Heinr. Zschokke. In stenograph. Schrift übertr. u. autogr. v. Konst. Giebner. (63 S.) 892. n. — 75
16. Kaiser Joseph II. v. Adph. Kohut. In stenograph. Schrift übertr. v. Konst. Giebner. (79 S.) 892. n. 1.25
17. Wißmann's Reisen in Afrika v. Hugo Elm. Mit Genehmigg. der Verlagshandlg. der Buchdr.-Ausg. R. Bertling in Dresden in stenograph. Schrift übertr. u. autogr. v. Adf. Schöttner. (49 S.) 893. n. — 80
18. Geographische Bilder aus Asien v. Gust. Ebert. In stenograph. Schrift übertr. u. autogr. v. Adf. Schöttner. (72 S.) 893. n. 1.10
19. Lese- u. Uebungsbuch bei Erlernung der Gabelsb. Satzkürzung, zum Gebrauch in Fortbildungskursen u. beim Selbstunterricht bearb. u. autogr. v. Rich. Preuss. (94 S.) 893. n. 1.25; kart. n. 1.50
20. Herzog Ernst v. Schwaben. Trauerspiel in 5 Aufzügen v. Ludw. Uhland. In stenograph. Schrift übertr. u. autogr. v. Adf. Schöttner. (63 S.) 893. n. — 90
21. Ludwig der Baier. Schauspiel in 5 Aufzügen v. Ludw. Uhland. In stenograph. Schrift übertr. u. autogr. v. Adf. Schöttner. (68 S.) 893. n. 1. —
22. Ausgewählte Gedichte v. Adb. v. Chamisso. In stenograph. Schrift übertr. u. autogr. v. Adf. Schöttner. (55 S.) 893. n. — 90
23. Brigitta. Novelle v. Adb. Stifter. In stenograph. Schrift übertr. u. autogr. v. Hans Herget. (61 S.) 893. n. 1. —
24. Lisa Toscanella. Novelle v. Ernst Eckstein. In stenograph. Schrift übertr. u. autogr. v. Adf. Schöttner. (49 S.) 893. n. — 90
25. Lese- u. Uebungsbuch bei Erlernung der Gabelsb. Stenographie, bearb. v. Max Trömel. Autogr. v. Adf. Schöttner. (45 S.) 894. n. — 70
26. Franz Xaver Gabelsberger. Allegorisches Festspiel v. Bernh. Krüger. (23 S.) 894. n. — 50
27. Das Marmorbild. Novelle von Jos. Frhr. v. Eichendorff. In stenograph. Schrift übertr. u. autogr. v. Hans Herget. (47 S.) 894. n. — 75
28. Lese- u. Uebungsbuch bei Erlernung der Satzkürzungslehre, bearb. v. Max Trömel. Autogr. v. Adf. Schöttner. (46 S.) 894. n. — 75
29. Zwei Gefangene. Novelle v. Paul Heyse. In stenograph. Schrift übertr. u. autogr. v. Adf. Schöttner. (79 S.) 894. n. 1.40; geb. n. 2. —
30. Thdr. Körner's Gedichte. Pracht-Ausg., in Gabelsbergersche Stenographie übertr. u. autogr. v. Rich. Preuss. (VII, 338 S. m. 1 Lichtdr.) 894. Geb. n. 6.50
31. Was ist des Deutschen Vaterland? Eine Sammlg. deutscher Reden. Zusammengestellt v. Wilh. Reuter. In stenograph. Debattenschrift übertr. u. autogr. v. Hans Herget. (22 S.) 894. n. — 40
32. Stenographisches Humoristikum. Vorträge, Trinksprüche u. Lieder v. Ed. Krumbein. (76 S.) 894. n. 1. —
33. Zacharias Hasemeier's Abenteuer. Humoreske v. Frdr. Gerstäcker. In stenograph. Schrift übertr. u. autogr. v. Hans Herget. (36 S.) 894. n. — 60
34. Der Nachtwandler. Humoristische Erzählg. v. Maurus Jókai. Mit des Verf. ausschließl. Ermächtigg. ins Deutsche übertr. v. Ludw. Wechsler. In stenograph. Schrift übertr. u. autogr. v. Adf. Schöttner. (88 S.) 894. n. 1.50
35. Praktisches Diktierbuch m. Wort- u. Silbenzählung. Ein Hilfsbuch f. Leiter stenograph. Fortbildungskurse, bearb. v. Rich. Preuss. (160 S.) 895. n. 2.25; geb. n. 3. —
36. 's Almstummerl. Eine Erzählg. aus dem bayer. Hochland v. Max Schmidt. In stenograph. Schrift übertr. u. autogr. v. Karl Kittel. (96 S.) 894. n. 1.60
37. Zriny. Ein Trauerspiel in 5 Aufzügen v. Th. Körner. In stenograph. Schrift übertr. u. autogr. v. Hans Herget. (91 S.) 894. n. 1.40
38. Sigel u. sigelmässige Formen im Gabelsbergerschen System. Auf Grund der Beschlüsse v. 1857, 1874 u. 1879 zusammengestellt v. Ed. Christ. 8., verm. Aufl., erweitert v. Max Trömel. (36 S.) 895. n. — 60
39. Leyer u. Schwert v. Thdr. Körner. Pracht-Ausg., in stenogr. Schrift übertr. u. autogr. v. Rich. Preuss. (63 S.) 894. n. — 90

Reuter's Bibliothek f. Gabelsberger-Stenographen. Bd. 3, 6, 8, 9, 17, 19, 25, 31, 38 u. 40—99. Dresden, W. Reuter. n. 64.45

Inhaltsübersicht in alphabet. Ordnung:

Achleitner, Arth., Geschichten aus d. Bergen. In stenograph. Schrift übertr. u. autogr. v. Adf. Schöttner. 8. (47 S.) 898. (Bd. 85.) n. — 75
Arnold, Hans, der nette Student. Humorist. Erzählg. In stenograph. Schrift übertr. u. autogr. v. Adf. Schöttner. 8. (44 S.) 897. (Bd. 77.) n. — 75; geb. in Leinw. n. 1.35
Auerbach, Berth., Kaiser Josef II. u. Benjamin Franklin. Geschichtl. Erzählg. In stenograph. Schrift übertr. u. autogr. v. Adf. Schöttner. 8. (47 S.) 898. (Bd. 94.) n. — 75
Baum, Gust., Manschetten! Schwank in 1 Aufz. 8. (46 S.) 897. (Bd. 76.) n. — 90
Betbüchlein, katholisches. E. Auswahl frommer Gebete aus d. Schriften d. Väter, d. hl. Gertrudis u. Mechtildis u. aus den Messbüchern d. hl. Kirche. 16. (191 S.) 899. (Bd. 98.) n. 1.50
Christl, Ed., Sigel u. Kürzungsbeispiele f. Gabelsbergersche Stenographen. Auf Grund d. Beschlüsse v. 1857, 1874 u. 1879 zusammengest. Ausg. A. 4. Aufl., erweit. u. nach d. Beschlüssen d. Wiener Stenographentags 1895 neu bearb. v. Max Trömel. 12. (48 S.) 896. (Bd. 38.) n. — 60
Daudet, Alphonse, Montagsgeschichten. Aus d. Franz. übers. v. Otto Reuter. 2., verb. Aufl. In stenograph. Schrift übertr. v. Rich. Preuß. Autogr. v. Adf. Schöttner. 12. (30 S.) 896. (Bd. 6.) n. — 40
Degen, Alex. v., aus d. Militärleben. In Korrespondenzschrift v. Adf. Schöttner. 8. (45 S.) 898. (Bd. 84.) n. — 75
Ebert, Gust., geograph. Bilder aus Europa. In stenograph. Schrift übertr. u. autogr. v. Adf. Schöttner. 2., verb. Aufl. Nach d. Beschlüssen d. Wiener Stenographentags. 8. (59 S.) 898. (Bd. 9.) n. — 90
Ebner-Eschenbach, Maria v., Komteß Muschi. D. Totenwacht. Zwei Erzählgn. Autogr. v. Karl Kittel. 8. (52 S.) 896. (Bd. 57.) n. — 90
Eckstein, Ernst, aus d. Tagebuch e. jungen Frau. E. Karnevalsgeschichte. In stenograph. Schrift übertr. u. autogr. v. Max Haubold. 8. (50 S.) 896. (Bd. 58.) n. — 75
Elm, Hugo, stenograph. Lesebuch f. Schulen u. Vereine. (Für Elementarkurse.) In stenograph. Schrift übertr. v. Rich. Preuss. 4.—6. Taus. 8. (48 S.) 898. (Bd. 59.) n. — 70; geb. n. — 90
— Wißmann's Reisen in Afrika. M. Genehmigg. d. Verlagshandlg. d. Buchdruck-Ausg. R. Bertling in Dresden in stenograph. Schrift übertr. u. autogr. v. Adf. Schöttner. 2., verb. Aufl. 12. (48 S.) 895. (Bd. 17.) n. — 80
Fontane, Thdr., Onkel Dodo. Humoreske. In stenograph. Schrift übertr. u. autogr. v. Karl Kittel. 12. (32 S.) 895. (Bd. 46.) n. — 50
Fröhliger, Max, d. Systembeschlüsse des Wiener Stenographentags, f. d. Unterr. bearb. 8. Taus. (Neu bearb.) Autogr. v. Adf. Schöttner. 8. (29 S.) 898. (Bd. 51.) n. — 50
Fulda, Ludw., Erwin Dürer. Novelle. In stenograph. Schrift übertr. u. autogr. v. Karl Kittel. Schreibweisen nach den Wiener Beschlüssen. 8. (96 S.) 895. (Bd. 52.) n. 1.60
— die Hochzeitsreise nach Rom. Novelle. In stenograph. Debattenschrift übertr. v. Rich. Preuß. Autogr. v. Adf. Schöttner. 8. (61 S.) 897. (Bd. 74.) n. 1. —
Ganghofer, Ludw., das Kaser-Mandl. Humorist. Erzählg. aus Baierns Bergen. In stenograph. Schrift übertr. u. autogr. v. Adf. Schöttner. 8. (62 S.) 897. (Bd. 69.) n. 1. —; geb. in Leinw. n. 1.60
Gerstäcker, Frdr., Herrn Mahlhubers Reiseabenteuer. Humoreske. In stenograph. Debattenschrift übertr. v. Rich. Preuß. 8. (137 S.) 897. (Bd. 64.) n. 2.25
— um Paris herum. Schildergn. aus d. deutsch-französ. Kriege 1870/71. In stenograph. Schrift übertr. u. autogr. v. Adf. Schöttner. 8. (45 S.) 898. (Bd. 89.) n. — 75
— aus den Tagen der Pariser Belagerung 1870/71. Geschichtl. Erinnergn. In stenograph. Schrift übertr. u. autogr. v. Adf. Schöttner. 8. (42 S.) 898. (Bd. 92.) n. — 75
Grasberger, Hans, das Aloeblatt. Eine Geschichte aus der ewigen Stadt. In stenograph. Debattenschrift übertr. v. Paul Hamisch. Autogr. v. Adf. Schöttner. 8. (43 S.) 897. (Bd. 71.) n. — 80; geb. in Leinw. n. 1.40
Greinz, Rud. Heinr., das Abiturienten-Examen. Gymnasial-Humoreske. In stenograph. Korrespondenzschrift übertr. u. autogr. v. Rich. Preuß. 8. (70 S.) 897. (Bd. 79.) n. 1.20
Habermann, Joh., christl. Morgen- u. Abendgebete. Samt Beicht-, Communion- u. andern Gebeten u. geistl. Liedern. Für Protestanten. (In stenograph. Schrift.) 32. (158 S.) 897. (Bd. 75.) n. 1.25; in 12 Einbdn. von n. 1.90 bis n. 14.25
Hackländer, F. W., falsches Spiel. Humorist. Erzählg. Pracht-Ausg. In stenograph. Schrift übertr. u. autogr. v. Adf. Schöttner. 12. (68 S.) 895. (Bd. 40.) n.n. 1.10
Hauff, W., Othello. Novelle. In stenograph. Schrift übertr. v. Adf. Schöttner. 2., verb. Aufl. Nach den Beschlüssen des Wiener Stenographentags bearb. u. autogr. v. Max Haubold. 8. (48 S.) 897. (Bd. 3.) n. — 60
Hedenstjerna, A. v., Humoresken. In stenograph. Schrift übertr. u. autogr. v. Adf. Schöttner. 8. (43 S.) 898. (Bd. 93.) n. — 75
Heiberg, Herm., vom Stamm gerissen. Novelle. In stenograph. Schrift übertr. u. autogr. v. Adf. Schöttner. 8. (20 S.) 897. (Bd. 63.) n. — 40

Herzensfreuden in Gott. Vollst. Gebetbuch f. kathol. Christen. (In stenogr. Schrift übertr. v. Rich. Preuss.) 16. (253 S.) 899. (Bd. 91.) n. 2. —

Hornicke, Demetrius, Folgen blinder Liebe. Humoreske. In Debattenschrift v. Paul Hamisch. In Korrespondenzschrift v. Adf. Schöttner. Autogr. v. Adf. Schöttner. 8. (28 S.) 897. (Bd. 72.) n. — 50; geb. in Leinw. n. 1. —

— meine Trauung auf Helgoland. In stenograph. Schrift übertr. u. autogr. v. H. Brand. 12. (25 S.) 895. (Bd. 41.) n. — 50

Jensen, Wilh., Lycaena Silene. Humoreske. In stenograph. Schrift übertr. u. autogr. v. Adf. Schöttner. 8. (64 S.) 897. (Bd. 62.) n. 1. —

— eine Weihnachtsfahrt. Erzählg. In stenograph. Schrift übertr. u. autogr. v. Adf. Schöttner. 8. (31 S.) 897. (Bd. 61.) n. — 50

Krumbein, Ed., stenograph. Humoristikum. Vorträge, Trinksprüche u. Lieder. 2., verb. Aufl. Ausg. in stenograph. Schrift. übertr. u. autogr. v. Adf. Schöttner. 8. (96 S.) 897. (Bd. 66.) n. 1. 25

Lichtenauer, Hugo, u. Alex. Witting, stenograph. Lesebuch f. höh. Lehranst., sow. zum Gebrauch in Vereinen u. zum Selbststudium. Autogr. v. R. Preuss. Nach den Beschlüssen des Wiener Stenographentags. 3., unveränd. Aufl. 8. (92 S.) 898. (Bd. 82.) n. 1. 25; geb. n. 1. 50

Ludwig, Otto, aus d. Regen in d. Traufe. Humorist. Erzählg. In stenograph. Schrift übertr. u. autogr. v. Adf. Schöttner. 8. (91 S.) 898. (Bd. 99.) n. 1. 50

Mikszáth, Koloman, Intimes aus den Menschenleben. Erzählgn. u. Skizzen aus Ungarn. Autor. Uebersetzg. aus d. Ung. v. Jos. Julian Graf Zamoyski. In stenograph. Schrift übertr. u. autogr. v. Adf. Schöttner. 8. (45 S.) 898. (Bd. 87.) n. — 75

Niemöller, Wilh., u. Herm. Meinberg, neuer Lehrgang d. Gabelsberger'schen Stenographie nach d. entwickelnden Methode f. d. Vereins-, Schul- u. Selbstunterricht. Ausg. A.: M. Fragen z. Anleitg. im Entwickeln. 1. Tl.: Korrespondenzschrift. 3., verb., 4. u. 5., unveränd. Aufl. gr. 8. (à 92 S.) 897. (Bd. 53.) à n. 1. 25; geb. à n. 1. 55

— — Dasselbe. Ausg. B.: Ohne Fragen. I. Tl.: Korrespondenzschrift. 3. Aufl. gr. 8. (84 S.) 898. (Bd. 70.) n. 1. 10; geb. n. 1. 40

— — Dasselbe. II. Tl.: Debattenschrift. gr. 8. (39 S.) 896. (Bd. 54.) n. — 75

— — neuer Lehrgang der deutschen Einheitsstenographie „Gabelsberger" nach d. entwickelnden Methode f. d. Vereins-, Schul- u. Selbstunterricht. Kurzgef. Ausg. C. I. Tl.: Korrespondenzschrift. gr. 8. (IV, 37 S.) 898. (Bd. 90.) n. — 60

Nötel, Louis, vom Theater. Humorist. Erzählgn. In stenograph. Schrift übertr. u. autogr. v. Karl Kittel. 12. (63 S.) 896. (Bd. 56.) n. — 90

Pecci, Joach. (jetzt Papst Leo XIII.), die Übung d. Demut. Uebersetzung aus d. Ital. v. Jos. Alph. Zoller. In stenograph. Schrift übertr. v. Paul Jösch. 16. (92 S.) 897. (Bd. 60.) n. — 80; geb. in Leinw. n. 1. 40; m. Goldschn. n. 1. 65; in Ldr. n. 1. 80; m. Goldschn. n. 2. —

Perfall, Ant. Frhr. v., die Libelle. Novelle. In stenograph. Schrift übertr. u. autogr. v. Adf. Schöttner. 8. (30 S.) 897. (Bd. 67.) n. — 50

Petersen, Marie, Irrlichter. In stenograph. Debattenschrift übertr. v. Rich. Preuß. Autogr. v. Adf. Schöttner. 8. (116 S.) 897. (Bd. 78.) n. 2. —

— Prinzessin Ilse. E. Märchen aus d. Harzgebirge. 2., verb. Aufl. In stenograph. Schrift übertr. v. Rich. Preuß. Autogr. v. Max Haubold. 8. (34 S.) 897. (Bd. 8.) n. — 50

Pichler, Adf., in der Eng'. Ferientage in Tirol. In stenograph. Schrift übertr. u. autogr. v. Adf. Schöttner. 8. (22 S.) 898. (Bd. 97.) n. — 40

Praessar, Hugo, d. Feier d. Tages. E. christkathol. Gebetbuch, welches alle Gebete, Messandachten, Psalmen u. Lieder f. Kirche u. Haus enthält. In stenograph. Schrift übertr. v. Rich. Preuss. 16. (220 S.) 897. (Bd. 65.) n. 1. 80

Preuss, Rich., theoret.-prakt. Anleitung zur kaufmänn. Korrespondenz nach Gabelsbergers System. M. e. kurzen Verzeichnis kaufmänn. Fremdwörter, zum Gebrauch in Handelsschulen, sow. zum Selbstunterricht bearb. gr. 8. (48, 24 u. 7 S.) 896. (Bd. 45.) n. 1. 50

— theoret.-prakt. Anleitg. zur Erlerng. d. Gabelsberger'schen Satzkürzung. Zum Gebrauch in Fortbildungskursen sowie zum Selbstunterricht bearb. gr. 8. (64 S.) 897. (Bd. 44.) n. 1. 20

— Lese- u. Uebungsbuch bei Erlernung der Gabelsb. Satzkürzung, zum Gebrauch in Fortbildungskursen u. b. Selbstunterricht bearb. Autogr. v. Adf. Schöttner. 2., verb. Aufl. (Nach d. Beschlüssen d. Wiener Stenographentags.) (93 S.) 898. (Bd. 19.) n. 1. 25; geb. n. 1. 50

Reuter, Wilh., was ist d. Deutschen Vaterland? E. Sammlg. deutscher Reden. In stenograph. Debattenschrift übertr. v. Hans Herget. 2., verb. Aufl. Nach d. Beschlüssen d. Wiener Stenographentags bearb. v. Rich. Preuß. 8. (21 S.) 896. (Bd. 31.) n. — 40

Roesch, Heinr., wie werde ich rasch ein guter Stenograph? Ein prakt. Führer durch d. Gabelsberger'sche Verkehrsschrift, als Lehrgang z. Gebrauche in Unterrichtskursen in Vereinen, Lehranstalten u. zum Selbstunterricht bearb. Schreibweisen nach Wiener Beschlüssen. 2. u. 3., unveränd. Aufl. gr. 8. (à 109 S.) 898. (Bd. 83.) n. 1. 50; in Schulbd. n. 1. 80

Rosegger, Pet., vom Kickel, der eingesperrt gewesen ist. In stenograph. Schrift übertr. u. autogr. v. Rich. Preuß. Schreibweisen nach d. Wiener Beschlüssen. 8. (35 S.) 896. (Bd. 50.) n. — 60

Saltarino, Heldonc En-avant! Zirkusnovellen. In stenograph. Schrift übertr. u. autogr. v. Adf. Schöttner. 8. (77 S.) 897. (Bd. 73.) n. 1. 25; geb. in Leinw. n. 1. 90

— Zirkusgeschichten. In stenograph. Schrift übertr. von Adf. Schöttner. 8. (44 S.) 898. (Bd. 95.) n. — 75

Schönthan, Paul v., anonyme Korrespondenz. Humoreske. Autogr. v. Adf. Schöttner. 2., verb. Aufl. 8. (45 S.) 898. (Bd. 49.) n. — 75

Spielhagen, Frdr., breite Schultern. Novelle. In stenograph. Schrift übertr. u. autogr. v. Adf. Schöttner. 12. (24 S.) 895. (Bd. 47.) n. — 40

Stifter, Adb., Bergkrystall. Erzählg. In stenograph. Schrift übertr. u. autogr. v. Adf. Schöttner. 8. (61 S.) 898. (Bd. 86.) n. 1. —

— d. Haidedorf. Idylle. In stenograph. Schrift übertr. u. autogr. v. Adf. Schöttner. 8. (37 S.) 898. (Bd. 88.) n. — 75

— d. Hochwald. Novelle. In stenograph. Schrift übertr. u. autogr. v. Adf. Schöttner. 12. (111 S.) 895. (Bd. 48.) n. 1. 60

Suttner, Bertha v., es müssen doch schöne Erinnergn. sein. Geschichtl. Schildergn. nach wahren Ereignissen. [Ein Ja auf d. Friedensvorschlag d. Zaren.] In stenograph. Schrift übertr. u. autogr. v. Adf. Schöttner. 8. (23 S.) 898. (Bd. 96.) n. — 40

Tancra, d. Gettatura. Sizilian. Erzählg. In Debattenschrift v. Rich. Preuß. In Korrespondenzschrift v. Adf. Schöttner. Autogr. v. Adf. Schöttner. 8. (71 S.) 898. (Bd. 81.) n. 1. 25

— der Talisman. Sizilianische Novellette. In Debattenschrift v. Rich. Preuß. In Korrespondenzschrift v. Adf. Schöttner. Autogr. v. Adf. Schöttner. 8. (63 S.) 898. (Bd. 80.) n. 1. —

Trömel, Max, kurzgef. Lehrgang d. Stenographie (System Gabelsberger), zugl. als Hilfsbuch zur Einübg. der seit d. V. Stenographentag gelt Schreibweisen. gr. 8. (I, 22 u. 22 autogr. S.) 896. (Bd. 42.) n. — 75

— Lehrgang der Stenographie (System Gabelsberger), nach systematisch-kalkulier. Methode z. Gebrauch in Schulen u. zum Selbstunterr. bearb. 7., unveränd. Aufl. Mit Anwendg. d. v. Stenographentag zu Wien 1895 gefassten Beschlüsse. gr. 8. (V, 31 S. u. 29, XVI autogr. S.) 898. (Bd. 43.) n. 1. 25; in Schulbd. n. 1. 55

— Lese- u. Uebungsbuch bei Erlernung d. Gabelsb. Stenographie. 2. u. 3. [Umschlag-] Aufl. Nach d. Beschlüssen des Stenographentages zu Wien (1895) bearb. Autogr. v. Adf. Schöttner. 8. (44 S.) 897. (Bd. 25.) n. — 70

Villinger, Hermine, der Töpfer v. Kandern. E. Schwarzwaldgeschichte. In stenograph. Debattenschrift übertr. v. Paul Hamisch. Autogr. v. Adf. Schöttner. 8. (22 S.) 897. (Bd. 68.) n. — 40

Wipfli, J., preiset d. Herrn! Kurzgef. vollständ. Gebetbüchlein. 32. (128 S.) 897. (Bd. 55.) n. 1. —; geb. in Leinw. n. 1. 60; m. Goldschn. n. 1. 85; in Ldr. n. 2. —; m. Goldschn. n. 2. 25

Reuter's Bibliothek f. Gabelsberger-Stenographen. 1., 5., 38., 43.—45., 48., 53., 54., 70., 90., 100.—114., 116.—145. u. 147.—150. Bd. Dresden, W. Reuter. n. 58. 85

Inhaltsübersicht in alphabetischer Ordnung:

Baum, Gust., Gefunden! Schwank in 1 Aufzug f. Stenographen aller Systeme. 8. (36 S.) 901. (Bd. 125.) n. — 60

Beck, Chrn., 18 Monate in Honolulu u. auf den Sandwich-Inseln. Erlebnisse u. Abenteuer e. Deutschen. In stenograph. Schrift übertr. u. autogr. v. Adf. Schöttner. 8. (61 S.) (899.) (Bd. 112.) n. 1. —; geb. n. 1. 60

Bendel, A. v., der Christ im Gebete. Eine Sammlung v. Gebeten f. kathol. Christen. (In stenogr. Schrift übertr. v. Karl Kittel.) 24. (257 S.) 902 (Bd. 135.) n. 2. 25

Christ, Ed., Sigel u. Kürzungsbeispiele f. Gabelsbergersche Stenographen. Auf Grund der Beschlüsse v. 1857, 1874 u. 1879 zusammengestellt. Ausg. A. 5. Aufl., erweitert u. nach den Beschlüssen des Wiener Stenographentags 1895 neu bearb. v. Max Trömel. 8. (46 S.) 900. (Bd. 38.) n. — 60

Dickens, Charles, the drunkard's death. Varieties. Transcribed into graphic shorthand (System Gabelsberger-Richter) by Alb. Subke. 12. (30 S.) 903. (Bd. 141.) n. — 80

— the Tuggs's at Ramsgate. Misplaced attachement of Mr. John Dounce. 2 stories. Transcribed into graphic shorthand (System Gabelsberger-Richter) by Alb. Subke. 12. (52 S.) 903. (Bd. 142.) n. 1. 25

Gube, L., geheimnisvolle Geschichten. 1. Mysterien des Hellsehens. (Mit erläut. Anmerkgn.) Autogr. v. Adf. Schöttner. 8. (46 S.) (900.) (Bd. 118.) n. — 75

Irving, Washington, the sketch-book. (A selection.) Transcribed into Gabelsberger-Richter phonographie by Rich. Preuss. 8. (30 S.) 900. (Bd. 105.) n. — 80

— Tales from the Alhambra. (A selection.) Transcribed into Gabelsberger-Richter-Phonographie by Rich. Preuss. 8. (22 S.) 900. (Bd. 104.) n. — 60

Kolping, Adph., Geschichten aus dem Volk. 2. Hft. Eine Brautwerbg. auf dem Lande. In stenograph. Schrift übertr. u. autogr. v. Adf. Schöttner. 8. (32 S.) (900.) (Bd. 129.) n. — 50

— dasselbe. 3. Hft. Der Geldteufel. In stenograph. Schrift übertr. u. autogr. v. Adf. Schöttner. 8. (28 S.) (901.) (Bd. 132.) n. — 50

— dasselbe. 4. Hft. Kindersinn u. Gottessegen. In stenograph. Schrift übertr. u. autogr. v. Adf. Schöttner. 8. (29 S.) (901.) (Bd. 133.) n. — 50

— Heimat u. Fremde. Erzählung. In stenograph. Schrift übertr. u. autogr. v. Adf. Schöttner. 8. (38 S.) (900.) (Bd. 123.) n. — 75

— Walter der kleine Porzellanhändler. Erzählung. In stenograph. Schrift übertr. u. autograph. v. Rich. Preuß. (Schreibweisen nach Berliner Beschlüssen.) 8. (30 S.) (902.) (Bd. 147.) n. — 50

Kraume, Fr., Lehrgang der Stenographie Gabelsbergers, nach den Beschlüssen des Berliner Stenographentages bearb. (VIII, 48 S.) gr. 8. 903. (Bd. 150.) n. — 80

Krumbein, Ed., Entwickelungsgeschichte d. Schule Gabelsberger's, m. 78 Lebensabrissen u. e. Geschichtstafel, zugleich als Hilfsbuch f. die staatl. Stenographie-Lehrer-Prüfg. 8. (320 S.) 901. (Bd. 130.) n. 2. 25; geb. n. 3. 25

— Leben u. Wirken Franz Xaver Gabelsberger's. 8. (16 S.) 901. (Bd. 131.) n. — 20

Laverrenz, Vikt., der musikalische Thee u. andere Humoresken. In stenograph. Schrift übertr. u. autogr. v. Adf. Schöttner. 8. (47 S.) (900.) (Bd. 120.) n. — 75

Lee, Heinr., die Geschichte vom Prinzen v. Wales u. andere Humoresken. In stenograph. Schrift übertr. u. autogr. v. Adf. Schöttner. 8. (43 S.) (900.) (Bd. 114.) n. — 75

Lektüre, französische. 1. Souvestre, Emile, au coin du feu. I. En sténographie Gabelsberger-Rausser par Franç. Mahnert. 8. (29 S.) 900. (Bd. 106.) n. — 80

— dasselbe. 2. Töpffer, Rodolphe, Nouvelles Génèvoises. I. En sténographie Gabelsberger-Rausser par François Mahnert. Anh.: Souvestre: Les désirs. 8. (32 S.) 900. (Bd. 107.) n. — 80

— dasselbe. 3. Töpffer, Rodolphe, Nouvelles Génèvoises. II. 8. (23 S.) 900. (Bd. 121.) n. — 60

— dasselbe. 4. Saenger, Rud., Quatre morceaux de lectures. En sténographie Gabelsberger-Rausser. 12. (32 S.) 903. (Bd. 139.) n. — 80

Liederbuch f. Gabelsbergersche Stenographen. Zusammengestellt vom Stenographenverein zu Flöha (Sachsen). 2. erweit. Aufl. Mit e. Anh.: Lieder v. Ed. Krumbein. gr. 16. (44 S.) 902. (Bd. 137.) n. — 30

Moltke, Graf, ausgewählte Reden. In stenograph. Debattenschrift übertr. v. Rich. Preuß. Mit e. Anh.: Erklärung der Kürzgn. 2. verb. Aufl. 8. (32 S.) (901.) (Bd. 5.) n. — 40

Mosbach, Carl, das neue System. Schwank in 1 Aufzug f. Stenographen aller Systeme. 8. (26 S.) 901. (Bd. 126.) n. — 50

Niemöller, Wilh., Lese- u. Diktierbuch zur Wiederholung u. Fortbildung in der Gabelsberger'schen Stenographie. Im Anschluss an jedes Lehrbuch zu benutzen beim Schul-, Vereins- u. Selbstunterricht. (2. unveränd. [Umschlag-] Aufl.) 8. (85 S.) 900. (Bd. 103.) n. 1. 25; geb. n. 1. 50

— u. Herm. Meinberg, neuer Lehrgang der Gabelsberger-schen Stenographie nach der entwickelnden Methode f. den Vereins-, Schul- u. Selbstunterricht. Ausg. A.: Mit Fragen zur Anleitg. im Entwickeln. 1. Tl.: Korrespondenzschrift. 7. unveränd. Aufl. gr. 8. (92 S.) 901. (Bd. 53.) n. 1. 25; geb. n. 1. 55

— — dasselbe. Ausg. B. Ohne Fragen. 1. Tl.: Verkehrsschrift. Nach Berliner Beschlüssen bearb. v. Wilh. Niemöller. 11.—13. Aufl. (V, 72 S.) 903. (Bd. 70.) n. 1. 10; geb. n. 1. 40

— — dasselbe. Kurzgefasste Ausg. C. I. Tl.: Verkehrsschrift. Nach Berliner Beschlüssen bearb. 7.—8. Taus. (V, 42 S.) 903. (Bd. 90.) n. — 60; geb. n. — 90

— — dasselbe. II. Tl.: Debattenschrift. 4. unveränd. [Titel-] Aufl. gr. 8. (39 S.) [896.] (900.) (Bd. 54.) n. — 75

Preuss, Rich., Anleitung zur Erlernung der französ. Stenographie nach Gabelsberger-Rausser. Für Deutsche bearb. 8. (43 S.) (899.) (Bd. 113.) n. 1. 25

— theoretisch-prakt. Anleitung zur Erlernung der Gabelsberger'schen Satzkürzung. Zum Gebrauch in Fortbildungskursen sowie zum Selbstunterricht. 2. verb. Aufl. (4. u. 5. Taus.) gr. 8. (64 S.) 901. (Bd. 44.) n. 1. 20; geb. n. 1. 50

— dasselbe. Schlüssel. gr. 8. (32 S.) 901. (Bd. 127.) n. — 50

— theoretisch-prakt. Anleitung zur kaufmänn. Korrespondenz nach Gabelsbergers System. Mit e. kurzen Verzeichnis kaufmänn. Fremdwörter, zum Gebrauch in Handelsschulen sowie zum Selbstunterricht bearb. 2. verb. Aufl. (4. u. 5. Taus.) gr. 8. (113 S.) 902. (Bd. 45.) n. 1. 80; geb. n. 2. 10

Reden, ausgewählte. Zusammengestellt, übertr. u. autogr. v. Rich. Preuß. Schreibweisen nach Berliner Beschlüssen. 1. Hft. 12. (46 S.) (902.) (Bd. 145.) n. — 75

Rosegger, Pet., dem Anderl sein Tabakgeld u. Anderes. 6 heitere u. ernste Geschichten. In stenograph. Schrift übertr. v. Rich. Preuß. (Schreibweisen nach Berliner Beschlüssen.) 8. (62 S.) (902.) (Bd. 144.) n. 1. —

— Humoresken aus dem Alpenland. In stenograph. Schrift übertr. u. autogr. v. Adf. Schöttner. 8. (61 S.) (900.) (Bd. 122.) n. 1. —; geb. n. 1. 60

— wie Peter Obenaus zu seiner Frau kam u. andere lustige Geschichten. In stenograph. Schrift übertr. u. autogr. v. Adf. Schöttner. 8. (60 S.) (900.) (Bd. 128.) n. 1. —; geb. n. 1. 60

— der Schelm aus den Alpen. (Auszug.) In stenograph. Schrift übertr. v. Rich. Preuß. Schreibweisen nach Berliner Beschlüssen. 12. (61 S.) (902.) (Bd. 148.) n. 1. —; geb. n. 1. 60

Sales, hl. Frz. v., Himmelsbrot. Gebete u. Andachten f. alle frommen Katholiken jedes Alters u. Standes, f. alle Zeiten u. Verhältnisse. Nach den Schriften des hl. S. (In stenograph. Schrift.) 24. (335 S.) 902. (Bd. 140.) n. 2. 60

— Philothea. Nach der Übersetzg. v. Fr. Permanne f. Gabelsberger Stenographen gekürzt v. P. Ernest Stoehr. gr. 16. (235 S.) 900. (Bd. 111.) n. 2. —

Saenger, Rud., quatre morceaux de lectures, s.: Lektüre, französ. 4.

Schiller, Frdr. v., Wallensteins Lager. In stenograph. Schrift übertr. u. autogr. v. Adf. Schöttner. 12. (44 S.) 899. (Bd. 102.) n. — 75

Schmid, E., Diktate f. Elementarkurse in der Gabelsberger-schen Stenographie, progressiv zusammengestellt. 12. (106 S.) 903. (Bd. 143.) n. 1. 50; in Schulbd. n. 1. 80; eleg. geb. n. 2. 10

Schmidt, Kurt, stenograph. Repetitorium. Kurzgefasste Darstellung der Geschichte der Stenographie u. der Entwickelg. der Gabelsberger'schen Schule. Ein Hilfsbuch f. Stenographen, insbesondere f. Lehrer der Stenographie u. zur Vorbereitg. auf die staatl. Stenographie-Lehrer-Prüfg. bearb. 8. (57 S.) 900. (Bd. 119.) n. — 90; geb. n. 1. 50; kart. u. durchsch. n. 1. 40

— dasselbe. 2. Tl. Kurzgefasste Darstellg. der inneren Entwickelungsgeschichte des Gabelsbergerschen Stenographiesystems. 8. (45 S.) 902. (Bd. 136.) n. — 75; geb. n. 1. 35

Souvestre, Emile, au coin du feu, s.: Lektüre, französ. 1.

— les désirs, s.: Lektüre, französ. 2.

Stifter, Adalb., aus dem bairischen Walde. Erzählung. In stenograph. Schrift übertr. u. autogr. v. Rich. Preuß. Schreibweisen nach Berliner Beschlüssen. 12. (46 S.) (902.) (Bd. 149.) n. — 75

— der Hochwald. Novelle. In stenograph. Schrift übertr. u. autogr. v. Adf. Schöttner. 2. Aufl. 8. (111 S.) (900.) (Bd. 48.) n. 1. 60; geb. n. 2. 20

— der Kondor. Erzählung. In stenograph. Schrift übertr. u. autogr. v. Adf. Schöttner. 8. (30 S.) (901.) (Bd. 134.) n. — 50

— das alte Siegel. Erzählung. In stenograph. Schrift übertr. u. autogr. v. Adf. Schöttner. 8. (75 S.) (900.) (Bd. 117.) n. 1. 25; geb. n. 1. 80

— der beschriebene Tännling. Erzählung aus dem Böhmerwald. In stenograph. Schrift übertr. u. autogr. v. Adf. Schöttner. 8. (60 S.) (900.) (Bd. 116.) n. 1. —; geb. n. 1. 60

— der Waldsteg od. Wie der kranke Herr Tiburius gesund wurde. Humorist. Erzählg. In stenograph. Schrift übertr. u. autogr. v. Adf. Schöttner. 12. (72 S.) 899. (Bd. 101.) n. 1. 25

Subke, Alb., Graphic shorthand (System Gabelsberger-Richter) Kurze Anleitung zur Erlernung f. Deutsche. 8. (61 S.) 901. (Bd. 124.) n. 1. 25

Taschenliederbuch f. Gabelsberger-Stenographen. gr. 16. (20 S.) 902. (Bd. 138.) n. — 15

Töpffer, Rodolphe, nouvelles Génèvoises, s.: Lektüre, französ. 2. 3.

Trömel, Max, Lehrgang der Stenographie (System Gabelsberger), nach systematisch-kalkulier. Methode zum Gebrauch in Schulen u. zum Selbstunterricht bearb. 8. unveränd. Aufl. Mit Anwendg. der vom Stenographentag zu Wien 1895 gefassten Beschlüsse. gr. 8. (V, 31 S. u. 29, XVI autogr. S.) 902. (Bd. 43.) n. 1. 25; geb. n. 1. 55

Wild-Queisner, Rob., im Feuer. Novelle. In stenograph. Schrift übertr. u. autogr. v. Adf. Schöttner. 8. (79 S.) 899. (Bd. 110.) n. 1. 25

— Frau Musika u. andere Humoresken. In stenograph. Schrift übertr. u. autogr. v. Adf. Schöttner. 8. (44 S.) 899. (Bd. 109.) n. — 75

— Sand im Schuh u. andere Humoresken. In stenograph. Schrift übertr. u. autogr. v. Adf. Schöttner. 8. (43 S.) 899. (Bd. 108.) n. — 75

Zeibig, Jul. Woldem., der letzte Stenograph der Nationalversammlung zu Frankfurt. Lebenserinnerungen e. alten Burschenschafters. Nach Tagebuch-Aufzeichngn. Mit 2 Portr. gr. 8. (187 S.) 900. (Bd. 100.) n. 3. —; geb. n. 4. 25

Zschokke, Heinr., das Abenteuer in der Neujahrsnacht. Novelle. In stenograph. Schrift übertr. v. Adf. Schöttner. 3. verb. Aufl. 8. (64 S.) (900.) (Bd. 1.) n. — 80

Reuter's Bibliothek f. Gabelsberger-Stenographen. 2., 6., 8., 11., 25., 33., 38., 44., 45., 50., 53., 54., 57., 58., 70., 82., 86., 90., 98., 103., 111., 127., 146., 151.—176., 180. u. 181. Bd. Dresden, W. Reuter n. 42. 30

Amur bin Nasur, und dies ist die Geschichte meiner Reise nach Berlin. [Aus: „Büttner, C. G.: Lieder u. Geschichten der Suaheli".] (Nach den Berliner Beschlüssen.) (23 S.) kl. 8. (905.) (Bd. 169.) n. — 40

Baum, Gust., Amors Schutzmänner. Lustspiel in 1 Aufzug f. Stenographen aller Systeme. (42 S.) 8. 904. (Bd. 160.) n. — 90

Betbüchlein, katholisches. Eine Auswahl frommer Gebete aus den Schriften der Väter, der hl. Gertrudis u. Mechtildis u. aus den Meßbüchern der hl. Kirche. (Neue Aufl.) (153 S.) 64. 904. (Bd. 98.) n. 1. 50; geb. n. 2. 20; n. 2. 40 u. n. 2. 80

Daudet, Alphonse, Monatsgeschichten. Aus dem Franz. übers. v. Otto Reuter. 3. Aufl. In stenograph. Schrift übertr. u. autogr. v. Rich. Preuß. (Schreibweisen nach dem Berliner Beschlüssen.) (30 S.) 8. (903.) (Bd. 6.) n. — 40

Ebner-Eschenbach, Marie v., Komtess Muschi. Die Totenwacht. 2 Erzählgn. 2., verb. Aufl. (Nach den Berliner Beschlüssen.) In stenograph. Schrift übertr. u. autogr. v. Rich. Preuss. (48 S.) kl. 8. (905.) (Bd. 57.) n. — 75; geb. n. 1. 35

Eckstein, Ernst, Maria la Brusca Novelle. (Nach den Berliner Beschlüssen.) In stenograph. Schrift übertr. u. autogr. v. Arno Trachbrodt. (94 S.) 8. (904.) (Bd. 163.) n. 1. 25; geb. n. 1. 90

— aus dem Tagebuche e. jungen Frau. Eine Karnevalsgeschichte. 2. Aufl. Autogr. v. Arno Trachbrodt. (Schreibweisen nach Berliner Beschlüssen. (47 S. m. Abb.) 8. (903.) (Bd. 58.) n. — 75

Eichendorff, Jos. Frhr. v., das Schloß Durande. Novelle. 2. Aufl. Schreibweise nach den Berliner Beschlüssen. Autogr. v. Arno Trachbrodt. (48 S.) 8. (903.) (Bd. 11.) n. — 75

Freier, zwei —. Schwank in 1 Aufzug f. Stenographen aller Systeme v. Dreedensius. (48 S.) 8. 903. (Bd. 158.) n. — 80

Gerstäcker, Fr., die Flucht üb. die Cordilleren. Erzählung. (Nach den Berliner Beschlüssen.) (45 S.) kl. 8. (905.) (Bd. 164.) n. — 75; geb. n. 1. 35

— der Freischütz. Humoreske. In stenograph. Schrift übertr. u. autogr. v. Arno Trachbrodt. (32 S.) 8. (903.) (Bd. 156.) n. — 50

— Zacharias Hasemeiers Abenteuer. Humoreske. 2., verb. Aufl. (Nach den Berliner Beschlüssen.) In stenograph. Schrift übertr. u. autogr. v. Arno Trachbrodt. (32 S.) kl. 8. (904.) (Bd. 33.) — 50

— Jagdbilder aus Tirol. In stenograph. Schrift übertr. u. autogr. v. Rich. Preuss. Schreibweisen nach Berliner Beschlüssen. (43 S.) 8. (903.) (Bd 1 8) n. — 75

— Madame Kaudel's Gardinenpredigten. Nach Douglas Jerrold. In stenograph Schrift übertr. u. autogr. v. Rich. Preuss. Schreibweisen nach Berliner Beschlüssen. (46 S.) 8 (903.) (Bd 152.) n. — 75

— die letzte Nacht vor Straßburg. Kriegsbilder aus 1870. In stenograph. Schrift übertr. u. autogr. v Rich. Preuß. Schreibweise nach den Berliner Beschlüssen. (48 S.) 8. (903.) (Bd 159.) n — 75

Grillparzer, Frz., das Kloster bei Sendomir. Erzählung (nach e. wahren Begebenheit). (Nach den Berliner Beschlüssen.) (45 S.) kl. 8. (905) (Bd. 172.) n. — 75; geb. n 1. 35

— der arme Spielmann. Erzählung. In stenograph. Schrift übertr. u. autogr. v. Arno Trachbrodt. Schreibweisen nach den Berliner Beschlüssen (48 S.) kl. 8. (904.) (Bd. 1·1.) n. — 75; geb. n. 1 35

Herstix, H., kurzgefasster Lehrgang der Gabelsbergerschen Stenographie. Unter Berücksicht. der vom VII. deutschen Stenographentag „Gabelsberger" vom 2.—6. VIII. 1902 in Berlin gefassten Revisionsbeschlüsse u der f. Deutschland, Oesterreich u. die Schweiz gült. neuen Rechtschreibg. f. den Schul- u. Vereins-Unterricht bearb. Verkehrsschrift. (VII, 68 S.) gr. 8. 903. (Bd. 151.) n. 1 —

Kaul, Rich., Lehrbuch der Gabelsbergerschen Stenographie f. Kaufleute. Zum Gebrauche in Handelsschulen u. kaufmänn Fortbildungsschulen, sowie zum Selbstunterrichte. (II, 73 S.) gr. 8 906. (Bd. 180.) n. 1. 20; geb. n. 1. 50

— Lesebuch der Gabelsbergerschen Stenographie (Verkehrsschrift) f. Handelsschulen u. kaufmännische Fortbildungsschulen. Zu Unterrichtszwecken bearb. 1.—3. Taus. (4 S.) kl. 8. 906. (Bd. 181.) n. — 70; geb. n. — 90

— die Stenographie im Dienste des Kaufmanns. (14 S.) 8. 905 (Bd 165.) n. — 30

Kompert, Leop., Gottes Annehmerin. Erzählung aus dem Ghetto. (Nach den Berliner Beschlüssen.) (60 S.) 8 (905.) (Bd. 174.) n 1. —; geb. n. 1. 60

Krumbein, Eduard, vom Dresdener Stenographentage bis zur Gegenwart. Nachtrag zur Entwickelungsgeschichte der Schule Gabelsbergers. Umfassend die J. 1900 II. Sem., 1901 u. 1902. (44 S.) gr 8. 903 (Bd 155) n — 60

Leiebuch, koloniales Schilderungen aus Deutschlands überseeischen Besitzgn. Auswahl aus der „Sammlg. kolonialer Lesestücke" hrsg. v. der deutschen Kolonialgesellschaft. In stenogr. Schrift übertr. u. autogr. v. Rich. Preuß (64 S.) kl. 8 906. (Bd. 176.) n. 1. —; geb. n. 1. 30

Lichtenauer, Hugo, u. Alex. Witting, stenographisches Lesebuch f. höh Lehranstalten, zum Gebrauch in Vereinen u. zum Selbststudium. Autogr v. R. Preuss. 5. Aufl. Nach den Beschlüssen des Berliner Stenographentages 1902 neu bearb. (92 S.) kl. 8. 905. (Bd. 82) n. 1. 25

Meyer, Carl Gust., jedermann Stenograph! Lustspiel in 2 Aufzügen f. Stenographen aller Systeme (48 S.) kl. 8. 906. (Bd. 166.) n. — 80

Niemöller, Wilh., neuer Lehrgang der Gabelsberger'schen Stenographie nach der entwickelnden Methode f. den Vereins-, Schul- u. Selbstunterricht. Ausg. A.: Mit Fragen zur Anleitg. im Entwickeln. I. Tl.: Verkehrsschrift. Nach Berliner Beschlüssen bearb. 9. Aufl. (VI, 82 S.) gr. 8. 905. (Bd. 53) n 1. 25; geb. n. 1 55

— dasselbe II. Tl.: Redeschrift. 5. Aufl. Nach Berliner Beschlüssen umgearb. u. verb. (31 u. 11 S) gr. 8 904. (Bd. 54.) n. — 75; geb. n. 1. 05

— dasselbe. Ausg. B: Kleine Ausg. Ohne Fragen. 1. Tl.: Verkehrsschrift. Nach den Berliner Beschlüssen bearb. 16. u. 17. Aufl. (V, 74 S.) 8 906. (Bd. 70.) Geb. n. 1. 40

— dasselbe. Kurzgefasste Ausg. C. I. Tl: Verkehrsschrift. Nach Berliner Beschlüssen bearb. 9. u. 10. Taus. (V, 42 S.) gr. 8. 905. (Bd 90.) n. — 60; geb. n — 90

— Lese- u. Diktierbuch zur Wiederholung u. Fortbildung in der Gabelsbergerschen Stenographie. Im Anschluss an jedes Lehrbuch zu benutzen beim Schul-, Vereins- u. Selbstunterricht. 3 u. 4., nach Berliner Beschlüssen umgearb. Aufl. (47 u. 40 S.) kl. 8. 904. (Bd. 103.) n. 1. —

Petersen, Marie, Prinzessin Ilse. Ein Märchen aus dem Harzgebirge. 3. verb. Aufl. (Nach den Berliner Beschlüssen.) Autogr. v. Arno Trachbrodt. (32 S.) 8. (903.) (Bd. 8.) n — 50

Preuss, Rich., theoretisch-prakt. Anleitung zur kaufm. Korrespondenz nach Gabelsbergers System. Mit e. kurzen Verzeichnis zum Selbstunterricht bearb. 3. verm. u. verb. Aufl. (6. u. 7. Taus.) Bearb. nach den Beschlüssen des Berliner Stenographentages vom J. 1902. (109 S.) gr. 8. 905. (Bd. 45.) n. 1. 80; geb. n. 2. 10

Preuss, Rich., theoretisch-prakt. Anleitung zur Erlernung der Gabelsberger'schen Redeschrift. Zum Gebrauch in Fortbildungskursen, sowie zum Selbstunterricht bearb. 3., nach d. Beschlüssen d Berliner Stenographentages bearb. Aufl. (6. u. 7. Taus.) (70 S.) gr. 8. 904. (Bd. 44.) n. 1. 20

— Schlüssel zu der theoretisch-praktischen Anleitung zur Gabelsberger'schen Redeschrift. (34 S.) gr. 8. 904. (Bd. 127.) n. — 50

Reden, ausgewählte. Zusammengestellt, übertr. u. autogr. v. Rich Preuss. Schreibweisen nach Berliner Beschlüssen. 2. Heft. (46 S.) 8. (902.) (Bd. 146.) n. — 75

Rosegger, Pet., vom Kickel, der eingesperrt gewesen ist u. anderes. 2. verb. Aufl. (Nach den Berliner Beschlüssen.) In stenograph. Schrift übertr. u. autogr. v. Arno Trachbrodt. (31 S.) kl. 8. (904.) Bd 50.) n. — 50

Sales, Frz. v., Philothea. Nach der Uebersetzung von Fr. Permanne. Für Gabelsberg.-Stenographen gekürzt v. Ernest Stoehr. (2. Aufl. in Berliner Schrift (192 S.) 16 (904.) (Bd. 111.) Geb. in Leinw. n. 2. 20

Saphir, M. G., ausgewählte Humoresken. 3. verb. Aufl. (Nach den Berliner Beschlüssen) In stenograph. Schrift übertr. u. autogr. v. Arno Trachbrodt. (33 S.) kl. 8. 904.) (Bd 2.) n. — 60

Schmid, E., Diktate f. Fortbildungskurse in der Gabelsbergerschen Stenographie, progressiv zusammengestellt u. f. Unterrichtszwecke bearb. (79 S.) kl. 8. 906. (Bd. 170.) n. — 90; geb. n. 1. 20

Schmid, Ernst, o, diese Mütter! Lustspiel in 1 Akt f. Stenographen aller Systeme. (44 S.) kl. 8. 906. (Bd. 173.) n. — 80

Schrader Herm., Scherz u. Ernst in der Sprache. I. Sprache ohne Worte. II. Kraftausdrücke. In stenograph. Schrift übertr. u. autogr. v. Arno Trachbrodt. Schreibweisen nach den Berliner Beschlüssen. (54 S.) kl. 8. (904.) (Bd. 162.) n. 1. —; geb. n. 1. 60

Schwebel, Osk., altdeutsches Bürgertum zu festlicher Zeit. Kulturbilder. (Nach den Berliner Beschlüssen.) (24 S.) kl. 8. (905.) (Bd 167.) n. — 40

— aus den Tagen deutscher Bürgerherrlichkeit. 1. Die Fugger. 2. Die Welser. — Stilles Leben im deutschen Bürgertum. Kulturbilder. (Nach den Berliner Beschlüssen.) (48 S.) kl. 8. (905.) (Bd. 169.) n — 75; geb. n. 1. 35

Spindler, C., Ritter u. Bürger. Eine Frankfurter Geschichte aus dem 15. Jahrh. Schreibweise nach den Berliner Beschlüssen. Autogr v. Arno Trachbrodt. (32 S.) 8. (903.) (Bd. 157.) n. — 50

Stifter, Adalb., Bergkristall. Erzählung aus den Bergen. 2., verb Aufl. (Nach den Berliner Beschlüssen.) Autogr. v. Rich. Preuß (62 S.) kl. 8. (906.) (Bd. 86.) n 1. —; geb. n. 1. 60

— Granit. Erzählung. In stenograph. Schrift übertr. u. autogr. v. Arno Trachbrodt. (48 S.) 8. (903.) (Bd. 154.) n. — 75

— aus der Mappe meines Urgroßvaters. (Nach den Berliner Beschlüssen.) (24 S.) kl. 8. (905.) (Bd. 171.) n. — 40

Trömel, Max, Lese- u. Uebungsbuch bei Erlernung der Gabelsberger'schen Stenographie. 4. u. 5. Aufl. Nach den Beschlüssen des Stenographentages zu Berlin (1902) bearb. (48 S.) 8. 904. (Bd. 25.) n. — 70

— Sigel u. Kürzungsbeispiele für Gabelsbergersche Stenographen. Ausg A. 7. Aufl., nach den Beschlüssen des Berliner Stenographentags 1902 neu bearb. (46 S.) kl. 8. 905. (Bd. 38.) n. — 60; geb. n. — 85

Wolfsgruber, Cölestin, Gertruden-Buch. In stenograph. Schrift übertr. u. autogr. v. Arno Trachbrodt. (56 S) kl. 8. 906. (Bd. 175.) n. — 60; geb. n. 1. 20

Reuter's Bibliothek f. Gabelsbergersche Stenographen. 38. 44. 51. 53. 70. 82. 90. 113. 119. 177.—180. 182.—198. 200. u. 201. Bd. Dresden, W. Reuter. 30. 15

Christ, Ed., Sigel u. Kürzungsbeispiele f. Gabelsbergersche Stenographie. Auf Grund der Beschlüsse v. 1857, 1874 u. 1879 zusammengestellt. Ausg. A. 10. Aufl., erweitert u. nach den Beschlüssen des Wiener Stenographentags 1895 neu bearb. v. Max Trömel. (48 S.) kl. 8. (909.) (Bd. 38.) — 60; geb. n — 85

David, Fritz, ausführliche Zeittafeln zur Geschichte der Stenographie. (63 S.) 8. 909. (Bd. 195.) 1. —; geb. n 1. 60

Fröhliger, Max, die Systembeschlüsse des Wiener Stenographentags, f. den Unterricht bearb. 9. Taus. (29 S.) kl. 8. 908. (Bd. 51.) — 50

Fuchs, Rob., die Stenographielehrerprüfung im Königr. Sachsen. (VII, 87 S.) 8. 910. (Bd. 201.) 1.80; geb. n 2. 50

Gerstäcker, Frdr., Curtis Brautfahrt. Humoreske. In stenograph. Schrift übertr. u. autogr. v. Rich. Preuß. (48 S.) kl. 8. (909.) (Bd. 191.) — 75; geb. n 1. 35

Gerstäcker, Frdr., Germelshausen. Übertr. u. autogr. v. Rich. Preuß. (63 S.) (907.) (Bd. 178.) — 90; geb. n 1. 50

— Das Luftbad. Humoreske. In stenograph. Schrift übertr. u. autogr. v. Rich. Preuss. (47 S.) kl. 8. (908.) (Bd. 184.) — 75; geb. n 1. 35

— Das Wrack. Erzählung. In stenograph. Schrift übertr. u. autogr. v. Rich. Preuß. (63 S.) (907.) (Bd. 179.) — 90; geb. n 1. 50

Kaul, Rich., Lehrbuch der Gabelsbergerschen Stenographie f. Kaufleute. Zum Gebrauche in Handelsschulen u. kaufmänn. Fortbildungsschulen, sowie zum Selbstunterrichte. 5.—7. Taus. (VI, 74 S.) gr. 8. 909. (Bd. 180.) 1.20; geb. n 1. 50

Lichtenauer, Hugo, u. Alex. Witting, stenograph. Lesebuch f. höhere Lehranstalten, zum Gebrauch in Vereinen u. zum Selbststudium bearb. Autographiert v. R. Preuss. 6. Aufl. Nach den Beschlüssen des Berliner Stenographentages 1902 neu bearb. (92 S.) kl. 8. 907. (Bd. 82.) — 75; geb. n 1. —

Mayer, Elsa, der verbissene Stenograph. Humoristische Szene f. zwei Damen u. e. Herrn. (Für Stenographen aller Systeme.) (20 S.) kl. 8. 908. (Bd. 186.) — 40

Mörike, Eduard, Mozart auf der Reise nach Prag. Novelle. In stenograph. Schrift übertr. u. autogr. v. Rich. Preuss. (94 S.) kl. 8. (907.) (Bd. 182.) 1.25; geb. n 1. 90

Niemöller, Wilh., neuer Lehrgang der deutschen Einheitsstenographie Gabelsberger nach der entwickelnden Methode f. den Vereins-, Schul- u. Selbstunterricht. Kurzgefasste Ausg. C. I. Tl.: Verkehrsschrift. Nach Berliner Beschlüssen bearb. 11. u. 12. Taus. (V, 42 S.) gr. 8. 907. (Bd. 90.) — 60; geb. n — 90

— Neuer Lehrgang der Gabelsbergerschen Stenographie nach der entwickelnden Methode f. den Vereins-, Schul- u. Selbstunterricht. Ausg. A.: Mit Fragen zur Anleitg. im Entwickeln. I. Tl.: Verkehrsschrift. Nach Berliner Beschlüssen bearb. 10. u. 11. Aufl. (VI, 82 S.) gr. 8. 907. (Bd. 53.) 1.25; geb. n 1. 55

— dasselbe. (Kleine) Ausg. B: Ohne Fragen. 1. Tl.: Verkehrsschrift. Nach Berliner Beschlüssen bearb. 20. u. 21. Aufl. (V, 74 S.) gr. 8. 910. (Bd. 70.) 1.10; geb. n 1. 40

Preuss, Rich., Anleitung zur Erlernung der französ. Stenographie nach Gabelsberger-Rausser. Für Deutsche bearb. 2., verm. u. verb. Aufl. (64 S.) kl. 8. 910. (Bd. 113.) 1.25; geb. n 1. 60

— Theoretisch-praktische Anleitung zur Erlernung der Gabelsbergerschen Redeschrift. Zum Gebrauch in Fortbildungskursen sowie zum Selbstunterricht bearb. 4., nach den Beschlüssen des Berliner Stenographentages bearb. Aufl. (70 S.) gr. 8. 910. (Bd. 44.) 1.20; geb. n 1. 50

Rosegger, Pet., Sonnenschein. (Auszug.) In stenograph. Schrift übertr. u. autogr. v. Rich. Preuß. (48 S.) kl. 8. (909.) (Bd. 187.) —75; geb. n 1. 35

— Mirnutzig Volk. (Auszug.) In stenograph. Schrift übertr. u. autogr. v. Rich. Preuß. (46 S.) kl. 8. (909.) (Bd. 188.) —75; geb. n 1. 35

— Mein Weltleben od. Wie es dem Waldbauernbuben bei den Stadtleuten erging. (Auszug.) In stenograph. Schrift übertr. u. autogr. v. Rich. Preuß. (80 S.) kl. 8. (909.) (Bd. 193.) 1.25; geb. n 1. 90

Schanz, Frida, die Alte. Erzählung. In stenograph. Schrift übertr. u. autogr. v. Rich. Preuß. (48 S.) kl. 8. (909.) (Bd. 197.) —75; geb. n 1. 35

Schmid, Ernst, 5 Minuten-Diktate im Ausmaße von 120—200 Silben per Minute, f. stenograph. Kurse zusammengestellt u. f. Unterrichtszwecke bearb. (160 S.) kl. 8. 909. (Bd. 190.) 1.50; geb. n 1. 85

— Ein brieflicher Unterricht. Stenographischer Schwank in 1 Akt f. Stenographen aller Systeme. Anh.: Die Stenographiestunde. Dramat. Scherzgedicht. (32 S.) kl. 8. (909.) (Bd. 196.) — 50

Schmidt, Kurt, stenographisches Repetitorium. Grundriss zur Geschichte der Stenographie. I. Tl.: Allgemeine Geschichte der Stenographie. II. Tl.: Äussere Entwicklungsgeschichte der Gabelsbergerschen Schule. III. Tl.: Innere Entwicklungsgeschichte des Gabelsbergerschen Systems. 2. Aufl. (62 S.) 8. 908. (Bd. 119.) —90; geb. n 1. 50

Stifter, Adalb., ein Gang durch die Katakomben Wiens. — Der Prater in Wien. In stenograph. Schrift übertr. u. autogr. v. Rich. Preuß. (47 S.) kl. 8. (909.) (Bd. 189.) —75; geb. n 1. 35

Tanera, Karl, der Einsteher. Erzählung. In stenograph. Schrift übertr. u. autogr. v. Rich. Preuß. (62 S.) kl. 8. (910.) (Bd. 198.) —90; geb. n 1. 50

— Aus dem militär. Tierleben. Nach dem Manöver u. anderes. In stenograph. Schrift übertr. u. autogr. v. Rich. Preuss. (46 S.) kl. 8. (908.) (Bd. 185.) —75; geb. n 1. 35

— Und doch! Erzählung aus der Kriegszeit v. 1870. In stenograph. Schrift übertr. u. autogr. v. Rich. Preuss. (46 S.) kl. 8. (908.) (Bd. 183.) —75; geb. n 1. 35

Trömel, Max, Sigel u. Kürzungsbeispiele f. Gabelsbergersche Stenographen. Ausg. A. 11. Aufl., nach den Beschlüssen des Berliner Stenographentages 1902 neu bearb. (46 S.) kl. 8. (909.) (Bd. 38.) —60; geb. n — 85

Wauer, G. A., Goethe- u. Schiller-Album. (In stenograph. Schrift.) (86 S.) 8. (908.) (Bd. 200.) 1.25; geb. n 1. 90

Wauer, G. A., Goethe's Jugendlieben. I. Gretchen. Autogr. v. Rich. Preuß. (48 S.) kl. 8. (909.) (Bd. 192.) —75; geb. n 1.35

— dasselbe. II. Friederike Brion. Autographiert v. Rich. Preuß. (64 S.) kl. 8. (909.) (Bd. 194.) — 90; geb. n 1. 50

Wilhelm's II., Sr. Maj. des Kaisers, Worte u. Reden. Ausgewählt u. in Gabelsbergersche Verkehrs- u. Redeschrift übertr. v. W. Niemöller. (64 S.) (907.) (Bd. 177.) —90; geb. n 1. 50

Reuter's Finanz-Chronik. Wochenschrift f. finanz. u. wirthschaftl. Interessen. II. u. III. Jahrg. 1897—1898. à 52 Nrn. (à ca. 30 S.) Fol. London (E. C., 24 Old Jewry), Reuter's Telegram Company Ltd. à Jahrg. n. 20. - -

Reuter's Finanz-Chronik, Forts., s.: Finanz-Chronik.

— theologische Klassikerbibliothek. 1.—12. Bd. 8. Braunschweig. Charlottenburg, G. Reuter. à Bd. n. 1. —; geb. à n. 1. 30

1. Zwei wichtige theolog. Abhandlgn. v. C. Ullmann. (Zur Charakteristik d. Kanonischen u. Apokryph. in Beziehg. auf d. evang. Geschichte. Was setzt d. Stiftg. d. christl. Kirche durch e. Gekreuzigten voraus?) (VIII, 125 S.) 896.
2. 3. Die Sündlosigkeit Jesu. Eine apologet. Betrachtg. v. C. Ullmann. 2 Tle. (VI, 224 u. III, 149 S.) 896.
4. 5. Pastoraltheologie od. Lehre vom Dienst am Evangelium v. A. Vinet. 2 Tle. (VII, 178 u. V, 195 S.) 896.
6. Ueber d. ersten Brief Pauli an Timotheus. E. krit. Sendschreiben an J. C. Gass, v. D. E. D. Schleiermacher. (IV, 126 S.) 896.
7. Soli Deo Gloria. Vergleich. Würdigg. evangelisch-luther. u. römisch-kathol. Lehre nach Augsburg. u. Tridentin. Bekenntnis m. besond. Hinsicht auf Möhler's Symbolik v. Ernst Sartorius. (VII, 264 S.) 897.
8. 9. Pastorallehren aus Luthers Werken. Nach Pastorale Lutheri v. M. Conr. Porta. (V, 415 S.) 897. In 1 Bd. geb. n. 2. 60
10.—12. Christl. Symbolik od. komparat. Darstellg. d. katholischen, luther. u. reform. Lehrbegriffes v. Phpp. Marheineke. (IV, 445 S.) 897.
13.—15. Zur Dogmatik v. Rich. Rothe. (IV, 402 S.) 898.
16. Dogmatik v. Aug. Neander. Aus seinen Vorlesgn. hrsg. v. Gloatz. (96 S.) 898.

—— Portemonnaie-Kalender f. Gabelsberger-Stenographen auf d. J. 1893. 128°. (40 S. m. Bildnis.) Ebd. 892. cart. in Leinw. * — 25; geb. in Ldr. * — 75

Reuter's Portemonnaie-Kalender f. Gabelsberger-Stenographen auf d. J. 1896. 128. (62 S. m. Bildnis.) Dresden, W. Reuter. In Leinw. kart. n. — 25; geb. in Ldr. n. — 60

Reuter's Portemonnaie-Kalender f. Gabelsberger-Stenographen auf d. J. 1899. 128. (64 S. m. Bildn.) Dresden, W. Reuter. In Leinw. kart. n. — 25

Reuter's Portemonnaie-Kalender f. Gabelsberger **Stenographen auf das J. 1902. 128.** (64 S. m. Bildnis.) **Dresden, W. Reuter.** In Leinw. kart. n. — 25; geb. in Ldr. m. Goldschn. n. — 60

Reuter's Portemonnaie-Kalender f. Gabelsberger-Stenographen auf d. J. 1906. (63 S m. 1 Bildnis.) 64. Dresden, W. Reuter. In Leinw. kart. — 25; geb. in Ldr. m. Goldschn. — 60

— dasselbe, Ausg. nach Wiener Beschlüssen. (64 S. m. 1 Bildnis.) 64. Ebd. In Leinw. kart. — 25

Reuter's Portemonnaie-Kalender f. Gabelsbergersche Stenographen auf d. J. 1911. (Ausg. nach Berliner od. Wiener Beschlüssen.) (Je 64 S. m. 1 Bildnis.) 6,8×4,6 cm. Dresden, W. Reuter. In Leinw. kart. à — 25; geb. in Ldr. m. Goldschn. à — 60

Reuterskiöld, A. de, die schweizer. Postmarken, s.: Mirabaud, P.

Ueber Rechtsauslegung. Eine rechtsdogmat. Principienuntersuchung. Mit Berücks. d. röm. u. d. schwed. Rechts sowie d. neueren insbes. d. deutschen Rechtslitteratur. Von Dr. C[arl] A[ug. Axel] Reuterskiöld. *Upsala: E. Berling 1899.* (92 S.) 8°
— Årsskrift. Upsala Universitets. 1899. (s.) (ω. 1043)

Reuterskiöld, C. A., üb. Rechtsauslegung. Eine rechtsdogmat. Principienuntersuchg. Mit Berücksicht. des röm. u. des schwed. Rechts, sowie der neueren insbesondere der deutschen Rechtslitteratur. gr. 8. (III, 92 S.) Upsala 899. (Leipzig, O. Harrassowitz.) n. 3. —
Sonderabdruck aus: „Upsala Universitets Årsskrift".

Fritz Reuter-Studien, s.: Gaedertz, Karl Thdr.

Reuth, Alb., d. nach Verdiensten gezüchtigte Recensent; e. Lstspl. in 3 Aufz. 8. Paderb. (Augsb.) 795. Rieger. 5 K

Reuth, O., die Fortpflanzung des Menschen, abhängig von dem freien Willen beider Geschlechter. Begleitet von einer populair-wissenschaftlichen Darstellung des Processes der menschlichen Zeugung, mit wissenschaftlicher Begründung derjenigen Mittel, welche jede syphilitische Ansteckung sicher verhindern. Zur Belehrung für Jedermann. Mit 12 lith. Taf. Abbildgn. Altona 863. Verlags-Bureau. 8. (XIV, 217 S.) 1 ℛ︀ 15 ngr.

Reuth, D., die Fortpflanzung des Menschen, abhängig von dem freien Willen beider Geschlechter. Begleitet von einer populair-wissenschaftlichen Darstellung des Processes der menschlichen Zeugung, mit wissenschaftl. Begründung derjenigen Mittel, welche jede syphilit. Ansteckung sicher verhindern. Zur Belehrung für Jedermann. 2. Aufl. Altona 868. Verlags-Bureau. 8. (297 S. mit 12 Steintaff. Abbild.) 1 ₰ 15 ngr.

Reuth, D., die Fortpflanzung d. Menschen, abhängig v. dem freien Willen beider Geschlechter. Begleitet v. e. populär-wissenschaftl. Darstellg. d. Processes der menschl. Zeugg., m. wissenschaftl. Begründg. derjen. Mittel, welche jede syphilit. Ansteckg. sicher verhindern. Zur Belehrg. f. Jedermann. Mit 12 lith. Taf. Abbildgn. 3. Aufl. gr. 8. (228 S. m. 12 Bl. Erklärgn.) Altona 870. Verlags-Bureau. 4. 50

Reutha, Johann Theodor Frhr. zu: Anmerkungen über das Bayersche Mandat ..., s. Schollenberg

Reuthe, Felix, a. Dessau: Untersuchungen über Formylbernsteinsäureäthylester und Akonsäure. Würzburg 1904: C. J. Becker. (49 S.) 8°
Tübingen, Naturw. Fak., Ref. Wislicenus, Diss. v. 2. Nov. 1904
[Geb. 13. März 77 Dessau; Wohnort: Tübingen; Staatsangeh.: Anhalt; Vorbildung: Pharmaz. Staatsprüf. 1. Nov. 02; Studium: Straßburg 1, Marburg 3, Tübingen 3 S.; Rig. 2. Nov. 04.]

Reuthe, Kurt, Referendar a. Dessau: Der Erbverzichtsvertrag nach dem Bürgerlichen Gesetzbuche. Dessau 1907: Anhaltische Buchdruckerei Gutenberg. (VI, 70 S.) 8°
Rostock, Jur. Fak., Ref. Bernhöft, Diss. v. 25. April 1907
[Geb. 25. Okt. 81 Güsten in Anhalt: Wohnort: Dessau; Staatsangeh.: Anhalt; Vorbildung: Gymn. Dessau Reife O. 00; Studium: Göttingen 3, Halle 3 S.; Rig. 11. Dez. 06.]

Reallehrer Gustav Reuther, gestorben am 27. August 1898. (Etwas gekürzt aus Nr. 38 des Jahrganges 1898 der „Badischen Schulzeitung“). 4 (S. 6—7).
Rg. (mit Kl. VI, V u. IV eines sog. Reformg.) *Karlsruhe 1899*
Progr.

Reuther

— s. a. **Reuter, Reutter.**

[F.] Alexander Reuther. Aus der Jugendzeit. Annaburger Geschichten ... *Berlin: C. Bergmann 1895.* (196 S.) 1 Bd 8. [96. 6343

Reuther, C., & Reisert, Hennefer Maschinenfabrik m. b. H.: Kataloge und Prospekte über Wagen usw. 1905? ff. Hennef a. d. Sieg

Reuther, (E.): Beitr. zur Entw. der Blaetter. Leipzig 1876. 4°

Reuther, E., s. Herrmann's, [Paul], Raupen- und Schmetterlingsjäger.

Reuther, Fritz, a. Auerbach i. Vogtl.: Beiträge zur Gedächtnisforschung. Mit 2 Tafeln und 6 Figuren im Text. Leipzig: W. Engelmann 1905. (101 S.) 8° ¶ (Aus: Wundt, Psycholog. Studien Bd 1, H. 1.)
Leipzig, Phil. Fak., Ref. Wundt u. Volkelt, Diss. v. 28. Febr. 1905
[Geb. 28. Mai 82 Auerbach i. V.; Wohnort: Auerbach; Staatsangeh.: Sachsen; Vorbildung: Gymn. Schneeberg Reife O. 01; Studium: Leipzig 7 S.; Rig. 7. Dez. 04.]

Reuther, Fritz, s.: Dichter-Humor.

Reuther, Fritz, die Kunst d. Schmückens, s.: Knoll, Carl.

Reuther, Fritz, Theaterreformen, s.: Knoll, Carl.

Reuther, [Gerhard]: Ueber die viehlose Wirtschaft. Odenkirchen 1907: Altgott. S. 5—7. 8° ¶ [Nachträglich geliefert.]
Odenkirchen, LWS P 1907** [S 09. 383

Reuther, H., landwirtschaftliche Buchführung, s.: Lehrmeister-Bibliothek.

Reuther, Heinrich, aus Höngen b. Aachen: Pausanias, Sohn des Kleombrotos, Führer der Griechen in den Kämpfen gegen die Perser von der Schlacht bei Platää bis zur Eroberung von Byzanz. *Bonn a. Rh. 1902: S. Foppen.* (71 S.) 8°
Münster, Phil. Diss. v. [22. Juli] 1902

Reuther, Hermannus, Lipsiensis: De Epinomide Platonica. Lipsiae 1907: Borna, R. Noske. (83 S.) 8°
Leipzig, Phil. Fak., Ref. Lipsius-Bethe, Diss. v. 30. April 1907
[Geb. 30. Sept. 83 Leipzig; Wohnort: Leipzig; Staatsangeh.: Sachsen; Vorbildung: Thomassch. Leipzig Reife O. 03; Studium: Leipzig 2, Berlin 1, Leipzig 5 S.; Rig. 12. Febr. 07.]

Reuther, Johann Georg (Mainz), Ad Art. V § 48. Instr. P. O. De vestigiis jurisdictionis ecclesiasticae episcoporum catholicorum Germaniae in A. C. statuum subditos protestantes, ad consequendos reditus, census, ac decimas ad excommunicationem procedentium; ac de hujus praesertim effectu. Präs. Ludwig Philipp Behlen. Mainz (Haeffner, J. B. Weylandt) Juni 1762. 67 S. (5.50) 28475
Gew.: Friedrich Carl Joseph von Ehrthal.

Reuther, Karl Mor., Melanchthons Briefwechsel mit den Magistraten deutscher Städte. 4. (36 S.) Leipzig 878, (Hinrichs'sche Buchh.) * 1 —

Oscar Reuther. Sieben Jahre Druckpapier-Verband, 1900–1907. (Als Hs. gedr.) Berlin: H. Baake (1908). (127 S.) 8° [08. 9181

Reuther, Oskar: Das Wohnhaus in Bagdad und anderen Städten des Irak. Berlin: Wasmuth 1910. XVI, 119 S. 4°
¶ Auch als: Beiträge zur Bauwissenschaft. H. 16.
Dresden, Dr.-Ing.-Diss. v. 21. 7. 1909

Reuther, Osc., das Wohnhaus in Bagdad u. and. Städten des Irak, s.a. Beiträge zur Bauwissenschaft. 16. Heft.

Dr.-Ing. Oscar Reuther. Das Wohnhaus in Bagdad und andern Städten des Irak. Berlin: Wasmuth 1910. 119 S. 4°(8°)
Von d. Techn. Hochschule zu Dresden genehm. Doktordiss.
(Beiträge z. Bauwissenschaft. H. 16.) [11. 9322

Reuther, Paulus, Auerbacensis: De Catonis de agri cultura libri vestigiis apud Graecos. *Lipsiae 1903: F. Mitzlaf.* (53 S.) 8°
Leipzig, Phil. Diss. v. [20. März] 1903

Reuther, Ph., Anleitung zur Erteilung d. Turnunterrichts in den Volksschulen. Nach den z. Z. in Bayern hierüber besteh. Bestimmgn. bearb. 2., verm. Aufl. gr. 8. (V, 146 S.) Kaiserslautern 889. Crusius. n. 1. 60; cart. n. 1. 80

— dasselbe. Anh. (zur 2. Aufl.). gr. 8. (III, 82 S.) Ebd. 890. n. — 80

Reuther, Ph., Anleitg. zur Erteilg. d. Turnunterrichts in den Volksschulen, nebst e. kurzen Abriß der Theorie d. Schulturnens. Nach den z. Z. in Bayern hierüber besteh. Bestimmgn. bearb. 3., verm. u. verb. Aufl. gr. 8. (VII, 238 S.) Kaiserslautern 893. E. Crusius. n. 2. —; geb. in Leinw. n. 2. 40

Reuther, Ph., Anleitg. zur Erteilg. d. Turnunterrichts an Volks- u. Mittelschulen insbes. Lehrerbildungsanst., nebst d. Wichtigsten aus d. Theorie d. Schulturnens. Nach d. z. Z. in Bayern hierüber besteh. Bestimmungen bearb. 4., verm. u. verb. Aufl. 8. (XXIII, 289 S. m. Abb.) Kaiserslautern 899. E. Crusius. n. 2. 40; geb. in Leinw. n. 2. 80

Reuther, Ph., theoretisch-prakt. Lehrgang f. d. Turnunterricht in Volksschulen. Auf Grund der Schul- u. Lehrordng. f. d. Pfalz bearb. (VI, 218 S. m. Fig.) 8. Kaiserslautern 908. E. Crusius. Geb. in Leinw. 2.20

— das deutsche Schulturnen. Ein Handbuch f. d. theoret. Turn-Unterricht an Lehrerbildungs-Anstalten. gr. 8. (XXI, 184 S.) Ebd. 888. n. 2.—; geb. n. 2.40

Reuther, Ph., Das deutsche Schulturnen, E. Handbuch f. d. theoretischen Turnunterricht a. Lehrerbildungsanstalten, 1. u. 2. Aufl., Kaiserslautern 1888 u. 1891, 8°. 2 Bde.

— Stoffverteilung für den Turnunterricht an Volksschulen. 8. (33 S.) Ebd. 890. n. —40

Reuther, Rud., s.: Willst Du gesund werden?

Reutlingen [Sachliches OW]

Reutlingen und ein Lebensbild. Reutlingen 1879. V: *Merkh, Nane.* (Heyd)

Reutlingen, Tübingen — Urach, Reutlingen — Kirchhain, Urach — nebst Umgebungen. Hrsg vom Königl. Württemberg. Statistischen Landesamt. 1 : 50 000. Stuttgart 1893. 3 Bl. L. Ff.

Reutlingen, Urach, die schwäbische Alb zwischen Teck u. Steinlach. Mit Illustr., Karten u. Stadtplan von Reutlingen. [Aus: „Tübinger Albwandergn."] 8. (V, 175 S.) Tübingen 890. Fues. cart. n. 2.—

Reutlingen [Schlagwort]

— s. a.: Alb, schwäb., Karte.

— s. a. Albverein.

– s.a. Deutschland. Kürschner-Peip.

– s.a. Touristenkarten. Hopf.

Reutlingen, Oberamt, s. a. Württemberg. Bauser, W.

Reutlingen, s. a. Württemberg. Höhenkurvenkarte.

Reutlingen, Stadt. Karte v. Reutlingen u. Umgebung. 1 : 200,000. Lith. Fol. Tübingen 890. Fues. n. —80; auf Leinw. n. 1.40

Reutlingen. Karte von Reutlingen und Umgegend. 1 : 200,000. 24×18 cm. Photolith. u. Farbdr. Bruchsal (901). O. Katz. —30; auf Leinw. —40

Reutlingen. Plan von Reutlingen. Ergänzt nach dem Stand vom J. 1894. 1 : 7500. 25,5×34,5 cm. Lith. Reutlingen 894. C. F. Palm. —30

— Stadtplan v. Reutlingen, gez. v. Heid. 1 : 7500. 2. Aufl. Farbendr. qu. gr. 4. Tübingen 890. Fues. n. —80

Reutlingen. Wandkarte des königl. württ. Oberamts Reutlingen. 1 : 25,000. 2 Blatt à 68,5×97 cm. Farbdr. Tübingen (904). F. Fues. Auf Leinw. m. Stäben u. lackiert n. 12.50

Reutlingen [Verfasser]

Reutlingen, Hugo v., flores musicae omnis cantus Gregoriani. Neu hrsg. und bearb. von Carl Beck, s. a. Bibliothek des litterarischen Vereins in Stuttgart, Bd. 89.

Reutlingen, Hugo von- Flores musice omnis cantus gregoriani. Neu herausgegeben und bearbeitet von Carl Beck. [Bibliothek des litterarischen Vereins in Stuttgart. Band LXXXIX.] Stuttgart 1868.

(Reutlinger,) Tableau synoptique des principaux cultes exercés par les habitans actuels de la terre particulièrement de deux qui sont en vigueur dans le monde chrétien, suivi d'un tabl. de la propagation du christianisme dans les 5 parties de la terre. Fol. Zuric 840. [Braunschweig, Leibrock.]

Reutlinger, D.W. (Hrsg.), s. Anzeiger für Feuerschutz und Wasserversorgung.

Reutlinger, Ernst: Ueber den Einfluß des Kesselsteins und ähnlicher wärmehemmender Ablagerungen auf Wirtschaftlichkeit und Betriebsicherheit von Heizvorrichtungen. 1909. 74 S. 4° ¶ Auch als: Mitteilungen über Forschungsarbeiten auf d. Gebiete d. Ingenieurwesens. H. 94. 1910; Ausz. in: Zeitschrift d. Vereines deutscher Ingenieure. Bd 54. 1910, Halbj. 1.
München, Dr.-Ing.-Diss. v. 1. 7. 1909

Reutlinger, Ernst, über den Einfluss des Kesselsteins u. ähnlicher wärmehemmender Ablagerungen auf Wirtschaftlichkeit u. Betriebssicherheit v. Heizvorrichtungen, s. a. Mitteilungen üb. Forschungsarbeiten auf dem Gebiete des Ingenieurwesens.

Reutlinger E. über den Einfluss des Kesselsteins und ähnlicher Ablagerungen auf Wirtschaftlichkeit und Betriebsicherheit von Heizvorrichtungen. (66 S) (Mitteilungen über Forschungsarbeiten 94) Berlin 1910

Reutlinger's, G. Ph. Jul., Taschenbuch f. Seiler. Tabellar. Zusammenstellg. aller in der Seilerwaarenfabrikation angewandten Werthe; Bruchbelastungsziffern u. s. w. 12. (VIII, 62 S.) Frankf. a. M. 891. Detloff. cart. 2 50

Reutlinger's, G. Ph. Jul., Taschenbuch f. Seiler. Tabellarische Zusammenstellg. aller in der Seilerwaarenfabrikation angewandten Werthe; Bruchbelastungsziffern; Regeln f. die Anwendg. v. Seilen zu Aufzügen u. Transmissionen u. s. w. m. Bezugsquellenverzeichniss u. Inseratenanh. 2., verm. u. verb. Aufl. 12. (VIII, 82 S.) Frankfurt a/M. 894. A. Detloff. Kart. n. 2.50

Reutlinger's, Jul., Taschenbuch f. Seiler. 3. vollständig umgearb. Aufl. 12. (VII, 107 S. m. Bildnis.) Offenbach 901. (Frankfurt a/M., A. Detloff) In Leinw. kart. n. 2.80

Reutlinger's, Jul., Taschenbuch f. Seiler. 4. Aufl. (VIII, 112 S. m. Abbildgn.) kl. 8. Offenbach 906. (Frankfurt a/M., A. Detloff) In Leinw. kart. n.n. 2.90

Reutlinger, Geo. Ludw., s.: Lichtung, die.

Reutlinger, J. H., die Maschinen-Theile. Eine Sammlung mechan. Elemente als Vorlagen dienend für Industrie- u. Gewerbsschulen. 1—3. Hft. gr. Fol. (18 lith. Taf. u. 2 B. Text in gr. 4.) Zürich 847. (Schultheß.) n. 3 ₰ 12 ngr

Reutlinger, Ign., de Matrimonio. 4. Augsburg, Wolf. 716.

Reutlinger, Jul., s. Reutlinger, G. Ph. Jul.

v. Reutlinger, R. H., Sammlung von Predigten evangelisch-reform. Geistlichen Deutschlands u. der Schweiz. 8. Zürich 841. Schultheß. n. 1⅓ ₰

Reutter

— s. a. Reuter, Reuther.

Reutter, Fritz, ein wertloses Dasein, s.: **Bibliothek**, interessante.

– Der Eisenkönig, s. Enßlin's Roman- und Novellenschatz.

Reutter, Fritz s. **Familienbibliothek**, Schweizer. Nr. 60.

— Ein Geheimnis, s.: **Viktoria-Bibliothek.**

— Die Juwelen des Barons, s.: **Für Herz u. Haus.**

– Im Laboratorium. Am Kongo, s. Enßlin's Roman- und Novellenschatz.

— die Tochter des Ringkämpfers. Der japanische Kupferschmied. Der Rikscha-Kult, s.: **Enßlin's Roman- u. Novellenschatz.**

Reutter, Fritz, was trage ich vor? 125 humorist. Vorträge von Rud. Baumbach, Frdr. v. Bodenstedt, Felix Dahn u. A. 1. u. 2. Aufl. 8. (à VI, 146 S.) Berlin (901. 902). Neufeld & Henius. 1. —

— Was trage ich vor? 125 humorist. Vorträge v. Rud. Baumbach, Frdr. v. Bodenstedt, Fel. Dahn u. A. 3. u. 4. Aufl. (VI, 146 S.) 8. Berlin (907. 10). Neufeld & Henius. 1.—; geb. 1. 50

Der Wille des Gouverneurs u. andere Erzählungen von Fritz **Reutter** u. andere [1]. Mülheim a. d. Ruhr: J. Bagel [1905]. (107 S.) 8° [F.] 1.6.1958

— u. a., der Wille des Gouverneurs u. andere Erzähl gn. (107 S.) 8. Mülheim-Ruhr (906). J. Bagel. — 30

Reutter, Georg, s. Klavierwerke, Wiener, und Orgelwerke aus der 2. Hälfte des 17. Jahrh.

Reutter, Georg Ludwig Wilhelm (Dresden), De colica Saturnina. Diss. med. Präs. Ernst Platner. Leipzig (Hoehm) 24. III. 1812. 28 S. (4.—) 28476
Seinem Vater gew.

Reutter, Glo. Siegm., s. 1) **Hefte**, ökonom.-veterinärische. 2) J. A. **Heine**, v. Stallungen. 3) Riemisch-Reuttersche Praktik.

Reutter, Gottl. Sieg. u. Joh. Riem, Ausführl. Praktik des Veterinär-Trokarierens irrgebender Drehschafe. 8. Lpzg. (791) 02. Meissr. M. 1.25

Reutter Hans: Ein fränkisches Grenz- und Siedlungssystem in den karolingischen Südostmarken.
H. 1907 PN 2296 Diss.Wien, Univ. 968

Reutter, Henry A.

— Der Verkäufer, wie er sein soll. Ein Buch f. strebsame Geschäftsleute üb. die Kunst des Verkaufens. Nach dem Amerikan. des William R. Boosey f. deutsche Verhältnisse bearb. (Anh.: Auserwählte, wirkungsvolle Gespräche m. unzugängl. Kunden.) (79 S.) 8. Ebd. 907. 1. 20

Reutter, Henry A., wie gründet u. leitet man e. kaufmännisches Geschäft? Ein Wegweiser f. junge Kaufleute, die sich selbständig machen wollen. Mit Anh.: Lehrgang der kaufmänn. Propaganda. (67 S.) 8. Hamburg 907. Paustian Gebrüder. 1. 20

Reutter, Lina, der Brahmanensohn. Erzählung aus dem ind. Missionsleben. (87 S.) 8. Gütersloh 905. C. Bertelsmann. n. 1. —; geb. n. 1. 50

Reutter. Louis [Apotheker aus La Chaux-de-Fonds]: Ueber Mastix, Caricari-Elemi und über verschiedene Gräberharze aus Karthago. Bern 1904. 75 S. 8°. [5. XII. 03.]
Bern. Phil. Diss. 1903/1904.

Reutter, Louis. Ueber Mastix, Caricari-Elemi und über verschiedene Gräberharze aus Karthago. Diss. Phil. Bern. IV + 75 S. 8. Bern, Neukomm & Zimmermann, 1904.

Reutter, M. Etude de la transaction d'après la législation fédérale et le droit civil des cantons romands. In-8°. 120 p. Berne. Thèse. 1895.

— Matthaeus (Ungarn), Collegii Publ. Ad Titul. Ult. Digestorum de diversis regulis juris antiqui. Disput. XV. Präs. Peter Müller. Jena (Bauhofer) 21. IX. 1678. S. 219—232. (4.25) 28477

Reutter, Otto, Original-Couplets u. Vorträge. Mit e. Vorwort des Verf. (186 S.) 8. Mühlhausen i/Th. (904). G. Danner. n. 1. —

— dasselbe. Text-Ausg. Mit e. Vorwort des Verf. 2. u. 3. Bd. (182 u. 181 S.) 8. Leipzig (904. 905). O. Teich. à 1. —

— dasselbe. Mit der Biographie des Verf. 4. Bd. (128 S.) 8. Ebd. (906). 1. —

Reutter's, Otto, Original-Couplets u. Vorträge. Textausg. 5. Bd. (133 S.) 8. Leipzig (908). O. Teich. 1. —

— in seinem neuen Orig.-Repertoire. (135 S.) 8. Mühlhausen i/Th. (910). G. Danner. 1. —

Reutti, Joachim Pankraz s. Etwas. Noch e' über den ganzen Canton St. Gallen .... 1814.

Reutti, Karl

Reutti, C., die freiwillige Gerichtsbarkeit u. das Notariat im Großherzogthum Baden. Gesetze u. Verordnungen, — giltig vom 1. Oktbr. 1879 an, — zusammengestellt, m. Anmerkungen versehen u. hrsg. gr. 8. (VIII, 445 S.) Tauberbischofsheim 879. Lang. n. 6. —

Reutti, C., die freiwillige Gerichtsbarkeit u. das Notariat im Großherzogth. Baden. Handbuch, unter Benützg. amtl. Hilfsmittel bearb. u. hrsg. 2., veränd. u. erweit. Aufl. gr. 8. (XV, 863 S.) Tauberbischofsheim 891. Lang. n. 11. 20

Reutti, C., die Grund- u. Pfandbuchsordnung im Großherzogt. Baden. Handbuch. gr. 8. (XXXII, 764 S.) Tauberbischofsheim 886. Lang. n. 10. —

Reutti, Carl, Lepidopteren-Fauna Badens, s. Beiträge zur Rheinischen Naturgeschichte etc.

Reutti, Carl, Uebersicht der Lepidopteren-Fauna d. Grossherzogtums Baden [u. d. anstoss. Länder]. 2. Ausg. d. in d. Beiträgen zur rhein. Naturgeschichte erschien. gleichnam. Werkes. Nach d. Verf. Tode im Auftr. d. naturwissenschaftl. Vereins zu Karlsruhe gemeinschaftl. m. Adf. Meess überarb. u. hrsg. v. Arnold Spuler. gr. 8. (XII, 361 S m. 1. Tab.) Berlin 898. Gebr. Borntraeger. n. 7. —; geb. n. 8. —

Übersicht der Lepidopteren-Fauna des Grossherzogtums Baden ⟨u. d. anstossenden Länder⟩ von Carl **Reutti**, Gerichtsnotar zu Karlsruhe. 2. Ausg. des in d. Beiträgen z. rhein. Naturgesch. erschienenen gleichnam. Werkes. Nach des Verf. Tode ... gemeinschaftl. mit Adolf Mees, Stadtr. zu Karlsruhe, überarb. u. hrsg. von Dr. Arnold Spuler, Privatd. Berlin: Gebr. Borntraeger 1898. (XII, 361 S.) 8°
= **Verhandlungen** d. naturwiss. Vereins in Karlsruhe. Bd 12. [07. 998 2

Reutti, C., Zusammenstellung der jetzt noch giltigen Gesetze u. Verordnungen üb. die Liegenschafts-, Erbschafts- u. Schenkungsaccise im Großherzogth. Baden. Unter Zugrundelegg. der amtl. Ausg. vom J. 1855 bearb. u. hrsg. gr. 8. (X, 203 S.) Karlsruhe 875. Macklot. n. 3. —

— Zusammenstellung d. jetzt noch gült. Gesetze u. Verordngn. üb. d. Liegenschafts-, Erbschafts- u. Schenkungsaccise im Großherzogt. Baden. Unt. Zugrundelegg. d. amtl. Ausg. v. J. 1855 bearb. u. hrsg. 2., verm. u. bis auf d. neueste Zeit fortges. Aufl., hrsg. im Auftr. d. Erben v. A. Grosch. gr. 8. (XII, 286 S.) Karlsruhe 895. Macklot. Geb. in Leinw. n.n. 10. —

Reutty, X. [Apotheker, Wyl (Kt. St. Gallen)]: Der Kork als Verschlussmaterial mit specieller Berücksichtigung seiner Permeabilität für Mikroben. Wyl 1900. 39 S. 2 Taf. 8°.
Zürich. Phil. Diss. II. S. 1900/1901.

Reutz, Alex. v., Verfassung u. Rechts-Zustand d. dalmatinischen Küsten-Städte u. Inseln im Mittel-Alter. Aus ihren Municipal-Statuten entwickelt. Ein Beitr. z. Kenntniss slavischer Rechte. gr. 8. (26½ B.) Dorpat 841, (Karow.) *

v. Reutz, Alex. Magn. Fromh., Versuch üb. die geschichtl. Ausbildung d. russ. Staats- u. Rechts-Verfassung. Als Leitfaden f. Vorlesungen. 1e u. 2e Hälfte. 8. Mitau 829.

— Versuch e. histor.-dogmat. Darstellung des russisch. Vormundschaft-Rechts. 8. Dorpat 821.

— Versuch e. geschichtl. Entwickelung der Grundsätze des russisch. Vormundschaft-Rechts. 8. Dorpat 825.

Reutzel, Tafeln zur Berechnung der Coordinaten ohne Logarithmen, s. Reissig.

Reutzel, Hermannus (Ranstadtiensis)
Exercitationes criticae in Antiphontis orationibus.
Gissae: Keller 1879. 68 S.
Diss. phil. 26.3.1879. vorh. 26. 7.

Reutzel, Herm., Exercitationes criticae in Antiphontis orationibus. Dissertatio inauguralis. gr. 8. (67 S.) Giessen 879, (Ricker.) * 1 20

Reuvens, C. L. [aus Arnheim (Niederl.)]: Die Myoxidae oder Schlaefer. Ein Beitrag zur Osteologie und Systematik der Nagethiere. . . . Leiden, P. W. M. Trap, 1890; 4 Bl., 80 S., 4 Taf. 4°
Erlangen, Phil. Fak., Inaug.-Diss. v. 1890

Reuvens, Kaspar Jakob Chr.

—Collectanea litteraria sive Conjecturae in Attium, Diomedem, Lucilium, Lydum, Nonium, Ovidium, Plautum, Schol. Aristoph., Varronem et alios, passim Msptorum ope factae etc.; quibus accedit disput. de linguae graecae pronuntiatione. 8maj. Leyd. 815. (Leipz., Weidmann). 2 ℛ

Reuvens, C. J. C., Collectanea litteraria sive Conjecturae in Attium, Diomedem, Lucilium, Lydum, Nonium, Ovidium, Plautum, Schol. Aristoph. Varronem et alios, passim Msptorum ope factae etc., quibus accedit disput. de linguae graecae pronuntiatione. 8maj. Lugd. Bat. (Lips., libr. Weidmannia in c.) 816.

—Lettres à M. Letronne, sur les Papyrus Bilingues et Grecs, et sur quelques autres Monumens Grécs-Égyptiens du Musée d'antiquités de l'Université de Leide Avec Atlas (1 Kpf. u. 5 Steint.) gr. 4. Leyd. 830. Luchtmans. (Weidmann; auch Weigel in Leipz.) 12 ℛ

Reuvens, Ksp. Jak. Chr., Periculum animadvers. archaeologicae ad Cippos Punicos Humbertianos Musaei antiquarii Lugduno-Batavi. gr. 4. Leyden 822. Luchtmans. (Weidmann in Leipz.) 1 ℛ 6 g𝔊

Revaclier, A. s.a. *Krauss.*

Revaclier, A. et Krauss, H., cours gradué de langue allemande. Partie supérieure, Syntaxe. XIV et 232 pp. in-12. Bâle et Genève, H. Georg. cart. 3. —.
La 1. partie: les mots déclinables. VIII, 176 pp. et 2 pl. a paru en 1869, prix Fr. 2. —; la 2. partie: Le verbe et les mots invariables. VIII et 128 pp. en 1869, prix Fr. 1. 75.

Revaclier, A., et H. Krauss, Cours gradué de langue allemande. 2 parties. gr. 8. Basel, Georg. geb. * 5 20
Inhalt:
1re Partie élémentaire. 2e édit. 1872, et 3e édit. revue et corrigée. (XVI, 320 S. mit 1 Stnt.) 874. * ℳ 2,80.
2e Partie supérieure. Syntaxe. (XIV, 232 S.) 871. * ℳ 2,40.

Revaclier, A. et H. Krauss. Cours gradué de langue allemande. Partie supérieure: Syntaxe. 2e éd., revue et corrigée. In-8°, XIV et 228 p. Genève, et Bâle, H. Georg. 1880. 3 —

Revaclier, A., et H. Krauss, cours gradué de langue allemande. Partie supérieure. Syntaxe. 3. éd. 8. (XIV, 228 S.) Genf 895. Basel, Georg & Co. Kart. n. 2. 80

Revaclier, A.: Éléments de langue allemande.
s. Krauss, H.

Revaclier et Krauss. Extrait du cours gradué de langue allemande. In-12°, 56 p. Bâle, Genève, Lyon, H. Georg. 1887. 1 —

Révai, Samuel

Révai, Sam., Grundbedingungen der gesellschaftlichen Wohlfahrt. gr. 8. (XXXI, 692 S.) Leipzig 902. Duncker & Humblot. n. 14. —

Révai-Rosenberg, Ludw., der Sequestrationsprozeß der „Société de Berlin", aktenmäßig dargestellt mit einer Einleitung. Ein Beitrag zum Autorrechte. gr. 8. (41 S.) Budapest 884, Grimm. * 1 —

Reval [Schlagwort]

Reval — Geom. Plan der Gouv.-Stadt —. Reval, Kluge. 1 Bl.

Reval [Verfasser]

Reval's Handel u. Schiffahrt, s.: Beiträge zur Statistik des Revaler Handels.

Reval, Paul, treu bis in den Tod, s.: Weber's mod. Bibliothek.

Revanche. Lustsp. in 2 Akt. n. d. Franz. v. Rochlitz. 8. Züllichau, Darnmann. 804.

Revanche, la, Comédie en 3 Actes en prose, par M. M***. gr. 8. Rudolst. Hofbuchh. 811.

* — — la même. 8. Brunsv. Pluchart. 810.

Revanche: La Revanche
(B) Im Kapitel über Benoît Malon (Stegmann, Carl und Hugo, C.: Handbuch des Socialismus. Zürich 1897. S. 489) lesen wir u. a.: »Am 26. März 1871 wurde er zum Mitglied der Commune gewählt ... Nach Eroberung des Quartiers des Batignolles durch die Versailler, dessen Maire er war, gelang es ihm, nach der Schweiz zu entkommen, wo er das Journal »La Revanche« gründete, das Februar 1872 von der schweizerischen Regierung unterdrückt wurde ...«

Revanche-Geschichten. Aus dem Franz. übers. v. Armin Schwarz. Mit zahlreichen Illustr. 8. (110 S.) Budapest 887. Grimm. n. 2. —

Révay, G.: Inden und Hydrinden. Darstellg dieser Grundkohlenwasserstoffe wie auch ihrer Abkömmlinge u. historische Entwickelg d. Synthesen aller Derivate ... Würzburg, kgl. Universitätsdr. v. H. Stürtz, 1893; 4 Bl., 51 S. 8.
Würzburg, Phil. Fak., Inaug.-Diss. v. 1893

Révay, J. Nik., Antiquitates literaturae Hungariae. Vol. I. 8maj. Pesth 805. Eggenberger.

— Clerici regulares scholarum piarum provinciae hungaricae lat. 8. Pressb., Patzko. 5 gr

— latina. Edita amicorum hortatu et sumtibus. 8. Pressb. 792. Patzko. 12 gr

— elaborata grammatica hungarica. II Voll. 8maj. Pressb. 805. Patzko.

— Planum erigendae eruditae Societatis hungaricae altr. elaborat. 8. Wien 790. (Eggenberger in Pesth). 5 gr

— Angulorum rectaeque lineae trisectio et consectaria Circuli quadratio. 8maj. Pesth. 807. Eggenberger. 15 gr

Rêve, un, matinal. Discours au palais du Luxembourg relatif à la question polonaise au point de vue: „Peut-il exister dans l'Europe future une Russie avec une Pologne subjuguée?" etc. Communiqué d'un ancien diplomate adressé (Juillet 1865) au Marquis Mass. d'Azeglio. Leipzig 867. O. Wigand. gr. 8. (VI, 33 S.) 7⅓ ngr

Réveil
v. Ebresztő.

Réveil: Le Réveil international
⑤ 1. 10. 1871—9. 10. 1871 (9 numéros) ⑥ in-2° ⑦ tous les jours ⑧ Genève: Carey Frères ⑫ international ⑭ Ge: P.

Réveil: Le Réveil du Jura
① Journal politique et littéraire ④ Gazette jurassienne ⑤ 19. 10. 1860—6. 12. 1861 ⑥ in-2° ⑦ hebdomadaire ⑧ Porrentruy: Germain Porte ⑪ G. Porte. J. Trouillat, fondateur du journal ⑫ intérêts de la minorité catholique ⑬ BGSZ: 1 (no. 6416). 962, 973 ⑭ Be: L.

Révellaud, Eug., die Los v. Rom-Bewegung in Frankreich, s.a. Berichte üb. den Fortgang der „Los v. Rom-Bewegung". 4. Hft.

Die Los von Rom-Bewegung in Frankreich. Von Eug. Révoillaud. *München: J. F. Lehmann 1900.* (56 S.) 8° [F.]
= Berichte üb. d. Fortgang d. 'Los von Rom-Bewegung'. H. 4. [...

Reveillé-Parise, J(oseph) H(enri): Gesundheitslehre für Geistigbeschäftigte. (Physiologie et hygiène des hommes livrés aux travaux de l'esprit. Troisième édition. Dt.) Übers.von Wilh(elm) Weißenborn. 507 S., gbd.

Weimar: Voigt 1840

JB 2.967

—— Lebenskunst f. geistig beschäft. Menschen, s.a. Kalisch, M.
Füge n. a. O. bei: 2., unveränd. Ausg. Ebendas. 840. 18 Gr.

— Lebenskunst für geistig beschäftigte Menschen, oder Untersuchungen über den gesunden u. kranken Zustand, so wie über die in beiden zweckmäßigste Lebens- u. Behandlungsweise der Gelehrten, Künstler, Staatsmänner u. Aller, die geistig wirken. Nach d. Franz. von Dr. Kalisch. gr. 8. Berlin 835. Hirschwald. n. 1⅓ rf — 2e unveränd. Ausg. gr. 8. Ebd. 840. ¾ rf

Réveillère

Révillère. s.a. Gegen den Etatismus.

Reveillère und andere: Gegen den Etatismus. Zürich 1905. H: *Trautweiler, A.* (Stadtbibl. Frankf. a. M. Kat. der Neueren Bestände.)

Réveillère, [Paul-Émile-Marie]. Gegen den Etatismus. (Sammlung von Aussprüchen [von]) R' und Andere[n]. ([Mit illustriertem Umschlag. Hrg. von] A[lexander] Trautweiler, Laufenburg.) VIII + 55 S. 8. Zürich, Albert Müller, 1905. [fr. —. 80]

Reveillere Lepaux, üb. Gottesdienst, Nationalfeste; aus dem Französ. (von Frau Fabricius). gr. 8. Hamb. 797. (Campe). 6 gr

Réveillère de Lépeaux, Louis Marie de. Betrachtungen über Gottesdienst, bürgerliche Gebräuche und Nationalfeste. A. d. Franz. Hamb. 1797. Ü: *Fabricius, Anna Caecilie geb. Ambrosius.* (GGr) (Ky) (MGT) (Schl) (LS)

Revel, Variété-Schönheiten, s.a. Flugbogen. Nr. 4.

Variété-Schönheiten. (Verf.: **Revel**). *Berlin: Imprimatur [1901].* (31 S.) 8° [Umschlagt. F.]
— **Flugbogen.** No 4. [01. 8429

(Revel, Cyp[rien].) Un Prince-Evêque à Neuveville. (Relation de la réception de Joseph-Guillaume de Rinck de Baldenstein.) [E.] 8. [Delémont 1877.]

Revel, Hugo Alfons (Pseud.), s.a. Neumann, Hugo

Hugo Aphonse Revel. Ave Maria! Roman. Berlin: C. Duncker [1901]. (304 S.) 8°

Revel, Hugo Alphonse, Ave Maria! Roman. (304 S.) 8. Berlin (903). C. Duncker. n. 3. 50

Revel, H. A., Belladonna. Roman aus den neuen österreich. Provinzen. (346 S.) 8. Berlin (909). C. Duncker. 3. 50

— aus den schwarzen Bergen. Novellen aus der Hercegowina u. Montenegro. (178 S.) 8. Stuttgart 904. Berlin, B. Unterborn. n. 2. —; geb. n. 3. —

— Der Brandstifter, s.a. Kürschner's Bücherschatz.

Der Brandstifter. Roman (nach d. Franz.) von H[ugo] A[lphonse] Revel. Berlin, Leipzig: Hillger [1908]. 224 S. 8°
(Kürschners Bücherschatz. Nr 621/622.)

— Witwe Dalila, s.a. Kriminal-Romane „Continent".

Witwe Dalila. Kriminalroman (nach d. Franz.) von H[ugo] A[lphonse] **Revel.** *Berlin-Charlottenburg: Continent [1904].* (243 S.) 8° [F.]
= **Continent**, Kriminalromane. 2. [04. 13,11

Witwe Dalila. Kriminalroman (nach d. Franz.) von H[ugo] A[lphonse] **Revel.** 3. Taus. Berlin-Charlottenburg: Continent [1905]. (243 S.) 8° [F.]
= **Continent**, Kriminalromane. 2. [08. 4337 11

— Der Dieb, s.a. Kürschner's Bücherschatz.

Der Dieb. Roman von H[ugo] A[lphonse] **Revel**. Berlin, Leipzig: H. Hillger [1907]. (128 S.) 8° [F.]
= **Bücherschatz**, Kürschners. No 568. [07. 15384

REVEL, H. A., Dirnen. Sozial-psychologische Skizzen. Berlin, o. J. (1900). 8°. 203 S. (2 Mk. J. Taussig, 1906.)

Dirnen. Sozial-psychol. Skizzen von H[ugo] A[lphonse] **Revel**. 1. Aufl. Ser. [1.] Berlin-Charlottenburg: Continent [1903]. 8° [F.] [06. 934 11

— **Dirnen. Sozial-psycholog. Skizzen. Titelzeichnung v. Wilh. Jordan. (203 S.) 8. Berlin (903). Verlag Continent.** n. 2. —

Dirnen. Sozial-psychol. Skizzen von H[ugo] A[lphonse] **Revel**. 2. Aufl. Titelzeichn. von Wilhelm Jordan. *Berlin-Charlottenburg: Verl. Continent [1903].* (203 S.) 8° [F.] [04. 2...

— — Dasselbe. 2. Aufl. Charlottenburg 1904. 8°. (Eleg. br. Kr. 2,40.) (1 Kr. 60 H. Victor Eytelhuber, Wien, 1905.)

— **die Drosselkönige**, s. a. **Kriminal-Romane „Continent".**

Die Drosselkönige. Kriminal-Roman von H[ugo] A[lfons] **Revel**. Berlin: Continent [1906]. (206 S.) 8° [F.]
= **Continent**, Kriminal-Romane. 5. [07. 12279

— **Er, Sie und — der Andere. 1.—3. Taus. (152 S.) schmal 8. Berlin (904). Berl. Verlags-Institut.** n. 2. —

— **im Exil. Militärhumoresken aus der Herzegowina. (166 S.) kl. 8. Stuttgart 904. Berlin, P. Unterborn.** n. 2. —; geb. n. 3. —

Revel, Hugo Alphonse (Hugo Neumann), Hermeline, s. a. Bibliothek, naturalist.

[F. u. Ant.] Hermeline. Aus d. fin de siècle v. **Hugo Alphonse Revel**. *Berlin: H. Steinitz (1897).* (146 S.) 1 Bd 8.
= **Bibliothek**, Naturalistische. Bd XII. [97. 5161

— **die rote Laterne. II. Serie der sozial-psycholog. Skizze (Umschlag: Skizzen) „Dirnen". 2. Aufl. (204 S.) 8. Berlin (904). Verlag Continent.** n. 2. —

H[ugo] A[lphonse] **Revel**. Die rote Laterne. 2. Aufl. Berlin: Continent [1905]. (204 S.) 8° [F.]
— **Revel**: Dirnen. Ser. 2. [05. 14768

– Frau Lüge, s. Bibliothek. Naturalistische.

— **der Mönch v. Almissa. Roman. (VIII, 225 S.) 8. Bremerhaven (905). L. v. Vangerow.** n. 3. —

Revel, Hugo Alphonse (Hugo Neumann), der Muezzin. Lyrisches Drama in 3 Akten. gr. 8. (108 S.) Mostar 892. (Leipzig. Literar. Anstalt A. Schulze.) 2. 40

— **d. eigentüml. Prinzessin. Robby,** s. a. **Weichert's Wochen-Bibliothek.**

Die eigentümliche Prinzess. Zwei Novellen v. Hugo Alphonse **Revel**. M. 3 Vollbild. Berlin: A. Weichert [1898]. (95 S., 3 Taf.) 1 Bd 8°
(Wochen-Bibliothek, Weichert's. Bd 40.)

— **ihr Problem. Die Geschichte des sexuellen Problems Einer. 1.—2. Aufl. (119 S.) 8. Leipzig 906. E. Maerter.** n. 2. —; geb. n. 3. —

Revel, Hugo Alphonse, am Siel u. andere Großstadtgeschichten, s.: Eckstein's Reisebibliothek.

Thanatos. Mystische Tragödie in 3 Akten, 1 Vor- u. Nachspiel von **Hugo Alphonse Revel**. *Dresden & Leipzig: E. Pierson 1901.* (218 S.) 8° [F.] [04. 5066

— **Der Tiger**, s. a. **Kriminal-Romane „Continent".**

Der Tiger. Kriminal-Roman von H[ugo] A[lphonse] **Revel**. Berlin: Continent [1908]. 318 S. 8°
(Kriminal-Romane Continent. 10. 11.)

— **Vergewaltigt. Grossstadtskizzen. 1.—3. Taus. (144 S.) schmal 8. Berlin (904). Berliner Verlags-Institut.** n. 2. —

— **die Viper**, s. a. **Kriminal-Roman „Continent".**

Die Viper. Kriminal-Roman (frei nach d. Franz.) von A. H. (H[ugo] A[lphonse]) **Revel**. *Berlin-Charlottenburg: Verl. Continent [1903].* (303 S.) 8° [F.]
= **Continent**, Kriminal-Romane. 1. [04. 3313

Revel's, P. C., Entwurf e. auf d. Gesetz des Zufalls gegründ. Systems der Natur, m. nachfolg. kurzer Abhandlg. üb. d. zukünft. Leben, v. biolog. u. philosoph. Gesichtspunkte aus betrachtet. Nach d. neuen, verb. u. verm. Aufl. aus d. Franz. übers. v. Fritz Feilgenhauer. Durchgesehen u. m. e. Anh. v. F. Maier. gr. 8. (230 S.) Leipzig 895. M. Spohr. n. 4. —

Revel, P. C., d. künftige Leben m. nachfolg. Bemerkgn. üb. die Träume u. üb. d. Erscheingn. (Theorien u. Thatsachen). Aus dem Franz. übertr. v. Fritz Feilgenhauer. gr. 8. (108 S.) Leipzig 895. M. Spohr. n. 2. —

Revel, P. C., das künftige Leben m. nachfolg. Bemerkgn. üb. die Träume u. üb. die Erscheingn. Aus d. Französ. v. F. Feilgenhauer. gr. 8. (108 S.) Leipzig 895. [M. Spohr.] C. Fiedler. n. 2. —
Auch dessel. Verf. „Entwurf e. Systems d. Natur" ist in obig. Verlag übergegangen.

Revel, Wilh., der Wahrheit die Ehre. Ein Beitrag zur Judenfrage in Deutschland. 12. (30 S.) Nürnberg 881, Wörlein und Comp. — 40

Révélation de diverses vérités importantes pour les peuples de la Principauté de Neuchatel et Valangin. Par un Bourgeois de V' habitant ledit Comté. [Avec 2 vignettes.] 8. *s. l.* Au mois de Février 1768.

Revelationes Gertrudianae ac Mechtildianae. Opus ad codicum fidem nunc primum integre ed. Solesmensium O. S. B. monachorum cura et opera. 2 vol. Lex.-8. Pictavii 877. (Leipzig, T. O. Weigel.) à vol. * *M.* 20. * 40 —

Inhalt:

Vol. 1. Sanctae Gertrudis Magnae, virginis ordinis Sancti Benedicti, Legatus divinae pietatis. Accedunt ejusdem Exercitia spiritualia. (LXXIV, 730.)
2. Sanctae Mechtildis, virginis ordinis Sancti Benedicti, Liber specialis gratiae, accedit sororis Mechtildis ejusdem ordinis Lux divinitatis. (XVI, 750 S.)

Révellière-Lépeaux s. La Révellière-Lépeaux.

Die Fremdenlegion. Eine sozialpolit., völkerrechtl. u. weltpolit. Untersuchung von Victor **Reven**. Stuttgart: Lutz [um 1910]. 112 S. 8° [11. 5101

Revenement, Le. Proverbe ex un acte par un Russe. 8. (32 S.) Wien: Frick 1892. * —.50

Revenstorf, Hermann, approb. Arzt aus Altona: **Aus d. chirurg. Klinik zu Kiel. Über die Implantation der Ureteren in den Darm zur Heilung der Ektopia vesicae.** *Kiel 1901: Schmidt & Klaunig.* (26 S.) 8°
Kiel, Med. Diss. v. [12. Okt.] 1901

Revenstorf, Wilhelm, approb. Arzt aus Altona: **Aus d. chirurg. Klinik zu Kiel. Zur operativen Therapie der Hämorrhoiden.** *Kiel 1903: H. Fiencke.* (21 S.) 8°
Kiel, Med. Diss. v. [17. Aug.] 1903

Reventlau, Grf. Vide: Einrichtung (Ueber die bessere).

Rede an dem Tage des Leichenbegängnisses des Königes Friedrichs des Fünften gehalten auf der Königl. Ritter-Akademie zu Soröe den 18. März 1766 v. Christian Detlef Friedrich Graf von **Reventlau**. Soröe 1766. 4°

Fünfzigster **Jahresbericht**, erstattet in der gemeinschaftlichen Versammlung der Schleswig-Holsteinischen adeligen Klöster und Güter über die Verhältnisse des gemeinschaftlichen Fonds im Jahre 1890 vom Grafen Kurt Reventlou. Kiel. 1891. 4°, in Fol. geb.

Reventlov, Detlev (Holstein. Adel), u. (Respond.) Wolf Heinrich von Nauendorff (Vogtländ. Adel), De nexu foederum inter imperium Romano Germanicum et regnum Daniae. Leipzig (Breitkopf) 29. IV. 1735. 48 S. (4.25) 28470

Theodor Reventlow, geboren zu Christiansholm bei Kopenhagen den 19. Juli 1801, gestorben in Jersbeck den 4. Februar 1873.
Abgedruckt aus der Beilage der Kreuz-Zeitung vom 1. März 1873 etc. o. O. (1873.) 8°.

Reventlow, Graf (Red.), s. Armee und Marine.

Reventlow, Arthur Graf zu, über Marschbildung an der Westküste des Herzogth. Schleswig und die Mittel zur Beförderung derselben. Lex.-8. (71 S. mit 9 lithogr. Karten, wovon 8 in Buntdr., in Lex.-8., 4. und Fol.) Kiel 863, [G. v. Maack's Verlag.] *

v. Reventlow, C. D. F., Graf, einige Ansichten in Anleit. d. Schrift des Hrn. C. L. Reinhold über die Frage: Was ist Wahrheit? gr. 8. Hamb. 824. Perthes u. B. 8 gr

Reventlow, Carl Otto, s. Reventlow, Karl Otto

An meine Mitchristen v. Christian Detlev [Graf] **Reventlow**. Aus dem Dänischen. Altona. 1840. 8°

Reventlow, Christ. Detlev, an meine Mitchristen. A. d. Dän. gr. 12. (1½ B.) Altona 840, Blatt.

Reventlow, Graf Ernst zu, s.: Almanach, deutsch-nautischer.

— Fürst Bülow, s.a. Persönlichkeiten.

Fürst Bülow von Ernst Graf zu **Reventlow**. Charlottenburg: Virgil-Verl. [1908]. (43 S.) 8°
= **Persönlichkeiten**. Illustr. Essays. H. 3. [08. 5134

Deutschland in der Welt voran? Zwanglose Betrachtungen z. Flottenfrage. Von Graf E[rnst] **Reventlow**. Berlin: Boll & Pickardt 1905. (70 S.) 8° [F.] [05. 10483

— Deutschland in der Welt voran? Zwanglose Betrachtgn. zur Flottenfrage. 3. neu bearb. Taus. (III, 76 S.) gr. 8. Berlin 906. Boll & Pickardt. n. 1. —

— s.: **Deutschlands Flotte.**

— Die völkische Eigenart u. der Internationalismus, s.a. Wertung.

(Wertung. Schriften des Werdandibundes E. V. H. 5.)
Die völkische Eigenart und der Internationalismus v. Graf Ernst zu **Reventlow**. Buchschmuck v. Franz Stoßen. Leipzig. 1910. 8°

Reventlow, Graf E. zu, Die völkische Eigenart u. der Internationalismus. (18 S.) 8. Leipzig, F. Eckardt. 1910. —. 50.

Die völkischen Eigenschaften und der Internationalismus. Von Graf E[rnst] zu **Reventlow**. Leipzig: Eckardt 1910. 18 S. 8° [Umschlagt.]
(Wertung. 1910, H. 5.) [10 16391

Die deutsche Flotte. Ihre Entwickelung und Organisation v. [Ernst] Graf **Reventlow**. Mit 142 Textbildern. 2 Lichtdruckbildern und 51 feinst kolorierten Bildertafeln nach Aquarellen und Zeichnungen von Marinemaler Schröder-Greifswald und Konstruktionssekretär Friederichs. Zweibrücken i. Pfalz. 1901. 8°.

Reventlow, Graf, die deutsche Flotte. Ihre Entwickelg. u. Organisation. Mit 142 Textbildern, 2 Lichtdr.-Bildern u. 51 feinst kolor. Bildertaf. nach Aquarellen u. Zeichngn. v. Schröder u. Friederichs. 8. (VI, 300 S.) Zweibrücken 901. [F. Lehmann.] Kiel, R. Cordes. Geb. in Leinw. n. 3. —

— die deutsche Flotte u. ihre Aufgaben, s.a. Hillger's illustr. Volksbücher 28. Bd.

Die deutsche Flotte und ihre Aufgaben von Graf E[rnst] **Reventlow**. Mit 10 Ill. Berlin, Leipzig: H. Hillger [1905]. (87 S.) 8° [F.]
= **Volksbücher**, Hillgers illustrierte. Bd 28. [05. 10086

— Die deutsche Flotte einst u. jetzt, s.a. Volksabende.

Die deutsche Flotte einst und jetzt. Ein Volksabend v. Ernst Graf zu **Reventlow**. Gotha 1908. 8°

— holder Friede, süße Eintracht. Eine polit. Satire. (87 S.) gr. 8. Leipzig 906. Dieterich. n. 1. —

— Gefahr im Verzug! Betrachtungen üb. die Beschleunigung d. Flottenbaus, ihren Nutzen u. ihre Möglichkeit. (91 S.) 8. Berlin 907. K. Curtius. (Urspr. Pr. — 60)

— s.: Heimat, deutsche.

— der russisch-japanische Krieg. Nebst e. Beschreibung v. Japan, Korea, Russisch-Asien u. e. Geschichte dieser Länder v. H. Döring. Mit zahlreichen Text-Illustr., Kunstbeilagen u. 1 mehrfarb. Karte des Kriegsschauplatzes. 3 Bde. (VI, VIII, 374, 208; VII, 470, 88 u. VI, 520 S. m. Abbildgn. u. 136 [59 farb.] Taf.) Lex.-8 Berlin-Schöneberg (904—906). Internationaler Welt-Verlag. Geb. 36. — (Ladenpr aufgeh.)

Der Russisch-Japanische Krieg von Graf E[rnst] zu **Reventlow**. Nebst e. Beschreibung von Japan, Korea, Russisch-Asien u. e. Geschichte dieser Länder von Dr. H[ermann] Döring. Mit zahlr. Text-Ill., Kunstbeil. u. 1 Karte. Bd 1–3. Berlin-Schöneberg: Internat. Welt-Verl. 1905. 3 Bde 4° [F.] [06. 6627

Unsere Linienschiffe und die Baubeschleunigung. Von Graf E[rnst] **Reventlow**. Berlin: Hempel 1906. (68 S.) 8°

Die Reichsfinanzreform eine nationale Frage. Im Auftr. d. Alldeutschen Verbandes verf. von Graf Ernst zu **Reventlow**. Leipzig: Deutsche Zukunft (1908). (28 S.) 8° [F.] [08. 17277

— Die Reichsfinanzreform, e. nationale Frage. Im Auftrage des Alldeutschen Verbandes verf. (Neue [Titel-] Ausg.) (28 S.) gr. 8. Leipzig [908] (910). Leipziger Verlags- u. Kommissionsbuchh. — 30

— Reinertrag der Reichspolitik seit 1890, s.: Claß, Heinr.

— die englische Seemacht, s.a. England in deutscher Beleuchtg.

Die englische Seemacht. Von Graf E[rnst] **Reventlow**, Kapit.-Lt. a. D. Halle a. S.: Gebauer-Schwetschke 1906. (71 S.) 8°
— **England** in deutscher Beleuchtung. H. 5. [06. 5884 8

— Englische Sorgen. Deutsche Gefahr. Betrachtungen zu Rowland Thirlmere's The clash of empires. (52 S.) 8. Berlin 907. K. Curtius. — 50

Vademecum für Phantasiestrategen. [Verf.: Ernst Graf **Reventlow**.] Kattowitz & Leipzig: C. Siwinna [1906]. (61 S.) 8° [07. 9130

Reventlow, Graf Ernst zu, was würde Bismarck sagen: Zur deutschen Flotte, zu England-Deutschland. Eine Studie. (119 S.) 8. Berlin (909). Deutscher Kolonial-Verlag. 2. —

Reventlow, Graf Ernst zu, Welt, Volk u. Ich, s.a. Werdandibücherei. 5. Bd.

Welt, Volk und Ich von Graf Ernst zu **Reventlow**. Leipzig: Eckardt 1910. 171 S. 8°
(Werdandibücherei. Bd 5.)

Weltfrieden oder Weltkrieg! Wohin geht Deutschlands Weg? Polit.-militär. Betrachtungen vor d. Haager Friedenskonferenz von Graf E[rnst] **Reventlow**. Berlin: K. Curtius 1907. (150 S.) 8° [F.] (07. 13324

— Weltfrieden od. Weltkrieg! Wohin geht Deutschlands Weg? Politisch-militär. Betrachtgn. vor der Haager Friedenskonferenz. 2. Aufl. 6.—10. Tauf. (152 S.) 8. Berlin 907. H. Curtius. (Urspr. Pr. 1. —)

Weltfrieden oder Weltkrieg! Wohin geht Deutschlands Weg? Politisch-militärische Betrachtungen zur Haager Friedenskonferenz v. Graf E[rnst] **Reventlow.** 3. Aufl. Berlin. 1907. 8°

— Kaiser Wilhelm II. u. die Byzantiner. 1.—4. Aufl. (à VII, 197 S.) u. 5.—12. Aufl (à VII, 200 S.) J. F. Lehmann's Verl. n. 3. —; geb. in Leinw. n 4. —

Kaiser Wilhelm II. und die Byzantiner. Von Graf E[rnst] **Reventlow**. München: J. F. Lehmann (1906). (197 S.) 8° (06. 14150

Kaiser Wilhelm II. und die Byzantiner. Von Graf E[rnst] Reventlow. 2. Aufl. München: J. F. Lehmann (1906). (197 S.) 8° (08. 14716 7

Kaiser Wilhelm II. und die Byzantiner v. Graf E[rnst] **Reventlow.** 6. Aufl. München. (1906.) 8°

Reventlow, Fanny Gräfin zu

— u. O. Eug. **Thossan,** Klosterjungen. Humoresken. (Collection Wigand.) 8. (190 S.) Leipzig 897. Max Spohr. n. 1. 50; geb. n. 2. 50

Reventlow, Fanny Gräfin zu, das Männerphantom d. Frau, s.a. Diskussionen, Zürcher, Nr. 6.

REVENTLOW, Fanny Gräfin zu (München), Das Männerphantom der Frau. Zürich 1897. 8 S. in 4to. (12 Mk. Edm. Meyer, Berlin, 1909.)
Zürcher Diskußionen. Heft VI.

Reventlow, Fanny Gräfin zu: Das Männerphantom der Frau. — (Zürich: Verl. d. Zürcher Diskussionen 1898). 8 S. 8° (Zürcher Diskussionen. Jg. 1. No 6.)

Reventlow, F. Gräfin, Ellen Olestjerne. Eine Lebensgeschichte. (327 S.) 8. München 903. [Dr. J. Marchlewski & Co.] Berlin, K. Schnabel. n. 4. —

Reventlow, Fanny Gräfin zu, Viragines od. Hetären?, s.a. Diskussionen, Zürcher. Nr. 22.

— — Viragines oder Hetären? Zürich 1898. 4°. (6 Mk. der Vorige, 1909.)
Züricher Diskussionen, Heft XXII. — Beides vergriffen und selten!

Reventlow, Fanny Gräfin zu: Viragines oder Hetären? (Zürich: Verl. d. Zürcher Diskussionen 1899.) 8 S. 8° (Zürcher Diskussionen. Jg. 2. No 22.)

[REVENTLOW, FRIEDR. JULIANE v.], Kinderfreuden oder Schulunterricht in Gesprächen. 1. Theil. Kiel. 1793. (jf. B. D. I. 1031).

v. Reventlow, Gräfin Julie, geb. Gräfin v. Schimmelmann, († 1818.) s. 1) **Kinderfreuden.** 2) **Sonntagsfreuden.**

Reventlow, Karl Otto [Pseud.], s.a. Otto, Karl

—— Lehrbuch der Mnemotechnik, nach einem durchaus neuen auf das Positive aller Disciplinen anwendbaren Systeme. gr. 8. (15⅞ B.) Stuttgart 843, Cotta'sche Buchh.

(Reventlow, Carl Otto), Leitfaden der Mnemotechnik, s. Otto, C.

—— Wörterbuch der Mnemotechnik, nach eignem System. Mehr als 120000 Substitutionen für die Zahlen 000, 00, 0 u. 1—900 enthaltend. gr. 8. (33⅜ B.) Stuttgart 844, Cotta'sche Buchh.

Das Geschlecht der **Reventlow.** Von Graf Ludwig zu Reventlow. — [Kiel: Universitäts-Buchh. in Komm. 1892.] 158 S. 8°

Jugenderinnerungen des Grafen Louis [Ludwig Carl] **Reventlow**, begonnen Freiburg, den 26. 11. 1859. 33 Bl. 4° [Masch.Schr.]

Reventlow-Farve, Graf, Wie groß ist der nachhaltige Productionswerth eines gegebenen Ackers? oder: Wie viel kann ein Pächter für die in Pacht erhaltene Tonne Land jährlich zahlen, ohne sich u. den Acker, d. h. den Besitzer desselben zu ruiniren? Kiel 866. Leipzig, Brauns. Lex.-8. (57 S.) n. 10 ngr.

Der Arbeiter und der Arbeitgebende. (Von Ernst [Graf von] **Reventlow-Farve.**) Oldenburg. 1848. 8°.

Reventlow-Farve, Graf E., u. H. A. v. Warnstedt, Beiträge zur land- u. forstwirthschaftl. Statistik der Herzogth. Schleswig u. Holstein, s.a. Festgabe f. die Mitglieder der 11. Versammlung Deutscher Land- u. Forstwirthe.

Festgabe für die Mitglieder der eilften Versammlung Deutscher Land- und Forstwirthe. Beiträge zur land- und forstwirthschaftlichen Statistik der Herzogthümer Schleswig und Holstein, gesam. vom Vorstande der eilften Versammlung deutscher Land- und Forstwirthe dem Grafen Ernst **Reventlow**-Farve und Hans Adolf von **Warnstedt.** Mit 1 Titel-Vignette, 27 Tafeln und 1 Karte. Altona. 1847. 8°.

Beilage dazu: Die Bodenbildung der Herzogthümer Schleswig, Holstein und Lauenburg. (Von [Georg] **Forchhammer.**) Mit 1 geognostischen Karte.

—— 2. Abdruck. Altona. 1847. 8°.
Die Beilage wurde in diesen 2. Abdruck mit hinein genommen.

REVENTLOW-FARVE, Ernst Graf v. u. H. A. v. WARNSTEDT: Beiträge zur land- und forstwirthschaftlichen Statistik der Herzogthümer Schleswig und Holstein. - Altona 1847. 418 S., 17 Taf. - Festg. f. d. Mitgl. d. 11. Vers. dtsch. Land- u. Forstwirthe

Reventlow-Farve, Ernst, Dänemark u. seine Könige bis zum Antritt des oldenburger Hauses. (Gedichte.) 2 Thle. gr. 8. (31¼ B. u. 1 Stahlst.) Kiel 842, Schwers'sche Buchh. Thlr. *

Mittheilung für den landwirthschaftlichen Verein an der Schlei, betreffend die Neubildung eines Schleswig-Holsteinischen landwirthschaftlichen Generalvereins [v. Ernst Grafen von **Reventlow-Farve**]. Schleswig. 1865. 8°.

Reverdil, Markus Friedrich (Nyon/Schweiz), De capitulationibus regum Romanorum. Präs. Gottfried Daniel Hoffmann. Tübingen (Erhard) 24. IV. 1761. 30 S. (1.—) 28480

Reverdin, A. Chirurgie moderne. Conférences publiques données à l'université. In-8°. 55 p. Genève, Bâle, Lyon, H. Georg. 1892. 1 50
Pour l'Étranger Mk. 1 50

Reverdin, F., und E. Nolting, über die Constitution des Naphtalins und seiner Abkömmlinge. gr. 4. (42 S.) Genf 880. (Basel, Georg.) ** 3 20

Reverdin, F., et E. Nooltlng, sur la constitution de la Naphtaline et de ses dérivés. [Aus: „Bulletin de la Société industrielle de Mulhouse".] gr. 8. (76 S. m. Tab.) Mülhausen i/E. 888. (Detloff.) n. 6. —

Reverdin, F. et E. Nölting. Les progrès de l'industrie chimique à l'exposition universelle de Paris en 1878. Rapport présenté au Conseil d'État de la République et Canton de Genève. In-8⁰, 87 p. Genève et Bâle, H. Georg. 1879. 2 —

Reverdin, F., u. H. Fulda, tabellarische Übersicht der Naphtalinderivate. Auf Grundlage des Werkes: Sur la constitution de la Naphtaline et de ses dérivés par F. Reverdin et E. Noolting unter Berücksicht. der neueren Litteratur bearb. 2 Thle. gr. 4. Basel 894. Georg & Co. In Mappe. n. 16. —
1. Tabellen. (VIII, 6 S. m. 36 Tab.) — 2. Litteratur. (V, 66 S.)

Reverdin, J[acques]-L[ouis]. Leçons de Chirurgie de guerre. Des blessures faites par les balles des fusils. Avec 7 planches en phototypie [accompagnées d'explications]. (Préface de H Nimier ....) XII + 224 p. 8. Genève & Bâle, Georg & Cie; Paris ..., 1910. [fr. 7.50]

Reverdin, J.-L., voir: *Revue médicale.*

Reverdy, f.: Bauausführung, die, des Nord-Ostsee-Kanals.

— s.: Donau-Main-Kanalprojekt, das.

Der **Nord-Ostsee-Kanal** in 15 Photographien (Autotypien) nach den im Auftrage der Kaiserlichen Kanal-Commission in Kiel ausgeführten Aufnahmen. Historische Daten und Zahlen über die Vorgeschichte und den Bau des Kanals [v. Richard Reverdy.] Hamburg. 1895. 8⁰.

Reverentia Erga Seniores. Zur Erinnerung an das Amtsjubilaeum der Herren Pfarrer J[ohann] J[acob] Oeri in Lausen und Joh(annes) Bovet in Pratteln, gefeiert den 11. Juni 1883 im Bad Bubendorf. Referat und poetische Tischreden .... 8. Sissach 1883.

Reverien

— belauschte, des Wasili Timofewitz, Popen zu Kiow. 8. Rom 790. (Brede in Offenbach). 5 gr

Reverien eines deutschen Patrioten über die jetzige Lage von Europa ... Deutschland 1806. V: *Marcard, Hnr. Matthias.* (Wr)

Reverien eines deutschen Patrioten über die jetzige Lage von Europa u. einen möglichen Frieden Deutschlands. 8. ... 806. ... 14 gr

Reverien von Verbesserung des Justitzwesens, bey Gelegenheit der Kaiserl. und Reichs-Kammergerichts Visitation ... Frankf. u. Leipzig [Nürnb.] 1768—69. V: *Nettelbla (Nettelbladt), Christian Freih. von* oder *Schnitzlein, Carl Wilhelm* [?]. (ML) (Ky) (Lipenius) (Holz) (Engj) (Fahnenberg auf Burgheim, Litteratur des Kais. Reichskammergerichts. Wetzlar 1792. S. 158.)

Reverien von Verbesserung des Justizwesens am Kammergerichte, und: fortgesetzte Reverien (v. K. W. Schnitzlein). 2 Thle. *Nürnberg*, Felsecker. 768. 69. (1 Thl.)

Reverien von Verbesserung d. Justizwesens u. fortgesetzte Reverien (von K. W. Schnitzlein). 8. Nürnb. 768 u. 69. Felsecker. 1 ℛ

HERFELD, Sabina v., oder die Gefahren einer feurigen Einbildung. Aus d. Französ. (des Baron *J. A. de Réveroni Saint-Cyr*) von J. F. W. u. F. 2 Bde. Mit 1 Kupfer. Glogau, Günther, 1799. 8⁰. (1 fl. 12 xr. Scheible, vor 1870.)
In zahmen Briefen. I: TKpf., Tit. gestoch. u. 172 S. (incl. 1 Bl. Vorr.). II: Tit. gestoch. u. 131 S.
Orig.: Sabina d'Herfeld, ou les dangers de l'imagination; lettres prussiennes, recueillies p. *R. . . . St.-Clr.* 3e édit. 2 vols. Paris an VII. (1799.) Avec 2 frontisp. (6 Mk. Edm. Meyer, Berlin, 1908) (Ed. I. c. 1795?) — Paris 1814. 8⁰. (2 Rthlr. Scheible, Cat. 34. p. 170.)

Revers, der,. Lustsp. von Jünger. 8. Leipz. Dyk. 788.

[**Revers** für die Studierenden der Univ. Breslau über Teilnahme an nicht autorisierten Verbindungen. Breslau zwischen 1824 u. 1834.] (2 Bl.) 4⁰ [Fing. T., F.]
(Auf den Revers folgt:
I. Provisorischer Bundestagsbeschluß vom 20. September 1819 über die in Ansehung der Universitäten zu ergreifenden Maasregeln [!].
II. Allerhöchste Kabinets-Ordre vom 21. Mai 1824 Die Bestrafung aller geheimen, besonders der burschenschaftlichen Verbindungen auf den Preußischen Universitäten betreffend.)

Revers welcher von den Studirenden vor der Immatrikulation zu unterschreiben ist. Dat. Halle [nach 14. 11.] 183[4]. 2 Bl. 4⁰ (2⁰) [Kopft.]

betr. Kenntnisnahme der einschlägigen gesetzlichen Bestimmungen und Versprechen, sowohl an keiner verbotenen oder unerlaubten, insbes. burschenschaftlichen Verbindung, als auch an keiner gemeinschaftlichen Beratung über oder Auflehnung gegen bestehende Landesgesetze teilzunehmen.

— — Dat. Halle [nach 28. 2.] 183[8]. 2 Bl. 4⁰ (2⁰) [Kopft.]

— — (Halle) 184[0]: Grunert. 2 Bl. 2⁰ (4⁰) [Kopft.]

— — (Halle) 184[2]: Hendel. 2 Bl. 2⁰ [Kopft.]

— — (Halle) 184[4]. 2 Bl. 2⁰ [Kopft.]

Revers, welcher von den Studirenden [der Univ. Breslau] vor der Immatrikulation zu unter- schreiben ist. (Breslau) [zwischen 1834 u. 1838.] (2 Bl.) 2⁰ [Kopft., F.] *(Blatt 1, Rückseite schließt: „erlassen wird". — Enthält u. a. einen „Auszug aus dem Bundestags-Beschlusse vom 14. Nov. 1834 in Betreff der deutschen Universitäten".)*

Revers, welcher von den Studirenden [der Univ. Breslau] vor der Immatrikulation zu unterschreiben ist. (Breslau zwischen 1838 u. 1840.) (2 Bl.) 2⁰ [Kopft., F.] *(Letzte Zeile: „Breslau, den 183 ". — Enthält u. a.: „Das Gesetz vom 7. Januar 1838, über die Bestrafung von Studenten-Verbindungen".)*

Revers, welcher von den Studirenden [der Univ. Breslau] vor der Immatrikulation zu unterschreiben ist. (Breslau) [zwischen 1840 u. d. 4. April 1844.] (2 Bl.) 2⁰ [Kopft., F.] *(Letzte Zeile: „Breslau, den 184 ".)*

Revers, Hans, Medizinalprakt.: **Aus d. chir. Univ.-Kinderklinik München. ⟨Prof. Herzog.⟩ Über Prolapsus cerebri.** München 1908: Heller. 29 S. 8⁰
München, Med. Diss. v. 29. März 1909, Ref. v. Angerer
[Geb. 24. Dez. 76 Halberstadt; Wohnort: Halberstadt; Staatsangeh.: Preußen; Vorbildung: Gymn. Klausthal Reife O. 98; Studium: Jura Göttingen, Lausanne, Straßburg zus. 8, Med. Göttingen u. München zus. 13 S.; Coll. 29. März 09; Approb. 14. März 09.] [U 09. 3386

Revertera, Friedrich Graf. Rechberg und Bismarck 1863 und 1864. — Siehe: „Deutsche Revue." 28. Jhrg.
Stuttgart, Leipzig 1903.

Réveß, Wilh., juristisches Fachwörterbuch. 1. Tl. Ungar.-deutsch. (234 S.) kl. 8. Wien 910. Manz. 2.90; geb. n 3. 40

Révész, Géza, Dr. jur., a. Budapest: I. Über die Abhängigkeit der Farbenschwellen von der achromatischen Erregung. II. Über die vom Weiss ausgehende Schwächung der Wirksamkeit farbiger Lichtreize. Leipzig: J. A. Barth 1905. (59 S.) 8°

Göttingen, Phil. Fak., Ref. Müller, Diss. v. 18. Jan. 1906

[Geb. 9. Dez. 78 Siófok, Ungarn; Wohnort: Budapest; Staatsangeb.: Ungarn; Vorbildung: Obergymn. Budapest Reife O. 96; Studium: Budapest 4, Berlin 1, München 1, Budapest 3, Göttingen 1, Berlin 1, Göttingen 3 S.; Rig. 4. Aug. 05.]

Das Trauerjahr der Wittwe im Lichte der ethnologisch vergleichenden Rechtswissenschaft von Géza Révész. Stuttgart: Union 1902. (45 S.) 8°
Aus: Zeitschrift f. vergl. Rechtswissenschaft. Bd 15.

Revett, N., Alterthümer von Athen, s. Stuart, J.

Revett, N., s. Denkmäler d. Baukunst.

Reviczky, s. Revitzky.

Reviczky, A. v., Sammlung der Eisenbahn-Bauvorschriften f. Ungarn. Taschenausg. Übers. u. hrsg. 1.—28. Hft. 8. Budapest 888. (Singer & Wolfner.) n.n. 37. 80

1—4. Grund-Vorschriften. (42 S.) n.n. 4. 80
5. Das allgemeine Bedingnissheft v. J. 1887. (37 S.) n.n. 3. 60
6—11. Specielles Bedingnissheft. Abschnitte A—F. (52 S.) n.n. 4. 80
12. 13. — dasselbe. Abschnitte G—H. (S. 53—115.) n.n. 4. 80
14—16. — dasselbe. Abschnitte I—L. (S. 117—164.) n.n. 4. 80
17—22. — dasselbe. Abschnitte M—R. (S. 165—212.) n.n. 4. 80
23—27. — dasselbe. Abschnitte S—W. (VIII u. S. 213—260.) n.n. 4. 80
28. Gebäude-Beschreibung v. J. 1883. (IV, 59 S.) n.n. 5. 40

Auswahl von Gedichten, nach d. ungar. Texte d. Dichters **Reviczky Gyula**, in metr. deutscher Übertragg u. m. e. Einl. vers. v. Dr. S[imon] Naschér, Prof. Aus d. Anlasse d. Feier d. 1000j. Stiftg d. ung. Staates veröff. *Budapest: R. Lampel; Leipzig: B. Witt 1896.* (2 Bl., 92 S., 4 Bl.) 1 Bd 8.

Revier-Eintheilung, die, des berliner Polizei-Verwaltungs-Bezirks nach der neuen Organisation der Schutzmannschaft. 12. (45 S.) Berlin 851, Deckersche geheime Ober-Hofbuchdr. *

Revier-Eintheilung, die, des Berliner Polizei-Verwaltungs-Bezirks. Berlin 859. v. Decker. 16. (56 S.) n. 5 ngr.

Review: 1884; New York, NY
Weekly edition of Evening Review. Published in English and German.

American Brewer's Review: vol. 1—32, July 1887—Dec. 1918.
Weekly, 1887—95, monthly, 1896—1918. Trade journal, published in English and German, as follows: vol. 1—5 wholly in German; then, each issue bi-lingual; with vol. 31, occasional articles are published in German, and there is a section, titled "Der Braumeister", Eine Monatsschrift, dem Fortschritte des Braugewerbes gewidmet, and in the issue of Dec. 1917 (vol. 31, no. 52), this section is numbered Jahrgang 1, no. 1.
Large quarto, each issue 16—50 p., paged continuously.
Sub-title: A Monthly with Supplement, "The Brewers' Guide" designated by the U.S. Brewers' Association for the publication of official communications, vol. 10, 1896—?. Official Organ of the Brewmasters' Associations of Baltimore, Buffalo, Chicago, Cincinnati, Cleveland, Detroit, Philadelphia, Pittsburgh, and St. Louis. Title varies: Der Braumeister, vol. 1—5, 1887—1892. Dated also at New York. Supplement, called Brewers' Guide, issued 1896—1898.
This journal was continued, in English only, but ceased publication with vol. 53, no. 1, May 1939. Edited by Robert Wahl & Max Henius, July 1887—1913; by C. Rohrschek, 1914?—1918. Published by Braumeister Publishing Co., 1887—98; by A. Schwarz Sons, ?; by American Brewers' Review Co.
Chicago, IL

The American-German Review: vol. 1, no. 1—3, Dec. 1898—May 1899.
Intended to be published monthly. Essentially an English language journal, except for facsimile of letters, etc.; its purpose: To present correct picture of life in America and Germany; popular in style and content. Quarto, each issue 96—114 pages; well illustrated. Sub-title: A Monthly Magazine. Edited & published by Heinrich F. Charles.
New York, NY

Bakers' Review: vol. 1—35, no. 3, Apr. 1898—June 1917.
Monthly trade journal. Published in English, but with section entitled: Bakers' Review: Deutsche Auflage, consisting of approximately 6 pages; this portion becomes somewhat irregular, and less extensive until it ceases in 1917. Large quarto, with slight variations; illustrated, including portraits, diagrams, etc.
Circulation 1902, 2000; 1911, 7734; 1917, 5754.
German section edited by Emil Braun, 1898?—1903; by Charles Byron Thompson, Mar. 1903—1907; by Rudolph Fries, Nov. 1907—1917?
Published by Bakers' Review Publishing Co., 1898—1903; by Wm. R. Gregory Co., 1904—17.
New York, NY

Review, geological, s.: Centralblatt, geologisches.

Review, international industrial. A journal for inventors, manufacturers, engineers and capitalists. Ed. by the international invention patent utilisation comp., Mundelius & Co. (In engl., französ. u. deutscher Sprache.) Vol. I. Juli—Dezbr. 1890. 18 Nrn. gr. 4. (Nr. 1: XX, 14 S.) Lübeck 890. (Stassfurt, Weicke.) n. 4. —

Review, international industrial. A journal for inventors, manufacturers, engineers and capitalists. Ed. by the international invention patent utilisation comp., Mundelius u. Comp. (In engl., französ. u. deutscher Sprache.) Vol. I—V. Juli—Dezbr. 1892. In unregelmässig erschein. Nrn. gr. 4. (à Nr. ca. 16 S.) Lübeck 892. (Stassfurt, Weicke.) à Vol. 4 —

Review, international theological, s.: Revue internationale de théologie.

Review, physico-chemical, s.: Centralblatt, physikalisch-chemisches.

Review, the, of reviews. An international magazine. Edited by W. T. Stead. Monthly illustrated continental ed. Year 1891. 1892. à 12 nrs. (à ca. 100 S.) 4. Leipzig, Heinemann & Balestier. à Jahrg. 9. 60; à Nr. — 80

Réville, Alb., Theodor Parker. Sein Leben u. Wirken. Ein Kapitel aus der Geschichte der Aufhebung der Sclaverei in den Vereinigten Staaten. Uebersetzt von Paul Deussen. Paris 867. Reinwald. 8. (VIII, 324 S.) n. 1 ₰

Réville, Jean. Modernes Christentum. Autorisierte Uebersetzung von H[ermann] Buck. VIII + 145 S. 8. Tübingen und Leipzig, Mohr, 1904. [M. 2.50]
([Vorträge, gehalten] im November 1902 in Genf, unter den Auspizien der Genfer Sektion des «Schweizerischen Vereins für freies Christentum».)

Réville, Jean, religiöse Reden. Autoris. Übersetzg. gr. 8. (VII, 285 S.) Berlin 902. C. A. Schwetschke & Sohn. Kart. n. 4. —

— die Religion der römischen Gesellschaft im Zeitalter des Synkretismus. Mit Genehmigg. des Verf. übers. v. Gust. Krüger. (2., wohlfeile [Titel-]Ausg. v. der Religion zu Rom unter den Severern.) (X, 297 S.) 8. Leipzig [888] 906. J. C. Hinrichs' Verlag. n. 3. —; geb. in Leinw. n. 4. —

Réville, Jean, die Religion zu Rom unter den Severern, mit Genehmigung des Verf. übers. von Gust. Krüger. gr. 8. (X, 296 S.) Leipzig 888, Hinrichs'sche Buchh., Verlag. *

Réville, Lucien. Le canon du nouveau testament. Thèse. In-8°, 54 p. Genève (Bâle, H. Georg). 1881.

Révillière, s. Réveillère

Revilliod, Étude sur la variole. Epidémie de 1870—71 observée à l'hôpital cantonal de Genève. gr. 8. (38 S. mit 3 Stnt.) Ebendas. 872. * 1 50

(Revilliod, Alphonse.) Alfred Dumont (1826-1895)... s. (Diodati, C[harles-] G[abriel].) Gustav Castan.... [Zürich].

Revilliod, Alphonse, Alfred Dumont, s.: Neujahrsblatt d. Kunstgesellschaft in Zürich 1897.

Revilliod, Gust.

Revilliod, G., De Genève à Suez. Lettres écrites d'Orient. 342 pp. in-gr.-8. Genève, J. G. Fick. 7. 50 1871.

Revilliod, Gust., de Genève a Suez. Lettres écrits d'Orient. 2. éd. 8. (404 S.) Neuchatel 873. Sandoz. n.n. 3. —

Revilliod, L., s. a. **Tafeln** zur Schilderung der durch den Alkoholismus verursachten Organerkrankungen des menschlichen Körpers.

Revilliod, L. Dr. Tafeln zur Schilderung der durch den Alkoholismus verursachten Organerkrankungen des menschlichen Körpers. Erklärender Text. Genf 1893. 12 S. 8°.

Revillon, Claude. Briefe eines Arztes an einen Hypochondristen. Aus d. Franz. von L. C. L. Gotha 1781. Ü: *Lichtenberg, Ludwig Christian.* (CLZür S. 619)

Revillon, Cl., Briefe eines Arztes an einen Hypochondristen; aus d. Französ. v. C. Chr. Lichtenberg. 8. Gotha 781. Ettinger. 6 gr

Révillon, Ferd, Chants révolutionnaires, patriotiques et sociaux français et épisodes politiques de 1780 à 1877. 76 pages. in-8. H. Georg, Bâle et Genève. 1877. 1. 50

Révillon, Tony, s.: Conteurs modernes.

Revillout, Eug., nouvelle chrestomathie démotique, mission de 1878, contrats de Berlin, Vienne, Leyde, etc. gr. 4. (XII, 160 autogr. S.) Paris 878. (Leipzig, Hinrichs'sche Buchh.) * 20 —

Revision

— allgem., d. gesammten Schul- u. Erziehungs-Wesens, von e. Gesellschaft prakt. Erzieher, hrsgg. v. J. H. Campe. 16 Bde. 8. Braunschw. 785—91. Schulbuchhandl. 15 ℔ 16 gr

Revision des Alphabets der Teutschen, oder deutscher Antischlendrian . . . [Culmbach] 1799. V: *Donauer, Georg Friedrich.* (Fiker) (MGT) »Sulzbach 1800« (Ky) (Wr)

Revision des Alphabets d. Deutschen, od. deutscher Antischlendrian, (v. G. F. Donauer). 8. Sulzb. 800. (v. Seidel). 12 gr

Revision der Grossh. Bad. Apotheker-Taxe. Im J. 1831. gr. 8. (1 B.) Carlsruhe, Müller.

Révision de l'article 32bis de la constitution fédérale (conc. la quantité minimum fixée pour la vente libre des boissons alcooliques non distillées). Motion déposée par M. le conseiller national Steiger et consorts, le 20 décembre 1894. Rapport du Conseil fédéral. (Du 15 mars 1901.) 52 p. 8. [Berne, C.-J. Wyss, 1901.]

Revision, die, der Arzneitaxe f. das Königr. Bayern. Bekanntmachg. vom 18. Febr. 1874. 8. (6 S.) Würzburg 874. Stahel. n. — 20

Revision, die, des Börsengesetzes vom Standpunkte d. Zuckergewerbes. Hrsg. von der Handelskammer zu Magdeburg. (VI, 40 S.) gr. 8. Magdeburg (907). (Heinrichshofen's Sort.) 1. 20

Zur Revision des Bundesgesetzes über die Ausgabe und die Einlösung von Banknoten vom 8. März 1881. Auf Veranlassung des Inspectorats von den schweizerischen Emissionsbanken eingereichte Revisions-Vorschläge. Bern 1888.

Revision des Bundesgesetzes betreffend die Erteilung des Schweizerbürgerrechtes und den Verzicht auf dasselbe. Botschaft des Bundesrates. (Vom 20. März 1901.) 119 S. 8. [Bern, Stämpfli & Cie., 1901.]

Revision des Bundesgesetzes über die Haftpflicht der Eisenbahn- und Dampfschiffahrt-Unternehmungen vom 1. Juli 1875. Botschaft des Bundesrates. (Vom 1. März 1901.) 25 S. 8. [Bern, Stämpfli & Cie.,] 1901.

Revision des Bundesgesetzes, betreffend die Wahlen in den Nationalrat, vom 20. Juni 1890. Botschaft des Bundesrates. (Vom 26. Februar 1902.) [Mit 1 Karte.] 124 S. 8. [Bern, Stämpfli & Cie.,] 1902.

Nebst: Bundesgesetz betreffend die Nationalratswahlkreise. (Vom 4. Juni 1902.) 12 S. 1902.

Zur Revision des Bundesgesetzes über das Zollwesen. Eingabe der kaufmännischen Gesellschaft Zürich. (24 S) Zürich 1889

— die, der norddeutschen Bundesverfassung u. die Oberhausfrage. gr. 8. (32 S.) Frankfurt a. M. 870. Boselli. — 60

— des Weiller'schen Christenthums. Auch ein Wort üb. Theologen, Philosophen u. Weillerey. gr. 8. Münch. 819. Lentner. 3 gr

Revision, Gottlieb Denkers letzte, des Kirchenglaubens. Hsg. von dem Verf. des Elpizon. Zerbst 1799. V: *Sintenis, Carl Heinrich.* (StAt 541)

Revision, Die, des gesammten Erziehungswesens, in einem lehrreichen und kurzen Zuschnitte . . . Würzburg 1798—1803. V: *Friedrich, Andr.* (Ky)

— die, des gesammten Erziehungswesen, in e. lehrr. u. kurz. Zuschnitte, ohne Nachtheil des haltbaren Urstoffs, auch m. ergänzenden Zus. versehen. 3 Bde. od. 9 Hefte. 8. Würzb. Rienner. 798. 803.

— die, des gesammten Erziehungswesens, in e. lehrreichen u. kurzen Zuschnitte, ohne Nachtheil d. haltbaren Urstoffs, auch mit ergänzenden Zusätzen versehen (v. A. Friedrich). 3 Bde od. 9 Hfte. 8. Würzb. 798—803. (Wesché in Frankf. a. M.) 3 ℔

Revision. Zur R' des Fabrikgesetzes. Kritik ... s. a. [Richard, Emil].

Revision (Zur) des Fabrikgesetzes. Kritik des Entwurfs des eidgenössischen Fabrikinspektorats und Gegenentwurf der Zürcher Handelskammer. 8°. Zürich, A. Bopp, 1906. (Publikat. d. Zürcher Handelskammer, Heft 3.)

Revision. Zur R' des schweizerischen Fabrikgesetzes. Gutachten des Zentralvorstandes des Schweizerischen Gewerbevereins. (1906 November 19.) 15 S. 4. (Zürich-Selnau, Gebr. Leemann & Co., 1906.)

Revision (Zur) des Gefahrentarifs der Süddeutschen Eisen- und Stahl-Berufsgenossenschaft f. d. J. 1910. 8°. Mainz 1910.

Revision des Gesetzes vom 21. März 1834 über die Brandversicherungsanstalt. Bericht u. Antrag der Direktion des Innern an den Reg.-Rath zu Handen des Grossen Rathes. 166 Stn. 4. u. 2 Tabellen. Bern 1874.

Revision (Zur) des Gesetzes betreffend die Stempelabgabe. Eingabe der kaufmännischen Gesellschaft Zürich an den h. Kantonsrat. 8°. Zürich 1894.

Revision, die, des Gesetzes, betreffend die Volksschulen vom 29. Septbr. 1836. Ein Wort für Regierung, die versammelten Landstände und die Schullehrer des Königreichs. gr. 8. Reutlingen 845, Mäcken Sohn. 1/6 ₰

Revision des peinlichen Gesetzbuches Leopold II. für das Grossh. Toskana ... Wien 1790. V: *Howard, William.* (EB)

— des peinl. Gesetzbuches Leopolds II. f. Toscana. gr. 8. Wien 790. Degen. 5 gl

Revision, die, der Grundsteuer. Ein Rückblick auf die Verhandlungen des letzten Landtages. Dresden 865. Türk's Verlag. 8. (64 S.) n. 10 ngr.

— üb. die, der Inventuren in Theilungen, nach würtemberg. Grundsätzen, (v. Chr. Fr. Schwarz). 8. Tübing. 790. Heerbrand. (Osiander). 3 gl

— krit. Journale u. gelehrter Zeitungen. 2 Stücke. 8. Berl. 794 u. 95. Hartmann. 16 gl

Revision der Karte von Europa. A. d. Franz. Dresden 1854. V: *Napoleon III, Kaiser von Frankreich.* [?] (Litt. Centr. Bl. 1854. Sp. 4421.)

Revision der Karte von Europa. Aus d. Französ. Dresden 854. Schaefer. 16. (30 S.) n. 6 ngr.

Zur Revision der preussischen Kreisordnung. Sorau N.-L. 1903. 8°

Revision der Augsburger Kritik über gewisse Kritiker und ähnliche Schriften. Salzburg 1791/1792. V: *Sandbichler, Alois.* (WBL 28/179) (BiblPort)

Revision d. Augsb. Kritik üb. Kritiken u. ähnl. Schr. 8. Salzb. Mayr. 791. Rthlr.

Revision, Kritik und Reform der constitutionell-monarchischen Staatsverfassungen. Marburg 1851. V: *Vollgraf, Carl.* (EngJ)

Revision, Kritische, der theologischen Litteratur in den drey letzten Quinquennien des 18ten Jahrhunderts. [Halle 1803—7.] V: *Augusti, Johann Christian Wilhelm.* (MGT)

Revision, die, des Liberalismus. Mit e. Anh.: Selbstinteresse u. Gemeinwohl. Von Julianus. (61 S.) gr. 8. Berlin 903. Herm. Walther. n. 1. 20

Revision der Böhmischen Litteratur auf das Jahr 1779 in Briefen. Prag 1779—80. V: *Ungar, Raphael.* (weber) (Ky) (MGT)

— der böhm. Literatur, (v. R. Ungar). 3 Hfte. 8. Prag 779—80. Gerle. 14 gl

— der deutschen Literatur. 4 Stücke. 8. Manh. 776—78. Löffler. 1 ₰ 14 gl

— der neuesten deutschen Literatur. 2 Stücke. 8. Manh. 779 u. 81. Academ. (Steinkopf in Stuttg.) 16 gl

Révision de la loi fédérale sur la responsabilité des entreprises de chemins de fer et de bateaux à vapeur, du 1er juillet 1875. Message du Conseil fédéral. ⟨Du 1er mars 1901⟩. 24 p. 8. [Berne, C.-J. Wyss,] 1901.

Revision. Die R' der Militärorganisation im Lichte der Landesverteidigung. 47 S. 8. Bern, Haller, 1904. [fr. 1.20]

Revision, eine neue, der revidirten Karte von Europa a. d. 1861. Von einem deutschen mediatisirten Fürsten. Dem Kongress zugeeignet. 8. (22 S. mit 1 lithogr. und ill. Karte in Fol.) Regensburg 860, Manz. *

Revision. Zur R' des Schweizerischen Obligationenrechtes. Anträge der vom Parteitag der Schw' Sozialdemokratischen Partei gewählten Kommission zum bundesrätlichen Gesetzesentwurf vom 3. März 1905. (Februar 1908.) 24 S. 8. Zürich, Buchdr. des Schweiz. Grütlivereins, 1908.

Revision. Zur R' der §§ 69, 73 und 116 ⟨betr. Dachwohnungen und Umbauten⟩ des Zürcherischen Baugesetzes vom 23. April 1893. Hrg. von dem von der Du Nord-Versammlung vom 16. Februar 1905 bestellten Initiativ-Comité. [Illustriert.] 35 S. 8. Zürich-Industriequartier, Emil Rüegg, 1906.

Revision der Philosophie. Göttingen u. Gotha 1772. V: *Meiners, Chph.* (ADB) (BrMm)

— d. Philosophie. 1r Thl. 8. Gött. Dieterich. 772.

Revision. Zur R' des schweizerischen Postgesetzes. Kritik ... s.a. [Richard, Emil].

Zur Revision des schweizerischen Postgesetzes. Kritik des bundesrätlichen Entwurfes vom 25. Februar 1907 und Vorschläge der Zürcher Handelskammer. Zürich 1907. (Wirtschaftliche Publikationen der Züricher Handelskammer. Heft 6.)

Revision des ausführlichen Rechtsgutachtens. O. O. 1820. V: *Koch, Johann Ludwig.* (ADB XVI, 387)

Revision des Koch'schen Rechtsgutachtens in der Wessenbergischen Sache. Bamberg 1810. V: *Frey, Franz Andr.* (Th)

— der wichtigsten Religionslehren, von e. Freunde d. Wahrheit. 8. Leipz. 785. Göschen. 4 gl

Revision der vorzüglichen Schwierigkeiten in der Lehre von der Elektricität in Briefen. Leipz. 1789. V: *Schübler, Christian Ludwig.* (Ky) (MGT)

— der vorzügl. Schwierigkeiten in d. Lehre von d. Electricität, (v. Chr. L. Schübler). 8. Heidelb. 789. (Braun). 16 gl

Revision der Staatsverfassung von 1863/69. 37 Stn. 8. Luzern 1874.

Revision, die, d. Statthalters, s.: Bibliothek, russische.

Revision des Statuts des deutschen Grosslogenbundes. Ein Vermittlungsvorschlag der Loge: „Johannes der Evangelist zur Eintracht" in Darmstadt. [Von Adolf Hügel.] Darmstadt 1879: Herbert. 8 S. 8⁰ [Umschlagtit.]
Abgedr. in: L. 2 (1879) S. 181—184.

Revision der Streitsache des Hrn. Past. Sturm ... über die Gewohnheit, Missethäter durch Prediger zur Todesstrafe vorbereiten zu lassen. Hamburg 1785. V: *Schäffer, Wilhelm Friedrich.* (NN) (Ky) (MGT)

— der Streitsache des Past. Sturm mit Past. Göze über die Gewohnheit, Missethäter durch Prediger z. Todesstrafe vorbereiten zu lassen, (v. W. F. Schäffer). 8. Hamb. 785.

Revision (*Nº 3: Révision) du Tarif des Douanes suisses 1902. 5 *pièces*. 4. Berne, Stæmpfli & Cie., 1902.
[Nº 1:] Décisions du Conseil National modifiant le projet de loi du Conseil fédéral. ⟨26 avril 1902.⟩ 40 p.
[Nº 2:] Modifications que la Commission du Conseil des Etats ... propose d'apporter aux décisions du Conseil National. ⟨17 mai 1902.⟩ 18 p.
[Nº 3:] Décisions du Conseil des États modifiant les décisions du Conseil National. ⟨24 juin 1902.⟩ 23 p.
[Nº 4:] Décisions du Conseil National modifiant les Décisions du Conseil des États. ⟨3 octobre 1902.⟩ 10 p.
[Nº 5:] Décisions du Conseil des Etats modifiant les Décisions du Conseil national. ⟨7 octobre 1902.⟩ 5 p.

Revision du tarif des douanes suisses 1902. 2 *pièces*. 4. Berne, Stæmpfli & Cie., IX. 1902.
[Nº 1:] Tableau des divergences entre les décisions du Conseil national et du Conseil des Etats. 24 p.
[Nº 2:] Propositions de la Commission du Conseil national mises en regard des Décisions du Conseil des États. ⟨26 septembre 1902.⟩ 24 p.

Revision, die, der Verfassung. Aus dem Franz. übersetzt. Mit einem deutschen Vorwort. gr. 8. (XII u. 30 S.) Berlin 851, Decker. — 2. Aufl. gr. 8. (XII u. 30 S.) Ebd. 851. ⅓ ₰

— dass. Zur Beurtheilung Louis Napoleons. Aus dem Franz. übers. Mit einem Deutschen Vorwort. 3. um „Betrachtungen über den Staatsstreich vom 2. Dezbr. von Granier de Cassagnac" u. einer Preuß. Epistel verm. Aufl. gr. 8. (XXVIII u. 43 S.) Ebd. 852. ⅓ ₰

— die, der Verfassung des Großherzogth. Oldenburg. gr. 8. (16 S.) Oldenburg 852, Stalling. n. 1/12 ₰

Zur Revision des Verfassungs-Entwurfs vom 26. Mai 1849. (Als Manuscript gedruckt.)[1]) Bremen, C. Schünemann, 1849. 30 S. 8⁰.

Zur vierten Revision der Statuten der mit dem Verein „Zur Einigkeit" in Frankfurt a. M. unzertrennlich verbundenen Wohlthätigkeits-Anstalt für die Erziehung und Bildung der Jugend. [Dat.:] Frankfurt a. M. 1890. 2 Bl. 8⁰ [Kopftit.]

— verschied. Vorschläge z. Criminaljustizverbesserung, erstes Verbrechen, Kindermord. 8. Bremen 781. Förster. 4 gl.

Revision der Vorschriften des St. Anna Armen- und Arbeitshauses zu Lübeck. *Lübeck.* 1777

Revision des Wirtschaftsgesetzes vom 19. Dezember 1888. Ratschlag. Dem grossen Rate (des Kantons Basel-Stadt) vorgelegt den 23. Mai 1901. 22 S. 8.
[Ratschläge. Nº] 1279.

Revision des allgemeinen schweiz. Zolltarifes, Bericht der Kommission des Kts. Bern. 1877. 4.

Revision des schweiz. Zolltarifs. Eingabe der „kaufmännischen Gesellschaft Zürich" an die schweiz. Bundesversammlung. In-4⁰, 43 S. Zürich, Druck von J. J. Ulrich. 1882.

Zur **Revision** des schweizerischen Zolltarifs. Eingabe der kaufmännischen Gesellschaft Zürich. Zürich 1890. 100 S. 4⁰

Revision des schweiz. Zolltarifes. 1902. *3 Stücke.* 4.
[Nº 1:] Abänderungsanträge der Kommission des Nationalrates zum Gesetzesentwurf des Bundesrates. ⟨22. März 1902.⟩ 38 S. Bern, Stämpfli & Cie., 1902.
[Nº 2:] Anträge der Kommission des Nationalrates gegenüber den Beschlüssen des Ständerates. ⟨8. Oktober 1902.⟩ 5 S. Bern — — X. 1902.
[Nº 3:] Beschlüsse des Ständerates ⟨10. Oktober 1902⟩. ... ⟨Übereinstimmung.⟩ 1 S.

Revision des schweizerischen Zolltarifes. 1902. *2 Stücke.* 4.
[Nº 1:] Abänderungsanträge der Kommission des Ständerates zu den Beschlüssen des Nationalrates. ⟨3. Oktober 1902.⟩ 11 S. Bern, Stämpfli & Cie., 1902.
[Nº 2:] Beschlüsse des Nationalrates, soweit sie von den Beschlüssen des Ständerates abweichen. ⟨9. Oktober 1902.⟩ 8 S.

Revision des schweiz. Zolltarifes. 1902. *5 Stücke.* 4. Bern, Stämpfli & Cie., 1902.
[Nº 1:] Beschlüsse des Nationalrates, soweit sie vom Gesetzesentwurf des Bundesrates abweichen. ⟨26. April 1902.⟩ 40 S.
[Nº 2:] Anträge der Zolltarifkommission des Ständerates, soweit sie von den Beschlüssen des Nationalrates abweichen. ⟨17. Mai 1902.⟩ 18 S.
[Nº 3:] Beschlüsse des Ständerates, soweit sie — — des Nationalrates abweichen. ⟨24. Juni 1902.⟩ 23 S.
[Nº 4:] Beschlüsse des Nationalrates, soweit sie — — des Ständerates abweichen. ⟨8. Oktober 1902.⟩ 10 S.
[Nº 5:] Beschlüsse des Ständerates, soweit sie — — des Nationalrates abweichen. ⟨7. Oktober 1902.⟩ 5 S.

Revision des schweizerischen Zolltarifes. 1902. *2 Stücke.* 4. Bern, Stämpfli & Cie., IX. 1902.
[Nº 1:] Zusammenstellung der Divergenzen zwischen Nationalrat und Ständerat. 24 S.
[Nº 2:] Anträge der Kommission des Nationalrates gegenüber den Beschlüssen des Ständerates. ⟨26. September 1902.⟩ 24 S.

Revisionen, polizeiliche, der Gast- u. Schankwirthschaften. Gratisbeilage zu Schrader „Taschenbuch f. polizeil. Revisionen". 12. (47 S.) Dessau (902). Anhalt. Verlagsanstalt. — 30

Zehn Jahre **Revisionsarbeit** im Molkerei-Revisionsverbande für die Provinzen Brandenburg, Pommern, Sachsen und die Grossherz. Mecklenburg in Prenzlau. Ein Ueberblick über d. genossenschaftl. u. milchwirthschaftl. Leben im Verbande während d. ersten 10 Jahre s. Bestehens. Hrsg. v. Verbande. *Prenzlau: A. Mieck 1900.* (40 S.) 4⁰ [F.][01. 4087]

Revisionsbericht. W. A. Mozart's Werke. Kritisch durchgesehene Gesammtausgabe. Supplement. Leipzig 1889.

Revisionsbericht. Franz Schubert's Werke. Kritisch durchgesehene Gesammtausgabe. [Serie 1—19. Serie 20—21.] Leipzig 1897.

Revisionsbericht in Sachen des Bankiers und Commercien-Raths L. B. **Berend** und der Kinder des verstorbenen S. B. Berend, Verklagten jetzt Revidenten, wider den Justiz-Commissarius Türke als Special-Curator der Bankier Abrah. Gans'schen erbschaftlichen Liquidations-Masse in Beitritt der Beneficial-Erben des verstorbenen Abrah. Gans, Kläger modo Revisen. Mit Anl. A—E. [Berlin 1833.]

Revisionsbericht in Sachen des Herrn Fürsten Carl Constantin Ludwig Joseph zu Löwenstein-Wertheim-Rosenberg ..., s. Bauer, Anton

Revisionsbericht des Stadt-Justizrath Ludewig zu Neu-Ruppin, Klägers, Appellanten, jetzt Revidenten in der Sache wider den **Fiscus** nahmens der Mark-Brandenburgschen Regierungs-Haupt-Casse zu Potsdam. o. O. 1819.

Revisionsbericht für den Lieutenant Meier Kläger und Revidenten in Sachen wider mehrere Mitglieder des Magistrats und der Feuer-Societäts-Deputation in Königsberg in Preussen Verklagten und Revisen. Berlin 1830. V: *Zeihe.* (KGBerlin I 805)

Revisions-Bericht der Hamburger Central-Kasse. Von e. Hamburger. Hamb., Schubert u. N. 5 ßl

Revisions-Buch f. den Aufzug (Fahrstuhl). Fol. (28 S.) Berlin 893. Polytechn. Buchh., A. Seydel. Kart. n. 1. —

Revisionsbuch f. e. Aufzug. Fol. (17 S.) Hagen 901. O. Hammerschmidt. — 75

Revisionsbuch f. e. Aufzug. (Neue Aufl.) (18 S.) 34×22 cm. Hagen 907. O. Hammerschmidt. nn — 75

— f. Bierdruck-Apparate. Enth. Polizei-Verordnung betr. die Bierdruck-Apparate, nebst Bestimmgn. üb. die Führg. d. Revisionsbuchs. Fol. (16 S.) Essen 892. H. L. Geck. Geb. n. 1. —

— f. e. Dampffaß. Fol. (16 S.) Hagen 893. O. Hammerschmidt. — 75

— f. e. Dampffaß. Fol. (IV S. u. 10 Bl.) Ebd. 899. Kart. n. — 75

— f. e. Dampffaß. (Neue Aufl.) (6 u. 14 S.) 35×23 cm. Ebd. (908). nn — 75

— f. Dampfkessel. Neue Ausg. nach der ministeriellen Anweisg. vom 16. März 1892. Fol. (30 S.) Ebd. 892. Kart. n. 1. —; in biegsamem Deckel, gebrochen, in Etui n. 1. — Frühere Ausg. erschien u. d. T.: Dampfkessel-Revisionsbuch.

Revisions-Buch f. Dampfkessel. Fol. (30 S.) Gelsenkirchen 896. C. Bertenburg. Geb. n. 1. —

— f. Dampfkessel. (Neue Aufl.) (26 S.) 35×22 cm. Ebd. (910). Geb. 1. —

— für stehende, bewegliche, Schiffs-Dampfkessel. Neue Ausg. m. der Verfügg. vom 15./X. 1891 u. den Formularen D u. E. Fol. (30 S.) Ebd. 892. Geb. n. 1. —; in biegsamem Deckel, gebrochen, in Etui n. 1. —

— dasselbe. Fol. (32 S.) Berlin-Charlottenburg 891. F. Kortkampf. n. — 75; kart. n. 1. —

— Kühlmaschinen-Anlagen. (Hrsg. von Constanz Schmitz.) gr. 8. (XI, 107 S.) Berlin 900. (Polytechn. Buchh. A. Seydel.) Geb. in Leinw. n.n. 2. 50

Revisions-Buch für Kühlmaschinen-Anlagen. (Vorr.: Constanz Schmitz.) *Berlin: C. Schmitz 1900.* (60 Bl.) 8° [F.]

Revisionsbuch für die halbjährlichen gewerbepolizeilichen Revisionen der Ortspolizeibehörde zu (Erfurt) m. vorgedr. Instruktion u. m. e. Anh. . . . 8° (Amtsblatt d. Kgl. Regier. zu Erfurt 1907. Sonderbeil. z. 33. Stück.)

Revisions-Deduction in Sachen der Kurmärkschen Elbschiffahrts-Gilde Klägerin u. Revidentin wider den Königl. **Fiscus vertreten durch das Ministerium des Handels. (Berlin 1831.)**

Revisionsdeduction in Rechtssachen derjenigen Süd- und West-Preussischen Edelleute, welche von dem Handelshause Salomon Moses Lewys Witwe und Erben in Berlin . . . in Anspruch genommen worden sind. Glogau 1804. V: *Grattenauer, Carl Friedrich Wilhelm.* (NN) (MGT)

Revisions-Deduction für den Grafen Rudolph Philipp Victor von Westphalen wider die Vormundschaft des noch minderjährigen Grafen Clemens August Wilhelm von Westphalen. Berlin 1827. V: *Tempelhof, von.* (KGBerlin I, 809)

Revisions-Deduction in Sachen der Frau Oberstlieutenant Gräfin zu Solms, vereh. gewesene von Hünerbein zu Dresden, Revidenten und Wiederverklagten wider die verwitwete Kammerherr von Einsiedel, jetzt deren Erben, Lieutenant von Hünerbein auf Harkerode, Revisen und Widerkläger ... Dresden 1831. V: *Kayser.* (KGBerlin I, 800)

Revisions-Dedukzion des Justiz-Commissarius v. Tempelhoff, Klägers und Revidenten, wider den Justiz-Commissarius **Klettke**, als Kurator des Nic. Ferd. Gr. v. Burghauß'schen Konkurses. Berlin 1821.

Revisions-Duplik für d. Reichsgraf. G. A. Bentinck, s.a. Abdruck.

Abdruck der Revisionsduplik für den Reichsgrafen Gust. Ad. Bentinck etc. gegen Wilh. Friedr. Christ. Bentinck. Leipzig 1846. 8.

Revisionsfreund
⑬ BGSZ: 1028 ⑮ Die in Willisau erscheinende Zeitung «Der Volksfreund» brachte in Nr. 44 v. 28. 11. 1858 die Notiz, daß auf das kommende Jahr in Sursee eine Zeitung unter dem Namen «Revisionsfreund» erscheinen werde. Die Zeitung nannte sich dann aber «Luzerner Wahrheitsfreund».

3. **Revisions-Gegenbericht** von Seiten des Fürsten von Bentheim-Tecklenburg, Klägers, Appellanten, jetzt Revisen, gegen den Fürsten von **Bentheim-Steinfurt**, Verklagten, Appellaten, jetzt Revidenten. Essen 1828. **fol.**

Revisions-Gegenbericht in Sachen des Fürsten ... zu Löwenstein-Wertheim-Rosenberg, Klägers, jetzt Revidenten, wider den Herzog ... zu **Arenberg**, Verklagten, jetzt Revisen. Die ... Ansprüche auf die ... Besitzungen Schleiden u. Saffenburg, nunmehr auf einen Antheil der Grafschaft Recklinghausen betr. Münster: Coppenrath 1834. **fol.**

Revisions-Gegendeduction in Sachen Sr. K. K. H. des Erzherzogs Anton Joseph von Oesterreich, Palatin von Ungarn und Sr. Durchl. des Erbherzogs von Hollstein-Oldenburg, Nullitätskläger, jetzt Revisen, wider Se. Durchl. den regierenden Herzog von **Anhalt-Bernburg**, Nullitätsbeklagten, jetzt Revidenten. Berlin 1822.

Revisions-Gegenschrift für d. Reichsgraf. G. A. Bentinck, s. Abdruck.

Revisionsgericht, Das Reichsfriedensschlussmässige, über die Urtheile des kaiserl. und Reichskammergerichts ... Ulm 1776. V: *Falcke, Johann Philipp Conrad.* (MGT) (Holz) (Pütter, Litt. d. Teutsch. Staatsr. Gött. 1773—91. II, 187.)

Revisionsgericht, das reichsfriedensschlußmäßige, od. üb. Urtheile d. kaiserl. Reichs-Kammergerichts, (v. J. Ph. K. Falcke od. A. B. F. v. Borie?) Fol. (Ulm) 776. Wohler. 8 gr.

Revisionsgericht, Das, über die Urtheile des kaiserlichen Reichs-Cammergerichts bey dessen jetzigen Visitation ... [Ulm] 1776. V: *Borie, Aegidius Valentin Felix Freih. v.* (ML) (Ky) (Pütter, Litt. d. Teutsch. Staatsr. Gött. 1773—91. II, 186.)

Revisions-Ingeniör. Revisions-Ingen. u. Gewerbe-Anwalt, Arbeitgeber u. Arbeitnehmer. Halbmonatsblatt. Techn.-Gewerbl. Zeitschr. mit den Abt.: Unfallverhütung ... Hrsg. ... von Werner Heffter. Jg. 1. 2. Berlin: W. Heffter 1902–03. 2 Bde 4° [J. u. Ant.]
Forts. s. u. d. T.: Technisch-Gewerbl. Zeitschrift. 1904. [06. 15938

Revisions-Ingeniör. Revisions-Ingeniör u. Gewerbe-Anwalt. Arbeitgeber u. Arbeitnehmer. Technisch-gewerbl. Zeitschrift m. den Abtlgn: I. Unfallverhütung, Gewerbehygiene, Arbeiterwohlfahrt, Gewerbepolizeiwesen, allgemein Technisches. II. Elektro-Ueberwachung. III. Patent-Ratgeber. IV. Ausstellungs-Reform. Schriftleiter: Werner Heffter. 2. Jahrg. 1903. 24 Hefte. (à ca. 16 S. m. Abbildgn.) gr. 4. Berlin [Dierig & Siemens]. Leipzig, C. A. Fischer. 4.—
Fortsetzg., s.: **Zeitschrift, technisch-gewerbliche.**

Revisions-Ingenieur u. Gewerbe-Anwalt. Schriftleitung: Werner Heffter. Mit den Beiblättern: Organ der Prüfungs- u. Überwachungs-Anstalt f. elektr. Anlagen. — Blätter zur Bekämpfg. von Missständen im Ausstellungswesen. Organ der „Deutschen Aussteller-Schutz-Vereinigg." 1. Jahrg. April—Dezbr. 1902. 18 Hfte. gr. 4. (à ca. 24 S. m. Abbildgn.) Berlin (Dierig & Siemens.) n. 3.—

Revisions-Kalender. 1885. Hrsg. v. freisinn. Männern. 4. (26 u. 55 S. m. Illustr.) Bern, (Jenni). n. — 40

Revisions-Kalender. 1885. Hrsg. von freisinn. Männern. 4. (26, 55 S. mit Illustr.) Bern, (Köhler'sche Buchh.) *

Revisionskampf. Der R' in St. Gallen. 8. Helvetia 1851.

Revisionskonferenz, Zweite, betreffend das Internationale Übereinkommen über den Eisenbahn-Frachtverkehr ..., s. Conférence, Deuxième, pour la revision de la Convention internationale ...

Revisionsordnung für die Verbände und Genossenschaften. Offenbach 1890.

Die Revisionspflicht der eingetragenen Genossenschaft. Hamburg 1904.

Revisions-Rechtfertigungs-Schrift in Sachen d. quiesc. Hofkapellmeisters Geo. Seb. Thomas in Darmstadt, Klägers, Revidenten gegen Se. Kgl. Hoh., den Großhrzg. zu Hessen u. bei Rhein 2c. 2c. Beklagten, Revisen, wegen Pension, übergeb. d. Großh. Hess. Höchstpreißl. Oberappellations- u. Cassations-Gerichte zu Darmstadt. gr. 8. (2¾ B.) Heidelberg 833, A. Oßwald. Thlr.

Revisionzeitung: Aargauische Revisionszeitung
⑤ 1884 ⑦ 25 Nummern ⑧ Aarau (?).

Revista Viennese. Collezione mensile di articoli originali, traduzioni, estratti et critiche di opere di letteratura, italiane e tedesche, tendente e metter in luce lo stato e i bisogni della letteratura di queste due nazioni. Redattore: G. B. Bolza. 1838 e 1839 à XII Fasc. gr. 8. Vienna, [Tendler e Comp.] à *

Revitzky, Graf Revissnye, Karl Emer. Alex.

Rewitzki, de, Comes, Bibliotheca graeca et latina. 8. maj. Berlin, Unger. 794.
Schweizerp.
Volinp.

Rewiczky, Comes de, bibliotheca graeca et latina. 8maj. Berol. 794. Jetzt Sommerbrodt.

Revitzky, Graf Revissnye, Karl Emer. Alex., († d. 10. Aug. 1793.) s. *Deltophilus*, bibliotheca graeca.

— s. Jh. Friedel, Fragmente.

— s. *Petronius*, satyricon.

— s. *Specimen* poeseos Persicae.

Revitzky, Revissnye, P. Ant.

— Logica et Metaphys. 4. Ofen 757. Typ. 1 ℔ 3 gr.

Revitzky, Revissnye, P. Ant., Physica generalis et particularis in usum Auditorum conscripta. II Ptes. 4. Ofen 757, 58. Typ. 1 ℔ 16 gr.

Revocatus, Fr., Blüthen vom Stamme des Kreuzes. Sangeskränze aus d. Schule d. Troubadours v. Assisi. 12. (159 S.) Regensburg 895. J. Habbel.
Geb. in Leinw. n. 2. 40

Революція, польская, и гордіевъ узелъ европейской политики. (Die polnische Revolution.) 8. (62 S.) Berlin 863, [Behr's Buchh.] *

Révolte: La Révolte
v. Razvratirea.

Revoltella, P., Oesterreichs Betheiligung am Welthandel. Betrachtungen und Vorschläge. Lex.-8. (52 S.) Triest 864, (Münster'sche Buchh.) *

Revolution: Die Revolution

① Ein politisches Wochenblatt. Organ der «Gesellschaft Hilf Dir» ② Die Evolution (neuer Titel ab 29. 12. 1848, da die kantonalen Behörden gegen die ursprüngliche Benennung eingeschritten waren) ④ Manifest der deutschen Demokraten im Auslande (Ge) ⑤ 1. Probeblatt am 1. 12. 1848 (einziges Blatt mit dem Titel «Die Revolution»): 2. Probeblatt am 29. 12. 1848 v. sub 2); 5. 1. 1849—9. 3. 1849 ⑥ 4° ⑦ Wochenblatt ⑧ Biel: Joh. Martin Benz ⑩ Joh. Phil. Becker ⑪ J. Ph. Becker, Alfred Michel ⑫ Organ der deutschen Republikaner und Flüchtlinge in der Schweiz ⑬ BGSZ: 1 (Nr. 6439), 959, 973: Neitzke: Die deutschen politischen Flüchtlinge. Diss. phil. Kiel 1926, p. 34 ff. ⑭ Be: L, St.

Revolution. – Die Revolution. –
Weimar. – 3.I.1849 – 10.IV.1849.
Fortges. u.d.T.: Deutschland.

Revolution (Die). Monatsschrift. Hrsg. von J. Weydemann. New York, 1852.

Die Revolution: no. 1—2, Jan. 6, 13, 1852.
Socialist weekly. Edited & published by Joseph Weydemeyer.
New York, NY

Die Revolution: no. 1—2, May 1, June? 1852.
Socialist monthly. Edited & published by Joseph Weydemeyer.
New York, NY

Revolution, die. Eine Beantwortung der zwei Fragen: 1. Was ist Revolution? und 2. Kann diese nach christlichen Principien gerechtfertigt werden? Nebst einem Anhang über das Verhalten des Seelsorgers bezüglich der Revolution. Von J. B. G. Wien 864. (Mayer & Co.) gr. 8. (96 S.) 15 ngr.

Revolution und Absolutismus. Geschrieben im Februar 1833. O. O. 41 S. 8.

—— und Absolutismus. (Geschr. im Febr. 1833.) gr. 8. (3 B.) Heidelberg, (A. Oßwald.)

Revolution, die, im J. 1848. In zwanglosen Hftn. Hrsg. v. Karl Grün. 1. Hft. A. u. d. T.: Die französ. Februar-Revolution. Nach dem Franz. des P. J. Proudhon. Von Karl Grün. gr. 8. (XVI u. 42 S.) Trier 848, Lintz. n. 12 ngr

Die Revolution in Baden von ihrem Ausbruch bis auf die neuesten Ereignisse. Gedruckt bei Trowitzsch und Sohn. 1 Bl. Fol.
Flugblatt. Berlin, 17. Juni 1849.

— Belagerung u. Erstürmung v. Wien im October 1848. Mit (lith.) Portr. des Windisch-Grätz, Jellachich, Bem, Messenhauser, Kossuth (auf 1 Bl.) u. 3 (lith.) Scenenbildern, nebst (lith.) Plan des Kampfplatzes in Wien u. Umgegend (in gr. Fol.) rc. Hrsg. von O. Fr. gr. 8. (31 S.) Meißen 848, Goedsche. 1/4 ₰; ohne Plan 1/6 ₰

O. Fr. Revolution, Belagerung und Erstürmung von Wien im October 1848. Mit Porträt des Windisch-Grätz, Jellachich, Bem, Messenhauser, Kossuth, und drei Scenenbildern, nebst Plan des Kampfplatzes in Wien und der Umgegend, mit Angabe der ausgezeichnetsten öffentlichen und Privat-Gebäude, Strassen, Plätze, Vertheidigungspunkte in und um Wien. Herausgegeben von ..... (Mit 1 Porträtgruppe und 3 Abbildungen.)
8. Leipzig und Meissen (1849).

– Die, in Belgien 1830, s. Geschichte uns. Tage, außerord. Hft. No. II.

Die berliner Revolution am 18. März 1848 nebst Beschreibung der Begräbnißfeierlichkeiten der Gefallenen. Nach der Zeitungshalle und der Vossischen Zeitung. Breslau 1848. 24 S. 8.

— die deutsche, s.: Revolutionen, die, der Gegenwart. I. Abth., 3. Hft.

Revolution, Die deutsche, die National-Versammlung und die Fürsten. Hamburg 1849. V: *Weber, Wilhelm Ernst.* (Wa) (Ky)

—— **die deutsche, die National-Versammlung und die Fürsten. Herzensergießungen eines deutschen Mannes aus dem Lehrstande (Wilh. Ernst Weber.) 8. (120 S.) Hamburg 849, Hoffmann und Campe.**

Revolution, die elektrotechnische. Populärwissenschaftlich dargestellt von einem Fachmanne. 1. und 2. Aufl. 8. (75 S.) München 883, Pollner. * 2 —

Revolution, die elektro-technische. Populärwissenschaftlich dargestellt und mit erläut. (eingedr.) Illustr. versehen von einem Fachmanne. 3. Aufl. 8. (96 S.) München 883, Pollner. * 2 —

Revolution, die elektrotechnische. Populär-wissenschaftlich dargestellt u. m. erläut. (eingedr.) Illustr. versehen v. e. Fachmanne. 3. Aufl. 8. (96 S.) München 883. Viereck.
n. 2. —

— die, in England, s.a. H. C. Albrecht, Leben Karl I.

— die, in England. Ein hist. Schausp. v. Albrecht. 8. Schleswig, Christiani. 796.

Revolution, d., in England, 1r enth. Carls I. Leben, v. H. C. Albrecht. 8. Schleswig, Röhß. 796.

Révolution. De la R' de France, Et de l'influence qu'elle doit avoir sur toutes les Puissances de l'Europe, particuliérement sur le Corps Helvétique. Par M.***, Ancien Avocat au Parlement de***. 8. *s. l.* 1791.

Die Revolution in Frankfurt a. M. Neueste Nachrichten. Druck von Marquardt u. Steinthal. 1 Bl. Fol.
Flugblatt. Berlin, 20. Sept. 1848.

— Frankreichs, von 1848, s.: Revolutionen, die, der Gegenwart. I. Abth., 1. u. 2. Hft.

— Frankreich's jüngste, s.: Frankreich.

Revolution und Constitution, Frankreichs, im Zusammenhange. Frankf. u. Leipzig 1792. V: *Frohn, Conrad.* (MGT) (Ky) (ADB)

Revolution, die französische, s.a. Miniatur-Bibliothek.

— die französ., ein Miniaturgemälde. 16 Bdchn. 12. Frankf. 794. (Leipz., Wienbrack). 6 ₰

—— die französische, oder: Die Vernichtung des französ. Königthums und die Errichtung der Republik, so wie eine ausführl. geschichtl. Skizze des Hauses der Bourbonen von seinem Ursprunge bis zum gestürzten Könige Ludwig Philipp. 16. (72 S.) Crefeld 848, Klein.

Revolution, die französische, geschildert in anschaulichen, geschichtlich geordneten Scenen, sowie Charakter- u. Sterbebildern. Nach Quellen bearb. u. hrsg. f. Jung u. Alt. Mit e. Titelbilde (in Holzschn.) 8. (166 S.) Regensburg 874. Manz. 1. —

— die französische, von 1848. Für das Volk geschrieben von C. W. 8. (141 S.) Zwickau 849, Verein zur Verbreitung v. Volksschriften. n. 1/6 ℳ

Revolution, Die französische, von 1830. Berlin 1831. V: *Jarcke, Carl Ernst.* (ADB) (WBL)

—— die französische, v. 1830, histor. u. staatsrechtl. beleucht. in ihren Ursachen, ihrem Verlaufe u. ihr. wahrscheinl. Folgen. gr. 8. (21 B.) Berlin 831, Dümmler.

Revolution, die französ., in Beziehung auf die von d. Franzosen unterjochten Landschaften, besond. auf die Stadt Mainz. gr. 8. Frankf. a. M. 793. Varrentrapp. 3 ℛ

Revolution, Die franzoesische, von 1789 bis 1836. Berlin 1836. V: *Laube, Hnr.* (Nowack, Schles. Schriftst.-Lex. Breslau 1836—43. III, 81.)

Revolution, die französ., v. 1789—1836. gr. 12. (5 B.) Berlin 836, Duncker u. Humblot.

Revolution, die französische, im Spiegel deutscher Dichtung, s.: Volkshefte, neue litterarische.

Revolution, die friedliche soziale, am Anfange des 20. Jahrh. Ein Zukunftsbild v. e. Menschenfreunde. gr. 8. (IV, 87 S.) München 897. A. Schupp. n. 1.—

Revolution, die große,. Posse von Hedemann. 8. Hamb. (Gräff in Leipz.) 791.

Revolution (Die) im Jahre 1848. In zwanglosen Heften hrsg. von Karl Grün. I. Heft. A. u. d. T.: Die französ. Februarrevolution. Nach dem Franz. des P. J. Proudhon. Von Karl Grün. gr.-8°. Trier, Lintz, 1848.

Revolution, Die, und die Jesuiten. Lintz 1876. V: *Kobler, Andreas.* (JES)

Revolution, die jetzige polnische. Von einem Mitarbeiter derselben. Berlin 863. Heinicke. 8. (34 S.) 6 ngr.

Revolution, die, v. 26. 27. 28. u. 29. Juli 1830; od. Darstell. d. Begebenheiten in Paris während dies. denkwürd. Tagen u. einen Ueberblick d. wicht. Momente bis z. Thronbesteigung Philipp I. Von mehr. Augenzeugen. Nebst e. Anh., d. deutsche Uebersetz. d. Charte u. d. neuesten Modificationen ders. enthalt. A. d. Franz. (Mit Philipp I. Bildn.) gr. 8. Offenbach 830. (Frankfurt a. M., Zügel.)

— u. Kaiserreich. Aus dem Zeitalter der Gewaltherrschaft des I. Napoleon. Hrsg. von Jul. v. Pflugk-Harttung unter Mitwirkg. von Karl v. Bardeleben, Aug. Keim, Osk. v. Lettow-Vorbeck u. a., m. Illustr. v. Andreas, Bellangé, Berthault u. a. 12. Taus. (VIII, 558 S.) Lex. 8. Berlin (908). Patria-Verlag. 9.—; geb. 10. —

— die, in der Küche u. die Verbilligerung der Nahrung herbeigeführt durch Häckels Petroleum-Dampf-Küche nebst Anleitg. zur Herstellg. der Speisen mittelst derselben. 8. (80 S.) Leipzig 873. M. Schäfer. n. — 50

Revolution, Die Lettische. Mit einem Geleitswort von Prof. Dr. Theodor Schiemann. Berlin 1906—07. V: *Transehe, Astav v.* (Berl)

Revolution, die lettische. Mit e. Geleitwort v. Thdr. Schiemann. (In 2 Tln.) 1. Tl. Der Schauplatz. Treibende Kräfte. (VII, 153 S.) 8. Berlin 906. G. Reimer. n. 2.—

Revolution, die lettische. Mit e. Geleitwort v. Thdr. Schiemann. 2 Tle. 8. Berlin, G. Reimer. 8.—
1. Der Schauplatz. Treibende Kräfte. 2. veränd. Aufl. (VII, 156 S.) 908. 2.—
2. Die Sozialdemokratie. Die Katastrophe. 1. u. 2. Aufl. (XII, 411 S.) 907. 08. 6.—

— üb. d. letzte, in Genf; aus d. Engl. 8. Lpz. 795. Schmidt. 12 ℛ

—— die magyarische. Kurzgefaßte Schilderung der jüngsten Zeitereignisse in Ungarn und Siebenbürgen. Von einem Augenzeugen. gr. 16. (IV und 239 S.) Pesth 849. Leipzig, Haendel.

— die, in Mittel-Italien. Leipzig 859. Kollmann. 8. (56 S.) 6 ngr.

— üb. die neuere, in Frankreich. Ein Wort zu seiner Zeit. gr. 8. Leipz. 831. Brockhaus. 10 ℛ

Revolution, Die neueste, ein Roman. St. Petersburg [Wolfenbüttel] 1798. V: *Müller, Gotthelf Frdr.* (KY) (MGT)

Revolution, die neueste; e. Roman (v. Gtthlf. Fr. Müller). 8. St. Petersb. 798. (Wolfenb.), Albrecht. 12 ℛ

—— die neueste, der Franzosen. Schilderung d. merkwürd. Auftritte zu Paris in d. letzten Tagen d. Jul. 1830. Nach d. Berichten franz. Journale u. der kürzl. erschien. Schrift: Evénemens de Paris etc. gr. 8. (2½ B.) Augsburg 831, Wolthart.

Die | Revolution | zu | Paris | 1848. | (Vignette: *Helm und Schwert*, 20 × 37).
o. O., o. J., 4 Bl. n. n., 180 × 118.
LBO Jahrmarktslit. R. c. 1, 17.

Die | Revolution in Paris | mit ihren | blutigen Gefechten | und | schrecklichen Straßenkämpfen. | Druck von J. F. Rohr in Vegesack.
o. J. (1848), 4 Bl. n. n., 180 × 115.
LBO Bänkelsängerlit. III, 149.

— de Paris en 1789, avec des details historiques et anecdotiques sur la Pastille etc. XIV Voll. av. fig. 8. Leipz. 790. (W. Nauck). 10 ß

— de Paris en 1789., avec des details historiques et anecdotiques sur la Bastille etc. XIV Vol. av. fig. 8. Leipz. Sommer. 790.

— üb. die piemont., von einem Hauptthellnehmer (des Grafen v. Santa Rosa.) Aus d. Französ. übers. v. G. Hagnauer. gr. 8. Glarius 822, (Zürich, Geßner.)

— üb. die piemontes., von e. Hauptthellnehmer (d. Grafen von Santa Rosa). Aus d. Französ. übers. v. G. Hagnauer. gr. 8. Glarus 822. (Schmidt in Leipz.) 16 gr

Revolution oder Reform, was soll die deutsche Socialdemokratie thun? 8°. s. l. s. a.

Revolution. Ueber R' und Religion. Gesinnungen und Wünsche eines schweizerischen Landmanns. 8. Helvetien 1798.

Revolution, die, u. die Revolutionäre in Italien. 8. (9¾ B.) Leipzig 846, Phil. Reclam jun.

— die römische, vor dem Urtheile der Unparteiischen. Aus dem Ital. nach den Ausg. v. Florenz u. Neapel übertr. v. M. W. A. gr. 8. (VIII u. 348 S.) Augsburg 852, Schmid. 1 ß

Revolution, Die, in Scheppenstadt. Germanien [Breslau]. N. A. 1795. V: *Schummel, Johann Gottlieb.* (Ky) (Wr) (MGT)

— die, in Scheppenstedt, Volksschrift (v. J. G. Schummel). 8. German. 794. 2e A. 795. (Bresl., Gutsch). 14 gr

— die, in d. Schweiz 1798. 8. Zürich. (Hahn in Hannov.) 6 gr

Revolution, Eine segensreiche, und eine fluchwürdige Reaction. Bozen 1872. V: *Stock, Norbert.* (Margr)

— über die, in Spanien, ihren Gang u. die jetzige Krisis derselben. Von e. Augenzeugen. 8. Offenb. 823. Exped. d. Staatsmannes. (Pergay in Aschaffenb.) 7 gr

— die, unserer Tage. Ein freimüthiges Wort. Regensburg 860. Manz. gr. 8. (46 S.) 6 ngr.

— theokratische. (Ökonomie; Moral u. Religion.) Theokratie gegen Plutokratie. Entwurf e. neuen theokrat. Religion. (Von Ulr. Ehrismann.) (47 S.) kl. 8. Zürich (-Wipkingen, Breitensteinstr. 31) 907. Theokrat. Verl. — 45

Revolution, Die, in Tirol 1848 von einem Tiroler. Innsbruck 1851. V: *Streiter, Joseph.* (EB)

— die, in Tirol. [1848.] Von einem Tiroler (Streitter). 3 Hfte. 8. (LXXX u. 115 S.) Innsbruck 851. (Pfaundler. — Leipzig, Brockhaus.) (1: 1/6 ß 2 u. 3: n. 1/3 ß) n. 2/3 ß

Ungarns Revolution und der Feldzug der Östreicher gegen die Magyaren unter Windischgrätz und Jellachich 1848—1849. Meißen (1849). 8°.

—— die, im Waadtlande im Conflikte mit der Landeskirche. 8. (4¼ B.) Halle 846, Mühlmann.

— die Wiener. Genaue Beschreibung der Wiener Ereignisse u. des Volks-Kampfes so wie der Leichenfeier der Gefallenen. 8. (16 S.) Bautzen 848, Reichel. n. 2 ngr

Revolution. Die R' in Zürich, oder der sechste September 1839. Von einem Augenzeugen und bieder denkenden Schweizer an seine Miteidgenossen. 8. St. Gallen 1839.

Revolution, Die zweite Berliner, und die durch rohe Militärgewalt gesprengte Nationalversammlung. Von e. Augenzeugen. Leipzig 1848. 8°

Revolutionade, s.: Bibliothek moderner Räubergeschichten, 1. Bd. 5. Hft.

Der **Revolutionär**. Organ aller Revolutionäre Deutschlands. Jg. 1, No 1. Berlin: A. Roßwaag 1905. 4° [F.] (05. 1164)

Revolutionäre, die, in Schlafrock u. Pantoffeln, s.: Bibliothek moderner Räubergeschichten, 1. Bd. 4. Hft.

Revolutionen und Barrikaden! Ein Wort zur jetzigen Zeit von einem einfachen Soldaten u. Familienvater an die Fürsten u. Bürger. Erfurt 862. Körner'sche Buchhdlg. in Comm. gr. 8. (16 S.) n. 2 ngr.

Die deutschen Revolutionen im Jahre 1848. Monarchie oder Republik? (Birsfelden, J. U. Walser, 1848.) 15 S. 8°.

(**Revolutionen**, die, der Gegenwart. 1848. Eine genaue und zusammenhängende Darstellung der Bewegungen in Europa. Nebst allen darauf bezügl. Actenstücken, Proclamationen, Documenten, Verhandlungen rc. Hrsg. von mehr. Publicisten. [1. Lfg.] 1. Abthl. 2 Hefte.) Frankreichs Revolution von 1848. Vollständ. Geschichte derselben von ihrem Ursprunge ab. 1. Heft. (1—4. Abdr.) 8. (208 S. und L. Blanc's Bildn.) Berlin 848, Hempel. Thlr. *

—— dass. — 3. Heft: Die deutsche Revolution im März 1848. Eine übersichtl. und getreue Darstellung der Bewegungen in allen Staaten Deutschlands von der Proclamirung der französ. Republik bis zur wiener und berliner Revolution. 8. (200 S.) Ebds. 848. *

—— dass. — 4. und 5. Heft oder 2. Bd. 2 Lfgn. Die deutschen Bewegungen im J. 1848. A. u. d. T.: Die berliner März-Revolution. Hrsg. von Mitkämpfern und Augenzeugen. (1. und 2. Heft.) 8. (180 S. mit 1 Stnt. und dem Bildn. A. Hesse's.) Ebds. 848. *

—— dass. — 6. Heft. 1. Abthl.: Schleswig-Holstein. Uebersichtliche und getreue Darstellung der jetzigen Ereignisse daselbst, nebst Geschichte und Beschreibung des Landes und allen zum Verständniß der Gegenwart nöthigen Aktenstücken und Thatsachen aus dessen Vergangenheit. 1. Heft. 8. (125 S. und 1 lithogr. Karte in qu. 4.) Ebds. 848. *

—— dass. — 1. Supplement-Heft: Die deutschen Bewegungen im J. 1848. I. Preußen. 1. Supplement-Heft. A. u. d. T.: Amtliche Berichte und Mittheilungen über die berliner Barrikadenkämpfe am 18. und 19. März. Von Augenzeugen und Mitkämpfern aus dem Bürger- und Soldatenstande. 1. Heft. (Geschichte der berliner Revolution. 3. Heft.) 8. (64 S. und 2 Stnt.) Ebds. 848. *

Revolutionen, Polnische, Erinnerungen aus Galizien. Prag 1863. V: *Sacher-Masoch, Leopold Ritter von.* (EB)

Revolutionen, polnische. Erinnerungen aus Galizien. gr. 8. (XII und 386 S.) Prag 863, Credner. *

—— Sicilien's, s. Sicilien.

Revolutionen im Städchen ....., 3 Meilen v. Berlin. 3 Thle. 8. Berl. 792, 93. Sander. 2 ₰ 20 gr (A. u. d. T.: Der Ton in kl. Städten).

REVOLUTIONEN im Städtchen ** (Trebbin), 3 Meilen von Berlin. Komischer Roman. 3 Bdchn. Berlin, 1792, 93, 94 bei Arnold Wever. Kl. 8°.
Stellenw. cynische Philistergeschichten, aber nichts eigentlich Erotisches. 1: Tit. u. 286 S. 2: Tit., 388 S., 1 Bl. Errata (von 1 u. 2). 3: VIII—399 S., 1 S. Err. — Wenig bekannt u. rar!

Revolutionen, zwei, von Oben in der amerikanischen u. deutschen Conföderation. Von einem Deutsch-Amerikaner. Leipzig 867. Berlin, Denicke. gr. 8. (31 S.) n. 10 ngr

Révolutions de l'Amérique espagnole ou récit de l'origine, des progrès et de l'état actuel de la guerre entre l'Espagne et l'Amérique méridionale. Traduit de l'anglois. 2 édition. 8. Paris. 820.

Revolutionsalmanach von 1793(—1804). Göttingen 1792(—1803). II (1793—98): *Reichard, Hnr. August Ottokar.* (MGT) (Ky) (Schles) (BrMm) (1799—1801): *Haller, Bercht. Frdr.* (MGT)

Revolutions-Almanach von . . . . . .
1793. M. 18 Kpf.
1794. M. 23 Kpf.
1795. M. 3 Portr., 12 Kpf., 2 Tfln (Portr.)
1796. M. 11 Portr., 12 Kpf. u. 1 Musikb.
1797. M. 12 Portr. u. 12 histor. Kpf.
1798. M. 9 Portr., 12 histor. Kpf. 2 Tab. u. 1 Münzabb.
1799. M. 9 Portr., 10 Kpf. u. 1 Tafel.
1800. M. 10 Portr., 12 Kpf. u. 1 Tafel.
1801. M. 9 Portr., 15 Kpf. u. 2 Tafeln.
1802. M. 12 Portr. u. 8 histor. Kpf.
1803. Friedens-Almanach von 1803. M. 19 Kpf.
1804. Kriegs- u. Friedensalmanach von 1804. M. 23 Portr. u. 7 Kupfern.
Göttingen.

Revolutions=Almanach von . . . [Hrsg.: Heinrich August Ottokar Reichard u. a.]
Göttingen: Joh. Chr. Dieterich 1793—1803. 8°
[Kupfert.]
[1793—1794 auch u. d. T.:] Geschichte der nachtheiligen Folgen der Staatsrevolutionen alter und neuer Zeiten. 1. 2.
1803 [u. d. T.:] Friedens-Almanach von 1803.

1793: IV, 282 S., 1 Bl., 13 Kupfertaf.
1794: 2 Bl., 388 S., 1 Bl., 1 kol. Titelkupf., 17 Kupfertaf. [*Davon fehlen Kupf. Nr. 5 u. 8.*]
1795: VI, 342 S., 1 Titelkupf., 17 Kupfertaf.
1796: 4 Bl., 296 S., 1 Titelkupf., 18 Kupfertaf., 1 Notentaf.
1797: 4 Bl., 368 S., 2 Bl., 1 Titelkupf., 16 Kupfertaf. [*Davon fehlen Taf. 1—4 u. 6.*]
1798: 4 Bl., 327 S., 1 Bl., 1 Titelkupf., 20 Kupfertaf., 2 Tab.
1799: 4 Bl., 264 S., 1 Titelkupf., 17 Kupfertaf., 1 Kupf.-Falttaf.
1800: 4 Bl., 248 S., 1 Titelkupf., 18 Kupfertaf., 1 Kupf.-Falttaf.
1801: 4 Bl., 224 S., 1 Titelkupf., 20 Kupfertaf., 1 Kupf.-Falttaf., 1 Falt-Tab.
1802: 256 S., 1 Titelkupf., 18 Kupfertaf.
1803: VIII, 228 S., 1 Titelkupf., 14 Kupfertaf., 4 Kupf.-Falttaf.

— s. auch Geschichte d. nachtheil. Folgen d. Staatsrevolutionen.

Revolutionsalmanach, Helvetischer: Die ersten Jge des: Helvetischen Almanachs erschienen unter obigem Titel. S. dort.
S. a.: Calender, Helvetischer.
S. a.: Almanach, Neu Helvetischer.

Revolutionsbegebenheiten aus d. Vorzeit, s. a. Catilina.

— Begebenheiten aus der Vorzeit. (neuer Titel: d. B Catilina.) 8. Halberstadt. 796.

Revolutionsbegebenheiten aus der Vorzeit. O. O. 1807. V: *Sachse, L.* (Ky)

— — dies. 8. Lpz. Sommer. 807.

Revolutionsbilder aus den J. 1789 bis 1794. Nebst Ursachen von Revolutionen u. Art u. Weise dem Uebel derselben vorzubeugen. Aus dem Franz. 8. (104 S.) Kiel 852. (Altona, Verlagsbureau.) 6 ngr

Revolutions-Chronik, baltische. I u. II. gr. 8. Riga, (Jonck & Poliewsky). 9.80
I. Bis zum Oktbr. 1905. (200 S.) 907. 4.80
II. Oktbr. bis Dezbr. 1905. (III, 254 S.) 908. 5.—
Sonderabdrucke aus: „Balt. Monatsschr."

Revolutionschronik, Berliner. Vollständige und ausführliche Darstellung der Berliner Zustände und Ereignisse vom Februar bis November 1848 . . . Berlin 1849—50. V: *Wolff, Adolph.* (Ky)

Revolutionschronik, Berliner. Vollständige u. ausführliche Darstellung der Berliner Zustände u. Ereignisse vom Februar bis Novbr. 1848. Mit Benutzung sämmtl. gedruckt vorhandener Quellen so wie vieler mündlicher Berichte u. handschriftl. Mittheilungen. 9 Lfgn. Lex. 8. (446 S.) Berlin 849. 50, Hempel. (à n. 1/4 ₰) n. 2 1/4 ₰

REVOLUTIONSGALLERIE der französischen Republik, darinnen ließt man die Namen, Vornamen, Geburtsorte, Stand, ehemaliger Karakter und Würde, Alter und letzte merkwürdige Worte aller derer Personen, die durch das Revoluzionsgericht als Theilhaber der Verschwörung, und als Verräther gegen das Vaterland zum Tode verurtheilt worden sind, mit Angabe dessen, was man ihnen als Schuld beyglegte (so!). Aus d. Französ. übersetzt, von P. Professor Heymann (o. S. Bened.). Heft (1)—6. 1.: O. O. 1794; 2.—6.: Augsburg, 1795—96, bey E. F. Bürglen, Buch- und Kunsthändler. 8°.
160, 117, 126, 128, 108, 125 S. (incl. Reg.). — Schlechte Ueberstzg., schlechtes Papier, schlechter Druck.

Revolutions-Gallerie der französ. Republik, darin Namen, Charakter ꝛc. aller durchs Revolutionsgericht Ermordeten enthalten; aus d. Französ. 6 Hefte. 8. Augsb. 794—96. Bürglen. 2 ₰

Revolutions-Gedanken als die Quelle des zweiten Theils. Zweiter Theil. Vernunft-Religion und Vernunft- oder Hülfsstaat. Berlin 1849. V: *Arnim, F. von.* (BMarsch 49)

Revolutionsgedanken, dazu 2. Theil: Vernunftreligion und Vernunft- oder Hülfsstaat. Berlin 1849. 280 S. 8.

Revolutionsgeist, Deutschlands, nebst einem Anhang über Censur ... Hamb. 1832. V: *Curio, Georg.* (schr)

— Gespräche m. Bothen a. Thüringen. 8. Schnepfenthal, Erz. A. 793.

Revolutionsgespräche, gehalten von dem Boten aus Thüringen mit seinem Wirthe und einem Weber. Schnepfenthal 1794. 126 S. 8.

Revolutions-Karte von Deutschland. 4. Lith. u. color. — Nebst Darstellung des deutschen Revolutions-Sturmes im Febr. u. März 1848. gr. 8. (16 S.) Berlin 848, Adolf & Co. n. 1/6 ₰

Revolutionskrieg, Der, in Siebenbürgen in den Jahren 1848 u. 1849, s.a. Heydte, August Frh. v.

Revolutionskrieg, Der, in Siebenbürgen in den Jahren 1848 und 1849 ... Leipzig 1861—63. V: *Heydte, Aug. Freih. von.* (KA)

Revolutionskrieg, der, in Siebenbürgen in den Jahren 1848 und 1849. Von einem österreich. Veteranen. 2 Abtheilgn. Leipzig 863. Schrag's Verlag. gr. 8. 2 ₰ 7½ ngr.
1. Abth.: Der Winter-Feldzug des Revolutionskrieges in Siebenbürgen in den Jahren 1848 und 1849. 2. Ausg. (VIII, 321 S.) 1 ₰ 15 ngr.
2. Abth.: Der Sommer-Feldzug des Revolutionskrieges in Siebenbürgen im Jahre 1849. Mit 2 (lith.) Schlacht-Plänen. (VIII, 107 S.) 22½ ngr.

Revolutions-Kriege der Schweizer, nach J. v. Müller, z. Vergleich aufgest. gr. 8. Frankf. a. M. 795. (Schäfer). 10 gr

Revolutions-Periode, oder Geschichte von den nordamerikan. Freistaaten bis auf unsere Zeit. gr. 8. (210 S.) Bamberg 851. (Buchner.) n. 1/3 ₰

Revolutions-Raketen von einem polit. Feuerwerker. 1. Rakete: Die März-Zerronnenschaften. gr. 8. (8 S.) Berlin 848, Adolf & Co. in Comm. 1½ ngr.

Revolutions-Romane, a. d. Franz. 2 Thle. 8. Chemn. Wesselhöft. (Linke in Lpz.) 795—96. (I. enthält Theodor Gasten, e. romant. Gemälde seltsamer Schicksale aus d. Zeiten d. Revolution, v. Cramer. 20 gr. II. Emil u. Pauline; e. französ. Familiengesch. 22 gr.)

Revolutionsromane, 2 Thle, 8. Chemnitz, 796. Wesselhöft (Leipz. Rabenhorst in Komm.) 1 Rtl. 23 gl.

Revolutionstribunal, Das, durch sich selbst geschildert in dem grossen Processe Brissots und seiner Mitangeklagten. Altona 1794. Ü: *Würtzer, Heinrich.* (NN) (MGT) (Kordes, Schlesw.-holst. u. eutin. Schriftst. Schleswig 1797.)

Revolutions-Tribunal, durch sich selbst geschildert im Prozesse Brissot's. 8. Altona 794. Hammerich. 1 ₰

Der **Revolver** und die Bibel. *(Cassel: J. G. Oncken Nachf. [1902].)* (6 S.) 8° [Kopli. F.]
= [Traktate d. Christl. Traktat-Gesellschaft.] Neue Serie. No 113.
[*a*. 11591. 4

Revolver M/83. Chromolithogr. Taf. qu. kl. Fol. Berlin 886, Liebel'sche Buchh. *

Revolver, der, M/79. Handbuch für den prakt. Unterricht unter gleichzeit. Berücksicht. der Waffen M/71. Auf Grund der offiziellen Instruktionen und durch Skizzen (2 Stnt.) erläutert. 12. (16 S.) Berlin 882, Liebel'sche Buchh. * — 60

Revolver-Kanone, die 3,7 cm. Nomenclatur und Beschreibung derselben, sowie der Munition. Ihre Behandlung vor, während und nach dem Schießgebrauche. 8. (II, 34 S.) Berlin 882, Mittler und Sohn. * — 50

Revolver-Kanone, die 3,7 cm, der Schiffs-Artillerie u. ihre Munition. Vorschriften üb. Behandlg. u. Instandhaltg. Neu bearb. 8. (IV, 61 S.) Berlin 885. Mittler & Sohn. n. — 75

Revolver-Schieß-Instruktion. Entwurf. 12. (IV, 28 S. m. eingedr. Fig.) Berlin 880. (v. Decker.) n. — 35

Revolver-Schieß-Instruktion f. die Kavallerie u. Feld-Artillerie. gr. 16. (VI, 34 S.) Berlin 884. Mittler & Sohn. n.n. — 25

Revolver-Schießvorschrift f. die Feld-Artillerie. 12. (40 S. m. Textfig.) Berlin 888. Mittler & Sohn. n. — 35

Revon, Michel, die Philosophie d. Krieges, s.: Publikationen d. Deutschen Vereins f. internat. Friedenspropaganda v. 1874.

— dasselbe, s.: Volksbibliothek, wissenschaftliche.

Revue, Academische. Zeitschrift für das internationale Hochschulwesen. Jahrgang 1 (1894/95) bis 3 (1896/97). München. 4.

Revue, die; (v. Sam. Eph. Albr. Lütkemüller). 8. Berl. 804. Maurers B., 1 ₰ 12 gr

Revue, academische. Internationales Organ der Universitäten, Techn. Hochschulen, Academien u. gelehrten Institute. In Verbindg. m. den Hochschul-Nachrichten hrsg. v. der Centralstelle f. das internationale Hochschulwesen in München, Dr. Paul v. Salvisberg. 1. Jahrg. Octbr. 1894—Septbr. 1895. 11 Hfte. gr. 4. (1. Hft. 64 S.) München, Academ. Verlag. n. 16. —

Revue, academische. Zeitschrift f. d. internat. Hochschulwesen. Unt. Mitwirkg. v. Universitäts- u. Hochschulangehör. d. In- u. Auslandes hrsg. von Paul v. Salvisberg. 2. Jahrg. Oktbr. 1895—Septbr. 1896. 12 Hfte. (à ca. 64 S.) gr. 4. München, Academ. Verlag. n. 16. —; einz. Hfte. n. 2. 50

— dasselbe, Fortsetzg., s.: Hochschul-Nachrichten.

Revue, Allgemeine, oder Musterung der vornehmsten Religionspartheyen Teutschlands ... O. O. 1741. V: *König, Christian Gottlieb.* (ML)

—— allgemeine evangelisch-theologische, über die Angelegenheiten des duisburger Katechismus. Vom Verf. der evang.-theologischen Replik auf die erzbischöfl. Schrift: „Ueber den Frieden unter der Kirche u. den Staaten." gr. 8. (4 B.) Elberfeld 814, Hassel.

Revue d'Alsace. Nouvelle série. Tome IV à VIII. à 4 livrs. gr. 8. (à livr. ca. 140 S.) Colmar 875—79. (Mülhausen, Bufleb.) à Jahrg. * 16 —

Revue d'Alsace. Nouvelle série. Tome IX—XIII. à 4 livrs. gr. 8. (à Lfg. ca. 140 S.) Colmar 880. (Mülhausen, Bufleb's Sortimentsh.) à Bd. * 16 —

Revue d'Alsace. (Suppl.). Bibliothèque de la „Revue d'Alsace". Tome I—XIII de la collection. Lex.-8. Colmar, H. Hüffel. n.n. 65 —

Catalogue sommaire des documents conservés aux archives du chapitre de la cathédrale à Strasbourg. (48 S.) 906. (Tome XIII.) n.n. 4. —

Chèvre, Mgr., Les suffragants de l'ancien évêché de Bale. (196 S.) 906. (Tome VIII.) n.n. 4. —

Gasser, A., L'église et la paroisse de Soultz (Haute-Alsace). (82 S.) 905. (Tome VI.) n.n. 2. —

Hanauer, A., Le protestantisme à Haguenau. (359 S.) 905. (Tome IV.) n.n. 4. —

Hoffmann, Charles, L'Alsace au 18e siècle au point de vue historique, judiciaire, administratif, économique, intellectuel, social et religieux, publié par A.-M.-P. Ingold. 4 tomes. (XV, 746 S. m. Bildnis, 576, 540 u. 588 S.) 906. (Tome IX—XII.) n. 36. —

— Les anciens règlements municipaux d'Ammerschwir (1561 bis 1563). Publiés pour la première fois avec quelques notes et éclaircissements. (229 S.) 903. (Tome I.) n.n. 4. —

Holdt, Val. Michel Antoine, Journal du palais du conseil souverain d'Alsace. Publié par Angel Ingold. Tome I. (171 S. m. Bildnis.) 903. (Tome II.) n.n. 4. —

— dasselbe. Tome II. (189 S.) 905. (Tome III.) n.n. 4. —

Rodé, E., L'obituaire des chevaliers de Saint Jean de Sélestat. (68 S.) 906. (Tome VII.) n.n. 2. —

Turenne et le Lieutenant-Général Reinhold de Rosen. Documents inédits publiés par A. M. P. Ingold. (39 S.) 905. (Tome V.) n.n. 1. —

Revue alsacienne illustrée, s.: Rundschau, illustr. elsässische.

Revue anthologique de la presse française. Jahrg. 1867. 24 Hefte. (à 4 Bog.) gr. 8. Wien, Hilberg. Vierteljährlich

—— antiphylloxerique internationale. Journal mensuel illustré pour combattre les ennemis de la vigne. Publié par L. Roesler avec le concours de M. Aimé Champin. 1e et 2e année. Juillet 1882—Juin 1884. à Jahrg. 12 Nrn. gr. 8. (à Nr. ca. 16 S.) Klosterneuburg, Selbstverlag des Herausgebers. à Jahrg. * 12 —

Revue für Architektur in Belgien. Hrsg. von einem Comité belgischer Architekten. Berlin [1884.] 2 Bde. Fol.

Revue et archives suisses d'odontologie, pathologie et thérapeutique des maladies de la bouche et des dents. Journal mensuel. Rédacteur en chef: prof. *C. Redard*, médecin-chirurgien, clinicien de l'Ecole dentaire de Genève. Ire année, 1887. 12 N^{os} in-8^{0}. Bâle, Genève, Lyon, H. Georg. Par an 15 —, Union postale 17 —

Revue et archives suisses d'odontologie, pathologie et thérapeutique des maladies de la bouche et des dents. Journal mensuel. Rédacteur en chef: Professeur *C. Redard*. 2e année, 1888. 12 N^{os} in-8^{0}. Bâle, Genève, Lyon, H. Georg. Par an 15 —, Union postale 17 —

Revue et Archives suisses d'odontologie, pathologie et thérapie des maladies de la bouche et des dents. Journal mensuel. Rédacteur en chef: *C. Redard*, prof. 3e année, 1889. 12 N^{os} in-8^{0}. Genève, Administration: L.-F. Hoffmann. Bâle, H. Georg. Par an 15 —, Union postale 17 —

Revue eines belgischen Aristokraten, oder Schreiben des Herrn ** an die ehrwürdigen Seelsorger der vereinigten Niederlande. O. O. 1790. V: *Feller, Franç. Xav. de.* (MGT)

— d'artillerie. Paraissant le 15 de chaque mois. 1. Jahrg. 12 Lfgn. (October 1872—September 1873.) gr. 8. (1. Lfg. 104 S. m. 4 lith. Taf. in qu. Fol.) Nancy & Strassburg, Berger-Levrault & Co. n.n. 16. —

Revue des Auslandes. Monatsschrift. Redig. v. L. Meyer u. Otto Wigand. 1. u. 2. Jahrg. 1842 u. 1843. à 12 Hfte. gr. 8. Leipzig, O. Wigand. à 6 ₰

— de Belgique. 5. année 1873. 12 Livrs. (à ca. 150 S.) Brussel, Muquardt. 13. 15

Revue, Berliner. Social-politische Wochenschrift. Redig. von Clem. Graf Pinto. 1. Jahrg. April — Decbr. 1855. 1—3. Bd. à 13 Hefte (à ca. 6 Bgn.). Berlin. (Rauh.) Lex.-8. Jeder Bd. n. 2 ₰. 7½ ngr.

— — 2. Jahrg. 1856. oder 4—7. Bd. à 13 Hefte (à 3—4 Bgn.). Ebend. Lex.-8. Jeder Bd. n. 2 ₰. 7½ ngr.

— — Redig. von Hm. Kneipp. 3. Jahrg. 1857 und 4. Jahrg. 1858. 1. Halbjahr oder 8—13. Bd. à 13 Hefte (à 3—4 Bgn.). Berlin, Heinicke. Lex.-8. Jeder Bd. n. 2 ₰. 7½ ngr.

— — 4. Jahrg. 1858. 2. Halbjahr oder 14. u. 15. Bd. à 13 Hefte (à 3—4 Bgn.). Berlin, F. Schneider. Lex.-8. Jeder Bd. n. 2 ₰. 7½ ngr.

Revue, Berliner. Social-politische Wochenschrift. Red. von Herm. Keipp. 16—23. Bd. à 13 Hefte (à 3 Bgn.) oder Jahrg. 1859 u. 60. Berlin, F. Schneider. Lex.-8. Jeder Bd. n. 2 ₰ 7½ ngr.

—— dass. — 24—27. Bd. à 13 Hefte oder Jahrg. 1861. Redig. von J. v. Moerner. Lex.-8. (24. Bd. 1. Heft. IV und 36 S.) Berlin, Heinicke. à Bd. *

—— Berliner. Social-polit. Wochenschrift. Redact.: J. v. Moerner. 28.—35. Bd. à 13 Hefte oder Jahrg. 1862 und 1863. Lex.-8. (à Heft ca. 40 S.) Berlin, Heinicke. à Bd. *

—— dass. — Redig. von J. v. Moerner. 36.—51. Bd. à 13 Hefte. (à 2—3 Bog.) Lex.-8. Berlin, Fahlisch. [Stilke und van Muyden.] à Bd. *

Revue, Berliner. Social-polit. Wochenschrift. Redig. von A. Berghaus. 14.—17. Jahrg. (1868—1871. 1.—3. Quartal.) oder 52.—66. Bd. à 13 Hefte. (à 2—3 Bog.) gr. 8. Berlin, Stilke und van Muyden. à Jahrg. *

Fortsetzung u. d. T.: Auf Wacht an der Mosel.

— die Berliner. Deutsche Monatsschrift f. öffentl. Leben. Hrsg. u. Red.: Emil Dominik. 1. Jahrg. 1. Quartal. Oktbr.—Dezbr. 1894. 3 Nrn. (5 Bog.) gr. 8. Berlin, Thormann & Goetsch. 3. —; einzelne Hefte 1. —

— die Berliner. (Fortsetzung d. Zeitschrift „Der neue Kurs".) Zeitschrift f. öffentl. Angelegenheiten. Hrsg. v. Emil Dominik. 1. Jahrg. 2. Quartal. Jan.—März 1895. 4 Nrn. (à ca. 3 Bog.) gr. 8. Berlin (Thormann & Goetsch). n. 3. —; einz. Hfte. — 50

— dasselbe, Fortsetzg., s.: Rundschau, Berliner.

— **bibliographique** des langues et littératures romanes, publiée par Émile Ebering. Vol. III. 1885. 6 fasc. gr. 8. (1. u. 2. Fasc. 80 S.) Leipzig 885. E. Twietmeyer. n. 12. —

Revue Biennoise

① Organe de «l'Union Romande» de Bienne (dès septembre 1906). Organe «welsche» de Bienne et environs (décembre 1906—avril 1907). Organe populaire et humoristique paraissant chaque mois (dès juin 1909) ② Revue Biennoise donnant les rendus-compte des événements (octobre 1905—août 1906). Revue Biennoise et Jurassienne (mai 1907—décembre 1908). Revue Jurassienne (janvier 1909 — décembre 1912) ⑤ juin 1905 — décembre 1912 ⑥ in-8°: dès décembre 1905: in-4°: dès septembre 1906: in-2° ⑦ mensuel ⑧ Bienne: Jean Chapuis ⑨ Supplément de la Revue Biennoise ⑩ Jean Chapuis (?) ⑫ revue locale. neutre en politique ⑭ Be: L.

Revue Biennoise donnant les rendus-compte des événements
Revue Biennoise et Jurassienne
v. Revue Biennoise.

Revue bi-hebdomadaire

⑤ 1888—1889 (?) ⑦ 2× par semaine ⑧ Lausanne ⑬ BGSZ: 12, p. 93.

Revue über das kaufmännische Bildungswesen aller Länder = Revue internationale pour le développement de l'Education Commerciale = International Review for the development of Commercial Education. (Hrg. im Auftrage der Internationalen Gesellschaft zur Förderung des kaufmännischen Unterrichtswesens unter besonderer Mitwirkung der Herren ... Theophil Bernet-Hanhart ⟨Zürich⟩ ...; Dr. Paul Ruetsche ⟨Zürich⟩ ... von Regierungsrat Dr. [Richard] Stegemann, Braunschweig. — Jahrg. 1. 1903. No. 1.) IV + 60 S. 8. Leipzig, B. G. Teubner. (Erscheint halbjährlich [à M. 1. 40].)

— üb. das kaufmännische Bildungswesen aller Länder. Hrsg. im Auftrage der internationalen Gesellschaft zur Förderg. des kaufmänn. Unterrichtswesens unter besond. Mitwirkg. der Herren Eug. Rombaut, Paul Wauters, M. E. Waxweiler u. a. v. Stegemann. (In deutscher, französ. u. engl. Sprache.) Nr. 1—3. (60, 55 u. 46 S.) gr. 8. Leipzig 903—905. B. G. Teubner. à n. 1. 40

— **de Bruxelles.** Nouvelle Série. Tome I et II. (1842.) gr. in-8. Bruxelles. (Mayence, Kirchheim, Schott et Thielmann.) n. 7 ℳ

— **catholique.** Nouvelle série. Tome 1. 1869. 12 livr. (à ca. 120 S.) Louvain 869. Freiburg im Br., Herder in Comm. gr. 8. n.n. 4 ℳ 8 ngr

— **catholique** d'Alsace. Red.: N. Delsor. Nouvelle série. 29. année. 1910. 12 nrs. (768 S.) gr. 8. Strassburg, F. X. Le Roux & Co. 6. —
Kann nur noch in unvollständigen Exempln. geliefert werden.

Revue, Chemische, s. Revue, Chemische, über die Fett- und Harz-Industrie.

— chemische, üb. die Fett- u. Harz-Industrie. Organ f. die Fett-, Harz-, Seifen- u. Mineralöl-Industrie, f. die Fabrication der Lacke u. äther. Oele. Chef-Red.: Isidor Klimont. Red.: A. W. Müller. 1. Jahrg. Septbr.—Dezbr. 1894. 7 Nrn. (Bog.) gr. 4. Wien, Chemisch-technolog. Verlagsanstalt. n. 2. —

— **chemische,** üb. d. Fett- u. Harz-Industrie. Organ f. d. Fett-, Harz-, Seifen- u. Mineralöl-Industrie, f. d. Fabrikation d. Lacke u. äther. Oele. Chef-Red.: J. Klimont. Red: A. W. Müller. 2. Jahrg. 1895. 24 Nrn. (Bog.) gr. 4. Wien. Leipzig, E. Baldamus. n. 12. —

— dasselbe. 3. u. 4. Jahrg. 1896—1897. à 24 Hfte. (à ca. 12 S.) gr. 4. Leipzig, E. Baldamus. à Jahrg. n. 12. —

Revue, chemische. Wissenschaftl. Centralorgan f. d. Industrieen der Fette, Oele u. Mineralöle, d. Seifen-, Wachs-, Kerzen- u. Lackfabrikation, sowie der äther. Oele u. Harze. Begründet v. J. Klimont. Hrsg. u. red. v. Rob. Henriques. 5. Jahrg. 1898. 12 Hfte. (à ca. 20 S. m. Fig.) 4. Leipzig, E. Baldamus. n. 12. —; einz. Hfte. n. 1. 50
Kann auch halbjährlich bezogen werden.

— **chemische,** üb. die Fett- u. Harz-Industrie. Wissenschaftliches Centralorgan f. die Industrieen der Fette, Oele u. Mineralöle, der Seifen-, Wachs-, Kerzen- u. Lackfabrikation, sowie der äther. Oele u. Harze. Begründet v. J. Klimont. Hrsg. u. red. v. Rob. Henriques. 6. Jahrg. 1899. 12 Hfte. 4. (VIII, 232 S. m. Fig.) Leipzig [E. Baldamus]. Berlin [N., Oranienburgerstr. 28]. Dr. Maschke, Wallenstein & Co. n. 12. —

— dasselbe. 7. Jahrg. 1900. 6 Hfte. 4. (VII, 125 S. m. Fig.) Ebd. n. 6. —

— dasselbe. Fortgeführt v. Rob. Henriques. Hrsg. u. red. v. L. Allen. 8. u. 9. Jahrg. 1901 u. 1902. à 12 Hfte. 4. (XV, 266 u. XI, 297 S. m. Fig.) Berlin, Dr. Maschke, Wallenstein & Co. à Jahrg. n. 12. —

— chemische, über die Fett- u. Harz-Industrie. Technisch-wissenschaftl. Zentralorgan f. die Industrieen der Fette, Oele u. Mineralöle, der Seifen-, Wachs-, Kerzen- u. Lackfabrikation, sowie der Harze. Red.: L. Allen. 10.—13. Jahrg. 1903—1906. à 12 Hefte. (IV, 295; IV, 292; IV, 312 u. IV, 320 S.) 4. Hamburg, Dr. Maschke, Wallenstein & Co. à Jhrg. n. 12. —

— **chemische,** üb. die Fett- u. Harz-Industrie. Technisch-wissenschaftl. Zentralorgan f. die Industrien der Fette, Oele u. Mineralöle, der Seifen-, Wachs-, Kerzen- u. Lackfabrikation, sowie der Harze. Red. v. L. Allen. 14.—17. Jahrg. 1907—1910. à 12 Hefte. (XIII, 321; XIII, 322; XIV, 320 u. XII, 309 S. m. Abb.) Lex. 8. Hamburg, Dr. L. Allen. à Jahrg. 12. —

Revue commerciale et financière Suisse
v. Schweizerische Handels-Zeitung - Revue commerciale et financière Suisse.

Revue de la conduite du Prince de Galles. gr. 8. Amsterd. Kunst et Ind. Comt. 807.

— de la construction moderne en béton et béton-armé, s.: Monatsschrift f. Hoch- u. Tiefbau in Beton u. Eisenbeton.

Revue critique des livres nouveaux, redig. p. J. Cherbuliez. 1e — 8e année du bulletin littéraire et scientifique. 8. Genève 840. (Tübingen, Fues.) à n. 2½ ℳ

— des demoiselles bi-mensuelle instructive et amusante. Dir: Fr. Lotsch et E. de Sauzé. 2. année. Oktbr. 1903—März 1904. 12 Nrn. (144 S.) gr. 8. Leipzig, Renger. n. 3. —
Vergl. s. Journal des demoiselles. — Erscheint nicht mehr.

Revue, Deutsche, s.a. Revue, Deutsche, über das gesammte nationale Leben der Gegenwart.

Die Deutsche Revue von Karl Gutzkow und Ludolf Wienbarg (1835). Hrsg. von J. Dresch, Prof., Poitiers. *Berlin: B. Behr 1904.* (XLIII, 39 S.) 8° = Literaturdenkmale, Deutsche, d. 18. u. 19. Jahrh. No 132.

—— deutsche, über das gesammte nationale Leben der Gegenwart. Unter ständ. Mitwirkung von Birnbaum, Bluntschli, H. Breßlau rc. hrsg. von Rich. Fleischer. 1. Jahrg. 1877. 6 Hefte. (à 3—4 Bog.) Lex.-8. Berlin, Habel. * 4 50
—— dass. — 2. Jahrg. Octbr. 1877—März 1878. 6 Hefte. (à 8 Bog.) Lex.-8. Ebendas. * 12 —
—— dass. — 2. Jahrg. April—Septbr. 1878. 6 Hefte. (à 8 Bog.) Lex.-8. Berlin, Janke. * 12 —
—— dass. — 3. und 4. Jahrg. Octbr. 1878—Septbr. 1880. gr. 8. (à Heft ca. 8—9 Bog.) Ebendas. à Jahrg. * 24 —
—— deutsche, über das gesammte nationale Leben der Gegenwart. Hrsg. von Rich. Fleischer. 5. Jahrg. Octbr.—Decbr. 1880. 3 Hefte. gr. 8. (à Heft 150 S.) Berlin, Janke. * 6 —
—— dass. — 6. und 7. Jahrg. 1881 und 1882. à Jahrg. 12 Hefte. gr. 8. (à Heft 150 S.) Ebendas. à Jahrg. * 24 —
—— dass. — 8. und 9. Jahrg. 1883 und 1884. à Jahrg. 12 Hefte. gr. 8. (à Heft ca. 150 S.) Breslau, Trewendt. à Jahrg. * 24 —

—— deutsche, über das gesamte nationale Leben der Gegenwart. Hrsg. von Rich. Fleischer. 10.—12. Jahrg. 1885—1887. à Jahrg. 12 Hefte in gr. 8. und 4 Kunsthefte in Fol. (à Heft 128 S.) Breslau, Trewendt. à Jahrg. *
Die Kunsthefte allein à *

—— dass. — 13. Jahrg. 1888. 12 Hefte in gr. 8. und 2 Kunsthefte in Fol. (à Heft 128 S.) Ebendas. *
Kunstblätter allein à *
Die Kunsthefte enthalten als Text je 1 Nr. der Kunst-Revue. Beiblatt zur „Deutschen Revue über das nationale Leben der Gegenwart". — Von der Kunst-Revue erschienen 15 Nrn. gr. 8. (412 S.) 885—88.

— dasselbe. 13. 14. Jahrg. 1888. 1889. à 12 Hfte. u. 2 Kunsthefte in Fol. gr. 8. (à Hft. ca. 128 S.) Ebd. à Jahrg. 24.—; Kunsthefte ap. à n. 8.—

— dasselbe. 15. Jahrg. 1890. 12 Hfte. u. 2 Kunsthefte in Fol. gr. 8. (1. Hft. 128 S.) Ebd. n. 24.—; einzelne Hfte. à n. 2.—; Kunsthefte ap. à n. 4.—

Revue, deutsche, üb. das gesamte nationale Leben der Gegenwart. Hrsg. v. Rich. Fleischer. 16.—18. Jahrg. 1891—1893. à 12 Hfte. (à ca. 140 S.) gr. 8. Breslau, E. Trewendt. à Jahrg. n. 24.—; einzelne Hfte. à n. 2.—

Der 17. Jahrg. enthält keine Kunsthefte.

— dasselbe. 19. Jahrg. 1894. 1. Quartal. 3 Hfte. (à ca. 140 S.) gr. 8. Ebd. n. 6.—; einzelne Hfte. à n. 2.—

— dasselbe. Hrsg. v. Rich. Fleischer. Red.: A. Löwenthal. 19. Jahrg. 1894. 2.—4. Quartal. 9 Hfte. (à ca. 140 S.) gr. 8. Stuttgart, Deutsche Verlags-Anstalt. n. 18.—

— dasselbe. Inhaltsverzeichnis vom VII. Jahrg. (1882) bis XIX. Jahrg. (1894 März). gr. 8. (24 S.) Breslau 894. E. Trewendt. Unentgeltlich.

— deutsche. Hrsg. v. Rich. Fleischer. Red.: A. Löwenthal. 20.—24. Jahrg. 1895—1899. à 12 Hfte. (à ca. 8 Bog.) gr. 8. Stuttgart, Deutsche Verlags-Anstalt. à Jahrg. n. 24.—
Kann auch vierteljährlich bezogen werden.

— deutsche. Eine Monatsschrift. Hrsg. v. Rich. Fleischer. Red.: A. Löwenthal. 26.—27. Jahrg. 1900—1902. à 12 Hfte. gr. 8. Stuttgart, Deutsche Verlags-Anstalt. à Jahrg. (4 Bde.) n. 24.—; geb. n. 32.—
1900. (IV, 396; IV, 394; IV, 348 u. IV, 380 S.) — 1901. (IV, 380; IV, 380; IV, 380 u. IV, 350 S.) — 1902. (IV, 380; IV, 380; IV, 350 u. IV, 380 S.)

— deutsche. Eine Monatschrift. Hrsg. v. Rich. Fleischer. Red.: A. Löwenthal. 28.—31. Jahrg. 1902—1906. à 12 Hefte. (à Bd. ca. IV, 380 S.) Lex.-8. Stuttgart, Deutsche Verlags-Anstalt. à Jhrg. n. 24.—

Revue, deutsche. Eine Monatschrift. Hrsg. v. Rich. Fleischer. Red.: A. Loewenthal. 32.—35. Jahrg. 1907—1910. à 12 Hefte. (à Bd. ca. IV, 380 S.) Lex. 8. Stuttgart, Deutsche Verlags-Anstalt. à Jahrg. 24.—

— deutsch-österreichische. Monatsschrift für die gesammten polit. u. scientif. Strebungen der Gegenwart. Organ der deutschen Partei in Oesterreich. Redact.: J. Gudra. Jahrg. 1867 oder 1. u. 2. Bd. à 6 Hefte (à ca. 5—6 Bgn.). Wien, Hilberg. (Krakau, Herzog.) gr. 8. Jedes Heft 15 ngr.

Revue: La Revue du Dimanche
⑮ BGSZ 12, p. 57 pour 1882/83: c'était une revue religieuse de Genève.

Revue, diplomatische. St. Gotthard-Zeitung u. ital.-oriental. Anzeiger. I. Jahrgang, No 1. Vierteljährlich 6 Nummern. Mailand, R. Schramm. 1880. Pro Quartal 4 —

— de la droguerie, s.: Rundschau, drogistische.

Revue de droit, international et de législation comparée publ. par T. M. C. Asser, G. Rolin-Jaequemyns [u.a., zuletzt:] par Éd. Rolin. T. 1—43 (T. 31 ff. = 2. Série, T. 1. ff.). Londres, (T. 9 ff.:) La Haye. Berlin, Paris, (T. 13 ff.:) Bruxelles et Leipzig 1869—1911. 44 Bde
Tables générales [zu T. 1—25] par Éd. Rolin. Bruxelles 1895.

— de droit international et de législation comparée, publiée par T. M. C. Asser, G. Rolin-Jacquemyns et J. Westlake avec la collaboration de plusieurs jurisconsultes et hommes d'état. 1. et 2. année. 1869 et 1870. à 4 livr. (à ca. 160 S.) Berlin, Putkammer & Mühlbrecht. gr. 8. Jeder Jahrg. n. 3 ₰ 20 ngr.

— de droit international et de législation comparée, publiée par T. M. C. Asser, G. Rollin-Jaequemyns et J. Westlake avec la collaboration de plusieurs jurisconsultes et hommes d'état. 3—7. année. 1871—1875 à 4 livrs. gr. 8. (à Lfg. 180 S.) Berlin, Puttkammer & Mühlbrecht. à Jahrg. n. 11. —

— de l'électricité, s.: Blätter, elektrotechnische.

— dasselbe, s.: Blätter, schweizer., f. Elektrotechnik.

Revue de l'électricité avec chronique industrielle et financière. Journal mensuel. 4e année 1895. Gr. in-4°. No 1. 8 p. Berne, Administration. Un an 4 —; Union postale 5 —

Revue de l'Electricité avec Chronique industrielle et financière. Journal mensuel. 5e année. 1896. In-4°. Administration, Berne. Par an 4 —; Union postale 5 —

Revue de l'électricité avec Chronique industrielle et financière. Journal mensuel. 6e année. 1897. In-4°. Berne, Administration. Par an 4 — Union postale 5 —

Revue de l'Electricité et de l'Eclairage en général. 24 livraisons par an. In-4°. Bern, Office polytechnique d'Edition et de Publicité. 1900. Par an 6 —

— entomologique, publiée par Gust. Silbermann. (1re Année. 2 Tomes ou 12 Livrs. Avec Planches.) gr. in-8. Strasbourg, (Schmidt et Grucker) et au Bureau de la Revue entomologique. n. 15 ₰

Revue: La Revue des Familles (Fr)
① Premier sous-titre: Journal hebdomadaire illustré (1910—1912) ④ Mon Dimanche (ne figure pas dans cette bibliographie) ⑤ 17. 12. 1910—29. 12. 1923 ⑥ in-4° ⑦ hebdomadaire (1910—1919); bi-mensuel (1920—1923) ⑧ Estavayer: H. Butty & Cie. ⑩ l'imprimeur ⑪ P. Bondallaz (1910—31. 1. 1920), l'imprimeur (14. 2. 1920—1923); collaborateur: Jos. Bovet, Gaston Castella, Hélène de Diesbach, Léon Genoud, Oscar Leimgruber, Georges de Montenach, G. de Reynold ⑫ catholique-conservateur ⑭ Be: L.

Revue, finanzielle, u. Assecuranz-Revue. Gegründet u. hrsg. v. Wischniowsky. Red.: Bazzanella. 10. Jahrg. 1902. 24 Nrn. fol. Wien. Leipzig, Reichenbach. halbjährl. 10. —

— finanzielle, u. Assecuranz-Revue. Gegründet u. hrsg. v. G. J. Wischniowsky. Red.: Jos. Bazzanella. 10. Jahrg. 1902. 24 Nrn. Fol. (à ca. 12 S.) Wien (VIII, Piaristeng. 36), Administration. n. 20. —

— finanzielle, u. Assecuranz-Revue. 1893 gegründet u. hrsg. v. G. J. Wischniowsky. 11.—13. Jahrg. 1903 bis 1906. à 24 Nrn. (à ca. 12 S.) Fol. Wien (VIII, Piaristengasse 36), Administration. à Jhrg. 20. —

Revue, finanzielle, u. Assecuranz-Revue. Gegründet v. Wischniowsky. 14. Jahrg. 1906. 24 Nos. Berlin, Puttkammer & Mühlbrecht. 20. —

Revue, finanzielle, u. Assecuranz-Revue. 1893 gegründet u. hrsg. v. G. J. Wischniowsky. 15. Jahrg. 1907. 24 Nrn. (Nr. 1 u. 2. 20 S.) Berlin, Puttkammer & Mühlbrecht. 20. —

— finanzielle, u. Assecuranz-Revue. 1893 gegründet u. hrsg. v. Gust. J. Wischniowsky. Jahrg. 1907—1910. à 24 Nrn. (220, 214, 214 u. 230 S.) 34,5×25,5 cm. Wien (VIII/1. Piaristengasse 36). Finanzielle u. Assecuranz-Revue. à Jahrg. 20. —

—— der Fortschritte der Naturwissenschaften. Hrsg. unter Mitwirkung hervorragender Fachgelehrten von der Redact. der „Gaea" Herm. J. Klein. [9.—12. Bd.] Neue Folge. 1.—4. Bd.: Physik, Meteorologie, Astronomie, Chemie, Urgeschichte, Botanik, Geologie. à Bd. 6 Hefte. 8. (817; 866; 883; 908 S.) Köln 880—84, Mayer. à Bd. * 9 —
Früher u. d. T.: Vierteljahrs-Revue.

—— der Fortschritte der Naturwissenschaften. Hrsg. unter Mitwirkung hervorragender Fachgelehrten von der Redact. der „Gaea" Herm. J. Klein. [13.—16. Bd.] Neue Folge. 5.—8. Bd. (à Bd. 6 Hefte.) 8. (à Heft 160—200 S.) Leipzig 885—88, Mayer. à Bd. * ℳ 9.—. * 36 —

—— der Fortschritte der Naturwissenschaften. Hrsg. von Herm. J. Klein. [17. Bd.] Neue Folge. 9. Bd. 6 Hefte. 8. (à Heft ca. 175 S.) Lpz. 889, Mayer. * 9 —
Fortsetzg. s. u. d. T.: Jahrbuch der Astronomie u. Geophysik.

— der Fortschritte der Naturwissenschaften in theoret. u. prakt. Beziehung. Unter Mitwirkg. v. Fachmännern hrsg. v. Herm. J. Klein. 1. Bd. 1873. 8. (521 S.) Leipzig 873. E. H. Mayer. n. 6. —

Revue française. Choix mensuel de littérat. recemment publiée en France. 1. et 2. Année 1840 et 41. à 12 Livrs. gr. in-8. Stuttgart, Erhard. [840. 3 Thlr., 41. 2 Thlr.]

Revue franco-allemande. Deutsch-französische Rundschau. Vol. 1–6. München: C. Fritsch (2: C. Haushalter; 3. 4: Revue franco-allemande; 5. 6: Berlin, Goslar, Leipzig: F. A. Lattmann) 1899(–1901). 1 Bd 4°, 5 Bde 8°
1. 2. Jg. 1. 1899. 3. 4. Année 2. 1900. 5. 6. Jg. 3. (1901.) [illegible]

— franco-allemande. Deutsch-französ. Rundschau. Hrsg.: M. Henry u. J.-G. Prod'-homme. Red. der deutschen Abtlg.: Leo Greiner. 1. u. 2. Jahrg. 1899 u. 1900. à 24 Nrn. gr. 4. (à ca. 32 S.) München [Verlag der deutsch-französ. Rundschau]. Goslar, F. A. Lattmann. à Jahrg. 10. —

— dasselbe. Hrsg.: M. Henry. Red. der deutschen Abtlg.: Edg. Alfr. Regener. Réd. de la partie française: Alb. Lantoine. 3. Jahrg. 1901. 12 Nrn. gr. 8. (à ca. 4 Bog.) Goslar, F. A. Lattmann. n. 10. —
Erscheint nicht mehr.

Revue Franco-Suisse (Fr—Vd)
① Organe mensuel de la Colonie Française en Suisse ⑤ 31. 5. 1902—novembre/décembre 1903 ⑥ in-4° ⑦ mensuel ⑧ Fribourg: Delaspre & Fils (31. 5. 1902—31. 12. 1902): Lausanne: H. Vallotton & Toso (31. 1. 1903—novembre/décembre 1903) ⑭ Be: L.

Revue de Fribourg
v. Revue de la Suisse Catholique.

Revue générale d'ophtalmologie. Recueil mensuel bibliographique, analytique, critique, dirigé par MM. le prof. Dor et le Dr. E. Meyer. 3e année 1884. No 1. In-8°. Bâle, Genève, Lyon, H. Georg. par an 22 50

Revue générale d'ophthalmologie. Recueil mensuel bibliographique, analytique, critique. Dir. par MM. *Doret* et *E. Meyer*. Tome V. 1886. Bâle, Genève et Lyon, H. Georg. Par année 22 50

Revue générale d'ophtalmologie. Recueil mensuel bibliographique, analytique, critique, dirigé par MM. le prof. *Dor* à Lyon et le Dr. *E. Meyer* à Paris. VIIIe année. 1889. 12 Nos in-8°. Bâle, Genève, Lyon, H. Georg. Par an 22 50

— géologique, s.: Centralblatt, geologisches.

—— géologique suisse, s. Favre, Ernest.

— der Gerichtspraxis, s. a. *Zeitschrift f. schweiz. Recht.*

—— der Gerichtspraxis im Gebiete des Bundescivilrechts. 1. und 2. Bd. [Beilage zur Zeitschrift für schweizer. Recht. Neue Folge. 2. und 3. Bd.] gr. 8. (IV, 105; 146 S.) Basel 883,84, Detloff's Verlag. 1. Bd. * ℳ 3.; 2. Bd. * 4 —

—— der Gerichtspraxis im Gebiete des Bundescivilrechts. 3. Bd. [Beilage zur Zeitschrift für schweizer. Recht. N. F. Bd. 4.] gr. 8. (247 S.) Basel 885, Detloff's Verlag. *

—— dass. — 4.—6. Bd. [Beilage zur Zeitschrift für schweizer. Recht. N. F. Bd. 5—7.] gr. 8. (222; 205; 176 S.) Ebendas. 886,88. à Bd. *

— der Gerichtspraxis im Gebiete des Bundescivilrechts. 5.—8. Bd. [Beilage zur Zeitschr. f. schweizer. Recht. Neue Folge. 6.—9. Bd.] gr. 8. (205, 176, 168, 175 S.) Basel 887—890. [Detloff.] Reich. à Bd. n. 6. —

— der Gerichtspraxis im Gebiete des Bundescivilrechts. Beilage zur Zeitschrift f. schweizer. Recht. IX.—XII. Bd. gr. 8. (169, 158, 168, 182 S.) Basel 891—894. R. Reich. à Bd. n. 6. —

— der Gerichtspraxis im Gebiete des Bundescivilrechts. Beilage zur Zeitschrift f. schweizer. Recht. XIII.—XVI. Bd. gr. 8. (176, 192, 176 u. 170 S.) Basel 895—898. R. Reich. à Bd. n. 6. -

— dasselbe. Gesamtregister zu d. 12 ersten Bdn. Ausgearb. v. H. Zehntner. gr. 8. (132 S.) Ebd. 896. n. 3. 20

— der Gerichtspraxis im Gebiete des Bundescivilrechts. — Revue de la jurisprudence en matière de droit civil fédéral. 17.—20. Bd. Beilage zur Zeitschrift f. schweiz. Recht. Neue Folge. 18.—21. Bd. gr. 8. (167, 179, 152 u. 175 S.) Basel 899—902. Helbing & Lichtenhahn. à n. 6. —

— der Gerichtspraxis im Gebiete des Bundescivilrechts. — Revue de la jurisprudence en matière de droit civil fédéral. 21.—23 Bd. Beilage zur Zeitschrift f. schweizer. Recht. Neue Folge 21.—24. Bd. (167, 159 u. 172 S.) gr. 8. Basel 903—905. Helbing & Lichtenhahn. à Bd. n. 6. —

— der Gerichtspraxis im Gebiete des Bundescivilrechts. — Revue de la jurisprudence en matière de droit civil fédéral. 24.—28. Bd. Beilage z. Zeitschrift f. schweizer. Recht. Neue Folge. 25.—29. Bd. (171, 164, 168, 162 u. 168 S.) gr. 8. Basel 906—10. Helbing & Lichtenhahn. à Bd. 6. —

Die große Revue bei Kalisch 1835. Kalisch 1835. 4°.

— hébraïque. Études littéraires, historiques et critique sur le judaïsme. Publiée sous la direction de Salomon Fuchs. (In hebr. Sprache.) 1. année. 12 livrs (à ca. 2 Bog.) gr. 8. Paris 891. (Lyck, E. Wiebe.) n. 8. —; zusammen m. Hamagid n. 15. —
Fortsetzung s.: Hachoker.

Revue Helvétique
v. Schweizerische Rundschau — Revue Helvétique — Rivista Elvetica.

— hippologische. Internationale Zeitschrift f. das gesamte Gebiet der Pferdekunde. Unter Mitwirkung hervorrag. Fachmänner hrsg. v. Graf C. G. Wrangel. 1. Jahrg. 1888. 12 Hfte. gr. 8. (1. Hft. 64 S. m. 1 Taf.) Stuttgart, Schickhardt & Ebner. n. 18. —

— dasselbe. 2. Jahrg. 1890. 24 Nrn. (2 B.) 4. Ebd. n. 6. —

— hippologische. Internationale Zeitschrift f. das gesamte Gebiet der Pferdekunde. Unter Mitwirkg. hervorrag. Fachmänner hrsg. v. Graf C. G. Wrangel. 3. Jahrg. 1891. 6 Nrn. (2 Bog.) 4. Stuttgart, Schickhardt & Ebner. 2. —
Erschien nicht weiter.

— d'histoire ecclésiastique suisse, s.: Zeitschrift f. schweizer. Kirchengeschichte.

Revue historique publiée par la Société fédérale de gymnastique à l'occasion du 75e anniversaire de sa fondation (*Umschlag: Souvenir du 75e ann' de la Soc' Féd' de gym'). 1832—1907. ([Rédigé par] J[ohann] Spühler, H[einrich] Ritter [et] A[rthur] Schæchtelin. [Traduit de l'allemand par] F[ritz] Wœlfli. [Avec des illustrations, 2 planches et des] Annexes.) IV + IV + 239 (+ *Annexes ens.* 79) p. 8. Zurich, Juchli & Beck, (1907). [fr. 3. —]

Revue, historisch-politische, der Ereignisse des J. 1848, siehe: Jetzt!

Revue illustrée de polytechnique médicale et de chirurgie orthopédique, publiée sous la direction des Docteurs *A. Leblond*, méd. de St-Lazare, rédacteur en chef des „Annales de gynaecologie", *R. Chenet*, ancien interne des hôpitaux de Paris, Dr. *Pasquier* d'Evreux. Organe international, destiné à la publication des indications concernant l'art médical, chirurgical et sanitaire. Edition française de „Illustrirte Monatsschrift der ärztlichen Polytechnik" et du „Centralblatt der orthopädischen Chirurgie", fondé en 1879 par le Dr. Beck de Berne. Paraît le 30 de chaque mois par fascicules d'au moins 36 pages, et forme à la fin de chaque année un volume de plus de 432 pages. In-8°. Berne, Schmid, Francke & Cie. 1888. 12 —

— illustrirte internationale, der Wiener Weltausstellung 1873. In deutscher, französ. u. engl. Sprache. 1. Lfg. Fol. (8 S. m. eingedr. Holzschn.) Wien 873. Brüder Winter. n. — 80

— de l'imprimerie. Publication mensuelle de l'imprimerie et des industries connexes. Red.: Gust. Ficker. Tome I. 1901. 12 nrs. Lex.-8. (à ca. 16 S. m. Beilagen.) Leipzig, J. Maeser. n. 9. 60

— dasselbe. Tome II. 1902. 12 nrs. Lex.-8. (à ca. 8 S. m. Beilagen.) 9. 60

— industrielle. Red.: E. Nowák. 1. Jahrg. 1885. 24 Nrn. (1½ B. m. Illustr.) gr. 4. Leipzig 885. Verl. d. Maschinenbauer. n. 7. 20; pro Nr. n. — 30

Revue, internationale. Monatsschrift für das gesammte geistige Leben u. Streben der außerdeutschen Culturwelt. Heft 1—14. oder 1. u. 2. Bd. u. 3—5. Bd. à 12 Hefte (à 10 Bgn. mit eingedr. Holzschn.). Wien 866—68. Hilberg. (Krakau, Herzog.) [1. u. 2. Bd. à Heft 1 ngr; 3—5. Bd. à Heft 15 ngr.] 30 ngr

Revue, Internationale. Zeitschrift für Kunst, Kunstgewerbe und Technik. Jg. 1–(3). Berlin: Expedition (sp. H. Steinmetz) 1899–1903. 4° Hrsg. v. D. Joseph.

Revue Internationale, Grand Journal de luxe illustré = Internationale Illustrirte Zeitung = Illustrated International Review. Un numéro chaque mois.... Avec texte en français, allemand et anglais.... Directeur ... Jules Laurencic. 1904, No 1. IV + 16 p. fol. Siège social: Centrale: Paris...; London...; Leipzig...; Milano...; Wien; Verlag für die Schweiz: Cæsar Schmidt, Zurich. (Impr.:... Paris.) fr. 1. — (abt. 15. —)

Revue Internationale, Grand Journal de Luxe illustré = Internationale illustrierte Zeitung = Illustrated International Review. (Français-anglais-allemand....) Directeur ... Jules Laurencic. Juli 1904, No 7 & 8. (Numéro spécial de la Suisse = Schweizer Spezial-Nummer = Special Swiss Number.) IV + 32 p. fol. Siège Social: Centrale: Paris...; *etc.*; Verlag für Deutschland: Otto Maier, Leipzig.... M. 2. —
(... Inhalt ...: Un voyage en Suisse = Kreuz und Quer durch die Schweiz = A trip through Switzerland. [Von] L[udwig] Schmidt.)

— internationale. Internationale illustr. Zeitung. Deutsch, französisch, englisch. Hrsg. Jules Laurencic. Red. f. Oesterreich: Osc. Lechner. Jahrg. 1904. 12 Nrn. (à ca. 18 S.) Fol. Paris, Verlag der internationalen Revue. n. 12. —
Erscheint nicht mehr.

Revue internationale d'apiculture. 16e année 1894. (12 Nos.) Dir. par *E. Bertrand*, No 1. Gr. in-8°. Nyon, Ed. Bertrand. Par an 4 10

Revue internationale d'apiculture. Dir. par *Ed. Bertrand*. 19e année. 1897. 12 Nos. Gr. in-8°. Nyon, Ed. Bertrand. Par an 4 10

Internationale Revue über die gesamten Armeen u. Flotten. Hrsg. v. F. v. Witzleben-Wendelstein. Jhrg. 1—30. (Seit April 1899 mit monatl. erschein. „Supplément", seit Januar 1900 mit monatl. erschein. Beiheften.) Berlin u. a. O. 1882–1896, Dresden 1896–1912.

— — Revue. Beihefte 1—146. Dresden 1900—1913.

1900. 1. Die Herbstmanoever des 1. Schweizer Armeekorps 1899. Mit 1 Krt.
Manoever und Schießübungen der Schweizer Gebirgsartillerie 1899. Mit Abb.
Die Herbstmanoever der belg. 4. Inf.-Div. im Lager von Beverloo 1899.
Erwaegungen und Urteile über die deutschen Kaisermanöver 1899.
2. Die heutigen Hilfsmittel der Kriegführung für den Befehls-, Erkundungs- und Nachrichtendienst.
3. Die Sommer- und Herbstübungen des italienischen Heeres i. J. 1899. Mit Krt.
Etwas über die großen Manöver der k. k. österr.-ungar. Armee 1899.
4. Das Jahr 1899 in seiner milit. Bedeutung für Rußland.
Die russische Flotte.
Japans Heer und Flotte.
5. Die Entwicklung der amerikanischen Armee.
6. Die reitenden Maschinengewehr-Kompagnien in der Schweiz. Mit Abb.
Schießversuche mit Maschinengewehren bei Vaxholm und Oskar-Fredriksborg in Schweden.
7. Das Heerwesen Griechenlands i. J. 1899.
8. Die Flottenstaerke der Hauptseemächte i. J. 1900 mit folgenden tabell. Zusammenstellungen:
Zusammenstellung der am 1. Jan. 1900 auf Stapel befindlichen, bzw. bewilligten Kriegsschiffe.
— — der i. J. 1899 vom Stapel gelaufenen Kriegsschiffe, einschl. der Torpedoboote unter 100 t.
— — derjenigen Kriegsschiffe, die i. J. 1899 ihre Abnahme-Probefahrten begonnen haben.
Vergleichende Übersicht über die Geschwader der Hauptseemächte in den verschiedenen Meeren.
9. Die deutsche Felddienst-Ordnung 1900.
10. Deutschland. — Das Gefecht der Infanterie u. die in der Litteratur darüber aufgeworfenen Streitfragen.
Rußland. — Die Anweisung für die Truppen im Gefecht.
11. Ein Feldgeschütz mit hydraulisch gebremstem Rohrrücklauf. Mit 1 Anl.
12. Der Kampf um befestigte Feldstellungen.
13. Die diesjaehrigen englischen Flottenmanöver.
14. Taktische Betrachtungen über den Krieg in Südafrika.
15. Die deutschen Kaisermanöver 1900. Mit 1 Krt. u. 1 Skz.

1901. 16. Die Sommeruebungen der russ. Truppen i. J. 1900. Mit Skz. u. 1 Krt.

Die franzoesischen Armeemanöver 1900. Mit 1 Übskrt.

17. Die russische Offizierreitschule.

18. Junk. Organisation, Führung u. Verwendung der Kavallerie bei den deutschen Kaisermanövern der Jahre 1899 und 1900.

Die belgischen Herbstmanöver 1900. Mit 1 Krt.

19. Die englische Feldgeschützfrage. (I.)

20. Charakteristische Merkmale der Kriegführung Friedrichs d. Gr., Napoleons und Moltkes.

21. Die englische Feldgeschützfrage. (II.)

22. Der Entwurf des Exerzierreglements für die französische Infanterie.

Die franzoesischen Flottenmanöver i. J. 1901.

23. Die großen russ. Kaisermanöver in dem Rayon Wyborg-Petersburg-Rewal. Mit Skz.

24. Norwegen. Bericht der Schnellfeuer-Feldgeschütz-Kommission 1901.

25. Die Kaisermanoever in Ungarn i. J. 1901. Mit 1 Krt.

1902. 26. Das internationale Rote Kreuz und seine Tätigkeit im südafrikanischen Kriege und in China.

27. Der Massentransport von Truppen u. Militärgütern zwischen Irkutsk u. Strietensk im Sommer u. Herbst des Jahres 1900.

28. Die Sahara-Spahis.

Das mongolische Pferd.

Der Pferdeersatz im Kriege und der Pferdebedarf bei den großen europäischen Armeen.

Gehorsamkeitsuebungen in der engl., italien. und französ. Kavallerie.

Die Pferde der Orenborg- und Ural-Kasaken.

29. Das deutsche Kriegervereinswesen in seiner gegenwärtigen Gestalt.

Die Schutztruppen der deutschen Kolonien.

30. Das Heerwesen Großbritanniens mit seinen Reformen.

31. Die heutige französische Armee.

32. Die italienische Armee.

Die italienischen Alpini und die französ. Chasseurs alpins.

33. Studien zur neueren Infanterietaktik.

34. Die kombinierten Manöver in der Adria.

35. Die großen Manöver bei Kursk im Beisein des Kaisers Nikolaus II. vom 11.—16. Sept. 1902.

1903. 36. Der Feldzug in Virginien 1864/65, ein Beispiel modernen Positionskrieges.

37. Neue Strömungen in der französ. Taktik.

Die Manoever der 35. französ. Infanterie-Division im Herbst 1902.

38. Die Kaisermanoever in West-Ungarn im Herbst 1902.

39. Das Schweizer Heerwesen.

40. Die militaerische Lage in der Türkei.

41. Zur Charakteristik der europäischen Heere.

42. Schweiz. — Bericht über die Studien u. Versuche der Schweizer Kommission für Neubewaffnung d. Artillerie.

43. Die neuen Dienstvorschriften der französ. Armee u. ihre Bedeutung für Taktik u. Heerwesen.

44. Schulz, C. Die Grenzbarriere der Alpen in italien. u. französ. Beleuchtung.

45. Die rueckwärtigen Verbindungen der internationalen Truppen während der Chinawirren i. J. 1900—1901.

Der gelbe Bosporus.

46. Die Koenigsmanoever in Italien i. J. 1903.

1904. 47. Die Raids der Kavallerie.

48. Die Wehrmacht Japans u. Rußlands zur See.

Die chinesische Flotte.

Die Beschießungen der „Belleisle".

49. Erlaeuternde Denkschrift des holländischen Kriegsministers vom 17. XII. 03 zum Gesetzentwurf betr. Neubewaffnung und Vermehrung der holländischen Feldartillerie.

Schlußbericht der Kommission der ersten Kammer mit der Antwort des Kriegsministers auf das Gesuch der Rhein. Metallwaren- u. Maschinen-Fabrik.

50. Die großen französ. Manöver i. J. 1903.

51. Das japanische Heer.

52. Die Neubewaffnung der Feldartillerie der Verein. Staaten von Nordamerika mit dem Geschützmodell des „Ordnance Department" M. 1902. <Mit Taf.>

53. Die japanischen Kaisermanöver im November 1903. <Mit 1 Krt.>

Der Seemannsberuf in der japan. Kriegsmarine.

54. Die Ausgestaltung u. der gegenwärtige Bestand der russ. Landstreitkräfte in der Mandschurei.

55. Berittene Infanterie in Frankreich.

Schießuebungen der französ. Artillerie im Gelände.

56. Die Kuestenverteidigung an der Ostsee.

57. Versuche mit selbsttätigen Pistolen.

1905. 58. Die Kaisermanoever bei der deutschen Flotte u. Armee 1904. Mit 1 Krt.

59. Winterfeldzuege. Versuche und Erfahrungen im Truppendienst.

60. Die englische Kriegsflotte i. J. 1904/05.

61. Ueber die Entwicklung der französ. Marine-Artillerie in den Jahren 1893—1904.

Unfaelle mit Geschützen, Maschinengewehren u. Handfeuerwaffen oder ihrer Munition in den Jahren 1903 u. 1904.

62. Das chinesische Heerwesen.

63. Die militaerische Lage in Mittelasien.

64. Die Neuorganisation der spanischen Armee.

65. Die militaerische Bedeutung der Telegraphie.

66. Die Reformen im griechischen Heerwesen.

67. Gebirgstruppen. Mit Abb.

68. Das bulgarische Heerwesen.

1906. 69. Die deutschen Kaisermanöver 1905. Mit 1 Krt.

70. Einiges über die Artillerie im russ.-japan. Kriege. Mit Abb.

71. Der Pferdebestand auf der Erde u. deren Beschaffung für den Militärdienst.

72. Die kuenftigen Festungswerke von Antwerpen. Mit 1 Krt.

Die Grenzbefestigungen zwischen Italien u. Österreich.

Das Befestigungssystem der französ. Ostgrenze.

73. Erfahrungen des russ.-japan. Krieges.

74. Die reiterliche Ausbildung der deutschen, österr.-ungar., italien., französ. u. russ. Kavallerie-Offiziere.

75. Die tuerkische Armee.

76. Der Oberbefehl in Frankreich im Frieden u. im Kriege zu Lande u. zu Wasser.

77. Die neuen Felddienst- u. Gefechtsvorschriften der englischen Armee.

78. Das Heerwesen Portugals.

79. Der Stand der Bewaffnung mit Maschinengewehren bei den Armeen.

80. Das Militaer-, Erziehungs- u. Bildungswesen in den Vereinigten Staaten von Nordamerika.

81. Nunes, J. M. Portugal. — Feldgeschützfrage. (Deutsche Übersetzung.)

1907. 82. Die deutschen Kaisermanöver 1906. Mit 1 Krt.

83. Das schwedische Heerwesen.

84. Die russische Armee in ihrer gegenwärtigen Reformperiode.

85. Die Ruestungen Japans.

86. Die Kavallerieverwendung im russ.-japan. Krieg.

87. Militaerische Jugenderziehung.

88. Der heutige Stand der Militärluftschiffahrt.

89. Kriegserfahrung und Reglement.

90. Das Verpflegswesen in der französischen Armee.

91. Der Festungskrieg. Kriegsgeschichtl. Erfahrungen u. Friedensübungen.

92. Das belgische Heerwesen.

1908. 93. Die deutschen Kaisermanöver von 1907. Mit 1 Krt.

94. Die militaerischen Machtmittel der Vereinigten Staaten von Nordamerika.

95. Die Flotten der Welt zu Beginn des Jahres 1908.

96. Der gegenwaertige Stand der Unterwasserbootsfrage.

97. Das Militaer-Eisenbahnwesen bei den Großmächten.

98. Die Befestigung in den Balkanstaaten.

99. Die militaerische Lage in Indien.

100. Die Befestigungen Westrußlands u. des österr.-ungar. Grenzgebietes.

101. Die Landesverteidigung Dänemarks.

102. Kombinierte Manöver der Flotte und des Heeres in Italien 1908.

Das Fazit der Kaisermanöver in Ungarn 1908.

Die Armeemanoever u. die Übungen der Kavallerie-Divisionen in Frankreich 1908.

Die Ergebnisse der diesjährigen Manöverperiode beim russischen Heere.

1909. 103. Rueckblicke auf die Kaisermanöver in den Reichslanden 1908.

104. Militaerische Rückblicke auf das Jahr 1908.

105. Die Landesverteidigung Australiens.

106. Der gegenwaertige Stand der Militärreformen in China.

107. Die japanische Armee im Frieden und auf Kriegsfuß.

108. Die Mobilisierungsverhaeltnisse in Italien.

109. Die Organisation des Trains beim deutschen, österr.-ungar., italien., russ. u. französ. Heere.

110. Unfaelle mit Geschützen, Maschinengewehren u. Handfeuerwaffen oder ihrer Munition in den Jahren 1907 u. 1908.

111. Neue englische Vorschrift für den Dienst im Felde.

112. Die Befestigungen an der österr.-ungar. Küste.

Die italienischen Küstenbefestigungen.

113. Betrachtungen zu den deutschen Kaisermanövern 1909.

1910. 114. Japanische Kriegserfahrungen u. Instruktionen.

115. Militaerische Rückblicke auf das Jahr 1909.

116. Die Verwendung des Ski bei den verschiedenen Armeen.

117. Das Zusammenwirken der Waffen in der Schlacht.

118. Die moderne türkische Armee.

119. Paris, die größte Festung der Welt.

120. Heereskavallerie und Divisionskavallerie.

121. Das Heer der Vereinigten Staaten von Nordamerika.

122. Die Verpflegung der russischen Armee im Kriege gegen Japan.

123. Die Neugestaltung der russischen Armee nach dem Kriege gegen Japan.

124. Betrachtungen zu den deutschen Kaisermanövern von 1910.

1911. 125. Militaerischer Rückblick auf das Jahr 1910.

126. Die militaerischen Machtmittel der Staaten von Südamerika.

127. Die großen Heeresreformen in Italien.

128. Die Neuorganisation des norwegischen Heeres.

129. Das schwedische Heer.

130. Die Landesverteidigung Hollands.

131. Der Sanitaetsdienst im russ.-japan. Krieg.

132. Der Werdegang der japan. Kriegsmarine.

133. Die franzoesische Flotte.

134. Die diesjaehrigen Königsmanöver in Italien. Mit 1 Krt.

135. Betrachtungen zu den Kaisermanövern 1911.

1912. 136. Militaerische Rückblicke auf das Jahr 1911.
137. Die neue Schweizer Truppenordnung.
138. Die Bereitschaft der englischen Flotte.
139. Der Kampf um befestigte Feldstellungen.
140. Die Erneuerung der russischen Flotte.
141. Die englische Armee i. J. 1912.
142. Die Hilfsmittel des milit. Verkehrs-, Nachrichten- u. Befehlswesens.
143. Die Friedens- u. Kriegsorganisation der italienischen Heeres-Verwaltung.
144. Die diesjaehrigen Herbstmanöver in der Schweiz.
145. Die deutschen Kaisermanöver 1912. Mit 1 Krt.
1913. 146. Militaerische Rückblicke auf das Jahr 1912.

—— internationale, über die gesammten Armeen und Flotten. Hrsg. von Ferd. v. Witzleben-Wendelstein. 1. und 2. Jahrg. Oktbr. 1882—Septbr. 1884. à Jahrg. 12 Hefte. gr. 8. (à Heft ca. 100 S.) [Berlin, Janke.] Hannover, Helwing'sche Verlagsh. à Jahrg. * 24 —

—— dass. — 3. Jahrg. Octbr. 1884—Septbr. 1885. 12 Hefte. gr. 8. (à Heft ca. 110 S.) Hannover, Helwing'sche Verlagsh. * 24 —

Revue, internationale, über die gesammten Armeen und Flotten. Hrsg. von Ferd. v. Witzleben-Wendelstein. 4. Jahrg. Octbr. 1885—Septbr. 1886. 12 Hefte. gr. 8. (à Heft ca. 110—128 S.) Hannover, Helwing's Verlag. *

—— dass. — 5. Jahrg. 1. Quartal. Octbr.—Decbr. 1886. 3 Hefte. gr. 8. (à Heft ca. 110—128 S.) Ebendas. *

—— dass. — 5. Jahrg. 2.—4. Quartal. Jan.—Septbr. 1887. 9 Hefte. gr. 8. (à Heft ca. 110—128 S.) Cassel, Fischer. *

Revue, internationale, üb. die gesammten Armeen u. Flotten. Hrsg. von F. v. Witzleben-Wendelstein. 6. Jahrg. Octbr. 1887—Sept. 1888. 12 Hfte. gr. 8. (1. Hft. 112 S.) Cassel, Fischer. n. 24. —

— dasselbe. 7.—9. Jahrg. Octbr. 1888 — Septbr. 1891. à 12 Hfte. gr. 8. (à Hft. ca. 100 S.) Rathenow, Babenzien. à Jahrg. n. 24. —; einzelne Hfte. à n. 2. 50

— internationale, üb. die gesammten Armeen u. Flotten. Hrsg. u. red. von Ferd. v. Witzleben-Wendelstein. 10. u. 11. Jahrg. Oktbr. 1891—Septbr. 1893. à 12 Hfte. (6 Bog.) gr. 8. Rathenow, M. Babenzien. à Jahrg. n. 24. —; einzelne Hfte. à n. 2. 50

— dasselbe. 12. u. 13. Jahrg. Oktbr. 1893—Septbr. 1895. à 12 Hfte. (6 Bog.) gr. 8. Dresden, Friese & v. Puttkamer. à Jahrg. n. 24. —; einzelne Hfte. à n. 2. 50

— internat., üb. d. ges. Armeen u. Flotten. Begründ. von Ferd. v. Witzleben-Wendelstein. Chef-Red.: Edm. v. Witzleben. 14.—17. Jahrg. Oktbr. 1895 —Septbr. 1899. à 12 Hfte. (à ca 6 Bog.) gr. 8. Dresden, E. v. Witzleben. à Jahrg n. 24. —; einz. Hfte. n. 2. 50
Kann auch vierteljährlich bezogen werden.

— internationale, über die gesammten Armeen u. Flotten. Begründet von Ferd. v. Witzleben-Wendelstein. Chef.-Red.: Edm. v. Witzleben. 18. Jahrg. Oktbr. 1899—Dezbr. 1900. 21 Hfte. gr. 8. (647 S. m. Fig. u. Taf., Suppl. 7—21. S. 131—678 m. Fig. u. Taf. u. Beihefte 13—15. 48, 24 u. 72 S. m 2 Karten.) Dresden, E. v. Witzleben. n. 30. —; Suppl.-Hfte. allein à n. 1. —; Beihefte allein à n. 1. 50

Revue, internationale, über die gesammten Armeen u. Flotten. Begründet von Ferd. v. Witzleben-Wendelstein. Chef.-Red.: Edm. v. Witzleben. 19. u. 20. Jahrg. 1901 u. 1902. à 12 Hfte. gr. 8. (à ca. 48 S., Suppl. à ca. 32 S. u. Beihefte à ca. 24 S.) Dresden, E. v. Witzleben. à Jahrg. n. 24. —; Suppl.-Hfte. allein à n. 1. —; Beihefte allein à n. 1. 50

— internationale, üb. die gesamten Armeen u. Flotten. Begründet von Ferd. v. Witzleben-Wendelstein. Chef-Red.: Edm. v. Witzleben. 21.-24. Jahrg. 1903 bis 1906. à 12 Hefte. (1906. 1. Heft. 40 S., 82. Suppl. 40 S. m. Abbildgn. u. 69. Beiheft 24 S. m. 1 Karte.) gr. 8. Dresden, E. v. Witzleben. à Jhrg. n. 24. —; Suppl.-Hefte allein à 1. —; Beihefte allein à 1. 50

— internationale, üb. die gesamten Armeen u. Flotten. Begründet v. Ferd. v. Witzleben-Wendelstein. Chef-Red.: Edm. v. Witzleben. 25.—28. Jahrg. 1907—1910. à 12 Hefte. (1910 1. Heft. 40 S., 130. Suppl. 40 S. u. 114. Beiheft 24 S.) gr. 8. Dresden, E. v. Witzleben. à Jahrg. 24. —; Beihefte einzeln 1.50; Supplemente einzeln 1. 50

— internationale des aromes, s.: Zeitschrift f. Riech- u. Geschmackstoffe.

— internationale, f. Autowesen u. Aviatik. Fachblatt f. das gesamte Kraftfahrwesen, sowie f. Luftschiffahrt u. den einschläg. Sport. Chef-Red.: Fr. Wilh. Mayer. Hrsg.: Albin Bergmann. 1. Jahrg. Oktbr. 1909 —Septbr. 1910. 24 Nrn. (à ca. 48 S. m. Abb.) Lex. 8. Leipzig-Plagwitz, K. Wagner & Co. 6. —
Fortsetzg., s.: Luftverkehr, der.

Revue. Internationale R' der gesamten Hydrobiologie und Hydrographie. Unter Mitwirkung von Albert Fürst von Monaco, Alexander Agassiz, ... F[rançois-]A[lphonse] Forel, ... Aug(ust) Weismann hrg. von Björn Helland-Hansen ⟨Bergen⟩, Georg Karsten ⟨Bonn⟩ ... und Friedrich Zschokke ⟨Basel⟩. Redigiert von R(ich[ard]) Woltereck. Band 1. Heft 1-2. Mai 1908. [Mit Textfiguren, Tafeln und 2 Karten.] IV + 308 S. 8. Leipzig, Dr. Werner Klinkhardt; Paris...; New York..., 1908. (Einzelpreis M. 12.—, jährl. Abt. des Bandes 30.—)

Darin S. 142—152: Jahres-zyklus der Fauna eines hochgelegenen Alpensees. Von C[arl] Klausener, Basel. Mit einer Karte. ⟨Aus der zoologischen Anstalt der Universität Basel⟩; *S. 221—235:* Die Resultate der zoologischen Erforschung hochalpiner Wasserbecken seit dem Jahre 1900. Von Prof. F[riedrich] Zschokke ⟨Basel⟩; *s. auch S. 290 4 etc.*

— internationale, der gesamten Hydrobiologie u. Hydrographie. Unter Mitwirkg. v. Alb. Fürst v. Monaco, Carl Chun, F. A. Forel u. a. hrsg. v. Björn Helland-Hansen, Geo. Karsten, Albr. Penck, Carl Wesenberg, Rich. Woltereck u. Frdr. Zschokke. Red.: R. Woltereck. 1.—3. Bd. à 6 Hefte. (3. Bd. 1. u. 2. Heft. 274 S. m. Abb. u. 4 Taf. u. 1 biolog. Suppl.-Heft 108 S. m. 4 [3 Doppel-]Taf.) gr. 8. Leipzig 908—10. Dr. W. Klinkhardt. à Bd. 30. —

— internationale, für Kunst, Kunstgewerbe u. Technik u. Berliner Kunst-Zeitung. Hrsg. u Chefred.: D. Joseph. 1.—4. Jahrg. 1899—1902. à 12 Nrn. gr. 4. (240, 216, 228 u. 256 Sp.) Berlin (H. Steinitz). à Jahrg. 3. 60
Der 1. Jahrgang ist vergriffen.

— internationale, f. Kunst, Kunstgewerbe u. Technik nebst Berliner Kunst-Zeitung. Hrsg. u. Chefred.: D. Joseph. 5.—8. Jahrg. 1903—1906. à 12 Nrn. (à ca. 16 Sp.) gr. 4. Berlin (H. Steinitz). à Jhrg. 3. 60
Erscheint nicht mehr.

— internationale, f. Kunst, Kunstgewerbe u. Technik nebst Berliner Kunst-Zeitung. Hrsg. u. Chefred.: D. Joseph. 9. Jahrg. 1907. Nr. 100. (16 Sp.) 31×23,5 cm. Berlin (H. Steinitz). — 30

— internation. medicinische. Organ f. prakt. Arzte. Red. v. Hugo Neumann. Ausg. A. Deutsch. Jahrg. 1907. 2 Nrn. (à 24 S.) Lex. 8. Berlin, L. Simion Nf.
Nicht mehr erschienen. à Nr. 1. 50

Revue, Internationale medizinische und pharmaceutische. Berlin: Expedition 1900. 8°

— internationale de théologie. Internationale theolog. Zeitschrift. Publiée sous la direction de Mr. E. Michaud. 1. et 2. année. 1893. 1894. à 4 nrs. (à ca. 200 S.) gr. 8. Bern, (Schmid, Francke & Co.). à Jahrg. n. 12. 80

— internationale de théologie. Internationale theolog. Zeitschrift. International theological review. Publiée sous la direction de E. Michaud. 3.—6. année 1895—1898. à 4 nrs. (à ca. 200 S) gr. 8. Bern (Schmid & Francke). à Jahrg. n. 12. 80; einz. Hfte. n. 3. 20

— internationale de théologie. Internationale theolog. Zeitschrift. International theological review. Publiée sous la direction de E. Michaud. 7.—10. année. 1899—1902. à 4 nrs. gr. 8. (892, 796, 848 u. 762 S.) Bern, Stämpfli & Co. — (Berlin, C. A. Schwetschke & Sohn.) à Jahrg. n. 12. 80

— internationale de théologie. Internationale theolog. Zeitschrift. International theological review. Directeur-Gérant: E. Michaud. 11.—14. année. 1903—1906. à 4 nrs. (VIII, 808; VIII, 844; VIII, 716 u. VIII, 816 S.) gr. 8. Bern (Stämpfli & Co. — Leipzig, M. Heinsius Nachf.) à Jhrg. n. 12. 80

— internationale de théologie. Internation. theolog. Zeitschrift. International theological review. Directeur-Gérant: E. Michaud. 15.—18. année. 1907—1910. à 4 nrs. (VIII, 756; VIII, 826; VIII, 816 u. VIII, 856 S.) gr. 8. Bern, Stämpfli & Co. — Leipzig, M. Heinsius Nachf. à Jahrg. 12.80; erm. Pr. à Jahrg. 8. —

— f. Internationalismus, hrsg. vom Bureau der Stiftg. f. Internationalismus im Haag. Unter Mitarbeitg. v.: Fredric Bajer, Herm. Beck, Björnstjerne Björnson u. a. (Deutsche Ausg.) 1. Jahrg. April 1907—März 1908. 6 Nrn. (Nr. 1. 98 S. m. 1 Karte u. 1 Bl. Erklärgn.) gr. 8. Leipzig, Maas & van Suchtelen.
Erscheint nicht mehr. à Nr. 2. 50

Revue Jurassienne
s.a. Revue Biennoise.

Revue: La Revue Jurassienne
① littéraire - illustré ⑤ 15. 1. 1903—20. 12. 1905 ⑥ in-4° ⑦ mensuel ⑧ Moutier: Tripet & Froidevaux (1903—20. 10. 1905), Imprimerie du «Petit Jurassien» (S.A.) (20. 11. 1905—20. 12. 1905) ⑩ Tripet & Froidevaux (1903—20. 10. 1905), Jean Froidevaux (20. 11. 1905—20. 12. 1905) ⑪ Albert Locher ⑫ chronique politique de E. Bessire ⑭ Be: L.

Revue de la jurisprudence, siehe: *Zeitschrift f. schweiz. Recht.*

— de la jurisprudence en matière de droit civil fédéral, s.: Revue der Gerichtspraxis im Gebiete des Bundescivilrechts.

— katholische. Organ des kathol. Preß- u. Literatur-Vereins f. die Länder deutscher Zunge. Red.: Paul Sieberß. 1. u. 2. Jahrg. 1900 u. 1901. à 12 Nrn. gr. 4. (à ca. 16 S.) Kempten (Sandstr. K. 94), Gen.-Sekr. Sieberß. à Jahrg. n. 3. —

— kritische, aus Oesterreich für Politik, Socialökonomie, Kunst, Wissenschaft u. Litteratur. [Der Zeitgeist.] Red.: Jos. Graf. 1. Jahrg. Novbr. 1890—Octbr. 1891. 24 Hfte. gr. 8. (1. Hft. 36 S.) Wien, Buchdr. Helios. 17. —

— kritische, aus Oesterreich f. Politik, Socialökonomie, Kunst, Wissenschaft u. Litteratur. Red.: Jos. Graf. (2. Jahrg.) 3. u. 4. Bd. Novbr. 1891—Oktbr. 1892. 24 Hfte. (= Hft. 25—48). (à ca. 2 Bog.) gr. 8. Wien. (Leipzig, Literar. Anstalt A. Schulze.) 17. —

— dasselbe. 5. Bd. 8 Hfte. (= Hft. 49—56). (à ca. 2 Bog.) gr. 8. Ebd. 892. 893. 6. —

— dasselbe. Hrsg.: Edg. H. Geider. Red.: Sigm. Berger. 6. Bd. 12 Hfte. (à ca. 2 Bog.) gr. 8. Ebd. 894. n. 8. 50
Es erschienen seither nur 4 Hfte. (= Hft. 57—60).

—— kroatische. Berichte über die socialen und literar. Verhältnisse der südslav. Völker. 1. Jahrg. 1882. 4 Hefte. gr. 8. (à Heft ca. 64 S.) Agram, Hartman's Buchh. * 8 —
—— dass. — 2. Jahrg. 1886. 4 Hefte. gr. 8. (à Heft ca. 160 S.) Ebendas. * 12 —

—— kroatische. Berichte über sociale und literar. Verhältnisse der südslav. Völker. 2. Jahrg. 1886. 4 Hefte. (ca. 10 Bog.) gr. 8. Agram, Hartman's Verlag. * 12 —

— Leipziger. Zeitschrift für Literatur, Kunst u. Leben. Hrsg. v. (Dsw.) Marbach. 1847. Nr. 1—24. gr. 4. (½ B.) Leipzig, Vereinsverlagsbuchhandlung. n. 1 ℔

— et magasin de zoologie pure et appliquée. Recueil mensuel destiné à faciliter aux savants de tous les pays les moyens de publier leurs observations de zoologie pure etc. Par M. F. E. Guérin-Méneville. 1871—1874 à 12 Hfte. gr. 8. (à Hft. ca. 40 S. m. Steintaf.) Berlin, Friedländer & Sohn. à Jahrg. n.n. 18. 40

— dasselbe. Année 1875. 12 Livrs. gr. 8. (1. Hft. 48 S. m. 1 color. Steintaf.) Ebend. n.n. 18. 60

— médicale de l'Est. Red.: F. Gross. 1. année. 1874. 12 Nrs. (3 B.) gr. 8. Nancy, Berger-Levrault & Co. n. 13. 60

Revue médicale de la Suisse romande, publiée sous la direction de MM. J.-L. Reverdin, J.-L. Prévost, professeurs à la Faculté de Médecine de Genève et C. Picot. Paraît en numéros mensuels d'au moins 48 p. in-8⁰. Bâle, Genève et Lyon, H. Georg. Par an pour la Suisse
1881. Pour l'étranger
, Fait suite au: „Bulletin de la société médicale de la Suisse romande".

Revue médicale de la Suisse romande, publiée sous la direction de MM. J.-L. Reverdin, J.-L. Prévost, professeurs à la Faculté de médecine de Genève et C. Picot. IIe année, 1882. Paraît en numéros mensuels d'au moins 48 p. in-8⁰. Bâle, Genève et Lyon, H. Georg.
Par an pour la Suisse 10 —
Pour l'étranger 12 —

Revue médicale de la Suisse romande. 6e année. N⁰ 2.
1886.
Sommaire: *Ballivet.* Fièvre typhoïde épidémique. Infection par l'eau potable. Traitement par la méthode de Brand (suite et fin). — *Roux.* Sur le massage (suite). — *Reverdin.* Pincetrocart pour l'ovariotomie. — *Martin* et *Mayor.* Sarcome de la parotide, extirpation, fistule salivaire. — *Wartmann.* Kyste hydatique du foie guéri par une seule ponction urticaire. — *Reverdin* et *Mayor.* Mélanosarcome de la région dorsale et des ganglions axillaires. Extirpation. Récidive rapide. Mort. — Sociétés. — Bibliographie. — Variétés. — Statistique mortuaire.

Revue médicale de la Suisse romande. 6e année. N° 3. 1886.
Sommaire: *H.-Cl. Lombard*, Le recrutement de l'armée suisse d'après les documents les plus récents. — *C. Roux*, Sur le massage (suite et fin). — *A. Frutiger*, Nouvel uréomètre. — *E. Goetz* et *St. Warynski*, Hydramnios; accouchement à terme d'un fœtus anencéphale. — *J.-L. Reverdin* et *A. Mayor*, Deux cas d'exostose du fémur. Extirpation. — Sociétés.

Revue médicale de la Suisse romande. Rédacteurs: *Jacques-L. Reverdin*, *J.-L. Prevost* et *C. Picot*. VIIe année, 1887. 12 N°s in-8°. Genève, Bâle, Lyon, H. Georg. Par an 12 —, étranger 14 —

Revue médicale de la Suisse romande. Rédacteurs: *Jacques-L. Reverdin*, *J.-E. Prevost* et *C. Picot*. 8° année, 1888. 12 N°s in-8°. Genève, Bâle, Lyon, H. Georg. Par an 12 — Etranger 14 —

Revue médicale de la Suisse romande. 10e année. 1890. (12 N°s). Réd. par *J.-L. Reverdin*, *J.-L. Prevost* et *C. Picot*. N° 1. Gr. in-8°. 72 p. Genève, Bâle, Lyon, H. Georg. Par an 12 — Union postale 14 —

Revue médicale de la Suisse romande. 11e année. 1891. (12 N°s). Réd. par *J.-L. Reverdin*, *J.-L. Prevost* et *C. Picot*. Avec la collaboration de MM. *H. Dufour*, *de Cérenville* et *L. Secretan*. N° 1. Avec 4 planches color. (gr. in-fol.). In-8°. 80 p. Genève, Bâle, Lyon, H. Georg. Par an 12 — Union postale 14 —

Revue médicale de la Suisse romande. 12e année. 1892. (12 N°s). Réd. par *J.-L. Reverdin*, *J.-L. Prevost* et *C. Picot*. N° 1. Avec 3 planches. In-8°. 68 p. Genève, Bâle, Lyon, H. Georg. Par an 12 —; Union postale 14 —

— médicale de la Suisse romande. 13e année. 1893. (12 N°s). Réd. par *J. L. Reverdin*, *J. L. Prevost* et *C. Picot*. N° 1. In-8°. 68 p. Genève, Bâle, Lyon, Georg & Cie. Par an 12 — Union postale 14 —

— médicale de la Suisse romande. 14e année. 1894. (12 N°s). Réd. par *J. L. Reverdin*, *J. L. Prevost* et *C. Picot*. N° 1. In-8°. 104 p. Genève, Bâle, Lyon, Georg & Cie. Par an 12 — Union postale 14 —

— médicale de la Suisse romande. 15e année. 1895. (12 N°s). Réd. par *J. L. Reverdin*, *J. L. Prevost* et *C. Picot*. N° 1. In-8°. 104 p. Genève, Bâle, Lyon, Georg & Cie. Par an 12 — Union postale 14 —

Revue
médicale de la Suisse romande. Réd. par *J. L. Reverdin*, *J. L. Prevost* et *C. Picot*. 16e année. 1896. 12 N°s. In-8°. Genève et Bâle, Georg & Co. Par an 12 —; Union postale 14 —

— médicale de la Suisse romande. Réd. par *J. L. Reverdin*, *J. L. Prevost* et *C. Picot*. 17e année. 1897. 12 N°s. In-8°. Genève et Bâle, Georg & Co. Par an 12; Union postale 14 —

Revue
médicale de la Suisse romande. Réd. par *J. L. Reverdin*, *J. L. Prevost* et *C. Picot*. 18e année 1898. 12 Nos. Genève et Bâle, Georg & Co. Par an 12 —; Union postale 14 —

Revue der wiener Medizinal-Halle, s. Medizinal-Halle, wiener.

— medicinische, f. Balneologie, Hydro- u. Mechano-Therapie, Diätetik u. Hygiene, nebst Beiblatt: „Curorts-Zeitung". Unter Mitwirkung hervorrag. Kliniker, prakt. Aerzte u. Mitgliedern der balneolog. Gesellsch. hrsg. v. A. Kállay. 1. Jahrg. April 1890—März 1891. 24 Nrn. (à 1½—2 B.) gr. 4. Wien, Deuticke. n. 8. —

— medicinische, f. Balneologie, Hydro- u. Mechano-Therapie, Diätetik u. Hygiene, nebst Beiblatt: „Curorte-Zeitung". Unter Mitwirkg. hervorrag. Kliniker, prakt. Aerzte u. Mitglieder der balneolog. Gesellschaft red. v. A. Kállay. 2. Jahrg. 1891. 24 Nrn. (à 1½—2 Bog.) gr. 4. Wien, F. Deuticke. n. 8. —
s.: Revue, medicinische, f. interne Medicin u. Therapie.

— medicinische, f. interne Medicin u. Therapie. Organ der prakt. Aerzte. Unter Mitwirkg. hervorrag. Kliniker, prakt. Aerzte u. Mitglieder der Balneolog. Gesellschaft. Red. v. A. Kallay. Mit dem Beiblatt: „Curorte-Zeitg." 3. Jahrg. 1892. Nr. 1. gr. 4. (4 S.) Wien, F. Deuticke. —. —
Fortsetzung erschien nicht. S.: Revue, medicinische, f. Balneologie etc.

— medicinische, f. interne Medicin u. Therapie mit besond. Berücksicht. d. Stoffwechsel- u. Verdauungskrankheiten (nebst „Allgem. Curorte-Rundschau".) Unt. Mitwirkg. hervorrag. Kliniker u. prakt. Aerzte. Red. v. A. Kállay. 1. Jahrg. April 1897—März 1898. 4 Nrn. (à ca. 3 Bog.) Lex.-8. Wien (Praterstrasse 7), Dr. Kállay II. n. 4.20

— mensuelle pour le droit administratif et le notariat du canton de Berne, s.: Monatsschrift f. bernisches Verwaltungsrecht u. Notariatswesen.

— mensuelle internationale contre la boisson, s.: Monatsschrift, internat., zur Bekämpfung der Trinksitten.

Revue mensuelle internationale contre la boisson, s.: Monatsschrift, internationale, zur Erforschung des Alkoholismus.

— mensuelle de jurisprudence bernoise, s.: Monatsblatt f. bern. Rechtsprechg.

— metallotechnische. Internat. Fachzeitg. f. Metalldrückerei, Stanzerei u. alle übr. Formen d. kunstgewerbl. Metallbearbeitg., unter bes. Berücksicht. d. Lampenfabrikation, Installationsbranche, Emaille- u. Blechornamenten-Industrie. Spezialoffertenblatt f. d. Lieferanten v. Maschinen u. Werkzeugen, Rohmaterialien u. Halbfabrikaten, sowie f. Angebot u. Nachfrage innerhalb der Branche. Chefred.: Rud. Stübling. 1. Jahrg. Novbr. 1895—Oktbr. 1896. 12 Nrn. (Bog.) Lex.-8. Leipzig. Berlin, H. R. Mecklenburg. 4. —

— dasselbe. 2. Jahrg. 1. Sem. Novbr. 1896 — Juni 1897. 7 Nrn. (à ca. 12 S. m. Abb.) Lex.-8. Ebd. 4.—

— dasselbe. Fachzeitung f. d. ges. kunstgewerbl. mechan. u. chem. Metallbearbeitg., m. bes. Berücksicht. d. Elektrotechnik, Beleuchtungsindustrie, Installationsbranche, d. Metalldrückerei, Stanzerei, Ornamentenfabrikation etc. Chefred.: C. H. Schilling. 2. Jahrg. 2. Sem. Juli—Dezbr. 1897. 6 Nrn. (Bog. m. Abb.) Lex.-8. Berlin, H. R. Mecklenburg. n. 3.—

— dasselbe. Red.: Th. Schwartze. 3. Jahrg. 1898. 24 Nrn. (à ca. 12 S. m. Abb.) hoch 4. Ebd. n. 6.—
Kann auch halbjährlich bezogen werden.

— de Metz et de Lorraine. Histoire-littérature — sciences — beaux arts. 1. année. 12 livrs. gr. 8. (1. Hft. 48 S.) Metz 872. deutsche Buchh. n. 12.—

— militärisch-politische, „Bellona". Unter Mitwirkg. v. Fachschriftstellern hrsg. v. Wilh. du Nord. Red.: Adf. Mayer. 1. Jahrg. Octbr. 1889 — Septbr. 1890. 24 Hfte. gr. 8. (1. Hft. 40 S.) Wien. (Leipzig, Literar. Anstalt [Aug. Schulze].) n. 16.—; einzelne Hfte. à n. —80

— des missions contemporaines. Journal mensuel illustré rendant compte des travaux des églises protestantes pour l'évangélisation des peuples non chrétiens. Rédigé par Ch. Piton. 1. et 2. année 1889. 1890. à 12 nrs. (2 B.) gr. 8. Basel, Missionsbuchhdlg. à Jahrg. n.n. 4.—
Bildet die Fortsetzg. v.: Missions évangéliques au 19. siècle.

— des missions contemporaines. Journal mensuel illustré rendant compte des travaux des églises protestantes pour l'évangélisation des peuples non chrétiens. Publié sous les auspices de la société des missions de Bâle par Charles Piton. 3.—6. année. 1891—1894. à 12 nrs. (2 Bog.) gr. 8. Basel, Missionsbuchh. à Jahrg. n.n. 4.—

— des missions contemporaines. Journal mensuel illustré rendant compte des travaux des églises protestantes pour l'évangélisation des peuples non chrétiens. Publié sous les auspices de la société des missions de Bâle par Charles Piton. 7. année 1895. 12 nrs. (à ca. 2 Bog.) gr. 8. Basel, Missionsbuchh. n.n. 4.—

— moderne, Fortsetzg., s.: Erdgeist.

— des modes parisiennes. Illustrirtes Familien-Journal. Redact.: Mathilde Clasen-Schmid. 1.—5. Jahrg. 1880—1884. à Jahrg. 24 Nrn. (à Nr. 2 Bog. mit eingedr. Holzschn. und 2 color. Modekpfrn.) Fol. Leipzig, Hoffmann und Ohnstein. à Jahrg. * 12 —

— des modes parisiennes. Illustrirtes Familien-Journal. Redact.: Mathilde Clasen-Schmid. 6.—9. Jahrg. 1885—1888. à Jahrg. 24 Nrn. (à Nr. 2 Bog. mit eingedr. Holzschn., 2 color. Modekpfrn. und Schnittmustern.) Fol. Leipzig, Hoffmann und Ohnstein. à Jahrg. * 12 —

— des modes parisiennes. Illustrirtes Familien-Journal. Redact.: Mathilde Clasen-Schmid. 10.—13. Jahrg. 1889—1892. à Jahrg. 24 Nrn. (à Nr. 2 Bog. m. eingedr. Holzschn. u. 2 color. Modekpfrn.) Fol. Lpz., Hoffmann u. Ohnstein. à Jahrg. * 12 —

— dasselbe. Red.: Mathilde Clasen-Schmid. Kleine Ausg. 12.—15. Jahrg. 1891—1894. à 24 Nrn. (à ca. 2—6 Bog. m. Abbildgn., Schnittmustern u. Modekpfrn.) Fol. Ebd. à Jahrg. n. 12.—
Le Moniteur universel des modes de Paris. Kleine Ausg. wurde am 1. Januar 1893 mit dieser Zeitschrift vereinigt.

— des modes parisiennes. Illustr. Journal f. elegante u. pract. Pariser Moden. Red.: Mathilde Clasen-Schmid. Große Ausg. 27. u. 28. Jahrg. 1893. 1894. à 24 Nrn. Fol. (à 2—6 Bog. m. Abbildgn., Schnittmuster u. Modekpfrn.) Leipzig, Hoffmann & Ohnstein. à Jahrg. n. 16.—
Erschien bis zum 26. Jahrg. u. d. T.: Le Moniteur universel des modes de Paris. Große Ausg.

— des modes parisiennes. Illustr. Journal f. elegante u. pract. Pariser Moden. Red.: Mathilde Clasen-Schmid. Große Ausg. 29.—32. Jahrg. 1895—1898. à 24 Nrn. (à ca. 8 S. m. Abb., Schnittmustern u. 32 Modekpfrn.) Fol. Leipzig, Hoffmann & Ohnstein. à Jahrg. n. 16.—
Kann auch vierteljährlich bezogen werden.

— dasselbe. Kleine Ausg. 16.—19. Jahrg. 1895—1898. à 24 Nrn. (à ca. 12 S. m. Abb., Schnittmustern u. Modekpfrn.) Fol. Ebd. à Jahrg. n. 12.—

Revue des modes parisiennes. Illustr. Journal f. elegante u. pract. Pariser Moden. Große Ausg. 33.—36. Jahrg. 1899—1902. à 24 Nrn. Fol. (à ca. 12 S. m. farb. Modekpfrn. u. Schnittmustern.) Leipzig, Hoffmann & Ohnstein. à Jahrg. n. 16.—

— dasselbe. Kleine Ausg. 20.—23. Jahrg. 1899—1902. à 24 Nrn. Fol. (à ca. 12 S. m. farb. Modekpfrn. und Schnitt.) Ebd. à Jahrg. n. 12.—

— des modes parisiennes. Illustrirtes Journal f. elegante u. pract. Pariser Moden. Große Ausg. 38. Jahrg. 1904. Jan.—März. 6 Nrn. (à ca. 12 S. m. z. Tl. farb. Modekpfrn. u. 2 Schnitt.) Fol. Leipzig, Hoffmann & Ohnstein. n. 4.—
Erscheint nicht mehr.

— dasselbe. Kleine Ausg. 25. Jahrg. 1904. Jan.—März. 6 Nrn. (à ca. 12 S. m. z. Tl. farb. Modekpfrn. u. 1 Schnitt.) Fol. Ebd. n. 3.—
Erscheint nicht mehr.

Monatliche Revue: 1893–? New York, NY

— nationale de Belgique. Tom. IV—XV. 2.—7. année 1841—1846. à 2 Vols ou 10 cahs. gr. 8. Bruxelles. (Bonn, Marcus.) à n. $5^2/_3$ ₰

— neue (Wiener Literatur-Zeitung), gegründet v. A. Bauer. Hrsg.: Heinr. Osten, Edm. Wengraf. 5. Jahrg. Dezbr. 1893 — Dezbr. 1894. 52 Nrn. gr. 8. (Nr. 5. 32 S.) Wien, I., Wallnerstr. 9, Administr. n. 14.—
s.: Litteratur-Zeitung, Wiener.

— neue (Wiener Literatur-Zeitung), gegründet von A. Bauer. Hrsg.: Heinr. Osten u. Edm. Wengraf. 6. Jahrg. 1895. 52 Nrn. (à 2 Bog.) gr. 8. Wien. (Leipzig, G. H. Meyer.) à Jahrg. n. 14.—

— dasselbe. Zeitschrift f. Wissenschaft, Kunst, Literatur u. öffentl. Leben. Monatshefte. Novbr. 1896—Oktbr. 1897. 12 Hfte. (à ca. 4 Bog.) gr. 8. Ebd. n. 4.—

Revue, Neue. Wochenschrift für Politik, Wissenschaft, Kunst und öffentliches Leben. Herausgeber: Heinrich Osten, Dr. Edmund Wengraf. 8. Jahrg. 1897. 52 Nummern. (2 B.) 8. Pro Quartal 1.95, mit directer Kreuzband-Versendung 1.50
— Ausgabe in Monatsheften. 1. Jahrgang. 1897. 12 Hefte. (4 B.) 8. (8. Heft. S. 447 bis 508.) Pro Semester 1.—
Wien: Administration der „Neuen Revue" 1897.

— neue. St. Petersburger Wochenschrift f. Politik, Kunst, Litteratur u. öffentl. Leben. Hrsg.: Ant. Stürzwage Red: Adj. Metzler. 1. Jahrg. 1896. 52 Nrn. (à ca. 2 Bog.) gr. 4. St. Petersburg (H. Schmitzdorff). n. 16. —

Neue **Revue**. Halbmonatschrift f. d. öffentl. Leben. Hrsg. von Josef Ad(olf) Bondy u. Fritz Wolff. Jg. 1, H. 1. Berlin: Neue Revue 1907. 8°
[07. 17356

Revue, Neue. Halbmonatschrift f. d. öffentliche Leben. Hrsg. J. (os.) A. d. Bondy. Berlin-Charlottenburg (1907/1908.) 8°
[Vereint mit „Morgen".]
Jg. 1, Halbd 1. 2, 1907/1908. 2. [Okt.-Dez.] 1908. 3. [Jan.-Juni] 1909.

— neue. Wochenschrift f. das öffentl. Leben. Hrsg. u. red. v. Jos. Ad. Bondy. Jan.—Juni 1909. 26 Hefte. (à ca. 48 S.) gr. 8. Berlin, Verl. d. neuen Revue. 10. —
Erscheint nicht mehr.

— neue pädagogische. Red. v. Jul. Beeger. 1. u. 2. Jahrg. 1891. 1892. à 24 Nrn. (Bog.) gr. 4. Leipzig, Zangenberg & Himly. à Jahrg. n. 3. —

— du Nord et principalement des pays germaniques, fondée par J. E. Boulet, de Metz, et R. O. Spazier, de Leipsick. Ie — IVe Année. 1835—1838. 12 Nos. (Avec un Bulletin bibliograph. français et étranger.) gr. in-8. Paris. (Leipsick, Weber.) à n. 13½ $\mathcal{ß}$

— nordische. Internationale Zeitschrift für Literatur, Kunst u. öffentliches Leben. Herausg. von Wilh. Wolfsohn. Jahrg. 1864. Juli—Decbr. 6 Hefte (à 8—9 Bgn.). Leipzig, Veit & Co. gr. 8. n. 4 ß
Vgl.: Revue, russische.

— nordische. Internationale Zeitschrift für Literatur, Kunst u. öffentl. Leben. Herausg. von Wilh. Wolfsohn. 3. Bd. 3 Hefte (à 8—9 Bgn.). Leipzig 865. Veit & Co. gr. 8. 2 ß

— — 4—6. Bd. 1865. April bis Dezbr. à Bd. 3 Hefte (à 8—9 Bgn.). Leipzig, Lorck. gr. 8. Jeder Bd. 2 ß

— des nouveautés. (In französ. u. deutscher Sprache.) Jahrg. 1903. 12 Nrn. (à ca. 10 S. m. Abbildgn.) Fol. Berlin, W. Schurich. Ausg. I m. Schnittmuster u. 4 farb. Taf. 18. —; halbjährl. 9. 50; Ausg. II m. Schnittmuster, 3 farb. u. 1 schwarz. Taf. 15. —; halbjährl. 8. —; Ausg. III m. Schnittmuster, 2 farb. u. 2 schwarz. Taf. 12. —; halbjährl. 6. 50

— nouvelle, encyclopédique publiée par F. Didot fréres. 2. année 1847. 12 Nrs. gr. 8. Paris, Didot fréres. baar 9⅔ ß

— nouvelle, littéraire et grammaticale, publiée sous les auspices de tous les instituteurs français en Allemagne. Redact.: Charl. Bigot. 1. année. 52 Nrs. (Bog.) gr. 4. Stuttgart 846, Exped. d. Revue nouvelle. n. 3 ß 14 ngl

Revue: Nouvelle Revue Suisse
v. Wissen und Leben.

— de la Numismatique Belge, publiée sous les auspices de la société numismatique par R. Chalon, C. Piot et C.-P. Serrure. Tome III. 12 Nrs. Tome IV. 4 Nrs. Avec planches lithogr. gr. 8. Bruxelles 847. 48. (Bonn, Marcus.) à n. 4 ß (T. I—IV: n. 16 ß)

— öconomisch-politische (gross-deutsche), brennender Fragen u. schwebender Verhandlungen über sociale u. materielle Zeitinteressen. Umschau in der Geschäftswelt u. im allgemeinen Verkehrsleben, namentlich auf dem Gebiete des mercantilen u. industriellen Erwerbs, der Handels- u. Finanz-Gesetzgebungs-Politik, des Credit-, Transport-, Bank-, Börsen- u. Assecuranz-Wesens. Hersg. unter Mitwirkung mehrerer Fachmänner von Aug. W. Wagner. 1. Bd. Jahrg. 1864. Wien. Leipzig, Priber. gr. 8. n. 6 ß 15 ngr; Ermässigter Preis n. 1 ß 10 ngr.

— Orientale, publiée par E. Carmoly, Membre de la Société Asiatique de Paris, etc. 12 Livrs. gr. in-8. Bruxelles 841. (Muquardt.) n. 4 ß

— orientale pour les études ouralo-altaïques. Journal de la section orientale de la société ethnographique hongroise et de l'académie orientale de commerce à Budapest. Redigée par Ignácz Kúnos et Bernát Munkácsi. Collaborateurs: Oszkàr Asbóth, Geo. Jacob, Frdr. Hirth etc. (Mit ungar. u. französ. Titel.) 1. Jahrg. 1900. 4 Hfte. gr. 8. (IV, 336 u. Suppl. 48 S.) Budapest. (Leipzig, O. Harrassowitz.) n.n. 8. —

— dasselbe. Subventionée par l'académie hongroise des sciences. Journal de la section orientale de la société ethnographique hongroise et de l'académie orientale de commerce à Budapest. Redigée par Ignácz Kúnos et Bernát Munkácsi. Collaborateurs: Oszkàr Asbóth, Willy Bang, Luigi Bonelli etc. (Mit ungar. u. französ. Titel.) 2. u. 3. Jahrg. 1901 u. 1902. à 4 Hfte. gr. 8. Ebd. à Jahrg. n.n. 8. —
II. (IV, 324 S. m. 1 Schrifttaf. u. Suppl. S. 49—112.)
III. (308 S. m. Suppl. IV u. S. 113—201.)

— orientale pour les études ouralo-altaïques. Subventionée par l'académie hongroise des sciences Journal du comite hongrois de l'association internationale pour l'exploration de l'Asie centrale et de l'Extrême-Orient. Redigée par Ignácz Kúnos et Bernát Munkácsi. (Mit ungar. u. französ. Titel.) 4.—7. Jahrg. 1903 bis 1906. à 4 Hefte. (4.—6. Jhrg. IV, 384; IV, 380 u. IV, 380 S.) gr. 8. Budapest. (Leipzig, O. Harrassowitz.) à Jhrg. n.n. 8 —

— orientale pour les études ouralo-altaïques. Subventionée par l'académie hongroise des scienes. Journal du comité hongrois de l'association internationale pour l'exploration de l'Asie centrale et de l'Extrême-Orient. Redigée par Ignácz Kúnos et Bernát Munkácsi. (Mit ungar. u. französ. Titel.) 8.—11. Jahrg. 1907—1910. à 4 Hefte. (IV, 344; IV, 296; IV, 348 u. IV, 284 u. 80 S.) gr. 8. Budapest. (Leipzig, O. Harrassowitz.) à Jahrg. nn 8. —

— österreichische. 1. Jahrg. 1863. 6 Bde. (à ca. 21 Bog.) 2. und 3. Jahrg. 1864 und 1865. à 8 Bde. (à ca. 16 Bog.) und 4. und 5. Jahrg. 1866 und 1867. à 12 Hefte. (à ca. 10 Bog.) Lex.-8. Wien, Gerold's Sohn. à Jahrg. *

— österreichisch-ungarische. Hrsg. u. Red.: Joh. B. Meyer. Jahrg. 1886. 12 Hfte. gr. 8. (1. Hft. 80 S.) Wien, (Hölder). n. 18. —

—— österreichisch-ungarische. Hrsgbr. und Redact.: Joh. B. Meyer. Jahrg. 1886. April—Decbr. 9 Hefte. gr. 8. (592 S.) Wien, (Hölder.) * 13 50
—— dass. — Jahrg. 1887 und 1887/88. à Jahrg. 12 Hefte. gr. 8. (à Heft 64 S.) (Ebendas.) à Jahrg. * 18 —

—— österreichisch-ungarische. Hrsgbr. u. Redact.: A. Mayer-Wyde. Jahrg. 1888/89—1892/93. à Jahrg. 12 Hefte. gr. 8. (à Heft ca. 80 S.) Wien, Selbstverlag. à Jahrg. * 16 —

— österreichisch-ungarische. Hrsg. u. red. v. A. Mayer-Wyde. Red.: Frz. Grünanger. 7. Jahrg. Mai 1892—März 1893. (13. Bd.) 6 Hfte. gr. 8. (384 S.) Wien. (Leipzig, Literar. Anstalt A. Schulze.) n. 8. —

— dasselbe. 8. Jahrg. Apr. 1893—März 1894. (14. u. 15. Bd.) 12 Hfte. (à ca. 60 S.) gr. 8. Ebd. n. 16. —

— dasselbe. 9. Jahrg. Apr. 1894—März 1895. (16. u. 17. Bd.) à 6 Hfte. (à ca. 60 S.) gr. 8. Ebd. à Bd. n. 8. —

Revue, Oesterr.-ungar. Jahrg. 1895. Herausgegeben und redigirt von A. Mayer-Wyde. XVIII. Bd. 1. Heft. Gr.-8. (S. 1—72.) Ganzjährig 9.60 Halbjährig 4.80, vierteljährig 2.40, 12 Hefte à 1.—
Wien: Administration der „Oesterr.-ungar. Revue" 1895.

Revue, Oesterr.-ungar. Jahrg. 1895. Herausgegeben und redigirt von A. Mayer-Wyde. XVIII. Bd. 2./3. Heft. Gr.-8. (S. 73/184.) Ganzjährig 9.60 Halbjährig 4.80, vierteljährig 2.40, 12 Hefte à 1.
Ebd.

Revue, Oesterr.-ungar. Jahrg. 1895. Herausgegeben und redigirt von A. Mayer-Wyde. XVIII. Bd. 4. Heft. Gr.-8. (S. 185—264.) Ganzjährig 9.60
Ebd.

Revue, Oesterr.-ungar. Jahrg. 1895. Herausgegeben und redigirt von A. Mayer-Wyde. XVIII. Bd. 5. Heft. Gr.-8. (S. 263—332.) Ganzjährig 9.60 Halbjährig 4.80, vierteljährig 2.40, 12 Hefte à 1.—
Ebd.

Revue, Oesterr.-ungar. Jahrg. 1895. Herausgegeben und redigirt von A. Mayer-Wyde. XVIII. Bd. 6. Heft. Gr.-8. (S. 333—410.) Ganzjährig 9.60
Ebd.

— österreichisch-ungarische. Hrsg. u. red. v. A. Mayer-Wyde. Red.: Frz. Grünanger. 19. Bd. Dezbr. 1895—Mai 1896. 6 Hfte. (à ca. 60 S.) gr. 8. Wien (W. Braumüller). n. 8. —

— dasselbe. XI. Jahrg. 20. u. 21. Bd. Juni 1896—Mai 1897. à 6 Hfte. (à ca. 80 S.) gr. 8. Ebd. à Bd. n. 8. —

— dasselbe. (12. Jahrg.) 22. u. 23. Bd. à 6 Hfte. (à ca. 80 S. m. Abb.) gr. 8. Ebd. 897. 98. à Bd. n. 8. —

— österreichisch-ungarische. Hrsg. u. red. v. A. Mayer-Wyde. Red.: Eduard Kotek. (13.—15. Jahrg.) 24.—29. Bd. à 6 Hfte. gr. 8. (à Bd. ca. 400 S. m. Abb. u. Taf.) Wien (C. W. Stern). à Bd. n. 8. —

Revue, Oesterreichisch-ungarische. (Herausgegeben von Joh. B. Meyer.) Neue Folge (Fortsetzung.) 19.—31. Bd. 1896—1904. (12 Bde.) 8. Wien 1896—1904.

Revue, österreichisch-ungarische. Monatsschrift f. die gesamten Kulturinteressen der österreichisch-ungar. Monarchie. Red.: Jul. Habermann. 32. Bd. 6 Hefte. (à ca. 64 S.) gr. 8 Wien 904. Manz. n. 8. —

— österreichisch-ungarische. Monatsschrift f. die ges. Kulturinteressen der österreichisch-ungar. Monarchie. Red.: Jul. Habermann. 33.—36. Bd. à je 6 Hefte. (à ca. 64 S.) gr. 8. Wien 905—907. Manz. à Bd. 8. —

Revue: Pädagogische Revue
① Centralorgan für Pädagogik, Didaktik und Culturpolitik (1. 7. 1840—1844). Centralorgan für Pädagogik, Scholastik und Culturpolitik (1845). Centralorgan für Wissenschaft, Geschichte und Kunst der Haus-, Schul- und Gesellschaftsbildung (1846–1855). Centralorgan für Wissenschaft, Geschichte und Kunst der Erziehung (1856—1858) ⑤ 1. 7. 1840—Dezember 1858 ⑥ 8° (vergrößert Dezember 1844) ⑦ Monatsblatt ⑧ Stuttgart: K. F. Hering & Comp. (1. 7. 1840 ?—November 1844); Kreuzlingen-Belle-Vue (Dezember 1844—1845); Zürich: Friedrich Schultheß (Januar 1846—Dezember 1856); Stettin: F. Hessenland (Januar 1857—Dezember 1858) ⑨ Die deutsche Volksschule (1848; 8°; Monatsbeilage) ⑩ Dr. Carl W. C. Mager (1. 7. 1840—1851), C. G. Scheibert, Stettin (1849—1855), W. Langbein, Stettin (1849—1858), A. Kuhr, Stettin (1849—1855) ⑪ die Herausgeber ⑫ liberal [der Druckort wegen Zensurschwierigkeiten in die Schweiz verlegt] ⑬ BGSZ: 1128, p. 171; A. Bliedner: Pädagogische Revue von Mager. »Encyklopädisches Handbuch der Pädagogik, hg. v. W. Rein«. Bd. VI (Langensalza 1907), p. 527—530 ⑭ Bs: U (1842—1857); Zh: Z (seit 1842) ⑮ In Halbjahresbänden zusammengefaßt. Die Einzelhefte in drei Sektionen eingeteilt: I. Sektion: Abhandlungen; II. Sekt.: Beurteilungen und Anzeigen; II. Sekt.: Culturpolitische Annalen (alle europäischen Länder umfassend).

—— pädagog., Centralorgan f. Pädagogik, Didaktik u. Culturpolitik. Hrsg. v. Mager. 1. Jahrg. 1840. Juli — Dec. 6 Hfte. u. 2. u. 3. Jahrg. 1841 u. 42. à 12 Hfte. gr. 8. Stuttgart, Cast'sche Buchh. à J. *

—— pädagogische. Centralorgan f. Pädagogik, Didaktik u. Culturpolitik. Hrsg. von Mager. 4. u. 5. Jahrg. 1843 u. 1844. à 12 Hfte. gr. 8. Stuttgart, Cast'sche Buchh. à J. *

—— dass. Hrsg. v. Dems. 6. Jahrg. 1845. 12 Hfte. Lex.-8. Belle-Vue, Verlags- u. Sort.-Buchh. *

—— dass. Hrsg. v. Dems. 7. u. 8. Jahrg. 1846 u. 1847. à 12 Hefte. Lex.-8. Zürich, Schultheß. à J. *
1—3. Jahrg. 1840—1842. Stuttgart, Cast'sche Buchh. à J. * 7 Thlr.

—— pädagogische. Hrsg. von Mager in Verbindung mit C. G. Scheibert, W. Langbein und A. Kuhr. 9—12. Jahrg. 1848—51. à Jahrg. 12 Hefte. (à ca. 8 Bog.) gr. 8. Zürich, Schultheß. à Jahrg. *

—— pädagogische. Centralorgan für Wissenschaft, Geschichte und Kunst der Haus-, Schul- und Gesellschaftserziehung. Begründet von Mager, in Verbindung mit C. G. Scheibert, W. Langbein und A. Kuhr. 13—17. Jahrg. 1852—56. oder Bd. 30—44. à Bd. 12 Hefte. gr. 8. Zürich, Schultheß. à Jahrg. *

—— pädagogische. Centralorgan für Wissenschaft, Geschichte und Kunst der Haus-, Schul- und Gesellschaftserziehung. Begründet von Mager. Hrsg. von W. Langbein. 18. und 19. Jahrg. 1857 und 1858. oder Bd. 45—50. à Jahrg. 12 Hefte. gr. 8. (à Heft ca. 125 S.) Berlin, Renger'sche Buchh. à Jahrg. Thlr. *
Als eine Fortsetzung hierzu ist zu betrachten: Archiv, pädagogisches, vgl. dieses.

— pädagogische, u. General-Anzeiger f. das gesamte Unterrichtswesen d. Deutschen Reiches, unter Red. v. Jul. Beeger. 1. Jahrg. Oktbr. 1885—Septbr. 1886. 12 Nrn. (B.) gr. 4. Leipzig-Reudnitz, Osw. Schmidt. 1. 20

— pädagogische, u. General-Anzeiger f. das gesamte Unterrichtswesen des Deutschen Reiches, unter Red. v. J. Beeger. 2. u. 3. Jahrg. Oktbr. 1886—Septbr. 1888. à 12 Nrn. (B.) gr. 4. Leipzig-Reudnitz, Osw. Schmidt. à Jahrg. n. 1. 20

— dasselbe. 4.—6. Jahrg. Oktbr. 1888—Septbr. 1891. à 12 Nrn. (B.) gr. 4. Wurzen, Adf. Thiele. à Jahrg. n. 2.—

— pädagogische, u. General-Anzeiger f. das gesamte Unterrichtswesen d. Deutschen Reiches. 7. Jahrg. 1891. 12 Nrn. (Bog.) gr. 4. Wurzen, Ad. Thiele. n. 8.—

— dasselbe. Red. v. R. Haferkorn. 8.—10. Jahrg. 1892—1894. à 24 Nrn. (Bog.) gr. 4. Ebd. à Jahrg. n. 3.—

— pädagogische, u. General-Anzeiger f. das ges. Unterrichtswesen des deutschen Reiches. Red.: Ad. Thiele. 11. Jahrg. 1895. 24 Nrn. (Bog.) gr. 4. Halle, Verlag d. pädagog. Revue. n. 6.—

— parisienne. Administrateur & gérant: A. Bachwitz. 2. année. 1910. 2 Nrn. (à 66 S. m. Abb.) 41×30 cm. Wien, Verlag der Modejournale „Chic parisien" usw. à Nr. 2. 50; unkoloriert 1. 70

— pénale suisse, s.: Zeitschrift, schweizerische f. Strafrecht.

Revue: La Petite Revue (I)

① Gazette du village ⑤ décembre 1877 (BGSZ: 12, p. 91: 1869)—29. 11. 1946 ⑥ in-2° ⑦ 2× par semaine ⑧ v. La Revue ⑩ v. La Revue ⑪ Emile Bonjour, Charles Rieben ⑫ radical-démocratique ⑭ La: C ⑮ Edition bi-hebdomadaire de «La Revue» du décembre 1877 au décembre 1889, comportant un texte différent de l'édition quotidienne à partir du 25. 11. 1878 et le titre de «La Petite Revue» dès 1890. Son tirage était plus fort que celui de «La Revue».

Revue: Petite Revue illustrée.
v. **Journal** d'Estavayer.

— populaire, petite. Journal de la famille et de l'atelier, paraissant à Porrentruy deux fois par mois. 2me année 1884. In-8°. Porrentruy, impr. V. Michel. par an 4 —

Petite Revue populaire. Journal de la famille et de l'atelier, paraissant à Porrentruy deux fois par mois. 3e année. In-8°. N° 1. Porrentruy, Chatelain. pro cplt. Suisse 4 — Union post. 5 — 1885.

Revue: La petite Revue populaire suisse
v. **La Revue Populaire** (Zh—Fr), **Suisse Romande** (Fr).

—— de Philologie, de littérature et d'histoire anciennes. Vol. 1 et 2. gr. in-8. (73 B. u. 2 Taf. Inschriften.) Paris 845—47, Klincksieck. à Vol. *

— photographische. Literatur- u. Anzeigeblatt für Photographie u. verwandte Fächer. Bericht über die neuesten Erscheinungen auf dem Gebiete der Photographie u. anderen graph. Künste, der Naturwissenschaften, der Kunstliteratur u. des Kunsthandels. 1. Bd. Juli—Decbr. 1877. 3 Hfte. gr. 8. (1. Hft. 44 S.) Wien, Verlag der Photograph. Correspondenz. n. 2. 50
Nicht weiter erschienen.

— physico-chimique, s.: Centralblatt, physikalisch-chemisches.

— physikalische. Hrsg. v. J. Graetz. 1. Bd. 1892. 12 Hfte. gr. 8. (à Hft. ca. 128 S. m. Fig.) Stuttgart, J. Engelhorn. n. 32.—

— politisch-anthropologische. Monatsschrift für soziale u. geist. Leben der Völker. Hrsg.: Ludw. Woltmann u. Hans K. E. Buhmann. Red.: Ludw. Woltmann. 1. Jahrg. April 1902—März 1903. 12 Nrn. gr. 8. (à ca. 80 S.) Eisenach, Thüring. Verlags-Anstalt. n. 12.—

— politisch-anthropologische. Monatsschrift f. das soziale u. geist. Leben der Völker. Red: Ludw. Woltmann 2.—5. Jahrg April 1903—März 1907. à 12 Nrn. (XII, 1019; XII, 792; VII, 728 u. VIII, 720 S.) Lex.-8. Leipzig, Thüring. Verlags-Anstalt. à Jhrg. n. 12.—

— politisch-anthropologische. Monatsschrift f. das soziale u. geist. Leben der Völker. Red.: Landmann. 6.—9. Jahrg. April 1907—März 1911. à 12 Nrn. (VIII, 808; VIII, 684; VII, 680 u. VII, 664 S.) Lex. 8. Hildburghausen, Thüringische Verlags-Anstalt. à Jahrg. 12.—
Die Jahrgge. 6—8 erschienen noch in Leipzig.

Revue: La Revue Populaire (Fr)

① Organe de l'association catholique suisse et de la Fédération Romande ③ issu de la fusion de «La quinzaine catholique et populaire» et du «Bulletin de l'Association Suisse de Pie IX» ④ L'Ouvrier et la Revue populaire (fusion avec «L'Ouvrier») ⑤ 10. 1. 1900—25. 12. 1904 ⑥ in-8° ⑦ bi-mensuel ⑧ Fribourg: Imprimerie Catholique suisse ⑩ Association catholique suisse et Fédération Romande des Cercles et Sociétés catholiques ⑪ Mgr. Esseiva, Fribourg; Maxime Reymond, Lausanne ⑫ chrétien-social ⑭ Be: L.

Revue: La Revue Populaire (Zh—Fr)

① Journal hebdomadaire illustré pour la famille (12. 4. 1902—13. 12. 1903). Hebdomadaire illustré (6. 8. 1912—1916) ② parait sous des titres divers (supplément de divers journaux): Revue populaire, Revue populaire suisse, La petite Revue populaire. La petite Revue populaire suisse ⑤ 12. 4. 1902—7. 10. 1916 ⑥ in-4° ⑦ hebdomadaire (1902—1903, 1905—1916); bi-mensuel (1904) ⑧ Zurich (?) (1902—1903): Estavayer: H. Butty (1904—1911); Bulle: Imprimerie Commerciale. H.-J. Ding (1912—1916) ⑨ La petite Revue populaire suisse ⑩ Sociétés d'édition Zurich (1902—1903), H.-J. Ding, publications illustrées (1904—1916) ⑭ Be: L.

— pratique du commerce et de l'industrie dans les deux mondes. Publiée sous la direction de J. L. Havard. 3e année 1878. 12 Nrs. 8. (Nr. 1—5. 400 S.) Paris. Berlin, Puttkammer & Mühlbrecht. n. 24.—

— rétrospective, s.: Bibliothek ausgew. Memoiren. VI.

— rumänische. Hrsg.: Cornelius Diaconovich. 1. Jahrg. Juli—Decbr. 1885. 6 Hfte. gr. 8. (à Hft. ca. 64 S.) Budapest, Selbstverl. d. Herausgebers. n. 10.—

— dasselbe. 2. Jahrg. 1886. 12 Hfte. gr. 8. (1. Hft. 64 S.) Ebend. n. 20.—

Revue, rumänische. Politisch-litterar. Monatsschrift. Hrsg.: C. Diaconovich. 3.—6. Jahrg. 1887—1890. à 12 Hfte. (4 B.) gr. 8. Wien, Selbstverlag des Herausgebers, VIII, Alserstr. 27. à Jahrg. n. 12.—

— rumänische. Politisch-litterar. Monatsschrift. Hrsg.: Cornelius Diaconovich. 7. Jahrg. 1891. 12 Hfte. (4 Bog.) gr. 8. Wien, Selbstverlag d. Herausgebers, VIII, Feldgasse 15. n. 12.—

— dasselbe. Hrsg.: St. N. Ciurcu. Red.: Titus Tomiuc. 8. Jahrg. 1892. 12 Hfte. (4 Bog.) gr. 8. Ebd. n. 12.—
Fortsetzung s.: Jahrbücher, rumänische.

Revue: La Revue russe de Davos
v. Davosskij **Věstnik**.

Revue, russische. Zeitschrift zur Kunde des geistigen Lebens in Rußland. Hrsg. von Wilh. Wolfsohn. 1. und 2. Bd. (Jahrg. 1862 und 1863.) gr. 8. Leipzig, Steinacker. à Bd. *

— — Internationale Zeitschrift für Literatur, Kunst und öffentliches Leben. Herausg. von Wilh. Wolfsohn. 3. u. 4. Bd. Jahrg. 1864. 6 Hefte (à 10—12 Bgn.). Leipzig, Veit & Co. gr. 8. n. 6 ℳ
Fortsetzung hiervon s. Revue, nordische.

—— russische. Monatsschrift für die Kunde Russlands. Hrsg. von Carl Röttger. 1. Jahrg. 5 Hefte. (August—Decbr.) gr. 8. (à Heft ca. 100 S.) St. Petersburg 872, Röttger. *

—— dass. — 2.—4. Jahrg. à 12 Hefte. gr. 8. (à Heft 96 S.) Ebendas. 873—75. à Jahrg. *

Revue, russische. Monatsschrift für die Kunde Russlands. Hrsg. von Carl Röttger. 5.—8. Jahrg. 1876—1879. à Jahrg. 12 Hefte. gr. 8. (à Heft ca. 96—100 S.) St. Petersburg, Röttger. à Jahrg. * 20 —

—— russische. Vierteljahrsschrift für die Kunde Russlands. Hrsg. von Carl Röttger. 9.—13. Jahrg. 1880—1884. à Jahrg. 4 Hefte. gr. 8. (à Heft ca. 100 S.) St. Petersburg, Schmitzdorff. Jahrg. 1880—1883 à * 20 —
Jahrg. 1884. * 16 —

—— russische. Vierteljahrsschrift für die Kunde Russlands. Hrsg. von R. Hammerschmidt. 14.—17. Jahrg. 1885—1888. à Jahrg. 4 Hefte. gr. 8. (à Heft ca. 128 S.) St.-Petersburg, Schmitzdorff. à Jahrg. * 16 —

—— russische. Vierteljahrsschrift f. die Kunde Russlands. Hrsg. v. R. Hammerschmidt. 18.—20. Jahrg. 1889—1891. à Jahrg. 4 Hefte. gr. 8. (à Heft ca. 150 S. m. Tab.) St. Petersb., Schmitzdorff. à Jahrg. * 16 —
Nicht weiter erschienen.

—— dass. — Generalregister der bisher erschienenen 20 Jahrgänge (31 Bde.) 1872—1891. Zusammengestellt v. Herm. Brunnhofer. gr. 8. (18 S.) Ebd. 892. * 1 35

— ruthenische. Halbmonatsschrift. Hrsg.: B. R. v. Jaworskyi, A. Kos, Roman Sembratowycz. Red.: Roman Sembratowycz. 2. u. 3. Jahrg. 1904 u. 1905. à 24 Nrn. (à ca. 32 S.) Lex.-8. Wien (VIII/1, Wickenburgg. 10), Administration. 1904 n. 6.—; 1905 n. 8.—
Fortsetzg, s.: Rundschau, ukrainische.

Revue scientifique suisse. IIe année, 1878. Paraissant chaque mois. Fribourg, A. Henseler.
Prix pour la Suisse par an 8 —

Revue
— scientifique suisse. IIIe année, 1879. Paraissant chaque mois. Fribourg, A. Henseler.
Prix pour la Suisse par an 8 —

Revue scientifique suisse. Bulletin mensuel. Gérant: Ant. Henseler. IIIe année 1880. In-4°. Fribourg, Bureau. Par an pour la Suisse 8 —

Revue scientifique suisse. 1880. N° 7. Juillet.
Contenu: L'écureuil, par *G. Leyritz*. — De la manne du désert ou manne des Hébreux, par Dr. *Renard et E. Lacour* (suite). — Une visite au cimetière de Fribourg, par Dr. *C—a.* (suite). — Description géologique du canton de Genève, par *A. Favre*. — Quelques monnaies remarquables frappées par Uri, Schwytz et Unterwalden à Bellinzona, par *H.* — Correspondance, par *C. R.*- Géologie, par le prof. *F. A. Forel*. — Chronique scientifique.

— N° 8. Août.

Revue scientifique suisse. 1880. N° 9. Septembre.
Sommaire: Art héraldique: Quelques notices élémentaires, utiles à tout le monde, par *A. Hachel* (suite). — Margarine et beurre; leur composition, leur analyse, par *Balland*. — Les gisements aurifères en Afrique. — Le fer dans les mains de l'architecte, par *E. Trélat*. — L'exposition nationale belge, son chemin de fer électrique et ses pavillons téléphoniques. — De la manne du désert ou manne des Hébreux, par le Dr. *Renard* (suite et fin). — Nécrologie. — Observations sur quelques monogrammes, par *C. F. Trachsel*. — Chronique scientifique: La levée du Neptune.

Revue scientifique suisse. 1880. N° 10. Octobre.
Sommaire: Numismatique: Les projets de l'écu du tir fédéral de Fribourg 1881. — Philologie: Lettre à la rédaction de *C. F. Trachsel*. — Art héraldique: Quelques notices élémentaires, utiles à tout le monde, par *A. Hachel* (suite). — Electricité: Les câbles algériens. — Industrie: Le fer dans les mains de l'architecte (suite et fin). — Zoologie: La fascination chez les reptiles. — Mécanique: Le chemin de fer funiculaire du Giessbach. — Chronique scientifique.

Revue scientifique suisse. 1880. N° 11. Novembre.
Sommaire: Art héraldique: Quelques notices élémentaires, utiles à tout le monde, par *A. Hachel* (suite). — Etudes de voyages: Etude sur le bassin du Nil, par *M. de la Motte*. — Géographie: Tahiti annexée aux colonies françaises, par *E. Cortambert*. — Electricité: Les câbles algériens (suite). — Biographie: James Fazy, par *M. A. Gromier*. — Bibliographie. — Correspondance. — Chronique scientifique: Photographies du soleil. — Institut géographique international. — La disparition du gros gibier.

Revue scientifique suisse. 1880. N° 12. Décembre.
Sommaire: L'hypnotisme, par le Dr. *A. F.* — Art héraldique: Quleques notices élémentaires, utiles à tout le monde, par *A. Hachel*, avec une planche (suite). — Electricité: Les câbles algériens (suite). — Littérature: Histoire du journalisme médical. — Bibliographie: Fribourg et ses environs. — Chronique scientifique: Faire parler la lumière. — Le transport des navires par chemin de fer. — Géologie du Sahara.

Revue: La Revue du XXe Siècle
① Progrès - Paix - Arbitrage. Echos du pays d'Alsace-Lorraine et Revue Universelle. Chronique politique, économique et sociale - Industrie - Commerce - Agriculture - Finances - Littérature - Sciences - Beaux-Arts ④ Revue de l'Est (à partir de 1894) ⑤ 1892—1894 ⑥ 8° ⑦ bi-mensuel ⑧ Bâle: Veuve Chr. Krūsi ⑩ Louis Zorn, Mulhouse ⑪ Louis Zorn ⑭ Bs: U (3 numéros).

— slavistique. Publiée par Jean Łoś, Mańkowski, CasimirNitsch et Jean Rozwadowski. (Auch m. poln. Titel.) Tom. I—III. gr. 8. Krakau. (Leipzig, O. Harrassowitz.) 22. 50
I. (IV, 324 S.) 908. 7.—. — II. (VIII, 318 S.) 909. 7.—. III. (VIII, 398 S. m. 1 Karte.) 910. 8.50.

Revue sociale et politique publ. par la Société d'études soc. et polit. Secrét.-gén.: M. Aug. Couvreur. Année 1–5, No 1–6. 1891–1895. [Mehr nicht erschienen.] Bruxelles: Société; Berlin: Puttkammer & Mühlbrecht 1891–95. 5 Bde 8° [07. 3022

—— sociale. Volkswirthschaftliche Zeitschrift besonders zur Vertretung der Angelegenheiten des deutschen Handwerkerbundes (im Anschluß an das Bundesorgan: „Die deutsche Bürgerzeitung"). Redig. und hrsg. von Nic. Schüren. 1. Bd. 9 Hefte. (à 3—4 Bog.) gr. 8. Aachen 863. (Leipzig, Wengler's Verlag.) à Heft *

Revue (Sociale). Volkswirthschaftliche Zeitschrift, besonders zur Vertretung der Angelegenheiten des Deutschen Handwerkerbundes (im Anschluss an das Bundesorgan: „Die deutsche Bürgerzeitung".) Red. u. hrsg. v. Nic. Schüren. 1. Bd. 12 Hefte. gr. 8°. Aachen 1863. (Leipzig, Wengler).

— soziale. Hrsg. u. Red.: Karl Kraus. 1. Jahrg. Oktbr. 1892—Septbr. 1893. 24 Nrn. (à ca. 16 S.) Fol. Böhm.-Kamnitz, Verlag der sozialen Revue. n. 9. —

— sociale. Zeitschrift f. die socialen Fragen der Gegenwart. Hrsg. v. Jos. Burg. 1. u. 2. Jahrg. 1901 u. 1902. à 4 Hfte. gr. 8. (à 8—10 Bog.) Essen (=Ruhr. Ottilienstr. 12), Verlag der socialen Revue. à Jahrg. n. 4.—
Der 1. Jahrgang ist vergriffen.

— soziale. Zeitschrift f. die sozialen Fragen der Gegenwart. Hrsg u. red. v. Jos. Burg. 3.—5. Jahrg 1903 bis 1905. à 4 Hefte. (632, 572 u. 592 S.) gr. 8. Essen [Verlag der sozialen Revue.] Fredebeul & Koenen.
à Jhrg. n. 4. —; erm. Pr. n. 1 50

— dasselbe. Begründet v. Jos. Burg. Hrsg. v. Ant. Retzbach. 6. Jahrg. 1906. 4 Hefte. (552 S.) gr. 8. Essen, Freudebeul & Koenen. n 4. —

— soziale. Zeitschrift f. die sozialen Fragen der Gegenwart. Begründet v. Jos. Burg. Hrsg. v. Ant. Retzbach. 7.—10. Jahrg. 1907—1910. à 4 Hefte. (548, 537, 535 u. 530 S.) gr. 8. Essen, Fredebeul & Koenen.
à Jahrg. 4. —

— spanisch-deutsche, für Litteratur, Politik und Handel. Hrsg.: J. López Lapuya. Chef-Red.: E. Bark. 1. Jahrg. 1887/88. 24 Nrn. (2 B.) gr. 4. Madrid, Selbstverlag. n. 16. —
Erschien nicht vollständig.

Revue Statistique des principales Actions cotées à la Bourse de Bâle. Publiée en Décembre 1909 ([par] A. Sarasin & Cº, Bâle ...). [Avec 1 planche.] II + 99 p. 8-obl. ([Bâle,] Basler Druck- und Verlags-Anstalt.)

Revue Suisse
v. Schweizer Journal — Revue Suisse.

— suisse des assurances, s.: Versicherungs-Zeitschrift, schweizerische.

Revue de la Suisse Catholique
① Recueil périodique littéraire, historique, scientifique et religieux (1869—10. 10. 1877). Organe de la Société helvétique de Saint-Maurice - Recueil mensuel (10. 11. 1882—1891) ② Revue de Fribourg (janvier/février 1902—décembre 1912) ⑤ novembre 1869—décembre 1912 ⑥ in-8° ⑦ mensuel (1869—1901); 6× par an (1902—1903); 10× par an (1904—1912) ⑧ Fribourg: Philippe Haesler (novembre 1869—octobre 1870). M. Soussens (novembre 1870—juillet 1872). Imprimerie catholique suisse (août 1872—décembre 1891). Imprimerie de l'Oeuvre de Saint-Paul (25. 1. 1892—décembre 1912) ⑩ Chanoine Joseph Schorderet (fondateur, 1869—?), M. Soussens (novembre 1870—10. 10. 1882), Société helvétique de Saint-Maurice (10. 11. 1882—1891). un comité de professeurs de l'Université de Fribourg (1892—1902) ⑪ Chanoine Joseph Schorderet (1869—?), M. Soussens (novembre 1870—10. 7. 1880), Mgr. J. Jaccoud (10. 8. 1880—1901). Victore Giraud (1902—juillet 1904). Pierre de Labriolle et Jean Brunhes (novembre 1904—1912) ⑭ Be: L.

Revue suisse d'Economie politique et de Statistique
v. Zeitschrift für schweizerische Statistik — Journal de Statistique suisse.

— suisse de l'enseignement professionnel, s.: Blätter f. den Zeichen- u. gewerbl. Berufsunterricht.

— suisse d'hygiène scolaire et de protection de l'enfance, s.: Blätter, schweizer., f. Schulgesundheitspflege.

— suisse de jurisprudence, s.: Juristen-Zeitung, schweizerische.

— suisse de médecine. — Schweizer. Rundschau f. Medizin. Hrsg. v. Lardy, Zbinden, Steinmann u. Bircher. Tome I. 1909. 4 Nrn. (à ca 150 S. m. Abb.) Lex. 8. Genf 909. Kündig. — Bern, A. Francke.
nn 6. 40
Fortsetzg., s.: Rundschau, schweizer., f. Medizin.

Revue suisse de numismatique, publiée par le comité de la société suisse de numismatique sous la direction de Paul Ch. Stroehlin. 1.—4. année 1891—1894. à 4 Hfte. (à ca. 90 S. m. Taf.) gr. 8. Genf, (H. Stapelmohr). à Jahrg. n.n. 15. —

Revue suisse de numismatique, publiée par le comité de la société suisse de numismatique sous la direction de Paul-Ch. Stroehlin. 5.—8. année 1895—1898. (à ca. 400 S. m. Taf.) gr. 8. Genf, Société suisse de numismatique. à Jahrg. n.n. 12. —

Revue Syndicale suisse
① Organe de l'Union suisse des Fédérations syndicales. Organe mensuel de l'Union syndicale suisse à Berne (dès janvier 1927) ⑤ 8. 5. 1909 (cont.) ⑥ in-4°; dès janvier 1927: in-8° ⑦ mensuel ⑧ Berne: Imprimerie de l'Union ⑨ Travail et sécurité sociale (Chronique de jurisprudence et de législation; juillet 1949 cont.: in-8°; réd.: Alexandre Berenstein) ⑩ Union syndicale suisse ⑪ Charles Schurch. Aug. Huggler ⑭ Be: L ⑮ Edition allemande: Gewerkschaftliche Rundschau für die Schweiz.

Revue, Technische. Zeitschrift für Industrie und Technik. Berlin: Graf 1896–1902. 8°
Red.: Friedrich Graf.

Revue de théologie et de philosophie. XIXme année. Nº 1. 1886.

Sommaire: La foi d'après les synoptiques, par *F. C. J. van Goens.* — La parousie, par *A. Revel* (Sec. article). — Le religion du comte Tolstoï, par *J. J. Parander.* — Ouaphrès, l'allié de Salomon, par *R. Chatelanat.* — Faits divers etc.

Revue de théologie et de philosophie. XIXme année. Nº 2. 1886.

Sommaire: Le canon des saintes Ecritures et sa délimitation, par *H. Charannes.* — Philosophie et religion entre Kantiens, par *J.-F. Astié.* — Le séjour de Calvin en Italie, d'après des documents récents, par *H. Lecoultre.* — Les origines de l'Essénisme, par *G. Baldensperger.* — Bulletin.

Revue de théologie et de philosophie. XIXme année. Nº 3. 1886.

Sommaire: L'apôtre Paul et le christianisme, d'après Pfleiderer, par *F.-C.-J. van Goens.* — Deux nouvelles „Vie de Jésus", par *E. Robert* (Sec. article). — Philosophie et religion entre Kantiens, par *J.-F. Astié* (Sec. article). — Etude biblique, par *G. Dietrich,* pasteur. — Les bons et les mauvais usages de la Bible. — Faits divers. — Bulletins.

Revue de théologie et de philosophie. XIXme année. Nº 5. 1886.

Sommaire: Du rôle liturgique du symbole des apôtres, par *Ariste Viguié.* — L'apôtre Paul et le christianisme, d'après Pfleiderer, par *F.-C.-J. van Goens* (3e et dern. art.) — La nature de la conversion, par *C. Malan* (2e art.) — Philosophie et religion entre Kantiens, par *J.-F. Astié* (4e et dern. art.) — Le démon de Socrate, sa nature, d'après Edouard Zeller. — Bulletin.

Revue de théologie et de philosophie. XIXme année. N° 6.

Sommaire: Le mystère de l'origine du mal, par *E. Coquerel*. — Mythe et légende dans l'Ancien Testament, du *Dr. Hermann Schultz*, trad. par *Charles Byse*. — La nature de la Conversion, par *C. Malan*. (3e art.) — Quelques difficultés du dogme traditionnel concernant la vie future, par *Petavel-Oliff*. (Prem. Art.) — La perfection chrétienne, étude biblique par *G. Dietrich*. — Quel âge avait Salomon, lors de son avènement? par *Lucien Gautier*. — La sainte cène, par le rév. *T.-T. Munger*, trad. par *Alfr. L.* — A propos du rôle liturgique du symbole des apôtres, par *H. V.* — Bulletin. — Table des matières de l'année 1886.

Revue de théologie et de philosophie. 1890. N° 6.

Religion et théologie, par *L. Emery*. Alexandre le Grand et les juifs en Palestine, par *H. Bois*. Le jour du Seigneur, par *L. Thomas*. VII. Thèses sur la propitiation, par *A. Gretillat*. Le prétendu baptême pour les morts, par *G. Dietrich*. Bulletin.

— de théologie et de philosophie et Compte rendu des principales publications scientifiques paraissant tous les deux mois sous la direction de *Vuilleumier* et *Ph. Bridel*. 30e année. 1897. In-8°. Lausanne, Georges Bridel & Cie. Par an 12 —; Etranger 13 —

— theologische. In Verbindg. m. der theolog. Fakultät zu Münster u. unter Mitwirkg. vieler anderer Gelehrten hrsg. v. Frz. Diekamp. 1. Jahrg. 1902. 20 Nrn. gr. 4. (à ca. 40 Sp.) Münster, Aschendorff. n. 10 —

— theologische. In Verbindg. m. der theolog. Fakultät zu Münster u. unter Mitwirkg. vieler anderer Gelehrten hrsg. v. Frz. Diekamp. 2—5. Jahrg. 1903 bis 1906. à 20 Nrn. (XVI, 624; XVI, 624; XVI, 624 u. XVI, 632 Sp.) gr. 4. Münster, Aschendorff. à Jhrg. n. 10. —

— theologische. In Verbindg. m. d. theolog. Fakultät zu Münster u. unter Mitwirkg. vieler anderer Gelehrten hrsg. v. Frz. Diekamp. 6.—9. Jahrg. 1907—1910. à 20 Nrn. (XVI, 640; XVI, 648; XVI, 632 u. XVI, 632 Sp.) Lex. 8. Münster, Aschendorff. à Jahrg. 10. —

— für Thierheilkunde und Thierzucht, s. a. Monatsschrift, österreichische, für Thierheilkunde.

Revue für Tierheilkunde u. Tierzucht. (Beilage der „Monatsschr., österr., f. Tierheilkunde.) Wien, Mor. Perles. à Jahrgang M. 6.

Revue für Thierheilkunde und Thierzucht. Hrsg. von Alois Koch. Bd 1. 1878—10. 1887. Wien 1878—87. (Beilage d. Österreich. Monatsschrift für Thierheilkunde.)

— trimestrielle suisse d'odontologie, s.: Vierteljahrsschrift, schweizerische, f. Zahnheilkunde.

Tschechische Revue. I. Jahrg. Heft 1. Oktober 1906. Redakteur: Prof. Dr. Ernst Kraus. Erscheint am 1. Freitag jedes Monats (außer August und September) in Heften. Lex.-8°. (zu 6 Bogen, 96 S.) jährl. * K 17.—, ½jährl. * K 1.50, einzelne Hefte * K 2.— Prag: Grosman & Svoboda 1906.

— čechische Red.: Ernst Kraus. 1. Jahrg. Oktbr. 1906—Juli 1907. 10 Hefte. (à ca. 96 S.) Lex.-8. Prag, Grosmann & Svoboda. n. 15.

Revue, čechische. Red.: Ernst Kraus. 2. Jahrg. Oktbr. 1907—Juli 1908. 10 Hefte. (IV, 960 S.) Lex. 8. Prag, Grosman & Svoboda. 15. —

Revue, ungarische, 1869. Unter Mitwirkung mehrerer Fachmänner redigirt von J. H. Riedl. Leipzig und Wien 1869. (Enthaltend Geologie, Flora, Fauna und politisch-ökonomische Verhältnisse Ungarns.)

— ungarische, 1869. Unter Mitwirkg. mehrerer Fachmänner red. von Mansvet Riedl. Leipzig 869. (Brockhaus' Sort.) Lex.-8. (XI, 216 S.) n. 1 Thlr 20 ngr.

— ungarische. Beiträge zur Kenntniss der Vergangenheit u. Gegenwart Ungarns. Red. v. Mansvet Riedl. 2. Ausg. Lex.-8. (XIII, 216 S.) Budapest 876. Aigner. n. 4. —

Ungarische Revue. Mit Unterstützung der Ungarischen Akademie der Wiss. hrsg. Jg [1]—15. — Budapest: Kilian; Lpz.: Brockhaus in Komm. 1881—1895.

Revue, ungarische. Mit Unterstützung der ungar. Akademie der Wissenschaften hrsg. von Paul Hunfalvy. 1. Jahrg. 1881. 12 Hefte. gr. 8. (VIII, 992 S.) Budapest. (Leipzig, Brockhaus' Sortiment und Antiq.) *

—— dass. — 2. Jahrg. 1882. 10 Hefte. gr. 8. (IV, 836 S.) (Ebendas.) *

—— dass. — Hrsg. von Paul Hunfalvy und Gust. Heinrich. Jahrg. 1883 und 1884. à Jahrg. 10 Hefte. gr. 8. (796; 716 S.) (Ebendas.) à Jahrg. *
Früher u. d. T.: Berichte, literarische, aus Ungarn.

— ungarische. Mit Unterstützg. der ungar. Akademie der Wissenschaften hrsg. v. Paul Hunfalvy u. Gust. Heinrich. Jahrg. 1883—1886. à 10 Hfte. gr. 8. (à Hft. ca. 80 S.) Budapest. (Leipzig, Brockhaus' Sort.) à Jahrg. n. 10. —

— ungarische. Mit Unterstützg. d. ungar. Akademie der Wissenschaften hrsg. von P. Hunfalvy u. G. Heinrich. 7. u. 8. Jahrg. 1887 u. 1888. à 10 Hfte. gr. 8. (à Hft. ca. 80 S.) Budapest. (Leipzig, Brockhaus' Sort.) à Jahrg. n. 10. —

— dasselbe. 9. u. 10. Jahrg. 1889. 1890. à 10 Hfte. gr. 8. (à Hft. ca. 80 S.) Ebd. à Jahrg. n. 12. —

— ungarische. Mit Unterstützg. der ungar. Akademie der Wissenschaften hrsg. v. Karl Heinrich. 11.—14. Jahrg. 1891—1894. à 10 Hfte. (à ca. 70 S.) gr. 8. Budapest. (Leipzig, F. A. Brockhaus.) à Jahrg. n. 12. —; einzelne Hfte. à n. 1. 20

— ungarische. M. Unterstützg. d. ungar. Akademie d. Wissenschaften hrsg. v. Karl Heinrich. 15. Jahrg. 1895. 10 Hfte. (à ca. 8 Bog. m. Abb.) gr. 8. Budapest. (Leipzig, F. A. Brockhaus.) n. 12. —; einz. Hfte. n. 1. 20
Weiter nicht erschienen.

— dasselbe, Register, s.: Register zu Literarische Berichte aus Ungarn.

— **ungarische.** Einzige deutsche Zeitschrift Ungarns f. Belletristik, Kunst, Literatur, Wissenschaft u. sociale Interessen. Familienmonatsschrift. Chefred. u. Hrsg.: Jos. Eug. Kun. Unter Mitarbeiterschaft der hervorragendsten Schriftsteller u. Gelehrten. Red.: Omikron. 2. Jahrg. 1905. 12 Hefte. (à ca. 64 S. u. 40 S. in kl. 8.) Lex.-8. Budapest (VI, Teréz-körut 40—42), Administration. n. 7. —

Ungarische Pädagogische Revue. (Revue Pédagogique Hongroise.) Jahrgang. 1901—1902. Chefredacteur: Director Fr. Kemény. Verantwortlicher Redacteur: Eugen Szöllösi. Budapest [1901.] Wodianer & Söhne. Gr.-8°. erscheint in 6 Doppelheften compl. K 6.—

— ungarische pädagogische. Revue pédagogique hongroise. Chefred.: Fr. Kemény. Red.: Eug. Szöllösi. Oktbr. 1901—Septbr. 1902. 6 Doppelnrn. gr. 8. (IV, 200 S. m. 14 Taf.) Budapest (R. Lampel). n. 6. —

— ungarische pädagogische. Hrsg. u. Red: Eug. Szöllősi. 2.—5. Jahrg. 1903—1906. à 10 Hefte. (IV, 160; IV, 172; IV, 160 u. IV, 160 S. m. 4, 6, 1 u. 2 Taf.) gr. 8. Budapest (R. Lampel). à Jhrg n. 6. —

— universelle des mines, de la métallurgie, des travaux publics, des sciences et des arts appliqués à l'industrie. Propr.-gérant: A. Noblet. 15. année 1871. — Tome XXIX. 6 Livraisons. gr. 8. (1. et 2. livr. 276 S. m. 20 Steintaf. in 8., qu. 4. u. qu. Fol.) Bonn, A. Marcus. n. 28. —

REVUE unsers Zeitalters. Leipzig, Bruder, 1807. Gr. 8°. (5/12 Rthl.) Rar!

— östreichischer Zustände. 1. Bd. 1.—3. Heft. u. 2. u. 3. Bd. gr. 12. Leipzig 842—45, Reclam jun. à Bd. n. 1 ₰

Revue-Manoeuvre der k. k. österr. Hauptarmee zwischen Dijon u. Couternon am 5. Okt. 1815. (Fing. Tit.) Mit 1 Pl. u. 1 Skz. o. O. 1815. 4 Bl. Hdschr.

Revue Manoeuvre im Lager bei Aviano den 9. May im Jahr 1805. (Mit 19 Plänen.) (Donation Liechtenstein.) 4. (ohne Druckort.) 1805.

Revue und Vereins Zeitung: 1884–1891? Philadelphia, PA
Weekly

Revuo, internacia scienca. Oficiala monata organo de la internacia scienca asocio Esperantista. Dir.: René de Saussure. Cef-Red.: Fr. Thalwitzer. 7. jaro. 1910. 12 Nrn. (à ca. 24 S.) Lex. 8. Dresden, H. F. A. Thalwitzer. 5. 65

Revvil, die Parias in Mexiko, s. Roman-Bibliothek, Wiener.

de Rewa, A. L. B., Epistola Pastoralis J. F. Trauthson de Falkenstein, quam observationibus moralibus theol. illustr. 4. Wittenb. 753. Zimmermann. 2 ℔

Rewald, Bruno: Über l- und d-Capronsäure. Über kolloidale und gelatinöse Erdalkaliverbindungen. Berlin: Springer 1908. 31 S. 8°
Berlin, Phil. Diss. v. 23. Sept. 1908, Ref. Gabriel
[Geb. 23. Juni 83 Berlin; Wohnort: Bromberg; Staatsangeh.: Preußen; Vorbildung: Friedrichs-Werdersche Oberrealsch. Berlin Reife M. 03; Studium: Berlin Techn. Hochsch. 2, Univ. 7 S.; Rig. 18. Juni 08.] [U 09. 257

Zähne und Zahnpflege. Zahnkrankheiten mit besond. Berücks. d. gewerbl. Erkrankungen. Von Gertrud **Rewald**-Berlin. Mit 11 Ill. Berlin: Vorwärts 1908. (23 S.) 8° [F.] [08. 9616

Rewbell, [Jean-François]. u. Reubell. Mitglied des Direktoriums der französischen Republik, an den Bürger Johann Caspar Lavater .... Aus dem Französischen übersetzt mit Anmerkungen. 8. [Leipzig] 1798.

Rewen, Hans, die Försterfamilie oder Gottes Wege sind wunderbar. Eine Erzählung für die Jugend u. ihre Freunde. Mit 4 Bildern. 8. (88 S.) Breslau 880. Trewendt. cart. — 75

Rewiczky, s. Revitzky

Rewidzoff, Olga. Ueber die Bedingungen und die klinische Bedeutung einer sog. Ferment-Reaktion im Harn. Aus der med. Klinik in Zürich .... Diss. Med. Univ. Zürich. 15 S. 8. Zürich, J. J. Meier, 1911.

Rewitzki, s. Revitzky

de Rewizky, s. Revitzky.

Rex, Carl August, s. Rex, Karl August

†Rex, Erwin [Paul Langenscheidt], Abriß der Geschichte der antiken Litteratur. Mit besond. Berücksicht. der Langenscheidt'schen Bibliothek sämtl. griech. und röm. Klassiker in neueren deutschen Muster-Uebersetzungen. 1.—7. Aufl. 8. (125 S.) Berlin 885, Langenscheidt'sche Verlagsh. * 35 Pf.; geb. ** — 50
—— dass. — 8.—33. Aufl. (125 S.) 886; 34.—38. Aufl. 8. (126 S.) Ebendas. 887. 40 Pf.; geb. — 65

Rex, Erwin, Abriß der Geschichte der antiken Litteratur. Mit besond. Berücksicht. der Langenscheidtschen Bibliothek sämtl. griech. u. röm. Klassiker in neueren deutschen Muster-Übersetzgn. 44. Aufl. 8. (121 S.) Berlin 891. Langenscheidt. n. — 40

Rex, Erwin (Paul Langenscheidt), abwärts. Schausp. in 4 Akten. 8. (80 S.) Berlin 895. Verlag f. Sprach- u. Handelswissenschaft. n. 2. —; geb. n. 3. —

Rex, Erwin (Paul Langenscheidt), abwärts. Schauspiel in 4 Akt. 8. (80 S.) Berlin 895. [Verl. f. Sprach- und Handelswissenschaft.] Dr. P. Langenscheidt. n. 2. —

— **Bibliothek des geselligen Lebens.** 1.—3. Bd. 16. Berlin 893. J. Gnadenfeld & Co. à n. 1. 50
1. Wem bring' ich wohl das erste Glas? Ernste u. heitere Orig.-Tischreden f. alle Verhältnisse des gesell. Lebens. Nebst Anh. (XXIV, 304 S.)
2. Fesch u. vornehm. Lexikon der guten Lebensart f. alle Verhältnisse des häusl. u. gesell. Lebens. (VII, 287 S.)
3. Fremdwörterbuch. Lexikon der Fremdwörter u. fremdsprachl. Redensarten im Deutschen. (XV, 319 S.)

Rex, Erwin, fesch u. vornehm. Lexikon der guten Lebensart f. alle Verhältnisse d. häusl. u. gesell. Lebens. 20. Taus. (VII, 287 S.) 11,5×7,5 cm. Berlin (908). H. Steinitz. Geb. in Leinw. 2. —

— **Fremdwörterbuch.** Lexikon der Fremdwörter u. fremdsprachl. Redensarten im Deutschen. 2. u. 3. unveränd. Ster.-Aufl. 24. (XV, 319 S.) Ebd. 891. Geb. in Leinw. n. 1. 50

— **Fremdwörterbuch.** Lexikon der Fremdwörter und fremdsprachl. Redensarten im Deutschen. (Neue Ausg.) 16. (XV, 319 S.) Berlin (901). H. Steinitz. Geb. n. 1. 50

— eine **Mutter**. Schauspiel in 3 Akten. 8. (89 S.) Berlin 895. Dr. P. Langenscheidt. n. 2. —

[F.] Eine Mutter. Schausp. in 3 Akten v. Erwin Rex. *Berlin: Verl. f. Sprach- u. Handelswiss. 1895.* (89 S.) 1 Bd 8. [96. 8038

— der **Schmied** f. Glücks. Novelle. 12. (28 S.) Ebd. 895. Unentgeltlich.

— **wem** bring' ich wohl das erste Glas? Ernste u. heitere Orig.-Tischreden f. alle Verhältnisse des gesell. Lebens. Nebst Anh. (Neue Ausg.) 16. (XXIV, 304 S.) Berlin (901). H. Steinitz. Geb. in Leinw. n. 2. —

— Wem bring' ich wohl das erste Glas? Ernste u. heitere Orig.-Tischreden f. alle Verhältnisse des gesell. Lebens. Nebst Anh. 30. u. 31. Tauf. (XXIV, 304 S.) 11,5×7,5 cm. Ebd. (908). Geb. in Leinw. 2. —

Rex, Franz —. Anleitung zur praktischen Hilfeleistung bei etwa sich ereignenden Unglücksfällen während der Fahrten auf der k. k. nördlichen Staatseisenbahn für die Herren Kondukteure, nachdem, denselben im Auftrage des hohen Ministeriums für Handel, Gewerbe und öffentliche Bauten in den Jahren 1850 und 1852 in Prag mündlich ertheilten Unterrichte von — —. 8. (56 S.) Prag. Druck der C. Vetterl'schen Buchdruckerei. 1854.

Rex, Frdr. Wilh., fünfstellige Logarithmen-Tafeln. 2 Hfte. 11 Taf. Ster.-Druck. gr. 8. (XVI, 183 S.) Stuttgart 884. Metzler's Verl. n. 2. 60

— **fünfstellige Logarithmen-Tafeln.** 1. Heft: Taf. I bis III. Die Logarithmen der Zahlen u. der goniometr. Funktionen. Ster.-Druck. 2. Aufl. (XVI, 95 u. 2 S.) gr. 8. Ebd. 904. n. 1. 30

Rex, Friedr. Wilh., vierstellige Logarithmen-Tafeln. gr. 8. (64 S.) Stuttgart 884, Metzler'sche Buchh. geb. *

Rex, F. W., vierstellige Logarithmentafeln. Schul-Ausg. gr. 8. (29 S.) Stuttgart 887. Metzler's Verlag. n. — 60

Rex, Frdr. Wilh., vierstellige Logarithmen-Tafeln. Schul-Ausg. 2. Aufl. (II, 29 S.) gr. 8. Stuttgart 905. J. B. Metzler. n. — 60

—— tables de logarithmes à cinq décimales. 2 fascicules. Edit. stér. gr. 8. (XVII, 182 S. mit 1 Tab.) Ebendas. 887. à fasc. ℳ 2.—. * 4 —

Rex, Frdr. Wilh., Tafeln d. Factors V auf 4 Decimalstellen zur Bestimmg. d. Theilpunkte f. jede belieb. v. polygonal begrenzten Grundstücken abzutheilende Fläche. gr. 8. (39 S.) Liebenwerda (891). R. Reiss. Geb. in Leinw. n. 2. 50

Rex, Dr. Ignaz —. Ueber die Geschwüre. Eine gekrönte Preisschrift von — —. 8. (3 Blätt. 200 S.) Prag. Druck von Kath. Gerzabek. In Kommission der A. C. Kronberger'schen Buchhandlung. 1854.

Rex, Ign., über die Geschwüre. Eine gekrönte Preisschrift. Prag 854. Credner in Comm. gr. 8. (4 Bl., 200 S.) n. 28 *ngr.*

Rex, Ina (Frau Alwina Hinrichsen), Nivellierarbeit d. Zeit, s.: Hausbibliothek, hamburgische.

— Stille Schicksale, s. a. Kürschner's Bücherschatz.

Stille Schicksale. Novellen von Ina Rex. Berlin, Leipzig: Hillger [1908]. 96 S. 8°
(Kürschners Bücherschatz. Nr 623.)

Rex, Karl August

Rex, Carl August (Meißn. Adel), De transmissione fructuum feudalium in heredes allodiales. Diss. jur. Präs. Johann Wolfgang Trier. Leipzig (A. Zeidler) 3. VIII. 1719. 35 S. (5.—) 28482
Widm. v.: Johann Wolfgang Trier.

— — Dasselbe. Leipzig 3. VIII. 1719. 1747. 35 S. (5.—) 28483
Widm. v.: Joh. Wolfgang Trier.

— — Dasselbe. Frankfurt u. Leipzig 3. VIII. 1719. Rec. 1751. 35 S. (5.—) 28484
Widm. v.: Joh. Wolfgang Trier.

Rex, Osc., K. u. k. 4. (40 Lichtdr.-Taf. m. 4 S. Text.) Prag 893. C. Bellmann. In Mappe. n. 12. —

Rex, Paul von [aus Beuchlitz (Preussen)]: Beiträge zur Kenntnis der Vanadate des Natriums. Berlin 1901. 35 S. 8°.
Bern. Phil. Diss. 1900/1901.

Rex, Paul von. Beiträge zur Kenntnis der Vanadate des Natriums. Diss. Phil. Bern. 35 S. 8. Berlin, A. W. Schade, 1901.

Rex, Roland, der Giftmischer, s.: Bibliothek, interessante.

Rexhäuser, Ludw., illustr. Familienbuch der Naturheilkunde m. besond. Berücksicht. der öffentlichen Hygiene. 40 Lfgn. gr. 8. (XII, 680 S.) Leipzig 894. C. Schremmel. à — 20 (kplt.: n. 8. —; geb. 9. 50)

Zur Geschichte des Verbandes der deutschen Buchdrucker. Seine Einrichtungen, s. Wirken u. s. Bedeutung. Eine Gedenkschrift z. 500jähr. Jubelfeier d. Buchdruckerkunst. Im Auftr. d. Verbandsvorst. bearb. von Ludwig **Rexhäuser**, Redakteur. Berlin: Selbstverl. d. Verbandsvorst. 1900. (94 S.) 8°

Rexilius, Wilhelm, a. Schiltigheim, Medizinalprakt. an d. chir. Univ.-Klinik zu Straßburg: Zur Chirurgie des Ureters beim Weibe. Straßburg 1907. (63 S.) 8°
Straßburg, Med. Fak., Ref. Fehling, Diss. v. 10. Nov. 1907
[Geb. 16. Dez. 79 Schiltigheim b. Straßburg i. E.; Wohnort: Straßburg; Staatsangeb.: Elsaß-Lothringen; Vorbildung: Protest. Gymn. u. Lyzeum Straßburg Reife Sommer 01; Studium: Straßburg 7, München 1, Straßburg 2 S.; Coll. 25. Juli 07; Approb. 24. Dez. 06.]

Rexrodt, Heinrich [aus Marburg]: **Die Geburt bei Doppelmissbildungen ... Cassel, Druck v. Gebr. Gotthelft,** ***1891;*** 23 S. 8.
Würzburg, Med. Fak., Inaug.-Diss. v. 1891

Rexroth, G., die Leitung des Heiligen Geistes, s.: Müller, Karl, die Sünde wider den Heiligen Geist.

Rey, Abel, die Theorie der Physik, s.: Bücherei, philosophisch-soziologische. XII.

Verzeichniss der unter Direktion Friedrich Erdmann-Jesnitzer während seiner 12jähr. Direktionsführung (1886–1898) im Stadt-Theater zu Lübeck gegebenen Vorstellungen. Zsgest. von Adolf Rey. *(Lübeck 1898: Gebr. Borchers.)* (12 S.) 8° [F.] [96. 6766

Rey, Adf., Verzeichniß d. unter Direktion Friedrich Erdmann-Jesnitzer währ. s. 12jähr. Direktionsführung (1886—1898) im Stadt-Theater zu Lübeck gegeb. Vorstellgn. (Umschlag: D. Stadt-Theater zu Lübeck unt. d. Direktion v. F. E.-J. 1886 bis 1898.) 4. (12 S.) Lübeck 898. (Lübcke & Hartmann.) n. — 20

Rey, Albert: Skeltons' satirical poems in their relation to Lydgate's Order of Fools, Cock Lorell's Bote, and Barclay's Ship of Fools. Bern 1899. 59 S. 8°.
Bern. Phil. Diss. 1899/1900.

Rey, Andreas. Der Glockenruf: Vivos voco, Mortuos plango, Fulgura frango. Festpredigt bei der feierlichen Einweihung der vier neuen Kirchenglocken in der Pfarrkirche Göslikon ... den 16. Juni 1878. Gehalten durch A' Rey .... 8. Stans 1878.

Rey. Andr. (Pfarrer in Sins). Der Glockenruf. Festpredigt. In-8⁰, 23 S. Stans, C. v. Matt. — 25
1879.

Rey, Armand, Armées antiques et modernes. (414 S.) gr. 8. Wien 905. L. W. Seidel & Sohn. n. 5.—; geb. n. 6.—

Rey A., La france industrieuse et littéraire. Wien und Leipzig 1904. F. Deuticke. Preis, geheftet 5 K 50 h, gebunden 6 K.

— **la France industrieuse et littéraire.** Lectures choisois pour les élèves des écoles supérieures de commerce. (VIII, 606 S.) 8. Wien 905. F. Deuticke. Geb. in Leinw. n. 5.—

— **Glanes littéraires** pour les classes supérieures des lycées de jeunes filles. (VIII, 440 S.) gr. 8. Ebd. 903. Geb. in Leinw. n. 4. 20

Rey, Arth., Keime und Knospen. Gedichte. 12. (V, 98 S.) Dresden 888, Pierson's Verlag. *ℳ 1.50.; geb. * 2 50

Rey, Eugène, Altes u. Neues aus dem Haushalte d. Kuckucks, s.a. Vorträge, zoologische.

REY, Eugène: Altes und Neues aus dem Haushalte des Kuckucks. - Leipzig 1892. 96 S. - (Zool. Vortr. H. 11)

— Beobachtungen üb. den Kuckuck bei Leipzig aus d. J. 1893. [Aus: „Ornith. Monatsschr. d. deutschen Ver. z. Schutze d. Vogelwelt".] gr. 8. (10 S. m. 1 Fig.) Berlin 894. (R. Friedländer & Sohn.) n. — 50

Rey, Eugène, die Eier der Vögel Mitteleuropas. (In 25 Lfgn.) 1.—14. Lfg. gr. 8. (S. 1—232 m. 66 farb. Taf.) Gera-Untermhaus 900—902. F. E. Köhler. Subskr.-Pr. à n. 2.—

Rey, Eugène, die Eier der Vögel Mitteleuropas. Mit üb. 1500 farb. Eierabbildgn. auf 128 Taf. nach Originalen der Sammlg. des Verf. 15.–30. (Schluss-)Lfg. (S. 233 bis 681 m. 65 farb. Taf.) gr. 8. Gera-Untermhaus (903—905). F. E. Köhler. Subskr.-Pr. à n. 2. — (Vollst. in 2 Halbfrzbdn. n. 66. 50.)

Rey, Eug., **Synonymik der europäischen Brutvögel und Gäste. Systematisches Verzeichniss nebst Angaben über die geograph. Verbreitung der Arten unter besond. Berücksicht. der Brutverhältnisse. gr. 8. (XVII, 257 S.) Halle 872, Schwetschke'scher Verlag.** *

Rey, Guido. Das Matterhorn. Vorwort von Edmondo de Amicis. Geologische Erläuterungen von Vittorio Novarese. Deutsche Übersetzung von Otto Hauser. Mit 37 Zeichnungen von Edoardo Rubino [wovon 24 Tafeln] und 11 Abbildungen [Tafeln] nach photographischen Aufnahmen [sowie illustriertem Umschlag]. XII + 258 S. 4. Stuttgart und Leipzig, Deutsche Verlags-Anstalt, 1905. [M. 18.—, geb. 20.—]

Rey, H. De la mensuration du pourtour des extrémités en particulier au point de vue de l'appréciation du volume et de l'état de nutrition de muscles. In-8⁰. 34 p. Berne. Thèse. 1897.

Rey, Heinrich [aus Mülheim a. Rh.]: Aus d. medizin. Klinik zu Bonn. Ueber Veränderungen der Schleimhaut des Intestinaltractus und der Respirationsorgane bei Carbolsäure-Vergiftungen ... Bonn, Buchdr. v. A. Henry, 1896; 35 S. 8.
Bonn, Med. Fak., Inaug.-Diss. v. [9.] Mai 1896

Rey, Hermann. aus Aarau [Kt. Aargau]: Über einige Derivate des Dimethylmetaamidophenols. Zür. J. Schabelitz Dr. 1891. 58 S., 1 Bl. 8°.
Zürich. Phil. Diss. [v. 22. Dec. 1890].

Rey, J., über d. Grundsätze d. Engl. Rechtspflege in Vergleich. mit ders. in Frankreich u. einigen and. alten u. neuen Staaten. A. d. Franz. 2 Bde. gr. 8. (26½ u. 29½ B.) Weimar 828, Landes-Indust.-Compt. à 1 Thlr. 21 Gr.

Programm der Bezirksschule Aarau f. d. Schuljahr 1872/73. Hsggb. vom Rektor J. Rey. 36 Stn. 8. Aarau, Druck v. J. J. Christen. 1873.
*** Beigabe: Sprache und Schrift, von J. Rey.

Rey, J., die Wortbildung im Neuhochdeutschen. Beispielsammlung f. Schule u. Haus. Ergänzung zu jeder deutschen Grammatik. gr. 8. (XXVII, 99 S.) Aarau 893. H. R. Sauerländer & Co. n. 1. 60

Rey, J. B., s. Rey, J. L.

Rey, J. L., die öffentlichen u. heiml. prostituirten Frauenzimmer u. die Prostitution im Allgem. Nebst Vorschlägen zur Verminderung der Prostitution &c. u. einem die Prostitution betreff. Polizeireglement. Aus dem Franz. übers. u. mit Anmerkungen versehen von L. H. gr. 16. (104 S.) Leipzig 847, Kößling (jetzt: Luckau, Kutzscher). ½ ₰

— — Die öffentlichen und heimlichen prostituirten Frauenzimmer, und die Prostitution im Allgemeinen. Nebst Vorschlägen zur Verminderung der Prostitution, zur Bekämpfung der überhandnehmenden syphilitischen Krankheiten u. einem die Prostitution betreffenden Polizeireglement. Aus d. Französ. übers. u. mit Anmerkgn. versehen von L. H. Leipzig, Kößling, 1847. Kl. 8⁰. 104 S. (2 Mk. 50 Pfg. Paul Neubner, Cöln, 1890; 2 Mk. F. Waldau, Fürstenwalde, 1907.)
§ — — Dasselbe. 2. Auflage. Grimma 1851. 8⁰. (2 Kr. Halm & Goldmann, Wien, 1904.)

REY, J. L. (Ober-Polizeicommissair zu Mans), Ueber Prostituirte u. Prostitution. (Aus d. Französ. von H.) Grimma 1847. 8⁰. (12 Sgr. Schmidt, Halle, vor 1870; 2 Kr. Carl Greif, Wien, 1912.)
Orig.: Rey, J.-L. (commissaire principal de Police), Des Prostituées et de la prostitution en général, etc. Au Mans, Lanier, 1847. 18⁰. (Contenu dans Gay, Bibliogr. de l'amour III. 5–6.)

— über Prostituirte u. Prostitution im Allgem., nebst Angabe der Mittel, deren unglückliche Folgen zu vermindern, die ihr ergebenen Frauen zu bessern u. d. Verbreitung der Syphilis Einhalt zu thun. Nebst einem, die Prostitution betreff. Polizei-Reglement. Deutsch bearb. u. mit Anmerkungen versehen von H. Mit dem Umschlagstitel: Die öffentl. u. heiml. Prostitution &c. gr. 16. (X u. 134 S.) Grimma 847, Verlags-Comptoir. ½ ₰

REY, J. B. Die öffentliche und heimliche Proſtitution und die proſtituierten Frauen. In amtlichem Auſtrag bearbeitet und mit Anmerkungen verſehen von G. Hartmann. 2. Auflage. Grimma 1851. Kl. 8⁰. 134 S.
Original. Des prostituées et de la prostitution en général, des moyens d'en atténuer les résultats de moraliser les femmes etc. Le Mans 1847. 12⁰. 183 S.

—— die öffentliche und heimliche Prostitution und die prostituirten Frauen, nebst den Mitteln, den unglückl. Folgen und der weitern Verbreitung der Syphilis Einhalt zu thun. In amtl. Auftrage bearb. und mit Anmerkungen versehen von G. Hartmann. 2., verb. Aufl. 8. (X und 134 S.) Grimma 851. [Wurzen,] Verlags-Comptoir.

Rey, Jakob

Rey, J., Himmel u. Erde. Erste Einführung in die Himmelskunde u. in die mathemat. Geographie. Mit 36 Fig. auf 5 lith. Taff. (in qu. 4.) Geschrieben für Familie u. Schule. Zürich 868. Verlags-Magazin. gr. 8. (III, 102 S.) 18 ngr.

Rey, Jak., Himmel und Erde. Einführung in die Himmelskunde. Für die reifere Jugend. 2. verb. Aufl. gr. 8. (VIII, 228 S. mit 103 Text-Illustr. und 1 bunten Titelbilde.) Leipzig 885, Spamer. *M 2.—; cart. * 2 50

Rey, Jak., Himmel u. Erde. Einführg. in d. Himmelskunde. Für die reifere Jugend. 2., verb. Aufl. Wohlf. (Titel-) Ausg. M. 103 Text-Illustr. u. 1 bunten Titelbilde. gr. 8. (VIII, 228 S.) Leipzig (885) 896. O. Spamer. n. 1. 20; geb. in Leinw. 1. 60

Rey's, Jean, Abhandlungen üb. die Ursache der Gewichtszunahme v. Zinn u. Blei beim Verkalken, s.a. Ostwald's, Wilh., Klassiker der exakten Wissenschaften.

Rey Jean, Abhandlungen über die Ursache der Gewichtszunahme von Zinn und Blei beim Verkalken. Deutsch von E Ichenhauser u M Speter. (56 S) (Ostwalds Klassiker 172) Leipzig 1909

[Umschlagt.:] Rey, Jos. [app. Arzt]: Über die chronische Peritonitis bei Kindern ... Düren, Hamel'sche Buchdr., 1891; 1 Bl., 31 S. 8.
Heidelberg, Med. Fak., Inaug.-Diss. v. [23. Juli] 1891

Rey, Lucien

Rey, Luc., petite Mosaïque historique et littéraire. (Avec 2 fig.) 8. (21½ B.) Carlsruhe 833, Muller.

van Rey, Martin [approb. Arzt aus Aachen]: Ueber Wirbelcaries .... München, K. Hof- & Univ.-Buchdr. v. Dr. C. Wolf & Sohn, 1886; 28 S. 8°.
München, Med. Fak., Inaug.-Diss. v. 1886.

Rey, Martin van, über Wirbelcaries. Diss. München 1886, A. Buchholz. 8°. 28 S.

Rey, Michael Wilh. Hubertus (Linden/Aachen/Rheinland), Num ganglia abdominalia inflammata sint aut mutata in typho, quem dicunt, abdominali. Diss. pathol. Berlin (Nietack) 14. VIII. 1838. 44 S. u. Biogr. (M.: M. Bremen.) (3.50) 28185
Oppon.: Ant. Pappert, Jos. Roderburg, Ad. Pfeffer. — Gew.: Friedrich Nasse, Johann Heinrich Rey.

Rey, P. Wilh. Adf., bauliche Einrichtungen u. Grössenverhältnisse e. modernen Theaters. Mit 8 Anlagen nebst 4 Plänen. Vortrag, geh. im Haus- u. Grundbesitzer-Verein zu Lübeck am 6. III. 1906 über das Thema „Wie gross muss unser Lübecker Stadttheater werden". (66 S.) 8. Lübeck (906). Lübcke & Nöhring. n. 1. 50

Rey, Rodolphe. Coup d'œil sur les derniers événements et sur la situation de Genève en 1874. Extrait de la 3me édition de Genève et les rives du Léman.., par R' Rey.... 8. Genève, Bâle, Lyon 1875.

— — Coup d'œil sur les derniers événements et sur la situation de Genève en 1874. 38 pp. in-12. Genève et Bâle, H. Georg. Extr. —. 60
1875.

Rey, Rodolphe: Genève et les Rives du Léman. 8°
[1re éd.] Paris, Genève et Bâle 1868.
2me éd. Genève et Bâle, Paris 1868.

Rey, R., Genève et les rives du Léman, le pays et les hommes, le passé et le présent de la Suisse romande. 3. édit. augm. d'un „Coup d'œil sur les derniers événements et sur la situation de Genève en 1874." 474 pp. in-12. Genève et Bâle, H. Georg. 1875. 3. 50

Rey de Morande, A. J., kritische Beleuchtung des v. Humboldt'schen Kosmos nebst Darstellung eines neuen Weltsystems. 8. (IV und 56 S.) Grimma 847. [Wurzen,] Verlags-Comptoir.

Reya, D. M. F., Novellen u. Erzähll. 18 Bdchen. (Der kalte Kuß. — Der König v. Sicilien. — Der glückl. Schuß. — Das Donnerwetter. — Die schwarze Locke). gr. 12. Dünkelsbühl 832. Walthr. (Leipz., Centr.-Compt.) 1 ₰

† Reybaud, Charles, (Frau H. Arnaud,) Anton. Uebers. v. Fanny Tarnow. 2 Thle. 8. (38 B.) Leipzig 839, Kollmann.

Reybaud, Charles, Brasilien. Aus dem Französ., mit Anmerkungen und Zusätzen. gr. 8. (VI und 120 S.) Hamburg 857, [Nolte.] *
Franz. Ausg. u.d.T.: Reybaud: Le Brésil. Paris 1856.

— Onkel Cäsar, s. Ausland, das belletristische.

Reybaud, Henriette Etiennette Fanny

Onkel Cäsar. Novelle. Von Mme. Charles Reybaud [d.i. Henriette Etiennette Fanny Reybaud]. Aus dem Franz. von C. Büchele.
Stuttgart: Franckh 1859. 198 S. 8°

Reybaud, Mme. Ch., l'oncle César. 2 Vols. (Bibliothèque choisie. Vol. 310 et 311.) 16. (204 S. und La tirelire de Thérèse par Charles Hugo. 97 S.) Paris 859. [Naumburg, Paetz.]

Reybaud, Mad. Charles, Esther v. Chazeuil, oder Gott rächt die Todten. Novelle, nach d. Französ. von W. v. G. 8. Gera 843, Heinsius'sche Verlagsbuchh. 1 ₰

— Clementine, s. Novellen-Sammlung, 11.—14. Bdchn.

Reybaud, Mad. Charles, Clemenze. Ins Deutsche übertragen von Fanny Tarnow. 2 Bde. 8. Leipzig 843, Kollmann. 2½ ₰

—— Coralie oder Sieg echter Weiblichkeit. Deutsch v. Emilie Wille. 2 Thle. 8. (36½ B.) Leipzig 844, Kollmann.

—— Ehestandsgeschichten. Uebers. v. Fanny Tarnow. 2 Thle. 8. (43¾ B.) Leipzig 838, Kollmann.

——, Marie d'Enambuc. A. d. Franz. v. Theod. Hell. 8. (14½ B.) Breslau 841. [Leipzig, Literar. Museum.]

Reybaud, Mme Charles, französische Erzählungen, s.: Souvestre, Émile.

Reybaud, Chr., Felise. Uebers. von G. F. W. Rödiger. 8. (119 S.) Leipzig 847, Hartleben. 6 ngr (siehe auch: Lese-Cabinet, belletristisches, 15. Bd., Neue Folge, 98. Lfg.)

——, Florita u. Fabiana. A. d. Franz. v. St. Friedrich. 8. (16¼ B.) Breslau 840. [Leipzig, Literar. Museum.]

— die Frau ohne Furcht und Tadel. Aus d. Franz. von St. Friederich. 8. Ebd. 840. 1 ₰

— Gaspard de Besse, s. Museum. Bibliothek der neuesten u. besten Romane d. Auslandes. 1. Bd.

—— das Geheimniß. (Georges.) A. d. Franz. v. St. Friedrich. 8. (15 B.) Breslau 840. [Leipzig, Literar. Museum.]

—— Geraldina, s. Museum. Bibliothek rc. 13. u. 14. Bd.

—— Gott rächt die Todten, s. Bildergallerie, romant. 5. Bd.

— Gott rächt die Todten, oder das Fräulein von Chazeuil. Aus dem Französ. von Oskar von Birkeneck. kl. 8. Leipzig 843, Literar. Museum. (Verl.-Compt. in Breslau.) 3/4 ₰

— Gott richtet die Todten, s. Bildergallerie, romantische.

— ohne Heirathsgut, s. Europa, das belletristische, 5. Bd.

— Lucie und Alonzo. Aus dem Französ. von Oskar v. Birkeneck. kl. 8. Breslau 842, Verlags-Comptoir. (Leipzig, Literar. Museum.) 1 1/4 ₰

Reybaud, Mme. Charles, Mademoiselle de Malepeire. Berlin 855. F. Schneider. 16. (190 S.) n. 12 ngr.

Reybaud, Charles, das Fräulein von Malepeire. Eine Geschichte aus der Zeit der ersten französ. Revolution. Uebersetzt von Rud. Menger. 8. (IV und 152 S.) Stettin 855, Graßmann's Verlag.

—— dass. — s. Conversations- und Reisebibliothek. — Roman- und Novellen-Zeitung.

— die beiden Margarethen, s. Museum. Bibliothek der neuest. u. best. Romane, XXIV. Bd.

—— ohne Mitgabe, s. Museum. Bibliothek rc. 15—17. Bd.

—— Mutter u. Tochter. Uebers. v. Fanny Tarnow. 2 Bde. 8. (18 B.) Leipzig 837, Kollmann.

— die Raben und das Gespenst. Aus d. Franz. von St. Friederich. kl. 8. Ebd. 840. 1 ₰

—— die Raben u. d. Gespenst. A. d. Franz. v. St. Friedrich. 8. (12 1/2 B.) Breslau 841. [Leipzig, Literar. Museum.]

—— ausgewählte Romane. A. d. Franz. v. St. Friedrich. 1—12. 16. (118 1/2 B.) Breslau. [Leipzig, Literar. Museum.] à A. u. d. Ttln.:
Bdchn. 1—3. Ehestandsscenen. 3 Bdchn. 838.
" 4. Der Staatssclave. 838.
" 5. Donna Luisa. 839.
" 6. Glück am Throne, u. Lazarilla, die Bettlerin. 839.
" 7. Enttäuschung u. weibliche Rache. 839.
" 8. Die Henkerstochter u. Don Salvador. 839.
" 9. Advokat Loubet. 839.
" 10—12. Mézélle. 3 Bdchn. 839, 40.

Reybaud (H. Arnaud), Charles, ausgewählte Romane. I.—IV. A. u. d. T.: Ehestandsscenen. 3 Bdchn. — Der Staatssclave. Aus d. Franz. von St. Friederich. 16. Breslau 838. Verlags-Comtoir. à 3/8 ₰

— dass. V. u. VI. A. u. d. T.: Donna Luisa. — Glück am Throne, und Lazarilla, die Bettlerin. Aus d. Franz. v. St. Friederich. 16. Ebd. 839. à 3/8 ₰

— dass. VII. — IX. A. u. d. T.: Enttäuschung u. weibl. Rache. — Die Henkerstochter und Don Salvador. — Advokat Loubet. Sämmtl. aus d. Franz. v. St. Friederich. 16. Ebd. 839. à 3/8 ₰

— dass. X. — XII. A. u. d. T.: Mézélle. Aus d. Franz. von St. Friederich. 3 Bdchn. 16. Ebd. 839, 40. à 3/8 ₰

Reybaud, Henriette Etiennette Fanny
Der jüngste Sohn der Colobrières. 1846
s. Erzählungen, vier.

——, Claude Stocq. A. d. Franz. v. St. Friedrich. 8. (13 1/2 B.) Breslau 840. [Leipzig, Literar. Museum.]

Reybaud, Charlotte, s. Reybaud, Charles

Reybaud, Chr., s. Reybaud, Charles

Reybaud, Henriette Etiennette Fanny [wirkl. Name], s. Reybaud, Charles [Pseud.]

Reybaud, Louis, Ce qu'on peut voir gratis dans une rue. Impressions d'un garde de Paris. 4 vols. Leipzig 856. Gerhard. 16. (159; 160; 160; 71 S. und: Scènes de la vie italienne. Le Patito p. P. de Musset. — Schnellpost p. G. Bisse. S. 73—174.) 1 ₰. 10 ngr.

Reybaud, Louis, Ce qu'on peut voir gratis dans une rue. Impression d'un garde de Paris. 4 Vols. (Suivi de: Scènes de la vie italienne; par Paul de Musset. — Schnell-Post par George Bisse.) 16. (633 S.) Paris 856. (Leipzig, Gerhard.)

Reybaud, L(ouis), der letzte Commis-Voyageur, s. Sommertage, fröhliche, und Winternächte.

— Jérome Paturot auf dem Wege zur Auffuchung der besten Republik. Aus dem Franz. übers. 4 Bde. 8. (336. 326. 340 u. 336 S.) Leipzig 848. 49, Kollmann. (à 2/3 ₰) 2 2/3 ₰

Reybaud, Louis, Jerome Paturot auf der Jagd nach einer gesellschaftlichen Stellung. Nach der 5. französ. Aufl. von J. Lasker. 3 Thle. 8. Berlin 845, Reichardt u. Co. 2 ₰

Reybaud, Louis, Jerome Paturot auf der Jagd nach einer gesellschaftlichen Stellung. Nach der 5. französ. Aufl. v. J. Lasker. 3 Thle. 8. (41 B.) Berlin 845, [Louis Schlesinger.]

Reybaud, Louis, Jerome Paturot bemüht eine gesellschaftliche Stellung zu gewinnen. 2. billige Ausg. 3 Thle. 8. (646 S.) Berlin 847, Reichardt u. Co. 1 ₰

— das Leben von der Kehrseite, s.: Lese-Cabinet, belletristisches, 629—633. Lfg.

—— Mémoires d'un garde de Paris. 3 Vols. gr. 16. (598 S.) Leipzig 857, A. Dürr. à Vol. * 15 Ngr. *

—— Jérome Paturot, oder der Kampf um die Stellung in der Gesellschaft. Nach der 3. Aufl. des französ. Originals übersetzt. 6 Bdchn. in 2 Bdn. 8. (33 B.) Stuttgart 845, Hallberger'sche Vrlgsh.
Vgl.: Aula d. schönen Literatur, 17—22. Bdchn.

— Scenen des modernen Lebens, s. Roman- u. Novellen-Zeitung.

— ausgewählte Werke. Deutsch von Edw. Eichler. 1. 2. Thl. A. u. d. T.: Der letzte Probenreiter. 2 Thle. 8. Berlin 846, F. Bethge. 2 1/4 ₰

— dies. 3. u. 4. Thl. A. u. d. T.: Pierre Mouton. 2 Thle. 8. Ebend. 846. 2 ₰

— dies. 5. u. 6. Thl. A. u. d. T.: Modernstes Treiben. Roman. 2 Thle. 8. Ebend. 847 (846). 1 3/4 ₰ (1—6: 6 ₰)

Reybaz, E. S., sur la prédication. Lettre. — Ueber die Predigt-Kunst. Ein Schreiben. Uebersetzt u. herausgeg. von C. F. F. Schopper. gr. 8. Reutlingen 843. (Leipzig, Böhme.) n. 6 1/4 ngr

Reybaz, E. S., sur la prédication. Lettre. — Ueber die Predigt-Kunst. Ein Schreiben. Uebers. u. hrsg. v. C. F. F. Schopper. gr. 8. (2 B.) Reutlingen 843. (Leipzig, Geuther.) Thlr. *

Reybaz, Sermones. II Vol. 8. maj. Paris. (Schubothe, Copenhagen.) 801.

Reybaz, E. S., Sermons. II Tom. gr. 8. Kopenh. 801. Bonnier. (Leipz., Wienbrack). 2 ℳ (u. Schubothe). 2 ℳ 12 gr.

Reybekiel, Adolf, aus Warschau: Das biologische Prinzip in den moralphilosophischen Anschauungen W. Rolph's, M. Guyau's und Fr. Nietzsches. Krakau 1906. II + 90 + 1 S. 8°. [25. X. 07.]
Zürich. Phil. Diss. I. S. 1907/08.

Reybekiel, Adolf. Das biologische Prinzip in den moralphilosophischen Anschauungen W Rolph's, M[arie Jean] Guyau's und Fr[iedrich] Nietzsches. Diss. Phil. I. Univ. Zürich. II + 91 + *Errata* 1 S. 8. Krakau, W. L. Anczyc & Co. (im Selbstverlage des Verfassers), 1906.

Reybekiel-Schapiro, Helena, aus Warschau: Die introspektive Methode in der modernen Psychologie. [Kirchhain N.-L. 1906.] IV + 48 + 2 S. 8°. [23. VII. 06.]
Zürich. Phil. Diss. I S. 1905/1906.

Reybekiel-Schapiro, Helena. Die introspektive Methode in der modernen Psychologie. Diss. Phil. I. Univ. Zürich. [Sep.-Abdr. aus: Vierteljahrsschrift für wissenschaftliche Philosophie, Jahrg. 30, Heft 1.] IV + 50 S. 8. (Kirchhain N.-L., Max Schmersow, [1906].)

Reyberger, Ant. Karl

— systemat. Anleit. z. christl. Sittenlehre; od. Moraltheologie. 1r Bd. gr. 8. Wien, 794. (Beck). 1 ℳ 8 gr.

Reyberger, Ant. Karl, (†d. 3. Oct. 1818.) institutiones Ethicae Christianae seu Theologia moralis. III Tom. 8maj. Wien 805—9. Wappler. 4 ℳ Ed. II. 814. Ed. IIIa. III Tom. 8maj. ibid. 819. Beck. 5 ℳ

Reyberger, A. K., institutiones ethicae christianae, seu theologicae moralis. Tom. I et II. edit. alt. 8maj. Viennae, Beck. 814.

Reyberger, A. C., Institutiones Ethicae Christianae seu Theologia moralis. Editio tertia nil immutata. III Tomi 8maj. Viennae. 819. libraria Beckiana. Tomus Imus 1 Rtlr. 16 Gr. Tomus IIus 2 Rthlr. 8 Gr. IIIus 1 Rthlr.

Reyberlein, Fritz Abel, das Reformheer od. Auf nach Sedan! Ein Ueberroman aus der Mitte des 20. Jahrh. (102 S.) gr. 8. Cassel 904. G. Dufayel. n. 1. —

Das Reformheer oder: Auf nach Sedan. Ein Überroman aus d. Mitte d. 20. Jhs. Von Fritz Abel Reyberlein. 2. Aufl. *Cassel: G. Dufayel 1904.* (102 S.) 8° [G.] ..

Reycend, I., Catalogue des principaux Négociateurs. 8. Lpz. Wolf. Rthlr.

Reychler, A., les dérivés ammoniacaux des sels d'argent. Thèse. gr. 8. (VII, 70 S.) Berlin 884. Friedländer & Sohn. n.n. 1. 60

Reychler, A., physikalisch-chemische Theorien. Nach der 3. Aufl. des Originals bearb. v. B. Kühn. (XII, 389 S. m. Abbildgn.) gr. 8. Braunschweig 903. F. Vieweg & Sohn. n. 9. —; geb. in Leinw. n. 10. —

Reydardt, C., was muß man v. der deutschen Sozialdemokratie wissen? (Allgemeinverständlich beantwortet.) gr. 8. (80 S.) Berlin 900. H. Steinitz. n. 1. —

Reydeman, Loth., das Entstehen u. Vergehen der Weltenkörper. Ein neues Weltensystem. Kurz gefaßte populärwissenschaftl. Abhandlg. m. Illustr. (31 S.) 8. Leipzig (904). Jaeger. n. — 60

Reydt, Johann. Hydrophylacium Oder Neuwe Beschreibung Deß Wunder-Heylsammen ... im Bistumb Chur und Herrschafft Pfeffers Gelegenen Bads ... In Zwey Theil zusammen getragen und verfertiget Durch Johan R'.... 8. Zug 1708.

Reydt, Ulrich.Chur. Dissertatio inauguralis diaetetico-medica de iure esculento insculisve praecipue medicatis.
Basel, Med. Diss. 1718.

Reye, Edg., über akute diffuse nekrotisierende Tracheo-Bronchitis, s.a. Mitteilungen aus d. hamburgischen Staatskrankenanstalten. X, 12.

Reye, Edgar, Assist. am Inst.: Aus d. pathol.-anat. Inst. d. Krankenh. Hamburg-Eppendorf. (Prosektor Fraenkel.) Über akute diffuse nekrotisierende Tracheo-Bronchitis. Hamburg & Leipzig: Voss 1909. 12 S. 8° ¶(Aus: Jahrbücher d. Hamburg. Staatskrankenanstalten. Bd 14.)
Rostock, Med. Diss. v. 16. Dez. 1909, Ref. Schwalbe
[Geb. 10. Mai 83 Hamburg; Wohnort: Hamburg; Staatsangeh.: Hamburg; Vorbildung: Gymn. Wandsbek Reife M. 02; Studium: Freiburg i. B. 5, Kiel 1, München 2, Straßburg 2 S.; Coll. 15. Okt. 09; Approb. 19. Febr. 09.] [U 10. 3925

Reye, Eduard Theodor (Ritzebüttel / Hamburg), De auditus diminutione. Diss. med. Göttingen (C. E. Rosenbusch) 1826. 29 S. (3.75) 28187

Reye, Th.: Beweis einiger Sätze von Chasles über konfokale Kegelschnitte. Zürich 1896.

Reye, Th.: Über Curvenbündel 3. Ordnung. Zürich 1868.

Reye, Th.: Lehrsätze über das Strahlensystem erster Ordnung und erster Classe und den linearen Strahlencomplex. 1868. 4°

Reye, Th.: Noch einmal meine Bedenken gegen die Zöllner'sche Erklärung der Sonnenflecke und Protuberanzen. 1874.

Reye, Th.: Geometrische Verwandtschaft 2. Grades. 1865.

Reye, Thdr., die Geometrie der Lage. Vorträge. 2 Abthlgn. Hannover 865, 866. Rümpler. Lex.-8. [1. Abthlg. (XIII, 146 S. mit 5 lith. Fig.-Taff. in qu. Fol.) n. 1 ℳ 10 ngr., 2. Abthlg. (XV, 268 S. mit einer Aufgabensammlung und 1 lith. Fig.-Taf. in qu. 4.) n. 2 ℳ] n. 3 ℳ 10 ngr.

Reye, Thdr., die Geometrie der Lage. Vorträge. 2 Abthlgn. Lex.-8. Hannover 866,68, Rümpler. [1. Abthl. (XIII und 146 S. mit 5 lithogr. Fig.-Taf. in qu. Fol.) * 1 Thlr. 10 Ngr., 2. Abthl. (XV und 268 S. mit einer Aufgabensammlung und 1 lithogr. Fig.-Taf. in qu. 4.) * 2 Thlr.] *

—— die Geometrie der Lage. Vorträge. 2. verm. Aufl. 1. Abthl. gr. 8. (XVI, 215 S. mit 5 lithogr. Fig.-Taf.) Hannover 877, Rümpler. * 5 —

Reye, Thdr., die Geometrie der Lage. Vorträge. 2. (Schluss-) Abthl. Mit einer Aufgaben-Sammlung und einer lithogr. Fig.-Taf. 2. verm. Aufl. gr. 8. (XVI, 292 S.) [Hannover 880, Rümpler.] Leipzig, Baumgärtner's Buchh. *
1. Abthl. Ebendas. 1877. * ℳ 5.

Reye, Thdr., die Geometrie der Lage. Vorträge. 1. Abthl. 3. verm. Aufl. gr. 8. (XIV, 248 S. mit 82 Holzschn. im Text.) Leipzig 886, Baumgärtner's Buchh. * 7 —
geb. * 9 —
2. Abthl. 2. Aufl. Ebendas. [Hannover 1880, Rümpler.] * ℳ 7.—.

Reye, Thdr., Geometrie der Lage. Vorträge. 2. u. 3. Abth. 3., verm. Aufl. gr. 8. Leipzig 892. Baumgärtner. n. 15. —; geb. in Halbfrz. n.n. 19. — (1—3.: n. 22. —; geb. n.n. 28. —)
2. (XIV, 330 S. m. 26 Textfig.) n. 9. —; geb. n.n. 11. —
3. (XIV, 224 S.) n. 6. —; geb. n.n. 8. —

Reye, Thdr., d. Geometrie d. Lage. Vorträge. 1. Abth. 4., verb. u. verm. Aufl. gr. 8. (XVI, 296 S. m. 90 Abb.) Leipzig 899. Baumgärtner. n. 8. —; geb. in Halbfrz. n.n. 10. —

Reye, Thdr., die Geometrie der Lage. Vorträge. 2. Abtlg. 4., umgearb. u. verm. Aufl. (VIII, 336 S. m. 33 Fig.) gr. 8. Stuttgart 907. Leipzig, A. Kröner. n. 10. —; geb. n. 12. —
1. Abtlg. jetzt Ebd. 899. n. 8. —; geb. n. 10. —.

Reye, Thdr., die Geometrie der Lage. Vorträge. I. u. III. Abtlg. gr. 8. Leipzig, A. Kröner. à 8. —; geb. in Halbfrz. à n 10. —
I. 5., verb. u. verm. Aufl. (VIII, 255 S. m. 98 Abb.) 909.
III. 4., umgearb. u. verm. Aufl. (VIII, 253 S. m. 3 Abb.) 910.

—— die synthetische Geometrie im Alterthum und in der Neuzeit. Rede, gehalten am 1. Mai 1886 beim Antritt des Rectorats der Kaiser-Wilhelms-Universität Strassburg. gr. 8. (18 S.) Strassburg 886, (Heitz.) * — 40

Reye, Thdr., die synthetische Geometrie im Alterthum u. in der Neuzeit. Rede, bei Antritt des Rectorats der Kaiser-Wilhelms-Universität Strassburg geh. 2. Aufl. gr. 8. (18 S.) Strassburg 899. J. H. E. Heitz. n. — 40

Reye, Thdr., synthetische Geometrie der Kugeln und linearen Kugelsysteme. Mit einer Einleitung in die analyt. Geometrie der Kugelsysteme. gr. 8. (VIII, 93 S.) Leipzig 879, Teubner. * 2 40

Reye, Th., synthetische Geometrie der Kugeln u. linearen Kugelsysteme. Mit einer Einleitung in die analyt. Geometrie der Kugelsysteme. gr. 8. (VIII, 93 S.) Leipzig 880. Teubner. n. 2. 40

Der **Rectoratswechsel** an der Kaiser-Wilhelms-Universität am 1. Mai 1886. *Darin:* a.) Jahresbericht erstattet von dem Prorector Dr. Emil **Heitz**, o. Professor der klassischen Philologie. b.) **Bericht** über die **Preisbewerbung** für das Jahr 1885/86 und über die Preisaufgaben für das Jahr 1886/87 sowie über die Preisaufgaben der Lamey-Stiftung, der Lobstein-Preisstiftung und der Max Muller'schen Preisstiftung. c.) Rede über die synthetische Geometrie im Alterthum und in der Neuzeit, gehalten von dem Rector Dr. Theodor **Reye**, o. Professor der Mathematik .... Strassburg, Univ.-Buchdr. v. J. H. Ed. Heitz (Heitz & Mündel), 1886: 48 S. 8°.

Reye, Thdr., die mechanische Wärme-Theorie und das Spannungsgesetz der Gase. Inaugural-Dissertation. gr. 8. (43 S.) Göttingen 861, (Vandenhoeck und Ruprecht's Verlagsh.) **

Reye, Thdr., die Wirbelstürme, Tornados u. Wettersäulen in der Erd-Atmosphäre m. Berücksicht. der Stürme in der Sonnen-Atmosphäre dargestellt u. wissenschaftlich erklärt. Mit 4 (chromolith.) Sturmkarten (in qu. Fol.) zum Gebrauche f. Seeleute, 30 Holzschn. (eingedr. u. 1 Taf.) u. (4) Lith. (wovon 2 in Buntdr.) gr. 8. (XVI, 248 S.) Hannover 872. Rümpler. n. 8. —

—— **die Wirbelstürme, Tornados und Wettersäulen in der Erd-Atmosphäre, mit Berücksicht. der Stürme in der Sonnen-Atmosphäre dargestellt und wissenschaftl. erklärt. 2. unveränd. (Titel-)Ausg. Mit 4 (lithogr.) Sturmkarten zum Gebrauche für Seeleute, 30 Holzschn. und Lithogr. gr. 8. (XVI, 248 S.) [Hannover 880, Rümpler.] Halle, Gesenius.** *

Reye, Wilhelm: Über Nachweis und Bestimmung des Fibrinogens. Aus dem physiologisch-chemischen Institut der Universität Strassburg. *Strassburg i. E. 1898: C. & J. Goeller.* (38 S.) 8°
Strassburg, Med. Diss. v. 1898

Reyeg, Bernh.: Die heilige A n g e l a , Stifterin des Ordens der Ursulinen, s. K i n d e r l e g e n d e , Laumann'sche.

— der hl. B r u n o , Stifter des Karthäuser-Ordens, m. Anh.: Die übrigen Heiligen Kölns, s.: K i n d e r - l e g e n d e , Laumann'sche.

— Ferienwanderung, s.: J u g e n d - B i b l i o t h e k , Laumann'sche, Lfg. 14.

Reyeg, Bernh., d. Leben d. hl. Aloysius v. Gonzaga, s.: K i n d e r l e g e n d e , Laumann'sche.

— **wunderbare** W e g e , s.: J u g e n d b i b l i o t h e k , Laumann'sche.

– Wunderbares W i r k e n des heiligen Bernhard von Clairvaux, s. K i n d e r l e g e n d e , Laumann'sche.

Reyem, L., im Kampfe um's Glück, s.: „Z e i t g e i s t"-B i b l i o t h e k.

R e y e m h o l , Carl, vierzehn Tage in den Central-Karpathen, ein Wegweiser nach einigen der interessantesten Partien des Tatra-Gebirges u. der Liptauer Alpen. 8. (5½ B. u. 1 Karte.) Neisse 842, Burckhardt. *

Reyenga, Jetse [Arzt aus Groningen]: Die Prochownick-sche Diätkur und ihr Verhältniss zur künstlichen Frühgeburt, Sectio caesarea und Symphyseotomie ... Groningen, J. B. Wolters, 1896; 4 Bl., 64 S., 2 Bl. 8.
Freiburg i. B., Med. Fak., Inaug.-Diss. v. 1896

Reyer, A. Freiin v., Marko D u b r o v i č. Erzählende Dichtg. 8. (71 S.) Graz 897. H. Wagner. n. 1. 60

Reyer, A.: L e b e n und Wirken des Naturforschers Franz Unger. Graz 1871.

Reyer, A., über Ortografie-Reform und Shreibung der Se- und She-Laute. gr. 8. (66 S.) Wien 879, (Hölder.) * 1 20

Reyer, A. P., Beiträge zum Studium der Arithmetik und Algebra für Unter-Gymnasial- und Real-Schulen. gr. 8. (234 S.) Triest 857, (Schimpff.)

R e y e r , A. P. Beiträge zum Studium der Arithmetik und Algebra für Unter-Gymnasial- und Real-Schulen von — —. Triest, 1857. Buchdr. Weis. (230 S. 8.)

Reyer, A. P., *Hauptmann aus dem k. k. Armeestande.* Ein altes Kriegsspiel. Ein Spiel für Knaben reiferen Alters und insbesondere für Erziehungsanstalten und Militärinstitute. Mit vier lithogr. Tafeln in Farbendruck. *Triest* 1858. Buchdruckerei von *Colombo Coen.* 42 S. 4°. 1 fl. 30 kr.

Reyer, Alex., Auslaute der italienishen, spanishen, französishen, englishen u. deutshen sprüche u. der Anlaute im Italienishen u. Deutshen. Mit 1 lit. taf. gr. 8. (111 S. m. 1 Tab.) Wien 886. (Hölder.) n. 3. —

Reyer, Alex., Auszug aus Mill's Unterordnung der Frauen, s. a. Mill.

Reyer. Prof. Dr. Alex., Auszug aus John Stuart Mill's Unterordnung der Frauen. gr. 8. (71 S.) Graz, Pock in Comm. 1869. 60 kr.

Reyer, Alex., Leben u. Wirken d. Naturhistorikers Franz Unger. Im Auftrage d. Vereines der Aerzte in Steiermark hrsg. gr. 8. (IV, 100 S.) Graz 871. Leuschner & Lubensky. n. 1. 60

Reyer, B. R., deutsches Formularbuch. Vollständ. Sammlung gerichtl. u. außergerichtl. Schriftstücke, wie namentlich: Klagen, Eingaben, Anträge, Verträge, Formulare aus dem Wechsel- u. Handelsrecht, Testamente, Vollmachten u. s. w. Nebst Erläuterung d. neuen deutschen Civilprozesses, Anmerkungen, Kostentabellen u. s. w. 8. (240 S.) Reutlingen 890. Enßlin & Laiblin. cart. 1. 50

Reyer, Bernh. R., die deutsche Konkursordnung in leichtverständlicher Darstellung unter Anreihung der darauf Bezug habenden Gesetze d. Reichs u. einzelner Bundesstaaten. Nebst einschläg. Formularen u. ausführl. Sachregister. 12. (96 S.) Reutlingen 892. Enßlin & Laiblin. n. — 50

Reyer, E., Geschichte der französischen Kolonie in Preußen. 8. (VIII u. 244 S.) Berlin 852, Schneider & Co. n. 1 ₰

Reyer, Eduard

Reyer, Ed., Beitrag zur Fysik der Eruptionen und der Eruptiv-Gesteine. gr. 8. (XV, 225 S. mit 6 Chromolithogr. und 2 Lichtdr.-Taf. mit 3 Bl. Tafelerklärungen.) Wien 877, Hölder. cart. * 12 —

— Beiträge zur Geschichte des Zinnbergbaues in Böhmen und Sachsen. Wien 1880

Reyer, Eduard: Blei- und Silber- Production von Utah, und Bleiproduction der Vereinigten Staaten. Mit 1 lithographirten Tafel. ([S.-A.] Berg- und Hüttenmännische Zeitung. Bd. 44. Jahrg. 1885. No 8 u. 9. Freiberg 1885.) 8 S. 4°

Reyer, Eduard: Die Eisenindustrie der Vereinigten Staaten. ([S.-A.] Zeitschrift „Stahl und Eisen". 1887. No. 1. (Düsseldorf 1887.) 27 S. 8°

Reyer, Ed., Entwicklung u. Organisation der Volksbibliotheken. gr. 8. (III, 116 S. m. Abbildgn.) Leipzig 893. W. Engelmann. n. 2. —

Reyer, Ed. Vulkanische und Massen-Eruptionen. Leipzig, 1892.

Reyer, Eduard: Die Eruptivmassen des südlichen Adamello. Mit 12 Holzschnitten. ([S.-A.] Neues Jahrbuch für Mineralogie etc. Beilage-Bd. 1. S. 419–450. Stuttgart 1881.) 32 S. 8°

—— die Euganeen. Bau und Geschichte eines Vulcanes. gr. 8. (VI, 95 S. mit 1 chromolithogr. Karte in gr. Fol. und eingedr. Holzschn.) Ebendas. 877. * 5 —

— geologische u. geographische Experimente. Ausgeführt m. Unterstützg. der kaiserl. Akademie der Wissenschaften. 1.—4. Hft. gr. 8. Ebd. n. 5. 60
1. Deformation u. Gebirgsbildung. (52 S. m. 153 Fig. u. 1 Taf.) 892. n. 1. 80
2. Vulkanische u. Massen-Eruptionen. (55 S. m. 218 Fig.) 892. n. 1. 80
3. Rupturen. — 4. Methoden u. Apparate. (32 S. m. 12 Taf.) 894. n. 2. —

Reyer, E., Fortschritte der volkstümlichen Bibliotheken. Mit Beiträgen v. Mary W. Plummer, G. Fritz, Arend Buchholtz u. a. (VI, 180 S. m. 4 Abbildgn.) gr. 8. Leipzig 903. W. Engelmann. n. 3. —

Reyer, E., theoretische Geologie. Mit 700 Abbildgn. u. 3 Kartenskizzen. gr. 8. (XIII, 867 S. m. 1 Bl. Erklärgn.) Stuttgart 888. Schweizerbart. n. 20. —

Reyer E, allgemeine Geschichte des Zinns. Wien 1880

Reyer, Eduard: Über die Goldgewinnung in Californien. ([S.-A.] Zeitschrift für Berg-, Hütten- und Salinen-Wesen. Bd.34.) (Berlin 1886.) 28 S. 4°

Reyer, Ed., Handbuch d. Volksbildungswesens. gr. 8. (X, 274 S.) Stuttgart 896. J. G. Cotta Nachf. n. 4.—

Reyer, (Eduard), Kraft, d. i. animalische, mechanische, soziale Energien u. deren Bedeutung f. die Machtentfaltung d. Staaten. 2. Aufl. (XVI, 471 S. m. 291 Fig.) gr. 8. Leipzig 909. W. Engelmann. 8. —
1. Aufl. (XVI, 380 S. m. 257 Fig.) 908. 6. —

Kraft, ökonomische, techn. u. kulturgeschichtl. Studien über d. Machtentfaltung der Staaten. Von Prof. Dr. E[duard] Reyer. Mit 257 Fig. Leipzig: W. Engelmann 1908. (XVI, 380 S.) 8° 08. 11378

Reyer, E.: Die Kupferlegirungen, ihre Darstellung und Verwendung bei den Völkern des Alterthums. [A. aus dem Archiv für Anthropologie. Bd. XIV.] 4°

Städtisches Leben im sechzehnten Jahrhundert. Kulturbilder aus d. freien Bergstadt Schlackenwald. Von E[duard] Reyer. Leipzig: W. Engelmann 1904. (VII, 129 S.) 8°

— Soziale Mächte. Als Ergänzg. d. Arbeit üb. „Kraft". (112 S. m. 34 Fig.) gr. 8. Ebd. 909. 1. 60

— Geologische Prinzipienfragen. (X, 202 S. m. 254 Fig.) gr. 8. Ebd. 907. 4. 40

Reyer, Eduard: Zwei Profile durch die Sierra Nevada. Mit 1 Tafel und 24 Holzschnitten. ([S.-A.] Neues Jahrbuch für Mineralogie etc. Beilage-Bd. 4. S. 291–326. Stuttgart 1886.) 36 S. 8°

Reyer, Ed., die ökonomische Pumpheizung. Der Treppenofen. The stair-furnace. Le fourneau à degrés. [Patentirt in Oesterreich, Deutschland, Frankreich, Belgien, England u. den Vereinigten Staaten.] gr. 8. (24 S. m. eingedr. Holzschn.) Berlin 880. Burmester & Stempell. n. 1. —

— kritische Studien zum volkstüml. Bibliothekswesen der Gegenwart, s. a. Blätter f. Volksbibliotheken u. Lesehallen. 1. Erg.-Hft.

Kritische Studien zum volkstümlichen Bibliothekswesen der Gegenwart von Prof. Dr. E[duard] Reyer. Leipzig: O. Harrassowitz 1905. (32 S.) 8° = Blätter f. Volksbibliotheken. Ergänzungsheft 1. 05. 7..

Reyer, E., aus Toskana. Geologisch-techn. u. kulturhistor. Studien. Mit 8 Fig. im Text u. 4 (chromolith.) Taf. gr. 8. (IV, 200 S.) Wien 884. Gerold's Sohn. n. 7. 20

— Ursachen der Deformationen u. der Gebirgsbildung. gr. 8. (40 S. m. 8 Taf.) Ebd. 892. n. 1. 80

— Volkshochschulen, s.: Schultze, Ernst.

— über Vulkane, s.: Vorträge, volksthümliche.

Reyer, E., Zinn. Eine geologisch-montanistisch-histor. Monographie. gr. 8. (IV, 249 S.) Berlin 881. G. Reimer. n. 4. —

— Zinn in Australien und Tasmanien. Wien 1880

Reyer, Franz Thaddäus Frh. von, s. Bauernregeln, Kathol.

Reyer, Karl, Ansichten d. neuesten französ. u. sächs. Handelsverhältnisse. Mit 2 Kart. gr. 8. Dresd. 811. Arnold. 1 ₰ 6 gr.

— Zeitung f. deutsche Handwerker, s. Zeitung.

Reyer, Konstantin, Vorarbeit zu einer Statistik der deutschen Turnvereine des XV. Turnkreises (Deutschösterreich), Graz 1873, 15 S., 8°.

Reyer-Prokesch, Irene, aus Nah u. Fern. Novellen. 8. (290 S.) Graz 895. U. Moser. n. 3. —; geb. n. 4. —

Reyes Ruiz, Jesús M., Exposición del santo evangelio y predicación abreviada de homilias para facilitar la composición de sermones morales. 2. ed. considerablemente mejorada y aumentada. (XXIV, 370 S.) 8. Freiburg i/B. 910. Herder. 4.—; geb. in Kunstdr. 4. 80

Reyger, Arnold v. [Praes.], s. Byla, Joachim Friedrich von: Disputationis I themata de justitia et jure.

Reyger, Arn., thesaurus juris civil. et canon. locuplet. II Tmi. fol. Colon. Metternich. 705.

Reyger, Gottfried

— zwei Abhandll. von d. Vorstellung d. Weltgebäudes aus der Venus u. d. Monde, wie auch v. einer nähern Bestimmung d. Untergangs d. Sonne u. ihrer Mittagshöhe in Danzig. 4. Danzig 772.

Reyger, Gottfried, Die Beschaffenheit der Witterung in Danzig, vom Jahre 1722 bis 1769 beobachtet, nach ihren Veränderungen und Ursachen erwogen, und mit dem Wetter an andern Orten verglichen. Danzig und Leipzig 1770.

— Beschaffenheit d. Witterung in Danzig v. J. 1722 — 1786, 2 Thle. Mit Zusätzen. 8. Danzig 770—91. (Aue in Altona). 2 ℛ 8 gℊ

— eine nähere Bestimmung d. Länge d. Dämmerung in Danzig. 4. Danzig 773.

– (Hrsg.), s. Klein, Jakob Theodor: Natürl. Ordnung und verbesserte Historie der vierfüßigen Thiere.

— die um Danzig wild wachsenden Pflanzen, nach ihren Geschlechtstheilen. 8. Danzig 768. Wedel. 12 gℊ Neue ganz umgearb. u. verm. Aufl. v. J. G. Weiß. 2 Thle. Mit 3 Kpft. 8. Danzig 825. Anhuth. 2 ℛ 16 gℊ Fein Pap. 3 ℛ 12 gℊ

Reyger, Gf., († d. 29. Oct. 1788.) tentamen Florae Gedanensis methodo sexuali accommodatae. II Ptes. 8. Danzig 764—66. Wedel. 26 gℊ

Reyher, soll ich radfahren? Eine Abhandlg. f. alle, welche ihre Gesundheit erhalten oder wiedererlangen wollen. 8. (21 S.) Leipzig 893. W. Werner. — 10

Reyher [Übers.]
s. Verne, Jules: Julius Verne's Schriften. 1875.

Reyher, Andreas, s.a. Reyher, Otto Anton

Reyher, Andr., Arithmetica. (n. N. Tit.) 8. E., Krumbhaar. 786.

— Compendium epithetorum. Goth. 704. 8. 5 gr.

— florilegium epistolicum. 8. Lps. 701.

— Grammat. lat. 8. Lps. 721.

Reyheri, Andr., Lexicon latino-germanicum, sive Theatrum romano-teutonicum. Goth. 668. 3 Tom. 8. Ed. multo auct. c. epistola Chr. Cellarii. Lips. et Francof. 686. f. Ib. 712. f. 4 rthlr. Cum praef. J. M. Gessneri. Lips. 733. f. 4 rthlr.

— Phraseologia ex Cicerone de officiis. Lips. 719. 4. 16 gr.

— — ex Cicer. epistolis. Dresd. 720. 8. 6 gr.

— — ex Velleio. Lips. 720. 8. 7 gr.

Reyheri, Andr., Regulae sermonis latini elegantioris. Goth. 643. 8. und öfter. Lips. et Goth. 718. 8.

— Schola latinitatis. Lips. 716. 8. 12 gr.

— synops. grammat. graecae. 8. Goth. 719.

— theatrum univ. latinitatis s. Lexicon lat. germ. graecum cur. Junker. fol. Lps. Weidmann. 712.

Reyher, Benj. Gf., († ...) gemeinnütz. Abhandll. zu noch mehrerer Verbesserung d. Instituts d. Wittwen u. Waisen-Fiscorum. 1r—3r Thl. 8. (Götting.) 768. (Dieterich).

— Abhandl. von Zubereitung d. weißen Stärke u. Anlegung e. Stärkefabrik. 8. Erfurt 769. 2e Ausg. von K. A. Keyser; mit Anmerkk. v. Chr. Fr. Köhler .... 3e A. 802. Keyser. 5 gℊ

— Kunst in allen mögl. Nöthen vergnügt u. glücklich zu sein. 8. ... 772.

Reyher, Benj. Gf., Lob d. Gefangensch. in Persien. 8. Augsb., Frankf. u. Leipz. 762.

— der patriot. Märtyrer; ein Sendschreiben u. Briefe, v. ihm selbst. 1s—4s Stück. 8. Leipz. 780.

— Rettungsmittel wider die gegenwärt. u. künft. Theuerungen. 8. Leipz. 772.

— Samml. patriot. Schreiben v. d. Patriotismus d. Deutschen. 1s—3s Stück. 8. Frankf., Augsb. u. Leipz. 767, 68.

— Schreiben an die deutsche Gesellschaft in Jena. 4. Gotha 757.

— zwei Sendschreiben an seine Gönner. 4. Leipz. u. Wismar 756.

— Verbesserung d. ganzen Landwirthschaft überhaupt u. d. herrschaftl. Revenuen e. jegl. Landes insbesondere. 8. Augsb., Frankf. u. Leipz. 766.

— ökonom. Verbesserungsgedanken, Schreiben an die Petersburg. ökonom. Gesellschaft. 8. Frankf. u. Leipz. 768.

Reyher, Benj. Gf., v. Zuber. d. Stärke und Anlegung e. Stärkenfabrik, a. v. Viehmast und Dünger. 8. Erf. Keyser. 802.

Reyher, C., Anfangsgründe d. deutschen Sprachlehre f. Schulen. 3. verb. u. verm. Aufl. 8. Gotha 845, Müller. 1/12 ℛ

Reyher, C., Formenlehre d. hebr. Sprache, zum Gebrauch f. Schulen u. z. Selbstunterricht. gr. 8. Gotha 825. Gläser. 16 gℊ

— Grundriß der christlichen Religionslehre für Confirmanden. 2. verb. Aufl. 8. Ebend. 845. 4 ngℊ

Reyher, C., die große Kiefern-Raupe. Ihre Geschichte, ihre Schädlichkeit u. ihre Vertilgg. vornehmlich durch den L. Mützell'schen Raupenleim. Eine Mahng. f. die Besitzer u. Verwalter v. Kieferwaldgn. 8. (32 S.) Stuttgart 872. Johannssen. n. — 60

—— die antiseptische Wundbehandlung in der Kriegschirurgie, s. Sammlung klinischer Vorträge.

Reyher, Carl, s. Reyher, Karl

— **Christoph Friedrich** (Nürnberg), De praecipuo filiorum et filiarum Vom Voraus der Söhne und Töchter. Disput. jur. Altdorf (D. Meyer) 26. VI. 1710. 32 S. (5.—) 28491

Gew.: Gustav Georg Tezel, Johann Christoph von Imhof, Leonhard Grundherr, Hieronymus Wilhelm Ebner. — Widm. v.: Joh. Heinr. Müller, Ambrosius Scheumaeder (dtsch.), Christ. Friedr. Leonhart, Joh. Heinr. Rößler (dtsch., Oppon.), Christoph Gottlieb Dilherr von Thumenberg (dtsch., Oppon.)

Reyher, Ernst

Reyher, Post- u. Eisenbahnkarte v. Deutschland u. den Gränzländern. Nach authent. Quellen entworfen u. gezeichnet. Imp. Fol. Kpfrst. u. color. Berlin 849, Gebr. Rocca. 2/3 ℛ

Reyher, Ernst, Post- und Eisenbahn-Karte von Deutschland und den Gränzländern. Nach authentischen Quellen entworfen, gezeichnet und gestochen. Berlin, Gebr. Rocca, 1853. Imp.-Fol. Kupferstich u. kolor. (3/4 ℛ.)

Amicis atque Commilitonibus ea qua par est observantia colendis hocce memoriae monumentum dicat. Fridericus Reyher. Kilonio Holsatus. Quer-8°.

— **Georg Adam** (Thorn), Bellum punitiuum inter gentes, jure gentium necessario licitum esse. Halle : Magdeburg (J. Chr. Hilliger) (17. III. 1744.) (4.25) 28192

Gratulationsschrift für Daniel Nettelbladt.

Reyher, Gust., de trachomatis initiis, statisticis de eo notationibus adjunctis. Dissertatio inauguralis. Lex.-8. (36 S.) Mitau 857, Reyher'sche Verlagsbuchh. *

Reyher, Gust., wie hilft man in plötzlicher Lebensgefahr. Ein Rathgeber f. Jedermann. Nebst e. lith. Taf. gr. 8. (130 S.) Dorpat 873. Schnakenburg. n. 4. 50

— dasselbe. 2. Aufl. gr. 8. (128 S.) Ebend. 872. n. 3. 60

Reyher, H., die erste Christblüthe. Eine liturg. Weihnachtsfeier für christliche Familien u. Schulen. 2. verm. Aufl. Neustadt-Eberswalde 867. Lemme. 8. (16 S.) 1½ ngr.

Reyher, H., die Christblüthe. Eine Sammlung von 20 älteren und neueren Weihnachtsliedern. 3. verm. Aufl. 8. (17 S.) Eberswalde 877, Ritter. * — 20

Reyher, H., die Christblüthe. Eine Sammlg. v. 20 älteren u. neueren Weihnachtsliedern. 4. Aufl. 8. (17 S.) Eberswalde 886. Wolfram. n. — 20

Reyher, H., die Christblüte. Eine Sammlg. älterer und neuerer Weihnachtslieder. Neu bearb. u. ergänzt von W. Boderle. 5. Aufl. 8. (23 S.) Eberswalde (901). P. Wolfram. n. — 25

Reyher, Hans, ein Beitrag zur Pathologie und Therapie des Diabetes mellitus. Inaugural-Dissertation. gr. 8. (157 S.) Dorpat 885, (Karow). * 2 —

Reyher, J. G., Anleitung zur Gerichtsgebühren-Erhebung nach Maßgabe des Gerichtskosten-Gesetzes für das Deutsche Reich vom 18. Juni 1878. Für den pract. Gebrauch bearb. gr. 4. (123 S.) Crossen a. O. 879, (Appun's Buchh.) ** 4 —

Reyher, J. G., Anleitung zur Gerichtsgebühren-Erhebung nach Massgabe des Gerichtskosten-Gesetzes für das deutsche Reich vom 18. Juni 1878. Für den pract. Gebrauch bearb. 2. Aufl. gr. 4. (VI, 117 S.) Crossen 880, (F. Appun's Buchh.)

Reyher, J. G., Hülfs-Tabellen zur Berechnung der Zinsen, von 10,000 Mark Kapital herab bis zu 1 Pfennig auf die Zeit von 5 Jahren bis zu 1 Tage, nach den Sätzen v. ¼, ⅓, ½, 1, 1½, 2, 2½, 3, 3⅓, 3½, 4, 4½, 5, 6 u. 10 Procenten. 5. nach der deutschen Reichsmarkwährg. umgearb. Aufl. gr. 4. (60 S.) Crossen 875. (Appun.) n. 2. 50

— dasselbe. 6. nach der deutschen Reichsmarkwährg. umgearb. Aufl. gr. 4. (64 S.) Ebend. 875. n. 3. —

Reyher, J. G., Hülfs-Tabellen zur Berechnung der Zinsen, von 10,000 Mark Kapital herab bis zu 1 Pfennig auf die Zeit von 5 Jahren bis zu 1 Tage, nach den Sätzen: v. ¼, ⅓, ½, 1, 1½, 2, 2½, 3, 3⅓, 3½, 4, 4½, 5, 5½, 6 u. 10 Procenten. 7., nach der deutschen Reichsmarkwährg. umgearb. Aufl. gr. 4. (64 S.) Crossen a/O. 894. R. Zeidler. n. 3. —

— kl. Naturlehre, e. Leitfaden f. Schullehrer. 8. Hamb. Gundermann. 810.

Reyher, J. G., Tabellen zur Berechnung der Zinsen von 10,000 Thlr. Kapital herab bis zu 1 Silbergr., auf die Zeit: von 5 Jahren bis zu 1 Tage, nach den Sätzen: von ¼, ⅓, ½, ⅔, ¾, 1, 1½, 2, 2½, 3, 3⅓, 3½, 4, 4½, 5 u. 6 Procenten. 2. Aufl. Berlin 858. Verlags-Comptoir. (Huber u. Co.) gr. 4. (65 S.) n. 25 ngr.

Die 1. Aufl. ist nicht in den Buchhandel gekommen.

Reyher, J. G., Tabellen zur Berechnung der Zinsen von 10000 ℛ𝓅 Kapital herab bis zu 1 Sgr. auf die Zeit von 5 Jahren bis zu 1 Tage nach den Sätzen von ¼, ⅓, ½ ꝛc. bis zu 6 Procenten. 4. Aufl. Crossen 869. (Appun.) gr. 4. (65 S.) n. 28 ngr.

— **Johann** (Kiel), De modis adquisitae a civitatibus Germaniae mediatis jurisdictionis criminalis. Diss. jur. Präs. Christan Gottlieb Buder. Jena (Schill) (6.) Nov. 1749. 30 S. (4.50) 28193

Widm. v.: Christian Gottlieb Buder.

REYHER, JOH. GEO. De diæta neonatorum ac lactescentium qvædam disserens, prælectiones in posterum habendas commilitonibus indicat. Kiliæ Hols. U. A. [1797]. P.

Amicis Commilitonibusque suis hocce album offert. Johann Georg Reyher. Chilonio-Holsatus. Med: St: Chilonii. d. 17. Maii 1776. Quer-8°.

— Anleit. z. Erhaltung d. Gesundheit f. Landleute. 8. Schwer. 790. Bödner. 14 gl.

Reyher, Johann Georg: Anleitung zur Erhaltung der Gesundheit für den Landmann. 257 S., gbd.

Schwerin u. Wismar: Bödner 1790

JB 2.938

— Anweis. z. Krankenpflege u. Krankenwartung. 8. Hamb. 801. (Aue in Altona). 8 gl.

Reyher, Jh. Geo., († d. 15. März 1807.) Auszüge medicin. Probe- u. Einladungsschriften. 1r Bd. 1s u. 2s Hft. 8. Schwerin 790 u. 91. Bödner. 16 gl.

— allgem. patholog. Diät, od. Lebensordn. f. Kranke. 8. Schwerin 790. Bödner. 8 gl.

— üb. Einricht. kl. Hospitäler, s. a. Einrichtung.

Johann Georg Reyher

Ueber die Einrichtung kleiner Hospitäler in mittlern und kleinern Städten. ([Verf.:] Johann Georg Reyher.) Hamburg & Kiel: Bohn 1784. 87 S. 8°

Reyher, J. G., über Einrichtung kl. Hospitäler. 8. Hamb. 784. Jetzt Hoffmann und Campe.

— Entwurf e. Anleit. z. Receptschreiben. 8. Hamb. 802. (Wienbrack in Leipz.) 5 gl.

— Entw. einer Anleit. z. Receptschreib. 8. Leipzig, Gräff. 802.

— Entwurf e. medicin. Encyklopädie u. Methodologie. 8. Altona 793 auch 802. Hammerich; (a. Taubert in Leipz.) 6 gl.

— Entwurf gemeinnütz. Kenntnisse f. Landschullehrer. 1r Bd. Naturlehre. (A. u. d. T.: Entwurf e. Naturlehre für Landschullehrer.) 8. Hamb. 804. (Aue in Altona). 12 gl. N. Aufl. unt. d. T.: kl. Naturlehre. 8. Ebd. 810. 6 gl.

— Entw. gemeinnütz. Kenntnisse für Landschullehrer. 1r Bd. Naturlehre. 8. Hamb. Gundermann. 804.

— Etwas üb. die Versteinerungen. 8. Kiel 789.

Reyher J. G.: Uebersicht d. ökonomischen Pflanzenkultur. Altona u. Leipz. 1800. 392 S.

— Ueberſicht d. ökonom. Pflanzenkultur. gr. 8. Altona 800. Fr. Fleiſcher; a. Wienbrack in Leipz.; (a. W. Nauck). 1 ₰ 4 gr

— Unterhaltungen, gemeinnütz., aus der Arzneikunde, Naturgeſchichte u. Oekonomie. 2 Jahrgg. 8. Kiel 790, 91.

— Vorſchriften z. Erhaltung d. Geſundheit f. Schulen. 8. Kiel 794.

REYHER, K., Die Braut im Sarge oder Grafenehre u. Bürgerstolz. Eine wahre Geschichte. Berlin 1827. 8°. (1 Mk. 50 Pfg. Franz Teubner, Bonn, c. 1895; 2 Mk. 50 Pfg., geles., Magdeb., 1908.)

Reyher, Karl, ſ. a. Reyer.

Reyher, Karl, Aſträa, ein Gedicht in 12 Geſängen. 8. Berlin 846. (Dümmler.) n. 1½ ₰

Asträa. Ein Gedicht in zwölf Gesängen von Karl **Reyher**. Berlin: Selbstverlag 1846. 405 S. 8.

v. Reyher, Carl, Rigenser, Zur Pathologie und Therapie der Cholera in der Rigaer Epidemie von 1871. Diss. Dorpat. 8°. 70 pp. 1872.

Reyher, Carl, Studien üb. die Entwickelung der Extremitäten d. Menschen, s.: Henke, W.

Reyher, Karl Wilhelm

— — De reo contumace causae victore. Diss. jur. Erfurt (Hering) 27. X. 1734. 22 S. (4.75) 28490
Gew.: Tobias Jak. Reinharth, Johann Christian Benemann, Carl Gottfried Weidlich, Carl Gottfried Zapf, Christian Friedr. Willsch. — Widm. v.: Carl Traugott Reyher.

Reyher, O., Führer für die junge Mutter, ſ. a. Hausbibliothek, mediciniſche.

Reyher, O., Führer für die junge Mutter. Neue (Titel-) Ausg. gr. 8. (84 S.) Berlin 891. Bruer & Co. n. 1. 20

— — die Gicht und ihre gründliche Heilung, ſ. Hausbibliothek, mediciniſche.

Reyher, O.: Die Grundlehren der Physik, s. Panorama des Wissens.

Reyher, O., ärztlicher Rathgeber od. Belehrungen üb. Weſen u. erſte Behandlung der häufigeren Krankheiten. 8. (V, 299 S.) Reudnitz-Leipzig 885. Payne. geb. n. 4. —

Reyher, O, s. Steffen, G. F., England als Weltmacht.

Reyher, Osc., die Bleichſucht und die Blutarmuth nebſt der Ausſicht auf Heilung dieſer Krankheiten durch comprimirte Luft. Allgemein verſtändlich dargeſtellt. Zeitz 866. Leipzig, Webel. 8. (31 S.) 3 ngr.

Reyher, O., siehe: *Holst*, Axel

— — das Lungenemphyſem, gewöhnlich Kurzathmigkeit, Aſthma genannt, und die Ausſicht auf Heilung dieſer Krankheit durch comprimirte Luft. Allgemein faßlich dargeſtellt. 8. (30 S.) Zeitz 866, Webel.

Reyher, Osc., die Reu' iſt lang! Ein ehrl. Wort an Alle, welche durch jugendl. Verirrgn. ſich geſchwächt fühlen; ſowie üb. die Möglichkeit der Heilg. ſolcher Leiden. (52 S.) Tauchau 872. Thallwitz. n. — 50

Reyher, Osc., die Trichinenkrankheit. Zur Beruhigung u. zur Belehrung allgemein faßlich dargeſtellt. Leipzig 862. Baumgärtner. gr. 8. (30 S.) n. 5 ngr.

Reyher, Otto Anton, s.a. Reyher, Andreas

— O. Ant., Fasciculus elegantiarum Tullianarum. Goth. 719. 8.

— **Otto Anton** (Masfeld/Henneberg), Diss. inaug. qua observationes forenses circa remedia quaedam suspensiva frustra adhibita. Moder. Ernst Tenzell. Erfurt (Grosch) 15. III. 1724. 24 S. (4.50) 28491
Gew.: Christoph Ignatius von Guden.

Reyher, Otto Ant., phraseologia ex Ciceron. epist. ad Brut. 8. Dresd. Walther. 728.

— — ex Velleji Paterculi hist. rom. 8. Lps. 720.

— — ex Cic. lib. de officiis. 4. Lps. 719.

Reyher, P(aul), approb. Arzt aus Halle a. S.: Ueber die Beziehungen zwischen der klinischen und bakteriellen Aetiologie der Pleuritis. *Leipzig 1901: B. Georgi.* (35 S.) 8°
Leipzig, Med. Diss. v. (20. Dez.) 1901

Reyher, Rudolf *Georg* [Cand. d. Chemie aus Dorpat]: Ueber die Bromierung des Camphersäureanhydrids und der Camphersäure und über die Oxydation der Camphansäure ... Leipzig, Druck v. Breitkopf & Härtel, 1891; 70 S., 1 Bl. 8.
Leipzig, Phil. Fak., Inaug.-Diss. v. [29. Dez.] 1891

Reyher, Samuel

— Disp. mathematica altera de aere, s. pneumatica. Kiliæ. 1712. 4. (M. Fig.). [Resp. Steph. Graf].

— Tractatus juridicus de auro et argento chymico ubi sententiæ, consilia et responsa variorum jurisconsultorum recensentur eorumque vitæ describuntur. Hamb. 1708. 4. P. (M. 1 Tvl.).

Reyher, Sam. (Präs.), s. Cisius, Joachim Christoph: De Furto denuo iterato ...

— Diss. jur. de Pandectarum præcipuis editionibus earumque præstantia ac in Imperis Germanico receptione, fatis juris Justinianei, Ictis post Justinianum florentibus nec non de tractatu tractatuum. Kiliæ. 1708. 4. (S. 121—60). [Resp. Dietr. Starck].

Reyher, Samuel [Praes.], s. Fasch, Jo. August: De officiis judicum.

Reyher, Samuel [Praes.], s. Fasch, Jo. August: De optionibus, tam masculino, quam foeminina.

Reyher, Samuel [Praes.], s. Hecklaur, Eilhard Christoph: De periodo Clementina, 1184. annorum, ex duplicato cyclo lunae-solari 592. annorum.

Reyher, Sam., Historia jurium universalis, in qva genuinis jurium naturæ, gentium et civilium principiis præmissis, jura divina et humana, nec non plerorumque imperiorum, regnorum, principatuum et rerumpublicarum, jura et juris consulti recensentur, cum personarum et juris textuum indicibus. Kiliæ. 1711. 4.

— Historia juris universalis, in qua præmissis generalioribus principiis, divina et humana, ut et præcipuorum regnorum principatuum atque rerumpublicarum jura recensentur. Lubecæ. 1718. 4.

Reyher, Sam., hist. juris univ. 4. Lübeck, Bockmann. 718.

* *Samuelis Reyheri* JC. in universitate Christian. Albertina Antecessoris, consiliarii Saxo - Gothani, codicis et mathematum professoris, tractatus juridico-mathematicus de hydraulica, sive de aquarum et aquaeductuum disciplina. Hamburgi. Apud Philippum Hertelium. 4. 112 S. m. Fig.
1725.

— Diss. jur. de juribus Anglico, Scotico, Hybernico, Batavico, Frisico, Veneto, Helvetico, Turcico, Persico, Sinensi, Japonico, Indico, Abyssino, Guineano. Kiliæ. 1710. 4. (S. 439—88). [Resp. Chr. Alb. Opitius].

Disputatio juridica, quam in Christian-Albertina, juxta Constitutionem Fridericianam, de juribus Dithmarsico, Livonico, Polonico etc. sub praesidio Samuelis Reyheri defendet Fridericus Wilhelmus Ginheimer, 1710. Kiliae (1710.) (Zählt: S. 393-440.) 4°

— Diss. jur. de juribus Longobardico, feudali et Ictis feudisticis, Cæsarum Germanicorum et ecclesiatico. Kiliæ. 1709. 4. (S. 257—304). [Resp. Joh. Mich. Eccardus].

— Disp. jur. de juribus naturæ, utroque gentium, utroque civili, collegiorum, familiarum, pollicitationum ac votorum, eorumque origines nec non de æqvitate. Kiliæ. 1707. 4. (S. 1—40). [Resp. Chr. Schmidt].

— De juribus positivis tam divinis quam humanis, et in specie ante lapsum latis, post lapsum antediluvianis, post-diluvianis de præceptis Noachicis. Kiliæ. 1707. 4. (S. 41—80). [Resp. Detl. Goering].

— Disp. jur. de singularibus alimentorum juribus. Kiliæ. 1702. 4. P. [Resp. Cph. Jac. Pfenning].

— Disp. jur. de singularibus qvibusdam obstagii juribus. Kiliæ. 1709. 4. P. (M. 1 Tvl.). [Resp. Joh. Cph. de Warendorff].

— Diss. jur. de aliis et præcipue recentioribus jurisconsultis. Kiliæ. 1709. 4. (S. 209—56). [Resp. Joh. Mich. Eccardus].

— Diss. jur. de jurisconsultis nonnullis celebribus unacum indice antecessorum Marpurgensium a Vulteio descripta. Kiliæ. 1708. 4. (S. 161—208). [Resp. Franc. Barth. Schröder].

— Diss. jur. de jurisconsultis in indice Pandectis Florentinis, præmisso, ut et de illis, qvi in Pandectarum libris ac legibus allegantur. Kiliæ. 1800 [ɔ: 1708]. 4. (S. 81—120). [Resp. Chr. Schmid].

— Disp. math. de lentibus s. vitris lenticularibus, peculiari, eaque facillima ratione præparandis. Kiliæ. 1704. 4. P. (M. Fig.). [Resp. Joh. Casp. Clausen].

— Disp. math. de muniendi tam vetere quam novo naturalibus modis. Kiliæ. 1702. 4. P. (M. Fig.). [Resp. Joh. Cph. Krüsike].

Reyher, Samuel [Praes.], s. Mummens, Peter:
De feudorum Origine et Libris, Imprimis de codice mericutiano.

Reyher, Samuel [Praes.], s. Mummens, Peter:
De quartis In Jure nostro occurrentibus, Et in Specie De quarta duplicata.

— Disp. math. de observationibus astronomicis, tam antiqvis qvam novis, ut et de nostro observandi modo. Kiliæ. 1703. 4. P. (M. Fig.). [Resp. Cph. Pylius].

— Disp. jur. de officiis judicum. Kiliæ. 1705. 4. P. [Resp. Jo. Aug. Faschius].

— Disp. jur. de optionibus. Kiliæ. 1706. 4. P. [Resp. Jo. Augustinus Faschius].

Reyher, Sam., Disp. math. de perpendiculo, cultellatione et chorobate, ac in specie de horologiis automatis, perpendiculo moderandis. Kiliæ. 1705. 4. P. (M. 1 Tvl.). [Resp. Matth. Bütser].

— Disp. math. de præcipuis superiorum seculorum phænomenis. Kilonii. 1703. 4. P. [Resp. Detl. Frid. Clausen].

— Tractatus mathematicus de pneumatica, s. de aere et aerometria. Olim forma dissertationis exhibitus, jam vero multis novis observationibus et experimentis auctus et illustratus. Hamburg. 1725.

— Disp. juridica de genuinis jurium naturæ, gentium et civilium principiis ex limpidissimis verbi divini fontibus ac vasto juris Romani oceano, ejusque interpretibus derivatis. Kiliæ. 1710. 4. P. [Resp. Joh. Mich. Eccardus].

— Disp. juridica de justitiæ tam commutativæ qvam distributivæ proportionibus. Kiliæ. 1701. 4. [Resp. Joh. Soger].

— Disp. jur. de quartis in jure nostro occurrentibus et in specie de quarta duplicata. Kiliæ. 1703. 4. P. [Resp. Petr. Mummens].

— Kurtz gefasste allgemeine Rechts-Geschichte oder Historia juris universalis. Hamburg. 1702. — Sm. St. 1704.

— Disp. jur. de responsis prudentum eorumque, ut et aliarum formularum forensium, auctoritate, in sacris literis stabilita. Kiliæ Hols. 1703. 4. P. [Resp. Steph. von Derenthal]. (U. B.).

Reyher, Samuel [Praes.], s. Seger, Johann: De justitiae, tam commutativae, quam distributivae, proportionibus.

Disputatio juridica, quam in Christian-Albertina de luminum servitutibus, sub praesidio Samuelis Reyheri, habebit Johannes Nicolaus Müller, 1701. Kiliae. (1701.) 4°k.

Reyher, Samuel [Praes.], s. Warendorff, Johann Christoph von: De singularibus quibusdam obstagii juribus.

Reyher, Samuel [Praes.], s. Weidemann, Christian Heinrich: De epactis solaribus, praecipue vero de XI. dierum ex fastis restitutis, et ad tempora concilij Nicaeni reductis, exemtorum, jure.

— Samuel Benjamin (Chemnitz/Erzgebirge), Diss. jur. sistens Nonnulla ad militiam sagatam et togatam spectantia capita. Präs. Gottlieb Wernsdorff. Wittenberg (Tzschiedrich) 19. IV. 1798. 18 S. (4.50) 28496

Gew.: Benjamin Gottw. Weidlich, Johann Gotth. Hallbauer, Wilhelm Redlich.

Reyher, auch Reiher, Sam. Gf., († ...) s. Versuch in freundschaftl. Briefen.

Reyher-Peine, Dolly v., mein Sonnenkind. Gedichte. (VIII, 95 S.) kl. 8. Dresden (906). E. Pierson. n. 1.50; geb. n. 2.50

Reyhongs, s.a. Greis, John.

Reyhongs, Austria. Eine Spende zur Genesungsfeier Sr. Majestät des Kaisers, dem Wiener allgem. Wohlthätigkeits-Vereine gewidmet. 2 Bändchen. Mit Illustrationen. gr. 8. (76 u. 76 S. und 24 u. 41 Illustrat.) Wien, Edl v. Ghelen'sche Erben, 1853.

Reyhongs (Hrsg.), s.a. Lyanen.

Reyhongs. Lyanen. Taschenbuch, enthaltend Gedichte und Novellen. Zum Besten des St. Josephs-Kinderspitals auf der Wieden, herausgegeben von — 2 Bände 8. (I. Bd. 156 S. 4 Illustrat. II. Bd. 156 S. 3 Illustrat.) Wien, Edl. v. Ghelen'sche Erben, 1853.

Reyhongs. Lyanen. Taschenbuch, enthaltend Gedichte und Novellen. Im Interesse des St. Annen-Kinder-Spitals in der Alservorstadt. 9. Jahrg. I. u. II. Bd. *Wien* 1858. Gedr. bei den *Edlen v. Ghelen'schen Erben.* 2 Bl. 155, 140 S. 8°. II. B. mit 14 Illustr. Subsc.-Pr. 1 Bd. 30 kr.

Reyhongs. Wiener Novellenalmanach. Sammlung von Erzählungen und Gedichten. 3. Jahrg. kl. 8. Wien. Ghelensche Erben 1853.

Reyhongs. Wiener Novellen-Almanach. Sammlung von Erzählungen und Gedichten zum Besten der Säuglings-Bewahranstalt (Crèche) der Leopoldstadt herausgegeben von — —. 6. Jahrg. 1. u. 2. Band. 1856. Mit 20 Illustrationen. Wien, bei Edlen v. Ghelen'schen Erben. (135, 158 S. kl. 8.)

Reyhongs, aus allen Welttheilen. See-, Wald- u. Landschaftsbilder. 1. Thl. Leipzig 870. (Dürr'sche Buchh.) 8. (III, 247 S.) n. 1 Thlr.

Reyland, Bernh. Jos., Abhandl. v. verborgenen u. langwierigen Entzündungen. gr. 8. Wien 790. (Schaumburg). 14 gr.

Reyland, Bh. Jos., v. verborg. Entzündungen. gr. 8. Wien, Stahel. (Schaumburg) 790.

— Bemerk. üb. etliche Gegenst. d. med. Polizey, s. Bemerkungen.

— generalia medico-practica in morbis chronicis in usum medicor. neopracticor. 8. Düsseld. 795. Schreiner. 5 gr.

— Handbuch z. Erhaltung u. Wiedererlangung d. Gesundheit; nebst e. Anleit. z. Erwerbung nützl. Kenntnisse. 8. Lemgo 794. Meyer. 1 Thlr.

— Diss. inaug. de inflammationibus latentibus. 8. Ingolst. 787.

— üb. d. Nutzen d. Pockeninoculation. 8. Aachen (Düsseld.) 795. Schreiner. 14 gr.

Reylaender, Max

Reylaender, M., die Beurteilung der Konfirmation v. prinzipiellen Standorte aus. 8. (VIII, 97 S.) Gütersloh 902. C. Bertelsmann. n. 1.20

— der homiletische Gebrauch der evangelischen-altkirchlichen Perikopen, nach e. Publikum v. Steinmeyer. gr. 8. (IV, 171 S.) Leipzig 902. A. Deichert Nachf. n. 2.80; geb. n.n. 3.60

— Gethsemane. Beiträge zum Verständnis der neuen Passions-Evangelien. 8. (VII, 46 S.) Gütersloh 899. C. Bertelsmann. n. —60

Reylaender, Max (Hrsg.), s. Steinmeyer, Franz Ludwig: Letzte homiletische Gabe.

– (Hrsg.), s. Steinmeyer, Franz Ludwig: Predigten für das ganze Kirchenjahr.

– (Hrsg.), s. Steinmeyer, Franz Ludwig: Predigt- Entwürfe nach dem Kirchenjahr geordnet.

Reyländer, O., die neuen epistolischen Perikopen der Eisenacher Konferenz. Exegetisch-homilet. Handbuch, in Verbindg. m. anderen Geistlichen hrsg. gr. 8. (VII, 866 S.) Leipzig 900. 901. A. Deichert Nachf. n. 11.—; auch in 11 Lfgn. à n. 1.—

— dasselbe, s.a. Perikopen, d. neuen, d. Eisenacher Konferenz. I.

Reyländer, O., die neuen epistolischen Perikopen der Eisenacher Konferenz. Exegetisch-homilet. Handbuch, in Verbindg. m. anderen Geistlichen hrsg. 2. verb. Aufl. (VIII, 817 S.) gr. 8. Leipzig (904. 905). A. Deichert Nachf. n. 10.50

Reym, Aroda [Pseud.], s.a. Meyer, Dora

Reym, Aroda, a life-contrast. 2 vols. 8. (III, 284 u. III, 285 S.) Hamburg 895. Jürgensen & Becker. n. 3.50

Reym, K. (Hrsg.), s. Zeitung für deutsche Handwerker.

Reymann

— s. a. **Reimann.**

Reymann, Katechismus der Landwirthschaft. Mit 2 Abbildgn. (Holzschntaf.). 8. (VIII, 84 S.) Breslau 883. Korn. cart. u. — 80

Reymann, C., Führer f. das gewerbliche Leben. Neubearbeitung v. Glasers Haus- u. Werkstatt-Kalender. 12. (VIII, 356 S. m. Abbildgn.) Berlin 899. G. Siemens. Geb. in Leinw. u. 2. —

Reymann, Dan. Gottlob

Reymann, G. D., Atlas d. deutschen Reichslandes Elsass-Lothringen. Lith. u. color. qu. Fol. (15 Bl.) Glogau 871. Flemming. à Bl. — 60

Reymann, D. G. General-Karte von einem Theile des Russischen Reiches in Gouvernements und Kreise eingetheilt, worauf die Post- und andere Hauptstrassen angezeigt sind. Bey Sr. Russisch Kayserlichen Majestät Karten-Depot im Jahre 1799 entworffen. Ins Deutsche übersetzt und mit Nachträgen versehen. Berlin 1802. 1 Bl. c. K.

— Karte von Deutschland; nach dem definitiven Indemnisationsplane vom 8. Octbr. 1802. Berlin 1803. 4 Bll. Fol. (1²⁄₃ Rt.)

Reymann, Dan. Glob. Karte von Deutschland, Italien . . . auf 24 Blättern . . . . . 1802.

Reymann, D. G. Karte von Deutschland, Italien, der Europäischen Türkei etc., nebst einem Theile des Mittelländischen Meeres und dessen Küsten. 1802. 4 Bl. c. K. Ff.

Reymann, D. G., Neueste Karte von Deutschland u. einem Theile der umliegenden Staaten mit den neuen Gränzen nach den Bestimmungen des Wiener Congresses, des Pariser Friedens vom 21. Nov. 1815 u. den nachherigen Austauschungen, desgleichen mit den Post- u. andern Hauptstrassen u. mit Angabe der Ortsentfernungen nach Meilen. Berlin, Strack, 1816. Imp. Fol. (2 Rt.)

Reymann, D. G. Karte vom Westlichen Russland nebst dem angrenzenden Preussen und Oesterreich. Berlin (1810). 1 Bl. c. K. v.

Reymann, D. G. Karte von Schwedisch Pommern und der Insel Rügen. Potsdam 1806. 6 Bl. c. K.

— **Kriegsschauplatz, deutsch-französischer [westlich und südlich von Paris]. Anschlussblätter an Reymann's und Handtke's Karten vom Kriegsschauplatz. 1:320,000. Bl. 3—8. Fol. Glogau 871, Flemming.** 8 50

Inhalt:
Bl. 3. Niort, Bordeaux, Tulle, Evaux. M 1,50.
» 4. Nemours, Chaumont, Saucoins, Lons-le-S. M 1,50.
» 5. Epinal, Breisach, Yverdun, Thun. M 1,50.
» 6. Calais. Brüssel, Arras, Beaumont. M 1.
» 7. Cherbourg, St. Pol, Morlaix, Ernée, Carenton. M 1,50.
» 8. Rennes, Lorient, Bouin, Vouvant, Laval. M 1,50.

Reymann, Dan. Glob., Das Land der Deutschen, vom Weichselwalde bis zum Ardennerwalde, mit Bezeichnung der Staatengrenzen vor Errichtung des Rheinbundes. Berlin 1813. Imp.-Fol. Kpfrst. (1½ Rt.)

Reymann, Plan der Stadt Graudenz und der nächsten Umgebung. 1:8000. Fol. Ebendas. 872. *

Reymann, D. G. Topographischer Plan der Gegend um Berlin. Berlin 1818. 1 Bl. c. K. Ff.

Reymann, D. G. Neueste geographische Post- und Reise-Charte von Deutschland und Preussen. Nach den vermessenen Stations-Entfernungen auf den Hauptstrassen berichtigt von H. Berghaus. Berlin 1823. 1 Bl. c. K.

Reymann, Dan. Glob., Neueste geographische Post- u. Reise-Charte von Deutschland u. Preussen. Nach den vermessenen Stations-Vermessungen auf den Hauptstrassen berichtigt von H. Berghaus. Berlin, Th. Enslin, 1823. . . . . (RPA.; D.)
—, — Ebda. 1836. Imp.-Fol. (1 Rt.)

Reymann, G. D., Specialkarte von Deutschland. Gez. v. Brokk, Fils, F. Handtke, Haupt u. Nowack. Sect. 5. Putzig. 6. Hela. 7. Königsberg. 9. Rendsburg. 15. Köslin. 16. Stolp. 17. Behrendt. 18. Elbing. 19. Heilsberg. 22. Kuxhaven. 30. Rummelsburck. 31. Rittel. 32. Marienwerder. 48. Graudenz. 59. Angermünde. 64. Thorn. 72. Salzwedel. 74. Nauen. 76. Küstrin. 80. Brzesz. 90. Magdeburg. 91. Potsdam. 92. Fürstenwalde. 106. Eimbeck. 107. Halberstadt. 155. Doullens. 162. Giessen. 174. Amiens. 175. St. Quentin. 176. Hirson. 194. Soissons. 195. Rethel. 196. Sedan. 200. Darmstadt. 203. Neustadt. 212. Paris. 213. La Ferté. 214. Chalons. 215. Verdun. 219. Heidelberg. 220. Rothenburg. 221. Ansbach. 222. Bamberg. 231. Melun. 232. Provins. 233. Vitry. 234. Bar le Duc. 236. Pfalzburg. 237. Karlsruhe. 238. Stuttgart. 240. Eichstädt. 250. Bar-sur-Aube. 251. Neufchâteau. 252. Luneville. 254. Strassburg. B. Memel. E. Tilsit. Georgenstadt. G. Galtgarben. H. Labiau. J. Schirwindt. K. Allenburg. N. Oletzko. P. Johannisburg. Q. Chorzellen. R. Ostrolenka. (Lith. u. Kpfrst. col.) Glogau 849—52, Flemming. à n. ½ ℔

Reymann, G. D., Specialkarte vom Fichtelgebirge. 1:200,000. Fol. Glogau 868, Flemming. In Carton 1 20
aufgez. in Carton * 3 —

— Geographische Spezialkarte von Deutschland und einem Theile der umliegenden Länder in 342 Sectionen, nach den besten vorhandenen Hülfsmitteln und vielen bis jetzt noch nicht gestochenen Zeichnungen zusammen getragen, auch nach den Regierungsbezirken des kgl. preuss. Staates, so wie nach den Gränzen der gegenwärtig organisirten Staaten eingetheilt. Berlin 1816.

— Specialkarte vom Harzgebirge mit seinen Umgebungen. 1:200,000. Fol. Ebendas. 872. M 3.; aufgez. in Carton * 4 50

Reymann's, G. D., Specialkarte vom Harzgebirge mit seinen Umgebungen. 1:200,000. Ausg. 1880. Lithogr. Imp.-Fol. Glogau, Flemming. 3 —
Auf Leinw. in Leinw.-Carton 4 50
Aus: Reymann's topographische Specialkarte von Central-Europa, besonders abgedruckt.

Reymann's, G. D., Specialkarte vom Harzgebirge mit seinen Umgebungen. 1:200,000. Ausg. 1889. Lithogr. Imp.-Fol. Glogau 889, Flemming. 2 —
Aus: Reymann's topographische Specialkarte von Central-Europa.

Reymann's, G. D., Specialkarte vom Harzgebirge m. seinen Umgebungen. Gezeichnet v. F. Handtke. 1:200,000. Ausg. 1890. Lithogr. u. color. qu. gr. Fol. Glogau, Flemming. In Carton 1 50

Reymann's, G. D., Specialkarte der Umgegend Carlsbad-Eger. Nach Reymann's topograph. Specialkarte von Central-Europa. 1:200,000. 4. Glogau 872, Flemming. * 1 —
aufgez. * 1 40

Reymann's Specialkarte vom Deutsch-Französischen Kriegsschauplatz. 1:200 000. Bl. 1—10 u. 12. 11 Bl. c. L. Ff. Anschlussblatt Nr. 2: Deutsch-Französischer Kriegsschauplatz westlich von Paris. 1:320 000. 1 Bl. L.

Reymann's Specialkarte vom deutsch-französischen Kriegsschauplatze. 1:200,000. 12 Bl. Fol. Glogau 870, Flemming. 24 75

Inhalt:
Bl. 1—5. Givet, Clervaux, Sedan, Luxemburg; Simmern, Mainz, Birkenfeld, Worms; Verdun, Metz, Bar le Duc, Nancy; Saarbrücken, Landau, Pfalzburg, Carlsruhe; S. Diey, Strassburg, Colmar, Villingen. M 11,25.
» 6. 7. La Ferté, Châlons, Provins, Vitry; Paris, Melun. M 3,75.
» 8. 9. Neufchateau, Luneville, Langres, Remiremont; Sens, Bar s. Aube, Chatillon. M 4,50.
» 10. 11. St. Quentin, Hirson, Soissons, Rethel; Amiens, Beauvais. M 3,75.
» 12. Vesoul, Mühlhausen, Baume, Basel. M 1,50.

— Specialkarte vom Schwarzwald Nr. 1: Nördlicher Theil. 1:200,000. Ebendas. 868. In Carton * 1 50
— dass. — Nr. 2: Südlicher Theil. 1:200,000. Fol. Ebendas. 868. In Carton * 2 —

— Specialkarte der fränkischen Schweiz nebst der Umgegend von Nürnberg. 1:200,000. Fol. Ebendas. 868. In Carton 1 20

Reymann's Special-Karte der fränkischen Schweiz nebst der Umgegend von Nürnberg. 1:200,000. Lithogr. gr. Fol. Bayreuth 880, Giessel's Buchh. * 1 20
Aus: Special-Karte von Central-Europa, besonders abgedruckt.

Reymann, G. D., Specialkarte von Tirol. Inhalt: Ober-Innthal; Unter-Innthal; Innsbrucker Zillerthal etc. 1 : 200,000. Fol. Glogau 874, Flemming. *
aufgez. *

Reymann, Dan. Glob. und C. W. v. **Oesfeld,** Topographische Specialkarte von Deutschland u. den angrenden Staaten in 359 (theils in Kpfr. gest., theils lithogr. u. color.) Blättern. M. 1 : 200000. Glogau, Flemming. 1818—56. (Einzelne Bll. à 1/2 ℛ) (Br. Mus.; D.)

Später u. d. T.:

—— Topographische Specialkarte von Mittel-Europa, fortges. durch C. W. von Oesfeld u. Handtke, sowie jetzt unter Leitung des Kgl. Preuss. Grossen Generalstabes. In 162 Sectionen. Berlin, Exped. d. Reymann'schen Karte des Gr. Generalstabes, Benecke & Schlenther. o. J. qu.-Fol. (à Sect.: 1 ℳ) . . . . (D.; RPA.

Später u. d. T.:

—— Topographische Specialkarte von Central-Europa (ganz Deutschland, Ost-Frankreich, Belgien, Holland, Schweiz, Ober-Italien u. Polen) seit 1883; von Mittel-Europa. Fortges. durch C. W. Oesfeld u. F. Handtke, seit 1883 herausg. von der Kartograph. Abtheilung der Kgl. Preuss. Landesaufnahme. M. 1 : 200000 d. nat. Gr. Neue Ausg. Glogau, Flemming, später Berlin, Eisenschmidt, 1857—95. qu.-Fol.

Nummern des alten Netzes: B. Memel. — C. Sloboda. — E. Tilse. — F. Georgenburg. — G. Galtgarben. — H. Labiau. — J. Schirwind. — 1. Wieck. — 2. Netz u. Arcona. — 4. Leba. — 5. Putzig. — 6. Hela. — 7. Königsberg. — K. Allenburg. — L. Goldap. — 8a. Helgoland. — 8. Tönningen. — 9. Rendsburg. — 10. Lützenburg. — 11. Warnemünde. — 12. Stralsund. — 13. Bergen. — 15. Cöslin. — 16. Stolp. — 17. Behrend. — 18. Elbing. — 19. Heilsberg. — M. Rastenburg. — 20. Juist. — 21. Wangeroog. — 22. Cuxhaven. — 23. Glückstadt. — 24. Lübeck. — 25. Rostock. — 26. Demmin. — 27. Anclam. — 28. Cammin. — 29. Cöslin. — 30. Rummelsburg. — 31. Rittel. — 32. Marienwerder. — 33. Osterode. — O. Ortelsburg. — P. Johannisburg. — 36. Emden. — 37. Aurich. — 38. Bremervörde. — 39. Hamburg. — 40. Lauenburg. — 41. Schwerin. — 42. Warenz. — 43. Pasewalk. — 44. Stettin. — 45. Dramburg. — 46. Ratzebuhr. — 47. Culm. — 48. Graudenz. — 49. Soldau. — Q. Chorzellen. — 52. Assen. — 53. Oldenburg. — 54. Bremen. — 55. Soltau. — 56. Lüneburg. — 57. Perleberg. — 58. Zehdenick. — 59. Angermünde. — 60. Soldin. — 61. Arnswalde. — 62. Schneidemühl. — 63. Bromberg. — 64. Thorn. — 68. Coevorden. — 69. Freeren. — 70. Diepholz. — 71. Celle. — 72. Salzwedel. — 73. Stendal. — 74. Nauen. — 75. Berlin. — 76. Cüstrin. — 77. Birnbaum. — 78. Rogasen. — 79. Gnesen. — 80. Brzesz (Brest). — 85. Enschede. — 86. Osnabrück. — 87. Minden. — 88. Hannover. — 89. Braunschweig. — 90. Magdeburg. — 91. Potsdam. — 92. Fürstenwalde. — 93. Frankfurt. — 94. Meseritz. — 95. Posen. — 96. Peisern. — 102. Cleve. — 103. Wesel. — 104. Münster. — 105. Paderborn. — 106. Eimbeck. — 107. Halberstadt. — 108. Dessau. — 109. Wittenberg. — 110. Luckau. — 111. Cottbus. — 112. Gr. Glogau. — 113. Lissa. — 114. Kalisch. — 121. Venloo. — 122. Düsseldorf. — 123. Arnsberg. — 124. Brilon. — 125. Cassel. — 126. Nordhausen. — 127. Merseburg. — 128. Leipzig. — 129. Grossenhayn. — 130. Spremberg. — 131. Bunzlau. — 132. Wohlau. — 133. Oels. — 134. Wielun. — 140. Maastricht. — 141. Cöln. — 142. Siegen. — 143. Marburg. — 144. Hersfeld. — 145. Erfurt. — 146. Jena. — 147. Penig. — 148. Dresden. — 149. Zittau. — 150. Hirschberg. — 151. Breslau. — 152. Brieg. — 153. Kreutzburg. — 159. Malmedy. — 160. Andernach. — 161. Coblenz. — 162. Giessen. — 163. Fulda. — 164. Schleusingen. — 165. Plauen. — 166. Zwickau. — 167. Töplitz. — 168. Jungbunzlau. — 169. Hohenelbe. — 170. Glatz. — 171. Neisse. — 172. Gleiwitz. — 173. Siewierz. — 178. Clervaux. — 179. Simmern. — 180. Mainz. — 181. Frankfurt. — 182. Schweinfurt. — 183. Coburg. — 184. Hof. — 185. Eger. — 186. Saatz. — 187. Prag. — 188. Königingrätz. — 189. Mittewalde. — 190. Troppau. — 191. Ratibor. — 192. Krakau. — 197. Luxemburg. — 198. Birkenfeld. — 199. Worms. — 200. Darmstadt. — 201. Würzburg. — 202. Bamberg. — 203. Neustadt. — 204. Mies. — 205. Pilsen. — 206. Eule. — 207. Czaslau. — 208. Leutomischl. — 209. Olmütz. — 210. Teschen. — 216. Metz. — 217. Saarbrücken. — 218. Landau. — 219. Heidelberg. — 220. Rothenburg. — 221. Ansbach. — 222. Amberg. — 223. Cham. — 224. Blattna. — 225. Tabor. — 226. Iglau. — 227. Brünn. — 228. Hradisch. — 229. Sillein. — 235. Nancy. — 236. Pfalzburg. — 237. Carlsruhe. — 238. Stuttgart. — 239. Ellwangen. — 240. Eichstedt. — 241. Regensburg. — 242. Straubing. — 243. Winterberg. — 244. Budweis. — 245. Waidhofen. — 246. Nicolsburg. — 247. Göding. — 253. St. Diey. — 254. Strassburg. — 255. Tübingen. — 256. Ulm. — 257. Augsburg. — 258. Landshut. — 259. Vilshofen. — 260. Passau. — 261. Freystadt. — 262. Krems. — 263. Korn Neuburg. — 267. Remiremont. — 268. Colmar. — 269. Villingen. — 270. Sigmaringen. — 271. Memmingen. — 272. Landsberg. — 273. München. — 274. Braunau. — 275. Wels. — 276. Steyer. — 277. St. Pölten. — 278. Wien. — 279. Pressburg. — 282. Basel. — 283. Schaffhausen. — 284. Constanz. — 285. Lindau. — 286. Füssen. — 287. Kufstein. — 288. Salzburg. — 289. Hallstadt. — 290. Admont. — 291. Maria Zell. — 292. Oedenburg. — 296. Wallenstadt. — 297. Bludenz. — 298. Ob. Innthal. Innsbruck. — 299. Unter Innthal. — 300. Zell. — 301. Radstadt. — 302. Judenburg. — 303. Graz. — 304. Stein am Anger. — 309. Davos. — 310. Oetzthaler Ferner. — 311. Bruneck. — 312. Lienz. — 313. Spital. — 314. Gurk. — 315. Wildon. — 316. S. Gothard. — 321. Bormio. — 322. Botzen. — 323. Caprile. — 325. Villach. — 326. Krainburg. — 327. Mahrburg. — 328. Warasdin. — 330. Trient. — 333. Görz. — 334. Laibach. — 335. Gurkfeld. — 338. Triest. — 339. Reifnitz. — 340. Carlstadt. — 341. Mitterburg. — 342. Fiume.

Nummern des 1888 erschienenen Übersichtsblattes: 92. Memel. — 99. Hjerting. — 100. Fredericia. — 105. Tilsit. — 106. Jurborg (Georgenburg). — 112. Ripen. — 113. Apenrade. — 119. Galtgarben. — 120. Labiau. — 121. Schirwindt. — 127. Tondern. — 128. Flensburg. — 131. Wieck. — 132. Arcona. — 133. Rützenhagen. — 134. Leba. — 135. Putzig. — 136. Hela. — 137. Königsberg. — 138. Allenburg. — 139. Goldapp. — 145. Helgoland. — 146. Tönning. — 147. Rendsburg. — 148. Lütjenburg. — 149. Warnemünde. — 150. Stralsund. — 151. Bergen. — 152. Langenhagen. — 153. Cöslin. — 154. Stolp. — 155. Berent. — 156. Elbing. — 157. Heilsberg. — 158. Rastenburg. — 159. Oletzko. — 160. Suwalki. — 165. Juist. — 166. Wangeroog. — 167. Cuxhaven. — 168. Glückstadt. — 169. Lübeck. — 170. Rostock. — 171. Demmin. — 172. Anklam. — 173. Cammin. — 174. Cörlin. — 175. Rummelsburg. — 176. Rissel. — 177. Marienwerder. — 178. Osterode i. O.-Pr. — 179. Ortelsburg. — 180. Johannisburg. — 188. Emden. — 189. Aurich. — 190. Bremervörde. — 191. Hamburg. — 192. Lauenburg. — 193. Schwerin. — 194. Waren. — 195. Pasewalk. — 196. Stettin. — 197. Dramburg. — 198. Ratzebuhr. — 199. Kulm. — 200. Graudenz. — 201. Soldau. — 202. Chorzellen (Chorschele). — 216. Assen. — 217. Oldenburg. — 218. Bremen. — 219. Soltau. — 220. Lüneburg. — 221. Perleberg. — 222. Zehdenick. — 223. Angermünde. — 224. Soldin. — 225. Arnswalde. — 226. Schneidemühl. — 227. Bromberg. — 228. Thorn. — 244. Coevorden. — 245. Freeren. — 246. Diepholz. — 247. Celle. — 248. Salzwedel. — 249. Stendal. — 250. Nauen. — 251. Berlin. — 252. Cüstrin. — 253. Birnbaum. — 254. Rogasen. — 255. Gnesen. — 256. Brest. — 272. Enschede. — 273. Osnabrück. — 274. Minden. — 275. Hannover. — 276. Braunschweig. — 277. Magdeburg. — 278. Potsdam. — 279. Fürstenwalde. — 280. Frankfurt a. O. — 281. Meseritz. — 282. Posen. — 283. Pysdry (Peisern). — 300. Cleve. — 301. Wesel. — 302. Münster. — 303. Paderborn. — 304. Einbeck. — 305. Halberstadt. — 306. Dessau. — 307. Wittenberg. — 308. Luckau. — 309. Cottbus. — 310. Glogau. — 311. Lissa. — 312. Kalisch. — 330. Venloo. — 331. Düsseldorf. — 332. Arnsberg. — 333. Brilon. — 334. Cassel. — 335. Nordhausen. — 336. Halle. — 337. Leipzig. — 338. Grossenhain. — 339. Spremberg. — 340. Bunzlau. — 341. Wohlau. — 342. Oels. — 343. Weljun (Wjelun). — 357. Maastricht. — 358. Cöln. — 359. Siegen. — 360. Marburg. — 361. Hersfeld. — 362. Erfurt. — 363. Jena. — 364. Penig. — 365. Dresden. — 366. Zittau. — 367. Hirschberg. — 368. Breslau. — 369. Brieg. — 370. Kreuzburg i. Schl. — 371. Tschenstochow (Czenstochau). — 386. Malmedy. — 387. Andernach. — 388. Coblenz. — 389. Giessen. — 390. Fulda. — 391. Schleusingen. — 392. Plauen. — 393. Zwickau. — 394. Teplitz. — 395. Jung Bunzlau. — 396. Hohenelbe. — 397. Glatz. — 398. Neisse. — 399. Gleiwitz. — 400. Sewersk (Siewierz). — 416. Clervaux. — 417. Simmern. — 418. Mainz. — 419. Frankfurt a. M. — 420. Schweinfurt. — 421. Coburg. — 422. Hof. — 423. Karlsbad. — 424. Saaz. — 425. Prag. — 426. Königgrätz. — 427. Mittelwalde. — 428. Troppau. — 429. Ratibor. — 430. Oswiecim. — 446. Luxemburg. — 447. Birkenfeld. — 448. Worms. — 449. Darmstadt. — 450. Würzburg. — 451. Bamberg. — 452. Neustadt. — 453. Mies. — 454. Pilsen. — 455. Eule. — 456. Czaslau. — 457. Leutomischl. — 458. Olmütz. — 459. Teschen. — 476. Metz. — 477. Saarbrücken. — 478. Landau. — 479. Heidelberg. — 480. Rothenburg. — 481. Ansbach. — 482. Amberg. — 483. Cham. — 484. Klattau. — 485. Tabor. — 486. Iglau. — 487. Brünn. — 488. Kremsier. — 489. Sillein. — 506. Nancy. — 507. Pfalzburg. — 508. Carlsruhe i. B. — 509. Stuttgart. — 510. Ellwangen. — 511. Eichstädt. — 512. Regensburg. — 513. Straubing. — 514. Winterberg. — 515. Budweis. — 516. Waidhofen. — 517. Nikolsburg. — 518. Göding. — 537. S. Dié. — 538. Strassburg i. E. — 539. Tübingen. — 540. Ulm. — 541. Augsburg. — 542. Landshut. — 543. Vilshofen. — 544. Passau. — 545. Freystadt. — 546. Krems. — 547. Korneuburg. — 566. Remiremont. — 567. Colmar i. E. — 568. Villingen. — 569. Sigmaringen. — 570. Memmingen. — 571. Landsberg. — 572. München. — 573. Braunau. — 574. Wels. — 575. Steyer. — 576. St. Pölten. — 577. Wien. — 578. Presburg. — 597. Basel. — 598. Schaffhausen. — 599. Konstanz. — 600. Lindau. — 601. Füssen. — 602. Kufstein. — 603. Salzburg. — 604. Hallstadt. — 605. Admont. — 606. Maria-Zell. — 607. Oedenburg. — 630. Bludenz. — 631. Unter-Innthal. — 632. Ober-Innthal. — 633. Zell am See. — 634. Radstadt. — 635. Judenburg. — 636. Graz. — 637. Stein am Anger. — 660. Davos. — 661. Oetzthaler Ferner. — 662. Bruneck. — 663. Lienz. — 664. Spital. — 665. Gurk. — 666. Wildon. — 667. S. Gothard. — 690. Bormio. — 691. Botzen. — 692. Buchenstein. — 694. Villach. — 695. Krainburg. — 696. Mahrburg. — 697. Warasdin. — 720. Sondrio. — 721. Trient. — 722. Belluno. — 724. Görz. — 725. Laibach. — 726. Gurkfeld. — 751. Verona. — 754. Triest. — 755. Reifnitz. — 756. Carlstadt. — 783. Mitterberg.

— u. C. W. v. Oesfeld, topographische Specialkarte v. Deutschland u. den angrenzenden Staaten in 359 (theils in Kpfr. gest., theils lith. u. color.) Blättern. (Neue Ausg.) 92—96. Lfg. (à 2 Bl.) 92. Sect. 194 u. 200. (Soissons u. Darmstadt.) 93. Sect. 73 u. 77. (Stendal u. Birnbaum.) 94. Sect. 253 u. 157. (St. Dié u. Mons.) 95. Sect. 60 u. 156. (Soldin u. Valenciennes.) 96. Sect. 46 u. 61. (Ratzebuhr u. Arnswalde.) Ebd. 852. à n. 2/3 ℛ; einzelne Bl. à n. 1/2 ℛ

Reymann, G. D., und C. W. v. Oesfeld, topographische Specialkarte von Deutschland und den angrenzenden Staaten in 423 Blättern. Fortgesetzt von F. Handtke. (Neue Ausg.) 160.—162. Lfg. (à 2 Bl.) Fol. Glogau 870—73, Flemming. [Berlin, Expedition der Reymann'schen Karte.] à Lfg. * 2 —
Einzelne Bl. * 1 —

Inhalt:
Lfg. 160. Sect. 183. Coburg. Sect. 184. Hof.
» 161. Sect. 201. Würzburg. Sect. 209. Olmütz.
» 162. Sect. 180. Königgrätz. Sect. 205. Pilsen.

—— —— dass. — 163. Lfg. Fol. (2 Bl.) Ebendas. 873. * 2 —
Einzelne Bl. * 1 —

Reymann's, G. D., topographische Specialkarte der Grossherzogthümer Mecklenburg. 4 Bl. 1 : 20,000. Fol. Glogau 872, Flemming. à Bl. *ℳ 3. * 12 —
aufgez. in Carton à Bl. *ℳ 4,50. * 18 —
Mit Holzrollen *ℳ 18,60.; mit polirten Holzrollen * 19 20

— — topographische Spezialkarte von Nord-Deutschland in 200 (theils in Kpfr. gest., theils lith. u. color.) Blättern. (Neue Ausg.) 1. Lfg. Sect. 128 u. 180. (Leipzig u. Mainz.) 2. Sect. 66 u. 68. (Amsterdam u. Hannover.) 3. Sect. 95 u. 124. (Posen u. Brilon.) 4. Sect. 28 u. 141. (Kammin u. Cölln.) 5. Sect. 145 u. 151. (Erfurth u. Breslau.) 6. Sect. 167 u. 181. (Teplitz u. Frankfurth a/M.) 7. Sect. 63 u. 85. (Bromberg u. Enschede.) 8. Sect. 86 u. 87. (Osnabrück u. Minden.) 9. Sect. 90 u. 102. (Magdeburg u. Cleve.) 10. Sect. 103 u. 104. (Wesel u. Münster.) 11. Sect. 105 u. 108. (Paderborn u. Dessau.) 12. Sect. 121 u. 122. (Venloo u. Düsseldorf.) 13. Sect. 123 u. 1. (Arnsberg u. Wieck.) 14. Sect. 2 u. 3. (Arcona u. Rützenhagen.) 15. Sect. 4 u. 12. (Leba u. Stralsund.) 16. Sect. 13 u. 27. (Bergen u. Anklam.) 17. Sect. 50 u. 68. (Texel u. Coevorden.) 18. Sect. 69 u. 70. (Freeren u. Diepholz.) 19. Sect. 71 u. 9. (Celle u. Rendsburg.) 20. Sect. 11 u. 14. (Warnemünde u. Langenhagen.) 21. Sect. 15 u. 23. (Cöslin u. Glückstadt.) 22. Sect. 38 u. 39. (Bremervörde u. Hamburg.) 23. Sect. 44 u. 78. (Stettin u. Rogasen.) 24. Sect. 79 u. 93. (Gnesen u. Frankfurth a/O.) 25. Sect. 94 u. 96. (Meseritz u. Peisern.) 26. Sect. 109 u. 110. (Wittenberg u. Luckau.) 27. Sect. 111 u. 112. (Cottbus u. Grossglogau.) 28. Sect. 113 u. 114. (Lissa u. Kalisz.) 29. Sect. 115 u. 125. (Warta u. Cassel.) 30. Sect. 127 u. 129. (Merseburg u. Grossen-Hayn.) 31. Sect. 130 u. 131. (Spremberg u. Bunzlau.) 32. Sect. 132 u. 133. (Wohlau u. Oels.) 33. Sect. 134 u. 140. (Wielun u. Maastricht.) 34. Sect. 142 u. 143. (Siegen u. Marburg.) 35. Sect. 144 u. 146. (Hersfeld u. Jena.) 36. Sect. 147 u. 92. (Penig u. Fürstenwalde.) 37. Sect. 149 u. 150. (Zittau u. Hirschberg.) 38. Sect. 152 u. 153. (Brieg u. Kreutzburg.) 39. Sect. 154 u. 159. (Czenstochau u. Malmedy.) 40. Sect. 160 u. 161. (Andernach u. Coblenz.) 41. Sect. 163 u. 164. (Fulda u. Schleusingen.) 42. Sect. 165 u. 166. (Plauen u. Zwickau.) 43. Sect. 168 u. 8a. (Jung-Bunzlau u. Helgoland.) 44. Sect. 8 u. 43. (Tönningen u. Pasewalk.) 45. Sect. 10 u. 20. (Femern u. Juist.) 46. Sect. 21 u. 35. (Wangeroog u. Leeuwarden.) 47. Sect. 36 u. 37. (Emden u. Aurich.) 48. Sect. 40 u. 52. (Lauenburg u. Assen.) 49. Sect. 53 u. 54. (Oldenburg u. Bremen.) 50. Sect. 55 u. 203. (Soltau u. Hof.) 51. Sect. 169 u. 170. (Hohenelbe u. Glatz.) 52. Sect. 171 u. 172. (Neisse u. Gleiwitz.) 53. Sect. 173 u. 178. (Siewierz u. Clervaux.) 54. Sect. 179 u. 186. (Simmern u. Saatz.) 55. Sect. 187 u. 189. (Prag u. Mittelwalde.) 56. Sect. 190 u. 191. (Troppau u. Ratibor.) 57. Sect. 192 u. 197. (Krakau u. Luxemburg.) 58. Sect. 198 u. 199. (Birkenfeld u. Worms.) 59. Sect. 210 u. 216. (Teschen u. Metz.) 60. Sect. 217 u. 218. (Saarbrücken u. Landau.) 61. Sect. 74 u. 91. (Nauen u. Potsdam.) 62. Sect. 29 u. 80. (Cörlin u. Brzesz.) 63. Sect. 219 u. 220. (Heidelberg u. Rothenburg.) 64. Sect. 221 u. 222. (Ansbach u. Amberg.) 65. Sect. 31 u. 47. (Rittel u. Kulm.) 66. Sect. Q u. R. (Chorzellen u. Ostrolenka.) 67. Sect. 48 u. 62. (Graudenz u. Schneidemühl.) 68. Sect. 6 u. 32. (Hela u. Marienwerder.) 69. Sect. 162 u. K. (Giessen u. Allenburg.) 70. Sect. 18 u. 49. (Elbing u. Soldau.) 71. Sect. 64 u. L. (Thorn u. Goldapp.) 72. Sect. 33 u. N. (Osterode u. Oletzko.) 73. Sect. O u. M. (Ortelsburg u. Rastenburg.) 74. Sect. 22 u. F. (Kuxhaven u. Georgenburg.) 75. Sect. G u. J. (Galtgarben u. Schirwindt.) 76. Sect. P u. H. (Johannisburg u. Labiau.) 77. Sect. 214 u. 215. (Chalons u. Verdun.) 78. Sect. 17 u. 19. (Behrendt u. Heilsberg.) 79. Sect. 5 u. 7. (Lauenburg u. Königsberg.) 80. Sect. E u. 196. (Tilsit u. Sedan.) 81. Sect

B u. 175. (Memel u. St. Quentin.) 82. Sect. 195 u. 234. (Retbel u. Bar le Duc.) 83. Sect. 233 u. 236. (Vitry u. Pfalzburg.) 84. Sect. 203 u. 235. (Neustadt u. Nancy.) 85. Sect. 107 u. 72. (Halberstadt u. Salzwedel.) 86. Sect. 252 u. 212. (Luneville u. Paris.) 87. Sect. 237 u. 106. (Karlsruhe u. Eimbeck.) 88. Sect. 174 u. 251. (Amiens u. Neufchâteau.) 89. Sect. 231 u. 232. (Melun u. Provins.) 90. Sect. 16 u. 30. (Stolp u. Rummelsberg.) 91. Sect. 213 u. 238. (La Ferté u. Stuttgart.) Glogau 848—52, Flemming. à n. 2/3 ℛ︎; einzelne Bl. à n. 1/3 ℛ︎

Reymann, G. D., u. C. W. **v. Oesfeld,** topographische Specialkarte der Provinz Preussen in 33 (lith. u. col.) Blättern. 1. Lfg. Sect. Königsberg u. Elbing-Danzig. Fol. Ebd. 852. n. 2/3 ℛ︎

Reymann, G. D., topographische Specialkarte der Umgegend von Glatz. Fol. Glogau 873, Flemming.
aufgez. in Carton *

Reymann, G. D., topographische Specialkarte der Umgegend von Leipzig. Fol. Glogau 873, Flemming. * 3 —
aufgez. in Carton * 5 50

Reymann's, G. F., topographische Specialkarte der Umgegend von Nürnberg und Erlangen. Fol. Glogau 874, Flemming.
aufgez. *

— topographische Specialkarte v. Central-Europa [ganz Deutschland, Ost-Frankreich, Belgien, Holland, Schweiz, Ober-Italien u. Polen.] Fortgesetzt durch C. W. v. Oesfeld u. F. Handtke. 1:200,000. Kpfrst. Neue Ausg. 1. Lfg. (4 Bl.) Ebend. 871. n. 3. 20; einzelne Blätter n. 1. —

—— topographische Specialkarte von Central-Europa [ganz Deutschland, Ost-Frankreich, Belgien, Holland, Schweiz, Ober-Italien und Polen]. Fortgesetzt durch C. W. von Oesfeld und E. Handtke. 1:200,000. Neue Ausg. 1. Lfg. (4 Bl.) Ebendas. 872. * 3 20
Einzelne Bl. * 1 —

Reymann's, G. D., Specialkarte der Umgegend von Kiel. Nach Reymann's topograph. Specialkarte von Central-Europa. 1:200,000. Fol. Glogau 874, Flemming. *
aufgez. *

Reymann's Specialkarte der Umgegend von Leipzig, Halle, Merseburg, Naumburg, Weissenfels, Zeitz, Altenburg, Grimma und Eilenburg. 1:200,000. Fol. Glogau 874, Flemming. 1 80
aufgez. * 3 —

Reymann G D, Spezialkarte d. Umgeg. v. Stuttg. u Tubingen. 1:200000. Stuttgart 1876

Reymann's, G. D., Specialkarte der Umgegend von Teplitz. Nach Reymann's topograph. Specialkarte von Central-Europa. 1:200,000. Imp.-4. Glogau 872, Flemming. * 1 —
aufgez. * 1 40

Reymann, G. D., Specialkarte der Umgegend von Warschau. Fol. Glogau 874, Flemming. aufgez. in Carton *

—— Specialkarte der Vogesen Nr. 1 und 2. 1:200,000. Fol. Ebendas. 868. In Carton à Nr. * 2 —
Inhalt:
Nr. 1. Nordlicher Theil.
» 2. Sudlicher Theil.

Reymann's, G. D., Specialkarte vom Thüringer Walde. 1:200,000. Fol. Glogau 874, Flemming. *
aufgez. *

—— Specialkarte vom Schleswig'schen Wattenmeer und Nordfriesland. 1:200,000. Fol. Ebendas. 868.
In Carton M 1,20.; aufgez. in Carton *

REYMANN, Franz: Bernhard von Clairvaux und Papst Eugen III.— 1907. 58 Bl. Diss. Graz, Univ.

Reymann, Friedr., kleines Gebetbuch für evangelische Christen. 4. Aufl. 853. — 5. Aufl. Breslau 854. Dülfer in Comm. 12. (132 S.) n. 4½ ngr.

Reymann, Frdr., evangel. Glaubenstreue in Schlesiens Vergangenheit. Zum 150jähr. Geburtstage der Bethäuser berichtet. 8. (40 S.) Breslau 892. C. Dülfer. n. — 30

Reymann, Frdr., der kleine Katechismus Luther's mit den für die Schule unentbehrlichsten Erläuterungen. 3. Aufl. 8. (112 S.) Glogau 849, Flemming in Comm. n. 3 ngr.

— der kleine Katechismus Dr. M. Luther's mit den für die Schule unentbehrlichsten Erläuterungen. 4. Aufl. 853. — 5. u. 6. verb. Aufl. Breslau 856. Dülfer. 8. (112 S.)
n. 3½ ngr.

Reymann, Frdr., der kleine Katechismus Dr. Martin Luther's mit den für die Schule unentbehrlichsten Erläuterungen. 7—11. Aufl. Breslau 858—64. Dülfer. 8. (119 S.) n. 4 ngr.

Reymann, Friedr., der kleine Katechismus Dr. Martin Luther's mit den für die Schule unentbehrlichsten Erläuterungen. 12. u. 13. verb. Aufl. Breslau 866—70. Dülfer. 8. (119 S.) n. 4 ngr.; geb. n.n. 5½ ngr.

Reymann, Friedr., der kleine Katechismus Dr. Mart. Luther's mit den für die Schule unentbehrlichsten Erläuterungen. 13.—15. Aufl. 8. (112 S.) Breslau 870,72,74, Dülfer's Verlag. *
geb. *

Reymann, Friedr., der kleine Katechismus Dr. Martin Luthers mit den für die Schule unentbehrlichsten Erläuterungen. 16. Aufl. 8. (110 S.) Breslau 877, Dülfer's Verlag. * — 40

Reymann, Friedr., der kleine Katechismus Dr. Martin Luther's mit den für die Schule unentbehrlichsten Erläuterungen. 17. Aufl. (104 S.) 1880; 18. Aufl. 8. (108 S.) Breslau 883, Dülfer's Verlag. * 40 Pf.; geb. *

Reymann, Frdr., der kleine Katechismus Dr. Mart. Luthers m. den f. die Schule unentbehrlichsten Erläuterungen. 19. Aufl. 8. (108 S.) Breslau 885. Dülfer. n. — 40;
geb. n. — 55

Reymann, F., der kleine Katechismus Martin Luther's m. den f. die Schule unentbehrlichsten Erläuterungen. 20. Aufl. 8. (108 S.) Breslau 888. Dülfer. n. — 40;
geb. n.n. — 55

— der kleine Katechismus Martin Luthers m. den f. die Schule unentbehrlichsten Erläuterungen. 21 Aufl. 8. (104 S.) Ebd. 892. n. — 40; geb. n.n. — 55

Reymann, Frdr., der kleine Katechismus Dr. Martin Luthers m. den f. die Schule unentbehrlichsten Erläuterungen. 22. Aufl. 8. (IV, 108 S.) Breslau 901. C. Dülfer's Verl. n. — 40; geb. in Halbleinw. n.n. — 55

— der Kirchentag zu Berlin. Predigt am 20. S. nach Trinitatis 1853 rc. zu Sagan gehalten. Breslau, Dülfer in Comm. gr. 8. (16 S.) n. 2 ngr.

— zwölf Predigten über das Apostolische Glaubensbekenntniß. gr. 8. (VI u. 126 S.) Sagan 847, Julien in Comm. 1/2 ℛ︎

Reymann, Frdr., zahle ich zuviel Steuern? u. Wie reklamiere ich bei zu hoher Einschätzung m. Erfolg? Ein unentbehrl. Ratgeber f. Steuerzahler in allen Steuerangelegenheiten zum Schutze gegen Steuerüberschätzg. unter Zugrundelegg. des Einkommensteuergesetzes in der Fassg. der Bekanntmachg. vom 19. VI. 1906 nebst Ausführungsanweisg. vom 25. VII. 1906. Mit vielen Mustereingaben, Mustern zu Einkommens- u. Vermögensberechngn. u. s. w. (III, 109 S.) 8. Leipzig (906). Ernst. 1. —

Reymann, G. D., s. Reymann, Dan. Gottlob

Reymann, Georg: Zur Casuistik der Nebenkröpfe. Eine Aortenstruma. *Giessen 1898: E. Ottmann.* (24 S.) 8°
Giessen, Med. Diss. v. 1898

Reymann, Geo., die Zuckerkrankheit ist heilbar, s.: Willst du gesund werden? 47.

Gesangbuchschlüssel. Versreg. u. Verzeichnis d. Bibelstellen z. Schlesischen Provinzial-Gesangbuche nach d. Beschluß d. Provinzialsynode 1908. Zsgest. von G[ottfried] **Reymann**, Pastor, u. A[lbert] Kaebsch, Pastor. Breslau: Korn 1910. 56 S. 8° [11. 2013

Reymann, Hanns, Referendar: Die Form des Vorverkaufsvertrages. Borna-Leipzig 1908: Noske. XI, 42 S. 8°
Breslau, Jur. Diss. v. 10. Dez. 1908, Ref. Schott-Leonhard
[Geb. 19. Febr. 85 Breslau; Wohnort: Breslau; Staatsangeh.: Preußen; Vorbildung: Realgymn. z. Heil. Geist u. Elisabeth-Gymn. Breslau Reife O. 04; Studium: Breslau 2, Genf 1, Breslau 3 S.; Rig. 29. Mai 08.] [U 09. 516

Reymann, Hans, Referendar: Die Handlung des Betrügers. Eine Abhandlung aus dem Strafrecht. Borna-Leipzig 1908: R. Noske. (87 S.) 8° [F.]
Freiburg i. B., Jur. Fak., Ref. Schmidt, Diss. v. 1908
[Geb. 8. Sept. 80 Fritzlar; Wohnort: Cassel; Staatsangeh.: Preußen; Vorbildung: Wilhelms-Gymn. Cassel, Prot. Gymn. Straßburg Reife 02; Studium: Lausanne 2, Berlin 1, Straßburg 3 S.; Coll. 27. Juli 03.]

Reymann, Johann Wilhelm (Dillenberg/Nassau), De executione subsidiaria. Diss. jur. Göttingen (J. Chr. L. Schultz) 14. IX. 1737. 63 S. (5.—) 28497
Gew.: Friedrich Wilhelm Voigt d'Elspe, Gisbert Wilhelm von Bodelschwing.

Reymann, Karl, Elemente d. Linearperspektive f. Lehrer u. Lernende. gr. 8. (2 B. u. 6 Stnt.) Breslau 836, (Schulz u. Cp.)

Reymann, Karl, technische Vorkenntnisse zur Hausforschung. [Aus: „Mittheilgn. d. anthropolog. Gesellschaft in Wien".] gr. 4. (16 S. m. 26 Illustr.) Wien 893. (A. Hölder.) n. 1. 60

Reymann, Leop., (Schneidermstr. f. Damen,) gründliche Anweisung zum Maaßnehmen u. Zuschneiden eleganter Damenkleider nach Maaßeintheilung. Lex.-8. (Mit 3 Taf. Abbild.) Leipzig 845. (Hunger.) n. 5/6 ₰

Reymann, Max, a. Dresden, Referendar am Kgl. Amtsgericht in Leipzig: Über Spiel und Wette. Borna-Leipzig 1906: R. Noske. (VIII, 51 S.) 8°
Leipzig, Jur. Fak., Diss. v. 12. Dez. 1906
[Geb. 1. Okt. 81 Dresden; Wohnort: Leipzig; Staatsangeh.: Sachsen; Vorbildung: Nikolai-Gymn. Leipzig Reife O. 01; Studium: Leipzig 6 S.; Rig. 29. Juni 05.]

Reymann. P[aul] (geb. Merseburg 17. 11. 1851): Ueber Lähmungen nach Diphtheritis. Berlin (1875). (31 S.) 8°
Berlin, Med. Diss. v. 19. März 1875

Reymann, R., Kritik des von dem Königl. Appell.-Ger.-R., Hrn. P. Fr. Reichensperger ausgearb. Entwurfes eines Hypothekengesetzes f. den Bezirk des Rhein. Appellations-Gerichts-Hofes. gr. 8. (52 S.) Köln 851, F. C. Eisen. 6 *ngl*

Geschichte der Stadt Bautzen. Bearb. von Richard **Reymann**. *Bautzen: Gebr. Müller 1902.* (VII, 930 S.) 8° [F.] [03. 6845

Reymann, Rich., Geschichte der Stadt Bautzen. (VII, 930 S.) gr. 8. Bautzen 902. (Weller.) Geb. in Leinw. n. 9.—

Reymann, Siegbert, üb. einige neue Derivate d. secundären Pseudobutylalkohols, sowie e. kleiner Beitrag zur Kenntniss substituirter Aniline. Inaugural-Dissertation. 8. (43 S.) Berlin 874. (Göttingen, Vandenhoeck & Ruprecht's Verl.) n. — 60

— **Siegbert** (Neustadt / Schlesien), Theoria auditus. Diss. med. Berlin (Brüschcke) 20. II. 1829. 38 S. mit Biogr. (M.: Ch. von Gilgenheimb.) (3.75) 28498
Oppon.: R. Meister, J. Koehler, G. Figulus.

Reymann, Theobaldus Basilius Paulus (*geb. Neustadt in Oberschles. 23. 6. 1815*): De contagionibus. Vratislaviae (1837). (59 S.) 8°
Breslau, Med. Diss. v. 15. Nov. 1837

Reymann, Theob. Bas. Paul., de Typho capita quaedam. Dissertatio. 8maj. (4 B.) Vratislaviae 845, Schuhmann. *

Reymann, Theobaldus Basilius Paulus: De typho capita quaedam. Vratislaviae (1845). (II, 55 S.) 8° [*Im Buchhandel 1845 bei Schuhmann in Breslau*]
Breslau, Med. Fak., Hab.-Schr. v. 25. Juni 1845

Reymann, Waldemar [app. Arzt aus Bischofswalde (Schles.)]: Aus d. Laboratorium d. pharmakognost. Sammlung in Kiel. Beitrag zur Kenntnis der Wirkung des Chloralhydrocyanid ... Kiel, Druck v. A. F. Jensen, 1895; 29 S., 1 Bl. 8.
Kiel, Med. Fak., Inaug.-Diss. v. [9. Apr.] 1895

Reymar, E., Literar. Wegweiser für Pädagogen, s. Sammelmappe, pädagogische.

Reymar E, litterar. Wegweiser f. Pädagogen. (Pädagog. Sammelmappe 55) Leipzig 1883

Reymar, E., litterarischer Wegweiser f. Pädagogen. gr. 8. (IV, 59 S.) Leipzig 883. Siegismund & Volkening. n. — 60; cart. n. — 80; 1—3. Nachtrag. (40 S.) 884 — 86. à n. — 10

Reymar, E., litterarischer Wegweiser für Pädagogen. 2. und 3. Nachtrag. 8. (à Nachtrag 14 S.) Leipzig 885,86, Siegismund und Volkening. à Nachtrag * — 10
Hauptwerk und 1. Nachtrag. Ebendas. 1883,84. * 70 Pf.
—— dass. — 2. verm. und umgearb. Aufl. von H. Kühn. gr. 8. (112 S.) Ebendas. 888. * — 80

Reymar, E. Litterarischer Wegweiser f. Pädagogen. 1., 2. u. 4. Nachtrag. gr. 8. Lpz., Siegismund u. Volkening. [1. Nachtrag. 2. Aufl. (16 S.) 889. * — 10; 2. Nachtrag. 2. Aufl. (16 S.) 890. * — 10; 4. Nachtrag. (8 S.) 891. * — 05.] * — 25
Hauptwerk u. 3. Nachtrag. Ebd. 1886,88. * — 90; compl. m. 4 Nachträgen in 1 Bd. cart. * 1 35.

Reymar, E., litterarischer Wegweiser f. Pädagogen. 2., verm. u. umgearb. Aufl. v. H. Kühn. 1.—5. Nachtrag. gr. 8. Leipzig, Siegismund & Volkening. n. — 45
(1—5 in 1 Bd.: n. — 45)
1. (10 S.) 889. n. — 10. — 2. (11 S.) 890. n. — 10.
3. (14 S.) 891. n. — 10. — 4. (8 S.) 891. n. — 05.
5. (16 S.) 895. n. — 10.

Reyme, Paul (F. Meyer), auf der Landstraße. Leiden u. Freuden e. fahrenden Landmessers. 1. u. 2. Tl. (III, 147 u. III, 155 S.) Liebenwerda 899. 901. (R. Reiß.) à n.n. 1. 80

Reyme, Paul (F. Meyer), auf der Landstraße. Leiden u. Freuden e. fahr. Landmessers. 1. Tl. 2. Aufl. (III, 149 S.) 8. Liebenwerda 903. (R. Reiß) n.n. 1. 80

Reymer, *Carl* Bruno [aus Posen]: Über Myelogenes Riesenzellensarkom.... Halle a. S., Hofbuchdr. v. C. A. Kaemmerer & Co., 1891; 32 S., 1 Bl. 8°
Halle, Med. Fak., Inaug.-Diss. v. 28. Jul. 1891

Reymers, T.: „Rechtliches Bedenken über die Freiheit der annonae lunaeburgensis und dem Zollen zu Esslingen oder Tollenspieker. Auf Begehren E. Hoch-Edl. und Hochw. Rathes der Stadt Lüneburg in Eile entworffen. Mit Beilagen von A-K. Anjetzo aber in etwas suppliret, und ... in wenigen Exemplarien .... abgedrucket", Lüneburg 1708. fol. — Vorh.: Com. Bibl. Hamburg.

Reymhold, Carl, die Reise in's Meer. Ein Aquarium für die wißbegierige Jugend. Illustrirt von Carl Reinhardt. Berlin 869. Hofmann & Co. gr. 8. (50 S. mit eingedr. Holzschn. u. 12 color. Holzschntaf.) n. 1 ₰ 15 *ngr.*

Reymond, Ant., ein Geburtstag. Drama in e. Act. 8. (38 S.) Leipzig 899. Literar. Anstalt A. Schulze. n. 1. —

Reymond, Ant., Gesühnt. E. wahren Begebenheit nacherzählt. [Aus: „Der Gesellschafter".] gr. 8. (10 S.) Leipzig 898. Literar. Anstalt, A. Schulze. — 30

Reymond, C., et J. **Stilling,** des rapports de l'accommodation avec la convergence et de l'origine du strabisme. Avec 1 planche. gr. 8. (VII, 140 S.) Strassburg 888. Trübner, Verl. n. 4. 80

Reymond, E., Chirurgie des Herzens, s.: Torrier, Fel.

Reymond, Helene v., Eier, s.a. Bibliothek, kulinarische. I.

Eier. 120 neue Zubereitungsarten. Prakt. Ratgeber von Helene v. **Reymond.** Berlin: O. Georgi [1905]. (47 S.) 8°
= **Bibliothek,** Kulinarische. Bd 1. [06 1830

— Salate, s.: Bibliothek, kulinarische V.

Reymond, L. v., über feldmässige Eisenbahnen unter Anwendung einer Eisenbahn-Kriegsbrücke. gr. 8. (34 S.) Budapest 881. (Wien, Seidel & Sohn.) n. 1. —

Reymond, [Louis] E[ugène], prakt. Arzt aus Colombier (Neuchatel). Über Encephalitis diffusa respective Poliencephalitis [!] des Kindes. Aus dem Züricher Kinderspital und dem Hygiene-Institut der Universität Zürich. (S. A. aus: Jahrbuch für Kinderheilkunde, N. F., Bd 44 (S. 157—186)). Leipz. B. G. Teubner Dr. 1897. 1 Bl., 32 S. 8°.
Zürich, Med. Diss. [v. 24. Febr. 1897].

Reymond, Lucien. Les mineurs de la Dent de Vaulion. In-12°, 170 p. Neuchâtel, J. Sandoz. 2 25
1880.

— Strafgesetzbuch für das deutsche Reich in Gedächtnissversen. (Des „Poetischen Reichsjurist in der Westentasche" 2tes Heft.) In-16°, 204 S. Bern, L. Frobeen's Verlag. 1880. 1 35

— Die Wettfahrt um die Erde. Geographisches Reisespiel. Bern, Louis Wächter. 1880. 4 —

Reymond, M., die Alten und die Jungen. Festspiel zur 61. Jahresversammlung der schweizer. naturforschenden Gesellschaft am 12. bis 14. Aug. 1878 in Bern. Festgabe der schweizer. naturforschenden Gesellschaft an ihre Mitglieder. 8. (95 S.) Bern 878, [Frobeen und Comp.] Frobeen's Verlag. 1 50

REYMOND, M. (ps.?), Amor auf Schleichwegen. Geschichte (liederliche) aus hohen Kreisen. Berlin, Rich. Eckstein Nachf. (Hammer & Runge), o. J. (1891). 8°. (Mk. 3—.) (1 Mk. 20 Pfg., unbeschn. im illustr. Orig.-Umschl., Frdr. Klüber, 1897.)
281 S. — Inh. (wie auch auf d. Titel steht): 1. Die Frau mit dem gesunden Schlaf. 2. Kathi's Prinz. 3. Eine glänzende Partie. 4. Asiatisch. 5. Revanche für Krakau. 6. Das enthüllte Incognito.

— — Amor im Zofenstübchen. Kammerjungfern-Geschichten. Ebd., o. J. (1891). 8°. (Mk. 3—.) (1 Mk., unbeschn. im illustr. Orig.-Umschl., der Vorige, 1897; 1 Mk. 50 Pfg., Hlwd., Wilh. Scholz, Brnschw., 1895.)
286 S., 1 Bl. Verlag d. Firma. — Enth. (wie auch Titelbl. anzeigt): 1. Peppi, die Getreue ihres Herrn. 2. Cupido vor der Schwelle. 3. Schwarze Erbschleicher. 4. Wildfeuer. (Stellenweise ziemlich freie Liebesgeschichten.)

– An e. Haar gefangen, s. Eckstein's humoristische Bibliothek.

Reymond, M.: Bericht des Kometen 1872 VIII 12 an die meteorologische Reichsanstalt im Olymp. 1872.

Reymond, M., an Bord des „Jules Verne". 8. Bern 879. Leipzig, Glaser und Garte. (M 1,50.)

—— an Bord des „Jules Verne". Eine humoristisch-satyr. Weltumsegelungsnovelle als Supplement zu Jules Verne's sämmtl. Werken. Mit 20 (chemityp.) Illustr. von F. Steub. 8. (124 S.) Ebendas. 879. 1 50

Reymond, M.: Geliebte Brüder! Dreimal drei Tafellogen-Reden. Denkzettel für Freimaurer. Bern u. Leipzig 1883. 64 S. 8°
9 Gesänge zur Verhöhnung der Frmrei.

Reymond, M., geliebte Brüder! Dreimaldrei Tafellogen-Reden. 8. (68 S.) Bern 883. Leipzig, Brehse. n. 1. —

Geliebte Brüder! Dreimaldrei Tafellogen-Reden von M. Reymond. Bern u. Leipzig: Frobeen 1883. 68 S. 8°

[Dasselbe.] 2. Aufl. Leipzig: Brehse o. J. 64 S. 8°
Tt. 1758. 9 Gedichte zur Verhöhnung der Frmrei.

— geliebte Brüder! Dreimaldrei Tafellogen-Reden. 2. Aufl. 8. (68 S.) Leipzig 889. Berlin, Bruer & Co. n. 1. —

Reymond, M. Das Buch vom bewussten u. unbewussten Herrn Meyer. Humoristisches Supplement zu Hartmann's „Philosophie des Unbewussten", in zierliche Reimlein gebracht. Mit 95 Silhouetten en miniature von H. Ströhl. In-12°. Bern, Frobeen & Cie. 1879. brosch. 3 75

—— das Buch vom bewußten und unbewußten Herrn Meyer. Humoristisches Suppl. zu Hartmann's „Philosophie des Unbewußten" in zierl. Reime gebracht. Mit 95 (Holzschn.-)Illustr. von H. G. Ströhl. 1.—3. Aufl. 16. (VIII, 188 S.) Ebendas. 879. * M 3.; geb. * 4 —

Reymond, M., das Buch vom bewußten und unbewußten Herrn Meyer. Mit 95 (eingedr. zinkogr.) Illustr. von H. G. Ströhl. 4. und 5. Aufl. 16. (VI, 188 S.) Leipzig 881,82, [Glaser und Garte.] Garte. * M 1,80.; geb. **

—— das Buch vom gesunden und kranken Herrn Meyer. Humoristisches Supplement zu sämmtl. Werken von Bock, Klencke, Reclam u. A. in zierl. Reimlein gebracht. Mit 162 (eingedr. photozinkotyp.) Illustr. von H. G. Ströhl. 1.—5. Aufl. 16. (232 S.) Ebendas. 877. M 1,80.; geb. ** 2 50

—— das Buch vom gesunden und kranken Herrn Meyer. Humoristisches Suppl. zu sämmtlichen Werken von Bock, Klencke, Reclam u. A., in zierl. Reimlein gebracht. Mit 162 (eingedr. zinkogr.) Illustr. von H. G. Ströhl. 6.—9. Aufl. 16. (232 S.) Ebendas. 880—82. * M 1,80.; geb. **

— das Buch vom gesunden u. kranken Herrn Meyer. Humoristisches Supplement zu sämmtl. Werken v. Bock, Klencke, Reclam u. A., in zierl. Reimlein gebracht. Mit 162 Illustr. v. H. G. Ströhl. 12. Aufl. 16. (232 S.) Leipzig 887. Garte. n. 1. 80; geb. n. 2. 50

Reymond, M. v., Eisenbahn- und Telegrafen-Karte des österreichischen Kaiserstaates mit Angabe aller Stationen nach den besten Quellen bearb. 6., verm. und verb. Aufl. Lithogr. und ill. gr. Fol. Mit Text. (4 S. in gr. 4.) Wien 864, Geitler. In Carton. *

—— Frauen-Struwelpeter oder „die kleine Hygieia". Ein Hausfrauen-Brevier. Illustr. von Frz. Jüttner, Ludw. Manzel und Jul. Schlattmann. 3. Aufl. der „kleinen Hygieia". 12. (64 S.) Stuttgart 888, Lutz. * 1 —
cart. mit Goldschn. * 1 50
Frühere Aufl., s. Gesundheits-Bibliothek, humoristische, 3. Bd.

Der sterbende Freimaurer. Von M. Reymond. Bern: Frobeen 1881. 44 S. 8°

[Dasselbe.] 2. Aufl. Ebendas. 1881. 44 S. 8°

Reymond, M., der sterbende Freimaurer. 2. Aufl. 8. Bern 881. Leipzig, Brehse. * 1 —

Reymond, M., der sterbende Freimaurer. 2. Aufl. 8. (44 S.) [Bern 881, Frobeen's Verlag.] Leipzig, Kummer. *

[Dasselbe.] 3. Aufl. Ebendas. 1881. 44 S. 8⁰

[Dasselbe.] 4. Aufl. Ebendas. 1881. 44 S. 8⁰

—— Der sterbende Freimaurer. 5. Aufl. 8. (44 S.) [Hamb. u.] Berl. 889, Bruer u. Comp. * 1 —

[Dasselbe.] 5. Aufl. Leipzig: Brehse o. J. 44 S. 8⁰

Recens: Al. 7 (1881) S. 208; L. 4 (1881) S. 233 bis 234 (W. Anger); SL 1 (1881) S. 159 bis 160 (R. Maennel).

cf. Bh. 24 (1881) S. 395—397 (E. A. Hausdorf); Bh. 25 (1882) S. 33—36 (F. Loewe).

Tt. 1757. Verspottung der Mrei in Versen: „Allein! Ich sterbe — und ich bin allein!"

Reymond, M., fünf Bücher Häckel. Ein Reimbrevier der modernen Naturphilosophie. Mit Illustr. v. F. Steub. 16. (182, 242 u. 151 S.) Leipzig 882. Gartc. geb. n. 5. —

—— Handelsgesetzbuch in Versen. 12. (VIII, 200 S.) Berlin 885, Thiel. *M 2.40.; geb. * 3 60

-- Die verhängnißvolle Hochzeitsreise und andere Humoresken. s. Eckstein's humoristische Bibliothek.

— die kleine Hygieia in Stube, Küche u. Keller, s.: Gesundheits-Bibliothek, humoristische, s. alle Welt.

— der kleine Jäger, s.: Gesundheits-Bibliothek, humoristische.

Reymond, M. v., Herr Ippel, der Pianist, s. a. 1 Mark-Bibliothek „Continent". Nr. 5.

Herr Ippel, der Pianist. Erzählung von M. **Reymond**. 1.–3. Taus. Berlin: Continent [1905]. (94 S.) 8° [F.]
— 'Continent', 1 Mark-Bibliothek. No 5. [07. 1124]

Reymond, M., der hundertjährige Knigge oder die Kunst, mit Menschen umzugehen, im Lichte des Humors besehen. Eine Jubelschrift, den Wohl- und Ungezogenen unserer Zeit gewidmet. Illustr. von Jul. Schlottmann u. A. 8. (117 S.) Berlin 887, Steinitz. *M 2.—.; geb. *

—— dass. — Wohlfeile Ausg. 8. (117 S.) Ebendas. 887. *

Reymond, M., illustriertes Knobel-Brevier. Ein Schock alter u. neuer Würfelspiele. 8. (VII, 159 S.) Oranienburg 888. Freyhoff. n. 2. —; geb. n.n. 2. 60

Reymond, M. v., die mitteleuropäischen Kriege in den J. 1864. 1866 u. 1870/71, s.: Scheibert, J.

Reymond, M., der Culturkampf in der Bronze. Eine Pfahldorf-Geschichte f. heitere Naturforscher u. verwandte Gemüther. gr. 8. (VII, 71 S. m. eingedr. Holzschn.) Bern 877. Frobeen & Co. n. 2. 50

— Lachtäubchen. — Politik verdirbt den Charakter. — Die Preisgans, s.: Eckstein's Reisebibliothek.

— Lachtäubchen u. Anderes. (109 S.) 8. Berlin (903). Globus Verlag. n. — 30

— das neue Laienbrevier d. Häckelismus. Genesis od. die Entwickelg. d. Menschengeschlechts. Nach Häckel's Anthropogenie in zierl. Reimlein gebracht. 16. (178 S. m. eingedr. Holzschn., 1 Holzschntaf., 2 Chromolith. u. 1 Tab. in qu. 4.) Ebend. 877. n. 3. —

-- — Das neue Laienbrevier des Häckelismus. Genesis oder die Entwicklung des Menschengeschlechts. Nach Häckels Anthropogenie in zierliche Reimlein gebracht. 2. Aufl. 201 S. 16. Mit 43 Illustrationen. Daselbst. 1877. 3. 60

—— das neue Laienbrevier des Häckelismus. 3 Thle. 16. Ebendas. 878. à Thl. (*M 3.) 1 80
geb. à Thl. (*M 4.) 2 50

Reymond, M., das neue Laienbrevier des Häckelismus. Mit Illustr. (eingedr. Holzschn.) von J. Steub. 1. und 2. Thl. 16. Bern, [Frobeen und Comp.] Frobeen's Verlag.
à Thl. *M 3. *
geb. à Thl. *M 4. *

Inhalt:

Thl. 1. Genesis oder die Entwickelung des Menschengeschlechts. Nach Häckels Anthropogenie in zierl. Reimlein gebracht. 1. Aufl. (178 S. mit eingedr. Holzschn., 1 Holzschntaf., 2 Chromolithogr. und 1 Tab. in qu. 4.); 2. umgearb. Aufl. (185 S. mit eingedr. photozinkotyp. Illustr. von F. Steub.) 1877; 3. Aufl. (192 S. mit eingedr. Holzschn.) 878.

" 2. Exodus oder der Auszug des Menschengeschlechts aus Lemurien. Eine kritisch-analyt. Komödie als Kommentar zu Häckels „Natürlicher Schöpfungsgeschichte". 1. und 2. Aufl. (192 S.) 878.

Reymond, M.: Das neue Laienbrevier des Häckelismus. 4. A. Leipzig. 12⁰

— illustrierte Länder- u. Völkerkunde. Unter Mitwirkg. v. Fachschriftstellern bearb. Mit nahezu 600 Abbildgn., 6 Landkarten in Farbendr. u. geographisch-statist. Notizen u. Tabellen. (VIII, 728 S.) gr. 8. Berlin (898). (Leipzig, G. Fock.) Geb. 14. —; in Liebhaberbd. 15. —

— der gesunde u. kranke Herr Meyer in der Schweiz. Ein Saison-Impromptu. Mit Silhouetten von H. Ströhl (in eingedr. Holzschn.). 16. (80 S.) Zürich 880. Schmidt. n. 1. 20

— Herr Meyer, der Selbstarzt für Leib u. Seele. Zwei Bücher Lebensweisheit. [I. Das Buch vom gesunden u. kranken Herrn Meyer. II. Das Buch vom bewußten u. unbewußten Herrn Meyer.] 16. (232 u. 188 S. m. eingedr. Photozinkogr.) Ebend. 882. geb. n. 4. —

Reymond, M. Naturforscher-Saturnalien. Zwei Festspiele. I. Der Kulturkampf in der Bronze. II. Die Alten u. die Jungen. Mit Schattenbildern von F. Witt u. H. Ströhl. Kl. in-8⁰. Bern, Frobeen & Cie. 1878.

— Naturforscher-Saturnalien. Zwei Festspiele. Der Kulturkampf in der Bronze. 2. Aufl. — Die Alten u. die Jungen. Mit (eingedr. photozinkotyp.) Schattenbildern von F. Witt u. H. G. Ströhl. gr. 16. (VIII, 198 S.) Leipzig 878. Gartc. n. 1. 80; geb. n. 2. 50

—— Naturforscher-Saturnalien. Zwei Festspiele. Der Kulturkampf in der Bronze. 2. Aufl. — Die Alten und die Jungen. Mit (eingedr. photozinkotyp.) Schattenbildern von F. Witt und H. G. Ströhl. gr. 16. (VIII, 198 S.) Ebendas. 879. M 3.; geb. *

—— neuer freier Parnaß. Bausteine zur kulturhistor. Reform der deutschen Nationalliteratur und Begründung einer exakten Dichtkunst. Aus den gemeinverständl. Vorträgen des Herrn Magisters Vorwärts P. D. zusammengetragen und in zierliche Reimlein gebracht. Mit (zinkogr.) Illustr. von H. G. Ströhl. I. Schiller und Goethe. 8. (91 S.) [Bern 881, Frobeen's Verlag.] Leipzig, Garte. *

— s.: Pflaster, Berliner.

— der Reichsfaßbinder. Ein deutsches Fastnachtsspiel, m. 30 Personen zu agieren u. hat drei Akte nebst Vor- u. Nachspiel. Zum 1. April dieses Jahres verfaßt u. m. erleckl. Bilderschmucke ausstaffieret v. L. Manzel. gr. 8. (96 S.) Berlin 890. Pauli. n. 2. —

—— der poetische Reichsjurist in der Westentasche. Reichsgesetzessammlung in Gedächtnißversen. I. Verfassung des deutschen Reiches. 1. und 2. Aufl. 12. (40 S.) Bern 880,81, Frobeen's Verlag. (* 50 Pf.) *

—— dass. — 8 Bde. 16. Leipzig, Garte. à Bd. *ℳ 1. *
geb. à Bd. **ℳ 1,60. *

Inhalt:

Bd. 1. Verfassung des Deutschen Reiches in Gedächtnißversen. Mit einem Anhang, enthaltend die Reichs-Gesetze über das Post- und Telegrafenwesen, die Bundes- und Staatsangehörigkeit, Freizügigkeit und den Unterstützungswohnsitz, das Heerwesen und die gemeingefährlichen Bestrebungen der Socialdemokratie. 3. Aufl. (168 S.) 883.

" 2. Strafgesetzbuch für das deutsche Reich. 1.—6. Aufl. (VIII, 204 S.) 881.82.

" 3. Allgemeine deutsche Wechselordnung. (150 S.) 882.

— e. neues Schattentheater. Anleitung zur Herstellg. v. Bühne u. Figuren, nebst dem Schattenspiel „Die Bremer Stadtmusikanten". gr. 8. (32 S. m. Abbildgn. u. 1 Taf.) Hamburg 894. Verlagsanstalt u. Druckerei. n. 1. —

Reymond, M. von., siehe: *Scheibert, J.*

Reymond, M., der kleine Schweninger od. kein Schmerbauch mehr. Ein Reimbrevier f. Dicke u. Solche, die es werden wollen. Illustr. v. Jul. Schlattmann u. Frz. Jüttner. 12. (62 S.) Berlin 886. M. Schulze. n. 1. —

— dasselbe, s. a. Gesundheits-Bibliothek, humoristische.

—— die Theilung der Schweiz oder wohin führt uns der patriotische Optimismus? Eine luftperspektiv. Studie mit sechs vorgreiß. Kritiken statt einer Vorrede. gr. 8. (39 S.) Bern 879, Costenoble. *

—— Uebersichts-Tableau des Verwaltungs-Organismus des österreich. Kaiserstaates. Nach dem neuesten Stande mit Benützung amtl. Quellen zusammengestellt. gr. Imp.-Fol. Wien 865, (Geitler.) In Carton. *

Reymond, M., junge Welt u. was ihr gefällt. Ein Festgeschenk f. die Jugend. gr. 8. (159 S. m. Abbildgn. u. 1 Beilage.) Leipzig 894. L. Fernau. Geb. n. 1. —

Reymond, M. v., das Weltall. Eine illustr. Entwickelungsgeschichte der Natur. Nach dem heut. Stande der Wissenschaft u. unt. Benutzg. der besten Quellen dargestellt. Mit nahezu 600 Abb., 1 Sternkarte, 1 Erdkarte u. 4 geolog. Landschaften in Farbendr. (VIII, 726 S.) gr. 8. Berlin (899). Leipzig, G. Fock. Geb. 14. —; in Liebhaberbd. 15. —

—— Weltgeschichte, s. Hausschatz d. Wissens f. das deutsche Volk.

Reymond, M., wo steckt der Mauschel? Oder jüdischer Liberalismus u. wissenschaftl. Pessimismus. Ein offener Brief an *W. Marr.* Bern u. Leipzig, Geo. Frobeen & Cie., 1879. 8°. Beibd.
62 S. — Die zweite Aufl. erschien 1880.

—— Wo steckt der Mauschel? oder jüdischer Liberalismus und wissenschaftlicher Pessimismus. Ein offener Brief an W. Marr. 2. und 3. Aufl. gr. 8. (62 S.) Bern 879, [Frobeen und Comp.] Frobeen's Verlag. *

— wo steckt der Mauschel? oder jüdischer Liberalismus u. wissenschaftlicher Pessimismus. Ein offener Brief an W. Marr. 2. u. 3. Aufl. gr. 8. (62 S.) Leipzig 879. Garte. n. 1. —

— neuer Zeit- u. Streit-Struwwelpeter. Ein Bilderbuch für junge Retter der Gesellschaft. Den Freunden des besonnenen Rückschrittes gewidmet. Illustr. von F. Boscovits. 8. (68 S.) Zürich 881. Schröter. n. 1. 80

—— neuer Zeit- und Streit-Struwwelpeter. Ein Bilderbuch für junge Retter der Gesellschaft. Den Freunden des besonnenen Rückschrittes gewidmet. Illustr. von F. Boscovits. 8. (68 S.) Zürich 881, Trüb'sche Buchh. *

Reymond, M. Zeit- und Streit-Struwwelpeter. Ein parodistisches Bilderbuch für grosse politische Kinder. In-8°, 68 S. Zürich, Trüb'sche Buchhandlung. 1881.

Reymond, Maxime, s.: Archiv, schweizer., f. Volkskunde.

Reymond, Maxime. Les origines chrétiennes d'Avenches. Extrait de la Revue de Fribourg de Janvier 1905. II + 15 p. 8. Fribourg (Suisse), Impr. de l'Œuvre de Saint-Paul; Paris *etc.*, 1905.

(Reymond, Maxime.) A propos du siège épiscopal d'Avenches. Separat-Abdruck aus dem «Anzeiger für Schweizerische Geschichte» 1905, Nr. 2. 6 p. 8. [Bern, K. J. Wyss.]

Reymond, M[or. v.]

Reymond, M., Asiatisch. — Revanche f. Krakau. — Das enthüllte Inkognito. 4. Aufl. 8. (80 S.) Berlin 899. [Neufeld & Henius.] Leipzig, Bibl. Anstalt, A. Schumann. 1. —

— Cupido vor der Schwelle. 4. Aufl. 8. (80 S.) Ebd. 899. 1. —

— schwarze Erbschleicher. — Wildfeuer. 4. Aufl. 8. (94 S.) Ebd. 899. 1. —

Reymond, M. v., s. a. Panorama der Weltgeschichte.

Panorama der Weltgeschichte in 51 Tafelbild., 98 Vollbild. u. 507 Textill. Entworfen u. zsgest. unter Mitw. namhafter Fachmänner u. Künstler. Text von M[oritz v.] **Reymond** (In 50 H.) Schöneberg-Berlin: Internat. Weltverl. (1905–08). (580 S.) 4° [F.] [08. 14397

Peppi, die Getreue ihres Herrn. Von M[or. v.] **Reymond**. 4. Aufl. Berlin: Neufeld & Henius [1899]. (111 S.) 1 Bd 8°

— Kathi's Prinz. — Eine glänzende Partie. 4. Aufl. 8. (104 S.) Ebd. 899. 1. —

Reymond, Valentine. Fleurs craintives. [Poésies.] II + 32 p. 8. Bienne, W. Gassmann, 1904. fr. 1. —

Reymond, Will., Corneille, Shakspeare et Goethe. Etude sur l'influence anglo-germanique en France au 19. siècle. Avec une lettre-préface de M. Sainte-Beuve. Berlin 864. Luderitz'sche Verlhdlg. 8. (XVI, 311 S.) n. 1 Thlr 15 ngr.

Reymond, William, Études sur la littérature du second empire français depuis le coup d'état du deux décembre. 8. (VIII und 227 S.) Berlin 861, Lüderitz'sche Verlagsbuchh. *

Reymond, William. Charles Gleyre (né [en 1806]). [Notice biographique. E.] 8. *s. l. n. d.* [ca. 1852].

—— Théâtre de société et exercices de lecture à haute-voix. 2 vol. 8. (VIII und 329 S.) Berlin 863, Herbig. à Vol. * 15 Ngr. *

Reymond-le Brun, G[ustav]. Zur Erinnerung an die feierliche Eröffnung der Kirchenfeldbrücke in Bern am 24. September 1883. [Umschlag illustriert.] 8. Bern 1883.

Reymond-le Brun, G. Zur Erinnerung an die feierliche Eröffnung der Kirchenfeldbrücke in Bern am 24. September 1883. Kl. in-8°, 64 S. Bern, B. F. Haller. — 60

Reymond-le Brun, G., zur Erinnerung an die feierliche Eröffnung der Kirchenfeldbrücke in Bern am 24. Septbr. 1883. 8. (64 S.) Bern 883. Rydegger & Baumgart. n. — 60

Reynaerde Vos, s. Reineke Fuchs.

Reynaert de Vos, das niederländische Volksbuch, nach der Antwerpener Ausg. von 1564 abgedruckt, mit 1 Facs. des Titels und einer Einleitung von Ernst Martin. 16. (XII, 118 S.) Paderborn 877, F. Schöningh. *

Reynand, s. Reynaud

Reynard the Fox, s. Reineke Fuchs.

Reynard, O.: Ornements des anciens maîtres de XV. XVI. XVII. XVIII. siècles. 37 Livr. Paris (Leipzig). 1844–1848. par Livr. 2 Thlr.

Reynardus Vulpes. Poëma ante annum 1280 a quodam Baldwino e lingua teutonica translatum. Ex unico adhuc superstite exemplo quod, circa annum 1473 Ultrajecti per Nic. Ketelaer et Ger. de Seempt impressum, in bibliotheca publica Daventriensi adservatur, recudi curavit M. F. A. G. Campbell. gr. 8. (VIII und 60 S.) Haag 859, Nijhoff. +

Reynaud, gen. St. Arnaud, M. Charl., der Italiener und die Karmeliterin. Roman aus den Zeiten des Cardinals Mazarin. Aus d. Franz. von der Verfasserin des „Emmerich Tököly," u. a. m. 2 Thle. gr. 12. Leipzig 838. Drobisch. 2 1/2 ₰

Reynders, H. J., De vita Phrynichi, praetoris Atheniensis. Diss. 1883. 90 S. 1.50

Reijnders, (P. A.,) Diatribe literaria in Platonis dialogum symposium, sive placitum de Amore. gr. Gröning. 821, (Barth in Leipz.)

Reyne, Jh. Hnr., Taschenbuch für Oekonomen, Separations-Commissarien u. Bonitirer ꝛc. 8. Berl. 817. Nauck. 16 gr (A. u. d. T.: Versuch zur Aufstellung bestimmter Grundsätze bei Abschätzung d. Aecker, Wiesen u. Hutungen auf einer Feldmark u. z. Feststellung e. verhältnißmäß. Werthes derselben gegen einander).

Reyne, J. H.: „Versuch zur Aufstellung bestimmter Grundsätze bei Abschätzungen der Aecker, Wiesen und Hutungen auf einer Feldmark und zur Festsetzung eines verhältnissmäßigen Werths derselben gegeneinander"; a. u. d. T.: „Taschenbuch für Oekonomen, Separations-Commissarien und Bonitirer", Berlin 1816 (Nauck).

Handschuhe: Weisse Handschuhe. Eine Lehrlingsarbeit, dem Br Gust. Heimendahl und den Brüdern der Loge „Eos" in Krefeld in Verehrung und Liebe gewidmet von Albert A. Reyneke. Crefeld [1898]: Kästner. 9 S. 8° [Umschlagtit.]
Geschichte u. Bedeutung des Symbols der Handschuhe.

Reynès, P., essai de géologie et de paléontologie Aveyronnaises. Berlin 869. Friedländer & Sohn. gr. 8. (110 S. m. 8 Steintaf.) n. 2 ₰

Reynier, (General,) üb. Aegypten nach d. Schlacht bei Heliopolis, nebst allgem. Bemerkk. über die Beschaffenheit dieses Landes; aus d. Französ. gr. 8. Berl. 802. Reimer. 1 ₰

Reynier, ..., die Landwirthschaft der alten Völker, mit Ausschluß der Römer. Nach d. Franz. bearb. u. mit Anmerkk. versehen von Frz. Damance. Mit einer Vorrede von K. H. Rau. Mit Abbildd. gr. 8. Heidelberg 833. Oßwald, jetzt Bensheimer in Mannheim. 1 5/12 ₰

Reynier, le Louvet, maladie du gros bétail, son origine, ses progrès etc. 12. Lausan. Pott. 762.

Reynier. Mémoires sur l'Égypte après la bataille d'Heliopolis. (288.) 8. av. carte. Paris 1802. Deutsch Berlin 1802.

Reynier, . Oraison Funèbre Prononcée à Zurich le 23 février 1871 en l'honneur Du général Comte (Joseph) Bosak-Hauké par le Père R', Dominicain.... 8. Zurich 1871.

Reynier, oraison funèbre prononcée à Zurich le 23 févr. 1871 en l'honneur du général comte Bosak-Hauké. gr. 8. (9 S.) Zürich 871. Schulthess. — 80

Reynier, Ern. (geb. Neufchâtel 16. 12. 1833): De ossium laesionibus per vulnera sclopetaria inductis. Berolini (1856). (60 S.) 8°
Berlin, Med. Diss. v. 22. März 1856

Reynier, L.: Die Landwirthschaft der alten Völker mit Ausschluss der Römer. Deutsch von Fr. Damance. Heidelberg 1833.

Reynier, Leopold Ernest de, ehemaliger I. Assistent an dem normalen anat. Institut in Basel und I. Assistent an dem Sanatorium von Schatzalp (Davos), Mont-Blanc (Leysin): Die Resultate von 40 Frühgeburtseinleitungen mittelst Eihautstichs. Leipzig 1904. 25 S. 8°. S.-A. aus d. Beitr. z. Geburtshilfe u. Gynäkologie. Bd. 9.
Basel. Med. Diss. 1904/1905.

Reynier, Leopold Ernest de. Die Resultate von 40 Frühgeburtseinleitungen mittels Eihautstichs. Diss. Med. Basel. [Sep.-Abdr. aus: Beiträge zur Geburtshilfe u. Gynaekologie, hrg. ... von Alfred Hegar. Bd. 9, Heft 1.] 26 S 8 Leipzig, Georg Thieme, 1904.

Reynitzsch, J. Chr. W., († 1810.) üb. Truhten u. Truhtensteine, Barden u. Bardenlieder, Feste, Schmäuße ꝛc. u. Gerichte d. Deutschen. Mit Kpf. gr. 8. Gotha 802. Ettinger. 2 ₰

Reynitzsch, Wilhelm, Uiber // Truhten und Truhtensteine, Barden, // und // Bardenlieder, Feste, Schmäuse etc. // und // Gerichte der Teutschen. // Nebst Urkunden // von // Wilhelm Reynitzsch, // Königl. Preuss. wirkl. Regierungs-Rath. // Mit Kupfer und Holzschnitt. // Gotha, // in der Ettingerschen Buchhandlung, // 18o2. - 9 Blatt (nicht paginiert) Titelkupfer, Titelblatt, Gedicht von Pfranger, Einleitung und Inhalt, sowie Erklärung des Kupferstiche. - 87 S. Anlagen und noch 2 Blatt (nicht paginiert) Zusätze. 368 S.
B. S. T. 8°.562a.

Reynke de Vos. Photographien der Holzschn. nach der Lübecker Ausg. vom J. 1498. Hrsg. von F. H. Dethleff. (In 13 Liefgn.) 1. Liefg. Rostock 867. (Stiller'sche Hofbuchh.) gr. 4. (4 Blatt.) n. 1 ₰ 22 1/2 ngr.

Reynman, L., Wetterbüchlein, s.: Neudrucke v. Schriften u. Karten üb. Meteorologie u. Erdmagnetismus.

Reynold, Emmi, od. Thorheiten der Großen und Kleinen, s. Reinold.

Reynold, Emmy, s. Reinhold.

Reynold's map of modern London divided into quarter mile sections. Lithogr. Imp.-Fol. Mit Text. (5 S. in gr. 8.) London 862, Thimm. In 8.-Carton *

Reynold, G. W., s. Reynolds, George W. M.

Reynold, Josua, s. Reynolds

Reynold de Chaurancy, Capit. Charles de, von der franz. Marine. Code-Reynold. Internationalo Schiffstelegraphic für die Kriegs- und Handelsmarine, angenommen von Belgien, Chili, Danemark, England, Frankreich, Griechenland, Hamburg, Neapel, Niederlanden, Norwegen, Oesterreich, Oldenburg, Preussen, Russland, Sardinien, Schweden, Uruguay, etc. 1., von Specialcommissionen durchgesehene Auflage. (2 Theile.) 8. Paris, London, Leipzig 1859.

Reynold de Chauvancy, Charles de, internationale Schiffs-Telegraphie für die Kriegs- und Handelsmarine angenommen von Belgien, Chili, Dänemark, England, Frankreich, Griechenland etc. 1., von Specialcommissionen durchgeseh. Aufl. 2 Thle. gr. 8. (XLVIII und 811 S. mit 20 Ill. Stn.- und 5 Holzschnt.) Paris 859, Hachette und Comp. geb.

Reynolds, Sir Joshua, s. Beavington-Atkinson, J.

Reynolds, Joshua, Biographie und Charakteristik, s. Kunst und Künstler des Mittelalters und der Neuzeit.

Reynolds, Emerson, J., s. Reynolds, J. Emerson

Reynolds, Francis, No! A farce, s. Theatre, the british, No. 12.

Reynolds, George W. M.

— Crawford, der junge Betrüger. Nach d. Engl. 2 Bde. 8. Ebd. 840. $3^1/_3$ rℬ

Reynolds, G. W. M., die indische Fürstin oder geheimnißvolle Verbrechen. Roman aus der Neuzeit. 4 Bde. Berlin 868—70. Sacco Nachf. gr. 8. (1. Bd. 384 S., 2. Bd. 300 S., 3. Bd. 318 S. u. 4. Bd. 468 S.) 3 rℬ 2 ngr.

Reynolds, G. W. M., die indische Fürstin oder geheimnißvolle Verbrechen. 4 Bde. 8. Berlin 869,70. Minden, Bruns. * 4 —

Reynolds, Geo. W. M., Geheimnisse des Londoner Hofes. Historischer Roman. Deutsch von J. Morris. 5 Bde. in 25 Heften. gr. 8. (IV und 1584 S.) Berlin 865,66, Sacco Nachf. à Heft 4 Ngr.

Reynold, G. W., die Geheimnisse von London oder Folgen des jugendlichen Leichtsinns. Nach dem Engl. 2 Bde. 8. (642 S.) Ulm 854, F. Ebner. Thlr.

Wurde bereits 1840 u. d. T.: Crawford der junge Betrüger von G. W. M. Reynolds rc., ausgegeben.

Reynolds, G. W. M., die Geheimnisse von London oder Folgen des jugendlichen Leichtsinns. Nach dem Engl. 2 Bde. Ulm 854. F. Ebner. 8. (2 Bl., 300; 342 S.) 2 rℬ.

Neue Titelausg. von: „Reynolds, der Geheimnißvolle, oder Folgen des jugendlichen Leichtsinns. Aus dem Engl." 1838.

Reynolds, Geo. W. M., die Geheimnisse von London. Aus dem Engl. übers. unter Mitwirkung von J. Morris. Hrsg. von Ferd. Demcker. 1. Lfg. gr. 8. (1. Bd. S. 1—64 mit eingedr. Holzschn.) Magdeburg 856, (Ebers.) *

Reynolds, Geo. W. M., die Geheimnisse von London. Aus dem Engl. übers. unter Mitwirkung von J. Morris. Hrsg. von Ferd. Demcker. 2. Lfg. gr. 8. (1. Bd. S. 65—128 mit eingedr. Holzschn.) Magdeburg 856. 57, (Ebers.) *

Ist nicht fortgesetzt worden.

Reynolds, G. W. M., der Geheimnißvolle, od. Folgen d. jugendl. Leichtsinns. N. d. Engl. 2 Bdchn. 8. ($40^1/_2$ B.) Ulm 838, Fr. Ebner.

Reynolds, Geo. W. M., zwölf Jahre. Nachtbilder aus Londons Leben. Ein Sittenroman. 2 Bde. Berlin 862. Reichardt & Co. gr. 8. (1104 S.) 2 rℬ 10 ngr.

Reynolds, George W. M., Pickwick in der Fremde, oder: Die Reise in Frankreich. Nach dem Engl. bearbeitet von Ldw. Herrig. 1.—4. Bd. — Auch m. d. Umschlags-Titel: Gesammelte Werke von Boz (Dickens). Supplementband. 1.—8. Liefg. Mit (12) Federzeichnungen. gr. 16. Braunschweig 841, Leibrock. n. $2^1/_2$ rℬ

—— Satan's Schlingen. Romantische Erzählung aus dem Mittelalter. Aus dem Engl. 19 Lfgn. br. 8. (879 S.) Berlin 864, Berendt. à Lfg. 3 Ngr.

—— der Schrecken von London, oder: Die Sünden der Welt. Romantische Erzählung. 35 Lfgn. 8. Berlin 870, Burmeister und Stempell. à Lfg. 30 Pf.

—— der Straßenräuber oder Sünde und Sühne. Eine romantische Erzählung. 35 Lfgn. 8. Ebendas. 874.

—— dunkle Wege oder die Carriere des Lasters. Ein Sittenroman aus Londons Leben in 2 Abthlgn. 1.—25. Heft. gr. 8. (1. Abthl. 936 S. und 2. Abthl. S. 1—256.) Berlin 863—64, Reichardt und Comp. à Heft 3 Ngr.

—— Wollust und Verbrechen oder die Rache des Schicksals. Historischer Roman. 23 Lfgn. gr. 8. (1102 S.) Berlin 866, Humburg und Comp. à Lfg. 3 Ngr.

Reynolds, George. Wolluſt und Verbrechen auf dem Throne, oder Die Rache des Schickſals. Hiſtoriſcher Roman aus den Zeiten des Prinzen von Wales, ſpäteren Königs Georg II. Aus dem Engliſchen v. Dr. Jul. Simon. Berlin, Verlagshandl. Otto Hamburg & Co., 1865. 8°.

Reynolds, George W. M., Wollust und Verbrechen auf dem Throne oder die Rache des Schicksals. Hist. Roman aus d. Zeiten des Prinzen von Wales, späteren König Georg IV. Aus d. Engl. v. Dr. Jul. Simon. Pränumerations-Einladung der Verlagshandlung Otto Humburg & Co. in Berlin. August 1865.

Verboten v. L.-G. Wien, 5. September 1865. §§ 63, 64.

— — (Der Roman selbst.) Berlin 1866, Humburg & Co. Gr. 8°. (2 Rthl. 9 Sgr.)

Cat. Büchting.

Reynolds, Henry, B. Sc. ⟨Vict.⟩ aus Manchester: Ueber die Leitfähigkeit fester Mischungen bei hohen Temperaturen. Ein spezieller Fall d. festen Lösungen. *Göttingen 1902: Dieterich.* (VI, 51 S.) 8°

Göttingen, Phil. Diss. v. [21. Dez.] 1902

Reynolds, Henry, über die Leitfähigkeit fester Mischungen bei hohen Temperaturen. Ein spezieller Fall der festen Lösgn. Diss. (VI, 51 S. m. 32 Fig.) Lex.-8. Göttingen 902. (Vandenhoeck & Ruprecht.) n. 1.60

Reynolds, J., Brustbild des Kupferstechers Fr. Bartolozzi. Farbenstich von Rob. Marcuard. 1788. Reproduktion in farb. Heliogravüre, oval. 24 × 20 *cm* auf Chinopapier K 30.—

Wien: Hof- u. Staatsdruckerei 1910.

Reynolds, J. Emerson

Reynolds, Emerson J., qualitative Analyse. Mit specieller Berücksichtigung aller Erfordernisse, die Photographen nöthig haben. Aus dem Engl. von Fr. Bollmann. gr. 8. (IV und 79 S.) Leipzig 863, Amelang's Verlag.

Reynolds, J. Emerson, Leitfaden zur Einführung in die Experimental-Chemie. Autoris. deutsche Ausg. v. G. Siebert. 1. u. 2. Tl. 12. (Mit eingedr. Holzschn.) Leipzig 883. C. F. Winter. geb. n. 5. —
1. Einleitung. (X, 146 S.) n. 2. —
2. Die Metalloide. (V, 282 S.) n. 3. —

Reynolds, J. E., Leitfaden zur Einführung in die Experimental-Chemie. Autoris. deutsche Ausg. von G. Siebert. 3. u. 4. Tl. Mit eingedr. Fig. 8. Leipzig 888. C. F. Winter. geb. n. 7. — (cplt.: n. 12. —)
3. Die Metalle. (VIII, 299 S.) 885. n. 3. —
4. Chemie der Kohlenstoffverbindungen od. organ. Chemie. (IX, 388 S.) n. 4. —

Reynolds, J. Russel, Epilepsie, ihre Symptome, Behandlung, und ihre Beziehungen zu andern chronisch-convulsiven Krankheiten unter Mitwirkung des Verfassers deutsch hersg. von Herm. Beigel. Erlangen 865. Enke's Verlag. Lex.-8. (XXIX, 374 S.) n. 2 ℛ 6 ngr.

Reynolds, Sir Joshua, zur Aesthetik u. Technik der bildenden Künste. Akademische Reden. Übers. u. m. Einleitg., Anmerkgn., Register u. Textvergleichg. versehen v. Ed. Leisching. Hrsg. v. der philosoph. Gesellschaft an der Universität zu Wien. gr. 8. (LXII, 325 S.) Leipzig 893. C. E. M. Pfeffer. n. 7. —

Ⓑ Reynolds, J., zur Aesthetik u. Technik d. bild. Künste. 893. (KBL 28.) Leipzig, J. A. Barth.

Reynolds, Meisterbilder, s. a. Weicher's Kunstbücher.

Die Meisterbilder von [Joshua] Reynolds. Eine Auswahl von 60 Reprod. nach Franz Hanfstaengls Orig.-Aufnahmen. Leipzig: Weicher 1906. 67 S. 8°
(Weichers Kunstbücher. Nr 5.) (10. 17646

— akadem. Reden üb. die Malerei, z. Bildung junger Künstler; aus d. Engl. 8. Dresd. 781. Hilscher. 16 gr.

Akademische Reden Josua Reynolds' über das Studium der Malerey. Nach der letzten Originalausgabe aus dem Englischen übersetzt. Dresden 1781. 8°.

— akad. Reden üb. d. Studium d. Malerey z. Bild. junger Künstler. 8. Dresden, Hilscher. 781.

Reynold, Josua, Reden üb. die Malerei; aus d. Engl. v. Mch. Gosmeli. gr. 8. Hamb. 802. Nestler u. M. 1 ℛ 12 gr.

Reynolds, Thomas Caute, de vera judicii juratorum origine, natura et indole. Dissert. inaug. 8maj. (5¾ B.) Heidelbergae 843, C. Winter. *

Reyntiens, N., Bismarck et Cavour. L'unité de l'Allemagne et l'unité de l'Italie. 2. éd. gr. 8. (146 S.) Bruxelles 875. Muquardt. n. 2. 80

Reyre, Jos.

Reyre, Fablier des Enfans, av. 96 fig. enlum. av. un Vocab. polon. gr. 8. Bresl. W. G. Korn. 805.

Reyre, Abbé J. *Le Fabuliste des Enfans* ou Fables Nouvelles, Pour servir à l'instruction et à l'amusement . . . du premier âge . . . Par l'Abbé J. Reyre. Avec cinq gravures [s. c.]. Paris, Onfroy, 1803. XVIII. 215 S. 12°. Etw. beschäd. Pbd. d. Z. 24.—
G. 4739 zitiert nur eine spätere Aufl. dieses kl. Werks. „Il eut beaucoup de succès et fut maintes fois réimprimé." Hübsch illustriert. Gutes Ex. auf bläulichem Papier. Wahrscheinlich 1. Ausg.

Reyre, Abbé, le fabuliste des enfans. A. u. d. T.: Der neue Kinderfreund, in Fabeln u. Erzähll. 2 Thle. Mit 96 ill. Abbildd. gr. 8. Leipz. 806. 2e A. 828. (Brockhaus). 4 ℛ

— fabuliste des Enfans avec le Texte allemand et fig. color. gr. 8. Lips. Gleditsch. 806.
Sans estampes

— — le même livre sans le texte allemand, av. 96 fig. relié. gr. 8. ibid.

Reyre, (Abbé,) le fabuliste des enfans. A. u. d. T.: Der neue Kinderfreund, in Fabeln u. Erzählungen. 2 Thle. 2e Aufl. Mit 96 ill. Abbildd. gr. 8. Leipz. 827, Gleditsch.

Reyre, (Jos.,) le Fabuliste des enfans. — Der neue Kinderfreund in Fabeln u. Erzähln. Nach d. Franz. metrisch bearb. (Franz. u. Deutsch.) 2 Thle. M. 96 col. Abbild. 2., verb. Aufl. gr. 8. (23½ B.) Leipzig 828, [Brockhaus.]

Reyre, Maur. Trofimo, nuovo Grammatica francese ad uso degl' italiani, e di tutti coloro che bramano di parlare e di scrivere correttamente la lingua francese. 8maj. Triest 802. Wage, Fleis u. C. (Joachim in Leipz.) 1 ℛ 8 gr.

Reysa, J. de, zu spät, s.: Unterhaltungsbibliothek.

Reyscher, A. L., die Aufgabe der deutschen National-Versammlung. 3 Reden gesprochen vor Wählern des 4. württemberg. Wahlbezirks. Nebst einem offenen Sendschreiben an Hrn. Staatsrath F. Römer. gr. 8. (48 S.) Tübingen 848, Fues'sche Sort.-Buchh. n. 6 ngr

Reyscher, A. L., über d. Bedürfnisse uns. Zeit in d. Gesetzgebung. Mit besond. Rücksicht auf d. Zustand d. letztern in Württemberg. gr. 8. (4½ B.) Stuttgart 828, Cotta.

—— Beiträge zur Kunde d. deutschen Rechts. 1. Beitr. Ueber d. Symbolik d. german. Rechts. gr. 8. (6¾ B.) Tübingen 833, Fues.

Reyscher, A. L. (Tübingen), Ueber die Einführung der württembergischen Gesetze in die neuen Lande und die hülfweise Anwendbarkeit der dortigen besonderen Rechtsquellen. Tübingen (E. T. Eifert) 27. IX. 1838. 83 S. (4.50) 28500

Reyscher, A. L., über d. Einführung d. württemberg. Gesetze in d. neuen Lande u. d. hülfweise Anwendbarkeit d. dortigen besond. Rechtsquellen. Ein acadam. Progr. z. Feier d. kgl. Geburts-Festes am 27. Sept. 1838. gr. 4. (10½ B.) Tübingen, (Fues, Brlsh.) *

—— Grundriß d. württembergischen Staats- u. Rechts-Geschichte. Zum Gebr. bei akadem. Vorlesn. 8. (4¼ B.) Tübingen 831, Zu-Guttenberg.

—— Grundriss zu Vorlesungen üb. d. Naturrecht, mit Hinweis. auf (K. H.) v. Gros „Lehrbuch d. philosoph. Rechtswissenschaft," 5. Ausg. 1829. gr. 8. (4¾ B.) Tübingen, Zu-Guttenberg.

A.. L.. Reyscher's Grundr. zu Vorless. üb. d. Naturr., m. Hinweis. auf v. *Gros* Lehrb. d. philos. Rechtswiss. 5e Ausg. *Tüb.*, Zu-Guttenberg. 831. gr8° 8gl

Reyscher, A. L., das österreichische und das württembergische Konkordat, nebst den separaten Zugeständnissen, verglichen und beleuchtet. 2., verm. Aufl. gr. 8. (144 S.) Tübingen 858, L. Fr. Fues. Thlr. *

— drei verfassungberathende Landesversammlungen und mein Austritt aus dem Staatsdienste. Ein Beitrag zum Verfassungsrecht u. zur parlamentar. Praxis. gr. 8. (XL u. 162 S.) Tübingen 851, L. F. Fues. n. 22 ngl

— das gemeine u. württemberg. Privatrecht. 2. Bd. 2. Aufl. u. 3. Bd. gr. 8. (2: X u. 474 S. 3: XX u. 505 S.) Ebd. 847. 2: n. 2 ß 6 ngl 3: n. 2 ß 8 ngl (3 Bde.: n. 7 ß 4 ngl)

—— das gemeine und württemberg. Privatrecht. 3. (letzter) Bd. gr. 8. (XX und 505 S.) Tübingen 848, Fues, Brlgsh. *
1. und 2. Bd. (2. Aufl.) Ebendas. 1846—47. * 4 Thlr. 26 Ngr.

Reyscher, A. L., das gesammte württemberg. Privatrecht. 1r Bd. 1e u. 2e Abthl., u. 2r Bd. 1e Abthl. Enthalt. die Einleitung u. den s. g. allgem. Thl. gr. 8. Tübingen 836—40. Fues. 3 1/4 ß

—— das gesammte württemberg. Privatrecht. 1. u. 2. Bd. 1. Abthl. gr. 8. Tübingen, Fues, Brlsh. [1. 1. (15 1/2 B.) 836. 1 Thlr., 2. (17 1/2 B.) 837. 1 3/8 Thlr., 2. 1. (14 B.) 840. 7/8 Thlr.]

Reyscher, A. L., das gesammte württemberg. Privatrecht. 2. Bd. 2. Abtheil. gr. 8. Tübingen 843, Fues. 1 1/6 ß (I u. II. 2: 4 5/12 ß)

— dass. 1. u. 2. Bd. 2. Aufl. gr. 8. Ebend. 846, 47. 1. Bd. n. 2 2/3 ß — 2. Bd. n. 2 ß 6 ngl

— die grundherrl. Rechte des württemberg. Adels, zur Würdigung der Schrift: „Die Souverainetätsrechte d. Krone Württemberg in ihrem Verhältnisse zu d. standesherrl. Eigenthumsrechten des fürstl. Gesammthauses Hohenlohe" von K. S. Zachariä (Heidelberg 836) dargestellt. 8. Ebd. 836. n. 3/4 ß

—— die Rechte des Staats an den Domänen und Kammergütern nach dem deutschen Staatsrecht und den Landesgesetzen, insbesond. der sächs. Lande. gr. 8. (VIII und 373 S.) Leipzig 863, Hirzel. *

— der Rechtsstreit über das Eigenthum an den Domänen des Herzogth. Sachsen-Meiningen. Gegen Zoepfl, Zachariä und eine anonyme Regierungsschrift. Leipzig 865. Hirzel. gr. 8. (IV, 244 S.) n. 28 ngr.

Reyscher, Dr. A. L. Sammlung der württemberg. (Kriegs-)Gesetze. Bd 19. T. 1. Kapf, Dr. Kriegsgesetze von 1360—1800. Tübingen 1849. 822 S.

—— Samml. altwürttemberg. Statutar-Rechte, s. Sammlung ꝛc.

—— vollständige, historisch und kritisch bearb. Sammlung der württemberg. Gesetze, s. a. Sammlung württemberg. Gesetze.

Reyscher AL, Slg d. württ. Gesetze. 18 Tle in 26 Bdn Stuttgart u Tübingen 1828-47

— vollständ., histor. u. krit. bearbeitete Samml. d. Würtemberg. Gesetze. 1r Bd. Die Vorrede z. ganz. Werke u. d. ersten Theil der Samml. der Staats-Grund-Gesetze enth. gr. 8. Stuttg. 828. v. Cotta; 3 ß 2r Bd. die Staatsgrundgesetze v. 21. Juli 1495 bis 31. Dec. 1805. 3 ß 4 gl 3r Bd. enth. d. 3n Thl. der Samml. d. Staats-Grund-Gesetze. 830. 3 ß 8 gl 4r Bd. enth. d. 1n Thl. d. Samml. d. Gerichts-Gesetze (v. 1298 bis 1806,) v. Chr. H. Riecke. gr. 8. Ebd. 831. 2 ß 12 gl

— vollständige, historisch u. kritisch bearb. Sammlung der württembergischen Gesetze. 5r Bd., enthalt. den 2n Thl. der Gerichtsgesetze von 1608 — 54, von Chr. H. Riecke. gr. 8. Ebd. 832. Subscr.-Preis auf's ganze Werk 1 2/3 ß, Subscr.-Preis auf einzelne Abthll. 2 ß — 6r Bd., enthalt. den 3n Thl. der Gerichtsgesetze von 1654 — 1805, von Chr. H. Riecker. 835. S.-Pr. a. g. W. 2 5/8 ß, a. e. Abthll. 3 1/8 ß — 7r Bd. 1e Abthl., enthalt. des 4n Theils 1e Abthl. der Gerichtsgesetze von 1806 — 20 einschließlich, von D. Kappler. 839. S.-Preis a. g. W. 3 1/4 ß, a. e. Abthll. 3 5/6 ß — 7r Bd. 2e Abthl., enthalt. des 4n Theils 2e Abthl. der Gerichtsgesetze von 1821 — 38 einschließlich, von Kappler. 839. S.-Pr. a. g. W. 4 1/2 ß, a. e. Abthll. 5 1/2 ß — 8r Bd., enthalt. den 1n Thl. der protestant. Kirchengesetze von 1418 — 1802, von M. Eisenlohr. 834. S.-Pr. a. g. W. 2 1/2 ß, a. e. Abthll. 2 11/12 ß — 9r Bd., enthalt. den 2n Thl. der protestant. Kirchengesetze von 1803 — 34, von Eisenlohr. 835. S.-Pr. a. g. W. 4 ß, a. e. Abthll. 4 3/4 ß — 10r Bd., enthalt. die Sammlung d. kathol. Kirchengesetze, von Prof. Dr. Lang. 836. S.-Pr. a. g. W. 4 1/8 ß, a. e. Abthll. 4 11/12 ß — 11r Bd. 1e Abthl., enthalt. die Volksschulgesetze bis zum Jahre 1838 einschließl., von Eisenlohr. 839. S.-Pr. a. g. W. 2 3/4 ß, a. e. Abthll. 3 1/6 ß — 17r Bd. 1e Abthl., enth. die Steuergesetze von 1322 — 1819, von R. Moser. 839. S.-Pr. a. g. W. 3 1/2 ß, a. e. Abthll. 4 1/6 ß — 17r Bd. 2e Abthl., enthalt. die Steuergesetze von 1819 — 39 nebst Register, von Moser. 840. S.-Pr. a. g. W. 5 ß, a. e. Abthll. 6 ß — 18r Bd., enthalt. das Staatsrechnungswesen d. Königr. Württemberg. 836. n. 4 3/4 ß (Subscript.-Preis auf's ganze Werk ist für obige Theile zusammen nur n. 27 5/8 ß)

— s. Schwabenspiegel.

—— publicistische Versuche. gr. 8. (22 3/4 B.) Stuttgart 832, Metzler.

Reyscher, A. L., Württemberg. Geschichte und Uebersicht seiner Verfassung und Gesetzgebung. gr. 8. (72 S.) Leipzig 861, O. Wigand. *
Aus: Weiske's Rechtslexikon, besonders abgedruckt.

—— Zeitschrift f. d. deutsche Recht, s. Zeitschrift ꝛc.

Reyscher AL, Zünfte oder freie Genossenschaften? Stuttgart 1861

— **August Ludwig** (Unterriexingen), De confessione limitata in causis criminalibus, in certamine literario civium academiae Tubingensis praemio regio ornata. Diss. jur. Präs. C. G. Wächter. Tübingen (Schoenhart) Sept. (8. X.) 1824. 53 S. (3.75) 28501
Widm. v.: C. G. Wächter.

Reyscher, A. L., Erinnerungen aus alter u. neuer Zeit [1802 bis 1880]. [Mit Reyschers Bildnis.] gr. 8. (VII, 323 S.) Freiburg i/Br. 884. Mohr. n. 6. —

Reyscher, Aug. Ludw.: Erinnerungen aus alter und neuer Zeit [1802—1880. Hrsg. von Karl V. v. Rieckel. Mit Rs. Bildn. Tübingen: Mohr 1884.

Reyscher, A. L., die staatsrechtlichen Folgen des deutschen Kriegs. Wo stehen wir nun? Stuttgart 866. Kröner. gr. 8. (80 S.) 6 ngr.

(Reyscher), [Aug. Ludw.]: Der Rechtsstreit zwischen den Verwandten des zu Paris gestorbenen Karl Friedrich von **Mecklenburg**. Erbfolgerecht, zunächst gerichtliche Zuständigkeit betr. Stuttgart 1856.

— die wahren Ursachen des deutschen Kriegs. Was werden wir thun? 1—3. verm. Ausg. Stuttgart. 866. Kröner. gr. 8. (24 S.) 3 ngr.

— die Ursachen des deutschen Kriegs und seine Folgen. 4. verm. Aufl. Ebend. 867. gr. 8. (III, 176 S.) n. 20 ngr.

— das Zoll-Parlament u. die deutsche Einheit. Eine Wahlrede, gehalten in Ludwigsburg am 1. März 1868. Cannstadt 868. Bosheuyer. gr. 8. (24 S.) n. 2½ ngr.

Das Zoll-Parlament und die deutsche Einheit. Eine Wahlrede, gehalten am 1. März 1868 v. August Ludwig **Reyscher**. 2. Ausg. Cannstatt. (1868.) 8°.

Reyscher, F., Ueber Stiftungen u. Wohlthätigkeits-Anstalten in Würtemberg. 8°. Reutlingen 1819.

Reyscher, Fr. Chr. Ldw.

— Entwurf zu e. Amtsvorschrift für Stiftungsräthe u. Kirchenkonvente. gr. 8. Reutling. 826. Litt.-Compt. (Mäcken). 2 gr.

Reyscher, Fr. Chr. Ldw., alphabet. Handbuch d. Amts-Praxis Königl. Würtemberg. Kameralbeamten. gr. 4. Stuttg. 806. 2e A. Reutlingen 818. (Staß in Heilbr.) 3 ℔

Reyscher's, F. Chr. L., alphabet. Handbuch der Amts-Praxis Kön. Wirtemb. Kameralbeamten. 2te Aufl. gr. 4. (Nürnberg, Monath u. K. in Comm.) 820.

[F.] **Reyscher**, Gustav [aus München]: Die Vollstreckung ausländischer Civilurteile im Inland ... Stuttgart, Druck v. A. Müller & C., 1892; 4 Bl., 83 S. 8.
Tübingen, Jur. Fak., Inaug.-Diss. v. 1892

Reyscher, Herm., Dichtungen der Gegenwart, s. Dichtungen.

Reyscher, Herm., die würtembergischen Gesetze in streitigen und nichtstreitigen Rechtssachen, zur Belehrung für Jedermann dargestellt und erläutert. 1. Thl. Anleitung zur Führung von Prozessen, zur Fertigung von Prozeßschriften und sonstigen Eingaben, Recurs- und Bittschriften ꝛc. 1. Heft. Ludwigsburg 854. (Stuttgart, Sonnewald.) 16. (S. 1—16.) 2 ngr.

Reyscher, L., s. Reyscher, A. L.

Reyser, I. Dan., Consilia posthuma, ex iure publ. feud. can. camer. et criminali, herausg. v. J. Staudacher. 4. Nürnb. Schneider. 715.

Reyss, A. Première épitre de Saint-Pierre. Thèse In-8°, 56 p. Genève (Bâle, H. Georg). 1881.

Lustige **Reyß-Beschreibung**, Aus Saltzburg in verschiedene Länder. Herausgegeben von **Joseph Antoni Stranitzkhy**, od. den so genannten Wiennerischen Hannß Wurst. 4o. *Mit Kupfern*. o. O. u. J.
Sehr selten, weil der Verf. es selbst verlegt hat. S. Koch II. S. 331. Flögel Gesch. des Groteskekomischen S. 134 ff.

Reyter, Louis: Das Orakelwesen bei den Griechen und Römern. Separat-Abdruck aus dem Programm des Gymnasiums von Diekirch, Schuljahr 1892-1893. Luxemburg: Léon Bück [1893]. 57 S. 4°

Režác, P. Franz Josef —. Andachten für die heiligen Tage und Zeiten des katholischen Kirchenjahres nach den bewährtesten, in der Kirche verbreiteten Erbauungsschriften bearbeitet von — —. Prag. 1855. Druck und Verlag von Fr. Rohlicek im fürsterzbischöflichen Seminär. Mit einem Bilde: Der Triumph Christi. Eigenthum und Verlag von G. J. Manz in Regensburg. (VI, 284 S. 8.)

Režác, Franz Joseph —. Ueber die seelsorgerliche Wirksamkeit in den österreichischen Detentions- und Straf-Anstalten, von — —. Mit 3 statistischen Tabellen. 8. (34 S.) Prag. Druck von Friedrich Rohlicek. 1854.

Rezatkreis [Sachliches OW]

Rezat-Kreis — Der — des Königreichs Bayern. Mit der Eintheilung in Land- und Herrschaftsgerichte. Ges. von C. F. Hammer. Nürnberg bei Friedr. Campe 1831. 1:270,000. 1 Bl. mit einem Karton: Umgebungen von Nürnberg.

Rezatkreis [Schlagwort]

Rezatkreis — Charte vom — Mit der Eintheilung in Land- und Herrschaftsgerichte nach den besten Hilfsmitteln neu gezeichnet und herausgegeben von Christoph Fembo. Nürnberg 1819. Revidirt durch den Königlichen Regierungs- und Kreisbaureferenten Panzer in Anspach, gestochen von J. W. Kneusel in Wöhrd. 1: 280,000. 1 Bl.

Rézbányay, Jos., compendium patrologiae et patristicae una cum selectis partibus ex operibus ss. patrum classicis, in usum academicum et privatum, celeberrimis auctoribus ac editoribus recentissimis inhaerens, pro manuductione ad praelectiones patristicas in lyceo episcopali Quinque-Ecclesiensi. gr. 8. (XVI, 704 S.) Quinque-Ecclesiis 894. (Wien, M. Perles.) n. 12. —

REZBANYAY, Josephus: De natura, aetate et obligatione coelibatus. — (1886) 102 S. 4° (Handschr.) Diss. 385
Diss. Wien, Univ.

Rezegh, Fritz, praktische Einführung in den technischen Dienst bei Stadtgemeinden, m. besond. Berücksicht. f. den Gebrauch von Gemeindeausschüssen kleinerer Städte. 8. (II, 115 S. m. 25 Abbildgn.) Wien 900. Spielhagen & Schurich. n. 1. 60; geb. in Leinw. n. 2. 10

— practische Erläuterungen üb. Bau, Betrieb u. Verwaltung der Kohlengasanstalten, m. besond. Berücksicht. f. den Gebrauch v. Gemeindeausschüssen kleinerer Städte, sowie zum Studium f. alle Freunde des Gasfaches. Mit 149 Abbildgn. u. mehreren Beilagen. gr. 8. (V, 146 S.) Ebd. 900. n. 6. —

Rezek, Ant., Geschichte der Regierung Ferdinands I. in Böhmen. I. Ferdinands I. Wahl und Regierungsantritt. gr. 8. (VI, 174 S.) Prag 878, Otto. *

Rezek, Ant., relatio progressus in extirpanda haeresi per regnum Bohemiae, marchionatum Moraviae et ducatum utriusque Silesiae, opera PP. Societatis Jesu provinciae Bohemiae, ab a. 1661 usque ad a. 1678. Ed. A. R. [Aus: „Sitzungsber. d. k. böhm. Gesellsch. d. Wiss."] gr. 8. (55 S.) Prag 892. (F. Řivnáč.) n. 1. —

Rezek, Josef

Rezek, Jos., die Entwickelung des landwirtschaftlichen Maschinenwesens in Österreich während der 50jähr. Regierungszeit Franz Josef I, 1848—1898. Lex.-8. (82 S. m. Abb. u. 9 Taf.) Wien 899. (M. Perles.) n. 4. —
Sonderabdruck aus: „Geschichte d. österr. Land- u. Forstwirtschaft u. ihrer Industrien 1848—1898".

Die Vorgänge in Ein- und Mehrphasengeneratoren. Von J. **Rezelman.** Mit 72 Abb. Stuttgart: F. Enke 1906. (S. 393–518.) 8° [Umschlagt.] — **Sammlung** Elektrotechn. Vorträge. Bd 8, H. 11/12.

Rezendorf, dreyfaches Kleeblatt. 12. Nürnb. Endter.

Rezensent, s.a. Recensent

Rezensent, der nach Verdienst gezüchtigte, s.a. Reuth, A.

Rezensent, der nach Verdienst gezüchtigte. Lustsp. 8. Paderborn. (Riegers in Augsb.) 795.

Rezension, s.a. Recension.

Recension und kritische Anmerkungen über des Reichsstädter Hrn Dechants von Schönfeld am 25. August in Skalka gehaltenen lateinischen Lobrede auf den heiligen Johann v. Nepomuk verfasst von M. D. Prag 1783. V: *Dornik, Michael.* (Klar's Libussa auf 1848, S. 338) (GGr VI/720, Nr. 4/9) V: *Dobrowsky, Jos.* (Doucha S. 33) (biblport)

Rez' einer Flugschrift, welche den Titel führt: Der entlarvte Pfaffengeist &c. &c. von Caspar Koch, den 29sten Wintermonat 1801, in gr. 8° Luzern. 8. *o. O.* 1801.

Recension aller poetischen und prosaischen Stücke auf den Tod Marien Theresien. Ein Vorbericht zu der von Trattnerischen Sammlung. Von J. S. und M. A. [Wien] 1781. Nachtrag 1781. V: *Seelinger, Ignaz & Michael Ambros* (?). (Mitth. Gust. Gugitz) V: *Ahlen . . . von.* (Behrisch, Die Wiener Autoren 1784, S. 260)

Rezensionen, s.a. Recensionen

Recensionen und Auszüge aus den besten Journalen Europas. Wien 1774. H: *Radakowsky, Franz.* (Das gelehrte Oesterreich 2/36) (Zenker, S. 147, Nr. 172) (biblport)

Recensionen und allgemeine Bemerkungen über Theater und Musik. Jg. 1–7. Wien: Greß 1853–55. (Hrsg. v. Konstantin v. Czavtoryski.)

Recensionen und Mittheilungen über bildende Kunst. Jahrg. 1–4. Wien 1862–1865. 4°.

Recensionen und Mittheilungen über Theater und Musik ... s. Monatschrift f. Theater.

Rezept, s. a. Recept.

Rezept, das. Praktischer Führer im Verkehr zwischen Arzt u. Apotheke. Hrsg. v. E. Clasen u. J. Linke. Jahrg. 1908. 12 Nrn. (à ca. 16 S.) 32×24 cm. Frankfurt a/M., J. Alt. 6. —
Erscheint nicht mehr.

Rezept zu d. Karlsbader Oblaten. (Gedicht.) 2. Aufl. gr. 8. (3 S.) Karlsbad 895. H. Feller. n. — 20

§ **RECEPT,** Vorzügliches, für heirathslustige Männer. Commissions-Verlag von Frz. Reichhardt in München. O. J. 1 Bl. Fol. (In München: L. eleg. m. 630 x.)

Beck, G., Recept-Almanach. Jahrg. 1875. 16. Zürich, Zürcher & Furrer. 1. 50

Beck, G., Recept-Almanach. Jahrg. 1876. 16. Zürich, Zürcher & Furrer. 1. 50

Receptalmanach, kleiner, enth. ein Verzeichniss der neuesten Heilmittel u. Heilmethoden für pract. Aerzte. Jahrg. 1873. 62 Stn. kl. 8. Bern, Dalp'sche Buchh. (C. Schmid.) 1. —

Rezeptblätter f. Lungenleidende. Zur Selbsthilfe f. solche zusammengest. auf Grundlage v. physiolog. Theorien, Praxis u. Selbsterfahrungen. (Von Albin Schröll.) (1. u. 2., unveränd. Aufl.) gr. 8. (32 S.) Leipzig 897. (A. Strauch.) n. — 85

Rezeptbuch, s.a. Receptbuch

Rezeptbuch d. Baugewerkszeitung. E. Sammlg. f. d. Baugewerbe wicht. Rezepte u. Ratschläge, nebst e. Uebersicht der massiven Deckenkonstruktionen u. Formsteine. II. Aufl. Zusammengestellt u. hrsg. v. d. Red. d. Baugewerkszeitg. (Bernh. Felisch). 12. (108 S. m. Abb.) Berlin 899. Expedition d. Baugewerks-Zeitg. 1. —

Rezeptbuch der Baugewerkszeitung. 3. Aufl. Berlin 1901

Rezeptbuch der Baugewerkszeitung. 4. Aufl. Berlin 1904

Receptbuch zu den neuesten Leder-Beizen, Lacken und Wichsen. 2. Ausg. Berlin 1868.

— über Pökelung rc., s.: Wurst- u. Fleischwaaren-Fabrikation, die.

Rezeptbuch f. alle Zweige der Keramik. 700 Rezepte gut erprobter Massen, Glasuren, Farben f. den prakt. Keramiker. Aus der Praxis hervorrag. Spezialisten. (VI, 314 S.) 8. Dresden (907). J. Fahdt.
Geb. in Leinw. 10. —

Rezepte, s.a. Recepte

— der klinischen Anstalten in Jena. (Zusammengestellt v. L. Krohl.) gr. 16. (III, 40 S.) Jena 895. G. Fischer. n. — 60

Rezepte der klinischen Anstalten in Jena. (Hrsg. v. L. Krehl.) 2. Aufl. gr. 16. (III, 41 S.) Jena 897. G. Fischer. Kart. n. — 60

Rezepte der klinischen Anstalten in Jena. 3. Aufl. (III, 48 S.) 16. Jena 906. G. Fischer. Kart. n. — 50

Rezepte, chemische. 1000 neue Rezepte zur Herstellg. v. Farben u. anderen chem. Produkten m. Erklärgn. u. vollständ. Anleitg. zur Fabrikation. Von The Atlas chemial Company, Sunderland. 8. (XVIII, 315 S.) Leipzig 900. [E. Baldamus.] P. Schimmelwitz. Geb. in Leinw. n. 20. —; erm. Pr. n. 15. —

Recepte, 30 gemeinnützige, v. e. Gutsbesitzer durch vieljähr. Erfahr. erprobte, alles Ungeziefer aus Häusern, Feldern u. Gärten z. vertreiben. 8. Berlin (1805). 10. Aufl. 1823. 12. Aufl. 1842. (Hold.) — 10
— — Dass. Quedlinburg, 1845. Ernst. — 10

Rezepte, die, des „Gewerbefreund". Eine Sammlg. v. Recepten, erschienen in der Zeitschrift „Der Gewerbefreund", allgemeiner techn. Anzeiger, Zeitschrift f. Fabrikation, Gewerbe u. Technik. gr. 16. (40 S.) Berlin 894. Exped. des Gewerbefreund. — 50

— die, des „Gewerbefreund". E. Zusammenstellg. v. 278 techn. Recepten, erschienen in d. Zeitschrift „D. Gewerbefreund", techn. Centralblatt f. Berg- u. Hüttenwesen, Maschinen- u. Metallwaaren-Fabriken. 2., verm. Aufl. gr. 16. (X, 74 S.) Berlin 895. Technolog. Verlag O. Italiener. Geb. n. 2. —

— 115, f. Mehlspeisen u. Bäckereien mit Anwendung des Oetker'schen Backpulvers v. W. F. 8. (32 S.) Regensburg 896. B. Hennings. n. — 30

RECEPTE für liebende u. verliebte Jünglinge u. Männer. Berlin, Streerath, 1859. 8°. ($12^1/_2$ Sgr.)

Rezepte und Kurarten der besten Aerzte aller Zeiten. 2.verm.u.verbess.Aufl. Th.1, 3 - 4, gbd.

Leipzig: Barth 1813 - 1814

JB 2.403

— für liebende u. verliebte Mädchen u. Frauen. Ebend. 1859. 8°. (5 Sgr.)
Herm. Hoppe's Cat. St. Petersb. 1871. S. 853.

Rezepte, meine. Sammelbuch zum Einschreiben meiner Konditorei-Rezepte. (205 S.) 8. Nordhausen (910). H. Killinger. Geb. in Leinw. 1.50

Rezepte, neueste, eines Coloristen und Appretteurs gesammelt durch prakt. Thätigkeit in den größten Baumwollenzeug- und Wollmuslin-Fabriken der Schweiz, des Elsasses, des Zollvereins und Englands in den J. 1850—1856. Nürnberg 857. Leuchs u. Co. gr. 8. (100 S.) 1 ₰.

Rezepte, 235 erprobte, zur Bereitung von Weihnachtsbäckereien, Kaffee- und Theegebäck. Von der Herausgeberin des in 18 Auflagen erschienenen Regensburger Kochbuches. gr. 8. (126 S.) Regensburg 887, Coppenrath's Verlag. *ℳ 1.—; geb. *

— 255 erprobte, zur Bereitung v. Weihnachtsbäckereien, Kaffee- u. Theegebäck. Von der Herausgeberin des in 32 Auflagen erschienenen Regensburger Kochbuches. 2., verb. u. verm. Aufl. gr. 8. (VI, 136 S.) Regensburg 895. A. Coppenrath's Verl. n. 1. —; geb. n. 1. 50

Rezeptenschatz für Wein- und Bierwirthe, Restaurateure, Kaufleute etc. oder genaue und deutliche, auf vieljährige Erfahrung begründete Anweisung zur Bereitung künstlicher Weine, Liqueure und Essige, Verbesserung und Trinkbarmachung schlechten und sauren Bieres, nebst vielen andern gemeinnützigen Rezepten. 16. (64 S.) Steyr 856(57,) Gilhofer.

Rezeptenschatz für Wein- und Bierwirthe, Restaurateure, Kaufleute u. s. w. oder genaue und deutliche, auf vieljährige Erfahrung begründete Anweisung zur Bereitung künstlicher Weine, Liqueure und Essige, Verbesserung und Trinkbarmachung schlechten und sauren Bieres, nebst vielen andern gemeinnützigen Rezepten. 16. (64 S.) Steyr 858. [Wien, Neidl.]

Rezeptschlüssel. Aufschluss üb. Wirkg. u. Inhalt der gebräuchlichsten ärztl. Vorschreibgn. Nebst deren Untersuchg. 8. (VIII, 192 S.) Leipzig 891. Grieben. Kart. n. 2. —

Rezeptschlüssel f. Laien, s.: Miniatur-Bibliothek.

Rezept-Tasche. schmal 8. (3 S.) Neuwied 895. Leipzig, Max Spohr. In Ldr.-Mappe n. 2. —

Rezepttaschenbuch, s.a. Recepttaschenbuch

Recepttaschenbuch, Klinisches, für praktische Aerzte. Sammlung der an den Wiener Kliniken gebräuchlichen und bewährtesten Heilformeln. XI. vollständig umgearbeitete Auflage. 16. (XII, 268 S.) eleg. gebd. 1.20
Wien: Urban & Schwarzenberg 1889.

— klinisches, f. praktische Aerzte. Sammlung der an den Wiener Kliniken gebräuchl. u. bewährtesten Heilformeln. 15., vollständig umgearb. Aufl. 16. (XII, 290 S. m. Fig.) Wien 894. Urban & Schwarzenberg. Geb. in Leinw. n. 2. —

Recept-Taschenbuch, Klinisches, für praktische Aerzte. Sammlung der an den Wiener Kliniken gebräuchlichen und bewährtesten Hilfsformeln. 16., vollständig umgearbeitete Auflage. 16. (XII, 276 S.) Geb. 1.20
Wien: Urban & Schwarzenberg 1895.

Recept-Taschenbuch, Klinisches, für praktische Aerzte. Sammlung der an den Wiener Kliniken gebräuchlichen und bewährtesten Heilformeln. 17. vollständig umgearbeitete Auflage. 16. (XIV, 300 S.) In Lnwd. geb. 1.20
Wien: Urban & Schwarzenberg 1896.

Rezept-Taschenbuch, klinisches, f. prakt. Aerzte. Sammlg. d. an d. Kliniken gebräuchl. u. bewährtesten Heilformeln. 19., vollst. umgearb. Aufl. 16. (XIV, 309 S.) Wien 899. Urban & Schwarzenberg. Geb. in Leinw. n. 2. —

Klinisches Recept-Taschenbuch für praktische Ärzte. Sammlung der an den Wiener Kliniken gebräuchlichen und bewährtesten Heilformeln. 20. vollständig umgearbeitete Auflage. Wien. Berlin. 1900. Urban & Schwarzenberg. 16°. XIV, 306 S. Geb. fl. 1.20

Klinisches Recept-Taschenbuch für praktische Aerzte. Sammlung der an den Wiener Kliniken gebräuchlichen und bewährtesten Heilformeln. 21., vollständig umgearbeitete Auflage. Wien. Berlin. 1901. Urban & Schwarzenberg. 16°. XIV, 290 S. Geb K 2.40

Klinisches Recept-Taschenbuch für praktische Ärzte. Sammlung der an den Wiener Kliniken gebräuchlichen und bewährtesten Heilformeln. 22. vollständig umgearbeitete Auflage. Wien. Berlin. 1902. Urban & Schwarzenberg. 16°. XII, S. 268 S. Geb. K 2.40

Rezept-Taschenbuch, klinisches, f. praktische Aerzte. Sammlung der an d. Kliniken gebräuchl. u. bewährtesten Heilformeln. 23., vollständig umgearb. Aufl. 16. (XII, 296 S.) Wien 903. Urban & Schwarzenberg. Geb. in Leinw. n. 2. —

Klinisches Rezept-Taschenbuch für praktische Ärzte. 24. Aufl. 8°. (XII, 288 S.) K 2 40
Wien: Urban & Schwarzenberg 1904.

Klinisches Rezepttaschenbuch für praktische Ärzte. 25. Aufl. 16°. (XII, 292 S.) geb. K 2.40
Wien: Urban & Schwarzenberg 1905.

Klinisches **Rezept-Taschenbuch** für praktische Ärzte. Sammlung der an d. Kliniken gebräuchlichsten u. bewährtesten Heilformeln. 26., vollst. umgearb. Aufl. Berlin, Wien: Urban & Schwarzenberg 1906. (XII, 332 S.) 8° [05. 12434

Rezept-Taschenbuch, klinisches, für prakt. Aerzte. Sammlung der an den Kliniken gebräuchl. u. bewährt. Heilformeln. 27. vollst. umgearb. Aufl. (XII, 302 S.) 16. Wien 907. Urban & Schwarzenberg. Geb. in Leinw. n. 2. —

Klinisches **Rezept-Taschenbuch** für praktische Ärzte. Sammlung der an d. Kliniken gebräuchl. u. bewährtesten Heilformeln. 28., vollst. umgearb. Aufl. Berlin, Wien: Urban & Schwarzenberg 1908. (XII, 372 S.) 8° [07. 17337

Klinisches **Rezept-Taschenbuch** für praktische Ärzte. Sammlung der an den Kliniken gebräuchl. u. bewährtesten Heilformeln. 29., vollst. umgearb. Aufl. Berlin, Wien: Urban & Schwarzenberg 1909. XII, 383 S. 8° [09. 11797

Klinisches Rezepttaschenbuch für praktische Ärzte. 30. Aufl. 8°. (XII, 384 S.) geb. K 3. -
Wien: Urban & Schwarzenberg 1910.

Rezept-Taschenbuch, klinisches, f. praktische Arzte. Sammlung der an den Kliniken gebräuchl. u. bewährtesten Heilformeln. 31., vollständig umgearb. Aufl. (XII, 372 S.) 16. Wien 911. Urban & Schwarzenberg. Geb. in Leinw. 2. 50

Rezepttaschenbuch, neues allgemeines. Hrsg. vom „Aerztl. Centralanzeiger". 16. (237 S.) Wien 893. M. Breitenstein. Geb. in Leinw. n. 1. 35

Rezept-Taschenbuch oder die üblichen Rezeptformeln und ihre Anwendung in der klinischen Anstalt zu Bamberg. Nebst Bemerkungen von Adalb(ert) Fr(iedrich) Marcus. 142 S., gbd.

Bamberg: Kunz 1814

Recept-Taschenbuch, Wiener. Sammlung der an den Kliniken und Ambulatorien der Herren k. k. Universitäts-Professoren Dr. Albert von Bamberger, Benedikt, Braun von Fernwald, Gruber, Kaposi, Meynert, Monti, Neumann, Schnitzler, Stellwag von Carion, Ultzmann und Widerhofer üblichen Recepte nebst Winken über die Therapie und einem Anhange über Zahnheilkunde und Bäderlehre. 8. Auflage. Herausgegeben von Dr. Theodor Wiethe. 16. (704 S.) In Leinwand mit Rothschnitt Wien: Fromme 1889. 2.80

— Wiener. Sammlung der an den Kliniken u. Ambulatorien der Herren k. k. Universitätsproff. Albert, Benedikt, Billroth etc., sowie an den medicin. Kliniken u. deren Ambulatorien im k. k. allgemeinen Krankenhause in Wien übl. Recepte, nebst Winken üb. die Therapie u. e. Anh. üb. Zahnheilkunde u. Bäderlehre. Hrsg. v. Thdr. Wiethe. 9. Aufl. gr. 16. (III, 773 S.) Wien 892. C. Fromme. Geb. n. 6. —

Rezeptur-Taxe der in d. Apotheken Oesterreich-Ungarns gangbaren nichtofficinellen Arzneimittel u. Artikel m. d. Artikeln u. Preisen d. officin. Taxe sowohl f. die Heilmittel der Pharmakopöe, wie f. die Receptur-Arbeiten, f. Gefässe, f. Verband-Artikel u. f. Geräthschaften z. Zwecke d. Ausrüstg. d. Hebammen, ferner m. e. Preisdirective f. gangbare Verbandstoffe u. Artikel zur Krankenpflege u. m. e. Verzeichnisse der Taxansätze f. die officin. u. nichtofficin. alkohol. Heilmittel, insoferne dieselben m. abgabenfreiem Spiritus bereitet werden. Hrsg. v. Directorium d. allgem. österr. Apotheker-Vereins. gr. 8. (199 S.) Wien 898. (W. Frick.) Geb. n.n. 3. 30

Rezeptur-Taxe der in den Apotheken Oesterreich-Ungarns gangbaren nicht offizin. Arzneimittel u Artikel m. 1. den Preisen der offizin. Heilmittel; 2. der offiziellen Taxe für Rezepturarbeiten; 3. der offiziellen Taxe f. Gefässe; 4. der offiziellen Taxe f. Verbandstoffe; 5. der offiziellen Taxe f. Gerätschaften zum Zwecke der Ausrüstg. der Hebammen; 6. e. Preisdirektive f. gangbare Verbandstoffe u. Artikel zur Krankenkenpflege; 7. der offiziellen Taxe f. Tierheilmittel; 8. der Angabe der Maximaldosen bei offizin. u. nicht offizin. Heilmitteln; 9 der Angabe, welche Heilmittel hinsichtl. ihrer Signierg. u. Aufbewahrg. in die Tabelle I od. II gehören; 10. Tarife der Laboratorien des allg. österr. Apotheker-Vereines. Hrsg. vom Direktorium des allgem. österr. Apotheker-Vereines. (239 S.) gr. 8. Wien 904. (W. Frick.) Geb. in Leinw. n.n. 4. —

Rezhi, Dve lepi, sa pridne otroke. V Zelovzi, Leon. 1838. 76 S. (Verf.: Christoph v. Schmid.)

Rezia: La Rezia italiana (I)
① Motto: Il giusto, il ver, la libertà sospiro [Silvio Pellico] ⑤ 3. 1. 1872—1879 ⑦ settimanale ⑧ Poschiavo: Tipografia Menghini ⑨ Don G. Chiavi ⑫ conservatore cattolico ⑬ BGSZ: 1011—1013; Zendralli: Stampa Grigioni Italiano, no. 7 ⑭ Ch: K.

Rezia, **Jak., specimen observationum anatomicarum et pathologicarum. 8maj. Ticini 784. (Pott in Lausanne). 1 ₰**

Till Eulenspiegel. Volksoper in 2 Th. u. e. Nachspiel frei nach Johann Fischart's 'Eulenspiegel Reimensweiss'. Von E. N. v. **Reznicek**. Vollst. Clavierausz. vom Comp. *Wiesbaden: Selbstverl. (1901).* (318 S.) 4° [F.] [03. 6175

Reznicek, [Ferdinand]

Reznicek, F. v., unter vier Augen. Album. 1.—10. Taus. (32 farb. Bl.) 41×30,5 cm. München 908. A. Langen. Geb. in Leinw. 7.50; Luxusausg. 50. —

— Verliebte Leute. Album. (30 farb. Bl. m. 2 Bl. Text.) 41×31 cm. Ebd. (909). Geb. in Leinw. 7. 50

Reznicek, F. v., Sie. Album. Fol. (XXXII Bl. farb. Abbildgn. m. Text.) München (900). A. Langen. Geb. in Leinw. n. 6. —

Reznicek, F. v., Sie. Reznicek-Album. 4.—6. Taus. (XXXII. Bl. m. farb. Abbildgn.) gr. 4. München 904. A. Langen. Geb. in Leinw. n. 6. —

— Sie. Reznicek-Album. 7.—10. Taus. (XXXII Bl. m. farb. Abb.) 39×29 cm. Ebd. 907. Geb. in Leinw. 6. —

— der Tanz. Album. (32 farb. Bl.) gr. 4. Ebd. 906. Geb. in Leinw. n. 6. —

— Der Tanz. Album. 7.—10. Taus. (30 farb. Bl. u. 2 S. Text.) 41×30,5 cm. Ebd. 908. Geb. in Leinw. 7.50; Luxusausg. 50. —

— galante Welt. Album. Fol. (XXXII farb. Bl. m. untergedr. Text.) Ebd. 902. Geb. in Leinw. n. 6. —

— Galante Welt. Album. 7.—10. Taus. (XXXII Bl. m. farb. Abb.) 39×29 cm. Ebd. 907. Geb. in Leinw. 6. —

REZNICEK, F. v., Galante Welt. (7 Kr. 20 H. L. Rosner. Wien, 1910; ohne nähere Angabe.)

Rezniček, Karl von

Rezniček, Carl Edler v., k. und k. Oberstlieut. im Generalstabs-Corps. Militär-Geographie. Studienbehelf der k. und k. Kriegsschule. I. Hft. Vorwort und nordöstlicher Land-Abschnitt. II. Hft. Südöstlicher Land-Abschnitt. III Hft. Südwestlicher Land-Abschnitt. IV. Hft. Nordwestlicher Land-Abschnitt. (4 Bde.) 8. Wien 1892—1893.

Resnikoff, Salomon, cand. med.: **Aus d. Pathol. Inst.** in Leipzig. Ueber **Phagocytose pathogener Bakterien, insbesondere des Tuberkelbacillus. Leipzig 1908: Georgi. 27 S. 8°**
Leipzig, Med. Diss. v. 16. Dez. 1908, Ref. Marchand
[Geb. 1. Dez. 82 Gulaj-Pol; Wohnort: Leipzig; Staatsangeh.: Rußland; Vorbildung: Gymn. Bordjansk Reife 01; Studium: Odessa 5, Rostock 1, Leipzig 4 S.; Rig. 23. Dez. 08.] [U 09. 2851

Rezold, J. R., die russischen Dunkelmänner od. die geheime baltische Macht. Eine Verteidigungsschrift. 8. (93 S.) Berlin 901. (H. Steinitz.) n. 1. —

Katalog der Leihbibliothek von Ercole Rezza. II. Deutsche Bücher. Fiume, 1856. Buchdr. von Ercole Rezza. 28 S. 8°

Rezzano, Frz., il libro di Giobe exposta in Italiana Poesia. 4. Rom. (Class, Heilbr.) 760.

Rezzonico, Th., (✝ ...) Abhandl. v. d. Art u. Weise d. Seidenbaues. 8. Heidelb. 762.

Die Apokryphen des **Ṛgveda** ⟨Khilāni⟩ hrsg. u. bearb. von Dr. phil. J[sidor] Scheftelowitz. Breslau: M. & H. Marcus 1906. (XII, 191 S.) 8°
= **Forschungen**, Indische. H. 1. [07 1131

Die Hymnen des Ṛigveda [**Ṛgveda**]. Hrsg. von Th[eodor] Aufrecht. Th. 1. 2. Berlin: F. Dümmler 1861–63. 2 Bde 8°
1. Maṇḍala 1–6. 1861. 2. Maṇḍala 7–10. 1863.
— **Studien**, Indische, hrsg. von A. Weber. Bd 6. 7. [07. 4303

Ṛgvidhânam. [Ed.: Rudolf Meyer. [Diss.] Berolini 1877.

Rgvidhânam, edidit cum praefatione Rud. Meyer. gr. 8. (XXXVIII, 50 S.) Berlin 878, Dümmler's Verlagsh. *

Commentarii Rhabani Mauri in Danielem prophetam et Joannem evangelistam, quos ex Augiensi bibliotheca eruit notisque illustravit Magnoaldus Ziegelbauer. Konstanz, 1727.

Rhabani Mauri, Magnentii, de laudibus sanctae crucis. Ed. Ad. Henze. Fol. maj. (81 S.) Lipsiae 847, Poenicke et fil. *

Rhabamanthus, eine Zeitschrift für Kritiker, Antikritiker und ihre Freunde. 1s bis 3s Stck. gr. 8. Leipz. Beygang. 800.

Rhadamisth u. Zenobia. Trauersp. von Crebillon. 8. Gotha. Dieterich. 749.

— — dasselbe. 8. Wien, Kraus. 761.

Rhade [Schlagwort]

Rhade, s.: Preussen. Messtischblätter.

Rhades, F. H., Diss. sistens animadversiones circa temperamenta humana imprimisque ea, quae lactatione communicata habentur. 64 pp. Hal. 4°. A. D. B., Anh. LIII—LXXXVI, p. 402. *Doering*, I, 322. Halle lit. Z. 87, p. 827.

1786

***Rhades*, Fr. H., animadversiones circa temperamenta humana. 8. Halle 787. Curt. (Laue in Berl.)** 3 *K*

Rhades, Franz Georg Friedrich

Rhades, **F. G. F., Beitrag zur Beantwortung** d. **Frage: ob** d. **Cholera ansteckend sei? gr. 8. (3 B.) Stettin 832, [Morin'sche Buchh.]**

—— **die epidem. Cholera in Stettin, s. Cholera.**

Rhades, Franc(iscus) Georg(ius) Frider(icus): Dissertatio ... sistens experimenta quaedam circa quaestionem: an hydrargyrum externe applicatum in corpere et praesertim in sanguine reperiatur? Halae (1820): Grunert. 40 S. 8°
Halle-Wittenberg, Med. Diss., nachgeliefert nach Verteidigung der Thesen am 3. Juni 1820
Geb. Stettin 11. 7. 1797. V.
Ein Nachtrag u. d. T.: Über den Übergang von Quecksilber in das Blut. In: Deutsches Archiv f. d. Physiologie. Hrsg.: I. F. Meckel. Bd 6. Halle 1820. S. 128—135.

Joachim Jakob Rhades

De Ferro sanguinis humani aliisque liquidis animalium. Gottingae (1753:) Schultz. 46 S. 8°

Göttingen, Med. Diss. v. 15. Sept. 1753

Rhallis, Konstant., s.: Festschrift, Emil Friedberg zum 70. Geburtstage gewidmet.

Rham, August (Wolfenbüttel), De cresconii concordia canonum eiusque codice ms. Moder. Heinrich Philipp Conrad Henke. Helmstedt (M. G. Leuckart u. Sohn) 14. X. 1788. 27 S. (4.50) 28509
Gew.: Anton Gottlieb Rham (Vater).

Rham, Ferd., Anweisung zum naturähnlichsten Holznachmalen oder Maseriren für Decorationsmaler u. Anstreicher. 1. u. 2. Aufl. Mit 8 lith. Taf. Düsseldorf 868. 870. Kampmann. 8. (32 S.) 15 ngr.

Rham, F., praktische Farbenharmonie. 16. (112 farb. Taf. u. 1 Textbdchn.) Bonn 886. Leipzig, Jüstel & Göttel. In Carton. 3. —

Rham, Ferd., die Feuchtigkeit in den Gebäuden u. ihre rationelle Bekämpfung. 8. (26 S.) Bonn 888. Leipzig, Jüstel & Göttel. n. 1. —

—— **der Hausputz und die Ausschmückung der Wohnräume; kurzgefasste Anleitung beim Reinigen die Malereien und Farbenstriche unbeschadet zu erhalten, sowie Andeutungen zu dauerhaften geschmackvollen Decorationen. 3. Aufl. 8. (12 S.) [Bonn 886, Verlag der Maler-Zeitung.] Leipzig, Jüstel und Göttel.**

— **Malerblätter.** Illustrirte Wochenschrift f. Maler, Lackirer, Anstreicher, Vergolder, Tapezirer, Tüncher, Weissbinder u. verwandte Gewerbe etc. Anzeigeblatt f. Fabrikanten u. Händler v. Lacken, Farben u. Malerutensilien etc. Jahrg. 1889/90. 52 Nrn. (B. m. Beilage.) 4. Bonn. (Leipzig, Ehrlich.) n. 9. —

Rham, Ferd., vollständige Mittheilung der Geheimnisse d. Marmormalens od. ausführl. Anleitg. zu der selbst erfundenen rationellen Methode zum naturähnlichsten Marmormalen. Mit 20 (chromolith.) Taf. gr. 8. (16 S.) Coblenz 874. Hergt. Verklebt. n. 9. —

— die **Oelwachsfarbe** als dauerhaftes Material für Wandmalerei u. Kirchendecoration. 4. Aufl. kl. 8. (10 S.) Leipzig 888. Jüstel & Göttel. — 40

Rham, Ferd., Ratgeber beim Hauskauf. Kurzgefaßte Anleitg., gute u. schlechte Eigenschaften der Wohnhäuser zu ermitteln; nebst Andeutgn. zu dauerhaften, geschmackvollen u. sinn. Dekorationen u. Bemerkgn. zum Reinigen derselben. gr. 8. (28 S.) Neuwied 901. Heuser's Verl. n. 1. —

— Die Spachtelfarbe u d. Auftragen derselben, ohne zu schleifen. (9 S) Bonn (1894)

— die **Ueberträger** der Cholera u. anderer ansteckender Krankheiten nebst Andeutungen zur rationellen Bekämpfung dieser Ueberträger. 8. (14 S.) Bonn 886. Selbstverlag. — 60

Rhamm, Albert

Rhamm, A., die betrüglichen Goldmacher am Hofe d. Herzogs Julius v. Braunschweig. Nach den Proceßakten dargestellt. gr. 8. (IV, 128 S.) Wolfenbüttel 883. Zwißler. n. 2. —

Rhamm, A., Hexenglaube u. Hexenprocesse, vornämlich in den braunschweigischen Landen. 8. (V, 104 S.) Wolfenbüttel 882. Zwißler. n. 1. 50

Rhamm, Alb., die Neuordnung der Regierungsverhältnisse in Braunschweig. (23 S.) Lex. 8. Braunschweig 907. Schulbuchh. — 60
Sonderabdruck aus: „Jahrb. d. öffentl. Rechts".

— Das Staatsrecht des Herzogt. Braunschweig, s.a. **Recht**, das öffentl., der Gegenwart.

Das Staatsrecht des Herzogtums Braunschweig. Bearb., z. T. nach Otto's braunschweig. Staatsrecht, von Albert **Rhamm**, Landsyndikus a. D. Tübingen: J. C. B. Mohr 1908. (XIII, 184 S.) 4°(8°) [F.]
= **Recht**, Das öffentliche, d. Gegenwart. Bd 4. [08. 14717

Rhamm, A., Umriß der braunschweig. Verfassungsgeschichte. (88 S.) gr. 8. Braunschweig 907. F. Vieweg & Sohn. n. 1. 50
Sonderabdruck aus:

Rhamm, A., die Verfassungsgesetze des Herzogth. Braunschweig. Hrsg. u. eingeleitet. gr. 8. (VIII, 336 S.) Braunschweig 900. F. Vieweg & Sohn. n. 5. —

Die Verfassungsgesetze des Herzogtums Braunschweig. Hrsg., eingel. u. erl. von Albert **Rhamm**. 2. erw. Aufl. Braunschweig: F. Vieweg & Sohn 1907. (VIII, 413 S.) 8° [F.] [07. 6097 7

— s.a. **Verzeichnis der bis zum J. 1815 erschienenen Drucksachen usw. der Landschaftlichen Bibliothek zu Braunschweig.**

Verzeichnis der bis zum Jahre 1815 erschienenen Drucksachen und der Handschriften der Landschaftlichen Bibliothek zu Braunschweig. (Verf.: A[lbert] **Rhamm**, Landsynd.) Braunschweig 1907: Waisenhaus-Buchdr. (VIII, 205 S.) 8° [F.] [07. 7550

Germanische Altertümer aus der slawisch-finnischen Urheimat. Von K. **Rhamm**. Buch 1. Braunschweig: Vieweg 1910. 8°
(Rhamm: Ethnogr. Beiträge z. germ.-slaw. Altertumskunde. Abt. 2, T. 2.) [10. 20.0

Rhamm, K., Urzeitliche Bauernhöfe in germanisch-slawischem Waldgebiet. Tl 1. 2. Braunschweig 1908. 8°.
1: Altgerman. Bauernhöfe im Übergange vom Saal zu Fletz u. Stube. 1908.
2: Germanische Altertümer a. d. slawisch-finnischen Urheimat. Buch 1. 1910.
1. D. altslaw. Wohn.
(*Rhamm*, K. Ethnograph. Beiträge z. german.-slawischen Altertumskunde. Abt. 2.)

Urzeitliche Bauernhöfe in germanisch-slawischem Waldgebiet von K. **Rhamm**. T. 1. Braunschweig: F. Vieweg & Sohn 1908. 8°
= **Rhamm**: Ethnogr. Beiträge z. germ.-slav. Altertumskunde. Abt. 2, T. 1. [08. 11705

Ethnographische Beiträge zur germanisch-slavischen Altertumskunde von K. Rhamm. Abt. 1. Braunschweig: F. Vieweg & Sohn in Komm. 1905. 8° [05. 4815

Rhamm, K., ethnographische Beiträge zur germanisch-slawischen Altertumskunde. II. Abtlg. Urzeitliche Bauernhöfe in germanisch-slaw. Waldgebiet. 1. u. 2. Tl. gr. 8. Braunschweig (F. Vieweg & Sohn). nn 57. —
1. Altgermanische Bauernhöfe im Übergange vom Saal zu Fletz u. Stube. (XXXII, 1117 S. m. 162 Abb. u. 2 Taf.) 908. 42. —
2. Germanische Altertümer aus der slawisch-finn. Urheimat. I. Buch. Die altslaw. Wohng. (434 S. m. 45 Abb.) 910. nn 15. —
1. Abtlg. Ebd. 905. n 24. —

Rhamm, K., Dorf u. Bauernhof in altdeutschem Lande, wie sie waren u. wie sie sein werden. Leipzig 1889. gr. 8. (RPA.)

Rhamm, K., Dorf u. Bauernhof in altdeutschem Lande, wie sie waren u. wie sie sein werden. gr. 8. (80 S.) Leipzig 890. Grunow. n. 1. 50

Die Großhufen der Nordgermanen von K. **Rhamm**. Braunschweig: F. Vieweg & Sohn 1905. (XVI, 853 S.) 8°
= **Rhamm**: Ethnogr. Beiträge z. germ.-slav. Altertumskunde. Abt. 1. [05. 4815

Rhamm, Ludwig, Referendar in Braunschweig: Der Wechselprotest. Borna-Leipzig 1907: R. Noske. (89 S.) 8°
Leipzig, Jur. Fak., Diss. v. 25. März 1907
[Geb. 5. Dez. 84 Braunschweig; Wohnort: Braunschweig; Staatsangeh.: Braunschweig; Vorbildung: Gymn. Martino-Katharineum Braunschweig Reife O. 03; Studium: Marburg 1, München 2, Leipzig 1, Göttingen 1, Berlin 1 S.; Rig. 23. Juli 06.]

Rhamnusius, s. **Brueckner,** Fridericus Joannes.

Rhamon, S., Völkerrecht u. Völkerfriede. gr. 8. (53 S.) Leipzig 881. Findel. n. 1. 20

Rhan, Cäsar, d. gold. Buch d. Landwirtes üb. Pflege der Haustiere, Entstehg., Verhütg. u. natürl. Heilg. der Krankheiten d. Pferde, Rinder, Schafe u. Schweine unt. bes. Berücksicht. d. Tuberkulose, Maul- u. Klauenseuche. Eine neue Tierheilmethode. 4 Tle. gr. 8. Berlin 898. Deutsches Verlagshaus Bong & Co. In 1 Leinw.-Bd. n. 6. —
1. Das Pferd. (V, II, 198 S. m. 75 Fig.) 3. —
2. Das Rind. (VI u. S. 201–348 m. 28 Fig.) 3. —
3. 4. Das Schwein u. das Schaf. (III u. S. 351–483 m. 2 Fig.) n. 2. —
Wird nur noch komplett abgegeben.

[F.] Das goldene Buch des Landwirtes über Pflege der Haustiere, Entstehg, Verhütg u. natürl. Heilg d. Krankheiten d. Pferde, Rinder, Schafe u. Schweine unt. bes. Berücks. d. Tuberkulose, Maul- u. Klauenseuche. E. neue Tierheilmethode. Von Cäsar **Rhan**, Kuranst.-Dir. ... *Berlin: W. Möller [1898]*. (3 Bl., II, 198 S., 1 Bl.) 1 Bd 8. [98. 9375

Rhan, Cäsar, das goldene Buch des Landwirtes üb. Pflege der Haustiere, Entstehung, Verhütung u. natürliche Heilung der Krankheiten der Pferde, Rinder, Schafe u. Schweine unter besond. Berücksicht. d. Tuberkulose, Maul- u. Klauenseuche. Eine neue Tierheilmethode. 2. unveränd. Aufl. gr. 8. (XLV, 483 S. m. 110 Abbildgn., 2 farb. zerlegbaren Modellen u. VIII S. Erklärgn.) Berlin (899). Deutsches Verlagshaus Bong & Co. Geb. in Leinw. n. 6. —

— dasselbe über Pflege, Ernährung u. Zucht, sowie Entstehung, Verhütung u. naturgemäße Heilung der Krankheiten unserer Haustiere: der Pferde, Rinder, Schweine, Schafe, Ziegen, Hunde u. des Geflügels. Eine neue Tierheilmethode u. neue Wege zur Bekämpfg. der Maul- u. Klauenseuche. 2 Bde. 4. Aufl. Mit 445 Abbildgn., 3 zerlegbaren Modellen u. 12 farb. Taf. gr. 8. (VI, 741 u. 668 S. m. 16 Bl. Erklärgn.) Ebd. (901). Geb. in Leinw. 16. —

Rhan, Cäs., das gesunde u. kranke Haustier. Eine neue Tierheilmethode. Unentbehrlicher Ratgeber f. jeden Landwirt u. Tierbesitzer. 2 Bde. gr. 8. Stuttgart, Th. Nädelin. Geb. in Leinw. n. 10. 50

1. Kleintiere: Geflügel, Tauben, Ziegen, Esel, Hunde, Kaninchen, Bienen u. Fische, deren Zucht u. Pflege, sowie naturgemäße Behandlung in gesunden u. kranken Tagen, mit 250 Illustr. (614 S.) n. 5. 50
2. Großtiere: Pferde, Rinder, Schweine u. Schafe, ihre Zucht u. Pflege, sowie naturgemäße Behandlung in gesunden u. kranken Tagen. Die Jungviehzucht ohne Verluste. Anh.: Nutzanwendung der natürl. Heilfaktoren für den Menschen. (528 S. m. 250 Illustr.) n. 5. —

(B) **Rhan,** Caesar, d. gesunde u. kranke Haustier. 906. (s. 29 : 34.) Jetzt: Stuttgart, K. Vonseler.

— Jungviehaufzucht ohne Verluste. Ursachen u. Rückgang der Maul- u. Klauenseuche. [Aus: „Rh., das gesunde u. kranke Haustier".] (Umschlag: 3. – 4. Taus.) (XCIV S. m. 20 Abb.) gr. 8. Stuttgart (907). Th. Nädelin. — 80

Rhan (C.). Das Pferd. (198 S. m. 75 Fig.) Berlin 1898. M. 3.—

Rhan, H.(Resp.): Obs. binae de asthmate singulari..., s. Vogel, Rud. Aug. (Praes.)

Rhan, L., Hülfs-Tabellen rc. s. F. Pommer.

Rhanäus, J. F., 4 Predigten v. d. lasterh. Eigenliebe. gr. 8. Königsb. Kanter. 755.

Rhankabes, Alexandros Rhizos

— s.a. Rangabó, A. R.

Die Bilderstürmer. Eine Tragödie in 5 Akten von Cléon [Rhizos] Rangabé [**Rhankabes**], übers. u. f. d. deutsche Bühne bearb. von Rudolf Presber. Berlin: Concordia [1906]. (225 S.) 8° [07. 12447

Rhangabé, A. R., der Notar von Argostoli, s.a. Haus-Bibliothek.

Der Notar von Argostoli. Eine Kriminalgeschichte von A[lexandros] R[hizos] Rangabe [**Rhankabes**]. 2. Aufl. Berlin: Janke [1908]. 96 S. 8°
(Kollektion Otto Janke.) [09. 5999

Die beiden Schwestern u. andere Novellen von A[lexandros] R[hizos] Rangabé [**Rhankabes**]. Mit Ill. von W. Roegge. Berlin, Eisenach, Leipzig: H. Hillger [1906]. (109 S.) 8° [F.]
= **Bücherschatz**, Kürschners. No 498. [07. 15316

[F.] Serlendis. Die Najade. — Die Gefängnisse. Novellen v. A. R. Rangabé [Alexandros Rhizos **Rhankabes**]. Einzig autoris. Übs. aus d. Griechischen v. Johannes Mitsotakis. M. Ill. v. Willy Werner. *Berlin, Eisenach, Leipzig: H. Hillger [1898].* (124 S.) 1 Bd 8.
= **Bücherschatz,** Kürschners. No 75. [98. 4707

Aus dunkeln Tiefen. Dichtungen von Kleon [Rhizos] Rangabe [**Rhankabes**]. Aus den Ἄλγη metrisch ins Deutsche übertr. von Karl Macke. Breslau: Schles. Verl.-Anst. 1905. (XXXI, 159 S.) 8° [F.] [05. 8488

Rhangavis, Alex. Rhisos, der Fürst von Morea. Historische Novelle aus dem Anfange des 13. Jahrhunderts. Aus dem Griech. von Adf. Ellissen. 8. (V und 231 S.) Leipzig 856, O. Wigand.

—— dass. — s. **Analekten der mittel- und neugriechischen Literatur.**

Rhangawis, Alexandhros Risos, die Hochzeit des Kutrulis, ein aristophanisches Lustspiel, aus d. Neugriech. übers. von D. H. Sanders. gr. 16. (X u. 168 S.) Berlin 848, Dümmler. n. 5/6 ₰ — 2. (Titel-) Ausg. gr. 16. (X u. 168 S.) Ebd. (848) 851. 1/3 ₰

Rhapsode, der. Monatsblätter für Vortragsliteratur. (Ernste u. heitere Vortrags-Dichtgn.) Unter Mitwirkg. hervorrag. Fachleute hrsg. v. Geo. Gernss. 1.—4. Jahrg. à 12 Hefte. (à ca. 32 S.) gr. 8. W.-Jena 903—906. Thüringer Verlagsanstalt. à Jhrg. n. 6. —
Jhrg. 1—3 erschien in Gera. — Eingegangen.

Rhapsodia versu heroico-macaronico ad Braut Suppam in nuptiis Butschckio-Denickianis praesentata a scholae Dresdensis Petri alumno. — Rhapsodia andra .... in hochzeitâ Stollio-Jungiana .... S. l. et a. (18. Jh.) 4°. Rarissime!
6 u. 14 Bll., wovon die ersten 4 handschriftl. bei dem Berliner Ex. Abgedr. in Fercula maccaronica von Oskar Schade. 2 Hfte. Hannover, Rümpler, 1855—56. 8°. I: S. 48—58, II: S. 4—25.

Rhapsodiae s. preces diurnae in gratiam puerorum ... congestae. Tiguri s. a. H: *Zwick, Johann.* (Cat. d. Stadtbibl. Zürich. Zürich 1864—97.)

Rhapsodie. Facit indignatio versus. Königsberg 1763. V: *Hippel, Theod. Gottlieb von.* (JL) (ML)

Rhapsodie aus d. Kutikritikus. 8. Halle 769. Schwetschke u. S. 2 ℊ

Rhapsodie von Johann Heinr. Reimbart, dem Jüngern. O. O. [Frankfurt] 1773. V: *Merck, Johann Heinrich.* (GGr IV, 301)

Rhapsodien. Frankfurt a. M. 1790. V: *Schreiber, Alois Wilhelm.* (NN) (EE) (ErschDL) (Kn) »1791« (Ky)

Rhapsodien von A. W. Sch(reiber,) mit Musik. 8. Frankf. a. M. 791. (Fr. Fleischer in Leipz.) 20 ℊ Dass. gr. 8. Manh. 791. Löffler. 18 ℊ

[8] **Rhapsodien.** (Als Hs.) [Unterz.:] A. [Dat.:] Görliz 1809. 6 Bl. 8° [Kopftit.] 193.

Rhapsodien, Amors, ein authentisches Sittengemälde nach d. Ital. Danzig 1795. V: *Lehndorff-Bandels, Aug. Adolph Leop. Graf v.* Ü: *Felgenhauer, Carl Heinrich Frdr. von.* (GGr) (BGE)

Rhapsodien über die Anwendung der psychischen Curmethode auf Geisteszerrüttungen ... Halle 1803. V: *Reil, Joh. Chn.* (Call) (Ludwig) (MGT)

— eines Denkers üb. d. wichtigsten Gegenst. d. Menschheit. gr. 8. Breslau, Kunst und Ind. Comt. 810.

Rhapsodien eines Denkers üb. die wichtigsten Gegenstände d. Menschheit. gr. 8. Bresl. Max u. Comp. 811.

Rhapsodieen eines Denkers über die wichtigsten Gegenstände der Menschheit. N. Ausg. gr. 8. Breslau, Max und Comp. 817.

—mitunter auch reelle Gedanken. 8. Leipz. 803. (Köhler). 8 gr.

Rhapsodien über ökonomische und kameralistische Gegenstände. München 1795. V: *Rottmanner, Sim.* (Ky) (EngOec) (MGT)

— üb. ökonom. u. cameralist. Gegenstände (v. S. Rottmanner). 8. Münch. 795. J. Lindauer. 5 gr.

Rhapsodien über die wichtigsten Gegenstände der Menschheit ... Breslau 1811. V: *Wenzel, Friedrich August.* (MGT) (Ky)

— v. vermischten Gegenständen d. Moral, Naturgeschichte u. Poesie; aus d. Engl. 8. Leipz. 782. (Compt. f. Litt.) 10 gr.

* RHAPSODIEN von vermischten Gegenständen der Moral, Natur, Geschichte und Poesien. Aus dem Englischen übersetzt. Leipzig, Ch. G. Hilscher, 1782. 8°. (In Berlin 2 Expll.: Ag 7961; an Ah 3151; auch in Warmbrunn.)

Rhapsodien aus der Geschichte des menschlichen Geschlechts. Leipz. 1776. V: *Just, Carl Gottlob.* (Ky) (OL) (ML)

— aus d. Geschichte des menschl. Geschl. 8. Leipz. Schwickert. 776.

— in Bez. a. technische Heilkunde und gerichtl. Arzneywissenschaft, herausg. v. Ehrmann und Müller. gr. 8. Frankf. Andreä. 805.

Rhapsodien moralischen und religiösen Inhalts mit einem Anhang von Briefen über die Religion ... Tübingen 1801. V: *Conz, Carl Philipp.* (Ky)

— moral. u. religiösen Inhalts, mit e. Anh. von Briefen über die Religion, als Beitr. z. Würdigung d. Geistes unsrer Zeit. (v. Karl Philipp Conz). 8. Tübing. 801. Osiander. 20 gr.

— und Kriegslieder, m. K. 8. Frankf. (Schöps, Zittau.) 789.

— der Liebe und Freude. 8. Leipzig, Joachim. 804.

Rhapsodien allen Menschenfreunden gewidmet ... Berlin 1779. V: *Friedel (Friedl), Johann.* (ML) (Ky) (WBL) (BrMm)

— allen Menschenfreunden gewidmet, von e. kathol. Laien. (Jh. Friedel). 8. Berl. 779. Stahlbaum. 6 gr.

Rhapsodien, Militärische, gesammelt im Winter 1817. 8. Colmar 1817.

Rhapsodien, Musikalische. Stuttgart 1786. V: *Schubart, Christian Frdr. Daniel.* (GGr)

RHAPSODIEN. – eines Narren von St. Marx an den gnädigen Herrn Narrenkommandanten über die Ausgabe: die neue Gestalt der Narrenversammlung in St. Marx. o. V., Wien 1781. 1 vol. 24 S.

— über die Natur und deren Gaben. Nach Bonnet, Fenelon, Gleditsch rc. 8. (Leipzig, Central-Compt. in Com.) 820.

— ökonomische. gr. 8. Leipz. 804. (W. Rauck). 16 gr.

— — od. Abhdl. üb. versch. landwirthsch. Gegenst. rc. 2 Thle. gr. 8. Dresden, Walther. 791. 92. (1r 20 gr. 2r 1 Rthlr. 4 gr.)

Rhapsodien aus d. hinterlass. Papieren e. prakt. Arztes. Hrsg. v. C. Fr. Wahrhold, sein. Neffen. 8. (23½ B.) Nürnberg 828, Campe.

Rhapsodien aus dem Reichs-Kammergerichtlichen Rechte und Processe. Wetzlar 1795. V: *Hofmann, Casp. Frdr.* (Ky) (MGT)

— a. d. R. Cammergerichtl. Rechte. (v. C. F. Hoffmann.) 8. Wetzlar, Winkler. 795.

Rhapsodien über das Taxwesen in Bayern ... Landshut 1802. V: *Klöckl, Franz Joseph von.* (Ky) (MGT)

— üb. das Taxwesen in Baiern; ein Beitr. z. neuen Revision d. baier. Gesetze (v. Frz. Jos. v. Klöckl) gr. 8. Landsh. 802. Weber in Münch. 6 gr.

[4 **Rhapsodien.**] (Als Hs.) [Unterz.:] A. [Dat.:] Görliz 1809. 6 Bl. 8° 193.

Rhapsodies, Mes, ou recueil des différens assais de vers et de prose du Comte de ** Genève [Nürnberg] 1781. V: *Fekete von Galantha, Graf.* (Ky)

Rhapsodies, Mes, ou recueil de différens essais de vers et de prose, du Comte de ** (Fekete). II Tom. 8. Geneve 781. (Nürnb., Zeh). 1 Rthl. 12 gr.

Rhäsa, C. F., Predigt bei d. Einweihung d. neuen Kirche zu Ober-Oderwitz am 22. Sonnt. nach Trinit. 1819. gr. 8. Zittau 819. Schöps. 2 gr.

— **Johann Friedrich** (Zwetz./Thür.), De rebus altioris indaginis. Diss. jur. Präs. Christian Wildvogel. Jena (Muller) Febr. 1728. 28 S. (4.25) 28507
Widm. v.: Christian Wildvogel, Johann Hartmann.

— — De rebus altioris indaginis, Germ.: Von Sachen, welche in Rechts-Händeln etc. nicht ein gemeines, sondern ein reiferes Nachdencken erfordern. Diss. jur. Präs. Christian Wildvogel. Jena (Heller) 10. II. 1728. Rec. 1757. 40 S. (4.25) 28508

Rhaesa, Karl Gottlob

Rhaesa, Carl Gottlob (Dresden/Meißen), De querela inofficiosae donationis. Präs. Christian Rau. Leipzig (Langenheim) 20. X. 1775. 36 S. (4.25) 28506
Gew.: Carl Ferdinand Lindemann. — Widm. v.: Christian Rau.

Rhasen: Die Hauptschlachten der fridericanischen, napolonischen und modernen Periode, s. Marées v.

Rhasis, Joan. (geb. Odessa 2. 8. 1831): De diabete mellito. Berolini (1850). (28 S.) 8°
Berlin, Med. Diss. v. 2. Okt. 1850

Rhätia. Bündnerisches Familienblatt. Beiträge zur bündner. Geschichts-, Landes- u. Volkskunde. Red.: Bär. 1. Jahrg. Juli 1904—Juni 1905. 12 Nrn. (à ca. 24 S.) gr. 8. Schiers, Verlag d. Rhätia. n. 3. 50
Nicht mehr im Buchhandel.

Rhaetia foederata cum confiniis et subditis suis Valle Tellina etc. correcta per Gabrielem Walserum V. D. M. edentibus Hommanianis Heredibus Norimbergae 1768. 1 : 250.000. 1 Bl.

Rhätier: Der freie Rhätier (I)
② Der Rhätier (seit 7. 7. 1848) ③ Der Morgenstern ⑤ 3. 10. 1843—29. 12. 1848 ⑥ 4° ⑦ wöchentlich 2×; Wochenblatt (seit 2. 10. 1846) ⑧ Chur: Gebrüder Sutter. Friedr. Wassali (seit 5. 5. 1848) ⑩ Gebrüder Sutter ⑪ Ständerat P. C. Planta ⑫ Justemilieu-Blatt ⑬ BGSZ: 365, 1001 ⑭ Ch; K; Be. L (1845. Nr. 51—1847).

Rhätier: Der freie Rhätier (II)
① Bündnerische Volkszeitung und demokratisches Organ für die Ostschweiz (1868—1876). Freisinnige Tageszeitung für Graubünden (1948 cont.) ② Der freie Rätier: Der Freie Rätier ③ Bündnerische Volkszeitung ⑤ Probe-Nrn.: 28. und 30. 6. 1868; 1. 7. 1868 (cont.) ⑥ 4° (1868—1876); 2° (1877 cont.) ⑦ wöchentlich 6× ⑧ Chur: Braun & Jenny, F. Gengel (seit 3. 6. 1872), Manatschal & Ebner (seit 19. 7. 1892), Manatschal, Ebner & Cie. AG (seit 12. 5. 1922), Paul Bärtsch (seit 2. 8. 1943) ⑨ Alphorn: Für die Familie; Sonntagsblatt; Bilderbeilage zum Freien Rhätier; Bündner Frauenzeitung; Im Bündner-Heim; Graubündner Frauenblatt ⑩ F. Gengel, dann Genossenschaft Freier Rhätier, dann Paul Bärtsch ⑪ F. Gengel, F. Manatschal, Dr. Andrea Engi, Fritz Lendi, Siffredo Spadini ⑫ demokratisch-fortschrittlich ⑬ BGSZ: 365, 1001 ⑭ Ch K ⑮ v. auch »Monatliche Extrablätter«.

Rhätikon-Gruppe [Schlagwort]

Rhätikon-Gruppe, s.: Alpen. Paasche.

Rhau, Balth., theologia polem. IV Pts. 4. Rost. 708—710.

Der Essenerbund. Den Freimaurernbrüdern der ganzen Welt gewidmet von Christianus **Rhau.** Berlin: Verl. d. Aufwårts [1894]. 14 S. 8°
Aus: Aufwärts. 7 (1893) S. 96—97, 105—106.
Recens: Bbl. 7 (1893) S. 537—538 (A. W Sellin).
Unterhaltung mit Eusebius üb. eine im Jenseits abgehaltene Sitzung der Essener. 23.

RHAYMANN, Caspar Melchior (Kepell): De mammarum muliebrium statu sano carcinomate ex exstirpatione.- Landishuti: Storno 1817. 4 Bl.,51 S.
20.3.1817 - Pe 358; F 57
Diss.Ingolst.-Landsh.-Mchn.

Rhaymann, C. M., de mammarum muliebrium statu sano, carcinomate et exstirpatione. 8maj. Landishuti, Weber. 817. Rthlr.

Rhazes, de variolis et morbillis; latin. ed. J. C. Ringebroig. 8. Götting. 781. Vandenhöck u. R. 6 ℛ

Rhazesovo ranné lékařství. Z rukopisu věku patnáctého k tisku zredigoval Karel Jarom. Erben a seznamem i vysvětlením slov lékařských opatřil Václav Staněk. Nakladatel: Adf. Dub. Prag 864. (Kober.) gr. 8. (VII, 104 S.) n. 20 ngr.

Der Segelclub 'Rhe' zu Königsberg in Preußen. Jubil.-Schrift zu s. 50. Stiftungsfest. Königsberg i. Pr. 1905: R. Leupold. (200 S.) 8° [J.] [illegible] 10

Rhé, C. G., s. L. B. Dupuis, über den Ursprung des Kultus.

Rhé, C. G., über den Ursprung d. Kultus rc., s. Dupuis, L. B.

Rhé, Gyula, archaeologische Spuren aus der Urzeit u. dem Altertum bei Veszprém, s.a. **Resultate der wissenschaftlichen Erforschung des Balatonsees, III, 1. I.**

Archaeologische Spuren aus der Urzeit und dem Altertum bei Veszprém von Gyula **Rhé.** Mit 1 Farbentaf. u. 20 Textfig. Wien: E. Hölzel in Comm. 1906. (33 S.) 4°(8°)
→ **Resultate** d. wissenschaftl. Erforschung d. Balatonsees. Bd 3, T. 1, Sect 1. [06. 9914

Rhea. Zeitschrift für die gesammte Ornithologie. Im Verein mit ornitholog. Freunden herausgeg. von F. A. L. Thienemann. 1. Heft. Mit 1 illum. Tafel. gr. 8. Leipzig 846, Brockhaus. n. 1 1/3 rℬ

Rhea. Zeitschrift für die gesammte Ornithologie. Im Vereine mit ornitholog. Freunden herausg. von Frdr. Aug. Ludw. Thienemann. 2. Hft. Mit 1 (lith. u.) color. Taf. Lex. 8. (VI u. 230 S.) Leipzig 849, Brockhaus. n. 2 rℬ 12 ngr (1. 2.: n. 3 rℬ 22 ngr)

Rheal, L., lo chiavo del marito, s. Emporeo, drammatico.

Rhebog, Regni. Soldaten- u. Vaterlands-Lieder. — Der gute Ton in allen Lebenslagen, s. Volksbibliothek, deutsche.

Rheda [Schlagwort]

Rheda, s.: Preussen. Messtischblätter.

von **Rheden,** Dr. und E. von **Sydow.** Eisenbahn-Karte von Deutschland und den angrenzenden Ländern, zugleich als Uebersicht der wichtigsten Land- und Wasserverbindungen. 1 : 2 400 000. Berlin 1843. 1 Bl. c. L.

Rheden

— **Dethard van** (Bremen), Ad L. 3. Cod. de in Integrum Restitutione Minorum. Disput. jur. Ex auctor. Joseph Serrurier. Utrecht (A. van Megen) 3. IX. 1739. 25 S. (5.—) 28518
Gew.: Christian van de Blocquery, Heinrich Lynslager, Abraham van Hoogenhouck, Johann Hudde Dedel, Adrian van der Hoop, Salomon Dedel.

Rheden, Jos. F. Definitive Bahnbestimmung des Kometen 1890 III (Coggia). S. 113. [illegible]
separatabdruck [illegible]

Rheden, J., Definitive Bahnbestimmung des Kometen 1890. III. (Coggia.) [Aus: Sitzungsber. d. k. Akad. d. Wiss.] Gr.-8°. (49 S.) † Wien: Gerold 1904. K —.90

Rheden, Jos., definitive Bahnbestimmung des Kometen 1890 III (Coggia). (49 S.) gr. 8. Wien 904. (A. Hölder.) n. — 90
Sonderabdruck aus: „Sitzungsber. d. k. Akad. d. Wiss."

– **photographische Belichtungs-Tabelle,** s.a. **Lechner's photographische Bibliothek. IX.**

Rheden, J., Photographische Belichtungs-Tabelle. [Lechner's Photographische Bibliothek IX.] 16°. geb. K 3.50
Wien: Lechner 1903.

Rheden, Kaspar von [Praes.], s. A l e r s , Heinrich: De poena cogitationum, ad 1. 18. pandect. de poenis.

Rheden, Casp. a: Annotationes perpetuae in Joh. Frid. Hombergk zu Vach hypomnemata juris gentium. Ed. 2. Bremae 1734.

— annotat. in I. F. H o m b e r g k zu Vach hypomnemata iuris gentium. 8. Brem. Grimm. 734.

Rheden, Kaspar von [Praes.], s. B e n d l e b e n , Heinrich: De momento.

Rheden, Kaspar von [Praes.], s. B u s c h , Bruno von dem: De culpa seu delicto sine poena.

Rheden, Kaspar von [Praes.], s. H a r m e s , Gerhard: De vero debitore perjurio absoluto.

R h e d e n , Casp. a., idea h o n e s t i , promovendae hominum felicitatis conducens. 8. Brem. Sauermann. 740. Rthlr.

R h e d e n , Casp. a., introd. in e t h i c a m s. philosoph. moral. 8. Brem. Sauermann. 736.

— introduct. in p h i l o s o p h i a m univ. 8. Brem. Grimm. 726.

Rheden, Kaspar von [Praes.], s. K a n n e n g i e s s e r , Johann Diedrich: L. Juliam miscellam abrogatam et denuo revocatam.

Rheden, Kaspar von [Praes.], s. K a n n e n g i e s s e r , Lüder Christoph: De insania voluntaria.

Rheden, Kaspar von [Praes.], s. P o s t , Hermann: De Caroli VI. Invictissimi Romanorum Imperatoris Hisp. Hung. Bohem. Regis, Archiducis Austriae etc.

Rheden, Kaspar von [Praes.], s. S c h o e n e , Johann: Disputatio juridica valedictoria, continens differentias juris statutarii Bremensis et juris Romani circa successionem ab intestato.

Rheden, Caspar von (Bremen), De translatione jurium defuncti in heredem, German.: Von Erbfällen und deren Vertheilung, auch in welchen Fällen die Verlassenschafft des Verstorbenen sich nicht auf alle angegebene Erben erstrecke. Diss. jur. Präs. Wilhelm Hupedenius. Jena (Heller) 23. VIII. 1702. Rec. 1758. 68 S. (6.50) 28517

Rheden, Peter

R h e d e n , P. von: „Biblischer Ackermann; oder schriftmässige Betrachtung eines rechtschaffenen Landmanns, der beydes, im leiblichen und geistlichen Ackerwerk, Gott dienet", Cassel 1747 (Cramer).

Rheden, *Peter*: Etymologische Beiträge zum italienischen Wörterbuch. 8 (39 S.)
Fürstbischöfl. Privat-G. am Seminarium Vincentinum *Brixen* 1898.
Nicht im Tauschverkehr
Progr.

Rheden, P., etymolog. Beiträge zum i t a l i e n i s c h e n Wörterbuch. Progr. gr. 8. (39 S.) Brixen 898. Selbstverlag. — 75

Rheden, Pet., chinesisch-deutsche Gedichte. Eine Zusammenstellung aus verschiedenen Quellen. 1. Tl.: Literatur-Verzeichnis; Allgemeines; Auszüge aus TschengKiTong. Progr. (59 S.) gr. 8. Brixen 903. (Leipzig, Buchh. G. Fock.) n. 1. 50

— Chinesisch-deutsche Gedichte. 57 54. ibd. 03. 04.
Progr.

— evang. prophet. prakt. H a r m o n i e , od. Uebereinst. d. vier Evang. in Beschr. d. Leidens Christi. 8. Brem. Jiump. 744.

— Schaupl. d. Herrlichk. des Messias in P r e d i g t e n üb. d. 8ten Psalm. 8. Ebend. 742.

Rheden, *Peter*: Etymologische Versuche auf dem Gebiete der indogermanischen Sprachen. 8 (48 S.)
Fürstbischöfl. Privat-G. am Seminarium Vincentinum *Brixen* 1896.
Nicht im Tauschverkehr
Progr.

Rheden Peter: Etymologische Versuche auf dem Gebiete der indogermanischen Sprachen. 48. 40. Brixen Priv. 96. 02.
Progr.

Rheden, Ph. (Hrsg.), s. A b e n d g e s e l l s c h a f t e r , Der fröhliche.

Rheden, Ph., der Garten d. Momus, d. Freunden d. Geselligkeit gewidmet, s.a. d. fröhliche Abendgesellschafter ꝛc.

R h e d e n , Ph., der Garten des Momus, den Freunden der Geselligkeit geöffnet. Eine Auswahl neuer Anekdoten, Denksprüche ꝛc. gr. 8. Frankfurt a. M., Boselli. 820.

R h e d e n , (Ph.,) der Garten des Momus, den Freunden der Geselligkeit geöffnet. Neue Aufl. A. u. d. T.: Der fröhliche A b e n d g e s e l l s c h a f t e r ꝛc. gr. 8. Frankf. 823, Boselli.

Rheder, B. D. subpleuralen Ecchymosen b. Erstickungstode. Kiel 1880.

R h e d e r , Edm., treuer Rathgeber f. Jungfrauen, um durch Beobachtungen den Charakter u. die geistigen u. körperl. Kräfte des Liebhabers zur Sicherung e. glückl. Ehe in kurzer Zeit genau kennen zu lernen, nebst einigen lehrreichen Aufsätzen zur Befestigung des wahren Eheglücks. 8. (2 ¼ B.) Crefeld 846, Klein.

Rheder, Edm., treuer Rathgeber für Jünglinge. 8. Crefeld 846, Klein. 3 *ngl*

Rhederei, Hamburgs, und die Levante im 19. Jahrhundert. [Hamburg 1902.] V: *Krauss, J.* (Berl)

R h e d e r e i , die, Hannovers. Alphabetisches Verzeichniss aller Seeschiffe des Königr. Hannover mit Angabe der Bauart, des Jahrs der Erbauung, der Grösse nach Schiffslasten, der Namen und Wohnorte der Schiffer und Rheder etc. nach dem Bestande Mitte Octbr. 1859—65. 1.—6. Jahrg. 8. (à Jahrg. ca. 20 S. und 20 Tab. in 4.) Hannover 860—66, Meyer. à Jahrg.

Rhederei, die, Hannovers. Alphabetisches Verzeichniss aller Seeschiffe des Konigreichs Hannover mit Angabe der Bauart, des Jahres der Erbauung, der Grösse nach Schiffslasten, der Namen u. Wohnorte der Schiffer u. Rheder etc. nach dem Bestande Mitte Octbr. 1862. 3. Jahrg. Hannover 863. Meyer. 8. (9 S. u. 20 Tab. in 4.) n. 10 *ngr.*

— — nach dem Bestande am 1. Novbr. 1863 nebst einem Anhang: Verzeichniss der hannoverschen Seeschiffe nach der Reihenfolge der Flaggen-Nummern. 4. Jahrg. Ebend. 864. 8. (18 S. u. 21 Tab. in 4.) n. 10 *ngr.*

— die preussische, s.a. M e t z l e r , Gst.

Rhederei, die Preussische, im Anfang des J. 1848. Zusammengestellt von M e t z l e r & W i n t h e r in Swinemünde. 32. (56 S.) Stettin. (Berlin, Springer.) ¼ *ngß* — gr. 8. (27 S.) Ebd. n. ⅓ *ngß* — im Anfange d. J. 1849. 16. (52 S.) Ebd. n. ¼ *ngß* — im Anfange des J. 1850. Zusammengestellt von G u s t. M e t z l e r. 16. (57 S.) Ebd. n. ¼ *ngß* — Die Preussische Rhederei mit ihren sämmtl. See-Schiffen im Anfange d. J. 1851 u. 1852. Zusammengestellt von G u s t. M e t z l e r. 16. (à 52 S.) Ebd. à n. 6 *ngl*

Rhederei, die preussische, im Anfange der Jahre 1849—52. Zusammengestellt von Metzler und Winther in Swinemünde. 16. Stettin. (Berlin, Springer,) [1849. (52 S.) 50. (57 S.) à * 7½ Ngr., 51. und 52. (à 52 S.) à * 6 Ngr.] Thlr.

Rhederei, die preussische, mit ihren sämmtlichen Seeschiffen im Anfange des J. 1853—56. 7—10. Jahrg. Zusammengestellt von Gust. Metzler. 16. (à Jahrg. 50—52 S.) Stettin, (Saunier.) à Jahrg.

Rhederei, die preussische, mit ihren sämmtlichen See-Schiffen im Anfange des J. 1857—59. 11—13. Jahrg. Zusammengestellt von Gust. Metzler. 16. (à Jahrg. 53 S.) Stettin, [v. der Nahmer.] [11. Jahrg. * 7 Ngr., 12. und 13. Jahrg. à * 10 Ngr.]

Ist nicht fortgesetzt worden.

Vgl. 12. Bd. 2. Abthl. S. 187.

Rhederei-Zeitung, Deutsche. Organ für die Interessen der See- und Fluss-Schifffahrt. Nr. 1—16. Hamburg 1881—82. Fol. . . . . (1885)

Rheder-Verein, Danziger Nautischer und. Eingetr. Ver. Danzig. Material zum Entwurf eines Transportversicherungs-Gesetzes . . . [Danzig 1904.] V: *Rodenacker. Theod.* (Berl)

Rhegius, U., der Zweyte, oder über den gehörigen Vortrag einiger Glaubensartikel, Berlin 1799. V: *Neumann, Joh. Jacob Nathaniel.* (Adel) (Ky) (MGT)

Rhegius, Urban, Disputation über die Wiederherstellung des Reiches Israel wider alle Chiliasten aller Zeiten. Uebersetzt von C. J. Herm. Fick. gr. 8. (XX und 35 S.) Hermannsburg 860. (Celle, Schulze'sche Buchh. — Halle, Petersen.)

—— welfischer Katechismus oder christliche Unterweisung an die braunschweig-lüneburgischen Prinzen, Söhne Herzogs Ernst des Bekenners. Auf Veranlassung Sr. Maj. des Königs Georg V. in berichtigter Uebersetzung neu hrsg. von A. Wellhausen. 12. (VII und 232 S.) Hannover 858, Hahn'sche Hofbuchh.

Rhegius, Urbanus, Seelen-Arzenei, nebst e. Lebensbeschreibg. desselben v. Geo. Haccius. 12. (82 S.) Hermannsburg 894. Missionshandlg. Geb. n.n. — 90

Rhegius, Urbanus, wie man fürsichtiglich u. ohne Ärgerniss reden soll von den fürnehmsten Artikeln christl. Lehre, s.: Quellenschriften zur Geschichte des Protestantismus.

Rheiffen, Frfr. Helene v., s.a. Dame, die, zu Pferde.

Die Dame zu Pferde. Briefe e. alten Reitlehrers über d. Reitunterr. d. Damen. Hrsg. von Freifrau Helene v. **Rheiffen**. Mit 52 Textabb. von M. Plinzner-Berlin. Berlin: P. Parey 1907. (VIII, 324 S.) 8° [F.] [08. 3642

Rhein [Sachliches OW]

—— der, s.a. Grieben's Reise-Bibliothek.

— der. 60 der schönsten Ansichten des Rheins von Mainz bis Köln u. der Taunusbäder. In 12 Liefg. gr. 16. (60 Stahlst.) Karlsruhe 841—44, Nöldeke. (à 1/6 ₰) 2 ₰

—— der, malerische Ansichten, nach der Natur gezeichnet u. in Stahl gestochen v. den besten Künstlern. fl. qu. 16. (12 Bl.) Ebend. 842. In 4 Hftn. oder in 1 Bd. eleg. cart. n. 1⅓ ₰

—— der. Kunstdenkmale und Landschaft. Malerische Ansichten nach der Natur gezeichnet und in Farben lithogr. von Fourmois, Lauters und Stroobant. Mit einem beschreibenden Texte von Levin Schücking. 16 Lfgn. Fol. (VII und 32 S. mit 30 Chromolithogr.) Brüssel 859. 60, Muquardt. à Lfg. * 1 Thlr.

Rhein, Der. Praktischer Wegweiser nach der 11. Aufl. des grösseren Reise-Handbuchs »die Rheinlande« von H. T. Luks. Mit Karten u. Plänen. 12. Aufl. neu bearb. von H. T. Luks. Mit Karten u. Plänen. Berlin 1870. 8.

Ist: Grieben's Reisebibl. Nr. 29.

—— der. Aquarelle mit Schilderung und Sagen, hrsg. von Dräxler-Manfred. Neue billige Ausg. 20 Lfgn. qu. gr. 4. (18 Chromolithogr. mit Text.) [Darmstadt 880,81, Köhler's Verlag.] Gera, Griesbach's Verlag. à Lfg.
geb. mit Goldschn.

-- der, Reisebuch, s.a. Grieben's Reisebücher

Der Rhein. Prakt. Reisebuch. 20. Aufl., revid. v. J[ul.] I[wan] Kettler. M. Kt., Pl. u. Ill. *Berlin: A. Goldschmidt 1896.* (VI S., 1 Bl., 313 S., 1 Bl., 24 S., 9 Kt., 7 Pl.) 1 Bd 8.
= Reisebücher, Griebens. Bd 29. [96. 6669

Der Rhein. Prakt. Reiseb. 21. Aufl. revid. v. Albert Drossong. M. Kt. u. Pl. *Berlin: O. Goldschmidt 1898.* (IV, 333 S., 1 Bl., 20 S., 9 Kt., 7 Pl.) 1 Bd 8.
= Reisebücher, Griebens. Bd 29. [98. 9876

Der Rhein. Prakt. Reisebuch. 22. Aufl. neu bearb. von Albert Drossong. Mit 12 Kartenbeil. *Berlin: A. Goldschmidt 1900.* (IV, 304 S.) 8°
= Reisebücher, Griebens. Bd 29. [00. 10609

Der Rhein. Kleiner Führer von Köln bis Frankfurt. Mit 4 Karten. *Köln: J. G. Schmitz 1900.* (V, 96 S.) 8° [01. 2197 B

Rhein, der. Kleiner Führer von Köln bis Frankfurt. Mit 4 Karten. 12. (VII, 96 S.) Köln 901. J. H. Schmitz. Geb. in Leinw. n. 1. 50

VOM RHEIN. Monatsschrift des Altertums-Vereins der Stadt Worms.
Im Auftrage des Altertums-Vereins der Stadt Worms herausgegeben von A. WECKERLING.
Jahrg. 1. 1902. Worms 1902. Eugen Kranzbühler. 4°.

VOM RHEIN. Monatsschrift des Altertums-Vereins für die Stadt Worms.
Im Auftrage des Altertumsvereins herausgegeben von A. WECKERLING und ERWIN FREIHERR HEYL ZU HERRNSHEIM.
Jahrg. 2. 1903. ib. 1903. — Jahrg. 3. 1904. (Mit Abbildungen.) ib. — Jahrg. 4. 1905. ib. — Jahrg. 5.[1] 1906. ib. — Jahrg. 6. 1907. ib. — Jahrg. 7. 1908. (Mit 1 Tafel.) Worms am Rhein. Verlag der Buchdruckerei Eugen Kranzbühler. Gebr. Cnyrim. — Jahrg. 8. 1909. (Mit Abbildungen.) ib. — Jahrg. 9. 1910. (Mit Abbildungen.) ib. --
Im Auftrage des Vorstandes des Altertumsvereins herausgegeben von A. WECKERLING.
Jahrg. 10. 1911. (Mit Tafeln.) ib. — Jahrg. 11. 1912. (Mit Abbildungen.) ib. — Jahrg. 12. 1913. (Mit Abbildungen.) ib. —

[1]) Titel von Jahrg. 5 fingiert.

Der Rhein. Wochenschrift des Vereins zur Wahrung der Rheinschiffahrtsinteressen, Duisburg-Ruhrort. Publikationsorgan der Schifferbörse zu Duisburg-Ruhrort und des Genossenschaftsvorstandes der Westdeutschen Binnenschiffahrts-Berufsgenossenschaft. [Bis Juni 1906 u. d. T.: Der Niederrhein.] Jg. 1—7 (1902—1908). Duisburg-Ruhrort, 1902--1908 u. ff.

Der Rhein. Prakt. Reiseführer. 24. Aufl. neu bearb. von Albert Drossong. Mit 12 Karten. Berlin: A. Goldschmidt 1904–05. (IV, 260 S.) 8° [F. u. Ant.]
= **Reiseführer,** Griebens. Bd 29. [06. 5381

Rhein, der. Wochenschrift. Organ des Vereins zur Wahrung der Rheinschiffahrtsinteressen, Duisburg-Ruhrort. Sondernr., ausgegeben zur II. ordentl. Hauptversammlung des Vereins zu Düsseldorf, am 20. XI. 1906. (32 S. m. Abbildgn. u. 1 farb. Plan.) 4. Duisburg-Ruhrort 906. (Düsseldorf, E. Lintz.) n. 1. 80

Rhein, der. Wochenschrift des Vereins zur Wahrg. d. Rheinschiffahrtsinteressen, Duisburg-Ruhrort. Publikations-Organ der Schifferbörse zu Duisburg-Ruhrort u. des Genossenschaftsvorstandes der westdeutschen Binnenschiffahrts-Berufsgenossenschaft. Schriftleitg.: H. Bartsch. Red.: K. Prohaska. 6.—9. Jahrg. 1907—1910. à 52 Nrn. (à ca. 16 S.) 33×24,5 cm. Duisburg-Ruhrort, „Rhein". à Jahrg. 16. —

Rhein, der, in 38 Ansichten. qu. 4. Wiesbaden 881. Stuttgart, Greiner und Pfeiffer. *

— der, in 38 Ansichten (in Stahlst.). qu. 4. Wiesbaden 881. Niedner. geb. n. 12. —; in 12 Ansichten n. 5. —

— der, in malerischen Ansichten, nach der Natur u. in Stahl gestochen von H. Emden. 1. Serie. (6 Blätter.) kl. qu. 16. Cöln 842, Dunst. 1/3 Thlr.

Rhein, der, von Basel bis Holland, nebst einem (lith.) Panorama des Flusses (in qu. Fol.) Ein Wegweiser für Reisende. 16. (52 S.) Coblenz 852, Reiff. n. 1/3 Thlr.

Rhein, Der, und dessen technische Behandlung längs der badisch-französischen Grenze von Basel bis Lauterburg. Carlsruhe 1855.

Rhein, Der deutsche. Breslau 1841. V: *Becker*, *Nicolaus.* (Kat. d. Druckschr. üb. Breslau. Breslau 1903. S. 35.)

— der, von Düsseldorf bis Basel. Lith. 5′ 5″ lang u. 5 1/2″ breit. Berlin 852, Grobe. n. 6 ngr.

Der **Rhein** von Düsseldorf und Köln bis Frankfurt a. M. und Wiesbaden. 25. Aufl., neu bearb. von Albert Drossong. Mit 9 Karten u. 1 Grundr. Berlin: A. Goldschmidt 1906–07. (IV, 210, 28 S.) 8° [F. u. Ant.]
= **Reiseführer**, Griebens. Bd 29. (07. 8499

Rhein. Dem Rhein entlang. Ein Liederbuch. [Mit Noten.] 120 S. kl.-4. Zürich, Verlag des Lesezirkels Hottingen (Druck Fritz Amberger), 1902. [geb. fr. 4.50]

Rhein, Der Flussgott, und noch Jemand. Ein Freudenspiel aus den Tagen der Erlösung . . . Marburg [1814]. V: *Wigand*, *Paul.* (Ky) (MGT) (GGr)

Rhein, der Flußgott, ein Pendant zu Kotzebues Flußgott Niemen. 8. Kassel u. Marb. 815. Krieger. 8 gr.

— der, Frankreich, Venetien. Militärische Skizzen von A. S. Wien 861. Typograf literar.-artist. Anstalt. gr. 8. (92 S.) n. 20 ngr.

— - Der, seine Geschichte, seine Schiffahrts- und Handelsverhältnisse. Leipzig 1862

—— der, dessen Handel und Schiffahrt unter der französischen Herrschaft zu Anfang unseres Jahrhunderts. gr. 8. (55 S.) Coburg 860, Expedition der Wochenschrift des Nationalvereins.

Rhein, der, ist der Friede. Eine französ. Flugschrift mit deutschem Vorwort u. Randbemerkungen. 1. u. 2. Aufl. Erlangen 868. Besold. gr. 8. (32 S.) n. 4 ngr.

— der, ist nicht die natürl. Grenze zwischen Deutschland u. Frankreich. 8. Düsseld. 814. Schreiner. 4 gr.

Rhein, der, in Lied, Spruch- u. Prosa-Schilderung, s.: Land u. Volk. deutsches.

Rhein, die Maas, und Mosel — Der — mit den anliegenden Ländern des Ober- Chur- und Nieder-Rheins etc., wie auch des Burgundischen Kreises, ingl. Elsass und Lothringen etc. durch F. L. Güssefeld. Nürnberg bey denen Homännischen Erben. 1783. 1 : 900,000. 1 Bl.

—— der, von Mainz bis Bonn in seinen schönsten Punkten. qu. Fol. (21 Kpfrst. und 2 S. Text.) Mainz 853, v. Zabern. à Bl.
ill. à Bl.

Rhein, der, v. Mainz bis Köln, s. a. Städtebilder u. Landschaften aus aller Welt.

— der, von Mainz bis Cöln. Neues Taschen-Panorama mit anhäng. Texte. Kpfrst. Mainz 867. Kapp. Imp.-Fol. (23 S. Text in 8.) In Carton 1 Thlr.

Der **Rhein** von Mainz bis Köln. E. ill. Führer f. d. Rheinreise u. d. Städte Mainz, Koblenz, Bonn u. Köln. M. 61 Ans. u. 2 Kt. d. Rheinlaufes. 4. neubearb. Aufl. *Darmstadt: K. P. Geuter 1897.* (8, 128 S., 2 Kt.) 1 Bd 8.
= **Städtebilder** u. Landschaften aus aller Welt. No 11. 12. (97. 5950

— der, von Mainz bis Cöln. Panorama. 149×18 cm. Nebst Text in deutscher, französ. u. engl. Sprache. (19 S.) 13×19,5 cm. Bonn (908). C. Georgi. — 50

— der, seine Nebentäler u. Badeorte von Mannheim bis Emmerich. Hrsg. vom Rhein-Verkehrsverein Koblenz. (144 S. in deutscher, engl. u. französ. Sprache m. Abb. u. 1 Taf.) 24×31 cm. Köln (907). Hoursch & Bechstedt. Geb. in Leinw. 6. —

Der **Rhein**, s. Nebentäler u. Badeorte von Mannheim bis Emmerich. The Rhine, its valleys and Watering-Places. Le Rhin, ses vallées adjacentes et ses villes d'eau. Hrsg. v. Rhein. Verkehrsverein Koblenz. Köln: Hoursch & Bechstedt [1907]. (144, 28 S.) quer-8° [F. u. Ant.] (08. 16059

— der, von den Quellen bis zum Meer. Bilder v. Kasp. Scheuren. Schilderungen v. Thdr. Gsell-Fels. 1.—13. Lfg. Imp.-Fol. (à 2 Farbendr.) Lahr 876—893. M. Schauenburg. à n. 12. —

Rhein, der, von den Quellen bis zum Meere. Bilder von Kasp. Scheuren. Schilderungen von Thdr. Gsell-Fels. 1. Lfg. Imp.-Fol. (2 Chromolithogr.) Lahr 880, Schauenburg. *
Nicht weiter erschienen.

—— dass. — 1.—3. Lfg. Imp.-4. (48 S. mit je 1 Chromolithogr.) Ebendas. 882,83. à Lfg. * ℳ 1,25. *
Nicht weiter erschienen.

Rhein, der, von den Quellen in der Schweiz bis zur Mündung in die Nordsee. Historisch-topograph. Dampf-Schiffahrts-Atlas in 13 Sectionen; mit den Abstechern auf der Eisenbahn von Basel bis Straßburg; der Dampfschiffreise auf dem Neckar bis Heilbronn; auf der Eisenbahn von Mannheim über Heidelberg nach Carlsruhe; der Dampfschiffreise auf dem Main zwischen Mainz und Bamberg, und der Taunus-Eisenbahn zwischen Wiesbaden u. Frankfurt; der projektirten Lahn-Dampfschiffreise von Gießen bis Lahnstein, so wie der Mosel-Dampfschiffreise von Coblenz bis Trier; sodann auf der Eisenbahn von Cöln nach Aachen. Mit vielen Städte-Planen u. Vignetten. (Sauber lithogr. u. farbig gedruckt.) 1/2 Fol. Zweibrücken 842, Ritter. In 8.- oder 4.-Etui mit Golddruck-Titel à 2 Thlr.

Rhein, der, in 16 Radirungen. 4. Leipzig 885, Titze. In Leinw.-Mappe.
Vergriffen.

—— und Rheinfeldzüge, vgl. Cardinal v. Widdern.

— der, u. die Rheinlande, dargestellt in malerischen Original-Ansichten von Ldw. Lange u. in Stahl gestochen von Joh. Poppel 2c. Mit einem historisch-topograph. Text begleitet. Nr. 1—29. Lex.-8. (à 3 Stahlst. u. Text.) Darmstadt u. Wiesbaden 842—46, Lange. à n. 1/4 Thlr.

— der, u. die Rheinlande, dargestellt in maler. Orig.-Ansichten von Ludw. Lange. Mit historisch-topograph. Text v. J. W. Appell. 1. Abth.: Von den Quellen des Rheins bis Mainz. Nr. 1—43. Lex. 8. (à 8 S. Text u. 3 Stahlst.) Darmstadt 847—52, Lange. (à n. 1/4 Thlr.) n. 10 3/4 Thlr.

— dass. Von einem histor.-topograph. Text begleitet. Nr. 30—34. Lex. 8. (2. Abth.: Von Mainz—Cöln. 30—33: à 16 S. u. 3 Stahlst. 34: 42 S. u. 4 Stahlst.) Ebd. 817. à n. 1/4 Thlr. (1—34: n. 8 1/2 Thlr.)

— dass. Supplementheft: Frankfurt a. M. geschildert v. J. W. Appell. Lex. 8. (4 Stahlst. u. 16 S. Text.) Ebd. 849. n. 1/4 Thlr.

—— der, und die Rheinlande, dargestellt in malerischen Original-Ansichten von Ludwig Lange. Mit historisch-topograph. Text von J. W. Appell. I. Abthl.: (Oberrhein.) Von den Quellen des Rheins bis Mainz. Nr. 44—48. Lex.-8. (15 Stahlst., IV und 96 S. Text.) Darmstadt 853, Lange. à Nr. 7 1/2 Ngr.
I. Abthl. Nr. 1—43. und Supplem. Ebendas. 1817—52. * 11 Thlr.

—— dass. — Dargestellt in malerischen Original-Ansichten von L. Rohbock und W. J. Cooke. Mit historisch-topograph. Text von J. W. Appell. 3. Abthl.: (Niederrhein.) Von Cöln bis ans Meer. 1. Sect. Nr. 1—25. Lex.-8. (74 Stahlst. und 187 S. Text.) Ebds. 854—55. à Nr. * 7½ Ngr.

—— der, und die Rheinlande. Dargestellt in malerischen Orig.-Ansichten von Ludw. Lange. In Stahl gest. von J. Poppel. Historisch-topographisch geschildert von Aloys Henninger. 2. Abthl.: Von Mainz bis Köln. 2. Aufl. 52 Nrn. Lex.-8. (156 Stahlst. und 416 S. Text.) Darmstadt 857—60, Lange. à Nr.

—— dass. — dargestellt in malerischen Orig.-Ansichten von L. Rohbock und W. J. Cooke. Mit historisch-topograph. Text von Aloys Henninger. 3. Abthl.: (Niederrhein.) Von Köln bis ans Meer. Nr. 26—65. Lex.-8. (à Nr. 3 Stahlst. und ca. 8 S. Text.) Ebendas. 858—61. à Nr. * 7½ Ngr.

—— dass. — Supplement- und Schluß-Heft. Lex.-8. (4 Stahlst. und Text S. 417—655.) Ebendas. 861.

—— der, und die Rheinlande. Dargestellt in maler. Orig.-Ansichten von L. Rohbock und W. J. Cooke. Historisch-topographisch geschildert von Aloys Henninger. 3. Abthl. (Niederrhein) von Köln bis an's Meer. Nr. 66—69. Lex.-8. (à Nr. 3 Stahlst. und 8 S. Text.) Darmstadt 863, Lange. à Nr. * 7½ Ngr.

—— dass. -- Suppl. und Schluß-Heft. Lex.-8. (XII und 280 S. mit 1 Karte des Rheins in Imp.-Fol.) Ebendas. 863.

Rhein und Saar, Zwischen. Die Nahebahn und Saarbrücker Bahn. Ein sicherer Führer durch das ganze Nahethal mit seinen Seitenthälern, das Bliesthal bis Neunkirchen, das Sulzbachthal. Mit 1 Karte. kl. 8. Trier 1861.

Rhein, Der, von Schafhausen bis Wesel, nebst der Mosel von Trier bis Coblenz Heidelberg, Engelmann, 1816. gr. Fol.
——, —— Neue Aufl. Ebda 1818. 2 Bll. gr. Med.-Fol.

— unser, von Mainz bis Köln. 22 der schönsten Punkte des Rheines, nach künstler. Original-Aufnahmen in Autotypie vervielfältigt. qu. 4. (22 S.) Köln (902). Hoursch & Bechstedt. 2. —

— dasselbe. (Prachtausg.) Mit 4 farb. Kunstbeilagen, 29 ganzseit. Bildern u. zahlr. Textillustr. Begleitender Text v. Arth. Rehbein. (Neue Ausg.) (64 S.) qu. gr. 8. Ebd. (905). Geb. 5. —

— unser, von Mainz bis Köln (Umschlag: von Mainz bis Düsseldorf). Mit Berücksicht. v. Heidelberg, Frankfurt, Wiesbaden. 41 der schönsten Punkte des Rheines, dargestellt durch 1 Grav., 3 farb. Kunstbeilagen u. 37 ganzseit. Bilder nach künstler. Orig.-Aufnahmen. (46 S. m. VIII S. Text in deutscher, engl. u. französ. Sprache sowie teilweisem Text auf der Rückseite der Bilder.) qu. 4. Köln (906). Hoursch & Bechstedt. 2. —

Rhein [Schlagwort]

— s. a.: Geologische Karten. Hug.

— s. a.: Mittelrhein. — Rheingau. — Rheinthal.

— s. a.: Weinbaukarten.

Rhein, s. a. Westentaschen-Sammlung.

Rheni — Uterque — circulus Superior, et Inferior Electoralis cum Palatinatu etc. 1700? 1: 675,000. 1 Bl.

Rhein und Maas — Das Land zwischen — von C. von Decker, Major etc. Berlin 1824. 1: 400,000. 1 Bl.

Rheins — Panorama des — von Mainz bis Cölln. Nach der Natur aufgenommen, gezeichnet und gestochen von J. W. Delkeskamp. Frankfurt a. M. 1825 bey Friedrich Wilmanns. Ohne M. 6 Sect. auf 1 Bl.

Rhein — Grundriss der Gegend zwischen dem — und Nekar gelegen. Frey, Ingenieur Cadet. 1: 16,400. 1 Bl. Handzeichnung.

Rhein. Gaebler, E., Karte d. Rheins. 1. u. 2. Blatt. 1: 125,000. Chromolith. gr. 4. Metz 888. 889. Leipzig, Lang. à — 25

Rhein. Gerster, J. S., Karte der untern Rhein-Correction (Fussacher u. Diepoldsauer Durchstich). 1: 75,000. [Aus: „Wandkarte v. Vorarlberg".] 45×35,5 cm. Farbendr. St. Gallen 893. (Aarau, J. J. Christen's Verl.) n.n. — 80

Rheins — Charte vom Laufe des — von Coblenz bis Wesel, das Herzogthum Berg, die Grafschaften Wied etc. vorstellend. Entworfen von F. L. Güssefeld. Nürnberg bey den Homännischen Erben 1797. Verbessert 1807. 1: 200,000. 1 Bl.

Rhein Departementen — Charte von den vier — oder den Ländern des linken Rhein Ufers, welche durch den, am 9ten Febr. 1801 geschlossenen Frieden zu Luneville an Frankreich abgetreten worden sind etc. Entworfen von F. L. Güssefeld. Nürnberg bey den Homannischen Erben 1803. 1: 620,000. 1 Bl.

Rhein und Maas — General-Karten der Länder zwischen — nach Stunden durch Freiherrn von Hallberg. St. Johannser grav. o. M. 1 Bl.

Rheins und der Mosel — Charte von den französischen Departements des — und von dem Depart. der Sar mit den nothigen Umänderungen herausgegeben 1809. Nürnberg bey Homanns Erben. 1: 375,000. 1 Bl.

— Karte vom Laufe des Rheines von Basel bis Rotterdam. Mit Ansichten. Ausg. 1894. 137×13,5 cm. Farbendr. Mit Wegweiser u. Notizen f. die Reise. gr. 16. (31 S.) Düsseldorf, A. Bagel. — 75

Rhein. Karte, neue, vom Rheinlauf. [Aus: „Grieben's Reisebücher".] 47,5×14 cm. Farbdr. Berlin 902. 903. A. Goldschmidt. In Tasche — 30

Rhein. Karte vom Rheinlauf, Mannheim-Mainz-Cöln. Ausg. 1898. 48,5×15 cm. Farbdr. Berlin 898. A. Goldschmidt. — 30

Rhein. Karte vom Rheinlauf. Mannheim—Mainz—Cöln. [Aus: „Grieben's Reiseführer".] 47,5×14 cm. Farbdr. Berlin 904. 905. A. Goldschmidt. In Mappe — 30

— — dasselbe von der Schweiz bis Holland (m. 22 Ansichten). (Neue [Titel-] Ausg.) 174,5×17 cm. Kpfrst. Wiesbaden 895. G. Quiel. In Leinw.-Decke 2. —

[Rhein.] [Topographische Karte des Rheins von Basel bis zur Hessischen Grenze. M. 1: 20000. Sect. 1—4. 44 Fuss lang.] Carlsruhe 1862. . . . . (Br. Mus.)

Rhein. Mittelbach's, R., Übersichtskarte des Mittelrhein-Mosel- u. Lahngebietes (von Worms-Luxemburg im S. bis Köln im N., von Frankfurt-Giessen im O. bis Aachen im W.). 1: 300,000. 56×64 cm. Farbdr. Leipzig (910). Mittelbach. 1. 25

Rheins — Hydrographische Karte vom Laufe des — von Neuburg bis Sondernheim, die im Jahre 1817 angefangene Rectification desselben enthaltend. Carlsruhe. Lithographie von C. F. Müller 1822. 1: 40,000. 1 Bl.

— Noordhoff, R., der Rhein. Grosse Wandkarte (in Reliefmanier) des ganzen Stromgebietes des Rheines. 1: 500,000. 4 Blatt à 87,5×68 cm. Farbdr. Amsterdam (901). (Leipzig, K. F. Köhler.) n. 17. —; auf Leinw. m. Stäben n. 25. —

— **Peip's, Chr., Taschen-Atlas v. Mittelrhein-Gebiet. Neue Ausg. 1904, ergänzt, verschönert u. vermehrt. Enth. 16 (farb.) Karten (1 : 150,000) u.** Beschreibg. **dazu (auf der Rückseite) m. Uebersichtskarte, 2 Ansichten, 1 Lagenskizze der Hauptsehenswürdigkeiten v. Frankfurt a. M. u. 1 Plan des Prätoriums auf der Saalburg. (IV S. Text.) 4. Stuttgart [Hobbing & Büchle]. Frankfurt a. M., L. Ravenstein.**
Geb. in Leinw., gebrochen in 12. n. 1. —

— **Renns, A., Rhein-Panorama.** Nr. 1. Lithogr. schmal **Fol. Mit Text. 8. (3 S.)** Leipzig 888. Lesimple. **In Leinw.-Carton.** n. 1. 25

— **Rhein, der, von Mainz bis Bonn. Reisekarte in 3 Blättern im Massstab 1 : 200,000 u. 1 Übersichtskarte (1 : 8,000,000). (8 farb. Kartenseiten.) Leipzig-N. (910). A. Henze. Gebrochen in 8.** — 50

— **Rhein-Panorama.** Der Rhein von Mainz bis Köln. **148,5 × 18 cm. Farbendr.** M. Text. qu. 8. (19 S.) Bonn **896. A. Henry.** In Leinw.-Decke 1. 25

— — **neuestes. (Neudr.)** 240 × 27,5 cm. Kpfrst. Wiesbaden **896. G. Quiel.** In Decke 4. 50

Rhein und der Saar — Specialkarte der Gegenden zwischen dem — von Speyer bis Hagenau in Rücksicht der teutschen und französischen Gränzen vom Jahre 1789 v. J. L. C. Rheinwald 1798. Gez. von Dewarat. Gestochen von Walbert. 1: 167.000 circa. 1 Bl.

Rheines — Karte des — und seiner nächsten Umgebung von Constanz bis Schaffhausen, von J. Schedler. 100,000. Mit 3 Nebenkärtchen. Constanz, Pecht'sche Kunsth. 1 Bl.

Rheni — Cursus — infra Argentoratum usque ad Wormatiam cum adjacentibus Regionibus studio et impensis Matth. Seutter. S. C. M. Geogr. Aug. Vindel. 1 : 250,000. 1 Bl.

Rheni — Cursus — a Basilia usque ad Archiepiscopatum Coloniensem, Tribus Mappis Geographicis, quae congluti-nari et separatim quoque emi et usur pari possunt, juxta novissimam designationem aeri incisus et publici juris factus per Matth. Seutterum. August. Vindelicorum 1712? 1728? 1 : 250,000. 3 Bl.

— **Taschen-Panorama des Rheins von Mainz bis Köln. (Neue [Titel-] Ausg.) 172 × 19 cm. Kpfrst. Ebd. 895. In Decke 2.** —

— **Übersichtsplan der Rheinstrecke Basel-Konstanz m. Berücksicht. der zur Schiffbarmachung u. Kraftausnützung erforderlichen Einbauten. (Umschlag: Übersichtskarte zu der Gelpke'schen Broschüre üb. „Die Schiffbarmachg. der Rheinstrecke Basel-Bodensee", hrsg. vom internationalen Schiffahrts-Verband, Konstanz.)** 1 : 100,000. 24×129 cm. Farbdr. Berlin (910). (Zürich, Rascher & Co.) 2. —

Rhein. Mayn und Lahn Gegenden — Situationskarte von den — von C. F. Ulrich. Darmstadt 1822. Gestochen von Felsing. 1 : 188,000. 1 Bl.

Rhein- Mayn und Lahngegenden — Situationskarte von den — von C. F. Ulrich. Darmstadt 1822. S. tog. G. H. von Nassau. 1 : 138,000.

— **Verkehrskarte, neue, vom Mittelrhein u. Hessen-Nassau.** 1 : 600,000. 49,5×40,5 cm. Farbdr. Wiesbaden 910. H. Staadt. — 40

— Wander-, Rad- u. Automobilkarte für den Mittel-Rhein. Südlich von Bonn bis Rüdesheim m. den angrenz. Gebieten. Mit allen Orten, Bahnen, Strassen, Flüssen u. Grenzen. 1 : 300,000. 38×29 cm. Farbdr. Bonn (909). O. Paul. — 75

Rhein [Verfasser]

Rhein, Bilder aus d. Berliner Mission in Lukhang—Südchina, s.: Gurr.

Rhein, Regenten-Tableau u. Kriegsbegebenheiten d. Preuss. Hauses etc. 1 lith. Bl. gr. Fol. (Breslau 831, Pelz.)

(v. Rhein.) Regententableau u. Kriegsbegebenheiten des königlich preussischen Hauses fol. Breslau 1812. 0,75.

Rhein, A. v., das Bajonettfechten. 8. (3½ B. u. 8 Stnt.) Wesel 840, Bagel.

v. Rhein, A., das Bajonnetfechten. Mit 35 Abbild. (auf 10 Taf.) 2. verb. Aufl. 8. Wesel 844, Bagel. n. ⅙ ℛ

Rhein, A. J. N., Ausz. d. bibl. Geschichte d. alten u. neuen Testaments. 12. Würzb. 776. Jetzt Göbhardt in Bamberg.

Rhein, Albert: Über zwei **Fälle** von primärem Carcinom **beider Ovarien.** *Greifswald 1898: C. Sell.* (25 S.) 8°
Greifswald, Med. Diss. v. 9. Apr. 1898

Rhein, Alfons vom. Ein Appell an alle Arbeitgeber. Ein bescheidener Beitrag zur Beantwortg. der Frage: „Wie u. wodurch wächst die Unzufriedenheit im Volke?" 12. (34 S.) Frankf. a. M. 891, Foesser Nachf. * — 50

RHEIN, Alphons vom
Das Buch vom Pfarrer Kneipp. Sein Leben und Wirken als Seelsorger und Arzt. Mit einer Schilderung der Worishofener Verhaltnisse und einem Verzeichnisse einiger interessanter Heilerfolge. 1891. Jos. Kosel, Kempten. Zwei Auflagen.

— es ist gesund. Eine Zusammenstellg. wicht. Lebensregeln. 12. (48 S.) Wiesbaden 893 H. Sadowsky. n. 1. —

—— Die tüchtige Hausfrau. Ein Wegweiser u. Ratgeber f. alle Frauen u. solche, die es werden wollen. 12. (VII, 98 S.) Tüb. 891, Laupp. * 1 50; geb. * 2 —

Rhein, A., die **Krankheit** unserer Zeit. Ein Trost u. Rathschlag f. alle Nervenkranke. Mit e. kurzen vergleich. Betrachtg. d. Kneipp'schen u. Kuhne'schen Heilverfahrens. gr. 8. (40 S.) Aachen 891. (Kempten, J. Kösel.) n. 1. —

—— Die Krankheit unserer Zeit. Ein Trost u. Rathschlag f. alle Nervenkranke. Mit e. kurzen vergleich. Betrachtg. d. Kneipp'schen u. Kuhne'schen Heilverfahrens. 2. Aufl. gr. 8. (43 S.) Kempten 892, (Kösel). * 1 —
1. Aufl. Ebd. 1890.

— dasselbe 2. u. 3., verm. Aufl. 8. (44 S.) Kempten 892. 894. J. Kösel. n. 1. —

Rhein, Alfons vom, die **Krankheit** uns. Zeit. E. Trost u. Rathschlag f. alle Nervenkranke. Mit e. kurzen vergleich. **Betrachtung** d. Kneipp'schen u. Kuhne'schen Heilverfahrens. 4., verm. Aufl. 8. (46 S.) Kempten 897. J. Kösel. n. 1. —

Rhein, Alfons vom, Maria. E. Frauenbild aus d. wirkl. Leben. gr. 16. (VI, 105 S.) Schwäb. Gmünd 896. J. Roth. Kart. n. 1. 50

Rhein, Alfons vom (Herm. Jos. Ohrem-Bonn), Raddadibum. Eine Sammlg. humorist. Erzählgn. Illustrirt v. Frz. Schmidt-Kahring. 8. (VII, 241 S.) Leipzig (899). B. Elischer Nachf. n. 3. —

— Wahrheit u. Dichtg. 6 Erzählgn. aus d. Leben. 12. (VIII, 194 S.) Ebd. 896. n. 3. —

— aus Welt u. Leben. 12. (VI, 214 S.) Augsburg 898. B. Schmid'sche Verl. n. 1. 20

— des Wassers Wunderkraft. Ueberrasch. Kneipp'sche Heilerfolge in erzähl. Gewande. 12. (VI, 170 S.) Kempten 897. J. Kösel. n. 1. 60

Rhein, Carl, s. Rhein, Karl

Rhein, D. Das Narrenfest im Olymp. Festspiel in 2 Aufzügen. 8. (11 S.) Lpz. 891, [L. Weber]. ** — 50

Rhein, E. L., e. militär. Vehmgericht, s.: Kampß, F. v.

Rhein, Egon vom, der Einsiedler. Dichtung. 12. (66 S.) Straßburg 894. G. L. Kattentidt. n. — 80

Rhein, Elsb. vom, Hans Taugenichts u. sein Schwesterlein Ilse, s.a. Schneeflocken. 49. Hft.

Hans Taugenichts und sein Schwesterlein Ilse. Von Elsbeth vom Rhein. Gütersloh: C. Bertelsmann [1905]. (10 S.) 8° [G.]
= Schneeflocken. 49. 05.1906

zu Rhein, Frhrr. F. A., s. Zu-Rhein.

Rhein, Friedr. vom, Enthüllungen über Dr. Strousberg und sein rumänisches Eisenbahn-Unternehmen. 1.—6. Aufl. gr. 8. (52 S.) Berlin 871, Grosser. *

Rhein, G., s. Ph. W. Hahn's hinterlassene Schriften.

Rhein, G. F. [aus Beelitz (Mark)]: Beiträge zur Anatomie der Caesalpiniaceen .... Kiel, Druck v. H. Fiencke, 1888; 2 Bl. + 26 + 1 S. + 1 Bl. 8°
Kiel, Phil. Fak., Inaug.-Diss. v. 8. März 1888

Rhein, G. F., Beiträge zur Anatomie der Caesalpiniaceen. Inaug.-Diss. gr. 8. (26 S.) Kiel 888. (Lipsius & Tischer.) n. 1. —

Rhein, G. J., Souvenir ou recueil de quelques poèmes français de sa composition et autres poésies choisies, tirées des meilleurs auteurs. br. 8. (96 S.) Gera 855, (Illgen's Erben.)

Rhein, Georg *Ludwig Franz* [pr. Arzt aus Croeslin]: Einiges über Verbrennungen und deren Behandlung im Anschl. an sieben auf d. chirurg. Univ.-Klinik zu Greifswald behandelte Fälle ... Greifswald, Buchdr. C. Sell, 1896; 26 S., 2 Bl. 8.
Greifswald, Med. Fak., Inaug.-Diss. v. 11. März 1896

Rhein, Georg August, a. Straßburg i. Els.: Beiträge zur Kenntnis des Hornblendegneises und des Serpentins von Markirch i. Els. Straßburg i. Els. 1907: Straßburger Druckerei u. Verlagsanst. (52 S., 1 Karte.) 8°
Straßburg, Math.-naturw. Fak., Ref. Bücking, Diss. v. 1906
[Geb. 16. Dez. 80 Straßburg i. E.; Wohnort: Straßburg; Staatsangeh.: Elsaß-Lothringen; Vorbildung: Protest. Gymn. Straßburg Reife O. 02; Studium: Straßburg 9 S.]

Rhein, Herm. vom, der Dom zu Köln. Geschichtl. Erinnerungen. 8. (40 S. m. Abb.) Köln 880. A. Ahn. n. — 60

Rhein, Joh., der geübte Bronzeur. Gründl. Anleitung zum Bronziren, Vergolden und Versilbern auf chemisch-techn. Wege. Einfache, billige und zuverläß. Methode, die schönsten und dauerhaftesten Bronzirungen in ihren verschiedenen Nuancirungen herzustellen. Auf Grund eigener Erfahrungen bearb. 16. (32 S.) Groß-Auheim b. Hanau 882. (Leipzig, Scholtze.) cart. *

Rhein, Joh., der geübte Bronzeur. Gründl. Anleitung zum Bronzieren, Vergolden und Versilbern auf chem.-techn. Wege. Einfache, billige und zuverlässige Methode, die schönsten und dauerhaftesten Bronzierungen in ihren verschiedenen Nüancierungen herzustellen. Auf Grund eigener Erfahrungen bearb. 2. unveränd. Aufl. 16. (32 S.) Leipzig 885, Scholtze. cart. *

—— Metallotechnik. Legirungen, Produktion, Geschichte und Eigenschaften der Metalle. Geschichtliches der Formerei und Gießerei, nebst diversen nützl. Anweisungen. Für Alle, welche in Metall arbeiten. Nach den besten Hülfsmitteln und nach eigener Erfahrung bearb. 16. (64 S.) (Ebendas.) 882. cart. *

—— Metallotechnik. Legierungen, Produktion, Geschichte und Eigenschaften der Metalle. Geschichtliches der Formerei und Gießerei, nebst diversen nützl. Anweisungen. Für Alle, welche in Metall arbeiten. Nach den besten Hülfsmitteln und nach eigener Erfahrung bearb. 2. unveränd. Aufl. 16. (64 S.) Ebendas. 885. cart. *

Rhein, Karl

Rhein, Carl (geb. am 14 Mai 1856 in Mörs): Ueber Keratitis neuroparalytica ... Bonn, Druck v. P. Neusser 1880. 28 S., 1 Bl. 8.
Bonn, Med. Fak., Diss. v. 28 Mai 1880

Rhein, Karl [aus Retzbach in Unterfranken]: Ueber primäre Tuberculose der Conjunctiva .... München, Jos. Ant. Finsterlin, 1886; 22 S. 8°.
Würzburg, Med. Fak., Inaug.-Diss. v. 1886.

Rhein, Karl, über primäre Tuberculose der Conjunctiva. Diss. Würzburg 1886, Stahelsche Univ.-Buchh. 8°. 22 S.

Rhein, L., und O. Jäger, die ägyptische Expedition der Franzosen 1798—1801, s. Jäger, O.

Rhein, Mor., die Levkoyenzucht mit besond. Berücksicht. der Sommer-Levkoye. Ein Leitfaden für Diejenigen, welche den Sommer-Levkoyen-Samen selbst erzeugen, oder eine prachtvolle Levkoyen-Flor in Töpfen oder im Gartenbeete erzielen wollen. gr. 16. (51 S.) Weimar 857. [Leipzig, Deckmann.]

Rhein, Mor., d. Levkoyenzucht mit besond. Berücksichtig. d. Sommer-Levkoye. 16. Weimar, 1857. (Jansen u. C.) — 10

Rhein, Mor., die Levkoyenzucht sowie das Wichtigste der Nelkenkultur. Nebst einigen Bemerkungen zur Produktion derjenigen Stecklinge, welche sich zur Decoration der Prunkbeete eignen. 2. verm. Aufl. Leipzig 862. Deckmann. 16. (68 S.) n. 10 ngr.

Rhein, Mor., die Levkoyenzucht sowie das Wichtigste der Nelkenkultur. Nebst einigen Bemerkungen zur Produktion derjenigen Stecklinge, welche sich zur Decoration der Prunkbeete eignen. 2., verm. Aufl. [Leipzig] 1862. und 2., verm. (Titel-)Aufl. gr. 16. (68 S.) Berlin 868, Mode's Verlag.

Rhein, Otto v.: Das Recht des Kaisers zu Initiativ-Anträgen im Bundesrathe. *Cassel 1897: C. Richartz.* (39 S.) 8° [G.]
Erlangen, Jur. Diss. v. 1897

Rhein, P. v. Jesuiten u. evangelischer Bund. Zeitgemäße Betrachtgn. I. Jesuitenmoral u. Luthermoral, II. Der Zweck heiligt das Mittel, III. Die Lehre vom Tyrannenmord, IV. Protestantische Vertheidiger d. Tyrannen- u. Königsmordes. gr. 8. (VI, 88 S.) Speyer 892, Jäger. * — 60

Rhein, Rich. (Ern. Albert.) (geb. Gollmitz in d. Mark 28. 8. 1842): De novis articulis post luxationes factis. Berolini (1866). (32 S.) 8°
Berlin, Med. Diss. v. 24. März 1866

Rhein, V., Onkel William. — Der Haldenbauer, s.: Köhler's illustr. Jugend- u. Volksbibliothek.

Rhein, Wilh., die Frauen Chinas, s.a. Missionsschriften, neue.

Die Frauen Chinas. Von d. Berliner Missionar Wilhelm **Rhein** in Lukhang. 2. Aufl. Berlin: Berliner Ev. Missionsgesellsch. (1905). (15 S.) 8° [Umschlagt. F.]
= [**Missionsschriften,** Neue.] No 73. [07. 1537

Lebenslauf eines vornehmen Chinesen in Wort und Bild. Von Wilhelm **Rhein,** Missionar. [Berlin: Berliner ev. Missionsgesellsch. 1902.] (32 S.) 8° [Kopft. F.] [07. 5571

Rhein-Arnstadt, W. v., die Reichstagswahlen 1890 zur ersten 5jährigen Legislaturperiode. Alphabetische Zusammenstellg., nach amtl. Material bearb. 8. (32 S.) Chemnitz 890. Strauss. — 25

Rhein-Album. Sammlung der hervorragendsten Punkte des Rheins von Mainz bis Cöln. Gez. u. lith. von Th. Albert. (Mainz 857. v. Zabern.) qu. gr. 4. (36 Bl. in Farbendr.) n. 12 ℳ.; einzelne Bl. à n. 10 ngr.

Rhein-Album. 30 Stahlst. qu. 4. (46 S. Text in deutscher, französ. und engl. Sprache.) Mainz 864, Kunze's Nachf. In Mappe.

Rhein-Album. Bilder vom Rhein, nach d. Natur aufgenommen u. von berühmten Künstlern in Stahl gestochen. qu. Lex.-8. (41 Bl.) Frankfurt a/M. 896. C. Neuland. In Leinw.-Mappe n. 7. —

– dasselbe. qu. gr. 8. (30 Bl.) Ebd. 896. In Leinw.-Mappe 4. 50

Rhein-Album von Mainz bis Düsseldorf, enth. neben zahlr. Text-Illustr. 24 (farb.) Kunstblätter nach Orig.-Ölgemälden des Kunstmalers Fr. Kuhlmeyer. Text v. Max Heidorn. (In deutscher, französ. u. engl. Sprache.) (134 S.) 22×31 cm. Hildesheim 910. F. Borgmeyer. Geb. in Leinw. 5. —

Rhein-Ansichten. (200 Bromsilberphotogr.) qu. gr. 8. Berlin (904). Steglitz, Neue photograph. Gesellschaft. In 4 Leinw.-Mappen 100. —; einz. Blatt — 50

Rhein-Ansichten, malerische. Gez. von J. L. Götz, gest. in Aquatinta von J. J. Beck. 1. u. 2. Liefg. qu. 4. (6 Blätt.) Mainz 846, Halenza. n. 2 ℳ

Rhein-Ansichten in Relief. — Vues du Rhin en relief. — Embossed Views of the Rhine. 1e u. 2e Serie. (In deutscher u. franz. Sprache.) qu. gr. Lex.-8. Paris 840. (Leipzig, Schulz u. Thomas.) In elegant. Etui in Relief à Serie n. 1 1/2 ℳ

Rheinau. (Njbl.) s.a. [Hegner, Ulrich].

Rheinau. [Winterthur 1828.] V: *Hegner, Hs Ulrich.* (Cat. d. Stadtbibl. Zürich. Zürich 1864—97.)

Rheinau. Das Benediktiner-Stift Rh' an die hohe eidgenössische Tagsatzung und sämmtliche hohe Stände der schweizerischen Eidgenossenschaft. (Rheinau, den 26. März 1847.) [SA.] fol. *o. O.*

Rheinau, Die Pflegeanstalt, 1867—97. Zürich 1900. V: *Rimathé, J.* (Zuwachsverz. der Bibliotheken in Zürich 1898 ff.)

Rheinau, Clara (Frl. Clara Siebert), Dagos Erlebnisse, nach A. F. Johnston aus dem Engl. übertr., s.: Bachem's Jugend-Erzählgn.

— Gefesselt, s.: Aus Vergangenheit u. Gegenwart.

– Ein dunkles Geheimnis, s. Aus Vergangenheit und Gegenwart.

Rheinau, Klara (Frl. Anna Siebert), dem Lichte entgegen. Roman nach dem Original der Mmlle. la Mise de Moussac, frei bearb. (327 S.) kl. 8. Heiligenstadt 908. F. W. Cordier. 2. — ; geb. 2. 50

— Liebe u. Pflicht. Roman, nach dem Engl. frei bearb. (202 S.) kl. 8. Ebd. 908. 1.50; geb. 2. —

– Die ärztlichen Rivalen, s. Aus Vergangenheit und Gegenwart.

Die ärztlichen Rivalen. Frei nach d. Engl. von Klara Rheinau [d. i. Anna **Siebert**]. Kevelaer: Butzon & Bercker [1906]. (96 S.) 8° [F.]
= **Vergangenheit,** Aus, u. Gegenwart. Bdch. 65. [08. 9681

Rheinau, Clara (Frl. Clara Siebert), ernste Stunden f. junge Mädchen. Mit Einführg. u. Schlusswort v. G. Rohr. 12. (260 S.) Köln (902). J. P. Bachem. Geb. in Leinw. m. Goldschn. n. 4. —

Rheinau, Sophia, Wendelin Deichselgrab in Köln. Lustspiel in 3 Acten. 8. (107 S.) Münster 879, Russe'sche Verlagsh.

—— Mürzel's Ritt auf dem Pegasus. Lustspiel in 2 Acten. gr. 8. (54 S.) Ebendas. 879.

—— im Waldesschatten. Geldstolz und Künstlerliebe. Zwei Novellen. 8. (191 S.) Ebendas. 879.

J. Rheinauer. Über Auflösung der Zahlengleichungen durch arithmetische Reihen. 46 S. Freiburg, P 1866

J. Rheinauer. Die Beleuchtung des Planeten Venus durch die Erde. 25 S. mit einer Tafel. Offenburg, P 1859

Rheinauer, J., Grundriss der Mechanik fester Körper. Für die Schule bearb. gr. 8. (67 S. mit 1 Stnt. in qu. Fol.) Freiburg i. Br. 868, (Schmidt.) *

Rheinauer, J., Grundzüge der Photometrie. gr. 8. (IV und 79 S. mit eingedr. Holzschn.) Halle 862, Schmidt's Verlag.

Rheinauer, J. F., die Quadratur d. Kreises. Neue Darstell. u. Auflösung. M. 1 lith. Taf. gr. 8. (2 1/4 B.) Mannheim 828, (Schwan u. Götz.)

Rheinbaben, v., Landwirtschaft u. Erbschaftssteuer, Kotierungssteuer u. Volkswirtschaft. Rede in der Reichstagssitzg. vom 17. VI. 1909. (19 S.) gr. 8. Berlin 909. Buchh. der nationalliberalen Partei. — 10

Rheinbaben, Maria Elisab. v., Tagebuch e. Stiftskindes. (75 S.) 8. Strassburg 908. J. Singer. 1. —

Rheinbaben, Paul v., die preussischen Disziplinargesetze. Unter Benutzg. des einschläg. amtl. Materials erläutert. (XV, 571 S.) gr. 8. Berlin 904. F. Vahlen. n. 14. —; geb. n.n. 16. —

– Dasselbe. 2. Aufl. 1911.

Rheinbaben, Freiherr **Wilhelm** von, Regierungsrefer.: Von den positiven Vertragsverletzungen. Borna-Leipzig 1909: Noske. VI, 76 S. 8°
Heidelberg, Jur. Diss. v. 4. Nov. 1909, Ref. Endemann
[Geb. 19. Jan. 84 Frankfurt a. M.; Wohnort: Posen; Staatsangeh.: Preußen; Vorbildung: Gymn. Guben Reife O. 04; Studium: Grenoble, München, Kiel aus. 6 S.; Rig. 19. Dez. 08.] [U 10. 1984

Rheinbach [Schlagwort]

Rheinbach, s.: Ahrweiler. — Düren.

Rheinbaiern: Eine vergleichende Zeitschrift für Verfassung, Gesetzgebung, Justizpflege, gesammte Verwaltung und Volksleben des constitutionellen In- und Auslandes, zumal Frankreichs. Bd. 1-5. Zweibrücken: Ritter 1830–31. 8°
Hrsg.: L. Hoffmann u. Ph. J. Siebenpfeiffer.

Rheinbayern [Schlagwort]

Rheinbayern — Charte von — nebst den Rhein-Provinzen von Sachsen-Coburg-Saalfeld, Hessen-Homburg und angränzenden Ländern. Herausgegeben und verlegt von C. F. Müller, Hofbuchhändler in Carlsruhe 18:7. lithogr. 1. 215,000. 1 Bl.

Rheinbayern [Sachliches OW]

—— eine vergleich. Zeitschrift f. Verfassung, Gesetzgebung, Justizpflege, gesammte Verwaltung u. Volksleben d. constitution. Inn- u. Auslandes, zumal Frankreichs. Hrsg. v. Ph. J. Siebenpfeiffer. 5 Bde. gr. 8. Zweibrücken 830, 31, Ritter.

Rheinbayern, die, geschild. v. e. Diplomaten. gr. 8. (2½ B.) Kempten 832, Dannheimer. Thlr.

Rheinbayern u. seine Bewohner. Eine Skizze. 8. Mannheim 834. Hoff. 1½ ℛ

Rheinberg, Herbert: Die Entwicklung der Deutschen Schaumweinindustrie. Heidelberg 1909: Hörning. 41 S. 8°
Heidelberg, Phil. Diss. v. 0. März 1909, Ref. Gothein
[Geb. 23. Sept. 75 Frankfurt a. M.; Wohnort: Frankfurt; Staatsangeh.: Preußen; Vorbildung: Städt. Gymn. Frankfurt Reife M. 94; Studium: Heidelberg 7 S; Rig. 18. Febr. 09.] [U 09. 2014

Rheinberg, Jul., the common basis of the theories of microscopic vision treated without the aid of mathematical formulae. gr. 8. (35 S. m. 35 Abbildgn.) Leipzig 902. S. Hirzel. n. 1. 50
Sonderabdruck aus: „Zeitschrift f. wiss. Mikroskopie".

Rheinberger, Fanny, s. † Hoffnaaß, Franziska v.

Rheinberger, Hermine, Gutenberg-Schalun. Eine Geschichte aus dem 14. Jahrh. 8. (280 u. VIII S.) Chur 897. (Stehli & Koel.) n. 2. 60

Rheinberger, Josef: F a n t a s i e - S o n a t e No 17 in H für Orgel ... comp. von –. Op. 181. Leipzig: R. Forberg 1895. (26 S.) 4° [Umschlagt.]

Rheinberger, Josef: Zur F r i e d e n s f e i e r. Sonate für Orgel ⟨No 20 in F-dur⟩ ... comp. von –. Op. 196. Leipzig: R. Forberg (1901). (29 S.) 4° [Umschlagt.F.]

Rheinberger, Jos., „vom goldenen Horn". Türk. Liederspiel f. Solostimmen, gem. Chor u. Pianoforte. Componirt v. Rh. Op. 182. Text nach d. Neutürk. d. Assim Agha Gül hanendó v. Bernhardine Schulze-Smidt. 8. (10 S.) Leipzig 895. F. E. C. Leuckart. n. — 20

Rheinberger, Josef: C o n z e r t für Orgel ⟨No 2 in G-moll⟩ mit Begleitung d. Streichorchesters, 2 Hörnern, Trompeten u. Pauken ... comp. von –. Op. 177. Partitur. Leipzig: R. Forberg 1894 (1895). (51 S.) 4° [Umschlagt.]

Akademische Ouverture in Form einer Fuge zu sechs Themen für Orchester comp. von Dr. Jos. **Rheinberger**. Op. 195. Partitur. Hamburg & Leipzig: D. Rahter 1901. (27 S.) 4°(2°) [07. 11108

Requiem für vierstimmigen gemischten Chor und Orgel von Josef **Rheinberger**. Op. 194. Partitur ⟨zugl. Orgelstimme⟩. *Leipzig: F. E. C. Leuckart [1900]*. (23 S.) 4° [00. 8587

Rheinberger, Josef: S o n a t e No XVIII in A für Orgel. ⟨Fantasie. Capriccio. Idylle. Finale.⟩ Op. 188. Leipzig: R. Forberg (1897). (28 S.) 4° [Umschlagt.]

Rheinberger, Josef: S o n a t e für Orgel ⟨No 19 in G-moll⟩ comp. von –. Op. 193. Leipzig: R. Forberg (1899). (31 S.) 4° [Umschlagt.]

Sechs Stücke für Violine und Orgel comp. von Josef **Rheinberger**. Op. 150. Orig.-Ausg. No 1–6. *Leipzig: R. Forberg (1895)*. 6 Bde 4° [Umschlagt.]
1. Thema mit Veränderungen. 2. Abendlied. 3. Gigue. 4. Pastorale. 5. Elegie. 6. Ouverture. [08. 743

Rheinberger, Josef: Zwölf T r i o s für Orgel ... comp. von –. Op. 189. H. 1–3. Leipzig: R. Forberg 1898. 3 Bde 4° [Umschlagt. Ant. u. F.]
1. ⟨Andantino amabile. Moderato. Allegretto. Quasi Adagio.⟩
2. ⟨Moderato. Allegretto. Moderato. Alla breve.⟩
3. ⟨Con moto. Andantino. Adagio. Andantino.⟩

Rheinberger, P. Karte der Arlbergbahn und der Rheinthalbahn. 1 : 100 000. Zürich 1883. 1 Bl. c. L. Sch.

Rheinberger, P., Karte der Arlbergbahn und Rheinthalbahn. 1 : 100,000. Chromolithogr. qu. Imp.-Fol. Zürich 884, Orell, Füssli und Comp. In Carton *

Rheinberger, P., Karte der Arlbergbahn und Rheinthalbahn. 1 : 100,000. (2. Aufl.) Chromolithogr. qu. gr. Fol. Zürich 886, Orell, Füssli und Comp., Verlag. In Carton *

Rheinblüthen, Taschenbuch auf d. Jahr 1819, 1822, 24 u. 25. Mit Kpf. u. Musik. Mit Beitrr. v. Hebel, Schreiber u. A. 16. Karlsr. 819. Braun. (à 1 ℛ 16 g) 6 ℛ 16 g Hbg. Pr. 2 ℛ Einzeln à 20 g

Rheinboldt, Josef

Rheinboldt, J., das Reichsfinanzwesen, s.a. Bücherei, burschenschaftliche. II. 8.

Das Reichsfinanzwesen. Von Geh. Finanz-R. J[osef] **Rheinboldt**. Berlin: C. Heymann 1904. (96 S.) 8° [F.]
= **Bücherei**, Burschenschaftliche. Bd 2, H. 8. [07. 7843

— das Zigarettensteuergesetz vom 3. VI. 1906 nebst Ausführungsbestimmungen, Vollzugsanweisungen u. Erläuterungen. (VII, 152 S.) 8. Berlin 906. P. Parey. Geb. in Leinw. n. 2. 50

Rheinboldt, Max, Baden-Baden als Kurort. Histor.-topogr. Skizze der Stadt Baden, ihrer Bäder und Umgebung. Mittheilungen über die Badener Thermen nach Vorkommen, Wirkung und Anwendungsart. Aus älteren und neueren geschichtl., geolog. und balneolog. Schriften und Werken für Aerzte und Laien gesammelt. 8. (XIV, 172 S.) Baden-Baden 887, Sommermeyer.

—— die Kurorte und Heilquellen des Großherzogthums Baden für Ärzte und Heilbedürftige. 8. (LII, 123 S.) Ebendas. 888.

Rheinboldt, Max. Die Kurorte u. Heilquellen d. Grossherzogt. Baden f. Ärzte u. Heilbedürftige. 2. Aufl. (XLV, 172 S. m. 1 Karte.) 889. * 1 —; 3. Aufl. 8. (XLVIII, 190 S. m. 1 Karte.) Baden-Baden 890, Sommermeyer. * 1 —; geb. * 1 50

Rheinboldt, Max [app. Arzt aus Baden-Baden]: Zur Mechanik der Muskelzuckung ... Freiburg i. B., Buchdr. v. D. Lauber, 1892; 36 S. 8.
Freiburg i. B., Med. Fak., Inaug.-Diss. v. 1892

Rhein-Bote
② Der Wächter am Rhein (1843) ④ Volks-Zeitung (Rheinfelden) ⑤ 13. 6. 1841—30. 4. (?) 1843 ⑥ 8° ⑦ wöchentlich 2× ⑧ Jüppen (Gemeinde Full-Reuenthal): Gebr. Hollinger; Laufenburg: Fidel Hollinger, Konrad Hollinger (1843) ⑩ Tierarzt Carl Moritz Dietschi, Laufenburg ⑪ Tierarzt Dietschi, Fidel Hollinger, Ferdinand Schimpf, Apotheker Beckert aus dem Nassauischen ⑫ deutsch-republikanisch ⑬ BGSZ: 1128; Schweiz. Gutenbergmuseum 1954, p. 54 ff. ⑭ Aa: Staatsarchiv (Probeblatt v. 13. 6. 1841); Be: L (Nr. v. 14. 1. 1843) ⑮ Als die Zeitung in Jüppen erschien, wurde sie scherzweise als «Jüppenblättli» bezeichnet, wohl in Anlehnung an das Kleidungsstück (v. Schweiz. Idiotikon III, col. 53). Der Ausdruck findet sich z. B. im «Unerschrockenen Freiämter» 1841, Nr. 15. — Die Zeitung brachte die «Deutschen Briefe eines Unstudirten» (Verfasser: F. Hollinger) und wurde deswegen im Großherzogtum Baden verboten. Am 30. 4. 1843 wurde Hollinger auf der Rheinbrücke von Laufenburg verhaftet und in die Strafanstalt Bruchsal abgeführt.

Rheinbote: Der Rheinbote (Ag)
① Republikanisches Volksblatt ④ Volksblatt für den Bezirk Zurzach ⑤ 1877—1899 ⑥ 2° ⑦ Wochenblatt ⑧ Zurzach: Schaufelbühl ⑨ Zickzack (humoristische Beilage; 1893/94) ⑬ BGSZ: 941.

Rhein-Bote. Illustr. kathol. Volkskalender f. d. J. 1899. 8. (176 S.) Wiesbaden, G. Quiel. — 30

Rheinbote: Der Rheinbote (Zh)

① Wochenblatt für die Gemeinden Feuerthalen, Langwiesen, Flurlingen, Uhwiesen, Dachsen, Benken, Rheinau und das übrige Andelfinger Außenamt, sowie für das benachbarte Schaffhausen und Thurgau ⑤ 18. 12. 1909 —? ⑥ 4° ⑦ Wochenblatt ⑧ ohne Angabe des Druckortes und Druckers ⑩ A. Boßhard, Feuerthalen ⑫ Gratisblatt ohne Parteibindung ⑮ Als Druckort kommen in erster Linie Andelfingen und Schaffhausen in Betracht.

Rhein- u. Donaubote, der. Allgem. deutscher Volkskalender. Vom Herausg. der Bauernzeitung. 1. Jahrg. 1847. gr. 8. (IV u. 236 S. m. 3 Holzschnitttaf. u. 2 Kpfrn.) Ulm, Seitz. n. 1/3 ℛ

Rheinbote und Appenzeller Grenzpost

① Amtliches obligatorisches Publikationsmittel der Gemeinden Berneck und Widnau und allgemeines Anzeigeblatt (1. 1. 1890). Appenzeller Grenzpost. Amtliches und obligatorisches Publikationsorgan der Gemeinden Au, Berneck, Balgach, Widnau, Diepoldsau und Schulkreis Heerbrugg (2. 3. 1929). St. Galler Rheinbote. Amtliches obligatorisches Publikationsorgan und allgemeines Anzeigeblatt des Rheintals und der appenzellischen Nachbargemeinden (seit 3. 1. 1946) ② St. Galler Rheinbote und Appenzeller Grenzpost (1891—28. 2. 1929), St. Galler Rheinbote (2. 3. 1929—31. 12. 1945). Der Rheintaler ⑤ 2. 1. 1886 (cont.) ⑥ 2° ⑦ wöchentlich 2×, wöchentlich 3× (ab 1891), wöchentlich 2× (ab 1893), wöchentlich 3× (ab 1910), wöchentlich 4× (ab 1946) ⑧ Berneck: E. Marthaler (1886—29. 12. 1917), E. Marthaler & Sohn (2. 1. 1918—30. 12. 1922), E. Marthaler & Söhne (3. 1. 1923—24. 9. 1929), E. Marthaler's Erben (26. 9. 1929—6. 7. 1940); Heerbrugg (bis 28. 11. 1942 Berneck): Marthaler & Co. (seit 9. 7. 1940) ⑨ Abendruhe, Landwirtschaftliche Mitteilungen, Feierabend, Illustrierte Beilage, Sonntagsblatt, Schweizerland ⑩ die Drucker, Verlags GmbH, Heerbrugg (seit 1946) ⑪ Dr. W. Rohner, Ständerat ⑫ freisinnig ⑬ BGSZ: 384, 1045—1047 ⑭ SG: Va (seit 1929): Be: L (30. 7. 1930, 1953 cont.) ⑮ Auf den Januar 1946 kamen die «Rheintaler» Druckerei AG in Altstätten und die Buchdruckerei Marthaler & Co. in Heerbrugg überein, die von ihnen herausgegebenen Zeitungen «Der Rheinthaler» und der «St. Galler Rheinbote» zu der wöchentlich viermal erscheinenden Zeitung «Der Rheintaler» zu verschmelzen.

Rheinbothe. – Rhein-und Moselbothe. – Koblenz. – 9.XI.1806 – 23.XII.1807. 4.II.1808 – 3.VIII.1810.

Rheinbote. – Rhein-und Moselbote. – Koblenz. – 1.XII.1894 – 31.III.1908.

St. Galler Rheinbote
St. Galler Rheinbote und Appenzeller Grenzpost
v. Rheinbote und Appenzeller Grenzpost.

Rheinbrücke, die Bonner. Festschrift zur Eröffnungsfeier am 17. XII. 1898. Hrsg. von der Stadt Bonn. Imp.-4. (IV, 75 S. m. Abbildgn., 25 Taf., 1 Plan u. 1 Karte.) Bonn 898. Stuttgart, E. Strauss.
Geb. in Leinw. 15. —; ermäss. Pr. 12. —

Die neue **Rheinbrücke** bei Düsseldorf und die Kleinbahn Düsseldorf-Krefeld. Düsseldorf (1898): Bagel. 55 S., 30 Taf. 4° [illegible]

Rheinbrücke, die obere, am Harzgraben in Basel. Publicirt v. Baudepartement des Kantons Basel-Stadt anlässlich der Eröffnung der neuen Rheinbrücke am Harzgraben im Juni 1879. In-8°, 39 S. 1879. — 50

Rheinbrücke, die projectirte, bei Gustavsburg in militärischer und merkantilischer Beziehung. Allen Vaterlandsfreunden gewidmet von einem Deutschen. Frankfurt a. M. 859. Jügel'sche Buchhdlg. gr. 8. (37 S. m. Holzschn.) n. 6 ngr.

Rheincanal, s.: **Rheinkanal.**

Rheincorrektion, s. Rheinkorrektion.

Das **Rhein-Donau-Gebiet** mit Berücks. d. Hauptverbindungen d. Rheins mit d. offenen Meere im Königreich d. Niederlande, sowie d. Österr. Donaustrecke von Wien aufwärts. Bearb. im Kgl. Preuß. Minist. d. öffentl. Arb. 2. Aufl. *Berlin: Berliner Lith. Inst. 1903.* (IX, 232 S.) 8°
= **Führer** auf d. Deutschen Schiffahrtstraßen. T. 1. [04. 614

Das **Rhein-Donau-Gebiet**, mit Berücksichtigung der Hauptverbindungen des Rheins mit dem offenen Meere im Königreich der Niederlande, sowie d. Österr. Donaustrecke von Wien aufwärts ... Bearb. im Kgl. Preuß. Minist. d. öffentl. Arbeiten. 3. Aufl. Berlin: Gea Verl. 1907. (IX, 263 S.) 8°
= **Führer** auf d. Deutschen Schiffahrtstraßen. T. 1. [07. 18033

Rheindorf, Beobachtungen über Glaskörperrhexis bei Scleralextraktion. gr. 8. (48 S.) Leipzig 881, C. F. Winter'sche Verlagsh. *

Rheindorf, Adolf, a. Cleve, appr. Arzt: Naevus pigmentosus. Beziehungen desselben zu Sommersprossen und Chromatophoromen. Berlin 1905: Gebr. Unger. (29 S.) 8°
Berlin, Med. Fak., Ref. Orth, Diss. v. 9. März 1905
[Geb. 30. Juni 78 Cleve; Heimatsort: Cleve; Staatsangeh.: Preußen; Vorbildung: Gymn. Cleve Reife O. 97; Studium: München 3, Kiel 1, Bonn 3, Berlin 5 S.; Coll. 26. Febr. 05; Approb. 18. Juni 03.]

Rheindorf, Hermann *Theodor* [aus Neuss a. Rh.]: Aus d. Augenklinik zu Bonn. Ueber 326 Fälle von Enucleatio bulbi. . . . Bonn, Druck v. J. F. Carthaus, 1891; 88 S. 8°
Bonn, Med. Fak., Inaug.-Diss. v. [8.] Aug. 1891

Rheindorf, Conrad, s. Rheindorf, Konrad

Rheindorf, J., Handbuch der Augenheilkunde für praktische Aerzte. 1. und 2. Aufl. 1868,71, und 3. Aufl. gr. 8. (X, 246 S. mit 23 in den Text eingedr. Holzschn.) Leipzig 875, C. F. Winter'sche Verlagsh. *
vgl. Rheindorff.

Rheindorf, Jos.: Beitrag zur Behandlung des malignen und abgelaufenen Glaukoms . . . . Bonn, Univ.-Buchdr. v. C. Georgi, 1886; 38 S. 8°.
Bonn, Med. Fak., Inaug.-Diss. v. 23. Jun. 1886.

Rheindorf, Jos., Beitrag zur Behandlung des malignen und abgelaufenen Glaukoms. Diss. Bonn 1886, Emil Strauss. 8°. 38 S.

Rheindorf, Joseph: Aus d. med. Klinik zu Bonn. Ein Fall von traumatischer Brown-Séquard'scher Lähmung. Bonn, Buchdr. Jos. Bach Wwe., 1889; 36 S. + 2 Bl. 8°
Bonn, Med. Fak., Inaug.-Diss. v. 25. Jun. 1889

Johannisrede 1902. Gehalten in der Loge Eos zu Krefeld von [Jos.] **Rheindorf.** Krefeld [1902]: Kaestner. 32 S. 8°

[Dasselbe.] 2. Aufl. Krefeld [1903]: Thyssen. 38 S. 8°
Recens: BZC. 32 (1903) S. 32.
cf. f. 1. Aufl. S. 10 (1903) S. 7—8 (J. G. Findel).
f. 2. Aufl. S. 10 (1903) S. 76 (J. G. Findel).
Mahnung zu zeitgemässer Auffassung der Idee u. des Zwecks der Mrei

Monismus und Freimaurerei. Ein offenes Wort an alle deutschen Freimaurer von [Jos.] **Rheindorf.** [Krefeld: Kaestner 1906.] 40 S. 8°
Recens: Bbl. 20 (1906) S. 747—748 (G. Diercks); DrL. 37 (1906—1907) S. 104 (A. Denecke); ML. 35 (1906—1907) S. 72 (O. Henckel); Brh. 4 (1907) S. 35 (W. Kunis).
cf. Bh. 50 (1907) S. 289—291, 297—300, 308 bis 310, 314—317, 322—325 (J. Rheindorf), 389 (O. Neumann); FZ. 61 (1907) S. 15 (R. Bachmann); L. 30 (1907) S. 16 (P. Fischer), abgedr. in: DrL. 37 (1906—1907) S. 196—197; vgl. ferner: S. 14 (1907) S. 4 bis 5 (F. Rackhorst); DrL. 38 (1907 bis 1908) S. 178 (M.); Z. 38 (1907—1908) S. 142 (H. Glücksmann); Bh. 51 (1908) S. 68 (J. Rheindorf), 169 (E. Eibler).
Gegen die Systemmrei, verlangt energisch Reform der Frmrei.

Rheindorf, Iosephus (geb. am 1 Okt. 1837 in Neuss): De passione iliaca ... Bonnae, form. C. Georgi 1859. 3 Bl., 31 S., 1 Bl. 8°
Bonn, Med. Fak., Diss. v. 19 Juli 1859

Rheindorf, Konrad

Rheindorf, Conradus (geb. im Dez. 1802 in Ippendorf bei Bonn): De alvi deiectionibus ... Bonnae, ex off. F. Baadeni (1830). 2 Bl., 40 S. 8.
Bonn, Med. Fak., Diss. v. 21 Dez. 1830

Rheindorf, Th. [aus Neuss]: Zur Kenntniss der ätherischen Oele und Terpene ... Düsseldorf, Druck v. L. Schwann, 1892; 28 S. 8.
Rostock, Phil. Fak., Inaug.-Diss. v. [28. Jan.] 1892

Rheindorff, J., Handbuch der Augenheilkunde für prakt. Aerzte. Mit 23 in den Text eingedr. Holzschn. Leipzig 868. C. F. Winter. Lex.-8. (VIII, 232 S.) n. 1 ß 6 ngr.
vgl. Rheindorf.

Rheindorff, Oscar [pr. Arzt]: Aus d. Ambulatorium d. Privatdoc. Dr. Falkenheim. Ueber Kehlkopftuberculose im Kindesalter im Anschluss an einen Fall von Pseudoparalyse und Tuberculose. . . . Königsberg i. Pr., Druck v. M. Liedtke, 1891; 36 S., 2 Bl. 8°
Königsberg, Med. Fak., Inaug.-Diss. v. 1. Aug. 1891

Rheindorff, Osc. Ueber Kehlkopftuberculose im Kindesalter, im Anschluss an e. Fall v. Pseudoparalyse u. Tuberculose. Diss. gr. 8. (36 S.) Königsb. i. Pr. 891, (Koch). * 1 —

Rheindt, Frdr., Heimatsklänge aus „Nach langem Schweigen". Gedichte. gr. 8. (16 S.) Hermannstadt 895. (L. Michaelis.) n. — 40

Rheindt, Frdr., deutsche Klänge aus Siebenbürgen. Ausgewählte Gedichte. (100 S.) 8. Leipzig 909. Raschwitz, B. Volger. 2. —

Rheine [Schlagwort]

Rheine, s.: Deutschland. Karte. (Abt. Preussen.) — Preussen.

Rheine [Verfasser]

v. Rheine, s. Götz.

v. Rheine, Götz, (Gerhard Siebel), s. Städtchens Verkehr rc.

Rheinebene [Schlagwort]

Rheinebene, s.: Automobilkarten. Automobil-, Rad- u. Touristenkarte.

Rheinebene, s.: Odenwald.

Rheinebene, s.: Rheinpfalz.

Rheineck, Cph., († d. . . Aug. 1797.) Lieder mit Klaviermelodien. 2 Thle. Fol. Nördl. u. Memming. 777 u. 80. Beck. 2 ß

Rheineck, J.: Anleitung zur Veredlung des Hopfenbaues sammt einigen topographischen Bemerkungen über Memmingen und dessen Umgebung. Memmingen 1826.

Rheineck, Jh., medicin. chirurg. Beobachtt. üb. d. Seiten-Blasenstein-Schnitt. Nebst Anmerkk. üb. diese u. andere Methoden. Mit e. Vorrede v. C. L. Mursinna. Mit 4 Kpf. gr. 8. Berl. 815. Rücker. 1 ß 8 gr

— neuer medicin. Volkskatechismus. 8. Memming. 806.

— de vulneribus sclopetariis, cui annexae sunt XII observationes circa eadem vulnera ex praxi propria. 8maj. Nürnb. 809. (v. Ebner). 4 gr

Rheineck, Io., de vulneribus sclopetariis etc. 8. maj. Nrnb. Lechner. 809.

Rheineck, W., Rheinreise von Mainz nach Düsseldorf. Nebst ausführl. Gemälden von Frankfurt, Mainz, Koblenz, Bonn, Köln u. Düsseldorf mit ihren Umgebungen. 2e Aufl. Mit 1 Karte. gr. 12. Mainz 826. Kupferberg. 1 ß 12 gr Hieraus besonders abgedr.: Skizzirtes Gemälde v. Frankfurt a. M. u. Umgebung. 8. Ebd. 822. 10 gr — Gemälde v. Coblenz u. Umgebung. 8. Ebd. 822. 10 gr — Gemälde v. Köln u. Umgebung. 8. Ebd. 822. 14 gr — Gemälde v. Mainz. 8. Ebd. 826. 14 gr

Rheineck, Walther v., entlarvte Betrüger oder unrecht Gut gedeihet nicht. Volksroman. 100 Hefte. gr. 8. (2400 S.) Berlin 881,82, Grosse. à Heft 10 Pf.

—— der blinde Bettler oder der Schatz im brennenden Schlosse. Volksroman. 60 Hefte. gr. 8. (1440 S.) Ebendas. 881,82. à Heft 10 Pf.

—— lachende Erben oder durch Kampf zum Sieg. Volksroman. 75 Hefte. gr. 8. (2400 S.) Ebendas. 881,82. à Heft 20 Pf.

—— der Kerkermeister oder die Geheimnisse des Tower. Volksroman. 132 Hefte. gr. 8. (3200 S.) Ebendas. 880,81. à Heft 10 Pf.

Rheinels, oder deutsche Sympathieen, s. Winterhauch, Th.

Rhein-Ems-Kanal, der. Denkschrift d. westdeutschen Fluß- u. Kanal-Vereins f. die Mitglieder beider hohen Häuser d. Landtages der Monarchie. gr. 8. (24 S. m. 1 Karte u. 1 Profil.) Münster 886. (Aschendorff.) n. 1. 50

Rhein-Ems-Zeitung. –
Emden. – 1.XII.1900 – 31.XII.1934.
Fortges. u.d.T.: Blatt der Ostfriesen.

Rheinen, deutsche Sprachübungen, s.: Meyer, Johs.

Rheinen, Carl (geb. am 29 Febr. 1848 in Blankenstein a. d. Ruhr): Ueber einen Fall von Fibrom der Sclera ... Bonn, Druck v. J. F. Carthaus [1871]. 18 S., 1 Bl., 1 Taf. 8.
Bonn, Med. Fak., nachträgl. erschienene Diss. v. 28 Juli 1870

Rheinen, Peter (Bleesheim/Rheinland), De variis icteri causis. Diss. med.-pathol. Berlin (Nietack) 8. V. 1837. 29 S. u. Biogr. (M.: M. Bartels.) (3.25) 28522
Oppon.: Gust. Davids, Fried. Puller, Bernh. Schlegtendal. — Seinen Eltern gew.

Rheiner, Alb., kritische Analyse der Medicin und Kosmologie. br. 8. (VIII und 96 S.) Stuttgart 866, Schober.

—— kritische Diagnosen über Medicin und Naturwissenschaften. gr. 8. (VII und 46 S.) Leipzig 865, Kummer.

Rheiner, Alb., Heliotrop. Ein deutscher Liederstrauß. Stuttgart 867. Schober. gr. 8. (VI, 259 S.) 1 ß 6 ngr.

Rheiner, Alb., der Komet. Ein Buch der Liebe. Romantisches Gedicht. Leipzig 861. Hübner. 8. (XVI, 179 S.) 18 ngr.

— das Lied vom Rhein. Ein deutscher Sang. Freiburg im Br. 861. Mayer. 16. (XVI, 388 S.) n. 1 ß 15 ngr.

Rheiner, G[uido]. med. pract. aus St. Gallen, Assistent am pathologischen Institut in Zürich: Beiträge zur pathologischen Anatomie des Erysipels bei Gelegenheit der Typhus-Epidemie in Zürich 1884. Mit nachfolgender Uebersicht über die Ergebnisse sämmtlicher Typhus-Sectionen im pathologischen Institut während der Epidemie. Zür. Zürcher u. Furrer Dr. 1884. 36 S. 2 Taf. 8°.
Zürich, Med. Diss. [v. 25. Febr. 1885].

Rheiner, Guido. Die Gesundheitspflege der Frau, s.a. Vorträge, St. Gallische.

Rheiner, Guido, der Kampf m. d. Bleichsucht, s. a. Haus-Bibliothek, praktische, des schweizerischen Familien-Wochenblattes. Nr. 5.

Rheiner, G(uido). Der Kampf mit der Bleichsucht. (Gemeinverständliche Ratschläge.) II + 65 S. 8. Zürich, Erhard Richter, 1907. ([fr. 1.20, *nicht*] fr. —. 70)
Praktische Haus-Bibliothek des Schweizerischen Familien-Wochenblattes. № 5.

Rheiner, G., Untersuchungen über Säuglingssterblichkeit in der Schweiz mit Vergleich der Verhältnisse anderer Staaten und mit näherer Berücksichtigung des Kantons St. Gallen. gr. 8. (III, 91 S.) Zürich 888, Alb. Müller.

— Wegweiser zur Erhaltg. uns. Gesundheit. gr. 8. (VII, 213 S.) St. Gallen 895. A. Ehrat & Co. n. 3. —

Rheiner, Guido, Wegweiser zur Erhaltung unserer Gesundheit. 2. [Titel-]Aufl. gr. 8. (III, 213 S.) Zürich [895.] 899. Th. Schröter. n. 1. 60

Rheiner, G., wie entstehen geistige Störungen u. wie verhütet man solche? gr. 8. (VII, 132 S.) Leipzig 893. G. Fock. n. 2. —

Rheiner, Guido, wie entstehen nervöse Störungen u. wie verhütet man solche? 2. [Titel-]Aufl. (von Rh., Wie entstehen geistige Störungen rc.). gr. 8. (III, 132 S.) Zürich (893) 897. Th. Schröter. n. 1. —

Rheiner, G[uido]. Wie wird dein Kind Gross, Stark, Gesund? Praktischer Ratgeber über Kinderernährung in gesunden und kranken Tagen. 2. Aufl. IV + 82 S. 8. Zürich ⟨*und* Leipzig⟩, Th. Schröter, 1903. [fr. 1. 50]

— Gesundheitliche Winke f. Frauen u. Töchter, s. a. Haus-Bibliothek, praktische, des schweizerischen Familien-Wochenblattes. Nr. 1.

Rheiner, G[uido]. Gesundheitliche Winke für Frauen und Töchter. 32 S. 8. Zürich, Erhard Richter, 1906. [fr. —. 70]

Rheiner, G[uido]. Gesundheitliche Winke für Frauen und Töchter. 2. Aufl. II + 32 S. 8. Zürich, Erhard Richter, 1907. (fr. —. 70)
Praktische Haus-Bibliothek des Schweizerischen Familien-Wochenblattes. № 1.

Rheiner, Guido. Worte der Erinnerung an Herrn Dr. med. Hermann Rheiner selig (1829–1891). SA. 8. [St. Gallen 1891.]

Rheiner, H., das Moosberger od. Heinrichs-Bad im Kanton Appenzell, histor., chem. u. topograph. beschrieben. Eine Anleit. sowohl f. Aerzte als Badgäste, die bortigen Bäder mit Nutzen zu gebrauchen, Molken u. a. Trinkkuren zweckmäßig anzuwenden, u. sich den Aufenthalt möglichst angenehm zu machen. Mit Ansichten v. Herisau, d. Heinrichsbade u. d. Kräzernbrücke. gr. 12. (4⅓ B.) St. Gallen 833, Huber u. Comp.

Rheiner, Hermann (St. Gallen/Schweiz), Observationes in topographiam medicam, urbis Helvetiorum, Sangalli et typhosam epidemiam, ibi annis 1817—18 exstantem. Diss. inaug. Präs. J. H. F. von Autenrieth. Tübingen (Hopfer de l'Orme) Nov. 1818. 24 S. (3.50) 28523
Gew.: Alexander Aepli, David Wetter.

Rheinfahrt, Die. Ein romantisches Gedicht. Berlin 1815. V: *Wolfart, Carl Christian.* (Ky) (EE) (MGT) (Hitzig)

Rheinfahrt. Von den Quellen des Rheins bis zum Meere: Schilderungen von Karl Stieler, H(ans) Wachenhusen, F[riedrich] W[ilhelm] Hackländer. Illustrirt von R[ichard] Püttner..., W[ilhelm] Simmler, B[enjamin] Vautier... u. A. Holzschnitte [wovon 60 Tafeln] von A[dolf] Closs. [27 Lieferungen.] fol. Stuttgart [1875–1876].

Rheinfahrt. Von den Quellen des Rheins bis zum Meere. Schilderungen von Karl Stieler, Hans Wachenhusen und F. W. Hackländer. Illustrirt von R. Püttner, A. Baur, C. F. Deiker rc. Holzschn. von Adf. Closs. 1.—6. Lfg. Fol. (S. 1—96 mit eingedr. Holzschn. und Holzschntaf.) Stuttgart 875, Kröner. à Lfg. *M 1,50. *

Rheinfahrt. Von den Quellen des Rheins bis zum Meere. Schilderungen von Karl Stieler, Hans Wachenhusen und F. W. Hackländer. Illustrirt von R. Püttner, A. Baur, C. F. Deiker rc. Holzschn. von Adf. Closs. 7.—27. (Schluß-)Lfg. Fol. (S. 97—~~844~~ mit eingedr. Holzschn. und Holzschntaf.) Stuttgart 876, Gebr. Kröner. à Lfg. *M 1,50. *
compl. geb. *

1.—6. Lfg. Ebendas. 1875. à *M 1,50.

Rheinfahrt. Von den Quellen des Rheins bis zum Meer. Schilderungen von *Karl Stieler, H. Wachenhusen, F. W. Hackländer.* Mit 60 Vollbildern in Tondruck u. 375 Hlzschn. im Text. Stuttgart, o. J. (1878). Fol. Reichvergold. Lwdb.
VIII + 360 S.

Rheinfahrt, die. Schilderungen von Stieler, Wachenhusen und Hackländer. (360 S) Illustriert. gr4° Stuttgart 1883

Naturwissenschaftlicher Verein zu Krefeld. — RHEINFAHRT! 1898. Sommer-Ausflug nach Hochfeld-Duisburg — am 6. Juli 1898 —. Lieder zu dem Abendfeste in den oberen Sälen der Gesellschaft „Societät" zu Duisburg. Krefeld (1898). Druck von Kramer & Baum. 8°.

Rheinfahrt nach dem Dome in Cöln. (Gedichte.) gr. 8. Coblenz 842, Hölscher. ¼ ₰

Rheinfahrt, Die, von Landquart nach Schaffhausen am 29. und 30. Mai 1898 des Pontonnier-Fahrverein Zürich. Zürich 1898. V: *Gygax, Paul.* (Zuwachsverz. d. Bibliotheken in Zürich 1898 ff.)

Rhein Fahrt, der Königin Sieglinde, s. a. Sieglinde.

VICTORIA, Königin von England, und der Prinz-Gemahl Albert. — Der Königin Sieglinde Rheinfahrt. Eine nordische Sage nach d. jüngeren Edda. (Eine Art burlesker Travestie in 24 kurzen Gesängen.) Mit 7 parodist. Holzschn.-Taf. Brüssel, C. G. Vogler, 1848. — *A. E.:* Gedr. bei Gebr. Wouters in Brüssel. 8°. 47 S. (10 Mk. Adolf Weigel, 1908.)
Wenig bekannt und nur in kleiner Auflage gedruckt.

Rheinfeld, Fritz, der Sonderling. Leipzig 1793. V: *Lucius, Carl Frdr.* (ML) (MGT) »1793—98« (Ky)

Rheinfeld, Fritz, d. Sonderling, (v. Karl Fr. Lucius). 3 Thle. 8. Leipz. 793—98. Griesshammer. 2 ₰ 8 gr

Rheinfelden [Sachliches OW]

Rheinfelden, Die Kraftübertragungswerke ... Berlin 1896. V: *Lux, Heinrich.* (Geist Berl. III 121)

Kraftübertragungs-Werke Rheinfelden. Zum Vortrag am 18. Juni 1896. [Atlas] (o. O. 1896)

Die Kraftübertragungs-Werke Rheinfelden. Techn. u. wirthschaftl. Darstellg d. Ausnützg d. Wasserkräfte d. Rheins bei Rheinfelden. Hrsg. v. d. Allgem. Elektricitäts-Ges. *Berlin: Dr. v. H. S. Hermann 1896.* (1 Bl., 173 S., 1 Kt., 1 Pl.) 1 Bd 4. [96. 5...]

Rheinfelden, die Kraftübertragungs-Werke. Techn. u. wirthschaftl. Darstellg. d. Ausnützg. d. Wasserkräfte d. Rheins bei Rheinfelden. Hrsg. v. d. allgem. Elektricitäts-Gesellschaft. gr. 8. (173 S. m. Abb., 1 Karte u. 1 Taf.) Berlin 896. (J. Springer.)
Geb. in Leinw. n.n. 6. —

Rheinfelden, Soolbad, s.a. Woerl's Reisehandbücher.

Rheinfelden, Soolbad. gr. 8. (24 S. mit 5 Chromolithogr. in 8., 4. und qu. Fol. und 2 Karten.) (Aarau 880, Sauerländer's Verlagsh.) geb. *

—— Schweiz, Soolbad. gr. 8. (24 S. mit chromolithogr. Titel, 5 Chromolithogr. und 2 lithogr. Karten.) Zürich 881, (Hofer und Burger.) geb. *

Rheinfelden, Soolbad, herausgegeben von J. V. D. Aarau 1887. V: *Dietschy, J. V.* (BSchwLk III)

Rheinfelden. Soolbad Rh' (Schweiz). [Illustrierter Prospekt.] Hrg. vom Verschönerungs- und Kurverein. II + 20 S. 8. Zürich, Orell Füssli, [1904].

— Suisse, bains salins. gr. 8. (27 S. m. chromolith. Titel, 5 Chromolith. u. 2 lith. Karten.) Zürich 881. Höhr. geb. n. — 80

Rheinfelden [Schlagwort]

Rheinfelden, s. Westentasche-Karten-Collection. — Westentasche-Panorama-Collection. — Westentasche-Panorama-Karten-Plan-Collection.

Rheinfelden [Verfasser]

Rheinfelden, Botho v. Offene Briefe an e. Protestanten. 8. (64 S.) Trier 889, Paulinus-Druckerei. * — 50
2. Aufl. erschien u. d. T.: Hoensbroech, Paul v. Neun Briefe an einen Protestanten (s. d.).

Rheinfelder, Wilderich, s.: Felder, Erich.

Rheinfels, Gedichte. Stuttgart 866. (Kröner.) 16. (VIII, 120 S.) n. 18 ngr.

Rheinfels, die Hyäne d. Schlachtfeldes u. der Ulan od. die schöne Braut v. Straßburg. Eine histor. Erzählg. aus dem Krieg gegen die Franzosen im Jahr 1870. 1—14. Lfg. gr. 8. (à 3 B.) Darmstadt 871. Verl. u. Depot gemeinnütz. Schriften. à — 30

Rheinfels, C[urt]: Das Maltodextrin γ ein Zwischenprodukt der diastatischen Stärkehydrolyse. 1906. 22 S. 8⁰ ¶ Autoreferat in: Centralblatt f. Bakteriologie, Parasitenkunde u. Infektionskrankheiten. Abt. 2. Bd 17. 1907 u. in: Wochenschrift f. Brauerei. Jg. 23. Hannover, Dr.-Ing.-Diss. v. 8. 6. 1906

Rhein-Flösserei oberhalb Basel, enthaltend die Flossordnung vom 15. Juli 1908, nebst der Übereinkunft vom 10. Mai 1879. Amtliche Ausgabe. 21 S. 8. Karlsruhe, G. Braun, 1908. [M. —.50]

Rheinfrage, die, besprochen von einem Süddeutschen. gr. 12. Blaubeuren 841, Mangold'sche Buchh. 1/8 ₰

Rheinfried, Halman, Jesus v. Nazareth. (221 S.) 8. Düsseldorf (908). (Leipzig, G. Hedeler.) Geb. in Leinw. 3. —

Rhein-Führer, kleiner. Kurze Beschreibg. der Städte, Burgen u. bemerkenswerthen Punkte des Rheinthales von Mainz—Köln, m. 12 Ansichtspostkarten in Lichtdruck. 2. Aufl. gr. 16. (36 S.) Hanau (900). F. König. 1. —

Rheinführer, kleiner, v. Düsseldorf bis Mainz (Frankfurt a. M.) einschließl. des Ahr-, Mosel- u. Lahnthales. 8. (16 S. m. 4 Abb.) Bielefeld 896. A. Helmich. n. — 30

Praktischer **Rhein-Führer** für Touristen. Mit Stadtplänen, Landkarten u. Ansichten. *Düsseldorf: Schmitz & Olbertz [1902].* (30 S.) 8° [Umschlagt.] [03. 785]

Rheingantz, Carlos: Die Gründung der Kolonie São Lourenço und ihr Gründer Jakob Rheingantz. Porto Alegre 1906. 32 S.

Rheingantz, Carlos G.: Kolonie São Lourenço Staat Rio Grande do Sul. Beschreibung ihrer Gründung durch Jakob Rheingantz. Aus seinen hinterlassenen Papieren zsgest. — Porto Alegre 1907: Reinhardt. 32 S.

Rheingau [Sachliches OW]

Der Rheingau und sein Wein. Gabe der Vereinigung Rheingauer Weingutsbesitzer an die Besucher der Landwirtschaftlichen Ausstellung zu Frankfurt a. M. 1899. Mainz 1899. 7 gez. Bl. -- 121°

Rheingau (gebiet) [Schlagwort]

— s.a. Radfahrerkarten.

Rheingau. Bodemer, J., Distanzen-Karte d. Rheingau- u. Taunusgebietes v. Frankfurt bis Lorch. 1 : 50,000. Ergänzt u. rev. v. J. Bornhofen. 3. Aufl. Lith. qu. Fol. Wiesbaden 890. Moritz & Münzel. — 50

Rheingau. Bodemer, J., Distanzen-Karte des Rheingau-, Taunus- u. Lahngebietes. 1 : 150,000. Ergänzt u. rev. v. H. Krahe. 5. Aufl. 45,5 × 60,5 cm. Lith. Wiesbaden 893. Moritz & Münzel. — 60

Rheingaugebiet. Bodemer, J., Distanzen-Karte des Rheingau-, Taunus- u. Lahngebietes. Ergänzt u. rev. v. H. Krahe. 1 : 150,000. 7. Aufl. 44,5 × 59 cm. Lith. Wiesbaden 896. Moritz & Münzel. — 60

Rheingaugebirge [Schlagwort]

Rheingaugebirge, s.: Taunus. — Wiesbaden.

Rheingaukreis [Sachliches OW]

Der **Rheingaukreis.** Eine beschreibende, statist. u. geschichtl. Darstellung. Beschreibung u. Statistik 1891–1900 vom Kreisausschuss d. Rheingaukreises. Geschichte d. Rheingaues von kgl. Archivar Dr. (Paul) Richter zu Coblenz. Anlage: Karte d. Rheingaukreises. Hrsg. v. d. Kreisausschuss. (Vorr.: Wagner, kgl. Landrath.) *Rüdesheim: Kreisausschuss 1902.* (444, VIII, 259 S.) 4° [F.] [03. 8434]

Rheingaukreis [Schlagwort]

Rheingaukreis. Karte des Rheingaukreises m. Bezeichnung der Gemeindegrenzen u. Weinbergslagen. Auf Grundlage der Messtischblätter u. m. Benutzung des neuesten Materials des königl. Landratsamts zu Rüdesheim. 2 Blatt à 99 × 63,5 cm. Farbdr. Berlin (902). D. Reimer. n. 10.—; auf Leinw. in Mappe n. 14.—; m. Stäben n. 15. —

Rheingau-Kreis. Karte des Rheingau-Kreises. Mit Bezeichng. der Gemeindegrenzen u. Weinbergsanlagen. Unter Benutzg. neuesten Materials des königl. Landrathsamts zu Rüdesheim. 1 : 25,000. 2 Blatt. à 99 × 63,5 cm. Farbdr. Berlin (903). D. Reimer. n. 10. —

— — (kleine), des Rheingau-Kreises. 1 : 50,000. 47,5 × 61 cm. Farbdr. Ebd. (903). n. 1. —

Rheingegend, die, in 24 der schönsten Ansichten. Nach der Natur gezeichnet von C. Hohe u. W. Hundeshagen. Gestochen von vorzügl. Künstlern. 8. Bonn 837. Habicht. n. 2 ₰

Rheingegenden, die, s.a. Gerning.

Rheingruber, Anna, Humor. (In stenograph. Schrift.) 12. (XII, 160 autogr. S.) München 889. Franz' Verl. geb. n. 3. 50

Rheingruber, Anna, Humor! Heit. aller Art, ausgew. u. in stenograph. Schrift autogr. v. R. U., veränd. u. nach d. Beschlüssen d. V. Stenographentages umgearb. Aufl. 12. (XIV, 160 S.) München 897. G. Franz' Verl. Geb. in Leinw. n. 3. 50

— Lesebuch zu jedem Lehrbuch d. Gabelsberger'schen Stenographie, insbes. z. kurzgef. Lehrbuch d. Gabelsberger'schen Stenographie, Preisschrift. Nach d. Beschlüssen d. V. deutschen Gabelsberger Stenographentages f. Schul- u. Privatgebrauch bearb. 8. (III, 56 S. m. Bildn.) Ebd. 895. Geb. in Leinw. n. 1. 20

Rheingruber, M. (Red.), s. Postkarten-Zeitung, Internationale

Rheinhafen, der neue, zu Düsseldorf. Festschrift zur Erinnerg. an d. Feier d. Hafenöröffng. am 30. Mai 1896. Hrsg. v. d. Stadt Düsseldorf. gr. 4. (III, 137 u. 14 S. m. Abb., farb. Titelbild, 15 Taf. u. 3 farb. Plänen.) Düsseldorf 896. (A. Bagel.) Geb. 7. —

Rheinhafen, der städtische, Karlsruhe. Festschrift zur Eröffnungsfeier 1902. gr. 4. (VII, 111 S. m. Abbildgn. u. 16 Taf.) Karlsruhe 902. (G. Braun'sche Hofbuchdr.) n.n. 12. —

Rheinhard, August

Rheinhard, A., zur Frage v. der Canalisation der Stadt Stuttgart. gr. 8. (39 S.) Stuttgart 873. Wittwer. n. — 50

Rheinhard's Ingenieur-Kalender, s. Kalender für Strassen- und Wasserbau-Ingenieure.

Rheinhard, A., s.: Kalender f. Strassen- & Wasserbau- u. Cultur-Ingenieure.

Rheinhard, A., s.: Kalender f. Wasser- u. Strassenbau- u. Kultur-Ingenieure.

Rheinhard, Aug., C. Jul. Caesar's Rheinbrücke. Eine technisch-krit. Studie. Mit 3 Abbildgn. Lex.-8. (16 S.) Stuttgart 883. Neff. n. — 50

Rheinhard, H., die geometrische Formenlehre. Für den Gebrauch in Volksschulen, sowie in den Elementarklassen der Realschulen verfaßt. Mit 194 Fig. in Holzschn. 12. Stuttgart 845, Schweizerbart. 9½ ngl

Rheinhard, Herm., Album des classischen Alterthums zur Anschauung für die Jugend, besonders zum Gebrauch in Gelehrtenschulen. Eine Gallerie von 72 (lithogr.) Taf. in Farbendr. nach der Natur und nach antiken Vorbildern mit beschreibendem Text. 12 Lfgn. qu. Fol. (52 S. mit 72 Chromolithogr.) Stuttgart 869,70, Hoffmann'sche Verlagsh. à Lfg. ℳ 1,50.

Rheinhard, Herm., Album des klassischen Altertums zur Anschauung für Jung und Alt, besonders zum Gebrauch in Gelehrtenschulen. Eine Gallerie von 76 Taf. in Farbendr. nach der Natur und nach antiken Vorbildern mit beschreibendem Text. 2. Aufl. 12 Lfgn. qu. gr. 4. (IV, 61 S.) Stuttgart 882, Hoffmann'sche Verlagsh. à Lfg. * compl. geb. *

Rheinhard, Herm. Album d. klassischen Altertums zur Anschauung f. Jung u. Alt, besonders zum Gebrauch in Gelehrtenschulen. Eine Gallerie von 76 Taf. in Farbendr. nach der Natur u. nach antiken Vorbildern m. beschreib. Text. 3. unveränd. Aufl. 12 Lfgn. qu. gr. 4. (60 S.) Gera 891, Griesbach. à Lfg. 1 —; 12 —; geb. 15 —

— Athenae. In usum scholarum. Lith. u. color. Stuttgart 868. Exped. der Freya. Imp.-Fol. Auf Leinw. 3 ₰

Rheinhard, Herm., Atlas orbis antiqui. In usum scholarum. 10 Blatt. Lithogr. und ill. gr. 4. Stuttgart 863, Hoffmann'sche Verlagsh. cart. –

— Atlas orbis antiqui. In usum scholarum. Editio tertia emendata et aucta. Ebend. 868. hoch 4. (12 chromolith. Karten.) geb. 22½ ngr.

Rheinhard, Herm., atlas orbis antiqui. In usum scholarum ed. Ed. V. emendata et aucta. qu. gr. 4. (12 lith. u. color. Karten.) Stuttgart 881. Hoffmann. In Lex.-8. geb. n. 2. 25

Rheinhard, Herm., atlas orbis antiqui. In usum scholarum. Ed. VI. emendata et aucta. qu. gr. 4. (12 color. Karten.) Stuttgart 886. Schweizerbart. In Lex.-8. cart. n. 2. —

— Gallia C. Julii Caesaris tempp. Lith. u. color. Ebend. 868. Imp.-Fol. Auf Leinw. 3 ₰

Rheinhard, Herm., Karte von Nord-Amerika für den Schul- und Privatgebrauch. 1 : 5,300,000. 4 Bl. Chromolithogr. Imp.-Fol. Nebst Text. gr. 4. (8 S.) Wiesbaden 882, Bergmann. *
Mit Leinw.-Streifen zusammengeklebt in Mappe *
Auf Leinw. in Mappe * ℳ 18.; lackirt mit Stäben *

— der Kartenzeichner. Ein Hilfsmittel für den geographischen Unterricht in Mittelschulen. Mit 2 (lith. u.) color. Taf. u. 6 (lith.) Kartennetzen. Ebend. 863. qu. Fol. (8 S.) 12 ngr.

Rheinhard, Herm., griechische und römische Kriegsalterthümer für den Gebrauch in Gelehrtenschulen zusammengestellt. Mit einem Vorwort von Carl Ludw. v. Roth. qu. gr. Fol. (19 Stnt. und 2 S. Text.) Stuttgart 859, Liesching und Comp. 1 Thlr. 15 Ngr.; geb.

—— griechische und römische Kriegsalterthümer für den Gebrauch in Gelehrtenschulen zusammengestellt. Mit einem Vorwort von Carl Ludw. v. Roth. Neue wohlf. Schul-Ausg. (Titel-Ausg.) qu. gr. Fol. (19 Stnt. und 2 S. Text.) Stuttgart (859)63, Liesching und Comp.

– Roma vetus in usum scholarum. Lith. u. color. Ebend. 868. Imp.-Fol. Auf Leinw. 3 ₰

Rheinhard, W., der Mensch als Thierrasse u. seine Triebe. Beiträge zu Darwin u. Nietzsche. gr. 8. (IV, 235 S.) Leipzig (902). Th. Thomas. n. 3. —

Rheinhard, W., Schönheit u. Liebe. Ein Beitrag zur Erkenntnis des menschl. Seelenlebens. (VII, 150 S.) gr. 8. Leipzig 904. Th. Thomas. n. 3. —; geb. n. 4. —

Rheinhardt. Europäisches Hôtel-Adressbuch. I. Bd.: Schweiz. In-8°, 331 S. Zürich, Robert Dancker. 1880 Cart. 5 —

Rheinhardt, Emil, u. Paul **Rheinhardt,** Helmbrecht, s.: Zaiczek, Jul.

Reinhardt, Fritz, reliöser Gedächtnisstoff in Sprüchen und Liedern. 8. (32 S.) [Hamburg 887, Nestler und Melle's Verlag.] Dresden, Kühtmann.

Rheinhardt, H., Schul-Wandkarte von Europa. 1:4,000,000. 6 Bl. Chromolithogr. Imp.-Fol. Stuttgart 877, Wittwer. * Auf Leinw. **

Rheinhardt, Paul Gust., s.: Biographien der Wiener Künstler u. Schriftsteller.

Rheinhardt, W., die moderne höhere Mädchenschule, s.: Broschüren, Frankfurter zeitgemäße.

Rheinhart, Tobias Jakob, s. Reinharth

Rheinheimer, das neue bürgerl. Gesetzbuch, s.: Daul, A.

Rheinheimer, der Rechts- u. Geschäftsverkehr nach d. neuen bürgerlichen Gesetzbuche, s.: Daul, A.

Rheinheimer, Hermann, cand. med. aus Kaiserslautern: Über congenitalen partiellen **Defekt** der Fibula. *Würzburg 1898: Becker.* (49 S.) 8°
Würzburg, Med. Diss. v. 1898

Rheinheimer, Julius [Rechtspraktikant in Kaiserslautern]: Zur Interpretation des § 244 der Reichsstrafprozessordnung ... Kaiserslautern, Buchdr. H. Köhl, 1895; 4 Bl., 50 S. 8.
Erlangen, Jur. Fak., Inaug.-Diss. v. 1895

Rheinhessen [Schlagwort]

Rheinhessen, s.a. Luftschifffahrtskarten.

Rheinhessen, s.a. Radfahrerkarten, Ravenstein.

Rheinhessen. Happersberger, K., Uebersichtskarte der Prov. Rheinhessen, nebst angrenzenden Theilen v. Preussen u. Bayern. Rev. 1900 v. Thdr. Sauer. 1 : 100,000. 56,5×54,5 cm. Farbdr. Mainz 900. V. v. Zabern. n. 2. —; auf Leinw. n. 3. —

Rheinhessen. Ravenstein, H., Karte v. Rheinhessen u. der bayerischen Pfalz. 1 : 170,000. Farbendr. 76,5×54 cm. Frankfurt a/M. 891. L. Ravenstein. n. 4. —; auf Leinw. in Leinw.-Decke n. 5. —

Rheinhold und Sophie. Eine Geschichte in Originalbriefen von Verfasser der Henriette und des Husarenraubs. Berlin u. Leipzig 1783. V: *Beuvius, Adam.* (BGE VI³, 450)

Rheinhold, Hugo, was uns eint. Vertrag, geh. in der Deutschen Gesellschaft f. eth. Kultur. gr. 8. (23 S.) Berlin 894. Verlag der Deutschen Gesellschaft f. eth. Kultur n. — 80

Rheinholdt, Max, Baden-Baden als Kurort. Historisch-topograph. Skizze der Stadt Baden, ihrer Bäder u. Umgebg. Mittheilungen üb. die Badener Thermen nach Vorkommen, Wirkg. u. Anwendungsart. Aus älteren u. neueren geschichtl., geolog. u. balneolog. Schriften u. Werken f. Aerzte u. Laien gesammelt. 8. (XIV, 172 S.) Baden-Baden 887. Sommermeyer. n. 1. 20

Rheinhorst, Rud., der Christ u. die Zeitung. 3. (Titel-) Aufl. gr. 8. (31 S.) Leipzig 890. Levien. — 25

Rheinisch, Albin, die Freunde der Frau. Lustspiel in 3 Akten. 8. (V, 98 S.) Berlin 883. Freund & Jeckel. n. 2. —

Rheinisch, Erika (Frau Erika Spann), schöne Welt! Gedichte. (159 S.) 8. Frankfurt a/M. 907. H. Demuth. 3. —; geb. n 3. 80

Rheinisch, Roman (Pseud.), s.a. Bergervoort, Bernh. M.

Die alleinseligmachende Bibel. Von Dr. Roman **Rheinisch**. Berlin: Germania 1904. (218 S.) 8° [F.]
— **Rheinisch**: Was hast Du an der evang. Kirche? T. 2. [04. 2986

Rheinisch, Roman, Geschichte u. Notwendigkeit des Kirchenstaates, s.a. Flugschriften, katholische. Nr. 155.

Geschichte und Notwendigkeit des Kirchenstaates. Von Dr. Roman **Rheinisch**. Berlin: Germania [1906]. (68 S.) 8° [F.]
— **Flugschriften**, Katholische. z. Wehr u. Lehr. No 155. [07. 3107

Rheinisch, Roman, Was hast du an der evangelischen Kirche? Beantwortung der Preisaufgabe, gestellt „vom Centralvorstand des Evangel. Bundes". Aus Luthers, Calvins u. anderer Protestanten Werken. Berlin, Germania, 1896, 16°. 2 Hefte, 182 u. 183 S., 1. u. 2. Aufl., 1 Mk.
Das Werkchen enthält den überzeugenden Nachweis, daß nur die kathol. K. die wahre K. Christi ist.

Was hast Du an der evang. Kirche? Beantwortung d. Preisaufgabe gestellt v. 'Centralvorstand d. evang. Bundes'. Aus Luthers, Calvins u. anderer Protestanten Werken. Von Dr. Roman **Rheinisch**. T. [1.] 2. Berlin: Germania 1903–04. 2 Bde 8° [F.]
1. 3. verb. Aufl. 1903.
2 [u. d. T.:] Die alleinseligmachende Bibel. Von Dr. Rheinisch. 1904. [06. 2985

Wirksamkeit der Freimaurerei auf religiösem Gebiete. Von Roman Rheinisch. Berlin: Germania [1903]. 64 S. 8° (Katholische Flugschriften z. Wehr u. Lehr. 150.)
Greift die Frmrei an, weil sie das religiöse Leben vernichte u. der Kirche entgegenarbeite. KB.

— Wirksamkeit der Freimaurerei auf religiösem Gebiet, s.a. Flugschriften, katholische. Nr. 150.

Rheinische Bund, s. Bund.

Rheinisch-westfälisches Steinkohlenbecken [Schlagwort]

Rheinisch-westfälisches Steinkohlenbecken, s.: Geognostische Karten. Achepohl, Ludw.

Rheinkanal [Schlagwort]

Rheinkanal, s.: Amsterdam.

Rheinkanal [Sachliches OW]

Rheincanal, der schiffbare, Strassburg—Rastatt—Leopoldshafen od. Germersheim. Nebst e. (autogr.) Uebersichtsskizze. gr. 8. (46 S.) Karlsruhe 883. Braun. n. 1. —

Rhein-Kiesel. 1. u. 2. 12. Wiesbaden. Zürich, Joh. Bacmeister. à n. — 30
1. Wie der Nibelungenschatz gehoben ward. Den Rheintöchtern abgelauscht von Loth. v. Rüdesheim. (70 S.) 896.
2. Das Büchlein von d. Lorelei. Der Liebe Leid in alter Zeit. Von Loth. v. Rüdesheim. (72 S.) 897.

Rheinkorrektion

Rheincorrection. Die Rheinkorrektion und der Diepoldsauer Durchstich. (Mit 40 Textbildern.) Sonder-Abdruck aus der «Schweizerischen Bauzeitung» Band 49, Nr. 1, 2 und 3. II + 17 S. 4. Zürich, Rascher & Cie., 1907. (fr. 1. —)

Rhein-Lahn-Zeitung. –
Wiesbaden. – 1.III.1859 – 27.X.(?) 1861.

Rheinland [Sachliches OW]

— das, s.a. Taunus u. Rheinland.

— das, Zeitschrift für rheinisches Leben, Kunst, Literatur u. Theater. 1r Jahrg. 1837. Oct. — Dec. kl. Fol. Mainz, Wirth. 1 1/6 ℛ — 2r u. 3r Jahrg. 1838 u. 1839. Redakt.: Dr Rheinländer. à 156 Numm. (Bog.) Mit artist. Beill. Ebd. (à n. 4 2/3 ℛ) 9 1/3 ℛ — 4r Jahrg. 1840, u. d. T.: Rheinland, das, wie es ernst u. heiter ist. Redigirt von Fr. Wiest. 156 Numm. Mit 12 Rheinansicht. Ebd. n. 5 ℛ

Rheinland, das. Fliegende Chronik der modernen Welt u. Zeit. Redig. von L. Kalisch. 7. Jahrg. 1843. Roy.-4. 156 Nrn. (½ Bog.) Mainz, Wirth.
1—6. Jahrg. Ebendas. 1837—42. * 20 Thlr. 20 Ngr. Die Fortsetzung s. Taunus u. Rheinland.

Rheinland. Moderne Monatsblätter. Begründet u. geleitet von Ludw. Spannuth-Bodenstedt. 1. Jahrg. Juli 1897—Juni 1898. 12 Nrn. (Bog.) gr. 8. Köln. (J. G. Schmitz.) n. 4. —

Rheinland. Unterhaltungsblatt u. Verkehrszeitung. Jg. 1, Nr 1–13. [Mehr nicht ersch.] Bonn: Broch & Schwarzinger 1910. 4°

Rheinland, das malerische u. romantische, in Geschichten u. Sagen. 2 Bde. in 14 Hftn. mit 36 Stahlstichen. gr. 8. Köln 838. Baul u. Tonger. 4 1/2 ℳ

Rheinland, das monumentale, s. Bock, Frz.

Rheinland und Westfalen. aufgenommen vom Königl. Preuss. Generalstab. 1 : 80000. Berlin o. J. Lithographie. 72 Bl. Fol. 45,5 58,5 cm. (Nicht ganz vollständig!)
Das Kartenbild ist 15 Bogenminuten hoch und 30 Bogenminuten breit.

—— das, wie es ernst u. heiter ist. 4—6. Jahrg. 1840—42. Redig. v. Fr. Wiest. à 156 Nrn. (Bog.) kl. Fol. Mainz, Wirth. [840 u. 41. jed. m. 12 Rheinansichten à * 5 Thlr., 42. m. d. Beiblättern: Krit. Anzeiger f. Lit. u. Kunst. — Süddeutsche Theater-Ztg. * 6 Thlr.]

— dass. 7. Jahrg. 1843. Mit dem Zusatz: Fliegende Chronik der modernen Welt u. Zeit. Redig. von L. Kalisch. Roy.-4. Ebend. n. 6 ℳ

Rheinland in Wort und Bild mit der Beilage 'Aus Zeit u. Welt'. Wochenschrift z. Pflege d. Heimatliebe u. Heimatkunst ... Jg. 1. Nr 1–22. [Mehr nicht ersch.] Honnef u. Remagen: Sagel & Dreesbach 1909. Getr. Pag. 4° [Kopft.] 5

Rheinland [Schlagwort]

Rheinland, s.: Rheinprovinz.

Rheinland [Verfasser]

Rheinland, Wilh., das Kommen des Herrn für die Seinen. Eine Hinweisung auf das Ziel der Hoffnung der an Christum Gläubigen. 2. verm. Aufl. 12. (X, 199 S.) Basel 882, Spittler. *
1. Aufl. erschien im Selbstverlage des Verfassers.

— das Kommen des Herrn, zuerst f. die Seinen u. hernach m. den Seinen. (44 S.) 8. Ebd. (903). n. — 20

Rheinland, Wilh. (Fr. W. Stuckert), das Kommen des HErrn f. die Seinen. Mit e. Vorwort v. H. Dannert. 3., durchgeseh. Aufl. (XV, 168 S.) 8. Neumünster 904. Vereinsbuchh. G. Ihloff & Co. n. 1. —; geb. in Leinw. n. 1. 50

Rheinlande. 9. Auflage. Mit 20 Karten, 17 Plänen und 7 Panoramen. (Meyers Reisebücher.) Leipzig und Wien. 1899. Bibliographisches Institut. XII, 335, 76 S. Geb. fl. 2.70

Rheinlande, die. Monatsschrift f. deutsche Kunst. Im Auftrag der G. m. b. H. „Rhein. Kunstzeitschrift" hrsg. durch Wilh. Schäfer. 1. u. 2. Jahrg. Oktbr. 1900—Septbr. 1902. à 12 Hfte. gr. 4. (à ca 48 S. m. Abb. u. Taf.) Düsseldorf. [A. Bagel] Verlag der Rheinlande. à Jahrg. n. 24. —

— dasselbe. Im Auftrag rhein. Kunstfreunde hrsg. durch Wilh. Schäfer. 3. Jahrg. Oktbr. 1902—Septbr. 1903. 12 Hfte. gr. 4. (à ca. 44 S. m. Abbildgn., Taf. u. Notenbeilagen.) Düsseldorf, Verlag der Rheinlande. n. 12. —

Rheinlande, die. Düsseldorfer Monatshefte f. deutsche Art u. Kunst. Hrsg. durch Wilh. Schäfer. Den musikal. Tl. besorgt Fritz Koegel. 4. Jahrg. Oktbr. 1903—Dezbr. 1904. 15 Hefte. (596 S. m. z. Tl. farb. Abbildgn., 100 Taf. u. 15 Musikbeilagen.) gr. 4. Düsseldorf, Verlag der Rheinlande. n. 15. —

Rheinlande, die. Düsseldorfer Monatshefte f. deutsche Art u. Kunst. Hrsg. durch Wilh. Schäfer. 5. u. 6. Jahrg. 1905 u. 1906. à 12 Hefte. (480 u. 480 S. m. Abbildgn. u. 77 u. 119 Taf. u. 12 u. 11 Musikbeilagen.) gr. 4. Düsseldorf, Verlag der Rheinlande. à Jhrg. n. 12. —

Rheinlande, die. Monatsschrift f. deutsche Art u. Kunst. Hrsg.: Wilh. Schäfer. 7.—9. Jahrg. 1907—1909. à 12 Hefte. (VIII, 392; VIII, 400 u. VIII, 428 S. m. Abb. u. Taf.) Lex. 8. Düsseldorf [Verlag der „Rheinlande"], A. Bagel. à Jahrg. 15. —
Fortsetzg., s.: Monatshefte, deutsche.

Rheinlande, die, nach ihren geologischen Beziehungen. Zur deutschen Ausgabe von Sedgwick u. Murchison „On the Palaeozoic Deposits on the North of Germany and Belgium" bearb. von G. Leonhard. 1844. Lithogr. u. illum. gr. Fol. Stuttgart 843, Schweizerbart. Auf Leinwand u. in Etui n. 3/4 ℳ

Rheinlande, üb. die, in staatswirthschaftl. u. ökonom. Beziehung, (v. Jh. Ad. Vorst). (Darmst. 813.)

Rheinlande, die, u. die anstossenden Gebiete vom Bodensee bis zur holländischen Grenze. Reisehandbuch. Mit einem Rheinpanorama, 1 Karte von Mitteleuropa, 1 Eisenbahnkarte von Deutschland, 1 Karte des besprochenen Gebiets [Rheinlande], 15 Stadtplänen, 19 Routenkarten, Grundrissen der hervorragenden Kirchen u. 3 Ansichten des Frankfurter Palmen- u. Zoologischen Gartens. gr. 16. (X, 627 S.) Würzburg 879. Woerl's Sep.-Cto. geb. n. 10. —

Rheinlande, die, und Holland, s. a. Grieben's Reise-Bibliothek.

—— und Holland. Illustr. Handbuch für Reisende. Nach eigener Anschauung und den besten Hilfsquellen bearb. 7. verb. Aufl. Mit Illustr. in eingedr. Holzschn., lith. Post- u. Eisenbahnkarte von Mittel-Europa in Imp.-Fol., lith. Karte des Rheinlands in gr. qu.-4., 6 lith. Plänen in gr. 16. u. 4. Berlin 1858. gr. 16.
Grieben's Reisebibliothek. Nr. 29.

—— Von der Nordsee bis zur Schweizer-Grenze. Praktischer Führer f. Reisende. 11. Aufl., völlig neu bearb. von H. T. Luks. Mit (lithogr. u. chromolithogr.) Karten u. Plänen in gr. 16., qu. gr.-8. u. qu.-Fol. 1876. 8.
Ist: Grieben's Reisebibl. Nr. 28.

Der Rheinländer 1908 ? Gretna, Man.

Rheinländer, der fidele. Sammlung humorist. Dichtgn. zur Unterhaltg. u. zu Vorträgen in gesell. Kreisen. gr. 16. (IV, 80 S.) Darmstadt 875. Köhler's Verl. n. 1. —

RHEINLÄNDER, Der fröhliche. Unterhaltung von Gesellschaften, deren Tendenz Heiterkeit und Frohsinn ist. Coblenz 1840. 8°. Zahm.

Mehrere augenblicklich hier anwesende Rheinländer. Druck von E. Litfaß. 1 Bl. Fol.
Flugblatt. Berlin, 14. Mai 1848.

Rheinländer, Dr., s. Rheinland, das, Zeitschrift.

Rheinländer, A., der fehlende Knopf, s.: Theater, kleines.

Rheinländer, A. R., Belehrung für die Verrechner evangel. Ortsalmosen, nach Großherzogl. Badischen Gesetzen u. Verordnungen, auch bezüglich auf d. neuen Kreis-Stiftungsrevisionen. ... Karlsruhe 835. Braun. 1/3 ℳ

Rheinländer, E., unsere Flotte. E. Büchlein f. Deutschlands Volk u. Jugend. 8. (36 S.) Düsseldorf 898. L. Schwann. n. — 20

— vaterländ. Geschichte f. Volksschulen. M. zahlr. Abb. u. e. (farb.) Karte. gr. 8. (VI, 96 S.) Ebd. 897. n. — 80

— dasselbe. 2. Ausg. gr. 8. (VI, 96 S.) Ebd. 898. n. — 60

Rheinländer, C., Hurrah die Flagge Schwarz-Weiß-Rot! Dramatisches Festspiel f. Schulen zum Geburtstage Sr. Maj. des Kaisers u. zu anderen patriot. Festen. (24 S.) 8. Düsseldorf (906). L. Schwann. n. — 50

Rheinländer, C., zweihundert Jahre preußisches Königtum. Festschrift zum 18. I. 1901. 8. (28 S. m. 4 Bildnissen.) Düsseldorf (900). L. Schwann. n. — 20

Zweihundert Jahre preussisches Königtum. Festschrift z. 18. Jan. 1901 von C. **Rheinländer**. 4. Aufl. *Düsseldorf: L. Schwann [1901].* (28 S.) 8° [F.] [01. 6619 B

[F.] Kaiser Wilhelm I., der Grosse. Ein Lebensbild ... f. d. deutsche Jugend u. d. deutsche Heer. Von C. **Rheinländer**. 14. Aufl. *Düsseldorf: L. Schwann [1897].* (32 S.) 1 Bd 8. [98. 11647 Bu

[F.] Kaiser Wilhelm I., der Grosse. E. Lebensbild zu s. hundertsten Geburtstage. F. d. deutsche Jugend u. d. deutsche Heer. Von C. **Rheinländer**. (17. Aufl.) *Düsseldorf: L. Schwann [1897].* (32 S.) 1 Bd 8. [illegible]

— Kaiser Wilhelm I., d. Große. Ein Lebensbild zu s. 100. Geburtstage. Für die deutsche Jugend u. das deutsche Heer. 22.—27. Aufl. 8. (32 S. m. Bildn.) Ebd. 897. — 20

Rheinländer, C., Vater Rhein als Heiratsstifter. Humoreske. 8. (96 S.) Köln 896. Kölner Verlags-Anstalt. 1. —

Rheinländer, H. W., Reise-Erinnerungen aus Indien. (VII, 195 S.) 8. Dresden 908. E. Pierson. 2.—; geb. n 3. —

Rheinländer, J., lebende Bilder, s.: Theater, kleines.

Rheinländer, Karl Ludwig Theodor

— Belehrung üb. die Gütergemeinschaft. Für d. Landmann im Großherzogthum Baden. gr. 8. Karlsr. 814. Braun. 8 gr. Hrg. Pr. 3 gr.

Rheinländer, Carl Ludw. Theod., Belehrung f. d. Verrechner evangel. Ortsalmosen nach großh. badischen Gesetzen u. Verordnn., auch bezügl. auf d. neuen Kreis-Stiftungsrevisionen. 8. (4 ½ B.) Carlsruhe 835, Braun'sche Hofbuchh.

— Entwurf einer Instruction f. Gemeinde-Verrechner, nach Großh. Bad. Gesetzen u. Verordn. 2te verb. Aufl. 8. Carlsr. 825, Braun.

Rheinländer, Karl Ldw. Thdr., die Gant-Praxis, od. prakt. Anleit. zu d. Gantgeschäft nach den im Großherzogth. Baden geltenden Gesetzen. Nebst Anh. üb. Pfandbuch-Erneuerungen. 8. Karlsr. 825. Braun. 12 gr.

Rheinländer, Karl Ludw. Theod., der Gemeinde-Rechner, oder Anleitung zur Gemeinde-Rechnungsführung nach Großh. Badischen Gesetzen u. Verordnn. 1r Thl. 3e, nach der neuen Gemeinde-Ordn. umgearb. Aufl. 8. Karlsr. 835. Braun. 5/12 Thlr.

— dass. 2r Thl. des Gemeinde-Rechners. Enthaltend eine Anleitung zur Stellung der Gemeinde-Rechnungen mit Bemerkk. über die Revision derselben u. den Voranschlag oder Bedürfniß-Etat, nach Großh. Badischen Gesetzen u. Verordnungen. gr. 8. Ebd. 835. ½ Thlr. (1. 2: ungetrennt nur 5/6 Thlr.)

— Handbuch f. Incipienten u. Scribenten. 1r Thl. 8. Karlsr. 807. (Braun). 1 Thlr. 12 gr.

— prakt. Handbuch f. jeden Staatsbürger Badens, üb. Eheverträge, Schenkungen mit Lebenden, Testamente rc. nach dem Code Napoleon. gr. 8. Karlsr. 810. Macklott. 1 Thlr.

— s. Hauptregister üb. alle Gesetze rc. in d. Badischen Regierungsblättern.

— wesentl. Inhalt d. Rechtsbelehrungen u. Anordnungen z. Coder Napoleon, als badisches Landrecht. Mit e. Nummern- u. einem alphabet. Register. 8. Karlsr. 813. Braun. 14 gr.

Rheinländer, K. Ludw. Th.: Rechnungsrecht nach Grossh. Bad. Gesetzen. *Carlsruhe*, Braun. 823. gr. 8.

— üb. die Großherzogl. Bad. Regierungsblätter, zweites Decennium 1811 bis 1820. gr. 4. Karlsr. 821. Braun. 15 gr.

— alphabet. Register üb. die Großherzogl. Bad. Gesetze u. Verordnn., welche d. Adel od. die Grundherren u. ihre Beamten angehen rc. gr. 8. Karlsr. 809. Macklott. 6 gr.

Rheinländer, K. Lwd. Th.: Vormundschaftslehre nach d. Code Napoleon, als Landrecht f. d. Grossherz. Baden u. s. w. Mit Geschäfts-Formularien. *Karlsruhe*, Braun. 810. gr. 8. (12 Gr.)

— Vormundschaftslehre nach d. Code Napoleon als Landrecht f. das Großherzogth. Baden. gr. 8. Karlsr. 810. Macklott. (Braun). 12 gr.

— kurzes latein.-deutsches Wörterbuch für Badensche Schreiber-Anfänger. 8. Karlsr. 804. Macklot. 8 gr.

Rheinlands Sang u. Sage. Die schönsten Rheinlieder m. e. Leitgedichte v. Emil Rittershaus u. 20 Orig.-Radiergn. v. Bernh. Mannfeld. Fol. (III, 55 S.) Bonn 891, Strauß, Verl. geb. m. Goldschn. * 20 —

Rheinlands Sang u. Sage. Die schönsten Rheinlieder m. e. Leitgedichte v. Emil Rittershaus u. 20 Orig.-Radirgn. v. Bernh. Mannfeld. 4. Aufl. Fol. (V, 55 S.) Bonn 899. Stuttgart, E. Strauß. Geb. in Leinw. m. Goldschn. 20. —

Rheinlandschaften, s. Schütz.

Rheinlauf [Sachliches OW]

Rheinlauf, der, von dessen verschiedenen Quellen bis zu seinem Ausflusse. Nach der Natur aufgenommen von G. Primavesi. 1s und 2s Heft mit Kupfern und Karten. qu. Fol. Frankfurt a. M., Gebr. Wilmans. 818.

Rheinlauf von Schaffhausen bis Rotterdam. Lith. 4' lang. Bern 850, Jenni Vater. n. 8 Ngr.

— von Schaffhausen bis Rotterdam. Mit interessanten architekton. u. geschichtl. Denkmälern als Randbilder geziert. Nebst Bezeichnung der Eisenbahnen. Lith. 5' 8'' lang u. 8'' breit. Emmerich 852, Romen in Comm. n. ⅓ Thlr.

Rheinlauf von Strassburg bis Rotterdam. Cours du Rhin ... Course of the Rhine ... Cöln-Cologne. Lith. Inst. Gebr. Kehr & Niessen [1860?] 2 Bll. . . . . (Br. Mus.)

Rheinlauf [Schlagwort]

Rheinlaufs — Carte des — längs der Bayerischen und Badischen Gränze gemäss der über dessen Rectification zwischen der Krone Bayern und dem Grossherzogthume Baden den 24. April 1317 und den 14. Nov. 1825 abgeschlossenen Verträgen, gestochen von Th. Veiel in Speyer. 1 : 40,000. 4 Bl.

Rheinlaufes — Special-Karte des — von Strassburg bis Bingen, nebst den angrenzenden Gegenden von beyden Ufern bis an die Gebirge. Gezeichnet von C, P. G. L. M. P. Dewarat, gestochen von Joh. Georg Klinger in Nürnberg. Mannheim bey Schwan und Götz. 1795 und 1796. 1 : 80,000. 2 Bl.

Rheinleben Lieder . . . Mainz 1851. H: *Hoffmann genannt von Fallersleben, August Heinrich.* (GGr)

Rhein-Maas-Kanal. Der. 1887.

Rhein-Neckar-Gebiet [Schlagwort]

Rhein-Neckar-Gebiet. Uebersichtskarte des weiteren Rhein-Neckar-Gebietes. 1 : 500,000. [Aus: „C. Vogels Karte des Deutschen Reiches".] 27×22 cm. Farbdr. Köln (902). Hoursch & Bechstedt. — 30

Rhein-Panorama von Düsseldorf bis Mainz. In Stein gravirt von W. Severin. 1/4 Imp.-Fol. Düsseldorf 841, Bötticher'sche Buchh. n. 1/3 ℛ

Rheinpanorama, kleines, von Cöln bis Mainz. Nach neu aufgenommenen Originalzeichnungen in Stahl gest. (Nebst: Das Rheinthal von Köln bis Mainz. Eine gedrängte Beschreibung desselben zur Erläuterung des kleinen Rheinpanoramas und als Begleiter für Rheinreisende. 32 S. u. 2 Stahlst. in 8.) Bonn 856. Habicht. lang Fol. n. 1 ℛ.

Rheinpanorama, kleines, von Cöln bis Mainz. Nach neu aufgenommenen Orig.-Zeichnungen in Stahl gest. 3., verm. u. verb. Aufl. Bonn 867. Habicht. qu. gr. Fol. (Mit 96 Sp. Text in br. 8.) In Carton. n. 1 ℛ

— von Mainz bis Cöln. Beigabe zum Relief des Rheins. Topogr.-plastische Darstellung von A. Ravenstein. Farbendruck und Prägung von Bauerkeller u. Cie. in Paris. — Panorama du Rhin de Mayence à Cologne. Gaufré et imprimé en Couleurs par Bauerkeller et Cie. (Brevetés à Paris. 3 Ellen 1 Zoll Rhein. lang u. 6½ Zoll breit. Nebst Beschreibung. Leipzig 842, Thomas. n. 2 ℛ

— dass. 82 Zoll lang u. 7 Zoll breit. Ebend. 843. n. 2 ℛ

[S. u. Ant.] Rhein-Panorama. Der Rhein v. Mainz bis Köln. Le Rhin de Mayence à Cologne. The Rhine fr. Mayence to Cologne. (Deckelt.: Der Rhein v. Mainz bis Cöln.) [Leporello-Album nebst Text.] *Bonn: Buchdr. A. Henry [1896].* 2 Bde 8.
[Album: (1 Kt.) [Text.] (16 S.)

Rhein-Panorama von Mainz bis Köln. Bestehend aus 12 aneinanderhäng., originellen abtrennbaren Postkarten m. e. übersichtl. Führer m. Angabe empfehlenswerter Hôtels u. Gasthöfe. gr. 16. (VI, 74 S.) Boppard 900. C. Seyd. 1. —; m. Doppelpanorama 1. 25

Rhein-Panorama von Mainz bis Köln. 180×21,5 cm. Farbdr. Nebst Text (in deutscher, engl. u. französ. Sprache). Eine Rheinfahrt von Mainz bis Köln. (19 S.) schmal gr. 8. Köln (903). Hoursch & Bechstedt. In Decke 2. —

Rhein-Panorama, neues, nebst Bergstrasse u. Odenwald. Mit 25 Ansichten. Lith. qu. schmal Fol. Leipzig 877. Lesimple. In Carton. 1. 20

Rhein-Panorama, neues, nebst Odenwald u. Bergstrasse. 4. Ausg. Mit 25 Ansichten. Lith. schmal Fol. Leipzig 885. Lesimple. In Carton. n. 1. 25

— neuestes, von Cöln bis Mainz. Nach neu aufgenommener Orig.-Zeichnung in Stahl gestochen. qu. gr. Fol. Nebst praktischem Führer durch die Rheinlande, nebst Bergstraße, Odenwald u. Taunus. 4. Aufl. 8. (48 S.) Ebend. 879. cart. n. 2. 75

— in Relief. 1. Abthl. in IV Tableaux von Cöln bis Coblenz. Nebst Beschreibung. ... Paris 841. (Leipz., Thomas.) n. 6 ℛ

— von Schaffhausen bis Rotterdam. Nebst den angrenzenden Städten, Routen, Flüssen u. den belg.-rhein. Eisenbahnen. Neu gez. u. lithogr. von Apelt. 75 Zoll nebst 1 Kärtchen. Mainz 846, Halenza. 2 ℛ

Rheinpfalz [Sachliches OW]

Rhein-Pfalz, die. (26) Malerische Ansichten nach Originalzeichnungen in Stahl gest. v. den bedeutendsten Künstlern. qu. gr. 4. Neustadt a/H. 852, Gottschick. n. 2⅔ ℛ; in Tondr. n. 4 ℛ; color. n. 11½ ℛ

Rheinpfalz, die bayerische. Reisehandbuch f. Touristen. Mit e. (chromolith.) Karte der Rheinpfalz v. Hch. Möhl. 8. (64 S.) Kaiserslautern 872. Tascher. n. 1. 50

Rhein-Pfalz, die malerische und romantische, dargestellt in Original-Ansichten in Stahlst. von Deutschlands bedeutendsten Künstlern. Historisch-topographisch beschrieben von Frz. Weiß. Nach dessen Tode neu herausg. von W. Kuby. 3. vielfach verm. u. verb. Aufl. Neustadt a. d. H. (857.) Gottschick. Lex.-8. (VIII, 288 S., 62 Stahlst. u. Titel in Stahlst.) n. 5 ℛ. 7½ ngr.; ohne Text als Album in 4. n. 2 ℛ. 20 ngr.; color. n. 15 ℛ.; größere Ausg. n. 4 ℛ.; color. n. 30 ℛ.

Rheinpfalz [Schlagwort]

— s. a.: Bayern. Wenng.

— s. a.: Elsass-Lothringen. Richter. Verkehrskarte.

— s.a. Handkarten.

— s.a. Heimatskärtchen. 49.

— s.a.: Luftschifffahrtskarten.

— s.a. Radfahrerkarten. Junghans.

— s.a. Radfahrerkarten. Mittelbach. Universal-Automobilkarte.

— s. a.: Radfahrerkarten. Ravenstein.

Rheinpfalz, bayr., s.a. Rheinprovinz.

— s.a. Verkehrskarten. Ebbecke. Muth.

— s.a. Württemberg. Baur, C. F.

Rheinpfalz — Historische Karte der —. Nach dem politischen Territorial-Bestande im Jahre 1792 bearb. von J. G. Rau und. K. A. Ritter. 200,000. Neustadt a/H. Gottschick-Witter 1871. 1 Bl.

Rheinpfalz. Karte der Pfalz, aus der Karte v. Südwest-Deutschland. 1 : 250,000. 38×49 cm. Ueberdr. München (904). (Literarisch-artist. Anstalt.) n.n. 1. 50

Rhein-Pfalz. Keil, H., neueste, beste u. billigste Specialkarte der bayerischen Rhein-Pfalz. Nach den Generalstabskarten gezeichnet. 1 : 250,000. Chromolith. Imp.-Fol. Kaiserslautern 888. Gotthold. n. 2. —; in Leinw.-Carton n. 2. 60; auf Leinw. in Leinw.-Carton n. 4. —; m. Stäben n. 4. 50

Rheinpfalz, Bayer. Keil, Herm., neueste, beste u. billigste Spezialkarte d. bayer. Rheinpfalz. Nach d. Generalstabskarten gezeichnet, rev. v. den kgl. Bezirksgeometern. 1 : 225,000. 5., vielfach verb. Aufl. 53×59,5 cm. Farbendr. Kaiserslautern 896. A. Gotthold. n. 2. —; in Leinw.-Umschlag n.n. 2. 50; auf Leinw. zum Zusammenlegen n. 4. —; m. Stäben n.n. 4. 50

— Keil, Herm., neueste, beste u. billigste Spezial-Karte der bayer. Rheinpfalz. Nach den neuesten Generalstabsblättern gezeichnet. Rev. v. den kgl. Bezirksgeometern der Pfalz (u. den kgl. Forstämtern). 6., vielfach verb. u. verm. Aufl. 1 : 225,000. 53×60 cm. Farbdr. Kaiserslautern (904). A. Gotthold. n. 2. —; auf Leinw.-Pap. n. 2. 60

— Lenert, A., die Pfalz u. ihre Umgebung. Wandkarte f. d. Mittelklassen der pfälz. Volksschule, nach der Generalstabskarte u. eigener Anschauung bearb. 1 : 100,000. 2. Aufl. 4 Blatt à 69×72,5 cm. Farbdr. u. kolor. Leipzig 897. G. Lang. n. 9. —; auf Leinw. in Mappe od. m. Stäben n. 15. —

Rheinpfalz. Lenert, A., die Pfalz u. ihre Umgebung. Wandkarte f. die Mittelklassen der pfälz. Volksschule, nach der Generalstabskarte u. eigener Anschaug. bearb. 1 : 100,000. 3. verb. u. vervollständ. Aufl. 4 Blatt à 68,5×72 cm. Farbdr. Leipzig (901). G. Lang. n. 9.—; auf Leinw. in Mappe od. m. Stäben n. 15.—

— Liebenow's, W., Spezialkarte d. bayrischen Rheinpfalz, m. den neuen Bez.-Amts- u. Amtsgerichts-Grenzen, der Prov. Rheinhessen u. d. Fürstentum Birkenfeld für Reise, Bureau u. Verkehr, m. allen Orten, Bahnen, Strassen, Flüssen u. politischen Abgrenzungen. Neu bearb. v. Hans Ravenstein. Volks-Ausg. 1 : 300,000. 44,5×38,5 cm. Farbdr. Frankfurt a/M. (905). L. Ravenstein. n. 1.—

— Loreck, C., u. A. Winter, Karte der Pfalz u. der Rheinebene. [Aus: „L. u. W., Atlas v. Süddeutschland".] 1 : 1,000,000. 37 × 25 cm. Farbdr. München 897. Piloty & Loehle. Auf Leinw. n.n. — 25

Rheinpfalz. Paasche's, Walt., Wander- u. Touristenkarten. Pfälzerwald u. Haardtgebirge. Mit Eindruck der farb. Wegbezeichngn. 1 : 100,000. 75,5×53,5 cm. Farbdr. Stuttgart, Paasche & Luz. 1.20; auf Leinw. 2.—

— Ravenstein's Markierungskarte f. den Pfälzerwald m. Verzeichnis v. 100 beliebten Wanderungen nebst Entfernungs- u. Zeit-Angaben, Colorit f. Weinbaugelände, Laub- u. Nadelwald. Bearb. von v. Ritter. 1 : 170,000. 2. u. 3. Aufl. 60,5×54 cm. Farbdr. Mit Text auf der Rückseite. Frankfurt a/M. (907). L. Ravenstein. Auf Leinw. 1. 50

Rhein-Pfalz. Welzbacher, C., neueste Comptoir- u. Reisekarte der Rheinpfalz. 1 : 220,000. Ausg. 1889. Chromolith. qu. gr. Fol. Neustadt a/H. 889. Gottschick-Witter. n. 2. 50; auf Leinw. gedruckt, in Etui n. 3.—

— Wolf, Karl, Handkarte der Pfalz, für den Schulgebrauch gezeichnet. 7. verb. Aufl. 1 : 4000. 28×31,5 cm. Farbdr. Kaiserslautern (910). H. Dörner. Auf Pappe — 40

— Zwissler, Aug., Weg-Markirungs-Karte f. d. Pfälzer Wald. 1 : 220,000. 2., verb. u. ergänzte Aufl. 32,5 × 44,5 cm. Farbdr. Nebst Touren-Verzeichniss. 12. (40 u. VIII S. m. farb. Fig.) Neustadt a/H. 897. L. Witter. Auf Leinw.-Pap. n. 1. 50

Rheinpfälzer. – Der Rheinpfälzer. – Landau/Pfalz. – 1.X.1908 – 31.III.1936. Vorh. u.d.T.: Landauer Zeitung.

Rheinpreussen — Charte von — und den Niederlanden (bis Paris, London, Bremen, und Würzburg) von R. v. L. Berlin 1827 bey C. G. Lüderitz. 1: 1,200,000. 1 Bl.

Rheinpreußisches, das ist: Beiträge z. Würdigung d. polit. Zustandes d. preuß. Rheinprovinz. 1. Hft. — A. u. d. T.: Beleuchtung d. Justizverwaltung vor u. unter dem v. Kamptz'schen Ministerium. Eine Entgegn. auf die „Materialien." Nebst e. Zugabe. gr. 8. (4 B.) Würzburg 839, (Stahel'sche Buchh.)

Rheinprovinz [Sachliches OW]

Rheinprovinz, Die, unter Preussen. Elberfeld 1842. Y: *Willemsen, P.* (Ky) (Wa) (EngG)

Rhein-Provinz, die, unter Preußen. (Von P. Willemsen.) gr. 8. Elberfeld 842, Büschler'sche Verlagsbuchh. n. 2/3 ₰

Rheinprovinz [Schlagwort]

— s. a. Eisenbahnkarten.

— s.a. Frankreich. Freytag, G.

— s. a: Generalkarten.

— s.a. Geologische Karten. Dechen, H. v. —

— s.a. Hand- und Reisekarten. 19. 38.

— s.a. Heimatskärtchen. 1–5.

— s.a. Heimatskarten.

— s.a. Industriekarten.

— s.a. Radfahrerkarten.

— s.a. Regenkarte.

— s.a. Regenkarten.

— s.a. Schulwandkarten.

— s.a. Temperaturkarten.

Rheinprovinz. Algermissen, J. L., Diözesan-Karte der Provinzen Rheinland u. Westfalen, sowie der angrenzenden Landesteile. 1 : 400,000. 2 Blatt. Chromolith. Imp.-Fol. Nebst statist. Angaben, m. Unterstützg. der hochwürd. General-Vicariate bearb. gr. 8. (12 S.) Köln 887. Warnitz & Co. n. 5. —; auf Leinw. n. 6. 50; m. Stäben u. lackirt n. 7. 50

Rheinprovinz. Algermissen, Joh. Ludw., Schul-Wandkarte der Rheinprovinz, nach den neuesten Unterrichts-Grundsätzen bearb. 1 : 200,000. 6 Blatt à 58 × 55 cm. Farbdr. Köln 898. Kölner Lehrmittel-Anstalt, H. Inderau. 7. 50; auf Leinw. n. 15.—

— — Uebersichtskarte der Provinzen Rheinland u. Westfalen, sowie der angrenzenden Landesteile (bis Utrecht, Lüttich, Metz, Karlsruhe, Fulda, Cassel, Hameln reichend). 1 : 400,000. 2 Blatt. 3. Aufl. Chromolith. gr. Fol. Ebd. 888. 2. 50; auf Leinen in Taschenformat 4.—; auf Leinen m. Stäben u. lackirt 5.—

— — Uebersichtskarte der Provv. Rheinland u. Westfalen, sow. d. angrenzenden Landesteile (bis Utrecht, Lüttich, Metz, Karlsruhe, Fulda, Kassel, Hameln reichend). 1 : 140,000. 4., gänzlich umgearb. Aufl. 95,5 × 69 cm. Farbdr. Köln 898. K. Warnitz & Co. n. 2. 50; auf Leinw. n. 4. 50; m. Stäben u. lackiert n. 6.—

Rheinprovinz. Algermissen, Joh. Ludw., Uebersichtskarte der Provv. Rheinland u. Westfalen, sowie der angrenzenden Landesteile (bis Utrecht, Lüttich, Metz, Karlsruhe, Fulda, Kassel, Hameln reichend). 1 : 140,000. 5. verb. Aufl. 99×69,5 cm. Farbdr. Köln 900. K. Warnitz & Co. n. 2.50; auf Leinw. n. 4. 50; m. Stäben n. 6.—

— — Wandkarte der Rheinprovinz f. den Schulgebrauch. 1 : 200,000. 5. Aufl. 6 Blatt. Lith. u. color. Imp.-Fol. Leipzig 890. Lang. n. 7. 50; auf Leinw. in Mappe od. m. Stäben n. 14.—

Rheinprovinz. Algermissen, J. L., Wandkarte der Rheinprovinz f. den Schulgebrauch. 1:200,000. 6 Blatt. 6. Aufl. Farbendr. 57×55 cm. Leipzig 892. G. Lang. n. 7. 50; auf Leinw. m. Stäben n. 14. —

— — Wandkarte d. Rheinprovinz f. d. Schulgebrauch. 1:200,000. 7. Aufl. 6 Blatt à 56,5 × 53,5 cm. Farbendr. Leipzig 896. G. Lang. n. 7. 50
auf Leinw. in Mappe od. m. Stäben n. 14. —

— Atlas, geschichtlicher d. Rheinprovinz, s.a. Publikationen der Gesellschaft f. rheinische Geschichtskunde, Nr. XII.

— Atlas, geschichtlicher, der Rheinprovinz, im Auftrage des Provinzialverbandes hrsg. (Publikationen der Gesellschaft f. rheinische Geschichtskunde. Nr. XII. 1. Lfg.) 1.—4. Blatt. à ca. 43×65 cm. Farbendr. Bonn 894. H. Behrendt. n.n. 18. —
1. Karte der Rheinprovinz unter französ. Herrschaft im J. 1813. n.n. 4. 50
2.—4. Karte der polit. u. administrativen Eintheilg. der heut. Rheinprovinz im J. 1789. n.n. 13. 50

— Atlas, geschichtlicher, der Rheinprovinz, Erläutergn., s. Publikationen der Gesellschaft f. rheinische Geschichtskunde.

Rheinprovinz und Westfalen — Topographischer Atlas der — Vom K. Generalstab. 80,000. 72 Bl.

— Bamberg, K., Heimatskarte vom Rheinland. [Aus: „Schul-Atlas".] 1:750,000. 42,5×29,5 cm. Farbdr. Berlin (899). C. Chun. n. — 15

— Bamberg, K., Wandkarte der Provinzen Rheinland u. Westfalen. 1:200,000. 15 Blatt. Chromolith. qu. gr. Fol. Berlin 889. Chun. 12.—; auf Leinw. in Mappe n. 16. 50; m. Stäben n. 18. —

— Bamberg's, K., Wandkarte der Provv. Rheinland u. Westfalen. 1:200,000. 3., rev. Aufl. 12 Blatt à 39 × 49,5 cm. Farbdr. Berlin 897. C. Chun. 12.—; auf Leinw. in Mappe n. 16. 50; m. Stäben n. 18. —

Rheinprovinz. Bamberg's, Karl, Wandkarte der Provv. Rheinland u. Westfalen. 1:200,000. 6. rev. Aufl. 15 Blatt à 39×49,5 cm. Farbdr. Berlin (907). C. Chun. 12.—; auf Leinw. m. Stäben 18. —

— Breuer, Carl, Höhenschichtenkarte der Rheinprovinz f. den Schulgebrauch. 1:200,000. 9 Blatt. Farbendr. 58×44 cm. Düsseldorf 891. F. Bagel. In Mappe. n. 7. 50; auf Leinw. m. Stäben n.n. 15. —

— Cüppers, Ad. Jos., Schulwandkarte der Rheinprovinz. 1:250,000. 6 Blatt. Farbendr. u. kolor. 46,5×43,5 cm. Düsseldorf 892. L. Schwann. n. 8. —;
auf Leinw. n. 14. —

Rheinprovinz und der Provinz Westfalen — Geologische Karte der — etc., nach der Gradabtheilungskarte des K. G. Stbs. ausgef. durch Dr. H. v. Dechen. 80,000. Berlin, bei S. Schropp u. Comp. 1865. 34 Bl. dazu Uebersichtskarte in 500,000.

— Diercke, C., Schulwandkarte der Rheinprovinz. 1:175,000. 191×141 cm. Farbdr. Braunschweig (908). G. Westermann. Auf Leinw. m. Stäben 22. 50

— Eckert, Max, Heimatskarte v. Rheinland. 1:100,000. 33×22 cm. Farbdr. Halle (902). H. Schroedel. n.n. — 10

— Fabricius, W., die Rheinprovinz im Jahre 1789, s. im Alphabet der Bücher: Publikationen d. Gesellschaft f. rhein. Geschichtskunde. XII.

— Gaebler, Ed., Schulwandkarte der Rheinprovinz. 1:150,000. 6 Blatt à 68 × 77 cm. Farbdr. Leipzig 898. G. Lang. n. 12. —;
auf Leinw. in Mappe od. m. Stäben n. 18. —

Rheinprovinz. Gaebler, Eduard, Schulwandkarte der Rheinprovinz. 1:150,000. 2. verb. Aufl. 6 Blatt à 69×78 cm. Farbdr. Leipzig (905). G. Lang. n. 12. —;
auf Leinw. in Mappe od. m. Stäben n. 18. —

— Gaebler, Eduard, Schulwandkarte der Rheinprovinz. 1:150,000. 3. Aufl. 6 Blatt à 68,5×77 cm. Farbdr. Leipzig (909). G. Lang. 13.—;
auf Leinw. m. Stäben 18. —

— Handtke, F., General-Karte der Rheinprovinz. 1:470,000. 20. Aufl. Farbendr. 72×56,5 cm. Glogau 891. C. Flemming. n. 1. —;
auf Leinw. in Kaliko-Karton n. 2. 50

— Handtke, Fr., General-Karte der Rheinprovinz. 1:470,000. 23. Aufl. 72 × 56,5 cm. Farbendr. Glogau 895. C. Flemming. n. 1. —

— Karte der Rheinprovinz u. Westfalen, der Prov. Hessen-Nassau u. Frankfurt a/M., d. Grossherzogth. Hessen, der bayr. Rheinpfalz u. eines Theils der benachbarten Länder. Mit genauer Angabe sämmtl. eröffneten Eisenbahnen. Nach den besten vorhandenen Quellen neu bearb. Ausg. Chromolith. Imp.-Fol. Düsseldorf 888. A. Bagel's Verl. 1. 50

— Karte der Rheinprovinz u. Westfalens, der Prov. Hessen-Nassau, der Fürstentümer Lippe u. des Fürstent. Waldeck, des Grossherzogt. Hessen, der bayrischen Rheinpfalz u. e. Teils der benachbarten Länder. Mit genauer Angabe sämmtl. eröffneten Eisenbahnen. Nach den besten Quellen neu bearb. Ausg. 86,5×58 cm. Farbendr. u. kolor. Düsseldorf 894. A. Bagel. 1. 50

Rheinprovinz. Leeder, E., Wandkarte der Provv. Rheinland u. Westfalen. Für den Schulgebrauch entworfen, gezeichnet u. hrsg. 2. Aufl., rev. v. M. Leeder. 1:250,000. 6 Blatt à 55 × 65 cm. Farbdr. u. kolor. Essen 898. G. D. Baedeker. n. 5. —;
auf Leinw. m. Stäben n. 14. —

Rheinprovinz und Prov. Westfalen — Karte der — bearb. von W. Liebenow. 240,000. Berlin. Lith. Institut. 6 Bl.

— Liebenow, W., Karte der Rhein-Prov. u. der Prov. Westfalen. 1:240,000. 5. Aufl. 6 Blatt. Chromolith. gr. Fol. Berlin 888. Berliner Lithogr. Institut. à Bl. 1. 50

— Liebenow, W., Karte der Rhein-Provinz u. der Prov. Westfalen. 1:240,000. 7. Aufl. 6 Blatt à 55,5 × 55 cm. Farbendr. Berlin 895. Berliner Lith. Institut. à 1. 50
1. Münster. — 2. Cöln. — 3. Trier. — 4. Minden. — 5. Wetzlar. — 6. Frankfurt.

— — topographische Karte der Rheinprovinz u. der Prov. Westfalen. 1:80,000. (36 Blätter.) Nr. 2, 18 u. 30. Rev. 1890. Lith. qu. gr. Fol. Berlin 890. Schropp. à n. 1. —
2. Tecklenburg. — 18. Berleburg. — 30. Saarburg.

— Liebenow, W., topographische Karte der Rheinprovinz u. der Prov. Westfalen. 1 : 80,000. Nr. 5, 17—20, 31, 35 u. 36. Neue Ausg. 1893. à ca. 54× 66,5 cm. Steindr. Berlin 893. S. Schropp. à n. 1.— 5. Cleve. — 17. Lüdenscheid. — 18. Berleburg. — 19. Aachen. — 20. Cöln. — 31. Trier. — 35. Wiesbaden. — 36. Waldeck-Cassel.

— — topographische Karte d. Rheinprovinz u. d. Prov. Westfalen. 1 : 80,000. Neue Aufl., bearb. nach dem neuesten Material. (In 36 Blättern.) Nr. 1, 2, 5, 7, 10, 13, 15—17, 19, 20—24, 29—31 u. 34. à ca. 54 × 66 cm. Lith. Berlin 895—898. S. Schropp. à n. 1. — 1. Ochtrup. — 2. Tecklenburg. — 5. Cleve. — 7. Münster. — 10. Geldern. — 11. Wesel. — 12. Dortmund. — 13. Soest. — 15. Crefeld. — 16. Düsseldorf. — 17. Lüdenscheid. — 19. Aachen. — 20. Cöln. — 21. Siegen. (1. V. 97.) — 22. Laasphe. — 23. Malmedy. — 24. Mayen. — 27. Neuerburg. (1. XII. 96.) — 28. Berncastel. (1. XII. 96.) — 29. Simmern. — 30. Saarburg. (1. XII. 96.) — 31. Trier. — 34. Saarlouis.

— Liebenow, W., Karte der Prov. Rheinland nebst den angrenzenden Landestheilen. Neue Bearbeitg. nach amtl. Kartenwerken v. Hans Ravenstein. 1 : 300,000. 105×77,5 cm. Farbdr. Frankfurt a/M. (907). L. Ravenstein. In Decke 4.50; auf Leinw. in Taschenformat 6.—; m. Stäben 7.50

— — Karte der Provinzen Rheinland u. Westfalen, d. Grossherzogth. Hessen, der Fürstenthümer Lippe u. Waldeck, nebst den angrenz. Landestheilen, als besond. Abdr. aus der Karte von Mittel-Europa. 1 : 300,000. 2 Blatt. Lith. gr. Fol. Hannover 889. Oppermann. n. 6.50; auf Leinw. in Carton n. 13.—; einzelne Blätter à n. 4.—; politisch color. m. Landgerichtsgrenzen n. 8.—; in Carton n. 9.—; einzelne Blätter à n. 4.50; in Carton à n. 5.—; auf Leinw., lackirt u. m. Stäben n. 15.—; einzelne Blätter auf Leinw. in Carton à n. 7.—

— Liebenow's, W., topographische Karte der Rheinprovinz u. der Prov. Westfalen. 1 : 80,000. Neue Aufl. bearb. nach dem neuesten Material. (In 36 Blättern.) Bl. 8, 11, 12, 14—21, 23, 25—28, 30—32, 34—36. à 54×68 cm. Lith. Berlin, S. Schropp. à n. 1.— 8. Bielefeld. (902.) — 11. Wesel. (900.) — 12. Dortmund. (902.) — 14. Warburg. (900.) — 15. Krefeld. (901.) — 16. Düsseldorf. (902.) — 17. Lüdenscheid. (902.) — 18. Berleburg. (900.) — 19. Aachen. (901.) — 20. Cöln. (901.) — 21. Siegen. (899.) — 23. Malmedy. (901.) — 25. Coblenz. (899). — 26. Wetzlar. (900.) — 27. Neuerburg. (900.) — 28. Berncastel. (899.) — 30. Saarburg. (899.) — 31. Trier. (899). — 32. Kreuznach. (900.) — 34. Saarlouis. (900.) — 35. Wiesbaden. (900.) — 36. Waldeck-Cassel. 61×67,5 cm. (902.)

— Ludt, Adf., Schulwandkarte der Rheinprovinz. Bearb. u. gezeichnet. 1 : 187,500. 2 Blatt. à ca. 88,5× 118,5 cm. Farbdr. Trier (906). F. Lintz. Auf Leinw. m. Stäben u. Lederriemen n. 18.—; m. Schutzvorrichtg. n. 19.—

Rheinprovinz, Westphalen — Karte von der — und Herzogthum Nassau. Bearb. von A. Meyer. 500.000. A. Meyer's Verl. zu Berlin. (1858). 2 Bl.

— Mittelbach, neueste Specialkarte der Prov. Rheinland zum Hand- und Bureaugebrauch. 1 : 300,000. 111×71,5 cm. Farbdr. Leipzig (905). Mittelbach. n. 1.50

— Ohmann, C. L., Schulwandkarte der Rheinprovinz. 9 Blatt. Berlin, A. Wruck's Verl. 5.50; auf Leinw. in Mappe od. m. Stäben 14.—

— Richter, Gust., Wandkarte der Rheinprovinz. 1 : 175,000. 6 Blatt à 89 × 63 cm. Farbdr. Essen 898. G. D. Baedeker. n. 12.—; auf Leinw. m. Stäben n. 20.—

— Schaffnit's neue Verkehrskarte der Rheinlande. 1 : 600,000. 4. Aufl. Farbdr. 52,5×40,5 cm. Düsseldorf (902). C. Schaffnit. n. —30

— Schaffnit's neue Verkehrskarte der Rheinlande. [Aus: „Dr. W. Koch u. C. Opitz, Eisenb- u. Verkehrs-Atlas".] 1 : 600,000. 6. Aufl. 53,5×41 cm. Farbdr. Düsseldorf (909). C. Schaffnit. —30

— Touristenkarte durch Rheinland u. Westfalen. Autogr. Fol. Bielefeld 890. (Helmich.) n. —30

— Uebersichtsplan d. Verkehrs auf den Provinzialstrassen der Rheinprovinz. 1 : 333,333. 2 Blatt. Chromolith. gr. Fol. Düsseldorf 887. F. Bagel. n. 2.—; auf Leinw. m. Stäben n. 5.—

Rheinprovinz. Wander-, Rad- u. Automobilkarte der westlichen Rheinprovinz u. des angrenzenden Belgien u. Holland. 1 : 300,000. 38,5× 29 cm. Farbdr. Aachen (909). Creutzer's Sort. —75

Rheinquellen: Die Rheinquellen
③ Churer Zeitung (V) ④ Neue Bündner Zeitung (I) ⑤ 1. 7. 1856—31. 12. 1860 ⑥ 4° ⑦ wöchentlich 6× ⑧ Chur: Senti & Hummel ⑩ Senti & Hummel ⑪ Oberstlt. Ludw. Christ ⑬ BGSZ: 1001 ⑭ Ch: K.

Rheinquellen, die. Monats-Hefte zur Unterhaltg. u. Belehrg. Hrsg. v. O. Planta-Wildenberg u. M. Valer. 1. Jahrg. 1895. 12 Hfte. (à ca. 3 Bog.) gr. 8. Chur. (H. Bornhard.) n. 8.—

Die Rheinquellen. Zeitschrift für schweizerische und süddeutsche Wasserwirtschaft. Organ des Vereins für die Schiffahrt auf dem Oberrhein in Basel. Jg. 3 (1908). Basel, 1908 u. ff.

Rheinreise. Halberstadt 1807.
V: *Wackerbarth, August Joseph Ludw. Graf von.* (Ky)

Rheinreise (v. ... v. Wackerbarth). A. u. d. T.: Wanderungen am Rheine. Mit Kpf. 8. Halberst. 807. (W. Nauck in Leipz.) 2 ℳ 12 gr. ill. 4 ℳ 8 gr. ohne Kpf. 1 ℳ

Rheinreise. *Berlin: R. Talbot [1900].* (24 S.) 8°
(Projektions-Vorträge.) (wo. 4278

Rheinreise von Basel bis Düsseldorf, s.a. Bädeker, K.

Rheinreise von Basel bis Düsseldorf mit Ausflügen in das Elsaß u. die Rheinpfalz, das Murg- u. Neckarthal, an die Bergstraße, in den Odenwald u. Taunus, in das Nahe-, Lahn-, Ahr- u. Wupperthal und nach Aachen. 5. durchaus umgearb. Aufl. der Rheinreise von J. A. Klein. Mit 12 Ansichten, 1 Karte u. 8 Plänen. 8. Koblenz 846, Bädeker. n. 1 1/3 ℳ

Rheinreise von Basel bis Düsseldorf mit Ausflügen in das Elsaß und die Rheinpfalz, das Murg- und Neckarthal, an die Bergstraße, in den Odenwald und Taunus, in das Nahe-, Lahn-, Ahr-, Roer-, Wupper- und Ruhrthal und nach Aachen. 6., verb. und verm. Aufl. der Klein'schen Rheinreise bearb. von K. Bädeker. gr. 16. (8, XLVIII und 376 S. mit 15 lithogr. Ans., 2 lithogr. Karten und 9 lithogr. Plänen,) Koblenz 849, Bädeker.

Rhein-Reise von Köln bis Frankfurt — Heidelberg, s. Grieben's Reisebibliothek

Rheinreise, e. Von Köln bis Mainz, s.a. Projections-Vorträge.

Rheinreise, e. Von Köln bis Mainz. Begleit. Text zu e. Serie v. 50 Projectionsbildern nach photograph. Aufnahmen. gr. 8. (20 S. m. 1 Kunstbeilage.) Düsseldorf (897). E. Liesegang. n. — 50

Rheinreise. – Eine Rheinreise. Von Köln bis Mainz. Begleitender Text zu e. Serie v. 50 Projectionsbildern nach photogr. Aufnahmen. Mit Kunstbeilage. Düsseldorf: E. Liesegang [1898]. (20 S.) 8°

Rheinreise v. Straßburg bis Düsseldorf ꝛc., s.a. Klein, J. A.

— von Straßburg bis Düsseldorf mit Ausflügen nach Baden, Heidelberg u. Frankfurt, an die Bergstraße, durch die Rheinpfalz, die Taunusbäder, das Nahe-, Ahr- u. Wupperthal u. nach Aachen. 4. durchaus umgearb. Aufl. der Rheinreise von J. A. Klein. Mit 12 Ansichten, 1 Karte u. den Plänen von Straßburg, Frankfurt, Mainz, Koblenz, Bonn, Köln, Aachen u. Düsseldorf. 8. Ebend. 843. n. 1 1/3 ℛ

Rheinreise v. Straßburg bis Rotterdam, s.a. Klein, J. A.

Rheinreise von Straßburg bis Rotterdam. 2e, erweit. u. verb. Aufl. der Rheinreise von Joh. Bapt. Aug. Klein, sammt Ausflügen an die Nahe, die Mosel, die Ahr, in die Bäder des Taunus, nach Aachen u. Spa u. den wichtigeren holländ. Städten. Mit architekton.-histor. Bemerkk. über die Bauwerke am Rhein von dem Bau-Inspektor v. Lassaulx. Nebst 12 Ansichten u. 2 Karten. gr. 12. Koblenz 835. Bädeker. 1 1/4 ℛ — 3e Aufl., u. d. T.: Rheinreise von Straßburg bis Düsseldorf, mit Ausflügen nach Baden, Heidelberg u. Frankfurt ꝛc. Mit 72 Ansichten u. 1 Karte. gr. 16. Ebd. 839. 1 1/3 ℛ

Rheins, Fr. v., Geschichte u. Beschreib. d. Kirche St. Kilian ꝛc., s. Curtze, L.

v. Rheins, F., die Kirche zu Corbach, s. Curtze.

Rheins, Franciscvs (geb. am 16 Jan. 1842 in Neuss): De cranii terebrationis indicatione ... Bonnae, typ. C. Georgi 1867. 2 Bl., 32 S., 1 Bl. 8.

Bonn, Med. Fak., Diss. v. 6 Aug. 1867

Rheinsagen aus dem Munde des Volks und deutscher Dichter ... Von Karl Simrock. 10. Aufl. Bonn 1891. H: *Hessel, Carl.* (Berl)

Rheinsberg [Schlagwort]

Rheinsberg, s.a. Deutschland. Kürschner-Pelp.

Rheinsberg, s.a. Mark. — Wanderkarten.

Rheinsberg. Straube, Jul., Spezialkarte v. Rheinsberg u. Umgegend (Gransee, Fürstenberg, Wesenberg). 1 : 60,000. 68,5×46,5 cm. Farbdr. Berlin (905). J. Straube. n. 1. —

Rheinsberg [Verfasser]

Rheinsberg-Düringsfeld, O. v., Sprichwörter der germanischen u. romanischen Sprachen, s.: Düringsfeld, J. v.

Die Motive aus dem Ring Richard Wagners. Lyrische Nachdichtungen. Othmar u. Erika Rheinsch [d. i. **Spann**]. Wien & Leipzig: Gerlach & Wiedling 1900. (32 S.) 8° [F.] 106. 1170

Rheinsch, Erika, Tragödien u. Festgesänge der Blumen u. Bäume. (237 S.) 8. Frankfurt a/M. 907. H. Demuth. n. 3. —; geb. n. 3. 90

Rheinsch, H.
Versuch einer von der atomistischen Ansicht abweichenden Erklärungsweise der chemischen Verbindungen. Erlangen, 1854. 8vo.

Rheinsch, Othmar, u. Erika Rheinsch, die Motive aus dem Ring Richard Wagners. Lyrische Nachdichtungen. (32 S.) 8. Wien 906. Gerlach & Wiedling. n. 1. —

„Rheinschiffahrt. Zustand und Betrieb der Schiffahrt des Rheins während 1819", (Mainz) 1820. „Tabellarische Uebersichten der 1820 bis 1824 auf dem Rheine verfahrenen Güter und der Einnahmen auf sämmtlichen Erhebungsämtern der Rheinschiffahrts-Gebühren für die Jahre 1820 bis 1824". Teils litographiert, teils Manuskript. — Vorh.: Preuß. Staatsbibl. Berlin.

Rheinschifffahrt. Die Rh' im Lichte der Zahlen. Eine Studie zu Gunsten der Kanalschifffahrt. Separatabdruck aus der «Neuen Basler Handelsztg.» Nr. 698, 699 und 700 vom 9.—23. Febr. 1906. 16 S. 8. ([Basel,] Typ. Kohlhepp.)

[Verfasst von der Redaktion der «N' B' H'»; für die Herausgabe verantwortlich: Hermann Weiss.]

Rheinschifffahrts-Acte, die, vom 17. Octbr. 1868 nebst der Schifffahrts-, Polizei- und Floss-Ordnung und der Verordnung über den Transport entzündl., ätzender und gift. Stoffe auf dem Rheine. 2. Aufl. (60 S.) 1870. * 70 Pf. Amtl. Ausg. 3. Aufl. 8. (51 S.) Mannheim [Strassburg] 875, Schneider. *

Rheinschifffahrts-Acte, die, vom 17. Oktbr. 1868 und die Polizeiordnung für die Schiffahrt und Flösserei auf dem Rhein vom 1. Febr. 1888, nebst einem Anhang, enthaltend: Gesetz vom 17. März 1870, betr. die Ausführung der revidirten Rheinschiffahrts-Acte vom 17. Oktbr. 1868; Gesetz vom 8. März 1879, betr. die Rheinschiffahrts-Gerichte; Polizeiverordnung vom 10. Juni 1882, betr. die Anzeige von Unglücksfällen auf Flussschiffen und Flössen. gr. 8. (76 S.) Düsseldorf 888, Voss und Comp.

Rheinschifffahrts-Acte, die, vom 17. X. 1868, nebst der Polizeiverordng. f. die Schifffahrt u. Flösserei auf dem Rhein vom 3. VII. 1897 u. Ergänzgn. dazu vom 18. VII. 1899, 12. XII. 1899 u. 28. VI. 1900. gr. 8. (75 S.) Düsseldorf 902. L. Voss & Co. n. 1. —

Rheinschiffahrts-Polizei-Ordnung vom 3. VII. 1897 m. Abänderungen u. Ergänzungen vom 18. VII. 1899, vom 28. VI. 1900, vom 10. III. 1905 u. vom 24. VIII. 1906 (sowie e. Nachtrag betr. Abänderung u. Ergänzung vom 12. XI. 1909). Hrsg. vom Verein zur Wahrg. der Rheinschiffahrts-Interessen, Sitz Duisburg-Ruhrort. (II, 39 u. 3 S.) 8. Duisburg (909). „Rhein". — 75

Rheinschiffahrts-Polizei-Ordnung, Auswahl besonderer Polizeiverordnungen u. Bekanntmachungen f. d. Rheinschiffahrt u. **Mainschiffahrts-Polizeiordnung.** Gesammelt u. hrsg. vom Verein zur Wahrg. d. Rheinschiffahrtsinteressen, Sitz Duisburg-Ruhrort. Nebst: Bildliche Darstellg. der in d. Rheinschiffahrts-Polizeiordng. vorgeschrieb. Signale. (II, 39, 3, 47, II, 30 u. 8 S. m. z. Tl. farb. Abb.) 8. Duisburg (910). „Rhein". 1.75

— u. **Auswahl** besonderer Polizeiverordnungen u. Bekanntmachungen f. die Rheinschiffahrt, die ausser der Rheinschiffahrtspolizeiordnung in d. deutschen Rheinuferstaaten dauernd gelten. — Nach amtl., z. Tl. v. den Rheinschiffahrtsbehörden selbst mitgeteilten Quellen gesammelt u. hrsg. vom Verein zur Wahrg. der Rheinschiffahrtsinteressen, Sitz Duisburg-Ruhrort. Nebst: Bildliche Darstellg. der in der Rheinschiffahrts-Polizeiordng. vorgeschrieb. Signale. (II, 39, 3, 47 u. 8 S. m. z. Tl. farb. Abb.) 8. Ebd. (910). nn 1. 25

Rheinschiffsregister. Herausgegeben vom Rheinschiffsregister-Verband. Frankfurt a. M. alljährlich. 1. Ausgabe 1879.

Rheinschiffs-Register. 9. Ausg. Hrsg. vom Rheinschiffs-Register-Verbande, geschäftsführ. Gesellschaft Providentia, Frankfurter Versicherungs-Gesellschaft in Frankfurt am Main. Lex.-8. (VIII, 642; statist. Auszug 59 S. u. 1. Nachtrag 25 Bl.) Frankfurt a/M. 894. (Jaeger's Verl.) Geb. in Leinw. n. 40. —

Rheinschiffs-Register. 11. Ausg. Hrsg. u. verlegt v. Rheinschiffs-Register-Verbande, geschäftsführ. Gesellschaft Providentia, Frankfurter Versicherungs-Gesellschaft in Frankfurt a/M. Lex.-8. (VIII, 714 u. Nachträge 160 S. u. 22 Bl.) Frankfurt a/M. 898. (Jaeger's Verl.) Geb. in Leinw. u. geh. n. 40. —

Rheinschiffs-Register. 12. Ausg. Hrsg. u. verlegt vom Rheinschiffs-Register-Verbande, geschäftsführ. Gesellschaft Providentia, Frankfurter Versicherungs-Gesellschaft in Frankfurt am Main. Lex.-8. (VIII, 789 u. Nachträge 160 S. u. 26 Bl.) Frankfurt a/M., (Jaeger's Verl.). Geb. in Leinw. u. geh. n.n. 30. —

Rheinschnacken
⑤ 1881—1887 ⑦ monatlich 2× ⑧ Zurzach: Schaufelbühl ⑫ humoristisch
⑬ BGSZ: 12.

Rheinschwäbisch. Humoristische Gedichte vom Vf. des »weil. Gottlieb Biedermaier«. Karlsruhe 1868. 2. Aufl. (mit Namen) 1873. V: *Eichrodt, Ludwig.* (Brü 1 (1876) S. 169) (DARP)

Rheinschwäbisch. Humoristische Gedichte vom Verf. des „weil. Gottlieb Biedermaier." Karlsruhe 868. Bielefeld. 16. (III, 196 S.) n. 10 ngr.

Rheinstädter Gegenstand und Grundriss des Religionsunterrichtes in Prima. Ein Vorschlag zur Einigung im Lehrplan und zur Systematik eines neuen Religionshandbuches für Gymnasien. 23 S. – Neuss, Progr. 1869.

Rheinstaedter, August

Rheinstaedter, A., die extrapuerperalen Gebärmutterblutungen, ihre symptomatische und radicale Behandlung, s. Sammlung klinischer Vorträge.

Rheinstaedter, A., praktische Grundzüge der Gynaekologie. Mit 49 Fig. im Texte. gr. 8. (XV, 388 S.) Berlin 886. Hirschwald. n. 9. —

Rheinstaedter, A. Praktische Grundzüge der Gynaekologie. Ein Handbuch der Frauenkrankheiten f. prakt. Aerzte. 2. Aufl. gr. 8. (IX, 420 S. m. 56 Fig.) Berl. 892, Hirschwald. * 10 —

Rheinstaedter, August (geb. Cöln a. Rh. 30. 3. 1839): De lue congenita et hereditaria. Berolini (1867). (32 S.) 8°
Berlin, Med. Diss. v. 24. Juli 1861

Rheinstaedter, Aug., über weibliche Nervosität, s. Sammlung klinischer Vorträge.

Rheinstädter, Ferd., der Ursprung der weltlichen Obrigkeit. Drei Königsgeburtstagsreden 1873, 1885, 18... gr. 8. (VI, 39 S.) Düsseldorf 886. Schwann. n. — 75

Rheinstein. Erinnerungsblätter für Alle, welche die Burg besuchen. Enthaltend die Geschichte u. Beschreibung der Burg, so wie eine genaue Beschreibung der Kunstschätze u. Alterthümer, welche sie enthält. gr. 12. Koblenz 837. (Bädeker.) 5/12 ₰

v. Rheinstein, Arthur, der Liebesdichter. Album f. Liebende. Geständnisse, Huldigungen, Liebesklagen, Grüße aus der Ferne, Scheidelieder, Stammbuchsaufsätze, Gedichte zu Geburts- u. Namenstagen. 2. Aufl. 12. Aachen 843, Kornicker. 1/2 ₰

Rheinstein, Eug., die Herrin d. Hauses. s.: Familien-Bibliothek.

Rheinstein, Joseph [aus Obermoschel]: Die Veränderungen der Schüleraugen in Bezug auf Refraktion und Augenspiegelbefund, festgestellt durch in Zwischenräumen von mehreren Jahren wiederholte Untersuchung derselben Schüler. (Aus d. Augenklinik v. Dr. Leopold Weiss.) . . . Berlin, Druck v. Leonhard Simion, 1890; 21 S. 8°
Würzburg, Med. Fak., Inaug.-Diss. v. 1890

v. **Rheinstein,** Julie; eine Geschichte aus d. Bayr. Successionskriege, (von Elise Chr. Marie Stroth). 8. Leipz. 781. Weygand. 1 ₰ 16 gr

Rheinstein, Richard, Referendar beim Kgl. Landgericht in Frankfurt a. M.: Zur Lehre von der Zwangsversteigerung auf Antrag des Miterben. *Greifswald 1904: J. Abel.* (42 S.) 8°
Greifswald, Jur. Diss. v. [14. Mai] 1904

Rheinstrom [Sachliches OW]

Rheinstrom, der, u. seine wichtigsten Nebenflüsse etc. Fortsetzg. s.a. u. d. T.: Ergebnisse d. Untersuchg. d. Hochwasserverhältnisse im deutschen Rheingebiet.

Rheinstrom, der, u. seine wichtigsten Nebenflüsse von den Quellen bis zum Austritt d. Stromes aus dem Deutschen Reich. Eine hydrograph., wasserwirthschaftl. u. wasserrechtl. Darstellg. m. vorzugsweise eingeh. Behandlg. d. Deutschen Stromgebietes. Im Auftrage der Reichskommission zur Untersuchg. der Rheinstromverhältnisse hrsg. v. dem Centralbüreau f. Meteorologie u. Hydrographie im Großherzogth. Baden. Mit 9 Uebersichts-Karten u. Profilen, nebst 1 Stromkarte d. Rheines in 16 Blättern in Mappe. Imp.-4. (XXXII, 359 S.) Berlin 889. Ernst & Korn. cart. n.n. 45. —

Rheinstrom, Der, und seine wichtigsten Nebenflüsse von den Quellen bis zum Austritt des Stromes aus dem Deutschen Reich. Eine hydrographische, wasserwirthschaftliche und wasserrechtliche Darstellung mit vorzugsweise eingehender Behandlung des Deutschen Stromgebietes. Im Auftrag der Reichscommission zur Untersuchung der Rheinstromverhältnisse herausg. von dem Centralbureau für Meteorologie im Grossherzogthum Baden. Mit 9 Uebersichtskarten und Profilen nebst einer Stromkarte des Rheins in 16 Blättern. Text gr. 4., Atlas gr. Fol. Berlin 1890.
(D.; RPA.)

Rheinstrom, Der, Deutschlands Weinstrom, nicht Deutschlands Rainstrom. Am Rhein [Berlin] 1814. V: *Zeune, Johann August.* (Wr) (MGT) (Ky)

Rheinstrom, der, Deutschlands Weinstrom, nicht Rheinstrom. 8. Leipz. 814. Wienbrack. 4 gr

Rheinstrom [Schlagwort]

Rheinstroms — Grundrichtiger Entwurff und Abriss eines theils des — von Orsoy an biss zu dessen ausslauff ins Meer und beyderseits angelegner oder angränzender Landschafften. Worbey auch eine leswurdige Beschreibung solcher Länder Stätte und Vestungen in einem kurzgefassten Büchlein zu finden. Johann Hoffmann exc. J. H. S. del. Hipschmann sculp. Ohne Maasstab. 1 Bl.

Rheinstromes — Topographische Karte des — und seiner beiderseitigen Ufer von Hüningen bis Lauterburg oder längs der französisch-badischen Gränze, nebst der in Folge der Pariser Friedensschlüsse vom Jahr 1814 und 1815, der neu berichtigten Banngränze zwischen den französischen und badischen Gemeinden, und den zur Sicherung der Gränzpunkte angenommenen Rheinmarken und Transversallinien. Nach den neuesten während der Gränzberichtigung gemachten Aufnahmen, u. a. Materialien reducirt und gezeichnet nach Scala Nr. 2. d. 1 : 20,000 im Büreau der Grossherzoglich Badischen Rheingränz-Berichtigungs-Commission. In Stein gestochen auf Höchsten Befehl Sr. Königlichen Hoheit Ludwig Grossherzogs zu Baden. Im Herder'schen Kunst-Institut in Freiburg im Breisgau. 1 : 20,000. Das Uebersichts-blatt. 1 : 250,000. 18 Bl. 1 Titelblatt. 1 Uebersichtsblatt.

Rhein-Stroms — Vollständige Carte des ganzen — (Ist nicht vollständig, da der Lauf des Rheins von seinem Ursprung bis zum Einfluss der Wipper fehlt.) Ohne Maasstab. 1 Bl.

Rheinstrom [Verfasser]

Rheinstrom, Heinrich, Rechtspraktikant a. Kaiserslautern: Die Kanäle von Suez und Panama. Eine völkerrechtliche Studie. Borna-Leipzig 1906: R. Noske. (62 S.) 8° [J.]
Würzburg, Jur. Fak., Ref. Meurer, Diss. v. 6. Okt. 1906
[Geb. 15. Apr. 84 Kaiserslautern; Wohnort: Kaiserslautern; Staatsangeh.: Bayern; Vorbildung: Gymn. Kaiserslautern Reife Juli 02; Studium: Berlin 1, München 3, Würzburg 5 S.; Rig. 18. Juli 06.]

Rheintaler: Der Rheintaler
v. **Rheinbote und Appenzeller Grenzpost.**

Rheintaler...
v. auch **Rheinthaler...**

Rheinthal [Sachliches OW]

Rheinthal, das, von Mainz bis Köln. In malerischen Ansichten, besonders der Ritterburgen. Nach der Natur gezeichnet von J. A. Lasinsky u. A. In Aqua tinta geätzt von R. Bodmer u. A. 45 Bl. gr. 4. Koblenz 834. Bädeker. $6^2/_3$ ℛ, color. $13^1/_3$ ℛ

Rheinthal — Das — von der Mündung der Nahe bis zur Mündung der Mosel (verf. von Elisabeth von Adlersflycht). 1820. Lith. v. Keller. O. M. Persp. Ansicht. 1 Bl.

Rheinthal, Das, von der Mündung der Nahe bis zur Mündung der Mosel. Stuttgart 1824. V: *Adlersflicht, Elisabeth v.* (EngG)

Rheinthal [Schlagwort]

— s. a.: **Rhein.**

Rheinthal, s. a. **Taunus.**

Rheinthal, s. a. **Westentaschen-Sammlung.**

Rheinthal — Das — von Luziensteig bis an den Bodensee Entw. v. H. Gez. v. F. X. Kusterer u. X. Weiss, revidirt v. Hoffmann 1827. 1 : 200,000. 1 Bl.

Rheinthal, das, von Mainz bis Köln, u. seine Seitenthäler, s. a. **Woerl's Reisehandbücher.**

Rheinthals — Specialcharte des — trigonometrisch aufgenommen und gezeichnet von Ingenieur Joh. Feer v. Zurich. Auf Kosten von J. L. C. 1 : 60,000. 1 Bl.

Rheinthal. Spezialkarte des Rheinthales v. Rüdesheim bis Coblenz, 1 : 150,000. 35 × 17 cm, u. d. Umgebung v. Boppard, 1 : 50,000, 23 × 21 cm. 2 Blatt. Farbendr. Bielefeld 895. Velhagen & Klasing. In Etui n. — 80

Rheinthaler [Sachliches OW]

Rheinthaler: Der Rheinthaler
① Ein dem Fortschritt huldigendes Volksblatt (1870). Amtliches Publikationsorgan. Allgemeines Anzeigeblatt des Rheintals und der appenzellischen Nachbarschaft (1945) ④ Der Rheintaler ⑤ Juli 1870—31. 12. 1945 ⑥ 2° ⑦ wöchentlich 2×, Wochenblatt (ab 1871), wöchentlich 2× (ab 1880), wöchentlich 3× (ab 1910) ⑧ Altstätten: J. Waldner (Juli 1870—20. 12. 1870 ?), J. Tobler (22. 12. 1870 ?—13. 6. 1891), Tobler'sche Buchdruckerei (17. 6. 1891—30. 1. 1897), Buchdruckerei des «Rheinthaler» (3. 2. 1897—26. 3. 1898). Buchdruckerei des «Rheinthaler» (A. Vetter) (30. 3. 1898—31. 12. 1927), «Rheinthaler»-Druckerei AG (2. 1. 1928—31. 12. 1945) ⑨ Heimatklänge ⑩ die Drucker ⑪ Dr. Willi Rohner ⑫ freisinnig ⑬ BGSZ: 376, 1045, 1047 ⑭ SG: Va (Jgg. 1896—1941) ⑮ Auf den Januar 1946 kamen die «Rheinthaler»-Druckerei in Altstätten und die Buchdruckerei Marthaler & Co. in Heerbrugg überein, die von ihnen herausgegebenen Zeitungen «Der Rheinthaler» und der «St. Galler Rheinbote» zu der 4× wöchentlich erscheinenden Zeitung «der Rheintaler» zu verschmelzen.

Rheinthaler [Verfasser]

Jahresbericht und Schlusswort Ende des Maurerjahres 5902 den Brüdern der King Salomons□ No. 279, f. & a. M. gewidmet von Jonas E. Rheinthaler. New York 1902. 82 S. 8°.

Rheinthalerbote (I)
v. **Der Rheinthaler** Bote.

Rheinthaler-Zeitung
④ St. Gallischer Volksfreund ⑤ 1859—Ende Juni 1860 ⑦ wöchentlich 3× ⑧ Altstätten (?) ⑪ Dr. K. Schneider ⑫ liberal-konservativ ⑬ BGSZ: 1046, 1047.

Rheinthal-Waldungen, s.: **Forstkarten.**

Rheinübergang, Der, des Feldmarschall Blücher mit der schlesischen Armee bei Caub den 1. Jan. 1814. Wiesbaden 1863. V: *Roeder, Georg Wilhelm.* (Pr) (Cat. d. Stadtbibl. Zürich. Zürich 1864—97.)

Rheinübergang, der, des Feldmarschalls Blücher mit der schlesischen Armee bei Caub am 1. Janr. 1814. Ein Neujahrsblatt aus der deutschen Geschichte vor 50 Jahren. Wiesbaden 863. Limbarth. gr. 8. (40 S.) n. 5 ngr.

Rheinufer, das linke, besonders Lothringen und Elsaß. Ein geschichtl. Vortrag. gr. 8. (57 S.) Stendal 877, Franzen und Große.

Rheinufer, Das linke, muss wieder an Teutschland fallen. [Freyburg 1814.] V: *Pahl, Joh. Gottfried.* (MGT)

Rheinufer, das linke, in älterer u. neuerer Zeit. 8. Manh. 798. Schwan u. G. 3 ℛ

Rheinufer-Verschiebung, Düsseldorf 1899, 1. Mai bis 1902, 8. März. [Düsseldorf 1902.] V: *Zimmermann, W.* (StBKöln II,261)

Rheinwacht: Die Rheinwacht
v. **Frickthaler** Anzeiger (I).

Rheinwald, C. F., Rotweil und seine Sehenswürdigkeiten. Ein Wegweiser für die Besucher der Gewerbe-Ausstellung. Im Auftrage des Ausstellungs-Comité herausg. Rotweil 861. Degginger in Comm. 8. (27 S.) $2^1/_2$ ngr.

Rheinwald, Carl Friedrich, s. Rheinwald, Karl Friedrich

Rheinwald, Carl Heinrich, s. Rheinwald, Karl Heinrich

RHEINWALD, F. Wilhelm (Lachen): Ueber die Phlogose.- München: Wolf 1848. 28 S.
6.12.1848 - Urk (Titel: De causis inflammationis.); F 67
Diss. Ingolst.-Landsh.-**Mchn.**

Rheinwald, Friedrich Heinrich,
s. Rheinwald, Georg Friedrich Heinrich

Rheinwald, Georg Friedrich Heinrich

Rheinwald, Fr. Hnr., s. **Abaelardi,** P. Epitome.

– s. **Acta** historico-ecclesiastica saeculi XIX.

Rheinwald, F. H., († d. 31. Mai 1849), siehe: Andreae, J. V., vita.

Rheinwald, G. Fr. H., Anecdota ad histor. eccles. pertin., s. Anecdota.

—— die kirchl. Archäologie. M. 2 lith. Taf. (qu. gr. Fol.) gr. 8. (37 B. u. 4 Tab. gr. Fol.) Berlin 830, Th. Enslin.

Rheinwald, Geo. Friedr. Heinr., das schwarze Buch, s. Buch.

– s. Homiliarium.

— [Hrsg.], s. Homilieensammlung.

Rheinwald, Georg. Friedr. Heinr., berliner allgem. Kirchenzeitung, s. Kirchenzeitung.

— Commentar üb. d. Brief Pauli an die Philipper. gr. 8. Berl. 827. Th. Enslin. 1 ℔

Rheinwald, G. F. H., s. **Memoria** Gust. Adolphi.

Rheinwald, G. F. H., de pseudodoctoribus Colossensibus commentatio exegetico-historica. 4 maj. Veronae Rhen. 834. Marcus. 1/6 ℔

—— allgem. Repertorium f. die theolog. Literatur, s. Repertorium.

Rheinwald, Frid. Henr.: Theses theologicae. Berolini (1820) (2 Bl.) 4°
Berlin, Theol. Thes. v. 19. Aug. 1820

—— Wanderungen e. sächs. Edelmanns etc., s. Wanderungen.

Rheinwald, H., s. a. Rheinwald, Georg Friedrich Heinrich

Rheinwald, H., die Krankheiten der Leber u. die Korpulenz. Ihre Beseitigung u. Heilung mit besonderer Berücksichtigung der Banting'schen Kur. Zweiter Beitrag zur Gesundheitspflege. 1. u. 2. (Titel-)Aufl. Berlin 866, 69. Oehmigke's Verl. gr. 8. (96 S.) n. 10 ngr.

—— die Störungen in den Verdauungs-Organen in Rücksicht auf die Heilwirkungen des Rhabarbers. Ein Beitrag zur Gesundheitspflege. 2. (Titel-)Aufl. gr. 8. (72 S.) Ebendas. (865)69. *

Rheinwald, Heinrich, s. Rheinwald, Georg Friedrich Heinrich

Rheinwald, J. G., ernste Abwehr herz- u. bodenloser Kritik von der Schrift: „Die entdeckte wahrhafte Staatsweisheit." kl. 8. Stuttgart 839. Literatur-Comptoir. 1/8 ℔

Rheinwald, J. G., ernste Abwehr herz- u. bodenloser Kritik, von d. Schrift: „die entdeckte wahrhafte Staatsweisheit." 8. (3 B.) Stuttgart 839, [Scheible, Rieger u. Sattler.]

J. H. C. Rheinwald

Notizen für Zahnpatienten, über die verschiedenen Methoden der Einsetzung künstlicher Zähne, deren gute u. nachtheilige Folgen der Wahrheit gemäß dargestellt; nebst einigen Hauptregeln zur Erhaltung der Zähne... Von J. H. C. Rheinwald. Braunschweig: Meyer 1823. 16 S. 8°

Rheinwald, Johann Ludwig Chr.

— Abhandl. v. Pfalz-Zweibrück. französ. Souverainetätslanden, u. d. nördl. Grenzen d. Elsasses. gr. 8. Heidelb. 794. (Braun). 8 gr. (Aus d. Magazin f. die pfälz. Geschichte abgedr.)

Rheinwald. Französ. Belagerung der Rheinschanze u. Flesche von Mannheim 1794.

Rheinwald, J. L. C. Kriegstheater der deutschen und französischen Grenzländer zw. Rhein u. Mosel 1794—1799. (6 Bl.) fol. Augsburg 1794—99.

Rheinwald. Plan der maskierten Batterie vor Mannheim u. der projektierten Attake von Sept. 1795.

Rheinwald, J. L. C. Baierische Volkstrachten herausgegeben von J. L. C. Rheinwald. München ... 1804.
Tit., 12 Bl., 12 Taf. in kol. Kupferst. nach L. Neureuther. 2°.

Rheinwald, Jh. Ldw. Chr., († 1811.) baier. Volkstrachten. 1e Lieferg. Mit 6 Kpf. gr. Fol. Münch. 805. (Fleischmann). 5 ℔ 12 gr.

— s. D. L. Wundt, Magazin f. die pfälz. Geschichte.

Rheinwald, Karl Fr.

Rheinwald, Carol. Fr., conjectanea ad historiam et geographiam antiquam episcopatus Basileensis. Addita sunt cum mappa geographica excerpta ex Marcarum libro nunc primum ex codice manuscripto edita. 4 maj. Bernae 843. (Huber et Comp.) n. 6¼ ngr

Rheinwald, Carl Frdr., die Erbfolgeunfähigkeit der Mantelkinder aus Gründen der Aldenburg-Bentinck'schen Familienstatuten u. der Absicht des Fideicommißstifters dargestellt. gr. 8. (IV u. 200 S.) Frankfurt a. M. 850, Varrentrapp. n. ⅔ ℔

— Gesetzbuch über das gerichtliche Verfahren in bürgerlichen Rechtssachen für den Kanton Bern. I. Hauptstück: Verfahren in Civilrechtsstreitigkeiten. Mit theor.-prakt. Anmerkungen u. einer histor. Einleitung. [Mit dem Umschlagstit.: Commentar zu d. Gesetzbuch etc.] gr. 8. (XII, 479 u. XL S.) Bern 848, Jenni Vater. 2½ ℔

Rheinwald, Karl Heinrich

Rheinwald, Carl Heinrich (Stuttgart), De causis improbati pacti hereditarii ex jure Romano. Diss. jur. Präs. Julius Friedrich Malblanc. Tübingen (Fues) Sept. 1798. 46 S. (4.75) 28525
Widm. v.: Julius Friedrich Malblanc.

Rheinwald, L. C., v. Pfalz-Zweybr. franz. Souverainitätslanden, u. d. nördl. Grenzen d. Elsasses. gr. 8. Heidelberg, Pfähler. (Braun.) 794.

Rheinwald, Max: Die Behandlung des einfachen Magengeschwürs mit Karlsbader Kuren. *Tübingen: F. Pietzcker 1898.* (25 S.) 8°
Tübingen, Med. Diss. v. 1898

Rheinwald, Max, d. Behandlung d. einfachen Magengeschwürs m. Karlsbader Kuren. Diss. gr. 8. (25 S.) Tübingen 898. F. Pietzcker. n.n. — 70

Rheinwaldgebirge, Das; Itinerar für den Schweizer Alpen-Club 1872. Basel 1872. V: *Rütimeyer, Ludwig*. (Cat. d. Stadtbibl. Zürich. Zürich 1864—97.)

Rhein-Weinbau-Karte für die Strecke Bingerbrück-Rüdesheim – Coblenz einschliesslich des Lahnthales. 1902. Mit Benutzung amtl. Materials angef. im Bur. d. Kgl. Reg. zu Coblenz. Massst. 1:50,000. [Mit 3 Nebenkarten.] *Coblenz: W. Groos 1902; Lith. Anst. C. Welzbacher, Darmstadt.* (2 Kartenbl. je 57×52 cm.) quer-gr. 2° [kol.] 1902. 10075

Rhein-Weinbau-Karte für die Strecke Coblenz-Bonn einschl. d. Ahrthales. 1904. Mit Benutzung amtl. Materials angefert. im Bureau d. Kgl. Regierung zu Coblenz. Maßst. 1:50,000. [In 2 Bl.] [Mit 2 Nebenkarten.] Coblenz: W. Groos (1904); (Lith. C. Welzbacher in Darmstadt). (1 Kartenbl. in 2 Bl.) [kol.] 1906. 4913

Rheinweine, die, Hessens. Eine Beschreibg. der einzelnen Weinbaugemarkgn. m. zahlr. Abb. u. 1 (farb.) Weinbaukarte. Hrsg. vom Weinbau-Verein d. Prov. Rheinhessen, Geschäftsstelle Oppenheim a. Rhein. (XXVI, 245 S. m. 1 farb. Taf.) gr. 8. Mainz 910. (V. v. Zabern.) Geb. in Leinw. 4. —

Rhein-Weser-Elbe-Kanal [Sachliches OW]

Rhein-Weser-Elbe-Kanal, der. Nach den Verhandlgn. des Abgeordnetenhauses dargestellt. gr. 8. (112 u. 11 S.) Berlin 899. Puttkammer & Mühlbrecht. n. 1. —
Sonderabdruck aus: „Die preuß. Landtagssession 1899".

Rhein-Weser-Elbe-Kanal [Schlagwort]

Rhein-Weser-Elbe-Canal. Karte u. Längenschnitt v. dem binnenländischen Rhein-Weser-Elbe-Canal (Mittellandcanal) u. seinen Zweigen. Hrsg. vom Verein f. Hebg. der Fluss- u. Canal-Schiffahrt f. Niedersachsen zu Hannover. (Karte 1:900,000.) Autogr. u. Farbendr. 48×42 cm. Mit Text. gr. 8. (2 S. m. 1 Kärtchen.) Hannover 892. Schmorl & v. Seefeld Nachf.) n. — 60

Rhein-Wied-Zeitung. –
Linz, sp. [ab VIII.1909] Neuwied.
1877 – 31.XII.1936.
Vorh. u.d.T.: Tageszeitung (Neuwied).

Rheinzeitung. – Rhein- und Moselzeitung. –
Koblenz. – 1.VII.1831 – 30.VI.1850.
[„Koblenzer Zeitung".]

Rheinzeitung. – Rhein- und Moselzeitung. –
Koblenz. – 1.I.1872 – 31.XII.1880.
Vorh. u.d.T.: Coblenzer Tageblatt.

Rhein-Zeitung. – Rhein- und Ruhr-Zeitung. –
Duisburg. – 2.I.1852 – 30.IX.1941.
Vorh. u.d.T.: Ruhr- und Duisburger Zeitung.

Die Rheinweine Hessens. Eine Beschreibung der einzelnen Weinbaugemarkungen mit zahlr. Abb. u. 1 farb. Weinbau-Kt. Hrsg. vom Weinbau-Verein der Provinz Rheinhessen, Geschäftsstelle Oppenheim a. Rhein. Mainz: v. Zabern 1910. XXVI, 245 S., mit 1 farb. Taf. -- 121*. Gei 1

Rhem, A. J. R., Auszug d. bibl. Geschichte. 12. Bamb. 760. (Wesché in Frankf. a. M.) 4 ℛ — Dass. 8. Würzb. 776. (Ebd.) 4 ℛ

Das Lübecker Ober-Stadtbuch. Ein Beitrag zur Geschichte der Rechtsquellen und des Liegenschaftsrechtes. Mit einem Urkundenbuche v. **Paul Rheme.** Hannover. 1895. 8°

Rhena, Friedrich Graf: Die Stellung des Reserve-Offiziers im Heer nach preußischem Militärrecht. *Berlin 1904: L. Glenk.* (64 S.) 8°
Leipzig, Jur. Diss. v. 1904

Rhenania. Organ des rheinischen Stenographen-Vereins in Cöln. Redact.: Mohr. Jahrg. 1865—67. à Jahrg. 12 Nrn. (½ lith. Bgn.) Cöln, (J. G. Schmitz'sche Buchh.) 8. Jeder Jahrg. n. 20 ngr.

RHENANO (ps.), Sammlung von interessanten Erzählungen, Anekdoten und Fabeln. Koblenz 1822. 8°.
Rassmann p. 150; Weller, Lex. Ps. p. 477.

Rhenano, (psdn.) Samml. v. interessanten Erzähll., Anekdoten u. Fabeln. 8. Coblenz 822. Hölscher. 14 ℛ

Rhenanus [Pseud.], s.a. Bachem, Julius.

Rhenanus: Das erste deutsche Bundesschießen und seine Bedeutung. Ein Wort an Nord- und Süddeutschland. Frankfurt, Heinrich Ludwig Brönner, 1862. 293

Rhenanus, die Erbschaft, s.: Volksschriften, Münchener. Nr. 30.

Rhenanus, s.a. Gewerkschaften, christliche.

Rhenanus, Gewerkschaften, christliche, oder Fachabteilungen in katholischen Arbeitervereinen? Ein Wort zur Aufklärung. gr. 8°. Cöln, J. P. Bachem, 1904.

Rhenanus, der junge Görres. Ein Zeit- u. Lebensbild aus dem Rheinland. (Bibliothek der Aufklärg.) (50 S.) 8. Frankfurt a/M. 908. Neuer Frankfurter Verlag. — 60

Rhenanus, s.a. Himmel, der, der Sozialdemokratie im Traum u. Wirklichkeit.

Rhenanus, Der Himmel der Sozialdemokratie im Traum und Wirklichkeit. 8°. Stuttgart, Levy u. Müller, s. a.

Rhenanus, s.a. Kraus, F. X., u. d. Ultramontanismus.

F. X. Kraus und der Ultramontanismus. Von **Rhenanus**. *Berlin: W. Baensch 1902.* (29 S.) 8° [F.]
Aus: Deutsche Stimmen. Jg. 3, No 24. Jg. 4, No 1. 1903. 10

Rhenanus (Hrsg.), s. Straf-Edict, Das großh. badische.

Rhenanus, A., s.: Rock, der hl., in Trier.

Rhenanus, B., s.: Attarachus u. Valerius.

Rhenanus, B., s.: Briefwechsel.

Rhenanus, Beatus [Pseud.], s.a. Birt, Theodor

-- König Agis. Eine Tragödie in 5 Akten. gr. 8. (126 S.) Marburg 895. N. G. Elwert's Verl. n. 2. --

-- Meister Martin u. seine Gesellen. Ein Reimspiel in 5 Akten od. 9 Handlgn. 8. (VII, 187 S.) Ebd. 894. n. 2. –; geb. in Leinw. n. 2. 80

Rhenanus, C. A., Bilder aus der Chemie der Küche, s. Familien-Bibliothek.

Rhenanus, Clericus: Der hl. Karl Borromäus und das Rundschreiben Pius' X. vom 26. Mai 1910. Z. Aufklär. d. kath. Volkes. 6.—7. Aufl. Mainz 1910. 8°

Rhenanus, Jakobus, die Burg seiner Ahnen. Schwank in 3 Akten. (112 S.) 8. Dresden 911. R. Kraut. 2. —

Wohltätige Kinder od. Genoveva, s.: Jugendbühne

Rhenanus, M. Fr., der hl. Chrysostomus. Historisches Schauspiel in 4 Akten f. kathol. Bühnen. (29 S.) 12. Paderborn 903. Junfermann. n. — 50

Rhenanus, Otto, aus schwerer Zeit, s.: Theater, kleines.

Rhenanus, Julius, s. **Unterhaltungs.Bibliothek.**

Rhenferd, Jakob

Rhenferd, I., opera omnia, c. praef. I. G. Pritii. 4. Frcf. Andreä. 716.

Rhenius, zur Lehre v. der Zweigniederlassung nach deutschem Handelsrecht. gr. 8. (61 S.) Halle 875. (Neu-Ruppin, Held.) n. 1. —

Rhenius, die Neuerungen im deutschen Patentwesen. [Aus: „Schmollers Jahrb."] gr. 8. (40 S.) Leipzig 893. Duncker & Humblot. n. — 80

Rhenius, wo bleibt die Schulreform? Ein Weckruf an das Volk der Denker. Gewidmet der deutschen Jugend u. ihrem Kaiser. (IV, 156 S.) 8. Leipzig 904. Fel. Dietrich. n. 2. 50

Rhenius, wo bleibt die Schulreform? Ein Weckruf an das Volk der Denker. Gewidmet der deutschen Jugend u. ihrem Kaiser. (Neue billige [Titel-]Ausg.) (IV, 156 S.) 8. Leipzig [904] 907. Gautzsch, Fel. Dietrich. 1. —

Rhenius, (Frid. Guil.) Armin. (geb. Salze bei Magdeburg 27. 2. 1818) De atmolutro muriatico apud salinas. Berolini (1841). (32 S.) 8°

Berlin, Med. Diss. v. 15. Febr. 1841

Rhenius, Johann

Rhenius, I., Catechismus Lutheri minor. germ. et lat. 8. Lips. Junius. 724.

— Compendium latinae grammaticae. Lips. 626. 8. und öfter. Ib. 750. 8. 8 gr.

— compend. latinae Grammaticae pro discentibus nationis german. hungaricae, atque bohemicae scriptum. Posonii 816. Landes. 16 ℊ

— donatus z. e. lat. Grammatik, als e. vollkommn. Schulbuch. 8. Ebend. 740.

***Rhenii*, Jh.**, kleiner Donatus. 8. Leipz. 797. Junius. 5 ℊ

Rhenii, J., Grammatica latina c. paralipomenis. Lips. 611. 8. und öfter. Ib. 740. 8. 8 gr.

— grammatica lat. 8. ibid. (Cnobloch.) 759.

— Grammatica latina. 8. Leipz. 759. Junius. 8 ℊ.

— tyrocinium lat. linguae, od. kurze Anleit. z. latein. Sprache, herausgg. v. Th. Gf. Langе. 8. Leipz. 750. Junius. 8 ℊ

Rhenius, K. W., Grundlinien zur Verständigung über die Symbolfrage, für alle Gebildete, welche an der neuen Gestaltung unserer Kirche Theil nehmen. gr. 8. Magdeburg 844, Falckenberg u. Comp. 1/4 ℛ

— kirchliche Monatsschrift f. die Prov. Sachsen, s. Monatsschrift.

Rhenius, K. W., Friedrich Schleiermacher's Predigtweise. Für Theologen u. Nicht-Theologen dargestellt. gr. 8. Magdeburg 837. Bühler. n. 5/12 ℛ

Rhenius, K. W., Friedrich Schleiermachers Predigtweise. Für Theologen u. Nicht-Theologen dargestellt. gr. 8. (4 1/4 B.) Magdeburg 837. [Leipzig, Klinkhardt.]

Rhenius, Max: Grundzüge einer allgemeinen Theorie vieldimensionaler Räume. Halle a/S. 1884: Karras. 21 S. 8°

Halle-Wittenberg, Phil. Diss. v. 21. Juni 1884

Geb. Oschersleben a. d. Bode 26. 1. 1812 [vielmehr: 1862]. V.

Rhenius, Pet., wird durch die Mainz-Darmstädter-Convention der confessionelle Friede gefördert? gr. 8. (31 S.) Frankfurt a. M. 861, Brönner.

Rhenius, W., eingelegte Holzornamente d. Renaissance in Schlesien 1550—1650. (20 Taf.) 50×83 cm. Berlin 881. E. Wasmuth. In Mappe 16. —

Rhenius, Wilhelm

Rhenius, W., Gesetz zum Schutz der Warenbezeichnungen vom 12. V. 1894, s.a. Taschen-Gesetzsammlung.

Rhenius, Wilhelm: Gesetz zum Schutz der Waarenbezeichnungen vom 12. Mai 1894. Für d. Praxis erl. Berlin 1897.

Rhenius, W[ilh.], Gesetz zum Schutz der Warenbezeichnungen vom 12. Mai 1894. Erl. 2. Aufl. Berlin [illegible]
(Heymanns Taschen[illegible]sammlung [illegible])

Rhenius: Zur Lehre von der Zweigniederlassung nach deutschem Handelsrecht. Halle 1875.

Rhenius, Wilhelm: Die Zweigniederlassung nach deutschem Handelsrecht. Halle 1875: Hendel. 61 S. 8°

Halle-Wittenberg, Jur. Diss. v. 11. Aug. 1875

Geb. Deutsch Eylau (Westpr.) 23. 3. 1854. V.

Ersch. im Buchhandel u. d. T.: Zur Lehre von der Zweigniederlassung nach deutschem Handelsrecht. Neu-Ruppin: Howe 1875.

Rheno, Aemilius, epische Dichtungen. (1. Cäsar an der Rheingrenze. 2. Armin der Retter des Vaterlandes.) (196 S.) 8. Odenkirchen 904. Brackwede, Dr. W. Breitenbach. 3. 60; geb. in Leinw. 4. 20; erm. Pr. n. 2. 50; geb. n. 3. —

Rhens, Robert

Rhens, R., das preußische Mahl- und Schlachtsteuer-Gesetz, s.a. Mahl- und Schlachtsteuer-Gesetz, das preußische.

Rhens, Rob., das Preußische Mahl- und Schlachtsteuer-Gesetz vom 30. Mai 1820 und die dasselbe erläuternden, ergänzenden u. abändernden Bestimmungen nebst Erhebungs-Tabellen ꝛc. Zum Gebrauch für Steuer-Behörden und Steuer-Beamte, sowie Juristen, Staats- und Polizei-Anwälte, Magistrate und Gewerbetreibende ꝛc. Berlin 853. Stuhr. gr. 8. (VI, 178 S.) n. 20 ngr.

— Tabelle zur Erhebung der Mahl- und Schlachtsteuer für die Städte Aachen. Berlin. Brandenburg. Burtscheid. Cleve. Cöln. Danzig. Deutz. Düsseldorff. Elbing. Königsberg in Pr. Küstrin. Posen. Potsdam. Rathenow. Gültig vom 1. August 1854 ab. Berlin 854. Stuhr. gr. 8. (7 S.) n. 3 ngr.

— Tabellen zur Erhebung der Mahl- und Schlachtsteuer für sämmtliche steuerpflichtige Städte der Preußischen Monarchie ꝛc. A. u. d. T.: Erster Nachtrag zu dem Handbuche „das Preußische Mahl- und Schlachtsteuer-Gesetz ꝛc." Berlin 854. Stuhr. gr. 8. (31 S.) n. 5 ngr.

Rhens, Rob., Tabellen zur Erhebung der Mahl- und Schlachtsteuer in sämmtlichen pflichtigen Städten der preußischen Monarchie vom 1. Juli 1859 ab. Halle 859. Berner in Comm. gr. 8. (23 S.) 7 1/2 ngr.

—— alphabetisches Waaren-Verzeichniß zu den Zoll-Tarifen, s.a. Waaren-Verzeichniß, alphabetisches.

— alphabetisches Waaren-Verzeichniß zu den Zoll-Tarifen des Zollvereins, Zollvereins und Oesterreichs (Zwischen-Verkehr) und Oesterreichs mit den beigesetzten Abgaben und Tarifsätzen gültig vom 1. Jan. 1857 ab. Leipzig 857. G. Wigand. 4. (187 S.) n. 1 ⅓ ₰. 20 ngr.

— wann ist in Preußen ein Wechsel stempelpflichtig? 1—3. Aufl. Halle 857. Berner. gr. 8. (9 S.) n. 5 ngr.

— das Preussische Zeitungs-Stempel-Steuer-Gesetz vom 2. Juni 1852 mit seinen sämmtlichen ergänzenden und erläuternden amtlichen Bestimmungen und angehängtem alphabet. Verzeichniss der ausländischen Zeitungen u. Zeitschriften mit Angabe der Preise u. jährl. Steuersätze. Für Steuerbehörden, Steuerbeamte u. Buchhändler aus amtlichen Quellen. Halle 855. Berner. gr. 8. (VII, 92 S.) nn. 13 ngr.

Rhens, Rob., das preussische Zeitungs-Stempel-Steuer-Gesetz vom 29. Juni 1861 mit Regulativ vom 7. Novbr. 1861 und dem Verzeichniss der steuerpflichtigen, ausländ. Zeitschriften etc. unter Angabe des Abonnementspreises und des Steuersatzes, sowie das Verzeichniss der steuerfreien, in deutscher Sprache gedr. ausländ. Zeitschriften etc. gr. 8. (31 S.) Halle 862, Pfeffer.

Rhenstaedt, Ada, Margarethe, s.a. Kürschner's, Jos. Bücherschatz.

Margarethe. Eine Erzählung aus Westpreussen. Von Ada Rhenstaedt [d. i. Anna Bolte]. Mit Ill. von R. A. Jaumann. *Berlin, Eisenach, Leipzig: H. Hillger [1901].* (126 S.) 8° [F.]
— Bücherschatz, Kürschners. No 264. [03. 22

Anny's Sorgen. Eine Erzählung f. d. Jugend von Ada Rhenstaedt [d. i. Anna Bolte]. Neu-Ruppin: G. Kühn [um 1904]. (128 S.) 8° [F.]
(Gustav Kühn's Jugendschriften. 755.) [04. 9484

Rhenus, per tres Tabellas delineatus cum finitimis fortificatis Urbibus, Arcibus in Forma etc. per Jaques de Michal Capitaneum etc. et aeri insculptus a Matthae Seutero. Augustano etc. 1 : 570,000. 3 Bl.

Rhenus. Neue Mainzer Zeitung. –
5.XII.1822 – 7.XII.1822.
Vorh. u.d.T.: Mainzer Zeitung.
Fortges. u.d.T.: Neue Mainzer Zeitung.

Rhenus. Jahrbuch für Handel, Schifffahrt und Industrie der Rheinländer. 1. und 2. Jahrg. 1858 und 1859. Hrsg. von G. Schirges. gr. 8. Mainz, Kupferberg. [1. Jahrg. (VI und 220 S.) 2. Jahrg. (IV und 197 S. mit eingedr. Holzschn. und 1 Stnt. in qu. Imp.-Fol.)] à Jahrg.

—— dass. — 3. und 4. Jahrg. 1860 und 1861. Hrsg. von Demselben. gr. 8. Mannheim, Schneider. [3. Jahrg. (208 S.) 1 Thlr. 15 Ngr., 4. Jahrg. (135 S.) * 1 Thlr.]

Rhenus. Jahrbuch für Handel, Schifffahrt und Industrie der Rheinlande. Hrsg. von G. Schirges. 3. und 4. Jahrg. 1862 und 1863. gr. 8. Mannheim, Schneider. [3. Jahrg. (IV und 206 S.) * 1 Thlr. 10 Ngr., 4. Jahrg. (IV und 144 S.) 1 Thlr.]

Rhenus. Jahrbuch f. Handel, Schifffahrt u. Industrie der Rheinlande. Hrsg. v. G. Schirges. 5. Jahrg. 8. (VII, 232 S. m. e. Holzschntaf.) Strassburg 875. Schneider. n. 5. —

RHENUS. BEITRÄGE ZUR GESCHICHTE DES MITTELRHEINS, in Verbindung mit auswärtigen Forschern herausgegeben vom Lahnsteiner Altertumsverein unter der verantwortlichen Redaktion des zeitigen Vorsitzenden G. ZÜLCH.
Jahrg. 1—2. 1883—1884. Oberlahnstein. Comm.-Verlag von M. J. Mentges. 4°.

Rhenus. Zeitschrift für Geschichte des Mittelrheins, in Verbindung mit auswärtigen Forschern hrsg. vom Lahnsteiner Altertumsverein. Redact.: G. Zülch. 3. Jahrg. 1886. [12 Nrn.] (Bog.) Coblenz, (W. Groos.) [*ℳ 4.—.]
Nur 4 Nummern erschienen; Jahrg. 1 und 2 ist nicht in den Handel gekommen.

Rhenus superior, cum suis apertinentiis cum aliqua parte Galliae. Rhenus inferior denuo delineatus Moeno conjunctus ad Mare usque Germanicum. Olim accurate Delineatus et aeri insculptus a I. B. Nolin Celebri Reg. Gall. Geographo, nunc a Gottofrido Jacobo Hauptio diligenter recusus et editus. Augusta Vindelicorum. 1742. 1 : 1,500,000. 1 Bl.

Rhesa, L. J., s. Rhesa, Ludwig Fedemir

Rhesa, Ludwig Fedemir

Rhesa, (L. J.,) philologisch-krit. Anmerkk. z. litthauischen Bibel, als Erläuter. zu der bei der neuen Ausgabe veranstalteten Umarbeitung des litthauischen Textes. gr. 8. Königsb. 816, (Berlin, Enslin.)

Rhesa, Ldw. Fedemir, philolog.-krit. Anmerkk. z. litthauischen Bibel, als Erläuter. zu der bei der neuen Ausgabe veranstalteten Umarbeit. d. litthauischen Textes. gr. 8. Königsb. 826. (Berl., Enslin). 11 gr

Rhesa, L. J. u. Friedr. Kurschat, Dainos, s. Dainos.

Rhesa, L. J., s. Dainos oder Litthauische Volkslieder.

— Diss. inaug. de trium Evangeliorum in canone Novi Test. priorum fonte ac origine. 4. Königsb. 819.

— Geschichte d. litthauischen Bibel, ein Beitrag z. Religionsgeschichte d. Nord-Völker. gr. 8. Königsb. 816. (Berl., Enslin). 11 gr

— das Jahr, in 24 Gesängen. Ein ländl. Epos aus d. litthauischen d. Chr. Donaleitis, genannt Donalitius, in gleichem Versmaße ins Deutsche übertragen. gr. 8. Königsb. 818. (Enslin in Berl.) 2 ₰

— Luisa u. Proserpina in Elisium. Todtengespräch, der Königin v. Preußen gewidmet. 4. Königsb. 1e u. 2e Aufl. 811. (Leipz., W. Vogel). 4 gr (a. Mittler in Berl.) 3 gr

— Prutena, od. preuß. Volkslieder u. andere vaterländ. Dichtungen. gr. 8. Leipz. 809. W. Vogel. 12 gr 2r Thl. 8. Königsb. 825. (Berl., Enslin). 20 gr

— Prutena, od. preußische Volkslieder. gr. 8. Ebendas. 811.

Rhese, Hans: Über die Beziehungen der Albuminurie zur Glykosurie. . . . Posen, Hofbuchdr. W. Decker & Co. (A. Röstel), 1889; 34 S. + 2 Bl. 8°
Berlin, Med. Fak., Inaug.-Diss. v. 19. Febr. 1889

Rhesen, J. Gl., der in Gott andächt. Bergmann. 12. Lpz. Crusius. (F. C. W. Vogel.) 705.

Rhesommasatyrus, J., Wien in modernster Witzfunken-Beleuchtung, s.a. Wien.

RHESOMMASATYRUS, J. (ps.), Wien in modernster Witzfunkenbeleuchtung m. censurfreien Knall-Raketten. Linz 1850. 8°. (3 Kr., Orig.-Umschl., Gilhofer & Ranschburg, Wien, 1912.)
Weller, Lex. Pseud., p. 477 hat „1848".

Rheticus, Geo. Joach., s.: Verneri, Joa., de triangulis sphaericis libri quatuar.

Rhetius, A. C., De morbis habitualibus. Hal. 4°. 1704

Rhetius, Johann Friedrich [Praes.], s. Thomasius, Christian: De jure circa frumentum, Von Dem Rechte, was bey denen Korn-Früchten, oder dem Getreyde, so in Halmen und Aehren Schiesset, zu beachten ist ...

Rhetores antiqui latin.; ed. Capperonerus. 4. Strassb. 756. Treuttel u. W. 3 ℳ

Rhetores graeci ex Codicibus Florent. Mediolan. Monac. Neapol. Paris. Romanis Venetis Taurin. et Vindobonensibus emend. et auct. edidit suis alior. annotationibus instruxit indices locupletiss. adjecit Prof. Christ. Walz. Vol. I. — IX. 8 maj. Stuttgartiae et Tubingae 834—36. Cotta. (Vol. I. 832. 4 1/3 ℳ, Schrbp. 5 1/3 ℳ — Vol. II. 835. 3 1/3 ℳ, Schrbp. 4 1/3 ℳ — Vol. III. 834 3 1/3 ℳ, Schrbp. 4 2/3 ℳ — Vol. IV. 833. 4 1/3 ℳ, Schrbp. 5 2/3 ℳ — Vol. V. 833. 4 1/3 ℳ, Schrbp. 5 2/3 ℳ — Vol. VI. 834. 3 3/4 ℳ, Schrbp. 4 11/12 ℳ — Vol. VII. Pars 1. et 2. 833, 34. 7 3/4 ℳ, Schrbp. 10 1/12 ℳ — Vol. VIII. 835. 3 2/3 ℳ, Schrbp. 5 ℳ — Vol. IX. 836. 3 2/3 ℳ, Schrbp. 5 ℳ) Compl. 38 1/2 ℳ, Schrbp. 50 2/3 ℳ

Rhetores graeci ex recognitione Leonardi Spengel. 3 Vol. 8. Lipsiae, Teubner. [I. (XXXII und 470 S.) 853., II. (XXVI und 560 S.) 854., III. (XXXVI und 539 S.) 856. à Vol. 1 Thlr.
Vlnp. à Vol. 1 Thlr. 18 Ngr.

Rhetores graeci ex recognitione Leonardi Spengel. Vol. I. Pars I et II. 8. Leipzig, B. G. Teubner. n. 5. 70
1. Aristotelis ars rhetorica. Ed. Ad. Roemer. (XXXVI, 237 S.) 885. n. 2. 10. — 2. Ed. C. Hammer. (XVI, 416 S.) 894. n. 3. 60.

Rhetores latini minores. Ex codicibus maximam partem primum adhibitis emendabat Carol. Halm. 2 Fasc. Lex.-8. Leipzig 863, Teubner. [Fasc. 1. (XVI und S. 1—352.) 3 Thlr., Fasc. 2. (S. 353—658.) * 2 Thlr. 20 Ngr.]

— sel., s.a. I. F. Fischer.

— selecti: Demetrius Phalereus, Tiberius Rhetor, Anonymus Alexandrinus. Demetrium emendavit, reliq. e MSS. edidit, et latine vertit, omnes not. illustr. Th. Galeus. Iterum edidit, variat. lect. Aldinae adj. Jh. Fr. Fischer. 8. Leipz. 772. Schwickert. 16 gr

Die Rhetorica Ecclesiastica. (Hrsg. von Ludwig Wahrmund.) Innsbruck: Wagner 1906. (XV, 93 S.) 4°(8°)
= Quellen z. Geschichte d. römisch-kanon. Processes im Mittelalter. Bd 1, H. 4. [06. 9341

Rhetorici graeci ex Codd. Florent. Mediolan. Monac. Neapolitan. Paris. Roman. Venet. Taurin. et Vindobon. emendatiores et auctiores edid. suis aliorumque annotationibus instr. indices locupletiss. adj. Chrstn. Walz. IX Vol. (s. X Pts.) 8 maj. Stuttgartiae, Cotta. [I. (42 B.) 832. 4 Thlr. 8 Gr., Schrbp. 5 Thlr. 8 Gr., II. (44 B.) 835. 3 Thlr. 8 Gr., Schrbp. 4 Thlr. 8 Gr., III. (47½ B.) 834. 3 Thlr. 8 Gr., Schrbp. 4 Thlr. 16 Gr., IV. (53½ B.) 833. 4 Thlr. 8 Gr., Schrbp. 5 Thlr. 16 Gr., V. (40¼ B.) 833. 4 Thlr. 8 Gr., Schrbp. 5 Thlr. 16 Gr., VI. (43½ B.) 834. 3 Thlr. 18 Gr., Schrbp. 4 Thlr. 22 Gr., VII. 1. (44 B.) 833. 4 Thlr., Schrbp. 5 Thlr. 4 Gr., 2. (41¼ B.) 834. 3 Thlr. 18 Gr., Schrbp. 4 Thlr. 22 Gr., VIII. (51½ B.) 835. 3 Thlr. 16 Gr., Schrbp. 5 Thlr., IX. (51 B.) 836. 3 Thlr. 16 Gr., Schrbp. 5 Thlr.] 38 Thlr. 12 Gr., Schrbp.

Rhetorik, prakt., f. Schulen, nach Gedickes Plan. 8. Leipz. 800. Schladebach. 7 gr

Rhetra und dessen Götzen; Schreiben eines Märkers an einen Mecklenburger ... Bützow u. Wismar 1773. V: *Buchholz, Samuel.* (ML)

Rhetra und dessen Götzen. Schreiben eines Märkers an einen Mecklenburger ... Bützow u. Wismar 1773. V: *Schumacher, Johann Heinrich.* (Kat. d. Bibl. d. Akad. d. Künste zu Berlin. Berl. 1893.)

Rhetra u. dessen Götzen. Schreiben e. Mecklenburgers üb. die zu Prillwitz gefundenen Alterthümer. 8. Bützow. 773. Bödner. 4 gr

v. Rhetz, Aug. Wlh, († d. 1. April 1796.), s. Vitellie.

Rhetz, Bl. v. Voigts-
s. Voigts-Rhetz. [10. 1070

Rhetz, Levin August (Braunschweig), De reunione pertinentiarum. Diss. jur. Präs. Johann Wilhelm Engelbrecht. Helmstedt (G.-W. Hamm) 30. III. 1715 73 S. (4.50) 28536

von R[hetz], W.: Reise eines Norddeutschen durch die Hochpyrenäen in den Jahren 1841 und 1842. Th. 1, 2. Leipzig u. Paris 1843. 1 Bd. X, 322; VI, 252 S. 8°.

Rheude, Fr., Lösungen zu den mathematischen Absolutorialaufgaben der bayerischen Realschulen. (1875—1900 incl.) 2. Aufl. gr. 8. (211 S. m. Fig. u. 7 Taf.) München 901. M. Kellerer. n. 2. 20; geb. in Leinw. n. 2. 60

Rheude, Johann [aus Germersheim '(Pfalz)']: Zur Lehre der traumatischen Epithel-Cysten ... Würzburg, kgl. Universitätsdr. v. H. Stürtz, 1894; 18 S., 1 Bl., 1 Taf. 8.
Würzburg, Med. Fak., Inaug.-Diss. v. 1894

Rheude, L., heraldica curiosa. Eine Sammlg. absonderl. Wappenbilder. (138 S. m. Abb.) kl. 8. Papiermühle 910. Gebr. Vogt. 2.—

Rheude, Lor(enz) M. Bibliothekzeichen. Zweiunddreissig [*d. i.* 34] Ex libris. Gezeichnet von Lor. M. Rheude. Mit einem Vorwort von L(udwig) Gerster, Pfarrer. 14 S. + 31 Tafeln, *in Mappe.* 8. Zürich, Fritz Amberger, 1902. [fr. 5.—, M. 4.—]

Rheumatismus, s.a. Volks- u. Hausarzt, deutscher.

Rheumatismus. Seine wahre Entstehung, Verhütung und naturgemässe Heilung ... auf dem Wege der Selbsthilfe. Bielefeld 1902. V: *Wähling, Wilhelm B.* (Berl)

Rheumatismus-Amulette oder Electricitäts-Ableiter, Orientalische, ... Arnstadt 1847. V: *Romershausen, Elard.* (EngM)

Rheuse, L., prakt. Malthusianismus! Sichere Anleitg. zur Erreichung e. idealen Ehe u. ernährbaren Familie. Ein freies u. zeitgemässes Wort für Jedermann, der vorwärts kommen will. (26 S.) kl. 8. Leipzig (905). M. Schmitz. n. —50

Rhiani Benaei quae supersunt. Ed. Nic. Saal. 8 maj. (6¼ B.) Bonnae 831, Weber.

Rhiel, die Arbeit als Bildungsmittel in den Erziehungsanstalten f. Fürsorgezöglinge, s.: Schriften f. kath. caritative Erziehungstätigkeit. 4. Heft.

Rhiel, Wilh., s.: Schick, A., kurze Anleitung zur Verwaltung des hl. Bußsacramentes.

Rhiem, Caroline, s. Rhiem, Karoline

Rhiem, H. E., s. Rhiem, Hanna

Rhiem, Hanna

Die Befreiung der indischen Frau. Vortrag v. Hanna Rhiem. Breklum. o. J. 8°

Rhiem, Hanna, Bilder aus d. ind. Frauenleben. (24 S. m. Abb.) 8. Ebd. 907. — 15

Rhiem, H. E., Blicke in d. Tagesarbeit einer Senana-Arbeiterin. 8. (24 S. m. Abb.) Basel 896. Missionsbuchh. n. — 10

Rhiem, H. E., Blicke in die Tagesarbeit e. Senana-Arbeiterin. 2. Aufl. (24 S. m. Abbildgn.) 8. Basel (903). Basler Missionsbuchh. n. — 10

Rhiem, H(anna). Blicke in die Tagesarbeit einer Senana-Arbeiterin. Von H. E Rh'. 3. (*Umschlag*: 2.) Aufl. [Illustriert.] IV + 24 S. 8. Basel, Basler Missions-Buchh., 1909. (fr. —. 10)

Rhiem, Hanna, Jeschoda. Eine indische Geschichte aus der Pestzeit. 8. (123 S.) Braunschweig 902. R. Sattler. n. 1. 80; geb. in Leinw. 2. 60

Rhiem, Hanna, Jeschoda. Eine ind. Geschichte aus der Pestzeit. (123 S.) 8. Schwerin 903. F. Bahn. n. 1. 20; geb. n. 2. —

— hinter den Mauern der Senana. Mit Vorwort v. G. Warneck. 2. Aufl. gr. 8. (VIII, 154 S. m. 21 Abbildgn.) Berlin 902. M. Warneck. n. 1. 50; geb. n. 2. —

Rhiem, Hanna: Hinter den Mauern der Senana. M. Vorw. v. G[ustav] Warneck. 4. Aufl. — Berlin: Warneck 1902. VIII, 154 S. 8°

[Umschlagt.:] [F.] Die Not der indischen und die Pflicht der deutschen Frau. Von Missionarin Hanna Rhiom in Indien. 2. Aufl. *Breklum: Jensen & Hinrichsen 1896.* (16 S.) 1 Bd 8. [96. 1941

Rhiem, Hanna, d. Not d. indischen u. d. Pflicht d. deutschen Frau. 3. Aufl. 12. (16 S.) Breklum 897. Christl. Buchh. n. — 10

Die Not der indischen und die Pflicht der deutschen Frau v. Hanna Rhiem. 6. Aufl. Breklum. 1901. 8°.

— Premo, der indische Waisenknabe. (12 S. m. Abb.) 8. Ebd. (907). p — 10

— eine gerettete Retterin. Pandita Ramabai und ihr Rettungswerk. 8. (24 S. m. Abbildgn.) Basel 902. Missionsbuchh. n. — 10

— eine gerettete Retterin. Pandita Ramabai u. ihr Rettungswerk. 2. Aufl. (24 S. m. Abbildgn.) 8. Basel 904. Basler Missionsbuchh. n. — 10

Rhiem, Hanna. Eine gerettete Retterin. Pandita Ramabai und ihr Rettungswerk. 3. vermehrte Aufl. [Illustriert.] IV+32 S. 8. Basel, Basler Missionsbuchh., 1909. (fr. —. 20)

Rhiem, Hanna. Senana-Gestalten. Zwei Erzählungen. 58 S. 8. Basel, Missions-Buchh., 1904. [fr. —. 50]

— Verraten u. verkauft. Geschichte e. ind. Waisenkindes. (16 S. m. Abb.) 8. Ebd. (909). — 10

Rhiem, Karoline

Rhiem, Caroline, drei Erzählungen, s.: Jugendgabe.

Rhiem, Caroline, die Felsenkirche in Oberstein. 12. (16 S.) Berlin 896. Schriftenvertriebsanstalt. — 10

— dasselbe, s.a. Jugend-Bibliothek, Nr. 11.

[F.] Die Felsenkirche in Oberstein. Von C. Rhiem. *Berlin: Christl. Zeitschriftenver. 1896.* (21 S.) 1 Bd 8.
= Jugend-Bibliothek [d. Christl. Zeitschriftenvereins]. [No 11.] [98. 9573

— dasselbe, s.a. Siegmund, A, d. Forsthaus.

Rhiem, Caroline. Festgrüsse. Gespräche, Gedichte und kleine Festspiele für Evang. Jungfrauenvereine. Neue, vermehrte Ausg. 4 Bändchen. [*je* Mit 1 Vignette.] 8. Basel, Basler Missionsbuchh., [1907—1908]. [*je* fr. —. 50]

Bändchen 1: Weihnachten und Mission. 41 S. [1907.] — B' 2: Frühlingsklänge. 40 S. [1908.] — B' 3: Im Jungfrauenverein. 40 S. [1908.] — B' 4: Im Herbst. 39 S. [1908.]

— e. Frage; Irmgards Schülerin; der kleine Stiefelputzer, s. Jugendgabe.

— die Geschwister. Eine Erzählg. 12. (28 S.) Basel 894. Jaeger & Kober. n. — 20

Rhiem, C, Gespräche u. Aufführgn. f. evang. Jungfrauenvereine, Fortsetzg., s.a. Gespräche u. Aufführungen.

— Gespräche u. Aufführungen f. evangelische Jungfrauenvereine 1. Hft. 12. (38 S.) Cöthen 895. Schriftenniederlage d. evang. Vereinshauses. n. — 60

— Gespräche u. Aufführgn. f. evang. Jungfrauenvereine. 2.—4. Hft. 12. Dessau, Buchh. des Evang. Vereinshauses. n. 1. 70 (1.—4.: n. 2. 30)

2. (36 S.) Cöthen 895. n. — 60. — 3. (34 S.) Cöthen 897. n. — 60. — 4. (29 S.) 898. n. — 50.

— deutsche Glaubenslieder nach bekannten Melodien. 12. (8 S.) Basel 895. Kober. n. — 08

Deutsche Glaubenslieder nach bekannten Melodieen. Von Caroline Riehm (auf d. Umschlag: Rhiem). 2. verm. Aufl. *Striegau: R. Urban 1902.* (16 S.) 8° [F.] [03. 11309

Rhiem, Caroline, deutsche Glaubenslieder nach bekannten Melodien. 3. Aufl. (16 S.) kl. 8. Striegau 904. Th. Urban. n. — 15

— Kindesliebe; Weihnachts-Blumen, s: Sonntags-Palmen.

— Liebestreue. Eine Erzählg. f. die Jugend. 12. (29 S.) Basel 893. Jaeger & Kober. n. — 20

Rhiem, Caroline (Hrsg.), s. Missionsnachrichten über Frauen-Mission in der Heidenwelt.

— der kleine Richard. Eine Kindergeschichte. 12. (30 S.) Ebd. 893. n. — 20

— Grossmutters Trost, s.a. Weihnachts-Rosen.

Rhiem, Caroline: Grossmutters Trost. Erzählung von —. 2. Aufl. Dessau: Ev. Vereinsh. [Berlin: Sonntagsschulbuchh. 1895]. (16 S.) 8°
= Weihnachts-Rosen. H. 10.

— ein Vöglein als Segensbote. Verkauft. 2 Kindergeschichten. 12. (35 S.) Ebd. 894. n. — 20

Weihnachtsüberraschung u. Weihnachtsfreude. 2 Weihnachtsfestspiele f. Kinder. 12. (29 S.) Cöthen 895. Schriftenniederlage d. evang. Vereinshauses. n. — 30

— Weihnachtsüberraschung und Weihnachtsfreude. 2 Weihnachtsfestspiele f. Kinder. 2. Aufl. 16. (29 S.) Dessau 898. Buchh. d. Evang. Vereinshauses. n. — 40

Rhiem, Th., Dorothea Sibylla, Herzogin von Liegnitz und Brieg, genannt die „liebe Dorel", s. Lebensbilder aus der Geschichte der inneren Mission.

Rhiem, Th., der Verein für innere Mission in Hamburg, s. Verein, der.

Rhien, Ferd. „Ueber die Entstehung des Phloridzeïns". pg. 40-12. 4°. J. Kayser. Kaiserslautern, Progr. 1863/64

Rhin [Sachliches OW]

Rhin, le, et ses bords depuis les alpes jusqu'à Mayence. Collection de vues pittoresques par L. Rohbock, Louis et Jules Lange, gravées sur acier par les premiers artistes de l'Allemagne et accompagnées d'un texte historique et descriptif par J. W. Appell. Traduit de l'Allemand par Le Belley-Hertzog. Nr. 1 et 2. (à 3 Stahlst. und 16 S. Text mit in Stahl gest. Titel.) Lex.-8. Darmstadt 855, Lange. à Nr. * 8 Ngr.
chines. Pap. à Nr. 16 Ngr.

—— le même. — Nr. 1 et 2. (à 3 Stahlst. und 8 S. Text mit in Stahl gest. Titel in gr. 4.) Le même 855. à Nr. * 16 Ngr.
chines. Pap. à Nr. 24 Ngr.

Rhin [Schlagwort]

Rhin — Carte Géographique représentant le Cours Entier du — de la Moselle, de la Meuse et de l'Escaut avec les Pays Confins spécialement l'Estat Actuel de toutes les possessions de la Maison d'Autriche dans les Pays-Bas et une grande Partie de la France par Matth. Mic. et George Fred. Lotter a Augsbourg 1785. 1 : 600,000 6 Bl.

Rhin — Le Cercle Electoral de — ou le Cercle de Bas-Rhin, dressé avec soin par F. L. Güssefeld. Nurnberg chez les Hérit. de Homann l'an 1789. 1 : 610,000. 1 Bl.

Rhin — Cours du — Depuis Philispourg jusqu'à Mannheim levé sur les Lieux en 1745. Octore (Auctore) Batonnet de Montsy. 1745. 1 : 28,000. 1 Bl. Handzeichnung.

Rhine [Sachliches OW]

Rhine, the. I. and II. gr. 8. Leipzig 892. A. Lesimple. à n. — 60; m. Textbildern u. Stahlstichen kart. à n. — 80
I. Cologne-Bonn and its environs. Guide and legends. (32 S. m. Text-Abbildgn. u. 1 Panorama.)
II. Coblenz-Ems and the environs. Guide and legends. (24 S. m. 2 Bildern u. 1 Panorama.)

The Rhine [Der **Rhein**, engl.]. A pract. guide. With 7 maps. Berlin: A. Goldschmidt 1910–11. 147 S. 8°
(Grieben's Guide Books. Vol. 129.) [10. 9412

Rhine, the German. 30 picturesque views of the Rhine including Heidelberg, Wiesbaden and Frankfort. With interesting descriptions. Translated by Andrew Mitchell. (64 S. m. 1 Grav.) qu. 8. Köln (906). Hoursch & Bechstedt. Geb. in Leinw. n. 3. 50

Rhine, the, and the Rhine-lands. Part I.: The upper Rhine. Illustrating its finest cities, castles, ruins, and landscapes. From drawings by Rohbock, Louis and Jul. Lange; engraved by the most distinguished artists. With historical and topographical text, edited by Gaspey. Nr. 1. and 2. (à 4 Stahlst. und 1 Bog. Text.) Lex.-8. Darmstadt 855, Lange. à Nr. * 10 Ngr.
chines. Pap. à Nr. * 20 Ngr. *

—— the same. — Part 1. Nr. 1 and 2. (à 4 Stahlst. und 2 Bog. Text.) gr. 4. The same 855. à Nr. * 20 Ngr. *
chines. Pap. à Nr. 1 Thlr. *

Rhine Guide, a practical. With the leading routes through France, Belgium, Holland, in full detail: the german spas, practical maps, and, in the briefest possible space, every necessary advice, hotels, posts, steamers, tarifs, rails, to see all that ought to be seen in the shortest period and at the least expense. By an englishman abroad. 8. (XXXVII und 60 S. mit 1 lithogr. Karte in qu. 4.) London 857. Leipzig, Brockhaus' Sortiment und Antiquarium.

Rhiner, Jos[eph]. Abrisse zur Tabellarischen Flora der Schweizer-Kantone.... Schwyz 1868 s. Rhiner, Jos[eph]. Tabellarische Flora der Schweizer-Kantone.... [Theil 2.]

Rhiner, Jos., Abrisse (Esquisses complémentaires) zur 2. tabellarischen Flora der Schweizerkantone. [Aus: „Jahresbericht d. St. Gall. naturwissenschaftl. Gesellsch. 1890/91".] 8. (IV, 135 S.) St. Gallen 892. A. & J. Köppel. n. 1. 80

Rhiner, Jos., Abrisse (esquisses complémentaires) zur zweiten tabellarischen Flora der Schweizerkantone. Série 1896. [Aus: „Jahresber. d. St. Gall. naturwiss. Gesellsch."] gr. 8. (124 S.) St. Gallen 896. A. & J. Köppel. n. 1. 80

Rhiner, Jos., Abrisse (esquisses complémentaires) zur Flora der Schweizerkantone. 3. Serie. 8. (52 S.) St. Gallen 899. A. & J. Köppel. n. 1.— (1—3 n. 4.60)
Sonderabdruck aus: „Jahresber. d. St. Gall. naturwiss. Gesellsch."

Rhiner, Jos[eph]. Tabellarische Flora der Schweizer-Kantone sammt standörtlichen Abrissen = Flore tabellaire des Cantons suisses, suivie de Bulletins phytostatiques. [2 Theile. Avec 2 Suppléments.] 4. Schwyz 1868–1869.
[Theil 1.] Tabellarische Flora ... = Flore tabellaire ... 1869.
[Theil 2.] Abrisse zur Tabellarischen F'... = Bulletins de la F' tab'... 1868.
1er et 2d Supplément s. Rhiner, Jos[eph]. Prodrom der Waldstätter Gefasspflanzen. [Theil 1 *u.* 2.]

Rhiner, Jos[eph]. Die Gefässpflanzen der Urkantone und von Zug. Verzeichnet von Jos. Rh'. 2. Aufl. [des Prodrom der Waldstätter Gefässpflanzen]. 3 Hefte. SA. 8. St. Gallen 1893–1895.

Rhiner, Jos. Die Gefässpflanzen der Urkantone und von Zug. 1. Heft. 2. Auflage. In-8°. 271 S. St. Gallen, A. & J. Köppel. 1893. 1 60
*** Separatabdruck aus dem Jahresbericht der St. Gallischen naturwissenschaftlichen Gesellschaft 1891/92.

— die Gefässpflanzen der Urkantone u. v. Zug. Verzeichnet v. J. R. [Aus: „Jahresbericht d. St. Gall. naturwiss. Gesellsch. 1892/93".] 2. Aufl. 1. u. 2. Hft. gr. 8. Ebd. n. 3. 10
1. (124 S.) 893. n. 1. 60. — 2. (S. 125—210.) 894. n. 1. 50.

— d. Gefässpflanzen d. Urkantone u. v. Zug. Verzeichnet v. Rh. 2. Aufl. 3. Hft. [Aus: „Jahresber. der St. Gall. naturwiss. Gesellsch. 1893/94".] gr. 8. (S. 211—314.) Ebd. 895. n. 1. 60 (1.—3.: n. 4. 70)

Rhiner, Jos., erster Nachtrag zu den Waldstätter Gefässpflanzen. 32 Stn. 8. Schwyz, Selbstverlag d. Verf. 1872

Rhiner, Jos[eph]. Volksthümliche Pflanzennamen der Waldstätten nebst Gebrauchs- und Etymologieangaben. Für Landwirthe und Gelehrte zusammengestellt von Jos. Rh'.... [Mit Nachtrag.] 8. Schwyz 1866.
Nachtrag s. Rhiner, Jos[eph]. Prodrom der Waldstätter Gefasspflanzen. [Theil 1.]

Rhiner, Jos[eph]. Prodrom der Waldstätter Gefässpflanzen. [2 Theile.] 8. 1870[–1872].
Theil 1. [Prodrom ... (= Nachtrag zu meinen „Volksthümlichen Pflanzennamen der Waldstätten" — [1er] Supplément à la Flore tabellaire.... Schwytz, 1 Août 1870.) Schwyz 1870.
[Theil 2.] Erster [einziger] Nachtrag zu den Waldstatter Gefasspflanzen.... Schwyz, Januar 1872. (= 2d Supplément à la Flore tabellaire.... Schwytz, 1 janvier 1872. ...) *o. O.*

Rhinozeros, od. Nashorn, das, s. Merkwürdigkk. auf den Leipziger Messen. 16 Heft.

Rhinozeros. Ein lyrisch-didaktisches Gedicht in einem Gesange ... Nürnberg 1810. V: *Wetzel, Carl Friedrich Gottlob.* (KY) (MGT) (GGr)

Rhinoceros, ein lyrisch=didakt. Gedicht in e. Gesange, (von B. G. Wetzel). 8. Nürnb. 810. Stein. 1 ⁄/ N. Aufl. (neuer Tit.) 828. 10 ℊ

Rhizos, (J.,) Aspasia, Trauersp. in 3 Aufz. (Neugriechisch.) gr. 8. Leipz. 824, (Reclam.)

Rho, Ernst, Transfusionen. Lustspiel in 3 Aufzügen. [Als Mscr. gedr.] gr. 8. (92 S.) Berlin 878, [Frey.] Teschner und Rosenhauer.

Rho, J. de, marian. Gnaden= und Wunderschatz. 9 Thle. Fol. Augsb. 747.

Rhoades, Lewis Addison [A. M. aus Ann Arbor, Amerika]: Höltys Verhältniss zu der englischen Literatur ... Göttingen, Druck d. Dieterich'schen Univ.-Buchdr., 1892; 48 S., 1 Bl. 8.
Göttingen, Phil. Fak., Inaug.-Diss. v. [16. Dez.] 1892

Rhoades, Lewis Addison, Höltys Verhältniss zu der englischen Litteratur. Diss. gr. 8. (48 S.) Göttingen 892. (Vandenhoeck & Ruprecht.) n. 1. —

Rhoades, Nina, die kleine Nachbarin. Erzählung f. junge Mädchen. Freie Uebertragg. aus dem Engl. von E. v. Pütz. Mit 4 Kunstdr.=Bildern u. Einbandzeichng. von Wilh. Roegge. (170 S.) 8. Köln (906). J. P. Bachem. n. 2. —; geb. in Leinw. n. 2. 50

Rhoades, Nina, die kleine Nachbarin. Erzählg. f. junge Mädchen. Freie Uebertragg. aus dem Engl. von E. v. Pütz. 2. Aufl. (Mit 4 Kunstdr.-Bildern u. Einbd.-Zeichnung v. Wilh. Roegge.) (170 S.) 8. Köln (906). J. P. Bachem. 2.—; geb. in Leinw. 2. 50

— Winifred. Erzählg. f. junge Mädchen. Aus d. Engl. übers. von E. v. Pütz. Mit 4 Bildern v. W. Rohm. (136 S.) 8. Ebd. (908). 2.—; geb. in Leinw. 2. 50

Rhoda, Fritz, nur v. Adel. Lustspiel in 4 Akten. 8. (110 S.) Baden=Baden 890. Sommermeyer. 1. 50

Rhode, s.a. Rohde. – Rode.

Rhode's praktisches Handbuch der Handelskorrespondenz in deutscher, französischer, engl., italien. u spanischer Sprache. 7. u 10. A. v. C W Degner. Frankfurt a. M. 1876. 98

Kantate von Br. Rhode. In Musik gesetzt von Br. Hurka. Gedruckt bei G. F. Starke. 8.

Rhode: Homerische Miscellen. Moers 1865.
Schul-/Univ.-Schrift

Rhode, Predigt, s. Verhandlungen der 23. Versammlung des brandenburg. Hauptvereins der Gustav=Adolf=Stiftung.

Rhode, A., Beiträge zur Kritik der französischen Karlsepen, s. Ausgaben und Abhandlungen aus dem Gebiete der romanischen Philologie.

Rhode, A. Die Beziehungen zwischen den Chansons de geste: Hervis de Mes und Garin le Loherain und ihre nachträgliche Verknüpfung durch den Verfasser der Redaktion NT der Geste des Loherains. Diss. Marburg 1881. 51 S.

Rhode, A., Emmendationes Sophocleae. Pr. 1876. 8 S. 4°.

— Ueber den Gebrauch der Partikel ἄρα bei Homer. Pr. 1867. 84 S. 4°.

— De L. Munati Planci sermone. Pr. 1896. 40 S. 4°.

Rhode, A., De syntaxi Planciana. Pr. 1894. 32 S. 4°.

Rhode, A., Unters. üb. d. XVII. Buch d. Odyssee. Pr. 1848. 50 S.

Rhode. Untersuchungen über den XIII. — XVI. Gesang der Odyssee. 50 S.
Brandenburg, G., Progr. 1858

(Rhode, Albert u. Hermann Halfmann) Einweihung des neuen Gymnasialgebäudes. 4 (S. 21—30 der Schuln.).
Progr. G. *Wittenberg* 1888 (242).

Rhode, Albert Aus einem Kollegienhefte über Melanchthons Dialektik. 4 (S. 1—31).
In: Festschrift zur Feier der Einweihung des neuen G.-Gebäudes *Wittenberg* (1888).
Nicht im Tauschverkehr.
Progr.

Rhode, A., de Luthero Germaniae paedagogo. — Der reformatorische Charakter von Luther's kleinerem Kommentar zum Galaterbriefe von F. Oelze. 4. (32 u. 20 S.) Wittenberg 883. (Wunschmann.) n. 1. 50; der letztere Aufsatz ap. n. 1. —

Rhode, Albert Die hypothetischen Sätze bei Homer. Erster Teil. 4 (XXVII S.) **Progr.** G. *Wittenberg* 1886 (238).

R(HODE), ANDR. ALB., Rhodisches Antiquitäten-Cabinet, oder Beschreibung und Verzeichnisz verschiedener Antiquitäten, welche von dem weyl. Hrn. Chr. Dtl. Rhoden in denen Grab-Hügeln der Alten allhie in Hollstein gefunden worden, und bestehen in Grab-Töpffen, Waffen und andern Geräthe unserer annoch Heydnischen Vorfahren. Hamburg. 1719. 4. P.

Rhode, A. A., cimbrisch=holst. Antiquitätenremarquen. 4. Hamburg. König. 728.

ARTHUR RHODE, Die evangelischen Deutschen in Russisch-Polen, ihr drohender Untergang und die Möglichkeit ihrer Rettung. Im Auftrage des Ostrowoer Hilfsausschusses für deutsche Rückwanderer aus Russisch-Polen. Lissa i. P. 1906. Friedrich Ebbeckes Verlag (Inhaber Oskar Eulitz). 8°.

Rhode, August Anton, s.a. Rhode, Ernst A.

— Auszug des armen evangel. Predigers in d. Hand d. Herrnhuter. 4. Sorau 754. Hebold. 3 ℊ

Rhode, Aug. Ant., Nachrr. von gewissen Schriften, die wider die Herrnhuter nach u. nach z. Vorschein kommen sollen ꝛc. 4. Sorau 754. Hebold. 6 ℊ

Rhode, Aug. Ant., († ...) Schlüssel zu Herrnhut, ob. entdecktes Lehrgebäude d. Herrnhuter. 8. Berl. 755. Voß. 12 ℊ

Rhode, B., Beiträge zur Lebensgeschichte und zu den Briefen des Psellos. Pr. 1892. 26 S. 4°. 1.—

Rhode, C., s. Rhode, Karl

Rhode, C. E., der Elbinger Kreis in topographischer, historischer u. statistischer Hinsicht. (In 3 Liefgn.) 1. u. 2. Liefg. Danzig 869. Kafemann. Lex.=8. (IV u. S. 1—336, mit 1 chromolith. Plan.) Jede Liefg. Subscr.=Pr. n. 25 ngr.; Ladenpr. n. 1 ℛ

Rhode, C. E., der Elbinger Kreis in topographischer, historischer u. statistischer Hinsicht. 3. (Schluß=) Lfg. Lex.=8. (XII u. S. 337—560 m. e. chromolith. Karte in Fol.) Danzig 871. Kafemann. Subscr.=Pr. n. 2. 50; Ladenpr. n. 3. —

Rhode, C. E., Preussen und Deutschland in ihrer Neugestaltung 1866. Chromolith. Elbing, Naumann-Hartmann, 1866. gr. 4. (1 [illegible])

Rhode, C. E., historischer Schul-Atlas zur alten, mittleren und neueren Geschichte. 84 Karten auf 28 (lithogr. und ill.) Blättern nebst erläut. Text (38 S.). qu. gr. 4. Glogau 861, Flemming's Verlag.

– historischer Schul-Atlas zur alten, mittleren u. neueren Geschichte. 84 Karten auf 28 (chromolith.) Blättern mit (38 S.) erläut. Text. 5–8. Aufl. Glogau 866–70. Flemming. qu. 4. n. 1 ℳ 10 ngr.; geb. n. 1 ℳ 20 ngr. u. n. 1 ℳ 21 ngr.

— historischer Schul-Atlas zur alten, mittleren u. neueren Geschichte. 89 Karten auf 30 (lith. u. color.) Bl. nebst erläut. Text. (26 S.) 9. Aufl. qu. Fol. Glogau 872. Flemming. n. 4. 50; geb. n. 5. 25

Rhode, C. E., historischer Schul-Atlas der alten, mittleren und neueren Geschichte. 89 Karten auf 30 (lithogr. und color.) Blättern nebst erläut. Text. Ausg. für österreich. Schulen. 9. Aufl. qu. gr. 4. (30 S.) Glogau 875, Flemming. * ℳ 4,50.; geb. *

Rhode, C. E., Schulatlas üb. alle Theile d. Erde, nach d. neuern Ansichten entworfen u. gez. (14 lith. Karten, incl. 13 ill.) qu. Fol. Elbing 840, Rahnke.

— Schulatlas über alle Theile der Erde. (2. verb. Aufl.) Fol. (14 lith. u. color. Karten.) Elbing 841, Rahnke. (Berlin, Nicolai.) n. 1 ℳ

Rhode, C. E., Schulgeographie, zunächst für höhere Bürgerschulen entworfen. Mit 12 lithogr. Figuren (auf 1 Taf.) u. 1 Sternkarte. gr. 8. Berlin 846, Nicolai'sche Buchh. 1 ℳ

Rhode, C. E., Schulkarte von Deutschland in seiner Neugestaltung 1866. Ergänzungsblatt zu allen Schulatlanten. Elbing, Neumann-Hartmann, 1867. qu.-4. Lith. u. kolor. [illegible]

Rhode, Carl Adolph Feodor, s. Rhode, Feodor

Rhode, Chr. G.

—— Anleitung zur Ertheilung des Erstcommunicanten-Unterrichts über das heiligste Altarsacrament. 16. (XII, 192 S.) Ebendas. 873.

— Anleitung zur Ertheilung d. Unterrichtes üb. das heilige Sacrament der Firmung speciell bearb. in 5 Unterrichtsstunden, 24 Fragen u. Antworten enth., zum Gebrauche der Katecheten wie der Firmlinge bei der Vorbereitg. zum Empfange der hlg. Firmg. 8. (44 S.) Ebend. 873. — 30

— die Ehe. Für Brautleute u. Alle, welche Brautleute werden wollen. In der Form seelsorgl. Ansprache an die Brautleute beim Ehegelöbniß. Die Civilehe als Anh. 16. (43 S.) Ebend. 876. n. — 20

— die drei großen Glaubensgeheimnisse: Die Wiedergeburt d. gefallenen Menschen; die Bedeutg. d. Todes Christi im Erlösungswerke; der Eine Unfehlbare in der Kirche Gottes. Gründlich u. nach eigener Art dargestellt. 8. (102 S.) Ebend. 875. 1 —

— Palästina nach den neuesten Forschungen dargestellt. Ein Beitrag zur Erklärg. der bibl. Geschichte, speciell bearb. als Klassenbüchlein f. Elementarschulen. Mit 2 Abbildgn. (in eingedr. Holzschn.) 8. (95 S.) Ebend. 871. n. — 50

— dasselbe. Hülfsbüchlein f. Elementarlehrer beim Unterrichte in der bibl. Geschichte. Mit 2 Abbildgn. (in eingedr. Holzschn.) 8. (114 S.) Regensburg 872. Manz. — 75

Rhode, Chr. G., der deutsche Sprachunterricht nach einer neuen praktischen Methode, die vollständige Formlehre u. Aufsatzanfertigung enthaltend, speciell bearb. für höhere Stadtschulen, mittlere Ackerbau- u. Pensions-Unterrichts-Anstalten, Handwerker-Fortbildungsschulen, wie zur Vorbereitung von Schulaspiranten. Langensalza 864. Greßler. gr. 8. (XII, 239 S.) 22½ ngr.

Rhode, Chr. G., der deutsche Sprachunterricht nach e. neuen prakt. Methode, die vollständ. Formlehre u. Aufsatzanfertigg. enth., speciell bearb. f. höhere Stadtschulen, mittlere Ackerbau- u. Pensions-Unterrichts-Anstalten, Handwerker-Fortbildungsschulen, wie zur Vorbereitg. v. Schulaspiranten. 2. Aufl. gr. 8. (XIV, 242 S.) Langensalza 879. Schulbuchh. 2. 25

Rhode, Chr. G., das Wesen des Eides. Dargestellt für den Gerichtssaal und für Alle, welche dort einen Eid abzulegen haben. 12. (24 S.) Werl 881, Stein'sche Buchh.

Rhode, Christian Detlev

RHODE, CHR. DETL., s.a. Cimbrisch-Hollsteinische Antiquitäten-Remarques. 1720.

Cimbrisch-Hollsteinische Antiquitaeten-Remarques, Oder: Accurate und umständliche Beschreibung, derer in denen Grab-Hügeln derer alten Heydnischen Hollsteiner der Gegend Hamburg gefundenen Reliquien, als Urnen, Wehr und Waffen etc. durch Christian Detlev Rhode und dessen Sohn Andreas Albert Rhode. Mit Briefen von Otto Sperling und einer Vorrede v. Joh. Albert Fabricius. Hamburg. 1720. 4° k.

Rhode, E., Paralipomena. (Harpyien, Erinyen, Psyche). S.-A. 1895. 80 S.

— Die Religion der Griechen. Gel. 1895. 28 S. 4°.

Rhode, Er. Fr., Diss. inaug. med. de syphilide neonatorum. 8. Dorpat 825.

Weichsellied f. eine Singstimme mit Pianofortebegleitung comp. von Erich Rhode. *Thorn: W. Lambeck [1904].* (3 S) 4° [F. u. Ant.] [illegible] 10

Rhode, Ernst A., s.a. Rhode, August Anton

— Nachr. v. Schriften wid. d. Herrnhuter. 4. Ebend. 754.

— armer evang. Prediger in d. Hand der. Herrnhuter. 4. Sorau, Hebold. 754

Rhode, Ernst A., Schlüssel zu Herrnhut, d. i., d. eigentl. [illegible]pst. od. Gemeingebäude d. Herrnhuter. 8. Berl. Voß. 755.

Rhode, (Carolus Adolphus) Feodorus (*geb. Potsdam 11. 5. 1836*): De Aeschyli Agamemnonis quarto episodio. Vratislaviae (1858). (50 S.) 8°

Breslau, Phil. Diss. v. 16. März 1858

Rhode, Feod. De falsa quadam ratione qua in aestimandis Horatii carminibus vulgo utuntur interpretes. 12 S.
Progr. *Reichenbach* 1885.

Rhode, Fried. Joseph Franz (geb. [illegible] a. d. Eichsfeld 27. 2. 1832): De [illegible] Berolini (185[illegible]) ([illegible] S.) 8°

Berlin, Med. Diss. v. 3. Okt. 1856

Rhode, Friedrich Ludwig

Rhode, F.L. (Bearb.), s. Abentheuer eines Pferdeliebhabers, der ein Pferd sucht.

Rhode, F. L., Bau des Pferdehufes, s.: Clark, Bracy.

Rhode, Fr. L., s. Bibliothek der neuesten Romane des Auslandes.

s. B. Clark, der Bau und die Vorrichtungen des Pferde-Hufes ꝛc.

– s. Erzählungen von allen Farben.

Rhode, Friedrich Ludwig [Übers.]
s. Galt, J.: Rothelan. 1827.

Rhode, Fr. Ldw., deutsch-französisch-englisches phraseologisches Handbuch der Handels-Correspondenz und des Geschäftsstyls. 2 Bde. gr. 8. Frankfurt 836. Sauerländer. 2 ₰

— deutsch-französisch-englisches phraseologisches Handbuch der Handels-Correspondenz und des Geschäftsstyls. 2. verb. u. verm. Aufl. gr. 8. Frankfurt a/M. 842, Sauerländer. 2 ₰

Rhode, F. L., praktisches Handbuch der Handels-Correspondenz in deutscher, französischer, englischer und italien. Sprache. 3. verb. u. verm. Aufl. Frankfurt a. M. 856. Sauerländers Verlag. gr. 8. (IV, 877 S.) 2 ₰. 15 ngr.

Rhode's, F. L., praktisches Handbuch der Handels-Correspondenz und des Geschäftsstyls in deutscher, französischer, englischer und italienischer Sprache. 4. verb. u. verm. Aufl. bearb. von Bernh. Lehmann. Frankfurt a. M. 861. Sauerländer's Verlag. gr. 8. (IV, 892 S.) 2 ₰ 15 ngr.

Rhode's, F. L., praktisches Handbuch der Handels-Correspondenz und des Geschäftsstyls in deutscher, französischer, englischer, italienischer und spanischer Sprache. 5., verb. und verm. Aufl. bearb. von Bernh. Lehmann. 7 Lfgn. Lex.-8. (IV und 877 S.) Frankfurt a. M. 866, Sauerländer's Verlag. à Lfg. 12 Ngr.

Rhode's, F. L., prakt. Handbuch der Handels-Correspondenz u. des Geschäftsstyles in deutscher, französischer, englischer, italienischer u. spanischer Sprache. 5., verb. u. verm. Aufl. bearb. von Bernh. Lehmann. Frankfurt a. M. 867. Sauerländer's Verl. Lex.-8. (IV, 877 S.) 2 ₰ 24 ngr.

Rhode's, F. L., praktisches Handbuch der Handels-Correspondenz und des Geschäftsstyls in deutscher, französ., engl., italien. und span. Sprache. 6. verb. und verm. Aufl., bearb. von Bernh. Lehmann. 9 Lfgn. gr. 8. (VII, 895 S.) Frankfurt a. M. 871,72, Sauerländer's Verlag. à Lfg. *M.* 1.
—— dass. — 7. verb. und verm. Aufl. 1.—6. Lfg. gr. 8. (S. 1—544.) Ebendas. 875. à Lfg. *M.* 1.

Rhode's, F. L., praktisches Handbuch der Handels-Correspondenz und des Geschäfts-Styls in deutscher, französischer, englischer, italienischer und spanischer Sprache. Bearb. von Bernh. Lehmann. 7. verb. und verm. Aufl. 7.—10. (Schluss-)Lfg. gr. 8. (VII, S. 545—928.) Frankfurt a. M. 875, Sauerländer's Verlag. à Lfg. *M.* 1. compl.
1.—6. Lfg. Ebendas. 1875. à *M.* 1.

Rhode's, F. L., praktisches Handbuch der Handels-Korrespondenz und des Geschäfts-Styls in deutscher, französischer, englischer, italienischer und spanischer Sprache. Bearb. von Bernh. Lehmann. 8. verb. und verm. Aufl. 10 Lfgn. gr. 8. (VII, 960 S.) Frankfurt a. M. 882, Sauerländer's Verlag. à Lfg. *M.* 1.; compl.

Rhode's, F. L., praktisches Handbuch der Handels-Korrespondenz u. d. Geschäfts-Stils in deutscher, französischer, englischer, italienischer u. spanischer Sprache. 9., verb. u. verm. Aufl. Bearb. v. C. W. Degner. 10 Lfgn. gr. 8. (VII, 982 S.) Frankfurt a/M. 889. Sauerländer. n. 10. 50

Rhode's, F. L., prakt. Handbuch d. Handels-Korrespondenz u. d. Geschäfts-Stils in deutscher, franz., englischer, italien. u. spanischer Sprache. 10., verb. u. verm. Aufl. Bearb. v. Carl Wilh. Degner. gr. 8. (VII, 1001 S.) Frankfurt a/M. 897/98. J. D. Sauerländer. n. 10. 50; geb. n.n. 11. 60
Erschien in 20 Lfgn. à n. — 50.

Rhode's, F. L., prakt. Handbuch der Handels-Korrespondenz u. des Geschäfts-Stils in deutscher, französ., englischer, italienischer u. spanischer Sprache. 11. verm. u. verb. Aufl. Neu bearb. v. Gust. Röhrig, E. Seure, John Mackenzie u. Ugo Parenti. (In 21 Lfgn.) 1.—7. Lfg. (S. 1—320.) Lex.-8. Frankfurt a/M. 906. J. D. Sauerländer. à n. — 50

Rhode's, F. L., praktisches Handbuch der Handels-Korrespondenz in deutscher, französischer, engl., italienischer u. spanischer Sprache. Weitergeführt v. B. Lehmann u. C. W. Degner. Neu bearb. v. E. Seure, J. Mackenzie, U. Parenti u. G. Röhrig-Serra. 8.—21. (Schluss-)Lfg. (IV u. S. 321—1038.) Lex. 8. Frankfurt a/M. 907. 08. J. D. Sauerländer. à Lfg. — 50

Rhode, Friedrich Ludwig [Übers.]
s. Irving, Washington: Sämmtliche Werke. Bdchn 69–74. 1837.

Rhode, Fr. Ldw., s. Klausner am Taunus.

s. K. Lamp, Ada Reis.

Rhode, F. L., die Makkabäer, oder d. Eroberung von Jerusalem; Trspl. in 5 A. gr. 8. (Frankf. 819. Sauerländer). 21 K

— der Pasteten-Bäcker, komisches Singspiel in 5 kleinen Acten. Frei nach d. Franz. Musik von Karl Oestreich. 8. Leipzig 836. Reimann. 3/8 ₰

Rhode (F. L.), Die Uebereinstimmung der neueren Entdeckungen der Geologie mit der biblischen Geschichte von der Schöpfung und der Sündfluth. Nach dem Englischen des Prof. Silliman. Hanau 1838. 8.

Rhode, F. L., gedrängte Uebersicht der Revolutionen der Erdkruste bis zur mosaischen Pflanzenschöpfung und der in den Schichten der Erde begraben liegenden Thier- u. Pflanzenschöpfungen der präadamischen Vorwelt, nebst einer Einleitung zum richtigen Verständniß der Geogenie der Genesis. gr. 12. (Mit Titelbild.) Darmstadt 842, Leske. 1/3 ₰

s. Unterhaltungs-Bibliothek.

Rhode, G., Präsentations-Predigt gehalten am Sonntage Laetare dem 11. März 1866 in der Luisenstadt-Kirche. Berlin 866. Logier's Buchh. gr. 8. (24 S.) 3 ngr.

– Predigt, s. Verhandlungen der 23. Versammlung des brandenburg. Hauptvereins der Gustav-Adolf-Stiftg.

— **Georg Christoph** (Mühlhausen/Thür.), De Germania nunquam a Romanis subacta. Diss. Präs. Andreas Julius Dornmeier. Halle/Magdeburg (Chr. Henckel) Dez. 1705. 21 S. (1.75) 28543

Rhode, H., Jesu Prophezeihung vom Schicksale der Liebenden u. Lieblosen, s. Dietrich, H. R., wo ist Christus nicht?

Rhode, Heinrich

— — Prolegomenorum ad quaestionem de evangelio apostoloque Marcionis denuo instituendam caput I—III. Breslau (Kupfer) 1834. 42 S. (4.—) 28545

Rhode, Henr., Prolegomenorum ad quaestionem de Evangelio Apostoloque Marcionis denuo instituendam Cap. I—III. 4maj. (6¼ B.) Vratislaviae 834, (Leuckart.)

— — (Bremen), De territoriis statuum imperii eorumque conservatione. Diss. jur. Ex Auctor. Othonis Verbrugge. Groningen (H. Spandaw) 15. VI. 1740. 66 S. (5.—) 28546

Mit sehr schöner Titelumrandung. — Seinen Eltern gew. — Widm. v.: J. F. Havighorst, Bernh. Phil. Haase, Michael Harmes, O. C. Schöne, Joh. Georg Ölrichs. Hieron. Rhode (Bruder.)

— **Heinrich,** Theses theol. quas theolog. evangelicorum summe venerandi auctor. pro licentiati in theol. honoribus obtinendis. Präs. David Schulz. Breslau (Kupfer) 16. XI. 1833. (3.—) 28544

— **Hieronymus** (Bremen), De servaticio quod vulgo Berge-Lohn vocant. Disput. jur. Präs. Johann Samuel Friedrich Boehmer. Halle/Magdeburg (J. Fr. Grunert) 5. XII. 1743. 39 S. (5.—) 28547

Widm. v.: Johann Samuel Friedrich Boehmer.

Rhode, J. C., s. R h o d e , Johann Gottlieb

Rhode, J. J., de conviviis natalitiis. Regiom. 1716. 4.

— **Johann** (Bremen), De Unione Prolis sine Praetore. Disput. Jur. Präs. Michael Rhode. Frankfurt / Oder (J. Coepsel) 19. II. 1701. 60 S. (—.—) 28548

Rhode, J(ohan): Aurelii Cornelii Celsi vita. 9 S., gbd.

Basileae: Thurneissen 1748

JB 396

Rhode, Johann Gottlieb, s.a. A n t o n , Ma(h)ler

— üb. Alter u. Werth einiger morgenländ. Urkunden, in Bezug auf Religion, Geschichte u. Alterthumskunde überhaupt. Mit 1 Kpf. gr. 8. Bresl. 817. Holäufer. 20 gr.

— üb. d. Anfang unserer Geschichte u. die letzte Revolution der Erde, als wahrscheinl. Wirkung e. Kometen. 8. Bresl. 819. Holäufer. 8 gr.

Rhode, J. C., Atlas der alten Welt. Berlin 772. f.

— Beitrr. z. Alterthumskunde, mit besonderer Rücksicht auf das Morgenland. 2 Hefte. gr. 8. Berl. 819 u. 20. Duncker u. H. 1 Thlr. 12 gr.

Beyträge zur Geschichte der Gr. Mutterloge Royale York zur Freundschaft im Or. von Berlin. Nur f. Logen u. Brr. hrsg [von Joh. Gottlieb **Rhode**]. Berlin 1798: Decker. 111 S. 8° [Vortit.:] Anh. zu dem Jahrbuche der hochw. Gr. Loge Royale York zur Freundschaft.

Kl. 2940, Tt. 431. Forts. von Nr 7826. Handelt von der Entstehung der Grloge u. ihrer Korrespondenz darüber mit der GrLL.

— Beitrr. z. Pflanzenkunde d. Vorwelt, nach Abdrücken in Kohlenschiefer u. Sandstein aus schles. Steinkohlenwerken. 1e—3e Lieferg. Mit Steindr. gr. Fol. Bresl. 821—23. Graß, B. u. C. 3 Thlr. 20 gr.

— Berlin, e. Zeitschrift, s. Berlin.

— üb. religiöse Bildung, Mythologie u. Philosophie d. Hindus, mit Rücksicht auf ihre älteste Geschichte. Nach d. Verfass. Tode hrsgg. 2 Thle. Mit 33 Steindr. gr. 8. Leipz. 827. Brockhaus. 6 Thlr. 8 gr.

— artistische Blumenlese, od. Beitrr. z. Geschichte d. Kunst vorzügl. in Deutschland aus d. 15. u. 16. Jahrhund. 1r Bd. 1e Abtheil. Mit 33 Kpf. 4. Bresl. 809. (J. F. Korn). 4 Thlr. 8 gr. größer Pap. 5 Thlr.

[RHODE, JOH. GOTTL.], Briefe über Schauspielkunst, Theater und Theaterwesen in Deutschland. Altona. 1798.

— d. Breslauische Erzähler, eine Wochenschr., s. Erzähler.

s. Eunomia.

Horus, eine Hieroglyphe für Freimaurer. Zum Andenken des 26sten Junii 5814 [von Joh. Gottlieb **Rhode**]. Im Or. zu Breslau. [Breslau 1814.] 4 Bl. 8° [Umschlagtit.]

Gedicht.

s. Jahrbuch der Loge Royal York.

s. Ossians Gedichte.

Rhode, Joh. Glieb, Reise durch einen Theil Deutschlands und Russlands in den Jahren 1797 und 1798 vom Maler Anton. Hamburg 1798. 8.

— die heil. Sage u. d. gesammte Religionssystem d. alten Baktrer, Meder, Perser u. d. Zendvolks. gr. 8. Frankf. a. M. 820. Hermann. 2 Thlr. 16 gr.

ANTON, Mahler (d. i. *Johann Gottlieb Rhode*, Dr. philos., Herausgeber der „Schlesischen Zeitung" und Dramaturg in Breslau, geb. 1762, † 23. Aug. 1827), Spielereien (d. h. Gedichte, Erzählungen, Kinderspiele etc.) vom —. 2 Bde. Mit 4+2 Radierungen (z. Th. gefaltet), unsigniert. O. O. (Breslau, Korn.) 1798. 8°. (6 Mk. 80 Pfg. Taussig, Prag, 1904.)

I: Titelkpf., gestoch. Tit., 334 S., 1 Bl. Inh. (der 17 Nrn.). U. a.: Der Traum, e. unvollend. (zieml. freies) Rittergedicht (in 55 achtzeil. Str.). II: Titelkpf., gestoch. Tit., 254 S., 1 Bl. Inh. (der 11 Nrn.). U. a.: Das Schilderhäuschen am Rhein (freie poet. Erzählg., S. 165 bis 175).

— allgem. Theaterzeitung, s. Theaterzeitung.

— Theorie d. Verbreitung d. Schalls, für Baukünstler. Mit 1 Kpf. 8. Berl. 800. Duncker u. H. 6 gr.

Rhode, Jh. Gli., († d. 23. Aug. 1827.) Versuch üb. das Alter des Thierkreises u. d. Ursprung d. Sternbilder. Mit 3 Kpf. 4. Bresl. 809. J. F. Korn. 1 Thlr. 8 gr.

— Versuch e. pragmat. Geschichte d. Religionszwanges unter d. Protestanten in Deutschland. 1r Thl. 8. Frankf. u. Leipz. 790. (W. Vogel). 12 gr.

— für meine Zeitgenossen. 1s Heft. 8. Reval 790.

Rhode, Jh. Glo., Gemälde aus den Zeiten des Mittelalters, s. Bibliothek histor. Romane 8r u. 9r Bd.

Rhode, Joan. Theoph. Guil. Henricus *(geb. Breslau 25. 9. 1809)*: Gregorii Barhebraei scholia in psalmum quintum et decimum octavum e codicis bibliothecae Bodleianae apographo Bernsteniano edita, translata et annotationibus prolegomenisque instructa. Vratislaviae 1832. (V, 84 [vielmehr 92] S.) 8°
[Buchausg. 1832 bei Max & Ko. in Breslau.]

Breslau, Phil. Diss. v. 7. März 1832

v. Rhode, genannt Rhodius, Jos. Ritter, Betrachtungen über die zu errichtende Hypotheken- u. Wechselbank als Nationalbank für d. Königreich Bayern und Beantwortung der Frage: Welche Hoffnungen können der Landwirthschaft, Industrie u. dem Handel durch dieselbe erblühen? kl. 8. Nürnberg 835. Campe. 1/3 Thlr.

Rhode, Josepha von = Edhor, J. [Autorname].

Rhode, Julius Franziskus Viktor Paul, s. Rhode, Paul

Rhode, Karl

Rhode, Carolus: De anacoluthis maxime grammaticis in libris Ciceronis de oratore. Vratislaviae (1833). (42 S.) 8°
[Buchausg. 1833 bei Max & Ko. in Breslau.]
Breslau, Phil. Fak., Hab.-Schr. v. 1. Juli 1833

Rhode, C., de anacoluthis maxime grammaticis in Ciceronis de oratore libris. 8. Vratislaviae 833. Max et soc. 1/3 Thlr

Rhode, Carolus *(geb. Breslau 15. 1. 1806)*: Res Lemnicae. Vratislaviae 1829. (72 S., 1 Taf.) 8° *[Buchausg. 1829 bei Leuckart in Breslau.]*
Breslau, Phil. Diss. v. 31. Aug. [vielmehr 1. Sept.] 1829

— **Carl,** Res Lemnicae. Breslau (Brehmer u. Minuth) 31. VIII. 1829. Mit Biogr. (M.: A. Kraker.) 72 S., 1 Karte. (4.25) 28539
Gew.: Ludwig Wachler, Fr. Passow, C. E. Chr. Schneider.

Rhode, Karl, Res Lemnicae. Adjecta est Lemni tabula, descripta secund. Choiseulium. 8maj. Bresl. 829. Leuckart. 12 gr

Rhode, Karl Ldw., Relatio de sectione caesarea feliciter peracta. 4. Dorpat 802. (Leipz., Kummer). 5 gr

Rhode, Levin J., vollständiges Signal-System, zum Gebrauch für die Schiffe aller Nationen, sowohl bei Tage als bei Nacht, und mit Hülfe nur solcher Mittel, die ein jedes Schiff besitzt, u. ohne Anschaffung irgend eines neuen. Uebersetzt von W. F. Born. (Mit 2 Signal-Tabellen.) Lex.-8. Kopenhagen 836. (Reitzel.) n. 2 3/4 Thlr (NB. Ist zugleich in der dänischen, engl., franz., holländ. u. spanischen Sprache erschienen.)

Rhode, Markus [Praes.], s. Baro, Joh. Gottfr.: De tutoris datione.

Rhode, Markus [Praes.], s. Hering, Joh. Samuel: De servitiis feudalibus vasallorum Pomeraniae orientalis.

Rhode, Mich., annotationes ad compend. iur. Lauterbach. 4. Francf. Conrad. 717.

Rhode, Mch., Monographiae Cinchonae generis tentamen. Fragmentum ex materia medica, quod botanice, pharmacognostice, chemice et medice tractavit etc. 8. Götting. 804.

Rhode, Michael [Praes.], s. Rhode, Johann: De Unione Prolis sine Praetore.

Rhode, Michael [Praes.], s. Schilling, Johann Anton: De differentia juris et facti.

Rhode, Michael [Praes.], s. Stutz, Johann: De actore non probante.

Rhode, N., Wegweiser durch d. Gebiet d. Lokalbahn Kempten-Pfronten m. bes. Berücksicht. d. beiden Kopfstationen. Führer im Allgäu. 12. (IV, 120 u. VI S. m. Abb. u. 1 Karte.) Kempten 898. A. Klein. n.n. 1. —

Rhode, O., Racen des Rindes, s. Rindviehzucht, die.

Rhode, O., die Rindviehzucht, s. Fürstenberg, M.

Rhode, O: Die Schafzucht. Berlin 1879

Rhode, O: Schweinezucht. 4. Aufl. Berlin 1892

Rhode, Otto, a. Labö: Über Oberflächenfestigkeit bei Lösungen von Fuchsin und Methylviolett, über lichtelektrische Wirkung bei diesen Lösungen und bei den Metallsulfiden. Kiel 1906: Lüdtke & Martens. (58 S.) 8°
Kiel, Phil. Fak., Ref. Lenard, Diss. v. 19. Febr. 1906
[Geb. 27. Febr. 80 Wonnemark, Kr. Eckernförde; Wohnort: Labö; Staatsangeh.: Preußen; Vorbildung: Realgymn. Flensburg Reife O. 00; Studium: Göttingen 1, Berlin 2, Kiel 8 S.; Rig. 23. Dez. 05.]

Rhode, Paul, Handschriften-Katalog der Stadtbibliothek Königsberg i. Pr., s.: Seraphim, A.

Rhode, Paul, wider die Kirchenherrschaft üb. die allgemeine deutsche Volksschule, s.a. **Sammlung pädagogischer Vorträge.**

Wider die Kirchenherrschaft über die allgemeine deutsche Volksschule. Ein Beitrag z. Kampfe gegen d. Schulunterhaltungsgesetz. Von Paul **Rhode**. Minden: C. Marowski [1906]. (64 S.) 8° [Umschlagt.]
= **Sammlung** pädagogischer Vorträge. Bd 16, H. 1. 2. 07. 3845 6

Rhode, Paul, über die Quellen der romanischen Weltchronik, s. Denkmäler provenzalischer Literatur und Sprache.

Die Königsberger Schützengilde in 550 Jahren. Zum Andenken an die in d. Tagen v. 22. bis 26. Juni 1901 begangene Jubelfeier d. 550jähr. Bestehens im Auftr. d. Schützengilde verf. von Dr. Paul **Rhode**. *Königsberg i. Pr. 1902: Hartung.* (X, 308 S.) 8° [Fr.] 03. 3818 10

Rhode, Paul, die Königsberger Schützengilde in 550 Jahren. Zum Andenken an die in den Tagen vom 22. bis 26. VI. 1901 begangene Jubelfeier des 550jähr. Bestehens im Auftrage der Schützengilde verf. (X, 308 S.) gr. 8. Königsberg 903. (Gräfe & Unzer, Buchh.) n. 3. —

Königsbergs Stadtverwaltung einst und jetzt. Als Festgabe f. d. Sechsten Preuß. Städtetag. Im Auftr. d. Magistr. verf. u. nach amtl. Berichten zsgest. von Dr. P(aul) **Rhode**. Königsberg i. Pr. 1908: Hartung. (IV, 198 S.) 8° 08. 16060 10

Rhode, *Iulius Franciscus Victor* Paulus: Thynnorum captura quanti fuerit apud veteres momenti. . . . (Vollst. ersch. in: Jahrb. f. class. Philol. Suppl.-Bd. XVIII. S. 1–78.) Lipsiae, typ. B. G. Teubneri, 1890; 42 S., 1 Bl. 8°
Königsberg, Phil. Fak., Inaug.-Diss. v. 21. Okt. 1890

Rhode, Paulus. Thynnorum captura quanti fuerit apud veteres momenti examinavit P. Rh. gr. 8. (79 S.) Lpz. 891, Teubner. · 2 —
Aus: Jahrbb. f. class. Philologie. 18. Suppl.-Bd., besonders abgedruckt.

Das akademische Verbindungswesen an der Albertina seit ihrer Stiftung bis zur Gründung der Burschenschaft. Von Dr. P(aul) **Rhode**. Königsberg i. Pr. 1905: Hartung. (IV, 31 S.) 8° 05. 4435 10

Rhode, R.: De comparata anatomia et physiologia panereatis. Regimonti Pr. 28 S. 1865
Schul-/Univ.-Schrift

Rhode-Ebeling. Am Sylvester-Abend. Gelegenheitsstück in 1 Act. gr. 8. (31 S.) Riga 891, (Jonck u. Poliewsky). · · — 90

Rhode-Island, entworfen von D. F. Sotzmann. Hamburg bey Carl Ernst Bohn. 1797. 1 : 190.000. 1 Bl.

Rhode Island Wochenblatt: June 1881 – Apr. 7, 1883
Weekly. Title varies: Rhode Island Wochenblatt, Beilage zur New England Staats-Zeitung (Boston), 1882–83. Circulation: 1882, 500 (est.).
Providence, RI

Rhoden, Emmy v. [Pseud.]
[d. i. Friedrich-Friedrich, Emmy]

Rhoden, Emmy v., Lenchen Braun. Eine Weihnachtsgeschichte f. Kinder von 10—12 Jahren. Mit 4 Farbendr.-Bildern v. P. Wagner. gr. 8. (61 S.) Stuttgart 883. G. Weise. geb. n. 3. 50

Rhoden, Emmy v., Lenchen Braun. Eine Weihnachtsgeschichte f. Kinder von 10—12 Jahren. 2. Aufl. gr. 8. (61 S. m. 4 Farbendr.) Stuttgart 889. G. Weise. geb. 2. —

Rhoden, Emmy v., Lenchen Braun. Eine Weihnachtsgeschichte f. Kinder von 10 bis 12 Jahren. Mit 4 Farbdr.-Bildern v. P. Wagner. 3. Aufl. gr. 8. (90 S.) Stuttgart 894. G. Weise. Geb. 2.—

Rhoden, Emmy v., Lenchen Braun. Eine Weihnachtsgeschichte f. Kinder von 10—12 Jahren. Mit 4 Farbdr.-Bildern v. P. Wagner. 11. Taus. (90 S.) gr. 8. Stuttgart (903). G. Weise. Geb. in Leinw. n. 2.—

Rhoden, Emmy v., Lenchen Braun. Eine Erzählung f. Kinder v. 10—12 Jahren. 13. u. 14. Taus. (88 S. m. farb. Abbildgn.) 8. Stuttgart (909). G. Weise. Geb. in Leinw. 2.50

— Trotzkopfs Brautzeit. Aus dem Nachlasse. 1.—3. Aufl. 8. (295 S.) Ebd. 892. 893. Geb. in Leinw. 4.50

— Trotzkopfs Brautzeit. Aus d. Nachlasse. 12. Aufl. gr. 8. (IV, 295 S.) Ebd. 896. Geb. in Leinw. 4.50; in Celluloid 6.—

— Trotzkopfs Brautzeit. Aus dem Nachlasse. Illustriert v. Willy Planck. Wohlfeile Ausg. 28. Aufl. (IV, 265 S.) 8. Ebd. (905). Geb. in Leinw. 3.—
Fortsetzung s.: Wildhagen, Else, aus Trotzkopfs Ehe.

— Trotzkopfs Brautzeit. Aus d. Nachlasse. Illustr. v. Willy Planck. 32. Aufl. 6. Aufl. der wohlfeilen Ausg. (IV, 265 S.) 8. Ebd. (908). Geb. in Leinw. 3.—

Rhoden, Emmy v. *Das Musikantenkind.* Erzählung für Kinder von 11 bis 14 Jahren. Mit 4 Farbendruckbildern von P. Wagner. Stuttgart, G. Weise [c. 1880]. VIII, 109 S. 8°. Farb. illustr. Orhlwd. ★ 1. Ausgabe. 11.—

— das Musikantenkind. Erzählung f. Kinder von 11—14 Jahren. Mit 6 Farbendr.-Bildern v. P. Wagner. gr. 8. (VIII, 109 S.) Ebend. 883. n. 4.50

— das Musikantenkind. Erzählung f. Kinder von 11—14 Jahren. 2. Aufl. gr. 8. (VIII, 108 S. m. 4 Farbendr.) Ebd. 889. geb. 3.—

— das Musikantenkind. Erzählg. f. Kinder von 11 bis 14 Jahren. 3. Aufl. Mit 4 Farbendr.-Bildern v. P. Wagner. gr. 8. (VIII, 108 S.) Ebd. 894. Geb. in Leinw. 3.—

— das Musikantenkind. Erzählung f. Kinder von 11 bis 14 Jahren. 12. Taus. Mit 4 Farbendr.-Bildern v. P. Wagner. (VIII, 114 S.) gr. 8. Ebd. (903). Geb. in Leinw. 3.—

Rhoden, Emmy v., das Musikantenkind. Erzählg. f. Kinder v. 11—14 Jahren. 14.—16. Taus. (VIII, 128 S. m. farb. Abbildgn.) 8. Stuttgart (909). G. Weise. Geb. in Leinw. 3.—

Rhoden, Emmy v., der Trotzkopf. Eine Pensionsgeschichte für erwachsene Mädchen. 1.—6. Aufl. 8. (297 S. mit dem Portr. der Verf. in Holzschn.) Stuttgart 885—88, G. Weise. geb.

— der Trotzkopf. Eine Pensionsgeschichte f. erwachsene Mädchen. 4.—8. Aufl. 8. (VI, 297 S. m. Bild der Verf.) Ebd. 888—890. geb. 4.50

Rhoden. *Der Trotzkopf.* Eine Pensionsgeschichte. 9. Aufl. Stuttgart, G. Weise, 1891. M. Porträt. 8°. Orlwd. Mit Gebrauchsspuren. 8.—

— der Trotzkopf. Eine Pensionsgeschichte f. erwachsene Mädchen. 10.—12. Aufl. 8 (VI, 297 S. m. Bildnis u. Titelbild.) Ebd. 891—893. Geb. in Leinw. 4.50

Rhoden, Emmy v. (Emmy Friedrich-Friedrich), d. Trotzkopf. E. Pensionsgeschichte f. erwachs. Mädchen. 22. Aufl. gr. 8. (VI, 297 S. m. Bildn.) Stuttgart 896. G. Weise. Geb. in Leinw. 4.50; in Celluloid 6.—

Rhoden, Emmy v. (Frau E. Friedrich-Friedrich), u. Else Wildhagen, der Trotzkopf. Eine Pensionsgeschichte f. junge Mädchen. 3 Tle. gr. 8. Stuttgart (899). G. Weise. Geb. in Damast 15.—
1. Der Trotzkopf v. Rh. 30. Aufl. (VI, 297 S. m. Bildnis.)
2. Trotzkopfs Brautzeit. Aus dem Nachlasse v. Rh. 17. Aufl. (IV, 295 S.)
3. Aus Trotzkopfs Ehe v. W. 10. Aufl. (IV, 226 S.)

Rhoden. *Der Trotzkopf.* 25. Aufl. Jubel.-Ausgabe. Illustriert von August Mandlick. Stuttg. [c. 1900]. Orlwd. 9.—

Rhoden. *Der Trotzkopf.* 4 Bde. Stuttgart, Gustav Weise (c. 1904). Mit vielen Tafeln. 8°. Chamoisfarb. Or.-Pappbde. (imit. Seidenbde.) m. goldgepr. Deckelornam. u. Titel u. Rückenvergoldung; in einer, den Einbänden entsprech. (ein wenig benutzten) Kassette. 45.—
Die seltene Luxusausgabe dieses zZt. ungemein beliebten Jungmädchenbuches. — I. Der Trotzkopf. 53. Aufl. — II. Trotzkopfs Brautzeit. 34. Aufl. — III. Trotzkopfs Ehe, v. Else Wildhagen geb. Friedrich-Friedrich (Tochter d. E. v. Rhoden), 10. Aufl. — IV. Trotzkopf als Großmutter, v. S. La Chapelle-Roobol, 18.—20. Taus. — Sehr schönes Ex.

— der Trotzkopf. Eine Pensionsgeschichte f. erwachsene Mädchen. Illustriert v. Aug. Mandlick. Wohlfeile Ausg. 42. Aufl. (IV, 266 S.) 8. Ebd. (905) Geb. in Leinw. 3.—

— Der Trotzkopf. Eine Pensionsgeschichte f. erwachsene Mädchen. Illustriert v. Aug. Mandlick. 47. Aufl. (IV, 264 S. m. Bildnis.) 8. Ebd. (907). Geb. in Leinw. 4.50

— dasselbe. 50. Aufl. (Jubiläums-Aufl.) (Wohlf. Ausg.) (IV, 264 S. m. Bildn.) 8. Ebd. (907). Geb. in Leinw. 3.—

— Trotzkopf, 3. Bd., s.a. Wildhagen, Else, aus Trotzkopfs Ehe.

— Trotzkopf-Serie. 4 Bde. 8. Ebd. (909). Geb. in Leinw. in Futteral 13.—
Chapelle-Roobol, Suse la, Trotzkopf als Großmutter. Autoris. Übersetzg. aus dem Holl. v Anna Herbst. Mit 8 Tonbildern v. Willy Planck. 14.—17. Taus. (205 S.)
Rhoden, Emmy v., der Trotzkopf. Eine Pensionsgeschichte f. erwachs. Mädchen. Illustr. v. Aug. Mandlick. 54. Aufl. 11. Aufl. der wohlfeilen Ausg. (IV, 264 S. m. Bildnis.)
— Trotzkopfs Brautzeit. Aus dem Nachlasse. Illustr. v. Willy Planck. 33. Aufl. 7. Aufl. der wohlfeilen Ausg. (IV, 265 S.)
Wildhagen, Else (geb. Friedrich-Friedrich), aus Trotzkopfs Ehe. 3. Bd. zum „Trotzkopf" von Emmy v. Rhoden (Emmy Friedrich-Friedrich). 23. Aufl. 7. Aufl. der wohlfeilen Ausg. (IV, 226 S.)

Rhoden-Wildhagen, E. v., unsere jungen Mädchen. Der weibl. Jugend gewidmet. Mit Buchschmuck (farb. Vollbildern) v. Willy Planck. (210 S.) 8. Ebd. (909). Geb. in Leinw. 4.—

Rhöden, A. v., Armee u. Schule. Ein Beitrag zur Lösg. der drängenden Fragen der Zukunft. gr. 8. (31 S.) Berlin 871. Goedsche. —60

Rhoeder, F., Adversariorum in Q. Horatium Flaccum particula. Pr. 1869. 23 S. 4°.

Rhodes, Alexandre de. Missionsreisen in China, Tonkin, Cochinchina und andern asiatischen Reichen. A. d. Franz. . . . Freiburg im Br. 1858. Ü: *Pachtler, Michael.* (Jes)

Rhodes, Alex. v., Missionsreisen in China, Tonkin, Cochinchina und anderen asiatischen Reichen. Aus dem Französ. von einem Priester derselben Gesellschaft. gr. 8. (XI und 345 S.) Freiburg im Br. 858, Herder'sche Verlagsbuchh.

Rhodin, Karl W.

Rhodin, Carl W. (Göteborg), De diverso, quod sumitur justitia significatu ejusque notione. Diss. philos. Präs. Johann Christoph Muhrbeck. Greifswald (Rösen) 20. X. 1774. 15 S. (4.75) 28553
Gew.: Jonas Rhodin u. Frau Johanna Maria Rhodin geb. Schmerfeldt (Eltern). — Widm. v.: J. C. Muhrbeck.

Rhodin, Marie, Heimatkunde Danzig's, nach den Grundsätzen des Anschauungs-Unterrichts dargestellt. Mit Plan der Stadt u. Karte der Umgebung von Danzig (lith. in qu. 4.). gr. 8. (24 S.) Danzig 877. Homann. n. 1. —

Rhodius, Die Aufnahme von Polygonen über Tage. Berlin 1863. (Preuss. Z. XI). 4.

———— Neue, höchst einfache Formel für die Berechnung der Kreuzlinie zweier Gänge in Klüfte. Berlin 1864. (Preuss. Z. XIV.) 4.

Rhodius, A., üb. Mittelzahlen aus Beobachtungen v. Naturerscheinungen, als Temperaturen, Barometerständen etc. [Aus: „Zeitschrift f. Berg-, Hütten- u. Salinenwesen."] gr. 4. (15 S.) Berlin 874. Ernst & Korn. n. 1. —

Rhodius, Ad. Alb. Guil., **Dissert. inaug. pathologico-anatomica sistens casum singularem de Amaurosi Cranii osteosarcomate effecta. Annexa tabula aenea. 4 maj. Berolini 829.** (Hirschwald.) n. 7 ℛ

Adolf Albert Wilhelm Rhodius

Adolphus Albertus Guil[elmus] Rhodius: Casus singularis de amaurosi cranii osteosarcomate effecta. Berolini (1829:) Petsch. 23 S. 4°

Berlin, Med. Diss. v. 16. Febr. 1829

Rhodius, Alb., ein neuer Lehrsatz der Aërodynamik, nebst den Anwendungen dieses Satzes auf die Gebläse- und Wettermaschinen und die calor. Maschinen und auf die Bewegungen der Atmosphäre. gr. 8. (IV und 63 S.) Bonn 865, Marcus.

Rhodius, *Ed. Rob. Herm.* **Augustus [Westgreussensis]: De L. Munati Planci sermone ... [= Progr. d. Gymn. Bautzen 1896; vgl. Progr. d. Gymn. Bautzen 1894.] Budissae, typ. E. M. Monsii, 1896; 1 Bl., 40 S. 4.**
Leipzig, Phil. Fak., Inaug.-Diss. v. [4. Aug.] 1896

Rhodius, August: De syntaxi Planciana (Cic. ad fam. x). (Th. 1.) **Bautzen, Druck v. E. M. Monse,** *1894*; 1 Bl., 32 S. 4.
Bautzen, G, OP 1894 (533)

Rhodius, Bruno [Oberl.]: Beiträge zur Lebensgeschichte und zu den Briefen des Psellos. Plauen i. V., gedr. bei M. Wieprecht, 1892; 1 Bl., 26 S. 4.
Plauen i. V., k. G, OP 1892 (541)

Rhodius, Bruno. Beiträge zur Lebensgeschichte u. zu den Briefen des Psellos. Progr. gr. 8. (26 S.) Plauen i. V. 892, (F. E. Neupert's Verlag). 1 80

Rhodius, Ed. Rob. Herm. Augustus, s. Rodius, August

Rhodius, Ioannes
s.: Rhode, Johan

Rhodius, Otto, aus Carlshof-Ellingen (Mittelfranken): **Ueber die Einwirkung von salpetriger Säure auf Resorcinmonomethyläther.** *Bamberg 1902: Handels-Druckerei.* (38 S.) 8°
Erlangen, Phil. Diss. v. 14. Mai 1902

Rhodius, Richard, aus Antwerpen: **Ueber γ-Chlor und γ-Bromchinolin.** *Freiburg i. B.: Speyer & Kaerner 1901.* (43 S.) 8°
Freiburg i. B., Phil. Diss. v. 1901

Rhodius, Rich., über γ-Chlor u. γ-Bromchinolin. Diss. gr. 8. (43 S.) Freiburg i/B. 901. Speyer & Kaerner. n. 1.20

Rhodokanakis, Nikolaus

— Al-Hansâ' und ihre Trauerlieder. Ein literarhistorischer Essay mit textkritischen Exkursen. S. 147/4 [illegible]
Separat[illegible]

Rhodokanakis, N., Al-Hansâ und ihre Trauerlieder. IV. [Sitzungsber. d. k. Akad. d. Wiss. 147. Bd.] Gr.-8°. (128 S.) † Wien: Gerold 1904. K 2.-

Rhodokanakis, N., Al-Hansâ' u. ihre Trauerlieder. Ein literar.-histor. Essay m. textkrit. Exkursen. (128 S.) gr. 8. Wien 904. (A. Hölder.) n. 2. —

Rhodokanakis, Nicolaus, der vulgärarabische Dialekt im Dofâr (Zfâr), s. a. **Expedition**, südarabische. VIII.

Der vulgärarabische Dialekt im Dofâr ⟨Zfâr⟩ von N[ikolaus] **Rhodokanakis**. 1. Wien: A. Hölder 1908. 4°
= **Expedition**, Südarabische. Bd 8, 1. [08. 4338

Rhodokanakis Nikolaus, Dr.: Der Diwân des 'Ubaid-Allâh Ibn Kais ar-Rukajjat. Herausgegeben, übersetzt, mit Noten und einer Einleitung versehen. S. 111 10 [illegible]
Separatabdruck

Rhodokanakis, N., Der Diwân des 'Ubaid-Allâh Ibn Kais Ar-Rukajjât. [Aus: Sitzungsber. d. k. Akad. d. Wiss. 144. Bd. X.] Gr.-8°. (VIII, 340 S.) † Wien: Gerold 1902. K 7.40

Rhodokanakis Nikolaus: Einleitung und I. Kapitel des Kutb es-surûr wasf el-humur.
1897 PN 1099 Diss.Wien.Univ. 2866

— Zur Formenlehre des Mehri, s.a. Sitzungsberichte der kais. Akad. d. Wiss. in Wien. Philos.-histor. Klasse. 165. I.

Zur Formenlehre des Mehri. Von N[ikolaus] **Rhodokanakis**. Wien: Hölder in Komm. 1910. 24 S. 8°
(Sitzungsberichte d. Kais. Akademie d. Wiss. in Wien. Philos.-hist. Kl. Bd 165, Abh. 1.) [11. 233

Der Grundsatz der [illegible] in den südarabischen [illegible] S. 177 [illegible]
Separa[illegible]

Die äthiopischen Hand[illegible] S. 151 4
Separatabdruck

Die äthiopischen Handschriften der k. k. Hofbibliothek zu Wien. Von Dr. N. **Rhodokanakis**. (Mit 5 Taf.) Wien: A. Hölder in Komm. 1906. (93 S.) 8°
= **Sitzungsberichte** d. Kais. Akademie d. Wiss. in Wien. Phil.-hist. Kl. Bd 151, 4. [06. 7679 9

und Müller David Heinrich [illegible] Reise [illegible] mit 4 kartographischen und [illegible] Beilagen und 3 Skizzen [illegible] siehe
Müller, David Heinrich von

Rhodokanakis, N., s.: 'Ubaid-Allâb Ibn Ḳais ar-Rukajjât, der Dîwân.

Rhodomann, Christoph Hermann (Lauenburg/Sachsen), De juramento academico. Diss. moralis prior. Präs. Martin Hassen. Wittenberg (Creusig) 22. X. 1721. 16 S. (4.—) 28554
Diss. moralis posterior siehe Loeser, Johann Michael. (21632.)

Rhodomann, Chr. Hermann [Praes.], s. Loeser, Joh. Mich.: De juramento academico.

Rhodomann, Laur., vita et in graec. literas merita, ex ipsius scriptis aliisq. monum. 8. Lubeck, Schmidt. 741.

Rhoidis, Emmanuel

RHOIDIS, E. D. Die Päpftin Johanna. Eine Gefchichte aus dem Mittelalter. Aus dem Neugriechifchen überfetzt von Georg Buvar. Leipzig, K. F. W. Feft (um 1890). 8°.
Verb. d. Ldg. Leipzig A. III 63/92.

Rhoïdis, Emman., Päpstin Johanna. Eine Studie aus dem Neugriech. v. Paul Friedrich. (XXVI, 271 S.) gr. 8. Leipzig 904. J. Zeitler. n. 6. —; geb. n. 8. —

v. Rhol, J. G. P., (Ih. Ph. Stainhauser v. Treuberg,) akadem. Reden üb. J. Jak. Maskovs principia juris publ. imperii rom.-german. 8. Frankf. a. M. 768. (Schäfer). 8 gr.

Rholl, C. L. P., akad. Reden über Maskovs principia iuris publ. 8. Frankf. Eßlinger. 768.

Rhombeck, Husaren, heraus f. M. v. Egidy's „Ernste Gedanken"! 1. u. 2. Aufl. gr. 8. (23 S.) Hannover-Linden 891. Manz. n. — 50

Rhomberg, Adf., die Erhebung der Geschichte zum Range einer Wissenschaft oder die historische Gewissheit und ihre Gesetze. gr. 8. (VII, 94 S.) Wien 883, Hartleben's Verlag.

Rhomberg, Edmund, aus München: Körperschaftliches Verschulden. *München: J. Schweitzer 1899.* (IV, 119 S.) 8° [J.] München, Jur. Diss. v. 1899

Rhomberg, Edm., körperschaftliches Verschulden. gr. 8. (IV, 119 S.) München 899. J. Schweitzer Verl. n. 2. 40

Rhomberg, Leop., eine Wasserstrasse Bodensee—Donau—Adria, s.a. Verbands-Schriften des deutsch-österreich. Verbandes f. Binnen-Schiffahrt. N. F. 49.

Eine Wasserstraße Bodensee-Donau-Adria. Von Leopold Rhomberg, Ing. Bregenz (1910): Teutsch. 13 S. 8° (Deutsch-Oesterr.-Ung. Verband f. Binnenschiffahrt. Verbands-Schriften. N. F. Nr 49.)

Rhomberg, Victor: Beiträge zur Kenntnis des Benzylidenanilinnitrils. 1903. 41 S. 8°
München, Dr.-Ing.-Diss. v. 16. 3. 1903

Rhon, (G. F.,) Commentatio ad edictum Theodorici regis Ostrogothorum. gr. 4. Halle 816, (Waisenhaus B.)

Rhön(gebirge) [Schlagwort]

— s.a. Hand- u. Reisekarten. 24. — Kissingen.

Rhön. Gebirgs- u. Eisenbahn-Karte der Rhön. Separatausg. der Uebersichtskarte aus der 4. Aufl. d. Führer durch die Rhön. v. Just. Schneider. 1 : 200,000. 4., ergänzte Aufl. Farbendr. Fol. Würzburg 890. Stahel. n. 1. —; auf Leinw. n. 1. 50

Rhön. Gebirgs- u. Eisenbahn-Karte der Rhön. Uebersichtskarte aus der 5. Aufl. des Führer durch die Rhön von Just. Schneider. 5. ergänzte Aufl. 1 : 200,000. 50×36 cm. Lith. Würzburg (900). Stahel's Verl. n. — 50; auf Leinw. n. 1. —

Rhöngebirge. Hossfeld, C., Höhenschichten-Karte des Rhöngebirges. 1 : 100,000. 2., verb. Aufl. 74×55 cm. Farbendr. M. Text. 8. (1 Bl.) Eisenach 896. Hofbuchdruckerei Eisenach, H. Kahle. n. 1. —; auf Leinw. n. 1. 50

Rhön. Hossfeld, C., Höhenschichtenkarte des Rhöngebirges. 1 : 100,000. 3. verb. Aufl. 75×56 cm. Farbdr. Eisenach 905. H. Kahle. n. 1. —; auf Leinw.-Pap. n. 1. 50

Rhöngebirge. Hossfeld, C., Karte d. Rhöngebirges in horizontalen Schichten v. 50 m Höhe. 1 : 100,000. Farbendr. 62,5×49,5 cm. Eisenach 892. H. Kahle In Futteral. n.n. — 65; auf Leinw. n.n. 1. —

Rhön. Hossfeld, C., Spezialkarte der Rhön in farb. Höhenschichten von 25 zu 25 m. 1 : 50,000. 51,5×44,5 cm. Farbdr. Eisenach (908). Hofbuchdruckerei Eisenach H. Kahle. 1. —

Rhöngebirge. Karte d. Rhöngebietes u. seiner nächsten Umgebung. 1 : 150,000. Farbendr. 67,5×56 cm. Nebst e. Zusammenstellg. empfehlenswerther Ausflüge u. Touren v. Leop. Höhl. gr. 16. (16 S.) Würzburg 892. L. Woerl. 1. 20

— Kind, J., Karte der kuppenreichen Rhön. 1 : 85,000. Steindr. 28,5×36 cm. Fulda 892. A. Maier. — 30

— Ravenstein, H., Karte der Rhoen u. d. nordwestlichen Thüringer Waldes. 1 : 170,000. Farbendr. gr. Fol. Frankfurt a/M. 890. Ravenstein. n. 4. —; auf Leinw. in Leinw.-Decke n. 5. —

— Ravenstein's, Ludw., Touristenkarte der Rhön u. d. nordwestlichen Thüringer Waldes f. Reise, Bureau u. Verkehr, m. allen Orten, Bahnen, Strassen, Flüssen u. politischen Abgrenzungen. Volks-Ausg. 1 : 170,000. 65×54 cm. Farbdr. Frankfurt a/M. (905). L. Ravenstein. n. 1. —

— Schulwandkarte nach Hossfeld's Höhenschichtenkarte. 1 : 50,000. 4 Blatt à 80,5×55,5 cm. Farbdr. Eisenach (904). H. Kahle. Auf Leinw. m. Stäben n.n. 13. 50

— Übersichtskarte des Rhöngebirges u. seiner nächsten Umgebungen m. Höhenkurven u. Höhenschichten. (Beilage zu Schneider's Rhönführer.) 1 : 150,000. 66,5×55 cm. Farbdr. Würzburg (910). H. Stürtz. 1. —

Rhoen [Verfasser]

Rhoen, Karl

Rhoen, C., Aachen zur Zeit der Römer. 12. (17 S.) Aachen 886, (Cremer'sche Buchh.)
Aus: Aachener Volkszeitung, besonders abgedruckt.

Die Angriffe des Herrn Dr. J. Lulvès auf meine Schriften zur Archäologie Aachens v. C[arl] Rhoen. *Aachen: Dr. v. J. La Ruelle 1893.* (1 Bl., 21 S.) 1 Bd S.

Rhoen, C., die Befestigungswerke der freien Reichsstadt Aachen. gr. 8. (V, 217 S. m. 1 Ansicht u. 1 Plan.) Aachen 894. A. Creutzer. n. 3. —

Rhoen, C., Etwas über Burtscheid. gr. 8. (32 S.) Aachen 895. (Cremer.) — 75

— der sogenannte karolingische Gang zu Aachen. gr. 8. (26 S.) Aachen 894. (Cremer.) n. — 50

— zur Geschichte d. älteren Baudenkmale v. Kornelimünster. [Aus: „Zeitschr. d. Aachener Geschichtsvereins".] gr. 8. (22 S. m. 1 Taf.) Ebd. 895. n. 1. —

— Geschichte der St. Foilanskirche zu Aachen. gr. 8. (II, 80 S. m. 2 Taf.) Aachen 892. A. Creutzer. n. 1. 50

Rhoen, C., die karolingische Pfalz zu Aachen. Eine topographisch-archäolog. Untersuchg. ihrer Lage u. Bauwerke. Mit 1 Taf. gr. 8. (140 S.) Aachen 889. Creutzer. n. 2. —

— die römischen Thermen zu Aachen. Eine archäologisch-topograph. Darstellung. 8. (70 S. m. 1 Taf.) Aachen 890. Cremer. n. 1. 20

— die ältere Topographie der Stadt Aachen. gr. 8. (II, 140 S. m. 1 Plan.) Aachen 891. Cremer. n. 2. —

Rhone, Fridericus Guilelmus: •De ratione a Schleiermachero inter philosophiam et theologiam statuta. 31 Bl. 4° (2°)
Halle-Wittenberg, Phil. Diss. v 15. März 1839
Geb. [Güsten (Anhalt-Köthen) 24. 4. 1812]

Rhone, God(ofredus) Theod(atus): De sensuum mendaciis apud eos homines, quibus membrum aliquod amputatum est. Halis (1842): Heynemann. 32 S. 8°
Halle-Wittenberg, Med. Diss. v. 17. Jan. 1842
Geb. Güsten (Anhalt-Köthen) 3. 8. 1817. V.

Rhone, K., das Buch f. Diener, s. **Buch**.

Die Rhone-Bahn Brieg-Airolo.
*** „Wochenschrift für Baukunde" No. 35, 1886.

Rhöner, Fritz, der lachende Jurist (homo juridicus ridens). Ein Scherzbuch. Allen Freunden frohfreien Humors zur Erbaug. gewidmet. (VIII, 74 S.) 8. Dresden (907). E. Pierson. 1.—; geb. n 2. —

— dasselbe, 2. Aufl., s.: **Katzenstein, Jac.**

Das Rhonetal und Zermatt, d. Nebentäler u. Bergpässe. Prakt. Reiseführer von L. Werner. Mit 2 Karten. Berlin: A. Goldschmidt 1908–09. (110 S.) 8°
= **Reiseführer**, Griebens. Bd 115. [08. 15565]

Rhöngebirge, das, s. **Barth, Aug. Jak.**

R'Hoone Lord [Pseud.], s. Balzac, Honoré de

Rhoer, Iac. de, feriae Daventrienses s. miscellaneor. libri II. etc. 8. Traj. ad Rhen. Schrender. 759.

Rhoer, Kornelius W. de

de Rhoer, Corn. W.: Dissertationes (VI.) de effectu religionis christianae in jurisprudentiam Romanam. *Groning.* 776. 8.

(Rhost, Christian Samuel (Ellersleben / Thüringen)), De differentia inter ecclesiam et religionem nonreali brevibus disserens. Viro Christian Samuel Rhost, vocato Ellerslebensium in Thur. pastori, eique Lipsiae per impositionem manuum Sacris initiato, utpote sodali suo suavissimo, gratulatur consortium theol. Dresdense. Dresden (Harpeter) 1741. 16 S. mit Namen. (4.25) 28562

— **Christoph Wilhelm Viktor** (Querfurt), Exercitatio critico-philol. in Xenophontis memorabilium Socratis lib. I. C. I. § 7. Leipzig (Jacobaeer) 26. IV. 1785. 12 S. (4.25) 28563

Rhotert, Joh.: Die heilige Eucharistie, s. Faber, Frederik William

Rhotert, Joh., die hl. Eucharistie, s.: **Wiseman u. Faber.**

Rhotert, Johs., Leben u. Leiden uns. Herrn u. Heilandes Jesu Christi, s.: **Cochem, Mart. v.**

Rhotert, J., die Schönheit der katholischen Kirche, s.: **Rippel, Gregorius.**

Rhotert, Jos., Erklärg. der vom hl. Vater Papst Leo XIII. approbierten Litanei vom hl. Herzen Jesu. Predigt, geh. im Dome zu Osnabrück, am 3. Sonntag nach Pfingsten, 11. VI., dem Weihetage an das hl. Herz Jesu. 8. (19 S.) Osnabrück 899. B. Wehberg. — 25

Rhotert, Ludw., schienenloser Betrieb statt Kleinbahnen. Verwertung der Selbstfahrer im öffentl. Verkehr. gr. 8. (IV, 71 S. m. 2 Abbildgn. u. 8 Taf.) Leipzig 900. W. Engelmann. n. 3. 60

Rhotert, Ludw., die Zukunft des preussischen Staatseisenbahn- u. Staatsbauwesens u. ihrer höheren Beamten. 2., verm. Aufl. gr. 8. (88 S.) Leipzig 894. W. Engelmann. n. 1. 60
Die 1. Aufl. erschien anonym. s.: **Zukunft, die**, etc.

Vortrag bei der Lichteinbringung der Loge „Zur Brudertreue am Regenstein" im Or. Blankenburg am Harz gehalten von W[ilbrand] **Rhotert.** Sangerhausen [1905]: Schneider. 13 S. 8°
Üb. den Gottesglauben u. den Kampf materialistischer u. idealistischer Weltanschauung.

Rhoumbel, Joh. Laurentius (Hanau), De tacita remissione feloniae diss. Präs. Jakob Carl Spener. Wittenberg (Gerdes) 28. IX. 1719. 58 S. (5.—) 28566
Widm. v.: Jakob Carl Spener, Carl Gottlob von Nüssler (Schles. Adel.)

Rhousopoulus, Athanas. Serg., de Zamolxide secundum veterum auctoritatem. Dissertatio. gr. 8. (48 S.) Gottingae 852, Vandenhoeck & Ruprecht in Comm. n. 1/3 ₰

Woerterbuch der neugriechischen und deutschen Sprache mit e. Verzeichnisse griech. Eigennamen von Rhousos A. Rhousopoulos (Ρουσόπουλος). *Athen: P. D. Sakellarios; Leipzig: E. Haberland in Comm. 1900.* (8, 1080 S.) 8°
[Nebent.:] Λεξικόν ἑλληνογερμανικόν μετά καταλόγου κυρίων ὀνομάτων. [01. 4984 3

Rhoussopoulos, Petros A., aus Athen (Griechenl.): Über cyklische Basen aus γ, δ-Methylheptenon. *Hildesheim 1903: A. Lax.* (96 S.) 8°
Göttingen, Phil. Diss. v. [1. Aug.] 1903

Rhoussopoulos, Petros A., über cyklische Basen aus γ, δ-Methylheptenon. Diss. (96 S.) gr. 8. Hildesheim 903. (Göttingen, Vandenhoeck & Ruprecht.) n. 2. —

Rhumbel, Joh. Ludwig [Resp.]

Arnoldi, Joh. Conr. [Präs.] u. Joh. Ludw. Rhumbel (Darmstadt)
Exercitatio academica de novitate philosophandi.
Giessae Febr. 1724: Joh. Müller. (6), 50 (4) S. 4°

Rhumbler, L., Zellenmechanik u. Zellenleben. Vortrag, in der 2. allgemeinen Sitzg. der 76. Versammlg. deutscher Naturforscher u. Aerzte zu Breslau geh. (43 S.) 8. Leipzig 904. J. A. Barth. n. 1. —

Rhumbler, Ludwig: Die verschiedenen Cystenbildungen und die Entwicklungsgeschichte der holotrichen Infusoriengattung Colpoda .... (Aus: Zeitschr. f. wiss. Zoologie. Bd. XLVI.) Leipzig, Wilhelm Engelmann, 1888; 75 + 1 S. u. 1 Taf. 8°
Strassburg, Math.-Naturw. Fak., Inaug.-Diss. v. 1888

Rhunkenii, D., Annotationis in Terentium emendatius edendae specimen. ed. J. Gurlit. 4. Hamburgi, Hoffmann et Campe. 817.

Rhymes for the nursery by the authors of „original poems." A new edition, revised. — Reime f. die Kinderstube. Frei übersetzt aus d. Engl. 8. (VIII u. 168 S. m. lith. Titel.) Berlin 848, Adolf & Co. 3/4 ₰ (Rhe: **Reime**.)

(**Rhyn, L. J. v.**,) Beitrag zu dem schleswig-holstein. Verein, s.a. **Beitrag.**

Beitrag zu dem Schleswig-Holsteinischen Verein für bedrängte evangelische Gemeinen [!] von einem Dissentirenden (**L. J. van Rhyn**), der aber in der großen Hauptsache von ganzer Seele consentirt . . . Schleswig. 1842. (Umschlag 1843.) 8°

Rhyner, Emma, med. pract. von Stäfa a/Zürichsee [Kt. Zürich]: Aus der Klinik des Herrn Prof. Dr. Eichhorst in Zürich. Lungengangrän nach Influenza. (S. A. aus: Münchner Medic. Wochenschrift, 1895, N. 9. 10). München J. F. Lehmann 1895. 21 S. 8°.
Zürich, Med. Diss. [v. 12. März 1895].

Rhynsolt und Sapphira, ein prosaisches Trauerspiel in dreyen Handlungen. Altona 1755. V: *Martini*, *Chn Leberecht.* (Sauer, Brawe. Strassb. 1878. S. 81.) (GGr) (Ky)

Rhynsolt und Sapphira. Trauersp. gr. 8. Altona u. Leipz. 755.

Rhys, Grace, Mary Dominic, s.a. Collection of British autors.

Mary Dominic. By Grace **Rhys**. Copyright ed. Leipzig: Tauchnitz 1899. 296 S. 8°
(Collection of British authors. Tauchnitz Ed. Vol. 3364.) [11. 8279

Rhys, Mrs., Michels Liebeswerben, s.: Hausschatz-Bibliothek.

— the wooing of Sheila, s.a. Collection of British authors.

The Wooing of Sheila. By Grace **Rhys**. Copyright ed. Leipzig Tauchnitz 1901. 280 S. 8°
(Collection of British authors. Tauchnitz Ed. Vol. 3531.) [11. 3101

Rhythmen und Sequenzenstudien. Berlin 1903. V: *Winterfeld*, *Paul von.* (Zuwachsverz. der Bibl. Zürich 1898 ff. 8.)

Der Rhythmus. Korrespondenzblatt des Vereins für Rhythmische Gymnastik. Methode Jaques-Dalcroze. Jahrgang 1. 1909, Nr. 1-2. Basel: Birkhäuser.

Rhythmus in laudem ven. Patris Joannis Campidonensis sacerdotis et monachi Ordinis Cisterciensis et monasterii Stamsensis, adversionibus historicis explicatus. Oeuiponti [1766]. V: *Primisser, Cassian.* (Margr)

Rhyzel, Paul O. (Westergotland), ΣΧΕΔΙΑΣΜΑ historicum probans Scandinaviam verè fuisse dictam vaginan gentium. Präs. Laurentius Arrhenius. Stockholm (Merckel) Mai 1728. 18 S. (4.25) 28569
Gew.: Jesper Hwedberg (Vater), Peter Schyllberg, Erich Alstrin, Elav. Steuch, Johann Hermansson, Andreas Unge, Andreas Rudberg, Jonas Sidren, Sven Wahlberg, Peter Ryden, Gabr. Wilksman, Nikol. Warolin, Peter Brodd.

Ria, s.: Tagebuch der Gräfin Ilse Yssen.

Riabinin, A., zwei Plesiosaurier aus d. Jura- u. Kreideablagerungen Russlands. (Russisch u. Deutsch.) (III, 49 S. m. 5 Abb., 5 Taf. u. 5 Bl. Erklärgn.) 33,5×25,5 cm. St.-Pétersbourg 909. Leipzig, M. Weg. nn 3.08
Sonderabdr. aus: „Mémoires du comité géol."

Riach, s.: Beschreibung der Lindewiesener Kurmethode.

Riama, der Findling. 2 Bde. breit 8. St. Petersburg 833. (Dresden u. Leipzig, Arnold.) 3 1/3 ℛ

Rian, s.a. Ryan.

Rian, D., Abhl. über d. ansteckend. Fieber, a. d. Franz. v. Leune. 8. Leipz. Schneider. 790.

v. Riancey, Ch., der heilige Ambrosius, siehe: Leben, das, der Heiligen, 31. Lfg.

Riant, A., Leçons d'hygiène, s. Albu, J., Handbuch der Gesundheitspflege.

Rjasanoff [Russe]
s. Rjazanov. [09. 6271

Karl Marx über den Ursprung der Vorherrschaft Russlands in Europa. Krit. Untersuchungen von N. Rjasanoff [Rjazanov]. Deutsch von A. Stein. Stuttgart: Singer 1909. 64 S. 8° [Umschlagt.]
(Die Neue Zeit. Erg Hefte. Nr 5) [09. 6270

Riat, Geo., Paris, s.a. Kunststätten, berühmte. Nr. 6.

Paris. Eine Gesch. s. Kunstdenkmäler vom Altertum bis auf unsere Tage von Georges **Riat** an d. Bibliothèque Nat. Mit 177 (Umschl.: 180) Abb. u. vielen Vign. *Leipzig & Berlin: E. A. Seemann 1900.* (203 S.) 8° [J.]
— Kunststätten, Berühmte. No 6. [03. 2455

Riat, Gustave. Zur Kenntnis des Aloïns und seiner Abbau-Produkte. Diss. Phil. Bern. 57 S. 8. Zürich, Gebr. Leemann & Co., 1910.

Riba, s.a. Ryba.

Riba Maximilian: Der Gebrauch des kollektiven Singular in der Sprache der Homerischen Odyssee. 15. Brüx 04.
Progr.

Ribadeneira, Pet., Leben d. Heiligen Gottes. 3 Thle. Mit Kpf. Fol. Augsb. 752—755. Wolf. 14 ℳ 8 ℛ (Rieger). 13 ℳ 8 ℛ

Ribadeneyra, Pedro de, S. J. Die Triumphierende Tugend, Das ist: Die außerleßneste Leben Deren Heiligen Gottes, So aus denen bewehrtesten Geschichtsschreibern zusammen getragen ... Anfangs ... in Spanischer Sprach beschrieben; Nach der Zeit von R. P. CANISIO ... ins Latein übersetzt; Und mit vilen nutzlichen Anmerckungen, neueren Leben deren Heiligen ... vermehrt. Anjetzo aber von R. P. Joanne Hornig ... in Teutscher Sprach herausgegeben. Der fünffte Druck. 2 Bde. Augsburg & Dillingen, J. C. Bencards Erben, 1753 und 1752. Fol. *Frontispiz* (im 1. Band), 18 Bl. 914 S. 27 Bl. & 4 Bl. 1084 S. 18 Bl. *Mit 104 großen Kupfern im Text.* Leicht benutzte Ldbde d. Z., die Rücken sauber restauriert.
De B.-S. IV, 462. Eins der bekanntesten Heiligenlebenwerke der Barockzeit, es diente u. a. Martin von Cochem und Tersteegen als Quelle. In dieser 5. Aufl. der dt. Übersetzung ist das 3bändige Werk erstmals in 2 Bänden untergebracht.

Ribary, F., essai sur la langue Basque, s.: Recueil de travaux originaux.

Ribáry, Frz., kleine Erdbeschreibung mit besonderer Rücksichtnahme auf die Länder der ungarischen Krone, für Elementar- und höhere Volksschulen. Aus dem Ungar. übersetzt. 8. (86 S.) Pest 873. (Leipzig, Haessel.) *

Ribary, U. [in Villmergen, Schweiz]: Klinisch-anatomische Beiträge zur Rhinitis sicca anterior. Berlin 1896. 24 S. 8°. (Sonder-Abdruck aus dem „Archiv für Laryngologie". 4. Bd.)
Basel. Med. Diss. 1896/97.

Ribaucourt, E. de. Etude sur la faune lombricide de la Suisse. Avec 3 planches et 4 tableaux. In-8°. 110 p. Berne. Thèse. *1897.*

v. Ribaupierre, Karl Royer, († d. 14. Nov. 1809.) Handbuch f. Officiere v. Generalstab; nach d. Franzöf. v. B. Thibault umgearb. 8. Münch. 803. (Fleischmann). 12 ℛ

Ribaux, Adolphe

Ribaux, Adf., Julia Alpinula, s.a. Bibliothek vaterländ. Schausp.

Ribaux, Adolphe. Julia Alpinula. Drama in fünf Akten und acht Bildern, in Prosa von Adolf R'. Deutsch von A[rnold] Oberholzer. IV+144 S. 8. Aarau, H. R. Sauerländer & Co., 1908. [fr. 1.80]
Bibliothek vaterländischer Schauspiele. (Bändchen) 90.

Ribaux, Adph., zarte Fäden, s.a. Verein zur Verbreitung guter Schriften, Basel. Nr. 62.

Ribaux, Adolphe. Zarte Fäden. Erzählung. [Mit Schluss-Vignette.] 64 S. 8. Basel, Emil Birkhäuser, Juli 1904. fr. —. 10
Verein für Verbreitung guter Schriften. Basel, No. 62.

Ribaux, Adphe., Geborgen, s.a. Verein f. Verbreitung guter Schriften, Basel Nr. 51.

Ribaux, Adolphe. Geborgen. Von Adolphe Ribaux. Autorisierte Übersetzung von A Bruch. 102 S. 8. Basel, Emil Birkhäuser, Oktober 1901. fr. —. 20
Verein für Verbreitung guter Schriften. Basel, No. 51.

— **Geborgen,** s.a. **Kürschner's, Jos., Bücherschatz.**

Geborgen. Roman von Adolphe Ribaux. Autor. Übers. von A. Bruch. Mit Ill. von A. Hug. *Berlin, Eisenach, Leipzig: H. Hillger [1903].* (94 S.) 8° [F.]
= Bücherschatz, Kürschner's. No 345.

Ribaux, Adf., d. Glück d. Sennhütte, s.: **Köhler's Bibliothek f. Alle.**

Ribaux, Ad(olphe). Jean der Neapolitaner. (Roman.) [Mit Titelvignette.] IV + 128 S. 8. Basel, Verein für Verbreitung guter Schriften, Januar 1911. fr. —. 30
Verein für Verbreitung guter Schriften. Basel, Nr. 88.

Ribaux, Adolphe. Huit Jours à Zurich. Notes de voyage. Publié par le Bureau officiel de renseignements de Zurich. [Avec des illustrations et 1 plan.] 8. [Zurich 1896.]

— **Silberhochzeit. Das Testament. Weihnachtsblumen,** s.a. **Verein f. Verbreitung guter Schriften, Basel. Nr. 57.**

Ribaux, Adolphe. Silberhochzeit. Das Testament. Weihnachtsblumen. Drei Erzählungen von Adolphe Ribaux. Deutsch von Emma Wiepking. 48 S. 8. Basel, Emil Birkhäuser, April 1903. fr. —. 10
Verein für Verbreitung guter Schriften. Basel, No. 57.

Ribauz, Adf., s. Ribaux, Adolphe

Ribbach, E., Geschichte der bildenden Künste, m. besond. Berücksicht. der Hauptepochen derselben dargestellt. Mit 166 Abbildgn. im Text u. 24 Vollbildern. Lex.-8. (XVI, 856 S.) Berlin 884. Friedberg & Mode. 15. —; geb. n. 20. —

—— s. Thermen, die, des Caracalla; die Campagna von Rom.

Ribbach, Friedrich Gulielmus Eduardus, s. Ribbach, Wilhelm Eduard

Ribbach, S., an den Grenzen Tibets. Bilder aus der Himalaya-Mission der Brüdergemeine. 8. (45 S. m. Abbildgn. u. 1 Karte) Herrnhut 900. Missionsbuchh. n. — 30

Ribbach, Wilhelm Eduard

Ribbach, Fridericus Gulielmus Eduardus: *De Aristarchi analogia. 118 S. 4° (2°)
Halle-Wittenberg, Phil. Diss. v. 17. Juni 1875
Geb. [Börnicke bei Bernau (Kr. Niederbarnim) 7. 8. 1848]

Ribbach, Willy Edu. De Aristarchi Samothracis arte grammatica. 48 S. **Progr.** G. *Naumburg* 1883.

Ribbe, Carl, s. Ribbe, Karl

(Ribbe, J. C.) Ueber den Theater-Vorhang im Charlottenburger Schauspielhause. Sendschreiben. Berlin 1791. 8.

Ribbe, Jh. Chr., Henriette; eine charakterist. Darstellung in 6 Gesängen. 8. Berl. 798. 12 gr.

Ribbe, Johann Christ.

— **Anleit. z. richtigen Erkenntniß d. Rindviehpest, so wie z. Tilgung dieser verheerenden Seuche.** 8. Zerbst 813. (Kummer) 16 gr. Berl. 816. Nauck. 1 rl 3 gr.

Ribbe, J[oh.] C[hrist.]: Anleitung zur richtigen Erkenntniss der Rinderpest, so wie zur Tilgung dieser verheerenden Seuche. Nach d. Lehrsysteme des Prof. Sick bearb. Zerbst 1814. 212 S.

— Anleit. z. Kenntniß u. Behandl. aller in Europa bekannten Seuchen u. ansteckenden Krankheiten d. Haus- u. Nutzthiere. Mit e. Noten v. J. G. Naumann. gr. 8. Berl. (816.) 2e A. 818. Nauck. 1 rl 12 gr.

— **üb. die Anthraxkrankheiten,** s.a. **Anthraxkrankheiten.**

— Über d. Anthraxkrankheit d. Haustiere. Ebd. 18. Nicolai. M. 1.50

— **üb. die Aufblähungskrankheiten d. wiederkauenden Haus- u. Nutzthiere u. deren Heilung. Mit 3 Kpf. gr. 8. Leipz. 819. Baumgärtner. 1 rl**

— s. **F. v. Baczko, Reise.**

— Beurteilung der innerlichen und äusserlichen Krankheiten des Rindviehes. Leipzig 22. Wienbrack. M. 3. -

s. **P. Chabert, üb. tolle Hundswuth.**

— Über Hundswut, siehe: Chabert.

— Die Kenntnis von dem Pferde. (Behandlung der Rehe, Druse und Kolik.) Mit Tabellen. Altenburg 21. (Lauffer, Leipzig.) M. 3.40

— **die Kenntniß v. d. Pferde, in Hinsicht auf dessen Natur, Körperschönheit, Eigenschaften rc. gr. 8. Mit 1 Kpf. Altenb. 831. (Lauffer in Leipz.) 1 rl 3 gr.**

— — die innerl. und äußerl. Krankheiten des Schaafviehs und deren Heilung. gr. 8. Leipzig, Barth. 820.

— **die innerl. u. äußerl. Krankheiten d. Schafviehes u. deren Heilung. gr. 8. Leipz. 821. Barth. 1 rl 6 gr.**

— **Natur- u. medicin. Geschichte der Hundswuthkrankheit bei Menschen u. Thieren u. deren Heilung, nebst e. Vorrede v. J. C. Rosenmüller. 8. Leipz. 820. Hinrichs. 12 gr.**

Ribbe, Jh. Chr., das Schaf u. die Wolle, deren Geschichte, Erzeugung, Wartung, Veredlung u. Beurtheilung rc. gr. 8. Prag 825. Calve. 1 rl 8 gr.

Ribbe, Johann Christ. (Hrsg.), s. Sick, Georg Friedrich: Über die Anthraxkrankheiten der Haustiere.

— Möglichst kurzgefasster Unterricht über die Erkenntnis und richtige Beurteilung der innerlichen und äusserlichen Krankheiten des Rindviehes. Berlin 17.

— möglichst kurzgefaßter, jedoch gründl. Unterricht üb. die Kenntniß u. richtige Beurtheilung d. innerl. u. äußerl. Krankheiten des Rindviehes, deren Entstehung, Verhütung u. Heilung. Nebst e. Anhange über Kuhställe, Geburtshülfe, Aderlaß u. d. Haarseile rc. gr. 8. Leipz. 822. Wienbrack. 1 rl

— umfassender u. auf die Gesetze d. Natur gegründeter Unterricht z. Gesunderhaltung d. Haus- u. Nutzthiere, mit Bezug auf deren Verschönerung u. Veredlung. gr. 8. Leipz. 819. Barth. 1 rl

— vollständ. Unterricht üb. d. Ader- u. Blutlassen bei d. Thieren, mit Bezug auf die Lehre v. der Erzeugung, d. Umlaufe u. d. Verrichtung d. Blutes im Thierkörper. 8. Dresd. 818. Walther. 12 gr.

Ribbe, Karl

Ribbe, Carl, Anleitung zum Sammeln v. Schmetterlingen in tropischen Ländern. (S. 113—156 m. Abb.) gr. 8. Berlin 907. R. Friedländer & Sohn. nn 1. 50
Sonderabdr. aus: „Deut. entomolog. Ztschr. Iris".

Ribbe, Carl: Die Aru-Inseln.
in: Festschrift zur Jubelfeier des 25jährigen Bestehens des Vereins für Erdkunde zu Dresden. S. 153–201. Dresden 1868. 49 S., 5 Tf. 8°.

-- Beiträge zu e. Lepidopteren-Fauna v. Andalusien (Süd-Spanien), s.a. **Zeitschrift, deutsche entomolog.**, Iris. XXIII. Bd. 1. u. 2. Beiheft.

Beiträge zu einer Lepidopteren-Fauna von Andalusien. (Süd-Spanien.) Macrolepidopteren. Von Carl Ribbe. (Berlin: Friedländer 1909–12.) 395, VII S. 8°
(Deutsche Entomolog. Zeitschrift Iris. Bd 23, Beih. 1–3/4.) A 12.1294

Ribbe, C., Beiträge zur Lepidopteren-Fauna d. malayischen Archipels. Rhopalocera der Insel Gross-Ceram. [Aus: „Deutsche entomolog. Zeitschrift".] gr. 8. (79 S. m. 1 Lichtdr.-Taf.) Dresden 890. (v. Zahn & Jaensch.) n.n. 4. —

Zwei Jahre unter den Kannibalen der Salomo-Inseln. Reiseerlebnisse u. Schilderungen von Land u. Leuten. Von Carl Ribbe. Unter Mitw. von Heinrich Kalbfus. Mit zahlr. Abb., 14 Taf., 10 lith. Beilagen u. 3 Karten. *Dresden-Blasewitz: H. Beyer 1903.* (VII, 352 S.) 4°(8°) [04.136]

Ribbe, Carl, zwei Jahre unter den Kannibalen der Salomo-Inseln. Reiseerlebnisse u. Schildergn. v. Land u. Leuten. Unter Mitwirkg. v. Heinr. Kalbfus. Mit zahlreichen Abbildgn. im Text, 14 Taf., 10 lith. Beilagen u. 3 Karten. (VII, 352 S.) gr. 8. Dresden-Blasewitz 903. Elbgau-Buchdr. Geb. in Leinw. 12. —

— Muschelgeld-Studien, s.: Schneider, Osk.

Ribbe, Susanne, Kochbuch für einfache Küche u. zum Gebrauch an Koch- u. Haushaltungsschulen f. Volksschülerinnen. 8. (31 S.) Dresden 902. A. Köhler. Kart. n. — 50

Ribbeck, Otto. Otto Ribbeck. Ein Bild seines Lebens aus seinen Briefen 1846—1898. Mit zwei Porträts nach Zeichnungen von Paul Heyse. ([Hrg. mit] kurzen biographischen Notizen [von] Emma Ribbeck [geb.] Baeyer.) VIII + 352 S. 8. Stuttgart, J. G. Cotta Nachfolger, 1901. [M. 5. —]

Ribbeck, Aug. Ferd., ein Abschiedswort des Friedens, gerichtet an die lieben Frankfurter zur Adventszeit. Frankfurt a. M. 866. Völcker. gr. 8. (8 S.) n.n. 2½ ngr.

Ribbeck, A. F. Antrittsrede des Direktors A. F. Ribbeck. (Lat.) 30 S. .
Berlin, W., Progr. 1829

Ribbeck, A. F., s. **Babrius, Fabeln.**

Ribbeck, Aug. Ferd., Anselmi Cantuariensis doctrina de sancto spiritu. Dissert. inaug. 4maj. (3 B.) Berolini 838, (Jonas Vrlsh.)

—— die Feier d. dritten märk. Reformationsjubelfestes auf d. berlin. Gymnasium z. grauen Kloster am Abend d. 1. Nov. 1839. gr. 4. (2 B.) Berlin 839, Plahn'sche Buchh.

Ribbeck's, Aug. Ferd., († d. 14. Jan. 1847), schriftlicher Nachlaß, siehe: Mittheilungen.

Ribbeck, A. F. Oratio ad J. L. Frischii, olim gymn. Leucophaei rectoris, memor. secular. celebrandam die 19. Dec. 1827. 12 S. . . . .
Berlin, G., Progr. 1830

—— Predigt gehalten am Dank-, Sieges- und Friedensfeste 11. Novbr. 1866 in der Paulskirche vor der Garnison zu Frankfurt a. M. gr. 8. (12 S.) Frankfurt a. M. 867, Völcker.

Ribbeck, A. F., Programm. (Ueber die den Gymnasien geziem. Stellung zu d. verschiedenart. Anforderungen d. Zeit.) gr. 4. (8 B.) Berlin 829, (Plahn.)

Ribbeck, A. F. Ueber die den Gymnasien geziemende Stellung zu den verschiedenen Anforderungen unserer Zeit. Berlin, Friedr.-Wedersch.-G., 1828. 6 S. 4.
Progr.

Ribbeck, A. F. Ueber die den Gymnasien geziemende Stellung zu den verschiedenen Anforderungen unserer Zeit. 6 S. . . . .
Progr. Berlin W. 1829

Ribbeck, B., Erinnerungen an Ernst Friedrich Gabriel Ribbeck, früheren General-Superintendenten der evangel. Kirche zu Breslau, demnächst als Wirkl. Ober-Konsistorialrath u. D. zu Berlin verstorben am 6. Juni 1860, aus seinen Schriften. Als Mscr. hrsg. gr. 8. (L, 593 S.) Berlin 863. (Kiel, Haeseler's Verl.) n. 10. —

Ribbeck, E. G., s. Jüngling, der, zu Nain.

Ribbeck, Ernst Friedrich Gabriel

Ribbeck, E. F. G., Predigt z. Gedächtniß Königs Friedrich Wilhelm III. gr. 8. (1½ B.) Breslau 840, Graß, Barth u. Co.

Ribbeck, (General-Superint. zu Breslau,) die ordinatorische Verpflichtung der evangel. Geistlichen auf die symbolischen Schriften. Abgenöthigte Erklärung. gr. 8. Berlin 843, Plahn'sche Buchh. n. ⅓ ₰

Ribbeck, Ferdinand

Ribbeck, Ferd., Donatus und Augustinus oder der erste entscheidende Kampf zwischen Separatismus und Kirche. Ein kirchenhistor. Versuch. In 2 Hälften. gr. 8. (XII und 683 S.) Elberfeld, Bädeker'sche Buchh. [1. Hälfte. 1857. * 1 Thlr. 20 Ngr., 2. Hälfte. 1858. * 1 Thlr.]

— Glockentöne von Golgatha. Eine Pilgergabe für Mitpilger nach dem himmlischen Jerusalem. Elberfeld 855. Bädeker. gr. 8. (XII, 255 S.) n. 15 ngr.; Velinp. n. 20 ngr.

Ribbeck, Ferd., Aus der Landeskirche in die Baptisten-Gemeine! Ein Zeugniß an die Brüder in der Landeskirche. Zürich 854. Kiesling. gr. 8. (VIII, 139 S.) n. 15 ngr.

Ribbeck, Frdr., warum so furchtsam? Layenvotum in Sachen der evang. constituirenden Landessynode. gr. 8. (30 S.) Berlin 849, Plahn. n. ⅙ ₰

Ribbeck, Fritz [Referendar]: Die Übereinstimmungen und Unterschiede zwischen offener Handelsgesellschaft und Mitrhederei . . . Breslau, Druck v. E. Trewendt, 1896; 1 Bl., IV, 79 S., 1 Bl. 8.
Breslau, Jur. Fak., Inaug.-Diss. v. 19. Dez. 1896

Ribbeck, Heinrich Victor Constanz Woldemar,
s. Ribbeck, Woldemar

Ribbeck, Konr., Geschichte des Essener Gymnasiums, s.a. Beiträge zur Geschichte v. Stadt u. Stift Essen.

Ribbeck, Konrad [Dr.]: Geschichte des Essener Gymnasiums. Tl 1, bis 1564. Essen, Druck v. H. L. Geck, 1896; 111 S. 8.
Essen, k. G, P 1896 (451)

Ribbeck, Konrad: Geschichte des Essener Gymnasiums. T. 2. Die lutherische Stadtschule 1564—1611. *Essen 1898: G. D. Baedeker.* (73 S.) 8° ¶ [Fortsetzung d. P-Beilage 1896.]
Essen, k. G, P 1898 (464)

— die Vereinigung des Stiftes u. der Stadt Essen m. dem preußischen Staate. Festschrift zur 100jähr. Jubelfeier am 3. VIII. 1902. 8. (37 S.) Essen 902. (Fredebeul & Koenen.) n. — 10

Ribbeck, Konrad Gottlieb

Ribbeck, Konr. Gli., Abschiedspredigt, in d. Kirche z. heil. Geist in Magdeburg gehalten, am 3n Pfingsttage 1805. 8. Magdeb. 806. Heinrichshofen. 4 gr.

Ribbeck, Conr. Gli, Abschiedspredigt in Magdb. geh. 8. Magdeb. Keil. (Heinrichshofen.) 806.

— Beitrr. zur moral. religiösen Belehrung u. Erbauung. 1r Thl. 8. Magdeb. 799. (Heinrichshofen). 20 ℊ

— gottesdienstl. Feier z. Eröffnung d. ersten Provinzialsynode d. Berliner u. Potsdamer Regierungsbezirks rc. zu Berlin am 4. Juni 1819. gr. 8. Berl. 819. Mitter. 3 ℊ

— gottesdienstl. Feier in d. Nicolaikirche zu Berlin, am 5n Sonntage n. Epiphanias, d. 4. Febr. 1816, zum Gedächtniß d. Hrn. Pred. Dan. Phil. Troschel rc. gr. 8. Berl. 816. Mittler. 3 ℊ

— über die Freundschaft. Mit 2 Kpf. 8. Magdeb. 796. (Heinrichshofen). 22 ℊ Holl. Pap. 1 ß 4 ℊ

— s. Gesangbuch, Magdeburgisches. Geistlichen.

— Leitfaden zum christl. Unterricht f. Confirmanten. 8. Magdeb. 799. 2e A. 800. 3e A. . . . 4e A. 806. Heinrichshofen. 3 ℊ

— Magazin neuer Fest- u. Casualpredigten, Tauf- u. Traureden rc. u. andern Amtsvorträgen. 10 Thle. gr. 8. Magdeb. 799—808. Heinrichshofen. 13 ß 8 ℊ Mit G. A. L. Hanstein, neues Magazin rc. 1r—5r Thl. gr. 8. Ebd. 809—14. (à 1 ß 8 ℊ) 6 ß 16 ℊ

— s.a. Nikodemus; Rücksprache mit ...

— Nicodemus Rücksprache m. Geistl. und Laien, in Sach. relig. Wahrh. 8. Ebend. 797.

— Predigt am allgem. Bet-Tage, d. 11. Mai 1808 in Berlin gehalten. gr. 8. Berl., Mittler. 3 ℊ

— Predigt am allgem. Bet-Tage 1809 in d. Nicolaikirche gehalten. gr. 8. Berl., Mittler. 3 ℊ

— Predigt am 2n Fasten-Sonntage, d. 10. März 1811 in der Nicolaikirche gehalten rc. gr. 8. Berl., Mittler. 4 ℊ

— Predigt zum Gedächtnisse des am 25. Febr. 1821 in Gott entschlafenen Gottf. A. Ldw. Hanstein, gehalten am Sonnt. Oculi, am 25. März 1821. gr. 8. Berl. 821. Dieterici. (Mittler). 3 ℊ

— Predigt bei d. Gedächtnißfeier der vor 400 Jahren, am 18. Octbr. 1415, dem in Brandenburg. Regenten aus d. Hause Hohenzollern geleisteten Huldigung u. des am 18. Oct. 1813 erfocht. Sieges bei Leipzig, gehalten am 22. Sonnt. nach Trinitatis 1815 in d. Nicolaikirche zu Berlin. gr. 8. Berl., Mittler. 3 ℊ

— Predigt am 25jähr. Jubelfeste d. Thronbesteigung Friedrich Wilhelms III. Königs v. Preußen, gehalten am 17. Novbr. 1822, nebst dem am Altar gesproch. Gebet v. G. G. Pappelbaum. gr. 8. Berl. 822. Mittler. 3 ℊ

— Predigt am Neujahrstage 1807. 8. Berl., Mittler. 3 ℊ

— Predigt am Neujahrstage 1808. 8. Berl., Mittler. 3 ℊ

— Predigt, ein jegliches Reich rc. gr. 8. Magdeb. v. Schütz 793.

— Predigt bei d. Rückkehr des Königs u. d. Königl. Hauses, d. 24. Dec. 1809. gr. 8. Berl. 810. Maurers B. 3 ℊ

— Predigt bei d. Trauerfeier, wegen des am 19. Juli 1810 zu Hohenzieritz erfolgt. Absterbens Ihrer Maj. d. regier. Königin Louise v. Preußen, in d. Nicolaikirche zu Berlin gehalten. gr. 8. Berl., Mittler. 3 ℊ

— — b. d. Trauerfeyer Luisens, Königin v. Preußen d. 19ten July 1810. gr. 8. Berlin, Dieterici. 810.

— Predigten, 4 Bde. gr. 8. Leipz. Sommer. 791.

— Predigten. 5 Sammll. gr. 8. Magdeb. 789—95. (Lauffer in Leipz). 4 ß 6 ℊ (1e—4e auch bei W. Nauck das.) 3 ß 6 ℊ

— 8 Predigten über die Unsterblichkeit der Seele. 8. Magdeb. 805. Heinrichshofen. 20 ℊ

Ribbeck, Conr. Gli, 8 Predigten, über die Unsterblichk. d. Seele. 8. Magdeb. Keil. (Heinrichshofen.) 805. Ditblr.

— Predigten bei seinem Amtsantritte rc., s. Hanstein.

Ribbeck, Konr. Gli., Predigten für Familien. 3 Thle. (1r Thl. Auch u. d. T.: Predigten über die Achtung gegen die Jugend u. s. w. 14 ℊ) 8. Magdeb. 798—800. Heinrichshofen. 1 ß 18 ℊ

— Predigten, mit Hinsicht auf den Geist u. die Bedürfnisse der Zeit u. des Orts. 6 Thle. 8. Magdeb. 1r Thl. 796. 2e Aufl. 801—4. Heinrichshofen. 5 ß 12 ℊ

— einzelne Predigten mehrern Inhalts, gehalten in d. J. 1807, 8, 9 u. 10. gr. 8. Berl., Maurers B. à 4 ℊ

— Predigten bei allgem. Landesfesten u. Casualfällen. gr. 8. Magdeb. 796. (Lauffer in Leipz.; a. Centr.-Compt. das.) 1 ß

— 4 Predigten vom Wiedersehen in d. Ewigkeit. 8. Magdeb. 789. 2e A. 792. N. Aufl. 828. (Lauffer in Leipz.) 10 ℊ

— 4 Predigt. v. Wiedersehen in d. Ewigk. 8. Magdeb. Scheidhauer. (v. Schütz.) 792.

— zwei Predigten, am 1n u. 2n Sonnt. nach Trinitatis 1798 gehalten. 8. Magdeb. 798.

— Rede bei d. Confirmation d. Katechumenen. 8. Magdeb. 787.

— Reden bei öffentl. Schulprüfungen. 8. Magdeb. 802. Heinrichshofen. 8 ℊ

— J. A. Reiche, erster Bürgermeister d. Altstadt Magdeburg, allen die ihn ehrten u. liebten gewidmet. 8. Magdeb. 797.

— 25jähr. Stiftungsfeier der Handlungsschule zu Magdeburg. 8. Magdeb. 804. Heinrichshofen. 8 ℊ

— üb. den Werth des öffentl. Gottesdienstes u. die demselben gebührende Achtung. 8. Magdeb. 800. Heinrichshofen. 12 ℊ

— weshalb u. auf welche Weise soll ein Jeder das in d. Hauptstadt eines Landes gedeihende Gute sich vorzügl. wichtig seyn lassen? Eine Predigt, gehalten d. 26. Aug. 1807. gr. 8. Berl., Mittler. 3 ℊ

— wie wir als christl. Vaterlandsfreunde gesinnt seyn u. uns verhalten sollen rc. Eine Predigt, am Sonnt. Trinitatis d. 13. Juni 1813 in d. Nicolaikirche gehalten. gr. 8. Berl., Mittler. 3 ℊ

— wie wir unerwartete, schmerzl. Trauerfälle mit christl. Weisheit rc. zu benutzen haben; Predigt am 6. Sonnt. nach Trinitatis 1810 in d. Nicolaikirche zu Berlin gehalten. gr. 8. Berl., Mittler. 3 ℊ

Ribbeck, Conr. Gtli., vom Wiedersehen in d. Ewigkeit. Vier Predigten. Neue Aufl. 8. (7 B.) Leipzig 828, Lauffer.

– wir wollen nicht richten. Predigt am 4. Sonnt. nach Trinitatis 1807 in d. Nicolaikirche zu Berlin gehalten. 2e A. ... gr. 8. Berl., Mittler. 3 gf

Ribbeck, Otto

Ribbeck, O., Zu des Aristophanes Acharnern. S.-A. s. d. 12 S.

Ribbeck, Otto, Agroikos. Eine etholog. Studie. Lex.-8. (68 S.) Leipzig 885, Hirzel.
Aus: Abhandlungen der königl. sächs. Gesellschaft der Wissenschaften, besonders abgedruckt.

Ribbeck, Otto, Agroikos. Lex.-8. (68 S.) Leipzig 885. [S. Hirzel.] B. G. Teubner. n. 2. —; erm. Pr. n. 1.50

Ribbeck, Otto, Alazon. Ein Beitrag zur antiken Ethologie u. zur Kenntniss der griechisch-römischen Komödie, nebst Übersetzung des Plautinischen Miles gloriosus. gr. 8. (VI, 194 S.) Leipzig 882. Teubner. n. 4. 40

Ribbeck, Otto, Anfänge u. Entwickelung des Dionysoscultus in Attika. Ein Beitrag zur griech. Religionsgeschichte. Kiel 869. Schwers. 4. (31 S.) n. 10 ngr.

Ribbeck, O., Zur latein. Anthologie. S.-A. 1875. 5 S.

—— politische Anweisungen. [Frei nach Plutarch.] Rede zur Feier des Geburtstages Sr. Maj. des Kaisers von Deutschland und Königs von Preussen Wilhelm I. gehalten an der Christian-Albrechts-Universität am 22. März 1872. 4. (15 S.) Kiel 872, (Universitäts-Buchh.) *

Ribbeck, Otto: Politische Anweisungen. (Frei nach Plutarch.) Rede zur Feier des Geburtstages Wilhelm I. gehalten v. –. Kiel 1872. Siehe in: Schriften d. Univ, zu Kiel. Bd. 19. Kiel 1873. 4⁰

Rectoratswechsel an der Universität Leipzig am 31. Oct. 1887. I. Rede des abtretenden Rectors Dr. Woldemar Schmidt: Bericht uber das Studienjahr 1886/87. II. Rede des antretenden Rectors Dr. Otto Ribbeck: Aufgaben und Ziele einer antiken Litteraturgeschichte. Leipzig, Druck v. Alexander Edelmann, Univ.-Buchdr., 1887; 35 S. 4°

— Beiträge zur Kritik des Plautinischen Curculio. S.-A. 1879. 24 S.

Ribbeck, O., Kritische Beiträge zu Dracontius. S.-A. 1873. 12 S.

— Beiträge zur Lehre von den lateinischen Partikeln. Zur Begrüssung der 27. Versammlung deutscher Philologen u. Schulmänner in Kiel. Leipzig 869. Teubner. gr. 8 (52 S.) n. 12 ngr.

— epikrit. Bemerkgn. z. Königsrede i. Oedipus Tyrannos. 4. (28 S.) Kiel 870. Berlin, Gose u. Tetzlaff. n. 1.20

— epikritische Bemerkungen zur Königsrede im Oedipus Tyrannos. Kiel 870. Schwers. 4. (28 S.) n. 12 ngr.

(B) Ribbeck, Otto, Bemerkgn. z. Königsrede in Oedipus. — Griechenland u. Deutschland. Jetzt: Berlin-Rixdorf, M. Umlauf.

Ribbeck, O., Krit. Bemerk. z. d. Charakteren d. Theophrast. S.-A. 1870. 18 S.

Ribbeck, O., Neue Bemerkungen zum miles gloriosus. S.-A. s. a. 12 S.

Ribbeck, O., Zu den Briefen d. Seneca. S.-A. s. a. 5 S.

Ribbeck, Otto, C. Valerius Catullus, eine literar-histor. Skizze. Populärer Vortrag, gehalten am 7. März 1863 im Saale der Harmonie in Kiel. gr. 8. (60 S.) Kiel 863, Homann.

—— s. Commentationes philologae.

Ribbeck, Otto, in tragicos Romanorum poetas conjectanea. Specimen I. Dissertatio inauguralis. 8. (56 S.) Berolini 849. (Hertz.) n. 6 ngr.

Ribbeck, Otto: Dämon und Genius. Rede zur Feier des Geburtstages Wilhelm I. gehalten v. –. Kiel 1868. Siehe in: Schriften d. Univ. zu Kiel. Bd. 15. Kiel 1869. 4⁰

— Ueb. die Doliaelegieen bei Tibull. S. A. 1877. 5 S.

Ribbeck, O., De Tibulli elegia I. et Propertii III. (V.) 84. Pr. 1867. 12 S. 4°. Kiel

Ribbeck, O., Emendationum Mercatoris Plautinae spicilegium. Hab. 1883. 32 S. 4°. 1.20

— Emendationes Vergilianae. Gel. 1858. 19 S. 4°.

— Zur Erklärung und Kritik des Properz. S.-A. 1885. 25 S.

Ribbeck, O., Euripides und seine Zeit. Bern 1860. Progr.

Ribbeck, Otto, s. Feier, Die, des Geburtstages des Königs Wilhelm I. ...

Ribbeck, Otto, s.: Fragmenta scaenicae Romanorum poesis.

—— Geschichte der römischen Dichtung. I. Dichtung der Republik. gr. 8. (VII, 348 S.) Stuttgart 887, Cotta'sche Buchh. Nachf.

Ribbeck, Otto. Geschichte der römischen Dichtung. 2. u. 3. Bd. gr. 8. Stuttg., Cotta Nachf. 17 75
2. Augusteisches Zeitalter. (III, 370 S.) 889. * 8 75.
3. Dichtung der Kaiserherrschaft. (III, 378 S.) 892. * 9 —.

Ribbeck, Otto, Geschichte der römischen Dichtung. I. Dichtung der Republik. 2., durchgeseh. u. verm. Aufl. gr. 8. (IX, 358 S.) Stuttgart 894. J. G. Cotta Nachf. n. 8. —

— Geschichte der römischen Dichtung. II. Augusteisches Zeitalter. 2. durchgeseh. Aufl. gr. 8. (VII, 373 S.) Stuttgart 900. J. G. Cotta Nachf. n. 8.75; geb. n. 10. —
1. u. 3. Bd. Ebd. 894. 892. n. 17. —; geb. n. 19. —

—— Gesundheit des Staates. Rede zur Feier des Geburtstages Sr. Maj. des Kaisers und Königs Wilhelm I., gehalten an der Christian-Albrechts-Universität am 22. März 1871. 4. (7 S.) Kiel 871, Universitäts-Buchh. *

Ribbeck, Otto: Gesundheit des Staates. Rede zur Feier des Geburtstages Wilhelm I. gehalten v. –. Kiel 1871. Siehe in: Schriften d. Univ. zu Kiel. Bd. 18. Kiel 1872. 4⁰

— Griechenland u. Deutschland. Rede zur Feier des Geburtstages Sr. Maj. des Königs Wilhelm I. gehalten an der Christian-Albertsuniversität am 22. März 1867. Ebend. 867. gr. 8. (18 S.) 5 ngr.

— Griechenland u. Deutschland. Rede geh. am 22. März 1867. gr. 8. (18 S.) Kiel 867. Berlin, Gose & Tetzlaff. — 50

Ribbeck, O., Die Idyllen d. Theokrit. S.-A. 1873. 42 S.

—— der echte und der unechte Juvenal. Eine krit. Untersuchung. gr. 8. (III und 186 S.) Berlin 865, Guttentag.

—— Kolax. Eine etholog. Studie. Lex.-8. (114 S.) Leipzig 883, Hirzel. *
Aus: Abhandlungen der k. sächs. Gesellschaft der Wissenschaften, besonders abgedruckt.

Ribbeck, Otto, über die mittlere und neuere Attische Komödie. Oeffentlicher Vortrag, gehalten im Rathhause zu Bern. Leipzig 857. Teubner. 8. (56 S.) 7⅓ ngr.

Ribbeck, O., Die Composition der Varron. Bücher V.—VII de lingua Latina. S.-A. 1886. 9 S. —.60

Ribbeck, O., Ueber unabhängige Kritik mit einem Anhang über gewissenhafte Exegese. S.-A. 1874. 43 S. —

Ribbeck, Otto. Lectiones Vergilianae. 8 S.
Elberfeld, Progr. 1855

Ribbeck, Otto: M a j e s t ä t. Rede zur Feier des Geburtstages Wilhelm I. gehalten v. –. Kiel 1869. Siehe in: Schriften d. Univ. zu Kiel Bd. 16. Kiel 1870. 4°

— Marginalien zum Truculentus. S.-A. 1880. 8 S.

– s.: Museum, rheinisches, f. Philologie.

—— Philocteta des Accius. Aus einer Geschichte der griechisch-römischen Tragödie. gr. 4. (21 S.) Kiel 872, Schwers'sche Buchh. *
Mit 2 Stnt. *

Ribbeck, O., Qua Aeschylus arte in Prometheo fabula diverbia composuerit. Pr. 1859. 14 S. 4°. 1.50

Rede zur Feier des Gedächtnisses Seiner Hochseligen Majestät Kaisers Wilhelm I. am 22. Marz 1888 gehalten in der Aula der Universität von Dr. Otto Ribbeck, d. Z. Rector. Leipzig, Druck v. Alexander Edelmann, Univ.-Buchdr. (1888); 10 S. 4°

Ribbeck, Otto: Rede (z. fünfzigj. Jubelfeier d. Kgl. Sächs. Ges. d. Wiss. zu Leipzig). *Leipzig (1896).*
in: Jubelfeier, Z. 50j., d. Kgl. Sächs. Gesellschaft d. Wissenschaften zu Leipzig. 97. 1908

—— und J. Claffen, über die Rede des Königs Oedipus in Sophokles O. r. 216—275. gr. 8. (27 S.) Frankfurt a. M. 861, Sauerländer's Verlag.
Aus dem „Rheinischen Museum" besonders abgedruckt.

— Reden u. Vorträge. gr. 8. (V, 308 S. m. Bildnis) Leipzig 899. B. G. Teubner. n. 6. —; geb. in Halbfz. n. 8. —

Ribbeck, O., Aus Lydien epigraph.-geograph. Reisefrüchte hinterlassen von Karl Buresch. Gel. 1898. 18 S. —.75

— Friedrich Wilhelm Ritschl. Ein Beitrag zur Geschichte der Philologie. 2 Bde. Mit einem Bildniss Ritschls (in Stahlst.) u. einem Bilde (in Lichtdr.). gr. 8. (VII, 348 u. X, 591 S.) Ebend. 879. 81. n. 19. 20

—— Friedrich Wilhelm Ritschl. Ein Beitrag zur Geschichte der Philologie. 2. (Schluss-)Bd. Mit 1 (Lichtdr.-)Bildniss Ritschls. gr. 8. (X, 591 S.) Leipzig 881, Teubner. *
1. Bd. Ebendas. 1879. *ℳ 7,20.

Ribbeck, O., De Horatii satira I. 6 v. 7—44 commentatio. Pr. 1863. 15 S. 4°. 1.20

— Sophocles u. seine Tragödien, s.a. Sammlung gemeinverständl. wissenschaftl. Vorträge.

Ribbeck, O., Sophocles u. seine Tragödien. Gel. 1869. 31 S.

— s.: Studien, Leipziger, zur classischen Philologie.

Ribbeck, Otto, die römische Tragödie im Zeitalter der Republik. gr. 8. (VIII, 692 S.) Leipzig 875, Teubner.

—— Uebermuth (Hybris). Rede zur Feier des Geburtstages Sr. Hoh. des Herzogs Friedrich VIII. an der Christian-Albrechts-Universität am 6. Juli 1864 gehalten. 4. (14 S.) Kiel 864, (Akademische Buchh.)

—— dass. — gr. 8. (20 S.) Kiel 864, Schröder und Comp.

– s. V a l e r i u s Cato: Dirarum carmen.

(Lessings Verhältniss zur Wissenschaft.) Rede zur Feier des Geburtstages Frederik's VII gehalten v. Otto Ribbeck. Kiel. 1863. Siehe in: Schriften d. Univ. zu Kiel. Bd. 10. Kiel. 1864. 4°.

Ribbeck, Paul

Ribbeck. [illegible] De Helleborismo veterum. Berolini (1834) [illegible] 8°
Berlin, Med. Diss. v. 13. Sept. 1834

Ribbeck, Paulus, Marchicus: Senatores Romani qui fuerint idibus Martiis anni a. u. c. 710. *Berolini (1899): A. Seydel & Co* (103 S.) 8°
Berlin, Phil. Diss. v. 5. Juli 1899

Ribbeck, Paul, senatores romani qui fuerint idibus martiis a. u. c. 710. Diss. gr. 8. (104 S.) Berlin (899). Mayer & Müller. n. 2. —

Ribbeck, Walter, Friedrich I. und die römische Curie in den J. 1157—1159. Untersuchungen über die Vorgeschichte der Kirchenspaltung von 1159. gr. 8. (V, 91 S.) Leipzig 881, Veit und Comp. *

Ribbeck, Walth., Confessionen e. Nachdenklichen. Gedichte. 8. (IV, 182 S.) Marburg 893. O. Ehrhardt. Geb. in Leinw. n. 3. —

Ribbeck, Walter, L. Annäus Seneca, der Philosoph, und sein Verhältniß zu Epikur, Plato und dem Christentum. gr. 8. (VI, 92 S.) Hannover 887, Norddeutsche Verlagsanstalt.

Ribbeck, Wilh., Gedichte. gr. 12. (17 B.) Leipzig 839, [Kirchner.]

—— Jungfer Emerentia Lorenz v. Tangermünde. Legende. br. 16. (1½ B. u. 2 Stndr.) Magdeburg 835, Creutz'sche Buchh.

Ribbeck, Woldemar (Bearb.), s. A r i s t o p h a n e s: Die Acharner.

Ribbeck, Woldemar (Bearb.), s. A r i s t o p h a n e s: Die Ritter.

Ribbeck: In Euripidis Helenam coniectanea. 24 S.–Berlin L., Progr. 1865

Ribbeck, W., in Euripidis Helenam conjectanea. Berlin 865. (Calvary & Co.) 4. (24 S.) n. 12 ngr.

Ribbeck, Wold., griechisches Elementarbuch. gr. 8. (VIII, 144 S.) Berlin 891. L. Simon. n. 1. 20

— Formenlehre des attischen Dialekt's nebst den wichtigsten syntaktischen Regeln über attische Prosa. Berlin 868. Guttentag. gr. 8. (VIII, 204 S.) 18 ngr.

Ribbeck, W., Formenlehre des attischen Dialekts nebst den wichtigsten syntaktischen Regeln über attische Prosa. gr. 8. Berlin 868, H. W. Müller.

Ribbeck, W., homerische Formenlehre. gr. 8. (VIII, 87 S.) Berlin 873. Calvary & Co. n. 1. 50

Ribbeck, W., homerische Formenlehre. 2. Aufl. gr. 8. (VI, 89 S.) Berlin 880, Calvary und Comp. *

— homerische Formenlehre. 3., verkürzte Aufl. gr. 8. (VI, 85 S.) Berlin 895. M. Rockenstein. Geb. in Leinw. n.n. 1. 80

Ribbeck, Wold., homerische Miscellen. II. gr. 4. (23 S.) Berlin 888, Gaertner's Verlag. *
Der 1. Theil ist im Rhein. Museum für Philologie XXXV, 610 erschienen.

Ribbeck, Woldemar (geb. Erfurt 17. 2. 1830): Zenodoteorum quaestionum spec. I. Berolini (1852) (47 S.) 8° * Vollst. ersch. in: Philologus Jg 8 u. 9 (1853 u. 1854)
Berlin, Phil. Diss. v. 31. Juli 1852

Ribbeck, [Woldemar], Prof. Dr., Dir.: [**Rede zum Gedächtnis** des Prof. Dr. Ludwig von Milewski, gest. in der Nacht vom 9. zum 10. Sept. 1900.] *Berlin 1901: W. Pormetter.* (S. 22–23.) 4°
Berlin, Askanisches G, OP 1901 (50)

Archestrati syracusii sive gelensis quae feruntur apud Athenaeum reliquiae. Recogn. Wold. Ribbeck. 27 S. **Progr.** Ask. G. *Berlin* 1877.

— griechische Schulgrammatik. Formenlehre der att. Prosa, nebst Casus- u. Modus-Regeln. gr. 8. (VIII, 272 S.) Berlin 891. Simion. n. 2. 40

Ribbeck, Woldemar [Prof. Dr. Dir.]: Übersetzungsproben. Berlin, R. Gaertners Verlagsbuchh., 1890; 26 S. 4°
Berlin, Askanisches G, OP 1890

Ribbeck, [Woldemar]: [Verzeichnis der seit Ostern 1880 von der Anstalt entlassenen Abiturienten.] S. 28–30 der Schuln. 4.
Progr. Askanisches Gymn. *Berlin* 1901 (50).

Ribbeck, [Woldemar], Prof. Dr., Dir.: [**Verzeichnis sämtlicher Abiturienten** des Gymnasiums seit Ostern 1880.] *Berlin 1901: W. Pormetter.* (S. 23–30.) 4°
Berlin, Askanisches G, OP 1901 (50)

Ribbeck, [Woldemar]: [Worte zum Gedächtnis des in der Nacht vom 9./10. September 1900 verschiedenen Prof. Dr. Ludwig von Milewski.] S. 22–23 der Schuln. 4.
Progr. Askanisches Gymn. *Berlin* 1901 (50).

Ribbeck, *Heinrich Victor Constanz Woldemar: Worte an die versammelten Schüler der Anstalt am Schlusse des Herbstquartals anlässlich des Jahrhundertwechsels.* (S. 18–19 der Schuln.)
Progr. Askanisches G. *Berlin* 1900

Ribbentrop, Vocabulaire militaire français-allemand. Recueil des termes de la technologie militaire moderne. gr. 16. (IV, 230 S.) Leipzig 877, Brockhaus. *M 3.; geb.

Ribbentrop, vocabulaire militaire français-allemand. Recueil de termes de la technologie militaire moderne. 2. éd. entièrement refondue. 16. (300 S.) Leipzig 878. Brockhaus. n. 3. —; geb. n. 4. —

Ribbentrop, Alfr., Beschreibung des Bergreviers Daaden-Kirchen. Bearb. im Auftrage des königl. Oberbergamts zu Bonn. gr. 8. (III, 126 S. mit 1 Karte in Farbendr.) Bonn 882, Marcus. *

Daaden-Kirchen. Von A. Ribbentrop. 1882. 126 S. mit 1 Karte.

Ribbentrop, August Wilhelm Karl Georg

— Gemeine Bescheide d. kön. Justizkanzlei u. des königl. Hofgerichts zu Stade. 8. Stade 795.

— Diss. inaug. de Delatione delictorum in ducat. Bremensi et Verdensi. 4. Helmst. 796. Fleckeisen. 5 gl.

— die Flachsspinnerei weibl. Geschlechts in d. Stadt Münster. 8. Münst. 804.

Ribbentrop, Aug. Wlh. Karl Geo., Verfassung des Preuß. Cantonwesens. 8. Minden 798. Körber. 12 gl.

Ribbentrop, Edmund. Adolph. Laurentius (geb. Wasserleben 15. 11. 1813): De physiologia doloris. Berolini (1830) (31 S.) 8°
Berlin, Med. Diss. v. 16. Apr. 1830

Ribbentrop, Friedrich

Ribbentrop, Fr., Archiv f. die Verwaltung des Haushalts bei d. europ. Kriegsheeren, zum Gebr. bei seinen Vorlesungen üb. diesen Gegenstand. I. 1s — 3s Heft. Mit Kpf. gr. 8. Berl. 818—19. (Waisenhaus-B. in Halle). 2 ₰ 12 gl.

Ribbentrop, Friedrich, Referendar aus Magdeburg: **Begriff der Frucht nach römischem Recht und nach dem bürgerlichen Gesetzbuch.** *(Magdeburg 1899: E. Baensch jun.)* (99 S.) 8°
Erlangen, Jur. Diss. v. 14. Jan. 1899

Gesänge für Freimaurer zum Gebrauch der St. Johannis Feldloge Friedrich zur Vaterlandsliebe [in Mitau, hrsg. von Friedr. Ribbentrop. M. e. Vorr. von George Baersch.] Mitau 1812: Steffenhagen & S.
cf. Erlenmeyer, A.: D. Gründung d. L. Friedr. z. V., Coblenz. 1901 S. 52—53.
Kl. 1665b. Sehr selten. In der Stadtbibliothek zu Riga u. nach Bbl. 1912 S. 415 auch in der Loge zu Jülich vorhanden.

— der Haushalt bei d. europ. Kriegsheeren; den jüngern Beamten d. königl. Preuß. Kriegs-Kommissariats vorgelesen u. erläutert. 8. Berl. 817.

— s. a. Sammt. aller Vorschriften, die Preuß. Militär-Oekonomie betreffend.

Ribbentrop, F.: Vollständ. Samml. aller Vorschriften, welche auf d. preuss. Militair-Oekonomie Bezug haben. 8 Bde. m. Anh. u. Regist. *Berlin*, Decker. 814—16. 2e Aufl. d. ersten 7 Bde. 814. u. f. J. gr. 8.

(Ribbentrop.) Sammlung von Vorschriften, Anweisungen und sonstigen Aufsätzen über den Dienst der Kriegs-Commissarien, das Kassawesen, die Trains, Bekleidung, Verpflegung, den Kultus und die Lazarethverwaltung. 1. Bd.: Dienst der Kriegs-Kommissaire. 2. Bd.: Sammlung von Vorschriften, Anweisungen und sonstigen Aufsätzen über das Etats-Kassen- und Rechnungswesen. Zweite, in einigen Punkten berichtigte Aufl. 3. Bd.: Dritte Fortsetzung der Sammlungen von Vorschriften, Anweisungen und sonstigen Aufsätzen über das Etats-Kassen- und Rechnungswesen. 4. Bd.: Die Feldequipage, die Verpflegungs-Trains und die Remontirung. 5. Bd.: Die Bekleidung. Zweite in einigen Punkten berichtigte Aufl. 6. Bd.: Nachtrag zum 5. Bd. 7. Bd.: Die Bekleidung. 8. Bd.: Die Verpflegung und das Einquartierungs-Wesen. 9. Bd.: Nachtrag zum 8. Bd. 10. Bd.: Die Behandlung feindlicher Gebiete, die Polizei, die Justiz, den Kultus und das Postwesen. 2. Aufl. 11. Bd.: Die Verwaltung der Lazarethe bei der k. preuss. Armee. Zweite in einigen Punkten berichtigte Aufl. 12. Bd.: Sachregister zu den Sammlungen von Vorschriften etc. in Beziehung auf den Dienst der Militär-Oekonomie. 13. Bd.: Supplement, enthaltend die seither erschienenen Vorschriften. (13 Bde.) 8. Berlin 1814–1821.

Ribbentrop, Frid. Henr. Christ(ian.) (geb. Wasserleben bei Wernigerode 18. 2. 1819): Aristotelis νοῦς. Berolini (1840). (30 S.) 8°
Berlin, Phil. Diss. v. 6. Juni 1840

Ribbentrop, G., s. Ribbentrop, Heinrich Gottlieb

Ribbentrop, G. Jul., Commentat. ad L. 16. §. 5. D. de pignoribus et L. 9. §. 1. D. de exceptione rei judicatae. 8maj (10⅓ B.) Gottingae 824, (Vandenhoeck et Ruprecht.)

—— zur Lehre v. d. Correal-Obligationen. gr. 8. (18 B.) Göttingen 831, Dieterich.

Ribbentrop, Hans, zwei kleinere Abhandlungen aus dem Gebiete d. deutschen Staatsrechts. gr. 8. Wolfenbüttel 891. J. Zwißler. n. 1. —
1. Der Grundsatz der Ebenbürtigkeit im fürstl. Lippeschen Hause.
2. Die Frage d. Eigenthums an den Domänen u. Forsten im Herzogth. Braunschweig. (38 S.)

RIBBENTROP, Hans: Die Frage des Eigenthums an den Domänen und Forsten im Herzogthum Braunschweig. - Wolfenbüttel 1891. 38 S.

Ribbentrop, Hnr. Gli., vermischte Bemerkk. üb. das Eisen. 8. Braunschw. 796.

Heinrich Gottlieb Ribbentrop

Ueber die Blitzröhren oder Fulguriten, u.bes.über das Vorkommen derselben am Regensteine bei Blankenburg. Von [Heinrich] Gottlieb Ribbentrop. Braunschweig:Vieweg 1830. 46 S. 8°

— s. da Camara, Resultate.

RIBBENTROP, HEINRICH GOTTLIEB FRIEDRICH.
Resultate chemischer und metallurgischer Erfahrungen in Absicht der Blei-Ersparung bei Schmelzprocessen, von Da Camera, übersetzt mit Anmerkungen von Lampadius. Dresden, 1797.

Ribbentrop, Ph. Chr.

— Beitrr. zur Kenntniß der Verfassung des Herzogth. Braunschweig-Lüneburg, Wolfenbüttelsch. Antheils. 8. Braunschw. 787. Schulbuchh. 10 ℊ

Ribbentrop, Ph. Chr., († d. 26. März 1797.) Bemerkk. üb. die Abhandl. des Advocaten v. Ahsen, v. d. Eigenthumsrecht ꝛc. 8. Braunschw. 791. 4 ℊ

— Beschreib. d. Straßen, einiger öffentl. Gebäude ꝛc. u. d. Stadt Braunschweig. 2 Thle. 8. Braunschweig 789—91. Meyer. 2 ß 12 ℊ

— Braunschweigisch. Kaufmanns-Kalender auf d. J. 1791—96. 12. Braunschw. 791—96.

Ribbentrop, Ph. Chr., Samml. der Landtagsabschiede ꝛc. d. Herzogth. Braunschweig-Lüneburg, Wolfenbüttelschen Theile betreff. 1r u. 2r Thl. 1r Bd. 4. Helmst. 793—97. Fleckeisen. 2 ß 18 ℊ Schrbp. 3 ß 14 ℊ

— Verzeichniß d. hiesigen (Braunschweig.) Kauf- u. Handelsherren, d. Künstler u. auch Handwerker ꝛc. Nebst e. Register u 1 Posttabelle. 8. Braunschw. 789. 2e A. 790.

Ribbentrop, Rennig, mit den Schwarzen nach Frankreich hinein! Erinnerungen e. braunschweig. Offiziers aus dem Kriege 1870/71. Nach dessen Aufzeichngn. bearb. v. Aug. Engelbrecht. Mit Abbildgn. von v. Eschwege. gr. 8. (IV, 171 S.) Berlin 901. C. Salle. n. 2. —; kart. n. 2.50

Ribbert, Heinrich [app. Arzt aus Asseln '(Westf.)']: Beitrag zur Behandlung der Fibromyome des Uterus durch die Castration ... Würzburg, P. Scheiner's Buchdr., 1893; 44 S. 8.
Würzburg, Med. Fak., Inaug.-Diss. v. 1893

Ribbert, Hugo, die pathologische Anatomie u. die Heilung der durch den Staphylokokkus pyogenes aureus hervorgerufenen Erkrankungen. gr. 8. (VI, 128 S. m. 1 farb. Doppel-Taf.) Bonn 891. F. Cohen. n. 3. —

Ribbert, Hugo, Prof.: Ueber die Ausbreitung der Tuberkulose im Körper. *Marburg 1900: C. L. Pfeil.* (S. 1—20.) 4°
Marburg, Progr. zur Einführung d. Rektors 1900

Ribbert, Hugo, über die Ausbreitung der Tuberkulose im Körper. Progr. gr. 4. (20 S. m. 7 Fig.) Marburg 900. N. G. Elwert's Verl. n. 1. 20

Ribbert, Hugo, die Bedeutung der Entzündung. (88 S.) 8. Bonn 905. F. Cohen. n. 1. 20

Ribbert, Hugo (geb. am 1 März 1855 in Elsey bei Limburg a. d. Lenne in Westf.): Beiträge zur Anatomie der Hautdecke bei Säugethieren ... Mit 1 Taf. Bonn, Univ.-Buchdr. v. C. Georgi 1878. 1 Bl., 30 S., 1 Bl., 1 Taf. 8. ¶ Sonderabdr. aus d. Arch. f. Naturgesch. XLIV (1) 1878 S. 321 ff.
Bonn, Med. Fak., Diss. v. 23 März 1878

— Beiträge zur Entstehung der Geschwülste. Ergänzung zur Geschwulstlehre f. Aerzte u. Studierende. (V, 116 S. m. 60 Abbildgn.) Lex.-8. Bonn 906. F. Cohen. n. 6. —

Ribbert, Hugo, Beiträge zur Entstehung der Geschwülste. 2. Ergänzung zur „Geschwulstlehre f. Ärzte u. Studierende". Die Entstehg. des Karzinomes. (III, 103 S. m. 40 Abb.) Lex. 8. Bonn 907. F. Cohen. 4.80; geb. in Halbfrz. n 6.50

– dasselbe. 3. Ergänzg. Sechs beginnende Karzinome der Gesichtshaut e. Mannes. (31 S. m. 19 Abbildgn.) Lex. 8. Ebd. 908. 1. 60
Hauptwerk u. 1. Ergänzg. Ebd. 904. 06. 25.—

Die Entstehung des Carcinomes von Hugo **Ribbert**, Prof., Göttingen. Bonn: F. Cohen 1905. (55 S.) 8°

— die Entstehung des Carcinomes. 2., umgearb. u. verm. Aufl. (75 S.) 8. Ebd. 906. n. 1. —

— Geschwulstlehre f. Aerzte u. Studierende. Mit 596 teils in Farbendr. ausgeführte Abbildgn. (VII, 662 S.) gr. 8. Ebd. 904. n. 20. —

— die Grundlagen der Krankheiten. (III, 41 S.) 8. Ebd. 904. n. — 80

Ribbert, Hugo, Lehrbuch d. patholog. Histologie f. Studirende u. Aerzte. M. 386 Abb. im Text u. 6 Taf. in Farbendr. gr 8. (XII, 438 S.) Bonn 896. F. Cohen. n. 12. —

— Lehrbuch der pathologischen Histologie f. Studirende u. Aerzte. 2. neu bearb. u. durch 155 Fig. verm. Aufl. gr. 8. (XII, 469 S. m. 541 Abbildgn. u. 6 farb. Taf.) Bonn 901. F. Cohen. n. 12. —; geb. n. 14. —

Ribbert, Hugo, Lehrbuch der allgemeinen Pathologie u. der allgemeinen pathologischen Anatomie. Mit 338 zum Thl. farb. Textfig. gr. 8. (VIII, 640 S.) Leipzig 901. F. C. W. Vogel. n. 14. —; geb. n.n. 15.80

— Lehrbuch der allgemeinen Pathologie u. der allgemeinen patholog. Anatomie. 2., verm. u. verb. Aufl. (VIII, 658 S. m. 398 z. Tl. farb. Abbildgn.) gr. 8. Leipzig 905. F. C. W. Vogel. n. 14. —; geb. n.n. 15. 80

— Lehrbuch der allgemeinen Pathologie u. der pathologischen Anatomie. 3. Aufl. (VIII, 791 S. m. 827 Fig.) Lex. 8. Leipzig 908. F. C. W. Vogel. 16.—; geb. 18. —

— Lehrbuch der speciellen Pathologie und der speciellen pathologischen Anatomie. gr. 8. (VI, 802 S. m. 474 Abbildgn.) Ebd. 902. n. 18. —; geb. n. 20. —

— d. Lehren v. Wesen d. Krankheiten in ihrer geschichtl. Entwicklg. gr. 8. (VIII, 231 S.) Ebd. 899. n. 6. —

Ribbert, Hugo, Nephritis und Albuminurie. Pathologisch-anatom. Untersuchung. gr. 8. (94 S. mit 1 lithogr. Taf.) Bonn 881, Cohen und Sohn. *

— Rassenhygiene. Eine gemeinverständl. Darstellg. (65 S. m. 4 Fig.) 8. Bonn 910. F. Cohen. — 80

— üb. Rückbildg. an Zellen u. Geweben u. üb. d. Entstehung d. Geschwülste, s.a. Bibliotheca medica

Ueber Rückbildung an Zellen und Geweben u. üb. d. Entstehg d. Geschwülste. Von Prof. Dr. Hugo Ribbert in Zürich. *Stuttgart: E. Nägele 1897.* (3 Bl., 81 S., 3 Taf.) 1 Bd 4.
= Bibliotheca medica. Abth. C. Heft 9. (97. 5504

— Der Tod aus Altersschwäche. (85 S.) 8. Ebd. 908. 1. —

Ribbert, H., der Untergang pathogener Schimmelpilze im Körper. Mit 1 Taf. gr. 8. (III, 97 S.) Bonn 887. Fr. Cohen. n. 3.

— anatomische Untersuchungen üb. Osteomalacie, s.: Bibliotheca medica.

— Untersuchgn. üb. d. normale u. patholog. Physiologie u. Anatomie d. Niere, s.a. Bibliotheca, medica.

Aus d. pathol.-anatom. Inst. d. Univ. Zürich. Untersuchungen über die normale und pathologische Physiologie und Anatomie der Niere. Von Prof. Dr. Hugo Ribbert in Zürich. (M. 2 kolorierten Doppeltaf.) *Cassel: Th. G. Fisher & C. 1896.* (3 Bl., 35 Taf., 1 Bl., 2 Taf.) 1 Bd 4.
= Bibliotheca medica. Abth. C. Heft 4. (96. 1498

— über Vererbung, s.a. Reden, Marburger akadem. 6.

Ueber Vererbung. Kaisergeburtstagsrede. Von Dr. Hugo Ribbert, Prof. *Marburg: N. G. Elwert 1902.* (32 S.) 8°
= Reden, Marburger akademische. 1902. No 6. (02. 4513

— Vererbung, s.a. Volksbücherei, medizinische, 7. Heft.

Vererbung. Von Prof. Dr. [Hugo] Ribbert, Göttingen. *Halle a. S.: C. Marhold 1904.* (16 S.) 8° [5.]
= Volksbücherei, Medizinische. H. 7. (04. 6368 3

Ribbert, H., Das pathologische Wachstum der Gewebe bei der Hypertrophie, Regeneration, Entzündung und Geschwulstbildung. Mit 5 Fig. (III., 102 S.) Bonn 95. Cohen. M. 2.80

— d. pathologische Wachsthum d. Gewebe bei d. Hypertrophie, Regeneration, Entzündung u. Geschwulstbildg. gr. 8. (III, 102 S. m. 5 Fig.) Bonn 896. F. Cohen. n. 2. 80

— Das Wesen der Krankheit. (VIII, 165 S.) gr. 8. Ebd. 909. 4. —

— üb. Wesen, Ursachen u. Heilung der Krankheiten. Oeffentliche Vorlesg. zur Uebernahme der ordentl. Professur f. patholog. Anatomie u. allgemeine Pathologie an der Universität Zürich, geh. am 18. Juni 1892. gr. 8. (36 S.) Zürich 892. Meyer & Zeller n. — 80

— „Zweckmässigkeit" in der Pathologie. (67 S.) 8. Bonn 906. F. Cohen. n. 1. —

Ribbing, Lännart: Die Unterschenkel- und Fuss muskulatur der Tetrapoden u. ihr Verhalten zu d. entsprechenden Arm- u. Handmuskulatur. Von —. Mit 37 Textfig. Lund 1909: Ohlsson. 158 S. 4°
(Kongl. Fysiografiska Sällskapets Handlingar. N. F. Bd 20, Nr 5.)
(Lunds Universitets Arsskrift. N. F. Afd. 2. Bd 5, Nr 5.)

Ribbing, Seved, zwei sexuell-hygienische Abhandlungen. Deutsch hrsg. v. Osk. Reyher. I. D. sexuelle Hygiene u. ihre ethischen Konsequenzen. 3 Vorlesgn. 26.—30. Taus. Unveränd. Abdr. d. 1. Aufl. (1890). — II. Wen darf ich heiraten? E. Frage aus d. Gebiete d. sozialen Hygiene, beantwortet. 5. u. 6. Taus. 8. (VIII, 215 u. 48 S.) Stuttgart 897. 98. Hobbing & Büchle. Geb. in Leinw. n. 2. —

Ribbing, Seved, zwei sexuell-hygienische Abhandlungen. Deutsch hrsg. v. Osk. Reyher. I. Die sexuelle Hygiene u. ihre eth. Konsequenzen. Vorträge. Neuer Abdr. (36.—40. Taus.). — II. Gesunde Ehen. Ein Kapitel aus der Sozial-Hygiene. Vortrag. Neuer Abdr. (6. bis 10. Taus.) der früher „Wen darf ich heiraten?" betitelten Abhandlg. (VIII, 198 u. III, 40 S.) 8. Stuttgart 903. Darmstadt, P. Hobbing. Geb. in Leinw n. 2. —

Die Chininbehandlung der Malariakrankheiten und ihre Methodik. Von Seved Ribbing. Lund 1906: H. Ohlsson. (24 S.) 4°
= Acta Regiae Societatis Physiogr. Lundensis. N. F. Bd 17, No 5.
= Acta Universitatis Lundensis. N. F. Afd. 2, Bd 2, No 5. (06. 10708 4

Ribbing, Seved, gesundes Geschlechtsleben u. seine Folgen f. die Sittlichkeit. Neue wohlf. Aufl. (40. bis 50. Taus.) der Schrift: Die sexuelle Hygiene u. ihre eth. Konsequenzen. 3 Vorlesgn., geh. im Studentenvereine zu Lund. Deutsch hrsg. v. Osk. Reyher. (VIII, 198 S. m. Bildnis.) 8. Stuttgart (905). Darmstadt, P. Hobbing. n. 1. 20; geb. n. 1. 60

Ribbing, Seved, Hygiene u. Ethik der Ehe. 2 Vorträge. Deutsch hrsg. v. Osk. Reyher. (75 S.) 8. Darmstadt (910). Steglitz, P. Hobbing. 1. —

— Sexuelle Hygiene u. Ethik f. die männliche Jugend. 2 Vorträge. Deutsch hrsg. v. Osk. Reyher. (IV, 80 S.) 8. Darmstadt (910). Steglitz, P. Hobbing. 1. —

Ribbing, Seved, die sexuelle Hygiene u. ihre ethischen Konsequenzen. Drei Vorlesgn. Deutsch von Osc. Reyher. 1. u. 2. Aufl. gr. 8. (VIII, 215 S.) Leipzig 890. Hobbing. cart. n. 2. —

— sexuelle Hygiene u. ihre ethischen Konsequenzen. Drei Vorlesgn. Aus dem Schwed. v. Osk. Reyher. 3.—14. Aufl. Unveränd. Abdr. der 2. Aufl. 8. (VIII, 215 S.) Ebd. 891—894. n. 2. —; geb. n.n. 2. 75

— sexuelle Hygiene u. ihre ethischen Konsequenzen. Drei Vorlesgn. Aus d. Schwed. v. Osc. Reyher. 17. Aufl. 22. Taus. 8. (VIII, 215 S. m. Bildn.) Leipzig 895. Ebd. n. 2. —; geb. n.n. 2. 75

Ribbing, Seved, die sexuelle Hygiene u. ihre ethischen Konsequenzen. 3 Vorträge. Deutsch hrsg. von Osk. Reyher. Neuer Abdr. (31. u. 32. Taus.) gr. 8. (VIII, 216 S. m. Bildnis.) Stuttgart 902. Hobbing & Büchle. Geb. in Leinw. n. 2. —

— die sexuelle Hygiene u. ihre ethischen Konsequenzen. Vorträge. Deutsch hrsg. v. Osk. Reyher. Neuer Abdr. (36.—40. Taus.) (VIII, 198 S. m. Bildnis.) 8. Ebd. 903. Geb. in Leinw. m. Goldsch. n. 2 50

Ribbing, Seved, die sexuelle Hygiene u. ihre ethischen Konsequenzen. Gesundes Geschlechtsleben u. seine Folgen f. die Sittlichkeit. 3 Vorlesgn., geh. im Studentenvereine zu Lund. Deutsch hrsg. v. Osk. Reyher. Neuer Abdr. (40.—50. Taus.) (VIII, 198 S. m. Bildn.) 8. Stuttgart (907). Steglitz, P. Hobbing. 1.20; geb. 1. 60

— ärztliche Ratschläge u. Bedenken in Bezug auf die Ehe. Vortrag. Deutsch hrsg. v. Osk. Reyher. 8. (48 S.) Ebd. 893. — 75

— s.: Sittenpflege, die geschlechtliche.

Ribbing, Seved: Typhus-Statistik. Aus d. Provinzialkrankenhause zu Lund von d. Jahren 1887–1906 von –. Lund 1907: H. Ohlsson. (15 S.) 4°
= Acta Regiae Societatis Physiogr. Lundensis. N. F. 18, No 2.
= Acta Universitatis Lundensis. N. F. Afd 2. Bd 3, No 2.

— Vorträge üb. sexuelle Hygiene u. Ethik. Deutsch hrsg. v. Osk. Reyher. I. Tl.: Sexuelle Hygiene u. Ethik f. die männl. Jugend. II. Tl.: Hygiene u. Ethik der Ehe. Neuer umgestalt. Abdr. der vereinigten Abhandlungen: „Die sex. Hygiene u. ihre eth. Konsequenzen", 51.—53. Taus. u. „Gesunde Ehen", 13.—15. Taus. (VI, 80 u. II, 75 S. m. Bildnis.) 8. Ebd. (910). 2.—; geb. 2.60; erm. Pr. 1.25; geb. 1. 80

Ribbing, Seved, wen darf ich heiraten? Eine Frage aus dem Gebiete der sozialen Hygiene, beantwortet v. R. Aus dem Schwed. v. Osk. Reyher. Neue (Titel-)Ausg. der Schrift „Ärztliche Ratschläge u. Bedenken in Bezug auf die Ehe". 8. (48 S.) Leipzig 894. P. Hobbing. n. — 75

Ribbing, Sigurd, genetische Darstellung der Platonischen Ideenlehre nebst beigefügten Untersuchungen über die Ächtheit und den Zusammenhang der Platon. Schriften. 2 Thle. gr. 8. Leipzig 863,64, Engelmann. [1. Thl. (XI und 404 S.) 2 Thlr. 15 Ngr., 2. Thl. (III und 257 S.) 1 Thlr. 7½ Ngr.]

Ribbing, S., Historisk framställning och granskning utaf hufondpunkterna i Plotini theoretiska philosophie. Diss. 1851. 82 S. 1.20

Ribbing, Sigurd, üb. das Verhältniss zwischen den Xenophontischen u. den Platonischen Berichten üb. die Persönlichkeit u. die Lehre d. Socrates; zugleich e. Darstellg. der Hauptpuncte der Socratischen Lehre. gr. 8. (168 S.) Upsala 870. (akadem. Buchh.) n. 3. 75

Ribe, Evald (Stockholm), De limitandis laudibus medicamentorum aluum solventium. Pars prior. Diss. med. Präs. Andreas Westphal. Greifswald (A. F. Röse) 1. XII. 1768. 26 S. (4.25) 28572
Widm. v.: Carl Joh. Kelmann.

RIBEAUD, E.
Die Alchemie und die Alchemisten in der Schweiz (Luzern. Mittheil. Naturf. Ges.), 1898. 72 pp. 8vo.

Ribeaud, z. Geschichte d. Salzhandels u. d. Salzwerke in d. Schweiz, s.: Jahresbericht üb. d. höh. Lehranstalt zu Luzern.

Ribeaud, E., Die zugerischen Pflanzennamen. Zug 1883.
Progr.

Ribeaud, E., Das Trinkwasser. Zug 1874.
Progr.

Ribeaupierre, Alf. v. L'Alsace-Lorraine 1870—1884. In-8°. Bâle, Bernheim. 1893. 1 50

Ribeiro, Duarte da Ponte, **Carta do imperio do Brazil, reduzida no archivo militar, em conformidade da publicada pelo Coronel Conr. Jac. de Niemeyer em 1846, e das especiaes das fronteiras com os estados limitrophes organisadas ultimamente. Fol. Rio de Janeiro 873. (Leipzig, Hinrichs' Verlag.)** •

Ribeiro Sanchez, Antonio Nuñez

s.a. Sanchez, Antonio Nuñez Ribeiro

Ribeiro-Sanchez, Ant., die russ. Dampfbäder; aus d. Französ. nebst dem Leben des Verf. nach der Denkschrift des Vicq d'Azyr v. K. Jochmus. Mit e. Vorrede u. mit Anmerkk. begl. v. J. B. Erhard. 8. Berl. 819. Maurers B. 16 gl

Ant. Nunhez Ribeiro Sanchez diss. sur l'origine de la maladie vénérienne, dans laquelle on prouve, qu' elle n'a point été apportée de l'Amerique et qu' elle a commencée en Europe par une épidémie. Paris 1750. 12; ib. 1752. 12. *Nov. tit.* ib. 1765. 12. — *Angl.* Lond. 1751. 8. — *German. vert.* Geo. Henr. Weber. Brem. 1775. 8.

Ribeiro Sanchez, Antonio Nunez. Medicinische Schriften, übersetzt. Nürnberg 1788. Ü: *Hofmann, Gottfried Stephan.* (MGT)

Ribeiro dos Santos, Commandeur, Consul-général Jose, et le Docteur Jose-Feliciano de Castilho Barreto, Vice-Consul. Traité du Consulat. II Tomes. gr. in-8. Hambourg 839. (Leipzig et Paris, Brockhaus et Avenarius.) n. 3⅓ [illegible]

Riber, Amadeus, pract. Arzt aus Sulz (Ob.-Els.): **Scharlach und Schule.** *Strassburg i. E. 1901: C. u. J. Goeller.* (43 S.) 8°
Strassburg, Med. Diss. v. 1901

Riber, Joseph, Referndar [!] aus Sulz (Ober-Elsass): **Das jugendliche Alter als Grund der Straflosigkeit im römischen Recht.** *Strassburg i. E. 1898: C. & J. Goeller.* (69 S.) 8°
Strassburg, Rechts- u. staatswiss. Diss. v. 1898

Ribera, A., die **Intriguen der Seele.** Phantastischer Roman. In autoris. deutscher Bearbeitg. v. P. A. Eug. Andrae. (325 S.) 8. Kattowitz 905. C. Siwinna. n. 4. —; geb. n. 5. —

(B) Ribera, A., Intriguen der Seele. — Das zweite Leben. 905. Kattowitz, Phönix-Verlag. Erm. Pr. à 2. —

Dr. A. Ribera. Das zweite Leben. (Die geheimnisvolle Villa.) Phantastischer Roman. In autor. deutscher Übers. von P. A. Eugen Andrae. Leipzig & Kattowitz: C. Siwinna 1905. (304 S.) 8° [F.] [od. 6or]

Ribera, Frz. de, S. J., **Leben der hl. Theresia.** Nach der v. M. Bouix, S. J., besorgten Ausg. vom J. 1868 ins Deutsche übertr. v. Joh. Jak. Hansen. (458 S. m. 1 Bildnis.) gr. 8. Paderborn 903. Bonifacius-Druckerei. 3. 60

Ribera, Jusepe de, die hl. Agnes, s.: Meisterbilder fürs deutsche Haus.

Ribet, J., **Enthüllungen.** I. Tischrücken, Elektromagnetismus und Rotation der Himmels-Körper. Neues System der physischen Astronomie, nach dem jetzigen Standpunkte der Wissenschaft. (Mit Abbildung.) Dresden (854.) Adler u. Dietze. gr. 8. (40 S. mit 1 Holzschn. im Text.) n. 8 *ngr.*

— unentbehrliche **Ergänzung** des französischen Unterrichts. Eine Sammlung von ziemlich 1000 besonders classificirten Zeitwörtern, mit abweichenden Formen der Conjugation u. Präpositionen, und 2400 gewählten Redensarten in deutscher und französischer Sprache zu mündlichen und schriftlichen Uebungen. Aus guten Quellen zusammengestellt. Dresden 856. Adler u. Dietze. 8. (XII, 113 S.) n. 12 *ngr.*

(—) die **Unmöglichkeit** des Newton'schen System's, s. Unmöglichkeit, die, 2c.

grundlicher Unterricht in der französischen Grammatik und Conversation. Zunächst für höhere und mittlere Classen von Gymnasien, Handels- und Realschulen, aber in einer Anordnung, welche einen zweckmäßigen Gebrauch dieses Lehrbuchs mit wesentlicher Abwechselung für den ganzen Lauf des Unterrichts gestattet. Dresden 856. Adler u. Dietze. 8. (VIII, 160 S.) n. 10 *ngr.*

Ribet, M. J., die christliche Ascetik. Aus dem Franz. gr. 8. (VIII, 472 S.) Mainz 891. F. Kirchheim. 4. 50

Ribeyrolles, Geschichte des Jakobiner-Klubs, s.: Gallois.

Ribi, D., **Aufgaben über die Elemente der Algebra,** methodisch geordnet u. in engem Anschluß an den Leitfaden von M. Zwicky. 2—4. Heft. Bern 865. Dalp'sche Buchh. gr. 8. (32. 31, 24 S.) Jedes Heft n. 3 *ngr.*

— — **Auflösungen.** 1. u. 2. Heft. Ebend. 865. gr. 8. [1. Heft. (64 S.) n. 8 *ngr.*, 2. Heft. (32 S.) n. 6 *ngr.*] n. 14 *ngr.*

Ribi, D., Aufgaben üb. die Elemente der Algebra, methodisch geordnet u. in engem Anschluß an den „Leitfaden" v. M. Zwicky. 1., 2. u. 4. Hft. 3. verb. Aufl. 8. (à 32 S.) Bern 875. 76. Dalp. n. 1. 5
1. n. — 25. — 2. n. — 40. — 4. n. — 40.

—— dass. — Auflösungen. 2.—4. Aufl. 2 Hefte. 8. Ebendas. 877,78. [1. Heft. (63 S.) * 80 Pf.; 2. Heft. (36 S.) * 50 Pf.]

Ribi, D., Aufgaben über die Elemente der Algebra, methodisch geordnet u. in engem Anschluß an den „Leitfaden" von M. Zwicky bearb. 4. Hft. 4., verb. Aufl. 8. (26 S.) Bern 879. Dalp. n. — 50

Ribi, D., Aufgaben üb. die Elemente der Algebra, methodisch geordnet u. in engem Anschluß an den Leitfaden v. M. Zwicky. III. Hft. 6. Aufl. Hrsg. v. M. Zwicky. 8. (32 S.) Bern 893. Schmid, Francke & Co. n. — 50

Ribi, D., **Aufgaben üb. die Elemente der Algebra,** methodisch geordnet u. in engem Anschluß an den „Leitfaden" v. M. Zwicky bearb. I., III. u. IV. Heft. 8. Bern, A. Francke. n. 1. 40
I. 9. Aufl. Hrsg. v. G. Wernly. (32 S.) 903. n. — 40
III. 8. Aufl. Hrsg. v. G. Wernly. (32 S.) 904. n. — 50
IV. 7. verb. Aufl. (Rev. v. G. Wernly.) (23 S.) 906. n. — 50

— **dasselbe, Auflösungen.** Rev. v. G. Wernly. 1. u. 2. Heft. 8. Ebd. n. 1. 75
1. (Zu Heft 1 u. 2 der Aufgaben.) 4. Aufl. (63 S.) 903. 1. 10
2. (Zu Heft 3 u. 4 der Aufgaben.) 3. Aufl. (34 S.) 906. — 65

Ribi, D., Aufgaben üb. die Elemente der Algebra, method. geordnet u. in engem Anschluß an den „Leitfaden" v. M. Zwicky bearb. Hrsg. v. G. Wernly. I. u. III. Heft. 8. Bern, A. Francke. — 90
I. 10. Aufl. (32 S.) 908. — 40
III. 9. Aufl. (32 S.) 910. — 50

— dasselbe. Auflösungen. Rev. v. G. Wernly. 1. Heft. (Zu Heft 1 u. 2 der Aufgaben.) 5. Aufl. (63 S.) 8. Ebd. 908. 1. 20

G. R. Ribicz et J. J. Renz diss. histor. medica de praerogativis, officio et privilegiis pharmacopoeorum. Vienn. 1729. 4. (Cfr. quoque ad historiam pharmaciae *Gmelin Grundriss der Pharmacie. Gotting.* 1792. 8. *pag.* 1—37.)

Ribinus, Johann

Ribinus, I., memorabilia augustanae confessionis in regno Hungariae. II Tmi. 8. maj. Frcf. Löwe. (Weber, Pressb.) 787—89.

Ribini, Jh., († d. 7. Aug. 1787.) memorabilia augustanae confessionis in regno Hungariae a Ferdinando I. usque ad Carolum VI. II Tomi. 8maj. Frankf. 787—789. (Wigand in Pressb.) 3 ℛ

Ribini, Jh. Dn., s. 1) **Gedanken** üb. die Schrift: Wahres 2c. 2) **Opoix,** Beobachtt.

Ribitsch, Joh., Strafgerichte, Rechtsmittel, Fristen und Richtigkeiten nach der Strafproceßordnung vom 23. Mai 1873. gr. 8. (87 S.) Laibach 870, v. Kleinmayer und Bamberg.

Ribitsch, Joh., Strafgerichte, Rechtsmittel, Fristen u. Richtigkeiten nach der Strafproceßordng. vom 23. Mai 1873. gr. 8. (87 S.) Laibach 874. v. Kleinmayer & Bamberg. n. 1. 60

Ribke, C. H., über Structur d. Gebärmutter. 8. Berlin, Maurer. 793.

Ribken, H., Rechenbuch f. Volksschulen, s.: Harms, Chr.

Ribler, A., aus Fr. Chr. Schlosser's Weltgeschichte f. das deutsche Volk. Historisch-polit. Anschaugn. u. Urteile, zusammengestellt. 8. (V, 95 S.) Berlin 884. Seehagen. geb. n. 2. 50

Riblinger, J., **Radikalmittel** zur Hebg. d. Notstandes d. bayer. Bauern. I. Die Ursachen d. gegenwärt. Notstandes d. Landwirtschaft. II. D. deutsche Agrarbewegg. u. die bayer. Bauernbünde. III. Radikalmittel u. natürl. Programm f. d. bayer. Bauern. Beitrag zur gründl. Lösg. d. deutschen Agrarfrage. gr. 8. (IV, 112 S.) München 895. (J. Schweitzer, Berl.) n. 1. —

Ribner, ausführl. christl. Sittenlehre. gr. 8. Wien, Mösle. 790.

Ribner, Leonh., s.a.Renbir, ...

RIBNER Leonhard. Renbus oder Gedanken uber die wieneri-schen Konkursfragen von (!) 3ten, 4ten und 5ten September 1788 . . . Horling. Wien 1792 3 Bde. in 3 vol.

Ribnikar, Franz. praktischer Arzt aus [Svilajnak.] Serbien: Beiträge zur Retroflexio uteri gravidi mit besonderer Berücksichtigung der dabei auftretenden Blasenerkrankungen. Zür. Zürcher u. Furrer Dr. 1882. 69 S., 1 Bl. 8°.
Zürich. Med. Diss. [v. 16. Jan. 1882].

Ribnitz [Schlagwort]

Ribnitz, s.: Deutschland. Kürschner-Peip.

Ribnitzky, C. L., zahnärztliche Streiflichter. gr. 8. (III, 40 S.) Aachen 882, (Benrath und Vogelgesang.) *

R[ibock], J. J. H. Bemerkungen über die Flöte, und Versuch einer kurzen Anleitung zur bessern Einrichtung und Behandlung derselben. Stendal 1783.

Ribordy, Louis. Documents pour servir à l'histoire contemporaine du canton du Valais. 8. Sion 1885.

Ribot, Théodule

Ribot, Th., die Erblichkeit. Eine psycholog. Untersuchg. ihrer Erscheingn., Gesetze, Ursachen u. Folgen. Deutsch v. Otto Holtzen. gr. 8. (XIV, 425 S.) Leipzig 876. Veit & Co. n. 7. —

Ribot, Th., das Gedächtnis u. seine Störungen. Autoris. deutsche Ausg. 8. (VI, 133 S.) Hamburg 882. Voss. n. 1.50

Ribot, Th., die Persönlichkeit. Pathologisch-psycholog. Studien. Nach der 4. Aufl. des Originals m. Genehmigg. des Verf. übers. v. F. Th. F. Pabst. gr. 8. (VI, 179 S.) Berlin 894. G. Reimer. n. 3. —

Ribot, Th., die Psychologie der Aufmerksamkeit. Autoris. deutsche Ausg. nach der 9. Aufl. v. Dietze. (154 S.) 8. Leipzig 908. E. Maerter. 2.50; geb. 3.25

— die experimentelle Psychologie der Gegenwart in Deutschland. Autoris. deutsche Ausg. gr. 8. (324 S.) Braunschweig 881. Vieweg & Sohn. n. 6. —

Ribot, Th., Psychologie der Gefühle, s.a. Bibliothek, internationale, f. Pädagogik u. deren Hilfswissenschaften. V.

Psychologie der Gefühle (Psychologie des Sentiments). Von Th[éodule] Ribot. Prof. in Paris. Aus d. Franz. übers. von Ch[ristian] Ufer. *Altenburg: O. Bonde 1903.* (VIII, 518 S.) 8°
= Bibliothek, Internationale paedagogische. Bd 5. (03. 15430

Ribot, Th., die Schöpferkraft der Phantasie (L'imagination créatrice). Eine Studie. Autoris. deutsche Ausg. v. Werner Mecklenburg. gr. 8. (X, 254 S.) Bonn 902. Stuttgart, E. Strauß. n. 5. —; geb. n. 6. —

Ribot, Th., d. Vererbung, s.a. Bibliothek d. Socialwissenschaft, Bd. 1.

Die Vererbung. Psycholog. Untersuchg ihrer Gesetze, ethischen u. socialen Konsequenzen v. Th. **Ribot,** Prof. . . . am Coll. de France. 5. völlig neu bearb. Aufl. Autoris. deutsche Ausg. v. Dr. Hans Kurella. *Leipzig: G. H. Wigand 1895.* (XVII, 410 S.) 1 Bd 8.
= Bibliothek f. Socialwissenschaft. Bd 1. (98. 6758

— der Wille. Pathologisch-psycholog. Studien. Nach der 8. Aufl. des Originals m. Genehmigg. des Verf. übers. v. F. Th. F. Pabst. gr. 8. (IV, 150 S.) Ebd. 893. n. 2. 40

Riboutte, **l'Assemble de famille. Comédie en 5 A. gr. 8. Rudolst. 811. Hofbuchh. 8 gr**

Ribov(ius), Georg Heinrich

Ribovius, G. H., De anima brutorum. Helmst. 4°. 1728

Ribov, G. H., de antiquitatibus judaeo-christianis. Gotting. 1752. 4.

Ribovius, Georg Heinrich, Commentatio de apostolatu Judaico speciatim Pauli. Göttingen (J. Fr. Hager) (30. VI.) 1745. 14 S. (4.—) 28573

Ribov, G. H., de baptismo Spiritus et ignis. Gotting. 1744. 4.

— Beweis, daß die geoffenb. Religion nicht aus der Vernunft rc. 4. Gött. Vandenhoek. 740.

Riebow, G. H., Fernere Erläuterung d. vernünfftigen Gedanken Wolfens von Gott, der Welt und der Seele. 464 S. Frkf. 8°.

1726

— Erläut. d. Wolfisch. Metaphysik. 8. Frankf. 726.

Ribow, Geo. H., Gedächtnißpr. u. Leben J. L. Claproths. 4. Gött. Schmidt. 746.

Ribov, Georg Heinrich [Praes.], s. Hüpeden, Johann Heinrich Christian: De superstitionis, qua differt ab idololatria, moralitate.

— institut. theologiae dogm. etc. 8. Gött. Bossiegel. 741.

Ribov, Georg Heinrich [Praes.], s. Kollius, Johann: Praecognoscenda ontologiae.

Ribov, Go. H., De superstitionis, qua differt ab idolatria, moralitate. Gött. 4°.

1751

— — (Göttingen). De oeconomia patrum et methodo disputandi *KAT' OIKONOMIAN*. Göttingen (A. Vandenhoeck) Aug. 1748. 70 S. (5.—) 28574

Ribov, Georg Heinrich [Praes.], s. Weise, Johann: De controversiis eruditorum generatim consideratis.

Ribrld, Thdr., Exekution auf Aktivitäts- u. Ruhebezüge der Offiziere, Staatsbeamten u. anderen im öffentlichen, sowie auch im Privatdienste Angestellten u. deren Hinterbliebenen, dann Exekutionen auf Geldforderungen des Schuldners. Praktischer Ratgeber f. Nichtjuristen. (Mit Formularien.) (IV, 51 S.) gr. 8. Prag 904. C. Bellmann. n. — 80

— Gläubiger u. Schuldner. Ein der prakt. Anwendg. f. Geschäftsleute u. Private angepaßter u. m. Formularien versehener verläßl. Ratgeber bei der Einklagg. u. zwangsweisen Eintreibg. v. Geldfordergn. durch Execution auf das bewegl. Vermögen. (XII, 86 S.) gr. 8. Prag 903. (G. Neugebauer.) n. 1. 80

Ribrld, Thdr., erste Gerichtskanzlei-Prüfung, als Studienbehelf für Candidaten aus dem Militärstande. (In beantworteten Fragen.) Zusammengestellt bei Benützg. der neuesten Verordngn. u. Erlässe. gr. 8. (VII, 140 S.) Prag (Jerusalemstr. 11) 899. F. Šimáček. n. 2.20

— Grundbuchsführer-Prüfung in beantworteten Fragen. den ganzen Prüfungsstoff enth. gr. 8. (III, 100 S.) Ebd. 900. n. 2. 20

Ribrld, Th., Hausherr, Mietpartei und Aftermieter. Gr.-8°. (14 S.) Prag: Bellmann 1904. K —.80

— das **Pfandrecht** des Hausherrn an den Sachen der Mietpartei u. des Aftermieters zur Sicherung der Mietzinsforderung, dann Mietzinsklagen, Aufkündigungen, Delogierungen, u. das Mietverhältnis des Hausbesorgers. Praktischer Ratgeber f. Nichtjuristen in Miet- u. Bestandsachen. Mit Formularen v. Klagen u. Eingaben. (IV, 44 S.) gr. 8. Prag 904. C. Bellmann. n. — 80

— die Thätigkeit der Gerichtskanzlei im bezirksgerichtlichen Verfahren ausser Streitsachen (insbesondere bei Verlassenschaftsabhandlgn., Vormundschafts- u. Curatelsangelegenheiten, Inventirgn., freiwill. Feilbietgn. bewegl. Sachen, Todfallsaufnahmen, Anlegg. des Siegels, Rechtshilfesachen, Beglaubiggn. v. Unterschriften u. Abschriften, Ertheilg. v. Auszügen u. ä.) m. eingehendsten Erläutergn. u. Beispielen. gr. 8. (47 S.) Ebd. 900. n. — 80

— die gesammte Thätigkeit und die Einrichtung der Gerichtskanzlei in Executionssachen (m. Erläuterungen). Zusammengestellt bei Berücksicht. der neuesten Ministerialerlässe u. Verordngn. gr. 8. (III, 76 S.) Ebd. 899. n. 1.20

— die gesammte Thätigkeit der Gerichtskanzlei im Civilprocesse. Practische Anleitg. m. Erläutergn. u. e. Zusammenstellg. der Formularien. (Mit Berücksicht. der neuesten Erlässe u. Verordngn.) gr. 8. (III, 76 S.) Ebd. 900. n. 3.—

— gerichtliche **Zuständigkeit** in Prag u. den Vororten nach Gassen u. Hausnummern in Streitsachen u. ausserstrittigen Sachen. Für den Gebrauch der k. k. Gerichte, Aemter, Advokatenkanzleien, Privatämter u. Privatpersonen. (Mit Angabe auch der böhm. Benenng. der Gassen.) (IV, 56 S.) gr. 8. Ebd. 905. n. 1.—

Ribstein, J. F., abgefertigte Anmerkk. u. Berichtigungen des Nachdrucks d. Schrift: üb. protestant. Kirchengüter überhaupt u. die Ansprüche der evangel.-lutherisch. insbesondere. gr. 8. Manh. 803. Schwan u. G. 1 ß

— über protestant. Kirchengüter überhaupt u. die Ansprüche d. evangel.-lutherisch. Kirche in der Unterpfalz. 4. Manh. 799. Schwan u. G. 10 gr.

Ricard, neuer Armen-Seelen-Monat oder Andachtsübungen für jeden Tag des Monats November oder zu jeder anderen Zeit des Jahres zum Troste der armen Seelen im Fegfeuer. Nebst Morgen-, Abend- u. Meßgebeten, verschied. Communion-Andachten rc. Dülmen 870. Laumann. gr. 16. (96 S.) 3 ngr.

Ricard, Monsieur Mayeux. Kom. Roman. A. d. Franz. übers. v. Wilh. Schroeder. 2 Bde. gr. 12. (25 B.) Leipzig 835. [Berlin, Klemann.]

RICARD, Monsieur Mayeux. Komischer Roman. Aus d. Französ. übers. von Wilhelm Schroeder. 2 Bde. Leipzig, 1835. Georg Wigand's Verlag. 8º.
1: 272 S. (incl. Tit.). 2: 328 S. (incl. Tit.). — Abentheuerlich und stellenw. etwas frei.

Ricard, Anselme

Ricard, Anselme, aide-mémoire de la conjugaison des verbes français réguliers et irréguliers. Hilfstabellen f. die Conjugation der französ. regelmäß. u. unregelmäß. Zeitwörter. Vademecum f. Schüler u. Studierende aller Anstalten, Candidaten der französ. Sprache, f. Correspondenten, Literaten, Bank- u. Bureaubeamte rc. 2. Aufl. Fol. (2 S.) Prag 894. G. Neugebauer. n. — 20

Ricard, A., Aide-mémoire de la conjugaison des verbes français reguliers et irréguliers. — Hilfstabellen f. die Conjugation der franzöz. regelmäss. u. unregelmäss. Zeitwörter. Vademecum f. Schüler u. Studierende aller Anstalten, Candidaten der französ. Sprache, f. Correspondenten, Literaten, Bank- u. Bureaubeamte, etc. 3. Aufl. (2 Bl.) gr. 4. Prag 906. G. Neugebauer. Gebrochen in 8. — 20

Ricard, A., Aide-mémoire de la conjugaison des verbes français réguliers et irréguliers. — Hilfstabellen für die Konjugation der französ. regelmäss. u. unregelmäss. Zeitwörter. Vademekum f. Schüler u. Studierende aller Anstalten, Kandidaten der französ. Sprache, f. Korrespondenten, Literaten, Bank- u. Bureaubeamte etc. 4. Aufl. (2 Bl.) 34×24,5 cm. Prag (907). G. Neugebauer. Gebrochen in 8 — 20

Ricard, Anselme, der Backfisch, wie er sein soll, oder Buch der Höflichkeit. Ein Bildungs- und Complimentirbuch für Mädchen von 12—16 Jahren. Hamburg 863. Richter. 16. (X, 94 S.) n. 10 ngr.

— das Buch der Höflichkeit für alle Stände, für Schule und Haus. Nach der 11. Aufl. von Chantal's „Traité de Civilité" bearb. Prag 860. Kober & Markgraf. 16. (VIII, 96 S.) n. 10 ngr.

Ricard, Anselme, Clef de la Grammaire française. Schlüssel zu der französischen Grammatik. Prag 863. Calve'sche Univ.-Buchh. gr. 8. (106 S.) n. 18 ngr.

— Elementar-Lehrbuch der französischen Sprache. gr. 8. (116 S.) Prag 873. Kosmack & Neugebauer. n. 1. 50

Ricard: Étude sur Montaigne, La Rochefoucauld et La Bruyère. 23 S.–Prag H., Progr. 1862

—— la fille du professeur. 2. édit. 16. (95 S.) Prag 865, Steinhausser.

—— l'héritage du Corsaire. 2 Tomes. 8. (VIII und 428 S.) Prag 862, Credner. *

Ricard, Anselm, Hilfstabellen f. die Konjugation der französischen regelmäßigen u. unregelmäßigen Zeitwörter. Vademecum f. Schüler u. Studierende aller Anstalten, Kandidaten der französ. Sprache, f. Korrespondenten, Litteraten, Bank- u. Büreaubeamte rc. Fol. (2 Tab. m. 1 S. Text in 8.) Prag 886. Neugebauer. n. — 20; auf Pappe gezogen n. — 50

Ricard, Prof. Dr. A., Hilfstabellen für die Conjugation der französischen regelmässigen und unregelmässigen Zeitwörter. 2. Auflage. Gefalzt in Umschlag. Prag: Neugebauer 1894. —.13

Ricard, A., Hilfstabellen für die Konjugation der französischen regelmäßigen und unregelmäßigen Zeitwörter. 4. Aufl. 8º. Prag: Neugebauer 1907. K —.24

— methodisches französisches Conversationsbuch (2. Tl. des 1. Vocabelbuches) f. Anfänger. 8. (VIII, 169 S.) Ebd. 893. n. — 75; kart. n.n. — 90

Ricard, Anselme, kurzgefasste Conversations-Grammatik der französischen Sprache. 1. Aufl. (VIII, 281 S.) 1871. * ℳ 3., und 2. Aufl. gr. 8. (X, 239 S.) Prag 872, Hunger. *

—— dass. — 2. Aufl. gr. 8. (VI, 239 S.) Prag 873, Tempsky. *

Ricard, Ans., kurzgefaßte Conversations-Grammatik der französischen Sprache. 3. verb. u. m. e. französisch-deutschen u. deutsch-franz. Wörter-Verzeichniß verm. Aufl. gr. 8. (VIII, 298 S.) Prag 874. Tempsky. n. 3. --

Ricard, Anselme, kurzgefaßte Conversations-Grammatik der französischen Sprache. 4. verb. und mit einem französisch-deutschen und deutsch-französ. Wörter-Verzeichniß verm. Aufl. gr. 8. (VIII, 302 S.) Prag 879, Tempsky. *

—— französisches Conversations-Lesebuch. gr. 8. (VIII, 263 S.) Prag 872, Hunger. *

—— dass. — 2. Ausg. gr. 8. (VIII, 263 S.) Prag 873, Tempsky. *

— französisches Conversations-Lesebuch f. Schul- u. Hausgebrauch. 3., rev. u. verb. Aufl. gr. 8. (VIII, 259 S.) Ebend. 880. n. 3. 20

—— Leçons françaises graduées, extraites des meilleurs auteurs, à l'usage des écoles et des familles, avec des notes pour les commençants. Lex.-8. (IV und 360 S.) Prag 861, Credner's Verlags-Conto. *

— leçons françaises graduées, extraites des meilleurs auteurs, à l'usage des écoles et des familles, avec des notes pour les commençants. 3. éd. augmentée d'un vocabulaire français-allemand contenant l'interprétation de tous les mots et de toutes les locutions. gr. 8. (VIII, 391 S.) Prag 884. Fuchs. n. 3. 30

Ricard, Anselme, Lectures dramatiques ou choix des meilleures scènes extraites des auteurs tragiques et comiques depuis Corneille jusqu'à nos temps. 1870. 8. (VIII u. 327 S.) Prag. Satow. 1865 1 fl 30 kr.

— lectures dramatiques ou choix des meilleures scènes extraites des auteurs tragiques et comiques depuis Corneille jusqu'à nos temps. Prag 870. Hunger. 8. (VIII, 328 S.) n. 26 *ngr.*

— lectures dramatiques. Extraites des auteurs tragiques et comiques depuis Corneille jusqu' à nos temps à l'usage des écoles et des familles. Nouvelle éd. 8. (IV, 327 S.) Prag 884. Neugebauer. n. 1. 80

—— Lehrbuch der französischen Sprache für Bürgerschulen, sowie zum Privatunterricht. 3 Thle. gr. 8. Ebendas. 882. [1. Thl. 1. und 2. Aufl. (XVI, 124 S.) 882,84. * 80 Pf.; 2. Thl. (VI, 134 S.) 882. * 96 Pf.; 3. Thl. (IV, 92 S.) 882. *M 1.] *

—— Lehrbuch der französischen Sprache für Bürgerschulen, sowie zum Privatunterrichte. 3 Thle. gr. 8. Ebendas. [1. Thl. 3. Aufl. (VII, 86 S.) 887. * 64 Pf.; geb. ** 88 Pf.; 2. Thl. 2. und 3. durchges. unveränd. Abdruck. (VI, 134 S.) 886. * 80 Pf.; geb. ** M 1.05.; 3. Thl. 2. und 3. durchges. unveränd. Abdruck. (IV, 92 S.) 886. * 80 Pf.; geb. M 1.05.] *M 2.22.; geb. **

-- Lehrbuch der französischen Sprache f. Bürgerschulen sowie zum Privatunterricht. 1. u. 3. Tl. gr. 8. Ebd. Geb. in Leinw. n.n. 1. 90
1. 4. Aufl. Unveränd. Abdr. der 3., umgearb. Aufl. (VII, 86 S.) 890. n.n. — 85
3. 3., durchgeseh. unveränd. Abdr. der 1. Aufl. (IV, 92 S.) 886. n.n. 1. 5

Ricard, Anselme. Lehrbuch der französischen Sprache f. Bürgerschulen sowie zum Privatunterrichte. 2. Thl. 4. umgearb. Aufl. gr. 8. (II, 106 S.) Prag 890, Neugebauer. — 80; geb. 1 05
1. u. 3. Thl. Ebd. 1886,87. * 1 44; geb. ** 1 93.

Ricard, Ans., erstes französisches Lesebuch. 100 Anekdoten, m. den Vocalen in französ. u. deutscher Sprache vor jeder Erzählg., systematisch u. stufenmäßig geordnet. gr. 8. (70 S.) Prag 874. Tempsky. n. 1. --

—— französisches Lesebuch mit einem vollständigen Wörterverzeichnisse. gr. 8. (X, 167 S.) Ebendas. 883. *

—— französisches Lesebuch mit einem vollständigen Wörterverzeichnisse. 2. umgearb. Aufl. gr. 8. (X, 167 S.) Ebendas. 884. *M 1.35.; geb. **
—— dass. — 3. Aufl. gr. 8. (X, 167 S.) Ebendas. 886. geb. **

— französisches Lesebuch m. e. vollständigen Wörterverzeichnisse. (4. Aufl.) 2. Aufl. f. das Deutsche Reich. gr. 8. (X, 167 S.) Ebd. 887. Geb. in Leinw. n.n. 1. 30

— dasselbe. Ausg. f. das Deutsche Reich. 3., durchgeseh. u. verb. Aufl. gr. 8. (X, 168 S.) Ebd. 893. n. 1. 20; geb. n. 1. 60

— manuel d'exercices de style et de compositions littéraires à l'usage des maitres et des candidats. gr. 8. (80 S.) Ebend. 883. n. 1. 50

-- manuel d'histoire de la littérature française, résumé encylopédique à l'usage des maisons d'éducation et des aspirants au diplôme de professeurs de français. 8. (VI, 306 S.) Prag 872. Calve. geb. n. 3. --

— manuel d'histoire de la littérature française, résumé encyclopédique à l'usage des maisons d'éducation et des aspirants au diplôme de professeurs de français. 2. éd. revue et corrigée. 8. (VI, 316 S.) Prag 880. Calve. cart. n. 3. —

— manuel d'histoire de la littérature française, resumé encyclopédique à l'usage des maisons d'éducation et des aspirants au diplome de professeurs de français. 3. éd. 8. (VIII, 342 S.) Prag 886. Calve. cart. n. 3.

Ricard, Anselm, Manuel d'histoire de la littérature française résumé encyclopédique a l'usage des maisons d'education et des aspirants au diplôme de professeurs de français. IV. Edition revue et augmentée. 8. (VIII, 320 S.) Geb. Prag: Calve 1890. 2.—

Ricard, Anselme, manuel d'histoire de la littérature française, depuis les origines jusqu'à la fin du XIXe siècle à l'usage des maisons d'éducation et des aspirants au diplôme de professeurs de Français. Ve éd. revue et augmentée. 8. (VI, 343 S.) Prag 898. J. G. Calve. Geb. in Leinw. n. 3. 40

Ricard A.: Monographie sur le Gil Blas de Le Sage; étude littéraire lexicologique et grammaticale. 36. Prag. Handels. Ak. 84.
Progr.

—— französische Sprachlehre. Lex.-8. (IV und 528 S.) Prag 860, Credner's Verlags-Conto. *

—— französische Sprachlehre. 2. verm. Aufl. gr. 8. (1. Abthl. 128 S.) Prag 871, Credner. [Fuchs.] *

— système de la quantité syllabique et de l'articulation des sons graves et des aigus. Recherches orthoépiques et phonétiques sur la phonométrie et les tons de la langue française. gr. 8. (IV, 92 S.) Ebd. 887. n. 2. —

—— erster Unterricht im Französischen. 3. verb. Aufl. gr. 8. (VIII, 136 S.) Prag 880, [Kosmack und Neugebauer.] Neugebauer. *

— erster Unterricht im Französischen f. Schul- u. Privatunterricht. gr. 8. (VIII, 112 S.) Prag 873. Kosmack & Nagebauer. n. 1. 50

— erster Unterricht im Französischen für Volks- und Bürgerschulen, sowie zum Privatunterricht. 2. verb., durch eine Einleitung und ein Wörterverzeichniss verm. Aufl. gr. 8. (VIII, 136 S.) Prag 877, Kosmack und Neugebauer. *

— dasselbe. 3., verb. Aufl. gr. 8. (VIII, 136 S.) Ebend. 880. n. 1. 20

— erster Unterricht im Französischen für Volks- u. Bürgerschulen. 4. Aufl. 8. (VIII, 136 S.) Ebd. 888. n. 1. 20; cart. n. 1. 40

— zweiter Unterricht im Französischen für Volks- u. Bürgerschulen sowie zum Privatunterricht. gr. 8. (VIII, 186 S.) Ebend. 880. n. 1. 60

— 1. französisches Vocabelbuch u. erster Unterricht im französisch Sprechen. 2., durchgeseh. Aufl. (Ausg. f. Oesterreich-Ungarn.) 8. (VIII, 58 S.) Ebd. 893. n. — 40; kart. n. — 50

— vocabulaire méthodique et conversations françaises-allemandes. — Methodisches französisch-deutsches Wortverzeichniß u. Conversationen in 102 Abschnitten, m. mehr als 3500 analogisch u. methodisch geodneten Vokabeln, nebst 102 daran geknüpften Unterhaltgn. f. Schul-, Haus- u. Selbstunterricht. 8. (X, 204 S.) Prag 876. Steiner. n. 2. 40

Ricard, Anselm, premier vocabulaire français. Erstes französ. Vokabelbuch u. erster Unterricht im französisch Sprechen. Ausg. f. Deutschland. 2. Aufl. 8. (VIII, 58 S.) Prag 886. Neugebauer. n. — 40; cart. n. — 50

Ricard, F., Anselm u. Cölestine, oder: Leiden u. Menschenliebe. 2 Thle. gr. 8. Solothurn 811, Kaßmus. ...

J[ules] Ricard. Die Unbesiegbare. Berlin: Vita [1898]. (S. 60–70.) 8° [Fr.] = Geschichten, Kurze. 1, 11. [3.] [05. 3350

Ricard, Olfert, Christus u. seine Getreuen. Studien üb. religiöses Seelenleben in bibl. Beleuchtg. Autoris. Übersetzg. aus dem Dän. v. Pauline Klaiber. (303 S.) 8. Stuttgart 910. D. Gundert. Geb. in Leinw. 3. 60

Ricard, Olfert, Jugendkraft. Gedanken u. Erfahrgn., gesammelt in 14jähr. Arbeit unter der Jugend, meinen jungen Freunden zur Erwägg. vorgelegt. Rechtmäßige Verdeutschg. aus dem Dän. (154 S.) 8. Stuttgart 906. D. Gundert. Geb. n. 2. 40

Ricard, O.: Jugendkraft. Gedanken u. Erfahrungen ges. in 14jähriger Arbeit unter der Jugend. A. d. Dän. 2. Aufl. Stuttgart 1911. 154 S.

Ricard, Sam., Handbuch d. Kaufleute, od. allgem. Uebersicht u. Beschreibung des Handels der vornehmst. europ. Staaten; aus d. Französ. v. Th. H. Gadebusch u. Chr. A. Wichmann. 3 Bde. gr. 4. Greifsw. u. Leipz. 783, 84. 2e A. 791—801. (Gnobloch). 12 ₰ 12 gr.

Ricard, Sam., Handb. d. Kaufl., od. allgem. Uebers. und Beschr. d. Handels d. vorn. europ. Staaten, a. d. Franz. v. Gadebusch. 2 Bde. gr. 4. Greifsw. Röse. 791.

— — desselb. 3r Bd. gr. 4. Leipzig, Küchler. (Mensel.)

Ricard, Xavier de, der Zorn, s. a. Todsünden, die sieben. V.

Ricard, Xavier de, Der Zorn. [Die sieben Todsünden.] 8°. (175 S.) Budapest: Grimm 1905. K 3.60

Ricardo, David

Ricardo's, Dav., Grundgesetze der Volkswirthschaft und Besteuerung. Aus dem Engl. übers. und erläutert von Ed. Baumstark. 1. Bd.: Uebersetzung. 2. durchgeseh., verb. und verm. Aufl. gr. 8. (XXXIV, 396 S.) Leipzig 877, Engelmann.

— Grundgesetze der Volkswirtschaft u. Besteuerung. 2. u. 3 Bd. Sozialwissenschaftliche Erläutergn. 2., neu verf. Aufl. v. Karl Diehl. 2 Tle. gr. 8. Leipzig 905. W. Engelmann. n. 19. 60; geb. in Leinw. n. 21. 60 (Vollst. erm. Pr. n. 23. 60)

2. (XIII, 427 S.) n. 8. 60; geb. n. 9. 60
3. (VIII, 529 S.) n. 11. —; geb. n. 12. —

Ricardo, D., die Grundsätze d. polit. Oekonomie, od. d. Staatswirthschaft u. d. Besteuerung. Nebst Anmerkk. v. J. B. Say; aus d. Engl. v. Ch. A. Schmidt. gr. 8. Weim. 821. Indust.-Compt. 2 ₰ 12 gr.

Ricardo, Dav., Grundsätze der Volkswirtschaft u. Besteuerung, s.a. Sammlung sozialwissenschaftl. Meister. 5. Bd.

Ricardo, Dav., Grundsätze d. Volkswirthschaft u. d. Besteuerung. A. d. Engl. übers. u. erläut. v. Edw. Baumstark. 2 Thle. gr. 8. Leipzig, Engelmann.

A. u. d. Ttln.:

Thl. 1. Grundsätze d. Volkswirthschaft u. d. Besteurung. (31 B.) 837. 2 Thlr. 12 Gr.
- 2. Volkswirthschaftliche Erläuterungen, vorzügl. üb. D. Ricardo's System, v. Baumstark. (52⅛ B. u. 6 Bl. Tab.) 838. 2 Thlr.

Grundsätze der Volkswirtschaft und Besteuerung [On the principles of political economy and taxation]. Von David Ricardo. Aus dem engl. Orig., u. zwar nach d. Ausg. letzter Hand ⟨3. Aufl. 1821⟩, ins Deutsche übertr. von Dr. Ottomar Thiele u. eingel. von Prof. Dr. Heinrich Waentig. Jena: G. Fischer 1905. (XI, 444 S.) 8°
= Sammlung sozialwissenschaftl. Meister. Bd. 5. [07. 1739 8

— kleinere Schriften. I. Schriften üb. Getreidezölle, s. a. Sammlung sozialwissenschaftl. Meister. 4.

David Ricardo's Kleinere Schriften. 1. Jena: Fischer 1905. 8°
(Sammlung sozialwissenschaftl. Meister. Bd 4, T. 1.) [11. 3748 11

Ricards, Bischof, die katholische Kirche und die Kaffern. Eine kurze Darlegung des Fortschreitens der Kirche in Süd-Afrika und der an die Gründung ausgedehnter Missionen unter den Eingeborenen sich knüpfenden Hoffnungen. 8. (107 S.) Augsburg 879, (Kranzfelder'sche Buchh.) **

Ricardus Anglicus, Anatomia (c. a. 1242—1252). Ad fidem codicis ms. n. 1634 in bibliotheca Palatina Vindobonensi osservati primum ed. Ritter Rob. Töply. gr. 4. (VI, 60 S. m. 1 phototyp Taf.) Wien 902. J. Šafář. n. 8.—

Ricardi, Magistri Anglici, ordo judiciarius ex codice Duacensi, olim Aquicinctino, nunc primum editus per Car. Witte. Halis 853. Pfeffer. gr. 4. (X, 81 S.) n. 1 ₰. 10 ngr.

Ricault, Nic., Hist. univ. de Jacq. Aug. de Thou av. la Suite. 11 Tom. 4. Basle. 742.

Riccabona, Alf. Frh., Zeremonien-Büchlein, s.: Leiter, A.

Riccabona, Gottfried Kuno: Abschied. Gnade. 2 Einakter von —. Berlin-Leipzig: C. Wigand 1908. 41 S. 8°

Riccabona, Gottfr. Kuno, Abschied. Gnade. 2 Einakter. (41 S.) 8. Leipzig 908. Modernes Verlagsbureau. 1. —

Riccabona, Gfried. Kuno, Lieder u. Stimmungen. (80 S.) kl. 8. Wien 905. C. W. Stern. n. 1. 50

Riccardi, Odoardo, der große Räuberhauptmann, oder des Vaters Sünde, des Sohnes Fluch. 2. (Titel-)Ausg. Stuttgart 865. Fischhaber. 8. (250 S. mit 1 Kpfr.) 1 ₰ 5 ngr.

Riccardi, Antonius, Abhandlung über die Pflichten und den Geist der Diener des Altars. Aus dem Italien. übers. und mit Erläuterungen verm. nebst einer aus dem Latein. übers. Abhandlung über die Verwaltung des heil. Bußsakramentes von Mich. Feichter. Uebersetzer und Herausgbr. Joh. Pirchner. Innsbruck 854. Wagner. 12. (XVIII, 690 S.) 1 ₰. 15 ngr.

Riccardo, Carlo, Nuovo Dizionario portatile da viaggio e da conversazione italiano-tedesco e tedesco-italiano contenente tutte le parole usitate e termini tecnici i più recenti delle due lingue. Compilato sui migliori dizionarj. — Neues Reise- und Conversations-Taschenwörterbuch der italienischen und deutschen Sprache, die gebräuchlichen sowie die neuesten Wörter und Kunstausdrücke enthaltend. Nach den besten Quellen bearb. 2. Aufl. 16. Braunschweig 874, Westermann.

Riccardo, Carlo, Nuovo Dizionario portatile da viaggio e da conversazione italiano-tedesco e tedesco-italiano contenente tutte le parole usitate e termini tecnici i più recenti delle due lingue. Compilato sui migliori dizionarj. — Neues Reise- und Conversations-Taschenwörterbuch der italienischen und deutschen Sprache, die gebräuchlichen sowie die neuesten Wörter und Kunstausdrücke enthaltend. Nach den besten Quellen bearb. 3. Aufl. 16. (620 S.) Braunschweig 879, Westermann.

Riccardo, Carl, neues Reise- und Conversations-Taschen-Wörterbuch der italienischen und deutschen Sprache, die gebräuchlichen sowie die neuesten Wörter und Kunstausdrücke enthaltend. Nach den besten Quellen bearb. Ster.-Ausg. Nuovo dizionario portatile da viaggio e da conversazione italiano-tedesco et tedesco-italiano. Ediz. ster. 16. (VIII und 620 S.) Braunschweig 858, Westermann.

Riccardo, Karl, neues Reise- und Conversations-Taschen-Wörterbuch der italienischen und deutschen Sprache, die gebräuchl. sowie die neuesten Wörter und Kunstausdrücke enth. — Nuovo dizionario portatile da viaggio e da conversazione italiano-tedesco e tedesco-italiano. 2. Ster.-Ausg. 16. (VII und 620 S.) Braunschweig 864, Westermann.

Riccardo, Karl, neues Reise- und Conversations-Taschen-Wörterbuch der italienischen und deutschen Sprache, die gebräuchl., sowie die neuesten Wörter u Kunstausdrücke enth. Nach den besten Quellen bearb. 5. Ster.-Ausg. 12. (VIII, 620 S.) Braunschweig 897. G. Westermann. n. 2. 60; geb. 3. 20

Riccati, V., de seriebus recipientib. summam general. aut exponential. 4. Bonon. 756.

Ricci, Aug., Italienisch f. Mediziner, s.: Le Boucher, Gaston.

Antonio Allegri da Correggio. S. Leben u. s. Zeit v. Corrado Ricci. A. d. ital. Ms. übs. v. Hedwig Jahn. (In 12 Lfgn.) *Berlin: Cosmos 1897.* (XXII, 446 S., 41 Taf.) 1 Bd 4.(8.) [97. 1955

Geschichte der Kunst in Nord-Italien. Von Corrado Ricci. Mit 770 Abb. u. 4 Farbentaf. Stuttgart: J. Hoffmann 1911. VIII, 428 S. 8°
(Ars una, species mille.) [10. 13116

Ricci, Corrado, Kinderkunst. Berechtigte Uebersetzg. aus dem Ital. v. E. Roncali. Mit e. Vorwort v. Karl Lamprecht. (61 S. m. Abbildgn.) 8. Leipzig 906. R. Voigtländer. n. 1. —

— s.: **Kunstland, das, Italien.**

Ricci, Flavian, († ...) Abschiedsrede. 8. Ulm 776. Wohler. 4 gr.

— s. A. Reiffenstuhl, theolog. moralis.

— via secura ad coelum. 12. Tridenti 750.

Francesca de Ricci. Die Gleichnisse in Goethes Werther, Hermann und Dorothea und Wilhelm Meisters Lehrjahre. *Mailand: C. Rebeschini & C. 1898.* (32 S.) 1 Bd 4. [98. 8900

Ricci, L., over de gezigten van Haltzhauzer, s.: **Buch, das, der Geheimnisse. III.**

Ricci, Lorenzo. Abschiedsrede, vor seinem Tode in der Engelsburg ... A. d. Lat. ... Rom [Ulm] 1776. Ü: *Hahn, Modestus.* (JES) (WR) (BB) (ML)

Ricci, Scipio. Das Leben und die Memoiren. Nach eigenhändigen Ms. dieses Prälaten und andrer berühmter Männer des vorigen Jahrhunderts bearbeitet. Aus dem Französischen. Stuttg. 1826. Ü: *Friederich, Johann Conrad.* (Ebrard, Friedr. Clemens & Louis Liebmann: Joh. Konrad Friederich. Frankfurt a. M. 1918. S. 300)

v. Ricci, Scipio, Leben u. Memoiren. Nach d. eigenhänd. Manuscripte dieses Prälaten u. and. berühmt. Männer d. vorigen Jahrh. bearb. u. mit rechtsgült. Urkunden aus d. Archiven des Commandeur Lapo v. Ricci zu Florenz versehen von Hrn. v. Porter; aus d. Französ. 4 Bde. gr. 8. Stuttg. 826. (Brodhag). 7 ₰

RICCI, Scipio de (Bischof v. Pistoja u. Prato, geb. 1741, † 1810). — Das Leben u. die Memoiren des Scipio von Ricci, Bischof von Pistoja u. Prato, Reformator des Catholicismus in Toskana unter der Regierung Leopolds. Nach den eigenhänd. Msptn. dieses Prälaten u. anderer berühmter Männer d. vorigen Jahrhunderts bearb., u. mit rechtsgültigen Urkunden, aus den Archiven des Herrn Commandeur Lapo von Ricci zu Florenz, versehen, von Herrn (L. J. A.) von Potter. 4 Bde. Aus d. Französ. Stuttgart, bey Gebr. Franckh. 1826. Gr. 8°. (7 Rthl.) (18 Mk. Adolf Weigel, 1906.)
Das interess. Werk bringt u. a. Näheres über die scandalösen Vorgänge des Unglaubens u. der Sittenverderbnis der Dominikaner-Mönche u. -Nonnen in Toskana. das Verhör zweier Schwestern dieses Ordens zu Prato, die Aussagen mehrerer jungen Mädchen vor dem Inquisitor, den von vielen Priestern u. entarteten Mönchen mit der Ohrenbeichte getrieb. Mißbrauch etc. 1: 302 S. (incl. 7 Bll. Vorst. u. 7 S. Inh.). 2: 364 S. (incl. 3 Bll. Vorst. u. 6 Bll. Inh). nebst 2 Bll. Verlagsanz. d. Firma. 3: 371 S. (incl. 3 Bll. Vorst. u. 6 Bll. Inh.). 4: 293 S. (incl. 3 Bll. Vorst. u. 6 S. Inh.), nebst 1 Bl. Verbess. zu Bd. 2. — Das französ. Werk erschien titulo: Potter, L. J. A. de, Vie de Scipion de Ricci, évêque de Pistoie et Prato et réformateur du catholicisme en Toscane, sous le règne de Leopold. Avec portr. 3 vols. Bruxelles 1825. 8°. (7 Mk. 25 Pfg. Paul Neubner, Cöln, 1892.) — Vie et mémoires de Scipion de Ricci. Evêque de Pistoie et de Prato. 4 vols. avec portrait. Paris 1826. gr. in-8°. (15 frcs.) (8 Mk. Adolf Weigel, 1899.) Brunet: „C'est un livre de mettre parmi les sotadiques." Die Verhöre sind in italienischer Sprache, da de Potter vor der Uebersetzung zurückschreckte.

Ricciardetto, a. d. Italien. des Nic. Fortigguerra. 2 Thle. 8. Liegnitz, Siegert. 783—84.

Ricciardi, Abt ..., s. **Journal f. Frauenzimmer.**

Ricciardus de Antiquis, Mediolanensis [d. i. **Senckenberg**, Heinr. Chr. v.]: Epistola, qua Herm. Conr. F. Sinceri sententia de usu juris feudalis Longobardici in Germaniae terris exponitur ac trutinatur. Ad exemplum Venetum 1638 ed. Rec. Coloniae 1739.

Fest-Cantate zur 150jährigen Jubelfeier der Loge zu den drei Schwertern und Asträa zur grünenden Raute im Or. Dresden am 21. Sept. 1890. Comp. v. Riccius. Text v. [Christian] Klötzer. [Dresden 1890: Meinhold & S.] 2 Bl. 8° [Umschlagtit.]
Ohne Noten: „Auf Brüder! Dem Meister der Welten zu danken, ..."

Riccius, Aug. Mar., Diss. homericae, antea trib. voluminibus comprehensae nunc in unum collectae; cur. et praef. a F. G. Born. 8maj. Leipz. 784. (Unzer in Königsb.) 1 ℛ 8 ℊ

Riccius, Aug., siehe: Briefe, musikalische.

Riccius, Ch. Glo.; Repert. ad h. l. *Gothae.* (751.) 4.

Riccius, Christian Gottlieb

— — Delineatio jur. Germanici, de conventione obligationis debitoris ad carcerem in causa debiti. Göttingen (V. Bossigel) 1778. 82 S. 28580

— delineatio juris Germanici de conventione obligationis debitoris ad carcerem in causa debiti. 4. Götting. 778. Vandenhöck u. R. 8 ℊ

— doctr. de dominio pignoris german. in creditores translato examen polem. 4. Gotha, Mevius. (Gött. Dieterich.) 746.

— — (Göttingen), De dominio pignoris Germanici in creditorem translato examen polemicum secundum leges Germanorum veteres ac medii aevi atque statuta hodierna, diplomata et chartas oppignorationum adornatum et illustratum. Cui accedunt tria monumenta litteraria oppignorationes Germanorum illustrantia. Gotha (Chr. Merius) 1746. 106 S. (5.50) 28579

RICCIUS, Chrn. Gottlieb, Zuverläßlicher Entwurf von dem Landsäßigen Adel in Teutschland .... (Tit. sehr lang. Nürnberg. Adam Jonath. Felßeckers seel. Erb. 1735. 4°. (Expl. in Rostock. Universitäts-Bibl., ex bibl. Kaemmer.)

16 Bll. Vorst., 530 S. (incl. Zuschr. an d. kgl. preuß. Gesandten am Wiener Hofe, wirkl. geh. Etats-Rath Gust. Adolph Frhrn. v. Gotter), 6 Bll. Urkk. (Adelsbriefe etc.), 21 Bll. Reg. u. Autoren-Verz. — Enth. in 2 Abth. 43 + 46 Hauptstücke (unter letzteren: Von den Huhr-Kindern der Adelichen, S. 481—86; von Bestraffung der Huhrerey der Adelichen, und derer die mit ihnen zugehalten; S. 503—7); viel über unehel. Kinder, morganat. Ehen, Mißheirathen etc. etc.

RICCIUS, Christian Gottlieb: Zuverlässiger Entwurf von der in Teutschland üblichen Jagt-Gerechtigkeit, worinnen diese nicht allein nach der Verfassung der ältern und mittlern Zeit durch bewährte Geschichtsschreiber unleugbare Gesetze und diplomatische Nachrichten hinlänglich deducieret: sondern auch aus denen heut zu Tage geltbaren Chur- und Fürstl. Sächß. Bayr-Marck Brandenburg-Braunschw. Lüneburgischen, Österreich-Schleßisch-Würtenberg-Magdeburg-Mecklenburgischen und andern Jagt-Ordnungen und Mandaten. - Nürnberg 1736. 198 S., Reg. - 2. vielverm. Aufl. Frankfurt 1772. XLVIII, 546 S.

— zuverlässiger Entwurf von der in Deutschland übl. Jagdgerechtigkeit. 4. Nürnb. 736. 2e verm. Ausg. gr. 8. Frankf. a. M. 772. Andreä. 1 ℛ 16 ℊ

Riccius, Chr. Gottl.: Zuverläßiger Entwurff von Stadt-Gesezen, oder Statutis vornehmlich der Land-Städte. Francfurt u. Leipzig 1740.

Riccius, Christian Gottlieb: „Exercitat. 17. In univ. jus camb. directa atque legibus ipsis emperiorum ac provinciarum cambialibus stabilitae", Göttingen 1779—1782 (Bossiegel).

— exercita. XVII de juris cambialis etc. 4. Gÿtting. 779—82. Vandenhöck u. R. 6 ℛ 8 ℊ

Riccius, Christian Gottlieb, De indole atque natura judicii separati a reconventionis judicio curatius distincti succincta commentatio ad fori usum accommodata. 1732. 56 S. (5.50) 28575

— iuris germ. pactum commissorium circa pignora in germanor. fora. 4. Jenae. 743.

— — Problema jur. Germanici, num pactum commissorium circa pignora in Germanorum fora, in quibus id quondam, testantibus diplomatibus ac litterariis monumentis, etiam usu valuit, rursus sit invehendum et adprobandum? Cum appendice exemplorum nonnullorum obligationis sub poena banni imperialis et ecclesiastici olim contractae. Jena (Ritter) 1743. 80 S. (4.50) 28577

— — Dasselbe. Jena (Ritter) 1743. 80 S. (4.50)) 28578
Gew.: Sigismund Ehrenfried von Oppel.

— Repertorium locupletissimum in Jo. Fr. Pfeffingeri corpus juris publici. 4maj. Frkf. a. M. 741. N. A. 776. Varrentrapp. 2 ℛ 12 ℊ (Vergl. Pfeffinger.)

Riccius, Chr. Gottl.: Repertorium locupletissimum in Joh. Frid. Pfeffingeri corpus iuris publici. Gothae (1741).

— Repertorium in Pfeffingeri corp. iuris publ. 4. Lips. Hilscher. (Compt. f. Lit.) 742.

Riccius, Chr. Gottl.: Specimen juris Germanici quo praescriptio Germanorum vetus juxta et hodierna ex legibus Germanorum ac diplomatibus eruitur atque illustratur. Francofurti et Lipsiae 1738.

— specim. iuris germ. quo praescriptio germanor. vetus juxta et hodierna. 4. Frcf. Felsecker. (Nürnb.) 738.

— specimen iuris germ. de Praescriptionibus cum privilegio. 4. Nürnb. Felsecker. 738.

— — Spicilegium histor.-diplomat. quo juris Justinianei in aulis Germanorum principum atque personarum illustrium adoptati usus pragmaticus jam inde a saeculo XIII. et XIV. ex ipsis fontibus ad historiam juris illustrandam eruitur et ostenditur. Frankfurt u. Leipzig (Felsecker) 1738. 41 S. (5.—) 28576

Riccius, Chr. Gli.: Spicilegium jur. Germ. ad Jo. Rud. Engavi elementa jur. Germ. civilis, ex legg., statutis et diplomatibus collectum. P. I. *Gott.* 750. 8.

Riccius, Chr. Gli., († d. 2. Nov. 1784.) spicilegium juris Germanici ad J. Rud. Engau elementa juris Germanici ex legibus, statutis et diplomatibus collectum. 8. Götting. 751. Schmidt. 16 ℊ

Riccius, Chr. Gli.: Von Statuten od. Stadtgesetzen, vornehmlich der Landstädte. *Nürnberg*, Felssecker. 740. 4. (1 Thl. 8 Gr.)

Riccius, Erich, Kammergerichtsref.: Die **Anwendbarkeit** der allgemeinen Sätze über die gegenseitigen Verträge auf die Gesellschaft nach BGB. *Rostock 1902: C. Hinstorff.* (82 S.) 8° [Fi.]
Rostock, Jur. Diss. v. [15. Okt.] 1902

Riccius

— **Peter Marcell** (Bentheim/Westfalen), De matrimonio ad morganaticam donationem contracto, Germanicè Vermählung zur lincken Hand. Diss. jur. Straßburg (J. Welper) Juni 1703. 30 S. (4.50) 28582

Riccò, A. Das Observatorium zu Catania und die Station auf dem Aetna. Uebers. von P. Spies. 1891.

R i c c o b i n i, (A.,) Paraphrasis in rhetoricam Aristotelis interjecta rerum Difficiliorum explicatione, et collata ipsius Riccobini multis in locis conversione etc. gr. 8. London 822, Bohte.

Riccobini, A. F., u. F. L. Schröders Vorschriften über die Schauspielkunst. 8. Leipz. 821. (Lehnhold). 9 gl

Riccobini, Marie, s. R i c c o b o n i .

Riccoboni, Lodovico

Riccoboni, Lodovico. Briefe der Milady Catesby an ... Henriette Campley ... A. d. Franz. Frankf. a. M. 1761. Ü: *Fischer, Johann Christian.* (ML) (MGT)

—— s. Jul. Catesby, Briefe.

Riccoboni, Samson; Trspl. 8. Wien 762. Krauß. 4 gl

Riccoboni, L. Samson ein Trauerspiel. Wien [1763]. Ü: *Weiskern, Frdr. Wilh.* (GGr)

Riccoboni, Madame [Marie]. Ernestine, ein Roman. Aus dem Französ ... übers. von H**. Frankfurt und Leipzig 1781. Ü: *Heyne, Chn. Leber.* Vgl. GGr³ IV, I 619, 97/6. (DARP)

— Ernestine, e. Roman; aus d. Franzöſ. 8. Frankf. 781. Brönner. 8 gl

— Geschichte zweier Freundinnen; aus d. Französ. 8. Bresl. 788. Gutsch. 6 gl

— Geschichte d. Miß Jenny; an die Gräfin v. Roscomond; aus dem Französ. 4 Thle. 8. Leipz. ... 2e Aufl. 770. Weidmann. 20 gl

Riccoboni, Mad., Histoire de deux jeunes amies. 12. Lausanne 807. Pott. 6 gl

— Lettres d'Adelaïde de Dammartin etc. II Part. 8. Frcf. Brönner et Hermann. 767.

— — les mêmes. II Part. Lond. (Schwickert, Leipz.)

— Lettres d'Elisabeth Sophie de Valière a Louise Hortense de Canteleu. II Vols. 8. Leipz. 773. Schwickert. 15 gl

— Dass. ins Deutsche übersetzt. 2 Thle. 8. Frankf. 772. Varrentrapp. 16 gl

— Oeuvres, collect. compl. 8. Basle, Flick, 780.

Riccobini, Madame, Oeuvres collect. compl. 8. Basel 780. Neukirch. 7 ℛ 8 gl

— — et Romans. VIII Vol. av. pl. 8. Berne. Typ.

— — les mêmes. IX Vol. a. ibid.

— la Vertu persécutée ou lettres du Colonel Talbert. IV Vols. 8. Dresd. 767. Walther. 1 ℛ 16 gl

— Werke; aus d. Französ. von Ant. Wall. Mit e. Vorrede v. J. G. Dyck. 4 Bde. 8. Leipz. 781 u. 82. Dyck. 4 ℛ Schrbp. 4 ℛ 16 gl

Riccoboni, Marie, beste Werke, bestehend in Romanen, Briefen und Erzählungen, aus dem Franz. frey übersetzt von Anton Wall (Heyne) 4 Theile, 8. Daselbst, 781/82. Dyck. 4 Rthl.

Rice, Alice Hegan, Witwe Klix aus der Laubenkolonie. Aus dem Engl. „Mrs Wiggs of the Cabbage-Patch" frei übertr. v. M. S. (XI, 196 S. m. 6 Vollbildern.) 8. Berlin (904.) Deutsche ev. Buch- u. Traktat-Gesellschaft. Geb. in Leinw. n. 3. —

Wittwe Klix aus der Laubenkolonie. Aus d. Engl. 'Mrs. Wiggs of the Cabbage-Patch' von Alice Hegan **Rice**, frei übertr. von M. S. Mit 6 Ill. (Vorr.: H[edwig] v. R[edern].) Berlin: Deutsche Evang. Buch- u. Traktat-Gesellsch. 1904. (XI, 193 S.) 8° [F.] [06. 568]

Rice, Edward L.: Die systematische Verwertbarkeit der Kiemen bei den Lamellibranchiaten ... Jena, G. Fischer, 1890; 60 S. 8.
München, Phil. Fak., Inaug.-Diss. v. 1890

Rice, James, by Celia's arbour, s.: Besant, Walter.

Rice, James: The golden B u t t e r f l y , s. B e s a n t , W.

– The C h a p l a i n of the Fleet, s. B e s a n t , W.

— des Verlorenen Heimkehr, s.: Besant, Walt.

Rice, James, 'Twas in Trafalgar's bay, s.: Besant, Walt.

– The m o n k s of Thelema, s. B e s a n t , W.

– Ready-Money M o r t i b o y , s. B e s a n t , W.

– The Captains' R o o m , s. B e s a n t , W.

– All S o r t s and Conditions of Men, s. B e s a n t , W.

Rice, J.: S u c h a good man, s. B e s a n t , W.

– Der T r a u k a p l a n der Fleet, s. B e s a n t , W.

– W h e n the ship comes home, s. B e s a n t , W.

Rice, Muriel, von zwei Ufern. Gedichte. Übers. v. Thdr. Lessing. (162 S. m. Bildnis.) kl. 8. Göttingen 909. O. Hapke. Geb. in Leinw. 3. 80

Rieck-Geroldinq, L. G., gelehrter Becher goldnes Alphabet, s.: Universal-Bibliothek.

Rieck, L. G., im Banne der goldenen Wachau. Reisebilder u. Skizzen. Ein Erinnerungsbuch f. Wachauwanderer, f. die Besucher Melks u. Pechlarns. Illustr. v. Frz. Wedl. (78 S.) 8. Melk 905. (H. Aigner). n. 1.20

Ricek, L. G., Epitheta geographica. Urkundliche Euphemien, Periphrasen, Kose- u. Scherznamen, gesammelte Lesefrüchte des schönen u. des fachwissenschaftl. Schrifttumes. Eine Ergänzg. zu den Handbüchern der Erdkunde. (VIII, 154 S.) gr. 8. Wien 909. A. Pichler's Wwe. & Sohn. Geb. 2.50

— Unsere Muttersprache. Gesammelte Abhandlgn. üb. deutschkundl. Fragen. Für Freunde unserer Sprach- u. Schutzvereine, besonders für Lehrer. (V, 152 S.) gr. 8. Ebd. 910. 2.10

— Die Ostmark im Spiegel deutscher Dichtungen. Auch e. Heimatkunde. Mit literar- u. zeitgeschichtl. Erklärgn. (VI, 208 S.) 8. Ebd. 910. 3.—

— Wachauer Sagen, s. a. Pichler's Jugendbücherei.

(F) **Ricek, L. G.**, Wachauer Sagen. [Pichler's Jugendbücherei. Bd. 77.] 8°. (80 S.) Wien: Pichler 1910 geb. K 1.—

Rieck-Geroldinig, L. G., nationaler Unterricht in Erdkunde u. Geschichte. Mahnworte an Deutschlands Lehrerschaft. gr. 8. (55 S.) Leipzig 899. E. Wunderlich. n. — 80

Ricerche e proposta intorno ad una lingua universale di P. S. gr. 8. (108 S.) Milano 846. (München, Franz.) n. 24 ℊ

Rich, Anthony, illustrirtes Wörterbuch der römischen Alterthümer mit steter Berücksicht. der griechischen. Enthaltend 2000 (eingedr.) Holzsch. nach Denkmälern der alten Kunst und Industrie. Aus dem Engl. übers. unter der Leitung von Carl Müller. gr. 8. (XI und 716 S.) Paris (861)62, Didot frères, fils et Comp.

Rich, B E . Wo ist das wahre Evangelium? Ein in Gegenwart mehrerer Personen sich entwickelndes Gespräch zwischen einem Mormonen-Missionar, einem Pfarrer und einem Reisenden. Vom Aeltesten B. E. R'. Aus dem Englischen übersetzt und frei bearb. Traktat Nr. 3. Hrg. von Hugh J[ene] Cannon und Levi Edgar Young, Zürich, Schweiz.... IV + 16 S. 8. Leipzig, C. G. Röder, [1902].

Tractat[e]. Hrg. von ([dem Bureau der Deutschen Mission] der Kirche Jesu Christi, der Heiligen der letzten Tage:) ... Zürich...

Rich, B E . Wo ist das wahre Evangelium? Ein in Gegenwart mehrerer Personen sich entwickelndes Gespräch zwischen einem Mormonen-Missionar, einem Pfarrer und einem Reisenden. Vom Aeltesten B. E. R'. Aus dem Englischen übersetzt und frei bearb. Traktat Nr. 3. Hrg. von Hugh J[ene] Cannon, Zürich, Schweiz.... [Neue Ausg.] IV + 16 S. 8. (Leipzig, C. G. Röder, [1905].)

Traktat[e]. Hrg. von ([dem Bureau der Deutschen Mission] der Kirche Jesu Christi, der Heiligen der letzten Tage:) ... Zürich...

Rich, Rud., mittelalterliche Hausgeschichte der edlen Familie Thun. VII. Heft: Viktor I. u. seine Familie. Mit Beilagen CXXXVI—CLXVII. (VII, 91 S. u. S. 359—402.) Lex. 8. Wien 910. C. Gerold's Sohn.
Heft I—VI, s.: Langer, Edm. Geb. 6.—

Richald, Gesundheitspflege derjenigen Berufsarten, welche vorwiegend mit geistiger Arbeit beschäftigt sind od. eine sitzende Lebensweise führen. Autoris. deutsche Ausg. von Hygiène des professions libérales. Eine freie, auf Grund der 4. Aufl. vorgenommene u. durch mannigfache Zusätze erweiterte Uebersetzung von H. Goullon. gr. 8. (VIII, 200 S.) Köthen 882. Schettler's Verl. n. 2.40

Richard. Eine Lebensskizze aus den italien. Wirren der Gegenwart. Aus dem Italien. v. Rud. Graf Fugger-Glött. 8. (XVI, 272 S.) Amberg 872. Habbel. 1.50

Richard's, Albert, Biographie, s.: Schachtler, J.

Richard und Angelika. Leipz. 1805. V: *Silber, Benjamin.* (GGr)

Richard u. Angelika, v. K. Seebald. 2 Thle. 8. Leipzig, Bauer. 805.

Richard und Augusta; ein Roman in Briefen ... Schneeberg 1805. V: *Schuderoff, Jonathan.* (MGT) (NN) (EE) (Ky)

Richard u. Auguste, e. Roman in Briefen, (v. Jonath. Schuderoff). 8. Schneeberg 805. Verlagshandl. 1 ℊ

Richard der dritte, ein Trauerspiel in fünf Aufzügen. Leipz. 1765. 2. Aufl. 1771. V: *Weisse, Chn Felix.* (MGT) (Ky)

Richard d. Dritte. Trspl. in 5 A. (v. Chr. Fel. Weiße). 8. Leipz. 765. 2e A. 771. Dyck. 6 ℊ

— — dasselbe von Gemmingen. gr. 8. Mannheim, Schwan. 782.

— — dasselbe von Berchtold. 8. Regensb. Montag. 783.

Richard, des alten, immerwährender Kalender f. alle Stände, mit kl. Haustafel u. Kpf. 16. Hamb. 805. Bachmann. 12 ℊ

Richard und Karl, ein Trauerspiel in fünf Aufzügen. Prag 1779. V: *Scholz, Maximilian.* (GGr V/349, Nr. 220) (BiblPort)

Richard u. Karl. Trspl. 8. Prag 779 Gerle. 4 ℊ

Richard Löwenherz. Oper in 3 Acten nach dem Franz. Giessen 1789. V: *André, Johann.* (GGr)

Richard Löwenherz. Ein Gedicht in sieben Büchern. Berlin u. Stettin 1790. Berlin 1819. V: *Müller, Friedrich August.* (BrMm) (Ky) (KD) (MGT) (WBL) (AarK)

Richard Löwenherz; e. Gedicht in 7 Büchern, (von Fr. Aug. Müller). Mit 1 Kpf. 8. Berl. 790. N. A. mit sm. Namen 819. Nicolai. 20 ℊ

Richard Löwenherz, König. Eine Rittergeschichte aus dem 12. Jahrh. Nach dem Engl. von Edmond Schilock dem Volke erzählt von B. Ovm. 8. (48 S.) Urfahr-Linz 878. Kraußlich. — 20

Richard II.; Trspl. in 5 Aufz., nach Shakspeare für das (Prager) Theater eingerichtet von F. J. Fischer. 8. Prag 777.

Richard [Autorname]s.a. Audin, Jean-Marie-Vincent.

Richard. 1910 [Pseud.]
s.a. **Kinzer,** Julius. (10. 12223

Richard, (Kreisboniteur u. Bauer in Wackersleben,) einige Bemerkungen über Carl Bernh. Königs Schrift: Ueber die Erziehung des Landvolks zur Sittlichkeit. Im Auftrage vieler Bauern geschrieben. 8. Leipzig 843, Engelmann. n. 1/6 ₰

Richard (Jul. Kinzer), s.: „Büchel, 's schwarze".

Richard, ..., Chréstomathie française, 8. Basel 796. (Neukirch). 8 gl

Richard, Côme, son lac et ses vallées. Avec 12 gravures (chromolith.) et 1 carte. 8. (68 S.) Zürich u. Como 888. Meyer & Zeller. 1. 20

Richard, (Abt), Natürliche Geschichte der Luft und der Begebenheiten in derselben. Aus dem Französischen. 1. Band (aus 2 Theilen bestehend). Frankfurt und Leipzig 1773, 74.

Richard, ..., natürl. Geschichte der Luft, nebst den Begebenheiten in derselben; aus d. Franzöf. 1e Bd. in 2 Abtheill. gr. 8. Nürnb. 773. Felssecker. 1 ₰ 20 gl

— s. Guide du Jardin de Schwetzingen.

Richard, ..., Guide du voyageur de France, divisé en cinq régions. A. u. d. T.: Description géograph. et pittoresque du Roy, de France etc. Mit 1 Karte v. Frankreich u. 1 Ansicht d. Gegend um Paris. gr. 12. Heidelb. 826. Engelmann. 2 ₰ 16 gl

Richard, Dr. ..., Magazin der Philosophie u. schönen Wissenschaften. 2 Bde. 8. Heilbr. 794. Clas. 1 ₰ 4 gl

Richard, gemeinn. Taschenbuch für alle Stände, enthalt. die Kunst, reich und glücklich zu werden, von B. Franklin. Aus dem Engl. N. Aufl. Mit 2 Kupf. 16. Hamburg, Schulbuchhandl. (Leipzig, Cnobloch in Comm.) 818.

Richard, A. H., der Mond. Gezeichn. u. grav. nach d. Natur u. mit Benutzung der Specialkarten v. Schröter, unter d. Leitung des Hrn. Direct. d. k. k. Sternwarte in Wien zc. J. J. Littrow, in d. J. 1819. Nebst 1 Bog. Erklärr. Wien, (Beck). 6 ₰ 16 gl

Richard, A. E., systematische Uebersicht sämmtlicher in der Gesetz-Sammlung für die Königl. Preuß. Staaten seit dem J. 1806 erschienenen Gesetze, Verordnungen, Staatsverträge zc. gr. 8. (XX u. 223 S.) Berlin 851, Weyl & Co in Comm. n. 24 ngl

Richard, A. J., Bewegungen im menschlichen Körper. Physiologische Abhandlung. 8. (48 S.) Düsseldorf 878. (Leipzig, Grieben's Verlag.) *

— natürliche Heil- u. Lebensweise. 1. Abth.: Krankenbehandlung. 8. (43 S.) Düsseldorf 882. Deiters in Comm. n. — 60

Richard, Achilles

— s. Acta nova, phys.-med. Acad. Caes. Leopold. Vol. XV.

— medicin. Botanik; aus d. Französ. Mit Zusätzen u. Anmerkk. von G. Kunze u. G. F. Kummer. 2 Thle. gr. 8. Berl. 824, 26. Th. Enslin. 5 ₰ 16 gl Weißes Druckpap. 7 ₰

— Formular- u. Recept-Taschenbuch. Nach d. 3n, durch d. vegetabil. Alkalien bereicherte Ausg. ins Deutsche übertragen u. mit d. allerneuesten Entdekk. über Crotonöl, Blausäure, Jalappine zc. vermehrt. 2e A. kl. 16. Weim. 826. 3e A. 828. Ind.-Compt. 21 gl 4e verm. Ausg. 32. Ebd. 831. 21 gl

Richard, Achilles, Grundriß d. Botanik u. d. Pflanzenphysiologie, n. d. 6. franz. Orig.-Ausg. frei bearb. v. Mart. Balduin Kittel. 3., verm. u. verb. Aufl. gr. 8. (71 B. u. 16 Stnt.) Nürnberg 840, J. L. Schrag.

Richard, A. I., neuer Grundriß d. Botanik, s.a. J. A. Buchner, Inbegriff d. Pharmacie IV. 2.

Achille Richard

Achilles Richard's [Eléments de botanique et de physiologie végétale. Deutsch:] Neuer Grundriß der Botanik und der Pflanzenphysiologie, nach d.4. mit den Characteren der natürlichen Familien des Gewächsreiches verm.u.verb. Original-Ausg. übers.,u. mit einigen Zusätzen, Anm.,e.Sach-u.Wort-Reg. versehen von Mart[in] Balduin Kittel. Nürnberg: Schrag 1828. XXVIII,646 S. 8°

(= Buchner, Johann Andreas [1783-1852]: Vollständiger Inbegriff der Pharmacie. Th.4.Bd 2.)

Richard, A(dolf), appr. Arzt a. Frankfurt a. M.: Ein seltener Fall von plötzlichem Verschluß der Vena cava superior durch Aortenaneurysma. Leipzig 1907: B. Georgi. (37 S.) 8°
Leipzig, Med. Fak., Ref. Hoffmann, Diss. v. 12. Juni 1907
[Geb. 9. Sept. 76 Frankfurt a. M.; Wohnort: Cöln a. Rh.; Staatsangeh.: Preußen; Vorbildung: Städt. Gymn. Frankfurt Reife M. 94; Studium: Jura Leipzig 1, Kiel 2, Berlin 4, Med. Berlin 2, Kiel 2, München 2, Berlin 3 S.; Coll. 15. Juni 07; Approb. 11. Aug. 02.]

Richard, d'Orbe, Alb., Poèmes helvétiques. gr. in-8. Berne 835. Burgdorfer. (Leipzig, Fr. Fleischer) 1/3 ₰

Richard, Ant., Leben des seligen Johann Juvenal Ancina, Bischof v. Saluzzo, aus der Congregation d. Oratoriums d. heiligen Philippus Neri. Seliggesprochen am 9. Febr. 1890. Nach dem Ital. frei bearb. 8. (VII, 423 S. m. 1 Bildniß.) Mainz 891. F. Kirchheim. n. 3. —

Richard, A., Leben der heiligen Maria Franziska von den fünf Wunden Jesu Christi, weltl. Profeßschwester vom 3. Orden des heil. Franziscus. Nach dem Italien. bearb. Mit dem Bilde der Heiligen in Stahlst. Mainz 868. Kirchheim. gr. 8. (VIII, 416 S.) 27 ngr

Richard, A., Leben der heil. Maria Franziska von den fünf Wunden Jesu Christi, weltl. Profeßschwester vom dritten Orden des heil. Franziskus, nach der Regel des heil. Peter von Alkantara, in Neapel; gestorben 1791, heilig gesprochen am 29. Juni 1867. Nach dem Ital. bearb. 2. revid. Aufl. 8. (VIII, 403 S. mit 1 Stahlst.) Mainz 881, Kirchheim.

Richard, Aug., über musikalische Kultur. Vortrag, geh. in der Singakademie zu Altenburg. (23 S.) 8. Altenburg (908). O. Bonde. — 30

Richard, Aug. Vict., die Christenwürde bedingt durch die Erkenntniß, wie ganz besonders durch das Halten der Gebote des Herrn. Confirmations-Rede am 3. April 1858. — Was der Christ ohne den Glauben an das Fortleben seines Geistes wäre und werden müßte. Osterpredigt am 4. April 1858. gr. 8. (18 S.) Dresden 858, Ernst.

Richard, Aug. Vict., der Kurfürstlich Sächsische Kanzler Dr. Nicolaus Krell. Ein Beitrag zur Sächsischen Geschichte des 16. Jahrhunderts nach den in dem Königl. Sächs. Hauptstaatsarchiv in Dresden, der Stadtbibliothek in Leipzig zc. befindlichen u. noch nicht benutzten Originalurkunden bearb. 2 Bde. Dresden 859. Kuntze. 8. (LIV, 709 S., 14 lith. Taf. u. 1 Tab.) n. 3 ₰ 10 ngr

— Licht und Schatten. Ein Beitrag zur Culturgeschichte von Sachsen u. Thüringen im 16. Jahrhunderte. Nach seltenen handschriftlichen Urkunden u. anderen Quellen bearb. Leipzig 861. Teubner. gr. 8. (XXXII, 432 S.) n. 2 ₰

Richard, B., die preußischen Juristen-Fakultäten von ihrer Schattenseite u. ihre Reform, ein Einblick in die Mysterien der Lehre u. des Studiums der Rechtswissenschaft. 8. (23 S.) Löbau, Westpr. 880. Skrzeczek. n. — 50

Richard, Bartholomäus Christian

Richard, B. C., Petri Romam adventus ex antiquitate romana defensus. Viteb. 1703. 4.

Richard, Bartholomäus Christian [Praes.], s. B ü t t n e r , Franz: Pseudonorbertus ex narratione Pragensi translati e Saxonia in Boioemiam corporis Norberti archiepisc. Magdeburgensis Germaniae primatis conditoris et patriarchiae ord. Praemonstratensis detectus.

Richard, B. C., census Augusti universe indictus. Viteb. 1701. 4; rep. in Ikenii thes. phil.-theol. 2. p. 434 ss.

— compend. iuris publ., deutsch. Staatsrecht. 8. Jena, Meyer. 721.

— **Bartholomaeus Christian** (Corbach/Waldeck), De Conrado Imp. Augusto eiusque diplomate, quod de expeditione Romana inscribitur, vero auctori Vindicato, et disput. publ. excusso. Präs. Conr. Sam. Schurzfleisch. Wittenberg (Kreusig) 13. V. 1702. (4.50) 28584

Richard, Barth. Chrn, De dubia et incerta C. Taciti fide in Germanorum deorum historia. Resp. H. R. de Horn. Jenae 1719. 4. . . . . (D.)

Richard, Bartholomäus Christian [Praes.], s. H o r n , Heinrich Rutger von: De dubia et incerta Cornelii Taciti fide in Germanorum deorum historia.

Richard, Barthol. C., institutiones aulicae. 8. Jen. Pohl. 717.

Richard, Bartholomäus Christian [Praes.], s. K r e b s , Ernst Anton: De Francorum Saliorum et Salicorum origine atque differentia, illustrium virorum Mensonis Altingii, Jo. Nicol. Hertii et Henrici Cocceii opinionibus publice opponit.

— — (Präs.) u. (Respond.) **Stephan Muther** (Coburg/Franken), De toga quiritium Wittenberg (Kreusig) 12. VIII. 1702. (4.50) 28585

RICHARD, BERNHARD. Ueber β-Chinaldinsulfonsäure und einige Derivate derselben. (Bern) München, 1891.

Richard, C., anno 3000. Satirisches Scherzspiel in 1 Aufzuge. (VII, 41 S.) 8. Leipzig 909. Leipziger Verlags- u. Kommissionsbuchh. 1. —

– s. Bulwer, sämmtl. Werke.

– s. Calderon, Schauspiele.

— s. Downing, Charl. T., Fan Kuni oder der Fremdling in China.

– s. M. Edgeworth, Helene.

Richard, C., letzte Ereignisse des Feldzugs in China, s. Loch, Granville G.

– s. Eugen Aram.

– s. Falkland.

– s. Fane, H. E., der Kriegsschauplatz in Indien.

– s. Fowler, G., drei Jahre in Persien.

— Frühlingsstürme. Roman aus dem Schülerleben. (352 S.) 8. Ebd. (909). Geb. in Leinw. 5. —

– s. Glascock, Lug u. Trug.

Richard, C., Latein. Grammatik f. untere Gymnasial-Classen, Progymnasien u. ähnl. Anstalten. gr. 8. (IV u. 147 S.) Göttingen 847, Dieterich. — 2. Aufl. gr. 8. (IV u. 217 S.) Ebd. 851. n. 1/2 ₰

Richard, C., lateinische Grammatik für Progymnasien, Realschulen und ähnliche Anstalten. 3. Aufl. Hannover 862. C. Rümpler. gr. 8. (VI, 319 S.) n. 24 ngr.

Richard, C [Übers.]
s. Hall, S.C.: Der Geächtete. 1836.

– s. E. Howard, der alte Kommodore.

s. Dess. Ardent Troughton.

— der Krieg in China, s. a. Lebens- u. Kriegsbilder aus Asien.

—— der Krieg in China, nach geschichtl. Mittheilungen der britischen Offiziere M'Pherson, Elliot-Bingham u. A. gr. 8. (24 1/4 B.) Aachen 843, Mayer.
Vgl.: Lebens- u. Kriegsbilder. 7. Bd.

— Laboremus. Roman. (340 S.) 8. Ebd. (909). 4.—; geb. 5. —

s. Lever, Charl. J.: Thomas Burke.

s. dess. Harry Lorrequer's Geständnisse.

– s. dess. Jack Hinton.

– s. dess. Odonoghue.

– s. dess. Arthur O'Leary's Wanderungen.

Richard, C [Übers]
s. Marryat, F.: Jakob Ehrlich. 1835.

Richard, C [Übers]
s. Marryat, F.: Erzählungen eines Paschas. 1835.

– s. Dess. Newton Forster.

– s. Dess. Der fliegende Holländer.

– s. Dess. Japhet.

– s. Dess. Der Pirat.

Richard, C [Übers.]
s. Marryat, F.: Midshipman Ruhig. 1836

– s. Deſſ. Der See-Offizier.

Richard, C [Übers.]
s. Marryat, Frederick: Peter Simpel. 1834.

Richard, C [Übers.]
s. Marryat, Frederick: Peter Simpel. 1836.

– s. Deſſ. ſämmtl. Werke.

– s. A. de Moreto, Weiberhüten.

– s. Nabob, des, Heimkehr.

– s. Paul Clifford.

– s. W. Scott ſämmtl. Werke. 466 Bdchen.

– s. Tante Pontipool.

Richard, C., die Touren der veredelten Kanarienvögel u. deren Ausartungen. 8. (24 S.) Duderſtadt (891.) F. Haenſch. — 30

– s. Trollope, Jefferſon Whitlaw.

– s. de Vega, romant. Dichtungen.

Richard, C [Übers.]
s. White, Charles: Arthur Beverley, des Konigs Page. 1829.

– s. White, die heiml. Ehe.

Richard, C [Übers.]
s. White, Charles: Der Kaschmir-Shawl. 1840.

Richard, C [Übers.]
s. White, Charles: Herbert Milton ... 1828.

– s. C. Wilſon, Benj. Brells See-Züge.

— die Zucht des deutſchen Kanarienſängers. 8. (VII, 97 S.) Ebd. (894). 1. 20

Richard, C. H., s. Richard, Konrad Heinrich

Richard, C. M., Titulaturen, weltliche u. geiſtliche, deutſche u. fremdländiſche. Eine Studie. 8. (112 S.) Leipzig 890. Fr. Koch. n. 1. —
vgl. Richard, E. M.

Richard, Carl, s. Richard, Karl

Richard, Clara, s. Richard, Klara

Richard, D., dramatiſche Kränze. 1r Bd. (Inhalt: Der Reiche u. der Arme. Drama. — Beide lieben, oder Vernunft u. Wahn. Drama. — Neun Uhr. Schauſpiel.) gr. 12. Hamburg 838. Naf u. Magnus. (Leipzig, Böhme.) n. 1 ₰

Richard, E. M. Titulaturen, weltliche u. geiſtliche, deutſche u. fremdländiſche. Eine Studie. 8. (112 S.) Lpz. 890, Fr. Koch. * 1 —
vgl. Richard, C. M.

Richard, Ed., Katechismus der Geographie u. Statiſtik der öſterreichiſch-ungariſchen Monarchie. Ein alphabetiſch geordnetes Nachſchlagebuch über die Grenzen, Beſchaffenheit von Land u. Leuten, Land- u. Forſtwirthſchaft, Berg- u. Hüttenweſen, Handel u. Induſtrie, Verkehrs- u. Unterrichtsweſen der öſterreichiſch-ungariſchen Monarchie. 8. (VIII, 188 S.) Wien 880. Hartleben. cart. 2. 25

Richard, Eliſe, e. Königin. Der Strand. Zwei Novellen. gr. 16. (67 S.) Leipzig 884. Abel. n. 2. —

Richard, Emil

— die kaufmännisch-prakt. Ausbildung der Handelslehrer, s.: Gesellschaft, schweizer., f. kaufm. Bildungswesen. 3. Hft.

Richard, Emil. Der Entwurf eines einheitlichen Bundesgesetzes betreffend das schweizerische Postwesen. Referat, gehalten in der Ordentlichen Delegiertenversammlung vom 1. Juni 1907. Sonderabdruck aus dem Protokoll [der Ord' D'.... Herausgeber:] Schweizerischer Handels- und Industrie-Verein. 15 S. 4. Zürich, Berichthaus, 1907.

Richard, Emil. Die Kaufmännische Gesellschaft Zürich 1873—1903. Teil 1: Geschichte der Kaufmännischen G' Z'. VIII + 154 S. 8. Zürich, Selbstverlag der Zürcher Handelskammer, 1904. [fr. 2. —]

(Richard, Emil.) Kranken- und Unfallversicherung: Der Bericht der nationalrätlichen Kommission vom 2. Mai 1908. 37 S. 8. Zürich, Arnold Bopp, 1908. [fr. 1. 20]
Wirtschaftliche Publikationen der Zürcher Handelskammer. Heft 10. Juli 1908.

(Richard, Emil.) Kranken- und Unfallversicherung: Gesetzesentwurf mit Motiven nach den Vorschlägen der Zürcher Handelskammer. 64 S. 8. Zürich, Arnold Bopp, 1908. [fr. 1. 50]
Wirtschaftliche Publikationen der Zürcher Handelskammer. Heft 9. März 1908.

(Richard, Emil.) Kranken- und Unfallversicherung: Kritik des bundesrätlichen Gesetzesentwurfs vom 10. Dezember 1906. 112 S. 8. Zürich, Arnold Bopp, 1908. [fr. 3. —]
Wirtschaftliche Publikationen der Zürcher Handelskammer. Heft 8. Januar 1908.

Richard, Emil. Le projet d'une loi fédérale sur les postes suisses. Rapport de M. Emile R', ... tenu à L'Assemblée ordinaire des délégués du 1er juin 1907. Extrait du Procès-verbal de l'Assemblée. [Publié par l'] Union suisse du commerce et de l'industrie. 15 p. 4. Zurich, Berichthaus, 1907.

Richard, Emil. Zur Revision des zürcherischen Erbschaftssteuergesetzes. Separatabdruck aus der Neuen Zürcher Zeitung. [Mit 1 Tabelle.] 15 S. 8. Zürich, Druckerei der Neuen Zürcher Zeitung, 1902.

[Richard, Emil.] Zur Revision des Fabrikgesetzes. Kritik des Entwurfs des Eidgenössischen Fabrikinspektorats und Gegenentwurf der Zürcher Handelskammer. 179 S. 8. Zürich, Arnold Bopp, 1906. [fr. 3. 50]
Wirtschaftliche Publikationen der Zürcher Handelskammer. Heft 3. April 1906.

[Richard, Emil.] Zur Revision des schweizerischen Postgesetzes. Kritik des bundesrätlichen Entwurfes vom 25. Februar 1907 und Vorschläge der Zürcher Handelskammer. 24 S. 8. Zürich, Arnold Bopp, 1907. [fr. 1. —]
Wirtschaftliche Publikationen der Zürcher Handelskammer. Heft 6. Oktober 1907.

[Richard, Emil.] Zur Steuerreform im Kanton Zürich. Zweite Eingabe der Zürcher Handelskammer an den h. Kantonsrat des Kantons Zürich. 32 S. 4. Zürich, Druckerei der Neuen Zürcher Zeitung, November 1902.

[Richard, Emil.] Steuerreform im Kanton Zürich. Kritik der Vorschläge des Kantonsrates und Gegenvorschläge. [Mit 1 Tabelle.] 56 S. 8. Zürich, Arnold Bopp, 1905. fr. 1. —
Wirtschaftliche Publikationen der Zürcher Handelskammer. Heft 1.

Richard, Emil. Vorschläge zur Revision des Staatssteuergesetzes des Kantons Zürich bearbeitet von Emil Richard, I. Sekretär... der Zürcher Handelskammer. Dem h. Kantonsrat des Kantons Zürich eingereicht von der Zürcher Handelskammer. VIII + 172 S. 4. Zürich, Druckerei der Neuen Zürcher Zeitung, März 1901. [fr. 5. —]

Richard, Emil, Vorschläge zur Revision des Staatssteuergesetzes des Kantons Zürich. Dem h. Kantonsrat des Kantons Zürich eingereicht v. der Zürcher Handelskammer. gr. 4. (VII, 172 S.) Zürich 901. (A. Müller's Verl.) n.n. 5. —

Richard E., welche Anforderungen sind an die Lehrer der kaufm. Fortbildungsschulen hinsichtlich ihrer theoret. u. prakt. Kenntnisse zu stellen?, s.: Gesellschaft schweiz., f. kaufmänn. Bildungswesen. 6. Hft.

Richard, E[mil]. Wiedervereinigung mit Baselstadt, ganz oder theilweise?! Eine Studie. 8. Basel 1887.

Richard, Emil, s.a. Zolltarife, die, d. Schweiz etc.

Richard, Emil. Die Zolltarife der Schweiz, des dtschn. Reiches, Oesterreich-Ungarns, Italiens u. Frankreichs. 3. Aufl. Gr. 8°. 402 S. Brugg, Effingerhof, Verlagsbuchh. 1898 Geb. 8 —

Zolltarife, die, der Schweiz, des Deutschen Reichs, Oesterreich-Ungarns, Italiens u. Frankreichs samt den wichtigsten Bestimmungen der Zollgesetze. 3. Aufl. v. *E. Richard.* Gr. in-8°. 490 S. Brugg, Fisch, Wild & Co. Geb. in Lwd. 8 — 1898

— Emmanuel (Tonna/Thüringen), Lemmata antiquitatum Romanarum. Präs. Conrad Samuel Schurzfleisch. Wittenberg (Chr. Kreusig) 16. XII. 1701. (3.50) 28586

Richard, Ernst. Alte Geschichten aus dem Mohawkthal. New York: Herkemer. 1888. GSP, UC

— Moderne Raubritter des grünen Tisches, s.: Aus dem Sumpfe der Großstadt.

Richard, Ernst, zu früh. Trauerspiel in 5 Akten. (44 S.) 8. Berlin-Friedenau 910. Bureau Fischer. 1. —

Richard, Eug.. Etude sur les nationalités, leur formation et leurs rapports en temps de paix et de guerre, d'après les principes modernes du droit international. 194 pp. in-12. Bâle et Genève, H. Georg. 1871 2. —

Richard, Eugen (Bearb.), s. Schweizer eigener Kraft!

Richard, F., kurzgefaßte Götterlehre f. Kinder. 8. Basel 790. (Neukirch). 4 gr.

Richard, F. C., meine 22jähr. militär. Laufbahn u. 1 Jahr in Rußland während d. französ. Feldzugs daselbst. gr. 8. Lüneb. 822. Herold u. W. 10 gr.

Richard, F. M. B., Leben der seligen Franziska v. Amboise, Herzogin der Bretagne u. Profeßschwester d. Karmelitenordens. [1427—1485.] Aus dem Franz. 8. (484 S. m. 1 Stahlst.) Regensburg 892. F. Pustet. n. 3. —

Richard, Frz., zur Dienstprüfg. d. badischen Volksschulkandidaten m. d. Verordnungen üb. d. Ausbildg. u. Prüfg. d. badischen Gewerbe-, Zeichen-, Real-, Taubstummen- u. Musiklehrer. gr. 8. (VI, 95 S.) Bonndorf 897. (J. A. Binder's Nachf.) n.n. 1. —

Richard, Gaspard Frédéric: Circa materiam usucapionum atque praescriptionum. 10 S.--
Basel, Jur.Diss.v. 13.Febr.1778.

Richard, Georg [aus Spremberg (Lausitz)]: Die culpa bei der mora debitoris .... Göttingen, Druck d. Univ.-Buchdr. v. E. A. Huth, 1888; 39 S. 8°
Göttingen, Jur. Fak., Inaug.-Diss. v. 16. Jun. 1888

Richard, Geo., die culpa bei der mora debitoris. Inaugural-Dissertation. gr. 8. (39 S.) Göttingen 888, (Vandenhoeck und Ruprecht.) *

Richard, H.: Das Arsen. 63 S. 8° – Wien, OR. Jos., Progr. 1872.

Richard, H., die Gewinnung der Gespinnstfasern, s.a. Otto-Birnbaum, Lehrbuch der rationellen Praxis der landwirthschaftlichen Gewerbe.

Richard H.: Die Gewinnung d. Gespinnstfasern. Braunschw. 1881. 204 S. Fig.
(= Lehrbuch d. rationellen Praxis d. landw. Gewerbe. Th. 9). 644.

—— s. Kronauer, J. H., Atlas der mechan. Technologie.

Richard, Maschinen- u. Lokomotiv-Fabrik der Hannoverschen Maschinen-Actien-Gesellschaft zu Linden vor Hannover. Mit 10 (lith.) Blatt Zeichngn. (in qu. gr. 4. u. Fol.) Nach Mittheilgn. der Direction red. [Aus: „Zeitschrift d. Architekten- u. Ingenieur-Ver. zu Hannover."] gr. 4. (28 S.) Hannover 874. Schmorl & v. Seefeld. n. 6. —

Richard, H., die Näh-Maschine. Ihre geschichtliche Entwicklung, Construction u. ihr jetziger Standpunkt. Mit 10 lith. Taf. 2. (Titel-)Aufl. gr. 8. (VI, 132 S.) Hannover (1876) 879. Helwing's Verl. n. 6. —

Richard, H., die Nähmaschine. Ihre geschichtl. Entwicklg., Construction u. ihr jetz. Standpunkt. Mit 10 lith. Taf. Neue wohlf. (Titel-)Ausg. gr. 8. (VI, 132 S.) Leipzig 887. Baumgärtner. n. 3. —

—— die Rauchverzehrungsfrage. Bericht der von dem Karlsruher Bezirksverein deutscher Ingenieure zur Behandlung der Rauchverzehrungsfrage ernannten Commission. gr. 8. (62 S.) Karlsruhe 884, (Bielefeld's Sortimentsb.) **

Richard, Heinrich

Richard H.: Etymologische Erklärung der in den Lehrbüchern der Chemie für Mittelschulen am häufigsten vorkommenden Fremdwörter u. termini technici. 30. Wien R. VI. 86.
Progr.

Richard, Hnr., die Kartoffelkrankheiten im Allgemeinen, besond. aber die jetzt herrschende, ihre Kennzeichen u. Ursachen; mit Angabe der Mittel, die schädlichen Folgen der Krankheit zu vermindern u. ders. für die Zukunft vorzubeugen. 8. Hamburg 845, Kittler. 1/6 ℛ

Richard Heinrich: Etymologisch-biographisches Lexidion der häufigsten physikalischen Fremdwörter und Eigennamen. 27. Wien VI. R. 90.
Progr.

Richard, (Jac.) Heinr. (geb. Inier in d. Schweiz 7. 1. 1824): De servis apud Homerum. Berolini (1851). 32 S. 8°
Berlin, Phil. Diss. v. 24. Dez. 1851

Richard, Herm., fürs Kind, s.: Universal-Bibliothek.

Richard, Herm., üb. die Lykinosdialoge d. Lukian. gr. 4. (54 S.) Hamburg 886. (Herold.) n.n. 2. 50

Richard, J.: Über die Einwirkung des Formaldehyds auf α-Picolin. Diss. München 1903

Richard, des erblind. J. Fr., Klänge durch d. Nacht. Poesien. (M. 1 Musikbeil.) 8. (12¼ B.) Leipzig 830, (Rauck.) Thlr.
vgl. Richardt.

Richard, J. J., Rede, gehalten am Jugendfeste der 3n Reformations-Jubelfeier in Bern. gr. 8. Bern 828. Jenni. 3 gr.

Richard, Jean, s. Jean Richard.

— Johann Christian (Hannover), Memoria illustris viri Johann Matthias Gesner pie culta a seminarii philol. artium membris. Simul quid valeat ad beatam mortem veterum philosophia perstringitur. Göttingen (Hager) 1761. 16 S. (4.25) 28588

Richard, Joseph Adolphe: Bewegungen im menschlichen Körper. Physiologische Abhandlung. Düsseldorf 1878. 48 S. 8°

Richard, Joseph Adolphe: Natürliche Heil- und Lebensweise. 1. Abtheilung. Krankenbehandlung. [Blum, Bibl. lux.]

Richard, Isidor, Assist. an d. Techn. Hochsch. München: Ueber die Einwirkung des Formaldehyds auf α-Picolin. 1904. 50 S. 8° ¶ Vgl. Berichte d. Deutschen Chem. Gesellschaft. Jg. 37.
München, Dr.-Ing.-Diss. v. 21. 12. 1903

Richard, Jules, Entomostracés recueillis par Steindachner dans les lacs de Janina et de Scutari. [Aus: „Annalen d. k. k. naturhistor. Hofmuseums".] Lex.-8. (4 S. m. 1 Abb.) Wien 897. A. Hölder. n. — 40

Richard, Jules: Sur le Muséum Océanographique de Monaco. Communication faite au VIIe Congrès international de Géographie à Berlin en 1899. ([S.-A.] Verhandlungen des VII. Internationalen Geographen-Kongresses in Berlin. 1899. S. 323–325.) Berlin 1900. 3 S. 8°.

Richard, Karl

Richard, Carl, a. Papenburg a. Ems: **Beiträge zur Kenntnis hochgradiger Myopie. Würzburg 1905: J. Seelmeyr.** (30 S.) 8°
Würzburg, Med. Fak., Ref. Heß, Diss. v. 6. Sept. 1905
[Geb. 4. Sept. 79 Papenburg; Wohnort: München; Staatsangeh.: Preußen; Vorbildung: Gymn. Münster i. W. Reife O. 99; Studium: Freiburg i. B. 2, Kiel 3, München 2, Würzburg 2 S.; Coll. 21. Dez. 04; Approb. 10. Juli 04.]

Briefe aus Columbien an seine Freunde von einem hannoverischen Officier [d. i. Carl Richard]. Geschrieben in dem Jahre 1820. — Lpz: Brockhaus 1822. X, 292 S.

Richard, Karl Ldw., analysis conciliorum generalium et particular., quae in latinum idioma transtul. Dalmasus. V Tomi. 8maj. Augsb. 778—82. M. Rieger. 7 fl 2 gr

Richard, Klara

Richard, Clara, Frühlingsblumen. Gedichte. 12. (203 S.) Hagen 884. Risel & Co. n. 3. —

Richard, Konr. Hnr., ausführl. Abhandl. von den Bauergütern in Westphalen, besond. im Fürstenth. Osnabrück. 1r Thl. 8. Götting. 818. Dieterich. 1 fl 12 gr

Richard, Konr. Heinr., Abhandl. v. d. Weinreben im Fürstenthum. Osnabrück. 8. Göttingen, 1798. Dieterich.

— alphabet. Handbuch der das Notariat im Königr. Westphalen betreff. Gesetze. 8. Osnabr. 810. Crone. 1 fl 6 gr

Richard, C. H., Sammlung analytisch-synthetischer Uebungen aus d. reinen Geometrie. 1s Heft. 8. Hamm, Schultz und W. 821.

— Samml. analyt.-synthetischer Uebungen aus d. reinen Geometrie. 1s Bdchn. Mit 59 Holzschn. 8. Hamm 822. Schulz. 16 gr

— von dem Weinbau. 8. Osnabr. 798.

Richard, L. L'album illustré de timbres-poste, s.a. Senf, Rich. Illustrated postage stamp-album.

Richard, L., album illustré pour timbres-poste, enveloppes, cartes postales, cartes-télégrammes, bandes, mandats etc. 7. éd., entièrement revue et augmentée des dernières émissions. Contenant 4800 types de timbres, 45 portraits de chefs d'états et 92 armoiries des principaux états du globe. gr. 4. (V, 528 Bl.) Leipzig 893. C. F. Lücke. Geb. Ausg. I 13. 60; Ausg. II 14. 75; Ausg. III 15. 25; Ausg. IV 16. —; Suppl.: Neuheiten von Novbr. 1890 – Novbr. 1892, allein n. 2. —; geb. in Leinw. n. 3.

Richard, L., Album de timbres-poste illustré. Nouvellement composé et divisé de façon à pouvoir s'en servir indéfiniment. Ornés de dessins représentant les différents types de timbres, ainsi que de nombreuses armoiries de pays, et enrichi par l'adjonction de tables spéciales des filigranes. 8. éd. 2 parties. gr. 4. (IV, 384 u. V, 258, 4 Bl.) Leipzig 897. C. F. Lücke.
Nr. 161, in 1 Halbleinwbd. 12. 50;
Nr. 162, in 1 Leinwbd. 18. —;
Nr. 163, in 2 Halbleinwbdn. 20. —; 1. Bd. allein 13. —; 2. Bd. allein 9. —;
Nr. 164, in 2 Leinwbdn 22. 50; 1. Bd. allein 14. 50; 2. Bd. allein 10. —;
Nr. 165, kleine Prachtausg. auf Velinpap., in 2 Leinwandbdn. m. Schlössern 40. —; 1. Bd. allein 27. 50; 2. Bd. allein 17. 50;
Nr. 166, grosse Liebhaber-Ausg. auf Velinpap., in 2 Ldrbdn. m. Goldschn., Schlössern u. Metallknöpfen 60. —; 1. Bd. allein 38. —; 2. Bd. allein 27. —;
Nr. 167, grosse Prachtausg., auf Kartonpap., in 3 Ldrbdn. m. Goldschn., Schlössern u. Metallknöpfen 125. —; 1. u. 2. Bd. allein 80. —; 3. Bd. allein 55. —;
Nr. 168, 2seitig bedruckt (IV, 384 u. 258 S.) in Halbleinwbd. 7. —;
Nr. 169, dasselbe in Leinwbd. 9. —;
Nr. 170, dasselbe in Halbfrzbd. 12. —.

— dasselbe. Suppl. Nr. VII, à la I. éd., Nr. I à la 6. éd. Les nouvelles émissions (Septembre 1893—Août 1895.) gr. 4. (65 Bl. m. Abb.) Ebd. 895. n. 2. 50; geb. n. 4. —

Richard, L., Album de timbres-poste illustré. Nouvellement composé et divisé de façon à pouvoir s'en servir indéfiniment. Orné de dessins représentant les différents types de timbres, ainsi que de nombreuses armoiries de pays, et enrichi par l'adjonction de tables spéciales des filigranes et d'une appendice, comprenant les timbres non postaux. I. partie: Edition permanente, II. partie: 9 éd. 2 parties. gr. 4. (VI, 384 u.

V, 324 Bl.) Leipzig (899). C. F. Lücke. Nr. 161, in 1 Halbleinwbd. 12. 50; Nr. 162, in Leinwbd. 18. —; Nr. 163, in 2 Halbleinwbdn. 20. —; 1. Bd. allein 13. —; 2. Bd. allein 9. —; Nr. 164, in 2 Leinwbdn. 22. 50; 1. Bd. allein 14. 50; 2. Bd. allein 10. —; Nr. 165, kleine Prachtausg. auf Velinpap., in 2 Leinwbdn. m. Schlössern 40. —; 1. Bd. allein 27. 50; 2. Bd. allein 17. 50; Nr. 166, grosse Liebhaber-Ausg. auf Velinpap., in 2 Ldrbdn. m. Goldschn., Schlössern u. Metallknöpfen 60. —; 1. Bd. allein 38. —; 2. Bd. allein 27. —; Nr. 167, gr. Prachtausg., auf Kartonpap. in 4 Ldrbdn. m. Goldschn., Schlössern u. Metallknöpfen 125. —; 1. u. 2. Bd. allein 80. —; 3. u. 4. Bd. allein 55. —; 2seitig bedruckt (384 u. 320 S.) Nr. 168, in Halbleinwbd. 7. —; Nr. 169, in Leinwbd. 9. —; Nr. 170, in Halbfrzbd. 12. —

Richard, L. C., Analyse d. Frucht- u. des Samenkorns; aus d. Französ. mit Anmerkk. u. Zusätzen von S. F. Voigt. Mit Kpf. 8. Leipz. 811. Reclam. 1 ℔ 4 gl

Richard, (L. C.,) Commentatio botan. de conifereis et cycadeis, charact. gener. sing. utriusque familiae, et figuris analyticis eximie ab autore ipse ad naturem delin. ornat. compl. Opus posth. ab A. Richard. A. u. d. T.: Mémoires sur les conisères et les cycadées. Mit 30 Kupf. gr. 4. 826. (Stuttg., v. Cotta.) 21 Rthl. 9 gr. Velin-Pap.

Richard, L. C., de Musaceis commentat. botan., s. Acta, nova, phy.-med. academ. Caesar. Leopold.-Carol. nat. curiosor., T. XV. P. II., Supplem.

Richard dit Bressel, Dr. Louis, Cours d'histoire universelle pour les jeunes dames. Tom. I. Histoire ancienne. gr. in-8. Marbourg 833. Garthe. n. 2 ℔

Richard dit Bressel, Dr. L., traité de l'Accentuation française. gr. 8. Marb. 832. Elwert. 4 gl

Richard, Ludw(ig), a. Frankfurt a. M.: Ueber die Einwirkung von Grignard-Lösungen auf organische Halogen-Ammonium-Verbindungen. Gießen 1906: v. Münchow. (47 S.) 8°
Gießen, Phil. Fak., Ref. Naumann, Diss. v. 29. Okt. 1906
[Geb. 27. Mai 74 Frankfurt a. M.; Wohnort: Gießen; Staatsangeh.: Preußen; Vorbildung: Realgymn. Wöhlerschule Frankfurt a. M. Reife O. 94; Studium: Heidelberg 1, Berlin 10, Leipzig 10 S.; Rig. 2. Aug. 06.]

Richard, Mart., ein neuer Prophet. Schauspiel in 5 Akten. 8. (87 S.) Berlin (900). E. Bloch. n. 2. —

Richard, Mathias

Richard, M., Reformationspredigt, gehalten am 3ten Jan. 1819 zu Straßburg. gr. 8. Straßburg. (Leipzig, Gleditsch in Comm.)

Richard, M., Reformationspredigt, gehalten am 3. Jan. 1819 zu Straßburg. gr. 8. Straßb., (Leipz., Kaysers B.) 3 gl

Richard, Mathias. Ulrich Zwingli. Biographisch geschildert von M'R'.... Nebst einer einleitenden Uebersicht der Kirchen-Geschichte bis zu der Reformation. 8. Strassburg und Leipzig (1819).

— Ulrich Zwingli, biograph. dargestellt, nebst e. Uebersicht d. Kirchengeschichte bis zur Reformation. 8. Straßb. 819. (Kaysers B. in Leipz.) 9 gl

Richard, Max [aus Spremberg N./L.]: Beitrag zur Kenntniss der tiefen Blutgeschwülste am Halse .... Jena, Frommannsche Buchdr. (Hermann Pohle), 1887; 2 Bl. + 46 S. u. 1 Taf. 8°
Jena, Med. Fak., Inaug.-Diss. v. [22. Dez.] 1887

Richard, Max, Beitrag zur Kenntniss der tiefen Blutgeschwülste am Halse. Inaugural-Dissertation. gr. 8. (45 S.) Jena 887, (Pohle.) *

Richard, O., die Sittlichkeitsfrage der Gegenwart. 1. Thl.: Brennende Punkte. gr. 8. (34 S.) Berlin 892. (H. Brieger.) n. — 60

Richard, Osc., Phaëton, oder der Menschen Ringen u. Streben. Drama in 4 Aufzügen. 16. (IV, 122 S.) Hamburg 882. Grüning. n. 2. —; geb. m. Goldschn. n. 3. —

Richard, Paul. Chronik sämmtlicher Gastspiele d. herzogl. Sachs.-Meiningen'schen Hoftheaters während der J. 1874—1890. Statistische Uebersicht. (Fortsetzung u. Schluß.) 8. (III, 164 S. m. 1 Lichtdr.-Portr. u. 1 Tab.) Lpz. 891, Conrad. · 2 —
Vorhergehender Thl. s. XVII. Bd. 2. Abthl. S. 408: Richard, Paul. Die Gastspiele d. herzogl. Meiningen'schen Hoftheaters.

Richard, Paul, die Gastspiele d. herzogl. Meiningen'schen Hoftheaters während der Jahre 1874 u. 1883. Chronologisch-statist. Uebersicht. 8. (109 S.) Dresden 884. v. Grumbkow. n. 1. 50

Richard, R., die männliche Impotenz u. die gründl. Heilg. aller Folgen der geheimen Jugendsünden u. der Ausschweifung. Mit vielen Krankengeschichten erläutert u. nach den neuesten Entdeckgn. der Nervenphysiologie f. Aerzte u. Kranke bearb. 14. u. 15. verb. Aufl. (Der Regeneration des geschwächten Nervensystems). 8. (à VII, 95 S.) Leipzig 899. 902. Ernst. 1. 50

Richard, R., sexuelle Impotenz beim Manne. Gründliche Heilg. aller Folgen der geheimen Jugendsünden u. der Ausschweifg. Mit vielen Krankengeschichten erläutert u. nach den neuesten Entdeckgn. der Nervenphysiologie f. Aerzte u. Kranke bearb. 16. Aufl. (VIII, 101 S.) 8. Leipzig (909). Ernst. 1. 50
Infolge Rechtsspruchs unbrauchbar gemacht.

Richard, R., die häufigsten schmerzhaften Nervenkrankheiten, als nervöses Kopfweh und Migräne, Nervenzahnweh, Gesichtsschmerz rc., wie sie unter einander zusammenhängen u. wie sie geheilt werden können. 853. — 2. Aufl. 854. — 3., verm. rc. Aufl. Schaffhausen 856. (Brodtmann.) 8. (2 Bl., 44 S.) 7½ ngr.

Richard, R., die Regeneration des geschwächten Nervensystemes oder: gründliche Heilung aller Folgen der geheimen Jugendsünden u. der Ausschweifung, mit einer (lith.) anatom. Abbildung u. vielen Krankengeschichten erläutert rc.; mit einem Anhang über Diätetik der männlichen Geschlechtsorgane, sie vor Krankheiten u. Ansteckung zu bewahren. 8. (VI u. 98 S.) Quedlinburg 850, Ernst. — 2. ganz umgearb. Aufl. 8. (VIII u. 104 S.) Ebd. 851. ½ ℔

—— die Regeneration des geschwächten Nervensystems, oder gründliche Heilung aller Folgen der geheimen Jugendsünden und der Ausschweifung. Mit vielen Krankengeschichten erläutert, und nach den neuesten Entdeckungen der Nervenphysiologie für Aerzte und Kranke bearb. 3. Aufl. (VIII und 96 S.) 1854. und 4., verb. Aufl. 8. (VIII und 102 S. mit 1 Stnt.) Quedlinburg 854, Ernst'sche Buchh.

Richard, R., die Regeneration des geschwächten Nervensystems oder gründliche Heilung aller Folgen der geheimen Jugendsünden und der Ausschweifung. Mit vielen Krankengeschichten erläutert und nach den neuesten Entdeckungen der Nervenphysiologie für Aerzte und Kranke bearb. 5. Aufl. 1857. und 6., verb. Aufl. 8. (VIII und 101 S.) Quedlinburg 860, Ernst'sche Buchh.

Richard, R., die Regeneration des geschwächten Nervensystems, oder: gründl. Heilung aller Folgen der geheimen Jugendsünden und der Ausschweifung. Mit vielen Krankengeschichten erläut. und nach den neuesten Entdeckungen der Nervenphysiologie für Ärzte und Kranke bearb. 7. Aufl. 1863. und 8., verb. Aufl. 8. (VIII und 101 S.) Quedlinburg 865, Ernst'sche Buchh.

Richard, R., die Regeneration des geschwächten Nervensystems, oder gründl. Heilung aller Folgen der geheimen Jugendsünden und der Ausschweifung. Mit vielen Krankengeschichten erläut. Für Aerzte und Kranke. 9. verb. Aufl. 8. (VIII, 101 S.) Quedlinburg 874, Ernst'sche Buchh.

Richard, R., die Regeneration des geschwächten Nervensystems, oder gründl. Heilung aller Folgen der geheimen Jugendsünden und der Ausschweifung. Mit vielen Krankengeschichten erläutert und nach den neuesten Entdeckungen der Nervenphysiologie für Aerzte und Kranke bearb. 10. verb. Aufl. 8. (VIII, 101 S.) Quedlinburg 877, Ernst'sche Buchh.

Richard, R. (I.), die Regeneration des geschwächten Nervensystems, oder gründl. Heilung aller Folgen der geheimen Jugendsünden und der Ausschweifung. Mit vielen Krankengeschichten erläut. und nach den neuesten Entdeckungen der Nervenphysiologie für Aerzte und Kranke bearb. 11. Aufl. 8. (VIII, 101 S.) Quedlinburg 883, Ernst'sche Buchh.

Richard, R., die Regeneration des geschwächten Nervensystems od. gründl. Heilung aller Folgen der geheimen Jugendsünden u. der Ausschweifg. Mit vielen Krankengeschichten erläutert u. nach den neuesten Entdeckgn. der Nervenphysiologie f. Aerzte u. Kranke bearb. 12. Aufl. 8. (VIII, 101 S.) Quedlinburg 887. Ernst. 1. 50

Richard, R., die Regeneration d. geschwächten Nervensystems od. gründl. Heilg. aller Folgen der geheimen Jugendsünden u. der Ausschweifg. Mit vielen Krankengeschichten erläutert u. nach den neuesten Entdeckgn. der Nervenphysiologie f. Aerzte u. Kranke bearb. 13. Aufl. 8. (VIII, 101 S.) Halberstadt 892. Ernst. 1. 50

Richard, R. (I.), Tunnelbau, s. Handbuch der Ingenieurwissenschaften.

Richard, R., Tunnelbau, s.: Mackonson, E.

— Sexuelle Verirrungen u. Entartungen beim männlichen Geschlecht. Mit vielen Krankengeschichten erläutert u. nach den neuesten Entdeckgn. der Nervenphysiologie f. Aerzte u. Kranke bearb. 16. Aufl. (VII, 101 S.) 8. Ebd. (909). 1. 50

Richard, R(embert), a. Osnabrück: Ueberblick über den heutigen Stand der Frage nach der Lokalisation in der Großhirnrinde und ihre Anwendung in der forensischen Praxis. Göttingen 1906: W. F. Kaestner. (69 S.) 8°
Göttingen, Med. Fak., Ref. Cramer, Diss. v. 26. Juni 1906
[Geb. 17. Jan. 76 Stralsund; Wohnort: Osnabrück; Staatsangeh.: Preußen; Vorbildung: Realgymn. Osnabrück Reife O. 00; Studium: Freiburg i. B. 4, München 1, Göttingen 5 S.; Coll. 30. Okt. 05; Approb. 28. Juli 05.]

Richard, Rich., ein Buch ohne Titel. In zwanglosen Heften. 1. Heft. gr. 8. (64 S.) Halle 875, Herrmann. *
Nicht weiter erschienen.

Richard, Rob., verwehte Klänge. Gedichte. (43 S.) kl. 8. Strassburg 905. J. Singer. n. 1. —

Richard, S., die französ. Sprache, durch wörtliche Uebersetzung jedem Deutschen leicht zugänglich gemacht. Oder Musterstücke aus französ. Schriftstellern, mit deutscher Interlinear-Uebersetzung, Behufs einer schnellen Erlernung der französ. Sprache. 1. Thl. A. u. d. T.: Perrin's Fabeln, mit deutscher Interlinear-Uebersetzung ꝛc. gr. 8. (VIII u. 164 S.) Heidelberg 848, E. Mohr. n. 1/2 ₰

Richard, T., Etudes sur l'art d'extraire immédiatement le fer de ses minerais sans convertir de métal en fonte. (Mit 1 Atlas von 9 Steintafeln.) gr. in-4. Paris 838; Leipzig, Michelsen. n. 10 2/3 ₰

— Handbuch gebräuchlicher u. unterhaltender Anwendungen der Mathematik, enthaltend Aufgaben aus dem Gebiet der Statik, Dynamik, Hydrostatik, Hydrodynamik, Pneumatik, Akustik, Optik ꝛc. mit ihren Lösungen; Notizen aus der Chronologie, Gnomonik, der Kunst des Aufnehmens, des Nivellirens, der prakt. Geometrie ꝛc. mit den darauf bezügl. Figuren; endlich eine große Anzahl gebräuchl. Tabellen u. ein kleines Vokabularium des Inhaltes eines Lehrbuchs der elementaren Mathematik. Ins Deutsche übersetzt. Mit 1 Figurentafel. 16. Berlin 838. Mittler. n. 1 1/3 ₰

Richard, Th., Deutsch-Ost-Afrika. Von Katunga nach Makapalile. Aus d. Tagebuch d. Missionars d. Brüdergemeine R. gr. 8. (60 S. m. 1 Karte.) Herrnhut 892. (Missionsbuchh.) n. — 40

Richard, Th., Selbsthilfe nach neuester Heilmethode ohne Arznei, Salben, Bäder u. dergl. bes. bei chron. (langwierigen) Krankheiten. 8. (70 S. m. 1 Taf.) Saarlouis 895. Limburg a. d. L., Selbstverlag. n. 1. 20

Richard, Theodor, approb. Arzt: Ueber Typhusbazillen im Blute und deren diagnostische Bedeutung. *Leipzig 1904: B. Georgi.* (26 S.) 8°
Leipzig, Med. Diss. v. (13. Juni) 1904

Richard-Janillon, das große Faß im Heidelberger Schloß. Heidelberg 856. (Emmerling.) 8. (8 S.) nn. 3 ngr.

Richard-Janillon, Wanderungen durch die Ruinen des heidelberger Schlosses und seine Umgebungen. gr. 8. (III und 158 S. mit 1 lithogr. Plane in gr. Fol.) Heidelberg 857, Emmerling. * —
Hieraus ist abgedruckt:

Richard-Schilling, Soph., Opferblumen. 8. Basel 823. Schweighäuser. 15 gr.

Richardett, s. Fortiguerra.

Richardett; e. kom. Heldengedicht v. Nicolo Fortigguerra, a. d. Italien. v. E. E. Heise. 1r Bd. gr. 8. Berlin, Hitzig. 808.

Richardi, H., Chablonen zu ornamentalen Zimmerwerken zum practischen Gebrauch für Bau- u. Zimmermeister etc. 1—4. Liefg. (à 3 Steintaf.) Preuss.-Stargardt 869. (Kienitz.) Imp.-Fol. Jede Liefg. n.n. 1 ₰

Richard's Entschiedenheit. 16. (80 S.) Cleveland 871. (Philadelphia, Schäfer & Koradi.) geb. n. 1. —

Richards Jugendtage, oder die Führung zum ungesuchten Ziele. Vom Verfass. der Auswanderer. Mit Titelbild. 8. Elberfeld 837. Hassel. n. 1/2 ₰

— Kunst reich u. glücklich zu werden ꝛc. Ein Taschenbuch. 16. Hamb., (Aue in Altona). 3 gr.

Richards, Captain Jennery, freie Bearbeitg., s.: Koch, Henny, Vater Jansens Sonnenschein.

Richards, A. B., so very human, s.: Collection of british authors.

Richards, Alfred Ernst

Richards, Alfr. E., Studies in English Faust literature. I. The English Wagner book of 1594, s. Forschungen, literarhistorische. XXXV.

Studies in English Faust Literature. By Alfred E. Richards. 1. Berlin: E. Felber 1907. 8°
= Forschungen, Literarhistorische. H. 35. [07. 8106 2]

Richards, Alfred E(rnst): The English Wagner Book of 1594. Edited with Introduction and Notes. Jena-Ziegenhain 1906: Thüringer Verl.-Druck. (32 S.) 8° * Erscheint vollst. in Literaturhistor. Forschungen, hrsg. v. Schick u. v. Waldberg.)
München, Phil. Fak., Ref. Schick, Diss. v. 10. Mai 1904
[Geb. 11. März 74 Hartford, Conn.; Wohnort: Hartford; Staatsangeh.: Vereinigte Staaten; Vorbildung: Hartford Public High School Reife Juni 94; Studium: Yale Univ. degree of M. A., München 3 S.; Rig. 10. März 04.]

Richards, Ellen, Chic, s.: Hohenheim, A.

— fürs Leben. Jungen Mädchen e. treuer Ratgeber u. Führer in allen Lebenslagen. 12. (XI, 148 S. m. Titelbild in Lichtdr.) Stuttgart 890. Greiner & Pfeiffer. geb. n. 3. —

— für's Leben. Jungen Mädchen e. treuer Ratgeber u. Führer in allen Lebenslagen. 2. Aufl. 12. (IX, 148 S. m. Titelbild in Lichtdr.) Ebd. 891. Geb. n. 3. —

Richards, Ellen, was kochen wir heute? Speisezettel u. Kochrezepte f. jeden Tag d. Jahres. 16. (XVI, 187 S.) Stuttgart 891. Greiner & Pfeiffer. Geb. in Leinw. n. 2. —

Richards, Goddard Henry (Agra)
On Secundary Syphilis. Inaug. Diss.
[lt. Dekanatsbuch nur handschriftlich eingereicht.]
Dr. med. Giessen 28.4.1842.

Richards, Nathan, tragedy of Messalina, the Roman emperesse, edited by A. R. Skemp, s.: Materialien zur Kunde des älteren englischen Dramas. 30. Bd.

Richards, Theodore William: Über die Bedeutung der chemischen Konstanten. Antrittsvorlesung, geh. 1907 zu Berlin von Prof. Dr. –. (Übers. von Dr. Arthur Stähler.) Cöthen (Anhalt): Chemiker-Zeitung 1907. 6 Bl. 8° [Umschlagt.]
Aus: Chemiker-Zeitung. 1907.

Richards Th. W. und Hönigschmid Otto: Revision des Atomgewichtes des Kalziums:
1. [illegible] vgr.
2. Analyse des Kalziumchlorids [illegible] vgr.
Separatabdruck

Richards, Thdr. William, experimentelle Untersuchgn. üb. Atomgewichte, v. R. u. seinen Mitarbeitern 1887 -- 1908. Deutsche Ausg., besorgt v. J. Koppel. (VIII, 890 S. m. 34 Abbildgn.) gr. 8. Hamburg 909. Leipzig, L. Voss. 35. —

Richards, Thomas [illegible] im Jahre [illegible], eine kurze Beschreibung der [illegible] Verhältn[illegible] am Schlusse d. [illegible] Jahres, hauptsächlich [illegible] Von Staatswegen [illegible]. Im Auftrage [illegible] aus dem Englischen übersetzt von Roland Stratzen. [illegible] 186[illegible]. V, 1[illegible] S., 2 [illegible], 1 Krt. 8°.

Richardsen, A., die schwedische Rinderzucht. (VII, 150 S. m. 1 Abbildg. u. 9 Taf.) Lex. 8. Berlin 910. P. Parey. 4. —

— Wageliste u. Weidebuch. 2 Hefte. (Je 48 S.) 8. Hannover (908). M. & H. Schaper. 1. 80

Richardsen, August, aus Kleiseerkoog (Preuß.): Die Marsch- u. Halligwirtschaft Nordfrieslands und der gegenwärtige Stand der Seebauten im nordfriesischen Wattenmeer. *Halle a. S. 1902: H. John.* (85 S.) 8°
Jena, Phil. Diss. v. (31. Juli) 1902

Richardson, Mrs. Aubry, a drama of sunshine. Played in Homburg. (VI, 308 S.) 8. London u. Leipzig 903. T. F. Unwin. n. 1. 50

Richardson, Fanny, Audry and Agnes. A sketch. Brunswic 854. (Leibrock.) 16. (XV, 350 S.) n. 1 *ᵃᵝ*.

Richardson, Hardscrabble, s. Bibliothek, amerikanische.

Richardson's method, a new method for learning, quickly and thoroughly, the English language. 2 books. 8. Berlin-Schöneberg (902). (Berlin, Berolina-Versand-Buchh.) n. 7. —
I. 3. ed. for Germany. (69 S.) n. 2. —
II. (IV, 212 S.) Geb. n. 5. --

— Méthode. Nouvelle méthode enseignant, en peu de temps et d'une manière approfondie, la langue française Livre 1er. 12. (90 S.) Ebd. (902). n. 2. —

Richardson: Wacousta, s. Bibliothek, Amerikanische.

Richardson, u. A. H. v. Rothenstein, Wacousta, s.: Universal-Bibliothek f. d. Jugend.

Richardson, Arthur [aus Torquay]: On the Determination of Vapour Pressures of Organic Alcohols and Acids, and the Relations existing between the Vapour Pressures of Organic Alcohols and Acids .... Bristol, J. W. Arrowsmith, printer, 1886; 23 S. u. 1 Taf. 8°.
Freiburg i. B., Phil. Fak., Inaug.-Diss. v. 1886.

Richardson, Constanze, s. Richardson, Konstanze

Richardson, E., Geschichte der Familie Merode. 1. Bd. gr. 8. (XII, 274 S.) Prag 877, Dominicus. *

Richardson, E., Geschichte der Familie Merode. 2. Bd. gr. 8. (VII, 495 S.) Prag 881, Dominicus. *

Richardson, E. C., der Ski, s.: Hoek, Henry.

Richardson, Elise, der Beichtstuhl, s.a. Streitschriften, freundschaftliche.

Der Beichtstuhl. Von Elise Richardson. Aus d. Engl. übers. von E. Spliedt. Barmen: D. B. Wiemann [1891]. (22 S.) 8° [F.]
— Streitschriften, Freundschaftliche. No 33. [o6. 13044

Richardson, Elizab., a book of gems, s. Book, a, of gems etc.

— der aufgehobene Schleier od. Ideal u. Wirklichkeit d. Klosterlebens. Aus dem Engl. übers. 8. (III, 118 S.) Barmen 892. D. B. Wiemann. n. 1. 80

Richardson, Elizabeth, s. Selection, a, in verse and prose.

Richardson, Ernest Cushing, s.: Gennadius, liber de viris inlustribus.

— s.: Hieronymus, liber de viris inlustribus.

Richardson, G. F., s. G. Mantell, die Phänomene d. Geologie.

Richardson, Georgius Morey [Massachusettensis]: De ‚dum' particulae apud priscos scriptores latinos usu .... Lipsiae, typ. B. G. Teubneri, 1886; 95 + 1 S. 8°.
Leipzig, Phil. Fak., Inaug.-Diss. v. 13. Aug. 1886.

Richardson, George Morey, de „dum" particulae apud priscos scriptores latinos usu. Dissertatio inauguralis. gr. 8. (95 S.) Leipzig 886, (Liebisch.) *

Richardson, James, Bericht über eine Sendung nach Central-afrika in den Jahren 1850 u. 1851 auf Befehl und auf Kosten der Regierung Ihrer Maj. von Grossbritannien. Aus dem Engl. Nebst 1 (lith.) Karte. Leipzig 853. Dyk. Lex.-8. (XX, 360 S.) 2 *ᵃᵝ*.

Richardson, John

— Abhandl. v. d. Sprache, Literatur u. Sitten morgenländ. Völker; a. d. Engl. (v. Fr. Federau). 8. Leipz. 779. Weygand. 1 *ᵖ*

Richardson, John. Abhandlung über Sprachen, Litteratur und Gebräuche morgenländischer Völker; a. d. Engl. Leipzig 1779. Ü: *Federau, Frdr.* (Ky) (MGT)

Richardson, J. Orientalische Bibliothek oder Wörterbuch des Orients ... Lemgo 1788—92. H: *Wahl, Sam. Frdr. Günther.* (Ebert)

Richardson, Jh., oriental. Bibliothek, oder Wörterbuch zur Kenntniß des Orients; e. Auszug aus d. Persisch-Arab.-Engl. Wörterbuche v. S. F. G. Wahl. 1r, 2r u. 3r Bd. in 2 Abtheill. gr. 8. Lemgo 788, 92. Meyer. 2 ℛ 8 ℊ

Richardson, J. Vorschläge zu neuen Vortheilen beim Bierbrauen ... a. d. Engl. Berlin 1788. Ü: *Wittekopp, Jacob Heinrich.* (Ky) (EngOec) (MGT)

Richardson, J., Vorschläge zu neuen Vortheilen beim Bierbrauen, nebst Beschreib. seines neuen Instruments, den Gehalt der Biere zu erforschen; aus d. Engl. (v. J. H. Wittekop). Mit e. Vorrede v. Crell. Mit Kpf. gr. 8. Berl. 788. Nicolai. 18 ℊ

Richardson, Jos., eine praktische Abhandlung über zahnärztliche Technik. Aus dem Engl. von Ad. zur Nedden. Mit 110 Holzschn. Leipzig 861. Forstner. (Felix.) gr. 8. (XII, 276 S.) n. 2 ℛ 20 ngr.

Richardson, Konstanze

Richardson, Constanze, Memoiren u. Charakterzüge aus dem Privatleben der Königin Luise von Preußen, s.: Bibliothek der Memoiren. IV.

Richardson, Oliver Huntington: **The national movement in the reign of Henry III. and its culmination in the Barons' war.** Th. 1. *o. O. [1897].* (49 S.) 8° ¶(Erschien vollständig 1897 bei The Macmillan Company in New York.)
Heidelberg, Phil. Diss. v. [3. Nov.] 1897

Richardson, S. F.

Richardson, Miss, Definitions et charactères à l'usage de **la jeunesse qui finit son éducation. gr. in-8. (12 B.) Vienne 839, [Tendler et Comp.]**

Richardson, S. F., Julia Maria, definitions and characters for the use of young persons who are finishing their education. gr. 8. (10 B.) Brunswick 815, Rademacher. *

Richardson, Samuel

Richardson, S., Clarissa, s. a. Collection of British authors.

Richardson, Sam., Clarissa. Roman. Aus dem Engl. übers. u. bearb. v. R. u. E. Ettlinger. Mit e. Vorrede v. Frz. Muncker. 2 Bde. 8. (X, 312 u. 242 S.) Karlsruhe 890. Braun. n. 5. 40

(Samuel) Richardson. Clarissa. (Aus d. Engl. übertr. u. ausgew. von Wilhelm und Fritz Mießner.) Berlin: Wiegandt & Grieben 1908. XXVIII, 495 S. 8°
(Englische Romane d. 18. Jahrhunderts.) 10. 9,69 11

Richardson, Clarissa. Jetzt: Leipzig, G. K. Sarasin.

Richardson, Samuel, Clarisse oder Geschichte eines jungen Frauenzimmers; a. d. Engl. Mannheim 1790. Ü: *Schmid, Chn Hnr.* & [?]. (EE) (MGT) (GGr) (ML)

[Richardson, Sam.] Die Geschichte der Clarissa, eines vornehmen Frauenzimmers, herausgegeben von demjenigen, welcher die Geschichte der Pamela geliefert hat. Aus dem Englischen übersetzt. 8 Bde. Göttingen, A. Vandenhoecks Witwe, 1767—1770. 8°. Hübsche braune KalbLdbde. d. Z. m. Rsch. und Rv.

G. IV¹, 576, 3a. Die ersten vier Bücher der Michaelis'schen Übersetzung waren bereits 1748, im Jahre der Publikation des englischen Originals erschienen. Der Einfluß der, eine neue Gattung des Romans begründenden Richardsonschen Werke auf die deutsche Literatur war groß, und der Name des bedeutenden Professors der Orientalistik und Theologie in Göttingen, J. D. Michaelis (1717—1791), als der des Übersetzers (obwohl auf dem Titel nicht genannt) mag zum Ruhme und zur Verbreitung der „Clarissa" einiges beigetragen haben.

Richardson, Geschichte d. Pamela, od. die belohnte Tugend e. Frauenzimmers; aus dem Engl. 4 Thle. 8. Liegn. 772. Siegert. 3 ℛ

— s. Grandison.

— Clarissa Harlowe, übersetzt (v. Chr. H. Schmidt). 16 Bde. Mit 24 Kpf. 8. Manh. 790, 91. (Frankf., Herrmann). 6 ℛ 8 ℊ (Nauck in Leipz.) 13 ℛ

— Dass. neu verdeutscht v. Th. Kosegarten. 8 Bde. Mit 24 Kpf. 8. Leipz. 793. (Wienbrack). 16 ℛ

Richardson, S., Clarisse Harlowe. Nach dem Plane Jules Janins im Auszuge bearb. von H. Bode. 3 Thle. 8. Leipzig 847 (846), Gerhard. 3 ℛ

Richardson, S., Clarisse Harlowe. Nach dem Plane Jules Janins im Auszuge bearb. von H. Bode. (2. wohlfeile Ausg.) 3 Thle. in 1 Bd. 8. (VIII u. 742 S.) Leipzig 847, Gerhard. 1½ ℛ

Richardson, histoire de Clarissa Harlowe. X Vols. 8. Winterthur. 787. Steiner. 10 ℛ 20 ℊ

— le même. XIV Vols. 12. Winterthur, Steiner. 5 ℛ 6 ℊ

— le même. VIII Vols. gr. 8. Basel 792, 93. (Ettinger in Gotha). 12 ℛ

— Histoire de Pamela. II Vols. 8. Frankf. 771. (Herrmann). 1 ℛ 8 ℊ

RICHARDSON, S. Herrn Samuel Richardsons, ... gemeinnützige Lehren der Tugend und der guten Sitten aus seinen gesammten Werken unter ihre gehörigen Haupttitel gebracht. Leipzig, Weidmann, 1757. 3?. 7 Bl. 534 S. Marmor. Pb. d. Z. m. Rsch.

— gemeinnütz. Lehren der Tugend u. guten Sitten. 8. Berl. 763. Rüdiger. 20 ℊ

— lettres anglaises, ou histoire de Miss Clarissa Harlowe. VII Vols. Mit 20 Kpf. 8. Dresd. 766—80. Walther. 6 ℛ

Richardson, S. Pamela oder die belohnte Tugend eines Frauenzimmers. A. d. Engl. Liegnitz 1772. Ü: *Schmit, Frdr.* (EE)

Richardson, S. Sittenlehre für die Jugend in Fabeln; a. d. Engl. Leipz. 1761. Ü: *Lessing, Gotthold Ephraim.* (ML)

Richardson, S. Sittenlehre für die Jugend in den auserlesensten Aesopischen Fabeln ... [A. d. Engl.] ... Leipz. 1757. Ü: *Lessing, Gotthold Ephraim.* (MN)

— Dies. mit Kpf. 8. Leipz. 783. Weidmann. 18 ℊ

Richardson, Sam., Sittenlehre f. die Jugend, in den auserles. Aesopischen Fabeln. Mit Kpf. 8. Münch. 786. Strobl. 1 ℛ

Richardson, William. Über Shakespeares Charaktere; a. d. Engl. Leipz. 1775. Ü: *Schmid, Chn Hnr.* (Ky) (ML)

— über die wichtigsten Charaktere Shakespeares; aus d. Engl. (v. Chr. H. Schmid). 8. Leipz. 775. Weygand. 9 gr

Richardson, Will., Chemie der Metalle, f. Fabrikanten ꝛc.; aus d. Engl. mit Anmerkk. 8. Leipz. 791. Weygand. 18 gr

Richardson (W.), Chemie der Metalle. Aus dem Englischen. Leipzig 1792. 8.

Richardt, Fr., schwedische Rittergüter u. Schlösser. 1. Serie. (In 4 Liefgn.) Herrensitze u. Schlösser in der Landschaft Södermanland. Nach der Natur gezeichnet. Mit erklär. Text bearb. nach dem schwed. Orig. 1. u. 2. Liefg. Stockholm 867. (Leipzig, Köhler.) qu. Fol. Jede Liefg. (12 Steintaff. in Tondr., wovon 2 color. u. 8 S. Text.) n. 4 ℛ

Richardt, Fr., schwedische Rittergüter u. Schlösser. 1. Serie. Herrensitze u. Schlösser in der Landschaft Södermannland. Nach der Natur gezeichnet. Mit erklär. Text bearb. nach dem schwed. Orig. 3. u. 4. (Schluss-)Lfg. qu. Fol. (S. 13–20 m. 33 lith. u. chromolith. Taf. u. 1 chromolith. Karte.) Stockholm 871. Leipzig, Köhler. n. 30. — (1. Serie cplt.: n. 54. —)

Richardt, Fr., schwedische Rittergüter und Schlösser. 1. Serie. (In 4 Lfgn.) Herrensitze und Schlösser in der Landschaft Södermanland. Nach der Natur gezeichnet. Mit erklär. Text bearb. nach dem schwed. Orig. 1. Lfg. qu. Fol. (12 Stnt. in Tondr., wovon 2 ill., und 8 S. Text.) Stockholm 887. Leipzig, Köhler.

Richardt, Franz: Über Verbrennungserscheinungen bei Gasen. 1904. 83 S. 8°
¶ T. 1 auch in: Schilling's Journal f. Gasbeleuchtung. Jg. 47.
Karlsruhe, Dr.-Ing.-Diss. v. 23. 7. 1903

Richardt, H., der Kampf der Kirche um die Schule, s. Sammelmappe, pädagogische, Heft 104, 105.

Richardt, Hermann: Darstellung der moralphilosophischen Anschauungen des Philosophen Hermann Samuel Reimarus. Leipzig [1907]: Bereiter & Meissner. (115 S.) 8°
Leipzig, Phil. Fak., Ref. Heinze-Wundt, Diss. v. 6. Febr. 1907
[Geb. 10. Nov. 82 Küllstedt, Prov. Sachsen; Wohnort: Küllstedt; Staatsangeh.: Preußen; Vorbildung: Gymn. Heiligenstadt Reife O. 02; Studium: Freiburg i. B. 1, München 2, Leipzig 6 S.; Rig. 28. Juli 06.]

Richardt (der Blinde), Jh. Fr., Gedichte in zwei Büchern: Hieronymus Snitger. (Mit e. Vorrede u. histor. Anmerkk. von Dr. G. Buek.) — Gedichte vermischten Inhalts. 8. Hamburg 836. (Herold.) n. 1 1/3 ℛ
vgl. Richard.

Richard Wagner-Jahrbuch. Herausg. von *Joseph Kurschner.* Bd. 1. Mit Lichtdruck-Portr. (nach *Ernst Kietz*) u. Facsim. W's. Stuttgart, Selbstverlag d. Herausg., 1886. Gr. 8°. Eleg. Orig.-Srsb. m. Press. u. Goldtit. am Deckel.
XII—120 S. (incl. S. 102 ff. für Inserate). „Dem Andenken König Ludwig II. von Bayern, des Meisters „Königlichem Freund u. Schirmherrn seiner nationalen Kunst", gewidmet.

Richard Wagner-Jahrbuch hrsg. von Ludwig Frankenstein. Bd 1. Leipzig: Deutsche Verlagsactienges. 1906. 8° [J.] 06. 1072

Richard-Wagner-Kalender. Historische Daten aus des Meisters Leben und Wirken. Wien 1881. 2. Aufl. 1883. H: *Kastner, Emerich.* (EB)

RICHARDY, J. Der Musikus Muppel. Berlin, Alfred Michow (um 1910). 8°.
Verb. d. Ldg. 1 Berlin 38 J. 850/12.

Richars li Biaus. Zum ersten Male hrsg. von Wendelin Foerster. Mit Unterstützung der k. Akademie der Wissenschaften. gr. 8. (XXIX, 196 S.) Wien 874, Hölder. *

Richartz, Alfred: Über Dichlor- und Halogenamino-Chloracetylbenzole und deren Derivate. Rostock 1908: Adler. 86 S. 8°
Rostock, Phil. Diss. v. 3. Aug. 1908, Ref. Kunckell
[Geb. 22. Nov. 75 Döhren b. Hannover; Wohnort: Rostock; Staatsangeh.: Preußen; Vorbildung: Realgymn. Einbeck Primareife O. 05; Studium: Berlin Techn. Hochsch. 5, Rostock 7 S.; Rig. 31. Juli 08.] [U 09. 3765

Richartz, Eduard, Erwerbs-Berufe f. schulentlassene Knaben. 1—10000. (62 S.) kl. 8. Essen 908. Fredebeul & Koenen. nn — 15

— s.: Heimat, unsere.

Richarts, Heinrich [app. Arzt aus Cöln]: Aus d. med. Klinik d. Hrn Geh. Rat Prof. Dr. Riegel in Giessen. Über Tetanie und sonstige Krampfzustände bei Hypersecretion des Magens ... Giessen, C. v. Münchow, Univ.-Dr., 1893; 31 S. 8.
Giessen, Med. Fak., Inaug.-Diss. v. 1893

Richarz, Adolf, appr. Arzt a. Königswinter: Aus d. chirurg. Abt. d. St. Marienhospitals, Bonn. Leiter: Prof. O. Witzel. Über die klinische Bedeutung der peritonealen Adhaesionen. Bonn 1904: J. Trapp. (75 S.) 8°
Bonn, Med. Fak., Ref. Bier, Diss. v. 4. Aug. 1904
[Geb. 7. Dez. 80 Königswinter; Heimatsort: Königswinter; Staatsangeh.: Preußen; Vorbildung: Gymn. Münstereifel Reife O. 99; Studium: Bonn 4, Freiburg i. B. 1, Berlin 1, Bonn 3 S.; Coll. 4. Aug. 04; Approb. 24. März 04.]

Richarz, C., Elementarbuch d. latein. Sprache, zur Einüb. d. Formenlehre u. d. Syntax nach d. Auszuge aus Zumpts „Grammatik." 1. Curs. Formenlehre. 8. (7¼ B.) Aachen 832, Kohnen.

Richarz, F., der am heil. Kommuniontage ꝛc. beschäftigte Christ. Ein Gebet- u. Erbauungsbuch f. alle Stände ꝛc. 5e A. Mit 1 Kpf. 12. Cöln 831. Mathieux. 12 gr geb. 17 gr

— Gebet- u. Erbauungsbuch f. alle Stände. Enthalt. e. vollständ. Samml. d. nothwend. Gebete, Litaneien, Lieder, in allen Anliegen u. zu jeder Tages- u. Jahreszeit. Mit 1 Kpf. 12. Cöln 831. Mathieux. 12 gr geb. 17 gr

— Rosenkranzbuch zum Gebr. bei öffentl. Andachten. Mit e. Anh. von 7 Litanei. 12. Cöln 826. Mathieux. Das Dutzend 10 gr

— Vorbereitung d. Kinder z. ersten heil. Kommunion. 12. Cöln 825. Mathieux. Das Dutzend 8 gr

Richarz, F. J., kurze Auszüge aus d. kl. latein. Grammatik des Chr. Glo. Bröder u. And., zum Gebr. auf Landschulen u. Pro-Gymnasien. 3e verb. u. verm. A. 8. Cöln 823. Mathieux. 6 gr

RICHARZ, Fr. Über Zeugung und Vererbung. Bonn 1850. 8°.

Richarz, Fr., über Zeugung u. Vererbung. Entgegnung auf die „Beiträge zur Erblichkeitsfrage von Dr. Eman. Roth in Belgard" in den Nummern 46 u. 47, 1879 der „Berliner klin. Wochenschrift". gr. 8. (46 S.) Bonn 880. Strauss. n. 1. 20

Richarz, Franz

— u. Rud. Schenck, über Analogien zwischen Radioactivität u. dem Verhalten des Ozons. (5 S.) gr. 8. Berlin 903. (G. Reimer.) n. — 50
Sonderabdruck aus: „Sitzungsber. d. preuss. Akad. d. Wiss."

Richarz, Frz., Anfangsgründe der Maxwellschen Theorie verknüpft m. der Elektronentheorie. (IV, 246 S. m. 69 Fig.) gr. 8. Leipzig 909. B. G. Teubner. 7.—; geb. 8. —

Aufgaben u. Vorschriften für die Praktikanten des physikalischen Instituts der Universität Marburg. (Verf.: [Franz] **Richarz** u. [Wilhelm] Feussner.) Marburg a. L. 1905: H. Bauer. (16 S.) 8° [06. 1454 4

Richarz, Frz., u. Otto Krigar-Menzel, Bestimmg. d. Gravitationsconstante u. d. mittl. Dichtigkeit d. Erde durch Wägungen. [Aus: „Abhandlgn. d. preuss. Akad. d. Wiss."] gr. 4. (196 S. m. 4 Taf.) Berlin 898. (G. Reimer.) Kart. n. 11. —

Richarz, Franz (Joseph Matthias, [illegible]): Die Bildung von Ozon, Wasserstoffsuperoxyd und Ueberschwefelsäure bei der Electrolyse verdünnter Schwefelsäure. Berlin [illegible]
Berlin, Phil. Diss. v. 28. Nov. 1884

Richarz, Franciscus (geb. am 5 Jan. 1812 in Linz a. Rh.): De vesaniae cognitione et cura quaedam ... Coloniae, ex off. Schloesseriana (1834). 4 Bl., 27 S. 4.
Bonn, Med. Fak., Diss. v. 15 Sept. 1834

Richarz, F., über die feromagnetischen Eigenschaften v. Legierungen unmagnetischer Metalle, s.: Heusler, Fr.

— u. W. **König**, zur Erinnerung an Paul Drude. Zwei Ansprachen. Mit e. Bilde u. e. Verzeichnis der wissenschaftl. Arbeiten Drude's. (48 S.) gr. 8. Giessen 906. A. Töpelmann. n. 1. 40

Richarz F, neuere Fortschritte auf dem Gebiete der Elektrizität. (139 S) (Aus Natur und Geisteswelt 9) Leipzig 1899

Richarz, F., neuere Fortschritte auf dem Gebiete der Elektrizität. In wissenschaftl.-gemeinverständl. Weise dargestellt, 2., wenig veränd. Aufl. gr. 8. (VI, 128 S. m. 97 Abbildgn.) Leipzig 902. B. G. Teubner. Geb. in Leinw. n. 1. 50

— dasselbe, s. a. Aus Natur- u. Geisteswelt.

Richarz, Frz., über öffentl. Irrenpflege u. die Nothwendigkeit ihrer Verbesserung, mit besond. Rücksicht auf die Rheinprovinz. gr. 8. (6⅞ B.) Bonn 844, Weber. *

Richarz, Franz, Prof., u. Prof. **Ernst Neumann**: Über ein Mass des Verdachtes auf systematische Fehler. Marburg 1909: Koch. 21 S. 4°
Marburg, Progr. zur Einführung des Rektors 1909 [U 10. 3414

— u. Ernst **Neumann**, über e. Mass des Verdachtes auf systematische Fehler. Progr. (21 S.) Lex. 8. Marburg 909. N. G. Elwert's Verl. 1. 20

• [F.] Mitgliederverzeichnis der Burschenschaft Fridericia zu Bonn '(18. Febr. 1843 bis Herbst 1847)'. 2. Aufl., sowie d. Burschenschaft Arminia zu Bonn '(1847—1849)' u. d. burschenschaftl. Verbindg Germania zu Bonn '(1843—1849)'. Festgabe z. Feier d. 50jähr. Stiftungsf. d. Burschenschaft Alemannia zu Bonn. [Verf.:] (F[ranz] Richarz, Privatdoc. a. d. Univ. Bonn.) *(Berlin: Langenscheidtsche Buchdr. 1894.* (21 S.) 1 Bd 8. [illegible]

Richarz, Fr.: Mitglieder-Verzeichnis d. Burschenschaft Fridericia zu Bonn '(1843—1847)', d. Burschenschaft Arminia zu Bonn '(1847—1849)' u. d. burschenschaftl. Verbindg Germania zu Bonn '(1843—1849)'. *Berlin 1895.*
in: Hessel, Karl, & Siller, Paul: Geschichte d. Burschenschaft Fridericia zu Bonn '(1843—1847)'
= Veröffentlichungen d. Archivs f. d. Deutsche Burschenschaft. H. 2. [98. 6829

Richarz, F[ranz], Prof.: Ueber **Temperaturänderungen** in künstlich auf- und abbewegter Luft. *Marburg 1903: J. A. Koch.* (18 S.) 4°
Marburg, Progr. zur Einführung d. Rektors 1902

Richarz, Jh. Pt., über die Idee d. Schönen, insbesond. in Beziehung auf poet. Darstellung. 8. Würzb. 811.

— deutsches Musterbuch f. d. obern Klassen in Gymnasien. 2 Abthll. I. Poet. Muster. 815. 2e A. 824. 1 ₰ 4 gr. II. Prosaische Muster. 815. 1 ₰ 4 gr. 8. Bamb., (Frkf. a. M., Wesché). 2 ₰ 8 gr.

— deutsches Musterbuch f. d. untern Klassen an Gymnasien. 8. Bamb. 815. (Wesché in Frkf. a. M.) 1 ₰ 4 gr.

Richarz, P. St., ein Profil durch den nördlichen Teil des zentralen Tian-Schan, s.: Keidel, H.

Richau, L. J., s. Jak. v. *Stählin*, anecdotes originals.

Richberg, Geo., was unserem heutigen Religionsunterricht not tut. Ein Vortrag. (32 S.) gr. 8. Cassel 904. Hess. Schulbuchh. n.n. — 50

Was unserem heutigen Religionsunterricht not tut. Ein Vortrag von Georg Richberg. *Cassel: R. Rottger 1904.* (32 S.) 8° [04. 18901 4

Richby, Th. Begebenheiten, 3 Theile, 8. Lübeck, 775. Bohn. 20 sgl.

Richby, Th., Begebenheiten. 3 Thle. 8. Lübeck 775. Donatius. 16 gr.

Richebourg, Emile, s.: Contours modernes.

Richebourg, Emil, unter trügerischer Larve. Roman. Übersetzt von Max v. Weißenthurn. 8. (328 S.) Leipzig 888, Greßner und Schramm. *

Richebourg, Emile. Zwei Mütter. Roman in 2 Bdn. Mit Autorrecht aus dem Franz. bearb. v. Emile Mario Vacano. 8. (223; 200 S. m. 52 Illustr.) Stuttg. 890, Deutsche Verlags-Anstalt. 1 —; geb. 1 25

Richebourg, E., der Sohn. Roman in 2 Bdn. Mit Autorrecht aus dem Franz. bearb. v. Emile Mario Vacano. 8. (212 u. 204 S. m. 43 Illustr.) Stuttgart 890. Deutsche Verlags-Anstalt. n. 1. —; in 1 Bd. geb. n. 1. 25

Richebourg, Emile. Die Tochter des Flachskämmers. Aus dem Französischen übersetzt von Ophelia von Seidel. Klgft., Bertschinger, (1897). 118 S.

— die Verschleierte. Roman. Übersetzt von Max v. Weißenthurn. 8. (172 S.) Ebendas. 887. *

Richel, Arthur [aus St. Wendel]: **Uebergang des arelatischen Erzkanzleramtes auf das Erzbistum Trier ... Halle a. S., Hofbuchdr. v. C. A. Kaemmerer & C., 1892; 45 S. 8.**
Halle, Phil. Fak., Inaug.-Diss. v. [21. Jan.] 1892

Richelet, Pet., nouv. Dictionnaire français anc. et moderne etc. III Tom. fol. Lyon. (Tourneysen, Basle, Commis.) 759. Rthlr.

— — le même augmenté p. Goujet. III Vol. fol. ibid. (Walther, Dresd.) 759.

Richelet, Pet., nouv. Dictionnaire français. III Vols. Fol. Basel 769. (Neukirch). 6 ₰ 16 gl

— Dictionnaire portatif. par Wailly. 2 Vol. gr. 8. Levrault, Strasb. 797.

— — le même p. Wailly. II Vol. gr. 8. Paris et Strasb. König. 798.

— lettres sur toutes sortes de sujets. II Tom. 8. Jena 753. Stahl. 20 gl

— — l. m. II. T. 12. Francf. Garbe. 761.

Richelieu, Kardinal, s. a. Memoiren-Bibliothek.

Richelieu, Kardinal. Eine historisch-romantische Schilderung Frankreichs ... Aus dem Engl. Leipzig 1830. V: *James, G. P. R.* (Engelmann I, 169) (Zeitschr. f. Büch. N.F. 15, 1923, S. 120)

Richelieu, Kardinal, e. histor.-romant. Schilderung Frankreichs im J. 1642. (Von G. P. R. James.) A. d. Engl. übers. 3 Bde. 8. (56¼ B.) Leipzig 830, Kollmann.

v. Richelieu, des Marschals, Privatleben. (Enth. seine Liebschaften u. Schwänke); aus d. Französ. 3 Bde. gr. 8. Leipz. 793. (Hinrichs). 3 ₰ 4 gl

Richelieu, Armand Jean du Plessis, Herzog von

v. Richelieu, Marschall ..., Memoiren, als Enthüllung der Gesch. des französ. Hofes unter Ludwig XIV. rc.; aus d. Französ. (v. J. K. Heß). 9 Bde. gr. 8. Jena 790—95. Mauke. 7 ₰

v. Richelieu, Herzog, aus dess. Memoiren. Frei nach d. Französisch. 8. Leipz. 827. Focke. 1 ₰ 12 gl

Richelmann, Aug. Wilh., Selbstschilderung, im Kerker zu Bremen im J. 1832 von ihm selbst geschrieben. Mit Aktenstücken vom Verf. documentirt u. mit e. Zusatze, seine bekannt. spätern Schicksale enthalt., vom Hrsgeb. verm. gr. 8. (5¼ B.) Braunschweig 833. (Bremen, Kaiser.)

Richelmann, G., meine Erlebnisse in der Wißmann-Truppe. 1. u. 2. Aufl. gr. 8. (VIII, 232 S. m. 1 Bild.) Magdeburg 892. Creutz. n. 2. —; geb. n. 2. 50

— die Nutzbarmachung Deutsch-Ost-Afrikas. Betrachtungen u. Erwäggn. gr. 8. (III, 100 S.) Ebd. 894. n. 1. 50

Richelmann, G., Hermann v. Wissmann, s.: Perbandt, C. v.

Richelmann, G., s.: Wissmann, Hermann, v., Deutschlands grösster Afrikaner.

Richelmann, Heinr., der Einfluß d. Irrthums auf Verträge. Ein civilist. Versuch. gr. 8. (10⅓ B.) Hannover 837, Helwingsche Hofbuchh.

Richelmann, Heinrich (Hildesheim), **Commentatio de facti errore in conventionibus. Göttingen (Fr. E. Huth) 1832. 50 S. (4.25)** 28590
Gew.: Friedrich Wilhelm von Osten. — Oppon.: O. Goeschen, F. Nieper.

Richelmann, Hnr. Gust., († im Jan. 1831.) über Ehre u. Ehrlosigkeit, nach röm. u. deutschen Rechten. 8. Rostock 800.

Richelmann, Johann Chr. Theodor

— Diss. inaug. Selecta capita doctrinae de assignationibus mercatorum. 4. Greifsw. 805.

Richelmann, Jh. Chr. Thdr., († d. 7. Febr. 1818.) über das Fenster- u. Lichtrecht, vorzügl. nach Lübischen Rechten. 8. Rostock 803.

RICHELMANN, RUDOLF. Ueber die Condensation von Oenanthol mit Brenzweinsäure. Strassburg, 1889.

Richelmy, Versuch e. Abhandl. über die Apoplexie, ihre Natur, Pathologie u. Hygiene; aus d. Französ. mit Anmerkk. v. Ed. A. Gräfe. gr. 8. Berl. 821. Reimer. 1 ₰ 10 gl

Richelot, Ernst Paul Claudius, zur Diagnostik der Schwangerschaft. Inaugural-Dissertation. Königsberg 868. (Hübner & Matz.) gr. 8. (27 S.) n. 7½ ngr.

Richelot, Friedrich Julius

Richelot, F., über die Anwendung einiger Formeln aus der Theorie der elliptischen Functionen auf ein bekanntes Problem der Geometrie. Königsberg 869. (Hübner & Matz.) gr. 4. (20 S.) n. 10 ngr.

Richelot. Anwendung der elliptischen Transcendenten auf die sphärischen Polygone, welche zugleich einem kleinen Kreise der Kugel eingeschrieben und einem anderen umgeschrieben sind. 1829.

— Auszug eines Schreibens des Herrn Dr. Eisenstein in Berlin an den Prof. Richelot in Königsberg u. e. Antwortschreibens des Prof. Richelot (die Abel'sche Integrale betr.). Ebend. 869. gr. 4. (12 S.) n. 10 ngr.

— Partielle Diff.-Gleichungen u. deren Anwendung auf physik. Fragen. Für den Druck bearb. u. herausg. von K. Hattendorff. Mit Holzschn. i. Text. Braunschweig 1869. 8°.

— einige neue Integralgleichungen des Jacobischen Systems Differentialgleichungen. Ebend. 869. gr. 4. (22 S.) n. 10 ngr.

— über die Integration eines merkwürdigen Systems Differentialgleichungen. Ebend. 869. gr. 4. (16 S.) n. 10 ngr.

— über die Reduction des Integrals $\int \frac{fx \quad dx}{\sqrt{\pm (1-x^8)}}$ auf elliptische Integrale. Ebend. 869. gr. 4. (7 S.) n. 10 ngr.

Richelot, Friedr. Jul., über das Problem der Rotation eines festen Körpers, auf welchen beliebige Kräfte wirken. gr. 4. (59 S.) Berlin 851, Dümmler's Vrlgsh. •

Richelot, Frid. Jul., de resolutione algebraica aequationis $X^{257} = 1$, sive de divisione circuli per bisectionem anguli septies repetitam in partes 257 inter se aequales commentat. 4 maj. (11 B.) Berolini 833, Reimer.
Aus dem „Journal f. d. reine u. angewandte Mathematik, v. A. L. Crelle," 9. Bd., besond. abgedruckt.

—— nova theoremata de functionum Abelianarum cujusque ordinis valoribus quibus pro complementis argumentorum atque indicum dimidiis induuntur. gr. 4. (52 S.) (Ebendas.) 869. *
Vorstehende Abhandlungen, theilweise aus Crelle's Journal für Mathematik abgedruckt, erschienen schon früher, kamen aber nicht in den Handel.

—— die Landen'sche Transformation in ihrer Anwendung auf die Entwickelung der elliptischen Funktionen. gr. 4. (III, 60 S.) (Ebendas.) 868. *

Richelot, Frid. Jul., de transformatione atque computatione Integralium Abelianorum primi ordinis. 4maj. (16 B.) Berolini 837, G. Reimer.
Aus: Journal f. reine u. angewandte Mathematik, v. A. L. Crelle, 16. Bd., besond. abgedruckt.

— Commentatio de functionum ultra ellipticarum valoribus, quibus pro complementis argumentorum atque indicum dimidiis induuntur. Regiomonti 1845. 4°. brosch. (52 S.)

Richème, Eug., das Schwingen, s.: Dossauges, Geo.

Richen, Gottfried: Die botanische Durchforschung von Vorarlberg und Liechtenstein. 8 (S. 3—90).
Progr. Öffentl. Privatg. an der Stella Matutina *Feldkirch* 1897.

Richen, Gfr., d. botanische Durchforschung v. Vorarlberg u. Liechtenstein. Progr. gr. 8. (90 S.) Feldkirch 898. (Wagner.) n.n. 1. 20

Richenthal, Ulrichs v., Chronik des Konstanzer Concils 1414—1418. Hrsg. von Michael Rich. Buck, s.a. Bibliothek des litterarischen Vereins in Stuttgart, Bd. 158.

Richenthal's, Ulr. v., Chronik d. Concils zu Constanz 1414—1418. (Photogr. v. German Wolf in Constanz.) Fol. (300 S. in Lichtdr., worunter 160 S. grösstentheils kolor. Photographien.) Constanz 894. German Wolf. Geb. in weisses Ldr. m. eis. Beschlägen u. Schliesse n.n. 1100.—

Richental, Ulrich von *s.* Marmor, J[ohann]. Das Konzil zu Konstanz.... Konstanz 1858 *u.* K' 1864.

[Richental, Ullrich v.] Die Miniaturen der Richental'schen Chronik des Konzils zu Konstanz ... [Photogr.] Aufnahmen nach der Konstanzer Handschrift [im Rosgarten Museum]. o. O. u. J.
105 Taf. 2°.

Richepin, Jean, Cesarine. Uebers. v. L. Heinz. (290 S.) 8. Minden (903.) J. C. C. Bruns. n. 2. 50; geb. n. 3.—

Richepin, Jean, seltsame Gestalten, s.: Gavarni's, Franç., Bibliothek. 24. Bd.

Jean Richepin. Der ewige Jude (Blasphèmes, Ausz.). Aus d. Franz. von Odoaker [d.i. Karmin]. *Genf: Réveil-Risveglio [1904].* (14 S.) 8° 1904-1908

Richepin, Jean. Der ewige Jude. [Gedicht.] Aus dem Franzœsischen von Odoaker. (Aus Richepin: Blasphèmes.) 14 S. 8. Genf, Verlag des Réveil-Risveglio, [1905]. (fr. —. 10)

Richepin, Jean, Miarka, das Bärenmädchen. Ins Deutsche übertragen von Paul Heichen. 8. (304 S.) Leipzig 887, Greßner und Schramm. *

Richepin, Jean, Madame Vogelleim. Roman. Aus dem Französ. von Armin Schwarz. 8. (241 S.) Budapest 882, Grimm.

RICHEQUEUE, A. (ps.), Die Rache (La vengeance d'un fouteur.) Aus d. Französ. übers. von Bruno Hammer (ps.). Wien 1909. Privatdruck. 8°. Lat. Lett.
40 S. (incl. Vor- u. Hauptrit., nebst 2 Bll. Anzeigen erot. Neuheiten). Ordinäres Sotadicum, angebl. in einer einmal. Aufl. von 500 Expl. hergestellt.

Richer's vier Bücher Geschichte, s.a Geschichtschreiber, die, der deutschen Vorzeit.

Richer. Richer's vier Bücher Geschichte. Nach der Ausgabe der Monumenta Germaniae übersetzt vom Freiherrn Karl v. d. Osten-Sacken. Mit einer Einleitung von Dr. W[ilhelm] Wattenbach [und 1 Stammtafel]. 8. Berlin 1854.
Die Geschichtschreiber der deutschen Vorzeit.... X. Jahrhundert. Band 10

Richeri Historiarum lib. IV. ed. Pertz, s.a. Scriptores rerum Germanicarum.

Richeri Historiarum libri IIII. Ex codice saeculi X. autographo ed. Pertz. 8 maj. Hannover 834 Hahn. 1⅓ ℛ

Richer, ..., s. G. v. *Pitaval*, causes.

Richer, Sittengesetz u. Offenbarung. Aus d. Franz. von L. Hofacker. ... Tübingen ... Zu Guttenberg. n. ½ ℛ

[RICHER, Adrian] 1720 - 1798
Neuere Geschichte von Amerika
Aus dem Französischen [von Friedrich Wilhelm Zachariä].
Erster [- Achter] Band.
Berlin: Voß. 1778. 8°.
Niedersächsische Landesbibliothek Hannover
Separatdruck von [MARSY, François Marie de - Adrian RICHER:]
Neuere Geschichte der Chineser, Japaner ... Bd. 19-26, Berlin 1775-77,
s. Nr. 72.
Palmer: ohne Verfasser.
Justus Friedrich Wilhelm Zachariä, 1726-1777
François Marie de Marsy, 1714-1763

Richer, Adrien: Neuere Geschichte der Chineser, Japaner, Indianer, Persianer, Türken, Russen und Amerikaner, s. Marsy, Francois Marie de

Richer, L., Pompei. Wandmalereien u. Ornamente. gr. Fol. (12 Chromolith.) Berlin 880. Wasmuth. In Mappe. n. 72. —

Richer, L., Pompei. Wandmalereien und Ornamente. 1.—3. Lfg. Fol. (à Lfg. 6 Chromolithogr.) Berlin 886, [Wasmuth.] (Schuster und Bufleb.) In Mappe à Lfg. *ℳ 36.—. *

Richer, Paul, Anatomie f. Künstler. Die Formen des menschl. Körpers in der Ruhe u. in den hauptsächlichsten Beweggn. Autoris. Übersetzg. v. Cecilia C. Schmidt-Risse. Mit 110 Taf. nach Zeichngn. des Verf. Text u. Atlas. (XX, 271 S. m. Abbildgn.) 34,5×25,5 cm. Stuttgart (907). W. Spemann. In Leinw.-Mappe 40. —

Richer. Thom. Maur.: Universa civilis, et criminalis jurisprudentia juxta seriem Institutionum ex naturali, et Romano iure depromta, et ad usum fori perpetuo accommodata. Ed. 2. T. 1—13. Placentiae 1790—95. 13 Bde fol.
T. 13 = Index.

Richeri, Thom. Maur., universa civilis et criminalis Jurisprudentia juxta Seriem Institutionum ex naturali et romano juro depromta et ad usum fori perpetuo accommodata. 2 Tomi. in 4maj. Mediolani. 817 — 818. (Viennae, Volke.)

Richerand, A., s. Richerand, Anthelme Balthasar de

Richerand, Anthelme Balthasar (Baron de): Grundriss der neuern Wundarzneikunst. (Nosographie et thérapeutique chirurgicales. Dt.) Th.1, 2 und 8 nach der 4.verm.und verbess. französischen Originalausg.übers.von (Jakob) Heinrich Robbi, Th.3 - 7 nach der 5.französischen Originalausg.übers.von Friedrich Peter Ludwig Cerutti. Th.1, 3 - 7, gbd., Abb.

Leipzig: Baumgärtner 1819 - 1823

JB 3.377

Richerand, A., Grundriß d. neuen Wundarzneikunst. Nach d. 4n Ausg. aus d. Französ. übers. v. H. Robbi u. F. P. L. Cerutti. 8 Bde. Mit 35 Kpf. gr. 8. Leipz. 819—824. Baumgärtner. 13 ℛ Hbq. Pr. compl. 8 ℛ

Richerand, Balthasar Anthelme Baron. Ueber medicinische Volksirrthümer. A. d. Franz. ... Marburg 1810. Ü: *Wurzer, Frdr.* (MGT) *Wurzer, Ferd.* (NN)

Richerand, Anthelme Balthasar (Baron de): Über medicinische Volksirrthümer. (Des Erreurs populaires relatives à la médecine. Dt.) 151 S., gbd.

Leipzig: Cnobloch 1811

JB 2.999

Richerand, M., über medicin. Volksirrthümer; aus d. Französ. v. W**. gr. 8. Marb. 811. Krieger. 12 gr.

Richers, ..., große Begebenheiten aus kleinen Ursachen, e. histor. Versuch; aus d. Französ. 8. Leipz. 771. Hartknoch. 18 gr.

Richers, F., was zieht unsere Jugend in d. Großstadt? Vortrag. gr. 8. (23 S.) Leipzig 895. Hannov. Münden, R. Werther. n. — 40

Richers, F., Was zieht unsere Jugend in die Grossstadt? 8⁰. Leipzig, Werther, 1895.

Richers, Johs., Briefe über die Schwere. Leipzig 855. Dörffling u. Franke. gr. 8. (2 Bl., 62 S.) n. 10 ngr.

RICHERS, JOHANNES.
Grundwesen (Das) der Chemie und der elementar-physikalischen Phänomene. Leipzig, 1851. 8vo.

Richers, Johs., Natur u. Geist. 1—3. Thl. gr. 8. 1. Thl.: Die Grundprincipe der Materie. A. u. d. T.: Der Magnetismus, der Galvanismus u. die Elektricität. (XII u. 416 S. m. 4 Kupfertaf. u. eingedr. Holzschn.) 2. Thl. A. u. d. T.: Das Grundwesen der Chemie u. d. elementar-physikalischen Phänomene. (XII u. 257 S.) 3. Thl.: Das cölestische Princip der Materie. A. u. d. T.: Die Wärmelehre, die Optik u. die Farbenlehre. (XVIII u. 540 S. m. 1 Kupfertaf.) Leipzig 850. 51, Dörffling & Franke. (1: n. 2 ℛ 12 ngr 2: n. 1½ ℛ 3: n. 2 ℛ 24 ngr) n. 6 ℛ 21 ngr

— die Schöpfungs-, Paradieses- und Sündfluthgeschichte (Genesis Cap. I—IX.) erklärt. Leipzig 854. Dörffling u. Franke. gr. 8. (VIII, 474 S., nebst Beilage: Richers und Hanne. Ein Zeugniß für die Wahrheit, gegen die unwahre Wissenschaft, von E. A. Ph. von der Lühe. 20 S.) n. 2 ℛ 8 ngr

Richert, Pionierdienst, s.: Transfeldt, Dienstunterricht f. den Infanteristen des deutschen Heeres.

Richert, Camill, die Anfänge der Irregularitäten bis zum ersten allgemeinen Konzil v. Nicäa, s a. Studien, Strassburger theologische. IV, 3.

Die Anfänge der Irregularitäten bis zum ersten allgemeinen Konzil von Nicäa. Eine kirchenrechtl. Untersuchung von Dr. Camill Richert. *Freiburg i. B.: Herder 1901.* (VIII, 116 S.) 8°
= Studien, Strassburger theologische. Bd 4, H. 3. [01. 9811

Richert, Ernst, a. Berlin: Die Schlacht bei Guinegate 7. August 1479. (Berlin: G. Nauck 1907.) (103 S.) 8°
Berlin, Phil. Fak., Ref. Delbrück, Diss. v. 9. März 1907
[Geb. 19. April 82 Berlin; Wohnort: Berlin; Staatsangeh.: Preußen; Vorbildung: Gymn. z. Grauen Kloster Berlin Reife M. 01; Studium: Berlin 9 S.; Rig. 31. Jan. 07.]

Richert, Gustaf, Tabellen zur Berechnung der Tragfähigkeit schmiedeeiserner Stäbe bei Beanspruchung auf Zerknicken. gr. 8. (29 S.) Gothenburg 886, (Wettergren und Kerber.) *

Richert, Hans, Kant, s.a. Veröffentlichungen der Abteilung f. Literatur der deutschen Gesellschaft f. Kunst u. Wissenschaft z. Bromberg. 1.

Kant. Gedenkrede zu Kants 100jähr. Todestage 1904. Von Hans Richert, Oberl. Bromberg: Mittler in Komm. 1905. (23 S.) 8° [F.]
= Veröffentlichungen d. Abteilung f. Literatur d. Deutschen Gesellschaft f. Kunst u. Wiss. zu Bromberg. 1. [05. 13074 9

Richert, Hans, Philosophie, s.a. Aus Natur u. Geisteswelt.

Philosophie. Einführung in d. Wissenschaft, ihr Wesen u. ihre Probleme. Von Hans Richert, Oberl. Leipzig: B. G. Teubner 1908. (154 S.) 8° [F.]
= Natur, Aus, u. Geisteswelt. Bdch. 186. [08. 3199

Richert, Hans, wiss. Hilfsl.: Hegels **Religionsphilosophie** in ihren Grundzügen dargestellt und beurteilt. *Bromberg 1900: Gruenauer.* (57 S.) 8° [F.]
Bromberg, k. RG, OP 1900 (182)

— **Schopenhauer**, s.a. Aus Natur u. Geisteswelt.

Richert, Hans: Schopenhauer. Seine Persönlichkeit, s. Lehre, s. Bedeutung. 6 Vorträge von —. 2. durchges. Aufl. Leipzig: Teubner 1909. 117 S. 8⁰
(Aus Natur u. Geisteswelt. Bdch. 81.)

Richert, Hans: Wer ist eine Persönlichkeit im Sinne Goethes? Eine Kaisersgeburtstagsrede. Pleschen 1909: Joachim. S. 3—9. 4°
Pleschen, k. R i. E. P 1909 (244) [S 09. 384

Richert, Jeanne, das Familienheim zu Guise. Eine Studie zur Tilgg. der Armut. (62 S. m. Abb.) Lex. 8. Gross-Lichterfelde 910. Verlag der Arbeiter-Versorgg. A. Troschel. 1.20

Richert, Johannes: Geschichte der Lyrik Justinus Kerners. (T. 1.) (Berlin 1909: Ebering.) 60 S. 8° ¶(Ersch. vollst. als: Berliner Beiträge z. german. u. roman. Philol. Bd 36.
Berlin, Phil. Diss. v. 26. Juni 1909, Ref. E. Schmidt
[Geb. 3. Juni 85 Berlin; Wohnort: Berlin; Staatsangeh.: Preußen; Vorbildung: Gymn. z. grauen Kloster Berlin Reife M. 03; Studium: Berlin 10 S.; Rig. 18. Febr. 09.] [U 09. 258

Richert, Johs., Geschichte der Lyrik Justinus Kerners, s.a. Beiträge, Berliner, zur germanischen u. romanischen Philologie. XXXVI.

Geschichte der Lyrik Justinus Kerners. Von Dr. Johannes Richert. Berlin: Ebering 1909. 142 S. 8°
[Ein T. erschien als phil. Diss. Berlin 1909.]
(Berliner Beiträge z. germ. u. rom. Philologie. Germ. Abt. Nr 23.) [09. 13985 2

Richert, Karl Otto: Ueber das **Ekzem** der **Augen.** *Berlin (1898): E. Ebering.* (31 S.) 8°
Berlin, Med. Diss. v. 1. Febr. 1898

Richert, Paul: Die ganze rationale Funktion vierten Grades und ihre Kurven. ⟨Forts.⟩. Berlin: Weidmann 1910. 19 S. 4° ¶(Forts. d. P-Beil. 1907.)
Berlin, 3. st. R OP 1910 (159) [S 10. 354

Richert, Paul, Prof. Dr.: Die ganzen rationalen Funktionen der ersten drei Grade und ihre Kurven. Exponentialreihen höherer Grade. Berlin 1907: Weidmann. (77 S., 3 Taf.) 4°
Berlin, III. R OP 1907 (138)

Richert, Paul, die ganzen rationalen Funktionen der ersten drei Grade u. ihre Kurven. Exponentialreihen höherer Grade. Progr. (77 S. m. 3 Taf.) Lex. 8. Berlin 907. Weidmann. 1. —

Richert, Paul, die Physik, s.: **Maser,** Herm.

Richert, Paul [Dr.]: Sprache und Schrift. '(E. erkenntnistheoret. Essay.)' Berlin, R. Gaertner, 1897; 28 S. 4.
Berlin, Dritte R '(HB)', OP 1897 (118)

Richert, P.: Über die Verallgemeinerung des Jacobi''schen Ausdruckes der Wurzeln einer Gleichung durch bestimmte Integrale. 1882. 8°
Diss. Greifswald

Richertz, Georg Arnold (Boitzenburg / Mecklenburg). De figmento translati ipso jure dominii ex promissis principum. Diss. jur. Präs. Justus Henning Böhmer. Halle/Magdeburg (Grunert) 20. V. 1732. 42 S. (4.75) 28591
Gew.: Georg Bernhard Richertz (Vater). — Widm. v.: Johann Peter von Ludewig, Justus Henning Böhmer.

Richertz, Georg David (Lübeck) Subdelegations-Secretarius
Variae quaestiones circa testamentum avi materni nepotes ex defuncta filia superstite eorundem patre instituentis.
Giessae 3. Aug. 1775: Braun. 44 S. 4°
pro summis in utroque jure honoribus obtinendis.

RICHERTZ, LAUR. DIET. (autor), Vindiciæ exegetico-theologicæ verborum Christi Matth. XVI. 19 cap. XIIX 18. Joh. XX 23 de clave ligante et solvente, hodiernis præcipue fanaticis oppositæ. Rostochii. 1711. 4. [Præs. Joh. Fechtius].

Richerz, Frau, s. **Emilie,** od. die Macht wahrer. Liebe.

Richerz, G. H., de die episcopatus natali veteribus solemni. Lubec. 1754. 4.

Richerz, Geo. Fr., († d. .. Jan. 1780.) Anleit. zur Vernunftlehre. 8. Hamb. 775. (Barth in Leipz.) 3 gl

Richerz, Georg Hermann

– s. **Jesaias.**

– s. **Lebensgesch. der Donna Olimpia Maldachini.**

– s. **Lud. Ant. Muratori, üb. die Einbildungskraft.**

Richerz, Geo. Herm., († d. 7. Juli 1791.) Predigten. 2 Sammll. gr. 8. Hannov. 782 u. 83. Helwing. 1 ß 2 gl

— Predigten, nach dessen Tode herausgg. v. J. F. Schleußner. gr. 8. Götting. 793. Röwer. 8 gl

Richesse, La, de l'Angleterre. Vienne 1771. V: *Accarias de Sérionne, Jacques.* (CBH) (Cat. d. Stadtbibl. Zürich. Zürich 1864—97.)

— la, de la Hollande. II Toms. gr. 4. Leipz. 778. (W. Vogel). 4 ß 8 gl

Richesse, la vraie, de l'état. II Toms. 8. Wien 774. (Heubner). 1 ß 16 gl

Richet, Charles

Richet, Carol, Bibliographia physiologica, s. a. Bibliographia universalis.

Richet, Charles, Bibliographia physiologica 1893—1894. Répertoire des travaux de physiologie de l'année 1893—1894 classé d'après la classification décimale. Avec collaboration de Athanasiu, J. Carvallo et Dupuy. gr. 8. (VIII S. u. 185 Bl.) Zürich 894. (898). Concilium Bibliographicum. n.n. 5. 60

— Conspectus methodicus et alphabeticus numerorum „systematis decimalis" ad usum bibliographiae physiologicae, s.: Publikationen des Office international de bibliographie.

Richet, Charles, die Leiden der Anderen. Roman. Einzig berecht. Übersetzg. v. K. Hensen. 2 Bde. (331 u. 347 S.) 8. Dresden (908). H. Minden. 6.—; geb. n 8. —

Richet, Charles. Experimentelle Studien auf dem Gebiete der Gedankenübertragung u. d. sogenannten Hellsehens. Autoris. deutsche Ausg. von Alb. Frhrn. v. Schrenck-Notzing. gr. 8. (III, 254 S. m. 91 Abbildgn.) Stuttg. 891, Enke. 6 —

— Die Vergangenheit des Krieges u. die Zukunft des Friedens. Autoris. Übersetzg. von Bertha v. Suttner. (XII, 355 S.) gr. 8. Wien 909. (Leipzig, H. Haessel Comm.-Gesch.) 4. —

Richet, Etienne, Memoiren e. Junggesellen. Der Roman e. Leidenschaft. Autoris. Übersetzg. von Herm. Limbach. Hrsg. von Carl Fel. v. Schlichtegroll. (119 S.) 8. Leipzig (910). F. Rothbarth. 3.—; geb. 4. —

Richey, Johann (Hamburg), Vindiciae praetoris Romani et juris honorarii. Präs. Gottlieb Kortte. Leipzig (Breitkopf) 9. XI. 1730. 70 S. (4.75) 28592
Gew.: Michael Richey (Vater). — Widm. v.: Gottlieb Kortte für Michael Richey (Vater.

RICHEY, MICHAEL. Deutsche Gedichte Erster [Zweyter-, Dritter und letzter] Theil [in 3 Bdn.] Mit einer Vorrede GOTTFRIED SCHÜTZENS ... Hamburg. J. G. Fritsch. Druck: J. C. Piscator. 1764—66. 8°. I: *Frontispizportrat Richeys von Chr. Fritzsch,* 19 Bl. 349 S. 5 Bl., II: XLVIII S., 5 Bl. 312 S. 1 Bl.; III: 16 Bl. 399 S. *Mit Titelvignetten.* Beriebene, an den Rücken oben unbedeutend ladierte Ldbde.
G. III. 342, 45. FdF. 1401. Erste Gesamtausgabe; der 3. Band enthält auch die lateinischen Gedichte.

Richey, Mich., († d. 10. Mai 1761.) deutsche Gedichte. Mit G. Schützens Vorrede. 3 Thle. gr. 8. Hamb. 764—66. Hertel. 2 ß 12 gl

Richey, Mich., Gallorum quorundam de Germanorum ingeniis judicia iniquitatis convicit. Stado 1705. 4. . . . . (D.)

— historia statutor. Hamburgens. 4. Hamb. Herold. 738.

— Idioticon Hamburgense, s. glossar. vocum Saxonicar. 4. ibid. 743.

Richey, Michael. Idioticon Hamburgense, oder Wörterbuch zur Erklärung der ... niedersächsischen Mundart ... Hamburg 1754. H: *Gram & Joh. Mattheson.* (KY)

Richey, Mich., Idioticon Hamburgense, od. Wörterbuch zur Erklärung der eigenen in u. um Hamburg gebräuchl. niedersächs. Mundart, anjetzt vielfältig verm., mit Anmerkk. u. Zusätzen (v. Gram u. Mattheson). Nebst e. vierfachen Anhange. gr. 8. Hamb. 754. König. 1 ß

— Idioticon Hamburgense, oder Wörterbuch zur Erklärung der eigenen in und um Hamburg gebr. niedersächs. Mundart. gr. 8. Hamb. König. 755.

Richey, Michael (Hrsg.), s. Patriot, Der. Hamburg 1724 ff.

Richli, ..., Bemerkk. gegen Troxler's: Einige Worte üb. die grassirende Krankheit u. Arzneikunde im Canton Luzern im J. 1806. 8. Luzern 806.

Richli, J.: Die verhängnisvolle Musikprobe! Humoreske von –. [Textbuch.] 2. Aufl. St. Gallen: Zweifel-Weber [um 1903]. 8 S. 8°

Richly, Heinr., die Bronzezeit in Böhmen. gr. 4. (213 S. m. 56 lith. Taf. u. 1 Karte.) Wien 894. (A. Hölder.) Kart. n. 40. —

Richly, M., Rede bei Gelegenheit der Jubelfeier des 50jähr. Militär-Dienstjahres d. Obersten Küffel v. Küffelstein, Commandanten d. k. k. Militär-Garnison-Hospitals zu Wien. 8. Wien 825. (Wimmer). 2 𝒳

Richmann, J., gemeinfaßl. Darstell. u. Würdigung aller gehaltreichen Beweisarten für Gott u. für die Unsterblichkeit der Seele. gr. 8. Tübing. 817. v. Cotta. 18 𝒳

RICHMANN, JOHANN: Kurz verfasste Ansicht der Vernunft- oder natürlichen Gottes-, Tugend- und Rechtslehre in ihrem Haupt- oder interessantesten Inhalte von Johann Richmann. Ofen 1824. Gedr. mit Kön. Universitäts-Schriften. 64 S. - 210 mm

Richmond, Legh

Richmond, L., das Dorfmädchen. Eine wahre Geschichte. 8. (52 S. m. 2 eingedr. Holzschn.) Neu-York 852. (Bremen, Heyse.) n. n. 1/24 ß

Richmond, L., das Milchmädchen, das Dorfmädchen u. der bekehrte Neger; 3 Erzähll. interessanter Thatsachen, die sich in d. Kirchspiel d. Autors ereigneten. 8. Hamb. 824. (Herold). 12 𝒳

— das Milchmädchen, der bekehrte Neger u. das Dorfmädchen. Drei wahre Geschichten. Nebst einem kurzen Lebensabriß des Verf. 8. (211 S. m. 1 Holzschn.) Neu-York 852. (Philadelphia, Schäfer & Koradi.) In Engl. Einb. n. 2/3 ß

— das Milchmädchen. Eine wahre Geschichte. 8. (40 S. m. 2 eingedr. Holzschn.) Ebd. 852. n. n. 1/24 ß

Richmond, L., das Milchmädchen. Eine wahre Geschichte. Bremen 861. Verlag des Tractathauses. 16. (48 S.) n. 1 ngr.

Richmond, L., das Milchmädchen. Eine wahre Geschichte. 6. Aufl. 16. (42 S. mit eingedr. Holzschn.) Barmen 874. Wiemann. *

Richmond, Legh, das Milchmädchen. Eine wahre Geschichte. 7. Aufl. Hrsg. v. der Wupperthaler Traktat-Gesellschaft. 8. (42 S. m. eingedr. Holzschn.) Barmen 875. Wiemann. n. — 20

Richmond, L., das Milchmädchen. Eine wahre Geschichte. Hrsg. von der Wupperthaler Traktat-Gesellschaft. 12. (42 S.) Barmen 881. Wiemann. — 15

Richmond, W. D., Grammatik der Lithographie. Ein prakt. Leitfaden für Lithographen und Steindrucker in Geschäfts- und Kunst-Lithographie, Chromolithographie, Zinkographie, Photolithographie und lithograph. Maschinendruck. Mit einem Vorwort des Hrsgbrs. der „Printing Times and Lithographer". Deutsche autoris. Ausg., übertr. von Carl Aug. Franke. Mit Portr. Senefelder's in Zinkätzung. 6 Hefte. gr. 8. (XIV, 260 S.) Leipzig 880, Waldow.
à Heft * ℳ 1,20. *
geb.

Richmond Borough Journal: 1897?—1902?
Weekly. Democratic, 1899—1902. Dated at Stapleton, N. Y. Circulation: 1899, 1200. Edited by Otto Stutzbach, & published by Journal Printing Co., 1897—98; edited & published by M. Stutzbach, 1899—1902.
Staten Island, NY

Richmond County Journal: 1894—1895?
Weekly. Dated also at Stapleton, N. Y. Edited & published by George Heberlein.
Staten Island, NY

The Daily Richmond Enquirer: Jan. 28—Feb. 24, 1861.
This well-known daily newspaper is listed here because it absorbed DIE VIRGINISCHE ZEITUNG for a time in 1861. In that year it was edited by O. Jennings Wise and Col. N. Tyler. The issue of Jan. 28, 1861, for Monday morning, [vol. 33, no. 105] contains page 1, cols. 2—4 and page 4, cols. 1—4, in German. The heading: TAGLICHER ENQUIRER, den 28 Januar 1861.
Richmond, VA

Richmond-Kessel. Gußeiserne Glieder-Kessel System »Richmond« für Warmwasser- und Niederdruck-Dampf-Heizung. Berlin (1899?)

Richmond Patriot: May 28?, 1869—July 20, 1870?
Weekly, published by a group of liberal Germans who were dissatisfied with the RICHMOND ANZEIGER. Merged with DIE VIRGINIA STAATS-GAZETTE. Edited & published by Isaac Hutzler, assisted by William Lovenstein.
Richmond, VA

Richmond Volkszeitung: 1872—July 1906.
Democratic semi-weekly, 1872—78; weekly, 1878—1906; Supported Tilden. Circulation 1880, 475; 1890, 500; 1900, 725. Edited & published by Heinrich Nobbe, 1872?—76; by Die Volkszeitung Pubg. Co., 1876—84; by Fred. Maag, 1884?—90; by H. W. Hüttelmann & Co., 1891—92; by Fred. Maag & Co., 1893—1906.
Richmond, IN

Richold, s. Rigoult.

Richomme, Madame. Vergnügen und Zeit, oder acht Tage Ferien. Zur belehrenden Unterhaltung für die Jugend. Nach dem Französ. frei übers. von F. C. Weidmann. Mit 8 schön color. Bildern. 16. Wien 842, Müller. 1 ß

Richomme, Charles, à la grace de Dieu ou les orphelins de Savoie. Nouvelle pour le jeune âge. Mit einer kurzen französ. Grammatik und einem vollständ. Wörterbuche für den Schul- und Privatgebrauch versehen von A. Bauer. 8. (96 S.) Celle 858, Schulze'sche Buchh.

Richon, Ch., nouvelle Chrestomathie française, ou choix de propositions et de morceaux extraits des meilleurs écrivains français. gr. in-8. Zuric 842, Meyer et Zeller. n. 5/8 ß

— analytische u. synthetische Grammatik der französ. Sprache, nach dem Becker'schen Sprachsystem zum Gebrauche d. Deutschen bearb. Uebers. von J. Hinnen. 4 Liefg. Lex.-8. Zürich 844. (Schultheß.) 1 7/8 ß

Richon, Ch., Grammaire française théorique et pratique, composée d'après l'idée du système de Becker. (Mit 1 Tabelle.) Lex.-8. Zürich 840. (Schulthess.) n. 1 1/4 ß

Richrath, G., die Ceremonien und Gebete bei der feierlichen Einweihung einer Kirche. Aus dem Römischen Pontificale übersetzt und für das Volk erklärt. 8. (104 S.) Köln 870, Bachem. (* 75 Pf.) *

Richrath, Gerh., Paraclet oder christliches Trostbuch. Eine Sammlung von Trostschreiben aus den Vätern und Schriftstellern der griech. und latein. Kirche, aus bewährten Geistesmännern der spätern Jahrh., sowie aus heidn. Klassikern. gr. 8. (XVI und 374 S.) Köln und Neuß 864, Schwann's Verlag.

Richrath, Wilhelm, appr. Arzt: Aus d. Univ.-Poliklin. f. Ohren-, Hals- u. Nasenkranke in Bonn. Über Geschwülste des äußeren Gehörganges. Bonn: Eisele 1910. 64 S. 8°
Bonn, Med. Diss. v. 7. Mai 1910, Ref. Walb
[Geb. 19. Aug. 84 Niederzier; Wohnort: Bonn; Staatsangeh.: Preußen; Vorbildung: Gymn. Düren Reife O. 04; Studium: Bonn 5, Berlin 2, Bonn 3 S.; Coll. 1. Mai 09; Approb. 1. Mai 10.] [U 10. 330

Richstein, Willy [Arzt aus München]: Über einen Fall von Morvan'scher Krankheit ... München, k. Hof- u. Univ.-Buchdr. Dr. C. Wolf & Sohn, 1895; 30 S., 1 Bl. 8.
München, Med. Fak., Inaug.-Diss. v. 1895

Richt Euch! Anregungen f. jeden Deutschen v. e. „Fröhlichen". gr. 8. (48 S.) Leipzig 893. H. Beyer. n. — 50

Richtebrief, der Schaffhauser, s.a. Meyer, (Johs).

Richtebrief, der schaffhauser. Die ältesten Satzungen der Stadt aus dem J. 1291. Hrsg. von Johs. Meyer. 8. (55 S.) Schaffhausen 857, Brodtmann'sche Buchh. *

Richtenberg [Schlagwort]

Richtenberg, s.: Deutschland. Kürschner-Pelp.

v. **Richtenburg**, Joach. Edler, († . . .) s. 1) **Bergier**, Deismus. 2) *Bourgueri*, optica. 3) **Bourdalone**, Gedanken. 4) **Boux**, Predigten. 5) **Cambaceres**, Predigten. 6) **Clement**, Predigten. 7) **Cochin**, Reden. 8) **de Laroche**, Predigten.

Richtenburg, die sonn- und festtäglichen Evangelien nach der Auslegung der heil. Väter, s.a. Evangelien.

v. **Richtenburg**, Joachim Edler, die sonn- u. festtäglichen Evangelien nach der Auslegung der heiligen Väter. Mit e. Vorrede von J. F. Allioli u. 1 Stahlst. Lex.-8. Augsburg 843, Schmid'sche Buchh. (F. C. Kremer.) 1/8 ₰

Richter [Sachliches OW]

Richter, Der. Drama nach Mercier. Heidelb. 1784. V: *Knigge, Adolph Franz Friedrich Ludwig Freih. v.* (EE)

— der,. Drama nach Mercier, v. Knigge. 8. Heidelberg, Pfähler. 784.

Richter, Der. Nach J. B. Rousseau: Sapho. Ein Melodrama . . . Augsb. 1790. Ü: *Huber, Joh. Jos.* (GGr)

Richter, die; Schspl. in 5 A. 8. Bresl. 796. W. G. Korn. 8 gr.

Richter, der. Criminalgeschichte. Aus d. Schwed. v. C. Eichel. 2 Thle. 8. (253 u. 224 S.) Leipzig 851, Kollmann. 2 ₰

— der alte, oder Colonial-Leben, siehe u. Bibliothek, Europäische, 223. 247 u. 248. Bd.

Richter, Der alte, oder Colonial-Leben . . . Grimma 1849—50. V: *Halliburton.* (Ky)

[Professor Ferdinand Richter †.] (Aus der „Schlesischen Presse" 11. November 1904.) S. 55—57. 8.
K. k. Staats-Gymn. mit deutsch. Unterrichtssprache *Troppau* 1905. Progr.

Kontra Richter u. Genossen. Potsdam 1883. 31 S.

Richter, Herr. Ich hab was zu klagen; oder der Richter auf dem Freygrunde. Wien 1782. V: *Marbrunner, Johann.* (GGr)

Richter, Herr, ich habe was zu klagen. Lustsp. 8. Prag, Schönfeld. 782.

K a r l Siegmund Richter, genannt der schlesische Wunderdoctor. Eine biograph. Skizze. Berlin: Maurer 1818. 12⁰

Richter, Der Prozess, nach amtlichen Aktenstücken und stenographischen Aufzeichnungen bearbeitet von einem Fachmann. Wien 1860. V: *Pollak, Heinrich.* (Pollak, Heinrich, Dreissig Jahre aus dem Leben eines Journalisten. Wien 1894—98. I. 35—42.)

Proceß Richter, der, nach amtl. Actenstücken u. stenogr. Aufzeichn. bearb. v. e. Fachmann. Hft. 1. 2 u. 3. 8. (219 S.) Wien, F. Klemm. 1860

(Richter.) Der Proceß Richter nach amtlichen Actenstücken und stenographischen Aufzeichnungen bearbeitet von einem Fachmann. 4.—6. Heft. Schluß des mündlichen Beweisverfahrens. Anträge des Staatsanwaltes Dr. Lienbacher und der Vertheidiger Dr. Joh. Nep. Berger und Dr. Wiedenfeld. 8. (S. 220—557.) Wien, F. Klemm. 1860.

Richter — R u t h übers. u. erkl. von D. W[ilhelm] Nowack. Göttingen: Vandenhoeck & Ruprecht 1900. (XXVIII, 201 S.) 8⁰
= Handkommentar z. Alten Testament. Abth. 1, Bd 4, Th. 1.

Richter, R u t h u. Bücher Samuelis übers. u. erkl. von W(ilhelm) Nowack. Göttingen: Vandenhoeck & Ruprecht 1902. (XXXIV, 262 S.) 8⁰
= Handkommentar z. Alten Testament. Abt. 1. Bd 4.

— der, in seiner eigenen Sache. Lustsp. 8. Leipz. Griesshammer. 799.

Richter, Der, über den Herrn Schlendrian. Ein ebenso komischer Roman als Herr Schlendrian selbst. Frankfurt u. Leipz. 1787. V: *Huber, Franz Xaver.* (GGr)

Richter, der, üb. den Herrn Schlendrian; ein eben so komischer Roman. 3 Bde. 8. Wien, Mößle. 787.

Richter [Verfasser]

Richter, Stadtbauinspektor in Königsberg, s. R i c h t e r , Friedrich.

Richter, (prakt. Arzt Dr.,) Anleitung zum Gebrauch der Agrest-, Blüthen-, Kräuter-, Milch-, Molken-, Austern-, Schnecken- u. Trauben-Curen für Aerzte u. Kranke. 8. Erfurt 842, Hennings u. Hopf. 1/3 ₰

—— der geheime Arzt an der Toilette rc. Ein Geschenk f. die Frauenwelt. 16. (6 3/8 B.) Erfurt 845, Hennings u. Hopf.

Richter (Übers.):

s.: Audin-Rouvière, (Joseph Marie): Keine Blutigel mehr! (Plus de Sangsues! Troisième édition. Dt.) Leipzig: 1828

Richter, Bestimmungen über Tagegelder und Reisekosten für Reichs- und preußische Beamte, die Mitglieder staatlicher Kommissionen rc., Umzugskosten und Wohnungsgeld-Zuschüsse für Beamte und Gebühren der Medizinalbeamten, Zeugen und Sachverständigen rc. 8. (88 S.) Berlin 878, Grosser. * 1 —
—— dass. — 2., um die Verordnungen, betr. die Tagegelder, die Fuhrkosten und die Umzugskosten der gesandtschaftl. und Konsularbeamten und den Urlaub der gesandtschaftl. und Konsularbeamten und deren Stellvertretung, vom 23. April 1879 verm. Ausg. 8. (100 S.) Ebendas. 879. * 1 —

Richter, Bestimmungen über Tagegelder u. Reisekosten für Reichs- u. preußische Beamte, die Mitglieder staatlicher Kommissionen rc., Umzugskosten u. Wohnungsgeld-Zuschüsse für Beamte u. Gebühren der Medizinalbeamten, Zeugen u. Sachverständigen rc. 3., um die Verordnung, betreffend nähere Festsetzungen über die Gewährung von Tagegeldern, Fuhrkosten u. Umzugskosten an die Beamten der Militär- u. Marineverwaltung, vom 20. Mai 1880 verm. Ausg. 8. (104 S.) Berlin 880. Grosser. n. 1. —

Richter, Briefe über Moral und Religion. 8. Th. Ehrenbr. Gehra. 804.

Richter, Denkschrift üb. die Resolutionen d. deutschen Landwirthschaftsrathes zur Reform der deutschen Zettelbanken. In Veranlaßg. d. Vorstandes bearb. Lex.-8. (45 S.) Berlin 872. Wiegandt, Hempel & Parey. n. 1.—

Richter u. Havemann, Diagramme üb. d. Tragfähigkeit sämmtl. Normal-Profile d. I- u. [-Eisen, sow. d. gebräuchl. Holzbalken f. verschied. Belastungsarten m. Berücksicht. d. Trägergewichtes. Fol. (65 Taf. m. 1 Bl. Text.) Essen 896. G. D. Baedeker.
In Mappe n. 24.—

Richter, die Diamantenfelder v. Kimberley. — Adam Oppermann. — Frederik Oppermann, s.: Richter, Jul.

Richter, empfiehlt sich die Anstellung besonderer Berufsarbeiterinnen der inneren Mission zur Gewinnung u. Sammlung namentlich der Töchter mittlerer u. höherer Stände? Referat. (7 S.) gr. 8. Berlin (903). (Buchh. des ostdeutschen Jünglingsbundes. n. —25;
Sonderabdruck aus: „Fürsorge". erm. Pr. n. —15

Richter's (früher Seeligs) Führer, s.a. Richter's Reiseführer.

—— 100 Ausflüge in Hamburgs Umgegend. Ein Hand- u. Nachschlagebuch f. Vereine, Touristen u. Sommerfrischler. 10., neu bearb. u. erweit. Aufl. M. grosser Uebersichtskarte nebst Entfernungsmesser u. 12 Wegekarten. 12. (IV, 101 S.) Ebd. 897.
Kart. n. 1.50

Richter's Führer. 100 Ausflüge in Hamburgs Umgegend. Ein Hand- u. Nachschlagebuch f. Vereine, Touristen u. Sommerfrischler. Hrsg. u. neu bearb. v. A. Thamm. Angaben u. Rathschläge f. Radfahrer v. G. Nissen. 12. Aufl. Mit grosser Uebersichtskarte nebst Entfernungsmesser u. 13 Wegekarten. 12. (VI, 107 S.) Hamburg 901. Verlagsanst. u. Druckerei. Kart. n. 1.50

Richter's Führer. 100 Ausflüge in Hamburgs Umgegend. Ein Hand- u. Nachschlagebuch f. Vereine, Touristen u. Sommerfrischler. Angaben u. Ratschläge f. Radfahrer v. Gregers Nissen. 14. Aufl. Mit grosser Uebersichtskarte nebst Entfernungsmesser u. 12 Wegekarten. (VIII, 107 S.) kl. 8. Hamburg 905. Hamburger Verlag P. Hartung. Geb. n. 2.—

Richter's Führer durch den Hamburger Hafen. Zusammengestellt u. bearb. v. Max Glaser. Grosse Ausg. m. e. Karte des Hafens. (196 S.) kl. 8. Hamburg 906. Hamburger Verlag P. Hartung. Geb. n. 2.—

— dasselbe. Kleine Ausg. m. e. Karte des Hafens. (86 S.) kl. 8. Ebd. 906. Kart. n. —60

Richter's (früher Seeligs) Führer. Hamburg-Altona u. Umgegend. Wegweiser m. Plänen d. Städte Hamburg, Altona-Ottensen u. Wandsbek, mehreren Theaterplänen, 1 Karte d. zoolog. Gartens u. der Umgebg. Hamburgs. 33. Aufl. 12. (77 S.) Hamburg 897. Verlagsanstalt u. Druckerei. Kart. n. 1.—

— dasselbe. Hamburg-Altona u. Umgegend. Wegweiser m. Plänen der Städte Hamburg, Altona-Ottensen u. Wandsbek, mehreren Theaterplänen, 1 Karte des zoolog. Gartens u. der Umgebg. Hamburgs. 35. Aufl. 12. (74 S.) Ebd. 901. Kart. n. 1.—

— dasselbe. Hamburg-Altona u. Umgegend. Wegweiser m. Plänen der Städte Hamburg, Altona-Ottensen u. Wandsbeck, mehreren Theaterplänen, e. Karte des zoolog. Gartens u. der Umgebg. Hamburgs. 37. Aufl. (88 S.) kl. 8. Hamburg 905. Hamburger Verlag P. Hartung. n. 1.—

— dasselbe. Der Harz. M. 13 Karten, 2 Panoramen u. 5 Routenkärtchen. Hrsg. unt. Mitwirkg. v. Harzer Verschönerungsvereinen u. Mitgliedern d. Harzklubs. 5., durchgeseh. u. erweit. Aufl. 12. (260 S.) Ebd. 898.
n. 2.—

— dasselbe. Der Harz. Mit 13 Karten u. 2 Panoramen. Hrsg. u. neu bearb. v. Adf. Sylvester Thamm u. Mitwirkg. v. Mitgliedern des Harzklubs. Angaben u. Rathschläge f. Radfahrer v. Gregers Nissen. 7. Aufl. 12. (275 S.) Ebd. 902. Kart. n. 2.—

— dasselbe. Der Harz. Mit 12 Karten u. 2 Panoramen. Hrsg. unter Mitwirkg. v. Mitgliedern des Harzklubs. 9. Aufl. (276 S.) kl. 8. Ebd. 906/07. Geb. n. 2.—

— dasselbe. Kopenhagen. Nebst Ausflügen durch Dänemark. Gänzlich neu bearb. Mit Karten u. Plänen 8. erweit. u. verb. Aufl. (111 S.) kl. 8. Ebd. 906/07. Geb. n. 1.80

— dasselbe. Ost-Holstein. Touristenführer durch d. östl. Holstein, das Fürstenth. Lübeck u. d. Städte Lübeck u Kiel. M. 5 Karten u. 2 Stadtplänen. 12, vollst. durchgeseh. u. erweit. Aufl. 12. (111 S.) Ebd. 898. n. 2.—

Richters Führer. Ost-Holstein. Touristenführer durch das östliche Holstein, das Fürstenthum Lübeck, Herzogthum Lauenburg und die Städte Lübeck und Kiel. Mit 5 Karten u. 2 Stadtplänen. Hrgg. u. neu bearb. v. Adolf Sylvester Thamm. Angaben und Rathschläge für Radfahrer v. G. Nissen. 13. Aufl. Hamburg 1900. 8°

— dasselbe. Ost-Holstein. Touristenführer durch das östl. Holstein, das Fürstenth. Lübeck, Herzogth. Lauenburg u. die Städte Lübeck u. Kiel. Mit 6 Karten u. 1 Stadtplan. Hrsg. u. neu bearb. v. Adf. Sylvester Thamm. Angaben u. Rathschläge f. Radfahrer von G. Nissen. 14. Aufl. 12. (131 S.) Ebd. 902. Kart. n. 2.—

— dasselbe. Ost-Holstein. Touristenführer durch das östliche Holstein, das Fürstent. Lübeck, Herzogt. Lauenburg u. die Städte Lübeck u. Kiel. Mit 5 Karten u. 1 Stadtplan. Angaben u. Ratschläge f. Radfahrer v. Gregers Nissen. 16. Aufl. (131 S.) kl. 8. Ebd. 906. Geb. n. 2.—

— dasselbe. Ratzeburg-Mölln u. Umgegend. Touristen-Karte nebst Text. 24,5×29,5 cm. Farbdruck. (13 S. Text.) kl. 8. Ebd. 906. n. — 60

— dasselbe. Rügen. M. e. Uebersichtskarte, sowie Specialplänen d. Stubnitz, d. Granitz u. d. Umgegend v. Putbus. 4. Aufl. 12. (79 S.) Ebd. 898. n. 1.—

— dasselbe. Sylt u. Föhr, Amrum, Büsum, St. Peter. Führer f. Touristen u. Kurgäste. M. Karten. 4. Aufl. 12 (VI, 48 S.) Ebd. 896. n. 1.20

Richter Gedächtniß-Predigt, bei der Trauerfeier für Se. Hochsel. Maj. Kaiser Wilhelm am 22. März 1888 in der Garnisonkirche zu Berlin gehalten. gr. 8. (8 S.) Berlin 888, [Wiegandt.] Wiegandt und Schotte. — 30

Richter Aus der Genesis, s. Wichelhaus, Johs. Mitteilungen aus den Vorlesungen üb. das Alte Testament.

Richter Geschichte der bergischen Unterherrschaft Broich, sowie der Stadt Mülheim an der Ruhr, s. Klanke.

Richter, Geschichte d. 5. Westfälischen Infanterie-Regiments Nr. 53 während der ersten 25 Jahre seines Bestehens [4. Juli 1860 bis 4. Juli 1885], nach den Akten u. Kriegstagebüchern d. Regiments zusammengestellt. Mit 1 Portr., 7 Skizzen u. 3 Karten. gr. 8. (VIII, 437 S.) Berlin 885. Mittler & Sohn. n. 9.—

Richter, die Gewährleistung beim Viehhandel nach Einführg. des bürgerl. Gesetzbuches. Vortrag, geh. im landwirtschaftl. Verein zu Mühlbach-Frankenberg i. Sa. gr. 8. (20 S.) Frankenberg 900. (C. G. Roßberg.) n. — 50

Richter, neu verbess. französ. Grammaire. 8. Breslau. 718.

Richter-Dove, Grundriß des gemeinen Kirchenrechts, s. Beck, Carl.

— guide-books. Hamburg and its environs. Practical guide. With a map of the city, plans of theaters and museums. 5. ed. (49 S.) kl. 8. Ebd. (906.) Geb. n. 2. —

Richter: Franz Hauke. Nachruf. 21 S. 8°.– Wien Hand. Ak., Progr. 1871.

—— die Haus-Arzneimittel u. deren schickliche Anwendung in Krankheiten. Nebst einer genauen Anweisung aus denselben allerlei nützliche Arzneien, als: Essenzen, Pflaster, Salben u. Tincturen zu verfertigen; mit Angabe der Bereitung d. Amulete, Anweisung zu sympathetischen Curen u. Beifügung der Hufelandischen Haus-Apotheke, so wie des Lee'schen Mittels. 12. (7 B.) Erfurt 846, Hennings u. Hopf.

Richter's prakt. Haushaltungsbuch f. d. J. . . Hrsg. v. den Redaktionen des Schweizer. Familien-Wochenblattes (Kochschule u. Ratgeber f. die Familie) u. des Für's schweizer Haus. (32 S. m. Abb.) Lex. 8. Zürich (907). A. Richter. Kart. 1. 20

—— die Hollunder-Apotheke oder deutliche u. gründl. Anweisung die gewöhnlichen innern u. äußern Krankheiten durch die aus dem Hollunder u. seinen Theilen bereiteten Mittel bald u. sicher zu heilen. 16. (7 B.) Erfurt 846, Hennings u. Hopf.

Richter, Jesus u. die Gemeinde, s.: Vorträge protestant.

—— s. In des Königs Rock.

Richter, Prem.-Lieutn., theoretische Instruktion über Reiterei für die Unteroffiziere der Kavallerie. 8. (VI, 60 S. mit 8 autogr. Taf.) Berlin 879, Mittler und Sohn. * — 80

Richter's Konjugationswandtafeln. Französisch. 48 Taf. der einzelnen Tempora auf Karton. 43,5×37,5 cm. Annaberg (909). Graser's Verl. In Mappe 9.60; auf 6 Wandtaf. m. Stäben 12.—; auf Leinw. n 29. —

Richter, ..., die Krankheiten des Magens u. der Verdauung. 8. Düsseldorf 841, Roschütz u. Comp. 1/3 ℛ︎

Landarbeiteransiedlung durch den Kreiskommunalverband. Der erste Versuch in Labenz, Kreis Briesen, veranlaßt auf Grund prakt. Erfahrungen u. dargest. von **Richter**, früher Rittergutsbesitzer in Zaskotsch. Berlin: Deutsche Landbuchh. 1907. (16 S.) 8° [F.]
= **Schriften** z. Förderung d. inneren Kolonisation. II. 4. [07. 9132

Richter, der Landwirth als Thierarzt. Die Krankheiten der Hausthiere, ihre Erkenng., Behandlg., Heilg. u. Verhütg. Mit zahlreichen in den Text gedr. Holzschn. 1—5. Lfg. gr. 8. (S. 1—336.) Berlin 875. 76. Wiegandt, Hempel & Parey. à Lfg. n. 1. —

Richter, u. E. Zorn, der Landwirth als Thierarzt. Die Krankheiten der Hausthiere, ihre Erkennung, Behandlung, Heilung u. Verhütung. Mit zahlreichen in den Text gedr. Holzschn. 6—16. (Schluß-)Lfg. gr. 8. (XXVI u. S. 337—1134.) Berlin 877. Parey. à n. 1. —

Richter-Zorn, der Landwirt als Tierarzt. Die Krankheiten der Haustiere, ihre Erkennung, Behandlung, Heilung und Verhütung. 2. Aufl., vollständig neu bearb. von E. Zorn. gr. 8. (XI, 574 S. mit 207 in den Text gedr. Holzschn.) Berlin 883, Parey. geb. * 9 —

Richter-Zorn. Der Landwirt als Tierarzt. Die Krankheiten der Haustiere, ihre Erkenng., Heilg. u. Verhütg. 3. verm. u. verb. Aufl., bearb. v. E. Zorn. gr. 8. (IX, 616 S. m. 256 Holzschn.) Berl. 892, Parey. geb. * 9 —

Richter, Leitfaden für Standesbeamte. 1. und 2. verb. Aufl. 8. (40 S.) Reichenbach, O.-Laus. 878,79. (Görlitz, Tzschaschel.) * — 50

Richter, Leitfaden zur Vorbereitung auf die Prüfungen f. die gehobenen Postunterbeamten-Stellen, s.: Haupt, W.

— Leitfaden zur Vorbereitung auf die Prüfungen f. den Zivildienst, s.: Haupt, W.

Richter: De Horatii metris lyricis. P.I. 35 S.–Recklinghausen, Progr. 1863

—— die neuesten Mittel zur Erhaltung u. Herstellung d. Schönheit der Haut, zur Vertreibung der Sommersprossen, Leberflecken ꝛc. 1. Aufl. (3½ B.) 842. u. 2., verm. Aufl. 12. (4 B.) Erfurt 844, Hennigs u. Hopf. à -

Richter, (Land- u. Stadt-Gerichts-Rath,) ..., die Nichtigkeits-Beschwerde und die Substitution der Gerichte nach Preuß. Rechte. Für den prakt. Gebrauch. 16. Halle 841, Knapp. 1/4 ℛ︎

Richter: Über die Notwendigkeit eines gesetzlichen Schulzwanges f. Taubstumme ... s. Richter, August.

Richter. Post-Karte von Schlesien und den angränzenden Theilen der Kaiserlich Oesterreichischen, Königl. Preussischen, Sächsischen und Polnischen Staaten und des Gebiets von Krakau. 1 Bl. c. Hz.

Richter der deutsche Protestantismus in seinem Verhältniß zum Papstthum in Rom. Vortrag, gehalten auf dem 16. deutschen Protestantentag in Wiesbaden am 13. Oktbr. 1886. 8. (23 S.) Bremen 886, Roussell. * — 30

Richter: Rede zur Einweihg. d. neuen Gymns. Quedlinburg 1863. Schul-/Univ.-Schrift

Richter's Reisebücher. Reiselust u. Reisekunst. Plaudereien von R. Seelig-Stanton. (43 S.) kl. 8. Hamburg, Verlagsanstalt u. Druckerei-Ges. Kart. —50

Richter's Reiseführer, s.a. Richter's Führer.

—— 150 Ausflüge in **Hamburgs** Umgebg. u. in die Lüneburger Heide. Mit grosser Übersichtskarte, Elbekarte u. 18 Wegekarten. 15. Aufl. Gänzlich umgearb. u. wesentlich erweitert v. Gregers Nissen. (XVI, 100 S.) kl. 8. Ebd. 908. 09. Kart. 2. —

— **Reiseführer. Dänemark.** (A. u. d. T.: Kopenhagen u. Dänemark.) Nebst Touren durch Südschweden. (9. Aufl.) 162 S. m. 8 [7 farb.] Karten u. 4 Grundrissen.) kl. 8. Ebd. 910. 11. Geb. in Leinw. 2. —

-- dasselbe. **Hamburg-Altona.** Illustrierter Wegweiser m. Plan der Städte Hamburg u. Altona u. 1 Karte der Elbufer. (40 S.) kl. 8. Ebd. 909. Kart. — 50

— dasselbe. **Hamburg-Altona** u. Umgebung. Wegweiser m. Plan d. Städte Hamburg u. Altona-Ottensen, 1 Karte der Elbufer bei Hamburg, Plänen des zoolog. u. botan. Gartens, des Ohlsdorfer Friedhofes, der Kunsthalle, 3 Theaterplänen u. 29 Federzeichngn. 40. Aufl. (VII, 107 S.) kl. 8. Ebd. 910. Geb. 1. —

— dasselbe. **Der Harz.** Mit grosser (farb.) Übersichtskarte, 20 (z. Tl. farb.) Routenkarten u. Plänen u. 3 Panoramen. 11. Aufl. (VIII, 275 S.) kl. 8. Ebd. 910. 11. Geb. in Leinw. 2. —

— dasselbe. **Die Lüneburger Heide.** Von der Elbe bis zur Leine. Mit grosser (farb.) Wegkarte, 8 (6 farb.) Spezialkarten u. 1 (farb.) Übersichtskarte. (111 S.) kl. 8. Ebd. 910. 11. Geb. 1. 50

— dasselbe. Kopenhagen nebst Touren durch Seeland. Wegweiser m. 3 (2 farb.) Karten u. 6 Grundrissen. (96 S.) kl. 8. Ebd. 910. 11. Geb. 1. —

— dasselbe. Mecklenburg. Seebäder, Sommerfrischen u. Hauptstädte. (75 S. m. 5 farb. Karten.) kl. 8. Ebd. 910. 11. Geb. 1. 50

— dasselbe. Ost-Holstein. Touristenführer durch das östl. Holstein, das Fürstent. Lübeck, Herzogt. Lauenburg u. die Städte Kiel u. Lübeck. Mit 9 (farb.) Karten u. 2 (farb.) Stadtplänen. 18. Aufl. (VIII, 120 S.) kl. 8. Ebd. 910. 11. Geb. 2. —

— dasselbe. Ost-Holstein. Die holstein. Schweiz. — Die Seebäder. — Die Städte Kiel u. Lübeck. (72 S. m. 6 farb. Karten.) kl. 8. Ebd. 910. 11. Geb. 1. —

— dasselbe. Ratzeburg, Mölln u. Umgegend u. der Schalsee. Wegweiser. (12 S. m. 1 farb. Karte.) kl. 8. Ebd. 910. 11. — 60

— dasselbe. Rügen nebst Ausflug nach Bornholm. Mit grosser (farb.) Übersichtskarte, 6 (farb.) Plänen u. 24 Federzeichngn. 6. Aufl. (VIII, 122 S.) kl. 8. Ebd. 910. 11. Geb. 1. 20

Richter's Reiseführer. Der Teutoburger Wald u. das Wesergebirge. Führer durch das Oberwesergebiet, den Solling, Vogler, Hils, Ith, Süntel, Osterwald, Deister, die Bückeburger Berge, das Eggegebirge, den Lippeschen Wald u. den Osning. Mit 10 Karten. (XVI, 226 S.) kl. 8. Hamburg 909. 10. Verlagsanstalt u. Druckerei-Ges. Kart. 1. 50
Auch u. d. T.: Das Wesergebirge u. d. Teutoburger Wald.

— dasselbe. Der Teutoburger Wald. Der Lippische Wald, der Osning, das Eggegebirge u. Porta Westfalica. Mit 5 Karten. (VIII, 82 S.) kl. 8. Ebd. 909. 10. Kart. 1. —

— dasselbe. Wegweiser durch den Harz. (11. Aufl.) (VII, 137 S. m. 7 [farb.] Karten.) kl. 8. Ebd. 910. 11. Geb. in Leinw. 1. —

— dasselbe u. Karten. Karte der Insel Rügen. Bearb. v. W. Brendel. 1:140000. 41,5×36 cm. Farbdr. Ebd. (910). Geb. — 60

— dasselbe. Schleswig-Holstein. Eisenbahn- u. Strassenkarte. 1:400000. 65×52.5 cm. Farbdr. Ebd. 910. 11. Geb. — 80

Richter Wolfau, die Siebenbürger Sachsen, s.: Wartburghefte.

Richter's Sammel-Buch f. deutsche Wehrschatzmarken. (48 S.) gr. 8. Reichenberg (908). (P. Sollors Nachf.) — 50

— dasselbe. (Große Ausg.) (140 S.) 32×23 cm. Ebd. (908). Geb. in Leinw. 4. 50

Richter, Sammlung der Ortsgesetze der Stadt Dresden, s.: Richter, Otto.

Richter über den Spiritismus. Ein Vortrag, gehalten im Verein für Kunst und Wissenschaft am 9. Decbr. 1879 in Hildesheim. gr. 8. (29 S.) Hildesheim 880, Lax. * — 80

Maurerisches Tafellied am Stiftungsfeste der Loge zu den 3 Bergen im Or. Freiberg $58\frac{15}{12}47$. [Unterz.:] Richter. Freiberg [1847]: Reimann.
Mit Noten: „Nun der Arbeit Ernst vorüber“ . . .

Richter, Taschenbuch f. den Felddienst des Sanitätsoffiziers s.: Friedheim.

Richter, Diss. de cranii trepanatione. Hal. 4°. Chir. Bib., IV, 675. 1799

Richter und Hofacker, Uebersichtskarte über die Gebiete des Gustav-Adolf-Vereins in Rheinland-Westphalen, Nassau, Hessen-Darmstadt und der Rheinpfalz. Mit Berücksicht. der Bezirks-, Kreis- und Synodalgrenzen, der Konfessionsverhältnisse nach Kreisen und 1 histor. Kärtchen. 1:1,000,000. Chromolithogr. gr. Fol. Nebst einer statist. Beigabe von Hofacker. gr. 4. (20 S.) Düsseldorf 882. (Barmen, Klein.) * 1 —

Richter über d. Wesen u. d. Behandl. d. engl. Krankheit; nebst e. Anweis., die Verkrümmungen d. Rückgrates u. d. Glieder durch gymnast. Uebungen wieder zu heben. Für Eltern u. Erzieher. 8. (5½ B. u. 1 Abbild.) Erfurt 841, Hennings u. Hopf.

Richter die Zunahme des Selbstmordes insbesondere in Sachsen. Vortrag, auf der Meißner Kirchenconferenz am 27. Juni 1882 gehalten. 8. (75 S.) Leipzig 882, Heichen. * 1 50

Richter Zusammenstellung der über Verwaltung, Aufbewahrung und Instandhaltung des Materials einer Feldbatterie c/73 gegebenen Bestimmungen. gr. 8. (VIII, 172 S. mit 1 lithogr. Taf. Abbild.) Berlin 883, Mittler und Sohn. * 3 —

Richter, A. Das Wycliffesche Evangelium Johannis im fünfhundertsten Bande der Tauchnitz Collection of British Authors, die Wycliffesche Bibelübersetzung und das Verhältniss der ersteren zu der letzteren. Wesel, G., 1862. 20 S. 4.
Progr.

Richter, A. v., Geschichte der dem russischen Kaiserthum einverleibten deutschen Ostseeprovinzen bis zur Zeit ihrer Vereinigung mit demselben. 1. Thl.: Die Zeiten der reingermanischen Entwickelung. 1158—1562. 2 Bde. und 2. Thl.: Die Ostseelande als Provinzen fremder Reiche. 1562—1721. Die Ostseelande in ihrer provinziellen Entwicklung. 3 Bde. gr. 8. (XXXII und 1802 S. mit 10 S. Tab., 1 Plane in Holzschn. und 2 lithogr. Karten in gr. 4, qu. Fol. und Imp.-Fol.) Riga 857, 58, Kymmel. (Leipzig, C. F. Fleischer.)

Richter, A. v., Geschichte der dem russischen Kaiserthum einverleibten deutschen Ostseeprovinzen bis zur Zeit ihrer Vereinigung mit demselben. 1. Thl. 1. u. 2. Bd. u. 2. Bd. 1—3. Thl. Riga 857, 58. Kymmel. (Leipzig, C. F. Fleischer.) gr. 8. (I. 1.: X, 351 S.; I. 2.: IV, 500 S., 4 Tab. u. 2 lith. Karten in Fol.; II. 1.: IV, 317 S. u. 1 Plan in Holzschn. in 4.; II. 2.: IV, 385 S. u. 1 Tab. in Fol.; II. 3.: 2 Bl., 249 S.) n. 7 ₰. 15 ngr.

Richter, A., Heimathskunde des Kreises Torgau. Für die Schulen des Kreises bearb. 8. (16 S.) Torgau 879, Jacob. * — 12

Karte des nördlichsten Böhmens. Hrsg. v. Gebirgsvereine f. d. nördlichste Böhmen. Entworfen von A. Richter, Oberl. in Khaa. 1:75.000. (o. O.: Gebirgsverein 1906; Lith. F. Strobach & Sohn, Schönau a. d. B. N.-B.) (1 Kartenbl. 72×46 cm.) 8° [kol.]
[Umschlagt.:] Wander-Karte durch Nordböhmen. Entw. v. A. Richter. [.6. 13734

Triangulation des Stadtkreises Stettin. 1899. Koordinaten-Verzeichniss für die Dreieckspunkte I. bis V. Ordnung. (Von A. Richter u. Fr[iedr.] Schulze.) *Stettin 1900: (L. Pasenow).* (4 Bl.) 4°(2°) [ol. 8547 9

Richter, Melima, Kaiserin der Mandschu. Schauspiel in 5 Abthlgn. 8. (77 S.) Berlin 891. Bibliograph. Bureau. n. 1. —

— Merkbüchlein für die Kinder beim Rechenunterricht in Volksschulen. 8. (24 S.) Wittenberg 882. Wunschmann. — 15

Richter, A., Merkbüchlein f. die Kinder beim Rechenunterricht in Volksschulen. 2. Aufl. 8. (24 S.) Wittenberg 883. Wunschmann. — 15

Richter, A. v., die Reform der Proceßgesetzgebung in den Ostseeprovinzen des russischen Reichs auf der Grundlage der Oeffentlichkeit und Mündlichkeit. Riga 864. Kymmel. (Leipzig, C. F. Fleischer.) gr. 8. (VII, 83 S.) n. 16 ngr.

A. Richter. Reiseeindrücke. Bemerkungen über Realschulwesen. 28 S. in getrennter Beilage. Mannheim, P 1872

Richter. A., die Schulkomödie in Saalfeld. Saalfeld. (. 31 p
Schul-/Univ.-Schrift 1864

—— Sprachschatz für die Hand der Kinder in deutschen Volksschulen bearb. und mit über 300 Aufgaben zur häusl. Beschäftigung versehen. 1. Aufl. (IV, 92 S.) 1875; 2. verb. Aufl. 8. (VIII, 88 S.) Langensalza 878, Schulbuchh. von Greßler. * — 80

Richter, A., Statistik der Gewitter in der Grafschaft Glatz i. d. J. 1877—1880. (Aus der „Vierteljahrsschrift für Geschichte und Heimathskunde der Grafschaft Glatz". Jahrg. I (1881—82), Heft 1 und 2)

Habelschwerdt 1881.

Richter, A. v., der livländische Strafprocess nach den einheim. Quellen u. den Hülfsrechten, mit Bezugnahme auf die Grundsätze einer richtigen Processtheorie u. die neuesten Gesetzgebungen. 2 Thle. gr. 8. (21½ B.) Riga 845, Kymmel's Buchh.

v. Richter, A., der livländ. Strafproceß nach den einheimischen Quellen u. den Hülfsrechten rc. 2 Thle. gr. 8. Riga 846, Kymmel. 2¼ ß

v. Richter, A., der livländische Strafprocess nach den einheimischen Quellen u. den Hülfsrechten, etc. 2 Thle. gr.8. (1 : XIV u. 189. 2: VIII u. 126 S.) Riga 847, Kymmel. 2¼ ß

Richter, A., die Technik der geklöppelten Spitze, s.: Jamnig, C.

Richter, A., Melanchthons Verdienste um die philosophische Wissenschaft. gr. 8. (61 S.) Leipzig 870, Teubner. 1 20

Richter, A., Wanderkarte durch Nordböhmen. 2. Aufl. in Umschlag K -.80, auf Leinwand K 1.60
Rumburg: Pfeifer 1908.
Vgl. Richter, A.: Karte d. nördlichsten Böhmens.

Richter, A. C., Handels- u. Gewerbe-Adressen-Buch für Oesterreich ob der Enns, s. Handels- u. Gewerbe-Adressen-Buch.

— Leitfaden beim Unterrichte im kaufmännischen Rechnen für Handelsschulen u. zum Selbstunterrichte. Linz 868. Ebenhöch. gr. 8. (VII, 55 S.) n. 10 ngr.

Richter, A. F., histor. Bemerkungen üb. d. k. k. österreich. Militärdienst in allen seinen Zweigen, mit Bezug auf Tactik, Kriegswissenschaft, Kriegskunst u. Strategie. 16. (11 B.) Preßburg 835, Schaiba.

Richter, A. F., historische Bemerkungen über den k. k. österr. Militärdienst in allen seinen Zweigen, mit Bezug auf Taktik, Kriegswissenschaft, Kriegskunst u. Strategie. 2. Aufl. 16. Preßburg 845, Schaiba. ⅜ ß

—— neueste Darstellung d. k. k. Ambraser-Samml. im Belvedere in Wien. Nach der vor kurzem getroffenen neuen Einrichtung, u. des ethnograph. Cabinets. 8. (9¾ B.) Wien 835, Haas'sche Buchh.

Richter, A. F., u. J. T. Schuster, Ungarisch-Deutsches u. Deutsch-Ungarisches Handwörterbuch, nach v. Márton, Páriz-Pápai, der kgl. Acad. d. Wiss. in Pesth, Holzmann, Scheller u. Kraft bearb. rc. A. u. d. T.: Magyar-Német és Német-Magyar kézszótár etc. Neue wohlf. Ausg. m. einem Nachtrage v. Márton. 2 Bde. gr. 8. (1538 S.) Wien 847, Lechner. 4 ß

Richter A. F.: Die Retorten-Holzverkohlung in schwedischen Teer- u. Terpentinöfen nebst Destillationsapparaten mit den neuesten Verbesserungen. Riga 1904. 21 S. Fig. P.

—— neues vollständ. Taschenwörterbuch d. ungarischen Sprache. Mit Aufnahme aller neuen ungar. Wörter. 2 Thle. 12. (40½ B.) Wien 836, Haas'sche Buchh.

—— der vollständ. schnelle Ungar, od. theoret.-prakt. u. leichtfaßl. Anweis., durch Selbstunterr. auf die einzig u. möglichst geschwindeste Art in ein. äußerst kurzen Zeitraume richtig ungar. lesen, schreiben u. sprechen zu lernen rc. Nebst Gesprächen u. e. Wörterbuche. 12. (14½ B.) Wien 835, Haas'sche Buchh.

Richter, A. L. H., Chorgesang u. Kirchenlieder zur Feier des 3n Jubelfestes der Reformation gedichtet u. mit kurzen histor. Bemerkk. üb. die Gesch. der Reformation dem Druck übergeben. 8. Neu-Ruppin 817. 3 Gr.

Richter, A. L. I., arithmet. Exempelbuch. 2 Thle. 8. Stendal 796. Franzen u. Gr. 6 Gr.

—Samml. kurzer metrischer Gebete, welche beim Anfang geistl. Amtsreden v. Predigern gebraucht werden können. 8. Berl. 819. Rücker. 1 ß

—musikal. Schulgesangbuch. 4. Berl. 815. 2e unveränd. Ausg. 820. (Logier). 18 Gr. Hbg. Pr. 8 Gr.

— musikalisches Schulgesangbuch. 2te unveränderte Ausg. gr. 4. Berlin, Späthen. (Leipzig, Köhler.) 820.

Richter, Ad., der erfahr. Badearzt. Eine gründl. Anleit. üb. d. zweckmäß. Gebr. d. Bäder in ihren mannigfach. Formen zur Erhalt. d. Gesundheit, Jugend u. Schönheit; nebst e. diätet. Reisereglement f. Brunnen- u. Badefreunde. Nach d. neuesten u. besten Quellen bearb. gr. 12. (4⅚ B.) Wien 834, Tendler.

—— der Katarrh u. d. Folgeübel vernachläss. Katarrhe, nebst e. histor. Skizze d. Influenza (la Grippe). gr. 12. (2½ B.) Wien 833, Tendler.

Richter, Ad. Gli., († ...) de usu medicamentorum. 8. (Lpz.) 768. (Brockhaus). 2 Gr.

Richter, Adam Daniel

— Ad anniversariam orationem in memoriam Caspar Christian Seligmann publice ab se habendam invitat. Zittau (Frank) 8. III. 1775. (4.—) 28605

— **Adam Daniel** (Annaberg), Aleri gradum ad parnassum, qui dicitur, juventuti scholasticae inutilem et perniciosum exponit simulque viros dominum ephorum, inspectores ut actui oratorio rogat et vocat. Annaberg (Fris) 16. III. 1746. Mit Namen. (3.75) 28595

— (Chemnitz/Meißen), Annotationum philologicarum in novum testamentum ex Diogene Laertio collectarum. Dresden (Harpeter) 1739. 15 S. mit Namen. (4.—) 28600
Gratulationsschrift für Immanuel Benjamin Kemp.

— Ad orationem anniversariam in memoriam Gottfried Hoffmann publice ab se habendam invitat simulque de apibus, et qui apud antiquos mellis usus in rebus sacris et profanis fuit, exponit. Zittau (Kühn) 19. X. 1768. (4.—) 28601

— (Dresden), De bonitate caelibatus ad Matth. XVIIII, 11. 12. Diss. Dresden (Harpeter) 13. II. 1739. 16 S. (3.75) 28601
Gratulationsschrift für Sebastian Seydel.

Richter, Adm. Dn., († d. 30. Jan. 1782.) umständl., aus zuverläss. Nachrr. zusammengetragene Chronica d. Stadt Chemnitz. 2 Thle. 4. (Zittau) 753, 54. Schöps. 1 ₰

Richter, Adam Dan., Chronik v. Chemnitz. 4. Zittau, Schöps. 764.

— **Ut publicae laetitiae, ... consules senatus benevole interesse velint, paucis quibusdam praefaminis loco expositis de consualibus petit et rogitat. Zittau (Stremel) 7. VI. 1763.** Mit Namen. (4.—) 28603

Richter, Adam Dan. Programma de Dedone, tertio marchione in Lusatia superiore. fol. Gorliciae 1768.

— **Differentias, quae in Ausonii Popmae de differentiis verborum libris omissae sunt, quasdam exponit simulque scholae Annaebergensis inspectores ad orationes quasdam scholasticas invitat. Annaberg (A. V. Friese) 9. X. 1750.** Mit Namen. (3.75) 28597

— **kurzer Entwurf e. Staatskunde v. Kursachsen. 8. Bauz. 772. Deinzer. 2 gr**

— Entw. e. Staatenkunde v. Chursachsen. 8. Bautzen, Deinzer. 781.

Richter, A. D., Die Familie derer Heinriche aus Chemnitz nebst denen Findekellern, wie auch das Geschlecht derer Nefen aus Chemnitz. Annaberg 1748. 4.

Richter, A. D., Das altberühmte Geschlecht der Herren Matthesier. Annaberg 1755. fol.

— Gesch. der ersten Marggraf. in Meißen. 8. Bautzen, Deinzer. 768.

— **Sächs. Historie der ersten Markgrafen v. Meissen. 8. Leipz. u. Bautzen 769. Deinzer. 4 gr**

— Sächs. Historie d. Markgrafen in Meissen, welche zugleich Landgrafen in Thüringen gewesen seyn, nach Anleit. d. glaubwürd. Nachrr., Urkunden ꝛc. 8. Leipz. 775. (Mittler). 4 gr

— Lehrbuch einer Naturhistorie. Fol. Leipz. 775. gr. 8. Würzb. 791. Stahel; (a. Wesché in Frkf. a. M.) 10 gr

— Lehrbuch einer f. Schulen faßl. Naturlehre, zum Gebr. bei Vorlesungen. Mit Kpf. 8. Leipz. u. Bauz. 769. 2e A. 771. 3e A. 774. 4e A. 778. 5e A. 786. (Centr.-Compt. in Leipz.) 12 gr

— Lehrbuch einer Naturlehre f. Schulen. 8. Bautzen. (Stahl in Würzb.) 793.

Richter, A. D., de ligno et signo crucis. Zittav. 1775. f.

Richter, A. D., Jacobi de Voragine Nachricht von Pontio Pilato. Annaberg 1746. 4.

— **De populo veteri Romano, neque forti neque erudito, disserit ac simul patronos scholae ut orationes valedictorias, Christian Friedrich Wagler (Annaberg), Christian Elieser Gensel (Annaberg), Johann Gottfried Hahn (Annaberg) rogat. Annaberg (A. V. Friese) 19. IV. 1754.** 12 S. mit Biogr. v. Wagler, Gensel u. Hahn u. Anmerkg. über Christian Ephraim Gensel (Annaberg) (Bruder). (3.75) 28598

— De persecutionibus Bohemicis in valle Joachimica recensionem alteram praemittit, simulque scholae inspectiores ad oratiunculas VI in schola nostra invitat. Annaberg (A. V. Fris) 27. IV. 1759. Mit Namen. (4.25) 28599

— **krit. Regeln des latein. Styls. 8. Frankf. 740. 8. Schneeb. 760. . . . 4 gr**

Richter's, A. D., critische Regeln des lateinischen Stils. Leipzig 759. 8. 3 gr.

— **(Zittau), Ut solemnem pacis Hubertiburgensis celebrationem in Gymn. Zittau peragendam, magnifici consules sua auctoritate, suo splendore, et frequenti praesentia cohonestare velint, qua par est, submissione et observantia, pauca quaedam praefatus de vere Sacro Romanorum rogat et obsecrat. Zittau (J. E. Stremel) 22. III. 1763.** Mit Namen. (4.—) 28602

Richter, Adam Dan., Sendschreiben von dem gedoppelten Wohlklange der deutschen Schreibart, in Ansehung der Vermischung des Klanges und Abwechslung der langen und kurzen Sylben. Annaberg 1752. 4. . . . . (D.)

Richter, A. D., de solemniori usu ignis in rebus divinis apud priscos. Zittav. 1761. f.

— **Vitam Ausonii a Popma, et scripta, exponit, simulque dominum ephorum, inspectores, patres et patronos, ut actui oratorio Friedrich Gottlieb Hiebner (Annaberg) rogat et vocat. Annaberg (A. V. Fris) 27. V. 1746.** Mit Namen. (4.—) 28596

Richter. Adolf

—— s. Airy's Naturheilmethode.

Richter, Adf., Anleitung zur Ausführung der Tiefbrenntechnik. gr. 8. (40 S. m. 25 Taf.) Ravensburg (899). O. Maier. n. 2. 50

Richter, Frau Adph. Anleitung zum Kartenlegen. Leicht faßlich dargestellt. 16. (47 S.) Berl. 892, (Georgi). — 50

Richter, Adph., kurzgefaßte Anleitung zur Behandlung u. Heilung der Brust- u. Lungenkrankheiten. Mit mehreren anatomischen (eingedr. Holzschn.-)Abbildungen. 2. Aufl. 8. (168 S.) Leipzig 879. Richter's Verlagsanstalt. n. — 50

Richter, Adolph [aus Osterode a/H.]: **Über die Anpassung** der Süsswasseralgen an Kochsalzlösungen ... (Aus: Flora 1892.) München, Druck v. V. Höfling, 1892; 57 S., 2 Taf. 8.
Erlangen, Phil. Fak., Inaug.-Diss. v. 1892

Richter, Adf., der Drehstrom-Motor, m. e. zerlegbaren **Modell u. vielen Holzschn. im Text. (7 S.) qu. Fol. Fürth (904.) G. Löwensohn. Kart. n. 3. —**

Richter, Adolf, Geschichte der ev.-luth. Gemeinde zu Simferopol 1812—1891. Festschrift zum 50jähr. Jubiläum der Kirche. 39 S. Petersburg: Golicke 1891

—— Gicht und Rheumatismus. Kurzgefaßte Anleitung zur Heilung dieser Krankheiten, „nach Dr. Airy's Naturheilmethode" bearb. 1. Aufl. (120 S.) * 30 Pf.; 2. Aufl. 8. (164 S.) Ebendas. 878. * — 50

Richter, Adolf: Die **psychologische Grundlage** in der Paedagogik Herders. *Neugersdorf 1900: Teller & Rossberg.* (78 S.) 8°
Leipzig, Phil. Diss. v. [8. Apr.] 1900

Richter, Adph., Himmel u. Hölle. Skizzen u. Bilder. 5. Aufl. Mit 2 (Holzschn.-)Abbildgn. 8. (XVI, 110 S.) Leipzig 876. Wölfert. n. 1. —

Kalender-Scheibe zur Umrechnung aller möglichen Daten in Julisches oder Gregorsches Datum. Entworfen von Adolf Richter 1894. *Riga (1898–99: Müller).* (8 Bl., 4 Taf.) 4° u. quer-4° [Kopft.] (99. 503)

Richter, Adolf, Referendar in Dresden: Der Minderkaufmann. Borna-Leipzig 1908: R. Noske. (VIII, 46 S.) 8° [J.]
Leipzig, Jur. Fak., Diss. v. 3. Febr. 1908
[Geb. 9. März 81 Freiberg (Sachsen); Wohnort: Dresden; Staatsangeh.: Sachsen; Vorbildung: Gymn. Albertinum Freiberg Reife O. 01; Studium: Leipzig 2, Kiel 1, Leipzig 4 S.; Rig. 5. Juli 04.]

Modell, zerlegbares, d. Akkumulators v. A Richter mit Erlaut. Leipzig (1899)

Richter, A: Zerlegbares Modell des Diesel-Motors. (Leipzig 1908?)

Modell, zerlegbares, d. Drehstrom-Motors v. A Richter m Erläut. 4° Leipzig (1899)

Modell, zerlegbares, einer Kompound-Lokomotive von A Richter. Mit Erläuterungen. 4° Leipzig (1899)

Modell, zerlegbares, des Telephons von A Richter mit Erläuterungen. Leipzig (1899)

Modelle, zerlegbare, von A Richter, C Volkert u A. qu 4° Leipzig 1900
Akkumulator. — Diesel-Motor. — Drehstrom-Motor. — Gleichstrom- u Wechselstrom-Bogenlampe. — Kompound-Lokomotive. — Otto'scher Gasmotor. — Panzerkreuzer. — Schleifer-Einkammer-Luftdruckbremse. — Telephon. — Ventildampfmaschine. — Westinghouse-Schnellbremse.

Modelle, zerlegbare, der Gleichstrom- und Wechselstrombogenlampe sowie des Elektrizitatszählers von A Richter mit Erläuterungen. 4° Leipzig (1899)

Richter, Adf., s. Ortschafts-Verzeichniß, alphabet., des Deutschen Reichs.

— blühende Pflanzen. Künstlerische Studien. 1. Lfg. gr. Fol. (10 Taf. m. Text in deutscher, französ. u. engl. Sprache auf dem Umschlag.) Darmstadt 902. Hauskunst-Verlag. n. 6. —

Richter, Adf., blühende Pflanzen. Künstlerische Studien. 2. Lfg. (10 Taf. m. Text in deutscher, französ. u. engl. Sprache auf dem Umschlag.) gr. Fol. Darmstadt 903. Wiesbaden, Hauskunst-Verlag J. Köstler. n. 6. —

Richter, Adf., u. Ernst **Lange,** Tabellen zur Berechnung v. 62 der gebräuchlichsten Gold-Legirungen m. Napoleons, Imperials, amerikan. Dollars, Sovereigns, Zehn- u. Zwanzigmarkstücken nach der Stückzahl im Grammgewicht berechnet, sowie m. Feingold u. 10 verschiedenen Silber-Legirgn., zugleich als Ergänzg. unserer Tabellen zur Berechng. der Legirgn. f. Münzen- u. Planschengold. hoch 4. (22 S.) Pforzheim 875. (Riecker.) n. 1. —

—— —— Tabellen zur Berechnung von 72 der gebräuchlichsten Gold-Legirungen mit Napoleons, Imperials, amerikan. Dollars, Sovereigns, Zehn- und Zwanzigmarkstücken nach der Stückzahl im Grammgewicht berechnet, sowie mit Feingold und 10 verschiedenen Silber-Legirungen, zugleich als Ergänzung unserer Tabellen zur Berechnung der Legirungen für Münzen- und Planschengold. 2. verm. Aufl. gr. 4. (24 S.) (Ebendas.) 879. cart. 4 50

Richter, Adf., Tabellen zur Berechnung v. 108 der gebräuchlichsten Gold-Legierungen m. Napoleons, Imperials, Zehn- und Zwanzigmarkstücken, nach der Stückzahl im Grammgewicht berechnet, sowie mit Feingold u. 12 verschiedenen Silber-Legierungen, zugleich als Ergänzg. unserer Tabellen zur Berechng. der Legiergn. f. Münzen- u. Planschengold. 3., verm. Aufl. 4. (41 S.) Pforzheim 889. (Riecker.) cart. n. 4. —

Richter, Adf., Tabellen zur Berechnung v. 108 der gebräuchlichsten Gold-Legierungen, m. Doppelkronen (20-Mk.-Stücken) u. Napoléons nach der Stückzahl in Grammgewicht berechnet sowie m. Feingold nach Gramm u. 20 verschied. Silberlegierungen. 4., gänzlich umgearb. Aufl. (40 S.) 8. Pforzheim 909. (Volkstüml. Bücherei.) Kart. 5. —

Richter, Adf., der Tiefbrand. Anleitung zur Ausführg. der Tiefbrenntechnik. 2. verb. Aufl. (41 S. m. 26 Taf.) 8. Ravensburg (904). O. Maier. n. 2. 50

Richter, Adf., Vaterlands-Klänge. 9 Lieder zum 23. Apr. 1887. gr. 8. (19 S.) Leisnig 887. Ulrich. — 20

Richter, Adolf: Baltische Verkehrs- und Adressbücher. Bd 1—3. Riga '09—13. 4° 1. Livland. '09. 2. Kurland. '12. 3. Estland. '13.

— Vorlagen f. den Tiefbrand. I. Serie. 5 Lign. gr. Fol. (à 1 Farbdr.-Taf. m. 5 Detailbog. in Imp.-Fol.) Ravensburg (900). O. Maier. à n. 2. 50; Einzelpr. à n. 3. —

— 12 Bogen Vorlagen f. die Tiefbrenn-Technik, s. a. Liebhaber-Künste. 17. Suppl.

Richter A, 12 Vorlagen fur Tiefbrenntechnik. gr fol Darmstadt 1902

Richter, Adph., das Wissenswertheste für Destillateure und Schankwirthe, welche unabhängig von sogenannten Fabrikanten äther. Oele ihre Liqueure, einfachen und doppelten Branntweine, Rum's, Arac's, Cognac's, Nordhäuser Korn-Branntwein, comprimirte Grund-Essenzen, Tinkturen und Farben und zwar letztere nach den neuesten Erfahrungen bedeutend billiger herzustellen beabsichtigen. gr. 8. (XIII, 71 S.) Berlin 883, (Allg. Verlags-Agentur.) * 5 —

Adolf Gottlob Richter

Adolphi Gottlob Richteri [Richter] De Corruptelis medicamentorum cognoscendis tractatus medico-chymicus pharmacopoliis accommodatus et triplici ind. instructus. Dresdae & Lipsiae: Hekel 1732. 64 S. 8°

Richter, (Karl Christian) Adolf Leopold

Richter, Adolph Leop., Abfertigung des Hrn. Dr. Bournye zu Dusseldorf. gr. 8. (20 S.) Nordhausen 849, Büchting. 3 ngl

Richter, Ad. Leop., Abhandlungen aus d. Gebiete d. pract. Medicin u. Chirurgie. gr. 8. (17 B.) Berlin 852, Th. Enslin.

Richter, (Karl Christian) Adolph Leopold: Anleitung zur Vermeidung der Arznei-Verschwendung und zur Wahrnehmung des Staatsinteresses bei der Behandlung von Kranken auf öffentliche Kosten, besonders für Militairärzte. 153 S., gbd.

Berlin: Enslin 1839

Richter, (Karl Christian) Adolph Leopold: Begutachtung des Berichtes der vom Kriegsministerium zur Einleitung einer Reform des Militair-Medicinalwesens niedergesetzten Commission. 76 S., gbd.

Nordhausen: Büchting 1849

Richter, Ad. Leop., die Beihülfe der Völker zur Pflege der in Kriegen Verwundeten und Erkrankten und ihre Organisation. gr. 8. (VIII, 211 S.) Stuttgart 868, Weise. [Berlin, Simion.] (*M.* 3.) 1 50

—— Beiträge z. Lehre v. Wasserkrebs. Ein Nachtr. zu d. Monographie dies. Krankheit. gr. 8. (5 B.) Berlin 832, Th. Enslin.
Aus „Abhandlungen..." besond. abgedruckt. — Hauptwerk, vgl. unten dess. „der Wasserkrebs." etc.

—— Bemerkungen üb. d. Brand d. Kinder. gr. 4. (3½ B.) Berlin 834, Th. Enslin.

Richter, Adph. Leop., Geschichte des Medizinal-Wesens der königl. preussischen Armee bis zur Gegenwart. Ein Beitrag zur Armee- und Cultur-Geschichte Preussens. Lex.-8. (VI und 415 S.) Erlangen 860, Enke's Verlagsbuchh. *

Richter, (Karl Christian) Adolph Leopold: Theoretisch-praktisches Handbuch der Lehre von den Brüchen und Verrenkungen der Knochen. 758 S. (Nebst) 40 Tafeln nebst Erklärung und Erläuterung, gbd.

Berlin: Enslin: 1828

JB 3.397

Richter, (Karl Christian) Adolph Leopold: Das Institut der Chirurgen-Gehülfen oder Krankenpfleger, eine Humanitäts-Anstalt der Königl. Preuss.Armée und ein Bedürfniss für alle Heere im Frieden und Kriege. 166 S., gbd., 2 Taf.

Düsseldorf: Buddeus 1847

JB 3.661

Richter, (Karl Christian) Adolph Leopold: Die organischen Knochen-Krankheiten. Ein Lehrbuch. 208 S., gbd.

Berlin: Enslin 1839

JB 3.399

Richter, (Karl Christian) Adolph Leopold: Lehrbuch von den Brüchen und Verrenkungen der Knochen. Zum Gebrauche für Studirende. 448 S., gbd., 8 Taf.

Berlin: Enslin 1833

JB 3.398

—— die endermische Methode, durch eine Reihe v. Versuchen in ihrer Wirksamkeit geprüft. gr. 8. (9¼ B.) Berlin 835, Th. Enslin.

Richter, Adph. Leop., das Militair-Medicinal-Wesen Preussens. Nach den Bedürfnissen der Gegenwart dargestellt. 4 Lfgn. gr. 8. (XII und 364 S.) Darmstadt 867, Zernin. *

— die Necrose, patholog. u. therapeut. gewürdigt. gr. 8. Berl. 826. (Nicolai). 1 ℛ (Aus d. Journal f. Chirurgie rc., v. Gräfe u. von Walther abgedr.)

Richter, A. L., über Organisation des Feld-Lazareth-Wesens und von Transport-Compagnieen für Verwundete. Bonn 854. Marcus. gr. 8. (VI, 106 S.) n. 16 ngr

Richter, A. L. Über Organisation des Feld-Lazareth-Wesens und von Transportcompagnien für die Verwundeten. 8. Bonn 1858.

Richter, Ad. Leop., die Reform des ärztlichen Personals der kgl. preuss. Armee. Lex.-8. (8¾ B.) Berlin 844, Theod. Enslin. *

Richter, Dr. A. L. Die Reform des ärztlichen Personals der preuß. Armee. Berlin 1844. 123 S.

—— die Seebäder auf Norderney, Wangeroog u. Helgoland, nebst topograph. u. geognost. Bemerkn. üb. diese Inseln d. Nordsee. 8. (6½ B.) Berlin 833, Th. Enslin.

Richter, Car. (Christian.) Ad(olph.) Leop. (geb Sagan 29. 6. 1798): De usu cataplasmatum acrium Kernelii ad bubones syphiliticos curandos. Berolini (1821). (35 S.) 8°
Berlin. Med. Diss. v. 26. Juni 1821

—— der Wasserkrebs d. Kinder. Eine Monographie. M. 2 col. Kpfrt. gr. 8. (6 B.) Berlin 828, Th. Enslin.
Nachtrag hierzu. vgl. oben dess. „Beiträge" etc.

— welche Maßregeln hat Preußen in militairärztl. Beziehung in diesem Augenblicke zu ergreifen. gr. 8. (22 S.) Ebd. 848. n. 4 ngr

Richter, Adrian Ludw., s.: Richter, Ludw.

Ueber die Blattstructur der Gattung Cecropia, insbes. einiger bisher unbekannter Imbauba-Bäume des tropischen Amerika. Von Dr. Aladár Richter in Budapest. M. 5 Doppeltaf. u. 3 einf. Taf. *Stuttgart: E. Nägele 1898.* (2 Bl., 25 S., 8 Taf.) 4.
= Bibliotheca botanica. H. 43. [97. 7857

Physiologisch-anatomische Untersuchungen über Luftwurzeln mit bes. Berücks. d. Wurzelhaube. Von Dr. Aladár Richter, Prof. zu Kolozsvár. Mit 12 Taf. *Stuttgart: E. Nägele 1901.* (50 S.) 4°
= Bibliotheca botanica. H. 54. [01. 10651

Richter, Albert

Richter, Alb., arithmetische Aufgaben f. Gymnasien, Realgymnasien u. Oberrealschulen, m. bes. Berücksicht. d. Anwendgn. gr. 8. (X, 149 S.) Leipzig 898. B. G. Teubner. n. 1. 40

— trigonometrische Aufgaben f. Gymnasien, Realgymnasien u. Oberrealschulen m. bes. Berücksicht. d. Anwendgn. gr. 8. (VIII, 41 S. m. Fig.) Ebd. 898. n. — 60; geb. n. — 90

Richter, Alb., Aufgaben f. den physikal. Unterricht an höh. Lehranstalten im Anschluss an d. Grundriss der Experimentalphysik v. Jochmann u. Hermes. gr. 8. (VIII, 94 S. m. Fig.) Berlin 899. Winckelmann & Söhne. n. 1. 40

Richter, Alb., s.: Aus der deutschen Literatur.

Richter, Albert: Beitrag zur Lösung des Apollonischen Berührungsproblems. 4 (S. 33—38). 1897.
Festschrift z. Feier des 25jähr. Bestehens des Matthias Claudius-G. Progr. mit Rsch. u. Vsch. *Wandsbek* 1898

Richter, Albert (W.): Das Apollonische Berührungsproblem. Bielefeld 1870. 8°. Diss. Jena.

Richter, Alb., Bilder aus der deutschen Kulturgeschichte. 10 Lfgn. oder 2 Bde. gr. 8. (VIII, 488; IV, 524 S. mit eingedr. Holzschn.) Leipzig 881,82, Brandstetter. à Lfg. * 1 —
compl. geb. in 1 Bd. ** 10 —

Richter, Alb., Bilder aus der deutschen Kulturgeschichte. 2 Tle. 2., verm. Aufl. m. e. Sachregister. gr. 8. (VIII, 602 u. IV, 548 S. m. 1 Titelbilde u. 100 Holzschn.) Leipzig 898. F. Brandstetter. n. 10. —;
geb. in Leinw. in 1 Bd. n.n. 11. 25

Richter, Alb., Bilder aus dem deutschen Ritterleben, s.a. Geschichtsbilder für Jugend und Volk.

[F.] Bilder aus dem Deutschen Ritterleben. Von Albert Richter ... M. vielen Ill. 2. Aufl. Tl 1. 2. *Gütersloh: C. Bertelsmann 1898.* 2 Bde 8.
I. (111 S.) II. (120 S.)
= Nieritz, G.: Jugendbibliothek. No 64. 65. [98. 11316

Richter, Alb., Bilder aus dem deutschen Ritterleben. 2 Tle. 3. Aufl. (106 u. 120 S. m. Abb.) kl. 8. Gütersloh (909). C. Bertelsmann, Sep.-Kto. à — 60; kart. à — 70; in Bibliotheksbd. à — 80; in Leinw. à — 90

Richter, Albert. Über einige Derivate der Ortho-, Meta- und Para-Kresotinsäuren. Diss. Phil. Basel von G Albert Richter. 35 S. 8. Basel, Walz & Miéville, 1903.

Richter, *Albert* [Dr., Prof.]: Der Einfluſs, welchen der lateinische Gymnasialunterricht auf den mathematischen vermittelst der Hypothese von der formalen Bildung ausgeübt hat. E. geschichtl. Untersuchg. Wandsbek, Druck v. F. Puvogel, 1894; I—XXI S. 4.
Wandsbek, Matthias Claudius-G m. R u. VS, OP 1894 (280)

— **deutsche Frauen.** Kulturgeschichtl. Lebensbilder. M. e. Titelbilde (Heliograv.): „Thusnelda im Triumphzuge d. Germanicus" nach C. v. Piloty. gr. 8. (IV, 446 S. Leipzig 896. F. Brandstetter. n. 4. —
geb. in Leinw. n.n. 5. —

— **deutsche Frauen.** Kulturgeschichtliche Lebensbilder. Mit e. Titelbilde (Heliograv.): „Thusnelda im Triumphzuge des Germanicus" nach C. v. Piloty. 2. Aufl. (IV, 446 S.) 8. Leipzig 905. F. Brandstetter. n. 4. —; geb. in Leinw. n.n. 5. —

Richter, Alb., **Paul Gerhardt.** Ein Gedenkblatt zu d. Dichters 200jähr. Todestage. [Aus: „Prakt. Schulmann."] Mit dem Bildnisse Paul Gerhardts (in Stahlst.). gr. 8. (36 S.) Leipzig 876. Brandstetter. — 60

Richter, A. *Lustige Geschichten* aus alter Zeit. Illustrirt in der Königl. Kunstacademie zu Leipzig unter Leitung von Prof. Ludwig Nieper. Leipzig, F. Brandstetter, 1879. IV, 155 S. M. 10 Taf. 8°. Ill. Orhlwd. 10.—

— **Lustige Geschichten aus alter Zeit.** Illustriert in der königl. Kunstakademie zu Leipzig unter Leitg. v. Ludw. Nieper. 2. Aufl. (IV, 184 S.) 8. Ebd. 906. Kart. n. 2. —

— Lustige Geschichten aus alter Zeit. Illustriert in der königl. Kunstakademie zu Leipzig unter Leitg. v. Ludw. Nieper. 3. Aufl. (IV, 184 S.) 8. Leipzig 910. F. Brandstetter. Kart. 2. —

Richter, Alb., **Geschichtsbilder.** Hilfsbuch f. den ersten Unterricht in der deutschen Geschichte. gr. 8. (III, 114 S.) Leipzig 890. R. Richter. n. — 80; cart. n. 1. —

— **Geschichtsbilder.** Hilfsbuch f. den ersten Unterricht in der deutschen Geschichte. 2. Aufl. gr. 8. (117 S.) Leipzig 892. R. Richter. n. — 80; kart. n. 1. —

Richter, Alb., **Geschichtsbilder.** Hilfsbuch f. d. ersten Unterricht in d. deutschen Geschichte. 3. Aufl. gr. 8. (117 S.) Leipzig 896. F. Brandstetter. n. — 80; geb. n. 1.

Richter, Alb., **Geschichtsbilder.** Hilfsbuch f. den ersten Unterricht in d. deutschen Geschichte. 4. Aufl. gr. 8. (116 S.) Leipzig 900. F. Brandstetter. n. — 80; kart. n. 1. —

— **Geschichtsbilder.** Hilfsbuch f. den ersten Unterricht in der deutschen Geschichte. 6. Aufl. (116 S.) 8. Ebd. 908. — 80; kart. 1. —

— **Geschichtsunterricht im 17. Jahrh., s.: Magazin, pädagogisches.**

— **Götter u. Helden.** Griechische u. deutsche Sagen. Als Vorstufe d. Geschichtsunterrichts bearb. 1—3. Bdchn. gr. 8. Ebend. 875. n. 3. 60; geb. n.n. 4. 80
1. (147 S.) n. 1. 20. — 2. (93 S.) n. 1. —. — 3. (188 S.) n. 1. 40

— **Götter und Helden.** Griechische und deutsche Sagen. Als Vorstufe des Geschichtsunterrichts bearb. 3 Bdchn. 2. Aufl. gr. 8. Ebendas. [1. Bdchn. (149 S.) 880. *M 1,20.; 2. Bdchn. (95 S.) 884. *M 1.; 3. Bdchn. (IV, 188 S.) 878. *M 1,40.] * 3 60

Richter, Alb., **Götter und Helden.** Griechische und deutsche Sagen. Als Vorstufe des Geschichtsunterrichts bearb. 1. und 3. Bdchn. 3. Aufl. gr. 8. Leipzig, Brandstetter. [1. Bdchn. (148 S.) 885. *M 1.20.; 3. Bdchn. (191 S.) 886. *M 1.40.] * 2 60
2. Bdchn. Ebendas. 1884. *M 2.—.

— **Götter u. Helden.** Griechische u. deutsche Sagen. Als Vorstufe d. Geschichtsunterrichts bearb. 2. Bdchn. 3. Aufl. gr. 8. (94 S.) Ebd. 892. n. 1. —

— **Götter u. Helden.** Griechische u. deutsche Sagen. Als Vorstufe des Geschichtsunterrichts bearb. 1.—3. Bdchn. 4. Aufl. gr. 8. Ebd. n. 3. 60
1. (148 S.) 899. n. 1. 20. — 2. (94 S.) 900. n. 1. —. — 3. (191 S.) 899. n. 1. 40.

— **Götter u. Helden.** Griechische u. deutsche Sagen. Als Vorstufe des Geschichtsunterrichts bearb. 3. Bdchn. 5. Aufl. (231 S.) gr. 8. Ebd. 906. n. 1. 40; geb. in Leinw. n.n. 1. 75

— **Götter u. Helden.** Griechische u. deutsche Sagen. Als Vorstufe des Geschichtsunterrichts bearb. 3 Bdchn. 6. Aufl. 8. Ebd. 3.60; geb. in Leinw. n 4.65; in 1 Leinw.-Bd. n 4. 80
1. Griechische Sagen. (175 S.) 910. 1.20; geb. n 1. 50
2. Nordische Sagen. (108 S.) 910. 1. —; geb. n 1. 35
3. Die Nibelungen — Gudrun — Roland. (231 S.) 910. 1.40; geb. n 1.75

— **deutsche Heldensagen des Mittelalters.** Erzählt u. mit Erläuterungen versehen. 2 Bde. Leipzig 868. Brandstetter. gr. 8. (XII, 694 S. mit 2 in Kpfr. radirten Compositionen von Wilh. Georgy.) 2 ₰ 15 ngr; geb. 3 ₰

Richter, Alb., deutsche **Heldensagen** des Mittelalters. Erzählt und mit Erläuterungen versehen. 2. Aufl. 2 Bde. Mit je einer in Kpfr. rad. Composition von Wilh. Georgy. gr. 8. (VIII, 360; IV, 330 S.) Leipzig 870, Brandstetter. (M 7,50.) 8 —
geb. (M 9.) 9 50

— **deutsche Heldensagen d. Mittelalters.** Erzählt u. m. Erläutergn. versehen. 2 Bde. 5. Aufl. gr. 8. (416 u. 366 S. m. 2 Radirgn. v. Wilh. Georgy.) Leipzig 890. Brandstetter. n. 6. —; geb. n.n. 7. 50

deutsche **Heldensagen** des Mittelalters. Erzählt u. m. Erläutergn. versehen. 2 Bde. Mit je e. in Kpfr. radierten Komposition v. Wilh. Georgy. gr. 8. (416 u. 366 S.) Ebd. 902. n. 6. —; in 1 Leinw.-Bd. n.n. 7.50

— s.: **Jahresbericht, pädagogischer.**

— **Iwein u. Parzival.** Zwei Rittersagen d. Mittelalters. Erzählt u. erläutert. Mit e. Titelstahlst. nach e. Orig.-Zeichng. v. J. Füllhaas. gr. 8. (III, 284 S.) Ebend. 876. 3. —; geb. n. 4. 50

Richter, Albt, Über deutsche Kinderreime. Leipzig 1877. 8.
(a. Mitt. d. deut. Ges. Bd. 6. . . . . (D.)

Richter, Alb., die **Concentration** des Unterrichts in der Volksschule. Gekrönte Preisschrift. Leipzig 865. Serigs'sche Buchh. 8. (IV, 92 S.) n. 10 ngr.

Richter, Alb. Zur Kritik der Vibrationshypothese. XX S. *Wandsbeck* 1877. Progr.

— die **Kulturgeschichte** in der Volksschule, s.: **Zeit- u. Streitfragen,** pädagogische.

— die deutschen **Landsknechte,** s. **Geschichts-Bilder** für Jugend und Volk.

[F.] Die Deutschen Landsknechte. Kulturgeschichtl. Skizzen v. Albert Richter, Vf. d. 'Deutschen Heldensagen'. M. vielen Ill. 2. Aufl. Gütersloh: C. Bertelsmann [1899]. (88 S.) 1 Bd 8.
= Nieritz, G.: Jugendbibliothek. No 67. [99. 2618

Die Deutschen Landsknechte. Kulturgeschichtl. Skizzen von Albert Richter. Mit vielen Ill. 3. Aufl. Gütersloh: C. Bertelsmann [1907]. (88 S.) 8° [F.]
= Jugendbibliothek, G. Nieritz'. No 07. [08. 2791

— Lehrbuch der Physik, s.: Körner.

—— deutsches Lesebuch für die Oberklassen in Bürger- und Landschulen, sowie für Fortbildungsschulen. gr. 8. (VIII, 359 S.) Leipzig 876, Brandstetter. *

— deutsches Lesebuch für die Oberklassen in Bürger- u. Landschulen, sowie für Fortbildungsschulen. 2. Aufl. gr. 8. (VIII, 359 S.) Leipzig 880. Brandstetter. n. 1. 35

Richter, Alb., deutsches Lesebuch f. die Oberklassen in Bürger- u. Landschulen, sowie f. Fortbildungsschulen. 3. Aufl. gr. 8. (VIII, 352 S.) Leipzig 884. Brandstetter. n. 1. 60

— deutsches Lesebuch f. die Oberklassen in Bürger- u. Landschulen, sowie f. Fortbildungsschulen. 4. Aufl. gr. 8. (VIII, 352 S.) Leipzig 892. F. Brandstetter. n. 1. 60

—— Martin Luther. Sein Leben und seine Werke. Mit 5 Holzschn. und 1 Facs. der Handschrift Luthers. (III, 121 S.) *ℳ 1.; 2. Aufl. gr. 8. (126 S.) Leipzig 883, M. Hesse's Verlag. *ℳ 1.; geb. * 1 25

Richter, Albert [Oberl. Dr.]: Die Mathematik ist auf den höheren Lehranstalten als Hülfswissenschaft der Naturwissenschaft zu behandeln. Wandsbek, Druck v. F. Puvogel, 1891; S. I--XXII: 4°
Wandsbek, Matthias Claudius-G m. RPG. OP 1891 (281)

Richter, A., zeitgemäße u. lohnende Nebenbeschäftigung d. Lehrers od. Winke u. Ratschläge, wie man sich seine Einkünfte wesentlich erhöhen kann. gr. 8. (144 S.) Leipzig 886. Siegismund & Volkening. n. 1. 20; cart. n. 1. 40

—— zeitgemäße und lohnende Nebenbeschäftigungen des Lehrers, s.a. Sammelmappe, pädagogische, Heft 92.

— s.: Neudrucke, pädagogischer Schriften.

— s.: Predigten u. Reden zur Leipziger Kaiser-Feier.

— Quellen im Geschichtsunterrichte, s.: Bericht d. Vereins Leipziger Lehrer.

— Quellenbuch. Für den Unterricht in der deutschen Geschichte zusammengestellt. gr. 8. (VI, 262 S.) Leipzig 885. Brandstetter. n. 2. 40

— Quellenbuch. Für den Unterricht in der deutschen Geschichte zusammengestellt. 2., verm. Aufl. gr. 8. (VIII, 290 S.) Leipzig 888. Brandstetter. n. 2. 70

— Quellenbuch. Für den Unterricht in der deutschen Geschichte zusammengestellt. 3., verm. Aufl. gr. 8. (VIII, 298 S.) Leipzig 893. F. Brandstetter. n. 2. 70

— Quellenbuch. Für d. Unterricht in d. deutschen Geschichte zusammengest. 4. Aufl. gr. 8. (VIII, 293 S.) Leipzig 897. F. Brandstetter. n. 2. 70

— Quellenbuch. Für den Unterricht in der deutschen Geschichte zusammengestellt. 5., verm. Aufl., hrsg. v. Ernst Kornrumpf. (VIII, 334 S.) gr. 8. Leipzig 905. F. Brandstetter. n. 2. 80; geb. n.n. 3. 30

— Quellenbuch. Für den Unterricht in der deutschen Geschichte zusammengestellt. 6. Aufl., hrsg. v. Ernst Kornrumpf. (VIII, 333 S.) gr. 8. Leipzig 909. F. Brandstetter. 2.80; geb. n 3. 30

—— zur Reallesebuchfrage. Ein Vortrag, gehalten in der Versammlung sächs. Schuldirektoren zu Pirna am 27. Septbr. 1886. gr. 8. (27 S.) Leipzig 887, M. Hesse's Verlag. * — 60

— deutsche Redensarten. Sprachlich u. kulturgeschichtlich erläutert. 8. (158 S.) Leipzig 889. R. Richter. n. 2. —; geb. n. 3. —

— deutsche Redensarten. Sprachlich u. kulturgeschichtlich erläutert. 2., verm. Aufl. 8. (190 S.) Leipzig 893. R. Richter. n. 2. —; geb. in Leinw. n. 3. —

— Deutsche Redensarten. Sprachlich u. kulturgeschichtlich erläutert. 3., verm. Aufl., hrsg. v. Osk. Weise. (IV, 238 S.) 8. Ebd. 910. 2.40; geb. 3. —

Religionsunterricht oder nicht? Ein pädagog. Gutachten über d. Antrag d. Bremer Lehrerschaft auf Abschaffung d. Religionsunterr. von A[lbert] Richter, Taubstummenlehrer. Langensalza: H. Beyer & Söhne 1906. (IV, 79 S.) 8°
= Magazin, Pädagogisches. H. 286. [07. 3756 8

—— das Königreich Sachsen. [Anhang zu Alb. Richter's deutsches Lesebuch für die Oberklassen.] gr. 8. (54 S.) Ebendas. 877. *

—— die Prov. Sachsen. Nach den besten Quellen als Anhang zu jedem Lesebuch für die Prov. Sachsen bearb. 8. (8 S.) Ebendas. 879. ** — 6

— deutsche Sagen. Kaiser Otto m. dem Barte. — Der gute Gerhard. — Herzog Ernst. — König Rother. — Der Graf im Pflug. — Herzog Adelger — Roland. — Wartburgkrieg. — Tannhäuser. — Lohengrin. Erzählt u. erläut. Mit e. in Kpfr. rad. Titelbilde. [Die Wartburg] v. Wilh. Georgy. gr. 8. (IV, 348 S.) Ebend. 871. 3. 30; geb. n. 4. 50

Richter, Albert: Deutsche Sagen. Erzählt u. erläutert. Mit I in Kupfer radirt. Titelbilde (die Wartburg) von Wilh. Georgy. 2. Aufl. Leipzig 1874. IV--348 S. 8°

— deutsche Sagen. (Kaiser Otto m. dem Barte. Der gute Gerhard. Herzog Ernst. König Rother. Der Graf im Pfluge. Herzog Adelger. Roland. Wartburgkrieg. Tannhäuser. Lohengrin.) Erzählt u. erläutert. Mit e. in Kpfr. rad. Titelbilde (die Wartburg) v. Wilh. Georgy. 4. Aufl. gr. 8. (IV, 283 S.) Leipzig 894. F. Brandstetter. n. 3. —; geb. in Leinw. n.n. 4. —

Richter, Alb., deutsche Sagen. Kaiser Otto m. dem Barte. — Der gute Gerhard. — Herzog Ernst. — König Rother. — Der Graf im Pfluge. — Herzog Adelger. — Roland. — Wartburgkrieg. — Tannhäuser. — Lohengrin. Erzählt u. erläutert. Mit 1 in Kpfr. radierten Titelbilde (die Wartburg) v. Wilh. Georgy. 5. Aufl. (IV, 283 S.) 8. Leipzig 906. F. Brandstetter. n. 2. 80; geb. in Leinw. n. 3. 50

— Schule u. Leben. Pädagogische Anreggn. 8. (IV, 134 S.) Ebend. 873. 1. 50

— s.: Schulmann, d. praktische.

— der geschichtliche Unterricht in seiner methodischen Entwickelung, s.: Kehr, C., Geschichte der Methodik d. deutschen Volksschulunterrichtes.

— der Unterricht in der Muttersprache u. seine nationale Bedeutung. gr. 8. (IV, 144 S.) Ebend. 872. 1. 50

— Volksschulen im Mittelalter, s.a. Bericht des Vereins Leipziger Lehrer.

Richter, Albt, Volksschulen im Mittelalter. (Bericht d. Vereins Leipziger Lehrer a. d. J. 1886.) Leipzig 1887. 8.

— sächsische Volksschullehrer vor der Zeit der Seminare. Geschichtliche Skizze. gr. 8. (V, 52 S.) Leipzig 887. Brandstetter. n. 1.—

Richter, Alb., kursächsische Volksschulordnungen, s.: Neudrucke pädagogischer Schriften.

— Volkstum u. Volksschule. Vortrag. Mit Anmerkgn. verm. Ausg. gr. 8. (32 S.) Leipzig 889. R. Richter. n. — 60

Richter, Alb., allerlei Wild aus Wald u. Feld, s.a. Universal-Malvorlagen. Nr. 69.

Richter, Alb., allerlei Wild aus Feld u. Wald. 4 (farb.) Blatt. gr. 4. Leipzig 892. E. Baldamus, Sop.-Cto. n. 5. —; einzelne Blätter 1. 80

Richter, Albert (Hrsg.), s. Zeidler, Joh. Gottfr.: Sieben böse Geister, ...

—— Ziel, Umfang und Form des Unterrichts in der deutschen Grammatik für die Volksschule. Preisgekrönte Abhandlung. 8. (31 S.) Leipzig 866, Klinkhardt.

— Ziel, Umfang u. Form d. grammatischen Unterrichts in der Volksschule, s.: Hesse's, M., Lehrer-Bibliothek.

— **Albert Christian** (Berlin/Mark), De secundis nuptiis praecipue illustrium personarum. Diss. jur. Präs. Justus Henning Boehmer. Halle/Magdeburg Okt. 1723. 182 S. (6.—) 28606
Widm. v.: David Solbrig, Johann Samuel Friedrich Boehmer, Carl August Böhmer, C. F. Schartow (Oppon., dtsch.)

— De secundis nuptiis praecipue illustrium personarum. Diss. jur. Präs. Justus Henning Boehmer. Halle/Magdeburg (J. Fr. Krottendorff) Okt. 1723. 184 S. (6.—) 28607
Widm. v.: Justus Henning Boehmer, Jakob Gabriel Wolf, Jo. Daniel Gruber, David Solbrig, Johann Samuel Friedrich Boehmer, J. C. v. Blücher (dtsch.), Rudolph Culeman (dtsch.), C. F. Schartow (dtsch.), Carl August Böhmer, Friedrich Ernst Knorr (dtsch.), C. F. Richter (Bruder, dtsch.), S. W. Richter.

— Dasselbe. Halle / Magdeburg (J. Chr. Grunert) (7.) Okt. 1723. rec. 1734. 184 S. (6.—) 28608
Widm. v.: Justus Henning Böhmer, Jakob Gabriel Wolf, Jo. Daniel Gruber, David Solbrig, Johann Samuel Friedrich Boehmer, J. C. v. Blücher (dtsch.), Rudolph Culemann (dtsch.), C. F. Schartow (dtsch.), Carl August Boehmer, Friedrich Ernst Knorr (dtsch.), C. F. Richter (Bruder, dtsch., S. W. Richter, I. G. K. Corr.

— Dasselbe. Halle/Magdeburg (J. Chr. Grunert) Okt. 1723. rec. 1761. 126 S. (6.—) 28609

Richter, Albrecht *(geb. Breslau 18. 5. 1850)*: Ueber Abort und seine Behandlung. Breslau 1875. (41 S.) 8°
Breslau, Med. Diss. v. 17. Dez. 1875

Richter, Albrecht *Paulus Ferdinand* [aus Jassy '(Rumänien)']: Zuckerharn oder Zuckerharnruhr? ... Berlin, C. Vogt's Buchdr., *1893*; 38 S., 1 Bl. 8.
Berlin, Med. Fak., Inaug.-Diss. v. 13. Jan. 1893

Richter, Alexander (geb. 1821 in Wesel): Donati commentarii quem usum habeant ad illustrandam singularum Terentii vocum corruptelam ... Bonnac, typ. C. Krüger 1854. 2 Bl., 51 S., 2 Bl. 8.
Bonn, Phil. Fak., Diss. v. 14 Jan. 1854

Richter, Alexander, approb. Arzt aus Dresden: Aus d. pathol. Institute zu Kiel. Zwei Fälle von Aktinomykose als Beitrag zur Kenntnis der Generalisation aktinomykotischer Erkrankungen. *Kiel 1901: Schmidt & Klaunig.* (36 S.) 8°
Kiel, Med. Diss. v. [7. Okt.] 1901

de Richter, Alex., flora Mosquensis, s.: Bulletin de la société Imp. des naturalistes de Moscou, tome XXIV, 1. partie.

Richter, Alexander V., prakt. Zahnarzt in Berlin: Ueber die Struktur und die Bedeutung der Langerhans'schen Inseln im Pankreas der Amphibien. (Aus d. anat.-biol. Institut d. Universität Berlin.) *Berlin (1902): E. Ebering.* (37 S.) 8° ¶ (Die zur Arbeit gehörigen Figuren erscheinen in einer wissensch. Zeitschrift.)
Berlin, Phil. Diss. v. 30. Juli 1902

Richter, Alfred

Richter, Alfr., Aufgaben zu E. Friedr. Richter's Harmonielehre. gr. 8. (IV, 54 S.) Leipzig 879, Breitkopf und Härtel. *M 1.; geb. *

Richter, Alfr., Aufgabenbuch zu E. Friedr. Richter's Harmonielehre. 2.—4. Aufl. gr. 8. (IV, 54 S.) Leipzig 880—83, Breitkopf und Härtel. *M 1.; geb. * 2 20

Richter, Alfr., Aufgabenbuch zu E. Friedr. Richter's Harmonielehre. 5.—7. Aufl. gr. 8. (IV, 54 S.) Leipzig 885—88, Breitkopf und Härtel. *M 1.—.; geb. *

Richter, Alfr. Aufgabenbuch zu E. Frdr. Richter's Harmonielehre. 8. Aufl. gr. 8. (IV, 54 S.) Lpz. 889, Breitkopf u. Härtel. * 1 —

Richter, Alfr., Aufgabenbuch zu E. Friedr. Richter's Harmonielehre. 11. Aufl. gr. 8. (IV, 54 S.) Leipzig 894. Breitkopf & Härtel. n. 1. —; geb. in Schulbd. n.n. 1. 50; in Leinw. n. 2. 20

— dasselbe. Schlüssel z. Selbstunterricht. gr. 8. (VI, 239 S.) Ebd. 895. n. 3. -; in Schulbd. n.n. 3. 50; fein geb. n. 4. 20

— dasselbe, zu E. Friedr. Richter's Harmonielehre. 14. Aufl. gr. 8. (VI, 54 S.) Ebd. 898. n. 1. ; in Schulbd. n n. 1. 50; fein geb. n. 2. -

— dasselbe zu E. Frdr. Richters Harmonielehre. 17. Aufl. gr. 8. (VI, 54 S.) Ebd 902. n. 1. —; geb. n. 1. 50; in Leinw. n. 2. —

— dasselbe. Schlüssel. Zum Selbstunterricht. 2., verb. Aufl. gr. 8. (VI, 239 S.) Ebd. 902. n. 3. —; geb. in Schulbd. n. 3. 50; in Leinw. n. 4. —

Aufgabenbuch zu E. Friedrich Richters Harmonielehre bearb. von Alfred **Richter.** [Nebst] Schlüssel. Leipzig: Breitkopf & Härtel 1904–05. 2 Bde 8°
Aufgabenbuch. 21. Aufl. 1905. Schlussel. Zum Selbstunterr. 3. Aufl. 1904.
= **Handbibliothek,** Breitkopf & Härtels Musikalische. 4. 11. 1.6. 6,00

Richter, Alfr., Aufgabenbuch zu E. Friedr. Richters Harmonielehre. 21. Aufl. (VI, 54 S.) gr. 8. Leipzig 905. Breitkopf & Härtel. n. 1. —; geb. n. 1. 50; in Leinw. n. 2. —

— dasselbe. Schlüssel dazu. Für den Selbstunterricht. 3. Aufl. (VI, 239 S.) gr. 8. Ebd. 904. n. 3. —

Richter, Alfr., Aufgabenbuch zu E. Frdr. Richters Harmonielehre. 28. Aufl. (VI, 54 S.) gr. 8. Leipzig 910. Breitkopf & Härtel. 1.—; geb. n 1.50; in Lw. n 2. —

— dasselbe, Schlüssel zum Selbstunterricht. 4. Aufl. (VI, 239 S.) gr. 8. Ebd. 908. 3.—; geb. in Schulbd. n 3.50; in Leinw. n 4. —

Richter, Alfr., Aufgabenbuch zu E. Friedr. Richter's Lehrbuch d. einfachen u. dopp. Contrapunkts. 2. Aufl. gr. 8. (IV, 64 S.) Leipzig 893. Breitkopf & Härtel. n. 1. 50

Richter, Alfr., Aufgabenbuch zu E Friedr. Richters Lehrbuch des einfachen u. doppelten Contrapunkts. 3. Aufl. gr. 8. (VI, 64 S.) Leipzig 902. Breitkopf & Härtel. n. 1. 60; geb. in Schulbd. n. 2. —; in Leinw. n. 2. 50

— Aufgabenbuch zu E. Friedr. Richters Lehrbuch des einfachen u. doppelten Contrapunkts. 4. Aufl. (VI, 64 S.) gr. 8. Ebd. 910. 1. 60

Die Balkenstrahlung des menschlischen Gehirns nach frontalen Schnitten der rechten Hemisphäre einer sieben Jahre alten Schußverletzung. Von San.R. Dr. A[lfred] **Richter**, Oberarzt, Dalldorf. Mit 23 Abb. *Berlin: Fischer 1903.* (48 S.) 8° [03. 15761

Richter, A. (I.), die Beziehungen zwischen Geistesstörung und Verbrechen, s. Sander, W.

— d. Elementarkenntnisse d. Musik. Als Einleitg. zur Harmonielehre u. m. prakt. Uebgn. verseh. gr. 8. (V, 116 S.) Ebd. 895. n. 2. —; in Schulbd. n.n. 2. 50; eleg. geb. n. 3. 50

— die Elementarkenntnisse der Musik. Als Einleitg. zur Harmonielehre u. m. prakt. Übgn. verbunden. 2., durchgeseh. u. verb. Aufl. gr. 8. (VII, 116 S.) Ebd. 901. n. 2.—; geb. in Schulbd. n. 2.50; in Leinw n. 3.—

— Die Elementarkenntnisse der Musik. Als Einleitg. zur Harmonielehre u. m. prakt. Übgn. verbund. 3. Aufl. (VII, 116 S.) gr. 8. Ebd. 906. 2.—; geb. in Schulbd. n 2.50; in Leinw. n 3. —

Richter, Alfred, Referendar in Markneukirchen: Das Gewinnanteilsrecht des offenen Handelsgesellschafters. Borna-Leipzig 1908: R. Noske. (VIII, 58 S.) 8° [J.]
Leipzig, Jur. Fak., Diss. v. 13. März 1908
[Geb. 2. Jan. 83 Markneukirchen; Wohnort: Markneukirchen; Staatsangeh.: Sachsen; Vorbildung: Fürsten- u. Landessch. Grimma Reife O. 02; Studium: Freiburg i. B. 1, Leipzig 6 S.; Rig. 24. Jan. 07.]

Richter, Alfr., Judith. Die Erlenkönigin. Zwei Operndichtgn. [Als Mscr. gedr.] gr. 8. (93 S.) Leipzig 875. Leiner. n. 1. 50

Richter, A., Kirchenordnung f. die evangel. Gemeinden der Prov. Westfalen u. der Rheinprovinz vom 5. III. 1835 in der Fassung des Kirchengesetzes vom 5. I. 1908, nebst den einschläg. Kirchen- u. Staatsgesetzen. Unter besond. Berücksicht. der f. die Prov. Westfalen ergangenen behördl. Erlasse u. Prov.-Synodal-Beschlüsse unter Mitwirkg. v. R. Hildebrandt f. den prakt. Gebrauch bearb. u. hrsg. (XIII, 811 S.) gr. 8. Münster 908. E. Obertüschen. Geb. in Halbfrz. 16. —

Das Klavierspiel. F. Musikstudier. v. Alfred **Richter**. *Leipzig: Breitkopf & Härtel 1898.* (VI S., 1 Bl., 204 S.) 1 Bd 8.
= Handbibliothek, Breitkopf & Härtel's Musikalische. [Bd] 13. [98.6419

[J.] **Richter,** *Georg Emil* Afred [!] [Referendar]: Compensation und Retention ... Greifswald, Druck v. J. Abel, 1895; 47 S. 8.
Greifswald, Jur. Fak., Inaug.-Diss. v. 1895

Die Lehre von der thematischen Arbeit m. prakt. Übgn verbunden v. Alfred **Richter**. *Leipzig: Breitkopf & Härtel 1896.* (VI S., 1 Bl., 130 S.) 1 Bd 8.
= Handbibliothek, Breitkopf & Härtel's Musikalische. Bd XII. [97.2458

Richter, Alfr., die Lehre v. der thematischen Arbeit m. prakt. Übungen verbunden. 2. Aufl. (VII, 130 S.) gr. 8. Leipzig 909. Breitkopf & Härtel. 3. —

Die Lehre von der Form in der Musik von Alfred **Richter**. Leipzig: Breitkopf & Härtel 1904. (V, 181 S.) 8°
= Handbibliothek, Breitkopf & Härtels Musikalische. 14. [05. 3142

Richter, Alfr. (Christian. Gust. Roland.) (geb. Potsdam 3. 3. 1828):
De cordis morbis nonnulis. Berolini (1851). (35 S.) 8°
Berlin, Med. Diss. v. 16. Aug. 1851

— oefeningen ten gebruike bij (E. F.) Richter's Leerboek der Harmonie (Nederl. bewerking door Jacques Hartog), bewerkt volgens de 12de Duitsche uitgaaf door Jacques Hartog. gr. 8. (VIII, 54 S.) Ebd. 896. n. 1.70

Richter, Alfred, z. Z. Referendar in Rixdorf: Die **Rechte** des Geschäftsführers ohne Auftrag gegen den Geschäftsherrn ⟨actio negotiorum gestorum contraria⟩ nach bürgerlichem Recht. *Berlin 1901: R. Kühn.* (VII, 49 S.) 8° [J. u. Ant.]
Rostock, Jur. Diss. v. [12. Juli] 1901

Richter, Alfr., üb. Verlauf traumatischer Neurosen, s.: **Klinik, Berliner.**

Richter's, Alfr., Wegweiser durch Königsberg in P. und seine Umgebung. 16. (16 S. mit 1 Tab. in qu. 8. und 1 lithogr. Stadtplan in 4.) Königsberg 863, Richter. *

Richter, Aemilius Ludwig

Richter, Aemil. Ludw., Beiträge zur Geschichte des Ehescheidungsrechts in der evangel. Kirche. (Revid. u. verm. Abdr. a. d. „Deutschen Zeitschrift f. christl. Wissenschaft rc.") Berlin 858. Wiegandt u. Grieben. 8. (VIII, 94 S.) n. 15 ngr

Richter, Aem. Ludw., Beiträge z. Kenntniß d. Quellen d. canon. Rechts. 1. Beitr. I. Ueber Algerus v. Lüttich u. sein Verhältniß zu Gratian. II. Zur Berichtig. d. Inscriptionen im Decret. III. Ueber die Collectio Anselmo dedicata. gr. 8. (5 B.) Leipzig 834, Kayser.

Richter, Aemil. Ludw., Beiträge zum preußischen Kirchenrechte. Aus dessen Nachlaß herg. von Paul Hinschius. Leipzig 865. B. Tauchnitz. gr. 8. (VI, 81 S.) 15 *ngr.*

— s. Bericht zur Erforschung vaterländischer Sprache u. Alterthümer.

Richter, Papst Clemens XII. an die protestant. Sachsen im J. 1732. — Die Bulle Sedes apostolica, pia mater mit den dazu gehör. Actenstücken neu herausg., verdeutscht u. beleuchtet. Ein Beitrag zur Beurtheilung d. Mißverhältnisse zwischen der Curie zu Rom u. der Kirche. ... Leipzig ... (Melzer.) 1831.

—— Papst Clemens XII., s. Clemens XII.

Richter, Aem. Ludov., antiqua Canonum collectio, qua in libris de synodalibus causis compilandis usus est Regino Prumiensis. Ex apographo cod. ms. Vat. 1347 brevi adnotatione critica instructam edidit etc. 4 maj. (6 B.) Marburgi Cattorum 844, libr. Unversit. Elwert.

—— De inedita decretalium collectione Lipsiensi. Commentatio qua ad audiendam orationem professionis jur. extraordinariae auspicandae causa invitat. Leipzig (G. Naumann) 11. V. 1836. 35 S. (4.25) 28663

— de inedita decretalium collectione Lipsiensi. 8 maj. Lipsiae 836. libr. Goethe. 1/4 ℛ

Richter, Aemil. Ludov., de inedita decretalium collect. Lipsiensi. 8maj. (2½ B.) Lipsiae 836, [T. O. Weigel.]

Richter, Aemilius Ludwig, s. Corpus juris canonici.

— u. (Respond.) Hermann Schletter (Dresden), De emendatoribus gratiani. Diss. histor.-crit. Pars I. Leipzig (Ch. G. Kayser) 9. IV. 1835. 51 S. (4.—) 28664

—— de emendatoribus Gratiani dissert. histor.-crit. Ps. I. 8maj. (3½ B.) Lipsiae 835, (T. O. Weigel.)

—— König Friedrich IV. und die Verfassung der evangelischen Kirche. Berlin 861. Fr. Schulze. 8. (VIII, 112 S.) n. 20 ngr.

Richter, Ludw., Geschichte der evangelischen Kirchenverfassung in Deutschland. gr. 8. (XII u. 260 S.) Leipzig 851, B. Tauchnitz. 1¼ ℛ

Richter, Ludw.: Amtliche Gutachten, die Verfassung der evangelischen Kirche in Preußen betr. 2. Abdr. Berlin u. Leipzig 1849.

Richter, Aemil., Ludw., Gutachten die neuesten Vorgänge in der evangel. Kirche des Kurfürstenthums Hessen betreffend. Leipzig 855. B. Tauchnitz. gr. 8. (2 Bl., 79 S.) 15 ngr.

—— kritische Jahrbücher f. deutsche Rechtswissenschaft etc., s. Jahrbücher.

— die evangel. Kirchenordnungen des 16. Jahrhunderts. Urkunden u. Regesten zur Geschichte des Rechts u. der Verfassung der evangel. Kirche in Deutschland. 1. Bd. Vom Anfange der Reformation bis zur Begründung der Consistorialverfassung im Jahre 1542. gr. 4. Weimar 846, Landes-Industrie-Comptoir. 4 ℛ — 2. Bd. Von 1542 bis zu Ende des 16. Jahrh. gr. 4. Ebend. 846. 5 ℛ

—— das Kirchenregiment u. d. Symbole. Rechtl. Gutachten üb. das von d. hrzgl. Consistorio zu Altenburg an die Ephorie Ronneburg erlaß. Rescript v. 13. Nov. 1838. gr. 8. (3½ B.) Leipzig 839, B. Tauchnitz jun. *

— Lehrbuch des kathol. u. evangel. Kirchenrechts, mit besonderer Rücksicht auf deutsche Zustände. 1. Abtheil. Die allgemeinen Lehren. Die Quellen des Kirchenrechts. Die Verfassung der kathol. Kirche. gr. 8. Leipzig 841, B. Tauchnitz jun. 1¼ ℛ — 2. Abthl. Die Lehre von der Verfassung der evangel. Kirche, die Verwaltung der Kirche, dem kirchl. Leben u. den Kirchengütern enthaltend. (Nebst Anhang.) gr. 8. Ebend. 842. 1¾ ℛ — compl. 3 ℛ — 2. verb. u. verm. Aufl. gr. 8. Ebend. 844. 3 ℛ — 3. verm. u. verb. Aufl. Ebend. 847. 3 ℛ

Richter, Aemil. Ludw., Lehrbuch des kathol. und evangel. Kirchenrechts mit besond. Rücksicht auf deutsche Zustände. 3., verb. Aufl. gr. 8. (XVI, 656 und 127 S.) Leipzig 848, B. Tauchnitz.

Richter, Aemil. Ludw., Lehrbuch des katholischen und evangelischen Kirchenrechts mit besonderer Rücksicht auf deutsche Zustände. 4., verb., zum Theil umgearb. Aufl. gr. 8. (XVI und 789 S.) Leipzig 853, B. Tauchnitz.

Vlnp.

Richter, Aemil. Ludw., Lehrbuch des katholischen und evangelischen Kirchenrechts. Mit besond. Rücksicht auf deutsche Zustände verfasst. 5., umgearb. Aufl. gr. 8. (XVI und 837 S.) Leipzig 858, B. Tauchnitz.

— Lehrbuch des katholischen u. evangelischen Kirchenrechts. Mit besond. Rücksicht auf deutsche Zustände verfaßt. 6. Aufl. Nach dem Tode des Verf. besorgt von Rich. Wilh. Dove. Ebend. 865—67. gr. 8. (XVIII, 1030 S.) 3 ℛ 15 ngr.

Richter, Aemil. Ludw., Lehrbuch des katholischen und evangelischen Kirchenrechtes. Mit besond. Rücksicht auf deutsche Zustände. 7. Aufl. Nach dem Tode des Verf. besorgt von Rich. Wilh. Dove. 4 Abthlgn. gr. 8. Leipzig, B. Tauchnitz. [1. Abthl. (S. 1—288.) 871. ℳ 3.; 2. Abthl. (S. 289—544.) 872. ℳ 2,70.; 3. Abthl. (S. 545—800.) 873. ℳ 2,70.; 4. Abthl. (XVIII, S. 801—1252.) 874. ℳ 5,10.] 13 50

Richter, Aem. Ludw., Lehrbuch des katholischen u. evangelischen Kirchenrechts. Mit besonderer Rücksicht auf deutsche Zustände. 8. Aufl. Nach dem Tode des Verfassers mit eingehender Berücksichtigung der neueren Entwicklung im Gebiete des Staates u. der Kirche bearb. von Rich. Wilh. Dove. 1-5. Lfg. gr. 8. (S. 1—640.) Leipzig 877—82. B. Tauchnitz. à 1. 80

Richter, Aem. Ludw., Lehrbuch d. katholischen u. evangelischen Kirchenrechts Mit besond. Rücksicht auf deutsche Zustände. 8. Aufl. 6—9. (Schluß-)Lfg. Hrsg. v. Wilh. Kahl. gr. 8. (XVI u. S. 641—1410.) Leipzig 884—86. B. Tauchnitz. à 1. 80 (cplt.: n. 16. 20)

—— der Staat u. die Deutschkatholiken. Eine staats- u. kirchenrechtliche Betrachtung. gr. 8. (2¾ B.) Leipzig 846, Bernh. Tauchnitz jun.

— s. Verhandlungen der preuß. Generalsynode.

—— Vortrag über die Berufung einer evangel. Landessynode. Dem k. Ministerium der geistl. Angelegenheiten zur weiteren Veranlassung überreicht. gr. 8. (47 S.) Berlin 848, Decker'sche geheime Ober-Hofbuchdr.

Richter, Aemil Ludw., Vortrag über die Berufung einer evang. Landessynode. Dem k. Ministerium der geistlichen Angelegenheiten zur weiteren Veranlassung überreicht. gr. 8. (47 S.) Berlin 849, Decker. 4 ngr.

Richter, Aemilius Ludwig (Hrsg.), s. Zeitschrift f. d. Recht u. d. Politik d. Kirche.

Richter, [Andreas]. Exhorten für Ordensjungfrauen, anschliessend an die Sonn- und Festtagsevangelien des Kirchenjahres. Auch Beichtvätern von Ordensjungfrauen von grossem Nutzen. Von P. R', St. Hedwigsruh bei Dyhernfurth. Mit 1 Stahlstich, 16 Einschaltbildern und mit vielen Kopfleisten, Initialen und Schlussvignetten. 1151 S. 8. Einsiedeln *etc.*, Benziger & Co. A. G., 1907. [geb. fr. 3. 75 *u.* 8. 40]

Richter, [Andreas]. Die Jungfrau im Gnadenleben nach dem Vorbild der hl. Angela von Merici. Gebet- und Erbauungsbuch für Jungfrauen der Welt u. des Ordensstandes von P. R', St. Hedwigsruh.... [Mit Vignetten und 2 Tafeln.] 552 S. 8. Einsiedeln *etc.*, Benziger & Co. A. G., 1907. [geb. fr. 1. 75 *bis* 5. 60]

Richter, P. [Andreas]. Der studierende Jüngling unter der Fahne Christi. Gebet- und Lehrbuch für die studierende Jugend. [Mit Illustrationen und 4 Tafeln.] 544 S. 8. Einsiedeln *etc.*, Benziger & Co. A. G., 1904. [geb. fr. 2. —. *u.* 3. —]

Richter, [Andreas]. Die Ordensjungfrau in den Tagen der Geisteserneuerung. Von P. R', z. Z. St. Hedwigsruh bei Dyhernfurth. [Mit Illustrationen und 1 Tafel.] 702 S. 8. Einsiedeln *etc.*, Benziger & Co. A. G., 1905. [geb. fr. 2. 75 *u.* 3. 75]

Richter, Andr., St. Hedwig-Büchlein, enth. e. kurze Lebensbeschreibg. der hl. Hedwig, sowie Andachtsübgn. zu ihrer Verehrg., nebst den notwendigsten Gebeten. (158 S. m. Titelbild.) 12,5×8 cm. Saarlouis 909. F. Stein Nachf. Geb. in Leinw. — 50

Richter, P. [Andreas]. Des Kranken Trost und Stärkung. Ein Büchlein für die Krankenstube zur Vorbereitung auf einen guten Tod. [Mit Illustrationen und 1 Tafel.] 651 S. 8. Einsiedeln..., Benziger & Co. A. G., [1909]. [geb. fr. 2. 75]

— Des Kranken Trostesquelle. Erbauungs- u. Gebetbuch. (IV, 297 S. m. Titelbild.) kl. 8. Trier 908. Paulinus-Druckerei. Geb. in Leinw. 2. —

Richter, P. [Andreas]. Die Witwe auf dem Friedenswege. Gebet- und Erbauungsbuch. [Mit Illustrationen und 3 Tafeln.] 733 S. 8. Einsiedeln ..., Benziger & Co. A. G., 1908. [geb. fr. 2.75 *u.* 4.—]

Richter, Anna, praktische Anleitung zum Zuschneiden wie immer vorkommender Leib-, Bett- und Luxus-Wäsche für geübte Näherinnen und Laien. Fol. (IV, 64 lithogr. S.) Warnsdorff 877, Pohl. * *M.* 16,50.; geb. *

Richter, Anton

Richter, Ant., u. Ant. Tracnka, Anleitung zur Einführung der neuen Geschäftsordnung f. Bürgermeisterämter, hrsg. v. Max Jordan. (24 S., 40 Bl. u. S. m. Muster u. Abb. u. 4 Formularen.) Lex. 8. Oberhollabrunn 906. (Saaz, A. Ippoldt's Nachf.) nn 1. —

Richter, Anton, Assistenzarzt am Elisabeth-Hosp. zu Bochum: Aus d. chirurg. Universitäts-Klinik zu Bonn. **Beitrag** zur Lehre von den gutartigen Geschwülsten der Zunge, insbesondere den Adenomen. *Bonn 1903: J. Trapp.* (35 S.) 8°
Bonn, Med. Diss. v. 19. Nov. 1903

Richter, Anton, aus Bonn, Referendar am kgl. Amtsger. zu Königswinter, z. Z. Einj.-Freiw. Unterofficier im Rhein. Pionier-Bat. No 8 zu Coblenz: **Dominium** revocabile ex tunc nach gemeinem Rechte und unter Berücksichtigung des Bürgerlichen Gesetzbuches. *Bonn 1899: P. Hauptmann.* (61 S.) 8°
Erlangen, Jur. Diss. v. 4. Mai 1899

Richter, Anton —. Handbuch zur Führung von Remonten- und ärarischen Pferde-Geleits-Kommanden. Zusammengestellt von — —. Fol. (62 S.) Wien. Lithographirt und gedruckt in der k. k. lbf. lith. Anstalt von Eduard Sieger. 1855.

— **Anton** (Legden / Westfalen), De pleuritide vera acuta. Diss. med. Berlin (Nietack) 29. IX. 1835. 32 S. mit Biogr. (M.: A. Schraeder.) (3.75) 28611
Oppon.: B. Halsband, E. Frentrop, J. Fuechten.

Richter, jr., Ant., Religion u. Naturwissenschaft, s.: Volksaufklärung. Nr. 82.83.

Richter, Ant., aus d. Stadtmission in Paramaribo (Suriname), nacherzählt v. H. Kluge, s.: Traktate, kleine, aus d. Brüdermission.

Richter, Ant., († d. 17. Aug. 1827.), s. Lbw. Stahlpanzre.

Richter, Ant., unsere Verkehrs-Verhältnisse, entworfen behufs eines Antrages an den hohen Landtag des Königr. Böhmen. gr. 8. (X, 47 S.) Prag 878. Mercy. n. 1. 60

— **Anton Gottfried** (Delitzsch), De necessitate curatoris in contrahendis pactis nuptialibus. Quaestio jur. controversi. Präs. Christian Heinr. Breuning. Leipzig (Langenheim) 16. V. 1778. 8 S. (4.25) 28612

Richter, Anton Josef

Richter, Ant. Jos., de graviditate, ejus vi morbor. et profligandor. et provocandor., nec non de eorum aestimatione et cura Commentat., in Acad. Boruss. Rhen. praem. orn. 8. (15 B.) Confluentibus 834, Hergt. Thlr.

Richter, A. J., Sanct Castor zu Coblenz, als Münster, Stift und Pfarrkirche. 2. Bd. 8. (III, 126 S.) Bonn 881, Hauptmann. cart. * 2 —
Der 1. Bd. erschien 1856 zu Coblenz im Selbstverlage des Verfassers.

— **Anton Joseph** (Koblenz/Rheinprov.), De universi vis nervosae praegnantium corporis mutationibus, nec non de illis ad animum spectantibus seu psychicis. Diss. pathol. Berlin (A. Petsch) 12. XI. 1828. 38 S. mit Biogr. (M.: Chr. Jaeger.) (3.75) 28613
Oppon.: G. Benedix, L. Kersten, A. Hülsmann. — Gew.: J. Müller.

Richter, Arthur

Richter: Imm. Kants Ansichten über Erziehung. 28 S. – Halberstadt. Progr. 1865.

— Immanuel Kants Ansichten über Erziehung. Halberstadt 865. (Frantz'sche Buchh.) gr. 4. (28 S.) n. 8 *ngr.*

Richter, Arthur Beiträge zur Geschichte des Stephaneums zu Halberstadt. 83 S. Progr. G. **Halberstadt* 1876.

Richter, Arthur [aus Dresden]: Erasmus-Studien. . . . Dresden, Druck v. J. Pässler, 1891; 64, XXIV S. 8°
Leipzig, Phil. Fak., Inaug.-Diss. v. 15. Mai, 1891

Richter, Arth., **Erasmus-Studien. Diss.** gr. 8. (64 u. XXIV S.) Dresden 891. (Leipzig, G. Fock.) n. 2. —

Richter, Arth., die Ethik des Plotin. Halle 867. Schmidt's Verl. gr. 8. (IV, 53 S.) n. 10 *ngr.*

Richter, Arth., Johanna Fichte, s. Sammlung von Vorträgen.

Richter, Arth., Grundriss d. philosophischen Wissenschaften. 1. Tl. A. u. d. T.: Grundlegung der philosoph. Wissenschaften u. Elemente der Logik. gr. 8. (VIII, 260 S.) Halle 888. Mühlmann's Verl. n. 3. 20

—— über Leben und Geistesentwicklung des Plotin. Neu-Platonische Studien. gr. 8. (IV und 86 S.) Halle 864, Schmidt's Verlag. *

— Plotin's Lehre vom Sein u. die metaphysische Grundlage seiner Philosophie. Halle 867. Schmidt's Verl. gr. 8. (VIII, 111 S.) n. 20 *ngr.*

Richter, Arth., des Rennsteigwanderers Liederbuch. Im Auftrage des Rennsteigvereines hrsg. (178 S.) 16. Zeitz (907). R. Jubelt. 1.—

Thüringer Liederbuch. Hrsg. von Arthur Richter-Ruhla. Zeitz: R. Jubelt (1907). (174 S.) 8° [F.] (ob. 1329)

— Thüringer Liederbuch. (179 S.) 16. Ebd. (908). — 75

Richter, Arth., Luther als Prediger. Ein homilet. Charakterbild. Vortrag, auf der Pastoralkonferenz zu Bautzen am 23. Mai 1883 gehalten. gr. 8. (30 S.) Leipzig 883, Böhme. * — 50

– die Phantasie und ihre Schöpfungen. Eine Studie zur Psychologie. Vortrag gehalten zu Magdeburg den 3. Decbr. 1863. Magdeburg 864. Creutz. 8. (39 S.) 7½ ngr.

—— die Psychologie des Plotin. gr. 8. (VI und 86 S.) Halle 867, Schmidt's Verlag. *

—— über Rafaels Schule von Athen, s. Sammlung von Vorträgen.

—— die Theologie und Physik des Plotin. gr. 8. (III und 130 S.) Halle 867, Schmidt's Verlag. *

Richter, A. Der Übergang der Philosophie zu den Deutschen im VI.—XI. Jahrhundert. Ein Kapitel aus einer Geschichte der deutschen Philosophie und Pädagogik. 31 S. Rg. *Halle* 1880.
Progr.

Richter, A. (I.), der Uebergang der Philosophie zu den Deutschen im VI.—XI. Jahrh. 4. (31 S.) Halle 880, (Buchh. des Waisenhauses.) * 1 —

Richter, Arthur, a. Elsnigk i. Anh.: Über die innere Verdampfungswärme. Rostock 1908: Adlers Erben. (25 S.) 8°
Rostock, Phil. Fak., Ref. Weber, Diss. v. 23. Dez. 1907
[Geb. 20. März 83 Elsnigk; Wohnort: Rostock; Staatsangeh.: Anhalt; Vorbildung: Oberrealsch. Halle Reife M. 03; Studium: Halle 4, Rostock 5 S.; Rig. 19. Dez. 07.]

Richter A. Wahrheit und Dichtung in Plato's Leben. (Sammlung gemeinverständlicher wissenschaftlicher Vorträge NF I, 15) Hamburg 1886

— Wahrheit und Dichtung in Platon's Leben, s. d. Sammlung gemeinverst. wissensch. Vorträge.

Richter, Arth. Bernh., die stumme u. doch so gewaltige Predigt d. Stein's zu unsern Füßen. Weihrede üb. Phil. IV, 4—6 bei der Feier der Grundsteinlegg. d. Rettungshauses zu Elstra am 20. Juni 1875 geh. gr. 8. (12 S.) Camenz 875. Krausche. n.n. — 25

Richter, Arwed, Dr.: Über einige seltenere **Reformations-Flugschriften** aus den Jahren 1523—1525. (1. Hartmut v. Cronberg. 2. Hieron. v. Endorf. 3. Jac. Schorre.) *Hamburg 1899: Lütcke & Wulff.* (44 S.) 8°
Hamburg, R auf der Uhlenhorst, P 1899 (786)

Richter, Arwed, über einige seltenere Reformations-Flugschriften aus den J. 1523—1525. Progr. gr. 8. (II, 44 S.) Hamburg 899. (Herold.) n.n. 1. 50

Richter, (Ernst) Arwed [aus Niederoderwitz]: Der Reichstag zu Nürnberg 1524 .... Leipzig, Druck v. Sturm & Koppe (A. Dennhardt) (1888); 3 Bl. + 131 S. + 1 Bl. 8°
Leipzig, Phil. Fak., Inaug.-Diss. v. 9. März 1888

Richter, Arwed, der Reichstag zu Nürnberg 1524. Nach den gedruckten Quellen u. m. Benutzung von Archivalien dargestellt. gr. 8. (VII, 134 S.) Leipzig 888. Fock. n. 1. 80

Richter, (*Ernst*) Arwed Das hamburgische Amt Ritzebüttel und die Elbmündung in den Jahren 1795—1814 hauptsächlich auf Grund von Archivalien dargestellt. (Umschlagtitel: ... 1814). 4 (66 S.).
Staatl. höh. Bürgersch. mit Latein-Abteil. *Cuxhaven* 1892 (728).
Progr.

Richter, Arwed, das hamburgische Amt Ritzebüttel u. die Elbmündung in den J. 1795—1814, hauptsächlich auf Grund v. Archivalien dargestellt. Progr. gr. 4. (II, 66 S.) Cuxhaven 892. (Hamburg, Herold's Verl.) n.n. 2. 50

Richter, Arwed Isidor, Referendar aus Mauersberg i. S.: Rechtliche **Stellung** des Erben vor Annahme der Erbschaft nach dem deutschen Bürgerlichen Gesetzbuche. *Borna-Leipzig 1903: R. Noske.* (VIII, 64 S.) 8°
Leipzig, Jur. Diss. v. 1903

Richter, August

Richter, Aug. (II.), Anleitung z. Gewächskunde, zunächst f. Seminaristen u. Volksschullehrer. gr. 8. (29 B. u. 2 Stnt.) Köln 836, J. G. Schmitz. *

Richter, Aug., Anleitung zur gründlichen u. prakt. Gewächskunde, od. zur Kenntniß der meisten in Deutschland wildwachs. u. daselbst kultivirt werdenden Gewächse, so wie auch zur Anwendung derselben u. zur Behandlung d. letzteren. Zur Selbstbelehrung für Liebhaber der Gewächskunde überhaupt u. für Freunde der Gewächse-Kultur, namentlich des Gartenbaues u. der Blumenzucht, zunächst für Lehrer an Volksschulen. 2. Thl.: Das Besondere d. Gewächskunde. 2. neu bearb. u. stark verm. Aufl. gr. 8. (IV u. 627 S.) Köln 849, J. G. Schmitz. n. 1⅓ ℳ

Richter, Aug., Anleitung zur gründlichen und praktischen Gewächskunde, oder zur Kenntniß der meisten in Deutschland wildwachsenden und daselbst kultivirt werdenden Gewächse, so wie auch zur Anwendung derselben und zur Behandlung der letzteren. Zur Selbstbelehrung für Liebhaber der Gewächskunde überhaupt und für Freunde der Gewächse-Kultur, namentlich des Gartenbaues und der Blumenzucht, zunächst für Lehrer an Volksschulen. 1. Thl. Das Allgemeine der Gewächskunde. Mit 3 lith. Taf. (in 4.). 2., neu bearb. u. stark verm. Aufl. Köln 854. J. G. Schmitz. gr. 8. (XXIII, 235 S.) n. 16 ngr.

Prof. Dr. R. Lehmanns Ansicht über den Neu-Herbartianismus krit. beleuchtet von Dr. phil. A[ugust] **Richter**. Langensalza: Beyer 1909. 32 S. 8°
(Pädagogisches Magazin. H. 378.) (ir. 9516)

Richter, A. Über die Antigone des Sophokles. Eine Vorlesung. 20 S. .
Elbing, Progr. 1844

— s. Apollonius von Perga, zwei Bücher vom Verhältnißschnitt. — Dess. 2 Bücher v. Raumschnitt.

Richter, Aug. (I.), (350) Aufgaben üb. d. geradlin. Dreieck, trigonometr. gelöst. gr. 8. (5½ B. u. 1 Figtaf.) Elbing 835, Neumann-Hartmann.

Richter, A., geometr. Aufgaben. 1. Thl. Lawsons Aufgaben üb. d. rechtwinkl. Dreieck. gr. 8. (13 B. u. 6 Stnt. gr. 4.) Halberstadt 829. [Leipzig, Weinedel.]

Richter, A. Trigonometrische Auflösung einiger Aufgaben über das geradlinige Dreieck. 25 S. . . . .
Elbing, Progr. 1833

Richter, August [aus Woynowitz (Prov. Posen)]: Allgemein verengtes Becken mit narbiger Stenose des Muttermundes .... Berlin, Buchdr. v. Goedecke & Gallinek (1888); 39 + 1 S. + 1 Bl. 8°
Berlin, Med. Fak., Inaug.-Diss. v. 17. Jul. 1888

Die geistige Bewegung der Gegenwart an dem Begriff der Persönlichkeit dargelegt u. krit. beleuchtet von Dr. phil. A[ugust] Richter. [1.] 2. Langensalza: Beyer 1909–10. 8°
[1.] 1909. 2. Die Persönlichkeit als geistiges Lebensideal. 1910.
(Pädagogisches Magazin. H. 370. 371.) [11. 9511

Richter, A., die geistige Bewegung der Gegenwart, s. Magazin, pädagogisches.

[F.] **Richter**, *Robert* August [aus Grünberg (Schles.)]: Die Bonitirung des Weizens seitens Händler und Müller im Zusammenhange mit seinen chemischen und physikalischen Eigenschaften ... Leipzig, H. Voigt, 1896; 2 Bl., 63 S., 2 Bl. 8.
Breslau, Phil. Fak., Inaug.-Diss. v. 9. Mai 1896

Richter, A. Das summatorische Glied solcher Reihen zu bestimmen, welche durch Multiplikation arithmetischer Reihen erster Ordnung entstanden sind. 19 S.
Elbing, Progr. 1849

Richter, August, Referendar in Berlin: Haftung des Verkäufers und Vermieters für Schaden, der dem Käufer resp. Mieter durch die übergebene Sache zugefügt ist, nach Bürgerlichem Gesetzbuch. Borna-Leipzig 1907: R. Noske. (VIII, 47 S.) 8°
Leipzig, Jur. Fak., Diss. v. 25. Nov. 1907
[Geb. 22. Nov. 80 Berlin; Wohnort: Berlin; Staatsangeh.: Preußen; Vorbildung: Sophien-Gymn. Berlin Reife O. 99; Studium: Freiburg i. B. 3, Berlin 3 S.; Rig. 2. Aug. 04.]

Richter, Aug., Lehrbuch der Arithmetik f. die obern Klassen höherer Lehranstalten. 2 Abthlgn. gr. 8. (1: IV u. 76 S. 2: 108 S.) Elbing 851, Neumann-Hartmann. (1: 10½ ngr 2: ½ Thlr) 25½ ngr

— Lehrbuch der Geometrie für die obern Klassen höherer Lehranstalten. 2 Abthlgn. gr. 8. 1. Abth.: Die Stereometrie u. Ebene Trigonometrie. Mit 4 (lith.) Figurentaf. (VIII u. 118 S.) 2. Abth.: Die Sphärische Trigonometrie u. Analytische Geometrie. Mit 2 (lith.) Figurentaf. (in 4.) (IV u. 72 S.) Ebd. 851. (1: 18 ngr 2: 12 ngr) 1 Thlr

— Lehrbuch der reinen Mathematik für die mittlern Klassen höherer Lehranstalten. 1r Thl. A. u. d. T.: Lehrbuch der allgem. Arithmetik. 8. Elbing 834. Neumann-Hartmann. ⅓ Thlr

Richter, Aug., Lehrbuch d. reinen Mathematik f. d. mittlern Klassen höh. Lehranstalten. 1. Thl. — A. u. d. T.: Lehrb. d. allgem. Arithmetik. 8. (6 B.) Elbing 834. (Berlin, Stuhr.)

—— dass. 2. Thl. — A. u. d. T.: Lehrb. d. Planimetrie. M. 2 Taf. Fig. (4.) 8. (5¼ B.) Ebds. 834.

—— dass. 3. Thl. — A. u. d. T.: Lehrsätze u. Aufgaben z. Uebung in d. Planimetrie. M. 2 Taf. Fig. (4.) 8. (3¾ B.) Ebds. 834.

— Lehrbuch der reinen Mathematik f. die mittlern u. obern Klassen höherer Lehranstalten. 2. Thl. 2. Ausg. A. u. d. T.: Lehrbuch der Planimetrie für die mittlern Klassen höherer Lehranstalten. 2. Ausg. Mit 2 (lith.) Taf. Figuren (in 4.) 8. (VIII u. 84 S.) Ebd. 849. 12 ngr

Richter, Aug., Lehrbuch der reinen Mathematik für die mittlern Klassen höherer Lehranstalten. 1. Thl. A. u. d. T.: Lehrbuch der allgemeinen Arithmetik. 2. Ausg. Elbing 854. Neumann-Hartmann. 8. (VIII, 88 S.) 10 ngr

Über die Notwendigkeit eines gesetzlichen Schulzwanges für Taubstumme in Preussen. Ein Vortrag d. Dir. Dr. [August] Richter-Homberg, geh. in Leipzig 1909. Langensalza: Beyer 1910. 43 S. 8°
(Pädagogisches Magazin. H. 391.) [11. 9308

Richter, August [app. Arzt aus Roxel in Westf.]: Über Pentalnarkosen ... Münster, gedr. bei J. Krick, 1892; 2 Bl., 32 S. 8.
Strassburg, Med. Fak., Inaug.-Diss. v. 1892

—— Porismen, nach Rob. Simson bearb., u. verm., nebst d. Lemmen d. Pappus zu d. Porismen d. Euklides. gr. 8. (15½ B. u. 6 Figtaf.) Elbing 837, Neumann-Hartmann.

—— und J. Grönings, Rechenbuch f. Elementarschulen. 2 Thle. gr. 12. Köln, J. G. Schmitz. [1. 1—3. Aufl. (à 3⅙ B.) 838—41. * 3 Gr., 2. (9⅓ B.) 841. * 5 Gr.] *
Antworten zum 2. Thle. (4¼ B.) 841. * 4 Gr.

Richter, A., u. J. Gröning, Rechenbuch für Elementarschulen. 1. Thl. 3. Aufl. 841. 4.—6. Aufl. 842—44. 7. Aufl. gr. 12. Cöln 845, J. G. Schmitz. geb. n. ⅛ Thlr

Richter, A., u. J. Gröning's, Rechenbuch f. Elementarschulen. 1. Thl. 7. u. 8. Aufl. gr. 12. (à 3⅙ B.) Cöln 845, 47, J. G. Schmitz. à *

— dass. 2. Thl. gr. 6. Aufl. gr. 12. Ebend. 848. n. 5/12 Thlr

—— dass. 2. Thl. 6. u. 7. Aufl. gr. 12. (à 12½ B.) Ebds. 845, 47. à *

Richter, A., u. J. Grönings, Rechenbuch f. Elementarschulen. 2 Thle. 9. Aufl. 12. (76 u. 300 S.) Cöln 848, Schmitz. — 2 Thle. 10. Aufl. 12. (76 u. 300 S.) Ebd. 849. — 2 Thle. 11. Aufl. 12. (76 u. 300 S.) Ebd. 852. (1: ⅛ Thlr 2: ¼ Thlr) ⅜ Thlr

—— und J. Grönings, Rechenbuch für Elementarschulen. 1. Thl. 11. Aufl. 12. (76 S.) Cöln 851, J. G. Schmitz. *

—— —— dass. — 2. Thl. 11. Aufl. 12. (300 S.) Ebds. 851. *

—— und J. Grönings, Rechenbuch für Elementarschulen. 2. Thl. 14. Aufl. gr. 12. (300 S.) Köln 854, J. G. Schmitz, Brlgsh. *

Richter, A., u. J. **Grönings**, Rechenbuch für Elementar-Schulen. Für deutsche Schulen in den Vereinigten Staaten Nord-Amerika's bearb. von einem kathol. Lehrer. 1. Thl. St. Louis 862. (Philadelphia, Schäfer & Korabi.) 8. (80 S.) geb. n. 12 ngr

Richter, A., u. J. **Grönings**, über den Rechenunterricht auf der Oberstufe der Volksschule. 3. Lehrerheft zum Rechenbuche f. Volksschulen. Bearb. v. J. Mundt. Mit sehr vielen angewandten Aufgaben. 9. Aufl. (384 S.) 8. Cöln (910). P. Schmitz Wwe. Kart. nn 3.60

August Richter's Auf neue Manier abgefaßter und expedirter Rechnungsbeamter. Frft. und Leipz. Ein halbes Alph. 8. (4 gr.) 1728.

Richter, August: „Allzeit fertiger Rechnungsbeamter", Frankfurt a. M. 1728 (Wohler).

Richter, A[ugust]: Geschichtsphilosophische Untersuchungen über den Begriff der Persönlichkeit. (Zweiter Teil einer Schrift über „Die Persönlichkeit als noëtisches Lebensideal".) Langensalza [1907]: H. Beyer & Söhne. (V, 89 S.) 8°
Jena, Phil. Fak., Ref. Eucken, Diss. v. 19. Dez. 1907
[Geb. 9. Sept. 68 Österweg, Kr. Halle (Westfalen); Wohnort: Soest; Staatsangeh.: Preußen; Vorbildung: Lehrersem. Petershagen Reife O. 88; Studium: Jena 8 S.; Rig. 1. Juni 07.]

Richter, August Alexander

Richter, Aug. Alex., guter Rath an junge Mütter, Ammen u. Kinderwärterinnen ꝛc. zur zweckmäß. Behandlung d. Kinder. 12. Halle (797.) Hendel. 8 gl.

Richter, Aug. Alex., theoret.-prakt. Wundarzneikunst f. unsere Zeit, od. Callisens Grundsätze d. ganzen Chirurgie, zum allgem. Gebr. eingerichtet. gr. 8. Halle 785. Hendel. 1 Rthl. 16 gl.

— **Aug. Christian Friedrich** (Halle), De motus corporis noxio usu. Diss. med. Präs. Michael Alberti. Halle/Magdeburg (J. Chr. Hendel) Febr. 1734. 42 S. (4.50) 28614
Widm. v.: Michael Alberti, Jo. Juncker, Jo. Heinr. Schulze, eine dtsche. Widm. v. J. R. B. M. D., S. Schaarschmidt, G. I. Denicke, H. C. Stoeter, J. C. Szent-Péter.

Richter, Aug. F., Meine Rückkehr zur Mutterkirche. Eine zeitgemäße Rechtfertigungsschrift. Regensburg, Manz (jetzt Verlagsanst.), 1845, 8°, XXVIII, 320 S., 3,75 Mk.
Recens. Neue Sion 1846, S. 30—1. Rosenthal a. a. O. I, 3, 215—23.

— **August Friedrich** (Tautowald.), Quaestio jur. controversi an contumacia non comparentis faciat ut a praeventione citatione exorta possit recedi. Präs. Christian Heinr. Breuning. Leipzig (Langenheim) 20. VI. 1775. 8 S. (4.25) 28615

— **August Gottfried** (Kalau/Lausitz), De Junipero Sabina eiusque virtute salutari. Diss. inaug. Präs. Traugott Carl August Vogt. Wittenberg (A. Chr. Charisius) Sept. 1803. 23 S. (4.—) 28616

Richter, August Gottlieb: Abhandlung von der Ausziehung des grauen Staars. 216 S., gbd., Abb.

Göttingen: Vandenhoeck 1773

Richter, August Gottlieb: Abhandlung von den Brüchen. Bd 1 - 2, gbd., Abb.

Göttingen: Dieterich 1778 - 1779

— Abhandl. von d. Brüchen. 2 Bde. 8. Götting. 777, 79. 2e Aufl. in 1 Bde. 785. Dieterich. 1 Rthl. 12 gl.

Richter, August Gottlieb: Abhandlung von den Brüchen. Neue verbess.und verm.Ausg. 755 S., gbd., 7 Taf.

Linz: typ.v.Trattnern 1788

JB 3.032

Richter, Aug. Gli., († d. 23. Juli 1812.) de agarico quaedam. (Progr.) 4. Götting. 778. Dieterich. 2 gl.

— Anfangsgründe d. Wundarzneikunst. 7 Bde. Mit 55 Kpf. gr. 8. Götting. 782—804. (1r Bd. 2e A. 788. 3e A. 799. 4e A. 825. 2r—5r Bd. 2e A. 789—801. 3e A. 802, 4, 22, 26. 6r Bd. 2e A. 826.) Dieterich. 10 Rthl. 16 gl. Hbg. Pr. 6 Rthl. 16 gl. Einzelne Bde à 1 Rthl.

August Gottlieb Richter, Anfangsgründe der Wundarzneykunst. Bd 1-3. 5. Göttingen: Dieterich 1782 - 1801. 8°

Bd 1: 1782.
Bd 2: 1786.
Bd 3: 1790.

Bd 5: 1801.

Richter, Aug. Gttl., Anfangsgründe der Wundarzneykunst. 2. Bd. mit 4 Kpf. 508 S. Gött. 8°. *Richter*, Chir. Bibl. IX, 257.
1786

Richter, August Gottlieb: Anfangsgründe der Wundarzneykunst. 2. Aufl. Bd 1—7. Göttingen 1787—1804.
1. 1787. 2. 1789. 3. 1795. 4. 1797. 5. 1798. 6. 1799. 7. 1804.

— Anfangsgründe d. Wundarzneikunst. 1r Bd. Mit 8 Kupfrt. Neue Aufl. 826. 1 Rthl. 16 gr. 4r Bd. Neue Aufl. 822. 1 Rthl. 12 gr. gr. 8. Göttingen, Dieterich.

Richter, August Gottlieb: Anfangsgründe der Wundarzneykunst. Bd 1 - 3, gbd., Abb.

Wien: typ.v.Trattnern 1787 - 1790

JB 3.285

Richter, August Gottlieb: Anfangsgründe der Wundarzneykunst. Bd 1 - 7, gbd., Abb.

Wien: typ.v.Trattnern 1790 - 1804

JB 3.286

Richter, August Gottlieb: Anfangsgründe der Wundarzneykunst. Bd 1 - 2, gbd., Abb.

Frankenthal: Gegel 1788

JB 3.033

August Gottlieb Richter's Anfangsgründe der Wundarzneykunst. (2.3.5-7. neueste Aufl.) Bd 1-7. Frankenthal: Gegel 1798 - 1806. 8°

Bd 1: 1806.
Bd 2: o.J.
Bd 3: o.J.
Bd 4: 1798.
Bd 5-7: o.J.

Richter, August Gottlieb: Medicinische und chirurgische Bemerkungen vorzüglich im öffentlichen akademischen Hospitale gesammlet. Bd 1, 315 S., gbd., 1 Taf.

Göttingen: Dieterich 1793

Richter, Aug. Gottl., medic. u. chirurg. Bemerkungen. Aus e. hinterlass. Manuscript herausgegeben. 1r Bd. Hat auch d. Titel: Neue medizin. u. chirurg. Bemerkungen. gr. 8. Berl. Nicolai. 813.

Neue medicinische und chirurgische Bemerkungen von August Gottlieb Richter. Aus e. hinterlassenen Ms. ... hrsg. mit e. Vorr. von G(eorg) August) Richter. Berlin: Nicolai 1813. X,178 S. 8°

Richter, August Gottlieb: Chirurgische Bibliothek. Bd 1—15. [Nebst] Reg. [1. 2.] Göttingen u. Gotha 1771—96.

1. 1771. 2. 1772. 3. 1775. 4. 1777. 5. 1779. 6. 1782. 7. 1784. 8. 1785. 9. 1788. 10. 1790. 11. 1791. 12. 1792. 13. 1793. 14. 1795. 15. 1796.
Reg. 1. 2. Von C. F. Witting. 1794—96.
1 über Bd 1—6. 1794.
2 über Bd 7—12. 1796.

Richter, August Gottlieb: Chirurgische Bibliothek. Bd 1-15. Reg. 1-12. gbd.

Göttingen, Gotha: Dieterich: 1771-96

— chirurg. Bibliothek. 15 Bde à 4 Stcke. 8. Götting. 771—797. Dieterich. 20 ℛ Register, besorgt (von C. F. Witting). 2 Bde. 8. Ebd. 794—96. 2 ℛ 8 g.

— cas. med. intumescent. et callosi pylori, cum triplici hydrope. 4. Gött. Vandenhoek. 763.

Casus medicus intumescentis et callosi pylori cum triplici hydrope descriptus et illustr. ab Augusto Gottlieb Richtero [Richter].Gottingae: Bossigel 1764. 30 S. 8°

— de fracturis cranii. (Pr.) 4. Götting. 780. Dieterich. 2 g.

Ordinis medici decanus **August Gottlieb Richter** ad solemnem panegyrin medicinae candidatorum Justus Christian Loder (Riga/Livland), Carl Wilhelm Christian Müller (Homburg), Wilh. Johann Conrad Hennemann (Schwerin / Mecklenburg), Jo. Christoph Otto Ostermann (Osterode) post habita academicarum disputationum specimina in templo acad. summis med. honoribus conderorandorum invitat, et herniam incarceratam una cum sacco suo reponi per annulum abdominalem posse, contra chirurgum gallum cel. Louis monet. Göttingen (J. Chr. Dieterich) 18. IX. 1777. 22 S. mit Biogr. v. Loder (M.: H. Cappel), Müller (M.: M. D. von Plönnies), Hennemann (M.: A. J. Moldt), Ostermann (M.: S. Ch. Schröder.) (4.25) 28620

— traité des Hernies, trad. de l'Allem. par J. C. Rougemont. II Voll. 4. Bonn 788. (Cöln, Fabricius). 3 ℛ

Richter, C. A., Traité des hernies, traduit de l'allemand avec des additions p. I. C. Rougemont. II T. gr.8. Cologne. Fabricius. 808.

Richter, Aug(ust) Gottl(ieb): Die acuten Krankheiten, hrsg.von Georg Aug(ust) Richter. Abth.1 - 2, gbd.

Berlin: Nicolai 1813
(Richter, A.G.: Die specielle Therapie. Bd 1 - 2)

Richter, Aug(ust) Gottl(ieb): Die acuten Krankheiten, hrsg.von Georg Aug(ust) Richter. 3.Aufl. Abth.1 - 2, gbd.

Wien: Lechner 1831
(Richter, A.G.: Die specielle Therapie. 3.Aufl. Bd 1 - 2)

JB $2.323/_{1-2}$

Richter, Aug(ust) Gottl(ieb): Die acuten Krankheiten. Auszug, hrsg.von Georg Aug(ust) Richter. 382 S., gbd.

Berlin: 1824
(Richter, A.G.: Die specielle Therapie. Auszug aus dem großen Werke. Bd 1)

JB $2.321/_{1}$

Richter, Aug(ust) Gottl(ieb): Die chronischen Krankheiten, hrsg.von Georg Aug(ust) Richter. Abth.1 - 6, gbd.

Berlin: Nicolai 1815 - 1821
(Richter, A.G.: Die specielle Therapie. Bd 3 - 8)

JB $2.318/_{3-8}$

Richter, Aug(ust) Gottl(ieb): Die chronischen Krankheiten, hrsg.von Georg Aug(ust) Richter. 3.Aufl. Abth.2 - 6, gbd.

Berlin: Nicolai 1822 - 1826
(Richter, A.G.: Die specielle Therapie. 3.Aufl. Bd 4 - 8)

JB $2.320/_{4-8}$

Richter, Aug(ust) Gottl(ieb): Die chronischen Krankheiten, hrsg.von Georg Aug(ust) Richter. Abth.2 - 6: 3.Aufl., (Abth.7): 2. Aufl. Abth.2 - (7), gbd.

Wien: Lechner 1832
(Richter, A.G.: Die specielle Therapie. Bd 4 - 8: 3.Aufl., Bd 9: 2.Aufl. Bd 4 - 9)

JB $2.323/_{4-9}$

Richter, Aug(ust) Gottl(ieb): Die chronischen Krankheiten. Auszug, hrsg.von Georg Aug(ust) Richter. Bd 1 - 3, gbd.

Berlin: 1824
(Richter, A.G.: Die specielle Therapie, Auszug aus dem großen Werke. Bd 2 - 4)

JB $2.321/_{2-4}$

Academiae Georgiae Augustae prorector **August Gottl. Richter** cum senatu successorem in magistratu acad. Jo. Georg Heinr. Feder civibus suis commendat indictis sollennibus. — Morbus ingenii humani, alios ad consensum in opiniones suas pertrahendi, signis suis caussis effectisque notabilis. Göttingen (J. Chr. Dieterich) 2. I. 1788. 8 S. (3.75) 28618

Augusti Gottlieb Richteri [Richter] Observationum chirurgicarum fasc. 1-3. Gottingae: Dieterich 1770 - 80. 1 Bd 8°

Fasc. 1: Continens de cataractae extractione observationes... 1770.
Fasc. 2: 1776.
Fasc. 3: 1780.

Ordinis medici decanus **August Gottlieb Richter** doctissimos aliquot viros juvenes summis in medicina honoribus ornatos commendat. Et de remediis antiphlogisticis externis disserit. Göttingen (J. Chr. Dieterich) (8. V. 1780.) 16 S. u. 1 Taf. (3.75) 28621

— **August Gottlieb** (Zörbig/Meißen), Prisca Roma in medicos suos haud iniqua. Präs. Georg Gottlob Richter. Göttingen (Schultz, cur. F. A. Rosenbusch) 12. IX. 1764. 42 S. (4.50) 28617
Gew.: Gerlach Adolph von Münchhausen.

— vom Staar; aus d. Latein. v. Ziegenhagen. 8. Straßb. 788. Akadem. B. 10 g.

Academiae Georgiae Augustae prorector **August Gottlieb Richter** cum senatu successorem in magistratu acad. Jo. Georg Heinr. Feder honoris et officii caussa commendat. — Litterarum bonarum studia, tanquam imperiis infesta, perperem proscripta. Göttingen (J. Chr. Dieterich) März 1794. 12 S. (4.—) 28619

— Therapia specialis opus posthum. secund. schedulas relict. ed. G. A. Richter, in latin. sermonem transtulit F. G. Wallroth. Tom. Ius Morb. acut. Pars I. et T. IIus Morborum acutorum ps. II. 8maj. Berolini, Nicolai. 819 et 820. (à 2 Rthlr. 21 Gr.)

— **die specielle Therapie, nach d. hinterlass. Papieren des Verstorb. hrsgg. von Geo. Aug. Richter.** 8 Bde. (1r u. 2r Bd. d. acuten Krankheiten. 813. 3e unveränd. Ausg. 821, 22. 5 ℛ 12 ℊ, 3r—8r Bd. A. u. d. T.: die chronischen Krankheiten. 1e—6e Abtheil. 3e unveränd. Aufl. 823—24. 18 ℛ 8 ℊ) gr. 8. Berl., Nicolai. 23 ℛ 20 ℊ 9r od. Register-Bd. gr. 8. Ebd. 821. 2e Aufl. 829. 1 ℛ 8 ℊ 10r u. 11r Bd. oder 1r u. 2r Suppl.-Bd. A. u. d. T.: G. A. Richter, die neuest. Entdeck., Erfahrr. u. Ansichten in der prakt. Heilkunde, dargestellt u. beurtheilt. 1r Bd. 825. 2e verb. Aufl. 828. u. 2r Bd. 831. gr. 8. Ebd. 6 ℛ 8 ℊ Alle 11 Bde compl. 31 ℛ 12 ℊ

— die specielle Therapie, nach den hinterlass. Papieren des Verstorbenen, herausg. von G. A. Richter. 5 Bde. gr. 8. Ebend. 813. (Ir 2 Rthlr. 16 gr. IIr 2 Rthlr. 20 gr. IIIr 3 Rthlr.)

Richter, Aug(ust) Gottl(ieb): Die specielle Therapie, hrsg.von Georg Aug(ust) Richter. Bd 9 = Reg., Bd 10 - 11 = Suppl.1 - 2.
Bd 1 - 11, gbd.

Berlin: Nicolai 1813 - 1831
Bd 1 - 2: Richter, A.G.: Die acuten Krankheiten. Abth.1 - 2. 1813
Bd 3 - 8: Richter, A.G.: Die chronischen Krankheiten. Abth.1 - 6. 1815 - 1821
Bd 10 - 11: Richter, G.A.: Die neuesten Entdeckungen, Erfahrungen und Ansichten in der practischen Heilkunde. Bd 1 - 2. 1825 - 1831

Richter, Aug. Gottl., die specielle Therapie nach den hinterlassenen Papieren des Verstorbenen herausgeg. vom Dr. G. A. Richter. 6 Bände. gr. 8. Berlin, Nicolai. 817 und 821.
(1e Bd. 3te Aufl. 1821. 2 Rthlr. 16 Gr. 2r Bd. 3te Aufl. 1821 2 Rthlr. 20 Gr. 3r Bd. 2te Aufl. 1817 3 Rthl. 4r Bd. 3 Rthlr. 5r Bd. 3 Rthlr 6r Bd. 3 Rthlr.)

Die specielle Therapie nach den hinterlassenen Papieren des verstorbenen Aug[ust] Gottl[ieb] Richter, hrsg. von Georg Aug(ust) Richter. Bd 1-11. Berlin (11: Berlin, Stettin & Elbing:)Nicolai 1818-1831. 8°

Bd 1.2: Die acuten Krankheiten. 3.,unveränd. Aufl. 1821.
Bd 3-8: Die chronischen Krankheiten. Abth.1-6. 1818-22.
Abth.1-3: 3.,unveränd. Aufl. 1822.
Abth.4: 1818.
Abth.5: 1820.
Abth.6: 1821.
Bd 9: Reg. u. Litteratur-Angabe enth. 1821.
Bd 10-11: Richter, Georg August: Die neuesten Entdeckungen, Erfahrungen und Ansichten in der practischen Heilkunde. Bd 1.2.1828-1831.
Bd 1: 2.,sehr verm.u.verb.Aufl. 1828.
Bd 2: Enth.: Bemerkungen über patholog. Anatomie; die Nervenfieber; das Irrereden mit Zittern oder Delirium tremens... 1831.

Richter, Aug. Gtli., die specielle Therapie. Hrsg. v. Geo. Aug. Richter. 9. Bd. Register u. Litterat.-Ang. 2., durchges. Aufl. gr. 8. (19 B.) Berlin 829, Nicolai.

—— dass. 10. u. 11. Bd. od. 1. u. 2. Supplembd. — A. u. d. T.: Die neuesten Entdeckungen, Erfahrn. u. Ansichten in d. pract. Heilkunde, dargest. u. beurtheilt v. G. A. Richter. 1. u. 2. Bd. gr. 8. Ebds. [1. 2., verm. u. verb. Aufl. (42 B.) 828. 3 Thlr., 2. (50 B.) 831. 3 Thlr. 8 Gr.]
1., 2. Bd. Die acuten Krankheiten. 3. Aufl. 5 Thlr. 12 Gr. — 3—8. Bd. Die chron. Krankheiten. 3. Aufl. 18 Thlr. 8 Gr. Ebendas. 1821—26.

Richter, Aug. Gtli., die specielle Therapie, hrsg. v. Geo. Aug. Richter. 12. Bd. 1. Abthl. od. des 3. Supplementbds. 1. Abthl. — A. u. d. T.: Die oriental. Cholera, nach fremden u. eigenen Ansichten u. Erfahrn. monograph. dargest. v. A. G. Richter. Nach dess. Tode hrsg. v. Herm. Stannius. 1. Abthl., enth.: Geschichte d. Cholera bis zu ihrem ersten Auftreten in Frankreich. gr. 8. (14½ B.) Berlin 836, Nicolaische Buchh.
1—11. Bd. Ebendas. 1821—31. 31 Thlr. 12 Gr.

Richter, Aug(ust) Gottl(ieb): Die specielle Therapie, hrsg.von Georg Aug(ust) Richter. Bd 1 - 9, gbd.

Wien: Doll 1817 - 1828

Richter, Aug(ust) Gottl(ieb): Die specielle Therapie, hrsg.von Georg Aug(ust) Richter. Neueste Aufl. Bd 1 - 9, 10 -11(= Suppl.1 - 2), gbd.

Wien: Doll 1829 - 1832

JB 2.322

Richter, Aug(ust) Gottl(ieb): Die specielle Therapie, hrsg.von Georg Aug(ust) Richter. Bd 1 - 2, 4 - 8: 3.Aufl. Bd 9 - 11: 2.Aufl.
Bd 1 - 2, 4 - 11, gbd.

Wien: Lechner 1831 - 1832
Bd 1 - 2: Richter, A.G.: Die acuten Krankheiten. 3.Aufl. Abth.1 - 2. 1831
Bd 4 - 9: Richter, A.G.: Die chronischen Krankheiten. Abth.2 - 6: 3.Aufl. (Abth.7): 2.Aufl. 1832
Bd 10 - 11: Richter, G.A.: Die neuesten Entdeckungen, Erfahrungen und Ansichten in der practischen Heilkunde. 2.Aufl. Bd 1 - 2. 1831 - 1832

JB 2.323

Richter, Aug(ust) Gottl(ieb): Die specielle Therapie, Auszüge aus dem großen Werke, hrsg. von Georg Aug(ust) Richter. Bd 1 - 4, gbd.

Berlin: 1824
Bd 1: Richter, A.G.: Die acuten Krankheiten. Auszug. 1824
Bd 2 - 4: Richter, A.G.: Die chronischen Krankheiten. Auszug. Bd 1 - 3. 1824

— dass. Werk im Auszuge. 4 Bde. gr.8. Ebd. 821 — 26, Ebd.

— Dass. Werk im Auszuge, von G. A. Richter. 4 Bde. gr. 8. Berl. 822—24. Nicolai. 10 ℛ

Richter, August Paul

--Deutsche Schulen in Davenport. Ia: Die Grundsteinlegung d Freien Dten Schule. Davenport, 1889. Mounted clippings from Der Demokrat, Davenport, May 11-25, 1899, in the NYPL.

--Das deutsche Theater in Davenport. Ia. 1855-1905. Jubs-Schr zu seinem 50 jhr Bestehen, 14. Dez 1905. Davenport, 1906.

Richter, Dr. August Paul. Die Davenporter Turngemeinde. Gedenkschr zu ihrem goldenen Jub, 5. Aug 1902. Davenport, Ia, 1902.

Richter, B., s.: Aus 'm Rucksack.

Richter, B., kleine Episoden u. Charakterzüge aus dem Leben unseres Kaisers Friedrich III. Gesammelt u. hrsg. Mit Portr. 8. (72 S.) Leipzig-Reudnitz 888. Verlags-Comptoir. n. 1. —

Richter, B., De nonnullis Propertii locis difficilioribus. Gel. 1856. 19 S. 1.20

Richter, Benedict, kurze Anleitung eine Bibliothek zu ordnen u. in d. Ordn. zu erhalten. gr. 8. (4 B. u. 6 lith. Tab.) Augsburg 836, Kollmann'sche Buchh.

Richter, Benjamin (Reichenbach/Lausitz), De usu et abusu venae sectionis in curandis febribus. Diss. solennem. Präs. Adam Brendel. Wittenberg/Sachsen (Schroeder) 14. VI. 1715. 36 S. (4.25) 28622
Gew.: Georg Ernst von Gersdorf.

Richter, Bernhard (*Wilhelm*) [Prof. Dr.]: *Der Abschied des Rektors Oberschulrath Prof. Dr. Friedrich Richard Franke.* Freiberg, Gerlachsche Buchdr., 1895; 6—7 S. 4.
Freiberg, G Albertinum, OP 1895 (549)

Richter, Bernhard: **Über die Bestimmung des Feuchtigkeitsgehaltes der Luft in Lehrsälen mit Berücksichtigung des Feuchtigkeitsgehaltes der Luft im Freien.** *Rostock 1898: C. Boldt.* (63 S. mit Taf.) 8°
Rostock, Phil. Diss. v. [5. März] 1898

Richter, Bernh. Über Konrektor M. Döring, den Dichter des Bergmannsgrußes. Ein Beitrag zur sächsischen Dichter- und Gelehrtengeschichte. 52 S. Progr. G. *Freiberg* 1884.

Richter, Bernh., über Konrektor Moritz Döring, den Dichter des Bergmannsgrusses. Ein Beitrag zur sächs. Dichter- und Gelehrtengeschichte. gr. 4. (52 S.) Freiberg 884, (Craz und Gerlach.) * 1 50

Richter, Bernh., Eltern! Helft Euren kranken Kindern selbst durch den Lebensmagnetismus. Anleitung zur leichten Erlernung u. Ausübung desselben f. Jedermann. gr. 8. (46 S.) Leipzig 899. W. Besser. n. — 75

Richter, Bernhard, aus Dresden: Die **Entwicklung** der Naturschilderung in den deutschen geographischen Reisebeschreibungen mit besonderer Berücksichtigung der Naturschilderung in der ersten Hälfte des 19. Jahrhunderts. *Leipzig 1900: (C. Fromme in Wien).* (VI, 93 S.) 8° [F.]
¶ Aus: Euphorion, Erg. H. 5.
Leipzig, Phil. Diss. v. [9. März] 1901

Richter, Bernh., Erinnerungsblätter an das 100jährige Jubiläum der Ratsfreischule zu Leipzig. 8. (47 S. m. 2 Ansichten u. 2 Bildnissen.) Leipzig 893. M. Hesse's Verl. n. · 40

Richter, Bernh., Kurrent-?, Kursiv ?, Rund- od. neues Normal-Alphabet!!! Versuchte Lösg. e. Zeit- u. Streitfrage. (M. vielen Beispielen u. e. Lehrgange in Schreibschrift.) gr. 8. (31 S.) Leipzig 898. A. Hahn. n. — 60

Richter, Bernh., Photographien aus der Kinderstube. Nach der Natur aufgenommen und in offenen Briefen für Eltern und Erzieherinnen hrsg. Offener Brief I und II. 8. Leipzig 888, Kuffs. à Brief * 30 Pf. *
Inhalt:
I. Eine dumme Redensart. (30 S.)
II. Über die Wertschätzung des Spielzeuges von Seiten der Kinder. (32 S.)

Richter, B., Commentationis de Catulli vita et carminibus I. Pr. 1865. 27 S. 4°. Freiberg. 5.—

Richter, Bernhard Friedrich. Das Innere der alten Thomasschule. (Separatabdruck aus den Schriften des Vereins für die Geschichte Leipzigs. 7. Band.) (Leipzig 1904).

— **Bernhard Theodor Eduard** (Liegnitz), De psoitidis exitu et therapia. Diss. chir. Moder. Christian Georg Theodor Ruete. Leipzig (A. Edelmann) 14. II. 1861. 16 S. mit Biogr. (M.: L. Th. Weiss.) (3.50) 28623
Advers.: Stiehler, Wohlrabe.

Richter, (Guilelmus Arnoldus) Bertholdus (*geb. Neustadt in Oberschles. 1. 11. 1834*): Commentatio de favo ejusque fungo. Vratislaviae (1860). (63 S.) 8° [*Die im Texte erwähnten 2 Tafeln fehlen den Tauschexemplaren.*]
Breslau, Med. Diss. v. 23 Juni 1860

Richter, Boguslaw, Vorschlag zur Beseitigung der Armuth und zur Verwirklichung des Rechts auf Arbeit. 8°. Berlin, Puttkammer u. M., 1886. (59 S.)

Richter, Bruno, approb. Arzt aus Bockelwitz ⟨Kgr. Sachsen⟩: **Aus** d. Städt. Krankenhause zu Kiel. **Beitrag zur Wirkung** der subkutanen Kochsalzinfusion bei Kindern mit Magendarmkatarrh. *Kiel 1899: H. Fiencke.* (20 S.) 8°
Kiel, Med. Diss. v. [1. Febr.] 1900

Richter, Bruno: Der **Brief** und seine Stellung in der Erziehung und im Unterricht seit Gellert. *Meissen 1900: R. Haubold.* (VII, 71 S.) 8°
Leipzig, Phil. Diss. v. [9. Nov.] 1900

Richter, Bruno, appr. Arzt a. Dresden: **Aus dem pathologisch-anatomischen Institut des Stadtkrankenhauses Dresden-Friedrichstadt.** ⟨Prosektor: Ober-Medizinalrat **Prof.** Dr. Schmorl.⟩ Ueber einen Fall totalen embolischen Verschlusses der Lungenarterie ohne schwerwiegende consecutive Erscheinungen am Lungenparenchym. Leipzig 1906: B. Georgi. (29 S.) 8°
Leipzig, Med. Fak., Ref. Marchand, Diss. v. 20. Dez. 1906
[Geb. 7. Juli 71 Hohnstein; Wohnort: Dresden; Staatsangeh.: Sachsen; Vorbildung: Kreuzgymn. Dresden Reife O. 93; Studium: Leipzig 18 S.; Coll. 24. Dez. 06; Approb. 16. Juli 02.]

Richter, C. W., Anleit. zur Fertigung mathemat. Risse. Mit 13 Kpf. gr. 4. Leipz., Er. Fleischer. 16 g.

Richter, C., evangel. Bauernpostille. 4. Bautz. Richter. 722.

Richter, C. (H.), neueste Blumensprache. Sinnige und vollständ. Deutung der Blumen und Blüten in Versen und in Prosa. Mit einem Anhang, enthaltend Blumen-Orakel, Orakel der Ringelblume, Zeichensprache, Fächersprache. 1.—7. Aufl. 8. (64 S.) Oberhausen 882—84, Spaarmann. — 25

Richter, C., die Durchführung des Heilsplanes Gottes m. der Menschheit. Nach der hl. Schrift in menschl. Schwachheit tabellarisch dargestellt. 2. Aufl. (1 Bl.) 34,5×22 cm. Leipzig (907). M. Költz. — 10

— des Chursächs. Land. bewundernswürd. Erde, mit Kupf. 4. Schneeb. 732.

Richter, C., die Preußische allgemeine Gesinde-Ordnung vom 8. Novbr. 1810 mit Inbegriff aller bisher erschienenen Ergänzungen, Erläuterungen und Zusätze; nebst einer Darstellung der über die Rechtsverhältnisse zwischen den Dienstherrschaften und den Hausofficianten rc. bestehenden gesetzlichen Vorschriften. Systematisch zusammengestellt. Eisleben 856. Reichardt. gr. 8. (IV, 67 S.) 6 ngr.

Richter, C. (I.), die preußische allgemeine Gesinde-Ordnung, s.a. Gesinde-Ordnung, die preußische allgemeine.

Richter, C. v., Professor Zöllner's Hypothese einer vierten Dimension des Raumes, durch Vernunftgründe und Thatsachen widerlegt. gr. 8. (30 S.) Leipzig 880, Wagner. * — 50

Richter, C. De vera etymologices indole et qua ad linguas graec. et latin. adhibenda sit ratione. Opus I. Rietberg, Pg., 1827. 7 S. 4. Progr.

— Lehrgang für den grammatischen Unterricht in Volksschulen, in drei Stufen. Guben 859. Berger. 8. n. 7½ ngr.
1. Stufe. (16 S.) n. 2 ngr. — 2. Stufe. (34 S.) n. 3 ngr. — 3. Stufe. (24 S.) n. 2½ ngr.

Richter, C., gerichtsärztliche Obductionstabellen. 1. Abthl. Untersuchung Erwachsener. fl. 8. Lüneburg 841, Herold u. Wahlstab. n. ⅙ rf.

— dass. 2. Abthl. Untersuchung neugeborner Kinder. fl. 8. Ebend. 841. n. ⅙ rf.

Richter, C. Rede am Schlusse des Schuljahres 1827. (Ueber die pädagogische Wirksamkeit der Anstalt.) 4 S. . . . . . .
Rietberg, Progr. 1828

Richter, C., Sammlung deutscher Gedichte, s.: Wetzel, F.

Richter, C. (II.), Schul-Lesebuch, s. Schul-Lesebuch. — Anhang, poetischer.

—— Schul-Lesebuch, s. Wetzel, F.

Richter, C. Sur le Tartuffe de Molière. Recklinghausen, G., 1874. 24 S. 4. Progr.

Richter, C. A. W., das Alexisbad im Harze und seine Kuranstalten. Quedlinburg (857.) Huch. 16. (XV, 63 S.) n. 17½ ngr.

Richter, C. A. W., über die Art der Wirkung der Eisenmittel in chlorotischen und anämischen Krankheitsformen. gr. 8. (30 S.) Neuwied 864, Heuser's Verlag. *

Richter, C. A. W., die asiatische Cholera ist als Epidemie u. als einzelner Krankheitsfall erfolgreich zu bekämpfen. gr. 8. (IV, 64 S.) Leipzig 872. Friese. n. 1. —

Richter, C. A. W., Beiträge zur wissenschaftlichen Heilkunde. gr. 8. Leipzig 842, Brockhaus. 1 rf 9 ngr.

— die Cholera durch kaltes Wasser zu verhuten und zu heilen. (Aus dem Journal fur naturgemasse Gesundheitspflege.) Berlin 855. Stubenrauch u. Co. gr. 8. (14 S.) 3 ngr.

Richter, C. A. W., Darstellung des allopathischen, homöopathischen u. hydrodiätetischen Heilverfahrens als Beitrag zur Entscheidung der Frage „ob die Behandlung Kranker nach der letztgenannten Methode ohne Gefährdung der öffentl. Wohlfahrt könne den Laien freigegeben werden." Dresden 868. (Heinsius.) 8. (III, 60 S.) n.n. 7½ ngr.

—— der Einfluss der Cellular-Pathologie auf die ärztliche Praxis. gr. 8. (VIII und 232 S.) Berlin 863, A. Hirschwald. *

Richter, C. A. W., offene Empfehlung d. Wasserkuren. 8. (10½ B.) Friedland 839, [Neubrandenburg,] Barnewitz.

Richter, C. A. W., die Frauenkrankheiten in den Händen der „Spezialisten". Wichtige Enthüllungen für die Männerwelt. 8. (20 S.) Oranienburg 884, Freyhoff's Verlag. * — 50

—— Lehrbuch der Naturheilkunde. gr. 8. (VIII und 190 S.) Heidelberg 866, J. C. B. Mohr. *

—— die Makrobiotik oder die Kunst, das menschliche Leben zu verlängern und in Gesundheit zu erhalten. 8. (IV und 203 S.) Magdeburg 860, [Hartung und Comp.]

— Mißgriffe in der Theorie und Praxis der Wasserkuren, s. Zeitschrift für naturgemäße Gesundheitspflege rc.

— neuere Mittheilungen über Wasserkuren. Berlin 858. Stubenrauch u. Co. 8. (93 S.) n. 15 ngr.

—— Dr. Schönlein u. sein Verhältniss zur neuern Heilkunde mit Berücksichtigung seiner Gegner dargestellt. gr. 8. (13B.) Berlin 843, Aug. Hirschwald, Verl. *

— die Trichinen-Krankheit. Mit Abbildungen (in Holzschn.). (Abdr. aus der Zeitschrift für naturgemäße Gesundheits-Pflege rc.) Dessau 864. Neubürger. gr. 8. (24 S.) n. 5 ngr.

Richter, C. A. W., der Typhus. Gekrönte Preisschrift. gr. 8. (VIII u. 124 S.) Neubrandenburg 848, Brünslow. 18 ngr.

—— Versuch z. wissenschaftl. Begründung d. Wasserkuren. 8. (14¾ B.) Friedland 838, [Neubrandenburg,] Barnewitz.

— die Wasserkuren in ihrer wissenschaftlichen und praktischen Bedeutung dargestellt. Berlin 855. Stubenrauch u. Co. gr. 8. (5 Bl., 210 S.) 1 rf.

— — 2. Thl. A. u. d. T.: Das Wasserbuch, oder: Praktische Anweisung zum richtigen Gebrauche des Wassers als Heilmittel in verschiedenen Krankheiten. Ebend. 856. gr. 8. (XXII, 354 S.) 2 rf.

—— die Wasserkuren in ihrer wissenschaftlichen und practischen Bedeutung dargestellt. 1. Thl. 2., verb. und verm. Aufl. gr. 8. (VII und 287 S.) Berlin 864, Stubenrauch. *
2. Thl. 2. Aufl. Ebendas. 1861. * 2 Thlr.

—— die Wasserkuren in ihrer wissenschaftlichen und praktischen Bedeutung dargestellt. 2. Thl. A. u. d. T.: Das Wasserbuch, oder practische Anweisung zum richtigen Gebrauche des Wassers als Heilmittel in verschiedenen Krankheiten. 2., verm. und verb. Aufl. gr. 8. (XX und 364 S.) Berlin 861, Stubenrauch. '
1. Thl. Ebendas. 1855. 1 Thlr.

— s. Wasserzeitung.

Richter, C. August: De Tremore, s. Richter, Georg Gottlob [Praes.]

Richter, C. F. I., italien. doppelte Buchhaltung. 4. Leipz. . . . 2e A. 802. (Hinrichs). 1 rf 12 gr.

Richter, C. F., Fibel u. erstes Lesebuch, s.: Radestock, C. G.

Richter, C. F. A., kleine deutsche Schulgrammatik für die unteren u. mittleren Stufen höherer Bildungsanstalten u. für Volksschulen. Erfurt 869. Villaret. gr. 8. (48 S.) geb. n. 5 ngr.

Richter, C. F. T.: „Der landwirthschaftliche Contracts-Rathgeber und -Anweiser, zur Belehrung für Gutsbesitzer und Oekonomiebeamte", Breslau 1825 (Korn der Jüngere in Komm.); 2. Auflage Liegnitz 1832 (Kuhlmey).

Vgl. Richter, E. F. W.

Richter, C. F. W., Supplementa Faunae Insectorum Europaeae Fasciculus I. Tab. I — XII. 12. Bresl. 820. Schöne. 18 gr.

Richter, C. Fr.: Abhandl. üb. das Vorzugsrecht d. Gattin im Concurse d. Gläubig. ihres Mannes nach d. allgem. Concursordnung. *Olmütz*. 830. 8.

Richter, C. G., Antworten auf des Lebens ernste Fragen. Eine Reihe Kerngedanken aus den Schriften gottbegabter Dichter und Denker zusammengestellt. 8. (V und 319 S.) Dresden 862, Burdach. cart.

Richter, C. G., Anweis., Vögel auszustopfen, nebst Angabe aller dazu erforderl. Hülfsmittel. Mit Vorrede v. Pastor Chr. Ldw. Brehm. Mit 2 Kpft. gr. 12. Jena 829. Schmid. 12 gr

Richter, C. G., Stamm- u. Rangliste rc. f. Stamm- und Rangliste rc.

Richter, C. Gttf. (Resp.): De infoecunditate corporis..., s. Alberti, Dan. Mich. (Praes.)

Richter, (Dr.) C. H., ausgewählte Abhandlungen u. Gutachten aus dem Gebiete der gerichtlichen Medicin. 8. Stuttgart 838. Hallberger. 1 3/8 ß

Richter, (Oberamtsrichter) C. H., Aufsätze üb. verschied. Rechtsfragen, gezogen aus Civil-Rechtssprüchen der höheren Gerichts-Stellen im Königreich Württemberg. gr. 8. Tübingen 834. Fues. 1 ß

—— die Württemberg. Baupolizei, verbund. mit d. Baurechte. Nach d. Bauordnung u. den übr. Gesetzen, Verordn. u. Instruktionen. Für Justiz-Administrativ-, Finanz- u. Bau-Beamte, Stadt- u. Gemeinde-Räthe, so wie f. sämmtl. Baugewerbe. M. 139 Beil. u. 2 lith. Taf. (Fol.) gr. 8. (37 B.) Tübingen 834, Fues.

Richter, C. H., die Württembergische Baupolizei, verbunden mit dem Baurechte. Nach der Bau-Ordnung u. den übrigen Gesetzen rc. Mit 181 Beilagen u. 1 lith. Taf. 2. sehr verm. u. verb. Aufl. gr. 8. Tübingen 842, Fues. n. 1 5/8 ß

— Belehrung f. die gewählten Beisitzer d. K. Württemb. Stadt-, Oberamts- u. Amts-Gerichte über den Geschäftskreis dieser Gerichtsstellen u. die den Beisitzern in ihrem Amte zustehenden Befugnisse u. obliegenden Pflichten. A. u. d. T.: Das Institut der gewählten Gerichtsbeisitzer in Württemberg. 8. Ebd. 837. ½ ß

Richter, C. H. F., wie muß das Gebet des Christen beschaffen sein, wenn es Erhörung finden soll? Predigt über Matthäus 7, 7—11, am Sonntage Rogate 1865 als am Tage der Kirchenvisitation in Zwönitz gehalten. Bautzen 865, (Chemnitz, Focke.) gr. 8. (16 S.) n.n. 2½ ngr.

Richter, C. Heinrich

Abschied. Lied (von Dr. Fritz Rohrer) für 1 Singstimme mit Klavierbegl. Von C. H. Richter. *Berlin: Freie Musikal. Vereinig. 1896.* (3 S.) 4° [... 618]

Richter, C. Heinrich. Gedanken über das Punctum saliens im Musikleben, -Lehren und -Schaffen. In-8°. 22 S. Zürich, Gebrüder Hug & Co. 1895.

Richter, C. H. Gedanken üb. d. Punktum saliens im Musikleben, -Lehren u. -Schaffen. 2. u. 3. Gr. in-8°. (26 u. 27 S.) Zür., Gebr. Hug & Cie. 1897.

Zwei Klavierstücke. No 1. Abendgesang. No 2. Aus d. 'Buch d. Lieder'. Von C. H. Richter. *Berlin: Freie Mus. Vereinig. [1896].* (5 S.) 4° [... 618]

Richter, Carl, s. Richter, Karl.

Richter, Carm., Kochbuch f. Magenkranke. (7, 200 S.) 8. Berlin 906. Lehrbücherverlag. n. 3. —; geb. n. 4. —

Kochbuch für Magenkranke. Von Carmen **Richter**. 2. Aufl. Berlin & Leipzig: Brandus 1906. (200 S.) 8° [F.] [07. 1647]

Kochbuch für Zuckerkranke. Verf. u. hrsg. von C. Richter. 2. verm. u. verb. Aufl. (Vorr.: [Otto] Apstein.) *Berlin: O. Seehagen 1899.* (204 S.) 8° [F.] [03. 15761]

Richter, Casimir, s. Richter, Kasimir.

Richter, Caspar, s. Richter, Kaspar.

Richter, Chr., die christlich-kirchlichen Alterthümer. Dargest. f. d. Christenvolk. gr. 8. (VIII, 289 S.) Eisleben 893. Christl. Verein im nördl. Deutschland. Geb. in Halbleinw. 1.95

Die Aufgabe der christlichen Volksschule als Erziehungsanstalt dem Hause, der Kirche, dem Staate gegenüber. Von Chr. Richter. Lehrer. Leipzig: Wallmann 1890. S. 288–352. 8° (Sammlung theolog. u. soz. Reden u. Abhandlungen. Ser. 6, Lfg 12.) [11. 3621]

— d. Aufgabe d. christlichen Volksschule als Erziehungsanstalt dem Hause, der Kirche, dem Staate gegenüber, f. Sammlung theolog. u. sozialer Reden u. Abhandlgn.

Richter, Chr. Der Bau d. kleinen Katechismus Luthers od. der innere Zusammenhang der fünf Hauptstücke. gr. 8. (IV, 278 S.) Lpz. 891, Fr. Richter. * 3 —

Richter, C., Fabeln und Erzählungen für die erwachsene Jugend. 8. Frkf. Jäger. 810.

— — dieselben mit 18 illumin. Kupfern. 8. Ebendas.

Richter, Chr., Handbuch der christlich-kirchlichen Archäologie für Freunde des kirchlichen Lebens, insbesondere für Lehrer, Seminaristen und Präparanden. gr. 8. (IV, 304 S. mit eingedr. Holzschn.-Abbild.) Langensalza 882, Schulbuchh. von Greßler. 3 —

Richter, Chr., kleines Handbuch der deutschen Synonymen u. synonym. Redeweisen, f. die Schule u. das prakt. Leben dargestellt. 8. (353 S.) Paderborn 888. F. Schöningh. n. 2. —

Richter, Chr., kleines Handbuch der deutschen Synonymen u. synonymischen Redeweisen, f. die Schule u. das prakt. Leben dargestellt. 2., verb. Aufl. (362 S.) 8. Paderborn 902. F. Schöningh. n. 2. —

[S.] Der Kleine Katechismus Luthers. Ausgelegt f. d. christl. Haus v. Chr. Richter, Lehrer in Sparow. M. 75 Holzschn. v. B. A. Küchle. *Gütersloh: C. Bertelsmann 1899.* (VI S., 1 Bl., 559 S.) 1 Bd 8. [98. ...]

Richter, Chr., 30 method. geordnete (lith.) Schulvorschriften zum Unterricht in der deutschen Currentschrift. qu. 8. Chur 843, (Grubenmann'sche Buchh.)

— die altchristlichen Sinnbilder in ihrer Bedeutg. Dargest. f. Freunde d. kirchl. Lebens. 8. (VIII, 144 S. m. Monogrammen.) Stuttgart 896. Christl. Verlagshaus. Geb. n. 1. —

— Uebersetzung des Buchs Hiob. 8. Halle, Gebauer. 740.

— — des Briefs Pauli an die Römer. 8. Ebendas. 736.

— — der Psalmen. 8. Ebend. 753.

Richter, Ch. I., s. Psalmen.

—— Katechetische Unterredungen üb. die Leidens- u. Herrlichkeitsgeschichte d. Herrn, f. die Oberstufe der Volksschule bearb. 8. (III, 249 S.) Ebd. 891. * 3 —

[F.] Was hat der Lehrer zu thun, um eine gute Schuldisziplin herzustellen und zu erhalten? Von Chr. Richter, Lehrer in Sparow b. Alt-Schwerin. 2. Aufl. *Minden: A. Hufeland 1896.* (52 S.) 1 Bd 8.
= Lehrer-Prüfungs-Informations-Arbeiten. II. 14. [98. 7138

Was hat der Lehrer zu tun, um eine gute Schuldisziplin herzustellen und zu erhalten? Von Chr. Richter, Lehrer in Sparow. 3. Aufl. Minden: A. Hufeland 1905. (48 S.) 8° [F.]
= Lehrer-Prüfungs- u. Informations-Arbeiten. II. 14. [6. 2907

Richter, Chr. Fr. III., kleine Aufsätze u. geistl. Lieder aus dessen Nachlasse. 8. Nürnb. 815. Raw. 8 gr.

Richter, Christ. Friedr. Iman., und F. Jahn, Salzungens Soolquellen, s. Jahn, F.

Richters, Christian Friedrich, Leben u. Wirken als Arzt, Theologe u. Dichter. Berlin 865. (W. Schultze.) 8. (94 S.) cart. 7½ ngr.

Beyträge [Beiträge] zu einer praktischen Fieberlehre. Von Christian Friedrich Richter. Berlin: Himburg 1795. XXX,637 S. 8°

Richter, Ch. F., Beyträge z. prakt. Fieberlehre. Mit 1 K. gr. 8. Berlin. 795. Jetzt Reimer.

Christian Friedrich Richter's Bemerkungen über die Entstehung und Behandlung verschiedener Arten von Fiebern. Halle: Verl.d.Waisenhauses 1785. XVI,360 S. 8°

Richter, Christian Friedrich. Erbauliche Betrachtungen vom Ursprung und Adel der Seelen, und von deren ietzigen elenden Beschaffenheit, von der Wiedergeburt und geistlichem Leben, ... nebst einigen ... poetischen Gedichten auch Geistlichen Liedern ... herauß gegeben von dessen Bruder Christian Sigismund Richter. Halle, C. A. Zeitler, 1718. 8°. 6 Bl. (inkl. Titel in Rot und Schwarz), 422 S.

Richter, C. F., erbaul. Betrachtungen vom Ursprunge und Adel der Seele &c. 8. Frkf. Raspe. 767.

Christian Fried(rich) Richters [Richter] Erkenntniß des Menschen, sonderlich nach dem Leibe und natürlichen Leben oder Ein deutlicher Unterricht, von der Gesundheit und deren Erhaltung...,damit ein ieder...sonderlich durch 11 sichere...seligirte Medicamente...die gewöhnlichen, auch schweren Kranckheiten...curiren könne, nun z.4.mal gedr. u. hrsg. von Christian Siegismund Richtern [Richter] u. Johann Wolffgang Künsteln [Künstel]. Leipzig: Gleditsch 1712. 1234 S. 8°

Die höchst-nöthige Erkenntniß des Menschen, sonderlich nach dem Leibe und natürlichen Leben, oder Ein deutlicher Unterricht, von der Gesundheit und deren Erhaltung...damit ein jeder... sonderlich durch 11 sichere...seligirte Medicamenta... die gewöhnlichen, auch schweren Kranckheiten...curiren könne, abgefasset von Christian Friedrich Richtern [Richter]. Und nun zum 5.mal mit e. verb. Reg. hrsg. ([Hrsg.:]Christian Sigismund Richter.) Leipzig: Gleditsch 1715. 1234 S. 8°

Richter, C. D. höchst nötige Erkenntnifs des Menschen sonderlich nach d. Leibe u. natürl. Leben. 11. Aufl. Leipzig 1737.

Richter, Christian Friedrich,(senior): Die höchst-nöthige Erkenntnis des Menschen, sonderlich nach dem Leibe und natürlichem Leben, oder ein deutlicher Unterricht, von der Gesundheit und deren Erhaltung: auch von den Ursachen, Kennzeichen und Nahmen der Kranckheiten, und bewährten Mitteln gegen dieselben, damit ein ieder...sonderlich durch XI.sichere ...Medicamenta...die gewöhnlichen...Kranckheiten...curiren könne. Zum zwölfftenmahl hrsg...von Christian Friedrich Richter junior. (Th.1 - 2), 1344 S., gbd.

Leipzig: Gleditsch 1741

Richter, Chr. Fr. II., die höchstnöthige Erkenntniß d. Menschen, sonderl. nach d. Leibe u. natürl. Leben &c. ... 18e Aufl. 8. Halle 791. (Waisenhaus-B.) 16 gr.

— De infanticidio in artis obstetriciae exercitio non semper evitabili. Diss. med. Leipzig (Sommer) 30. III. 1792. 20 S., 1 Taf. (3.50) 28647
Gew.: Johann Carl Gehler, Carl Christian Krause, Johann Gottlob Haase, Ernst Platner, Adam Michael Birkholz, Johann Ehrenfried Pohl,, Christian Friedrich Ludwig, Ernst Benjamin Gottlieb Hebenstreit.

— **Christian Friedrich** (Zittau/Lausitz), De situ femoris crurisque fracti laterali minus apto. Leipzig (Sommer) (25. XI. 1788.) 15 S. mit Namen. (3.75) 28645
Gratulationsschrift für Carl Christian Fried. Menz u. Johann Ehrenfried Pohl.

— De justo uteri placentam extrahendi tempore ac modo. Leipzig (Sommer) 30. X. 1789. 16 S. (3.50) 28646

— **Christian Gottfried** (Neustadt/Schneeberg/Meißen), De signo crucis, et templis nostris non eliminando. Diss. theol.-polem. Präs. Christoph Heinrich Zeibich. Wittenberg (Gerdes) Aug. 1735. 66 S. (4.75) 28648
Gew.: Georg Gottfried Richter (Vater).

— **Christ. Gottl.**, Oratio de intereuntis jurisprudentiae humanioris caussis. Leipzig (Klaubarth) 25. X. 1786. 42 S. (4.25) 28649

Richter, Christian Gottlob

Richter, Chr. Glo., († d. 3. Mai 1791.) animadversiones de veteribus legum latoribus et scriptoribus juris Attici, ad Jh. Alb. Fabricii bibliothecam graecam specimina duo. 8maj. Hamb. 791. Bohn. 16 gr.

Richter, Christian Gottl. [Praes.], s. Baumann, Joach. Mor. Wilh.: De servitute a proprietatis domino fundo fructuario imponenda.

Richter, Christian Gottl. [Praes.], s. Guenther, Christian August: De poena ab irato principe extra ordinem imperata in diem tricesimum differenda ad L. XX. C. de poenis.

Richter, Christian Gottl. [Praes.], s. Hausmann, Friedr. Karl: Specimen observationum de Comitibus Palatinis Franciae et Ger maniae.

Richter, Christian Gottl. [Praes.], s. Jünger, Johann Friedrich: De conditione nominis ferendi ultimis voluntatibus adscripta.

— Christian Gottlob, De jure Thesauri a mercenario inventi. Exercit. jur. civilis. Leipzig (Langenheim) 30. XII. 1773. 34 S. (4.25) 28652
Gew.: Carl Gottfried Winkler.

Richter, Christian Gottl. [Praes.], s. Kustner, Jo. Balt.: De re libraria in imperia Germanico ordinanda.

— Specimen animadversionum de veteribus legum latoribus ad Jo. Alberti Fabricii bibliothecam. Graecam. Leipzig (Klaubarth) 25. X. 1786. 52 S. (4.75) 28650

— (Lichtenstein/Schönburg), De liberis exheredibus in testamento minus sollemni parentum. Exercit. jur. civilis. Präs. Friedrich Gottl. Zoller. Leipzig (Langenheim) 13. V. 1768. 24 S. (4.25) 28651

— f. Manutius, Paulus, commentarius in Ciceronis orationes.

Richter, Christian Gottl. [Praes.], s. Marggraf, Johann Friedrich: De scriptoribus juris attici ad Jo. Alberti Fabricii bibliothecam Graecam.

Ch. Glo. Richter (resp. J. Conr. Sickel): D. de Neratio Prisco. *Ib.* 788. 4.

Richter, Christian Gottlob, s. Wieling, Abr.: Repetitio ...

Richter, Christian Sigismund

Richter, **Chr. Sig., succincta recensio de medicamentis aliquot selectis, quaeHalae Magdeb. in orphanotropheo dispensantur etc. Ed. III. c. D. S. Madai. 8. Halle 772. Waisenhaus-B. 6 ℛ**

Richter, Christian Sigismund (Hrsg.), s. Richter, Christian Friedrich: Erbauliche Betrachtungen ... – Erkenntnis des Menschen ...

RICHTER, M. Christoph (Pfarrers zu Hirschfeld), Schrifftmäßiges Bedenken, über die Frage: Ob ein Ehe-Mann seinem Ehe-Weibe, wenn sie bereits schwangers Leibes ist, mit gutem Gewissen auch noch ferner ehelich beywohnen möge?, vor einiger Zeit an einen guten Freund überschrieben, nunmehr aber auch, auff Veranlassung, zum Druck übergeben. Gedruckt im Jahr 1701. O. O. (Dresden, b. Joh. Jac. Winkler.) 4⁰. 31 S. incl. Titel). (In Berlin: D 4, no. 13.)

Diese Schrift des Herrn Pfarrers, voll der unverblümtesten Erörterungen, scheint viele Liebhaber gefunden zu haben, da noch folgende 3 Ausgaben nöthig wurden. Vf. vertheidigt die Beiwohnung während der Schwangerschaft auf Grund von heil. Schriftstellen, aber doch recht frei. — Verlagsadresse im M. M. V. 1701, D 4 b.

— — Dasselbe .... aber mahl zum Druck übergeben. Gedruckt im Jahr 1701. 4⁰.

— — Dasselbe .... 1702. 4⁰. (In München 2 Expll.)

— — Dasselbe .... 1707. 4⁰. (In Berlin: Dz no. 5.) 30 S. (incl. Tit.).

— Christoph (Gukmirens./Komit. Eisenburg/Ungarn), De Coena Dominica. Präs. Abraham Calov. Mai Rec. 1703. (4.50) 28653

Richter, C.: De coena Domini. – Viteb.1782.

Gantz neu verfertigter allgemeiner und stetswährender Calender [Kalender]....Von Christoph Richtern [Richter]. Nürnberg:Albrecht 1723. 287 S. 8⁰

Richter, Christoph. Erfreulichst aufgehender Morgen-Stern In Glücklichster Entbindung Mariae Theresiae u. Geburt Josephi. Klgft., Kleinmayr, 1741. Quart. 20 S.

Christoph[orus] Fridericus Richter: De Cochinilla [Resp.:] Fridericus Friedel. Lipsiae(1701):Fleischer. 20 Bl. 8⁰
Leipzig, Phil.Diss.v. März 1701

Richter, Christoph Friedrich (Übers.):

s.: Lémery, Nicolas: Vollständiges Materialien-Lexicon, darinnen alle und jede Simplicia vorgestellet sind, welche aus denen so genannten drey Reichen...(Dictionnaire universel des drogues simples. Troisième édition. Dt.) Leipzig: 1721

Richter, Christoph Gottlieb, s. Ascher: Lux Rebbi.

– s. Assur: Obadja.

– s. Barachia: Ruben.

– s. Bildersaal, Histor., 12. 13. Thl.

[Richter, Christoph Gottlieb = Pseudonym:] **Ben Saddi, N. Die Bücher der Chronick derer Könige von Engelland, beschrieben in der Sprache des Jüdischen Volcks durch Nathan Ben Saddi, Priester des Volcks Gottes aus dem Haus Israel, und bestellten Land-Rabiner. Nach dem Original verdolmetscht und fortgeführt bis auf den heutigen Tag. Zweyte Auflage, in vielen Puncten vermehrt und verbessert. Franckfurt und Leipzig 1744. — Die Bücher der Chronicka von den Kriegen, welche die Frantzosen mit Theresia, der Königin zu Ungarn geführt haben ... Beschrieben in Jüdischer Schreibart durch Jeckof Ben Saddi, welcher ist der jüngste Bruder von Nathan Ben Saddi ... Erstes (= einzig erschienenes) Buch. Gedruckt zu Prag 1744. — 3. Chronicka der Königin zu Ungarn und von der Schlacht bey Dettingen; Geschrieben in Jüdischer Schreibart von Abraham Ben Saddi, Hof-Juden in Engelland, welcher ist ein Bruder des Nathan Ben Saddi. Aus dem Original verdolmetscht durch Nathan Gans ... Franckfurth und Leipzig 1744. — 4. Die Bücher der Chronicka Carls des Herzogs zu Lothringen, des Obersten Feld-Hauptmanns der Königin in Ungarn ... von Kemuel Saddi, Hoff-Juden zu Mannheim. Gedruckt zu Franckfurth, 1744.** 4 Teile in 1 Bde. 8⁰. 4 Bl. 120 S., 4 Bl. 132 S. 1 (leeres) Bl. Etwas abgenützter, am Rücken lädierter alter Umschlag, unbeschnitten.

Holzmann-Bohatta geben im Pseudonymenlexikon für „Kemuel Saddi" den Namen: Richter, Christoph Gottlieb (1744, 1745) an: es ist anzunehmen, daß alle vier Teile vom gleichen Verfasser geschrieben sind. Im Ganzen ist mehr die Bibelverdeutschung Luthers (mit vielen neutestamentlichen Phrasen!) nachgeahmt: typische Wendungen des jüdischen Umgangsdeutsch finden sich wenig, der leicht humoristische Effekt wird mehr durch Wort- oder Satzteilumstellungen erzielt, mit denen eine gewisse Art des jüdischen Sprechens karikiert wird. Der Verfasser ist nicht identisch mit dem etwas später lebenden bekannten Juristen Christ. Gottlieb Richter (1745—1791). Seltenes Curiosum. Möglicherweise ist die Bezeichnung: „Zweyte Auflage" auf dem ersten Titel irreführend, da es vielleicht nur diese eine Auflage gab.

Richter, Christoph Gottlieb [Ascher, Lux]: Die Bücher Laudon, eines der obersten Feldhauptleute der Kaiserin Marie Theresia. Brünn 1762. 8⁰

Richter, Christoph Gottlieb, Chronika der gegenwärtigen Kriege der Deutschen, worinnen alle Merkwürdigkeiten beschrieben werden von Habacuc Repphuni . . . Franckfurt 1758. 4. (8 Bl.)

Richter, Christoph Gottl., Europa und besonders Teutschland nach seiner jetzigen kriegerischen Verfassung unter dem Bilde eines Dorfes und denen darinnen befindlichen Gerichts-Personen und übrigen Einwohnern . . . in Einer Erzehlung sehr artig vorgestellet. Grosenhagen 1758. (Stück 1—3) (2 und 3 mit bes. Titel)

Vgl. E u r o p a ...

– s. G e d a n k e n vom Gelde.

– s. G e s p r ä c h e im Reiche der Todten.

– s. G e s c h i c h t e Broglio's.

Simeon, R. Ben Jochai (d. i. Christoph Gottlieb Richter, Advocat in Nürnberg), Die Historie des Kriegs zwischen den Preussen und ihren Bundsgenossen, und den Oesterreichern und ihren Bundsgenossen, von dem Einfalle in Sachsen an biss zu d. 20. des Mon. Thebeth im 5518. Jahr nach Erschaffung d. Welt. Mit vielen Kupfer-Tafeln. Buch (1). Buch 2: Was sich zwischen beyden Theilen bis zu dem Schluss des Feldzuges zugetragen, i. 5519 J., Buch 3. 4. 5. 6. d. Krieg von d. Mon. Thebeth — — — bis zu dem Friedensschluss zu Hubertsburg nach Rechn. der Chri. im 1762. u. 1763. J. 1758—1763. 8.

Vgl. H i s t o r i e ...

Richter, Cph. Gli., s. Hofmeister, der.

KUNST, D i e, n a c h v i e l e n e r h a l t e n e n K ö r b e n a u f d e r E x t r a - P o s t g l ü c k l i c h z u h e y r a t h e n. (Ziemlich zahme Liebeshändel, angeblich in N ü r n b e r g vorgefallen, verfaßt von Lic. *Christoph Gottlieb Richter,* geb. 1717, † 1774.) Mit (unsign., figurenreichem) Titelkpf. (Kostümbild). O. O. 1745. 8⁰. (In München: P. o. germ. 790h; auch in Dresden: Lit. germ. rec. C 1017.)

Richter Chr. Gottl. Lebens- und Staatsgeschichte Mariae Theresiae, Königin in Ungarn. 3 Bde. 8. s. l. (Nürnberg) 1743—45.

Richter, Christoph Gottlieb. L e b e n s - und S t a a t s g e s c h i c h t e der Allerdurchlauchtigsten Grossmächtigsten Fürstin, Frauen, M a r i a T h e r e s i a, römischen Kaiserinn etc., aus sichern Nachrichten gesammelt und ans Licht gestellt. (4 Bde.) 8. Nürnberg 1746—1747.

– s. M e y e r, Das Buch.

– s. M o s e s, Aaron.

— Christoph Gottlieb (Nürnberg), De probabilitate in argumentis quae profert denuncians rite determinanda. Altdorf (G. Meyer) Dez. 1743. 20 S. (4.25) **28656**
Widm. v.: Philipp Ludw. Beck (Oppon.), Hier. Heinr. Westernacher von Grosa (Oppon.), Joh. Jac. Solger (Oppon.), Johann Andreas Häußlein.

Richter, Cph. Gli. s. Schwachheiten des menschl. Herzens

– s. S e n d s c h r e i b e n an den Herausgeber d. Fragmente.

S e n d s c h r e i b e n a n d i e w i t z i g e T y r o l e r i n (von *Christoph Gottlieb Richter*). O. O. u. J. (1765). 8⁰. 8 unbez. Bll.
Goedeke IV, 209, 10, 4. Selten! — Anon.-Lex. IV. p. 70 (nach Meusel).

[—]. Die redende Thiere über Menschliche Fehler und Laster, Bey Ruhigen Stunden Lustig und nützlich zu lesen. Zwölftes Gespräch Zwischen Einem Lamm und Einer Biene. [Es folgen das 13.—22. Gespräch]. Frankfurt und Leipzig, 1752—[1767]. (10 Teile in 1 Bde.) 8⁰. 80, 78, 118, 125, 134, 102, 78, 80, 84, 110 S. 1 Bl. *Mit 9 (statt 10) Titelkupfern.* Etwas fleckiger und abgenutzter Pbd. d. Z.
H.-G. VII, 633—38: „Satyrische, oft recht derbe und freie Erzählungen voller Liebeshändel, auch culturgeschichtlich merkwürdig. Ganz cplte. Expl. mit allen Kupfern sind große Seltenheiten". Die einzelnen Gespräche erschienen separat und z. T. in mehreren Auflagen.

— — [Dasselbe Werk]. Dreyzehendes bis Vier- und zwanzigstes Gespräch. Frankfurt & Leipzig [= Nürnberg, Pollmann] 1741—44. 12 Teile *mit 12 Titelkupfern* in 1 Bande. Sehr abgenutzter HPgtbd. d. Z., Rücken fehlt zur Hälfte.

Richter, Christoph Gottlob [Praes.], s. S i c k e l, Johann Konrad: De Neratio Prisco iurisconsulto exercitatio.

Richter, Christoph Philipp

— Curiosa politico-jur. sub titulo semicenturiae quaestionum miscellanearum. Accessit delineatio jurisprudentiae Sacrae Sive mosaicae, ex Joannis Oldendorpii, Introductione ad studium juris et aequitatis, maximam partem desumta. O. O. Rec. 1700. 96 S. (5.50) **28660**

Richter, Chrph. Phil.: Commentatio iur. de homicidio oder von den verschiedenen Arten des Todschlags. Jenae 1744.

R i c h t e r, Crstph. Phil. (Praeses): „Disputatio juridica de jure monetarum, Vom Recht der Müntzen . . . . Anno 1643 (Jenae). Resp.: Joh. Christoph Reinmann . . . .", Halae Magd. 1738 (Litteris Hendelianis). — Vorh.: StB Nürnberg.

RICHTERUS, Chp. Phil. (J. U. D. Com. Pal. Cæs. Consil. Sax. in inclytta Acad. Jenensi Decretal. Prof. Publ. &cc.), T r a c t a t i o j u r i d i c a d e j u r e n u p t i a r u m, V e n e r e i l l i c i t a, e j u s d e m q u e p o e n i s, v o n d e m R e c h t u. S t r a f f e n u n r e c h t m ä s s i g e r E h e n. Halæ Magdeb. ex officina Hendeliana, 1750. 4⁰. 32 pp.

Richter, Curt, s. R i c h t e r, Kurt.

RICHTER, Daniel (Krakau): De arthritide acuta eiusque curatione. (Titel nach der Urkunde)
20.5.1676 – Urk: Chr 1675/76,16
Diss. Ingolst.-Landsh....

R i c h t e r, Dan.: „Das deutsche Buchhalten, nach Berghaus' Methode umgearbeitet", Hamburg 1803 (Bohn).

— Daniel u. (Respond.) Laurentius Johann Paul Haendel (Stettin), Doctrina de syllogismo ordinario integritati et perspicuitati tradita. Halle/Magdeburg (Hendel) Sept. 1740. 42 S. (4.50) **28662**
Gew.: Johann Peter von Ludewig, Johann Gottlieb Heinecke. — Widm. v.: Daniel Richter, G. C. S. Händel (Bruder, dtsch.)

Richter, Daniel [Praes.], s. G l a v e, Hermann Kaspar: De oppositione propositionum quam methodo mathematicorum flaboratam.

Richter, Dn., Samml. von Uebungen im Buchhalten. Fol. Hamb. 791. Bohn. 1 ₰ 8 gr

R i c h t e r, Dan., Voces difficilior. hebraeae per univ. Vet. Test. obviae, sec. princ. grammat. Danzii. 8. Ienae. 740.

Richter, Dn. Herm., († d. 17. Juni 1775.) drei Casualpredigten. 8. Danz. 768. Wedel. 4 gr

Richter, David

Richter, David [Praes.], s. B e c m a n n, Joh. Laur.: Physiognomiam sacerdotis.

Richteri, M. Dav., Considerationes magico-theurgicae de conciliatione Spirituum, oder von der Kunst mit Geistern sich bekannt zu machen, quatuor disputationibus in Academia Jenensi olim propositae. Jen. 716. 4.

Richter, D., Genealogia Lutherorum oder histor. Erzehlung von M. Lutheri Anverwandten und seines adelichen Gemahls Familie, jetziger Posterität etc. Mit 11 Kpfrn. Berlin 1733. 8.

Richter, Domin., geistl. Rauchfaß gottseliger Anmuthungen für Christen, besonders f. Ordenspersonen. 8. Bresl. Pietsch. 753.

Richter, E. (I.), Chirurgie der Schussverletzungen im Kriege mit besond. Berücksicht. kriegschirurg. Statistik. 1. Abthl. 1. und 2. Thl. gr. 8. Breslau, Maruschke und Berendt. [1. Thl. (VI, S. 1—188.) 874. *ℳ 4.; 2. Thl. (S. 189—688.) 875. *ℳ 10.] * 14 —

Richter, E., Chirurgie der Schussverletzungen im Kriege mit besonderer Berücksichtigung kriegschirurgischer Statistik. 1. Thl. 3. (Schluss-)Abth. gr. 8. (X u. S. 689—940.) Breslau 877. Maruschke u. Berendt. n. 6. — (1. Thl. cplt.: n. 20. —)

R i c h t e r, E.: Zur Frage der genossenschaftlichen Ausgestaltung in Deutschtirol, mit besonderer Berücksichtigung des gemeinsamen Warenbezuges. Innsbruck 1892.

Richter, E. Üb. einige weitverbreitete Mängel d. kriegschirurg. Statistik. (Vortr.) Berlin 1873.

Richter, E., die Namensschwestern, s. Namensschwestern.

Richter, E., der Schlaf u. die Schlaflosigkeit. 12. Nordhausen 845, Fürst. 1/3 ₰

Richter, E: Die elektrische Station im Charlottenburger Werk der Firma Siemens & Halske. Berlin (1891)

Richter, E., Studien zur Lehre von den Unterleibsbrüchen. 1. Heft. Leipzig 869. C. F. Winter. gr. 8. (III, 160 S.) n. 25 ngr.

Richter, E., u. W. Braun, die Wollengarn-Färberei in ihrem ganzen Umfange. Berlin 867, 68. Grieben. gr. 8. (496 S. mit 320 gefärbten Stoffproben.) n. 10 ₰

— — 2. Aufl. Hiezu eine Musterkarte mit 320 gefärbten Stoffproben. Ebend. 870. gr. 8. (496 S.) n. 3 ₰

Richter, E., u. W. Braun, die Wollengarn-Färberei in ihrem ganzen Umfange. 3. Aufl. gr. 8. (496 S. m. Musterkarte.) Leipzig 874. G. Weigel. n. 15. —; Text apart n. 7. 50

Richter, E. A., radicale Heilung des Unvermögens, den Harn im wachenden Zustande und im Schlafe zu halten. 12. Nordhausen 844, Fürst. 1/2 ₰

— Anweisung zu einem gründlichen Verfahren, das Unvermögen, den Harn im Schlafe zu halten, auf eine leichte u. sichere Weise bei Kindern u. Erwachsenen zu heilen. 2. verm. Aufl. 12. Ebend. 844. 1/4 ₰

Richter, E. A., Leitfaden für Corrections-Beamte. 8. Anclam 842. (Dietze.) n. 1/3 ₰

Richter, E. F. W., der landwirthschaftl. Contracts-Rathgeber u. Anweiser zur Belehr. f. Oeconomen. 8. (10¼ B.) Liegnitz 832, (Kuhlmey.)
Vgl. Richter, C. F. T.

Richter, E. J., die Mörderbande, s.: Novellen-Bibliothek, criminalistische.

Richter, E. S. G.: De b a p t i s m o ὑπὲρ τῶν νεκρῶν. — Zwicc. 1803.

Richter, E. S. G., de baptismate ὑπερ των νεκρων Comment. in loc. 1 Corinth. XV, v. 29. 8. Zwick. Schumann. 805.

Richter, E. S. G., de baptismate ὑπερ των νεκρων comment. in loc. 1. Corinth. XV, v. 29. 8. Zwickau 805. Schumann. 4 gr.

Richter, Eberhard v., Referendar: Tratte, kaufmännische Anweisung und Chek, Gleichheiten und Unterschiede. *Greifswald 1901: J. Abel.* (54 S.) 8° [F.]
Greifswald, Jur. Diss. v. [25. Mai] 1901

Richter, Ed., anhaltische Gartenbau-Zeitung rc., s. Gartenbau-Zeitung.

Richter, Ed., Jesus Christus, oder das Leben u. Wirken unseres göttlichen Heilandes u. Erlösers, für kathol. Christen. 1.—10. Liefg. Mit 20 lithogr. Abbild. 16. Meißen 842, Goedsche. à 1/8 ₰ color. à n. 1/6 ₰

Richter, Ed., Sittengesetz u. Offenbarung. Eine Handleitung in d. R. Kirche d. Herrn. R. d. Franz. v. L. Hofacker. gr. 8. (7½ B.) Tübingen 834, Zu-Guttenberg. 9 Gr., f. Pap. – Aus der Zeitschr. „Die Frühe" abgedruckt.

Richter, Edmund: Justus Mösers Anschauungen über Volks- und Jugenderziehung im Zusammenhange mit seiner Zeit. Langensalza 1909: Beyer. x, 124 S. 8° ¶(Ersch. auch als: Pädag. Magazin. H. 367.)
Leipzig, Phil. Diss. v. 11. Mai 1909, Ref. Volkelt, Lamprecht
[Geb. 7. Okt. 77 Siebenlehn; Wohnort: Leipzig; Staatsangeh.: Sachsen; Vorbildung: Sem. Annaberg bis 98, Wahlfähigkeitszeugn. O. 01; Studium: Leipzig 6 S.; Rig. 19. Mai 08.] [U 09. 3047

Justus Mösers Anschauungen über Volks- und Jugenderziehung im Zusammenhange mit seiner Zeit. Von Dr. Edmund Richter aus Siebenlehn. Langensalza: Beyer 1909. x, 124 S. 8°
(Pädagogisches Magazin. H. 367.) [11. 9506

Richter, Eduard

Richter, E., die Alpen, nach H. A. Daniel's Schilderg. neu bearb. Nebst e. (eingedr.) Uebersichtskarte. gr. 8. (VIII, 96 S.) Leipzig 885. Fues. n. 1. 60

Richter, Ed. Die Alpen nach H. A. Daniels Schilderung, neu bearb. Nebst 1 Uebersichtskarte. 2. (Titel-)Ausg. gr. 8. (VIII, 96 S.) Lpz. 889, [Fues] Reisland. * 1 —

Richter, Eduard: Ueber einen historischen Atlas der österreichischen Alpenländer. (S.-A.) Festgabe für Franz v. Krones.) Graz 1895. 17 S. 8°. [E 7546

— s. a. Krones, Franz v., zum 19. Novbr. 1895.

Richter, Ed., geomorpholog. Beobachtungen aus Norwegen. [Aus: „Sitzungsber. d. k. Akad. d. Wiss.] gr. 8. (43 S. m. 2 Fig. u. 2 Taf.) Wien 896. (C. Gerold's Sohn.) n. — 90

— das Land Berchtesgaden, s.: Penck, A.

Richter, Ed., s. a. Burgklehner's, Mathias, tirolische Landschaften.

Richter, Eduard: Mathias Burgklehners Tirolische Landtafeln 1608. 1611. 1620. Abdruck der in den Kunsthistorischen Sammlungen des Allerhöchsten Kaiserhauses in Wien aufbewahrten Holzstöcke und Kupferplatten. Herausgegeben mit Genehmigung des Obersthofkammeramtes Seiner Kaiserlichen und Königlichen Apostolischen Majestät. Text. [Die Tafeln befinden sich in der Kartensammlung.] Wien 1902. 35 S. Fol. [A 5551

Richter, Ed., d. wissenschaftl. Erforschg. d. Ostalpen, s.: In Hochregionen.

Neue Ergebnisse und Probleme der Gletscherforschung von Dr. Eduard Richter. (Nach einem in der Monats-Versammlung der k. k. Geographischen Gesellschaft in Wien am 23. November 1898 gehaltenen Vortrage.) Sonder-Ausgabe aus den Abhandlungen der k. k. Geographischen Gesellschaft in Wien. I. 1899. Wien. 1899. R. Lechner (Wilh. Müller.) 4°. 18 S. fl. —.20

Richter, Eduard: Neue Erörterungen zum historischen Atlas der österreichischen Alpenländer. ([S.-A.] Mittheilungen des Instituts für österreichische Geschichtsforschung. Ergänzungsband 6. S. 858—870.) (Innsbruck 1901.) 13 S. 8°. [E 7547

Richter, E[duard]. Die Erschliessung der Ostalpen. Unter Redaction von Prof. Dr. E. R' hrg. vom Deutschen und Oesterreichischen Alpenverein. 3 Bände. (24 Lieferungen.) gr.-8. Berlin (1892)–1894.

Band 1. Die nördlichen Kalkalpen. [Mit Abbildungen und 11 Tafeln.] (1892)–1893.

Band 2. Die Centralalpen westlich vom Brenner. [Mit Illustrationen, 15 Tafeln und 2 Karten.] 1894.

Band 3. Die Centralalpen östlich vom Brenner und die südlichen Kalkalpen. [Mit Illustrationen, 28 Tafeln und 4 Karten.] 1894.

Richter, Ed., s.a. Erschliessung, die, der Ostalpen.

— die Funde auf dem Dürrenberg bei Hallein. II. Nachträge. gr. 8. (10 S.) Salzburg 880. (H. Nägelsbach.) n. — 20
Sonderabdr. aus: „Mitth. d. Gesellsch. f. Salzb. Landeskunde"; 1 ist nicht separat gedruckt.

Richter, Eduard, Gemarkungen u. Steuergemeinden im Lande Salzburg. (20 S.) gr. 8. Wien 905. (A. Hölder.) n. — 50

— Gemarkungen und Steuergemeinden im Lande Salzburg. (Zugleich auch: Abhandlungen zum Historischen Atlas der österreichischen Alpenländer. III.) Ar. 91. 6? . . . 50
Siehe auch III. Abt. Historischer Atlas der österreichischen Alpenländer, 1. Lieferung.
Separatab ...k

Richter, Edu. Die historische Geographie als Unterrichtsgegenstand. 25 S. 8. **Progr.** Staatsg. *Salzburg* 1877.

Richter, Ed., die historische Geographie als Unterrichts-Gegenstand. gr. 8. (25 S.) Wien 877, F. Beck. *

Richter, Eduard: Geschichte der Schwankungen der Alpengletscher. ([S.-A.] Zeitschrift des Deutschen und Oesterreichischen Alpenvereins. Jahrg. 1891. Bd. 22.) Wien 1891. 74 S., 1 Tf., 1 Krt. 8°

—— **Die Gletscher Norwegens. Leipz. 1896. 15 S. Fig.** (S.-A.)

Richter, Eduard: Die Gletscher der Ostalpen. Mit sieben Karten, zwei Ansichten und vierundzwanzig Profilen im Text. (Handbücher zur deutschen Landes- und Volkskunde. Bd. 3.) Stuttgart 1888. VII, 306 S. 8°.

— die Gletscher der Ostalpen, s.a. Handbücher zur deutschen Landes- u. Volkskunde.3,

Richter, Ed.: Das Gletscherphänomen. Beitrag zu einer populären Geographie der Alpen. 40 S. 8°.– Salzburg OG., Progr. 1873.

— das Gletscherphänomen. Populärer Beitrag zur Geographie der Alpen. Mit 5 (Holzschn.-)Illustr. (3 eingedr. u. 2 Taf.). [Aus: „Zeitschr. d. deutschen u. österr. Alpenver."] gr. 8. (52 S.) Salzburg 877. (Dieter.) n. 1. 20

Die Grenzen der Geographie. **Rede gehalten bei der Inauguration als Rector Magnificus der k. k. Karl-Franzens-Universität in Graz am 4. November 1899 von Prof. Dr. Eduard Richter.** Graz. 1899. Leuschner & Lubensky. Gr.-8°. 19 S. fl. —.36

Grundriss der normalen menschlichen Anatomie mit Berücks. d. neuen anatom. Nomenclatur v. Dr. Ed. Richtor, Privatd. an d. Univ. Greifswald. M. 114 Holzschn. *Berlin: A. Hirschwald 1896.* (XVI, 788 S.) 1 Bd 5. [96. 4??

Richter, E., 600 Höhen im Herzogth. Salzburg. Nach den Ergebnissen der von 1871—74 unternommenen Mappirg. d. Landes. [Aus: „Mittheilgn. d. Ges. f. Salzb. Landeskunde."] gr. 8. (23 S.) Salzburg 876. (Dieter.) n. — 40

Richter, E., Immunität, Landeshoheit und Waldschenkungen. [Aus: Archiv für österr. Geschichte (Bd. XCIV, S. 41) separat abgedruckt.] Gr.-8°. (22 S.) † K —.60
Wien: Hölder 1905.

Richter Eduard, Dr.: Immunität, Landeshoheit und Waldschenkungen. (Zugleich auch: Abhandlungen zum Historischen Atlas der österreichischen Alpenländer. II.) Ar. 91. 0 60
Separatab ...k

Richter, E., Karte des Millstätter Sees, des Läng-Sees und des Klopeiner Sees. 1 : 25.000. 31·5×73·5 *cm.* Farbdr. 1.20
Klagenfurt: Raunecker 1897.

— Karte des Ossiacher-Sees und des Faaker-Sees. 1 : 25.000. 26·5×71 *cm.* Farbdruck Ebda. 1897. 1.20

— Karte des Wörther-Sees. 1 : 25.000. 24·5×76·5 *cm.* Farbdr. Ebda. 1897. 1.20

Richter, Dr. Eduard, Lehrbuch der Geographie für die I., II. und III. Classe der Mittelschulen, mit 21 Karten in Farbendruck und 32 Abbildungen. F. Tempsky. Wien und Prag 1894. (Min.-Erl. v. 5. October 1893, Z. 21785.) Geheftet 1.25, gebunden 1.50

Richter, Dr. Eduard, Lehrbuch der Geographie für die I., II. und III. Classe der Mittelschulen, mit 21 Karten in Farbendruck und 32 Abbildungen. 2. Auflage. F. Tempsky. Wien und Prag 1895. (Min.-Erl. v. 17. Juli 1895, Z. 10316.) Geheftet 1.25, gebunden 1.50

Richter, Dr. Eduard, Lehrbuch der Geographie für die I., II. und III. Classe der Mittelschulen. Mit 21 Karten in Farbendruck und 32 Abbildungen. 3. durchgesehene Auflage. Wien und Prag. F. Tempsky. 1898. Geh. 1.25, geb. 1.50

Richter Dr. Eduard, Lehrbuch der Geographie für die I., II und III. Klasse der Mittelschulen. Wien 1904. F. Tempsky. Preis, geheftet 2 K 85 h, gebunden 3 K 35 h.

Richter, Dr. Eduard, Lehrbuch der Geographie für die I., II. und III. Klasse der Mittelschulen. 7., unveränderte, somit gemäß Min.-Erl. vom 15. September 1904, Z. 24214, allgemein zulässige Auflage. Wien 1906. F. Tempsky. Geh. K 2.85, geb. K 3.35.

Richter's Lehrbuch der Geographie f. die I., II. u. III. Klasse der Mittelschulen. Neu bearb. v. Joh. Müllner. Der Gesamtausg. 8. Aufl. gr. 8. Wien, F. Tempsky. Geb. 7. 15
I. Für die I. Klasse. (112 S. m. 31 Abb.) 907. Geb. 1. 65
II. Für die II. Klasse. (Neue Ausg.) (162 S. m. 59 Abb.) Geb. 2. 50
III. Für die III. Klasse. (Neue Ausg.) (162 S. m. 72 Abb. u. 2 farb. Taf.) 908. Geb. 3. —

Richter, Eduard, Lehrbuch der Geographie, s.: Lehrbuch der Geographie f. die unt. Klassen der Mittelschulen. I.

— Lehrbuch der Geographie f. höhere Lehranstalten. Mit 19 farb. Karten u. 33 Abbildgn. im Text sowie 2 Karten in Farbendr. 5., durchgeseh. Aufl. gr. 8 (VI. 266 S.) Leipzig 902. G. Freytag. Geb. in Leinw n. 3. —

Richter Eduard: Der Obersulzbach-Gletscher.
D: Zeitschrift d. Deutschen und Oest. Alpenvereines 1883, H. 1.
1885 PN 400 **Diss.** Wien, Univ.

Richter, Eduard: Der Obersulzbach-Gletscher 1880—82. Mit einer Karte, einer Ansicht, Profilen, einem Diagramm und sieben Figuren im Text. (Beobachtungen an den Gletschern der Ostalpen. 7.) ([S.-A.] Zeitschrift des Deutschen und Oesterreichischen Alpenvereins. 1883.) Salzburg 1883. 57 S. 8°.

Richter, Eduard [Unterarzt im Pionier-Bataillon No. 15 u. am K. Charité-Krankenhause]: Polienocephalito infantilis .... Berlin, Buchdr. v. Knoll u. Wölbling (1886); 30 + 2 S. 8°.
Berlin, Med. Fak., Inaug.-Diss. v. 19. Febr. 1886.

Richter, Eduard, Polienocephalito infantilis. Diss. Berlin 1886, Mayer & Müller. 8°. 30 S.

Richter, Eduard [aus Posen, Unterarzt d. Kgl. Frauenklinik]: Proliferierende Schleimpolypen ... Greifswald, Druck v. J. Abel, 1892; 35 S. 8.
Greifswald, Med. Fak., Inaug.-Diss. v. 6. Aug. 1892

Richter, Dr. Eduard, Schulatlas für Gymnasien, Real- und Handelsschulen, Lehrerbildungsanstalten, sowie sonstige höhere Lehranstalten im Anschlusse an sein Lehrbuch der Geographie. 62 Haupt- und 57 Nebenkarten (74 Kartenseiten) in Farbendruck. Wien und Prag 1898. Verlag von F. Tempsky. Geb. 3.—

Richter, Eduard, Dr., Seen von Kärntben, Krain u. Sudtirol. (Lief. II des Penck, A. Dr. und Richter, E. Dr. Atlas der österreichischen Alpenseen.)
Wien 1896.

Seestudien. Erläutergn z. 2. Lfg d. Atlas d. österreich. Alpenseen. Von Dr. Eduard **Richter,** o. ö. Prof. ... an d. Univ. Graz. M. 3 Taf. u. 7 Textfig. *Wien: E. Hölzel 1897.* (1 Bl., 71 S., 3 Taf.) 4.(8.)
= Abhandlungen, Geographische. Bd VI. H. 2. [97. 4376

Geomorphologische Untersuchungen in den Hochalpen. Von Dr. Eduard Richter, Prof., Graz. Mit 6 Taf. u. 14 Fig. im Text. *Gotha: J. Perthes 1900.* (VI, 103 S.) 4°
= Mitteilungen, Petermanns, aus J. Perthes' Geogr. Anstalt. Erg.H. No 132. [00. 14724

— geomorpholog. Untersuchungen in den Hochalpen, s. Petermann's, A., Mitteilungen. 132. Erg.-Hft.

Richter, Eduard: Urkunden über die Ausbrüche des Vernagt- und Gurglergletschers im 17. und 18. Jahrhundert. Aus den Innsbrucker Archiven herausgegeben. Mit zwei Karten. Stuttgart 1892. 96 S.
= Forschungen zur deutschen Landes- und Volkskunde. Bd. 6. Heft 4. 8°. [E 1830

— Die Vergleichbarkeit naturwissenschaftlicher und geschichtlicher Forschungsergebnisse. Vortrag, gehalten in der feierlichen Sitzung der Kaiserlichen Akademie der Wissenschaften am 28 Mai 1903. Al. 1903. ... vgr.
Separatabdruck

Richter Eduard: Verzeichniss der Fundstellen vorhistorischer und römischer Gegenstände im Herzogthume Salzburg. Mit einer Karte. Anhang: Steub, Ludwig: Die romanischen Ortsnamen im Lande Salzburg. Mit Erklärungen. ([S.-A.] Mittheilungen der Gesellschaft für Salzburger Landeskunde. Bd. 21. Heft 1.) Salzburg 1881. 12 S. 8°.

—— **Populärer geograph. Wegweiser f. Touristen, s. Buchheister, J.**

Richter, Eduard J.

— **Der Ausgleich mit Böhmen.** Posse in 1 Akt. 16. (22 S.) geh. 12 kr. Korneuburg: F.Kühkopf 1881.

— **Wiener Balletmadeln.** Posse in 1 Akt. 16. (24 S.) geh. 12 kr.
Korneuburg: F.Kühkopf 1881.

Richter, Eduard J., Die Chinesen von Kagran oder drei Küsse im Franz Josefs-Land. Original-Posse mit Gesang, Tanz und Evolution in 1 Act. 12. geh. 15 kr.
Korneuburg: F.Kühkopf 1882.

Richter, Ed. J., der Eisenbahn-Conducteur. Gelegenheitsposse in 1 Akt mit Gesang. 16. (20 S.) Wien 881. (Korneuburg, Kühkopf's Buchh.) * — 24

— **Er sucht seine Frau.** Posse in 1 Akt. 13 (24 S.) geh. 12 kr.
Ebda.1881.

— **Der verhängnißvolle Frack.** Posse in 1 Akt. 16. (22 S.) geh. 12 kr. Ebda.1881.

— **In der Hinterbrühl.** Posse in 1 Akt. 16. (24 S.) geh. 12 kr.
Ebda.1881.

— **Der Irrstein.** Original-Volksstück. 16. (115 S.) geh. 20 kr.
Ebda.1881.

Richter, Eduard J., Ein unschuldig's Mad'l! Schwank in 1 Akt. 16. (16 S.) geh. 12 kr. Ebda.1881.

— **Der Phonograph oder die Sprechmaschine.** Schwank. 16. (24 S.) geh. 12 kr. Ebda.1881.

Richter, Eduard J., Prater-Selbstmörder. Originalposse in 1 Akt. 16. (35 S.) geh. 12 kr. Ebda.1881.

— **Recept gegen Hausfreunde.** Schwank in 1 Akt. 16. (22 S.) geh. 12 kr. Ebda.1881.

—— **Südböhmische Sagen und Geschichten.** Mit einer kurzgefaßten Geschichte der k. k. Berg-Kreisstadt Böhmisch-Budweis. 8. (IV, 315 S. mit 1 Lithogr.) Korneuburg 881, Kühkopf's Buchh. * 8 60
Vgl.Richter,Ernst Franz.

—— der Herr Schlaucherl! Faschingsschwank mit Gesang in 1 Akt. 16. (20 S.) Wien 881. (Korneuburg, Kühkopf's Buchh.) * — 24

— **Der närrische Schuster.** Posse in 1 Akt. 16. (26 S.) geh. 12 kr.
Ebda.1881.

— — **In der Spinnstube oder 's letzte Stückl.** Original-Bauernkomödie in 1 Act mit Gesang. 12. geh. 15 kr.
Ebda.1882.

— ein toller Tag od. Einer vom Land. Schwank m. Gesang u. Tanz in 1 Akt. 16. (22 S.) Wien 882. (Korneuburg, Kühkopf.) n. — 30

— **Vereinsmeierei oder ein Wohlthätigkeitsfest.** Ausstattungsposse mit Gesang, Tanz u. Evolutionen in 1 Akt. 16. (22 S.) geh. 12 kr.
Ebda.1881.

— **Das Wäschermadel.** Volksposse in 1 Akt. 16. (23 S.) geh. 12 kr.
Ebda.1881.

Richter, Ed. J., Wien, wie es liebt und lebt! Federzeichnungen aus dem Wiener Volksleben. gr. 8. (187 S.) Korneuburg 878, Kühkopf. *

Richter, Eduard Robert

Richter, Eduard Rob., s.: Lesebuch, deutsches, f. Realschulen.

Richter, [Frl.] Elise. Ab im Romanischen. Von Dr. E' R'. VIII + 120 S. 8. Halle a. S., Max Niemeyer, 1904. [M. 3.—]

Die Bedeutungsgeschichte der romanischen Wortsippe bur⟨d⟩. Von Elise **Richter**. ⟨Mit e. Stammbaum.⟩ Wien: A. Hölder in Komm. 1908. (138 S.) 8° [Umschlagt.]
— **Sitzungsberichte** d. Kais. Akad. d. Wiss. in Wien. Philos.-Hist. Kl. Bd 156, Abh. 5. [08. 9027 9

Richter, Elise, die Bedeutungsgeschichte d. romanisch. Wortsippe bur(d). (Mit e. Stammbaum.) (138 S.) gr. 8. Wien 908. A. Hölder. 3. 40
Sonderabdr. aus: „Sitzungsber. der k. Akad. d. Wiss."

Richter Elise: Ueber die Entwicklung der Romanischen Wortstellung aus dem Lateinischen. **Diss.** Wien, Univ.
D: Halle, 1903.
1901 PN 1386

Zur Entwicklung der romanischen Wortstellung aus der lateinischen. Von Elise **Richter**, Dr. phil. *Halle a. S.: M. Niemeyer 1903.* (X, 176 S.) 8°

Richter, Em.

Richter, E. Die IX. Satire von Boileau. Wien, R. VI. Bez., 1881. 41 S. **Progr.**

[Richter, Emil]: Die Bank- und Bankiersdiebstähle und die Auflösung von Eigenthum und Besitz in Scheinbesitz. Von Germanicus [d. i. Emil Richter]. H. 1. Frankfurt a. M. 1888. 8°

Richter, Emil., die Entwickelung der Verkehrs-Grundlagen. Eisenbahnen, Flüsse, Kanäle u. Landstraßen. Zugleich Denkschrift an den Handel u. Streitschrift wider die Verkehrsverwaltg. in Deutschland. gr. 8. (XII, 200 S.) Berlin 873. Luckhardt. n. 3. —

Richter, Emil, die Entwickelung der Verkehrs-Grundlagen. Eisenbahnen, Flüsse, Kanäle u. Landstraßen. Zugleich Denkschrift an den Handel u. Streitschrift wider die Verkehrsverwaltung in Deutschland. 2. (Titel-)Aufl. gr. 8. (XII, 200 S.) Berlin (1873) 878. Luckhardt'sche Verlagshandlung. n. 3. —

Richter, Emil, praktische Erklärung der schwierigen Stellen der Sonn- und Festtags-Perikopen. 2 Thle. gr. 8. Gotha 863, F. A. Perthes. à Thl. * 1 Thlr. *
Inhalt:
Thl. 1. Die Evangelien. (X und 202 S.)
" 2. Die Episteln. (XI und 249 S.)

Richter, Emil, die Handelsbilanz vom national- und social-politischen Standpunkte, s. Lehmann's grüne Hefte.

Richter, Emil, stenographische Handelswelt u. Handelswissenschaft, } s.: Stenographie, die, an der Wende d. Jahrhunderts.

Richter, Emil (Hrsg.), s. Hausfreund, Der. 1906-1907.

Richter, Emil, Das Creditsystem der modernen Misswirthschaft u. die Mobilisirung des Besitzes als Hauptquelle der socialen Gefahr. (Zeitfragen des christl. Volkslebens, Heft 58.) gr. 8⁰. Heilbronn 1884.

Richter, Emil, das Creditsystem der modernen Mißwirthschaft und die Mobilisirung des Besitzes als Hauptquelle der socialen Gefahr, s. Zeitfragen des christlichen Volkslebens.

Richter, Emil: Kulturgeist u. Stenographie ... s. Stenographie, Die, an der Wende d. Jahrh.

—— öffentliche Lagerhäuser und Warrant-Agiotage in ihrem Einfluß auf Produktion und Handel,
—— Lebenshaltung und Sterblichkeit in den großen Städten, } **s. Zeitfragen, soziale.**

Richter, Emil, Das Licht der Manchestristen. 8⁰. Leipzig 1873.
(Polemik gegen Prof. Frühauf, veranlasst durch dessen „Briefe über den Socialismus".)

— ein Licht der Manchestristen. gr. 8. (VIII, 59 S.) Ebend. 873. n. 1. 20

Richter, Emil, Memorandum über den Schwindel m. Geheimmitteln in der 2. Hälfte d. 19. Jahrh. 8. (58 S.) Reichenberg 884. Schöpfer's Sort. n. — 80

—— Menschheit und Capital. Studien über Bewegung und Verhältnisse einflußreicher Erscheinungen des Lebens und der allgemeinen Entwickelung. 1. Bd. gr. 8. (410 S.) Ebendas. 872. *
—— dass. — 1. Bd. 1. und 2. Lfg. 2. Aufl. gr. 8. (S. 1—160.) Ebendas. 874. à Lfg. 75 Pf.
—— dass. — 2. Bd. 1. und 2. Lfg. gr. 8. (S. 1—128.) Ebendas. 874. à Lfg. 75 Pf.

—— Menschheit und Capital. Studien über Bewegung und Verhältnisse einflußreicher Erscheinungen des Lebens und der allgemeinen Entwickelung. 1. Bd. 2. Aufl. 3.—6. Lfg. und 2. Bd. 3.—9. (Schluß-)Lfg. gr. 8. (S. 161—410; III, S. 129—536.) Ebendas. 874—78. à Heft * 75 Pf. *
1. Bd. 1. und 2. Lfg. und 2. Bd. 1. und 2. Lfg. Ebendas. 1874. à Lfg. * 75 Pf.

— die neuesten Prätensionen der preussischen Aristokratie. gr. 8. (31 S.) Ebend. 872. — 75

Richter, Emil u. Adolf Büchle *Schulfeier zum Gedächtnis des † Kaisers Wilhelm.* 4 (S. 4—14 der Schuln.).
Progr. Prg. u. Rg. *Durlach* 1888 (569)

—— Sonntagsfeier und Sonntagsunfug, s. Lehmann's grüne Hefte.

Richter, (Guil.) Aemil. (geb. Lindow in d. Mark 11. 2. 1837): De struma. Berolini (1863). (32 S.) 8°
Berlin, Med. Diss. v. 21. Aug. 1863

Richter, Emil, Lederstrumpfs Tod, s.: Collection Wild-West, Bd. 5.

Richter, Emil, Lederstrumpf's Tod. 8. (120 S.) Berlin 894. C. Georgi. — 60

— das Transport-Unwesen auf den Eisenbahnen in Deutschland. Dessen Erscheing., Wirkg. u. Beseitigg. gr. 8. (82 S.) Frankfurt a. M. 872. Sauerländer. 1. 50

Richter, E[mil]: Zur Verrenkungslehre. (Leipzig 1868.) (48 S.) 8° [Umschlagt.] *[Aus: Zeitschr. f ration. Med. Reihe 3. Bd 34. 1869.]*
Breslau, Med. Fak., Hab.-Schr. v. 28. [vielmehr 29.] Dez. 1868

Richter, Emil: Wissenschaft und Kritik auf stenographischem Gebiete. Berlin: C. Hause 1898. (18 S.) 8⁰
= Zeit- u. Streitfragen, Stenographische. H. 6.

— Wissenschaft u. Kritik auf stenograph. Gebiete, s. Zeitfragen, stenograph. 6.

Richter, (Emil), s.: Zentralblatt f. Chirurgie.

Richter, Emil Adolf

Richter, Emil Adf., wie können die Übelstände in der häusl. Erziehung beseitigt werden?, s: Holzabel, J. W.

Richter, Emil Ludwig, s. Richter, Aemilius Ludwig.

Richter, Engelbert Eligius

Richter, E. E., Geschichte, eine Schule der Weisheit u. Tugend, oder zweite Sammlung auserlesener Erzählungen u. Sprüche aus dem Gebiete der Kirchengeschichte über die vorzügl. Glaubens- u. Sittenlehren. 3 Thle. 8. Brünn 843. (Gastl.) n. 1 5/6 ℛ

Richter, Engelbert Eligius, Goldgrube, gezogen aus allen Kirchenvätern u. berühmten ältern Kirchenscribenten, worin viele Tausende v. Gleichnissen über die vornehmsten Glaubenswahrheiten u. Sittenlehren sammt einzelnen interessanten Geschichten u. Winken zur Benützung des Alten u. Neuen Testamentes vorkommen, ein überaus nützliches Werk f. Prediger u. Katecheten. Zusammengetragen u. alphabetisch geordnet. 2 Bde. gr. 8. (1: VI u. 431 S. 2: 516 S.) Wien 852, Mechitharisten-Congregations-Buchhandlung. (à 1 1/3 ℛ) 2 2/3 ℛ

Richter, Engelbert Eligius, die christkathol. Religion d. mächtigste Schutzgeist d. Staaten u. Throne. 2., verb. u. verm. Aufl. 8. (21 1/2 B.) Grätz 835, Ferstlsche Buchh.

Richter's, Erich, zahnärztliches Adressbuch f. d. europ. Continent. IX. Jahrg. Als Fortsetzg. des Dental-Kalenders f. Deutschland, Oesterreich-Ungarn u. die Schweiz. (In 3 Thln.) 1. u. 2. Thl. gr. 16. Berlin, Dr. E. Richter's Selbstverl.
Geb. in Leinw. n. 5.—; jeder Thl. einz. n. 3.50
1. Deutschland. Ausg. 1897. (VIII, 191 S.)
2. Enth. Oesterreich-Ungarn, d. Schweiz u. d. nichtroman. Länder. Ausg. f. 1897/98. (S. 193—330.)

Richter's, Erich, zahnärztliches Adressbuch f. den europäischen Continent. XI. Bd. Ausg. f. 1901. Als Fortsetzg. des Dental-Kalenders f. Deutschland, Oesterreich-Ungarn u. die Schweiz. 1. Thl. Enth. Deutschland. 12. (239 S.) Berlin, Dr. E. Richter.
Geb. in Leinw. 4.50

— dasselbe. XI. Jahrg. Ausg. f. 1901/1902. Als Fortsetzg. des Dental-Kalenders f. Deutschland, Oesterreich-Ungarn u. die Schweiz. 2. Thl. Enth. Oesterreich-Ungarn, die Schweiz u. die nicht roman. Länder. 12. (VIII, 115 S) Ebd. Geb. in Leinw. 4.50

Richter's, Erich, Adress-Buch der im Deutschen Reiche, in der österr.-ungar. Monarchie, der Schweiz, in den Königr. Dänemark, Schweden, Norwegen, Rumänien, in Russland, Bulgarien, Serbien u. im ges. Orient in selbständ. Praxis thätigen Zahnärzte, im Auslande diplomirt. Dientisten, Zahnkünstler u. Zahntechniker, nach Ländern, Provinzen u. Städten geordnet. (Zahnärztl. Adressbuch f. den europ. Kontinent. XIV. Jahrg. Als Fortsetzg. des Dental-Kalenders f. Deutschland, Oesterreich-Ungarn u. die Schweiz.) Ausg. f. d. J. 1904/1905. I. u. II. Thl. kl. 8. Berlin, Dr. E. Richter.
Geb. in Leinw. n. 7.—
I. Deutschland. (VIII, 408 S.) n. 3.—
II. Oesterreich-Ungarn, die Schweiz u. die nicht roman. Länder des Continents (VIII, 136 S.) n. 4.—

— dasselbe, s. a.: Adress-Buch der etc. approbirten Zahnärzte.

Richter, E. (Hrsg.), s. Anzeiger, Der zahnärztliche.

Richter, Erich, Borwin. Erzählg. aus d. Zeit d. Markgrafen Gero. 8. (48 S.) Dessau 895. Anhalt. Verlagsanstalt. — 75; geb. in Leinw. n. 1.50

Richter, Ericus: De nonnullis datis statisticis operationis, quae versio in pedes vocatur. Halis Saxonum (1866): Gebauer-Schwetschke. 27 S. 8°
Halle-Wittenberg, Med. Diss. v. 17. März 1866
Geb. Vockerode (Anhalt) 19. 10. 1842. V.
Verf. erlebte die Diplomerneuerung 1916 als Regierungs- und Geheimer Medizinalrat in Dessau

Richter, Erich, Referendar: Eigentumserwerb und -verlust an Bienenschwärmen nach dem Deutschen Bürgerlichen Gesetzbuche, mit besonderer Berücksichtigung des römischen und alten deutschen Rechts. Zwickau 1909: Günther. 46 S. 8°
Leipzig, Jur. Diss. v. 2. Juli 1909
[Geb. 12. Nov. 82 Zittau; Wohnort: Zwickau i. S.; Staatsangeh.: Sachsen; Vorbildung: Gymn. Zittau Reife O. 02; Studium: Leipzig 9 S.; Rig. 10. Juli 07.] [U 09. 2640

— de Fahrt nach Werl'tz unn Anderes. Humoresken in Dessauer Mundart. 3. Aufl. 12. (130 S.) Dessau 898. C. Dünnhaupt. n. 1.—

Richter, Erich, aus Aerzen: Zur Frage nach der Function der Wurzelspitze. *Wien: Verl. d. Verf. 1902.* (56 S.) 8°
Freiburg i. B., Phil. Diss. v. 1902

Richter, Erich, appr. Arzt a. Stettin: Aus dem städt. Krankenhause zu Kiel. Über das Jothion. Kiel 1906: H. Fiencke. (17 S.) 8°
Kiel, Med. Fak., Ref. Quincke, Diss. v. 20. Aug. 1906
[Geb. 13. Okt. 81 Stettin; Wohnort: Stettin; Staatsangeh.: Preußen; Vorbildung: Stadt-Gymn. Stettin Reife O. 00; Studium: Würzburg 5, München 2, Kiel 3 S.; Coll. 2. Dez. 05; Approb. 1. Aug. 06.]

— s.: Journal f. Zahnheilkunde.

— d. Mönch v. Ballenstedt. Erzählg. aus d. 12. Jahrh. schmal 8. (163 S.) Dessau 895. Anhalt. Verlagsanstalt. n. 1.50; geb. n. 2.50

— s.: Notizkalender, zahnärztlicher.

Richter, Erich, nuh heeren Se abber bahle uff! Plauderei in Dessauer Mundart. 12. (75 S.) Dessau 899. C. Dünnhaupt. n. 1.—

Sammlung der Prüfungs-Aufgaben für die Zahnärztliche Staatsprüfung an den sämmtlichen deutschen Universitäten nebst e. Ausz. aus d. gesetzl. Bestimmungen u. Erlassen über d. zahnärztl. Staatsprüfung. Nach d. neuesten amtl. Materialien zsgest. von Dr. chir. dent. Erich **Richter**, Zahnarzt in Berlin. H. 1. Die Prüfungs-Commissionen im Königr. Preußen. [Mehr nicht erschienen.] *Berlin: Fischer [1895].* (Z, 6 S.) 8° [04. 13644

So jeht's in de Welt! Plauderei in Dessauer Mundart von Erich **Richter**. *Dessau: C. Dünnhaupt 1902.* (70 S.) 8° [F.] [03. 11300

Richter, E., Strassenhygiene, d. i. Strassen-Pflasterg., -Reinigg. u. -Besprengg., sowie Beseitigg. der festen Abfälle, s.: Handbuch der Hygiene.

Richter, Erich: Studien über die Bestimmung von Äthan neben Methan und Wasserstoff. 1909. 56 S. 8°
Dresden, Dr.-Ing.-Diss. v. 19. 12. 1908

Richter, Erich [aus Pulsnitz (Sachsen)]; Studien uber die pilztödtende Wirkung des frischen Harns. ... (Aus: „Arch. f. Hygiene" Bd. XII, H. 1.) Munchen, Druck v. R. Oldenbourg, 1890; 26 S. 8°
Würzburg, Med. Fak., Inaug.-Diss. v. 1890

Was jibbet's denn mant for Menschen! Humoreske in Dessauer Mundart. Von Erich **Richter**. Dessau: Dünnhaupt 1893. 92 S. 8°

Richter, Ernst

Richter, E., Anweisung zum Gesang-Unterrichte in der Volksschule. gr. 8. (122 S.) Essen 858, Bädeker.

Richter, E., Anweisung zum Gesang-Unterrichte in der Volksschule. 2., verb. Aufl. Essen 867. Bädeker. 8. (III, 118 S.) 15 ngr.

Richter, Ernst, Anweisung zum Gesangunterricht in der Volksschule. 3., verb. Aufl. Durchgesehen von L. Erk. 8. (VI, 114 S.). Essen 881. Bädeker. n. 1. 50

Richter, Ernst, a. Großostheim: Über Atrophia cutis idiopathica progressiva. Aus d. Syphilido-Klinik ⟨Prof. Seifert⟩ in Würzburg. ⟨Mit 2 Abb.⟩ Würzburg 1907: F. Scheiner. (28 S.) 8°

Würzburg, Med. Fak., Ref. v. Leube, Diss. v. 24. Aug. 1907

[Geb. 27. Dez. 78 Großostheim; Wohnort: Würzburg; Staatsangeh.: Bayern; Vorbildung: Gymn. Würzburg Reife Juni 97; Studium: Würzburg 11 S.; Coll. 12. Juni 07; Approb. 22. Mai 05.]

Richter, Ernst [aus Dessau]: Ein Beitrag zur Kenntniss der isomeren Naphtoësäuren und ihrer Derivate .... Berlin, Druck v. Julius Feiertag (1887); 62 S. + 1 Bl. 8°.

Berlin, Phil. Fak., Inaug.-Diss. v. 6. Aug. 1887.

Richter, Ernst, ein Beitrag zur Kenntniss der isomeren Naphtoësäuren und ihrer Derivate. Diss. Berlin 1887, Mayer & Müller. 8°. 62 S.

Richter, Ernst [aus Wriezen a. O.]: Bericht über die bisherigen Resultate der Serumtherapie gegen Diphtherie in der Kgl. Medizinischen Universitäts-Poliklinik zu Halle a. S. ... Halle a. S., Druck d. Buchdr. C. Colbatzky, 1896; 16 S., 2 Bl. 8.

Halle, Med. Fak., Inaug.-Diss. v. 8. Aug. 1896

Richter, Ernst (II.), Bewilligungen und Anträge in Grundbuchsachen. 8. (VIII, 56 S.) Berlin 873, Kortkampf. *
cart. *

Richter, Ernst, aus Eilenburg: Über aromatische Borbromide, deren Derivate und über Borbenzoësäure. *Rostock 1900: C. Boldt.* (50 S.) 8°

Rostock, Phil. Diss. v. [28. Febr.] 1900

Richter, Ernst (I.), 311 Choräle der evangelischen Kirche, } s. Jacob, F. A. L.
—— reformirtes Choralbuch, }

— schlesisches Choralbuch, s.: Jakob, F. A. L.

Richter, Ernst, u. Aug. Jacob, Cypressenzweige auf Gräber geliebter Entschlafener. Eine Sammlung von Gesängen für Begräbnisse und die allgemeine Todtenfeier. Für den gemischten Chor hersg. Berlin 869. Stubenrauch. qu. 4. (159 S.) 1 ₰

— u. Aug. Jakob, Cypressenzweige auf Gräber geliebter Entschlafener. Eine Sammlung von Gesängen für Begräbnisse u. die allgemeine Todtenfeier. Für den gemischten Chor hrsg. 2. Ausg. qu. gr. 8. (158 S.) Berlin 877. Stubenrauch. n. 1. 50

Richter, Ernst, der Eisengießer, s.: Buchführung, die, des Gewerbetreibenden. 2. Heft.

Richter, Ernst [app. Arzt]: Die nicht perforirende eitrige Entzündung der Stirnhöhlen und ihre operative Behandlung ... Leipzig, Druck v. A. Edelmann, Univ.-Buchdr., 1895; 61 S. 8.

Leipzig, Med. Fak., Inaug.-Diss. v. 20. Mai 1895

Richter, Ernst, vaterländ. Erinnerungsbuch. Lieder auf d. denkwürd. Tage d. deutschen Befreiungskrieges, d. Preuß. Volke, insbesond. dem Krieger u. Wehrmann dargeboten. 8. (5¼ B.) Köln 831, Bachem.

Richter, E., Fibel für utraquistische Schulen, s.: Vesta, J.

—— Gedichte. Nebst e. prosaischen Anh. 8. (19 B.) Wiesbaden 830, (Ritter.)

Richter, Ernst, der Journalistenspiegel. Worte der Wahrheit über Flugblättler u. literarische Trommelschläger, an Freund u. Feind gerichtet. gr. 12. Leipzig 839. Fort. 5/12 ₰

Richter, Ernst, der Journalistenspiegel. Worte d. Wahrheit üb. Flugblättler u. literar. Trommelschläger, an Freund u. Feind gerichtet. gr. 12. (4⅔ B.) Leipzig 839. [Braunschweig, Westermann.]

Richter, E., sechs Lieder. 1. Heft. ... Leipzig 841, Berger. ¾ ₰

Richter, Ernst (I.), und Aug. Jacob, patriotische Liederharfe oder fliegende Blätter für das Heer, die Schule und das Haus. Nr. 1—5. gr. 16. Ebendas. *

Inhalt:

Nr. 1. 2. Preußische Kriegs- und Heldenlieder aus den J. 1864 und 1866 nach Volks- und Originalweisen zu singen. 1. Aufl. (IV, 76 S.) 1868, und 2. verb. Aufl. (60 S.) 873. * 25 Pf.

" 3—5. Der deutsche Volkskrieg gegen den deutschen Erbfeind. Lieder zu Schutz und Trutz. Kriegs- und Heldenlieder aus den J. 1870/71 nach Volks- und Originalweisen zu singen. 1. Abthl. 1.—3. verm. Aufl. (50 S.) 871—73; 2. Abthl. 1. und 2. unveränd. Abdr. (72 S.) 871,73; 3. Abthl. (72 S.) 873. à Nr. * 25 Pf.

Richter, E., u. A. Jakob, patriotische Liederharfe od. flieg. Blätter f. das Heer, die Schule u. das Haus. III. Der deutsche Volkskrieg gegen den deutschen Erbfeind. Lieder zu Schutz u. Trutz, Kriegs- u. Heldenlieder aus den Jahren 1870/71. 1. Abtlg. 4. Aufl. 16. (IV, 50 S.) Bielefeld 876. Velhagen & Klasing. n. — 25

—— —— patriotische Liederharfe. Nr. 4: Der deutsche Volkskrieg gegen den deutschen Erbfeind. Lieder zu Schutz und Trutz, Kriegs- und Heldenlieder aus den J. 1870/71 nach Volks- und Orig.-Weisen zu singen. 2. Abthl. 3. Aufl. 16. (72 S.) Ebendas. 879. *

Nr. 1—3 und 5. Ebendas. 1873. * 75 Pf.

Richter, Ernst, Referendar: Die rechtliche Natur der aus privaten Mitteln hervorgegangenen öffentlichen Denkmäler nach Privat- und öffentlichem Recht. *Greifswald 1901: J. Abel.* (42 S.) 8° [F.]

Greifswald, Jur. Diss. v. [13. März] 1901

Richter, Ernestvs ⟨geb. am 1 Mai 1863 in Rosslau Anh.⟩: De Aristotelis problematis ... Bonnae, typ. C. Georgi (1885). 47 S., 1 Bl. 8.

Bonn, Phil. Fak., Diss. v. 12 Aug. 1885

Richter, Er., s. Volkslieder, Schlesische.

Richter, Ernst: Schlesische Volkslieder,
s.a. Fallersleben, August Heinrich Hoffmann von

Richter, Ernst, Wegweiser f. Radfahrer u. Touristen durch die Mark Brandenburg, d. Ostseebäder u. die Insel Rügen. Nebst 1 Wegekarte in klarem, farb. Druck, e. Anleitg. üb. die Behandlg. des Fahrrades, üb. erste Hilfeleistg. bei Unglücksfällen, d. einschläg. Radfahrer-Polizei-Verordngn. u. e. Verzeichniss empfehlenswerther Gasthöfe u. Reparatur-Werkstätten. Nach örtl. Aufnahmen zusammengest. 2., verm. u. verb. Aufl. 12. (VIII, 242 S.) Potsdam 898. (Berlin, Verlag Deutscher Automobil- u. Radfahrsport.)
Geb. in Leinw. n. 3. 25

Richter, Ernst, einige Worte über die von Norddeutschland in Aussicht genommenen Handelsgerichte nebst einer Uebersetzung einiger Erkenntnisse französischer Handelsgerichte. Berlin 870. Kortkampf. gr. 8. (40 S.) n. 10 *ngr.*

Richter, Ernst: Xenophon in der römischen Literatur. 24 S. 4.
Progr Kgl. Kaiserin Augusta-Gymn. *Charlottenburg* 1905 (73).

Richter, Ernst, Xenophon in der römischen Literatur. Progr. (24 S.) **Lex.-8. Berlin 905. Weidmann. n. 1. —**

Richter, Ernst, Xenophon-Studien. [Aus: „Jahrbb. f. class. Philol."] gr. 8. (S. 57—155.) Leipzig 892. B. G. Teubner. n. 2. 40

Richter, Ernst Adolf

Richter, E. A., formam narrationis Matth. 4, 1—11. parabolicam ex Judaeorum opinione de duplici Adamo esse repetendam. Viteb. 1823. 8.

Richter, (M. E. A.,) formam narrationis Matth. IV, 1 — 11. parabol. ex judaeor. opinione de duplici Adamo esse repetendam. Comment. historico-exegetica. 8 maj. Wittenb. 824, Zimmermann.

— Ernst Adolph, De origine posterioris Petrinae ex epistola Judae repetenda. Comment. exeget.-crit. Präs. Heinrich August Schott. Wittenberg (Fr. I. Seibt) 6. VIII. 1810. 20 S. (3.50) 28665
Gew.: Franziskus Volkmar Reinhard von Heinrich August Schott und Soc.: E. Ad. Richter, H. Alex Foerster, I. Gottfr. Steinbach, I. K. Fried. Franke, L. Dankgott Cramer, C. Ferdin. Lüdicke, I. Fried. Sandhof, G. Fr. Franz. Ruperti, Heinr. Weichert, C. Wilh. Elze, I. Gottl. Kloss, C. Leber. Tränckner. — Widm. v.: Heinrich August Schott.

— u. (Soc.) **August Wilhelm Thieme** (Löbau), De summo quodam historiae ecclesiasticae principio. Comment. histor.-critica. Wittenberg (Fr. I. Seibt) 24. IV. 1812. 36 S. (4.25) 28666

Richter, Ernst Alb., die Abiturienten der Realschulen I. O. u. Gymnasien in Preußen vor dem Forum der Statistik. gr. 8. (36 S.) Altenburg 881. Bonde. 1. 50

— dasselbe. 2. Aufl. Mit einem Nachwort zu derselben. gr. 8. (48 S.) Ebend. 881. n. 1. —; Nachwort apart. (15 S.) — 30

Richter, Ernst Alb. Altes und Neues zur Expedition Xenophons in das Gebiet der Drilen Anab V, 2. 21 S. G. *Altenburg* 1880. Progr.

Richter, Ernst Alb. Beiträge zur Kritik und Erklärung des Demosthenes. 31 S. **Progr.** G. *Altenburg* 1877.

Richter, **Ernst Alb., Beiträge zur Kritik und Erklärung des Demosthenes. gr. 4. (31 S.) Altenburg 877. (Leipzig, Teubner.)**

Richter, E. A. Beiträge zur Erklärung und Kritik des sophokleischen Philoktet. 29 S. **Progr.** G. *Altenburg* 1876.

Richter, Ernst Alb., Beiträge zur Kritik u. Erklärung d. Sophocleischen Philoctet. gr. 4. (29 S.) Altenburg 876. (Leipzig, Teubner.) n. 1. —

Richter, Ernst Alb., dein Reich komme! Ansichten über christlich-religiöse Erziehung. Ein Versuch, die obschwebende religiöse Lebensfrage zu beantworten. 1. Hft. gr. 8. (6½ B.) Annaberg 843, Rudolph u. Dieterici.

— Krit. Untersuch. üb. d. Interpolationen i. d. Schriften Xenophons, vorzugsw. der Anabasis u. den Hellenicis. Pr. 1872. 66 S. 1.50

— kritische Untersuchungen üb. die Interpolationen in den Schriften Xenophons, vorzugsweise der Anabasis u. Hellenicis. [Aus: „Jahrb. f. class. Philologie."] gr. 8. (223 S.) Ebend. 874. n. 4. 80

Richter, **Ernst Euseb., digesta** med. s. decisiones medico-forens., oder jurist.-medicin. Aussprüche. 4. Leipzig. 731.

Richter, E(rnst) E(usebius): Die allezeit getreue und vorsichtige Wehmutter. Das ist: Nützlicher Unterricht, wie sich eine rechtschaffene Hebamme vor, in und nach der Geburt bey schwangern, gebährenden Weibes-Personen, und den zur Welt gebohrnen Kindern, in ihrem Amte...verhalten soll. 256 S., gbd., Abb.

Fr(ank)f(urt) u.Leipzig: 1738

— die allez. getr. u. vorsicht. Wehmutter. 8. Lpz. Lossius. 738.

Richter, Ernst Felix

Richter, Ern. Felix (geb. Guben 14. 1. 1842): Syphilis patris latens quam vim per fetus procreatos habeat in matrem. Berolini (1863). (31 S.) 8°
Berlin, Med. Diss. v. 20. März 1863

Richter, Ernst Franz

Richter, Ernst Frz., Budweiser Sagen und Geschichten, dem Volke erzählt. 1.—8. Heft. 8. (256 S.) Korneuburg 880, Kühkopf's Buchh. à Heft * 36 Pf. *
Nicht weiter erschienen.
Das Werk wurde während des Erscheinens umgestaltet und erschien dann u. d. T.: Richter, Ed. J., Südböhmische Sagen und Geschichten.

Richter, Ernst Friedrich

Richter, Ernst Frdr., **die Elementarkenntnisse zur Harmonielehre u. zur Musik überhaupt. gr. 8. (24 S.) Leipzig 852, G. Wigand.** 6 *ngr*

Richter, Ernst Frdr., exercices pour servir à l'étude de l'harmonie pratique extraits du „Lehrbuch der Harmonie". Texte traduit de l'allemand et annoté par Gustavo Sandré. gr. 8. (IV, 46 S.) Leipzig 883. Breitkopf & Härtel. n. 1. —; geb. n. 2. 20

Richter, Ernst Frdr. **Exercices pour servir à l'étude de l'harmonie pratique extraits du „Lehrbuch der Harmonie". Texte traduit de l'Allemand et annoté par Gust. Sandré. 2. édit. gr. 8. (IV, 46 S.) Lpz. 890, Breitkopf u. Härtel. * 1 —; fein geb. * 2 20**

Richter, Ernst Frdr., exercices pour servir à l'étude de l'harmonie pratique. Extraits du „Lehrbuch der Harmonie". Texte traduit de l'allemand et annoté par Gustave Sandré. 3. éd. gr. 8. (IV, 46 S.) Leipzig 895. Breitkopf & Härtel. n. 1. —; geb. in Leinw. n. 2. 20

Richter, Ernst Frdr., Exercices pour servir á l'étude de l'harmonie pratique. Extraits du „Lehrbuch der Harmonie". Texte traduit de l'allemand et annoté par Gust. Sandré. 4. éd. gr. 8. (IV, 46 S.) Leipzig 901. Breitkopf & Härtel. n. 1. —; geb. in Leinw. n. 2. —

Richter, Ernst Frdr., Exercices pour servir à l'étude de l'harmonie pratique. Extraits du „Lehrbuch der Harmonie". Texte traduit de l'allemand et annoté par Gust. Sandré. 5. ed. (IV, 46 S.) gr. 8. Leipzig 905. Breitkopf & Härtel. n. 1. —; geb. in Leinw. n. 2. —

Richter, Ernst Frdr., Exercices pour servir à l'étude de l'harmonie pratique. Extraits du „Lehrbuch der Harmonie". Revus et corrigés par Alfr. Richter. Texte traduit de l'allemand et annoté par Gust. Sandré. 7. ed. (IV, 46 S.) gr. 8. Leipzig 910. Breitkopf & Härtel. 1.—; geb. n 2. —

— die Grundzüge der musikalischen Formen u. ihre Analyse, als Leitfaden beim Studium derselben u. zunächst f. den prakt. Unterricht im Conservatorium der Musik zu Leipzig. gr. 8. (IV u. 52 S.) Ebd. 852. 1/3 Rthlr.

—— Harmonielehre, Aufgaben dazu, s. Richter, Alfr.

Richter, Ernst Frdr., Katechismus der Orgel, s. Weber's, J. J., illustrirte Katechismen. 64.

Richter EF, die Orgel. 2. Aufl. (Weber's illustrierte Katechismen 64) Leipzig 1875

— Katechismus der Orgel. Erklärung ihrer Struktur, besonders in Beziehg. auf techn. Behandlg. beim Spiel. 3. Aufl. Mit 25 Abbildgn. 8. (III, 152 S.) Leipzig 885. Weber. geb. n. 1. 50

— Katechismus d. Orgel. Erklärg. ihrer Struktur, besond. in Beziehg. auf techn. Behandlg. beim Spiel. 4., verb. u. verm. Aufl., bearb. v. Hans Menzel. 12. (X, 289 S. m. 25 Abb.) Leipzig 896. J. J. Weber. Geb. in Leinw. n. 3. –

Richter, Ernst Frdr., Lehrbuch der Fuge. Anleitung zur Komposition derselben u. zu den sie vorbereitenden Studien in den Nachahmungen u. in dem Canon zunächst für den Gebrauch am Conservatorium der Musik zu Leipzig bearb. Leipzig 859. Breitkopf & Härtel. gr. 8. (VI, 190 S.) 1 Rthlr.

— Lehrbuch der Fuge. Anleitung zur Composition derselben u. zu den sie vorbereitenden Studien, in der Nachahmung u. in dem Canon, zunächst für den Gebrauch am Conservatorium der Musik zu Leipzig. 2. Aufl. Leipzig 868. Breitkopf & Härtel. gr. 8. (VI, 190 S.) 1 Rthlr.

Lehrbuch der Fuge. Anleitung z. Komposition derselben u. zu den sie vorbereitenden Studien in d. Nachahmungen u. in dem Kanon, zunächst f. d. Gebr. am Konservatorium d. Musik zu Leipzig bearb. von Ernst Friedrich **Richter**. 6. Aufl., mit Anm. u. Erg. vers. von Alfred Richter. Leipzig: Breitkopf & Härtel 1896. (X, 204 S.) 8°
= Richter: Die prakt. Studien z. Theorie d. Musik. Bd 3.
— **Handbibliothek**, Breitkopf & Härtels Musikalische. 3. [06. 6787

Richter, Ernst Friedr., Lehrbuch der Harmonie. Praktische Anleitung zu den Studien in derselben zunächst für das Conservatorium der Musik zu Leipzig bearb. 853. (VIII, 188 S.) — 2. Aufl. Leipzig 857. Breitkopf u. Hartel. gr. 8. (X, 200 S.) 1 Rthlr.

— Lehrbuch der Harmonie. Praktische Anleitung zu den Studien in derselben, zunächst für das Conservatorium der Musik zu Leipzig bearb. 3. Aufl. 860. — 4. Aufl. 862. — 5. Aufl. Ebend. 864. gr. 8. (XII, 200 S.) 1 Rthlr.

— Lehrbuch der Harmonie. Praktische Anleitung zu den Studien in derselben, zunächst für das Conservatorium der Musik zu Leipzig bearb. 6—8. Aufl. Ebend. 865—70. gr. 8. (XII, 203 S.) 1 Rthlr.

Lehrbuch der Harmonie. Prakt. Anleitung zu d. Studien in derselben zunächst für d. Kgl. Konservatorium d. Musik zu Leipzig bearb. von Ernst Friedrich **Richter**. 23. Aufl., mit Anm. u. Erg. vers. von Alfred Richter. *Leipzig: Breitkopf & Härtel 1902.* (XII, 226 S.) 8°
— **Richter**: Die prakt. Studien z. Theorie d. Musik. Bd 1. [03. 6887

Lehrbuch der Harmonie. Prakt. Anleitung zu d. Studien in derselben zunächst f. d. Kgl. Konservatorium d. Musik zu Leipzig bearb. von Ernst Friedrich **Richter**. 24. Aufl., mit Anm. u. Erg. vers. von Alfred Richter. Leipzig: Breitkopf & Härtel 1905. (XII, 226 S.) 8°
— Richter: Die prakt. Studien z. Theorie d. Musik. Bd 1.
= **Handbibliothek**, Breitkopf & Härtels Musikalische. 1. [06. 6785

— Lehrbuch d. einfachen u. doppelten Contrapunkts. Praktische Anleitg. zu dem Studium desselben. Suppl. 2 Thle. in 1 Bd. gr. 8. Leipzig 884. Breitkopf & Härtel. n. 3. —; geb. n. 4. 20
1. Aufgabenbuch, bearb. v. Alfr. Richter. (VIII, 64 S.) Einzelpr. n. 1. 50
2. Nachtrag zum Lehrbuch bearb. v. Alfr. Richter. (III, 100 S.) Einzelpr. n. 2. —

Lehrbuch des einfachen und doppelten Contrapunkts. Prakt. Anleitung zu d. Studium desselben zunächst f. d. Conservatorium d. Musik zu Leipzig bearb. von Ernst Friedrich **Richter**. 7. Aufl., bedeutend erw., verm. u. erg. von Alfred Richter. Leipzig: Breitkopf & Härtel 1889. (X, 241 S.) 8°
→ Richter: Die prakt. Studien z. Theorie d. Musik. Bd 2.
— **Handbibliothek**, Breitkopf & Härtels Musikalische. 2. [06. 6786

Lehrbuch des einfachen und doppelten Kontrapunkts. Prakt. Anleitung zu d. Studium desselben zunächst f. d. Konservatorium d. Musik zu Leipzig bearb. von Ernst Friedrich **Richter**. 10. Aufl. bedeutend erw., verm. u. erg. von Alfred Richter. *Leipzig: Breitkopf & Härtel 1900.* (X, 241 S.) 8°
— **Richter**: Die prakt. Studien z. Theorie d. Musik. Bd 2.

— manual of harmony. A practical guide to its study, prepared especially for the conservatory of music at Leipsic. Translated by John P. Morgan. Revised from the latest german edition by Alfr. Richter [son of the author]. gr. 8. (XII, 208 S.) Ebend. 884. n. 4. –

—— Manual of harmony. A practical guide to its study. With commentaries and supplements by Alfr. Richter. Translated by Joh. P. Morgan. Commentaries and supplements translated by Alfr. Richter. 2. english ed. revised from the latest (18.) german ed. gr. 8. (XII, 239 S.) Lpz. 889, Breitkopf u. Härtel. * 4 —; geb. * 5 20

— Manual of harmony. A practical guide to its study. With commentaries and supplements by Alfr. Richter. Translated by John P. Morgan. (Commentaries and supplements translated by Alfr. Richter.) 3. English ed. (XII, 239 S.) gr. 8. Ebd. 909. 4. —

—— die praktischen Studien zur Theorie der Musik. In 3 Lehrbüchern. gr. 8. Leipzig, Breitkopf und Härtel. à Bd. * M 3. *

Inhalt:
Bd. 1. Lehrbuch der Harmonie. Praktische Anleitung zu den Studien in derselben zunächst für das Conservatorium der Musik zu Leipzig. 8.—11. Aufl. (XII, 204 S.) 870—75.
» 2. Lehrbuch des einfachen und doppelten Contrapunkts. Praktische Anleitung zu dem Studium desselben zunächst für das Conservatorium der Musik zu Leipzig bearb. 1. Aufl. (VIII, 168 S.) 1872, und 2. Aufl. (VIII, 172 S.) 875.
» 3. Lehrbuch der Fuge. Anleitung zur Composition derselben und zu den sie vorbereitenden Studien, in den Nachahmungen und in dem Canon, zunächst für den Gebrauch am Conservatorium der Musik zu Leipzig. 2. Aufl. (VI, 190 S.) 1868, und 3. Aufl. (VIII, 188 S.) 874.

Richter, Ernst Frdr., die praktischen Studien zur Theorie der Musik. In 3 Lehrbüchern bearb. 1—3. Bd. gr. 8. Leipzig 881. 82. Breitkopf & Härtel. à n. 3. —; geb. à n. 4. 20
1 Lehrbuch der Harmonie. Praktische Anleitung zu den Studien in derselben, zunächst für das königl. Conservatorium der Musik zu Leipzig bearb. 15. Aufl. (XII, 204 S.)
2. Lehrbuch des einfachen u. doppelten Contrapunkts. Praktische Anleitung zu dem Studium desselben, zunächst für das Conservatorium der Musik zu Leipzig bearb. 4., unveränd. Aufl. (VIII, 172 S.)
3. Lehrbuch der Fugen. Anleitung zur Composition derselben u. zu den sie vorbereitenden Studien in den Nachahmungen u. in dem Canon, zunächst für den Gebrauch am Conservatorium der Musik zu Leipzig. 4. Aufl. (VIII, 190 S.)

— die praktischen Studien zur Theorie der Musik. In drei Lehrbüchern bearb. 1—3. Bd. gr. 8. Ebend. à n. 3. —; geb. à n. 4. 20; in Schulbd. à n. 3. 50
1. Lehrbuch der Harmonie. Praktische Anleitg. zu den Studien in derselben zunächst f. das königl. Konservatorium der Musik zu Leipzig bearb. 17. Aufl., m. Anmerkgn. u. Ergänzgn. versehen v. Alfr. Richter. (XII, 225 S.) 886.
2. Lehrbuch d. einfachen u. doppelten Contrapunkts. Praktische Anleitg. zu dem Studium desselben, zunächst f. das Conservatorium der Musik zu Leipzig bearb. 5. unveränd. Aufl. (VIII, 172 S.) 884.
3. Lehrbuch der Fuge. Anleitung zur Composition derselben u. zu den sie vorbereit. Studien in den Nachahmgn. u. in dem Canon, zunächst f. den Gebrauch am Conservatorium der Musik zu Leipzig bearb. 5. Aufl. (VIII, 190 S.) 886.

— die praktischen Studien zur Theorie der Musik. In drei Lehrbüchern bearb. 1. u. 2. Bd. gr. 8. Ebd. n. 7. 50; geb. n. 9. 90
1. Lehrbuch der Harmonie. Praktische Anleitg. zu den Studien in derselben, zunächst f. das königl. Conservatorium der Musik zu Leipzig bearb. 18. Aufl., m. Anmerkgn. u. Ergänzgn. versehen v. Alfr. Richter. (XII, 226 S.) 888. n. 3. —; geb. n. 4. 20; in Schulbd. n. 3. 50
2. Lehrbuch d. einfachen u. doppelten Contrapunkts Praktische Anleitg. zu dem Studium desselben, zunächst f. das Conservatorium der Musik zu Leipzig bearb. 6., unveränd. Aufl. Mit e. Nachtrage v. Alfr. Richter. (VIII, 172 u. Nachtrag III, 100 S.) 886. (887?) n. 5. 70. — 7. erweit. Aufl. (X, 241 S.) 889. n. 4. 50; geb. n. 5. 70

Richter, Ernst Frdr., die praktischen Studien zur Theorie der Musik. In 3 Lehrbüchern bearb. 1. u. 2. Bd. gr. 8. Leipzig, Breitkopf & Härtel. n. 7. 50; geb. in Schulbd. n. 8. 50; in Leinwd. n. 9. 90
1. Lehrbuch der Harmonie. Praktische Anleitg. zu den Studien in derselben zunächst f. das königl. Konservatorium der Musik zu Leipzig. 19. Aufl., m. Anmerkgn. u. Ergänzgn. versehen v. Alfr. Richter. (XII, 226 S.) 892. n. 3. —; geb. in Schulbd. n. 3. 50; in Leinw. n. 4. 20
2. Lehrbuch des einfachen u. doppelten Contrapunkts. Praktische Anleitg. zu dem Studium desselben, zunächst f. das Konservatorium der Musik zu Leipzig. 8. Aufl., bedeutend erweitert, verm. u. ergänzt v. Alfr. Richter. (X, 241 S.) 893. n. 4. 50; geb. in Schulbd. n. 5. —; in Leinw. n. 5. 70

— die praktischen Studien zur Theorie d. Musik. In 3 Lehrbüchern bearb. Zunächst f. das kgl. Konservatorium d. Musik zu Leipzig bearb. 1. u. 2. Bd. gr. 8. Leipzig, Breitkopf & Härtel. n. 7. 50; Einbde. in Schulbd. à n.n. — 50; in Leinw. à n. 1. 20
1. Lehrbuch d. Harmonie. Prakt. Anleitg. zu d. Studien in derselben. 21. Aufl., m. Anmerkgn. u. Ergänzgn. vers. v. Alfr. Richter. (XII, 226 S.) 897. n. 3. —
2. Lehrbuch d. einf. u. dopp. Kontrapunkts. Prakt. Anleitg. zu dem Studium desselben. 9. Aufl., bedeut. erweit., verm. u. ergänzt v. Alfr. Richter. (X, 241 S.) 897. n. 4. 50

— die praktischen Studien zur Theorie der Musik. In 3 Lehrbüchern bearb. 1. u. 2. Bd. gr. 8 Ebd. n. 7 50; geb. in Schulbd. n. 8. 50; in Leinw. n. 9. 50
1. Lehrbuch der Harmonie. Praktische Anleitung zu den Studien in derselben, zunächst f das königl Konservatorium der Musik zu Leipzig. 22 Aufl., m. Anmerkgn. u. Ergänzgn. versehen v. Alfr. Richter. (XII, 226 S.) 900. n. 3. —; in Schulbd. n. 3 50; geb. in Leinw. n. 4. —
2. Lehrbuch des einfachen u. doppelten Kontrapunkts. Praktische Anleitung zu dem Studium desselben zunächst f. das Konservatorium der Musik zu Leipzig 10. Aufl, bedeutend erweitert, verm. u. ergänzt von Alfr. Richter. (X. 241 S.) 900. n. 4. 50; geb. in Schulbd. n. 5. —; in Leinw. n. 5. 50

Die praktischen Studien zur Theorie der Musik. In 3 Lehrbüchern bearb. von Ernst Friedrich Richter, weil. Prof. zu Leipzig. (Mit Anm. u. Erg. versehen von Alfred Richter.) Bd 1—3. *Leipzig: Breitkopf & Härtel 1896—1902.* 3 Bde 8°
1 — Lehrbuch d. Harmonie. 23. Aufl. 1902.
2 — Lehrbuch d. einfachen u. doppelten Kontrapunkts. 10. Aufl. 1900.
3 — Lehrbuch d. Fuge. 6. Aufl. 1896. [illegible]

— die praktischen Studien zur Theorie der Musik. In 3 Lehrbüchern bearb. 2. Bd. gr. 8. Ebd. 904. n. 4. 50; geb. in Schulbd. n. 5. —; in Leinw. n. 5. 50
Lehrbuch des einfachen u. doppelten Kontrapunkts. Prakt. Anleitg. zu dem Studium desselben zunächst f. das Konservatorium der Musik zu Leipzig. Bedeut. erweitert, verm. u. ergänzt v. Alfr. Richter. 11. Aufl. (X, 241 S.)

Die praktischen Studien zur Theorie der Musik. In 3 Lehrbüchern bearb. von Ernst Friedrich Richter, weil. Prof. zu Leipzig. (Mit Anm. u. Erg. vers. von Alfred Richter.) Bd 1—3. Leipzig: Breitkopf & Härtel 1889—1905. 3 Bde 8°
1 — Richter: Lehrbuch d. Harmonie. 24. Aufl. 1905.
2 — Richter: Lehrbuch d. einfachen u. doppelten Kontrapunkts. 7. Aufl. 1889.
3 — Richter: Lehrbuch d. Fuge. 6. Aufl. 1896.
= Handbibliothek, Breitkopf & Härtels Musikalische. 1—3. [illegible]

— Die prakt. Studien zur Theorie der Musik. In 3 Lehrbüchern bearb. I. u. III. Bd. gr. 8. Ebd. 7. —
I. Lehrbuch der Harmonie. Praktische Anleitg. zu den Studien in derselben, zunächst f. das kgl. Konservatorium der Musik zu Leipzig bearb. 26. Aufl., m. Anmerkgn. u. Ergänzgn. versehen v. Alfr. Richter. (XII, 226 S.) 910. 3. —
III. Lehrbuch der Fuge. Anleitung zur Komposition derselben u. zu den sie vorbereitenden Studien in den Nachahmungen u. in dem Kanon, zunächst f. den Gebrauch am Konservatorium der Musik zu Leipzig bearb. 7. Aufl., m. Anmerkgn. u. Ergänzgn. versehen v. Alfr. Richter. (X, 204 S.) 909. 4.—; geb. in Schulbd. n 4.50; in Leinw. n 5.—

— de practische studiën in de theorie der muziek. (In 3 leerboeken geschreven.) 1. deel. gr. 8. Ebd. 893. n. 5. —
Leerboek der harmonie. Practische handleiding tot hare beoefening, geschreven ten gebruike in het kon. conservatorium voor muziek te Leipzig. Met kantteekeningen voorzien door Alfr. Richter. Vrij bewerkt volgens de 19. duitsche uitgaaf door Jacques Hartog. (XVI, 244 S.)

— De practische studiën in de theorie der muziek. In 3 leerboeken. 1. deel. gr. 8. Ebd. n. 5. —; geb. n. 6. —
Leerboek der harmonie. Practische handleiding tot hare beoefening geschreven ten gebruike in het kon. conservatorium der muziek te Leipzig. Met kantteekeningen voorzien door Alfr. Richter. Vrij bewerkt volgens de 19. duitsche uitgave door Jacques Hartog. 2. uitgave. (XIV, 248 S.) 903.

— traité complet de contrepoint. Traduit de l'allemand sur la 6. éd. par Gustave Sandré. gr. 8. (VI, 230 S.) Ebd. 892. n. 4. 80

— Traité de fugue, précédé de l'étude des imitations et du canon. Traduit d'après la 6. éd., revue par Alfr. Richter, par Gust. Sandré. (Bibliothèque d'enseignement musical.) (VIII, 193 S.) gr. 8. Ebd. 902. n. 4. 80

—— Traité d'harmonie théorique et pratique. Traduit de l'allemand par Gustave Sandré. gr. 8. (VIII, 200 S.) Ebendas. 884. *M 4.; geb. *

Richter, Ernst Friedr., traité d'harmonie théorique et pratique. Traduit de l'allemand par Gustave Sandré. 2e édit. revue et corrigée. gr. 8. (VIII, 200 S.) Leipzig 886, Breitkopf und Härtel. *M 4.—.; geb. *

—— Traité d'harmonie théoretique et pratique. Traduit de l'Allemand par Gust. Sandré. 3. édit. gr. 8. (VIII, 200 S.) Ebd. 891. * 4 —

— Traité d'harmonie théorique et pratique. Traduit de l'allemand. 5. éd. gr. 8. (VIII, 200 S.) Ebd. 898. n. 4. —; geb. n. 5. —

— Traité d'harmonie théorique et pratique. Traduit de l'allemand par Gust. Sandré. 6ième éd. gr. 8. (VIII, 200 S.) Ebd. 902. n. 4. —; geb. n. 5. —

Richter, Ernst Frdr., Traité d'harmonie théorique et pratique. Traduit de l'allemand par Gust. Sandré. 8. éd. (VIII, 200 S.) gr. 8. Leipzig 908. Breitkopf & Härtel. 4.—; geb. 5. —

— tratado de armonía teórico y práctico. Vertido al español por Felipe Pedrell. La presente edición contiene, además, los ejercicios complementarios para el estudio de la armonía práctica, escritos por el mismo autor. gr. 8. (VII, 246 S.) Ebd. 892. n. 6. —

— Tratado de armonía teórico y práctico Vertido al español por Felipe Pedrell. La presente 2. ed. contiene, además, los ejercicios complementarios para el estudio de la armonía práctica, escritos por el mismo autor. gr. 8. (VII, 246 S.) Ebd. 901. n. 6. —; geb. n. 7. —

— Tratado de armonía teórico y práctico. Vertido al español por Felipe Pedrell. La presente 3. ed. contiene, además, los ejercicios complementarios para el estudio de la armonía práctica, escritos por el mismo autor. (VII, 246 S) gr. 8. Ebd. 905. n. 6.—; geb. n. 7.—

— Tratado de armonía teórico y práctico. Vertido al español por Felipe Pedrell. La presente 4. ed. contiene, adamás, los ejercicios complementarios para el estudio de la armonía práctica, escritos por el mismo autor. (VII, 246 S.) gr. 8. Ebd. 910. 6.—

Richter, Ernst Heinrich

Richter, E. H., Abriß der Terminologie der phanerogam. Gewächse, so wie der Säugethiere u. der Vögel, nebst Darstellung d. Linné'schen Pflanzensystems. Mit 7 lithogr. Abbild. gr. 8. Frankfurt a. O. 837. Hoffmann. 1⅓ ₰

Richter, Ernst Heinr., Abriß der Terminologie der phanerogamischen Gewächse, so wie der Säugethiere u. Vögel, nebst Darstellung des Linné'schen Pflanzensystemes. 2., verb. Ausg. gr. 8. (2¾ B. u. 7 Stnt.) Frankfurt a. O. 846, Hoffmannsche Bh. *

Richter, Ernst Heinr., Lehrbuch der Longimetrie und der Kongruenzlehre, für höhere Lehranstalten und den Selbstunterricht nach genetischer Methode bearb. gr. 8. (VI und 80 S. mit 7 lithogr. Figurentaf.) Frankfurt a. O. 855,57, Harnecker und Comp. *
Bildet jetzt den 1. Thl. von folgendem:

—— Lehrbuch der Mathematik, für höhere Lehranstalten und den Selbstunterricht nach genetischer Methode bearb. 2. Thl. A. u. d. T.: Lehrbuch der Aehnlichkeitslehre und der Flächenraumlehre. gr. 8. (VIII und 95 S. mit 6 lithogr. Figurentaf.) Ebendas. 856(57.) *

—— Leitfaden der Zoologie, zunächst f. höhere Bürgerschulen. 8. (8¼ B.) Frankfurt a. d. O. 843, Hoffmannsche Buchh.

Richter, Ernst Heinr., Schul-Grammatik d. deutschen Sprache, siehe: Wiecke, K. W.

RICHTER, ERNST HERMANN FERDINAND. Ueber Zersetzungsprodukte des Strychnin's. Jena, 1872.

Richter, Ernst Julius, s. Cicero: Oratio pro M. Tullio.

Richter, E. J., Commentarius in C. Sallustii Crispi conjurationem Catilinariam, s. Bibliotheca Commentarior. in scriptor. tam graecos quam latin.

Richter, E. J., in Quinti Horatii Flacci vitam, a C. Suetonio Tranquillo conscriptam, notas variorum collegit suasque et commentarium perpet. nec non synopsin chronolog. adj. 4. Zwickau 830. Richter. 1 ₰ 8 gr

Richter, Ernst Julius, s. Plautus: Amphitryo. – Comoediae.

Testamentum Joannis Calvini cum additamentis Theodori Bezae et epistola Philippi Melanchthonis. Edid. Ernest. Jul. Richter, AA. LL. Mag., Philos. Doct., G. P. et P. extraord. — 1836. Ibid. S. 3—18.
Progr. Augsburg

Richter, Ernst Ludwig. Ravenstein's Führer für Rad- und Automobilfahrer in Deutschland und den angrenzenden Ländern. Bearb. von E' L' R'.... Teil 5: Rheinland südlich der Mosel, Rheinhessen, bayrische Pfalz, Elsass-Lothringen ⟨Vogesen⟩, Baden, Württemberg ⟨Schwarzwald⟩, Schweiz, nebst Teilen von Frankreich und Rundfahrten im Schwarzwald, Schweiz und um den Bodensee. Mit Entfernungs- und Routenkarte. XXVIII S. + S. 685—896 = 212 S. 8. Frankfurt am Main, Ludwig Ravenstein, (1904). [geb.] M. 1.50

Richter, Ernst Ludw., Führer f. Rad- u. Automobilfahrer in Deutschland, s. a. Ravenstein, Ludw.

Richter, E. L. Über die Person- und Modusendungen des griechischen Zeitworts. 20 S.
Guben, Progr. 1846

Richter, Ernst Ludw. De supinis Latinae linguae. P. I. 36 S. — P. II. 15 S. — P. III. 21 S. — P. IV. 18 S. — P. V. 15 S.
Königsberg, A. G., Progr. 1856, 1857, 1858, 1859, 1860.

Richter, E. L. De usu et discrimine particul. οὐ et μή, P. I., II., III. 12, 10 u. 10 S. . . . .
Guben, Progr. 1831, 1837, 1841

Richter, Ernst Ludw.: Dissertationis de usu et discrimine particularum οὐ et μή part. IV. 16 S. – Guben, Progr. 1852.

Richter, Ernst Ludwig: De Verbis Lat. ling. auxiliarr. III. Regiom. 1864. 4°
Schul-/Univ.-Schrift

Richter, Ernst Wilhelm

Richter, Er. Wlh., Beschreibung des Königreichs Sachsen in geograph., statist. u. topograph. Hinsicht, nebst geschichtl. Bemerkungen zum Gebrauche für Schule u. Haus. 1. Thl. enth. Allgemeines über Sachsen u. den dresdener Kreisdirectionsbezirk. 8. Freiberg 846. Engelhardt. n. 12 ngl

Richter, Ernst Wilh., Beschreibung des Königr. Sachsen in geograph., statist. und topograph. Hinsicht, nebst geschichtl. Bemerkungen zum Gebrauche für Schule und Haus. 2. und 3. Thl. 8. Freiberg, Engelhardt. [2. (VIII und 784 S.) 849, 3. (731 S.) 852. à * 1 Thlr. 4 Ngr.] *
1. Thl. Ebendas. 1846. * 12 Ngr.

Richter, Ernst Wilh., Beschreibung des Königr. Sachsen, in geograph., statist. u. topograph. Hinsicht, nebst geschichtlichen Bemerkungen, zum Gebrauch f. Schule u. Haus. 2. Thl. (der Zwickauer Kreisdirektions-Bezirk.) 3 Lfgn. u. 3. Thl. 8. (2: VIII u. 784 S. 3: 731 S.) Freiberg 847—52, Engelhardt. 2, 1 u. 2: à n. 8 ngl 2, 3: n. 18 ngl 3: n. 1 ₰ 4 ngl

Richter, E. W., sächsische Geschichte von der ältesten bis auf die neueste Zeit nebst einer kurzgefaßten Vorgeschichte des meißner Landes, einer Regententafel und einer chronolog. Uebersicht. Ein Leitfaden beim Unterricht in Volksschulen, zum Theil nach der Stichart'schen Preisschrift neu bearb. und hrsg. 2. Aufl. gr. 8. (VII und 160 S.) Hainichen 857, (Barchewitz.) *

Richter, E. W., sächsische Geschichte von den ältesten Zeiten bis auf die neueste Zeit, nebst e. kurzgefaßten Vorgeschichte d. Meißner Landes, e. Regententafel u. e. chronolog. Uebersicht. Ein Leitfaden beim Unterricht in Volksschulen. 2. Aufl. Neue Ausg., fortgeführt bis auf die neueste Zeit v. C. F. Altner. gr. 8. (160 S.) Dresden 874. Müchler & Büttner. n. 1. —

Richter, E. W., tabellarische Uebersicht der allgemeinen Weltgeschichte zum Schulgebrauche herausg. 2. verm. Aufl. Hainichen 860. Barchewitz in Comm. 8. (2 Bl., 54 S.) n. 4 ngl

— tabellarische Uebersicht der allgemeinen Weltgeschichte zum Schul- u. Privatgebrauch. 3., bis auf die neueste Zeit fortgeführte Aufl. Neu bearb. v. C. F. Altner. 8. (64 S.) Ebend. 873. n. — 50

Richter, Ernst Wilh., das Wichtigste aus d. sächs. Geschichte v. d. ältesten bis auf d. neueste Zeit in chronolog. Folge. Ein Leitfaden beim Unterr. in Volksschulen. 8. (10½ B.) Grimma 839, Verlags-Comptoir. *

Richter, Erwin: Zur Kenntnis des Möhrenöles, des ätherischen Oeles der Früchte von Daucus Carota L. (Berlin 1909: Ebering.) 47 S. 8°
Berlin, Phil. Diss. v. 28. Mai 1909, Ref. Gabriel
[Geb. 20. Juni 63 Königsberg i. P.; Wohnort: Steglitz; Staatsangeh.: Preußen; Vorbildung: Realgymn. Königsberg Reife O. 84; Studium: Berlin 4, Königsberg 3 S.; Rig. 13. Mai 09.] [U 09. 250

Richter, Eugen

Richter, Eug., s. † Höffer, P.

Richter, Eug. Politisches ABC-Buch. Ein Lexikon parlamentar. Zeit- u. Streitfragen. 7. vollständig umgearb. u. erweit. Jahrg. gr. 8. (VI, 444 S.) Berl. 892, Verlag „Fortschritt, A.-G." geb. 3 —
Frühere Jahrg. s. ABC-Buch für freisinnige Wähler.

Richter, Eug., politisches ABC-Buch. E. Lexikon parlamentar. Zeit- u. Streitfragen. 9., vollst. umgearb. u. erweit. Jahrg. gr. 8. (VIII, 490 u. Nachtrag 30 S.) Berlin 898. Verlag „Fortschritt". Geb. in Leinw. n. 3. —

Richter [Hagen], Eug., die Antwort der Fortschrittspartei im Reichstage auf das Kanzlerprogramm in der kaiserl. Botschaft vom 17. November 1881. Die Eröffnung des deutschen Reichstags am 17. November u. die erste Berathung der Reichshaushaltsetats in der Sitzung vom 24. November dargestellt nach den stenographischen Berichten, mit dem Wortlaut der Rede des Abgeordneten E. R. gr. 8. (31 S.) Berlin 882. Barthel. n.n. — 30

— die geheimen Ausgaben u. der Welfenfonds. Vortrag vom 6. Apr. 1891 im Wahlverein der Fortschrittspartei d. 2. Berliner Reichstagswahlkreises. gr. 8. (31 S.) Ebd. 891. — 30

Richter, E., Bilder aus der vaterländischen Geschichte f. die Mittelstufe mehrklassiger Volksschulen u. f. einfache Schulverhältnisse. 8. (36 S.) Aachen 885. A. Jacobi & Co. n. — 20

Richter, E., naturgeschichtliche Bilder f. die Oberstufe mehrklassiger Schulen. In anschaulich-ausführl. Darstellg. bearb. (Hübner u. Richter, Realienbuch. Ausg. B. III. Tl.) 10.—12. Taus. gr. 8. (104 S.) Breslau 894. F. Goerlich. n. — 40

Richter, E., naturgeschichtliche Bilder f. d. Oberstufe mehrklass. Schulen. In anschaulich-ausführl. Darstellg. 5. Aufl. (13.—15. Taus.) (Hübner u. Richter, Realienbuch. Ausg. B. III. Tl.) gr. 8. (104 S.) Breslau 897. F. Goerlich. n. — 40
- Dass.6.Aufl.Ebda.[1898?]

Naturgeschichtliche Bilder für die Oberstufe mehrklassiger Schulen. Nach biolog. Grundsätzen in anschaul.-ausführl. Darstellung bearb. von E[ugen] **Richter**, Sem.Lehrer. 10. neubearb. Aufl. Breslau: F. Goerlich [1906]. (112 S.) 8° [F.]
Aus: Hübner u. Richter: Realienbuch. Ausg. B. T. 3. [07. 10022 2

Richter, Eug., Dichterstimmen aus baltischen Landen. 8. (XIV, 188 S.) Leipzig 884, A. Neumann's Verlag. *
geb. mit Goldschn. *

Richter, Eug., Dichterstimmen aus baltischen Landen. 8. (XIV, 188 S.) Leipzig 885. A. Naumann's Verl. n. 2. 20; geb. m. Goldschn. n. 3. —

— gegen den neuen Entwurf d. Volksschulgesetzes. Rede, geh. im Abgeordnetenhause am 26. Jan. 1892. Nach der stenograph. Aufzeichng. gr. 8. (46 S.) Ebd. 892. — 50

— Flotte u. Flottengesetz. [Aus: „R., polit. A-B-C-Buch".] gr. 8. (79 S.) — 50
Berlin:"Fortschritt"1898.

Richter, Eug., zur Flottenfrage. Ein krit. ABC-Büchlein. gr. 8. (64 S.) Berlin 900. Verlag „Fortschritt". — 60

Die Flottenrede des Abgeordneten Eugen **Richter** in der Reichstagssitzung vom 7. Dezember 1897, mit d. Text d. Flottengesetzentwurfs. Berlin: Fortschritt 1897. (16 S.) 8° [Umschlagt. F.]
Aus: Freisinnige Zeitung. [06. 904 8

Richter, E., Die Fortschrittspartei und die Sozialdemokratie. 1. u. 2. Aufl. 8°. Berlin 1878.

Richter, Eug., die Freiheit des Schankgewerbes. Ein Beitrag zur Reform der preuß. Gewerbe-Polizei, insbesondere des Conzessionswesen. Düsseldorf 862. Schaub. 8. (42 S.)
9 *ngr.*

Kurzgefasste Geschichte Schlesiens bis zum Tode Friedrichs des Grossen. Unter Berücks. der von d. Kgl. Regierung zu Oppeln erlassenen Bestimmungen f. Seminaristen u. Lehrer bearb. von E[ugen] **Richter**, Kgl. Seminarl. *Breslau: F. Goerlich [1899]*. (55 S.) 8° [F.] [... 6186

(**Richter, Eug.**) **Die Geschichte der socialdemokratischen Partei in Deutschland seit dem Tode Ferdinand Lassalle's. Berlin 1865. 8.**

— Geschichtsbilder f. katholische Elementarschulen. 8. (68 S.) n. — 30
Aachen: A.Jacobi & Co.1885.

— das neue Gesetz betreff. die Konsolidation preuss. Staatsanleihen mit den Ausführungs-Bestimmungen erläutert. Breslau 870. Maruschke & Berendt. gr. 8. (III, 35 S.) n. 10 *ngr.*

— Hauptdaten der Kirchengeschichte, sowie Aufgaben u. Fragen aus der Kirchengeschichte. Für den Gebrauch in kathol. höheren Lehranstalten. 8. (IV, 48 S.) Ober-Glogau 894. B. Willimsky. n. — 50

— Hauptdaten der Weltgeschichte, sowie Aufgaben u. Fragen aus der Weltgeschichte. Ein Hilfsmittel zur Geschichtswiederholung bei der Vorbereitung für die 1. u. 2. Lehrerprüfung. 8. (48 S.) Ober-Glogau 882. Handel. n. — 40

— Hauptdaten der Weltgeschichte, sowie Aufgaben u. Fragen aus der Weltgeschichte. Ein Hilfsmittel zur Geschichtswiederholg. bei der Vorbereitg. f. die 1. u. 2. Lehrerprüfg. 2. Aufl. 8. (IV, 68 S.) Ober-Glogau 882. Handel. n. — 50

—— Hauptdaten der Weltgeschichte, sowie Aufgaben und Fragen aus der Weltgeschichte. Ein Hilfsmittel beim Geschichtsunterricht im Seminar und bei der Vorbereitung für die zweite Lehrerprüfung. 3. verm. und verb. Aufl. 8. (74 S.) Breslau 885, Handel's Verlag. *

Richter, E., Hauptdaten der Weltgeschichte, sowie Aufgaben u. Fragen aus der Weltgeschichte. Ein Hilfsmittel beim Geschichtsunterrichte im Seminar u. bei der Vorbereitg. f. die zweite Lehrerprüfg. 4. Aufl. 8. (IV, 81 S.) Breslau 890. Handel's Verl. n. — 60

— Hauptdaten der Weltgeschichte sowie Aufgaben u. Fragen aus der Weltgeschichte. Ein Hilfsmittel beim Geschichtsunterrichte im Seminar u. bei der Vorbereitg. f. die zweite Lehrerprüfg. 5. Aufl. 8. (IV, 83 S.) Breslau 892. H. Handel. n. — 60

— Hauptdaten d. Weltgeschichte, sow. Aufgaben u. Fragen aus d. Weltgeschichte. E. Hilfsmittel b. Geschichtsunterr. im Seminar u. bei d. Vorbereitg. f. d. 2. Lehrerprüfg. 6. Aufl. 8. (IV, 88 S.) Breslau 895. H. Handel. n. — 60

— dasselbe. 7., verm. Aufl. 8. (IV, 100 S.) Ebd. 898. n. — 70

Hauptdaten der Weltgeschichte sowie Aufgaben u. Fragen aus d. Weltgesch. Ein Hilfsmittel beim Geschichtsunterr. im Seminar u. bei d. Vorbereitung für d. Lehrerprüfungen. Bearb. von E[ugen] Richter. Seminarl. *Breslau: H. Handel 1900.* (105 S.) 8° [F.]

Hauptdaten der Weltgeschichte sowie Aufgaben u. Fragen aus d. Weltgeschichte. Ein Hilfsmittel beim Geschichtsunterr. in d. Präparandie u. im Seminar u. bei d. Vorbereitung f. d. Lehrerprüfungen. Bearb. von E[ugen] Richter, Seminarl. (in Oberglogau). 9. Aufl. *Breslau: H. Handel 1902.* (106 S.) 8° [F.]

Hauptdaten der Weltgeschichte sowie Aufgaben und Fragen aus der Weltgeschichte. Ein Hilfsmittel b. Geschichtsunterr. in d. Präparandie u. im Seminar u. bei d. Vorbereitung f. d. Prüfungen. Bearb. von E[ugen] Richter. 10. erw. Aufl. *Breslau: H. Handel 1903.* (151 S.) 8° [F.] 03. 7675 2

Hauptdaten der Weltgeschichte sowie Aufgaben u. Fragen aus der Weltgeschichte. Ein Hilfsmittel b. Geschichtsunterr. in d. Präparandie ... Bearb. von E[ugen] Richter, Seminarl. 11. Aufl. Breslau: H. Handel 1904. (154 S.) 8° [F.] 05. 7291 2

— Hauptdaten der Weltgeschichte, sowie Aufgaben u. Fragen aus der Weltgeschichte. Ein Hilfsmittel beim Geschichtsunterrichte in der Präparandie u. im Seminar u. bei der Vorbereitg. f. die Prüfgn. 12. Aufl. (IV, 154 S.) 8. Breslau 906. H. Handel. Kart. n. 1. —

Hauptdaten der Weltgeschichte sowie Aufgaben und Fragen aus der Weltgeschichte. Ein Hilfsmittel ... in d. Präparandie ... Bearb. von E[ugen] Richter, Seminarlehrer. 13. Aufl. Breslau: H. Handel 1907. (154 S.) 8° [F.] 05. 9517

Richter, E., Hauptdaten der Weltgeschichte, sowie Aufgaben u. Fragen aus der Weltgeschichte. Ein Hilfsmittel beim Geschichtsunterrichte in der Präparandie u. im Seminar u. bei der Vorbereitg. f. die Prüfgn. 14. Aufl. (IV, 150 S.) kl. 8. Breslau 909. H. Handel. Kart. 1. —

— Hilfsbuch f. d. Unterricht in d. Geschichte, }
— Hilfsbuch f. d. Unterricht in d. brandenb.-preuß. Geschichte, } s.: Tschauder, F.

Richter, Eug., die Irrlehren der Sozialdemokratie, beleuchtet. gr. 8. (48 S.) Berlin 890. Verlag „Fortschritt", A.-G. n. — 50

Die Irrlehren der Sozialdemokratie. Beleuchtet von Eugen Richter, Mitgl. d. Reichst. (86. Taus.) *(Berlin: Fortschritt 1893.)* (48 S.) 8° [F.] 04. 6663 4

Die Irrlehren der Sozialdemokratie. Beleuchtet von Eugen Richter, Mitgl. des Reichstages. 89. Taus. *Berlin: Fortschritt, A.-G. 1898.* (48 S.) 8° [F.]

— Jugend-Erinnerungen. 8. (III, 197 S.) Ebd. 892. Geb. in Leinw. 1. 50

Flugschrift des Vereins für Erneuerung der Handelsverträge, Ortsgruppe Nürnberg-Fürth des Handelsvertragsvereins. — Zum Kampf gegen den Zolltarifentwurf! Reden, gehalten im Deutschen Reichstag von dem Abgeordneten der freisinnigen Volkspartei, Herrn EUGEN RICHTER am 3. Dezember 1901, und vom Abgeordneten der freisinnigen Vereinigung Herrn Bergrat a. D. GEORG GOTHEIN am 4. Dezember 1901. Nürnberg. Im Selbstverlag des Handelsvertragsvereins. 8°.

Die Kanalrede des Abgeordneten Eugen Richter in d. Sitzung d. Abgeordnetenhauses v. 17. April 1899. Nach d. amtl. stenogr. Bericht. *Berlin: Fortschritt 1899.* (32 S.) 8° [F.] [illegible]

Richter, Eug., die Consumvereine. Ein Noth- u. Hilfsbuch für deren Gründung u. Einrichtung. Berlin 867. F. Duncker. gr. 8. (V, 185 S.) n. 24 *ngr.*

— Die wichtigsten ausländischen Kulturpflanzen. Ein Hilfsbuch beim Unterricht in der Naturkunde u. Erdkunde. Für die Hand der Schüler in Präparandenanstalten. (72 S.) gr. 8. Leipzig 910. [Dürr'sche Buchh.] Berlin, Union, Zweigniederlassg. 1. —

— kurze Methodik d. Zeichenunterrichts in der Volksschule. Für Seminaristen u. Lehrer zusammengestellt. Mit 5 Fig.-Taf. gr. 8. (IV, 28 S.) Ober-Glogau 887. Breslau, Handel's Verl. n. — 50

— die neue Militärvorlage. Geschichtlich u. statistisch erläutert, militärisch u. wirtschaftlich beleuchtet. 3. Tausend. gr. 8. (64 S.) Ebd. 890. n. — 60

— die Militärvorlage u. sonstige Tagesfragen. Ein Wahlbüchlein. gr. 8. (56 S.) Ebd. 893. — 50

— kleine Naturgeschichte m. Naturlehre. In anschaulich-ausführl. Darstellg. (Hübner u. Richter's Realienbuch. Ausg. A. III. Tl.) (13.—15. Taus.) gr. 8. (56 S.) Breslau 898. F. Goerlich. n. — 25; kart. n. — 30

Kleine Naturgeschichte mit Naturlehre. In anschaul.-ausführl. Darst. nach biolog. Grundsätzen bearb. von E[ugen] Richter, Kgl. Sem.Lehrer. Breslau: F. Goerlich [1905]. (68 S.) 8° [Umschlagt. F.]
Aus: Hübner u. Richter: Realienbuch. Ausg. A. T. 3. 06. 11348 2

— kleine Naturgeschichte m. Naturlehre. In anschaulich-ausführl. Darstellg. nach biolog. Grundsätzen bearb. (Hübner u. Richters Realienbuch. Ausg A. Tl. III.) (Neubearb. 1.—3. Taus.) (68 S.) 8. Breslau (906). F. Goerlich. n. — 25

— kleine Naturgeschichte m. Naturlehre. In anschaulich-ausführl. Darstellg. nach biolog. Grundsätzen bearb. (Hübner u. Richters Realienbuch. Ausg. A. Tl. III.) (Neubearb. 7.—9. Taus.) (68 S.) 8. Breslau (908). F. Goerlich. — 25

Die Naturkunde in der Volksschule (Naturgesch., Pysik u. Chemie). Mit zahlr. Lehrproben u. Lektionsentwürfen. Zur Fortbildung d. Lehrers u. z. Vorbereitung auf d. Prüfungen bearb. von E. Richter, Seminarl. *Breslau: F. Goerlich [1900].* (182 S.) 8° [F.]
— Volksschulunterricht, Der. 4. 01. 3707

— Naturlehre (Physik u. Chemie) f. die Oberstufe mehrklassiger Schulen. In anschaulich-ausführl. Darstellg. bearb. (Hübner u. Richter, Realienbuch. Ausg. B. IV. Tl.) 4. Aufl. gr. 8. (44 S.) Breslau 894. F. Goerlich. n. — 20

— Naturlehre (Physik u. Chemie) f. d. Oberstufe mehrklass. Schulen. In anschaulich-ausführl. Darstellg. (Hübner u. Richter, Realienbuch. Ausg. B. IV. Tl.) 6. Aufl. gr. 8. (44 S.) Ebd. 897. n. — 20

— Naturlehre (Physik u. Chemie) f. die Oberstufe mehrklassiger Schulen. In anschaulich-ausführl. Darstellg. (Hübner u. Richter, Realienbuch. Ausg. B. IV. Tl.) 7. Aufl. gr. 8. (44 S.) Breslau 899. F. Goerlich. n. — 20

Naturlehre (Physik und Chemie) für die Oberstufe mehrklassiger Schulen. In anschaul.-ausführl. Darst. Bearb. von E[ugen] Richter, Kgl. Sem.Lehrer. 9. erw. Aufl. Breslau: F. Goerlich [1905]. (56 S.) 8° [F.]
Aus: Hübner u. Richter: Realienbuch. Ausg. B. T. 4. 06. 11349 2

— Naturlehre (Physik u. Chemie) f. die Oberstufe mehrklassiger Schulen. In anschaulich-ausführl. Darstellung bearb. (11. erweit. Aufl.) (Hübner u. Richter, Realienbuch. Ausg. B. IV. Tl.) (IV, 58 S.) 8. Ebd. (910). — 30

— Physik f. Lehrerbildungsanstalten, s.: Busemann, L.

— Realienbuch,
— kleines Realienbuch, } s.: Hübner, Max.

Richter, E., Realienbuch f. kath. Schulen,
— kleines Realienbuch f. kath. Schulen, } s.: Hübner.

Rede des Abgeordneten Eugen **Richter** zum neuen Flottenplan, geh im Reichstage bei d. Etatsberathung 1899. (Nach d. amtl. stenogr. Bericht.) *Berlin: Fortschritt 1899.* (56 S.) 8° [F.]

Zweite Rede des Abgeordneten Eugen **Richter** zur Flottenvorlage geh. im Reichstage bei d. ersten Berathung am 9. Febr. 1900. (Nach d. amtl. stenogr. Bericht.) *Berlin: Fortschritt 1900.* (38 S.) 8° [F.]

Im alten Reichstag. Erinnerungen von Eugen **Richter**, Mitgl. d. Reichst. Bd 1. 2. Berlin: 'Fortschritt' 1894–96. 2 Bde 8° [F.]
1. (März 1871 bis Januar 1877.) 1894.
2. Januar 1877 bis Nov. 1881. 1896. [07. 16471

— **im alten Reichstag.** Erinnerungen. I. gr. 8. (VIII, 163 S.) Ebd. 894. 2. —

— im alten Reichstag. Erinnergn. 2. Bd. Jan. 1877 bis Novbr. 1881. gr. 8. (VII, 246 S.) Ebd. 896. 2. — (1. u. 2.: 4. —)

— **Richter gegen Bebel.** 2 Reichstagsreden üb. den sozialdemokrat. Zukunftsstaat. Nach der stenograph. Aufzeichng. gr. 8. (40 S.) — 50
Berlin: "Vorwärts" 1893.

— die Schlacht b. Hohenfriedeberg. E. Gedenkblatt zur 150jähr. Jubelfeier d. Schlacht am 4. Juni 1895. [Aus: „R., 12 denkwürd. Schlachten d. preuß. Armee".] 8. (7 S. m. 1 farb. Karte. Ober-Glogau 895. B. Willimsky.) n. — 20

— 12 denkwürdige Schlachten d. preuß. Armee. E. Beitrag z. Ergänzg. u. Belebg. d. vaterländ. Geschichtsunterrichtes. gr. 8. (IV, 76 S. m. 14 farb. Karten.) Ebd. 895. n. 2. —

Zwölf denkwürdige Schlachten der preußischen Armee. Ein Beitrag z. Erg. u. Belebung d. vaterländ. Geschichtsunterr. Mit 14 Karten. Bearb. von E[ugen] **Richter**, Seminarlehrer. 2., verb. u. erw. Aufl. Breslau: F. Goerlich [1904]. (88 S.) 8° [F.]

Schulze-Delitzsch. Ein Lebensbild, z. Denkmals-Enthüllung verf. von Eugen **Richter**, M. d. R. *Berlin: Fortschritt 1899.* (32 S.) 8° [F.] [...II

[F.] Sonnenblumen. Gedichte v. Paul Friedrich [d. i. Dr. Eugen **Richter**]. *Berlin-Lichterfelde: W. & W. Heichen 1896.* (3 Bl., 145 S.) 1 Bd 8. [97. 3710

— Die Sozialdemokraten, was sie wollen und was sie wirken. 8°. Berlin 1878.

[F.] Gegen die Sozialdemokratie. Von Eugen **Richter**, Mitgl. d. Reichstages ... *Berlin: 'Fortschritt' 1896.* (30 S., 1 Bl.) 1 Bd 8. [97. 1313

— Gegen die Sozialdemokratie. gr. 8°. Berlin, Verlag „Fortschritt" A.-G., 1897.

Eug. Richter, Das preuß. Staatsschuldenwesen u. die preuß. Staatspapiere. Breslau, Maruschke u. Berendt. 1869. gr. 8. (XV, 131 S.).

Richter, Eug. Gegen die projektirten Stempelsteuern auf Quittungen, Frachtbriefe, Checks und Giro-Anweisungen. gr. 8°. Berlin, Verlag „Fortschritt", 1891. (24 S.)

— gegen das Tabaksmonopol. Rede, geh. am 12. März 1882 im großen Tivoli-Saale zu Berlin. gr. 8. (29 S.) Ebend. 882. n n. — 30

— Preußens trübe u. sonnige Tage. F. Schule u. Haus in chronolog. Reihenfolge zusammengest. 12. (III, VII, 64 S.) Ober-Glogau 896. B. Willimsky. n. — 40

Rudolf Virchow als Politiker. Festrede d. Abgeordn. Eugen **Richter** bei d. 80jähr. Geburtstagsfeier am 15. Okt. zu Berlin. *Berlin: Fortschritt 1901.* (15 S.) 8° [F.] [2. 6481 II

— Vortrag, geh. am 1. April 1882 im Victoria-Saal zu Cöln. 8. (17 S.) Cöln 882. Warnitz & Co. n. — 20

— **Wiederholungsbuch** zum Unterrichte in der Chemie. Zunächst f. den Gebrauch in Lehrerseminarien u. bei der Vorbereitg. f. die 2. Lehrerprüfg. 8. (IV, 76 S.) Ober-Glogau 887. Breslau, Handel's Verl. n. — 80

— Wiederholungsbuch zum Unterrichte in der Chemie. Zunächst f. den Gebrauch in Lehrerseminarien u. bei der Vorbereitg. f. die 2. Lehrerprüfg. 2. Aufl. gr. 8. (IV, 72 S.) Breslau 893. H. Handel. n. — 80

— **Wiederholungsbuch** zum Unterrichte in der Chemie u. Mineralogie. Für den Gebrauch in Lehrerseminaren bearb. 3., nach den Lehrplänen vom 1. VII. 1901 umgearb. u. erweit. Aufl. gr. 8. (IX, 180 S. m. 85 Abbildgn.) Freiburg i/B. 902. Herder. n. 2. —; Einbd. in Halbldr. n.n.n. — 40

— **Wiederholungsbuch** zum Unterricht in der Naturgeschichte. Enthaltend 750 Aufgaben u. Fragen, Übersichten u. methodische Bemerkungen. Zunächst für den Gebrauch in Seminarien bearb. 8. (78 S.) Ober-Glogau 882. Handel. n. — 50

— **Wiederholungsbuch** zum Unterricht in der Naturgeschichte. Enth. allgem. Charakteristiken, systemat. Übersichten, Aufgaben u. Fragen u. das Wichtigste aus der Methodik d. naturgeschichtlichen Unterrichts. Zunächst f. den Gebrauch in Seminarien u. bei der Vorbereitg. auf die zweite Lehrerprüfg. 2., umgearb. Aufl. 8. (115 S.) Ebd. 888. cart. n. 1. —

Richter, Eug., die Witterungskunde f. den Haus-, Land- u. Forstwirt. 2. Aufl. 12. (30 S.) Regensburg (900). E. Stahl. n. — 50

(B) **Richter, Eug., Witterungskunde.** 900. (KVB 32.) **Jetzt: Berlin, Hellbrunn & Co.**

(Richter, Eugen.) Wo sollen unsere Toten bleiben? Einige beherzigenswerte Worte für Alle, denen die Gesundheitsgefährlichkeit der jetzigen Leichenbestattung einleuchtet. Herausgegeben vom Verein zur Förderung der Leichenverbrennung in Hamburg. Hamburg 1874. H. G. Vogts Buchdruckerei.

Gegen den neuen Zolltarif. Rede d. Abgeordn. Eugen **Richter** geh. im Reichstage 1901. *Berlin: Fortschritt 1901.* (36 S.) 8° [F.] [2. 2653 II

[F.] Gegen die Zuckersteuervorlage. Reichstagsrede d. Abgeordn. Eugen **Richter** v. 3. März 1896 ... *Berlin: 'Fortschritt' 1896.* (28 S.) 1 Bd 8. [97. 1315

— Sozialdemokratische **Zukunftsbilder.** Frei nach Bebel. gr. 8. (II, 48 S.) Ebd. 891. — 50
Vgl.: Mehring, Franz.

Sozialdemokratische Zukunftsbilder. Frei nach Bebel. Von Eugen Richter. (200.–205. Taus.) Berlin: Fortschritt 1892. (48 S.) 8° [F.]

— s.: Zukunftsstaat, der sozialdemokratische.

[F.] Gegen die Zwangsinnungen. Von Eugen Richter, Mitgl. d. Reichstages ... Berlin: 'Fortschritt' 1896. (36 S.) 1 Bd 8.

Richter, F., das christliche Glaubensbekenntniß. Protestantismus gegen Orthodoxismus. Berlin 868. F. Lobeck. gr. 8. (XXIV, 264 S.) n. 1 ℳ 10 ℳ

Richter, F., Reden bei der Bestattung des Prinzen Gustav Lieco, s. Hoßbach.

Richter, F. Trommel-Schule. Magdeburg 1856. 4°.

Richter, F., Das Verhalten überhitzten Wasserdampfes in der Kolbenmaschine. Berlin, 1906.

Richter, F. A. Drei deutsche Festlieder. 7 S. . . . .
Quedlinburg, Progr. 1840

Richter, F. Albin, Amandus Schubert alias Max Lippmann in freisinniger Beleuchtung od. Wie man versucht, auf dunkle, gehäss. Weise das freie Verwaltungsrecht d. Ortskrankenkassen zu zertrümmern. Zur Entgegng. u. Charakterisierg. des Amandus Schubert alias Lippmann nebst seinen dunklen Helfershelfern. (12 S.) 8. Chemnitz (907). (Leipzig, Leipziger Buchdruckerei.) — 20

Richter, F. F., die Impotenz u. deren Heilung. Nach den Lehren der bewährtesten Aerzte u. mit Angabe eines bisher noch fast unbekannt gebliebenen, unschädlichen, außerordentl. schnell u. sicher wirkenden Heilmittels. 2. (Titel-) Ausg. 12. (132 S.) Quedlinburg (843) 849, Ernst. 1/3 ℳ

Richter, F. G., die körperl. Erziehung der Kinder in ihrem ersten Lebensalter, um sie gesund u. kräftig zu erhalten, u. der so großen Sterblichkeit in dieser Periode vorzubauen. gr. 8. Wien 846, Haas'sche Buchh. 1/4 ℳ

Richter, F. L., Marienbad. Ein Handbuch f. diejenigen, welche diesen Kurort besuchen. Mit 1 Titelkupf. 8. Prag, (Krauß.) 821.

Richter, F. L., Marienbad, f. Badereisende. Neu bearb. 12. (6¼ B. u. 6 Tab., 4 Ansichten u. 1 Situations-Plan.) Eger 828, [Kobrtsch u. Gschihay.] Thlr.

Richter, F. L., Thermische Untersuchung an Kompressoren. Berlin, 1906. [in Cg 7902

Richter, F P E [Pseud.]
s. a. Gersdorf, Charlotte Elise Wilhelmine von

Richter, F. P. E., (Charl. E. Wlh. v. Gersdorf), s. 1) Cooper, Wiselh Hall. 2) W. Scott, d. Beherrscher d. Euande. 3) W. Scott, Jacobin —. Dess. Marmion. — Dess. Mathilde v. Retebn.

Richter, F. R., die Pflichten christl. Unterthanen gegen ihre Regenten, eine Predigt. 8. Berlin, Akadem. Buchhandl. 793.

Richter, F. T., Abhandl. von vener. Krankh. 8. Dresden, Groll. 760.

Richter, F. W., de precibus gentium a christ. relig. alienarum. I—III. Brunsv 1761—64. 4.

Richter, F. W., Wegweiser durch Berlin für Hiesige u. Fremde oder Verzeichniß sämmtlicher Straßen, Brücken u. Etablissements, nebst Nachweis sämmtlicher Behörden, der Polizei-Büreaux u. Feuerwachen, der Post-Expeditionen u. Briefkasten ꝛc. 2., ganz umgearb. Aufl. Berlin 865. Mode's Verlag. 16. (IV, 76 S.) 5 ngr.

Richter, F. W. K. De optima ratione studia literar. domestica instituendi. 15 S. . . . .
Eisleben, Progr. 1829

Richter, F. W. K. Uebersetzung der Antigone des Soph. im Versm. des Originals. (Fortsetzung. 211—521.) 14 S. . . . .
Eisleben, Progr. 1840

Richter: Fortsetzung der Übertragung der Antigone des Sophokles (522 - 846.) 12 S. - Eisleben, Progr. 1854.

Richter, Felix, Gerichtsass.: Die Rechtsstellung der Kinder aus nichtigen Ehen nach dem Bürgerlichen Gesetzbuche. Borna-Leipzig 1910: Noske. VIII, 71 S. 8°
Leipzig, Jur. Diss. v. 30. Juli 1910
[Geb. 20. Febr. 83 Bautzen; Wohnort: Ostritz i. S.; Staatsangeh.: Sachsen; Vorbildung: Gymn. Bautzen Reife O. 01; Studium: Erlangen 1, Leipzig 5 S.; Rig. 7. Juli 04.] [U 10. 2843

Richter, Ferdinand

Richter, F., die Kirchengemeinde-Ordnung für die evangelische Landeskirche Preußens. Nebst den zugehör. Gesetzen, Verordnungen u. Instruktionen. Für den praktischen Gebrauch erläutert. 6. Aufl. 8. (XII, 167 S.) Berlin 882. Kortkampf. geb. n. 1. 50

Richter, die Kirchengemeinde- und Synodal-Ordnung für die evangelische Kirche Preußens, nebst den Ausführungs-Verordnungen und Instructionen. Für den Gebrauch erläutert. 5. [Gesammt-]Aufl. gr. 8. (VIII, 172 S.) Berlin 877, Kortkampf. cart. * 3 60

Richter, F., die Kirchengemeinde- und Synodal-Ordnung für die evangelische Landeskirche Preußens. Nebst den zur Ausführung erlassenen Gesetzen, Verordnungen und Instruktionen. Für den prakt. Gebrauch erläut. 6. Aufl. gr. 8. (XIII, 232 S.) Ebendas. 882. cart. *

Rede, am Sarge des Wirkl. Geh. Rath, Prof. Dr. Rudolf von Gneist (gest. am 22. Juli 1895) geh. von Prediger [Ferdinand] Richter-Mariendorf. (25. Juli 1895.) (Berlin 1895: O. v. Holten.) (12 S.) 8° [F.]

Richter, Ferd., Taktik u. Gefechtstätigkeit der Infanterie-Maschinengewehr-Abteilungen. 2. ergänzte Aufl. (118 S. m. 8 eingedr. Skizzen.) gr. 8. Wien 909. L. W. Seidel & Sohn. 2. 50

Wiener Klavier- und Orgelwerke aus der zweiten Hälfte des 17. Jahrhunderts: Alessandro Poglietti, Ferdinand Tobias Richter, Georg Reutter der Ältere. Bearb. von Hugo Botstiber. Wien: Artaria & Co. 1906. (XXI, 104 S.) 2°
— Publikationen d. Gesellschaft z. Herausgabe d. Denkmäler d. Tonkunst in Österreich. Jg. 13, T. 2.

Richter, Fr. Anleit. zum Färben. 8. Merseb., Weidemann. 6 gl

Richter, Mrs. Fernande (Edna Fern) Märchen u Erzählungen. VI in: Gesammelte Schriften. 4v. Zürich and Leipzig. 1900-01.

Richter, (Senior u. Archidiac.,) Fr., der betende Christ. Zehn Predigten über das Gebet des Herrn. gr. 8. Landeshut 843. (Breslau, W. G. Korn.) n. 1/2 ℳ

Richter, Fr. Freimüthige Enthüllung der wahren Ursachen der sich täglich mehrenden Betteley und wohlgemeinte Vorschläge ihr mit sicherem Erfolg zu steuern. *Leipzig, Kummer.* 1818

Richter, Fr., Festgaben zur vierhundertjährigen Lutherfeier für Lehrer, Schule und Haus. 12. (48 S. mit 3 Stnt.) Eisleben 883, Mähnert's Verlag. *

—— dass. — 2.—6. reich illustr. Aufl. 8. (48 S. mit eingedr. Holzschn.) Ebendas. 883. *

Richter, Fr.: s. Fritz, der Dennerjunge.

Richter, Fr., das Haus der Hohenzollern. Kurze, meist chronolog. Darstellung der wichtigsten Ereignisse unter u. während der Regierung seiner Fürsten vom ersten Kurfürsten bis auf König Wilhelm I. Ein Preußenbüchlein für Schule u. Haus. Langensalza 867. Verlags-Comptoir. 8. (108 S.) 7½ ngr.

Richter, Fr., und Johs. Kunze, Heimatskunde des Mansfelder See- und Gebirgs-Kreises für Schule und Haus. Methodisch bearb. Mit 2 (eingedr.) Holzschn. und 1 dem Texte zu Grunde gelegten (lithogr.) Karte (in gr. 4.). 8. (82 S.) Eisleben 877, Maehnert's Verlag. **

— s. Müller, Rud., der Streit der Gegenwart.

Richter, Fr. (II.), Neckar-Harfe. (Gedichte.) 8. (12 B.) Tübingen 832, Osiander.

——, Nero. Tragödie in 5 Akten. 8. (5½ B.) Regensburg 831, Reitmayr.

Richter, Fr., und O. Bucher I., Sammlung arithmetischer Aufgaben nebst Auflösungen. Zum Gebrauche in Regimentsschulen und beim Selbstunterricht bearb. 1. Thl.: Aufgaben. — 2. Thl.: Auflösungen. Dresden 858. Adler u. Dietze. gr. 8. (2 Bl., 100; 1 Bl., 38 S.) 1.: n. 10 ngr.; 2.: n. 5 ngr.

— s. Scott, W., ausgewählte Werke, 6.—8. Bd.

Richter, Fr., Thalia. 12 Lieder mit Begleit. des Pianoforte. Leipz. Hofmeister. 811.

Richter, F., und O. Bucher I., Unterricht im Zahlenrechnen zum Schul- und Privat-Gebrauche mit Rücksicht auf den Standpunkt des Unteroffiziers. 2 Thle. Dresden 859. (Adler & Dietze. gr. 8. (VII, 211 S.) n. 20 ngr.

Richter, Fr., verspricht die Zucht des kaltblütigen Pferdes in Deutschland Erfolg?, s.: Bibliothek, kleine, f. Landwirte u. Tierzüchter. I.

Richter, Fr. Gotthelf

— Geschichte u. Topographie d. Stadt u. Herrschaft Pulsnitz im Markgrafth. Oberlausitz; nebst Urkunden. 8. Dresd. 804. Arnold. 20 gr.

Richter, Fr. Gttlf., Lieder u. Gebete f. Bürger- u. Dorfschulen. 8. Dresd. 798. (Anton in Halle). 2 gr.

Richter, Fr. Gotthelf, s. Materialien zu Vorschriften.

Richter, Fr. Rob. Quaestiones homericae. I. De particula τοίτ. 28 S. Progr. G. *Chemnitz:* 1876.

Richter, Fr. Wilhelm

Richter, Fr. Wlh., († d. 27. Juli 1791.) Geschlechtstafeln der Kaiserl., Königl. u. Fürstl. Häuser in Europa. Fol. Braunschweig 777. Schulbuchh. 16 gr Schrbp. 1 rt

— Vorschläge zu Ziehung u. Bildung brauchbarer Lehrer in öffentl. Schulen. gr. 8. Braunschw. 780. Schulbuchh. 8 gr

Richter, Franz

— Anklänge aus d. Hallen der Vor- u. Mitwelt, in histor. u. romant. Erzähll. gr. 8. Bonn 827, Habicht.

Richter, Franz: Beiträge zur französischen Schulgrammatik. I. Genusregeln. II. Participe présent. Gérondif. Adjectiv verbal. 23 S. – Rastenburg, Progr. 1856.

Richter: Bemerkungen und Verbesserungen zu einigen Reden des Cicero. 25 S. – Rastenburg, Progr. 1861

Richter, Frz., s.: Bericht des niederösterr. Landesausschusses üb. seine Amtswirksamkeit.

Richter, Frz., das gewerbliche Bildungswesen in Preußen m. besond. Berücksicht. d. gewerblichen Fortbildungsunterrichts. [Aus: „Centralbl. f. d. gewerbl. Unterrichtswesen in Oesterreich, Suppl."] Lex.-8. (63 S.) Berlin 891. L. Simion. n. 1. 50

Richter, (Frz.,) Cölestine, e. romant. Gemälde a. d. Gegenwart. Mit einem komisch-satyrischen Anhange, enthaltend: Das Liebhaber-Theater, komische Oper in zwei Acten. Brief aus d. Unterwelt, eine Satyre. 8. Quedl. 827, Basse.

— Fresco-Gemälde. Mit 1 Vign. 8. Berl. 825, Lüderitz.

Richter, Frz., Gedichte religiösen Inhalts. Zum Besten einer verarmten Weberfamilie herausg. 8. (8 S.) Berlin 847. (A. Wohlgemuth.) 3 ngr.

Richter, Frz., Handbuch zum Gebrauche für Compagnie-Mannschafts-Schulen und Rekruten-Abtheilungen der k. k. Infanterie und Jäger. Mit Fragen und Antworten nach den neuesten Reglements leichtfaßlich zusammengestellt. 2., verb. Aufl. gr. 16. (153 S.) Lemberg 866, (Richter.) *

—— dass. — in deutscher und polnischer Sprache. 2. Aufl. gr. 16. (377 S.) Ebendas. 866. *

Richter, Frz., Handbuch zum Gebrauche für Compagnie-Mannschafts-Schulen und Rekruten-Abtheilungen der k. k. Infanterie und Jäger. Mit Fragen und Antworten nach den neuesten Reglements leichtfaßlich zusammengestellt, in die ungarische Sprache übertragen von Arpád Baron Pásztory de Eadem. gr. 16. (306 S.) Ebendas. 866. *

—— Handbuch zum Gebrauche in den Unteroffiziers-Schulen der k. k. Infanterie und Jäger, s. Handbuch.

Richter, Frz., das neue metrische Maß u. Gewicht nebst e. allgemein verständl. Anleitg. zum tägl. Gebrauche während. u. nach Einführg. der neuen Maße u. Gewichte. gr. 16. (IV, 37 S.) Krems 876. Löhner in Comm. n. — 30

Richter, Franz: Zur Pflege der Schutzgebietskunde. 1. Das Studium. *Essen 1902: G. D. Baedeker.* (16 S.) 8° [J.] Essen a. d. Ruhr, st. HM, P 1902**

Richter Franz: *Prologus Johannis pauperis de contemplacione oracionis.* Ar. 3. 367 vgr.
Separatabdruck

Richter, Franciscus, Borussus Orientalis: De deorum barbarorum interpretatione Romana quaestiones selectae. Halis Sax. 1906: C. A. Kaemmerer. (58 S.) 8°
Halle, Phil. Fak., Ref. Wissowa, Diss. v. 12. März 1906
[Geb. 2. Aug. 81 Gr.-Kryszahnen, Ostpr.; Wohnort: Halle a. S.; Staatsangeh.: Preußen; Vorbildung: Gymn. Quedlinburg Reife O. 01; Studium: Jur. Lausanne 1, Phil. Berlin 3, München 1, Halle 4 S.; Rig. 20. Dez. 05.]

Richter, Frz., im Reiche der Mormonen. Kriminal-Roman aus dem Amerikan. (96 S.) 8. Neuweißensee, E. Bartels. 1.—

Richter, Frz. (I.), ein armer Student. Geschichte aus Irlands Schreckenstagen. 8. (VI, 119 S.) Heidelberg 878, König's Universitäts-Buchh. **

Richter, Franz, in Straßburg i. E.: **Studien** über die Diskontpolitik der Zentralnotenbanken unter näherer Berücksichtigung der Bank von England, Bank von Frankreich und Reichsbank. *München: J. Schweitzer 1901 [vielm. 1902/03].* (63 S.) 8° [F.] ¶(Aus: Annalen d. Deutschen Reichs, 1901.)
Heidelberg, Phil. Diss. v. 1901

Richter, [illegible]
Berlin, Phil. Diss. v. [illegible] Aug. [illegible]

Richter, Frz., de thesauris Olympiae effossis. gr. 8. (46 S. m. 1 Grundriss.) Berlin 885. Weidmann. n. 2. —

—— Umrechnungs-Tabelle der alten Maße und Gewichte in die neuen metrischen und zugleich in Bezug auf Größe und Preise zum Hausgebrauche. qu. Fol. (Ebendas.) 876. * — 10

[Umschlagt.:] **Richter,** Franz [Referendar]: Die Voraussetzungen des Kaufmannsbegriffes ... Breslau, Schletter'sche Buchh., 1895; 2 Bl., 55 S. 8.
Breslau, Jur. Fak., Inaug.-Diss. v. 21. Dez. 1895

Richter, Franz Johann

Richter, Frz. Joh., die Tröstungen des Herrn oder von den acht Seligkeiten, wiederholt u. verm. hrsg. gr. 8. (VI u. 130 S.) Wien 847, Mechitaristen-Congregations-Buchhandlung in Comm. 1/2 ₰

—— **Wissenschaftskunde. 12. (XXIV und 86 S.) Wien 847, (Mechitaristen-Congregations-Buchh.)**

Richter, Franz Theodor

Richter, Fr. Thdr., Christus, der rechte Helfer auf d. stürmischen Schifffahrt seiner Jünger. Reformationspredigt. gr. 8. Dessau 840. Fritsche u. Sohn. n. 1/12 ₰

Richter, F. Th., zur Erinnerung an die Confirmation Sr. H. des Erbprinzen Friedrich zu Anhalt. Rede und Predigt. gr. 8 (24 S.) Dessau 847, Aue'sche Buchh.

Richter, Frz. Thdr., Mahnung an evangel. Christen zum Frieden in der Liebe des Herrn. Eine Synodal-Rede in der allgem. Pastoral-Versammlung zu Dessau am 12. Juli 1843 gehalten. gr. 8. Dessau 843. (Fritsche u. Sohn.) n. 1/6 ₰

Richter, Franz Wilhelm

Richter, F. De praecipuis Graecae ling. anacoluthis specim. I. et II. 38 und 29 S. . . . .
Heiligenstadt, Progr. 1827, 1828

Richter, Dr. Fr. H., de praecipuis graecae linguae anacoluthis Specimen I. et II. 4. Mühlhaus. 827, 28. Heinrichshofen in Magdeb. (à 6 gGr.) 12 gGr.

— F., De praecipuis graecae linguae anacoluthis specimen I. Pr. 1827. 36 S. 4°.
— — II. Pr. 1828. 29 S. 4°.

— s. Anakreon nach seinem Leben.

Richter, Frz. Wilh., Festrede z. 3. Säcularfeier d. k. Gymnasiums zu Quedlinburg am 9. Juli 1840 geh. gr. 8. (2 1/4 B.) Quedlinburg, Basse. 1840.

—— Hesperien. Ein Cicerone f. Italien, vornehmlich f. Rom u. Neapel. gr. 12. (21 B.) Quedlinburg 838, Ernst'sche Buchh.

Richter, F. W. Carminum in Aristophanis Lysistrata Laconicor. interpretatio. (Erft.) 24 S. . . . .
Heiligenstadt, Progr. 1825

Richter, Frz. Wilh., über deutsche Kirchenunion, oder den eigentlichen Sinn der Idee einer allgemeinen germanischen Kirche. Eine Nothwehr. gr. 8. Leipzig 841, Rud. Hartmann. 1/3 ₰

—— über Pantheismus u. Pantheismusfurcht. Eine histor.-philosoph. Abhandl. gr. 8. (1 1/4 B.) Leipzig 841, R. Hartmann.

Richter, F. W. Proben einer Uebersetzung griech. Lyriker. (Sappho, Erinna, Anakreon, Simonides, Alcäus.) 26 S. . . .
Heiligenstadt, Progr. 1831

Richter, Frz. W., Sappho u. Erinna nach ihrem Leben beschr. u. in ihr. poët. Ueberresten übers. u. erklärt v. etc. 8. (6 1/2 B.) Quedlinburg 833, Becker.

Richter, F. W. Biographie und Uebersetzung des Simonides. 44 S. .
Schleusingen, Progr. 1836

—— Simonides d. aelt. von Keos nach sein. Leben beschrieben u. in sein. poet. Ueberresten übers. u. erklärt. 4. (6 1/2 B.) Schleusingen 836, Glaser. *

— **Fz.** (Quedlinburg), **Programm des Gymnasiums zu Quedlinburg für das Schuljahr von Ostern 1849** bis Ostern 1850. — **Enthält Ueber die hebräischen** sogenannten Tempora, von Goßrau. **Quedlinburg** (G. Basse) 25./26. III. 1850. **31 S. mit Namen. (3.—)**
28667

Richter, Frz. W., s. Tibull's Dichtungen.

Richter, Franz Wilhelm: Die altgriechische Tragödie und das altgriechische Theaterwesen mit vorzüglicher Rücksicht auf die Tragödie. Eine antiquarische Skizze zur Einleitung in die Anfänger-Lectüre der griechischen Tragiker mit einer lithographirten Ansicht des altgriechischen Theatergebäudes. 28 S. – Quedlinburg, Progr. 1856.

Richter, Frz. Wilh., die altgriechische Tragödie und das altgriechische Theaterwesen mit vorzügl. Rücksicht auf die Tragödie. Eine antiquar. Skizze zur Einleitung in die Anfänger-Lectüre der griech. Tragiker, mit einer lithogr. Ansicht des altgriech. Theatergebäudes. 4. (28 S.) Quedlinburg 856, Ernst'sche Buchh. *

Richter, Fr. W., vorläufige Umrisse zu einer allgemeinen Sprachwissenschaftslehre. Progr. des Gymn. Quedlinburg 1847. 4°. 38 S.

Richter, Frz. Wilh., vorläufige Umrisse zu einer allgem. Sprachwissenschaftslehre. gr. 4. (44 S.) Quedlinburg 847, Basse in Comm. n. 1/2 rf

Richter, F. W. Ueber Ursprung und erste Bedeutung der griechischen und römischen Hauptgottheiten. 28 S. . . . .
Quedlinburg, Progr. 1840

Richter, F. W. Was hat unsere Schule seit ihrem Bestehen geleistet, und was hat sie noch zu leisten, um sich als würdige Tochter der Reformation zu bewähren? 34 S. . . . .
Progr. Quedlinburg 1840

— Zeitbilder aus der hengstenbergisch-evangel. Kirchenzeitungsgemeinde, nach dem Leben gezeichnet. gr. 8. Quedlinburg 843, Basse. 5/12 rf

Richter, Franz Xaver

Ueber aesthetische Bildung — mit besonderer Rücksicht auf deren Pflege in Gelehrtenschulen von Franz X. Richter, G. P. — 1849. Ebend. — S. 1—10.
Progr. Eichstätt

Ueber Methode und Umfang des mathematischen Studiums an Gymnasien von Fr. X. Richter, G. P. — 1850. Ebend. — S. 1—11.
Progr. Eichstätt

Richter: Ueber das geographische Moment bei dem historischen Studium. 11 S.–Eichstätt, Progr. 1863

Richter, Franz Xaver (1709–1789). Sonata da camera in A dur für Violine (Flöte), Violoncell und obligates Klavier (a Cembalo obligato, Flauto traverso o Violino concertato e Violoncello). (Bearb. von Hugo Riemann.) (Pianof., Flöte (Viol.), Violoncell.) Leipzig: Breitkopf & Härtel [1904]. (19, 6, 6 S.) 4°
— Collegium musicum. No 18.
(Breitkopf & Härtel's Kammermusik-Bibliothek. No 1735/36.) [07. 9737

Richter, Franz Xaver Johann, s. Augustinus Moravus.

— biblische Erziehungslehre f. Aeltern u. Erzieher. Mit e. Beilage ausgewählter Stellen über Erziehung der Knaben, von Sr. H. dem Papst Pius II. 8. Brünn 827. Traßler 11 gr

Richter, Frz. Xav. Jh., biblische Erziehungslehren für Aeltern u. Erzieher zusammengestellt u. erläutert. Mit einer Beilage ausgew. Stellen über Erziehung der Knaben vom Papst Pius II. (Aeneas Sylvius Piccolomini.) 2. verb. u. verm. Aufl. gr. 8. Wien 846, Gerold'sche Buchh. 2/3 rf

Richter, Fr.X.: Das Familienleben nach Homer. 11 S. –Brünn, Progr. 1851

—— poetische Versuche. 8. Brünn, Traßler. (Carl Graß in Comm.) 811.

Richter, Friedrich (Pseud.)
s.: Westphal, Karl Georg Heinrich

Richter, Friedrich, Verf. von medizin. Schriften, vgl. Richter, Moritz Friedrich.

Richter, Fr. der übelriechende Athem, od. Angabe erprobter Mittel gegen diesen Fehler. 8. Quedlinb. 825. Basse. 8 gr

Richter, Fried. der übelriech. Athem, od. Angabe erprobter Mittel geg. diesen Fehler. Ein Buch f. alle Diejenigen, welche an diesem Uebel leiden. Nach eigenen Untersuchn. u. Beobachtn. 2. Aufl. 8. (2½ B.) Quedlinburg 836, Basse.

Der Ausbau des Königsberger Innenhafens. Mit 12 Taf. Im Auftr. d. Magistr. von [Friedrich] Richter, Stadtbauinsp. Königsberg i. Pr. 1907: Hartung. (42 S.) 4° [07. 11408 10

Richter, der Ausbau des Königsberger Innenhafens. Im Auftrage des Magistrats. Königsberg i. Pr. 1906/07. (IV, 42 S. m. 12 Taf.) 31×24 cm. Königsberg 907. (B. Teichert.) 2.—

Richter's, Frdr., Ausflugs-Führer. 400 Ausflüge v. Linz-Urfahr u. Umgebg. m. kleinem Stadtwegweiser f. Linz-Urfahr. Bearb. v. Karl Merschinsky. 2.—6. Aufl. (86 S.) kl. 8. Linz (910). Zentraldruckerei. —50

Richter, Frdr., siehe: Bibliothek, neue, der Unterrichts-Lectüre.

Richter, Friedr. die Bleichsucht, nach ihren verschied. Formen, Ursachen u. Folgen gewürdigt u. m. genauer Bezeichnung des Heilplans in medicin. u. diätet. Hinsicht. 8. (3 B.) Quedlinburg 843, Basse.

Richter, (von Magdeburg) Fr. vertraute Briefe über die Ehe. Ein Hochzeitsgeschenk für denkende Männer. 8. Breslau 833. J. Fr. Korn. (auch Neubourg.) 1/4 rf

Die Königsberger städtischen Brücken. Mit 17 Tafeln. Denkschrift z. Eröffnung d. neuen Grünen Brücke am 28. Juni 1907, im Auftr. d. Magistr. verf. von [Friedrich] Richter, Stadtbauinsp. Königsberg i. Pr. 1907: Hartung. (20 S.) 4° [07. 11409 10

Richter, die Königsberger städt. Brücken. Denkschrift zur Eröffng. der neuen Grünen Brücke am 28. VI. 1907, im Auftrage des Magistrats verf. (III, 20 S. m. 17 Taf.) 31×24 cm. Königsberg 907. (B. Teichert.) 2.—

Richter, Friedr. historische Darstellung der Völkerschlacht bei Leipzig. Gedenkbuch für das deutsche Volk. Ehrengabe für Deutschlands Jünglinge und Jungfrauen. 5 Lfgn. 8. (XV und 270 S. mit 1 lithogr. Plan des Schlachtfeldes in Fol.) Hamburg 863,64, J. F. Richter. à Lfg. * 6 Ngr. *

Richter, Frdr., historische Darstellg. der Völkerschlacht bei Leipzig. Gedenkbuch f. d. deutsche Volk. Neue m. e. Vogelansicht u. Karte d. Schlachtfeldes, sowie 6 Gefechtsplänen verseh. Ausg. gr. 8. (IV, 287 S.) Leipzig 897. Alwin Schmidt. n. 3.—; geb. in Leinw. n. 4.— Erschien auch in 6 Lfgn. à n. —50.

— Darstellungen aus d. Leben der Säugethiere, s. Bibliothek der Unterrichts-Lectüre.

Richter, Frdr., Denkwürdigkeiten aus Louis Napoleons Leben u. Regierung. Ein Beitrag zur Charakteristik unserer Zeit. 8. (370 S.) Hamburg 871. Richter. n. 3. —

— Diätetik f. solche Personen, welche bei ihren Geschäften wenig Bewegung haben, od. wie können Gelehrte, Gerichtspersonen ꝛc. sich gesund erhalten u. vor Krankheiten bewahren, um ein hohes Alter zu erreichen? 8. Quedlinb. 824. Basse. 1 rf 4 gr

Richter (auf Klein-Dratow,) Fr., Erinnerungen aus dem vom ehemal. Mecklenburg-Strelitzischen Husaren-Regimente glorreich beendigten Feldzuge im Jahre 1813. In besond. Beziehung auf das freiwillige Jäger-Corps. gr. 8. Neustrelitz 841. (Friedland, Barnewitz.) n. 1/3 Thlr.

– Erzählungen aus Amerika, s. Bibliothek der Unterrichts-Lectüre.

Richter, *Wilhelm* Friedrich *Theodor* [pr. Arzt aus Loquard (Ostfriesl.)']: Ein Fall von geheilter Ureterfistel ... Berlin, Buchdr. v. G. Schade, *1894*; 29 S., 1 Bl. 8.
Berlin, Med. Fak., Inaug.-Diss. v. 8. Juni 1894

Richter, Friedr., zum Frieden Europa's. Erledigung dreier General-Fragen mit Vorwort an den Kaiser der Franzosen. 12. (XII und 135 S.) Hamburg 860, Richter.

Richter, Frdr., Gebäude f. militär. Zwecke, s.: Handbuch der Architektur. IV. 7. II.

—— Geheimnisse aus d. Ehe, od. Unterr. in d. Kunst e. lange u. glückliche Ehe zu führen. Ein Rathgeber u. Wegweiser f. Eheleute u. Alle, die es werden wollen. 3., verm. Aufl. 12. (8 1/8 B.) Leipzig 837, [Voigt u. Fernau.]

— Geheimnisse aus der Ehe, oder Unterricht in der Kunst eine lange u. glückliche Ehe zu führen. 3e verm. Aufl. 12. Leipzig 837. Francke. 1/2 Thlr.

— Geschichte des Deutschen Freiheitskrieges. 1e—11e Lfrg. Mit Stahlstichen. gr. 8. Breslau 836—38; Richter in Berlin. (à 1/4 Thlr.) 2 3/4 Thlr.

Richter, F. Geschichte des deutschen Freiheitskrieges vom Jahre 1813 bis zum Jahre 1815. Bd 1—4. Berlin 1837—40. 8°.

—— dass. — 4 Bde. 2., vielf. verb. Aufl. gr. 8. Berlin, Richter'sche Buchh. [1. (31 1/2 B. u. 6 Portr., Stahlst.) 838. * 1 2/3 Thlr., 2. (35 1/2 B. u. 7 Portr., Stahlst.) * 2 Thlr., 3. (38 1/8 B. u. 7 Portr., Stahlst.) 839. * 2 Thlr., 4. (27 B. u. 6 Portr., Stahlst.) 840. * 1 1/3 Thlr.] *

—— dass. — 26 Lfgn. (od. 4 Bde.) 3., neu bearb. Aufl. gr. 8. (128 3/4 B. u. 26 Portr., Stahlst.) Ebds. 841, 42. *
4. Bd. a. u. d. T.: Das Jahr 1815. (27 1/4 B. u. 6 Portr., Stahlst.) * 1 Thlr. 4 Gr.

– Geschichte der Römer, s. Bibliothek der Unterrichts-Lectüre.

— d. Gesundheitsfreund, od. Anweis. u. Regeln, die Gesundheit d. Menschen zu erhalten u. zu befördern 2c. 2e Ausg. 8. Quedlinb. 827. Basse. 20 Gr.

— allgem. Gesundheits-Taschenbuch, oder die Kunst, sich von Krankheiten frei zu erhalten u. ein hohes Alter zu erreichen. Nach Hufeland, Tissot, Faust u. a. berühmt. Aerzten bearb. 8. Quedlinb. 826. Basse. 16 Gr.

—— Gott unter Menschen. Sieben geistl. Reden f. d. evangel. Christenheit, nebst e. bescheid. Vorstellung an unsere Theologen. 8. (10 B.) Zerbst 829, Kummer.

— der Gott der Wirklichkeit, in seinem Wesen, seinen Eigenschaften u. Werken. Correspondenz zwischen den Freunden, als erstes Folgestück zur „Neuen Unsterblichkeitslehre." 8. Breslau 834; Richter in Berlin. 1/3 Thlr.

Richter, Frdr., der Gottes-Begriff u. seine Ergänzung durch den Majestäts-Begriff. Populair-philosophische Vorträge, in mehreren norddeutschen Hauptstädten gehalten. 8. (XVI u. 211 S.) Leipzig 852, Arnold. n. 1 Thlr.

—— der Gottmensch. Sieben neue Reden f. d. evangel. Christenheit, an die Gebildetsten d. Kirche gerichtet. 8. (12 B.) Zerbst 830, Kummer.

Richter, Fr., Grundzüge des Natur- und Menschenlebens in Australien, s. Bibliothek der Unterrichtslectüre, 11. Bdchen.

—— Handbuch d. Diätetik u. Gesundheits-Erhaltungskunst nach allopath. u. homöopath. Grundsätzen z. Gebr. f. Jedermann. (Neue Ausg.) gr. 8. (20 7/8 B.) Leipzig 838. [Braunschweig, Westermann.]

— Handbuch der Diätetik u. Gesundheits-Erhaltungskunst, nach allopath. u. homöopath. Grundsätzen. Neue Ausg. gr. 8. Leipzig 838. (Melzer.) 1 Thlr.

—— der Hausarzt. Ein medicin. Haus- u. Hülfsbuch bei allen vorkommenden Krankheiten 2c. f. Jedermann, insbesond. f. Landbewohner, welche keinen Arzt in der Nähe haben. 3. Aufl. 8. (31 5/8 B.) Quedlinburg 843, Basse.

— neuester medizin. Hausfreund, oder: Faßliche Anleitung, alle nur erdenklichen Krankheiten selbst zu heilen, oder sich doch, in Ermangelung eines Arztes, augenblickliche Hülfe zu verschaffen. Nebst 2 Anhängen, enthalt.: eine Samml. bewährter u. leicht anwendbarer Heilmittel, u. eine Anweisung, die weibl. Schönheit zu erhalten u. zu pflegen. gr. 8. Leipzig 834. Ponicke u. Sohn. 7/8 Thlr. — 2e verm. Aufl. 1e—3e Hft. Leipzig 837. Francke. (à 1/6 Thlr.) 1/2 Thlr.

—— neuester medizin. Hausfreund, od.: Faßl. Anleit., alle nur erdenkl. Krankheiten selbst zu heilen, od. sich doch, in Ermangelung e. Arztes, augenblickl. Hülfe zu verschaffen. 2., verm. u. verb. Aufl. gr. 12. (15 1/4 B.) Leipzig 836, [Voigt u. Fernau.]

— die sicherste u. gründl. Heilung aller Frostbeulen, erfrorne Glieder 2c. 8. Quedlinb. 827. Basse. 8 Gr.

— die Heilung d. krankhaften Verdauung in dem mittlern Lebensalter des Menschen. Mit Rücksicht auf die verschied. Modificationen derselben, als Magensäure, Magenkrampf, Kolik, Hämorrhoidalbeschwerden 2c. 8. Quedl. 825. Basse.

Richter, Friedrich. Die Hundestaupe, ihre Vorbeugung und Behandlung durch Impfung. Diss. Vet.-Med. Univ. Zürich ... von F. R. ... in Dessau. Mit 4 Doppel-Tafeln [= 8 Tafeln]. 211 S. 8. Dessau, Eduard H. de Rot, 1908. [im Buchh. M. 3.50]

Richter, Friedrich: Röm. Kaisergeschichte s. Bibliothek der Unterrichtslectüre. Bd. 10.

— die Katarrhe, d. Schnupfen u. Husten bei Erwachsenen u. Kindern. Was hat man zu thun, um sich von ihnen frei zu erhalten, sie schnell zu heilen 2c. 8. Quedlinb. 827. Basse. 8 Gr.

Richter, Friedrich: Aus dem Leben der Säugethiere, s. Bibliothek der Unterrichts-Lectüre.

—— die Lehre v. d. letzten Dingen. Eine wissenschaftl. Kritik, aus d. Standpunkt d. Religion unternomm. 1. Bd., welcher d. Kritik der Lehre v. Tode, v. der Unsterblichkeit, u. v. den Mittelzuständen enthält. Lex.-8. (15 1/2 B.) Breslau 833, [W. G. Korn.]

Richter, Friedr. (II.), die Lehre von den letzten Dingen. Eine wissenschaftl. Kritik, aus d. Standpunkt der Relig. unternommen. 2. Bd. Die letzten Dinge in objectiver Rücksicht od. die Lehre vom jüngsten Tage. gr. 8. (17 1/2 B.) Berlin 844, Richter'sche Bh. *
1. Thl. Ebendas. 1833. 20 Ngr.

—— Licht- und Schattenseiten aller Berufsstände nach Repräsentation, Heerdienst, Wissenschaft und Kunst, Industrie, Technik und Arbeit. 8. (VIII und 282 S.) Hamburg 855, J. F. Richter.

Richter, Friedr. Lieder heiliger Liebe. gr. 16. (VIII und 107 S.) Stuttgart 863, Schober. *
geb. mit Goldschn. *

—— eine Liedergabe in schwäbischer Mundart für Jedermann. 16. (IV und 43 S.) Nördlingen 862, Beck'sche Buchh.

—— Magdeburg, die wieder empor-gericht. Stadt Gottes auf Erden. Denkschr. zur 2. Säcularfeier d. Zerstörung Magdeburgs. 3 Thle. gr. 8. (21¼ B. u. 1 Stndr.) Zerbst 831, Kummer.

Hamburg's März-Jubelfeier. Gedenkbl. an die Feier des 18. März 1813, 1838 u. 1863 in Hamburg. ([Verf.:] Friedrich **Richter**.) 2. Aufl. — Hamburg: J. F. Richter 1863. 144 S. 8°

—— der Messias-Begriff. Christologische Vorträge zur Vermittelung der bezüglichen Gegensätze. 8. (XV und 206 S.) Hamburg 854, J. F. Richter.

Richter, Fr. die besten Mittel, sich von Pollutionen od. zu häuf. unwillkührl. Samenergießungen zu befreien. Eine nützl. Schrift f. Jünglinge u. junge Männer. 2. Aufl. 8. (5½ B.) Quedlinburg 828, Basse.

Richter, Friedr(ich): Die glückliche Mutter. Eine populär-medicinische Schrift. Oder der erfahrene Rathgeber für Mütter, sich während der Schwangerschaft und in der Periode des Säugens gesund und wohl zu erhalten, ihre Kinder an Körper und Geist kräftig zu erziehen, sie vor Krankheiten zu bewahren und dieselben in den gewöhnlichen Krankheitszufällen richtig und zweckmäßig zu behandeln. Eine nützliche Schrift für jede Mutter. 130 S., gbd.

Quedlinburg u.Leipzig: Basse 1827

— der Mutterkatarrh od. d. weiße Fluß. Eine nützl. Schrift f. d. weibliche Geschlecht. 2e Aufl. 8. Quedl. 827, Basse.

— der Mutterkatarrh od. d. weiße Fluß. Eine nützl. Schrift f. d. weibl. Geschlecht. 2e Aufl. 8. Quedlinb. 828. Basse. 10 Gr.

Richter, Friedr., die Neurasthenie und Hysterie, s. Sonderabdrücke der Deutschen Medizinal-Zeitung.

Richter, Friedr., die Neurasthenie [Nervenschwäche], ihr Wesen, ihre Bedeutung und Behandlung, vom anatomisch-physiolog. Standpunkte für Studirende und Ärzte von Rud. Arndt. Besprochen von F. R. gr. 8. (16 S.) Berlin 885, Grosser.
Aus: Deutsche Medizinal-Zeitung, besonders abgedruckt.

—— der Prophet, s. Prophet.

—— das Prophetenthum. Eine Abhandl. 8. (2 B.) Breslau 833, [W. G. Korn.]

—— der ärztl. Rathgeber f. schwangere Frauen. 2. Ausg. 8. (8½ B.) Quedlinburg 830, Basse.
Die 1. Aufl. erschien 1827 unt. d. T.: Fr. Richter, die glückl. Mutter.

— der Rathgeber f. alle diejenigen, welche an Hämorrhoiden leiden. 8. Quedlinb. 827. 2e A. 829. Basse. 12 Gr.

—— Rathgeber f. alle Diejenigen, welche an Hämorrhoiden in ihren verschied. Gestalten in gering. od. höherem Grade leiden. 2., verb. Aufl. 8. (8½ B.) Quedlinburg 832, Basse.

—— Rathgeber f. alle Diejenigen, welche an Hämorrhoiden in ihren verschied. Gestalten in geringerem od. höherem Grade leiden. 3., verb. Aufl. 8. (6 B.) Quedlinburg 840, Basse.

—— Rathgeber f. alle Diejenigen, welche an Hämorrhoiden in ihren verschied. Gestalten in geringerem od. höherem Grade leiden. 4., verb. Aufl. 8. (6 B.) Quedlinburg 842, Basse.

— Rathgeber f. alle Diejenigen, welche an Magenschwäche, beschwerl. Verdauung, wie an den daraus entstehenden Uebeln leiden. Eine Schrift f. Nichtärzte. 8. Quedlinb. ... 2e Aufl. 828. Basse. 12 Gr.

—— Rathgeber f. alle Diejen., welche an Magenschwäche, beschwerl. Verdauung, wie aus den daraus entsteh. Uebeln leiden. Eine Schrift f. Nichtärzte. 2., verb. Aufl. 8. (7½ B.) Quedlinburg 832, Basse.

—— der Rathgeber bei galanten Krankheiten, vornehml. bei d. vener. Harnröhrenentzündung, dem sogen. Tripper. Nebst Vorschriften u. Mitteln, dies. Uebel gefahrlos zu machen, so wie schnell u. gründlich zu heilen. 8. (6 B.) Quedlinburg 829, Basse.

—— medizinisch-diätet. Rathgeber f. Alle, welche an Krämpfen leiden etc. 2., verb. Aufl. 8. (7 B.) Quedlinburg 843, Basse. -

— geistliche Reden. 2 Sammlungen: Gott unter Menschen. — Der Gottmensch. Neue Ausg. 8. Breslau 835; Richter in Berlin. (à ⅓ Rthlr.) ⅔ Thlr.

—— zwei Schilderungen aus der Geschichte der ehemaligen Reichsstadt Bopfingen. 1. Kirchen-Reformation. 2. Französ. Invasionskrieg 1796. gr. 8. (III und 48 S.) Nördlingen 862, (Beck'sche Buchh.) *

— d. unregelmäß. Schlaf u. d. Schlaflosigkeit. Wie kann man diesen Uebeln vorbeugen u. abhelfen? Nebst Betrachtt. üb. den Schlaf überhaupt. 8. Quedlinb. 824. Basse. 12 Gr.

Richter, Friedr. die Lübeckische Schullehrer-Wittwenkasse. Nachweis, daß die Kasse ohne eigne Gefahr ihre Wittwenrente erhöhen kann. gr. 8. (52 S.) Lübeck 862, (v. Rohden'sche Buchh.) *

—— alphabet. Taschenbuch, enth. e. Verzeichniß d. nöthigsten u. neuesten Rettungsmittel bei Scheintodten u. durch Vergiftungen u. Verwundungen in plötzl. Lebensgefahr gerathenen Menschen. gr. 12. (8 B.) Zeitz 836, Webel.

— höchst nöthiges Taschenbuch f. Mannspersonen, enthalt. das Wissenswerthe üb. die Art d. Ansteckung d. vener. Krankheiten. 8. Quedlinb. ... 2e A. 826. 3e Aufl. unt. d. T.: das Wissenswerthe über die Ansteckung d. vener. Krankheit. 8. Ebd. 829. Basse. 12 Gr.

—— die neue Unsterblichkeitslehre. Gespräch e. Abendgesellschaft, als Supplem. zu Wielands „Euthanasia." 8. (5 B.) Breslau 833, Aderholz.

— über die Ursachen, Erkenntniß und Heilung der Skrophelkrankheit. Nebst einer Anweisung, den Kropf u. dicken Hals auf sichere Art zu heilen. 12. Nordhausen 840. Fürst. ⅔ Thlr.

Richter, Fr. über die Ursachen u. Heilung der Unfruchtbarkeit. Ein Rathgeber für kinderlose Gatten, so wie auch für alle Neuvermählte. 16. Nordhausen 840. Fürst. ⅜ Thlr.

Der | unschuldige Vatermörder. | Eine traurige Begebenheit | geschehen bei Portsmouth im vorigen Jahre. | (Fig.: *Angeketteter Mann, Soldat bringt Mädchen herein,* 80 × 91) | Herausgegeben und im Selbstverlag | von Friedrich Richter in Quedlinburg.
Kol.: Druck von Hermann Müller in Berlin, Adlerstr. 7.
o. J., 4 Bl. n. n., 174 × 105.
LBO Bänkelsängerlit. III, 85.
Eine andere Auflage (ebenda III, 84) mit gleichem Titel trägt den Vermerk »Herausgegeben und im Selbst-Verlag | von Carl Böttcher in Hannover.« und das Kol.: Druck von Carl Hermann Müller in Berlin, Münzstr. 3.

— neues einfaches u. bewährtes Verfahren, den Biß toller Hunde, giftiger Schlangen, u. vergiftete Wunden überhaupt, unschädlich zu machen u. ihren furchtbaren Folgen schnell u. sicher vorzubeugen. 8. Quedlinb. 827, Basse.

Richter, Fr. neues einfaches u. bewährtes Verfahren, den Biß toller Hunde, giftiger Schlangen, u. vergiftete Wunden überhaupt, unschädl. zu machen u. ihren furchtbaren Folgen schnell u. sicher vorzubeugen. 8. Quedlinb. 828. Basse. 8 gGr

Richter, von d. Verfälschung d. Nahrungsmittel u. mehrerer and. Lebensbedürfnisse. Nebst e. deutl. Anweis., d. Aechtheit ders. erkennen u. ihre Verfälschung entdecken zu können. Ein Handb. f. Polizei-Beamte, Hausverwalter rc., u. überh. f. jeden, welchem d. Erhalt. sein. Gesundheit am Herzen liegt, unentbehrlich. gr. 8. (10 B.) Gotha 834, Lampert.

— die Verfälschung der Nahrungsmittel u. anderer Lebensbedürfnisse. Nebst einer deutlichen Anweisung, die Aechtheit derselben erkennen u. ihre Verfälschung entdecken zu können. 2. verm. Ausg. gr. 8. Gotha 843, Verlags-Compt. ¾ Thlr

Richter, Fr[iedrich]: * Über die Versuche, welche gemacht worden sind, die elektrischen Erscheinungen durch eine Undulationstheorie zu erklären. 54 S. 4° (2°)
Halle-Wittenberg, Phil. Diss. v. 3. Dez. 1873
Geb. [Wildenbruch bei Beelitz 7. 12. 1851]

—— der Vorhof zum Himmel. Eine nothwendig geword. theolog.-philosoph. Rechtfertigung. gr. 8. (3 B.) Zerbst 830, Kummer.

— Vorträge über die persönliche Fortdauer, zur Vermittelung zwischen naturwissenschaftl. und theolog. Welt-Anschauung. 2., mit vielen populairen Erläuterungen und Quellen-Angaben verm. Aufl. Hamburg 855. J. F. Richter. 12. (XII. 348 S.) 1 Thlr.

In ferne Welt. Tagebuchblätter von Friedrich Richter, weil. Pastor in Gehrde. Als Gruß an Gemeinde u. Freunde aus s. Nachlaß veröffentl. Quakenbrück [1909]: Artlander Anzeiger. 77 S. 8° [illegible]

Richter, Frdr., in ferne Welt. Tagebuchblätter. Als Gruß an Gemeinde u. Freunde aus seinem Nachlaß veröffentlicht. (IV, 77 S.) 8. Quakenbrück (909). R. Kleinert. — 80

— s.: Weltgeschichte.

—— das Wissenswerthe üb. d. Ansteckung d. vener. Krankheit. 3., verb. Aufl. 8. (8 B.) Quedlinburg 829, Basse.
1. u. 2. Aufl. erschienen unt. d. T.: Fr. Richter, Taschenbuch f. Mannspersonen.

Richter, Frdr., e. Wort üb. den Abgeordneten Eugen Richter. 12. (III, 86 S.) Wittenberge 892. Th. Gotthardt. n. — 60

—— der Wundarzt f. d. ersten Nothfall. Eine Anleit., wie man sich bei Verwundungen, Blutungen, Beinbrüchen, Verrenkungen, Verbrennungen u. a. schweren Zufällen zu benehmen habe, bis ärztl. Hülfe herbeigeschafft werden kann. gr. 8. (2½ B.) Gotha 834, Lampert.

— der Wundarzt für den ersten Nothfall. Eine Anleitung, wie man sich bei Verwundungen, Blutungen, Beinbrüchen, Verrenkungen, Verbrennungen u. andern schweren Zufällen zu benehmen habe, bis ärztliche Hülfe herbeigeschafft werden kann. Ein Noth- u. Hülfsbuch für Jedermann, insbesondere für Land- u. Waldbewohner, welchen ärztliche Hülfe nicht immer sogleich zu Gebote steht. Neue Ausg. gr. 8. Ebend. 842. ¼ Thlr

—— die Zeit, nach ihrem Begriff entwickelt u. dargestellt. Eine Neujahrsgabe. 8. (2¼ B.) Breslau 833, [W. G. Korn.]

— die Zeit, nach ihrem Begriff entwickelt und dargestellt. 8. Breslau 833. J. Fr. Korn (auch Neubourg). n. ⅙ Thlr

Richter, Frdr., der Zweikampf. Schauspiel in 1 Aufzug. (7 S.) kl. 8. Flöha (906). A. Peitz & Sohn. n. 1. —

— **Friedrich Adolph** (Halle), Caussas infanticidii impunis. Diss. med. Präs. Philipp Adolph Boehmer. Halle/Saale (Hendel) 3. XII. 1771. 43 S. (4.50) 28668
Gew.: Carl Abraham von Zedlitz. Widmungsblatt mit schöner Umrandung.

Richter, F. Ad., († d. 15. Mai 1797.) Lehrbuch d. Chemie. 8. Halle 791. Schwetschke u. S. 1 Thlr

Richter, Frid. Adolph. (geb. Zeitz 23. 12. 1831): De lupo. Berolini (1854). (28 S.) 8°
Berlin, Med. Diss. v. 28. Aug. 1854

Richter, Friedrich August

Richter, Frdr. Aug., der Dorf-Poet. Eine Sammlung neuer für den Vortrag geeigneter Gedichte in obersächs. Bauern-Mundart. gr. 8. (VIII u. 64 S.) Leipzig 850, Hunger. n. ⅓ Thlr

Richter, Friedrich & Co.

Richter, F., & Co.: Katalog über Dreschmaschinen. Rathenow (1898)

Richter, Fr: Jll. Katalog der Eisengießerei und Fabrik landwirthschaftlicher Maschinen und Geräthe. Döbeln (Sachsen) 1896

Richter, F., & Co.: Einige Urtheile aus der landwirthschaftlichen Praxis über die Patent-Glattstroh-Breitdreschmaschinen der Firma Friedrich Richter & Co. Rathenow (1898)

— **Friedrich Gottlieb** (Freiberg/Meißen), De referente juramentum in termino juratorio non comparente. Diss. jur. Präs. Georg Andr. Joachim. Leipzig (Titian) 30. VI. 1729. 32 S. (4.25) 28669

— — Dasselbe. Leipzig (Titian) 30. VI. 1729. 32 S. (4.25) 28671
Gew.: Theodor Gottlieb Richter (Vater). — Widm. v.: Georg Andr. Joachim.

Richter, Frdr. Hugo, das Recht der Aktiengesellschaften nach dem allgemeinen deutschen Handelsgesetzbuch, in der Fassg. d. Gesetzes vom 18. Juli 1884 unter Berücksicht. v. Doktrin u. Praxis dargestellt u. erläutert. Mit ausführl. Sachregister. 8. (VIII, 134 S.) Leipzig 891. Roßberg. n. 2. 20; kart. n.n. 2. 50

Richter, Friedrich Jakob

Richter, (Friedr. Jak.,) die Bergbaukunst. Nach A. G. Werners Vorles. u. nach eigenen Erfahrungen. Mit Kpf. gr. 8. Dresden 823, Arnold.

Richter, F. J. Die Bergbaukunde nach A. G. Werners Vorlesungen und eigenen Erfahrungen. Dresden. 1823.

Richter, Frdr. Nobile v., Geschichte der österreichisch-slavischen und deutschen Freiwilligen und ihrer Kämpfe im Kirchenstaat im J. 1860. Nebst 2 (lith.) Plänen (in Fol.). Mainz 861. Kirchheim. gr. 8. (VIII, 126 S.) 17½ ngr

Richter, Friedrich Theodor

Richter, Friedr. Theod., geschichtl.-statist. Darstellung d. Damastmanufactur-Orte Groß- u. Neu-Schönau in d. kgl. sächs. Oberlausitz. gr. 8. (28 B. u. 2 Tab.) Leipzig 837, (Klinkhardt.) *

—— Geschichte d. Pönfalls d. oberlausitz. Sechsstädte. 8. (5¾ B.) Görlitz 836, (Heyn.)
Aus: Neues lausitz. Magazin, 13. Bd. 1. Hft., besond. abgedruckt.

Richter, Friedr. Thdr., Geschlechts-Tafeln zur Erläuterung der allgemeinen Geschichte. Nebst einer synchronist. Übersichtstafel. 1. Abth. 1. u. 2. Heft. Enthltd. Tafel 1—80. Leipzig 853, 56. T. O. Weigel. Fol. (39 Bl.; 36 Bl.) Jedes Heft n. 2 ℛ.

Richter, Friedr. Theod., Jahrbüchlein zur Geschichte Leipzigs und Kalender zu den Gedenktagen seiner merkwürdigsten Einwohner. Leipzig 863. Klinkhardt. gr. 8. (VI, 132 S.) 15 ngr.

— Friedrich Traugott (Radeberg/Meißen), De haemorrhoidibus morbo caeco. Disput. med. Präs. Georg August Langguth. Wittenberg (C. Chr. Dürr) 30. X. 1766. 29 S. (4.25) 28672
Gew.: Carl August von Rex.

Richter, Frdr. W., Gedichte. 12. (278 S.) Paderborn 887. F. Schöningh. n. 3. —; geb. n. 4. —

Richter, Friedrich Wilhelm: Anathemata templi hierosolymitani ..., s. Richter, Johann Gottlob.

Richter, F. W., unentbehrl. Rathgeber für Alle, welche an Krankheiten von unterdrückter od. geschwächter Ausdünstung leiden. Mit besond. Rücksicht auf die Wiederherstellung einer naturgemäßen Ausdünstung durch den Gebrauch der Kaltwasserkuren bearb. 8. Nordhausen 842, Fürst. 1/2 ℛ

Richter, F. W., unentbehrl. Rathgeber f. Alle, welche an Krankheiten von unterdrückter od. geschwächter Ausdünstung leiden. M. besond. Rücksicht auf die Wiederherstellung einer naturgemäßen Ausdünstung durch den Gebrauch der Kaltwasserkuren bearbeitet. 8. (7 B.) Nordhausen 842. [Ulm, Friedr. Ebener.]

Richter, Frdr. Wilh., **unentbehrlicher Rathgeber für alle Diejenigen welche an Augen-, Brust-, Hals-, Hautkrankheiten** rc., **so wie an Fieber, Gelbsucht** rc. **leiden. Oder gründliche Anleitung alle Krankheiten, welche von unterdrückter Ausdünstung herrühren, zu heilen** rc. 2. (Titel-) Aufl. 8. (112 S.) Ulm (842) 850, Fr. Ebner. 18 ngr

— Friedr. Wilhelm (Leipzig), De statu summorum imperantium exlege. Disput. polit.-moral. Präs. Heinr. Ludwig Wernher. Leipzig (J. Chr. Brandenburger) 13. IX. 1704. (4.25) 28673

— Friedrich Wilhelm Theodor (Clausdam. / Stettin / Pommern), De peritonide puerperarum. Diss. med. Berlin (Nietack) 20. X. 1838. 36 S. u. Biogr. (M.: H. Stuewerdt.) (3 25) 28674
Oppon.: H. Loewenthal, H. Mangold, M. Brachvogel. — Seinen Eltern gew. (Vater: Ludwig Richter.)

Richter, Fritz, Dr.: Die **Anfänge** des Dresdner Realschulwesens. *Dresden (1901): C. Heinrich.* (S. 3—48.) 4°
Dresden-Neustadt, Drei-König-S (RG), OP 1901 (600)

Richter, Fritz: Der Luxemburger Erbfolgestreit in den Jahren 1438—1443. . . . (Aus: Westd. Zeitschr., Ergbft. 5. 1889.) Trier, Fr. Lintz'sche Buchdr., 1889; 2 Bl. + 74 S. 8°
Leipzig, Phil. Fak., Inaug.-Diss. v. 17. Apr. 1889

Richter, F., der Luxemburger Erbfolgestreit in den J. 1438 — 1443, s. d. Zeitschrift, westdeutsche, f. Geschichte u. Kunst.

Richter, Fritz (pract. Arzt aus Minden i. W.]: Ueber Fiebererscheinungen bei Syphilis . . . . Berlin, Buchdr. v. Goedecke & Gallinek (1887); 28 S. + 2 Bl. 8°.
Berlin, Med. Fak., Inaug. Diss. v. 13. Aug. 1887.

Richter, Fritz, über Fiebererscheinungen bei Syphilis. Diss. Berlin 1887, Mayer & Müller. 8°. 28 S.

RICHTER, Fritz: Ueber das Holz als Baumaterial des Wasserbaues insbesondere über die Höhenlage der Fäulnisgrenze des Holzes und seine Dauerhaftigkeit unter verschiedenen Verhältnissen. - Braunschweig 1911. 79 S., 30 Abb., Tab. - Diss. Techn. Hochsch. Braunschweig 1910

RICHTER, Fritz (Rabeburg): Zur Casuistik der Sarkome der Samenstranghüllen.- München: Wolf 1902. 18 S.
30.5.1902 - Chr 1901/02,26; Jv 1902/03,314
Diss.Ingolst.-Landsh.-Mchn.

Richter, G., Lipsius' Lebensbild, s.: Lipsius, Richard Adalbert.

— das höhere bürgerliche Schulwesen in seiner geschichtlichen Entwicklung, s.: Schriften d. deutschen Einheitsschulvereins.

Richter, G. A. E., s. **Adreßbuch selbständiger Conditoren in Deutschland.**

Richter, G. Albert, s. Richter, Albert.

Richter, G. C., praes. W. U. **Waldschmidt**, De mirabili sanatione mulieris Bremensis. Kil. 4°. (Hysterie.) 1720

Richter, G. G., de cultu Dei externo, falso unionis Protestantium principio. Lips. 1703. 4.

Richter, G. G., resp. J. L. **Avenarius**, De ortu et progressu morum humanorum. Lps. 4°. 1714

Richter, G. G., vom Ursprung u. Gebrauch der Beichtstühle. Schneeb. 1719. 4.

v. Richter, G. Karl Alex., Gedichte; hrsgg. v. K. G. Thdr. Winckler. gr. 8. Dresd. 807. (Arnold). 16 gr. Schrbp. 20 gr.

RICHTER, G. M.
See Branntweinbrenner (Der).

Richter, Georg, prakt. Arzt: Aus der Königl. Chirurg. Universitätsklinik zu Königsberg i. Pr. Ein Beitrag zur Kenntnis der Lungenrupturen. Tübingen 1904: H. Laupp jr. (34 S.) 8° ¶ (Aus: Beiträge z. klin. Chirurgie. Bd 44, H. 1.)
Königsberg, Med. Fak., Ref. Garrè, Diss. v. 29. Aug. 1904
[Geb. 3. Juli 79 Königsberg i. Pr.; Wohnort: Königsberg; Staatsangeh.: Preußen; Vorbildung: Kneiphöfisches Gymn. Königsberg Reife O. 99; Studium: Königsberg 9 S.; Coll. 26. Aug. 04; Approb. 1. Juni 04.]

Richter, Geo., Beitrag zu den Reformbestrebungen auf dem Gebiete des Rechnens in der Volksschule. (Rechnen im System f. die Oberstufe.) (84 S.) 8. Auerbach 906. O. R. Haupt. n. — 40

Richter, Georg [aus Berlin]: Beiträge zur Interpretation und Textrekonstruktion des mittelhochdeutschen Gedichtes „Kloster der Minne". Einleitender Tl . . . (Theil e. gröss. Arb.) Berlin, Druck v. B. Paul, 1895; 54 S., 1 Bl. 8.
Berlin, Phil. Fak., Inaug.-Diss. v. 10. Aug. 1895

Richter, Georg. aus Kempen (Preussen): Über ammoniakalische Chromsulfocyanverbindungen und Stereoisomerie bei denselben. Zür. E. Wiesner [Dr.] 1897. 56 S., 1 Bl. 8°.
Zürich. Phil. Diss. [v. 23. Sept. 1897].

Richter, G., die Epistel Pauli an die Römer, verdeutscht u. erläutert. (VII, 90 S.) gr. 8. Gütersloh 907. C. Bertelsmann. 1.50; geb. 2. —

— Georg (Stolberg/Meißen), Correptionis fraternae exemplum ex Galat. II. V. 11. 12. 13. 14. Exercit. theol. et in panegyri solenni renunciaretur, exhibita. Leipzig (I. Titius) 8. XI. 1708. 64 S. (5.25) 28675

Den Pastoren u. Diakonen der Ephorie Reichenbach gew.: Daniel Döhler (Reichenbach), Gottfried Müller (Reichenbach, Joh. Christoph Artzt (Mühla), Christoph Ludwig (Limbach), Johann Heifel (Ruprechtsgrün), Joh. Tobias Zopff (Elsterberg), Georg Ebersbach (Elsterberg), Joh. Heinrich Krauße (Elsterberg, Joh. Gottlob Kretzschmar (Syrau), Wilhelm Krauße (Leubnitz), Israel Klaubart (Roda), Joh. Christoph Rothe (Mühltroff, Georg Adam Lange (Thierbach) Joh. Christoph Seyfarth (Langenbuch), Joh. Christoph Haunschild (Langenbach), Georg Michaelis (Reuth), Johann Georg Jördens (Gallsdorff), Philipp Christian Landgraf (Kürbitz), Johann Löffler (Bergen), Johann Ernst Barttorff (Werdau), Johann Flader (Falkenstein), Johann Bonitz (Auerbach), Johann Claus (Auerbach), Johann Claus jun. (Auerbach), Joh. Friedrich Vogel (Schönheide), Gotthart Radecker (Rothenkirchen), Samuel Mehlhorn (Rodewisch), Christoph Herold (Treuen), Joh. Wolfgang Abesser (Lengefeld), Gotthardt Starcke (Plohen), Gottfried Böhme (Irfersgrün), Joh. Friedrich Ackermann (Waldkirchen.)

Richter, Georg: Ein Fall von Thrombose im sinus longitudinalis superior nach Gelenkrheumatismus. München 1907: Kastner & Callwey. 35 S. 8°
München, Med. Diss. v. 13. Juli 1908, Ref. v. Bauer
[Geb. 28. April 80 Liegnitz; Wohnort: Liegnitz; Staatsangeh.: Preußen; Vorbildung: Ritter-Akad. Liegnitz Reife O. 02; Studium: Breslau 1, Berlin 2, München 7 S.; Coll. 13. Juli 08; Approb. 30. Juni 08.] [U 09. 3387

Richter, G., Fibel, s.: Haesters, Alb., Fibel.

Richter, Geo., Vater Goßner. 1. u. 2. Aufl. (32 S. m. Abbildgn.) 8. Friedenau-Berlin 903. 906. Buchh. der Goßner'schen Mission. n. — 20

Richter, die Hagelversicherungs-Gesellschaften Deutschlands in ihrem Geschäftsumfange, ihren Versicherungsbedingungen und Entschädigungsgrundsätzen. Im Auftrage des deutschen Landwirthschaftsrathes für die landwirthschaftl. Vereine Deutschlands. Lex.-8. (94 S.) Berlin 878, [Wiegandt, Hempel und Parey.] Parey. * 1 20

—— die Landwirthschaft Australiens und der Vereinigten Staaten von Nordamerika. Eine geograph. Studie. Vortrag, gehalten in der Oekonom. Gesellschaft im Königr. Sachsen, Dresden am 17. März 1882. gr. 8. (23 S.) *
Dresden: Schönfeld 1882.

Richter, Geo. deutsches Lesebuch für die Mittelklassen der Volksschule, —— dass. — für die Oberklassen der Volksschule, } s. Haester's, A.

Richter, Geo., deutsches Lesebuch für die Volksschule, s. Haesters, A.

Richter, Georg, Referendar: Die rechtliche Natur des Anspruchs des Sekundainhabers gegen den Verwahrer der Prima nach Art. 68 der allgemeinen deutschen Wechselordnung und das Eigentum an der Prima. Borna-Leipzig 1908: Noske. IX, 32 S. 8°
Leipzig, Jur. Diss. v. 17. Dez. 1908
[Geb. 27. Mai 85 Leipzig-Gohlis; Wohnort: Leipzig-Gohlis; Staatsangeh.: Sachsen; Vorbildung: König-Albert-Gymn. Leipzig Reife O. 04; Studium: Grenoble 1, Leipzig 7 S.; Rig. 15. Febr. 08.] [U 09. 2041

Richter, Geo., der Stand der Holzzoll-Bewegung. Vortrag, gehalten in der Oekonom. Gesellschaft im Königr. Sachsen, Dresden, am 4. Mai 1883. gr. 8. (27 S.) Dresden 883, Schönfeld's Verlagsh. *
Vgl. Richter, Gustav.

— eine geographische Studie. (11 S.) 8. Ebd. 906. n. — 20

Richter, Geo., der geographische Unterricht in der Volksschule, erläutert durch Vortrag u. Lektionen im Anschluß an den Schulatlas von Rössel. 1. Hft. gr. 8. (VII, 104 S.) Döbeln 882. Schmidt. n. 1. 20

Richter, Geo., der geographische Unterricht in der Volksschule, erläutert durch Vortrag u. Lektionen im Anschluß an den Schulatlas d. Rössel. 2. u. 3. Hft. gr. 8. Döbeln, Schmidt. n. 4. 30 (cplt.: n. 5. 50)
2. Deutschland u. die angrenzenden Länder. (IV, 140 S.) 883. n. 1. 80
3. Die Erdteile. Globus [Skizze]. (V, 192 S.) 886. n. 2. 50

Richter, G[eorg]: Kritisch-polemische Untersuchungen über den Römerbrief. Gütersloh: Bertelsmann 1908. 267 S. 8°
(Beiträge z. Förderung christl. Theologie. Jg. 12, H. 6.)

Richter, G., neuere Vorgänge auf dem Gebiete des landwirthschaftlichen Versicherungswesens. Ein Vortrag, gehalten in der Oekonom. Gesellschaft im Königr. Sachsen, Dresden, am 12. Jan. 1877. gr. 8. (39 S.) Dresden 877, Schönfeld's Verlag. * — 60

Richter, Georg August

Richter, Geo. Aug., ausführl. Arzneimittellehre. Handb. f. prakt. Aerzte. 5 Bde. mit Register u. Supplembd. gr. 8. Berlin, [Rücker u. Püchler.] [1. (37 B.) 826. 3 Thlr., 2. (53 B.) 827. 4 Thlr., 3. (41 B.) 828. 3 Thlr. 12 Gr., 4. (41 B.) 829. 3 Thlr. 12 Gr., 5. (54 B.) 830. 4 Thlr. 12 Gr., Suppl. (42 B.) 832. 3 Thlr. 12 Gr.]

Richter, Georg August: Ausführliche Arzneimittellehre. Handbuch für praktische Aerzte. Bd 1 - 5 (nebst) Supplementband, gbd.

Wien: Lechner 1832

JB 1.505

Georg August Richter

De Cancro linguae. Gottingae (1799:) Dieterich. 28 S. 8°

Göttingen, Med. Diss. v. 21. Dez. 1799

Richter, Geo. Aug., Darstell. des Wesens, der Erkenntniß u. Behandlung d. Gastrischen Fieber. gr. 8. Halle u. Berl. 812. (Waisenhaus-B.) 18 gr

Richter, Georg Aug(ust): Die neuesten Entdeckungen, Erfahrungen und Ansichten in der practischen Heilkunde. Bd 1 - 2, gbd.

Berlin: Nicolai 1825 - 1831
(Richter, Aug(ust) Gottl(ieb): Die specielle Therapie. Bd 10 - 11 = Suppl.1 - 2)

Richter, Georg August: Die neuesten Entdeckungen, Erfahrungen und Ansichten in der practischen Heilkunde. 2.sehr verm.und verbess.Aufl. Bd 1, 657 S., gbd.

Berlin: Nicolai 1828
(Richter, Aug(ust) Gottl(ieb): Die specielle Therapie. 2.Aufl. Bd 10 = Suppl.1)

Richter, Georg Aug(ust): Die neuesten Entdeckungen, Erfahrungen und Ansichten in der practischen Heilkunde. 2.Aufl. Bd 1, 778 S., gbd.

Berlin: Nicolai 1828
(Richter, Aug(ust) Gottl(ieb): Die specielle Therapie, hrsg.von G.A.Richter. 3.Aufl. Bd 10 = Suppl.1)

Richter, Georg August: Die neusten Entdeckungen, Erfahrungen und Ansichten in der practischen Heilkunde. 2.Aufl. Bd 1 - 2, gbd.

Wien: Lechner 1832
(Richter, Aug(ust) Gottl(ieb): Die specielle Therapie. 2.Aufl. Bd 10 - 11)

Richter, G. Medizin. Geschichte d. Belagerg u. Einnahme d. Festung Torgau, u. Beschreibg d. Epidemie, welche daselbst i. d. J. 1813 u. 14 herrschte. Berlin 1814.

— medicin. Geschichte d. Belagerung u. Einnahme d. Festung Torgau, u. Beschreib. d. Epidemien daselbst. gr. 8. Berl. 814. Nicolai. 1 ℞ 4 gr

—— das Quecksilber als Heilmittel. gr. 8. (24 B.) Berlin 830, [Rücker u. Püchler.]
Aus dess. „ausführl. Arzneimittellehre," 5. Bd., besond. abgedruckt.

Richter, Georg Aug(ust) (Hrsg.):

s.: Richter, Aug(ust) Gottl(ieb): Die acuten Krankheiten.

Richter, Georg Aug(ust) (Hrsg.):

s.: Richter, Aug(ust) Gottl(ieb): Die acuten Krankheiten. Auszug.

Richter, Georg Aug(ust) (Hrsg.):

s.: Richter, Aug(ust) Gottl(ieb): Die chronischen Krankheiten.

Richter, Georg Aug(ust) (Hrsg.):

s.: Richter, Aug(ust) Gottl(ieb): Die chronischen Krankheiten. Auszug.

Richter, Georg Aug(ust) (Hrsg.):

s.: Richter, Aug(ust) Gottl(ieb): Die specielle Therapie.

Richter, Georg Aug(ust) (Hrsg.):

s.: Richter, Aug(ust) Gottl(ieb): Die specielle Therapie, Auszug aus dem großen Werke.

Richter, Georg Christoph: H i s t o r i a jurisdictionis ecclesiasticae ..., s. H e b e n s t r e i t , Heinrich Michael.

— **Georg Christoph (Leipzig)**, De restituta memoria. **Diss. prima. Präs.** Christoph Friedrich Wolle. **Leipzig (Langenheim) 29. V. 1777. 36 S. (4.25)** 28677
Gew.: Johann Georg Richter (Vater). — Widm. v.: Christoph Friedrich Wolle.

Richter, Georg Friedrich

— **Cogitata quaedam de vera cogitandi ratione cogitationibus aliorum exposita posteriorique disput. Leipzig (J. G. Bauch) 1713. 40 S. (4.50) 28681**

— (Schneeberg), De concursu Dei universali ad **pravos hominum actus super quo veram et verbo divino convenientem sententiam.** Disput. theol. **Präs. Christoph Sonntag.** Altdorf (J. W. Kohle) 5. III. 1711. 41 S. (5.—) 28679
Widm. v.: Christoph Sonntag, Mich. Christoph Sonntag (Oppon.), Johann Martin Sigwart, Joh. Wilh. Grötzsch (Oppon.)

— (Zörbig/Meißen), De jure episcopali principum evangelicorum pactitio. **Diss. inaug. Präs.** Georg Heinrich Ayrer. Göttingen (J. H. Schulz) 10. X. 1707. 39 S. (—.—) 28682
Gew.: Georg Gottfried Richter (Vater.)

— **Georg Friedrich** (Leipzig), De loco Platonis in **protagora cur voluptates quaedam malae sint praefatur comitia creandis philosophiae et optimarum artium doctoribus sive magistris.** Leipzig (Langenheim) 8. II. 1742. 16 S. mit Namen. (3.75) 28678

— **De sectionibus in infinitum alternatis conscripta. Diss. geometr. Leipzig** (I. Titius) 11. V. **1712. 1 Taf., 24 S. (4.25)** 28680

— **Georg Gottfr.** (Reichenbach/Vogtland), De Johanne *ΠΡΩΤΟΒΑΠΤΙΣΤΗΙ* ad Evang. Johann. cap. I. v. 25. Diss. exeget. Präs. Christian Friedrich Boerner. Leipzig (Breitkopf) 27. X. 1729. 28 S. (4.25) 28683

Richter, Georg Gottfried [Praes.], s. G a n z l a n d , Christian Ernst: Eruditorum invidiam.

Richter, Georg Gottfried Karl

—, Ge. Gttf. Car.,Diss. de amaurosi. Gött. 4°. Auch: Gött. Anz. 1794, p. 2090. 1793.

Richter, Geo. Gf. Karl, **Diss. inaug.** med.-chirurg. de amaurosi. 4. Götting. 794. Dieterich. 2 gr

Richter, Georg Gottlob.
Kurzgefasste Abhandlung von dem Kreutzestode unsers Heilandes; a. d. Lat. ... Schleitz 1760. 1773. Ü: *Berner, Joh. Benj.* (ML)

Richter, Georgius Gottlob: Generosissimae stirpis et florentissimi ingenii iuveni ... [Abschiedsgedicht beim Verlassen d. Universität auf Paul Bertrand **Ahlefeldt**, Student, 15. Sept. 1727.] — Kiliae (1727): Reuther. 4 Bl. 4°

Richter, Georg Gottlob [Praes.], s. A l b r e c h t , Gunt. Ant. Heinrich: De natura, se ipsam nunc vindicante nunc destruente.

— Victus animalis antiquitatem et salubritatem expendit et panegyrin doctissimorum aliquot med. candidatorum cathedram indicit. Göttingen (Schultz, cur. F. A. Rosenbusch) 23. IX. 1761. 30 S. (4.25) 28688
Enthält Biogr. v.: Jo. Friedrich Herliz (Münden) (M.: Chr. D. Lappenberg), Friedrich Ludwig Thiel (Petersburg) (M.: A. M. Thomas, Carl Johann Sigismund Thiel (Petersburg) (M.: A. M. Thomas.)

Richter, Georg Gottlob [Praes.], s. Berger, Jo. Samuel von: Senex valetudinis suae custos.

—, resp. Car. Sal. Koehler, De cardialgia. 51 pp. Gott. 4°. *Haller*, Bibl. anat. II, 463. 1750

Ordinis medici decanus **Georg Gottlob Richter** candidati Andreas Conrad (Ungar. Adel) disput. solemnem de depositionibus criticis publice indicit et crises veterum in morbis propriumque iis tempus breviter expendit. Göttingen (A. Vandenhoeck) (4. VI. 1748.) 16 S. mit Biogr. v. Conradi (M.: E. E. Piltz.) (3.75) 28691
Widm. v.: Wilhelm Andreas Segner.

Georg Gottlob Richter

De Cura magistratus circa valetudinem civium. [Resp.:] Jesaias Juda. Goettingae (1758:) Schulz. 80 S. 8°
Göttingen, Med. Diss. v. 13. Apr. 1758

— de dignitate telae cellulosae. 4. ibid. 748.

Georg Gottlob Richter

Invitatio... [Einladungsschrift zur Dr.med.-Promotion von Günther Anton Heinrich Albrecht, Göttingen 11.Sept. 1737.] Gottingae (1737): Hager. 4 Bl. 8°

Decanus ord. med. in academia Georgia Augusta **Georg Gottlob Richter** ad disput. inaug. candidati med. Johann Heinrich Groskurt (Nordheim) invitat. Göttingen (A. Vandenhoeck) 13. IX. 1738. 8 S. mit Biogr. v. Groskurt (M.: Chr. J. A. Mackensen.) (—.—) 28690

Richter, Georg Gottlob [Praes.], s. Jenisch, Johann Barthold: De doctarum lucubrationum noxis.

Geo. Glo. Richter progr. de immunitate mentiendi a Platone medicis concessa. Gotting. 1759. 4.

Georg. Glo. Richter progr. de veterum empiricorum ingenuitate. Gotting. 1741. 4. — *Redit in Opusc. Vol. 3.* (Cfr. quoque J. Chr. G. Ackermann *Beiträge zur Geschichte der Empiriker nach Galen* in Wittwer Archiv f. d. Geschichte d. Arzneikunde. I. 1. S. 3.)

[Praecepta diaetetica. Deutsch:] Lebensordnung für Gesunde und Kranke nach dem Lat. v. [Georg Gottlob] Richter übers. u. mit Zusätzen...verm. von Friedrich August Weber [1753-1806]. Heidelberg & Leipzig: Pfähler 1786. 349 S. 8°

—, resp. Ch. Th. Brauser, De lege consuetudinis concilianda cum legibus medicis disserit. 48 pp. Gtt. 4°. *Vogel*, N. Bibl. III, S. 436. Erl. Beitr. 43 W. 1756. Gött. Anz. 95. St. *Richter*, Opusc. med. 1761, III, 268—81. 1756

Richter, Ge. G., resp. F. G. **Meyer**, De malo hysterico. Gott. 4°. 1739

—, resp. F. G. **Meier**, De malo hysterico. 28 pp. Gött. 4°. 1741

Richter, G. G., Pr. de mania erotica. Gött. 4°. 1741

Geo. Glo. Richter (resp. Benj. Wolff Gintzburger) diss. medicina ex talmudicis illustrata. Gotting. 1743. 4. (G. Judaeus erat ex Polonia oriundus et forsan auctor hujus dissertationis diligenter conscriptae; cfr. quoque Act. lit. Suec. ubi inde ab anno 1725 multa botanica ad Talmud facientia ab Olao Celsio pertractantur v. Halleri bibl. bot. II. 63.)

— **Georg Gottlob**, Memoriam viri Johann David Koeler histor. profess. subita morte rebus humanis erepti et cum publ. funeris honore post sacra in acad. aede peracta ad viam Wehndanam sepulti. Göttingen (J. Chr. L. Schultz) 10. u. 14. III. 1755. Mit Biogr. v. Koeler (Colditz) (M.: R. Chr. Naevius.) u. Catalogus scriptorum. (4.—) 28684

Richter, Georg Gottlob: Progr. de insalubri lactis et vini miscela. Göttingen 1754.

Geo. Glo. Richter progr. de morte Salvatoris in cruce. Gotting. 1756. 4.

— De morte servatoris in cruce succincta commentatio. Göttingen (V. Bossigel) (3. IV.) 1757.. 72 S. (4.75) 28685
Gew.: Gabriel Schreiber u. Carl Friedrich Schreiber (Brüder).

— commentatio de morte servatoris in cruce, jejunior. noxis paralyticis N. Test. 4. Gölting. 757. Vandenhöck u. R. 8 gr

Richter, G. G., Diss. quatuor medicae, de morte Salvatoris in cruce, jejuniorum noxis, paralyticis N. T., et balneo imprimis animali, in usum theologorum et philologorum seorsim editae. 114 pp. Gott. 4°. 1775

Richter, Ge. Gttl., resp. Ge. Ferd. **Wegener**, De natura, labe et praesidiis memoriae humanae. 28 pp. Gott. 4°. *Richter*, Opusc. med. Frcf. et Lps. 1780, II, 72—96. 1752

Richter, G. G., resp. J. A. Evers et A. W. **Berlin**, De salutario somni natura et tempore. 22 pp. Gott. 4°. Opusc. med. 4°. Frcf. 1780, III, 233—251. 1753

Georgius Gottlob Richterus [Richter] De Natura, se ipsam nunc vindicante nunc destruente. [Resp.:] Gunt[erus] Ant[onius]Henricus Albrecht. Gottingae 1737: Hager. 19 S. 8°
Göttingen, Med.Diss.v.11.Sept.1737

—, De jejuniorum ac minimae sobrietatis noxis. Cum vitis candidatorum A. H. J. *Maethe*, Jo. G. *Ilsemann*, P. J. *Stirtz*, H. G. J. *Varnhagen* et F. Chr. *Selp*. 22 pp. Gott. 4°. 1752

Ge(org) Gottlob Richter. Opuscula medica. Antehac in Academia Gottengensi seorsim ed., nunc vero coll. studio Io[anni] Christiani Gottlieb Ackermanni [Ackermann]. Praefatus est Daniel Wilhelmus Triller. Vol.1-3. Francofurti & Lipsiae: Fleischer 1780-81. 8°
Vol.1.2: 1780.
Vol.3: Adjectus est ind. rerum maxime notabilium. 1781.

Geo. Glo. Richter progr. de paralysi, alio sensu priscis alio recentioribus sumta, ad paralyticos novi testamenti adplicata. Gotting. 1756. 4. (Viteb. 1759? 8.)

— **Paralysin alio sensu priscis alio recentioribus sumtam ad paralyticos N. T. accommodat et panegyrin med solemnem med. candidatorum Jo. Samuel Schulze (Ingleben / Braunschweig), Nikolaus Scheel (Wilster/Holstein), Friedrich Ludwig Carl Schmidt (Bückeburg/Schaumburg), Friedrich Wilhelm Meier (Huntemühla / Osnabrück) specimina eruditionis suae boni augurii caussa ex publ. cathedra defendentium indicit. Göttingen (Schulz) 17. IX. 1759. 30 S. mit Biogr. v. Schulze (M.: M. E. Warnecke), Scheel (M.: C. Hellmann), Schmidt (M.: A. S. Capaun), Meier (M.: S. A. Schneringen.) (—.—)** 28687

Georg Gottlob Richter, Praecepta diaetetica. Heidelbergae & Lipsiae: Pfaehler 1780. 384 S. 8°

— praecepta diaetetica. 12maj. Ticini (Wien) 789. Kaulfuss. 20 ℛ

— praecepta diaetetica. 8. Bern 792. Typ. Soc. 16 ℛ

Aug. Gli. Richter (praes. Geo. Glo. Richter) prisca Roma in medicos suos haud iniqua. Gotting. 1764. 4. — *Redit in* Praes. Opuscc. Vol. II.
Dass.s.a.:Richter,August Gottlieb.

— **Solemnem panegyrin med. candidatorum Jo. Friedrich Wilhelm Dietz (Hessen-Darmstadt) et Stephan Z'agoni Bara (Klausenburg/Siebenbürgen) post habitas sub auspicio disput. honoribus medicis indicit et de salutari limitando tamen equitationis exercitio quaedam praemittit. Göttingen (Schultz) 17. IX. 1757. 40 S. mit Biogr. v. Dietz (M.: M. M. Schmeltzer), Z'agoni Bara (M.: M. Zoltán.) (4.25)** 28686

Richter, Geo. Glo., († d. 28. Mai 1773.) querelarum de tempore epistolae sex; acced. jubilum de pace; ed. iunctim Er. Gf. Baldinger etc. ad Triller. 4. Götting. 782. (Vandenhöck u. R.) 16 ℛ

Richter, Georg Gottlob [Praes.], s. R i c h t e r , August Gottlieb: Prisca Roma in medicos suos haud iniqua.

Richter, Georg Gottlob [Praes.], s. S a r t o r i u s , Hermann Christian: De scorbuto.

— **Panegyrin medicam doctissimorum med. candidatorum in acad. Georgia Augusta cathedram et honores medicos indicit et de siccis et sobriis disserit. Göttingen (Schultz cur. F. A. Rosenbusch) (Mai) 1764. 22 S. (4.25)** 28689
Enthält Biogr. v.: Gottfried Christoph Stender (Derenburg - Halberstadt) (M.: H. Schecken), Peter Ludolph Spangenberg (Göttingen) (M.: A. L. Fr. Jentsch, Heinrich August Wriesberg (Andreasberg), Johann Ludolph Franck (Nordheim) (M.: D. C. Ludwig), Bern. Dieterich Franziskus Steinecke (Uelzen) (M.: M. E. Wilken.)

Richter, Ge. G., resp. P. Ern. **Asch,** Pr. de salutari dormientium situ. 15 pp. Gott. 4°. Opusc. med. Frcf. 1781, III, 259—267. *Vogel,* N. Bibl. B. 3. St. 4. **1756**

Richter, Georg Gottlob [Praes.], s. S t a r c k e , Georg Christoph: De erysipelate.

— de statu mixto somni et vigiliae etc. 4. Goett. Bossiegel. 760.

Richter, Ge. Gttl., resp. C. Aug. **Richter,** De tremore. 36 pp. Gott. 4°. Auch: G. G. *Richter*, Opusc. med. 4°. Frcf. et Lps., 1780, I, 437—64. 1750

Untersuchung, medic. hermen., der in d. Bibel vorkommenden Krankengeschichten. Leipz. 1794. 4.

Georg[ius] Gottlob Richter:Salutari situs corporei Varietate litteratis etiam qui scribendo legendo meditandoque occupantur opportuno. Gottingae (1756:) A.H. Schulz. 15 S. 8°
[Einladungsschrift zur Dr. med.- Promotion von Wilhelm Ludwig Chüden, Göttingen, 17. März 1756.]

Richter, Georg Gottlob: De virtute stomachica vini calidi.(Resp.: Iacobus Nicolaus Marcardus. Goettingae: Schulz 1741. 16 S. Göttingen, Med.Diss. 1741 -- 15•

Richter, G. G. (Praes.): Sistit vocem naturae seu sensus internos..., s. A c k e r m a n n , Jo. Fr. (Resp.)

— **Georg Carl** (Dresden), Observationes juris Romani et Saxonici. Präs. Georg Stephan Wiesand. Specimen XII. Wittenberg (A. Chr. Charisius) 9. XII. 1780. 16 S. (4.25) 28676

Richter, Georg Martin: Melcher Feselein. Ein Beitrag z. Gesch. d. oberdeutschen Kunst im 16. Jahrhundert. München 1908: Kastner & Callwey. (40 S.) 8° [F.] [Erscheint später vollst.]
München, Phil. Fak., Ref. Riehl, Diss. v. 7. Juni 1907
[Geb. 27. März 75 San Francisco (Kalifornien); Wohnort: Dresden; Staatsangeb.: Sachsen; Vorbildung: Gymn. Dresden-Neustadt Reife Juli 97; Studium: München 2, Berlin 1, Heidelberg 1, Philadelphia 2, München 3, Berlin 1, München 5 S.; Rig. 7. Juni 07.]

— **Georg Wilhelm** (Buch/Sachsen), Specimen observationum e theodoreti commentario in psalmos. Disput. exeget. critica. Präs. Franziskus Volkmar Reinhard. Wittenberg (A. Chr. Charisius) 21. III. 1782. 28 S. (4.25) 28691
Widm. v.: Franziskus Volkmar Reinhard.

Richter, Gerhard, Amtsgerichtsref.: Die Erbunwürdigkeit nach dem Bürgerlichen Gesetzbuch. *Borna-Leipzig 1902: R. Noske.* (VIII, 95 S.) 8°
Leipzig, Jur. Diss. v. 1902

Richter, Gerhard, appr. Arzt: Über pathologische Rauschzustände. Berlin 1909: G. Schade. 38 S. 8°
Berlin, Med. Diss. v. 16. April 1909, Ref. Ziehen
[Geb. 21. Mai 84 Kiekebusch, Kr. Teltow; Wohnort: St. Avold; Staatsangeb.: Preußen; Vorbildung: Schulpforta Reife O. 02; Studium: Berlin Univ. 1, K. W. A. 10 S.; Coll. 13. Apr. 09; Approb. 13. Apr. 09.] [U 09. 90

Richter, Gottfried

— **(Bautzen / Lausitz), De aedificiorum demolitione Ob constitutam seruitutem: Ne luminibus officiatur. Diss. Präs. Abraham Kaestner. Leipzig (G. Trog) 18. V. 1735. (4.—)** 28696

— **(Wigandsthal / Lausitz), De filio in testamento parentum privilegiato non exheredando. Diss. inaug. Präs. Johann Florent. Rivinus. Leipzig (Langenheim) 8. VI. 1752. 22 S. (3.75)** 28699

Richter, Gf., specim. observationis crit. in var. auc. graec. et lat. 8. Ien. Pohle. 713.

— **Gottfried,** Ad ulpianum in leg. VII. § XII. D. de pactis. (Leipzig) (Fr. G. Jacobaeer) (25. V. 1752.) (3.75) 28695
Gratulationsschrift für Christian Heinrich Breuning.

Richter, Gottfr. — Send-Schreiben, Auffrichtiges, An Sr. Hoch-Ehrwürden Hn. D. *Caspar Löschern* P. P. und General Superintend. in Wittenberg. Darinnen Der Umb die reine Evangel. Luth. Kirche, höchst-verdienende (so!) und rechtmäßig (NB.! gegen die Pietisten unter Spener) eifernde Theologus Herr *Johann Georg Neumann(,)* S. S. Theol. D. und Prof. Publ.(,) Von den Teufflischen Lästerungen des verkapten (!) *Germani Philalethæ* (d. i. ein Sekretär *Peltzhöfer* in Hinterpommern) gerettet, und dabey gezeiget wird Wer dieser boßhafftige Calumniant sey, und wer Ihm die materialia Suppeditiret die Wittenberg. (so!) Theologos zu lästern, Aus Haß der Lügen gestellet Von *Gottfried Richtern*, Pred. aus Vor-Pommern. Dantzig in diesem Jahr (c. 1720).

Richter, Gottfried Lebrecht. Allgemeines biographisches Lexicon alter und neuer geistlicher Liederdichter. Leipzig 1804. H: *Fulda, Fürchtegott Chn.* (winer)

Richter, Gf. Lebr., († d. 7. Sept. 1813.) allgem. biograph. Lexicon alter u. neuer geistl. Liederdichter. gr. 8. Leipz. 804. (Knobloch). 1 ℛ 20 gℛ

Richter, G. L., biograph. Lexikon geistl. Liederdichter. gr. 8. Lpz. Martini. 804.

Richter, Gottl. Beitrag zum Gebrauch des Zahlwortes im Lateinischen. I. Teil. Gebrauch des Livius. 45 S. G. *Oldenburg* 1880. **Progr.**

Die Klugheit eines gelinden Predigers, hat an dem sieben und sechzigsten Geburtstage des Magnifici, ... Herrn Johann Jacob Quandt, Königlichen Preussischen Oberhofpredigers, ... in einem Sendschreiben an die Königliche deutsche Gesellschaft in Königsberg vorgestellet M. GOTTLIEB RICHTER. ... Königsberg den 27ten März 1752. (ib.) - fol.

Richter, Gottlieb August

— **Theophil August** (Schlieben/Sachsen), De osculis jurium symbolis disput. Präs. Georg Steph. Wiesand. Leipzig (Langenheim) 16. II. 1764. 14 S. (4.25) 28788
Gew.: Johann Tobias Richter.

Richter, Gottlieb Wilhelm

— **Theophil Wilhelm** (Wurzen), De actionis hypothecariae adversus tertium pignoris possessorem petito quod vocant alternativo. Diss. inaug. Leipzig (Staritz) 31. VIII. 1835. 24 S. (3.75) 28789

— **Gottlob Adrian** (Zwickau/Meißen), De successione in simultaneam investituram ex jure alem. Sax. Longobard. etc. Diss. jur. feudalis. Präs. Jo. Friedr. Wernher. Wittenberg (Schlomach) Jan. 1731. 42 S. (4.75) 28700
Widm. v.: Wilhelm Anton Tammen.

— **Gottlob Friedrich** (Roßwein / Meißen / Zittau), De gravidarum varicibus. Diss. chir.-med. Präs. Johann Gottlob Haas. Leipzig (Klaubarth) 19. VI. 1781. 26 S. (4.—) 28701
Widm. v.: Johann Gottlob Haas.

— **Gottlob Georg** (Lauenstein/Meißen), De epulis veterum gentilium sepulcralibus. Diss. Präs. Wolfg. Casp. Troppanneger. Wittenberg (Gerdes) 19. XI. 1710. 16 S. (4.25) 28702
Gew.: Johann Christoph Troppanneger (Vater) v. Wolfgang Caspar Troppanneger (Sohn).

Richter, Gottlob Heinrich

— Beurtheilung des philosoph. Satzes von d. Möglichkeit vieler Welten. 8. Leipz. 754.

— **Gottlob Heinrich** (Wittenberg/Sachsen), Philosophiae practicae universalis capita selecta. Disput. philos. Präs. Martin Hasse. Wittenberg (J. W. Bossoegel) 14. XII. 1744. 18 S. (3.75) 28703
Gew.: Christian Gottlieb von Holzendorf.

— — u. (Respond.) **Christian Daniel Ehrenfried Springsguth** (Mügeln/Meißen), Philosophiae practicae universalis capita selecta. Disput. phil. altera. Wittenberg (Bossoegel) 14. XII. 1744. S. 21—34. (4.25) 28704

Richter, Glo. Hnr., († d. 2. April 1796.) geograph. Untersuchungen, ob das Meer, wodurch die Israeliten gegangen, der arabische Meerbusen gewesen sey. Mit 1 Karte. 8. Leipz. 778. Hertel. 5 gℛ

— Versuch, die regulären Vielecke als mathemat. Progressionalgrößen zu behandeln. 8. Leipz. 770.

— **Gottlob Ludwig** (Altenburg), De vita, moribus ac placitis Antisthenis Cynici. Diss. histor.-philos. Präs. Gottlieb Stolle. Jena (Werther) Okt. 1724. 34 S. (4.25) 28705
Widm. v.: Gottlieb Stolle.

Richter, Gregor, aus Grüsselbach (Prov. Hessen-Nassau): Die ersten Anfänge der Bau- u. Kunstthätigkeit des Klosters Fulda. *Fulda 1900: Fuldaer Actiendr.* (VII, 72 S.) 8°
¶(Teil 1 d. eingereichten Arbeit.)
Freiburg i. B., Phil. Diss. v. 1900

Die ersten Anfänge der Bau- u. Kunstthätigkeit des Klosters Fulda. Von Dr. G[regor] Richter. Prof. zu Fulda. Zugleich 1. Teil einer Kunstgesch. d. Klost. Fulda. *Fulda 1900: Actiendr.* (VII, 72 S.) 8°
= Veröffentlichung d. Fuldaer Geschichtsvereins. 2.

1. Beiträge zur Geschichte der Grabeskirche des hl. Bonifatius in Fulda. Von Dr. Gregor **Richter**, Prof. Mit 1 Lichtdrucktaf. u. 6 Abb. 2. Die Codices Bonifatiani in der Landesbibliothek zu Fulda. Von Dr. Carl Scherer, Bibliothekar. Mit 3 Lichtdrucktaf. u. 5 Abb. Fulda 1905: Fuldaer Actiendr. (LXXVI, 37 S.) 4° [Umschlagt.]
= Fuldaer Geschichts-Verein. **Vereinsgabe** f. d. J. 1905.

Richter, Gregor, Beiträge zur Geschichte der Grabeskirche des hl. Bonifatius in Fulda, s. Festgabe zum Bonifatius-Jubiläum.

— der französische Emigrant Gabriel Henry u. die Entstehung der katholischen Pfarrei Jena-Weimar. (1795 bis 1815.) Ein Beitrag zur Geschichte der kathol. Diaspora in Thüringen. (33 S.) gr. 8. Fulda 904. Fuldaer Actiendruckerei. n. — 50

Richter, Greg., Herzensgespräche von der Liebe Gottes; aus d. Latein. 8. Dresd. 783. Walther. 4 gl.

— die adeligen **Kapitulare** des Stifts Fulda seit der Visitation der Abtei durch den päpstlichen Nuntius Petrus Aloysius Carafa. (1627—1802.) (42 S.) gr. 8. Ebd. 904. n. — 60
Sonderabdruck aus: „Fuldaer Geschichtsblätter".

Richter, Greg., eine Predigt u. e. Gedicht zur Vollendung des Fuldaer Domes (1712). Ein Inventar der Fuldaer Domsakristei aus dem J. 1717, s.: Quellen u. Abhandlungen zur Geschichte der Abtei u. der Diözese Fulda. V.

— s.: Quellen u. Abhandlungen zur Geschichte der Abtei u. der Diözese Fulda.

— Ein Reliquienverzeichnis der Fuldaer Stiftskirche aus dem XV. Jahrh., s.: Quellen u. Abhandlungen zur Gesch. der Abtei u. der Diözese Fulda.

Ein **Reliquienverzeichnis** der Fuldaer Stiftskirche aus dem 15. Jahrhundert. Mitgeteilt von Dr. G[regor] Richter, Prof. in Fulda. Fulda 1907: Fuldaer Actiendr. (S. 53–64.) 8°
= **Quellen** u. Abhandlungen z. Geschichte d. Abtei u. d. Diözese Fulda. 4, [3.] [07. 8078

Richter, Guido, approb. Arzt aus Osnabrück: **Aus d. Psychiatr. u. Nervenklinik d. Kgl. Charité zu Berlin. Ein Fall von 'centraler' Neurofibromatose mit multiplen Neurofibromen der Haut.** *Kiel 1903: Schmidt & Klaunig.* (22 S.) 8°
Kiel, Med. Diss. v. [4. Sept.] 1903

Richter, Gustav

Richter, Gust., die Abhilfe des Nothstandes unserer Volksschullehrer-Bildung. gr. 8. (34 S.) Breslau 847, Trewendt (& Granier). 6 ngl.

Richter, Gust., Annalen der deutschen Geschichte im Mittelalter von der Begründung des fränk. Reichs bis zum Untergang der Hohenstaufen. Mit fortlaufenden Quellenauszügen und Literaturangaben. Ein Hülfsbuch für Geschichtslehrer an höheren Unterrichtsanstalten und Studirende. 1. Abthl.: Annalen des fränk. Reichs im Zeitalter der Merovinger. Vom ersten Auftreten der Franken bis zur Krönung Pippins. gr. 8. (XII, 230 S.) Halle 873, Buchh. des Waisenhauses.

Richter, Gust., **Annalen der deutschen Geschichte im Mittelalter.** Von der Gründung des fränkischen Reichs bis zum Untergang der Hohenstaufen. Mit durchgängiger krit. Erläuterung aus den Quellen und Litteraturangaben. Ein Handbuch für das wissenschaftl. Studium der deutschen Geschichte im Mittelalter. 2. Abtl.: Annalen des fränkischen Reichs im Zeitalter der Karolinger. 2 Hälften. gr. 8. Halle, Buchh. des Waisenhauses. * 14 50

Inhalt:
Hälfte 1. Richter, Gust., und Horst Kohl, von der Thronbesteigung Pippins bis zum Tode Karls des Grossen. (VII, S. 1—207.) 885. * M 4.50.
» 2. Kohl, Horst, von der Thronbesteigung Ludwigs des Frommen bis zum Tode Ludwigs des Kindes. Konrad [I.] von Franken. Mit einem Vorwort von Gust. Richter. (XII, S. 209—725 mit 1 genealog. Tab.) 887. * M 10.—.
1. Abtl. Ebendas. 1873. * M 6.—.

— dasselbe. 3. Abtlg. 1. Bd. gr. 8. Ebd. 890. n. 9. — (I—III, 1.: n. 29. 50)
Annalen d. Deutschen Reichs im Zeitalter der Ottonen u. Salier. 1. Bd. Von der Gründg. d. Deutschen Reichs durch Heinrich I. bis zur höchsten Machtentfaltg. d. Kaisertums unter Heinrich III. Von G. Richter u. H. Kohl. (X, 427 S. m. 1 Tab.)

Richter, Gust., **Annalen d. deutschen Geschichte im Mittelalter.** Von d. Gründg. d. fränk. Reichs bis z. Untergang d. Hohenstaufen. M. durchgäng. krit. Erläuterg. aus d. Quellen u. d. neueren Bearbeitgn. Ein Handbuch f. d. wissenschaftl. Studium d. deutschen Geschichte im Mittelalter. III. Abtlg. Annalen des Deutschen Reichs im Zeitalter d. Ottonen u. Salier. 2. Bd. 1. Hälfte. Annalen d. Deutschen Reichs im Zeitalter Heinrichs IV. Bearb. v. Gust. Richter. — 2. Hälfte. Annalen d. Deutschen Reichs im Zeitalter Heinrichs V. u. Lothars v. Sachsen. Bearb. v. Horst Kohl u. Walt. Opitz. Mit e. Anh.: Devrient, Ernst: D. deutsche Reichsverfassg. unt. d. sächs. u. salischen Herrschern. gr. 8. (VIII, 782 S.) Halle 898. Buchh. d. Waisenhauses. n. 16. — (I—III, 2.: n. 45. 50)

—, Gustav. *Ansprache beim Ableben Kaiser Wilhelms I.* 4 (S. 5—6 der Schuln.). **Progr.** G. Carolo-Alexandrinum *Jena* 1888 (634).

—, Ausführungen zum Lehrplan. 1. Systematische Zusammenordnung der verwandten Unterrichtsstoffe der Sexta und Quinta von den Fachlehrern und vom Direktor. 4 (S. 14—24). 2. Schillers „Geschichte des dreißigjährigen Krieges" im deutschen Unterrichte der Obertertia. Von *Alfred* Rausch. 4 (S. 24—28).
Progr. G. Carolo-Alexandrinum *Jena* 1891 (667).

Richter, Gust., Bedenken wider die ohnlängst empfohlene Volksschullehrerbildung ohne Seminare. Lex.-8. (1½ B.) Breslau 846, Trewendt. *

— **Bedenken wider die ohnlängst empfohlene Volksschullehrerbildung ohne Seminare.** 8. (24 S.) Ebd. 847. n. ⅙ Thlr

Richter, Gustav [aus Minden]: **Beiträge zur Erklärung und Textkritik des mittelenglischen Prosaromans von Merlin.** Hälfte 1 . . . (Aus: Engl. Studien, XX, 3.) Altenburg, Pierer'sche Hofbuchdr., 1894; 34 S., 1 Bl. 8.
Breslau, Phil. Fak., Inaug.-Diss. v. 17. Dez. 1894

Richter, Gust., **Beiträge zur Erklärg. u. Textkritik d. mittelengl. Prosaromans v. Merlin.** 1. Hälfte. Diss. gr. 8. (34 S.) Altenburg 894. (Breslau, Schlotter.) n. — 50

Richter, Gust. Bericht über Gründung und Eröffnung der Anstalt. 17 S. **Progr.** *Jena* 1877.

— De cantico quodam Oedipi Senecae ad genuinam formam revocando. S.-A. 1867. 26 S. —.90

Richter, Gust., der lateinische Elementarunterricht u. die Perthes'schen Bücher an unserer Anstalt. 4. (30 S.) Jena 881. (Neuenhahn.) n. 2. —

[J.] **Richter**, Gustav [Dir. Dr.]: Elternabend *zur Belebung der Beziehungen zwischen Schule und Haus.* Jena, Univ.-Buchdr. G. Neuenhahn, *1896;* 8—14 S. 4.
Jena, G Carolo-Alexandrinum, OP 1896 (691)

Richter, Gust., die **Entwickelung des Deutschen Reiches u. der europäischen Politik von 1871—1888 im Ueberblick.** Als Anh. zum III. Tl. des Grundrisses der allgemeinen Geschichte f. die oberen Klassen v. Gymnasien u. Realgymnasien v. G. R. gr. 8. (S. 149—160.) Leipzig 893. B. G. Teubner. n. — 20

Richter, [Paul] Gustav: Zur Erinnerung an Carl Alexander Großherzog von Sachsen und das Großherzogliche Haus. Vier Schulreden. 74 S. 8. **Progr.** Gymn. Carolo-Alexandrinum *Jena* 1901 (739).
1. Rede zur Schulfeier des Goldenen Ehejubiläums der Großherzoglichen Herrschaften. 8. Oktober 1892. 2. Der Großherzog Carl Alexander und die Wartburg. Zum 24. Juni 1898. 3. Maria Paulowna, die Mutter des Großherzogs. Zum 24. Juni 1900. 4. Zum Gedächtnis des Erbgroßherzogs Carl August.

Richter, Gust., zur Erinnerung an Carl Alexander, Großherzog v. Sachsen, u. das großherzogl. Haus. Vier Schulreden. gr. 8. (II, 76 S.) Jena (901). O. Raßmann. n. 1.60

Richter, G., Eurythmie bei Seneca. Zur Rechtfertigung und Abwehr. S.-A. 1869. 24 S. —.90

Richter, Gustav, Dir. Dr., Geh. Hofrat: **Festbericht (über die Feier des 25jährigen Jubiläums der Anstalt).** *Jena (1902): G. Neuenhahn.* (S. 5—12.) 4° [F.]
Jena, G Carolo-Alexandrinum, OP 1902 (755)

— zur Frage der Gymnasialseminare. Erfahrgn. u. Erwäggn. gr. 8. (III. 45 S.) Halle 895. Buchh. des Waisenhauses. n. — 80
Sonderabdruck aus: „Lehrproben u. Lehrgänge".

[Umschlagt.:] [F.] **Richter,** Gustav [Dir. Dr.]: Gedächtnisworte auf den verstorbenen Lehrer des Gymnasiums, Herrn Professor Dr. *Johann* Franz Rasch. Jena, Univ.-Buchdr. G. Neuenhahn, *1896;* 3—5 S. 4.
Jena, G Carolo-Alexandrinum, OP 1896 (691)

Richter, Gust. Grundlinien des Lehrplans. S. 18—21 *Jena* 1877
Progr.

Richter, Gust., Grundriss der allgemeinen Geschichte für die oberen Klassen von Gymnasien und Realschulen. 1. Tl. Als neue Bearbeitung des Grundrisses von R. Dietsch. Des Grundrisses 9., der neuen Bearbeitung 2. Aufl. gr. 8. (VI, 187 S.) Leipzig 883, Teubner.

—— Grundriſs der allgemeinen Geschichte für die oberen Klassen der Gymnasien und Realgymnasien. An Stelle des Grundrisses von R. Dietsch. 2. und 3. Tl. gr. 8. Leipzig, Teubner. [2. Tl. 2. neubearb. (8.) Aufl. (XVI, 180 S.) 887; 3. Tl. 2. neubearb. (7.) Aufl. (X, 147 S.) 885.] à Tl. *M.* 1.20. 2 40
1. Tl. Ebendas. 1883. *M.* 1.20.

— Grundriss der allgemeinen Geschichte f. die oberen Klassen v. Gymnasien u. Realgymnasien. An Stelle d. Grundrisses v. R. Dietsch. 1. u. 3. Tl. gr. 8. Ebd. à n. 1.20
1. Alte Geschichte. 3. Aufl. gr. 8. (XXII, 194 S.) 891.
3. Als neue Bearbeitg. des Grundrisses v. R. Dietsch. Des Grundrisses 7. Aufl., der 2. Aufl. der neuen Bearbeitg. 2. Ausg. Nebst Anh.: Die Entwickelg. d. Deutschen Reiches u. der europ. Politik von 1871—1888 im Überblick. (X, 160 S.) 893.

— Grundriss der allgemeinen Geschichte f. die oberen Klassen v. Gymnasien u. Realgymnasien. An Stelle des Grundrisses v. R. Dietsch. 3. Tl.: Neuere Geschichte. 3. Aufl. gr. 8. (XIV, 164 S.) Leipzig 901. B. G. Teubner. Geb. in Leinw. n. 1.80

Richter, Gust., Grundriss der allgemeinen Geschichte f. Mittel- u. Oberklassen v. Gymnasien u. Realgymnasien. 1. u. 2. Tl. 8. Leipzig, B. G. Teubner. Geb. à n. 1.80
1. **Altertum. 4. Aufl., neu bearb. v. Horst Kohl. (XII, 235 S.) 906.**
2. **Mittelalter. 3. Aufl., neu bearb. v. Horst Kohl. (XII, 208 S.) 905.**

[F.] **Richter,** *Gustav* [Dir. Dr.]: Das Gymnasialseminar zu Jena. Ein Gutachten. Jena, Druck v. G. Neuenhahn, *1891;* S. 3—13. 4°
Jena, G Carolo-Alexandrinum, OP 1891 (667)

Richter, Gustav. Das alte Gymnasium in Jena. Beiträge zu seiner Geschichte. Erster Teil. Eine Festschrift gewidmet Seiner Excellenz dem Grossh. Sächs. Staatsminister Herrn Dr. G. Th. Stichling zum 8. September 1886. (44 S.). Zweiter Teil. (IV, S. 5—32)
Progr. G. Carolo-Alexandrinum *Jena* 1887 (625). 1888 (634).

— **Jena u. sein Gymnasium.** Eine Festrede. Mit Beilagen hrsg. gr. 8. (III, 78 S.) Jena 902. O. Raßmann. n. 1.—

Richter, Gustav, Dir. Dr., Geh. Hofrat: [**Ist den Abiturienten der Realgymnasien der Zugang zum Studium der Medizin ohne Ablegung einer Ergänzungsprüfung zu gewähren? Ein Gutachten.**] *Jena (1900): G. Neuenhahn.* (S. 7—8.) 4° [F.]
Jena, G Carolo-Alexandrinum, OP 1900 (727)

Richter, Gustav, Dir. Dr., Geh. Hofrat: [S. Kgl. Hoheit Grossherzog **Carl** Alexander, gest. am 5. Jan. 1901.] *Jena (1901): G. Neuenhahn.* (S. 3—4.) 4° [F.]
Jena, G Carolo-Alexandrinum, OP 1901 (739)

Karte des Ostasiatischen Kriegsschauplatzes von **Gustav Richter.** (Görlitz). Maßst. 1:5,000,000. (Mit Nebenkarte: Der östl. Teil d. sibir. Eisenbahn. Maßst. 1:15,000,000 [u. 1 Nebenkarte: Tokio u. Jokohama].) *Berlin: Berl. Lith. Inst. (1904).* (1 Kartenbl. 54 × 55 cm mit Legende.) 8° [kol.]
[04 5,33]

— **Die Composition d. Chorlieder in d. Tragoedien d. Seneca. 2 Teile. S.-A. 1864. 19 u. 8 S.** —.80

Der durchgesehene Lehrplan. 4 (16 S.). Beilagen: I. Auswahl der zu erlernenden Kirchenlieder von *Gustav* Richter. II. Versuch einer Stoffauswahl aus der dynamischen Geologie (physischen Erdkunde) für Untersekunda. Ein Gutachten von *Bernhard* Hercher. 4 (S. 16—21). G. Carolo-Alexandrinum *Jena* 1889 (636).
Progr.

Richter, *Paul* Gustav Der Lehrplan und die Schulordnung des Gymnasiums. 4 (S. 13—31)
Progr. G. Carolo-Alexandrinum *Jena* 1893 (671)

— s.: Lehrproben u. Lehrgänge aus der Praxis der Gymnasien u. Realschulen.

RICHTER, Gustav: Leitfaden für die Vorlesungen über allgemeine Wirthschaftslehre an der Kgl. Sächs. Forstakademie zu Tharand. - Tharand 1877. 95 S.

Richter, *Paul* Gustav De corruptis quibusdam Senecae tragoediarum locis disputavit G. R. 4 (S. 3—38).
G. Carolo-Alexandr. *Jena* in honorem g. Isenacensis part. prior 1894 (zu 676).
Cap. I. Quantum auctoritatis vulgari recensioni (A) tribuendum sit. Cap. II. Variae corruptelae genera exemplis illustrantur A. De lacunis. Cap. III. B. De versuum ordine turbato. Cap. IV. C. Verborum corruptelae quaedam emendantur.
Progr.

Richter, Gust., de corruptis quibusdam Senecae tragoediarum locis, s.: Symbola doctorum Ienensis gymnasii in honorem gymnasii Isenacensis collecta.

— die rechte Methode des akademischen Studiums. Rede, geh. bei Entlassung der Abiturienten d. Grossh. Gymnasiums zu Jena am 19. März 1880. gr. 8. (23 S.) Jena 880. Pohle. n. — 60

— **Missions-Predigt über Ebräer 13, v. 8. Gehalten bei der Feier d. 8. Missions-Festes zu Waldenburg am 17. Juli 1851. 8. (31 S.) Schreiberhau 851. (Breslau, Dülfer & Geiser.) 1 1/2 ngr.**

Nachrichten von den Freitischen und Stipendien bei der Königlichen Universität Breslau sowie von den Preisstiftungen zur Belebung des Wetteifers unter den Studierenden derselben. Nach amtl. Quellen im Auftr. d. akad. Senats neu bearb. u. zsgest. v. Gustav **Richter,** Kgl. Univ.-Sekretär. *Breslau 1903: Schles. Druckerei-Genoss.* (114 S.) 8°

Richter, Gust., ein deutsches Nationaltheater f. Posen. Eine Denkschrift. Mit e. Abb. des v. Professor Littmann-München entworf. neuen Stadttheaters i. Posen. (VII, 52 S.) gr. 8. Posen (909). L. Sluzewski. 1.20

Richter, [Paul] Gustav: Oratio in honorem Eugenii Wilhelm professoris sexagesimum diem natalem celebrantis habita. S. 3—4. 4.
Progr. Gymn. Carolo-Alexandrinum *Jena* 1903 (774).

Richter, Gust., das kleine Problem. Eine Entwickelg. (147 S. m. Fig.) gr. 8. Berlin 908. Herm. Walther. 3.—; geb. 4.—

Richter, *Paul* Gustav: Vier Schulreden. 8 (42 S.).
Progr. G. Carolo-Alexandrinum *Jena* 1897
I Der Ephebeneid. Eine Entlassungsrede. II. III. Horaz und die ethische Bildung. Zwei Entlassungsreden: Carpe diem. Lebensglück nach Hor. c. IV, 9, 45—52. IV. Das große Jahr. Entlassungsrede.

Richter, Gust., vier Schulreden. Progr. gr. 8. (42 S.) Jena 897. (G. Neuenhahn.) n.n. 1. 30

—— Moritz Seebeck. Eine Gedächtnisrede, gehalten in der Rose zu Jena am 3. März 1886. Mit Anmerkungen und urkundl. Beilagen hrsg. gr. 8. (90 S.) Jena 886, Fischer. * 1 60
Aus: Zeitschrift des Vereins für thüringische Geschichte, besonders abgedruckt.

Richter, Gvstavvs (geb. am 29 Juni 1838 in Naumburg a. S.): De Seneca tragoediarvm avctore ... Nvmbvrgi, form. H. Sieling (1862). 2 Bl., 41 S., 1 Bl. 8. ¶ Erschien zugleich selbständig bei Cohen & Sohn in Bonn.
Bonn, Phil. Fak., Diss. v. 10 Mai 1862

Richter, Gust., de Seneca tragoediarum auctore commentatio philologica. Bonn 862. Cohen & Sohn. gr. 8. (41 S.) 9 ngr.

RICHTER, Gustav: Der Stand der Holzzoll-Bewegung. - Dresden 1883. 27 S. Vortrag

Vgl. Richter, Georg.

Richter, Gustav (Richard Wilhelm): Grammatische Studien über das französische Volkslied. Erster Teil. Phonetisches und Morphologisches. (Umschlagtitel: Grammatische Untersuchungen ... Volkslied.) 1 Bl. 25 S. 4.
Progr. Kgl. Gymn *Gnesen* 1902 (173).

Richter, Gustav, Dr.: Grammatische Studien (auf d. Umschl.: Untersuchungen) über das französische Volkslied. T. 1. Phonetisches u. Morphologisches. *Gnesen (1902): Baensch & Wnukowski.* (S. 1—25.) 4°
Gnesen, k. G, P 1902 (173)

Richter, *Gustavus* [Dir. Dr.]: Symbola doctorum Ienensis gymnasii in honorem gymnasii Isenacensis collecta edidit. Partic. prior. (Enth.: Gust. Richter, De corruptis quibusdam Senecae tragoediarum locis.) Jena, Univ.-Buchdr. G. Neuenhahn, 1894; 2 Bl., 38 S. 4.
Jena, G. Carolo-Alexandrinum, OP 1894 (676)

Richter, *Gustavus* [Dir. Dr.]: Symbola doctorum Ienensis gymnasii in honorem gymnasii Isenacensis collecta edidit. Partic. posterior. [Forts. d. P-Beil. 1894.] ([Enth.:] Eug. Wilhelm, Erânica; Paul Koetschau, Ein Fragment des Origenes; Otto Schrader, Linguistisch-historisches; Alfr. Rausch, Christian Thomasius als Gast in Erhard Weigels Schule zu Jena.) Jena, Univ.-Buchdr. G. Neuenhahn, 1895; 1 Bl., 39 68 S., 1 Bl. 4.
Jena, G. Carolo-Alexandrinum, OP 1895 (700)

Richter, Gust. Sieben Thesen zur Überbürdungsfrage. S. 35—36. *Jena* 1881.
Progr.

Uebersicht der für die Studirenden an der Königlichen Universität zu Breslau erreichbaren Stipendien und Freitische. Nach amtl. Quellen im Auftr. d. akad. Senats bearb. u. zsgst. von Gustav **Richter,** Kgl. Univ.-Sekretär. *Breslau 1903: Schles. Druckerei-Genoss.* (Getr. Pag.) 8°

RICHTER, Gustav: Unterlagen zum III. Gegenstand der Tagesordnung der VII. Versammlung deutscher Forstmänner: "Eisenbahntarife für Holz" betreffend. - Tharandt 1878. 17 S.

— Unterricht u. geistige Ermüdung. Eine schulmänn. Würdigg. d. Schrift E. Kraepelins „Ueber geist. Arbeit". [Aus: „Lehrproben u. Lehrgänge".] gr. 8. (III, 41 S.) Ebd. 896. n. -- 80

Richter, Gustav, Dir. Dr., Geh. Hofrat: Kritische Untersuchungen zu Senecas Tragödien. *Jena 1899: G. Neuenhahn.* (47 S.) 4° ¶ (Vgl. die P-Beil. 1894: De corruptis quibusdam Senecae tragoediarum locis.)
Jena, G. Carolo-Alexandrinum, OP 1899 (720)

— kritische Untersuchungen zu Senecas Tragödien. Progr. gr. 4. (47 S.) Jena 899. (Leipzig, B. G. Teubner.) n. 1. 60

Richter, *Paul* Gustav *Professor Dr. Bernhard Moritz Vermehren, † 2. April 1893.* 4 (S. 12). G. Carolo-Alexandrinum *Jena* 1893 (671).
Progr.

Richter, Gust. Wandkarte von Afrika für den Schulgebrauch. 1 : 6,500,000. 6 Bl. Farbendr. u. color. 52×70 cm. Essen 891, Baedeker. * 10 —; auf Leinw. in Mappe * 16 — Mit Stäben u. Rollvorrichtung * 18 —

Richter G. Wandkarte von Württemberg. 1 : 150000. Essen (1896)

Richter, Gust., über Wesen u. Ziele der Gymnasialbildung. Antrittsrede, geh. bei der Eröffng. d. großherzogl. Gymnasiums zu Jena. gr. 4. (8 S.) Jena 876. (Neuenhahn.) — 30

Richter, Gust. allgemeine Wirthschaftslehre. gr. 8. (X, 270 S.) Freiberg 881, Craz und Gerlach. *

Richter, Gust., der nordamerikanische Freistaat Wisconsin. Mit 1 (lith. u. col.) Flurkarte (in gr. Fol.) nach den neuesten Vermessungen. [Als Beigabe: Eine (lith. u. color.) Uebersichtskarte der Verein. Staaten von Nordamerika.] gr. 8. (32 S.) Wesel 849. Bagel. 1/2 ₰

—— Zeittafeln der deutschen Geschichte im Mittelalter von der Gründung des fränkischen Reichs bis zum Ausgang der Hohenstaufen, mit durchgäng. Erläuterung aus den Quellen. Für den Gebrauch an höheren Unterrichtsanstalten und zum Selbststudium bearb. gr. 4. (XIII, 174 S.) Halle 881, Buchh. des Waisenhauses. *

RICHTER, Gustav: Zolltarif, Handels-Verträge und Differential-Eisenbahn-Tarife in ihrer Beziehung zur Deutschen Landwirthschaft. - o. O. 1879. 22 S.

[J.] *Richter, Gustav [Dir. Dr.]:* Systematische Zusammenordnung der verwandten Unterrichtsstoffe der Sexta und Quinta. (And. Tit.: Ausführungen zum Lehrplan. 1. ...) Jena, Druck v. G. Neuenhahn. *1891;* S. 14—24; 4°
Jena, G. Carolo-Alexandrinum, OP 1891 (667)

Richter, Gustavus Adolphus *(geb. Prucker in Schles. 7. 5. 1823)*: De delirii trementis natura ejusque medela. Vratislaviae (1852). (29 S.) 8°
Breslau, Med. Diss. v. 28. Jan. 1852

Richter, Gust. August. Guil. (geb. Nakel 23. 5. 1842): De talipedibus varis. Berolini (1867). (32 S.) 8°
Berlin, Med. Diss. v. 27. Juli 1867

Richter, Gustav Heinrich

Richter, Gust. Heinr., Kur- u. Lebensregeln f. Wiesbadens Brunnengäste. 8. (14 1/4 B.) Düsseldorf 842. [Leipzig, Friedr. Fleischer.]

Richter, (Dr.) Gust. Hnr., Kur- u. Lebensregeln für Wiesbaden's Brunnengäste. 8. Düsseldorf 842, Schreiner. 5/6 ₰

— **Gustav Heinrich** (Sagan/Schlesien), De methodo endermatica, Gallis dicta, experimentis illustrata. Diss. med. Berlin (A. Petsch) 25. IX. 1829. 42 S. mit Biogr. (M.: Chr. S. Sauerland.) (3.50) 28706
Oppon.: C. Birnbaum, A. Stenzel, R. Knapp. — Gew.: A. L. Richter (Bruder).

Richter, (G. H.,) Deutschlands Mineralquellen. Leitfaden z. Behuf akadem. Vorlesungen. 8. Berl. 827, Rücker.

——— (G.H.). Deutschlands Mineralquellen. Leitfaden zum Behuf akademischer Vorlesungen und zum Gebrauch für Aerzte. Berlin 1828. 8.

— Wiesbade, ses thermes et ses environs; ou Traité sur la topographie de cette ville, sur l'effet et l'usage médical de ses eaux minérales et sur les règles diététiques qui sont à observer. gr. in-12. Berlin 839. Th. Enslin. 3/4 ℛ

Richter, Gustav. Wiesbade, ses thermes et ses envirous ... Berlin 1839. Ü: *Ifé, Augüst.* (Koner S. 170) (Zeitschr. f. Büch. N.F. 15, 1923, S. 120)

Richter, Gust. Heinr., Wiesbaden als heilsamer Aufenthaltsort f. Schwache u. Kranke a. d. Norden Europa's, u. als Kurort f. jede Jahreszeit, mit besond. Bezugnahme auf d. Zulässigkeit d. Gebrauchs v. Winterkuren. 8. (6¼ B.) Elberfeld 839, Schönian'sche Buchh.

—— Wiesbaden nebst seinen Heilquellen u. Umgebungen. 8. (23 B. u. 1 Ansicht.) Berlin 838, Th. Enslin.

Richter, H., Die Abfluss- und Niederschlags-Verhaltnisse im Flussgebiete der bohmischen Elbe im Jahre 1894. Prag 1895. (17685)

Richter, H., liturgische Andachten. 4. Aufl. 12. (48 S.) Breslau 892. W. G. Korn. n.n. — 25

Richter, H., Anno 1860. Die Tortur in Sicilien. Kaum glaubliche aber wahre Schilderungen eines Augenzeugen und nach amtlichen Berichten mit Benutzung der Mittheilungen des de la Varenne. Berlin 861. (Moeser & Scherl. 8. (56 S. u. 1 Holzschntaf.) 5 ngr.

Richter, H., s. Diätetik f. Deutsche.

Richter, H., die Einrichtung der Wasserstandsvoraussage an der oberen Elbe. [Aus: „Zeitschr. f. Bauwesen".] Fol. (11 S. m. 1 Taf.) Berlin 894. W. Ernst & Sohn. n. 3. —

Richter, H., über die Existenz der allgemeinen Plethora und ihre Entstehung aus diätetischen Ursachen. gr. 8. Rostock 842. (Leopold.) n. 1/2 ℛ

Richter, H. der Handels-Consulent f. Württemberg u. dessen auswärtige Geschäftsfreunde. gr. 8. (35 B.) Stuttgart 846, Hallbergersche Vrlgsh.

Richter, H., ärztliches Hülfsbuch für Schiffsführer und Anweisung zum richtigen Gebrauche beikommender Schiffs-Apotheke. 4. (VI und 54 S.) Rostock 855, Leopold's Universitäts Buchh. *

Richter, H., Märchen aus dem Leben. 8. (248 S. mit 20 Textillustr. und 5 Lichtdr.-Bildern von Emil Klein und Ernst Payer.) Stuttgart 888, Waag. geb. mit Goldschn. * 5 50

Richter, H.: Mittheilungen über eine einfache Ermittlung der Abflussmengen von Flüssen und über die Vorherbestimmung der Wasserstände, s. Harlacher, A. R.

Richter, H., Unterricht für Bierbrauer im Königr. Würtemberg über die, ihr Gewerbe berührenden Gesetze, Instruktionen, Verfügungen u. Erlasse. gr. 8. Tübingen 838. Osiander. 1/4 ℛ

Richter, H., meine erste Wache, s.: Unterhaltungsbücher, neue, f. Stenographen. Nr. 1.

Richter, H. A. G., Anweis. z. Orthographie, zu Briefen rc. 8. Lpz. Sommer. 809.

Richter, H. A. G., deutl. u. vollständ. Unterricht in d. Orthographie, nebst e. Anweisung zum Briefschreiben und and. Aufsätzen. 8. Leipz. Sommer. 814.

Richter, H. A. G., deutl. u. vollständ. Unterr. in d. Orthographie, zu Briefen. 8. Leipz. N. A. 819. (W. Rauck). 7 gl.

Richter, H. A. G., deutl. und vollständ. Unterricht in der Orthographie. N. Aufl. 8. Leipzig, Sommer. 819.

Richter, H. F., stilistische und grammatische Aufgaben für die Kinder der Mittelklasse, s. Weigeldt, C. O.

Richter, H. F., Sammlung grammatischer Aufgaben für Mittel- und Oberklassen der Volksschulen. 8. (58 S.) Berlin 880, Hempel. *

— Sammlung ausgeführter Stilarbeiten, s. Sammlung.

—— Sammlung ausgeführter Stilarbeiten, s. a. Weigeldt, C. O.

Richter, H. M., Geistesströmungen, s. a. Verein, allgemeiner, f. deutsche Literatur.

Richter, H. M. Geistesströmungen. I. Theil. Deutsches Geistesleben in Oesterreich. II. Theil. Aus dem Zeitalter der Aufklärung. 8. Berlin 1875.

Richter, Hanns, Regierungsreferendar in Soldin (Neumark): Die Unmöglichkeit der Leistung bei gegenseitigen Verträgen nach deutschem bürgerlichen Recht. Borna-Leipzig 1907: R. Noske. (VIII, 52 S.) 8° [J.]
Leipzig, Jur. Fak., Diss. v. 13. Juni 1907
[Geb. 2. Okt. 83 Frankfurt a. O.; Wohnort: Soldin (Neumark); Staatsangeh.: Preußen; Vorbildung: Kgl. Gymn. Hirschberg i. Schl. Reife O. 02; Studium: München 5, Halle a S.; Rig. 13. Jan. 06.]

Richter, Hans, s.a. Dornfels, Hans.

Richter, Hans. Der muskulöse Apparat der Iris des Schafes und seine Beziehungen zur Gestalt der Pupille. Diss. Vet.-Med. Univ. Zürich. Mit zwei Tafeln. Sonderabdruck aus «v. Graefe's Archiv für Ophthalmologie». Band 70, Heft 3. *Kopftitel:* Aus dem Veterinär-anatomischen Institut der Universität Zürich.... 45 S. 8. Leipzig. Wilhelm Engelmann, 1909.

Richter, Hans, um Ar u. Halm. Roman. 8. (459 S.) Berlin 898. Deutsches Verlagshaus Bong & Co. n. 4. —; geb. 5. 50

Richter, Hans (Hrsg.), s. Continent, Der.

Richter, Hans, Referendar in Blasewitz bei Dresden: Die Erlangung der Kaufmannseigenschaft nach dem alten und neuen Handelsgesetzbuche. Leipzig 1905: W. Wigand. (84 S.) 8°
Leipzig, Jur. Fak., Diss. v. 7. Juli 1905
[Geb. 20. März 79 Blasewitz; Wohnort: Blasewitz; Staatsangeh.: Sachsen; Vorbildung: Gymn. Dresden Reife O. 98; Studium: Freiburg i. B. 1, Berlin 1, Leipzig 6 S.; Rig. 23. Juli 03.]

Richter, Hans, in Fesseln erster Liebe. Roman. 8. (291 S.) Dresden 901. E. Pierson. n. 3. —; geb. n. 4. —

Ⓖ Richter, Hans, in Fesseln erster Liebe. 901. (KVL 32.) Jetzt: Berlin, Verlag Berlin-Wien.

[F.] Frauenherzen. Roman v. Hans Richter. *Berlin: Bong & C. [1896].* (2 Bl., 279 S.) 1 Bd 8. [97. 2459

Richter, Hans, Geschichte d. Fußartillerie-Regiments Encke (magdeburg.) Nr. 4, s: Weiß.

Um ein Haar. Erzählung von Hans Richter. Berlin: F. Schulze [1903]. (20 S.) 8° [Text stenogr.] = Daheim. Stenographen-Bibliothek. Bd 11. [03. 710

Richter, Hans, appr. Arzt a. Rostock ⟨Meckl.⟩: **Zur Kenntnis der konstitutionellen Albuminurie.** Dortmund 1906: C. L. Krüger. (35 S.) 8°
Rostock, Med. Fak., Ref. Martius, Diss. v. 28. Febr. 1906
[Geb. 10. Juli 78 Rostock; Wohnort: Warin; Staatsangeh.: Preußen; Vorbildung: Gymn. Rostock Reife O. 97; Studium: Rostock 4, Bonn 1, München 1, Rostock 3 S.; Coll. 17. Okt. 05; Approb. 31. Juli 02.]

Richter, Hans, s.: **Kontinent, der.**

[F.] Polypenarme. Roman v. Hans Richter. *Berlin: Bong & C. [1895].* (2 Bl., 389 S.) 1 Bd 8. [96. 5028

— die Rache ist mein. Kriminal-Roman aus dem Engl. (96 S.) 8. Neuweißensee, E. Bartels. 1. —

[F.] Vergeltung. Roman v. Hans Richter. *Berlin: Bong & C. [1896].* (2 Bl., 198 S.) 1 Bd 8. [97. 2460

Richter, Hans. Ueber das Vorkommen von Flimmerepithle (*d. i.* -thel) im Centralorgan des Nervensystems. Diss. Phil. Bern. [Mit Figuren.] 40 S. 8. Berlin, E. Ebering, (1904).

Richter, Heinrich

(Richter, Heinr. [I.]), s. †Stahlpanzer, Ludw.

Richter, H., Anleitung zur Buchführung. Anweisung für kleine und mittle Landwirthschaften, mit geringer Mühe Ausgaben und Einnahmen der Wirthschaft zu verbuchen, um dadurch eine genaue Uebersicht des Reinertrages zu erlangen und für die Einkommensteuer-Feststellung die nöthigen Anhaltspunkte zu gewinnen. 8. (23 S. mit 2 Formularen in Fol.) Leipzig 876, H. Voigt. * 1 —
—— dass. — s. Volksbücher, landwirthschaftliche.

H. Richter's Anrede bei Eröffnung v. Vorless. üb. Metaphysik gehalten, nebst e. einleit. Abhandl. üb. d. Zweck u. d. Quelle d. Metaphysik. *Lpz.*, Hartmann. 824. 8° 6 *gl*

Richter, Heinrich, aus Dortmund: **Behandlung der Strikturen der männlichen Harnröhre.** Nach Krankenmaterial d. kgl. chirurg. Universitätsklinik zu Bonn aus d. Jahren 1895—1900. *Dortmund 1902: W. Crüwell.* (63 S.) 8°
Bonn, Med. Diss. v. 18. Juli 1902

RICHTER, Heinrich (Bonn): Casuistischer Beitrag zum primären Krebs der Gallenblase.- München: Kastner & Callwey 1903. 22 S. Diss. Ingolst.-Landsh.-Mchn.
30.6.1903 - Chr 1903/04,15; Jv 1902/03,314

Richter, Heinr., Augsburger Blüthenkalender. Als Anleitung zum Selbstbestimmen der phanerogamischen Gewächse für Anfänger bearb. Augsburg 863. (v. Jenisch & Stage.) gr. 8. (177 S.) n. 20 ngr.

Richter, Heinr., Blütenkalender. Anleitung zum Selbstbestimmen der phanerogam. Gewächse, auf Grund der Flora v. Augsburg zusammengestellt. 2. Aufl. 8. (VI, 300 S.) Augsburg 883. Rieger. n. 2. - ; geb. n. 2. 50

Richter, (Dr.,) H., „Du sollst kein falsches Zeugniß reden!" Verstärkte Zeugnisse über E. Langenberg in d. Naturalismus-Sache des Dr. Diesterweg. Präliminarien. gr. 8. Elberfeld 844, Hassel. n. 1/4 *ℛ*

Richter, Heinr., leichtfaßl. Elementar-Naturlehre f. d. Schul- u. Selbstunterricht. Mit 4 lith. Taf. gr. 8. (X u. 121 S.) Nördlingen 849, Beck. 12 *ngr* — 2. umgearb. u. verm. Aufl. Mit 5 lith. Taf. gr. 8. (XVI u. 206 S.) Ebd. 852. 14 *ngr*

— — (Weissagk/Lausitz) u. Jo. Gottlob Schultgen (Seesa/Lausitz), De facultate sentiendi. Diss. jur. Leipzig (J. Fr. Glück) 13. III. 1822. 55 S. (4.—) 28709
Gew.: Peter Carl Wilhelm von Hohenthal.

— de facultate sentiendi sive de tertia inser transcend. animi facultates. Dissertatio. 8maj. Lips. 822, Reclam.

Richter, Heinr., die Feuersicherheit der Theater u. die gegen Feuersgefahr getroffenen Sicherheitsmaßregeln. Vorträge im polytechn. Zentralverein zu Würzburg geh. gr. 8. (25 S.) Würzburg 886. (Stuber's Verl.) n. — 80

Richter, Heinr., Futtermischungen für Milchkühe mit Rücksicht auf die chemischen Bestandtheile der Futtermittel. Tabelle über 500 Futtermischungen aus je drei Futtermitteln, nebst einer Anweisung zu deren Anwendung in der Praxis. Dresden 859. Schönfeld. Lex.-8. (31 S.) n. 10 ngr.

— üb. das Gefühlvermögen, Prüfung d. Schrift des Hrn. Prof. Krug üb. denselben Gegenstand, nebst eignen Abhandlungen aus dem Gebiete d. Fundamentalphilosophie. 8. Lpz. 824, Hartmann.

H. Richter üb. d. Gegenstand u. Umfang d. Logik; e. Untersuch. *Lpz.*, Hartmann (jetzt Wöller.) 825. 8° 12 *gl*

— üb. den Gegenstand u. den Umfang d. Logik. Eine Untersuchung. 8. Lpz. 825. (Lehnhold). 12 *gl*

—— und Wilh. Richter, erklärte Haus-Bibel, od. allgem. verständl. Auslegung d. ganzen heil. Schrift alten u. neuen Testaments, nach vielen engl., deutsch. u. a. Auslegern bearb. Altes Testament. 1 Bd. (5 Hfte.) od. 1—5. Lfg. 1., u. 2., verb. Aufl. gr. 8. (à Aufl. 59½ B. u. 2 lith. u. col. Kart.) Barmen u. Schwelm 834, 35, [Falkenberg'sche Brlsbuchh.] à L. 8 Gr., Blnp.

—— dass. — Zusätze u. Verbesserungen d. 2. Aufl. d. 1. Bds., f. die Besitzer d. 1. Aufl. besond. abgedruckt. gr. 8. (4 B.) Ebds. 836. *

Richter, Heinr., u. Wilh. Richter, erklärte Haus-Bibel, od. Auslegung d. ganzen heil. Schrift d. alten u. neuen Testaments. 2—6. Bd. od. 6—30. Lfg. gr. 8. (324¾ B. u. 6 lith. u. z. Thl. col. Karten.) Barmen 835, Falkenberg'sche Buchh. * 8⅔ Thlr., Blnp. *
1. Bd. od. 1—5. Lfg. Ebendas. 1834, 35. 1 Thlr. 16 Gr., Blnp. 2 Thlr. 12 Gr.
6e—30e Lfrg. oder 2r—6r Bd. 1s—5s Hft. gr. 8. Ebd. 835—840. à Lfrg. n. 1/3 *ℛ* Velinp. à Lfrg. n. 1/2 *ℛ*

— Heinrich (Ferdinand) (Leipzig), De ideis Platonis commentatio part. I. De essentia et cognitione. Leipzig (Staritz) 17. II. 1827. 26 S. (3.25) 28708

— de ideis Platonis libellus. gr. 8. Leipz. 827, Hartmann.

— de ideis Platonis libellus. 8maj. Leipz. 827. (Lehnhold). 10 *gl* Schrbp. 16 *gl*

Richter, Heinr., die evangel. u. röm. Kirchenlehre, nach d. Grundsätzen u. Urkunden, auch m. Rücksicht auf neuere Schriften darüber. gr. 8. (14 B.) Barmen 844, [Castrop.] Falkenberg'sche Buchh. *

Richter, Heinr., erziehliche Knaben-Handarbeit, s.: **Urban, Jos.**

Richter, Heinr., Lebensgeschichte d. Missionars Karl Gützlaff. gr. 8. (2 B.) Barmen u. Schwelm 833, [Falkenbergsche Vrlsbuchh.] Aus „Philetheos" besond. abgedruckt.

Richter, Hnr., Lebensgeschichte des Missionars Karl Gützlaff, s.o. Wilh. Richter, Philetheos.

Richter, H., Lehrbuch d. Rhetorik f. d. obern Classen d. Gelehrtenschulen. gr. 8. (8 B.) Leipzig 832, Literar. Museum.

Richter, (weil. Prof.,) Hnr., Lehrbuch der Rhetorik für die obern Classen d. Gelehrtenschulen. 2. Aufl. (von C. Große.) gr. 8. Leipzig 842, Schreck. $^1/_2$ ℛ

Richter, Heinrich. Lehrbuch der Rhetorik für die obern Classen der Gelehrtenschulen. 2. Aufl. Leipzig 1842. II: *Grosse, Carl.* (Ky)

Richter, Heinr., Lehrbuch der Rhetorik f. die obern Classen der Gelehrtenschulen. 3. Aufl. gr. 8. (XII u. 116 S.) Leipzig 850, Schreck. — 4. verb. Aufl. gr. 8. (XII u. 119 S.) Leipzig 852, E. Fleischer. $^1/_2$ ℛ

Richter, Heinr., Lehrbuch der Rhetorik für die oberen Klassen der Gelehrtenschulen. 5. verb. Aufl. Leipzig 853. E. Fleischer. gr. 8. (XII, 116 S.) 15 ngr

Richter, Heinr., Leitfaden zur Naturgeschichte der Thiere. 2. verb. Aufl. 8. (42 S.) Augsburg 870, v. Jenisch und Stage'sche Buchh. geb.

Richter, Heinr., ein wohlverdienter Orden. Humoreske. (In Gabelsb. stenograph. Schrift.) 8. (26 autogr. S.) Elberfeld 880, (Fassbender's Buchh.) * — 50

Richter, Heinr., Major Otto! Lustsp. in 3 Aufzgn., nach Hans Wachenhusen's „Prinz Otto" f. d. Bühne bearb. gr. 8. (71 S.) München 888. Rubinverlag. n. 1. —

Richter, Heinr. das weströmische Reich besonders unter den Kaisern Gratian, Valentinian II. und Maximus (375—388). gr. 8. (VIII und 697 S.) Berlin 865, Dümmler's Verlag. *

— vorläufige Replik an Vigilantius Rationalis, enthaltend e. divinatorische Kritik über die Individualität desselben. 8. Lpz. 827, Hartmann.

— vorläufige Replik an Vigilantius Rationalis, enthalt. e. divinatorische Kritik über die Individualität desselben. 8. Leipz. 827. (Lehnhold). 4 gl

Richter, Heinrich (Hrsg.), s. Richter, Ludwig: Lebenserinnerungen eines dt. Malers. –

Die St. Johannis-Kirche in Herford. Festschrift z. Neu-Weihe d. Johannis-Kirche 1910. Von Heinrich **Richter,** Pfarrer. (Herford 1910: Heidemann.) 64 S. 8° [illegible]

Richter, Heinricus: De Stilichone et Rufino. Halis Saxonum (1860): Orphanotropheum. 59 S. 8°

Halle-Wittenberg, Phil. Diss. v. 31. Juli 1860

Geb. [Elbing 31.8.1832]

Gekürzter Auszug aus S. 1—101 des eingereichten Ms. von 114 S. 2° ohne das letzte Cap. IV De morte Rufini.

— das philosoph. Strafrecht, begründet auf die Idee der Gerechtigkeit. Zur Kritik der Theorien des Strafrechts. gr. 8. Leipz. 828. Volkmar. 1 ℛ 16 gl

Richter, Hnr. (F), das philosophische Strafrecht, begründet auf die Idee der Gerechtigkeit. gr. 8. Leipzig 828. jetzt O. A. Schulz. $1^2/_3$ ℛ

H. (Fd.) **Richter:** d. philos. Strafrecht, begründet a. d. Idee d. Gerechtigk.; z. Kritik d. Theorieen d. Strafrechts. *Lpz.*, Hartmann. B. (j. Güntz.) 829. gr 8° 1 ℛ 16 gl

Richter, Heinr., die Straßensängerin von Genua und der Bettler von San Marco oder Palast und Hütte. Volksroman. 30 Lfgn. gr. 8. (1438 S.) Berlin 877,78, Grosse. à Lfg. 30 Pf. 9 —

Richter, Heinrich: Die Verbalformen bei Benoit de Sainte More. Halle a. S. 1908: Hohmann. 90 S. 8°

Halle, Phil. Diss. v. 17. Dez. 1908, Ref. Suchier

[Geb. 14. Febr. 86 Halle a. S.; Wohnort: Halle; Staatsangeh.: Preußen; Vorbildung: Oberrealsch. Halle Reife M. 04; Studium: Halle 3, Kiel 1, Halle 3 S.; Rig. 22. Juni 08.] [U 09. 1696

H. **Richter** üb. d. Verhältn. d. Philos. z. Christenth.; e. Vorles. — als Votum üb. Ration. u. Supranat. *Lpz.*, Hartmann (j. Wöller.) 827. 8° 6 gl

— über das Verhältniß d. Philosophie zum Christenthum. 8. Leipz. 828. (Lehnhold). 6 gl

Richter, Heinr., die Waise vom Teufelssee od. der Lumpensammler u. sein Pflegekind. Volksroman. 1—4. Lfg. gr. 8. (S. 1—192.) Berlin 876. Große. à — 30

— die Waise vom Teufelssee oder der Lumpensammler u. sein Pflegekind. Ein Volksroman. 5—30. (Schluß) Lfg. gr. 8. (S. 193—1440.) Ebend. 877. à — 30

Richter, Heinr., wie der Landwirth bei der Steuererklärung rechnen soll! Winke u. Rathschläge f. die Selbsteinschätzg. Darstellung der Natur d. Einkommens aus dem Landwirthschaftsbetriebe u. ausführl. Anleitg. zu seiner Berechng. zum Zwecke der Selbsteinschätzg. Für die Organe der Einkommensteuerveranlagg. u. den preuß. Landwirth bearb. 8. (56 S.) Warendorf 891. J. Schnell. n. 1. 20

Richter, (Inspector Dr.,) Hnr., Zeugnisse in der Sache zwischen Dr. A. Diesterweg u. L. Emmerich. gr. 8. Barmen 843, Langewiesche. n. $^1/_4$ ℛ

(— Heinrich Benedikt), Res Romana exemplar. Leipzig (J. G. I. Breitkopf) 1747. 62 S. (8.—) 28707
Gew.: von Coccejus. — Mit sehr schönem Kupferstich am Anfang der Arbeit, gest. von Sysang.

Richter, H. Ben., res romana exemplar. c. fig. 4. Lips. Crusius. 747.

Heinrich Christian Eduard Richter

Tres hemeralopiae s. caecitatis nocturnae congenitae Casus add. quibusdam adnotationibus hunc morbum in universum spectantibus. Jenae (1828:) Schlotter. 27 S. 8°

Jena, Med. Diss. v. 18. Okt. 1828

Richter, Heinrich Ferdinand, s. Richter, Heinrich.

— **Heinrich Gottlieb** (Dresden), De agitatione copiarum caelestium circa finem orbis exspectanda ex Matth. XXIIII, 29. Marc. XIII, 25. et Luc. XXI, 26. Präs. Heinrich Klausing. Leipzig (J. Chr. Langenheim) 23. X. 1738. 58 S. (4.75) 28710
Widm. v.: Heinrich Klausing.

Richter, H. G., de veterum oratoribus applaudendi more. Lips. 1744. 4.

Richter, Heinrich Moritz

Richter, Heinr. Mor., Georg v. Podĕbrad's Bestrebungen um Erlangung der deutschen Kaiserkrone und seine Beziehungen zu den deutschen Reichsfürsten. 8. (128 S.) Wien 863, Typographisch-literarisch-artistische Anstalt.

Richter, H. M., die Entwickelung d. kaufmännischen Unterrichts in Oesterreich nebst e. documentar. Geschichte der Wiener Handels-Akademie. [Hrsg. aus Anlass der Wiener Welt-Ausstellg.; im Auftrage d. Verwaltungsrathes d. Vereins der Wiener Handels-Akademie.] gr. 8. (204 S. m. 4 Steintaf. in qu.-4.) Wien 873. Hölder. n. 2. 40

— Prinz Eugen von Savoyen. Zwei Vorträge geh. im Wiener Militär-Casina am 19. u. 22. Jan. 1872. gr. 8. (101 S.) Ebend. 872. n. 2. 40

Richter, H. M., aus der Messias- und Werther-Zeit. [I. Klopstock's Wiener Beziehungen. II. Der junge Werther in Wien und Wien in der Werther-Epoche.] 8. (VI, 199 S.) Wien 882, Rosner. *

— die Piccolomini, s.: Sammlung gemeinverständl. wissenschaftl. Vorträge.

—— Repetitorium der Universal-Geschichte. Von den ältesten Zeiten bis auf die Gegenwart. Zum Privatstudium wie zum Gebrauche für höhere Unterrichts-Anstalten. 1. Aufl. (VIII, 160 S.) 1869, und 2. verm. Aufl. gr. 8. (X, 170 S.) Wien 872, Gerold's Sohn. *

—— oesterreichische Volksschriften und Volkslieder im siebenjährigen Kriege. Beiträge zur Geschichte der polit. Literatur im 18. Jahrh. 8. (VIII, 168 S.) Ebendas. 869. *

Richter, Heinrich Oskar

Richter, [illegible] De [illegible] Berlin [illegible]
Berlin, Med. Diss. v. [illegible] Okt. 1843

— **Heinrich Wilhelm** (Leipzig), Medici ex omni parte perfecti imaginem sistens. Diss. med. Präs. Carl Gottlob Kühn. Leipzig (C. Tauchnitz) 30. XI. 1798. 35 S. (4.25) 28711
Seinem Vater gew.

Richter, Helene, William Blake. Mit 13 Taf. in Lichtdr. u. 1 Dreifarbendr. (VIII, 405 S.) gr. 8. Strassburg 906. J. H. E. Heitz. n. 12. —

Thomas Chatterton. Von Helene **Richter**. *Wien & Leipzig: W. Braumüller 1900.* (X, 258 S.) 8°
= **Beiträge, Wiener,** z. englischen Philologie. 12. [oo. 10036

George Eliot. 5 Aufsätze von Helene **Richter**, Wien. Berlin: A. Duncker 1907. (IV, 198 S.) 8°
= **Frauenarbeiten,** Wissenschaftliche. Bd 1, H. 4/5. [of. 8309

Richter's, Helene, neues illustr. Kochbuch f. die bürgerliche Küche, enth.: 626 erprobte u. bewährte Orig.-Rezepte zur Bereitg. guter, schmackhafter u. wohlf. Speisen, Getränke, Backwaren etc. (292 S.) 8. Cöthen (906). (Halle, Bossert & Gründler.) Geb. n. 1. 25

Richter, Helene. Prometheus. Für Soli, Chor u. Orchester komp. v. Heinr. Hofmann. Op. 110. Textbuch. 8. (32 S.) Lpz. 892, C. F. W. Siegel. — 20

Richter, Helene, Percy Bysshe Shelley. gr. 8. (III, 640 S. m. 1 Bildn.) Weimar 898. Berlin, E. Felber. n. 10. —

— Mary Wollstonecraft, d. Verfechterin der „Rechte d. Frau". [Aus: „Deutsche Worte".] gr. 8. (76 S.) Wien 897. C. Konegen. n. 1. 70

Richter, Hellmut, Referendar: Staatsrechtliche **Studien** über die Verbindung des Deutschen Kaisertums mit dem Preußischen Königtume. [T. 1:] Allgemein-dogmatische und rechtsgeschichtliche Grundlage: Die rechtliche Stellung eines Hegemonialstaates als solchen in Staatenverbindungen. Preußens bevorrechtigte Stellung in den 'Grundzügen' vom 10. Juni 1866 als der Urform des geltenden Reichsverfassungsrechtes. *Breslau 1903: A. Schreiber.* (81 S.) 8°
¶(T. 2 u. 3 soll später erscheinen.)
Breslau, Jur. Diss. v. 3. Dez. 1903

Richter, Henry, the G.-R. phonography, an easy, scientific and practical system of shorthand. 12. (46 S.) London 888. (Elberfeld, Fassbender.) * — 60
—— dass. — With key to exercises. 12. (46, 16 S.) (Ebendas.) 888. * 1 20

—— english journal for writers of Gabelsberger's shorthand system. 1. Vol. 1886. 24 Nrn. (à Nr. 1/4 autogr. Bog.) gr. 8. Elberfeld, Fassbender. * 4 —

Richter, Hermann

Richter, Herm., Aufgaben aus dem bürgerlichen Geschäftsleben, insbesondere der einfachen Buchführung. Ein Hilfsbuch f. Schüler in Handwerker- u. Fortbildungsschulen. Zugleich als Ergänzg. d. Anhanges der v. demselben Verf. hrsg. „Lesebücher f. Fortbildungsschulen". gr. 8. (48 S.) Döbeln 885. Schmidt. n. — 25

Richter, Herm., Aufgaben aus dem bürgerlichen Geschäftsleben, insbesondere der einfachen Buchführung. Ein Hilfsbuch f. Schüler in Handwerker u. Fortbildungsschulen. Zugleich als Ergänzg. des Anhanges der v. demselben Verf. hrsg. „Lesebücher f. Fortbildungsschulen". 3. Aufl. gr. 8. (48 S.) Döbeln 894. C. Schmidt. n. — 25

Richter, Herm., Aufgaben aus dem bürgerlichen Geschäftsleben, insbesondere der einfachen Buchführg. Ein Hilfsbuch f. Schüler in Handwerker- u. Fortbildungsschulen. Zugleich als Ergänzg. des Anh. der v. demselben Verf. hrsg. „Lesebücher f. Fortbildungsschulen". 5. verb. Aufl. gr. 8. (48 S.) Döbeln (901). C. Schmidt's Verlag. n. — 30

Richter, Herm., Aufgaben aus dem bürgerlichen Geschäftsleben. 1. Heft. Geschäftsaufsätze u. Briefe. Ein Hilfsbuch f. Schüler in Handwerker- u. Fortbildungsschulen. Zugleich als Ergänzg. des Anh. der v. demselben Verf. hrsg. „Lesebücher f. Fortbildungsschulen". 6. umgeänd. u. verm. Aufl. (24 S.) 8. Döbeln (905). C. Schmidt's Verl. n. — 20

— u. Heinr. **Böttcher,** Aufgaben aus d. bürgerl. Geschäftsleben. 2. Heft. Einfache Buchführg. u. Wechsel. Ein Hilfsbuch f. Schüler in Handwerker- u. Fortbildungsschulen. 6. umgeänd. u. verm. Aufl. (32 S.) gr. 8. Ebd. (905). n. — 30

Richter, Hermann, Referendar: **Begriff** und rechtliche Bedeutung des Zubehörs. Nach gemeinem Rechte u. d. Rechte des Bürgerl. Gesetzbuches f. d. Deutsche Reich. *Stettin 1904: F. Hessenland.* (82 S.) 8°
Greifswald, Jur. Diss. v. [20. Apr.] 1904

Richter, Hermann [aus Pulsnitz '(Sachsen.)']: Ein Beitrag zur pathologischen Anatomie der Lymphdrüsen ... Würzburg, A. Boegler'sche Buchdr., 1894; 18 S. 8.
· Würzburg, Med. Fak., Inaug.-Diss. v. 1894

Richter, Hermann, Referendar: Die Bürgschaft kein Schuld-, sondern ein Haftungsverhältnis. Halle a. S. 1909: Heynemann. 78 S. 8°
Halle, Jur. Diss. v. 22. Febr. 1909, Ref. Rehme
[Geb. 15. Mai 87 Halle a. S.; Wohnort: Halle; Staatsangeh.: Preußen; Vorbildung: Latina Halle Reife O. 05; Studium: Halle 6 S.; Rig. 5. Okt. 08.]
[U 09. 1596

Richter, Hermann De epigrammate chaeroneensi. 10 S. *Malchin* 1883.
Progr.

Richter, Herm., Funken unter der Asche, s. Für die Feste u. Freunde d. Gustav-Adolfs-Vereins.

Richter, Herm., Grundzüge religionsphilosophischer Anschauung in Dante's Paradies nach Philalethes. Festrede zur Feier des Geburtstages Sr. Maj. des Königs Johann von Sachsen am 12. Decbr. 1857 gehalten. Zwickau, Verlhdlg. des Volksschriften-Vereins in Comm. gr. 8. (16 S.)
nn. 5 ngr.

Richter, Herm., die Hauptformen d. Glaubens an Unsterblichkeit u. die Gründe dieses Glaubens. Ein Vortrag. gr. 8. (V, 30 S.) Zwickau 871. Richter in Comm. n. — 75

Richter, Herm., der Heldenkampf u. die glorreiche Rückkehr der Waldenser in ihre Thäler 1689. — Das Waldenser-Jubiläum im Herbst 1889, s.: Für die Feste u. Freunde des Gustav-Adolf-Vereins.

Richter, Herm., Gottfried v. Hohenhoewen. Ein Ritterleben in Liedern. 8. (VII, 133 S.) Wismar 888. Hinstorff's Verl. n. 3. —; geb. n. 4. —

Richter, Hermann Hrabanus Maurus, ein Beitrag zur Geschichte der Pädagogik des Mittelalters. 22 S. Progr. *Malchin* 1882.

Richter, Herm., der praktische Lebens-Versicherungs-Agent. Ein unentbehrlicher Leitfaden zur erfolgreichen Acquisitionsthätigkeit im Lebensversicherungsfach. 1.—3. Tausend. gr. 8. (64 S.) Berlin 889. Frankl. n. 1. 50

Richter, Herm. Der praktische Lebensversicherungs-Agent. Leitfaden zur erfolgreichen Akquisitionstätigkeit. Berlin. 2. Auflage. 1893.

Richter, Herm., der praktische Lebens-Versicherungs-Agent. Ein unentbehrl. Leitfaden zur erfolgreichen Acquisitionsthätigkeit im Lebensversicherungsfach. 2., neu bearb. Aufl. 12. (80 S.) Berlin 894. Neufeld & Henius. n. 1. 50

Richter, Herm., Lesebuch für Fortbildungsschulen in Stadt und Land. gr. 8. (VIII, 351 S.) Döbeln 879, Schmidt. * 1 75
geb. in Schulbd. * 2 —
geb. in Leinwdd. ** 2 50

Richter, Herm., Lesebuch für Fortbildungsschulen in Stadt u. Land. gr. 8. (VIII, 360 S.) Döbeln 880. Schmidt. n. 1. 75; in Schulbd. n. 2. —; in Leinwdd. n.n. 2. 50

—— größeres Lesebuch für Fortbildungsschulen in Stadt und Land. 3. umgearb. und verm. Aufl. gr. 8. (VIII, 384 S.) Ebendas. 883. * 1 75

Richter, Herm., größeres Lesebuch f. Fortbildungsschulen in Stadt u. Land. 4., unveränd. Aufl. gr. 8. (VIII, 384 S.) Döbeln 888. Schmidt. n. 1. 75; geb. n.n. 2. —

Richter, Herm. Größeres Lesebuch f. Fortbildungsschulen in Stadt u. Land. 5. unveränd. Aufl. gr. 8. (VIII, 384 S.) Döbeln 891, C. Schmidt. * 1 75; geb. ** 2 —

Richter, Herm., größeres Lesebuch f. Fortbildungsschulen in Stadt u. Land. 6, verb. Aufl. gr. 8. (VIII, 384 S.) Döbeln 896. C. Schmidt's Verl. n. 1. 75; Einbd. n.n.n. — 25

— größeres Lesebuch f. Fortbildungsschulen in Stadt u. Land. 8. Aufl. gr. 8. (VIII, 384 S.) Ebd. (901). n. 1. 75; geb. n.n. 2. 05

—— kleineres Lesebuch für Fortbildungsschulen in Stadt und Land. gr. 8. (VIII, 208 S.) Ebendas. 881. * — 80
geb. * 1 4

—— kleines Lesebuch für Fortbildungsschulen in Stadt und Land. 2.—4. unveränd. Aufl. gr. 8. (VIII, 208 S.) Ebendas. 882—84. * 80 Pf.; geb. * 1 —

—— kleineres Lesebuch für Fortbildungsschulen in Stadt und Land. 5.—7. Aufl. gr. 8. (VIII, 208 S.) Ebendas. 885—87. * — 80

— kleineres Lesebuch f. Fortbildungsschulen in Stadt u. Land. 8. Aufl. gr. 8. (VIII, 208 S.) Ebd. 890. n. — 80; geb. n. 1. —

— kleineres Lesebuch f. Fortbildungsschulen in Stadt u. Land. 9. Aufl. gr. 8. (VIII, 208 S.) Ebd. 891. n. — 80; geb. n.n. 1. —

– kleineres Lesebuch für Fortbildungsschulen in Stadt u. Land. 11. Aufl. gr. 8. (VIII, 208 S.) Ebd. 897. n. 80; Einbd. in Halbldr. n.n.n. — 20

— kleineres Lesebuch f. Fortbildungsschulen in Stadt u. Land. 12. verb. Aufl. gr. 8. (VIII, 208 S.) Ebd. (900). n. — 80

Richter, Herm., kleineres Lesebuch f. Fortbildungsschulen in Stadt u. Land. 14., umgearb. Aufl. (Neue deutsche Rechtschreibg.) (VIII, 208 S.) gr. 8. Döbeln (908). C. Schmidt's Verl. nn — 90; geb. nn 1. 15

[Lied zum] Schwesternfest [der Loge „Ferdinand z. Glückseligkeit" in Magdeburg] am 13. Mai 1909. [Unterz.:] Hermann Richter. [Magdeburg 1909.] 1 Bl. 8°. [Kopftit.]
„Willkommen Ihr Schwestern zu festlichem Werke ..." 358a.

Reisebriefe und Tagebuchblätter aus dem Morgenlande von Dr. Hermann **Richter**, Pfarrer, Mülheim a. d. Ruhr. Mülheim R.: J. Bagel 1907. (140 S.) 8° [F.]
[08. 271 5

—— Sammlung von Diktier- und Sprachstoffen, s. Eichler, C.

Richter, H., Tanz- und Anstands-Lehre. Anordnung, Kommandos und Touren der modernen Salontänze. Die Lehre der Kaligrafie. 5. Aufl. gr. 8. (60 S.) München 881, (Fritsch.) *
1.—4. Aufl. erschienen im Selbstverlage des Verfassers.

TANZ- und Anstandslehre. Anordnung, Kommandos und Touren der modernen Salontänze und zwei Original-Quadrillen zur Erklärung. (Vf.: *Hermann Richter.*) Nebst einem *Anhange:* Die Lehre der Kaligrafie (!) betreffend. V. Aufl. München, Caesar Fritsch, 1881. 8°. 1 Bl. u. 60 S. (In München: Gymn. 75 ox.)

Richter, Herm., s.: Wichtiges aus dem Gebiete des Waldbaues usw.

Richter, Hermann August

Richter, Herm. Aug., die Water-Closet-Frage in Dresden und das M. Friedrich'sche Desinfectionsverfahren. gr. 8. (39 S.) Dresden 879, (Meinhold und Söhne.) * 1 —

Richter, Hermann Eberhard

Richter, Herm. Eberh., Arznei-Taschenbuch für sächs. Aerzte. 16. Dresden u. Leipzig 842, Arnold. 5/6 ₰

Richter, Herm. Eberh., sächsisches Arznei-Taschenbuch. 2., verb. u. verm. Aufl. des „Arzneitaschenbuchs für sächs. Aerzte". Leipzig 855. Arnold. 16. (VIII, 199 S.) n. 24 ngr.

Richter, Herm. Eberh., Arzneitaschenbuch zur Pharmacopoea germanica. Dresden 868. Meinhold's Söhne. 16. (IV, 183 S.) n. 1 ₰; geb. n. n. 1 ₰ 4 ngr.

Richter, Herm. Eberh., Arzneitaschenbuch zur Pharmacopoea germanica. 5. Aufl. Nach der Pharmacopoea germanica, Ed. II, bearb. u. verm. v. Fr. Bachmann. 8. (VI, 178 S.) Berlin 885. Springer. geb. n. 4. —

Richter, Herm. Eberh., Arzneitaschenbuch zur deutschen Reichs-Pharmakopöe. 16. (IV, 202 S.) Dresden 872. Meinold & Söhne. n. 2. 40; geb. n.n. 3. —

Richter, Hermann Eberhard, Berichte über die neuere Heilgymnastik, Leipzig, 48 S., 8°.

Richter, H. E.: Bericht über neuere Heilgymnastik. 1858. 46 S. 4°
Sonderdr. aus: Schmidts Med. Jahrbücher.

Richter, Hermann Eberhard, Berichte über medizinische Meteorologie und Klimatologie. (Separat-Abdrucke aus Schmidt's medizinischen Jahrbüchern, Bd. 122—161). Leipzig.
— Dasselbe Werk. Zweiter Nachtrag.

Richter, Herm. Eberhard, Blutarmuth u. Bleichsucht. Die verbreitetsten Krankheiten der Jetztzeit, besonders unter der Jugend. Für Aeltern u. Erzieher, Kranke u. Aerzte. gr. 8. (93 S.) Leipzig 850, G. Wigand (jetzt: Schlicke). 1/2 ₰

—— Blutarmuth und Bleichsucht, die verbreitetsten Krankheiten unserer Zeit, besonders unter der Jugend. Für Aeltern und Erzieher, Kranke und Aerzte geschrieben. 2., verb. Aufl. gr. 8. (VII und 86 S.) Leipzig 854, Schlicke.

—— über jugendliche Brandstifter. Nebst einigen Bemerkungen üb. d. Bestimmungen des sächs. Criminalgesetzbuches hinsichtlich der Unzurechnungsfähigkeit. gr. 8. (7 3/8 B. u. 1 Tab.) Dresden u. Leipzig 844, Arnoldische Buchh. *

— s. Choulant, L., Lehrbuch der speciellen Pathologie.

Richter, Herrmann Eberhardt, Die Einführung des Turnens in die Volksschulen, 6 S., Gr.-8°.

Richter, H. Eberh. (Friedr.), Flora d. phanerogam. Gewächse d. Umgegend v. Leipzig, s. Klett, G. Th.

— das Geheimmittel-Unwesen. Nebst Vorschlägen zu dessen Unterdrückg. 1. u. 2. Bdchn. gr. 8. (XI, 208 S.) Leipzig 872. 75. O. Wigand. à 1. 50

—— Grundriss der inneren Klinik für akadem. Vorlesungen und zum Selbstudium. 3., neu bearb. Aufl. 2 Bde. gr. 8. (1. Bd.: Angiopathien. Neuropathien. XX und 831 S.) Leipzig 855, Voss. *
Vgl.: Choulant's, L., Lehrbuch der speciellen Pathologie etc.

Richter, Herm. Eberh., Grundriss zur innern Klinik für akademische Vorlesungen und zum Selbstudium. 2 Bde. 4., neubearb. Aufl. gr. 8. (XXX und 1277 S.) Leipzig 860, Voss. *

—— die schwedische nationale u. medicinische Gymnastik. Vortrag, gehalten in der Gesellschaft f. Natur- u. Heilkunde zu Dresden. 8. (3 B.) Dresden u. Leipzig 845, Arnoldische Buchh.

— Hermann Eberhard, Die neueren Kenntnisse von den krankmachenden Schmarotzerpilzen in phytophysiologischer, pathologischer und sanitätlicher Hinsicht. 4. und 5. Artikel. Leipzig.

— der menschliche Körper. Mit 18 Original-Abbildgn. (Holzschn. im Text.) 2., verm. ꝛc. Aufl. Leipzig 855. O. Wigand. gr. 8. (2 Bl., 72 S.) n. 10 ngr.
1. Aufl., s. Bildungshalle ꝛc. 1. Bd.

—— die ärztlichen Kreisvereine des Königr. Sachsen in ihrer vierjährigen Wirksamkeit. 8. (V, 72 S.) Leipzig 869, Gräbner. *
Aus: Correspondenzblatt der ärztlichen und pharmaceutischen Kreis-Vereine Sachsens, besonders abgedruckt.

Richter, Herm. Eberh., s. Linné, systema.

Richter (H. E.). Codex botanicus Linneanus. Lips. 1835. 4°.
The entire botanical works of Linnaeus compressed into one volume.

Herrm. Eberhard. Richter codex botanicus Linnaeanus, textum Linnaeanum integrum ex omnibus systematis, generum, specierum plantarum editionibus, mantissis, additamentis, selectumque ex ceteris ejus botanicis libris digestum, collatum, contractum, cum plena editionum discrepantia exhibens. [Car. Linnaei systema, genera, species plantarum uno volumine; editio critica, adstricta, conferta.] Lipsiae 1840. 4. *Praeter indicem habet* 32 *et* 1102 *pagg.*

— über Milch- u. Molken-Kuren. 1 Bdchn. 2. wesentlich verm. Abdr. gr. 8. (VII, 54 S.) Ebend. 872. n. — 80

Richter, Herm. Eberh., über Milch- und Molken-Kuren. 2. (Schluss-)Bdchn. 8. (100 S.) Leipzig 876, O. Wigand. * 1 —
1. Bdchn. Ebendas. 1872. * 80 Pf.

—— Organon der physiolog. Therapie. Das ärztliche Verfahren auf Natur- und vernunftgemässen Grundlagen als selbständige Lehre bearb. Lex.-8. (XVI und 626 S.) Leipzig 850, O. Wigand. *

—— specielle Pathologie und Therapie, s. Choulant, Ludw.

— Hermann Eberh. (Friedr.) (Leipzig), Problema de via analytica ad certitudinem in cognitione medica. Diss. med. Dresden (B. G. Teubner) 15. IV. 1834. 40 S. (4.—) 28712
Gew.: Heinrich Leopold Francke, Albert Braune.

— üb. die weibliche Schönheit vom turnärztlichen Standpunkte. Vortrag gehalten im dresdner Turnverein. [Separatabdr. aus dem „Turner".] gr. 8. (12 S.) Dresden 849, Gottschalck in Comm. n. 1/12 ₰

Richter, Herm. Eberhard, u. H. G. L. Reichenbach, der naturwissenschaftl. Unterricht, siehe: Reichenbach, H. G. L.

Richter, Hermann Eberhard (Hrsg.), s. Vereinsblatt, Ärztliches, f. Dtld. — Verhandlungen d. 2. dt. Ärztetags zu Eisenach ...

Richter, Hermann Emil Kurt

Richter, Herm. Aemil. Curtius (geb. Saarlouis 19. 4. 1837): De atropini in oculum efficacitate. Berolini (1860). (40 S.) 8°
Berlin, Med. Diss. v. 15. März 1860

Richter, Hermann Michael

Richter, Herm. Mich., Geschichte der deutschen Nation, nach den Grundzügen ihrer Entwickelung dargestellt. gr. 8. (VIII, 479 S.) Berlin 882. Seehagen. n. 5. —; geb. n. 6. —

Richter, Herm. Mich., Geschichte der deutschen Nation, nach den Grundzügen ihrer Entwickelg. dargestellt. Neue Ausg. m. den Portraits v. Kaiser Karl d. Gr., Rudolf v. Habsburg, Wilhelm I. u. Dr. Martin Luther. gr. 8. (VIII, 479 S.) Berlin 884. Seehagen. geb. n. 4. 50

Richter, Herm. Mich., die leitenden Ideen u. der Fortschritt in Deutschland von 1860 bis 1870. gr. 8. (XIV, 318 S.) Nördlingen 873. Beck. n. 5. —

Richter, Horst Theobald, Referendar in Chemnitz: Die Kündigung des Handlungsgehilfenverhältnisses. Borna-Leipzig 1905: R. Noske. (VIII, 52 S.) 8° [J.]
Leipzig, Jur. Fak., Diss. v. 18. Febr. 1905
[Geb. 29. Jan. 78 Sebnitz i. S.; Wohnort: Chemnitz; Staatsangeh.: Sachsen; Vorbildung: Gymn. Schneeberg i. S. Reife O. 98; Studium: Leipzig 1, Berlin 1, Leipzig 6 S.; Rig. 21. Juli 02.]

Richter, Hubert, a. Dresden: Die Verhandlungen über die Aufnahme der Reformierten in den Religionsfrieden auf dem Friedenskongreß zu Osnabrück 1645—48. Berlin 1906: E. Ebering. (99 S.) 8°
Leipzig, Phil. Fak., Ref. Brandenburg-Seeliger, Diss. v. 24. Nov. 1906
[Geb. 26. Juni 82 Dresden; Wohnort: Dresden; Staatsangeh.: Sachsen; Vorbildung: Gymn. Dresden-N. Reife O. 01; Studium: Leipzig 8 S.; Rig. 22. Mai 06.]

Richter, Hugo, s.: Aktsaal, der.

Richter, Hugo, Med.-Prakt. a. Büdingen, Ober-Hessen: (Aus d. chirurg. Klinik in Gießen.) Ein Beitrag zur Casuistik der hereditären multiplen Exostosen. Mit 1 Abb. Gießen 1908: v. Münchow. (24 S.) 8°
Gießen, Med. Fak., Ref. Poppert, Diss. v. 25. April 1908
[Geb. 20. Aug. 83 Büdingen; Wohnort: Dortmund; Staatsangeh.: Hessen; Vorbildung: Gymn. Büdingen Reife M. 01; Studium: Gießen 10 S.; Coll. 27. Juli 07; Approb. 1. Jan. 08.]

RICHTER, HUGO. Beiträge zur Kenntniss der einfachen und substituirten Cyansäureäther. (Basel) Berlin, 1893.

Richter, Hugo, appr. Arzt a. Dresden: Das Carcinoma Vesicae Urinariae und seine operative Behandlung. Leipzig 1905: B. Georgi. (50 S.) 8°
Leipzig, Med. Fak., Ref. Trendelenburg, Diss. v. 19. Juni 1905
[Geb. 20. Mai 79 Dresden; Wohnort: Dresden; Staatsangeh.: Sachsen; Vorbildung: Wettinergymn. Dresden Reife O. 99; Studium: Jena 2, Leipzig 3, Göttingen 2, München 5 S.; Coll. 26. Juni 05; Approb. 28. Nov. 04 (25. Febr. 05).]

Richter, J., einfache u. gründl. Anleit. z. Rechnenkunst f. Gymnasien, Volksschulen u. f. Selbstlehrlinge. 8. (13½ B.) Coblenz 828, Hölscher.

Richter, J., Morse's elektro-magnetischer Druck-Telegraph mit besonderer Berücksichtigung des Eisenbahnbetriebes. 2. Aufl. Mit Abb. 8°. Reichenberg 1879. fl. 3.—

Richter, J., die königl. sächsischen m. dem Strafgesetzbuch f. das deutsche Reich in Verbindung stehenden Gesetze vom 15., 20. u. 30. April 1873 nebst den dazu gehör. Verordngn. Mit Anmerkgn. 8. (IV, 126 S.) Dresden 873. Meinhold & Söhne. n. 1. 60

— Patentgesetz nebst Verordnung, betr. die Einrichtung, das Verfahren und den Geschäftsgang des Patentamts. Mit Einleitung und Anmerkungen. 8. (36 S.) Dresden 877, Meinhold und Söhne. * — 50

— J., Πέφευγα — absolutus sum. Gel. 1858. 16 S. 4°.

Richter, J., Ciceros de offic. III. angebl. Planlosigkeit. Pr. 1875. 12 S. 4°. 2.—

Richter, J., Reisebericht üb. Flussbauten in Bayern. Schwebende Baukörper nach System Wolf. Mit 1 Zeichnungstaf. gr. 8. (43 S.) Lemberg 888. Soyfarth & Czaykowski. n. 1. —

Sammlung der Verordnungen, Ausschreiben und sonstigen Verfügungen, welche seit der Tradition des Herzogthums Lauenburg an die Krone Dännemark (26. Juli 1816) bis zum 31. Dec. 1830 für das Herzogthum Lauenburg ergangen sind, in einen Auszug nach alphabetischer Ordnung gebracht v. (J.) **Richter.** Ratzeburg. 1832. 8°

— Sammlung der Verordnungen, Ausschreiben u. sonstigen Verfügungen, welche vom Jahre 1813 bis zum Schlusse des Jahres 1840 für das Herzogthum Lauenburg ergangen sind. Lübeck (1841).

— Sammlung der Verordnungen, Ausschreiben u. sonstigen Verfügungen, welche vom Jahre 1841 bis zum Erscheinen des officiellen Wochenblattes, 14. Oct. 1848 für das Herzogthum Lauenburg ergangen sind. Ratzeburg 1849.

Richter, Sammlung der Verordnungen rc. für das Herzogth. Lauenburg, s. Sammlung.

Richter, J., Civilprozeßordnung, s. Justiz-Gesetze für das Deutsche Reich.

— die Zuständigkeit in Strafsachen. Tabellarische Uebersicht. 8. (70 S.) Ebendas. 879. cart. * 1 —

Richter, J., die Zuständigkeit in Strafsachen. Tabellarische Uebersicht. 2. Aufl. 12. (80 S.) Dresden 894. Leipzig, Alb. Berger. Kart. n. 1. —

— J. B., Dr., Ueber die bis jetzt sicherste Reinigungsmethode des Kobalts und Nickels vom Wismuth, Arsenik, Eisen und Kupfer; vorzüglich aber die Methode der Scheidung des Kobalts vom Nickel oder des Nickels vom Kobalt in grossen Quantitaten. (Aus: Neues Allgem. Journ. der Chemie. 2. Bd., 1. Heft. 1. Beiträge zur Kenntniss und Darstellung des reinen Nickels und Kobalts.) (S. 5386)

Richter, J. E., prakt. Anweisung z. gründl. Erlernung d. deutschen Sprache. 1r Thl. od. Anweisung richtig zu sprechen. 8. Leipz. Bruder. 813.

Richter, J. E., vollständige Anweisung zur gründlichen Erlernung des gemeinnützlichen Rechnens für Schulen u. zum Privat-Gebrauch. In 4 Heften. 1. Thl.: 1.—3. Heft. 2. Aufl. gr. 8. Leipzig 845, Einhorn's Verlags-Erped. ¼ ₰

— dass. 2. Thl.: 4. Heft. 2. Aufl. gr. 8. Ebend. 845. 9 ngl

— dass. 3. Thl.: Auflösungen. gr. 8. Ebend. 846. 12 ngl

— vollständ. Anweisung zur gründl. Erlernung des deutschen Styls für Schulen u. zum Privat-Gebrauch. In 3 Lehrgängen, Denkübungen, die Denklehre u. die Lehre vom Styl enthaltend. 8. Leipzig 814, Dürr'sche Buchh. 1 ₰

Richter, J. G., vollständige Anweisung zur gründlichen Erlernung des deutschen Styls für Schulen und zum Privat-Gebrauch. In drei Lehrgängen. Denkübungen, die Denklehre und die Lehre vom Styl enthaltend. 2. unveränd. (Titel-)Aufl. Leipzig (844.) 853. Dürr 8. (XX, 587 S.) n. 20 ngr.

Richter, I. C., Museum a Hebenstreit edit. fol. Lips. 743.

Richter, J. C., vollständ. deutsche Schul-Grammatik. 8. (26⅓ B.) Leipzig 831, [Künzel.]

Richter, J. C., vollständ. deutsche Schul-Grammatik. 8. Leipz. 831. Schumann. 16 gr.

Richter, J. F., De encephalo. 20 pp. Erf. 4°. 1764

Richter, J. F., Leier und Schwert, s. Leier und Schwert.

—— singe mit! s. Singe mit.

RICHTER, J. G. (Zettelträger beym Leipziger Theater), Bocksprünge, Narrenstreiche, Abentheuer u. Geniereisen. Mit 1 Kupfer. Leipzig 1798. 8°. Rar! (8 Mk. 50 Pfg., mit 1 [unerhebl.] Beibd., Gust. Fock, Lpz., 1909.)

Richter, J. G., der Christ in der Nacht, eine Predigt. gr. 8. Leipzig, Junius. 796.

— hist. Nachr. v. d. Ordensamt Rampitz an der Oder. 8. Frkf. 740.

Richter, J. G., acht Reisen in das Jenseits, s. Reisen.

Richter, J. H., uber die Construction der flachen Dachbedeckung, s. Dorn, J. F., Anleitung.

Richter, J. H., Predigt am Dankfeste nach erfolgter Huldigung Sr. kön. Maj. v. Westphalen, am Sonnt. nach 3 Kön. 1808. Osnabr. Crone.

Richter, J. J., Bilder aus den Vereinigten Staaten. gr. 8. (IV, 162 S.) Zürich 874. Verlags-Magazin. n. 2. —

Richter, J. J. . Bilder aus den Vereinigten Staaten. (Inhalt: Vorwort. – 1. Eine Fahrt über den Ocean. – 2. Neuyork. Die Einwanderung.... 12. Wetter und Klima. Anhang.) 8. Zürich 1874.

Richter, J. J. Oidipus und Lear. Eine Studie zur Vergleichung Shakespeare's mit Sophokles. 2 Teile. Lörrach, G., 1884. 18 S. 4. 1885. 25 S. 4. Progr.

Richter, J. P., Lebenswahrheiten u. Lebensansichten in humorist., satyr. u. launigen Aufsätzen u. Aphorismen. Ein Vademecum auf d. Reise durchs Leben in dess. frohen u. trüben Stunden. 12. (8 B.) Kaschau 830, Werfer. (Wigand.)

Richter, J. P., das französische Volksschulwesen. Auf Grund der gesetzl. Bestimmgn. u. der behördl. Anordngn. m. besond. Berücksicht. der inneren Einrichtg. dargestellt. gr. 8. (V, 115 S.) Halle a/S. 891. Tausch & Grosse. n. 1. 60

Richter, J. Rud., Bibelstunden aus der Offenbarung St. Johannis. Kurzgefaßte Auslegung der Offenbarung St. Johannis im biblisch- und kirchlich-gläubigen Sinne für gelehrte u. ungelehrte Leser des göttlichen Wortes. Leipzig 864. Naumann in Comm. gr. 8. (192 S.) n. 20 ngr.

Richter, J. S.

— darf der Mensch alles prüfen und untersuchen, was zum Besten s. Geistes und Körpers gereichen kann? Eine Predigt, über Jos. V, 21., worin über Blatternimpf. gespr. wird. 8. Ratibor, Juhr. 802.

Richter, J. S.: „Ueber den oberschlesischen Landmann als Menschen, Bürger und Christen", Breslau 1797 (Korn).

Richter, J. S., üb. den oberschles. Landmann, als Mensch, Christ u. Bürger betrachtet. gr. 8. Bresl. 798. (J. F. Korn). 4 gr.

Richter, J. S., s. Potocki, Graf St.: Rede ...

Richter, J. W. Otto, s. Richter, Julius Wilhelm Otto.

— **Jakob (Andernach/Rheinprovinz), De lytta Maroschettiana. Diss. med. Berlin (Brüschcke) 15. VII. 1826. 40 S. mit Biogr. (M.: J. Buchmüller.) (4.—) 28713**
Oppon.: C. Alken, A. F. Funk, A. Pröbsting. — Gew.: Emil Osann, Jakob Richter (Oheim.)

Richter, Jak., s. Religion, über, mit Hinsicht a. d. Folgen.

- Synonyma oder Sammlung einiger ähnlich bedeutender Wörter i. d. deutschen Sprache. Mösle, Wien 1794.

Vgl. Richter, Josef.

RICHTER Jakob. Grammatisches Worterbuch der deutschen Sprache . . . von –. Graffer jun. Wien 1791. 2 Tle. in 2 vol.

Vgl. Richter, Josef.

Richter, Jean Paul

Richter, J. Paul, christliche Architectur u. Plastik in Rom vor Constantin dem Grossen. Ein kunstgeschichtl. Essai. gr. 8. (28 S.) Jena 872. Fr. Frommann. n. 1. —

Richter, J. P. Correggio. (Dohme, Kunst und Künstler. Abth. 2, Bd. III.)
Gutbier. Museum d. ital. Malerei in Photogr. XXXIII.

Richter, Jean Paul, Antonio Allegri gen. Correggio, s. Kunst und Künstler des Mittelalters und der Neuzeit.

—— die Mosaiken von Ravenna. Beitrag zu einer kritischen Geschichte der altchristl. Malerei. gr. 8. (VII, 136 S. mit 4 Abbild. in Lichtdr.) Wien 878, Braumüller. * 5 —

Richter, J. P. Sebastiano del Piombo. (Dohme, Kunst und Künstler. Abth. 2, Bd. III.)
Gutbier. Museum d. ital. Malerei in Photogr. XXXVIII.

—— Sebastiano del Piombo. — Giulio Romano, s. Kunst und Künstler des Mittelalters und der Neuzeit.

Quellen der byzantinischen Kunstgeschichte. Ausgewählte Texte üb. d. Kirchen, Klöster, Paläste, Staatsgebäude u. and. Bauten v. Konstantinopel. Hrsg. v. Jean Paul Richter. *Wien: C. Graeser 1897.* (LIII, 432 S., 1 Bl.) 1 Bd 8.
= Quellenschriften f. Kunstgeschichte u. Kunsttechnik d. Mittelalters u. d. Neuzeit. N. F. Bd VIII. 97. 1027

Richter, J. P. Giulio Romano. (Dohme, Kunst und Künstler. Abth. 2, Bd. III.)

—— der Ursprung der abendländischen Kirchengebäude, nach neuen Entdeckungen kritisch erläutert. gr. 8. (III, 48 S. mit 3 eingedr. Holzschn.-Abbild.) Wien 878, Braumüller. * 1 20

Richter, Jean Paul Friedr., s. a. † Jean Paul.

Richter, Jean Paul Friedrich [Wirkl. Name]
s. a. Paul, Jean [Pseud.]

(——) Leben u. Charakteristik, s. Döring, (J. M.) Heinr.

— Novellistische Schilderungen aus der Jugend des Dichters. Von Th. Oelckers. 2 Bde. 8. Leipzig 846, O. Klemm. à 1 1/4 Thlr.

Richter, (J. P. F.,) in seinem letzten Tagen u. im Tode rc., s. Spazier.

Richter, Johann Paul Friedrich. Anschauungen der Natur. Aus [dessen] Schriften. Riga 1819. H: *Sonntag, Carl Gottlob.* (R-N) (GGr)

— Auswahl aus den Papieren des Teufels. 8. Gera (anonym) 789. Beckmann. 1 Thlr. 8 Gr. N. Aufl. u. d. T.: Palingenesien, enthalt. Fata u. Werke in u. um Nürnberg. 2 Thle. 8. Ebd. 798. Heinsius. 2 Thlr.

— Dr. Katzenbergers Badereise; nebst e. Auswahl verbess. Werkchen. 2 Bde. 8. Heidelb. 809. Mohr. 3 Thlr. Velinp. 5 Thlr. 2e Aufl. 3 Bde. 8. Bresl. 823. Max u. C. 3 Thlr. 12 Gr. Velinp. 4 Thlr. 12 Gr.

— Dr. Katzenbergers Badereise nebst einer Auswahl verbesserter Werkchen. 3. Aufl. In 1 Bd. Mit dem Bildniß des Verf. 16. (XVIII u. 427 S. m. Stahlst.) Breslau 849, Max & Co. 1 Thlr.

— biograph. Belustigungen unter der Gehirnschaale einer Riesin. 1r Thl. 8. Berl. 796. (Reimer). 18 Gr.

— zerstreute Blätter. Gesammelt durch H. v. Hohenlinden. 2 Bdchen. 8. Leipz. 826. (Schmidt). Jena, Voigt. 1 Thlr. 16 Gr.

— Blumen-, Frucht- u. Dornenstücke, oder Ehestand, Leben u. Tod Siebenkees. 3 Thle. 8. Berl. 796 u. 97. Matzdorf. 2 Thlr. 10 Gr. 2e Aufl. 4 Bde. 8. Berl. 818. Reimer. 4 Thlr. 16 Gr.

— Blumen-, Frucht- u. Dornenstücke; oder Ehestand, Tod u. Hochzeit des Armenadvokaten F. St. Siebenkäs. 2 Bde. 3. Aufl. 8. Berlin 846, Reimer. 3 Thlr.

(——) Briefe an Friedr. Heinr. Jakobi. 8. (11 1/2 B.) Berlin 828, Reimer. Thlr.

— Briefe u. zukünftiger Lebenslauf. 8. Gera 799. Heinsius. 1 Thlr. 12 Gr.

(——) Briefwechsel mit seinem Freunde Chr. Otto. 4 Bde. (Von 1790—1825.) 8. Berlin, Reimer.
Bd. 1., 2. Briefe v. 1790—98. (49 B.) 829. à 2 Thlr.
" 3. " v. 1799—1800. (24 1/2 B.) 829. 2 Thlr.
" 4. " v. 1801—25. (18 B.) 833. 1 Thlr. 12 Gr.

Briefwechsel zwischen Heinrich Voss und Jean Paul (Friedrich Richter). Hrgg. v. Abraham Voss. Mit Heinrich Voss's Bildniss. Heidelberg. 1833. 8°.
Vgl. Briefwechsel ...

— kleine Bücherschau. Gesammelte Vorreden u. Recensionen, nebst einer kleinen Nachschule zur ästhetischen Vorschule. 2 Bdchen. 8. Bresl. 825. Max u. C. 2 Thlr. 16 Gr.

— Clavis Fichtiana seu Leibgeberiana. 8. Erfurt 800. Hennings in Gotha. 18 Gr.

— Dämmerungen für Deutschland. 8. Tübing. 809. v. Cotta. 1 Thlr. 8 Gr.

Richter, Jean Paul Friedr., † (Jean Paul,) the Death of an Angel and others pieces, translated, with a sketch of his life and character by a Kenney. gr. 8. (20 1/8 B.) Dresden and Leipzig 839, Arnold. Thlr. *
Vgl. Jean Paul.

Richter, Jean Paul Friedrich, s. Dobeneck, v.: D. deutsch. Mittelalters Volksglauben.

— über die deutschen Doppelwörter, eine grammatische Untersuchung in 12 alten Briefen u. 12 neuen Postscripten. 8. Stuttg. 820. v. Cotta. 1 Thlr. 12 Gr.

— polit. Fastenpredigten. 8. Stuttg. 817. v. Cotta. 1 Thlr. 8 Gr.

— Fata u. Werke, s. oben: Auswahl aus d. Papieren rc.

— Flegeljahre; eine Biographie. 4 Bde. 8. Tübing. 804 u. 5. v. Cotta. 5 Thlr. 8 Gr.

— Flegeljahre. Eine Biographie. 2. Ausg. 2 Bde. gr. 8. (1: IV u. 300 S. 2: IV u. 340 S.) Ebd. 849. n. 2 Thlr.

Richter, Jean Paul Friedr., Flegeljahre. Eine Biographie. 4 Bdchn. gr. 16. (VIII, 424 S.) Berlin 879, Hempel geb. in 1 Bd. * 2 —
Vgl.: † Jean Paul.

—— Flower, Fruit and Thorn Pieces, s. Collection of German Authors.

— Freiheitsbüchlein, od. Briefwechsel u. Dedication an den Herzog v. Gotha. 8. Tübing. 805. v. Cotta. 12 Gr.

— Friedenspredigt an Deutschland. gr. 8. Heidelb. 808. Mohr. 10 Gr. Schrbp. 16 Gr. Velp. 20 Gr.

Richter's, Jean Paul Fr., Geist, od. Chrestomathie der vorzügl. Stellen aus seinen Schriften. 3 Bde. 8. Weim. u. Erf. 801—4. 2e u. 3e Aufl. 805, 7, 18. u. 4r Bd. 816. Keyser. 3 Thlr. 16 Gr. N. A. Ebd. 6 Thlr. N. A. 826. Ebd. 3 Thlr. Ergänzungsheft f. d. Besitzer d. 1n, 2n u. 3n Aufl. 8. Ebd. 818. 16 Gr.

— Geist oder Chrestomathie der vorzüglichsten kräftigsten und gelungensten Stellen aus seinen sämmtl. Schriften. 1r 2r 3r Thl. 3te Aufl. 8. Erfurt, Keyser.

— 's Geist, od. Chrestomathie d. vorzüglichst. Stellen s. Schriften. 4r Bd. 8. Leipz. Franz. 816.

— — Ergänzungsheft zu obigem, für die Besitzer der 1sten Aufl. des 1sten 2ten u. 3n Thl. 8. Ebend. 818.

Richter's, (Jean Paul Fr.,) Geist, oder Chrestomathie der vorzügl., kräftigsten u. gelungensten Stellen aus s. sämmtl. Schriften. 4 Thle. Wohlfeile Ausg. 8. Erfurt 826, Keyser.

— Geschichte meiner Vorrede zu dem Leben Quintus Fixlein. 8. Bayr. 797. Lübeck. 8 Gr.

— s. Glaube, Liebe, Hoffnung.

— s. Hasus, J. P. F.

— Herbstbluminen, od. gesammelte Werkchen aus Zeitschriften. 3 Bde. 8. Tübing. 810—20. v. Cotta. 5 Thlr. 20 Gr.

— Herbst-Blumine, od. gesammelte Werkchen aus Zeitschriften. 2s Bdchen. 8. Tübing. Cotta. 815.

— Hesperus, od. 45 Hundsposttage; e. Biographie. 4 Thle. 8. Berl. 795. 2e A. 798. Matzdorf. 5 Thlr. 3e Aufl. 8. Ebd. 819. Reimer. 5 Thlr. 16 Gr. Weiß Drckp. 6 Thlr. Schrbp. 6 Thlr. 12 Gr. Velinp. 19 Thlr.

— Hesperus, oder 45 Hundsposttage, eine Biographie. 4 Thle. 8. Berlin, Matzdorf. (Realschulbuchhandlung.) 798.

— üb. das Immergrün unserer Gefühle. 3e A. (Aus d. „Sinngrün" besond. abgedr.) 16. Berl. 826. 4e A. 832. Th. Enslin. 8 𝔤

— über das Immergrün unserer Gefühle. 5. Aufl. 16. (30 S.) Berlin 847, Th. Enslin. Fein geb. m. Goldschn. n. 1/3 ℛ

— der Jubelsenior; e. Appendix. 8. Lpz. 797. (Reimer in Berl.) 1 ℛ 6 𝔤

— das Kampaner-Thal, od. die Unsterblichkeit der Seele. 8. Erfurt 798. Hennings in Gotha. 1 ℛ 12 𝔤

— s. Kanne, J. A.: Erste Urkunde.

— das heiml. Klagelied der Männer; e. Stadtgeschichte. 8. Bremen 808. Fr. Wilmans in Frkf. a. M. 16 𝔤

— der Komet, od. Nicol. Marggraf; e. kom. Geschichte. 3 Bde. 8. Berl. 820—22. Reimer. 5 ℛ 8 𝔤

— Leben Fibels, des Verf. der Bienrodischen Fibel. 8. Nürnb. 812. (Reimer in Berl.) 2 ℛ

— Leben Quintus Fixlein, aus 15 Zettelkästen gezogen. 8. Bayr. 796. 2e A. Mit 2 Vign. 801. (Reimer in Berl.) 2 ℛ 20 𝔤

Richter's, J. P. Fr., Lebensbilder. Aus dessen Schriften gezogen. 16. Pesth, Hartleben. 816.

— Levanna, od. Erziehungslehre. 2 Thle. Mit Anh. 8. Braunschweig 807. Vieweg. 3 ℛ 4 𝔤 Ergänzungsblatt. 8. Ebd. 4 𝔤 2e Aufl. 3 Thle. 8. Tübing. 815 u. 17. v. Cotta. 4 ℛ Ergänzungsbl. 817. Ebd. 9 𝔤

— Levana, od. Erziehungslehre. 3 Thle. 2te Aufl. 8. Tübing. Cotta. 814.

— Levana oder Erziehlehre. Eine Zusammenstellung der schönsten u. wichtigsten Stellen. gr. 8. Schaffhausen 843, Brodtmann. 1/6 ℛ — 2. verm. Aufl. gr. 16. Ebend. 843. 1/6 ℛ

— Levana od. Erziehlehre. 3. aus dem literar. Nachlaß des Verf. verm. Aufl. gr. 8. Stuttgart 845, Cotta'sche B. 1 3/4 ℛ

Richter's, Jean Paul Frdr., Levana, nebst pädagog. Stücken aus seinen übrigen Werken u. dem Leben d. vergnügten Schulmeisterleins Maria Wuz in Auenthal. Mit Richter's Biographie hrsg. v. Karl Lange. gr. 8. (VI, XCIII, 341 S.) Langensalza 886. Beyer & Söhne. n. 3. 50; geb. n. 4. 50

Jean Paul Friedr. Richters Levana nebst pädagogischen Stücken aus s. übrigen Werken u. d. Leben d. vergnügten Schulmeisterleins Maria Wuz in Auental. Mit Richters Biographie hrsg. von Dr. Karl Lange. 3. Aufl. Langensalza: Beyer 1910. VI, C, 351 S. 8°
(Bibliothek Pädagogischer Klassiker. Bd 24.) [11. 736]

Richter's, Jean Paul Friedr., Levana, nebst pädagogischen Stücken aus seinen übr. Werken u. dem Leben d. vergnügten Schulmeisterleins Maria Wuz in Auenthal, s. a. Bibliothek pädagogischer Klassiker.

— die unsichtbare Loge; e. Biographie. 8. Berl. 792. Matzdorf. 2 ℛ 16 𝔤 2e A. 2 Thle. 8. Ebd. 821. Reimer. 3 ℛ 12 𝔤

— die unsichtbare Loge; eine Lebensbeschreibung. 2 Thle. Neue Aufl. 8. Berl. 822, Reimer.

Richter, Jean Paul Fr., Mars u. Phöbus, Thronwechsel im Jahre 1814; e. scherzhafte Flugschrift. 8. Stuttg. 814. v. Cotta. 8 𝔤

Richter, J. P. F. Der Mensch und das Leben in höhern Ansichten. Aus [dessen] Schriften. Riga 1815. H: *Sonntag, Carl Gottlob.* (R-N) (GGr)

— Museum. 8. Stuttg. 814. v. Cotta. 1 ℛ 16 𝔤

— polit. Nachklänge; Wiedergedrucktes u. Neues; (hrsgg. v. Er. Förster). 16. Heidelb. 832. Winter. 16 𝔤

— Palingenesien, s. oben: Auswahl.

Richter, Jean Paul Fr., der Pietist. Ein religiöser Zeitroman in 16 Trakten. In dessen Nachlaß vorgefunden. (Herausgegeben von C. Göhring.) 8. Grimma 845, Verlags-Comptoir. 1 1/3 ℛ

— Grönländ. Processe. 2 Thle. 8. Berl. 783, 85. Voß. (anonym). 1 ℛ 8 𝔤 2e verb. Aufl. 821. Ebd. 2 ℛ 16 𝔤

— des Feldpredigers Schmelzle Reise nach Flötz. Nebst d. Beichte des Teufels bei e. Staatsmanne. 8. Tübing. 809. v. Cotta. 20 𝔤 Velinp. 1 ℛ

(——) das Schönste u. Gediegenste aus sein. verschied. Schriften u. Aufsätzen, nebst Bildniß, Leben u. Charakteristik. Mit e. Vorbericht v. Conz. 1—10. Bdchn. 16. (217 1/2 B., J. Pauls Bildn. u. Facsimile.) Leipzig 827—36, Klein. à 12 Gr., franz. Pap. 16 Gr., zus. genomm. 4 Thlr., franz. Pap.

(——) dass. 8. (217 1/2 B., J. Pauls Bildn. u. Facsimile.) Schrbp. à 18 Gr., Vlnp. 1 Thlr., zus. genomm. Schrbp. 6 Thlr., Vlnp.
1—4. Bdchn., hrsg. v. Aug. Gebauer. — 5., v. e. Ungenannten. — 6. u. 8., v. J. Döring. — 7., 9. u. 10., v. H. G. Numsen.

— das Schönste u. Gediegenste aus seinen verschiedenen Schriften u. Aufsätzen, nebst dessen Leben, Charakteristik u. Bildniß. Ausgewählt, gesammelt u. geordnet. Mit e. Vorbericht von Conz. 96—126 Bdchn. Herausg. von Dr. H. G. Numsen. 8. Leipzig 836, 37. Klein. Subscr.-Pr. Schrbp. (à n. 3/4 ℛ) 3 ℛ Velinp. (à n. 1 ℛ) 4 ℛ (Der Pränum.-Pr. für 12 Bdchn. beträgt n. 7 1/2 ℛ — Velinp. n. 10 ℛ)

— dass. Ausgabe in 16. 96—126 Bdchn. Ebd. 836, 37. Subscr.-

Richter, J. P. F. Das Schönste und Gediegenste aus [dessen] verschiedenen Schriften und Aufsätzen ... Leipz. 1827-37. H (Bd. 1—4): *Gebauer, Chn Aug.* (Bd. 5): *Klein, Ant. Edl. v.* (Bd. 6—8): *Döring, Joh. Michael Hnr.* (Bd. 9-12): *Numsen, H. G.* (GGr)

— das Schönste und Gediegenste aus seinen verschiedenen Schriften u. Aufsätzen, nebst dessen Charakteristik, Leben u. Bildniß. Ausgewählt, geordnet u. dargestellt von A. Gebauer. Mit einem Vorbericht von Conz. 2. Bdchn. Neuer Wiederabdruck. kl. 8. Leipzig 841, C. Klein. n. 3/4 ℛ (1—12: n. 7 1/2 ℛ)

— kleine Schriften. 2 Thle. 8. Jena 804. N. Aufl. 809. Voigt. 1 ℛ 6 𝔤

— kleine Schriften. 2 Theile. 8. Jena, Voigt. 809.
(Letzte beyde Bücher sind nicht von Richter selbst herausgegeben.)

— Selina, od. über die Unsterblichkeit. 2 Thle. 8. Stuttg. 827. v. Cotta. 2 ℛ

— die Tageszeiten geschildert; f. Bänkelsänger. Mit e. komisch. Anhang. 8. Cöln 803.

— Titan. 4 Bde. 8. Berlin, Matzdorf. 800—3. (1r Bd. u. 1s Bdch. 2 Rthlr. 8 gr. 2r Bd. u. 2s Bdch. 1 Rthlr. 16 gr. 3r Bd. 1 Rthlr. 16 gr. 4r Bd. 2 Rthlr.)
Schrbp. (1r Bd. u. 1s Bdch. 2 Rthlr. 20 gr. 2r Bd. u. 2s Bdch. 1 Rthl. 22 gr. 3r Bd. 1 Rthl. 22 gr. 4r 2 Rthlr. 12 gr.)

— Titan. 4 Bde. 8. Berl. 800—803. (Reimer). 9 ß 16 ℊ
Komisch. Anhang dazu. 1s Bdchen. 8. Ebd. 800.

— Titan. 2. Ausg. 3 Bde. 8. Berlin 846, Reimer. 4 1/2 ß

— Vorschule der Aesthetik; nebst einigen Vorlesungen über die Partheien d. Zeit. 3 Thle. 8. Hamb. 804. Perthes. 4 ß 12 ℊ
2e Aufl. 8. Tübing. 813. v. Cotta. 5 ß

— Wahrheit aus meinem Leben. 1s—3s Heftlein. Mit dess. Bildn. u. 2 Nachbildd. fr. Handschr. 8. Bresl. 826—31. Max u. C. 10 ß 2 ℊ

Richter, Jean Paul Friedr., († d. 14. Nov. 1825), ausgewählte Werke. 16 Bde. 8. 1 u. 2. Bd. Die unsichtbare Loge. 2 Thle. (1: VI u. 298 S. 2: VI u. 318 S.) 3—6. Bd. Hesperus. 4 Heftlein. (3: VI u. 302 S. 4: IV u. 254 S. 5: IV u. 263 S. 6: IV u. 194 S.) 7. Bd. Quintus Fixlein. (IV u. 334 S.) 8 u. 9. Bd. Siebenkäs. 4 Bdchn. (8: IV u. 350 S. 9: IV u. 378 S.) 10—12. Bd. Titan. 4 Bdchn. (10: IV u. 320 S. 11: IV u. 388 S. 12: IV u. 355 S.) 13 u. 14. Bd. Flegeljahre. 4 Bdchn. (13: IV u. 300 S. 14: IV u. 340 S.) 15. Bd. Dr. Katzenbergers Badereise; nebst einer Auswahl verbesserter Werkchen. (VI u. 357 S.) 16 Bd. A. u. d. T.: Aus Jean Paul's Leben. Angefangen von ihm selbst. Fortgesetzt v. Ernst Förster. Mit Jean Paul's Bildniß u. dem Facsimile seiner Handschrift v. seinem 15. bis zu seinem 62. Jahre. (VIII u. 344 S. m. 1 Stahlst. u. 4 lith. Taf. in qu. 4.) Berlin 847—49, G. Reimer. (à n. 1/2 ß) n. 8 ß

(Richter, Jean Paul Friedr.,) †(Jean Paul,) sämmtl. Werke. 60 Bde. (od. 12 Lfgn. à 5 Bde.) 8. (726 B.) Berlin 826—28, Reimer. 45 Thlr., franz. Pap. 55 Thlr., Vlnp.
Bd. 1—3. Die unsichtbare Loge. 3 Bde.
" 4. Quintus Fixlein, nebst d. Gesch. d. Vorr. zur 2. Aufl.
" 5, 6. Grönländ. Prozesse, od. satyr. Skizzen. 2 Bde.
" 7—10. Hesperus, od. 45 Hundposttage. Eine Lebensbeschreib. 4 Hftl. (Bde.)
" 11—14. Blumen-, Frucht- u. Dornenstücke, od. Ehestand, Tod u. Hochzeit d. Armenadvokaten F. St. Siebenkäs. 4 Bde
" 15., 16. Auswahl aus d. Teufels Papieren. Nebst e. nöthigen Aviso v. Juden Mendel. 2 Bde.
" 17. Biographische Belustigungen unter d. Gehirnschaale einer Riesin. Eine Geistergesch. — Satyr. Appendix.
Bd. 18., 19. Palingenesien. — A. u. d. T.: J. Paul's Fata u. Werke vor u. in Nürnberg. 2 Bde.
" 20. Der Jubelsenior. Ein Appendix.
" 21—25. Titan. 5 Bde.
" 26—30. Flegeljahre. Eine Biographie. 5 Bde.
" 31., 32. Komischer Anhang zum Titan. 2 Bde.
" 33. Dämmerungen für Deutschland.
" 34. Frieden-Predigt an Deutschland. Polit. Fastenpredigten während Deutschlands Marterwoche.
" 35. Briefe u. bevorstehender Lebenslauf.
" 36—38. Levana, od. Erziehlehre. 3 Bde.
" 39. Das heimliche Klaglied d. jetzigen Männer; die wunderbare Gesellschaft in d. Neujahrsnacht u. das Freiheit-Büchlein.
" 40. Das Kampaner-Thal, od. üb. die Unsterblichkeit d. Seele; nebst e. Erklärung d. Holzschnitte unter d. 10 Geboten d. Katechismus.
" 41—43. Vorschule d. Aesthetik. 3 Bde.
" 44., 45. Kleine Bücherschau. 2 Bde.
" 46—48. Herbst-Blumine, od. gesammelte Werkchen aus Zeitschriften. 3 Bde.
" 49. Museum.
" 50. Des Feldpredigers Schmelzle Reise nach Flätz mit fortgehenden Noten; nebst d. Beichte d. Teufels bei einem Staatsmanne.
" 51—53. Dr. Katzenbergers Badereise, nebst einer Auswahl verbess. Werkchen. 3 Bde.
" 54. Leben Fibel's, des Verf. d. Bienrodischen Fibel.
" 55. Ueber d. deutschen Doppelwörter.
" 56—58. Der Komet, od. Nikol. Marggraf. Eine kom. Gesch. 3 Bde.
" 59. Gesammelte Aufsätze u. Dichtungen.
" 60. Briefe an Fr. Heinr. Jacobi. — Gesammelte Werkchen.

Richter, Jean Paul Fr., sämmtl. Werke. 61r—65r Bd. 13e Lfrg. 1r—5r Bd. A. u. d. T.: Jean Paul's literarischer Nachlaß. 1r—5r Bd. 8. Berlin 836—38. Reimer. 1r u. 2r Bd. Subscr.-Pr. à n. 1 ß weiß Druckp. à n 1 1/8 ß franz. Pap. à n. 1 1/3 ß Velinp. à n. 1 3/4 ß — 3r u. 4r Bd. 1 2/3 ß weiß Pap. 1 5/6 ß französ. Pap. 2 1/4 ß Velinp. 2 11/12 ß — 5r Bd. 5/6 ß weiß Pap. 11/12 ß franz. Pap. 1 1/12 ß Velinp. 1 5/12 ß (Die ersten 60 Bde. kosten jetzt nur n. 25 ß, n. 30 ß, n. 36 ß, n. 44 ß)

Richter, J. P. F. Sämmtliche Werke. Berlin 1826-38. II: *Förster, Ernst.* (BrMm)

(——) dass. 1. u. 2. Supplementbd., s. Döring, (Joh. Mich.) Heinr., Jean Pauls Leben ꝛc.
[Ist auch unt. diesem Tit. ausgegeben, was a. a. O. bemerkt werden kann. — Beide Bde. bilden zugleich den 6. u. 8. (nicht 6. u. 7.) Bd. von Jean Paul „das Schönste u. Gediegenste" ꝛc. s. unten.]

— dass. Neue Ausg. in 33 Bdn., sämmtl. vom Verf. selbst zum Druck geordnete enthaltend. Herausg. von Er. Förster. 1r—4r Bd. 8. Berlin 840. Reimer. (à Bd. n. 7/12 ß) 2 1/3 ß — fein Velinp. n. 3 1/3 ß

Richter, Jean Paul Fr., sämmtl. Werke. (2. Aufl. Herausgeg. von Er. Förster.) 4.—33. Band. 8. Berlin 841, 42, Reimer. n. 16 3/4 ß fein Velp. n. 24 1/6 ß — Alle 33 Bde. n. 24 ß Velp. n. 30 ß

— dies. Supplement. 2 Thle. A. u. d. T.: Der Papierdrache. Jean Paul's letztes Werk. Aus des Dichters Nachlaß herausgeg. von E. Förster. 2 Thle. 8. Frankfurt a/M. 845, Literar. Anst. n. 2 ß

— sämmtl. Werke. 13e Lfrg. (LXI—LXV.) 5 Bde. A. u. d. T.: Jean Paul Friedr. Richter. Ein biograph. Commentar zu dessen Werken von Rich. O. Spazier, den Neffen des Dichters. 5 Bde. 8. Leipzig 833. O. Wigand. 3 ß Velinp. 5 ß — Neue unveränd. (wohlfeil.) Ausg. 8. Berlin 835. Klemann. 2 1/2 ß

— über die Wüste u. das gelobte Land d. Menschengeschlechts. 8. Kreuznach 800. Kehr. 2 ℊ (Imhof u. Schwarz in Cöln). 3 ℊ

Richter, Jeremias Benjamin

—— Aufangsgründe der Stöchiometrie oder Messkunst chemischer Elemente. Theil 1 bis 3. Breslau und Hirschberg 1792—93. 8.

RICHTER, JEREMIAS BENJAMIN.
Anfangsgründe der Stöchyometrie oder Messkunst chymischer Elemente. Breslau und Hirschberg, 1792–94. 3 vols., 8vo.

— Anfangsgründe der Stöchiometrie oder Meßkunst chymischer Elemente. 3 Bde. Mit Kpf. gr. 8. Bresl. 822. J. F. Korn. 4 ß 22 ℊ

Richter, Jeremias Benjamin, s. Bourguet: Chem. Handwörterbuch.

Richter, Jerem. Benj., († d. 4. April 1807.) über die neuern Gegenstände der Chemie. 11 Stcke. (1s Stck. 2e Aufl. 799). gr. 8. Bresl. 791—802. J. F. Korn. 8 ß

— s. Macquer: Chem. Wörterbuch.

De usu matheseos in chymia. Regiomontanus, 1789.

Richter, Ignaz, Anfangsgründe der Naturlehre für den Unterricht an zweiclassigen Handelsschulen. Mit 172 in den Text gedruckten Holzschnitten. 8. (VIII, 144.) Geb. —.70
Wien: A.Hölder 1891.

Richter, Ign., Anfangsgründe der Naturlehre f. den Unterricht an zweiklassigen Handelsschulen. 2. verb. Aufl. (VI, 152 S. m. 186 Holzschn.) gr. 8. Wien 905. A. Hölder. Geb. n. 1. 40

Richter, Ignaz: Der Gewerbeverein der Stadt Reichenberg während eines Zeitraumes von 50 Jahren 1841—1891. Eine Schilderung seiner Thätigkeit. — Reichenberg: Gewerbeverein 1893. IV, 131 S.

Richter, Ign., Lehrbuch d. Physik f. höh. Handelslehranstalten. gr. 8. (X, 226 S. m. 281 Holzschn u. 3 Taf.) Wien 895. A. Hölder. Geb. n. 3. 10

Richter, Ign., Lehrbuch der Physik f. höhere Handelslehranstalten (Handelsakademien). 2., umgearb. Aufl. (VI, 230 S. m. 321 Holzschn., 3 [1 farb.] Taf. u. 1 Bl. Erklärgn.) gr. 8. Wien 909. A. Hölder. Geb. 2. 96

Richter, Jo. Christoph

— De jure repudiorum inprimis ex implacabilis odii causa vulgo Von Trennung der Ehe-Verlöbnisse / wegen unversöhnlichen Haß und Feindschafft. Diss. jur. Präs. Jakob Carl Spener. Wittenberg (Gaeberdt) 7. X. 1727. 52 S. (4.75) 28724

RICHTER, Jo. Ch., De repudiorum iure inprimis ex implacabilis odii causa vulgo von Trennung der Ehe-Verlöbnisse, wegen unversöhnl. Hass u. Feindschafft. Vitembergae 1737. 4⁰. 52 S. (2 Mk. Adolf Weigel, 1907.)

— De repudiorum jure inprimis ex implacabilis odii causa vulgo Von Trennung Der Ehe-Verlöbnisse, wegen unversöhnlichen Haß und Feindschaft. Diss. jur. [Präs.] Jakob Carl Spener. Wittenberg (Eichsfeld) 1760. 52 S. (4.75) 28725

Richter, Johann

Richter, Johannes, approb. Arzt aus Ortelsburg: **Aus d. Kgl. Universitäts-Frauenklinik Tübingen. Ueber die habituelle Adhärenz** der Placenta. *Tübingen: F. Pietzcker 1904.* (15 S.) 8°
Tübingen, Med. Diss. v. 1904

Richter Johann, Schneidermeister in Tetschen an der Elbe, 10 Stück Zeichen-Vorlageblätter für das Zuschneiden der Herrenkleider, sammt der Druckschrift: Kurze Anleitung in der Technik des Zuschneidens für Herrenkleidermacher. Selbstverlag des Verfassers. Bodenbach 1879. Druck von Franz Czerny jun. Preis 1 fl. 20 kr., mit 20% Rabatt für Schulen.

Richter, Johann, Schneidermeister in Tetschen an der Elbe, Fach Zeichenvorlagen für das Gewerbe der Herrenkleidermacher, sammt der Druckschrift: Kurze Anleitung in der Technik des Zuschneidens für Herrenkleidermacher. 2. verbesserte Auflage. Selbstverlag des Verfassers. Tetschen an der Elbe (Min. Erl. 17. October 1891. Z. 21447.) Für Schulen — 96, bei Francozusendung bzw 1.—

Richter, Johannes *Ἀπόφθεγματα* Horatiana. 4 (8 S.) G. *Nakel* 1888 (147).
Progr.

Richter, Johannes: Die Bedeutung des Lufteintritts in die Venen. Berlin 1904. 46 S.
Dresden, Vet.-med. Hab.-Schr. v. 1904.
Aus: Archiv für wissenschaftl. u. prakt. Thierheilkunde. Bd 31.

Richter, Johannes, **Dr. phil., Privatdozent u. 1. klinischer Assistent a. d. Kgl. Tierärztl. Hochschule in Dresden: Aus d. Klinik f. große Haustiere d. Kgl. Tierärztl. Hochsch. zu Dresden. ⟨Med.-Rat Prof. Dr. Röder.⟩ Über den Einfluß der Körperbewegung auf die Temperatur bei Pferden. Berlin 1905:** L. Schumacher. (27 S.) 8° ¶(Aus: Archiv f. wiss. u. prakt. Tierheilkunde Bd 31.)
Gießen, Med. Fak., Ref. Pfeiffer, Diss. v. 12. Okt. 1905
[Geb. 10. März 78 Dresden; Wohnort: Dresden; Staatsangeh.: Sachsen; Vorbildung: Annenrealgymn. Dresden Reife O. 96; Studium: Dresden Tierärztl. Hochsch. 8 S.; Rig. 22. Dezbr. 04.]

Richter, Johannes: Die Entwicklung des **kunsterzieherischen** Gedankens. Als Kulturproblem d. Gegenwart nach Hauptgesichtspunkten dargest. Leipzig: Quelle & Meyer 1909. VII, 271 S. 8° ¶(Ersch. auch als Buch ebd.)
Leipzig, Phil. Diss. v. 2. Juni 1909, Ref. Volkelt, Schmarsow
[Geb. 20. März 82 Dresden; Wohnort: Dresden; Staatsangeh.: Sachsen; Vorbildung: Sem. Dresden-Friedrichstadt bis 02; Wahlfähigkeitszeugn. O. 05; Studium: Leipzig 7 S.; Rig. 1. Dez. 08.]

Richter, Johannes [cand. med. aus Ahlbeck bei Ueckermünde, Prov. Pommern]: **Ein Fall von Aneurysma der Anonyma und der Carotis communis dextra. . . .** Greifswald, Druck v. Julius Abel, 1890; 31 S. 8⁰
Greifswald, Med. Fak., Inaug.-Diss. v. 13. Aug. 1890

Richter, Johannes [Dir. Dr.]: **Festrede bei der Moltke-Feier, den 26. Okt. 1890.** Nakel, *Druck v. R. Giroud,* 1891; S. 7–8; 4⁰
Nakel, k. G, OP 1891 (155)

Richter, Johannes: Die klimatischen Grundlagen der landwirtschaftlichen Bodenkultur auf Madeira. Leipzig: Seele 1909. VIII, 71 S. 8°
Leipzig, Phil. Diss. v. 12. Juli 1909, **Ref. Kirchner, Partsch**
[Geb. 8. April 67 Dresden; Wohnort: Leipzig; Staatsangeh.: Sachsen; Vorbildung: Kreuzsch. Dresden Reife O. 87; Studium: Halle 2, Leipzig 8 S.; Rig. 18. Mai 09.] [U 09. 3049

Richter, Johannes, **Gerichtsref. in Dortmund: Über die Haftung für die Kosten einer ohne den Willen des Ehemannes** geschehenen operativen Behandlung der Ehefrau nach dem Rechte des deutschen Bürgerlichen Gesetzbuches. Borna-Leipzig 1906: R. Noske. (26 S.) 8° [F.]
Leipzig, Jur. Fak., Diss. v. 18. Jan. 1906
[Geb. 20. Juni 81 Dortmund; Wohnort: Dortmund; Staatsangeh.: Preußen; Vorbildung: Gymn. Dortmund Reife O. 00; Studium: Bonn 3, Leipzig 1, Bonn 3 S.; Rig. 19. Nov. 04.]

Richter, Johs., Heiteres in der Mundart der Leipziger Gegend. (VIII, 128 S.) gr. 8. Leipzig 905. Kühnel. n. 2. —

Richter, Johs., Heiteres in d. Mundart d. Leipziger Gegend. 2. Bdchn. (VII, 115 S.) gr. 8. Leipzig (907). Kühnel. 2. —

Richter, Joh., s.: Im Zeichen der Myrte.

Richter, Joh., Anton Ludwig, infulierter Großdechant u. fürsterzbischöfl. Vikarius der Grafsch. Glatz von 1846—1869. Ein Beitrag zur Kirchengeschichte der Grafsch. Glatz im 19. Jahrh. (66 S. m. Abbildgn.) gr. 8. Habelschwerdt 909. Franke. — 75

Richter, Johannes, **a. Petershagen, ⟨Weser⟩: Prolegomena zu einer Ausgabe des Palpanista Bernhards von der Geist.** Melle i. Hann. 1905: **F. E. Haag.** (64 S.) 8°
Münster, Phil. Fak., Ref. Jostes, Diss. v. 11. Okt. 1905
[Geb. 22. Juni 82 Petershagen a. d. Weser; Wohnort: Münster i. W.; Staatsangeh.: Preußen; Vorbildung: Gymn. Gütersloh Reife O. 02; Studium: Bonn 3, Münster 5 S.; Rig. 24. Juli 05.]

Richter, *Franz Eduard Hermann* Johannes [aus Pegau]: Ueber Reactionen der Characeen auf äussere Einflüsse ... (Aus: Flora oder allg. Bot. Zeitg, 1894 Heft 3.) München, Druck v. V. Höfling, 1894; 31 S. 8.
Leipzig, Phil. Fak., Inaug.-Diss. v. [2. Juli] 1894

Richter, Johannes: Untersuchung von Schwefelsäurekammergasen. 1909. 65 S. 8⁰
Dresden, Dr.-Ing.-Diss. v. 24. 2. 1909

Richter, Johannes, aus Dresden: **Aus d. Anat. Institut d.** Tierärztl. Hochschule in Dresden. ⟨Prof. Dr. Baum.⟩ Vergleichende **Untersuchungen** über den mikroskopischen Bau der Lymphdrüsen von Pferd, Rind, Schwein und Hund. Hierzu 2 Taf. *Bonn: F. Cohen (1902).* (48 S.) 8°
¶Aus: Archiv f. mikrosk. Anat. u. Entwicklungsgesch., Bd 60.
Erlangen, Phil. Diss. v. 17. Dez. 1901

Richter, Johann Adalbert

Der Sieg des Glaubens. Lebensbild eines vom Protestantismus zur hl. kath. Kirche zurückgekehrten Lehrers. Dargestellt von Joh. Adalb. Richter. Mit einer Einl. von Friedr. v. Hurter. Wien, Mechitaristen, 1862, kl. 8°, 205 S., 1,50 Mk.
Vgl. Sion 1863, Litblätt. S. 60.

Richter, Joh. Adalb., der Sieg des Glaubens. Lebensbild eines vom Protestantismus zur heil. kathol. Kirche zurückgekehrten Lehrers. Mit einer Einleitung von Frdr. v. Hurter. Wien 863. Mechitharisten-Congreg.-Buchhdlg. 8. (205 S.) 15 ngr.

Richter, Johann Andreas Lebrecht

Richter, Jh. Andr. Lebr., Anfangsgründe d. Algebra, nebst e. Samml. von Beispielen zusammengesetzter Aufgaben aus d. prakt. Rechenkunst rc. 2 Thle. gr. 8. Dessau 822—25. Ackermann. (1r Thl. 2 Thlr. 8 gr., 2r Thl. 2 Thlr.) 4 Thlr. 8 gr.

— Betrachtt. üb. den animal. Magnetismus, insbesond. in Beziehung auf einige damit zusammenhängende Erscheinungen der Mit- u. Vorwelt. gr. 8. Leipz. 817. Voß. 20 gr.

— — Betrachtungen über den animal. Magnetismus insbesondere in Beziehung auf einige damit zusammenhängende Erscheinungen der Mit- und Vorwelt. gr. 8. Ebend. 818.

Richter, Joh. Andr. Lebr., Betrachtungen üb. d. Zweck der Erziehung u. des öffentl. Unterr., u. die Mittel, dens. zu erreichen, vorzügl. in Bezieh. auf d. System d. Humanismus. gr. 8. (12 B.) Dessau 830, Ackermann.

— das Christenthum u. die ältesten Religionen des Orients, od. über den Zusammenhang verschied. morgenländ. Religionsbegriffe u. Laute mit ähnl. der Westländer, hauptsächl. in Beziehung auf Juden- u. Christenthum u. die Philosopheme der griech. Weltweisen. gr. 8. Leipz. 819. Voß. 1 Thlr. 16 gr.

Richter, (J. A. L.,) üb. d. Einfluß d. Astronomie auf die Kultur d. menschl Gesellschaft überhaupt, so wie auf d. Ausbildung d. intellecktuellen u. gemüthl. Anlagen des Menschen insbes. gr. 8. Dessau 822, (Leipz., Voß.)

— Handbuch d. populär. Astronomie f. d. gebild. Stände, insbesond. f. denkende, wenn auch d. Mathematik nur wenig od. gar nicht kundige Leser. 2 Thle. M. 17 Taf. Abbild. u. 3 Tab. (Fol.). 8. (72½ B.) Quedlinburg 831, 32, Basse.

— Handbuch d. populären Astronomie f. d. gebild. Stände, insbesond. f. denk., wenn auch d. Mathematik nur wenig od. gar nicht kundige Leser. 2 Thle. (od. 9 Hfte.) 2. Ausg. 8. (72 B., 23 Taf. u. 3 Tab.) Quedlinburg 839, 40, Basse.

— Moses Mendelssohn als Mensch, Gelehrter u. Beförderer ächter Humanität. Eine Rede, gehalten bei d. 100jähr. Geburtsfeier desselben am 10. Sept. 1829 im Saale der Franzschule zu Dessau. 8. Dessau 829. Fritsche u. S. 4 gr.

— Phantasien des Alterthums, od. Samml. der mytholog. Sagen der Hellenen, Römer, Aegyptier u. anderer oriental. Völker. 5 Thle. Mit 20 Kpft. gr. 8. Leipz. u. Dessau 808—20. Voß. 14 Thlr. 6 gr. Die Kpf. dazu apart 2 Thlr. 8 gr.

— Uebersicht d. indischen, persisch., ägypt., griech. u. altitalien. Mythologie u. Religionslehre, mit Beziehung auf die Phantasie des Alterthums. gr. 8. Leipz. 823. Voß. 18 gr.

Richter, (J. A. L.,) Uebersicht d. indischen, persis., ägypt., griech. u. altitalien. Mythologie u. Religionslehre, mit Beziehung auf die Phantasie des Alterthums. gr. 8. Leipz. 824, Voß.

Richter, Joh. Andr. Lebr., Festgabe. Warum sollte die Feier d. Erfind. d. Buchdruckerkunst e. allgem. f. d. ganze Welt sein? gr. 8. (3¼ B.) Quedlinburg 840, Basse.

Richter, Johann August

— De foro gestae administrationis, Germanis: Von dem Gerichte, vor welchem jeder seiner geführten Rechnung halber sich zu stellen, und zu rechtfertigen hat. Präs. Jo. Philipp Slevogt. Jena (J. B. Heller) 20. XII. 1690. Rec. 1743. 32 S. mit Namen. (5.—) 28719

— (Dölitz), Quaestio jur. controversi an non opposita exceptio compensationis noceat condictioni indebiti. Präs. Christian Heinr. Breuning. Leipzig (Langenheim) 28. III. 1778. 8 S. (3.25) 28720

Richter, Johann Chr. Gottlieb

— s. 1) Leitfaden beim naturhistor. Unterricht. 2) Post- u. Reiselexicon, kleines.

Richter, Jh. Chr. Gtl., über die fabelhaften Thiere; e. Versuch. 8. Gotha 797. Perthes. 9 gr.

— Johann Christian (Weißenfels), De negotiis filiorum familias cum inter vivos, tum per ultimas voluntates. Diss. jur. Präs. Wilhelm Hier. Bruckner. Jena (Buch) 19. V. 1725. 24 S. (4.50) 28721
Widm. v.: Jo. Friedrich Wucherer, Friedrich Conrad Werckmeister (Oppon.)

— De negotiis filiorum familias cum inter vivos, tum per ultimas voluntates, Oder: Wie weit unter väterlicher Gewalt noch stehende Kinder Contracte eingehen und Testamente machen können? Diss. jur. Präs. Wilhelm Hieron. Bruckner. Jena (Buch) 19. V. 1725. 25 S. (4.50) 28722
Widm. v.: Jo. Friedr. Wucherer, Friedrich Conrad Werckmeister (Oppon.)

Richter, Johann Daniel

Richter, Jh. Dn., († d. 10. Mai 1791.) s. 1) **Beitrr.** zur fernern Ausbildung d. Lehrbegriffs für Unterfinanzämter. 2) **Beitrr.** zur Finanzgelehrtheit. 3) **Beitrr.** zur Finanz-Literatur in d. Preuß. Staaten. 4) Finanzmaterialien.

Richter, Johann Daniel (Hrsg.). s. Beyträge zur Finanzgelahrtheit

(Richter, J. D.): „Beiträge zur Finanz-Gelahrtheit überhaupt, vorzüglich in den Preussischen Staaten", 3 Jahrgänge, Frankfurt und Leipzig 1785 bis 1788. — Vorh.: Bibl. des Kammergerichts Berlin — Qf. 614 — Preuß. Staatsb. Berlin und Bibl. des German. Museums Nürnberg.

(Richter, J. D.): „Beiträge zur Finanz-Litteratur in den preussischen Staaten", 2 Bände oder 9 Stücke, Leipzig 1779 bis 1785 (Breitkopf & Härtel). — Vorh.: Preuß. Staatsbibl. Berlin, Com. Bibl. Hamburg.

Dessen Beyträge zur Finanz-Literatur überhaupt, vorzügl. in den Preuß. Staaten. Eb. 1.—2. Jahrg. 1785—1787.

Richter, J. D.: „Practische Beiträge zur ferneren Ausbildung des Lehrbegriffs für die Unterfinanzämter und deren Inspectionsräthe", 2 Stücke, Frankfurt a. M. und Leipzig 1785.

Dessen Pract. Beyträge z. ferneren Ausbildung des Lehrbegriffs für die Unter-Finanz-Aemter u. s. w. (Potsd. 1785—87.) 2. Thl.

Finanzmaterialien nach allgemein verbesserten und praktischen Gründsätzen (von J. D. Richter.) 4 Stücke. 8°. Berlin 1785—89.

(Richter, J. D.): „Finanz-Materialien, nach allgemeinen und practischen verbesserten Grundsätzen", 1. (einziger) Band in 4 Stücken, Berlin 1786 bis 1789. — Vorh.: Preuß. Staatsbibliothek Berlin und Com. Bibl. Hamburg.

Richter, Johann Daniel Wilhelm

Richter, J. D. W. Ächtung der reichsfreien Stadt Donauwörth. 27 S.
Erfurt, Progr. 1843

— Anfang des Streits üb. d. Jülichische Erbfolge. 38 S. .
Erfurt, e., Progr. 1833

Richter, Joannes Daniel **Guilielmus**: De Beroso, Chaldaeorum historiae et astronomiae veteri scriptore. Lipsiae: Hartmann 1825. 93 S. 8°
Halle-Wittenberg, Phil. Diss., nachträglich geliefert v. dem am 22. April 1825 auf Thesen promovierten Verf.

Richter, **J. D. Wlh., s. *Berosus***

Richter, Jh. Wlh. Dan., Geschichte des dreißigjährigen Krieges, aus Urkunden u. andern Quellenschriften erzählt. 1r Bd. gr. 8. Leipzig 840. Böhme. 3 ℛ

Richter, Joh. Wilh. Dan., Geschichte d. 30jähr. Krieges, aus Urkunden u. and. Quellenschriften erzählt. 1. Bd. gr. 8. (41 B.) Leipzig 840, [Geuther.]

Richter, Joh. Dan. Wilh., Geschichte des dreißigjährigen Krieges, aus Urkunden und andern Quellenschriften erzählt. 2. Bd. gr. 8. (622 S.) Erfurt 853—55, Hennings und Hopf. Thlr.

—— dass. — 2. Bd. 2. Hälfte. 1 und 2. Heft. gr. 8. (S. 1—192.) Ebds. 856.

Richter, Joh. Dan. Wilh., Geschichte des dreißigjährigen Krieges, aus Urkunden und andern Quellenschriften erzählt. 2. Bd. 2. Hälfte. 3—6. Heft. gr. 8. (S. 193—623.) Erfurt 858, [Hennings'sche Buchh.] à Heft 12 Ngr.

Richter, Joh. Dan. Wilh., Geschichte des Böhmischen Krieges aus Urkunden u. andern Quellenschriften erzählt. 1 u. 2. Bd. à 4 Hfte. u. 3. Bd. 6 Hfte. (Zugleich: Geschichte des dreißigjähr. Krieges, 3—5. Bd.) gr. 8. (1: IV u. 400 S. 2: VIII u. 422 S. 3: VIII u. 527 S.) Erfurt 849—52, Hennings & Hopf. (à Hft. 12 ngr) 5 ℛ 18 ngr

Richter, Joh. Dan. Wilh., Geschichte des böhmischen Krieges aus Urkunden und anderen Quellenschriften erzählt. 1. Bd. (4 Hefte.) und 2. Bd. 1. und 2. Heft. gr. 8. (1. Bd. III und 400 S. und 2. Bd. S. 1—176.) Erfurt 850, Hennings und Hopf. (à Heft 12 Ngr.)

—— die an dem 8. Novembertage des 1620. Jahres bei Prag geschlagene Schlacht, aus Urkunden und andern Quellenschrifter. beschrieben. gr. 8. (85 S.) Erfurt 851, Hennings und Hopf.

Richter, Ioannes Daniel **Wilhelmus**: Theses ... loco exhibitae, dissertationis historicae de Beroso Chaldaeorum historiae et astronomiae veteri scriptore typis mox describendae. Halis Saxonum (1825): Gebauer. 2 Bl. 8°
Halle-Wittenberg, Phil. Thesen v. 22. April 1825
Die Fleißproben verzeichnen R.'s Diss. mit dem 22 Juni als Tag der Disputation. Nach Bullmann, Denkwürdige Zeitperioden. 1833. S. 249 war R. 1826 [bis Mich. 1827] Privatdozent. Er hatte 7. 6. 1825 die Erlaubnis zu Vorlesungen über hebräische Grammatik erhalten gegen das Versprechen, vor Ende des SS (binnen 4 Monaten) pro facultate docendi zu disputieren. Am 31. 12. 1825 beantragte er Genehmigung zu Vorlesungen ohne 2. Disputation, die ihm von der philosophischen Fakultät am 12. 1. 1826 vorbehaltlich der Genehmigung des Ministers erlassen wurde. Am 22. 6. 1827 teilte das Ministerium dem Kurator mit, daß es bei dem ungünstigen Zeugnis der theologischen Fakultät dem Privatdozenten R. keine Hoffnung auf eine Anstellung im akademischen Lehrfache machen könne, worauf dieser in den Schuldienst übertrat.

Richter, Joh. Dan. Wilh.: Letzte Unterhandlungen des Königs Jacob von England mit dem Könige Philipp dem Dritten von Spanien über die Zurückgabe des Pfälzer Kurthums an den Kurfürsten Friedrich. 20 S. – Progr. Erfurt 1855.

— letzte Unterhandlungen des Königs Jacob von England mit dem Könige Philipp III. von Spanien über die Zurückgabe des Pfälzer Kurthums an den Kurfürsten Friedrich. Beigabe zum Examen-Programm des Gymnasiums zu Erfurt. Erfurt 855. (Villaret.) 4. (20 S.) n. 5 ngr.

Richter, Jh. Dan. Wlh., des Böhmen-Aufruhres oder des deutschen dreißigjähr. Krieges Ursachen u. Beginn, aus den Quellenschriften erzählt. Nebst dem von Jh. Borott in's Deutsche übersetzten Majestätsbrief des Kaisers Rudolph II. gr. 8. Erfurt 844. (Otto.) n. 1/3 ℛ

Richter, Johann Fr. Wilhelm

Richter, Jh. Fr. Wlh., commentat. inaug. de pilo humano. 8maj. Götting. 800. Dieterich. 2 gr

— **Joh. Fried. Christophil.** (Leipzig), De theodoreto epistolarum Paulinarum interprete comment. histor.-exeget. Leipzig (C. H. Reclam) (10. VIII.) 1822. 58 S. (4.25) 28727
Gew.: Gottl. Adolph Voecler.

— **Joh. Fried. Gottlieb,** Chryisippum stoicum fastuosum disserit. Leipzig (Langenheim) 12. IV. 1738. 40 S. (4.50) 28728
Gew.: Justus Gottfried Gunz.

Richter, Jo(hann) Fr(iedrich) Gott(lieb):
Dissertatio de daduchiais in sacris Aescu=
lapii. Lipsiae: 1737

s.: Günz, Justus Gottfried

— J. F. G., De facibus in sacris Aesculapii. Diss. 1787. 68 S. 4°.

Richter, Johann Georg [Praes.], s. B a u e r, Karl Ludwig: De arte critica scripturae interprete.

— **Johann Georg** (Leipzig), De introitu in ovile per ostium ad parabolam Christi Johann. X. Diss. theol. Präs. Christoph Wollius. Leipzig (Breitkopf) 27. IX. 1748. 52 S. (4.50) 28729
Widm. v.: Christoph Wollius.

— **L. Johann Georg, De munere Sacro Joanni Baptistae divinitus delegato ad Luc. III. I. et seqq.** Diss. theol. Leipzig (Breitkopf) 21. X. 1756. 44 S. (4.50) **28767**

— **Nodos quosdam chronologicos in Sacris litteris obuios solvere studet et simul IIII. magistris artium recens creatis summos in philos. honores gratulatur.** Leipzig (I. G. I. Breitkopf) 8. III. 1753. 24 S. (4.25) 28732
Gew.: Roman Teller, Abraham Teller (Brüder), Zacharias Richter, Paul Jakob Scharn (Leipzig.)

— **De Paullo apostolo Jesu Christi in vitam revocati nuntio ad actor. XIII. XXXII. XXXIII. Diss. theol.** Leipzig (Breitkopf) 22./23. IX. 1756. 38 S. (4.50) 28733

Richter, J. G., de justo priscis ecclesiae doctoribus statuendo pretio. Ibid. 1759. 4.

— **Singulares quasdam Martini Lutheri de matrimonio sententias examinat.** Leipzig (Breitkopf) 17. II. 1752. 24 S. (4.25) 28731
Gratulationsschrift für Friedrich Platner (Leipzig.)

Richter, **Jh. Geo.**, († d. 14. Juni 1780.) tabulae theologiae dogmaticae. 8. Leipz. 771. (Brockhaus). 10 gr

— tabulae theologiae dogmat. 8. Lips. Iunius. (Cnobloch.) 771.

— De theologo Dei homine ad II. Timoth. III. XVII. Comment. theol. Leipzig (Breitkopf) 27. XI. 1765. 28 S. (4.25) 28734

— De vitiis criticis Luciani et lexicorum Graecorum in philologiam Sacram non inferendis. Comment. philol. Leipzig (Breitkopf) 22. IX. (1751.) 28 S. (4.25) 28730

Richter, Johann Gottfried

Richter, Jh. Gf. I., († d. 28. Sept. 1807.) krit. Anmerkk. zu Adelungs deutscher Sprachlehre f. die Schulen. 4. Königsb. 784. Denzel. 12 gr.

— Ansichten und Beschreibung von St. Petersburg und Moskau, deutsch und französ. mit illum. Kupf. q. Fol. Leipz Ind. Comt. 810.

— Ansichten u. Beschreibungen von Petersburg und Moskau, u. einigen merkwürd. Oertern d. umliegenden Gegenden, mit 13 illum. K. Querfol. Leipz. Industrie Comt. 810.

Richter, Jh. Gf.(Hrsg.). s. A n t h i n g , Chr. v.: Ansichten und Beschreibungen von St. Petersburg. Moskau. . .

Richter, Johann Gottfried, s. B o e t h i u s : 5 Bücher ...

Richter, Johann Gottfried, s. D a r s t e l l u n g e n . Malerische, d. Sitten ... d. Russisch. Tartar. Völker.

– s. D a r s t e l l . d. Rede durch d. Schrift.

— *ΕΞΗΓΗΣΙΣ* inscriptionis antiquae in agro Augustano repertae. Leipzig (Breitkopf) (9. IX.) 1739. 24 S. (4.75) 28736
Gew.: Jac. Heinr. Born.

Richter, Jh. Gf. II., Geschenk f. Kinder, od. neuestes ABC-Buch in deutscher, französ. u. russischer Sprache. Mit 30 ill. Kpf. 12. Leipz. (807). (anonym). 2e Aufl. mit sm. Namen 814. Magaz. f. Ind. 2 rh

— Geschenk f. Kinder, od. neuestes aBC Buch in deutscher, franz. u. ruß. Sprache, mit 30 illum. K. v. Geißler. 2te Aufl. Leipz. Ind. Comt. 814. geb.

– s. K a r a m s i n : Briefe u. Lobrede auf Katharina II. – u. Erzählungen.

— **Johann Gottfried,** De lege visellia occasione Tit. Cod. ad L. viselliam. Diss. jur. Präs. Andreas Florento Rivinus. Leipzig (Breitkopf) 3. II. 1736. 60 S. (5.—) 28735

Richter, Jh. Gf., altruss. Mährchen. 1r Bd. 8. Leipz. 817. Baumgärtner. 1 rh 8 gr.

MÄRCHEN oder g e h e i m e G e s c h i c h t e d e s H o f e s z u H e b e d (von *Joh. Gottfr. Richter*). Leipzig (Riga) 1802.
Anon.-Lex. III. p. 101 (nach Meusel, Kayser, Engelmann und dem Neuen Nekrolog).
Vgl. M ä r c h e n ...

MEINUNGEN u n d U e b e r z e u g u n g e n aus Nachdenken u. Erfahrung gesammelt, nebst e. Abhdlg. über d i e K u n s t, s i c h u n a u s s t e h l i c h z u m a c h e n v. *M. J. R**** (d. i. *Johann Gottfr. Richter*). Berlin, Vieweg, 1801. 8°. (3 Mk. 50 Pfg. L. Rosenthal, 1907.)
Anon.-Lex. III. p. 126 (nach Kayser u. Meusel).
Vgl. M e i n u n g e n ...

— russ. Miscellen, s. Miscellen.

— De moribus maiorum tanquam antiquissimo Romani juris fonte. Diss. Leipzig (Chr. Breitkopf) 9. IV. 1744. 40 S. (4.75) 28737

— Moskau; e. Skizze. Mit 1 Kpf. 8. Riga 799. Hartknoch in Leipz. 16 gr.

— literar. Nachlaß, edirt von K. Reinhard I. 8. Flensb. 795. Hammerich in Altona. 18 gr.

Richter, Johann Gottfried [Praes.], s. S c h m i d t , Christ. August: De tabulariis urbis Romae libellus academicus.

— u. J. G. H. Geißler, S i t t e n , Kleidung und Gebräuche der Russen, dargestellt in Gemälden, m. Beschr. 2 Bde. m. K. Fol. Ebend. 805.

— Sitten, Gebräuche u. Kleidungen der Russen, s. a. C. G. H. Geisler.

— S p i e l e u. Lustbark. der Russen dargest. m. K. Fol. Ebend. 805.

— Spiele der Russen, s. a. C. G. H. Geisler.

— **(Jänschwalde / Neumark),** De squilla. Diss. **med. Präs.** Michael Alberti. Halle / Magdeburg **(Hendel) Nov. 1722.** 37 S. (4.75) 28739
Gew.: Andreas Cleemann, Sigismund Cleemann, Christian Krüger, Georg Friedrich Schneider. — Widm. v.: G. D. C. D. P. Q. (dtsch.), J. R. B. M. D. (dtsch.), J. A. Röper (dtsch.), Ludwig Hansen (dtsch.), Johann Eustachius Goldhagen.

— Strafen der Russen, s. C. G. H. Geisler.

s. S u m a r o k o f f s Reise.

— u. **Christ. Aug. Schmidt** (Zerbst/Anhalt), De tabulariis urbis Romae libellum academicum. Leipzig (J. Chr. Langenheim) 13. VI. 1736. 39 S. (5.—) **28738**
Mit schönem Stich auf Titelblatt und ganzseitigem schönem Stich auf S. 32, gest. v. Bernigeroth fil. (Leipzig.)

— Versuch einer zweckmäß. deutschen Rechtschreibung. 8. Berl. 780. Himburg. 3 gr.

Richter, Johann Gottfried Ohnefalsch

Richter, Jh. Gf. Ohnefalsch, († 1765.) Ichthyologie, od. vernunft- u. schriftmäß. Versuch, die Menschen als Betrachtung d. Fische zur Bewunderung, Ehrfurcht u. Liebe ihres großen, rc. Schöpfers zu führen. Mit Kpf. 8. Leipz. 754. (Brockhaus). 20 gr.

Richter, Joh. Gottl., Glocken-Klänge oder Stimmen aus der christlichen Gemeinde in Liedern. Greifswald (854.) Koch. 8. (3 Bl., 143 S. u. lith. Titel.) 15 ngr.

— **Johann Gottlieb** (Großbothen/Meißen), Quaestio **jur. controversi an cambii invalidi indossatio cambium reddat validum.** Präs. Christian Heinr. **Breuning. Leipzig (Rumpf) 10. VII. 1771.** 8 S. **(4.—)** 28740

Richter, Johann Gottlob

— (Freiberg), De amplitudine ministerii sacri hodierna ad viros archidiaconum, protomystas, adjunctos, pastores, diaconos, verbi divini in Freybergensi dioecesi ministros epistola. Freiberg (Barthel) 1781. 18 S. (3.75) **28742**

— u. (Bruder) **Friedrich Wilhelm Richter,** *ANAΘΗΜΑΤΑ* templi hierosolymitani ad Luc. XXI, v. 5. Diss. Leipzig (Langenheim) 15. VIII. 1764. 20 S. (4.25) 28747
Gew.: Johann Gottfried Herrmann, I. Joachim Gottlob am Ende.

— (Friedrichswalde), De Cicerone juris civilis teste ac interprete speciatim de Cicerone icto. Diss. histor.-jur. Präs. Heinrich Brokes. Wittenberg (E. G. Eichsfeld) 1. IX. 1738. 23 S. (4.25) 28744

— Cur nulli sanctorum in novo foedere contigerit, viro corpore in coelum adsumi, disputat. Leipzig (Loeper) 19. II. 1761. 16 S. (4.25) 28746
Gratulationsschrift für Carl Renatus Hausen u. Carl Friedrich Bahrdt.

— (Niederwerb./Sachsen), De jure dispensandi divino. Präs. Johann Friedrich Bahrdt. Leipzig (Langenheim) 12. VIII. 1758. 20 S. (4.—) 28745

— De Jacobo Schenkio in scriptis suis non antinomo. Diss. histor.-theol. Leipzig (Jacobaeer) 20./21. III. 1782. 35 S. (4.25) 28743

— **Joh. Gottlob** (Annaberg), De tacitis et ambiguis litigantium voluntatibus circa judicem. Diss. jur. Präs. Jo. Paul Kress. Helmstedt (P. D. Schnorr) 21. VII. 1735. 24 S. (4.25) 28741
Gew.: Joh. Christoph Wex.

Richter, Johann Heinrich

Fridericum Magnum incomparabilem Borussiae regem invictissimum heroem veneratur Libera Societas interprete JOHANNE HENRICO RICHTER ... Die IX. Kal. Febr. A. R. O. CIƆIƆCCLVI. Regiomonti excudebat Joh. Fried. Driest. 4o.

Richter, Johann Jakob

Richter, Jh. Jak., Erinnerungen v. meiner Reise auf dem Neckar u. Rheine; nebst Bemerkk. 8. Andernach 805. Lassaulx. 18 gr.

Richter, Johann Leonhard Friedrich, s. Hurter, G. L.

– s. Prophezeihungen über Frankreich.

RICHTER, Johann Leonhard Friedrich
Der durch Europa und America aufmerksame Reisende.
In Absicht zu suchen wahre Kinder Gottes. Der aber nirgends selbige gefunden, als nur dem Namen nach, und im Schein, aber nicht im Wesen. Hierüber höchst betrübt und ermüdet, legt er sich in America unter einen Baum, da ihm in einem Gesicht viele große und kleine Parteyen des äusern Christenthums gezeigt worden, nebst dem Zustand einiger unvollkomnen Selen nach dem Tod. Wie auch endlich die Herrlichkeit des Paridieses ...
Zum Druck befördert durch Johann Leonhardt Friedrich Richter ...
Altona. 1777. 16 S. 8°.
Historical Society of Pennsylvania Library Philadelphia

Richter, Johann Lorenz Friedrich

— Progr. Beantwort. d. Frage: Was läßt sich f. die Beibehaltung mehrerer Gelehrtenschulen in d. kleinern Kreisstädten sagen rc. 8. Erlang. 817.

Richter, J. L. F., gemeinnützige Bemerkungen üb. die Broschüre: gemeinschädliche Folgen d. Vernachlässigung d. Polizei in Universitätsorten überhaupt u. in Ansehung d. Studirenden insbesondere, von J. P. Harl. 8. Nürnb. Schrag. 811.

Richter, Jo. Laur. Fr., Cantus latinos hos Academicos Musarum alumnis esse jubet sacros. 8 maj. Erlangae 837. (Blaesing.) 1/12 rf

— der Welsische Garten; e. Gedicht. 8. Erlang. 810. Palm. 6 gr.

De Erlangae urbis incrementis et factis Georgio Wilhelmo 1712—1726), Georgio Friderico Carolo (1726—1735), Friderico (1735—1763), Friderico Christiano (1763—1769) imperantibus prolusit Dr. Joan. Laur. Frid. Richter, P. G. — 1836. Ibid. — S. 3—15.
Progr. Erlangen

Ist die fleissige Betreibung des Griechischen ein Mißbrauch unserer Gelehrtenschulen? Beantwortet von Dr. Joh. Lor. Friedr. Richter, G. P. — 1826. Ebend. — S. 3—12.
Progr. Erlangen

De Erlangae urbis origine atque incrementis usque ad Christianum Ernestum praelusit Dr. Joan. Laur. Frid. Richter, P. G. — 1831. Ibid. — S. 3—10.
Progr. Erlangen

— s. G. F. Seiler, Liederbuch.

— Vaterlandskatechismus d. Deutschen aus den höhern Ständen. 8. Erlang. 814. Heyder. 16 gr. Hbg. Pr. 4 gr.

Richter, Johann Martin

Richter, Joh. Mart., vom Aberglauben und falschen Furcht des Menschen. Leipz. 702. 12.

— **Johann Michael** (Naumburg/Meißen), Observationes miscellaneas juris. Präs. Gottlob Thomasius. Leipzig (Schede) 28. III. 1831. 8 S. (3.75) 28748

Richter, Johann Nikolaus

Richter, Jh. Nikl., s. Pauli, Brief, an die Römer.

Richter, J. N., Versuch einer neuen Umschreib. und Erklär. des Briefs Pauli an die Römer. 2 Stck. gr. 8. Frkf. Brönner. 775—78.

— **Johann Paul** (Freiberg), Specimen continens caput juris controversum ad cap. XXVIII. P. de noxal. action. Präs. Christian Heinr. Breuning. Leipzig (Langenheim) 18. XI. 1767. 8 S. (3.75) 28749

Richter, Johann Salomon. Unterweisung für Anfänger beyderley Geschlechts im Zeichnen ... Leipzig 1790—1791. Verlegt von Johann Baptista Klein, Kunsthändler
5 Teile 4°
I—IV 1790—1791 Tit., 1 Bl.; 12 Taf. in Kupferst.
V 1791 Tit., 1 Bl.; 18 Taf. in Kupferst. m. 36 Abb.
T. 5 „Leipziger Nationaltrachten" bringt „Ausruf in Leipzig"

— [Leipziger Ausruf. Leipzig 1791.]
36 Bl. in Kupferst. 8°
Erschien als Teil 5 des vorigen.

Richter, Jh. Salom., Unterweisung im Zeichnen für Anfänger. 5 Thle. Mit Kpf. Fol. Leipz. 791. Klein. 2 rf 12 gr.

— **Johann Theodor** (Großenhain / Meißen), Meletemata de contagiis eorumque corpus humanum inficiendi ratione et via in genere. Diss. med. Leipzig (Breitkopf-Haertel) 9. VIII. 1822. 47 S. (4.25) 28750

Richter, Johann Tobias

RICHTER, Joh. Tob.: Abhandl. von d. Rechte d. jüd. Ehen in Deutschland, sowohl unter sich, als wenn ein jüdischer Ehegatte zur christl. Religion getreten. *Leipzig,* Gebhardt u. Reisland. 779. 8. (4 Gr.)

— Abhandl. von d. Rechte d. jüdischen Ehen rc. 8. Leipz. 779. Weygand. 4 gr.

Richter, Jh. Tob., Abhandl. v. Würderung der Inventarienstücke bei Güterverpachtungen; aus d. Latein. mit Zusätz. des Verf. übers. v. Jh. Chr. Hübner. 8. Dresd. 775. Walther. 6 gr.

Richter, J. T.: „Abhandlung von der Würdigung der Inventarienstücke bey Güterverpachtungen; aus dem Lateinischen mit Zusätzen des Verfassers übersetzt von J. C. Hübener", Dresden 1775 (Walther).

— De acceptatione in donatione mortis caussa non necessaria. Diss. jur. Leipzig (Langenheim) 10. IX. 1744. 36 S. (4.25) 28760

Richter, Johann Tobias [Praes.], s. B e s s e r, Carl Friedrich: De donatione bonorum receptitiorum ab uxore Saxonica absque mariti consensu speciali facta valida.

Richter, Johann Tobias [Praes.], s. B e y e r, Amandus Gotthold: Selectiora juris principia.

Richter, Johann Tobias [Praes.], s. B o e h n, Carl Heinrich: Selectiora juris principia.

Richter, Johann Tobias [Praes.], s. B r i n c k, Gottlob Adolph: Selectiora juris principia.

Richter, Johann Tobias [Praes.], s. B ü t t n e r, Christian Ludw. Wilh.: Selectoria juris principia.

— De conditione impossibili ultimae voluntati adjecta indistincte pro non scripta habenda, ad § 10. I. de hered. instituend. disserit. et disput. in theses jur. controversi indicit. Leipzig (Langenheim) (II. post. Trinit. 1756.) 16 S. mit Namen. (4.—) 28754

— De praecipua icti cura ad leges patrias cognoscendas adhibenda disserit et ad audiendam orationem solennem qua professionem jur. Saxonici ordinar. invitat. Leipzig (Langenheim) 12. V. (1756.) 20 S. (3.75) 28755

— De cura principum praesertim nostrorum circa justitiam administrandam disserit et ad audiendam orationem aditialem qua professoris jur. extraordin. invitat. Leipzig (Langenheim) Juli (5. post Trinit. 1750.) 20 S. (3.75) 28753

Richter, Johann Tobias [Praes.], s. D a t h e, Carl Gottfried: De mobilibus privatorum rebus inter arma captis et alienatis.

(Richter, J. Tob.): Digesta juris Saxonici, od. vollständ. Auszug d. neuesten Sächs. Rechte, wie solche in d. fortgesetztem Codice Angusteo enthalten sind u. s. w. Leipzig. (Brockhaus.) 774. 8. (2 Thl. 12 Gr.)

— digesta juris Saxonici, oder vollständ. Auszug d. neuesten Sächs. Rechte, wie solche in d. fortgesetzten Codice Augusteo enthalten sind rc. 8. Leipz. 774. Gleditsch. 2 *ℛ* 12 *gℛ*

— digesta iuris Saxon., oder Auszug der neuesten sächs. Rechte nach d. Forts. des Cod. Augustaei. gr. 8. Leipz. Gleditsch. 775.

— De eo an lex semper loqui praesumatur disserit ac simul lectiones suas et disputationes indicit. Leipzig (Langenheim) (Rogate 1747.) 8 S. (3.50) 28752

Richter, Johann Tobias [Praes.], s. F i e d l e r, Ernst Gottlieb: De separatione bonorum sui debitoris in Lusatia superiori etiam post quinquennium competente.

Richter, Johann Tobias [Praes.], s. F r e y t a g, Friedrich Gotthilf: De pacto evictionis non praestandae inutili.

Richter, Johann Tobias [Praes.], s. G i e b e l h a u s e n, Joh. Christoph: De testimonio mulierum in codicillis jure civili invalido.

Richter, Johann Tobias [Praes.], s. G ö t z, Friedrich Albert von: Marchionatus Lusatiae superioris jus singulare homines proprios manumissos revocandi.

Richter, Johann Tobias [Praes.], s. G r a d e h a n d, Johann Christfried: Disputatio jurid. septima selectiora juris principia ad ordin. digestor. exposita libri III. specim. II. contin.

Richter, Johann Tobias [Praes.], s. H a u c k, Christian Friedrich: Selectiora juris principia ad ordinem digestorum exposita libri XV. specim. I. contin.

Richter, Johann Tobias [Praes.], s. H a u s s l e u t n e r, Ernst Friedrich: De domino serviente ad praedii servientis refectionem obligato.

Richter, Johann Tobias [Praes.], s. H e m l e b e n, Heinrich Johann: De contractu rato manente, poena conventionali quoque soluta.

Richter, Johann Tobias [Praes.], s. H e r t l i n g, Jo. Christian Friedrich: De sumtibus studiorum ad peculium quasi castrense non pertinentibus.

Richter, Johann Tobias [Praes.], s. H ü b n e r, Johann Christian: De obligatione ad custodiam.

Richter, Johann Tobias [Praes.], s. K r e b s, Christian Gottlieb: Selectiora juris principia ad ordinem digestorum exposita libri II. specim. II. continens.

Richter, Johann Tobias [Praes.], s. K u n c k e l, J. Fr.: Disp. jur. dec. quinta selectoria juris principia.

Richter, Johann Tobias [Praes.], s. L e h m a n n, Joh. Christ.: Quaedam de confessione ficta in caussa civili capita.

Richter, Johann Tobias [Praes.], s. L e s s i n g, Theoph.: De impossibili conditione contractum non vitiante.

Richter, Johann Tobias [Praes.], s. L o n g o l i u s, Joh. Dan.: Disp. jur. V selectiora juris principia.

Richter, Johann Tobias [Praes.], s. M a s i u s, Christian: Disputatio juridica tertia selectiora juris principia.

— (Triebel/Lausitz), In memoriam beati Johann Patorius. De jure jurando compensationis exceptionem excludente. Comment. breviter conscriptam. Leipzig (Langenheim) (22. VII. 1738.) 16 S. (3.75) 28750
Gew.: Joh. Friedrich von Patow.

Richter, Johann Tobias [Praes.], s. M i t s c h i n g, Ernst Gottlob: Disput. jur. secunda selectiora juris principia ad ordinem digestorum exposita libri I. specimen II. continens.

— Johann Tobias, De nuptiis liber singularis, continens primaria, quae faciunt ad conceptum nuptiarum rite fingendum, imprimis vero graduum computationis principia, nec non cautelas, a sacerdotibus in proclamatione et ipsa benedictione omnibusque ritibus ecclesiasticis probe servandas compositus. Leipzig (W. H. Schoenermarck) (Febr.) 1741. 126 S. (5.—) 28751
Gew.: Christ. Gottlieb Behrnauer.

Richter, Johann Tobias [Praes.], s. O s c h m a n n, Karl Friedrich: De obligatione imperfecta ex honestate, juris civilis auctoritate perfecta.

Richter, Johann Tobias [Praes.], s. O t t o, Johann August: De effectu pacti sine domini consensu initi, quo simul investitus in liberam, inter vivos et mortis causa, de feudo dispositionem, simultanea investitura reservata, consentit.

Richter, Johann Tobias [Praes.], s. O t t o, Johann Christian Gottlob: Disput. jur. decima nona selectiora juris principia ad ordinem digestorum exposita libri XII. spec. III. continens.

Richter, Johann Tobias [Praes.], s. O t t o, Jo. Karl Gottfried: De rerum singularium legatarum vel praeceptarum dominio etiam in Saxonia ante investituram acquisito.

Richter, Jo. Tob.: Selecta iuris principia quae praecipuis jctorum controversiis illustrandis inserviunt ad ordinem Digestorum. Ed. emend. Lipsiae 1760.

— selecta juris principia. (XXV Disputat.) 4. Lpz. 760. 12 gr

Richter, Johann Tobias [Praes.], s. P r i n t z, August Friedrich: De venatione turbata.

Richter, Jh. Tob., († d. 18. Aug. 1780.) processus pacti remissorii juris Saxon. Elector., Kursächsischer Accordsproceß. 4. Leipz. 758. Langenheim. 8 gr

— (Präs.) u. (Respond.) **August Schultze** (Magdeburg), **De duplici obligandi ratione uni objecto tributa. Leipzig (Breitkopf) 8. I. 1744. 24 S. (4.25) 28762**

— **Brevis commentatio de duplici fructus percipiendi ratione quam bonae fidei possessori juri permittunt. Leipzig (Langenheim) 8. VI. 1741. 16 S. (4.25) 28759**
Gew.: **Johann Peter Heinrich.**

Richter, Johann Tobias [Praes.], s. R e i c h e l, Samuel: Selectiora juris principia ad ordinem digestorum exposita libri XVIII. specimen I. continens.

— **De remissione mercedis propter sterilitatem in praediis rusticis. Specimen jur. III. Präs. Ernst Heinrich Mylius. Leipzig (Zunkel) 22. XII. 1740. 15 S. (4.—) 28757**
Widm. v.: **Ernst Heinrich Mylius.**

Richter, Johann Tobias [Praes.], s. R e u t, Christian Ludwig: De majestate in persona ministri ex odio privato laesa.

Richter, Johann Tobias [Praes.], s. R i c h t e r, Karl Ferdinand: Selectiora juris principia ad ordinem digestorum exposita libri XVII. specimen I. continens.

Richter, Johann Tobias [Praes.], s. R i t t e r, August Gottlieb: Selectiora juris principia ad ordinem digestorum exposita libri XI. specimen I. continens.

Richter, Johann Tobias [Praes.], s. R i t t e r, Erdmann Friedrich: Selectiora juris principia ad ordinem digestorum exposita libri III. specimen I. continens.

Richter, Johann Tobias [Praes.], s. S c h u l t z e, August: De duplici obligandi ratione uni obiecto tributa.

Richter, Johann Tobias [Praes.], s. S c h ü t z, Julius Ernst von: De filio iurisdictioni paternae patrimoniali non subiecto.

Richter, Johann Tobias [Praes.], s. S t e i n d o r f f, Heinrich Christian: De pacto, quo quis fundum sine tributis habeat, vel alienet, prohibito.

Richter, Johann Tobias [Praes.], s. T i t t e l, Jakob: De conditionibus potestativis et mixtis, casu deficientibus, in ultimis voluntatibus pro adimpletis habendis.

RICHTER, Jo. Tobias: Dissertatio de venatione turbata. - Leipzig 1746

Richter, Johann Tobias [Praes.], s. W a g n e r, Johann Gottlieb: Ius matrimonii Iudaeorum in Germania inter se tum si alter coniux ad sacra Christianorum transiit.

Richter, Johann Tobias [Praes.], s. W e i s e, Karl Heinrich: De obligatione successorum in Collegiis ex antecessorum factis.

— **Johann Traugott (Harthau/Meißen), De virtutibus Mercurii Cinerei Saunderi medicis. Diss. med. Präs. Friedrich Ludwig Kreysig. Wittenberg (A. Chr. Charisius) 21. XII. 1798. 18 S. (4.—) 28764**
Gew.: **Johann Friedrich Züllich.**

— **Johann Wilhelm (Leipzig), De actione in factum ex quasi contractu receptionis moribus nostris non conveniente. Diss. jur. ad tit. IX. lib. IV. ff. Leipzig (Langenheim) 3. V. 1759. 30 S. (4.—) 28766**
Gew.: **Gottfried Wilhelm Kustner.**

— **Jo. Wilhelm, De divinatione. Diss. metaphys. [Präs.] Carl Ferdinand Hommel. [Leipzig] (Langenheim) 8. IV. 1744. 24 S. (4.—) 28765**
Gew.: **Sigismund Jakob Baumgarten v. Carl Ferdinand Hommel.**

Richter, Johann Wilhelm Daniel, s. R i c h t e r, Johann Daniel Wilhelm.

Richter, Johanna: Ursprung und analogische Ausbreitung der Verba auf -αζω. Excurs: Die germanischen Verba auf -atjan, -itjan im Vergleich mit den griechischen Verba auf -αζω. Leipzig 1909: Drugulin. VIII, 180 S. 8°
Münster, Phil. Diss. v. 23. Nov. 1909, Ref. Streitberg
[Geb. 26. Dez. 74 Nürnberg; Wohnort: Nürnberg; Staatsangeh.: Bayern; Vorbildung: Gymn. Limburg Reife O. 05; Studium: Heidelberg 5, Münster 3 S.; Rig. 10. März 09.] [U 10. 3799

Richter, Johanna Sophie

Richter, (der blinden Johanna S.,) Sammlung religiöser Gedichte. Nebst Lebensbeschreibung derselben u. einer Darstellung des religiösen Standpunktes im evangel. Deutschland, herausgegeben zum Besten der hülfsbedürftigen Verfasserin v. Fr. A. Bernhardi. 8. Zerbst 825, Kummer.

Richter, Jh. Sophie, Samml. religiöser Gedichte; nebst ihrer Lebensbeschreib. ꝛc. hrsgg. v. F. A. Bernhardi. 8. Zerbst 826. Kummer. 8 gr

Richter, Johannes, s. R i c h t e r, Johann.

Richter, Josef, s.a. O b e r m a y r, F. A. [Pseud.].

Richter, Jos., († d. 16. Juni 1813.) ABC-Buch f. große Kinder. 8. Wien 782. N. A. 810. Rehm. 1 ℛ

Richter, Jos., die travestirte Alceste. Sgspl. in 2 Aufz. 8. Wien 802. (Krappe in Leipz.) 10 K

Richter, Josef, s. Andres, Abate: Sendschreiben.

L'Archi-Viennois peint d'apres nature, dans un Catechisme de Carnaval. Satyre en vers. Vienne 1784. V: *Richter, Joseph.* (Wiener Blättchen 22/2 1784, S. 100.) (Bibliothecae Jos. Garampi Catalogus. Romae 1796. 4. Bd., S. 363,) (BiblPort)

— Beitrag z. Theater. ir B. 8. Ebend.

OBERMAYR (d. i. *Josef Richter*, 1748—1813), Bildergallerie katholischer Misbräuche (sic!). Mit Titelkpfr., (21 unsign.) Rokoko-Kpfrn. u. (3) anpassenden Vignetten. (Lat. Motto aus S. Gregor. M.) Frankfurt u. Leipzig (Wien?) 1784. 8⁰. (In München: Polem. 1985 t; auch in Wien, Stadtbibl.) (12 Kr. A. H. Huber, Salzburg, 1908; 24 Kr. Gilhofer & Ranschburg, Wien, 1912; 25 Mk. C. G. Boerner, Lpz., 1909.)
Scharfer Angriff gegen den katholischen Klerus. TKpf., Tit., Verz. d. 20 Cap., 230 S. Text (incl. Erklärung jedes Kupfers). — Gesucht u. selten!

— — Bildergalerie klösterlicher Misbräuche etc. Ibid. 1784. 8⁰. (In München: Mon. 8⁰ 421 c.) (10 Mk. Kühl; 6 Mk. Völcker; 25 Mk. C. G. Boerner.)
272 SS. Mit 21 Kupfertafeln und 3 Vignetten. Selten!

— — Bildergalerie weltlicher Misbräuche (,) ein Gegenstück zur Bildergalerie katholischer und klösterlicher Misbräuche. Von Pater *Hilarion*, Exkapuzinern. Mit 21 Kupfern (incl. Frontisp.) und 2 anpassenden Vignetten. Frankfurt und Leipzig, 1785. 8⁰. (In Warmbrunn.) (36 Kr. Gilhofer & Ranschburg, Wien, 1912; 25 Mk. C. G. Boerner, 1909.)
270 SS. Selten! Die Druckbogen sind mit „Dritter Theil" bezeichnet. Sehr interessant wegen der reizenden Kupfer, die vielfach Wiener Oertlichkeiten darstellen.
— — Dasselbe. Ebd. 1788. 8⁰.
Cat. Cammerer II. Erlangen 1796, S. 68. — Wirklich neuer Druck?

— Briefe eines jungen Eipeldauers an s. Vetter in Krakau über die Wienstadt. 37 Hefte m. Reg. 8. Wien, Rehm. 796—797. (à 4 gr.)

— Briefe eines wieder aufgelebten Eipeldauers an s. Vetter in Kakrau über d. Wienstadt. 81 Hefte. 8. Ebend. 799—810. (à 4 gr.)

Richter, Josef, Briefe eines jungen Eipeldauers. Jahrgang 1811 u. 12. d. Jahrg. zu 12 Heften. 8. Wien, Rehm. (à Heft 4 gr.)
(Fortsetzung s. Gewey, F. C.)
Vgl. Briefe...

Briefe aus dem Himmel. [Von Jos. Richter. Lfg. 1.] 2. Berlin [Wien: Wucherer] 1786. 8⁰
[1.] Über d. Freymaurerrevolution in Wien. 30 S.; 2. 31 S. 358 a.
Abgedr. in: Sammlung aller aus Gelegenheit d. k. k. Verordn. v. 16. Dez. 1785 z. Vorschein gekommenen Schriften d. Frmr. betr. 4 (1786) S. 281—310.
Recens: ⁰Wiener Real-Ztg vom 25. April 1786. cf. L. 28 (1871) S. 69—71; FZ. (Wien) 4 (1877) S. 133, 142 (G. Brabbée).
Kl. 480. Selten. Verf. hält die durch die kaiserliche Verordnung versuchte Reform der Frmrei für nicht radikal genug u. sucht die Gegner derselben in den Reihen der Alchimisten, die er verspottet. 23.

— die Brieftasche; e. lokale Tagschrift für Wien. 50 Stcke. 4. Wien 783, 84. Kurzböck. 20 K

— die Eifersucht durch einen Schuh. Lstspl. in 1 A. 8. Wien 802. Rehm. (Leipz., Krappe). 4 K

Richter, Josef, s. Feldmühle, Die.

Richter Jos.: Festgruß zum 10. Mai 1881. Brünn II. 81.
Progr.

– s. Friedenspredigt.

Gedanken eines Profanen [d. i. Jos. Richter] über die jetzige Revolution des Freymaurer-Ordens. [Wien] 1786. 27 S. 8⁰
Abgedr. in: Sammlung aller aus Gelegenheit d. k. k. Verordn. v. 16. Dez. 1785 z. Vorschein gekommenen Schriften d. Frmr. betr. 3 (1786) S. 193—214.
cf. FZ. (Wien) 4 (1877) S. 132 (G. Brabbée).
Kl. 476. Selten. Ursprung, Alter, Ausbreitung, Versammlungen, Zeichen u. s. w. des Bundes.

Gedichte vom Verfasser der Eipeldauer Briefe *(Josef Richter)*. 2 Bdchn. Wien 1794.
Anon.-Lex. II. p. 163 (nach Kayser u. Meusel).
Vgl. Gedichte.

— Gedichte. 8. Wien 795. Rehm. 1 ß

— Gedichte. Wien 1809. 8⁰. (2 Mk. J. Taussig, Prag, 1904.)

— — zweyer Freunde *(Jos. Raditschnigg v. Lerchenfeld* und *Jos. Richter)*. WIEN, 1775. 8⁰.
Ungenau bei W. v. Maltzahn p. 445 no. 1042. — Anon.-Lex. II. p. 161 (nach Kayser, Meusel, Kehrein u. Trausch IV. 266).
Vgl. Gedichte...

— die Geisterseherin. Sgspl. 8. Wien 792. (Kaulfuß). 4 K

– s. Gläubiger, Der.

GLÜCKSVOGEL, Der, oder Fortunatus Wünschhütl der zweyte. Ein komischer Roman vom Verf. der komischen Romane „Die Frau Lisel" und der „Herr Kaspar" (von *Jos. Richter*, 1748—1813). Mit Titelkpf. (von J. Stober). Wien, P. Rehm, 1801. 8⁰. 112 S. (In München: P. o. germ. 492.) (9 Kr. Gilhofer & Ranschburg, Wien, 1912.)

— der junge Grieche, oder d. entlarvte Heuchlerin. Lstspl. in 3 A. 8. Wien, Rehm. 9 K

Kapuziner-Suppe, Die. Drei Töpfe (von *Jos. Richter*, 1748—1813). O. O. 1787. 8⁰.
Brümmer II. p. 202. — Rar!

— Herr Kaspar; e. Roman wider Hypochondrie. 8. Wien 786. Al. Doll. 16 K

KASPAR. Herr. Ein Roman wider die Hypochondrie, vom Vf. der Frau Lisel *(Josef Richter)*. Mit drast. Titelkpf. u. Titelvign. (Mark sc.). (Wien) 1787. Zu finden bei Geo. Phil. Wucherer. 8⁰. (4 Mk. 50 Pfg. A. Buchholz, München, 1906.)
) Bll., 261 S. Mit Anstössigkeiten. — Anon.-Lex. I. p. 304 (nach Haydinger).

(RICHTER Josef). Kern menschlicher Weisheit und Klugheit, nebst einem Anhange von noethigen Gesundheitsregeln . . . (von -). Rehm, Wien 1791. 1 vol. 179 S. + 5 Bl. Inh.

Leben Friedrichs des Zweiten, Königs von Preussen, skizzirt von einem freymüthigen Manne *(Jos. Richter)*. 4 Bdchn. Amsterdam (Wien) 1789. 8⁰. (12 Mk. E. Frensdorff, 1904; 12 Kr. Halm & Goldmann, 1907.)
— — Dasselbe. Zweite Auflage. Ebd. 1789. 8⁰. 80, 80, 96, 82 S. u. 5 Bll. „Hauptinhalt". (Max Perl's Berliner Oct.-Auct. 1907:)

(Richter, Joseph,) Leben Friedrichs des Zweiten, Königs von Preussen, skizzirt von einem freymüthigen Manne Band. 1—4. Amsterdam und Wien 1789. 8. (Neue Ausg. Leipzig 1816. — Dasselbe im Auszuge. Augsburg 1789 2 Thle. 8.)

Vgl. L e b e n...

LEBEN, Das, des Johann Sorgenlos von ihm selbst beschrieben. (Vf.: *Josef Richter.*) Wien 1808. Rar!
Anon.-Lex. III. p. 22 (Eigenbericht). Brümmer II. p. 202 hat „1802".

LEBENSGESCHICHTE eines Flohweibchens. Vom Verf. der Eipeldauerbriefe *(Jos. Richter)*. Wien 1808. 8⁰. Rar!
Anon.-Lex. III. p. 30 (nach Haydinger).

— Lebensgeschichte e. Pudels. 8. Wien 808. Rehm. 4 gr

LEBENSGESCHICHTEN aus dem Zuchthaus (von *Josef Richter*). Im 89ten Jahre des philosophischen Jahrhunderts. Wien u. Leipzig, o. J. (1789). 8⁰.
Sehr selten! — Anon.-Lex. III. p. 30 (nach Wurzbach).

LEGENDE, Neue, der Heiligen. Nach einem hinterlaſſenen Manuscript des Voltairs [unterſchoben]. Mit Titel-Kupfer und 12 halbſeitigen Kupfern (am Kopf jeder der 12 Legenden). Salzburg, in der neuen Buchhandlung, 1784. 8⁰. 251 S. inkl. Titel-Kupfer. Titel und Vorrede. 1 S. Verzeichnis der in dieſem Werke enthaltenen (12) Lebensſkizzen.
[E. IV, 90].
[Verfaſſer Joſef Richter.]

Vgl. L e g e n d e...

Richter, Jos., Lehrbuch der Kirchengeschichte f. Bürgerschulen. (IV, 107 S.) gr. 8. Wien 903. Buchh. d. „Reichspost"-Druckerei. Geb. in Leinw. n.n. 1.—

Richter, Josef, Lehrbuch der Kirchengeschichte für Bürgerschulen. Mit Genehmigung der hochwürdigsten Ordinariate zu Wien, Prag, Salzburg, Budweis, Linz und St. Pölten. Wien 1903. Ambr. Opitz. Preis, gebunden 1 K.

LISEL, Die Frau, oder die Schöne Nanette. Ein Roman. Zum lachen für die Noblesse, und zum Nachdenken für den Bürger. Vom Verfasser der Eupeldauerbriefe (sic!) (von *Joseph Richter*). 2te. verbess. Aufl. Mit Titelkpfr. u. gestoch. Titel mit Vignette. Wien 1795 bey J. G. Binz. 8⁰. 9 Bll. Vorst. u. 269 S.

— — Der deutsche Gevatter Matthies. 2 Thle. Mit 4 (drastischen) Kupfern (Seb. Mansfeld sc.). Leipzig, bey Joh. Geo. Mößle. 1791—92. 8⁰. (7 Mk. Kühl, Berlin, c. 1882; 20 Mk., unbeschn. Expl., Max Perl, Berlin, c. 1905.)
Freier, an galanten Avanturen reicher Roman. I: 8 Bll. u. 415 S. II: 8 Bll. u. 311 S. Im Vorbericht zu Theil I heißt es: „Ich sehe mich also genöthigt, hiermit auf das feyerlichste zu erklären, daß mein deutscher Gevatter Matthies, vom ersten bis zum letzten Buchstaben, das Kind meiner Erfindung ist, und daß er, (bis auf den Nahmen (!) nicht die kleinste Ähnlichkeit mit dem französischen Matthies (des Abbé Dulaurens) habe." — Nachahmung des „compère Mathieu".

Richter, Jos., d. deutsche Gevatter Matthies. 2 Thle. 8. (Wien) 792. v. Mösle. 2 ß

MILCHMADCHEN, Das schöne, und der Guckkasten (von *Josef Richter*). Wien 1796. 8⁰.
Goedeke V, 319, 47, 19. — Rar!

— Wienerische Musterkarte. Ein Beitr. zur Schilderung Wiens. 8. Wien 799. Rehm. 12 gr, 7e A. 8. Ebd. . . . C. Haas. 10 gr

MUSTERKARTE, Wienerische, ein Beytrag zur Schilderung Wiens. Vom Verf. der Eipeldauerbriefe *(Jos. Richter)*. 2. abgeänd. Aufl. Wien, In Commiss. bey Cph. Pet. Rehm. 1799. 8⁰. (In Wien, Stadtbibl.)
Tit. u. 144 SS. Zahm. Enth. u. a.: Muster einer Kanzleyfrau, der Wiener Erziehung, einer bürgerl. Dame, der Wienerischen Dienstmägde (S. 57 ff. pikanter Dialog zwischen Katl und Mariandl), etc.
Ed. I. ib. 1785. 6 Stücke. (Karajan's Bibl. II. no. 4829.

NIMMERSATT, Die Gräfin, aus Wien. Eine sehr wahrscheinliche, komische (stellenw. etwas freie) Geschichte (von *Josef Richter*). Wien (ohne Adresse, aber Leipzig, Beygang) 1787. 8⁰. 186 S. Rar!
Brümmer II. p. 202 nennt den Verfasser. — Fehlt im Anon.-Lex.

— Kornelia d'Oromante. Ein Orig.-Schspl. in 4 A. 8. Wien 810. (Krappe in Leipz.) 20 gr

— die lächerlichen Projectanten. Orig.-Lstspl. in 5 A. 8. Wien 811. Rehm. 12 gr

— das Räubermädchen von Baaden, oder Solimann vor Wien. 8. Wien 811. Wimmer. 8 gr

JUPITERS Reise nach unserer Welt (von *Jos. Richter*). Wien 1808. 8⁰. Rar!
Brümmer II. p. 202; Anon.-Lex. III. p. 362. (Eigenbericht.)

– s. R e i s e nach Wien.

REISE von Wien nach Paris, in Briefen (verfaßt von *Josef Richter*, hrsg. von C. G. Meltzer). Wien 1781. 8⁰. (Im British Museum.)
Anon.-Lex. III p. 360 (nach Meusel, Adelung, Kehrein, Kayser). — Selten!

— der verwandelte Rittmeister; Lstspl. in 1 A. 8. Wien 805. (K. Haas). 4 gr

— Sammlung der Theaterstücke. 8. Wien. (Beygang in Lpz.) 792.

RICHTER, Jos. (geb. 16. März 1749 in Wien, † 16. Juni 1813), Sämmtliche Schriften. 8 Bde. Wien 1809. 8⁰.
I: Gedichte. II: Das Urtheil des Paris travestirt. — Die travestirte Alceste. — Die Eifersucht durch einen Schuh. III: Der verwandelte Rittmeister. — Was wirkt nicht oft ein Bankozettel. IV: Der junge Grieche. — Wucher u. Weibertrug. V: Das alte u. neue Wien, od. es ist nicht mehr wie eh. Ein satyr. Gemälde, entworfen von einem Laternputzer. VI: Wienerische Musterkarte, ein Beytrag zur Schilderung Wiens. VII: Kern menschlicher Weisheit u. Klugheit, nebst e. Anhange von nöthigen Gesundheitsregeln. E. Handbuch f. alle Menschen, die ihre Glückseligkeit lieben. VIII: ABC Buch für Große Kinder.

— — derselb. gr Bd. d. satyrischen Schriften enth. ꝛc. 8. Ebend.

— sämmtl. Schriften. 12 Bde. 8. Wien 813. Rehm. 10 ꝑ 20 gr

— Sommer- u Winterlektüre. 3 Thle. 12. Wien 790. Rehm. 12 gr

— die Spielerinnen, oder die Diener dreier Herren. Ein Lstspl. in 5 A. 8. Wien 811. (Krappe in Leipz.) 1 ß

— Synonyma, od. Samml. einiger ähnl. bedeutender Wörter in d. deutschen Sprache. gr. 8. Wien 794. v. Mösle. 6 gl
Vgl. Richter, Jakob.

Taschenbuch für Grabennymphen auf das Jahr 1787 (verfasst von *Joseph Richter*). Mit gestoch. Titelbl. (Kupfertitel) u. 12 Kpfrn. O. O. (Wien, Wucherer). 12⁰. Kpftit. u. 84 S. (incl. 2 Bll. Vorr. u. 1 Bl. Inh.). (In Wien, Stadtbibl.: Secr. G 174; in München ex bibl. erot. Krenner.)

— — Dasselbe. Facsimile-Neudruck. Mit Einleitung von Gustav Gugitz. Wien. Verlag von Paul Knepler (Wallishausser'sche Hofbuchh.). 1910. 12⁰. (750 numer. Expl. à Kr. 12—, Ganzldr. 18— (= Nr. 1—50 als Luxusexpll.)

— Das Urtheil des Paris travestirt. Singspiel. Wien 1802. 8⁰. (3 Mk. Ferd. Schöningh, Osnabrück, 1905.)
Goedeke V, 319, 27: Gespielt 1800. Vgl. Theater-Ztg. 1813. Nr. 68.

— Urtheil des Paris, travestirt. 8. Wien 802. Rehm. 4 gl

— abgedruckte Vertheidigung wegen mein. Eipeldauerbriefe gegen Hrn. v. Kotzebue. 8. Wien 799. Rehm. 4 gl

WAHRHEIT, Die, Vom Verfasser der Eipeldauerbriefe *(Josef Richter)*. 8 Hfte. Wien 1798. 8⁰. (In München: Austr. 8⁰. 52.) (3 Mk. 50 Pfg., Expl. in 2 Ppbdn., M. Edelmann, Nürnb., 1903; jetzt theurer!)
Anon.-Lex. IV. p. 367 (nach Engelmann, Meusel, Adelung): Kayser u. der handschriftl. Münchner Cat. haben „ohne" Maske.

— die Wahrheit in Maske. 12 Hefte. 8. Ebend.

WAHRHEIT, Die. ohne Maske. Vom Verfasser der Eipeldauer Briefe *(Joseph Richter)*. Breslau. Korn. 1787.
Die Eipeldauer Briefe erschienen seit 1785 zu Wien (s. dort).

— — Dasselbe. Wien, Rehm, 1798. 8⁰.
Heinsius, B.-Lex.; Anon.-Lex. IV. p. 367 (nach Engelmann, Meusel, Adelung) hat „in" Maske; Kayser: „ohne" Maske.
Vgl. W a h r h e i t ...

– s. Warum wird Kaiser Joseph ...

— Was wirkt nicht oft ein Bankozettel? Ein Origin.-Lstspl. in 4 A. 8. Wien 802. (Krappe in Leipz.) 4 gl

—, Das alte, und das neue Wien, oder: Es ist nicht mehr wie ehedem. Verfasst vom Erzpatrioten *(Josef Richter)*. 3 Stücke. Wien 1800. 8⁰.
Citirt Carl Wallstein.

—, Das alte u. neue, oder Es ist nicht mehr wie eh. Ein satyrisches Gemählde(.) entworfen von einem alten Laternputzer (d. i. *Josef Richter*). Wien. 1800. 8⁰. (In Wien, Stadtbibl.)
Karajan's Bibl. II. no. 5128, ohne Theilesangabe u. ohne Nennung Richter's.

— das alte u. neue Wien, od. es ist nicht mehr so wie ehedem. 3 Hfte. 8. Wien 800. Rehm. 1 ß

Wiener. Der gewöhnliche, mit Leib und Seele. Untersuchet in einer Faschingskinderlehre (von *Joseph Richter*). Wien, Wucherer, 1784. 8⁰. (In Wien, Stadtbibl.) (50 xr. Wallishauser, Wien, 1872; jetzt höher notirt!)
Anon.-Lex. IV. p. 400 (nach Kayser), Karajan's Bibl. II. no. 5142.)
Vgl. W i e n e r, ...

— grammat. Wörterbuch der deutsch. Sprache, zum Handgebrauch für Beamte rc. 8. Wien, Gräffer. 790.

— grammat. Wörterbuch d. deutschen Sprache. 2 Bde. Mit Anh. gr. 8. Wien 791. v. Mösle. 1 ß 8 gl
Vgl. Richter, Jakob.

[**Richter**, Josef]: Mythologisches Wörterbuch. Ein Handbuch für die studierende Jugend, und vorzüglich für bildende Künstler und Kunstfreunde. Frister, Wien u. Leipzig 1793. 248 S

— Wucher u. Weibertrug. Lstspl. in 3 A. 8. Wien 800. (Krappe in Leipz.)

— die Zimmerherren in Wien. Ein Origin.-Lstspl. in 5 A. 8. Wien 810. (Krappe in Leipz.) 1 ß

[RICHTER, Josef]: Die Zuchthausgretl. An die Frauleins mit geschorenen Tituskopfen in Wien. [Verf. –] Rehm, Wien 1800. 1 vol. 14 S.

Richter, Jos.: Die Zusammensetzung der Wellen mit ihren Anwendungen in der Akustik. I. 64 S. 8⁰. II. ? – Prag. d. OR., Progr. 1872.

RICHTER (Jos.), („Vf. d. Bildergallerie", geb. 1748, † 1813). Der Zuschauer in Wien, od.: Gerade so sind die Wiener u. Wienerinnen. 3te Ausgabe in 6 Hftn. Mit Titel-Vign. (unsign.). Wien, 1790. Bey Hochenleitter u. Komp. 8⁰.
Vgl. Z u s c h a u e r, ...

Richter, Josef Sebastian

Richter, Jos. Seb., siehe: Bruderschaftspredigten.

Richter, Jos. Sebast., der Schulfreund, s. Schulfreund.

Richter, Jos. Seb., 163 katechetische Vorträge für erwachsene Christen. Innsbruck 863. F. Rauch. gr. 8. (XII, 608 S.)
1 ß 15 ngr.

Richter, Julius

Richter, Jul., Abenteuer m. den Sklavenhändlern im Wakonde-Land, } s.: Missionsschriften, neue.

—— Aristophanisches. 4. (6 B.) Berlin 845, (Schröder's Verl.)*

Der Aufbau unserer südafrikanischen Missionskirche. Referat auf d. Generalversammlung 1905. Von Pastor Julius **Richter**, [Schwanebeck]. Berlin: Berliner ev. Missionsgesellsch. 1905. (24 S.) 8° [F.]
— **Beiträge** z. Missionskunde. H. 12. [07. 327]

Richter, Julius Herm. (geb. Clausthal in Posen 2. 4. 1816): Commentationis de Aeschyli, Sophoclis, Euripidis interpretibus Graecis capita priora. Berolini: G. Besser (1839). (45 S.) 8°
Berlin, Phil. Diss. v. 17. Mai 1839.

Richter, Jul., de Aeschyli, Sophoclis, Euripidis interpretibus graecis. 8maj. (7¾ B.) Berolini 839, Besser, Vrlsh. *

Richter, Jul., die Chroniken Bertholds und Bernolds. Ein Beitrag zur Quellenkunde des XI. Jahrh. Inaugural-Dissertation. gr. 8. (27 S.) Köln 882, (DuMont-Schauberg'sche Buchh.)

Richter, Julius: Die Diamantenfelder v. Kimberley ..., s. Missionsschriften, Neue.

Richter, Jul., Ferdinand Dorn, e. Pionier des deutschen Handels in Ostasien. Von seinem Zeitgenossen R. 1. bis 5. Tausd. (Je 264 S.) 8. Hamburg 905. H. Seippel. n. 3. —; geb. in Leinw. n. 4. —

Die Einwurzelung des Christentums in der Heidenwelt. Untersuchungen über schwebende Missionsprobleme. In Verbindung mit ... hrsg. von P. Julius Richter in Schwanebeck. Gütersloh: C. Bertelsmann 1906. (VII, 234 S.) 8° [F.] [06. 6830

Richter, Jul., unser König Friedrich August. Ein Lebensbild, den sächs. Schulen dargeboten zur Feier des Geburtstages Sr. Maj. Mit zwei Beiträgen v. Jacob. Anh.: Vorschläge f. die Schülervorträge bei der Schulfeier. 1. u. 2. Tausd. (24 S.) 8. Leipzig 905. A. Hahn. n. — 50

Richter, Jul., d. neueste Geschichte d. Nyassa-Landes. [Aus: „R., evang. Missionen im Nyassa-Lande", 2. Aufl.] Mit 3 Bildern u. 1 Karte. gr. 8. (72 S.) Berlin 898. Buchh. der Berliner ev. Missionsgesellschaft. n. — 80

Richter, Jul., die Gründer. Eine griech. Komoedie. 4. (81 S.) Jena 874, Fr. Frommann. * 3 —

Richter, Jul., Gruss an die Universität Bonn zur Feier des 3. Aug. 1868. Berlin 868. Oehmigko's Verl. gr. 4. (36 S.) n. 25 ngr.

Richter, Jul., s.: Jahrbuch der vereinigten nordostdeutschen Missionskonferenzen.

— u. Karl Axenfeld, vom Kampf des Christentums um Asien u. Afrika. 2 Vorträge, geh. im Reichskanzlerpalais zu Berlin im Novbr. 1910. (40 S.) gr. 8. Berlin 910. Buchh. der Berliner ev. Missionsgesellschaft. — 50

Richter, Julius. Katalog der Musik-Sammlung auf der Universitäts-Bibliothek in Basel. (Beilage zu den Monatsheften für Musikgeschichte.) Leipzig 1892.

— aus d. kirchl. u. Missionsleben Englands u. Schottlands. gr. 8. (128 S.) Berlin 898. M. Warneck. n. 1. 50; geb. n. 2. 20

— J, Griechische Lieder. Pr. 1870. 11 S. 4°. 1.—

—— griechische und lateinische Lieder theils Uebertragung, theils Original. gr. 4. (III, 11 S.) Berlin 871, Bath. * 1 —

Die pädagogische Literatur in Frankreich während des 16. Jahrhunderts. Von Dr. Julius Richter, Schuldir. in Dresden. A. Religiös-sittl. Bildung. 1. Die Katechismen. Mit e. Verzeichnis d. Katechismen deutschen Ursprungs. [Mehr nicht ersch.] Leipzig: J. Klinkhardt 1904. 152 S. 8° [09. 17671

— die deutsche Mission in Südindien. Erzählungen u. Schildergn. von e. Missions-Studienreise durch Ostindien. gr. 8. (VIII, 275 S.) Gütersloh 902. C. Bertelsmann. n. 3. —; geb. n. 3. 60

Mission und Evangelisation im Orient. Von D. Julius Richter, Pfarrer in Schwanebeck. Gütersloh: C. Bertelsmann 1908. (VIII, 316 S.) 8° [F.]
= Richter: Allg. evang. Missionsgeschichte. Bd 2. [08. 18052

— evangelische Mission im Nyassa-Lande. gr. 8. (178 S. m. 2 Karten u. 8 Bildern.) Berlin 892. Buchh. der Berliner evangel. Missionsgesellschaft. Geb. in Leinw. n. 2. 50

— Evang. Mission im Nyassa-Lande. 2., verm. Aufl., fortgef. bis auf d. Gegenwart. Mit Karten u. Bild. gr. 8. (225 S.) Ebd. 898. Geb. n. 2. 80

— Mission u. Kolonialpolitik. Vortrag, geh. in Berlin auf d. 12. Jahresversammlg. d. Brandenburger Missionskonferenz. 8. (23 S.) Ebd. 896. n. — 25

Richter, Julius: Die Mission und die nichtchristlichen Völker. Berlin: Berl. ev. Missionsges. 1902. (23 S.) 8°
= Beiträge z. Missionskunde. H. 1.

Der Missionar als Missionsagent in der Heimat. Von Pastor Julius Richter, Schwanebeck. Berlin: Berliner ev. Missionsgesellsch. 1904. (20 S.) 8° [Umschlagt. F.]
= Beiträge z. Missionskunde. H. 6. [07. 5370

— s.: Missionen, die evangelischen.

— nordindische Missionsfahrten. Erzählgn. u. Schildergn. v. e. Missions-Studienreise durch Ostindien. gr. 8. (III, 325 S.) Gütersloh 903. C. Bertelsmann. n. 3. —; geb. n. 3. 60

— vom großen Missionsfelde. Erzählungen u. Schildergn. aus der neueren Missionsgeschichte. 1. Bdchn. 8. (VII, 214 S.) Ebd. 900. n. 2. 40; geb. n. 3. —

Die gegenwärtige große Missionsgelegenheit und die Aufgaben, die sie der sendenden Christenheit stellt. Vortrag auf d. sächs. Prov.-Missionskonferenz in Halle 1909. Von D. Julius Richter. Mit e. Einl.- u. Schlußwort von D. [Gustav] Warneck. Berlin: Berliner evang. Missionsgesellsch. (1909). 32 S. 8°
Aus: Allgem. Missions-Zeitschrift. [09. 13184

Indische Missionsgeschichte Von Julius Richter, Pfarrer in Schwanebeck. Mit 65 Ill. Gütersloh: C. Bertelsmann 1906. (IV, 445 S.) 8° [F.]
= [Richter: Allg. evang. Missionsgeschichte. Bd 1.] [08. 18051

— Allgemeine evangelische Missionsgeschichte. Ein Versuch. II. Bd. Mission u. Evangelisation im Orient. (VIII, 320 S.) gr. 8. Gütersloh 908. C. Bertelsmann. 4.50; geb. 5. 50

— der erste Missionsversuch im Nyassa-Land,
— nach dem Nyassa,
— Adam Oppermann u. sein Haus,
— Frederik Oppermann,
} s.: Missionsschriften, neue.

Frederyk Salomo Oppermann. Napisał pastor Juliusz Richter. (Berlin: Buchhandl. d. Berl. ev. Missionsgesellsch. [1901].) (40 S.) 8° [F.]
= Missionsschriften, Polnische, No 4. [05. 2046

Richter, Jul., des Aeschylos Oresteia hrsg. v. J. Franz u. die berliner Societät f. wissenschaftl. Kritik. gr. 8. (2 B.) Berlin 846, Schröder's Verl. *

Die Organisation des heimatlichen Missionswesens. Referat auf d. Brandenb. Missionskonf. 1904 in Berlin. Von Pastor Julius Richter, Schwanebeck. Berlin: Berliner ev. Missionsgesellsch. 1904. (20 S.) 8° [F.]
= Beiträge z. Missionskunde. H. 7. [07. 5371

Richter, Julius, cand. min. et phil.: Das Princip der Individualität in der Moralphilosophie Schleiermachers dargestellt und beurteilt. *Gütersloh 1901: C. Bertelsmann.* (89 S.) 8° [F.]
Leipzig, Phil. Diss. v. [28. Sept.] 1901

Richter, J.: Prolegomenon ad Aristophanis Vespas cap. III. 48 S. – Progr. Berlin F. Werder 1857.

Richter: De prosographia Aristophanea. I. II. 59 S. –Rastenburg, Progr. 1864, 1867

Richter, J.: Prosopographiae Aristophaneae. Part. III. 18 S. Vd. Rastenburg 1864 u. 1867 Part I. u. II. – Meseritz, Progr. 1871.

Richter, Jul., u. Bernh. Müller, Reigen f. turnerische Festaufführungen. (11 S.) 8. Leipzig (908). G. Richter. 1. —

— s.: Saat u. Ernte auf dem Missionsfelde.

Richter, Jul., Otto Schulz. Ein Denkmal für Seine Nachkommen und Seine Freunde. Mit dem (lith.) Bildniß von O. Schulz u. dem Facsimile seiner Handschrift. Berlin 855. Nicolai'sche Verlhdlg. gr. 8. (IV, 276 S.) 1 ℛ︁.

— s.: Studien, missionswissenschaftliche.

Richter, *August* Julius [Schuldir. in Glauchau]: Charles Rollins Traité des études und seine Stellung in der Geschichte der zeitgenössischen französischen Pädagogik ... Glauchau, Druck v. J. Pickenhahn, *1893*; 97 S., 1 Bl. 8.
Leipzig, Phil. Fak., Inaug.-Diss. v. [22. Sept.] 1893

— Uganda. Ein Blatt aus der Geschichte der evangel. Mission u. der Kolonialpolitik in Centralafrika. gr. 8. (VIII, 268 S. m. 1 Titelbild.) Gütersloh 893. C. Bertelsmann. n. 3. —; geb. n. 3. 75

— die Ultramontanocommunisten. Eine griech. Komödie. hoch 4. (VI, 78 S.) Jena 873. F. Frommann. n. 3. —

— dasselbe. Aus dem Griech. verdeutscht u. v. e. Vorreiter eingeführt. gr. 8. (84 S.) Berlin 873. Nicolai's Verl. n. 2. 25

Richter, J., Das Ungeziefer. Eine griechische Komödie. 1871. 71 S.

— das Ungeziefer. Eine griech. Komödie. Lex.-8. (VI, 71 S.) Jena 872. F. Frommann. n. 3. —

Richter, Julius, aus Darmstadt-Bessungen: Experimentelle Untersuchung der beim Nachzeichnen von Strecken und Winkeln entstehenden Größenfehler. *Naumburg a. S. 1904: Lippert & Co.* (26 S.) 8° ¶ [Gekr. Preisschr.]
Gießen, Phil. Diss. v. 1904

Vergleichung der Berliner Transvaal- und der Goßnerschen Kols-Mission. Von Pastor Julius Richter, Schwanebeck. *Berlin: Berliner Ev. Missionsges. 1903.* (16 S.) 8° [F.]
= Beiträge z. Missionskunde. H. 5. [03. 14808

—— die Vertheilung d. Rollen unter die Schauspieler der griechischen Tragödie. gr. 8. (8 B.) Berlin 842, Schröder's Verl. *

Richter, Jul., die messianische Weissagung u. ihre Erfüllung m. besond. Beziehung auf ihre Behandlung in der Schule. (VI, 90 S.) gr. 8. Giessen 905. A. Töpelmann. n. 1. 80

Richter, J., Zur Würdigung der Aristophanischen Komödie. Pr. 1845. 46 S. 4°. 2.—

Richter Zur Würdigung der Aristophanischen Komödie. 46 S. .
Berlin, J.G., Progr. 1849

Richter, Julius Friedrich Daniel

Richter, Jul. Fr. Dn., († d. 23. Oct. 1815.) die Apostel in Harmonie mit Jesu. 8. Zittau 802. Schöps. 5 gl

DORFPFARRER, Der einfältige aber doch sehr arge (von *Julius Friedr. Daniel Richter*). Zittau und Leipzig 1801.
Anon.-Lex. I. p. 416 (nach Meusel, Otto u. Kayser).

Vgl. Dorfpfarrer, ...

Richter, Julius Friedrich Daniel, s. Sammlung geistlicher Lieder aus d. besten Dichtern.

Richter, Jul. Paul, am Elbestrand 1866. Erinnerungen. (68 S.) 8. Gera (906). A. Malina. n. 1. —

Richter, Julius Wilhelm Otto

s. Golmen, Otto v.

Richter, J. W. Otto (Otto v. Golmen), der aufstrebende Aar. 4 geschichtl. Erzählungen aus der Jugendzeit des Großen Kurfürsten. Mit der bei der Enthüllg. des Denkmals des Großen Kurfürsten auf dem Sparenberge bei Bielefeld v. Sr. Maj. dem Kaiser geh. Rede u. 20 Bildern.) gr. 8. (VII, 266 S.) Gotha 901. F. A. Perthes.
Geb. in Leinw. n. 6. —

— der aufstrebende Aar. 4 geschichtl. Erzählgn. aus der Jugendzeit des Großen Kurfürsten. Mit der bei der Enthüllg. des Denkmals des Großen Kurfürsten auf dem Sparenberge bei Bielefeld v. Sr. Maj. dem Kaiser geh. Rede u. 20 Bildern. 2. [Titel-]Aufl. (VII, 266 S.) Lex.-8. Gotha [901] 903. F. A. Perthes. Geb. in Leinw. n. 4. —

Richter, J. W. O., die Ahnen der preußischen Könige. Volkstümliche Lebensbilder der hohenzollernschen Burggrafen v. Nürnberg u. Kurfürsten v. Brandenburg. gr. 8. (VIII, 351 S.) Hannover 892. L. Ost. n. 4. —;
geb. n. 5. —

Albrecht der Bär. Dramat. Charakterbild aus d. vaterländ. Geschichte in 5 Akten von Otto v. Golmen [d. i. Julius Wilhelm Otto Richter]. *Leipzig: F. Jansa 1904.* (108 S.) 8° [F.]
= Richter: Brandenburg – Preußen – Deutschland. T. 1.

Richter, J. W. Otto, Atlas für höhere Schulen. 37 (chromolithogr.) Karten mit 19 Nebenkarten. Fol. (IV S.) Glogau 881, Flemming. * ℳ 3,50.; in 4. geb. * 4 60

Richter, J. W. Otto, Atlas für höhere Schulen. 40 (chromolithogr.) Karten mit 29 Nebenkarten. 44. Tausend. Fol. Glogau 890, Flemming. geb. * 4 60

Richters Atlas für höhere Schulen völlig neubearbeitet von Prof. Dr. J. W. Otto Richter in Berlin u. Gymn.-Oberl. Constantin Schulteis in Bonn. 45 Karten mit 40 Nebenkarten. 23. Aufl. *Glogau: C. Flemming 1901.* (45 Karten.) 4° [01. 4682

Richter, J. W. Otto, Auswahl aus den poetischen und prophetischen Büchern des alten Testamentes zum Gebrauche auf der Mittelstufe mittlerer und höherer Schulen. gr. 8. (IV, 84 S.) Magdeburg 883, Creutz'sche Buchh. * — 90
cart. * 1 —
Aus: Lehrbuch für den Religionsunterricht in den mittleren und oberen Klassen höherer Schulen, besonders abgedruckt.

Richter, J. W. Otto [Prof. Dr. Rekt.]: Auszug aus der Schulordnung. Eisleben, Druck v. E. Schneider (1890); S. 35—36; 4°
Eisleben, st. RPG, OP 1890

Richter, J. W. Otto Einige einleitende Bemerkungen über die Stellung der Realprogymnasien im höheren Schulwesen. 4 (S. 3—6).
Progr. Rprg. *Eisleben* 1886 (249).

— Berlin-Cölln. Zeit- u. Kulturbilder aus der ältesten Geschichte der Reichshauptstadt u. des märk. Landes. Mit Illustr. v. Hugo Flintzer. 4. (IV, 169 S.) Berlin 902. [H. Costenoble.] Cludius & Gaus. Geb. in Leinw. n. 5. —;
erm. Pr. 2. —; geb. 2. 50

— Über Berufswahl 8 S. **Progr.** Rpg. *Eisleben* 1885.

—— Bilder aus dem westlichen Mitteldeutschland, s. Land und Volk, unser deutsches. 6.

Richter, J. W. Otto, Bilder aus dem westlichen Mitteldeutschland. Das hessische Bergland und die Wesergebirge. Das Fichtelgebirge und seine Ausläufer. Die Harzgegenden. Der Thüringer Wald und die thüringische Hochebene. Herausg. ... Mit 140 Text-Illustr., 4 Tonbildern u. 2 Karten. Leipzig 1883. 8.
A. u. d. T.: Unser deutsches Land u. Volk. Bd. 6.

Brandenburg - Preußen - Deutschland. 3 dramat. Gemälde aus d. vaterländ. Geschichte f. unsere Jugend u. unser Volk von Otto v. Golmen [d. i. Julius Otto Wilhelm Richter]. T. 1–3. *Leipzig: F. Jansa 1904.* 3 Bde 8° [F.]
1 = Albrecht d. Bär. 2 = Des Kreuzes Sieg. 3 = 'Geeint'.

— landschaftliche Charakterbilder der hervorragendsten Gegenden der Erde. Für Schule u. Haus zusammengestellt. Mit 160 in den Text gedr. Abbildgn. u. 1 Titelbilde. gr. 8. (X, 388 S.) Leipzig 885. Spamer.
n. 6. —; geb. n. 7. 50

Richter, J. W. Otto, landschaftliche Charakterbilder der hervorragendsten Gegenden der Erde. Für Schule u. Haus zusammengestellt. 2. Aufl. gr. 8. (X, 388 S. m. 160 Abbildgn. u. 1 Titelbilde.) Leipzig 890. Spamer. n. 5. —; geb. n. 6. —

— landschaftliche Charakterbilder d. hervorragendsten Gegenden d. Erde. Für Schule u. Haus zusammengest. 2. Aufl. Wohlf. [Titel-] Ausg. Mit 160 in d. Text gedr. Abb. u. e. Titelbilde. gr. 8. (X, 388 S.) Leipzig (890) 898. O. Spamer. n. 3. 50; geb. in Leinw. n. 4. 50

— Deutschland in der Kulturwelt. Eine geograph.-statist. Vergleichg. unseres Vaterlandes m. den hervorragendsten Ländergebieten der Erde. Mit e. Briefe d. verewigten Feldmarschalls Hrn. Grafen v. Moltke an den Verf. gr. 8. (VIII, 367 S.) Leipzig 891. R. Voigtländer. n. 6. —

Richter, J. W. Otto, deutsche Dichter d. Mittelalters im Kampfe f. den Kaiser wider den Papst. gr. 8. (38 S.) Kassel 873. Kay. n. — 60

— die lyrischen Dichtungen d. deutschen Mittelalters. Vorträge. gr. 16. (301 S.) Leipzig 872. Sigismund & Volkening. n. 3. —

Albrecht Dürer. 3 Erzählungen aus d. Kunstleben Alt-Nürnbergs von Otto v. Golmen [d. i. Julius Wilhelm Otto Richter]. Leipzig: E. Ungleich 1897. (VI, 314 S.) 8° [F.] (c5. 6·01

— Einführung in die deutsche Literatur d. Mittelalters, s.: Schulausgaben ausgewählter klassischer Werke.

Richter, J. W. Otto, Einführung in die deutsche Literatur des Mittelalters, s. Werke, ausgewählte klassische.

Richter, J. W. Otto, die Erziehung der weiblichen Jugend im deutsch-nationalen Sinne, m. besond. Berücksicht. der höheren Töchterschule. Mit e. Anh.: Ueber die weibl. Berufsschule. 2., stark verm. Aufl. gr. 16. (77 S.) Leipzig 872. Siegismund & Volkening. n. 1. —

Richter, J. W. Otto Über die Erziehungsaufgabe der Schule. Ein Wort an das Haus. 11 S. **Progr.** Rpg. *Eisleben* 1884.

Richter, J. W. Otto Das Fest der Einweihung unsers eignen Schulhauses. 4 (S. 3—11). **Progr.** Rprg. *Eisleben* 1887 (252).

— Die Forschungsreise Sr. Maj. Korvette „Gazelle“, s.: Seebücherei, deutsche.

— Kaiser Friedrich III. gr. 4. (VIII, 333 S. m. Abb. u. Taf.) Berlin 901. A. Schall. Geb. in Leinw. n. 10. —

Kaiser Friedrich III. von Prof. Dr. J[ulius] W[ilhelm] Otto Richter. 2. Aufl. *Berlin: A. Schall [1902].* (VI, 338 S.) 4° (8°) [F.]

'Geeint'. Dramat. Gemälde aus d. Zeit d. großen Krieges in 5 Aufz. von Otto v. Golmen [d. i. Julius Wilhelm Otto Richter]. *Leipzig: F. Jansa 1904.* (116 S.) 8° [F.]
= Richter: Brandenburg – Preußen – Deutschland. T. 3.

— biblische Geschichten d. alten u. neuen Testaments f. die beiden unteren Klassen höherer Schulen zusammengestellt. Mit e. Anh. u. e. Karte in Farbendr. (in Fol.) gr. 8. (X, 178 S.) Magdeburg 871. Creutz. n. 1. 60

—— biblische Geschichte des alten und neuen Testamentes, für die unteren Klassen höherer Schulen und verwandter Anstalten zusammengestellt. Mit einem Anhang für die übrigen Aufgaben des Religionsunterrichts und 1 Karte in Farbendr. 2. verb. Aufl. gr. 8. (XII, 210 S.) Magdeburg 882, Creutz'sche Buchh. * 1 60

— Geschichten aus der preußischen Reformationsgeschichte. 1.—4. Bd. 8. Ebd. 893. n. 4. 20; geb. n. 5. 80
1. Erhard v. Queiß, der erste evangelische Bischof v. Pomesanien, u. die Herzoginnen Apollonia u. Ursula v. Münsterberg. Eine Geschichte aus der Reformationszeit. — Anna Sabinus, die Lieblingstochter Philipp Melanchthons. Eine Erzählg. aus dem Gelehrtenleben der Reformationszeit. (112 S.) n. — 90; geb. n. 1. 30
2. Der Müller v. Kaymen. Eine Geschichte aus dem preuß. Bauernkriege. (110 S.) n. — 90; geb. n. 1. 30
3. Paul Speratus, e. evangelischer Kirchenliederdichter u. Reformator Preußens. Eine Geschichte aus der Reformationszeit. (142 S.) n. 1. 20, geb. n. 1. 60
4. Michael Meurer, der ehemalige Cisterciensermönch, u. die Danziger Reformationsbewegung. Eine geschichtl. Erzählg. (141 S.) n. 1. 20; geb. n. 1. 60

— Geschichten aus der Zeit des preußischen Ordensstaates. 1.—5. Bd. 8. Hannover 893. L. Ost. n. 6. 40; geb. n. 8. 40
1. Hermann v. Salza u. Herm. Balke, die Begründer des preuß. Ordensstaates. Ein Zeit- u. Charakterbild aus der 1. Hälfte des 13. Jahrh. (131 S.) n. 1. 20; geb. n. 1. 60
2. Heinrich Monte, der Held v. Natangen. Eine Geschichte aus der Zeit des großen Preußenaufstandes. (133 S.) n. 1. 20; geb. n. 1. 60
3. Winrich v. Kniprode u. Henning Schindekopf, sein Ordensmarschall. Eine Geschichte aus der Blütezeit des preuß. Ordensstaates. (116 S.) n. 1. —; geb. n. 1. 40
4. Der Retter der Marienburg. Eine Geschichte aus der Zeit der Kämpfe zwischen dem Deutschen Orden u. Polen. (150 S.) n. 1. 40; geb. n. 1. 80
5. Wie Westpreußen an Polen fiel. Eine Geschichte aus der Zeit des Verfalls des preuß. Ordensstaates. (170 S.) n. 1. 60; geb. n. 2. —

— Hülfsbuch f. den Religions-Unterricht in den mittleren Klassen [Quarta u. Tertia] höherer Lehr-Anstalten. gr. 8. (VIII, 263 S.) Ebend. 871. n. 2. 40

— Hilfsbuch f. den Religionsunterricht in den mittleren Klassen höherer Schulen u. verwandter Anstalten. 2. Aufl. gr. 8. (VI, 220 S.) Magdeburg 883. Creutz. n. 2. —

Richter, J[ul.] W[ilh.] Otto. Hans Holbein der Jüngere. Eine altdeutsche Künstlergeschichte von Professor Dr. J. W. Otto Richter (Otto von Golmen). Mit sechs Bildern. 357 [+ 10] S. 8. Berlin, Alfred Schall, [1901]. [M. 4.—] N 302
(*Aus:* Veröffentlichungen des Vereins der Bücherfreunde. Jahrg. 10. Oktober 1900 bis September 1901.)

— Adam Krafft. Eine Erzählg. aus dem Kunstleben Alt-Nürnbergs. 8. (VII, 156 S. m. 6 Abbildgn.) Glogau (899). C. Flemming. Geb. in Leinw. n. 2. 40

—— deutsches Kyffhäuserbuch. Natur, Geschichte, Sage und Volksleben des Kyffhäusergebirges, dem deutschen Volke dargestellt. Mit einem Anhang über Questenberg, einem Grundrisse und einer Karte (auf 1 Stnt. in qu. Fol.). gr. 8. (VI, 154 S.) Eisleben 876, Maehnert's Verlag. * 2 70

—— kleines deutsches Kyffhäuserbuch. Natur, Geschichte und Sage des Kyffhäusergebirges in kurzer übersichtl. Darstellung. Nebst einem Anhang über Questenberg und Sachsenburg. 16. (VIII, 59 S. mit 1 lithogr. Karte.) Eisleben 881, Mähnert's Verlag. * — 50

— Die geographische Lage des deutschen Reiches. Eine vergleichende Betrachtung. (Umschlagtitel: . . . Charakteristik.) 4 (S. 3—19). **Progr.** Rprg. *Eisleben* 1890 (263).
Fortsetzung: Das deutsche Reich in der Kulturwelt. Eine geographisch-statistische Vergleichung unseres Vaterlandes mit den hervorragendsten Ländergebieten der Erde . . . 8 (VIII, 367 S.) Leipzig 1891, R. Voigtländer. M 6,—.

—— Lehrbuch der Religion mit besonderer Berücksichtigung des biblischen Unterrichts, für die oberen Klassen der höheren Schulen, namentlich der Real- und höheren Bürgerschulen zusammengestellt. gr. 8. (VII, 256 S.) Ebendas. 870. * 2 40

—— Lehrbuch für den Religionsunterricht in den oberen Klassen höherer Schulen und verwandter Anstalten. 2. verb. Aufl. gr. 8. (V, 133 S.) Magdeburg 883, Creutz'sche Buchh. * 1 50

—— Leitfaden für den ersten Unterricht in der Erdkunde auf höheren Unterrichtsanstalten und Bürgerschulen in drei aufeinander folgenden Kursen, als Vorstufe des Lehrbuches der allgemeinen Geographie von H. Cassian. gr. 8. (VI, 170 S. mit eingedr. Kartenskizzen und Abbild.) Frankfurt a. M. 881, Jaeger'sche Buchh. * 1 20

— Leitfaden f. den Unterricht in der Erdkunde auf höheren Unterrichtsanstalten u. Bürgerschulen in 3 aufeinander folgenden Kursen. Mit Kartenskizzen u. Abbildgn. 2. Aufl. gr. 8. (IV, 181 S.) Frankfurt a/M. 884. Jaeger. n. 1. 20

— Benjamin Raule, der General-Marine-Direktor des Großen Kurfürsten. Ein vaterländ. Zeit- u. Charakterbild aus der 2. Hälfte des 17. Jahrh. 4. (IV, 171 S. m. Abbildgn. u. 1 Karte.) Berlin 901. [H. Costenoble.] Cludius & Gaus. Geb. in Leinw. n. 5. —; erm. Pr. 2. —; geb. 2. 50

— das Deutsche Reich. Illustrierte Vaterlandskunde. Mit erläut. Karten-Beigaben. 1.—5. Lfg. gr. 8. (S. 1—400.) Ebd. 890. à n. 1. —

Richter, J. W. O., das Deutsche Reich. Vaterlandskunde. Mit 15 Karten u. 22 Plänen. 6.—9. (Schluß-)Lfg. gr. 8. (IX u. S. 401—688.) Leipzig 891. O. Spamer. à n. 1 — (kplt. n. 9. —; geb. in Halbfrz. n. 11. —)

— dasselbe. 2. (Titel-)Aufl. Mit 15 Karten u. 22 Plänen. gr. 8. (XII, 688 S.) Ebd. 895. n. 6. —; geb. in Halbfrz. n.n. 8. —

— d. Deutsche Reich. Vaterlandskunde. 2. Aufl. Wohlf. [Titel-] Ausg. Mit 15 Karten u. 22 Plänen. gr. 8. (XII, 688 S.) Leipzig (895) 898. O. Spamer. 4. —; geb. in Halbfrz. n. 5. —

— dasselbe, s.: Land u. Volk, unser deutsches.

Richter, J. W. Otto Rückblick auf die zehnjährige Geschichte der Anstalt. 6 S. **Progr.** Rpg. *Eisleben* 1881.

— Provinz Sachsen, s.: Landes- u. Provinzialgeschichte, 6. Hft.

— deutscher Sagenschatz. 1. Abth. Sagen des Thüringer Landes. 1—4. Hft. 8. (V, 69; IV, XII, 88; V, 106 u. VIII, 100 S. m. 4 Holzschntaf.) Eisleben 877. Maehnert. n. 3. 75

— deutscher Sagenschatz. Eine Auswahl der schönsten deutschen Sagen. Nach Landschaften geordnet u. bearb. 1.—3. Bd. 8. Glogau, C. Flemming. Geb. in Leinw. n 9. 60

1. Nordwestdeutschland. (Rheinprovinz, Westfalen, Hannover, Oldenburg u. Schleswig-Holstein.) (XI, 200 S. m. 10 Abbildgn.) (899.) n. 3. —
2. Sagenschatz aus dem mittleren Norddeutschland. Eine Auswahl der schönsten Sagen aus der Prov. Hessen-Nassau, Thüringen, dem Harze u. seiner Umgebung, Mecklenburg u. den Hansestädten Lübeck u. Hamburg. Mit 8 Abbildgn. (XI, 272 S.) (900.) n. 3. 60
3. Sagenschatz aus Nordostdeutschland. Eine Auswahl der schönsten Sagen aus den preuß. Provv. Brandenburg, Schlesien, Posen, Pommern, West- u. Ostpreußen. Mit 4 Abbildgn. (XI, 243 S.) (901.) n. 3.

Richter, J. W. Otto [Prof. Dr.]: Die mineralischen Schätze des deutschen Reiches und ihre Ausbeutung. Eine kurze vergleich. Betrachtung. Eisleben, Druck v. E. Schneider, *1891;* S. 3—16; 4°
Eisleben, st. RPG, OP 1891 (262)

— evangelische Schul-Andachten, zum Gebrauche an Gymnasien, Realschulen, Progymnasien 2c. entworfen. [Mit e. Anh.] 8. (VIII, 280 S.) Kassel 873. Kay. n. 3. 75

— deutsche Seebücherei. Erzählungen aus dem Leben des deutschen Volkes zur See. Für Jugend u. Volk. 1. bis 12 Bd. (Mit je 1 farb. Vollbild u. Buchschmuck v. R. Starcke.) kl. 8. Altenburg, St. Geibel. Kart. n. 16. 50; geb. in Bibliotheksbd. n. 20. 70; in Geschenkbd. n. 22. 50

1. Dänenherrschaft u. ihr Ausgang (1201—1227). Eine geschichtl. Erzählg. aus dem Leben des deutschen Volkes zur See f. Jugend u. Volk (IV, 124 S.) 904. Kart. n. 1. —; geb. in Bibliotheksbd. n. 1. 35; in Geschenkbd. n. 1. 50
2. Wismar, Rostock u. Stralsund im Kampfe m. dem Dänenkönige Erich Menved u. seinen Verbündeten (1310—1317). Eine geschichtl. Erzählg. f. Jugend u. Volk. (182 S.) 904. Kart. n. 1. 50; geb. in Bibliotheksbd. n. 1. 85; in Geschenkbd. n. 2. —
3. Die Hansa u. König Waldemar Atterdag. Eine geschichtl. Erzählg. aus dem Leben des deutschen Volkes zur See f. Jugend u. Volk. (III, 171 S.) 904. Kart. n. 1. 50; geb. in Bibliotheksbd. n. 1. 85; in Geschenkbd. n. 2. —
4. Vom Schiffsjungen bis zum Kommodore e. modern. Schnelldampfers. Eine Erzählg. nach persönl. Mitteilgn. e. deutschen Seemanns. (III, 194 S.) 904. Kart. n. 1. 50; geb. in Bibliotheksbd. n. 1. 85; in Geschenkbd. n. 2. —
5. Stralsund zur Zeit der Seeräuber. Eine hans. Bürgermeistergeschichte aus der Wende des 14. u. 15. Jahrh. f. Jugend u. Volk. (III, 120 S.) 905. Kart. n. 1. —; geb. in Bibliotheksbd. n. 1. 35; in Geschenkbd. n. 1. 50
6. Ein deutscher Seemann aus der Zeit Friedrichs des Großen. Eine Erzählg. nach den Mitteilgn. Joachim Nettelbecks. (III, 175 S.) 905. Kart. n. 1. 50; in Bibliotheksbd. n. 1. 85; in Geschenkbd. n. 2. —
7. Sr. Maj. Kanonenboot „Iltis" im Auslandsdienste bis zum Untergange — in Kampf u. Sieg. Eine Erzählg. v. deutscher Seemannstreue. (Unter Benutzg. amtl. Quellen.) (III, 110 S.) (905.) Kart. n. 1. —; geb. in Bibliotheksbd. n. 1. 35; in Geschenkbd. n. 1. 50
8. Von Bremen hinaus in die Welt. Nach Mitteilgn. e. alten Kapitäns des Seeschiffervereins „Weser" u. des 1. Offiziers e. deutschen Reichspostdampfers, sowie amtl. Quellen des „Norddeutschen Lloyd" erzählt. (III, 183 S.) (905.) Kart. n. 1. 50; geb. in Bibliotheksbd. n. 1. 85; in Geschenkbd. n. 2. —
9. Die Unterwesermarschen u. das Heldenvolk der Stedinger. Natur- u. Geschichtsbilder aus unserm Nordseegebiete. (III, 216 S.) 906. Kart. n. 1. 50; geb. in Bibliotheksbd. n. 1. 85; in Geschenkbd. n. 2. —
10. Die erste deutsche Flotte u. ihr Admiral. Erinnerungsblätter aus der Zeit deutscher Zerrissenheit. (III, 175 S.) 906. Kart. n. 1. 50; geb. in Bibliotheksbd. n. 1. 85; in Geschenkbd. n. 2. —
11. Prinz Adalbert v. Preußen u. die Begründung der neuen deutschen Flotte. Ein Bild des Ringens u. Strebens. (III, 261 S.) 906. Kart. n. 1. 50; geb. in Bibliotheksbd. n. 1. 85; in Geschenkbd. n. 2. —
12. Tätigkeit der deutschen Marine bei Niederwerfung des Araberaufstandes in Ostafrika 1888/90. Eine Erzählg. nach amtl. Quellen u. Privataufzeichgn. (III, 166 S.) 906. Kart. n. 1. 50; geb. in Bibliotheksbd. n. 1. 85; in Geschenkbd. n. 2. —

— Deutsche Seebücherei. Erzählungen aus dem Leben des deutschen Volkes zur See. Für Jugend u. Volk. 4. 7. u. 13.—20. Bd. (Mit je 1 farb. Vollbild v. R. Scholz. Buchschmuck v. R. Starcke.) 8. Altenburg, St. Geibel. Kart. 12.—; geb. in Bibliotheksbd. 15.50; in Geschenkbd. 17. —

4. Vom Schiffsjungen bis zum Kommodore e. modernen Schnelldampfers. Eine Erzählg. nach persönl. Mitteilgn. e. deutschen Seemanns. 3. u. 4. Taus. (III, 194 S.) 907. Kart. 1.—; geb. in Bibliotheksbd. 1.35; in Geschenkbd. 1. 50
7. Sr. Maj. Kanonenboot „Iltis" im Auslandsdienste bis zum Untergange — in Kampf u. Sieg. Eine Erzählg. v. deutscher Seemannstreue. Unter Benutzg. amtl. Quellen. 3. u. 4. Taus. (III, 110 S.) 908. Kart. 1.—; geb. in Bibliotheksbd. 1.35; in Geschenkbd. 1. 50
13. Unsere Marine im deutsch-französischen Kriege 1870/71. Erinnerungsblätter. Unter Benutzg. amtl. Quellen. (III, 169 S.) 907. Kart. 1.50; geb. in Bibliotheksbd. 1.85; in Geschenkbd. 2.—
14. Die brandenburgische Kolonie Groß-Friedrichsburg u. ihr Begründer Otto Friedrich v. der Groeben. Eine Erzählg. aus der Wende des 17. u. 18. Jahrh. Unter Benutzg. amtl. Quellen. (III, 124 S.) 907. Kart. 1.—; geb. in Bibliotheksbd. 1.35; in Geschenkbd. 1. 50
15. Unsere Marine in der Südsee zum Schutze deutscher Pionierarbeit u. zur Wahrung deutscher Interessen (1872—1880). Unter Benutzg. amtl. Quellen. (III, 187 S.) 907. Kart. 1.50; geb. in Bibliotheksbd. 1.85; in Geschenkbd. 2. —
16. Wie Samoa gewonnen ward. Rückblick auf e. 20jähr. Zeit voller Sorgen, Kämpfe u. Opfer. Unter Benutzg. amtl. Quellen. (111 S.) 907. Kart. 1.—; geb. in Bibliotheksbd. 1.35; in Geschenkbd. 1. 50
17. Die Erwerbung unserer ersten Südsee-Kolonien Kaiser Wilhelmland, Bismarck-Archipel, Marschall- u. Salomons-Inseln. Eine kolonialgeschichtl. Erzählg. nach Privatmitteilgn. u. amtl. Quellen. (IV, 109 S.) 908. Kart. 1.—; geb. in Bibliotheksbd. 1.35; in Geschenkbd. 1. 50
18. Das erste große, f. den deutschen Welthandel bahnbrechende Unternehmen unserer Marine (1859—1862). Die preuß. Expedition in Japan (1860—1861). Nach dem großen amtl. Werke dargestellt. (VI, 210 S.) 908. Kart. 1.50; geb. in Bibliotheksbd. 1.85; in Geschenkbd. 2. —
19. Dasselbe. Die preuß. Expedition in China (1861). Nach dem großen amtl. Werke dargestellt. (209 S.) 908. Kart. 1.50; geb. in Bibliotheksbd. 1.85; in Geschenkbd. 2. —
20. Dasselbe. Die preuß. Expedition in Siam (1861—1862). Unter Benutzg. amtl. Quellen. (111 S.) 908. Kart. 1.—; geb. in Bibliotheksbd. 1.35; in Geschenkbd. 1. 50

Fortsetzg., s.: Seebücherei, deutsche.

Des Kreuzes Sieg. Ein Preußendrama in 5 Akten von Otto v. Gelmen [d. i. Julius Wilhelm Otto Richter]. ⟨Die vorkommenden Chöre sind von W. Handwerg komp.⟩ *Leipzig: F. Jansa 1904.* (134 S.) 8° [A.]
= **Richter**: Brandenburg – Preußen – Deutschland. T. 2.

Richter, J. W. O. Strebt weiter! Seid pflichttreu und religiös. Ansprache an die Abiturienten zu Ostern 1881. 5 S. Rpg. *Eisleben* 1882.
Progr.

Richter, J. W. Otto (Otto v. Golmen), **Tätigkeit unserer Marine** u. sonstige Seeereignisse im **deutsch-dänischen Kriege v. 1864. Anh.: Tätigkeit der preuß. Marine zu Anfang des Krieges v. 1866,** s.: Seebücherei, deutsche.

Richter, *Julius Wilhelm* Otto Die bevorstehende Umgestaltung unserer Anstalt. 4 (1 Bl.).
Progr. Städt. Rprg. (künftige „Rsch.") *Eisleben* 1892 (268).

— der deutsche Unterricht an höheren Schulen. gr. 8. (VIII, 86 S.) Bielefeld 876. Gülker & Co. n. 1. 50

—— der geographische Unterricht besonders auf höheren Schulen, s. Studien, pädagogische.

—— Die Vergangenheit und Zukunft der deutschen Realschule. Eisleben, H. B., 1873. 11 S. 4. **Progr.**

Richter, J. W. Otto (Otto v. Golmen), **von Bremen hinaus in die** Welt, s.: Seebücherei, deutsche.

— Von Piraten gefangen — u. andere Seeabenteuer, s.: Seebücherei, deutsche. (Brommy, Rud.)

— Brandenburg-Preußens Vorzeit. Bilder aus der ältesten Geschichte d. brandenburgisch-preuß. Staates. gr. 8. (VI, 252 S.) Ebd. 892. n. 3. —; geb. n. 4. —

Richter, J[ul.] W[ilh] Otto. **Wanderungen durch das deutsche Land. Heimatkundliche Skizzen für unsere Jugend. Mit Beiträgen zahlreicher Fachmänner hrg. von Professor Dr. J. W. Otto Richter. (Otto von Golmen.) Von der Nordsee rheinaufwärts bis zum Bodensee. Mit zahlreichen Abbildungen.** XII + 174 S. 8. Glogau, Carl Flemming, (1902). [geb. M. 2. —] [T.1.]

— s. Wanderungen durch das deutsche Land.

— Thilo v. Wardenberg, s.: Veröffentlichungen d. Vereins d. Bücherfreunde.

Richter, J. W. Otto Die binnenländischen Wasserstrafsen des deutschen Reiches. Eine volkswirtschaftliche Skizze. 4 (S. 3–16)
Progr. Rprg. *Eisleben* 1889 (257)

Richter, *J. W.* Otto Welchen Berufskreisen sollten wir angesichts der schwierigen Verhältnisse der Gegenwart unsere Söhne mehr als bisher zuführen? Ein Wort ans Elternhaus. 4 (S. 3–8).
Progr. Rprg. *Eisleben* 1888 (255).

— **Wie unsere Kolonien Südwestafrika, Kamerun u. Togo erworben** wurden, s.: Seebücherei, deutsche.

Richter, J. W. Otto Ein Wort über Schulzucht. 6 S. Rpg. *Eisleben* 1879.
Progr.

Richter, K., (J. A. F. Dallera,) über Attributa der Venus, f. Künstler u. Alterthumsforscher. Mit Vign. 8. Wien 783. Gerold. 16 kr Hbg. Pr. 8 kr; (a. Barth in Leipz.) 16 kr

Richter, C., u. P. **Horn, die mechanische Aufbereitung** d. Braunkohle. s. a. **Braunkohlenindustrie, die deutsche.** II.

Richter, K., Die mechanische Aufbereitung der Braunkohle. Halle a. S., 1907. 71 S. mit 1 Taf.

Richter, K., und P. Horn: Die mechanische Aufbereitung der Braunkohle: Separation, Naßpreßsteinfabrikation, Brikettfabrikation. Halle-S., 1910. 258 S. mit ca 200 Abb. u. 11 Taf.

Richter, K. Grundsätze, nach welchen ein Lehrbuch der christl. Religion für die oberen Klassen der Gymn. auszuarbeiten ist. 14 S.
Progr. Culm 1839

Richter, K.: „Handbuch zum leichtern Gebrauch der neuesten königl. preussischen Stempelgesetze für alle, welche bürgerliche Geschäfte treiben, besonders für Staats- und Communalbeamte, Justizcommissarien usw., nebst einer alphabetischen Tabelle des zu den verschiedenen Geschäften erforderlichen Stempelpapiers", Berlin 1812 (Hitzig). — Vorh.: Preuß. Staatsbibl. Berlin.

Richter, K.: Handbuch zum leichtern Gebrauch der neuesten Königl. Preußischen Stempelgesetze für alle, welche bürgerliche Geschäfte treiben. [Nebst] Suppl. Berlin 1812. 13.

Richter, K., (Regier.-Rath,) Handbuch zum leichtern Gebrauch d. neuesten kön. preuß. Stempelgesetze, nebst e. Stempelpapier-Tabelle. 3 Thle. gr. 4. Berl. 812 u. 814. Dümmler. 2 Thlr 11 gr

Richter, K. Wie sind auf Gymn. neuhochdeutsche Klassiker zu lesen? 38 S.
Progr. Paderborn 1830

Richter, K. A., Bethesda. Ein Jahrgang Evangelien-Predigten f. Kranke. Lex.-8. (VIII, 415 S.) Leipzig 889. Böhme Nachf. n. 4. 50; geb. n. 5. 40

Richter, K. A., Logik. gr. 8. Wien, Camesina. 800.

Richter, K. A., Logik. gr. 8. Wien 800. (Heubner). 16 kr

Richter, K. Otto, s. Richter, Otto.

Richter, K. W., der prakt. Kunst- u. Schönfärber u. Drucker. Eine Anleit. zur Seiden-, Wollen-, Leinen- u. Baumwollen-Färberei, wie auch z. Leinen- u. Baumwollen-Druckerei. M. 76 Recepten. 8. (4 B.) Leipzig 828, Lauffer. Thlr.

Richter, Carl, die Anforderungen der Gegenwart an den Volksschullehrer. Preisgekrönte Abhandlung. Leipzig 867. Klinkhardt. 8. (40 S.) n. 4 ngr

Richter, C., Anleitung zum Gebrauch des Lesebuches in der Volksschule. 2 Abthlgn. 861. (VII, 200 S.) n. 20 ngr — 2., verb. u. verm. Aufl. 863. — 3. verb. Aufl. Berlin 864. Stubenrauch. gr. 8. n. 25 ngr
Inhalt: 1. Abth.: Theoretische Erörterungen. (VIII, 104 S.) n. 10 ngr — 2. Abth.: Praktische Ausführungen. (VI, 168 S.) n. 15 ngr

Richter, C., Anleitung zum Gebrauch des Lesebuchs in der Volksschule. 2 Abthlgn. 4., verb. u. verm. Aufl. Berlin 867. Stubenrauch. gr. 8. n. 25 ngr
1. Abthl. Theoretische Erörterungen. (X, 99 S.) n. 10 ngr
2. " Praktische Ausführungen. (VI, 164 S.) n. 15 ngr

Richter, C., Anleitung zum Gebrauch des Lesebuchs in der Volsschule. 5., erweit. u. zum Theil umgearb. Aufl. 2 Abthlgn. Berlin 870. Stubenrauch. gr. 8. n. 1 Thlr
1. Abthl. Theoretische Erörterungen. (VIII, 119 S.) n. 10 ngr
2. " Praktische Ausführungen. (VIII, 199 S.) n. 20 ngr

Richter, C., Anleitung zum Gebrauch d. Lesebuches in der Volksschule. 2 Abthlgn. in 1 Bde. 7. Aufl. gr. 8. (X, 119 u. 197 S.) Berlin 876. Stubenrauch. n. 3. —

Richter, C., **Anleitung zum Gebrauch des Lesebuches in der Volksschule. [2 Abtlgn. in 1 Bde.] 8. erweit. und zum Teil umgearb. Aufl. Die 2. Abtl. „Praktische Ausführungen" mit der amtlich angeordneten Rechtschreibung für preuß. Schulen. gr. 8. (X, 118; 216 S.) Berlin 880, Stubenrauch'sche Buchh.** * 3 —

Richter, C., Anleitung zum Gebrauch d. Lesebuches im Schulunterricht. 9. Aufl. gr. 8. (XII, 420 S.) Berlin 885. Stubenrauch. n. 3. 60

Richter, C., Anleitung zum Gebrauch d. Lesebuches im Schulunterricht. 10., zum Tl. vom Verf. selbst durchgesch. Aufl. Nach dessen Tode hrsg. v. Chr. Hamann. gr. 8. (XV, 430 S.) Bielefeld 891. Velhagen & Klasing. n. 4. —

Anleitung zum Gebrauch des Lesebuches im Schulunterricht. Von Schulrat C[arl Friedrich] Richter. 11. Aufl. Bearb. u. hrsg. von Chr. Hamann, Hauptlehrer in Hamburg. *Bielefeld & Leipzig: Velhagen & Klasing 1899.* (XIII, 434 S.) 8° [F.] [oo. 101

— der Anschauungsunterricht in den Elementarklassen. Nach seiner Aufgabe, seiner Stellung u. seinen Mitteln dargestellt. (Gekrönte Preisschrift.) Leipzig 869. Brandstetter. gr. 8. (VIII, 144 S.) 15 ngr.

Richter, Karl, der Anschauungsunterricht in den Elementarklassen. Nach seiner Aufgabe, seiner Stellg. u. seinen Mitteln dargestellt. 2. verb. u. verm. Aufl. [Gekrönte Preisschrift.] gr. 8. (XII, 214 S.) Leipzig 875 Brandstetter. n. 2. 80

Richter, Karl, der Anschauungsunterricht in den Elementarklassen. Nach seiner Aufgabe, seiner Stellg. u. seinen Mitteln, sowie nach seiner geschichtl. Entwickelg. dargestellt. 3., verb. Aufl. [Gekrönte Preisschrift.] gr. 8. (XVI, 301 S.) Leipzig 887. Brandstetter. n. 4. —

Richter, Karl, der Anschauungsunterricht in den Elementarklassen. Nach seiner Aufgabe, seiner Stellung u. seinen Mitteln, sowie nach seiner geschichtl. Entwickelung dargestellt. 4. verb. u. verm. Aufl. (Gekrönte Preisschrift.) (XX, 379 S.) 8. Leipzig 905. F. Brandstetter. n. 4. 50; geb. n. 5. —

—— Anweisung zum Gebrauch des Lesebuches im Schulunterricht. 2. Tl.: Beiträge zur Formenlehre der Poesie. 2. verb. Aufl. gr. 8. (VIII, 196 S.) Ebendas. 883. * 3 —

Richter, Karl, a. Rethem ⟨Aller⟩, Hann.: Beaumont und Fletcher's „The honest man's fortune" und seine Quellen. Halle a. S. 1905: C. A. Kaemmerer & Co. (50 S.) 8°
Halle, Phil. Fak., Ref. Wagner, Diss. v. 6. April 1905
[Geb. 18. Okt. 80 Rethem, Hann.; Wohnort: Rethem; Staatsangeh: Preußen; Vorbildung: Gymn. Verden Reife O. 01; Studium: Erlangen 2, Halle 2, Göttingen 1, Halle 4 S.; Rig. 19. Dez. 04.]

Richter, Karl, approb. Arzt aus Giessen: Über die operative Behandlung der Axendrehung des Dünndarms. *Giessen 1901: v. Münchow.* (96 S.) 8°
Giessen, Med. Diss. v. 1901

Richter, Carl, Beiträge zur genaueren Kenntniss der chemischen Beschaffenheit der Zellmembranen bei den Pilzen. [Arbeiten des pflanzenphysiolog. Institutes der k. k. Wiener Universität.] Lex.-8. (17 S.) Wien 881, (Gerold's Sohn.) * — 40
Aus: Sitzungsberichte der k. Akademie der Wissenschaften, besonders abgedruckt.

Richter, Karl (I.), Beiträge zur genaueren Kenntniss der Cystolithen und einiger verwandten Bildungen im Pflanzenreiche. [Aus dem pflanzenphysiolog. Institute der k. k. Wiener Universität.] Lex.-8. (34 S. mit 2 lithogr. Taf.) Wien 877, (Gerold's Sohn.) ** — 90
Aus: Sitzungsberichte der k. Akademie der Wissenschaften, besonders abgedruckt.

— Beiträge zur Literaturkunde. 1. Abth. Zur Formenlehre der Poesie. gr. 8. (VIII, 199 S.) Ebend. 871. n. 1. 50

Richter, Karl, s.: Bibliothek, pädagogische.

Blumenlese. Cyclus von Gedichten als Gruss an die Schwestern von C[arl] **Richter,** vorgetragen beim Schwestern- und Stiftungs-Feste der Wittwen- und Waisen-Stiftung der Loge Hermann zum Lande der Berge im Or. Elberfeld, den 4. März 1860. Elberfeld [1860]: Lucas. 16 S. 8° [Umschlagtit.]
6 Gedichte. 65.

Richter, Carl, Anacharsis Clootz. Ein histor. Bild aus der französ. Revolution von 1789. Berlin 865. Springer's Verl. 8. (78 S.) 12 ngr.

— Adolf Diesterweg. Nach seinem Leben u. Wirken zur Jubelfeier seines hundertjähr. Geburtstages dargestellt. gr. 8. (V, 260 S. m. Portr.) Wien 890. Pichler's Wwe. & Sohn. n. 3. —

Richter, Karl, Adolf Diesterweg. Nach seinem Leben u. Wirken dargestellt. 2. unveränd. (Titel-)Aufl. gr. 8. (V, 260 S. m. Bildnis.) Wien 892. A. Pichler's Wwe. & Sohn. n. 3. —

— s.: Diesterweg's, Adf., Pädagogik.

Richter, Karl, aus Leipzig (Sachsen): Ueber isomere Dinaphtylmethane und β-Menaphtylamin. Zür. J. Schabelitz Dr. 1882. 36 S. 8°.
Zürich, Phil. Diss. [v. 14. Juli 1882].

RICHTER, KARL. Ueber die Einwirkung von Phosphorpentachlorid auf Benzoyl-β-Naphtylphenylamin und Benzoyl-β-Dinaphtylamin. Freiburg i. B., 1883.

— die Emanzipation der Schule von der Kirche u. die Reform des Religionsunterrichts in der Schule. Ein Beitrag zur Lösung dieser Fragen. Gekrönte Preisschrift. gr. 8. (VIII, 272 S.) n. 28 ngr.
Leipzig: Brandstätter 1870.

Richter, Carl, Empfundenes u. Erlebtes. Dichtungen. Mit 1 Titelbilde v. Fritz Wolff. 12. (VI, 230 S.) Elberfeld 885. Bädeker. n. 3. 60; geb. m. Goldschn. n. 4. 50

Richter, Karl, a. Obersachsenfeld: Die Entwicklung des Seeromans in England im 19. Jahrhundert. Dresden 1906: C. C. Meinhold & Söhne. (83 S.) 8°
Leipzig, Phil. Fak., Ref. Wülker, Birch-Hirschfeld, Diss. v. 5. Mai 1906
[Geb. 2. Sept. 82 Obersachsenfeld im säch. Erzgebirge; Wohnort: Dresden; Staatsangeh.: Sachsen; Vorbildung: Annen-Realgymn. Dresden-A. Reife O. 02; Studium: Leipzig 7 S.; Rig. 20. Dez. 05.]

Richter, Karl, meine Erlebnisse in den Verbrecherkellern Hamburgs. (16 S. m. Abbildgn.) Lex. 8. Leipzig (908). M. Költz. — 30

Richter, Karl: Über einen Fall von traumatischem perilienalem Hämatom mit anschliessendem Ileus. Erlangen 1909: Junge. VI, 23 S. 8°
Erlangen, Med. Diss. v. 11. Dez. 1909, Ref. Hauser
[Geb. 21. Juni 84 Fürth i. B.; Wohnort: Erlangen; Staatsangeh.: Bayern; Vorbildung: Neues Gymn. Nürnberg Reife 03; Studium: Erlangen 8, München 2 S.; Coll. 16. Dez. 08; Approb. 28. Nov. 08.] [U 10. 819

Der Freimaurer. Dramatisches Gedicht von C[arl] **Richter.** Vorgetragen beim Verloosungs- und Schwesternfeste, der Wittwen- und Waisen-Stiftung der Loge Hermann zum Lande der Berge im Or. Elberfeld, am 26. Mai 1861. Elberfeld [1861]: Lucas. 24 S. 8° [Umschlagtit.]
cf. Bh. 4 (1861) S. 199.
Tt. 2688. 155.

Richter, Karl, Fremdenführer von Bad Hall in Ober-Oesterreich. Mit einer (lith.) Skizze der von Hall aus sichtbaren Gebirgsgruppen (in 4.). Wien 868. Braumüller. 8. (IV, 76 S.) n. 10 ngr.

— biblische Geschichte, s.: Reimer, Karl.

— Hohensyburg's Geschichte historisch treu erzählt. gr. 8. (27 S. mit einer Holzschn.-Taf. in qu. Fol.) Schwerte 878. Braus. n. — 50

Richter, Dr. Carl, das Gesetz, betreffend die Enteignung zum Zwecke der Herstellung und des Betriebes von Eisenbahnen vom 18. Februar 1878 (R. G. Bl. Nr. 30) für den praktischen Gebrauch mit Anmerkungen versehen. 8°. 60 S. Mähr.-Ostrau. Wattolik. fl. —.80. 1887.

Richter, Carl, Grundriss der Schulgesundheitspflege f. Lehrer, Schul-Leiter, Schulaufsichtsbeamte u. angeh. Schulärzte. Mit besond. Berücksicht. der Verhältnisse ländl. Volksschulen. 8. (V, 92 S. m. 3 Abbildgn.) Berlin 893. Fischer's medicin. Buchh. n. 1. 80

Gruss an die Schwestern. Dargebracht zum Verloosungs- und Schwestern-Feste der Loge Hermann zum Lande der Berge im Or.·. Elberfeld am 14. März 1869 von C[arl] **Richter.** Elberfeld [1869]: Friderichs. 11 S. 8⁰ [Umschlagtit.]
Gedicht: Die vier Jahreszeiten: „Wenn bald der Lenz im sanften Weh'n der Lüfte . . .“
303.

Richter, Karl, Handbuch d. Versicherungsarztes. gr. 8. (VII, 235 S.) Leipzig 899. Verlag d. „Reichs-Medicinal-Anzeigers“ B. Konegen. n. 5. —; geb. in Leinw. n. 6. —

Richter, Karl, die Heimkehr vom Turnfest, s. a. Vereinstheater.

Richter, Karl, Die Heimkehr v. Turnfest, Lustsp. in 1 Akt, Mühlhausen i. Thür., 31 S., 8°.

Richter, Carl aus allerlei Herzen. gr. 16. (V, 319 S.) Barmen 877, Klein. *

— dasselbe,
— in einem Himmel, } s.: Familien-Bibliothek fürs deutsche Volk.

Richter, Karl, a. Weigsdorf ⟨Sachsen⟩: **Der körnige Kalk** des Kalkberges bei Raspenau in Böhmen. **Mit** drei Zinkotypien im Text. ⟨Aus: Jahrbuch der **k. k.** geolog. Reichsanstalt Bd 54, H. 2.⟩ Wien 1904: Brüder Hollinek. (S. 169—214.) 4°
Leipzig, Phil. Fak., Ref. Zirkel u. Credner, Diss. v. 8. Nov. 1904
[Geb. 23. Mai 78 Weigsdorf, Sachsen; Wohnort: Weigsdorf; Staatsangeh.: Sachsen; Vorbildung: Seminar Löbau Reife 98; Studium: Leipzig 6 S.; Rig. 22. Febr. 04.]

Kampf und Sieg. Dramatisches Gedicht von C[arl] **Richter.** Vorgetragen beim Verloosungs- und Schwesternfeste der Wittwen- und Waisenstiftung der Loge Hermann zum Lande der Berge in Or.·. von Elberfeld, den 27. März 1859. Elberfeld [1859]: Lucas. 16 S. 8⁰
cf. Bh. 2 (1859) S. 208.
Tt. 2687. **155.**

— **Kindergarten u. Volksschule in ihrer organischen Verbindung dargestellt. Vom Fröbelvereine in Berlin gekrönte Preisschrift. gr. 8. (IV, 96 S.) Ebend. 876.** 1. 50

[F.] Kriegs-Tagebuch eines Sanitäts-Offiziers beim Stabe des General-Commandos des X. Armeecorps aus den J. 1870—71. Von Dr. Carl Richter, Oberstabsarzt a. D. in Boppard a. Rh. *Rathenow: M. Babenzien 1892.* (VI S., 1 Bl., 378 S.) 8.
= Ruhmestage, Deutschlands, 1870,71. [No 9.] [96. 5605

Richter, Karl, Kunst und Wissenschaft und ihre Rechte im Staate. Berlin 863. Jansen. gr. 8. (VI, 220 S.) 25 *ngr.*

Latomia oder Die schöne Unbekannte. Dramatisches Gedicht von C[arl] **Richter.** Vorgetragen bei dem Verloosungs- und Schwesternfeste der Witwen- u. Waisenstiftung der Loge Hermann zum Lande der Berge in Elberfeld, am 20. März 1864. Elberfeld [1864]: Lucas. 16 S. 8⁰ [Umschlagtit.]
Holländ. **Übers. in: MW. Ser. 2, Jg. 2 (1866)** No **40—42.**
cf. Bh. 7 (1864) S. 128 (J. G. Findel).
Tt. 2689. **439.**

— Aus dem mittelalterlichen Leben (nach dem Nibelungenliede und Kudrun). (32). Pilsen892.
Progr.

— s.: **Lesebuch, deutsches, f. mehrklassige Schulen.**

Richter, Carl, Das Löthen des Bleies. Eine Schule für Bleilöther und ein Nachschlagebuch für Chemiker, Gewerbetreibende und Industrielle. Nebst einem Anhange über das Bleilöthen mittelst des elektrischen Lichtbogens. Zum Theile nach eigenen praktischen Erfahrungen bearbeitet. Mit 228 Abbildungen. Gr.-8. (XV, 250 S.) [Mechanisch-technische Bibliothek. Band VI) 2.50
Dasselbe. Geb. (nur fest) 3.—

Wien: Hartleben 1896.

Richter, Karl, D. Martin Luther. Gedächtnisrede zur Feier seines 400jähr. Geburtstages, nebst Aussprüchen Luthers üb. sich, sein Leben u. Wirken, insbesondere üb. Erziehg. u. Unterricht. Mit dem Stahlst.-Portr. d. Reformators. gr. 8. (96 S.) Leipzig 883. Siegismund & Volkening. n. 1. —; cart. n. 1. 20

—— **D. Martin Luther. Gedächtnisrede zur Feier seines 400jähr. Geburtstages, s. a. Sammelmappe, pädagogische.**

Richter, Carl v., Palingenesis od. Generationismus? Eine krit. Untersuchg. der Anschaugn. d. Baron Lazar v. Hellenbach u. Carl du Prel. gr. 8. (59 S.) Leipzig 888. Wagner. n. 1. —

Richter, Karl Pessimismus und Christentum. 29 S.
Progr. Neust. G. *Dresden* 1876.

Richter, K., plantae Europaeae. Enumeratio systematica et synonymica plantarum phanerogamicarum in Europa sponte crescenticum vel mere inquilinarum. (4 tomi.) Tom. I. gr. 8. (VII, 378 S.) Leipzig 890. Engelmann. n. 10. —; geb. n.n. 11. —

Richter, K., Plantae europaeae. Enumeratio systematica et synonymica plantarum phanerogamicarum in Europa sponte crescentium vel mere inquilinarum. Operis a R. incepti tom. II. Emendavit ediditque M. Gürke. Fasc. I. gr. 8. (VI, 160 S.) Leipzig 897. W. Engelmann. n. 5. — (I u. II, 1.: n. 15. —)

Richter, K., **plantae europaeae. Enumeratio systematica et synonymica plantarum phanerogamicarum in Europa sponte crescentium vel mero inquilinarum. Operis a R. incepti tom. II. Emendavit ediditque M. Gürke. Fasc. II. gr. 8. (S. 161—320.) Leipzig 899. W. Engel-mann.** n. 5. —
I u. II. 1. Ebd. 890. 897. n. 15. —.

Richter, K., Plantae europaeae. Enumeratio systematica et synonymica plantarum phanerogamicarum in Europa sponte crescentium vel mere inquilinarum. Operis a R. incepti tom. II. Emendavit ediditque M. Gürke. Fasc. III. (S. 321—480.) gr. 8. Leipzig 903. W. Engelmann. n. 5. —

Richter, Karl, Predigt Dom. XI post Trin. [1. Septbr.] 1878. [Mitfeier des Nationalfesttages] im Dom zu Freiberg gehalten. 8. (14 S.) Freiberg 878, Craz und Gerlach. * — 20

— die Reform der Lehrerseminare nach den Forderungen unserer Zeit u. der heut. Pädagogik. gr. 8. (XVI, 348 S.) Ebend. 874. n. 4. —

Richter, Carl, contra Rühlo! Dio Schmähschrift dos „Lohrers" Rühle gogen d. Oschatzor Seminar od. d. Pietätslosigkeit o. „Pädagogon". gr. 8. (22 S.) Loipzig 896. Arw. Strauch. n. — 50

Richter, Karl (Bearb.), s. Salzmann, Chr. G.: Noch etwas über die Erziehung ...

—— Schatz und Schätze, s. Familien-Bibliothek.

— Schiller u. seine Räuber in der französ. Revolution. Ein histor. Bild. Grünberg 865. Levysohn. 8. (VII, 48 S.) 7½ ngr.

Richter, Karl, die Leipziger Schwachsinnigenschule nach ihrer Geschichte u. Entwickelung. gr. 8. (62 S.) Leipzig 893. M. Hesse. n. 1. —

Schwesterliebe. Eine Gabe, dargebracht beim Verlosungs- und Schwesternfest in der Loge Hermann zum Lande der Berge im Or.·. Elberfeld am 13. Febr. 1876 von C[arl] **Richter.** Elberfeld [1876]: Fastenrath. 10 S. 8° [Umschlagtit.]
Gedicht. 358.

Richter, Carl, die Seelsorge des Unterrichtes und die Grundbedingungen eines segensreichen Wirkens in der Schule. Zwei pädagogische Abhandlungen. Gekrönte Preisschriften. Leipzig 862. C. F. Fleischer. gr. 8. (96 S.) 12 ngr.

— Staats- u. Gesellschafts-Rocht der französischen Revolution von 1789—1804, s. Verfassungs-Goschichte, neuere, der Staaten Europas.

Richter, Karl, Statistik der freiwilligen Feuerwehren in Mähren u. Schlesien. Zusammengestellt 1870. gr. 8. (49 S.) Troppau 871. (Buchholz & Diebel.) n. — 60

Richter, Carl: Chronologische Studien zur angelsächsischen Literatur auf Grund sprachlich-metrischer Kriterien. Halle a. S. 1909: Karras. 35 S. 8° ¶ (Ersch. vollst. als: Studien z. engl. Philol. Bd 33.)
Göttingen, Phil. Diss. v. 18. Jan. 1909, Ref. Morsbach
[Geb. 23. Juni 85 Hannover; Wohnort: Hannover; Staatsangeh.: Preußen; Vorbildung: Lyz. II Hannover Reife O. 04; Studium: Göttingen 3, Berlin 1, Göttingen 4 S.; Rig. 7. Aug. 08.] [U 09. 1395

Chronologische Studien zur angelsächsischen Literatur auf Grund sprachlich-metrischer Kriterien von Carl Richter. Halle a. S.: Niemeyer 1910. X, 101 S. 8°
Ein T. erschien als Inaug.-Diss. Göttingen 1909.
(Studien z. engl. Philologie. H. 33.) [09. 13726 2

— die Herbart-Zillerschen formalen Stufen d. Unterrichtes, nach ihrem Wesen, ihrer geschichtl. Grundlage u. ihrer Anwendg. im Volksschulunterrichte dargestellt. Gekrönte Preisschrift. Nebst e. Anh. v. Lehrproben nach den formalen Stufen. gr. 8. (VIII, 165 S.) Leipzig 888. M. Hesse. n. 3. —

Richter, Karl, die Herbart-Zillerschen formalen Stufen d. Unterrichtes, nach ihrem Wesen, ihrer geschichtl. Grundlage u. ihrer Anwendg. im Volksschulunterrichte dargest. Nebst e. Anh. v. Lehrproben nach d. formalen Stufen. Gekrönte Preisschrift. 2., durchgeseh. u. verm. Aufl. gr. 8. (VIII, 187 S.) Leipzig 898. M. Hesse. n. 2. 25; geb. n. 3. —

— Die Herbart-Zillerschen formalen Stufen des Unterrichtes, nach ihrem Wesen, ihrer geschichtl. Grundlage u. ihrer Anwendg. im Volksschulunterrichte dargestellt. Nebst e. Anh. v. Lehrproben nach den formalen Stufen. Gekrönte Preisschrift. 3. durchgeseh. u. verm. Aufl. (XII, 224 S.) gr. 8. Leipzig 908. M. Hesse. 3.—; geb. 3. 60

— Die Sünde wider den hl. Geist. (Referat.) (14 S.) kl. 8. Ebd. (909). — 10

— dasselbe. (14 S.) kl. 8. Neumünster (909). Vereinsbuchh. G. Ihloff & Co. — 15

Richter, Karl, die botanische Systematik u. ihr Verhältniss zur Anatomie u. Physiologie der Pflanzen. Eine theoret. Studie. gr. 8. (VI, 173 S.) Wien 885. Faesy. n. 4. —

Richter, Karl: Traudchen, s. Familienbibliothek.

Richter, Carl, Untersuchungen über den Einfluss der Beleuchtung auf das Eindringen der Keimwurzeln in den Boden. [Arbeiten des pflanzenphysiologischen Instituts der k. k. Wiener Universität.] Lex.-8. (18 S.) Wien 879, (Gerold's Sohn.) *
Aus: Sitzungsberichte der k. Akademie der Wissenschaften, besonders abgedruckt.

—- Über die Verbindung der Koch- u. Haushaltungsschulen m. der Mädchenvolksschule. Gekrönte Preisschrift. gr. 8. (VI, 76 S.) Lpz. 892, M. Hesse. * 1 20

d. galvan. Vorzinkung d. Eisons. M. bes. Berücksicht. d. neuoren Mothodon. gr. 8. (VI, 48 S. m. 18 Fig.) Leipzig 895. Quandt & Händel. n. 1. 50

— Was jeder Junge wissen sollte! Schlichte Worte der Belehrg. u. Warng. f. unsere Knaben. II. v. Levsen, Le Seur u. anderen bewährten, in der Jugendarbeit erfahrenen Autoritäten durchgeseh. u. verb. Aufl. (29 S.) 16. Ebd. (909). p — 15

— Was thut der Volksschule noth? Nicht Trennung von der Kirche, wohl aber die rechte Emancipation u. eine bessere Dotation. Zur Orientirung in verschiedenen pädagog. Zeit- u. Streitfragen für alle Laien, insbesondere für Schul- u. Kirchenvorsteher, Gemeinde- u. Volksvertreter. Meißen 869. Schlimpert. 8. (64 S.) 6 ngr.

— Wegweiser zur Bildung f. deutsche Lehrer, s.: Diesterweg, Adf.

Richter, Carl, wie die alten Denkmäler in Egypten, Ninive und Babylon die geschichtliche Wahrheit des alten Testamentes beweisen. Vortrag, im Auftrage des Vereins für innere Mission in der Grafsch. Mark gehalten in Hagen. 4. (22 S.) [Schwerte 880, Braus.] Bonn, Schergens. — 50

Richter, Karl, das Schloß „Fröhliche Wiederkunft", e. Denkmal unerschütterl. Glaubenstreue u. pietätvoller Gesinnung. Führer durch das Schloß u. seine Geschichte. 12. (63 S. m. 4 Taf.) Leipzig-R. 893. (Altenburg, Schnuphase.) n. 1. —

Richter, Karl das Wort Gottes als Gnadenmittel, s. Dissertationes, VI, varii argumenti variorum auctorum.

Richter, Karl Zink, Zinn und Blei. Eine ausführl. Darstellung der Eigenschaften dieser Metalle, ihrer Legirungen untereinander und mit anderen Metallen, sowie ihrer Verarbeitung auf physikal. und chem. Wege. Für Metallarbeiter und Kunst-Industrielle geschildert. 8. (IV, 259 S. mit 8 eingedr. Abbild.) Wien 882, Hartleben's Verlag. 3 25

Richter, Karl, Zink, Zinn u. Blei. Eine ausführl. Darstellg. der Eigenschaften dieser Metalle, ihre Legirgn. untereinander u. m. anderen Metallen, sowie ihrer Verarbeitg. auf physikal. u. chem. Wege. Mit 8 Abbildgn. 8. (IV, 259 S.) Wien 883. Hartleben. 3. 25

Richter K, Zink, Zinn und Blei. (Bibliothek, Chemisch-technische 109) Wien 1883

Richter, Karl, Zink, Zinn u. Blei. Eine ausführl. Darstellg. der Eigenschaften dieser Metalle, ihrer Legiergn. untereinander u. m. anderen Metallen, sowie ihre Verarbeitg. auf physikal. u. chem. Wege. 2., verm. u. verb. Aufl. (VIII, 248 S. m. 17 Abb.) 8. Wien 909. A. Hartleben. 3.25; geb. 4. 05

Richter, Karl: Einige Züge altgermanischen und mittelalterlichen Lebens, dargestellt nach der Kudrundichtung. 8 (S. 15–48).
Progr. Staats-G. mit deutsch. Unterrichtssprache *Prag-Altstadt* 1899.

Carol(us) Abraham(us) Richterus [Richter]: De Scarlatina. ([Halle] 1815:) Grunert. 39 S. 8°
Halle, Med. Diss. v. 22. Dez. 1815

— **Carl Adelbert** (Lützensömmern bei Erfurt), De fractura fibulae. Diss. med. Halle (Orphanotroph.) 28. VII. 1860. 30 S. mit Biogr. (M.: Chr. Sturm.) (3.50) 28624
Adversar. part. suscep.: Ph. Schultze, Em. Böttcher. — Gew.: Carl Anton Richter (Vater).

Richter, Karl Albrecht, Regierungsass.: Das Aufsichtsrecht des Staates unter besonderer Berücksichtigung des im Königreiche Sachsen geltenden Rechts. Borna-Leipzig 1910: Noske. VI, 73 S. 8°
Leipzig, Jur. Diss. v. 24. März 1910
[Geb. 18. Juli 81 Leipzig; Wohnort: Bautzen; Staatsangeh.: Sachsen; Vorbildung: König-Albert-Gymn. Leipzig Reife O. 00; Studium: Leipzig 2, München 1, Leipzig 4 S.; Rig. 20. Jan. 04.] [U 10. 2844

Richter, Karl Anton

Richter, Carl Ant., Denk-, Schreib- u. Merksprüche aus dem göttlichen Worte für die Unter-, Mittel- u. Oberklasse der evangelischen Volksschule zusammengestellt. 2. (Titel-)Ausg. Weißensee (854)865. Großmann'sche Buchh. gr. 8. (VIII, 60 S.) 6 ngr

Richter, Karl Ant., biblische Religionslehre in naturgemäßer Verbindung gleichart. [homogener] Pflichten-, Heils-, Glaubens- u. Sittenlehren u. mit gleichmäß. Einwirkung auf Gefühl, Erkenntniß u. Willen. gr. 8. (XXXII u. 134 S.) Weißensee 848, Großmann in Comm. n. $^{7}/_{12}$ ß — Neue unveränderte (Titel-) Aufl. gr. 8. (XXXII u. 139 S.) Erfurt 851, Körner. n. $^{1}/_{2}$ ß

Richter, Karl August

Richter, C. A., Andenken an Dresden, in zwölf neuen Ansichten. qu. 32. Dresden u. Leipzig 836. Arnold. n $^{1}/_{2}$ ß

— Andenken an die Sächsische Schweiz, in zwölf neuen Ansichten. qu. 16. Dresden u. Leipzig 838. Arnold. n. $^{1}/_{3}$ ß

— 30 malerische Ansichten d. sächs. Schweiz. qu. 8. Dresd. 823. Arnold. 1 ß 6 gGr color. 7 ß

Richter, C. A. und A. L. Richter, 70 malerische An- und Aussichten der Umgegend von Dresden in einem Kreise von sechs bis acht Meilen. 4. Dresden, Arnold. 820.

— 70 maler. An- u. Aussichten d. Umgegend v. Dresden in einem Umkreise von 6 bis 8 Meilen. Mit deutsch. u. französ. Erklärung. 2e Aufl. 4. Dresd. 822. Arnold.

Richter, C. A., Anweisung zum Landschaft-Zeichnen, nach den vorzüglichsten Meistern zusammengestellt. 3. wohlfeilere Aufl. in 41 Blätt. qu. Imp.-4. Dresden 843, Arnold'sche Buchh. $2^{1}/_{2}$ ß

Richter, Karl August, s. Beschreibung aller Gegenstände in e. Ansicht auf d. Frauenkirche zu Dresden ...

— **Carl August** (Freiberg / Meißen), De differentiis inter processum ordinarium Saxonicum, et illum sic dictum summarium in judicio mercatorio Lipsiensi usitatum. Diss. jur. Präs. Conrad Wilh. Strecker. Erfurt (J. Chr. Hering) 26. VIII. 1733. 27 S. (4.25) 28625

— Dresden. Ein Kupferstich in gr. Fol. mit 18 Ansichten. Ebd. 834. Sauber color. n. $3^{1}/_{2}$ ß — auf Chines. Pap. n. $1^{1}/_{2}$ ß — schwarz n. $1^{1}/_{3}$ ß

— die sächs. Schweiz in Bildern. 18 Hft. Die Bastei in 5 Ansichten. qu. Fol. Dresd. 823. Arnold. 1 ß 12 gGr color. 5 ß

Richter, Karl Benjamin

Richter, Carl Benj., Leitfaden für den Unterricht in der einfachen und doppelten kaufmännischen Buchführung für Lehrer und Lernende. Lex.-8. (III und 199 S.) Danzig 859, [Ziemssen.] *

— **Carl Christ. Traugott** (Zittau / Lausitz), In Hermanni Boerhavii institutionum medicarum §. 1202—1209 quae de emeticis agunt commentatur et experientissimo atque doctissimo Christian Adolph Hartwig (Meißen/Meißen) med. baccalaureo summos in med. honores nomine disputatorii. Leipzig (Sommer) 6. VI. 1783. 20 S. (4.25) 28628
Gratulationsschrift für Johann Ehrenfried Pohl.

— **Carl Christian** (Bautzen/Lausitz), Quaestio juris controversi an pater teneatur liberis ad mercedem praestandam propter operas praestitas. Präs. Christian Heinr. Breuning. Leipzig (Rumpf) 1. VII. 1772. 8 S. (3.75) 28626

— (Meißen), De hypotheca feudali praecipua securitate commendabili. Diss. inaug. Präs. Johann Carl Gebhard Reinhard. Wittenberg (A. Chr. Charisius) 27. VI. 1782. 28 S. (4.—) 28627
Gew.: Friedrich Ludwig von Wurmb.

Richter, Karl Christian Adolf Leopold, s. Richter, Adolf Leopold.

Richter, Karl Ernst, s. Bibliotheca sacra patr. eccles. P. II.

Richter, Carl Ernst, die Biene, s. Biene, die.

Richter, Karl E. Briefe aus Amerika für die Auswanderer. Darmstadt, 1852.

—— die Ereignisse in Leipzig während der Tage d. 2. 3. u. 4. Sept. d. J. 1830. Nach Mittheilungen v. Augenzeugen beschr. 8. ($1^{1}/_{2}$ B.) Zwickau 830, Richter.

—— die letzten Ereignisse in Sachsen. 8. ($1^{3}/_{4}$ B.) Zwickau 830, Richter.

Richter, Karl Ernst, der treue Freund u. Begleiter des Auswanderers nach den Vereinigten Staaten von Nord-Amerika. Neuestes u. vollständ. Handbuch, in welchem der Auswanderer alles findet, was ihm für seinen Zweck zu wissen nothwendig u. wünschenswerth ist. 8. (VI u. 236 S.) Dessau 850, Katz. $^{3}/_{4}$ ß — 2. mit einer (lith. u. color.) Karte (in Fol.) verseh. Aufl. 8. (VIII u. 235 S.) Ebd. 851. $^{1}/_{2}$ ß

(——) Monatsblatt f. Menschenkunde 2c., s. Monatsblatt.

—— der Prediger u. unsere Zeit. Ein Wort üb. Repräsentation d. Geistlichkeit auf d. künft. Landtage in Sachsen, u. d. Stellung ders. zu Staat u. Gemeinde überh. 8. (3 B.) Zwickau 831, Richter.

Richter, Carl Ernst, Reisen nach Nordamerika und zurück in den J. 1835 bis 1848. Zugabe: Ein Brief aus Californien von Mor. Aug. Richter. 2 Bde. 8. (X und 746 S.) Leipzig 852, Kollmann.

Richter, Karl Ernst, der Staat. Abhandlungen üb. Gegenstände der prakt. Staatswissenschaft, als Lesebuch für Jedermann eingerichtet. 1s Hft: I. Vom Staate überhaupt. II. Von den Staatssachen. 8. Zwickau 835. (Richter.) n 1/6 ℛ

Richter, Karl Ernst, die vereinigten Staaten von Europa. Andeutungen zur Herstellung eines dauernden Friedens unter den europäischen Staaten. Dresden 859. (Leipzig, Abel.) 8. (55 S.) 7½ ngr.

Richter, Carl Ernst, Stimmen aus Amerika, s.a. Stimmen.

— Stimmen aus Amerika. Gesammelt u. herausg. zu Nutz u. Frommen für Auswanderungslustige. 1s Hft. gr. 8. Zwickau 833. Richter. 1/2 ℛ

— Taschenbuch d. Mythologie, s. F. A. Hänsch.

Richter, K. E., Taschenbuch der allgemeinen Politik für Leser aller Klassen. Leipzig, H. Matthes, 1849. III. 108 S. 8°.

Richter, C. E., Taschenwörterbuch d. Mythologie, (zu d. Taschenausg. d. Klassiker gehörig). 12. Zwickau 824. Schumann.

—— Taschenwörterbuch der Mythologie. 2e Ausg. 16. Zwickau 835 (Gebr. Schumann. 1/2 ℛ

Richter, Carl, Taschenwörterbuch d. Mythologie. 2. Ausg. 16. (30 B.) Zwickau 836. [Leipzig, Gebr. Schumann.]

—— Winke f. Auswanderer nach Amerika. 8. (1½ B.) Zwickau 832, Richter.

Richter, (C. E.,) vollständiges Wort- u. Sachregister zur 3n Aufl. v. Fr. Thiersch's griech. Grammatik. vorzügl. des Homer. Dialects. gr. 8. Leipz. 827, G. Fleischer.

— vollständ. Wort- u. Sachregister zur 3n Aufl. v. Fr. Tiersch's griech. Grammatik, vorzügl. d. Homer. Dialekts. gr. 8. Leipz. 828. Er. Fleischer. 16 gr

Richter, Carolus Ernestus Christianus (...) De sanatione morborum per morbos. Vratislaviae 1820). (24 S.) 4°.
Breslau. Med. Diss. v. 18. Febr. 1820.

— **Carl Ferdinand,** Selectiora juris principia ad ordinem digestorum exposita libri XVII. specimen I. continens. Disput. jur. vigesima quarta. Präs. Jo. Tobias Richter. Leipzig (Langenheim) 30. V. 1753. 20 S. (4.25) 28630

— (Guben / Lausitz), Quaedam de successione. Präs. Friedrich Gottlieb Zoller. Leipzig (Sommer) 16. IV. 1782. 16 S. (4.—) 28631

Richter, Karl Fr. († ...) Anfang von e. neuen Methode unter Wasser zu bauen, ohne Fangedämme zu machen u. das Wasser auszupumpen &c. Mit 8 Kpft. Fol. Berl. 765. Birnstiel. 1 ℛ 12 gr

Richter, Karl Fr. († d. 9. April 1805.) evangel. Predigten an Religionsfesten. gr. 8. Danzig 787. Brückner. 1 ℛ 8 gr

— Predigten üb. die Sonn- u. Festtagsevangelien. 3 Thle. gr. 8. Berl. 793, 94. (Wilke in Warschau). 1r Thl. 18 gr

— 3 Vorträge üb. den Einfluß d. Glaubens d. Unsterblichkeit auf Verstand, Willen u. Herz. 8. Schneeb. 804.

— **Carl Franziskus Ed.** (Schneeberg), De purpura haemorrhagica addita nova huius morbi observatione. Diss. med. Leipzig (C. G. Naumann) 19. IX. 1837. 31 S. (3.50) 28632

Richter, Karl Friedrich

Richter, Karl Fr. (Pastor), s. Friedrich, Karl.

— **Carl Friedrich,** Ad orationem aditialem audiendam invitat. — De aetate libri Iobi definienda. (Leipzig (Klaubarth)) 17. VIII. 1799. 24 S. (3.75) 28633

FRIEDRICH, Carl (d. i. *Carl Friedr. Richter*, geb. 1776 in Hettstädt bei Mannsfeld, Pastor in Neugattersleben bei Calbe a. d. Saale, † als Diakonus u. Pastor in Elsterwerda am 8. Septbr. 1838. — Goedeke VI, 409, 26), Die Familie Barring oder das Scheinverbrechen. Magdeburg 1816. 8°.

— neuestes Berg- u. Hütten-Lexicon, od. alphabet. Erklärung aller beim Berg- u. Hüttenwesen vorkomm. Arbeiten, Werkzeuge u. Kunstwörter. 2 Thle. gr. 8. Leipz. 805. (Andrä). 5 ℛ 12 gr (Soll nicht v. Richter, sond. Compilation e. gewissen Dänzer's seyn.)

— s. Bibel, die, nicht, wie viele glauben, schädlich &c.

— **Carl Friedrich** (Freiberg), Zohairi carmen templi meccani foribus appensum nunc primum ex codice Leidensi Arabice editum Latine conversum et notis illustratum. [Präs.] Ernst Fried. Carl Rosenmüller. Leipzig (Breitkopf) 24. XI. 1792. 70 S. (4.50) 28635

Richter, Karl Fr. der klein. Chemiker, od. Anleit. zum Selbststudium der Chemie. 8. Leipz. 822. Cnobloch. 16 gr

RICHTER, CARL FRIEDRICH.
Kleine (Der) Chemiker, oder Anleitung zur Chemie zum Selbststudium. Leipzig, 1823. 8vo.

— Darstell. d. Fossilien nach ihren Geschlechten, Namen, Farbe, Land u. Ort, wo sie gefunden werden. gr. Fol. Chemnitz 806. Starke. 6 gr

Richter, Karl Fr. histor.-tabellar. Darstell. der in jedem Monat vorkommenden landwirthschaftl. Arbeiten. Fol. Chemnitz 804. Starke. 12 gr

Richter, K. F., tabellar. Darstell. der in jedem Monat vorkommenden landwirthschaftl. Arbeiten. Fol. Chemnitz, Jacobaer. (Maute.) 804.

Richter, C. F.: „Historisch-tabellarische Darstellung der in jedem Monath vorkommenden landwirthschaftlichen Arbeiten; für Rittergutsbesitzer, Pächter und Verwalter", Chemnitz 1823 (Starke).

— (Wittenberg), De deposito cum fideicommisso utili ut res post mortem deponentis tertio restituatur ad L. XXVI. d. depositi et L. LXXVII. de legatis I. Präs. Christoph Ludwig Crell. Wittenberg (Scheffler) Juli 1742. 38 S. (4.75) 28636
Widm. v.: Christoph Ludwig Crell.

— — Eduardo, Prinz von Parma, der unglückliche Fürstensohn, oder Ortellinos Jugendjahre. Romantische Geschichte. Stuttgart 1824. 8°.

— Erklär. aller Stellen des alten u. neuen Testaments. 2 Bde. gr. 8. Leipz. 808. 3e A. (n. Titel) 821. (W. Nauck). 1 ℛ 8 gr

Richter, C. F., Erklärung aller Stellen des alten u. neuen Testaments, welche man als unverständlich, irrig und anstößig bestritten hat. N. A. 2 Bände. gr. 8. Leipzig, Sommer. 821.

Richter, Karl Friedrich, s. Fischfang ohne Netze.

— — Gemälde des menschlichen Herzens. Leipzig 1820. 8°.

— — Giuglio und Isidora, oder die Flucht aus den Kerkern der Inquisition; romantische Erzählung. Leipzig 1821. 8°.

— — u. (Soc.) August Gottlob Hoffmann (Bautzen), Historiae persarum antiquissimae cum Graecorum et Ebraeorum narrationibus conciliandae specimen. Disput. histor. Leipzig (Solbrig) 28. X. 1795. 67 S. (4.25) 28634
Gew.: Johann Gottlob Richter (Vater).

— — Ludovika, oder Verbrechen aus Liebe. Roman. 2 Thle. Quedlinburg 1817. 8°.

— (Zittau/Lausitz), De natura et indole infamiae mediatae. Diss. inaug. Leipzig (F. G. Jacobaeer) 25. VI. 1807. 45 S. (4.—) 28637

— Obstorangerie, d., od. kurze Anleit., Aepfel, Birnen etc. in gewöhnl. Blumenscherben z. ziehen, nach A. F. A. Diel. (Aus dessen Taschenb. f. Garten- u. Blumenfreunde.) 8. Ebend. 1821. 2. Aufl. 1822. — 5

— die Obst-Orangerie, od. kurze Anleit., Aepfel, Birnen, Pflaumen, Kirschen, Aprikosen, Pfirschen, Mandeln ꝛc. in gewöhnl. Blumenscherben zu erziehen, nach Diel. 2e verm. Aufl. 8. Leipz. 822. Cnobloch. 6 gr.

— — Ortellino, der grosse Räuberhauptmann. Italiens Furcht u. Schrecken. Eine romantische Geschichte. 2 Thle. Mannheim, Verlag von Tobias Löffler. 1823. 8°. 281 u. 245 S. (7 Mk. E. Frensdorff, 1907:)
„Selten und gesucht!"

Richter, C. F., der Pflug im Allgemeinen u. in Betracht seiner einzelnen Theile. Faßliche Erläuterung der Gesetze, nach denen dieses wichtigste Ackerinstrument wirkt, der Grundsätze, nach denen es zweckmäßig gebaut werden muß, und der Ursachen, warum es oft zu viel Kraft erfordert u. zu wenig leistet. (Zum Druck befördert von Mor. Beyer.) Mit 1 Kupf. 8. Leipzig 843, Baumgärtner. 1/3 Thlr.

— C. F., Recitatio philol. super psalmo XLV. in collegio philobiblico quod Lipsiae floret, habita. Leipzig (Loeper) Aug. 1796. 46 S. (4.50) 28629
Gratulationsschrift für Christian Samuel Weiss.

Rede, gehalten von Carl Friedr. Richter im Or. zu Bruchsal bei gemeinschaftlicher Versammlung der Brüder und Schwestern am 14/9. 5809. [Weissenburg 1809: Bock.] 2 Bl. 8° [Kopftit.]
Kl. 1164. Üb. die Stellung der Frmrei zum weiblichen Geschlecht. 193.

— — Ridogar, Fürst der Hölle, oder die Teufelsbeschwörung in der Geisterburg. Stuttgart 1824. 8°.

— chem. ökonom. Taschenbuch für Wirthschaftsbeamte. 2 Bde. mit Kupf. 8. Chemnitz, Jacobäer. (Mauke.) 804. (1r 18 gr. 2r 14 gr.)

— chem.-ökonom. Taschenbuch f. Landwirthschaftsbeamte. 2 Bde. Mit 2 Kpft. 8. Chemnitz 804, u. 2e A. 815. (Starke). 1 Thlr. 8 gr.

Chemisch-ökonomisches Taschenbuch auf 1804, 1805 . . . 1812. Herausgegeben von Carl Friedrich Richter. 9 [?] vols. Chemnitz, 1805–13.

Richter C. F.: Chemisch-ökonomisches Taschenbuch f. Wirthschafts-Beamte . . . [Bdch. 1]. Chemnitz 1805. 251 S. 2 Tvl.
— — Neue Ausg. 2 Bdch. (1 Vol.). Sst. 1815. 251 S. 2 Tvl., 152 S.

— Taschenbuch zur Geognosie, für Kameralisten, gebildete Oekonomen, Baukünstler, Straßenbeamte und Technologen überhaupt, so wie alle Freunde der Natur. 12. Freyberg, Craz und Gerlach. 818.

— tägl. Taschenbuch f. Garten- u. Blumenfreunde u. Obstbaum-Plantagenbesitzer auf jedes Jahr anwendbar. gr. 12. Leipzig, 1812. 2. Aufl. 1820. 3. Aufl. 1829. Cnobloch. 1. 10

Richter, C. F., tägliches Taschenbuch für Garten- und Blumenfreunde und Obstbaumplantagenbesitzer. 2te Aufl. Mit 1 illum. Kupf. gr. 12. Leipzig, Cnobloch. 819.

Richter, Karl Fr., tägl. Taschenbuch f. Garten- u. Blumenfreunde u. Obstbaum-Plantagenbesitzer, auf jed. Jahr anwendbar bearb. 3., durchaus verb. u. verm. Ausg. gr. 12. (26 B.) Leipzig 829, Cnobloch.

Richter, Karl Fr., tabellar. Uebersicht d. in systemat. Ordnung folgenden in- u. ausländ. Bäume, Sträuche, Stauden, Pflanzen etc. f. Freunde d. Botanik, Oeconomie, Gärtner etc. Fol. Chemnitz, 1806. (May.) — 7½

— tabellar. Uebersicht der in systemat. Ordnung folgenden in- u. ausländ. Bäume, Sträucher, Stauden, Pflanzen ꝛc. f. Freunde d. Botanik, Oekonomie, Gärtner u. Dilettanten überhaupt. Fol. Chemnitz 806. (Starke). 6 gr.

– s. Verfahren bei Anlegung der Heckenzäune.

Richter, K. Fr., pract. Verfahrungsart beim Sprengen u. Spalten der großen Feldsteine, welche man in pflugbaren Boden sowohl, als auch in den Haiden, Wäldern, Hainen u. bei alten Grabhügeln hin u. wieder in großer Menge antrifft. 2. Ausg. 8. (Mit 1 Steindrucktaf.) Eisenberg 844, Schöne. 1/4 Thlr.
1. Ausg. s.: Verfahrungsart...

Richter, Karl Fr. († d. 4. Sept. 1806.) histor.-krit. Versuch über die Arsaciden- u. Sassaniden-Dynastie, nach den Berichten der Perser, Griechen u. Römer bearb. gr. 8. Leipz. 804. (W. Rauck). 1 Thlr. 8 gr.

— — Die Versuchung. 2 Thle. Zerbst 1818. 8°.

— die Wetterkunde, oder auf Erfahrung gegründete Witterungsregeln, aus dem grauesten Alterthume bis auf jetzige Zeiten. 8. Leipzig, Cnobloch. 821.

— die Wetterkunde, od. auf Erfahrung gegründete Witterungsregeln aus dem grauesten Alterthume bis auf die neuesten Zeiten. 8. Leipz. 821. Cnobloch. 10 gr.

Richter, Karl Fr., allgem. Wetterkunde od. Witterungsregeln nach d. Erfahr. aller Zeiten f. alle Stände, u. insbesond. f. d. Landmann u. Gärtner. 8. Ebend. 1821. — 5

— — Die Zwillinge oder die Verwechselung. Familiengeschichte. 2 Thle. Magdeburg 1818. 8°.

Richter, Carl Friedr. Enoch, allgem. Deutsche Berichte f. Politik etc., s. Berichte.

Richter, Karl Fr. Enoch, s. Handbuch für Kaufleute.

(**Richter, Carl Friedr. Enoch,**) **vollständ. Handwörterbuch d. deutschen, franz. u. engl. Sprache, s. Handwörterbuch.**

Richter, Karl Friedrich Hermann

Richter, Carol. Frdr. Herm., de P. Valerio Poplicola legislatore. Dissertatio inauguralis. gr. 8. (31 S.) Görlitz 873, Vierling. 1 —

Richter, Karl G. P., a. Pforzheim (Baden): Untersuchungen über das Titan. Würzburg 1906: F. Staudenraus. (54 S.) 8°
Würzburg, Phil. Fak., Ref. Tafel, Diss. v. 18. Aug. 1906
[Geb. 20. Mai 78 Pforzheim; Wohnort: Pforzheim; Staatsangeh.: Baden; Vorbildung: Gymn. Schwäb.-Hall Reife Juli 97; Studium: T.H. Karlsruhe 8, Univ. München 2, Würzburg 8 S.; Rig. 27. Juli 06.]

Richter, Karl Gottfried, s. Ehrmann, Th. F.: Post- u. Zeitungs-Lexicon.

— **Carl Gottfried** (Leipzig), De L. II. Cod. de Rescind. Vend. Falso Remedio rescindendi venditionem propter laesionem ultra dimidium disserit. Präs. Gottfried Ludwig Mencken. Leipzig (Langenheim) 23. I. 1749. 16 S. (4.25) 28638
Gratulationsschrift für Johann Hieronymus Hetzer.

Richter, Karl Gf., vollständ. Lehrbuch d. neuesten Erdbeschreibung nach natürl. Ordnung u. Eintheilung d. Staaten. gr. 8. Erfurt 822. Keyser. 1 ₰

Richter, Karl Gottfried, Assistenzarzt d. 1. inneren Abteil. d. Friedrichstädt. Krankenhauses zu Dresden: Aus d. 1. inneren Abteil. d. Friedrichstädt. Krankenhauses zu Dresden. **Untersuchungen** über Länge, Gewicht und Flächenausdehnung des normalen menschlichen Magens und Darmes nebst Bemerkungen über die Veränderungen des letzteren unter dem Einfluß von Härtungsmitteln und Fäulnis. *Leipzig 1904: B. Georgi.* (23 S.) 8°
Leipzig, Med. Diss. v. (28. Juli) 1904

Über Gesinde, Gesindeordnung und deren Verbesserung .... (von *Carl Gottlieb Richter*). Berlin 1790.
Anon.-Lex. IV. p. 236 (nach Kayser).

Richter, Karl Gli., s. Gesinde, Gesinde-Ordnung ꝛc.

Richter, Karl Hermann

Richter, Carl Herrm., die Abrenuntiations-Frage und der Exorcismus. Eine Conferenzarbeit. Reichenbach 860. Haun & Sohn. gr. 8. (44 S.) 7½ ngr.

Richter, Carl Herrm., die Kirche zu Mühltroff. gr. 8. (III und 28 S.) Plauen 862, Hohmann.

Richter, Carl Herrm., die Herrschaft Mühltroff und ihre Besitzer. Zur Erinnerung an die am Abend aller Heiligen 1357 erfolgte Uebergabe der Herrschaft Mühltroff an die Markgrafen von Meißen und Landgrafen von Thüringen. gr. 8. (XIV und 162 S. mit 1 Stnt.) Leipzig 857, (Teubner.) Thlr.
Vlnp. geb. *

— **Carl Hermann** (Groß-Schönau/Lausitz), Nonnulla de Rademacheri doctrina medica et remediis. Diss. med. Jüterbog (Colditz) 13. VII. 1850. 22 S. mit Biogr. (M.: A. D. Langner.) (3.25) 28639

Richter, Carl Johannes Friedr. (geb. Woltegs in Meckl. ... 1842): Ueber einen Fall von einseitiger Ruckenmarksverletzung. Berlin (1867). (37 S.) 8°
Berlin, Med. Diss. v. 9. Okt. 1867

RICHTER, Carl Ludwig
Zdenko Fibich. Eine musikalische Silhouette von Carl Ludwig Richter. Mit 8 Illustrationen, 14 Beilagen und vielen Notenbeispielen. Prag. 1900. Urbánek. 8°. XIV, 256 S.
fl. 2.—, geb. fl. 2.50

Richter, Car. Ludov. Joseph. (geb. Konigswalde in Schles. (29.) 3. 1839): De morbo cutaneo, qui dicitur molluscum contagiosum. Berolini (1865). (32 S.) 8°
Berlin, Med. Diss. v. 16. Juni 1865

Karl Rudolf Richters Anleitung zum Rechnen. Nebst e.Vorr. von E[rnst] C[hristian] Trapp. [Nebst] Forts. Leipzig: Crusius 1781-82. 1 Bd. 8°
[Hauptw.:] 1781.
Forts.: Welche die Lehre von den Brüchen enthält. 1782.

— Anleit. zum Rechnen. Mit e. Vorrede von E. C. Trapp. 2 Thle. 8. Leipz. 781 u. 82. (W. Vogel). 18 ₰

Freymaurer-Lied am Hoechsten Geburtsfeste Friedrich Wilhelm des Zweiten vielgeliebten Koenigs von Preussen abgesungen in der Loge Royale York zur Freundschaft gen. von Carl Rud. Richter. Berlin am 25ten Sept. 1788. 2 Bl. 8° [Umschlagtit.] 25.

— kleines Gesangbuch, f. d. Privatandacht hrsgg. 8. Dessau 795.

— Geschichte Dr. Martin Luthers u. der Reformation, zur Vorbereitung auf die Feier des 3n Jubelfestes der evangel. Kirche. 8. Berl. 817. 2e A. 818. (Halle, Waisenhaus-B.) 16 ₰

Richter, Karl Rud.. († d. 4. Juli 1822.) Communionbuch für Freunde u. Verehrer d. Religion Jesu. 8. Dessau 795. 2e A. Mit 1 Kpf. 8. Berl. 800. (Reimer). 12 ₰

Richter, C. R., Communionbuch ꝛc. 8. Berlin, Lange. 800.

Richter, Carl Rud., Communionbuch, verb. Aufl. 8. Berlin. 800. Jetzt Reimer.

— christl. Lehrbuch f. Katechumenen. 8. Halle 793. 2e A. 797. (Rein). 5 ₰ 3e Aufl. 8. Leipz. 813. Rein. 6 ₰

Richter, C. R., christl. Lehrbuch f. Catechumenen. 3te verm. u. verb. Aufl. 8. Berl. Lange. (Leipz. Rein und Comp.) 813.

Rede am 54. Geburtsfeste Friedrich Wilhelm's II., Königs von Preussen, in der L. zu den 3 WK., gehalten von [Karl Rud.] Richter, den 25. Sept. 1796. 8°
Kl. 1117b.

Rede, am 25sten Sept. 1796 dem 54sten Hohen Geburtsfeste Seiner Majestät des Königs von Preussen Friedrich Wilhelm des Zweiten, in der sehr ehrw., vollk. und ger. Freymaurer-Mutter-Loge zu den drey Weltkugeln [in Berlin], mit tiefster Ehrfurcht gehalten vom Br. [Karl Rud.] **Richter.** [Berlin 1796.] 14 S. 8° [Umschlagtit.]
Was ist der Mensch u. was ist seine Bestimmung? 23. 25.

— kurze Uebersicht u. Wiederholung des empfangenen Religionsunterrichts meiner Katechumenen. 8. Berl. 813. Mittler. 2 ₰

Richter, Karl Samuel August

Richter, Karl Sam. Aug., Bericht üb. die innere u. äußere Verfassung der Jllichschen Erziehungsanstalt in Dessau. 8. Leipz. 810. Köhler. 4 ₰

— Handelsgeographie, od. Lehrbuch d. Erdbeschreibung, mit besond. Rücksicht auf Naturprodukte, gewerbl. Kultur u. Handel. Ein Leitfaden f. Bürger-, Gewerb- u. Handelsschulen. gr. 8. Magdeb. 821. Creutz. 21 ₰

Richter, Karl Sam. Aug., Handelsgeographie, od. Lehrbuch d. Erdbeschreibung, mit besond. Rücksicht auf Naturprodukte, gewerbl. Cultur u. Handel. Ein Leitfaden f. Bürger-, Gewerb- u. Handelsschulen. gr. 8. (20½ B.) Magdeburg 829, Creutz.

—— Handelsgeschichte, nebst e. chronolog. geord. Abrisse d. wichtigsten Erfindungen u. Entdeckn., u. der allgem. Weltgeschichte. Ein Leitfaden f. Realschulen." 8. (10 B.) Magdeburg 829, Creutz.

— über die Hauptmerkmale einer vortreffl. Schulanstalt. Eine Rede. gr. 8. Dessau 819. Ackermann. 3 gl

Richter, (K. S. A.,) die Hauptprodukte der Erde in ihrer quantitativen Vertheilung. Mit besond. Rücksicht auf Handel u. Gewerbe, alphabetisch, nach den 3 Reichen d. Natur geordnet, nebst geograph., geschichtl., naturhistor. u. technolog. Erläuterungen. Ein Leitfaden f. Schulen u. zum Selbstunterrichte. 8. Magdeb. 822, Creutz.

— Taschenbuch d. Botanik, s. Botanophilos.

—— Taschenbuch d. Botanik als Leitfaden f. Schüler. gr. 12. ... Magdeburg 830, Creutz.
Ist die 2. Aufl. des „Botanophilos, bearb. v. R."

—— Themata zu deutschen u. latein. Ausarbeitungen, zum Theil mit kurzen Andeutungen u. Dispositionen f. d. obern Classen d. Gymnasien u. höh. Bürgerschulen. 8. (8 B.) Magdeburg 828, Creutz.

Richter, Karl Siegmund

Richter C. S.: Anweisung z. guten Pferdezucht u. Wartung, auch wie man ein guter Pferdekenner werden könne. Halle 1789. 192 S. 2 Tvl.
— — 3. durchaus umgearb., verb. Aufl. Sst. 1805. 444 S. 3 Tvl.

Richter, C. S.: Anweisung zur guten Pferdezucht und Wartung auch wie man ein guter Pferdekenner werden könne. 2. Aufl. Mit 2 Kupfern. Halle 1795. XXIV, 192 S.

Anweisung zur guten Pferdezucht und Wartung, auch wie man ein guter Pferdekenner werden könne; nebst Unterricht von den Betrügereyen der Roßhändler, dem Englisiren der Pferde,... hrsg. von C[arl] S[igismund] Richter. 3., durchaus umgearb., verb. Aufl. ... Halle: Gebauer 1805. XXVIII, 444 S. 8°

Richter, Karl Theoph., Anleitung Seide, Wolle, Baumwolle u. Leinwand in allen Couleuren sehr schön u. haltbar zu färben, so wie baumwollene u. leinene Zeuge zu drucken. 2. Ausg. 8. (4 B.) Quedlinburg 840, Ernst'sche Buchh.

Richter, Karl Thomas

Richter, Carl Thom., Betrachtungen über die Weltausstellung im J. 1867. 1. Aufl. 1867. und 2., umgearb. und verb. Aufl. gr. 8. (VII und 87 S.) Wien 868, Pichler's Witwe und Sohn.

Richter, Karl Thom., allgemeine Bildungsmittel, s.: Ausstellungs-Bericht, officieller.

—— Einleitung in das Studium der Volkswirthschaft. gr. 8. (VIII, 346 S.) Prag 871, Dominicus. * 5 —

— über die Entwicklung des Arbeiterstandes. Vortrag gehalten am 25. Januar 1866 im niederösterreichischen Gewerbe-Verein. 1. u. 2. Aufl. gr. 8. (IV, 63 S.) Wien: Pichler 1866. 12 ngr.

Richter, Carl Thom., die Fortschritte der Cultur. Einleitung in das Studium der Berichte über die Weltausstellung 1873. gr. 8. (XLVIII, 223 S.) Prag 875, Dominicus. * 5 —

Richter, Dr. C., Die Fortschritte der Cultur. Einleitung in das Studium der Berichte über die Weltausstellung 1873. Mit einem Vorworte über die Weltausstellung in Philadelphia. 2. Aufl. Prag 1877. 8°.

—— Kunst und Wissenschaft in Gewerbe und Industrie. gr. 8. (XIV und 225 S.) Wien 867, Pichler's Witwe und Sohn.

Richter, Dr. Carl Thomas, Das Kunstgewerbe, die Gewerbe- und Kunstgewerbeschulen und Marken-, Muster- und Erfindungsschutz. 2. Auflage des Buches: „Kunst und Wissenschaft in Gewerbe und Industrie". gr. 8. (XIV u. 224 S.) Wien, Pichler's Witwe & Sohn. 1869. 1 fl. 50 kr.

— das Kunstgewerbe, die Gewerbe- u. Kunstgewerbeschulen u. der Marken, Muster- u. Erfindungsschutz. 2. Aufl. des Buches: „Kunst u. Wissenschaft in Gewerbe u. Industrie". Ebend. 870. gr. 8. (XIV, 225 S.) 1 rf

Richter, C. Th., die Kurzwaaren-Industrie, s. Ausstellungs-Bericht, officieller.

Richter, Carl Thom., Magdalena. — Die Großmutter. 2 Erzählgn. Illustriert v. H. Schlittgen. 8. (128 S.) Stuttgart 899. C. Krabbe n. 2. —; geb. n. 3. 50

— das Recht der Frauen auf Arbeit u. die Organisation der Frauen-Arbeit. Ein Vortrag gehalten am 10. Dezbr. 1866 im Frauen-Erwerb-Verein zu Wien. Ebend. 867. gr. 8. (V, 59 S.) 12 ngr.

Richter, Carl Thom., das Recht der Frauen auf Arbeit u. die Organisation der Frauen-Arbeit. Ein Vortrag, gehalten am 10. Dezbr. 1866 im Frauen-Erwerb-Verein zu Wien. Mit einem Anh.: Ueber Ausstellungen der Frauenarbeit. Zwei Vorträge gehalten im Frauen-Erwerb-Verein zu Wien. 2., verm. Aufl. Wien 869. Pichler's Wwe. & Sohn. gr. 8. (V, 84 S.) 12 ngr.

—— Schafwolle und Schafwoll-Waaren,
—— Schmuckfedern, künstliche Blumen und Haararbeiten, } s. Ausstellungs-Bericht, offic.

— über das Studium der Volkswirthschaft in Oesterreich. Antritts-Rede bei Eröffnung der Vorlesungen über Volkswirthschaft an der Prager Universität. Prag 869. Dominicus. 8. (39 S.) n.n. 5 ngr.

—— der Welthandel,
—— das bürgerliche Wohnhaus. Die nationale Hausindustrie. Darstellung der Wirksamkeit der Museen für Kunstgewerbe, } s. Ausstellungs-Bericht, offic.

Richter, Karl Wolfgang — Aufzeichnungen für Zöglinge des Handels von — —. Kaufmännische Briefe. Wien, 1856. Druck von L. C. Zamarski. L. W. Seidel. (32 S. kl. 8.)

Richter, Casim., aliquot de musica Graecorum arte quaestiones. Commentatio philolog. Monasterii 856. (Mitsdorffer.) gr. 8. (2 Bl., IV. 75 S.) n. 10 ngr.

Richter, Casimir, aliquot de musica Graecorum arte quaestiones. Commentatio philologica. gr. 8. (VIII und 75 S.) Münster 857, (Mitsdörffer.) *

Richter, Kasim. Über die Zweckmäßigkeit lateinischer Vorsübungen auf Gymnasien. 10 S. Progr. Karol. Osnabrück 1883.

— Caspar (Chemnitz/Meißen), De praejudiciis ΦΙΛΟΣΟΦΟΥΜΕΝΑ quaedam. Präs. Johann Friedrich Guhling. Wittenberg (Gerdes) 4. V. 1726. 16 S. (4.25) 28640

Richter, Konr., Bemerkgn. zu Platens Reimen. 1. Heft. (48 S.) 8. Bukarest 907. (Berlin, Mayer & Müller.) 1.40

Richter, *Hermann Albert Adolf* Konrad [aus Berlin]: Der deutsche S. Christoph. E. historisch-krit. Untersuchg. Tl 1. Die Vorgeschichte d. Christophlegende ... (Erscheint vollst. in d. Acta Germanica, Organ f. deutsche Philol.) Berlin, Mayer & Müller, 1895; 3 Bl., 61 S., 1 Bl. 8.
Berlin, Phil. Fak., Inaug.-Diss. v. 6. März 1895

Der deutsche S. Christoph. E. hist.-krit. Untersuchg. Von Konrad **Richter.** *Berlin: Mayer & Müller 1896.* (1 Bl., VI, 243 S.) 8. = **Acta** Germanica. Bd V. H. 1. [97. 2461

Richter, Curt, Assistenzarzt am Stadt-Hannoverschen Krankenhaus II in Linden: Ueber die **Behandlung** nicht geheilter Knochenbrüche bei Kindern. *Göttingen 1900: Dieterich.* (32 S.) 8°
Göttingen, Med. Diss. v. [30. Juli] 1900

Richter, Curt, über die Behandlung nicht geheilter Knochenbrüche bei Kindern. Diss. gr. 8. (33 S m. 6 Fig.) Göttingen 900. (Vandenhoeck & Ruprecht.) n. — 80

Richter, Curt: Dämpfung elektrischer Schwingungen beim Funkenübergang in verschiedenen Gasen. Halle a. S. 1909: Kaemmerer. 17 S. 4° ¶ (Mitteilungen d. physik. Versuchs-Station Halle-Cröllwitz. No. 13.)
Halle, Phil. Diss. v. 20. Juli 1909, Ref. Dorn
[Geb. 18. Jan. 86 Bismark, Pr. Sachsen; Wohnort: Halle a. S.; Staatsangeh.: Preußen; Vorbildung: Oberrealsch. Hanau Reife O. 04; Studium: Jena 3, Berlin 2, Halle 5 S.; Rig. 27. Febr. 09.] [U 09. 1095

Richter, Kurt, prakt. Arzt a. Kirchhain N.-L., Unterarzt b. Masurischen Feldart.-Reg. Nr. 73: Über einen Fall von schwerer Neurasthenie bei multiplen Exostosen und Konträrsexual-Empfindung. Berlin (1907): G. Schade. (36 S.) 8°
Berlin, Med. Fak., Ref. Ziehen, Diss. v. 30. März 1907
[Geb. 31. Juli 83 Kirchhain N.-L.; Wohnort: Kirchhain; Staatsangeh.: Preußen; Vorbildung: Friedrichs-Gymn. Berlin Reife O. 01; Studium: Berlin K. W. A. 12 S.; Coll. 26. März 07; Approb. 22. März 07.]

Richter, Kurt. Kammergerichtsreferendar: Die Folgen der Anfechtung eines Testaments auf die Rechtsgeschäfte und Prozesse des Testamentserben. Kirchhain N.-L. 1906: M. Schmersow. (X, 80 S.) 8°
Jena, Jur. Fak., Ref. Thon, Diss. v. 6. Febr. 1906
[Geb. 13. April 81 Berlin; Wohnort: Berlin; Staatsangeh.: Preußen; Vorbildung: Gymn. zum grauen Kloster Berlin Reife M. 01; Studium: Berlin 7 S.; Rig. 6. Febr. 06.]

Richter, Kurt, Referendar: Wesen und Wirkungen der Verfügungsbeschränkung der Ehefrau beim gesetzlichen Güterstand der Verwaltung und Nutznießung. Fürstenwalde Spree 1909: Richter. 36 S. 8°
Heidelberg, Jur. Diss. v. 9. März 1909. Ref. Heinsheimer
[Geb. 29. Sept. 82 Fürstenwalde a. Sp.; Wohnort: Fürstenwalde; Staatsangeh.: Preußen; Vorbildung: Gymn. Fürstenwalde Reife O. 03; Studium: Würzburg 4, Berlin 5 S.; Rig. 27. Nov. 08.] [U 09. 1884

Richter, C[urt] A[lbrecht]: Beiträge zum Bekanntwerden Shakespeares in Deutschland. T. 1. Breslau (1909): Graß, Barth & Co. 48 S. 8°
Breslau, G u. RG z. heil. Geist P 1909 (256) [S 09. 385

Richter, C[urt] A[lbrecht]: Beiträge zum Bekanntwerden Shakespeares in Deutschland. T. 2. Breslau (1910): Grass, Barth & Co. 31 S. 8° ¶ (Forts. d. P-Beil. 1909.)
Breslau, G u. RG z. hl. Geist P 1910 (258) [S 10. 355

Richter, Kurt Albrecht, aus Breslau: Ferdinand **Freiligrath** als **Uebersetzer.** *München 1899: Kastner & Lossen.* (46 S.) 8°
• [Erschien vollst. als H. 11 d. Forschungen zur neueren Litteraturgeschichte.]
Breslau, Phil. Diss. v. 8. Juli 1899

Richter, Kurt (Albrecht): Ferdinand Freiligrath als Übersetzer. Berlin: A. Duncker 1899. (106 S.) 8°
= Forschungen zur neueren Litteraturgeschichte. 11.

Richter, Curt Georg, aus Breslau: **Aus d. Königl. Botan. Garten zu Breslau. Beiträge zur Biologie von Arachis hypogaea.** *Breslau 1899: A. Schreiber.* (39 S.) 8°
Breslau, Phil. Diss. v. 20. Apr. 1899

Was muß man vom Vereins- und Versammlungswesen wissen? Gesetzl. Vorschriften u. **Anleitung** z. Einberufung von Versammlungen ... nebst vielen Formularen zu Zirkularen, Einladungen, Aufrufen ... u. alphab. Sachreg. Hrsg. von L. **Richter.** Berlin: S. Mode (1905). (60 S.) 8° [F.] [06. 3376

— welche **Rechte** u. Pflichten haben die Mitglieder e. eingetragenen Genossenschaft? Ein Ratgeber f. Gründer u. Mitglieder v. Vorschuß- u. Kreditvereinen, Konsumvereinen, Zuchtgenossenschaften, Rohstoffvereinen, Absatzgenossenschaften, Wohnungsvereinen usw., nebst Formularen u. e. alphabet. Sachregister. (51 S.) 8. Ebd. (906). n. 1. —

Wie errichtet man eine Gesellschaft mit beschränkter Haftung und welche Rechte und Pflichten haben deren Mitglieder? Ein Handbuch f. Begründer, Gesellschafter u. Geschäftsführer von Gesellschaften m. b. H. Nebst Formularen, alphab. Sachreg. u. Strafbestimmungen. Hrsg. von L. **Richter.** Berlin: S. Mode (1905). (66 S.) 8° [F.] [06. 3374

Richter, L. C., ital. doppelte Buchhaltung. 4. Lpz. Hinrichs. 802.

Richter, L. E.: „Italienische doppelte Buchhaltung", Leipzig 1802 (Hinrichs).

Richter, Leo: Das Hygrom der Dura mater. Mit 1 Taf. Giessen 1899: v. Münchow. (39 S.) 8°
Giessen, Med. Diss. v. 1899

Richter Leopold: Über den Numerus des englischen Anredepronomens im 18. u. 19. Jahrhundert. 26. Plan R. 02.
Progr.

Richter, Leop., Riesengeschichte oder kurzweilige Historie vom König Eginhard von Böhmen, siehe: Volksbücher, Deutsche. XXXI.

RICHTER, Lotti
(F) Mein Kochbuch. Nach langjähriger praktischer Erfahrung für die bürgerliche und feine Küche zusammengestellt von Lotti Richter. Mit vielen Abbildungen und 3 farbigen Tafeln. Graz. 1900. Moser. Gr.-8°. VIII, 655 S. fl. 1.80, geb. fl. 2.25

RICHTER, Lotti
(F) Mein Kochbuch. **Nach langjähriger praktischer Erfahrung für die bürgerliche und feine Küche zusammengestellt von Lotti Richter. Mit vielen Abbildungen und 4 farbigen Tafeln.** 2., vermehrte und verbesserte Auflage. (4. bis 6. Tausend.) Graz. 1902. Moser. Gr.-8°. VI, 808 S. K 3 60, geb. K 6.—

(F) **Richter,** L. Mein Kochbuch. Nach langjähriger praktischer Erfahrung für die bürgerliche und feine Küche. 3. Aufl. Gr.-8°. (ill. X, 757 S. mit 4 Tafeln) geb. K 6.—
Graz: U.Moser 1905.

Richter, Louis

Richter L, Blätter für Verwaltung. Neue Folge. Heft 1-4. Dresden 1855

RICHTER, LOUIS. Ueber einige Disulfosäuren des Paratoluidins. Greifswald, 1885.

— Jahrbuch für Socialwissenschaft u. Socialpolitik.
siehe: *Jahrbuch.*

Richter, Louis, für Lebenskunst. Winke und Aphorismen. 16. (VI, 172 S.) Dresden 884, Pierson. * 1 20

Richter, Louis, Skizzen über sociales Leben. 1—3. Heft. Dresden 867, 68. Schöpff. gr. 8. [1. Heft. (III, 183 S.) n. 18 *ngr.*, 2. Heft. (IV, 204 S.) n. 18 *ngr.*, 3. Heft. (III, 106 S.) n. 10 *ngr.*] n. 1 *rthlr* 16 *ngr.*

Richter, L., die öffentliche Verwaltung der Landgemeinde. Gemeinfaßliche Abhandlungen. 1. Bdchn. gr. 8. (IV, 118 S.) Leipzig 874, (Roßberg'sche Buchh.) * 1 20

Richter, Louis, die öffentliche Verwaltung der Landgemeinde. Gemeinfaßliche Abhandlgn. 1. u. 2. Bdchn. gr. 8. Dresden 874. 75. Burdach. n. 2. 70
1. (IV, 118 S.) n. 1. 20. — 2. (143 S.) n. 1. 50.

Richter, Louis, Wanderungen im Bereiche der Wohlfahrtspolizei. 8⁰. Dresden, Burdach, 1879. (IV, 136 S.)

Richter, Louise: Ill. Hamburger Kochbuch, s. Richter: Die echter Hamburger Küche.

Richter, Louise, die große Hamburger Köchin oder Anweisung, wie in einem bürgerl. Hausstande die Küche gut, schmackhaft, abwechselnd u. dabei wohlfeil zu führen ist. 12. (XVI u. 174 S.) Hamburg 848, Berendsohn. 12 ngr In Engl. Einb. 18 ngr

Richter, Louise, die kleine berliner (hamburger) Köchin, oder: Anweisung, wie in einem bürgerl. Hausstande die Küche gut, schmackhaft, abwechselnd und dabei wohlfeil zu führen ist. Auf eigene seit 20 Jahren in der Küche gemachte Erfahrungen begründet und hrsg. 1. Aufl. 1847. und 13. Aufl. 32. (XVI und 160 S.) Hamburg 851(52,) Berendsohn. *

—— die kleine hannoversche Köchin, oder: Anweisung, wie in einem bürgerl. Hausstande, die Küche gut rc. zu führen ist. 32. (XVI und 162 S.) Hamburg 847, Berendsohn. *

—— die kleine meklenburger Köchin. 32. (XVI und 160 S.) Hamburg 847, Berendsohn. *

— die kleine Berliner (a. u. d. T.: Deutsche, Hamburger, Hannoversche, Meklenburger) Köchin oder Anweisung wie in einem bürgerlichen Hausstande die Küche gut u. dabei wohlfeil zu führen ist. 32. (XVI u. 160 S.) Ebd. 847. — 9. Aufl. 32. (XVI u. 160 S.) Ebd. 847. — 10. Aufl. 32. (XVI u. 160 S.) Ebd. 849. — 11. Aufl. 32. (XVI u. 160 S.) Ebd. 850. — 12. Aufl. 32. (XVI u. 160 S.) Ebd. 851. — 13. Aufl. 32. (XVI u. 160 S.) Ebd. 852. n. 1/6 ℛ︎

—— die kleine deutsche Köchin, oder: Anweisung, wie in einem bürgerl. Hausstande die Küche gut, schmackhaft, abwechselnd, und dabei wohlfeil zu führen ist. Auf eigene seit 20 Jahren in der Küche gemachte Erfahrungen begründet und hrsg. 9—12. Aufl. 1847—51. und 13. Aufl. 32. (XVI und 160 S.) Hamburg 852, Berendsohn. Thlr. *

Richter, Louise, die kleine deutsche Köchin, oder Anweisung, wie in einem bürgerlichen Hausstande die Küche gut, schmackhaft, abwechselnd, und dabei wohlfeil zu führen ist. Auf eigene seit zwanzig Jahren in der Küche gemachte Erfahrungen begründet und herausg. 14. Aufl. 853. — 15. Aufl. Hamburg 854. Berendsohn. 32. (XVI, 160 S.) n. 5 ngr

Richter, Louise, die kleine deutsche Köchin, oder Anweisung, wie in einem bürgerlichen Hausstande die Küche gut, schmackhaft, abwechselnd, und dabei wohlfeil zu führen ist. Auf eigene seit 30 Jahren in der Küche gemachte Erfahrungen begründet und hrsg. 17. Aufl. 32. (XVI und 160 S.) Hamburg 861, B. S. Berendsohn. *

—— die kleine hamburger Köchin rc. 17. Aufl. 32. (XVI und 160 S.) Hamburg 861, B. S. Berendsohn. *

Richter, Louise, die kleine deutsche Köchin, oder Anweisung, die bürgerl. Küche gut, schmackhaft, abwechselnd und doch wohlfeil zu führen. Auf 50jähr. Erfahrungen begründet. 18.—21., verm. Aufl. Ergänzt durch einen nach den Jahreszeiten und Monaten geordneten Küchenzettel von Louise Charl. Hommer. 32. (288 S.) Hamburg 862—66, B. S. Berendsohn.

Richter, Louise, die kleine deutsche Köchin. Anweisung, die bürgerl. Küche gut, schmackhaft, abwechselnd u. doch wohlfeil zu führen. Auf 50jähr. Erfahrgn. begründet. 23. Aufl. Ergänzt durch e. nach den Jahreszeiten u. Monaten geordneten Küchenzettel v. Sophie Charl. Hommer, geb. Fabian. 16. (288 S.) Hamburg 872. B. S. Berendsohn. 1. —

Richter, Louise, die kleine hamburger Köchin od. Anweisung, wie in einem bürgerl. Hausstande die Küche gut, schmackhaft, abwechselnd u. dabei wohlfeil zu führen ist. 1—6. Aufl. 32. (à 176 S.) Hamburg 843—45, Berendsohn. à *

Richter, Louise, die kleine Hamburger Köchin od. Anweisung, wie in einem bürgerl. Hausstande die Küche gut, schmackhaft, abwechselnd u. dabei wohlfeil zu führen ist. 32. Hamburg 843, Berendsohn. n. 1/6 ℛ︎ — 3. Aufl. 32. Ebend. 844. n. 1/6 ℛ︎ — 4. 5. 6. u. 7. Aufl. 845, 46. à n. 1/6 ℛ︎

—— dass. (unter dem etwas veränderten Ttl.:) die kleine deutsche Köchin od. Anweisung, wie in einem bürgerl. Hausstande die Küche gut, schmackhaft, abwechselnd u. dabei wohlfeil zu führen ist. Auf eigene seit 20 Jahren in der Küche gemachte Erfahrungen begründet. 7—9. Aufl. 32. (176 S.) Ebds. 846, 47. à *

— die ächte Hamburger Küche, oder leicht faßliche Anweisung, wie im bürgerlichen Hausstande die Küche gut, schmackhaft, abwechselnd und dabei doch wohlfeil zu führen ist. Auf eigene seit fünfundzwanzig Jahren in der Küche gemachte Erfahrungen begründet, und herausgegeben. 2. bedeutend verm. Aufl. Hamburg 853. Berendsohn. 12. (XXIV, 384 S.) 24 ngr.

Richter, Louise, die ächte hamburger Küche, oder leicht faßl. Anweisung, wie im bürgerl. Hausstande die Küche gut, schmackhaft, abwechselnd und dabei doch wohlfeil zu führen ist. Auf eigene, seit 25 Jahren in der Küche gemachte Erfahrungen begründet und hrsg. 2., verm. Aufl. gr. 12. (XXIV und 384 S.) Hamburg 855, B. S. Berendsohn.

— die ächte Hamburger Küche, oder Anweisung wie im bürgerlichen Haushalte die Küche gut, schmackhaft, abwechselnd und dabei doch wohlfeil zu führen ist. 3. bedeutend verm. u. verb. Aufl. Nebst einer reichen Auswahl der neuesten Küchenzettel für alle Jahres- und Tageszeiten von Louise Charlotte Hommer, geb. Fabian. Ebend. 862. gr. 8. (XXIV, 512 S.) n. 1 ℛ︎ 6 ngr.

—— die ächte Hamburger Küche, oder Anweisung, wie im bürgerl. Haushalte die Küche gut, schmackhaft, abwechselnd und dabei doch wohlfeil zu führen ist. 3. Aufl. 1862. * 1 Thlr. 6 Ngr. und 4., bedeutend verm. und verb. Aufl. Nebst einer reichen Auswahl der neuesten Küchenzettel für alle Jahres- und Tageszeiten von Louise Charlotte Hommer (geb. Fabian). gr. 8. (XXIV und 496 S.) Hamburg 867, B. S. Berendsohn. cart. *

Richter, Louise, und Sophie Charl. Hommer, geb. Fabian, illustrirtes Hamburger Kochbuch. 5. durchgehends umgearb. Aufl. Mit vielen Abbild. (Holzschntaf.). 11 Lfgn. gr. 8. (XXV, 526 S.) Hamburg 879, Berendsohn. à Lfg. * 50 Pf. 5 50
geb. * 6 50

Richter, Ludwig, Kirchenrechtslehrer, 1808–1864, s. Richter, Aemilius Ludwig.

Richter, (Adrian) Ludwig

Richter's, Ludw., Leben, s. Gerlach, Herm.

Richter, Ludwig, der Maler des deutschen Hauses, s. Köhnlein, J.

Richter, Adrian Ludwig. Ein Lebensbild, s. Wessely, J.

Richter, (Ludw.) Album für Landschafts-Zeichner. 4., verb. Aufl. 40 Bl. (in Kpfrst.) qu. gr. 4. Leipzig 855(56,) Arnoldische Buchh. *

Richter, Ludw., Altes und Neues. 15 Orig.-Zeichnungen. In Lichtdr. ausgeführt. 2. Aufl. Imp.-4. Leipzig 886, A. Dürr. In Mappe * 10 —

Richter, Ludwig: 70 malerische Ansichten ..., s. Richter, Karl August.

– zehn Ansichten merkwürdiger Gegenden in Sachsen. Radirt. qu. gr. 4. Dresden u. Leipzig 839. Arnold. 1 ℛ︎ — color. 3 ℛ︎

Richter, Ludw., deutsche Art u. Sitte. Ernst u. Scherz. In Holzschn. nach Orig.-Zeichngn. Hrsg. v. Geo. Scherer. gr. 4. (34 Bl.) Leipzig 876. A. Dürr. n. 3. —

Richter, Ludw., Beschauliches und Erbauliches. Ein Familien-Bilderbuch. 1. Lfg. Imp.-4. (6 Holzschnt. mit Text und 6 S. mit eingedr. Holzschn.) Leipzig 851, G. Wigand. **

—— **Beschauliches und Erbauliches.** Ein Familien-Bilderbuch. 2. und 3. Lfg. Imp.-4. (13 Holzschnt. mit Text und 4 S. mit eingedr. Holzschn.) Leipzig 853 — 55, G. Wigand. **
1. Lfg. Ebendas. 1851. ** 20 Ngr.

— **biblische Bilder.** Mit einleit. Vorwort u. beigefügten Versen v. Jul. Sturm. 4. (22 Holzschntaf. m. 22 Bl. Text.) Basel 876. Riehm. geb. m. Goldschn. n. 10. —

Richter, Ludw., biblische Bilder. Mit einleit. Vorwort u. beigefügten Versen v. J. Sturm. 2., m. 2 Orig.-Briefen Richter's verseh. Aufl. Lex.-8. (V, 22 S.) Basel 887. Riehm. geb. 6. —

Richter, Ludw., Bilder und Reime, s. Bilder u. Reime.

— u. Wilh. Hey, Bilder u. Reime, s.: Kinderbibliothek, Nr. 1.

Richter, Ludw., Bilder u. Reime. Reime u. Bilder für Kinder. Originalzeichnungen. Neue Ausg. Mit Reimen von Wilh. Hey. 2. Aufl. Dresden 867. Naumann. gr. 16. (32 Holzschntaff. mit Text.) cart. n. 10 ngr; color. n. 18 ngr.

—— und Wilh. Hey, Bilder und Reime. Reime und Bilder für Kinder. Orig.-Zeichnungen von L. R. Auf's Holz übertr. von Alb. Zeh. Geschnitten von Aug. Gaber. Mit Reimen von W. H. Neue Aufl. 8. (31 Bl.) Stuttgart 883, Gundert. cart. * 1 20

— **Bilder u. Reime.** Reime u. Bilder f. Kinder. Orig.-Zeichngn. von L. R. Aufs Holz übertr. von Alb. Zeh. Geschnitten v. Aug. Gaber. Mit Reimen v. Wilh. Hey. 2. Aufl. 8. (31 Bl.) Stuttgart 890. Gundert. cart. n. 1. 20

— **Bilder u. Reime.** Reime u. Bilder f. Kinder. Orig.-Zeichngn. v. R. Aufs Holz übertr. v. Alb. Zeh. Geschnitten v. Aug. Gaber. Mit Reimen v. Wilh. Hey. 3. Aufl. (31 S.) kl. 8. Stuttgart (909). D. Gundert. Kart. od. geb. in Leinw. 1. 20

RICHTER, L. *Bilder und Vignetten* von Ludwig Richter . . . auf Holz gezeichnet von Professor H. BÜRKNER . . . [2. Aufl.] Dresden, Meyer & Richter, o. J. [ca. 1875]. Titel und 21 Holzschnitte auf 15 Tafeln. 4°. Illustr. Or.-Karton mit Goldumrahmung, Leinenrücken. Leicht fleckig. 15.—

— zweimal zwölf **Bilder** als Colorirübung für Knaben und Mädchen. Nr. 2. u. 3. Leipzig (854.) Löschke. qu. 8. Jede Nr. (à 12 schwarze u. 12 color. Holzschnitttaf.) 9 ngr.
Nr. 1. s. Traugott, Joh.

— s.: Blätter, bunte, aus aller Welt. II. Sonderausg.

— Der Brautzug, s.: Meisterbilder.

Ludwig Richter an Georg Wigand. Ausgewählte Briefe aus d. Jahren 1830-1858. Hrsg. von Eugen Kalkschmidt. *Leipzig: G. Wigand (1903).* (XV, 203 S.) 8° [F.] [03 13885]

Richter, Ludw., Unser tägliches Brod in Bildern. Dresden 866. Richter. hoch 4. (15 Holzschntaff. mit Text.) In Mappe n. 1 ₰ 15 ngr.

Richter, Ludw., unser tägliches Brod in Bildern. 2. Aufl. Volks-Ausg. gr. 4. (15 Holzschntaf. mit Text.) Leipzig 883, A. Dürr. cart. * 5 —

—— unser tägliches Brot, in Bildern von L. R. 8. Aufl. (Pracht-Ausg.) gr. 4. (15 Holzschntaf.) Leipzig 886, A. Dürr. geb. * 7 50

— Unser tägliches Brod in Bildern. 9. Aufl. (15 Taf. u. Titelbl.) 37×28 cm. Leipzig (907). [A. Dürr.] Hegele & Schade. In Mappe 3. —

Richter, Ludw., s.. Christenfreude, in Lied u. Bild.

RICHTER, LUDWIG. *Aus der Dichtung und Sage.* Ernst und Scherz. In Holzschnitten nach Originalzeichnungen von Ludwig Richter. Herausgegeben von GEORG SCHERER. Leipzig, A. Dürr [1878]. 36 Bl. mit 36 Holzschnitten. 4°. Hellgrauer, illustr. Or.-Halbleinenbd. 14.—
R. 1893. H.-B. S. 290. ★ Erstausgabe. Die Bilder aus früheren Richterwerken. Balladen und Volkslieder. — Titel leicht gebraunt, schönes Ex.

Richter, Ludw., s.: Es war einmal.

—— der **Familienschatz.** 50 Holzschn. nach Zeichnungen. gr. 8. Leipzig 878, G. Wigand. cart. * 2 50

RICHTER, L. *Der Familienschatz.* 50 Holzschnitte nach Zeichnungen von Ludwig Richter. Leipzig, G. Wigand [c. 1885]. 50 Tafeln (inkl. Titel) mit 51 Holzschn. und Legende. 12 Bl. (Anz.). 8°. Illustr. Or.-Karton mit Leinenrücken (Einbd. lose). H.-B. S. 290. 14.—

— **der Familien-Schatz.** 50 Holzschn. nach Zeichnungen von L. R. (m. untergedr. Text). 2., veränd. Aufl. 4. Leipzig 888. G. Wigand. geb. n. 3. —

— Der Familienschatz. 65 Holzschn. nach Zeichngn. 3. veränd. Aufl., hrsg. unter Mitwirkg. des Hamburger Jugendschriften-Ausschusses. (64 S.) 8. Leipzig (907). G. Wigand. Geb. in Leinw. 3. —

Richter, L., siehe: *Für unsre Kleinen.*

RICHTER, L. *Gesammeltes.* 15 Bilder für's Haus von Ludwig Richter . . . [In Holzschnitt von H. BÜRKNER, K. OERTEL und H. GÜNTHER]. Dresden, Verlag von J. Heinrich Richter [1869]. 18 Holzschnitte auf 16 einz. Blättern. Kl.-Fol. Verzierter Or.-Pappband mit erneuertem Leinenrücken (etw. bestoß.). 25.—
H.-B. 552/569. ★ Originalausgabe dieser schönen Bilderfolge. Einige Benutzungs- u. Fingerspuren.

RICHTER, L. *Gesammeltes.* 15 Bilder . . . Dresden, Meyer & Richter [c. 1872]. Kl.-Folio. Lithogr. Or.-Karton mit Leinenrücken. Tadellos. 14.—

— Gesammeltes. 15 Bilder (Holzschntaf.) für's Haus. 2. Aufl. gr. 4. Dresden 873. Richter. In Carton. n. 7. —

— **Gesammeltes.** 15 (Holzschn.-)Bilder für's Haus. (3. Aufl.) gr. 4. (Mit eingedr. Text.) Leipzig 893. A. Dürr. In Mappe n. 7. 50

— 100 Gevatterbriefe m. Randzeichnungen von L. R. Fol. Leipzig 887. A. Dürr. n. 4. —

— **Goethe-Album.** Leipzig 853—56. G. Wigand. gr. 4. (40 Bl. in Holzschn. mit Text.) n. 2 ₰.

RICHTER, L. *Goethe-Album.* Leipzig, G. Wigand, 1856. 40 schöne Holzschnitte in Tondruck mit Legende. Gr.-8°. Blauer Or.-Leinenbd. mit Goldbordüre u. Goldtitel. 20.—

— **Handzeichnungen.** Nach den Originalen in photograph. Drucke ausgeführt v. Römmler u. Jonas. gr. 4. (8 Blatte.) Leipzig 874. J. Naumann. 5. —

— **Für's Haus.** Im Winter. Dresden (858.) Richter. Fol. (12 Holzschn. mit Text.) n. 1 ₰.

—— dass. — Im Winter. 12 Zeichnungen in Holz geschn. von A. Gaber. gr. 4. Ebendas. 859. *
Beide Abthlgn. in 1 Bde. Prachtausg. *

—— daſſ. — Im Winter. Suppl.-Lfg. gr. 4. (3 Holzſchnt. mit Titel in Holzſchn.) Ebendaſ. 861.

—— fürs Haus. Frühling. 15 Zeichnungen in Holz geſchn. von A. Gaber. gr. 4. Dresden 859, Richter. *

RICHTER, L. *Für's Haus.* Frühling . . . Dresden, J. Heinr. Richter [c. 1865]. Titel und 15 lose Taf. mit 19 Holzschn. Gr.-4°. Or.-Pappbd. mit Leinenrücken. — H. B. 451/469. 14.—

—— daſſ. — Sommer. 15 Zeichnungen in Holz geſchn. von Bürkner, A. Gaber und G. Jördens. gr. 4. Ebendaſ. 861. * Blnp. *

—— daſſ. — Herbſt. 15 Zeichnungen in Holz geſchn. von Denſelben. gr. 4. Ebendaſ. 862. *

— daſſelbe. Herbſt. 2. Aufl. gr. 4. (16 Holzſchn.-Taf. m. Text.) Ebend. 883. cart. n. 6. —

RICHTER, L. *Fürs Haus.* Frühling, Sommer, Herbst, Winter. Zweite Auflage. 4 Bde. Leipzig, A. Dürr [c. 1883]. Insges. 60 Holzschnitte, meist mit beigedruckten Versen. Gr.-4°. Illustr. Or.-Kartonbde. m. roten Leinenrücken. HB. 437 ff. — Wenige Fleckchen, gutes Ex. 30.—

— für's Haus. Geſammtausg. der „Jahreszeiten". 2. Aufl. gr. 4. (62 Holzſchn.-Taf. m. eingedr. u. 2 Bl. Text.) Ebend. 883. geb. m. Goldſchn. n. 20. -

— Fürs Haus. Gesamtausgabe der Jahreszeiten. 3. Auflage. (60 T.) 4° Leipzig

— **Für's Haus. Geſamtausg. der „Jahreszeiten". 4. Aufl. (V, 15; III, 15; III, 15 u. III, 15 Bl.) gr. 4. Leipzig (903). A. Dürr. Geb. in Leinw. m. Goldſchn. n. 20. —**

— **Goethe's Herrmann und Dorothea in Bildern. Leipzig 853. G. Wigand. gr. 4. (11 Bl. in Holzſchn. mit Text.)** n. 20 ngr.

—— 202 Holzſchnitte nach (deſſen) Zeichnungen. 4. (III S. und 100 Bl.) Leipzig 860, O. Wigand. geb. *

RICHTER, L. 202 Holzschnitte nach Zeichnungen von Ludwig Richter. 2. Aufl. Leipzig, Otto Wigand, 1864. 2, 100 Taf. mit je 2 Holzschn. u. Text. 4°. Or.-Leinen. 40.—
H.-B. 287 ff. Enthält die schönen Holzschn. aus den Volksbüchern, Fabeln, Märchen etc. Sauberes Ex. auf starkem Papier. Einbd. etwas benutzt u. m. Tintenfleck.

—— daſſ. — 3. Aufl. gr. 4. (IV S. und 100 Holzſchntaf.) Ebendaſ. 868. 1 Thlr. 15 Ngr.; geb. *

— **Illuſtrationen zu W. O. v. Horn's Schriften. 1—4. Halbbd. gr. 4. (336 Holzſchntaf. in Text.) Frankfurt a. M. 873. Sauerländer. geb. à Halbbd. n. 6. —**

—— Illuſtrationen zu W. O. v. Horn's Schriften. 4 Halbbde. gr. 4. (1. Bd. III, 88 S. und 82 Holzſchntaf.; 2. Bd. VI, 84 S. und 82 Holzſchntaf. mit Text.) Frankfurt a. M. 873, Sauerländer's Verlag. geb. à Halbbd. *M. 6. * 24 —

RICHTER, L. *Aus der Jugendzeit.* Scherz und Ernst. In Holzschnitten von Ludwig Richter. Herausgegeben von GEORG SCHERER. Leipzig. Alphons Dürr [1875]. 38 Bl. m. vielen Holzschnitten. 4°. Illustr. Or.-Halbleinenbd. 15.—
R. 1894. H.-B. S. 289. ★ Erstausgabe in dieser Form. — Volks- u. Studentenlieder. Die Bilder früheren Richterbüchern entnommen. — Wenige Fleckchen, schönes Ex.

— **ſ.: Kinderengel, der.**

— Kinderjahre, ſ.: Schatzgräber, der.

—— aus dem Kinderleben. 24 Bilder mit Liedern und Reimen von G. Chr. Dieffenbach. In Holz geſchn. von Aug. Gaber. Lex.-8. (24 Bl. mit eingedr. Texte.) Gotha 878, Schloeßmann. cart. * 2 40

—— Aus dem Kinderleben. Zwei Sammlungen. à 24 (Holzſchn.-)Bilder, mit Liedern und Reimen von G. Chr. Dieffenbach. In Holz geſchn. von Aug. Gaber. gr. 8. Bremen, Heinſius. [1. Sammlung. 2. und 3. Aufl. 881,82; 2. Sammlung. 2. Aufl. 882.] cart. à Sammlung 2 50
geb. in 1 Bd. 6 —

Richter, L., ſ. a. Aus dem Kinderleben.

— Kinderleben in Bild u. Wort. Orig.-Zeichnungen, mit Reimen von Jul. Sturm. Eine Feſtgabe f. Kinder u. Kinderfreunde. 1. u. 2. Bd. hoch 4. (IV, 80 Bl. mit eingedr. Holzſchn.) Baſel 877. Riehm. geb. à n. 3. —

— **Kinderleben in Bild u. Wort. Orig.-Zeichngn., m. Reimen von Jul. Sturm. Eine Feſtgabe f. Kinder u. Kinderfreunde. (Neue Aufl.) 2 Bde. (IV S. u. 80 Bl.) 4. Leipzig 904. F. Riehm. Kart. à n. 2. —**

Richter, Ludw., Landschaften. 12 Original-Radirungen. Mit Text von H. Lücke. qu. Fol. (9 S.) Leipzig 874, A. Dürr. geb. * 16 —

—— Lebenserinnerungen eines deutſchen Malers. Selbſtbiographie, nebſt Tagebuchniederſchriften und Briefen. Hrsg. von Heinr. Richter. 1.—3. Aufl. gr. 8. (VII, 472 S. mit Lichtdr.-Portr.) Frankfurt a. M. 885,86, Alt.
cart. in Leinw. * 7 50
geb. in Leinw. *M 8.60.; in Halbkalbleder * 10 50
—— daſſ. — 4. verm. Aufl. (XI, 349, 224 S. mit Lichtdr.-Portr.) 886; 5. Aufl. gr. 8. (XI, 349, 233 S. mit Lichtdr.-Portr.) Ebendaſ. 887. *M 8.—.; geb. in Leinw. * 8 75
eleg. geb. in Leinw. *M 9.60.; in Halbfrz. * 11 —

— daſſelbe. 5., ergänzte Aufl. 2 Bde. gr. 8. (XI, 349 u. IV, 233 S. m. dem Bildniß d. Verf.) Ebd. 890. geb. n. 10. —

— **daſſelbe. Selbſtbiographie. Hrsg. u. m. ergänz. Nachträgen verſehen v. H. Richter. 6. Aufl. gr. 8. (V, 349 u. 72 S. m. Lichtdr.-Portr.) Ebd. 890. n. 3. —; geb. n. 4. —**

— **Lebenserinnerungen e. deutſchen Malers. Selbſtbiographie, nebſt Tagebuchniederſchriften u. Briefen. Hrsg. v. Heinr. Richter. 8. Aufl. 2 Bde. gr. 8. Frankfurt a. M. 895. J. Alt. n. 5. —; geb. in Leinw. n. 7. —; in 1 Halbfrzbd. n. 7. —**
I. Lebenserinnerungen m. ergänzenden Nachträgen. (XIII, 349 u. 72 S.) n. 3. —; geb. n. 4. —
II. Auszüge aus ſeinen Jugendtagebüchern. 1821—1837. (233 S.) n. 2. —; geb. n. 3. —

— **Lebenserinnerungen e. deutſchen Malers. Selbſtbiographie nebſt Tagebuchniederſchriften u. Briefen. Hrsg. v. Heinr. Richter. 9. Aufl. 2 Bde. gr. 8. Frankfurt a/M. 898. J. Alt. n. 5. —; geb. in Leinw. n. 7. —; in 1 Halbfrzbd. n. 7. —**
1. (Lebenserinnergn. m. ergänz. Nachträgen.) (XIII, 349 u. 72 S. m. Bildn.) n. 3. —; geb. n. 4. —
2. (Tagebuchniederſchriften u. Briefe.) (233 S.) n. 2. —; geb. n. 3. —

— **Lebenserinnerungen e. deutſchen Malers. Selbſtbiographie, nebſt Tagebuchniederſchriften u. Briefen. Hrsg. v. Heinr. Richter. 10. Aufl. 2 Bde. gr. 8. Frankfurt a/M. 901. J. Alt. n. 5. —; geb. in Leinw. n. 7. —; in 1 Halbfrzbd. n. 7. —**
1. (Lebenserinnerungen m. ergänzenden Nachträgen.) (XIII, 349 u. 72 S. m. Bildnis.) n. 3. —; geb. n. 4. —
2. (Tagebuchniederſchriften u. Briefe.) (233 S.) n. 2. —; geb. n. 3. —

Lebenserinnerungen eines deutschen Malers. Selbstbiographie, nebst Tagebuchniederschriften u. Briefen von Ludwig Richter. Hrsg. u. erg. von Heinrich Richter. Mit e. Einl. von Ferdinand Avenarius. Neue reich ill. Ausg. Leipzig: Hesse & Becker (1909). XV, 750 S. 8°
(Volksausgabe d. Dürerbundes.) A 12. 9555 II

— Lebenserinnerungen e. deutschen Malers. Selbstbiographie nebst Tagebuchniederschriften u. Briefen. Hrsg. u. ergänzt v. Heinr. Richter. Mit 1 Bildnis Ludw. Richters u. e. Einleitg. v. Ferd. Avenarius. Volksausg. des Dürerbundes. 1.—20. Taus. (XV, 750 S.) kl. 8. Leipzig (909. 10). Hesse & Becker Verl. 2.65;
geb. in Leinw. 3.—; Geschenkbd. 4.—; in Ldr. 5.—

— „Gottes Lieb' in Ewigkeit". Geleitwort v. Joh. Frdr. Hoff, s.: Hausschatz christlicher Volkskunst.

—— Schiller's Lied von der Glocke in Bildern. 16 Zeichnungen in Holzschn. ausgeführt von A. Gaber. Fol. Dresden 857, [Richter.] *

— Schiller's Lied von der Glocke in Bildern. (Neue wohlf. Volksausg.) (16 Bl. m. 1 Bl. Text.) Fol. Leipzig (904). A. Dürr. In Mappe n. 4.—

Richter, L.: 16 geistliche Lieder mit Bildern, s. Lieder...

Ludwig Richter-Album. Landschaften nach Zeichnungen von Ludw. Richter. 2 Lfgn. 4. (à Lfg. 6 Stahlst.) Leipzig 881, Haendel. à Lfg. ℳ 3. 6 —

Ludwig Richter-Buch. Für Kinder u. Kinderfreunde. 62 Zeichngn. v. Ludw. Richter m. Geschichten u. Reimen v. Josephine Siebe. (V, 82 S.) Lex.-8. Leipzig 904. G. Wigand. Geb. Leinw. n. 3.—

Ludwig Richter-Gabe. Eine Auslese aus den Werken des Meisters, m. Text v. Ferd. Avenarius. Hrsg. vom Leipziger Lehrer-Verein. 1.—16. Aufl. (16 Bl. m. VII S. Text.) Lex.-8. Leipzig 903—906. A. Dürr. n. 1.—

Ludwig-Richter-Gabe. Eine Auslese aus den Werken des Meisters, m. Text v. Ferd. Avenarius. Hrsg. vom Leipziger Lehrer-Verein. 18. Aufl. (16 Bl. m. VII S. Text.) Lex. 8. Leipzig 909. [A. Dürr.] Hegel & Schade. 1.—

— s.: Luther's, Mart., Brief an sein Söhnlein Hänsigen.

Richter, Ludwig, Predigtamtskandidat aus Freiberg i. Sa.: Philosophisches in der Gottes- und Logoslehre des Apologeten Athenagoras aus Athen. Meissen 1905: C. E. Klinkicht & Sohn. (38 S.) 8°

Leipzig, Phil. Fak., Ref. Heinze u. Wundt, Diss. v. 23. Juni 1905

[Geb. 29. Sept. 78 Freiberg i. S.; Wohnort: Auerbach i. V.; Staatsangeh.: Sachsen; Vorbildung: Gymn. Freiberg i. S. Reife O. 98; Studium: Leipzig 7 S.; Rig. 1. Dez. 04.]

—— the Lord's prayer, s. Lord's prayer, the.

— the Lord's prayer, with illustrations. Dresden 857. Richter. Fol. (8 Bl. u. Titel in Holzschn.) n. 2 ℛ.

— Regen u. Sonnenschein, s.: Bibliothek, rothe.

— Reincke Fuchs in zwölf (Holzschn.-)Bildern. Mit e. Vorwort v. V. P. Mohn. gr. 4. (2 S.) Leipzig 888. Amelang. cart. n. 3.—

Richter-Album. Eine Auswahl von Holzschnitten nach Zeichnungen von Ludw. Richter. gr. 8. (85 Bl. u. 2 S. Text.) Leipzig 848, G. Wigand. n. 2⅔ ℛ — 1. Sammlung. 2. Aufl. u. 2. Sammlung. hoch 4. (1: 78 Holzschntaf. u. 3 S. Text. 2: 99 Holzschntaf., 3 S. Text u. 1 rad. Portr.) Ebd. 851. In Engl. Einb. (1: n. 2⅔ ℛ 2: n. 3⅓ ℛ) n. 6 ℛ

(—) Richter-Album. Eine Auswahl von Holzschnitten nach Zeichnungen von L. Richter. 3. Ausg. in 2 Bdn. Leipzig 855. G. Wigand. 4. (24 S., 148 Holzschnitttaf.; 1 Bl., 159 Holzschnitttaf., nebst rad. Portr.) n. 6 ℛ.

(—) — Richter-Album. Eine Auswahl von Holzschnitten nach Zeichnungen von Ludw. Richter. 4. Ausg. in 2 Bdn. Leipzig 861. G. Wigand. Lex.-8. (31 S., 307 Holzschntaf. u. Portr. in Stahlst.) n. 6 ℛ

Richter-Album. Eine Auswahl von Holzschn. nach Zeichnungen von Ludwig Richter in Dresden. 5. Ausg. in 2 Bdn. 4. Leipzig 869, G. Wigand. geb. * 18 —
In Maroquin geb. * 24 —

— Richter-Album. 6. Ausgabe. 2 Bände Leipzig 1875

Richter-Bilder. Zwölf Holzschnitte nach älteren Zeichnungen von Ludw. Richter. Hrsg. von Geo. Scherer. Imp.-4. (12 Bl. mit eingedr. Texte und 1 Bl. Text.) Leipzig 877, G. Wigand. cart. *

Richter-Mappe. Hrsg. vom Kunstwart. hoch 4. (6 Bl. u. 2 S. Text m. Bildnis.) München (902). G. D. W. Callwey. 1.50

Richter-Mappe, zweite u. dritte. Hrsg. vom Kunstwart. (à 6 Bl. u. II S. Text m. Bildnis.) Fol. München (903. 906). G. D. W. Callwey. à 1.50

Richter-Mappe, vierte. Hrsg. v. Kunstwart. (6 [2farb.] Bl. u. II S. Text m. Bildnis u. 1 Abb.) 38,5×28 cm. München (907). G. D. W. Callwey. 1.50

Richter, Ldw., die Sächsische Schweiz. Ein Kupferstich mit 19 Ansichten. Dresden u. Leipzig 834. Arnold. color. n. 3½ ℛ — schwarz n. 1⅓ ℛ — auf Chines. Pap. n. 1½ ℛ

(—) Aus L. Richter's Skizzenbuch. Landschaftliche Studien und Staffagen nach den Originalen auf Stein übertragen von Wold. Rau. 1. Liefg. Dresden (857.) Richter. qu. Fol. (8 lith. Bl.) n. 1 ℛ. 15 ngr.

—— aus (seinem) Skizzenbuch, s. Aus.

— der Sonntag in Bildern. Dresden 861. Richter. gr. 4. (10 Holzschntaf.) n. 2 ℛ 15 ngr.

— der Sonntag in Bildern. (Neue Volks-Ausg.) gr. 4. (10 Bl. u. 1 Bl. Text.) Leipzig (901). A. Dürr. In Mappe n. 3.—

RICHTER, L. *Neuer Strauß Fürs Haus* von Ludwig Richter. Fünfzehn Zeichnungen in Holz geschnitten von Professor Bürkner [= Einbandtitel]. Dresden, Verlag von J. Heinrich Richter [1864]. Gr.-4°. Illustr. Or.-Karton m. Goldbordüre, Lwdrücken. 95.—

H.-B. 517 ff. ★ Erstausgabe. Widmungsexemplar Ludwig Richters, das unten auf dem Or.Karton von s. Hand die Inschrift trägt „Dem verehrten Freunde Dr. C. Förster zum 24. Dec. 1864. Ludwig Richter". — Der Einband etwas fleckig und benützt.

Richter, L., s. Studentenlieder.

Richter, Ldw., Hellas Tod u. Auferstehung. 8. Leipz. 827. (Kunhardt). 4 gr

-- Ueberfahrt am Schreckenstein, s.: Meisterbilder 111. Blatt.

—— Vater Unser in Bildern. In Holzschn. ausgeführt von Aug. Gaber. Fol. (10 Holzschnt. mit Text.) Dresden 856, Gaber und Richter. *

—— Vater Unser in Bildern. 17. Aufl. Imp.-4. (8 Holzschntaf.) Leipzig 884, A. Dürr. cart. * 6 —

—— Vater Unser in Bildern. 18. Aufl. Imp.-4. (9 Holzschn.-taf. mit Text.) Leipzig 887, A. Dürr. In Mappe * 6 —

— Vater Unser in Bildern. 20. Aufl. (8 Bl. u. Titelbl.) 37×29 cm. Leipzig (908). [A. Dürr.] Hegel & Schade. In Mappe 3.—

Richter's L. Volkskunst. Sein Holzschnitt vom Keim bis zur Blüte. Zusammengestellt und erläutert von K Budde. (XX, 111 S) 4° Leipzig (1909)

RICHTER, LUDWIG. *Aus dem Volksleben.* Ernst und Scherz. In Holzschnitten von Ludwig Richter. Herausgegeben von GEORG SCHERER. Leipzig, A. Dürr [1877]. Illustr. Titel, 1 Bl. und 34 Tafeln mit 35 Holzschnitten mit Legenden. Gr.-8°. Illustr. Or.-Karton mit Leinenrücken. — H. B. S. 289. Frisches Ex. 14.—

RICHTER, L., und A. E. Marschner, Alte und neue Volks-Lieder, mit Bildern und Singweisen, hrsg. von —. Leipzig, o. J. (1847). 8°.

— Zeichnungen zu Musaeus Volksmärchen. In der wirkl. Größe photogr. v. J. Schaefer. gr. Fol. (12 Bl.) Frankfurt a. M. 872. Keller. In Mappe. n. 30. —

(Richter, Ludwig Friedrich:) Rübezahl, seine Begründung in der dt. Mythe, seine Idee und das ursprüngl. Rübezahlmärchen. — Hohenelbe: Selbstverl. des „Oesterreichischen Riesengebirgs-Vereines"; Prag: Dominicus in Komm. 1884. 170 S.

Richter, Luise, Verfasserin von Kochbüchern, s. Richter, Louise.

Siena. Von Luise M. Richter. *Leipzig & Berlin: E. A. Seemann 1901.* (VI, 188 S.) 8° [F.]
= Kunststätten, Berühmte. No 9. [or. 6159

Richter, M., zur Geschichte d. Kaiser-Bazar, Actien-Gesellschaft zu Berlin 1889—1892. gr. 8. (III. 43 S.) Berlin 892. H. Brieger. — 60

Richter, M., Handlexikon der modernen Kochkunst, s.: Pernot, Jul.

Richter, M., Handwerksburschenstreiche, s.: Turner-Pantomimen.

Richter, M., üb. den Nationalhass zwischen dem französischen u. dem deutschen Volke. Vortrag, geh. zu Glogau u. Posen. 16. (67 S.) Berlin 872. Rauh. — 75

Richter, M., drei Predigten vor der Militair-Gemeinde in Stralsund gehalten. gr. 8. (34 S.) Stralsund 849, Löffler. 6 ngl

— 444 Salatrezepte d. modernen feinen u. bürgerl. Küche. Nach d. besten Quellen zusammengestellt. 2. erweit. Aufl. (132 S. m. 1 Taf.) kl. 8. Nordhausen (910). H. Killinger. Geb. in Leinw. 2. —

Richter, M. Karl, s. Scott, W., sämmtl. Romane. Neue Kabinets-Ausgabe.

Richter, M. R., Leben Peter des Großen, s. Volks-Bibliothek, wohlfeilste, 7. Bdchn.

Richter, Marie, Reinelts Fibelwörterbücher in Erzählungen u. Beschreibungen. (44 S.) 8. Wien 906. F. Tempsky. n. — 80

Richter, Marie, Gedichte. 8. (IV, 68 S.) Dresden 897. E. Pierson. n. 1. 50; geb. n. 2. 50

Richter, Marie. Gedichte. 2. Aufl. (VIII, 187 S.) 8. Dresden 903. E. Pierson. n. 2. 50; geb. n. 3. 50

Prosa und Verse von Marie **Richter**. Dresden & Leipzig: E. Pierson 1898. (72 S.) 8° [F.] [c6. 6871

Richter, (Marie): Welche Erfahrungen hat unsere Schule mit dem Lehrbuche der französischen Sprache von Roßmann und Schmidt und mit der Anschauungsmethode gemacht. Quedlinburg 1905: Geßler & Strauß. (S. I—IX.) 4°
Quedlinburg, st. HM P 1905 [206]

Richter, Mart., evang. militärkirchliche Dienstordnung (E. M. D.) Textausg. m. den Ausführungsbestimmgn. des Kriegsministeriums u. m. Anmerkgn. Mit Genehmigg. des königl. Kriegsministeriums hrsg. (IX, 94 S.) gr. 8. Berlin 903. E. S. Mittler & Sohn. n. 1. 80; kart. n. 2. —

— u. **Heinr. Vollmar**, kathol. militärkirchliche Dienstordnung. (K. M. D.) Textausgabe m. den Ausführungsbestimmgn. des Kriegsministeriums u. m. Anmerkgn. (XI, 104 S.) 8. Berlin 904. Germania. Kart. n. 2. —

Richter, Martin: Kultur und Reich der Marotse. (Hauptteil 1: Die Geschichte der Marotse.) Leipzig: R. Voigtländer 1908. (XII, 63 S., 1 Karte) 8° ¶[Erscheint vollst. in gleichem Verlage als: Beiträge zur Kultur- und Universalgeschichte H. 8.]
Leipzig, Phil. Fak., Ref. Lamprecht-Weule, Diss. v. 11. Aug. 1908
[Geb. 10. März 85 Leipzig-Reudnitz; Wohnort: Leipzig-Reudnitz; Staatsangeh.: Sachsen; Vorbildung: Nikolai-Gymn. Leipzig Reife O. 04; Studium: Leipzig 8 S.]

Kultur und Reich der Marotse. Eine hist. Studie von Martin **Richter**. Leipzig: R. Voigtländer 1908. (XVI, 96 S.) 8°
[Ein T. erschien als Inaug.-Diss. Leipzig 908.]
= **Beiträge** z. Kultur- u. Universalgeschichte. H. 8. [o8. 13754

Richter, Mart. Erich, Stimmungen. Gedichte aus jungen Tagen. (79 S.) 8. Leipzig 907. Heidelberg, E. Philipp. nn — 75

— **Martin Melchior (Zerbst/Anhalt)**, De gaudio sapientum sententiam veram. Exercit. posteriori. Präs. Christian Carl Stempel. Wittenberg (J. G. Meyer) 14. V. 1712. (4.25) 28770

Richter, M. M., de stilo Ioannea. Viteb. 1717. 4.

— **Martin Samuel** (Liebenwerda / Sachsen), Theses nonnullas ad praediorum servitutes pertinentes. Präs. Christian Hanack. Wittenberg (Schlomach) 16. V. 1749. 8 S. (3.75) 28771

Richter, Max(imilian)

Ansprache gehalten bei der Schlusssitzung des Frmr.-Klub Lotos [in Crimmitschau] von Max Richter. [Dat.:] Montag, den 14. Dezember 1908. 1 Bl. 8°. [Kopftit.] 21.

Richter, *Max* [Dr.]: Die Berufswahl unserer Abiturienten. Leipzig, Druck v. C. G. Naumann, *1896*; 42—44 S. 4.
Leipzig, I. St. R, OP 1896 (579)

Richter, Max [Cand. d. höh. Schulamtes]: Über die Bewegung eines Körpers auf einer Horizontal-Ebene .... Leipzig, Druck v. Metzger & Wittig, 1887; 56 S. + 1 Bl. 8°.
Leipzig, Phil Fak., Inaug.-Diss. v. 4. Jun. 1887.

Richter, Max, über die Bewegung eines Körpers auf einer Horizontal-Ebene. Diss. Leipzig 1887, Gustav Fock. 8°. 56 S.

Richter, Max, die Bibel in Hausandachten. Für zwei Kirchenjahre bearb. 2 Bde. (XXIII, 1089 S.) gr. 8. Berlin 908. G. Reimer. à 3.50; geb. in Leinw. à 4.75; in 1 Leinw.-Bd. 8. 50

Richter, Max, Deutsch-Horschowitz, s.: Festschriften f. Gustav-Adolf-Vereine. 14. Hft.

Gerichtsärztliche Diagnostik und Technik. Von Dr. Max **Richter**, Privatd. in Wien. Mit 7 Fig. Leipzig: S. Hirzel 1905. (304 S.) 8° [c: 995

Richter, M., Die, so im Elend sind, führe in Dein Haus! Vortrag über die Arbeiter-Kolonieen und die Natural-Verpflegungs-Stationen mit besond. Rücksicht auf die Prov. Schlesien, in der General-Versammlung des schles. Provinzial-Vereins für innere Mission in Liegnitz am 5. Juni 1884 gehalten. gr. 8. (19 S.) Breslau 884, (Dülfer's Verlag.) * — 20

Richter, Max die, so im Elend sind, führe in Dein Haus! Vortrag über die Arbeiter-Kolonieen und die Natural-Verpflegungs-Stationen mit besond. Rücksicht auf die Provinz Schlesien, in der General-Versammlung des schles. Provinzial-Vereins für Innere Mission in Liegnitz am 5. Juni 1884 gehalten. Hrsg. vom Evangel. Preßverein in Schlesien. gr. 8. (20 S.) Breslau 885, (Dülfer.) *

Richter, Max, über die Einführung in die Stereometrie u. in das stereometrische Zeichnen. Mit e. Aufgabensammlg. Ein Beitrag zur Methodik des geometr. Unterrichts. (63 S.) 8. Leipzig 910. Dürrsche Buchh. 2. —

Richter, Max. Desiderius Erasmus und seine Stellung zu Luther auf Grund ihrer Schriften. Mit dem Faksimile eines Briefes von E' [Tafel]. VIII + 72 S. 8. Leipzig, M. Heinsius Nachfolger, 1907. [Einzelpreis M. 2. 50]

Quellen und Darstellungen aus der Geschichte des Reformationsjahrhunderts. Hrg. von Dr. Georg Berbig... Band 3.

Richter, Max, Festrede zur Wettinfeier. 4. (16 autogr. S.) Frankenberg i/S. 889. Stange. n. — 60

Richter, Max, der menschliche Fuß u. seine naturgemäße Bekleidung, s.: Bestel, Bernh.

Richter, Max, das Ganze des Linearzeichnens, s.: Weishaupt, Heinr.

Richter, Max., der unverwüstliche Gesellschafter wie er sein muß! Ein unübertrefflicher Rathgeber für Jung und Alt, Herren und Damen, sich in Gesellschaften, im Zimmer und auf Landpartieen zu belustigen. Nebst einer reichhaltigen Sammlung der neuesten und besten Gesellschafts-, Pfänder-, Reim- und Wortspiele ꝛc. Berlin 865. Mode. 8. (IV, 156 S.) 15 ngr.

Richter, Max, der unverwüstliche Gesellschafter wie er sein muß! Ein unübertrefflicher Rathgeber für Jung und Alt, Herren u. Damen, sich in Gesellschaften, im Zimmer u. auf Landpartieen zu belustigen. Nebst einer reichhalt. Sammlung der neuesten u. besten Gesellschafts-, Pfänder-, Reim- ꝛc. Spiele nebst Pfänderauslösungen, komischen Vorträgen, Liedern ꝛc. 1—4., verb. u. verm. Aufl. Berlin 865—67. Mode's Verlag. 8. (V, 168 S.) 15 ngr.

Richter, Max, der unverwüstliche Gesellschafter wie er sein muß! Ein unübertreffl. Rathgeber für Jung und Alt, Herren und Damen, sich in Gesellschaften, im Zimmer und auf Landpartien zu belustigen. Nebst einer reichhalt. Sammlung der neuesten und besten Gesellschafts-, Pfänder-, Reim- und Wortspiele, nebst Pfänderauslösungen, kom. Vorträgen, Liedern ꝛc. 8.—11. verb. und verm. Aufl. 8. (168 S.) Berlin 871—73, Mode's Verlag. 1 50

Richter, Max der unverwüstliche Gesellschafter, wie er sein muß! Ein unübertreffl. Rathgeber für Jung und Alt, Herren und Damen, sich in Gesellschaften, im Zimmer und auf Landpartieen zu belustigen. Nebst einer reichhaltigen Sammlung der neuesten und besten Gesellschafts-, Pfänder-, Reim- und Wortspiele ꝛc. 12. und 13. verm. und verb. Aufl. 8. (VIII, 168 S.) Berlin 876,79, Mode's Verlag.

Richter, Max., der unverwüstliche Gesellschafter, wie er sein muß! Ein unübertrefflicher Rathgeber für Jung u. Alt, Herren u. Damen, sich in Gesellschaften, im Zimmer u. auf Landpartieen zu belustigen. Nebst einer reichhaltigen Sammlung der neuesten u. besten Gesellschafts-, Pfänder-, Reim- u. Wortspiele ꝛc. 15., vermehrte u. verb. Aufl. 8. (VIII, 168 S.) Berlin 881. Mode's Verl. 1. 50

Richter, Max der unverwüstliche Gesellschafter, wie er sein muß! Ein unübertreffl. Rathgeber für Jung und Alt, Herren und Damen, sich in Gesellschaften, im Zimmer und auf Landpartieen zu belustigen. Nebst einer reichhalt. Sammlung der neuesten und besten Gesellschafts-, Pfänder-, Reim- und Wortspiele, nebst Pfänderauslösungen, kom. Vorträgen, Liedern, Anecdoten, Räthseln, Zauberkünsten, Commando des Contredanse und Quadrille à la cour ꝛc. 17. verb. und verm. Aufl. 8. (VIII, 168 S.) Berlin 886, Mode's Verlag.

Richter, Max Der unverwüstliche Gesellschafter, wie er sein muß! 20. verb. u. verm. Aufl. 8. (VIII, 168 S.) Berl. 890, Mode's Verlag. 1 50

Richter, Max, der unverwüstliche Gesellschafter wie er sein muß! E. unübertreffl. Rathgeber f. Jung u. Alt, Herren u. Damen, sich in Gesellschaften, im Zimmer u. auf Landpartieen zu belustigen. Nebst e. reichhalt. Sammlg. d. neuesten u. besten Gesellschafts-, Pfänder-, Reim- u. Wortspiele, nebst Pfänderauslösgn., kom. Vorträgen, Liedern, Anecdoten, Räthseln, Zauberkünsten, Commando des Contredanse u. Quadrille à la cour ꝛc. 22., verm. u. verb. Aufl. 8. (VIII, 168 S.) Berlin 898. S. Mode's Verl. 1. 50

Richter, Max Heer und Volk in Preußen. Blicke aus der „guten alten Zeit" in unsere Zeit. Vortrag. 1. und 2. unveränd. Aufl. 8. (48 S.) Breslau 877, Morgenstern.

— Stereometrische Konstruktionsaufgaben. (23 S.) 8. Ebd. 910. — 45

[F.] Ein Kranz auf Emil Frommels Grab v. D. [Maximilian] Richter, Evang. Feldprobst d. Armee ... *Berlin: E. S. Mittler & Sohn 1897.* (44 S.) 1 Bd 8. [97. 2636

Richter, Max, Leitfaden der allgem. Chemie u. der Elektrochemie, nebst e. Auswahl stöchiometrischer Aufgaben f. techn. Mittelschulen. (VIII, 112 S. m. 9 Abb.) Lex. 8. Leipzig 907. B. F. Voigt. 3.—; geb. 4. —

Richter, Maxim., Leitfaden d. Confirmanden-Unterrichtes. Eine Handreichg. f. Lehrende u. Lernende. gr. 8. (33 S.) Breslau 875. Dülfer's Verl. n. — 50

—— Leitfaden des Konfirmanden-Unterrichtes. Eine Handreichung für Lehrende und Lernende. 2. umgearb. Aufl. 8. (109 S.) Ebendas. 883. * 1 —

Richter, Max Leitfaden des Konfirmanden-Unterrichtes. Eine Handreichung für Lehrende und Lernende. 3. verb. Aufl. gr. 8. (111 S.) Ebendas. 887. * 80 Pf.; geb. *

Richter, M., Leitfaden d. Konfirmanden-Unterrichtes. Eine Handreichg. f. Lehrende u. Lernende. 4., verb. Aufl. 8. (IV, 126 S.) Breslau 890. Dülfer. n. — 80; geb. n. 1. —

Richter, M., Leitfaden d. Konfirmanden-Unterrichtes. Eine Handreichg. f. Lehrende u. Lernende. 5., verb. Aufl. 8. (130 S.) Breslau 892. C. Dülfer. n. — 80; geb. n. 1. —

Richter, M., Leitfaden d. Konfirmanden-Unterrichtes. E. Handreichg. f. Lehrende u. Lernende. 6., verb. Aufl. gr. 8. (127 S.) Breslau 895. C. Dülfer. n. — 70; geb. in Halbleinw. n. — 90

Richter, M., Leitfaden des Konfirmanden-Unterrichts. Eine Handreichg. für Lehrende u. Lernende. 7. verb. Aufl. 8. (127 S.) Breslau 900. C. Dülfer's Verl. n. — 70; geb. in Halbleinw. n. — 90

Richter, M., Leitfaden des Konfirmanden-Unterrichts. Eine Handreichg. für Lehrende u. Lernende. 9. Aufl. In neuer Rechtschreibg. (127 S.) 8. Breslau 906. C. Dülfer. n. — 70; geb. n. — 90

— Leitfaden des Konfirmanden-Unterrichts. Eine Handreichg. f. Lehrende u. Lernende. 10. Aufl. (227 S.) 8. Breslau 910. C. Dülfer. — 70; geb. n — 90

Richter, Max, a. Hagenau (Elsaß): Die Lieder des altfranzösischen Lyrikers Jehan de Nuevile. Halle a. S. 1904: C. A. Kaemmerer & Co. (73 S.) 8°
Halle, Phil. Fak., Ref. Suchier, Diss. v. 27. Aug. 1904
[Geb. 19. März 82 Hagenau i. E.; Wohnort: Halle a. S.; Staatsangeh.: Els.-Loth.; Vorbildung: Gymn. Metz Reife M. 00; Studium: Straßburg 1, Freiburg i. B. 2, Halle 4 S.; Rig. 5. Juli 04.]

Richter, Max (geb. Barth in Pomm. 3. 9. 1855): Ueber die Nierenentzündung in der Schwangerschaft. Berlin (1880). (31 S.) 8°
Berlin, Med. Diss. v. 18. März 1880

Richter, Max., die Ohren- u. Augenerkrankungen in der k. u. k. österr.-ung. Armee, s.: Publikationen, militärärztl.

Richter, M. L'organisation du service sanitaire sur le réseau de la Cie des chemins de fer du Sud de l'Autriche. Vienne 1878.

Richter, Max, moderne Orgelspielanlagen in Wort u. Bild, nebst e. kurzen Erläuterg. der heut. Orgelregister zum Studium f. angehende Organisten bearb. u. m. e. Reihe v. Abbildgn., selbst entworfenen Zeichngn. u. (5) Plänen versehen. (VIII, 86 S.) Lex.-8. Leipzig 906. P. de Wit. Geb. in Leinw. n. 7. 50

Richter, Maxim., die Pflege u. Entwicklung der medicinischen Statistik bei der österreichischen Südbahn. Mit e. (lith.) Taf. (in Imp.-Fol.) 8. (52 S.) Wien 876. v. Waldheim. n. 1. 60

Richter, Max, die vorzüglichsten eßbaren Pilze Deutschlands, gezeichnet u. beschrieben. 12. (26 S. m 7 farb. Doppel-Taf.) Langensalza 891. H. Beyer & Söhne. Geb. in Leinw. n. 1. 50

Die wichtigsten Pilze Deutschlands. 45 farb. Abb. d. vorzüglichsten essbaren Schwämme sowie d. wichtigsten giftigen u. verdächtigen Pilze nebst erl. Text. Von Max Richter. *Langensalza: H. Beyer & S. 1899.* (32 S., 26 Taf.) 8° [F.] [01. 5479 3

Richter, Max. Ueber die normalen Propylnaphtaline, und die bis heute bekannten Naphtalinderivate. (Freiburg in Baden) Gräfenhainichen, 1884.

— **praktisches Rechnen f. Realschulen, s.: Löwe, M.**

— Sammlung v. Rechenaufgaben f. höhere Lehranstalten, s.: Dölter, Frz.

Schiffspredigten für die Nordlandsreisen S. M. des Kaisers und Königs 1890 u. 91 von D. [Maximilian] Richter, Ev. Feldprobst d. Armee. H. [1.] 2. *Berlin: E. S. Mittler & Sohn 1892.* 2 Bde 8° [F.]
[1.] Die Stimme d. Herrn auf d. Wassern. 2., unveränd. Aufl. 1892
2 Darnach offenbarte sich Jesus abermal an d. Meer. 1892. [... 1238

Richter, Max, die evangelische Schule in Kärnten, s.: Schriften des Luthervereins zur Erhaltung der deutschen evangel. Schulen in Österreich. 3. Heft.

Richter, Maximilian [aus Brandenburg a. H.]: Zur Statistik der Rippenbrüche und Brustcontusionen sowie ihrer Complicationen ... Berlin, Buchdr. v. G. Schade, *1893;* 27 S., 2 Bl. 8.
Berlin, Med. Fak., Inaug.-Diss. v. 15. Aug. 1893

—— Stehe auf, gehe hin, dein Glaube hat dir geholfen! Predigt, bei Anwesenheit Sr. Maj. des Kaisers und Königs am XIV. Sonntag nach Trinitatis, 10. Septbr. 1882, in der St. Barbara-Kirche zu Breslau gehalten. gr. 8. (10 S.) Ebendas. 882. * — 20

Richter, Max, aus Vitzenburg: Die Stellung des Erasmus zu Luther und zur Reformation in den Jahren 1516—1524. *Leipzig 1900: B. Georgi.* (75 S.) 8°
Leipzig, Phil. Diss. v. [25. Jan.] 1900

— die Stimme d. Herrn auf den Wassern. Schiffspredigten f. die Nordlandsreisen Sr. Maj. d. Kaisers u. Königs 1890 u. 1891. 1. u. 2. unveränd. Aufl. gr. 8. (60 S.) Berlin 891. 892. E. S. Mittler & Sohn. n. 1. —; geb. in Leinw. n.n. 1. 80
Fortsetzung u. d. T.:

— Schiffspredigten f. die Nordlandsreisen Sr. Maj. d. Kaisers u. Königs. 2. Hft.: Darnach offenbarte sich Jesus abermal an dem Meer. Predigten üb. Ev. Joh. 21, 1—14. gr. 8. (47 S.) Ebd. 892. n. — 80; geb. n.n. 1. 60

Richter, Max, Stoffdarbietungen f. den Religionsunterricht in der Fortbildungsschule, s.: Scherffig, Paul.

Richter, Max, appr. Arzt, a. Berlin, Assistenzarzt im Inf.-Reg. von Grolman (1. Posenschen) No 18: Über die in den letzten zwölf Jahren in der Armee vorgekommenen Vergiftungen. Berlin (1905): G. Schade. (30 S.) 8°
Berlin, Med. Fak., Ref. Liebreich, Diss. v. 22. Dez. 1905
[Geb. 21. Juni 79 Berlin; Wohnort: Osterode; Staatsangeh.: Preußen; Vorbildung: Gymn. Brandenburg a. H. Reife O. 98; Studium: Berlin Kaiser Wilh.-Akad. 9 S.; Coll. 20. Dez. 05; Approb. 3. Dez. 04.]

Richter, Max [Dr.]: Verzeichnis der von 1871 bis 1896 an der 1. Realschule thätig gewesenen Lehrer. Leipzig, Druck v. C. G. Naumann, *1896;* 38—41 S. 4.
Leipzig, I. St. R, OP 1896 (579)

—— Wer nicht arbeiten will, der soll auch nicht essen. Bericht über die Beschaffung von Arbeit für entlassene Gefangene und Vagabunden, in der General-Versammlung des Gefängniß-Vereins für Schlesien und Posen am 7. Novbr. 1882 erstattet. Hrsg. vom evangel. Preßverein in Schlesien. gr. 8. (27 S.) Ebendas. 883. * — 25

—— „wir sahen seine Herrlichkeit". Predigten über freie Texte aus dem Evangelium St. Johannis, im Kirchenjahre 1884/85 gehalten. gr. 8. (VIII, 248 S.) Breslau 886, Korn. *

Richter, Max, Dr.: Das Geometrische Zeichnen in der Realschule. Eine method. Studie. *Leipzig (1901): C. G. Naumann.* (27 S.) 4°
Leipzig, I. st. R, OP 1901 (618)

Richter, *Max Johannes* Ueber das Verhältnis der Begriffe πιστεύειν und γινώσκειν in dem Evangelium und den Briefen des Johannes. 4 (13 S.). **Progr.** G. *Greifenberg i. Po.* 1887 (123).

Richter, Max Moritz

Richter, M. M., die Benzinbrände in den chemischen Wäschereien. gr. 8. (III, 55 S.) Berlin 893. R. Oppenheim. n. 1. --

Richter, M. M., Hülfs-Tabellen für das Laboratorium zur Berechnung der Analysen. 8. (V, 50 S.) Berlin 882, Springer. cart. * 1 —

— die Lehre v. der Wellenberuhigung. gr. 8. (VIII, 99 S.) Ebd. 894. n. 2. --

Richter, M. M., Tabellen der Kohlenstoff-Verbindungen, nach deren empirischer Zusammensetzung geordnet. gr. 8. (VIII, 517 S.) Berlin 884. Oppenheim. n. 11. —; geb. n. 12. —

Richter, M. M, Lexikon der Kohlenstoff-Verbindungen. (2. Aufl. der „Tabellen der Kohlenstoff-Verbindungen nach deren empir. Zusammensetzg. geordnet".) 2 Bde. gr. 8. (XVI, VII u. 2482 S.) Hamburg 899. 900. L. Voss. n. 70. 20; geb. in Halbfrz. n. 78. —; auch in 39 Lfgn. à n. 1. 80

Lexikon der Kohlenstoff-Verbindungen von **M. M. Richter**. Abth. 1. 2. *Hamburg & Leipzig: L. Voss 1900.* 2 Bde 4°(8°)
1. Einleitung. Verbindungen C_1–C_{12}.
2. Verbindungen C_{13}–C_{887}. Procenttabellen. Reg. d. Eigennamen. [ω. 9765 S

— dasselbe. I. Suppl., umfassend die Litteraturzeit vom 1. IV. 1899 bis 31. XII. 1900. gr. 8. (VIII, 377 S.) Ebd. 901. n. 10. —; geb. in Halbfrz. n. 13. —

Richter, M. M., Lexikon der Kohlenstoff-Verbindungen. II. Suppl., umfassend die Litteraturjahre 1901 u. 1902. (X, 499 S.) Lex.-8. Hamburg 903. L. Voss. n. 16. —; geb. in Halbfrz. n. 20. —

— dasselbe. III. **Suppl., umfassend die** Literaturjahre **1903 u. 1904. (VIII, 579 S.) Lex.-8.** Ebd. 905. n. 18. 60; geb. in Halbfrz. n. 22. —
Hauptwerk Ebd. 899. 900. n. 70. 20; geb. n. 78. —.

Richter, M. M., Lexikon der Kohlenstoff-Verbindungen. 3. Aufl. (In etwa 30 Lfgn.) 1.—10. Lfg. (V u. S. 1—1600.) Lex. 8. Hamburg 910. Leipzig, L. Voss. à 6. — (1. Tl. vollst. [V, 1280 S.]; geb. in Leinw. 51. —)

Der Fortbildungsunterricht. Lese- u. Übungsbuch d. Gabelsbergerschen Stenographie (Korrespondenzschrift). Nach d. Beschlüssen d. Berliner Stenographentages 1902 f. d. Schul-, Vereins- u. Selbstunterr. bearb. von Mil **Richter**. Mit e. Anh.: Sigel-Verzeichnis nebst Beispielen zu Verbindungen. Ausg. A für Lehrer. Mittelwalde i. Schl.: R. Hoffmann 1904. (Getr. Pag.) 8° [F.] [06. 6618

Der Fortbildungsunterricht. Lese- u. Übungsbuch d. Gabelsbergerschen Stenographie (Korrespondenzschrift). Nach d. Beschlüssen d. Berliner Stenographentages 1902 f. d. Schul-, Vereins- u. Selbstunterr. bearb. von Mil **Richter**. Mit e. Anh.: Sigel-Verzeichnis nebst Beispielen zu Verbindungen. Ausg. B für Schüler. Mittelwalde i. Schl.: R. Hoffmann 1904. (44, 12 S.) 8° [F.] [06 6619

Methodik des stenographischen Unterrichts in Vereinen und Schulen. Mit Lehrproben nach verschied. Methoden bearb. von Mil **Richter**. Potsdam: A. Stein (1903). (63 S.) 8° [F.]
= [**Handbücher**, Steins, f. Lehrer. No 18.] [06. 10380

Richter, Mil, Methodik des stenographischen Unterrichts in Vereinen u. Schulen, s. A. Stein's Handbücher f. Lehrer. Nr. 18.

Richter, Mil, moderne Reclamekunst. Mit 13 Illustr. u. Texterklärgn. 8. (VIII, 62 S.) Wien 901. A. Hartleben. n. 1. 50

Richter, Moritz

Richter, M., die Familie Crevecoeur. Histor. Erzähl. aus d. J. 1806 u. 7. 8. (16½ B.) Leipzig 828, Wienbrack.

Marino Falieri, Doge von Venedig. Erzählung aus der Mitte des 14. Jhs. Von M. **Richter**. Leipzig: Wienbrack 1827. 8°
TB. 247.

Richter, (M.,) Kurt, der Jägerbursche, s. Gallerie. 4r Theil.

— Kurt, der Jägerbursche. 8. Leipz. 826. Wienbrack. 20 gGr. (A. u. d. T.: Gallerie neuer Original-Romane. 4r Thl.)

Richter, Mor., Leitfaden d. Wild-Jägerei, od. Anleit. vorzügl. f. Solche, welche die Jagd bloß zu ihrem Vergnügen betreiben. 8. (5 B.) Berlin 834, Mittler.

——, Nikanor, der Alte v. Fronteja. Fortsetz. der Geschichte d. Rinaldo Rinaldini. 8. (17 B.) Leipzig 828, Wienbrack.

Richter, Moritz, die Familie Treuenfels. Novelle aus dem dreißigjähr. Kriege. kl. 8. Leipzig 841, Wienbrack. 1⅙ Thlr.

— Philippine Welser; histor. Erzählung. 8. Leipz. 830. Wolbrecht.

——, Philippine Welser. Histor. Erzähl. Mit Ttlkpfr. 8. (15½ B.) Leipzig 830, (Kayser.)

Richter, M., Philippine Welser Historisch romant. Erzählung aus der Zeit der Uebergabe der Augsburgischen Confession. 8. Leipzig 830. (Melzer.) 1¼ Thlr.

Richter, Moritz August

Richter, Mor. Aug., Aktenstücke, I. die gegen mich wegen Erklärung der Konstitution eingeleit. Kriminal- u. Polizeiuntersuchung, II. die damit in Verbindung gebrachten Prozeßsachen, III. das gegen mich beobachtete Verfahren bei der hies. Landtagsdeputirtenwahl betreffend. 1e Lfrg. 8. Zwickau 832. (Richter.) n. 1/12 Thlr.

Richter, Mor. Aug., Erklär. der Verfassungsurkunde des Königr. Sachsen, sammt dem Theile des Wahlgesetzes, der von den Wahlen des Bauernstandes handelt, bewerkstelligt auf Verlangen in 4 von Landwirthen veranstalt. Konferenzen 2c. Nebst e. Nachtrage üb. die gegen den Verfass. eingeleit. Kriminaluntersuchung. 8. Zwickau, im Juni 1832. Richter. 8 gGr.

Richter, Moritz Friedrich, vgl. Richter, Friedrich.

† Richter, Mor. Friedr., (Geo. C. L. Schöpfer,) der Durchfall in seinen Ursachen u. Folgen bei Erwachsenen u. Kindern dargest. 2c. 12. (4½ B.) Nordhausen 841, Fürst.

—— Handbuch d. Augenheilkunde f. Nichtärzte. 16. (8¼ B.) Nordhausen 838, Fürst.

† Richter, Mor. Friedr., (Georg C. L. Schöpfer,) Hausarzneikunde od. Sammlung der einfachsten, erprobtesten u. mit der größten Leichtigkeit anzuwendenden Heilmittel gegen fast alle menschlichen Krankheiten. 8. (10 B.) Nordhausen 845, [Berlin, Eichenhauer.]

Richter, Mor. Frdr., die Heilung der Scrophelkrankheit, ihre Ursachen u. ihre Erkenntniß. Nebst Anweisung, alle Scrophelgeschwüre, wie auch Kropf u. dicken Hals sicher zu heilen, nach Hufeland, Wendt, Baudelocque f. Aerzte u. Nichtärzte bearb. 2. (Titel-) Aufl. 12. (IV u. 168 S.) Quedlinburg (839) 850, Ernst. ½ Thlr.

—— unfehlbare Heilung des Kropfes u. dicken Halses. 8. (9½ B.) Nordhausen 845, Fürst.

—— der Magenkrampf u. dessen unfehlbare Heilung. 12. (8½ B.) Nordhausen 845, Fürst.

— der Magenkrampf u. dessen unfehlbare Heilung. Ein sicherer Rathgeber in allen Arten dieses schmerzhaften u. gefährlichen Leidens. 2. (Titel-) Aufl. 12. (IV u. 190 S.) Leipzig (845) 850, Hentze. ½ Thlr.

—— der Milcharzt. Eine kurzgef. Anweis. z. diätet. u. arzneil. Gebr. d. süßen Milch. 1., u. 2., verb. Aufl. 12. (4 B.) Nordhausen 839, 41, Fürst. à

— der Milcharzt. Eine kurzgefaßte Anweisung zum diätetischen u. arzneil. Gebrauche der süßen Milch. 2. verb. Aufl. 12. Ebend. 841. ⅓ Thlr. — 3. stark verm. Aufl. kl. 8. Ebend. 842. ⅓ Thlr. — 4. stark verm. Aufl. 8. Ebend. 844. 5/12 Thlr. — 5. verm. Aufl. 12. Ebend. 846. 5/12 Thlr.

† Richter, Mor. Friedr., (Georg C. L. Schöpfer,) Rathgeber f. Alle, welche an übelriechendem Athem leiden, s. Rathgeber.

Richter, F. M., Rathgeber für Alle, welche an übelriechendem Athem leiden. Eine auf vielfache Erfahrungen begründete Anleitung, die verschiedenen Ursachen des üblen Geruchs aus dem Munde zu erkennen u. denselben durch Beseitigung dieser Ursachen gründlich u. unfehlbar zu heilen. 2. (Titel-) Ausg. 8. (87 S.) Quedlinburg (844) 849, Ernst. $^1/_3$ Thlr.

—— Rathgeber f. die, welche eine Molkenkur gebrauchen wollen. 8. ($6^1/_4$ B.) Nordhausen 845, Fürst.

— Rathgeber für die, welche eine Molkenkur gebrauchen wollen. Eine gründliche Anweisung durch den richtigen Gebrauch der Molken langwierige Krankheiten der Verdauung, der Leber, d. Haut etc. sicher zu heilen. Nach den besten Quellen u. Erfahrungen. 2. (Titel-) Aufl. 8. (96 S.) Quedlinburg (846) 849, Ernst. — 3. Aufl. 12. (87 S.) Ebd. 851. $^1/_3$ Thlr.

—— über d. Ursachen, Erkenntniß u. Heilung d. Skrophelkrankheit. Nebst e. Anweis., d. Kropf u. dicken Hals auf sichere Art zu heilen. 12. (7 B.) Nordhausen 840, Fürst.

—— über d. Ursachen u. Heilung d. Unfruchtbarkeit. Ein Rathgeber f. kinderlose Gatten, so wie auch f. alle Neuvermählte. 16. (5 B.) Nordhausen 840, Fürst.

— Moritz Robert (Bischofswerda), De liganda arteria thyreoidea superiore ad sanandam strumam. Diss. chir. Leipzig (A. Edelmann) 20. IX. 1860. 24 S. u. Biogr. (M.: Fl. Vollrath.) (3.25) 28772
Gew.: Rudolph von Bünau. — Advers.: Ernst, Würdig, Thomas.

Richter, O., Celebes, s.: **Meyer**, A. B.

Richter, O., ethnograph. Miscellen, s.: **Meyer**, A. B.

Richter, O., Tabellen zur Berechnung der Zinsen v. 1, 3, $3^1/_3$, $3^1/_2$, 4, $4^1/_2$, 5 u. 6 Prozent auf jeden beliebigen Zeitraum resp. f. jede Summe in Reichsmarkrechng. 8. (39 S.) Friedeberg Nm. 875. (Landsberg a. d. W., Volger & Klein.) n. — 75

— zur Timor-Ornamentik, s.: **Foy**, W.

Richter, O. D. v., Die enkaustische Malerei der Alten. S.-A. s. a. 5 S.

Richter, O. D. W., Beiträge zu den neuen Feuerbränden und den vertrauten Briefen. Nöthige Berichtigungen. Berlin, Schöne, 1809. 8°. ($^1/_4$ Rthl.)

Richter, O. D. W., Gouvernements- u. Garnison-Prediger zu Colberg. Berichtigungen einiger in dem Hamburger unpartheiischen Correspondenten, in dem politischen Journal, in den vertrauten Briefen und in den neuen Feuerbränden befindlichen Nachrichten über Colberg und seine Vertheidigung im vorjährigen Kriege.
8. Berlin 1808.

Richter, Optatus Wilhelm Leopold

Richter, Optat. Wilh. Leop., Archiv f. vaterländ. Interessen, } s. Archiv.

Richter, Optat. Wilh. Leop., vaterländ. Archiv f. Wissenschaft etc., s. Archiv.
Vgl. auch Provinzialblätter, preuß., worunter die frühern Bde. aufgeführt stehen.

Richter, Opt. Wlh. Leop., Beiträge zur Kunde Preußens. (Neue Folge.) 1r Bd. gr. 8. Königsberg 837. (Leipzig, Fort.) n. $2^1/_4$ Thlr.

—— Beiträge z. Kunde Preußens. (Neue Folge.) 1. Bd. gr. 8. ($26^1/_2$ B. u. $2^1/_2$ lith. B.) Königsberg 837, Hartung. (Gebr. Bornträger.)

Richter, Optat. Wilh. Leop., Handbuch d. Straf-Verfahrens in d. Kgl. Preuß. Staaten, mit Ausnahme d. Provinzen, in welchen noch franz. Recht gilt. Eine Zusammenstell. aller, f. d. gesammte Straf-Verfahren besteh. gesetzl. Vorschriften mit Zuziehung d. besten Hülfsmittel d. rechtswissenschaftl. u. gerichtl.-medizin. Literatur. 4 Bde. gr. 8. ($174^1/_2$ B.) Königsberg 830, 31, Gebr. Bornträger. [1. 2 Thlr., 2., 3. 6 Thlr., 4. 4 Thlr.]

Richter, Optatus Leop. Wilh.: Handbuch des Straf-Verfahrens in den Königl. Preußischen Staaten, mit Ausnahme der Provinzen, in welchen noch französisches Recht gilt. Königsberg 1830—31. 4 Bde
Bd 1. Das fiscalische Straf-Verfahren enth.
„ 2. Den Criminal-Prozeß bis zur Feststellung des Thatbestandes enth.
„ 3. Enth. die Vorschriften von der Eröffnung der Untersuchung gegen den Angeschuldigten bis zu dessen Vertheidigung. Von § 202 bis 486 der Crim. Ord.
„ 4. Enth. die Abfassung u. Vollstreckung des Erkenntnisses.

—— Repertorium d. Kgl. Preuß. Landes-Gesetze. Ein neues Hülfsb. f. sämmtl. Kgl. Beamte, den Bürger u. Landmann, enthalt. e. alphabet. Zusammenstell. aller Gegenstände d. Gesetzgebung mit den darauf bezügl. noch gültigen Verordn. u. Erläutern. 1—7. Bd. gr. 8. Leipzig, Baumgärtner.
Bd. 1. A—Accise- u. Zollverbrechen. ($47^1/_2$ B.) 832. 2 Thlr. 12 Gr.
„ 2. Accoucheur—Ansteckung. ($45^1/_2$ B.) 832. 2 Thlr. 12 Gr.
„ 3. Ansteckung—Armenanstalten (48 B.) 833. 2 Thlr. 12 Gr.
„ 4. Armenanstalten—Aufgebot. (47 B.) 834. 2 Thlr. 12 Gr.
„ 5. Aufgebot—Battisthandel. ($43^1/_4$ B.) 834. 2 Thlr. 12 Gr.
„ 6. A. u. d. T.: Die Kgl. Preuß. Gesetze u. Verordnungen üb. d. Bauwesen. Vollständ. in alphabet. Ordn. zusammengest. als Hülfsb. f. Baumeister u. Bauherren. (25 B.) 835. 1 Thlr. 12 Gr.
„ 7. A. u. d. T.: Die Kgl. Preuß. Gesetze u. Verordn. üb. d. gutsherrl. u bäuerl. Verhältnisse. Vollständ. zusammengest. f. sämmtl. Kgl. Beamte, den Gutsbesitzer u. Landmann. ($47^1/_2$ B.) 835. 2 Thlr. 12 Gr.

—— Zeitschrift f. Strafrechtspflege, s. Zeitschrift.

Richter, Oskar, a. Nürnberg: Zur Kenntnis des Myristicins. (Berlin 1907: G. Schade.) (54 S.) 8°
Berlin, Phil. Fak., Ref. Gabriel, Diss. v. 23. Nov. 1907
[Geb. 9. Nov. 76 Nürnberg; Wohnort: Steglitz; Staatsangeh.: Preußen; Vorbildung: Realgymn. Saalfeld Reife O. 96; Studium: Techn. Hochsch. Darmstadt 3, Univ. Berlin 5 S.; Rig. 7. Nov. 07.]

Richter, Oskar: Die Lieblingsvorstellungen der Dichter des deutschen Befreiungskrieges. Leipzig: Seele 1909. XI, 97 S. 8°
Leipzig, Phil. Diss. v. 6. Aug. 1909, Ref. Köster, Sievers
[Geb. 13. Febr. 85 Ebersbach i. S.; Wohnort: Rochlitz; Staatsangeh.: Sachsen; Vorbildung: Fürstensch. St. Afra Meißen Reife O. 04; Studium: Leipzig 10 S.; Rig. 29. April 09.] [U 09. 3050

Richter, Oskar: Die französische Litteratur am Hofe der Herzöge von Burgund. Halle a. S. 1882: Schneider in Eisleben. 45 S. 8°
Halle-Wittenberg, Phil. Diss. v. [1. Aug.] 1882
Geb. Eisleben 13. 9. 1859. V.

Richter, Oscar: Untersuchungen der spezifischen Wärme von Legierungen und ihrer Beziehung zur kinetischen Theorie der Elektronen und Atome. Marburg 1908: Nivard. 104 S. 8°
Marburg, Phil. Diss. v. 16. Sept. 1908, Ref. Richarz
[Geb. 4. Dez. 76 Grüsselbach; Wohnort: Marburg; Staatsangeh.: Preußen; Vorbildung: Gymn. Brilon Reife O. 98; Studium: Theol. Fulda Phil.-theol. Lehranst. 4, Münster 1, München 4, Phil. Marburg 9 S.; Rig. 1. Juli 08.] [U 09. 3306

— Oskar Clemens Theodul (Leipzig), Wizo und Bruun, zwei Gelehrte im Zeitalter Karls des Großen, und die ihren gemeinsamen Namen, „Candidus" tragenden Schriften. Leipzig (J. C. Hinrichs) 1890. 39 S. u. Schulbericht des Städt. Realgymnasiums zu Leipzig 1880. S. 40—72 mit Namen. (3.—) 28773

Richter, *Oswald* [Konrekt. Prof. Dr.]: Ansprache *bei der Einführung des Rektors Prof. Dr. Wilhelm Heinrich Roscher.* Wurzen, Druck v. G. Jacob, *1894;* 11—13 S. 4.
Wurzen, k. G, OP 1894 (547)

Die Bedeutung der Reinkultur. Eine Literaturstudie von Dr. Oswald **Richter**, Privatd., Prag. Mit 3 Textfig. Berlin: Gebr. Borntraeger 1907. (VIII, 128 S.) 8° [08. 14398

Richter, Oswald [Konr. Prof. Dr.]: Beiträge zu einer Schulagende für höhere Lehr-Anstalten. Wurzen, Druck v. G. Jacob, *1896;* I—XXXVI S. 4.
Wurzen, k. G, OP 1896 (556)

Richter, Oswald, über den Einfluss verunreinigter Luft auf Heliotropismus u. Geotropismus. (88 S. m. 4 Taf.) gr. 8. Wien 906. (A. Hölder.) n. 3. 50

— Über den Einfluß verunreinigter Luft auf Heliotropismus und Geotropismus (mit 4 Taf.). S. 115. I. 95 . . . . „ 3.50
Separatabdruck

Richter, Oswald [pr. Arzt]: Ueber Herniolaparotomie. . . . Breslau, Druck d. Bresl. Gen.-Buchdr., E. G., 1890; 46 S. + 1 Bl. 8°
Breslau, Med. Fak., Inaug.-Diss. v. 9. Aug. 1890

Richter, Oswald: **Die unechten Nominalkomposita des Altindischen und Altiranischen.** *Strassburg: K. J. Trübner 1897.* (62 S.) 8° ¶ (Erscheint vollständig in: Indogermanische Forschungen, Bd 9.)
Leipzig, Phil. Diss. v. [26. Nov.] 1897

-- Die horizontale Nutation (mit 2 Doppeltaf.). S 119. I. 1051 . . . . „ 2.30
Separatabdruck

— zur **Physiologie der Diatomeen.** (I. Mitteilg.) (93 S. m. 6 Taf.) gr. 8. Ebd. 906. n. 3. 90
Sonderabdr. aus: „Sitzungsber. d. k. Akad. d. Wiss."

— Zur Physiologie der Diatomeen. (II. u. III. Mitteilg.) Wien, A. Hölder. 15. —
II. Die Biologie der Nitzschia putrida Benecke. Aus dem pflanzenphysiolog. Institute der k. k. deutschen Universität in Prag. Nr. 118 der 2. Folge. [Aus: „Denkschr. d. k. Akad. d. Wiss."] (116 S. m. 6 Fig., 4 Taf., 2 Haupt- u. 7 Textabb. u. 4 Bl. Erklärgn.) 31,5×24,5 cm. 909. 13. 50
III. Über die Notwendigkeit des Natriums f. braune Meeresdiatomeen. [Aus: „Sitzungsber. d. k. Akad. d. Wiss."] (8 S. m. 2 Tab. u. 2 Taf.) gr. 8. 909. 1. 50
I. Mitteilg. Ebd. 906. 3. 90.

Richter, *Oswald* [Konrekt. Prof. Dr.]: Rede am Sarge des Herrn Oberl. Dr. *Karl Julius* Krumbach. Wurzen, Druck v. G. Jacob, *1895;* 79—80 S. 4.
Wurzen i. S., k. G, OP 1895 (557)

Richter, Oswald: Untersuchungen über das Magnesium in seinen Beziehungen zur Pflanze.
Diss., Prag 1902/1903.

Richter. Osw., **Untersuchungen üb. das Magnesium in seinen Beziehungen zur Pflanze.** (1. Thl.) Mit Unterstützg. der Gesellschaft zur Förderg. deutscher Wissenschaft, Kunst u. Literatur in Böhmen. gr. 8. (48 S. m. 3 Fig.) Wien 902. (C. Gerold's Sohn.) n. — 90
Sonderabdruck aus: „Sitzungsber. d. k. Akad. d. Wiss."

Richter, Osw., üb. die Verdienste d. sächs. Fürstenhauses u. die Aufhebg. d. Bisthums Meißen in dem Zeitalter von 1539—1555. 4. (64 S.) Döbeln 874. Schmidt. n. 1. —

Richter, Osw., Weihestunden im Schulleben. Reden, Ansprachen u. Gebete, an frohen u. ernsten Tagen in den J. 1883—1889 im königl. Gymnasium zu Wurzen geh. gr. 8. (X, 162 S.) Leipzig 890. Teubner. n. 2. 40; geb. n. 3. —

Richter, Osw., Paul, Carl Mende. Drama in 4 Akten. (90 S.) 8. Leipzig-Gohlis 910. Raschwitz, B. Volger. 2. —

Richter, Oswin Clemens, aus Wiederau in Sachsen, Oberveterinär und Assistent bei der Militärabteilung der königl. tierärztlichen Hochschule und der Lehrschmiede: Über den Bau und die Funktionen der Fussenden der Perissodactyla unter besonderer Berücksichtigung der Bewegungsvorgänge am Hufe des Pferdes. Mit 31 Abbildungen [z. T. auf 3 Tafeln.] Dresden 1905. 187 S. 8°. [27. II. 05.]
Zürich, Phil. Diss. II. S. 1904/1905.

Richter, Oswin Clemens. Ueber den Bau und die Funktionen der Fussenden der Perissodactyla, unter besonderer Berücksichtigung der Bewegungsvorgänge am Hufe des Pferdes. Diss. Phil. [II.] Univ. Zürich. Mit 31 Abbildungen [wovon 7 auf 3 Tafeln]. 187 S. 8. Dresden (Arthur Schönfeld) 1905.

Richter, Otto, der Rat, s.: **Album f. Liebhaber-Bühnen.**

Richter, Otto, Abriß d. geschichtl. Ortskunde v. Dresden. [Aus: „Atlas z. Gesch. Dresdens".] gr. 8. (IV, 57 S. m. 1 Taf.) Dresden 898. J. Naumann. n. 1. 20

Richter, O., s.: Album f. Liebhaber-Bühnen.

Seine Alte oder Ein glänzender Reinfall. Posse mit Gesang in 1 Akt von O. **Richter.** Musik von Richard Thiele. *Berlin: Kühling & Güttner [1901].* (29 S.) 8° [F.]
= Album f. Liebhaber-Bühnen. No 355. [02. 1240

Richter, Otto, Astern u. Veilchen. Lieder. Leipzig 868. Matthes. 16. (72 S.) 9 *ngr.*;
in engl. Einband mit Goldschn. 18 *ngr.*

[F.] Atlas zur Geschichte Dresdens. Pläne u. Ansichten d. Stadt aus d. Jahren 1521 bis 1898 auf 40 Lichtdrucktaf. M. e. Abriss d. geschichtl. Ortskunde v. Dresden hrsg. v. Dr. Otto **Richter,** Rathsarchivar. Veröff. v. Ver. f. Gesch. Dresdens. [Atlas. Text.] *Dresden: Lichtdr. v. Stengel & Markert 1898.* 1 Bd quer-gr. 2. 1 Bd 8.
Atlas (2 Bl., 39 Taf., 1 Pl.)
[Text u. d. T.:] Abriss d. geschichtl. Ortskunde v. Dresden v. Richter ... Beiheft zu d. 'Atlas ...' (2 Bl., 57 S.) [98. 8603

Richter, Otto: **Kants Auffassung des Verhältnisses von Glauben und Wissen und ihre Nachwirkung besonders in der neueren Theologie.** Lauban 1905: C. Goldammer. (54 S.) 4° ¶ [= Programm des Gymn. Lauban 1905.]
Leipzig, Phil. Fak., Ref. Wundt u. Heinze, Diss. v. 15. Mai 1905
[Geb. 20. Jan. 71 Creba, O.-Lausitz; Wohnort: Lauban i. Schles.; Staatsangeh.: Preußen; Vorbildung: Pädagog. Züllichau Reife O. 89; Studium: Halle 5, Berlin 2, Leipzig 2 S.; Rig. 4. März 05.]

Richter, [Hermann] Otto: Kants Auffassung des Verhältnisses von Glauben und Wissen und ihre Nachwirkung besonders in der neueren Theologie. S. 3—53. 4. **Progr.** Kgl. Gymn. *Lauban* 1905 (232).

Richter, Otto, das Aufgebotsverfahren nach Reichs- u. preußischem Landesrecht in Mustern u. Beispielen. gr. 8. (115 S.) Breslau 900. J. U. Kern's Verl. Kart. n. 2. 50

Richter, O., Die Augustusbauten auf dem Forum Romanum. S.-A. 1889. 26 S. m. Plan. 4°. 1.—

— Sopra un avanzo dell' antica fortificazione del Palatino. 1884. 16 S.

Richter, Otto Die Befestigung des Janiculum. Ein Beitrag zur Topographie der Stadt Rom. 22 S. **Progr.** Ask. G. *Berlin* 1882.

Richter, Otto, die Befestigung des Janiculum. Ein Beitrag zur Topographie der Stadt Rom. 4. (22 S.) Berlin 882, [Weidmann'sche Buchh.] Gaertner's Verlag. *

— Otto (Friesack / Westhavelland), Beitrag zur Behandlung der Kniegelenksentzündung. Diss. med. Halle/S. (Plötz, R. Nietschmann) 17. VII. 1882. 36 S. u. Biogr. (2.75) 28774
Oppon.: E. Garms, W. Quicken. — Seiner Mutter gew.

Richter, Otto [Ludwig]: Beiträge zur römischen Topographie. I. Alliaschlacht und Serviusmauer. II. Capitolium und Clivus Capitolinus. 31 S. 4. II. III. Die römische Rednerbühne mit 22 Abbildungen und Plänen. 30 S., 1 Bl. 4. III. Die Alliaschlacht. 16 S. 4. IV. Untergrund und Pflaster des römischen Forums. 29 S. 4.
Kgl. Prinz Heinrichs-Gymn. *Berlin* 1903 (94). 1904 (93). 1907 (95). 1910 (99).
Progr.

Richter, Otto, Dir., Prof. Dr.: **Beiträge zur römischen Topographie 1. Alliaschlacht u. Serviusmauer 2. Capitolium u. Clivus Capitolinus.** *Berlin 1903: W. Büxenstein.* (31 S.) 4°
Schöneberg, k. Prinz Heinrichs-G, P 1903 (94)

Richter, Otto, (Dir. Prof. Dr.): Beiträge zur römischen Topographie **II.** 3. Die römische Rednerbühne. M. 22 Abb. u. Plänen. Berlin 1904: W. Büxenstein. (30 S.) 4° ¶ [Forts. d. P-Beil. 1903.]
Schöneberg, k. Prinz Heinrichs-G OP 1904 (93)

Richter, Otto (Direktor Prof. Dr.): Beiträge zur Römischen Topographie. III. Berlin 1907: W. Büxenstein. (16 S.) 4° ¶ [Forts. d. P-Beil. 1903. 04.]
Schöneberg, k. Prinz Heinrichs-G P 1907 (95)

Richter, Otto: Beiträge zur Römischen Topographie. 4. Berlin 1910: Büxenstein. 29 S. 4° ¶ (Forts. d. P-Beil. 1903. 04. 07.)
Schöneberg, k. Prinz-Heinrichs-G P 1910 (99) [S 10. 356

Richter, Otto (*Ludwig*) *Bericht über die feierliche Grundsteinlegung zum neuen Gymnasialgebäude.* 4 (S. 15—17 der Schuln.).
Progr. Kgl. G. (Kgl. West-G.) *Schöneberg-Berlin W.* 1892 (67).

Richter, Otto: **Die Berührungskegelschnitte der ebenen Kurven 4. Ordnung mit 2 Doppelpunkten. Leipzig, Druck v. A. Edelmann, Univ.-Buchdr., 1897; 1—19 S., 1 Doppeltaf. 4.**
Leipzig, k. G, OP 1897 (560)

Richter, Otto, die Berührungskegelschnitte der ebenen Kurven 4. Ordnung m. 2 Doppelpunkten. Progr. 4. (20 S. m. 2 Taf.) Leipzig 897. (J. C. Hinrichs' Sort.) n. 1. 20

Richter, Otto [Karl]: Die nationale Bewegung und das Problem der nationalen Erziehung in der deutschen Gegenwart. [Einleitung zu einer Geschichte dieses Problems.] 40 S. 4.
Städt. Gymn. mit Realabteilung u. Vorschule *Greiz* 1902 (794).
Auch in: Deutsche Blätter für erziehenden Unterricht. Jahrg. 1903 Nr. 1—8. Erweiterter Abdruck als: Pädagogisches Magazin, Heft 203. *Langensalza: H. Beyer & Söhne* 1903. VI S., 1 Bl., 94 S. 8. M. 1.30.
Progr.

Richter, Otto: Die nationale **Bewegung** und das Problem der nationalen Erziehung in der deutschen Gegenwart. ⟨Einleitung zu einer Geschichte dieses Problems.⟩ *Greiz 1902: O. Henning.* (40 S.) 4°
Greiz, st. G m. Realabt. u. VS, OP 1902 (794)

Die nationale **Bewegung** und das Problem der nationalen Erziehung in der deutschen Gegenwart. Von Otto **Richter**, Gymn.Oberl. in Greiz. *Langensalza: H. Beyer & Söhne 1903.* (VI, 94 S.) 8°
— **Magazin**, Pädagogisches. H. 203. [03. 8705 3

DRESDNER BILDERCHRONIK. Zeitgenössische Darstellungen von Dresdner Begebenheiten aus vier Jahrhunderten. Herausgegeben von OTTO RICHTER. Veröffentlichung des Vereins für Geschichte Dresdens.
Teil 1. (Tafel 1—12): 16. und 17. Jahrhundert. Dresden 1906. Text: 8°. Tafeln: gr. fol.
Teil 2. (Tafel 13—26): Von 1709 bis 1815. ib. 1910. Lichtdruck von Römmler & Jonas. fol. und 8°.

Am Brunnen vor dem Tore. s.: **Album** f. Liebhaber-Bühnen.

Richter, Otto, das achte Buch der Civilprozeßordnung: Die Zwangsvollstreckung in das bewegliche Vermögen [Exekutionsordng.], systematisch dargestellt u. an Beispielen erläutert f. die jurist. Praxis u. die Gerichtsvollzieher d. Deutschen Reiches. gr. 8. (X, 433 S.) Düsseldorf 890. Schwann. n. 6. —; geb. n. 7. —

Richter, Otto, s.: **Canaletto-Mappe.**

— Clivus Capitolinus. E. Beitr. z. Topographie d. Stadt Rom. S.-A. 1883. 25 S.

— Delia. Ein Beitrag z. Lebensgeschichte Tibulls. S.-A. 1870. 10 S. —.60

Richter, O[tto], aus Brehna: **Über einige neue Derivate des Cumarons.** *Rostock 1898: C. Hinstorff.* (39 S.) 8°
Rostock, Phil. Diss. v. [26. Okt.] 1898

Richter, O., Ueber griechische Dreireiher. Pr. 1899. 24 S. 4°. 1.20

Dresden sonst und jetzt. 50 Doppelbilder in Lichtdr. nach alten Radierungen u. neuen Aufnahmen hrsg. von Otto **Richter**. Veröffentlichung d. Ver. f. Geschichte Dresdens. Dresden 1905: W. Baensch. (50 gez. Bl.) 4° [05. 11835 9

Richter, Otto, s.: Dresdens Entwicklung in den J. 1903—1909.

Richter, Otto, aus Luckenwalde: Zur **Entstehung** des Börsen-Gesetzes. *Luckenwalde 1904: E. Richter.* (114 S.) 8° [F.]
Tübingen, Staatswiss. Diss. v. 1904

Richter, Otto: Erfahrungen von sieben Schülerreisen nach Rom. Berlin 1908: Büxenstein. 14 S. 4°
Schöneberg, k. Prinz Heinrichs-G P 1908 (99) [S 08. 375

Richter, Otto ⟨geb. am 6 Apr. 1843 in Berlin⟩: De Vincentii Bellovacensis excerptis Tibvllianis ... Bonnae, typ. expr. Rosenthal et soc. Berolinenses 1865. 1 Bl., 77 S. 8.
Bonn, Phil. Fak., Diss. v. 12 [nach d. Akten v. 14] Aug. 1865

Richter, Otto Turnerischer Gedanken-Schatz. Aussprüche der Turnväter, Turnlehrer, Turnärzte, Turnfreunde u. Turner. 16. (VII, 109 S.) Hof 890, Lion. geb. 1 —

Richter, Otto, Geschichte der Stadt Dresden. 1. Thl.: Dresden im Mittelalter. Mit Abbildgn. u. e. Plane. Veröffentlichung des Vereins f. Geschichte Dresdens. gr. 8. (XVI, 276 S.) Dresden 900. W. Baensch. Geb. in Leinw. n. 5. —

Geschichte der Stadt Dresden in den Jahren 1871 bis 1902. Werden u. Wachsen einer deutschen Großstadt. Von Ratsarchivar Prof. Dr. Otto **Richter**. Mit 24 Kunstbl., 18 Buchschmuckbild. u. 1 Stadtpl. Zur Deutschen Städteausstellung hrsg. vom Rate d. Kgl. Haupt- u. Residenzstadt Dresden. *Dresden: v. Zahn & Jaensch 1903.* (XIV, 270 S.) 4° (8°) [F.] [03. 7676

— **dasselbe. 2. Aufl. Hrsg. im Auftrage des Rates zu Dresden. (Billige Ausg.) (VIII, 189 S.) gr. 8. Dresden (Breitestr. 9), 904. Buchdruckerei der Dr. Güntzschen Stiftg. Geb. n. 1. 50**

— Glockenklänge od. Der Dieb, s.: **Album** f. Liebhaber-Bühnen.

Richter, Otto [Dir. Prof. Dr.]: Gründung und Einweihung des Königlichen Prinz Heinrichs-Gymnasiums. Berlin, Druck v. A. W. Hayn's Erben, 1894; 3—15 S., 1 Taf. 4.
Berlin, k. Prinz Heinrichs-G, P 1894 (67)

— Guten Tag, Papa, s.: **Album** f. Liebhaber-Bühnen.

—— s. **Handbuch der klassischen Altertumswissenschaft.**

Richter, O., s.: Jahres-Bericht des Vereins f. Greizer Geschichte.

— **Ideen über die Erziehung der weiblichen Jugend, namentlich mit Rücksicht auf höhere Töchterschulen. Minden 870. Leipzig, Sigismund & Volkening. gr. 8. (16 S.) 4 *ngr.***

— *Immer fidel!*, s.: **Album** f. Liebhaber-Bühnen.

Richter, (K.) Otto: Über die galvanische Induction in einem körperlichen Leiter. Ein Beitrag zur mathematischen Theorie der inducirten elektrischen Ströme .... Dresden, Druck v. B. G. Teubner, 1888; 46 S. + 1 Bl. 8°
Leipzig, Phil. Fak., Inaug.-Diss. v. 3. Jun. 1888

Richter, K. Otto, über die galvanische Induction in einem körperlichen Leiter. Ein Beitrag zur mathematischen Theorie der inducirten elektrischen Ströme. Diss. Leipzig 1888, Gustav Fock. 8°. 46 S.

Richter, O.: Kallimachus. Hymnen auf Zeus u. Apollo. Zwei Monate im Leben des Ptolomäus Philadelphus. 16 S. – Guben, Progr. 1871.

Richter, Otto, Kallimachus. Hymnen auf Zeus u. Apollo — zwei Momente im Leben d. Ptolemaeus Philadelphus. 4. (16 S.) Guben 871. König in Comm. n. 1.—

Durch Klippen und Wellen. Lebensbild mit Gesang in 1 Akt von O. Richter. Musik von Lützow u. Lindner. *Berlin: Kühling & Güttner [1898].* (20 S.) 8° [F.]
— Album f. Liebhaber-Bühnen. No 334. (98. 1901)

— Familie Knoppe, s.: Album f. Liebhaberbühnen.

— Das Kreuz der Rache, s.: Album f. Liebhaber-Bühnen.

Kreis und Kugel in senkrechter Projektion f. d. Unterr. u. z. Selbststudium von Dr. Otto **Richter**, Prof., Leipzig. Mit 147 Fig. Leipzig & Berlin: B. G. Teubner 1908. (X, 187 S.) 8° (08. 7460

Richter, Otto, Leib u. Seele, s.: Vorträge, apologetische.

Praktischer Leitfaden für Polizeiunterbeamte kleiner Städte, Amts- und Gemeindediener. Zsgest. nach d. einschlagenden Gesetzen u. Verordnungen unter Beifügung von Beispielen von Otto Richter, Amtsger. E., Graudenz. *Graudenz: C. G. Röthe 1895.* (48 S.) 8° [F.] (94. 1594 10

— praktischer Leitfaden f. die ausführenden Vollstreckungsorgane der preußischen Verwaltung, insbesondere für Polizei-Exekutiv-Beamte, eigentl. Vollziehungs-Beamte, Amtsdiener u. Gemeindediener. Zusammengestellt nach den einschlag. gesetzl. Bestimmgn. u. Verordgn. u. m. Beispielen versehen. 8. (IV, 83 S.) Graudenz 889. Röthe'sche Buchhandlg. cart. n. 1.—

Richter, Otto, lateinisches Lesebuch nebst Vocabularien, Grammatik und deutschen Uebungssätzen. gr. 8. (VI, 306 S.) Berlin 879, Nicolai'sche Verlagsh.

—— lateinisches Lesebuch, nebst Vocabularien, Grammatik und deutschen Übungssätzen. 2. umgearb. Aufl. gr. 8. (VI, 309 S.) Berlin 883, Nicolai'sche Verlagsh. geb. **

Richter, Otto lateinisches Lesebuch. 3. Aufl. (VII, 312 S.) 886; 4. Aufl. gr. 8. (VI, 314 S.) Berlin 888, Nicolai's Verlag. geb. **

Richter, Otto, lateinisches Lesebuch. 5. Aufl. gr. 8. (IV, 314 S.) Berlin 890. Nicolai's Verl. geb. n.n. 2. 80

Richter, Otto, lateinisches Lesebuch. 1. u. 2. Tl. 7. Aufl. gr. 8. Berlin, Nicolai's Verl. Geb. in Leinw. n.n. 3. 50
1. Sexta. (IV, 116 S.) 893. n.n. 1. 25
2. Quinta. Neu bearb. v. Otto Richter u. H. Belling. (VIII, 231 S.) 894. n.n. 2. 25

Richter, Otto, lateinisches Lesebuch. 1.—3. Tl. gr. 8. Berlin, Nicolai's Verl. Geb. in Leinw. n n. 6. 25
1. Sexta. 8. Aufl. (IV, 116 S.) 896. geb. n. 1. 25
2. Quinta. 8. Aufl. (2. Aufl. d. in Gemeinschaft m. H. Belling veranstalt. Neubearbeitg.) (VIII, 231 S.) 898. Geb. n.n. 2. 25
3. Quarta. 7. Aufl. (VIII, 274 S.) 895. Geb. n.n. 2. 75

Richter, Otto, lateinisches Lesebuch. I. Tl.: Sexta. 9. Aufl gr. 8. (IV, 116 S.) Berlin 900. Nicolai's Verl. Geb. in Leinw. n.n. 1. 25

Richter, Otto, lateinisches Lesebuch. I.—III. Tl. 8. Berlin, Nicolai's Verl. Geb. in Leinw. n. 6. 25
I. Sexta. 10. Aufl. 43.—44. Taus. (IV, 116 S.) 905. 1. 25
II. Quinta. 9. Aufl. 38.—39. Taus. (VIII, 231 S.) 905. 2. 25
III. Quarta. 8. Aufl. 33.—34. Taus. (VI, 274 S.) 904. 2. 75

(Richter [Otto Karl]): Biblische Lesestücke am Anfang und Schluß der Wochen von Ostern 1900 bis dahin 1901. S. 13. 4.
Progr. Städt. Gymn. mit Realabt. u. Vorschule *Greiz* 1901 (778).

-- Alte Liebe, s.: Vereinstheater.

Das verhängnissvolle Liebesgedicht oder Graphologie. Posse in 1 Akt von O. Richter. Musik von Richard Thiele. *Berlin: Kühling & Güttner [1901].* (26 S.) 8° [F.]
= Album f. Liebhaber-Bühnen. No 358. (02 1243

—— die ältesten deutschen Liebeslieder des 12. Jahrhunderts. In freier Uebertragung. gr. 8. (33 S.) Görlitz [Liegnitz] 868, Wollmann's Verlag. — 75
Aus: Neues Lausitzer Magazin, besonders abgedruckt.

Mein Liedel. Lied f. eine Singstimme mit Begleitung d. Pianof. comp. von Otto Richter. Ausg. f. hohe Stimme. *Danzig: C. Ziemssen [1895].* (2 Bl.) 4° [F. u. Ant.] (95. 1348 10

- u. Edm. Braune, die Lindenwirthin, s.: Album für Liebhaber-Bühnen.

— d. Mahnverfahren, nach d. 7. Buch der Reichs-Civil-Prozeßordng. systemat. dargest. u. an Beispielen erläut. gr. 8. (VI, 125 S.) Hannover 895. Helwing. n. 2. 80; erm. Pr. n. 1. 40

Manie sei ins, s.: Album f. Liebhaber-Bühnen.

Der Oberförster. Lebensbild mit Gesang in 1 Akt von O. Richter. Text d. Gesänge von Gustav Albrecht. Musik von Richard Thiele. *Berlin: Kühling & Güttner [1895].* (15 S.) 8° [F.]
Album f. Liebhaber-Bühnen. No 301 (95. 1564

Richter, Otto, musikalische Programme m. Erläuterungen, f. die Mitglieder u. helf. Freunde des städt. Singvereins u. des freiw. Kirchenchores zu St. Andreas in Eisleben gesammelt. 2. verm. Aufl. (VIII, 180 S.) gr. 8. Eisleben 902. (G. Reichardt.) n.n. 1. 90

Richter, Otto, musikalische Programme m. Erläuterungen für Volkskirchenkonzerte. 2. verm. Aufl. (Neue Ausg.) (VIII, 180 S.) gr. 8. Braunschweig 903. H. Wollermann. n. 2.—

Richter, O. Realschulwesen. Mannheim, Rg., 1872. 28 S. Progr.

— Rede z. Ehrengedächtnis des verew. Dompredigers Martin Hugo Lange, geh. im Dom zu Halberstadt am Sarge d. Entschlafenen. gr. 8. (12 S.) Halberstadt 895. F. Gehrmann. — 25

Richter, O., Die römische Rednerbühne. S.-A. 1889. 18 S. 4°.
— — S.-A. 1904. 30 S. m. 22 Abb. 4°.

Richter, Otto, Referendar: Der Reichsfiskus. Eine staatsrechtl. Abhandlung. Tübingen 1908: Laupp. VIII, 56 S. 8°
¶ (Ersch. vollst. als: Abhandlungen a. d. Staats-, Verwaltungs- u. Völkerrecht. Bd 4, H. 3.)
Bonn, Jur. Diss. v. 17. Okt. 1908, Ref. Zorn
[Geb. 30. Juni 85 Wachwitz; Wohnort: Düsseldorf; Staatsangeh.: Preußen; Vorbildung: Kreuzgymn. Dresden, Realgymn. Iserlohn, Gymn. Arnsberg Reife O. 04; Studium: Bonn 1, München 2, Leipzig 1, Bonn 3 S.; Rig. 10. Juli 08.] [U 09. 320

Der Reichsfiskus. Von Dr. Otto Richter, Ref., Düsseldorf. Tübingen: J. C. B. Mohr 1908. (VIII, 102, III S.) 8°
= Abhandlungen a. d. Staats-, Verwaltungs- u. Völkerrecht. Bd 4, H. 3. (08. 16890

Richter, Otto, das Reichsgesetz vom 1. Mai 1889 betr. die Erwerbs- u. Wirtschafts-Genossenschaften, nebst den dazu erlassenen Ausführungsbestimmgn. systematisch dargestellt, an Beispielen erläutert u. f. die jurist. Praxis u. den prakt. Gebrauch bearb. Mit vielen Beispielen, Formularen u. Muster-Statuten. 2 Abtlgn. 8. (IV, 576 S.) Leipzig 892. G. Weigel. à n. 3. 75

Richter, Otto, die Abänderqn. zu d. Reichsgesetz v. 1. V. 1889 betr. d. Erwerbs- u. Wirtschafts-Genossenschaften auf Grund d. Novelle v. 12. VIII. 1896. Zugl. als Ergänzg. zu Richter, d. Reichsgesetz v. 1. V. 1889, betr. d. Erwerbs- u. Wirtschafts-Genossenschaften. 1. Aufl. 8. (IV u. S. 577—598.) Leipzig 897. G. Weigel. n. —50

— das Reichsgesetz v. 1. V. 1889 betr. d. Erwerbs- u. Wirtschafts-Genossenschaften, nebst d. Abändergn. auf Grund d. Novelle v. 12. VIII. 1896. Mit d. dazu erlass. Ausführungsbestimmgn. systemat. dargest. u. an Beispielen erläut., sow. f. d. jurist. Praxis u. zum prakt. Gebrauch f. d. Genossenschaften bearb. M. vielen Beispielen, Formularen u. Muster-Statuten. 2., ergänzte Aufl. 8. (XII, 598 S.) Leipzig 897. G. Weigel. n. 7. 50; geb. n. 9. —

— das Reichsgesetz betr. die Erwerbs- u. Wirtschafts-Genossenschaften in seiner jetzigen Fassung, unter Berücksicht. der neueren Gesetzgebg., insbesondere des bürgerlichen Gesetzbuches, des Handelsgesetzbuches, der Konkursordnung u. a., samt den dazu erlassenen Ausführungsbestimmgn., systematisch dargest. u. an Beispielen erläut., sowie f. die jurist. Praxis u. zum prakt. Gebrauch f. die Genossenschaften bearb. Mit vielen Beispielen, Formularen, Muster-Statuten u. Geschäfts-Anweisgn. 3., umgearb. Aufl. 8. (XVI, 644 S.) Leipzig (900). G. Weigel. n. 7. 50; geb. n. 9. —

— Rekonstruktion u. Geschichte der römischen Rednerbühne. Mit 2 Taf. gr. 8. (64 S.) Berlin 884. Weidmann. n. 1. 60

— s.: Sammlung der Ortsgesetze der Stadt Dresden.

Der Säugling. Posse mit Gesang in 1 Akt von O. Richter. Musik von Rich. Thiele. *Berlin: Kühling & Güttner [1899].* (35 S.) 8° [F.] Album f. Liebhaber-Bühnen. No 316. [97. 111]

— Vor der Schmiede, s.: Album f. Liebhaber-Bühnen.

Richter, Otto: Die Schwiegermutter aus Amerika. Lustspiel in 1 Akt. Berlin: Kühling & Güttner [1895]. (19 S.) 8° = Album f. Liebhaber-Bühnen. No 302.

— Sein Schwiegervater in spe, s.: Album f. Liebhaber-Bühnen.

— In der Sennhütte, s.: Album f. Liebhaber-Bühnen.

Richter, Otto, über antike Steinmetzzeichen. 45 Programm zum Winckelmannsfeste der Archäolog. Gesellschaft zu Berlin. Mit 3 (lith.) Taf. gr. 4. (53 S.) Berlin 885. G. Reimer. n. 3. —

Richter, Otto. Dresdner Strassenansichten vom Jahre 1678. Nach Gabriel Tzschimmers Kupferwerk. „Die durchlauchtigste Zusammenkunft" mit Einleitung und Erläuterung von Otto Richter ... hrsg. vom Verein f. Geschichte Dresdens. Dresden 1892. Stengel und Markert.
Tit., 3 Bl. 8 Taf. 2°.
Beigefügt 21 S. Erläuterungen. 4°.

Richter, Otto, üb. die Systeme derjenigen Kegelschnitte, die e. circulare Curve vierter Ordnung viermal berühren. Mit in den Text gedr. Figuren u. 4 lith. Taf. gr. 8. (III, 111 S.) Leipzig 890. Teubner. n. 4. —

— Dreistellige logarithmische u. trigonometrische Tafeln. (10 S.) kl. 8. — 20
Leipzig u. Berlin: B.G.Teubner 1907.

— Des Försters Töchterlein, s.: Album f. Liebhaber-Bühnen.

— Topographie der Stadt Rom. Mit 4 Plänen. [Aus: „Handb. d. klass. Altertumswissenschaft".] gr. 8. (IV, 206 S.) Nördlingen 889. München, Beck. n. 5. —

Topographie der Stadt Rom. Von Prof. Dr. Otto Richter. 2. verm. u. verb. Aufl. Nebst 32 Abb., 18 Taf. u. 2 Pl. *München: C. H. Beck 1901.* (VI, 411 S.) 8°
— Handbuch d. klass. Altertums-Wissenschaft. Bd 3, Abt. 3, Hälfte 2. [01. 10332]

Richter, *Otto (Ludwig)* Trauerfeier für den am 5. Februar 1894 verstorbenen Geheimen Regierungsrat Dr. A. Kliz. 4 (S. 21—27, 1 Abb.). **Progr.** Kgl. Prinz Heinrichs-G. *Berlin* 1894 (67).

— Der Trauring des Verstorbenen, s.: Album f. Liebhaberbühnen.

Dresdens Umgebung in Landschaftsbildern aus dem Anfange des neunzehnten Jahrhunderts. 40 Lichtdruckblätter nach Handzeichnungen und Radirungen von Hammer, Jentzsch, Richter, Wizani, Zingg und Anderen, herausgegeben von OTTO RICHTER. Veröffentlichung des Vereins für Geschichte Dresdens. Dresden 1902. Lichtdruck von Römmler & Jonas. qu. fol.

Richter, Otto, das Verfahren nach der Reichs-Konkursordnung vom 10. Febr. 1877, erläutert an Beispielen. Ein Handbuch f. die gerichtl. Praxis u. f. Konkursverwalter. gr. 8. (VIII, 266 S.) Berlin 885. H. W. Müller. n. 4. 50

— das Verfahren nach der Reichs-Konkursordnung vom 10. Febr. 1877, erläutert an Beispielen. Ein Handbuch f. die gerichtl. Praxis u. f. Konkursverwalter. 2., verm. u. verb. Aufl. gr. 8. (XI, 365 S.) Berlin 893. H. W. Müller. n. 6. —; geb. n.n. 7. 20

Richter, Otto, Verfassungs- u. Verwaltungsgeschichte der Stadt Dresden. Hrsg. im Auftrage d. Rathes zu Dresden. 1. Bd. Verfassungsgeschichte. gr. 8. (XII, 450 S.) Dresden 885. Baensch. n. 8. —

— Verfassungs- u. Verwaltungsgeschichte der Stadt Dresden. Hrsg. im Auftrage d. Rathes zu Dresden. 2. u. 3. Bd. Verwaltungsgeschichte. 2 Abthlgn. gr. 8. (VIII, 376 u. XII, 402 S. m. 1 Plan.) Dresden 891. W. Baensch. n. 12. — (kplt.: n. 20. —)

Richter, Otto: * De vita Reinmari prioris. 86 S. 4° (2°)
Halle-Wittenberg, Phil. Diss. v. 2. Mai 1865
Geb. [Pretzsch a. d. Elbe (Kr. Wittenberg) 20. 6. 1839]
Verf. erlebte die Diplomerneuerung 1915 als Gymnasialprofessor a. D., früher in Schöneberg, in Godesberg a. Rh.,

— Volkskirchenkonzerte u. liturgische Andachten in Stadt u. Land. Referat, geh. auf dem 17. deutsch-evangel. Kirchengesang-Vereinstag in Hamm in Westfalen am 8./9. VI. 1902. (26 S.) gr. 8. Leipzig 904. (Breitkopf & Härtel.) n. — 40
Sonderabdruck aus: „Denkschrift des 17. deutsch-evang. Kirchengesang-Vereinstages".

[F.] Das Vormundschaftsrecht nach dem Bürgerlichen Gesetzbuch für das Deutsche Reich. Erläuterg d. dritten Abschn. vierten Buches d. Bürg. Gesetzb. v. Otto Richter, Amtsgerichtsr. ..., Graudenz. *Leipzig: G. Weigel 1897.* (IX S., 1 Bl., 526 S.) 1 Bd 8. [97. 3423]

Richter, Otto: Wechselgesänge für die Weihnachtszeit, s. Plath, Joh.

— Die lustige Witwe, s.: Album f. Liebhaber-Bühnen.

Richter, Otto (*Ludwig*) Die älteste Wohnstätte des Römischen Volkes. 4 (13 S., 1 Plan). **Progr.** Kgl. G. zu *Schöneberg-Berlin* W. 1891 (zu 67).

Fräulein Zange oder: Das neue Dienstmädchen. Posse mit Gesang in 1 Akt von O. Richter. *Berlin: Kühling & Güttner [1897].* (23 S.) 8° [F.] = Album f. Liebhaber-Bühnen. No 321. [00. 13100]

Richter, Otto, a. Colditz: Der teleologische Zug im Denken Carl Ritters. Borna-Leipzig 1905: R. Noske. (XVIII, 105 S.) 8°
Leipzig, Phil. Fak., Ref. Friedrich u. Heinze, Diss. v. 26. Apr. 1905
[Geb. 23. Dez. 77 Colditz; Wohnort: Colditz; Staatsangeh.: Sachsen; Vorbildung: Seminar Grimma-Rochlitz Wahlfähigkeitsprüf. Nov. 00; Studium: Leipzig 6 S.; Rig. 7. Dez. 04.]

— die Zwangsvollstreckung in Grundstücke nach dem preußischen Gesetz vom 13. Juli 1883 in Theorie und Praxis. gr. 8. (X, 625 S.) Berlin 887. H. W. Müller. n. 10. —; geb. n. 11. 50

Richter, Otto Fr. v., griech. u. latein. Inschriften, s. Inschriften.

v. Richter, Otto Fr., († d. 13. Aug. 1816.) Wallfahrten im Morgenlande; aus seinen Tagebüchern u. Briefen dargestellt, v. J. P. G. Evers. Mit 16 Kpft. gr. 8. Berl. 822. Reimer. 8 ₰ 6 ℊ

v. Richter, (O. Fr.,) Wallfahrten im Morgenlande; aus seinen Tagebüchern u. Briefen dargestellt, von J. P. G. Evers. Mit Kupf. gr. 8. Berlin 823, Reimer.

Richter, Otto Vikt., Wallenstein und sein letzter Tag in Eger. Mit 3 artist. (lith.) Beilagen u. 1 (lith.) Grundrisse. Wunsiedel 857. Baumann. 16. (143 S.) 20 ngr.

Richter, (P.,) d. Tempel d. Weisheit, s. Tempel.

Richter, P. B, der praktische Ansatz der Regeldetri- u. Prozentrechnungen als Lösung der Aufgabe. Ähnliches f. Gesellschaftsrechng., Mischrechng. etc. gr. 8. (24 S.) Leipzig 889. (Fock.) n. — 60

Richter, P. B., grammatikalische Regeln zur leichten u. sicheren Lösung der Aufgaben der einfachen u. zusammengesetzten Regeldetri, der Prozent-, Zins-, Rabatt-, Diskonto- u. Tara-Rechnung. gr. 8. (21 S.) Halle 883. Schmidt. n. — 40

Richter, *Paul* [Abiturient] u. *Gottl.* Stier Anhang einiger Kaiser-Gedichte. 4 (S. XXVIII—XXX der Schuln.).
Progr. Franciseum *Zerbst* 1889 (611).

Richter, Paul (geb. [illegible] bei Stettin 6. 4. 1843): Ueber die neueste Anwendung des Quecksilbers gegen die Syphilis vermittelst subcutaner Injectionen. Berlin (1867). (32 S.) 8°
Berlin, Med. Diss. v. 14. Okt. 1867

Richter, Paul, Bannerträger des Evangeliums in der Heidenwelt. 2 Bde. (VII, 220 u. III, 204 S. m. Vollbildern.) 8. Stuttgart 905. J. F. Steinkopf.
Geb. in Leinw. à n. 2. 50; in 1 Bd. n. 4. 50

Richter, Paul, Bannerträger des Evangeliums in der Heidenwelt. 3. u. 4. Tl. (208 u. 192 S. m. Abbild.) 8. Stuttgart 908. J. F. Steinkopf. Geb. in Leinw. à 2.50; in 1 Leinw.-Bd. 4.50

Richter, Paul [app. Arzt aus Mariendorf b./Berlin]: Beitrag zur Lehre von den multiplen Exostosen ... Jena, Univ.-Buchdr. G. Neuenhahn, 1894; 39 S. 8.
Jena, Med. Fak., Inaug.-Diss. v. [4. Juli] 1894

Richter, Paul [aus Insterburg]: Beiträge zur Historiographie in den Kreuzfahrerstaaten, vornehmlich für die Zeit Kaiser Friedrich II.... Berlin, Berliner Buchdr.-Akt.-Ges., Setzerinnen-Schule d. Lette-Vereins, 1890; 89 S. 8°
Berlin, Phil. Fak., Inaug.-Diss. v. 18. Jan. 1890

Richter, Paul: Beiträge z. Jodmedikation. *Berlin 1896.*
in: Beiträge z. Dermatologie u. Syphilis. Festschr. gewidm. G. Lewin z. Feier s. 50j. Doctorjubil. (95. 3767

Richter, Paul [pr. Arzt aus Berlin]: Beiträge zur Klinik und Casuistik der traumatischen Geistesstörungen ... Berlin, Druck v. H. S. Hermann, 1890; 35 S. 8°
Strassburg, Med. Fak., Inaug.-Diss. v. 1890

Richter, Paul: Beiträge zur Theorie des Huntington-Heberlein Prozesses und der ihm verwandten Verblaseverfahren. 1909. 84 S. 8°
Dresden, Dr.-Ing.-Diss. v. 31. 7. 1908

Richter, Paul, neuere Bestrebungen auf dem Gebiete der weiblichen Diakonie. Vortrag auf der 19. Generalversammlg. des brandenburg. Prov.-Ausschusses f. innere Mission am 11. XII. 1901 in Berlin. gr. 8. (32 S.) Görlitz 902. R. Dülfer. n. — 50

Briefe über Synodaldiakonie von Paul **Richter**, Pastor in Mertschütz. Gütersloh: Bertelsmann 1910. 96 S. 8° (10. 9306

Richter, Paul *Wilhelm Albert* [aus Lübben]: Die Bromeliaceen vergleichend anatomisch betrachtet. Ein Beitr. z. Physiologie d. Gewebe ... Lübben, Comm.-V. v. F. Winckler, 1891; 1 Bl., 23 S., 1 Bl., 1 Taf. 8.(4.)
Berlin, Phil. Fak., Inaug.-Diss. v. 13. Okt. 1891

Richter, Paul, das Buch der Toaste. Sammlung heiterer u. ernster Toaste u. Tischreden bei Festlichkeiten jeder Art. Nebst einem Anh.: Trinklieder u. Trinksprüche. 8. (64 S.) Hamburg 877. Kramer. n. — 50

Dank der neuaufgenommenen Brr Frmr. Von Paul **Richter.** o. O. u. J. 1 Bl. 8° [Kopftit.] 3.

Symbolische Deutung des Namens „Drei Goldene Anker zu Liebe und Treue". Instruktionsvortrag, gehalten in der Joh.-Loge „Drei Goldene Anker zu Liebe und Treue" im O. Stettin am 15. Nov. 1906 von Paul **Richter.** Auf Wunsch der Brrschaft als Ms. gedr. Stettin [1906]: Susenbeth. 19 S. 8° [Umschlagtit.]
Die „Drei göldnen Anker" werden auf den Glauben an Gott u. die Unsterblichkeit der Seele, auf das Sittengesetz u. auf Vaterland u. König gedeutet.

Richter, P., zur Dramaturgie d. Aschylus. gr. 8. (III, 287 S.) Leipzig 892. B. G. Teubner. n. 6. 60

Richter, Paul, die Entwickelung der Dermatologie in Berlin. Eine histor. Skizze. (47 S.) 8. Berlin 904. A. Hirschwald. n. 1. —

Müller, Karl: Zur Erinnerung an den 90. Geburtstag unseres gel. Br. Carl Müller am 22. Mai 1907. Gesungen am Johannisfeste 1907 von Jul. Zarest. [Unterz.:] Paul **Richter.** [Stettin 1907]: Susenbeth. 1 Bl. 14,5×30,9 cm [Kopftit.]
Lied ohne Noten: „Auch ich war ein Jüngling mit lockigem Haar, . . ." Mit Bildn. von K. Müller.

Richter, Paul: Allgemeine Erziehungs- und Unterrichtslehre. Leipzig: Teubner 1908. VIII, 156 S. 8°
(Einheitliches Lehrbuch f. d. pädag. Unterr. an Lehrerbildungsanst. T. 2.)

Richter, Paul [pr. Arzt]: Aus d. pharmakolog. Institut d. Univ. Breslau. Experimentaluntersuchungen über Antipyrese und Pyrese, nervöse und künstliche Hyperthermie. . . . (Aus: Virchow's Arch. f. path. Anat. . . . 123. Bd. 1891.) Berlin, *Druck u. Verl. v. G. Reimer*, 1891; 2 Bl., 48 S., 1 Bl. 8°
Breslau, Med. Fak., Inaug.-Diss. v. 15. Jan. 1891

Richter, Paul, aus Neuland i. Schl.: Ein Fall von Neuritis mit secundärer Beteiligung der Medulla spinalis. *Leipzig [1899]: A. Edelmann.* (17 S.) 8°
Leipzig, Med. Diss. v. 3. Juli 1891

— Theodor Fliedner u. die Zukunft der weibl. Diakonie. 8. (42 S.) Gütersloh 900. C. Bertelsmann. n. — 50

Richter, [Paul]: Folgerungen für die Verwendung der Artillerie aus den Erfahrungen des ostasiatischen Feldzuges 1904/5. Berlin: Mittler 1909. S. 95–144. 8°
(Militär-Wochenblatt. 1909. Beih. 3.)

Richter, Paul u. Gottl. Stier

— Franciseum Servestanum Anhaltinum principi juventutis conjugique modo nuptae celsissimis salutem dicit deditissimam. 4 (S. 31). **Progr.** Franciseum *Zerbst* 1890 (668).

Die Freimaurerei in Bismarck's Gedanken und Erinnerungen. Von Paul **Richter.** [Berlin 1901: Denter & Nicolas.] 2 Bl. 8° [Kopftit.]
Abgedr. in: Bbl. 15 (1901) S. 134—136; FZ. 55 (1901) S. 92—93; H. 12 (1901) No 11; SL. 21 (1901) S. 71–72; O. 26 (1901) S. 281—282. cf. BayrBbl. 1 (1900–1901) S. 338—340.
Betr. Bismarcks dreifache Erwähnung der Frmrei. 3.

Gedenket des Altersheims für Freimaurer in Einbeck! [Unterz.:] Paul **Richter.** o. O. u. J. 1 Bl. 4°. [Kopftit.]
Gedicht: „Es schläft das Meer. Nur leicht sein Atem bebt" ... 21.

Richter, Paul, Geschichte der evangelischen Kirchgemeinde Deutsch-Wartenberg von 1555 bis 1890, zum 100jähr. Jubiläum der Wiedererstehg. derselben verf. 8. (IV, 104 S.) Neusalz a/O. 890. (G. Massute.) n. — 50

Ueber Hautpflege. Von Dr. Paul **Richter**, Spezialarzt in Berlin. *Berlin: Vogel & Kreienbrink 1902.* (16 S.) 8° [F.]
= Volksschriften, Hygienische. No 5. [04. 3991

Die deutschen evangelischen Heidenmissionen. Eine gedrängte Darstellung d. deutschen Missionsgesellschaften. Hrsg. von Paul **Richter**, Pastor in Werleshausen. Berlin: Buchh. d. Berl. ev. Missionsgesellsch. (1907). (213 S.) 8° [F.] [08. 7461

-- i.d.Heidenmissionen, die deutschen evangelischen.

Kleine Heimatkunde des Kreises Neurode von P[aul] **Richter**, Lehrer. Mit 2 Skizzen u. 1 Karte d. Kreises. Neurode: E. Rose 1906. (38 S.) 8° [F.] [08. 3043

Das neue Jahr. Von Paul **Richter.** [Berlin: Wunder 1908.] 1 Bl. 8° [Kopftit.]
Aus: ArSt. 5 (1908) S. 1—2.
Gedicht: „Nun liegt es da, die Segel stolz gefüllt . . ." 3.

Nach hundert Jahren. Blätter aus der Geschichte der Loge „Zum Leoparden" während ihrer Tätigkeit in Lübben i. d. Lausitz 1809—1857. Von Paul **Richter.** [Berlin 1909: Denter & Nicolas.] 11 S. 8° [Kopftit.]
Aus: Bbl. 23 (1909) S. 602–612. 358.

Johannes der Täufer als Schutzpatron der Freimaurer. Von Paul **Richter.** [Berlin: Wunder 1908.] 7 S. 8° [Kopftit.]
Aus: ArSt. 5 (1908) S. 184—190. 3.

Richter, Paul [aus Lunstädt bei Weissenfels]: Humes Kausalitätstheorie und ihre Bedeutung für die Begründung der Theorie der Induktion ... (Erschien vollst. als Heft 1 von: Abh. z. Philos. u. ihrer Gesch. hrsg. v. B. Erdmann.) Halle, Druck v. E. Karras, 1893; 30 S., 1 Bl. 8.
Halle, Phil. Fak., Inaug.-Diss. v. [19. Sept.] 1893

Richter, Paul, David Hume's Kausalitätstheorie u. ihre Bedeutung f. die Begründung der Theorie der Induktion, s. Abhandlungen z. Philosophie u. ihrer Geschichte.

Richter, Paul, aus Wettin a. S.: Zur Kenntnis des Guajakharzes. *Halle a. S. 1903: R. P. Nietschmann.* (54 S.) 8°
Halle, Phil. Diss. v. 1903

Richter, Paul, einheitl. Lehrbuch f. d. pädagog. Unterricht an Lehrerbildungsanstalten. I. u. II. Tl. gr. 8. Leipzig, B. G. Teubner. à 2.—; geb. in Leinw. à 2. 40
I. Psychologie f. Lehrerbildungsanstalten. Mit 4 Fig. im Text. (VIII, 165 S.) 907.
II. Allgem. Erziehungs- u. Unterrichtslehre. (VIII, 150 S.) 908.

[Lied.] Zum Maurer-Jubiläum. [Unterz.:] Paul **Richter.** Stettin o. J.: Susenbeth. 1 Bl. 8° [Kopftit.]
Ohne Noten: „Einst deckte die Binde Dein heisses Gesicht . . ." 3.

[Lied.] Den Schwestern. [Unterz.:] Paul **Richter.** [Stettin: 1907.] 1 Bl. 8° [Kopftit.]
Ohne Noten: „In edler Männer Herzen glänzt . . ." 3.

[F.] Die Benediktinerabtei Maria-Laach. E. geschichtl. Rückbl. auf acht Jahrhunderte '(1093—1893)'. Von Dr. Paul **Richter**, Assist. am K. Staatsarch. in Koblenz. *Hamburg: Verlagsanst. u. Dr. A.-G. 1896.* (97 S.) 8.
= Sammlung gemeinverständl. wiss. Vorträge. N. F. Ser. 11. H. 254/55. [96. 7823

Näher zum Licht! Festvortrag, gehalten auf dem Stiftungsfest der Joh.-Loge „Drei goldene Anker zu Liebe und Treue" im O. Stettin von Paul **Richter**, am 4. März 1906. Stettin [1906]: Susenbeth. 17 S. 8° [Umschlagtit.]
Frmrei, eine innige Verschmelzung von Platonismus u. Christentum, will die Wahrheit erkennen, satt werden am Schönen, das Gute vollbringen. 25.

Richter, Paul: Über Para-Chloranilbenzenylmalonsäureester und dessen Überführung [sic!] in Chinolinderivate .... Leipzig, Druck v. Grimme & Trömel (1888); 1 Bl. + 19 + 1 S. 8°
Leipzig, Phil. Fak., Inaug.-Diss. v. 7. Jul. 1888

Richter, Paul, über Para-Chloranilbenzenylmalonsäureester und dessen Ueberführung in Chinolinderivate. Diss. Leipzig 1888, Gustav Fock. 8°. 19 S.

Richter, Paul, über Pemphigus neonatorum. gr. 8. (106 S.) Berlin 902. S. Karger. n. 2. 50
Sonderabdruck aus: „Dermatolog. Zeitschrift".

Der Pessimismus unserer Zeit und die Freimaurerei. Vortrag, gehalten im freimaurerischen Erziehungsverein zu Halle a. S. am 14. Febr. 1896. Von P[aul] **Richter.** Halle a. S. 1896: Knapp. 14 S. 8° [Umschlagtit.]
Recens: Bbl. 10 (1896) S. 366—367 (A. W. Sellin).
Stellung der Frmrei zum Pessimismus. 23.

Psychologie für Lehrerbildungsanstalten. Von Dr. Paul **Richter**, Sem.Dir. a. D. Leipzig: B. G. Teubner 1907. (VIII, 165 S.) 8° [F.]
= **Lehrbuch**, Einheitliches, f. d. pädagog. Unterricht an Lehrerbildungsanst. T. 1. [07. 6683

Richter, Paul Rabener und Liscow. Ein Beitrag zur Litteraturgeschichte. XXIV S. **Progr.** Kreuzsch. *Dresden* 1881

Richter, Paul, Rabener u. Liscow. Ein Beitrag zur Litteraturgeschichte. gr. 4. (24 S.) Dresden 884. (Weise.) n. — 60

Richter, Paul, a. Danzig, Referendar im Bezirke des Kgl. Kammergerichts zu Berlin: Die Rechtsfolgen der falschen Todeserklärung. Rostock 1907: Adlers Erben. (VIII, 133 S.) 8°
Erlangen, Jur. Fak., Ref. Siber, Diss. v. 12. Sept. 1907
[Geb. 28. Jan. 84 Danzig; Wohnort: Berlin; Staatsangeh.: Preußen; Vorbildung: Wilhelms-Gymn. Berlin Reife O. 03; Studium: Freiburg i. B 1, München 2, Berlin 4 S.; Rig. 10. Juni 07.]

Rede auf die Schwestern, gehalten am dem Schwesternfest der Joh.-Loge „Drei Goldene Anker zu Liebe und Treue" zu Stettin am 10. Nov. 1907 von Paul **Richter.** [Stettin: 1907.] 2 Bl. 8° [Kopftit.]
Toast. Beigefügt 1 Lied ohne Noten auf die Schwestern, ebenfalls von P. Richter: „In edler Männer Herzen glänzt . . ." 3.

— s.: Saat u. Ernte auf dem Missionsfelde.

Richter, Paul: D. Martin Luthers pädagogische Schriften und reformatorische Verdienste um Schule und Unterricht. Mit besond. Rücks. auf d. Volksschule dargest. Halle a. S.: Schroedel 1907. VIII, 87 S. 8°
(Die pädagogischen Klassiker. Bd 23.)

Richter, Paul, Staffage u. Architectur. 1. Hft. Fol. (4 Chromolith. m. 4 S. Text.) Leipzig 886. C. G. Naumann. Subscr.-Pr. 4. —; Einzelpr. 4. 50

Richter, Paul, Staffage u. Architectur. 2. u. 3. Hft. Fol. (8 Chromolith. m. 3 S. Text.) Leipzig 887. C. G. Naumann. Subscr.-Pr. à n. 4. —; einzeln à n. 4. 50

Richter, Paul, Ref. am Kgl. Landgericht Chemnitz: Das Stimmrecht des Aktionärs nach dem Handelsgesetzbuche vom 10. Mai 1897. Borna-Leipzig 1906: R. Noske. (69 S.) 8° [F.]
Leipzig, Jur. Fak., Diss. v. 21. Juni 1906
[Geb. 3. Febr. 79 Hainewalde b. Zittau; Wohnort: Chemnitz; Staatsangeh.: Sachsen; Vorbildung: Gymn. Wurzen Reife O. 98; Studium: Jena 2, Leipzig 7 S.; Rig. 21. Juni 06.]

Stimmungen. Paul **Richter.** Einige Gedichte. Probedruck. Friedrichshagen bei Berlin 1906: A. Kunzke. (10 S.) 8° [F.] [07. 7481

— s.: Studien, missionswissenschaftliche.

Zum Totenfest. Von Paul **Richter.** [Berlin: Wunder 1907.] 4 S. 8° [Kopftit.]
Aus: ArSt. 4 (1907) S. 213—317.
Vom Tod als Mahner, Befreier u. Belohner. 3.

Richter, *Paul* [Oberl.]: Die Tragödien des Äschylus nach Inhalt und Wirkung beleuchtet. Zugleich e. Wort d. Kritik üb. d. Werk v. G. Günther: Grundzüge d. tragischen Kunst. 1. Tl. Breslau, Druck v. Grass, Barth & Co., 1891; S. 3-39; 4°
Breslau, st. Johannes-G, OP 1891 (172)

Richter, Paul Eduard (geb. Frankfurt a. O. [illegible]): De Trichina spirali et trichiniasi. Berolini (1865). 32 S. 8°
Berlin, Med. Diss. v. 2[illegible]. Febr. 1865

Richter, Paul: Kurzer Überblick über die Geschichte der Schützengilde zu Lübben. Lübben, 1910. 1833

Richter, Paul, um Verlorener willen! Ein Beitrag zur Geschichte des Gefängnis- und Gefangenenfürsorgewesens. Mit 2 Fcsm. u. 1 Zeichng. (114 S.) 8. Hamburg 909. Agentur des Rauhen Hauses. 2. —

Richter, Paulus [Pomeranus]: De usu particularum exclamativarum apud priscos scriptores latinos. (Typis Breitkopfii et Haertelii, Lipsiensium.) Argentorati 1874. 8. 34 S.

Richter, Paul De usu particularum exclamativarum apud poetas Augusti aequales. 29 S. **Progr.** *Hagenau* 187[illegible].

Richter, *Wilhelm* Paul [aus Berlin]: Partielle durch Tumoren bedingte Uterusinversionen ... Berlin, C. Vogts Buchdr., *1896*; 58 S., 2 Bl. 8.
Berlin, Med. Fak., Inaug.-Diss. v. 14. Aug. 1896

Richter, Paulus, appr. Arzt a. Sobernheim: Die Veränderungen in die Bauchhöhle implantierter Organe in ihren Beziehungen zur fettigen Degeneration. Rudolstadt 1904: F. Mitzlaff. (24 S.) 8°
Tübingen, Med. Fak., Ref. v. Baumgarten, Diss. v. 22. Sept. 1904
[Geb. 31. Mai 73 Burg b. Bremen; Wohnort: Tübingen; Staatsangeh.: Preußen; Vorbildung: Gymn. Stargard Reife M. 94; Studium: Halle 12 S.; Coll. 12. März 04; Approb. 23. März 01.]

Richter, P. Versuch einer Dialektbestimmung des lai du corn und des fabliau du mantel mautaillié. Diss. Marburg 1885. 43 S.

Richter, P., Versuch e. Dialektbestimmung d. Lai du corn u. d. Faubliau du mantel mautaillié, s. A. Ausgaben u. Abhandlungen aus dem Gebiete der romanischen Philologie.

Was lehrt uns die Schweigepflicht in der Freimaurerei? Von Paul **Richter.** [Berlin: Wunder 1908.] 8 S. 8° [Kopftit.]
Aus: ArSt. 5 (1908) S. 141—148. 3.

Was sagt uns Freimaurern das Johannisfest? Von Paul **Richter.** [Leipzig: Zechel 1908.] 14 S. 8⁰ [Kopftit.]
Aus: A. (NF.) 27 (1908) S. 190—203.
Denken, was wahr, fühlen, was schön, wollen, was gut ist, — das Ziel, zu dem die Frmr die Menschheit führen sollen. 3.

Weihnacht. [Unterz.:] Paul **Richter.** [Leipzig: Zechel 1907.] 1 Bl. 8⁰ [Kopftit.]
Aus: L. 30 (1907) S. 405.
Gedicht: „Du liebes Fest! Mit goldnen Märchenschwingen . . .“ 3.

Wo ist Gott? Von Paul **Richter.** [Stettin] o. J. 1 Bl. 8⁰ [Kopftit.]
Gedicht: „Dort, wo die Weltenkörper ihre Bahnen kreisen, . . .“ 3.

Richter, Paul. Vide: Zais, Ernst.

[F.] Die Zukunft der weiblichen Diakonie. E. Wort z. freundl. Erwägg f. alle Freunde d. weibl. Diakonie v. P. Paul Richter, Vereinsgeistlicher . . . in Liegnitz. *Gütersloh: C. Bertelsmann 1898.* (29 S.) 1 Bd 8. [98 9142

Richter, Paul Alfred, Referendar: **Der Anspruch der Tochter auf Aussteuer** ⟨BGB. §§ 1620—1623⟩. **Dresden 1909: Gärtner.** 66 S. 8°
Leipzig, Jur. Diss. v. 30. Sept. 1909
[Geb. 16. April 84 Bertsdorf; Wohnort: Dresden-Strehlen; Staatsangeh.: Sachsen; Vorbildung: Kreuz-Gymn. Dresden Reife O. 04; Studium: Leipzig 9 S.; Rig. 6. Juli 08.] [U 10. 2845

Richter, Paul Boguslav

Richter, P. B., Beiträge zur Flora der oberen Kreide Quedlinburgs u. seiner Umgebung. 1. Tl. Die Gattg. Credneria u. einige seltnere Pflanzenreste. Mit 77 Fig. auf 6 Lichtdr.-Taf. (18 S. m. 1 Bl. Erklärgn.) Fol. Leipzig 905. W. Engelmann. n. 8. —

— Beiträge zur Flora der unteren Kreide Quedlinburgs. I. Tl. Die Gattg. Hausmannia Dunker u. einige seltenere Pflanzenreste. Mit 98 Fig. auf 7 Lichtdr.-Taf. (VI, 27 S.) Fol. Ebd. 906. n. 9. —

Richter, P. B., Beiträge zur Flora der unteren Kreide Quedlinburgs. II. Tl. Die Gattg. Nathorstia P. Richter u. Cylindrites spongioides Goeppert. Mit 62 Fig. auf 6 Lichtdr.-Taf. (12 S.) 42,5×30,5 cm. Leipzig 909. W. Engelmann. 9. —
I. Tl. Ebd. 906. 9.—.

Richter, P[aul] B[oguslav]: Über die Kreidepflanzen der Umgebung Quedlinburgs. Teil I. 20 S., 2 Taf. 4. Teil II. S. 19, 1 S. ung., Taf. III. IV. 4. Kgl. Gymn. *Quedlinburg* 1904 (292). 1905 (293).
Progr.

Richter, **Paul:** Über die Kreidepflanzen der Umgebung Quedlinburgs. T. 1. Quedlinburg 1904: H. Klöppel. (20 S.) 4°
Quedlinburg, k. G OP 1904 (292)

Richter, P(aul) B., Prof.: Über die Kreidepflanzen der Umgebung Quedlinburgs. T. 2. Quedlinburg 1905: H. Klöppel. (19 S.) 4° ¶ [Forts. d. P-Beil. 1904.]
Quedlinburg, k. G OP 1905 (293)

RICHTER, Paul Emil (Hrsg.): Adressbuch der Professoren, Docenten und Lectoren der Universitäten und technischen Hochschulen Deutschlands, Deutsch-Oesterreichs, der Schweiz und der Ostseeprovinzen. - Leipzig 1883. VI, 158 S. - Weitere Ausg. u. d. T.: . . . und der Ostseeprovinzen, mit Angabe der Wohnungen in Berlin, Leipzig und Wien. ebd. 1889. VI, 188 S. - 3. Aufl. u. d. T.: Adressbuch der Professoren, Docenten und Lectoren der Universitäten, der technischen und landwirtschaftlichen Hochschulen, sowie der Forst- und Bergakademien Deutschlands, Oesterreichs, der Schweiz und der Ostseeprovinzen mit deutscher Vortragssprache. Mit Angabe der Wohnungen in Berlin, Leipzig und Wien. ebd. 1891. IV, 189 S.

Richter, Paul Emil, s. a. Adressbuch der Professoren, Docenten u. Lectoren der Universitäten, der technischen u. landwirthschaftlichen Hochschulen etc. Deutschlands, Oesterreichs, der Schweiz u. der Ostseeprovinzen.

Richter, Paul Emil, bibliotheca geographica Germaniae. Litteratur der Landes- u. Volkskunde des Deutschen Reichs, bearb. im Auftr. d. Zentral-Kommission f. wissenschaftl. Landeskunde v. Deutschland. gr. 8. (X, 841 S.) Leipzig 896. W. Engelmann. n. 22. —; geb. n.n. 24. 50

— dasselbe. Autoren-Register. gr. 8. (54 S.) Ebd. 897. n. 2. —

Richter, Paul Emil, s.: Dilich's, Wilh., Federzeichnungen kursächsischer u. meissnischer Ortschaften.

Richter, Paul Emil. Litteratur der Landes- u. Volkskunde d. Königr. Sachsen. Zur Jubelfeier der 800jähr. Herrschaft d. Hauses Wettin hrsg. vom Verein f. Erdkunde zu Dresden. gr. 8. (VI, 308 S.) Dresd. 889, (Huhle). ℳ 5 —
—— dass. — 1. Nachtrag. gr. 8. (43 S.) (Ebd.) 893. ℳ — 60

— Litteratur der Landes- u. Volkskunde d. Königr. Sachsen. Hrsg. f. den Verein f. Erdkunde. 1. Nachtrag. gr. 8. (43 S.) Dresden 892. (A. Huhle.) n. — 60
(Hauptwerk u. 1. Nachtrag: n. 5. 60)

— dasselbe. 2. Nachtrag. gr. 8. (30 S.) Ebd. 894. n. — 30

— Litteratur der Landes- u. Volkskunde des Königr. Sachsen. 3. Nachtrag. (Beilage z. 26. Jahresbericht des Vereins f. Erdkunde.) gr. 8. (77 S.) Dresden 898. (A. Huhle.) n. — 80
(Hauptwerk u. 1.—3. Nachtrag: n. 6. 70)

Richter, Paul Emil, Litteratur der Landes- u. Volkskunde des Königr. Sachsen. 4. Nachtrag. Hrsg. v. den Vereinen f. Erdkunde zu Dresden u. Leipzig. (220 S.) gr. 8. Dresden 903. (A. Huhle.) 3. —

— dasselbe aus den J. 1903 u. 1904. (Mit Nachträgen aus früheren Jahren.) 5. Nachtrag. Hrsg. vom Verein f. Erdkunde zu Dresden. (76 S.) gr. 8. Dresden 905. W. Baensch. n. 1. 50
Sonderabdruck aus: „Mittlgn. d. Ver. f. Erdkunde“.

— Literatur der Landes- u. Volkskunde u. Geschichte des Königr. Sachsen aus den J. 1905 u. 1906. (Mit Nachträgen aus früheren Jahren.) 6. Nachtrag. Hrsg. v. Verein f. Erdkunde zu Dresden. (IV, 105 S.) gr. 8. Dresden 907. W. Baensch. 2. —

— dasselbe aus den J. 1907 u. 1908. (Mit Nachträgen aus früheren Jahren.) Letzter (7.) Nachtrag. Hrsg. vom Verein f. Erdkde. zu Dresden. (IV, 101 S.) gr. 8. Ebd. 909. 2. —
2 Sonderabdrucke aus: „Mittlgn. d. Ver. f. Erdkde.“

Universitätskalender

f. d. Studien-J. Mich. 1882 bis 1883 Mich. Verzeichniss der an den Universitäten deutscher Zunge lehrenden Professoren, Docenten u. Lectoren. Herausg. von P. E. Richter. Jhg. 1. Berlin 1883. 16.
Die Fortsetzung kommt, weil nicht nach Ländern u. Städten geordnet, nicht in Betracht. . . . [illegible]

—— Verzeichniss der Bibliotheken m. gegen 50,000 u. mehr Bänden. I. Deutschland, Oesterreich-Ungarn, Schweiz, England, Nord-Amerika. gr. 8. (27 S.) Lpz. 890, Hedeler.
Mit Schreibpapier durchsch. n. 3 —
Aus: Export-Journal, besonders abgedruckt.

— Verzeichniss der Bibliotheken m. gegen 50,000 u. mehr Bänden. II. Belgien, Frankreich, Griechenland, Holland. Italien, Portugal. Rumänien. Russland. Serbien. Skandinavien, Spanien, Afrika, Asien, Australien, Mexiko, Süd- u. Mittel-Amerika. [Aus: „Export-Journal".] gr. 8. (30 S.) Leipzig 892. G. Hedeler. Mit Schreibpap. durchsch. n. 5. — (I u. II.: n. 8. —)

— dasselbe. I u. II. [Aus: „Export-Journal".] (Unveränd. Neudr.) gr. 8. Ebd. 894. Mit Schreibpap. durchsch. n. 8. —
I. Deutschland, Oesterreich-Ungarn, Schweiz, England, Nord-Amerika. (27 S.)
II. Belgien, Frankreich, Griechenland, Holland, Italien, Portugal, Rumänien, Russland, Serbien, Skandinavien, Spanien, Afrika, Asien, Australien, Mexiko, Süd- u. Mittel-Amerika. (30 S.)

— Verzeichnis v. Forschern in wissenschaftlicher Landes- u. Volkskunde Mittel-Europas. Im Auftrage der Central-Kommission f. wissenschaftl. Landeskunde v. Deutschland bearb. Hrsg. vom Verein f. Erdkunde zu Dresden. gr. 8. (VI, 207 S.) Dresden 886. (Huhle.) n. 3. —

Richter, Paul Emil, Verzeichniss der periodischen Literatur der königl. öffentlichen Bibliothek zu Dresden. 1877. Enth. die Titel derjenigen periodischen Erscheinungen, Jahrbücher, Vierteljahrshefte, Monatsschriften u. Tagesblätter etc., von welchen Fortsetzungen zu erwarten sind. gr. 8. (16 S.) Dresden 878. Burdach. n. — 30

Richter, Paul Emil, Verzeichnis der Periodica aus den Gebieten der Literatur, Kunst und Wissenschaft im Besitze der k. Öffentlichen Bibliothek zu Dresden. Nach Titeln, Herausgebern und Materien geordnet und mit Unterstützung der Generaldirection der k. Sammlungen für Kunst und Wissenschaft hrsg. Lex.-8. (IV, 96 S.) Dresden 880, Burdach.

Richter, Paul Emil, systematisches Verzeichniss der im J. 1874 der kgl. öff. Bibliothek zu Dresden einverleibten seit 1870 erschienen Werke. 4. (69 autogr. S.) Dresden 875. (v. Zahn.) 1. 50

— alphabetisch-systematisches Verzeichniss der im J. 1875 der königl. öffentlichen Bibliothek zu Dresden einverleibten seit 1870 erschienenen Werke. gr. 8. (49 S.) Dresden 876. Burdach. n.n. 1. 20

— Verzeichniss der 1876 der königl. öffentlichen Bibliothek zu Dresden einverleibten neueren u. fortgesetzten Werke u. Zeitschriften. gr. 8. (IV, 51 S.) Ebend. 877. n.n. 1. —

— Verzeichniss der neuen u. fortgesetzten Werke der königl. öffentlichen Bibliothek zu Dresden 1877. gr. 8. (III, 58 S.) Ebend. 878. n.n. 1. —

— Verzeichniss der neuen Werke der kgl. öffentlichen Bibliothek zu Dresden 1878. gr. 8. (III, 51 S.) Ebend. 879. n.n. 1. —

—— Verzeichniss der neuen Werke der königl. Öffentlichen Bibliothek zu Dresden 1879. gr. 8. (IV, 63 S.) (Ebendas.) **

— dasselbe. 1880. Mit Register üb. die Jahrg. 1876—1880. gr. 8. (VI, 74 u. Reg. 15 S.) Ebend. 881. n.n. 1. 50

Richter, Paul Emil, Verzeichniss der neuen Werke der kgl. öffentlichen Bibliothek zu Dresden 1881. Lex.-8. (52 S.) Dresden 882. Burdach. n.n. 1. 20

Richter, Paul Emil, Verzeichniss der neuen Werke der königl. öffentlichen Bibliothek zu Dresden. 1882. Lex.-8. (55 S.) Dresden 883. Warnatz & Lehmann. n. 1. 20

— dasselbe. 1883. Lex.-8. (57 S.) Ebend. 884. n.n. 1. 20

— dasselbe. 1884. Lex.-8. (61 S.) Ebend. 885. n. 1. 20

— dasselbe. 1885. gr. 8. (70 S.) Ebend. 886. n.n. 1. 50

— Verzeichniss der neuen Werke der königl. öffentlichen Bibliothek zu Dresden. 1886. Lex.-8. (84 S.) Dresden 887. Warnatz & Lehmann. n. 2. 70

—— Verzeichniss selbständiger Werke d. Kgl. öff. Bibliothek zu Dresden, welche sich nur auf die ganze sächsische Schweiz oder einzelne Theile derselben beziehen. Dresden 1880. 8. Beilage zu Über Berg u. Thal No. 27 (5). . . . . (D.)

Verzeichniss der im Jahre 1897 noch im Erscheinen begriffenen Zeitschriften, welche in der Königl. Öffentl. Bibliothek u. in den Handbibl. d. Kgl. Samınlgn vorh. sind. Bearb. v. Oberbibliothekar [Paul Emil] Richter. Hrsg. v. d. Generaldir. d. Kgl. Sammlgn . . . *Dresden: Dr. c. C. Heinrich 1897.* (22 S.) 1 Bd 8. [97. 3122

— Verzeichniss d. im J. 1897 noch im Erscheinen begriffenen Zeitschriften, welche in d. kgl. öffentl. Bibliothek u. in d. Handbibliotheken d. kgl. Sammlungen vorhanden sind. Hrsg. v. d. Generaldirektion d. kgl. Sammlgn. Lex.-8. (22 S.) Dresden 897. H. Burdach. n.n.n. — 50

Richter, Paul Frdr., s.: Chemie u. Medizin, physikal.

Indikationen und Technik der Entfettungskuren. Von Prof. Dr. Paul Friedrich **Richter** in Berlin. Halle a. S.: C. Marhold 1908. (38 S.) 8°
= **Sammlung** zwangloser Abhandlungen aus d. Geb. d. Verdauungs- u. Stoffwechsel-Krankheiten. Bd 1, H. 4. [08. 12687 3

Richter, Paul Frdr., functionelle Nierendiagnostik, s.: Casper, Leop.

Die Organotherapie und ihre praktische Bedeutung. Von Dr. Paul Friedrich (auf d. Umschl.: Friedr. Paul) **Richter**, Assistent d. 3. Med. Klinik in Berlin. *Berlin: Fischer 1900.* (27 S.) 8° [Kopft.]
= **Klinik**, Berliner. H. 139. [01. 13009

Stoffwechsel und Stoffwechselkrankheiten. Einführung in d. Studium d. Physiologie u. Pathol. d. Stoffwechsels f. Aerzte u. Studierende. Von Dr. Paul Friedrich **Richter**, Privatd., Berlin. Berlin: A. Hirschwald 1906. (X, 389 S.) 8° [05. 14384

RICHTER, PAUL THEODOR. Ueber Para-Chloranilbenzenylmalonsäureester und dessen Ueberführung in Chinolinderivate. Leipzig [1888].

RICHTER, Paul Victor (Spandau): Untersuchungen über die Verwendbarkeit von Wasserstoffsuperoxyd und Hydroxylamin als Antiseptica in der Augenheilkunde.- München: Ernst 1893. 46 S.
15.7.1893 - Chr 1893/94,11; Jv 1892/93,210
Diss. Ingolst.-Landsh.-München.

— Peter (Hamburg), De praerogativo Adam coniugio. Comment. epistolica. Göttingen (A. Vandenhoeck) (Nov.) 1745. 15 S. (4.—) 28775
Gew.: Carl Otto Heinrich Marquard.

— Peter Joseph (Bergheim/Rheinprov.), De epilepsia. Diss. med. Berlin (A. Petsch) 19. X. 1826. 43 S. mit Biogr. (M.: M. Hahn.) (4.—) 28776
Oppon.: Carl Hons, Peter Kops, Peter Reimbold.

Richter, Phil. Mor., neues Baubuch in der Civilbaukunst. 4. Leipz. 737.

— von Steigracketen. Fol. Ebend. 758.

Richter, Phil. S., Rechnungsaufgaben, f. Kinder u. Selbstlernende entworf. u. erläut. (Mit Auflösn.) 2. Aufl. 8. (11 B.) Hanau 833, König.

Richter, R. Ueber die Bestimmung des Feuchtigkeitsgehaltes der Luft in Lehrsälen, mit Berücksichtigung des Feuchtigkeitsgehaltes der Luft im Freien. Roston, 1898.

Richter, R. De Albii Tibulli tribus primis carminibus disputatio. Pr. 1873. 20 S. 4°. 3.50

— De quarti libri Tibulliani elegiis inprimisque de quinta disputatio. Pr. 1875. 10 S. 1.50

Richter, R., Lexikon deutscher Redensarten, bearb. u. in Esperanto übertr., s.: Velten, Wilh.

Richter, R. Plan einer englischen Grammatik für Realschulen erster Ordnung. Siegen. R., 1864. 17 S. 4.
Progr.

Richter, R., die christlichen Sekten. Ein Wort der Mahng. f. die evangel. Deutschen. 8. (50 S.) Barmen 887. Klein. n. — 75

Richter, R., s. Sue, Eug., die Seewarte.

Richter, R., was liesest du? Ein gutgemeintes Wort an Alle, die lesen gelernt haben u. gern etwas lesen. 12. (23 S.) Berlin 886. Deutsche Evangel. Buch- u. Tractat-Gesellschaft. — 9

Richter, Raoul, **Einführung in die Oper v. Rich. Wetz, Das ewige Feuer. (15 S.) kl. 8. Leipzig (905). E. Eulenburg. n. — 50**

Einführung in die Philosophie. 6 Vorträge von Raoul **Richter**, Prof., Leipzig. Leipzig: B. G. Teubner 1907. (128 S.) 8° [F.]
— **Natur**, Aus, u. Geisteswelt. Bdch. 155. [07. 9088

Einführung in die Philosophie. 6 Vorträge von Raoul **Richter**, Prof., Leipzig. 2. durchges. Aufl. Leipzig: Teubner 1910. 126 S. 8°
(Aus Natur u. Geisteswelt. Bdch. 155.) [11. 14,00 11

Richter, Raoul, Einführung in die Philosophie, s. a. Aus Natur u. Geisteswelt.

Richter, Raoul, Kant-Aussprüche. gr. 8. (XIV, 110 S.) Leipzig 901. E. Wunderlich. n. 1. 20; geb. n. 1. 60

— s. a. Kant-Aussprüche.

— Kunst u. Philosophie bei Richard Wagner. Akademische Antritts-Vorlesg., geh. in Leipzig den 17. VII. 1906. (50 S.) 8. Leipzig 906. Quelle & Meyer. n. 1. —

Richter, Raoul, zur Lösung d. Faustproblems. Ein Vortrag. gr. 8. (32 S.) Leipzig 892. O. Wigand. — 60

Richter, Raoul. Friedrich Nietzsche, sein Leben und sein Werk. Fünfzehn Vorlesungen gehalten an der Universität zu Leipzig. VIII + 290 S. 8. Leipzig, Dürr, 1903. [M. 4. —]

— Friedrich Nietzsche. **Sein Leben und sein Werk. 16 Vorlesgn., geh. an der Universität zu Leipzig. 2., umgearb. u. verm. Aufl. (VIII, 356 S.) gr. 8. Leipzig 909. [Dürr'sche Buchh.] Fel. Meiner. 4.80; geb. 6.—**

— Philosophie u. Religion. Vortrag, geh. im philosoph. Verein zu Leipzig. (III, 23 S.) gr. 8. Leipzig 905. E. Wunderlich. n. — 40

— der Skeptizismus in der Philosophie. 1. Bd. (XXIV, 364 S.) gr. 8. Leipzig 903. Dürr'sche Buchh. n. 6. —

Der Skepticismus in der Philosophie. Von Raoul **Richter**, Privatd., Leipzig. Bd. 1. *Leipzig: Dürr 1904.* 8° [04. 8913

— Der Skeptizismus in der Philosophie und seine Überwindung. 2. Bd. (VI, 584 S.) gr. 8. Ebd. 908. 8.50; geb. 10. —
Bd. 1. Jetzt Ebd. 903. 6.—; geb. 7. 50

Richter, Raoul: **Schopenhauer's Verhältnis zu Kant in seinen Grundzügen. Tl 1 ... Leipzig-Reudnitz, Druck v. M. Hoffmann, 1893; VI, 205 S., 1 Bl. 8.**
Leipzig, Phil. Fak., Inaug.-Diss. v. [18. Sept.] 1893

Richter, Raoul: **Der Willensbegriff in der Lehre Spinoza's.** *Leipzig: W. Engelmann 1898.* (136 S.) 8° ¶ (Aus: Wundt's Philosophische Studien, Bd 14 H. 1 u. 2.)
Leipzig, Phil. Hab.-Schr. v. 3. März 1898

Richter, Reinhard, Beitrag zur Paläontologie des Thüringer Waldes. Die Grauwacke des Bohlens u. des Pfaffenberges bei Saalfeld. I. Fauna. Mit 6 Steindrucktaf. (wovon 1 color.) Imp. 4. (VIII u. 48 S.) Leipzig 848, Arnold. n. 3 ℛ

—— und Unger (F.), Beitrag zur Paläontologie des Thüringer Waldes. Theil 1 von R. Richter. Mit 3 Tafeln. — Theil 2 von F. Unger, Schiefer- und Sandstein-Flora. Mit 13 Tafeln. (Denkschriften der Kaiserl. Akademie d. Wissensch., Band 11.) Wien 1856. 4.

Richter, **Reinhard und Frz. Unger, Beitrag zur Paläontologie des thüringer Waldes. gr. 4. (100 S. mit eingedr. Holzschn. und 13 lithogr. und chromolithogr. Taf.) Wien 856, (Gerold's Sohn.)** *
Aus: Denkschriften der k. Akademie der Wissenschaften, besonders abgedruckt.

Richter, Reinhard u. Frz. Unger: Die organischen Einschlüsse des Cypridinenschiefers des Thüringer Waldes. (Auszug.)
Separatabdr. aus: Sitzungsberichte d. Kais. Akad. d. Wissensch. in Wien. Bd. 18. S. 392.

Richter, Reinhard: Aus alten Grüften. Saalfeld 1867. 15 S.
Schul-/Univ.-Schrift

Richter, Rhard., Lehrbuch der Handelswissenschaft, s.: Braune, Alb.

Richter, Reinhard: Seltene Pflanzen um Saalfeld. Saalfeld 1867. Schul-/Univ.-Schrift

Richter, R., Saalfeld u. Umgegend. Mit e. (lith.) Plane der Stadt (in qu. 4.) 8. (76 S.) Saalfeld 874. Riese. n. 1. —

Richter, Richard (*Gottlieb*) Kritische Bemerkungen zu Caesars Commentarius VII. de bello Gallico. 4 (39 S.).
Progr. Kön. u. Gröningsch. G. *Stargard in Po.* 1889 (132).

Richter, Richard, Prof. Dr.: Kritische Bemerkungen zu Caesars Commentarius VII. de bello Gallico. T. 2. Stargard i. P. 1907: F. Hendess. (S. 3—21.) 4° ¶ [Forts. d. P-Beil. 1889.]
Stargard i. P., k. u. Gröningsches G OP 1907 (181)

Richter, Rich. Catulliana. 26 S. **Progr.** Kö. G. *Leipzig* 1881.

Richter, Rich., Catulliana. 4. (26 S.) Leipzig 882. (Hinrichs' Sort.) n. 1. 20

Richter, Richard (Immanuel):
Charakterbild des am 25. September 1899 verstorbenen Oberlehrers Dr. Paul Oskar Glässer. 4 (S. 1—2 d. Schuln.).
Progr. Kgl. G. *Leipzig* 1900

Richter, Richard, aus Rosswein i. S.: Über die Einwirkung von Chlor und Brom auf p-Amidoacetophenon. *Marburg 1902: R. Friedrich.* (45 S.) 8°
Marburg, Phil. Diss. v. [15. Mai] 1902

—— de epitaphii, qui sub Lysiae nomine fertur, genere dicendi. Dissertatio inauguralis philologica. gr. 8. (35 S.) Gryphiswaldiae 881. (Jena, Frommann'sche Buchdruckerei.)

Richter, Rich., de epitaphii, qui sub Lysiae nomine fertur, genere dicendi. Dissertatio inauguralis philologica. gr. 8. (36 S.) Gryphiswaldiae 881. (Jena, Pohle.) — 75

Richter, Rich., s.: Jahrbücher, neue, f. das klassische Altertum etc.

Richter, Rich., s: Jahrbücher, neue, f. Philologie u. Pädagogik.

Richter, Richard *Immanuel: Nachruf auf den am 8. Juli 1897 gestorbenen Prof. Dr. Karl Albin Hübler.* 4 (S. 1—3 der Schuln.). **Progr.** Kgl. G. *Leipzig* 1898

—— **Nekrolog für Prof. Conrad Bursian in München.** gr. 8. (18 S.) **Berlin 884, Calvary und Comp.** *
Aus: Biographisches Jahrbuch für Alterthumskunde, besonders abgedruckt.

— Reden u. Aufsätze. Mit 1 Bildnis in Heliograv. gr. 8. (VIII, 247 S.) Leipzig 902. B. G. Teubner. n. 5. —; geb. in Leinw. n. 6. —

Richter, Rich., die Rettungshäuser in Sachsen. Erster Hauptbericht, im Auftrage d. Verbandes der Rettungshäuser im Königr. Sachsen. hoch 4. (27 S.) Leipzig 873. Dörffling & Franke. n. — 60

Richter, Richard *Immanuel:* Über Sachsen als Gymnasialstaat. Aus der Festrede, gehalten am siebzigsten Geburtstage Sr. Majestät des Königs Albert. 4 (S. 7—10). Kgl. G. *Leipzig* 1899
Auch in des Verf Reden und Aufsätze. Leipzig 1902, B. G. Teubner M. 5,-
Progr.

Richter, Richard, Dr., Rekt.: [Zur Umnennung des Königlichen Gymnasiums zu Leipzig in König Albert-Gymnasium.] *Leipzig 1901: A. Edelmann.* (S. 1—2.) 4°
Leipzig, König Albert-G, bish. k. G, OP 1901 (580)

Richter, *Ubbo* Richard [pr. Arzt aus Loquard '(Ostfriesl.)']: Der Verlauf der Geburt bei Vagina septa ... Berlin, Buchdr. v. G. Schade, *1894;* 30 S., 1 Bl. 8,
Berlin, Med. Fak., Inaug.-Diss. v. 12. Okt. 1894

Richter, Robert

Richter, Rob., über die Darstellung künstl. Mineralien, siehe: Gangstudien, Bd. II. Hft. 2.

Richter, Rob., Leitfaden zum Unterricht in der quantitativen analytischen Chemie. 8. (VIII und 122 S. mit eingedr. Holzschn.) Freiberg 853, Engelhardt. *

Richter, Rob., s.: Lesebuch, deutsches, f. Realschulen.

Richter, Roland, die Entwicklung d. Rinderzucht in Dänemark m. spezieller Berücksicht. der roten dänischen Milchrasse. (III, 87 S.) gr. 8. Wien 908. (C. Fromme.) 2. —

Richter, Rudolf: Beiträge zur Kenntnis devonischer Trilobiten aus dem Rheinischen Schiefergebirge. **Marburg 1909:** (Knauer, Frankfurt a. M.). 96 S. 8° ¶(Ersch. vollst. voraussichtlich in: Palaeontol. Abhandlungen.)
Marburg, Phil. Diss. v. 18. März 1909, Ref. Kayser
[Geb. 7. Nov. 81 Glatz; Wohnort: Frankfurt a. M.; Staatsangeh.: Preußen; Vorbildung: Gymn. Glatz Reife O. 00; Studium: Marburg 2, München 2, Marburg 4 S.; Rig. 22. Juli 08.] [U 09. 3207

Richter, R., Goethes Beziehungen zu Elbogen a. d. Eger. (40 S.) gr. 8. Wien 906. Manz. n. — 85

— Rudolph (Wittenberg), De diagnosi herniarum incarceratarum. Diss. med.-chir. Halle (Ploetz) 27. XI. 1846. 34 S. u. Biogr. (M.: A. Doerfurth.) (3.75) 28777
Advers. part. suscep.: A. Kalkhoff, J. Jacoby. — Seinem Vater gew. (Wilhelm Richter.)

Richter, Rud., s.: Flugblätter, österreichische.

Richter, Rud., Gedichte, s. Beifert, F.

Richter, Rud., die Heeresverwaltung Deutschlands, Frankreichs, Italiens u. Russlands. Eine Zusammenstellg. der Verwaltungsorganisation im Frieden und im Kriege, m. besond. Berücksicht. des Verpflegs- u. Trainwesens. 1. u. 2. Heft. Lex. 8. Wien, (L. W. Seidel & Sohn). 5. —
1. Deutschland. (80 S.) 909. 2. —
2. Frankreich. (87 S.) 909. 3. —

Detlev von Liliencrons Lyrik v. Rudolf **Richter.** Wien. 1910. 8°

Richter, Rudolf: Der neue Obstbau. Einfache streng naturgemäße Methode. Größte Widerstandskraft, höchste Ertragsfähigkeit aller Obstarten. Die Stringfellow-Methode d. deutschen Verhältnissen angepaßt. Mit 21. Abb. Jungborn-Stapelburg: Just 1909. VI, 83 S. 8°

Richter, Rud., der neue Obstbau. Einfaches, streng naturgemäßes Verfahren. Größte Widerstandskraft, höchste Ertragsfähigkeit aller Obstarten. Das Stringfellow-Verfahren den deutschen Verhältnissen angepaßt. 2. wesentlich verm. Aufl. (2.—6. Tauf.) (VII, 125 S. m. 14 Abb.) 8. Jungborn-Stapelburg 910. R. Just. Kart. 2. 25

Richter, Rudolfus, **Halberstadtensis: De ratione codicum Laur. plut. 69,2 et Vatic. 126 in extrema Thucydidis historiarum parte. Halae Sax. 1906: [E. Karras]. (37 S.) 8°**
¶(Erscheint vollst. in: Dissertationes Philol. Halenses Vol. 16.)
Halle, Phil. Fak., Ref. Dittenberger, Diss. v. 25. Aug. 1906
[Geb. 1. Sept. 84 Halberstadt; Wohnort: Halle a. S.; Staatsangeh.: Preußen; Vorbildung: Stadt-Gymn. Halle Reife M. 02; Studium: Halle 1, Göttingen 1, Berlin 1, Halle 5 S.; Rig. 10. Juli 06.]

Richter, Rud., de ratione codicum Laur. Plut. 69, 2 et Vatic. 126 **in extrema Thucydidis historiarum parte, s. a. Dissertationes philologicae Halenses.**

Richter Rudolf: Dr. John Donnes Satiren.
H. 1899 PN 1188 Diss. Wien, Univ. 1942

Richter, Rudolf (Hrsg.), s. Schiller, Friedr. v.: Fiesko.

Richter, Rudolph: Versuch einer medicinischen Topographie der Gouvernements- und Hafen-Stadt Archangelsk. Diss. Dorpat. 1828. 16°. 149 S. mit einem Plane.

Richter, S., christl. Beobachter. Eine Zeitschrift zur Beleuchtung u. Erörterung der kirchl. Zeiterscheinungen. 4. Frankf a/M. ..., Zimmer. pr. Jahrg. 1 1/6 ₰

Richter, ... (Pfarrer), s. Beobachter, der christliche.

Richter S.: Unterschiedliche Gattungen neuer Risse u. Vorzeichnungen, wie in schönen Gärten anmuthige Lust-Stücke, u. Blumen-Bethe anzulegen . . . Augsburg [1756]. 38 Tvl. Fol.

Richter, S., der christliche Hausfreund, s. Hausfreund.

Richter, S., unterschiedl. in Kupfer gestochene Verzeichnungen, wie in schönen Gärten anmuthige Lustbeete u. Blumenstücke anzulegen. 6 Thle. Fol. Augsburg, 1756. 3. 15

Richter, S. G. F., die Menstruation, Bleichsucht u. der weiß-Fluß des weibl. Geschlechts. 16. Bautzen 845, Reichel. 1/4 ₰

Richter, Salo (geb. Beuthen 26. 2. 1837): De anaesthesia inprimis cutanea, exemplis illustrata. Berolini (1850). (34 S.) 8°
Berlin, Med. Diss. v. 22. Juli 1850

[Hebr. u. D.] Zikrô la-nesah. Erinnerung an Dr. Salomon Richter, Rabb. in Filehne. 1879–1900. Ein Cyklus von Festpredigten aus d. Nachlaß hrsg. von s. Sohne Walter Richter. Berlin: L. Lamm 1908. (31 S.) 8°
[08. 6063

Die warhaffte und vollkommene Bereitung des philosophischen Steins, der Brüderschafft aus dem Orden des Gülden- und Rosen-Creutzes, darinne die Materie zu diesem Geheimniss mit seinem Nahmen genennet, auch die Bereitung von Anfang biss zu Ende mit allen Hand-Griffen gezeiget ist, dabey angehänget die Gesetz oder Regeln, welche die gedachte Brüderschafft unter sich hält, denen filiis doctrinae zum Besten publ. von S[incero] R[enato] [d. i. Samuel **Richter**]. Nebst einem Nutzbringenden und gewissen Particular, welches als ein Vortrab der nachfolgenden, und von dem Editore selbst gearbeiteten Experimenten, am Ende dieses Tractats zur Probe folget, aus gutmeinendem Hertzen denen armen Suchenden geschencket. Breslau: Fellgiebel 1710. 126 S. 8⁰

[Dasselbe] von Sincero Renato. Ebendas. 1714. 126 S. 8⁰

Abgedr. in: [Richter, S.]: Sämtl. philos. u. chym. Schrifften. Leipzig u. Bresslau: 1741 S. 1—128.

Die Gesetze allein mit Anmerk. dazu abgedr. in: Semler, J. S.: Unparteiische Sammlungen z. Historie der Rosenkreuzer. 1 (1786) S. 133—180; ohne Anmerk. in: FZ. 16 (1862) S. 81—85.

cf. Beleuchtungen d. Truggestalten i. frmrischer Hülle. 1808 S. 323—327; 1809 S. 323—327; Freudenberg, F.: Aus d. älteren Gesch. d. Rosenkr. 1905 S. 27—30.

Kl. 2634. Selten.

Die wahrhaffte und vollkommene Bereitung des philosophischen Steins der Brüderschafft aus dem Orden des Gülden-und Rosen-Creutzes ... publ. von Sincero Renato [d.i. Samuel Richter] ... Breßlau: Verf.; Fellgiebel in Komm. 1714. 126 S. 8°

[Sondert.:] R[ichter],S[amuel]: Das versprochene Particular, wie man eine gewisse Exaltationem solis treffen... soll.

— **Samuel** (Breslau/Schlesien), De eo quod justum est circa exceptiones contra promissionem juratam. Disput. jur. Präs. Johann Philipp Streit. Erfurt (Grosch) 19. X. 1702. 27 S. (4.25) 28778

Göldene Quelle der Natur und Kunst, bestehende in lauter wahrhafften und durch die Experienz bestätigten Experimentis ... Zum Anhange die nöthigen und gewöhnlichen chymischen Hand-Griffe ... mitgetheilet von Sincero Renato [d.i. Samuel Richter]. [Breslau:] Verf.; Fellgiebel in Komm. 1711. 263 S. 8°

Richter, Sam. Gl., explicatio vocum graec. et hebr. in theol. posit. Königii. 8. Vitteb. 732.

— **Sigismund** (Chemnitz / Meißen), De homine per mortem a peccatis justificato, Ex Rom. VI, 7. Disput. inaug. Präs. Caspar Loescher. Wittenberg (Chr. Schroedter) 17. X. 1701. 32 S. (4.25) 28779

— **Sigismund Wilhelm** (Berlin), De poena jus sibi dicentis sine judice. Diss. jur. Präs. Justus Henning Böhmer. Halle/Magdeburg (J. Grunert) Febr. 1725. 78 S. (5.50) 28781

— — Dasselbe. Halle / Magdeburg (Grunert) Febr. 1725. 1733. 78 S. (5.50) 28783

— — Dasselbe. Halle/Saale (J. Fr. Grunert) Febr. 1725. 1760. 80 S. (5.50) 28784

Richter, Sophie, Tante Muthchen u. ihre Schützlinge, s. Wendt's Familienbibliothek.

Richter, Sophie Wilh., geb. Müller, allgemeines Koch-Buch sowohl für herrschaftl. als bürgerl. Haushaltungen. 8. Jüterbog 844, Colditz. 1/2 ₰

Richter, Stefan, Das bäuerliche Ausgedinge und dessen Ersatz durch eine Altersrente. 12⁰. Prag, H. Dominicus, 1891. (25 S.)

— Die landwirtschaftliche Berufsgenossenschaft und das Rentengut. gr. 8⁰. Prag, J. G. Calve, 1897.

[D.] Die landwirtschaftliche Berufsgenossenschaft und das Rentengut. Von Stefan Richter. *Prag: J. G. Calve 1898.* (IV S., 1 Bl., 123 S.) 1 Bd 8.
[97. 7310

Richter, Stef., Die soziale Frage und die Landwirthschaft. Vortrag, geh. im land- u. forstw. Verein für den Steuerbez. Tetschen. (Aus: „Deutscher Landwirth“.) gr. 8⁰. Prag, Dominicus, 1890.

— Die sociale Frage u. die Landwirtschaft. Vortrag, geh. im land u. forstwirtschaftl. Verein f. den Steuerbez. Tetschen. gr. 8. (47 S.) (Ebd.) 891. — 70
aus: Deutscher Landwirt, besonders abgedruckt.

— 15 Gebote der Kälberaufzucht. 8. (35 S.) Ebd. 891. n. — 55

— die zehn Gebote d. Milchviehhälters. [Aus: „Prakt. Landwirt".] 8. (12 S.) Ebd. 891. n. — 20

— die 10 Gebote d. Stierhälters. 8. (17 S.) Ebd. 891. n. — 30

— Das landwirtschaftliche Genossenschaftswesen in einigen deutschen Staaten, mit besond. Berücksichtigung der Organisation für den gemeinsamen Ein- und Verkauf und die daraus sich ergebenden Grundgesetze für die Ausgestaltung des landwirtschaftlichen Genossenschaftswesens in Deutschland. gr. 8°. Prag, Calve, 1897. (V,90 S.)

Richter, Stefan: Der landwirtschaftliche Kredit und die Spar- und Darlehnskassenvereine nach Raiffeisen im Vergleich zu den Vorschuss- und Kreditvereinen nach Schulze-Delitzsch. Prag 1888.

Richter, Stef., Böhmens Creditorganisationen m. bes. Berücksicht. d. ländl. Spar- u. Darlehenscassen-Vereine nach F. W. Raiffeisen's System u. e. Anleitg. zur Gründg. u. Geschäftsthätigkeit d. letzteren. E. Hand- u. Lehrbuch auf d. Gebiete genossenschaftl. Selbsthilfe in der Landwirtschaft. Für d. „Centralverband d. deutschen landw. Genossenschaften Böhmens" bearb. u. hrsg. gr. 8. (XV, 646 S. m. 1 farb. Karte.) Prag 897. J. G. Calve.
Geb. in Leinw. n. 8. —

Richter, Stef., üb. Cultur u. Züchtung d. Rübensamens. Ein Vortrag f. unsere Rübenproducenten. [Aus: „Deutscher Landwirt".] gr. 8. (24 S.) Prag 891. Dominicus.
n. — 40

— die Landarbeiterfrage m. bes. Berücksicht. der Organisation d. landwirtschaftl. Arbeitsmarktes in Böhmen. Referat, erstattet in d. XI. ordentl. Hauptversammlg. d. „Deutschen landw. Centralverbandes f. Böhmen" am 28. XI. 1897. gr. 8. (47 S.) n. 1. 20
Prag: Calve 1898.

Richter, S. (Red.), s. Landwirth, Der deutsche.

— die Organisation des gemeinsamen Bezuges u. Absatzes in Oesterreich, s.: Verwaltung, sociale, in Oesterreich. I. 5.

— s.: Stimmen aus dem agrarischen Lager.

Richter, Steph., das landwirtschaftliche Vereins- u. Genossenschaftswesen. Lex.-8. (147 S.) Wien 902. (M. Perles.) n. 4. —
Sonderabdruck aus: „Geschichte der österreich. Land- u. Forstwirtschaft u. ihrer Industrien".

— die Zoll- u. Verkehrs-Frage nach den Beschlüssen d. Wiener Congresses. Vortrag, geh. bei der am 21. Septbr. 1890 in Schöbritz stattgefundenen Wanderversammlg. d. Aussig-Karbitzer land- u. forstwirthschaftl. Bezirks-Vereines. [Aus: „Aussiger Anzeiger".] 8. (20 S.)
Prag: Dominicus 1891. n. — 30

Richter, Stephan Karl

Richter, Steph. Karl, († d. 25. Oct. 1820.) s. Handbuch des im Königr. Sachsen geltend. Civilrechts, (v. Curtius).

Ordinarius idemque procancellarius senior et reliqui assessores facultat. jur. Lipsiensis summos in jure honores cum spe candidato **Stephan Carl Richter** (Leipzig) tributos indicunt. — Insunt Responss. jur. CXVII. et CXVIII. Domini directi consensus in oppignorationem, ut feudum alienari sinat, jure communi non obligat. Quod filia acceperit, nepti ejus haeredi in legitimam recte imputari. Leipzig (Saalbach) 13. II. 1801. 20 S. mit Biogr. v. Richter (M.: Chr. D. Weiss.) (3.75) 28787

— **Stephan Carl** (Leipzig), De vi militiae veterum Germanorum heribannariae in jure Germanico privato conspicua exercit. prima. Präs. Johann Conrad Sickel. Leipzig (C. Tauchnitz) 24. I. 1799. 54 S. (4.25) 28785
Widm. v.: Johann Conrad Sickel.

— **De vi militiae veterum Germanorum heribannariae in jure Germanico privato conspicua exercit.** secunda. Leipzig (C. Tauchnitz) 3. II. 1801. 63 S. (4.50) 28786

Richter, T. C. (Bodmann, Fr. Jos.): Tentamen theoriae de fideicommissis familiarum illustrium et nobilium Germaniae, ad habitum et mores hodiernos spectatae. *Mogunt.* 790. 4.

Richter, Th. E. De locis quibusd. Hieronis Xenophontei. 14 S.
Liegnitz, R., Progr. 1837

Richter, Th.L., les eaux thermales de Töplitz. Essai topographique et medical. gr. in-12. (7¼ B.) Prague 810. Kronberger et Rziwnatz.

Richter, T. L., a medical and topographical sketch of the thermal springs of Teplitz. Meissen 853. Goedsche. 16. (52 S. u. 1 Tab. in 8.) n. 12 ngr.

Richter, Th. L., Teplitz, s. Teplitz.

Richter, Th(eodor) (Hrsg.):

s.: Enzyklopädie der menschlichen Anatomie. Leipzig: 1834 - 1836

Richter, Theod., die Kartoffelbranntweinbrennerei durch Dampf, theoret. u. prakt. dargest. Hülfsb. f. Brennereibesitzer, Verwalter u. Brenner. M. 2 Kpfrt. (qu. gr. Fol.) 8. (10¼ B.) Berlin 832, [Rücker u. Püchler.]

Richter, Thdr., Lehrmittel z. Erlerng. d. Stolzeschen Stenographie. 1. Tl. Leitfaden. 2. Aufl. gr. 8. (46 S.) Berlin 894. (Leipzig, J. H. Robolsky.) n.n. — 50

Leitfaden für den Unterricht in der Stolzeschen Stenographie. Bearb. v. Theodor **Richter** . . . 3. Aufl. *Berlin: H. Schumann 1896.* (54 S.) 1 Bd 8.
— **Lehrmittel** f. d. Unterricht in d. Stolzeschen Stenogr. Tl 1. [98. 7371

— dasselbe f. d. Unterr. in d. vereinf. deutschen Stenographie (Einigungssystem Stolze-Schrey). 1. Tl. Leitfaden. Auf Grund d. Systemurkunde v. 1897 bearb. 4. Aufl. d. „Leitfadens f. d. Unterricht in der Stolzeschen Stenographie". gr. 8. (26 S.) Ebd. 898. n.n. — 50

Richter, Th(eodor): Pfennig-Enzyklopädie der Anatomie, oder bildliche Darstellung der gesammten menschlichen Anatomie nach (Johann Christian) Rosenmüller, (Just Christian) Loder, Carl Bell, (John) Gordon, (August Karl) Bock etc. Gestochen von J(ohann) F(riedrich) Schröter. Leipzig: Baumgärtner 1834 - 1836

s.a. Enzyklopädie der menschlichen Anatomie, hrsg.von Th.Richter.

—— Pfennig-Encyclopädie d. Anatomie, s.a.Pfennig-Encyclopädie.

Richter, Th., s. Plattner's, Carl Friedr., Probirkunst mit dem Löthrohre.

Richter, Theodor Friedrich Max

Richter, T. F. M., Reisen zu Wasser und zu Lande, in den Jahren 1805 bis 1817. 1s Bdchen. 8. Dresden, Arnold. 821.

Auch unter dem Titel:
Tagebuch meiner Seereise von Emden nach Archangel. und von da zurück nach Hamburg rc.

— dasselbe 2s Bdchen. auch unter dem Titel:
Verunglückte Reise von Hamburg nach St. Thomas, und Rückkehr über Neu-York und Copenhagen, mit besonderer Rücksicht auf die Seeleute. 8. Ebend. 821.

— dess. 3s Bdchen. A. u. d. T.: Reise von Hamburg nach Bordeaux u. über Saint Louis nach Isle de France rc. 8. Dresden 822, Arnold.

— dess. 4s Bdchen. A. u. d. T.: Reise von Nantes nach d. Antillen, u. von da nach Schottland, England u. d. Inseln Walchern. 8. Dresden 824, Arnold.

— dess. 5s Bdchen. A. u. d. T.: Reise von London nach China, u. Rückkehr nach England. 8. Dresd. 825, Arnold.

— dess. 6s Bdchen. A. u. d. T.: Reisen in dem Mittelmeere u. in einigen d. angränzenden Länder. 1r Thl. 8. Dresden 826, Arnold.

— dess. 7s B. A. u. d. T.: Reisen in d. Mittelmeere rc. 2t Thl. 8. Dresden 827, Arnold.

Richter, Theod. Friedr. Max., Reisen zu Wasser u. zu Lande, in d. J. 1805—1817. Für d. reif. Jugend zur Belehr. u. z. Unterhalt. f. Jedermann. 8—10. Bdchn. — A. u. d. T.: Reisen in d. Mittelmeere u. in einigen angrenz. Ländern; mit besond. Rücksicht auf den Charakter u. d. Lebensart d. Seeleute. 3—5. Thl. 8. (36½ B.) Dresden 828, 29, Arnold.
1—7. Bdchn. (1—4. 2., verb. Aufl.) Ebendas. 1823—31. 7 Thlr. 4 Gr. — 10 Bde. vollst., hrdas. Pr. 7 Thlr. 12 Gr.

Richter, (T. F. M.,) Reisen zu Wasser u. zu Lande in den Jahren 1805—17. 1s Bdchen. 2e Aufl. A. u. d. T.: Tagebuch m. Seereise v. Embden nach Archangel. 8. 823. 1 Rthl. — 2s Bdchen. A. u. d. T.: Verunglückte Reise von Hamburg nach St. Thomas u. Rückkehr über New-York u. Kopenhagen rc. 2e Aufl. 8. Dresden 824, Arnold.

RICHTER, T. F. M. *Reisen* zu Wasser und zu Lande in den Jahren 1805 bis 1817. Für die reifere Jugend . . . 3. verbess. und wohlfeile Taschenausgabe. Band I—X [in 4 Bdn.]. Dresden und Leipzig, Arnold, 1831. 12°. Hellbraune Halblederbde. d. Z., Rücken auf Bünden, Rücken mit sehr hübscher Vergoldung, Lederecken.
Reizendes frisches Ex. aus der Bibl. Leuchtenberg mit ihrem Exlibris in jedem Band. Enthält: Reisen nach Bordeaux u. Isle de France, nach den Antillen u. England etc., Von London nach China, nach Sicilien, Ägypten, Alicante, Odessa etc. etc.

Richter's, T. F. M., Reisen zu Wasser u. zu Land. Für die reifere Jugend zur Belehrung, u. zur Unterhaltung für Jedermann. 10 Bdchn. 3. verb. Aufl. 2. (Titel-)Ausg. 8. Leipzig (831) 850, Arnold. n. 2 ℛ

Richter's, T. F. M., Reisen zu Wasser und zu Lande. Für die reifere Jugend zur Belehrung und zur Unterhaltung für Jedermann. 4., verb. Aufl. Bearbeitet von Friedr. Gerstäcker. 2 Bde. gr. 8. (1. Bd. IX und 469 S., 2. Bd. III und 414 S. mit 8 Stnt.) Leipzig 856(57,) Arnoldische Buchh. *

Richter's, T. F. M., Reisen zu Wasser und zu Lande. Für die reifere Jugend zur Belehrung und zur Unterhaltung für Jedermann. 5., verb. Aufl. bearb. von Friedr. Gerstäcker. 2 Bde. gr. 8. (XIV und 883 S. mit 8 lithogr. Abbild. in Tondr.) Leipzig 858, Arnoldische Buchh.
cart. in 1 Bd.

—— die Wasserwelt, od. d. Meer u. d. Schifffahrt im ganzen Umfange, zur Belehr. d. reif. Jugend u. z. Unterhalt. f. Jedermann, auch z. Gebr. f. Seereisende u. angeh. Seeleute. 1. Bd. Das Meer nach sein. phys. u. chem. Eigenschaften, sein. Eintheilung u. sein. Erzeugnissen, nebst einleit. Bemerkn. üb. d. Wasser im Allgemeinen. Mit Seecharten u. Abbildn. (5 Lfgn.) 16. (41 B., 1 Seecharte gr. Fol., u. 6 lith. Taf. ½ gr. Fol.) Dresden 834, 35, Arnold. Thlr.

Richter, Thdr. Fr. Max., die Wasserwelt, oder das Meer und die Schifffahrt im ganzen Umfange, zur Belehrung und Unterhaltung rc. 1r Bd. Das Meer nach seinen physischen und chemischen Eigenschaften, seiner Eintheilung u. seinen Erzeugnissen, nebst einleit. Bemerkungen über das Wasser im Allgemeinen. Mit Seekarten u. Abbild. Mit 7 Taf. 16. Dresden u. Leipzig 834, 36. Arnold. $2\frac{5}{6}$ ℛ

Richter, Theod. Friedr. Max., die Wasserwelt, od. d. Meer u. d. Schifffahrt im ganzen Umfange, z. Belehr. d. reif. Jugend u. z. Unterhalt. f. Jedermann, auch z. Gebr. f. Seereisende u. angeh. Seeleute. 2. Bd. Der Bau u. d. Einricht. d. Schiffe, nebst geschichtl. Bemerkn. 8. (27½ B. u. 12 Taf.) Dresden u. Leipzig 837, Arnoldische Buchh. *
1. Bd. Ebendas. 1834, 35. 2 Thlr. 20 Gr.

— die Wasserwelt oder das Meer u. die Schifffahrt im ganzen Umfange, zur Belehrung der reiferen Jugend u. zur Unterhaltung für Jedermann. 2 Bde. [Das Meer nach seinen phys. u. chemischen Eigenschaften. — Der Bau u. die Einrichtung der Schiffe.] Mit einem Atlas von 19 (lith.) Taf. (in qu. Fol.) 2. (Titel-)Ausg. 8. (1093 S.) Ebd. (835. 37) 850. n. 1⅓ ℛ

Richter, Theodor Wilhelm

Richter, Thdr. Wilh., die Grundverhältnisse der Musik. 2 Thle. Leipzig 853, 54. B. Tauchnitz. gr. 8. (XVI, 262; X, 210 S.) 3 ℛ.
1. Thl.: Die Grundverhältnisse der musikalischen Harmonie. 1 ℛ. 22½ ngr.
2. Thl.: Die Grundverhältnisse der Musik als Sprache. 1 ℛ. 7½ ngr.

Richter, Theophil, s. Richter, Gottlieb.

Richter, Tobias

Richter, Tobias [Praes.], s. Kuppermann, Karl Heinrich: Disp. viges. tertia selectiora juris principia ad ordinem digestorum exposita libri XVI spec. I.

Richter, Tobias [Praes.], s. Laurich, Chr. Benj.: Disp. jur. XIV selectiora juris principia.

Richter, Tobias [Praes.], s. Lehmann, Joh. Erdm.: Mens et sententia de negotiis gestis.

Richter, Tobias [Praes.], s. Lehmann, Joh. Gottl.: Disp. jur. dec. selectiora juris principia.

Richter, Tobias [Praes.], s. Lindemann, Christ. Friedr.: De testamento a judice incompetente in territorio alieno condito.

Richter, Tobias [Praes.], s. Lüdemann, Joh. Andr.: Disp. jur. nona selectiora juris principia.

Richter, Tob., Schwanengesang Jesu Chr. 8. Torgau, Goll-
mc. 743.

Richter, U. Die Freiheit, eine Pfingstgabe an die gefangene Welt. Predigt. Unna
1849. 14 S. 8.

Richter, U., Glück zu dem Könige! Predigt über 1. Sam.
10, 24. zur Feier des Geburtsfestes Sr. Maj. des Königs.
gehalten zu Hamm. Hamm 853. Grote. 8. (16 S.) n. 4 ngr.

— „Lasset die Kindlein zu mir kommen." Drei Kinder-Pre-
digten nebst einem Anh. geistlicher Lieder und e. Vorw. von
Alb. S. Jaspis. Hamm 855. Grote. 8. (64 S.) n. 7½ ngr.

Richter, Udo, die Kapitulation v. Sedan, s.: Diehl, J.

Richter, Viktor von

Richter, V. v., Chemie der Kohlenstoffverbindungen
oder organische Chemie. Mit in den Text gedr. Holz-
schnitten. 2., umgearb. Aufl. 8. (XII, 834 S.) Bonn
880. Cohen & Sohn. n. 11. —
1.Aufl.s.Richter: Kurzes Lehrbuch
d.organ.Chemie.

— dasselbe. 3., umgearb. Aufl. 8. (XIII, 858 S.) Ebend.
882. n. 11. —

Richter, V. v., Chemie der Kohlenstoffverbindungen
od. organische Chemie. Mit Holzschn. 4. Aufl. 8.
(XII, 921 S.) Bonn 885. Cohen & Sohn. n. 13. —

Richter, V. v., Chemie der Kohlenstoffverbindungen
oder organische Chemie. Mit in den Text gedr.
Holzschn. 5., neu bearb. Aufl. 8. (XII, 1018 S.)
Bonn 888. Fr. Cohen. n. 16. —

Richter, V. v., Chemie der Kohlenstoffverbindungen
od. organische Chemie. 6., neu bearb. Aufl. gr. 8.
(XII, 1132 S. m. Holzschn.) Bonn 891. Fr. Cohen.
n. 18. —

V[ictor] v. Richter's Chemie der Kohlenstoffverbindungen oder orga-
nische Chemie. 7. Aufl. neu bearb. v. Dr. R[ichard] Anschütz, Prof.
. . . an d. Univ. Bonn. Bd 1. 2. *Bonn: F. Cohen 1894.* 2 Bde 8.
1. Die Chemie d. Fettkörper. M. in d. Text gedr. Holzschn. 1894. (XVI, 593 S.)
2. Carbocyclische u. heterocycl. Verbindgn. Unt. Mitw. v. Dr. G(eorg) Schroe-
ter in Bonn. 1896. (XVIII, 642 S.) 96. 513

V[ictor] v. Richter's Chemie der Kohlenstoffverbindungen oder orga-
nische Chemie. 8. Aufl. neu bearb. v. Dr. R(ichard) Anschütz, Prof.
. . . an d. Univ. Bonn. Bd 1. 2. *Bonn: F. Cohen 1897.98.* 2 Bde 8.
1. Die Chemie d. Fettkörper. M. in den Text gedr. Holzschn. 1897. (XVIII,
658 S.)
2. Carbocyclische u. heterocycl. Verbindgn. Unt. Mitw. v. Dr. G(eorg) Schroe-
ter in Bonn. 1898. (XVI, 704 S.) 98. 114

Richter's, V. v, Chemie der Kohlenstoffverbindungen
od. organische Chemie. 2 Bde. 8. Bonn. F.Cohen. n. 28.—
1. Die Chemie der Fettkörper. 9. Aufl., neu bearb. v. R.
Anschütz. (XVI, 705 S. m. Holzschn.) 900. n. 13. —
2. Carbocyclische u. heterocycl. Verbindgn. v. R. Anschütz
in Gemeinschaft m. G. Schroeter. 9. Aufl. (XIX, 809 S.)
901. n. 15. —; geb. n. 16. 50

Richter's, V. v., Chemie der Kohlenstoff-Verbindungen
od. organische Chemie. 10. Aufl. Neu bearb. v. R.
Anschütz in Gemeinschaft m. G. Schroeter. 2 Bde.
gr. 8. Bonn, F. Cohen. n. 31. 50; geb. n. 34. 50
1. Die Chemie der Fettkörper. (XX, 746 S. m. Fig.) 903.
n. 15. —; geb. n. 16. 50
2. Carbocyclische u. heterocycl. Verbindgn. (XXI, 834 S.)
905. n. 16. 50; geb. n. 18. —

Richter's, V. v., Chemie der Kohlenstoff-Verbindgn.
od. organische Chemie. 11. Aufl. Neu bearb. von R.
Anschütz u. G. Schroeter. 1. Bd. Die Chemie d. Fett-
körper. Mit in den Text gedr. Holzschn. (XX, 793 S.)
gr. 8. Bonn 909. F. Cohen. 18.—; geb. in Halbfrz. n 20.40

Richter, V. v., kurzes Lehrbuch der anorganischen Chemie,
wesentlich für Studirende auf Universitäten und polytech-
nischen Schulen, sowie zum Selbstunterricht. 1. Aufl. (XVI,
427 S. mit 62 eingedr. Holzschn. und 1 Spectraltaf. in gr. 4.)
1875. * ℳ 7.; 2. theilweise umgearb. Aufl. 8. (XVI, 475 S.
mit 89 eingedr. Holzschn. und 1 chromolithogr. Spectraltaf.)
Bonn 878, Cohen und Sohn. *

— Lehrbuch der anorganischen Chemie. Mit 89 (ein-
gedr.) Holzschn. u. einer (chromolith.) Spectraltaf. 3.,
theilweise umgearb. Aufl. 8. (XVI, 512 S.) Ebend. 881.
n. 8. —

—— dass. — 4. theilweise umgearb. Aufl. 8. (XVI, 531 S.
mit 89 eingedr. Holzschn., 1 Spectraltaf. und 1 Tab.) Eben-
das. 884. *

Richter, V. v., Lehrbuch der anorganischen Chemie. 5. neu
bearb. Aufl. 8. (XVI, 488 S. mit 89 Holzschn. und 1 Spec-
traltaf.) Bonn 886, Cohen und Sohn. *

— Lehrbuch der anorganischen Chemie. Mit 89 Holz-
schnitten u. 1 Spectraltaf. 6., ergänzte Aufl. 8. (XVI,
496 S.) Ebd. 889. n. 9. —; geb. n.n. 9. 80

— Lehrbuch der anorganischen Chemie. 7. Aufl., neu
bearb. v. H. Klinger. 8. (XII, 502 S. m. 91 Holz-
schn. u. 1 farb. Spectraltaf.) Bonn 893. F. Cohen.
n. 9. —; geb. n.n. 9. 80

–Lehrbuch der anorganischen Chemie. Siebente Auflage neu bearbeitet
von H. Klinger. Bonn, 1892. 8vo. Ill.
Achte Auflage. Bonn, 1895. 8vo. Ill.

V[ictor] v. Richter's Lehrbuch der anorganischen Chemie. 9. Aufl. neu
bearb. v. Dr. H[einrich] Klinger, Prof. . . . zu Königsberg i. Pr. M.
89 Holzschn. u. 1 Spektraltaf. *Bonn: F. Cohen 1897.* (XII, 526 S., 1 Taf.)
1 Bd 8. 97. 1029

— Lehrbuch der anorganischen Chemie. Bearb. v. H.
Klinger. 11. Aufl. Mit 68 Holzschn. u. 1 Spektraltaf.
8. (XII, 534 S.) Ebd. 902. n. 9.—; geb in Halbfrz. n. 10.—
10. Aufl. (XII, 526 S.) 899. n. 9. —; geb. n. 10. —.

Richter's, V. v., Lehrbuch der anorganischen Chemie.
Bearb. v. H. Klinger. 11. Aufl. Unveränd. Neudr. Mit
68 Holzschn. u. 1 Spektraltaf. (XII, 534 S.) 8. Bonn
906. F. Cohen. n. 9. —; geb. in Halbfrz. n. 10. —

— Lehrbuch d. anorganischen Chemie, v. H. Klinger.
12. neubearb. Aufl. Mit 47 Holzschn. u. 2 (farb.) Spek-
traltaf. (XVI, 656 S.) 8. Ebd. 910. 10.—; geb. 11. —

— kurzes Lehrbuch der organischen Chemie od. der
Chemie der Kohlenstoffverbindungen. Mit in den
Text gedr. Holzschn. 8. (XV, 701 S.) Ebend. 876. n. 11.—
2.Aufl.ff.s.:Richter:Chemie d.Kohlen-
stoffverbindungen.

Richter, W. Les différences entre la langue moderne et
celle de Corneille, étudiées dans le Cid. Torgau, G.,
und Diss. Rostock 1872. 12 S. 4. Progr.

Richter, W.: Les différences principales entre la langue moderne et
celle de Corneille, étudiées dans le Cid. – Torgau, Progr. 1872.

Richter, W., systematisch angelegter einmonatlicher Ge-
schäftsgang des Kleinhandels, s.: Göll, R.

Richter, W. R., die Elementarklasse. Leitfaden f. d. Unterricht in der speziellen Methodik des 1. Schulj. (III, 120 S.) 8. Komotau 908. W. Becker. Kart. 2. —

Richter, Walter, Referendar: Der **Ausschluß des** Grundeigentümers im Aufgebotsverfahren. Borna-Leipzig 1909: Noske. VIII, 33 S. 8°

Leipzig, Jur. Diss. v. 2. Febr. 1909

[Geb. 17. Juni 84 Penig; Wohnort: Penig; Staatsangeh.: Sachsen: Vorbildung: Gymn. Freiberg Reife O. 04; Studium: Leipzig 4, München 1, Leipzig 3 S.; Rig. 18. Febr. 08.] [U 09. 2642

Richter, *Adolf Reinhardt* Walther [app. Arzt aus Alsleben a. S.]: Aus d. patholog. Institute zu Kiel. Über die Beteiligung der Aorta an endocarditischen Prozessen. . . . Kiel, Druck von L. Handorff, 1891; 16 S. 8°

Kiel, Med. Fak., Inaug.-Diss. v. [8. Aug.] 1891

Richter, **Walter,** über Epulis. Diss. **Würzburg 1887,** Stahelsche Univ.-Buchh. 8°. 30 S.

Er bleibt. Abschiedsworte von ewiger Gemeinschaft f. meine Breslauer Freunde von Walter **Richter,** 1899 - 1908 Div.Pfarrer d. 11. Div. Breslau: G. Kauffmann 1908. (37 S.) 8° [08. 11375

Richter, Walt., Er bleibt. Abschiedsworte v. ewiger Gemeinschaft f. meine Breslauer Freunde. (37 S.) 8. Breslau 908. Ev. Buchh. — 80

Er siegt! Worte von Kampf u. Sieg, von Kraft u. Schwachheit, von Trennung u. Gemeinschaft. Meiner Breslauer Militärgemeinde beim Scheiden dargeboten von Walter **Richter,** Div.Pfarrer. Breslau: Hirt 1908. (31 S.) 8° [F.] [08. 16071

Richter, Walter: Die Frau in der Gemeinde. Vortrag vor d. kirchl.-sozialen Frauengruppe Breslau. — Breslau: Kauffmann 1906. 15 S. 8°

— für Gottsucher. Eine Handreichg. f. Kleingläubige, e. Stärkg. f. Schwache u. e. Wegweiser f. Suchende in Predigten. (VII, 264 S.) gr. 8. Gr.-Lichterfelde-Berlin (904). E. Runge. n. 3. 75; geb. n.n. 4. 75

Richter, Walt., Herberge bei Jesus. Herberge f. Jesus. Zur Erinnerung an die Tage der Konfirmation am 20. u. 24. III. 1907, meinen lieben Konfirmanden u. Konfirmandinnen in treuer Gemeinschaft überreicht. (15 S.) 8. Breslau 907. Hirt's Sort. — 75

— Jesus und die Männer. Ein militär. Dienstjahr in Predigten. (III, 170 S.) 8. Potsdam 909. Stiftungsverlag. 2. —

Vgl. Richter, Willy.

— Das hohe Lied von der Liebe. Predigt, am Sonntag Estomihi, 21. II. 1909, in der königl. Hof- u. Garnisonkirche zu Potsdam gehalten. (14 S.) 8. Potsdam (909). Gropius. — 40

— **Miserere—Credo—Gloria in excelsis.** Predigt üb. Psalm 50, 14—15, in Gegenwart Sr. Maj. des Kaisers u. Königs am 14. Sonntag nach Trinitatis, 16. IX. 1906 geh. (8 S.) gr. 8. Breslau 906. Hirt's Sort. n. — 30

Parsifal und unser Gottsuchen. Anmerkungen zu e. Bayreuthfahrt von Walter **Richter,** Hofprediger. Potsdam: Gropius [um 1910]. 20 S. 8° [10. 2993

Für das Paul Gerhardt-Denkmal in Lübben. Ein Baustein von **Walter Richter,** Div.-Pfarrer in Breslau. *Leipzig: C. Braun 1903.* (22 S.) 8° [F.]
— **Flugschriften** d. Evangel. Bundes. 208. (18. Reihe, 4.) [03. 9436

Richter, Walt., Psalm 90 u. 65. Zwei Sylvesteransprachen um die Jahrhundertwende, am 31. XII. 1899 im evang. Vereinshause, am 31. XII. 1900 in der St. Elisabethkirche vor der Militärgemeinde Breslau geh. gr. 8. (19 S.) **Breslau 901. Hirt's Sort.** n. — 40

Richter, Walter (Hrsg.), s. Richter, Salomon: Erinnerung an Dr. Sal. Richter, ...

Wie kann die Gemeinschaftsbewegung sozial versöhnend wirken? Vortrag vor d. Schles. Gruppe d. Freien kirchl.-soz. Konferenz in Breslau geh. u. im Auftr. derselben hrsg. von Walter **Richter,** Divisionspfarrer. Breslau: G. Kauffmann 1908. (22 S.) 8° [F.] [08. 5137

Richter, Werner: Liebeskampf und Schaubühne 1670. ⟨T. 1, Abschn. 1.⟩ (Berlin: **Mayer & Müller** 1910.) 85 S. 8°
¶ (Ersch. vollst. als: Palaestra. **Bd** 78.)

Berlin, Phil. Diss. v. 15. Juni 1910, Ref. E. Schmidt

[Geb. 5. Mai 87 Berlin; Wohnort: Charlottenburg; Staatsangeh.: Preußen; Vorbildung: Friedrichs-Gymn. Berlin Reife O. 05; Studium: Berlin 2, Marburg 1, Berlin 8 S.; Rig. 9. Dez. 09.] [U 10. 240

Liebeskampf 1630 und Schaubühne 1670. Ein Beitrag z. deutschen Theatergeschichte d. 17. Jh. Von Werner **Richter.** Berlin: Mayer & Müller 1910. IX, 419 S. 8°

Ein T. erschien als Inaug.-Diss. Berlin 1910.
(Palaestra. 78.) [10. 17041

Richter, Wilh., s.: Forstner, Mina.

Richter, Wilhelm

Richter, (Dr.) Wlh., das Alleinstehen. Ein Stillleben. 16. Dresden 835. Grimmer. 3/4 rf

Richter, Wilh. das Alleinstehen. Ein Stillleben. 16. ($12^{1}/_{4}$ B.) Dresden 835, [Korische Buchh.]

— **Wilhelm** (Guben), **Ankündigungsschrift, wodurch zu Anhörung einiger Reden im Gymnasium zu Guben einladet. Guben (J. G. Holze) 16. III.** 1826. 29 S. mit Namen. (4.—) 28790
Enthält: Sause, Wilhelm, Ueber das Verhältniß der Mathematik zu der Natur und den schönen Künsten.

Richter, G., de arrogantia adolescentulorum Romanorum. Guben 820. 8. (28 S.)

Richter W, die Auflösung des karolingischen Reiches und die Gründung dreier, selbständiger Staaten. (Sammlung wissenschaftlicher Vorträge N F 70) Hamburg 1889

Richter, Wilh. Die Auflösung d. Karolingischen Reiches u. die Gründung dreier selbständiger Staaten, s. Sammlung gemeinverständlicher wissenschaftlicher Vorträge.

Richter, Wilh., üb. 2 Augen am Rücken e. Hühnchens. Mit 1 Taf. [Aus: „Festschrift f. A. v. Kölliker".] gr. 4. (10 S.) Leipzig 887. Engelmann. n. 4. —

— dasselbe, nebst Demonstration künstlich erzeugter Missbildgn.: Exencephalus, spina bifida, partielle Verdoppelung d. Rückenmarkes. [Aus: „Sitzungsber. d. Würzb. physik.-med. Gesellschaft".] gr. 8. (4 S.) Würzburg 887. Stahel. n. — 20

Richter, W., die Bau- u. Kunstdenkmäler v. Westfalen, s.: Ludorff, A.

Richter, Wilhelm Über Bedeutung, Umfang und Methodik des chemischen Unterrichtes auf dem Realgymnasium. 8 (S. 139—153).
In: II. Abschnitt der Festschrift z. 50jähr. Jubiläumsfeier des
Progr. Rg. am Zwinger *Breslau* 1886.

Richter, *Gustav Friedrich* Wilhelm [app. Arzt]: Beitrag zur pathologischen Anatomie der Masernpneumonie ... Leipzig, Buchdr. R. Hahn, 1897; 27 S., 2 Bl. 8.
Leipzig, Med. Fak., Inaug.-Diss. v. 8. Juli 1897

Richter, W(ilhelm), Dr., Dir.: Anhang zur Chronik. Darstellung der gegenwärtig für die einzelnen Abteilungen der Anstalt geltenden allgemeinen Lehrverfassungen und Plan der weiteren Ausgestaltung der Anstalt als Reformschule. *Breslau (1899): Grass, Barth & Co.* (S. 93—100.) 8°
Breslau, RG zum heiligen Geist, Festschr. 1899**

Richter, Wilhelm [pr. Arzt]: Fünfzehn Fälle von vaginaler Totalexstirpation des Uterus aus der K. Universitäts-Frauen-Klinik zu Königsberg. . . Königsberg i. Pr., Druck v. M. Liedtke, 1891; 44 S., 2 Bl. 8°
Königsberg, Med. Fak., Inaug.-Diss. v. 13. Mai 1891

Richter, Wilh., 15 Fälle v. vaginaler Totalexstirpation d. Uterus aus der königl. Universitäts-Frauen-Klinik zu Königsberg. Diss. gr. 8. (44 S.) Königsberg i/Pr. 891. (W. Koch.) n. 1. —

Richter, W., De fontibus ad Gelonis Syracusarum tyranni historiam pertinentibus corumque auctoritate. Diss. 1873. 58 S. 1.20

Richter, Gull. De fontibus ad Gelonis Syracusarum tyranni historiam pertinentibus earumque auctoritate. (58) 8. Gottingae 1874.

Richter, Wilh., Gedanken üb. die Erlernung d. Sprachen auf öffentl. Schulen u. die Erleichterung derselben durch d. Vortrag. gr. 8. Guben 795.

Richter, Wilhelm, Prof.: Zur Geschichte des Paderborner Gymnasiums im achtzehnten Jahrhundert. Paderborn 1906: Th. Hense. (46 S.) 8°
Paderborn, k. G Theodorianum OP 1906 (438)

Richter, Wilh. Geschichte der Paderborner Jesuiten. 1. Tl. [1580—1618.] Mit e. Bildnis Thdrs. v. Fürstenberg, e. Abbildg. u. e. Lageplan d. Paderborner Jesuitenkollegiums, Gröningers Bericht üb. Wichart's Bekehrg., Briefen u. Urkunden. gr. 8. (XX, 239 S.) Paderb. 892, Junfermann. * 2 80

Richter, Wilh., Geschichte der Stadt Paderborn. 1. u. 2. Bd. gr. 8. Paderborn, Junfermann. n. 8.25; geb. in Leinw. n. 9. 75
1. (Bis zum Ausgange des 16. Jahrh.) Mit Urkunden u. Statuten, bearb. v. Carl Spancken. (XXIII, 192 u. CLXV S.) 899. n. 4. 50; geb. n. 5. 25
2. (Bis Ende des 30jähr. Krieges.) (XXVIII, 308 S.) 903. n. 3. 75; geb. n. 4. 50

Richter, (W.) Grundlehren d. Geometrie u. Arithmetik für Schulen u. zum Selbstunterr. Mit eingedruckten geometrischen Figuren. gr. 8. Dresd. u. L. 826, Arnold.

Richter, Wilh. Grundlehren d. Geometrie u. Arithmetik. Für Schulen u. z. Selbstunterr. 2., sehr veränd. (u. wohlf.) Aufl. Mit eingedr. geometr. Fig. u. 1 Stnt. (qu. Fol.) gr. 8. (13¼ B.) Dresden 832, Arnold.

Richter, W., Handel und Verkehr der wichtigsten Völker des Mittelmeeres im Altertume, s. Kulturbilder aus dem klassischen Altertume.

Richter, Wilhelm: Handschriften-Verzeichnis der Theodorianischen Bibliothek zu Paderborn. Tl 1. Paderborn, Junfermannsche Buchdr., 1896; 36 S. 8.
Paderborn, k. G Theodorianum, OP 1896 (367)

Richter, Wilhelm: Handschriften-Verzeichnis der Theodorianischen Bibliothek zu Paderborn. Tl 2. (Forts. d. P-Beil. 1896.) Paderborn, Junfermannsche Buchdr., 1897; IV, 37—62 S. 8.
Paderborn, k. G Theodorianum, OP 1897 (371)

Richter, Wilh. erklärte Haus-Bibel, s. Richter, Heinr.

— die Jesuitenkirche zu Paderborn. Festschrift zur 200jähr. Kirchweih. gr. 8. (99 S. m. 2 Textabbildgn. u. 3 Lichtdr.-Taf.) Ebd. 892. n. 1. 80

Richter, Wilhelm, Dr., Dir.: Jubiläumsfeier der Anstalt am 25. und 26. März 1899. *Breslau 1900: Grass, Barth & Co.* (S. 29—40.) 4° [F.]
Breslau, RG zum heiligen Geist, P 1900 (225)

— die deutschen Kolonieen. Kurz dargestellt. gr. 8. (48 S. m. 2 farb. Karten.) Ebd. 892. Kart. n. 1. —

Richter, Wilh., die deutschen Kolonien. Kurz dargest. 2. Aufl. gr. 8. (III, 48 S. m. 1 farb. Karte.) Paderborn 895. Junfermann. Kart. n. 1. —

Richter, Wilh., Culturpflanzen u. ihre Bedeutung für das wirthschaftliche Leben der Völker. Geschichtlich-geograph. Bilder. gr. 8. (VII, 228 S.) Wien 890. Hartleben. n. 4. —; geb. n. 5. —

Kunst und Schule. Von Wilhelm Richter, Lehrer in Südcamen. *Bielefeld: A. Helmich (1902).* (15 S.) 8° [F.]
— Abhandlungen, Pädagogische. N. F. Bd 8, H. 2. [illegible]

Richter, G., de laudandis et vituperandis in libro Cicer. de senectute. Progr. Guben. 805. 8. (32 S.)

— de luna Poëtarum: Prolusio. 8mai. Guben 794.

Richter, Gulielmus *(geb. Köslin 22. 10. 1843)*: De eo quod ad Frankenstein invenitur magnesito. Vratislaviae (1866). (29 S.) 8°
Breslau, Phil. Diss. v. 17. Mai 1866

[F.] **Richter,** Wilhelm [Dr., Dir.]: Mitteilungen über die „Reformschulen", spez. über d. Einrichtg e. solchen am städt. Realgymn. z. heiligen Geist in Breslau. Breslau, Druck v. Grass, Barth & C., 1896; 3—7 S. 4.
Breslau, RG z. heiligen Geist, P 1896 (216)

——, Philetheos, od. Missionar Gützlaff's Bittschrift f. d. Heiden u. Muhamedaner. Nebst e. gedrängt. Lebensgeschichte genannten Missionars. N. d. Holländ. bearb. v. Wilh. Richter. gr. 8. (5¼ B.) Barmen u. Schwelm 833, [Falkenberg'sche Brlsbuchh.]

— **Philetheos oder Missionar Gützlaffs Bittschrift für die Heiden u. Muhamedaner, nebst einer gedrängten Lebensgeschichte gen. Missionars v. H. Richter. 8. Barmen u. Schwelm 833. Falkenbergs Buchh. ¼ ℔ — Die Lebensgeschichte apart ¹ s. ℔**

Richter, Wilh., Preußen u. die Paderborner Klöster u. Stifter 1802—1806. (VI, 173 S.) gr. 8. Paderborn 905. Bonifacius-Druckerei. n. 2. 20

Richter, Wilh., quaestiones Aeschyleae. De falsis rationibus, quas viri docti in emendanda Septem contra Thebas fabula inierunt et de duplici editione Septem fabulae. Dissertatio inauguralis philologica. gr. 8. (51 S.) Berlin 878. (Mayer & Müller.) n. 1. 70

Richter, Wilhelm, Referendar: Die Schlüsselgewalt der Hausfrau. *Frankenhausen 1902: E. Krebs.* (57 S.) 8° [F.]
Jena, Jur. Diss. v. (22. März) 1902

— Schulgeographie, s.: Nieberding.

Richter, W., die Sklaverei im griechischen Altertume. Ein Kulturbild nach den Quellen in gemeinfassl. Darstellg. gr. 8. (168 S.) Breslau 886. F. Hirt. n. 2. 50

Richter, W., die Spiele der Griechen u. Römer, s.a. Kulturbilder aus dem klassischen Altertume.

Richter, W.: Die Spiele der Griechen und Römer. Leipzig 1887. 219 S. m. Abb. (Kulturbilder a. d. klass. Altertume. 2.)

— geistliches Spruch- u. Ziehkästchen für Kinder Gottes. Eine Anzahl von biblischen Kernsprüchen u. dazu gedichteten Liederversen. Ebd. In Etui 1/2 Thlr.

Richter, Wilhelm Streifzüge auf dem Gebiete der heutigen Schulgeographie. 4 (S. 3—28). G. Theodorianum *Paderborn* 1888 (342).
Progr.

— Studien u. Quellen zur Paderborner Geschichte. 1. Tl. gr. 8. (IV, 151 S.) Ebd. 893. n. 2. —

— De studio scriptores Graecos et Latinos in Germanicum sermonem conversos divulgandi male sedulo. Diss. Guben (Holz) 27. III. 1828. 24 S. mit Namen. (3.75) 28791

Richter, G., de gloriae laudisque studio Plinii Jun. quid sit statuendum. II. Progr. Guben. 808. 8.

Richter, (Theodorus) Guilelmus *(geb. Neustadt in Oberschles. 28. 10. 1836)*: De cognatorum successione in feuda secundum librum feudorum. Vratislaviae 1860. (VIII, 63 S.) 8°
Breslau, Jur. Diss. v. 22. Dez. 1860

Richter, W[ilhelm], Prof. Dr.: Das griechische **Verbum**, in seinen wichtigsten Erscheinungen erläutert und in Tabellen zusammengestellt. T. 1: Erläuterungen. *Küstrin 1899: C. Nigmann.* (36 S.) 8°
Küstrin, k. G, P 1899 (80)

Richter, W[ilhelm], Prof. Dr.: Das griechische **Verbum**, in seinen wichtigsten Erscheinungen erläutert und in Tabellen zusammengestellt. T. 2: Tabellen. *Küstrin 1900: C. Nigmann.* (89 S.) 8° ¶ [Forts. d. P-Beil. 1899.]
Küstrin, k. G, P 1900 (81)

Richter, Wilh., Wanderungen in Ungarn u. unter seinen Bewohnern. Eine Beleuchtung von Ungarns moderner Stellung u. Richtung. gr. 8. (28 B.) Berlin 844, G. Reimer.

Richter, Wilh., s. Zapp, E., Anweisung zur Prüfung und Aufbewahrung der Arzneimittel.

Richter, (Ingenieur) Wlh., Serbiens Zustände unter dem Fürsten Milosch bis zu dessen Regierungs-Entsagung im Jahre 1839. Eine Darstellung der jüngsten Ereignisse, Charakteristik der serbischen Volkes und Abriß einer Topographie d. Fürstenthums. gr. 8. Leipzig 840. Frohberger. 1/2 Thlr.

Richter, Wilh. Serbiens Zustände unt. d. Fürsten Milosch bis zu dess. Regierungs-Entsagung im J. 1839. Eine Darstell. d. jüngsten Ereignisse, Charakteristik d. serb. Volkes u. Abriß e. Topographie d. Fürstenthums. gr. 8. (7 1/2 B.) Leipzig 840. [Pesth, Hartleben's Vrls.-Exped.]

Richter, Wilhelm Alb. Theodor

Richter, Wlh. Alb. Thdr., Katechismus der Chirurgie, s. Richard Funk.

Richter, Wilhelm Gottfried Ernst

Richter, Wlh. Gttfr. Ernst, kurze Erklärung der in dem Gesetz über das Elementar-Volksschulwesen in Sachsen vom 6. Juni 1835 rc. vorkomm. Fremdwörter u. ungewöhnlichen Ausdrücke. gr. 8. Dresden 836. (Leipzig, Fr. Fleischer.) n. 1/12 Thlr.

Richter, W. G. E., Fibel, s.a. Fibel.

— Fibel, od. erste Uebungen im Lesen, zugleich auch berechnet f. d. Gebrauch der Lesemaschine. Mit 43 ill. Abbildd. 8. Leipz. 815. (Taubert). 12 Gr.

— Fibel, oder erste Uebungen im Lesen, zugleich auch berechnet f. d. Gebrauch der Lesemaschine. Mit 43 ill. Abbildd. 8. Leipz. 827, Taubert.

Richter, (W. G. E.) Grundlinien der Rechtschreibekunst f. Schulen, mit Anhang. 8. Zwickau 826, (Leipz., Magazin f. Industrie.)

Richter, W. G. E., die Interpunction, aus allgemeinen Grundsätzen hergeleitet und durch Beyspiele erläutert. 8. Leipzig, Franz. 819.

Richter, Wlh. Gf. Er., die Interpunktion, aus allgem. Grundsätzen hergeleitet u. durch Beispiele erläutert. 8. Leipz. 819. (Taubert). 12 Gr.

— möglichst vollständ. Samml. ähnl. lautender aber in d. Schreibung sich unterscheidender Wörter. 8. Zwickau 827. (Leipz., Magaz. f. Ind.) 3 Gr.

Richter, Wilhelm Michael

Richter, Wlh. Mch., († d. 8. Aug. 1822.) nova circa bilis naturam etc. experim. et cogitata. 4maj. Erlang. 788, (Heyder). 8 Gr.

Richter, W. M., nova circa bilis naturam etc. experim. et cogitata. 4. maj. Erlangiae, Walther, (Breuning.) 788.

Richter, W. M., Geschichte d. Medizin in Rußland. 2 Thle. gr. 8. Moskau. (Riga, Hartmann.) 813 u. 15. (1r Thl. 1 Rthlr. 18 gr. 2r Thl. 2 Rthlr. 8 gr.)

— Geschichte der Medicin in Rußland, von den ältesten Zeiten bis auf Peter d. Großen. 3 Thle. gr. 8. Moskau 813—15. (Fr. Fleischer in Lpz.) 6 Thlr. 1r u. 2r Thl. (bei Hinrichs in Lpz.) 2 Thlr.

Wilh. Michael Richter Geschichte der Medicin in Russland. Moskwa 1813—1817. 8. Voll. 3. Cum effigie Hermanni Lestocq, chirurgi et archiatri.

— synopsis praxis medico-obstetriciae, quam per hos viginti annos Mosquae exercuit. Cum tab. aen. 4maj. Moskau 810. (Serig in Leipz.) 2 Thlr. Ohne Kpf. 1 Thlr. 12 Gr.

Richter, Wilhelm Osw.: Kaisers Geburtstag, s. Jugendbühne.

Richter, Wilhelm Theodor

Richter, Wilh. Theod., systemat. Darstellung d. im Königr. Sachsen in Bezug auf d. Reiselegitimationen so wie die Vagabonden- u. Schubtransporte besteh. gesetzl. Vorschriften. Sammt e. Anh., die wichtigsten Paßgesetze v. Preußen, Böhmen u. Baiern enth. Mit vollständ. Sachregister. gr. 8. (10 1/4 B.) Leipzig 837, B. Tauchnitz jun.

Richter's, Wilh. Theod., systemat. Darstellung des im Königr. Sachsen in Bezug auf die Reiselegitimationen sowie die Vagabonden- u. Schubtransporte bestehenden gesetzlichen Vorschriften. Sammt e. Anhange, die wichtigsten Paßgesetze von Preußen, Böhmen u. Baiern enthalt. 2., verm. u. verb. Aufl. Mit Sachregister. gr. 8. (13 1/4 B.) Leipzig 843, Bernh. Tauchnitz jun. *

—— die Grund- u. Hypotheken-Bücher nach dem k. Sächs. Gesetze v. 6. Novbr. 843. Eine Anleitung zu deren Bearbeitung bei den untern Gerichtsbehörden. gr. 8. (10½ B.) Leipzig 844, Bernh. Tauchnitz jun. *

Richter, Wilh. Thdr., Grundsätze der Untersuchungsführung in Criminalsachen. Dresden 855. Höckner. gr. 8. (XII, 124 S.) 1 *Thlr.*

Richter, Wilh. Theod., alphabet. Repertorium z. Gesetzgebung d. Königr. Sachsen, soweit sie in den Codex August., dess. Fortsetzn. u. d. amtl. Sammln. v. J. 1818 an bis mit 1838 aufgenommen ist. 2 Bde. (od. 7 Lfgn.) gr. 8. (57 B.) Leipzig 839, B. Tauchnitz jun. Thlr.

—— dass. — Supplement, enth. d. Gesetzgeb. auf d. J. 1839 bis 1841, u. Nachträge z. Hauptwerke. 3 Lfgn. gr. 8. (22 B.) Leipzig 841, B. Tauchnitz jun. *

—— Repertorium. 2. Supplement, s. Supplement.

—— Repertorium zur Gesetzgebung des Königr. Sachsen. 2. Aufl. Lex.-8. (56¼ B.) Leipzig 845, Bernh. Tauchnitz jun. *

Richter, W. Th., siehe: Supplement zur 2. Aufl. v. dessen Repertorium zur Gesetzgebung des Königr. Sachsen.

— Repertorium zur Gesetzgebung des Königreichs Sachsen. 2. Supplem. der 2. Aufl. Die Gesetzgebung vom Jahre 1848 bis 1. August 1856 betreffend. Leipzig 856. B. Tauchnitz. Lex.-8. (322 S.) n. 1 *Thlr.* 24 *ngr.*

Richter, Wilh. Thdr., alphabetisches Repertorium zur Gesetzgebung des Königreichs Sachsen. 3., bis auf die neueste Zeit ergänzte Aufl. 2 Bde. Leipzig 860, 61. B. Tauchnitz. gr. 8. (VIII, 768 S.; VI, 769 S.) n. 7 *Thlr* 6 *ngr.*

Richter, Wilh. Thdr., Repertorium zur Gesetzgebung des Königr. Sachsen. 3. Aufl. Supplement. gr. 8. (XII, 588 S.) Leipzig 868, B. Tauchnitz. * 9 —
Repertorium. 2 Bde. Ebendas. 1861. *M. 21,60.

Richter's, W. Th., Repertorium zur Gesetzgebung des Königreichs Sachsen. 2. Suppl. zur 3. Aufl., die Gesetzgebung des deutschen Reichs u. des Königreichs Sachsen auf die Jahre 1868 bis mit 1876 umfassend. gr. 8. (VI, 146 S.) Leipzig 877. B. Tauchnitz. n. 4. —
(Hauptwerk u. 1. u. 2. Suppl.: n. 34. 60)

—— Zeitschrift f. Rechtspflege rc., s. Zeitschrift.

Richter, Willy, Assistenzarzt an d. chirurg. Abt. d. Wenzel Hancke-schen Krankenh. zu Breslau: **Beitrag zur operativen** Behandlung subduraler Haematome. *Breslau 1900: Bresl. Genossenschafts-Buchdr.* (47 S.) 8°
Breslau, Med. Diss. v. 2. Juli 1900

Jesus und die Männer. Ein militär. Dienstjahr in Predigten von W[illy] **Richter**, Divisionspfarrer. Potsdam: Stiftungsverl. 1909. 170 S. 8°
[10 12234

Vgl. Richter, Walter.

Richter, *Eduard* Woldemar [aus Krippehna '(Prov. Sachsen)']: Über die Behandlung der Spina bifida ... Halle a. S., Druck v. Wischan & Wettengel, 1895; 21 S., 1 Bl. 8.
Halle, Med. Fak., Inaug.-Diss. v. 6. Aug. 1895

Richter, Woldemar. Kritisch-exegetische Bemerkungen zu Sophokles' Trachinierinnen. Beilage zum Jahresbericht 1907/08 der Kantonsschule Schaffhausen. 80 S. 8. Schaffhausen, H. Meier & Cie, 1908.

Richter, Woldem., kritisch-exegetische Bemerkungen zu Sophokles' Trachinierinnen. Progr. (80 S.) 8. Schaffhausen 908. (C. Schoch.) nu 1. 20

Richter, Woldemar, Jambulus. Schaffhausen 1888.
Progr.

Richter, Woldemar. Der Oedipusmythus in der kyklischen Thebais und Oedipodee. Beilage zum Jahresbericht 1902/3 der Kantonsschule Schaffhausen. 31 S. 8. Schaffhausen. Kühn & Comp., 1903.

Richter, Woldemar, der Oedipusmythus in der kyklischen Thebais u. Oedipodee. Progr. (31 S.) gr. 8. Schaffhausen 903. (C. Schoch.) n. — 80

Richter, Woldemar. Die Parodos und die Stasima in Sophokles' Trachinierinnen. Beilage zum Osterprogramm des Gymnasiums Schaffhausen. 112 S. 8. Schaffhausen, Paul Schoch, 1901. [fr. 2. 50]

Richter, Woldemar, aus Leipzig: Über **Phenole und Pseudo-Phenole.** *Leipzig 1900: Gebr. Junghanss.* (56 S.) 8°
Heidelberg, Naturw.-math. Diss. v. 1900

Richter, Xaver (Übers.), s. Avicebron: Kether Malchuth.

Richter, Zacharias

— Antiquitatum Romanarum perfectam scientiam sine litteris Graecis esse non posse ostendit virisque Jo. Georg Leberecht Wilk (Merseburg), Friedrich Platner (Leipzig), Georg Gottlieb Boerner (Leipzig), Gotthelf August Lechla (Groß-Petscha), Carl Ludwig Bauer (Leipzig) gratulatur. Leipzig (J. G. I. Breitkopf) o. J. 16 S. (4.—) 28793

Richter, Zach.: Institutiones juris criminalis. Carolino et Saxonico juri accommodatae; in us. praell. acad. Accessit in calce constitutio Caroli V. Ed. nov. *Lemgo*, Meyer. (763.) 788. 8.

— De lege julia miscella eiusque usu hodierno. Disput. Präs. Jo. August Bach. Leipzig (Breitkopf) 2. VIII. 1753. 60 S. (4.75) 28796
Widm. v.: Jo. August Bach.

— Modum ac rationem articulum CXXXVII. Constitutionis criminalis Carolinae cum praxi Saxonica conciliandi ostendit simulque academicas praesertim juris criminalis praelectiones per hoc aestiorum semestre habendas indicit. Leipzig (Breitkopf) (19. IV. 1760.) 16 S. (3.75) 28798

— De oratione Antonini de donationibus inter virum et uxorem confirmandis. Leipzig (Breitkopf) 19. IV. 1759. 60 S. (4.25) 28797

— De ornamentis triumphalibus comment. Leipzig (Breitkopf) (17. II.) 1752. 24 S. (4.—) 28795
Gew.: Christian Gottlob Bose, Friedrich Platner.

— **Zacharias** (Leipzig), Qui primi dividendi imperii Romani exemplum ediderint. Leipzig (Breitkopf) 10. III. o. J. (4.—) 28792
Gratulationsschrift für Joh. Georg Richter.

— De saturnalibus. [Präs.] Ge. Theophil Boerner. Leipzig (Breitkopf) 24. XI. 1751. 30 S. (4.25) 28794
Gew.: Christian Friedrich Boerner (Vater).

Richter v. Binnenthal, Frdr., die Rosenschädlinge aus dem Tierreiche, deren wirksame Abwehr u. Bekämpfung. Ein Ratgeber f. die gärtner. Praxis, hrsg. vom Verein deutscher Rosenfreunde. Mit 50 Textillustr. v. Alex. Reichert. (X, 392 S.) gr. 8. Stuttgart 903. E. Ulmer. n. 4. —

Richter v. Innfeld, Josefine, neues System. Method. Entwicklg. des Sprachorganismus f. d. Kunstgesang. 2. Ausg. (52 u. 70 S. m. Abb. u. 2 Taf.) 33,5×26 cm. Wien (887). J. Chmel. 10. —

Richter-Kühnast, Marta, die vier Jahreszeiten des Lebens (in Poesie u. Prosa). (VIII, 91 S.) kl. 8. Dresden (909). E. Pierson. 2.—; geb. n 3. —

Richter-Rheinsberg, Wilh., Bilder aus d. Mark Brandenburg. Hrsg. v. L. zum Felde u. A. Müller. I. Serie. 5 Taf. Je ca. 70,5×100 cm. Farbdr. Leipzig (910). Alfr. Müller, Verlagsanst. 20.—; Erläuterungen, bearb. von Ludw. zum Felde. (32 S. m. Abb.) gr. 8. 1. —
1. Märkischer See (Wummsee). — 2. Sanssouci. — 3. Im Herbst, Kartoffelernte bei Neu-Ruppin. — 4. Das Mausoleum zu Charlottenburg. — 5. Im Luch.

(Reinhold) Richter von der Rother: Lessing. Vom Laokoon zum Nathan. Leipzig: B. Elischer Nachf. (1906). (97 S.) 8° [06. 11407

Richter v. der Rother, vom Strome des Lebens. 8. (X, 196 S.) Dresden 901. E. Pierson. n. 3.50; geb. n. 4.50

Richter-Welka, die Sucherin. Schauspiel in 4 Akten. (V, 191 S.) 8. München 906. Leipzig, F. Rothbarth. n. 2, 50

Richtera [illegible] -.40
Separatabdruck

(F) Zur Richteramtsprüfung. Die Verordnung des Justizministers vom 1. November 1900, RGB. Nr. 182, betreffend die Richteramtsprüfungen etc. 2. Aufl. [Manz'sche Gesetzausgabe Nr. 67.] 8°. (461 S.) K 6.—, geb. K 7.—
Wien: Manz 1910.

Freies deutsches Hochstift zu Frankfurt a. M. — RICHTER-AUSSTELLUNG Mai 1886. Frankfurt a. M. Druck von Gebrüder Knauer. 8°.

RICHTERBUND, Der, der Verborgenen. Eine (stellenw. frivole) Geistergeschichte. Aus den Handschriften des Ungenannten. 2 Bde. Winterthur, in der Steinerischen Buchh. Gr. 8°. (2⅓ Rthl.) Selten cplt.! (In Zürich: Ff 182.)
1: XVI—309 SS. Die vom 7. Oct. 1795 dat. Vorr. ist *E* . . . unterz. 2: Tit. u. 508 SS. — Romantisch-erotische Ordensgeschichte, deren Schauplatz Italien ist.

Der Richterbund der Verborgenen. Eine Geistergeschichte. Aus den Hs. des Ungenannten. Bd 1—2. Winterthur: Steiner 1796. 8°
1. 390 S.; 2. 508 S.
cf. °Allg. deutsche Bibliothek. 48 (1799) S. 163; °Müller-Fraureuth: Räuber- u. Ritterromane. 1894 S. 76.
TB. 120.

Richter: Die ...-Frühlings-Cur mit dem Kräuter-Weine. Stargard 1724. --
[Zit. nach dem Realkatalog der DSB]

Richteriana, Anekdoten und Charakterzüge a. d. Leben des ehemal. Doctors und Buchhändl. Richters in Dresden ꝛc. (a. u. d. Titel: Bibliothek ꝛc.) 8. Hamb. Vollmer. Rthlr.

Richteriana, Anekdoten u. Charakterzüge aus d. Leben des ehemaligen Doctors u. Buchhändlers Richter in Dresden ꝛc. 8. Hamb., (Herold). 8 gl.

Richterich, Jean. Papst Nikolaus I. ⟨24. April 858—13. November 867⟩. Eine Monographie. Diss. Dr. Kath.-Theol. Bern ... von Johann Richterich ..., Altkathol. Pfarrer in Genf. 200 S. 8. Bern, Stämpfli & Cie, 1903. [fr. 4. —]
Kapitel 1—10, S. 5—168 sind, im Wesentlichen gleich, abgedr. in: Revue internationale de théologie. 9e—11e année, Berne 1901—1903.

Richtern, Fr. L. Frz., Handbuch d. Mecklenburg. Criminal-Processes. gr. 8. (14½ B.) Güstrow 830. (Schwerin, Kürschner; Berlin, Plahn.)

Richter's, Eugen, Sozialistenspiegel. Die Wahlfälschgn. der Aktiengesellschaft Fortschritt. (64 S.) gr. 8. Berlin 903. Buchh. Vorwärts. n. — 20

Richter's, Eug., Sprengbombe u. ihre Wirkung. Von e. Freisinnigen. gr. 8. (40 S.) Berlin 893. R. Wilhelmi. n. — 80

Richter's (Eugen) socialdemokratische Zerrbilder beleuchtet von B. August. gr.-8°. Leipzig, E. Thiele, 1891. (32 S)

Richters: De arte dicendi. 12 S.– Emmerich, Progr. 1863.

RICHTERS, ENGELBERT. Untersuchungen über die Ursachen der Feuerbeständigkeit der Thone. (Leipzig) Breslau, 1868.

Richters, E., Untersuchgn. üb. d. Ursachen d. Feuerbeständigkeit der Thone. 2. Aufl. gr. 8. (VI, 75 S.) Berlin 897. Thonindustrie-Zeitung, Verlagsabth. n. 2. —

Richters, Ferd. Das Aquarium des zoologischen Gartens zu Frankfurt a/M. 32 S. u. Taf. Progr. Wöhl. Sch. *Frankfurt a/M.* 1881

Richters, Ferd., Beitrag zur Kenntniss der Crustaceenfauna des Behringsmeeres. gr. 4. (6 S. mit 1 Taf.) Frankfurt a. M. 884, (Diesterweg.) *
Aus: Abhandlungen der Senckenbergischen naturforschenden Gesellschaft, besonders abgedruckt.

—— Beitrag zur Krustaceenfauna von Madagascar, s. Lenz, H.

—— Beiträge zur Meeresfauna der Insel Mauritius und der Seychellen, s. Möbius, K.

Die Fauna der Moosrasen des Gaussbergs und einiger südlicher Inseln von Prof. Dr. Ferd. Richters (Frankfurt a. M.). Mit Taf. 10–20. (Berlin: G. Reimer 1907.) (S. 261–302.) 4°
= Südpolar-Expedition, Deutsche, 1901–1903. Bd 9, H. 4, 4. [07. 6783

— Hypophthalmus leucochirus, ein Krebs aus der Familie Ocypodinae, s.: Lenz, H.

Moosbewohner. Von F(erdinand) Richters. Mit 1 Taf. Stockholm 1908: Lith. Inst. d. Gen. Stabs; Berlin: A. Asher & Co. (16 S.) 4°(8°) [Umschlagt.]
= Ergebnisse, Wissenschaftl., d. schwed. Südpolar-Expedition 1901–1903. Bd 6, Lfg 2. [08. 7413

— Rotatoria, Tardigrada u. and. Moosbewohner, s.: Fauna, die, Südwest-Australiens. II, 5—8.

Richters, Jodocus (geb. Coesfeld in Westf. 20. 10. 1846):
Thesen . . . behufs Erlangung der medicinischen Doctorwürde. [Breslau] (1870.) (1 Bl.) 2°
Breslau, Med. Thesen v. 1. Aug. 1870

(Richters, Catharina, Antonie v. Haeften, Pauline Herber:) Überblick über die Entstehung und Entwicklung des Vereins kathol. deutscher Lehrerinnen. Ausz. aus dem Festbuch zur 25. Hauptversamml. d.Vereins.—Coblenz 1910:(Görres-Dr.). 155 S. 8°

Richters, Otto: Zur historischen Syntax von interrogativem quel. Göttingen 1910: Dieterich. 132 S. 8°
Göttingen, Phil. Diss. v. 21. Febr. 1910, Ref. Stimming
[Geb. 17. Jan. 88 Twielenfleth; Wohnort: Göttingen; Staatsangeh.: Preußen; Vorbildung: Oberrealsch. I Hannover Reife O. 06, Erg. Realgymn. Hannover O. 07; Studium: Göttingen 7 S.; Rig. 1. Dez. 09.] [U 10. 1456

Guilelmus Richters [Wilhelm Richters]: De Rachitide. Berolini (1817:) Starck. 52 S. 8°
Berlin, Med. Diss. v. 9. Aug. 1817

Richterspruch u. Gewissensprobe. Gemälde aus d. Vorzeit in 4 A. von R—s. 8. Bresl. 795. W. G. Korn. 12 gr.

Richtersweil u. seine Umgebung. Fremden-Führer. Ausg. v. der Verkehrskommission Richtersweil. (Umschlag: Führer v. Richtersweil u. Umgebung.) gr. 8 (31 S. m. Abbildgn.) Richtersweil 899. (Zürich, J. Meier.) n. — 50

Richterzeitung, deutsche. Organ des dtschn. Richterbundes. Hrsg. und red. im Auftrage des deutschen Richterbundes v. Leeb. 1. u. 2. Jahrg. 1909 u. 1910. à 12 Nrn. (VIII, 396 u. VIII, 500 Sp.) 30,5×23 cm. Hannover, Helwing. à Jahrg. 5.—; geb. 7. —

Richter-Zeitung, österreichische. Hrsg. v. Ant. Nevečeřel. 1.—3. Jahrg. 1904—1906. à 12 Nrn. (IV, 264; IV, 320 u. VIII, 250 S. m. je 7 Beilagen.) hoch 4. Czernowitz, Landesger.-R. Nevečeřel. à Jhrg. n. n. 18.—

Richthofen, Die. Eine Familiengeschichtliche Studie von E. G. Görlitz 1907. V: *Grote, Emmo Frhr.* (Berl)

Richthofen, die. Eine familiengeschichtl. Studie von E. G. (Frhr. Grote.) (24 S.) 8. Görlitz 907. C. A. Starke. 1. 75

Richthofen, Carl Freiherr von, früher Domherr in Breslau. Ein Lebensbild ... Leipz. 1877. H: *Richthofen, F. Freifrau von.* (Nent)

Richthofen, Carl Frhr. v., früher Domherr in Breslau. Ein Lebensbild aus den kirchlichen Kämpfen der Gegenwart. Nach handschriftlichem Nachlaß u. mütterlicher Erinnerung. 8. (VII, 656 S.) Leipzig 877. J. Naumann. n. 7. —; geb. n. 9. —

Richthofen, Oswald, Frh. v., Königlich Preussischer Staatsminister, Staatssekretär des Auswärtigen Amts. Berlin 1906. 4°.

Richthofen, A. C. L. von, s. Richthofen, Andreas Karl Samuel Frhr. von

v. Richthofen, Frhrr. Andr. Karl Sam., nöthige Bemerkk. u. Erläuterr. üb. meine Ackerbautheorie, mit e. vollständ. Register. gr. 8. Bresl. 805. J. F. Korn. 2 rf 12 gr.

Richthofen A. C. L. v.: Entwurf einer Ackerbau-Theorie, nach der Natur u. den neuern Erfahrungen systemat. geordnet. 2 Th. Leipz. 1801. (548) S., m. indskudte upag. Bl. m. Anmærkn.r.
— Nöthige Bemerkungen u. Erläuterungen, nebst beygefügtem vollständigen Register. Bresl. 1805. (19) 164, (Reg.) 507 S.

— Entwurf e. Ackerbautheorie, nach d. Natur u. den neuen Erfahrr. systemat. geordnet. 2 Thle. gr. 8. Leipz. 801. Er. Fleischer. 2 rf 12 gr.

— in was f. Fällen ist d. Tiefpflügen anwendbar u. wo nicht? 8. Bresl. 817. J. F. Korn. 10 gr.

— die Traberkrankheit der Schafe, verglichen mit d. sogen. Schafräudekrankheit. 8. Bresl. 827. W. G. Korn. 16 gr.
195 S.

Richthofen, Frhr. Andr. Karl Sam. v., Untersuchung der Frage: In wie fern ist die Erhaltung der Grundbesitzer des preuss. Staates ausführbar oder nicht? 8°. Berlin, Stuhr, 1814.

— über die Ursachen der gegenwärt. Wohlfeilheit u. die zu deren Abhülfe vorfindl. Mittel überhaupt. 8. Bresl. 824. W. G. Korn. 6 gr.

Richthofen, B. von: In was für Fällen ist das Tiefpflügen anwendbar und wo nicht? , s. Richthofen, Andreas Karl Samuel Frhr. von

Richthofen, Bolko Frhr. v., Christus der Eckstein der ganzen Kirche auf Erden u. die Hoffnung der Apostolischen Gemeinden. Ein Zeugniß. gr. 4. (III, 49 S.) Breslau 878. Max & Co. cart. n. 1. 20

Richthofen, C. von, s. Richthofen, Karl Frhr. von

Richthofen, C. K. H. Frhr. von, s. Richthofen, Emil Karl Heinrich Frhr. von

Richthofen, E. v., s.: Praetorius v. Richthofen, E. v.

Richthofen, E. Jaffé-
s. Jaffé-Richthofen.

Richthofen, Emil Frhr. v., Geschichte der Familie v. Richthofen. Mit 17 Stammtaf. und 1 farb. Wappentaf. 2 Bde. Lex.-8. Magdeburg 884, (E. Baensch jun.) *

Richthofen, Emil Frhr. v., zur Gymnasial-Reform in Preußen. Ein Aufruf auch an die Eltern der Gymnasialschüler. gr. 8. (79 S.) Magdeburg 887. E. Baensch jun. n. 1. —

Richthofen, Emil (Carl Heinr.) Frhr. v., die mexikanische Frage beleuchtet. gr. 8. (95 S.) Berlin 862, Allgemeine Deutsche Verlagsanstalt. *

Richthofen, E. K. H. v., der Haushalt d. Kriegsheere rc., s. a. Hand-Bibliothek f. Offiziere rc. 5. Bd.

v. Richthofen, C. K. H. Der Haushalt der Kriegsheere in seinen militairischen, politischen u. staatswirthschaftlichen Beziehungen. I. Historischer Theil. II. Zustände der neueren u. neusten Zeit. 2 Bde. 8. Berlin 1839–40.

—— die Medicinal-Einrichtungen d. k. preuß. Heeres. 1. u. 2. Thl. gr. 8. (1. Thl.) Breslau, W. G. Korn; (2. Thl.) Potsdam, [Riegel's Vrlsbuchh.]

A. u. d. Ttln.:

Thl. 1. Histor. Darstellung d. preuß. Militair-Medicinal-Verfassung bis z. J. 1-2?. (20¼ B.) 836. 1 Thlr. 12 Gr.

" 2. Systemat. Darstellung d. neuesten preuß. Militair-Medicinal-Verfassung. 1. u. 2. Abschnitt. (23 B.) 837. 1 Thlr. 21 Gr.

Richthofen, Emil Carl Heinr. Frhr. v., die äusseren und inneren politischen Zustände der Republik Mexico seit deren Unabhängigkeit bis auf die neueste Zeit. gr. 8. (XII und 499 S.) Berlin 859, Hertz. *

Richthofen, Elisabeth v., Die Perlenstickerei im Kreise Saarburg in Lothringen. Schriften d. Vereins f. Socialpol., Bd. 86. gr. 8⁰. Leipzig 1899.

Richthofen, E(lisabeth) von: Ueber die historischen Wandlungen in der Stellung der autoritären Parteien zur Arbeiterschutzgesetzgebung und die Motive dieser Wandlungen. *Heidelberg 1901: K. Rössler.* (73 S.) 8°
Heidelberg, Phil. Diss. v. 1901

von Richthofen, Ferdinand Frhr.: Anleitung zu geologischen Beobachtungen auf Reisen. ([S.-A.] Anleitung zu wissenschaftlichen Beobachtungen auf Reisen, herausgegeben von Georg Neumayer. S. 229—303.) Berlin 1875. 80 S. 8⁰.

von Richthofen, Frhr. Ferdinand: Ansprache in der ausserordentlichen Sitzung zur Feier des sechzigjährigen Bestehens der Gesellschaft für Erdkunde zu Berlin am 21. April 1888. (Verhandlungen der Gesellschaft für Erdkunde zu Berlin. Bd. 15. 1888. S. 161—177.) Berlin 1888. 17 S. 8⁰.

Richthofen, Ferd. Frhr. v., Atlas von China. Orographische und geolog. Karten zu des Verf. Werk: China, Ergebnisse eigener Reisen und darauf gegründeter Studien. Chromolithogr. 1. Abthl.: Das nördliche China (zum 2. Text-Bd. gehörend). 2 Hälften. qu. gr. Fol. Berlin 885, D. Reimer. *ℳ 52.—; geb. *

Inhalt:

Hälfte 1. Uebersichtsblatt, Vorerläuterungen und Taf. 1—12. (20 Sp. Text.) *ℳ 24.—.

" 2. Taf. 13—26. *ℳ 28.—.

Richthofen, Ferd. Frhr. v., Aufgaben und Methoden der heutigen Geographie. Akademische Antrittsrede, gehalten in der Aula der Universität Leipzig am 27. April 1883. gr. 8. (72 S.) Leipzig 883, Veit und Comp. *

— [illegible] Melaphyr und Augitporphyr: 1. Über den Unterschied der [illegible] in Mitteldeutschland. 2. [illegible] von Süd-Tirol mit denen von He- [illegible] . . . 1.—
Separatabdruck

Richthofen, Ferd. Frhr. v., Bemerkungen über die Trennung von Melaphyr und Augitporphyr. Lex.-8. (70 S.) Wien 859, (Gerold's Sohn.) **
Aus: Sitzungsberichte der k. Akademie der Wissenschaften, Jahrg. 1859, besonders abgedruckt.

Richthofen, Ferd. v. Bericht über einen Ausflug nach Java. (Aus d. Zeitsch. d. deutsch. geol. Gesellsch.) Berlin. 1862. 8.

—— geognostische Beschreibung der Umgegend von Predazzo, Sanct Cassian und der seisser Alpe in Süd-Tyrol. gr. 4. (XII und 327 S. mit 1 geognost. chromolithogr. Karte in Imp.-Fol. und 4 chromolithogr. Profiltaf. in qu. gr. Fol.) Gotha 860, J. Perthes. *

Richthofen, Ferdinand Freiherr von, Dr., Über die Bildung und Umbildung einiger Mineralien in Süd-Tirol. S. 27. [illegible] . . . . vgr.
Separatabdruck

Richthofen, Ferd. v., über die Bildung und Umbildung einiger Mineralien in Süd-Tirol. (Aus den Sitzungsberichten der k. Akad. d. W.) Wien 858. Gerold in Comm. gr. 8. (84 S.) n. 14 ngr.

Richthofen, Ferd. Frhr. v., China. Ergebnisse eigener Reisen u. darauf gegründeter Studien. 1. u. 2. Bd. hoch 4. Berlin 877. 82. D. Reimer. à n. 32. —; geb. à n. 36. —
1. Einleitender Theil. Mit 29 eingedr. Holzschn. u. 11 (chromolith.) Karten. (XLIV, 758 S.)
2. Das nördliche China. Mit 126 (eingedr.) Holzschn., einer farbigen Ansicht, 2 (chromolith.) Karten u. 5 geolog. (lith. u. color.) Profilen. (XXIV, 792 S.)

— China. Ergebnisse eigener Reisen u. darauf gegründeter Studien. 4. Bd. Paläontologischer Thl., enth. Abhandlgn. v. Wilh. Dames, Eman. Kayser, G. Lindström, A. Schenk u. Conr. Schwager. Mit 15 Holzschn. u. 54 Taf. in Steindr. hoch 4. (XVI, 288 S. m. 54 Bl. Taf.-Erklärgn.) Berlin 883. D. Reimer. n. 32. —; geb. n. 36. —
Der 3. Bd. erscheint später.

Deutschland in Ostasien. Provinz Shantung mit der Kiau-Tschou-Bucht u. den Kohlenfeldern v. Po-Shan-Hsiën, sowie d. projekt. Deutschen Eisenbahnlinien ... [Aus:] [Ferd. Frh.] v. **Richthofen,** China. Atlas. Situationszeichng nach den Orig. d. Vfs u. and. Quellen v Richard Kiepert, 1876. Schrift u. Gebirge v. Vf. Maasst. 1 : 750 000. 2. Aufl. *Berlin: D. Reimer [1898].* 1 Ktnbl. quer-gr. 2. (?) 1 Bd 8. [98. 3901

Richthofen, Ferd. Frhr. v., Ergebnisse u. Ziele der Südpolarforschung. Mit e. Südpolarkarte. (29 S.) Lex.-8. Berlin 905. D. Reimer. n. 1. —

Richthofen, Ferd. Frhr. v. Festschrift, Ferdinand Frhrn. v. Richthofen zum 60. Geburtstag am 5. Mai 1893 dargebracht v. seinen Schülern. Lex.-8. (VII, 418 S. m. 8 Abbildgn., 1 Kartenskizze, 2 Kärtchen, 7 Karten, 1 Profiltaf., 2 Tab. u. 1 Bildnis.) Berlin 893. D. Reimer. n. 22. —; geb. n. 25. —; auf Schreibpap., geb. n. 30. —

Richthofen, Ferd. Frhr. v., Führer f. Forschungsreisende. Anleitung zu Beobachtgn. üb. Gegenstände der phys. Geographie u. Geologie. gr. 8. (XII, 745 S.) Berlin 886. Oppenheim. n. 16. —

Richthofen, Ferd. Frhr. v., Führer für Forschungsreisende. Anleitung zu Beobachtgn. üb. Gegenstände der phys. Geographie u. Geologie. Neudr. der Aufl. v. 1886. gr. 8. (XII, 734 S.) Hannover 901. Gebr. Jänecke. n. 12. —; geb. n.n. 13. 50

—— Geologie, s. a. Anleitung zu wissenschaftlichen Beobachtungen auf Reisen.

von Richthofen, Ferdinand Frhr.: Geologie. 80 (178) S. in: Anleitung zu wissenschaftlichen Beobachtungen auf Reisen, herausg. v. G. Neumayer. Aufl. 1. S. 229—308. Aufl. 2. Bd. 1. S. 114—291. Berlin 1875 u. 1888. 8⁰.

Richthofen, F. Freih. v. Die Kalkalpen von Vorarlberg und Nord-Tirol. 1. Abth. (Aus d. Jahrb. d. k. k. geol. Reichsanst.) Wien. 1859. 8.

Richthofen, F. v. Die Kalkalpen von Voralberg und Nordtyrol. 2 Abth. Wien 1859—62.

Richthofen, Ferd. Frhr. v., geognostische Karte der Umgegend von Predazzo, St. Cassian u. der Seisser Alpe in Süd-Tirol nach eignen Aufnahmen entworfen. (Neue Ausg.) 5 Blatt. Chromolith. Gotha 862. J. Perthes. qu. Fol. u. Imp.-Fol. Mit Text. (22 S. in gr. 4.) In Mappe n. 2 ₰

von Richthofen, Ferdinand Freiherr: Kiautschou. Seine Weltstellung und voraussichtliche Bedeutung. 26. Dezember 1897. ([S.-A.] Preussische Jahrbücher. Bd. 91. 1898.) Berlin 1898. 32 S. 8⁰.

Kiautschou. Seine Weltstellung u. voraussichtliche Bedeutung. Von Ferdinand Frh. v. **Richthofen.** 26. Dez. 1897. *Berlin: G. Stilke (1897).* (32 S.) 8° [Fr.]
Aus: Preuss. Jahrbücher. [02. 9796 11

von Richthofen, Ferdinand Freiherr: Die Kohlenfelder China's. Gelesen in der Geographischen Section der „British Association" in Bradford. Aus dem englischen Original übersetzt. ([S.-A.] Mittheilungen der k. k. Geographischen Gesellschaft in Wien. Bd. 17. 1874.) Wien 1874. 21 S. 8⁰.

Richthofen, Ferdinand Frh. von, z. Z. Rektor: Das **Meer** und die Kunde vom Meer. *Berlin 1904: G. Schade.* (45 S.) 4°
Berlin, Rede zur Gedächtnisfeier Friedrich Wilhelms III. 1904

Richthofen, F. v. Ueber den Melaphyr. (Aus der Zeitschrift der deutschen geolog. Gesellschaft.) Berlin. 1857. 8.

de **Richthoffen,** Ferd. Paulus Guilhelmus, lib. baro, geb. Carlsruhe in Schles. 5. 5. 1833: De melaphyre. Berolini (1856) (38 S.) 8°
* Ver- schrieb sich später Richthofen.
Berlin, Phil. Diss. v. 13. Febr. 1856

von **Richthofen,** Ferdinand Freiherr: Ueber Mendola-Dolomit und Schlern-Dolomit. ([S.-A.] Zeitschrift der Deutschen Geologischen Gesellschaft. Jahrg. 1874. S. 225 —256.) (Berlin 1874.) 32 S. 8°

— die **Metall-Production Californiens und der angrenzenden Länder,** aa **Mittheilungen aus J. Perthes' geographischer Anstalt.**

von **Richthofen,** Ferdinand Frhr.: Die Metall-Produktion Californiens und der angrenzenden Länder. Mittheilungen von den pacifischen Küstenländern Nord-Amerika's. (Virginia City, Juni 1861.) Gotha 1864. 58 S.
= Ergänzungsheft zu Petermann's Geographischen Mittheilungen. No. 14. 8°.

v. **Richthofen.** China: Ost-Schantung, topographisch und geologisch. 1:750000. Berlin 1876. 2 Bl. c. I.. Sch.

Richthofen, Ferd. Frhr. v., Schantung u. s. Eingangspforte Kiautschou. M. 3 grossen Karten ausser Text (1 topograph. u. 1 geolog. Karte der Provinz Schantung — 1 Karte d. nordöstl. China), 3 kleinen Karten im Text u. 9 Lichtdr.-Taf.) Lex.-8. (XXVII, 324 S.) Berlin 898. D. Reimer.
Geb. in Leinw., 8 Karten in Mappe, n. 10. —

Richthofen, Ferd. Frhr. v., geomorphologische Studien aus Ostasien. I—III. gr. 8. Berlin (G. Reimer). n. 4. -
I. Über Gestalt u. Gliederung e. Grundlinie in der Morphologie Ost-Asiens. (38 S.) 900. n. 2. -
II. Gestalt u. Gliederg. der ostasiat. Küstenbogen. (27 S.) 901. n. 1. —
III. Die morpholog. Stellg. v. Formosa u. den Riukiu-Inseln. (32 S. m. 1 Taf.) 902. n. 1 —
Sonderabdrucke aus: „Sitzungsber. d. preuss. Akad. d. Wiss."

— geomorphologische Studien aus Ostasien. IV. Ueber Gebirgskettgn. in Ostasien, m. Ausschluss v. Japan. V. Gebirgskettungen im japan. Bogen. (52 S.) gr. 8. Ebd. 903. n. 2. —
Sonderabdruck aus: „Sitzungsber. d. preuss. Akad. d. Wiss."

Richthofen, Freih. v. Studien aus den Ungarisch-Siebenbürgischen Trachyt-Gebirgen. (Aus d. Jahrb. d. k. k. geol. Reichsanst.) Wien. 1861. 4.

Richthofen's, Ferd. v., Tagebücher aus China. Ausgewählt u. hrsg. v. E. Tiessen. Mit 21 Lichtdr.-Taf., davon 19 nach Orig.-Zeichngn. Richthofen's. 2 Bde. (XIV, 588 u. IV, 375 S. m. 1 farb. Karte.) gr. 8. Berlin 907. D. Reimer. Geb. in Leinw. 20. —

Richthofen, Ferdinand Frh. von: Triebkräfte und Richtungen der Erdkunde im neunzehnten Jahrhundert. *Berlin 1903: G. Schade.* (55 S.) 4°
Berlin, Rede bei Antritt d. Rektorats 1903

— s.: Veröffentlichungen d. Instituts f. Meereskde. usw. an der Universität Berlin.

— Vorlesungen üb. allgem. Siedlungs- u. Verkehrsgeographie. Bearb. u. hrsg. v. Otto Schlüter. (16, 352 S. m. 4 Lichtdr.-Taf.) gr. 8. Berlin 908. D. Reimer.
Geb. in Leinw. 10. —

Richthofen, Ghard. Frhr. v., der Antisemitismus im Lichte der Bibel. Ein Brief. gr. 8. (III, 34 S.) Breslau 892. J. Max & Co. n. — 50

Richthofen, Ghard. Frhr. v., die Bewahrung vor der bevorstehenden „großen Trübsal". Ein Zeugnis zunächst an seine evangel. Mitchristen in Liegnitz. gr. 8. (32 S.) Augsburg 889. Preyß. n. — 40

— offner Brief an Hrn. Prof. Dr. Felix Dahn. Eine Beleuchtg. seiner Kritik betr. „den Entwurf e. Gesetzes üb. die Volksschule in Preussen". 8. (17 S.) Ebd. 892. — 30

Richthofen, Ghard. Frhr. v., die apostolischen Gemeinden, ihre Entstehung, Verfassung u. Gottesdienste. Ein Zeugnis zunächst f. seine reformierten Mitchristen am Rhein. gr. 8. (IV, 104 S.) Augsburg 884. Preyß. n. 1. —

— der Weg zu Gott. Ein Brief. gr. 8. (22 S.) Klein-Rosen 887. (Liegnitz, Reisner.) n. — 20

Richthofen, Ghard. Frhr. v., die Wiederkunft JEsu Christi u. die Zeichen der letzten Zeit. Ein brüderliches Wort an alle Katholiken am Rhein in Form von drei Vorträgen. gr. 8. (V, 92 S.) Augsburg 882. Preyß. n. — 80

Richthofen, Gertrud von

Richthofen-Tschammer, v., s. Kinderherberge.

Richthofen, Gertrud v., geb. v. Tschammer, an zwei Straßen. Eine Geschichte aus den vierziger Jahren. 8. (139 S.) Breslau 890. Dülfer. n. 1. 70; geb. n.n. 2. 25

Richthofen, Herbert Freiherr von, Preuß. Kammergerichts-Ref. in Berlin: Ist das deutsche Heer ein Reichs- oder ein Kontingentsheer? *Borna-Leipzig 1904: R. Noske.* (VI, 75 S.) 8° [Z.]
Leipzig, Jur. Diss. v. 1904

Richthofen, Julie Baronin von

RICHTHOFEN, Romantisch-histor. Erzählungen aus dem Klosterleben der Vorzeit. 4 Bde. Danzig 1826. 8°. So vollständig sehr selten! (R. Zinke's Dresdner Novbr.-Auct. 1905. no. 1128.)

— romant.-hist. Erzählung aus den Klosterleben d. Vorzeit. 4 Bdchn. 8. Danzig 826, Anhuth.

Richthofen, Julie von, der Geisterrath. Eine Vision. 8. Berl. Neue Soc. Buchh. 813. Rthlr.

— der Geisterrath, eine Vision. 12. Berl. 813, (Sander). 4 gr.

— Helas u. Heljanor. 2 Bdchen. 8. Danzig 824, Gerhard. 1 rthl. 12 gr. (Engelmann in Leipz.) 1 rthl. 18 gr.

v. Richthofen, Julie, (Baronin), die Catalonierin. 2 Thle. N. A. 8. Berl. 817. (Sander). 2 rthl.

Richthofen, Julie Baronin v., der Onkel. 2 Thle. 8. (49 B.) Leipzig 828, Rein.

— Operinen. Eine Sammlung Erzähll. u. Novellen. 1r Bd. gr. 12. Danz. 824, Gerhardt.

— dess. 2r Bd. 8. Bresl. 825, Max u. C.

— dess. 3r Bd. 8. Danzig 826, Anhuth.

— die Orientalin. 8. Bresl. 825, Max u. C.

v. Richthofen, (Julie, Baronin,) Emilie von Rellow, s. Sammlung von Romanen rc.

— die Verstoßene. 8. (10 B.) Königsberg 828, Gebr. Bornträger.

— Zanina, od. Amerika's goldenes Leben. 8. Leipz. 825. N. A. 827. Ind.-Compt. (Baumgärtner). 1 ℳ 8 ℊ, Hbg. Pr. 16 ℊ

Richthofen, K. von: U n t e r s u c h u n g der Frage: Inwiefern ist die Erhaltung der Grundbesitzer des preußischen Staats ausführbar oder nicht?, s. R i c h t h o f e n, Andreas Karl Samuel Frhr. von

Richthofen, Karl Frhr. von

Richthofen, C. v., e. katholische Antwort auf die päpstliche Encyclica vom 21. Nov. 1873. Predigt geh. in der St. Bernhardinerkirche zu Breslau am 4. Advents-Sonntage d. J. 2. Aufl. 8. (16 S.) Breslau 874. Leuckart. n.n. — 25

v. Richthofen, Karl Frhr., über die singulären Erbrechte an schlesischen Rittergütern. gr. 8. Breslau 844, G. P. Aderholz. $^2/_3$ ℳ

— „erraget einander in Liebe". Predigt geh. in der Bernhardinerkirche zu Breslau bei Gelegenheit d. kathol. Gottesdienstes am 17. Sonntage nach Pfingsten. 8. (16 S.) Breslau 873. Stuttgart, Heitz. n. — 30

Richthofen, Karl Frhr. v., die älteren Egmonder Geschichtsquellen. gr. 8. (III, 219 S.) Berlin 886. Hertz. n. 7.

—— Ich glaube, darum rede ich. 2 Cor. 4, 13. Predigt, gehalten in der Bernhardinerkirche zu Breslau bei Gelegenheit des kathol. Gottesdienstes am 15. Sonntage nach Pfingsten. 1. und 2. Aufl. 1873. * 50 Pf., und 3. Aufl. 8. (14 S.) Breslau 875, Gosohorsky's Buchh. — 30

Richthofen, Karl Frhr. v., zwei Karten von Friesland im 9. und im 13. Jahrh. Lithogr. und color. qu. Fol. Mit Text. gr. 8. (8 S.) Berlin 882, Hertz. *
Aus: Untersuchungen über friesische Rechtsgeschichte, besonders abgedruckt.

Richthofen, K. v. Vide: Kries, K. G.: Die engl. Armenpflege.

Richthofen, Carol. Liber Baro de, lex Frisionum, repetita curis societatis Frisiacae. Accedit recensio Baronis B. J. Lintelo de Geer. Leovardiae 866. (Haag, Nijhoff.) gr. 8. (L, 195 S.) n. 1 ℳ

Richthofen, Carl Frhr. v., zur lex Saxonum. gr. 8. (VII, 432 S.) Berlin 868, Hertz. *

Richthofen, Carl Frhr. v., über die Productivität der Armee zur Vermehrung des Nationalreichthums. Ein Vortrag. gr. 8. (59 S.) Schleswig 869, (Schulbuchh.) [Bergas.] * 1 20

Richthofen, Karl Frhr v., als Herausgeber des Werks: Friesische Rechtsquellen. Berlin 1840.
Halle-Wittenberg, Dr. jur. am 8. Juli 1840
Geb. [Damsdorf b. Striegau 30. 5. 1811]
Vom Minister zwar als promotio honoris causa genehmigt und in den „Fleißproben" als Ehrendiplom verzeichnet, aber im Diplom steht: rite.

Richthofen, Karl v., Friesische Rechtsquellen. gr. 4. (80 B. u. 1 lith. Schrifttafel.) Berlin 840, Nicolaische Buchh.

Richthofen, Karl Frhr. v., Untersuchungen über friesische Rechtsgeschichte. 1. Abhandlung. Upstalsbom, Freiheit u. Grafen in Friesland. 1. Thl. gr. 8. (VI, 614 S.) Berlin 880. Hertz. n. 15. —

— Untersuchungen üb. friesische Rechtsgeschichte. 2. Thl. 2 Bde. Mit 2 Karten üb. Friesland. gr. 8. (VII, 1325 S) Ebend. 882. n. 35. —

— dasselbe. 3. Thl. 1. Abschn. Das Gau Kinnem od. Kennemerland. Mit 1 (lith. u. color.) Karte d. Gau Kinnem. gr. 8. (V, 114 S.) Ebend. 886. n. 4. — (I—III, 1.: n. 54. —)

—— altfriesisches wörterbuch. gr. 4. (73$^1/_2$ B.) Göttingen 840, Dieterichsche Buchh.

Richthofen, Karl Heinrich von, s. R i c h t h o f e n, Emil Karl Heinrich Frhr. von

Richthofen, L. Frhr. v., einige Bemerkungen zu der beabsichtigten Reorganisirung des Militär-Straf-Prozesses. gr. 8. (11 S.) Flensburg 877. Exped. der Flensb. Norddeutschen Zeitung. n. — 20

Richthofen, Ludwig Philipp von

v. Richthofen, L. Ph., Handbuch f. Landräthe u. f. die mit den Landräthen in Verbind. stehend. Beamten u. Gutsbesitzer. gr. 8. Oels 825. (Bresl., W. G. Korn; a. Hentze). 1 ℳ 8 ℊ

Richthofen, Ludw. Phil. v., Handbuch f. Landräthe, f. Lokal-, Polizei- u. Kommunal-Behörden u. Beamte. 2., verb. Aufl. gr. 8. (17$^1/_4$ B.) Breslau 834, W. G. Korn.

Richthofen, O. Frhr. von. [Kreis-Assessor der Kaiserlichen Kreis-Direction Zabern]: Ueber die staatsrechtliche Gültigkeit der während des Krieges 1870/71 Seitens der Französischen Regierung erlassenen Gesetze und Decrete für Elsass-Lothringen. Als Manuscript gedruckt. (Besonderer Abdruck aus den Annalen des Deutschen Reichs, herausgegeben von Dr. Georg Hirth. Verlag von G. Hirth in Leipzig, 1874.) Leipzig, Druck von Bär und Hermann (1874). 4. 14 S.

Richthofen, Wilh. Frhr. v., Chrysanthemum u. Drache. Vor u. während der Kriegszeit in Ostasien. Skizzen aus Tagebüchern. Mit 16 Taf. Illustr. u. 1 Karte. gr. 8. (VII, 288 S.) Berlin 902. F. Dümmler's Verl. n. 6. —; geb. n. 7. —

Richthofen-Rosen, Bolko Frhr. v., der ländliche Arbeitervertrag, als e. Hilfsmittel bei der Ordng. ländl. Arbeiterverhältnisse dargeboten. gr. 8. (14 S. m. 1 Formular.) Breslau 891. (Max & Co.) n. — 60

Richthofen-Tschammer, s. R i c h t h o f e n, Gertrud von

Richthoffen, Ferdinand Frhr. von, s. R i c h t h o f e n

Richtig Deutsch! Sprech- und Sprachübungen zur Vermeidung der geläufigsten Dialektfehler niederrheinischer Schüler. Zusammengestellt aus Beiträgen des Lehrerkollegiums. 8 (16 S.). Prg. (Mit nicht allgem. verbindl. Griech. u. dess. Ersatz durch Engl.)
Progr. *Grevenbroich* 1900 (475).

Richtig schreiben! Anleitung z. lautgetreuen (phonet.) Schreibung d. deutschen Sprache. Striegau: Th. Urban in Komm. [1907]. (16 S.) 8°
[Umschlagt. 𝔍.] [08. 6966 2

Richtigkeit, Die, der V e r w a n d l u n g derer Metalle ..., s.a. M e i d i n g e r, Karl von.

Richtigkeit der Verwandlung der Metalle. 8. Leipz. 783. (Gnoboch). 4 ℊ

Richtigschreiben, das, der gleichklingenden Wörter in der deutschen Sprache. Zum Gebrauch bei Bildung kurzer Sätze, beim Dictiren u. Vorschreiben in Volksschulen. 8. Leipzig 835. Jackowitz. $^3/_8$ ℳ
(6$^1/_4$ B.)

Richtlinien für die Arbeit in den Turnvereinen der D. T., zsgest. v. Kreisaussch. d. IV. Turnkr. „Norden", Altona, 12 S., 16°.

Richtlinien für die Erstellung von Forstwirtschaftsplänen. - Wien o. J. VII, 74 S.

DIE RICHTLINIEN DES HANSA-BUNDES Handel und Industrie. 8°. Berlin. Verlag: Hansa-Bund für Gewerbe,

Richtlinien für eine Verfassung der evang.-luth. Landeskirche Schleswig-Holsteins. Hrgg. vom Verein der Freunde ev. Freiheit in Schleswig-Holstein. Kiel. o. J. 8°

Richtlinien für die militärische Vorbildung der älteren Jahrgänge der Jugendabteilungen während des Kriegszustandes, hrsg. v. Kriegsminist., Berlin, Kl.-8°. 2 Bde.
Erläuterungen u. Ergänzungen z. d. —.

Richtmann, Eug., aus zwei Welten. Gedichte. 12. (V, 126 S.) Coblenz 896. (W. Groos.) n. 1. —; geb. n.n. 1. 75

Richtschnur, die. I. Metallarbeiten. Lfg. 1. 4° [VS] Frankfurt 1907

Richtschnur zur Herbeiführung einer einheitlichen Sprech- und Schreibweise in der Volksschule. gr. 16. (11 S.) Rheinbach 879, (Stumm.)

— des Lebens der ersten Christen: aus d. Engl. 12. Pyrmont 802. Uslar. 2 gr.

Richtschnur dess Einsidlerischen Lebens. Das ist: Die nothwendigste Reglen, nach welchen die in dem Bistumb Brixen ... sich befindende Wald-Brüder ihren Lebens-Wandel anstellen sollen. Brixen 1735. V: *Lotter, Anton Mar.* (MARGR)

Richtschnur, Neueste, für jene Privatschüler, welche ihre Prüfungen... bei St. Anna abzulegen wünschen. Wien 1864. V: *Röll, Alois.* (EB)

Richtschnur wohlanständiger Sitten, od. Anleit. z. Höflichkeit, französ. u. deutsch. 8. Straßb. 754. König. 12 gr.

Richtsteig Landrechts, Der, nebst Cautela und Premis herausg. von C. G. Homeyer. Berlin 1857. gr. 8. . . . . (D.)

Richtsteig, patriotische Wünsche für den zum 2. April 1848 berufenen Verein. Preuß. Landtag. 8. (8 S.) Görlitz 848. (Heinze & Co.) 1 ngl.

Richtsteig, Gust. Hnr., de nostrae aetatis indole et conditione rerum rusticarum et de optimo agricolationem rationalem propagandi modo. Acced. excursus de aratro Hesiodeo et Virgiliano. Comment. oeconomico-philosophica, cum fig. 8maj. Bresl. 811. J. Fr. Korn. 12 gr.

Richtsteig, Gustavus Henricus: De nostrae aetatis indole et conditione rerum rusticarum et de optimo agricolationem rationalem propagandi modo. Accedit excursus de aratro Hesiodeo et Virgiliano. Vratislaviae: J. F. Korn (1812). (XII, 91 S., 2 Taf.) 8° *[Buchausg. 1811 ebenda.]*
Breslau, Phil. Fak., Hab.-Schr. v. 15. Febr. 1812

Richtsteig, M. E. K. F.

— s. 1) Beitr. zur Vervollkommnung d. Feldhospitalwesens. 2) G. Breinersdorf, Beschreib. d. verschied. Principien.

— Versuch e. Belehrung u. Beruhigung üb. die Nerven- u. Faulfieber. 8. Glogau 813. (N. Günthersche B.) 3 gr (a. W. G. Korn in Berl.) 4 gr

Richtsteig, M. E. K. F., kleine Waarenkunde f. Materialisten u. Droguisten. 8. Bresl. 805. Gehr. (Kayser in Leipz.) 12 gr.

Richtung, über die, der östlichen preuß. Eisenbahn, hauptsächl. aus kommerziellem Gesichtspunkte u. in Rücksicht auf die östlich der Weichsel gelegenen Gegenden betrachtet. 8. (Mit 1 Karte.) Elbing 843, Levin. n. 1/6 ℛ

Über die Richtung der östlichen preuß. Eisenbahn. Von einem Ostpreußen. Insterburg 1844. 8°.

Richtung, üb. die kathol., der Kirchenagende für die Hof- u. Domkirche zu Berlin v. Jahr 1822. Bedenken evangel. Christen. gr. 8. Leipz. 826. (Engelmann). 2 gr

Richtung, die moderne, u. die Kunst. Von Eremita (Geo. Lasson). 8. (IV, 267 S.) Gr. Lichterfelde-Berlin (901). E. Runge. n. 3. —; geb. n. 4. —

Richtung, die wahre, der ungarischen National-Politik. Wien 862. Gerold. Lex.-8. (XII, 76 S.) n. 16 ngr.

Richwaldt, Aug., Sokrates. Trauerspiel in 5 Aufzügen. (IV, 124 S.) 8. Dresden 905. E. Pierson. n. 2. —

Rick, Carl, s. Rick, Karl

RICK (Franz Josef). Über das Band der Unterthänigkeit oder das politische Verhältniß zwischen den österreichischen Unterthanen und ihren Herrschaften. Von —. Rehm, Wien 1793. 1 vol. 96 S.

Rick, Fr. Jos., das Recht der Ehen in d. k. k. deutschen Erblanden. 8. Prag 789. Widtmann. 20 gr

— üb. d. polit. Verhältniß zwischen d. österreich. Unterthanen u. ihren Herrschaften. 8. Wien 793.

— polit. Versuch üb. d. Mißbrauch d. öffentl. u. Privatcredits. 8. Wien 793.

Rick, Hubert: Über einige **Unterrichtsgrundsätze beim** Gymnasialunterricht. *Cöln 1903: J. P. Bachem.* (S. 3—12.) 4° ¶(Größtenteils Vortrag. geh. auf d. Kölner Osterdienstagsvers. 1902.)
Cöln, k. Kaiser-Wilhelm-G. P 1903 (517)

Rick, Hubert: Neue Untersuchungen über den platonischen Theätet. (Th. I.) *Mülheim a. Rh., 1891;* 17 S. 4°
Mülheim a. Rh., RG, P 1891 (479)

Rick, Hubert: Neue Untersuchungen über den platonischen Theätet. '(Forts.)' (Forts. d. P-Beil. Mülheim a. Rh. 1891.) Kempen, A. Wefers'sche Druckerei, *1896;* III—XVIII S. 4.
Kempen '(Rhein)', k. G Thomaeum, OP 1896 (456)

Rick, Karl

Rick, Carl, poetische Briefe einer Frau. 2. Auflage. 1870. Min.-Ausgabe. 12. (124 S.) Wien, Gerold. 1 fl. 40 kr.

Rick, Carl, Evangelium der Freiheit. (Gedichte.) 16. (VIII u. 85 S.) Wien 850, Keck & Sohn. In Engl. Einb. m. Goldschnitt 1 ℛ

Rick, Carl, Gedichte. gr. 8. (12 B.) Wien 846, (47,) Lechner's Universitätsbuchh.

Rick, Carl, Gedichte. 2. Aufl. gr. 8. (X und 178 S.) Wien 851, Lechner's Universitäts-Buchh. Thlr. *

Rick, Karl, Klostergeschichten. 8. (294 S.) Teschen, Karl Prochaska. 2 fl. 50 kr.
1884.

RICK, C., Klostergeschichten. Wien 1884. 8°. (Mk. 5—.) (2 Mk. 50 Pfg., eleg. Lwdbd., P. Neubner, Cöln, 1892.)

Rick, Karl, das Maifest der Benediktiner u. andere Erzählungen. 2. Aufl. (329 S.) 8. Hamburg 904. Gutenberg-Verlag Dr. E. Schultze. n. 3.—; geb. n. 4.—

Rick, Karl, a. Siegburg ⟨Rheinpreußen⟩: Das prädikative Participium Praesentis im Althochdeutschen. Bonn 1905: C. Georgi. (45 S.) 8°
Bonn, Phil. Fak., Ref. Wilmanns, Diss. v. 8. Aug. 1905
[Geb. 3. März 82 Siegburg (Bez. Cöln); Heimatsort: Siegburg; Staatsangeh.: Preußen; Vorbildung: Gymn. Siegburg Reife O. 01; Studium: Bonn 4, Grenoble 1, Bonn 3 S.; Rig. 21. Juni 05.]

Rick, Otto, prakt. Arzt a. Barmen: Ein Fall von Osteom der linken Stirnbeinhöhle und die osteoplastische Aufmeisselung der Stirnhöhle nach Küster. Marburg 1907: J. Hamel. (66 S.) 8°
Marburg, Med. Fak., Ref. Küster, Diss. v. 18. Dez. 1907
[Geb. 6. Aug. 68 Rees a. Rh.; Wohnort: Barmen; Staatsangeh.: Preußen; Vorbildung: Gymn. Vechta Reife M. 88; Studium: Marburg, Kiel, München, Greifswald, Utrecht, Bonn, Marburg; Coll. 4. Okt. 07; Approb. 14. Juli 02.]

Rick, P. J., Fibel nach der analytisch-synthetischen Lesemethode, — erstes Lesebuch, } s.: Beck, K. A.

Rick, Rudolf: Der Streit zwischen König Friedrich III. und der Tiroler Landschaft in den Jahren 1443-1446.
Prag, Diss. 1907/08

Rick, Wolfg., Familie Klinger. Volksstück in 4 Acten. 8. (56 S.) Wien 893. M. Breitenstein. n. 1.60

Rick, Wolfg., im stillen Tal des Friedens. Ein Dorfidyll in 12 Gesängen. (180 S.) gr. 8. Korneuburg 903. J. Kühkopf. n. 2.80

Rickards, Geo. K., drei volkswirthschaftliche Vorträge. Deutsch von L. Bucher. Berlin 853. Besser's Verlhdlg. 8. (64 S.) n. 10 ngr

Englische Garten — Der — bey München. Aufgenommen und gezeichnet durch Oberlieut. von Rickauer 1806. Gestochen in München von J. Carl Schleich, k. b. Kupferst. des topographischen Bureau. Auf allerhöchsten Befehl herausgegeben von der königlich bayerischen Direction des topographischen Bureau. 1: 6000. 1 Bl.

Rickauer, Gust. Joh., die Weiß'sche Wasserheilanstalt u. Curmethode zu Freywaldau. Ein Handb. f. Kranke, welche d. kalte Wasserkur zu Hause od. zu Freywaldau gebrauchen wollen. 8. (5 B., 1 Ansicht u. W's. Portr.) Leipzig 838, [Gebhardt u. Reisland.]

Rickauer, Ritter von Fahrenthal, Gust. Jh., die Weiß'sche Wasserheilanstalt und Curmethode zu Freywaldau. Ein Handbuch für Kranke, welche die kalte Wasserkur zu Hause oder zu Freywaldau gebrauchen wollen. Mit 1 Ansicht u. Portrait. 8. Leipzig 838. Weygand. 3/8 ngr

Ricke, Friedr. Mathematische Unterhaltungen Stuttgart 1867—73. 3 Hefte.

— — s.a. Riecke

Ricke, Henry S., Führer zum Erfolg im Leben. Praktische Ratschläge f. junge Leute. Nach d. Engl. bearb. (64 S.) 8. Leipzig (909). M. Spohr. —80

Ricke, Max [aus Bad Oeynhausen]: Ueber Intoxicationserscheinungen des Cocains bei Anwendung desselben auf Schleimhäute. . . . Würzburg, Anton Boegler'sche Buchdr., 1889; 33 S. 8°
Würzburg, Med. Fak., Inaug.-Diss. v. 1889

Rickekracht's, Osmin, Abschied. [Parodie auf Schillers „Hektor u. Andromache."] Als Seitenstück zum „Klageliede eines v. Erfurt abziehenden aufgelösten Deputirten." gr. 8. (4 S.) Erfurt 849, Körner. 1/2 ngr

Rickelt, Gust., Schauspieler u. Direktoren, s.a. Sammlung Langenscheidt.

Schauspieler und Direktoren. Sozial-Wirtschaftliches aus deutschen Theatern. Von Gustav Rickelt. Berlin-Lichterfelde: Langenscheidt 1910. 144 S. 8°
(Sammlung Langenscheidt.) [11. 4859

Rickelt, Karl: Tuschzeichnungen zu J. Wolff's wildem Jäger, s. Schatzkammer deutscher Illustratoren.

Rickelt, Karl, s.: Wappenbuch d. Städte u. Märkte der gefürst. Grafsch. Tirol.

Rickelt, Walther, Gerichtsref.: Der Irrtum über den Grund der Berufung zum Erben nach gemeinem Rechte und dem Rechte des BGB. *Rostock 1904: C. Hinstorff.* (102 S.) 8°
Rostock, Jur. Diss. v. [20. März] 1904

Rickemann, Christian Georg (Lüneburg), De usu practico doctrinae de impedimentis manumissionis. Diss. inaug. Präs. Christian Thomasius. Halle / Magdeburg (Salfeld) 9. IV. 1712. 59 S. (5.25) 28800

— — Dasselbe. Halle/Magdeburg (Salfeld) 9. IV. 1712. Rec. 1732. 59 S. (5.25) 28801

Rickemann, X., s. Rickenmann, Xaver

Ricken, Adalbert. Die Blätterpilze ⟨Agaricaceae⟩ Deutschlands und der angrenzenden Länder, besonders Oesterreichs und der Schweiz. Mit 128 kolorierten Tafeln nach naturtreuen Vorlagen des Verfassers. (Liefg. 1.) [Mit 8 Tafeln.] IV + IV + 32 S. 8. Leipzig, Theodor Oswald Weigel, 1910. (pro Liefg. M. 3.—)

Ricken, Adalbert. Die Blätterpilze ⟨Agaricaceae⟩ Deutschlands und der angrenzenden Länder.... Liefg. 2. [Mit 8 Tafeln.] IV S. + S. 33—64. 8. Leipzig, Theodor Oswald Weigel, 1910. *pro* Liefg. M. 3.—

RICKEN, H. Versuche über die Entstehung des Cyans. Göttingen, 1851.

Ricken, Heinr., französisches Lesebuch aus Herodot f. die Quarta u. Untertertia der Gymnasien u. Realgymnasien. 8. (VII, 96 S.) Bielefeld 885. Velhagen & Klasing. cart. n. 1.—; Wörterbuch dazu (46 S.) n. —20

Ricken, Heinr., französisches Lesebuch aus Herodot. Eine Anfängerlektüre f. höhere Lehranstalten. 2. Aufl. 12. (VII, 96 S.) Bielefeld 890. Velhagen & Klasing. cart. n. 1.—; Wörterbuch (47 S.) n. —20

Ricken, Heinr., französisches Lesebuch aus Herodot. Eine Anfängerlektüre f. höhere Lehranstalten. 3. Aufl. 12. (VII, 96 S.) Bielefeld 894. Velhagen & Klasing. Kart. n. 1.—; Wörterbuch dazu (47 S.) n. —20

Ricken, Rudolf: Aus d. städt. Krankenanst. zu Kiel. Über vikariierendes oder kompensatorisches Emphysem der Lungen. Kiel 1909: Vollbehr & Riepen. 31 S. 8°
Kiel, Med. Diss. v. 5. Aug. 1909, Ref. Siemerling
[Geb. 20. Jan. 85 Styrum; Wohnort: Styrum; Staatsangeh.: Preußen; Vorbildung: Gymn. Mülheim a. R. Reife O. 09; Studium: Marburg 6, Kiel 4 S.; Coll. 13. Nov. 08; Approb. 1. Juli 09.] [U 09. 2284

Ricken, W. [aus Medebach (Westphalen)]: Ein Beitrag zur Aetiologie der Psoriasis. . . . Wurzburg, Paul Scheiner's Buchdr., 1887; 27 S. 8°
Würzburg, Med. Fak., Inaug.-Diss. v. 1887

Ricken, W. M. und C. Schüler, Lesebuch für Volksschulen. 8. (VI und 333 S.) Duisburg 854(55,) Ewich. *

Ricken, W. M., und C. Schüler, Lesebuch für Volksschulen. 2—6. Aufl. 8. (X und 430 S.) Duisburg 857—61, Ewich. * geb. *

Ricken, W. M., und C. Schüler, Lesebuch für Volksschulen. 8.—13. Aufl. 8. (X und 430 S.) Duisburg 863, Ewich. * geb. *

Ricken, W. M., u. C. Schüler, Lesebuch für Volksschulen. 14—17. Aufl. Ruhrort 868. Andreae & Co. 8. (X, 446 S.) n. 10 ngr; geb. n. 12 ngr.

— — Ergänzungen zu den älteren Auflagen des Lesebuchs für Volksschulen. Ebend. 868. 8. (24 S.) n.n. 1¼ ngr.

Ricken, W. M., und C. Schüler, Lesebuch für Volksschulen. 15.—22. Aufl. gr. 8. (XI, 391 S. mit eingedr. Holzschn.) Ruhrort 869—73, (Andreae und Comp.) (*ℳ 1.) * geb. (**ℳ 1,25.) **

—— —— Nachtrag zu den älteren Auflagen des Lesebuchs. Der deutsch-französische Krieg von 1870 und 1871. 1. Aufl. 1872, und 2. Aufl. gr. 8. (16 S.) Ebendas. 873. *

Ricken, W. M., und C. Schüler, Lesebuch für Volksschulen. 23.—26. Aufl. (XIV, 430 S.) 1875,76. **ℳ 1,15.; geb. **ℳ 1,50.; 27. und 28. Aufl. 8. (XIV, 431 S.) Ruhrort 876,77, (Andreae und Comp.) **ℳ 1,20.; geb. **

—— —— dass. — Ergänzung zu den älteren Auflagen. 8. (64 S.) Ebendas. 876. **

Ricken, Walter, a. Mülheim-Ruhr-Styrum, **Referendar** zu Mülheim-Ruhr: Die Konzentration der Gattungsschuld (B.G.B. § 243) nach ihren Voraussetzungen und Wirkungen. Borna-Leipzig 1905: **R. Noske**. (VIII, 35 S.) 8° [F.]
Erlangen, Jur. Fak., Ref. Binder, Diss. v. 24. Nov. 1905
[Geb. 12. Sept. 80 Styrum; Wohnort: Mülheim-Ruhr-Styrum; Staatsangeh.: Preußen; Vorbildung: Gymn. Mülheim-Ruhr Reife O. 99; Studium: Bonn 2, Tübingen 1, Berlin 1, Bonn 2 S.; Rig. 24. Okt. 05.]

Ricken, Wilh. Bemerkungen über Anlage und Erfolg der wichtigsten Streitschriften Steele's und den Einfluſs Addisons auf die Entwicklung derselben. 18 S. **Progr.** OR. *Elberfeld* 1884.

Ricken, W[ilhelm], Dir. Dr.: Einige **Bemerkungen zur Geschichte und Entwicklung** der Realschule zu Hagen i.W. *Hagen i. W. (1900): W. Quitmann.* (S. XII—XIV.) 4°
Hagen i.W., st. R, P 1900 (407)

Ricken, Wilh, Beschreibung der Hölzelschen Jahreszeitenbilder in französischer Sprache als Grundlage für den Unterricht. 3. Aufl. gr. 8. (20 S.) Berlin 902. W. Gronau. — 30

— neues Elementarbuch der französischen Sprache f. Gymnasien u. Realgymnasien. gr. 8. (V, 141 S.) Berlin 893. W. Gronau. n. 1. 80; kart. n. 1. 90; geb. n. 2. —

Ricken, Wilh., neues Elementarbuch d. französ Sprache f. Gymnasien u. Realgymnasien. 3. [Titel-] Aufl. gr. 8. (VI, 167 S.) Berlin (894) 897. W. Gronau. Geb. in Leinw. n. 2. —

— neues Elementarbuch der französischen Sprache für Gymnasien u. Realgymnasien. 5. Aufl. gr. 8. (VII, 167 S.) Ebd. 901. Geb. in Leinw. n. 2. —

Ricken, Wilh., **neues Elementarbuch der französischen Sprache f. Gymnasien u. Realgymnasien. 6. Aufl. (VII, 167 S.) 8. Berlin 904. Chemnitz-Erfenschlag, W. Gronau. Geb. in Leinw. n. 2. —**

Ricken, Wilh., Elementarbuch der französischen Sprache. 1. Jahr. gr. 8. (VII, 80 S.) Oppeln 887, Franck's Buchh. geb. *

—— dass. — 2. und 3. Jahr. gr. 8. (VII, 141 S.) Ebendas. 888. geb. *

Ricken, W., Elementarbuch der französischen Sprache. 1. Jahr. 2., durchgängig verb. Aufl. gr. 8. (IX, 69 S.) Oppeln 890. Franck. n. 1. 10

Ricken, Wilh., Elementarbuch der französischen Sprache. 2. u. 3. Jahr. 2., durchgängig verb. Aufl. gr. 8. (VII, 138 S.) Oppeln 891. Berlin, W. Gronau. n. 1. 80

Ricken, W[ilhelm]: Feier des Geburtstages Seiner Majestät des Kaisers und Königs. S. 3—6. 4. Oberrealschule *Hagen i. W.* 1904 (444) **Progr.**

— la France, le pays et son peuple. Récits et tableaux du passé et du présent. Livre de lecture à l'usage des écoles. gr. 8. (VI, 281 S.) Ebd. 893. n. 2. 60; geb. in Leinw. n. 3. —

La France, le pays et son peuple. Recits et tableaux du passé et du présent p. p. W[ilhelm] **Ricken**. 3. éd. *Berlin: W. Gronau 1897.* (VI S., 1 Bl., 336 S., 1 Taf., 1 Kt., 1 Pl.) 1 Bd 8. [97. 2136

— la France, le pays et son peuple. Récits et tableaux du passé et du présent. 5. éd. [Titel-Ausg.] gr. 8. (VII, 336 S. m. Abbildgn., Plan u. Karte.) Ebd [899.] 901. Geb. in Leinw. n. 3. —; Lexique. 3. éd. (IV, 162 S.) 902. Geb. in Leinw. n. 2. —

Ricken, Wilh., La France, le pays et son peuple. Récits et tableaux du passé et du présent. 9. éd. (VII, 365 S. m. Abbildgn., Titelbild u. 1 Plan.) 8. Chemnitz 906. Chemnitz-Erfenschlag, W. Gronau. Geb. in Leinw. n. 3. —

Ricken, Wilh., geography of the British Isles. Zum Gebrauch in deutschen Schulen hrsg. Mit 54 Bildern u. Skizzen u. 1 Karte des brit. Weltreiches. (VII, 96 S.) 8. München 910. R. Oldenbourg. Kart. 1. 40

— Grammatik der französischen Sprache f. deutsche Schulen. gr. 8. (X, 118 S.) Ebd. 893. n. 1. 20; geb. n. 1. 50

— Grammatik der französischen Sprache für deutsche Schulen. 3. verb. Aufl. gr. 8. (X, 131 S.) Ebd. 900. Geb. in Leinw. n. 1. 50

— Grammatik der französischen Sprache f. deutsche Schulen. 4. Aufl. (X, 131 S.) gr. 8. Berlin 903. Chemnitz-Ersenschlag, W. Gronau. Geb. in Leinw. n. 1. 50

— französisches Gymnasialbuch f. den Unterricht bis zum Abschluß der Untersekunda. Auf Grund der preuß. Lehrpläne v. 1901 f. gymnasiale Anstalten m. deutscher Unterrichtssprache bearb. (VII, 197 S.) gr. 8. Ebd. 903. Geb. in Leinw. n. 2. 80

Ricken, Wilh., Lehrgang f. das 4.—6. (7.) Jahr d. französ. Unterrichts an Oberrealschulen, Realschulen, Reformschulen u. höh. Mädchenschulen. (XI, 359 S. m. 1 Karte.) 8. Chemnitz 909. W. Gronau. Geb. 4. —

— Lehrgang der französchen Sprache f. die 3 ersten Jahre des französischen Unterrichts an Realschulen jeder Art u. an höheren Mädchenschulen. 3 Jahre. gr. 8. Ebd. 894. Geb. n. 2. 80
1. (VII, 79 S.) n. — 80; geb. n. 1. —. — 2. 3. (VII, 179 S.) geb. n. 1. 80.

— dasselbe. 2. u. 3. Jahr. Ausg. f. Mädchenschulen. gr. 8. (VII, 160 S.) Ebd. 894. n. 1. 60; geb. n. 1. 80

Ricken, Wilh., Lehrgang d. französ. Sprache f. d. ersten 3 Jahre d. französ. Unterrichts an Realschulen jeder Art u. an höh. Mädchenschulen. 1.—3. Jahr. gr. 8. Berlin 897. W. Gronau. Geb. in Leinw. n. 2. 80
1. 3. Aufl. (VII, 87 S.) n. 1. —
2. 3. 2. [Titel-] Aufl. (VII, 179 S.) (894.) n. 1. 80

Lehrgang der Französischen Sprache für die ersten drei Jahre des französischen Unterrichts an Realschulen jeder Art und an höheren Mädchenschulen von D. Wilhelm Ricken. [Bd 1. 2a. 2b.] *Berlin: W. Gronau 1899–1900.* 3 Bde 8° [F.]
[1.] 1. Jahr. 5. Aufl. 1900.
[2a.] 2. u. 3. Jahr. Ausg. f. Knabenschulen. 3. Aufl. 1900.
[2b.] 2. u. 3. Jahr. Ausg. f. Mädchenschulen. 3. Aufl. 1899. [00. 1119]

— Lehrgang der französischen Sprache für die ersten 3 Jahre des französischen Unterrichts an Realschulen jeder Art u. an höheren Mädchenschulen, sowie auch an „Reformschulen". gr. 8. Ebd. Geb. in Leinw. n. 2. 80
1. 6. Aufl. (VII, 100 S.) 902. n. 1. —
2. 3. Ausg. f. Knabenschulen 4. Aufl. (VII, 186 S.) 901. n. 1. 80

— dasselbe. 2. u. 3. Jahr. Ausg. f. Mädchenschulen. 3. Aufl. gr. 8. (VII, 160 S.) Ebd. 899. Geb. in Leinw. n. 1. 80

— Lehrgang der französ. Sprache f. die ersten 3 Jahre des französischen Unterrichts an Realschulen jeder Art, höheren Mädchenschulen, „Reformschulen", sowie f. den Unterricht an Präparandenanstalten. 1. Jahr. 8. Aufl. (VII, 110 S.) 8. Ebd. 905. Geb. in Leinw. n. 1. —

— dasselbe. 2. u. 3. Jahr. Ausg. f. Knabenschulen. 6. Aufl. (VII, 186 S.) 8. Ebd. 905. n. 1. 80

— dasselbe. Ausg. f. Mädchenschulen. 4. Aufl. (VII, 160 S.) gr. 8. Ebd. 902. Geb. in Leinw. n. 1. 80

— Lehrgang der französ. Sprache f. die ersten 3 Jahre des französ. Unterrichts an Realschulen jeder Art, höh. Mädchenschulen, „Reformschulen", sowie f. d. Unterricht an Präparandenanstalten. I.—III. Jahrg. 8. Chemnitz, W. Gronau. Geb. 2. 80
I. 13. (vollst. unveränd.) Aufl. (VII, 110 S.) 907. Geb. 1. —
II. III. Ausg. f. Knabenschulen. 8. Aufl. (VII, 186 S.) 907. Geb. 1. 80

— kleines französisches Lesebuch, nebst Gedichtsammlg. Mit Rücksicht auf d. Stoffe d. „Uebungsbuches" im Interesse solcher Schulen, f. die „La France, le pays et son peuple" zu umfangreich erscheint, zusammengest. u. hrsg. u. m. guten Karten u. Illustr., e. Wörterverzeichnis u. e. Auswahl einfacher zusammenhäng. Briefe vers. gr. 8. (IV, 181 S.) Ebd. 896. Geb. in Leinw. n. 2. 60

— kleines französisches Lesebuch nebst Gedichtsammlung. Mit Rücksicht auf die Stoffe d. „Übungsbuches" im Interesse solcher Schulen, für die „La France, le pays et son peuple" zu umfangreich erscheint, zusammengestellt u. hrsg. u. m. guten Karten u. Illustr., e. Wörterverzeichnis u. e. Auswahl einfacher zusammenhäng. Briefe versehen. 2. [Titel-]Aufl. gr. 8. (IV, 181 S.) Ebd. [896.] 901. Geb. in Leinw. n. 2. 60

— kleines französisches Lesebuch nebst Gedichtsammlung. Mit Rücksicht auf die Stoffe des „Uebungsbuches" im Interesse solcher Schulen, f. die „La France, le pays et son peuple" zu umfangreich erscheint, zusammengestellt u. hrsg. u. m. guten Karten u. Illustr., e. Wörterverzeichnis u. e. Auswahl v. Bildern aus dem tägl. Leben u. v. zusammenhäng. Briefen versehen. 4. verm. Aufl. (V, 201 S.) 8. Ebd. 906. Geb. n. 2. 60

— Kleines französ. Lesebuch nebst Gedichtsammlg. Mit Rücksicht auf die Stoffe des „Übungsbuches" im Interesse solcher Schulen, f. die „La France, le pays et son peuple" zu umfangreich erscheint, zusammengestellt u. hrsg. u. m. guten Karten u. Illustrat., e. Wörterverzeichnis u. e. Auswahl v. Bildern aus dem tägl. Leben u. v. zusammenhäng. Briefen versehen. 6. verm. Aufl. (V, 201 S.) 8. Ebd. 909. Geb. 2. 60

— lexique de La France, le pays et son peuple. gr. 8. (IV, 160 S.) Ebd. 896. Geb. in Leinw. n. 2. —

Lexique de la France, le pays et son peuple par W[ilhelm] Ricken. 3. Ed. Berlin: W. Gronau 1902. (IV, 162 S.) 8°

†Ricken, W[ilhelm]: Einige Perlen englischer Poesie (60) von Shakespeare bis Tennyson. Für den Unterricht an höheren Knaben- und Mädchenschulen etwa von Untersecunda an. Nebst einem Anhang aus Longfellow (auch einigen seiner Übersetzungen deutscher Gedichte), einer kurzen Verslehre und einem Überblick über die Geschichte der englischen Literatur. 63 S. 8.
Progr. Oberrealschule *Hagen i. W.* 1906 (zu 468).

†Ricken, W[ilhelm]: Einige Perlen französischer Poesie (36) von Corneille bis Copée. Berechnet für den französischen Unterricht bei geringer Stundenzahl, namentlich an Lehrerseminaren und den Oberklassen der Gymnasien. Nebst einem Anhang von Übersetzungen deutscher Gedichte (6), einer Verslehre in deutscher und französischer Sprache und einem kurzen Überblick über die Geschichte der französischen Literatur. 55 S. 8.
Progr. Oberrealschule *Hagen i. W.* 1905 (zu 452).
2. Aufl. unter etwas verändertem Titel *Chemnitz: (W. Gronau)* 1906. 55 S. 8. M. —.80.

— einige Perlen französischer Poesie (36) von Corneille bis Coppée. Für den französ. Unterricht der höheren Schulen u. Lehrerseminare. Nebst e. Anhang v. Uebersetzgn. deutscher Gedichte (6), e. Verslehre in deutscher u. französ. Sprache u. e. kurzen Ueberblick üb. die Geschichte der französ. Literatur. 2. Aufl. (55 S.) 8. Ebd. 906. Kart. n.n. — 80

— französische Schulgrammatik f. Lehrerseminare. Fortsetzung zum „Lehrgang der französ. Sprache" f. Präparandenanstalten. (V, 194 S. m. 1 Karte.) 8. Ebd. 903. Geb. in Leinw. n. 2. —

— französische Schulgrammatik f. höh. Mädchenschulen (Oberstufe). Nach d. Bestimmgn. vom 31. Mai 1894 bearb. gr. 8. (V, 181 S. m. 1 Karte.) Ebd. 896. Geb. in Leinw. n. 2. —

— französische Schulgrammatik für höhere Mädchenschulen (Oberstufe). Fortsetzung zum Lehrgang 1. Jahr u. Lehrgang 2./3. Jahr. Ausg. f. höh. Mädchenschulen. Nach den Bestimmgn. v. 31. V. 1894 bearb. 2. Aufl. gr. 8. (V, 194 S. m. 1 Karte.) Ebd. 900. Geb. in Leinw. n. 2. —

— dasselbe f. höhere Mädchenschulen (Oberstufe). Fortsetzung zum Lehrgang 1. Jahr u. Lehrgang 2./3. Jahr. Ausg. f. höh. Mädchenschulen. Nach den Bestimmgn. vom 31. V. 1894 bearb. 3. Aufl. (VII, 194 S. m. 1 Karte.) 8. Ebd. 904. Geb. in Leinw. n. 2. —

— kleine französische Schulgrammatik (Formenlehre u. Syntax). gr. 8. (IV, 75 S.) Ebd. 895. Kart. n. 1. —

— kleine französische Schulgrammatik [Formenlehre u. Syntax]. 2. Aufl. gr. 8. (IV, 75 S.) Ebd. 900. Kart. n. 1. —

— kleine französische Schulgrammatik [Formenlehre u. Syntax]. 3. Aufl. (IV, 75 S.) 8. Ebd. 906. Kart. n. 1. —

Ricken, W[ilhelm], Dr., Dir.: Französische **Sprachstoffe** zur Veranschaulichung der syntaktischen Eigentümlichkeiten des Französischen. *Hagen i. W. (1899): W. Quitmann.* (S. XIII—XVI.) 4°
Hagen i. W., st. R, P 1899 (402)

Ricken, W[ilhelm], Dir. Dr.: Französische **Sprachstoffe** zur Veranschaulichung der syntaktischen Eigentümlichkeiten des Französischen. (Umschlagt.: 2, 3, 4.) *Hagen i. W. (1900): W. Quitmann.* (S. VI—XI.) 4° ¶ (Stück 1 u. 5 erschien im Progr. 1899. — Aus des Vf. Uebungsbuch u. Schulgramm. f. höh. Mädchensch.)
Hagen i. W., st. R, P 1900 (407)

[F.] Kleine Französische Syntax z. Schulgebrauche v. Dr. Wilhelm **Ricken**. *Berlin: W. Gronau 1894.* (VI, 47 S.) 1 Bd 8. [96. 767

— le tour de la France en cinq mois. Nach G. Bruno's „Le tour de la France par deux enfants" f. die deutsche Schuljugend bearb. 2., verb. Aufl. 8. (64 S m. 1 Kärtchen.) Ebd. 894. Kart. n. — 60

Le Tour de la France en cinq mois. Nach G. Bruno's 'Le Tour de la France par deux enfants' f. d. deutsche Schuljugend bearb. von Dr. Wilhelm **Ricken**. 5. Aufl. *Berlin: W. Gronau 1899.* (73 S.) 8° [00. 1195

— le tour de la France en cinq mois. Nach G. Bruno's „Le tour de la France par deux enfants" f. die deutsche Schuljugend bearb. 7. Aufl. 8. (73 S. m. 1 Karte.) Ebd. 902. Kart. n. — 80

— Le tour de la France en cinq mois. Nach G. Bruno's „Le tour de la France par deux enfants" f. die deutsche Schuljugend bearb. 8. Aufl. (73 S. m. 1 Karte.) 8. Ebd. 904. Kart. n. — 80

— Übungsbuch zum Übersetzen ins Französische f. die mittlere u. obere Stufe. 8. (IV, 82 S.) Ebd. 893. n. — 80; geb. n. 1. —

— Uebungsbuch z. Uebersetzen ins Französische f. die mittl. u. obere Stufe. 2. Aufl. gr. 8 (IV, 110 S.) Ebd. 897. Geb. in Leinw. n. 1. —

— Übungsbuch zum Übersetzen ins Französische f. die mittlere u. obere Stufe. 4. Aufl. gr. 8. (IV, 136 S.) Ebd. 900. Geb. in Leinw. n. 1. 40

— Uebungsbuch zum Uebersetzen ins Französische für die mittlere u. obere Stufe. 6. (verm.) Aufl. (VI, 148 S.) 8. Ebd. 905. Geb. in Leinw. n. 1. 40

— Übungsbuch zum Übersetzen ins Französische f. die mittlere u. obere Stufe. 7. (verm.) Aufl. (VI, 148 S. m. 1 Karte.) 8. Ebd. 907. Geb. 1. 40

— Unterhaltungsfragen im Anschluß an die französischen Sprachstoffe d. 1. Tls. d. Elementarbuches. gr. 8. (15 S.) Ebd. 890. n. — 50

— Der biologische Unterricht an den Oberrealschulen. Erwägungen u. Vorschläge. (20 S.) gr. 8. Berlin 908. O. Salle. 1. —

Ricken, Wilhelm: Untersuchungen über die metrische Technik Corneille's und ihr Verhältnis zu den Regeln der französischen Verskunst. T. 1. Silbenzählung und Hiatus. Halle 1884: Meyer in Viersen. 30 S. 8°
Halle-Wittenberg, Phil. Diss. v. [26. Sept.] 1884
Geb. Alsum bei Ruhrort 11. 12. 1856. V.
Ersch. vollst. im Buchhandel Berlin: Weidmann 1884. 67 S.

Ricken, W. Untersuchungen über d. metrische Technik Corneille's u. ihr Verhältnis zu den Regeln der französ. Verskunst. I. Teil. 8, Berl. 884, Gronau. * 2 60

— Untersuchungen üb. die metrische Technik Corneille's u. ihr Verhältnis zu den Regeln der französ. Verskunst. 1. Tl. Silbenzählung u. Hiatus. gr. 8. (67 S.) Berlin 884. Weidmann. n. 2. 60

Ricken, W[ilhelm], Dr., Dir.: Ein **Vorschlag** für die künftige Einrichtung der höheren Schulen in Preussen. *Hagen i. W. (1899): W. Quitmann.* (S. I—XII.) 4°
Hagen i. W., st. R, P 1899 (402)

Ricken, W[ilhelm], Dir. Dr.: Ein **Vorschlag** für eine zweckmässigere Verteilung des erdkundlichen Stoffes an Realschulen, (Oberrealschulen, Realgymnasien), nebst einer Skizzierung des Ganges der erdkundlichen Belehrung in Sexta. *Hagen i. W. (1900): W. Quitmann.* (S. I—V.) 4°
Hagen i. W., st. R, P 1900 (407)

Ricken, W[ilhelm]: [Worte bei Entlassung der Abiturienten.] S. 22 bis 24. 4. Oberrealschule *Hagen i. W.* 1907 (470).
Progr.

[Rickenbach, Heinrich], Zur Charakteristik des Euripides und seiner Zeit. Einsiedeln 1865.
Progr.

Rickenbach, P. H., Land, Volk und Kulturleben der alten Griechen. Einsiedeln 1870.
Progr.

Rickenbach, P. Heinr., O. S. B. Maria Einsiedeln, von seiner Gründung bis auf die Gegenwart. In-8°, 128 S. Einsiedeln, Wyss, Eberle & Cie. — 50
1886.

Rickenbach, Heinrich: Monte Cassino von seiner Gründung u. Gestaltung bis zu seiner höchsten Blüthe unter Abt Desiderius. Programm d. Lehr- u. Erziehungsanstalt d. Benediktinerstiftes Maria Einsiedeln 1883/84 u. 1884/85.

Rickenbach, Heinr., Monte Cassino von seiner Gründung und Gestaltung bis zu seiner höchsten Blüthe unter Abt Desiderius. 2 Hefte. gr. 4. (à Heft 32 S.) Einsiedeln 884,85, Gebr. Benziger. à Heft *M 2. *

Rickenbach, Heinr., Monte Cassino von seiner Gründung und Gestaltung bis zu seiner höchsten Blüthe unter Abt Desiderius. [Fortsetzung und Schluß.] gr. 4. (32 S.) Einsiedeln 885, Benziger und Comp. *
1. und 2. Heft. Ebendas. 1884,85. à *M 2.—.

Rickenbach, P. H. v., Die Insel Sardinien vor der Herrschaft d. Römer. Gel. 1882. 39 S. 1.20

Rickenbach, Melchior. Anrede, gehalten auf dem öffentlichen Richtplatze zu Luzern nach der Hinrichtung des Mörders Johann Arnold v. Wykon, den 21. Wintermonat 1846. 8. Luzern 1846.

Rickenbach, M[elchior] Anrede. gehalten auf der öffentlichen Richtstatte zu Luzern nach der Hinrichtung des Mörders Jakob Müller vom Rain, den 31. Janner 1846.... 8. Luzern 1846.

Rickenbacher, Franz, aus Arth-Goldau (Schweiz): **Das Strafrecht des alten Landes Schwyz. (Das Gebiet d. heutigen Bezirkes Schwyz.) Eine rechts-hist. Studie.** *Borna-Leipzig 1902: R. Noske.* (VI, 161 S.) 8°
Leipzig, Jur. Diss. v. 1902

Rickenbacher, Otto [Basel]: Untersuchungen über die embryonale Membrana tectoria des Meerschweinchens. Wiesbaden 1901. 30 S. 8 Taf. 8°. (S.-A. aus Anatomische Hefte von Fr. Merkel und R. Bonnet, Heft 51.)
Basel. Med. Diss. 1900/1901.

Rickenbacher, Otto. Untersuchungen über die embryonale Membrana tectoria des Meerschweinchens. Diss. Med. Basel. Mit 18 Figuren auf den Tafeln XXX/XXXVII. *Kopftitel:* Arbeit aus dem anatomischen Laboratorium der oto-laryngologischen Klinik (Prof. [Friedrich] Siebenmann) in Basel. — ([Separat-Abdruck aus] Anatomische Hefte. [... hrg. von Friedrich Merkel und Robert Bonnet.] Abtheilung I, Heft 51 (Bd. 16, H. 2.) 33 S. gr.-8. Wiesbaden, J. F. Bergmann, 1901.

[Rickenmann, Berchtold.] Führer für Rapperswyl und Umgebung. Hrg. vom Verkehrsverein Rapp'. [Mit 2 Tafeln und 2 Karten.] 8. (Einsiedeln [1894].)

[Rickenmann, Berchtold.] Führer für Rapperswyl ... = Rapperswyl et ses environs.... [Mit Illustrationen und 1 Tafel.] 8. (Zürich [1896].)

[Rickenmann, Berchtold.] Führer für Rapperswyl und Umgebung. Hrg. vom Verkehrs- und Verschönerungs-Verein Rapp' = Rapperswyl et ses environs.... [Mit Illustrationen und 1 Tafel.] 8. (Rapperswyl [1899].)

Rickenmann, Xaver. Geschichte der Stadt Raperswil als Bestandtheil des Kantons St. Gallen, von 1803 bis jetzt. 8. Rorschach 1882.

Rickenmann, Xaver. Geschichte der Stadt Rapperswil (*2. Aufl.: Raperswil), von ihrer Gründung bis zu ihrer Einverleibung in den Kanton St. Gallen. 8.
[1. Aufl.] Mit zwei Ansichten [Tafeln, sowie 1 genealogischen Tabelle]. St. Gallen 1855.
2. Aufl. Vermehrt mit vielen Urkunden und einer Zugabe über Staats- und Rechtsverhaltnisse derselben und ihrer Hofgemeinden. [Mit 2 Tafeln und 1 genealogischen Tabelle.] Raperswil 1878.

Rickenmann, Xav., Geschichte der Stadt Rapperswil von ihrer Gründung bis zu ihrer Einverleibung in den Kanton St. Gallen. Mit 2 (in Kpfr. gest. u. lith.) Ansichten (in 4. u. Fol.). St. Gallen 855. Köppel. gr. 8. (VII, 262 S. u. 1 Tab. in Fol.) n. 28 ngr.

Rickenmann, Xaver. Geschichte der Stadt Raperswil von ihrer Gründung bis zu ihrer Einverleibung in den Kanton St. Gallen. 2. verm. Aufl. In-8°. X u. 206 S. mit 2 Bildern und 1 genealog. Tafel. Raperswil, F. Steiner. 1879.

Rickenmann, Xaver. Die Regesten des Archivs der Stadt Raperswyl.... Bearb. von X' Rikenmann.... 4. Chur 1850.
(Die Regesten der Archive in der schweizerischen Eidgenossenschaft. Band 1. Heft 3.)

Ricker, Adolf [Referendar aus Wiesbaden]: **Die Verantwortlichkeit der Erben für die Steuerdefraudationen des Erblassers** ... Wiesbaden, Druck v. R. Bechtold & C., 1894; 45 S., 1 Bl. 8.
Göttingen, Jur. Fak., Inaug.-Diss. v. [20. Okt.] 1894

Ricker, Anselm, kurzgefasste Anleitung zur Theorie der Katechetik. 3. Aufl. gr. 8. (135 S.) Wien 890. (Kirsch.) n. 1. 60

Ricker, Anselm, Ecce homo! Betrachtungen über den Menschen, gehalten in der heiligen Fastenzeit 1868. Wien, 869. Mayer & Co. gr. 8. (VI, 203 S.) n. 24 ngr.

Ricker, P. Anselm, Immortalitas. Betrachtungen üb. die Unsterblichkeit der Seele, gehalten in der heil. Fastenzeit 1870. 8. (VIII, 206 S.) Wien 871. Mayer & Co. 1. 80

RICKER, Anselm: De institutionibus ordinis Societatis Jesu e documentis scriptis nonnullorum hujus ordinis membrorum et aliorum auctorum. — (1851) 60 S. 4° (Handschr.) Diss. 153
Diss. Wien, Univ.

Ricker, Dr. Anselm —. Die katholische Kirche in ihren Gebräuchen, dargestellt und erklärt für die Jugend von — —. 2. bedeutend vermehrte und verbesserte Auflage. 8. (IV, 70 S.) Wien. Druck von Anton Schweiger. In Kommission bei Mayer und Komp. 1854.

Ricker, Dr. Anselm — Die katholische Kirche in ihren Gebräuchen dargestellt und erklärt für die Jugend von — —. 3te vermehrte Auflage. Mit Erlaubniß des hochw. Ordinariats. Wien, 1857. Druck von Ant. Schweiger. Bei Mayer u. Komp. (97 S. 8.)

Ricker, Anselm, die katholische Kirche in ihren Gebräuchen für die Jugend dargestellt und erklärt. 5. Aufl. Wien 864. Mayer & Co. gr. 8. (IV, 96 S.) 7½ ngr.

— die katholitche Kirche in ihren Gebräuchen für die Jugend dargestellt u. erklärt. 6. Aufl. Ebend. 870. gr. 8. (IV, 60 S.) n. 6 ngr.

Ricker, Anselm, die katholische Kirche in ihren Gebräuchen für die Jugend dargestellt und erklärt. 7. und 8. Aufl. 8. (IV, 96 S.) Wien 874,82, Mayer und Comp. *

Ricker, Anselm, Leitfaden der Pastoral-Theologie. 2. und verm. Aufl. gr. 8. (XVI, 567 S.) Wien 878, Kirsch. *
Die 1. Aufl. erschien im Selbstverlag.

Ricker, Anselm, Pastoral-Psychiatrie zum Gebrauche für Seelsorger. gr. 8. (VI, 147 S.) Wien 888, (Kirsch.) *

Ricker, Anselm, Pastoral-Psychiatrie zum Gebrauche f. Seelsorger. 2. Aufl. gr. 8. (VIII, 161 S.) Wien 889. (Kirsch.) n. 2. —

Ricker, Anselm, Pastoral-Psychiatrie zum Gebrauche f. Seelsorger. 3. Aufl. gr. 8. (VIII, 183 S.) Wien 894. (H. Kirsch.) n. 2.—

— das Perikopen-System. Versuch e. genetisch-histor. Entwicklg. desselben in der röm. Kirche in den ersten 6 Jahrhunderten. gr. 8. (VIII, 208 S.) Ebd. 892. n. 2. 40

Ricker, Anselm, Der Syllabus ein Triumph der Wahrheit über den Irrtum, dargestellt in 14 Fastenbetrachtungen. Wien, Sartori, 1867, 8°, XV, 187 S., 2 Mk.
Allgem. Littztg 1867, S. 217.

— kurzgefasste Theorie der Katechetik. 4. Aufl. gr. 8. (144 S.) Ebd. 893. n. 1. 60

—— **Via dolorosa oder Kreuzweg des Herrn dargestellt in 14 Predigten mit einer Schlußbetrachtung am Ostermontag gehalten in der heil. Fastenzeit 1864. 8. (III und 167 S.) Wien 866, (Mayer und Comp.)** *

Ricker, Eduard [app. Arzt]: Beiträge zur Entwicklungsgeschichte des angeborenen Aderhaut-Coloboms.... Wiesbaden, Verl. v. J. F. Bergmann, 1891; 18 S. 8°
Heidelberg, Med. Fak., Inaug.-Diss. v. [5. Mai] 1891

Ricker, Ed., Beiträge zur Entwicklungsgeschichte d. angeborenen Aderhaut-Coloboms. Diss. gr. 8. (48 S.) Wiesbaden 891. J. F. Bergmann. n.n. 1. 20

Ricker, Ed., die Seelenstörungen in ihrem Wesen und ihrer Behandlung für das gebildete Publicum geschildert. Von der „deutschen Gesellschaft für Psychiatrie und gerichtl. Psychologie" gekrönte Preisschrift hrsg. von A. Erlenmeyer. gr. 8. (IV und 149 S.) Erlangen 864, Enke's Verlag. *

Ricker, Gustav [Dr. med. 1. Assist. am path. Inst. zu Rostock]: Beiträge zur Lehre von den Geschwülsten in der Niere ... M. e. Taf. (Aus: Centralbl. f. Allg. Pathol. u. Pathol. Anat., Bd VIII.) Jena, G. Fischer, 1897; 1 Bl., 16 S., 1 Taf. 8.
Rostock, Med. Fak., Hab.-Schr. v. [29. Apr.] 1897

Ricker, G., Entwurf e. Relationspathologie. (IV, 84 S.) gr. 8. Jena 905. G. Fischer. n. 2. —

Ricker, Gustav [aus Hanau]: **Vergleichende Untersuchungen über Muskelatrophie ... Berlin, Buchdr. v. G. Schade,** *1893;* 41 S., 1 Bl. 8.
Berlin, Med. Fak., Inaug.-Diss. v. 17. März 1893

Ricker, Joh. Bapt. De Thucydidis prooemio. 12 S. G. *Hanau* 1877. Progr.

Ricker, Leop. Ant., Lehr- u. Handbuch d. Geburtshülfe f. Hebammen. gr. 8. (22 B.) Weilburg 832, Lanz.

Ricker, Joh. Nep. (d. Z. Sonntags-Pred. zu St. Johann von Nepomuck in München), Predigt üb. den *Einfluss der Gotteshäuser u. deren Anstalten auf allgemeines Staaten-, dann besonders Familien-Wohl.* Gehalten am Kirchweihfest, d. 18. May 1806 in d. heil. Dreyfaltigkeits-, dermal. latein. Congregations-Kirche. München 1806, gedr. bey Jos. Zängl, bürgerl. Stadtbuchdrucker. 8°. (Aus Föringer's Bibl.) Cart.
34 S. Mit lat. u. deutschen Versen. — Selten!

Rickers, Handbuch f. Hausfrauen in 21 Tabellen, wie viel Garn von 1 bis 26 Stück aus einem Pfunde zu verschiedener Ellenzahl Leinwand erforderlich. 8. Hannover. (817,) Helwing.

Rickers, H., ut sware Tiden, s.: Sammlung plattdeutscher Dichtungen.

Rickert, die conservative Aera und die nächsten Aufgaben des preußischen Landtages. [Rede, gehalten in der Wählerversammlung von Elbing am 19. Aug. 1888, nach einem ausführl. Auszug aus dem Stenogramm.] gr. 8. (16 S.) Danzig 888, Kafemann. *

Rickert, die Entwickelung unseres Eisenbahnwesens, s.: Fragen, drei wichtige handelspolitische.

Zur Frage über den Bau von Local-(Secundär-) Eisenbahnen. (Von **Rickert.**) Danzig 1877. 8°

Rickert, Rede bei der Gedächtnisfeier f. Dr. Eduard Lasker am Sonnabend, den 16. Febr. 1884, im Berliner Handwerkerverein. gr. 8. (27 S.) Danzig 884. Kafemann. — 40

— Rede, s.: **Judendebatte,** die, im preußischen Abgeordnetenhause.

[F.] **Rickert,** Franz [aus Danzig]: **Das Schreinergewerbe in Freiburg i. Br. ... [Aus: Schriften d. Ver. f. Socialpol., Bd 69.] Leipzig, Duncker & Humblot,** 1896; 53 S. 8.
Freiburg i. B., Rechts- u. staatswiss. Fak., Inaug.-Diss. v. 1896

Rickert, Heinrich

Rickert, H., Die Armenpflege in Danzig. Ein Beitrag zur Frage über die Wirkungen des Gesetzes vom 31. Dec. 1842. 8°. Danzig 1869.

Rickert, Heinr., Fichtes Atheismusstreit u. d. Kantische Philosophie. Eine Säkularbetrachtg. gr. 8. (IV, 30 S.) Berlin 899. Reuther & Reichard. n. — 80

Rickert, Heinrich: Der Gegenstand der Erkenntniss. E. Beitr. z. Problem d. philosoph. Transcendenz ... Freiburg i. B., Druck v. C. A. Wagner, 1892; 1 Bl., III, 91 S. 8.
Freiburg i. B., Phil. Fak., Hab.-Schr. v. 1892

Rickert, Heinr., der Gegenstand der Erkenntniss. Ein Beitrag z. Problem der philosoph. Transcendenz. gr. 8. (VII, 91 S.) Freiburg i/B. 892. J. C. B. Mohr. n. 2. 20

Rickert, Heinr., der Gegenstand der Erkenntnis. Einführung in die Transzendentalphilosophie. 2., verb. u. erweit. Aufl. (VIII, 244 S.) gr. 8. Tübingen 904. J. C. B. Mohr. n. 4. —

Rickert, Heinr., die Gewerbeordnungs-Novelle im Reichstage I. Das gewerbl. Schiedsgericht. gr. 8. (88 S.) Danzig 874. Kafemann. 1. 50
[Mehr nicht erschienen.]

Rickert, Heinr., d. Grenzen d. naturwissenschaftlichen Begriffsbildung. Eine log. Einleitg. in d. histor. Wissenschaften. 1. Hälfte. gr. 8. (304 S.) Freiburg i/B. 896. Tübingen, J. C. B. Mohr. n. 6. —

— die Grenzen der naturwissenschaftlichen Begriffsbildung. Eine log. Einleitg. in die histor. Wissenschaften. 2. Hälfte. gr. 8. (X u. S. 305—743.) Tübingen 902. J. C. B. Mohr. n. 9. —; (vollständig n. 15. —)

— psychophysische Causalität u. psychophys. Parallelismus, s.: Abhandlungen, philosophische.

— Kulturwissenschaft u. Naturwissenschaft. Ein Vortrag. gr. 8. (71 S.) Freiburg i/B. 899 Ebd. n. 1. 40

Rickert, Heinr., Kulturwissenschaft u. Naturwissenschaft. 2., umgearb. u. verm. Aufl. (VII, 151 S.) gr. 8. Tübingen 910. J. C. B. Mohr. 2. 50

Rickert, Heinrich: Zur Lehre von der Definition . . . *Freiburg i. B., Druck v. C. A. Wagner*, 1888; 1 Bl. + 66 S. 8°
Strassburg, Phil. Fak., Inaug.-Diss. v. 1888

Rickert, H., zur Lehre v. der Definition. gr. 8. (VII, 66 S.) Freiburg i/Br. 888. J. C. B. Mohr. n.n. 2. —

— die Leistungsfähigkeit der deutschen Verbandkasse f. die Invaliden der Arbeit. Ein Beitrag zu den statist. u. mathemat. Grundlagen der Invaliditäts- u. Unfall-Versicherg. gr. 8. (IV, 30 S.) Ebend. 874. — 75

— Das gewerbliche Schiedsgericht. gr. 8⁰. Danzig 1874.

Der Bandit von Korsika. Von M. Rickert. *Berlin: Tessaro-Verl. (1901).* (64 S.) 8° [F.]
— Indianer-Bücher. 32. [03. 13329

Eine sonderbare Begegnung. Ein Erlebnis im Urwalde von Borneo. Von M. Rickert. *Berlin: Tessaro-Verl. (1901).* (64 S.) 8° [F.]
— Indianer-Bücher. 33. [03. 13330

Burenhelden. Erzählungen aus d. Vergangenheit d. Burenvolkes von M. Rickert. *Berlin: Tessaro-Verl. (1901).* (64 S.) 8° [F.]
— Indianer-Bücher. 11. [03. 13307

Im Burenkriege. Abenteuer aus d. Freiheitskampfe d. Buren gegen England. Erzählt von M. Rickert. *Berlin: Tessaro-Verl. (1901).* (64 S.) 8° [F.]
— Indianer-Bücher. 24. [03. 13301

In den Diamantgruben Afrikas. Erlebnisse zweier Diamantengräber in Kimberley. Erzählt von M. Rickert. *Berlin: Tessaro-Verl. (1901).* (64 S.) 8° [F.]
— Indianer-Bücher. 16. [03. 13292

Der schwarze Douglas oder Der furchtbare Schottenheld. Nach Walter Scott erz. von M. Rickert. *Berlin: Tessaro-Verl. (1902).* (64 S.) 8° [F.]
— Indianer-Bücher. 40. [03. 13334

Die Ermordung des Paschas. Eine Erzählung aus d. Orient von M. Rickert. *Berlin: Tessaro-Verl. (1901).* (64 S.) 8° [F.]
— Indianer-Bücher. 28. [03. 13325

Gefangen bei den Georgiern. Eine Erzählung aus d. Kaukasus von M. Rickert. *Berlin: Tessaro-Verl. (1901).* (64 S.) 8° [F.]
— Indianer-Bücher. 5. [03. 13300

Hasting, der Seekönig. Hist. Erzählung von M. Rickert. *Berlin: Tessaro-Verl. (1901).* (S. 43–64.) 8° [F.]
— Indianer-Bücher. 10, (2.) [03. 13306

Im Weltmeere verloren. Erzählung von M. Rickert. *Berlin: Tessaro-Verl. (1901).* (64 S.) 8° [F.]
— Indianer-Bücher. 9. [03. 13304

Rickert, M., s.: Indianer-Bücher.

Der Kampf am Bir-Marran. Scenen aus d. Leben d. arab. Beduinen Mesopotamiens. Von M. Rickert. *Berlin: Tessaro-Verl. (1901).* (64 S.) 8° [F.]
— Indianer-Bücher. 12. [03. 13308

Der Kampf mit dem Nordpol oder Die Schrecken der Polarnacht. Erzählt von M. Rickert. *Berlin: Tessaro-Verl. (1901).* (64 S.) 8° [F.]
— Indianer-Bücher. 1. [03. 13296

Pignada, der Gaucho. Scenen aus Argentinien. Von M. Rickert. *Berlin: Tessaro-Verl. (1902).* (64 S.) 8° [F.]
— Indianer-Bücher. 41. [03. 13335

Der chinesische Pirat. Scenen aus d. Südchines. Meere. Erzählt von M. Rickert. *Berlin: Tessaro-Verl. (1901).* (64 S.) 8° [F.]
— Indianer-Bücher. 30. [03. 13327

Korsische Rache. Eine Erzählung aus d. Vergangenheit Korsikas. Von M. Rickert. *Berlin: Tessaro-Verl. (1902).* (64 S.) 8° [F.]
— Indianer-Bücher. 36. [03. 13332

Der Scharfrichter von Berlin. Nach e. wirkl. Begebenheit. Erzählt von M. Rickert. *Berlin: Tessaro-Verl. (1901).* (64 S.) 8° [F.]
— Indianer-Bücher. 22. [03. 13318

Ein unerbittlicher Skalpjäger. Erlebnisse e. Franzosen im Gebiete der Kiowas. Erzählt von M. Rickert. *Berlin: Tessaro-Verl. (1901).* (64 S.) 8° [F.]
— Indianer-Bücher. 15. [03. 13320

Auf den Spuren der Yagnis. Erzählung aus Mexiko von M. Rickert. *Berlin: Tessaro-Verl. (1901).* (64 S.) 8° [F.]
— Indianer-Bücher. 6. [03. 13361

Der schwarze Tod. Scenen aus d. indischen Leben. Dargest. von M. Rickert. *Berlin: Tessaro-Verl. (1901).* (64 S.) 8° [F.]
— Indianer-Bücher. 17. [03. 13323

Ein grausiges Verbrechen. Nach e. wahren Mordgesch. aus Kroatien. Erzählt von M. Rickert. *Berlin: Tessaro-Verl. (1901).* (64 S.) 8° [F.]
— Indianer-Bücher. 14. [03. 13320

Von Boxern gehetzt. Eine Erzählung aus d. chines. Aufstande. Verf. von M. Rickert. *Berlin: Tessaro-Verl. (1901).* (64 S.) 8° [F.]
— Indianer-Bücher. 18. [03. 13324

Von Jaguaren belagert. Abenteuer im brasilianischen Urwald. Erzählt von M. Rickert. *Berlin: Tessaro-Verl. (1901).* (64 S.) 8° [F.]
— Indianer-Bücher. 8. [03. 13303

Zitkala-Sa, die Ogalalla-Maid. Scenen aus Wild-West. Erzählt von M. Rickert. *Berlin: Tessaro-Verl. (1901).* (30 S.) 8° [F.]
— Indianer-Bücher. 23, (1) [03. 13319

Rickes, H.: Rohstoff- und Werkgenossenschaften für das Tischlerhandwerk. Braunschweig 1901.

Rickes, Heinrich [app. Arzt aus Birkenfeld a. d. Nahe]: Ueber Klappenhämatome des Herzens ... Bonn, Buch- u. Steindr. J. Bach Wwe, 1897; 21 S. 8.
Freiburg i. B., Med. Fak., Inaug.-Diss. v. 1897

Rickius, Jac.: Tractatus de unione prolium. Adjectus quoque tractatus Ant. Contii de pactis futurae successionis praesertim inter patrem et filios. Ed. nov. Coloniae Agripp. 1700.

Ricklefs, Friedrich Reinhard

— Abriß d. allgem. Menschengesch. z. Leitfad. b. Unterr., m. Bez. a. Krusens histor. Charten. 8. Hannov. Helwing. 802.

Ricklefs, Fr. Reinh., neue engl. Chrestomathie. gr. 8. Bremen 793. 2e A. 804. (Henses a. Kollmann in Leipz.) 12 gr.

— s. Cornelius Nepos.

Ricklefs, Friedrich Reinhard (Oldenburg), Ueber Daidalos zur Ankündigung der Abschiedsreden und der Schulprüfung. Oldenburg (Schulz) 15. u. 17. III. 1823. 13 S. mit Namen. (4.—) 28803

— Darstellung d. Menschengeschichte, mit Beziehung auf Kruse's histor. Atlas. 1r Thl.: Aeltere Menschengeschichte. 8. Oldenb. 806. Schulze. 1 ℛ 6 𝒢 (A. u. d. T.: Darstell. d. ältern Menschengeschichte). 2r Thl. Neuere Menschengeschichte. 1e u. 2e Abtheil. (A. u. d. T.: Darstell. d. neuern Menschengeschichte). 8. Ebd. 811, 14. 2 ℛ 8 𝒢

Ricklefs, Fr., Darstellung der Menschengeschichte, mit Beziehung auf Kruse's histor. Atlas. Oldenb. 810. 14. 2 Th. 3 Abtheil. 8. 4 rthl. (I. 1 rthl. 16 gr. II. 1. 1 rth. II. 2. 1 rth. 8 gr.

Ricklefs, Dr. F. R., Prof. am Gymnasium in Oldenburg. Darstellung der älteren Menschengeschichte (Alterthum bis 491 n. Chr.) mit Beziehung auf Kruse's historischen Atlas zum Gebrauch für Akademien und Gymnasien. 8. Oldenburg 1806.

— Erläuterung seiner Darstellung ꝛc. 2 Thle. 8. Oldenb. 807—10. Schulze. 3 ℛ 22 𝒢

Ricklefs, F. R., Progr. über die Elektriden. Oldenb. 820. 4. (8 Seiten).

— Erinnerungen aus Manso's Leben. gr. 8. Brem. 796. (Hannov., Helwing). 3 𝒢

— Germania; eine Zeitschrift für Deutschlands Gemeinwohl. 3 Bde. à 6 Hefte. 8. Oldenb. 814 u. 15. Schulze. 3 ℛ Einzeln à Heft 9 𝒢

— Nachricht v. der gegenwärt. Einrichtung d. Töchterschule in Oldenburg. gr. 8. Oldenb. 808. Schulze. 4 𝒢

— a new compl. Pocket-Dictionary. — Neues vollständ. Taschenbuch d. engl. u. deutschen Sprache. Mit e. Vorrede v. J. J. Eschenburg. 2 Thle. gr. 8. Bremen 799. Fr. Wilmans in Frankf. a. M. 2 ℛ 12 𝒢

— — Schulreden. 8. Oldenburg, Schulze. 821.

Ricklefs, (F. R.) Schulreden. 8. Oldenb. 822, Schulze.

Ricklefs, F. R., Über eine Stelle des Tacitus (Hist. I. 1.) Progr. Oldenb. 821. 4. (18 Seiten). 4 gr. Handelt vom Majestätsgesetze.

— üb. eine Stelle d. Tacitus. 4. Oldenb. 821. (Bremen, Kaiser). 4 𝒢

— — Ueber einige Stellen im ersten und zweyten Buche des Cicero von den Gesetzen zur Ankündigung der Abschiedsreden und der öffentlichen Schulprüfung. Oldenburg (Schulze) 19. u. 21. III. 1825. 14 S. mit Namen. (4.—) 28804

— — chronologische Tabellen über alle 4 Welttheile, vom Anfang der Geschichte bis zu den neuesten Zeiten. gr. 4. Hannover, Gebr. Hahn. 818.

— Taschenwörterbuch d. englischen u. deutschen Sprache. 2 Thle. gr. 8. Brem. (Willmanns in Frkf.) 799.

Rickli, Johannes. Lebenslauf des J' R' (geb. 1756), von Weisbach. Gemeinde Madiswyl, im Kanton Bern. Von ihm selbst geschrieben. Von wahrheitsliebenden Freunden zum Druck befördert. ([Mit Anhang:] J' Rickli's Ende. Ein Nachtrag zu seinem Lebenslaufe: geschrieben von einem Freunde.) 8. *o. O.* 1834.

Rickli's Bett-Dampfbad für Aerzte u. Laien. Triest 862. (Schubart.) gr. 8. (15 S. mit 1 Abbildg.) n. 6 𝓃𝑔𝓇

Rickli, Lese- u. Sprechbuch, s. Lese- u. Sprechbuch.

Rickli, A. Beiträge zur pathologischen Anatomie der Lepra. M. 1 kol. Taf. In-8°. 34 S. Bern. Theso. 1894.

Rickli, K., Johannis erster Brief, erklärt u. angewendet in Predigten, gehalt. vor d. evangel.-reform. Gemeinde zu Luzern, mit histor. Vorbericht u. exeget. Anh. gr. 8. (30¼ B.) Luzern 828, Meyer.
Vgl. Rikly.

— vom Gebet. Zwei Predigten. gr. 8. Bern 824. Jenni. 8 𝒢

Ricklin, Eugen [aus Dammkirch i./Ober-Elsass]: Beitrag zur Beurteilung des Kreosots und dessen therapeutischen Werts bei der Behandlung der Lungentuberculose ... Erlangen 1888: Jacob. 30 S. 8°
Erlangen, Med. Fak., Inaug.-Diss. v. 5. März 1888

Ricklin, K. Gedichte. In-12°. 212 S. Luzern, Räber & Co. 1899. Eleg. cart. 2 —

Ricklinger, Erich: Studien zur Tierfabel von Hans Sachs. München 1909: Kastner & Callwey. 61 S. 8°
München, Phil. Diss. v. 2. Juli 1908, Ref. Muncker, H. Paul
[Geb. 12. Mai 81 Celle; Wohnort: Königshütte; Staatsangeh.: Preußen; Vorbildung: Gymn. Pleß Reife O. 02; Studium: Jura Heidelberg 1, Phil. Leipzig 1, München 2, Genf 1, Berlin 4, Freiburg i. B. 2 S.; Rig. 2. Juli 08.] [U 09. 3507

Rickly, J. U., d. prakt. Flachmaler, Wagenlackirer u. Vergolder ꝛc. gr. 8. Bern 831. Jenni. 12 𝒢

Rickmann, Christian

— Abhandl. d. Unwahrheit d. Verfahrens u. d. Hervorbringung d. Muttermähler durch die Einbildungskraft. 8. Jena 796. (Brockhaus in Leipz.) 12 𝒢

Rickmann, Chr., († d. 10 Febr. 1772.) astrolog. Abhandll. 4. Jena 766. Hartung. 5 𝒢

Rickmann, Chr., Tract. med. de adfectibus animae quatenus machinam corpoream in consensum trahunt. 34 pp. Jen. 4°. 1768

Rickmann, C. Von d. Einfl. d. Arzneywissensch. auf d. Wohl d. Staates u. v. d. besten Mittel z. Rettung d. Lebens. Jena 1771.

— von d. Einfluß d. Arzneiwissenschaft auf d. Wohl d. Staats. 8. Jena 771. Hartung. 12 𝒢

Rickmann, Christian (Hrsg.):

s.: Fasel, Johann Friedrich: Gerichtliche Arzneigelahrtheit... (Elementa medicinae forensis. Dt.) Übers. von Christian Gottfried Lange. Leipzig u. Budißin: 1768

JB 6.664

Rickmann, Chr., V. d. Unwahrheit des Versehens u. der Hervorbringung der Muttermahle durch die Einbildungskraft. 152 S. Jena. 8°. A. D. B. XIV, 198. *Vogel*, N. Bibl. VIII.

1770

— v. d. Unwahrh. d. Versehens u. d. Muttermähler durch d. Einbildungskr. 8. Jena, Voigt (Gleditsch in Lpz.) 796.

Rickmann, E[rnst], Dir. Dr.: **Epistula.** *Güstrow 1903: C. Michaal.* (2 Bl.) 4°
Güstrow, großh. Dom-S, Festschr. 1903 (746)

Rickmann, E[rnst], Dir. Dr.: **Zur Geschichte der Güstrower** Domschule. *(Güstrow 1903: C. Michaal).* (S. 111—136.) 4°
Güstrow, großh. Dom-S, Festschr. 1903 (746)

Rickmann, Ernst, in cumulandis epithetis quas leges sibi scripserint poetae graeci maxime lyrici. gr. 8. (44 S.) Cervimontii 884. (Leipzig, Fock.) n. 1. 20

Rickmann, E[rnst], Dir. Dr.: Die Jubelfeier des 350jährigen Bestehens der Domschule am 5.—7. Oktober d. J. Güstrow 1904: C. Michaal. (S. 11—27.) 4°
Güstrow, großh. Domschule OP 1904 (761)

Rickmann, (E[rnst]), Dir. Dr.: **Zur lateinischen Tempuslehre** ⟨Relativität der Tempora⟩. *Güstrow (1902): C. Michaal.* (23 S.) 4°
Güstrow, großh. Dom-S, OP 1902 (729)

Rickmann, Fr. W. J., die Domkirche zu Ratzeburg in geschichtlicher, architectonischer und monumentaler Beziehung. Eine Festschrift zur Wieder-Einweihung. gr. 8. (V, 72 S. mit 3 Taf. in Lichtdr.) Ratzeburg 881, Schmidt. *
Ausg. ohne Taf. *

RICKMANN, Heinrich (Freckenhorst): Ueber den Werth der Hauttransplantationen auf frische Wunden, besonders in einem Falle, von schwerer Narbenkontraktur der Hand.- München: Gradinger 1884. 31 S.,Taf.
13.4.1884 - U.-T. (Titel: De transplantatione cutis in vulnera recentia.); Chr 1883/84,14
Diss. Ingolst.-Landsh.-Mchn.

RICKMANN, RUDOLF. Beiträge zur Kenntniss der Constitution des Ultramarins. Freiburg i. B., 1880.

Rickmann, Wilhelm

Rickmann, W., Tierzucht u. Tierkrankheiten in Deutsch-Südwestafrika. (XII, 364 S.) gr. 8. Berlin (908). R. Schoetz. Geb. in Leinw. 9. —

Rickmann, Wilhelm, Kaiserlicher Veterinärrat aus Höchst a. M.: Untersuchungen über die Wirksamkeit des Bacillus suipestifer und verschiedener Antisera. Berlin 1910. 60 S. 8°. S.-A. aus dem Archiv für wissensch. und prakt. Tierheilkunde. Band 36. 1910. [2. III. 09.]
Bern. Vet.-med. Diss. 1909/10.

G e s c h i c h t e des Kirchspiels Satrup bis zum Jahre 1800. Seinen Gemeindegliedern dargeboten von C[laudius] J. **Rickmers**, Pastor. Gettorf (1902): Timm. 222 S. 8°

Rickmers, C. J., Geschichte des Kirchspiels Satrup bis zum Jahre 1800. Seinen lieben Gemeindegliedern dargeboten. (222 S.) gr. 8. Gettorf (902). (Bredlum, Christl. Buchh.) Geb. in Leinw. n. 3. —

Rickmers, O. Hinr., deutsches Lesebuch. Zunächst für schleswigsche Schulen hersg. 6. verb. Aufl. Flensburg 1869. Herzbruch. 8. (VIII, 248 S.) n. 8 *ngr*; **geb. n. 11** *ngr*

Rickmers, O. Hinr., erstes deutsches Lesebuch. Zunächst für die Landschulen Mittelschleswig's hrsg. 8. (VIII u. 95 S.) Flensburg 852, Korte Jessen in Comm. n. 6 *ngr*

Rickmers, O. Heinr., erstes deutsches Lesebuch. Zunächst für die Schulen des Herzogth. Schleswig hrsg. 3., verb. Aufl. 8. (VIII und 110 S.) Flensburg 859, Herzbruch. * *

Rickmers, O. Hinr., erstes deutsches Lesebuch. Zunächst für die Schulen des Herzogth. Schleswig hrsg. 4., stark verm. Aufl. 8. (VIII und 216 S.) Flensburg 862, Herzbruch. geb. *

—— erstes deutsches Lesebuch. Zunächst für die vaterländ. Schulen hrsg. 5., verm. Aufl. 8. (VIII und 248 S.) Flensburg 865, Herzbruch. geb. *

Rickmers, O. Hinr., erstes deutsches Lesebuch für Elementarklassen. 6., gänzlich umgearb. Aufl. Flensburg 868. Herzbruch. 8. (96 S.) n. 4 *ngr*

—— erstes deutsches Lesebuch für Elementarklassen. 7. Aufl. 1871, und 8. verb. Aufl. gr. 8. (112 S.) Flensburg 873, Westphalen. geb. *

— og J. Petersen, kortfattet tydsk Sproglaere for nordslesvigske Skoler. Ebend. 868. 8. (IV, 50 S.) n. 6 *ngr*

(**Rickmers**, F.: Die französische Flottenstation Saigon in Cochinchina. Lehe u Geestemünde 1870. 6 S. 4°.

Rickmers, W. Rickmer

Rickmers, W. R., Die Beherrschung der Luft. Gr.-8°. (16 S.)
Wien: Beyer 1903. K —.90

Rickmer's, W. Rickmer, die Beherrschung der Luft. (16 S.) gr. 8. Wien 903. Verlagsanst. „Pallas". n. — 75
Sonderabdruck aus: „Berl. Tagebl."

(8) **Rickmers,** W. R., Beherrschung d. Luft. 903. (KBL 34.)
Wien, E. Beyer's Nf. Erh. Pr. 1. —

— Einführung in die alpine Literatur. (28 S.) 8. München 904. G. Lammers. n. — 30
Sonderabdruck aus: „Deut. Alpenzeitg."

Rickmeyer, Marie, s. a.: **Winter, C.**

Der Anerbe vom Ellernhof. Erzählung von C. Winter (Marie **Rickmeyer**). Schriftenvertriebsanst. [1903]. (80 S.) 8° [F.]
= **Volksbücher**, Neue. Bdch. 77. [05. 15659

— die Eichenhöferin. 12. (32 S.) Berlin 896. Schriftenvertriebsanstalt. — 10

— dasselbe, s. a. Siegmund, A., d. Forsthaus.

– Die Eichenhöferin, s.a. Jugendbibliothek. 14.

[F.] Die Eichenhöferin. Von M[arie] **Rickmeyer.** *Berlin: Christl. Zeitschriftenver. 1896.* (32 S.) 1 Bd 8.
= **Jugend-Bibliothek** [d. Christl. Zeitschriftenvereins]. [No 14.] [98. 9576

— Friedel. — Holdchen. Hildebrand, C., der wilde Fritz. — Rickmeyer, M., wunderliche Leute. 12. (22, 32, 40 u. 24 S. m. 4 Farbdr.) Berlin 896. Schriftenvertriebsanstalt. Kart. — 50; d. 3 Rickmeyerschen Schriften einz. (22, 40 u. 24 S.) à — 10

[F.] Friedel. Von M[arie] **Rickmeyer.** *Berlin: Christl. Zeitschriftenver. 1896.* (22 S.) 1 Bd 8.
= **Jugend-Bibliothek** [d. Christl. Zeitschriftenvereins]. [No 8.] [98. 9576

[F.] Holdchen. Von M[arie] Rickmeyer. *Berlin: Christl. Zeitschriftenver. 1896.* (32 S.) 1 Bd 8.
= **Jugend-Bibliothek** [d. Christl. Zeitschriftenvereins]. [No] 7. [98. 9569

— Frau Katharinchen, s.: Aus lichten Höhen. Nr. 19.

— Wunderliche Leute, s.a. Jugendbibliothek. 15.

[F.] Wunderliche Leute. Von M[arie] Rickmeyer. *Berlin: Christl. Zeitschriftenver. 1896.* (24 S.) 1 Bd 8.
= **Jugend-Bibliothek** [d. Christl. Zeitschriftenvereins]. [No 15.] [98. 9577

— Heinrich Löschen u. Sohn, s.: Dinas Fiedelbogen.

— Manneswort, s.: Volksbücher, neue. 69.

Müller Christel, Carsten Michel's Sylvesterfeier. Erzählung von C. Winter (d. i. Marie Rickmeyer). *(Kassel [1902]: E. Röttger.)* (16 S.) 8° [F.]
= **Waldesrauschen** - Waldesfrieden. II. 18. [03. 9339

Steffen Klüvers Nachfolger. Erzählung von C. Winter (Marie Rickmeyer). Berlin: Schriftenvertriebsanst. 1905. (93 S.) 8° [F.]
= **Volksbücher**, Neue. Bdch. 83. [05. 1,665

— ohne Sonne, s.: Kinder-Bibliothek, kolorierte, 10.

Was ein Gruß vermag. Erzählung von C. Winter (Marie Rickmeyer). *Gütersloh: C. Bertelsmann [1903].* (16 S.) 8° [F.]
= **Schneeflocken**. 30. [04. 617

Die Grundbuchpraxis. Ein Handbuch f. d. tägl. Gebrauch in Grundbuchsachen von Amtsger.R. [Gerhard] **Ricks**. Berlin: Nicolai (1910). 178 S. 4°(8°) [11. 10075

Ricks, die Grundbuchpraxis. Ein Handbuch f. den tägl. Gebrauch in Grundbuchsachen. 2. Aufl. (VIII, 178 S.) Lex. 8. Berlin (910). Nicolai's Verl. Geb. n 3. 50

Ricochets, les, Comédie par Picard, gr. 8. Rudolstadt, Hofbuchh. 808.

Ricoglitore, il. Periodico mensile di Farmacia, Chimica, Igiene, Varieta ecc. Edito dal collegio formaceutio di Trieste redatto da N. Jeroniti. Anno III. 1871. 12 Hfte. (B.) Lex.-8. Triest 871. (Dase.) n.n. 4. 80

Ricord, Philippe

— s. Abbildungen, klinische.

Ricord, Phil., klinische Abbildungen aus der Krankenanstalt f. Syphilitische in Paris. — Sammlung von Beobachtungen der Krankheitsfälle u. deren Behandlung in der Anstalt. Deutsch bearb. u. mit erläut. Anmerk. versehen von Jul. Gottschalk. 5 Lfgn. Fol. (15 ill. Stnt. u. 10 B. Text.) Düsseldorf 842—44, Arnz u. Comp. à *

Ricord, Phil., prakt. Abhandlung üb. d. vener. Krankheiten, od. krit. Untersuchn. u. Experimente üb. d. auf das Studium dieser Krankheiten angewendete Inoculation, nebst e. Abriß d. Therapie ders. u. e. Samml. spec. Heilformeln. A. d. Franz. übers. v. Herrm. Müller. gr. 8. (26¼ B.) Leipzig 838, Michelsen.

—— **Beobachtungen** üb. Syphilis u. Tripper. Uebers. u. mit Anmerkn. vers. v. Eisenmann. 8. (7½ B. u. 1 Abbild.) Erlangen 836, Palm u. Enke.

Ricord's, P., Briefe üb. Syphilis an Hrn. Amédée Latour. Deutsch bearb. von C. Liman. 3 Lfgn. gr. 8. (VIII u. 354 S.) Berlin 851, A. Hirschwald. (1 u. 3. Lfg. à 21 ngl 2. Lfg. 12 ngl) 1 ₰ 24 ngl (siehe: Simon, Frdr. Alex.)

—— Lehre von der Syphilis. Nach dessen klinischen Vorträgen dargestellt von Ludw. Türck. gr. 8. (5⅝ B.) Wien 846, Kaulfuss Wwe., Prandel u. Comp. *

—— und Améda, Maladies secrètes. Als Abwehr und einfache aber gründliche Heilung der Syphilis, zum wahren und rettenden persönl. Schutz gegen Charlatanismus und speculirende Quacksalberei hrsg. 2., durchgeseh. Ster.-Aufl. 8. (IV und 156 S.) Grimma 850. [Wurzen,] Verlags-Comptoir. *

—— Pathologie u. Therapie, s. Lippert, H.

—— **Untersuchungen** üb. d. Anwend. d. Inoculation. Zum Studium d. vener. Krankheiten, nebst e. therapeut. Ueberblick u. Formulare. A. d. Franz. gr. 8. (30½ B.) Reutlingen 838, Enßlin u. Laiblin.

—— neueste Vorlesungen über die Syphilis und die venerischen Schleimflüsse, gesammelt und in's Deutsche übertr. von W. Gerhard. gr. 8. (192 S.) Berlin 847, A. Hirschwald.

Ricordo del Quinto Centenario della battaglia di Sempach.... Einsiedeln 1886 s. [Oechsli, Wilhelm].

Ricordo poi buoni fanciulli con 7 lit. miniate. Triest 862. Coen. qu. 4. (19 S.) cart. n. 15 ngr.

Ricotti, M., storia d'una rara malattia nervosa con varie annotazioni. 8. gr. Pavia. 818. (Vienna, Volke.)

Ricou, L[ouis]. Discours funèbre pour la sépulture de Mademoiselle Hélène Preiswerch, prononcé le 8 mars 1797 dans l'église de Saint-Martin de Basle. 8. Basle.

Ricreazioni infantili. Alfabeto con primi esercizj di letture. Triest 865. Coen. qu. 8. (32 S. mit 24 Steintaff.) cart. n. 20 ngr.

Rid, Franz Arsen

— s. Gregorius, Pastoralunterricht.

— Ratio studii theologici Raitenbuchae. 4. Münch. 775.

Rid, Frz. Arsen, († d. 20. Mai 1822.) Versuch üb. d. ursprüngl. Sitze d. Ambronen. 4. Münch. (804.) (G. Franz). 10 gr.

Rid, Hans, Klimalehre der alten Griechen nach den geographica Strabos. (62 S.) gr. 8. Kaiserslautern 904. E Crusius. n. 1. —

Rid, Hans, aus Weilheim (Oberbayern): Die **Klimatologie** in den geographica Strabos. Ein Beitrag zur physischen Geographie d. Griechen. *Kaiserslautern 1903: Ph. Rohr.* (62 S.) 8°
Erlangen, Phil. Diss. v. 23. Juli 1903

Rid, Jh. Kantius Wendelin, uber die Würde der Jungfrauschaft und ihre Erhaltung bei der Jugend. Ein Preisbüchlein und Christenlehrgeschenk fur die größere Jugend beider Geschlechter. gr. 12. Kempten 838. Kösel. ⅙ ₰
(5½ B.)

Studie über die rituale Beschneidung vornehmlich im Osmanischen Reiche. Von Risa (**Ridā Nūri Bey**). Mit 7 Abb. Leipzig: Breitkopf & Härtel 1906. (18 S.) 4°
= **Sammlung** Klinischer Vorträge. N. F. No 438. [06. 14503

Riddarasögur, Parcevals Saga, Valvers þáttr, Ivents Saga, Mírmans Saga. Zum ersten Mal hrsg. u. m. e. literarhistor. Einleitg. versehen v. Eug. Kölbing. gr. 8. (LV, 220 S.) Strassburg 872. Trübner. n. 7. —

Riddell, s.: Abhandlungen z. Geschichte d. Stereoskops.

Riddell, J. H.

— s. a. Trafford, F. G.

—— her Mother's Darling, s. Asher's Collection of English Authors.

Riddell, Mrs. J. H., her Mother's Darling, s. Asher's Continental Library.

Riddell, Mrs., Mortomley's Estate, s. Collection of British Authors.

Riddell, Mrs. J. H., the head of the firm, s.: Library, the English.

Riddell, Mrs. J. H., home, sweet home, s.: Asher's collection of english authors.

—— the Senior Partner, s. Asher's Collection of English Authors.

De niewe Ridder van de Goude Louisen. (1705.) Markgraf Ludwig v. Baden sitzt schlafend an einem Tische, auf dem ein Schriftstück liegt und 2 Beutel Gold stehen. Rechts oben kleine Ansicht von Emser-Bad, links oben ein Lager mit kämpfenden Soldaten im Hintergrund. Mit 12 Spottversen in holländischer Sprache. tot Brussel by Louis le Traitre. Anon gleichz. Kupferstich. Fol. 15.—
Satyrisches Flugblatt auf den Rücktritt des Markgrafen Ludwig Wilhelm I. v. Baden 1705 von seinem Amte als Feldherr.

de Ridder, le chemin de fer Belge, s. **Simons.**

Ridder, Frz., Erklär. d. Passionsgesch. Jesu. 4. Frkf. 707.

Ridder, *Johann* Hermann [aus Wesel a/R.]: Über eine neue Darstellungsmethode von Thiosemicarbaziden und deren Einwirkung auf Aldehyde ... Erlangen, k. b. Hof- u. Univ.-Buchdr. v. F. Junge, 1897; 37 S., 1 Bl. 8.
Erlangen, Phil. Fak., Inaug.-Diss. v. 10. März 1897

Ridder, Johann August (Annaberg/Meißen), De morbi notione. Präs. Christian Gottlieb Ludwig. Leipzig (Langenheim) 30. X. 1767. 33 S. (4.50) 28805

Ridder, Johann E.

Ridder, das Erbrecht u. eheliche Güterrecht des bürgerlichen Gesetzbuchs unter Hervorhebung der wesentlichen Abweichungen vom früheren rheinischen Rechte. 3 Vorträge, geh. zu Siegburg in den Versammlgn. des landwirtschaftl. Vereins f. Rheinpreußen, Lokal-Abth. Siegburg, v. 17. I, 21. II. u. 7. III. 1900. gr. 8. (112 S.) Köln 900. P. Neubner. n. 1.60

Das Erbrecht und eheliche Güterrecht des Bürgerlichen Gesetzbuchs unter Hervorhebung der wesentl. Abweichungen vom früheren rhein. Rechte. 3 Vorträge, geh. zu Siegburg in den Versammlungen d. Landw. Vereins f. Rheinpreussen ... 1900 von Dr. [Joh. E.] **Ridder,** Notar. *Köln: Rimbach & Licht 1900.* (112 S.) 8° [F.] [00. 7984 5

Ridder, Johann Hermann, s. Ridder, Hermann

Ridder, Car. Albert. Rud. (geb. Lüben 3. 3. 1841): De neoplasiae processu. Berolini (1863). (32 S.) 8°
Berlin, Med. Diss. v. 30. Juli 1863

Lysa von Drachenfels. Hist. Roman von L(ucien) de **Ridder**. *Bonn: P. Hauptmann [1902].* (227 S.) 8° [F.] [illegible] 186

— dasselbe. (2. Aufl.) 8. (III, 184 S.) Ebd. 894. n. 2.—

Ridder, L. de (Karl Hauptmann), Lysa v. Drachenfels. Historischer Roman. (3. [Umschlag-]Aufl.) 8. (III, 227 S.) Bonn (902). P. Hauptmann. n. 2.—; geb. n. 3.—

Ridder, L. de (Karl Hauptmann), Lysa v. Drachenfels. Historischer Roman. (5. u.) 6. Aufl. (III, 227 S.) kl. 8. Bonn (907). P. Hauptmann. 2.—; geb. 2.50

Ridder, L. de, späte Erkenntniß. Roman. 12. (III, 265 S.) Bonn 895. P. Hauptmann. n. 2.—

Ridder, L. de (Karl Hauptmann), späte Erkenntniß. Roman. (Umschlag: 3. Aufl.) (III, 276 S.) 8. Bonn (903). P. Hauptmann. n. 2.—; geb. n. 3.—

Ridder, Lucien de, der „normale Geheimrath" der Kölnischen Zeitung u. die Organisation der Handwerker, der erste Schritt zur Erhaltg. d. Mittelstandes. [Aus: „Deutsche Reichs-Zeitg."] 8. (16 S.) Bonn 893. P. Hauptmann. n. —10

— Göbbert van Halveren. Roman aus d. Tagen d. Agnes v. Mansfeld. 2. [Titel-] Aufl. 8. (III, 421 S.) Ebd. (892) 895. n. 3.—

— die Tochter der Hexe. Historischer Roman aus Deutschlands dunkelster Vergangenheit. 8. (III, 398 S.) Ebd. 892. n. 3.—

— die Tochter d. Hexe. Histor. Roman aus Deutschlands dunkelster Vergangenheit. 2. [Titel-] Aufl. 8. (III, 398 S.) Ebd. (893) 895. n. 3.—

— die Tochter der Hexe. Historischer Roman aus Deutschlands dunkelster Vergangenheit. 3. Aufl. 12. (III, 335 S.) Ebd. (899). n. 3.—; geb. n. 4.—

Ridder, Otto [aus Bückeburg '(Fürstent. Schaumb.-Lippe)']: Ueber kriminelle Leichenzerstückelung ... Berlin, Druck v. E. Ebering, *1897;* 29 S., 1 Bl. 8.
Berlin, Med. Fak., Inaug.-Diss. v. 23. Febr. 1897

Ridder, R., Fachrechnen, s.: Gräbner, E.

— dasselbe, s.: Groth, H.

Seine Filia hospitalis. Drama in 4 Akten aus e. kleinen Universitätsstadt. Von Kuno **Ridderhoff**. Göttingen & Leipzig: H. Peters [1906]. (87 S.) 8° [F. u. Ant.] [06. 12909 7

Ridderhoff, Kuno, seine Filia hospitalis. Drama in 4 Akten aus e. kleinen Universitätsstadt. (87 S.) 8. Göttingen (906). Stettin, H. Peters. n. 1.20

Heimweh. Schauspiel in 4 Aufz. Von Kuno **Ridderhoff**. Göttingen & Leipzig: H. Peters [1906]. (69 S.) 8° [F.] [16. 12908 7

Ridderhoff, Kuno [aus Göttingen]: Sophie von La Roche, die Schülerin Richardsons und Rousseaus ... Einbeck, Druck v. J. Schroedter, 1895; 109 S. 8.
Göttingen, Phil. Fak., Inaug.-Diss. v. [23. Febr.] 1895

Ridderhoff, Kuno, Sophie v. La Roche, d. Schülerin Richardsons u. Rousseaus. gr. 8. (109 S.) Einbeck 895. (Göttingen, R. Poppmüller.) n. 2. —

Ridderhoff, Kuno, Dr.: Sophie von La Roche und Wieland. Zum hundertjährigen Todestage der Dichterin ⟨18. Februar 1807⟩. Hamburg 1907: Lütcke & Wulff. (42 S.) 8°
Hamburg, Gelehrten-S d. Johanneums OP 1907 (913)

Ridderhoff, Kuno, Sophie v. La Roche u. Wieland. Zum hundertjähr. Todestage der Dichterin (18. II. 1807). (Progr.) (III, 42 S.) Lex. 8. Hamburg 907. (Herold.) nn 2. 50

Ridderstad, Karl Fredrik

Ridderstad, C. F., Skandinav. Erzählungen, siehe: Bibliothek, Europäische, 775—780. Bd.

— der Fürst, siehe a. Ausland, das belletrist., 1445—1458. Bdchn. — Bibliothek, Europäische, 734—736. 769. 770. 784 u. 808. Bd. — Lese-Cabinet, belletristisches, 594—597. 612—618. 671. 672. 679—682. Lfg.

Ridderstad, Karl Fredrik
Der Fürst. Geschichtlicher Roman. Aus dem Schwed. übers. von Gottlob Fink. Bdchn 1-4.5-14.
Stuttgart: Franckh 1852-53. 8°

— das Gewissen, siehe a. Ausland, das belletristische, 1841—1868. Bdchn. — Bibliothek, Europäische, 484—486. 543—545. 631. 632 u. 648. Bd.

Ridderstad, Karl Fredrik
Das Gewissen oder Geheimnisse von Stockholm. Roman. Aus dem Schwed. übers. v. Gottlob Fink. Bdchn 1-4.5-7. 8-11.12-16.17-21.
Stuttgart: Franckh 1852. 8°

— die schwarze Hand, siehe: Bibliothek, Europäische, 694—697. 703 u. 711. Bd. — Lese-Cabinet, belletristisches, 580—585. 619—625. Lfg.

Ridderstad C. F. Siehe: Lese-Kabinet, belletristisches.
Liefg. 594—597, 612—615, 671, 672, 679—681, oder Bd. 276, 277, 283, 284, 306, 309. (310.)

—— Königin Luise Ulrike und ihr Hof, s. a. Ausland, das belletristische.

Ridderstad, Karl Fredrik
Königin Luise Ulrike und ihr Hof. Roman. Aus dem Schwed. von Gottlob Fink. Bdchn 1-4.5-8.9-14.15-19.20-24.
Stuttgart: Franckh 1857-57. 8°

— die Schicksalsschläge, siehe: Bibliothek, Europäische, 815—817. Bd.

— der Trabant, siehe a. Ausland, das belletristische, 1770—1790. Bdchn. — Bibliothek, Europäische, 519—524. Bd.

Ridderstad, Karl Fredrik
Der Trabant. Geschichtl. Roman. Aus dem Schwed. übers. von Gottlob Fink. Bdchn 1-5.6-10.11-15.16-21.
Stuttgart: Franckh 1852. 8°

—— Vater und Sohn, s. a. Ausland, das belletristische. — Lese-Cabinet, neues belletristisches.

Ridderstad, Karl Fredrik
Vater und Sohn. Roman. Aus dem Schwed. übers. von Gottlob Fink. Bdchn 7-12.13-16.
Stuttgart: Franckh. 1854. 8°

Riddervold, Hans: Ueber elastische Längenänderungen und Schallerregung bei Magnetisierung durch Gleich- und Wechselstrom. Hannover 1909: (Osterwald). 49 S. 8°
Erlangen, Phil. Diss. v. 15. Nov. 1909, Ref. Wiedemann
[Geb. 12. Sept. 77 Bjugn; Wohnort: Hannover; Staatsangeh.: Norwegen; Vorbildung: Gymn. Fredriksstad Reife Juli 95; Studium: Christiania 12, Hannover Techn. Hochsch. 2 S.; Rig. 18. Mai 09.] [U 10. 889

Riddle, Walther [aus Pittsburg '(Amerika)']: Ueber die Schmelzpunkte anorganischer Salze ... Heidelberg, Univ.-Buchdr. v. J. Hörning, 1895; 35 S., 1 Taf. 8.
Heidelberg, Naturw.-math. Fak., Inaug.-Diss. v. [4. Febr.] 1895

Riddle, Walth., üb. d. Schmelzpunkte anorgan. Salze. Diss. gr. 8. (35 S.) Heidelberg 895. (J. Hörning.) n. — 80

Ride, Edw., neu entdeckte engl. Sprachenquelle oder d. schnellste u. sicherste Führer bei Erlernung der engl. Sprache. Theoretisch bearb. f. Personen jedes Standes u. Alters. A. u. d. T.: Der unfehlbare englische Sprachmeister rc. 16. (135 S.) Wien 847, Wenedikt's Wwe. u. Sohn. 6 ngl

Ride, Edw., der unfehlbare englische Sprachmeister, oder gründliche und leicht verständliche Anleitung, die englische Sprache in 8 Tagen ohne Hilfe eines Lehrers richtig lesen, schreiben und sprechen zu können. Bearb. nach eigenen langjährigen Erfahrungen. A. u. d. T.: Neu entdeckte englische Sprachquelle, oder der schnellste u. sicherste Führer bei Erlernung der englischen Sprache. 3. umgearb. u. stark verm. Aufl. Wien 861. Wenedikt. 32. (VIII, 144 S.) 9 ngr

Ride, Edward, der unfehlbare englische Sprachmeister, oder gründliche und leicht verständliche Anleitung, die englische Sprache in acht Tagen ohne Hilfe eines Lehrers richtig lesen, schreiben und sprechen zu lernen. Mit durchaus beigefügter Aussprache nebst einer reichhaltigen Wörtersammlung, vielen Redensarten, Aufgaben zum Uebersetzen, Gesprächen, Sprichwörtern und Titulaturen. Bearbeitet nach eigenen langjährigen Erfahrungen. 4. umgearbeitete und stark vermehrte Auflage. Revidirt von R. Clairborough. 1871. 16. (152 S.) Wien, Benedikt. 36 kr.

Ride, Edw., neu entdeckte englische Sprachquelle oder der schnellste und sicherste Führer bei Erlernung der engl. Sprache. Theoretisch-praktisch bearb. für Personen jeden Standes und Alters. 2. Aufl. A. u. d. T.: Der unfehlbare engl. Sprachmeister oder gründl. und leichtverständl. Anleitung die engl. Sprache in 8 Tagen ohne Hilfe eines Lehrers richtig lesen, schreiben und sprechen zu können. Mit durchaus beigefügter Aussprache rc. 1. Aufl. (135 S.) 1847. 6 Ngr. und 2., umgearb. und verm. Aufl. 16. (157 S.) Wien 852(53,) Wenedikt.

Riede, Edw., neu entdeckte englische Sprachquelle od. der schnellste u. sicherste Führer bei Erlerng. der engl. Sprache. Theoretisch u. praktisch bearb. f. Personen jeden Standes u. Alters. 4. Aufl. Revidirt v. R. Clairborough. A. u. d. T.: der unfehlbare englische Sprachmeister. 16. (VIII, 152 S.) Wien 871. Wenedikt. — 90

Ride, Edward, neu entdeckte englische Sprachquelle, od. der schnellste u. sicherste Führer zur Erlerng. der englischen Sprache in 8 Lectionen. Theoretisch u. practisch bearb. f. Personen jeden Standes u. Alters. 5. Aufl. Rev. v. R. Clairborough u. bedeutend verm. v. Charles Smith. 16. (IV, 180 S.) Brünn 883. Karafiat's Verl. — 90

Rideamus [Pseud.], s.a. Oliven, Fritz

Rideamus (Fritz Oliven), s. a. Bälle, Berliner.

Rideamus [d. i. Fritz Oliven]. Berliner Bälle ... Mit Bildern von Ernst Heilemann. Berlin. „Harmonie" Verlagsgesellschaft [1905].
20 Bl., 5 farb. Taf. 4°.

Berliner Bälle von **Rideamus** [d. i. Dr. Fritz Oliven]. Mit Bild. von Ernst Heilemann. 16.–20. Taus. Berlin: Harmonie [1905]. (19 Bl., 5 Taf.) 4°(8°) [F.] [06. 562

– s.a. Burlesken.

Burlesken. 3 Einakter von **Rideamus** [d. i. Dr. Fritz Oliven]. 1.–3. Taus. Berlin: Harmonie [1906]. (71 S.) 8° [F.] [07. 5109 11

Burlesken. 3 Einakter von **Rideamus** [d. i. Dr. Fritz Oliven]. 4.–6. Taus. Berlin: Harmonie [1906?]. (71 S.) 8° [F.] [07. 5110

Rideamus (Fritz Oliven), s.: Erfindung, die, der Sittlichkeit.

– s. Hugdietrichs Brautfahrt.

s.: Kleinigkeiten.

f.: Lenz u. Liebe.

— f.: Reinfälle.

– s.a Reisemärchen.

Reisemärchen von **Rideamus** [d. i. Dr. Fritz Oliven]. Ill. von Paul Kraemer. 1.–10. Taus. Berlin: Harmonie [1906]. (64 Bl.) quer-8° [07. 5032

Willis Werdegang. Scenen aus d. Familienleben von **Rideamus** [d. i. Dr. Fritz Oliven, Ger.Ass.]. Mit Zeichn. von Edmund Edel. 50. Taus. Berlin: Harmonie [um 1905]. (30 Bl.) 8° [F.]
= **Brettl**- u. Theater-**Bibliothek**, Bunte. 7. ⟨Ser. B. [Bd 1].⟩ [06. 13912 11

Rideamus f.: Willi's Werdegang.

Bekanntmachung für ger. und vollk. Freimaurerlogen. [Unterz.:] C[ornel.] J[oh.] R[ud.] Ridel. [Weimar 1815.] 4 S. 8° [Kopftit.]

Ridel, Cornel. Johann Rudolph (Hamburg), Diss. inaug. qua disquiritur utrum actio quoad rem immobilem a cautione in processu praestanda liberet, nec ne? Göttingen (J. Chr. Dieterich) 6. II. 1783. 36 S. (4.50) 28806

Versuch eines alphabetischen Verzeichnisses der wichtigern Nachrichten zur Kenntniss und Geschichte der Freimaurerei, vornehmlich zur Beurtheilung über die Entstehung und Ausbreitung ihrer verschiedenen Rituale und Systeme seit dem Jahrhunderte von 1717 bis 1817. Aus den Akten des durch die Grosse Loge in Hamburg im Jahr 1802 gestifteten engeren geschichtlichen Bundes, und des damit verbundenen und fortdauernden Briefwechsel, auch aus andern freimaurerischen und nichtfreimaurerischen, gedruckten und ungedruckten Schriften. [Von Cornel. Joh. Rud. **Ridel**.] Als Hs. f. die Archive des E. G. Bundes, und unter deren Verantwortlichkeit. Jena 1817: Wesselhöft. VIII. 232 S. 4°
Kl. 2845, Tt. 335. Sehr selten. Repertorium der Akten des Hamburger Engbundes.

Ridell, M. B., Strassen-Fuhrwesen u. andere Transportmittel, s.: Ausstellungs-Bericht, officieller.

Ridelstein, Paul. Carl Abs, der Meisterschafts-Ringer der Welt. Sein Leben u. Wirken. Einzige autoris. Ausg. gr. 8. (31 S.) Berl. 891, Hein. * — 50

Riden, Wilh., Zahn- u. Mundpflege, s.a. Möller's, Wilh., Bibliothek f. Gesundheitspflege usw. 41. Hft.

Zahn- und Mundpflege. Von Wilhelm **Riden**. Oranienburg bei Berlin: W. Möller [1906]. (32 S.) 8° [F.]
= **Bibliothek**, Möller's, f. Gesundheitspflege, Erziehung u. Volksaufklärung. H. 41. [07. 4410

Ridge, W. Pett, name of garland, s.a. Collection of British authors.

Name of Garland. By W[illiam] Pett **Ridge**. Copyright ed. Leipzig: Tauchnitz 1907. 311 S. 8°
(Collection of British authors. Tauchnitz Ed. Vol. 3993.) [11. 8746

Ridiculus, Jocosus, der heitere Gesellschafter, s.a. Gesellschafter, der heitere.

RIDICULUS, Jocosus, Der heitere Gesellschafter und unerschöpfliche Witzbold in lebensfrohen Jugendkreisen .... Hrsg. v. —. Quedlinburg u. Leipzig, Gottfr. Basse, 1851. Gr. 8°. (75 Pfg. Priewe, Heringsdorf, 1895; jetzt theurer!)

Besteht aus S. 105—144 des „Gesellschafter" u. S. 1—151 des „Buch zum Lachen". Darin, wie auch der Haupttit. anzeigt: Wortspiele in Fragen und Antworten. — Das Gesellschafts-Examen. — Der Wahrsager f. Damen u. Herren. — Orakel durch Karten. — Heiraths-Prognosticon. — Der Karten Prophet. — 25 Gesellschafts-Spiele. — 200 Charaden. — Heitere Scherze. — Querlesungen aus Zeitungen. — 160 poet. Trinksprüche.

Stellenweise derbe Sammlung, wovon (laut Weller) noch Ausgaben 1856, 60 u. 78 erschienen.

Ridiger, Andreas

s.: Ruediger, Andreas

Ridiger, Anton

— — u. **Gottlob Ludwig Dorll** (Zörbig / Meißen), Artis inveniendi seu experiendi nora tentamen. Leipzig (Langenheim) 13. VIII. 1749. 52 S. (4.75) 28809
Gew.: Johann Christoph Nelde, Christian Gregor Altner.

— — Chemiae universalis usum in physiologia medica generali magnum et necessarium judicat simulque ad audiendam orationem qua professionem chemiae ordinariam invitat. (Leipzig (Salbach)) 11. VIII. 1762. 28 S. (4.25) 28808

Ridiger, Anton (Leipzig), De veritate virtutis medicamentorum propriae et methodo hanc explorandi. Observationes et meditationes. Leipzig (Langenheim) 7. VIII. 1750. 44 S. (4.75) 28807
Gew.: Johann Christoph Nelde.

Ridinger, Fr., Taschenbuch f. Einspänner, od. prakt. Belehrungen in d. kunstgerechten Fahren mit e. Pferde; f. Droschken u. Cabriolet'sBesitzer u. einspänn. Fuhrwesen überhaupt. Seitenstück zu Leischners Taschenbuch d. Reitkunst. 16. Leipz. 826. Kollmann. 12 gr.

Ridinger, Johann Elias

RIEDINGER, Johann Elias: Abbildung der jagtbaren Thiere, mit derselben angefügten Fährten und Spuhren, Wandel, Gängen, Absprüngen, Wendungen und andern Zeichen mehr, nach der Natur gezeichnet, samt einer Erklärung darüber. - Augsburg 1740

Ridinger, Joh. Elias, Abbildung einiger jagdbarer u. reissender Thiere nach ihrer Natur, Geschlecht, Alter u. **Spur. Augsburg** 867. (Berlin, Sandrog & Co.) hoch 4. **(24 Phot.) In Carton** 9 ℛ; einzelne Blatt 15 ngr.

Riedinger, Jh. Elias, Anstellung d. Pferde nach ihren Hauptfarben u. verschied. Abtheil. Mit Kpf. gr. 4. Augsb. 775.

Ridinger, (J. E.,) Darstellung verschiedener Thiere. Nach ihren Arten u. mannigfaltigen Bewegungen. 1s Heft. (Hunde.) 2s Heft. (Hirsche.) gr. Real 4. Augsburg 825, Engelbrecht.

— Entwurf einiger Pferde, nach ihrem unterschiedlichen Alter und Gebrauch, nach dem Leben gezeichnet. IV Teile. Fol. Augsburg 755.

— Entwurf einiger Thiere, nach ihren unterschied. Actionen u. Leidenschaften, nach d. Leben gezeichnet, mit Anmerk. 7 Thle. Fol. Augsb. 735—54. Autor. 6 ℛ 8 gr.

— Entw. einiger Thiere, nach ihren untersch. Actionen und Leidensch. nach dem Leben gezeichnet, m. Anm. 7 Thle. Fol. Augsb. Autor. 738 — 54.

Ridinger J. E.: Entwurf einiger Thiere, wie solche nach ihren unterschiedenen Arten, Actionen u. Leidenschaften nach dem Leben gezeichnet ... Th. 6-7 (Pferde, Maulthiere u. Esel; 1 Vol.). Augsb. 1754-55. 36 Tvl. Fol.
(Titelbl. og Tekst ɔ: 5 Bl. mgl.).

RIDINGER, J. E. Lehrreiche Fabeln aus dem Reiche der Thiere zur Verbesserung der Sitten und zumal dem Unterrichte der Jugend neu entworfen. Erster [bis Vierter] Versuch. Herausgegeben von Johann Elias Ridinger, Maler in Augspurg, 1744. Fol. 2 Titel (der erste mit *Vignette*, der zweite mit latein. u. französ. Text). 5 Bl. mit den Versen Brockes', 8 Bl. mit Erklärungen der Kupfer in 3 Sprachen und *16 prachtvolle Kupfertafeln.* Leicht beschäd. HLd. d. Z. 500.—
Thienemann 765 80. Nicht bei Goedeke. Erste Ausgabe eines der schönsten Werke Ridingers

Riedinger, Johann Elias.
Hier zeigt sich Rapp Braun Fuchs Falch Schimmel Scheck u. Tieger ... Augustae Vind. [1775]. II: *Riedinger, Martin Elias & Johann Jacob Riedinger.* (BrMm)

—— Jagd-Album. Eine Darstellung der vorzüglichsten, in Deutschland und den angrenz. Ländern vorkomm. Jagdthiere, ihrer Fährten, Spuren &c. nebst interessanten Hatzen und seltenen Hirsch-Abnormitäten. Nach den Orig. gezeichnet von Herm. Menzler. 28 Lfgn. gr. Fol. (80 Stnt. in Tondr.) Berlin 863—65, L. J. Heymann. à Lfg. 20 Ngr.

Ridinger, Joh. Elias, Jagd-Album. Hirsch-Abnormitäten, interessante Hatzen u. seltene Jagdthiere. Nach den Orig.-Radirgn. photogr. v. B. Kliemeck. 1. Serie. à 16 Lfgn. à 4 Blatt Photographien. gr. 4. Berlin 873. Lichtwerck. à n. 4. —

Ridinger's, Joh. Elias, Jagd-Album, Hirsch-Abnormitäten, interessante Hatzen und seltene Jagdthiere. Nach den Original-Radirungen photographirt von C. Schauer Nachf. 2. Serie. (In 16 Lfgn.) 1.—12. Lfg. 4. (à 4 Photogr.) Berlin 873—75, Lichtwerck. à Lfg. *M. 4,50. *

Ridinger, Joh. Elias, Jagd-Album. Hirsch-Abnormitäten, interessante Hatzen und seltene Jagdthiere. Nach den Orig.-Radirungen photogr. von C. Schauer Nachf. 2. Serie. 13.—18. (Schluß-)Lfg. gr. 4. Berlin 876, Lichtwerck. [13.—17. Lfg. (à 4 Photogr.) à M. 4,50.; 18. Lfg. (2 Photogr.) M. 2,25.]
1.—12. Lfg. Ebendas. 1873—75. à M. 4,50.
Vgl.: Thienemann. G. A. W.

— dasselbe. 2. Serie. 18 Lfgn. 4. Ebend. 874—76. n. 77. —
1—17. Lfg. (à 4 Photogr.) à 4. 50. — 18. Lfg. (2 Photogr.) 2. 50.

Ridinger, Johann Elias. Die edle Jagdbarkeit 18 Kupferstiche von Johann Elias Ridinger aus dem Jahre 1729 Stuttgart, Schuler Verlagsgesellschaft (1961)
49 S davon 18 Blattgr. Taf 1 Bl 4°.

(Ridinger, Johann Elias.) [Das Caroussel Anhang zur kleinen Reitschule] (Augsburg 1761)
8 S : 16 Taf in Kupferst. 4°
Abb. 162

Ridinger, Johann Elias (Ill.),
s. Kleinschmidt, Johann Jacob

Ridinger's, Joh. Elias, Kupferstiche. Nach dem neuen Catalog des Hrn. Pastor Thienemann geordnet und mit Verkaufspreisen versehen. gr. 8. (12 S.) Leipzig 857, R. Weigel. *
Vlnp. in Imp.-4.
Aus der 29. Abthl. des „R. Weigel'schen Kunstcatalogs" besonders abgedruckt.

Ridinger, J. E., u. M. E. Ridinger, Kupferstiche, Schwarzkunstblätter u. Handzeichnungen. XXXIV. Kunst-Lager-Katalog v. Hugo Helbing, Kunsthandlg. u. Antiquariat in München. Mit 8 Taf. (19 Abbildgn.) gr. 8. (IV, 71 S.) München 900. H. Helbing. Kart. n. 2.—

— u. M. E., naturhistor. Original-Thierwerk, mit erklär. Text. 7 Hfte. gr. Real 4. Augsb. 825, Engelbrecht. 7 Rthl. 2 gr. ill.

Ridinger, Johann Elias. Pferde verschiedener Rassen. Gezeichnet von Johann Elias Ridinger, gestochen von ihm selbst, von Martin Elias Ridinger und ... Augsburg um 1750.
36 Taf in Kupferst. ... 1 Bl Text 2°
... den ... *Pferdeaufbau* ... den
Graesse ... Dort angeführt u. d. T. „*Nationen-Pferde*"

— Reißbüchlein, allerlei Art Hunde vorstellend, in 12 Bl. kl. Real-Quart. Augsb., Schlosser. 6 gr.

Ridinger, Johann Elias. Neue Reit Schul vorstellend einen vollkommenen Reuter in allen Lectionen. Erster Theil inventirt und verlegt von Johann Elias Ridinger. Augspurg 1734
18 Taf gr 2°
Neudruck
Graesse ...

Riedinger, Joh. Elias, Neue Reitschule, in Kupferstichen. **Augsburg 744.**

- Remarques de carousels. Augsp. 1761. 8 S. 15 Tvl. 1 Pl. Fol.
(Titelbl. mgl.; indb. m. foreg., som i de fleste Eksempl. — Bagi indb. 9 Tvl. mrk. 14-22).

Ridinger-Album. Eine Sammlung der schönsten und seltensten Hirsch- u. Rehbock-Abnormitäten nach den Orig.-Stichen phot. von J. Laifle. Mit Vorwort von F. v. Kobell. (In 5 Liefgn.) 1. Liefg. (10 Blatt und 6 S. Text.) Regensburg 865. Coppenrath. gr. 4. In Mappe n. 3 ℛ 25 ngr.; einzelne Blatt n. 15 ngr.

RIEDINGER, Johann Elias: Neues Thier-Reisbüchl. Erster Theil allerley Art Hunde vorstellend... - Augspurg 1728

— Vorstellung und Beschreibung der Schul- u. Campagne-Pferde, nach ihren Lektionen, in was für Gelegenheiten solche können gebraucht werden. Französisch u. Deutsch. Fol. Ebd. 760.

Ridinger J. E.: Vorstellung u. Beschreibung derer Schul u. Campagne Pferden nach ihren Lectionen ... Augsp. 1760. 35 S. 46 Tvl. Fol. (O. m. fransk Undertit. og Tekst).

— Vorstellung u. Beschreib. des Schul- u. Campagne-Pferdes, nach seinen Lectionen. Fol. Augsb. 766. Verfasser. 2 ℔

Ridinger, J. E. Vorstellung und Beschreibung derer Schul- und Campagnepferden nach ihren Lectionen, in was vor Gelegenheiten solche können gebraucht werden. (In deutscher u. franz. Sprache.) Mit Kpf. Augsburg 1769. 43 S. 4°

– Vorsteilung der Pferde nach ihren Hauptfarben und derselben verschiedenen Abteilungen, Komplexion und der daraus entspringenden Beschaffenheit. gr. 4°. Ebd. 775.

Ridinger J. E.: Vorstellung d. Pferde nach ihren Hauptfarben ... (Augsb.) [1775]. 39 S. 2 kol. Tvl. (48? Tvl. mgl.). 4°. (Tysk og fransk).

Ridinger, J. E., Vorstell. d. Pferde, n. ihr. Hauptfarb. u. versch. Abtheil. m. K. gr. 4. Augsb. Stage. 775.

Ridler, Jh. Wlh., s. Archiv, österreich., f. Geschichte, Erdbeschreibung 2c.

Ridley, Beobachtt. üb. Engbrüstigkeit, s. J. Floyer, Abhandl.

MORELL, Carl (d. i. *Charles Ridley*), Horams anmuthige Unterweisungen in den Erzählungen der Schutzgeister, aus d. Persischen ... ins Deutsche gebracht (von Joh. Joach. Schwabe). 3 Bde. Mit (freien) Kupfern. Leipzig 1765—66. 8°. Selten! (3 Mk. 50 Pfg., nur Bd. 1 u. 3, L. Rosenthal, 1907.)
Fehlt im Anon.-Lex.

Ridley, Giles, engl. Sprachführer. Gründliche u. leichtfaßl. Methode, in 15 Lektionen die engl. Sprache durch Selbstunterricht theoretisch u. praktisch in sehr kurzer Zeit ohne Lehrer gut lesen, schreiben u. sprechen zu lernen. Mit ausgewählten Gesprächen, Spracheigenheiten, Leseübgn. u. Bezeichnung der Aussprache bei jedem Wort. (Wenedikt's Sprachbücher.) 4. [Titel-]Aufl. (160 S.) 16. Wien (908). F. C. Mickl. — 60

Ridley, Giles, Engl. Sprachquetscher. Eine leichtfassl. Methode, die engl. Sprache in 15 eingetheilt. Lectionen zu erlernen. Nebst Aufgaben, Gesprächen, Sprichwörtern und Wortsammlung. 12. (160 S.) Wien, Albert A. Wenedikt. 36 kr
1885.

Ridley, Giles, englischer Sprachquetscher. Die neueste Methode zum faßlichsten Selbstunterricht, nach welchem in 15 eingetheilten Lectionen ohne Hilfe e. Lehrers Jedermann das Nöthigste der engl. Sprache ohne große Mühe sich aneignen kann. Mit Angabe der Aussprache jedes engl. Wortes. 3. verb. Aufl. (160 S.) 16. Wien 903. A. Reitinger. n. — 60

Ridley, James, s.: Auf Roosevelts Pfaden durch Afrika.

Ridnik, Girsch, a. Simferopol ⟨Rußland⟩: Ueber Organotherapie bei Erkrankungen der Schilddrüse und des Pankreas mit Berücksichtigung der Transplantationsversuche. Berlin (1906): E. Ebering. (34 S.) 8°
Berlin, Med. Fak., Ref. v. Leyden, Diss. v. 15. Dez. 1906
[Geb. 24. Aug. 81 Melitopol, Rußland; Wohnort: Simferopol; Staatsangeh.: Rußland; Vorbildung: Gymn. Theodosia Reife M. 00; Studium: Wien 6, Berlin 4 S.; Rig. 14. Dez. 06.]

Ridolfi, dispacci. Des Florentiner Residenten Atanasio Ridolfi Depeschen vom Regensburger Reichstage 1641. Gesammelt u. zum 1. Male hrsg. nach den Orig. d. Florent. Staatsarchiv v. Florenz Tortual. gr. 8. (XX, 366 S.) Regensburg 871. Coppenrath. n. 6. —

Ridolphi, B., Oratio in funere Caroli III. Hispaniar. Regis catholici, cum ramis in Fol. Parmae, 789. ex officina Bodonii. (ibid.)

Ridpath, John Clark, s.: Gemälde, berühmte, d. Welt.

Ridpath, John Clark, allgemeine Geschichte der Vereinigten Staaten von Amerika. Uebers. von Paul J. Häring. Lex.-8. (580 S. mit ca. 130 Holzschn., 7 geograph. und 6 geschichtl. Uebersichtskarten.) Cincinnati (O.) 882, Walden und Stowe. geb. ** 10 —

—— das Leben und Wirken von James A. Garfield. Nebst einem kurzen Anhang: Leben und Process von Guiteau. gr. 8. (668 S. mit 2 Stahlst. und ca. 60 Holzschn.) Ebendas. 882. geb. ** 10 —

Ridthaler, G. (Red.), s. Weinzeitung, Pfälzische.

Rie, Osc. Klinische Studie üb. die halbseitige Cerebrallähmung d. Kinder, s. Freud, Sigm.

Rieb, Johann Friedrich

Rieb, Jh. Fr., s. a. Weinbau, prakt.

Rieb, J. F., prakt. Weinbau 2c. 8. Hamburg, Gundermann. 805.

(RIEB, JOH. FRIEDR.), Practischer Weinbau. Eine Anweisung zur richtigen Behandlung und Bearbeitung des Weinstocks, um ihn sowol auf Bergen als in Gärten zu Lauben, Plantagen und Pyramiden, wie auch an Wänden und Mäuern anwendbar und fruchtbar zu machen, für Gärtner, Guts- und Gartenbesitzer. Herausgeg. von einem praktischen Weingärtner aus der Gegend am Neckar. Kiel. 1805.

[Rieb, Johann Friedrich.] Practischer Weinbau. Kiel: Mohr 1805. 60 S. -- Gel 1*

Rieb, Joh[ann] Fried[rich]: Practischer Weinbau. Eine Anweisung zur richtigen Behandlung und Bearbeitung des Weinstocks, um ihn so wohl auf Bergen, als in Gärten zu Lauben, Plantagen und Pyramiden, wie auch an Wänden und Mauern anwendbar und fruchtbar zu machen. 2., sehr verm. Ausg. Grätz: Tanzer 1807. 60 S. -- 25*.43*
--- Dass. Kiel 1805. -- [Zit. nach Gatterer]
--- Dass. Hamburg 1806. -- [Zit. nach Gatterer]
BJ: Hamburg: 1805. -- Bibliotheca oenologica: Hamburg 1805. -- Heinsius: Hamburg 1805. -- Simon: Bibliotheca vinaria: Hamburg 1805.

Riebandt, Joh., Präparationen zu deutschen Gedichten u. Lesestücken. Nach Herbartschen Grundsätzen, z. Teile auch nach der darstell. Lehrweise u. nach d. Ministerial-Erlaß v. 1908 m. besond. Berücksicht. einfacher Schulverhältnisse bearb. 4 Bde. 8. Goslar, R. Danehl. Geb. in Leinw. 23.30
1. Unterstufe. (VIII, 367 S.) 907. 4.20; geb. 4.80
2. Mittelstufe. 2. Aufl. (XII, 510 S.) 909. 4.60; geb. 5.20
3. Oberstufe. 2. Aufl. (X, 729 S.) 909. 6.60; geb. 7.50
4. Mittel- u. Oberstufe. Ergänzungsbd. (XVIII, 514 S.) Geb. 5.80

Riebandt, Joh., Präparationen f. den erdkundlichen Unterricht in Volksschulen, f. Seminarzöglinge u. Lehrer. Mit besond. Berücksicht. der Kulturgeographie. I. Bd.: Das Deutsche Reich u. seine Kolonien. (VI, 296 S.) gr. 8. Paderborn 903. F. Schöningh. n. 3. —

— Präparationen f. den erdkundlichen Unterricht in den Volksschulen (auch Mittelschulen usw.) in entwickelnder anschaulicher Darstellung, nach den Grundsätzen der vergleichenden Erdkunde u. nach dem Ministerial-Erlaß vom 31. I. 1908 m. besond. Berücksicht. der Handels-, Verkehrs- u. Wirtschaftskunde bearb. 2. Bd.: Europa. (VIII, 341 S.) gr. 8. Ebd. 911.
1. Bd. Jetzt Ebd. 903. 3.—. Geb. in Leinw. 4. 50

[F. u. Ant.] Gebet-Buch für Stenotachygraphen. Hrsg. v. P[aul] Riebartsch, Schweidnitz. *Schweidnitz: H. Reisse [1897].* (1 Taf., 103 S.) 1 Bd 8. [98. 1409

Riebartsch, P., Gebet-Buch f. Stenotachygraphen. 16. (103 S. m. 1 Stahlst.) Schweidnitz 897. P. Riebartsch. Geb. n. 1. —; in Ldr. m. Goldschn. n. 1. 50; in Saffian-Ldr. m. Goldschn. n. 2. —; in wattierten Halbldrbd. m. Goldschn. n. 3. —

Riebau, Car. Adolph. Ern. (geb. Bernburg in Anh. 2. 1. 1840). De intoxicatione saturnina. Berolini (1864). (30 S.) 8°
Berlin, Med. Diss. v. 15. Juli 1864

Riebau, Car. Henr. Guil. (geb. Minden a. W. 29. 6. 1843). De intoxicatione phosphorica acuta. Berolini (1866). (32 S.) 8°
Berlin, Med. Diss. v. 4. Aug. 1866

DOCH die Existenz und Würkung des Teufels auf dieser Erde, gründlich und ausführlich erwiesen (von *Riebe*). Nürnberg (Berlin, Rottmann) 1776. (Im British Museum.)
Anon.-Lex. I. p. 414. — Name d. Vf. in Weller's fing. Druckorten.

Riebe, ..., s. 1) Existenz, doch die, des Teufels. 2) Gespräche üb. d. Leiden Werthers. 3) Wahrheit, Denken u. Lehren.

Riebe, ..., s. Wollberg, die Gräfin.

Riebe, A., mikro-photographischer Atlas für Brennereien. Vorlagen zur mikroskop. Controle des Brennerei-Betriebes. (In 5 Heften.) 1. Heft. qu. Fol. (2 Lichtdr.-Taf. mit 1 Bl. Text.) Halle 884, Knapp. * 2 40

Riebe, Ernst, Gerichtsrefer.: Die Feststellung der Gerichtsbezirke nach dem Rechte Preußens und des Deutschen Reiches. Greifswald 1909: Abel. 64 S. 8°
Greifswald, Jur. Diss. v. 9. Dez. 1909, Ref. Hubrich
[Geb. 8. Sept. 86 Stettin; Wohnort: Treptow a. R.; Staatsangeh.: Preußen; Vorbildung: Gymn. Greifswald Reife O. 05; Studium: Freiburg i. B. 2, München 1, Greifswald 4 S.; Rig. 18. Nov. 09.] [U 10. 1541

Riebe, Friedr. Wilh. Otto (geb. Berlin 26. 10. 1844): Ein Fall von Polyarthritis septicaemica. Berlin (1868). (32 S.) 8°
Berlin, Med. Diss. v. 12. Febr. 1868

Riebe, Hulda, s. A. Barginet, Isarda.

Riebe, Hulda, Fiametta, s. Barginet, A.

Riebe, K., Berlin unter'm alten Fritz anno 1784. 8. (III, 112 S.) Berlin 878. Brandenburg, Luniß. n. 1. 20

Riebe, K. F., Beschreibung des neuen Real-Schulgebäudes zu Brandenburg a. H. und die bei seiner Grundsteinlegung und Einweihung veranstalteten Feierlichkeiten. Brandenb. a. H. 1867.
Schul-/Univ.-Schrift

Riebe, Karl Bericht über den Unterricht in der elementaren Logik in der Prima der Saldernschen Realschule in Brandenburg a. d. H. 24 S. 8. **Progr.** Rg. *Brandenburg a. H.* 1878.

Riebe, O., das Brennerei-Betriebs-Verfahren. 2. Aufl. 8. (30 S.) Cölleda 885. (Brocke.) n.n. 15. —

Riebe, Otto, drei Jahre unt. deutscher Flagge im Hinterland v. Kamerun, s. a. Hörhold, Karl.

[F.] Drei Jahre unter deutscher Flagge im Hinterland von Kamerun. Geschild. nach den Tagebuchbl. des Karl Hörhold, vormal. Mitgl. der v. Ausw. Amt entsandten Forschgs-Expeditionen ... v. Otto Riebe. (Vorr.: C[urt] Morgen.) *Berlin: A. W. Hayn's Erben 1897.* (102 S.) 1 Bd 8.

Riebe, Paul, a. Cöln-Deutz: Über die verschiedenen Fassungen der Mainetsage. Nebst Textprobe aus Girart's von Amiens Charlemagne. Greifswald 1906: H. Adler. (56 S.) 8°
Greifswald, Phil. Fak., Ref. Stengel, Diss. v. 10. Dez. 1906
[Geb. 15. Okt. 83 Cöln-Deutz; Wohnort: Greifswald; Staatsangeh.: Preußen; Vorbildung: Gymn. Greifenberg Reife O. 01; Studium: Marburg 1, Berlin 3, Greifswald 6 S.; Rig. 1. Nov. 06.]

RIEBECK, EMIL. Beiträge zur Kenntniss des Pyropissits. Freiburg im Breisgau, 1880.

Riebeck, Emil, die Hügelstämme v. Chittagong. Ergebnisse e. Reise im J. 1882. gr. Fol. (VII, 35 S. u. 16 Bl. Text m. eingedr. Holzschn., 19 Lichtdr.-, 2 chromolith. Taf. u. 1 chromolith. Karte.) Berlin 885. Asher & Co. In Mappe. n. 60. —

Riebeck'sche Niger-Expedition, s. Mittheilungen.

van Riebeek, Jan, Dagverhaal. 1651. [Uitgeg. door het Historisch-Gezelschap te Utrecht.] gr. 8. (IV u. 87 S.) Utrecht 848, Kemink & Zoon. n. 2/3 Thlr

RIEBEL, Franz: Waldwertrechnung und Schätzung von Liegenschaften dargestellt für Fachmänner und Studierende. - Wien, Leipzig 1905. XVI, 465 S., 3 Diagr., 1 Taf. - 2. verb. Aufl. ebd. 1912. XIII, 527 S., 2 Diag.

Riebel, Frz., Waldwertrechnung u. Schätzung v. Liegenschaften, dargestellt f. Fachmänner u. Studierende. Mit 3 Diagr. u. 1 Taf. (XVI, 465 S.) Lex.-8. Wien 905. C. Fromme. n. 13. —

Riebel F.: Die Wertermittlung d. Obstbäume u. anderer Einzelbäume. Wien u. Leipz. [1910]. 88 S.

Riebel, Frz., die Wertermittlung der Obstbäume u. anderer Einzelbäume. (VII, 88 S.) 8. Wien (910). C. Fromme. 2. 50

Riebel, J. B. P., die Graspflanze. Augsburg 866. (Lampart & Co.) gr. 8. (199 S. mit 45 in den Text eingedr. Holzschn.) n. 1 Thlr

Riebel, J. B. P., Leitfaden zu den ersten Anfangsgründen einer richtigen Landwirthschaft. 2. Aufl. Kaufbeuern 855. Reichel. 12. (120 S.) 6 ngr.

— Leitfaden zu den ersten Anfangsgründen einer richtigen Landwirthschaft. 6., verb. Aufl. Ebend. 866. 8. (128 S.) cart. 6 ngr.

Riebel, J. B. P., Leitfaden zu den ersten Anfangsgründen e. richtigen Landwirthschaft. 8. verb. Aufl. 16. (132 S.) Augsburg 874. Lampart & Co. n. — 60

— mikroskopische Untersuchungen der Getreidepflanze. gr. 8. (190 S.) Augsburg 870. Reichel. 2. 10

Riebel, Joh. Bapt. Glaubensbekenntniß zu den [im Buchhandel bereits vergriffenen] Briefen „die Graspflanze" später jedoch unverändert „die Getreidpflanze" betitelt. gr. 8. (43 S.) Münch. 891, (Kaiser). * — 60

Riebel, Oskar

Riebel, über die chronische ankylosierende Entzündg. der Wirbelsäule, s. a. **Klinik**, Berliner.

Über die chronische ankylosierende Entzündung der Wirbelsäule. (Nach einem in d. Gesellsch. f. Natur- u. Heilkunde geh. Vortrage.) Von Dr. [Oskar] **Riebel**-Berlin, Gen. Oberarzt. Berlin: Fischer 1909. 20 S. 8° [Umschlagt.]
(Berliner Klinik. H. 125.)

Riebel, Osc. (geb. Droschkau in Schles. 26. 6. 1847): Ueber Haematemesis und Melaena. Berlin (1872). (32 S.) 8°
Berlin, Med. Diss. v. 26. Juli 1872

Riebel, Leitfaden der Krankenwartung. Zum Gebrauch f. die Krankenwartschule d. königl. Charité-Krankenhauses. 8. (XIV, 169 S.) Berlin 889. Hirschwald. n. 2. —

[F.] Leitfaden der Krankenwartung. Z. Gebr. f. d. Krankenwartschule d. Kgl. Charité-Krankenh. sowie z. Selbstunterr. [Vf.: Oberstabsarzt Oskar **Riebel**.] 7. Aufl. Bearb. v. Dr. [Joh. W. Rudolf] Salzwedel, Stabsarzt ... (Vorr.: [Hermann] Schaper, Dir. d. Charité-Krankenhauses.) *(Berlin: A. Hirschwald 1896.)* (XVIII, 286 S.) 1 Bd 8. 96. 5029

Riebel, Leitfaden d. Krankenwartg. 8. Aufl. s.: Salzwedel.

Riebel, Paul, s.: Jahrbuch der preußischen Forst- u. Jagdgesetzgebung u. -Verwaltung.

Riebel, Paul, a. Penzlin i. M.: Zur Kenntnis disubstituierter Glykole und Ketone. Rostock 1906: Adlers Erben. (45 S.) 8°
Rostock, Phil. Fak., Ref. Stoermer, Diss. v. 17. Juli 1906
[Geb. 5. Jan. 84 Penzlin i. M.; Wohnort: Penzlin; Staatsangeh.: Mecklenburg; Vorbildung: Realsch. Teterow Obersekunda-Reife O. 02; Studium: Rostock 8 S.; Rig. 13. Juli 06.]

— s.: Zeitschrift f. Forst- u. Jagdwesen.

Riebeling, Ferd., Kirchenlied und hessische Gesangbuchfrage. Conferenz-Vortrag. gr. 8. (32 S.) Kassel 888, Röttger. * — 50

Riebeling, Thdr., Elternpflicht u. Kindesrecht. Ein Beitrag zur freien Heiratswahl. (66 S.) 8. Leipzig 903. Berlin, Verlag der „Frauen-Rundschau". n. 1. —

Française ⟨Contredanse internationale⟩, Quadrille à la cour und The lanciers von Wilhelm **Riebeling**. 12. Aufl. *Kassel [1900]: Gebr. Gotthelft.* (23 S.) 8° 00. 12317 4

Riebeling, Wilh., Tanz-Album. Leitfaden zum besseren Verständnis der Gesellschafts-Tänze, nebst e. Beschreibung der modernen Rund- u. Touren-Tänze. Den Anforderngn. der neueren Zeit entsprechend bearb. 12. (78 S.) Cassel 886. Keßler. n. 1. —

Rieben, Ernst, prakt. Arzt aus Lenk: Ueber den Zerfall von Pillen im Magendarmkanal. ⟨Aus dem Institut für medizinische Chemie und Pharmakologie der Universität Bern. Prof. Heffter.⟩ Berlin [1907.] 18 S. 8°. S.-A. aus dem Archiv der Pharmacie. Bd. 245. 1907. [27. II. 07.]
Bern. Med. Diss. 1907/08.

Rieben, Ernst. Über den Zerfall von Pillen im Magendarmkanal. Diss. Med. Bern. *Kopftitel:* Aus dem Institut für medizinische Chemie und Pharmakologie der Universität Bern. Prof. Dr. [Arthur] Heffter. 18 S. 8. Berlin, Deuter & Nicolas, (1907).

Rieben, Eug. v., Geschichte d. Dragoner-Regiments König Friedrich III. (2. schles.) Nr. 8. (VII, 311 S. m. Abbild., Taf. u. Karten.) gr. 8. Berlin 909. R. Eisenschmidt. 12.—; geb. 13. —

Rieben, E. v. Geschichte des Drag.-Reg. König Friedrich III. <2. Schles.> Nr. 8. Mit Bld. u. Krt. Berlin 1910. 153 S.

Rieben, Johann Wilhelm

— Anleit. z. Tabaksbaue. 8. Gerlach. 789.

— auf vieljähr. Anweis. z. Tabaksbaue. 8. Dresd. 790. Gerlach. 4 gr.

— Auszug aus Medicus Abhandl. üb. die unächten Akazienbäume rc. 8. Dresd. 795. Walther. 1 gr.

Rieben, Jh. Wlh., († d. 29. Nov. 1819.) allgem. prakt. Unterricht für Ackerwirthe. Revidirt v. e. andern Oekonomen. 8. Leipz. 794. Voß. 4 gr.

Riebensahm, Franz, appr. Arzt a. Königsberg i. Pr.: Über die Diagnose des Lungen-Echinococcus. Halle a. S. 1907: C. A. Kaemmerer & Co. (34 S.) 8°
Halle, Med. Fak., Ref. Schmidt, Diss. v. 23. Dez. 1907
[Geb. 10. Juni 83 Königsberg i. Pr.; Wohnort: Halle a. S.; Staatsangeh.: Preußen; Vorbildung: Wilhelms-Gymn. Königsberg i. Pr. Reife O. 01; Studium: Königsberg 8, Breslau 1 S.; Coll. 19. Dez. 07; Approb. 1. Nov. 06.]

Stammtafel der Familie Riebensahm seit 1740 in Ostpreußen. Bearb., zsgest. u. hrsg. von Friedrich Wilhelm **Riebensahm**, Kgl. Amtsrat. Dezember 1905. Labiau 1906: O. Grisard. (65 S.) 8° [F.] 07. 599 10

Riebensahm, Paul: Über die Ausbildung der Laufräder schnellaufender Niederdruck-Zentrifugalpumpen. 1909. 19 S., 1 Taf. 4° ¶ Auch bei Oldenbourg in München; aus: Zeitschrift f. d. gesamte Turbinenwesen. Jg. 6.
Berlin, Dr.-Ing.-Diss. v. 22. 1. 1909

Riebensahm, Paul, über die Ausbildung der Laufräder schnellaufender Niederdruck-Zentrifugalpumpen. (19 S. m. 38 Fig.) 32×24 cm. München 909. R. Oldenbourg. 1.20

Riebensahm, Walther [aus Sophienberg]: Ueber die Zersetzung der zweifach gebromten Bernsteinsäuren durch Basen und Wasser ... Königsberg in Pr., Buchdr. v. R. Leupold, 1895; 2 Bl., 75 S., 2 Bl. 8.
Königsberg, Phil. Fak., Inaug.-Diss. v. 25. Nov. 1895

Riebenzahl, der, im Riesengebirge, ein abentheuerliches Mährchen der Vorzeit, mit Kupf. 8. Prag, 796. Barth. Schreibp. 23 sgl.
Dasselbe Buch. Druckp. 20 sgl.

– s.a. Riebezahl ...

Der wunderbare Traum meines Lebens. Von Aasta Smith-Rieber. Aus d. Norweg. von Pauline Klaiber. Elberfeld: Ev. Gesellsch. f. Deutschl. 1908. (112 S.) 8° [F.] [08. 13134

Rieber J, Zur Geschichte der Schützengesellschaft von Isny. 1503-1903. (52 S 1 T) Isny (1903)

Rieber, J.: Die Schützengilde Isny 1503—1903. Isny, 1903. 1433

Rieber, Jos., zum Babel-Bibel-Streit in der jüngsten Zeit, s.a. Sammlung gemeinnütziger Vorträge. Nr. 315.

Rieber, J., Zum Babel-Bibel-Streit in der jüngsten Zeit. [Sammlung gemeinnütziger Vorträge. Nr. 315.] Gr.-8°. (207 S.) † Prag: Calve 1905. K —.20

Alte Bauernrecepte aus der Karlsbader Gegend, hrsg. von Prof. Dr. Joseph Rieber. (Prag: Selbstverl. d. Ver. 1895.) (S.8-23.) 8° (4°)
= Jahresbericht d. wissenschaftl. Vereins f. Volkskunde u. Linguistik in Prag. 3.

— der moderne Kampf um die Bibel. Rektoratsrede, geh. in der Aula der deutschen Karl Ferdinands-Universität in Prag am 16. XI. 1905. (43 S.) gr. 8. Prag 905. J. G. Calve. n. — 80

Rieber, Raymund, aus Weißenburg (Unt.-Els.): Über vier Elemente der Ebene, von denen je drei das vierte und zugleich eine Parabel bestimmen. *Straßburg i. E. 1904: C. Mah & Co.* (44 S.) 8°
Straßburg, Math.-naturw. Diss. v. 1903

Rieber, X., Volks- u. Wanderlieder. Dem schwäb. Albverein gewidmet. gr. 16. (IV. 124 S.) Eßlingen 893. A. Lung. Kart. n — 45

Rieber, X., Volks- u. Wanderlieder. D. schwäb. Albverein gewidmet. 2., verm. Aufl. schmal 12. (VI, 134 S.) Eßlingen 895. Stuttgart, A. Lung. Kart. n. — 45

Rieber, X., Volks- u. Wanderlieder. Dem schwäb. Albverein gewidmet. 4. verm. Aufl. gr. 16. (V, 140 S.) Stuttgart 899. A. Lang. Kart. n. — 45

Rieber, X[aver], Prof.: Zur Flechtenflora der Umgebung von Ehingen a. D. (Mit 1 Taf.) Ein Beitrag zur württemb. Lichenologie u. zur Oberamtsbeschreibung. *Stuttgart 1901: J. B. Metzler.* (32 S.) 4°
Ehingen, k. G, P 1901 (637)

Rieberding, C.: Zur Erklärung von Horat. Carm. III, 24. – Gleiwitz, Progr. 1858.

Rieberer, Matthias, Grammatica Hebraica seu tabulae omnium verborum linguae Hebraicae in usum theologorum Graecensium. Graz, 1755.

Riebes, Ernst, Medizinalprakt.: Beitrag zur Kenntnis der sogenannten idiopathischen Herzhypertrophie im frühen Kindesalter. Leipzig 1909: Lehmann. 33 S. 8°
München, Med. Diss. v. 31. Jan. 1910, Ref. v. Bollinger
[Geb. 10. Juli 83 Friedrichsbruch Wpr.; Wohnort: Elbing; Staatsangeh.: Preußen; Vorbildung: Gymn. Elbing Reife O. 03; Studium: Freiburg i. B. 7, München 1, Freiburg i. B. 3 S.; Coll. 31. Jan. 10; Approb. 31. Dez. 09.] [U 10. 3569

Riebes, Wilhelm, appr. Arzt a. Friedrichsbruch (Westpreuß.): Über die Leukocyten bei der Säuglingsatrophie nebst eigenen Leukocytenzählungen an zwei atrophischen Kindern. Freiburg i. B.: Speyer & Kaerner 1905. (21 S.) 8°
Freiburg i. B., Med. Fak., Ref. Thomas, Diss. v. 1905
[Geb. 6. Aug. 79 Friedrichsbruch b. Konitz; Wohnort: Freiburg: Staatsangeh.: Preußen; Vorbildung: Gymn. Elbing Reife O. 99; Studium: Königsberg 7, Freiburg 2 S.; Coll. 14. März 05.]

Riebes, Wilh., über die Leukocyten bei der Säuglingsatrophie nebst eigenen Leukocytenzählungen an zwei atrophischen Kindern. Diss. (24 S.) 8. Freiburg i/B. 905. Speyer & Kaerner. n. — 60

Riebes, Wilh., Mussestunden. 12 Rhapsodieen. (30 S.) 8. Freiburg i/B. 910. Caritasverband. 1. —

— Die Wirkung v. Blutegelextrakten u. die Gerinnbarkeit u. die Zellen des Blutes. (48 S. m. 1 Abb. u. 1 Taf.) gr. 8. Freiburg i/B. 909. Speyer & Kaerner. 1.50

Riebesell, Carl, de guldene Humor! Hamborger u. Ollanner Geschichten in Rimels un Gedichten. (181 S.) 8. Altona 910. H. Lorenzen. 2.25; geb. 3. —

Riebesell, Paul, cand. math. a. Hamburg: Über den Kurzschluß der Spulen und die Vorgänge bei der Kommutation des Stromes eines Gleichstromankers. (Ein Beitrag zur Theorie der Dynamomaschine.) Kiel 1905: Schmidt & Klaunig. (62 S.) 8°
Kiel, Phil. Fak., Ref. Stäckel, Diss. v. 21. Aug. 1905
[Geb. 9. Juni 83 Hamburg; Wohnort: Hamburg; Staatsangeh.: Hamburg; Vorbildung: Oberrealsch. v. d. Holstentor Hamburg Reife M. 01; Studium: München 3, Kiel 4 S.; Rig. 24. Juni 05.]

Riebezahl, der, im Riesengebirge; e. abenteuerliches Mährchen d. Vorzeit. 8. Prag, Barth. 796.

– s.a. Riebenzahl

Riebler, Frz., Andachts-Büchlein zu Ehren des hl. Apostels Judas Thaddäus, des Schutzpatrons in schwierigen Lagen des Lebens. Aus dem Franz. übers. u. m. Meß-, Beicht- u. Kommunionandacht versehen. (128 S. m. 1 Lichtdr.) 16. Ravensburg (905). F. Alber. Geb. in Leinw. n. — 60

Riebner, Friedrich Gottlieb (Bautzen/Lausitz), De tutela culpabili. Diss. jur. Präs. Augustin von Leyser. Wittenberg (Schlomach) 7. VI. 1748. 16 S. (4.25) 28810

Riebold, Erwin, Wandern u. Bergsteigen. Gedichte. (IV, 59 S.) 8. Stuttgart 905. Strecker & Schröter. n. 1. —; geb. n. 1. 50

Riebold, Georg, ehemal. ext. Hilfsarzt am pathol. Inst.: Aus d. pathol.-anat. Institute d. Stadtkrankenhauses zu Dresden-Friedrichstadt. Obermedizinalrat Dr. Schmorl. Zur Kenntnis der Anthrakose der bronchialen Lymphdrüsen und der Haut. *Leipzig 1903: B. Georgi.* (35 S.) 8°
Leipzig, Med. Diss. v. (18. Febr.) 1903

Riebow-Zimmermann. Die deutsche Kolonial-Gesetzgebung. Berlin.
I. Teil. Bis zum Jahre 1892.
II. " 1893—1897.
III. " 1897—1898.
IV. " 1898—1899.
V. " 1899—1900.

Riebow, die deutsche Kolonialgesetzgebung. Sammlg. der auf die deutschen Schutzgebiete bezügl. Gesetze, Verordngn., Erlasse u. internationalen Vereinbargn., m. Anmerkgn. u. Sachregister. Auf Grund amtl. Quellen u. zum dienstl. Gebrauche hrsg. gr. 8. (XIII, 706 S.) Berlin 893. E. S. Mittler & Sohn. n. 14. — ;

Riebow, die deutsche Kolonial-Gesetzgebung, 2. Bd., s.: Zimmermann, Alfr.

Riebow, Georg Heinrich, s. R i b o v

Des Herrn Wege sind wunderbar. Eine Erzählung v. F. Riebstein. Breklum. 1906. 8°

Riech, Daniel (Görlitz/Lausitz), De jure reluendi feudum sub hastavenditum. Occasione Ord. Proc. et Jud. Lus. Super. P. 2. § 4. Diss. jur. Präs. Jo. Fried. Troppanneger. Leipzig (J. S. Fleischer) 14. I. 1712. 56 S. (4.75) 28811

— Daniel Gottlieb (Görlitz), De jure venandi in alieno fundo. Diss. Leipzig (Langenheim) 6. IV. 1745. 36 S. (4.50) 28812

Riech, Georg, appr. Arzt a. Rixdorf b. Berlin: (Aus dem Krankenhause des Kreises Teltow in Britz b. Berlin. Dirig. Arzt: San.-Rat Dr. Riese.) Ueber einen Fall von mehrmals wiederholter, spontaner Vereiterung einer bereits geheilten einfachen Fraktur. Leipzig 1906: B. Georgi. (35 S.) 8°
Leipzig, Med. Fak., Ref. Sattler, Diss. v. 19. Mai 1906
[Geb. 13. Jan. 74 Rixdorf; Wohnort: Johannisthal; Staatsangeh.: Preußen; Vorbildung: Wilh.-Gymn. Berlin Reife M. 92; Studium: Berlin 9 S.; Coll. 19. Mai 06; Approb. 11. Mai 98.]

Rieche, Alfred [aus Quedlinburg a. Harz]: Über Diphenyl-Itaconsäure, -Citraconsäure und -Brenzweinsäure ... Strassburg i. E., Buchdr. C. & J. Gœller, 1896; 34 S., 1 Bl. 8.
Strassburg, Math.-naturw. Fak., Inaug.-Diss. v. 1895

Rieche, Friedrich [aus Quedlinburg a/H.]: Zur Geschichte des m-Oxybenzaldehydes .... Berlin, gedr. bei L. Schumacher, 1887; 54 S. + 1 Bl. 8°.
Berlin, Phil. Fak., Inaug.-Diss. v. 30. Jul. 1887.

Rieche, Friedrich, zur Geschichte des m-Oxybenzaldehydes. Diss. Berlin 1887, Mayer & Müller. 8°. 54 S.

Rieche, H., Hilfsbuch zur Berechnung v. Evolventenverzahnungen, hrsg. f. den prakt. Gebrauch. (16 S. m. Fig.) 8. Cassel 904. G. Dufayel. 2. —; erm. Pr. n. — 80

Chronik von Großengottern. Aus vergangener Zeit, d. Ort Großengottern u. s. Umgegend betr. Zsgest. aus Aufzeichnungen, Briefen ... von (Friedr. August) Riechel, Lehrer. Bd [1.] 2. Langensalza: Wendt & Klauwell 1904–05. 2 Bde 8° [Umschlagt. F.]
= Unstruttale. Aus dem. H. 12. 14. [od. 1585 3

Riechelmann, J. H. E., Melodien in Ziffern z. Hannöv. u. Lüneburg. Kirchengesangbuche. 2e Aufl. 8. Hannov. 827. (Helwing). 5 gl

Riechelmann, L. Zu Richard II.: Shakespeare und Holinshed. Plauen i. V., G., 1860. 26 S. 4. Progr.

Riechelmann, L., das Turnwesen in Plauen von seiner Begründung bis auf die Gegenwart. Ein geschichtlicher Abriß. Plauen 866. (Hohmann.) gr. 8. (31 S.) n. 4 ngr

Riechelmann, Ludw. Beitrag zur Geschichte des früheren Collège communal de Thann. 8 S. Progr. Thann 1876

Riechelmann, Rudolf [aus Plauen i. V.]: Über die Condensation von Oenanthol mit Brenzweinsäure. ... Strassburg, Buchdr. H. L. Kayser, 1889; 31 + 1 S. 8°
Strassburg, Math.-Naturw. Fak., Inaug.-Diss. v. 1889

Riechelmann, R., s.: Zeitschrift f. öffentl. Chemie.

Riechelmann, Wilhelm, Vol.-Assist. an d. pathol.-anat. Anst. d. Krankenh. im Friedrichshain zu Berlin: Aus d. pathol.-anat. Anstalt d. Krankenhauses im Friedrichshain zu Berlin. Prosektor Prof. v. Hansemann. Eine Krebsstatistik vom pathologisch-anatomischen Standpunkt. *Rostock 1902: C. Hinstorff.* (50 S.) 8°
Rostock, Med. Diss. v. [10. Apr.] 1902

Riechemeier, [Wilibald], Prof.: Das erste Jahr des planimetrischen Unterrichtes am Gymnasium. Gütersloh 1906: C. Bertelsmann. (S. 3—20.) 4° [F.]
Gütersloh, ev. G P 1906 (429)

Riechen, Friedrich [aus Hagenow i. Meckl.]: Kulturversuche mit Phycochromaceen ... Rostock, C. Hinstorffs Buchdr., 1896; 46 S., 1 Bl. 8.
Rostock, Phil. Fak., Inaug.-Diss. v. [1. Okt.] 1896

Riechers, August. Die Geige und ihr Bau. Göttingen 1893. H: *Wasielewski, Wilh. Jos. v.* (Berl)

Riechers, Aug., die Geige u. ihr Bau. gr. 8. (36 S. m. 4 lith. Taf.) Göttingen 893 F. Wunder. Kart. n. 2. --

Riechers, Aug., d. Geige u. ihr Bau. 2. Aufl. gr. 8. (36 S. m. 4 lith. Taf.) Göttingen 896 F. Wunder. Geb. n. 2. —

Riechers, Aug., die Geige u. ihr Bau. 3. Aufl. (47 S. m. 4 lith. Taf.) gr. 8. Berlin (904). F. Wunder. n. 1.50

Riechers, Aug., the violin and the art of its construction. A treatise on the Strativarius violin. gr. 8. (35 S. m. 4 Taf.) Göttingen 895. F. Wunder. Geb. in Leinw. n. 2. 50

Riechert, Johannes

Riechert, die Kleinsiedelungen der kgl. Generalkommission zu Bromberg, s. a. Schriften zur Förderg. d. inneren Kolonisation. 5. Heft.

Die Kleinsiedelungen der Königlichen Generalkommission zu Bromberg (nach d. Stande v. Juni 1908). Ein Beitrag z. Arbeiterfrage von [Johannes] Riechert, Reg.R. 2. Aufl. Berlin: Deutsche Landbuchh. 1908. (52 S.) 8° [F.]
— Schriften z. Förderung d. inneren Kolonisation. H. 5. [od. 16513

Riechert, Paul (geb. Grabow bei Burg 8. 5. 1840): Ueber den Magenkrebs. Berlin (1872). (32 S.) 8°
Berlin, Med. Diss. v. 2. März 1872

Riechmann, H., allerlei Bilder aus meinem Missionarsleben, s. a. Missions-Traktate, rheinische. Nr. 100.

Allerlei Bilder aus meinem Missionarsleben. (Eine Ergänzung zu 'Unter d. Zwartboois') von H. Riechmann, Missionar. *Barmen: Missionshaus 1900.* (46 S.) 8° [F.]
— Missions-Traktate, Rheinische. No 100. [or. 5714 5

— unter den Zwartboois auf Franzfontain, s. a. Missions-Schriften, rheinische. Nr. 83.

Unter den Zwartboois auf Franzfontein. Ein Beitrag z. Missions- u. Kolonial-Gesch. Süd-Afrikas von H. Riechmann, Missionar. *Barmen: Missionshaus 1899.* (56 S.) 8° [F.]
= Missions-Schriften, Rheinische. No 83. [... 2756 5

Rieck: Über die hydrostatischen und aerostatischen Apparate im Thierreiche. 11 S. – Marburg, Progr. 1857.

Rieck: Skizzen aus der Natur. 8 S. 8°. (Geologisches, Botanisches u. Beschreib. einiger Schmetterlings-Varietäten.) – Marburg, Progr. 1863.

Rieck, A., Leitfaden zum katechet. Unterricht über das heilige Sakrament des Altars. 2. sehr verb. u. verm. Aufl. 8. Tübingen 842, Fues. 1¾ ngl

—— Leitfaden zum katechet. Unterricht über das heil. Sakrament der Buße. 2., verm. u. verb. Aufl. 8. (1½ B.) Tübingen 842, Fues, Verl.

Rieck, A., Leitfaden z. Unterricht üb. die heil. Sakramente der Buße u. d. Altars. (2 Abtheil.) 8. Tübing. 832. Fues. 3 gl

Rieck, Alexander [aus Berlin]: Über die Ätiologie der myxomatösen Degeneration der Chorionzotten. . . . Berlin, Buchdr. v. Gustav Schade (Otto Francke) (1890); 32 S. 8°
Berlin, Med. Fak., Inaug.-Diss. v. 22. Febr. 1890

Rieck, C., s.a. R i e c k , Karl

Rieck, C., über Arbeit, Capital u. Association, mit besond. Beziehung auf unsere Gewerbs-Industrie. Beitrag zur Erörterung dieser Zeitfrage nebst einigen Vorschlägen. gr. 8. (4⅛ B.) Hannover 846, Hahn'sche Hofbuchh. * —

— Vide: Blätter f. d. Armenwesen.

Rieck, C. R., s. R i e c k , Karl Roman

Rieck, Carl, s. R i e c k , Karl

Rieck, Clemens August, s. R i e c k , Klemens August

Rieck, *Karl* Eduard [aus Schneidemühl]: Aus d. med. Poliklinik der Univ. Bonn. Uber [sic!] Masernpneumonie. . . . Bonn, Buchdr. J. Bach Wwe., 1891; 25 S. 8°
Bonn, Med. Fak., Inaug.-Diss. v. [8.] Aug. 1891

Andeutungen über den Zusammenhang des Gymnasiums mit der Kirche v. Friedrich **Rieck.** Ratzeburg. 1847. 4°. Gymn.-Progr.

Rieck, F(rdr.), Andeutungen üb. den Zusammenhang des Gymnasiums mit der Kirche. [2. Abdr.] gr. 8. (56 S.) Dresden 851, Naumann. n. ⅙ ℛ

Rieck, Friedr., pädagogische Briefe. Aus der Erinnerung an Greg. Wilh. Nitzsch. Bielefeld 867. Velhagen & Klasing. 8. (VIII, 332 S.) n. 1 ℛ 10 ngr

Rieck, F., Göthe's hundertjähriger Geburtstag. Festrede in Ratzeburg gehalten. gr. 8. (18 S.) Ratzeburg 849, Linsen. n. ⅙ ℛ

Rieck, F., der Schleswig-Holsteinische Gnomon u. die Volksschule. 8. Flensburg 843, Bünsow u. Kastrup. n. ⅓ ℛ

Die Notwendigkeit eines Progymnasiums für Fehmarn v. F[riedrich] **Rieck.** Lübeck. 1876. 8°

— über falsche Richtungen der modernen Pädagogik. Rede zum Antritte des Directorats des Gymnasiums zu Zwickau am 30. Juni 1851 gehalten. gr. 4. (12 S.) Zwickau 851, Richter in Comm. n. 6 ngl

Rieck, Gustav, Friedrich des Grossen letzter Dragoner, Joh. Gottlieb Allfärtty. (Nebst Bildniss nach dem Leben.) Vom Verfass. des „Alten Sergeanten". Breslau 1838. 8.

Rieck, Gust., Mensen Ernst's Leben, See-, Land- u. Schnell-Reisen in allen 5 Welttheilen. Nach mündl. u. schriftlichen Ueberlieferungen. Mit Ernst's Bilde. 2. verm. wohlf. Ausg. in 1 Bde. gr. 8. Breslau 841, Verlags-Compt. ¾ ℛ

Rieck, Gust., Mensen Ernst's See-, Land- u. Schnellreisen rc., s. Mensen.

Rieck, Gust., der böhmische Veteran. Franz Versling's Leben, Reisen und Kriegsfahrten in allen fünf Welttheilen. (1e Lfrg.) gr. 8. Schweidnitz 840. Franke. ¼ ℛ

—— der böhm. Veteran. Franz Versling's Leben, Reisen u. Kriegsfahrten in allen fünf Welttheilen. Nach mündl. u. schriftl. Mittheiln. bearb. (1. Lfg.) gr. 8. (5 B.) Schweidnitz 840, [Weigmann.]

Rieck, Heinrich, approb. Arzt aus Rehna (Meckl.): **Krebs-Statistik** nach den Befunden des pathologischen Instituts zu München vom Jahre 1854—1903. *München 1904: Kastner & Callwey.* (42 S.) 8°
München, Med. Diss. v. 1904

Rieck, Hermann: Praktische Anleitung zur Kultivation subtropischer Gebiete. Nach eigener Erfahrung, besonders in Südostaustralien. Mit Abbildungen. Herausgegeben vom Westdeutschen Verein für Kolonisation und Export. München u. Leipzig 1887. 83 S. 8°.

Rieck, Herm., praktische Anleitung zur Kultivation subtropischer Gebiete. Nach eigener Erfahrung, besonders in Südostaustralien. Hrsg. vom Westdeutschen Verein für Kolonisation und Export. 8. (83 S.) München 887, Oldenbourg. * 1 50

Rieck, *Hermann* Die gelehrte Bildung des Apostels Paulus. 4 (S. 18—24).
In: Progr. z. 50jähr. Amtsjubil. des Prof. A. Dühr.
Progr. G. *Friedland* 1886 (603).

Rieck, Herm. Über Entstehung und Berechtigung des Donatismus im Hinblick auf verwandte Erscheinungen innerhalb der christlichen Kirche. 13 S. **Progr.** *Friedland* 1877.

Rieck, Hermann [Cöpenick]: Über die Hyperostosen der Gesichtsknochen ... Erlangen, Druck v. A. Vollrath's k. b. Hofbuchdr., 1892; 23 S. 8.
Erlangen, Med. Fak., Inaug.-Diss. v. 7. März 1892

Rieck, Johann Gottlob

— — (Sizeroda), Viro Johann Theodor Lingk memoriam sacerdotii, quinquaginta annis abhinc suscepti, solenniter celebraret quaevis fausta a Deo omnibus precibus votisque demississime exoptat. Dresden (Harpeter) 3. Adv. 1795. 16 S. (4.25) 28814

Rieck, J. G., de ap. Paulo, eloquentiae popularis omnibus numeris absolutae exemplo. Dresd. 1789. 4.

Rieck, Johann Gottlob, Praecepta quaedam de via eloquentiae sacrae comparandae praefatus. Dresden (Harpeter) Juli 1779. 15 S. (4.25) 28813
Gew.: Christian Ehregott Raschig.

Rieck, Karl

Rieck, Carl, approb. Arzt aus Glien i. Pomm.: **Bericht über 34 Fälle von Carcinom des corpus uteri.** *Göttingen 1901: Dieterich.* (39 S.) 8°
Göttingen, Med. Diss. v. [21. Juni] 1901

Rieck, Carl, Bericht über 34 Fälle von Carcinom des corpus uteri. Diss. gr. 8. (39 S.) Göttingen 901. (Vandenhoeck & Ruprecht.) n. 1. —

Rieck, K[arl]: Festschrift zur 100jährigen Jubelfeier am 10. Oktober 1906. Geschichte des Gymnasium Carolinum im ersten Jahrhundert seines Bestehens. 127 S. 4.
Progr. Großherz. Gymn. Carolinum *Neustrelitz* 1906 (830).

Rieck, K[arl], Prof. Dr.: Geschichte des Gymnasium Carolinum im ersten Jahrhundert seines Bestehens. (Festschrift z. 100j. Jubelfeier am 10. Okt. 1906.) Neustrelitz 1906: H. Bohl. (127 S.) 4°
Neustrelitz, großh. G Carolinum P 1906 (830)

Rieck, *Karl* [Dr.]: Städtisches Leben in Mecklenburg in den Zeiten des Mittelalters. 1. Neu-Strelitz, Druck v. G. F. Spalding & Sohn, 1896; 1 Bl., 31 S. 4.
Neu-Strelitz, G Carolinum, OP 1896 (679)

Rieck, [Karl], Prof. Dr.: **Städtisches Leben in Mecklenburg in den Zeiten des Mittelalters. 2.** ***Neu-Strelitz 1900: H. Bohl.*** (30 S.) 4° ¶(Forts. d. P-Beil. 1896.)
Neu-Strelitz, G Carolinum, OP 1900 (715)

Rieck, K[arl], Gerichtsassessor, Friedland i. M.: Der Leistungsort des Bürgen. Ein Beitrag zur Lehre vom Begriff und Wesen des Leistungsorts nach dem Bürgerlichen Gesetzbuch. Neustrelitz 1907: O. Wagner. (50 S.) 8°
Rostock, Jur. Fak., Ref. Bernhöft, Diss. v. 20. März 1907
[Geb. 30. März 80 Neustrelitz; Wohnort: Friedland i. M.; Staatsangeh.: Mecklenburg-Strelitz: Vorbildung: Gymn. Neustrelitz Reife O. 98; Studium: München 2, Heidelberg 1, Berlin 1, Rostock 3 S.; Rig. 14. Nov. 06.]

Rieck, Karl, der Leistungsort d. Bürgen. Ein Beitrag zur Lehre vom Begriff u. Wesen des Leistungsorts nach dem bürgerl. Gesetzbuch. (Diss.) (50 S.) 8. Neustrelitz 907. (Rostock, G. B. Leopold.) 1. 50

Rieck, Carolus: De proprietatibus quibusdam sermonis Euripidei. Halis Saxonum 1877: (Spalding in Neustrelitz). 28 S. 8°
Halle-Wittenberg, Phil. Diss. v. [4. Febr. 1878]
Geb. Neustrelitz 25. 8. 1851. V.
Verf. erlebte die Diplomerneuerung 1928 als Geheimer Studienrat, Gymnasial-Professor a. D. in Neustrelitz.

Rieck, Karl: Studien zum Begriffe der Notwendigkeit in der neueren Philosophie. Halle a. S. 1877: (Spalding in Neustrelitz). 40 S. 8°
Halle-Wittenberg, Phil. Diss. v. [29. Sept.] 1877
Geb. [Alt-]Strelitz (Mecklenburg-Strel.) 24. 12. 1851. V.
Verf. erlebte die Diplomerneuerung 1927 als Geheimer Studienrat, Gymnasial-Professor a. D. in Rostock.

Rieck, C. De adiectivorum compositorum usu euripideo. 20 S.
Progr. G. *Neustrelitz* 1877.

Rieck, Karl Eduard, s. R i e c k , Eduard

Rieck, Car. Henr. Augustus (geb. Cöpenick 2. 12. 1831): De cholera Asiatica. Berolini (1855). (30 S.) 8°
Berlin, Med. Diss. v. 9. Okt. 1855

Rieck, Prof. Carl Rom., Schüler-Herbarium. Zusammengestellt nach den Lehrbüchern von Dr. A. Pokorny und Dr. J. G. Bill. Folio. (87 Hefte) in Pappendeckel. 1 fl. 20 kr.
Wien: Kravani 1881.

Rieck, Carl Roman, Schüler-Herbarium. Zusammengestellt nach den gebräuchlichsten, in Oesterreich eingeführten Lehrbüchern des Pflanzenreiches. 2. umgearb. und verm. Aufl. gr. 8. (62 Bl.) Wien 886, Kravani. * — 80

Rieck, C. R., das Wasser in seiner geologischen Wirksamkeit, s. Hölder's geographische Jugend- und Volks-Bibliothek.

Rieck, Klemens August

Rieck, Clemens August [aus Bonn]: **Aus d. med. Klinik** zu Bonn. Ueber das Verhalten der Sehnenreflexe bei Paralysis agitans ... Bonn, Druck v. J. F. Carthaus, 1892; 18 S., 1 Bl. 8.
Bonn, Med. Fak., Inaug.-Diss. v. [1. Aug.] 1892

Rieck, Konrad

Rieck: Die Heilung der Schwindsucht. [Bd 1. 2.] Berlin 1901—1902

Rieck, die Heilung der Schwindsucht. Eine Skizze. gr. 8. (53 S.) Berlin 902. E. Grosser. n. 1. —
Sonderabdruck aus: „Deutsche Medizinal-Zeitung".

Rieck M.: Vier Beiträge z. Lehre v. den thierischen Missbildungen.
Wien 1887. 20 S. (Særtr.). P.

Rieck, M., die Technik der Kälberimpfung. Mit Holzschn. gr. 8. (V, 15 S.) Osterwieck 887. Zickfeldt. n. 1. —

Rieck, M., die animale Vaccination u. ihre Technik. [Aus: „Rundschau auf dem Gebiete der Thiermed."] gr. 8. (13 S. m. Abbildgn.) Osterwieck 886. A. W. Zickfeldt. — 75

Rieck, Martha Elise: Im B a n n e der Nixen,
s.a. D a n n e r ' s , G., Damen-Bühne.

Im B a n n e der Nixen. Dramat. Gedicht in einem Aufzug von Martha Elise **Rieck** geb. Woch. Mühlhausen i. Th.: G. Danner [1896]. 24 S. 8°
= Damen-Bühne, G. Danner's. No 7.

Rieck, Martha Elise, geb. Woch, Christkindchen u. Knecht Ruprecht, s.a. D a n n e r ' s , G., deutsche Jugendbühne. 5.

Christkindchen und Knecht Ruprecht. Scene für 2 Personen von **Martha Elise Rieck**, geb. Woch. *Mühlhausen i. Th.: G. Danner [1900].* (10 S.) 8° [F.]
= **Jugend-Bühne**, G. **Danner's** Deutsche. No 5. [oo. 8199

Rieck-Woch, Martha Elise, Faschingsszene, s.: T h e a t e r - B i b l i o t h e k.

– J o h a n n i s f e i e r , s. D a n n e r ' s , G., Damen-Bühne.

— Psyche, s.a. D a n n e r ' s , G., Damen-Bühne. Nr. 15.

Psyche. Allegorisch-dramat. Gedicht in 1 Aufzug von **Martha Elise Rieck**, geb. Woch. *Mühlhausen i. Th.: G. Danner [1900].* (20 S.) 8° [F.]
= **Damen-Bühne**, G. **Danner's**. No 15. [oo. 8129

Rieck, Max (Hrsg.), s. B l e i c k e n , P.: Der Handel auf altruistischer Grundlage.

Rieck, Max, deutsche K a i s e r u. deutsches Volksvermögen. gr. 8. (VIII, 212 S.) Leipzig 897. Freund & Wittig. n. 3. —

— wider d. Könige v. d. S a a r u. v. Rhein. 8. (31 S.) Leipzig 895. F. W. Grunow. n — 50

Rieck, Paul *Georg Reinhold* [aus Berlin]: Ueber die Halbseiten-Läsion des Rückenmarks ... Berlin, C. Vogts Buchdr. *1897;* 29 S., 1 Bl. 8.
Berlin, Med. Fak., Inaug.-Diss. v. 8. Jan. 1897

Rieck, T. Situations-Plan des Schlosses **Marienburg.** 1 Bl. c. Hz.

Rieck-Woch, Martha Elise, s. Rieck

Familie Riecke in Württemberg von 1679—1787. Stuttgart 1859. 8.

Brünn: **Zwo Reden bey Eröffnung der neuen □ zu den wahren vereinigten Freunden im Or. von Br[ün]n. Gehalten den 7. 8. und 9. des dritten Monats von zween Meistern dieser Loge [Riecke und Fischer]. P[ra]g [1784]: S[chönfeld]. 16 S. 8°. [Umschlagtit.]**
Selten.
W. 12979 gibt die Redner nicht an.

Riecke, mathematische Unterhaltungen. 2 Hfte. Stuttgart 867, 868. Aue. gr. 8. (159 S., IV, 128 S. mit eingedr. Holzschn.) Jedes Heft n. 24 ngr.

— — s.a. Ricke, Friedrich

— — s.a. Riecke, Gustav Adolph

Riecke, A. G., s. Riecke, Gustav Adolph

Riecke, Adolf: Herzog Alexander u. sein Hof, s. Weber's Bibliothek histor., vaterländ. Erzählungen.

– Ein Bürgerhaus, s. Weber's Bibliothek histor., vaterländ. Erzählgn.

– Herzog Friedrichs Freudenstadt, s. Weber's Bibliothek histor., vaterländ. Erzählgn.

– Hildegard v. Lupfen, s. Weber's Bibliothek histor., vaterländ. Erzählgn.

– Aus eines Fürstensohns ernster Jugendzeit (Herzog Christof), s. Weber's Bibliothek histor., vaterländ. Erzählgn.

Riecke, Adf., Cornelia. Eine Erzählg. aus Wimpfens Vorzeit. 8. (VII, 181 S.) Leipzig 886. Böhme. n. 2. —; geb. n. 2. 80

— Cornelia. E. Erzählg. aus Wimpfens Vorzeit. 2. Aufl. 8. (VI, 181 S.) Leipzig 898. F. Ungleich. n. 2. —; geb. n. 2. 80

– Der Namenlose, s. Weber's Bibliothek histor., vaterländ. Erzählgn.

Riecke, Adf., Pythagoras. Zeit- und Lebensbild aus dem alten Griechenland. Der studierenden Jugend gewidmet. Mit 50 Text-Abbild. (Holzschn.) und 4 Tonbildern nach Zeichnungen von Konr. Ermisch u. a. gr. 8. (VIII, 168 S.) Leipzig 883, Spamer. *ℳ 3.; geb. * 4 —

Riecke, Adf., Pythagoras. Zeit- u. Lebensbild aus dem alten Griechenland. 2. (Titel-)Aufl. Mit 50 Text-Abbildgn. u. 4 Tonbildern nach Zeichngn. von Konr. Ermisch u.a. gr. 8. (VIII, 168 S.) Leipzig 894. O. Spamer. n. 2. 50; geb. in Leinw. n. 3. —

Riecke, Adf., Marcus Terentius Varro, der römische Landwirth. Eine Schilderung der römischen Landwirthschaft zur Zeit des Jul. Cäsar. Mit 1 lith. Plan von Varro's Ornithon. Stuttgart 861. Neff. gr. 8. (IV, 64 S.) 15 ngr.

– Die Wernitze, s. Weber's Bibliothek histor., vaterländ. Erzählgn.

— Haus Wildeck, s.: Volksbibliothek, deutsche, f. Lesevereine u. d. Haus.

– Aus Straßburgs schwerster Zeit. Der Landjäger v. Bubenorbis u. d. Fatum, s. Weber's Bibliothek histor., vaterländ. Erzählgn.

Riecke, C. F., s. Riecke, Karl Friedrich

Riecke, Carl Friedrich, s. Riecke, Karl Friedrich

Riecke, Chr. H., s. Landrecht, das Württembergische.

Riecke, Chr. H., das württembergische Landrecht vom 1. Juni 1610. Neue, m. Paragraphenzahlen verseh. Ausg., unter Zugrundelegg. der 1. Ausg. vom J. 1610 u. m. Benützg. der betr. Archival-Urkunden besorgt. 2. m. Stereotypen gedr. Aufl. gr. 8. (XXXVIII, 352 S.) Stuttgart 876. Metzler. n. 4. 50

Riecke, Chr. H., s. A. L. **Reyscher,** Würtemberg. Gesetze.

Riecke, Chr. H., Samml. d. württemberg. Gerichts-Gesetze, s. Sammlung, vollst., histor. u. krit. bearb., d. württemb. Gesetze, 4. Bd.

Riecke, Curt, s. Riecke, Kurt

Riecke, E., Bedeutung u. Gefahren der Geschlechtskrankheiten. (Nach e. Vortrage im Verein f. Volkshygiene, Ortsgruppe Leipzig.) (22 S.) kl. 8. Stuttgart 904. E. H. Moritz. n. — 20

— Hygiene der Haut, Haare u. Nägel, s.: Bibliothek der Gesundheitspflege. 12. Bd.

— s.: Neisser, Alb., stereoskopischer medizinischer Atlas.

Riecke, Eduard

Riecke, Ed. Gesammelte Abhandlungen v. James Clerk Maxwell, besprochen. Lex.-8. (S. 433—496.) Gött. 891, Dieterich's Verlag. · 1 60
Aus: Göttinger gelehrte Anzeigen, besonders abgedruckt.

— Beiträge zur Frage des Unterrichts in Physik u. Astronomie, s.: Behrendsen, O.

Riecke, E. (Hrsg.), s. Beiträge, Neue, zur Frage des mathematischen und physikalischen Unterrichts an den höheren Schulen.

Riecke, Ed., die Bewegungen der Elektricität in körperlichen Leitern, insbesondere über elektrische Schwingungen in einer leitenden Kugel. [Aus: „Abhandlgn. d. k. Ges. d. Wiss. zu Göttingon".] 4. (78 S.) Göttingen 876. Dieterich's Verl. n. 3. —

Riecke, Ed., Rudolf Clausius [geb. 2. Jan. 1822, gest. 24. Aug. 1888]. Rede, gehalten in der öffentl. Sitzung der königl. Gesellschaft der Wissenschaften am 1. Decbr. 1888. gr. 4. (39 S.) Göttingen 888, Dieterich's Verlag. * 2 40

Riecke, Ed., Das ponderomotorische Elementargesetz der Elektrodynamik. (Aus dem 21. Bd. der Abh. der Ges. der Wiss. zu Göttingen.) Göttingen 1879. 8°. brosch. (68 S.)

Riecke, Ed., üb. die electrischen Elementargesetze. [Aus: „Abhandlgn. der k. Ges. d. Wiss. zu Göttingen".] gr. 4. (35 S.) Göttingen 875. Dieterich's Verl. n. 1. 60

Riecke, Ed., Lehrbuch der Experimental-Physik zu eig. Studium u. zum Gebrauche bei Vorlesungen. 2 Bde. gr. 8. Leipzig 896. Veit & Co. n. 18. —; Einbde. in Leinw. à n. 1. —; in Halbfrz. à n. 2. —
1. Mechanik. Akustik. Optik. (XVI, 418 S. m. 368 Fig.) n. 8.
2. Magnetismus. Elektrizität. Wärme. (XII, 492 S. m. 247 Fig.) n. 10. —

Lehrbuch der Experimental-Physik zu eigenem Studium u. Gebr. bei Vorlesungen von Eduard Riecke, Prof. in Göttingen [!]. Ins Japanische übers. von Dr. Shunkichi Kimura. *Tokio: Dainippon Dosho Kabushikikwaisha 1901.* (456 S.) 8° [Nebent.]
[Haupttitel in japan. Schrift.] (u. 716) 7

Riecke, Ed., Lehrbuch der Physik zu eigenem Studium u. zum Gebrauche bei Vorlesungen. 2 Bde. 2. verb. u. verm. Aufl. gr. 8. Leipzig, Veit & Co. n. 24. —; geb. in Leinw. n. 26. —
1. Mechanik u. Akustik. Optik. (XVI, 534 S. m. 445 Fig.) 902. n. 11. —; geb. n. 12. —
2. Magnetismus. Elektrizität. Wärme. (XII, 666 S. m. 319 Fig.) 902. n. 13. —; geb. n. 14. —

— Lehrbuch der Physik zu eigenem Studium u. zum Gebrauche bei Vorlesungen. 2 Bde. 3., verb. u. verm. Aufl. gr. 8. Leipzig 905. Veit & Co. n. 25. —; geb. in Leinw. n. 27. —
1. Mechanik, Molekularerscheinungen u. Akustik. Optik. Mit 466 Fig. im Text. (XVI, 576 S.)
2. Magnetismus u. Elektrizität. Wärme. Mit 323 Fig. im Text. (XII, 696 S.)

Riecke, Eduard, Lehrbuch der Physik zu eigenem Studium u. zum Gebrauche bei Vorlesungen. 2 Bde. 4., verb. u. verm. Aufl. (XVI, 580 u. XII, 742 S. m. 466 u. 333 Fig.) gr. 8. Leipzig 908. Veit & Co. 26.—; geb. in Leinw. 28. —

Riecke, Ed., zur Lehre von der aperiodischen Dämpfung und zur Galvanometrie. gr. 4. (46 S. mit 2 Stnt.) Göttingen 883, Dieterich'sche Verlagsh. * 2 40
Aus: Abhandlungen der k. Gesellschaft der Wissenschaften zu Göttingen, besonders abgedruckt.

— Die Magnetisirungszahl des Eisens für schwach magnetisirende Kräfte. Inaugural-Dissert. 4°. *24 S.* Göttingen. 1871.

— Molekulartheorie der piëzoelektrischen u. pyroelektrischen Erscheinungen. [Aus: „Abhandlgn. d. k. Gesellsch. d. Wiss. zu Göttingen".] gr. 4. (53 S. m. 5 Taf.) Ebd. 892. n. 5. —

Festrede im Namen der Georg-Augusts-Universität zur akademischen Preisvertheilung am 11. Juni 1897 geh. v. Eduard Riecke. — Die Principien der Physik und der Kreis ihrer Anwendung. Göttingen, Druck d. Dieterichschen Univ.-Buchdr., *1897;* 40 S. 8.

— die Principien der Physik u. der Kreis ihrer Anwendg. Festrede. Lex.-8. (40 S.) Göttingen 897. Vandenhoeck & Ruprecht. n. — 30

— s.: Über angewandte Mathematik u. Physik in ihrer Bedeutung für den Unterricht an den höh. Schulen.

— Verzeichnis der period. Schriften medizinischen u. naturwissenschaftl. Inhalts in der Bibliothek usw. der Universität Leipzig, s.: Spalteholz, Wern.

— Wilhelm Weber [geb. 24. Octbr. 1804, gest. 23. Juni 1891]. Rede, geh. in der öffentl. Sitzg. der k. Gesellschaft der Wiss. am 5. Decbr. 1891. gr. 4. (44 S.) Ebd. 892. n. 2. 40

— s.: Zeitschrift, physikalische.

Riecke, Emil

— s. Quellen der Armuth.

R(iecke), E.: „Die Quellen der Armuth und des Verbrechens", Stuttgart 1841. — Vorh.: Com. Bibl. Hamburg.

Riecke, Emil, die Rede d. Hrn. Schrempf an die „Studenten der Theologie". Betrachtet v. E. R. gr. 8. (16 S.) Stuttgart 893. J. F. Steinkopf. n. — 20

Riecke, Emil, über Strafanstalten f. jugendl. Verbrecher, mit vorausgeschickter krit. Uebersicht d. gegenwärtig besteh. Strafanstalten-Systeme im Allgemeinen. gr. 8. (11½ B. u. 1 Stnt.) Heilbronn 841, Drechsler.

Riecke, Emil, die Waisenhäuser. Entsprechen sie den Anforderungen der Zeit, oder nicht? Eine Abhandlung. Stuttgart 857. F. Kohler. (Aue.) 8. (47 S.) 6 ngr.

Riecke, Erhard, s.: Lehrbuch der Haut- u. Geschlechts-Krankheiten.

Riecke, Erhard *Rudolf* [app. Arzt aus Ascherleben [!]]: Die Syphilis und der Guajak ... Halle a. S., Hofbuchdr. v. C. A. Kaemmerer & C., 1895; 94 S., 1 Bl. 8.
Halle, Med. Fak., Inaug.-Diss. v. 27. Juni 1895

Riecke, Friedrich

RIECKE, Fried.: Ueber die Berechnung des Geldwerths der Waldungen. Einladungs-Programm zu den öffentlichen Prüfungen der land- und forstwirthschaftlichen Lehr-Anstalt in Hohenheim. - Stuttgart 1829. 22 S.

Riecke, Frdr., über die Berechnung des körperlichen Inhalts unbeschlagener Baumstämme. Ein Programm, ausgegeben bei Gelegenheit der Jahresprüfung an der K. württembergischen land- u. forstwirthschaftlichen Akademie zu Hohenheim den 30. August 1849. 8. (IV u. 76 S.) Stuttgart 849. (Metzler.) n. ½ ₰

Riecke, Fr., Handkarte des Herzogtums Sachsen-Altenburg. 1 : 260,000. Chromolithogr. qu. Fol. Gera 880, Issleib und Rietzschel. *

Riecke, Friedr., die Rechnung mit Richtungszahlen oder die geometrische Behandlung imaginärer Grössen. Mit 140 eingedr. Holzschn. Stuttgart 856. Metzler. 8. (IV, 172 S.) n. 1 ₰. 4 ngr.

Riecke, Frdr., kleiner methodischer Schulatlas für die Unterklassen höherer Schulen in 12 (chromolith.) Karten m. Text. gr. 4. (16 S.) Gera 882. Issleib & Rietzschel. n. 1. —

Riecke. Kleiner Schulatlas f. die einfache Volksschule. 6. neu bearb. u. verm. Aufl. gr. 4. 24 Karten in Farbendr. Gera 891, Hofmann. * — 50; m. Heimatkarte * — 60

Riecke, Friedr., kleiner Schul-Atlas für die einfache Volks- und Landschule. 5. verb. Aufl. 18 Karten in Farbendr. Neu bearb. gr. 4. [Berlin 885.] Gera, Th. Hofmann. * Mit Heimatkarte *

Volksschul-Atlas. Hrsg. von Fr. Riecke. 14 Haupt- u. 19 Nebenkarten in Farbendr. Gratisbeigabe: Heimatkarte. 16., vollst. neubearb. Aufl. *Leipzig: Th. Hofmann 1902.* (12 S. Karten.) 4° [Umschlagt.]

RIECKE, Friedrich Josef Pythagoras: Die Lehre von den Kegelschnitten, dargestellt für das Bedürfniß des Forstwirths. - Stuttgart 1841. 38 S., m. Holzschn.

Riecke, Fr. J. P., die Lehre von den Kegelschnitten, dargestellt für das Bedürfniß des Forstwirths. Programm. gr. 8. (Mit Holzschnitten.) Stuttgart 842, Köhler. 1/3 ℳ

RIECKE, Friedrich Josef Pythagoras: Programm der Hohenheimer Akademie für das Jahr 1859. (Enthält Nachweisungen über Lebensverhältnisse und Leistungen der in Hohenheim von 1818-1859 angestellt gewesenen Lehrer). - Stuttgart 1859. 56 S.

Riecke, Gust., was sagt das hamburgische Kirchenrecht zu der Gleichberechtigung der Richtungen? Referat, geh. im kirchl. Verein am 11. III. 1903. (16 S.) gr. 8. Hamburg 903. Gebr. Lüdeking. n. — 30

Riecke, Gustav Adolph

Riecke, G. A., Anleit. zur method. Behandlung der „Sprachmusterstücke, als Grundlage eines bildenden Unterrichts in der Muttersprache." 1. u. 2. Liefg. gr. 8. Reutlingen 846, Enßlin u. Laiblin. 26 ngl

Riecke, G. A., Anleitung z. method. Behandlung der „Sprachmusterstücke, als Grundlage eines bildenden Unterrichtes in der Muttersprache." 3 Lfgn. gr. 8. (430 S.) Reutlingen 847, Enßlin & Laiblin. (1 u. 2: 26 ngl 3: 18 ngl) 1 ℳ 14 ngl

Riecke, Gust. Ad., Anleitung z. Unterricht taubstummer Kinder, s. Jäger, V. A.

Riecke, G. Ad., Ueber Armen-Erziehungsanstalten im Geiste der Wehrli-Gesellschaften zu Hofwyl. gr. 8°. Tübingen, Laupp, 1823.

Riecke, G. A., Bilder und Scenen aus dem Leben Martin Luthers. Für das Volk erzählt. Aus seinem Nachlaß hrsg. von E. Riecke. 1. und 2. Aufl. 8. (VII, 172 S. mit Holzschn.-Portr.) Tübingen 883, Osiander'sche Buchh. cart. * 1 20

Riecke, G. A., Buch f. Mütter üb. die wichtigsten Fragen aus der frühesten Kindererziehung. 8. (VII, 183 S.) Stuttgart 876. Conradi. n. 2. —; geb. n.n. 2. 50

Riecke, Gust. Ad., Columbus. Ein Leseb. f. d. Jugend, als Hilfsmittel e. analyt.-synthet. Unterr. in d. deutschen Sprache f. gehob. Volksschulen. gr. 8. (32 1/8 B., Tltlbld. u. lith. Karte.) Gmünd 836. [Freudenstadt, Dillenius.] (Hall, Haspel'sche Bh.)

Riecke, Gust. Adf.: Columbus. Lesebuch, als Hülfsmittel eines analytisch-synthetischen Unterrichtes für gehobene Volksschulen. (1. Buch.) Gmünd: Raach 1836.

Riecke, Gust. Ad., Columbus. Ein Lesebuch für die Jugend, als Hilfsmittel eines analytisch-synthetischen Unterrichtes in der deutschen Sprache für gehobene Volksschulen. Mit Titelbild u. lithogr. Karte. gr. 8. Gmünd 836. Gebr. Raach. (Leipzig, Meißner.) 1 1/2 ℳ

— Christoph Columbus, der Entdecker Amerikas. Ein Lehrbuch f. die männl. Jugend. Neue Bearbeitg. Mit 4 Holzschn.-Taf. gezeichnet v. H. Läpple u. 1 (lith.) Kärtchen. (in 4.) gr. 8. (IV, 411 S.) Stuttgart 873. Ullrich. 4. —; geb. n. 4. 80

— Christoph Columbus, der Entdecker Amerika's. Für die reifere Jugend. 2. Aufl. Mit 4 Holzschntaf., gezeichnet von H. Läpple, und 1 (lithogr.) Kärtchen. gr. 8. (IV, 411 S.) Stuttgart 877, Ullrich. cart. 3 50

— Erziehungslehre. [Aus der „Neuen Encyklopädie f. Wissenschaften u. Künste" abgedr.] Lex. 8. (LIV u. 192 S.) Stuttgart 851, Franckh. 1 ℳ 6 ngl

Riecke, G. A., Erziehungslehre. 2., verb. Aufl. Lex.-8. (III und 256 S.) Stuttgart 859, Franckh'sche Verlagsh.

Riecke, G. A., Erziehungslehre. 3. verm. u. verb. Aufl. (In 5 Liefgn.) 1. Liefg. Stuttgart 870. Conradi. gr. 8. (VIII, 80 S.) 9 ngr.

— Erziehungslehre. 3. verm. u. verb. Aufl. 2—5. Lfg. gr. 8. (S. 81—352.) Stuttgart 870. Conradi. 3. 30

— Erziehungslehre. 3. Aufl. in 5 Lfgn. 1870, und 4. Aufl. gr. 8. (XII, 352 S.) Stuttgart 873, Conradi.

— Feier des Jahresschlusses 1850 im Schullehrerseminar zu Eßlingen. Ein Gedenkblatt f. Freunde u. Zöglinge. 8. (15 S.) Eßlingen 851, Weychardt. n. 3 ngl

— Glaubensbekenntnisse junger Christen am Tage ihrer Confirmation. gr. 8. (1½ B.) Stuttgart 831, [Beck u. Fränkel.]

— Glaubensbekenntnisse junger Christen am Tage ihrer Confirmation. gr. 8. Stuttg. 831. Löflund. 3 gl

— Leitfaden f. d. christl. Religionsunterr. in Volksschulen. 8. (2½ B) Stuttgart 828, Metzler.

— Leitfaden zum Unterr. üb. d. heil. Sakramente d. Buße u. d. Altars. (2 Abthln.) 8. (3 B.) Tübingen 832, Fues. à 1½ Gr.

— Martin Luther, Bilder u. Scenen aus dem Leben Martin Luther's. Für das Volk erzählt. 2. Aufl. Mit (eingedr.) Illustr. gr. 8. (136 S.) Philadelphia 871. Schäfer & Koradi. geb. 3. —

— Dr. Martin Luther. Bilder und Scenen aus dem Leben Martin Luther's. Für das Volk erzählt. 2. Aufl. (136 S. mit eingedr. Illustr.) 1871. ℳ 3., und 3. Aufl. 8. (135 S. mit Illustr. in eingedr. Holzschn. und Luther's Portr. in Stahlst.) Philadelphia 872, Schäfer und Koradi. geb.

— Musterstücke, als Grundlage des Unterrichts in der Muttersprache in deutschen Volksschulen. 12. (4¼ B.) Reutlingen 845, Enßlin u. Laiblin.

— das Nöthigste aus der deutschen Sprachlehre für Volksschüler [vertheilt in Unter-, Mittel- und Oberklasse]. 2. durchges. Aufl. Eßlingen 861. Weychardt. gr. 8. (48 S.) n. 2½ ngr.

— das Nöthigste aus der deutschen Sprachlehre für Volksschüler (vertheilt in Unter-, Mittel- und Oberklasse). 3. und 4. Aufl. Stuttgart 865. Lindemann. gr. 8. (48 S.) n. 2 ngr.

—— das Nöthigste aus der deutschen Sprachlehre für Volksschüler, [vertheilt in Unter-, Mittel- und Oberklasse]. 4. durchgesehene Aufl. gr. 8. (48 S.) Stuttgart 870, Lindemann. *

Riecke, G. A., der Religions-Unterricht im Schullehrerseminar zu Eßlingen nebst einigen daselbst gehalt. Reden. Ein Gedenkblatt f. die im Frühjahr 1848 abgehenden Seminarzöglinge. br. 8. (47 S.) Cannstatt 848. (Eßlingen, Dannheimer.) n. 4 ngl.

—— s. J. A. Schlipf, Erziehungsanstalt, die, f. Kinder 2c.

Riecke, Gust. Adf.: Die wechselseitige Schul-Einrichtung und ihre Anwendung auf Würtemberg. Eßlingen: Harburger 1846.

Riecke, Gust. Ad., die wechselseitige Schuleinrichtung u. ihre Anwendung auf Würtemberg. gr. 8. (6¼ B. u. 3 Tab.) Stuttgart 846, Rommelsbacher. Thlr.*

— Sprach-Musterstücke, als Grundlage eines bildenden Unterrichts in der Muttersprache in deutschen Volksschulen. 2., verb. u. verm. Ausg. 8. (96 S.) Reutlingen 848, Enßlin & Laiblin. 3 ngl.

Riecke, G. A.: Sprachunterricht für taubstumme Kinder, s. Jäger, Viktor August

— Salomo's Sprüche der Weisheit frei in Reime gebracht. 16. (96 S.) Eßlingen 876. Weismann. geb. m. Goldschn. n. 3. —

—— Süddeutschland, s. Wanderer, die, um d. Welt.

—— mathematische Unterhaltungen. 3. Heft. gr. 8. (95 S. mit eingedr. Holzschn.) Stuttgart 873, Aue. *
1. und 2. Heft. Ebendas. 1867,68. *M 4,80.

— — s.a. Riecke

— — s.a. Riecke, Karl Viktor von

—— Unterricht taubstummer Kinder, s. Jäger, V. A.

— s. Volksschule, die.

— s. Wanderer, die, um die Welt.

Riecke, J. C., de popularitate in sacr. publ. maxime necessaria. Hal. 1809. 8.

Riecke, Joh. Friedr., Alterthümer und Sehenswürdigkeiten des vormaligen kaiserlichen freien weltlichen Stifts Quedlinburg nebst Nachweisung und kurzer Beschreibung derselben mit Angabe des Maassstabes. 1. Lfg. gr. Fol. (4 Stnt. in Tondr.) Quedlinburg 852, Huch. *

Riecke, K. von, s. Riecke, Karl Viktor von

Riecke, Karl Friedrich

Riecke, C. F., Held Armin, deutsch Herrmann, u. seine Familie in Lippe-Detmold. [Aus: „Beiträge zur Kenntniß Deutschlands".] Nebst Ansprache an deutsche Frauen u. Männer. gr. 8. (15 S.) Gera 875. Griesbach's Verl. — 20

Riecke, C. F., das sogenannte Befallen der Culturpflanzen insbesondere der Kartoffeln. Eine Denkschrift für große und kleine Landwirthe, wie sie sich für die Dauer der jetzt herrschenden Krankheiten der Feldfrüchte, insbesondere der Kartoffeln, möglichst reiche Erndten sichern können. Nordhausen 856. Kohne. gr. 8. (39 S.) 7½ ngr.

— Beiträge zur Kenntniß Deutschlands, seines Volks u. seiner Sprache. In zwanglosen Heften. 1. u. 2. Hft. gr. 8. (64 u. 80 S.) Ebend. 874. 75. n. 2. 25

Riecke, C. F., Beiträge zur Kenntniß Deutschlands, seines Volks und seiner Sprache. In zwanglosen Heften. 1. Bd. 3. und letztes Heft. gr. 8. (XV, 55 S.) Gera 877, Selbstverlag. *
1. Bd. 1. und 2. Heft. [Gera 1875, Griesbach's Verlag.] Ebendas. *M 2,20. Nicht weiter erschienen.

Riecke, C. F., Beiträge zur Kenntniß der vorgeschichtlichen Zeit Deutschlands nach Ergebnissen der neuern Sprachforschung. 1. u. 2. Thl. Nordhausen 865, 868. Büchting. gr. 8. n. 1 ℔ 24 ngr.
1. Thl. Der Volksmund in Deutschland. „Sonst und Jetzt". Ein Wegweiser im deutschen Vaterlande für's Volk und seine Lehrer. (XXXII, 307 S.) n. 1 ℔
2. Thl. Die Urbewohner und Alterthümer Deutschlands. (VIII, 184 S. mit 1 lith. Karte mit Randbildern und 1 Steintaf. Abbild. in qu. gr. 4. und qu. Fol.) n. 24 ngr.

Riecke, C. F., Beiträge zur Staatsgesundheitspflege. 1—4. Thl. gr. 8. Nordhausen, Büchting.
Auch unter den Titeln:
Thl. 1. Der Kriegs- und Friedens-Typhus in den Armeen. Ein Beitrag zu einer künft.] Gesundheitspflege in den Kriegsheeren. 1. Aufl. 1848. und neue (Titel-)Ausg. (XVI und 378 S. mit 1 Tab. in qu. gr. Fol.) 850. 1 Thlr. 15 Ngr.
2. Die asiatische Cholera und die Gesundheitspflege. Ein Beitrag zur Erforschung und Bekämpfung dieser neuen Volksseuche. (XI und 82 S.) 850. 18¾ Ngr.
3. Die Cholera-Epidemie in Norddeutschland im J. 1850. Mit besond. Rücksicht auf die Choleraepidemie zu Torgau. Ein neuer Beitrag zur Erforschung und Bekämpfung dieser neuen Volksseuche. (VII und 84 S.) 851. 18¾ Ngr.
4. Beitrag zur Heilung des Schenkelbeinhals-Bruches und Critik der bisher. Curmethoden bei Knochenbrüchen und Schädelverletzungen. Nebst Beschreibung und Abbildung eines Krankenstuhles. (VII und 84 S. mit 1 Stnt. in qu. gr. 4.) 852. 22½ Ngr.

—— Beiträge zur Staatsgesundheitspflege. 5. Thl. A. u. d. T.: Die Reform der Lehre von den Contagionen, Epidemien und Epizootien. gr. 8. (XX und 239 S.) Quedlinburg 854, Huch. *

—— dass. — 6. Thl.: Der Tod durch den Sonnenstich oder Hitzschlag, mit besonderer Rücksicht auf das Vorkommen desselben in den Kriegsheeren. gr. 8. (XII und 51 S.) Ebds. 855. *
1—4. Thl. Ebendas. 1850—52. 3 Thlr. 15 Ngr.

Riecke, C. F., Beiträge zur Staatsgesundheitspflege. 2. (Titel-) Ausg. 9 Lfgn. gr. 8. Nordhausen (850—54) 58. 59. [Leipzig, Wilfferodt.] à Lfg. * 10 Ngr. *
Inhalt:
Lfg. 1—3. Der Kriegs- und Friedens-Typhus in den Armeen. (XVI und 378 S. mit 1 Tab. in qu. gr. Fol.) Einzeln 1 Thlr. 15 Ngr.
" 4. Die asiatische Cholera und die Gesundheitspflege. (VII und 82 S.) Einzeln 18¾ Ngr.
" 5. Die Cholera-Epidemie in Norddeutschland im J. 1850. (III und 83 S.) Einzeln 18¾ Ngr.
" 6. Beitrag zur Heilung des Schenkelbeinhals-Bruches und Kritik der bisherigen Curmethoden bei Knochenbrüchen und Schädelverletzungen. Nebst Beschreibung und Abbildung eines Krankenstuhles (auf 1 Stnt. in qu. gr. 4.) (84 S.) Einzeln 22½ Ngr.
Lfg. 7., 8. Die Reform der Lehre von den Contagionen, Epidemien und Epizootien. (XX und 239 S.) Einzeln 1 Thlr. 10 Ngr.
" 9. Der Tod durch Sonnenstich oder Hitzschlag, mit besond. Rücksicht auf das Vorkommen desselben in den Kriegsheeren. (X und 51 S.) Einzeln 10 Ngr.

— einige Beobachtungen u. Erfahrungen über die Quellen der zunehmenden Armuth bei den Landbewohnern. Eine Denkschrift f. die preuß. u. anderen deutschen Volksvertreter. gr. 8. (IV u. 45 S.) Magdeburg 849, Baensch. 6 ngl.

Riecke, Karl Frdr., Die Choleraepidemie in Norddeutschland i. J. 1850, mit besonderer Rücksicht auf die Choleraepidemie zu Torgau. Ein neuer Beitrag zur Erforschung und Bekämpfung dieser neuen Volksseuche. Nordhausen 1851. 8.
(Beiträge zur Staatsgesundheitspflege. Th. 3.) . . . . (FWL)

Riecke, C. F., über Darm-Anhangs-Brüche. (Herniae Littricae) Mit Bemerkn. üb. Kothfisteln u. widernatürl. After. gr. 8. (12½ B. u. 1 Taf. Abbild.) Berlin 841, A. Hirschwald. *

—— der Futterbau für die Seidenraupen. Eine Denkschrift für die XIX. Versammlung der deutschen Land- und Forstwirthe. gr. 8. (23 S.) Nordhausen 857, Köhne. (Büchting.) Thlr.

Riecke, C. F., Geniestreiche im norddeutschen Eisenbahnwesen. Ein Beitrag zur Beantwortg. e. brenn. Frage. gr. 8. (46 S.) Leipzig 876. H. Schultze Sort. n. — 60

—— Geniestreiche in der handgreiflichen und unbegreiflichen Heilkunde. Enth. Geniestreiche: in der Chirurgie, Seuchenkunde, Viehseuche und Cholera, Gesundheitspflege, Landeskultur, im Eisenbahnwesen. gr. 8. (38 S.) Ebendas. 877. *

—— der Kriegs- und Friedens-Typhus in den Armeen, s. oben Beiträge zur Staatsgesundheitspflege. I. Thl.

— der Kriegs- u. Friedens-Typhus in den Armeen. Ein Beitrag zu einer künftigen Gesundheitspflege in den Kriegsheeren, mit besonderer Rücksicht auf die K. Preuss. Armee. 2 Hfte. gr. 8. (XVI u. 378 S. m. 1 Tab. in qu. gr. Fol.) Potsdam 848, Stuhr. (1: ¾ ₰ 2: 1¼ ₰) 2 ₰ (2. Ausg. siehe dessen Beiträge, 1. Thl.)

— vier Petitionen an das hohe Haus der Preußischen Abgeordneten gerichtet. Leipzig 860. Wagner in Comm. gr. 8. (32 S.) n. 4 ngr.

—— vier neue Petitionen an das hohe Haus der preußischen Abgeordneten. gr. 8. (74 S.) Leipzig 861, (Wagner) *

Riecke C. F.: Die Reform d. Lehre v. den Contagionen, Epidemien u. Epizootien. Quedlinb. 1854. (12) 238 S.

— die Schichtung der Völker u. Sprachen in Deutschland, auf Grund der vergleich. Sprachforschg., nachgewiesen an Orts-, Familien-, Thier-Namen, Titeln u. Idiotismen. gr. 8. (XX, 140 S.) Gera 872. Strebel. n. 1. 60

Riecke, C. D. Tod durch Sonnenstich od. Hitzschlag, mit besond. Berücksicht. auf d. Vorkommen desselben i. d. Kriegsheeren. Quedlinburg 1855.

Riecke, Carl Friedrich (Wernigerode), De tunica cornea quaedam. Diss. med. Berlin (Brüschcke) 28. VIII. 1829. 32 S. mit Biogr. (M.: J. Schwanecke.) (4.25) 28815
Oppon.: F. Büttner, J. Krieg, C. Rietz. — Gew.: Jos. Büttner, Carl Lohmeyer.

Riecke, Karl Frdr., Die Urbewohner und Alterthümer Deutschlands. Nordhausen 1868. 8.

—— Ursprung und Namen der Städte Berlin und Kölln an der Spree. Ein Beitrag zur Kenntniß der vorgeschichtl. Zeit Deutschlands, insbesond. der Mark Brandenburg. gr. 8. (XXIV und 54 S.) Nordhausen 866, Büchting.

Riecke, C. F., über den Ursprung der Sprachen, Sagen und Mythen. Auch ein Beitrag zur Kenntniß der vorgeschichtl. Zeit Deutschlands. gr. 8. (XL und 95 S.) Nordhausen 867, Büchting. *

Riecke, Karl Frdr., Der Volksmund in Deutschland sonst und jetzt. Nordhausen 1865. 8.

Riecke, Karl Vict., Altwirtembergisches aus Familienpapieren. gr. 8. (112 S. mit dem Lichtdr.-Bilde von Karl Friedr. Haug.) Stuttgart 886, Kohlhammer. * 3 —

Riecke K, die Arbeiterwohnungen in Heilbronn. Stuttgart 1857

Riecke K v, die Aufgaben des Königl. statistisch-topograph. Bureau. Stuttgart 1874

Riecke, K. Vict. v., Beitrag zur Statistik der Preise und Löhne in Württemberg. 8⁰. Stuttgart 1874.

Meine Eltern, ihre Geschwister und Freunde. Als Handschr. gedruckt. [Mit Bildn. v. Chr. Heinr. Riecke.] Ebd. 1897.

Riecke, Karl Vict. v., die internationale Finanz-Statistik, ihre Ziele u. ihre Grenzen. gr. 4. (II, 76 S.) Stuttgart 876. Aue. n. 2. --

—— die Hagelschläge und Hagelbeschädigungen in Württemberg während der 50 Jahre 1828 bis 1877. Lex.-8. (10 S.) Stuttgart 878, (Lindemann's Buchh.) — 50
Aus: Württembergische Jahrbücher, besonders abgedruckt.

[Riecke, Karl V. v.] Karl Friedrich Haug. Mittheilungen aus seinem Leben und aus seinem Nachlasse. Stuttgart: Metzler 1869.

Riecke K, die Hemmnisse des freien Verkehrs im Innern des deutschen Zollvereins. (Stuttgart 186?)

Stuttgart. Königl. statistisch-topographisches Bureau.

— — Stand der Geschäfte, Mai 1879. (Vortrag, gehalten vom Vorsitzenden Dr Riecke.) Stuttgart 1879.

Riecke K v, Statistik der Industrie v. Württemberg v. 1. Dezember 1875. Stuttgart 187[illegible]

Riecke, K. V. Die direkten Steuern vom Ertrage und vom Einkommen in Württemberg. 8⁰. Stuttgart 1882.

— mathematische Unterhaltungen. 3. Hft. gr. 8. (95 S. m. eingedr. Holzschn.) Ebend. 873. n. 1. — (I—III.: n. 5. 80)

s.a. Riecke, Gustav Adolph

Riecke, Karl Vikt., Verfassung, Verwaltung und Staatshaushalt des Königr. Württemberg. gr. 8. (VIII, 286 S.) Stuttgart 882, Kohlhammer. * 3 —
geb. * 4 —
Aus: Das Königreich Württemberg, besonders abgedruckt.

Riecke, K. V., Verfassung, Verwaltung u. Staatshaushalt d. Königr. Württemberg. 2., verm. Aufl. gr. 8. (XVI, 430 S.) Stuttgart 887. Kohlhammer. n. 6. —; geb. n. 7. —

— Meine Vorfahren. (Mit Bildn. [illegible] Riecke.) Als Hdschr. gedruckt. Ebd. 1886.

[Riecke, Karl V. v.] Meine Wanderjahre und Wanderungen. Als Handschr. gedruckt. Stuttgart [Kohlhammer] 1877.

Riecke, Kurt

Riecke, Curt: Beitrag zur Kenntnis der Orosphaeriden. Kiel 1910: Lüdtke & Martens. 45 S. 8°
Kiel, Phil. Diss. v. 17. Febr. 1910, Ref. Brandt
[Geb. 8. Mai 83 Hamburg; Wohnort: Hamburg; Staatsangeh.: Hamburg; Vorbildung: Realgymn. Uhlen Reife O. 05; Studium: Jena 2, Freiburg i. B. 2, Kiel 6 S.; Rig. 22. Jan. 10.] [U 10. 2523

Riecke, L. S., s. 1) J. F. Blumhardt, üb. Entfernung der Nachgeburt. 2) L. F. Reinhardt, der Kaiserschnitt.

Riecke, Leopold von [Praes.], s. Hezel, Ferdinand:
Kritik der neuen Methode des Dr. Pauli, den grauen Staar zu operiren.

v. Riecke, Leop., der geburtshülfliche Operationscursus. Anleitung zu den Vorübungen am Phantome u. zum Operiren am Gebärbette. gr. 8. Tübingen 846, Laupp'sche Buchh. 7/8 ʀ
der Uebungscursus in der geburtshülflichen Diagnostik. Anleitung zur methodischen Vornahme solcher Uebungen. gr. 8. Stuttgart 846, Ebner u. Seubert. 8 3/4 ngl

Riecke, Leopold von [Praes.], s. Pflüger, C. H. Friedrich:
Ueber das Wiederabbrechen fehlerhaft geheilter Knochenbrüche im Kallus.

Riecke, Leop., s. A. F. Schill, Pathologie.

—— der Uebungscursus in der geburtshülflichen Diagnostik. Anleitung zur method. Vornahme solcher Uebungen. gr. 8. (4 B.) Stuttgart 846, Ebner u. Seubert.

Riecke (Hrsg.), s. Wochenblatt für Land- u. Hauswirthschaft, Gewerbe u. Handel

Riecke, Leopold Socr. [Praes.], s. Auerbach, Emil:
De herniis incarceratis antliae vi pneumaticae reponendis commentatio.

Riecke, Leopold Socr. [Praes.], s. Baur, Karl:
De morbis antri high-mori.

— Leopold Socrates (Brünn/Mähren), Diss. anatom.-physiol. qua investigatur utrum funiculus umbilicalis nervis polleat an careat. Comment. in concertatione civium acad. Tubingens. praemio a rege Würtembergiae constituto ab ordine medicorum ornata. Addita est nova strumam arteriarum ligatione sanandi methodus. Präs. F. G. Gmelin. Tübingen (Reiss) 9. IX. 1816. 34 S. (4.—) 28816
Widm. v.: J. G. Gmelin.

Riecke, Leopold Socr. [Praes.], s. Prassler, Christoph:
De ophthalmia Aegyptiaca.

— Ludwig Heinrich (Stuttgart), Diss. med., qua singulare anthropogeniae specimen. Präs. Johann Georg Gmelin. Tübingen (Erhard) 10. XII. 1753. 16 S. (—.—) 28817
Widm. v.: Johann Georg Gmelin, Johann Andreas Tafinger, Philipp Friedrich Gmelin (Oppon.), Johann Conrad Gmelin, M. Hochstetter, C. L. Bilfinger (Oppon., dtsch.)

Riecke, O. Die Konstruktion der Nebensätze im Oxforder Texte des altfranzösischen Rolandsliedes. Diss. Münster 1884. 60 S.

Riecke, Dst., i.a. Perron, Paul.

Riecke, Oscar, Gedichte. gr. 8. (VII, 231 S.) Hamburg 872. Grüning. 3. —; geb. n. 4. —

Die Kunstreiterin. Roman von Paul Perron [d. i. Oskar Riecke]. 3. Aufl. *Erfurt: F. Bartholomäus [1899].* (283 S.) 8° [F.]
= Bibliothek interessanter Romane. 8.

— Hans Witt u. seine Braut, s. a. Bloch's, Ed., Theater-Korrespondenz.

Hans Witt und seine Braut. Lustspiel in 1 Aufz. von Oscar Riecke. *Berlin: E. Bloch [1903].* (32 S.) 8° [F.]
= Theater-Korrespondenz, Eduard Bloch's. No 330.

Riecke, Richard, Assist. am agriculturchem. u. bakteriol. Inst. d. Kgl. Univ. Breslau: Aus d. agriculturchemischen u. bakteriol. Institut d. Kgl. Universität Breslau. Über die Bildung der Hippursäure im tierischen Organismus. *Wolfenbüttel 1903: Heckner.* (84 S.) 8°
Breslau, Phil. Diss. v. 11. Aug. 1903

(Riecke, Vict. Ado.,) Analekten üb. Kinderkrankheiten, s. Analekten.

Riecke, Vict. Ado., die neuern Arzneimittel, ihre phys u. chem. Eigenschaften, Bereitungsweisen, Wirkungen auf d. gesunden u. kranken Organismus u. therapeut. Benützung. 1. Aufl. (30 1/2 B.) 837. 1 3/4 Thlr., 2., umgearb. A. (42 1/4 B.) 840. 2 5/8 Thlr., 3., völlig umgearb. Aufl. (3 Abthln.) gr. 8. (40 1/4 B.) Stuttgart 842, Hoffmann'sche Vrlsbuchh. Thlr.

—— dass. — Nachträge z. 1. Aufl. 8. (5 1/2 B.) Ebds. 840. Gratis.

Riecke, Vict. Adolf, die neuern Arzneimittel, ihre physischen u. chemischen Eigenschaften, Bereitungsweisen, Wirkungen auf den gesunden u. kranken Organismus u. therapeutische Benützung. Für Aerzte u. Apotheker. 3., umgearb. Aufl. 1. Abth. gr. 8. (12 B.) Stuttgart 842, Hoffmann'sche Vrlgsh. —

— Bemerkungen über den Zustand der öffentl. Unterrichts-Anstalten für Mediciner in Würtemberg. .. Stuttgart... Hoffmann. 3/8 ʀ

—— über d. Einfluß d. Verwesungsdünste auf d. menschl. Gesundheit, u. üb. d. Begräbnißplätze in medizin.-polizeil. Bezieh. 8. (11 1/2 B.) Stuttgart 840, Hoffmann'sche Vrlsbuchh.

Riecke, V. A., u. F. Berge, Giftpflanzenbuch, s.: Berge, F.

— s. W. Fr. Hahn, über die Sacrocoxalgie.

Riecke, Viktor Adolf von: Handbuch über die Krankheiten der Haut. Mit Zugrundelegung von (Camille Melchior) Gibert's und unter Benützung der übrigen vorzüglicheren Werke über die Hautkrankheiten. Th.1 - 2, gbd.

Stuttgart: Hoffmann 1839

JB 4.623

—— Handbuch üb. d. Krankheiten d. Haut. Mit Zugrundlegung v. Gibert's u. unt. Benützung d. übrigen vorzügl. Werke üb. d. Hautkrankheiten hrsg. 1. Aufl. 2 Thle. (48 1/4 B.) 839., 2., verm. Aufl. (in 1 Bde.) 8. (49 1/4 B.) Dresden 841, [Bromme's Vrlsb.]

— uber Kinderkrankheiten, s. Analekten über Kinderkrankheiten.

Riecke, V. A., das Medizinalwesen des Königreichs Würtemberg, unter systematischer Zusammenstellung der dasselbe betreffenden Gesetze, Verordnungen, Verfügungen, Normalerlasse etc. dargestellt. Stuttgart 856. Metzler. gr. 8. (XII, 526 S.) n. 2 ʀ. 24 ngr.

—— Mittheilungen üb. d. Morgenländ. Brechruhr. 3 Bde. gr. 8. Stuttgart, [Weise.] [1. u. 2. 1., u. 2., unv. Aufl. (à 32 1/2 B.) 831. à 3 Thlr., 3. (22 B. u. 1 lith. u. ill. Karte d. Verlaufs d. Cholera, v. K. Fr. V. Hoffmann. Imp.-Fol.) 832. 2 Thlr.]

— s. Quetelet, über den Menschen. — A. F. Schill, Pathologie.

—Uebersicht d. während d. Jahre 1821 bis 1825 in Würtemberg vorgekommenen Geburten. gr. 8. Stuttg. 827. (Brockhaus). 12 gl

Riecke, (V. A.,) Uebersicht der während d. Jahre 1821 bis 25 in Würtemberg vorgekommenen Geburten. gr. 8. Stuttg. 827, Frankh.

Riecke, V. H., Anreden an die evangel. Gemeinde in Brünn üb, Katechisation u. Konfirmation. 8. Brünn 798.

Riecke, Vict. H, Unterr. f. Hebammen. 8. Stuttg. Erhard. 746.

Riecke, Vict. Heinr. Beantwortung der wichtigen Frage: Soll man Waisenhäuser beibehalten? *Stuttgart.* 1806

Riecke, V. H., Die wichtige Frage: Soll man Waisenhäuser beibehalten? beantwortet etc. 8⁰. Stuttgart 1806.

Riecke, Victor Heinr. Nachrichten von dem Stuttgarter Waisenhause, für Menschen- und Kinderfreunde. *Stuttg.* Seit 1802 zuletzt mit *L. F. Reinhardt* 1808.

— **Viktor Heinrich** (Stuttg.), De sensu vocis ΔΙΚΑΙΟΣ et cognatarum in N. T. Präs. Gottlob Christian Storr. Tübingen (Fues) 1781. 52 S. (—.—) 28818

Riecke, Woldemar: **Beiträge zur Kenntnis der Pyrazolreihe.** *Jena 1898: A. Kämpfe.* (43 S.) 8°
Jena, Phil. Diss. v. [3. März] 1898

Rieckehoff, Conr., Vergleichungstabellen, der in dem Departem. d. Elb- u. Wesermündungen u. d. Oberems circulirenden Münzsorten, nach dem Tarif d. Regierungs-Commission zu Hamburg, vom 20. Aug. 1811 rc. 4. Bremen, Heyse. 812. -

Riecken

— s. auch Rieken.

Riecken, Hanna, s.: Pick, Hanna.

Riecken, J., s.: Kalender, aeronautischer.

Riecken, J. H., Anweisung z. französ. Lesen, in zweckmässig geord. Beispielen, als erster, d. Gebr. d. Grammatiken vorausgeh. Cursus d. französ. Sprache, f. Schulen u. Institute. Nebst e. Verzeichn. d. auf e. eigenthüml. Weise auszusprech. Wörter. 2. Aufl. gr. 8. (2 B.) Leipzig 835, Barth.

Riecken, Robert, Zwei turnerische Vorträge über: I. Klassenziele, II. Das Gruppenturnen, Milwaukee, Wis. 1881, 23 S., 8⁰.

Rieckenberg, Wilhelm [aus Achim]: Ein Fall von Brown-Séquardscher Spinal-Lähmung ... Heidelberg, Univ.-Buchdr. v. J. Hörning, 1893; 22 S., 1 Bl. 8.
Heidelberg, Med. Fak., Inaug.-Diss. v. [1. Juli] 1893

Rieckenberg, Wilh., e. Fall v. Brown-Séquardscher Spinal-Lähmung. Diss. gr. 8. (23 S.) Heidelberg 893. (J. Hörning.) n. — 80

Riecker, Eugen, a. Pforzheim (Baden): Aus der Psychiatrischen Klinik der Universität Straßburg i. E. Über einen Fall von Solitärtuberkel in der Hirnschenkelhaube. Straßburg i. E. 1904: C. Müh & Cie. (46 S.) 8°
Straßburg, Med. Fak., Ref. Fürstner, Diss. v. 15. Sept. 1904
[Geb. 30. Nov. 74 Pforzheim i. Baden; Wohnort: Straßburg; Staatsangeh.: Baden; Vorbildung: Gymn. Baden-Baden Reife Sommer 99; Studium: München 5, Straßburg 4 S.; Coll. 29. Juli 04; Approb. 8. Juni 04.]

Riecker, Ludw., Heil Zeppelin! Knittelverssang. Illustr. v. Max Körner. (8 S.) 32,5><25 cm. Stuttgart (908). C. Weber & Co. — 20

Rieckert, s. Rickert

Rieckher, ein Votum über das neue Lotterie-Anlehen der Wiener Creditanstalt und die Lotterie-Anlehen überhaupt. Heilbronn 858. Scheurlen. 8. (29 S.) 6 ngr.

RIECKHER, Georg Christof: Der sichere und accurate Gränz-, Land- und Forst-Renovator. - Stuttgart 1734. 3 Bog., m. Kupf.

Rieckher, Julius

Rieckher, J., kleine Beiträge zur Textgestaltung griechischer Schriftsteller, s. a. Festschrift der Gymnasien u. evangelisch-theologischen Seminarien Württembergs zur 4. Säcularfeier der Universität Tübingen.

Rieckher, J., Kleine Beiträge zur Textgestaltung griechischer Schriftsteller. Gel. 18
8 S. 4⁰. —

Rieckher, J., Die zweisprachige Stuttgarter Homerhandschrift, ihre Varianten zur Ody[sse]
nebst den Lesarten der Uebersetzung des Manuel Chrysoloras. Pr. 1864. 68 S. 4⁰.

Rieckher, Jul., die zweisprachige Stuttgarter Homerhandschrift, ihre Varianten zur Odyssee, nebst den Lesarten der Uebersetzung des Manuel Chrysoloras. gr. 4. (63 S.) Heilbronn 864. (Tübingen, Fues'sche Sortimentsh.) *

Rieckher, J., die zweisprachige Stuttgarter Homerhandschrift, ihre Varianten zur Odyssee, nebst den Lesarten der Uebersetzung des Manuel Chrysoloras. 4. (63 S.) Heilbronn 864, Scheurlen. *
Aus: Heilbronner Gymnasialprogramm 1864, besonders abgedruckt.

—— Sammlung von Aufgaben zum Uebersetzen in's Griechische, s. Bäumlein, W.

Rieckher, J., Themata zur griechischen Komposition, s.: Bäumlein, W.

Rieckher. Ueber den Unterschied des antiken, besonders des griechischen und des modernen Theaters. Rede. Heilbronn. G.. 1871. 19 S. 4. Progr.

Rieckher, Th., Register zu Bd. 41 — 76 der Annalen der Chemie und Pharmacie, s. Annalen der Chemie und Pharmacie.

Rieckher, Theodor (Stuttgart)
Chemische Untersuchung einiger fumarsauren Salze und der Constitution der Fumarsäure.
(In: Annalen der Chemie und Pharmacie, Bd 49, S. 31-56.)
Heidelberg:Winter 1844.
Diss. phil. Giessen 1844. 10 S. vorh. 4.

Rieckher, Th., chemische Untersuchung einiger Sool-Mutterlaugen von Württemberg, Baden, Hessen u. Preussen zur näheren Kenntniss u. Würdigung derselben. (Aus dem Manuscript abgedruckt.) 4. (10 B. u. 3 Tab.) Marbach a. N. 846. (Stuttgart, Beck u. Fränkel.) *

Ried, eine poetische Epistel. Marburg 1797. V: *Dambmann, Gg Peter.* (GGr) (Ky) (MGT)

Ried, Esther. Eine Erzählung für die christliche Frauenwelt. Autorisierte Übersetzung a. d. Amerikan. von E[mmy] v. Feilitsch . . . Düsseld. 1898. 3. Aufl. 1899. V: *Pansy (= Isabella Macdonald Alden).* (Berl)

[F.] Esther Ried. Eine Erzählg f. d. christl. Frauenwelt. Autoris. Übs. a. d. Amerikan. v. E[mmy] v. Feilitzsch. M. e. Vorw. v. Pastor J[ulius] Dammann. *Düsseldorf: C. Schaffnit 1898.* (V S., 1 Bl., 226 S.) 1 Bd 8.
[y8. 10474 Ho

— dasselbe. 2. Aufl., s. Pansy.

Ried, Esther. Eine Erzählg. f. die christl. Frauenwelt. (Von Pansy.) Autoris. Übersetzg. aus dem Amerikan. von E. v. Feilitzsch. Mit e. Vorwort v. J. Dammann. Volksausg. 8. (VI, 226 S.) Düsseldorf 901. C. Schaffnit. Geb. in Leinw. n. 1. 60

Ried, A[quinas]: Dt. Auswanderung nach Chile. [Nebst] Bedingungen für die Einwanderung. — Valparaiso July 1847. 24 S., 2 Bl. mit 5 Taf.

Ried, Franc., de iridodialysi traumatica. Programma. 4. (8 S.) Jenae 847, (Mauke.)

Ried, F., Resectionen, s. Siebert, Lucas.

Ried, Frz., die Resectionen der Knochen mit besond. Berücksichtigung der von Mich. Jäger ausgeführten derartigen Operationen. 1. Liefg. Mit dem Portrait M. Jäger's. gr. 8. Nürnberg 845, Stein. pro 3 Liefg. 2⅝ ₰

Ried, Frz., die Resectionen der Knochen mit besond. Berücksicht. der von Mich. Jäger ausgeführten derartigen Operationen. Billige (Titel-)Ausg. gr. 8. (VII und 458 S. mit 2 Kpfrt.) Nürnberg (847)60, Geiger.

Ried, Jos., der Divan. Oder: Schlimme Folgen des Ehrgeizes, der Habsucht u. des Neides. Ein moral. Volksmärchen. Der reifern Jugend erzählt. Mit 1 Stahlstich. 8. Regensburg 842, Manz. ¼ ₰

Ried, Jos., die alte Eiche mit d. gold. Stamme. Od.: Gott spendet frommen Armen seinen Segen. Der reif. Jugend erzählt. 8. (10½ B. u. 1 Kpfr.) Regensburg 839, Manz.

Ried, Jos., sittliches Garten-A, B, C., od. Paulinus d. heil. Gärtner im Weinberge Gottes. Eine Erzähl. aus d. Zeiten d. alten Christenthumes, zum Nutzen f. d. Schuljugend u. ihre Eltern geschrieben. 8. (8 B) Straubing 833, Schorner.

— sittliches Garten-A, B, C, od. Paulinus der heil. Gärtner im Weinberge Gottes. Eine Erzählung aus den Zeiten des alten Christenthumes, zum Nutzen für die Schuljugend u. ihre Eltern geschrieben. 2. Aufl. 8. Straubing 841, Schorner'sche Buchh. ⅙ ₰

Ried, Jos., der junge Ostindienfahrer und der Bettler auf der Weserbrücke zu Bremen. Eine lehrreiche und unterhaltende Geschichte, der reifern Jugend erzählt. 8. (III und 139 S. mit 1 Stahlst.) Straubing 851, Schorner.

—— Rettung üb. Rettung durch Gottes heil. Gnade. In drei kurzen Erzähln., als: 1) Attalus u. Leo — die beiden Sklaven. — 2) Die Räuber — in ihrer Bekehrung. — 3) Das Judenkind — im Schmelzofen. Nach wirkl. Ereignissen neu bearb. 12. (3½ B.) Regensburg 841, Manz.

— die Rosenkranzandacht, od. Thekla u. Paul, die Geschichte zweier Waisen, kathol. Christen jeden Standes u. Alters erzählt. Mit 1 Stahlst. 8. Straubing 846, Schorner. ½ ₰

—— der Schiffbruch. Oder: Gott ist d. Rächer aller Rache. Eine Erzähl. z. Warnung u. Belehr., zunächst f. Eltern u. d. reif. Jugend bearb. 12. (4 B.) Landshut 832. [Regensburg, Manz.]

Ried, Jos., der alte Schulmeister, oder der schlafende Bettler auf der Marmor-Treppe. Eine lehrreiche Erzählung. Nach e. wirkl. Ereignisse für die Schuljugend und ihre Erzieher bearb. Mit 1 Stahlst. Straubing (854.) Schorner. 8. (2 Bl., 186 S.) 7½ ngr.

—— Thekla und Paul, oder die Geschichte zweier Waisen, katholischen Christen jeden Standes und Alters erzählt. 2. (Titel-) Ausg. 8. (IV und 231 S. mit 1 Stahlst.) Straubing 852, Schorner.

RIED, Karl (Landsberg): De scirrho et carcinomate.- Monachii: Hübschmann 1843. 22 S.
26.8.1841 - Urk; F 65
Diss. Ingolst. - Landsh. - Mchn.

Ried, Max [app. Arzt aus Mindelheim]: **Ein Fall von congenitaler Pulmonalstenose . . . München, Buchdr. Kastner & Lossen,** 1896; 22 S., 1 Bl. 8.
München, Med. Fak., Inaug.-Diss. v. 1896

Ried, Michael

Ried M.: Umriss d. Veterinär-Polizey . . . Würzb. 1816. 42 S. P.

Ried, M., Umriß d. Veterinärpolizei f. Polizeibeamte, Aerzte, Thierärzte u. Oekonomen. gr. 8. Würzb. 817. (Stahel). (a. Imhof-Schwarz in Cöln). 5 gr.

Ried, Michael, Umriss der Veterinär-Polizei für Polizeibeamte, Ärzte, Tierärzte und Ökonomen. gr. 8. Würzburg 18. Stahel. M. —.50

Ried, P., nach zwanzig Jahren, s.: Bachem's Novellen-Sammlung.

— die Osteringen-Haldenstein, s.: Bachem's Roman-Sammlung.

— keine Wahl, s.: Bachem's Novellen-Sammlung.

Ried, **Thom., Appendix Documentorum ad historiam Militum Auer de Ratisbona et Prennberg spectantium. 4. Münch., (G. Franz). 4 gr.**

-- s. a. Codex chronologico-diplomaticus Episcopatus Ratisbonensis:

Ried, Th., Codex chronologico-diplomaticus Episcopatus Ratisbonensis. Tom. Ius. Cont. DCCL. diplomata, omnisque generis chartas inde a saeculo VIII. ad finem saec. XIII. 4. (Ratisbonne, Montag et Weiss in comm.) 816.

— — id. liber. Tomus IIus et ult. Cont. DL diplomata omnisque generis chartas a saec. XIV ad finem saec. XVI. 4. (Ibid.) 817.

Ried, Thom., Compendium Ritualis Ratisbon., s. a. Compendium.

—Compendium Ritualis Ratisbonensis, ad commodiorem usum clericorum Dioecesis Ratisbonensis editum. 8. Regensb. 798. Ed. II. 809. Ed. III. 823. (Landsh., Krüll). 12 gr.

Ried, Thom., genealog.-diplomat. Geschichte des altadeligen nordgauischen Geschlechtes d. Sintzenhofer. 4. Münch., (G. Franz). 14 gr.

Ried, Thomas, genealogisch-diplomatische **Geschichte d. Grafen von Hohenburg,** Markgrafen auf d. Nordgau. Mit e. Abbildung d. Schlosses Hohenburg. 4. Regensb., Montag u. W. (in Comm.) 812.

— — dasselbe; zweite Abhandl. üb. die Grafen von Hohenburg. 4. Ebend. 814.

— genealog.-diplomat. Geschichte d. erloschenen Rittergeschlechtes der Auer in Regensburg u. Prennberg. 4. Münch., (G. Franz). 4 ℛ

Ried, Th., Geneal.-diplomat. Geschichte des erloschenen Ritter-Geschlechtes der Auer in Regensburg und Prennberg. Mit Stammtfl. München 1819. 4.

— theoret.-prakt. Krankenbuch, od. Anleit. f. Seelsorger, den Kranken u. Sterbenden mit Nutzen beizustehen. 12. Regensb. 799. 2e A. 813. 3e A. 823. (Landsh., Krüll). 6 ℛ

—— theoret.-prakt. Krankenbuch, od. Anleit. f. Seelsorger, den Kranken u. Sterbenden mit Nutzen beizustehen. Zum Gebr. f. Seelensorger d. Regensburger Bisthums. 4. Aufl. 12. (7 B.) Regensburg 834, (Manz.)

— geograph. Matrikel d. Bistrums Regensburg nach alphabet. Ordnung d. Pfarreien. 8. Regensb. 814. (Montag u. W.) 1 ℛ 8 ℛ

— histor. Nachrr. v. dem im Jahre 1552 demolirten Schotten-Kloster-Weyh St. Peter zu Regensburg. Aus Archivalurkunden. 8. Regenb. 813. (Montag u. W.) 3 ℛ

— s. Repertorium üb. die Matrikel d. Bisthums Regensburg.

Ried, Thom., Samml. vaterländ. Theaterstücke. 5 Thle. 8. ... 807. ...

Ried, Veit, fünf Ulanen. Erzählungen aus dem großen Kriege. gr. 8. (248 S.) Berlin 881, F. Luckhardt. * 5 —

Riedberg, Erika (Frau Helene Greef), Allerleirauh. Lustiges u. Trauriges. (154 S.) 12. Heidelberg 903. Heidelberger Verlagsanstalt u. Druckerei. n. 3. —; geb. n. 4. —

Riedberg, Erika (Frau Greef), Es war einmal. Roman. 8. (213 S. m. Bildnis.) Leipzig (902). H. Seemann Nachf. n. 2. 50; geb. n. 3. 60

— drei Frauenleben. Roman. 8. (199 S.) Ebd. (901). n. 4. —; geb. n. 5. —

— Heideheimat. Skizzen aus der Lüneburger Heide. 8. (VI, 167 S.) Ebd. (902). n. 3. —; geb. n. 4. —

Riedberg, Erika (Frau Helene Greef), o du meine Heimat! Novellen aus der Lüneburger Heide. (128 S.) 8. Leipzig-Gohlis 910. Raschwitz, B. Volger. 2. —

— Kinder ihrer Väter, s.: Weber's moderne Bibliothek.

— Mütter u. Söhne. Roman. (172 S.) 8. Berlin 909. R. Taendler. 2.—; geb. 3. —

— ein Sonntagskind. Roman. 8. (288 S.) Ebd. (902). n. 2. 60

— ihre letzte Sühne, s.: Bobach's illustr. Roman-Bibliothek. III. 8.

— Wandlungen, s. a. Kürschner's Bücherschatz.

Wandlungen. Roman von Erika **Riedberg** [d. i. Helene Greef]. Berlin, Leipzig: H. Hillger [1907]. (128 S.) 8° [F.]
= **Bücherschatz,** Kürschners. No 567. [07. 15383

Riede [Schlagwort]

Riede, s.: Preussen. Messtischblätter.

Riede [Verfasser]

Riede, Edward, s. Ride

Riede, J., zur Neuordnung der direkten Steuern Württembergs unter Bezugnahme auf die Einkommensteuer-Gesetzgebung u. Statistik anderer deutscher Bundesstaaten. gr. 8. (III, 96 S.) Stuttgart 894. W. Nitzschke. n. 1. 20

Riede, Johann Nikolaus (Hochheim/Gotha), De majorum in integrum restitutione. Disput. jur. Präs. Ernst Tenzell. Erfurt (J. H. Grosch) 1. VIII. 1713. 16 S. (4.25) 28819
Gew.: Von Wangenheim. — Widm. v.: S. C. Hopff.

Riede, Karl, Referendar aus Gotha: **Der Begriff der Gewalt** im Reichsstrafgesetzbuch. *Erlangen 1899: A. Vollrath.* (54 S.) 8° [F.]
Erlangen, Jur. Diss. v. 22. Juni 1898

Riede, Karl: Untersuchungen zur Entwicklung der bleibenden Niere .... München, k. Hof- u. Univ.-Buchdr. v. Dr. C. Wolf & Sohn, 1887; 34 S. u. 1 Taf. 8°
München, Med. Fak., Inaug.-Diss. v. 1887

Riede, Karl. Untersuchungen zur Entwicklung der bleibenden Niere. Diss. München 1887, A. Buchholz. 8°. 34 S. mit einer Taf.

Riedel, so auch Riedl.

Riedel, ..., s. Aufklärung nach d. Mode.

Riedel, homöopathische Behandlung der Cholera, s. Behandlung.

Bericht über die Entstehung und Entwickelung der Loge zum rothen Kreuz in Danzig zu ihrem 25jährigen Stiftungsfest erstattet von **Riedel.** [Danzig 1898.] 13 S. 8° [Kopftit.]

Riedel, ärztliche Berichte über die k. k. Irren-Heil- und Pflege-Anstalt zu Wien, s. a. Berichte.

Riedel, Dr., *Medicinalr. u. Dir.* Aerztliche Berichte über die k. k. Irren-Heil- und Pflege-Anstalt zu Wien in den JJ. 1853, 1854, 1855 u. 1856. In Folge Hoher Anordn. d. k. k. Min. des Innern veröffentl. *Wien* 1858. In Commiss. bei *Tendler & C.* VII u. 328 S., gr. 8°. Mit 26 Tab. u. 7 Figurentafeln. (Ansichten, Pläne, Kurventabellen.)

Riedel, die Dienstverhältnisse der königl. preußischen Militär-Aerzte im Frieden. Mit besond. Berücksicht. der Dienstverhältnisse der Aerzte des Beurlaubtenstandes nach den neuesten Bestimmungen zusammengestellt und bearb. gr. 8. (XII, 278 S.) Berlin 878, Mittler und Sohn. 5 —

Riedel, die Dienstverhältnisse der königl. preußischen Militär-Aerzte im Frieden. Mit besond. Berücksicht. der Dienstverhältnisse der Aerzte des Beurlaubtenstandes bearb. 2., nach den neuesten Bestimmgn. verb. Aufl. gr. 8. (VIII, 259 S.) Berlin 887. Mittler & Sohn. n. 4. 50

Riedel, die Dienstverhältnisse der königl. preußischen Militärärzte im Frieden. Mit besond. Berücksicht. der einjährig-freiwill. Aerzte u. der Aerzte d. Beurlaubtenstandes bearb. 3. Aufl., nach den neuesten Bestimmgn. umgearb. u. verb. gr. 8. (VII, 266 S.) Berlin 891. E. S. Mittler & Sohn. n. 4. 50

Riedel, Geschichte d... gesessenen adeligen Geschlechts von Bismarck. Berlin 866.

Riedel. Märkische Forschungen Bd. XI. (Enthält u. a.: Geschichte des schlossgesessenen adligen Geschlechtes von Bismarck.) Berlin 1867. 8°.

Riedel, Gesetz, betreffend die Unfallversicherung der Seeleute und anderer bei der Seeschifffahrt betheiligter Personen vom 13. Juli 1887 mit der Bekanntmachung des Reichs-Versicherungsamts, betreffend die Anmeldung unfallversicherungspflichtiger Seeschifffahrts- und verwandter Betriebe, vom 21. Juli 1887. Berlin 1887.

Riedel. Lübecks Gesundheitswesen. (S.-A.) Lübeck 1895.

RIEDEL, Ein Hexenprocess, verhandelt 1667. (S.-A.) Berlin 1849. 8°. (75 Pfg. H. Kerler, 1911.)

Riedel. Albrecht Achilles' Conflict mit Würzburg u. Sachsen 1440–1443. Berlin.

Riedel, Kontrole der Zu- u. Abgänge bei der Einkommensteuer u. Ergänzungssteuer (Staatssteuer-Kontrole), u. zwar Zugangs-Kontrole 1 üb. Staatssteuern v. Personen m. Jahreseinkommen v. nicht mehr als 3000 Mk., Zugangs-Kontrole 2 über Staatssteuern von Personen m. Jahreseinkommen v. mehr als 3000 Mk. u. v. Aktiengesellschaften pp., Abgangs-Kontrole 1 üb. Staatssteuern von Personen m. Jahreseinkommen von nicht mehr als 3000 Mk., Abgangs-Kontrole 2 üb. Staatssteuern von Personen m. Jahreseinkommen v. mehr als 3000 Mk. u. v. Aktiengesellschaften pp. Fol. (43 S.) Culm (895). (Schwetz, W. Moeser.) n. 1. —

Riedel. Der Krieg Albrecht Achilles' mit Nürnberg. Berlin.

Riedel, die einjährig-freiwilligen Militärapotheker. (Aus: „Die Dienstverhältnisse der preuß. Militärärzte im Frieden".) gr. 8. (4 S.) Berlin 891. E. S. Mittler & Sohn — 15

Riedel's Wirthschaftsbuch f. den mittleren u. kleinen Landwirthschaftsbetrieb. 4., verm. Aufl. Fol. (10 S. u. 120 S. Formulare.) Berlin 894. P. Parey. Geb. n. 2. 50

Riedel, A., der technische Dienst der Genie-Truppen. Uebersichtliche Darstellung für die Offiziere aller Waffen. Mit besond. Berücksicht. des Dienstes der Regiments-Pionniere bearb. gr. 8. (XII und 260 S. mit 160 Figuren auf 12 Stnt. in 4.) Ulm 859, Gebr. Nübling.

Riedel, A., Karte der Umgegend von Danzig. 1 : 100,000. Lithogr. qu. Fol. Nebst alphabet. Verzeichniss der Ortschaften mit Angabe deren Lage nach Quadratnetzen, Entfernung derselben von Danzig nebst Angabe des Kreises und der Poststationen. 8. (5 S.) Danzig 882, Bertling. *

Riedel, A., Meß-Gebete nach dem Inhalt der göttlichen Offenbarung f. größere Kinder u. Erwachsene. 16. (27 S.) Kempten 891. J. Kösel. n. — 10

—— der praktische Theil der niedern Mathematik für Fortbildungsschulen und für die Unteroffiziere technischer Waffen. gr. 8. (VI und 170 S. mit eingedr. Holzschn.) Stuttgart 861, Becher's Verlag.

Riedel Dr. A.: Woher, nach welchen Grundsätzen und auf welchem Wege ist allgemeine Besserung der d. Orthographie zu erwarten? 38. 29. Waidhofen a/Y. R. 79. 80. Progr.

Riedel, A. Chr., Beschreibung des im Fürstenthum Bayreuth zu St. Georgen am See errichteten Zucht- und Arbeitshauses. 4°. Bayreuth 1750.

Riedel, A. H.

— Anleitung z. Strom- u. Deich-Baukunde. 1r Thl. m. K. gr. 4. Berl. Lange. 800.

Riedel, A. H., Entw. z. Behuf d. Vorles. über landwirthschaftl. Baukunst. gr. 4. Lpz. G. Fleischer. 803.

Riedel, Adam: De spasmis, s. Busch, J. Jak. [Praes.]

Riedel, Adolf, aus Freudenthal (Oesterr. Schles.): Ueber die Einwirkung von Hydrazinhydrat auf 3, 5 Dinitrobenzoësäure-Aethylester. *Heidelberg 1902: J. Hörning.* (50 S.) 8° Heidelberg, Naturw.-math. Diss. v. 1902

Riedel, Adolph Friedrich (Johann)

Riedel, Ad. Friedr. Ansprache an die Wähler zu der constituirenden preußischen National-Versammlung. Berlin 1848. 15 S. 8.

Riedel, Ad. Fr., diplomat. Beiträge z. Geschichte d. Mark Brandenburg u. ihrer angrenz. Länder. 1. Thl. gr. 8. (29 B.) Berlin 833, Dümmler.
Bildet einen Anhang zu nachfolgendem Werke.

—— die Mark Brandenburg im J. 1250, od. histor. Beschreib. d. Brandenburg. Lande u. ihrer polit. u. kirchl. Verhältnisse um diese Zeit, eine aus Urkunden u. Kroniken bearb. Preisschr. 2 Thle. gr. 8. Berlin, Dümmler. Thlr.
Thl. 1. Beschreib. d. einzelnen Provinzen d. Mark Brandenburg. (32⅓ B.) 831. 2 Thlr. 12 Gr.
" 2. Beschreib. d. polit. u. kirchl. Verhältnisse d. Mark Brandenburg. (40½ B.) 832. 2 Thlr. 20 Gr.

Riedel, (Ad. Friedr.) Die Bürgerwehr, besonders in Berlin. Vortrag gehalten in der Sitzung des märkischen Geschichtsvereins. Berlin, Nauck 1848. 16 S. 8.

Riedel, Ad. Friedr.: Codex diplomaticus Brandenburgensis. Sammlung der Urkunden, Chroniken u. sonstigen Quellenschriften für die Geschichte der Mark Brandenburg u. ihrer Regenten. (Bd 10 ff.:) Fortges. auf Veranstaltung des Vereines für Geschichte der Mark Brandenburg. Berlin. 41 Bde
Hauptth. 1. Urkunden-Sammlung für die Orts- u. specielle Landesgeschichte. Bd 1—25. 1838—63.
" 2. Urkunden-Sammlung für die Geschichte der auswärtigen Verhältnisse. Bd 1—6. 1843—58.
" 3. Sammlung für allgem. Landes- u. kurfürstl. Haus-Angelegenheiten. Bd 1—3. 1859—61.
" 4. Urkunden-Sammlung für die Orts- u. specielle Landesgeschichte. Bd 1. [Nebst] Suppl.Bd. 1862. 65.
Namenverzeichniß. Bearb. von Heffter. Bd 1—3. 1867—68.
Chronol. Reg. Bd 1. 2. 1867. 69.

Riedel, Ad. Friedr., novus Codex diplomaticus Brandenburgensis. Samml. d. Urkunden, Chroniken u. sonst. Quellenschriften f. d. Gesch. d. Mark Brandenburg u. ihrer Regenten. I. Haupttheil. — A. u. d. T.: Geschichte d. geistl. Stiftungen, d. adlichen Familien, so wie d. Städte u. Burgen d. Mark Brandenburg. 1. u. 2. Bd. gr. 4. Berlin, Morin. [1. (61½ B.) 838—40., 2. (66½ B.) 840, 42. à * 4½ Thlr.] *

Riedel, Ad. Friedr., Codex diplomaticus Brandenburgensis. Sammlung der Urkunden, Chroniken u. sonstigen Quellenschriften f. die Geschichte der Mark Brandenburg u. ihrer Regenten. Des 1. Haupttheils od. der Urkundensamml. für die Orts- u. specielle Landesgeschichte 3—6. Bd. — A. u. d. Ttl.: Geschichte der geistlichen Stiftungen, der adlichen Familien, so wie der Städte u. Burgen der Mark Brandenburg. 3—6. Bd. gr. 4. Berlin 843, Morin. [3. (65 B.) 843., 4. (63¾ B.) 44., 5. (64 B.) 45., 6. (31⅜ B.) 47. à * 4 Thlr. 15 Ngr.] *
1. u. 2. Bd. Ebendas. 1838—42. à * 4 Thlr. 15 Ngr.

Riedel, Adph. Friedr., Codex diplomaticus Brandenburgensis. Sammlung der Urkunden, Chroniken ꝛc. für die Geschichte der Mark Brandenburg und ihrer Regenten. Des 1. Haupttheiles oder der Urkunden-Sammlung für die Orts- und specielle Landesgeschichte 7—9. Bd. A. u. d. T.: Geschichte der geistl. Stiftungen, der adlichen Familien so wie der Städte und Burgen der Mark Brandenburg. 7—9. Bd. gr. 4. (502, 506 und 500 S.) Berlin 848—49, [Grieben.] à Bd. * 4 Thlr. 15 Ngr. *

Riedel's, Adph. Friedr., Codex diplomaticus Brandenburgensis. Sammlung der Urkunden, Chroniken und sonstigen Geschichtsquellen für die Geschichte der Mark Brandenburg und ihrer Regenten. Fortgesetzt auf Veranstaltung des Vereines für Geschichte der Mark Brandenburg. Des 1. Haupttheiles oder der Urkunden-Sammlung für die Orts- und specielle Landesgeschichte 10. und 11. Bd. gr. 4. Berlin 856, G. Reimer. [10. (V und 538 S.) 11. (III und 528 S.) à Bd. 4 Thlr. 15 Ngr.]

Riedel's, Adph. Friedr., Codex diplomaticus Brandenburgensis. Sammlung der Urkunden, Chroniken und sonstigen Geschichtsquellen für die Geschichte der Mark Brandenburg und ihrer Regenten. Fortgesetzt auf Veranstaltung des Vereines für Geschichte der Mark Brandenburg. Des 1. Haupttheiles oder der Urkunden-Sammlung für die Orts- und specielle Landesgeschichte 12—22. Bd. gr. 4. Berlin, G. Reimer. [12. Bd. (III und 516 S.) 857., 13. Bd. (IV und 523 S.) 857., 14. Bd. (III und 532 S.) 858., 15. Bd. (III und 532 S.) 858., 16. Bd. (III und 519 S.) 859., 17. und 18. Bd. (VI und 1032 S.) 859., 19. Bd. (III und 504 S.) 860., 20. Bd. (III und 516 S.) 861., 21. Bd. (III und 520 S.) 862., 22. Bd. (III und 508 S.) 862. à Bd. * 4 Thlr. 15 Ngr.] *

Riedel's, Adph. Friedr., Codex diplomaticus Brandenburgensis. Sammlung der Urkunden, Chroniken und sonstigen Geschichtsquellen für die Geschichte der Mark Brandenburg und ihrer Regenten. Fortgesetzt auf Veranstaltung des Vereines für Geschichte der Mark Brandenburg. Des 1. Haupttheiles oder der Urkunden-Sammlung für die Orts- und spezielle Landesgeschichte 23.—25. Bd. gr. 4. (à Bd. III und 500 S.) Berlin 862,63, G. Reimer. à Bd. * 4 Thlr. 15 Ngr. *

—— dass. Des 2. Haupttheiles 1—4. Bd. A. u. d. Ttl.: Urkunden-Sammlung zur Geschichte der auswärt. Verhältnisse der Mark Brandenburg u. ihrer Regenten. 1—4. Bd. gr. 4. Ebds. [1. (63½ B.) 844., 2. (68 B.) 45., 3. (63¾ B.) 46., 4. (31½ B.) 47. à * 4 Thlr. 15 Ngr.] *

—— dass. — des 2. Haupttheiles 5. Bd. A. u. d. T.: Urkunden-Sammlung zur Geschichte der auswärt. Verhältnisse der Mark Brandenburg und ihrer Regenten. 5. Bd. gr. 4. (500 S.) Ebds. 848. *

—— dass. — Des 2. Haupttheiles oder der Urkunden-Sammlung für die Geschichte der auswärtigen Verhältnisse 6. Bd. gr. 4. (531 S.) Ebendas. 858. *

—— dass. — Des 3. Haupttheiles oder der Sammlung für allgemeine Landes- und kurfürstl. Haus-Angelegenheiten 1—3. Bd. gr. 4. (548 S.; 516 S.; 510 S.) Ebendas. 859—61. à Bd. * 4 Thlr. 15 Ngr. *
Der Preis der bisher erschienenen Bde. I. 1—22., II. 1—6., III. 1—3. beträgt * 139 Thlr. 15 Ngr.

—— dass. — Des 4. Haupttheiles oder der Urkunden-Sammlung für die Orts- und specielle Landesgeschichte 1. (einziger) Bd. gr. 4. (XXXI und 381 S.) Ebendas. 862. *

—— dass. — Suppl.-Bd. und Schluß des ganzen Werkes bis auf die Register. gr. 4. (516 S.) Ebendas. 865. *

—— dass. — Namenverzeichniss zu sämmtl. Bänden. Bearb. von Heffter. 1. und 2. Bd. gr. 4. (529 S., 548 S.) Ebendas. 867,68. à Bd. * 4 Thlr. 15 Ngr. *
Der Preis des completen Werkes ohne die Register ist * 162 Thlr. —

Riedel, Adph. Friedr., novus codex diplomaticus Brandenburgensis. Sammlung der Urkunden, Chroniken und sonst. Geschichtsquellen für die Geschichte der Mark Brandenburg. Namenverzeichniss zu sämmtlichen Bdn. Bearb. von Heffter. 3. Bd. gr. 4. (520 S.) Berlin 868, G. Reimer. *

—— dass. — Chronologisches Register zu sämmtl. Bänden. 1. Bd. 786—1414. gr. 4. (501 S.) Ebendas. 867. *

—— dass. — Chronologisches Register zu sämmtl. Bdn. 2. Bd. 1415—1751. gr. 4. (608 S.) Ebendas. 869. *
1.—4. Haupttheil, Supplementband, Namenverzeichniss 1. und 2. Bd., Chronolog. Register 1. Bd. Ebendas. 1838—1867. (8 Bde.) à * ℳ 13,50.

Riedel, Adolph Friedrich Johann (Mecklenburg), De comite Palatii judiciis praefecto. Diss. jur.-histor. Berlin (Brüschcke) 28. III. 1831. 68 S. mit Biogr. (M.: A. Joerges.) (4.—) 28820
Gew.: Jo. Daniel (Oheim.)

— die Domainen u. Forsten, Gruben, Hütten u. Salinen des Preuß. Staates. 8. (59 S.) Berlin 849, Schroeder in Comm. n. ⅓ ₰

(A. F. RIEDEL), Die Erwerbung der Mark Brandenburg durch das Luxemburgsche Haus. Eine Denkschrift zur Feier des 24sten März 1840 Seiner Excellenz dem Königlichen Wirklichen Geheimen Staats- und Justiz-Minister etc Herrn von Kamptz ehrerbietigst dargebracht von dem Vereine für Geschichte der Mark Brandenburg. Berlin 1840. G. Gropius. 8o.

Riedel, A. Über den Kurfürsten Friedrich II. von Brandenburg und sein Streben nach der Herrschaft am ganzen Ostseestrande. 8. Berlin 1864.

— Geschichte der auf Befehl Sr. Majestät des Königs Friedrich Wilhelm III. wiederhergestellten Kloster-Kirche u. des ehemal. Dominicaner-Mönchs-Klosters zu Neu-Ruppin. — Auf Veranlass. des Magistrats zu Neu-Ruppin herausgeg. von Dr. Kampe. gr. 4. Neu-Ruppin 842. (Berlin, Gropius.) n. ⅔ ₰

—— Geschichte des preußischen Königshauses. 1. und 2. Thl. gr. 8. (XX und 1099 S.) Berlin 861, Gaertner. *

— zehn Jahre aus der Geschichte der Ahnherren des Preußischen Königshauses. Das Aufsteigen des Burggrafen Friedrich VI. v. Nürnberg zur kurfürstl. Würde u. zur Reichsstatthalterschaft in Deutschland dargestellt. Lex. 8. (VIII u. 408 S. m. 3 col. Lith.) Berlin 851, Ernst & Korn. n. 2⅔ ₰

—— Magazin d. Provinzial- u. statutar. Rechts d. Mark Brandenburg u. d. Hrzgth. Pommern. 1—3. Bd. 1. Abthl. gr. 8. Berlin, Hayn. [1. (34¼ B.) 837. 2 Thlr., 2. (22½ B.) 838. 1½ Thlr., 3. 1. (16 B.) 839. 1 Thlr.]
[Mehr nicht erschienen.]

—— Nachricht v. d. Auffindung alter Handschriften d. ehemal. Domcapitels zu Havelberg. gr. 8. (1 B. u. 4 lith. Facsim.) Leipzig 840, T. O. Weigel. *
Aus dem: Serapeum, besond. abgedruckt.

—— Nationalöconomie od. Volkswirthschaft. 3 Bde. gr. 8. Berlin, Morin. [1. (26¾ B.) 838., 2. (26¾ B.) 839. à 1¾ Thlr., 3. (18½ B.) 842. 1½ Thlr.]

Riedel (Adolf Friedrich Johann). Rede in der zweiten Kammer am 3. Dezember 1850. Berlin. Veit u. Comp. 1850. 8 S. 8.

—— Graf Rudolph von Habsburg und Burggraf Friedrich von Nürnberg in ihren Beziehungen zu einander. Eine in der königl. Akademie der Wissenschaften zu Berlin am 15. Novbr. 1852 gelesene Abhandlung. gr. 4. (54 S.) Berlin 853, (Ernst und Korn.) *

Ad. Fr. Riedel, Der Brandenburgisch-Preußische Staatshaushalt in den beiden letzten Jahrhunderten (v. 1601—1807). Berlin, 1866. (242 S. u. XX. Beil.)

—— der brandenburgisch-preussische Staatshaushalt in den beiden letzten Jahrhunderten. Ausführung eines in der königl. Akademie der Wissenschaften am 6. April 1865 gehalt. Vortrags. gr. Lex.-8. (V und 311 S.) Berlin 866, Ernst und Korn. *

Riedel, Alb., das Abendmahl des Herrn. Eine Ostergabe. gr. 16. (IV und 76 S. mit 1 Stahlst.) Augsburg 862, Kranzfelder'sche Buchh.

Riedel, Alb., Aphorismen über die Evangelien des Herrn. Ein Beitrag zur Apologetik des neuen Testamentes. Augsburg 866. Kranzfelder'sche Buchh. 8. (IV, 121 S.) n. 9 ngr.

Riedel, Alb., die Apocalypse des heil. Johannes. Ein neuer Erklärungsversuch. 8. (58 S.) Augsburg 887, Literar. Institut von Dr. M. Huttler. * — 50

Riedel, Alb., über das Dasein Gottes. Eine Beweisführung in Form zweier Dialoge. 8. (16 S.) Augsburg 869, Kollmann'sche Buchh. [Regensburg, Manz.]
Aus: Sion, besonders abgedruckt.

—— Mein Gottesbeweis auf kosmologischer u. anthropologischer Grundlage. Augsburg, Kollmann, jetzt Regensburg, Verlagsanst., 1873, 8°, 96 S., 1 Mk.

Riedel, Albert, Idealer Kreislauf des Lebens in Natur und Offenbarung. Kempten, Kösel (in Kommiss.), 1876, 12°, VIII, 255 S., 1,50 Mk.

Riedel, Alb., die Krippe des Herrn, für kleine und große Kinder erklärt. 12. (VII, 64 S. mit Illustr.) Donauwörth 883, [Buchh. des kathol. Erziehungsvereins.] Auer. — 90

— Natur-Bilder. Dichtungen auf christl. Anschaug. 16. (IV, 99 S.) Augsburg 872. Kollmann. n. — 80

Riedel, Albert, Die moderne Naturwissenschaft und der erste Glaubensartikel, für gebildete Stände erläutert. Augsburg, Huttlers Litt. Institut, 1889, 12°, IV, 136 S., 1,40 Mk.
Recensj. v. Gutberlet, Natur u. Offbrg Bd. 36 (1890), S. 60. Augsburger Pastoralbl. 1889, Nr. 32.

Riedel, A., Das Sechstagewerk der Bibel. Der Naturwissenschaft, besonders der Gas- und Feuertheorie gegenüber, erläutert. Augsburg, Kranzfelder, 1864, 49 S., 60 Pf.
Populärwissenschaftlicher Harmonisierungsversuch.

Riedel, Alb., Die Unfehlbarkeit des Papstes in seinem obersten Lehramte. Für das lesende Publikum erläutert. Augsburg, Kollmann (jetzt Regensburg, Verlagsanst.), 1871, gr. 8°, III, 27 S., 40 Pf.

Riedel, Albert, Das Verhältnis Gottes zur Welt und des Geistes zur Natur. Augsburg, Kranzfelder, 1864, 8°, IV, 57 S., 60 Pf.
Recens. (Wiener) Allgem. Littztg. 1864, Nr. 46.

—— Die Vernunft u. die alleinseligmachende Kirche in dialogischer Form. Mit Beigabe einer vorausgegangenen u. bereits früher gedruckten dialog. Abhandlung des Verf. „Über das Dasein Gottes". Augsburg, Kollmann (jetzt Regensburg, Verlagsanst.), 1869, 8°, 44 S., 40 Pf.
Recensj. Sion 1869, S. 1176 u. Littblätt. zur Sion 1869, S. 189.

Riedel, Alfr., Entwurf e. Schemas zur Bearbeitung des f. die Bezirksärzte im Königr. Bayern vorgeschriebenen Jahresberichtes üb. die Sanitätsverwaltung im Amtsbezirke. gr. 8. (8 S. m. 1 Formular.) München 901. Seitz & Schauer. n. 1. —
Sonderabdruck aus: „Bayr. ärztl. Correspondenzblatt".

Riedel, Alfred *Richard* [aus Brieg '(Schles.)']: Ein Fall von erworbener idiopathischer progressiver Hautatrophie ... Greifswald, Buchdr. C. Sell, 1895; 41 S., 1 Bl. 8.
Greifswald, Med. Fak., Inaug.-Diss v. 20. Dez. 1895

Riedel, Alfred [app. Arzt aus Forchheim]: Zur Casuistik der heutigen Behandlung complicirter Schädelbrüche ... Nürnberg, Druck v. F. Haffner, 1890; 20 S. 8.
Erlangen, Med. Fak., Inaug.-Diss. v. 1890

**Riedel, Alois.* Betrachtungen über die laut § 66a des Privatbeamtenpensionsgesetzes zur Erfüllung der Versicherungspflicht zugelassenen Ersatzverträge. Wien 1908.

**Riedel, A.* Dienstunfähigkeits- und Ausscheidungstafel für Bureaubeamte. Wien 1907.

**Riedel, Alois.* Die Rechnungsgrundlagen der Allgemeinen Pensionsanstalt für Angestellte. Triest 1909.

— **Andr. Fried.**, Commentatio brevis sistens quaestionem num foeminae in codicillis possint esse testes? Rostock (Adler) 1791. 15 S. (4.25) 28821

Riedel, Anton: Ueber Glycosurie der Wöchnerinnen und Schwangern. Halle (1869): Plötz. 30 S. 8°
Halle-Wittenberg, Med. Diss. v. 30. Okt. 1869
Geb. Quenstedt (Gebirgskr. Mansfeld) 8. 11. 1844. V.

— Dr. Anton, Ausgewählte leichtfassl. Predigten auf die Feste des Herrn, Mariens u. d. Heiligen. Aus dem Nachlasse d. Verfassers herausg von Dr. Leopold Schuster. gr. 8. (XII u. 404 S.) Graz, Ulrich Moser. 2 fl.
1880.

Riedel, Armand, Kanlala od. die Salomonen. Epos, nach oriental. Sagen verf. 8. (531 S.) Dresden 903. E. Pierson. n. 6. —; geb. n. 7. —

— Weltminne. Gedichte. 8. (137 S.) Ebd. 902. n. 2. —; geb. n. 3. —

Riedel, Aug., auf welche Weise ist durch die kirchliche Musik erheblicher, als es gegenwärtig geschieht, auf d. Erbauung d. Gemeinde einzuwirken? Vortrag, geh. vor d. Diöcesanversammlg. in Plauen i. V. am 25. XI. 1896. gr. 8. (15 S.) Plauen 897. A. Kell. n. — 20

Riedel, Aug., Verzeichnis der Lieder d. Landesgesangbuchs in ihrer Verteilung auf die Melodien d. Landeschoralbuchs. 8. (III, 20 S.) Plauen i/V. 893. F. E. Neupert's Verl. n. — 40

Riedel, August Ludwig Johannes, Referendar: Das Blanko-Akzept. Borna-Leipzig 1909: Noske. VIII, 39 S. 8°
Leipzig, Jur. Diss. v. 23. März 1909
[Geb. 16. April 84 Leipzig; Wohnort: Lengenfeld i. V.; Staatsangeh.: Sachsen; Vorbildung: Gymn. Plauen Reife O. 03; Studium: München 1, Leipzig 6 S.; Rig. 22. Febr. 07.] [U 09. 2043

Riedel, Bernhard

Riedel, Anleitg. zum Operieren an d. Leiche u. am Lebenden m. Rücksicht auf d. ärztliche Praxis. Für Aerzte u. Studierende. 8. (X, 119 S. m. 2 Abb. u. 3 lith. Taf.) Jena 896. G. Fischer. n. 2. 50; geb. n.n. 3. 20

— über akute Darmwandbrüche, nebst Bemerkgn. üb. d. Reposition u. Operation eingeklemmter Brüche im Allgemeinen, Herniotomia aperta, s. a. Sammlung klin. Vorträge.

Über akute Darmwandbrüche nebst Bemerkgn üb. d. Reposition u. Operation eingeklemmter Brüche im Allgem., Herniotomia aperta. Von Prof. [Bernhard] Riedel. *Leipzig: Breitkopf & Härtel 1896.* (34 S.) 8.
= Sammlung Klinischer Vorträge. No 147. [96. 1728

Riedel, Erfahrungen üb. die Gallensteinkrankheit m. u. ohne Icterus. gr. 8. (VIII, 188 S. m. Fig.) Berlin 892. A. Hirschwald. n. 6. —

Riedel, Bernh., üb. die Operationen der Phimosis. Inaugural-Dissertation. gr. 8. (32 S.) Jena 876. (Deistung.) n. — 60

Riedel, B., die Pathogenese, Diagnose u. Behandlung des Gallensteinleidens. (Erweiterter Abdr. aus dem „Handbuch der Therapie innerer Krankheiten", hrsg. v. Penzoldt u. Stintzing.) (VIII, 145 S. m. 27 Abbildgn.) gr. 8. Jena 903. G. Fischer. n. 3. 60

Zur Pathogenese und Diagnose des Gallensteinkolikanfalles. Von Prof. [Bernhard] **Riedel**. Jena: Fischer 1898. S. 168–274. 8°
Aus: Mitteilungen aus d. Grenzgebieten d. Medizin u. Chirurgie. Bd 5.
[11 10607 5

Riedel, B., die entzündlichen Processe am Hals und die Geschwülste am Hals, s. König.

Riedel, Bernh., s.: Wie wir unsre Heimat sehen.

Riedel, C.: Dorfzeitung. Bayreuth 1844–45.

Riedel, C. T., neueste Schreibekunst, in 20 Vorschriften. 4. Gera, Heinsius. 799.

Riedel, C. T., Vorschriften, od. neueste Schreibekunst, in 20 Vorschriften. 4. Gera 799. N. A. 825. Heinsius. 14 Gr

Riedel, (C. T.,) Vorschriften. (A. u. d. T.: Schreibekunst oder Anweisung deutsche u. franz. Handschriften schreiben zu lernen.) Neue Aufl. 4. Leipz. 825, Heinsius in G.

Riedel, Carl, s. Riedel, Karl

Riedel, Ch. V., Teplitz et ses Charmes, ou: Histoire de ce lieu et de sa source chaude; description de la ville, de ses bains et de ses environs pittoresques, points de vue les plus remarquables et de plusieurs belles contrées. A l'usage des Baigneurs. 8. (9¾ B.) Teplitz 834. (Prague, Haase fils.)

Riedel, Chr. Gf. Fr., (Musketier,) († ...) der Christ als Unterthan u. Soldat; ein moral. Lesebuch rc. gr. 8. Leipz. u. Weißenf. 799. Gruffe. 18 Gr

— Lebensbeschreib. Chr. Gf. Riedels, s.: Neue Original-Romane. 39 Bd.

Riedel, Christian, aus Münchberg: **Alliteration** bei den drei grossen griechischen Tragikern. *Erlangen 1900: E. Th. Jacob.* (124 S.) 8°
Erlangen, Phil. Diss. v. 26. Juli 1899

Riedel, Curt, s. Riedel, Kurt

Riedel, E, Entstehung, Verbreitung u. Ausartung d. christl. Kirche bis zur Kirchenverbesserung, nebst deren wohlthätigen Folgen. Ein Anhang zu jeder Weltgeschichte. gr. 8. Dresd. u. Leipz. 826. Arnold. 20 Gr

Riedel, Emil

[Umschlagt.:] [F.] Der Bundesraths-Entwurf des bürgerlichen Gesetzbuches in Vergleichung mit dem Preussischen Recht. Von Dr. [E.] **Riedel**, Amtsgerichtsr. IV. Das Familienrecht. *Berlin: Siemenroth & Troschel 1896.* [SA. a. d. Bl. f. Rechtspfl. 1896.] (2 Bl., 121 S.) 1 Bd 8.
[96. 8828

Riedel's, v., Erläuterungen zum Polizeistrafgesetzbuch für Bayern vom 26. Dezbr. 1871. Mit systemat. Einschaltung der bezügl. Bestimmungen des Reichsstrafgesetzbuches und der Gewerbeordnung, sowie mit Berücksicht. der Verordnungen, oberpolizeil. Vorschriften und oberstrichterl. Präjudizien. 4. Aufl., bearb. von Max Proebst. gr. 8. (XIX, 414 S.) [Nördlingen 889.] München, Beck'sche Verlagsh. * 5 —

Riedel, Emil (geb. Kolberg in Pomm. 11. 9. 1846): Ueber den akuten Gelenkrheumatismus. Berlin (1869). (32 S.) 8°
Berlin, Med. Diss. v. 27. Febr. 1869

— s. Gemeindegesetze, die neuen, für das Königr. Bayern.

Riedel, Emil, die neuen Gemeindegesetze f. d. Kgr. Bayern. 2 Bde. (I. hat auch d. Tit.: Das bayer. Gesetz üb. Heimat, Verehelichung u. Aufenthalt v. 16. April 1868. — II. hat auch d. Tit.: Das bayer. Gesetz üb. öffentl. Armen- u. Krankenpflege v. 29. April 1869.) Nördlingen 1868–70. 8°. Hfrzbde.
1: X, 1 Bl., 308 S. 2: XII, 274 S.

Riedel E, d. neuen Gemeindegesetze f. Bayern. I. 4. A., II. 2. A. Nördlingen 1868. 70

— Dasselbe. 3. neu bearb. Aufl. Nördlingen 1875. 8°. Hfrzbd. XVI, 290 S.

— das bayerische Gesetz über die öffentliche Armen- u. Krankenpflege, vom 29. April 1869, s. Gemeindegesetze, die neuen, für das Königr. Bayern.

— Gesetz über Heimath rc., s. Gemeindegesetze, die neuen, für Bayern.

Riedel, [Ernst]: Das BGB. nebst Einf.-Ges. in Vergleichung mit dem preußischen Recht. (Berlin.)
Buch 1. [einz.] Allgem. Teil. (1896. 97.)
(Blätter f. Rechtspfl. im Bez. des Kammergerichts. Jg. 1896, Beil. 7 ff.)

Riedel, E., das bürgerliche Gesetzbuch in Vergleichg. m. dem preuß. Recht. 1.—6. Lfg. gr. 8. (S. 1—464.) Ebd. 896—898. Subskr.-Pr. à Lfg. n. 1. —

Riedel, E., das bürgerliche Gesetzbuch in Vergleichung m. dem preußischen Recht. 7. u. 8. Lfg. gr. 8. (S. 465—624.) Berlin 898. 899. F. Siemenroth. Subskr.-Pr. à n. 1. —

[F.] Die Gestaltung der juristischen Personen des Bürgerlichen Gesetzbuches, in Sonderheit der Vereine u. Stiftgn. E. Vortr., geh. am 12. Dez. 1896 in d. Jurist. Ges. zu Berlin v. Dr. [E.] **Riedel**, Amtsgerichtsr. *Berlin: Siemenroth & Troschel 1897.* (1 Bl., 42 S.) 1 Bd 8. [97. 5616

Riedel's, v., Commentar zum bayerischen Gesetze über öffentliche Armen- und Krankenpflege vom 29. April 1869. Unter Berücksicht. der älteren bayer. Rechtsnormen dieses Betreffes, der einschläg. Reichsgesetze rc. in 3. Aufl. bearb. von Ludw. Aug. v. Müller. gr. 8. (XI, 292 S.) Nördlingen 883, Beck'sche Buchh. * 4 20

[F.] Dr. E[mil] Fh. v. **Riedel's** Kommentar zum Bayerischen Gesetze, die öffentl. Armen- u. Krankenpflege betr., v. 29. April 1869. M. d. Gesetzesnovellen, d. Vollzugsvorschr. u. e. Abdr. d. Reichsges. üb. d. Unterstützgswohnsitz. Neu bearb. u. in 4. Aufl. hrsg. v. Julius Henle, Bezirksamtsass. ... *München: C. H. Beck 1898.* (XVI, 424 S.) 1 Bd 8.
[98. 5873

—— Kommentar zum bayrischen Gesetz über öffentliche Armen- und Krankenpflege. Ergänzungsheft dazu, s. Müller, L. A. v.

—— Commentar zum bayerischen Gesetze über Heimat, Verehelichung und Aufenthalt vom 16. April 1868. Unter Berücksicht. der älteren bayer. Gesetze über Heimat, Ansässigmachung, Verehelichung und Armenpflege, der einschläg. Reichsgesetze rc. in 5. Aufl. bearb. von Ludw. Aug. v. Müller. gr. 8. (X, 297 S.) Ebendas. 881. * 4 50

[Emil] Fh. v. **Riedel's** Commentar zum bayerischen Gesetze über Heimat, Verehelichung und Aufenthalt v. 16. Apr. 1868. Auf Grund d. 5. Ausg. d. Werkes von Ludwig August v. Müller unter Berücks. d. Novellen von 1872, 1884 u. 1892, der älteren bayerischen Gesetzgebung, d. Reichsgesetze u. d. Rechtsprechung d. Verwaltungsgerichtshofes in 6. Aufl. hrsg. von Max Proebst. *München: C. H. Beck 1892.* (X, 349 S.) 8° [F.]
[03. 13886 6

Riedel's, Frhrn. v., Commentar z. Gesetze üb. Heimat, Verehelichg. u. Aufenthalt v. 16. IV. 1868. Unt. Berücksicht. d. Novellen v. 1872, 1884, 1892 u. 1896, der Reichsgesetze, d. Rechtsprechg. d. Verwaltungsgerichtshofes u. d. einschlägigen Literatur in 7. Aufl. hrsg. v. Max Proebst. gr. 8. (XI, 422 S.) München 898. C. H. Beck. Geb. in Leinw. n. 6. —

— Commentar zum Polizeistrafgesetzbuch f. das Königr. Bayern vom 26. Dezbr. 1871. Mit systemat. Einschaltg. der bezügl. Bestimmgn. d. Reichsstrafgesetzbuches, sowie m. Berücksicht. der Reichsgewerbeordng., der Verordngn., oberpolizeil. Vorschriften u. oberstrichterl. Präjudizien. 5. Aufl., bearb. v. Max Proebst. gr. 8. (XXI, 461 S.) Ebd. 894. n. 5. —; geb. in Leinw. n. 6. —

Dr. F[rh.] [Emil] v. **Riedel's** Kommentar zum Polizeistrafgesetzbuch für d. Königreich Bayern v. 26. Dez. 1871. 6. Aufl. hrsg. von Carl August v. Sutner, k. Reg.Ass. *München: C. H. Beck 1903.* (XXVI, 690 S.) 8° [F.] [09. 1746]

Riedel's, Frhrn v., Kommentar zum Polizeistrafgesetzbuch f. das Königr. Bayern vom 26. XII. 1871. 7. Aufl., hrsg. von Carl Aug. v. Sutner. (XXI, 866 S.) 8. München 907. C. H. Beck. Geb. in Leinw. n. 9. —
6. Aufl. (XXVI, 690 S.) 903. Geb. n. 8. —.

Riedel, Emil v., das Polizeistrafgesetzbuch für Bayern vom 26. Dezbr. 1871. Mit systemat. Einschaltung der bezügl. Bestimmungen des Reichsstrafgesetzbuches und Berücksicht. der Verordnungen, oberpolizeil. Vorschriften und oberstrichterl. Präjudizien hrsg. und kurz erläut. 1. und 2. Aufl. gr. 8. (XVI, 255 S.) Nördlingen 872, Beck'sche Buchh. *

Riedel, Emil, das Polizeistrafgesetzbuch für Bayern v. 26. Dezbr. 1871, hrsg. u. erläutert. 3. neu bearb. Aufl. Nördlingen 1875. 8°. Hfrzb.
XVI—290 S. — Ed. 1. ibid. 1872; 5. Aufl. 1881. 8°.

— die Reichsverfassungsurkunde vom 16. April 1871 u. die wichtigsten Administrativgesetze d. deutschen Reichs m. e. systemat. Darstellg. der Grundzüge d. deutschen Verfassungsrechtes, dann m. den Bündnißverträgen, Vollzugsvorschriften 2c. gr. 8. (VI, 287 S.) Ebend. 871. n. 4. —

Riedel, Emil, Schuldrama und Theater. Ein Beitrag zur Theatergeschichte. gr. 8. (75 S.) Hamburg 885, Voß. * 2 —
Aus: Hamburgs Vergangenheit, hrsg. von Karl Koppmann, besonders abgedruckt.

Riedel, Ernst, Ansichten d. Lebens. Ethische Versuche. gr. 8. (V, 188 S.) Berlin 876. Mitscher & Röstell. n. 3. —

Riedel, Ernst, Katechismus der praktischen Arithmetik, s.: Weber's illustr. Katechismen.

— Katechismus d. analytischen Geometrie, s.: Friedrich, M.

— Katechismus der Planimetrie, s.: Weber's ill. Katechism.

Riedel E, Katech. der Planimetrie. (346 S) (Weber's Katech. 225) Leipzig 1900

Riedel, Ernst, u. Rich. **Schurig,** Katechismus der Stereometrie, m. e. Anh. üb. Kegelschnitte, sow. üb. Maxima u. Minima, s.: Weber's illustr. Katechismen Nr. 175.

Riedel, Ernst, katholisches Leben in der Mark Brandenburg. Beiträge zur Geschichte der katholischen Gemeinde in Brandenburg a. H. Festschrift zur Feier des 50. Jahrestages der Wiederanstellg. e. katholischen Priesters in Brandenburg a. H. 12. (134 S.) Berlin 894. Germania. n. — 50

Riedel, Ernst, Turnhallen-Neubau Plagwitz, 1 Bl.

Reflexion und Empfindung. Ein Beitrag z. Lebenswissenschaft. Von Ernst **Riedel,** Amtsger.R. a. D. *Berlin: H. Paetel 1900.* (104 S.) 8° [F.] [01. 966]

Riedel, Ernst [Oberl.]: Über die elektrische Verteilung auf der Reciprocitätsfläche eines Rotationsellipsoides. Leipzig, Druck v. O. Dürr, 1891; 1 Bl., 20 S. 4°
Leipzig, Nicolai-G, OP 1891 (538)

Der Giro- und Scheckverkehr bei den Sparkassen. Hrsg. von E[uchar] **Riedel.** Berlin: Guttentag 1910. 95 S. 8° [10. 17181]

Riedel, E., die Schulsparkasse, ihre Einrichtung u. Bedeutung. (24 S.) 8. Elbing (905). P. Ackt. n. 1. —

Riedel, E., u. H. Rempel, Sparkassenhandbuch nebst Formularen u. Mustern. gr. 8. (VIII, 266 S.) Berlin 900. [J. J. Heine.] J. Guttentag. n. 6. 60; geb. in Leinw. n. 7. 60

Riedel, Eugen *(geb. Breslau 3. 11. 1854)*: Zur Lehre von den dysphatischen Sprachstörungen. Breslau (1879). (34 S.) 8°
[Im Buchhandel 1879 bei Koebner in Breslau.]
Breslau, Med. Diss. v. 7. Nov. 1879

Riedel, Eug., zur Lehre von den dysphatischen Sprachstörungen. Inaugural-Dissertation. gr. 8. (34 S.) Breslau 879. (Koebner.) n. 1. —

Riedel, Eug., die Lehre von den dysphatischen Sprachstörungen. Inaugural-Dissertation. gr. 8. (34 S.) Breslau 880, (Köhler.) * 1 —

Riedel, F., s. Corisande v. Mouleon.

Riedel, F., Erläuterungen zu Richard Wagners Welt-Tragödie: Der Ring des Nibelungen. Mit e. Anh. üb. die übrigen Dramen Wagners. (X, 210 S.) 8. Groß-Borstel 906. F. Riedel. n. 1. —

— s. de Kock, belletristische Schriften.

Riedel, F., Die stufenweise Verteilung der Turnübungen an Gymnasien, Detmold 1866, 18 S., Gr.-8°.

RIEDEL, F. W.
Einleitung zur Chemie nach der electro-chemischen- und der Typentheorie. Frankfurt a. O., 1873. 4to.

Riedel, F. W. A. Akazien-Blüten aus dem Freimaurer-Orden. New Albany, Ind. 1871-72.

Akazien-Blüthen aus dem Freimaurer-Orden. Eine gründliche Beleuchtung der Freimaurerei und des Logen-Unwesens überhaupt mit dem Lichte des Wortes Gottes von F. W. A. Riedel. Bd 1. New Albaney: Selbstverl. 1872. XXII, 567 S. 1 Taf. 8°
Üb. Gesch., Symb., Ritual d. Frmrei, Einwände gegen dieselbe, Kirche u. Frmrei.

Riedel, Fr., die Lehre v. griech. Verbum. 2e Aufl. Mit 2 Tab. 8. Augsb. 827. Wolf. 8 gr

Memoria Francisci Josephi Muelleri, Augustissimo Bavariae Regi a Consiliis in rebus scholasticis, exstincti XII. Calendas Apriles, anno MDCCCXXVII. Scrips. Dr. Fr. **Riedel,** G. P. S. 3-14. Augsburg, Progr. 1828

Riedel, Fr. R. S., s. Riedel, Franz Xaver Samuel

Riedel, Frank A. [aus San Francisco]: Ueber die Einwirkung von Cyanessigester bezw. Benzylcyanid auf Aldehyde, Ketone, Aldehydammoniak, etc. ... Leipzig, J. A. Barth, 1896; 26 S. 8.
Rostock, Phil. Fak., Inaug.-Diss. v. [19. Dez.] 1896

RIEDEL, FRANZ XAVER: Das Buch Job in zwölf Gesaenger. Presburg 1779 bey Michael Benedict und Comp. XVI, 156 S. - 167 mm

Riedel, Frz. Xav., († 1775.) das Buch Job, in 12 Gesängen. 8. Preßb. 779. (Doll in Augsb.) (Krüll in Landsh.) 5 gr

Riedel, Franz Xaver. Das Buch Hiob in 12 Gesängen. Preßburg, Benedikt, 1779, Augsburg, 1781, 8°, 9½ Bg.
Opus postumum.

Riedel, Frz. Xav., d. Buch Hiob, in 12 Gesängen. 8. Presb. (Doll, A.) 791.

— s. Jeremiae Klagelieder.

Riedel, Franz Xav., Die Klagegesänge Jeremiä in zierlichen Versen. Wien, Kurzböck 1761, 8°.

— s. Lieder der Kirche.

Riedel, Franz Xaver, Biblische Lobgesänge in metrischer Übersetzung. Wien, Kurzböck, 1771, 8°.

Riedel, Fr. X., Muster v. Briefen, 2 Thle. 8. Augsb. Veith. 786.

— deutsche Samml. v. Briefmustern f. die Jugend. 8. Wien 775. Dann mit folg. Tit.: Muster v. Briefen. 2 Thle. 8. Augsb. 786. (Kranzfelder). 14 Gr.

— s. Uebersetzung aller bibl. Lieder.

(RIEDEL Franz Xaver Samuel). Der wienerische Sekretär auf alltägliche Fälle . . . (von –). Gerold, Wien 1786. 2. verb., veränd. Aufl. Gerold, Wien 1787. 5. verm. u. verb. Aufl. Gerold, Wien 1798. 8. verm. u. verb. Aufl. Gerold, Wien 1808. 11. verm. u. verb. Aufl. Gerold, Wien 1812. 12. verb. Aufl. Gerold, Wien 1814. 16. verm. Aufl., Gerold, Wien 1822. 1 vol. 602 S.

Riedel, Fr. Xav. S., der wiener. Sekretär auf alltägl. Fälle, f. das gemeine Leben. gr. 8. Wien 810. 12e Aufl. 815. 15e Aufl. gr. 8. Ebd. 820. Gerold. ... 18e Aufl. Ebd. 830. 2 Thlr. Hbg. Pr. 1 Thlr. 8 Gr.

Riedel, Frz. X. S., der Wiener Sekretär f. alltägl. Fälle d. gemein. Lebens. Zum Gebr. f. jeden, der im Briefschreiben u. überh. in d. vorzügl. Geschäfts-Aufsätzen Unterricht erhalten will. 18., verm. u. verb. Aufl. Mit Ttlkpfr. gr. 8. ($40\frac{1}{4}$ B.) Wien 831, Gerold.

Riedel, Frz. Xav. Sam., der Wiener Sekretär für alltägliche Fälle des gemeinen Lebens. 20. auf's neue umgearb., verm. u. durchgehends verb. Aufl. Mit Titelkupf. gr. 8. Wien 844, Gerold. $\frac{2}{3}$ Thlr.

Riedel, Fr. Xav. S., ein Wort an meine Landsleute u. Dienstgefährten, die freiwilligen Jäger. 8. Bresl. 813. Holäufer. 2 Gr.

Philosophische Aphorismen. Von Friedrich Riedel, Stdl. 1849. Ebend. — S. 3—12.
Progr. Hof

Riedel, Friedr., Grundlage e. philosoph.-religiös. Systems in Aphorismen. 8. ($11\frac{1}{2}$ B.) Dinkelsbühl 833, Walthr.

— — (Leipzig, Central-Comptoir.) $\frac{1}{2}$ Thlr.

Riedel, Friedrich Justin

— nöthige Beilage zu Rautenstrauchs Biographie Marien Theresiens. gr. 8. Wien 780. Kurzbeck. 5 Gr.

Riedel, Fr. Just., († d. 2. März 1785.) philosoph. Bibliothek. 4 Stücke. gr. 8. Halle 768 u. 69. Gebauer. 1 Thlr. 12 Gr.

— Briefwechsel mit dem Antikritikus; herausgg. v. J. G. C. Gleichmann. 8. (Halle). 768. Curt. 1 Gr.

— Belontes d. Dritte, oder Lobrede a. e. Waldeckschen Sergeanten. gr. 8. Jena, Cuno. 765.

— Briontes der Dritte, oder Lobrede auf einen Waldeckschen Sergeanten. gr. 8. Jena 785. Cuno. 6 Gr.

— Denkmal des Hrn. Joh. Nicol. Meinhard. gr. 8. Jena 768. Stahel. 4 Gr.

— der Einsiedler; eine Wochenschrift. 8. Wien 774. Ghelen. 18 Gr.

— d. Ernsthafte, od. Denk- u. Merkwürdigkt. f. große Leute. 8. Wien 783. (v. Mößle). 6 Gr.

— von d. Glückseligkeit d. Krieges u. Friedens. 4. Weimar 759.

LAUNEN an meinen Satyr (von *Friedr. Justin Riedel*). Erfurt. In Commission der Griesbachischen Buchhandlung, 1772. Kl. 8°. 56 S. (In Zürich, Stadtbibl.) Rar! (10 Mk. Adolf Weigel, 1907.)
Anon.-Lex. III. p. 11 (nach W. v. Maltzahn).

— Launen an meinen Satyr. 8. Erfurt 782. Keyser; (auch Bärecke in Eisen.) 4 Gr.

— Launen an m. Satyr. 8. Erf. Keyser. (a. Wittekind in Eisenach) 782.

— üb. die Musik d. Ritters v. Gluck, verschied. Schriften gesammelt u. herausgg. 8. Wien 775. Trattner. 6 Gr.

— Nachr. an das Publikum, die Erfurt. Akademie betreff. kl. 8. Erfurt 768.

— s. Polesworth, Humphry.

— üb. das Publikum, Briefe an einige Glieder desselben. gr. 8. Jena 768. Cuno. 14 Gr. — noch e. Briefe an d. Publikum. 8. Ebd. 769. 14 Gr.

— metaphysicae Darjesianae tenuia rudimenta per tabulas exposita. 4maj. Jena 766. Cuno. 6 Gr.

— Satyren. 8. Jena, Stahl. 765.

— s.a. Satyren, Sieben.

* **SATYREN**, Sieben, nebst drei Anhängen gesamlet von N. N. (verfasst von *Friedr. Justin Riedel*). O. O. (Jena) 1795. 8°. 350 S. (Auch im British Museum.)
Anon.-Lex. IV. p. 24 (nach Kayser, Meusel, v. Maltzahn u. der Allg. Deutsch. Biogr.).

— 10 Satyren, nebst 3 Anhängen. 3 Bde. 8. Wien 785 u. 86. Kurzböck. 2 Thlr.

— philosoph. Schriften. 3 Bde. Wien ... 786.

— satyr., moral. u. krit. Schriften, nebst Briefen. 5 Thle. 8. Wien 786, 87. (Heubner). 3 Thlr. 8 Gr.

— satyr. moral. u. krit. Schriften, n. Briefen. 5 Thle. 8. Wien, Kurzböck (Lamesina) 786. 87.

— Theorie d. schönen Künste u. Wissenschaften. Ein Auszug aus d. Werken verschied. Schriftsteller. gr. 8. Jena 767. N. A. 773. Stahl. 1 Thlr.

— Theorie der schönen Künste und Wissenschaften. gr. 8. Jena, Stahl. 774.

Riedel, Friedrich Justus [Praes.], s. Hoersselmann, Jo. Andreas Herm.: Philosophiam popularem.

Riedel, Friedrich Karl Ferdinand Otto, s. Riedel, Otto

Riedel, Fritz, aus Zimmersrode (Hessen): **Die Polarvölker,** eine durch naturbedingte Züge charakterisierte Völkergruppe. *Halle a. S. 1902: C. A. Kaemmerer & Co.* (71 S.) 8°
Halle, Phil. Diss. v. 1902

Riedel, G., Wie sollte und könnte die Liturgie, und insbesondere der musikal. Theil derselben, in den evangel. Kirchen unseres deutschen Vaterlandes zweckmäßig verbessert werden? Eine bescheidene Beantwortung dieser wichtigen Zeitfrage. (Urania. 1855. Nr. 9. S. 129—144.) Erfurt 855. Körner's Verlag. gr. 8. $3\frac{3}{4}$ ngr.

Riedel, G. F. Abbild. d. Knochen des menschl. Körpers. Fol. Dessau 783. (Dannheimer in Kempt.) 12 Gr.

Riedel, G. F., Abbild. der Knochen u. Muskeln d. menschl. Körpers. Fol. Dess. Gel. Handl. 783.

Riedel, Gli., († ...) Magazin auserles. Schriftstellen, als Aufgaben z. Auswendiglernen f. die obern Klassen in Volksschulen. 8. Zwickau 806. Schumann. 16 gr

Riedel, G., Magazin auserl. Schriftsteller, als Aufgabe zum Auswendiglernen. 8. Zwickau, Schumann. 806.

Riedel, Gust. (geb. Lützow(-Charlottenburg) 29. 5. 1850): Ein Fall von Pylephlebitis in Folge von Perforation des Processus vermiformis. Berlin (1873). (32 S.) 8°

Berlin, Med. Diss. v. 26. Juli 1873

Riedel, Gust., Gedächtnißtafeln zur Welt-, Literatur- u. sächsischen Geschichte nach den Lehrbüchern von Spieß u. Berlet, Welter, Nösselt, Weber, Dittmar &c. für Schulanstalten u. zur Vorbereitung auf das Freiwilligen-Examen zusammengestellt. Meerane 870. Send. 8. (95 S.) 6 ngr

Riedel, Gust., Rudolph oder der treue Hund. Eine Erzählung für die reifere Jugend. Mit 4 Stahlst. Breslau 856. E. Trewendt. 8. (130 S.) 7½ ngr

Riedel, Gustavus (so auch im Personalverzeichnis; in d. Vita aber: Godofredus Henricus!) (geb. Herrnstadt in Schles. 30. 7. 1829): Ad senatusconsultum Macedonianum. Vratislaviae (1851). (38 S.) 8°

Breslau, Jur. Diss. v. 11. Aug. 1851

Riedel, Gust., der blinde Wilhelm. Eine Erzählung für die reifere Jugend. Mit 4 Stahlst. Breslau 860. Trewendt. 8. (138 S.) 7½ ngr

Riedel, Gust., die Überraschung, s.: Nagler, Franciscus.

Riedel, H., Blauveilchen aus dem Schulgärtchen. Erzählende Dichtungen. Saalfeld 867. Niese. 8. (VII, 72 S.) n. 10 ngr

Riedel, H., 273 [und etliche] Choralcadenzen und kurze Choralvorspiele zu jedem Choralbuche, nach J. G. Töpfer's geordnet. Ein Hülfsbuch für alle Freunde, Lehrer u. Schüler des kirchlichen Orgelspiels, zum Gebrauche beim öffentlichen Gottesdienste. Erfurt 864. Körner's Verlag. qu. 4. (VIII, 60 S.) 1 ß 15 ngr

Riedel, H., Q. Horatii Flacci epistola ad Augustum commentario illustratur. Diss. 1831. 444 S.

Riedel., H. s. *Horatii* Epistola ad Augustum.

Riedel, H., Lesebuch der katholischen Religion, s.: Hoffmann, C.

Riedel, H., Luther, der Gottesheld. Festgedicht in Rede und Gesang für die deutschen evangelisch-luther. Schulen zur Feier des 10. Novbr. 1883. Ausg. A für den Lehrer. 8. (28 S. mit Holzschn.-Portr.) Apolda 883, Lauth. * — 40

Ausg. B: Gesänge für die Schüler. (16 S.) — 15

Riedel, H. C., s. Riedel, Heinrich Karl

Riedel, H. H., s. Riedel, Heinrich Karl

Riedel, Heinrich (aus Öhringen (Württemberg)): Über das Methyl-p-Tolylketon .... Freiburg i. B., Univ. Buchdr. v. H. M. Poppen & Sohn, 1886; 39 S. + 1 Bl. 8°.

Freiburg i. B., Phil. Fak., Inaug.-Diss. v. 1886.

Riedel, Heinrich, über das Methyl-p-Tolylketon. Diss. Freiburg i. B. 1886, Fr. Wagnersche Univ.-Buchh. 8°. 39 S.

Riedel, Hnr. Aug., ausführl. Anleit. z. Strom- u. Deichbaukunde. Des theoret. Theils 1r Bd. Mit Kpf. u. Holzschn. gr. 4. Berl. (Reimer). 1 ß 8 gr

Riedel, Heinrich August, k. preuss. geh. Ober-Bau-Rath etc. Ausführliche Anleitung zur Strom- und Deich-Baukunde. (Mit 1 Taf.) 4. Berlin 1800.

Riedel, Heinrich Karl

— Abriß d. landwirthschaftl. Bauwissenschaft, m. K. gr. 8. Berl. Realschulbuchhdl. 807.

Riedel, Hnr. Karl jun., († d. 1. Juli 1821.) Abriß der landwirthschaftl. Bauwissenschaft. Mit 9 Kpf. gr. 8. Berl. 807. (Reimer). 3 ß

Riedel H. C. (d. jüng.): Erklärung üb. den Zweck, die Construction u. der innern Einrichtung derer auf diesen 8 Kupfertafeln befindlichen z. Gebrauch bei den akadem. Vorlesungen ... entworfenen Gebäude ... Berl. 1803. (10) S. 10 Tvl. Tv.-Fol.

— Erklärung üb. d. Zweck, die Constructur u. die innere Einrichtung der auf 8 Kupfertaf. hierbei befindl., z. Gebrauch bei d. akadem. Vorlesungen über die Baukunst entworfenen Gebäude. gr. 4. Berl. 803. (Spätben). 4 ß

— erste Grundsätze d. Veranschlagung. Mit Kpf. 8. Berl. 809. Himburg. 1 ß 8 gr

— ökonom. Principien z. Unterricht in d. ökonom. Baukunst. 8. Leipz. 806.

— Sammlung architecton. äußerl. u. innerl. Verzierungen für angeh. Baumeister. 1s bis 7 Heft. m. K. Querfol. Berl. Realsch. 804.

illum.

— Samml. architekton. äußerl. u. innerl. Verzierungen f. angehende Baumeister. 8 Hfte. Mit Kpf. qu. Fol. Berl. 804—10. (Reimer). 16 ß ill. 32 ß

Riedel, H. K., Sammlung architektonischer Verzierungen f. Baumeister, 8s Hft. mit K. Querfol. Berl. Realschulbuchh. 812. schwarz

illum.

— Taschenbuch üb. Baumaterialien u. Grundsätze zu Anfertigung d. Bauanschläge. Mit 1 Kpf. gr. 8. Berl. 802. 2e A. 806. (Spätben). 2 ß 6 gr Schrbp. 2 ß 12 gr

Riedel, H. K., Taschenbuch über Baumaterialien und Grundsätze z. Anfert. d. Bauanschläge &c. m. K. gr. 8. Lpz. G. Fleischer. 806.

— — dasselbe m. K. gr. 8. Berl. Belitz. 801.

Riedel, Herm., Dorfbilder. Drei Erzählungen f. Hoch u. Niedrig. Der Pelz. Das Sonntagskind. Das Christbäumchen. Mit 3 Stahlst. 8. (203 S.) Gera 850, Kanitz. ½ ß

Riedel, Herm., Festschrift zum Gauturnen des Saalegaues, 50jähr. Stiftungsfest des Turnvereins Kanis, 25.—26. 6. 1910, Kanis in Thür. 1910, 36 S., 8°.

— Kunning's Hof, od. der Fluch des Sperlings. Erzählung f. die reifere Jugend, deren Erzieher u. Freunde. Mit 3 (lith.) Abbildgn. 8. (IV u. 144 S.) Dresden 852, Adler & Dietze. n. 12 ngr

Riedel, H., Schulmeisterhelden, Bilder aus dem Leben. Erzählungen für den gebildeten Bürger u. Landmann u. deren Lehrer. Mit 6 Stahlst. 1. Bd. 1. Heft. 8. (Mit 1 Stahlst.) Gera 846, Kanitz. 1/6 ß

— Schulmeisterhelden. Erzählungen f. den Bürger u. Landmann u. deren Lehrer. 2. u. 3. Hft. (oder 2. Bd. 1. u. 2. Hft.) 8. (142 S. m. 2 Stahlst.) Gera 847, Kanitz. à 1/6 ß (3 Hfte. ½ ß)

Riedel, Herm., was ist Spiritismus? Ein Wort der Warng. f. alle Menschen. 12. (8 S.) Stuttgart (900). Buchh. „Philadelphia". n.n. — 05

Riedel, J., s.a. Riedel, Jos. G.

Riedel, J., die Webe-Arbeit m. Hand-Apparat, s.: Dorn, A.

Riedel, J., die Webe-Arbeit mit Hand-Apparat, s. Musterbücher, für weibliche Handarbeit.

Riedel, J. D: Berichte. Mentor. 48. Aufl. 1904 ff. Berlin

Riedel, J. D: Preis-Liste über Gelatine-Capseln. Berlin 1903

Riedel, J. D: Preisliste über komprimierte Tabletten usw. Berlin 1906. 1907. 1908

Riedel, J. D: Preislisten der Fabrik chemisch-pharmaceutischer Präparate und Drogen-Großhandlung. 1896 ff. Berlin

Riedel's, J. F. G., Lebensbeschr. od. d. Exstudent im Soldatenrocke, s. neue Originalromane d. Deutschen Jgr.

Riedel, J. G. F., das Toumbuluhsche Pantheon. [Aus: „Abhandlgn. u. Berichte d. zool. u. anthrop.-ethnogr. Museums zu Dresden".] Imp.-4. (11 S.) Berlin 894. R. Friedländer & Sohn. n. 1. 50

Riedel, J. J. E., De Antigoni Gonatae vita et rebus gestis. I. Pr. 1858. 27 S.

Riedel, Jac., drei Bücher aus der Natur oder Naturlehre und Naturgeschichte für Töchterschulen und den Privatunterricht. 3 Thle. gr. 8. Heidelberg, J. Groos Verlag. *

Inhalt:

Thl. 1. Populäre Physik oder leichtfaßliche Naturlehre für Töchterschulen. Mit besond. Rücksicht auf den häusl. Beruf des weibl. Geschlechts bearb. (XX und 224 S. mit 75 in den Text gedr. Fig. in Holzschn.) 863. * 20 Ngr.

" 2. Naturgeschichte. Thierkunde. Mit besond. Rücksicht auf den häusl. Beruf des weibl. Geschlechts bearb. (XVI und 278 S. mit 54 in den Text eingedr. Fig. in Holzschn.) 865. * 20 Ngr.

" 3. Pflanzenkunde und das Nothwendigste aus der Mineralogie. Mit besond. Rücksicht auf den häusl. Beruf des weibl. Geschlechts bearb. (VII und 284 S. mit 112 in den Text eingedr. Fig. in Holzschn.) 868. * 24 Ngr.

Riedel, Jac., drei Bücher aus der Natur oder Naturlehre und Naturgeschichte für Töchterschulen und den Privatunterricht. 3. Thl.: Pflanzenkunde und das Nothwendigste aus der Mineralogie. Mit besond. Rücksicht auf den häusl. Beruf des weibl. Geschlechts bearb. 2. Aufl. gr. 8. (VII, 253 S. mit 116 in den Text eingedr. Fig.) Heidelberg 880, J. Groos. * 2 40

1. Bd. (Populäre Physik) und 2. Bd. (Thierkunde). Ebendas. 1876, 77. à * ℳ 2,40.

Riedel, Jak., s. Desaga's kleine Naturgeschichte.

— physikalische Geographie für landwirthschaftl. Schulen, erweiterte Volksschulen, Landwirthe u. Lehrer. Mit 29 (eingedr.) Holzschn. Heidelberg 870. Weiß. br. 8. (VII, 93 S.) n. 9 ngr.

— Grundzüge der Botanik für Mittelschulen, Knabeninstitute u. den Privatgebrauch. Mit 116 in den Text eingedr. Figg. (in Holzschn.) Heidelberg 868. J. Groos' Verl. gr. 8. (IV, 250 S.) n. 24 ngr.

Riedel, Jak., Grundzüge der Mineralogie f. Mittelschulen, Knabenanstalten, Ackerbau- u. Handelsschulen. Mit 62 (eingedr.) Holzschn. gr. 8. (X, 194 S.) Heidelberg 871. J. Groos. n. 2. 40

— Grundzüge der Zoologie f. Mittelschulen, Knabeninstitute etc. Mit 63 in den Text gedr. Holzschn. gr. 8. (VIII, 291 S.) Ebend. 871. n. 2. 40

— Lehr- u. Lesebuch der französischen Sprache f. Schulen u. den Privatgebrauch. 2. Kursus. Nach naturgemäß. Grundsätzen bearb. gr. 8. (XX, 343 S.) Mannheim 871. Bensheimer. n. 2. 80

Riedel, J., Französisches Lese- u. Conversations-Büchlein für Anfänger, in 2 Abthlgn. [Mit den zu den Aufgaben gehörigen Wörtern.] A. u. d. T.: Livres de lectures et de conversations Françaises. 8. (X u. 119 S.) Heidelberg 852, J. Groos. n. ⅓ ℛ

Riedel, Jac., französisches Lese- und Conversations-Büchlein für Anfänger, in zwei Abtheilungen; mit den zu den Aufgaben gehörigen Wörtern. A. u. d. T.: Livret de lectures et de conversations françaises pour la première instruction, en deux parties; avec un vocabulaire. 2., verm. u. verb. Aufl. Heidelberg 853. J. Groos. 8. (X, 140 S.) n. 10 ngr.

—— französisches Lese- und Conversations-Büchlein für Anfänger, in 2 Abthlgn.; mit den zu den Aufgaben gehör. Wörtern. 3. Aufl. verm. und verb. 8. (XII und 138 S.) Heidelberg 863, J. Groos Verlag. cart. *

—— französisches Lese- und Conversations-Büchlein für Anfänger, in 2 Abthlgn. mit einem Wörterverzeichniss. 4. Aufl., verm. und verb. gr. 8. (XII, 117 S.) Heidelberg 870, J. Groos. * 1 20

Riedel, Jac., französisches Lese- und Conversations-Büchlein für Anfänger, in 2 Abthlgn., mit einem Wörterverzeichniss. 5. Aufl., verm. und verb. gr. 8. (XII, 117 S.) Heidelberg 876, J. Groos. * 1 20

—— französische Lese- und Conversations-Uebungen im Anschluß an die Grammatik in 3 Thln. 1. Thl.: Elementarkursus. gr. 8. (XX, 92 S.) Mannheim 872, Bensheimer. * — 90

—— Livret de lecture et de conversations françaises pour la première instruction, en deux parties; avec un vocabulaire. 2. Edition, corigée et augmentée. A. s. le t.: Französisches Lese- und Conversations-Büchlein für Anfänger. 2., verm. und verb. Aufl. 8. (X und 140 S.) Heidelberg 853, J. Groos Verlag. *

Riedel, Jak., Maman, apprends-moi le français! Erste Uebungen im Französischen mit Kindern von 6 bis 9 Jahren. Für den häuslichen Unterricht und für Vorschulen bearb. gr. 16. (IV und 76 S. mit 1 Stnt.) Heidelberg 857, Bangel und Schmitt. *

— Mamam, apprends-moi le français! Erste Uebungen im Französischen mit Kindern von 6—9 Jahren. Für den häuslichen Unterricht u. für Volksschulen bearb. 2. verb. Aufl. Ebend. 862. 16. (82 S. u. 1 lith. Taf.) n. 8 ngr.

— maman, apprends-moi le français! Erste Uebgn. im Französ. m. Kindern von 6—9 Jahren. Für den häusl. Unterricht u f. Vorschulen bearb. 3. verb. Aufl. gr. 16. (80 S.) Heidelberg 871. J. Groos. n. — 80

Riedels, J., kleine Naturgeschichte. 3 Tle. Durchgesehen v. F. Luppold. 8. Heidelberg 894. G. Weiß, Verl. n. 1,10

1. Tierkunde. 8., verb. Aufl. (64 S. m. 7 Holzschn.) n. — 40
2. Pflanzenkunde. 6., verb. Aufl. (64 S. m. 10 Holzschn.) 895. n. — 40
3. Mineralogie. 3., verb. Aufl. (52 S. m. 17 Holzschn.) n. — 30

—— kurzgefaßte Naturgeschichte für Volksschulen, im Anschluß an das bad. Lesebuch und mit passenden Aufgaben zu schriftl. Uebungen. 8. (IV, 91 S. mit 11 eingedr. Holzschn.-Abbild.) Ebendas. 880. cart. ** — 50

Riedel, J., kurzgef. Naturgeschichte f. Volksschulen im Anschl. an d. badische Lesebuch u. m. pass. Aufgaben zu schriftl. Übgn. Nach dem Tode des Verf. durchgeseh. u. verb. v. Phil. Aug. Büchler. 2. Aufl. 8. (80 S. m. 11 Abb.) Heidelberg 897. G. Weiß, Verl. Kart. n.n. — 50

—— Naturgeschichte für Volksschulen und Anstalten mit erweitertem Lehrplan. 1. und 3. Thl. 8. Heidelberg, Weiß. à Thl. * 40 Pf. * — 80
cart. à Thl. 55 Pf. ** 1 10

Inhalt:

Thl. 1. Thierkunde. 6. verb. Aufl. (64 S. mit 7 eingedr. Holzschn.) 879.
" 3. Mineralogie. 2. verb. Aufl. (72 S. mit 26 eingedr. Holzschn.) 878.
2. Thl. Ebendas. 1876. * 40 Pf.; cart. ** 55 Pf.

—— Naturgeschichte für Volksschulen und Fortbildungsklassen. 3 Thle. 8. Heidelberg 874, G. Weiß. à Thl. * 40 Pf. * 1 20

Inhalt:
Thl. 1. Thierkunde. 3.—5. verb. Doppel-Aufl. (64 S. mit 6 eingedr. Holzschn.)
" 2. Pflanzenkunde. 2.—4. verb. Doppel-Aufl. (63 S. mit 12 eingedr. Holzschn.)
" 3. Mineralogie. (70 S. mit 26 eingedr. Holzschn.)

Riedel, Jac., Naturgeschichte für Volksschulen und Fortbildungsklassen. 1. und 2. Tl. 8. Heidelberg, Weiß' Verlag. à Tl. * — 40

Inhalt:
Tl. 1. Tierkunde. 7. verb. Aufl., durchgesehen von F. X. Lehmann. (64 S. mit 7 Holzschn.) 885.
" 2. Pflanzenkunde. 5. Aufl., durchgesehen von F. X. Lehmann. (60 S. mit 12 Holzschn.) 885.
3. Tl. Ebendas. 1878. * 40 Pf.

— kleine Naturlehre. Neu bearb. v. Johs. Kroder. 11. Aufl. 8. (64 S. m. 36 Holzschn.) Ebd. 895. n. — 40; kart. n.n. — 52

Riedel's kleine Naturlehre. Neu bearb. v. A. Mang. 12. Aufl. (63 S. m. Abb.) kl. 8. Heidelberg 905. vorm. Weiß'sche Univ.-Buchh. Kart n. — 55

—— Naturlehre und Naturgeschichte für Volksschulen und Fortbildungsklassen. 3 Bdchn. 8. Heidelberg, Weiß. *

Inhalt:
Bdchn. 1. Naturlehre für Volksschulen und Fortbildungsklassen. 4., verb. und erweit. Aufl. (57 S. mit 12 eingedr. Holzschn.) Einzeln * 4 Ngr.
2. Naturgeschichte für Volksschulen und Fortbildungsklassen. I. Thierkunde. 2., verb. und verm. Abdr. (64 S. mit 6 eingedr. Holzschn.) Einzeln * 4 Ngr.
" 3. —— dass. — II. Pflanzen- und Steinkunde. (72 S. mit 12 eingedr. Holzschn.) Einzeln * 4 Ngr.

— Naturlehre u. Naturgeschichte für Volksschulen u. Fortbildungsklassen. 3 Bdchn. Heidelberg 869. Weiß. 8. n. 10 ngr.
1. Bdchn. Naturlehre für Volksschulen und Fortbildungsklassen. 4. u. 5. verb. u. erweit. Aufl. (60 S. mit 24 eingedr. Holzschn.) Einzeln n. 4 ngr.
2. Bdchn. Naturgeschichte für Volksschulen und Fortbildungsklassen. I. Thierkunde. 2., verb. u. verm. Abdr. (64 S. mit 6 eingedr. Holzschn.) Einzeln n. 4 ngr.
3. Bdchn. II. Pflanzen- und Steinkunde. (72 S. mit 12 eingedr. Holzschn.) Einzeln n. 4 ngr.

—— Naturlehre für Volksschulen und Fortbildungsklassen. 8. (52 S. mit 20 eingedr. Holzschn.) Heidelberg 865, Weiß. *

—— Naturlehre für Volksschulen und Fortbildungsklassen. 5.—8. Doppel-Aufl. 8. (60 S. mit 29 eingedr. Holzschn.) Ebendas. 869—75. * — 40

Riedel, Jac., Naturlehre für Volksschulen und Fortbildungsklassen. Neu bearb. von Johs. Kroder. 10. Aufl. 8. (64 S. mit 37 Holzschn.) Heidelberg 887, Weiß' Verlag. * — 40

—— Pflanzenheft. 4. (34 S.) Ebendas. 874. ** — 25

Riedel (J.). Pflanzenkunde und das Nothwendigste aus der Mineralogie. Heidelb. 1868. 8°. Ed. 2. 1880.
Forms Th. iii. of Drei Buecher aus der Natur . . .

— populäre Physik oder leichtfaßliche Naturlehre für Töchterschulen. Mit besonderer Rücksicht auf den häuslichen Beruf des weiblichen Geschlechts bearb. Mit 75 in den Text gedr. Fig. (Holzschn.) Ebend. 862. gr. 8. (XX, 224 S.) n. 20 ngr.

—— populäre Physik oder leichtfaßl. Naturlehre für Töchterschulen. Mit besond. Rücksicht auf den häusl. Beruf des weibl. Geschlechts bearb. Mit 81 in den Text eingedr. (Holzschn.)-Fig. 2. Aufl. (233 S.) 1869; 3. verb. und verm. Aufl. gr. 8. (XVI, 211 S.) Heidelberg 877, J. Groos. * 2 40

— Raumformenlehre m. pass. Aufgaben f. die Hand der Schüler. Mit 27 (eingedr.) Holzschn., e. Winkelmesser u. e. Metermaaß, letztere zum Ausschneiden u. Aufkleben bestimmt. (Holzschntaf.) 4. Aufl. 8. (23 S.) Ebend. 874. n. — 20

— Thierkunde für Töchterschulen u. den Privatunterricht. Mit besonderer Rücksicht auf den häuslichen Beruf des weiblichen Geschlechts bearb. Mit 70 in den Text eingedr. (Holzschn.-) Fig. 2., verb. Aufl. gr. 8. (VI, 320 S.) Ebend. 876. n. 2. 40

— praktisches Uebungs-Buch oder methodisch geordnete Aufgaben zur französischen Composition und Conversation. Enthltd.: Deutsche Gespräche, Fabeln, Anekdoten, Geschichten etc. In drei Stufen für Schul- und Privatgebrauch bearbeitet. Leipzig 855. Hahn. gr. 8. (X, 261 S.) 20 ngr.

— der erste Unterricht in der Pflanzenkunde, auf Anschauung gegründet. 8. (36 S.) Ebend. 874. n. — 75

Riedel, Jac., der erste Unterricht in der Pflanzenkunde, auf Anschauung gegründet. 2. verm. Aufl. gr. 8. (IV, 44 S.) Heidelberg 877, Weiss. * — 60

—— der erste Unterricht in der Pflanzenkunde, auf Anschauung gegründet. 3. verm. Aufl. gr. 8. (48 S.) Heidelberg 881, Weiss' Verlag. * — 60

— der schriftliche Verkehr des Gewerbtreibenden oder Anleitung und Muster zur Fertigung von Geschäftsaufsätzen (Quittungen, Rechnungen, Vollmachten, Geschäftsempfehlungen etc.) Verträgen, Eingaben an Behörden, Geschäftsbriefen, nebst der einfachen Buchführung, für den Selbstunterricht und zum Gebrauche in Gewerb-, Bürger- u. Volksschulen. Heidelberg. 853. J. Groos. gr. 8. (VI, 87 S.) n. 8 ngr.

— der schriftliche Verkehr der Gewerbtreibenden oder Anleitung und Muster zur Fertigung von Geschäftsaufsätzen [Quittungen, Rechnungen, Vollmachten etc.], Verträgen, Eingaben an Behörden, Geschäftsbriefe, nebst einer einfachen Buchführung für den Selbstunterricht und zum Gebrauche in Gewerb-, Bürger- und Volksschulen. 2. verb. Aufl. Ebend. 862. gr. 8. (VIII, 86 S.) n. 8 ngr.

Riedel J. der schriftliche Verkehr des Gewerbetreibenden. Heidelberg 1870

— der schriftliche Verkehr d. Gewerbtreibenden od. Anleitg. u. Muster zur Fertigg. v. Geschäftsaufsätzen, Verträgen, Eingaben an Behörden, Geschäftsbriefen, nebst der einfachen Buchführg. f. den Selbstunterricht u. zum Gebrauche in Gewerb-, Bürger- u. Volksschulen 3. verb. Aufl. gr. 8. (VIII, 83 S.) Heidelberg 871. J. Groos. n. — 60

—— Vorschule der französischen Grammatik oder erster Unterricht im Französischen. gr. 8. (VI und 166 S. mit 1 Stnt.) Heidelberg 854, J. Groos Verlag. *

—— Vorschule zur französischen Grammatik oder erster Unterricht im Französischen. 2., verb. und verm. Aufl. gr. 8. (XII und 190 S.) Heidelberg 859, J. Groos. *

— Vorschule zur französischen Grammatik oder erster Unterricht im Französischen. 3., verb. u. durch einen Anh. verm. Aufl. Heidelberg 866. J. Groos Verlag. gr. 8. (XIV, 190 S.) n. 12 ngr.

— Vorschule zur französischen Grammatik od. erster Unterricht im Französischen. 4. Aufl. gr. 8. (XIV, 194 S., wovon 1 lith.) Ebend. 872. n. 1. 20

—— Vorschule zur französischen Grammatik oder erster Unterricht im Französischen. 5. Doppel-Aufl. gr. 8. (XV, 196 S. mit 1 lithogr. Schrifttaf.) Heidelberg 875, J. Groos. * 1 60

Riedel, Jh. Ant., († d. .. April 1806.) s. Verzeichniß der Gemälde d. Gallerie in Dresden.

Riedel, Jh. Chr., († d. 27. März 1792.) Anreden bei d. Einsegnung d. Religionslehrlinge. 8. Königsb. 783. Hartung. 2 gl.

— Betrachtt. üb. d. Menschen, seine Schicksale, seine Bestimmung etc. 8. Königsb. 782. Hartung. 2 gl.

— bin ich ein Christ? die Eigenschaften wahrer Diener Gottes, die selig werden wollen, in 9 Betrachtt. vorgestellt. 8. Königsb. 784. Hartung. 10 gl

— Hauptwahrheiten d. christl. Glaubens, z. Unterricht d. Lernbegierigen u. z. Befestigung u. Stärkung d. Tugendfreunde. 8. Königsb. 788. Hartung. 12 gl

Riedel, Joh. Cph., kurzgefasstes Gartenlexikon, mit e. Gartenkalender. 8. Nordhausen, 1751. Neue Aufl. 1769. (Leipzig, Dyk.) 1. 5

Riedel, Jh. Cph., († ...) kurzgefaßtes Gartenlexicon, mit e. Gartenkalender. 8. Nordhausen 751. Vermehrt 769. Groß. 1 rthl 4 gl

— Gartenlexicon m. e. Gartenkalender. 8. Nordhausen, Groß (Nitzsche) 769.

Riedel, Joh. Christoph, Untersuchung der jetzt grassierenden Viehseuche. Erfurt 749.

Riedel, Joh. Chrstph. Ludw., ein Beitrag zu d. Erfahrungen üb. d. nachtheil. Wirkung d. Leidenschaften u. Gemüthsaffecte, hauptsächl. der Furcht u. d. Schreckens, auf d. menschl. Körper. Eine Monographie. 8. (2 B.) Leipzig 828, Engelmann.
Aus „Ilust, Magazin f. d. gesammte Heilkunde" besond. abgedruckt.

Riedel, Jh. Chr. Ldw., Beitrag zu den Erfahrungen über die nachtheiligen Wirkungen d. Leidenschaften auf Gemüthsaffecte, hauptsächlich der Furcht u. des Schreckens auf den menschlichen Körper. 8. Leipzig 828. (Melzer.) 1/6 rthl

Riedel, Jh. Cph. Ldw., s. Karl v. R**.

R**, Carl von, eine Geschichte aus dem achtzehnten Jahrhundert; ebenso interessant, als lehrreich (von *Joh. Chp. Ludw. Riedel*). 2 Thle. Hildburghausen 1794—95.
Anon.-Lex. I. p. 301 (nach Kayser u. Meusel).

—— über d. Kennzeichen u. Zufälle d. häutigen Bräune d. Kinder; od. Mittel zur Verhüt. unvermuthet schneller Todesgefahr. Eine Belehr. f. sorgfält. Eltern. Nebst 1 nach d. Natur gezeichn. (u. ill.) höchst lehrr. bildl. Darstellung d. innern Vorgänge, die durch d. häut. Bräune in d. Athmungswerkzeugen hervorgebracht werden. 8. (14 Seit.) Großschönau 829. (Zwickau, Richter.)

Riedel, Joh. Chrph. Ludw., über die Kennzeichen und Zufälle der häutigen Bräune der Kinder und deren Wesenheit, nebst den bewährtesten Mitteln, diese so trügerische und leicht zu verkennende etc. Krankheit nicht nur zu verhüten, sondern auch schnell und sicher zu heilen. Zum nützlichen Handgebrauch für angehende Aerzte und zur Belehrung für sorgfältige Eltern etc. 2. (Titel-)Ausg. Leipzig (855.) G. Poenicke in Comm. 8. (196 S.) 15 ngr

—— keine Schnürbrüste mehr! Od. Darstell. d. großen Nachtheile u. der f. Gesundheit u. Leben höchst traurigen Folgen, welche d. Tragen d. Schnürbrüste, insbesond. aber d. feste Schnüren bewirken. Eine beherzigungswerthe Schrift f. Deutschlands Frauen u. Jungfrauen, Erzieher u. Erzieherinnen. M. (6) Abbild. 8. (3 B.) Quedlinburg 831, Basse.

—— über d. Krankheiten d. Ohrs u. Gehörs, mit Abbildn. u. genauer Beschreib. d. Gehörorgane. Ein Noth- u. Hülfsbüchl. f. alle Gehörkranke, zugleich zum nützl. Handgebr. f. angeh. prakt. Aerzte u. Chirurgen. Nach d. besten Quellen d. ältern u. neuest. Literatur bearb. u. mit e. Reihe eigener höchst interessant. u. lehrr. Beobachtn. u. Erfahrn. bereichert. 8. (11 B. u. 2 Stnt. gr. 4.) Leipzig 832, Engelmann.

—— Sammlung v. Beobachtungen u. Erfahrungen d. besten Aerzte aller Zeiten üb. d. wirksamst. empfohlnen Mittel u. Heilmethoden geg. Gicht u. Rheumatismen. Zum Gebr. f. Aerzte u. solche Nichtärzte, die sich gern selbst kuriren wollen. gr. 8. (6 B.) Leipzig 831, Baumgärtner.

—— über d. Ursachen, Folgen, Verhütungs- u. Rettungsmittel von den so häuf. heiml. Jugendsünden, od. Verirrungen d. Geschlechtslebens; physisch, moral. u. polit., v. d. Standpunkte d. Staats-Arzneiwissenschaft u. Medizinal-Polizei betrachtet etc. 8. (4 B.) Quedlinburg 831, Basse.

— der Weg zur Glückseligkeit. 8. Leipzig ... (Melzer.) 1/12 rthl

Riedel, Jh. Chr. Ldw., der Weg z. Glückseligkeit. Leipz., (Wolbrecht). 2 gl

— **Jo. Gottfried** (Glauchau/Meißen), De resurrectione spirituali. Disput. theol. Präs. Johann Olearius. Leipzig (J. Georg) 29. XI. 1698. (5.25) 28826

— — Dasselbe. Leipzig (Schede) 29. XI. 1698. Rec. 1725. 60 S. (5.25) 28827

— **Johann Gotthelf** (Groß-Sermuth), De enteritide. Diss. med. Präs. **Burkard Wilhelm Seiler.** Wittenberg (Chr. H. Graessler) 19. I. 1811. 21 S. (4.—) **28828**

Riedel, Jh. Gli., († d. 11. April 1800.) gründl. Unterricht v. Gebrauch d. Boussola in d. prakt. Geometrie. Mit 12 Kpfr. 8. Leipz. 795. (Kühn). 1 rthl 12 gl Hbg. Pr. 1 rthl

Riedel, J. G., Unterr. v. Gebr. d. Boussola in d. Geometr. m. K. 8. Lpz. Schäfer (Kühn) 809.

Riedel, J. Gli., d. Verbind. d. Sonne, Erde u. d. Mondes in einem Modelle vorgestellt, m. K. gr. 8. Leipzig, Crusius (F. C. W. Vogel) 785.

— **Jo. Martin** (Ilfeld), Commentatio de vita et scriptis Georg Nikolaus Kriegk (Ilfeld) (M.: A. U. Kuhn.) O. O. u. Jahr. 64 S. (5.25) 28829
Gew.: Reich, Boehmer.

Riedel, Johann Paul

Riedel, J. Paul, hat das Näherrecht b. Subhastationen vor oder nach der Adjudication statt? 8. Ansbach, Haueisen (Gassert) 781.

— Versuch e. Beitrags z. Landesgeschichte d. hochfürstl. Hauses Brandenburg-Onolzbach, in histor. Beschreib. d. Ursprungs, d. Beherrscher u. Religion etc. 8. Nürnb. 780.

Riedel, Jos., üb. landwirthschaftliche Ameliorationen in der Herzegovina. Vortrag. Mit 1 Taf. u. 3 Textfig. [Aus: „Wochenschrift dieses Vereins".] Imp.-4. (11 S.) Wien 889. (Gerold & Co.) n. 1. 20

Riedel, J., Kulturtechnische Arbeiten. Ausgeführt im bosnisch-herzegowinischen Karste. Lex.-8°. (8 S.) * K 1.50
Wien: Gerold 1906.

Riedel, Jos., über den Bildungsgang des Culturtechnikers. gr. 8. (8 S.) Wien 880, (Helf's Sortiment.) * — 40
Aus: Wiener landwirthschaftliche Zeitung, besonders abgedruckt.

– Die asiatische Brechruhr, s. Riedel, Jos. G.

Der Kaiser Wilhelm-Kanal und seine bisherigen Betriebsergebnisse. Von Ing. **Josef Riedel**, k. k. Baurat. Mit 3 Tab. u. 10 Textfig. *Wien: Selbstverl.; Gerold & Co. in Komm. 1903.* (20 S.) 8°
Aus: Österr. Wochenschr. f. d. öffentl. Baudienst. H. 27. 1903. (03. 10781)

—— die Luft und das Grundwasser von Wien in hygienischer Beziehung. Vortrag, gehalten in der Plenarversammlung der österreich. Gesellschaft für Gesundheitspflege am 18. April 1883. [Mit 1 (autogr.) Diagramm über die meteorolog., die Grundwasser- und hygien. Verhältnisse von Wien in den J. 1876—1882.] gr. 8. (28 S.) Wien 883, (Gerold u. Comp.)* 1 —

Riedel, Josef, Die Regenfälle u. Ueberschwemmungen in d. Alpenländern u. Rheingegenden während d. Herbstmonate des Jahres 1852. 8. (16 S. mit e. Regenkarte, 5 Diagrammen und 5 statist. Tab.) Wien, *Gerold & Comp. 50 kr. N. b.
1883.

Riedel, Jos, über die Reconstructions-Arbeiten am Rhein-Marne- u. Saar-Kohlen-Canal in Elsass-Lothringen. Vortrag, geh. in d. Vollversammlg. des österreich. Ingenieur- u. Architekten-Vereines am 16. 1. 1897. M. 2 Taf. u. 9 Textfig. [Aus: „Zeitschr. des österr. Ingenieur- u. Architektenvereines".] gr. 4. (16 S.) Wien 897. (Gerold & Co.) n. 6. --

Riedel, Jos., über Städtereinigung mit besonderer Rücksichtnahme auf die Berliner Rieselanlagen und das Marchfeld. Vortrag, gehalten in der Plenarversammlung der „Oesterreichischen Gesellschaft für Gesundheitspflege" am 15. Jänner 1885. Lex.-8. (12 S.) Wien 885, (Gerold und Comp.) * 1 —

Riedel, Jos., eine Studie über Cultur-Technik, den Zustand derselben in Elsass-Lothringen und deren Geschichte in Oesterreich. Nach Vorträgen, gehalten im Club der Land- und Forstwirthe, sowie im österreich. Ingenieur- und Architekten-Verein in Wien. gr. 8. (106 S.) Wien 879, (v. Waldheim.) * 2

—— der Untergang und Wiederaufbau Szegedin's, nebst dem Gutachten der auswärt. Experten über die Theiss-Regulirung. Nach officiellen Quellen bearb. gr. 8. (100 S. mit 4 lithogr. Taf.) Wien 880, v. Waldheim. * 3 -

Riedel, J., Das Verhältnis zwischen Niederschlag und Abfluss. [Sonderabdr. a. d. österr. Wochenschrift f. d. öffentl. Baudienst. Heft 52. 1902.] Gr.-8°. (6 S. mit 1 Karte) K 1.20
Wien: Gerold 1903.

Riedel, Jos., eine transalpine Wasserstrasse? (14 S. m. 1 Taf.) gr. 8. Wien 907. (Gerold & Co.) nn 1.50
Sonderabdruck aus: „Öst. Wochenschr. f. d. öffentl. Baudienst".

—— die Wasserverhältnisse in Schlesien. Ein Beitrag zur Flussregulirungsfrage vom Standpunkte des Cultur-Technikers. gr. 8. (VIII, 127 S. mit 4 Tab., 5 lithogr. Taf. und 1 lithogr. und color. Regenkarte.) Wien 881, Frick. * 6 —

— die Wasserversorgung Wiens. (11 S. m. 2 Taf.) gr. 8. Ebd. 904. n. 1.50
Sonderabdruck aus: „Oesterr. Wochenschr. f. d. öffentl. Baudienst".

Riedel, Jos. G., die asiat. Brechruhr, nach den in Galizien gemachten Erfahrn. u. Beobachtn. gr. 8. (4 B.) Prag 832, Haase Söhne.

—— Prag's Irrenanstalt u. ihre Leistungen in d. J. 1827, 1828 u. 1829, nebst den Anzeigen z. Einsend. in d. öffentl. Anstalt, den Bedingungen z. Aufnahme in dies., der Art d. Transportirung u. d. Behandl. der genes. Geisteskranken. Nebst 4 lith. Taf. (gr. 4.) gr. 8. (8¼ B.) Prag 830, (Calve.)

Riedel, Jul. De Hermocratis syracusani vita ac moribus dissertatio. 32 S. Progr. G. Cassel 1878.

Riedel, K.: Zur Frage der pädagogischen Fachbildung der Lehramtszöglinge. S. 30-68. 8° - Troppau LBA., Progr. 1873.

Riedel K.: Zur Frage der Schulwerkstätte. 28. Troppau L.-B.-A. 75.
Progr.

Riedel, K.: Wiener Instrumentalmusik, s. Horwitz, Karl

Riedel K. J H Pestalozzi's Leben, Werke und Grundsätze. (Einleitung zu Pestalozzi, wie Gertrud ihre Kinder lehrt) Wien 1877

Riedel K. Der gegenwärtige Stand der Sapphofrage. 34. Waidhofen a/Th. 81.
Progr.

Riedel K.: Das Sujet der Antigone. Essai. 35. Waidhofen a./Th. 83.
Progr.

Riedel, K., Das Sujet der Sophokleischen Antigone. Pr. 1883. 87 S.

Riedel K.: Übersetzungsproben aus A. 4. Waidhofen a./Th. 82.
Progr.

Riedel K.: Versus de primi fundatoribus (i. e. Monasterii Zwetlensis) ins Deutsche übertr. 8. Waidhofen a./Th. 87.
Progr.

Riedel, (K. A. G.,) von der Idee Gottes u. ihrer Verwirklichung im Menschen. 8. Erlangen 827. Palm.

Riedel, K. A. G. (Hrsg.), s. Sonntags-Blatt.

K. Ph. Riedel's Andeut. d. Unterschiedes zw. d. relig. u. d. philos. Standpunkte; e. vertraul. Brief üb. „Zwei friedl. Blätter v. F. D. Strauss." (*Alt.*, Hammerich. 839.) *Heidelb.*, Groos. 840. gr 8° *Sgl*

Riedel, Karl, Athenäum, s. Athendum.

Riedel, Karl, 1775—1875. Bericht über das 100. Schuljahr der kaiserl. königl. Lehrerbildungs-Anstalt zu Troppau. Unter Mitwirkung des Lehrkörpers hrsg. gr. 8. (185 S. mit 1 lithogr. Plan des Schulgartens in qu. gr. Fol.) Teschen 876. (Wien 876, Buchholz und Diebel.) * 1 80

—— allgem. Bibliothek der Unterhaltung, s. Bibliothek.

Riedel, Karl (Hrsg.), s. Bibliothek für moderne Politik und Staatswissenschaft.

—— Bilder aus der Heimath u. Fremde, s. Bilder.

— Bilder aus der Heimath u. Fremde. 8. Ebend. 843. 1 ß

Riedel, Carl, appr. Arzt a. Herbesthal: Aus d. chir. Abt. d. Krankenh. Forst bei Aachen, Oberarzt Longard. Ueber Darminvagination. Bonn 1908: Eisele. 30 S. 8°
Bonn, Med. Diss. v. 31. Okt. 1908, Ref. Garrè
[Geb. 25. Febr. 80 Baal; Wohnort: Forst; Staatsangeh.: Preußen; Vorbildung: Realgymn. Aachen Reife M. 01; Studium: Leipzig 1, Bonn 4, München 2, Bonn 3 S.; Coll. 31. Okt. 08; Approb. 1. März 08.] [U 09. 362

– (Hrsg.), s. Descartes, René: Praecipua opera philosophica.

Riedel K.: Der Epitaphios bei Thuk. übersetzt und erklärt. 30. Waidhofen a./Th. 84.
Progr.

Riedel, Karl, Prof., Der Epitaphios bei Thukydides. (Sep.-Abdr.) gr. 8. (32 S.) Waidhofen a. d. Thaya, F. M. Kargel. 90 kr.
1884.

—— polem. Erörterungen aus d. Gebiete d. Kunst u. Literatur, veranlaßt durch d. Vernichtungskampf d. Tendenzen d. neuesten Literatur geg. sich selbst in d. Person d. Hrn. Menzel u. Gutzkow. 8. (7½ B.) Nürnberg 836, Fr. Campe.

Riedel, K., Geschichte des Jakobiner-Klubs, s.: Gallois.

-- Katalog der Lehrerbibliothek. 36 S. Graz, Priv. G. (Scholz), Progr. 1898

Riedel, Dr. Karl, aus Oberfranken, Die Konstituirung des Bauhof-Klubbs zu München — Deutsches Parlament — allgemeines deutsches Verfassungswerk. Sendschreiben an die verehrlichen Mitglieder dieses Klubbs. München, J. Deschler, 1848. 8 S. 8⁰.

Riedel, Karl, Lehrpläne u. Lehrgänge f. die ersten 6 Jahre der Volksschule. Auf Grund der Schul- u. Unterrichtsordng. bearb. v. Lehrern der Troppauer k. k. Lehrerbildungsanstalt. gr. 8. (100 S. m. 1 Steintaf.) Troppau 873. Buchholz & Diebel. n. 2. —

— deutsches Lesebuch f. die Vorbereitungsklassen der Lehrer- u. Lehrerinnen-Bildungsanstalten. Unter Mitwirkg. der prov. Valentin Koschut u. Alois Meixner hrsg. gr. 8. (IV. 348 S.) Ebend. 875. n. 2. 40

— neues histor. Lesebuch für d. Jugend, s. Hillert, Ad.

Riedel Karl: Lexikalisches. Kurzes deutsches Wurzel- und Stammwörterbuch mit Vergleichung der Sanskrit- und der wichtigsten europäischen Sprachen nebst den gebräuchlichsten Fremd- und Lehnwörtern, Eigen-, Thier- u. Pflanzennamen. Die Buchstaben E u. R. umfassend. (47). Gaya 94.
Progr.

—— der fränk. Merkur u. Hr. J. P. Edler v. Hornthal u. mein Verhältniß zu beiden. Eine Monographie z. neuesten Gesch. d. Journalistik 2c. 2. Aufl. gr. 8. (2½ B.) Bamberg 838. (Erlangen, Heyder.)

Riedel, Karl, Thomas More und seine Utopie. 8⁰. Stuttgart 1888.

Riedel, Karl, Prinz Otto. Ein Märchen in zwölf Gesängen. kl. 8. geh. 80 kr.
Waidhofen a. d. Thaya: Kargl 1882.

Riedel, Carl, theoretisch-praktisches Rechenbuch für die unteren Classen höherer Lehranstalten nach den Bestimmungen des neuen Münzsystemes und mit Berücksicht. des Denkrechnens bearb. 1. Cursus. gr. 8. (VIII und 200 S.) Wien 859, Braumüller's Verlags-Conto. Thlr. *

Riedel, Carl, theoretisch-praktisches Rechenbuch für die unteren Classen höherer Lehranstalten. Nach den Bestimmungen des neuen Münzsystems und mit Berücksichtigung des Denkrechnens bearb. 2. Cursus. gr. 8. (VII und 154 S.) Wien 862, Braumüller. *
1. Cursus. Ebendas. 1859. * 15 Ngr.

——, Peter Schlemiel u. sein Sohn, e. Zeit- u. Charakterbild aus d. Landen Bimbam u. Bivbav. gr. 8. (7 B.) Frankfurt a. M. 839. [Altenburg, Helbig.]

— Peter Schlemiel und sein Sohn, ein Zeit- und Charakterbild aus den Landen Bimbam und Bivbav. gr. 8. Frankfurt u. Leipzig 839. Nürnberg. (Altenburg, Helbig.) n. ⅔ ₰

—— Schlußworte an d. fränk. Merkur u. Hrn. v. Hornthal. gr. 8. (½ B.) Bamberg 838. (Erlangen, Heyder.)

Riedel: Skizzen über d. Zeichnenunterricht in d. U.-Realsch. 13 S.--Oberschützen. Progr. 1857

—— Staat u. Kirche. Manuskript aus Norddeutschland, als Antwort an Rom u. seine Freunde. Beitr. z. Gedächtnißfeier d. Thronbesteigung Friedrich d. Gr. gr. 8. (7½ B.) Berlin 840, Simion. *

– s.a. Sylphen.

— Sylphen. Novellenkränze. 8. Leipzig 843, Schreck. 1 ₰

Riedel Karl: Wiener Symphoniker vor und um 1750.
H. 1905 PN 1904 Diss. Wien Univ. 2130

Riedel, Karl [Hrsg.]
Gottfrieds von Berlichingen Ritterliche Thaten. Mit dem Vorworte eines Ungenannten und ergänzenden Einleitungen.
Leipzig: Schreck 1843. XII.204 S. 8⁰

Immanuel (Joseph) Sieyes' Theorie der Volksvertretung in der constitutionellen Monarchie. Aus dessen politischen Schriften dargestellt v. Karl **Riedel**. Darmstadt 1843. 8⁰
= Bibliothek der modernen Politik und Staatswissenschaft. Heft 3.

Riedel: Ueber den mathemat. Unterricht. insbesondere in Unter-Realschulen. 18 S.--Oberschützen. Progr. 1858

Riedel, Karl, die Wechselstrom-Maschinen u. die Drehstrom-Maschinen. Für Elektrotechniker, Monteure, Mechaniker, Schlosser etc. zum Selbststudium in leicht verständlicher Darstellg. verf. gr. 8. (X, 114 S. m. 120 Fig. u. 12 Taf.) Leipzig 901. O. Leiner. n. 3. 50; geb. in Leinw. 4. 50

Riedel, Carl, Referendar: Die Wirkungen nichtiger Ehen im Verhältnis zu Dritten nach § 1344 BGB. Jena 1908: Neuenhahn. 52 S. 8°
Jena, Jur. Diss. v. 19. Jan. 1909, Ref. Thon
[Geb. 3. Aug. 83 Aachen; Wohnort: Saalfeld; Staatsangeh.: Sachsen-Weimar; Vorbildung: Gymn. Jena Reife M. 03; Studium: Halle 2, München 1, Jena 1, Bonn 2, Jena 3 S.; Rig. 11. Nov. 08.] [U 09. 2116

Riedel, Karl Ernst, s. Riedel, Ernst

Riedel, Kurt, approb. Arzt aus Chemnitz: Ueber Bauchschüsse und ihre Behandlung im Frieden und im Kriege. Mit Beiträgen zur Friedenskasuistik. *Leipzig 1903: B. Georgi.* (77 S.) 8°
Leipzig, Med. Diss. v. (15. Dez.) 1903

Riedel, Curt, Med.-Prakt. a. Würzburg: Ueber akute Pericolitis. Leipzig 1907: B. Georgi. (61 S.) 8°
Leipzig, Med. Fak., Ref. Curschmann, Diss. v. 15. März 1907
[Geb. 20. Febr. 81 Würzburg; Wohnort: Leipzig; Staatsangeh.: Sachsen; Vorbildung: Kgl. Gymn. Dresden Reife O. 01; Studium: Leipzig 4, Heidelberg 1, Würzburg 1, Leipzig 4 S.; Coll. 19. März 07; Approb. Febr. 06.]

Riedel, Louis

— der Najiedel u. einige kleinere humoristische Erzählungen in vogtländischer Mundart. 1. u. 2. Aufl. 12. (à 113 S.) Ebd. 901. n. 1. 20; kart. n. 1. 50; geb. in Leinw. n. 1. 80

Riedel, L., 's Bornkinnel. Eine Geschichte in vogtländ. Mundart. 3. Aufl. 12. (117 S.) Plauen 886. F. E. Neupert's Verl. n. 1. 20; kart. n. 1. 50; geb. in Leinw. n. 1. 80

Riedel, L., 's Bornkinnel. Eine Geschichte in vogtländ. Mundart. 8. (117 S.) Plauen 886. Neupert. n. 1. 20; cart. n. 1. 50; geb. n. 1. 80

Riedel, L., derham is derham. Gedichte in vogtländ. Mundart. 1.—3. Aufl. 8. (VIII, 96 S.) Plauen 884, Neupert. * 1 20
cart. * ℳ 1,50.; geb. * 1 80

—— derham is derham. Gedichte in vogtländ. Mundart. 4. Aufl. 8. (VII, 96 S.) Ebendas. 886. * 1 20
cart. * ℳ 1.50.; geb. * 1 80

Riedel, L. Derham is Derham. Gedichte in vogtländ. Mundart. 5. Aufl. 12. (VIII, 102 S.) Plauen i. V. 892, F. E. Neupert's Verl. * 1 20; cart. * 1 50, geb. * 1 80

— Erzählungen u. Gedichte in vogtländ. Mundart. Ausgewählt u. hrsg. v. den Verwaltern der Schülerbibliotheken an den Bürgerschulen zu Plauen i. V. (63 S.) kl. 8. Ebd. 910. — 80; kart. n 1. –

Riedel, L., humoristische Erzählungen in vogtländ. Mundart. 3 Bde. 12. (VIII, 92, 109, 120, 130, IV, 118, 124, IV, 113, IV, 113, 110, III, 118 u. 128, III, 113, 117, VIII, 102 u. 71 S. m. Bildn.) Leipzig 897. Plauen, R. Neupert jun. Geb. in Leinw. n. 13. 50

Riedel, L., im Espich. Erzählungen u. Gedichte in vogtländ. Mundart. 12. (III, 118 S.) Plauen 889. Neupert's Verl. n. 1. 20; cart. n. 1. 50; geb. n. 1. 80

— Hans Födltsch oder: Der vogtländ. Bauernkrieg. Schausp. in 5 Aufzgn. 8. (64 S.) Ebd. 896. n. 1. —

— der Foosnetnarr. Eine Geschichte in vogtländ. Mundart. 2. Aufl. 8. (128 S.) Ebd. 888. n. 1. 20; cart. n. 1. 50; geb. n. 1. 80

[Umschlagt.:] [F.] (Louis) Riedel's Gedichte und Erzählungen in vogtländ. Mundart. Wohlf. Volks-Ausg. in . . . 35 Lfgn . . . Lfg. 1—35. *Plauen i. V.: F. E. Neupert* (Lfg 3 ff.: *Leipzig: F. E. Neupert's Nachf.*) *1897* (a. d. Tit.: *1885—98*). 15 Bde 8.
1. 2. . . . [Tit.:] In der Hutzenstum . . . 5. Aufl. 1897. (VIII, 92 S.)
3. 4. . . . [Tit.:] Hahnickele . . . 3. Aufl. 1898. (108 S., 1 Bl.)
5—7. . . . [Tit.:] Ner a alte Gumfer . . . 3. Aufl. 1896. (1 Bl., 120 S.)
8—10. . . . [Tit.:] De olbere Mumm . . . 3. Aufl. 1896. (1 Bl., 130 S.)
11. 12. . . . [Tit.:] Kunnele . . . 2. Aufl. 1894. (2 Bl., 118 S.)
13—15. . . . [Tit.:] Vugelsteller . . . 3. Aufl. 1894. (1 Bl., 124 S.)
16. 17. . . . [Tit.:] Alle Riet a Luth allaa . . . 3. Aufl. 1893. (2 Bl., 113 S.)
18—20. . . . [Tit.:] Aus ne Milmesgrund . . . 3. Aufl. 1892. (2 Bl., 113 S.)
21. 22. . . . [Tit.:] Der Holzspitzbu . . . 3. Aufl. 1891. (1 Bl., 110 S.)
23. 24. . . . [Tit.:] Im Espich . . . 1889. (2 Bl., 117 S.)
25—27. . . . [Tit.:] Der Foosnetnarr . . . 3. Aufl. 1889. (1 Bl., 128 S.)
28—30. . . . [Tit.:] Af'n Summerhaufen . . . 3. Aufl. 1888. (2 Bl., 113 S.)
31. 32. . . . [Tit.:] 's Bornkinnel . . . 3. Aufl. 1885. (1 Bl., 117 S.)
33. 34. . . . [Tit.:] Derham is Derham . . . 5. Aufl. 1892. (VIII, 102 S.)
35. . . . [Tit.:] Karl Louis Riedel u. s. Schriften in vogtl. Mundart. E. Studie v. Gottfried Doehler. M. 1 Bild d. Dichters in Lichtdr. 1893. (1 Bl., 71 S., 1 Portr.)
[98. 3018

— Gedichte u. Erzählungen in vogtländ. Mundart. Wohlfeile Volksausg. in 35 Lfgn. 12. Ebd. à n. — 30
1. 2. In der Hutzenstum. 5. Aufl. (VIII, 92 S.) 897.
3. 4. Hahnickele. Humorist. Erzählgn. 3. Aufl. (109 S.) 898.
5—7. Ner a alte Gumfer. Eine Geschichte. 3. Aufl. (120 S.) 896.
8—10. De olbere Mumm. E. Geschichte. 3. Aufl. (II, 130 S.) 896.
11. 12. Kunnele. Gedichte u. humorist. Erzählgn. 3. Aufl. (IV, 118 S.) 895.
13—15. Vugelsteller. E. Geschichte. 3. Aufl. (124 S.) 894.
16. 17. Alla Riet a Luthallaa. Derlebbts u. Derdechts. 3. Aufl. (IV, 113 S.) 893.
18—20. Aus ne Milmesgrund. Kleinere Geschichten ernster u. heit. Inhalts. 3. Aufl. (IV, 113 S.) 892.
21. 22. D. Holzspitzbu. E. Erzählg. 3. Aufl. (110 S.) 891.
23. 24. Im Espich. Erzählgn. u. Gedichte. (III, 118 S.) 889.
25—27. Der Foosnetnarr. Eine Geschichte. 3. Aufl. (128 S.) 889.
28—30. Af'n Summerhaufen. Ein kleines Lustspiel, Erzählgn. u. Gedichte. 3. Aufl. (III, 113 S.) 888.
31. 32. 's Bornkinnel. E. Geschichte. 2. Aufl. (117 S.) 885.
33. 34. Derham is Derham. Gedichte. 5. Aufl. (VIII, 102 S.) 892.
35. Karl Louis Riedel u. seine Schriften in vogtländ. Mundart. Eine Studie. Von Gfr. Doehler. (71 S. m. Bildn.) 893.

— ner a alte Gumfer. Eine Geschichte in vogtländ. Mundart. 1. u. 2. Aufl. 12. (120 S.) Ebd. 895. 96. n. 1. 20; kart. n. 1. 50; geb. n. 1. 80

— Hahnickele. Humorist. Erzählgn. in vogtländ. Mundart. 2. Aufl. 12. (109 S.) Ebd. 897. n. 1. 20; kart. n. 1. 50; geb. in Leinw. n 1. 80

— Hahnickele. Humoristische Erzählungen in vogtländ. Mundart. 3. Aufl. 12. (109 S.) Ebd. 898. n. 1. 20; kart. n. 1. 50; geb. in Leinw. n. 1. 80

— Vugtlänner Hausapothek. Eine Auswahl d. schönsten Gedichte u. Erzählgn. in vogtländ. Mundart. Mit e. Bild des Dichters u. seiner Lebensbeschreibg. v. Fel. Fischer, sowie 4 Textbildern. 2 Bde. (96, 96, 113, 107 u. 125, 121, 125 u. 122 S.) kl. 8. Ebd. (909). Geb. in Leinw. 7. —

— der Holzspitzbu. Eine Erzählg. in vogtländ. Mundart. 12. (110 S.) Ebd. 889. n. 1. 20; cart. n. 1. 50; geb. n. 1. 80

—— in der Hutzenstum. Gedichte und Erzählungen in vogtländ. Mundart. 8. (VIII, 103 S.) Ebendas. 884. * 1 20
cart. * ℳ 1,50.; geb. * 1 80

—— in der Hutzenstum. Gedichte und Erzählungen in vogtländ. Mundart. 3. Aufl. 8. (VIII, 103 S.) Ebendas. 885. * 1 20
cart. * ℳ 1.50.; geb. * 1 80

— in der Hutzenstum. Gedichte u. Erzählgn. in vogtländ. Mundart. 4. Aufl. 12. (VIII, 103 S.) Ebd. 889. n. 1. 20; kart. n. 1. 60; geb. in Leinw. n. 1.80

[F.] In der Hutzenstum. Gedichte u. Erzählgn in vogtländ. Mundart v. L[ouis] Riodel. 5. Aufl. *Plauen i. V.: F. E. Neupert 18(93—)97.* (VIII, 92 S.) 1 Bd 8.
= Riodel, L.: Gedichte u. Erzählgn in vogtl. Mundart. Lfg 1. 2. [98. 3308

— Kunnele. Gedichte u. humorist. Erzählgn. in vogtländ. Mundart. 2. Aufl. 12. (IV, 118 S.) Ebd. 894. n. 1. 20; kart. n. 1. 60; geb. n. 1. 80

— 's gruße Lus u. and. Erzählgn. u. Gedichte in vogtländ. Mundart. 2. Aufl. 12. (109 S.) Ebd. 898. n. 1. 20; kart. n. 1. 50; geb. in Leinw. n. 1. 80

— 's gruße Lus u. andere Erzählungen u. Gedichte in vogtländischer Mundart. 3. Aufl. 12. (109 S.) Ebd. (899). n. 1. 20; kart. n. 1. 50; geb. in Leinw. n. 1. 80

[F.] Aus der Maikäferzeit. Eine Gesch. in vogtländ. Mundart erz. v. L[ouis] Riodel. (1. Aufl.) *Leipzig: F. E. Neupert's Nachf. 1898.* (113 S.) 1 Bd 8. [97. 8377

— aus d. Maikäferzeit. Eine Geschichte in vogtländ. Mundart. (2. Aufl.) 12. (113 S.) Ebd. 898. n. 1. 20; kart. n. 1. 50; geb. n. 1. 80

— aus ne Milmesgrund. Kleinere Geschichten ernsten u. heiteren Inhalts, in vogtländ. Mundart erzählt. 2. Aufl. 12. (IV, 113 S.) Ebd. 891. n. 1. 20; kart. n. 1. 50; geb. n. 1. 80

— de olbere Mumm. Eine Geschichte in vogtländ. Mundart. 12. (II, 130 S.) Ebd. 895. n. 1. 20; kart. n. 1. 50; geb. n. 1. 80

Riedel, R., alle Riet a Luth allaa. Derlebbts u. Derdachts. 12. (IV, 113 S.) Plauen 891. F. E. Neupert's Verl. n. 1. 20; kart. n. 1. 50; geb. n. 1. 80

— de Stiefmutter. Eine Geschichte in vogtländ. Mundart. 12. (107 S.) Ebd. 900. n. 1. 20; kart. n. 1. 50; geb. in Leinw. n. 1. 80

Riedel, L., af'n Summerhaufen. Ein kleines Lustspiel, Erzählgn. u. Gedichte in Vogtländ. Mundart. 2. Aufl. 8. (III, 113 S.) Plauen 887. Neupert's Verl. n. 1. 20; cart. n. 1. 50; geb. n. 1. 80

— Vugelsteller. Ein Geschichte in vogtländ. Mundart. 1. u. 2. Aufl. 12. (124 S.) Ebd. 893. n. 1. 20; kart. n. 1. 50; geb. in Leinw. n. 1. 80

Riedel's, L., gesammelte Werke. 1. u. 17.—20. Bd. 12. Plauen, R. Neupert jr. à n. 1. 20; kart. à n. 1. 50; geb. in Leinw. à n. 1. 80
1. Derham is derham. Gedichte in vogtländ. Mundart. 6. Aufl. (VIII, 96 S.) 900.
17. De Stiefmutter. Eine Geschichte in vogtländ. Mundart. 2. Aufl. (107 S.) 900.
18. Der Ansiedel u. einige kleinere humoristische Erzählungen in vogtländischer Mundart. 2. u. 3. Aufl. (à 113 S.) 901.
19. Bejaßen u. Büchele. Ein Lustspiel u. kleinere Erzählgn. in vogtländ. Mundart. 1.—3. Taus. (à 125 S. m. 4 Vollbildern.) 901.
20. Af der Ufenbank. Ernste u. heitere Erzählgn. u. Gedichte in vogtländ. Mundart. (122 S. m. Titelbild.) 902.

Riedel's, L., gesammelte Werke. 21.—24. Bd. 12. Plauen, R. Neupert jr. à n. 1. 20; kart. à n. 1. 50; geb. in Leinw. à n. 1. 80

21. Der Rutkopf u. einige kleinere humorist. Erzählungen u. Gedichte in vogtländ. Mundart. 1.—3. Aufl. (124 S.) (903.)
22. Blaableettle u. Garthab. Eine Erzählg., sowie ernste u. heitere Gedichte in vogtländ. Mundart. 1. u. 2. Aufl. (124 S.) (904.)
23. Gehannesfünkele. Gedichte u. kleine Erzählgn. in vogtländ. Mundart. (125 S.) (905.)
24. Ustéraaer. Ernste u. heitere Erzählgn., sowie e. Schwank in vogtländ. Mundart. (122 S.) (906.)

Riedel's, L., gesammelte Werke. 2. 25.—28. Bd. kl. 8. Plauen, R. Neupert jr. à 1.20; kart. 1.50; geb. in Leinw. 1. 80

2. In der Hutzenstum. Gedichte u. Erzählgn. in vogtländ. Mundart. (6. Aufl.) (98 S.) (909.)
25. Nää, su wos! Erzählungen u. Gedichte in vogtländ. Mundart. (126 S.) (907.)
26. Dös denkt m'r ää net! Erzählungen u. Gedichte in vogtländ. Mundart. (121 S.) (908.)
27. I, gieh ner! Eine Erzählg., Gedichte u. e. Festspiel in vogtländ. Mundart. (128 S. m. Titelbild.) (909.)
28. A Pfännel Eigeichnlettne. Gedichte u. Erzählgn. in vogtländ. Mundart. (120 S.) (910.)

Riedel, Ludwig Moritz

Riedel, L. M., Beiträge zur Kunde d. deutschen Rechts. 1. Beitr.: Ueber d. Dorfschulzen in d. Ländern östlich d. Elbe. gr. 8. (14¼ B.) Königsberg 834, Gebr. Bornträger.

[Mehr nicht erschienen.]

— **Ludwig Moritz** (Mecklenburg-Schwerin), De praescriptione criminum. Diss. Berlin (Brüschcke) 25. VI. 1831. 112 S. mit Biogr. (M.: A. Joerges.) (4.50) 28830

Gew.: C. A. von Kamptz. — Oppon.: B. Leonhardt, W. H. Grothe, E. F. von Seckendorff.

Riedel, Magnus, Unterrichtsbriefe üb. die Entwickelg. u. persönlichen Magnetismus. (Umschlag: Persönl. Magnetismus! Unterrichtsbriefe üb. die Entwickelg. u. Aufspeicherg. v. persönl. Magnetismus z. Erlangg. höherer Geisteskräfte.) gr. 8. Leipzig (909). Ficker's Verl. 1. 50

Riedel, Max [aus Moschwitz '(Schles.)']: Ein Fall von traumatischer Linsenluxation in die Pupille mit Umdrehung der Linse ... Greifswald, Druck v. J. Abel, 1894; 28 S. 8.
Greifswald, Med. Fak., Inaug.-Diss. v. 14. Aug. 1894

Riedel, Max, Gallen u. Gallwespen. Naturgeschichte d. in Deutschland vorkomm. Wespengallen u. ihrer Erzeuger. M. ca. 100 Abb. auf 5 Taf. [Aus: „Aus der Heimat"] gr. 8. (75 S.) Stuttgart 896. Süddeutsches Verlags-Institut. n. 1.—

Riedel, Max, Gallen u. Gallwespen. gr. 8. (75 S. m. 5 Taf.) Stuttgart 896. [Süddtsch. Verlagsinstitut.] K. G. Lutz. n. 1.—

Riedel, O., die Grundlagen der astronomischen Geographie u. ihre unterrichtliche Behandlung. Mit 57 Illustr. u. 2 Sternkarten. gr. 8. (X, 177 S.) Wittenberg 890. R. Herrosé Verl. n. 2. 50

Riedel, O. Dryden's influence on the dramatical literature of England. Diss. Rostock 1868. 29 S. **Progr**

Riedel, Oscar [approb. Arzt aus Norkitten, Prov. Ostpreussen]: Ein Beitrag zur Pathologie und Therapie der Haematocele tunicae vaginalis.... Halle a. S., Druck v. Beyer & Ronnger, 1886; 54 S. 8°.
Halle, Med. Fak., Inaug. Diss. v. 10. Jun. 1886.

Riedel, Oscar, ein Beitrag zur Pathologie und Terapie der Haematocele turnicae vaginalis. Diss. Halle 1886, Lippertsche Buchh. 8°. 54 S.

Riedel, Oscar (geb. Neisse 2. 8. 1825): De pilis eorumque morbis. Berolini (1840). (32 S.) 8°
Berlin, Med. Diss. v. 5. Apr. 1840

Riedel, Otto Die Bedeutung des Dinges an sich in der Kantischen Ethik. 8 (39 S.) **Progr.** G. u. Rprg. *Stolp* 1888 (131)

Riedel, O., die Bedeutung des Dinges an sich in der Kantischen Ethik. gr. 8. (39 S.) Stolp 888. (Schrader.) n. 1. —

Riedel, Otto, die monadologischen Bestimmungen in Kant's Lehre vom Ding an sich. Inaugural-Dissertation. gr. 8. (46 S.) Hamburg 884, (Voss.) * 1 —

Riedel, Otto (II.), die Cholera. Entstehung, Wesen und Verhütung derselben. gr. 8. (VIII, 98 S. mit 5 Taf. Abbild.) Berlin 887, Th. Ch. F. Enslin. cart. * 6 —

Riedel, (Ernst Karl Ferd.) Otto (geb. Berlin 18. [illegible] 1856): Der Tabak als Gift-, Arznei- und Genussmittel. Berlin (1878). ([illegible] S.) 8°
Berlin, Med. Diss. v. 15. Aug. 1878

Riedel, P., war Christus e. Jude?, s.: Volksschriften zur Umwälzung der Geister.

Riedel, Paul: Einiges über das pflanzliche Amyloïd, speciell über Amyloïd der Samen von Tamarindus indica. *Berlin 1897: C. Kühn & Söhne.* (64 S. mit Taf.) 8°
Erlangen, Phil. Diss. v. 21. Juli 1897

Riedel, R.: Alle Riet a Luth allaa. s. Riedel, Louis

Riedel, Reinhold, Assistenzarzt: **Beitrag zur Wirkung des** Magencarcinoms auf das Blut. **Leipzig 1910: Lehmann. 29 S. 8°**
Leipzig, Med. Diss. v. 21. Juli 1910, Ref. **Hoffmann**
[Geb. 25. Aug. 81 Berlin; Wohnort: Charlottenburg; Staatsangeh.: Preußen; Vorbildung: Lessing-Gymn. Berlin Reife O. 02; Studium: Berlin 6, Freiburg i. B. 1, Berlin 3 S.; Coll. 29. Juli 10; Approb. 18 Mai 09.] [U 10. 3015

Riedel, Robert, a. Breslau: **Beiträge zur Kenntnis der** Löslichkeits-**Beeinflussungen. Breslau 1905: H. Fleischmann.** (40 S.) 8°
Breslau, Phil. Fak., Ref. Gadamer, Diss. v. 12. Aug. 1905
[Geb. 28. März 80 Breslau; Heimatsort: Breslau; Staatsangeh.: Preußen; Vorbildung: König Wilhelms-Gymn. Breslau Reife O. 00; Studium: Breslau 2, T.H. Darmstadt 1, Breslau 2 S.; Rig. 14. Juli 05].

Riedel, Rudolf, approb. Arzt aus Carolinensiel: **Beitrag zur** Kenntnis der Hirnabscesse ⟨excl. der oto- und rhinogenen⟩. *Göttingen 1903: W. F. Kaestner.* (127 S.) 8°
Göttingen, Med. Diss. v. [25. Aug.] 1903

Riedel, Rud., Beitrag zur Kenntnis der Hirnabscesse [excl. der oto- u. rhinogenen]. Diss. (127 S.) gr. 8. Göttingen 903. (Vandenhoeck & Ruprecht.) n. 2. 40

Riedel, Rud., der Gottesglaube vom Standpunkte der Vernunft. Eine Antwort auf „Aufklärungsversuche" unsrer Gegenwart. Gemeinverständlich dargestellt. (35 S.) kl. 8. Wien 906. „Austria" F. Doll. n. — 20

Riedel, Rud. Heinr. Albr., kurze exeget. Andeutungen z. prakt. Behandlung sämmtlicher, dem, in den evangel. Kirchen u. Schulen des Königr. Bayern eingeführten, kleinen lutherischen Katechismus beigegebenen beweisenden u. erläuternden Bibelsprüche. Zur Vorbereitung auf den katechetischen Unterricht hrsg. 8. (IV u. 363 S.) Sulzbach 847, v. Seidel. 3/1 ₰

Riedel, Rud. Heinr. Albr., religiöse Aphorismen den gebildeten Nichtgeistlichen der protestant. Kirche zur Betrachtung dargelegt. 16. (3 B.) Sulzbach 844, v. Seidelsche Buchh. Thlr.

Riedel Stephan: Drei physik. Abhandlungen. 1) Elementare Theorie der elektrischen Kraftübertragung. 17. 2) Gesetz der Flächen. 7. 3) Ableitung der electro-dynamischen Grundformel. 10. Prag I. R. 90. **Progr.**

Riedel, Thdr., unterhaltende Belehrungen zur Förderung der Gesundheitspflege und Abwehr der Charlatanerie. hoch 4. (396 S.) Berlin 856, Sacco.
Wurde bereits u. d. T.: Der ärztliche Volksbote. 1. Bd. oder Jahrg. 1855, ausgegeben.

— Sterblichkeits-Verhältnisse in der jüngsten Berliner Cholera-Epidemie, nebst einer Uebersicht der einzelnen Cholera-Sterbefälle nach ihrer räumlichen Verbreitung. (Abdr. aus dem ärztlichen Volksboten.) Ebend. 856. 4. (40 S.) 10 ngr.

Riedel, Th., System der preußischen Handwerksgesetzgebung. Eine Anleitung zum Verständniß der Verordnungen vom 9. Februar 1849, betreffend die Errichtung von Gewerberäthen rc. als Vorarbeit zur Revision der Deutschen Gewerbegesetzgebung und zur Lösung der Handwerkerfrage. Berlin 861. R. Kühn. gr. 8. (VI, 240 S.) n. 1 Thlr.

Riedel, Theodor, Volontärarzt an d. chirurg. Abt. d. Allerheiligen-Hospitals: Torsion des grossen Netzes. Breslau 1907: Breslauer Genossenschafts-Buchdruckerei. (31 S.) 8°
Breslau, Med. Fak., Ref. Garrè, Diss. v. 3. Juni 1907
[Geb. 28. März 80 Hirschberg Schl.; Wohnort: Breslau; Staatsangeh.: Preußen; Vorbildung: Kgl. Realgymn. Zittau Reife O. 00; Studium: Breslau 4, Heidelberg 1, Breslau 4 S.; Coll. 16. Mai 07; Approb. 2. Mai 06.]

Riedel, Theod. Henr. Joan. (geb. Bützow in Meckl. 24. 2. 1818): De intestino coeco et processu vermiformi nonnulla anatomica, physiologica et pathologica. Berolini (1841). (47 S.) 8°
Berlin, Med. Diss. v. 12. Jan. 1841

— **Theophil Wilhelm** (Schleiz/Reuß), Surditatis paralyticae nosologiam. Diss. med. Jena (Branius) 30. VI. 1826. 11 S. (3.—) 28832

Riedel, Valent., Feier-Predigt, s. Hortig, J. N.

Riedel's, Valent. v., Sonn-, Festtags- und Gelegenheitspredigten, herausg. von Ludw. Mehler. 1. u. 2. Bd. Regensburg 860, 61. Manz. gr. 8. Jeder Bd. 1 Thlr. 12 ngr.
1. Bd.: Predigten auf alle Sonntage des ganzen Kirchenjahres. (VIII, 439 S.)
2. Bd.: Predigten auf alle Festtage des ganzen Kirchenjahres. (VII, 393 S.)

Riedel, W., die Glocke der Andacht. Vollständ. Gebetbuch für evangel. Christen in allen Lagen des Lebens. Mit 1 Stahlst. 8. Augsburg 847, (846,) v. Jenisch u. Stage. $1\frac{1}{8}$ Thlr.

Riedel, W. C. Vorlesungen über die Landbaukunst. Berlin. 1821.

Riedel, Wern., der Postscheckverkehr, s.: Sattler's interessante Bibliothek.

Riedel, Wilhelm: Die älteste Auslegung des Hohenliedes. *Naumburg a. S. 1898: Lippert & C.* (41 S.) 8° ¶[Erschien vollständig 1898 u. d. T.: Die Auslegung des Hohenliedes in der jüdischen Gemeinde und der griechischen Kirche.]
Kiel, Theol. Diss. v. [7. März] 1898

Die Auslegung des Hohenliedes in der jüdischen Gemeinde und der griech. Kirche. Von Lic. Wilhelm **Riedel**, Privatdoc. ... in Kiel. *Leipzig: A. Deichert 1898.* [S. 1 ... 41 erschien als Kieler Dissertation 1897.] (3 Bl., 120 S.) 1 Bd 8. (68 565)

Riedel, Wilhelm, a. Nierstein: Die Einteilung des Odenwalds in orographische Gruppen. Ein Beispiel für die Verwertung der Ergebnisse orometrischer Untersuchungen zur Einteilung von Gebirgen. Gießen 1907: v. Münchow. (53 S., 5 Taf.) 8° ¶[Erschien in: Geographische Mitteilungen aus Hessen H. 4, 1908.]
Gießen, Phil. Fak., Ref. Sievers, Diss. v. 18. April 1908
[Geb. 8. Febr. 84 Nierstein; Wohnort: Darmstadt; Staatsangeh.: Hessen; Vorbildung: Ludwig-Georgs-Gymn. Darmstadt Reife M. 02; Studium: Techn. Hochsch. Darmstadt 2, Univ. Gießen 5 S.; Rig. 3. Juni 07.]

Riedel, W(ilhelm): Aus dem pathologischen Institute der Universität Greifswald. Ein Fall von primärem papillären Endotheliom der Pleura. *Greifswald 1898: C. Sell.* (29 S.) 8°
Greifswald, Med. Diss. v. 13. Mai 1898

Riedel, Wilhelm *August* [app. Arzt aus Ochtmersleben]: Ein Fall von Haematoma ovarii bei einem Neugebornen ... Halle a. S., Hofbuchdr. v. C. A. Kaemmerer & C., 1896; 19 S., 2 Bl., 1 Taf. 8.
Halle, Med. Fak., Inaug.-Diss. v. 13. Juni 1896

— d. vorzügl. bekannten Feinde d. Tauben, naturhistor. bearb. gr. 8. Ulm 824. Ebner. 12 kr.

Riedel, Wlh., Frühlings-, Sommer- u. Winterkuren. Eine kurze u. faßl. Anleitung, die verlorene Gesundheit zu erlangen, solche auf eine leichte Art zu befestigen u. zwar mit Rücksicht auf die sogenannten Hausmittel bearbeitet. 8. Stuttgart 834. Brodhag. $\frac{1}{2}$ Thlr.

Riedel, Wlh., patriot. Gedächtnißfeier, in zwei Religionsvortr. d. Freude u. d. Leides, z. Andenken an Max. Joseph I. gr. 8. Ulm 826. Stettin. 12 kr.

— Gesch. d. Augsburg. Confession rc. 2e Aufl. 8. Augsb. 809. v. Jenisch u. St. 4 kr.

Riedel, Wilh., kurze u. zweckmäß. Geschichte d. Augsburg. Confession, zur Vorbereit. auf d. evangel. Jubelfest am 25. Juni 1830, f. alle evangel. Christen, besond. aber f. Bürger- u. Landschulen bearb. 2. Aufl. 8. ($\frac{3}{4}$ B.) Augsburg 830, v. Jenisch u. Stage'sche Buchh.

—— die Grasmücken u. Nachtigallen in Europa; od. vollständ. Naturgeschichte dies. vorzügl. Singvögel, nebst Zaunkönig u. Goldhähnchen; mit besond. Rücksicht auf Fang, Zähmung, Pflege, Wartung, Nutzen u. Vergnügen. Ein unentbehrl. Handb. f. d. Liebhaber dies. Meistersänger. Nach vieljähr., eigener Beobachtung u. Vergleich mit d. Erfahr. der berühmt. Ornithologen. M. 3 Stnt. 8. (16 B.) Nördlingen 833, Beck. Thlr.

Riedel, Wilh., die Höflichkeits-Schule, oder: Das goldene Buch für alle Stände. Eine Sammlung nützl. Lebens- und Klugheits-Regeln, zur Führung eines wohlanständ. Lebens rc. Ein Handbüchlein für Lehrer und Schüler. 12. (106 S.) Augsburg 847, v. Jenisch und Stage.

Riedel, Wilh., die Kirchenrechtsquellen des Patriarchats Alexandrien. Zusammengestellt u. zum Teil übers. gr. 8. (IV, 310 S.) Leipzig 900. A. Deichert Nachf. n. 7.—

Riedel, Wilh., die Krankheiten der Vögel, oder Anleitung, sie stets gesund und heiter zu erhalten, und vorhandene Krankheiten zu heilen rc. Ein unentbehrlicher Rathgeber für alle Vogel- und Geflügel-Liebhaber. Nach eigenen Erfahrungen herausgegeben. Ulm 855. J. Ebner. 8. (108 S.) 12 ngr.

Riedel, Wlh., s. M. Luther's geistl. Lieder.

Riedel, Wilh., alphabet. Register üb. d. neue Gesetz d. Kirchenverwaltungen in Baiern v. 1. Juni 1834, nebst den bis z. 1. Okt. erschien. Erläutern. u. Zusätzen; als Anh. d. Haberstrumpfischen Anleit. z. Verwalt. d. Stiftungswesens, mit allerhöchster Ministerial-Erlaubniß hrsg. gr. 8. ($2\frac{1}{2}$ B.) Ulm 838, Nübling. Thlr.

Wilhelm Riedel

Die vorzüglichsten Singvögel im Zimmer, oder Unterricht wie solche Vögel zu behandeln sind... nebst einer Anweisung, wie junge Vögel am leichtesten zur Erlernung eines beliebigen Gesanges abgerichtet werden können... Vom Verfasser der Taubenzucht [Wilhelm Riedel]. Ulm: Ebner 1825. IV, 200 S. 8°

— d. Taubenzucht in ihrem ganzen Umfange. 8. Ulm 824, Ebner.

Riedel, Wilhelm: Thesen ... behufs Erlangung der Würde eines Licentiaten der Theologie ... *Kiel 1898: Schmidt & Klaunig.* (2 Bl.) 4°
Kiel, Theol. Thes. v. 7. März 1898

—— die Familie Treugott, od. d. Christenpflicht in d. verschied. Zeiten d. Tages; nebst einigen and. Gebeten z. Erweck. d. Glaubens, d. Liebe u. d. Hoffnung in d. bedenkl. Zeit. 8. (2½ B.) Ulm 837. (Leipzig, Künzel. ?)

— alttestamentliche Untersuchungen. 1. Hft. gr. 8. (V, 103 S.) Ebd. 902. n. 2. —

—— das Winterstübchen. Lehrr. Erzähln. f. Jung u. Alt in Beispielen d. Guten aus d. Gesch. u. d. gewöhnl. Leben gesammelt u. bearb. gr. 12. (5 B. u. Tlbild.) Ulm 838, Rübling.

——, Karl Phil. v. Wrede, Fürst u. Feldmarschall, nach seinem Leben u. Wirken. Ein Beitr. zu d. Lebensumrissen berühmter Männer aus Bayern. gr. 12. (3½ B. u. 1 Portr.) Ulm 839, Fr. Ebner.

Riedel, Wilhelm August, s. Riedl

Riedel, Willy, approb. Arzt u. Knappschaftsarzt aus Altenberg i. S.: **Ueber das Auftreten von Geschwüren im Gesicht nach Masern.** *Leipzig 1903: B. Georgi.* (20 S.) 8°
Leipzig, Med. Diss. v. (21. Juli) 1903

Riedel-Ahrens, Bertha

—— s.a.†Lugano, Sylvio.

Riedel-Ahrens, B., zwei Frauen. Roman. 2 Thle. in 1 Bde. 8. (à 180 S.) Hamburg 891. A. B. Laeisz. n. 6. —; geb. n.n. 7. 50

Riedel-Ahrens, B., enthüllte Frauenherzen. Roman. 8. (436 S.) Halle 883, Köstler. * 4 —
—— dass. — 2. (Titel-)Aufl. 8. (436 S.) Leipzig 883, Friedrich. * 4 —

— des Vaters Geheimniß. Roman. 2 Thle. in 1 Bd. gr. 8. (202 u. 196 S.) Ebd. 890. n. 5. —

Riedel-Ahrens, B., [Sylvio Lugano], die Königin der Nacht. Roman. 3. Aufl. 2 Thle. in 1 Bde. 8. (216 u. 211 S.) Hamburg 890. Laeisz. n. 5. —

Riedel-Ahrens, B. [†Sylvio Lugano], tropische Nächte. Roman. 2 Thle. in 1 Bde. 8. (183; 178 S.) Berlin 888, Janke. * 5 —

— Schiffbruch. Erzählung. Wohlfeile Ausg. 8. (336 S.) Ebd. 888. n. 2. —

Riedel-Ahrens, B[ertha; PSylvio Lugano]. Im grauen Schloß. Roman. 2 Tle. in 1 Bd. 8. (164; 194 S.) Berl. 892, Janke. * 5 —

Riedel-Gedenkbuch m. Beiträgen vogtländischer u. stammverwandter Dichter u. Künstler. Im Auftrage des Festausschusses f. die 60. Geburtstagsfeier unsres vogtländ. Volksdichters L. Riedel hrsg. v. Gottfr. Doehler. (VIII, 94 S. m. 1 Abb. u. 17 Taf.) 8. Plauen 907. (F. E. Neupert's Sort.) Kart. 1. 50

Riedelbauch, Rudolf: Untersuchungen über metallisches Vanadin, Niob und Tantal. 1907. 43 S. 8° ¶ Mit unwesentl. Änderungen in: J. Liebig's Annalen d. Chemie. Bd 355.
München, Dr.-Ing.-Diss. v. 31. 12. 1906

Die Geschichte des J. Schmid'schen Marionettentheaters in München von der Gründung 1858 bis zum heutigen Tage. Von A. **Riedelsheimer.** München 1906: Schön. 47 S. 8° [illegible]

RIEDELSHEIMER, Joseph (Deiting): Ueber Krankheiten der Lunge.- München: Pössenbacher 1840. 24 S. 21.3.1840 - Urk (Titel: De morbis pulmonum.); F 65
Diss.Ingolst.-Landsh.-Mchn.

Riedemann, Erwin, Referendar: Der Minderkaufmann. Borna-Leipzig 1909: Noske. X, 88 S. 8°
Leipzig, Jur. Diss. v. 16. Jan. 1909
[Geb. 28. Febr. 83 Geestemünde; Wohnort: Hamburg; Staatsangeh.: Hamburg; Vorbildung: Wilhelm-Gymn. Hamburg Reife O. 02; Studium: Berlin 1, Münster 1, Heidelberg 1, Leipzig 1, Göttingen 2 S.; Rig. 4. Aug. 05.]
[U 09. 2644

[F.] **Riedemann,** Tonio [aus Hamburg]: **Beiträge zur Lehre von der Sachbeschädigung** ... *Hirschberg i. Schl., Buchdr. General-Anz., 1896;* VI S., 1 Bl., 99 S. 8.
Erlangen, Jur. Fak., Inaug.-Diss. v. 1896

Rieden, L. V. de, protocoll. actor. public. pacis Westphal. Monaster. et Osnabr. fol. Frcf. 710.

Riedenauer, A.

Riedenauer: Onomatologische Bemerkungen. 26 S. 8°. - Amberg, Progr. 1868.

Riedenauer, Ant., Studien zur Geschichte d. antiken Handwerks. 1. Bd.: Handwerk u. Handwerker in den homer. Zeiten. gr. 8. (XIII, 221 S.) Erlangen 873. Deichert. n. 2. 80

Rieder: Chronicon Ottocari in rebus, quae ad Henricum Abbatem pertinent, ne sit fons rerum Stiriae script. 14 S. - Graz. Progr. 1859

Rieder, die Lagerbuchführung des elsässischen Weinhändlervereins, s.: Weingesetz. (Kehren.)

Rieder, A: Ueber den Worth der Dampfüberhitzer im allgemeinen und der von Schwoerer im besonderen. (Aachen 1900)

Rieder Adolf *Zum Andenken an Ihre Maj. die Kaiserin Augusta.* 4 1 Bl **Progr.** Friedrichs-G. *Gumbinnen* 1890 (4)

Rieder, Adolf [Oberl. Prof. Dr.]: Blätter, der Erinnerung an die Schulzeit gewidmet. (Tl I u. II.) Gumbinnen, 1892; 1—50 S. 4.
Gumbinnen, k. Friedrichs-G, OP 1892 (4)

Rieder, Blätter, der Erinnerung an die Schulzeit gewidmet. 1. u. 2. Tl. Progr. gr. 4. (60 S.) Gumbinnen 892. (C. Sterzel.) n.n. 1. 60

Rieder, Adolf [Prof. Dr.]: Blätter, der Erinnerung an die Schulzeit gewidmet. Tl 3. [Forts. d. P-Beil. 1892.] Gumbinnen, 1893; 1—34 S. 4.
Gumbinnen, k. Friedrichs-G, OP 1893 (4)

Rieder, A. 1. Quae ad syntaxin hebraicam, qua infinitivus absolutus cum verbo finito eiusdem radicis coniungitur, planiorem faciendam ex lingua graeca et latina afferantur; 2. de linguae hebraicae derivatis, quae vocantur derivata nifal et hitpael. 15 S. **Progr.** G. *Gumbinnen* 1884.

Rieder, Rede, zur Gedächtnißfeier Sr. Maj. des Kaisers Wilhelm am 22. März 1888 in der Aula des königl. Friedrichs-Gymnasiums zu Gumbinnen geh. gr. 8. (8 S.) Gumbinnen 888. Sterzel. — 30

Rieder, Adolf Über die mit mehr als einer Präposition zusammengesetzten Verba im griechischen Texte des neuen Testaments. 30 S. **Progr.** G. *Gumbinnen* 1876.

Rieder, A., über die mit mehr als einer präposition zusammengesetzten verba im griechischen texte des neuen testamentes. gr. 4. (30 S.) Gumbinnen 877, (Sterzel's Buchh.) 1 —

Rieder, A[dolph]: Als die Inaug.-Schrift vertretend wurde angenommen des Verf. Druckschrift: Die Verbindung des infinitivus absolutus mit dem verbum finitum desselben Stammes im Hebräischen auf Grund sämmtlicher im Alten Testament vorkommenden Stellen. Leipzig 1872: Metzger & Wittig. 31 S. 8°
[Halle-Wittenberg, Phil. Diss. v. 4. Aug. 1873]
Geb. [Gumbinnen 11. 8. 1847]
Im Buchhandel Leipzig (Gumbinnen: Sterzel) 1872.

Rieder, A., die Verbindung d. infinitivus absolutus m. dem verbum finitum desselben Stammes im Hebräischen auf Grund sämmtl. im alten Testament vorkomm. Stellen behandelt. gr. 8. (31 S.) Leipzig 872. (Gumbinnen, Sterzel.) — 75

Rieder. Vorlagen zu latein. Retrovertierübungen für I und II a. 1893. 51 S.

— Vorlagen zu lateinischen Retrovertierübungen f. I u. II A. gr. 8. (139 S.) Königsberg 894. Hartung. Kart. n. 1. —

Rieder, Dr. Albert, Pathologie u. Therapie der venerischen Krankheiten. 8. (VIII, 349 S.) Wien 1863. Sallmayer & Comp. 3 fl.

Rieder, Alois, Asperges et vidi aquam für vier Singstimmen mit Orgel. qu. 4. (10 S.) Brixen 879, Theolog. Verlags-Anstalt. * 1 —

Rieder, Carl, s. Rieder, Karl

Rieder, E., e. Mischfall v. Syphilis u. Tuberkulose des Mastdarmes. [Aus: „Jahrbb. d. hamburg. Staatskrankenanstalten" 3. Bd.] gr. 8. (6 S.) Hamburg 894. L. Voss. n. — 75

Rieder, Frz., Handbuch der k. k. Gesetze und Verordnungen über geistl. Angelegenheiten. 2. Bd. A. u. d. T.: Handbuch der k. k. Gesetze und Verordnungen über geistliche Angelegenheiten, vom J. 1846 bis 1855 für alle Kronländer des österreichischen Kaiserstaates. gr. 8. (VI und 352 S.) Wien 855, Mayer und Comp. *

1. Bd. Ebendas. 1847. 2 Thlr. 20 Ngr.

Rieder, Frz., Handbuch der k. k. Gesetze und Verordnungen über geistliche Angelegenheiten. 3. (Schluß-)Bd. A. u. d. T.: Handbuch der k. k. Gesetze und Verordnungen über geistliche Angelegenheiten bis Juni 1859 für alle Kronländer des österreichischen Kaiserstaates. gr. 8. (VIII und 524 S.) Linz 859, Ebenhöch. *

1. und 2. Bd. Wien 1847 und 1855, Mayer und Comp. * 4 Thlr. 20 Ngr.

Rieder, Frz., Handbuch der k. k. Verordnungen über geistliche Angelegenheiten, für sämmtliche Provinzen des österreich. Kaiserstaates, mit Ausnahme v. Ungarn u. Siebenbürgen. [Verordnungen vom J. 1740 bis Ende Mai 1846.] 10 Lfgn. gr. 8. (VI u. 662 S.) Wien 847, Mayer & Co. 2⅔ ℛ︀

Rieder, Frz., Rückblick auf die Sitzung des oberösterreich. Landtages vom 22. Febr. 1867. Linz 867. (Danner's Verlag.) gr. 8. (43 S.) n. 5 ngr

Rieder, Georg, andächtige Besuchung des schmerzhaften Kreuzweges, welchen unser Herr u. Heiland Jesus Christus mit dem schweren Kreuze vom Richthause Pilati bis auf den Berg Calvaria gegangen ist. Abgetheilt in 14 Betorte, zur Erlangung aller Ablässe ꝛc. 24. (96 S. m. eingedr. Holzschn.) Landshut 852, Krüll. n. 1/6 ℛ︀

Rieder, Georg, Gebetbuch, nebst fortlaufenden Betrachtungen zur häuslichen Andacht. 3te verm. Aufl. 12. Landshut, Thomann. 821.

Rieder, (G.,) Gebetbuch nebst fortlauf. Betrachtt. z. häusl. Andacht f. christl. Gemeinden. 4e Aufl. Mit 1 Kpfr. gr. 4. Landsh. 827, Thomann.

—— Gebethbuch nebst fortlauf. Betrachtungen z. häusl. Andacht f. christl. Gemeinden. 5. Aufl. Mit Ttlkpfr., 4 Stndr. u. 16 Holzschn. gr. 12. (10 B.) Landshut 833, Thomann.

— Gebetbuch nebst fortlauf. Betrachtungen f. christkathol. Gemeinden. 6. verm. u. verb. Aufl. gr. 12. (XVI u. 344 S.) Landshut 848, Thomann. 9 ngr

—— gemeinschaftl. Gebethe mit Segnungen zum Gebr. b. gewöhnl. Antlasprozessionen, d. Feldumgangs- u. and. Kreuzgänge. gr. 12. ... Landshut 829, Thomann.

Rieder, Geo., Gebethe u. Litaneien bei d. Octaven, welche bei christl. Gemeinden gewöhnlich eingeführt sind. Mit Ttlkpfr. gr. 12. (5½ B.) Landshut 833. [Regensburg, Manz.]

—— Jesus, meine Liebe! Gebethbuch, mit Belehrungen f. d. Jugend u. auch f. Erwachsene nach Aeg. Jais. Mit Ttlkpfr. 12. (10 B.) Landshut 832. [Regensburg, Manz.]
4 Gr., wß. Pap. m. ill. Ttlkpfr.

Rieder, G., Jesus meine Liebe! Gebethb. mit Belehrn. f. d. Jugend u. auch f. Erwachsene. 2., verm. u. verb. Aufl. (12 B. u. Ttlkpfr.) 837., 3., verm. u. verb. A. 18. (10 B., 1 Stahlst. u. 15 Vign.) 841., 4., verb. u. verm. A. gr. 18. (10½ B., 1 Stahlst. u. viel. Holzschn.) Regensburg 842, Manz. à

Rieder, G., Jesus meine Liebe! Gebethbuch mit Belehrungen für die Jugend u. auch für Erwachsene. 3. sehr verm. u. verb. Aufl. (Mit 1 Stahlst. u. 15 Vign.) 18. Regensburg 841, Manz. 6¼ ngr — 4. sehr vermehrte u. verb. Aufl. Mit 1 Stahlst. gr. 18. (Mit vielen Holzschn.) Ebend. 842. 6¼ ngr — 5. Aufl. 845. 6¼ ngr

— Jesus, meine Liebe! Gebetbuch mit Belehrungen f. die Jugend u. auch f. Erwachsene. 6. sehr verm. u. verb. Aufl. Mit 1 Titelkpfr. 12. (360 S.) Regensburg 849, Manz. 6¼ ngr

Rieder, G., Jesus, meine Liebe! Gebetbuch mit Belehrungen für die Jugend und auch für Erwachsene. 7., sehr verm. u. verb. Aufl. Mit 1 Titelkpfr. (in Holzschn.) Regensburg 862. Manz. 8. (344 S.) 7½ ngr

Rieder, Geo., Johann III., König von Polen, Sobieski, in Wien. Mit Hineinverwebung einer Geschichte der sieben Königinnen von Polen aus dem Hause Oesterreich. Ein Erinnerungsbuch an 1683 für 1883 zum 200jähr. Jubiläum der Befreiung Wiens von der Türkenbelagerung. gr. 8. (IX, 400 S.) Wien 882, Braumüller. * 4 —

Rieder, Geo., Ignaz Parhamer's und Franz Anton Marxers Leben und Wirken. Mit noch ungedruckten Resolutionen und Handbilleten der Kaiserin Maria Theresia, Joseph II., ungedr. Berichten aus dem k. k. Ministerial-Archiv des Innern, der k. k. niederösterreich. Statthalterei-Registratur, anderen Archiven und Lebensbeschreibungen berühmter Oesterreicher. [Ausführliche Lebensgeschichte eines Oberösterreichers und Vorarlbergers.] gr. 8. (VIII, 489 S. mit Parhamer's Portr. in Holzschn.) Wien 872, (Mayer und Comp.) ** 4 —

– (Hrsg.), s. Müller, Christoph Paul: Lieder ...

—— Schulgebethe auf alle Tage d. Woche. gr. 12. (½ B.) Landshut 834. (Regensburg, Manz.) Das Dutzend

Rieder Gustav: J. K. Huysmans Werke und Persönlichkeit.
II. 1910 PN 3068 Innsbruck, Univ., Diss. 2341

Rieder, Heinr., Sammlung der usw. im I. Abschnitt der Lehramtsprüfung gestellten Aufgaben, s.: **Geiger, Wolfg.**

Rieder, Heinrich, Assist. an d. Techn. Hochsch. München: Untersuchung einer zwei—vierdeutigen kinetographischen Verwandtschaft. 1907. 49 S., 1 Taf. 8°
München, Dr.-Ing.-Diss. v. 7. 3. 1907

Rieder, Herm., Atlas der klinischen Mikroskopie d. Blutes, s. a. Meyer, E.

Rieder, Herm., Atlas der klinischen Mikroskopie des Blutes. 12 Taf. m. 48 Abbildgn. in Farbendr. gr. 8. (XI S. m. 12 Bl. Erklärgn.) Leipzig 893. F. C. W. Vogel. n. 8. —

Rieder, Herm., Atlas der klinischen Mikroskopie des Harnes. 36 Taf. m. 167 Fig. in Farbendr. Lex.-8. (XII, 72 S. m. 36 Bl. Erklärgn.) Leipzig 898. F. C. W. Vogel. n. 15. —; geb. n.n. 17. —

Rieder, Hermann [Dr., 1. Assist. d. med.-klin. Inst. in München]: Beiträge zur Kenntniss der Leukocytose und verwandter Zustände des Blutes. M. 2 Abbild. im Text u. 4 farb. Taf. Leipzig, F. C. W. Vogel, 1892; 2 Bl., 220 S., 2 Doppeltaf. 8.
München, Med. Fak., Hab.-Schr. v. 1892
(Nicht für den Austausch)

Rieder, Herm., Beiträge zur Kenntniss der Leukocytose u. verwandter Zustände d. Blutes. gr. 8. (III, 220 S. m. 2 Abbildgn. u. 4 farb. Taf.) Leipzig 892. F. C. W. Vogel. n. 5. —

Rieder, Hermann, a. Mahlberg ⟨A. Ettenheim⟩: Herzog Berthold I. von Zähringen. Freiburg i. Br. 1906: Charitas-Druckerei. (96 S.) 8°
Freiburg i. B., Phil. Fak., Ref. Finke, Diss. v. 5. Febr. 1906
[Geb. 3. Sept. 81 Mahlberg; Wohnort: Freiburg i. B.; Staatsangeh.: Baden; Vorbildung: Realgymn. Ettenheim Reife Juli 01; Studium: Freiburg i. B. 5, Heidelberg 1 S.; Rig. 13. Jan. 06.]

RIEDER, Hermann (Posenheim): Bestimmung der Menge des im Kothe befindlichen nicht von der Nahrung herrührenden Stockstoffes.- München: Oldenbourg 1884. 16 S.
7.7.1884 - Urk (Titel: De nitrogenio in dejectionibus alveolaribus alimentis nitrogenio carentibus.); Chr 1884/85,19
Diss. Ingolst.-Landsh.-Mchn.

Rieder, Herm., die bisherigen Erfolge der Lichttherapie. (Vortrag, geh. in der gemeinschaftl. Sitzg. der medizin. Hauptgruppe der 76. Versammlg. deutscher Naturforscher u. Aerzte in Kassel.) (28 S.) gr. 8. Stuttgart 904. E. H. Moritz. n. — 75

— Handbuch d. ärztlichen Technik. gr. 8. (XII, 411 S. m. 423 Abb.) Ebd. 895. n. 10. —; geb. n. 11. 25

— Körperpflege durch Wasseranwendung, s.: Bibliothek der Gesundheitspflege. 18. Bd.

Reformvorschläge zur Reorganisation des medicin. Unterrichtes und des Krankenpflegewesens in der Türkei. Von Prof. Dr. [Hermann] Rieder ... [Mit] Anhang. Detaillirte Abrechng üb. die medicin. Gesammteinrichtg d. Krankenhauses Gülhane ... Aug. 1898. ... Als Ms. gedr. *(Bonn: Hauptmannsche Buchdr.) 1898.* (IV, 100 S., 1 Bl., XVI S., 2 Pl.) 1 Bd 8. 198. 11077 Bo

Rieder, H., klin. Recepttaschenbuch, s.: Ziemssen, H. v.

— die Röntgographie in der inneren Medicin, s. Ziemssen, H. v.

— Die Sanduhrformen des menschlichen Magens m. besond. Berücksicht. der Röntgen-Untersuchung. (75 S. m. 56 Abb. u. 6 Taf.) Lex. 8. Wiesbaden 910. J. F. Bergmann. In Mappe 18. 60

— Physikalische Therapie der Erkrankungen d. Respirationsorgane, s. a. Therapie, physikalische, in Einzeldarstellgn.

Physikalische Therapie der Erkrankungen der Respirationsorgane. Von Prof. Dr. H[ermann] Rieder, München. Mit 2 Abb. Stuttgart: F. Enke 1908. (124 S.) 8°
= Therapie, Physikalische, in Einzeldarstellungen. H. 11. [08. 2200]

Rieder (Hrsg.), s. Verhandlungen der deutschen Röntgen-Gesellschaft.

— oekonom. ärztl. Verordnungsweise, s.: Dresdner, L.

Rieder, Herm., s.: Ziemssen's, v., pharmacopoea clinica.

Rieder, J. E., Ueber den Sophokleischen Philoktet. Pr. 1852. 19 S. 4°.

Rieder, Ign., s.: Bibel des alten u. neuen Testamentes in 60 (farb.) Bildern.

Rieder, Ign., kurze Geschichte des Landes Salzburg. (Vom Landesausschusse des Herzogt. Salzburg preisgekrönte Arbeit.) (156 S.) 8. Salzburg 905. A. Pustet. n. 1. 30; geb. in Leinw. n. 1. 75

Rieder, Jos., vollständ. u. demonstrative Anleit. zur gewöhnl. Rechnenkunst u. Algebra. 8. Wien 802. Kaulfuß. 16 gl.

Rieder, Jos., mit „Ihr". Technische Phantasien. (XI, 115 S.) 8. Wien 903. A. Hartleben. n. 1. 50

— ein Blättlein Liebe. Glossen zur Sittlichkeitsbewegg. (54 S.) gr. 8. Leipzig 904. W. Röhmann Nachf. n. 1. 25

RIEDER, Josef. Ein Blättlein Liebe. Glossen zur Sittlichkeitsbewegung. (Satyren.) I. Die zu viel lieben. II. Die zu wenig lieben. III. Die verkehrt lieben. Berlin, Reinhold Klinger (c. 1906). (Mk. 1,25.)
Anzeige des Verlegers.

— zwei Pfarrer u. andere Bilder aus dem Erwerbsleben. (121 S.) 8. Genf (903). H. Robert. n. 1. —

Rieder, Joseph [aus Mussbach, Rheinpfalz]: Über Syringomyelie mit bulbären Symptomen ... Speyer, Druck d. Dr. Jäger'schen Buchdr., 1895; 1 Bl., 32 S. 8.
Erlangen, Med. Fak., Inaug.-Diss. v. 1895

Rieder, Jos. Edm., Adelheid v. Herberstein. Vaterländisch-historisches Schauspiel in 4 Acten. 8. (104 S.) Graz 860, Kienreich.

Rieder, Jos. Edm., Ali der Khalif. Historisch-dramat. Gedicht in 5 Akten. gr. 8. (VIII u. 111 S.) Gratz 850, Kienreich. n. 16 ngl

— Lehrbuch der Redekunst. Nach den ältesten Quellen u. nach den Anforderungen der Jetztzeit. gr. 8. (XII u. 307 S.) Ebd. 849. n. 1½ ℛ

Rieder, Jos. Edm., Lehrbuch der Redekunst. Nach den ältesten Quellen u. nach den Anforderungen der Jetztzeit. 2. (Titel-) Ausg. Gratz (849.) 858. Hesse. gr. 8. (XII, 307 S.) n. 20 ngr

Rieder, [illegible]

Rieder, Karl, s.: Festgabe, enth. vorreformator. Forschungen, Heinrich Finke gewidmet.

Rieder, Carl. Der Gottesfreund vom Oberland. Eine Erfindung des Strassburger Johanniterbruders Nikolaus von Löwen. Mit 12 Schrifttafeln in Lichtdruck [auf 11 Tafeln]. Von K' R'. XXIV + 269 — 268* S. 8. Innsbruck, Wagner, 1905. [M. 24. —]

Rieder, Karl, zur innerkirchlichen Krisis des heutigen Protestantismus. Eine Orientierg. üb. moderne Evangeliumsverkündigg. (XVI, 235 S.) gr. 8. Freiburg i/B. 910. Herder. 4. —; geb. in Leinw. 5. —

Rieder, Karl, aus Emmendingen: Das Leben Bertholds von Regensburg. *Freiburg i. B. 1901: Charitas-Druckerei.* (47 S.) 8° [F.] ¶(T. 1 einer gröss. Arbeit.)
Freiburg i. B., Phil. Diss. v. 1901

— s. a. Monumenta vaticana historiam episcopatus Constantiensis in Germania illustrantia.

Rieder, Carl. Monumenta Vaticana historiam episcopatus Constantiensis in Germania illustrantia = Römische Quellen zur Konstanzer Bistumsgeschichte zur Zeit der Päpste in Avignon. 1305—1378. Hrg. von der Badischen Historischen Kommission. Bearb. von K' R'. [Mit 1 Tabellen-Beilage.] XCII + 738 S. gr.-8. Innsbruck, Wagner, 1908. [M. 30. —]

— s.a. Prediger, der sogenannte St. Georgener.

Rieder, Karl: Der sogenannte St. Georgener Prediger aus der Freiburger und der Karlsruher Handschrift hrsg. Mit 2 Taf. in Lichtdr. Berlin: Weidmann 1908. XXIV, 382 S. 8° ¶ (Ersch. auch als: Deutsche Texte d. Mittelalters. Bd 10.)
Freiburg i. B., Theol. Diss. v. 1909, Ref. Krieg
(Nicht für den Austausch, lag nicht vor)
[Geb. 9. Febr. 76 Emmendingen; Wohnort: Scherzingen; Staatsangeh.: Baden; Vorbildung: Gymn. Freiburg i. B.; Rig. 22. Mai 09.] [U 10. 925

Rieder, K., Römische Quellen zur Konstanzer Bistumsgeschichte zur Zeit der Päpste in Avignon 1305—1378. Gr.-8°. (XC, 738 S.) K 30.—
Innsbruck: Wagner 1908.

— s.: **Regesta episcoporum Constantiensium.**

— s.: Vorträge, 6, v. der Generalversammlung der Görresgesellschaft zu Regensburg.

Rieder, Karol: Untersuchungen über den Einfluss eines Bitterstoffes auf den Vorgang der Resorption. Leipzig: Vogel 1910. 32 S. 8° ¶ (Aus: Archiv f. experim. Pathol. u. Pharmakol. Bd 63, H. 5/6.)
Göttingen, Med. Diss. v. 3. Juli 1910, Ref. Heubner, Hirsch
[Geb. 14. Juni 84 Bendzin, Russ.-Polen; Wohnort: Göttingen; Staatsangeh.: Rußland; Vorbildung: Oberrealsch. Sosnowice Reife Juli 03; Studium: Darmstadt Techn. Hochsch. 3, Göttingen 10 S.; Rig. 3. Mai 10.] [U 10. 1382

Rieder, Leop., und Carl **Metzger**, Anleitung zur Einrichtung und Führung der Gemeinde-Registraturen, sowie zur Ausscheidung und Vertilgung unbrauchbarer Acten. Fol. (IV, 96 S.) Heidelberg 875, Emmerling und Sohn. 3 80

Rieder, Leop., die Feuerpolizei im Großherzogth. Baden. Ein prakt. Handbuch f. Verwaltungsbeamte, Bezirksräthe, Bürgermeister, Bau- u. Feuerschau-Commissionen, Feuerwehren ꝛc. gr. 8. (III, 270 S.) Heidelberg 874. Emmerling. n. 3. 20

Rieder, P. P., Ludolf **Ebert**. Social-bürgerliche Tragödie. Würzburg 867. Goldstein'sche Buchh. 8. (IV, 121 S.) 21 ngr.

— Gedichte. Leipzig 866. Priber. 16. (VIII, 352 S.) 1 ₰

Rieder, Paul, Lieder-, Sonetten- und Romanzen-Kranz. 8. (VIII und 342 S.) München 859, J. A. Finsterlin. geb.

Rieder, Rich., s.: **Betrieb**, der moderne, in der gesamten Gerberei etc.

Rieder, Robert [approb. Arzt aus Emserhof (Hessen-Nassau)]: Ueber Temperatursteigerungen bei subcutanen Fracturen . . . . Würzburg, Paul Scheiner's Buchdr., 1886; 44 S. 8°.
Würzburg, Med. Fak., Inaug.-Diss. v. 1886.

Rieder, Robert, über Temperatursteigerungen bei subcutanen Fracturen. Diss. Würzburg 1886, Stahelsche Univ.-Buchh. 8°. 44 S.

Rieder Pascha, Rob., für die Türkei. Selbsterlebtes u. Gewolltes. I. u. II. Bd. Lex.-8. Jena, G. Fischer. 24.—
I. Das Krankenhaus Gülhane. Mit 2 Plänen u. 3 Abbildgn. im Text. (VIII, 367 S.) 903. n. 10.—
II. 1. Die neue Militärmedizinschule Haidar-Pascha (m. 16 Plänen). Unter Mitarbeit der Aerzte Gülhanes. 2. Bericht üb. das Krankenhaus Gülhane 1903 (m. 1 Abbildg.) 3. Wissenschaftl. Arbeiten aus d. Krankenhause Gülhane (m. 22 Abb. u. 4 lith. Taf.) (XXXII, 509 S.) 904. n. 14.—

Rieder, Rob., Carl Weigert u. seine Bedeutung f. die medizinische Wissenschaft unserer Zeit. Eine biograph. Skizze. (141 S.) Lex.-8. Berlin 906. J. Springer. n. 3.—

Rieder, W. v.: Zur Frage der Lebensmittelkontrolle in Riga. Vortr. Riga '08. S. 19—38. (Ebd. 2.)

Rieder, Woldemar E. B., Ueber embolische Geschwulstmetastasen. Diss. Dorpat. 8°. 33 pp. mit zwei lithographirten Tafeln.
1878.

RIEDERER, Albert (München): Das Eczem.- München: Deschler 1867. 16 S.
28.6.1866 - Urk (Titel: De motu reflectorio post strychnini intoxicationem.); F 71
Diss. Ingolst.-Landsh.-Mchn.

Riederer, Frz. Seraph, die Engel, s. a. Engel, die.

Riederer, Frz. Seraph., die Engel. Ihre Beziehung zu den Menschen als Schutzgeister derselben, in einem Familiengemälde für die Jugend dargestellt. 3. verm. u. verb. Aufl. Mit 1 Stahlst. gr. 12. Augsburg 841, Kollmann. 1/4 ₰

Riederer, Fr. Ser., die Engel. Ein Familiengemälde zunächst f. die Jugend, aber auch f. die Erwachsenen u. Eltern. Mit einem faßl. Unterrichte über die Engel u. einer Zugabe von Morgen-, Abend-, Meß-, Beicht-, Kommunion-, Vespergebeten u. andern Andachtsübungen. 2. verb. u. verm. Aufl. Mit 1 Stahlst. 8. (VIII u. 152 S.) Augsburg 850, Kollmann. 9 ngr

Riederer, F. S., Ist die kathol. Kirche die alleinseligmachende Kirche? beantwortet. Mit einer Zugabe über die nämliche Frage von Franz Geiger. Regensburg, Manz, 1839, gr. 8°, 56 S., 75 Pf.
Recens. Katholik Bd. 76 (1840), S. 214—5. Das Schriftchen von R. ist ein bes. Abdruck der Vorrede des Verf. zu Seb. Winkelhofers Predigten über das ganze apostol. Glaubensbekenntnis, herausgeg. v. R. Das. 1839. Die Zugabe von Geiger erschien Uri, Z'graggen, 1832, 8°.

— s. M. Vogel, geistreiches Gebetbuch. — dess. Schule der Unschuld.

Riederer, Frz. S., s. Seb. **Winkelhofers** vermischte Predigten.

Riederer, G., populäre christkathol. Festtagspredigten. Mit e. kurzen Vorrede begleitet v. J. B. Kastner. gr. 8. Sulzb. 830. v. Seidel. 1 ₰

Riederer, Geo. Andr., vom weißen Fluß, s. a. Raulin, ...

Riederer, G. A., v. weißen Fluß d. Fr. n. Raulin bearb. 8. Nrnb. Schmidmer. 793.

Riederer, Johann Baptist

Riederer, J. B., Anleitung zur Kenntniß der Edelsteine. 1. Abth. Einleitung. Allgemeine Kennzeichen-Lehre. Spezielle Beschreibung der werthvollsten Edelsteine. Freysing 859. (Datterer.) 4. (47 S.) n. 10 ngr.

Beiträge zur Kenntniß der Edelsteine von Dr. J. B. Riederer, L. P. u. R. der Ldwirthsch., Gew. u. Hdls.-Sch. — 1859. Freising, Frz. Datterer. — S. 1—47 mit 1 Figurentaf.
Progr. Freising

— Bericht über den Stand der Landwirtschaft im landwirtschaftlichen Distrikte Freising im Jahre 1843. München 1844.

Riederer, J. B. Dr. „Ueber die Bildung des Gewerbevereines in Freising". pg. 3—6. 4°. G. Th. Müller.
Freising, Progr. 1834/35

Riederer, J. B., die Bildung des Landmannes u. die Reform der landwirthschaftl. Vereine, zwei dringende Fragen der Gegenwart. Mit besond. Bezugnahme auf Bayern. gr. 8. (IV u. 78 S.) Landshut 849, Krüll. 1/3 ℛ

Riederer, Johann Bapt. Dr. „Ueber die Errichtung und den Nutzen der Gewerbsschulen". pg. 3—6. 4°. G. Th. Müller.
Freising, Progr. 1833/34

Riederer, J. B. Dr. „Ueber die Fortbildung des Gewerbsmannes in den drei Perioden als Lehrling, Geselle und Meister". pg. 3—12. 4°. G. Th. Müller.
Freising, Progr. 1836/37

Riederer Joh. Bapt. Dr. (kgl. Lycealprofessor und Rector) „Ueber die Cultur der Moore oder Möser mit besonderer Berücksichtigung des Freysing-Erdinger Mooses". pg. 1—13. 4°. Wittwe Müller'sche Buchdr.
Freising, Progr. 1843/44

Ueber den Nutzen des naturhistorischen Studiums im Allgemeinen, und über den besondern Werth desselben für den Theologen. Von Dr. Joh. B. Riederer, L. P. u. R. der Landwirthschafts- u. Gewerbsch. — 1840. Ebend. — S. I—XVIII.
Progr. Freising

Riederer, Johann Baptist Dr. (Rector) „Ueber die landwirthschaftlichen und gewerblichen Zustände des Landgerichtsbezirkes Freysing in zwei Abtheilungen". pg. 1—31. 4°. Mit Tabellen. Franz Datterer.
Freising, Progr. 1847/48

Riederer, Joh. Barthol., Abhandlung von Einführung des teutschen Gesangs in die evang.-luther. Kirche überhaupt und in die nürnbergische besonders. Nürnberg 1759. 8. . . . . -10-

—Abhandl. v. Einführung d. deutschen Gesanges in d. evangel. Kirche überhaupt u. in Nürnberg insbesondere. 8. Nürnb. 759. Endter. 4 gl

Riederer, Johann Bartholomaeus (Hrsg.), s. A b h a n d l u n g e n, nüzliche und angeneme, aus der Kirchen-, Bücher - und Gelerten-Geschichte.

Riederer, Jh. Barth., († d. 5. Febr. 1771.) Abhandl. aus d. Kirchen- Bücher, u. Gelehrten-Geschichte. 4 Stcke. 8. Nürnb. 768, 69. Ammermüller. 16 gl

— Beytr. z. Reformationsurkunden. 4. Altd. Monath. 762.

—Beitr. zu d. Reformationsurkunden betreff. die Händel welche Dr. Eck bei Publikation der päpstl. Bullen erregt hat. 4. Altd. 782. Monath u. K. 10 gl (Dass. erschien später ohne d. Verf. Namen unt. d. T.: Geschichte der durch Publik. d. päpstl. Bullen wider Luther im J. 1520 erregten Unruhen. 4. Ebd. 776. 10 gl)

— s. 1) J. C. Döderlein, curarum etc. 2) J. W. Feuerlein, Bibliotheca. 3) G. E. Giese, Nachricht. 4) Jos. Haidelmann. 5) G. F. Kirsch, Communionandachten.

—Nachrr. z. Kirchen-, Gelehrten- u. Büchergeschichte. 16 Stcke ob. 4 Bde. 8. Nürnb. 764—68. (Monath u. K.) 2 ℛ 12 gl

Riederer, J. B., Observationes philologicae ad panegyricum Cl. Mamertini Maximiano Augusto dictum. Gel. 1788. 42 S. 4°. 1.20

Riederer, Johann Bartholomaeus (Nürnberg), Observationes philol. ad panegyricum Cl. Mamertini Maximiliano Augusto dictum. Präs. Christian Gottlieb Schwarz. Altdorf (J. A. Hessel) 18. XI. 1739. 42 S. (4.25) 28834
Gew.: Gustav Philipp Moerl, Joh. Augustin Riederer, Andr. Martin Pflüger, Johann Sündersberger, Johann Albert Spies.

—eine überaus seltene Reformations-Urkunde, Intimatio Erphurdina pro Mart. Luthero, ans Licht gebracht u. mit Anmerk. erläutert. 4. Altd. 761. Monath u. K. 1 gl

— s. Chr. Gli. Schwarz, Carmina.

—geistl. Seelenness. 8. Augsb. 780. Rieger. 12 gl

— — Vitam Sebaldi Schnellii alumn. Nor. et oecon. quondam inspectoris philologi insignis exponit. Altdorf (J. G. Meyer) (Febr.) 1744. (4.25) 28835
Gratulationsschrift für Johann Gottfried Bernhold.

Riederer, Johann Friedrich (Bearb.), s. A e s o p u s : Fabeln. 1717.

* BEY dem Schuster-Händelischen wohl-angeseh'nen Hochzeit-Fest .... ein Räzel der geliebten Schaar .... zu dechiffriren aufgegeben (von *Joh. Fr. Riederer*). O. O. 1732. 8°.
36 SS. In Versen.

* DASS (!) bey dem Schuster-Händelischen wohl-angeseh'nen Hochzeit-Fest .... ein Räzel der geliebten Schaar .... zu dechiffriren aufgegeben. O. O. (Nürnberg?) 1732. 8°. (In Berlin: Yk 1781.)
36 S. In Versen.

— — Die bedenkliche und Geheimnus-reiche Zahl Drey, In Theologicis, Politicis & Historicis, vormals entworffen bey glückseeliger Verlöbnus S. T. Hrn. Adrian Drey in Coburg, mit Jungfer Elisabeth Bandin von Meinungen ... auf das neue dem Druck übergeben von *J. F. R.* Gedruckt ... 1711. 4°.
W. v. Maltzahn III. p. 387. Dieses g e r e i m t e Q u o d l i b e t erschien zuerst a n o n y m, in späteren Auflagen mit Riederer's Namen. Es enthält scherz- und ernsthafte, aus der ganzen Welt zusammengeraffte Einfälle.

— — Dasselbe. O. O. (Nürnberg) 1712. 4°. (2 Mk. Scheible, 1879.)
Mayer's Bibl. Nürnb. März. 1832. p. 93.

— — Dasselbe. 3. Auflage. O. O. (Ebd.) 1712. 8°.
Bratring's Bibl. Berlin 1832. no. 307.

Riederer, Johann Friedrich, Die bedenckliche // und // Geheimnus-reiche // Zahl Drey /// in Theologicis, Historicis // et Politicis, // Nunmehro bey der vierdten // Aufflage um ein grosses vermehret /// und auf das inständige Begehren Vieler // Darnach Verlangenden aufs // neue ausgearbeitet // von // Johann Friederich Riederer /// Norimb. // Franckfurt und Leipzig / An. 1732. - 9 Blatt (nicht paginiert) Titelkupfer, Titelblatt, Vorrede und Catalogue der Riederischen Schriften. - 662 S.
B. S. T. 8°.567.

Riederer, Johann Friedrich, AESOPI // Fabuln /// in teutsche Reimen nach // jetziger Art // und // möglichster Kürtze // gekleidet // von // Johann Friedr. Riederer /// Norimb. // Coburg / verlegts Paul Günther Pfotenhauer /// privil. Buchhändler. 1717. - 9 Blatt (nicht paginiert) Titelblatt, Vorrede und Catalogue. - 135 S. - 2 Blatt (nicht paginiert) Register.
B. S. T. 8°.4.

[—] Unvorgreifliche Gedancken über den unverantwortlichen und nie genug mit Thränen zu beklagen-stehenden Vorsetzlichen Selbst-Mord. Bey Gelegenheit eines erst vor etzlichen Tagen in Nürnberg ausgeübten dergleichen Frevels ... In einem geistlichen Liede verabfasset Von einem um den Schaden Josephs bekümmerten Hertzen.. [Nürnberg?] Anno 1731. den 3. Nov. 16 Bl. —

Johann Friederich Riederers G e d i c h t e u n d H i s t o r i s c h e E r z e h l u n g e n ü b e r d i e b e d e n k l i c h e u n d G e h e i m n u s - r e i c h e Z a h l D r e y. Franckfurt und Leipzig (Nürnberg, b. Geo. Pet. Monath), 1748. 8°.
O. M. V. 1749. G3a; W. v. Maltzahn, l. c.

RIEDERER, J. F. Der Handels-Junge, Wie so wohl sein Herr gegen ihm, als er gegen seinen Herrn Beschaffen seyn solle, Da Seufzen auf beyden Seiten vermieden bleibe. Erste Satyre, Von Johann Friederich Riederer, Norib. [Nürnberg ?] Anno 1732. 8°. 16 Bl. Neueres HLn.
(G. III. 276.

[—] Bittere KLAGE, Als ein geschickter Studiosus Philosophiae, und getreuer Informator einer vornehmen Jugend in Nurnberg, verwichgnen Advents-Sonntag, Anno 1731. in der Nacht, Vermuthlich wegen eines zarten Gewissens-Scrupels . . . Sich selber erhänget umd verunglucket, ausgeschuttet von dem Authore der unvorgreiflichen Gedancken . . . [suehe oben]. [Nürnberg 1731]. 8 Bl.

Riederer, Joh. Frdr. Leben des Königs in Schweden Karls XII. 12. Nürnberg 1719.

LEBEN, Merkwürdiges, einiger hier und dar (!) gewesenen Kauf-Leuthe . . . . (von *Johann Friedr. Riederer*). Frankfurt und Leipzig 1739. Sehr rar!
Anon.-Lex. III. p. 24 (nach Will).

§ * RIEDERERS, Joh. Friedr. (Norimb., 1678—1734), Leichen-, Hochzeit-, Vermischt u. Geistliche Getichte. (Typogr. Ornam. u. Zierleiste.) Nürnberg, in Verlegung Joh. Hofmanns u. Engelbert Strecks Seel. Wittiben. Anno 1711. Gr. 8°. (In Berlin: Yk 1746.) (12 Mk. Friedr. Klüber, München, 1896.)
Selten u. wenig bekannt! Titelkpf. (4 emblemat. Darstellgn., unsign.), 14 Bll. Vorst., 1 weißes Bl., 478 S.

*** FRIEDERICI,** Christophorus (d. i. *Joh. Fr. Riederer*). — Oel und Wein, gegossen auff die Wunden der Lebendig-Toden, Oder Curieuser Zeit-Vertreiber Von allerhand lustigen Begebenheiten. Mots à rire, Epigrammatibus, und zusammengeklaubten Einfällen . . . In deutlichen Teutschen Versen Monathlich herfürgebracht von *Christophoro Friederici.* 1—3. Spendage (so viel ersch.). Mit curiosem Titelkpf. Anno 1719. Francktfurt zu finden in der Buch-Gassen. (Nurnb., Monath.) 8°. (In Berlin 2 Expll.: Yk 1776; Yk 1741, no. 6.) (12 Mk. 50 Pfg. E. Frensdorff, 1907; 10 Mk. Frdr. Klüber, c. 1905.)
Jede Spendage hat 96 SS., nebst 6 Bll. Vorr. bei der ersten. Cplt. selten!

[— ?] Historisches SCHERTZ-CABINET, bestehende Aus zwey hundert theils anmuthigen Historien, theils sinnreichen Schertzen, und Poetischen Einfällen, Auf Reisen, und in vertrauten Compagnien füglich anzubringen: . . . ans Licht gestellet von Iranio Spasmann. Frankfurt und Leipzig 1730. 8°. *Allegorisches Frontispiz.* 7 Bl. 368 S. Etwas defekter Pbd. d. Z., Rucken überklebt.
H.-G. VII. 261. F&F. 59

R[IEDERER], J[OH]. F[RIEDRICH]. Das Poetische Schertz-Cabinet, Bestehende Aus hundert theils anmuthigen Historien, theils Sinn-reichen Schertzen, Auf Reisen, und in vertrauten Compagnien füglich anzubringen, Mehrentheils mit dem Schlüssel Spanischer, Frantzosischer, Englischer, Holländ- und Italiänischer, auch zum Theil Einheimischer Scribenten aufgesperret und bey müssigen Neben-Stunden zu eigener Ergötzlichkeit In Teutsche Reimen geputzet und ausgeschmücket von I. F. R. [Nürnberg ?] 1713. Kl. 8°. 72 Bl. HLn. des 19. Jhdts.
Hayn-G. VII 150 (mit ausführlicher Angabe aller 100 Titel) „Äußerst selten."

*** SCHERTZ-CABINET,** Das Poetische, Bestehende Aus hundert Theils anmuthigen Historien, Theils Sinn-reichen Schertzen; Auf Reisen, und in vertrauten Compagnien füglich anzubringen; Mehrentheils mit dem Schlüssel Span'ischer, Frantzösischer, Englischer, Holländ- und Italiänischer, auch zum Theil Einheimischer Scribenten aufgesperret, und bey müssigen Neben-Stunden zu eigener Ergötzlichkeit In Teutsche Reimen geputzet und ausgeschmücket von *J. F. R.* (d. i. *Joh. Friedr. Riederer*). (Zierstock.) O. O. (Nürnberg. Riederer's Vaterstadt, wo er auch seit 1708 lebte). Gedruckt im Jahr 1713. 12°. (In Berlin: Yk 1751.) (4 Mk. Ferd. Schöningh, Osnabr., 1907; 6 Mk. J. Halle, München, c. 1905. — Wird im Preise ganz bedeutend steigen.)
Aeusserst selten! 72 unbeziff. Bll. (incl. Tit., 7 Bll. Zuschr. u. Vorr., sowie 4 S. Register).

*** — —** (Norimb.), Die Zahl Sieben, Oder: Gründliche Untersuchung der geheimnus reichen Zahl Sieben . . . . Francksfurt u. Leipzig (Nürnberg, Tauber). Gedruckt Ao. 1719. 8°. (In Berlin 2 Expll.: Yk 1773; Yk 1741, no. 4; auch in Leipzig, Stadtbibl.) (1 Mk. Scheible, 1879.)
In Reimen. — M. M. V. 1719. F 2 a.
Frühere Ausgabe: Franckfurt u. Leipzig 1707. 8°. (Bibl. Schadeloock. II. p. 299.)

Riederer, J. Fri.: Die bedenkliche Zahl Sieben. Nürnberg: Rothscholz 1719. 8°
Kl. 3887.

[—] TROST gegen die Bittere Klage, welche über einen erhängten Studiosum Philosophiae Anno 1731. im Monath Decembri ausgeschüttet worden. [Nürnberg 1731]. 4 Bl.

Riederer, Johann Friedrich, Johann Friederich // Riederers /// gründliche // Untersuchung // Der // Zahl // Sieben. // Franckfurth und Leipzig // Im Tauberischen Buchladen /// 1719. - Auf dem Titelblatt ein kleiner Holzschnitt. - Titelblatt und 50 Seiten.
B. S. T. 8°.568.

[—] Billige VERANTWORTUNG entzegen gesetzet der sogenannten Billigen Klage, Die vielmehr eine calumnieuse Scarteque heissen mag, Welche von einem unfreundlichen Menschen . . . verfertiget und hier in Nürnberg ausgestreuet worden wider den Authorem, der ohnlängst seine Gedancken Über den sich selbst erhängten Zollner drucken lassen, Darinnen ihme Schuld gegeben werden will: Ob hätte man aus Leichtsinnigkeit den verungluckten armen Menschen seelig gesprochen und was der unwahrhafften Reden mehr seyn mogen . . . 1732. den 6. Januarii. Zu finden in der Creutz-Gasse bey Hanns Leypoldt, schweinernen Metzger, ohnferne des Eichwagens. [Nurnberg]. 8 Bl.

- - , Die abentheuerliche Welt // in einer // Pickelheeringe-Kappe, // Oder // Satirische Gedichte, // In welchen allerhand im Schwang ge- //hende Mißbräuche, Laster und Unförmlichkeiten // der Menschen auf eine ridicule, doch vernünfftige Art // Monathlich vorgetragen, // Und vermittelst zweyer besondern // SATYREN, // Davon gegenwärtige PIECE: // Die trunckene Weiber, // Und // Die gutwillige Hanreyhen // sich betittult, // Gleich einer Braut auf dem Tantze herum // genommen werden sollen. // - - - Ridendo dicere verum // quis vetat ? // Anno 1718. Erstes Stück. - 5 Blatt (nicht paginiert) Titelblatt und Vorrede. - 35 S.
Angebunden:
Die abentheuerliche Welt - - - - - gegenwärtige PIECE: // Die Pietisten jetziger Zeit, // Und // Die Liebes-Romanen// sich betittult, // Gleich - - - - - quis vetat ? // Anno 1718. Zweytes Stück. - 39 S.

Die abentheuerliche Welt - - - - - gegenwärtige PIECE: // Die Nürnberger Regentücher, // Und // Der Schnupff=Toback// sich betitult: // Gleich - - - - - quis vetat ? // Anno 1718. Drittes Stück. - 38 S.

Die abentheuerliche Welt - - - - - gegenwärtige PIECE: // Das Dantzen // Und // Das à la mode Kochen // sich betitult: // Gleich - - - - - quis vetat ? // Anno 1718. Vierdtes Stück. - 32 S.
Die abentheuerliche Welt - - - - - gegenwärtige PIECE: // Die Complimentisten // Und // Die alte Junggesellen // sich betitult: // Gleich - - - - - quis vetat ? // Anno 1719. Pünfftes Stück. - 38 S.

Die abentheuerliche Welt - - - - - gegenwärtige PIECE: // Das Gold // Und // Die vertheidigten Satyren. // sich betitult: // Gleich - - - - - quis vetat ? // Anno 1719. Sechstes Stück. - 38 S.

Die abentheuerliche Welt - - - - - gegenwärtige PIECE: // Die Kauff=Leute // Und // Die Reiff=Schürtze // sich betitult: // Gleich - - - - - quis vetat ? // Anno 1719. Siebendes Stück. - 32 S.
Die abentheuerliche Welt - - - - - gegenwärtige PIECE: // Die Kinder=Zucht, // Und // Die Poeten // sich betitult, // Gleich - - - - - quis vetat ? // Anno 1719. Achtes Stück.

Innen auf dem Titelblatt des ersten Stücks steht in verblaßter Schrift:

Der Deutschen Gesellschaft
übergiebet dieß
ein treues Mitglied
Leipzig J. P. Lamprecht
den 3. April von Hamburg.
1734 /

B. S. T. 8°.26.

Riederer, Ludwig J., prakt. Arzt von Pfäffers (St. Gallen): Aus dem pathologischen Institut der Universität Zürich. Anatomisch-histologische Untersuchungen über einen Fall von Uterussarkom. Zür. Orell Füssli Dr. 1894. 32 S. 8°.
Zürich, Med. Diss. [v. 6. Dec. 1894].

MICHAEL CHRISTOPH ALBRECHT RIEDERER, Denkmal der Freundschaft dem verewigten Herrn Johann Michael Drechssler Diakon an der Haupt- und Pfarrkirche zu St. Sebald errichtet im Namen des Nürnbergischen Pegnesischen Blumenordens. Nürnberg im December 1808. 4⁰.

Riederer, Theodor [Thierarzt aus Altstätten, St. Gallen]: Aus dem veterinär-anatomischen Institut der Univerversität Bern. Ueber den Bau der Papilla mammae des Rindes. Mit 2 Tafeln. (S.-A. a. d. Archiv f. wiss. u. prakt. Thierheilkunde. Bd. 29.) Berlin 1903. 37 S. 8⁰. [27. II. 03.]
Bern. Vet.-med. Diss. 1903/1904.

Riederer, Theodor. Ueber den Bau der Papilla mammae des Rindes. Diss. Vet.-Med. Bern. Mit 8 Figuren auf Taf. I u. II. (Sonder-Abdruck aus dem Archiv f. wissensch. u. prakt. Thierheilkunde. Bd. 29. H. 6. 1903.) *Kopftitel:* Aus dem veterinär-anatomischen Institute der Universität Bern. 37 S. 8. Berlin, L. Schumacher, 1903.

Riederer, Wilhelm, appr. Arzt aus München: Ueber multiple Polypenbildung im Dickdarm. *München 1898: Nationale Verlagsanst.* (26 S.) 8⁰
Würzburg, Med. Diss. v. 1898

Rieder-Spiegel; Manuscript für alle Freunde der Gerechtigkeit. Zürich 185?—6? V: *Meyer, Johann Heinrich.* (Cat. d. Stadtbibl. Zürich. Zürich 1864—97.)

Riedesel, s. a. Herrmann.

Riedesel, Herrmann, der Sklave Blondhaar u. die Prinzessi. v. Aegypten. Gemälde der Vorzeit. 8. Ebend. 815.

RIEDESEL, Herrmann, der Sklave Blondhaar und die Prinzessin. Leipzig, Joachim, 1815. 8⁰. (1 Rthl.)

Riedesel, die Generalin v., s. Soldaten-Freunde.

Riedesel, Herrmann von d. Brankenburg, oder Eigensinn schadet der Ehre. Schspl. in 3 A. 8. Götting. 780. Vandenhöck u. R. 4 gr (Dieterich). 3 gr

[Riedesel, Frederike Charlotte Louise (von Massow), Freifrau von]: Auszüge aus den Briefen und Papieren des Generals **Freyherrn von Riedesel und Seiner Gemalinn, geborenen von Massow. Ihre beyderseitige Reise nach America und ihren dortigen Aufenthalt betreffend.** *Zusammengetragen und geordnet von ihrem Schwiegersohne* **Heinrich dem XLIV. Grafen Reuß.** *[Berlin]: Gedruckt als Manuscript für die Familie. [1800] 386 S.*

RIEDESEL, Friederike Charlotte Luise, Freifrau zu Eisenbach, geb. von Massow 1746 - 1808
Die Berufs-Reise nach America. Briefe der Generalin von Riedesel auf dieser Reise und während ihres sechsjährigen Aufenthalts in America zur Zeit des dortigen Krieges in den Jahren 1776 bis 1783 nach Deutschland geschrieben. Berlin: Haude und Spener. 1800. X, 352 S. 8⁰.
Lippische Landesbibliothek Detmold
Sehr wahrscheinlich identisch mit gleichem Werk unter Verleger Carl Spener als Verfasser [Sabin 89401]; konnte nicht gefunden werden.

Sabin 71300. Baginsky 1485.

v. Riedesel, Freifrau, Frieder. Charl. Louise, († d. 29. März 1808.) Berufsreise nach Amerika. Briefe v. 1776—83. Mit e. Vorrede herausgg. v. K. Spener. 8. Berl. 800. 2e Aufl. 801. Haude u. Sp. 18 gr Schrbp. 1 rþ

Riedesel, v., die Berufsreise nach Amerika. Briefe, auf dieser Reise u. während ihres 6jährigen Aufenthalts in Amerika zur Zeit d. dort. Krieges in den J. 1776—1783 nach Deutschland geschrieben. 3. Aufl. 8. (352 S.) Breslau 888. Dülfer. n. 3. —

RIEDESEL, Friedrich Adolf, Freiherr zu Eisenbach 1738 - 1800
Auszüge aus den Briefen und Papieren des Generals Freyherrn von Riedesel und seiner Gemalinn, gebornen von Massow. Ihre beyderseitige Reise nach America und ihren dortigen Aufenthalt betreffend.
Zusammengetragen und geordnet von ihrem Schwiegersohne Heinrich dem XLIV. Grafen Reuss.
[Berlin:] Gedruckt als Manuscript für die Familie. [1800]. 386 S. 8⁰.
Universitäts- und Stadtbibliothek Köln

Sabin 71299. Baginsky 1484A.

Riedesel, v., s. Briefe und Berichte.

[Riedesel, Friedrich Adolph - Riedesel, Frederike Charlotte Louise (von Massow), Freifrau von]: Briefe und Berichte des Generals und der Generalin von Riedesel während des nordamerikanischen Kriegs in den Jahren 1776—1783 geschrieben. *Freiburg i. B. und Tübingen: Akademische Verlagsbuchhdlg. von J. C. B. Mohr 1881. 305 S.*

Riedesel, v., Briefe u. Berichte d. Generals u. der Generalin v. Riedesel während d. nordamerikanischen Krieges, in den J. 1776 bis 1783 geschrieben. 2. (Titel-)Ausg. 8. (305 S.) Freiburg i/B. 893. J. C. B. Mohr. Geb. in Leinw. n. 2. 40

—— und v. Brühl, Correspondenz, s. Correspondenz.

Riedesel, Georg von

Riedesel, G. v., über d. Fütterung u. Anzucht d. Kälber, u. die Anzucht d. jungen Rindviehes überhaupt. gr. 8. (2⅝ B.) Anclam 839, Dietze. *

Riedesel, Geo., drei landwirthschaftliche Abhandlungen. I. Ueber die Fütterung und Aufzucht der Kälber und des jungen Rindviehes überhaupt. II. Versuch zur Beantwortung der Frage: „Ueber richtige allgemeine Prinzipien zu einer Besteuerung des Grund und Bodens." III. Ueber parzellenweise Verpachtung größerer Güter in geeigneten Fällen und über die dann daraus entspringenden Vortheile. Anclam 853. Dietze. gr. 8. (VII, 74 S. u. 2 Tab. in 4. u. Fol.) 18 ngr.

v. Riedesel, zu Eisenbach, Frhrr. Jh. Herm., († d. 19. Sept. 1785.) s. **Bemerkk.** auf einer Reise nach d. Levante. 2)

— s. a. **Reise** durch Sicilien.

von Riedesel. Reise durch Sizilien und Grossgriechenland. Zürich 1771. 8⁰.

— s. *Remarques* d'un Voyageur de Levant.

Riedesel, Karl Georg, Frhr. zu Eisenbach

— Rede üb. die Frage: Hat die wirkl. Reichskammergerichtsvisitation ihren wahren Nutzen u. worinnen? 4. Tübing. 767.

v. Riedesel, zu Eisenbach, Frhrr. Karl Geo., († d. 28. Jan. 1819.) Vortrr. an d. vollen Rath d. Kammergerichts üb. e. wichtige Materien des kammergerichtl. Prozesses. gr. 8. Jena 791. Mauke. 1 ₰

Riedesel von Eisenbach, Wilhelm Hermann (Fränkischer Adel), De eo quod justum est circa remissionem mercedis in locatione conductione ob calamitates bellicas. Diss. jur. Präs. Johann Stephan Pütter. Göttingen (Schulz) 8. III. 1760. 134 S. (—.—) 28836
Widm. v.: I. F. F. Pestel, J. C. Saur, Jo. Phil. Rassdoerffer.

Riedesel ab Eisenbach, G. H., de eo, q. iust. est circa remissionem mercedis in locatione ob calamitates bellicas. 4. Lips. Laugenheim. 763.

Riedhauser, Johannes R.

Riedhauser, J. R., Georg Jonatsch. Biogr. Skizze m. e. Anh.: Historische Gedichte. Zum 300jähr. Geburtstag desselben. gr. 8. (62 S.) Davos 897. H. Richter. n. — 80

Riedheim, Frhr. v., Aphorismen üb. Reitunterricht, Distanzreiten u. Stallwart. 16. (76 S.) München 871. Gradinger. — 25

Riedheim, Frhr. v., Aphorismen über Reitunterricht u. Pferdekunde. Mit 81 in den Text gedr. (Holzschn.-)Abbildungen. 2., umgearb. Aufl. 8. (III, 79 S.) Stuttgart 880. Bruchmann. cart. n. 1. 80

Riedheim, Frhr. v., Aphorismen üb. Reitunterricht u. Pferdekunde. Mit 81 in den Text gedr. Abbildgn. 3. Aufl. 8. (III, 79 S.) Rudolstadt 885. Klinghammer. cart. n. 1. 50

v. Riedheim, C. Th. Frhr., naturhistor. Beschreibung des hessen-darmstädtischen Odenwaldes nebst seinen westl. Vorbergen mit 1 Kärtchen. 8. Heidelberg 843, Mohr. 1/2 ₰

Riedheim, Karl, neuestes Comtoir-, Post- u. Zeitungs-Lexicon. Enth. in alphabet. Ordnung die geographisch-statistische Beschreibung aller Städte, der bedeutendsten Marktflecken, Dörfer, Bäder, Bergwerke, Meere, Seen, Flüsse, Inseln, Gebirge rc. u. als Anhang eine tabell. Uebersicht des Abgangs, der Ankunft, sowie die Fahrpreise aller Eisenbahnen in ganz Europa. 1. Liefg. (A—England.) Lex.-8. Heilbronn 846, Drechsler'sche Buchh. 1/3 ₰

Riedheim, Carl, neuestes Comptoir-, Post- u. Zeitungs-Lexikon. Enth. in alphab. Ordnung die geographisch-statistische Beschreibung aller Städte, der bedeutendsten Marktflecken, Dörfer, Bäder, Bergwerke, Meere, Seen, Flüsse, Inseln, Gebirge rc. u. als Anh. eine tabell. Uebersicht des Abgangs, der Ankunft, sowie der Fahrpreise aller Eisenbahnen in ganz Europa. 2-5. Lfg. u. Anhang. gr. 8. (S. 97—504 m. 1 in Kpfr. gest. u. col. Karte in Fol.) Heilbronn 847, Drechsler. à n. 1/3 ₰ (cmplt. n. 1 2/3 ₰)

— der Conducteur auf Dampfschiffen u. Eisenbahnen. Tabellar. Uebersicht des Abgangs, der Ankunft, sowie der Fahrpreise aller Eisenbahnen u. Dampfschiffe in ganz Europa. (Aus d. neuest. Comptoir-, Post- u. Zeitungs-Lexikon abgedr.) gr. 8. (24 S.) Ebd. 847. 4 ℊℊ

Riedhofer, Korb. Ant., (eigentl. Johannes Kantius Jos. Ant.) Abschiedsrede über: „Nun empfehle ich euch Gott." Apostelgesch. 20. Gehalten in der Filialkirche Wortlstetten. 8. Augsb. 817. (Leipz., Herbig). 2 ℊ

— nützl. Allerlei von neuen Haus- u. Christenlehrgeschenken rc. z. Beförderung des Guten unter Kleinen u. Großen. 1e—5e Liefrg. 8. Augsb. 816—21. Bolling. 16 ℊ

— die Allmacht, Weisheit u. Güte Gottes. Ein Christenlehrgeschenk. Augsb., Bolling. Das Dutzd. 6 ℊ

— bete u. arbeite, od. das tägl. Geschäft eines guten Christen. Mit einer Nachlese v. Denksprüchen üb. Gebet u. Arbeit. 16. Landsh. 831. 2e Aufl. 832. Krüll. 3 ℊ

Riedhofer, Korb. Ant., bethe u. arbeite! od. d. tägl. Geschäft e. guten Christen. Mit e. Nachlese v. Denksprüchen üb. Gebeth u. Arbeit. Ein Christenlehr- u. Prüfungsgeschenk. 1. Aufl. gr. 12. (2½ B.) 831. 2 Gr., 2. A., verm. mit Beyspielen aus d. Leben der Heiligen. 12. (3½ B.) Landshut 832. [Regensburg, Manz.]

— das Bild e. treuen u. frommen Ehegattin, Mutter u. Hausfrau. 8. Landsh. 820. Thomann. 2 ℊ

— der Christ vor seinem Gott im Gotteshause; ein Gebetbuch. 8. Augsb. 807. Bolling. (Leipz., Herbig). 15 ℊ

— — der Christ vor seinem Gott im Gotteshause. Ein Gebetbuch für alle gutgesinnte Christen, besonders fürs liebe Landvolk. 18. Augsb. 807. (Leipzig, Herbig.)

— Ehrenbund d. Jünglinge u. Jungfrauen in Kirchenthal. Eine Erzähl. z. Belehr. üb. d. hohen Werth der deutschen Jünglingschaft u. d. jungfräul. Ehre rc. 12. Landsh. 832. Krüll. 3 ℊ

—— Ehrenbund d. Jünglinge u. Jungfrauen in Kirchenthal. Eine Erzähl. z. Belehrung üb. d. hohen Werth d. keuschen Jünglingschaft u. d. jungfräul. Ehre; nebst Anweisn., diese aufrecht u. unversehrt zu erhalten. Ein Christenlehr- u. Prüfungsgeschenk. 12. (4⅙ B.) Landshut 832. [Regensburg, Manz.]

— der jungfräul. Ehrenkranz zu e. kl. Denkmal auf das Grab d. tugendh. Jungfrau Crescentia Höflmeyrin, z. Belehrung üb. d. Werth d. Jungfrauschaft. 12. Augsb. 825. Bolling. 1 ℊ

— Erklärr. einiger Bilder, Ceremonien u. Gebräuche, wie sie bei Sterbefällen u. Begräbnissen vorkommen, in mehrern kurzen Anreden mit sittl. Anwendung abgefaßt, z. Gebrauch bei Grabreden. gr. 8. Augsb. 829. (Krüll in Landsh.) 8 ℊ

—— Erklärungen einiger Bilder, Ceremonien u. Gebräuche, wie sie bei Sterbefällen u. Begräbnissen vorkommen, in mehr. kurzen Anreden mit sittl. Anwendungen abgefaßt zum Gebr. bei Grabreden rc., wie auch z. häusl. Erbauung u. Belehr. f. alle kathol. Christen, als Zugabe zu (dess.) „religiös. Vorträge rc. üb. verschied. kirchl. Ceremonien." 8. (10 B.) Augsburg 829. (Regensburg, Manz.)

—— Ermahnung u. Aufmunterung zu e. glückl. u. gottgefäll. Wanderschaft auf Erden, dargest. in e. Erzähl. d. bibl. Geschichte d. jungen u. alten Tobias. Ein Christenlehr- u. Prüfungsgeschenk. 8. (7½ B.) Straubing 832, Schorner.

— Erzähll. aus d. Leben der Heiligen, mit kurzen sittl. Anordnungen u. Denksprüchen. Ein Schulprüfungsgeschenk. 12. Augsb. 829. (Krüll in Landsh.) 3 ℊ

—— Erzählungen aus d. Leben der Heiligen, mit kurzen, sittl. Anwendn. u. Denksprüchen. Ein Schul-Prüfungsgeschenk. 12. (3¼ B.) Augsburg 829. (Regensburg, Manz.)

— die heil. Franziska Romana. Ein wahrer Tugendspiegel für alle Stände, besond. d. weibl. Geschlechtes. 12. Salzb. 822. Duyle. 3 ℊ

Riedhofer, Corbinian Ant., die heil. Franziska Romana. Ein wahrer Tugendspiegel für alle Stände, besonders des weibl. Geschlechts. 3. Aufl. 12. Salzburg 845, Duyle'sche B. 1/8 Thlr.
die heil. Jungfrau u. Dienstmagd Zita. Vorzüglich allen Dienstbothen, dann überhaupt dem christl. Volke zur Nachahmung vor Augen gestellt. 3. Aufl. 12. Ebend. 845. 1/8 Thlr.

— das Gebot d. Kirche: „Du sollst die aufgesetzten Feiertage halten," faßl. erklärt. Augsb., Bolling. Das Dutzd. 6 kr.

— geistl. Geschenk v. Morgen-, Abend-, Meß-, Beicht-, Kommunion-, u. a. Gebeten, sammt e. ausführl. Beichtspiegel ꝛc. Ein Gebetbuch. Mit 1 Kpf. 8. Augsb. 831. (Krüll in Landshut). 8 kr.

—— geistl. Geschenk v. Morgen-, Abend-, Meß-, Beicht-, Kommunion- u. a. Gebethen, sammt e. ausführl. Beichtspiegel; an seine ihm theure Pfarrgemeinde, wie auch zum nützl. Gebr. f. alle ihr ewiges Heil suchende kathol. Christen. Ein Gebethb. 8. (10 B. u. Titkpfr.) Augsburg 831. (Regensburg, Manz.)

— Gott in seinen Fügungen u. Erbarmungen wunderbar. Eine Geschichte z. Erbauung für Große u. Kleine, Junge u. Alte. gr. 12. Landsh. 831. Krüll. 3 kr.

—— Gott in seinen Fügungen u. Erbarmungen wunderbar. Eine Geschichte z. Erbauung f. Kleine u. Große — Junge u. Alte. gr. 12. (4½ B.) Landshut 831. [Regensburg, Manz.]

—— Hausbüchlein v. d. nothwend. u. heilsamst. Gebethen f. Kranke u. Sterbende. Ein Kranken- u. Sterbebüchl. f. jed. kathol. Christen ꝛc. 12. (6 B.) Straubing 830, Schorner.

Riedhofer, Korb. Ant., Hausbüchlein von den nothwendigsten und heilsamsten Gebeten für Kranke und Sterbende. Kranken- und Sterbebüchlein für jeden kathol. Christen, der mit Nutzen und Verdienst krank zu sein, und einst selig im Herrn zu entschlafen wünscht. Verm. u. verb. von Mich. Liedl. Mit 1 Titelstahlst. Straubing 861. Schorner. 12. (XII, 168 S.) 7½ ngr.

— kl. Hauslegende, od. Beispiele aus d. Leben d. Heiligen, mit sittl. Anwendd. z. Stärkung u. Bekräftigung im christkathol. Glauben, besonders f. die Jugend. Ein Christenlehr- u. Prüfungsgeschenk. Mit e. Legende v. Chr. Schmid (zur Erklär. d. Titelkupfers). 8. Landsh. 832. Krüll. 7 kr.

—— kleine Hauslegende, od. Beyspiele aus d. Leben der Heiligen, mit sittl. Anwendungen z. Stärkung u. Bekräftig. im christkathol. Glauben, besond. f. d. Jugend. Ein Christenlehr- u. Prüfungsgeschenk. Mit e. Legende v. Chr. Schmid (zur Erklär. d. Titkpfrs.) 8. (9 B.) Landshut 832. [Regensburg, Manz.]

Riedhofer, Korb. Ant., das christl. Herz im Umgange mit Gott. Ein Gebet-, Lehr- u. Betrachtungs-Buch auf alle Festtage d. Jahres, zum Gebr. aller gutgesinnt. kathol. Christen ꝛc. gr. 12. (12½ B. u. 1 Vign.) Deggendorf 828. (Regensburg, Pustet.) Thlr.

— die evangel. Geschichte: Jesus u. die Samariterin am Jacobsbrunnen, in homilet. Vorträgen. 8. Augsb. 821. Bolling. 6 kr.

— Joachim u. Anna. Ein lehrreiches Geschenk für Eltern, die ihre Kinder lieb haben. Augsb., Bolling. Das Dutzd. 9 kr.

— — die heil. Jungfrau und Dienstmagd Zitta. 12. Salzburg, Duyle. 817.

—— die heil. Jungfrau u. Dienstmagd Zita. Vorzüglich allen Dienstbothen, dann überhaupt dem christl. Volke zur Nachahmung vor Augen gestellt. 3. Aufl. 12. (2⅓ B.) Salzburg 845, Duyle'sche Buchh.

— Leben d. heil. Märtyrin Afra, mit sittl. Anwendung auf die Christen in d. Stadt u. auf d. Lande. 8. Augsb. 805. Bolling. 5 kr.

Riedhofer, Korb. Ant., Leben d. heil. Jungfrau u. Ordensstifterin Theresia. 12. Salzb. 817. Duyle. 3 kr.

— Johannes Liepert, ein Bauerssohn zu Wortlstetten, den der Herr in d. Blüthe seiner Jahre zu sich genommen. Ein Denkmal z. Erbauung. Augsb., Bolling. Das Dutzd. 8 kr.

— die einträglichste Lotterie, in welcher jede Einlage Gewinn ist; dargestellt in einer Geschichte mit lehrr. Beispielen aus d. Leben d. Heil. Gottes. 12. Landsh. 831. Krüll. 3 kr.

—— die einträglichste Lotterie, in welcher jede Einlage Gewinn ist; dargest. in e. Geschichte mit lehrr. Beyspielen aus d. Leben der Heiligen Gottes. Ein Lesebüchl., f. Jedermann z. Erbauung. 1. Aufl. 831. u. 2., verm. u. verb. A. (à 4 B.) 12. Landshut 834. [Regensburg, Manz.]

— eine kleine Nachlese zu A. Jais Biographie. 8. Augsb. 826. Bolling. 4 kr.

— das große Opfer am Kreuze, vorgebildet in d. Opfer Israels. 8. Landsh. 819. Storno. 1 kr.

— die Parabel d. verlornen Sohnes, in faßl. Predigten auf die heil. Fastenzeit. 8. Augsb. 806. Bolling. (Lpz., Herbig). 10 kr.

—— die Schule d. Heiligung. Od.: Erzählungen aus d. Leben der Heiligen, mit kurzen sittl. Anwendungen u. Denksprüchen. Ein Schul- u. Prüfungsgeschenk. 12. (5½ B.) Landshut 833. [Regensburg, Manz.]

— der Sieg d. Unschuld. Eine bibl. Geschichte. 12. Salzb. 817. Duyle. 1 kr.

(——) der Sieg der Unschuld. Eine biblische Geschichte mit sittlichen Anwendungen zur Erbauung erzählt. 12. (1 B.) Salzburg 845, Duyle'sche Buchh.

— die Stunden d. Andacht am Grab d. Verblichenen. Ein Gebet- u. Betrachtungsbuch. 12. Landsh. 818. Storno. 5 kr.

— die große Sünderin u. Büßerin Maria aus Egypten. Ein Beispiel z. wahren Buße. 8. Augsb. 801. Bolling. 5 kr. (Lpz., Herbig). 8 kr.

— Tugendbeispiele z. Nachahmung f. Jedermann, ausgehoben aus d. frommen Leben d. Jos. Pinshammer, Schneidermeisters zu Freundorf. 8. Augsb. 821. Bolling. 8 kr.

— unrecht Gut thut nie gut, oder: Was d. Segen Gottes in das Haus bringt! Eine Erzähl. mit e. Vor- u. Nachworte z. Beherzigung d. 7n göttl. Gebotes. Ein Christenlehr- u. Prüfungsgeschenk. 12. Landsh. 832. Krüll. 3 kr.

—— unrecht Gut thut nie gut, od.: Was d. Segen Gottes in d. Haus bringt! Eine lehrr. Erzähl. mit e. Vor- u. Nachworte z. Beherzig. d. 7. göttl. Gebothes. Ein Christenlehr- u. Prüfungsgeschenk. 12. (5 B.) Landshut 832. [Regensburg, Manz.]

— Vorrathsbuch, alphabet., von Geschichten u. Aussprüchen der Heiligen Gottes, f. Prediger, Katecheten, Schullehrer u. zur Erbauung d. christl. Volkes. 2 Bde. Augsb. 825. Bolling. 1 fl. 14 kr.

— religiöse Vorträge auf alle Sonn- u. Festtage d. ganzen Kirchenjahres, üb. verschiedene kirchl. Ceremonien u. Gebräuche, Feste, Gebete, Bildnisse 2c. 1r u. 2r Jahrg. 8. Augsb. 825, 28. Bolling. (Leipz., Herbig). (1r J. 1 ß 18 gr 2r J. 1 ß 12 gr) 3 ß 6 gr

—— religiöse Vorträge auf alle Sonn- u. Festtage d. ganzen Kirchen-Jahres, üb. verschied. kirchl. Ceremonien u. Gebräuche, Feste, Gebete, Bildnisse u. a. Gegenstände nach d. Bedürfnissen u. d. Fassungskraft d. gemein. Volkes; bearb. u. hrsg. zum allenfalls. Gebr. f. Prediger u. Katecheten u. dann zur nützl. Belehr. d. christl. Volkes. 3. Jahrg. — A. u. d. T.: Neue religiöse Vorträge 2c. 8. (37 B.) Augsburg 833. (Regensburg, Manz.)
1. u. 2. Jahrg. 1825 u. 28. Ebendas. à 1 Thlr. 4 Gr.

— wache u. bete! Eine heilsame Lehre für tugendhafte Jungfrauen. Augsb., Bolling. Das Dutzd. 6 gr

— wähle gut, so hast du's gut! od. die glückl. Eheleute. Eine Familiengeschichte z. Belehr. u. Erbauung geschrieben, u. allen guten Menschen erzählt. gr. 12. Landsh. 831. 2e A. 832. Krüll. 3 gr

—— wähle gut, so hast du's gut! od. die glückl. Eheleute. Eine Familiengeschichte zur Belehr. u. Erbauung geschr., u. allen guten Menschen erzählt. 1. Aufl. gr. 12. ($4\frac{1}{3}$ B.) 831., 2., verb. u. verm. A. 12. ($4\frac{1}{2}$ B.) Landshut 832. [Regensburg, Manz.] à

Riedig, Christian Gottlieb, s.a. Riedig, M.

Riedig, Chrstn. Gtli., Beschreibung e. Bohrmaschine f. alle Arten Edelsteine. Zum Gebr. f. Künstler, namentl. Uhrmacher u. Mechaniker. 8. (1 B. u. 1 Kpfrt.) Leipzig 829, Schreiber's Erben.

Riedig, C. G., Darstellung d. gestirnten Himmels, auf 4 Kugelsegmenten entworfen. (4 Bl. in Kpfrst. ½ Roy.-Fol. u. 1 Bl. Text.) Leipzig 837, Schreibers Erben.

Riedig, Ch. G., Deutschland. Kpfrst. u. color. 15 Zoll lang u. 12 Zoll hoch. Zittau, Schreiber's Erben. gr. Fol. (⅙ ß)

Riedig, (C. G.), († d. 22. Sept. 1853), die nördl. Gestirne auf die Ebene d. Aequators. Fol. Stahlst. Leipzig 849, (Zittau) Schreiber's Erben. ¼ ß

— die südl. Gestirne auf die Ebene des Aequators. Fol. Stahlst. Ebd. 849. ¼ ß

Riedig's (C. G.), Groschen-Atlas in 40 (in Kpfr. gest. und ill.) Karten. 3. Aufl. 1. Lfg. Fol. (3 Bl.) Zittau 853, Schreiber's Erben.

Riedig's Groschen-Atlas in 40 (color.) Karten (in Kpfrst.). 3. Aufl. Leipzig (853.) Schreiber's Erben. gr. 4. 1 ß.

—— Himmels-Atlas, s.a. Himmels-Atlas.

Riedig, (C. G.), Himmels-Atlas in 20 (in Kpfr. gest.) Blättern nach den grossen Bodenschen Sternkarten gezeichnet. qu. 16. Leipzig 849. (Zittau,) Schreiber's Erben.

—— Miniatur-Atlas über alle Theile der Erde in 24 (in Kpfr. gest. und ill.) Karten. qu. 16. Leipzig 849. (Zittau,) Schreiber's Erben.

—— Schul-Atlas in 25 (in Kpfr. gest. und ill.) Karten. qu. Imp.-4. Leipzig 849. (Zittau,) Schreiber's Erben.

— neuer Schul-Atlas üb. alle Theile d. Erde in 24 ill. Karten, ganz neu entworfen. gr. 4. Leipz. 828. Schreibers Erb. (Müller). 1 ß mit 12 ill. Karten. 12 gr

—— neuer Schul-Atlas üb. alle Theile d. Erde. 4. Aufl. qu. gr. 4. (24 gest. u. ill. Bl.) Leipzig 837, Schreibers Erben.

—— neuer Schul-Atlas über alle Theile der Erde in 24 (in Kpfr. gest. und ill.) Blättern. 5. Aufl. qu. gr. 4. Leipzig 849. (Zittau,) Schreiber's Erben. *

— Stern-Karten in 20 (in Kpfr. gest.) Blättern nach Bode's Uranographie in einem kleineren Maasstabe dargestellt. qu. 4. Ebd. 849. 18 ngr

Riedig, Stern-Karten in 20 Blättern (in Kpfrst.) nach Bode's Uranographie in einem kleineren Maasstabe dargestellt. 2. Aufl. Leipzig 862. Schreiber's Erben. qu. 4. (Mit 4 S. Text.) 15 ngr.

—— Taschen-Atlas üb. alle Theile d. Erde. 21 ill. Karten. qu. 16. Leipzig 831, Schreiber's Erben.

—— Volks-Schul-Atlas über alle Theile der Erde in 24 (in Kpfr. gest. und ill.) Blättern. 6. Aufl. 1. Lfg. qu. gr. 4. (2 Karten.) Zittau 853, Schreiber's Erben.

Riedig, M., s.a. Riedig, Christian Gottlieb

Riedig, M., Himmels-Atlas in 20 (lithogr.) Blättern nach den grossen Bodenschen Sternkarten gezeichnet. 2., verb. Aufl. qu. 16. (8 S. Text.) Leipzig 858, Schreiber's Erben.

Riedig, M., Karte vom Herzogth. Sachsen-Altenburg und den Fürstenthümern Reuss jüngere Linie und Reuss ältere Linie. Kpfrst. und color. qu. Fol. Altenburg 886, Bonde's Verlag. *

Riedig, M., Post- und Reise-Karte von Deutschland. Leipzig 1823. Kupferst., kolor. (RPA.)

Riedig, M., Sternkarten in 20 Blättern (in Kupferst.), nach Bode's Uranographie in einem kleineren Maaßstabe dargestellt. qu. gr. 4. (Mit Text.) Leipzig 841, Schreibers Erben. ¾ ß

—— Stern-Karten in 20 Blättern nach Bode's Uranographie in einem kleineren Maasstabe dargestellt. 2. Aufl. Kpfrst. qu. gr. 4. (4 S. Text.) Leipzig 861, Schreiber's Erben.

Riediger, A., Handbuch der Bekleidungskunst f. Herren, s.: Klemm, H.

Riediger, A., gesammte Kindergarderobe; Knaben-Bekleidg.; Mädchen-Bekleidg., s.: Klemm, H.

Riediger, A., Leitfaden des allgem. theoretischen Wissens im Schneiderberuf. In Form v. Frage u. Antwort zum Gebrauch bei der Gesellenprüfg. übersichtlich zusammengestellt. (63 S.) gr. 8. Dresden (904). Expedition der europ. Modenzeitg. n. — 80

Riediger, Joh., s.: Akt, der Wiener.

Riedinger, üb. Ganglion periosteale [Periostitis albuminosa]. [Aus: „Festschrift f. A. v. Kölliker".] gr. 4. (13 S.) Leipzig 887. Engelmann. n. 1. 60

Riedinger, chirurgische Klinik im königl. Juliushospitale zu Würzburg vom 15. Juli 1877 bis 28. April 1878. Beiträge zur prakt. Chirurgie. gr. 8. (204 S. mit 14 [Holzschn.-, lithogr., chromolithogr. und Lichtdr.-]Taf.) Würzburg 879, Staudinger'sche Buchh. * 10 —

—— über Kniegelenkresection. gr. 8. (3 S.) Würzburg 886, Stahel'sche Universitäts-Buchh. * — 20

—— über Nervenchirurgie. [Mit Demonstration.] gr. 8. (4 S.) Ebendas. 886. * — 20
Vorstehende zwei Schriften sind aus: Sitzungsberichte der Würzburger physikalisch-medicinischen Gesellschaft, besonders abgedruckt.

—— Verletzungen und chirurgische Krankheiten des Thorax und seines Inhaltes, s.a. Chirurgie, deutsche.

Riedinger: Verletzungen und chirurgische Krankheiten des Thorax und seines Inhaltes. Mit 70 Holzschn. Stuttgart 1888. LII, 300 S.
(Deutsche Chirurgie. Lfg 42.)

Riedinger, A., Ballonfabrik Augsburg G. m. b. H.: Ballons für militärische, wissenschaftliche und Sportzwecke. Ausrüstungen von Luftschifferparks für Heer und Marine. Wasserstoff-Erzeugungs- und Compressionsanlagen. Fliegende Gaszentralen. Augsburg (1906)

— Drachenballon. D. R.-P. No. 75731, angemeldet am 23.—29. Januar 1896. [Tafel I—IV und Patentschrift.] Berlin 1896.

Riedinger, A., Der Drachenballon für meteorol. Zwecke. Nebst Bild eines — aus der Ballonfabrik von —. 1 Blatt und eine Beschreibung. Augsburg 1897.

Katalog der reichhaltigen und bedeutenden Kunstsammlung des Museums August **Riedinger** in Augsburg. Abth. 1. Versteigerung zu Augsburg 1894. München 1894: Knorr & Hirth. 4° [06. 13303

Riedinger, Ferdinand

Riedinger, F., die Behandlung d. Empyeme, s.: Abhandlungen, Würzburger, aus dem Gesamtgebiet der prakt. Medizin. I. 11.

Riedinger, F., über Brusterschütterung, s. Festschrift zur dritten Saecularfeier der Alma Julia Maximiliana.

— s.: Chirurgie des Halses usw.

Riedinger, Ferd., Studien üb. Grund u. Einkeilung der Schenkelhalsbrüche. [Mit 11 lith. Taf.] Lex.-8. (72 S.) Würzburg 874. Staudinger. n. 6. —

Riedinger, F., über die Wirkung moderner Projektile. Festrede zur Feier des 59. Stiftungsfestes der physikalisch-medizin. Gesellschaft zu Würzburg. Mit 9 Röntgen- u. 3 Geschosstaf. (31 S.) Lex. 8. Würzburg 909. C. Kabitzsch. 4. —
Sonderabdruck aus: „Verhdlgn. d. phys.-med. Gesellsch."

Riedinger, Jakob

Riedinger, Jakob, s.: Archiv f. Orthopädie, Mechanotherapie u. Unfallchirurgie.

Riedinger, Jacob (Hrsg.), s. Arnd, Carl: Experimentelle Beiträge zur Lehre der Skoliose.

Riedinger, J., die ambulatorische Behandlung der Beinbrüche, s.: Abhandlungen, Würzburger, aus dem Gesamtgebiet der prakt. Medizin. II. 9.

— Geschichte des ärztlichen Standes u. des ärztlichen Vereinswesens in Franken, speciell in Würzburg. Festschrift zur Feier der im J. 1848 erfolgten Begründg. der ärztl. Vereine in Würzburg. gr. 8. (IV, 133 S.) Würzburg 899. Stahel's Verl. n. 1. 50

Riedinger, Jakob, Dr.: Morphologie und Mechanismus der Skoliose. Mit 51 Abb. *Wiesbaden: J. F. Bergmann 1901.* (VI, 83 S.) 8°
Würzburg, Med. Hab.-Schr. v. 1901

— über Schlottergelenke, s.: Abhandlungen, Würzburger, aus dem Gesamtgebiet der prakt. Medizin. VI, 3.

Riedinger, Jacob [cand. med. aus Schwanheim]: Ueber Thallin als Antipyreticum .... München, Akad. Buchdr. v. F. Straub, 1886; 2 Bl. + 70 S. + 1 Bl. 8°.
Erlangen, Med. Fak., Inaug.-Diss. v. 1886.

Riedinger, Jacob, über Thallin als Antipyreticum. Diss. Erlangen 1886, Th. Blaesing. 8°. 70 S.

— über Werthigkeit der Finger in Bezug auf Defekt u. Verbildung, s.a. Sammlung klin. Vorträge.

Über Werthigkeit der Finger in Bezug auf Defekt und Verbildung v. J[acob] Riedinger, (Würzburg). *Leipzig: Breitkopf & Härtel 1899.* (20 S.) 8.
= Sammlung Klinischer Vorträge. N. F. No 237.

Riedinger, Johann Elias, s. Ridinger

Riedinger, Jos., Tabellen zur Berechnung des Flächeninhalts von Spiegeln, Spiegelgläsern, Fensterscheiben und ganzen Fenstern nach Quadrat-Fußen, -Zollen u. -Linien. Für Spiegel-Manufakturen, Spiegelhändler und Glasermeister. Weimar 865. Voigt. 8. (IV, 191 S.) 22½ ngr.

Riedinger, Jos., Tabellen zur Berechnung des Flächeninhalts von Spiegeln, Spiegelgläsern, Fensterscheiben 2c. nach Quadrat-Fußen, -Zollen und -Linien. Für Spiegel-Manufakturen, Spiegelhändler und Glasermeister. 2. unveränd. (Titel-)Aufl. 8. (IV, 191 S.) Weimar (865)69, B. F. Voigt. 1 20

Riedinger, L. A. Typen a. d. Musteralbum der Bronzewarenfabrik von Riedinger in Augsburg 1891. 4

Der Besitz an gepfändeten Sachen. Zugleich e. Beitrag z. Lehre von d. rechtl. Stellung d. Gerichtsvollziehers. Von Dr. Paul **Riedinger**, Ref. in Breslau. *Breslau: W. Koebner 1903.* (101 S.) 8°
[Ein Teil erschien 1903 als Bresl. Inaug.-Diss. u. d. T.: Die rechtl. Stellung d. Gerichtsvollziehers.]

Riedinger, Paul, die Staatsverleumdung, s.a. Abhandlungen, strafrechtliche.

Die Staatsverleumdung. ‹§ 131 Reichsstrafgesetzbuchs› Von Paul Riedinger, Ref. in Breslau. *Breslau: Schletter 1901.* (52 S.) 8°
= Abhandlungen, Strafrechtliche. H. 38.

Riedinger, Paul, Referendar in Breslau: Die rechtliche **Stellung** des Gerichtsvollziehers. *Breslau: W. Koebner 1903.* (41 S.) 8° ¶[Erschien vollst. 1903 im gleichen Verl. u. d. T.: Der Besitz an gepfändeten Sachen ...]
Breslau, Jur. Diss. v. 9. März 1903

Riedinger, Wilh., Bauordnung f. die Stadt Freiburg i. Br., m. e. Anh., enth. alle auf das Bauwesen bezügl., f. die Hauptstadt Freiburg i. Br. gelt. orts- u. bezirkspolizeil. Vorschriften nach dem Stande vom 1. IX. 1910. Im amtl. Auftrag zusammengestellt u. hrsg. (VII, 142 S.) 8. Freiburg i/B. 910. (H. Vorst.) Geb. nn 2. 50

Riedl, s.a. Riedel

— bibl. Lieder. 8. Wien, Kurzböck (Camesina) 771.

Riedl, A., leichtfaßliches Sprachbuch zur praktischen Erlernung des Englischen. Mit besonderer Rücksicht auf täglichen Umgang und Verkehr bearbeitet. 3 Thle. St. Gallen 855. Huber u. Co. 1 ₰. 8 ngr.
1. Thl.: Englische Grammatik in kürzester Form. Auch als 1. Kurs zu jeder größeren engl. Grammatik. Mit einem Verzeichniß der zum Sprechen nöthigsten Wörter, nebst Anleitung zu deren Aussprache. (XII, 104 S. u. 1 Tab. in Fol.) 12 ngr.
2. Thl.: Easy Themes. Leichte Uebungsstücke zum Uebersetzen aus dem Deutschen in's Englische. (XI, 132 S.) 12 ngr.
3. Thl.: Englisches Lesebuch. Mit erklärenden Anmerkungen, durchgängiger Bezeichnung der Accentsilben und anderen Hülfsmitteln zur Erleichterung der Aussprache, nach J. E. Worcesters vereinfachtem System. (XII, 163 S.) 14 ngr.

Riedl, A. Sprachbuch zur Erlernung des Englischen. Zürich 1855. 2 Thle.

Riedl, A., leichte Uebungsstücke zum Uebersetzen aus dem Deutschen in's Englische. Eine nützliche Beigabe zu jeder englischen Sprachlehre. Enthaltend eine ausgewählte Sammlung von Erzählungen, Anekdoten, Fabeln ꝛc.; leichte Geschäftsbriefe ꝛc.; Uebungen über die gebräuchlichsten unregelmäß. Zeitwörter ꝛc. A. u. d. T.: Easy themes. German-English. A useful appendix to any English grammar. 8. (XII u. 124 S. m. 1 Tab. in qu. Fol.) Zürich 852, Kiesling. n. 16 ngr.

Riedl, Adj., die passagere Befestigung im Kriege und ihr Einfluß auf die Kriegführung. Beleuchtet mit kriegsgeschichtl. Beispielen. gr. 8. (III, 51 S.) Wien 886, (Seibel und Sohn.) * 1 60

v. **Riedl**, Adrian, Karte der Schlachtgegend von Hohenlinden. Münch., Lindauer. 16 gr.

— die besten u. wohlfeilsten Mittel, das Austreten der Flüsse ꝛc. zu hindern, mit Flußkarte. 4. Münch., (G. Franz). 12 gr.

v. **Riedl**, Adrian, († d. 18. März 1809.) Rede üb. d. Fortgang d. baier. Topographie u. ihren Nutzen. Mit 1 Karte. 4. Münch. 803. Lindauer. 5 gr.

v. Riedl, A. Reise-Atlas von Baiern oder geographisch-geometrische Darstellung aller bairischen Haupt- und Landstrassen mit den daranliegenden Ortschaften und Gegenden. München 1796. 39 Hefte mit 61 Karten c. K. v.

Riedl, Adrian v. (churpfalzbaier. Hofkammerrath u. General-Strassen- u. Wasserbau-Director, geb. d. 6. Mai 1740 zu Munchen, † ebd., d. 18. März 1809). *Reise Atlas von Bajern* (sic), oder *geograph.-geometr. Darstellung aller bajerischen Haupt- u. Landstrassen mit den daranliegenden Ortschaften u. Gegenden*, nebst kurzen Beschreibungen alles dessen, was auf u. an einer jeden der gezeichneten Strassen für den Reisenden merkwürdig seyn kann. Mit Portr. d. Vf. (nach *Edlinger* gest. v. *J. C. Schleich* in München) u. e. Menge sauber gestoch. u. color. Karten. München, auf Kosten d. Vf., 1796, gedr. mit Hübschmannischen Schriften, u. zu haben bey Jos. Lentner, Buchhdlr. (Dieser gestoch. Tit. mit vielen Schreiberzügen geziert.) 4°. In 2 Frzbdn. mit Goldschn. geb.
Dieses s. Z. kostspielige, weil nur in kleiner Aufl. erschienene, merkwürdig-unpraktische Werk ist dem churpfalz-bayr. wirkl. geh. Rath Joseph Aug. Grafen v. Törring zu Gronsfeld zu Jetterbach, Hof- u. Forstkammer-Präsidenten in München [etc.] (dem bekannten Dichter, geb. 1. December 1753, † 9. April 1826), gewidmet.

— Reiseatlas v. Baiern, od. geograph. geometr. Darstell. aller baier. Haupt- u. Landstraßen, mit d. daran liegenden Ortschaften u. Gegenden, nebst Beschreib. d. Merkwürdigsten f. Reisende. 5 Liefrg. Mit 1 Pl. der Schlachtgegend v. Hohenlinden. 4. Münch. 796—806. Lentner. (Lindauer). 3 ₰ 8 gr.

v. Riedl's, Adrian, Reise-Atlas vom Königreiche Bayern. 1s u. 2s Heft. Verbess. Aufl., nebst Fortsetzung 1s u. 2s Heft. (à 6 Blätter in Kupferstich.) Fol. München 834, 35. (Franz.) à Heft n. 11/12 ₰

— Strom-Atlas v. Baiern. Mit deutschen u. französ. Text. 1e—3e Lieferg. Fol. Münch. 806—8. Lentner.

Riedl Alois: Ueber den Raumbegriff in Kants transzendentaler Aesthetik.
H. 1877 PN 79 **Diss. Wien, Univ.** 7

Riedl, Aloys Jos., Abhandl. üb. das Ewiggeldinstitut in München. 8. Münch. 819.

Riedl, A. J., das Ewiggeld-Institut in München dargestellt. München (o. A. d. V. u. D.) 1819. 8°. Hfrzb.; schönes, wie neues Expl.
VIII—212 S., 152 S. Urkunden, 1 Bl. Err.

Riedl, Anselm Mansuet, ungarischer Geschäftsstyl. Sammlung von Beispielen zur Abfassung von Geschäftsbriefen und andern schriftl. Aufsätzen über alle Fälle des gewöhnlichen Lebens, nebst einem Verzeichnisse der im niedern Geschäftsstyle am häufigsten vorkommenden Ausdrücke, ungar. Tauf- und Ortsnamen, sowie Tabellen und Vorbildern für die ungar. Formenlehre. gr. 8. (IX und 174 S.) Prag 855(56,) Schaiba. Thlr.

Riedl, Anselm Mansuet — Ungarischer Geschäftsstyl. Sammlung von Beispielen zur Abfassung von Geschäftsbriefen und andern schriftlichen Aufsätzen über alle Fälle des gewöhnlichen Lebens, nebst einem Verzeichnisse der im niedern Geschäftsstyle am häufigsten vorkommenden Ausdrücke, ungarischer Tauf- und Ortsnamen, so wie Tabellen und Vorbildern für die ungarische Formenlehre. Zusammengestellt von — —. Prag, 1856. Artistisch-typographisches Institut des Karl Bellmann. Ignaz Adolf Schaiba. (4 Bl. 174 S. 8.)

— — Magyarische Grammatik. *Wien* 1858. *W. Braumüller.* VII und 356 S. 8°. 2 fl. 40 kr.

Riedl, Anselm Mansvet. Leitfaden für den Unterricht in der magyarischen Sprache. *Wien* 1858. *W. Braumüller.* IX und 189 S. 8°. 1 fl.

—— **Mutatványok a magyar irodalomból, egyszersmind olvasó könyv serdültebbek használatára. gr. 8. (V und 126 S.) Prag 855(56,) Schaiba.**

Riedl, Ant., Gedichte. (78 S.) kl. 8. Leipzig 907. Verlag f. Literatur, Kunst u. Musik. 2.—; geb. n 3.—

Riedl, C., s.a. Riedl, Karl

– Doktor Goldhärchen, s. Kinder-Theater, Wiener.

– Struwelpeter, s. Kinder-Theater, Wiener.

Riedl, C. A., Bruchstücke aus d. Leben, Trink- u. Badegebrauch an der Mineral- und Heilquelle Sauerbrunn bei Rohitsch in Steiermark. 8. Grätz 821. Kienreich. 1/6 ₰

Riedl, Carl, s. Riedl, Karl

Riedl, Chr., s. Riedl, R. Chr.

Riedl, Christine Charlotte, lindauer Kochbuch für guten bürgerlichen und feineren Tisch eingerichtet, bestehend in gegen 1400, in langjähr. Praxis erprobten Recepten ꝛc. Nebst zuverlässigen Belehrungen über Einmachen des Obstes und der Gemüse, Dressiren des Geflügels ꝛc. und Speisezetteln für alle Jahreszeiten. Mit Abbildungen. 8. (X und 710 S. mit 9 Stnt.) Lindau 852, Stettner.

Riedl, Christine Charlotte, Lindauer Kochbuch, für guten bürgerlichen und feineren Tisch eingerichtet, bestehend in 1802, in langjähriger Praxis erprobten Rezepten, wornach Fleisch- und Fastenspeisen 2c. auf die beste und schmackhafteste Art zubereitet werden können. Nebst zuverlässigen Belehrungen über Einmachen und Dörren des Obstes und der Gemüse 2c. u. Speisezetteln für alle Jahreszeiten. Mit 63 Abbildgn. auf 9 (lith.) Taf. 2., vielverb., um 200 Rezepte verm. Aufl. Lindau 854. Stettner. 8. (X, 710 S. u. 9 lith. Taf.) 1 *ℛ.* 3 *ngr.*

Riedl, Christine Charlotte, Lindauer Kochbuch, für guten bürgerlichen und feineren Tisch eingerichtet, bestehend in 1956, in langjähriger Praxis erprobten Rezepten, wornach Fleisch- und Fastenspeisen, Saucen, Compote 2c. auf die beste und schmackhafteste Art zubereitet werden können. Nebst zuverlässigen Belehrungen über Einmachen des Obstes und der Gemüse 2c. u. Speisezetteln für alle Jahreszeiten. Mit 82 Abbildgn. auf 8 (lith.) Taf. 3., vielverb., um 154 Rezepte verm. Aufl. Lindau 860. Stettner. gr. 8. (VIII, 712 S.) 1 *ℛ.* 3 *ngr.*

Riedl, Christine Charlotte, Lindauer Kochbuch für guten bürgerlichen und feineren Tisch eingerichtet, bestehend in 2040, in langjähr. Praxis erprobten Rezepten, wornach Fleisch- und Fastenspeisen, Saucen, Compote, Crême, Sulzen, Kuchen, Torten und anderes Backwerk, Obstgeleen, Marmeladen, Gefrornes, warme und kalte Getränke auf die beste und schmackhafteste Art zubereitet werden können. Nebst zuverläss. Belehrungen über Einmachen des Obstes und der Gemüse, die verschiedenen Arten Zucker und Glasuren, Verzierungen der Schüsseln, Räuchern 2c. und Speisezetteln für alle Jahreszeiten. 5. und 6. Aufl. in 6 Lfgn. 1869,71. à Lfg. 55 Pfg., und 7. verb. mit Angabe der neuen Maaße und Gewichte verm. Aufl. gr. 8. (VI, 744 S. mit 82 Abbild. auf 8 Taf.) Lindau 874, Stettner'sche Buchh. 3 50

Riedl, Christine Charlotte, Lindauer Kochbuch, für bürgerlichen und feineren Tisch eingerichtet, bestehend in 2163 in langjähr. Praxis erprobten Rezepten, wornach Fleisch- und Fastenspeisen, Saucen, Compote 2c. auf die beste und schmackhafteste Art zubereitet werden können. Nebst zuverlässigen Belehrungen über Einmachen des Obstes und der Gemüse, die verschiedenen Arten Zucker und Glasuren 2c. und Speisezetteln für alle Jahreszeiten. 8. verb., um 123 Rezepte verm. Aufl. Mit Angabe der neuen und alten Maße und Gewichte. gr. 8. (IV, 758 S. mit 82 Abbild. auf 8 lithogr. Taf.) Lindau 878, Stettner. 3 60
cart. *ℳ* 4,20.; geb. 4 60

Riedl, Christine Charlotte, Lindauer Kochbuch, für guten bürgerlichen u. feineren Tisch eingerichtet, bestehend in 2163 in langjähr. Praxis erprobten Recepten, wornach Fleisch- u. Fastenspeisen, Saucen 2c. auf die beste u. schmackhafteste Art zubereitet werden können. Nebst zuverlässigen Belehrungen über Einmachen des Obstes u. der Gemüse, die verschiedenen Arten Zucker u. Glasuren 2c. u. Speisezetteln für alle Jahreszeiten. Mit 82 Abbildungen auf 8 (lith.) Taf. 9., verb. u. verm. Aufl. Mit Angabe der neuen u. alten Maße u. Gewichte. gr. 8. (IV, 758 S.) Lindau 881. Stettner. 3. 60;
cart. n. 4. 20; geb. n. 4. 60

Riedl, Christine Charlotte, Lindauer Kochbuch, für guten bürgerlichen und feineren Tisch eingerichtet, bestehend in 2164 in langjähr. Praxis erprobten Rezepten, wornach Fleisch- und Fastenspeisen, Saucen, Compote, Crême, Sulzen, Kuchen, Torten und anderes Backwerk, Obstgeleen, Marmeladen, Gefrornes, warme und kalte Getränke auf die beste und schmackhafteste Art zubereitet werden können. Nebst zuverläss. Belehrungen über Einmachen des Obstes und der Gemüse, die verschiedenen Arten Zucker und Glasuren, Verzierungen der Schüsseln, Räuchern und Einpökeln, Ausbeinen, Dressieren, Spicken, Tranchieren 2c. und Speisezetteln für alle Jahreszeiten. 10. verb. und verm. Aufl. Mit Angabe der neuen und alten Maße und Gewichte. gr. 8. (IV, 758 S. mit 82 Abbild. auf 8 Taf.) Lindau 886, Stettner.
cart. *ℳ 4.20.; geb. *

Riedl, Christine Charlotte, Lindauer Kochbuch, für guten bürgerlichen u. feineren Tisch eingerichtet. Mit 82 Abbildgn. auf 8 Taf. 11., verb. Aufl. Mit Angabe der neuen u. alten Maße u. Gewichte. gr. 8. (IV, 758 S.) Lindau 890. Stettner. 3. 60; cart. n. 4. 20; geb. n. 4. 60

Riedl, Christine Charlotte, Lindauer Kochbuch, f. guten bürgerlichen u. feineren Tisch eingerichtet, bestehend in 2165, in langjähr. Praxis erprobten Rezepten. Mit 82 Abbildgn. auf 8 Taf. 12., verb. u. verm. Aufl. Mit Angabe der neuen u. alten Maße u. Gewichte. gr. 8. (IV, 763 S.) Lindau 894. J. Th. Stettner. 3. 60;
kart. n. 4. 20; geb. n. 4. 60

Riedl, Christine Charlotte, Lindauer Kochbuch, f. guten bürgerl. u. feineren Tisch eingerichtet, bestehend in 2165, in langjähr. Praxis erprobten Rezepten, wornach Fleisch- u. Fastenspeisen, Saucen, Compote, Crême, Sulzen, Kuchen, Torten u. anderes Backwerk, Obstgeleen, Marmeladen, Gefrorenes, warme u. kalte Getränke auf d. beste u. schmackhafteste Art zubereitet werden können. Nebst zuverläss. Belehrgn. üb. Einmachen d. Obstes u. d. Gemüse, d. verschied. Arten Zucker u. Glasuren, Verziergn. d. Schüsseln, Räuchern u. Einpökeln, Ausbeinen, Dressieren, Spicken, Transchieren u. s. w. u. Speisezetteln f. alle Jahreszeiten. Mit 82 Abb. auf 8 Taf. 13., verb. u. verm. Aufl. Mit Angabe der neuen u. alten Maße u. Gewichte. gr. 8. (IV, 763 S.) Lindau 898. J. Th. Stettner. 3. 60; kart. n. 4. 20; geb. in Leinw. n. 4. 60

Riedl, Christine Charl., Lindauer Kochbuch f. guten bürgerlichen u. feineren Tisch. 2375 in langjähr. Praxis erprobte Rezepte, nebst zuverläss. Belehrgn. üb. Einmachen des Obstes u. der Gemüse, Räuchern u. Einpökeln etc., sowie Speisezetteln f. alle Jahreszeiten. 14., verb., sehr verm. Aufl. Mit 82 Abbildgn. auf 8 Taf. (VI, 800 S.) gr. 8. Lindau 904. J. Th. Stettner. 3. 80;
geb. in Halbleinw. n. 4.40; in Leinw. n. 4.80

Die kleine Köchin. | Lindau, 1854. | Gedruckt bei Stoffel & Wachter.
48 S., 16°.
StB Lindau.
Von der Verfasserin des großen *Lindauer Kochbuchs* (1852 usw.), Christine Charlotte Riedl. Das Büchlein wurde 1946 vom Thorbecke Verlag Lindau noch einmal aufgelegt (= Die Bücher vom Bodensee, 2).

Riedl, E., die Goldbergbaue Kärntens u. ihre Bedeutg. f. die Jetztzeit. Vom histor. wie vom bergmänn. Standpunkte beleuchtet. [Aus: „Oesterr. Zeitschrift f. Berg- u. Hüttenwesen".] 8. (32 S.) Wien 873. (Klagenfurt, Liegel.) n. 1. —

Riedl, Ed., Post-Handbuch. Anweisung über die vorschriftsmäßige Behandlung der Brief- u. Fahrpost-Sendungen nach dem In- u. Auslande. Aus den gegenwärtig in Wirksamkeit stehenden Bestimmungen zusammengestellt u. verfaßt. Gratz 868. Hesse. 8. (VIII, 164 S.) n. 15 *ngr.*

Riedl, Emil, u. Ferd. **Riedl** jr., die Gesellenprüfung f. Schlosser. Zum Gebrauche beim Ablegen der Gesellenprüfg. f. Schlosser in Fragen u. Antworten. Bearb. in leichtfaßl. Darstellg. (16 S.) kl. 8. Dresden (908). G. Wolf.
In Wachstuch — 50

Riedl, Eugen [**Assistenzarzt II. Cl. im kgl. bayr. 4. Inf.**-Reg. „König **Wilh. v. Württemb." Metz]: Primaeres** Leber-Carcinom ... **München, Buchdr. v. M.** Ernst, 1896; 20 S., 1 Bl. 8.
München, Med. Fak., Inaug.-Diss. v. 1896

Riedl, F., die Gymnastik am Turnplatz und im Zimmer. Ein Vorbeugungs- u. Heilmittel gegen viele Krankheiten unserer Zeit. Leichtfaßliche Anleitung zur naturgemäßen Entwicklung u. Kräftigung des Körpers in allen Altersstufen. Mit vielen Spielen für Knaben und Mädchen und zahlreichen Illustr. (in Holzschn. u. 1 Holzschntaf.) Wien 860. Wenedikt. 16. (208 S.) 15 ngr.

— — 2. Ausg. 1860. 208 S.

Riedl, F., die Gymnastik am Turnplatz u. im Zimmer. Leichtfaßliche Anleitung zur naturgemäßen Entwickelung u. Kräftigung des Körpers in allen Altersstufen. Mit vielen Spielen für Knaben u. Mädchen u. zahlreichen Illustr. (in eingedr. Holzschn. u. auf 1 Holzschntaf.). 2. (Titel-)Ausg. Wien (1860) 870. Wenedikt. 16. (208 S.) 15 ngr.

Riedl, F., Tabak u. Tabakfabrikate, s.: Ausstellungs-Bericht, officieller.

Riedl, Ferdinand Jos.

— Gelegenheitsreden eines herrschaftl. Oberbeamten. 8. Wien 815. (v. Mösle). 8 gl.

Riedl, Fd. Jos., Geschichten u. Gespräche z. Nutzen u. Vergnügen d. Jugend. 8. Wien 796. Kaulfuß. 6 gl.

Riedl, Fl., gründliche Anweisung in der Damenschneiderei, enthltd. alle Arten von Kleidern, Mantillen, Mänteln, Visiten, Kapuzen, Corsets etc., nach den neuesten Pariser Moden zuzuschneiden und zu verfertigen, nebst einem neuen (lith.) Reductionsschema (in Fol.). Mit vielen Zeichnungen etc. (auf 1 lith. Taf. in Fol.) Olmütz 853. (Neugebauer.) 8. (16 S.) 9 ngr.

Riedl, Fr. W.. Einleitung zur Chemie nach der elektrochemischen und der Typentheorie. 32 S. – Frankfurt a/O.. R.. Progr. 1871.

Riedl, Franz: Anton Alex. Graf von Auersperg (Anastasius Grün). Ein Bild seines Lebens und Dichtens. 39 S. 8. **Progr.** K. k. Staatsgymn. *Gottschee* 1909.

Riedl, Franz: Der Sophist Prodikus und die Wanderung seines „Herakles am Scheidewege" durch die römische und deutsche Literatur. S. 3–46. 8. K. k. I. Staatsgymn. *Laibach* 1908.

I. Der Sophist Pr. und sein „Herakles am Scheidewege". II. „H. a. Sch." in der römischen Literatur. III. Die kirchlichen Schriftsteller. IV. „H. a. Sch." des 11. in der deutschen Literatur.

Progr

Riedl Dr. Franz: Schillers Wallenstein als tragischer Charakter. 64 Laibach R. 94. Progr.

Riedl, Frigges, s.: Literaturen u. Sprachen, die osteuropäischen u. slawischen.

Riedl, Gustav: Eine Reise nach Spitzbergen. S. 3 bis 52. 8. **Progr.** K. k. I. Staatsrealschule im II. Bezirke *Wien* 1910.

Riedl Gustav: Die Sprache der Wiener Handschrift des Glossars „Summarium Heinrici".
II. 1904 PN 1773 Diss W. Univ. 146

Riedl, J.: Beiträge zur Theorie der Sehnenwinkel, s. Riedl von Leuenstern, Joseph

RIEDL, Jakob. Der vertraute Hofrath uber Kaiser, Konige, Herrschaften, Landeshoheit, und Unterthanen. Von –. Hartl, Wien 1782. 1 vol. 69 S.

Riedl, Johann

Riedl, J., Salzburgs Domherrn. Von 1514–1806. (Aus: Mittheilungen für Salzburger Landeskunde.) Salzburg 867. (Taube.) Lex.-8. (315 S.) n.n. 2 ₰

— Dr. Johann, Ausgewählte Gelegenheits-Predigten. Aus d. Nachlasse des Verfassers Herausgegeben von Dr. Leopold Schuster. 8. (XVI u. 411 S.) Graz, Ulrich Moser's Buchh. (J. Mayerhoff.) 2 fl. 4115.

Riedl, Dr. Johann, Ausgewählte Gelegenheits-Predigten bei verschiedenen Cultushandlungen aus dem Nachlasse des Verfassers. Zusammengestellt und herausgegeben von Dr. Leopold Schuster. 3. neu durchgesehene Auflage. Gr.-8. (XVI, 418 S.) Graz: Moser 1893. 2.—

(F) **Riedl, J.**, Ausgewählte Gelegenheitspredigten bei verschiedenen Kultushandlungen. 4. Aufl. Gr.-8°. (XVI, 418 S.) Graz: Moser 1906. K 4.—

— kurze Geschichte des Landes Salzburg. Salzburg 869. Dieter & Co. 8. (III, 116 S.) n. 16 ngr.

Riedl, Joh., ausgewählte leichtfaßliche Predigten in 3 Bdn. Aus dem Nachlasse des Verf. zusammengestellt und hrsg. von Leop. Schuster. 1. Bd.: Predigten auf alle Sonn- und Festtage des Herrn. gr. 8. (XVI, 324 S.) Graz 884, Moser's Buchh. *

Riedl, Joh., ausgewählte leichtfaßliche Predigten in 3 Bdn. Aus dem Nachlasse des Verf. zusammengestellt und hrsg. von Leop. Schuster. gr. 8. Graz, Moser. *

Inhalt:
Bd. 1. Predigten auf alle Sonn- und Festtage des Herrn. 2. durchgeseh. Aufl. (XVI, 324 S.) 886. *M 3.60.
„ 2. Predigten auf die Feste des Herrn, Mariens und der Heiligen. 1. und 2. durchgeseh. Aufl. (XII, 404 S.) 885,86. *M 4.—.
„ 3. Ausgewählte Gelegenheits-Predigten bei verschiedenen Cultushandlungen. 1. und 2. durchgeseh. Aufl. (XVI, 411 S.) 885,87. *M 4.—.

Riedl, Joh., ausgewählte leichtfaßliche Predigten in 3 Bdn. Aus dem Nachlasse d. Verf. zusammengestellt u. hrsg. v. Leop. Schuster. 1. u. 3. Bd. gr. 8. Graz, Moser. n. 7. 60

1. Predigten auf alle Sonn- u. Festtage d. Herrn. 3., neu durchgeseh. Aufl. (XVI, 324 S.) 891. n. 3. 60
3. Ausgewählte Gelegenheits-Predigten bei verschiedenen Cultushandlgn. 2., durchgeseh. Aufl. (XVI, 411 S.) 887. n. 4.—

Riedl, Joh., ausgewählte leichtfaßliche Predigten in 3 Bdn. Aus dem Nachlasse d. Verf. zusammengestellt u. hrsg. v. Leop. Schuster. 3., neu durchgeseh. Aufl. 2. u. 3. Bd. gr. 8. Graz 893. U. Moser. n. 8.— (kplt.: n. 11. 60)

2. Predigten auf die Feste d. Herrn, Mariens u. der Heiligen. (XII, 404 S.) n. 4. —
3. Ausgewählte Gelegenheits-Predigten bei verschiedenen Cultushandlgn. (XVI, 418 S.) n. 4.

RIEDL, Johann

(F) Ausgewählte leichtfassliche Predigten auf alle Sonn- und Festtage des Herrn. Von Dr. Johann Riedl. Aus dem Nachlasse des Verfassers zusammengestellt und herausgegeben von Dr. Leopold Schuster [I. Bd.] 4. neu durchgesehene Auflage. Mit kirchlicher Druckerlaubnis. Graz und Leipzig. 1899. Moser's Buchh. Gr.-8°. XIV, 324 S. fl. 1.80

RIEDL, Johann

(F) Ausgewählte, leichtfassliche Predigten in drei Bänden. Von Dr. Johann Riedl. Aus dem Nachlasse des Verfassers zusammengestellt und herausgegeben von Dr. Leopold Schuster. 4. Auflage. II. Bd.

Enthält:

RIEDL, Johann

(F) Ausgewählte, leichtfassliche Predigten auf die Feste des Herrn, Mariens und der Heiligen. Von Dr. Johann Riedl. Aus dem Nachlasse des Verfassers zusammengestellt und herausgegeben von Dr. Leopold Schuster. 4. Auflage. Mit kirchlicher Druckerlaubnis. Graz und Leipzig. 1900. Moser's Buchh. Gr.-8°. XII, 404 S. K 4.—

Riedl, Joh., ausgewählte leichtfaßliche Predigten in 3 Bdn. Aus dem Nachlasse des Verf. zusammengestellt u. hrsg. v. Leop. Schuster. 1. u. 3. Bd. gr. 8. Graz 906. U. Moser. n. 7.—
1. Predigten auf alle Sonn- u. Festtage des Herrn. 5., neu durchgeseh. Aufl. (XIV, 324 S.) n. 3.—
3. Ausgewählte Gelegenheits-Predigten bei verschied. Cultushandlgn. 4., neu durchgeseh. Aufl. (XVI, 418 S.) n. 4.—

Riedl, Joh., ausgewählte leichtfaßliche Predigten in 3 Bdn. Aus dem Nachlasse des Verf. zusammengestellt u. hrsg. v. Leop. Schuster. 2. Bd. Ausgewählte, leichtfaßl. Predigten auf die Feste des Herrn, Mariens u. der Heiligen. 5. Aufl. (X, 404 S.) gr. 8. Graz 910. U. Moser. 4.—; geb. in Halbldr. 5. 80

Riedl, Karl (k. b. Hofkaplan). Geschichte des Marktes u. der Grafschaft Kraiburg. Aus Orig.-Urkunden bearb. Mit 3 Lithogr. München. Dr. C. Wolf & Sohn, 1857. 8°. Ppb
VIII—183 S., nebst 1 genealog. Tabelle der Grafen v. Kraiburg aus dem Hause Sponheim Ortenburg, Markgrafen von Istrien, Herzoge von Kärnthen, Pfalzgrafen von Bayern.

Sternberg R.: Katalog der Lehrerbibl. 99. v. Carl Riedl. 43.
Progr.

Riedl, Karl, Marie od. Gottvertrauen trägt Glück ein. Eine Erzählg. f. die Jugend u. das christl. Volk. Nach dem Franz. 3. Aufl. Mit 1 Stahlst. 8. (127 S.) Straubing 884. Volks- u. Jugendschriften-Verlag. cart. 1. 20

Riedl, Carl, Milla, oder: Der Vorsehung Walten, s. Lebensschattirungen, 9. Bd.

Riedl, Mansuet, Ungarische Grammatik für den Schul- u. Selbstunterricht. Wien 866. Hartleben's Verlag. 8. (243 S.) n. 24 ngr.

— — Aufgabe-Schlüssel dazu. Ebend. 866. gr. 8. (53 S.) n. 8 ngr.

— Ideen zur Reform der Gymnasien in Ungarn. Unter Mitwirkung mehrerer Collegen. Pest 864. Lampel. 8. (37 S.) n. 10 ngr.

Riedl, Mansvet, s. Revue, ungarische.

Riedl, Martin a. München: Ueber bösartige Neubildungen der Vorsteherdrüse. München 1903: Kastner & Callwey. (48 S.) 8°
München, Med. Fak., Ref. v. Bollinger, Diss. v. 31. März 1905
[Geb. 23. Febr. 78 München; Wohnort: München; Staatsangeh.: Bayern; Vorbildung: Ludwigsgymn. München Reife Juni 97; Studium: München 6, Berlin 3, Wien 1 S.; Coll. 11. Mai 03; Approb. 30. Juni 02.]

Riedl, Max

Riedl, M., Abhandlung über Studieneinrichtung und wissenschaftliche Institute. Passau, Winkler, 1834, 8°, 75 Bj.

Riedl, Max., Abhandlung üb. d. Studien-Einrichtungen u. wissenschaftl. Institute. 8. (7 B.) Passau 832, (Pustet.)

von Riedl, Max Ritter [app. Arzt aus München]: Uber einen Fall von ausgeprägter latenter Tuberkulose. . . . München, k. Hof- u. Univ.-Buchdr. v. Dr. C. Wolf & Sohn, 1890; 24 S. + 1 Bl. 8°
Jena, Med. Fak., Inaug.-Diss. v. 29. März 1890

Riedl, Max Ritter v., üb. e. Fall v. ausgeprägter latenter Tuberkulose. Inaug.-Diss. gr. 8. (24 S.) München 890. (Rudolstadt, Dabis.) n. — 80

Riedl's, Max, Herrschafts-Küche. Ein Hand-, Nachschlage- u. Lehrbuch der feinsten modernen Küche. gr. 8. (XLIV, 520 S.) Zürich 902. C. Schmidt. n. 7. —; geb. in Leinw. n. 8.—

Riedl, Max. Max Riedl's Herrschafts-Küche. Ein Hand-, Nachschlage- und Lehrbuch der feinsten modernen Küche. [Neue, Titel-Ausgabe.] XLIV + 520 S. 8. Zürich, Schweizer Druck- und Verlagshaus, [1908]. [geb. fr. 6. —]
1., Original-Ausg. Zürich, Caesar Schmidt, 1902: N 1347

Riedl, Max., bibl.-prakt. Volks-Theologie in katechet. Unterweisungen. 8. Passau 819. Pustet. 1 fl (a. Ambrosi das.) 1 fl 8 kr

— biblisch-praktische Volks-Theologie in katechetischen Unterweisungen. Ein Lesebuch für Christen aus gebild. Ständen, auch zum Gebrauche für die höhere Katechese. (Wohlf. Ausg.) 8. Passau 832. Pustet. 7/12 rthlr

—— biblisch-prakt. Volks-Theologie in katechet. Unterweisungen. Ein Leseb. f. Christen aus gebild. Ständen, auch zum Gebr. f. d. höh. Katechese. (Wohlf. Ausg.) 8. (35 B.) Passau 833, Pustet.

Riedl, Otto, vaterländische Geschichtsbilder. Für den Gebrauch an Mittelschulen u. an Lehrerbildungsanstalten gesammelt u. bearb. gr. 8. (VI, 246 S.) München 891. E. Pohl. n. 2.—; geb. n. 2. 50

Riedl, O., Ludwig Augustus, König v. Bayern. Unter Zugrundelegung d. größeren Werkes v. Sepp bearb. Mit dem Bildnis d. Königs in Lichtdr. 8. (VIII, 108 S.) Freiburg i/Br. 888. Herder. n. 1. 20; geb. n. 1. 60

Riedl, Otto, Ludwig I., König v. Bayern. Eine biograph. Skizze. Mit dem Bildnis d. Königs in Lichtdr. 8. (VII, 108 S.) Freiburg i/Br. 886. Herder. n. 1. 20; geb. n. 1. 60

Riedl, Pet., s. a. Almanach d. 1897er Frühlingsfestes der deutschen Vereine v. Prag.

Riedl, Peter, Almanach des 1897er Frühlings-Festes der deutschen Vereine von Prag und Umgebung Gr.-8. (16 S.) —.20
Prag: Dominicus 1897.

Riedl, Pet., Federzeichnungen. Gedichte u. Prosa. gr. 8. (IV, 88 S.) Prag (902). (J. G. Calve.) n. 1. 60

Riedl, Pet., Karlsbad. Ein Tanzmärchen in 5 Bildern. In Musik gesetzt v. R. Reny. (15 S. m. 1 Taf.) 12. Prag 902. J. G. Calve. n. — 60

König Lear. Schwank in 1 Aufz. von Peter Riedl. Prag: J. G. Calve 1895. (38 S.) 8° [F.] [cf. 11696

Riedl, (Pr.,) Evangelia quae singulis Ecclesiae diebus etc. in usum scholar. 8. Münch. 824, Lentner.

Riedl R. Chr.: Über den Parteistandpunkt des Tacitus. Aphorist. Betrachtungen über die ersten 6 B. der Ann. 116 Wien Ther. 75.
Progr.

Riedl, R. C. Ueber die Vorbildung zum Lehramt an den Mittelschulen. Wien, Theresianum, 1885. 108 S. Progr.

Riedl, Chr.: Horazen's Welt- und Lebensanschauung auf Grund der in seinen Dichtungen enthaltenen Aussprüche. S. 29 bis 74. 8°. – Triest k.k. G., Progr. 1873.

Riedl, Rich., d. deutschen Gewerbezählgn. u. d. Reform der Gewerbestatistik in Oesterreich, s. a. Mitteilungen, statistische, d. niederösterr. Handels- u. Gewerbekammer, Hft. 3.

Die deutschen Gewerbezählungen und die Reform der Gewerbestatistik in Oesterreich. Von Richard Riedl, Leiter d. Statist. Bureaus. *Wien: Handels- u. Gewerbekammer 1898.* (IV, 139 S.) 4°
= Mitteilungen, Statistische, d. Niederösterr. Handels- u. Gewerbekammer. H. 3. (03. 8,88

Riedl, Rich., Sandschakbahn u. Transversallinie. Ein Beitrag zur Geschichte der verkehrspolit. Interessengegensätze auf der Balkanhalbinsel. Vortrag, geh. am 13. III. 1908 im niederösterreich. Gewerbevereine. (22 S. m. 1 Karte.) gr. 8. Wien (908). F. Deuticke. 1.—

Riedl, Robert *Christian* (Landesschulinsp.) *Lateinische Ansprache bei der Inthronisation des Fürsterzbischofs Dr. Theodor Kohn.* 8 (S. 71—72). K. k. deutsches Staats-G. *Olmütz* 1893. Progr.

Riedl, Szende, a magyar nyelvrendszer alapvonalai. — Magyar hangtan. gr. 8. (XV und 144 S.) Prag 859, [Kober.] *

Riedl, Valentin, s. Riedel

Riedl Vladimir: Die Inschrift Scheschonqs. 1905 PN 1846 Diss. Wien, Univ. 2890

Riedl, (Wilhelm August. Mein Austritt aus der römisch-katholischen Kirche und meine Flucht aus Oesterreich. Breslau. A. Schulz 1847. 32 S. 8.

Riedl, Wilh. Aug., mein Austritt aus der röm.-kathol. Kirche u. meine Flucht aus Oesterreich. 2. Aufl. 8. (32 S.) Breslau 847, Schulz. — 4. Aufl. Mit einem Vorwort, als Entgegnung wider geheim u. öffentl. versuchte Angriffe. 8. (40 S.) Ebd. 848. n. 1/6 ß

Riedl, Xaver
Ein Freier Maria Theresia's. Hist. Erzählung. Stuttgart 1877.
In: Bibliothek der Unterhaltung und des Wissens. Bd 7.

Riedl, Xaver
Der Maler von Chicago. Erzählung. Stuttgart 1877.
In: Bibliothek der Unterhaltung und des Wissens. Bd 1

Riedl, X., Tausend und eine Nacht in Wien, s. a. Nacht, tausend und eine.

Riedl, Xaver. — Tausend und Eine Nacht in Wien. Original-Roman in Verbindung mit einem Cyclus von Original-Novellen Herausgegeben von — —. I. Band. 1—4. Lieferung (VI. S. 1 — 200.) II. Band 1 und 2. Lieferung. (S. 1 — 96.) 8. Wien, Gedruckt bei J. Stöckholzer von Hirschfeld. Jaspers Witwe und Hügel. 1854.

Riedl, Xav., Tausend und Eine Nacht in Wien. Original-Roman in Verbindung mit einem Cyclus von Original-Novellen. 3 Bde. Wien 854, 55. Hügel in Comm. 8. (VI, 200; 191; 196 S.) 2 ß.

Riedl v. Leuenstern, Jos., Bahnen höherer Zahlengleichungen verschiedener Grade berechnet u. metrisch dargestellt. Mit e. erläut. Berichte über das Verfahren u. die dabei angewendeten eigenthüml. Arten der Lösung u. Näherung. Mit 11 gest. Taf. (in Zinkdr.) gr. Fol. (28 S.) Wien 852. (Gress.) n. $1^2/_3$ ß

Riedl, J., Beitr. zur Theorie d. Schneenwinkel. Mit 7 Kpf. gr. 8. Wien 827. (Heubner). 1 ß

— über das vergleichende Mass der Körperwinkel. [Aus den naturwissenschaftl. Abhandlgn. gesammelt u. hrsg. v. W. Haidinger. II. Bd. II. Thl.] Imp. 4. (16 S. m. 2 Kpfrtaf.) Wien 848, Braumüller. n. 1 ß

Riedl v. Leuenstern. Zur Mondkugel. Alphabetisches Verzeichniss der von Beer und Mädler benannten Gegenstände etc. (Mit 1 Taf.) 8. Wien 1849.

— über Raute, Prisma u. Kegel in akrometrischer Beziehung. [Aus den naturwissenschaftl. Abhandlgn. gesammelt u. hrsg. v. W. Haidinger. IV. Bd. 2. Abth.] Imp. 4. (25 S. m. 2 Kpfrtaf) Ebd. 850. n. 1 ß

— über die Summen der Körperwinkel an Pyramiden. Mit 1 Figurentaf. (in Kpfrst.) [Aus den naturwissenschaftl. Abhandlungen gesammelt u. hrsg. v. W. Haidinger. III. Bd. 2. Abth.] Imp. 4. (24 S.) Ebd. 849. n. 1 ß

Geschichte des k. u. k. Uhlanen-Regimentes Erzherzog Carl Nr. 3 von seiner Errichtung im Jahre 1801 bis zur Gegenwart. Verf. über Auftrag d. Herrn Obersten... von Erich Frh Riedl v. Riedenau, Oberlt. Wien: Verl. d. Regts 1901. (III, 367 S.) 4°(8°) (08. 6967

RIEDLBAUR, Franz: Vita Aeneae Sylvii de Piccolomini, qui postea Pius II. Pontifex Maximus. — (1860) 116 S. 8° (Handschr.) Diss. 196 Diss. Wien, Univ.

Riedle, J., die kirchliche Baulast, s.: Permaneder, M.

Riedle, Ign., d. Hochstift Freising, s. Domkirche u. s. Bischöfe 720—1803. Geschichtl. Erinnergn. f. d. Volk in Stadt u. Diözese. 16. (66 S. m. 6 Bildn. u. 1 Ansicht.) Freising 897. Dr. F. P. Datterer & Co. n. — 60

Riedle, Ign., Handbüchlein f. den allgemeinen Verein der christlichen Familien zu Ehren der hl. Familie v. Nazareth. Errichtet v. Leo XIII. m. Breve vom 14. Juni 1892 f. die ganze kathol. Kirche. 1.—12. Taus. 16. (39 S. m. 1 Stahlst.) München 892. 893. E. Stahl sen. Geb. n. — 20

— dasselbe. 13. u. 14. Taus. Mit Bezugnahme auf die vom Kardinalprotektor unterm 8. Jan. 1893 erlassenen Regeln ergänzt. 12. (40 S. m. 1 Stahlst.) Ebd. 894. Kart. n. — 20

— 1000 Jahre Bayerns unter Scheyern-Wittelsbach (895—1895). Erinnergn. an Fürsten, Land u. Leute. 8. (IX, 151 S.) Ebd. 895. n. — 50

— dasselbe. 2. Aufl. 8. (VIII, 132 S. m. Titelbild.) Ebd. 896. — 60; kart. n. 1. —

Riedle, Ign., die Kirchen-Verwaltung in Landgemeinden. Kurze Belehrung über Stellung, Rechte und Pflichten der gewählten Mitglieder kathol. Kirchenverwaltung mit besond. Berücksicht. des Pflegerdienstes nach den darüber bestehenden Vorschriften. 8. (52 S.) München 882, Stahl. *

— Leitfaden f. Mitglieder der Kirchenverwaltungen in Landgemeinden. Mit besond. Berücksicht. des Pflegerdienstes nach den besteh. Vorschriften. 2., durchgeseh. u. verm. Aufl. 12. (VI, 147 S.) Ebd. 893. n. — 80; geb. n. 1. —

—— der dritte Orden des heil. Franziskus von Assisi für Weltleute, nach der apostol. Constitution Misericors vom 30. Mai 1883. Mit einer Einleitung auf Grundlage der Encyklika vom 17. Septbr. 1882 als Ergänzung der älteren Regelbücher und als Beitrag zur Kenntnis seines Wesens dargestellt. 12. (43 S.) Ebendas. 883. *

Riedle, Ign., der 3. Orden d. heil. Franziskus v. Assisi f. Weltleute nach der apostol. Constitution Misericors vom 30. Mai 1883. Vollständiges Regelbuch f. die Mitglieder d. III. Ordens. 2 Thle. in 1 Bd. 8. (43 u. 80 S.) München 884. Stahl sen. n. — 60

Riedle, Ign., Regelbuch des dritten Ordens vom heil. Franziskus von Assisi für Weltleute, nach der apostol. Constitution Misericors vom 30. Mai 1883. 2. mit den kleinen marian. Tagzeiten und allgemeinen Andachtsübungen verseh. Aufl. 16. (VIII, 495 S. mit 1 Stahlst.) München 885, Stahl sen. geb. in Leinw. *ℳ 1.60.; in Leder *

— Regelbuch d. 3. Ordens vom hl. Franziskus v Assisi f. Weltleute, nach der apostol. Constitution Misericors vom 30. Mai 1883. 2., verm. Aufl. 16. (III, 539 S. m. 1 Stahlst.) Stuttgart 893. J. Roth. Geb. in Leinw. n. 1. 60

—— der Ritus der heiligen Funktionen in der Karwoche zum Gebrauche in Kirchen mit einzelnem Offiziator, wie in solchen mit Offiziator und Laien. 8. (VIII, 118 S.) Ebendas. 882. *

– d. Ritus d. hl. Funktionen in d. Karwoche. 2. Aufl. 12. (XI, 148 S. m. Fig.) München 895. J. J. Lentner. n. 1. 20; geb. n. 1. 50

—— die Spendung des heil. Sakramentes der Firmung nach dem römischen Pontifikale, mit besond. Berücksicht. der in der Erzdiözese München-Freising bestehenden Verordnungen. 8. (50 S.) Ebendas. 886. *

Riedle, Sponsalien-Aufnahme und Behandlung der Ehedispensgesuche Kempten 893.

— Sponsalien-Aufnahme u. Behandlung der Ehedispensgesuche nach den Grundsätzen des katholischen Kirchenrechtes. 8. (94 S.) Freising 894. Dr. F. P. Datterer. n. 80

— Sponsalien-Aufnahme u. Behandlg. d. Ehedispensgesuche nach d. Grundsätzen d. kathol. Kirchenrechtes. 2., durchgeseh. Aufl. 8. (101 S. m. 1 Taf.) Freising 895. Dr. F. P. Datterer & Co. n. — 80

RIEDLE, Joseph (Illertissen): De asthmate thymico.- Monachii: Wolf 1838. 24 S. 25.11.1837 - Urk; F 63
Diss. Ingolst. - Landsh. - Mchn.

Riedlen, W. K., guter Rath an Einwanderer rc., s. Dewis, J. P.

Riedler, Alois

Riedler, A., die Abteufung d. Max-Schachtes der Prager Eisenindustrie-Gesellschaft in Kladno. [Aus: „Zeitschr. d. Vereins deutscher Ingenieure".] Fol. (17 S. m. Abbildgn.) Berlin 892. Freiberg i/S., Craz & Gerlach. n. 2. —

Riedler, A: Die »technische« Antwort auf »Das technische Jahrhundert« v. R. Pöhlmann. München 1902

Ueber die geschichtliche und zukünftige Bedeutung der Technik. Rede zum Geburtsfeste Sr. Majestät des Kaisers Wilhelm II. in der Halle der Kgl. Techn. Hochschule zu Berlin am 26. Jan. 1900 gehalten von d. zeitigen Rektor A. Riedler. [Berlin: 1900.] (16 S.) 4°

Riedler, A., über die geschichtliche u. zukünftige Bedeutung der Technik. Zwei Reden, zur Feier der Jahrhundertwende u. zum Geburtsfest Sr. Maj. des Kaisers am 9. u. 26. I. 1900 in der Halle der königl. techn. Hochschule zu Berlin geh. Lex.-8. (40 S.) Berlin 900. G. Reimer. n. 1. —

—— s. Bericht über die wissenschaftl. Excursionen etc.

Riedler, A., Dampfmaschinen, s.a. Bericht über die Weltaustellung in Paris 1878.

Riedler, A., Dampfmaschinen. (Bericht über die Pariser Weltausstellung 1878. 9. Heft.) Mit 35 Fig. i. Text. Wien 1879. Text 8°. Atlas v. 21 Tfln. Fol.

Riedler, A., Dampfmaschinen mit feuerlosem Natronkessel von Moritz Honigmann in Grevenberg bei Aachen. gr. 4. (11 S. mit eingedr. Fig.) Berlin 883. (Freiberg, Craz und Gerlach.) *
Aus: Zeitschrift des Vereins deutscher Ingenieure, besonders abgedruckt.

Riedler, A: Ueber Dampfturbinen. Vortrag. Berlin 1903

Riedler, A., zur Entwickelg. der Schiffshebewerke, s. a. Verbandsschriften d. deutsch-österr.-ungar. Verbandes f. Binnenschiffahrt.

Zur Entwickelung der Schiffshebewerke. Von A. Riedler, ... Prof. a. d. Techn. Hochschule i. Berlin. *Berlin: Siemenroth & Troschel 1897.* (16 S.) 1 Bd 8.
= Deutsch-Oesterreichisch-Ungarischer Verband für Binnenschiffahrt. Verbands-Schriften. No 21. (y8. 4617

— neue Erfahrungen üb. die Kraftversorgung v. Paris durch Druckluft. [System Popp.] Lex.-8. (112 S. m. 36 Abbildgn. u. 15 Tab.) Berlin 891. R. Gaertner. n. 3. —

— „Express-Pumpen" m. unmittelbarem elektrischen Antrieb. — Vergleiche zwischen „Express-Pumpen" u. gewöhnl. Pumpen. — „Express-Pumpen" m. unmittelbaren Antrieb durch Dampfmaschinen. [Aus: „R., Schnellbetrieb".] gr. Fol. (46, 28 u. 30 S. m. Abbildgn.) München 900. R. Oldenbourg. n. 4. —

— zur Frage der Ingenieur-Erziehg., s. a. Zeitfragen, volkswirthschaftl.

Riedler, zur Frage der Ingenieur-Erziehung. Berlin 894.

Riedler A. zur Frage der Ingenieur-Erziehung. (Zeitfr. Volksw. 126) Berlin 1895

—— Brandt's hydraulische Gesteins-Bohrmaschine. Ein neues System der Gesteinsbohrung durch hydraul. Druck und rotir. Stahlbohrer. Fol. (38 Sp. mit 7 lithogr. Taf. und 7 Textfig.) Wien 877, Lehmann und Wentzel. 8 —

– Gesteins-Bohrmaschinen und Luftcompressionsmaschinen, s. Bericht über die Weltausstellung in Philadelphia 1876.

Riedler, A., Gross-Gasmaschinen. (IV, 193 S. m. 130 Abb.) 4. München 905. R. Oldenbourg. n. 10. —

Die Technischen Hochschulen und ihre wissenschaftlichen Bestrebungen. Rede z. Antritt des Rektorates der Kgl. Techn. Hochschule zu Berlin geh. in der Aula am 1. Juli 1899 von A. Riedler. Berlin 1899: H. S. Hermann (17 S.) 4°

— die technischen Hochschulen u. ihre wissenschaftlichen Bestrebungen. Rede zum Antritt des Rektorates der königl. techn. Hochschule zu Berlin, geh. in der Aula am 1. VII. 1899. Lex.-8. (17 S.) Leipzig 899. Veit & Co. n. 1. —

— unsere Hochschulen u. die Anforderungen des 20. Jahrhunderts. Lex.-8. (III, III, 120 S.) Berlin 898. (Polytechn. Buchh. A. Seydel.) n. 1. —

Unsere Hochschulen und die Anforderungen des zwanzigsten Jahrhunderts. Von A. Riedler, Kgl. Geh. Regiergsr. u. Prof. 3. Aufl. *Berlin: A. Seydel 1898.* (2 Bl., IV, 120 S.) 1 Bd 4.(8.) 198. 3345

Unsere Hochschulen und die Anforderungen des zwanzigsten Jahrhunderts. Von A. Riedler, . . . Prof. 4. Aufl. *Berlin: A. Seydel 1898.* (2 Bl., IV, 120 S.) 1 Bd 4.(8.) 198. 4270

— Indicator-Versuche an Pumpen u. Wasserhaltungs-Maschinen. Mit 21 (lith.) Taf. u. 24 Textfig. Fol. (70 Sp.) München 881. (Freiberg, Craz & Gerlach.) n.n. 12. —

Riedler, A: Kompressoren. Neuere Maschinen zur Verdichtung von Luft und Gas. »Expreß-Kompressoren« mit rückläufigen Druckventilen. Gebläse-Maschinen für Hochofen und Stahlwerke. München und Leipzig 1900. Fol.

— Kompressoren. Neuere Maschinen zur Verdichtg. v. Luft u. Gas. — „Express-Kompressoren" m. rückläuf. Druckventilen. — Gebläse-Maschinen f. Hochofen u. Stahlwerke. [Aus: „R., Schnellbetrieb".] gr. Fol. (53, 23 u. 50 S. m. Abbildgn.) München 900. R. Oldenbourg. n. 4. —

Riedler, A: Ueber die Constructions-Grundlagen der Pumpen- und Gebläse-Ventile. Vortrag. Berlin 1885

Riedler, A., die Kraftversorgung von Paris durch Druckluft. Zwei Vorträge. Mit 21 Abbildgn. gr. 8. (72 S.) Berlin 889. Gaertner. n. 1. 50

— Maschinenarbeit u. Ausnutzung der Naturkräfte in Amerika, s.: Gutermuth, M. F.

—— s.a. Maschinen-Skizzen vorzugsweise für Berg- und Hüttenwesen.

Riedler, A: Maschinen-Skizzen, vorzugsweise für Berg- und Hüttenwesen. Bericht. 2. Ausg. Wien 1878

— das Maschinen-Zeichnen. Begründg. u. Veranschaulichg. d. sachl. notwend. zeichner. Darstellgn. u. ihres Zusammenhanges mit der prakt. Ausführg. Lex.-8. (IV, 129 S. m. 256 Fig.) Berlin 896. J. Springer. Geb. in Leinw. n. 6. —

— maschinentechnische Neuerungen im Dienste der städtischen Schwemmkanalisationen u. Fabrik-Entwässerungen. [Aus: „R., Schnellbetrieb".] gr. Fol. (44 S. m. Abbildgn.) Ebd. 900. n. 2. —

Riedler, A: Das deutsche Patentgesetz und die wissenschaftlichen Hülfsmittel des Ingenieurs. Berlin 1898

— Personen- u. Lastenaufzüge u. Fördermaschinen, s.: Bericht über die Weltausstellung in Philadelphia 1876.

Rede zur Feier der Jahrhundertwende in der Halle der Kgl. Technischen Hochschule zu Berlin am 9. Januar 1900 gehalten von dem zeitigen Rektor A. **Riedler**. [Berlin: 1900.] (24 S.) 4°

Riedler A, ein Rückblick a. d. Weltausst. in Chicago. (Ztfr. volksw. 117) Berlin 1894

— e. Rückblick auf die Weltausstellung in Chicago, s.a. Zeitfragen, volkswirthschaftliche

— neuere Schiffs-Hebewerke, unt. bes. Berücksicht. d. Entwürfe f. d. Donau-Moldau-Elbe-Kanal vom maschinen- u. betriebstechn. Standpunkte dargest. hoch 4. (IV, 145 S. m. 60 Abb.) Berlin 897. Polytechn. Buchh. A. Seydel. n. 10. —

Schnellbetrieb. Erhöhung d. Geschwindigkeit u. Wirtschaftlichkeit d. Maschinenbetriebe von A. **Riedler**. Berlin: O. Schmalz 1899. (Getr. Pag.) 2° (4°)

— der Schutz des Ingenieurtitels, s.: Löschner, H.

— Skizzen zu den Vorlesungen üb. Lasthebe-Maschinen an der königl. technischen Hochschule in Berlin. Fol. (23 Blatt.) Freiberg i/S. 892. Craz & Gerlach. n. 6. —

— Studien üb. Kraftverteilung. [Aus: „Zeitschr. d. Vereins deutscher Ingenieure".] Fol. (38 S. m. Fig.) Ebd. 892. n. 2. —

— Vergleichung der Triebkräfte f. unterirdischen Maschinenbetrieb. Vortrag, geh. auf dem V. allgemeinen Bergmannstage zu Breslau. gr. 8. (34 S.) Ebd. 892. n. 1. —

Riedler, A., Vorlesungen, s. Gutermuth, M. F., Skizzen.

— neuere unterirdische Wasserhaltungsmaschinen f. Bergwerke. — Press-Pumpmaschinen zur Erzeugg. v. Kraftwasser f. hydraul. Kraftübertragg. [Aus: R., Schnellbetrieb".] gr. Fol. (22 u. 81 S. m. Abbildgn.) Ebd. 900. n. 4. —

— unterirdische Wasserhaltungsmaschinen mit gesteuerten Ventilen. [Aus: „Zeitschr. d. Vereins deutscher Ingenieure".] gr. 4. (24 S. m. 43 Fig.) Berlin 888. (Freiberg, Craz & Gerlach.) n. 1. 50

— neuere Wasserwerksmaschinen. Vortrag, geh. im Berliner Bezirks-Verein deutscher Ingenieure. [Aus: „Zeitschr. d. Vereins deutscher Ingenieure".] gr. 4. (45 S. m. 78 Textabbildgn. u. 3 lith. Taf.) Berlin 890. Springer. cart. n. 4. —

— neuere Wasserwerks-Pumpmaschinen f. städtische Wasserversorgungs-Anlagen. — Pumpmaschinen f. Fabriks- u. landwirthschaftl. Betriebe. [Aus: „R., Schnellbetrieb".] gr. Fol. (99 u. 29 S. m. Abbildgn.) Ebd. 900. n. 4. —

Riedler, d. Weltausstellung in Chicago. Berlin 893.

Riedler, Franz Jos. [Reichsarchivpraktikant in München]: Bedingte Eheschliessung. E. kanonist. Untersuchg . . . Kempten, Buchdr. d. J. Kösel'schen Buchh., 1892; 86 S. 8.
Erlangen, Jur. Fak., Inaug.-Diss. v. 1892

Riedler, Frz. Jos., bedingte Eheschliessung. Eine kanonist. Untersuchg. Diss. gr. 8. (86 S.) Kempten 892. (J. Kösel.) n. 2. —

Riedlin, Anton, appr. Arzt aus Esklum (Ostfriesland): **Ein Fall von Hirntumor, ausgehend von der Basis cranii.** *München 1898: Kastner & Lossen.* (32 S.) 8°
München, Med. Diss. v. 1898

Riedlin, Carl, s. Riedlin, Karl

Riedlin, Friedrich [app. Arzt aus Esklum]: Beiträge zur Lehre von der Chorea ... Göttingen, Druck d. Dieterich'schen Univ.-Buchdr., 1891; 54 S. 8.
Göttingen, Med. Fak., Inaug.-Diss. v. [30. Juni] 1891

Riedlin, Frdr., Beiträge zur Lehre v. der Chorea. Diss. gr. 8. (54 S.) Göttingen 891. (Vandenhoeck & Ruprecht.) n. 1. —

Riedlin, Gustav [approb. Arzt aus Laufen in Baden]: Versuche uber die antiseptische Wirkung des Jodoforms, der atherischen Oele und einiger anderer Substanzen und uber das Eindringen gasförmiger Antiseptica in Gelatine. (Aus d. hygien. Station am Operationscurs für Militärärzte in München.) . . . München, Druck v. R. Oldenbourg, 1887; 33 S. 8°
München, Med. Fak., Inaug.-Diss. v. 1887

Riedlin, Karl

Riedlin, Carl, Anweisung zur Berechnung des Mauerwerkes und der am häufigsten vorkommenden Dachstühle von verschiedenen Construktionen und Größen dargestellt in einzelnen Tabellen. Ein Handbuch für Bau-Techniker und Brandverſicherungs-Inſpektoren. München 856. Franz. 8. (2 Bl., 95 S. m. Holzſchn. im Text.) 15 ngr

Riedlin, Carl, Anweisung zur Berechnung d. Mauerwerkes u. der am häufigsten vorkomm. Dachstühle v. verschiedenen Constructionen u. Größen dargestellt in einzelnen Tabellen nach Metermaß. Ein Handbuch f. Bautechniker u. Brandversicherungs-Inspektoren. Neue Ausg. gr. 16. (IX, 80 S. m. 1 Holzschntaf. in qu. Fol.) München 872. Franz. 1. 50

Veit Riedlin
1656-1724

Viti Riedlini [Riedlin] Curarum medicarum, in quibus varii casus, historiae & observationes, eoque ipso multa medicinam partim magis illustrantia, partim confirmantia & inprimis praxin medicam exercentibus apprime utilia continentur, millenarius... Ulmae: Kuhnius 1709. 712 S. 8°

Veit Riedlin
1656 - 1724

Viti Riedlini [Riedlin] Iter medicum, sanitatis recuperandae causa... institutum,... Cui annectuntur Georgii Riedlini... Augustae Vindelicorum: Kroniger & Goebelius 1702. 8o, 22 S. 8°

[Sondert.:] [Riedlin] Riedlinus, Georgius: Observationes chirurgicae rariores. Ed. ab Viti Riedlino [Riedlin].

Riedlin, Vit., medulla pharmacopoeae augustanae. 8. Ulm, Wohler. 707.

Riedlin, Vit., Observ. chirurgicae. Aug. Vind., 8°. *Haller, Bibl. chir. I, 467.*
1702

Riedlin, Veit: Jatrophili Sinceri [d.i. Veit Riedlin], ... Kurtze und gründliche Unterweisung / Wie die Meiste Krankheiten sicher / glücklich und so viel es seyn kan / durch Annehmliche Artzneyen zu curiren / ... In den Druck befördert Samt einem Anhang von der jetzt berühmten Haber-Cur / und der Neuisten Prob der durch die Silberglätt verfälschten Weinen / und der Cur derer darauß entstehenden Kranckheiten. Franckfurt & Leipzig: Kühn 1709. 296, 13 S. -- 4°.29°.37°.N 1
Boehmer: Sincervs, Iatroph. -- Thienemann: Sincervs, Jatroph.
--- Dass. Franckfurt & Leipzig: Mauchart 1716. 305 S. -- 70°
--- Dass. 4. Ed. Franckfurt & Leipzig: Wohler 1728. 362 S. -- F 1°.N 1

Riedlin, W. R. Guter Rat an Einwanderer in d VS. Aarau, 1834.

Riedlingen [Schlagwort]

Riedlingen, s.: **Deutschland,** Kürschner-Pelp.

Riedlingen, s.: Geognostische Karten (Württemberg).

Riedlinger, Reinhold, aus Sigmaringen: Untersuchungen über den Bau von Styelopsis grossularia der Ostsee. *Halle a. S. 1902: E. Karras.* (62 S.) 4° ¶ (Aus: Nova Acta Acad. C. L. C. G. Nat. Cur., Vol. 81.)
Rostock, Phil. Diss. v. [31. Okt.] 1901

Riedlinger, Rhold., Untersuchungen üb. den Bau von Styelopsis grossularia der Ostsee, s.a. Acta, nova, academiae etc. naturae curiosorum. LXXXI.

Untersuchungen über den Bau von Styelopsis grossularia der Ostsee. Von Reinhold Riedlinger. Aus d. Zool. Inst. d. Univ. Rostock. Mit 6 Taf. *Halle, Leipzig: W. Engelmann in Komm. 1902.* (62 S.) 4°
— Acta, Nova, Academiae Caes. Leopoldino-Carolinae. Bd 81 No 1 [illegible]

Riedmann, J., Die Lohnbewegung der Tischler in Hannover-Linden in den J. 1883 u. 1884. 8°. Hannover 1884.

Riedmatten, Léon de. Du morcellement de la propriété dans le canton du Valais et des moyens de le combattre. Thèse Dr. Berne. 151 p. 8. Berne, Gustave Grunau, 1910.

Riedmatter, Karl, appr. Arzt: Ueber ein sarcomatöses Pseudocystom des Ligamentum rotundum sinistrum. Tübingen 1909: Schnürlen. 16 S. 8°
Tübingen, Med. Diss. v. 25. April 1909, Ref. v. Baumgarten
[Geb. 19. Jan. 72 Görwihl; Wohnort: Wehr, Amt Schopfheim; Staatsangeh.: Baden; Vorbildung: Gymn. Konstanz Reife Juli 92; Studium: München 3, Tübingen 1, Berlin 1, Tübingen 5 S.; Coll. 8. März 09; Approb. 16. Dez. 98.]
[U 09. 3940

Riedmiller, Joh. Evang.

— Antwort auf die Notizen u. Reflexionen des Professor Ruef ꝛc. 8. Augsburg 794. M. Rieger. 1/12 ℛ

Riedmiller, Jh. Evangel., († 1796.) üb. Fleiß u. Arbeitsamkeit, eine auf unsere bedenkl. Zeitläufe passende u. f. d. Staat sehr interessante Sittenrede. Bei Gelegenheit e. 50jähr. Ehejubelfeierlichkeit gehalten. 8. Ulm 790. Wohler. 1 gl.

— pragmat. Geschichte e. Hostia, welche man aus d. Hand des Hrn. Herzogs v. Würtemberg erhalten u. die sich 10 Jahre erhalten hat. 8. Konstanz 789.

— pragmat. Geschichte e. Hostie, welche er vom Herzog von Würtemberg erhalten hat. 8. Constanz 789. (Augsburg, M. Rieger.) 1 gl.

Riedmiller, Jh. Evang., ein Paar Worte an den Kaplan Ruef. 8. Augsburg ... M. Rieger. 1/8 ℛ

Riedmüller, Leop., Chronik des kathol. Arbeitervereins Augsburg 1874—1899. 8. (96 S.) Augsburg 900. (Literar. Institut v. Dr. M. Huttler.) n. — 30

Riedmüller, Leop., Geschichte des wunderbarlichen Gutes in der Hl. Kreuzkirche zu Augsburg. 2. Aufl. (63 S. m. 3 Vollbildern.) 16. Augsburg 907. Literar. Institut v. Dr. M. Huttler. — 50

Riedner, Adam Nikolaus

— s. Bemerkt. üb. die neue Aufl. d. Gesangbuchs, u. letzte hinzu: (v. A. N. Riedner). — Gedichte, meine.

— s. Gesinnungen, meine, auf Reisen. — Gottesverehrungen in Gesängen. — Gottesverehrungen in d. Morgen- u. Abendstunden. — Handlexicon.

Riedner, Adm. Nikol., musikal. Lehrsätze. 8. Nürnb. 808.

Riedner, Adm. Nikl., s. Menschensituationen.

– s. Predigten, Moralische, für gebildete Leser aller Stände über die evangelischen Texte des ganzen Jahres.

Riedner, Adm. Nikl., s. Wilhelm Kramer u. Karol. Berg.

Riedner, Georg Nikolaus

— Verzeichniß aller derjen. Medaillen, welche allerhand histor. Begebenheiten v. 1679 bis hierher, als auch verschied. andere geistl. u. moral. Schaumünzen, so wie die Reihe der röm. Päpste ꝛc. enthalten. 4. Nürnb. 776. Riedner. 10 gr

Riedner, Geo. Nikol., († d. 13. Sept. 1793.) Verzeichniß aller bisher (in Nürnberg) geprägten Medaillen u. Schaumünzen, v. J. 1679 bis 1787. 4. Nürnb. 789. (Schneider u. W.) 10 gr

Riedner, Gustav, Gymnasialassistent: Typische Ausserungen der römischen Dichter über ihre Begabung, ihren Beruf und ihre Werke. *Nürnberg 1903: J. L. Stich.* (76 S.) 8° [F.]
Nürnberg, k. neues G, P 1903*

Riedner, Otto, a. Omersbach in Unterfranken, Kgl. Kreisarchivsekretär in Speier: Das Speierer Offizialatsgericht im dreizehnten Jahrhundert. Speier 1907: Zechner. (IX, 107 S.) 8°
Erlangen, Jur. Fak., Ref. Sehling, Diss. v. 22. Nov. 1907
[Geb. 26. Nov. 79 Omersbach; Wohnort: Speier; Staatsangeh.: Bayern; Vorbildung: Altes Gymn. Bamberg Reife M. 98; Studium: Würzburg 8 S.; Rig. 11. März 07.]

Riedner, Wilhelm, a. Mindelheim: Spensers Belesenheit. Naumburg a. S. 1900: Lippert. (VIII, 40 S.) 8° (Erscheint vollst. als: Münchener Beiträge zur roman. u. engl. Philol. H. 38.)
München, Phil. Fak., Ref. Schick, Diss. v. 24. Juli 1905
[Geb. 4. Nov. 77 Kitzingen; Wohnort: München; Staatsangeh.: Bayern; Vorbildung: Realgymn. Nürnberg Reife Juli 99; Studium: München 8 S.; Rig. 24. Juli 05.]

Riedner, Wilh., Spensers Belesenheit, s. a. Beiträge, Münchener, zur romanischen u. engl. Philologie. 38.

Spensers Belesenheit von Dr. Wilhelm **Riedner**. T. 1. Leipzig: A. Deichert 1908. 8°
— **Beiträge**, Münchener, z. roman. u. engl. Philologie. 38. [07. 13228

Riedt, Friedrich Wilhelm

Riedt, Fr. Wlh., († d. 5. Jan. 1783.) Versuch üb. die musikal. Intervallen, in Ansehung ihrer wahren Anzahl, ihres eigentl. Sitzes u. natürl. Vorzugs in d. Komposition. 4. Berl. 753. 6 gr

Riedt, Ludw., Militärische Charakter- u. Zeitbilder. Zumeist nach eig. Erfahrg. 8. (222 S.) Ravensburg 897. Dorn. n. 1. 60

Riedt, Ludw., einst u. jetzt od. e. Kriegsfahrt im J. 1860 u. e. Jubiläumsfahrt im J. 1900. 8. (IV, 140 S.) Ravensburg 901. München (Mariahilfplatz 32), A. Killer. n. 1. 20; geb. in Leinw. n. 1. 75

Riedt, Ludwig: Einst und jetzt oder eine Kriegsfahrt im J. 1860 u. e. Jubiläumsfahrt i. J. 1900. 2. Ster.-Aufl. Ravensbg ⟨Württ.⟩ '01.

Riedt, Ludw., bunte Erzählungen e. Convertiten. 8. (VII, 272 S. m. Lichtdr.-Bildnis.) Stuttgart 893. Süddeutsche Verlagsbuchh. n. 2. —; geb. in Leinw. n. 3. –

Riedt, Ludw., Heiteres u. Ernstes im Krieg u. Frieden aus meinem Soldatenleben. 1. Lfg. 8. (32 S.) Saulgau 890. Kitz. n. — 25

— Heiteres u. Ernstes im Krieg u. Frieden aus meinem Soldatenleben. 2.-10. Lfg. gr. 8. (S. 33—317.) Saulgau 890. Ravensburg, H. Kitz. à n. — 25 (kplt.: n. 2. 50; geb. in Leinw. n.n. 3. 50)

— dasselbe. 2. Aufl. gr. 8. (317 S. m. 1 Bild.) Ebd. 891. n. 2. 50; geb. n. 3. 50; m. Goldschn. n. 3. 80

— dasselbe. 3. Aufl. (Soldaten-Ausg.) gr. 8. (317 S.) Ebd. 894. n. 1. —; geb. n. 1. 50

— Heiteres u. Ernstes im Krieg u. Frieden aus meinem Soldatenleben. 4. [Titel-] Aufl. gr. 8. (317 S. m. 1 Bildn.) Ravensburg (892) 896. H. Kitz. n. 1. 50

Riedt, Ludw., Lebenserfahrungen eines Konvertiten aus dem Volke. Ravensburg, Kitz, 1898, 8°, X, 255 S., 4. Aufl., 2 Mk. (1. Aufl. 1889).
Konversionsschr. Vgl. Litt. Rundsch. 1890, S. 28 (Niedermaier). Stimmen a. M.-Laach Bd. 38, S. 375.

— Lebens-Erfahrungen e. Convertiten aus dem Volke. 2. u. 3., unveränd. Aufl. 8. (XI, 255 S.) Ebd. 890. n. 2. —; geb. in Halbleinw. n. 2. 80; in Leinw. m. Goldschn. n. 3. —

— Lebens-Erfahrungen e. Convertiten aus d. Volke. 4., unveränd. [Titel-] Aufl. gr. 8. (XI, 255 S.) Ebd. (890) 897. 2. —; geb. in Halbleinw. 2. 80

Riedwald, Max v., Bilder aus dem oriental. Kriege. Eine Folge histor. Romane aus unsern Tagen. 3 Thle. gr. 8. Leipzig 855(56,) O. Wigand. *

Inhalt:
Thl. 1. Die Sendung des Fürsten Menzikoff oder die Russen in Konstantinopel. (X und 304 S.)
„ 2. Der Krieg an der Donau. (VIII und 298 S.)
„ 3. Die Belagerung von Sebastopol. (VIII und 331 S.)

Riedwald, Max v., Bilder aus dem orientalischen Kriege. 3 Bde. 2. (Titel-)Aufl. gr. 8. Leipzig (855)57, O. Wigand.

Inhalt:
Bd. 1. Alexandra. (X und 304 S.)
„ 2. Selima. (XIII und 298 S.)
„ 3. Maria. (VIII und 331 S.)

—— allgemeine politische Geographie und Statistik mit besonderer Rücksicht für österreich. Militärs. 1. Lfg. 1. und 2. Aufl. und 2—10. (letzte) Lieferung. 2 Bde. gr. 8. Wien. (Leipzig, Hübner.) [Bd. 1. (XV und 384 S. mit 6 Stnt., 2 lithogr. Karten und eingedr. Holzschn.) 853—54., 2. (412 S.) 855.] *

Riedwald, Max v., allgemeine politische Geographie und Statistik mit besonderer Rücksicht für österreichische Militärs. Wien 853—55. Sommer. (F. Klemm.) gr. 8. (1. Bd.: VIII, 384 S.; 2. Bd.: 412 S.; 3. Bd.: 2 Bl., 237 S. m. Holzschn. im Text u. 14 lith. Taf. in 4.) n. 4 rf. 10 ngr.

Riedwald, Maximilian v. Allgemeine politische Geographie und Statistik, mit besonderer Rücksicht für Oesterreichische Militärs. Mit Abbildungen und Uebersichts-Skeletten. Lieferung 1 und 2. 8. (VIII. und 160 S.) Wien, Leop. Sommer 1853.

Riedwald, Maximilian v. — Allgemeine politische Geographie und Statistik, mit besonderer Rücksicht für österreichische Militärs. Von — —. Zweite Auflage. 1., 2 Lieferung. (1 Band. XIV, S. 1—160. Mit Abbildungen und Uebersichts-Skeletten und zwei lithogr. Tafeln.) 8 Wien. Druck und Verlag von L. Sommer. 1853.

Riedwald, Maximilian v. — k. k. Lieutenant. Allgemeine politische Geographie und Statistik mit besonderer Rücksicht für österreichische Militärs. Von — —. 3.—7. Lieferung. (I. Band S. 161—384. II. Band S. 1—176 und 6 lithogr. Tafeln.) 8. Wien. Druck und Verlag von Leopold Sommer. 1854

Riedwald, Maximilian v. — Allgemeine politische Geographie und Statistik, mit besonderer Rücksicht für österreichische Militärs. Von — —. 1. Auflage. 8.—10. Lieferung. Wien. 1855. Druck und Verlag von L. Sommer. (II. Band. S. 177 bis 412. Schluß 8)

Riedwald, Maximilian von — Allgemeine politische Geographie und Statistik mit besonderer Rücksicht für österreichische Militärs. Von — — 11—13. Lieferung. Schluß. Wien, 1855. Druck und Verlag von Leopold Sommer. (III. Band. 238 S. 1 Bl. mit 4 lithogr. Tafeln und einer großen Tabelle. 8.)

—— allgemeine Geographie und Statistik des Kaiserthums Oesterreich. gr. 8. (224 S.) Wien 855(56.) (Leipzig, Hübner.)

Riedwald, M. v. — — Allgemeine Geographie und Statistik des Kaiserthums Oesterreich. Von — —. Wien, 1856. Verlag, Druck und Papier von Leopold Sommer. (223 S. 8.)

— Vgl.: Militär-Almanach, illustrirter, für Oesterreich.

Riedwald, Maximilian V — Illustrirter Militär-Almanach für Oesterreich 1855. Von — —. Wien. Gedruckt bei den Edl. v. Ghelen'schen Erben. Bei J. F Greß. (VIII. 326 S. u. 1 Karte. 8.)

Riedwald, Maximilian von — Illustrirter Militär-Almanach für Oesterreich 1856. Von — —. Wien. Druck und Verlag der Edlen v. Ghelen'schen Erben. (IV. 266 S. 16. Als Titelbilder: Ihre k. k. Hoheit Frau Erzherzogin Sophie und Se. k. k. Hoheit Herr Erzherzog Franz Karl.)

Riedweg, Math., Anleitung zur Ertheilung des Unterrichts in der christkatholischen Religion in der Volksschule, nebst einem Katechismus. Luzern 861. (Gebr. Räber.) gr. 8. (152 S.) n. 12 ngr.

Riedweg, Mathias, Geschichte des Kollegiatstiftes Beromünster. gr. 8. (VII, 580 S. m. 3 genealog. Tab.) Luzern 881. (Räber.) n. 5. 40

—— Predigt auf das Fest des heil. Theodul und historische Notizen über die Pfarrei Menzberg auf die 25jährige Jubelfeier dieser Kirche. 8. (48 S.) Luzern 860, (Gebr. Räber.)

Riedweg, Math[ias]. Predigt auf das Fest des heil. Theodul und historische Notizen über die Pfarrei Menzberg auf die fünfzigjährige Jubelfeier dieser Kirche. 8. Luzern 1860.

Riedy, Nicolaus: Solonis elocutio quatenus pendeat ab exemplo Homeri. Accedit index Soloneus. P. prior. *München 1903: H. Kutzner.* (56 S.) 8° ¶ = Progr. München, Wilh.-Gymn. 1903.
München, Phil. Diss. v. 1900

Riedy, Nicolaus: Solonis elocutio quatenus pendeat ab exemplo Homeri. Accedit index Soloneus. P. 1. *München 1903: H. Kutzner.* (56 S.) 8° ¶ [= Phil. Diss., München 1900, No 273.]
München, k. Wilhelms-G, P 1903*

Riedy, Nicolaus: Solonis elocutio quatenus pendeat ab exemplo Homeri. Accedit index Soloneus. Pars posterior. München 1904: H. Kutzner. (31 S.) 8° ¶ [Forts. d. P-Beil. 1903.]
München, k. Wilhelms-G P 1904*

Rief, ..., Musterbuch für Stein- u. Bildhauer, s. Daemgen.

Rief, Charles. Land und Lichte; mit Gedicht. 1ste Oplag. Grand Island, Neb, 1891.

Rief, Franz Xaver

Rief [Prof.]: Wert der Iliaslektüre für die Jugendbildung. (Th. 1.) Ellwangen, Druck v. L. Weil, 1894; 1—49 S. 4.
Ellwangen, k. G, P 1894 (588)

Rief, F. X. [Prof.]: Wert der Iliaslektüre für die Jugendbildung '(II.)'. (Forts. d. P-Beil. Ellwangen 1894.) Stuttgart, J. B. Metzlersche Buchdr., 1895; 16—75 S. 4.
Ehingen, k. G, P 1895 (597)

Rief, Friedrich Adolf. Festschrift zu Ehren des 25 jährigen Regierungsjubiläums ... des Königs Karl von Württemberg verfasst im Auftrage des Vereines für Geschichte des Bodensees und seiner Umgebung. 1889: Buchhorner Urkunden und Regesten. Mit vier Kunstbeilagen [Tafeln, 1 Tabelle] und einer Karte. gr.-8. [Lindau i. B. 1889.]
[Schriften des Vereins für G' des B' und s' U'. Heft 18. Anhang.]

Rief Josef: Beiträge zur Geschichte des ehemaligen Kartäuserklosters Allerengelberg in Schnals. 64. 70. 56. Bozen Priv. G. 03–05.
Progr.

Rief, L., kurze Art, die Rechnungskunst leicht zu lernen. 8. Grätz 805. Ferstl. 4 gr.

Rief, X., Balkonschrift, grosse Buchstaben. 16. (6 Steintaf.) Amberg 882. Habbel. n. — 20

— Balkenschrift, kleine Buchstaben. 16. (7 Steintaf.) Ebend. 882. n. — 20

— modern gothische grosse Buchstaben. 16. (6 Steintaf.) Ebend. 882. n. — 20

— modern gothische kleine Buchstaben. 16. (7 Steintaf.) Ebend. 882. n. — 20

Riefesell, J. Theobald, unser Hamburg. 60 maler. Ansichten (in Lichtdr.) aus Hamburgs Straßen, nach der Natur gezeichnet. Mit begleit. Text von Otto Schlotke. gr. 4. (2 Bl. Text.) Hamburg 895. F. Schlotke.
In Leinw.-Mappe n. 32. —
Erschien auch in 10 Lfgn. à n. 3. —.

Riefel, Josua Joseph Frhr. von, s. Riefl

Riefensbeek [Schlagwort]

Riefensbeek, s.: Geologische Karten. Karte (Preussen).

Riefenstahl, A., Schulwand-Vorschriften, s. Fischer, H.

Riefenstahl, Gust., prakt. Reitunterricht, s.: Krüger, A.

Riefenstahl, Theod. (geb. Münster in Westf. 6. 8. 1835): De angina membranacea. Berolini (1857). (32 S.) 8°
Berlin, Med. Diss. v. 10. Aug. 1857

Riefenstahl, Bad Driburg. Die Wirkung u. Anwendung seiner Heilmittel. Dargestellt für Aerzte u. Curgäste. Paderborn 866. Schöningh. gr. 16 (127 S.) n. 12 ngr.

Riefenstahl, Bad Driburg. Die Wirkg. u. Anwendg. seiner Heilmittel. Dargestellt f. Aerzte u. Curgäste. 2. Aufl. gr. 16. (125 S.) Paderborn 871. Schöningh. n. 1. 20

Riefenstahl, Th., Bad Driburg, s. a. Wanderbilder, europäische.

Riefenstahl, Theodor. Bad Driburg. Aus dem Tagebuche eines Hypochonders. Mit 10 Illustrationen [wovon 3 Tafeln] von Prof. Oswald Achenbach und Felix Schmidt und einer Karte. (Europäische Wanderbilder. № 92. 93.) 8. Zürich ([18]85).

Riefenstahl, Thdr., die künstliche Ernährung d. Kindes im ersten Lebensjahre. 8. (62 S. m. 1 Steintaf. in qu. 4.) Elberfeld 876. Herzig in Comm. 1. 25

— die künstliche Ernährung des Kindes im ersten Lebensjahre. 2. verm. Aufl. Mit Abbildgn. 8. (86 S.) Paderborn 883. F. Schöningh. n. 1. 20

Riefenstahl, Thdr., die künstliche Ernährung d. Kindes im ersten Lebensjahre. 3., verm. (Titel-)Ausg. 12. (86 S. m. Abbildgn.) Norden 891. H. Braams. n. 1. 20

— aus der Krankenwelt. 8. (IV, 189 S.) Ebend. 884. n. 2. 25

[Ant. u. F.] Germanische und Romanische Poesieen in freier Umdichtg v. Sanitätsr. Dr. [Theod.] Riefenstahl ... zu Driburg. *[Düsseldorf: Deiters]; Driburg: Dr. v. C. Faber & C. 1895.* (208 S.) 1 Bd 8. [97. 3135

Riefenstahl, Theodorus: De resectione maxillae inferioris. Accedunt tabulae lithographicae tres. Halis (1845): Ploetz. ([Am Ende:] Doelle in Halberstadt). 48 S., 3 Taf. 8° (4°)

Halle-Wittenberg, Med. Diss. v. 24. Dez. 1845

Geb. Ilsenburg (Harz) 19. 7. 1807. V.

Vermutlich sind nur Titel und Widmung in Halle gedruckt.

RIEFESELL, J. Th., Unser Hamburg. 60 malerische Ansichten aus Hamburgs Strassen. Hamburg (1893). Gr. 4°. (à Bl. 60 Pfg. C. Kirsten, Hamb., 1909:)

Seiner Zeit nur in beschränkter Anzahl herausgegeben und daher selten geworden.

Rieff

— s. auch Rüeff.

Rieff, Frz. Xav., מִדְרַשׁ בְּרֵאשִׁית הָאוּי sive Commentarius in Genesin dimidiatam, ex variis tam latinis quam hebraeis auctoribus collectus. II Ptes. 4. Ulm 772, 74.

Rieff, (L.,) kleines Geschenk f. Schulkinder in Lehren u. Beispielen z. Bildung guter Sitten. Sammt e. Kindergespräche über das Briefschreiben. 8. Augsburg 823, Landshut, Krüll.

Rieff, Leonh., Beyspielsreden auf d. Fasten. 3 Bdch. 8. Augsb. Lotter. 794–805. (1ß u. 2ß à 9 gr. 3ß 6 gr.)

— histor. Lesebuch a. d. heil. Schrift, Kirchen- u. Weltgesch. 2 Thle. gr. 8. Augsb. Rieger. 791.

— geistl. Reden auf versch. Feste d. J. 8. Augsburg, Doll. 790.

— geistl. Reden auf alle Sonntage d. J. 2 Bände. gr. 8. Augsb. Wolf. 792. 93.

Rieffel, August Joseph (Dresden), Diss. med. quaedam de phthisi tuberculosa continens. Leipzig (Deutrich) 9. V. 1828. 43 S. u. 2 Taf. (4.—) 28838

Gew.: Friedrich Ludwig Kreysig.

Rieffel, E., zur Frage der Elsass-Lothringischen Kanalvertiefungen, im Auftrag der Waarenbörse zu Strassburg, Mai 1889. 4. (11 S.) Strassburg 889. (Heinrich.) n. — 80

Entgegnung und Erklärung [d. Loge Johannes d. Evangelist zur Eintracht in Darmstadt] auf das von der Hochw. Grossen Mutterloge des Eklektischen Bundes an ihre Töchterlogen erlassene Umlaufschreiben, Erläuterung des Prinzips der eklektischen Freimaurerei enthaltend. [Verf. von Franz Jos. Friedr. Thaddäus Frh. v. **Rieffel.**] [Darmstadt 1844: Kichler]. 14 S. 8° [Umschlagtit.]

Tut dar, dass das Urchristentum die Grundlage des eklektischen Gesetzes sein und bleiben müsse.

— **Johann Franziskus** (Main), Princeps catholicus ecclesiastici regiminis quod ad disciplinae causas particeps. Diss. inaug. Göttingen (J. Chr. Dieterich) 29. IX. 1775. 62 S. (4.25) 28839

Rieffel, Joseph, s. Riefl, Josua Joseph Frhr. von

Rieffelsen, Pet., Beschreib. u. Abbild. d. v. ihm erfundenen grossen Kraft- u. Hebemaschine, mittelst welcher in wenig Zeit Bäume v. ansehnl. Grösse sammt ihren Wurzeln aus d. Erde gehoben etc. werden können. Mit 3 Kpf. gr. 4. Hamburg. 1810. (Altona, Aue.) 1. 10

Rieffelsen, Pt., Beschreib. seiner erfund. Kraft- u. Hebemaschine. Mit 3 Kpf. gr. 8. Hamb. 813. (Aue in Altona). 1 ₰ 8 ₰

— Beschreib. e. neuen Maschine für Gichtkranke. Mit 2 Kpf. Hamb., Gundermann.

Rieffert, Bernhard: Karl Gutzkows Stellung zur Romantik. Borna-Leipzig 1908: Noske. 54 S. 8°

Münster, Phil. Diss. v. 26. Nov. 1908, Ref. Schwering

[Geb. 1. Nov. 85 Driburg; Wohnort: Münster i. W.; Staatsangeh.: Preußen; Vorbildung: Gymn. Koesfeld Reife O. 05; Studium: Münster 7, Berlin 1 S.; Rig. 30. Juli 08.] [U 09. 3013

Rieffert, Johannes: Die Lehre von der empirischen Anschauung bei Schopenhauer. Halle a. S. 1910: Karras. 57 S. 8° ¶(Ersch. vollst. als: Abhandlungen z. Philos. u. ihrer Gesch. hrsg. v. Erdmann. H. ~~35~~ 42.)

Bonn, Phil. Diss. v. 23. Febr. 1910, Ref. Erdmann

[Geb. 5. Okt. 83 Cöln; Wohnort: Neuenahr; Staatsangeh.: Preußen; Vorbildung: Marzellen-Gymn. Cöln Reife O. 04; Studium: Bonn 13 S.; Rig. 4. Aug. 09.] [U 10. 412

Rieffert, Mart., mathematische Geographie f. die Oberklasse der Volksschule. 8. (24 S. m. eingedr. Holzschn.) Cöln u. Neuß 873. Schwann. — 30

— Naturlehre, f. die Volksschule bearb. gr. 8. (VII, 52 S. m. eingedr. Holzschn.) Köln 874. Du Mont-Schauberg. n.n. — 75

Riefkohl, Dic cur hic? s. a. Dic cur hic.

Riefkohl, dic cur hic? Anweisung zu einem zweckmäßigen Verhalten für die Badegäste Norderney's. (2. Aufl.) 16. (51 S.) Norden 877, Braams. * — 50

Riefkohl, dic cur hic? Anweisung zu einem zweckmäßig. Verhalten für die Badegäste Norderney's. (3. Aufl.) 16. (51 S.) Norden 881. Braams. n. — 50

Riefkohl, F., die Insel Norderney, s. a. Norderney, die Insel.

Riefkohl, F., die Insel Norderney. Eine kurze Darstellg. ihrer Geschichte u. Geographie, ihrer Pflanzenwelt u. Thierwelt u. ihrer Seebadeanstalt. 2. Ausg. Mit e. (chromolith.) Karte der ostfries. Küste, e. Plane d. Dünenschutzwerkes, sechs Ansichten in Farbendr. u. sehr vielen (eingedr.) Holzschn. gr. 8. (IV, 112 S.) Hannover 872. Schmorl & v. Seefeld. n. 3. —

Riefl, Jh. Frz., Diss. Princeps catholicus ecclesiastici regiminis quod ad disciplinae causas partic. 4. Götting. 775. Dieterich. 3 gl

Riefl, Josua Joseph Frhr. von

Riefel, Josua Josef (Herausgeber): „Kritische Betrachtungen über verschiedene Staatsfragen", Theil 1—6. Frankfurt und Leipzig 1770—1774. — Vorh.: UB Göttingen. Theil 3 ff. u. d. T.: „Kritische Staatsbetrachtungen".

— Betrachtt. über Staatsfragen. 6 Stcke. 8. Frkf. 770—774. Stahel in Würzb. 2 ß 4 gl

Rieffel, Joseph. Briefe in deutscher und lateinischer Sprache. Neue vermehrte und verbeßerte Auflage. Würzburg, J. J. Stahel, 1771. Kl.8°. 8 Bl. 535 S. *Mit Titelvignette.*

— epitome difficultat. grammat. 8. ibid. 768.

— Orthographie. 8. Würzb. 764.

— Prosodie. 8. Würzb. 763.

— s. a. Reichshofrath.

v. Riefl, Josu. Jos.: D. Reichshofr. in Justiz-, Gnaden- und and. Sachen; m. Fällen, Präjud. u. Rechtsbemerkk. *Augsb.*, Wolf. 791—88. 4. Thle. 8. (à 1 Thl.)

— rhetorica, exemplis figuram periodorum clericarum et antiquis et novis illustrans. IV Tomi. 8maj. Würzb. 765—769. Stahel. 2 ß

— krit. Staatsfragen. 6 Stck. 8. Frkf. Stahel. 770–74.

— — 5s u. 6s. 8. Marburg, Krieger (à 8 gr.)

— Syntaxis ornans et varians. 8. Würzb. Stahel. 763.

RIEFLER, Benedikt (Unterjoch/Allg.): De nervorum resolutione.- Monachii: Giesser 1836. 16 S. 21.3.1836 - Urk; P 63
Diss. Ingolst.-Landsh.-Mchn.

Riefler, C: Reißzeuge, Zirkel, Schraffir-Apparat. Nesselwang und München 1886. 1888. 1893

Riefler, Sigmund

Das Nickelstahl-Compensationspendel D. R. P. No 100870. Von S. **Riefler**. Mit 15 Ill. München: C. Wolf & Sohn 1902. (12 S.) 8°

Riefler, S., Präzisions-Pendeluhren u. Nickelstahl-Kompensationspendel (40 S. m. Abb.) Lex. 8. München 907. Th. Ackermann. 2. —

Praezisions-Pendeluhren und Zeitdienstanlagen für Sternwarten. Von S[igmund] **Riefler**. München: Th. Ackermann 1907. (72 S.) 4° [07. 6728 7

Riefler S, die Präzisions-Uhren mit vollkommen freiem Echappement und neuem Quecksilber-Kompensationspendel. (53 S) München 1894

Riefler, S., Projekt e. Uhrenanlage f. die kgl. belgische Sternwarte in Uccle. (27 S. m. Abbildgn. u. 2 Taf.) Lex.-8. München 904. Th. Ackermann. n. 2. —

Riefli, Franz: Ueber die Behandlung der Weine zu allen Zeiten und bei allen Umständen. Zum nützlichen Gebrauche für Weinhandlungen, Gastgeber, Eigenthümer von Weinbergen etc. zur Erlernung wie gesunde, kranke, natürliche und künstliche Weine zu erkennen und nachzuahmen sind. Nebst einem Anhange von dem vollständigen Destillat der Liqueur-Fabrikation mit und ohne Feuer, der Essigzubereitung und Einmachen der Früchte. 3., verb. Aufl. Solothurn: Verf. 1832. XI, 84 S. -- 107*

Riefli, Frz., über d. Behandlung d. Weine zu allen Zeiten u. bei allen Umständen. Zum nützl. Gebr. f. Weinhandlungen, Gastgeber, Eigenthümer v. Weinbergen 2c., zur Erlern. wie gesunde, kranke, natürl. u. künstl. Weine zu erkennen u. nachzuahmen sind. Nebst e. Anh. v. d. vollständ. Destillat d. Liqueur-Fabrikation mit u. ohne Feuer, der Essigzubereitung u. Einmachen d. Früchte. 3., verb. Aufl. gr. 8. (6 B.) Solothurn 832. (Leipzig, Michelsen.)

Rieforth, J. Th., Anleitung zum Brevier-Gebet. [Ritu romano.] Zunächst als Ergänzg. zum 2. Theile der „Musiklehre f. Kleriker". 8. (28 S.) Münster 871. Aschendorff. — 30

— kurze u. leichtfaßliche Musik-Lehre f. angehende u. wirkliche Kleriker. Nebst erklärenden Notenbeilagen u. den Römischen, Münsterschen u. Cölnischen liturgischen Gesangsweisen. br. 8. (VI, 98 S. wovon 24 lith.) Ebend. 871. n. 1. —

Riefstahl, Erich [aus Berlin]: Die Sepienschale und ihre Beziehungen zu den Belemniten .... (Sep.-Abdr. aus: Palaeontographica Bd. XXXII.) Stuttgart, E. Schweizerbart'sche Verlagshandlung (E. Koch), 1886; 1 Bl. + S. 201–214 + 2 Bl. u. 2 Taf. 4°.
München, Phil. Fak., Inaug.-Diss. v. 1886

Riefstahl, E., die Sepienschale u. ihre Beziehungen zu den Belemniten. Inaug.-Diss. [Aus: „Palaeontographica".] gr. 4. (14 S. m. 2 Taf. u. 2 Bl. Erklärgn.) Stuttgart 886. Schweizerbart. n. 4. —

Riefstahl, H., siehe: Bahrdt, J. F., 6 Deutsche Wanderlieder.

Riefstahl, W., Bilder aus Westfalen. Nach der Natur aufgenommen. Mit (chromolithogr.) Titelbild von Scheuren und einem beschreibenden Text von Levin Schücking. 5 Lfgn. gr. Fol. (20 Chromolithogr. und Text III und 88 S. in Lex.-8.) Elberfeld 860. 61, Friderichs. *
In engl. Mappe * 26 Thlr.; in Mappe von Sammt *
Einzelne Blätter *

Riefstahl's, W., Handzeichnungen. Facsimile-Drucke nach den Orig.-Zeichngn. d. Meisters. Text von H. E. v. Berlepsch. gr. Fol. (25 Blatt auf 15 Kartons m. III, 5 S. Text.) München 892. Frz. Hanfstaengl Kunstverl., A.-G. In Leinw.-Mappe. n. 50. —

—— und A. Rohlfs, Jagd-Album, s. Rohlfs, A.

Riefstahl, Wilhelm: 27. Sonderausstellung in der Königl. National-Galerie, s. Begas, Albert

Rieg, A., k. bayer. Major z. D.: Theoretische äussere Ballistik. Nebst Anleitung zur praktischen Ermittlung der Flugbahn-Elemente. Mit 5 Taf. in Steindruck (und 1 Tabelle). Berlin 1884. 8°

Rieg, B., Gedenkblätter aus dem Leben u. schriftl. Nachlasse des Domkapitulars Paul Stiegele, s.: Stiegele, Paul.

Rieg, B., Fall Heilig. Im Anschluß an die Broschüre: „Priesterseminar u. Persönlichkeitsrecht" beleuchtet. (80 S.) 8. Stuttgart 909. Deutsches Volksblatt. — 50

Rieg, Clemens, s. Rieg, Klemens

Rieg, Frz. Joach., Abhandl. von der Hasenscharte. Mit 1 Kpf. 8. Frankf. a. M. 803. Simon. 12 gl

Rieg, Franz Joseph: Abhandlung von der Hasenscharte nebst einem Vorschlag, solche nach einer neuen Methode zu heilen. 144 S., gbd., 1 Taf.

Frankfurt am Main: Simon 1803

JB 3.071

Rieg, Ig. Klem., s.: **Almanach f. die katholischen Geistlichen der Diöcese Rottenburg.**

— dasselbe, s.: Mennel.

Rieg, Klemens

Rieg, Clem., das Volksschulgesetz, s.: **Mennel, J. N.**

Riege, Hauptmann ꝛc., Beurtheilung des Pferdes in Bezug seiner Brauchbarkeit für den Reit- od. Zug-Dienst. Mit 14 Abbild. auf 1 Taf. 2. Aufl. 8. Berlin 847, (846), Springer. n. 1/2 ₰

Riege, Beurteilung des Pferdes in Bezug seiner Brauchbarkeit für den Reit- oder Zugdienst. Mit 14 erläut. Abbildgn. u. 1 (lith.) Taf. (in qu. Fol.) 3. Auflage, neu bearbeitet, vermehrt und mit einem Vorworte versehen von C. Baer. 8. (X. u. 98 S.) Berlin 51. Springer. M. 1.25

Riege, Wwe. Kochrezeptbuch. Vollst. Kochbuch f. die tägl. Mahlzeit u. f. d. Festtafel. gr. 8. (XVI, 320 S. m. 9 Abb.) Hamburg 895. (Leipzig, K. F. Koehler's Barsort.) Geb. in Leinw. n. 5. —

Riege, Frau, Kochrezeptbuch. Vollständ. Kochbuch f. die tägl. Mahlzeit u. f. die Festtafel m. Berücksicht. der Hamburger Küche. 2. Aufl. gr. 8. (XVI, 326 S. m. 1 Abbildgn. u. 1 farb. Taf.) Hamburg 899. H. Carly. Geb. n. 4. —

Riege, A., das neue Maß u. Gewicht. Erklärung u. Berechnung desselben, nebst faßlicher durch einige 100 Aufgaben mit ihren Lösungen erläut. Anleitung zur Erlernung der Decimalbruchrechnung. Zum Selbstunterricht für Jedermann, namentlich für Lehrer, Kaufleute u. Gewerbtreibende. Berlin 870. Wruck. 8. (40 S.) 5 ngr.

Riege, Carl (geb. Hamburg 22. 4. 1853): Ueber die Aetiologie der Leisten- und Schenkelbrüche. Berlin (1878). (35 S.) 8°
Berlin, Med. Diss. v. 10. Aug. 1878

Riegel

— vergl. **Rigel.**

Riegel's Architektur Katalog. 2. Aufl. br. 8. (32 S.) Berlin 855, Riegel's Verlag. **

Riegel's Architectur-Katalog. 4., gänzlich umgearb. Aufl. gr. 8. (74 S.) Berlin 858, Riegel's Buchh. **-

Riegel, Aufgaben des Sanitätsdienstes bei Landungen u. Expeditionen in tropischen u. subtropischen Gegenden, s.: **Veröffentlichungen aus dem Gebiete des Marine-Sanitätswesens. 1. Heft.**

Riegel, Aufgaben des Sanitätsdienstes bei Landungen und bei Expeditionen in tropischen und subtropischen Gegenden. 1910.

Riegel, Kostenanschläge f. Bau- u. Möbeltischlerarbeiten, s.: **Franke.**

Riegel, neuzeitliche Möbel, }
— moderne Schnitzereimotive, } s.: **Franke.**

— Neue Schnitzerei-Motive, s.: **Franke.**

— Skizzen-Mappe moderner Bautischler-Arbeiten, s.: **Franke.**

Riegel, A., Traunstein u. seine Umgebung. 8. (128 S. m. Abbildgn. u. 2 Karten.) Traunstein (897). G. H. Stifel. Kart. n n. 1. 50

v. Riegel, (A. P.,) **Beschreib. u. Abbild. e. neu erfundenen Dachstuhles. Mit 1 Kupf. 8. Wien 826, Verf. (Tendler.)**

Riegel, Alfred, approb. Arzt aus München: Aus d. pathol. Institut zu Giessen. Über die Myome der Harnblase. *Giessen 1899: v. Münchow.* (34 S.) 8°
Giessen, Med. Diss. v. 1899

Riegel, B(runo), Assistent an der Poliklinik der Tierärztlichen Hochschule zu Berlin: Aus der Poliklinik für große Haustiere der Tierärztlichen Hochschule zu Berlin. Untersuchungen über die Ametropie des Pferdeauges. Stuttgart 1904: Union. (21 S.) 8°
Gießen, Verein. Med. Fak., Ref. Pfeiffer, Diss. v. 1. Okt. 1905
[Geb. 9. Sept. 79 Stettin; Wohnort: Berlin; Staatsangeh.: Preußen; Vorbildung: Friedrich-Wilhelm Realgymn. Stettin Reife O. 99; Studium: Berlin 8 S.; Rig. 3. Aug. 04.]

Riegel, E. Hermann, s. Riegel, Hermann

Riegel, Ed., der schriftliche Geschäftsverkehr. 30 Geschäftsaufsätze, 7 Eingaben an Behörden, 22 Geschäftsbriefe u. einfache Buchführg., nebst vielen Aufgaben in 65 Orig.-Handschriften. Für die Hand der Schüler. 11. Aufl. Durchgesehen u. nach den neuen Rechtsbestimmungen umgearb. Für Fortbildungsschulen. gr. 8. (64 autogr. S.) Heidelberg 901. vorm. Weiß'sche Univ.-Buchh. n. — 50

Riegel's deutsche Geschichte. Ein Hilfsmittel in der Hand der Schüler. 18. Aufl., vollständig neu bearb. v. Herm. Itschner. (90 S.) 8. Heidelberg 905. vorm. Weiß'sche Univ.-Buchh. Kart. n.n. — 65

Riegel's, Ed., kurzgefaßte deutsche Geschichte in 73 zusammenhängenden Bildern f. die Hand der Schüler. Nach des Verf. Tode durchgesehen u. ergänzt v. Phil. Aug. Büchler. 15. Aufl. des „Ersten geschichtl. Unterrichts". gr. 8. (80 S.) Heidelberg 893. G. Weiß' Verl. n. -- 40; kart. n. — 55

Riegels, Ed., kurzgef. deutsche Geschichte in 73 zusammenhäng. Bildern für d. Hand d. Schüler. Nach d. Verf. Tode durchgeſ. u. ergänzt v. Phil. Aug. Büchler. 16. Aufl. d. „Ersten geschichtl. Unterrichts". 8. (80 S.) Heidelberg 897. G. Weiß, Verl. n. — 40; kart. n.n. — 55

— kurzgefaßte deutsche Geschichte in 73 zusammenhängenden Bildern f. die Hand der Schüler. Nach des Verf. Tode durchgesehen u. ergänzt v. Phil. Aug. Büchler. 17. Aufl. des „Ersten geschichtl. Unterrichts". 8. (80 S.) Ebd. 901. Kart. n.n. — 55

— dasselbe, Neubearbeitg. für höhere Mädchenschulen, s.: **Krosta, Fr.,** Hilfsbuch f. d. Unterricht in d. Geschichte an höh. Mädchenschulen.

— des **Volksschülers** Sprach- u. Aufsatz-Unterricht. Eine lückenlos fortschreitende Sammlung von Musteraufsätzen, Nachbildungen u. Aufgaben für die Hand des Schülers. 2. Aufl. Ebend. 866. gr. 8. (84 S.) n. 7 1/3 ngr.

— des **Volksschülers** Sprach- u. Aufsatz-Unterricht. Eine lückenlos fortschreit. Sammlg. v. Musterbeispielen, Nachbildgn. u. Aufgaben f. die Hand d. Schülers. 1—3. Hft. gr. 8. Heidelberg 871. 76. G. Weiß. n. — 85
1. Der einfache Satz. 5. Aufl. (32 S.) n. — 20
2. Der zusammengesetzte Satz. 4. Aufl. (32 S.) n. — 20
3. Der schriftl. Geschäftsverkehr. 30 Geschäftsaufsätze, 7 Eingaben an Behörden, 22 Geschäftsbriefe u. einfache Buchführg. nebst vielen Aufgaben in 65 Orig.-Handschriften. Für die Hand der Schüler. 2. Aufl. Gänzlich umgearb. u. erweitert f. Fortbildungsschulen. (64 autogr. S.) n. — 45

—— des Volksschülers Sprach- und Aufsatzunterricht. 3. Heft: Der schriftliche Geschäftsverkehr. 30 Geschäftsaufsätze, 7 Eingaben an Behörden, 22 Geschäftsbriefe und einfache Buchführung nebst vielen Aufgaben in 65 Orig.-Handschriften. Für die Hand der Schüler. 2. und 3. Aufl. Gänzlich umgearb. und erweitert für Fortbildungsschulen. gr. 8. (64 autogr. S.) Ebendas. 876,77. *
Die 1. Aufl. erschien im Selbstverlag.
1. und 2. Heft. Ebendas. 1872,75. à * 20 Pf.

—— des Volksschülers Sprach- und Aufsatzunterricht. 3. Heft: Der schriftl. Geschäftsverkehr. Dreißig Geschäftsaufsätze, 7 Eingaben an Behörden, 22 Geschäftsbriefe und einfache Buchführung, nebst vielen Aufgaben in 65 Orig.-Handschriften. Für die Hand der Schüler. 4.—6. Aufl. Umgearb. und erweitert für Fortbildungsschulen. gr. 8. (64 S.) Ebendas. 879—84. *
1. und 2. Heft. Ebendas. 1872,76. à * 20 Pf.

—— des Volksschülers Sprach- und Aufsatzunterricht. 3. Heft: Der schriftliche Geschäftsverkehr. 30 Geschäftsaufsätze, 7 Eingaben an Behörden, 22 Geschäftsbriefe und einfache Buchführung nebst vielen Aufgaben in 65 Orig.-Handschriften. Für die Hand der Schüler. 7. Aufl. Umgearb. und erweitert für Fortbildungsschulen. gr. 8. (64 S.) Ebendas. 887. *
1. und 2. Heft. Ebendas. 1872,76. à * 20 Pf.

— d. Volksschülers Sprach- u. Aufsatzunterricht. 3. Hft. Der schriftl. Geschäftsverkehr. 30 Geschäftsaufsätze, 7 Eingaben an Behörden, 22 Geschäftsbriefe u. einfache Buchführg. nebst vielen Aufgaben in 65 Orig.-Handschriften. Für die Hand der Schüler. 9. Aufl. Umgearb. u. erweitert f. Fortbildungsschüler. 8. (64 autogr. S.) Ebd. 893. n. — 45

Riegel, Ed., der erste geschichtliche Unterricht. 70 zusammenhängende Bilder aus der deutschen Geschichte für die Hand der Schüler entworfen. 1. u. 2. Aufl. Heidelberg 867, 869. Weiß. 8. (80 S.) n. 4 ngr

Riegel, Ed., der erste geschichtliche Unterricht, 71 zusammenhängende Bilder aus der deutschen Geschichte für die Hand der Schüler entworfen. 2.—6. Doppel-Aufl. gr. 8. (80 S.) Heidelberg 869—75, Weiß. *

Riegel, Ed., der erste geschichtliche Unterricht. 71 zusammenhängende Bilder aus der deutschen Geschichte für die Hand der Schüler. 7. und 8. Doppelaufl. 8. (80 S.) Heidelberg 877,79, Weiß. * 40 Pf.; cart. * *

Riegel, Ed., der erste geschichtliche Unterricht. 71 zusammenhäng. Bilder aus der deutschen Geschichte, f. die Hand der Schüler entworfen. 10. Doppelaufl. 8. (80 S.) Heidelberg 884. Weiß' Verl. n. — 40; cart. n. — 55

Riegel, Ed., der erste geschichtliche Unterricht. 71 zusammenhängende Bilder aus der deutschen Geschichte, für die Hand der Schüler entworfen. 9. Doppelaufl. 8. (80 S.) Heidelberg 881. Weiß' Verl. n. — 40; cart. n.n. — 55

Riegel, Ed., der erste geschichtliche Unterricht. 71 zusammenhängende Bilder aus der deutschen Geschichte, für die Hand der Schüler entworfen. 11. Aufl. 8. (80 S.) Heidelberg 887, Weiß' Verlag. *

Riegel's, E., der erste geschichtliche Unterricht. 73 zusammenhäng. Bilder aus der deutschen Geschichte f. die Hand der Schüler. Nach d. Verf. Tode durchgesehen u. ergänzt v. Ph. A. Büchler. 13. Aufl. 8. (80 S.) Heidelberg 889. Weiß' Verl. n. — 40; cart. n. — 55

der erste geschichtliche Unterricht, 73 zusammenhäng. Bilder aus der deutschen Geschichte f. die Hand der Schüler. Nach d. Verf. Tode durchgesehen u. ergänzt v. Phil. Aug. Büchler. 14. Aufl. 8. (80 S.) Ebd. 891. n. — 40; kart. n. — 55

— des Volksschülers geographischer Unterricht. 1. Blatt. Deutschland. 3. Aufl., verm. durch die geschichtl. merkwürdigen Orte Deutschlands. Ebend. 867. gr. 8. (8 S. mit 1 Steintaf. in gr. Fol.) n. 2 ngr

Riegel, Er. Aug. Emil, Anleitung zur Kenntniß u. Prüfung der gebräuchl. einfachen u. zusammengesetzten Arzneimittel. 1.—5. Heft. Lex.-8. Trier 842, 43, Lintz. $2^{1}/_{12}$ ₰

Riegel, Ernst Aug. Emil, Lehrbuch der pharmaceutischen Chemie. 2 Hälften. Lex.-8. (1. Hälfte S. 1–480.) Stuttgart 856(57,) Becher's Verlag.

Riegel, Ernst Aug. Emil, Lehrbuch der pharmaceutischen Chemie. 2. (Titel-)Ausg. 6 Lfgn. Lex.-8. (IV und 982 S.) Stuttgart (857)58, Becher's Verlag. à Lfg. 15 Ngr.

Riegel, Ernst Aug. Emil, Pharmacopea medicaminum, quae in pharmacopea badensi non recepta sunt. 8maj. (VI und 184 S.) Carlsruhae 854, libr. aul. Braun. Thlr. *

— die salinische Schwefel- u. die Salz-Quelle bei Grumbach. In geschichtlicher, geognostischer, chemischer u. therapeutischer Hinsicht beschrieben. gr. 8. Landau 843. (Kaußler.) n. 1/3 ₰

—— Statistik der Aerzte und Apotheker Deutschlands. 1. Heft: Baden. Würtemberg. Frankfurt und Nassau. gr. 8. (S. 1—56.) Speyer 855, Lang. *

—— dass. — 2. Heft. Bayern. gr. 8. (S. 57 — 132.) Ebds. 856.

—— Statistik der Aerzte und Apotheker Deutschlands. 3—5. Heft. gr. 8. Speyer, Lang. *
Inhalt:
Heft 3. Hannover, Mecklenburg und Grossherzogthum Hessen. (S. 133—200.) 857. * 20 Ngr.
» 4. Braunschweig, Oldenburg, Preussen. (S. 201—401.) 859. * 1 Thlr. 26 Ngr.
» 5. Schleswig-Holstein. (S. 402—423.) 860. * 8 Ngr.
1. und 2. Heft. Ebendas. 1855,56. * 1 Thlr. 6 Ngr.

—— dass. — Supplement: Königreich Sachsen. gr. 8. (S. 425—432.) Ebendas. 860. *

—— dass. — Supplement II.: Sachsen-Weimar-Eisenach, Meiningen-Hildburghausen, Coburg-Gotha, Altenburg, Reuss'sche Fürstenthümer und freie Stadt Hamburg. gr. 8. (S. 433—467.) Ebendas. 861. *

Riegel, Franz

Riegel, F., über die Anwendung schmerzstillender Mittel bei Magenkrankheiten. gr. 8. (12 S.) München 900. Seitz & Schauer. n. 1.—
Sonderabdruck aus: „Zeitschr. f. prakt. Aerzte".

Ⓑ — Schmerzstillende Mittel bei Magenkrankheiten. 900. (KBL 32.) Jetzt: München, Verlag d. ärztl. Rundschau.

Riegel, Franz, Dr., Geh. Med.Rath u. o. Prof. an d. Landes-Univ.: Ueber Arhythmie des Herzens. *Giessen 1898: v. Münchow.* (38 S.) 4°
Giessen, Progr. zum Ludwigstage 1898

Riegel, Frz., üb. Arhytmie d. Herzens, s. a. Sammlung klin. Vorträge.

Über Arhythmie des Herzens v. Franz Riegel. *Leipzig: Breitkopf & Härtel 1898.* (30 S.) 8.
= Sammlung klinischer Vorträge. N.F. No 227. [98. 11656]

Riegel, Frz., die Athembewegungen. Eine physiologisch-patholog. Studie. Mit 12 (lith.) Taf. (in gr. 8. u. 4.) gr. 8. (IV, 181 S.) Würzburg 873. Stuber. n. 8. —

Riegel, F., üb. die diagnostische Bedeutung d. Venenpulses, s.: Sammlung klinischer Vorträge.

Riegel, F., über die Bedeutung der Pulsuntersuchung, s. Sammlung klinischer Vorträge.

Riegel, Frz., Caffeïn bei Herzkrankheiten. gr. 8. (38 S. mit mehreren Taf.) Wiesbaden 884, Bergmann. *
Aus: Verhandlungen des III. Congresses für innere Medicin, besonders abgedruckt.

Riegel, Franz, die Diagnose der Pericardinalverwachsung, s. Sammlung klinischer Vorträge.

— über Diagnostik u. Therapie der Magenkrankheiten, s.: Sammlung klinischer Vorträge.

— d. Erkrankgn. d. Magens, s. a. Pathologie u. Therapie, specielle.

Die Erkrankungen des Magens. Von Prof. F[ranz] Riegel in Giessen. M. 29 Abb. u. 6 Taf. (In 2 Th.) *Wien: A. Hölder 18(96.) 97.* (x, 961 S., 6 Taf.) 1 Bd 8.
= Pathologie, Specielle, u. Therapie. Bd 16. Th. II. [97. 62..]

Riegel, F., die Erkrankungen des Magens. I. Tl. Allgemeine Diagnostik u. Therapie der Magenkrankheiten. 2., verm. u. neubearb. Aufl. (VII, 336 S. m. 25 Abbildgn.) gr. 8. Wien 903. A. Hölder. n. 9. 60

Riegel, F., die Erkrankungen des Magens. 2., verm. u. neubearb. Aufl. II. (Schluss-) Tl. Spezielle Diagnostik u. Therapie der Magenkrankheiten. Bearb. u. hrsg. von D. v. Tabora. (VIII, 642 S. m. 14 Abb. u. 7 Taf.) Lex. 8. Wien 908. A. Hölder. 18. —
I. Tl. Ebd. 903. 9. 60

— Handbuch der Krankheiten des Respirationsapparates, s.: Handbuch der speciellen Pathologie u. Therapie.

Zur Lehre von der Herzirregularität und Incongruenz in der Thätigkeit der beiden Herzhälften. Von Prof. Dr. Franz **Riegel**, Geh. Medicinalr., Dir. d. med. Klinik in Giessen. '(M. 16 Curven.)' (Dem ... Geh.-Rath Prof. Dr. Eugen Seitz ... zum fünfzigj. Jub. d. med. Doctorwürde ...) Giessen, C. v. Münchow, Univ.-Buch- u. Steindr., 1891; 3 Bl., 76 S. 8.
(Nur in beschränkter Zahl für den Austausch)

Riegel, Frz., zur Lehre v. der Herzirregularität u. Incongruenz in der Thätigkeit der beiden Herzhälften. gr. 8. (76 S. m. 16 Curven.) Wiesbaden 891. J. F. Bergmann. n. 3. —

— über respiratorische Paralysen, s.: Sammlung klinischer Vorträge.

Riegel, Friedr., „Dies irae" aus dem Requiem für dreistimmigen Männerchor mit Begleitung der Orgel. Partitur und Stimmen. hoch 4. (9 S.) Regensburg 879, Coppenrath. *

Riegel, Friedr., Lieder im Volkston, bei dem Klavier zu singen. München 866. Central-Schulbücher-Verlag. qu. 4. (32 S.) cart. 10 ngr.

— acht Passionsgesänge für gemischten Chor. Op. 16. qu. gr. 8. (23 S.) Heidelberg 879, C. Winter's Universitäts-Buchh. *

— Praxis organoedi in ecclesia. Kirchliches Orgelspiel. Eine Auswahl von Orgelstücken vorzugsweise der nambaftesten Meister des 16. u. 17. Jahrh. Nach den Kirchentonarten u. in fortschreit. Uebung von kürzeren u. leichteren zu längeren u. schwereren Sätzen. 1. Hft. Dorische Tonart. Brixen 870. Weger. gr. 4. (95 S.) 1 ₰ 6 ngr.

— — 2. Hft. Phrygische Tonart. Ebend. 870. qu. gr. 4. (87 S.) n. 1 ₰

Riegel, Frdr., praxis organoedi in ecclesia. Kirchliches Orgelspiel. Eine Auswahl v. Orgelstücken vorzugsweise der nahmhaftesten Meister d. 16. u. 17. Jahrh. Nach den Kirchentonarten u. in fortschreit. Uebg. v. kürzeren u. leichteren zu längeren u. schwereren Sätzen. 3. Hft. Jonische, aeol. u. mixolyd. Tonart. qu. gr. 4. (93 S.) Brixen 872. Weger. 4. —
(1—3.: n. 10. 60)

— „Requiem" für dreistimmigen Männerchor mit Begleitung der Orgel. Op. 18. Partitur und Stimmen. Lex.-8. (44 und 24 S.) Regensburg 879, Coppenrath. *
Partitur allein *
Stimmen allein à *

— Requiem IV vocum. Op. XV. Partitura. hoch 4. (12 S.) Regensburg 877, Pustet. *

Riegel, Friedr., s. Schoeberlein, L., Schatz des liturgischen Chorgesangs.

Riegel, Frdr., das deutsche Vaterland in seinen Liedern. Auswahl der beliebtesten ein- und vierstimm. Volkslieder und Männergesänge mit bequemer Harmonisirung. Mit einem Vorwort von K. H. Caspari. 2 Abthlgn. Nürnberg 861. W. Schmid. 16. (XVIII, 237 S.) n. 20 ngr.

Riegel, H., Panorama von München, vom Petersthurm gesehen. Nach der Natur aufgen., lithogr. (u. color.) Mit illustrirt. Orig.-Umschl.: München u. Umgebung, nebst Orientirungsplan.) München, Druck von Gebr. Hammel, o. J. (18??). 8°. Cart.

Riegel, Herm., üb. die Art u. Kunst, Kunstwerke zu sehen, s. a. Sammlung gemeinverständl. wissenschaftl. Vorträge.

— Über die Art und Kunst, Kunstwerke zu sehen. (Slg wiss. Vortr. 194) Berlin 1874

Riegel, Herm., Beiträge z. Kunstgeschichte Italiens. gr. 4. (VIII, 247 S. m. 38 Lichtdr.-Taf.) Dresden 898. Leipzig, K. W. Hiersemann. 30. — erm. Pr. n. 20. —

Riegel, Herm, Beiträge zur Kunstgeschichte Italiens. Mit 40 Abb. auf 38 (Lichtdr.-) Taf. gr. 4. (VIII, 247 S.) Dresden 898. W. Hoffmann. 30. —

Riegel, Herm., Beiträge zur niederländischen Kunstgeschichte. 2 Bde. gr. 8. (XII, 344 u. XII, 493 S.) Berlin 882. Weidmann. n. 20. —

Bunte Bilder aus Natur und Leben. (Von Herman **Riegel**. 2. verm. Aufl.) Bd 1. 2. Berlin: C. A. Schwetschke & Sohn 1898. 2 Bde 8°
= Riegel, H.: Unter d. Striche. [Th.] I. II.

— italienische Blätter. gr. 8. (X, 358 S.) Hannover 871. Rümpler. n. 5. —

Italienische Blätter. (Von Herman **Riegel**. 2. verm. Aufl.) Bd 1. 2. Berlin: C. A. Schwetschke & Sohn 1896. 2 Bde 8°
= Riegel, H.: Unter d. Striche. [Th.] III. IV.

Riegel H, offener Brief an Herrn W Lübke in Stuttgart. Hannover 1874

Riegel, (E.) Herm., Cornelius, der Meister der deutschen Malerei. Hannover 866. Rümpler. Lex.-8. (XII, 436 S. mit 1 phot. Portr.) n. 3 ₰

— Cornelius, der Meister der deutschen Malerei. 2. Ausg. Lex.-8. (XII, 436 S. mit 1 Photogr.) Ebendas. 870.

Riegel, Herm., Peter Cornelius. Festschrift zu d. grossen Künstlers 100. Geburtstage, 23. Septbr. 1883. Mit 4 Lichtdr. u. 4. Holzschn. gr. 8. (XXII, 457 S.) Berlin 883. v. Decker. n. 9. 50

— über die Darstellung des Abendmahles, besonders in der toscanischen Kunst. Ein Beitrag zur vergleichenden Kunstgeschichte. Mit 4 Abbildgn. (auf Holzschntaf.) Ebend. 869. gr. 8. (III, 94 S.) n. 24 ngr.

— Denkschrift üb. die Errichtung e. neuen Gebäudes f. das herzogl. Museum zu Braunschweig. gr. 8. (56 S. m. 1 Steintaf.) Braunschweig 873. Wagner in Comm. n. 1. —

Riegel, Herman. Die vorzüglichsten Gemälde des Herzoglichen Museums zu Braunschweig. 100 Blatt in photographischem Kupferdruck. Berlin 1885. Fol.

— Geschichte der deutschen Kunst seit Carstens u. Gottfried Schadow. 1. Bd. gr. 8. Hannover 875. Rümpler. n. 8. —
Geschichte d. Wiederauflebens der deutschen Kunst zu Ende d. 18. u. Anfang d. 19. Jahrh. Ein Beitrag zur Geschichte der allgemeinen Wiedergeburt d. deutschen Volkes. (XII, 364 S.)

Riegel, Herm., Geschichte der deutschen Kunst seit Carstens und Gottfried Schadow. Th. 1. Hannover 1876. 8. . . . . (D.)
A. u. d. T.:
—— Geschichte des Wiederauflebens der deutschen Kunst zu Ende des 18. und Anfang des 19. Jahrhunderts. Ein Beitrag zur Geschichte der allgemeinen Wiedergeburt des deutschen Volkes. Hannover 1876. 8.

— Goschichto der Wandmalerei in Belgien seit 1856. Nebst Briefen v. Cornolius, Kaulbach, Overbeck, Schnorr, Schwind u. Andoren an Godfried Guffens u. Jan Sworts. 8. (XIX, 250 S. m. 1 Portr.) Berlin 882. Wasmuth. n. 3. 60

— Grundriß der bildenden Künste. Eine allgemeine Kunstlehre. 1. Aufl. 865. n. 2 $\mathscr{B}$ u. 2. Aufl. Ebend. 870. gr. 8. (XX, 320 S. mit 34 eingedr. Holzschn.) n. 2 $\mathscr{B}$ $7\frac{1}{2}$ ngr.

— Grundriß der bildenden Künste, im Sinne e. allgemeinen Kunstlehre u. als Hülfsbuch beim Studium der Kunstgeschichte dargestellt. 3. neu bearb. Ausg. m. 34 (eingedr.) Holzschn. gr. 8. (XIX, 428 S.) Ebend. 875. n. 11. —

— ein Hauptstück v. unserer Muttersprache. Mahnruf an alle national gesinnten Deutschen. gr. 8. (60 S.) Leipzig 883. Grunow. n. 1. —

Riegel, H., e. Hauptstück v. unserer Muttersprache, der allgemeine deutsche Sprachverein u. die Errichtung e. Reichsanstalt f. die deutsche Sprache. Mahnruf an alle national gesinnten Deutschen. 2., verm. Aufl. gr. 8. (VIII, 79 S.) Braunschweig 888. Schwetschke & Sohn. n. 1. —; geb. n. 1. 25

— dio bildondon Künsto. Kurzgef. allgom. Kunstlohro in ästhot., künstlor., kunstgosohlohtl. u. techn. Hinsicht. 4., völlig nou boarb. Aufl. gr. 8. (XI, 452 S. m. 77 Abb.) Frankfurt a/M. 895. H. Keller. n. 8. —; gob. in Halbfrz. n. 10. —

Riegel, (E.) Herm., deutsche Kunststudien. Hannover 868. Rümpler. gr. 8. (VIII, 515 S.) n. 3 $\mathscr{B}$ 10 ngr.

— dem Herrn Wilh. Lübke, Verf. mehrerer kunstgeschichtlicher Handbücher u. dgl. mehr ꝛc. in Stuttgart. Offener Brief. gr. 8. (42 S.) Ebend. 874. — 75

Riegel, Herm., Herr Geh. Reg.-Rath Professor Franz Reuleaux u. sein Treiben im allgemeinen deutschen Sprachverein. gr. 8. (30 S.) Braunschweig 893. (J. H. Meyer.) n. — 80

Riegel, Herm., der allgemeine deutsche Sprachverein, als Ergänzg. seiner Schrift: Ein Hauptstück v. unserer Muttersprache. Mahnruf an alle national gesinnten Deutschen. gr. 8. (56 S.) Heilbronn 885. Henninger. n. 1. —

Riegel, H., unter dem Striche. Bunte Bilder aus beiden Welten. 8. (VII, 429 S.) Berlin 890. Lüstenöder. n. 6. —

Riegel, Herm., unter dem Striche. 2., verm. Aufl. 4 Bde. 8. Berlin 898. C. A. Schwetschke & Sohn. à n. 2. —
1. 2. Bunte Bilder aus Natur u. Leben. 2 Bde. (VII, 188 u. III, 295 S.)
3. 4. Italien. Blätter. 2 Bde. (VII, 196 u. III, 218 S.)

— kunstgeschichtliche Vorträge u. Aufsätze. Mit 8 in den Text gedr. Holzschn. gr. 8. (IV, 396 S.) Braunschweig 877. Westermann. n. 8. —

– (Hrsg.), s. Zeitschrift des allgemeinen deutschen Sprachvereins.

Riegel, Jh. Nep., Gottesverehrung d. Hauptzweck öffentl. Bittzeuge. 8. Augsburg 796. M. Rieger. $^{1}/_{12}$ $\mathscr{B}$

Riegel, Jh. Nep., dogmat.-moral. Reden von d. Bekenntniß d. Glaubens zum Unterr. u. Stärkung d. Gläubigen in Zeiten d. Unglaubens. 8. Augsb. 800.

Riegel, Josef —. Kommentar zur Manufakturwaaren-Mustersammlung. Gewidmet der Wiener-Gremial-Handelsschule vom —. —. 8. IV, 64 S.(Wien. Gedruckt bei Leopold Sommer. 1854.

Riegel, Jul., pädagogische Betrachtungen e. Neuphilologen. Ein Beitrag zur Schulreform. gr. 8. (VII, 52 S.) Cöthen 903. O. Schulze Verl. n. — 80

Freies Denken und Freimaurerei, unter besonderer Berücksichtigung der Religion. Vortrag, gehalten am 168. Stiftungsfeste der Grossloge „Zur Sonne" in Bayreuth von Jul. Riegel. [Bayreuth 1908: Mühl.] 21 S. 8⁰ [Kopftit.]
Aus: BayrBbl. 8 (1907—1908) S. 171—191.
Abgedr. in: FZ. 63 (1909) S. 58—59, 65—67, 75—79.
cf. L. 31 (1908) S. 159—160 (R. Bartolomäus).

Gedanken über Freimaurerei. Mittel zur Hebung des Interesses für die k[önigliche] K[unst] und Reformvorschläge. Von J[ul.] Riegel. Ms. f. Brr Mstr. Nürnberg: Selbstverl. d. Loge „Albrecht Dürer" 1905. 32 S. 8⁰
Recens: BayrBbl. 5 (1904–1905) S. 307; Bh. 48 (1905) S. 314 (Chr. Gotthold); H. 16 (1905) No 19 (K. Pistorius); R. 32 (1905) S. 56 (G. Schauerhammer); ArSt. 3 (1906) S. 169.

cf. DrL. 35 (1904—1905) S. 296—297 (A. Denecke); Z. 35 (1904—1905) S. 507 (H. Glücksmann); Bbl. 19 (1905) S. 505 (G. Diercks); L. 28 (1905) S. 80 (P. Fischer); S. 12 (1905) S. 56—57 (J. G. Findel); Oriflamme. 3 (1905) Nr 11; DrL. 36 (1905 bis 1906) S. 28—30 (A. Denecke); ML. 34 (1905—1906) S. 17—18 (O. Henckel); BstF. 16 (1907) S. 35—36 (A. Feld).

Riegel, Julius [aus Nürnberg]: Die Quellen der neun ersten Erzählungen von William Morris' Dichtung The Earthly Paradise. ... (Ersch. vollst. als H. IX d. „Erlanger Beitr. z. engl. Philol.") Erlangen, k. b. Hof- u. Univ.-Buchdr. v. F. Junge, 1890; 1 Bl., 33 S. 8°
Erlangen, Phil. Fak., Inaug.-Diss. v. 1890

Riegel, Jul., die Quellen v. William Morris' Dichtung the earthly paradise, s.: Beiträge, Erlanger, zur englischen Philologie

Riegel, Jul., das kaufmännische Unterrichtswesen in Bayern. (35 S.) gr. 8. Nürnberg 909. Heerdegen-Barbeck. — 60

Riegel, Maximilian [aus Swinemünde]: Über die Einwirkung von Phenolen auf Pyro- und Orthophosphorsäurechlorid ... Rostock, C. Boldt'sche Hof-Buchdr., 1890; 63 S. 8.
Rostock, Phil. Fak., Inaug.-Diss. v. [3. Dez.] 1890

Riegel, N. de, s. Riegels, Niels Detlev von

Nicolaus Riegel. Alarich der Balthe. 95 S. Offenburg. P 1870

Riegel, N., Alarich, der Balthe, König der Westgothen. Ein Beitrag zur Geschichte der Völkerwanderg., eingeleitet durch e. Ueberblick der röm. u. e. gedrängte Darstellg. der goth. Geschichte bis zum J. 395, nach den Quellen bearb. 8. (96 S.) Offenburg 870. (Bielefeld.) 1. 20

Riegel, N., zur Feier der 40jährigen Regierung unseres Großherzogs Friedrich. 1.—6. Aufl. gr. 8. (24 S. m. 2 Bildnissen.) Emmendingen 892. A. Dölter. n. — 15

Riegel, N., der 22. März, e. Gedenktag d. deutschen Jugend. gr. 8. (36 S. m. Abb. u. 2 Taf.) Emmendingen 897. Druck- u. Verlagsgesellschaft vorm. A. Dölter. n. — 35

[R.] Der 22. März, e. Gedenktag d. deutschen Jugend. Von N[ikolaus] Riegel, Grossherzogl. Kreisschulrat. 5. Aufl. *Emmendingen: A. Dolter 1897.* (36 S., 1 Taf.) 1 Bd 8.

Riegel, Rud., pract. Schreib-Schule od. leichtfassl. Anleitung, in kurzer Zeit eine correcte, schöne u. geschäftsmäss. engl. Schrift zu erreichen. 3. Hft. 2. verb. Aufl. qu. 8. (6 lith. Bl.) Reichenberg 847, Pfeiffner. 1/6 ₰

— Deutsche Schulvorschriften zum Elementar-Gebrauch f. Anfänger. Currentschrift. 1. Hft. 3. verb. Aufl. qu. 8. (6 lith. Bl.) Ebd. 847. 1/6 ₰

— systemat. Vorschriften zur leichten u. zweckmäß. Vorbildung im Schönschreiben nach pract. Methode. 2. Hft. 2. verb. Aufl. qu. 8. (6 lith. Bl.) Ebd. 847. 1/6 ₰

Riegel, S. D., s. Riegl, Susana Dorothea

Riegel, Th., Darwins Lehre über die Entstehung der Arten kritisch beleuchtet. I. Mayen 1873. 4°; II. 1874. 4°, 46 S., 2 Programmabhandlungen der höhern Bürgerich.

Riegel, Wilhelm [approb. Arzt aus Nürnberg]: Zur Pathologie der subconjunctivalen Linsenluxation nebst einigen Bemerkungen über den Bau der Conjunctiva .... München, M. Rieger'sche Univ.-Buchh. (Gustav Himmer), 1888; 28 S. u. 1 Taf 8°
München, Med. Fak., Inaug.-Diss. v. 1888

Riegelmann G, ausgeführte Ornamente. (96 T) fol Berlin 1900-11

Riegelmann, G., ausgeführte Ornamente. 1. Lfg. gr. Fol. (16 Lichtdr.-Taf. m. III S. Text.) Berlin (900). E. Wasmuth. In Mappe n. 12. —

Riegelmann, G., ausgeführte Ornamente. 2. bis 6. (Schluss)-Lfg. (à 16 Lichtdr.-Taf.) gr. Fol. Berlin (901—906). E. Wasmuth. In Mappe à n. 12. —

Riegels, Ed., s. Riegel

Riegels, G., die Verkehrsgeschichte der deutschen Eisenbahnen mit Einschluß der heutigen Verkehrslage zum 50jähr. Jubiläum der ersten preuß. Eisenbahnen. gr. 8. (V, 367 S.) Elberfeld 889. (Bädeker.) n. 3. —

Riegels, Niels Detlev von

de Riegels, N. Dtl., de fatis faust. et infaustis chirurgiae. 8. Kopenh. 788. ... 2 ₰ 12 𝔤𝔯

Riegel, N. de, de fatis faust. et infaustis chirurgiae. 8. Lips. Gräff. 788.

de Riegels, **N. Dtl.,** philosophiae animalium II Fasc. Etiam sub tit. separ.: I. Scrutatio anatomiae philosophica etc. 6 𝔤𝔯 II. De Inspiratione cutanea aëris cellulosa etc. 4 𝔤𝔯 8. Kopenh. 799—800. Schubothe. 10 𝔤𝔯

— de usu glandularum superrenalium in animalibus et de origine adipis. 4. Kopenh. 790. ... 10 𝔤𝔯

— de usu glandularum superrenalium in animalib. et de origine adipis. 4. ibid. 791.

Riegels, Niels Detlev von. Versuch einer Geschichte Christian des V.; a. d. Dän. ... Kopenhagen 1795. Ü: *Heinzelmann, Johann Chn Frdr.* (BrMm) (Ky) (MGT)

— Versuch e. Geschichte Christian des V.; aus d. Dän. (von J. Chr. F. Heinzelmann). Als e. Einleit. zu Hoyers Gesch. Friedrichs IV. gr. 8. Kopenh. 795. (Brummer). 2 ₰

Riegel, N. D., Geschichte Christian V. a. d. Dän. gr. 8. Copenh. Proft. 795.

Riegelsberger, Michael

Riegelsberger, M., venite, adoremus! Katholisches Lehr- u. Gebetbuch f. die studier. Jugend. Unter Mitwirkung mehrerer geistl. Professoren hrsg. 3., neu durchgeseh. Aufl. gr. 16. (VII, 364 S. m. farb. Titelbild.) Freiburg i/B. 900. Herder. 1. —; geb. in Leinw. n. 1. 40; in Ldr. n. 2. 30; m. Goldschn. n. 2. 60

Riegelsberger, Mich., Venite adoremus! Katholisches Lehr- u. Gebetbuch f. die studier. Jugend. Unter Mitwirkung mehrerer geistl. Professoren hrsg. 4., durchgeseh. Aufl. (VII, 364 S. m. 1 Farbdr.) 16. Freiburg i/B. (907). Herder. 1. —; geb. in Leinw. 1.40; in Ldr. 2.30; m. Goldschn. 2.60

Prospectus eines Hauptwerks der ganzen Freymaurerey bearb. von Andr. Riegelsen v. Biörne, hrszug. von Phil. Andr. Nemnich. [Hamburg 1804.] 8 S. 8⁰ [Kopftit.]
Kl. 1959. D. Werk sollte in 2 Quartbden mit vielen illum. Kupfern erscheinen, erschien aber nicht.

Auf Veranlassung der verbreiteten Ankündigung eines Prospectus [Üb. den Hauptzweck] der ganzen Freymaurerey von Phil. Andreas Nemnicht [!], aus christlicher Pflicht und Liebe zur offenen und allgemein anzuerkennenden Wahrheit durch den Druck popularisirt. [Hamburg] 1804. 15 S. 8⁰ [Umschlagtit.]

Riegemann, A. Entwickelung eines Gesetzes über die Theilbarkeit der Zahlen, nebst Aufstellung von Tafeln über die Gesetze des Fortschreitens der zusammengesetzten Zahlen. 26 S.
Köln, kath., Progr. 1848

Riegenbuch, hrsg. v. T. V. zu Salzburg, 8°.

Riegenwetturnordnung für den Bayrischen Turnerbund, o. J. u. v. 1. 4. 1907, 8°. 2 Bde.

Rieger, General-Major Philipp Friedrich, oder wer stolz ist, den kann Gott demüthigen. [Aus dem Kaiserswerther Jahrbuch für christl. Unterhaltung.] Bremen 869. (Noltenius.) 8. (54 S.) cart. 3 ngr.

Rieger, General-Major Philipp Friedrich, od: Wer stolz ist, den kann Gott demüthigen 2. Aufl. [Aus „Kaiserswerther Jahrbuch f. christl. Unterthanen."] 8. (54 S. m. eingedr. Holzschn.) Bremen 872. Noltenius in Comm. n. — 25

Die VII. General-Versammlung des deutschen Vereins für Fortbildungs-Schulwesen und der III. deutsche Fortbildungs-Schultag zu Erfurt am 8. u. 9. Okt. [1898]. Von **Rioger**-Erfurt. *(Gräfenhainichen [1898]: Herrosé & Ziemsen.)* (19 S.) [Kopft. F.] 8° [01. 3156

Rieger, das Missionswerk, das herrlichste Lebenszeichen u. der mächtigste Kraftbeweis des Christenthums. Festpredigt an dem rheinhess. Missionsfest in Worms den 12. Septbr. 1865 gehalten. Stuttgart 865. J. F. Steinkopf. gr. 8. (19 S.) 3 ngr.

Rieger, . Rede am Grabe des Herrn Carl Eberhard Gottlieb Mörike, Missionar (der Basler Missionsgesellschaft) unter den Badagas in Indien, geboren in Stuttgart ... 1822, gestorben daselbst den 12. Mai 1866 ..., gehalten von Helfer R. 8. Stuttgart.

Adamus Rieger. **Selectae ex logica peripatetica theses, quas praeside Adamo Rieger aa. ll. et philosophiae magistro eiusdemque in principali Athenaeo Marchio-Badensi professore publico et ordinario propugnabit ingenuus et eruditus Franciscus Antonius Stebel, Badensis.**
Badenae in aula principalis Athenaei die 17. Julij 1754. 4°. 1 S. Fol.
Rastatt, P 1754

Idem. **Theses selectae ex universa philosophia, quas praeside Adamo Rieger aa. ll. et philosophiae magistro eiusdemque in principali Athenaeo Marchio-Badensi professore publico et ordinario propugnabunt ornati et eruditi: I. Franciscus Antonius Stebel, Badensis, II. Franciscus Antonius Gutzeit, Mauri-Monasteriens., III. Valentinus Baader, Steinbacensis, IV. Ignatius Wich, Badensis, physices, ethices et metaphysices auditores paulo post emeriti.**
Badenae in aula principalis Athenaei die 19. Augusti 1755. horis ante et post meridiem consuetis.
Rastadii typis C. A. Schell, typogr. Aul. 4°. 8 S. Rastatt, P 1755

Rieger, Armin, a. Breslau: Über das Verhalten der künstlichen Düngemittel im Boden und den Verlust, den sie durch Auswaschen in den Untergrund erleiden. Rostock 1906: C. Boldt. (130 S.) 8°
Rostock, Phil. Fak., Ref. Heinrich, Diss. v. 17. Okt. 1906
[Geb. 23. März 77 Schweidnitz; Wohnort: Rostock; Staatsangeh.: Preußen; Vorbildung: Gymn. Strehlen Prima-Reife O. 98; Studium: Breslau 3, Rostock 6 S.; Rig. 11. Okt. 06.]

Rieger, August (Comm.):

s.: André, Rudolph: Darstellung der vorzüglichsten landwirthschaftlichen Verhältnisse... 4.verbess.Aufl. Prag: 1840

Rieger, Augustin, Bemerkungen üb. d. sichelblätterigen Merk, e. neuentdeckte perennir. Futter-Pflanze. 8. (2½ B. u. 3 lith. Abbild.) Leitmeritz 831, Medau.

Rieger, A., und F. J. Schopf, Entwurf einer Dienst-Instruction für die Wirthschaftsämter, s. Entwurf.

Rieger, Aug., die Schrot- u. Spreufütterung in Bezieh. auf d. Schafe u. Pferde, od.: Wie kann man seine Schafe u. Pferde auf d. mindest kostspiel. Art u. doch kräftig nähren? gr. 8. (5 B. u. 1 Tab.) Leitmeritz 827, Medau. (Leipzig, Leich.)

—— Versuch e. Anleit. zur richt. Aufnahme u. Verrechnung d. Fundus instructus od. Wirthschafts-Inventars. Nach e. neuen, sehr einfach. Methode, mit e. alphabet. geord. Requisiten-Verzeichnisse u. allen nöth. Beispielen. gr. 8. (4½ B. u. 5 Tab.) Leitmeritz 829, Medau. (Leipzig, Leich.)

Rioger, Bernhard: Die hessen-darmstädtischen Landstände und der Absolutismus ... Darmstadt, C. F. Winter'sche Buchdr., 1894: 2 Bl., 72 S. 8.
Giessen, Jur. Fak., Inaug.-Diss. v. 1894

Rieger, Bernh., die Hessen-Darmstädtischen Landstände u. der Absolutismus. Diss. gr. 8. (III, 72 S.) Darmstadt 894. C. F. Winter'sche Buchdr. n. 1. —

Rieger, C., s. Rieger, Konrad

Rieger, C. H., Betrachtungen üb. das 6. Kap. d. Briefes St. Pauli an die Römer. 8. (12 S.) Gernsbach 881. Christl. Kolportage-Verein. n. -- 3

Rieger, Carl Heinrich, s. Rieger, Karl Heinrich

v. Rieger, Chr., († ...) s. Commentarius.

Rieger, Chr. Fr., Beschreib. der gegenwärt. Verfassung d. deutschen luther. Kirchen in London. gr. 8. Stuttg. 793.

— s. Aufsätze u. Betrachtungen ü. Katholiken.

Rieger, Christian, s. Riegger, P. Chr. von

Rieger, Conrad, s. Rieger, Konrad

Rieger, Eduard, der Tod auf dem Schlachtfeld. Eine epische Dichtg. (36 S.) gr. 8. Wien 910. Wiener Volksbuchh. — 30

Rieger, Emil: Aus d. chemischen Institut d. Universität Breslau. Ueber die **Existenz** komplexer Ionen in Doppelsalzen auf Grund von Ueberführungsbestimmungen. *Breslau 1901: H. Fleischmann.* (37 S.) 8°
Breslau, Phil. Diss. v. 10. Aug. 1901

Rieger, Emil, aus Pforzheim: Übertragung der Verstandes- und Werturteile. *Freiburg i. B.: Speyer & Kaerner 1903.* (124 S.) 8°
Freiburg i. B., Phil. Diss. v. 1903

Rieger, Emil, Uebertragung der Verstandes- u. Werturteile. Diss. (124 S.) gr. 8. Freiburg i/B. 903. Speyer & Kaerner. n. 3. —

Rieger, Erwin, Kunstunterricht u. Militärerziehung. Nach seinem am 13. I. 1905 im militärwissenschaftl. u. Kasinovereine in Wien geh. Vortrage. (15 S.) gr. 8. Wien 906. Lehmann & Wentzel. n. — 80

Rieger, Erw., unsere Militärschuleinrichtungen. Reden, geh. in der Enquete der kultur-polit. Gesellschaft in Wien zur „Reform der Mittelschule". (Nach d. stenograph. Sitzungsprotokolle.) (20 S.) gr. 8. Wien 907. Lehmann & Wentzel. — 80

Rieger, Eugen, approb. Arzt aus Westhausen (Württ.): Über einen Fall von Carcinom der Kniegelenksgegend. *Freiburg i. B. 1902: H. Epstein.* (20 S.) 8°
Freiburg i. B., Med. Diss. v. 1902

Rieger, F. Darstellung d. geschichtlichen Entwickelung Brandenburg-Preussens, für den Schulgebrauch entworfen u. gezeichnet. 1 : 900,000. 4 Blatt. Farbendr. à 59,5×71 cm. Neisse 892, Graveur. * 6 —; auf Leinw. m. Stäben ** 10 —

Rieger, F., exercitatio de conciliis jur. ecclesiast. altero fronte. 4. Vien. Trattner. 757.

Rieger, Dr. Fr. L., Rede, gehalt. i. d. Sitzung d. Abgeordnetenhauses am 17. October 1885 Fol. (2 S.) Prag, *Fr. A. Urbánek. 1885.
2 kr.

Rieger, Franz, Hauptm. im Geniestabe. Todleben's und seines Wirkens Bedeutung für die Kriegskunst der Zukunft. Studie. Mit 4 Tafeln und 1 Oleate. Separat-Abdruck aus den „Mittheilungen über Gegenstände des Artillerie- und Genie-Wesens".
8. Wien 1885.

Rieger, Frz., s.: Beiträge zur Geschichte der k. u. k. Genie-Waffe.

Rieger, Franz. k. und k. Oberst, Commandant des Infanterie-Regimentes Nr 50. Beiträge zur Geschichte der k. u. k. Genie-Waffe. Nach den vom k. u. k. Obersten des Genie-Stabes Heinrich **Blasek** hinterlassenen Manuscripten und Vorarbeiten im Auftrage des k. u. k. Reichs-Kriegs-Ministeriums zusammengestellt und bearbeitet. I. Theil: (Das Ingenieur-, Sappeur- und Mineur-Corps von ihrer Errichtung bis zu ihrer Vereinigung im Jahre 1851. 1. Abschnitt: (Organisation und Dienst im allgemeinen.) (Mit 1 Porträt.) — 2. Abschnitt: (Thätigkeit und Verwendung der Corps im Frieden und im Kriege.) (Mit 1 Portrat und 13 Plänen.) (2 Bde.) 8. Wien 1898.

Beiträge zur Geschichte der k. u. k. Genie-Waffe. Nach den vom k. u. k. Obersten d. Genie-Stabes Heinrich Blasek hinterlass. Ms. u. Vorarbeiten. Im Auftr. d. k. u. k. Reichs-Kriegs-Ministeriums zsgest. u. bearb. durch Franz **Rieger,** k. u. k. Oberst . . . Th. 1, Abschn. 1. 2. Wien: Redaction d.'Mittheilgn' 1898. 4°(8°)

Rieger, Franz, k. und k. Oberstlieutenant. Prinz Eugen und das Fürstenthum Siebenbürgen. Vortrag, gehalten im militär-wissenschaftlichen Vereine zu Hermannstadt, am 14. Februar 1896. Separatabdruck aus dem „Organ der militär-wissenschaftl. Vereine". 52. Bd.
8. Wien 1896.

Rieger, Frz., Krieger-Sitte. Ein Rathgeber f. junge Officiere u. f. die militär. Jugend zum Eintritt in den Stand u. in die Welt. Im Auftrage d. Reichs-Kriegs-Ministeriums verf. gr. 8. (X, 264 S.) Wien 891. (L. W. Seidel & Sohn.) n. 5. —

Marinelli. — **Rieger,** Franz, k. k. Hauptm. — Ernst . . . . . als Jugendbildner und Dichter. Eine Lebensskizze, entworfen von einem seiner vormaligen Schüler. Separat-Abdruck aus der österreichisch-ungarischen Wehr-Zeitung „Der Kamerad". 8. Wien 1888.

(**Rieger,** Franz, k. k. Hauptm. im Geniestabe.) Radetzky und sein Denkmal in Wien. Mit 1 auf Zink übertragenen Photographie nach einem flüchtigen, plastischen Entwurfe. Separat-Abdruck aus: „Streffleur's österr. milit. Zeitschrift". Wien 1886. 8°

Rieder, Dr. Franz, Rückblick auf die Sitzung des o. ö. Landtages vom 22. Februar 1867. 8. (42 S.) Linz, Danner's Verl. in Comm. 20 kr.
1867.

— — Dasselbe deutsch und ungarisch 1. Lfg. (S. 1—131.) Ebd. 50 kr.

— Schlachten u. Kämpfe bei Kronstadt. Vortrag, geh. am 29. I. 1901 im militär-wissenschaftl. Vereine in Kronstadt. gr. 8. (44 S. m. 2 Taf.) Wien 901. (Kronstadt, H. Zeidner.) n.n — 80
Sonderabdruck aus: „Organ der militär.-wiss. Vereine".

Rieger, Frz., Oberst David Baron Urs de Margina bei Solferino u. auf Lissa. Vortrag, geh. in d. milit.-wissenschaftl. Vereinen zu Kronstadt u. Hermannstadt am 14. I. u. 4. II. 1898. [Neudr. nach: „Streffleurs öst. militär. Zeitschr."] gr. 8. (49 S. m. Abb. u. 1 Bildn.) Hermannstadt 898. (W. Krafft.) n.n. 1. —

Rieger, Frz., Urtheile u. Ansichten üb. Nutzen u. Gebrauch von beständigen u. Stegreif-Befestigungen. An der Hand der neueren einschläg. Literatur zusammengestellt u. zu Folgergn. geführt. Hiezu 2 Taf. [Aus: „Mittheilgn. üb. Gegenstände d. Artillerie- u. Genie-Wesens".] gr. 8. (108 S.) Wien 888. (v. Waldheim.) n. 3. 50

Rieger, Franz, k. k. Hauptm. im Geniestabe. Vorschläge für Neuerungen im Gebiete der permanenten Befestigung und des Festungskrieges. An der Hand der neuesten einschlägigen Publicationen zusammengestellt und besprochen. Mit 4 Taf. Separat-Abdruck aus den „Mittheilungen über Gegenstände des Artillerie- und Genie-Wesens". 8. Wien 1886.

— Vorschläge f. Neuerungen im Gebiete der permanenten Befestigung u. d. Festungskrieges. An der Hand der neuesten einschläg. Publicationen zusammengestellt u. besprochen. Mit 4 Taf. [Aus: „Mittheilgn. über Gegenstände d. Artillerie- u. Genie-Wesens".] gr. 8. (II, 125 S.) Ebd. 887. n. 5. —

Rieger, Franz Ladislaus

Rieger, F. L., Cechy, s. Cechy.

Rieger, Frz. Lad., Leitfaden zur Erkenntniß der Competenz u. Wirksamkeit der Bezirks-Vertretung, sowie ihres Ausschusses u. Obmannes. Nach dem Böhmischen. Prag 866. Kober. 8. (X, 74 S.) n. 8 ngr.

Rieger, Friedrich (Eppingen)
N.N. hat eine gedruckte Thesensammlung eingereicht, die bis 1945 i.d. UB Giessen vorhanden war (A 56456/9c).
Dr. med. Giessen 20.12.1823.

Rieger, Fritz (Ludw.) [illegible] Die [illegible] der deutschen Könige nach der Wahl. Berlin (1885) [illegible] 8°
Berlin, Phil. Diss. v. 25. Juli 1885

Rieger, G., Präparation zu den Lebensbeschreibungen des Cornelius Nepos, s.: Martens, W.

Rieger, G. C., s.: Zeugnisse v. Christo dem Gekreuzigten.

Rieger, Georg Konrad

– AM GLAUBEN LIGTS. Uber dieses Evangelische Wort Wurde Nach Innhalt des Evangelii Am Fest der Himmelfahrt Jesu Christi In der Kirche zu St. Leonhard Anno 1739. geprediget, und Die gehaltene Rede Zur ferneren verhoffenden Erbauung Auf Begehren Zum Druck uberlassen von M. Georg Cunrad Rieger, Pfarrer zu St. Leonhard. – Stuttgart: Cotta (1739). 24 S.

Rieger, Georg Konrad (Hrsg.), s. Andachtstempel, Neueröffneter.

– ANSTALT ZUR HÜLFE FÜR DIE REISENDEN PROTESTANTEN IN PARIS. – o. O. u. J.

– M. Georg Conrad Riegers EVANGELISCHE ANWEISUNG ZU BETHEN, in 29 Predigten vorgetragen. Nebst einem Anhange von fünf Predigten über Matth. 7,13.14. hrsg. von M. Georg Christoph Hartmann. (Mit 1 Bildnis) – Stuttgart: Metzler 1753. 728 S.

– MORALISCH-THEOLOGISCHE BELEHRUNG von dem eigentlichen und wahren Ursprung des Bürgerlichen Regiments, Allwo Historie, Vernunfft und Schrifft neben einander gehalten, die unterschiedene verwirrte Meynungen geprüfet und verglichen, die Göttliche Einsetzung der Obrigkeiten festgestellet, die Gewissen der Regenten und Unterthanen gründlich unterrichtet, und Beyder Theile Rechten und Pflichten in richtiger Folge hergeleitet werden Von Georg Cunrad Rieger, Prof. Gymn. Stutg. – Stuttgart: Metzler & Erhard 1733. 150 S.

– BETRACHTUNG VON DER HERTZLICHEN SORGFALT DES HIMMLISCHEN VATERS, und seines Sohnes Jesu Christi, auch nur um eine einige Seele, und zwar des geringsten Menschen auf Erden. – o. O. u. J.

– DEN BLÖDEN IST JESUS HOLD. Domin. Quasimodog. A. 1735. – 1735.

– DIE ALTE UND NEUE BÖHMISCHE BRÜDER, Als deren Merckwürdige und erbauliche Historie Zur Erkenntniß und Wiederholung, besonders bey gegenwärtiger Zeit, Der Kirchen GOTTes wieder nothwendig zu werden scheinet, Aus richtigen Urkunden also hergeleitet, Daß es zugleich zu einer verlangten Fortsetzung des ehemaligen Saltz-Bundes dienen kan, von M. Georg Cunrad Rieger. Stück 1–24. Bd 1–3. – Züllichau: in Verlegung des Waysenhauses bey Gottlob Benj. Frommann 1734–1740. 790, 1262, 776 S.

– DE CURA MINIMORUM. 2. Aufl. – Züllichau 1746. 181 S.

Rieger, Geo. Conr., de cura minimorum, oder von Gottes und unserer Sorgfalt für das Kleinste, nach Ev. Matth. 18, 11—14 u. 10, 42. Auf's Neue herausg. und mit einem biograph. Vorwort versehen von Alb. Fr. v. der Trenck. Elsterberg 859. Diezel. 8. (XXII, 218 S.) n. 12 ngr.

– DE CURA MINIMORUM IN REGNO GRATIAE Oder Betrachtungen Von der hertzlichen Sorgfalt des himmlischen Vaters und seines Sohnes Jesu Christi auch nur um eine einige Seele, und zwar des geringsten Menschens auf Erden, über Matthaei C. 18.11.12.13.14. und Luc. 15.4.sqq. Nebst Einem Anhang dreyer ehemahls gehaltener Reden über Matth. 10.42. De cura minimorum, Das ist: Von der nöthigen Sorgfältigkeit eines Christen auch über die so genante Kleinigkeiten, theils in Glaubens-Lehren, theils in Lebens-Pflichten, Vorgetragen von M. Georg Cunrad Rieger, Bißherigen Profess. Gymn. Stutg. nunmehrigen Pfarrer zu St. Leonhard. – Stuttgart: Metzler & Erhard 1733. 220 S.

– ERBAULICHES DENCKMAL Über den Auf den 18. Julii 1732 gnädigst-verordneten und im gantzen Hertzogthum Würtemberg offentlich gehaltenen Buß- Bet- und Fast-Tag, Worinnen die Beschaffenheit Einer rechtschaffenen Busse: Nebst Zerschiedenen, einer Gottbegierigen Seele dienlichen Dingen enthalten. St. 1. – Stuttgart: Metzler & Erhard 1732. 66 S.

– DIE VIER BESTE DINGE, welche ein Mensch suchen solle, mit sich aus der Welt zu bringen. Domin. 9. p. Trin. über Luc. 16,1–9. – 1729.

– DER EIFER UM DAS HAUSS GOTTES, In einer Predigt Über das Evangelium Am 10. Sonntag nach dem Fest der Heil. Drey-Einigkeit Luc. 19.41–48. In der Kirche zu St. Leonhard in Stutgardt, A. 1737. gezeiget, Und Hernach auf Begehren nach dem geflossenen Vortrag dem Druck überlassen. Von M. Georg Cunrad Rieger. – Stuttgart: Faber 1737. 26 S.

– DAS EINDRINGEN IN CHRISTUM. Domin. 24. p. Trinit. über Math. 9.18–26. – A. 1736. – 1736.

– Eines nun seel. Theologi VÄTERLICHER ERWECKUNGS-BRIEF an seine zu N. studierende Lands-Leute, ex Mst. – 1729.

– ETLICHE NEUERE EXEMPEL, und daraus gezogene Vorschläge für solche, die mit ihren zeitlichen Mitteln gern gutes thun wolten. – 1734.

– DIE ALLERWICHTIGSTE FRAGE JESU: HAST DU MICH LIEB? über Joh. 21,15–24. – 1721.

– DIE FRÖMMIGKEIT EINE FRUCHT DER RECHTFERTIGUNG. Eine Predigt von G. K. Rieger über das Gleichniß vom Pharisäer und Zöllner. – o. O. u. J. [18..]. 16 S.

– DIE WÜRDIGE FRÜCHTEN DES ZWEYTEN JUBEL-FESTES über Epist. Jud. v. 20.21. – 1730.

– DAS GEDÄCHTNISS DER LIEBE Des am Creutz vollendeten Erlösers Jesu Christi Oder Zwey Paßions-Predigten. In der grosen Woche der Leyden Jesu Christi, Als 1. am Grünen-Donnerstag über Joh. 19.25–27. Die 2. am Char-Freytag über Joh. 19.30. In der Kirche zu St. Leonhard A. 1737 gehalten, und hernach auf Begehren Dreyer unter dem Creutz Christi zusammen gekommener Seelen dem Druck überlassen Von dem dortigen Pfarrer M. Georg Conrad Rieger. – Stuttgart 1737: Faber. 56 S.

— Geschichte d. Verklärung Jesu a. d. Berg Thabor, in 17 Predigten. 8. Züllichau (Frommann in Jena) 745.

– DIE GESCHICHTE VON DER VERKLÄRUNG JESU CHRISTI auf dem Berge Tabor in 17 Predigten aus Matthäi am 17., 1–9. Mit Zuziehung der andern Evangelisten Anno 1730 erkläret von M. Georg Cunrad Rieger Damaligen Prof. Gymn. und Mittwochs-Predigern, nachhero Special-Superintendenten und Hospital-Predigern in Stutgard. Und nach dessen seligen Tode auf Verlangen zum Druck übergeben von Wilhelm Jeremias Jacob Cless. – Zülichau: Waysenhaus (Dendeler) 1745. 312 S.

– ETLICHE GRUND-FRAGEN DES CHRISTENTHUMS Aus der gantzen Ordnung des Heils, Oder Eine Paßions-Predigt, Am Mittwoch der ersten Fasten-Wochen, Über ein Stück der Fußwaschung Christi Joh. 13.6–11. gehalten, Und von einigen Seelen zum Druck begehrt, von M. Georg Cunrad Rieger, Mittwochs-Predigern und des Gymn. Prof. – Stuttgart: Metzler & Erhardt 1732. 44 S.

– GUTE ARBEIT GIBT HERRLICHEN LOHN. – o. O. 1738.

– – Gute Arbeit gibt herrlichen Lohn In einer Predigt über das Evangelium Am Sonntage Septuagesimae, Math. 20,1–16. In der Kirche zu St. Leonhard in Stutgard. 1738 Mit einer eingeflossenen Anweisung, Wie die vorseyende Execution des verurtheilten Juden, Joseph Süß Oppenheimers Christlich anzusehen und zu gebrauchen seye, Samt einiger Nachricht Von dessen kläglichen und schmählichen Ende, gezeiget Von M. Georg Cunrad Rieger. – Esslingen 1738: Mäntler. 28 S.

– – Gute Arbeit gibt herrlichen Lohn. – Ulm 1738.

HERZENS-POSTILLE Oder Zur Fortpflanzung Des wahren Christenthums im Glauben und Leben, Ueber alle Fest- Sonn- und Feyertags-Evangelien gerichtete Predigten. Von M. Georg Cunrad Rieger, Special-Superintendenten und Hospital-Predigern zu Stutgard (mit 1 Bildnis). – Züllichau: Verl. des Waysenhauses 1742. 1832 S.

— Herzenspostille, od. Predigten über alle Sonn- u. Fest-Evangelien, 4. Stuttg. 755. Metzler. 2 rf 6 gr.

– HERZENS-POSTILLE. – Züllichau 1756.

– HERZENSPOSTILLE. Neue durchges. Ausg. – Bielefeld: Velhagen & Klasing; Paderborn: Crüwell 1838. 1134 S.

Rieger, Geo. Konr., Herzens-Postille. Od. Predigten üb. alle Fest-, Sonn- u. Feiertags-Evangelien. Von Neuem durchges. Ausg. 4. (142 B. u. Bildn.) Bielefeld 839, Velhagen u. Klasing.

Rieger's, Geo. Konr., Herzens-Postille. Oder: Predigten über alle Fest-, Sonn- u. Feiertags-Evangelien. 2. Ausg. 4. (Mit 1 Lith.) Bielefeld 843, Velhagen u. Klasing. 1¼ rf

– HERZENS-POSTILLE. Bd 1. 2. – Stuttgart: Ev. Bücherstiftung 1853–1854. XII, 788. IV, 782 S.

– KLEINE HERZ-POSTILLE. – Budissin 1751.

– M. Georg Cunrad Riegers KLEINE HERZ- UND HAND-POSTILLE. Oder zur Fortpflanzung des wahren Christenthums im Glauben und Leben, über alle Sonn-Fest- und Feyertags-Evangelien gerichtete Predigten. Hrsg. von Wilhelm Jeremias Jacob Cless. – Züllichau: Waysenhaus 1746. 1345 S.

— kleine Herz= u. Handpostille über alle Sonn= u. Festtags=Evangelien. ... 4e Aufl. 8. Stuttg. 770. Metzler; (a. Frommann in Jena). 1 ℛ

– KLEINE HERZ- UND HAND-POSTILLE. – Gütersloh: Bertelsmann 1891.

– KLEINERE HERZ- UND HAND-POSTILLE. Hrsg. von Wilhelm Jeremias Jacob Cless. – 2. Aufl. – Züllichau 1750. 1349 S.

KLEINERE HERZ- UND HAND-POSTILLE. 4. Aufl. – Züllichau 1770. 1349 S.

Rieger's, Geo. Conr., kleinere Herz= u. Hand=Postille, Predigten zur Fortpflanzung des wahren Christenthums im Glauben u. Leben über alle Sonn=, Fest= u. Feiertags=Evangelien. Wörtlicher Abdr. neu an's Licht gestellt m. einer Vorrede von Carl Büchsel. gr. 8. (VIII u. 677 S. m. lith. Portr.) Berlin 852, J. A. Wohlgemuth. Subscr.=Pr. n. 1 1/3 ℛ; Ladenpr. n. 1 1/2 ℛ

— kleinere Herz= und Hauspostille. Predigten zur Fortpflanzung des wahren Christenthums im Glauben und Leben über alle Sonn=, Fest= und Feiertags=Evangelien. Neu=Ruppin 860. Bergemann. gr. 8. (663 S.) 1 ℛ

Rieger's, G. K., kleinere Herz= u. Hand=Postille. Predigten zur Fortpflanzg. d. wahren Christentums im Glauben u. Leben üb. alle Sonn= u. Festtags=Evangelien. Von neuem ans Licht gestellt u. m. e. Vorrede versehen v. Th. Schmalenbach. 8. (VIII, 628 S.) Gütersloh 890. Bertelsmann. n. 2. 50; geb. n. 3. 50

Rieger's, Geo. Konr., kleinere Herz= u. Hand=Postille. Predigten zur Fortpflanzg. d. wahren Christentums im Glauben u. Leben üb. alle Sonn= u. Festtags=Evangelien. Von neuem ans Licht gestellt u. m. Vorrede versehen v. Th. Schmalenbach. gr. 8. (VIII, 628 S.) Gütersloh 891. C. Bertelsmann. n. 2. 50; geb. n. 3. 50

— Histor. d. alten u. neuen böhm. Brüder. 24 Stck. u. Reg. 8. Ebend. 734—40.

— auserles. Hochzeitpredigten. 8. Stuttg. 752. (Metzler). 16 gr.

– M. Georg Cunrad Riegers AUSERLESENE HOCHZEIT-PREDIGTEN über zerschiedene Stellen Heiliger Schrift. (mit 1 Bildnis) Hrsg. von Wilhelm Jeremias Jacob Cless. – Stuttgart: Metzler 1748. 722 S.

Rieger, Geo. Conr., 34 auserlesene Hochzeitspredigten. Stuttgart 856. Belser. 8. (237 S.) 15 ngr.

Rieger, Geo. Conr., 34 auserlesene Hochzeitpredigten. 2. Aufl. Stuttgart 864. Belser's Verlag. gr. 8. (216 S.) 15 ngr.

– JESUS EIN HEYLAND NACH DER MENSCHEN HERTZEN. Domin. 19. p. Trinit. – 1733.

– JUBEL-PREDIGT, gehalten zu Stuttgart am 2. evangelischen Jubelfest wegen übergebener Augsburgischer Confession, den 25. Juni 1730 durch M. Georg Conrad Rieger. Gedrukt zu einem Geschenk am dritten Jubelfest der übergebenen Augsburgischen Confession am 27. Juni 1830. – Stuttgart: Wolters 1830. 52 S.

– M. Georg Cunrad Riegers AUSERLESENE CASUAL-PREDIGTEN über verschiedene Fälle und Sprüche heiliger Schrift. Hrsg. von Wilhelm Jeremias Jacob Cless, Stifts-Archi-Diacono. – Stuttgart: Metzler 1755. 836 S.

– DIE KRAFFT DER GOTTSELIGKEIT in Verläugnung seiner selbst, Aufnehmung des Creutzes, Und Nachfolge Christi, In etlichen Predigten erwiesen. Aus Matth. 16,24–28. Und auf Begehren und Beförderung Christlicher Seelen dem Druck überlassen Von M. Georg Cunrad Rieger. T. 1. 2. – Stuttgart: Metzler & Erhard 1732 (T. 2: Frankfurt & Leipzig: Frommann 1736). 823, 463 S.
T. 2 u.d.T.: Der Krafft der Gottseligkeit Zweyter Theil, Oder Zwölf Predigten über Matth. 16,25.26.27.28. Darinnen absonderlich Der Macht-Spruch Christi: Was hülfe es dem Menschen, wenn er die gantze Welt etc. umständlich erläutert wird. Samt einem Anhang von vier Predigten: Deren die I. gehalten worden ist über das Evangelium am Neuen Jahrs-Tag Luc. 2,21. Von dem täglichen Loß-Zettul: Lasset euch begnügen mit dem, was da ist. Die II. am Oster-Montag über das Evangelium Luc. 24. 13.sqq. Von der geistlichen Trägheit. Die III. am Sonntag Oculi über einen Passions-Text Luc. 22,49.50.51. Von denen Neutral-Christen. Die IV. am 5. Sonntag nach Trinitatis über Luc. 5,1–11. Die eigentliche Abbildung des gantzen Christenthums. Außgefertiget von M. Georg Cunrad Rieger.

— Kraft d. Gottseligkeit in Verläugn. sein s. ꝛc. 2 Thle. 8. Züllichau (Frommann in Jena) 747.

— Leben Argulá v. Grumbach. 8. Frkf. (Erhard in Stuttg.) 737.

– DAS LEBEN ARGULAE VON GRUMBACH, gebohrener von Stauffen, Als Einer Jüngerin Jesu, Zeugin der Warheit Und Freundin Lutheri, Samt Eingemengter Nachricht Von Arsatio Seehofern, Auf Antrag entworffen Von M. Georg Cunrad Rieger. – Stuttgart: Metzler & Erhardt 1737. 152 S.
beigedr.: [Rieger:] Eine Predigt. Septuagesimae 1734 (S. 110–148).

Rieger, J. C., Leben u. Sterben d. Jungfr. Beata Sturm, oder d. Wirtemb. Tabea, m. Anhang. 8. Stuttg. Erhard. 737.

– LEICH-PREDIGT über Math. 25,22 f. A. 1735. – 1735.

– LEICH-PREDIGT ÜBER JOHANN DAVID STRAUBEN. Von Georg Conrad Rieger. – Stuttgart 1736.

— auserles. Leichenpredigten; herausgg. v. Claß. gr. 8. Stuttg. 761. (Metzler). 20 gr.

– M. Georg Cunrad Riegers AUSERLESENE LEICH-PREDIGTEN über zerschiedene Stellen Heiliger Schrift. (Mit 1 Bildnis) Hrsg. von Wilhelm Jeremias Jacob Cless. – Stuttgart: Metzler 1749. 800 S.

– AUSERLESENE LEICHENPREDIGTEN über verschiedene Stellen Heiliger Schrift. Hrsg. von Wilhelm Jeremias Jacob Cless. 2. Aufl. – Stuttgart: Mezler 1761.

– VIER- UND DREISSIG AUSERLESENE LEICHEN-PREDIGTEN. – Stuttgart: Belser 1856. IV, 320 S.

Rieger, Geo. Conr., vierunddreißig auserlesene Leichen=Predigten. 2. Aufl. gr. 8. (296 S.) Stuttgart 870, Belser's Verlag. *

– LEICHENREDE ÜBER JOHANNA LÖFFLER. Von Georg Cunrad Rieger. – Esslingen 1736.

– LEICHENREDE ÜBER REGINA WEISSENSEEIN. Von Georg Conrad Rieger. – Stuttgart 1722.

– DIE HOLDSELIGEN LIPPEN DES HERRN JESU. – Esslingen o. J.

– DIE HOLDSELIGEN LIPPEN JESU. Domin. 20. p. Trin. 1734. – 1734.

– DIE MENSCHEN NACH GOTTES HERTZEN. Domin. 18. post Trinit. A. 1733. – 1733.

– DIE MENSCHEN NACH GOTTES HERTZEN, Und Jesus ein Heyland nach der Menschen Hertzen, In Zweyen Predigten Am 18. und 19. Sonntag nach Trinitatis, Uber die gewohnliche Evangelia Gezeiget von M. Georg Cunrad Rieger. Und hernach Aus dem Concept und nachgeschriebenen Papieren, Als eine Probe Einer etwa nach und nach folgenden Hertzens-Postill zum Druck gebracht Von Guten Freunden. – o. O. u. J. [17..] 64 S.

– DIE MENSCHEN WOLLEN ZUERST FROMM, DARNACH SEELIG WERDEN .... – Stuttgart 1740.

– OB ES SCHWERER SEYE ZU GLAUBEN, ODER GUTE WERCKE ZU THUN? – Stuttgart 1710.

– HEILIGE OSTER-FEYER, in achtzehn Betrachtungen über Matth. 28,1-7. über die Auferstehung Christi. – Ludwigsburg: Pfotenhauer 1714. 325 S.

– [–] Die Heilige Oster-Feier, oder Heilsame Betrachtungen über die Auferstehung Jesu Christi. – Stuttgart: Ev. Bücherstiftung 1858. VI, 268 S.

– Georg Cunrad Riegers AUSERLESENE PASSIONS-PREDIGTEN über die harmonische Geschichte von dem bittern Leiden und Sterben Jesu Christi, hrsg. von Wilhelm Jeremias Jacob Cless. – Stuttgart: Metzler 1751. 767 S.

– AUSERLESENE PASSIONS-PREDIGTEN über die harmonische Geschichte von dem bittern Leiden und Sterben Jesu Christi. – Stuttgart: Belser 1866. VI, 460 S.

– PREDIGT VON DEN MENSCHEN NACH GOTTES HERZEN über Matthäi 22 v.34–46 oder Das Evangelium am 18. Sonntag nach Trinitatis. – o.O. 1739.

– – Predigt von den Menschen nach Gottes Herzen über Matth. 22,34-36. Von neuem aufgel. – o.O. 1739.

– PREDIGT VON DER UNMÖGLICHKEIT, SCHWERIGKEIT UND LEICHTIGKEIT DES WAHREN CHRISTENTHUMS, über Joh. 3,1-15. – o.O. 1739.

– PREDIGTEN ÜBER DAS EVANGELIUM MATTHAEI. Bd 1-3. – 1791.

– PREDIGTEN ÜBER AUSERLESENE STELLEN DES EVANGELIUMS MATTHÄI. Bd 1-3. – Stuttgart 1843-1846: Hasselbrink (2. 3.: Ev. Bücherstiftung).
1. 1843. XVI, 544 S.
2. 1844. VIII, 534 S.
3. 1846. XVI, 574 S.

—— Predigten über auserlesene Stellen des Evangeliums Matthäi. I. Richtiger u. leichter Weg zum Himmel durch acht Stufen der Seligkeiten. (Matth. 5, 1—12.) II. Die enge Pforte u. der Schmale Weg. (Matth. 7, 13. 14.) III. Das Kleine im Reiche Gottes. (Matth. 18, 11—14. 10, 42.) gr. 8. (35 B.) Stuttgart 843, (J. F. Steinkopf.) *

– PREDIGTEN ÜBER AUSERLESENE STELLEN DES EVANGELIUMS MATTHÄI. 2. Aufl. Bd 1. – Stuttgart: Ev. Bücherstiftung 1845. XVI, 544 S.

– PREDIGTEN ÜBER AUSERLESENE STELLEN DES EVANGELIUMS MATTHÄI. 3. Aufl. – Stuttgart: Ev. Bücherstiftung 1854. XVI, 544 S.

– VIER PREDIGTEN. 1. vom heil. Abendmahl über Luc. 22,19.20; 2. vom Gebets-Kampf Christi über Luc. 22,39-42; 3. von glaubwürdigen Zeugen Jesu. Domin. Exaudi. Joh. 15 und 16; 4. wie das Christenthum ohnmöglich, schwer, leicht seye. Fest. Trinit. Joh. 3. – 1736.

DIE ERSTE REDE VON UND ZUR AUFRICHTUNG DES GEHORSAMS DES GLAUBENS in dem Nahmen Jesu Christi, Am Fest der Himmelfahrt Jesu Christi Uber das gewohnliche Evangelium Marc. 16,14-23. In der Spital-Kirche zu St. Catharinen gehalten, Und auf Verlangen ohne Veränderung des mundlichen Vortrags dem Druck überlassen, Von M. Georg Conrad Rieger. – Stuttgart: Moller [1712]. 24 S.

[–] HISTORISCH-PHILOSOPHISCHE REFLEXIONEN über die in Servien angegebene Vampyrs. – 1732.

– DIE NÖTHIGE REINIGUNG UNSERER WEGE DURCH DAS BLUT CHRISTI wurde bey dem Hingang Johann Adam Böhmes betrachtet von Georg Conrad Rieger. Stuttgart 1733.

– DER SALTZ-BUND GOTTES mit der evangelisch-saltzburgischen Gemeinde, oder Erzählung von ... den aus dem Erzbisthum Salzburg emigrirenden Evangelischen Christen. St. 1-8. – [Stuttgart] 1732-1733.

— d. Salzbund Gottes m. d. evangel. Salzb. Gemeinde. 8 Thle. 8. Stutg. Metzler. 732.

– DIE HERTZLICHE SEHNSUCHT STREITENDER UND ARBEITENDER SEELEN nach der endlichen Ruhe und Erquickung wurde an dem Exempel der Johanna Catharina Herpffer gewiesen von Georg Conrad Rieger. – Stuttgart 1737.

— Sorgfalt Christi um eine einz. Seele, oder de cura minimorum in regno gratiae, in Predigt. 8. Züllichau (Frommann in Jena) 746.

– Beata Sturmin oder die Württembergische Tabea. 7. Aufl. – Stuttgart: Evangel. Gesellschaft o.J. [um 1875].

– DIE WÜRTEMBERGISCHE TABEA. – 1730.

– – Die Würtembergische Tabea, Oder das Merckwürdige äussere und innere Leben der Weyland Gottseeligen Jungfrauen Beata Sturmin, Welche den 11. Jan. 1730 zu Stuttgardt im Hertzogthum Würtemberg durch einen seeligen Tod ist vollendet worden. Aus eigenem Umgang und Erfahrung wahrgenommen, in der Furcht des HErrn unpartheyisch abgefaßt, zur Offenbahrung der herrlichen Gnade Gottes und Preiß des Nahmens Jesu Christi, wolmeynend mitgetheilet. Von Etlichen der Seeligen wolbekanten Freunden. 2. Aufl. Stuttgart: Metzler & Erhardt 1732. 408 S.

– – 3. Aufl. (mit 1 Bildnis der Sturm). – Stuttgart: Metzler & Erhardt 1737. 376 S.

[Rieger, Gg. Konr.] Die wurttembergische Tabea oder das Leben und Sterben der Beate Sturmin. 4. Aufl. mit Vorrede von Magn. Frdr. Roos. Stuttg.: Erhard 1791. [1. Aufl. 1730.]

– – Mit einer Vorrede von M.F. Roos. Neue Ausg. – Stuttgart 1815: Henne. 238 S.

– TRAUER- UND GEDÄCHTNIS-REDE über den frühzeitigen Abschied Carl Adolph Herpfers. Von Georg Cunrad Rieger. – Stuttgart 1739.

– MÜTTERLICHES TUGEND-BILD zweyen Kindern zum öfftern Anschauen aufgehänget. – 1731.

— v. d. Ursprunge d. bürgerlichen Regiments. 8. Stuttg. Erhard. 733.

Die Verklärung Christi auf dem heiligen Berge. Predigten über Matth. 17, 1–9. Von Georg Konrad Rieger, weil. Superint. in Stuttgart. Neue Aufl. (Vorr.: Fritz Coerper, Pfarrer.) Elberfeld: Ev. Gesellsch. f. Deutschl. 1907. (182 S.) 8° [F.] 08. 15135

– DIE VERSICHERUNG DER VERGEBUNG DER SÜNDEN. Domin. 19. p. Trin. 1735. – 1735.

– DIE VERSICHERUNG DER VERGEBUNG DER SÜNDEN. 2. Aufl. – (Stuttgart:) Ev. Gesellschaft. o.J. [18..] 40 S.

VINDICIAE SCHOLARUM PUBLICARUM contra Observatorem Halensem Christianum Thomasium. – 1722 (ein Schulprogramm). –

[–] Heilsame Wahrheiten von der Aufferstehung Jesu Christi. Nebst einer Erörterung der Frage: Wie der muthwillige Sunder Gott zum Urheber der Sunde mache? – Frankfurt & Leipzig 1748. 325 S.

Rieger, G.o. Conr., Wahrh. v. d. Auferstehung Jesu. 8. Ludwigsb. Fleischer. 748.

– RICHTIGER UND LEICHTER WEG ZUM HIMMEL durch acht Stufen der Seligkeit aus der Berg-Predigt Christi Matth. 5,1-12. – Stuttgart: Erhard 1741.

– – Nebst dem Lebenslauf des Verfassers hrsg. von Wilh. Jer. Jac. Cless. 2. Aufl. Stuttgart 1751.

— richtiger u. leichter Weg zum Himmel durch 8 Stufen der Seligkeit. 8. Stuttg. 754. Löflund. 20 Kr.

Rieger, Gottfr., theoret.-prakt Anleitung, die Generalbaß- und Harmonielehre in 6 Monaten grundlich und leicht zu erlernen. gr. 8. Brünn 839. (Seidel u. Comp.) n $1^{1}/_{6}$ ß

Rieger, Gtfr., theoret.-pract. Anleitung, die Generalbaß- u. Harmonielehre in 6 Monaten gründl. u. leicht zu erlernen. gr. 8. (7 ½ B.) Brünn 839, (Winiker's Buchh.) *

Rieger, Gfr., theoretisch-praktische Anleitung die Generalbaß- und Harmonielehre in sechs Monaten gründlich und leicht zu erlernen. 2. (Titel-)Ausg. Brünn (839.) 854. Nitsch u. Große. gr. 8. (2 Bl., 111 S.) n. 1 ℛ.

— Die Hülfsmittel der Modulation. Cassel 1875.

— Grosse Kompositionslehre. Bd. I. Der homophone Satz. Bd. II. Der polyphone Satz. Berlin & Stuttgart 1902. 1903.

Musikalische Syntaxis. Leipzig 1877.

Rieger, Gli. Hnr., († d. 19. Oct. 1814.) Betrachtt. über das N. Testament, zum Wachsthum in d. Gnade u. Erkenntniß Jesu Christi. 4 Thle. gr. 8. Stuttg. 828. Steinkopf. 2 ℛ 16 gℊ

— Predigten üb. d. evangel Texte an Sonn- u. Festtagen. gr. 4. Stuttg. 794. (Hoffmann). 1 ℛ 16 gℊ

— Predigten auf besondere Veranlassungen u. mit Rücksicht auf die Zeitumstände. gr. 8. Stuttg. 797. Metzler. 1 ℛ 20 gℊ

— zwei Predigten, mit Rücksicht auf die Zeitumstände rc. gehalten. gr. 8. Stuttg. 796.

— Rede am Grabe des Hrn. M. G. C. Storr, Würtemberg. Oberhofpred. u. Consist.-Raths. Stuttg., (Hoffmann). 3 gℊ

— Vorbereitungspredigt auf d. Huldigungstag. gr. 8. Stuttg. (Hoffmann). 2 gℊ

Rieger, Gust., die neuzeitliche Ausbreitung des Deutschtums üb. See, m. e. Anh.: Statistische Übersichten, zusammengestellt v. Kreßmann, s.: Jugendvorträge, nationale. I, 3.

Rieger, Heinr., Professoren der Chirurgie unserer Zeit an den Universitäten v. Oesterreich-Ungarn, Deutschland, Schweiz, Belgien, Holland, Dänemark. Für das 25jähr. Professoren-Jubiläum Theodor Billroth's gesammelt u. hrsg. Nach den Orig.-Photographien in Lichtdr. ausgeführt. Fol. (8 Taf.) Wien 893. M. Jaffé. Geb. in Leinw. n. 10. —

Rieger, *Hermann* [Lehramtsprakt. Dr.]: Die konzessive Hypotaxe in den Tragödien des L. A. Seneca. Tauberbischofsheim, Druck v. J. Lang's Buchdr., 1892; 19 S. 4.
Tauberbischofsheim, grossh. G, MP 1892 (610)

Rieger, Hermannus [Heidelbergensis]: Observationes Annaeanae. . . . Friburgi Brisigaviae, form. Wagnerianis, 1889; 59 S. 8°
Freiburg i. B., Phil. Fak., Inaug.-Diss. v. 1889

Rieger, Hildeg., Trostbüchlein f. die junge Lehrerin. (Mit e. Vorworte v. Rud. E. Peerz.) (VI, 132 S.) kl. 8. Laibach (910). (J. v. Kleinmayr & F. Bamberg.)
Geb. in Leinw. nn 2. —

[F.] Heimatkunde des Stadt- u. Landkreises Beuthen in Oberschlesien. Von J. **Rieger**. *Gross-Strehlitz: A. Wilpert 1896.* (1 Bl., 36 S.) 1 Bd 8.
[97. 3×8

Rieger, I. A. de, Historia latinorum majoris nominis poëtarum etc. 8. Vien. Gerold. 757.

Rieger, J. C., s.a. Rieger, Georg Konrad

Rieger, J.C. (Hrsg.), s. Almanach für die katholischen Geistlichen der Diözese Rottenburg.

Rieger, J. G., histor.-topograph.-statist. Beschreib. v. Mannheim u. seiner Umgegend. Nebst Gemälden v. Heidelberg, der Bergstraße, von Weinheim rc. Mit 4 Ansichten u. 1 Plan. 8. Manh. 824. Löffler. 2 ℛ Schrbp. 2 ℛ 16 gℊ Velp. 3 ℛ 8 gℊ

— Handel u. Gewerbe, nebst allen damit in Bezug stehenden Staats- u. Privat-Instituten des Großherzogth. Baden. gr. 8. Heidelb. 827. Grooß. (Scheint noch bis jetzt nicht gedr. zu sein).

— d. Rosenfest am Pfingst-Montage in Schwezingen. Natur u. Sittengemälde aus d. Rheinpfalz. Mit 1 Kpfr. 8. Manh. 824, Schwan u. G.

— das Rosenfest am Pfingst-Montage in Schwezingen. Natur- u. Sittengemälde aus der Rheinpfalz. Mit 7 Kupf. breit 8. Manh. 825. N. A. 831. Schwan u. G. 12 gℊ Mit farbig. Umschlag 15 gℊ

— Schwezingen rc., s. Zeyher.

Rieger, J. Geo., Handbüchlein zu den gewöhnlich vorkommenden katholisch kirchendienstlichen Verrichtungen für Mesner und Cantoren. Unter gefäll. Mitwirkung Sachverständiger zusammengestellt und hrsg. 8. (VI, 127 S.) Jtling 882. (Straubing, Manz.) *

Rieger, J. G., Handbüchlein zu den gewöhnlich vorkommenden katholisch-kirchendienstlichen Verrichtungen für Mesner u. Cantoren. 2., verb. Aufl. 8. (128 S.) Straubing 890. Attenkofer. n. 1. —

Rieger, Jak. Heinr., Geschäftskalender f. d. evangel.-protestant. Pfarrer, Orts-Schulinspectoren, Decane u. Bezirks-Schulinspectoren. Mit Verweis. auf vorsteh. Gesetzsamml. gr. 8. (1½ B.) Offenburg 836, Braun.

Rieger, Jac. Heinr., Sammlung von Gesetzen und Verordnungen über das evangelisch-protestantische Kirchen-, Schul-, Ehe- und Armenwesen im Großherzogth. Baden, s.a. Sammlung.

Rieger, Jak. Heinr., Samml. v. Gesetzen u. Verordn. üb. d. evangel.-protestant. Kirchen-, Schul-, Ehe- u. Armenwesen im Großh. Baden, v. 1806—1833. Ein Handb. f. d. evangel. Geistlichkeit d. Großh. 3 Thle. gr. 8. Offenburg, (Braun.) [1. (23½ B.) 834. 1 Thlr. 20 Gr., 2. (27½ B.) 833. 2 Thlr., 3. (25½ B.) 835. 1 Thlr. 20 Gr.] Thlr.

Rieger, Jak. Heinr.: Sammlung v. Gesetzen u. Verordnn. üb. d. evangel.-protestant. Kirchen-, Schul-, Ehe- u. Armenwesen im Grossherz. Baden, v. 1806—36. Ein Handb. f. d. evangel. Geistlichkeit d. Grossherzogth. *Offenburg*, Braun. 833—36. 3 Thle. gr. 8. (5 Thl. 16 Gr.)

—— Sammlung v. Gesetzen u. Verordnn. üb. d. evangel.-protestant. Kirchen-, Schul-, Ehe- u. Armenwesen im Großh. Baden. 4. u. 5. Thl. Neue Folge. I. u. 2. Thl. Vom 1. Jan. 1836 — 1. Jan. 1841. gr. 8. Offenburg, Braun. [4. (19½ B.) 838. * 1⅓ Thlr., 5. (21½ B.) 841. * 1 Thlr. 19 Gr.] *
1—3. Thl. Ebendas. 1834, 35. * 5 Thlr. 16 Gr.

—— über d. Versorgung der Armen, Irren, Taubstummen, Blinden u. Gebrechlichen im Großh. Baden durch Landes-, Bezirks- u. Ortsanstalten. Ansichten u. Wünsche. gr. 8. (4¼ B.) Offenburg 832, Braun.

Rieger, Imman.: Juris libere sentiendi Limites, s. Canz, Israel Gottlieb [Praes.]

Rieger, Johann

Der 'gesamte Kinderschutz' von J. **Rieger** in Tarnowitz. Ausg. A. Tarnowitz: Selbstverl. [1904]. (2 Bl.) 2° [Kopft. F. u. Ant.] 105. 3488

Der 'gesamte Kinderschutz' von J. **Rieger** in Tarnowitz. Ausg. B. Tarnowitz: Selbstverl. [1904]. (1 Bl.) 2° [Kopft. F. u. Ant.] [05. 3489

Wegweiser für die Berufswahl der Volksschüler. Im Auftr. d. Jugendfürsorge-Ver. zu Tarnowitz hrsg. von J[ohann] **Rieger**. Tarnowitz (1907): Th. Konopka. (19 S.) 8° [F.] [08. 3228

Rieger, J., Wegweiser f. die Berufswahl der Volksschüler. Im Auftrage des Jugendfürsorge-Vereins zu Tarnowitz hrsg. (19 S.) kl. 8. Tarnowitz (907). (A. Kothe.) — 15

***Rieger*, Jh. Cph., († d. .. Dec. 1774.)** s. *Hippocratis* aphorismi.

Rieger, Jh. Chrd., († d. 22. Mai 1820.) der Geist unsers Zeitalters, Monatsschrift f. d. J. 1795 u. 96, à 12 Stücke. 8. Augsb., Späth. 4 ℳ 12 ℊ

— Scholien über d. Propheten Jesaias. 8. Memmingen 788. Seyler. 16 ℊ (Dannheimer in Kempt.) 12 ℊ

— theolog. Untersuchungen. 8. Nördl. 784. Beck. 12 ℊ

Rieger, Joseph

Rieger, J, Anleitung zum Gebrauche der graphischen Tafel. Fol. † * K 8.—
Wien: Lehmann & Wentzel 1903.

Rieger Josef: Über das ... Separatabdruck

Rieger's, J., graphische Tafel zur Berechnung gewalzter, genieteter u. hölzerner Träger. (2 Bl. auf Karton.) Nebst Text. (4 S. m. 1 Fig.) 52×24,5 cm. Brünn (903). (Wien, Lehmann & Wentzel.) n. 8. —

Rieger, (Jos.), graphische Tafeln zur Bestimmung der Normalspannungen in Beton-Eisen-Trägern. (1 Taf.) 37,5×29,5 cm. Nebst Text. (14 S. m. 2 Taf.) 34×26,5 cm. Wien 909. (Prag, F. Řivnáč.) 4. —
Sonderabdruck aus: „Österr. Wochenschr. f. d. öffentl. Baudienst."

Rieger, Jos. Ant., s. Riegger, Joseph Anton Stephan von

Rieger, Karl, appr. Arzt a. Berlin: Beitrag zur Therapie der Compressionsmyelitis infolge von Spondylitis tuberculosa. Leipzig 1908: B. Georgi. (64 S.) 8°
Leipzig, Med. Fak., Ref. Trendelenburg, Diss. v. 5. Aug. 1908
[Geb. 23. Jan. 75 Berlin; Wohnort: Kösen; Staatsangeh.: Preußen; Vorbildung: Friedrich-Wilhelms-Gymn. Berlin Reife O. 96; Studium: Berlin 9 S.; Coll. 8. Aug. 08; Approb. 6. Aug. 01.]

Rieger, Karl Beiträge zur Kritik der beiden Wiener Stadtrechtsprivilegien K. Rudolfs von 1278. 36 S. 8.
Progr. Frz. Jos. G. *Wien* 1879.

Rieger, Karl Der codex Stabulensis der kön. Bibliothek zu Bamberg. Eine kritische Untersuchung. S. 17—30. 8.
Progr. Frz. Jos. G. *Wien* 1882

Rieger, Karl, u. Alex. Décsey, Festschrift üb. die Lehrlingsarbeiten-Ausstellung in Wien 1904. (390 S. m. Abb. u. 1 Bildnis.) Lex. 8. Wien (907). (A. Hölder.) Kart. 8. 60

Rieger, Karl Zu Goethes Gedichten. 16 S. 8. Frz. Jos. G. *Wien* 1881.
Progr.

Rieger, Karl, zu Goethe's Gedichten. Lex.-8. (16 S.) Wien 884. (Gerold & Co.) n. — 60

Rieger Karl: Heinrich von Klingenberg und die Geschichte des Hauses Habsburg. Eine Quellenuntersuchung als Beitrag zur Historiographie des ausgehenden XIII Jahrhunderts. Ar. 18 ... K —.80
Separatabdruck

Rieger, Karl, Heinrich v. Klingenberg und die Geschichte des Hauses Habsburg. Eine Quellenuntersuchung als Beitrag zur Historiographie des ausgehenden 13. Jahrh. Lex.-8. (52 S.) Wien 873. (Gerold's Sohn.) *
Aus: Archiv für oesterreichische Geschichte, besonders abgedruckt.

Rieger, Karl Die Immunitätsprivilegien der Kaiser aus dem sächsischen Hause für italienische Bistümer. (Eine kritische Vorstudie.) 56 S. 8. **Progr.** Frz. Jos. G. *Wien* 1881.

Rieger, Karl, die hl. Kirchenväter im Brevier. Betrachtungspunkte der Lesgn., m. Angabe der Stellen im Brevier u. der Bücher der hl. Väter, gesammelt u. erklärt. (VII, 132 S.) 8. Regensburg 911. F. Pustet. 1.50; geb. in Leinw. 2. 20

Rieger, Dr. Karl und **Stejskal, Dr. Karl** im Vereine mit Rudolf Aufreiter, Hans Fraungruber, Moritz Habernal, Karl Schwalm, Marie Schwarz, Eduard Siegert, Josef Stegbauer, Dr. Vinzenz Suchomel und Franz Zoder, Deutsches Lesebuch für allgemeine Volksschulen (Ausgabe für Wien). 2., veränderte Auflage. Wien 1906. K. k. Schulbücherverlag. III. Teil. Geb. K —.90. V. Teil. Geb. K 1.30.

Rieger, Dr. Karl und **Stejskal, Dr. Karl,** im Vereine mit Rudolf Aufreiter, Hans Fraungruber, Moritz Habernal, Karl Schwalm, Marie Schwarz, Eduard Siegert, Josef Stegbauer, Dr. Vinzenz Suchomel und Franz Zoder, Deutsches Lesebuch für allgemeine Volksschulen. (Ausgabe für Wien.) 2., veränderte Auflage. IV. Teil. Wien 1907. Schulbücherverlag. Geb. K 1.20.

Rieger, Dr. Karl, Habernal Moritz und **Kolar Heinrich,** Erstes Lesebuch für Stadtschulen. Mit Bildern von Hans Schließmann. Wien 1909. Schulbücherverlag. Geb. K —.75.

Wiener Lesebuch für das erste Schuljahr. Von Dr. Karl Rieger, Moritz Habernal und Heinrich Kolar. Mit Bildern von Hans Schließmann. Wien 1909. Schulbücherverlag. Geb. K —.75.

Rieger, Karl, über den deutschen Unterricht an den österreichischen Obergymnasien. Vortrag, geh. im Verein „Mittelschule" am 27. Febr. 1881. gr. 8. (16 S.) Wien 881. (Hölder.) n. — 40

Über eine Urkunde L... des Deutschen für das Kloster Rheinau. Ein Beitrag zur Geschichte des K...wesens im Mittelalter. S. 76. 477 ... —.40
Separata...k

— über e. Urkunde Ludwig d. Deutschen f. das Kloster Rheinau. Ein Beitrag zur Geschichte d. Kanzleiwesens im Mittelalter. [Aus: „Sitzungsber. d. k. Akad. d. Wiss."] Lex.-8. (22 S.) Ebend. 874. n. — 40

Rieger, Karl, Schillers Verhältniss zur französischen Revolution. Vortrag, gehalten im Vereine Mittelschule in Wien, am 28. März 1885. gr. 8. (36 S.) Wien 885, Konegen. *

– (Hrsg.), s. Zeitschrift für das österreichische Volksschulwesen.

Rieger, Karl Heinrich

– KURZE BETRACHTUNGEN ÜBER DIE ZWÖLF KLEINEN PROPHETEN. – in: Rieger: Kurze Betrachtungen über die Psalmen und über die zwölf kleinen Propheten.

– - Nach seinem Tode hrsg. 2. Aufl. – Stuttgart 1859. VI, 181 S.

– KURZE BETRACHTUNGEN ÜBER DIE PSALMEN UND ÜBER DIE ZWÖLF KLEINEN PROPHETEN zur Beförderung des richtigen Verständnisses und der erbaulichen Anwendung des Bibelworts, von Carl Heinrich Rieger. Nach seinem Tode hrsg. – Stuttgart: Müller in Komm. 1835. VIII. 240, VI, 186 S.
Sondert.: 1. Rieger: Kurze Betrachtungen über die Psalmen, zu Beförderung des richtigen Verständnisses und der erbaulichen Anwendung des Bibelworts. – Stuttgart 1835.
Sondert.: 2. Rieger: Kurze Betrachtungen über die zwölf kleinen Propheten, zu Beförderung des richtigen Verständnisses und der erbaulichen Anwendung des Bibelworts. – Stuttgart 1835.

Rieger, Karl Hnr., kurze Betrachtungen über die Psalmen und über die zwölf kleinen Propheten, zur Beförderung des richtigen Verstandnisses u. der erbaul. Anwendung des Bibelworts. (2 Thle.) Lex.-8. Stuttgart 835. (Tübingen, Fues.) n. 1 ℛ︀

Rieger, Carl Heinr., kurze Betrachtungen üb. d. Psalmen u. üb. d. zwölf kleinen Propheten, z. Beförder. d. richt. Verständnisses u. d. erbaul. Anwend. d. Bibelworts. Nach seinem Tode hrsg. (2 Thle.) Lex.-8. (27 1/2 B.) Stuttgart 835, (J. F. Steinkopf.) *

– – 2. Aufl. – Stuttgart: Evang. Bücherstiftung 1859.

– BETRACHTUNGEN ÜBER DAS NEUE TESTAMENT zum Wachsthum in der Gnade und Erkenntniß unsers Herrn und Heilandes Jesu Christi von Carl Heinrich Rieger. Th. 1–4. – Tübingen: Fues 1828.
1. Matthäus – Johannes. 410 S.
2. Apostelgeschichte, Römer, Corinther. 398 S.
3. Galater – Philemon. 336 S.
4. Erster Petrus – Offenbarung Johannis. 618 S.

Rieger, Carl Heinr., Betrachtungen üb. d. N. Testament, zum Wachsthum in d. Gnade u. Erkenntniß uns. HErrn u. Heilandes JEsu Christi. 4 Thle. Nach sein. Tode hrsg. 2., unveränd. Ausg. Lex.-8. (112 B.) Stuttgart 833, Müller. (Hoffmann.)

– – Nach seinem Tode hrsg. von C[hristian] A[dam] D[ann]. 3. Aufl. T. 1–4. – Stuttgart: Evang. Bücherstiftung 1847.

Rieger, Carl Heinr., Betrachtungen über das Neue Testament, zum Wachsthum in der Gnade u. Erkenntniß unseres HErrn u. Heilandes JEsu Christi. 3. Aufl. 4 Thle. gr. 8. (1680 S.) Stuttgart 848, Evangel. Bücherstiftung. (Müller.) n. 3 ℛ︀

– – 4. Aufl. – Stuttgart 1857.

Rieger, Karl Heinr., Betrachtungen üb. das neue Testament, zum Wachsthum in der Gnade u. Erkenntniß unseres Herrn u. Heilandes Jesu Christi. Nach seinem Tode hrsg. 4 Thle. 5. Aufl. Mit e. Lebens-Abrisse d. Verf. gr. 8. (XXVIII, 370, 368, 318 u. 608 S.) Stuttgart 875. Evangel. Bücherstiftg. n. 9. —

– – 5. Aufl. – Tübingen 1875.

– DE CHRISTO SERVO. Praes.: Christoph Matthäus Pfaff. – Tubingae 1701.

– HOCHZEIT- UND LEICHENREDE AUF FRAU PFARRERIN DENZELIN von Carl Heinrich Rieger und Johann Ernst Friedrich Bernhard. – Stuttgart 1772.

– DAS LEBEN JESU. Betrachtungen über die vier Evangelien nach der Harmonie des Prälaten Bengel. – Meurs 1838. XII, 291 S.

—— das Leben Jesu. Betrachtn. üb. d. vier Evangelien nach d. Harmonie d. sel. Bengel. 8. (19 B.) Meurs 838, Rhein. Schul-Buchhandlung. *

– – (Crefeld: Funke.)

Rieger, Carl Heinr., Lebens-Abriß. [Aus: Betrachtungen über das neue Testament.] 5. Aufl. gr. 8. (20 S.) Ebendas. 875. *

– DIE LEIDENS-GESCHICHTE UNSERES GESEGNETEN HEILANDES, wie solche durch die Fastenzeit hindurch pfleget verlesen und erkläret zu werden. aus den vier Evangelisten in etwas richtigere Ordnung zusammen gefaßt. – o.O. u. J. [1785]. 36 S.

– PREDIGT AUF DIE JUBELFEIER DES GYMNASIUMS IN STUTTGART. – 1786.

– Karl Heinrich Riegers PREDIGTEN UND BETRACHTUNGEN über die evangelischen Texte, an den Sonn- Fest- und Feiertagen des Jahres, die Leidensgeschichte und das Gebet unsers Erlösers, Joh. 17. Nach seinem Tode hrsg. Nebst dem Porträt des seligen Herrn Verfassers. – Stuttgart: Mäntler 1794. XVI, 856 S.

– GEISTLICHE REDE AN DEM JAHRESTAG DER HERZOGLICHEN ACADEMIE. – 1779.

– 250 SPRÜCHE von Carl Heinrich Rieger. Aus seinen Schriften gezogen. – Stuttgart: Müller 1839. 254 S.

Rieger, Carl Heinr., Wasser aus dem Heilsbrunnen. Tägliche Andachten aus den Betrachtgn. üb. das Neue Testament. Gesammelt v. J. P. F. Drehmann. Mit Vorwort von F. v. Bodelschwingh. gr. 8. (VII, 392 S.) Stuttgart 900. Buchh. der ev. Gesellschaft. n. 2. 20; geb. in Halbfrz. n. 3. – ; m. Goldschn. n. 4. —

Rieger, Konrad

Rieger, Conr., über Apparate in dem Hirn, s.a. Arbeiten aus der psychiatrischen Klinik zu Würzburg. 5.

Conrad Rieger: Über A p p a r a t e in dem Hirn. Mit 3 Abb. Jena: Fischer 1909. VIII, 197 S. 4^{0} (8^{0})
(Arbeiten aus d. Kgl. psychiatr. Klinik zu Würzburg. H. 5.)

Rieger, Conr., über Behandlungen von Lähmungen und Contrakturen. gr. 8. (1 S.) Würzburg 886, Stahel'sche Universitäts-Buchh.
Aus: Sitzungsberichte der physikalisch-medicinischen Gesellschaft zu Würzburg, besonders abgedruckt.

B e i t r ä g e zur Geschichte Unterfrankens, z. Literatur-Geschichte und Geschichte der Medizin aus d. Archiv d. Psychiatr. Klinik zu Würzburg. Von Prof. Dr. Conrad Rieger. Mit 1 Abb. Würzburg: Kabitzch 1910. 107 S. 8^{0}
(Bericht aus d. Psychiatr. Klinik d. Univ. Würzburg. 3.)

— s.: Bericht aus der psychiatrischen Klinik der Universität Würzburg.

Rieger, C., Beschreibung der Intelligenzstörungen in Folge e. Hirnverletzung, nebst e. Entwurf zu e. allgemein anwendbaren Methode der Intelligenzprüfung. 2 Lfgn. [Aus: „Verhandlgn. d. phys.-med. Gesellsch. zu Würzburg".] gr. 8. Würzburg 888. 889. Stahel. n. 4. —
1. (S. 1—70.) n. 2. 50. — 2. (S. 71—127.) n. 1. 50.

Rieger, über die Beziehungen der Schädellehre zur Physiologie, Psychiatrie u. Ethnologie. gr. 8. (VII, 179 S.) Würzburg 882. Stahel. n. 4. —

— Demonstration seltenerer Bewegungsstörungen. [Aus: „Sitzungsber. d. Würzb. phys.-med. Gesellsch."] gr. 8. (2 S.) Ebd. 888. n. — 10

Rieger, psychische Epidomie, Hysterie u. Hypnotismus. — Eine psychische Seuche in der obersten Klasse e. Mädchenschule. Von Palmer. [Aus: „Centralbl. f. Nervenheilkde."] gr. 8. (13 S.) Coblenz 892. W. Groos. n. — 50

— ein Fall von anfallsartig auftretenden Zuständen von Verlust der lauten Stimme. — Ueber Aphasie. (Mit Demonstration.) [Aus: „Sitzungsber. d. phys.-med. Gesellsch. zu Würzburg".] 8. (8 S.) Ebd. 887. n. — 20

Festschrift zu d. Feier d. fünfzigjähr. Bestehens d. unterfränk. Heil- u. Pflege-Anstalt Werneck, ⟨1855–1905⟩, dargebr. von d. psychiatr. Klinik d. Univ. Würzburg. (Darin: Über die Trunksucht und die 'Suchten' überhaupt von Prof. [Konrad] **Rieger** in Würzburg.) Jena: G. Fischer 1905. (XXI, 68 S.) 4° [06. 1900

— Formen d. Hirnschädels, s.: Festschrift zur Begrüssung der anthropolog. Gesellschaft in Nürnberg.

—— Grundriss der medicinischen Elektricitätslehre für Aerzte und Studirende. 1. und 2. Aufl. gr. 8. (VIII, 62; VIII, 63 S. mit 64 Fig. in farb. Steindr.) Jena 886,87, Fischer. *

Rieger, Conr., Grundriss der medicinischen Elektricitätslehre f. Ärzte u. Studirende. 3. Aufl. gr. 8. (X, 63 S. m. 24 Fig. in Chromolith.) Jena 893. G. Fischer. n. 2. 50

Rieger, K., Haltung, Heizung u. Bewegung der Muskeln. [Aus: „Verhandlgn. d. physikalisch-medicin. Gesellsch. zu Würzburg".] gr. 8. (48 S.) Würzburg 892. Stahel. n. 1. —

— der Hypnotismus. Psychiatrische Beiträge zur Kenntniss der sogenannten hypnot. Zustände. Mit 1 Curventaf. u. 4 Taf. in Lichtdr. Nebst e. physiognom. Beitrag v. Hans Virchow. gr. 8. (III, 151 S.) Jena 884. Fischer. n. 4. 50

Rieger, Conr., die Castration in rechtlicher, socialer u. vitaler Hinsicht betrachtet. gr. 8. (VI, XXXV und 113 S.) Jena 900. G. Fischer. n. 3. —

—— zur Kenntniß der Formen des Hirnschädels, s. Festschrift zur Begrüßung des XVIII. Kongresses der deutschen Anthropologischen Gesellschaft in Nürnberg.

Rieger, Conr., eine exacte Methode der Craniographie. Mit 4 Taf. in Lichtdr., 6 Holzschn. u. 7 Curvenblättern in Steindr. gr. 8. (VIII, 46 S.) Jena 885. Fischer. n. 4. 50

Die Psychiatrie in Würzburg seit dreihundert Jahren. Von Prof. Dr C(onrad) Rieger. *Würzburg: Stahel 1897.* (51 S.) 8.
— Verhandlungen d. physikal.-medic. Gesellschaft zu Würzburg. N. F. Bd 31. No 3. [97 4647

— u. **Max Tippel,** experimentelle Untersuchgn. üb. die Willensthätigkeit. Mit 8 Curventaf. u. 2 Taf. in Lichtdr. gr. 8. Ebend. 885. n. 2. 50
1. Eine Methode zur Untersuchung der Willensthätigkeit. Von K. Rieger (IV, 29 S.)
2. Ueber Wirkungen d. Amylnitrits u. seinen Einfluss auf die Willensthätigkeit. Von M. Tippel. (S. 30—48.)

Rieger, Untersuchungen üb. Muskelzustände. Begrüssungs-Schrift, dem 2. Kongress f. experim. Psychologie (Würzburg, April 1906) dargebracht v. der psychiatr. Klinik der Universität Würzburg. (XIII, 43 S. m. 32 Abbildgn.) Lex.-8. Jena 906. G. Fischer. n. 2. —

— welche Schritte sind zu thun, um zu erreichen, dass der Staat e. genügende psychiatrische Ausbildung aller Aerzte anordnet? Auszug aus dem Mskr. d. f. die Jahresversammlg. d. Vereins der deutschen Irrenärzte zu Nürnberg 1892 bestimmten Vortrages. [Aus: „Centralbl. f. Nervenheilkde."] gr. 8. (4 S.) Ebd. 892. n. — 20

Rieger, C., Zusammenstellg. ein. Begründgn., welche f. d. Notwendigkeit d. Aufnahme d. Psychiatrie in d. medizin. Approbations-Prüfung d. deutschen Reichs veröffentl. worden sind. gr. 8. (27 S.) Jena 896. G. Fischer. n. — 60

RIEGER, Ludwig (Gunzenhausen): De contagiis.- Wirceburgi: Zürn 1835. 24 S.
10.12.1834 - Urk; F 61
Diss.Ingolst.-Landsh.-Mchn.

Rieger, M., üb. die Abnahme der Bibelkenntnis in der Gemeinde. Vortrag. 8. (32 S.) Darmstadt 889. Waitz. n. — 80

Rieger, M., Dante,
—— Goethes Faust nach seinem religiösen Gehalte,
} s. Sammlung von Vorträgen.

Rieger, M., d. Gebet d. Herrn. E. Laienauslegg. gr. 8. (III, 63 S.) Freiburg i/B. 896. Tübingen, J. C. B. Mohr. Kart. n. 1. 20

Rieger, M., die Gottesfreunde im Mittelalter, s. Sammlung von Vorträgen.

— zur liturgischen Reform in der hessischen Landeskirche. gr. 8. (51 S.) Ebd. 890. n. 1. —

—— Stat und Sonntag in Deutschland, s.a. Zeitfragen des christlichen Volkslebens.

Rieger, M., Staat und Sonntag in Deutschland. 8°. Frankfurt 1887.

Rieger, Magdalena Sibylla

– DENCKMAL DER LIEBE Ihrem zärtlichsten Ehe-Mann Weiland Herrn Immanuel Rieger, Herzoglich-Würtembergischen Regierungs-Rath und Stadt-Vogt der Residenz Stuttgardt aufgerichtet von Magdalena Sibylla Riegerin, geb. Weissenseein (mit 1 Bildnis Riegers). – Stuttgart: Stoll 1758. 30 S.

(–) DEN FRIEDEN GOTTES Bey inn- und äußrer Ruhe, Wolten Bey dem abermahlen glücklich-erlebten Resp. Vier und Sibenzigsten Geburts- und Sechs und Sibenzigsten Nahmens-Tag. Den 6. Febr. 1716. Ihrer resp. Theuresten Eltern und Groß-Eltern Herrn Philipp Heinrich Weissensee. Hochfürstl. Würtemb. Consistorial-Raths, General-Superint. und Probsten des Closters Denckendorff. und Frauen Mariae Dorotheae geb. Schreiberin, sich danckbarlich vorstellen und weiter erbetten, Deroselben Zwey Töchtern mit ihren Ehe-Männern, auch sechs Enckeln. – Stuttgart o. J. [17..]: Stoll. 4 S.

– Magdalenen Sibyllen Riegerin, geb. Weissenseein, Kayserl. Gekrönter Poetin, und der Löbl. Deutschen Gesellschafft in Göttingen Mitglied GEISTLICH- UND MORALISCHER, auch zufällig-vermischter GEDICHTE NEUE SAMMLUNG mit einem Anhang Poetischer Glückwünsche und ihren Antworten, Auch einer Vorrede Herrn Daniel Wilhelm Trillers. - Stuttgart: Erhardt 1746. 490 S.

– DER UNTER GNÄDIGSTEN SCHUTZ deß regierenden ... Hertzogs zu Braunschweig-Wolfenbüttel etc. etc. Hoch-Fürstlichen Durchlaucht, rühmlich blühenden Deutschen Gesellschaft ... solte hierdurch vor die den 17. Jenner 1750. beliebte ... Aufnahme in Dieselbe ... Danck abstatten, ... Magdalena Sibylla Riegerin geb. Weissenseein. – Stuttgart (1750): Stoll. 2 Bl.

Rieger, Magd. S. Frauen Magdalenen Sibyllen Riegerin, gebohrner Weissenseein, Versuch Einiger Geistlichen und Moralischen Gedichte, In den Druck übergeben, und mit einer Vorrede begleitet Von DANIEL WILHELM TRILLER. Frankfurt aM., F. Varrentrapp, 1743. Kl.8°. 16 Bl. 198 S. 1 Bl. (Verlagsanz.). HLd. d. Z., Rücken oben und unten beschädigt.
G. III, 331, 74: I zitiert diese Ausgabe (irrtümlich?) mit dem Verlagsort Stuttgart. Erstausgabe.

Rieger, Magd. Sybille, geb. Weißensee, († d. 31. Dec. 1786.) Versuch einiger geistl. u. moral. Gedichte, herausgg. v. Dan. Wlh. Triller. 8. Stuttg. 743. — Neue Samml. mit e. Anh. 746. — Neueste (3e) Samml. 8. Ebd. 754. 6 ℛ

Rieger Martin: Die Charakterentwicklung Neros in Racines „Britannicus". 80. Steyr R. 99.
Progr.

Rieger, Martin, Justizref. in Stuttgart: **Das Zurückbehaltungsrecht des Bürgerlichen Gesetzbuchs.** *Stuttgart 1901: A. Bonz' Erben.* (75 S.) 8°
Tübingen, Jur. Diss. v. 1901

Rieger, Max, s. Bibliothek des litterarischen Vereins in Stuttgart XC.

Rieger, M., Friedrich Maximilian Klinger. Sein Leben u. Werke. 2. Tl. Klinger in s. Reife M. e. Briefbuch. gr. 8. (XI, 643 S.) Darmstadt 896. A. Bergsträsser. n. 8. —; Briefbuch. (296 S.) n. 4. — (I. u. II., nebst Briefbuch: n. 16. —)
Der 1. Tl. erschien 1880 u. d. T.: R., Klinger in d. Sturm- u. Drangperiode und kostet jetzt broschiert 4. —.

— Klinger in der Sturm- u. Drangperiode dargestellt. Mit vielen Briefen. gr. 8. (XII, 440 S. m. einem Lichtdr.) Darmstadt 880. Bergstraesser. n. 8. 60; geb. n. 10. —

Rieger, Max, zur Kritik der Nibelunge. Giessen 855. Ricker. gr. 8. (VI, 114 S.) n. 1 *Rthlr*.

Rieger, Max, das Leben der heiligen Elisabeth, vom Verfasser der Erlösung, hrsg., s. Bibliothek des litterarischen Vereins in Stuttgart, Bd. 90.

Rieger, Max, das Leben Walthers von der Vogelweide. gr. 8. (79 S.) Giessen 863, Ricker. *

Rieger, Max, alt- und angelsächsisches Lesebuch nebst altfriesischen Stücken. Mit einem Wörterbuche. Lex.-8. (XXVIII und 358 S.) Giessen 861, Ricker. *

Rieger, Max., über die Mängel der jetzigen Predigtweise. Ein Laienvortrag vor einer geistl. Versammlung. 8. (42 S.) Frankfurt a. M. 874, Heyder und Zimmer. *

Rieger, Max, die alt- und angelsächsische verskunst. Lex.-8. (64 S.) Halle 876, Buchh. des Waisenhauses. *
Aus: Zeitschrift für deutsche Philologie, besonders abgedruckt.

Rieger, Max (Darmstadt)
Versuch einer Systematischen Darstellung der mittelhochdeutschen Verskunst nach ihrer Erscheinung im klassischen Volksepos.
Leipzig: Brockhaus [1853]. 63 S.
Habil. phil. Giessen 12.3.1853. vorh. 11. 26.

De ordinum homoeorum et hypomeionum, qui apud lacedaemonios fuerunt, origine Disputatio.
[Giessen:] Keller [1853]. 30 S.
Habil. phil. vorh. 11. 7. △.
Die beiden oben verzeichneten Schriften von Dr. Max Rieger sind in einem Exemplar der Univ. Bibl. d. Humboldt-Univ. Berlin zusammengebunden und besitzen hier ein gemeinsames Titelblatt, das beide Schriften zusammen verzeichnet.

—— s. Walter von der Vogelweide.

GOSSBERTS, Herzogs von Franken, unselige Liebe (von *Michael Rieger*). Amberg 1720.
Anon.-Lex. III. p. 59 (nach Sommervogel). Höchst selten!

Rieger, Ottmar [prakt. Arzt in Abensberg]: Versuche über die physiologischen Wirkungen des Chinolins .... Erlangen, Druck d. Univ.-Buchdr. v. Junge & Sohn, 1888; 30 S. 8°
Erlangen, Med. Fak., Inaug. Diss. v. 18. Mai 1888

Rieger, Paul, Geschichte d. Juden in Rom, s.: Vogelstein, Herm.

Rieger, Paul, Hillel u. Jesus. Ein Wort zur Versöhng. (11 S.) gr. 8. Hamburg 904. (C. Boysen.) n. — 50

Rieger, Paul, Katechismus d. Baumgärtnerei. 8. Passau, 1804. 2. Aufl. 1811. Linz, Haslinger. — 5

Rieger, P., Katechismus der Baumgärtnerey. 8. Passau, Ambrosius. 805.

Rieger, Paul, Katechismus d. Baumgärtnerei. 8. Linz 811. Haslinger. 4 *gr.*

Rieger, Paul, prakt. Tierarzt aus Köpenick: Untersuchungen über den Einfluss von Weidegang und Stallhaltung auf das Milchvieh, mit besonderer Berücksichtigung der Veränderungen der äusseren Decke. ⟨Aus dem zootechnischen und veterinär-hygienischen Institut der Universität Bern. Professor Duerst.⟩ Hannover 1910. 36 S. 8°. [18. XI. 09.]
Bern. Vet.-med. Diss. 1909/10.

Rieger, Paul. Untersuchungen über den Einfluss von Weidegang und Stallhaltung auf das Milchvieh, mit besonderer Berücksichtigung der Veränderungen der äusseren Decke. Aus dem zootechnischen und veterinär-hygienischen Institut der Universität Bern.... Diss. Vet.-Med. Bern. [Mit Figuren.] 36 S. 8. Hannover, M. & H. Schaper, 1910.

Rieger, Paul [aus Dresden]: Versuch einer Technologie und Terminologie der Handwerke in der Mišnâh. Tl I.: Spinnen, Färben, Weben, Walken ... Breslau, Druck v. Grafs, Barth & C., *1894;* 3 Bl., 48 S., 1 Bl., 1 Taf. 8.
Breslau, Phil. Fak., Inaug.-Diss. v. 11. Aug. 1894

Versuch einer Technologie und Terminologie der Handwerke in der Mišnâh. Von Dr. Paul Rieger. T. 1. Spinnen, Färben, Weben, Walken. Mit 2 Taf. [Mehr nicht erschienen.] *Berlin: Mayer & Müller 1894.* (48 S.) 8°
[Erschien auch als Inaug.-Diss. Breslau 1899.] [03. 15433

Rieger, Reinh.

Rieger, R., die Aufgaben u. die Bedeutung der landwirtschaftlichen Winterschule als Fachschule, nebst e. Worte üb. Fachschulen im Allgemeinen. gr. 8. (VII, 71 S.) Breslau 885. Korn. n. 1. —

Rieger, R.: Im Dienste der Wahrheit. Entgegnung auf die Schrift von Daum und Lehmann-Raschik: Zur Genossenschaftsbewegung in Schlesien. Breslau 1896.

Rieger, R., des Landmanns Goldgrube ist seine Düngerstätte. Die Pflege u. Behandlg. d. Stalldüngers. 3., umgearb. Aufl. 8. (VII, 80 S. m. Zeichngn.) Schweidnitz 887. Hege. cart. n. 1. —

Rieger, R., s.: Landwirthschafts-Kalender.

[F.] Die Organisation der Spar- und Darlehnskassenvereine in Mittel- u. West-Deutschland u. der landwirtschaftl. Kredit-Ver. im Kgr. Sachsen. E. Reiseber. v. R[einh.] Rieger, Kgl. Oekonomie-Rat ... *Breslau: J. Max 1895.* (2 Bl., IV, 97 S., 1 Bl.) 1 Bd 8. [97. 13

— die Organisation der Spar- u. Darlehnskassenvereine in Mittel- u. West-Deutschland u. d. landwirtschaftliche Kredit-Verein im Königr. Sachsen. E. Reisebericht. gr. 8. (100 S.) Breslau 895. M. Tietzen. n. 2. —

Rieger, R.: Warum gründen wir in der Provinz Schlesien Spar- und Darlehnskassenvereine? Breslau 1896.

Rieger, R., Zusammenstellung der in Europa lebenden Rinderracen nach der Abstammung. Imp.-Fol. Schweidnitz 879, Heege. *

Rieger, Seb., s. a.: Reimmichl.

Rieger, Seb. (pseud. Reimmichl), Bergschwalben. Geschichten. Mit 12 Lichtdr.-Bildern nach Orig.-Zeichngn. 8. (III, 243 S.) Innsbruck 902. H. Schwick. n. 2. 50; geb. in Leinw. n. 3. 75

— Bergschwalben. Geschichten. 2. Aufl. (III, 243 S.) kl. 8. Innsbruck 909. H. Schwick. 1.50; geb. 2. 50

RIEGER, Sebastian
(F) Im Tirol drinn'. Neue Geschichten aus den Bergen von Sebastian Rieger (pseud. Reimmichl). Brixen. 1900. Pressverein. 8°. 373 S. K 1.80, geb. K 2.50
Prachtband K 2.80.

— im Tirol drinn'. Neue Geschichten aus den Bergen. 2. Aufl. (374 S.) kl. 8. Brixen (904). Preßverein. n. 2. —; geb. in Leinw. n. 3. —

Rieger, Simon. Ein Beitrag zur Lösung der Triester Eisenbahnfrage. Klgft., Leon, 1896. Quart. 11 S.

Rieger, Simon, Betrachtungen über Fremden-Verkehr und Alpen-Vereine in Oesterreich mit specieller Berücksicht. Kärntens. gr. 8. (37 S.) Klagenfurt 880, (v. Kleinmayr.) *
Aus: Klagenfurter Zeitung, besonders abgedruckt.

Rieger, Simon. Die Ferlacher Gewehr-Industrie. Ferlach, (Klgft., Gutenberghaus,) 1910. 17 S.

—— Mittheilungen über den deutschen Schulverein aus Vereins- und Partei-Versammlungen. 8. (32 S.) Bleiberg 882. (Klagenfurt, Heyn's Buchh.) *
Aus: Freie Stimmen und Deutsche Zeitung, besonders abgedruckt.

Rieger, Simon. Mittheilungen über den Deutschen Schulverein. Klgft., Bertschinger. 1882. 32 S.

Rieger, Wilh., Verzeichnis der im Deutschen Reiche auf Baumwolle laufenden Spindeln u. Webstühle. Rev. bis Ende 1898. gr. 4. (57 S.) Stuttgart 898. (H. O. Sperling.) n.n. 20. —

Rieger W, Verzeichnis der im Deutschen Reiche auf Baumwolle laufenden Spindeln und Webstühle 1901. 06. (65 S) 4° Stuttgart 1901. 06

Rieger, Wilh., Verzeichnis der im Deutschen Reiche auf Baumwolle laufenden Spindeln u. Webstühle. Rev. bis Ende 1905. Unter Mitwirkg. der Firma C. Rommel, Garnagentur, Stuttgart. (65 S.) Lex.-8. Stuttgart 906. (H. O. Sperling.) n.n. 20. —

Rieger W, Verzeichnis der im Deutschen Reiche auf Baumwolle laufenden Spindeln und Webstuhle revid. 1908. (76 S) 4° Stuttgart 1909

Rieger, Wilh. L., Weltkorrespondenz auf Grundlage der Ziffern-Grammatik, welche m. Hilfe der Wörterbücher e. mechan. Uebersetzen aus e. Sprache in alle anderen ermöglicht. 2. [Titel-]Aufl. (v. „Ziffern-Grammatik"). (XII, 196 S. m. 1 Tab.) gr. 8. Graz [903] 905. Styria. n. 2. 50

Rieger, Wilh. L., Ziffern-Grammatik, welche m. Hilfe der Wörterbücher e. mechanisches Übersetzen aus e. Sprache in alle anderen ermöglicht. gr. 8. (XII, 196 S. m. 1 Tab) Graz 903. (Styria.) n. 4. —

Rieger, Wilhelmine (Hrsg.), s. Abschiedsjournal.

· Riegerer, Das Bürgers-Mädchen in Wien. O. O. (Wien) 1783. 8°.
Karajan's Bibl. II. no. 4162. — Rarl

Rieger's, Carl Heinr., Lebens-Abriß. [Aus dessen Neuem Test.] 5. Aufl. gr. 8. (20 S.) Stuttgart 875. Buchh. der evangel. Gesellschaft. n. — 15

Verkehrs- und Wegekarte von Colmar u. seiner weiteren Umgebung von Alphons **Riegert**. (Massstab 1:100,000). *Colmar i. E.: M. Wettig [1900].* (1 Kartenbl. 72 × 58 cm.) 8° [Umschlagt. F.] [01. 7451

Riegg, Artur, pr. Arzt: **Totalnekrose des Pankreas.** Erlangen 1909: Junge. 39 S. 8°
Erlangen, Med. Diss. v. 29. Jan. 1909, Ref. Graser
[Geb. 11. Aug. 78 Reisensburg; Wohnort: Augsburg; Staatsangeh.: Bayern; Vorbildung: Stephan-Gymn. Augsburg Reife 98; Studium: Erlangen 4, München 1, Kiel 1, Erlangen 3 S.; Coll. 29. Juli 07; Approb. 11. Juli 03.] [U 09. 782

Riegg, Hugo, approb. Arzt aus Ödheim: **Ein neuer Fall von Sectio caesarea vaginalis ⟨nach Dührssen⟩ am Ende der Gravidität mit Totalexstirpation des Uterus wegen Carcinoms der Portio.** *Tübingen 1899: H. Laupp jr.* (16 S.) 8°
Tübingen, Med. Diss. v. 1898

Riegg, J. A., Predigt am 15n Sonntage nach Pfingsten bei d. Publikation d. Circumscriptionsbulle d. neuen Diöcesen, gehalten in d. Metropolitan zu U. L. F. in München. 8. Münch. 821. Giel. (Leipz., Barth). 4 gr

Riegger, J., s.a. Riegger, Joseph Anton Stephan von

– s.a. Riegger, Paul Joseph von

Riegger, J., Handbuch üb. das badische Sparkassenwesen, s.: Müller, J. B.

Riegger, J. Nepomuk von

—— nützliche Abend-Unterhaltungen. Ein zweckmäßiges Lehr- u. Lesebuch für die heranwachsende Jugend. 8. (14½ B.) Znaim 843. (Wien, Jasper's Verl.) *

Riegger, J. Nep. v., neuntägige Verehrung des Beichtverschwiegenen heil. Blutzeugen: Johann von Nepomuk. Ein für seine Verehrer nach dem Geiste der kathol. Kirche verfaßtes Gebetbuch. gr. 8. (12 B. u. Ttlbd.) Wien 842, Grund.

Riegger, Jos., das Duell. Nach gänzlich neuen Gesichtspunkten bearb. 8. (206 S.) Saulgau (902). J. Riegger. n. 2. —

Riegger, Joseph Anton Stephan von

– s.a. Riegger, Paul Joseph von

v. *Riegger*, Ritter Jos. Ant. (Steph.), († d. 5. Aug. 1795.) **Amoenitates literar. Friburgenses:** III Fasc. 8maj. Ulm 774. Stettin. 1 ℛ 8 gr

Riegger, Jos. Ant., amoenitates literar. friburgens. III Fasc. 8. maj. Ulm, Stettin. 775. 76.

—**Analecta academ. Friburgens. ad historiam et jurisprudentiam, praecipue ecclesiast. illustr.** c. fig. 8. Ulm 774. Stettin. 1 ℛ 8 gr (a. Wagner in Freiburg). 1 ℛ 3 gr

Riegger, Jos. Anton von (Herausgeber): „Archiv der Geschichte und Statistik, besonders von Böhmen", Dresden 1772 bis 1794 (Walther).

de **Riegger**, Jos. Ant.: Bibliotheca juris canon. *Wien.* 761—62. 2 T. 8.

—Bibliotheca Rieggeriana Friburgensis. Scrinium I. 8. Ulm 776.

—alte u. neue civilistische Bibliothek. 1s Stück. 8. Augsb. u. Freiburg 766.

—**Breviarium extravagantium etc.**, s.a. *Bernardi*, Praepos. Papiensis.

— breviarium extravagantium c. Gregorii IX. P. decretal. collect. etc. 4. maj. Frib. Wagner. 779.

— capitulatio imperatoris variis varior. dissert. et libellis illustr. III Fasc. 8maj. Prag. 781, 82. Gerle. 20 gl

— conspectus juris ecclesiastici. 8. Freiburg 772.

— **Jos. Ant. von, De jurisprudentiae cultura per saltum prolusio academica. Qua praelectiones suas ad institutiones jur. civilis Romani indicit. Freiburg/Breisgau (J. A. Satron) 1766. 14 S. (4.25) 28843**

— diss. de Gratiani decreto. 8. ibid. 769.

— dialogi de philosophiae naturalis praestantia; et commentatio de recta inveniendi veri ratione in philosophia naturali. 8. Wien 759.

— Einleitungsreden in seinen acad. Vorlesungen über die Justinianischen Institutionen. gr. 8. Augsb. u. Freiburg 765.

— tabellar. Entwurf d. deutschen Historie aus der ältern Zeit. gr. 8. Prag 781. (W. Vogel in Leipz.) 7 gl

— s. Für Böhmen. — de Gasparis oratio de comparata.

— festl. Gedichte. 8. Wien 764.

— historia juris romani, privati potissimum. 8maj. Freiburg 766. Ed. altera et emend. 773. Wagner; (auch Stettin in Ulm). 22 gl

— — — ead. ad us. iustinianistarum adcommod. 8. maj. Friburg. Wagner. 773.

— historia latinorum majoris nominis poëtarum. Spec. I. de M'. Accio Plauto, et P. Terentio Afro. 8. Wien 757. Gerold. 6 gl

Riegger, J. A. de, Historia latinorum majoris nominis poëtarum. Spec. I. de Plauto et Terentio. Vienn. 759. 8.

— Imagines, sigilla et alia monumenta acad. Friburgensis. 4. Prag. 778. (Aus d. Analect. ac. Friburg. abgedr.)

— de naturali hospitalitatis jure atque officiis libellus. 8. Wien 760.

— juvenilia hinc atque illinc dispersa, nunc collecta. 8. Wien 763.

— Leitfaden in das allgem. Staats- u. Völkerrecht. gr. 8. Prag 780.

— Leitfaden in das deutsche Staatsrecht. 8. Prag 780. Gerle.

Riegger, Jos. Ant. von: „Leitfaden in das deutsche Staatsrecht", Prag 1781 (Gerle).

Materialien zur alten und neuen Statistik von Böhmen. Von Jos. Ant. Riegger. Prag u. Leipzig 1787.
Bringt in Bd. IV, S. 663—678 Mitteilungen über die frmrische Liebestätigkeit in Prag.

— oblectamenta ex hist. iuris ecclesiast. 8. maj. Frib. Wagner. 772.

— oblectamenta historiae et juris ecclesiastici. Prs. I. 8maj. Ulm 776. Stettin. 16 gl

— Opuscula ad historiam et jurisprudentiam praecipue ecclesiasticam pertinentia. 8maj. Freiburg 772. Wagner. 1 ₰ 4 gl

Riegger, Jos. Ant.: Opuscula ad historiam et jurisprudentiam, praecipue ecclesiasticam, pertinentia. Friburgi Brisg. 1773.

[Inhalt:]

1. De amoenitate studii iuris ecclesiastici. 1764.
2. De scientia cum virtute a publico iurium doctore semper coniungenda. 1765.
3. De cultu Latini sermonis a iureconsulto haud negligendo. 1766.
4. De historiae literariae praestantia. 1766.
5. De iurisprudentiae cultura, ut aiunt, per saltum. 1766.
6. De naturali hospitalitatis iure atque officiis, epistolae duae. 1768.
7. An detur traditio sacra. Diss. 1772.
8. De receptione corporis iuris canonici in Germania. Diss. 1767.
9. De collectione decretalium Honorii III. P. M. Diss. 1768.
10. De Gratiano auctore decreti. Diss. 1769.
11. De paleis decreto Gratiani insertis. 1768.
12. De necessitate studii iuris publici ecclesiastici. 1767.
13. De origine et institutione academia Friburgensis. 1772.

Riegger, Jos. Ant.: Opusc. ad historiam et jurisprudentiam praecipue eccles. pertin. *Freib.*, 773. 8. (1 Thl. 8 Gr.)

— oratio de amoenitate studii juris ecclesiastici. 8. Wien 764.

— oratio de scientia cum virtute a publico jurium doctore semper coniungenda. 4. Freiburg 765. Wagner. 3 gl

— oratio de virtute in Iurisconsulto necessar. 8. Friburg. Wagner. 775.

— prolegomena juris publici Germaniae, variis varior. dissert. illustr. III Fasc. 8maj. Prag 781, 82. (W. Vogel in Leipz.) 15 gl

— prolegomena in jus ecclesiasticum. 8. Wien 764.

— prolusiones academicae duae. 8. Augsb. u. Freiburg 766.

— von d. Recht d. Landesfürsten, geistl. Personen u. Güter zu besteuern; e. acad. Abhandl. 4. Freiburg 768. 8. Augsb. 770.

— reliquiae aliquot librorum ex bibliotheca S. A. Rieggeri Equ. 8. Wien 784. (Heubner). 1 ₰

— Skizze e. statist. Landeskunde v. Böhmen. 3 Hefte. 8. Prag 795. Widtmann. 1 ₰

— s.a. Studentenstiftungen in Böhmen ...

(RIEGGER Josef Anton von). Studentenstiftungen in Boehmen, die auch mancher Familie im Auslande zu statten kommen koennen. (Von –). Schoenfeld, Prag und Wien 1787. 1 vol., 4 Bl. + 181 S.

— Vormerkungen z. peinl. Rechtsgelehrsamkeit. 8. Augsb. 766.

v. Riegger, Jos. Ant: Harmon. Wahlcapitulation Joseph's II. m. allen d. Wahlcapitulationen d. vor. Kaiser und Könige. *Prag*, Gerle. 781—82. gr. 8. (2 Thl. 16 Gr.)

— harmonische Wahlcapitulation Kaiser Joseph II. mit allen Wahl-Capitulationen d. vorigen Kaiser u. Könige verglichen. 2 Thle. gr. 8. Prag 781, 82. (W. Vogel in Leipz.) 2 ₰ 16 gl Schreibp. 3 ₰ 4 gl

– (Hrsg.), s. Zasius, Ulrich: Epistolae ad Bonifacium Amorbachium ...

Riegger, Karl Emmanuel von

Riegger, K. Em.: Abhandl. v. d. österr. Marschall, seinen Rechten, Pflichten, Vorzügen u. Vortheilen. 1. Thl. Wien, Ghelen. 755. gr. 8. (10 Gr.)

v. Riegger, Karl Emm., (†...) Abhandl. v. d. österr. Marschall, seinen Rechten, Pflichten, Vorzügen u. Vortheilen rc. 1r Thl. gr. 8. Wien 775. Ghelen. 10 gl

Riegger, K. Imm.: Samml. die in Kirchensachen organ. Gesetze in Böhmen bis auf Maria Theresia. Wien, Camesina. 778. gr. 8. (1 Thl.)

– Samml. v. geistl. Gesetzen in Böhmen. gr. 8. Wien, Kurzböck. 778.

– Samml. der in Kirchensachen ergang. Gesetze, die seit undenkl. Zeit bis auf die Regierung Marien Theresiens in Böhmen kund gemacht werden. gr. 8. Wien 779. (Heubner). 1 ß

v. Riegger, P. Chr., (†...) elementa architecturae civilis. c. fig. 4maj. Wien 756. Trattner. 1 ß 16 gl

Rieger, Christiano. Universae architecturae militairis elementa, brevibus recentiorum observationibus illustrata conscripta. (Mit 1 Titelbild und 26 Taf.) 4. Vindobonae 1758.

– elementa architecturae militaris c. fig. 4maj. Wien 758. Trattner. 2 ß 8 gl

Riegger, Paul Joseph von

– exercitatio de collectionibus juris ecclesiastici antiqui, sive ante-Gratianei. 8. Wien u. Prag 757.

– **Paul Joseph von, De collectionibus juris ecclesiastici ante gratianei, Editio altera auctior et emendatior. Diss. Wien (J. Ph. von Trattner) 1765. 48 S. (4.50) 28844**

v. Riegger, Ritter Paul Jos., compendium elementorum juris ecclesiast. Prs. I. 8maj. Wien ... Trattner. 8 gl

– exercitatio de conciliis, juris ecclesiastici altero fonte. 4. Wien 757. Trattner. 12 gl

de Riegger, P. Jos.: Corpus jur. eccl. Austriaci academicum. Deutsch. Wien, (Gerold.) 764. gr. 8. (1 Thl.)

de Riegger, Paul. Jos. Ant.: Specimen corporis juris ecclesiastici Regni Hungariae et Partium eidem adnexarum, secundum ordinem Decretalium Gregorii IX. Pont. II Ptes. Viennae, Trattner. 768 – 73. 8maj. (2 Thl. 4 Gr.)

– corpus iuris ecclesiast. noviss. mit Nachtr. gr. 8. Wien, Ghelen. 775.

– corpus juris publici et eccles. Germaniae academicum. Prs. I, II. 8maj. Wien u. Prag 757, 60. Ed. altera auct. et correct. 775. (Trattner). 2 ß

Riegger, Paul Jos. v.: Corpus iuris publici et ecclesiastici Germaniae acad. Akad. Sammlung des deutschen Staats- u. Kirchenrechts. Wien 1764.

de Riegger, Jos. Ant.: Corpus Juris publ. et ecclesiast. Germ. acad. Wien, Trattner. 764. gr. 8. (2 Thl.)

Riegger, I., specim. corporis iurisprudentiae eccles. incliti regni Hung. II Part. 8. maj. Vien. Trattner (Tendler) 773.

– delineatio historiae Germaniae in tabulis. Periodus I. Fol. Wien 756.

– elementa iuris ecclesiast. II Tom. 8. maj. Vien. Ghelen. 771.

– – ead. II Part. 8. maj. Vind. (Mayr, S.) 775.

– elementa juris ecclesiastici. Prs. I. de religione, eccles. et jure ecclesiastico. Prs. II. de Personis et congregationibus nec non officiis ac beneficiis ecclesiast. 8maj. Wien 774, 75. Trattner. 2 ß 8 gl

– historia Imperii Romano-Germanici pragmatice delineata et in XV periodos distributa. 4. Wien 753.

– institutiones jurisprudentiae eccles., s. unten: *Introductio*.

Riegger, Paul Jos. de: Institutionum iurisprudentiae ecclesiasticae partes 4. Vindobonae 1767–73. 5 Bde

– institution. iuisprudentiae eccles. Part. IV. princ. iuris Libri V. decretal, contin. IV Tom. 8. maj. Vien. Trattner. 775–778.

– Ed. nova. Viennae 1780. 4 Bde

– introductio in universum jus ecclesiasticum. 4. Wien 758 Trattner. 1 ß Dann vollständiger unt. d. T.: Institutiones jurisprudentiae eccles. IV Ptes. 8. ibid. 768 – 72. Ed. II. 774. Ed. III. 780. 4 ß – Prolegomena ad jus eccles. 8. ibid. 764. 4 gl

– Diss. de magia. 8maj. Wien 773. Trattner. 6 gl

a Riegger, Diss. de magia. P. II. 104 pp. Vindeb. 8°. 1773

– Opuscula juris ecclesiastici varii argumenti, sparsim antea, nunc collectim edita et recusa. 4maj. Wien 767. Trattner. 20 gl

de Riegger, P. Jos.: Opuscc. jur. eccles. varii argum. coll. ed. Wien. 768. 4.

– exercitatio de juris ecclesiastici origine, natura et principiis. 8. Wien 756.

Riegger, Paul Jos.: Diss. de poenitentiis et poenis ecclesiasticis. Juxta exemplar Viennense. Coloniae Augustae Agripp. [1772.]

– de poenitentiis et poenis ecclesiast. 4. Vien. Camesina. 772.

– Diss. de poenitentiis et poenis ecclesiasticis. 4. Wien 772. (Heubner). 6 gl

– principia juris eccles. Germaniae. 8. maj. Vien. Camesina. 773.

— Principia juris ecclesiastici Germaniae, c. praef. J. V. Eybel. 8maj. Wien 773. (Heubner). 10 gr.

— — id. lib. 8. Bamb. Dederich (Göbhard) 766.

— — id. lib. 8. Friburg. Wagner. 773.

— exercitatio de scriptura sacra primo juris ecclesiastici fonte. 8. Wien 755. Trattner. 4 gr.

(de Riegger, P. Jos. od. de Rautenstrauch, Fr. St.?): Synopsis jur. eccles. publ. et priv. quod per terras heredit. Mariae Theresiae olim obtinuit et adhucdum obt. Wien. 776. N. A. v. Fr. Ph. Frank. Erfurt. 779. e. aud. n. Aufl. Posen, Decker. 799. gr. 8.

de Riegger, P. Jos.: Syntagma select. dissertatt. ad illustrat. jur. eccles. pertin. Wien, Trattner. 1 Vol. 766. gr. 4. (1 Thl. 4 Gr.)

Rieggeriana. Wien, Freyburg, Prag 1792. V: *Riegger, Joseph Ant. Stephan Ritter von.* (Ml.)

Rieggeriana. 2 Bdchn. 8. Wien, Freiburg u. Prag 792. Herrl. 16 gr.

Riegl Alois: Die Bauzeit der Regensburger Schottenkirche St. Jakob und die ältere Regensburger Schottenchronik.
1883 PN 293 Diss. Wien, Univ. 1855.

Riegl, Alois (Hrsg.). s. Beiträge zur Kunstgeschichte.

Riegl, Alois, der moderne Denkmalkultus, sein Wesen u. seine Entstehung. (III, 65 S.) 4. Wien 903. [W. Braumüller.] (A. Schroll & Co.) n.n. 1. 60

Riegl, Alois, die Entstehung der Barockkunst in Rom. Akademische Vorlesgn. Aus seinen hinterlassenen Papieren hrsg. v. Arth. Burda u. Max Dvořák. (VIII, 214 S.) gr. 8. Wien 908. A. Schroll & Co. 7. —

— das holländ. Gruppenporträt, s.a. Jahrbuch der kunsthistor. Sammlungen des allerh. Kaiserhauses. 23. Bd. 3. 4. Hft.

Das holländische Gruppenporträt von Alois Riegl. Mit 9 Taf. u. 74 Textill. *Wien, Prag: F. Tempsky; Leipzig: G. Freytag 1902.* (S. 71—278.) 2°
= Jahrbuch d. Kunsthist. Sammlungen d. Allerhöchsten Kaiserhauses. Bd 23, H. 3. 4. Sp. 787

Riegl, Alois, antike Handarbeiten, s.: Schinnerer, Luise.

— s.: Jahrbuch der k. k. Zentral-Kommission f. Erforschung u. Erhaltung der Kunst- u. historischen Denkmale.

RIEGL, Alois
Die spätrömische Kunst-Industrie nach den Funden in Oesterreich-Ungarn. Dargestellt von Alois Riegl. 1. Theil: Die spätrömische Kunst-Industrie nach den Funden in Oesterreich-Ungarn im Zusammenhange mit der Gesammtentwicklung der bildenden Künste bei den Mittelmeervölkern. (Oesterr. archäologisches Institut.) Wien. 1901. Hof- und Staatsdruckerei. Fol. VI, 222 S. mit 23 Tafeln. Geb. K 144.—

Riegl, A.. Der spätrömischen Porträtskulptur. S.-A. 1899. 7 S. m. Abb. 4°.

Riegl, Alois, Stilfragen. Grundlegungen zu e. Geschichte der Ornamentik. gr. 8. (XIX, 346 S. m. 197 Abbildgn.) Berlin 893. G. Siemens. n. 12. —; geb. in Halbfrz. n. 14. —

(B) **Riegl,** Alois, Stilfragen. 893. (KBL 28.) Erm. Pr. 8. —: geb. 10. —. Volkskunst. 894. (KBL 28.) Erm. Pr. 1. —.

— e. orientalischer Teppich v. J. 1202 n. Chr. u. die ältesten oriental. Teppiche. gr. Fol. (33 S. m. 16 Illustr. u. 2 farb. Taf.) Berlin 895. G. Siemens. Kart. n. 8. —

• **Riegl, Alois.** Altorientalische Teppiche ... Leipzig, T. O. Weigel Nachfolger (Chr. Herm. Tauchnitz) 1891.
XII—214 S., 1 Bl. m. 33 Abb.; 3 Taf. 8°.

Riegl, Alois, orientalische Teppiche. Mit 36 Abbildgn. gr. 8. (XII, 214 S.) Leipzig 891. T. O. Weigel Nachf. n. 6. —; geb. n. 7. —

Riegl, Alois. Die ägyptischen Textilfunde im K. K. Österreich. Museum. Allgemeine Charakteristik und Katalog. Wien, R. v. Waldheim 1889.
XXV — 58 S., 13 Taf. 4°
(K. K. Österreichisches Museum für Kunst und Industrie.)

Riegl, A., Volkskunst, Hausfleiss u. Hausindustrie. gr. 8°. Berlin, G. Siemens, 1894.

— **Volkskunst, Hausfleiß** u. **Hausindustrie.** gr. 8. (III, 82 S.) Ebd. 894. n. 2. —

Riegl, J. D., Anleitung zur deutschen Redezeichenkunst oder Stenographie nach Gabelsberger's System. 8. (80 lith. S. m. 1 Tab. in Fol.) Prag 850, Heß. 1/2 Thlr.

Riegl, J. D., Anleitung zur deutschen Redezeichenkunst oder Stenographie nach Gabelsberger's System. Neue Ausg. Troppau 866. Kolk. 8. (79 S.) 10 ngr.

Riegl, R., practische Schreibschule, od. Anleitung eine schöne Latein. u. Engl. Schrift zu erreichen. (3. Hft.) qu. 8. (6 Bl.) Reichenberg 843, Pfeiffner.

Riegl, R., deutsche Schulvorschriften, zum elementar. Gebrauch für Anfänger. Current. 1. Heft. qu. 8. Reichenberg 843, Pfeiffner. 1/6 Thlr.

— Vorlege-Blätter höherer Kalligraphie. (4. Hft.) qu. 8. (6 Bl.) Reichenberg 843, Pfeiffner.

— systematische Vorschriften zur Vorbildung im Schönschreiben. (2. Hft.) qu. 8. (6 Bl.) Reichenberg 843, Pfeiffner.

Riegl, Susana Dorothea

Riegel, S. D., Modelbuch z. Nähen, Stricken, Wirken u. Weben. 5 Thle. m. K. 4. Nrnb. Riegel. 0thlr.

— — Anhang dazu, welcher eine Anweisung z. zierl. Strickkunst enthält, in 3 Abth. m. K. 4. Ebend.

Riegl, Susana Dorothea. Neues und zum Stricken dienliches Modelbuch worinnen auf das künstlichste und deutlichste gezeiget wie nach der neuesten Art die Zierrathen ... zu verfertigen und nachzumachen an die Hand gegeben wird ... Nürnberg, in der Christoph Rieglischen Wittib Buch u. Kunst Laden ... 1756. [Zweyter u. IV. Theil] an das Licht gestellt in der Christoph Rieglischen Wittib Buch u. Kunst Laden 1757. [T. 4] ... von Susana Dorothea Rieglin 1760.
21 Bl. in Kupferst. 4°.

Riegler, C., neues Tintenbüchlein. Oder: Genaue u. auf Erfahrung gegründete Anweisung zur Bereitung der besten u. schönsten Tinten u. Tintenpulver, sowohl der schwarzen, rothen, blauen, grünen u. gelben als auch der Copir-, Stahlfeder-, Zeichnen-, unauslöschlichen u. sympathet. Tinten. Nebst einem Anh., verschied. nützl., beim Schreiben vorkommende Gegenstände, so wie die Bereitung des Siegellacks enthaltend. Geprüft u. zusammengestellt. 8. (36 S.) Quedlinburg 850, Basse. 1/6 Thlr.

Riegler, F. P., Anleit. z. Gesang, Klavier u. Orgel zu spielen. 4. Ofen 798. (Eggenberger in Pesth). 4 Thlr 12 gr.

Riegler, Ferd., auf Fels u. Firn. (103 S. m. Abb.) kl. 8. Graz 908. (Styria.) —85

— Ungarns staatliche **Matrikelämter** samt zugestellten Ortschaften m. ihren ungar., deutschen, slavischen u. rumän. Benennungen. Nach Komitaten u. alphabet. geordnet. (VIII, 352 S.) gr. 8. Ebd. 904. Geb. in Leinw. n. 4. 20

Riegler, Ferd., wie erlangt man e. Ehefähigkeits-Zeugnis (Tanusikvány) seitens des königl.-ungar. Justiz-Ministers? Praktische Anleitg. m. Formularen. gr. 8. (VI, 73 S.) Graz 902. Styria. n. 1. 20

Riegler, Ferd., wie erlangt man e. **Ehefähigkeits-Zeugnis** (Tanusitvány) seitens des königl. ungar. Justizministers? Praktische Anleitg. m. Formularen. 2., verm. u. verb. Aufl. (VIII, 104.) 8. Graz 904. Styria. Kart. n. 1. 50

Riegler, Georg

Riegler, G., das heil. **Abendmahl** mit Controversen. Zum Unterricht in der heil. Communion, zur Beseitigung der Controversen u. zur Verständigung in der Kniebeugungsfrage dargestellt. Den kathol. u. protestant. Laien gewidmet. 12. Bamberg 845, Schmidt. 1 ℛ

Abhandlung über den Eid in exegetisch-moralisch-praktischer Beziehung. Von Dr. Th. Georg Riegler, P. der Exegese und orient. Philologie. — 1825. Ebend. — S. 3—22.
Progr. Bamberg

— Anleitung zur nützl. Kreuzwegsandacht, ein religiöses Handbuch f. Verehrer Jesu. 8. Sulzb. 822, v. Seidel.

—— **Barometer** des christl. Glaubens, Thermometer der christl. Liebe, Telescop der christl. Hoffnung im 19. Jahrh. (Neue Ausg.) gr. 12. (5½ B.) Bamberg 842, Schmidt.

Riegler, Georg, Die Bergpredigt Jesu Christi kritisch-historisch-praktisch erklärt. Bamberg, Schmidt, 1844, gr. 8°, 21¼ Bg., 3 Mk.
Abdruck aus „Leben Jesu Chr. in Harmonie der 4 Evv. rc.", § 140.

——, Lor. Wolf's geistl. **Betrachtungen**, angest. bei sein. Einkerkerung. Nebst e. Predigt vor sein. Geistesübungen. Mit Noten vers. gr. 12. (2 B.) Bamberg 834, Sickmüller.

Riegler, G., das **Bild** des leidenden Heilandes in 6 Predigten u. Betrachtungen für alle Christen. 12. Bamberg 843, Schmidt. ½ ℛ

—— historische, theologische, kirchen- u. staatsrechtliche **Denkwürdigkeiten** zur Verständigung zwischen Kirche u. Staat, für Katholiken u. Protestanten Deutschlands. 1. Bd. 6 Hfte. gr. 8. (60 B.) Bamberg 842, Schmidt. à Hft. 20 Ngr.

— christkathol. **Dogmatik**, histor., bibl., patristisch, symbolisch, polemisch-apologetisch-praktisch dargestellt. 1. 2. Thl. Generelle Dogmatik. 1. 2. u. 3. Thl. Specielle Dogmatik. 1. Thl. gr. 8. Ebend. 846. (à 1½ ℛ) 4½ ℛ

— christ-kathol. Dogmatik, histor., bibl., patrist., symbolisch, polemisch-apologet., praktisch dargestellt. In 6 Thln. 4 u. 5. Thl. A. u. d. T.: Spezielle Dogmatik. 2. u. 3. Thl. gr. 8. (4: XVI u. 640 S. 5: XVI u. 624 S.) Bamberg 847, Schmidt. à 1½ ℛ (1—5: n. 7½ ℛ)

Riegler, Geo., der **Eid**, in geschichtl.-exegetisch-moral.-prakt. Beziehung. 2e ganz umgearb., verm. u. verb. Aufl. gr. 8. Augsb. 826. Kranzfelder. 10 fl.

—— der Eid in gesetzl.-exeget.-moral.-prakt. Bezieh., besond. z. Gebr. bei amtl. Belehr. vor d. Eid-Ablegung. 3., umgearb., verm. u. verb. Aufl. gr. 8. (11½ B.) Augsburg 837, [Lampart u. Comp.]

Riegler, Geo., der **Eid** in gesetzlich-exegetisch-moralisch-praktischer Beziehung, besonders zum Gebrauche bei amtlicher Belehrung vor der Eid-Ablegung. 3e ganz umgearb., verm. u. verb. Aufl. gr. 8. Augsb. 837. Magazin f. kathol. Theologie. ⅚ ℛ

——, Lor. Wolf's **Einkerkerung** als Folge sein. Streites wegen d. Einführung d. Katechismus v. Jais. gr. 12. (3 B.) Bamberg 834, Sickmüller.

—— die **Eucharistie** nach Schrift u. Tradition, historisch-krit.-exegetisch, dogmatisch, symbolisch, polemisch-apologetisch, praktisch bearb. Den kathol. u. protest. Theologen gewidmet. gr. 8. (27 B.) Bamberg 845, Schmidt.

— sechs Fastenpredigten, im hohen Dom zu Würzburg im J. 1817 gehalten. 8. Bamb. u. Würzb. 818.

— Fest- u. Gelegenheitspredigten, 1r Bd. 2 Hfte. gr. 8. Bamb. 818. (Frankf. a. M., Wesché.) 18 fl.

— Gebetbuch f. kathol. Christen. Mit 4 Kpf. 8. Bamb. 824. Wesché in Frankf. 14 fl.

Riegler, G., **Gebet-** u. **Trost-Buch** f. Leidende u. Kranke. 3., verm. Aufl. gr. 12. (11⅓ B.) Bamberg 837, Dederich. (Nürnberg, Lotzbeck.) Thlr.

Riegler, Georg, Kritische Geschichte der Vulgata. Sulzbach, v. Seidel, 1820, 8°, 10½ Bogen, 1,50 Mk.

— **Gott** und der Heiland die Freudenquelle des Christen. gr. 8. Augsburg 835. Kranzfelder. 1 ℛ

—— **Gott** u. d. Heiland die Freudenquelle d. Christen. gr. 8. (19 B.) Augsburg 835, (Lampart u. Comp.)

—— **Gott** u. d. Heiland die Freudenquelle d. Christen. Ein Betrachtungs- u. Erbauungs-Buch. Hrsg. u. geg. e. Recens. im Repertor. d. gesammt. deutsch. Literat. vertheidigt. gr. 8. (1½ B.) Augsburg 836, (Lampart u. Comp.)

— dass. Ein Betrachtungs- u. Erbauungs-Buch. Herausg. und gegen eine Recension im Repertorium der gesammten deutschen Literatur vertheidigt. gr. 8. Augsburg 836. Magazin für kathol. Theologie. $^{1}/_{12}$ ℛ

Riegler, Georg, und Martinet, A., Hebräische Grammatik für Universitäten, Gymnasien u. s. w. Bamberg, Schmidt, 1842, gr. 8°, 2. Aufl., 2,50 Mk.

— oberster Grundsatz der christl. Moral. Aufgestellt und gegen Dr. Luft, Prof. zu Gießen, vertheidiget. gr. 8. Augsburg 835. Kranzfelder. ¼ ℛ

—— oberster **Grundsatz** d. christl. Moral. Aufgestellt u. geg. D. Lüft, Prof. zu Gießen, vertheidiget. gr. 8. (3⅛ B.) Augsburg 835, (Lampart u. Comp.)

—— der durch seine Sinne leidende **Heiland**, u. der Mensch im Gebrauche u. Mißbrauche seiner Sinne. Ein Predigt- u. Betrachtungsbuch f. alle Christen. Lex.-8. (49 B.) Bamberg 842, Schmidt.

— biblische **Hermeneutik**. gr. 8. Augsburg 835. Kranzfelder. ⅔ ℛ

—— biblische **Hermeneutik**. gr. 8. (12 B.) Augsburg 835, (Lampart u. Comp.)

Riegler, Georg, Biblische Hermeneutik. Würzburg, Stahel, 1847, 8°, 2. Aufl., VIII, 184 S., 1,20 Mk.
1. Aufl. 1835. Recens. (Mainzer) Katholik 1836, Bd. 59, S. 84--102 und S. 185—193.

— evangel. Hülfsmittel in menschl. Uebeln 8. Sulzb. 822. v. Seidel. 16 kr

— s. Jeremias Klagelieder.

— Jesus Christus unser Heil. Predigt am Charfreitage 1821. 2e Aufl. 8. Frankf. a. M., Wesché. 4 kr

—— Jesus Christus unser Heil. Predigt am Charfreitage. Mit e. Betrachtung. gr. 12. (2 B.) Bamberg 843, Schmidt.

—— Jesus der Messias u. der Judaismus. Eine histor.-exegetisch-dogmatische Abhandlung. Hervorgerufen durch ein Beschwerde-Schriftlein des Rabbiners Rosenfeld. gr. 8. (10 B.) Bamberg 846, Schmidt.

— der heil. Johann v. Nepomuk, Zwei Reden, nebst dessen kurzer Lebensbeschreib. Zur Feier d. 100jähr. Jubiläums-Festes des Heiligen. 2e umgearb. u. verm. Aufl. 8. Augsb. 829. Kranzfelder. 6 kr 8. Prag 829. Kronberger u. W.; (a. Wesché in Frankf. a. M.) 4 kr

—— der heil. Joh. v. Nepomuk. Zwei Reden, nebst dess. kurzer Lebensbeschreibung. Zur Feyer d. 100 jähr. Jubiläums-Festes d. Heiligen. 2., umgearb. u. verm. Aufl. 8. (4 B. u. 1 Stndr.) Augsburg 829, [Magazin f. kathol. Theologie.]

Riegler, Georg, Die Klagelieder des Jeremias metrisch übersetzt mit Anmerkungen. Würzburg, Palm, 1814, 8°, 1 Mk.

— Compendium der christlichen Moral, nach der Grundlage der Ethik des M. v. Schenkl. 2 Thle. gr. 8. Augsburg 836. Kranzfelder'sche Sort.-Buchh. 2 5/6 Thlr.

Riegler, G., Compendium d. christl. Moral, nach d. Grundlage d. Ethik d. M. v. Schenkl. 2 Thle. gr. 8. (...) Augsburg 836, [Lampart u. Comp.]

Riegler, G., Compendium der christl. Moral nach der Grundlage der Ethik des M. v. Schenkl. 2. wohlf. (Titel-) Ausg. 2 Lfgn. gr. 8. (XIV u. 818 S.) Augsburg 847, Fahrmbacher. n. 1 Thlr. 6 ngr.

—— Judas Kuß, od. verstellte Freundschaft. In Predigt- u. Betrachtungsform dargestellt. Lex.-8. (1 B.) Bamberg 842, Schmidt.

—— das Leben Jesus Christus in Harmonie der vier Evangelien kritisch-historisch u. prakt. erklärt, zur Belehrung u. Betrachtung dargestellt. A. u. d. Tl.: Commentar über die vier Evangelien nach Matthäus, Markus, Lukas, Johannes, histor.-kritisch-praktisch-polemisch-apologetisch-harmonisch bearb. 5 Bde. (à 6 Lfgn.) gr. 8. (301 B.) Bamberg 843—45, Schmidt. (à Lfg. 15 Ngr.)

— Leitfaden zum dogmatisch- u. moral. Unterrichte im Sakramente der heil. Oelung, zum heilsamen Gebrauche derselben. 1s Bdchen. 8. Sulzbach 825, v. Seidel.

— Leitfaden zum Unterrichte in der ersten u. jeder heil. Kommunion, zur Begründung u. Erhaltung geistreicher Grundsätze. 8. Sulzb. 822, v. Seidel.

— Leitfaden zum Unterr. in dem heil. Sakrament d. Firmung. 8. Bamberg 824, Wesché in Frankf.

—— Leitfaden zum Unterrichte in dem heil. Sakramente der Firmung. 2. Ausg. 12. (3 B.) Bamberg 843, Schmidt.

— Lobes- u. Dankesempfindungen bei der gesegneten Getreideernte 1819. gr. 8. Bamberg 819. (Frankf. a. M., Wesché). 3 kr

— christl. Moral., nach d. Grundlage d. Ethik d. M. v. Schenkl. 1r Thl. u. 2r Thl. 1r u. 2r Bd. u. 3r u. 4r Thl. gr. 8. Augsb. 825—27, Kranzfelder. 1r u. 2r Thl. 1r Bd. 3 Rthl. 6 gr. 2r Thl. 2r Bd. 1 Rthl. 20 gr. 3r u. 4r Thl. 1 Rthl. 20 gr.

— christl. Moral, nach der Grundlage der Ethik d. M. v. Schenkl. 4 Thle. gr. 8. Augsb. 825—27. 2e Aufl. 828—29. Kranzfelder. 8 Thlr.

Riegler, Geo., christl. Moral, nach d. Grundlage der Ethik d. M. v. Schenkl. 4 Bde. 2., verb. u. verm. Aufl. 829. 6 Thlr., u. 3. A. (à 128½ B.) gr. 8. Augsburg 835, [Magazin f. kathol. Theologie.]

Riegler, Georg, Der 18. Psalm (der 17. nach der Vulgata) aus dem Hebräischen metrisch ins Deutsche übersetzt, mit philologischen und exegetischen Erläuterungen. Bamberg, Reindl, 1823, 35 S., Progr.
Recens. Mastiaux, Litt.-Ztg. f. k. Religionsl. 1823, Bd. III, S. 220—224. Katholik 1823, Bd. 9, S. 199—203.

—— der Religionsfreund, s. Religionsfreund, der.

— (Übers.), s.a. Ruth, Das Buch.

Riegler, Georg, Das Buch Ruth. Aus dem Hebräischen übersetzt und mit Einleitung und philol.-exeget. Erläuterungen versehen. Würzburg, Stahel, 1812, gr. 8°, 108 S.
Recens. Neues Magazin f. k. Religionsl. 1813, 4. Heft, S. 112—119.

—— und A. Martinet, hebräische Sprach-Schule f. Universitäten, Lyceen, Gymnasien u. israelit. Schulen, in 3 Abthl. — 1. Abthl. — A. u. d. T.: Hebrä. Sprachlehre. gr. 8. (19 B.) Bamberg 835, Lachmüller. (Literar. Institut.)

——, Lor. Wolf's merkwürd. Streit wegen Beheitzens d. Kaplanszimmers. Mit Noten. gr. 12. (1⅓ B.) Bamberg 834, Sickmüller.

—— polem.-apologet. Theater in 3 Akt. mit e. Vorsp. u. e. Nachsp. Aufgeführt geg. DD. Rheinwald, Achterfeld, Braun, Scholz, Vogelsang, Kutschker u. Pletz, Gersdorf, Weis, Wöch. Anzeiger rc. — Als Anh.: Oberster Grundsatz d. christl. Moral. Gegen Prof. Dr. Luft vertheidiget. gr. 8. (8⅛ B.) Augsburg 839, Lampart u. Comp.

—— Unauflöslichkeit des Ehebandes, mit der ganzen Lehre von der Ehe, nach Schrift u. Tradition histor.-kritisch-exegetisch, dogmatisch-symbolisch rc. praktisch dargestellt. Den kathol. u. protestant. Theologen u. Juristen gewidmet. gr. 8. (21½ B.) Bamberg 845, Schmidt.

Riegler, Geo., was soll d. vernünftige Mensch in den jetzigen theuern Zeiten denken u. thun? 8. Frankf. a. M. 818. Wesché. 5 kr

—— Wer ist ein Dieb? In Predigtform dargestellt. Lex.-8. (1 B.) Bamberg 842, Schmidt.

— s. G. Willmu, Jesus Christus der Welterlöser.

—— Pfarrer Lorenz Wolf, in vier Monographien, als: 1. L. W. in seinem Leben u. Wirken. 2. L. W. in seiner Einkerkerung. 3. L. W. in seinen geistlichen Betrachtungen. 4. L. W. im Streite mit seinen Kaplänen. Unveränd. Ausg. gr. 12. (10½ B.) Bamberg 842, Schmidt.

——, Lorenz Wolf, Pfarrer zu Kleinrinderfeld, nach sein. Leben u. Wirken geschild. gr. 12. (4⅙ B.) Bamberg 834, Sickmüller.

Riegler, Gideon, der Amateurastronom, s.a. Taschenbibliothek, naturwissenschaftliche. 2. Bdchn.

Der Amateurastronom. Von Gideon Riegler. Mit vielen Abb. Wien & Leipzig: Hartleben [1909]. 255 S. 8°
(Naturwissenschaftliche Taschenbibliothek. Bdch. 2.)

Riegler, Hieronymus

— Beschr. d. k. k. Bildergallerie in Belvedere zu Wien. 3 Hfte. 8. Wien. (Stahel in Würzb.) 787.

Riegler, Hier., v. d. bildend. Künsten u. Gedanken üb. d. Schönheit, e. Monatsschr. 4 Stck. 8. Wien, Hartmann. 782.

Riegler, Joh. Ev., die directen Personalsteuern, Beilage zu: **Kalender, Fromme's,** f. d. kathol. Clerus Oesterreich-Ungarns f. 1898.

Riegler, Ludw. Frdr., einfache u. glückliche Behandlung des Typhus, vorzüglich mittelst der Temperaturs-Abstuffungen der kühlen, kälteren u. kalten Luft durch mehrere Jahre geschöpft aus fremder Erfahrung u. eigener Praxis. gr. 8. (16 S.) Wien 850. (Seidel.) n. 1/4 ℛ

Riegler, Ludw. Friedr., das Neue oder das Zweckmäßige im Baue, in der Einrichtung und im Hausrathe der Spitäler, Erzieh- und Pflegehäuser, nach dem ämtl. Besuche der Industrie-Ausstellung zu London von 1851 und mehrerer der vorzüglichern Anstalten zu Amsterdam, Antwerpen, Berlin rc. gr. 8. (VIII und 118 S. mit eingedr. Holzschn.) Wien 851, (Seidel.) *

Riegler, L. D. Nothilfe unt. Soldaten b. plötzl. Unfällen u. Gefahren. Wien 1851. 4.

Riegler, Nic., in Silesia austriaca constitutio epidemica, annor. 1776—79. 8maj. Bresl. 780. W. G. Korn. 10 𝔊

Riegler Richard: Über den metaphorischen Gebrauch von Vogelnamen in den modernen Kultursprachen. 10. Pola Mar. U. R. 05. Progr.

Riegler, Rich., das Tier im Spiegel der Sprache. s.a. Abhandlungen, neusprachliche. 15. 16.

Das Tier im Spiegel der Sprache. Von Richard **Riegler**, Prof. Dresden & Leipzig: C. A. Koch 1907. (XX, 294 S.) 8°
— **Abhandlungen,** Neusprachliche. H. 15. 16. [07. 9517

Riegler, Th. Georg, s. Riegler, Georg

Riegler, W., Beiträge zur Physik des Waldes. s.: Mittheilungen aus dem forstlichen Versuchswesen Oesterreichs.

Riegler, Wahrmund, das Jahr in der Natur, wie es kommt u. geht, s.: **Vorträge,** volksthümliche, d. allg. n.-ö. Volksbildungsvereins.

Riegler, W., grüne Sachen. [Archiv f. Landwirthschaft. (Beilage z. „Wiener landwirthschaftl. Zeitg.".) Hrsg. v. Hugo H. Hitschmann. XXIII.] gr. 16. (XV, 162 S.) Wien 897. (C. Gerold's Sohn.) Geb. in Leinw. n. 3. —

[F.] Grüne Sachen. Von W. **Riegler** ... *Wien: H. H. Hitschmann 1897.* (XV, 162 S.) 1 Bd 8.
= Archiv f. Landwirthschaft. Beil. z. 'Wiener Landw. Zeitg'. [No] 23. [97. 685

Riegler, Wahrmund, neue grüne Sachen. Gedichte aus dem Wald- u. Jägerleben in Hochdeutsch u. Mundart. 8. (VIII, 68 S.) Berlin 901. P. Parey. Geb. in Leinw. n. 2.50

Riegler, Wahrmund Leberecht, Leitfaden der Haushaltungs-Lehre u. der Nahrungs-Waarenkunde aus Ludw. Riegler's Schriften kurzgefaßt. 8. (III, 112 S.) Wien 872. Graeser in Comm. n. 1.

Riegling, Heinrich Dieterich (Lippstadt / Westfalen), Quaedam ad fungi ducae matris pathologiam. Diss. med. Berlin (A. Petsch) 24. IV. 1828. 32 S. mit Biogr. (3.75) 28845
Oppon.: G. Krahn, A. Kindscher,, H. Herckenrath. — Gew.: Johann von Wiebel.

Katalog der Gemälde-Kollektion des Kgl. Bayer. Hofkunsthändlers Albert **Riegner** † nebst e. kleinen Gemälde-Samml. aus Münchener Besitz. (Vorr.: Alex Braun.) (München: Riegner 1910.) 39 S., 52 Taf. 4° [10. 16927 7

Riegner, Franz, Assist. am Mineral. Inst. d. Univ.: Aus d. Mineral. Inst. d. Univ. Breslau. 'Chemische Beiträge zur Kenntnis basischer Constitutionsfacies granitischer Gesteine.' Breslau: Fleischmann 1909. 75 S. 8°
Breslau, Phil. Diss. v. 21. Mai 1909, Ref. Hintze
[Geb. 23. Juli 82 Teplitz i. Böhmen; Wohnort: Breslau; Staatsangeh.: Preußen; Vorbildung: Realgymn. z. Heil. Geist Breslau O. 02; Studium: Breslau 6, Marburg 3, Breslau 5 S.; Rig. 12. Mai 09.] [U 09. 621

Riegner, Hans, Kronen- und Brücken-Arbeiten. Ein Lehrbuch. 2 Hlftn. gr. 8. Leipzig 895. A. Felix. à n. 8. —
1. Kronen-Arbeiten. (136 S. m. 266 Illustr.)
2. Brücken-Arbeiten. (IX u. S. 137—291 m. 208 Illustr.)

Riegner, Hermann, appr. Arzt aus München: **Aus d. Kgl.** Pharmakol. **Institut d. Universität München. Über die Wirkung** photodynamischer **(fluoreszierender) Substanzen** auf Labferment. *München 1904: E. Mühlthaler.* (16 S.) 8°
München, Med. Diss. v. 1904

Riegner, Os. (geb. Rawitsch 5. 11. 1844): De purpura haemorrhagica. Berolini (1866). (32 S.) 8°
Berlin, Med. Diss. v. 25. Juni 1866

Riegner, Rudolf: (**Aus der** III. **medicinischen Klinik des** Charité-Krankenhauses.) Über die **Wirksamkeit einiger** Magen- und **Darmantiseptica.** *Berlin (1898): G. Schade.* (48 S.) 8°
Berlin, Med. Diss. v. 22. Apr. 1898

Riego's, General R., Denkwürdigk. rc. s. Denkwürdigkk. d. Zeitgenossen III.

— Leben u. Hinrichtung. Eine biograph. Skizze f. Freunde d. Geschichte. Mit Bildniß. gr. 8. Augsb. 824, Engelbrecht.

— Leben u. Hinrichtung. Eine biograph. Skizze f. Freunde der Geschichte. Mit Bildniß. gr. 8. Augsb. 824. Schlosser. 14 𝔊

Riehemann, J., der Humor in den Werken Justus Möfers. gr. 8. (106 S.) Osnabrück 902. (F. Schöningh.) n. 1. —
Sonderabdruck aus: „Mitth. d. Ver. f. Gesch. u. Landeskde. zu Osnabrück".

·[F.] **Riehemann,** Joseph [Dr.]: Erläuternde Bemerkungen zu Annette von Droste-Hülshoffs Dichtungen. Zum hundertj. Geburtstage d. Dichterin. Osnabrück, Buchdr. v. A. Liesecke, 1896; 3—84 S. 4.
Osnabrück, k. G. Carolinum, OP 1896 (322)

Riehemann, Jos., erläuternde Bemerkgn. zu Annette v. Droste-Hülshoffs Dichtgn. Zum 100jähr. Geburtstage der Dichterin. 4. (84 S.) Osnabrück 896. (F. Schöningh.) n.n. 1.30

— dasselbe. 2. Tl. 4. (24 S.) Ebd. 898. n. — 80

Riehemann, Joseph: Erläuternde Bemerkungen zu Annette von Droste-Hülshoffs Dichtungen. II. T. *Osnabrück 1898: A. Liesecke.* (3—24 S.) 4° • (Fortsetzung d. P-Beilage 1896.) [F.]
Osnabrück, k. G. Carolinum, OP 1898 (331)

Riehemann, Joseph: Erläuternde Bemerkungen zu Annette von Droste-Hülshoffs Dichtungen. T. 3. Meppen 1908: Wegener. 24 S. 8°(4°) ¶ [Forts. d. P-Beil. 1896. 98.]
Meppen, k. G OP 1908 (403) [S 08. 376

Riehemann, Jos., Osnabrücker Dichter u. Dichtungen. Eine Anthologie in hoch- u. niederdeutscher Sprache. Eingeleitet u. zusammengestellt. (IV, 256 S.) 8. Osnabrück 903. F. Schöningh. n. 2. —; geb. n. 2. 60

Riehemann, [Joseph]: Die Einführung des neuen Direktors. S. 19 bis 24 der Schuln. 4. **Progr.** Kgl. Gymn. *Meppen* 1904 (366).

Riehemann, Jos. [aus Osnabruck]: De litis instrumentis quae exstant in Demosthenis quae fertur oratione adversus Neaeram . . . . Lipsiae, Frankenstein u. Wagner, 1886; 2 + 51 + 1 S. 8°.
Leipzig, Phil. Fak., Inaug.-Diss. v. 13. Febr. 1886.

Riehemann, Jos., de litis instrumentis quae exstant in Demosthenis quae fertur oratione adversus Neaeram. gr. 8. (51 S.) Leipzig 886. Fock. n. 1. —

Riehemann, Joseph: Schulreden. 57 S. 8. Kgl. Gymn. *Meppen* 1910 (424).
I. Festrede bei der Geburtstagsfeier Sr. Majestät des Kaisers. 1909. Die patriotischen Dichtungen Ottokar Kernstocks. II. Abiturientenentlassungsreden. 1. 24. Februar 1904. (Antigone - Demosthenes.) 2. 18. März 1905. (Schiller.) 3. 9. Februar 1906. (Homer.) 4. 2. März 1907. (Der Reichtum der Jugend.) 5. 22. Februar 1908. (Unser Klassenzimmer.) 6. 18. Februar 1909. (Nicht für die Schule, sondern für das Leben lernen wir. — Perfer et obdura.) 7. 12. Februar 1910. (Die lateinische Primalektüre.)
Progr.

Riehemann, Joseph: Schulreden. Meppen 1910: Wegener. 57 S. 8°
Meppen, k. G OP 1910 (424) [S 10. 357

Riehener-Zeitung
v. Anzeiger für Riehen und Umgebung.

Riehl, Alfred

Riehl, A., o. Avenue Tegetthoff-St. Stephan in Wien. 2. Aufl. Lex.-8. (63 S. m. 1 Skizze, 3 Lichtdr.-Taf. u. 2 Plänen.) Wien 895. R. Lechner's Sort. n. 3. —

Riehl, Alois, üb. Begriff u. Form der Philosophie. Eine allgemeine Einleitg. in das Studium der Philosophie. gr. 8. (XII, 95 S.) Berlin 872. C. Duncker. n. 1. 75

Riehl, A., Beiträge zur Logik. [Aus: „Vierteljahrsschr. f. wissenschaftl. Philos."] gr. 8. (59 S.) Leipzig 892. O. R. Reisland. n. 1. —

Riehl, A., Giordano Bruno. Ein populärwissenschaftl. Vortrag. gr. 8. (46 S.) Leipzig 889. Engelmann. n. — 80

Riehl, Alois, Giordano Bruno. Zur Erinnerg. an den 17. II. 1600. 2., neu bearb. Aufl. gr. 8. (III, 56 S.) Leipzig 900. W. Engelmann. n. 1. 20

— zur Einführung in die Philosophie der Gegenwart. 8 Vorträge. gr. 8. (VI, 258 S.) Leipzig 903. B. G. Teubner. n. 3. —; geb. in Leinw. n. 3. 60

Riehl, Alois, zur Einführung in die Philosophie der Gegenwart. 8 Vorträge. 2., durchgeseh. Aufl. (VI, 274 S.) 8. Leipzig 904. B. G. Teubner. n. 3. —; geb. in Leinw. n. 3. 60

Riehl, Alois, zur Einführung in die Philosophie der Gegenwart. 8 Vorträge. 3. durchgeseh. u. verb. Aufl. (VI, 274 S.) 8. Leipzig 908. B. G. Teubner. 3. —; geb. 3. 60

— Robert Mayers Entdeckung u. Beweis des Energieprincipes, s.: Abhandlungen, philosophische.

Riehl, Alois, realistische Grundzüge. Eine philosophische Abhandlung der allgemeinen u. nothwendigen Erfahrungsbegriffe. Graz 870. Leuschner & Lubensky. 8. (VII, 68 S.) n. 12 ngr.

— Rudolf Haym. Rede zu seinem Gedächtnis, in der Aula d. Universität Halle-Wittenberg am 14. XII. 1901 geh. gr. 8. (25 S.) Halle 902. M. Niemeyer. n. — 50

— Hermann v. Helmholtz in seinem Verhältnis zu Kant. (48 S.) gr. 8. Berlin 904. Reuther & Reichard.
Sonderabdruck aus: „Kantstudien". n. — 80

— Immanuel Kant. Rede zur Feier des 100jähr. Todestages Kants, geh. in der Aula der Universität Halle-Wittenberg. (30 S.) 8. Halle 904. M. Niemeyer. n. — 60

Riehl, A., der philosophische Kriticismus und seine Bedeutung für die positive Wissenschaft. 1. und 2. Bd. 1. Thl. gr. 8. Leipzig, Engelmann. *
Inhalt:
Bd. 1. Geschichte und Methode des philosoph. Kriticismus. (XII, 447 S.) 876. *ℳ 9.
» 2. 1. Thl. Die sinnlichen und logischen Grundlagen der Erkenntniss. (VII, 292 S.) 879. *ℳ 7.

Riehl, Alois, der philosophische Kriticismus und seine Bedeutung für die positive Wissenschaft. 2. Bd. 2. Thl. [Schluss]: **Zur Wissenschaftstheorie und Metaphysik.** gr. 8. (XI, 358 S.) Leipzig 887, Engelmann. *ℳ 8.—. * 3 60
1. Bd. und 2. Bd. 1. Tl. Ebendas. 1876,79. *ℳ 16.—.

— Der philosophische Kritizismus. Geschichte u. System. 1. Bd. Geschichte d. philosoph. Kritizismus. 2., neu verf. Aufl. (VII, 615 S.) gr. 8. Leipzig 908. W. Engelmann. 13.—; geb. in Halbfrz. 16. —

Riehl, Alois, Gotthold Ephraim Lessing. Rede, gehalten zur Erinnerung an den 100jähr. Todestag Lessings am 15. Febr. 1881. gr. 8. (31 S.) Graz 881, Leuschner und Lubensky. *

Riehl, Alois, Moral und Dogma. gr. 8. (IV, 46 S.) Wien 871, Gerold's Sohn. * 1 —

Riehl, Alois, Friedrich Nietzsche, der Künstler u. der Denker, s. a. Frommann's Klassiker d. Philosophie

Friedrich Nietzsche, der Künstler u. d. Denker. E. Essay v. Alois **Riehl**. *Stuttgart: F. Frommann 1897.* (132 S., 1 Portr.) 1 Bd 8.
= **Klassiker**, Frommanns, d. Philosophie. (Bd) VI. [97. 7533

Riehl, Alois: Friedrich Nietzsche, der Künstler und der Denker. 2. Aufl. Stuttgart: Frommann 1898.

Riehl, Alois. Friedrich Nietzsche, der Künstler und der Denker. 4., verbesserte und ergänzte Aufl. Mit Bildnis [Tafel]. 175 S. 8. Stuttgart, Fr. Frommann, 1901. [M. 2. —, geb. M. 2. 50]
(Frommanns Klassiker der Philosophie hrg. von Richard Falckenberg.... [Band] 6.)

Friedrich Nietzsche, der Künstler und der Denker. Von Alois **Riehl**. 5. Aufl. Mit Bildn. Stuttgart: Frommann [1909]. VIII, 167 S. 8°
(Frommann's Klassiker d. Philosophie. 6.)

— s.: Philosophie, systematische.

Riehl, Alois, üb. wissenschaftliche u. nichtwissenschaftliche Philosophie. Antrittsrede. gr. 8. (52 S.) Freiburg i/Br. 883. Mohr. n. 1. 60

Plato. Ein populär-wissenschaftl. Vortrag von A[lois] Riehl. Halle a. S.: M. Niemeyer 1905. (35 S.) 8° [05 5603 8

Riehl, Alois: Fichtes Universitätsplan. Berlin 1910: G. Schade. 21 S. 4°
Berlin Univ., Rede am Geburtstage des Kaisers 1910 [U 10. 286

— s.: Vierteljahrsschrift für wissenschaftl. Philosophie.

— s.: Vierteljahrsschrift f. wissenschaftliche Philosophie u. Soziologie.

— Humanistische Ziele des mathematischen u. naturwissenschaftlichen Unterrichts. Vortrag, geh. in der Vereinigg. der Freunde des humanist. Gymnasiums in Berlin u. der Prov. Brandenburg am 4. XII. 1908. (39 S.) 8. Berlin 909. Weidmann. — 60

Riehl, Anton

Riehl, Ant., das allgemeine bürgerliche Gesetzbuch erläutert durch die Spruchpraxis des k. k. obersten Gerichtshofes bis 1879, sammt ausführlichen Citaten aller einschlägigen Gesetzesstellen. gr. 8. (VII, 1343 S.) Wien 880. Manz. n. 19. 20

— das allgemeine bürgerliche Gesetzbuch, erläutert durch die Spruchpraxis sammt allen ausführl. Citaten, einschläg. Gesetzesstellen u. doppeltem Register. 2. neu bearb., durch Benützg. der sämmtl. bisher veröffentlichten Entscheidgn. letzter Instanz ergänzte Aufl. in 4 Bdn. gr. 8. (XII, 1983 u. Reg. 136 S.) Wien 883. Manz. n. 28. —

Riehl, Ant., das allgemeine bürgerliche Gesetzbuch, erläutert durch die Spruchpraxis. Suppl.-Bd. zur 2. Aufl., vermittelnd den Anschluß an das am 1. Jänner 1884 erschienene 1. Heft der Zeitschrift „Die Spruchpraxis". gr. 8. (IV, 450 S.) Wien 885, Hölder. * 7 20
Hauptwerk. 4 Bde. Wien 1883, Manz'sche Hof-Verlagsh. *M 28.—.

– Dass., s.a. Gesetzbuch ...

—— und Rainer v. Reinöhl, Kaiser Josef II. als Reformator auf kirchlichem Gebiete. Eine Festschrift zur Feier des 100. Jahrestages des Toleranz-Patentes am 13. Oktbr. 1781. gr. 8. (160 S.) Wien 881, Rosner. * 2 40

Riehl, Ant., die Concurs-Ordnung erläutert durch die Spruchpraxis, sammt allen Durchführungsverordnungen und den Bestimmungen über den Genossenschafts-Concurs rc., ausführl. alphabet. Register und vollständ. Literaturangaben. 6 Lfgn. gr. 8. (366 S.) Wien 882, Manz'sche Hofverlagsh. à Lfg. *M 1. *
geb. *

Riehl, Ant., die Concurs-Ordnung, erläutert durch die Spruchpraxis, sammt allen Durchführungsverordnungen und den Bestimmungen über den Genossenschaftsconcurs, alphabet. Register und vollständ. Literaturangabe. Neue Folge, unter Mitwirkung von Friedr. Pacák und Karl Stromenger. [Mit dem Wortlaute der Gesetze vom 16. März 1884, Nr. 34 und 35 R. G. B.] gr. 8. (91 S.) Wien 884, Hölder. * 1 60

Riehl, Ant., s.: Spruchpraxis, die.

—— die Strafproceßordnung und alle darauf bezüglichen Gesetze, Verordnungen, amtlichen Formularien rc., erläutert durch die Spruchpraxis, sammt ausführl. Literaturangaben, einschläg. Gesetzesstellen und doppeltem Register. 4 Lfgn. gr. 8. Ebendas. 884. [1. und 2. Lfg. (I—IV, S. 1—384.) à *M 2,40.; 3. und 4. Lfg. (V—XII, S. 385—661.) *M 3,60.] * 8 40

Riehl, A., Tagsatzungen. Handbuch zum Gebrauche bei civilgerichtl. Verhandlgn. schmal Fol. (151 S.) Wien 886. Konegen. cart. n. 6. —; in Ldr. (als Actentasche) geb. n. 9. 60.

—— Volksausgabe der österreichischen Gesetze. 1. und 2. Bd. 8. Wien 886, Konegen. geb. à Bd. *M 1.80. * 3 60
Inhalt:
Bd. 1. Das allgemeine bürgerliche Gesetzbuch sammt allen Nachtragsnormen und sonst. damit zusammenhäng. Materien betr. Gesetzen und Verordnungen, sowie sämmtl. in das Judicatenbuch oder Spruchrepertorium eingetragenen Rechtssätzen rc. (154 S.)
" 2. Die geltenden Gesetze über den Civilproceß sammt allen Nachträgen und den in's Judicatenbuch oder Spruchrepertorium eingetragenen Rechtssätzen rc. (132 S.)

Riehl, Berthold

Riehl, Berth., Augsburg, s.a. Kunstätten, berühmte. Nr. 22.

Augsburg. Von Berthold Riehl. Mit 103 Abb. *Leipzig: E. A. Seemann 1903.* (148 S.) 8° [F.]
— Kunststätten, Berühmte. No 22. [03. 7567

Riehl, B., Denkmale frühmittelalterlicher Baukunst in Bayern, bayerisch Schwaben, Franken u. der Pfalz. Mit 6 Abbildgn. in Autotypie. gr. 8. (XIV, 254 S.) München 888. Hirth. n. 5. —

Riehl, Berth., s.a. Gemälde, die, v. Dürer u. Wohlgemut.

Die Gemalde von Dürer und Wolgemut in Reproductionen nach den Originalen zu Augsburg, Berlin, Bremen etc. Herausgegeben von Sigmund Soldan. Mit Text von Berthold Riehl. Lichtdruck. Nürnberg. Fol.

Riehl, Berthold, Geschichte der Sittenbilder in der deutschen Kunst bis zum Tode Pieter Brueghel d. Aelteren. gr. 8. (VIII, 144 S.) Stuttgart 884. Spemann. n. 2. 50

— Geschichte der Stein- u. Holzplastik in Ober-Bayern vom 12. bis zur Mitte des 16. Jahrh. gr. 4. (76 S. m. 5 Taf.) Ebd. 902. n. 3. —
2 Sonderabdrucke a.: „Abhandlgn. d. bayer. Akad. d. Wiss."

Geschichte der Stein- und Holzplastik in Ober-Bayern vom 12. bis zur Mitte des 15. Jahrhunderts. Von Berthold Riehl. (Mit 5 Taf.) *München: K. Akad. 1903.* (76 S.) 4°
= Abhandlungen d. historischen Klasse d. kgl. Bayerischen Akad. d. Wiss. Bd 23, Abt. 1, [1.] [04. 4 4

— Wilhelm v. Kaulbach. (44 S. m. Abbildgn. u. 11 Taf.) gr. 8. München 905. F. Hanfstaengl. n. 8. —
Sonderabdruck aus: „Die Kunst unserer Zeit".

Riehl, Berth., d. Kunst an d. Brennerstrasse. gr. 8. (XI, 244 S.) Leipzig 898. Breitkopf & Härtel. Geb. n. 6. —; auf Kunstdr.-Pap., geb. in Hlbfrz. n. 10. –

Riehl, Berth., die Kunst an der Brennerstrasse. 2. verb. u. verm. Aufl. (XI, 272 S. m. 100 Abb.) 8. Leipzig 908. Breitkopf & Härtel. Geb. in Leinw. 5. —

Riehl, Berth., deutsche u. italienische Kunstcharaktere. gr. 8. (VIII, 254 S. m. 16 Abbildgn.) Frankfurt a/M. 893. H. Keller. n. 7. 60

— s.: Kunstdenkmale, die, des Königr. Bayern.

— die Kunstdenkmale des Reg.-Bez. Oberbayern, s.: Bezold, Gust. v.

— zur bayrischen Kunstgeschichte. I. Die ältesten Denkmale der Malerei. 8. (32 S.) Stuttgart 885. [Spemann.] Union. n. 1. 50

—— Sanct Michael und Sanct Georg in der bildenden Kunst. Inaugural-Dissertation. gr. 8. (50 S.) München 883, Th. Ackermann. * 1 —

Riehl, Berthold. *Sanct Michael* u. *Sanct Georg* in der bildenden Kunst. Inaugural-Dissertation. München, Druck der F. S. Hübschmann'schen Buchdr., 1883. 8°. Mit Autogr. d. Vf. auf Titelbl. Gebr. u. mit vielen Bleistiftstrichen u. Randnoten von der Hand d. Bibliotheks-Besitzers. Cart.

— die Münchener Plastik in der Wende vom Mittelalter zur Renaissance. (S. 389—471 m. 8 Taf.) Lex.-8. München 904. (G. Franz' Verl.) n. 4. —

Die Münchener Plastik in der Wende vom Mittelalter zur Renaissance. Von Berthold Riehl. (Mit 8 Taf.) (München: K. Akad. 1904.) (S. 391 —471.) 4°
= Abhandlungen d. hist. Klasse d. Kgl. bayer. Akad. d. Wiss. Bd 23, Abt. 2, [3.] [05. 3501]

— Studien zur Geschichte d. bayerischen Malerei des 15. Jahrh. [Aus: „Oberbayer. Archiv für vaterländ. Geschichte".] gr. 8. (160 S. m. Abb. u. 11 Taf.) München 895. (G. Franz' Verl.) n. 4. —

— Studien üb. Miniaturen niederländischer Gebetbücher des 15. u. 16. Jahrh. im bayer. National-Museum u. in der Hof- u. Staatsbibliothek zu München. (S. 433—460 m. 7 Taf.) Lex. 8. München 907. G. Franz' Verl. 3. —
Sonderabdr. a.: „Abhdlgn. d. k. bayer. Akad. d. Wiss."

Riehl, Berth., von Dürer zu Rubens. Eine geschichtl. Studie üb. d. deutsche u. niederländ. Malerei d. 16. Jahrh. gr. 4. (S. 135—229.) München 900. (G. Franz' Verl.) n. 3. —

— internationale u. nationale Züge in der Entwicklg. der deutschen Kunst. (S. 145—198.) Lex.-8. Ebd. 906. n. 2. —
2 Sonderabdrucke a.: „Abhandlgn. d. bayer. Akad. d. Wiss."

Riehl, Carl, s. Riehl, Karl

Riehl, Ernst August

Riehl, Ernst Aug., das andere Leben. Ein Roman. (281 S.) 8. Leipzig 910. Xenien-Verlag. 3.—; geb. n 4. 50

F. RIEHL, **Verzeichniss der bei Cassel in einem Umkreise von ungefähr drei Meilen aufgefundenen Coleopteren.**
Besonderer Abdruck aus den Verhandlungen des Vereins für Naturkunde zu Cassel vom Jahre 1860—1862. Cassel 1863. Druck von Baier & Lewalter. 8°.

Riehl, F. Wilh., Beitrag zur richtigen Würdigung der Schrift des Dr. Liebetrut. Zur Ernüchterung über die preußische Elementarschulfrage. gr. 8. (12 S.) Potsdam 850, Horvath. 1½ ngl

— Beleuchtung dringender Nothstände im jetzigen Handels- u. Gewerbewesen. Ein Vortrag, im Gewerbe-Verein zu Potsdam am 11. Jan. 1848 gehalten. gr. 8. (16 S.) Potsdam 850, Stuhr. 1/12 ℔

— Erinnerung an Potsdam. Ein Führer u. Begleiter f. Fremde u. Einheimische zu allen Sehenswürdigkeiten der Stadt u. Umgegend. Mit angehängtem vollständ. Register. 8. (80 S.) Potsdam 852, Horvath. 1/6 ℔; m. lith. Ansicht 1/4 ℔

— die Freskobilder aus dem Nibelungenliede am Marmorpalais im Neuen Garten bei Potsdam. gr. 8. (43 S.) Berlin 850, Janke in Comm. n. 1/6 ℔

— siehe: Gedichte v. Gaulke ꝛc.

—— und E. Kienholz, Gelegenheitsgedichte für den Bedarf der Jugend. Als Anhang des poet. Kinderfreundes. 2., verm. und verb. Aufl. gr. 8. (36 S.) Berlin 850, Reimarus.

— den lieben, artigen Kindern! Naturbilder u. Fabeln f. Schule u. Haus. Gedichte f. das kindliche Alter bis zu 12 Jahren. Mit einem Vorwort v. J. Fölsing u. 10 col. Bilderchen v. G. Bartsch. 8. (IV u. 76 S. mit 2 lith. Taf.) Berlin 852, E. Schultzes Buchdruckerei. 6 ngl. cart. 8 ngl

Riehl, W., poetischer Kinderfreund, s. Kinderfreund.

— u. E. **Kienholz**, poetischer Kinderfreund, eine Sammlung von Gedichten zur Gedächtnißübung u. Deklamation für die Jugend, nebst einem Anh. v. Gelegenheitsgedichten. 2. sehr verm. u. verb. Aufl. gr. 8. (VIII u. 150 S.) Berlin 850, Reimarus (jetzt: Ernst & Korn). n. 8 ngl

— Kindergärtlein. Illustrirt v. Frdr. Lentze. gr. 8. (26 Bl. m. eingedr. Zinkogr.) Berlin 851, Simion. ½ ℔; col. 5/6 ℔

—— und E. Kienholz, Sammlung deutscher Gedichte für höhere Schulen. 3., erwelt. Aufl. des „Poetischen Kinderfreundes". gr. 8. (XII, 324 S.) Potsdam 869, Riegel'sche Buchh. * 1 60

— die St. Nikolai-Kirche in Potsdam, ihre Geschichte u. gegenwärt. Gestalt. Mit einem (lith.) Grundrisse der Kirche (in 4.) gr. 8. (45 S.) Berlin 850, Janke. n. 1/6 ℔

Riehl, Frid. (Guil.) (geb. Minden a. W. 12. 8. 1842): De sanguinis transfusione. Berolini (1867). (32 S.) 8°
Berlin. Med. Diss. v. 25. Juni 1867

Riehl, Gust., s.: **Congress, II. internationaler dermatologischer.**

Riehl, Gust., s.: Wochenschrift, Wiener klinische.

Riehl, Hermann August

Riehl, H. A., Tierarzt aus Delitzsch: **Über den Bau des Augenlides beim Vogel.** (Aus dem veterinär-anatomischen Institut der Universität Zürich. Prof. Zietzschmann.) Leipzig 1908. IV + 82 S. und zwei Tafeln. 8°. S.-A. aus der Internat. Monatsschrift für Anat. u. Phys. Bd. 25. [9. III. 08.]
Zürich, Vet.-med. Diss. 1907/08.

Riehl, H[ermann] A[ugust]. Über den Bau des Augenlides beim Vogel. Diss. Vet.-Med. Univ. Zürich. Mit 2 Tafeln. ([Sep.-Abdr. aus:] Internat. Monatsschrift für Anat[omie] u. Phys[ik]. Bd. 25.) *Kopftitel:* Aus dem veterinär-anatomischen Institut der Universität Zürich. (Prof. Dr. [Otto] Zietzschmann.) IV + 82 S. 8. Leipzig, Georg Thieme, 1908.

Riehl, J., westfälisches Bauernrecht (Erb- u. Familienrecht) im Geltungsbereiche d. Gesetzes betr. das eheliche Güterrecht in d. Prov. Westfalen vom 16. Apr. 1860. gr. 8. (XVI, 320 S.) Minden 896. J. C. C. Bruns. n. 5. —; geb. n. 6. —

Riehl, J., Über die Klagen zur Abwehr der Belästigungen durch Rauch, Gerüche, Geräusche, Erschütterungen u. andere Imponderabilien. [Aus: „Beiträge z. Erläuterg. des deutschen Rechts".] (22 S.) gr. 8. Berlin, F. Vahlen. 1907. —. 60.

Riehl, J., Das System des deutschen Gläubigeranfechtungsrechts. Kritische Studien. [Aus: „Beitr. z. Erläuterg. d. deut. Rechts".] (VIII, 133 S.) gr. 8. Berlin, F. Vahlen. 1903. 2. 80.

Riehl, J., üb. die materiell rechtlichen Voraussetzungen d. Pfändungspfandrechts. gr. 8. (80 S.) Berlin 888. Vahlen. n. 1. 20

Riehl, Johs., Jesus im Wandel der Zeiten. (105 S.) gr. 8. Berlin (907). H. Seemann Nachf. (Urspr. Pr. 1. —; geb. 2. —)
(Kulturträger.)

— Kant u. seine Philosophie. (80 S.) gr. 8. Ebd. (907). (Kulturträger.) (Urspr. Pr. 1.—; geb. 2. —)

Kant und seine Philosophie von Dr. Johannes Riehl. 3. Aufl. Berlin & Leipzig: H. Seemann Nachf. [1907]. (79 S.) 8° 10

(Riehl, Josef.) Vinschgauer und Fernbahn in Beziehung zur Scharnitzer Linie. (Vortrag gehalten im Volkswirtschaftlichen Verein zu Innsbruck.) [Mit 1 Karte und 1 Profil-Tafel.] II + 31 S. 8. Innsbruck, Verlag des volkw' Vereines, 1903. [M. 1. —]

Riehl, Jos., Vinschgauer u. Fernbahn in Beziehung zur Scharnitzer-Linie. Vortrag, geh. im volkswirtschaftl. Verein zu Innsbruck. (31 S. m. 1 Karte u. 1 Taf.) gr. 8. Innsbruck 903. (Wagner). n. 1. —

Riehl, Karl, Rechtsanwalt in München: Die Anweisung. München 1907. (VIII, 64 S.) 8° [F.]
Tübingen, Jur. Fak., Ref. v. Wendt, Diss. v. 27. Dez. 1907
[Geb. 8. April 79 München; Wohnort: München; Staatsangeh.: Bayern; Vorbildung: Theresien-Gymn. München Reife M. 98; Studium: München 5, Berlin 1, Würzburg 2 S.; Rig. 21. Nov. 07.]

Riehl, Karl, die Anweisung. (VIII, 64 S.) gr. 8. München 908. J. Schweitzer Verl. 2. —

Riehl, Karl, Johann Schwanewedel auf d. Tegelers-Plate. Od.: Die edle u. kühne Meerfahrt am 22. Oktober 1845. Eine Ode, dem Vaterlande gewidmet. 4. Celle 846, Ernst Schulze. n. 1/12 ℛ︁

Riehl, Carl, die Stufen des Lebens. Ein Gemälde in 5 Gesängen. Der deutschen Jugend gewidmet. 16. (30 S.) Celle 851, Capaun-Karlowa. Mit Goldschn. n. 1/6 ℛ︁

Riehl, Max, aus München: Ein Fall von primärem Nierensarcom mit Perforation der vena cava inferior. *München 1899: Kastner & Lossen.* (45 S.) 8°
München, Med. Diss. v. 1899

Riehl, Oswalt [aus Bliesendorf]: '(Aus d. Klinik d. Herrn Prof. Dr. Gerhardt.)' Beiträge zur Aetiologie der Chorea ... Berlin, Buchdr. v. G. Schade, *1891;* 34 S., 1 Bl. 8.
Berlin, Med. Fak., Inaug.-Diss. v. 21. Nov. 1891

Riehl, W., und J. Scheu. Berlin und die Mark Brandenburg mit dem Markgrafthum Nieder-Lausitz in ihrer Geschichte und in ihrem gegenwärtigen Bestande. Nach amtlichen und anderen Mittheilungen herausgegeben. Mit dem Bildniss Sr. Excellenz des Staats-Ministers Dr. Flottwell und vielen anderen bildlichen Beilagen. 8. Berlin 1861.

— und J. Scheu, Berlin und die Mark Brandenburg mit dem Markgrafthum Nieder-Lausitz in ihrer Geschichte und in ihrem gegenwärtigen Bestande. Nach amtlichen u. anderen Mittheilungen herausg. Mit dem (lith.) Bildnisse des Staats-Ministers Ober-Präsid. Dr. Flottwell und vielen (16) andern bildlichen (lith.) Beilagen. Berlin 861. (Geelhaar.) Lex.-8. (VIII, 716 S.) nn. 2 ℛ︁ 15 ngr.

Riehl, W., die vaterländischen Bildwerke der königl. Schlösser u. Gärten Potsdam's. Potsdam 869. Döring. 8. (III, 95 S.) n. 10 ngr.

Riehl, W., Geschichte des potsdamer Handwerker-Vereins. Ein Beitrag zur Feier seines 10jähr. Bestehens. gr. 8. (III und 96 S.) Potsdam 858, [Döring.] *

Riehl, W., der Potsdamer Handwerker-Verein in seinem 25jährigen Bestehen. Historische Skizze. 8. (28 S.) Potsdam 873. Döring. n. — 50

Riehl, W., s. Jahresbericht der litterarischen Gesellschaft zu Potsdam.

Riehl, W., der Tod und das Begräbniß Sr. Maj. des Hochsel. Königs Friedrich Wilhelm IV. von Preußen. Nach offiziellen Mittheilungen und eigener Anschauung. Potsdam 861. (Berlin,) Schlesier. gr. 8. (36 S.) n. 5 ngr.

Riehl, W., Touristen-Führer durch Potsdam u. Umgebung, s.: Kiessling.

Riehl, Wilh., s.a. Riehl, F. Wilh.

Riehl, Wilh., die Friedenskirche bei Sanssouci und die Gruft Sr. Maj. König Friedrich Wilhelm's IV. 4. (24 S. mit 10 Photogr. von Herm. Selle.) Potsdam 865, (Gropius'sche Buchh.) **

Riehl, Wilhelm Heinrich

Riehl, W. H., die deutsche Arbeit. gr. 8. (X und 330 S.) Stuttgart 861, Cotta'sche Buchh.

Riehl, W. H., die deutsche Arbeit. 2., unveränd. Abdr. gr. 8. (X und 330 S.) Stuttgart 862, Cotta'sche Buchh.

Riehl, W. H., die deutsche Arbeit. 3. mit vielen Zusätzen verseh. Aufl. gr. 8. (X, 297 S.) Stuttgart 884, Cotta'sche Buchh. * 5 —

— über den Begriff der bürgerlichen Gesellschaft. Vortrag in der öffentlichen Sitzung der königl. Akademie der Wissenschaften am 30. März 1864 zur Erinnerung ihres 105. Stiftungstages gehalten. München 864. (Franz.) gr. 4. (16 S.) n. 6½ ngr.

Riehl, W. H., kulturgeschichtliche Charakterköpfe. Aus der Erinnerg. gezeichnet. 1. u. 2. Aufl. 8. (VII, 528 S.) Stuttgart 891 892. J. G. Cotta Nachf. n. 6. —; geb. n. 7. —

Riehl, W. H., kulturgeschichtliche Charakterköpfe. Aus der Erinnerg. gezeichnet. 3. Aufl. 8. (VII, 391 S.) Stuttgart 899. J. G. Cotta Nachf. n. 4. —; geb. n. 5. —

Riehl, W. H., musikalische Charakterköpfe. Ein kunstgeschichtl. Skizzenbuch. 8. (VIII und 266 S.) Stuttgart 853, Cotta'sche Buchh.

—— musikalische Charakterköpfe. Ein kunstgeschichtl. Skizzenbuch. 2., umgearb. und stark verm. Aufl. 8. (X und 306 S.) Stuttgart 857, Cotta'sche Buchh.

— musikalische Charakterköpfe. Ein kunstgeschichtliches Skizzenbuch. 1. Bd. 3. Aufl. Stuttgart 861. Cotta. 8. (X, 306 S.) 1 ℛ︁ 15 ngr.

— — 2. Bd. 860. — 2. Aufl. Ebend. 862. 8. (VI, 376 S.) 1 ℛ︁ 15 ngr.

Riehl, W. H., musikalische Charakterköpfe. Ein kunstgeschichtl. Skizzenbuch. 1. u. 2. Bd. 8. Stuttgart 875. 76. Cotta. à n 5. —
1. 5. Aufl. (XX, 306 S.) — 2. 4. Aufl. (VI, 376 S.)

Riehl, W. H., musikalische Charakterköpfe. Ein kunstgeschichtliches Skizzenbuch. 3 Bde. 8. Stuttgart, Cotta'sche Buchh. [1. Bd. 5. und 6. Aufl. (XX, 306 S.) 876,79; 2. Bd. 5. Aufl. (VII, 376 S.) 878; 3. Bd. (III, 408 S.) 878.] à Bd. * M. 5. —
geb. à Bd. * M. 6. —

—— musikalische Charakterköpfe. Ein kunstgeschichtl. Skizzenbuch. 3. Bd. 2. Aufl., der 1. unveränd. Abdr. 8. (III, 408 S.) Ebendas. 881. 5 —
1. und 2. Bd. Ebendas. 1878,79. à M 5.

Riehl, W. H., musikalische Charakterköpfe. Ein kunstgeschichtl. Skizzenbuch. 1. und 2. Bd. 8. Stuttgart 886, Cotta'sche Buchh. Nachf. [1. Bd. 7. Aufl. (XX, 306 S.); 2. Bd. 6. Aufl. (VII, 376 S.)] à Bd. *M* 5.—. 10 —
3. Bd. Ebendas. 1883. *M* 5.—.

Riehl, W. H., musikalische Charakterköpfe. Ein kunstgeschichtl. Skizzenbuch. 2 Bde. 8. Stuttgart 899. J. G. Cotta Nachf. à n 4.—; geb. à n. 5.—
1. 8. Aufl. (XVI, 400 S.) — 2. 7. Aufl. (III, 417 S.)

Riehl, W. H., Nassauische Chronik des J. 1848. Das ist: Die Geschichte der Erhebung des Nassauischen Volkes. [Einzel-Abdr. aus der „Nassauischen Allgem. Zeitung."] gr. 8. (98 S.) Wiesbaden 849, Schellenberg. 1/4 ₰

Riehl, W. H. Arcangelo Corelli im Wendepunkte zweier musikgeschichtlichen Epochen. (Sitzungsberichte der königl. bayer. Akademie der Wissenschaften, 1882. I. Philos.-philol. hist. Cl. 2.) München 1882.

—— aus der Ecke. Sieben neue Novellen. 1. Aufl. 1874, und 2. Aufl. 8. (XX, 486 S. mit dem Portr. des Verf. in Holzschntaf.) Bielefeld 875, Velhagen und Klasing. * 6 —
geb. * 7 —

Riehl, W. H., aus der Ecke. Sieben Novellen. 3. Aufl. 8. (XXIV, 448 S.) Stuttgart 890. Cotta Nachf. n. 6.—; geb. n. 7.—

— aus der Ecke. Sieben Novellen. 4. Aufl. 8. (XX, 335 S.) Ebd. 898. n. 4.—; geb. n. 5.—

Riehl, Wilh. Heinr., aus der Ecke. 7 Novellen. 5. Aufl. (XX, 335 S.) 8. Stuttgart 908. J. G. Cotta Nachf. 4.—; geb. in Leinw. 5.—

— die Familie, s.a. Volksbibliothek, deutsche.

Riehl, W[ilhelm] H[einrich]: Die Familie. — Stuttgart und Augsburg: Cotta 1855. X, 286 S. 8° (Riehl: Die Naturgeschichte d. Volkes als Grundlage einer deutschen Social-Politik. Bd 3.)

—, die Familie. 7. Aufl. Ibid. 1873. 8°. Lwdb.
XIV—292 S. — Ed. I. 1855.

— die Familie. 9., mit vielen Zusätzen verm. Aufl. gr. 8. (XV, 303 S.) Ebend. 882. n. 5.—

— d. Familie. Schulausg. m. e. Einleitg. u. Anmerkgn. v. Th. Matthias. 12. (199 S.) Ebd. 896. Kart. n. 1.20

Die Familie. Von W[ilhelm] H[einrich] Riehl. 12. Aufl. *Stuttgart & Berlin: J. G. Cotta Nachf. 1901.* (XIV, 321 S.) 8° [F.]
= Riehl: Die Naturgeschichte d. Volkes. Bd 3. [64. 13272

—— am Feierabend. Sechs neue Novellen. 1. und 2. Aufl. 8. (VII, 464 S.) Ebendas. 880,81. * 6 —

— am Feierabend. Sechs neue Novellen. 3. Aufl. 8 (VII, 364 S.) Ebd. 896. n. 5.—; geb. in Leinw. n. 6.—

— am Feierabend. 6 neue Novellen. 4. Aufl. 8. (XI, 337 S.) Ebd. 902. n. 4.—; geb. in Leinw. n. 5.—

— die Geschichte vom Eisele u. Beisele. Ein sozialer Roman. 8. (343 S.) Frankfurt a. M. 848, Literarische Anstalt. 1 1/3 ₰

Riehl, W. H., Zur inneren Geschichte des Socialismus. Sep.-Abdr. 8°. Leipzig 1880.

—— gesammelte Geschichten und Novellen. 2 Bde. (Neueste Aufl.) 8. (IX, 457; XI, 608 S.) Stuttgart 879, Cotta'sche Buchh. *M* 6.: geb.

—— dass. — s.a. Volksbibliothek. deutsche.

— Geschichten u. Novellen, s.a. Volks-Bibliothek, deutsche.

— Geschichten u. Novellen. Gesamtausg. (In 44 Lfgn.) 1.—3. Lfg. 8. (1. Bd. S. 1—192.) Ebd. 898. à Lfg. — 50

— Geschichten u. Novellen. Gesamtausg. 4.—44. Lfg. 8. Ebd. 898—900. à — 50; auch in 7 Leinw.-Bdn. à n. 4.—
1. Bd. Kulturgeschichtliche Novellen. (XIII u. S. 193—454.)
2. Bd. Geschichten aus alter Zeit. 1. Bd. (VII, 268 S.)
3. Bd. Dasselbe. 2. Bd. (V, 313 S.)
4. Bd. Neues Novellenbuch. (V, 321 S.)
5. Bd. Aus der Ecke. 7 Novellen. (XX, 335 S.)
6. Bd. Am Feierabend. 6 neue Novellen. (VIII, 337 S.)
7. Bd. Lebensrätsel. 5 Novellen. (XIII, 379 S.)

— sämmtliche Geschichten u. Novellen. Volksausg. (In 10 Lfgn.) 1. u. 2. Lfg. gr. 16. (1. Bd. V. u. S. 1—192.) Stuttgart 871. Cotta. à — 60

—— sämmtliche Geschichten und Novellen. Volksausg. 2 Bde. in 10 Lfgn. gr. 16. Stuttgart 871, Cotta'sche Buchh. à Lfg. — 60
M 6.; geb. 7 —

— Geschichten aus alter Zeit. 1. u. 2. Bd. Stuttgart 863, 64. Cotta. 8. (IX, 364 S.; 2 Bl., 395 S.) Jeder Bd. 1 ₰ 15 ngr.

—— Geschichten aus alter Zeit. 1. Bd. 1. Aufl. 1863. und 2. Aufl. 8. (IX und 364 S.) Stuttgart 865, Cotta'sche Buchh.

—— dass. — 2. Bd. 8. (III und 395 S.) Ebendas. 867.

Geschichten aus alter Zeit. Von W[ilhelm] H[einrich] **Riehl**. Bd. 1. Stuttgart: J. G. Cotta 1899. 8°
= Riehl: Geschichten u. Novellen. Gesammtausg. Bd 2.

Riehl, W. H., Geschichten aus alter Zeit. 1. u. 2. Reihe. 3. Aufl. 6. Abdr. (VII, 268 u. III, 313 S.) 8. Stuttgart 904. J. G. Cotta Nachf. à n. 3.—; geb. in Leinw. à n. 4.—

— die bürgerliche Gesellschaft, s.a. Volksbibliothek, deutsche.

— die bürgerliche Gesellschaft. gr. 8. (VI u. 381 S.) Stuttgart 851, Cotta. 1 ₰ 18 ngr

—, die bürgerliche Gesellschaft. 6. Aufl. Ibid. 1866. 8°. Lwdb.
XII—394 S. — Ed. I. 1851.

— d. bürgerliche Gesellschaft. Schulausg. m. e. Einleitg. u. Anmerkgn. von Th. Matthias. 12. (216 S.) Ebd. 895. Kart. n. 1.20

Die bürgerliche Gesellschaft. Von W[ilhelm] H[einrich] **Riehl**. 10. Aufl. Stuttgart & Berlin: Cotta 1907. XIV, 394 S. 8°
(Riehl: Die Naturgeschichte d. Volkes. Bd 2.)

—— **Hausmusik.** A. u. d. T.: Fünfzig Lieder deutscher Dichter in Musik gesetzt. Fol. (XXII und 88 S.) Stuttgart 855, Cotta'sche Buchh.

—— Hausmusik. A. u. d. T.: Fünfzig Lieder deutscher Dichter in Musik gesetzt. 2., umgearb. Aufl. Fol. (XXII und 83 S.) Stuttgart 860, Cotta'sche Buchh.

– Meister Martin Hildebrand, s.a. Handbibliothek, Cotta'sche.

Meister Martin Hildebrand. Novelle von W[ilhelm] H[einrich] Riehl. Stuttgart & Berlin: Cotta [1909]. 64 S. 8°
(Cotta'sche Handbibliothek. Nr 160) [10. 3721

—— Culturstudien, s. Volksbibliothek, deutsche.

—— Culturstudien aus drei Jahrhunderten. 1. und 2., unveränd. Abdr. gr. 8. (VI und 407 S.) Stuttgart 859, Cotta'sche Buchh.

—— Culturstudien aus drei Jahrhunderten. 4. unveränd. Abdr. [3. Octav-Ausg.] 8. (VI, 408 S.) Ebendas. 873. (*M 4,20.) * 6 —

— Kulturstudien aus drei Jahrhunderten. 5. Aufl. 8. (X, 470 S.) Ebd. 896. n. 5. —

— Kulturstudien aus 3 Jahrhunderten. 6. Aufl. (XII, 446 S.) 8. Ebd. 903. n. 4. —; geb. in Leinw. n. 5. —

— Kulturstudien aus 3 Jahrhunderten. 7. Aufl. (X, 387 S.) 8. Stuttgart 910. J. G. Cotta Nachf. 4.—; geb. 5. —

— Land und Leute, s.a. Volksbibliothek, deutsche.

Riehl, W. H.: Land und Leute. Stuttgart und Tübingen. 1853. 8°

—, Land und Leute. 6. Aufl. Ibid. 1867. 8°. Lwdb.
XII–365 S. – Ed. 1853.
Ueber Riehl s. Brümmer II. p. 208–9.

Riehl, W. H. Land und Leute. 9. Aufl. I Bd. aus: „Die Naturgeschichte des Volkes als Grundlage einer deutschen Social-Politik". 8. Stuttgart 1894.

— Land u. Leute. Schulausg. m. e. Einleitg. u. Anmerkgn. v. Th. Matthias. 12. (176 S.) Ebd. 895. Kart. n. 1. 20

Land und Leute. Von W[ilh.] H[einr.] Riehl. 10. Aufl. Stuttgart: J. G. Cotta 1899. (XIV, 398 S.) 1 Bd. 8°
(Riehl, W. H.: Die Naturgeschichte d. Volkes. Bd 1.)

Land und Leute von W(ilhelm) H(einrich) Riehl. Schulausg. mit e. Einl. u. Anm. von Dr. Th[eodor] Matthias. 2. verb. Aufl. Stuttgart & Berlin: J. G. Cotta 1902. (180 S.) 8°
(Schul-Ausgaben deutscher Klassiker.)

— Land u. Leute. Schulausg. Mit e. Einleitg. u. Anmerkgn. v. Th. Matthias. 3. verb. Aufl. (180 S.) kl. 8. Ebd. 910. Geb. 1. 20

— Lebensräthsel. Fünf Novellen. 2. Aufl. 8. (XV, 508 S.) Ebd. 888. 6. —; geb. 7. —

— Lebensrätsel. Fünf Novellen. 3. Aufl. 8. (XV, 508 S. m. Bildnis.) Ebd. 893. n. 6. —; geb. n. 7. —

Riehl, W. H., Lebensrätsel. 5 Novellen. 4. Aufl. (XIII, 379 S.) 8. Stuttgart 906. J. G. Cotta Nachf. n. 4. —; geb. in Leinw. n. 5. —

[F.] Ein ganzer Mann. Roman v. W[ilhelm] H[einrich] Riehl. *Stuttgart: J. G. Cotta Nachf. 1897.* (VIII, 413 S.) 1 Bd 8. [97. 7593

— ein ganzer Mann. Roman. 4. Aufl. 8. (X, 415 S.) Ebd. 898. n. 6. —; geb. n. 7. —

Riehl, Wilh. Hnr., Die Naturgeschichte des Volkes als Grundlage einer deutschen Socialpolitik. Bd. 1—4. Stuttgart 1854—69. 8. . . . . (D.)
——, —— 2. Aufl. Bd. 1. 2. Ebda 1854—55. 8.
Bd. 1.: Land und Leute. Bd. 2.: Die bürgerliche Gesellschaft. Bd. 3.: Die Familie. (TStLA.; RPA.)
Bd. 1.:
—— Land und Leute. Stuttgart 1854. 8.
——, —— 2. verm. Aufl. Ebda 1855. 8.
——, —— 3. Aufl. Ebda 1856. 8.
——, —— 4. Aufl. Ebda 1857. 8.
——, —— 8. durch viele Zusätze verm. Aufl. Ebda 1883. 8. . . . . (D.)
Bd. 2.:
—— Die bürgerliche Gesellschaft. Stuttgart 1851. 8.
——, —— 2. neu überarb. Aufl. Ebda 1854. 8.
——, —— 3.—4. Aufl. Ebda 1856. 8.
——, —— 5. unveränd. Aufl. Ebda 1858. 8.
——, —— 8. Aufl. Ebda 1883. 8. . . . . (D.)
Bd. 3.:
—— Die Familie. Stuttgart 1855. 8. . . . . (D.)
——, —— 2.—4. unveränd. Ausg. Ebda 1855—56. 8.
——, —— 5. dgl. Ebda 1858. 8.
——, —— 9. mit vielen Zusätzen verm. Aufl. Ebda 1882. 8.
——, —— 10. [wie oben] Aufl. Ebda 1889. 8. . . . . (D.)
Bd. 4.:
—— Wanderbuch, als 2. Teil zu »Land und Leute«. 3. verm. Aufl. Ebda 1892. 8. (D.)

— die Naturgeschichte des Volkes als Grundlage einer deutschen Social-Politik. Stuttgart 854. Cotta. 8.
1. Bd.: Land und Leute. 854. (XII, 320 S.) — 2. verm. Aufl. 855. (XIV, 360 S.) — 3. Aufl. 856. (XVI, 360 S.) — 4. Aufl. 857. (XII, 329 S.) 1 ꝑ. 18 ngr.
2. Bd.: Die bürgerliche Gesellschaft. 2., neu überarb. Aufl. 854. — 3. Aufl. 856. — 4. Aufl. 856. — 5. unveränd. Aufl. 858. (X, 384 S.) 1 ꝑ. 18 ngr.
3. Bd.: Die Familie. 1—3. unveränd. Abdr. 855. — 4. unveränd. Abdr. 856. — 5. unveränd. Abdr. 858. (XIII, 286 S.) 1 ꝑ. 15 ngr.

—— die Naturgeschichte des Volkes als Grundlage einer deutschen Social-Politik. 1. Bd.: Land und Leute. 5., verb. Aufl. gr. 8. (XVI und 365 S.) Stuttgart 861, Cotta'sche Buchh.

Riehl, W. H., die Naturgeschichte des Volkes als Grundlage einer deutschen Social-Politik. 3. Bd. A. u. d. T.: Die Familie. 6., unveränd. Abdr. gr. 8. (XIII und 292 S.) Stuttgart 862, Cotta'sche Buchh.
1. und 2. Bd. Ebendas. 1861,58. 3 Thlr. 6 Ngr.

—— die Naturgeschichte des Volkes als Grundlage einer deutschen Social-Politik. 3. und 4. Bd. gr. 8. Ebendas. à Bd. * 5 —
4 Bde. complet * 19 50
Inhalt:
Bd. 3. Die Familie. 7. Aufl. (8. Abdr.) (XIII, 292 S.) 873.
" 4. Wanderbuch [als 2. Thl. zu „Land und Leute"]. 1. Abdr. 1869, und 2. Abdr. (VII, 390 S.) 870.
1. Bd.: Land und Leute. und 2. Bd.: Die bürgerliche Gesellschaft. 6. Aufl. (7. Abdr.) Ebendas. 1867. à Bd. *M 5.

—— die Naturgeschichte des Volkes als Grundlage einer deutschen Social-Politik. 1. und 3. Bd. gr. 8. Ebendas. à Bd. *M 5. * 10 —
Inhalt:
Bd. 1. Land und Leute. 8. durch viele Zusätze verm. Aufl. (XIV, 397 S.) 883.
3. Die Familie. 9. mit vielen Zusätzen verm. Aufl. (XV, 303 S.) 882.
2. und 4. Bd. Ebendas. 1866,69. à *M 5.

—— die Naturgeschichte des Volkes als Grundlage einer deutschen Social-Politik. 2. Bd.: Die bürgerliche Gesellschaft. 8. Aufl. gr. 8. (XIV, 394 S.) Ebendas. 885. 5 —
1., 3. und 4. Bd. Ebendas. 1869—83. à Bd. *M 5.—.

—— Die Naturgeschichte d. Volkes als Grundlage e. deutschen Social-Politik. 3. Bd.: Die Familie. 10. m. vielen Zusätzen verm. Aufl. gr. 8. (XV, 303 S.) Ebd. 889. 5 —
1., 2. u. 4. Bd. Ebd, 1870—85. à Bd. 5 —.

— die Naturgeschichte des Volkes als Grundlage e. deutschen Sozial-Politik. 1. u. 4. Bd. gr. 8. Ebd. à n. 5. —
1. Land u. Leute. 9. Aufl. (XIV, 398 S.) 894.
4. Wanderbuch, als 2. Tl. zu „Land u. Leute". 3., verm. Aufl. (VIII, 434 S.) 892.

— die Naturgeschichte des Volkes als Grundlage e. deutschen Sozial-Politik. 2. u. 3. Bd. gr. 8. Ebd. 897. à n. 5. —; geb. à n. 6. —
2. D. bürgerl. Gesellschaft. 9. Aufl. (XIV, 394 S.)
3. D. Familie. 11. Aufl. (XV, 303 S.)

— die Naturgeschichte des Volkes als Grundlage e. deutschen Sozial-Politik. 1. Bd. Land u. Leute. 10. Aufl. gr. 8. (XIV, 398 S.) Ebd. n. 5. —; geb. n. 6. —

Die Naturgeschichte des Volkes als Grundlage einer deutschen Sozial-Politik. Von W[ilh.] H[einr.] **Riehl**. 10. Aufl. Bd. 1. Stuttgart: J. G. Cotta 1899. 8⁰

— die Naturgeschichte des Volkes als Grundlage einer deutschen Sozial-Politik. 3. u. 4. Bd. gr. 8. Ebd. à 5. —; geb. in Leinw. à n. 6. —
3. Die Familie. 12. Aufl. (XV, 321 S.) 904.
4. Wanderbuch als 2. Tl. zu „Land u. Leute". 4. Aufl. (VIII, 403 S.) 903.

— Die Naturgeschichte des Volkes als Grundlage e. deutschen Sozialpolitik. 1. u. 2. Bd. gr. 8. Ebd. à 5. —; geb. in Leinw. à 6. —
1. Land u. Leute. 11. Aufl. (XIV, 397 S.) 908.
2. Die bürgerl. Gesellschaft. 10. Aufl. (XIV, 394 S.) 907.

— Burg Neideck, s. Universal-Bibliothek Nr. 811.

— Burg Neideck, s.: Verein f. Verbreitg. guter Schriften. Bern.

— Castle Neideck and Paradise lost, s. Asher's continental library of English authors.

— die 14 Nothhelfer, s. Universal-Bibliothek.

— culturgeschichtliche Novellen. 1. u. 2. unveränd. Abdr. Stuttgart 856. Cotta. 8. (XIII, 456 S.) 1 ℛ. 24 ngr.

— culturgeschichtl. Novellen. 3. Aufl. Stuttg. 864.

— kulturgeschichtliche Novellen. 4. Aufl. (8. Abdr.) 8. (XI, 484 S.) Ebd. 898. n. 5. 50; geb. n. 6. 50

Kulturgeschichtliche Novellen. Von W[ilhelm] H[einrich] **Riehl**. Stuttgart: J. G. Cotta 1899. 1 Bd 8⁰
(Riehl, W. H.: Geschichten u. Novellen. Gesammtausg. Bd. 1.)

Kulturgeschichtliche Novellen. Von W[ilhelm] H[einrich] **Riehl**. 5. Aufl. *Stuttgart & Berlin: J. G. Cotta Nachf. 1902.* (XIV, 454 S.) 8° [F.]

— Kulturgeschichtliche Novellen. 6. Aufl. (XIII, 454 S.) 8. Stuttgart 908. J. G. Cotta Nachf. 4.—; geb. in Leinw. 5. —

– Culturhistorische Novellen, s.a. Volksbibliothek, Deutsche.

Sechs Novellen von W[ilhelm] H[einrich] **Riehl**. Schulausg. mit e. Einl. u. Anm. von Dr. Theodor Matthias. Stuttgart & Berlin: J. G. Cotta 1902. (239 S.) 8⁰
(Schul-Ausgaben deutscher Klassiker.)

Sechs Novellen von W[ilhelm] H[einrich] **Riehl**. Schulausg. mit e. Einl. u. Anm. von Prof. Dr. Theodor Matthias. 2. verb. Aufl. Stuttgart & Berlin: J. G. Cotta Nachf. 1906. (239 S.) 8° [F.]

— neues Novellenbuch. 8. (III und 444 S.) Stuttgart 867, Cotta'sche Buchh.

— neues Novellenbuch. (Abendfrieden. — Das Spielmannskind. — Das Theaterkind. — Reiner Wein. — Das Quartett. — Die Hochschule der Demuth. — Die Dichterprobe.) 2. Octavausg. [3. Abdr.] 8. (444 S.) Stuttgart 873, Cotta'sche Buchh. (*ℳ 5,40.) * 5 50

Neues Novellenbuch. Von W[ilhelm] H[einrich] **Riehl**. Stuttgart: J. G. Cotta 1899. (321 S.) 8⁰
(Riehl: Geschichten u. Novellen. Gesammtausg. Bd 4.)

Riehl, W. H., neues Novellenbuch. 3. Aufl. (6. Abdr.) 8. (III, 321 S.) Stuttgart 900. J. G. Cotta Nachf.) n. 4. —; geb. n. 5. —

— Ovid bei Hofe, s.a. Handbibliothek, Cotta'sche. Nr. 58.

Ovid bei Hofe. Novelle von W[ilhelm] H[einrich] **Riehl**. *Stuttgart & Berlin: J. G. Cotta Nachf. [1903].* (84 S.) 8° [F.]
= **Handbibliothek**, Cotta'sche. No 58.

– Die Pfälzer. Ein Rheinisches Volksbild. Stuttg. Augsburg, 1852.

— die Pfälzer. Ein rheinisches Volksbild. gr. 8. (VI und 408 S.) Stuttgart 857, Cotta'sche Buchh.

— Die Pfälzer. Ein rhein. Volksbild. 3. Aufl. Eingeleitet v. Berth. Riehl. (XIV, 815 S.) 8. Ebd. 907. 4.—; geb. in Leinw. 5. —

— das Schlangenbad. Eine historisch-topograph. Skizze. Mit einer Ansicht d. Schlangenbads, gez. v. Dielemann (in Stahlst.) gr. 8. (VI u. 104 S.) Wiesbaden 851, Schellenberg. 5/6 ℛ

— der Stadtpfeifer, s.: Volksbücher, Wiesbadener.

— religiöse Studien e. Weltkindes. 1. u. 2. Aufl. 8. (IV, 472 S.) Ebd. 894. n. 6. —; geb. in Leinw. n. 7. —

— religiöse Studien e. Weltkindes. 4. Aufl. 8. (IV, 472 S.) Ebd. 896. n. 6. —; geb. n. 7. —

— religiöse Studien e. Weltkindes. 5. Aufl. 8. (IV, 439 S.) Stuttgart 900. J. G. Cotta Nachf. n. 4. —; geb. n. 5. —

— musikalische Studienköpfe. Ein kunstgeschichtl. Skizzenbuch. 1. u. 2. Bd. 8. Ebend. 886. à 5. —
1. 7. Aufl. (XX, 306 S.)
2. 6. Aufl. (VII, 376 S.)

— s.: Taschenbuch, historisches.

[**Riehl, W. H.**] Das Volkslied in seinem Einfluss auf die gesammte Entwickelung der modernen Musik. [In „Die Gegenwart". Bd. III, Heft 35.] Leipzig 1849.

Riehl, Wilh. Heinr.: Freie Vorträge. 2 Bde. Stuttgart: Cotta 1873, 85.
1: Der Kampf des Schriftstellers und des Gelehrten. Die deutschen Kunststädte. Rheinlandschaft. Alpenwanderung eines Historikers. Sebastian Munster und seine Kosmographie. Der Musiker in der Bildergalerie. Die Zopfperiode des deutschen Liedersatzes. Gluck als Liederkomponist. Deutsche und französische Freiheit. Das Plebiscit und die politische Heuchelei. Oeffentliche Meinung und Gefuhlspolitik. Die Partei. Verfassungskunde im Volkskatechismus. Der Dilettant auf dem Landtage. Die Leiden der kleinen Minister.
2: Nord und Sud in der deutschen Kultur. Der Kampf der Wissenschaften in der Neuzeit. Ein Gang durch die Kulturgesch. des 18. Jahrh. Die statistische Krankheit. Der Sieg der Renaissance in der Gegenwart. Das Gesetz der Ergänzung in den Künsten. Arcangelo Corelli im Wendepunkte zweier musikgeschichtlicher Epochen. Novelle und Sonate. Lessing als Universitätsfreund. Die Heimat der Universität.

— freie Vorträge. 1. Sammlg. gr. 8. (XV, 475 S.) Stuttgart 873. Cotta. n. 7. 50

— freie Vorträge. 2. Sammlg. gr. 8. (XI, 532 S.) Ebend. 885. n. 7. 50

— —, **Wanderbuch**. Stuttgart 1869. 8.

--Wanderbuch, als zweiter Teil zu "Land und Leute." 3d ed. Stuttgart, 1892.

Wanderbuch als 2. T. zu 'Land und Leute'. Von W[ilhelm] H[einrich] **Riehl**. 4. Aufl. *Stuttgart & Berlin: J. G. Cotta Nachf. 1903.* (VIII, 402 S.) 8° [F.]
= **Riehl**: Die Naturgeschichte d. Volkes. Bd 4.

Riehle, C., der Militair-Geschäfts-Styl. Anleitung zur Abfassung dienstl. Schreiben. Zum Gebrauch für die Brigade-Schulen bearb. 8. (38 S.) Berlin 863, Mittler und Sohn. *

Riehm, die Einkommensbeschreibungen der evangel. Kirchenstellen in Württemberg, s.: Magisterbuch.

Riehm, A. C. A., s. R i e h m , Eduard Karl August

Riehm, Caroline, s. R i e h m , Karoline

Riehm, E., die wichtigsten pflanzlichen u. tierischen Schädlinge der landwirtschaftl. Kulturpflanzen, s.a. Thaer-Bibliothek. 65. Bd.

Die wichtigsten pflanzlichen und tierischen Schädlinge der landwirtschaftlichen Kulturpflanzen. Von Dr. E. **Riehm**, Hilfsarbeiter a. d. Biolog. Anst. in Dahlem. Mit 60 Textabb. Berlin: Parey 1910. VI, 158 S. 8°

(Thaer-Bibliothek. Bd 65.) [10. 67,6

Riehm, Ed., s. R i e h m , Eduard Karl August

Riehm, Eduard, a. Giebichenstein b. Halle a. S.: Beobachtungen an isolierten Blättern. Halle a. S. 1904: E. Karras. (36 S.) 8°

Halle, Phil. Fak., Ref. Klebs, Diss. v. 23. Dez. 1904

[Geb. 28. Febr. 82 Giebichenstein b. Halle a. S.; Wohnort: Halle; Staatsangeh: Preußen; Vorbildung: Gymn. Halle a. S. Reife O. 00; Studium: Heidelberg 2, Halle 6 S.; Rig. 24. Juni 04.]

Riehm, Eduard Karl August

Riehm, Ed., die besondere Bedeutung des Alten Testamentes für die religiöse Erkenntniß und das religiöse Leben der christlichen Gemeinde. Vortrag gehalten in der Versammlung des hall. Unionsvereins am 13. Oktbr. 1863. 8. (50 S.) Halle 864, Buchh. des Waisenhauses.

Riehm, Eduard C[arl] Aug[ust]: Der Begriff der Sühne im Alten Testament. Gotha (1876): Perthes. 88 S. 8° (4°)

Halle-Wittenberg, Oster-Progr. 1876

Aus: Theologische Studien und Kritiken, Jg. 50. Gotha 1877. S. 7--92.
Im Buchhandel 1877 bei F. A. Perthes in Gotha.

Riehm, Ed. C. Aug., der Begriff der Sühne im Alten Testament. gr. 8. (88 S.) Gotha 877, F. A. Perthes. *
Aus: Theologische Studien und Kritiken, besonders abgedruckt.

Riehm, Ed., Einleitung in das Alte Testament. Bearb. u. hrsg. v. Alex. Brandt. 13 Lfgn. gr. 8. Halle 889. 890. Strien. n. 20. —
1. Bd. (VII, 480 S.) n. 9. —. — 2. Bd. (VIII, 502 S.) n. 11. —.

—— Frucht und Liebe. Predigt, gehalten am 7. Sonntage nach Trin. 1863 in der Neumarktskirche in Halle. 8. (16 S.) Halle 863, Fricke.

Riehm, Ed. C. Aug., Furcht u. Liebe. Wie können wir unsere Johanneszweifel los werden? 2 Predigten. 8. (16 u. 18 S.) Halle 876. Fricke. n. — 50

Riehm, Ed., die Gesetzgebung Mosis im Lande Moab. Ein Beitrag zur Einleitung in's alte Testament. Gotha 854. F. A. Perthes. gr. 8. (XII, 136 S.) n. 20 ngr.

—— über den Goel im Buche Ruth, s. Psalmen, die.

Riehm, Eduard Carl Aug. (Hrsg.), s.a. H a n d w ö r t e r b u c h des biblischen Altertums.

Riehm, Ed. C. Aug., Handwörterbuch des biblischen Altertums für gebildete Bibelleser. Hrsg. unter Mitwirkung von G. Baur, Beyschlag, Fr. Delitzsch rc. (In ca. 10 Lfgn.) Mit vielen Illustr., Plänen und Karten. 1.—4. Lfg. Lex.-8. (IV, S. 1—384 mit eingedr. Holzschn., 1 chromolithogr. Karte und 4 Holzschntaf.) Bielefeld 875, Velhagen und Klasing. à Lfg. *M 1,60. * 6 40

—— Handwörterbuch des biblischen Altertums für gebildete Bibelleser. Hrsg. unter Mitwirkung von G. Baur, Beyschlag, Fr. Delitzsch rc. Mit vielen Illustr. (in eingedr. Holzschn., Holzschntaf. und Chromolithogr.), Plänen und Karten. 5.—11. Lfg. Lex.-8. (S. 385—1056.) Bielefeld 876—79, Velhagen und Klasing. à Lfg. *M 1,60. *
1.—4. Lfg. Ebendas. 1875. à *M 1,60.

Riehm, Ed. C. Aug., Handwörterbuch des biblischen Altertums für gebildete Bibelleser. Hrsg. unter Mitwirkung von G. Baur, Beyschlag, Fr. Delitzsch rc. Mit vielen Illustr. (in eingedr. Holzschn., Holzschntaf. und Chromolithogr.), Plänen und Karten. 12.—19. (Schluß-)Lfg. Lex.-8. Bielefeld, Velhagen und Klasing. [12.—18. Lfg. (S. 1057—1728.) 880—83. à *M 1,60.; 19. Lfg. (XV, S. 1729—1849.) 884. *M 2,20.] * 13 40
compl. *M 31.; geb. in Leinw. *M 33.; in Halbfrz. * 37 —
1.—11. Lfg. Ebendas. 1875—79. à *M 1,60.

Riehm, Ed., D. Hermann Hupfeld. Lebens- u. Charakterbild eines deutschen Professors. Halle 867. Fricke. gr. 8. (III, 151 S.) n. 20 ngr.

—— s. Hupfeld, Herm., die Psalmen.

Riehm, Eduardus C[arolus] Aug[ustus]: Initium theologiae Lutheri. S. exempla scholiorum quibus D. Lutherus psalterium interpretari coepit. Part. 1. Septem psalmi poenitentiales. (Textum originalem nunc primum de Lutheri autographo exprimendum curavit.) Halis 1874: Hendel. S. 4—27. 4°

Halle-Wittenberg, Progr. z. akad. Preisverteilung 1874

—— Kirche und Theologie. Referat für den II. Vereinstag der landeskirchl. evangel. Vereinigung in Potsdam, erstattet am 20. Mai 1880. gr. 8. (41 S.) Halle 880, Strien Verlag. * 1 —

Riehm, Ed. Karl Aug., der Lehrbegriff des Hebräerbriefes dargestellt u. mit verwandten Lehrbegriffen verglichen. 1. Hälfte. Ludwigsburg 858. Riehm. 8. (XX, 424 S.) n. 2 ℛ. 4 ngr.

— der Lehrbegriff des Hebräerbriefes dargestellt und mit verwandten Lehrbegriffen verglichen. 2. Hälfte. Ludwigsburg (Basel) 859. Balmer & Riehm. gr. 8. (VIII, S. 425—899.) n. 2 ℛ 4 ngr.

Riehm, Ed. Karl Aug., der Lehrbegriff des Hebräerbriefes dargestellt u. mit verwandten Lehrbegriffen verglichen. Neue durch Beifügung von Zusätzen u. Berichtigungen verm. Ausg. Basel 867. Riehm. gr. 8. (XXXII, 899 S.) 2 ℛ 15 ngr.

—— Luther als Bibelübersetzer. Vortrag, in der Versammlung des Evangel. Vereins der Prov. Sachsen am 22. Oktbr. 1883 gehalten. gr. 8. (32 S.) Gotha 884, F. A. Perthes. * — 60

Riehm, Eduardus C[arolus] Aug[ustus]: De natura et notione symbolica Cheruborum. Basileae et Ludoviciburgi: Balmer & Riehm 1864. 26 S. 4°

Halle-Wittenberg, Theol. [Nostrifik.-Abhdlg und] Antr.-Progr. als ausserord. Prof. v. [19. April] 1864

—— sechs ausgewählte Predigten. gr. 8. (III und 51 S.) Heidelberg 862, K. Groos.

— Rede, s.: Zum Gedächtniß an D. Julius Müller.

— Religion u. Wissenschaft. Rektoratsrede, geh. am 12. Juli 1881. [Aus: „Studien u. Kritiken".] gr. 8. (32 S.) Gotha 881. F. A. Perthes. n. — 60

Riehm, Eduard: Zur Revision der Lutherbibel. [Ueber die messianischen Stellen des Alten Testaments.] Halle a. S. 1882: Waisenhaus. 31 S. 8°

Halle-Wittenberg, Oster-Progr. 1882

Im Buchhandel mit dem Zusatz zum Titel: Ueber die messianischen Stellen des Alten Testaments, 1882 beim Waisenhaus in Halle.

Riehm, Ed. C. Aug., zur Revision der Lutherbibel. Ueber die messian. Stellen des Alten Testaments. gr. 8. (31 S.) Halle 882, Buchh. des Waisenhauses. — 30

—— der biblische Schöpfungsbericht. Vortrag, gehalten in Frankfurt a. M. am 7. April und in Darmstadt am 8. April 1881. gr. 8. (30 S.) Halle 881, Strien Verlag. * — 75

— alttestamentliche Theologie. Bearb. u. hrsg. von K. Pahncke. 6 Lfgn. gr. 8. (XV, 440 S.) Ebd. 889. n. 8. 50

— Was macht das Christenthum zur Religion der Liebe? Predigt, gehalten am 2. Sonntag nach Trin. 1861 im Universitätsgottesdienste zu Heidelberg. Ludwigsburg 861. (Basel, Balmer &) Riehm. 8. (16 S.) 2 *ngr.*

— die messianische Weissagung. Ihre Entstehg., ihr zeitgeschichtl. Charakter u. ihr Verhältnis zu der neutestamentl. Erfüllg. [Aus: „Theolog. Studien u. Kritiken."] gr. 8. (VIII, 214 S.) Gotha 875. F. A. Perthes. n. 3. —

Riehm, Ed., die messianische Weissagung. Ihre Entstehung, ihr zeitgeschichtl. Charakter und ihr Verhältnis zu der neutestamentl. Erfüllung. 2. Aufl. gr. 8. (VI, 233 S.) Gotha 885, F. A. Perthes. * 4 —

—— Wie können wir unsere Johanneszweifel los werden? Eine Zeitpredigt gehalten im Universitätsgottesdienst am 3. Adventssonntag 1875. gr. 8. (18 S.) Ebendas. 876.

— Zeugniß wider die Irrlehre des Hrn. Heribert Rau der evangelischen Gemeinde Mannheims vorgelegt. Mannheim 855. Löffler in Comm. gr. 8. (20 S.) 3 *ngr.*

Riehm, G., Repetitorium der Zoologie. Zum Gebrauch f. Studierende der Medizin u. Naturwissenschaft zusammengestellt. Mit 243 in den Text gedr. Fig. gr. 8. (IV, 169 S.) Göttingen 887. Vandenhoeck & Ruprecht's Verl. n. 3. 60

Riehm, G., Repetitorium der Zoologie. Zum Gebrauch f. Studierende der Medicin u. Naturwissenschaft zusammengestellt. 2., verb. Aufl. gr. 8. (IV, 179 S. m. 260 Fig.) Göttingen 892. (Vandenhoeck & Ruprecht.) In Leinw. kart. n. 3. 80

Riehm, Geo. Liturgische Andachten, f. die Feste d. Kirchenjahres zusammengestellt. gr. 8. (VIII, 71 S.) Wittenb. 890, Herrosé, Sep.-Cto. * 1 20

Riehm, Gottfried

Riehm, Gfr., Buntes aus dem Chinesenreiche, s.: Unterhaltungs-Bibliothek, Steyler. Nr. 1.

Riehm, G., Christentum u. Naturwissenschaft. Apologet. Vortrag, geh. im Zweigverein des Evang. Bundes zu Berlin am 4. Novbr. 1895. 1. u. 2. Aufl. gr. 8. (31 S.) Leipzig 896. J. C. Hinrichs' Verl. n. — 50

Riehm, G.: Darwinismus u. Christentum, s.a. Arbeiterbibliothek, Göttinger.

[F.] Darwinismus und Christentum. Von Gymnas.-Oberl. Dr. Gottfried **Riehm** in Halle a. S. *Göttingen: Vandenhoeck & Ruprecht 1896.* (129—144 S.) 8.
= Arbeiterbibliothek, Göttinger. Bd 1. H. 9. [96. 3240

— hat die christliche Weltanschauung die Naturwissenschaft zu fürchten? Vortrag auf der kurmärk. kirchl. Konferenz in Potsdam am 26. IV. 1904. (24 S.) gr. 8. Potsdam 904. Stiftungsverlag. n. — 60

Hat die christliche Weltanschauung die Naturwissenschaft zu fürchten? Vortrag auf d. Kurmärk. Kirchl. Konferenz in Potsdam 1904 von Dr. G[ottfried] **Riehm**, Oberl. (Hrsg. von d. Vorst. d. Kirchl. Konf. d. Kurmark.) Potsdam: Stiftungsverl. 1904. (24 S.) 8° [F.] [04. 1586

Riehm, Gottfried [Dr.]: Otto Nasemann, der erste Direktor des Stadtgymnasiums zu Halle a. S. Eine Skizze. Halle a. S., Druck v. E. Karras, 1896; 1—30 S. 4.
Halle a. S., Stadt-G, OP 1896 (240)

— Schöpfung und Entstehung der Welt, s.a. Arbeiterbibliothek, Göttinger.

[F.] Schöpfung und Entstehung der Welt. Von Gymnas.-Oberl. Dr. Gottfried **Riehm** in Halle a. S. *Göttingen: Vandenhoeck & Ruprecht 1896.* (113—128 S.) 8.
= Arbeiterbibliothek, Göttinger. Bd 1. H. 8. [96. 3241

Riehm, G., Schöpfung u. Entstehung der Welt. Darwinismus u. Christentum. Zwei Vorträge. 9. u. 10. Tauf. (S. 113—144.) gr. 8. Göttingen 903. Vandenhoeck & Ruprecht. n. — 40
Sonderabdruck aus: „Göttinger Arbeiterbibl."

Riehm, Gottfried: Studien an Cestoden. Mit 2 Taf. Halle a. S. 1881: Gebauer-Schwetschke. 66 S., 2 Taf. 8°
Halle-Wittenberg, Phil. Diss. v. 12. Aug. 1881
Geb. Mannheim 6. 3. 1858. V.
Aus: Zeitschrift f. d. ges. Naturwissenschaften. Bd 54. Berlin 1881. S. 545—610. Taf. 5—6.

Riehm, G. [Dr.]: Der Turnunterricht in den unteren Klassen höherer Lehranstalten. Halle a/S., Druck d. Heynemann'schen Buchdr. (F. Beyer), 1889; 1 Bl., 17 S. 4°
Halle a/S., Stadt-G, OP 1889 (223)

Riehm, *Gottfried* [Dr.]: Ein kurzes Wort gegen die Ueberschätzung des Turnens. Halle a. S., Druck v. E. Karras, 1895; 1—11 S. 4.
Halle a. S., Stadt-G, OP 1895 (239)

Riehm, H. Predigten aus Scrivers Seelenschatz für jeden Sonntag des Jahres. Gr. in-8°, 416 S. Basel, Ferd. Riehm. 1887. 3 75

Riehm, H., biblische Real- u. Verbal-Handkonkordanz, s.: Büchner, Gfr.

Erinnerungen an unsern Vater, den o. Prof. d. Theol. D. Eduard Riehm, zsgest. von H[ermann] **Riehm**, erg. u. berichtigt von d. Geschwistern. Halle a. S.: Wischan & Burkhardt 1905. (28 S.) 8° [F.] [05 600]

Riehm, Hermann: Inwiefern hat die Einigung Deutschlands der Wohlfahrt des einzelnen gedient? Festrede zur Feier des Geburtstags Sr. Majestät Kaiser Wilhelms I. am 22. März 1897. *Altenburg i. S.-A. (1898): Pierer.* (3—10 S.) 4°
Altenburg, herz. Ernst-RG, OP 1898 (725)

Riehm, Herm., inwiefern hat d. Einigung Deutschlands d. Wohlfahrt d. einzelnen gedient? Rede zur Centenarfeier (22. III. 1897). Progr. 4. (10 S.) Altenburg 898. (Schnuphase.) n. — 50

Riehm, J., Predigten über ausgewählte Psalmen, s.a. Predigten für häusl. Erbauung, 2. Jahrg.

Riehm, J., Predigten üb. ausgewählte Psalmen f. jeden Sonntag d. Jahres. Aus dem Nachlaß hrsg. v. Heinr. Riehm. [„Predigten f. häusl. Erbaug.", 2. Jahrg.] gr. 8. (XI, 416 S.) Basel 885. Riehm. 3. —

Riehm, (Joa., Car.,) Diss. critico-theolog. inaug. de fontibus Actuum Apostolicor. quam .., pro Gradu doctoratus summisque in theologia honorib. ac privilegiis etc. 8. Traj. ad Rhen. 821.

Riehm, Karoline

Riehm, C. Die Geschwister. In-16°. 28 S. Basel, Jäger & Kober. 1894. — 25

Riehm, Caroline. Deutsche Glaubenslieder nach bekannten Melodien. In-18°. 8 S. Basel, Jäger & Kober. 1895. — 10

Riehm, Caroline, deutsche Glaubenslieder nach bekannten Melodien. 2. verm. Aufl. 12. (16 S.) Striegau 902. K. Urban. — 15

Riehm, C. Liebestreue. Eine Erzählung für die Jugend. In-16⁰. 29 S. Basel, Jäger & Kober. 1883. — 25

— Der kleine Richard. Eine Kindergeschichte. In-16⁰. 30 S. Basel, Jäger & Kober. 1883. — 25

Riehm, C. Ein Vöglein als Segensbote und Verkauft. In-8⁰. 35 S. Basel, Jäger & Kober. — 25 1894.

Riehm, Paul [aus Heidelberg]: Ueber Condensationsproducte von Aceton und Acetophenon mit Anilin und Ammoniak .... Halle a./S., *Druck v. Wilhelm Keller in Giessen*, 1887; 3 Bl. + 29 S. + 2 Bl. 8°.
Halle, Phil. Fak., Inaug.-Diss. v. 5. Jan. 1887.

Riehm, Paul, über Condensationsproducte von Aceton und Acetophenon mit Anilin und Ammoniak. Diss. Halle 1887, Lippertsche Buchh. 8°. 29 S.

Riehm, Ph.

— u. Berg, Anleitung zur Geschäfts- u. Buchführung f. landwirtschaftl. Bezugs- u. Absatzgenossenschaften (landw. Ortsvereine, Ein- u. Verkaufsgenossenschaften). Im Auftrag des Verbands der bad. landw. Konsumvereine hrsg. (VIII, 176 S. u. 5 u. 6 Doppelf. 30,5×22,5 cm.) gr. 8. Ebd. 908. 3.50; geb. 4. 20

Festschrift zur fünfundzwanzigjährigen Jubelfeier des Verbandes der badischen landwirtschaftlichen Konsumvereine am 20. Mai 1908. Von Verbandsdir. (Philipp) **Riehm** in Karlsruhe. 1883–1908. Karlsruhe: J. J. Reiff 1908. (55 S.) 4° [F.] [08. 10582

Riehm, Rob., Bad Ilmenau, s.: Bleisch, Paul.

Riehm, W., das Harmonium, sein Bau u. seine Behandlg. 2. Aufl. Mit 10 Fig.-Taf. gr. 8. (VII, 53 S.) Berlin 886. C. Simon. n. 1. 80; geb. n. 2. 20

Riehm, W., das Harmonium, s. Bau u. s. Behandlg. 3., verm. Aufl. Mit 14 Fig.-Taf. gr. 8. (VIII, 73 S.) Berlin 897. C. Simon. n. 2. — ; geb. in Leinw. n. 2. 50

Riehm, W., Konfirmations-Andenken. 12. (103 S.) Karlsruhe 899. J. J. Reiff. Geb. in Leinw. n. — 75

— Ortsgeschichte der Gemeinde Kieselbronn. gr. 8. (268 S. m. 1 Bild.) Ebd. 900. Kart. n. 3. —

Riehm, Walther, a. Stuttgart: Aus d. Tübinger Psychiatr. Klinik. Zur Frage der Simulation von Geisteskrankheit. Berlin 1908: G. Reimer. (85 S.) 8° ¶[Aus: Allgemeine Zeitschrift f. Psychiatrie Bd 65 H. 1, 1908, S. 28—108.]
Tübingen, Med. Fak., Ref. Gaupp, Diss. v. 11. Juli 1908
[Geb. 2. Juli 82 Stuttgart; Wohnort: Stuttgart; Staatsangeh.: Württemberg; Vorbildung: Stuttgart Eberhard-Ludwigs-Gymn., Realgymn. Reife M. 01; Studium: Tübingen 6, Berlin 2, Tübingen 2 S.; Coll. 23. Okt. 07; Approb. 1. Juli 08.]

Riehm, Wilhelm [app. Arzt aus Affstädt]: Ein Fall von Fibrosarkom des Ovariums ... Tübingen, F. Pietzcker, 1896; 18 S. 8.
Tübingen, Med. Fak., Inaug.-Diss. v. 1896

Ortsgeschichte der Gemeinde Kieselbronn. Von W(ilh). Riehm, Pfarrer daselbst. Karlsruhe: J. J. Reiff 1900. (268 S.) 8⁰

Riehmann, Aug., neue Verzierungen für alle Fächer der Industrie. Lith. von F. Elias. I.—III. (Heft.) Fol. (12 Taf.) Stuttgart 845, Engelhorn u. Hochdanz. à 1 ℳ

Riehme, Erich, a. Dresden: Markgraf, Burggraf und Hochstift Meißen. Ein Beitrag zur Geschichte der Entwickelung der sächsischen Landesherrschaft. Meissen [1906]: C. E. Klinkicht & Sohn. (X, 146 S. m. Karte.) 8°
Leipzig, Phil. Fak., Ref. Seeliger-Lamprecht, Diss. v. 14. Dez. 1906
[Geb. 22. Juli 80 Dresden; Wohnort: Dresden; Staatsangeh.: Sachsen; Vorbildung: Heil. Kreuzgymn. Dresden Reife O. 00; Studium: Leipzig 11 S.; Rig. 18. Dez. 05.]

Riehn, Carl, s. Riehn, Karl

Riehn, G. H. Ch. Hellmuth, de organo auditus. Comment. physiol. et pathol. 4maj. (13½ B.) Gottingae 838, (Deuerlich.) *

Riehn, G.H.Ch.Hellmuth: De organo auditus. Commentatio physiologica et pathologica. 101 S., gbd.

Gottingae: typ.Dieterich 1838

JB 4.760

Riehn, Karl

Riehn, Carl, über einen Fall von Sclerodermie. Inaugural-Dissertation. gr. 8. (36 S.) Göttingen 876. (Vandenhoeck & Ruprecht.) n. — 60

Riehn, Reinhold

— u. J. Giesberts, Arbeiterkonsumvereine, s.a. Schriften der Gesellschaft f. soziale Reform. 9. Hft.

Arbeiterkonsumvereine. Referate f. d. Sitzung d. Ausschusses d. Gesellschaft f. Soziale Reform am 12. März 1903 erstattet von Dr. Reinhold **Riehn** u. Arbeitersekr. J. Giesberts. *Jena: G. Fischer 1903.* (58 S.) 8° [F.]
— Schriften d. Gesellschaft f. Soziale Reform. H. 9. [03. 8791 8

Riehn, Reinhold: Die volkswirtschaftliche Bedeutung des deutschen Konsumvereinswesens. Stuttgart 1902: Union. (48 S.) 8⁰
[Erschien vollst. 1902 als: Münchener volkswirtsch. Studien, Stück 51 u. d. T.: Das Konsumvereinswesen in Deutschl. ...]
München, Staatswirtsch. Diss. v. 1902

Die Belastung der Konsumvereine durch Steuern aller Art. Vortrag von Dr. Reinhold **Riehn**. Hamburg: Zentralverband d. Konsumvereine 1908. 31 S. 8⁰

Riehn, R., Über Konsumvereine. Jena, 1904.

Riehn, Rhold., das Konsumvereinswesen in Deutschland, s.a. Studien, Münchener volkswirtschaftl.

Das Konsumvereinswesen in Deutschland. Seine volkswirtschaftl. u. soziale Bedeutung. Von Reinhold **Riehn**. Dr. d. Staatswirtsch. Mit e. Vorw. von Lujo Brentano. *Stuttgart & Berlin: J. G. Cotta 1902.* (XVI, 131 S.) 8°
— Studien, Münchener Volkswirtschaftliche. Stück 51. [02. 8135

Riehn, Rhold., die Umsatzsteuer im Herzogt. Braunschweig, s.a. Volksbücher, genossenschaftliche. Nr. 6.

Die Umsatzsteuer im Herzogtum Braunschweig. Entwurf d. Braunschweig. Gesetzes, die Heranziehung d. Warenhäuser u. s. w. zu e. besond. Gewerbesteuer ⟨Umsatzsteuer⟩ betr., nebst Besprechung dieses Gesetzentwurfes von Reinhold **Riehn**, Dr. Hamburg: H. Kaufmann & Co. 1904. (48 S.) 8⁰
(Volksbücher, Genossenschaftliche. No 6.)

Riehn, W., die Berechnung des Schiffswiderstandes. gr. 8. (VI, 114 S. mit 1 lithogr. Fig.-Taf.) Hannover 882, Hahn'sche Buchh. * 3 60

Riehn, W.: Die Besteuerung der Konsumvereine und die drohende Gefahr einer Landesumsatzsteuer in Sachsen. Hamburg 1908.

Riehn, Wilhelm, approb. Arzt aus Neunkirchen: Aus d. chirurg. Klinik zu Marburg. Operationen am Magen (vom 1. April 1894 bis 13. Juni 1902). *Marburg 1902: H. Bauer.* (115 S.) 8°
Marburg, Med. Diss. v. 16. Sept. 1902

Rieht, J. H. G.: „Praktische Mineralogie zum Selbststudium. Ein erklärendes Verzeichniss der oryctognostischen und geognostischen Mineralien-Kabinette, nebst einer Charakteristik derjenigen einfach gemischten Fossilien, welche die gewöhnlichen Hauptgemengtheile der Gebirgsarten ausmachen und einer geognostischen Beschreibung sämmtlicher Gebirgsarten nach ihrer Formations- oder Altersfolge", Ilmenau 1828. — Vorh.: Preuß. Oberbergamt Dortmund — M. I. 30.

Rieke, A., schnurrige Geschichten in plattdeutschen Gedichten. Münster 865. Brunn's Verlag. 16. (VII, 105 S.) 9 ngr.

Rieke, A., schnurrige Geschichten in plattdeutschen Gedichten. Neue (Titel=)Ausg. 16. (VII, 105 S.) Rheine 893. A. Rieke Wwe. n. — 80

Rieke, August [aus Rheine (Westfalen)]: **Harnstoff-, Ammoniak- und Phosphorsäuregehalt des Harnes Leberkranker .... Würzburg,** Becker's Univ.-Buchdr., 1886; 16 S. 8°.
Würzburg, Med. Fak., Inaug.-Diss. v. 1886.

Rieke, August, Harnstoff-, Ammoniak- und Phosphorsäuregehalt des Harnes Leberkranker. Diss. Würzburg 1886, Stahelsche Univ.-Buchh. 8°. 16 S.

Rieke, Fritz, Marine-Oberassistenzarzt aus Kiel: **Aus d. Marine-Stationslazarett Kiel. Ein Fall von primärer Lungenaktinomykose mit tötlicher Blutung.** *Kiel 1903: Schmidt & Klaunig.* (17 S.) 8°
Kiel, Med. Diss. v. [1. Mai] 1903

Rieke, Dr. G. F. Regimentsarzt etc. Der Kriegs- und Friedens-Typhus in den Armeen. (Mit 1 Tabelle.) 8. Potsdam 1848.

Rieke, G. F. Accurate Special-Carte der Gegend des Rheines von Ettlingen, Carls Ruhe, Philippsburg, Bruchsal bis Mannheim etc. (zu d. Feldz. 1734/35.). 1735

Rieke, Hermann, approb. Arzt aus Bremen: **Aus d. hygien. Institute d. freien Hansestadt Bremen. (Direktor: Prof. Dr. Tjaden.) Beiträge zur Frage der Arteinheit der Streptokokken.** *Jena: G. Fischer 1904.* (14 S.) 8°
Kiel, Med. Diss. v. [25. Mai] 1904

Rieke, Reinhold, a. Riga: Über die drei Jodbenzaldehyde und Derivate derselben, insbesondere einige sich von ihnen ableitende Jodiniumverbindungen. Freiburg i. B. 1905: U. Hochreuther. (51 S.) 8°
Freiburg i. B., Phil. Fak., Ref. Gattermann, Diss. v. 15. Febr. 1905
[Geb. 13. Nov. 81 Riga; Wohnort: Freiburg; Staatsangeh.: Baden?; Vorbildung: Gymn. Freiburg Reife Herbst 00; Studium: Freiburg 2, Leipzig 3, Freiburg 2 S.; Rig. 17. Dez. 04.]

Rieke, Rhold, das Porzellan, s.a. Bibliothek der gesamten Technik.

Das Porzellan von Dr. Reinhold **Rieke.** Mit 27 Abb. Hannover: Jänecke [1910]. x, 191 S. 8°
(Bibliothek d. gesamten Technik. Bd 150.) [11. 11738 7

Rieken, G[ustav], Referendar zu Rothenburg O. L.: **Das Rechtsverhältnis zwischen dem Gläubiger und der Hinterlegungsstelle bei der Hinterlegung.** *Greifswald 1900: J. Abel.* (38 S.) 8° [J.]
Greifswald, Jur. Diss. v. 1900

Rieken, H. Versuche über die Entstehung des Cyans. Göttingen, 1851.

Rieken, Heinr. Chrstph., die eisenhalt. Mineralquellen zu Hambach u. Schwollen im grossh. oldenburg. Fürstenth. Birkenfeld, mit Hinweis. auf d. Gesch., Lage u. Eigenthümlichkeiten dies. Fürstenthums beschrieben. gr. 8. (18 B., 1 Ansicht u. 1 Karte.) Brüssel 840, Muquardt.
Vgl. Riecken.

Rieken, Hnr. Chr., neue Untersuchungen in Betreff der erblichen Neigung zu tödtlichen Blutungen, hauptsächlich in ätiol. u. therap. Hinsicht mit besond. Beziehung auf eine Familie v. Blutern, im Großherzogth. Oldenburg Fürstenth. Birkenfeld. gr. 8. Frankf. a. M. 829. (Herrmann). 16 gr.

Rieken, Heinr. Chr., neue Untersuchungen in Betreff d. erbl. Neigung zu tödtl. Blutungen, hauptsächl. in ätiolog. u. therapeut. Hinsicht, mit besond. Invest. auf e. Familie v. Blutern im Grossh. Oldenburg. Fürstenth. Birkenfeld. gr. 8. (9 B.) Frankfurt a. M. 829, [Kettembeil.]

Rieken, Hermann [aus Marienwehr, Ostfriesl.]: **Aus d. medicin. Universitätsklinik zu Kiel. Über Lumbalpunction ... (Aus: Deutsch. Arch. f. Klin. Med., Bd LVI.) Leipzig, Druck v. J. B. Hirschfeld, 1895; 2 Bl., 37 S. 8.**
Kiel, Med. Fak., Inaug.-Diss. v. [30. Juli] 1895

Rieken, Hermann: Untersuchungen über die Virulenz anscheinend gesunder Lebern, bei denen lediglich die portalen Lymphdrüsen tuberkulös erkrankt sind. Göttingen 1910. 40 S.
Giessen, Vet.-med. Diss. v. 1910.

Rieken, Johannes, s. Kalender, Aeronautischer.

Rieken, Martin, appr. Arzt: Über Verzicht auf vaginale Untersuchung in der Geburtshilfe. Freiburg i. B. 1909: Rebholz. 24 S. 8°
Freiburg i. B., Med. Diss. v. 1909, Ref. Krönig
[Geb. 8. März 83 Gröningen-Häuser; Wohnort: Freiburg i. B.; Staatsangeh.: Preußen; Vorbildung: Gymn. Jever Reife O. 03; Studium: Freiburg i. B. 5, Berlin 1, München 1, Berlin 1, Freiburg i. B. 2 S.; Coll. 17. Juli 08.] [U 10. 995

Rieken, Wilh., Rechenbuch f. ländl. Fortbildungsschulen, s.: Maaß, R.

— Das Universitätsstudium des Volksschullehrers als Maturus u. Immaturus. Zugleich e. prakt. Ratgeber f. die Vorbereitg. auf die Reifeprüfg. an e. 9stuf. höheren Lehranstalt. Nebst e. Anh.: Das Studium auf der Handelshochschule. In Verbindg. m. mehreren seminarisch-akademisch gebildeten Freunden hrsg. (288 S.) gr. 8. Langensalza 910. J. Beltz. 3.50; geb. 4. —

— Praktische Winke f. die Vorbereitung auf das Lehramt an Fortbildungsschulen, s. a. Zur Volksschulpädagogik.

Praktische Winke für die Vorbereitung auf das Lehramt an Fortbildungsschulen. Von Wilhelm **Rieken.** Langensalza: Beltz 1910. 35 S. 8°
(Zur Volksschulpädagogik. H. 20.) [11. 6202

Rieker, K., die evangelische Kirche Württembergs in ihrem Verhältnis zum Staat. Ein kirchenrechtlicher Versuch. 8. (VII, 151 S.) Ludwigsburg 887. Neubert. n. 2. —

Rieker, Karl, s.: **Festschrift, Emil Friedberg zum 70. Geburtstage gewidmet.**

Rieker, Karl, Grundsätze reformierter Kirchenverfassung. gr. 8. (VII, 208 S.) Leipzig 899. C. L. Hirschfeld. n. 6. —

Rieker, Karl, die rechtliche Natur d. evangelischen Pfarramts. gr. 8. (IV, 67 S.) Leipzig 891. J. C. Hinrichs' Verl. n. 1. 20

— die rechtliche Natur der modernen Volksvertretung. [Aus: „Zeitschr. f. Litteratur u. Geschichte d. Staatswissensch."] gr. 8. (60 S.) Leipzig 893. C. L. Hirschfeld. n. 1. 20

— Sinn u. Bedeutung des landesherrlichen Kirchenregiments. Vortrag, geh. auf der Landespastoralkonferenz zu Klosterlausnitz S.-A. gr. 8. (24 S.) Leipzig 902. Dörffling & Franke. n. — 40

Sinn und Bedeutung des landesherrlichen Kirchenregiments. Vortrag von Dr. Karl **Rieker**. Leipzig: Dörffling & Franke; [Tübingen: Mohr] 1902. 24 S. 8° [11. 17037 ß

Rieker, Karl, die rechtliche Stellung der evangelischen Kirche Deutschlands in ihrer geschichtlichen Entwickelung bis zur Gegenwart. gr. 8. (XV, 488 S.) Leipzig 893. C. L. Hirschfeld. n. 10. —

Rieker, Karl, d. Stellg. d. modernen Staates zur Religion u. Kirche. Vortrag, geh. in d. Gehe-Stiftg. zu Dresden am 10. Novbr. 1894. gr. 8. (26 S.) Dresden 895. v. Zahn & Jaensch. n. 1. —

[F.] Die Stellung des modernen Staates zur Religion und Kirche. Vortr. geh. ... 1894 v. Prof. Karl **Rieker** in Leipzig. *Dresden: v. Zahn & Jaensch 1895.* (1 Bl., 26 S.) 1 Bd 8.
= Vorträge, Staatswiss., u. Jahrb. d. Gehe-Stiftung zu Dresden. H. 2. [96. 1729

Rieker, Ph., Jack u. ich, s.: Rosen-Knospen. Nr. 17.

Riekes. Harzburger Promenaden-Plan. 1 : 21 333. 1873. 1 Bl. L. Sch.

Riekes, Hugo, aus Brünchenhain: **Wert und Tauschwert.** Zur Kritik d. Marxschen Wertlehre. ***Berlin [1899]: L. Simion.*** (69 S.) 8°
Rostock, Phil. Diss. v. [30. Okt.] 1899

Riekhoff, Arnold von, cand. med. a. Livland: Über den Zusammenhang von Asthma und Lungenödem. München 1904: C. Wolf & Sohn. (24 S.) 8°
München, Med. Fak., Ref. Müller, Diss. v. 24. Okt. 1904
[Geb. 30. Apr. (13. Mai) 79 Fellin i. Livland; Wohnort: Erras, Rußland; Staatsangeh.: Rußland; Vorbildung: Deutsches St. Annengymn. St. Petersburg Reife Juni 98; Studium: Dorpat 4, Berlin 4, München 4 S.; Rig. 1. Aug. 04.]

Riekhoff, H., 88 Thesen zu unserer Kirchenverfassung. (21 S.) gr. 8. Riga 906. Jonck & Poliewsky. n. — 30

Riekler, Heinr., die Weinpflege. Interessante Abhandlungen für Sachverständige u. Laien, sehr nützliche Aufklärungen, nebst vorzüglich erprobten neuen Recepten über die Behandlung u. Herstellung der Weine, Obstweine, Branntweine und Essige und Mittheilung der neuesten werthvollen Erfindung keine Kahnen mehr auf dem Wein zu bekommen. Stuttgart 862. Koch. 8. (47 S.) 8 *ngr.*

— — Anleitung zur rationellen Behandlung des Weines nebst Beschreibung verschiedener patentirter Apparate und vorzüglicher neuen Recepten über Behandlung u. Wiederherstellung der Weine und Obstweine. 2. verm. u. verb. Aufl. Ebend. 862. 8. (2 Bl., 32 S.) n. 5 *ngr.*

Riekler, Heinr., die Weinpflege. Anleitung zur rationellen Behandlung des Weines nebst Beschreibung verschiedener patentirter Apparate u. vorzüglich neuen Rezepten über Behandlung und Wiederherstellung der Weine u. Obstweine. 2., verm. u. verb. Aufl. Stuttgart 865. Koch. 8. (III, 32 S.) n. 5 *ngr*

Rieks, Johannes

Rieks, J., der Altkatholizismus in Baden. Eine Festschrift zur zehnjähr. Bestehungsfeier der bad. Gemeinden, insbes. der in Heidelberg, Ladenburg u. Schwetzingen, samt e. Mitglieder-Verzeichnis dieser. gr. 8. (VIII, 186 S.) Heidelberg 883. (Emmerling & Sohn.) n. 1. —

— die Angriffe auf den Altkatholizismus in dem bayerischen, preußischen u. badischen Abgeordnetenhause, beleuchtet. gr. 8. (III, 96 S.) Heidelberg 884. Weiß' Verl. n. 1. —

Rieks, Joh., **Bibelkunde**. Für höhere Lehranstalten und zum Selbstunterricht. gr. 8. (IV, 124 S. mit 1 Tab.) Heidelberg 885, Weiß' Verlag. *M 1.20.; geb. ** 1 35

—— s. **Bilder aus der Geschichte der kathol. Reformbewegung.**

[F.] Chronik Olvenstedt's. Von Dr. J[ohannes] **Rieks**, Pfarrer. *Magdeburg: Creutz 1896.* (2 Bl., 79 S.) 1 Bd 8. [97. 5903

Rieks, J., Deutsch sei unter Deutschen die Kirchensprache! Erwägungen f. die Katholiken Deutschlands. gr. 8. (19 S.) Karlsruhe 875. Macklot. n. — 15

Rieks, J., Emmerich-Brentano. Heiligsprechung der stigmatisierten Augustiner-Nonne A. K. Emmerich u. deren fünftes Evangelium nach Clemens Brentano. (VII, 425 S. m. 1 Bildnis.) 8. Leipzig 904. [R. Wöpke.] Göttingen, Vandenhoeck & Ruprecht. n. 3. 50; geb. n. 4. 50

—— **altkatholische Exkommunikation.** Ein offenes Abschiedsschreiben an die „**Altkatholiken des deutschen Reiches**". 8. (78 S.) **Leipzig 888, (Rust.)** * 1 —

—— Geschichte der christlichen Kirche und des Papsttums. 8. (VIII, 549 S.) Ebendas. 882. * 4 —

—— Geschichte des Reiches Gottes, enthaltend die biblischen Geschichten des Alten und Neuen Testaments, sowie Einiges aus der Kirchengeschichte für den [alt]katholischen Religionsunterricht. 8. (XII, 274 S. mit eingedr. Holzschn. und 1 Karte.) Lahr 881, Schauenburg. geb. * 1 50

—— Heuchelei und Hetzerei der Ultramontanen. Der altkathol. und der röm. Klerus Badens. gr. 8. (41 S.) Zürich 885, Verlags-Magazin. * — 70

— **die Jungfrau** von Orleans. Ein kirchengeschichtl. Bild **aus** dem XV. Jahrh. 8. (102 S.) Berlin 890. Wiegandt & Grieben. n. 1. 50

— märkische Kirchenerneuerung. Ein Vortrag zur 350jähr. Jubiläumsfeier der Einführung der Reformation in die Mark Brandenburg. 8. (40 S.) Berlin 889. (Evang. Vereins-Buchhandlg.) n. — 20

Rieks, Joh., altkatholisches Kirchenregiment. Eine Verteidigungsschrift. Mit einer Vorrede von Struckberg. gr. 8. (XVI, 224 S.) Heidelberg 887, Weiß' Verlag. * 2 40

— Lehre der zwölf Apostel. Urchristliches Lehr- u. Erbauungsbuch f. das christl. Haus, aus dem Griechischen übers. u. erklärt. 8. (48 S.) Berlin 889. Wiegandt & Grieben. n. — 50

Leo XIII. und der Satanskult. Von J. Rieks. Berlin: Walther 1897. XX, 301 S. 8°

cf. S. 4 (1897) S. 116—117 (S. G. Findel). Betrifft den **Taxil-Vaughan-Schwindel. 23. KB.**

— die Ohrenbeichte. gr. 8. (39 S.) Ebend. 875. **n.** — 25

Programm des religiösen Protestantismus in der heutigen sozialen Krisis. Mit e. authent. Darstellung d. letzten Verhältnisses Döllingers zu Rom, d. Altkatholiken, Jesuiten u. Redemptoristen. Von Dr. [Johannes] **Rieks**. 2. Aufl. Zeitz: Brendel [1905.] 39 S. 8°

Programm des religiösen Protestantismus in der heutigen sozialen Krisis. Von Dr. [Johannes] **Rieks**. 3. Aufl. Zeitz: Brendel 1905. 14 S. 8°

Rieks, J., Rechte u. Pflichten der Lehrlinge, Arbeiter u. Gesellen. 8. (56 S.) Berlin 890. Wiegandt & Grieben. n. — 50

Rieks, J., Rechte u. Pflichten der Lehrlinge, Arbeiter u. Gesellen. 2., verb. Aufl. 8. (68 S.) Berlin 892. Wiegandt & Grieben. n. — 50

— der Trierer Rock, s.: Zeit- u. Streitfragen, kirchliche.

— römische Vorstöße des Bonifatiusvereins u. Bischof Strossmayer. Vortrag am 9. IV. 1905 zu Oberwitz. (17 S.) 8. Zeitz (905). C. Brendel. (Nur direkt.) — 20

— u. Steinwachs, zwei Vorträge, geh. in der Friedrichskirche zu Worms am 24. Oktbr. 1875. gr. 8. (26 S.) Worms 875. (Rahke.) n. — 40

— das Zentrum u. die Protestanten, s.a. Zeitfragen des christl. Volkslebens. Nr. 282.

Das Zentrum und die Protestanten. Von Dr. [J.] **Rieks**. Stuttgart: Ch. Belser 1905. (48 S.) 8° [F.]
= **Zeitfragen** d. christl. Volkslebens. Bd 30, H. 8. [06. 6630

Riel, Bericht über sein Verhalten in der National-Versammlung. 4. (42 S.) Cüstrin 849, (Berlin) Enslin'sche Buchhandlung. n. 4 ngr

Riel — Ideen über die Platonische Ansicht der Erziehung. Gotha 808.

Riel, Andr.

—Revision d. Würzburg. Schulwesens. 2 Thle. gr. 8. Bamb. 803, 4. (Wesché in Frankf. a. M.) 2 fl

Riel, Andr., Würdigung d. Pestalozzischen Methode, wie sie Niederer darstellt 2c. Nebst e. Ideen üb. die Platonische Ansicht d. Erziehung; zwei Abhandll. 8. Gotha 808. Perthes. 14 gr

Riel, Karl, Beitrag zur Würdigung einiger Rechts- und Verfassungsfragen betr. die Unabhängigkeit des Richterstandes. Berlin 859. F. Duncker. gr. 8. (IV, 68 S.) n. 10 ngr

Riel, Carl, der Doppelkalender d. Papyrus-Ebers verglichen m. dem Fest- u. Sternkalender v. Dendera. Mit e. lith. Taf. (in qu. gr. Fol.) gr. 4. (36 S.) Leipzig 876. Brockhaus. n. 3. —

Riel, Karl, Natur und Geschichte. Welt- und Geschichtsbilder. Einleitung: Die Geschichte der Menschheit und das Weltganze. gr. 8. (X und 138 S.) Leipzig 863. Brockhaus. *

Riel, Karl, Natur u. Geschichte. Welt- u. Geschichtsbilder. 1. Bd. A. u. d. T.: die Sternenwelt in ihrer geschichtlichen Entfaltung. 1. Abth. Der Fixsternhimmel. Leipzig 866. Brockhaus. gr. 8. (XII, 453 S.) n. 2 ₰

— das Sonnen- u. Siriusjahr der Ramessiden m. dem Geheimniss der Schaltung u. das Jahr d. Julius Cäsar. Untersuchungen üb. das altägypt. Normaljahr u. die festen Jahre der griech.-röm. Zeit. Mit 9 lith. Taf. (in gr. 4. u. qu. Fol.) gr. 4. (XXIV, 371 S.) Ebend. 875. n. 30. —

Riel, C., der Thierkreis u. das feste Jahr von Dendera. Mit einer lith. Taf. (in Fol.). gr. 4. (100 S.) Leipzig 878. Brockhaus. n. 10. —

Rieländer, August, approb. Arzt aus Erfurt: Aus d. Universitäts-Institut für Ohren-, Nasen- u. Halskrankheiten zu Marburg. Über die Beziehungen des Cholesteatoms zur Tuberkulose des Mittelohres. Marburg (1899: Ohlenroth in Erfurt). (26 S.) 8°
Marburg, Med. Diss. v. 26. Juli 1899

Rieländer, August, Dr. med., **I. Assistenzarzt** an der Universitäts-Frauenklinik: Das Paroophoron. ⟨Vergleichend anatomische und pathologisch-anatomische Studie.⟩ ⟨Aus dem pathologischen Institut zu Marburg.⟩ Marburg: N. G. Elwert 1904. (116 S.) 8°
Marburg, Med. Hab.-Schr. v. 1904

Rieländer, Aug., das Paroophoron. (Vergleichend anatom. u. pathologisch-anatom. Studie.) (116 S. m. 11 Abbildgn. u. 1 Taf.) gr. 8. Marburg 905. N. G. Elwert's Verl. **n. 2. 80**

Rielaender, Joan. Henr. (geb. Geseke 1808): De situ infantis in utero. Berolini (1839). (24 S.) 8°
Berlin, Med. Diss. v. 13. Juli 1839

Rielech, F., lose Worte üb. die Bestimmungs-Mensuren der deutschen Couleurstudenten. Ein Schriftchen f. alle Studenten, die es lesen wollen. 8. (24 S.) Breslau 886. Zimmer. n. — 60

Rieloff, Karl Bernhard

Sammlung kleiner Gedichte v. Carl Bernhard **Rieloff**, Schuhmachergesellen in Plön. Plön. 1840. 8°.

Riem, Andreas

— üb. die Ansprüche d. deutschen weltl. Fürsten auf Entschädigungen. 1s Stück. 8. Manh. 798. Löffler. 8 gr

Riem, Andr., Aphorismen üb. Sinnensprache. Sprache vermittelst alles Sinnlichen u. Ideensprache. Ein Mittel verlorne Sinne zu ersetzen, die z. Auffassen der Ideen nöthig sind. Das Ganze eine neue Entdeckung in der Anthropologie. gr. 8. Manh. 800. Schwan u. G. 16 gr

* **Riem, A.**, Aphorismen üb. Sinnensprache. Sprache vermittelst alles Sinnlichen u. Ideensprache. Ein Mittel verlorne Sinne zu ersetzen, die zum Auffassen d. Ideen nöthig sind. Das Ganze eine neue Entdeckung in d. Anthropologie. gr. 8. Mannh. Schwan u. G. 809.

— s.a. Aufklärung, Über.

[**Riem, Andr.**]: Ueber Aufklärung. Ob sie dem Staate — der Religion — oder überhaupt gefährlich sey, und seyn könne? E. Wort zur Beherzigung für Regenten, Staatsmänner und Priester. Berlin 1788.

Fragment 1. 3., unveränd. Aufl.
„ 2. Ein Commentar des ersten. 2., unverand. Aufl.

[Daran:]
— [Desgl.] Fragment 2. 3., geänd. Aufl. 1788.

Ueber Aufklärung. Ob sie dem Staate — der Religion — oder überhaupt gefährlich sey, und seyn könne? Ein Wort zur Beherzigung für Regenten, Staatsmänner und Priester. [Von Andr. Riem.] Erstes Fragment. 3. unveränd. Aufl. Berlin: Kgl. Preuss. Akadem. Kunst- u. Buchh. in Comm. 1788. 72 S. 8⁰

°[Dasselbe.] 4. unveränd. Aufl. Ebendas. 1788. 72 S. 8⁰
1. u. 2. Aufl. waren nicht nachzuweisen.

Behemoth. Der Roman über alle Romane. Oder Leben, Thaten und Meynungen des irrenden Ritters Orthodox(,) welcher gegen 2000 Jahre lebte und jetzo an der Auszehrung gar jämmerlich und gefährlich darnieder liegt. Eine Feen- und Popanzen-Geschichte fürs ganze Volk. Historie des alten Bundes. (Satyrisch-pikanter Roman von *Andreas Riem*.) Gedruckt in diesem Jahr. (1796.) O. O. (Hamburg) 8⁰. IV—351 S. (12 Mk. E. Frensdorff, Berlin, 1906.)
Gegen Friedrich Wilhelm II. und die Gräfin Lichtenau gerichtete Satyre. (Titel-Reprod. bei Stern I. p. 812.) Weller, fing. Dr., S. 102.

– s. Beiträge zur Berichtigung der Wahrheiten der christlichen Religion.

— neues Berlin. Journal üb. Gegenstände d. Geschichte, Philosophie, Gesetzgebung u. Politik. 1r Bd. 1s Stck. 8. Berl. 791.

– Fortgesetzte Betrachtungen über die vornehmsten Wahrheiten der Religion, s. Christenthum, Das reinere.

– s. Christenthum, Das Reinere.

Riem, (A.,) über Christenthum u. moralische Religion. Als Apologie d. Schrift: über Christus u. d. Vernunft ꝛc. gr. 8. Halle 793, ist Berl. b. Reinicke u. C.

— üb. Christenth. u. mor. Relig. gr. 8. Halle, Ruff. 793.

– s. Congreß, An den, zu Rastadt.

Riem, Andr., s.a. Dorset u. Julie.

DORSET und Julie; eine Geschichte der neuern Zeit (von *Andreas Riem*). Leipzig 1773.
Anon.-Lex. I. p. 417 (nach Kayser). — „1778" (Meusel u. Allg. Deutsche Biogr. 29,756).

– s.a. Einfluß der Religion auf das Staatssystem der Völker.

Riem, A., v. dem Einflusse der Religion a. d. Staatssyst. d. Völker. 8. Berlin, Rottmann. 776. Rthlr.

– s.a. Europa in seinen politischen und Finanzverhältnissen.

Europa in seinen politischen und Finanzverhältnissen (von A. Riem). 4 Hefte. 8⁰. Berlin, Wienbrack in Leipzig, 1795.

– s. Europens politische Lage und Staatsinteresse.

— Finanzgegenstände Nr. 1 u. 2. Staatskassenscheine, vorzügl. auf die Kur-Pfalzbaier. Lande berechnet ꝛc. 8. o. O. (Manh.) 799. Löffler. 6 gl.

— — dieselben. 8. Quedlinb. Braun. 799.

— Gedächtnißrede auf Friedrich d. Einzigen. 8. Berl. 786. Unger. 2 gl.

— Geographie zum Unterricht in Schulen. 1r Bd. gr. 8. Berl. 795. Nauck. 20 gl.

– s.a. Geschichte einiger Esel.

– Geschichte

* — — einiger Esel, oder Fortsetzung des Lebens (s. d.) und der Meynungen des Weltberühmten John Bunkels (von *Andr. Riem*, geb. 22. Aug. 1749 zu Frankenthal in der Pfalz, † 1807 als Kanonikus zu Herford). 3 Thle. Mit Holzschnitten u. 1 Karte. Hamburg und Leipzig (Berlin, Decker) 1782—83. 8⁰. (In Berlin: Yy 7021, wo um 1870 Th. 1 fehlte; cplt. in Warmbrunn und im British Museum.) (14 Mk. F. Waldau, Fürstenwalde, 1908; 9 Mk. Adolf Weigel, 1908.)
Ebeling III. p. 591. Freier, stellenw. stark cynischer Roman. Vornehmlich gegen Nicolai u. die Allg. Deutsche Bibl., die Robinsonaden u. deren Verfasser. Vgl. Ullrich, Robinson u. Robinsonaden. Weimar 1898.

INFERNALE. Eine Geschichte aus Neu-Sodom (Berlin), dramatisirt (von *Andreas Riem*). Gedruckt in Westindien (Hamburg, Gottfr. Vollmer) 1796. 8⁰.
334 S. Mit Titelkpfr. — Auf König Friedrich Wilhelm II. (s. d.) u. die Gräfin Lichtenau (s. d.) bezüglich. Sehr selten! Bildet auch Th. 3 von (Andr. Riem's) freiem satyr. Roman: „Der Substitut des Behemoth." 2 Thle. Bagdad (ebd.), o. J. (1796). 8⁰. (In Oettingen, Fürstl. Bibl., vgl. Doubl.-Cat. p. 84.) Mit Anspielungen auf Friedrich Wilhelm II., den Kaiser Paul etc.

INFERNALE. Eine Geschichte aus Neu-Sodom (Berlin), meist dramatisirt (von *Andreas Riem*, 1749—1807). Mit Titelkpf. (Weibl. Gestalt mit bloßem Busen u. Hyänenkopf greift nach Krone u. Szepter, die auf einem Tischchen befindlich, vor dem sie steht.) (Gestoch. Tit.:) Gedruckt in West-Indien. (Drucktitel:) Mainz, bey Gottfr. Vollmer. 1798. 8⁰. (8 Mk. 50 Pfg., prachtvolles Expl., Friedr. Klüber, München, 1896, 15 Mk. E. Frensdorff, 1906; 25 Mk. Gust. Fock, 1908.)

– (Hrsg.), s. Journal, Berliner, für Aufklärung.

– (Hrsg.), s. Lessing, Gotthold Ephraim: Übrige noch ungedruckte Werke ...

— üb. die Malerey, s. Malerey.

– Dass., s. Riem, Johann

— d. entlarvte Mildmann, Betrüger großer Höfe, eine merkwürd. Geschichte. 8. Berl. 774. Rottmann. 4 gl.

– Dass., s.a. Riem, Johann

– (Hrsg.), s. Monatsschrift der Akademie der Künste ...

— Reisen durch Deutschland, Frankreich, England u. Holland, besonders in polit. Hinsicht in d. Jahren 1785 — 97. 8 Bde. 8. Leipz. 795—801. Gr. Fleischer. 11 rthl 16 gl (2r u. 3r Bd. A. u. d. T.: Reisen durch Holland in d. Jahren 1796 u. 97. 2 Bde. 797. 2 rthl 4r u. 5r Bd. Auch u. d. T.: Reise durch England. 2 Bde. 798. 4 rthl 6r — 8r Bd. A. u. d. T.: Reise durch Frankreich ꝛc. 3 Bde. 799—801. 4 rthl 8 gl)

RIEM, Andr., Reisen durch Deutschland, Frankreich, England und Holland. 8 Bde. Deutschland (Fleischer in Leipzig). 1796.
Weller, fing. Druckorte. — Cplt. rar!

— üb. Religion, als Gegenstand d. verschied. Staatsverfassungen. 8. Berl. 793. (Wienbrack in Leipz.) 16 gr

— üb. Religion, als Gegenst. d. versch. Staatsverfass. 8. Berl. Felisch. (Gräff in Leipz.) 798.

— üb. Schriftsprache ꝛc. 4. Mannh. Schwan u. G. 809.

— s.a. Schriftsprache, Über, und Pasigraphie.

Riem, A., Über Schriftsprache und Pasigraphie. Manh. 809. Stück I. 4. 18 gr.

Substitut, Der, des Behemoth, oder Leben, Thaten und Meinungen des kleinen Ritters Tobias Rosemond. Eine Geschichte aus uralten Zeiten (von *Andreas Riem*). 2 Thle. Bagdad, gedruckt vor der Sündfluth (Hamburg, Vollmer), o. J. (1796). 8⁰. (In Oettingen, Fürstl. Bibl.) (24 Kr., ohne Titelbl. d. 1. Bds., Halm & Goldmann, 1907.)
1: Tit., 1 Bl., VI u. 198 S. 2: Tit. u. 294 S. Kayser nennt p. 121 Druckort u. Jahr. Anon.-Lex. IV. p. 132 (nach Weller, Kayser, Goedeke).

— — Dasselbe, Th. 3, titulo: Infernale. Eine Geschichte aus Neu-Sodom (Berlin), dramatisirt (von *Andr. Riem*). Mit curiosem Titelkpf. Gedruckt in Westindien (ebd.) 1796. 8⁰. 334 S. Rar!
— — — — Dasselbe. Zweite Auflage. Maynz 1798. 8⁰.

— neues System d. Natur, über Gott, Welt, Intelligenzen u. Moralität. 8. Dresd. 792. Richter. 16 gr

— reines System d. Religion f. Vernunft. 8. Berl. 793. Nauck. 1 rthlr 2 gr

— Tagebuch d. merkwürdigsten Weltbegebenheiten auf 1799. 1s Halbjahr. 12 Hefte. 8. Manh. 799. Löffler. 3 rthlr 16 gr

— s.a. Timoklea u. Charitidas.

§TIMOCLEA und Charitides, eine Geschichte von A** R**. (Roman von *Andreas Riem*, 1749—1820.) Leipzig, Hilscher, 1773. 8⁰. (In München: P. o. germ. 1168et.)
Anon.-Lex. IV. p. 176 (nach Meusel u. Kayser).

— s. Untersuchungen, Philosoph.- krit., über das Alte Testament.

— s.a. Verträglichkeit der Religion mit der Politik der Staaten.

— Verträglichkeit d. Relig. m. d. Politik der Staaten. 8. Berlin, Rottmann. 779.

— s. Winke über Preußens äußeres und inneres Staatsinteresse.

Riem, Ernst, Dornen-Blüthen. (Gedichte.) gr. 8. (104 S.) Oldenburg 848, Stalling. 1/3 rthlr

RIEM, Johann: Abhandlung über die Holzsparkunst durch ökonomische Öfen. - Mannheim 1773. 3,5 Bg., 1 Taf.

Riem (Hrsg.), s. Abhandlungen vom gesammten Torfwesen bis zum Stich u. Verkohlung d. Torfes.

— kurze Anleit. z. nützl. Bienenzucht, s. Copons Anleit.

Riem, Johann: Vollständige praktische Anleitung das aufgeblähete Vieh durch untrügliche innerliche und äusserliche Mittel zu retten. Mit e. Kupfertaf. Berlin 1775. 62 S.

— vollständ. prakt. Anleit., das aufgeblähte Vieh durch untrügl. u. äußerl. Mittel zu retten. 8. Berl. 775. Haude u. Sp. 4 gr

— kurze Anweis. f. Wiesenvögte, die Wässerung d. Wiesen betreffend. 8. Lpz. Müller. 785.

— s. Anweisung, Praktische, zum Flachsbau bis zur Weberei ...

Riem, Johann (Hrsg.), s. Arndt, Gottfried Sigismund v.: Arndtisch-Riemisches Ackersystem.

— s. Arndtisch-Riemsches Ackersystem ...

— (Hrsg.), s. Beantwortung, Wohlmeinende, der drei Preisfragen ...

Riem, Johann: „Beiträge zur Oekonomie und Naturgeschichte für Landwirthe und Bienenfreunde, oder neue Sammlung ökonomischer und Bienenschriften auf das Jahr 1803 und 1804", 2 Teile, je 2 Abteilungen, Dresden 1803 und 1804.

— Beitr. zur Oekonomie u. Naturgeschichte f. Landwirthe u. Bienenfreunde, od. neue Samml. ökonom. u. Bienenschriften auf das Jahr 1803 u. 4. 2 Thle. à 2 Abthll. 8. Dresd. 804. Arnold. 2 rthlr 16 gr

— Beytr. z. Oek. u. Naturgesch. f. Landwirthe u. Bienenfr. od. neue Samml. ökon. u. Bienenschr. a. d. Jahr 1806. 2 Thle. 8. Dresd. Arnold. (à 1 Rthlr. 8 gr.)

— ökon. und naturhistor. Beyträge, f. Landwirthe u. Bienenfreunde, m. K. 4 Thle. 8. Leipz. Hartknoch. 804-5. 1r Thl. 1 Rthlr. 12 gr. 1r Bd. 2r Thl. 1 Rthlr. 2r 1r 1 Rthlr. 12 gr. 2r 2r 1 Rthlr. 8 gr.)

— s. Beschreibung, Kurze, des Feld- und Wiesenbaues ...

— Beschreib. zweier engl. Säemaschinen, oder Beitr. zu Arth. Youngs Annalen d. Ackerbaues. Mit 1 Kpf. gr. 8. Leipz. 792. (W. Vogel). 4 gr

— physikal.-ökonom. Bienenbibliothek, od. Samml. auserlesener Abhandll. v. Bienenwahrnehmm. u. ausführl. Urtheile üb. ältere u. neuere Bienenbücher. 1r Bd. 1e—3e Lieferg. u. 2r—4r Bd. 8. Bresl. 777—90. 3r u. 4r Bd. A. u. d. T.: Vermischte ökonom.-physikal. Bienenschriften. 1r u. 2r Bd. 787, 90. (W. Nauck in Leipz.) 1r u. 2r Bd. 2 rthlr

— verbess. u. geprüfte Bienenpflege. Mit Kpf. 8. Manh. 771. 8 gr 2e Aufl. unt. d. T.: Fundamentalgesetz zu e. perennirenden Koloniebienenpflege. Mit Kpf. 8. Berl. 775. Rottmann. 1 rthlr 4 gr 3e Aufl. s. Riem: Grundsätze. Anhang, od. geprüfte Grundsätze d. schles. Bienenpflege. 8. Bresl. 778. (W. Nauck in Leipz.) 4 gr

— — Anhang hierzu, oder geprüfte Grundsätze der schlesischen Bienenpflege. 8. Breslau, (Sommer in Leipzig.) 778.

Des Amtsrathes Riem vermischter-physikal.-ökonom. Bienenschriften 1. Bd.; od. Bienenbibliothek 3. Bd. ... Dresd. u. Leipz. 1787.

— u. **Werner**: Der praktische Bienenvater, in allerley Gegenden … v. einigen Bienenfreunden berichtiget. Leipz. 1798. (32) 238 S. 1 Tvl.
— — 5. Aufl. Sst. [1825]. (32) 242 S. 1 Tvl.

— und Werner, der praktische Bienenvater in allerley Gegenden, oder allgemeines Hülfsbüchlein für Stadt- u. Landvolk zur Bienenwartung in Körben, Kästen und Klotzbeuten, m. Anmerk. der neuesten Erfindungen, Beobacht. und Handgriffe. 8. Lpz. Gerh. Fleischer. 804.

Riem, J., und Werner, der praktische Bienenvater in allerley Gegenden, oder: allgemeines Hülfsbüchlein für Stadt- und Landvolk, zur Bienenwartung in Körben 2c, 4te Aufl. Mit 1 Holzschnitte. 8. Leipzig, Gerh. Fleischer. 820.

Riem u. Werner, der prakt. Bienenvater in allerlei Gegenden. 5e Aufl. Mit 1 Holzschnitt. 8. Leipz. 825. G. Fleischer.

– s. Bienenzucht, Von der besten, in der Kurpfalz. Preisschr.

– (Hrsg.), s. Bruhm, A. H. C.: Die Stallfütterung …

– s. Chambon, Aug.: Handbuch der Bienenzucht.

– s. Columella, Lucius Junius Moderatus: Abhandlung von Bäumen …

— monatl. prakt. ökonom. Encyklopädie, od. Lehrbegriff d. gemeinnützigst. deutschen Wirthschaftsökonomie in monatl. Lehren, als Verfolg d. Prodromus 2c. 3 Bde in 6 Abthll. 8. Lpz. 785—89. (1r u. 2r Bd. 2e A. 797 u. 802.) (Joachim). 8 ₰ 10 gr. Anh. od. Rest d. Repertoriums 2c. nebst Register über alle 3 Bde. 8. Leipz. 792. (Brockhaus). 12 gr.)

— — Anhang z. d. prakt. ökonomischen Encyklopädie. Leipz. Gleditsch.

Riem, Johann: „Monatliche praktisch-ökonomische Encyclopädie für Deutsche; oder zusammenhängender Lehrbegriff der gemeinnützigsten praktischen Wirthschaftsökonomie für Wirthe und Wirthinnen im Großen und Kleinen, für alle Gegenden", drei Bände in 7 Lieferungen, nebst Anhang, Repertorium, Register und dem Prodomus („Ueber den Futterbau"), Leipzig 1785—1792. — Vorh.: Stadtbibl. Koblenz. — 1. Band Neuauflage 1797, 2. Band, Abteilung 1 und 2, Neuauflage 1803.

Riem, Jh., († d. 11. Dec. 1807.) kurz. u. geprüft. Entwurf f. ökonom. Actienbienengesellschaften. 8. Bresl. 777. Löwe. 4 gr.

Riem J.: Erläuterungen üb. die Stallfütterung d. Rindviehes. Dresd. u. Leipz. 1786. 22 S. P.

— Fundamentalgesetz zu einer perennir. Coloniebienenpflege, s. Riem: verb. Bienenpflege.

— Fundamendalgesetz zu einer perennirenden Coloniebienenpflege, m. K. 8. Berlin, Rottmann. 775.

Riem, Johann: Die dienlichste Fütterungsart der Kühe und Kälber, oder allgemeine Zucht- und Futterordnung des milchenden Rindviehes. Nebst e. Kupfertaf. von verb. Ställen. Gekr. Preisschr. Dresden 1788. VIII, 128 S.

Riem J.: Das Ganze d. Getraidebaues u. d. damit verbundenen Geschäfte … Hof 1800. 463 S.

— d. ganze d. Getreidebaues u. d. damit verbundenen Geschäfte, in ökon., kamer., staatswirthsch. u. merkant. Rücksicht, mit Beyhülfe einiger prakt. Oekonomen u. Landw. in verschiedenen Gegenden Deutschlands bearbeitet. 8. Hof, Grau. 800.

— entdecktes Geheimniß d. allgemein vorhandenen brauchbarsten Gährungsmittel zum Backen, Brauen und Branntweinbrennen, m. Vergleichung der Meßmacherschen, Wegnerschen, Westrumbschen u. s. eigenen verbess. Gährungsarten, a. Lehre e. Fünftheil mehr Branntwein zu erhalten. 8. Dresd. Walther. 793.

— ein Schubartisches Geschenk, od. Holzhausische Antwort über Riems Gröbziger Hordenfütterung der Schafe, von Riem vorläufig als Gegengeschenk beantwortet. 8. Dresden 787.

Riem: Die Getränke der Menschen oder Lehrbuch, die natürlichen und künstlichen Getränke kennen zu lernen. Dresden. 1803.

— die Getränke d. Menschen, od. Lehrbuch, die natürl. u. künstl. Getränke aller Art näher kennen zu lernen. gr. 8. Dresd. 809. Walther. 1 ₰ 16 gr.

– s. Goldfus, Karl Sylv.: Feuersicherer und dauerhafter Häuserbau …

— vollkommenste Grundsätze dauerhafter Bienenzucht für Bienenwirthe 2c. m. K. 8. Mannheim, Schwan und G. 792.

Riem J.: Vollkommenste Grundsätze dauerhaffter Bienenzucht … Od. 3. viel verb. u. abgekürzte Aufl. d. Fundamentalgesetze v. 1775. Mannh. 1795. (24) 400 S. 2 Tvl.

— vollkommene Grundsätze dauerhafter Bienenzucht, in ganzen, halben bis zwölftel Wohnungen von Körben, Kästen u. Klotzbeuten, f. Bienenwirthe, od. 3e verb. u. abgekürzte Aufl. d. Fundamentalgesetze. Mit 4 Kpf. 8. Manh. 795. Schwan u. G. 18 gr. 4e Aufl., mit Werner, s. Riem u. Werner, Bienenvater.

— u. J. S. Reuter, ökonomisch-veterinärische Hefte, s. a. Hefte.

Riem, Johann u. Gottlob Sigismund **Reutter**: Ökonomisch-Veterinärische Hefte von der Zucht, Wartung und Stallung der vorzüglichsten Haus- und Nutzthiere. Nebst Zeichnungen zu Ställen, Häusern u. Hütten … entworfen u. erl. von J. A. Heine. H. 1—5. 8. Leipzig 1799—1802. 4⁰

1. Über d. Zucht … d. Pferde. 1799.
2. Über d. Zucht … d. Rindviehes. 1799.
3. Über d. Zucht … d. Schaafe. 1800.
4. Über d. Zucht … d. Schweine. 1800.
5. Über d. Zucht … d. Federviehes. 1801.
8. Riem, Johann u. Carl Heinrich Nicolai: Über d. Zucht … d. Hunde 1802.

— — u. **J. Sigm. Reutter**, Ökon.-veter. Hefte von der Zucht etc. der Haus- und Nutztiere. Auf 50 Kupfer-Tafeln von J. A. Heine. 8 Hefte. gr. 4°. Leipzig 02. Voss. M. 69.–

– s. Hoffmann, J. Aug. Thdr.: Radikale Verbesserung des Ackerbaues …

— Holzsparkunst d. ökon. Oefen, m. K. 8. Mannh. Schwan. 773.

– s. Huber, Franz: Neue Beobachtungen über die Bienen …

Riem, Jh., üb. die Hunde, s. K. H. Nicolai.

— Kaninchenzucht, s. F. C. S. Mayer.

— die veredelte Kaninchenzucht, s. Anweis. z. Angor. Kaninchenzucht.

Riem J.: Die verädelte Kanincherey durch Seidenkaninchen-Männchen. Als 2. Th. zu F. C. S. Mayers Anweisung ... Dresd. 1792. 114 S.

Riem, Joh., Kenntniss d. Entstehung u. Vertilgung verschied. höchst schädl. Raupenarten z. Nutzen d. Oekonomen. 4. Dessau, 1784. (Gelehrtenbhdlg.) — 5
— s.: Huber, F.

Riem, Joh., Von den innerlichen Krankheiten der Pferde. 8. Leipzig 786. Voss. M. 1.50

— Kunst die Scheffelzahl ꝛc., s. Riem: Samml. ökonom. Schriften, Beilage.

– s. Landriani, Marsiglio: Abhandlung über den Seidenbau.

— Lehrbuch d. natürl. u. künstl. Getränke d. Menschen näher kennen u. zubereiten zu lernen. gr. 8. Dresd. Walther. 809.

— üb. die Malerei d. Alten; ein Beitr. z. Geschichte d. Kunst, veranlaßt von B. Rode. Mit vielen Kpf. gr. 4. Berl. 787. Maurers B. 3 Rthlr. 16 gr. Schweizerp. 4 Rthlr. 16 gr.

Riem, Jh., u. B. Rode, über die Malerei der Alten. Mit Kpfrn. gr. 4. Berlin 787. jetzt Heymann. 3 Rthlr.

– Dass., s.a. Malerei ...

— d. entlarvte Millmann, Betrüger großer Höfe, eine merkwürd. Geschichte. 8. Berl. 774. Rottmann. 4 gr.

– Dass., s.a. Riem, Andreas

– Veterinärische Mitteilungen, siehe: Rumpelt, G. L.

– (Hrsg.), s.a. Mittel, Zwey erprobte, sich beim Durchgehen der Pferde ... zu schützen.

— zwei untrügl. bereits erprobte Mittel, sich beim Durchgehen d. Pferde f. alle Gefahr zu schützen. Mit 1 Kpf. 8. Leipz., 805. Baumgärtner. 8 gr.

— Modell-Magazin, s.a. Modellmagazin.

Riem J. u. Heine J. A.: Modell-Magazin f. Oekonomen od. Abbildung u. Beschreibung d. nützlichsten u. bequemsten Geräthschaften, Werkzeuge u. Geschirre für Haushaltungen, Landwirthschaften (etc.) ... H. 1-2 (alt d. udk., 1 Vol.). Leipz. 1802-03. 12 Tvl. m. 50 S. Tekst. 4°.

— Modell-Magazin f. Oekonomen, od. Abbild. u. Beschreib. d. nützl. u. bequemsten Geräthschaften, Werkzeuge u. Geschirre für Haushaltungen, Landwirthschaften ꝛc. 2 Hefte. Mit 12 Kpft. v. J. A. Heine. kl. Fol. Leipz. 802. Voß. 2 Rthlr. 16 gr.

– (Hrsg.), s. Parmentier, A.: Abhandl. über die Vortheile ...

– (Hrsg.), s. Peschel, Jh. Gli.: Anleit. zur Verfertigung steinerner Röhren, ...

Riem, J[oh.] u. G[ottl.] S[igism.] Reutter: Ausführliche Praktik des Veterinär-Trokarirens irregehender Drehschaafe. Nebst e. Holzschn. Dresden u. Leipzig 1791. XIV, 116 S.

– Ausführliche Praktik des Veterinär-Trokarierens irrgehender Drehschafe. 8. Ebd. (791.) 02. Melzer. M. 1.25

Riemisch-Reutersche Praktik des Veterinär-Trokarirens der Dreh-Schafe, od. ökonom.-chirurg. Unterricht für Landwirthe u. Schäfer, das Drehen, Segeln u. Traben der Schaflämmer zu kuriren, v. J. Riem u. G. S. Reuter d. J. Mit Kpf. u. Holzschn. 8. Dresd. 791. 2e Aufl. 802. (Joachim in Leipz.) 10 gr. Die Zusätze apart. 2 gr.

Riem, Jh., Preisschrift von Bienenmodellen. 8. Leipz., (W. Rauck). 4 gr.

— Preisschr. v. Bienenmodellen. 8. Leipz. Sommer.

— Preisschrift üb. die dienlichste Fütterungsart d. Kühe u. deren Behandlung. 8. Leipz. 785. N. A. 788. 3e A. 818. Müller. (Joachim). 6 gr. Nachtrag od. Berichtigungen u. Zusätze. 8. Leipz. 786. 4 gr.

Riem J.: Gekrönte Preisschrift üb. die dienlichste Fütterungsart d. Kühe u. deren Behandlung überhaupt, damit sie mehr u. fettere Milch wie gewöhnlich geben ... Leipz. 1785. 88 S.
— – 2. verm. u. vervollkomnetere Aufl. (m. lidt anden Tit.). Dresd. 1788. 128 S. 1 Tvl.

Riem J.: Zweyte bekrönte Preisschrift üb. die Bienen u. deren Pflege in verbesserten Klotzbeuten, Kästen u. Körben. V. Verf. verm. herausg. Dresd. 1786. 51 S. Forf.s Portr. P.

— zweyte gekrönte Preisschrift über die Bienen und deren Pflege in verbess. Klotzbeuten, mit K. gr. 8. Dresden, Gerlach. 786.

Riem J.: Prodromus d. Monathlichen-prakt.-ökonom. Encyclopädie od. vollständiger allgem. Futterkräuterbau nach lokal.-prakt. Grundsäzzen ... Dessau u. Leipz. 1783. (32) 256 S.
— Fragment zu seinem Prodromus ... Dessau 1784. 25 S. P. (Indb. m. foreg.).

— Prodromus, od. Vorläufer meiner monatl. prakt. Encyklopädie ꝛc. A. u. d. T.: das Ganze d. allgem. Futterkräuterbaues f. Landwirthe im Großen u. Kleinen, in russ., schles., brandenburg., sächs. u. diesen ähnl. Reichsgegenden. 8. Dessau u. Leipz. 783. N. Ausg. 804. (Joachim). 21 gr. Fragment dazu 8. Ebd. 784. 3 gr.

— physikal.-ökonom. Quartalschrift auf d. Jahr 1788. 8. Dresden 788.

– (Übers.), s. Réaumür von: Geschichte d. haaricht. Hummeln, ...

— landwirthschaftl. Reise nach Gröbzig, Nachr. v. Holzhausens Hordenfütterung d. Schafe. 8. Leipz. 786.

– (Hrsg.), s. Rumpelt, Geo. Ldw.: Veterinär. und ökonom. Mittheilungen ...

— zwey engl. Säemaschinen, od. Beytrag zu 2 Bdn von Arthur Youngs Annalen d. Ackerbaues, m. K. gr. 8. Lpz. Crusius. (F. C. W. Vogel.) 792.

— auserles. Samml. vermischter ökonom. Schriften, od. Zugabe zur ꝛc. Encyklopädie. 2 Bde. 8. Dresd. 790—92. Gerlach. 6 Rthlr.

— n. auserl. Samml. vermischter ökonom. Schriften aus allen Zweigen d. Landwirthschaft gesammelt und herausg. in d. J. 1799 bis 1803. m. K. u. Holzschnitten. 10 Bde. 8. Lpz. Joachim. (1799. 1e Abthl. 14 gr. 2te 18 gr. 1800. 1e 1 Rthlr. 2e 1 Rthlr. 4 gr. 1801. 1e 1 Rthlr. 4 gr. 2e 22 gr. 1802. 1e 2e à 22 gr. 1803. 1e 2e à 1 Rthlr. 12 gr.)

— neue fortgesetzte Samml. vermischter ökonom. Schriften aus allen Zweigen d. Landwirthschaft, (gesammelt u. hrsgg. in d. Jahren 1799 bis 1803.) Mit Kpf. u. Holzschn. 10 Bde. 8. Leipz., (Joachim). 10 Rthlr. 8 gr.

— neue Samml. vermischter ökonom. Schriften. Mit Kpf. 14 Hefte. 8. Dresd. 792—98. Walther. 8 ℔ 22 gl. Beilage dazu, od. Kunst, die Scheffelart jeder Getreideart geschwind zu finden. gr. 8. Dresd. 794.

— physikal. ökon. Samml. auserles. Abhdl. v. Bienenwahrnehmungen u. ausführl. Urtheile über ält. und neuere Bienenbücher. 2 Bde. 8. Breslau, (Sommer in Leipzig.) 795.

— Samml. ökon. Schriften, od. Zugabe zur Encyclopädie. 2 Bde. 8. Ebend. 790-92.

— vermischte ökonom. Schriften. 16 Heft. 8. Dresd 786. Gerlach. 5 gl

— verm. ökonomische Schriften. 16 Heft. 8. Dresd. Gerlach. 788.

Riem, Johann: „Vermischte ökonomische Schriften", 2 Hefte, Dresden 1789—1790. Später u. d. T.: „Auserlesene Sammlung vermischter ökonomischer Schriften", 2 Bände, Dresden 1791—1792; dann: „Neue Sammlung auserlesener vermischter ökonomischer Schriften", 14 Teile, Dresden 1792—1798; dann: „Neue Sammlung vermischter ökonomischer Schriften", 1. und 2. Sammlung, Leipzig 1799; dann: „Neue fortgesetzte Sammlung von ökonomischen und Bienenschriften, auf die Jahre 1800, 1801, 1802", in 6 Lieferungen, Leipzig 1800—1802; dann: „Halbjahrbeyträge zur Oekonomie und Naturgeschichte für Landwirthe und Bienenfreunde", Leipzig 1803.

* Riem, Joh., vorläufiger ökonom. Schwanengesang; od. letzte Lief. sein. physikal. ökonom. Zeit. Mit 1 K. und 1 Holzschn. 8. Leipz. Gerh. Fleischer. (in Comm.) 807.

— üb. die Seidenraupen 2c., s. K. H. Nicolai.

Riem [J.]: Das Masiusisch-Gülkische ökonomische Testament f. Dumm-Schaafe, nebst Enthüllung eines seyn sollenden Geheimnisses d. D. Masius ... das Schaafdrehen gänzlich zu verhüten. Leipz. u. Dresd. 1791. 70 S.

— das Masius-Gülkische Testament f. Dummschafe, nebst Enthüllung e. Geheimnisses d. Hrn. Masius, sonst Meese. 8. Dresd. 791. Hischer. 5 gl

— d. massiussische glückliche Testament für Dummschafe. 8. Dresden, Hilscher. 791.

— v. Torfwesen, s. Abhandl. v. Torfwesen.

— landwirthschaftl. Unterricht e. Vaters an seinen Sohn z. Verbesser. d. Wohlstandes d. Mittelgattung v. Landleuten. 8. Bresl. 777. W. G. Korn. 12 gl

Riem J. u. Reutter G. S.: Ökonomisch-veterinärischer Unterricht üb. die Zucht, Wartung u. Stallung d. Pferde. Leipz. 1799. 68 S. 6 Tvl. 4°.
(=: Ökonom.-veterinär. Hefte ... H. 1). (Tvl. fremstille Stalde).

Riem J. u. Reutter G. S.: Ökonomisch-veterinärischer Unterricht üb. die Zucht, Wartung u. Stallung d. Rindviehes. Leipz. 1799. 68 S. 6 Tvl. 4°.
(=: Ökonom.-veterinär. Hefte ... H. 2). 418 (Tvl. fremstille Stalde).

Riem J. u. Reutter G. S.: Ökonomisch-veterinärischer Unterricht üb. die Zucht, Wartung u. Stallung d. Schaafe. Leipz. 1800. 132 S. 10 Tvl. 4°.
(=: Ökonom.-veterinär. Hefte ... H. 3). 418. (Tvl. fremstille Stalde).

Riem J. u. Reuter G. S.: Ökonomisch-veterinärischer Unterricht üb. die Zucht, Wartung u. Stallung d. Federviehes. Leipz. 1801. 62 S. 4 Tvl. 4°.
(=: Ökonom.-veterinär. Hefte ... H. 5). 418. (Tvl. fremstille Hønsegaarde, Dueslag etc.).

Riem J., Staudtmeister u. Kerzig: Ökonomisch-veterinärischer Unterricht üb. die Zucht, Wartung u. Stände d. Bienen, od. das Vollständigste d. Bienenzucht. Leipz. 1802. 140, 32 S. 9 Tvl. 4°.
(= Riem J. u. Reutter G. S.: Ökonom.-veterinär. Hefte ... H. 6). 418.

— Unterricht z. Verbesserung des Wohlstandes der Mittelgattung von Landleuten. 8. Breslau, W. G. Korn. 777.

— Verwandl. d. jetzigen Modebienengesellschaften in Dorfbienengesellschaften. 8. Manh. 775.

— u. J. K. Chr. Löwe, physikal.-ökonom. Zeitung; eine Monatsschrift. 5 Jahrgg. 8. Bresl. 785—89. Löwe. 15 ℔ Sachinhalt 1786—88. 8. Dresd. 790. Gerlach. 4 gl Vorläufiger ökonom. Schwanengesang; oder letzte Lieferg. seiner physikal.-ökonom. Zeitung. Mit 1 Kpf. u. 1 Holzschn. 8. Leipz. 807. (Frohberger). 1 ℔

— allgem. Zucht- u. Fütterordnung des milchenden Rindviehes. Gekrönte Preisschrift. (A. u. d. T.: Jöcher's Magie. 3s Hft.) N. Aufl. Mit Kpf. 8. Leipz. 818. Central-Compt. 12 gl

Riem, Johannes

Riem, Johannes *Karl Richard* [aus Wernigerode a. H.]: Ueber die Bahn des grossen Kometen 1881 III '[Tebbut]' ... (Aus: Nova Acta acad. Caes. Leop.-Carol. Germ. naturae curiosor., LXVI Nr. 2.) Halle, Buchdr. d. Dr. Güntz'schen Stiftg in Dresden, 1895; 1 Bl., 27—231 S., 1 Bl. 4.
Strassburg, Math.-naturw. Fak., Inaug.-Diss. v. 1895

Ueber die Bahn des grossen Kometen 1881 III '[Tebbut]'. Von Dr. Joh. **Riem** ... *Halle: In Comm. b. W. Engelmann in Leipzig; Buchdr. d. Dr. Güntzschen Stiftung in Dresden 1895.* (207 S.) 4.
= **Acta,** Nova, Academiae Caes. Leopoldino-Carolinae Germ. naturae curiosorum. T. 66. No 2. (97 1125

Riem, Joh., die Größe der Schöpfung, s.: Naturstudien f. Jedermann. 3. Heft.

— Natur u. Bibel in der Harmonie ihrer Offenbarungen. Ein Handbuch moderner Forschg., in Verbindg. m. Otto Hamann u. Karl Hauser hrsg. 1. u. 2. Aufl. 1.—8. Taus. (XVI, 365 S. m. 17 Taf.) 8. Hamburg 910. 11. Agentur des Rauhen Hauses. 4.50; geb. 5. —

Riem, Johs., die Sintflut, s.a. Christentum u. Zeitgeist. 9. Hft.

Die Sintflut. Eine ethnogr.-naturwiss. Untersuchung von Dr. Johannes **Riem**. Stuttgart: M. Kielmann 1906. (53 S.) 8° [F.]
= **Christentum** u. Zeitgeist. Ser. 1. H. 9. [c8. 16231 II

— Vom Nebelfleck zum Monde, s.a. Lichtbildervorträge. Nr. 2.

Vom Nebelfleck zum Monde von Dr. Johannes **Riem**. Godesberg: Naturwiss. Verl. [1908]. 29 S. 8°
(Lichtbildervorträge. Nr 2.)

— Unsere Weltinsel, ihr Werden u. Vergehen, s.a. Zeitfragen, naturwissenschaftliche.

Unsere Weltinsel, ihr Werden u. Vergehen. Eine Darstellung d. modernen Lehren von d. Entstehung u. d. Bau d. Weltalls. Von Dr. Johannes **Riem**. Hamburg: Schloeßmann 1908. (88 S.) 8° [F.]
= **Zeitfragen,** Naturwissenschaftliche. H. 1. [o8. 6174

Riem, Johannes Karl Richard, s. Riem, Johannes

Riem, Joseph

Riem, J., Netto-Rechnungen auf Grundlage d. v. Dr. Zillmer ausgeglich. Sterbetafel der 23 deutschen Lebens-Versicherungs-Gesellschaften f. normal versich. Männer u. Frauen m. vollständ. ärztl. Untersuchung, zu 3% gerechnet u. kontrolliert. Lex.-8. (142 S.) Basel 898. (C. F. Lendorff.) Geb. in Leinw. n.n. 332. —

— Prämienreserven der abgekürzten Versicherungen auf den Todesfall auf Grundlage der von Dr. *Zillmer* ausgeglichenen Sterbetafel der 23 deutschen Lebensversicherungs-Gesellschaften zu 3½%. Basel 1894. 1904.

Riem, J. Rechentabellen für Multiplikation u. Division. Mit einem Vorworte von *H. Kinkelin.* — Tables de calcul pour multiplications et divisions. Avec un avant-propos de *H. Kinkelin.* 1. Stereotyp-Ausgabe. Lex. in-8°. IX, 183 S. Basel, Schweiz. Verlags-Druckerei. 1897. 10 —

— **Rechentabellen f. Multiplikation u. Division,** m. e. Vorworte von H. Kinkelin. (Deutsch u. französ.) Lex.-8. (XII, 179 S.) Basel 897. Schweiz. Verlags-Druckerei. n. 10. —

Riem, (J[oseph]). Riem's Rechentabellen für Multiplikation. Hülfsbuch für Handel und Gewerbe, mit einem Vorworte von Prof. Dr H[ermann] Kinkelin in Basel. 2. Stereotypaufl. VIII [+ 199] S. gr.-8. München, Ernst Reinhardt, 1901. [M. 6.—]

Riem, (J[oseph]). Riem's Zinszahlen. Hülfsbuch für Banken, Sparkassen, Kaufleute; mit einem Vorworte von Prof. Dr H[ermann] Kinkelin in Basel. XI S. + Doppel-S. 2—183. gr.-8. München, Ernst Reinhardt, 1901. [M. 20. —]

Riem, Louise u. Wilhelmine, s. Chambre, Handbuch der Bienenzucht.

Riemain, ..., Agathosyne, s. Lehmann, ..., Prof.

Riémain, Valérie, petits contes nouveaux consacrés à la jeunesse. 8. (47 S.) Berlin (861)62, A. Abelsdorff.

Riemann. – Bernhard Riemann.

—— s. Burkhardt, H.

Riemann, Geschichte d. Kolberg, s.: Stoewer, Rud.

Riemann, kurzer u. gründl. Unterr. zur Zucht, Pflege und Veredlung d. Rindviehes, d. Pferde, Esel, Maulthiere, Schafe, Ziegen, Schweine rc. 2 Abtheilungen mit 3 Kupf. 8. Wien 823, Bauer.

Riemann, A., Tante Schneehals in Kolberg u. anderes. (91 S.) 8. Dresden (907). E. Pierson. 1.50; geb. n 2. 50

Riemann, Bernhard. Gesammelte Abhandlungen aus dem Gebiete der reinen und angewandten Mathematik. Berlin 1868. 4.

Riemann, Bernh., ein Beitrag zu den Untersuchungen über die Bewegung eines flüssigen gleichartigen Ellipsoides. gr. 4. (36 S.) Göttingen 861, Dieterich'sche Buchh. Thlr. *
Aus: Abhandlungen der k. Gesellschaft der Wissenschaften zu Göttingen.

Riemann, Bernh., Beiträge zur Theorie der durch die Gauss'sche Reihe F ($\alpha\,\beta\,\gamma\,x$) darstellbaren Functionen. Aus den Abhdlgn. d. k. Gesellschaft d. W. zu Göttingen. Göttingen 857. Dieterich. gr. 4. (22 S.) n. 8 ngr.

Riemann, Bernh., über die Darstellbarkeit einer Function durch eine trigonometrische Reihe. (Aus den Abhandlgn. der königl. Gesellschaft der Wissenschaften in Göttingen.) Göttingen 867. Dieterich'sche Buchh. gr. 4. (48 S.) n. 24 ngr.

Riemann, Bernh., partielle Differentialgleichungen und deren Anwendung auf physikalische Fragen. Vorlesungen, für den Druck bearb. und hrsg. von K. Hattendorff. gr. 8. (XIV, 316 S. mit in den Text gedr. Holzst.) Braunschweig 869, Vieweg und Sohn. * 6 —

— partielle Differentialgleichungen u. deren Anwendg. auf physikal. Fragen. Vorlesungen. Für den Druck bearb. u. hrsg. v. Karl Hattendorff. Mit in den Text eingedr. Holzst. 2. Aufl. gr. 8. (XIV, 328 S.) Braunschweig 876. Vieweg & Sohn. n. 8. —

Riemann, Bernh., partielle Differentialgleichungen und deren Anwendung auf physikalische Fragen. Vorlesungen für den Druck bearb. und hrsg. von Karl Hattendorff. 3. Aufl. gr. 8. (XIV, 325 S. mit in den Text eingedr. Holzst.) Braunschweig 882, Vieweg und Sohn. * 8 —

Die partiellen Differential-Gleichungen der mathematischen Physik. Nach [Bernh.] Riemann's Vorlesungen in 4. Aufl. neu bearb. von Heinrich Weber, Prof. in Strassburg. Mit eingedr. Abb. Bd 1. 2. *Braunschweig: F. Vieweg & Sohn 1900–01.* 2 Bde 8° [01. 8295

Riemann, die partiellen Differential-Gleichungen d. mathematischen Physik, 5. Aufl., s.a. Weber, Heinr.

Die partiellen Differential-Gleichungen der mathematischen Physik. Nach [Bernhard] Riemanns Vorlesungen in 5. Aufl. bearb. von Heinrich Weber, Prof. an d. Univ. Strassburg. Bd 1. Braunschweig: Vieweg 1910. 8° [10. 14151

—— über die Fläche vom kleinsten Inhalt bei gegebener Begrenzung. Eine Abhandlung. Bearb. von K. Hattendorff. gr. 4. (52 S.) Göttingen 867, Dieterich'sche Buchh. *
aus: Abhandlungen der k. Gesellschaft der Wissenschaften zu Göttingen, besonders abgedruckt.

—— über die Fortpflanzung ebener Luftwellen von endlicher Schwingungsweite. gr. 4. (25 S.) Göttingen 860, Dieterich'sche Buchh. *
aus: Abhandlungen der k. Gesellschaft der Wissenschaften zu Göttingen, besonders abgedruckt.

— elliptische Functionen. Vorlesungen. Mit Zusätzen hrsg. v. Herm. Stahl. gr. 8. (VIII, 144 S. m. Fig.) Leipzig 899. B. G. Teubner. n. 5.60

Riemann, B.: Grundlagen für eine allgemeine Theorie der Functionen einer veränderlichen complexen Grösse. Diss. Göttingen. 1851. 4°

— Grundlagen für eine allgemeine Theorie der Functionen einer veränderlichen complexen Grösse. 2., unveränd. Abdr. Göttingen 867. Rente. gr. 4. (32 S.) n. 1 ₰ 15 ngr.

— über die Hypothesen, welche der Geometrie zu Grunde liegen. (Aus den Abhandlgn. der königl. Ges. der Wiss. zu Göttingen.) Göttingen 867. Dieterich'sche Buchh. gr. 4. (20 S.) n. 12 ngr.

— Schwere, Elektricität u. Magnetismus. Nach den Vorlesgn. bearb. v. Karl Hattendorff. Mit 50 Holzschn. im Text. gr. 8. (VIII, 358) Hannover 876. Rümpler. n. 8. —

—— Schwere, Elektricität und Magnetismus. Nach den Vorlesungen bearb. von Karl Hattendorff. 2. (Titel-)Ausg. gr. 8. (X, 358 S. mit 50 Holzschn. im Text.) [Hannover 880, Rümpler.] Berlin, Mayer und Müller. * 6 —

— Theorie der Abel'schen Functionen. Abdr. aus „Journal f. d. reine und angewandte Mathematik." Berlin 857. G. Reimer. gr. 4. (2 Bl., 55 S.) n. 20 ngr.

— über das Verschwinden der Theta-Functionen. (Aus: Journal für die reine u. angewandte Mathematik.) Berlin 866. G. Reimer. gr. 4. (12 S.) n. 5 ngr.

— Vorlesungen über partielle Differentialgleichungen, 4. Aufl., s.: Weber, Heinr.

Riemann's, Bernh., gesammelte mathematische Werke u. wissenschaftlicher Nachlass. Hrsg. unter Mitwirkg. v. R. Dedekind v. H. Weber. Lex.-8. (VIII, 526 S.) Leipzig 876. Teubner. n. 16. —

Riemann's, Bernh., gesammelte mathematische Werke u. wissenschaftlicher Nachlass. Hrsg. unter Mitwirkg. v. Rich. Dedekind u. Heinr. Weber. 2. Aufl., bearb. v. Heinr. Weber. gr. 8. (X, 558 S. m. Bildnis.) Leipzig 892. B. G. Teubner. n. 18. —

Riemann's, Bernh., gesammelte mathematische Werke. Nachträge, hrsg. von M. Noether u. W. Wirtinger. gr. 8. (VIII, 116 S. m. 9 Fig.) Leipzig 902. B. G. Teubner. n. 6. —
Hauptwerk. Ebd. 892. n. 18. —.

Riemann, C. F., s. Riemann, Karl Friedrich

Riemann, C. H. G., s. Riemann, Karl Heinrich Günther

Riemann, Carl Wilhelm, s. Riemann, Karl Wilhelm

Riemann, Curt, s. Riemann, Kurt

Riemann, Else: Nordfriesland in der erzählenden Dichtung seit Anfang des 19. Jahrhunderts. Leipzig: Voigtländer 1910. 154 S. 8° ¶(Ersch. auch als: Probefahrten. Bd 16.)
Leipzig, Phil. Diss. v. 18. Jan. 1910, Ref. Köster, Sievers
[Geb. 16. Febr. 79 Leipzig; Wohnort: Hamburg; Staatsangeh.: Sachsen; Vorbildung: Lehrerinnensem. Leipzig bis 02. Wahlfähigk. v. 30. Nov. 04; Studium: Leipzig 6 S.; Rig. 8. Juni 09.] [U 10 3218

Riemann, Else, Nordfriesland in der erzählenden Dichtung seit Anfang des 19. Jahrh., s. a. Probefahrten. 16. Bd.

Nordfriesland in der erzählenden Dichtung seit Anfang des 19. Jahrhunderts von Else Riemann. Leipzig: Voigtländer 1910. 154 S. 8°
(Probefahrten. Bd 16.)

Riemann, Erich [approb. Arzt aus Przellenk (Ost-Preussen)]: Ueber den Zusammenhang von Nierendislokation und Magenerweiterung .... Kiel, Druck v. Schmidt & Klaunig, 1888; 27 S. + 2 Bl. 8°
Kiel, Med. Fak., Inaug.-Diss. v. 6. Aug. 1888

Riemann, Erich, über den Zusammenhang von Nierendislokation und Magenerweiterung. Inaugural-Dissertation. gr. 8. (27 S.) Kiel 888, (Gnevkow und v. Gellhorn.) * — 60

Riemann, Ernst, das schlesische Auenrecht. gr. 8. (24 S.) Breslau 902. (Marusch!e & Berendt.) n. 1. —

Riemann, Ernst, das schlesische Auenrecht. 2. verm. Aufl. (99 S.) kl. 8. Breslau 904. W. G. Korn. Kart. n. 1. 60

Bericht über das 60. Stiftungsfest des Akademischen Vereins Hütte in Wernigerode am 30., 31. Mai und 1. Juni 1906. Unseren Alten Herren zur Erinnerung gewidmet. Im Namen der Festberichterstatter ERNST RIEMANN, Charlottenburg, Ostern 1907. (o. O. o. V.) 8°.

Riemann, Ernst [Ref. am K. Amtsger. zu Winzig]: **Die Verjährbarkeit der Einreden nach gemeinem Civilrechte. . . . (Liebertwolkwitz, Druck v. F. Zeugner) 1890; 81 S. + 1 Bl. 8°**
Breslau, Jur. Fak., Inaug.-Diss. v. 1890

Riemann, Ernst, d. Verjährbarkeit der Einreden nach gemeinem Civilrechte. Diss. gr. 8. (31 S.) Breslau 890. (Berlin, K. Hoffmann.) n. 1. 20

Das Wasserrecht der Provinz Schlesien von Dr. Ernst Riemann, Rechtsanw. *Breslau: W. G. Korn 1903.* (126 S.) 8° [F.] [04. 971]

Riemann, Ernst, das Wasserrecht der Prov. Schlesien. 2. verm. u. verb. Aufl. (230 S.) kl. 8. Breslau 907. W. G. Korn. Kart. 3. —

— Die Wertzuwachs- u. Umsatzsteuer in Breslau. Kommentar zu der Steuerordng. vom 20. VI. 1907. (92 S.) 8. Ebd. 907. 1. 20

Riemann, F. Observationum in dialectum xenophonteam specimen I. 16 S. **Progr.** *Jever* 1883.

Riemann, observationum in dialectum Xenophonteam specimen primum. 4. (16 S.) Jever 883, (Mettcker und Söhne.) * 1 —

Riemann, Fr. Albr., vollständ. Handbuch d. Münzen, Maße u. Gewichte aller Länder d. Erde. Für Kaufleute, Banquiers ꝛc. **gr. 8. Quedlinb. 830. Basse. 1** ₰ **20** 𝔤𝔯.

Riemann, Franz (Bearb.), s. Asplmayr, Franz: Trio in F dur Op. 5, Nr. 1 für 2 Violinen, Violoncell u. Pianoforte.

Riemann, Franz, Schulrat Dr., Dir.: [Kurzer **Bericht** über die Feier des 50jährigen Bestehens der Anstalt.] *Coburg (1899): Dietz.* (S. 12–14.) 4°
Coburg, herz. R (Ernestinum), OP 1899 (747)

Riemann, Franz: De compositione carminum Tibulli. 16 S. G. *Coburg* 1878.
Progr.

Riemann, Franz: Festschrift zur Feier des 50jährigen Bestehens der Realschule zu Coburg, enthaltend die Geschichte der Anstalt von 1848 bis 1898. 8 (43 S.)
Progr. Herz. Rsch. (Ernestinum) *Coburg* 1898, nicht im Tauschverkehr

Riemann, Franz, Schulrat Dr.: **Geschichte** der Anstalt von 1848 bis 1898. *Coburg 1898: Dietz.* (43 S.) 8° [F.]
Coburg, herz. R (Ernestinum), Festschr. 1898**

[F.] **Riemann,** *Franz* [Prof. Dr.]: Die Ortsnamen des Herzogtums Coburg. (Th. I.) Coburg, Druck d. Dietz'schen Hofbuchdr., *1891:* S. 1–46; 4°
Coburg, G Casimirianum, OP 1891 (693)

Riemann, Friedrich Wilhelm

Riemann, F. W., kleine Aufsätze zur Geschichte Jeverlands. 1. Hft. 18. Jahrh. gr. 8. (60 S.) Jever 895. C. L. Mettcker & Söhne. n. — 50

— dasselbe, Fortsetzg., s.: Aufsätze, kleine, zur Geschichte d. Jeverlandes.

Riemann, *Friedrich Wilhelm:* Die Chronica Jeuerensis. Geschreuen tho Varel dorch Eilerdt Springer Anno 1592. Besprochen u. hrsg. Jever, Druck v. C. L. Mettcker & Söhne, 1896; 82 S. 8.
Jever, grossh. Marien-G, P 1896 (684)

— Geschichte des Jeverlandes. 1. Bd. gr. 8. (VI, 412 S. m. 4 Abb. u. 3 Karten.) Jever 896. C. L. Mettcker & Söhne. n. 7. —; geb. n.n. 8. 60

— die Getreuen in Jever. V. e. Getreuen (R.). gr. 8. (54 S. m. Abb.) Oldenburg 896. Schulze. Geb. n. 1. 50

Riemann, F. W., die Getreuen in Jever. Von e. Getreuen. 2. Aufl. (57 S. m. Abbildgn.) 8. Oldenburg (905). Schulze. Geb. n. 1. 50

— **Wangeroog, die Insel u. das Seebad, in Vergangenheit u. Gegenwart. (46 S. m. Abbildgn. u. Kartenskizzen.) 8. Ebd. (905).** n. — 60

Riemann, G., s.: Erzählungen s. Taubstumme.

Riemann, G., **Extreme. Kurze Erörtergn. üb. die Grundlagen d. Taubstummenunterrichts. gr. 8. (III, 31 S.) Leipzig 891. Th. Grieben.** n. — 60

Riemann, G. (II.), Der Herr ist nahe! Rüstet euch zum letzten Kampfe! Eine Antwort auf die Frage: Wo stehen wir jetzt in der Offenbarung St. Johannis? Eine Weck- und Warnstimme besonders an die Geistlichen und an alle Gläubigen unserer Zeit. gr. 8. (VII, 51 S.) Leipzig 882, Baensch. * 1 —

Riemann, G., naturhistor.-technolog. Leitfaden f. Bürger- u. Vorbereitungsschulen. 1. Abthl. Thierkunde. gr. 8. (6¼ B.) Magdeburg 838, [Fabricius u. Schäfer.]

— zoolog.-technolog. Leitfaden f. Realschulen u. Gymnasien. gr. 8. (9½ B.) Magdeburg 838, [Fabricius u. Schäfer.]

Riemann, G., Lohn der Treue. Hoffnung läßt nicht zu Schanden werden, s.: Erzählungen f. Taubstumme.

Riemann, G., die Nachbarskinder. Das Gesangbuch, s.: Erzählungen f. Taubstumme. 1. Bdchn.

Riemann, G. (I.), Rathgeber für Schwerhörige und Ertaubte. Enthaltend auch eine Beurtheilung des Dentaphons, Audiphons und Mikrophons. 8. (36 S.) [Berlin 880.] Leipzig, Grieben's Verlag. * 1 —

Riemann, G., Wegweiser für Volksschullehrer bei Behandlung, taubstummer, blinder und schwachsinniger Kinder. Mit einer Beilage in Reliefdr. gr. 8. (30 S.) Berlin 879, Springer. * — 60

Riemann, G. E., die Lehre der heiligen Schrift vom tausendjährigen Reiche oder vom zukünftigen Reiche Israel. Eine Entgegnung auf die Schrift: „Wider den Chiliasmus von J. Diedrich." gr. 8. (112 S.) Schönebeck 858, Berger.

Riemann, G. E., die Offenbarung St. Johannis mit in den Text eingeschobener Erklärung u. Auslegung für das christliche Volk u. den drei Anhängen: über den Chiliasmus, den Antichrist u. die Zahl 666. Halle 868. Schwabe. gr. 8. (VIII, 234 S.) 22½ ngr.

Riemann, Gustav

Riemann, G., der Schwerhörige, Ertaubte und Taubstumme. Praktischer und pädagog. Rathgeber für Ohrenleidende und deren Angehörige. 2. verm. Ausg. 8. (47 S.) Leipzig 888, Th. Grieben's Verlag. * 1 —

— Schwerhörige, Ertaubte u. Taubstumme. Praktischer u. pädagog. Ratgeber f. Ohrenleidende u. deren Angehörige. 3. Aufl. (IV, 64 S. m. Abbildgn.) 8. Leipzig 903. Th. Grieben. n. 1. —

— psychologische Studien an Taubstummen-Blinden. (35 S.) gr. 8. Berlin 905. Th. Fröhlich Nachf. n. 1. —

— taubstumm u. blind zugleich. Unterrichtl. Thätigkeit u. Beobachtgn. an solchen Kindern, nebst geschichtl. Wiedergabe ähnl. Fälle. gr. 8. (VII, 97 S.) Berlin 895. Wiegandt & Grieben. n. 1. 50

Riemann, G., die Taubstumm-Blinden, s.a. Beiträge zur Kinderforschung u. Heilerziehung.

Die Taubstumm-Blinden. Vortrag, geh. auf d. Kongr. f. Kinderforschung u. Jugendfürsorge 1906 zu Berlin, nebst Nachtrag von G[ustav] Riemann, Taubstummenlehrer. Mit 2 Taf. Langensalza: H. Beyer & Söhne 1907. (17 S.) 8°
— Beiträge z. Kinderforschung u. Heilerziehung. H. 38. [07. 13318

Riemann, H., s.a. Riemann, Bernhard

Riemann, H., Beilagen zu der Geschichte der Stadt Colberg, enth. Urkunden, die Burspral, die wichtigsten Colberger Rathbeschlüsse, Verzeichnisse der Colberger Rathsmitglieder u. Prediger u. einige Stammtafeln. gr. 8. (118 S.) Colberg 873. Post. n. 1. 75

Riemann, H., Geschichte der Stadt Greifenberg in Pommern. Eine Gedächtnißschrift zum 600jähr. Jubiläum der Stadt. gr. 8. (VIII und 279 S.) Greifenberg 862. (Stettin, Nagel.) * *

— Geschichte der Stadt Colberg. Aus den Quellen dargestellt. Mit 2 (lith.) Plänen der Belagergn. Colberg's. (qu Fol.) u. e. Ansicht (Holzschntaf.) in gr. 8. (XII, 572 S.) Ebend. 873. n. 7. 80; m. Urkunden n. 9. 50

Riemann, H., Ueber die *Μαρτυρίαι* der byzant. liturg. Notation. Beitr. z. Entwickelungsgesch. d. Kirchentöne a. d. altgriechischen Oktavengattungen. S.-A. 1882. 18 S. 1.20

Riemann, H., die Völkerschlacht bei Leipzig v. 16. b. 19. Oct. 1813, e. Beitr. zur Erhalt. d. Andenkens an d. Rettungstage; aus d. Quellen mitgeth. 8. (6 B. u. 1 Plan d. Schlachtfeldes.) Lüneburg 830, Herold u. Wahlstab.

Riemann, Hans, prakt. Arzt in Marlow i. M.: **Über die Keimzerstreuung** des Echinococcus im Peritoneum. **Klinische u. experimentelle** Untersuchungen. *Tübingen: H. Laupp 1899.* (40 S.) 8° ¶(Aus: Beiträge zur klinischen Chirurgie, Bd 24, H. 1.)
Rostock, Med. Diss. v. [10. Juni] 1899

Riemann, Heinrich

Riemann, H.: Vollständige Anweisung zum Stoßfechten nach Kreußlers Grundsätzen. Leipzig 1834. 106 S.

Riemann, Heinr., vollständ. Anweisung zum Stoßfechten, nach Kreußlers Grundsätzen. 8. (7¼ B.) Leipzig 834, Engelmann.

Riemann, Heinrich, Rechtskand.: **Das Erbbaugebäude. Berlin** 1910: Kammer. 36 S. 8°
Heidelberg, Jur. Diss. v. 22. April 1910, Ref. Endemann
[Geb. 5. Dez. 84 Gutenswegen; Wohnort: Berlin; Staatsangeh.: Preußen; Vorbildung: Gymn. Neuhaldensleben Reife O. 06; Studium: Berlin 6, Marburg 1, Breslau 1 S.; Rig. 4. März 10.] [U 10. 1985

Riemann, Heinr. Armin., Predigt, gehalten am 18. October 1863 in der Marienkirche zu Friedland. Friedland 863. Richter. gr. 8. (16 S.) n. 3 ngr.

Riemann, Heinr. Armin., der Unteroffizier im Regimente Colberg Sophia Dorothea Friederike Krüger, Ritter des eisernen Kreuzes u. des russ. Georgen-Ordens, aus Friedland in Meklenburg-Strelitz. Keine Novelle, sondern ein Lebensbild, nach Urkunden gez. Berlin 865. F. Duncker. gr. 16. (72 S.) n. 10 ngr.

Riemann, Hellmuth: Preußens Domänenpolitik von 1808 bis 1909. Saarbrücken 1910: Hofer. 42 S. 8°
Erlangen, Phil. Diss. v. 19. März 1910, Ref. v. Eheberg
[Geb. 11. Aug. 88 Charlottenburg; Wohnort: Charlottenburg; Staatsangeh.: Preußen; Vorbildung: Falk-Realgymn. Berlin Reife M. 06; Studium: Darmstadt Techn. Hochsch. 3, München 1, Darmstadt Techn. Hochsch. 1, Berlin 3 S.; Rig. 28. Febr. 10.] [U 10. 890

Riemann, Hermann, approb. Arzt aus Gera-Reuss: **Ein Fall** von Zehencarcinom. *München 1902: C. Wolf & Sohn.* (22 S.) 8°
München, Med. Diss. v. 1902

Riemann, Herm., Karlshorster Impressionen. Frauen—Pferde—Spiel. Kritische Betrachtgn. (32 S.) 8. Leipzig-R. (910). A. Beyer. — 60

Riemann, Herm. Traug. Lebr. De bellorum inter Henricum IV. et Saxones gestorum causis et origine. 14 S.
Greifenberg, Progr. 1854

Riemann, H. T. L. Rede bei der Entlassung der Abiturienten 1881. — Rede zur Feier des Geburtstages Sr. Maj. des Kaisers. 1880. 10 S. Progr. *Greifenberg Po.* 1884.

Riemann, Hugo, Anleitung zum Generalbaß-Spielen (Harmonie-Uebungen am Klavier), s.a. Hesse's, Max, illustr. Katechismen.

Anleitung zum Generalbaß-Spielen (Harmonie-Übungen am Klavier) von Hugo Riemann, Dr., Prof., Leipzig. 2. verm. u. verb. Aufl. *Leipzig: M. Hesse 1903.* (XVI, 101 S.) 8° [ʒ.]
— Katechismen, Max Hesse's illustrierte. Bd 10. [04. 6177

Riemann, Hugo, Anleitung zum Partiturspiel, s.: Hesse's, Max, illustr. Katechismen. Nr. 30.

Anleitung zum Partiturspiel. Von Hugo Riemann, Dr., Prof., Leipzig. *Leipzig: M. Hesse 1902.* (127 S.) 8° [ʒ.]
— Katechismen, Max Hesse's illustrierte. No 30. [03. 7343

— u. Carl Fuchs, praktische Anleitung zum Phrasieren. Darlegung der f. die Setzg. der Phrasierungszeichen maßgeb. Gesichtspunkte mittels vollständ. themat., harmon. u. rhythm. Analyse klass. u. romant. Tonsätze. 8. (98 S.) Leipzig 886. M. Hesse. n. 1. 20; geb. n. 1. 50

Riemann, H., Anleitung zum Studium der techn. Übungen. [Aus: „Technische Übgn. v. Ed. Mertke".] hoch 4. (37 S.) Leipzig 889. Steingräber. n. 1. —

Riemann, Hugo (Bearb.), s. Asplmayr, Franz: Quartett in D dur Op. 2, Nr. 2 für 2 Violinen, Viola u. Violoncell.

Riemann, Hugo, der Ausdruck in der Musik, s.a. Sammlung musikalischer Vorträge.

Riemann, Hugo. Der Ausdruck in der Musik. Leipzig 1884. (Aus: Sammlung musikalischer Vorträge (Waldersee). Ser. V, 60.)

Riemann, Hugo (Hrsg.), s. Bach, Johann Christian: Klavierkonzert ...

Ludwig van Beethoven. Streich-Quartett op. 127 ⟨Es-dur⟩. Erl. von Dr. Hugo **Riemann**. *Leipzig: H. Seemann Nachf. [1901].* (20 S.) 8°
= **Musikführer**. 160. [01. 9545

Ludwig van Beethoven. Quartett in B-dur ⟨op. 130⟩ und Quartett-Fuge in B-dur. ⟨op. 133.⟩ Erl. von Dr. Hugo Riemann. *Leipzig: H. Seemann Nachf. [1901].* (28 S.) 8°
= Musikführer. No 211.

Ludwig van Beethoven. Streich-Quartett Cis moll Op. 131. Erl. von Prof. Dr. Hugo Riemann. *Leipzig: H. Seemann Nachf. [1901].* (13 S.) 8
= Musikführer. No 228.

Ludwig van Beethoven. Streich-Quartett A-moll. Op. 132. Erl. von Prof. Dr. Hugo Riemann. *Leipzig: H. Seemann Nachf. [1901].* (11 S.) 8°
= Musikführer. No 238.

Ludwig van Beethoven. Streich-Quartett op. 135 ⟨F dur⟩. Erl. von Prof. Dr. Hugo **Riemann**. *Leipzig: H. Seemann Nachf. [1903].* (21 S.) 8° [ℌ]
= **Musikführer**. No 245. [03. 4847

– Dass., s.a. Musikführer.

Riemann, Hugo (Hrsg.), s. Binchois, Gilles: Sechs ... Chansons.

Riemann, Hugo, s.: Brahms, Johannes.

Johannes Brahms, III. Symphonie '(F-dur)'. op. 90. Erl. v. Dr. Hugo **Riemann**. Frankfurt a. M.: H. Bechhold [1897]. (21 S.) 1 Bd 8°
(Musikführer, Der. No 101.)

– Dass., s.a. Musikführer, Der.

Johannes Brahms, IV. Symphonie '(E-moll)'. Op. 98. Erl. v. Dr. Hugo **Riemann**. Frankfurt a. M.: H. Bechhold [1897]. (19 S.) 1 Bd 8°
(Musikführer, Der. No 120.)

– Dass., s.a. Musikführer, Der.

– s.: Brahms', Johannes, Symphonien.

Riemann, Hugo. Sechs bisher nicht gedruckte dreistimmige Chansons von Gilles Binchois (c. 1425). Wiesbaden 1892.

Riemann, Hugo (Hrsg.), s. Collegium musicum.

—— musikalische Dynamik und Agogik. Lehrbuch der musikal. Phrasirung auf Grund einer Revision der Lehre von der musikal. Metrik und Rhythmik. Lex.-8. (XI, 273 S.) Hamburg 884, Rahter. 7 50

—— Elementar-Musiklehre. Eingeführt am Konservatorium zu Hamburg. gr. 8. (VI, 76 S.) Hamburg 883, Grädener. * 1 60

— Elementar-Schulbuch der Harmonielehre. (VIII, 192 S.) gr. 8. Leipzig 906. M. Hesse. n. 3. —; geb. n. 3. 50

— die Elemente der musikalischen Aesthetik. gr. 8. (VII, 237 S.) Berlin 900. Stuttgart, W. Spemann. n. 5. —

—— die Entwickelung unserer Notenschrift, s. Sammlung musikalischer Vorträge.

Riemann, Hugo, Erklärung der musikalischen Kunstausdrücke; kurzgefasste Harmonielehre; Anleitung zum Studium der technischen Übungen, Tabellen zur Musikgeschichte, s.: Musik-Taschenbuch.

Riemann, Hugo, die objective Existenz der Untertöne in der Schallwelle. Skizze. gr. 8. (12 S.) Kassel 875. (Berlin, Luckhardt'sche Verlagsh.) * — 50

— Fugen-Komposition, } s.: Hesse's, Max, illustr.
— Generalbaß-Spiel, } Katechismen.

Riemann, Hugo. Geschichte der Musik seit Beethoven ⟨1800—1900⟩. VIII + 816 S. 8. Berlin und Stuttgart, W. Spemann, 1901. [M. 8. 20]

— Geschichte d. Musiktheorie im IX.—XIX. Jahrh. gr. 8. (XVIII, 529 S.) Leipzig 898. M. Hesse. n. 10. —

— s. Gevaert.

— Grundriß d. Kompositionslehre (Musikal. Formenlehre), s.a. Hesse's, Max, illustr. Katechismen, Nr. 8.

Grundriß der Kompositionslehre ⟨Musikal. Formenlehre⟩ von Dr. Hugo **Riemann**, Doz. zu Leipzig. 2. umgearb. Aufl. T. 1. 2. Leipzig: M. Hesse 1897. 2 Bde 8°
1. ⟨theoret.⟩ T.: Allgem. Formenlehre.
2. ⟨prakt.⟩ T.: Angewandte Formenlehre.
= **Katechismen**, Max Hesse's illustrierte. No 8. 9. [07. 4875

Grundriss der Kompositionslehre ⟨Musikalische Formenlehre⟩ von Hugo **Riemann**, Prof. 3. verb. Aufl. T. 1. 2. Leipzig: M. Hesse 1905. 2 Bde 8°
1. ⟨theoret.⟩ T.: Allgem. Formenlehre.
2. ⟨prakt.⟩ T.: Angewandte Formenlehre.
= **Katechismen**, Max Hesses illustrierte. Bd 8. 9. [07. 4876

— Grundriß der Musikwissenschaft, s.: Wissenschaft u. Bildung.

— Handbuch der Harmonielehre. 2., verm. Aufl. der „Skizze e. neuen Methode der Harmonielehre". Mit Notenbeispielen. gr. 8. (XII, 239 S.) Leipzig 887. Breitkopf & Härtel. n. 5. —; geb. n. 6. 20

—— Handbuch der Harmonielehre. 2. verm. Aufl. der „Skizze einer neuen Methode der Harmonielehre". Mit Notenbeispielen. gr. 8. (XII, 239 S.) Leipzig 888, Breitkopf und Härtel. * ℳ 5.—; geb. * 6 20

— Handbuch der Harmonielehre. 3., gänzlich umgearb. Aufl. gr. 8. (XII, 234 S.) Leipzig 898. Breitkopf & Härtel. n. 5. —; in Schulbd. n.n. 5. 50; fein geb. n. 6. 20

— Handbuch der Harmonielehre. 4. Aufl. (XII, 234 S.) gr. 8. Leipzig 906. Breitkopf & Härtel. 5.—; geb. in Schulbd. n 5.50; in Leinw. n 6. —

— Kleines Handbuch der Musikgeschichte m. Periodisierung nach Stilprinzipien u. Formen, s.a. Handbücher der Musiklehre. II.

Kleines Handbuch der Musikgeschichte mit Periodisierung nach Stilprinzipien u. Formen von Hugo **Riemann**, Prof. Leipzig: Breitkopf & Härtel 1908. (XI, 292 S.) 8°
= **Handbücher** d. Musiklehre. 2. [08. 272

— **Handbuch der Musikgeschichte.** I. Bd. 1. u. 2. Tl. gr. 8. Leipzig, Breitkopf & Härtel. n. 14. —; geb. n. 17. —
1. Altertum u. Mittelalter (bis 1450). (XVI, 258 S.) 904. n. 5. —; geb. n. 6. 50
2. Die Musik des Mittelalters (bis 1450). (IV, 374 S. m. 1 Notentaf.) 905. n. 9. —; geb. n. 10. 50

— **Handbuch der Musikgeschichte.** II. Bd. 1. Tl. Das Zeitalter der Renaissance bis 1600. (VI, 510 S.) gr. 8. Ebd. 907. 11.—; geb. in Leinw. n 12. 50

— Harmonielehre, s.: Hesse's, Max, illustrierte Katechismen.

— **vereinfachte Harmonielehre** od. die Lehre v. den tonalen Funktionen der Akkorde. gr. 8. (VIII, 213 S.) London (893). Augener & Co. 2. 80

Hausmusik aus alter Zeit. Intime Gesänge mit Instrumental-Begleitung aus d. 14. bis 15. Jh. in ihrer Originalgestalt in d. heutige Notenschrift übertr. u. mit Vortragsbezeichnung versehen von Prof. Dr. Hugo **Riemann**. Mit Originaltext u. deutscher Übers. H. 1. 2. Partitur. Leipzig: Breitkopf & Härtel (1906). 2 Bde 4°
(Breitkopf & Härtel's Partitur-Bibliothek. 2008. 2009.) [07. 9548

— die **Hülfsmittel** der Modulation. Studie. gr. 8. (62 S.) Kassel 875. (Berlin, Luckhardt'sche Verlagsh.) * 1 —

Riemann, Hugo, üb. das **musikalische Hören**. Dissertation. 8. (69 S.) Leipzig 874. (Göttingen, Vandenhoeck & Ruprecht's Verl.) n. 1. —

– Richard Wagners Huldigungs-Marsch, s. Riemann: Richard Wagner.

Illustrationen zur Musikgeschichte. Von Dr. Hugo **Riemann**. [Th.] I. Wiesbaden: (Stich u. Dr. v. O. Brandstetter, Leipzig) 1893. 4°

Riemann, Hugo, **Instruction** pour l'étude des exercices techniques. Appendice aux exercices techniques par Ed. Mertke. (XXXV S.) Lex. 8. Leipzig (909). Steingräber. 1. 50

– Richard Wagners Kaiser-Marsch, s. Riemann: Richard Wagner.

Riemann, H: Katechismus der Akustik (Musikwissenschaft). Leipzig 1891

— **Katechismus** der Akustik [Musikwissenschaft],
— **Katechismus** der Fugen-Komposition. Analyse v. J. S. Bach's „Kunst der Fuge",
s.a. Hesse's, Max, illustrierte Katechismen.

Riemann, Hugo. Katechismus der Fugen-Komposition. (Analyse von J. S. Bachs „Wohltemperiertem Klavier" und „Kunst der Fuge".) 1. 2. 3. Teil. Leipzig 1890. 1891. 1894.

– Katechismus des Generalbaß-Spiels - der Gesangskomposition [Vokalmusik] - der Harmonielehre, s. Hesse, Max: Illustrierte Katechismen.

— Katechismus der Harmonie- u. Modulationslehre (Prakt. Anleitg. zum mehrstimm. Tonsatz), s.a. Hesse's, Max, illustr. Katechismen.

Katechismus der Harmonie- und Modulationslehre. ‹Prakt. Anleitung z. mehrstimm. Tonsatz.› Von Hugo **Riemann**, Dr., Prof. 3. verb. Aufl. Leipzig: M. Hesse 1906. (VIII, 223 S.) 8° [F.]
= **Katechismen**, Max Hesses illustrierte. No 15. [06. 8173

Riemann, Hugo. Katechismus des Klavierspiels. Leipzig 1888.

— Katechismus des Klavierspiels, s.a. Hesse's, Max, illustrierte Katechismen. Nr. 6.

[F.] Katechismus des Klavierspiels v. Dr. Hugo **Riemann**, Doz. ... zu Leipzig. 2., umgearb. Aufl. *Leipzig: M. Hesse (1897).* (X, 116 S.) 1 Bd 8.
= **Katechismen**, Max Hesse's illustrierte. No 6. [98. 8007

Katechismus des Klavierspiels von Dr. Hugo **Riemann**, Prof. 3., verm. u. verb. Aufl. Leipzig: M. Hesse (1905). (VIII, 117 S.) 8° [F.]
= **Katechismen**, Max Hesse's illustrierte. No 6. [05. 14770

– Katechismus der Kompositionslehre, s. Hesse, Max: Illustrierte Katechismen.

— Katechismus der Musik (Allgemeine Musiklehre). Leipzig 1888.

– Katechismus der Musik-Aesthetik, s. Hesse, Max: Illustrierte Katechismen.

— Katechismus des Musik-Diktats (Systematische Gehörsbildung), s.a. Hesse's, Max, illustrierte Katechismen.

Katechismus des Musik-Diktats (Systematische Gehörsbildung) von Hugo **Riemann**, Dr., Prof. zu Leipzig. 2. Aufl. Leipzig: M. Hesse (1904). (VII, 131 S.) 8°
(Katechismen, Max Hesse's illustrierte. Bd 11.)

— Katechismus der Musikgeschichte, s.a. Hesse's, Max, illustr. Katechismen. Nr. 2.

Riemann, Hugo. Katechismus der Musikgeschichte. Theil 1. 2. Leipzig 1888. 1889.

Katechismus der Musikgeschichte von Hugo **Riemann**, Prof. 3. verb. Aufl. T. 1. 2. Leipzig: Hesse 1906. 8°
1. Geschichte d. Musikinstrumente u. Geschichte d. Tonsysteme u. d. Notenschrift. 2. Geschichte d. Tonformen.
(Max Hesses Illustrierte Katechismen. No 2. 3.) [11. 16164

Riemann, Hugo. Katechismus der Musikinstrumente (Instrumentationslehre). Leipzig 1888.

— Katechismus der Musikinstrumente (kleine Instrumentationslehre), s.a. Hesse's, Max, illustrierte Katechismen. Nr. 1.

[F.] Katechismus der Musikinstrumente '(Kleine Instrumentationslehre)' v. Dr. Hugo **Riemann**, Doz. ... zu Leipzig. 2. umgearb. Aufl. *Leipzig: M. Hesse (1897).* (1 Bl., VII, 124 S.) 1 Bd 8.
= **Katechismen**, Max Hesse's illustrierte. No 1. [98. 8005

— Katechismus der Orchestrierung, s.a. Hesse's, Max, illustr. Katechismen. Nr. 31.

Katechismus der Orchestrierung ‹Anleitung z. Instrumentieren›. Von Hugo **Riemann**, Dr., Prof., Leipzig. *Leipzig: M. Hesse 1902.* (118 S.) 8° [F.]
= **Katechismen**, Max Hesse's illustrierte. No 31. [03. 7514

Riemann, Hugo. Katechismus der Orgel (Orgellehre). Leipzig 1888.

— Katechismus der Orgel (Orgellehre), s.a. Hesse's, Max, illustr. Katechismen. Nr. 4.

Katechismus der Orgel ‹Orgellehre› von Dr. Hugo **Riemann**, Prof., Leipzig. 2. Aufl. *Leipzig: M. Hesse 1901.* (VIII, 215 S.) 8° [F.]
= **Katechismen**, Max Hesse's illustrierte. Bd 4. [01. 9819

— u. K. Fuchs, Katechismus d. Phrasierung, s.: Hesse's, Max, illustrierte Katechismen.

— vergleichend theoretisch-prakt. Klavier-Schule. Eine Anweisung zum Studium der hervorragendsten Klavier-Unterrichtswerke, nebst ergänz. Materialien. 3 Thle. gr. 8. u. gr. 4. Hamburg 890. Rahter. 16. —
1. System. Allgemeine Gesichtspunkte in mechan., techn. u. ästhet. Beziehg., unter Vergleichg. der einschläg. Litteratur. gr. 8. (XIV, 82 S.) 2. 50
2. Methode. Anweisg. f. den Unterricht, Auswahl u. Stufenfolge des Materials, Spezialbetrachtgn. über das Studium einzelner Musikwerke. gr. 8. (IV, 120 S.) 2. 50; Tl. 1 u. 2 geb. in 1 Bd. 6. —
3. Materialien. Mit deutschem u. engl. Text. 4 Hfte. gr. 4. I. Elementarschule. — II. Technische Vorstudien. (à 44 S.) à 4. —. — III. Ornamentik. (17 S.) 1. 50. — IV. Rhythmische Probleme. (15 S.) 1. 50.

— Klavier-Spiel, } s.: Hesse's, Max, illustrierte Katechismen.

— Kompendium der Notenschriftkunde, s.a. Sammlung „Kirchenmusik". Bd. 4. 5.

Kompendium der Notenschriftkunde von Dr. Hugo Riemann, Prof. Mit 20 Übungsbeispielen z. Übertragen. Regensburg [usw.]: Pustet 1910. 107 S. 8°
(Sammlung Kirchenmusik. Doppelbdch. 4 u. 5.) [10. 6561

– Kompositionslehre, s. Hesse, Max: Illustrierte Katechismen.

— große Kompositionslehre. 1. u. 2. Bd. gr. 8. Berlin. Stuttgart, W. Spemann. à n. 14. —
1. Der homophone Satz (Melodielehre u. Harmonielehre). (VI, 631 S.) 902.
2. Der polyphone Satz. (Kontrapunkt, Fuge, Kanon.) (VIII, 446 S.) 903.

— Ludwig van Beethovens Leben, s.: Thayer, Alex. Wheelock.

—— Lehrbuch des einfachen, doppelten und imitierenden Kontrapunkts. gr. 8. (VIII, 204 S.) Leipzig 888, Breitkopf und Härtel. *ℳ 4.50.; geb. * 5 70

— Lehrbuch des einfachen, doppelten u. imitierenden Kontrapunkts. 2. gänzlich durchgearb. u. erweit. Aufl. (XV, 272 S.) gr. 8. Leipzig 908. Breitkopf & Härtel. 6.—: geb. in Schulbd. n 7.—; in Leinw. n 7. 50

– Die Lehre von der musikalischen Komposition, s. Marx, Adf. Bernh.

— Felix Mendelssohn-Bartholdys Lobgesang, s.: Musikführer, der.

— musikalische Logik. Hauptzüge der physiolog. u. psycholog. Begründg. unseres Musiksystems. 8. (69 S.) Leipzig 874. Kahnt. 1. 50

— Manuale di armonia. Traduzione italiana sulla edizione francese di Giacomo Setaccioli. (XVI, 244 S.) gr. 8. Leipzig 906. Breitkopf & Härtel. n. 6. —; geb. in Leinw. n. 7. —

— Manuel de l'harmonie. Traduit sur la 3. éd. allemande. gr. 8. (XIV, 248 S.) Leipzig 902. Breitkopf & Härtel. n. 6. —; geb. in Leinw. n. 7. —

Felix Mendelssohn-Bartholdy, Lobgesang. E. Symphonie-Kantate nach Worten d. heil. Schrift. op. 52. Erl. v. Dr. Hugo Riemann. Frankfurt a. M.: H. Bechhold [1897]. (22 S.) 1 Bd 8°
= Musikführer, Der. No 119.

—— systematische Modulationslehre als Grundlage der musikalischen Formenlehre. gr. 8. (XII, 209 S.) Hamburg 887, [J. F. Richter.] Verlagsanstalt und Druckerei. * 4 50

— die Musik,
— Musik-Aesthetik, } s.: Hesse's, Max, illustrierte Katechismen.
— Musik-Diktat,

— s.: Musikführer, der.

– Musik-Geschichte – Musik-Instrumente, s. Hesse, Max: Illustrierte Katechismen.

— allgem. Musiklehre (Katechismus d. Musik), s.a. Hesse's, Max, illustr. Katechismen, Nr. 5.

[F.] Allgemeine Musiklehre '(Katechismus d. Musik)' v. Dr. Hugo Riemann, Doz. . . . zu Leipzig. 2. umgearb. Aufl. *Leipzig: M. Hesse (1897).* (VIII, 174 S.) 1 Bd 8.
= Katechismen, Max Hesse's illustrierte. No 5. [98. 8096

Allgemeine Musiklehre ⟨Katechismus d. Musik⟩ von Hugo Riemann. Dr., Prof. zu Leipzig. 3. Aufl. Leipzig: M. Hesse (1904). (VIII, 174 S.) 8°
(Katechismen, Max Hesse's illustrierte. No 5.)

— Musik-Lexikon. Theorie u. Geschichte der Musik, die Tonkünstler alter u. neuer Zeit mit Angabe ihrer Werke, nebst einer vollständ. Instrumentenkunde. 8. (VI, 1036 S.) Leipzig 882. Bibliograph. Institut. n. 9. 50; geb. n. 10. —

— Musik-Lexikon. Theorie u. Geschichte der Musik, die Tonkünstler alter u. neuer Zeit m. Angabe ihrer Werke, vollständige Instrumentenkunde. 2. Ster.-Ausg. m. Nachträgen. 18 Lfgn. 8. (VI, 1036 S.) Leipzig 883. 84. Bibliograph. Institut. à n. — 50

—— Musik-Lexikon. 3. sorgfältig revid. und mit den neuesten Ergebnissen der musikal. Forschung und Kunstlehre in Einklang gebrachte Aufl. 8. (VIII, 1124 S.) Leipzig 887, M. Hesse's Verlag. *ℳ 10.—; geb. * 12 —
Auch in 20 Lfgn. à 50 Pf. zu beziehen.

— Musik-Lexikon. 4., vollständig umgearb. Aufl. 20 Lfgn. 8. (XI, 1210 S.) Leipzig 893. 894. M. Hesse. à n. — 50 (kplt. geb.: n. 12. —)

Musik-Lexikon v. Dr. Hugo Riemann, Dozent an d. Univ. Leipzig. 5. vollst. umgearb. Aufl. (In 20 Lief.) Leipzig: M. Hesse (1899-) 1900. (XXIII, 1284 S.) 8°

— Musik-Lexikon. 5. vollständig umgearb. Aufl. gr. 8. (XXIV, 1284 S.) Leipzig 900. M. Hesse. n. 10. —; geb. in Halbfrz. n. 12 —; auch in 20 Lfgn. à n. — 50

– Musik-Lexikon. 6., gänzlich umgearb. Aufl. (XX, 1508 S.) 8. Leipzig 904. 905. M. Hesse. n. 12. —; geb. n. 14. 50

Musik-Lexikon von Hugo Riemann. 7. gänzl. umgearb. u. mit d. neuesten Ergebn. d. musikal. Forschung u. Kunstlehre in Einklang gebrachte Aufl. Lfg 1. Leipzig: M. Hesse 1909. 8° [F.] [08. 15062

– Musik-Lexikon. 7. vollständig umgearb. Aufl. (XXIII, 1598 S.) 8. Leipzig 909. M. Hesse. 14.—; geb. 16.50; auch in 28 Lfgn. à — 50

—— s. Musik-Taschenbuch.

—— die Natur der Harmonik, s. Sammlung musikalischer Vorträge.

— Die byzantinische Notenschrift im 10.—15. Jahrh. Paläographische Studie m. Übertragg. v. 70 Gesängen des Andreas v. Kreta, Johannes Damascenus, Kosmas v. Majuma, Johannes Monachus u. a. Mit 8 phototyp. Fksms. (Taf.) aus Handschriften des 10.—13. Jahrh. (VIII. 98 S.) gr. 8. Leipzig 909. Breitkopf & Härtel. 5.—; geb. n 6. —

— Notenschrift und Notendruck. (Festschrift zur 50 jährigen Jubelfeier des Bestehens der Firma C. G. Röder.) Leipzig (1896).

Riemann, Hugo, Opern-Handbuch. Repertor. d. dramat.-musik. Litteratur. gr. 8. (862 S.) Leipzig 884—893. [C. A. Koch's Verl.] Herm. Seemann Nachf.
Geb. in Leinw. n. 12. 60; in Ldr. n. 14. 60

— Opern-Handbuch. Ein nothwend. Supplement zu jedem Musiklexikon. Nachschlagebuch zur schnellen Orientirg. üb. die wichtigsten älteren u. neueren Opern, Operetten, Ballette u. Melodramen, unter besond. Berücksicht. verschiedener Bearbeitgn. derselben Stoffe. 1—19. Lfg. gr. 8. (S. 1—624.) Leipzig 884. 86. C. A. Koch. à n. — 50

— Opern-Handbuch. Repertorium der dramat.-musikal. Litteratur [Opern, Operetten, Ballette, Melodramen, Pantomimen, Oratorien, dramat. Kantaten 2c.]. Ein notwend. Supplement zu jedem Musiklexikon. 20. Lfg. gr. 8. (III u. S. 625—743.) Leipzig 887. C. A. Koch. n. 1. — (cplt.: n. 10. 50)

— Opern-Handbuch. Repertorium der dramatisch-musikal. Litteratur (Opern, Operetten, Ballette, Melodramen, Pantomimen, Oratorien, dramat. Kantaten 2c.) Ein nothwend. Supplement zu jedem Musiklexikon. II. Suppl., unter Mitwirkg. v. Frz. Stieger. gr. 8. (S. 747—862.) Leipzig 893. Dresden, C. A. Koch's Verl. n. 2. —
Das 1. Suppl. bildet die 20. Lfg. d. Hauptwerks.

(B) — Opern-Handbuch. (KVL 32.) Jetzt: Berlin, Harmonie.

—— die Orgel, s. Hesse's, illustrirte Katechismen.

—— u. Carl Fuchs. Phrasierung, s. Hesse's, Max, illustr. Katechismen.

—— die Phrasirung im musikalischen Elementarunterricht, s. Konservatorium, das, der Musik zu Hamburg.

Riemann, Hugo, über musikalische Phrasirung, s. Fuchs, Carl, die Zukunft des musikalischen Vortrags.

— Präludien u. Studien, s.a. Studien, musikal. I, II u. VII.

Riemann, Hugo, Präludien u. Studien. Gesammelte Aufsätze zur Ästhetik, Theorie u. Geschichte d. Musik. 1. Bd. gr. 8. (VII, 239 S.) Frankfurt a/M. 895. Stuttgart, J. Schmitt Verl. n. 5. —; geb. n. 6. 60

— Präludien und Studien. Gesammelte Aufsätze zur Ästhetik, Theorie und Geschichte der Musik. Band I. II. III. Frankfurt a/M. (1895.). Leipzig (1900). (1901).

— das Problem des harmonischen Dualismus. Ein Beitrag zur Aesthetik der Musik. (36 S.) gr. 8. Leipzig 905. C. F. Kahnt Nachf. n. — 60
Sonderabdruck aus: „Neue Ztschr. f. Musik".

15 Reigen und Tänze aus Kaiser Matthias' Zeit. In getreuem Anschluss an d. Originalgestalt ⟨f. Streichinstrumente⟩ f. Pianof. übertr. von Hugo **Riemann**. Leipzig: F. Kistner [1907]. (19 S.) 4° [F.] [07. 9549

N. Rimsky-Korsakow, Scheherazade. Symphon. Suite. op. 35. Erläut. v. Dr. Hugo **Riemann**. Frankfurt a. M.: H. Bechhold [1897]. (18 S.) 1 Bd 8°
(Musikführer, Der. No 127.)

Rococo. Gavotten, Rigaudons, Bourrées, Passepieds, Menuets u. Sarabande berühmter Zeitgenossen Joh. Seb. Bach's. Für Pianof. zu 2 Händen hrsg. von Dr. Hugo **Riemann**. Leipzig: Breitkopf & Härtel (1899). (23 S.) 4°
(Breitkopf & Härtel's Klavier-Bibliothek.) [07. 9550

— N. Rimsky-Korsakow's Scheherazade, s. Musikführer, der.

— neue Schule der Melodik. Entwurf e. Lehre d. Contrapunkts nach e. gänzlich neuen Methode. gr. 8. (XIV, 222 S.) Hamburg 883. J. F. Richter. n. 4. 50

Robert Schumann. Vierte Symphonie in D-moll ⟨op. 120⟩. Erl. von Dr. Hugo Riemann. *Leipzig: H. Seemann Nachf. [1901].* (12 S.) 8°
= Musikführer. No 201. [02. 11764

— Verloren gegangene Selbstverständlichkeiten in der Musik des 15.—16. Jahrh. Die Musica ficta, s.a. Magazin, musikalisches.

Verloren gegangene Selbstverständlichkeiten in der Musik des 15.-16. Jahrhunderts. Die Musica ficta. Eine Ehrenrettung. Von Prof. Dr. Hugo **Riemann**. Langensalza: Beyer 1907. 26 S. 8°
(Musikalisches Magazin. H. 17.)

—— Skizze einer neuen Methode der Harmonielehre. gr. 8. (VIII, 92 S.) Leipzig 880, Breitkopf und Härtel. *

— Ludwig van Beethoven's Streich-Quartett op. 135, s.: Musikführer, der.

— Beethoven's Streichquartette, s.a. Meisterführer.

Beethoven's Streichquartette. Erl. von Hugo **Riemann**. Berlin: Schlesinger; Wien: Haslinger [1910]. 188 S. 8°
(Meisterführer. Nr 12.)
(Schlesinger'sche Musik-Bibliothek.) [11. 4859

—— Studien zur Geschichte der Notenschrift. gr. 8. (XVI, 316 S. mit 12 Stnt.) Leipzig 878, Breitkopf und Härtel. * 10 —

— s.: Symphonien u. symphonischen Dichtungen, die beliebtesten.

—— musikalische Syntax. Grundriß einer harmon. Satzbildungslehre. gr. 8. (XVI, 123 S.) Ebendas. 877. * 3 —

— System der musikalischen Rhythmik u. Metrik. (XII, 316 S.) gr. 8. Leipzig 903. Breitkopf & Härtel. n. 7. 50; geb. in Schulbd. n. 8. 50; in Leinw. n. 9. —

—— Tabellen zur Musikgeschichte, s. Musik-Taschenbuch.

— Textbook of simple and double counterpoint including imitation or canon. Translated from the German by S. Harrison Lovewell. (VIII, 208 S.) gr. 8. Ebd. 904. n. 5. —; geb. n. 6. —

P. Tschaikoffsky. VI Symphonie (H-moll). (Symphonie pathetique, op. 74.) Erläut. v. Dr. Hugo Riemann. *Frankfurt a. M.: H. Bechhold [1897].* (17 S.) 1 Bd 8.
= Musikführer, Der. No 130. [99. 7572

— Dass., s.a. Musikführer, Der.

Peter Iljitsch Tschaikoffsky, Symphonie 'Manfred' '(H-moll)'. op. 58. Erläut. v. Dr. Hugo Riemann. *Frankfurt a. M.: H. Bechhold (1897).* (23 S.) 1 Bd 8.
= Musikführer, Der. No 141. [93. 2587]

– Dass., s.a. Musikführer, Der.

— Vademecum f. Phrasierung, s.: Hesse's, Max, illustr. Katechismen. Nr. 16.

Robert Volkmann. Symphonie No 1, op. 44 (D moll). Erl. von Dr. Hugo Riemann. *Leipzig: H. Seemann Nachf. [1901].* (12 S.) 8°
= Musikführer. 162. [01. 9547]

Robert Volkmann. Zweite Symphonie (B-dur) Op. 53. Erl. von Dr. Hugo Riemann. *Leipzig: H. Seemann Nachf. [1901].* (12 S.) 8°
= Musikführer. 163. [01. 9548]

Richard Wagner, Huldigungs-Marsch. Erl. v. Dr. Hugo Riemann. Frankfurt a. M.: H. Bechhold [1897]. (9 S.) 1 Bd. 8°
(Musikführer, Der. No 123.)

– Dass., s.a. Musikführer, Der.

Richard Wagner, Kaiser-Marsch. Erläut. v. Dr. Hugo Riemann. Frankfurt a. M.: H. Bechhold [1897]. (10 S.) 1 Bd 8°
(Musikführer, Der. No 133.)

– Dass., s.a. Musikführer, Der.

—— Wie hören wir Musik? Drei Vorträge. 8. (IV, 92 S.) Leipzig 888, M. Hesse's Verlag. * 1 50

Riemann, Hugo, wie hören wir Musik? Grundlinien der Musik-Aesthetik, s.a. Hesse's, Max, illustr. Katechismen.

Wie hören wir Musik? Grundlinien der Musik-Ästhetik von Hugo Riemann, Dr., Prof., Leipzig. 2. Aufl. Leipzig: M. Hesse 1903. (VIII, 93 S.) 8°
(Katechismen, Max Hesse's illustrierte. Bd 17.)

Riemann, Johann Friedrich

Riemann, Jh. Fr., Abbild. u. Beschreib. e. Maschine, d. Samen v. Unkraut zu reinigen. 8. Grätz 804. Ferstl. 4 gr. Hbg. Pr. 2 gr.

Riemann J. F.: Praktischer Abriss d. Fischereywesens . . . Leipz. 1804. 268 S. 1 Tab.

— prakt. Abriß des Fischerwesens. 8. Ebend. 804.

— prakt. Anl. z. Kenntn. d. Ziegeleien u. d. Ziegelarbeiten, m. K. 8. Ebend. 800.

RIEMANN, Johann Friedrich: Praktische Anweisung zum Teichbau. Für Förster, Oekonomen und solche Personen, die sich weniger mit der Mathematik abgeben. - Leipzig 1798. IV, 444 S., 4 Kupf.

Riemann, J. F., prakt. Anweis. z. Teichbau, mit K. 8. Lpz. Gerh. Fleischer. 798.

— prakt. Anw. z. Vorricht. d. Wassergräben, m. K. 8 Ebend. 802.

— Beschreib. e. Verfahrens, wie Landwirthe ihr Getreide auf eine leichte Art v. Samen d. Unkrauts reinigen können. Mit 1 Kpf. Nebst Abbild. einer dazu erforderl. Maschine. 4. Ebd. 802. 16 gr — üb. die Verwahrung d. Gebäude gegen Diebe. Mit 1 Kpf. 8. Ebd. 800. 20 gr. — prakt. Anleit. z. Vorrichtung d. Wassergräben. Mit 2 Kpf. 8. Ebd. 802. 2 Thlr — prakt. Anleit. z. Kenntniß d. Ziegeleien u. d. Ziegelarbeiten. Mit Kpf. 8. Ebd. 800. 2 Thlr

— Beschr. e. Verfahr., wie Landw. ihr Getreide a. eine leichte Art v. Samen d. Unkrauts reinig. können. 4. Ebend. 803.

— **Johann Friedrich** (Magdeburg), Staphylomatis nosologiae specimen. Diss. med. Berlin (Brueschcke) 2. II. 1822. 46 S. mit Biogr. (M.: J. Rentzmann.) (—.—) 28847
Oppon.: Schrader, Housselle, Bartholomaei. — Gew.: Von Kohlrausch.

Riemann, Jh. Fr., ökonom. Schriften. 5 Bde. 8. Leipz. 798—804. Gr. Fleischer. 7 Thlr 4 gr. Einzeln unt. folg. Tit.: prakt. Anweis. z. Teichbau. Mit Kpf. 8. Leipz. 798. Gr. Fleischer. 1 Thlr 8 gr — prakt. Abriß d. Fischerwesens. 8. Ebd. 804. 1 Thlr

Riemann, J. Fr., ökonomische Schriften. 5 Bde. 8. Lpz. Gerh. Fleischer. 812. Rthlr. (Enthalten Ir Ziegeleien, mit 3 K. IIr Teichbau, mit 4 K. IIIr Wassergraben, mit 2 K. IVr Fischereien. Vr Verwahrung d. Gebäude gegen Diebe, mit Kupf.)

— üb. d. Verwahrung d. Gebäude gegen Diebe. 8. Leipz. Gerh. Fleischer. 800.

Riemann, Karl

— Naturwissenschaftlich-geologische Abhandlg. üb. die Prov. Posen, s.: Krische, Paul, die Prov. Posen.

Riemann, Carl, polit.-naturhistor. Aphorismen. Eine Phantasmagorie d. zeitigen Europa. Recht lieblich zu lesen f. Groß u. Klein, auch gar sehr verständig geschrieben. 8. (2 B.) Hanau 833, Edler.

—— Neu-German. Blüthen, erster Strauß, dem Vaterlande geweiht. gr. 12. (8 1/6 B.) Leipzig 834, (Drobisch.)

Riemann, Karl, Neu-Germanische Blüthen, erster Strauß, dem Vaterlande geweiht. gr. 12. Nordhaus. 834. Müller. 5 gr

— — Ludovico Cornero und Julie Buondelmonti oder die Schauernacht am Vesuv, romantisches Gemälde aus der italienischen Vorzeit. 2 Bde. Nordhausen u. Leipzig, G. Müller u. C. Drobisch, 1835. 8°. (1 1/2 Rthl.) 152 u. 160 SS. — Einiges etwas frei.

——, Enrico di Napoli, der geheime Bandit v. Avignon, od. d. Macht d. Verstellung. Roman. 2 Bde. 8. (20 B.) Sondershausen 836, (Eupel.)

Riemann, Carl, die Geologie der deutschen Salzlagerstätten. (IV, 109 S.) gr. 8. Stassfurt 908. W. Seegelken. 4. —

— Gewinnung u. Reinigung des Kochsalzes, s.a. Monographien üb. chemisch-technische Fabrikationsmethoden. 18. Bd.

Gewinnung und Reinigung des Kochsalzes. Von Dr. Carl Riemann, Leopoldshall. Mit 20 Abb. Halle: Knapp 1909. 84 S. 8°
(Monographien über chem.-techn. Fabrikationsmethoden. Bd 18.) [09. 6713]

Riemann, Carl (geb. am 29 Aug. 1857 in Freusburg bei Kirchen Kr. Altenkirchen): Ueber die Grünsteine des Kreises Wetzlar und einiger ihrer Contacterscheinungen ... Bonn, Univ.-Buchdr. v. C. Georgi 1882. 2 Bl., 63 S., 1 Bl. 8. ¶ Sonderabdr. aus d. Verhandl. d. naturhist. Vereins d. preuss. Rheinl. u. Westf. XXXIX 1882 S. 245 ff.
Bonn, Phil. Fak., Diss. v. 16 Nov. 1882

RIEMANN, Carl, Cesare Leo, oder: Edelmuth und Räubersinn. 2 Bde. Mit lithographirter Abbildg. Nordhausen, Fürst, 1835. 8°. (1 2/3 Rthl.)

—Cesaro Leo, der edle Wiedervergelter in den Apeninnen, oder: Edelmuth und Räubersinn. 2 Thle. Mit 1 lithogr. Abbild. 8. Nordhausen 835. Fürst. 1 2/3 ℛ

——, Cesaro Leo, der edle Wiedervergelter in d. Apeninnen, od.: Edelmuth u. Räubersinn. 2 Thle. 8. (20 B. u. 1 Stnt.) Nordhausen 835. [Leipzig, Literar. Museum.]

——, Lodoiska u. Alexander, od. Heldenmuth u. Liebe. Dichtung u. Wahrheit aus d. letzten poln.-russ. Kriege. 8. (12 B.) Leipzig 834, (Rein; Drobisch.)

—Lodoiska und Alexander, oder Heldenmuth u. Liebe. Dichtung u. Wahrheit aus dem letzten polnisch-russischen Kriege. 8. Nordhausen 834. Müller. 5/6 ℛ

—der Löwe von Drachenfels u. die Ritter vom Siebengebirge. Eine Sage aus den Zeiten Rudolphs von Habsburg. Seitenstuck zum Hasper a Spada. 2 Thle. 8. Nordh. 836. Fürst. 1 3/4 ℛ

—— der Löwe von Drachenfels u. d. Ritter vom Siebengebirge. Eine Sage a. d. Zeiten Rudolphs v. Habsburg. Seitenstück zum Hasper a Spada. 2 Thle. 8. (23 B.) Nordhausen 836. [Leipzig, Literar. Museum.]

—— der Minister u. der Seidenhändler, Lustsp., s. Scribe.

—— histor. Novellen a. d. ersten Hälfte d. 19. Jahrh.: Wilibald Ritter, der Jäger ohne Furcht u. Tadel. — Die Ahnungen. — Die letzte Polonaise. 8. (13½ B.) Nordhausen 836. [Leipzig, Literar. Museum.]

—— die Pilgerschaft d. sieben Brüder, od. d. Goldschmidts Sebastian Hippel Wonne- u. Schmerzenstage. Humorist. Roman. 2 Bde. 8. (20 B.) Nordhausen 835, Müller.

— s. Scribe, der Minister und der Seidenhändler.

—— Sprache d. Herzens u. d. Liebe in Blumen. 12. (3⅓ B.) Nordhausen 835, Müller.

—— auserlesene Stammbuchsaufsätze aus d. d. besten Dichtern gesammelt. 2. Aufl. 12. (2 B.) Nordhausen 835, Müller.

Riemann, Carl, Taschenbuch für Mineralogen. 12. (VIII, 338 S.) Berlin 887, Springer. geb. * 7 —

Riemann, Karl Friedrich

Riemann, Karl Fr., histor. Nachr. v. einer mit d. Schullehrern d. Niederoderbruchs errichteten Konferenzgesellschaft ꝛc. Nebst Anfange eines Schullehrerkatechismus über die Hauptgegenstände d. Elementarurkunden ꝛc. gr. 8. Berl. 812. Nicolai. 20 gℛ Schulgesetztafeln aus Obigem besond. abgedr. Fol. 3 gℛ

— Versuch e. Beschreib. d. Reckanschen Schuleinrichtung. 8. Berl. 781. 2e Aufl. unt. d. Tit.: neue Beschreib. der Reckanschen Schuleinrichtung u. der v. Rochowschen Lehrart in Volksschulen. Mit e. Vorrede v. F. E. v. Rochow. 8. Ebd. 792. 3e A. 798. 4e A. 809. Nicolai. 22 gℛ

RIEMANN Karl Friedrich. -s Versuch einer Beschreibung der Reckanschen Schuleinrichtung mit einer Vorrede von F. E. von Rochow. o. V., Wien 1788. 1 vol. XVI S. + 158 S.

Die Thüringische Geschichte v. Carl Heinrich Günther **Riemann.** 8°.

Theil 1: Von den ältesten Zeiten bis auf den Untergang des Thüringischen Königreichs. (A. u. d. T.: Die Geschichte des Königreichs Thüringen v. Carl Heinrich Günther Riemann.) Nordhausen. 1825.

Riemann, (C. H. G.,) die Thüringische Geschichte. 1r Thl. A. u. d. T.: die Geschichte des Königreichs Thüringen. 8. Nordhausen 825. (Luckhardt in Cassel.)

Riemann, Karl Theodor

Riemann, Car. Theod. (geb. 20. 5. 1816): De colica saturnina. Berolini (1842). (28 S.) 8°

Berlin, Med. Diss. v. 17. Aug. 1842

Riemann, Karl Wilhelm

Riemann, Carl Wilhelm (Rottleberode / Stolberg), De hydrope. Diss. med. Berlin (Nietack) 9. III. 1839. 32 S. mit Biogr. (M.: Chr. Kaiser.) (3.75) 28846

Oppon.: Gust. Wolff, Ad. Straube, Aug. Severin. — Seinem Vater gew. (V.: Carl Johann Riemann.)

Riemann, Konrad, appr. Arzt a. Bromberg: Vier Fälle von Pankreasnekrose. Leipzig 1906: B. Georgi. (46 S.) 8°

Leipzig, Med. Fak., Ref. Curschmann, Diss. v. 18. Nov. 1906

[Geb. 4. Nov. 80 Bromberg; Wohnort: Leipzig; Staatsangeh.: Sachsen; Vorbildung: Thomas-Gymn. Leipzig Reife O. 00; Studium: Leipzig 9 S.; Coll. 12. Dez. 06; Approb. 18. Jan. 06.]

Riemann, Kurt

Riemann, Curt, aus Breslau: Über 79 Fälle von Amputatio supravaginalis uteri mit retroperitonealer Stielversorgung wegen fibromyoma uteri. *Leipzig 1903: O. Brandstetter.* (49 S.) 8°

Würzburg, Med. Diss. v. 1903

Riemann, Curt, appr. Arzt: Fieberdiät und Eiweisszerfall. Halle a. S. 1909: Kaemmerer. 17 S. 8°

Halle, Med. Diss. v. 7. Juli 1909, Ref. Schmidt

[Geb. 19. Febr. 78 Weißenfels a. S.; Wohnort: Finsterwalde; Staatsangeh.: Preußen; Vorbildung: Landessch. Pforta Reife O. 97; Studium: München 1, Halle 9 S.; Coll. 24. Juni 09; Approb. 29. Juli 02.] [U 09. 1615

Riemann, Ludwig

Riemann, Ludw., musikästhetische Betrachtungen, s.: Neitzel, Otto.

Riemann, Ludw., einstimmiges Chorbuch. Eine Auswahl v. Volks-, volkstüml. u. Kunstliedern für höhere Lehranstalten, Seminarien, Männergesangvereine u. gesell. Kreise. gr. 8. (77 S.) Leipzig (902). Breitkopf & Härtel. kart. n. 1.—

Riemann, Ludw., populäre Darstellg. d. Akustik in Beziehg. zur Musik. Im Anschluss an Herm. v. Helmholtz' „Lehre v. den Toneempfindgn." gr. 8. (VIII, 157 S. m. Holzst.) Braunschweig 896. F. Vieweg & Sohn. n. 3.—

Riemann, Ludwig, Gesanglehrer: Über eigentümliche, bei Natur- und orientalischen Kulturvölkern vorkommende Tonreihen und ihre Beziehungen zu den Gesetzen der Harmonie. *Essen 1899: G. D. Baedeker.* (133 S.) 8°

Essen, k. G, P 1899 (464)

Riemann, Otto, das Echt-christliche in Fritz Reuters Werken. Vortrag, im Magdeburger G.-A.-Verein gehalten. gr. 8. (31 S.) Magdeburg 888, (E. Baensch Nachf.)

Riemann, Otto. Das Echt-Christliche in Fritz Reuter's Werken. Vortrag im Magdeburger G.-A.-Verein geh. 2. Ausg. gr. 8. (31 S.) Magdeb. 889, (E. Baensch). — 60

Riemann, Otto, Fest- u. Feierstunden in der Schule. Schulreden, geh. u. nebst e. Textverzeichnis zu allerlei Schulkasualreden, sowie e. Lektionarium u. Gebeten f. Schulandachten hrsg. gr. 8. (VII, 118 S.) Magdeburg 886. Heinrichshofen's Verl. 1. 50

Riemann, Otto, zwei Hauptgründe, die uns bewegen müssen, unserer evangelischen Landeskirche dankbar-treu zu bleiben unser Leben lang. Predigt am 5. p. Trin. 1908 üb. Psalm 27, 4 u. 5 geh. u. m. Anmerkgn. hrsg. (12 S.) 8. Berlin 908. K. J. Müller. — 25

[F.] Der lebendige Jesus Christus. Eine Ausw. Predigten v. D. Dr. O(tto) **Riemann**, Pred. ... in Berlin ... *Magdeburg: C. E. Klotz 1898.* (XI, 238 S.) 1 Bd 8.
— **Riemann**, O.: Predigten u. Reden. Tl 3. [98. 5874

Riemann, Otto, der lebendige Jesus Christus. Eine Auswahl Predigten. 2., durch e. Abschiedspredigt verm. Ausg. (VIII, 247 S.) gr. 8. Berlin 904. Schriftenvertriebsanstalt. n. 2. 40; geb. n. 3. —

— Kaiser-Geburtstagspredigt üb. Esra 10, 4 u. 5, am 27. I. 1909 in der Luisenkirche in Charlottenburg geh. (11 S.) gr. 8. Berlin (909). (Schriftenvertriebsanstalt.) — 25

Riemann, O., Casualreden-Sammlung. Confirmationsreden, Beicht- und Abendmahlsreden, Traureden und Leichenreden von DD. Ahlfeld, Fr. Arndt, † Couard ꝛc. gr. 8. (VIII, 284 S.) Magdeburg 881, Heinrichshofen's Verlag.

—— 40 neue evangelische Konfirmations-Scheine. Mit Bibelsprüchen und Gebetsversen hrsg. qu. gr. 4. Magdeburg 888, (E. Baensch Nachf.)

— 40 neue evangelische Konfirmations-Scheine. Mit Bibelsprüchen u. Gebetsversen hrsg. 2. Aufl. qu. gr. 4. Magdeburg 894. C. E. Klotz. n. 2. —

—— „Lasset die Kindlein zu mir kommen!" 50 Taufreden. gr. 8. (VIII, 178 S.) Magdeburg 880, E. Baensch.

— „lasset die Kindlein zu mir kommen!" Taufreden-Sammlg. 2. Aufl. gr. 8. (IV, 175 S.) Leipzig 885. Bredow. n. 2. 40

— die christliche Lebensgewißheit angesichts des Todes. Predigt über Ev. Luk. 23, 46, am Karfreitage 1904 in der Luisen-Oberpfarr- u. Stadtkirche zu Charlottenburg geh. (12 S.) gr. 8. Ebd. 904. n. — 30

— für den Lebensweg. Gedenkblätter zur Erinnerg. an den Konfirmationstag. Pracht-Ausg., m. 4 Heliograv. nach Originalen v. Heinr. Hofmann u. Osk. Schulz, sowie m. Holzschn. nach Zeichngn. v. Wilh. Claudius u. Alex. Stichart. hoch 4. (108 S.) Leipzig 894. F. Hirt & Sohn. Geb. in Leinw. m. Goldschn. n. 9. —; kleine Ausg., ohne die 4 Heliograv., geb. in Halbleinw. n. 4. —

Riemann, Otto, für den Lebensweg. Gedenkblätter zur Erinnerg. an d. Konfirmationstag. Pracht-Ausg., mit 4 Heliograv., sowie m. Holzschn. hoch 4. (108 S.) Leipzig 894. [F. Hirt & Sohn.] P. E. Lindner. Geb. 9. —; kl. Ausg. (ohne Heliogr.) geb. 4. —

Für den Lebensweg. Gedenkblätter z. Erinnerung an d. Konfirmationstag. Mit 1 von Prof. Heinrich Hofmann f. d. Gedenkbuch gezeichn. Titelbilde u. Spruchbildern. Von Otto **Riemann**, Pastor, Berlin. 2., veränd. Aufl. Berlin: Schriftenvertriebsanst. 1903. (112 S.) 8° [F.] [03. 13378

— die Lehre von der Apokatastasis, d. h. der Wiederbringung aller, aufs neue untersucht u. verteidigt. gr. 8. (VII, 105 S.) Magdeburg 889. Heinrichshofen's Verl. n. 2. —

— d. Lehre v. d. Apokatastasis, d. h. d. Wiederbringung aller, aufs neue untersucht u. verteidigt. 2. Aufl. gr. 8. (IV, 105 S.) Magdeburg 897. Heinrichshofen's Verl. n. 2. 50

—— Leitfaden für den evangelischen Religionsunterricht vorgerückter Schüler, besonders für den Konfirmanden-Unterricht. 8. (127 S.) Magdeburg 883, Heinrichshofen's Verlag. cart.

— Leitfaden f. den evangelischen Religionsunterricht vorgerückter Schüler. 2. Aufl. 8. (136 S.) Magdeburg 884. Heinrichshofen's Verl. cart. n. 1. —

— Leitfaden f. d. evang. Religionsunterricht, e. Darstellg. d. Inhaltes uns. christl. Glaubenslebens im Anschluß an Dr. M. Luthers kleinen Katechismus. 4., völlig umgearb. Aufl. gr. 8. (VIII, 196 S.) Ebd. 893. Kart n. 1. 50

— Leitfaden f. den evangel. Religionsunterricht, e. Darstellung des Inhaltes unsers christl. Glaubenslebens auf der Grundlage der hl. Schrift u. im Anschluß an D. M. Luthers kleinen Katechismus. 5. verb. Aufl. (VIII, 220 S.) gr. 8. Ebd. 903. Kart. n. 1. 50

Mein Lied. Kleine Gedichte f. Herz u. Haus von D. Dr. Otto **Riemann**, Pastor, Berlin. *Berlin: E. S. Mittler & Sohn 1901.* (87 S.) 8° [F.] [01. 1859

— Luther u. der letzte deutsche Katholikentag. Ansprache, bei der am 1. XI. 1901 von der kirchl. Vereinigg. in Berlin veranstalteten Versammlg. geh. gr. 8. (8 S.) Berlin 901. Schriftenvertriebsanstalt. — 25

Riemann, Otto: Philippi Melanchthonis studia philosophica quam rationem et quid momenti ad ejus theologiam habuerint, quaeritur. Halis Saxonum 1885: Friese & Fuhrmann in Magdeburg. 57 S. 8°
Halle-Wittenberg, Phil. Diss. v. 14. Juli 1885
Geb. Schönebeck a. d. E. (Kr. Kalbe) 21. 3. 1850. V.

—— Predigt über Ev. Luc. 16, 1—9, am IX. p. Trin. 10. Aug. 1879 in der St. Ulrichskirche zu Magdeburg gehalten. gr. 8. (8 S.) Magdeburg 880, E. Baensch.

—— Predigt über Evangel. Mark. 8, 1—8, bei der Abordnung mehrerer Missionare der Gossnerschen Mission am 18. Oktbr. 1885 in der Matthäuskirche in Berlin gehalten. gr. 8. (8 S.) Gotha 887, Schloeßmann.
Aus: Pastoralbibliothek, besonders abgedruckt.

— Predigten u. Reden. 2. u. 3. Tl. gr. 8. Magdeburg, C. E. Klotz. à n. 4. —; geb. à n. 5. —
2. Das alte Evangelium im Gewande d. neueren Theologie. E. Auswahl Predigten. (X, 249 S.) 895.
3. Der lebendige Jesus Christus. E. Auswahl Predigten. (XI, 238 S.) 898.

— Rede bei der Einweihung d. Krankenhauses d. Kahlenberg'schen Stiftung, am 14. April 1888 über Evangel. Marc. 9, 38—40 geh. gr. 8. (8 S.) Magdeburg 888. (Faber.) n.n. — 50

— Replik auf die Hildebrandt'sche Broschüre: „Was thut den evangelischen Gemeinden Magdeburgs not?" Ein ebenso offenes Wort an die berufenen Vertreter u. an die Mitglieder der Gemeinden Magdeburgs. gr. 8. (33 S.) Magdeburg 890. Heinrichshofen's Verl. — 60

— wachet, stehet im Glauben, seid männlich u. seid stark! Alle euere Dinge lasset in der Liebe geschehen! 1. Kor. 16, 13. 14. (E. protestant. Weckruf.) Predigt, geh. am Reformationsfeste 1891 in d. St. Ulrichskirche in Magdeburg. gr. 8. (13 S.) Magdeburg 891. Heinrichshofen's Verl. — 30

— evangelische Wahrheit! Protestantische Freiheit! Christliche Liebe! Eine Auswahl Predigten u. Reden. gr. 8. (VIII, 319 S.) Magdeburg 894. E. E. Klotz. n. 4. —; geb. n. 5. —

Riemann, O., was wissen wir üb. die Existenz u. Unsterblichkeit der Seele? Eine Polemik gegen Ludw. Büchners „Das künft. Leben u. die moderne Wissenschaft". Vortrag. 1.—3. Aufl. gr. 8. (IV, 47 S.) Magdeburg 892. Heinrichshofen's Verl. n. 1. —

— was wissen wir üb. die Existenz u. Unsterblichkeit der Seele??? Eine Polemik gegen den Materialismus, wie er besonders in Dr. Ludw. Büchners „Das zukünft. Leben u. die moderne Wissenschaft" zur Geltung kommt. 5. verb. Aufl. gr. 8. (XV, 68 S.) Magdeburg 900. Heinrichshofen's Verlag. n. 1. 20

Riemann, Otto, der evangelischen Freiheit Wesen u. Weise. Im Anschluß an D. M. Luthers Büchlein „Von der Freiheit e. Christenmenschen". Vortrag z. Berliner Lutherfeier d. Evang. Bundes, geh. am 11. Novbr. 1895 u. m. e. kurzen Vorwort üb. Reichsboten-Fanatismus hrsg. gr. 8. (12 S.) Berlin 895. A. Haack. n. — 40

Ein aufklärendes Wort über den Spiritismus auf Grund prakt. Erfahrungen u. wissensch. Studien von Otto **Riemann**, Pastor in Berlin. *Berlin: K. J. Müller 1901.* (VI, 97 S.) 8° [F.] (01. 306)

— ein aufklärendes Wort üb. den Spiritismus auf Grund praktischer Erfahrungen u. wissenschaftlicher Studien. 2. durchges. u. verm. Aufl. gr. 8. (XXVIII, 97 S.) Berlin 901. K. J. Müller. n. 1. 20

Riemann, P.: Die Krümmungs-Halbmesser der Kegelschnitte. 1881. 8°
Diss. Marburg.

Riemann, P., einheitliches Religionsbuch, s.: Franke, K.

Riemann, Paul. Beiträge zur Kenntniss gechlorter Kresole. Freiburg im Breisgau, 1882.

Riemann, P., Lehrg. f. d. Knabenturnen in einfachen Schulverhältnissen. Unt. Zugrundelegg. d. „Leitfaden f. d. Turnunterr. in d. preuß. Volksschulen. 1895" u. m. besond. Berücksicht. d. Turnunterrichtes in Taubstummenanst. 8. (128 S. m. 66 Fig.) Leipzig 895. C. Merseburger. Kart. n. 1. —

— drei Stoffpläne f. d. Knabenturnen in Volksschulen. 8. (22 S.) Ebd. 898. n. — 30

— Turnbefehle, Redensarten, Namen d. Turngeräthe u. ihrer Teile u. d. Bezeichng. d. Übgn. Im Anschluß an s. „Lehrgang f. d. Knabenturnen" f. Taubstumme in Schulen u. Turnvereinen zusammengest. 8 (14 S. m. Fig.) Ebd. 898. — 15

Riemann, Robert

Riemann, Rob., Björn der Wiking. Ein german. Kulturdrama in 4 Akten. gr. 8. (76 S.) Leipzig (901). H. Seemann Nachf. n. 2. —

Riemann, Rob., Gottfried August Bürger, s.: Universal-Bibliothek.

Riemann, Rob., Gotth. Ephr. Lessing, s.a. Universal-Bibliothek.

Gotth. Ephr. Lessing. Von Dr. Rob. **Riemann**. Mit Lessings Bildn. Leipzig: Reclam (1910). 102 S. 8°
(Dichter-Biographien. Bd 15.)
(Universal-Bibliothek. 5225.) (10. 1..4)

— deutsche Literaturgeschichte, s.: Weicher.

Riemann, Robert: Goethes **Romantechnik**. *Leipzig: H. Seemann Nachf. [1901].* (98 S.) 8° ¶[Erschien vollst. 1902 im gleichen Verlag.]
Leipzig, Phil. Diss. v. [24. Juni] 1901

Goethes Romantechnik. Von Dr. Robert **Riemann**. *Leipzig: H. Seemann 1901.* (VIII, 416 S.) 8° (01. 981)

— Goethes Romantechnik. gr. 8. (VIII, 416 S.) Ebd. 902. n. 6. —

— s.: Weicher's deutsche Literaturgeschichte.

Riemann, Rud., der Artikel XII der Preußischen Verfassung: „Die Freiheit des religiösen Bekenntnisses — wird gewährleistet u. s. w." Seine Feinde und Freunde und der Stand seiner Entwickelung. Breslau 859. Kern. gr. 8. (28 S.) n. 5 ngr.

Riemann, Rud., Gespräche üb. Schafzucht. Schlüsse üb. das Nothwendigste zum Fortschritt, nach 30jähr. Praxis. 1. Thl. gr. 8. (VII, 61 S.) Berlin u. Leipzig 875. H. Voigt. n. 1. 20

Riemann, Thdr., der Unterricht im Schreiben und Lesen. Conferenzvortrag. gr. 8. (26 S.) Bleicherode 864, Ruediger. (Halle, Petersen.)

Riemann, W. A., systemat. Eisenhüttenkunde, m. K. gr. 8. Nrnb. Raw. 801.

Riemann, Wilhelm

Riemann. W., Der Bergbau und Hüttenbetrieb der Lahn-, Dill- und benachbarten Reviere (Nassau). Siegen, 1893. 79 S.

Riemann, Wilh., der **Bergbau** u. Hüttenbetrieb der Lahn-, Dill- u. benachb. Reviere (Nassau). 2. Aufl. gr. 8. (IV, 83 S.) Wetzlar 894. Schnitzler. n. 1. —

Riemann, Wilh., Beschreibung des Bergreviers Wetzlar. Bearbeitet im Auftrage des königl. Oberbergamtes zu Bonn. gr. 8. (115 S. m. 8 Steintaf. in gr. 4. u. gr. 8. u. 2 chromolith. Karten 1 : 80,000 in gr. Fol.) Bonn 878. A. Marcus. n. 4. —

Riemann-Festschrift. Gesammelte Studien. Hugo Riemann zum 60. Geburtstage überreicht v. Freunden u. Schülern. (XL, 524 u. Musikbeilage 16 S. m. 1 Bildnis.) Lex. 8. Leipzig 909. M. Hesse. 12.—; geb. 13. 50

Riemannsches elektrodynamisches Gesetz, s. Liman, Oscar.

Riemasch, Otto, die Episode. Schauspiel in 4 Aufzügen. gr. 8. (119 S.) Ebd. (901). n. 2. —

Riemay, G., kalligraph. Vorschriften deutscher, latein. u. französ. Schrift; nebst Anleit. zu e. zweckmäß. Schreibeunterricht. 24 Bl. gest. v. Eckart. 8. Bresl., W. G. Korn. 16 gr.

Riemberg, Chr. Wlh., († d. 4. Oct. 1793.) s. **Gibbon**, Geschichte d. Abnahme u. d. Falls d. röm. Reichs.

Rieme u. Biller. 4. Heft. d'r Verzietssagen. 2. Abdr. Nordhausen 868. Förstemann. gr. 4. (8 lith. S. mit eingedr. Text.) n.n. 2½ ngr.

Rieme unn Bilder, nordhüsche. 2—4. Heft. d'r Verzietssagen. gr. 4. (à Heft 8 S. mit eingedr. Stndr.) Nordhausen, (Förstemann.) [Heft 2. 852. ** 3 Ngr., 3. 854., 4. 855. à ** 2½ Ngr.]
Heft 1 erschien ebendas. 1851 u. d. Ttl.: Verzietssagen und kostet ** 2½ Ngr.

Rieme un Biller, Nordhûsche. 5. und 6. Heft d'r Verzietsſagen gr. 4. (à Heft 8 S. mit eingedr. Holzſchn.) Nordhauſen 858. 59. Förſtemann's Verlag. à Heft ** 2½ Ngr.

Rieme unn Biller, Nordhüſche. Nr. 1—4. gr. 4. (à Nr. 8 S. mit eingedr. Holzſchn.) Nordhauſen, Haacke. à Nr. ** 25 Pf. ** 1

Inhalt:

Nr. 1. Der Märtensobend zu Nordhuſen. 's Heckemännichen in Nordhuſen. 3. Abdr. 876.
- 2. Der Junkerhoff in Sohlze. Aenne Nordhüſche Geſchichte us d'r Vörziet. 876.
- 3. 1) Das Tornier z' Nordhuſen im Johre 1263. 2) Nordhuſen, wie's Pröiſch geworren äs im Johre 1802. 2. Abdr. 877.
- 4. 'E fruhße Manehwer bi Nordhuſen un de kruhße Abberrumpelunge närr d'n Barweſſen darch d'n Markgrafen Fredderichen von Meißen, d' Brunichwiegr un Heinrichen von Huhnſteine am Walerjahnstage 14. April 1329. 879.

Rieme unn Biller, Nordhüſche. Nr. 5. gr. 4. (8 S. mit eingedr. Holzſchn.) Nordhauſen 879, Haacke.
Nr. 1—4. Ebendaſ. 1879. à ** 25 Pf.

Rieme unn Biller, Nordhuſche. 6 Hfte. gr. 4. (à 8 S. m. Abbildgn.) Nordhauſen (898). C. Haacke. à — 30; in 1 Hft. m. Text auf dem Umſchlag n. 1. 25

1. a. D'r Kärſchbärk odder das Gehege bi Nordhuſen. — b. D'Zerſchtörunge d'r Schnabelsborg, därch d'lleben Nordhüſer z'Schtanne gebrocht 1303.
2. a. Das Tornier z'Nordhuſen im Johre 1263. — b. Nordhuſen wie's Protſch geworren äs im Johre 1802.
3. a. Das erſchte Thierſchaufäſt bi Nordhuſen. — b. Das Mirichenslingenſäſt.
4. a. Der Märtensobend zu Nordhuſen. — b. 's Heckemännichen in Nordhuſen.
5. De Kasbelichtung in Nordhuſen un nach annere noie Erfingungen.
6. D'truße Ueberrumpelung värr d'n Barweſſen därch d'n Markgrafen Fredderichen v. Meiſſen 14. IV. 1329 odder d' ſiegreichen Wieber v. Nordhuſen.

Riemeck, Rich., Schlupfwinkel der Liebe, ſ.: Aus dem Sumpfe der Großſtadt. 3. Bd.

Riemel, Dominik. — Der Maulbeerbaum und die Seidenraupe, oder kurze Anleitung zur Seidenzucht. Von — —. Auf Anregung und Koſten des k. k. landwirthſchaftlichen Bezirksvereines Baden. 8. (24 S.) Wien. A. Dorfmeiſter. 1853.

Riemenschneider, D., s.: Weber, A.

Riemenſchneider, Tylmann, 1460—1531. Leben u. Kunſtwerke d. fränk. Bildſchnitzers. Quellenmäßig zuſammengeſtellt u. erläutert, m. 93 Abbildgn. (Lichtdr.-Taf.), v. C. Streit. Fol. (VIII, 27 S.) Berlin 888. Wasmuth. In Mappe. n. 100. —

Riemenſchneider, Verordnungen betr. das Schulweſen des Reg.-Bez. Arnsberg, ſ.: Sachſe.

Riemenſchneider, A., Bruchſtücke aus Ulfilas, ſprachlich erklärt. Dorpat 861. (Gläſer.) 4. (40 S.) n. 24 ngr.

— Rede gehalten auf dem Turnplatze am 17. Mai 1863 zur Eröffnung des Schauturnens. — Zwei Mailieder. Von P. J. Ebend. 863. gr. 8. (8 S.) 3 ngr.

Riemenſchneider, A., die induſtrielle Richtung unſerer Zeit u. ihr Einfluß auf die Schule. Eine Rede. gr. 8. (15 S.) Dorpat 848, Model. (Leipzig, Hartknoch.) 1/12 ℞

Eugen d'Albert. Konzert ⟨Cdur⟩ für Violoncello mit Begleitung des Orchesters. Op. 20. Erl. von Georg Riemenschneider. *Leipzig: H. Seemann Nachf. [1902].* (22 S.) 8°
= Musikführer. No 265. [02. 14949

Ludwig van Beethoven. Oktett f. 2 Hoboen, 2 Klarinetten, 2 Fagotte u. 2 Hörner ⟨Op. 103⟩. Erl. von Georg Riemenschneider. *Berlin & Leipzig: H. Seemann Nachf. [1904].* (23 S.) 8° [F.]
= Musikführer. No 235.

— Dass., s.a. Musikführer.

Joseph Frischen. Zwei Orchesterstücke: 1. Herbstnacht. Op. 12. 2. Ein rheinisches Scherzo. Op. 14. Erl. von Georg Riemenschneider. *Leipzig: H. Seemann Nachf. [1902].* (19 S.) 8°
— Musikführer. No 267.

Benjamin Godard. 'Scènes poétiques'. Suite f. Orchester Op. 46. Erl. von Georg Riemenschneider. *Leipzig: H. Seemann Nachf. [1902].* (22 S.) 8° [F. u. Ant.]
— Musikführer. No 220.

Riemenſchneider, Geo., ſ.: Muſikführer, der.

Jean Louis Nicodé. Das Meer, Symphonie-Ode f. Männerchor, Solostimmen, grosses Orchester u. Orgel. Op. 31. Erl. von Georg Riemenschneider. *Leipzig: H. Seemann Nachf. [1902].* (16 S.) 8°
— Musikführer. No 185.

— Ludwig van Beethoven's Oktett, s. Riemenschneider: Ludwig van Beethoven.

Peter Tschaikowsky. Der Nussknacker, Suite für grosses Orchester. Op. 71a. Erl. von Georg Riemenschneider. *Leipzig: H. Seemann Nachf. [1902].* (23 S.) 8°
— Musikführer. No 229.

Riemenschneider, Hermann, Gerichtsreferendar in St. Wendel: Die Auflösung der Gewerkschaft nach dem deutschen Bergrecht und dem Bürgerlichen Gesetzbuch für das Deutsche Reich. Borna-Leipzig 1908: R. Noske. (VIII, 70 S.) 8° [F.]
Leipzig, Jur. Fak., Diss. v. 21. Juli 1908
[Geb. 29. April 84 Mülheim (Ruhr); Wohnort: St. Wendel; Staatsangeh.: Preußen; Vorbildung: Gymn. Laurentianum Norbertinum Arnsberg (Westfalen) Reife O. 03; Studium: Bonn 2, Berlin 1, Bonn 3 S.; Rig. 3. Aug. 06.]

Riemenſchneider, J. F., bequeme Wechſeltabelle, darin holländ. Gülden v. 1—1000 zu Reichsthalern in Louisd'ors nach d. Wechſelcours aufſteigend von 132 bis 138 Thlr. für 250 Gulden ausgerechnet zu finden. 8. Leipz., Centr.-Compt. 3 ℊ

Riemenschneider, J. H., de mania praecipueque de ejusd. causis. 4. Götting. 802. N. Aufl. 804. Brose. 12 ℊ

Riemenschneider, Kurt

— Flugähnliche Apparate, s.: Wie baue ich mir selbst?

Riemenſchneider, Kurt, lenkbarer Aeroplan, ſ.a. Spiel u. Arbeit.

Riemenschneider (K.). Lenkbarer Aeroplan. Anleitung zur Selbstherstellung e. Flugapparates als Gleit- oder Drachenflieger. m. 3 Detailbog. (40 S. m. 21 Fig.) (Spiel u. Arbeit No. 39). 8°. Ravensburg. 1910. M. 1.20

— Blitzableiter u. Blitzschutzanlagen, s.: Wie baue ich mir selbst?

— Dynamomaschine, s.: Flachmodelle.

— Experimentierbuch der drahtlosen Telegraphie u. Telephonie nebst Hinweis auf die Technik u. Praxis. Eine Anleitg zur Ausführg. v. Experimenten unter Verwendg. einfachster, meist selbst herzustell. Hülfsmittel. (VIII, 146 S. m. 175 Abbildgn.) gr. 8. Leipzig (908). H. Beyer. 3.—; geb. in Leinw. 3. 60

— dasselbe, s.a. Wie baue ich mir selbst?

— Die dynamoelektrischen Maschinen, s.: Glaser-de-Cew.

— Monoplan, s.: Wie baue ich mir selbst?

— Der moderne Proteus. Grunderscheinungen der Elektrizität im Lichte der neuesten Forschgn. Mit einigen Beiträgen von P. Riemenschneider. (144 S.) gr. 8. Berlin (908). P. Raatz. 2. —

— Hertz'sche Versuche. Eine Anleitg. zum Bau der Apparate f. drahtlose Telegraphie u. zu den Experimenten, s.: Wie baue ich mir selbst?

Riemenschneider, Kurt, wie baue ich mir e. Station f. abgestimmte Telegraphie ohne Draht?, s.: Wie baue ich mir selbst?

— Wie baue ich mir e. Station f. drahtlose Telegraphie?, s.: Wie baue ich mir selbst?

Riemenschneider, Paul, die Haus- u. Hotel-Telegraphie u. -Telephonie, s.: Bibliothek, elektrotechnische. (Cantor, O.)

Riemenschneider's, Dill, Leben und Wirken, s.: Weber, A.

Riemer's Karte v. Inner-Afrika. Farbendr. 22×29 cm. Weim. 892, Geograph. Institut. * — 50

Riemer, (Landrat), Die Rinderpest. Eine systematische Darstellung und Beurteilung der zum Schutze gegen die Seuche in Preussen bestehenden Bestimmungen nebst Abänderungs-Vorschlägen und Bemerkungen über Schutz-Vereine und Versicherungs-Gesellschaften. (VI., 108 S.) Stallupönen 64. (Hopf, Insterburg.) M. 1.25

Riemer, die Rinderpest. Eine systemat. Darstellung u. Beurtheilung der zum Schutze gegen die Seuche in Preußen bestehenden Bestimmungen nebst Abänderungs-Vorschlägen u. Bemerkungen über Schutzvereine u. Versicherungs-Gesellschaften. Stallupönen 864. Wilutzki. 8. (VI, 108 S.) n. 12½ ngr.

Riemer's Verkehrs- und Bäderkarte von Thüringen. 1 : 350,000. Lithogr. u. kolor. 40×54,5 cm. Weimar 891, Geograph. Institut. * — 75

Riemer, Alfred, Referendar in Leipzig: **Der Anspruch auf** Finderlohn nach B.G.B. ***Leipzig 1901: A. Edelmann.*** **(99 S.) 8°**
Leipzig, Jur. Diss. v. 1901

Riemer, Alfred, a. Hannover: Die Juden in niedersächsischen Städten des Mittelalters. Göttingen 1907 (Hannover: Gebr. Jänecke). (70 S.) 8° ¶ (Erschien vollst. in: Zeitschrift d. Histor. Vereins f. Niedersachsen Jg. 1907/08.)
Göttingen, Phil. Fak., Ref. Brandi, Diss. v. 18. Jan. 1908
[Geb. 28. Febr. 84 Hannover; Wohnort: Hannover; Staatsangeh.: Preußen; Vorbildung: Lyzeum II Hannover Reife O. 02; Studium: Halle 2, Erlangen 1, Göttingen 6 S.; Rig. 25. Juli 07.]

Riemer, Aloys, s. P. Simon, die Brüche und deren Heilung.

Riemer, B., über den Wintercurort Davos u. seine Indicationen. Nach seinem in der medicin. Gesellschaft zu Leipzig geh. Vortrage zusammengestellt f. Aerzte u. Laien. Mit 1 (lith.) Curventaf. gr. 8. (32 S.) Leipzig 879. O. Wigand. n. 1. —

Riemer, B., Diphtherieerfahrungen, s. Beiträge zur pathologischen Anatomie und klinischen Medicin.

Riemer, C. (Bearb.), s. Williams, W.: Eisenbahn- und Dampferkarte von Mitteleuropa.

Riemer, Eug., der Religionsunterricht an höh. Schulen. Mit besond. Berücksicht. der Schulverhältnisse Russlands. (VI, 100 S.) gr. 8. St. Petersburg 903. (Eggers & Co.) n. 2. 20

Riemer, Eug., die Schulpflichten im häuslichen Leben unserer Töchterschülerinnen. Eine statist. Untersuchg. (Progr.) (IV, 57 S.) gr. 8. St. Petersburg 909. (Leipzig, H. Haessel Verl.) 1.50

— die Selbsttätigkeit der Schüler im Unterricht. Progr. (35 S.) Lex.-8. Ebd. 904. n. 1. —

Riemer, F.: De temporum apud Homerum usu. 40 S. – Neustadt i/W., Progr. 1871.

Riemer, Fr. M., s. Riemer, Fr. Wlh.

Riemer, Fr. Wlh.

— Gedichte. 2 Bdchn. gr. 12. Jena 826. Frommann. 3 ℳ

Riemer, Fr. Wlh., griech.-deutsches Handwörterbuch, s. J. G. Schneider.

Riemer's Griechisch-deutsches Handwörterbuch. Jena u. Leipz. 815. 2 Bde. 8. Ebend. 819. 2 Bde. 8. 6 rthl. 16 gr.

Riemer, F. W., griechisch-deutsches Handwörterbuch für Anfänger und Freunde der griechischen Sprache. 2 Theile. 3te Auflage. gr. Lexikonformat. Jena, Frommann. 820. Druckpap. Rthlr. Schreibpap.

— s. Heinr. Meyer's Geschichte der bildenden Kunst.

— s. Silv. Romano.

Riemer, Fr. M., griechisch-deutsches Wörterbuch für Anfänger u. Freunde der griech. Sprache. 2 Bde. 4. rechtmäß., verm. u. verb. Aufl. gr. Lex.-8. Stuttgart 823—25, J. C. Metzler'sche Buchh. Herabges. Preis 1⅚ ℳ

Riemer, (F. W.) griechisch-deutsches Wörterbuch f. Anfänger u. Freunde d. griech. Sprache. 2 Bde. 4e Aufl. gr. 8. Jena 824, Frommann, ist d. Pr.

Riemer, F. W., kleines griechisch-deutsches Wörterbuch, s. Schneider.

Riemer, Franz (Hrsg.), s. Baier, Karl: Neue Jeschkenblumen.

Riemer, F., Charakteristik der Gedichte des Horaz, vorzugsweise der Oden; nach ihrer stofflichen Seite. Pr. 1877. 51 S. 4°.
— — II. Pr. 1880. 55 S. 4°.

Riemer, Frz. Charakteristik der Gedichte des Horaz, vorzugsweise der Oden nach ihrer stofflichen Seite. Erster Teil. Von den Satiren, von den Epoden und von den Oden politisch-patriotischen Inhalts. 51 S. Zweiter Teil. Die Lebensphilosophie des Horaz und Gesang, Musik und Poesie in den Oden. 55 S. **Progr.** *Neustadt Pr.* 1877. 1880.

Nicht vergeblich! Erfahrungen aus d. Amt u. aus d. Leben von F[ranz] **Riemer,** Pastor. Berlin: Berl. Stadtmiss. [1900]. (149 S.) 8°

Riemer, F., nicht vergeblich! Erfahrungen aus dem Amt u. aus dem Leben. 8. (VII, 149 S.) Berlin 900. Vaterländ. Verlags- u. Kunstanstalt. n. 1. —; geb. n. 1. 80

Riemer, Friedrich Wilhelm. Briefe an d. Familie Frommann in Jena, s. Aus dem Goethehause.

— Briefe von u. an Goethe. Desgl. Aphorismen u. Brocardica. gr. 12. Leipzig 846, Weidmann'sche Buchh. 2 ℳ

Riemer, Fr. Wlh., s. Briefwechsel zwischen Göthe u. Zelter.

Riemer, Friedrich Wilhelm. Briefwechsel zwischen Goethe und Zelter in den Jahren 1796 bis 1832. 1.—6. Theil. Berlin 1833. 1834.

Friedr. Wilh. **Riemers** Gedichte und Reden zu Goethes Ehren. Gesammelt u. hrsg. von Anton Kippenberg. (Als Hs. gedr. Leipzig 1906: Poeschel & Trepte.) 101 S. 8° [10. 3578 7

Riemer, Friedr. Wilh. Aus dem Goethehause. Briefe Friedr. Wilh. Riemers an die Familie Frommann in Jena [1803—1824.] Nach den Originalen hrsg. v. Ferd. Heitmüller. gr. 8. (VIII, 356 S. m. 1 Bildnis in Lichtdr.) Stuttgart 892. J. G. Cotta Nachf. n. 6. —; geb. n. 7. —

Riemer, Friedr. Wilh., Mittheilungen üb. Goethe. Aus mündl. u. schriftl., gedr. u. ungedruckten Quellen. 2 Bde. gr. 8. (79 B.) Berlin 841, Duncker u. Humblot.

Riemer, G., Reise S. M. S. Stosch nach China und Japan 1881—1883. Photographirt und hrsg. Prämiirt vom Verein zur Pflege der Photographie und verwandten Künste zu Frankfurt a. M. 1. und 2. Bd.: See- und Schiffsbilder. qu. Fol. (à Bd. 19 Taf. mit 58 Bildern in Lichtdr. und V, 8 S. Text.) Leipzig 885,86, (Brockhaus.) geb. mit Goldschn. à Bd. *M 50.—.

Riemer, G. A. Militärisches Eisenbahn-Reglement oder systematische Zusammenstellung sämmtlicher Verträge, welche Seitens des k. Kriegsministeriums wegen Beförderung von Truppen, Pferden, Fahrzeugen, Geschützen und Munition mit den resp. Bahnverwaltungen abgeschlossen sind, sowie der Reglements für die Beförderung von Truppen, Militär-Effecten und sonstigen Armeebedürfnissen auf den k. preussischen Staats-Eisenbahnen vom 1. Mai 1861, den k. württembergischen Staats-Eisenbahnen vom 28. August 1847 und den grossherzogl. badischen Staats-Eisenbahnen vom 11. Juni 1859 nebst Militär-Meilenzeigern und Tarifen sämmtlicher Bahnen. Bearbeitet zum ausschliesslichen Gebrauch für die k. preussische Armee. (Mit 28 Anlagen.) Fol. Halle a. S. 1863.

Riemer, G. A., militairisches Eisenbahn-Reglement oder systemat. Zusammenstellung sämmtl. Verträge, welche Seitens des Königl. Kriegsministerii wegen Beförderung von Truppen, Pferden, Fahrzeugen ꝛc. mit den resp. Bahnverwaltungen abgeschlossen sind ꝛc. nebst Militair-Meilenzeigern und Tarifen sämmtl. Bahnen. Bearb. zum ausschließl. Gebrauch für die Königl. Preuß. Armee. Fol. (VIII und 75 S. mit 46 S. Tab. in Fol. und qu. gr. Fol.) Halle 863, Hendel.

Riemer, Guido C(arl) L(eo): Die Adjektiva bei Wolfram von Eschenbach stilistisch betrachtet. Der Wort und Begriffsschatz. Halle a. S.: E. Karras 1906. (108 S.) 8°
Leipzig, Phil. Fak., Ref. Sievers-Köster, Diss. v. 14. Sept. 1900
[Geb. 27. Aug. 73 Münchenbernsdorf, S.-Weimar; Wohnort: Levisburg Pens. U. S.; Staatsangeh.: Vereinigte Staaten; Vorbildung: Bacc. u. Mag. Harvard Univ. Juni 00; Studium: Leipzig 1, Harvard Univ. 4, Leipzig 2, Berlin 1, Leipzig 1 S.; Rig. 28. Juli 05.]

Riemer, Hans, moderne Fenster-Dekorationen, s.: Musterbuch f. den Dekorateur.

Riemer H, Musterbuch für den Dekorateur. I. Moderne Fenster-Dekorationen. (32 T) Ravensburg (1902)

Riemer, J., verblümtes Christenthum auf d. Grund d. S.- u. F.-Epist. 4. Nrnb. 719.

Riemer, J., Über die neuesten Fortschritte im Schachtabteufen. Düsseldorf. 1901. 24 S. mit 2 Abb. und 4 Taf.

— Hauptschlüssel zum Himmel und Herzen Gottes, od. Erkl. d. Vater Unsers. 8. Hamb. 702.

Riemer, J., Complimentircollegium. 8. Leipzig 701.

Riemer, J., das Schachtabteufen in schwierigen Fällen. (VIII, 135 S. m. 18 Abbildgn. u. 19 Taf.) gr. 8. Freiberg 905. Craz & Gerlach. n. 8. —

Riemer, J., Das Schachtabteufen zur Zeit der Düsseldorfer Ausstellung 1902. Düsseldorf, 1902. 67 S. mit Abb. und 18 Taf.

RIEMER, Johann (1658—1714), Der Regenten bester Hoffmeister oder lustiger Hoffparnassus. Leipzig 1679. 8⁰.
Inh.: Gequälter Liebessieg. — Die erlöste Germania. — Hohe Vermählungen.

* — — Dasselbe (um 1 Stück vermehrt), titulo: Der Regenten Bester Hoff-Meister, oder Lustiger Hoff-Parnassus, wie sich in demselben Glück u. Unglück Hoher Häupter, in der Regierung, bey Staats-Eifer, Unruhe, u. Friedens-Bündnißen; wie auch in unzeitiger Liebe u. Ehelicher Zwietracht præsentriet; aus der Historie u. besten Moral-Regeln zusammen getragen, u. in gewiße Lust-Capitul abgetheilet, allen Hoff- u. Welt-Politischen Leuten zu desto beßerer Belustigung in Theatralische Discurse durch u. durch mit kurtzweiliger Warheit (!) abgefasset .... Leipzig bey Christian Michaeln, u. zu Weißenfels zu finden, woselbst es auch gedruckt von Joh. Brühln .... 1681. 8⁰. (Expl. in Berlin: Yq 8⁰ 7661.) (9 Mk. L. Rosenthal, 1906.)
8 Bll. Vorst. [incl. Tit. u. Roth- u. Schwarzdr., Zuschr. an Herzog Johann Adolph zu Sachsen etc., u. Vorr.]. 464 S. — Enth. 4 Schauspiele, sämmtl. in Prosa (mit eingestreuten Versen): 1. Vom gequälten Liebes-Siege (S. 5—150). 2. Von der erlösten Germania (S. 151—276). 3. Von hohen Vermählungen (S. 277—384). 4. Von Staats-Eiffer (Maria Stuart, nach Jost v. d. Vondel, S. 385—464).

— — Dasselbe. Weissenfels 1712. 8⁰.

— — Der verbesserte u. fast auff den dritten Theil vermehrte Lust-Redner, darinn die ernsthafften Regeln der neuesten Rede-Kunst mit lächerlichen Exempeln erleutert sind, der müden Jugend zu besserm Gedächtniss der Rhetorica, allen andern aber zu einem lehrreichen Zeit-Vertreib befördert u. zum vierdten mahl gedruckt. 2 Thle. Leipzig, Chrph. Hülsse, 1704. 8⁰. 768 S. (9 Mk. Adolf Weigel, 1905:)
Aeusserst merkwürdige Facetiensammlung, in der Art des Chrn. Weise. — Zuerst gedr. Merseburg, o. J. 8⁰. (Goedeke III. 239, 18, 2.)

— Lustredner. 8. Ebend. 717.

Riemer, Johann Andreas

— der Guckkasten, od. Darstell. aus d. Natur-, Sitten- u. Völkerkunde. Mit Kpf. 4. ... 802.

— Jahrbuch z. Nutzen u. Vergnügen. 8. Zittau 799.

— südamerikan. Journal, od. authent. Nachr. von d. Aufruhr d. Negersklaven in Surinam u. deren Bezwingung. 8. Zittau 803.

— die glückl. Jugend u. nutzbarer Zeitvertreib d. müßig. Stunden. 4. Zittau 810.

— Friedrichs d. Einzigen Leben. 4. Zittau 799.

— Leben u. Tod zweier Missethäter. 8. Zittau 808.

Riemer, Jh. Andr. II., († d. 21. Febr. 1816.) Missionsreise nach Surinam u. Berbice. Mit Kpf. 8. Zittau 801, 2. Schöps. 1 ⸿ 10 ℊ

Riemer, Johann Andreas (Hrsg.):

s.: Pharmacopoea castrensis Borussica. (Editio prima). Berolini: 1790

JB 1.660/Ed.1

Johann Andreas Riemer

Pharmacopoea castrensis Borussica. Auctore Joanne Andrea Riemer. Ed. 3., aucta et em. Berolini: Maurer 1794. 76 S. 8°

— Anw. z. Gebr. ders., s. Voß.

— Postillion. 4. Löbau 799 u. ff.

Riemer, Johannes, a. Damnitz: Aus dem landwirtschaftlich-technologischen Institut der Universität Breslau. Ein Beitrag zur Kenntnis des hannoverschen Erdöls. Breslau 1907: H. Fleischmann. (50 S.) 8°
Breslau, Phil. Fak., Ref. Ladenburg, Diss. v. 13. März 1907
[Geb. 25. Sept. 76 Damnitz, Kr. Schlochau, Westpr.; Staatsangeh.: Preußen; Vorbildung: Gymn. Konitz Westpr. Reife O. 97; Studium: Münster i. W. 2, Breslau 8 S.; Rig. 2. März 07.]

Riemer, Johannes: Ein Sarkomrecidiv 3 Jahre nach der Enukleation. Greifswald 1906: J. Abel. (34 S.) 8°
Greifswald, Med. Fak., Ref. Schirmer, Diss. v. 24. Jan. 1906
[Geb. 3. Jan. 79 Badeleben, Kr. Neuhaldensleben; Wohnort: Steglitz; Staatsangeh.: Preußen; Vorbildung: Kloster unserer lieben Frauen Magdeburg Reife M. 99; Studium: Halle 1, Berlin 5, Greifswald 3 S.; Coll. 24. Jan. 06; Approb. 13. Sept. 05.]

(F) **Riemer,** L., Erlebtes und Erlauschtes. Gedichte. 8°. (90 S.) Wien: Konegen 1910. K 2.40

Riemer, Martin

Riemer, M., Schriftgedanken f. unsere Zeit. Ein Jahrgang Predigten üb. die Eisenacher Episteln. 2 Bde. 8. Gütersloh 910. C. Bertelsmann. 5.40; geb. 6. 60
I. Festliche Hälfte. (VIII, 224 S.) 3.—; geb. 3. 60
II. Festlose Hälfte. (IV, 176 S.) 2.40; geb. 3. —

Riemer, Maximilian, Dr. med., Stabsarzt im Füs.-Reg. Nr. 90: Beitrag zur Kenntnis des Stoffwechsels des Micrococcus pyogenes aureus. München 1909: Oldenbourg. 94 S. 8°
¶(Aus: Archiv f. Hygiene. Bd 71.)
Rostock, Med. Hab.-Schr. v. 1909 [U 10. 4001

Riemer, Moritz

Riemer, M., Geschichte der Kirchgemeinde Badeleben (Aus der Vergangenheit meiner Heimat), s.: Kirchengalerie der Provinz Sachsen. I. 1.

Riemer, Moritz, Pastor: Mönchtum und kirchliches Leben im Bistum Halberstadt während der zweiten Hälfte des Mittelalters. Magdeburg: ⟨E. Holtermann⟩ 1906. (VI, 68 S.) 8° [F.]
Leipzig, Theol. Fak., Ref. Brieger, Diss. v. 30. Sept. 1906
[Geb. 27. Aug. 73 Badeleben (Kr. Neuhaldensleben); Wohnort: Badeleben; Staatsangeh.: Pädagog. z. Kloster U. L. Frauen Magdeburg Reife O. 93; Studium: Leipzig 3, Halle 4 S.; Rig. 17. Juli 06.]

Aus der Vergangenheit meiner Heimat. Geschichte e. niedersächs. Dorfes. Hälfte 1. Von M[oritz] Riemer, Pastor. *Leipzig: A. Strauch [1903].* 8° [F.]
[Nebent.:] Geschichte d. Kirchgemeinde Badeleben von d. Gründung d. Ortes bis z. Reformation. Von M. Riemer.
= Kirchengalerie d. Provinz Sachsen. Bd 1, H. 1. [64. 334

Riemer, Otto: Das französische Congogebiet ⟨Le Congo français⟩ . . . Mörs: Spaarmann 1909. 91 S. 8°
Bonn, Phil. Diss. v. 28. Juli 1909, Ref. Rein
[Geb. 17. Juni 83 Düsseldorf; Wohnort: Düsseldorf; Staatsangeh.: Preußen; Vorbildung: Gymn. Mörs Reife O. 02; Studium: Bonn u. Berlin zus. 11 S.; Rig. 26. Febr. 08.] [U 09. 426

Riemer, Paul: Ein Fall von Zerreissung und Unterbindung der arteria subclavia nach Reduction einer Oberarmluxation. Halle (1867): Lipke. 30 S. 8°
Halle-Wittenberg, Med. Diss. v. 24. Dez. 1867
Geb. Halle a. d. S. 3. 6. 1845. V.
Verf. erlebte die Diplomerneuerung 1917 als Geheimer Sanitätsrat in Einbeck.

Riemer, Rud.

— s.: Städtebuch, österreichisches.

Riemer, Rud., wie wird Mähren wählen? Voraussichtlicher Ausfall der Reichsratswahlen nach den Ergebnissen der letzten Landtagswahlen. (32 S.) Lex. 8. Brünn 907. (F. Irrgang.) 1. —

Riemer, Th. Fr., e. Beleuchtung d. Vortrages d. Pastors Schiffmann in Stettin üb. die evangel. Lehre v. der Rechtfertigg. durch den Glauben. Mit e. Vorwort v. Superint. L. Josephson. gr. 8. (24 S.) Barth 871. Sund. n. — 50

Riemer, W., das Schloss Hubertusburg sonst u. jetzt. Eine monograph. Skizze. Mit einer lith. Ansicht aus der Vogelperspective. gr. 8. (VII, 55 S.) Oschatz 881. Göthel. n. 1. 50

RIEMERSCHMID, CARL. Ueber einige Derivate des Chinolins und Pyridins. München, 1883.

RIEMERSCHMID, Robert (München): Die deutsche Seifenindustrie. Eine Darstellung der volkswirtschaftlichen Bedeutung ihrer technischen Entwicklung.- München: Oldenbourg 1910. VIII,204 S.
9.7.1910 - Chr 1910/11,21; U 11.3575
Diss. Ingolst.-Landsh.-Mchn.

Riemer-, Sattler-, Tapezier- u. Wagenbauer-Zeitung, österreichisch-ungarische. Einziges illustr. Fachjournal u. Handelsblatt f. die Gesamtinteressen der Riemer, Sattler, Taschner etc. in Oesterreich-Ungarn u. den angrenz. Ländern. Mit Unterstützg. zahlreicher erster Fachkräfte. Hrsg. v. H. L. Schoenian. 4. Jahrg. 1894. 12 Nrn. (à ca. 2 Bog. m. Taf.) gr. 4. Berlin, S., Planufer 93, Administration. n. 6. —

Riemer-, Sattler-, Tapezier- u. Wagenbauer-Zeitung, österreichisch-ungarische. Einzig illustr. Fachjournal u. Handelsblatt f. d. Gesamtinteressen d. Riemer, Sattler, Taschner etc. in Oesterreich-Ungarn u. d. angrenz. Ländern. Mit Unterstützg. zahlr. erster Fachkräfte hrsg. v. H. L. Schoenian. 4. Jahrg. 1895. 12 Nrn. (à ca. 14 S. m. Taf.) gr. 4. Berlin, Expedition d. Halbmonatsschrift „Für d. deutsche Handwerk". n. 6. —

Riemeyer, Hermann, Referendar: Die Handelskammer für das Herzogtum Anhalt in Dessau. Dessau 1910: Anhalt. Buchdr. Gutenberg. 46 S. 8°
Würzburg, Jur. Diss. v. 7. Juli 1910, Ref. Piloty
[Geb. 2. Sept. 81 Frose; Wohnort: Dessau; Staatsangeh.: Anhalt; Vorbildung: Gymn. Aschersleben Reife O. 02; Studium: Halle 3, Marburg 3 S.; Rig. 15. Juni 10.] [U 10. 4322

Riemisch-Leopoldtische Landwirthschaft, od Leop. landwirths. Grundsätze m. d. neuern vereinigt, für Deutsche in u. außer Deutschland, neu bearbeitet u. herausg. 5 Thle. 4. Breslau, W. G. Korn. 802.

Riemisch-Reutersche Praktik des Veterinär-Trokkarirens ..., s. Riem, Johann

Riemle, J., Erkl. d. Evangel. Jesu Chr. 6 Bde. 8. Augsb. 781.

RIEMS, Johann (Hrsg.): Neue theoretische und praktische Abhandlung vom gesammten Torfwesen, bis zum Stich und Verkohlen des Torfs, aus dem Manuscript eines ungenannten, aber erfahrnen, nun verstorbenen Praktikers, mit einigen Anmerkungen bey der Censur begleitet. - Dresden 1794 12 Bg., 3 Taf.

Riemschneider, Ad. Wlh.

—s.a. Gita-Govinda, od. Krischna d. Hirt.

Riemschneider, A. W., Gita-Govinda, oder Krischna der Hirt, ein idyllisches Drama des indischen Dichters Pagodeva. Metrisch bearbeitet. 16. Halle, Renger. 818.

Riemschneider, Ad. Wlh., poetische Spiele. 18 Bdchn. 8. Mitau 812.

Riemschneider, C. G., Ueber den Einfluss der putriden Intoxication auf den Blutdruck. Diss Dorpat. 8°. 62 pp. mit einer Curventafel. 1874.

Riemschneider, Ernst, Gedichte. 8. Jena, Cröcker. 807.

Riemschneider, Ernst, Kammergerichts-Ref. aus Mariensee in Westpreussen: **Das formelle und materielle Noterbrecht des Vaters und die Wirkung der Codicillar-Klausel in einem Testamente, in welchem dem Vater der Pflichtteil 'vermacht' worden ist.** *Berlin: Stuhr 1898.* (63 S.) 8°
Erlangen, Jur. Diss. v. 3. Nov. 1898

Riemschneider, Gebh. Jul., Psalmen Davids in beständ. zu Gott gericht. Gebeten. 8. Leipzig, Crusius. (F. C. W. Vogel.) 740.

Riemschneider, Gebhard Julius (Dölzig/Meißen), De communi artium humanitatis vinculo et cognatione. Diss. philos. Präs. Christian Friedrich Stappen. Leipzig (Göz) 3. IV. 1700. (4.50) 28852

Riemschneider, Hermann [prakt. Arzt aus Mariensee b. Deutsch-Crone]: Ueber die diätetische und mechanische Behandlung des Gastro-Intestinalkatarrhs der Säuglinge .... Halle, Druck v. Ehrhardt Karras, 1888; 32 S. + 1 Bl. 8°
Halle, Med. Fak., Inaug.-Diss. v. 8. Aug. 1888

Riemschneider, Hermann, **über die diätetische und mechanische Behandlung des Gastro-Intestinalkatarrhs der Säuglinge. Diss. Halle 1888, Lippertsche Buchh. 8°.** 32 S.

— **Johann Christian** (Groß-Neuhaus./Thür.), Quaestio jur. controversi an res vendita non vero tradita si postea contractus emti impugnetur fiat litigiosa. Präs. Christian Heinr. Breuning. Leipzig (Langenheim) 27. I. 1776. 8 S. (3.50) 28853

Riemschneider, Karl, approb. Arzt aus Neu-Ruppin: Aus d. Laboratorium d. pharmakognost. Sammlung in Kiel. **Beitrag** zur Kenntnis der Wirkung des Strychnin. *Kiel 1900: A. F. Jensen.* (13 S.) 8°
Kiel, Med. Diss. v. [12. Febr.] 1900

Riemschneider, Martha, Volks-Kochbuch, s.: Rudolph, Ida.

Riemschneider, Paul, Sonntagsruhe u. Sonntagsheiligung. Referat, geh. am 9. Juli 1879 auf der Conferenz des „Vereins für innere Mission für Neuvorpommern u. Rügen" in Greifswald. 8. (35 S.) Berlin 880. Deutsche evangel. Buch- u. Tractat-Gesellschaft. n. — 30

Rien ne va plus! ein Apropos. Frankf. 1863. V: *Fulano, Don.* (Cat. d. Stadtbibl. Zürich. Zürich 1864—97.)

Rien ne va plus! Ein Apropos in 4 Abthlgn. Die Handlung findet statt in Hontebourg sur l'abîme. 4 Hefte. Frankf. 1863. 8°. (2 Mk. Völcker, vor 1900; Heft 1—3: 2 Mk. 50 Pfg. M. Edelmann, 1906.)
Satire auf die Spielhölle in Homburg. Kam nicht in den Handel.

Rien, L., Uebungsbuch in der deutschen Sprache. Für die Hand der Schüler. 1. u. 2. Thl. 8. Leipzig 875. Peter. n. 35
1. (16 S.) n. - 15. — 2. (24 S.) n. - 20.

Rien, Ludw. Auferstanden. — Ehre Vater u. Mutter. — Gott sorgt für euch, f. Immergrün.

Rien v. der Marke, L., Jugendklänge. 8. (61 S. m. 2 Taf.) Bernburg 886. Bacmeister. geb. n. — 60

Rienäcker, Predigt am 18. Decbr. 1864 als am Friedensfeste in der Garnison-Kirche zu Erfurt gehalten. Erfurt 864. Villaret. gr. 8. (11 S.) n. 2 *ngr.*

Rienäcker, A., s. Leake's Topographie von Athen.

Rienaecker, [Albertus Gustavus Mauritius]: 1. * Symbolae critico-exegeticae in alteram partem Iesaiae. 42 S. 4° (2°) 2. * Commentatio philologa, quam de loco Col: 1, 15—23 exhibuit. 21 S. 4° (2°)
Halle-Wittenberg, Phil. Diss. v. 12. Okt. 1842
Geb. [Halle a. d. S. 6. 7. 1817]

[F.] Festbüchlein zur 25jährigen Jubelfeier der Wiederherstellung des deutschen Kaiserreiches am 18. Jan. 1896 v. Fr. Rienäcker. *Dessau: P. Baumann 1896.* (24 S.) 1 Bd 8. 97. 389

Rienäcker, Fr., Gustav Adolf. Festbüchlein f. Schule u. Haus zum 300jähr. Geburtstage Gustav Adolfs am 9. Dezbr. 1894. 1.—6. Aufl. 8. (24 S. m. Bildnis.) Dessau 894. P. Baumann. n. -- 10

Rienäcker, Jh. Aug.

— Handbuch d. Geschichte d. griech. Literatur. Mit e. Vorrede v. J. G. K. C. Kiesewetter. gr. 8. Berl. 802. (Köchly). 18 Gl

Rienäcker, Jh. Aug., Compendium d. griech. Literatur f. Schulen. gr. 8. Berl. 802. (Köchly). 18 Gl

Rienau, H., ut dat Volk för dat Volk un ut de Tied för de Tied. Plattdüütsches Geriem. 1. u. 2. Hft. 8. (à 64 S.) Preetz 884.85. (Garding, Lühr & Dircks.) à n. — 50

Was hat die Kirche gegen die Trunksucht zu thun? Vortrag v. [Rudolf] **Rienau.** Bordesholm. 1901. 8°

Rienecker

— Vergl. Rinecker.

Rienecker, Geo., Predigten, hrsg. von Frz. Keller. 3. Bd.: Fastenpredigten. 1. Reihe: Der barmherzige Samaritan. gr. 8. (V, 76 S.) Nürnberg 868, Korn'sche Buchh. 1 20

— **Predigten auf die Sonn- u. Festtage des katholischen Kirchenjahres,** hersg. von Frz. Keller. 1. Jahrg. 1. Heft. **Predigten für die heil. Advents- u. Weihnachtszeit.** Ebend. 868. gr. 8. (VIII, 160 S.) 24 *ngr.*

Rienecker, Gotthelf

Rienecker, G., gemeinnütz. Beitrr. zur Bierbrauerei u. Essigfabrikation, nebst Anleit., Eierpunsch u. Bischoff zu machen. 8. Hildburgh. 827. (Kesselring). 3 Gl

Rienecker, Gotthelf, gemeinnütz. Beiträge zur Branntweinbrennerei, Bierbrauerei, Weinbereitung u. Essig-Fabrikation. 8. (15 S.) **Köln 849, Lengfeld in Comm. n. 1/6 Thlr**

— 17 wichtige Beiträge zur Branntweinbrennerei, Bierbrauerei, Weinbereitung, Essig-, Rum- u. Liqueur-Fabrikation. 8. Quedlinburg 843, Ernst. verklebt. 5/12 Thlr

— Beschreib. d. schönen u. fehlerhaften Pferdes. Mit 3 Abbildd. 8. Hildburgh. 827. (Kesselring). 12 Gl

— wichtige Entdeckung eines neuen Düngungsmittels für den Anbau von Kartoffeln, Rüben, allen Kohlarten, Taback u. a. Pflanzen, wobei die Mistdüngung erspart wird, u. einer neuen Art des Kartoffelbaues, wodurch die Produktivität d. Bodens um das Doppelte erhöht wird. 8. Berlin 841, Krause. 1/6 Thlr

Rienecker, Gotthelf: Der Hufschmied, oder die Pferde auf richtige Art zu beschlagen. Suhl 1828. 32 S.

— der Hufschmied, od. die Pferde auf richtige Art zu beschlagen. 8. Suhl 828. (Literat.-Compt. in Altenb.) 6 gr

Rienecker, Gth., der Hufschmied, od. die Pferde auf richt. Art zu beschlagen. 8. (2¼ B. u. 1 Stnt. qu. ½ Fol.) Suhl 828. (Leipzig 834, Hermann u. Langbein.)

— der Hufschmied, oder gründliche Anweisung, die Pferde auf die vollkommenste Art zu beschlagen. 8. (24 S. m. 1 Holzschn. in Fol.) Suhl 852. Erfurt, Müller's Sortiments-Buchhandlung. n. ⅛ ℞

Rienecker, Gotthlf., Sammlung geprüfter Erfahrungen, über Branntweinbrennerei, Bierbrauerei, Weinbereitung u. Essigfabrikation. 8. Gera 842. (Altenburg, Helbig.) ¼ ℞

Rienecker, Gotthelf, Sammlung geprüfter Erfahrungen über Branntweinbrennerei, Bierbrauerei, Weinbereitung u. Essigfabrikation. 7. verm. Aufl. 8. (24 S.) Suhl 852. Erfurt, Müller's Sortiments-Buchhandlung. n. 3 ngl

—— neu entdecktes Schönungs-Mittel, od. e. ganz neues, noch nicht bekanntes Mittel, trüben Wein, Bier u. Essig hell zu machen u. e. schönes Ansehn zu verschaffen, welches fast gar nichts kostet, jeder selbst machen u. ohne Umstände anwenden kann ꝛc. Nebst e. Zugabe. 8. Hildburghausen 828, (Kesselring.) Versiegelt.

Rienecker, Karl

Rienecker, Carl, 20 Hülfs-Berechnungs-Tabellen, s. Hülfs-Berechnungs-Tabellen.

RIENER, August

(F) Aller Ehren ist Oesterreich voll! Patriotisches Festspiel in sieben Bildern mit Gesang und verbindendem Texte von August Riener. Steyr. 1900 In Comm. Sandböck'sche Buchh. Gr.-8°. 68 S. K 1.20

Auf der Setzmaschine „Monoline" gesetzt.

Rienhardt, Albert

Rienhardt, der höhere württemb. Staatsdienst. Die Vorschriften üb. die Befähigg. f. den Justiz-, Verwaltungs- u. Finanz-Dienst u. die Verwendg. v. höheren Justiz- u. Verwaltungsbeamten im Reichsdienst (Marine-, Konsulats- u. Kolonialdienst) nebst e. Anh.: Anleitg. zum Studium der Rechtswissenschaft, Aufgaben bei den ersten höheren Justizdienstprüfgn. 1899/1903, Promotionsbestimmgn. der jurist. u. staatswissenschaftl. Fakultät der Universität Tübingen. (VIII, 109 S.) gr. 8. Tübingen 904. G. Schnürlen. n. 1. 80

— die Vorschriften üb. die Ausbildung f. das realistische Lehramt in Württemberg auf Grund der Verfügung des k. Ministeriums des Kirchen- u. Schulwesens vom 12. IX. 1898 unter Beifügung der einschläg. Bestimmungen, insbes. üb. Ergänzungs-Prüfungen der Realabiturienten, Vorbereitungsdienst u. Stipendien, m. Erläuterungen. (IX, 41 S.) 8. Ebd. 905. n. — 90

Rienhardt, Alb., die Vorschriften üb. die Ausbildung für das realistische Lehramt in Württemberg, auf Grund der Verfügg. des k. Ministeriums des Kirchen- u. Schulwesens v. 12. IX. 1898 unter Beifügg. der einschläg. Bestimmgn. insbesondere üb. Ergänzungs-Prüfgn. der Realabiturienten, Vorbereitungsdienst u. Staatsstipendien m. Erläutergn. 2. Aufl. (36 S.) 8. Tübingen 910. G. Schnürlen. — 90

Rienhoff, Fritz, approb. Arzt aus Mawicke i. Westf.: Über Riesenzellensarkome der weiblichen Brustdrüse. *Freiburg i. B. 1903: Ch. Lehmanns Nachf.* (31 S.) 8°
Freiburg i. B., Med. Diss. v. 1903

Rienitz, C., ehrlich währt am längsten. Erzählung f. die Jugend. 8. (6¼ B.) Berlin 845, Vereins-Buchh.

Rienitz, C., Glaubensmuth u. jesuit. Verfolgung, s.: Volks-Bücher, neue.

—— der Leibeigene. — Rips Brauchalles. Zwei belebende Gaben f. die Jugend. 8. (6¾ B.) Berlin 845, Vereins-Buchh.

(Rienitz, C.) Luzern. [Geschichtlicher Ueberblick. Mit 1 Ansicht. A.] 8. (Berlin 1846.)

Rienitz, C., thätig und genügsam. Geschichte des Gaudens Kornthaler. Neger und Pavian. Zwei Erzählungen für die Jugend. 2. (Titel-)Aufl. gr. 12. (120 S.) Berlin (846)61, Vereins-Buchh.

—— wie die Thaten, so der Lohn. Wirkliche Begebenheit f. die Jugend erzählt. 8. (6¾ B.) Berlin 845, Vereins-Buchh.

Rienößl, Heinr., Herbstesrauschen. Novellen u. Skizzen. (101 S.) 8. Wien 906. Th. Daberkow. n. 1. 35; geb. in Leinw. n. 2. 20

Rienow, R.: Die Kriegsflotte Athens. 12 S. – Spandow, Progr. 1869. 4°

Riensch, Carl ..., s. Riensch, Karl ...

Die Reinigung der städtischen Abwässer und die Verwerthung der dabei gewonnenen Abfallstoffe. Von Hermann Riensch, Ing. in Wiesbaden. Text. Taf. *Wiesbaden 1896: R. Bechtold & Co.* (16 S.) 2 Bde 4°

Riensch, Karl Friedrich Wilhelm

Riensch, Carl Friedrich Wilhelm (Bielefeld / Westfalen), Nonnulla de paroxysmis epilepticis. Diss. med. Berlin (A. Petsch) 20. X. 1827. 22 S. mit Biogr. (M.: Delian.) (3.25) 28854
Oppon.: Bobertag, Bruberger, Hilsenberg. — Gew.: J. Büttner (Oheim.)

Riensche, Johann Heinrich (Minden), De casibus quibusdam conscientiae in jure occurrentibus, Von Gewissens-Sachen. Disput. jur. Präs. Conr. Ludeking. Rinteln (H. A. Enax) 28. II. 1704. 42 S. (4.75) 28855

— — Dasselbe. Wittenberg (J. Chr. Gerdes) 28. II. 1704. Rec. 1732. 44 S. (4.75) 28856

Rienzi, Despot zu Rom; e. tragikom. Gesch. 8. Quedlinb. Ernst. 795.

Rienzi [d. i. Henri Hubert van Kol]

— s.a. Warum sind wir arm.

Rienzi, warum sind wir arm? Nach d. Holl. gr. 8. (20 S.) Wien 896. Wiener Volksbuchh. n. — 10

Rienzi, Domeny de, Gesch. u. Beschreib. v. Oceanien, s. a. Weltgemälde-Gallerie, Oceanien.

de Rienzi, Domeny, Geschichte und Beschreibung von Oceanien. Aus d. Franz. 3 Bde. Mit 2b8 Stahlstich. u. 5 Karten. gr. 8. Stuttgart 839, 40. Schweizerbart. 6¼ ℛ

Rienzi's, Cola di, Lebensbild, s. Schmitz, H. J.

Riep, Carl, die deutsche Buchführung. gr. 8. (107 S.) Essen 891. H. L. Geck. n. 3. —

Riepe, Erinnerung an Joh. Wilh. Rehm, nebst Andeutungen üb. Zustände d. Lehrerlebens. gr. 8. (5 B.) Essen 841, Bädeker. Thlr.

Riepe, Lebensbeschreibung D. Martin Luthers, nebst Kern- und Kraftstellen aus dessen Schriften. 2te Aufl. Mit dem Bildniß Luthers. 8. Elberfeld, Büschler. 819.

Riepe, ..., Lebensbeschreib. D. Mart. Luthers, nebst Kern- u. Kraftstellen aus dessen Schriften. 2e Aufl. Mit d. Bildn. Luthers. 8. Elberf. 819. (Schönian). 12 gr

KÖNIG Riepel, Der wachend-träumende —. Salzburg 1749. 8°.
Gottsched Vorrath I. 333: „Hier kann man durchgehends einen Hanswursts-Geschmack sehen."

Riepel, J. A. W., Der wachend-träumende Koenig, Singspiel in Salzburger Mundart. Salzburg 1749. V: *Wimmer, Jacob Anton.* (Wagner) (GGr) (Hr)

Riepel, Joseph. Anfangsgründe zur musicalischen Setzkunst. 1. Capitel: Regensburg und Wien 1752. [2. 3. Capitel:] Frankfurt, Leipzig 1755. 1757. 4. Capitel: Augsburg 1765. 5. Capitel: Regensburg 1768.

— Anfangsgründe z. musikal. Setzkunst. Fol. Augsb. 752. 2e Aufl. Fol. Regensb. 754. Montag u. W. 16 gr

— unentbehrl. Anmerk. zum Contrapunkte, über die durchgehends verwechselten u. ausschweifenden Noten. Regensburg 768.

Riepel, Jos., († d. 23. Oct. 1782.) Baßschlüssel, d. i.: Anleit. f. Anfänger u. Liebhaber d. Setzkunst, hrsggg. von Schubert. Fol. Regensb. 785. Montag u. W. 1 ℛ

— Bassschlüssel, das ist, Anleitung für Anfänger und Liebhaber der Setzkunst . . . herausgegeben von Johann Kaspar Schubarth. Regensburg 1786.

— gründl. Erklärung d. Tonordnung, in 3 Thln. Fol. Regensb. 756, 57.

— Grundlegung z. Tonordnung insgemein mit musikal. Exempeln abgefaßt. Fol. Regensb. 756. Montag u. W. 20 gr

— harmon. Sylbenmaß, in 2 Thln. Regensb. 776.

— von der Tonordnung insbesondere. 8. Regensb. 757.

Riepen, C., eine Altersversorgungs-Kasse für Jedermann. Kiel 858. Schröder u. Co. in Comm. gr. 8. (50 S.) n. 5 ngr

Riepen, Klaus

Riepen, C., der Mühlenzwang, seine Entstehung u. Fortbildung, seine Wirkungen auf die Staatsbürger u. dessen endliche Beseitigung. gr. 8. (29 S.) Kiel 850, Schwers in Comm. n. 6 ngr

Riepenhausen, Carl Alexander,
s. Riepenhausen, Karl Alexander

Riepenhausen, E., s. Riepenhausen, Franz

Pius-Buch. Lebensbild unseres glorreich regierenden heil. Vaters Papst Pius X. Aus authent. Quellen geschöpft u. dargest. von **F. J. Riepenhausen.** 1. bis 3. Taus. *Heiligenstadt: F. W. Cordier [1903].* (128 S.) 8°
[F.] [04. 331 3

Riepenhausen, F. J., Pius-Buch. Lebensbild unseres glorreich regier. hl. Vaters Papst Pius X. Aus authent. Quellen geschöpft u. dargestellt. 1.—3. Taus. (128 S. m. Abbildgn. u. 1 Farbdr.) 12. Heiligenstadt (904). F. W. Cordier. n. 1. —

Riepenhausen, Frz., († d. 3. Jan. 1831.) Bildnisse d. Regenten u. Helden unserer Zeit. 8 Hefte. 8. Berl. 814 u. 15. (Dieterich in Götting.) (à 8 gr) 2 ℛ 16 gr

Riepenhausen, Bildnisse d. Regenten u. Helden unserer Zeit. 8 Hefte. 8. Berl. Sander. 814 u. 15. (à 8 gr.)

(Riepenhausen, E.,) Lord Byron u. (die Griechin) Marietta. 2 Bildn. u. 1 Bl. Erklär. 8. Göttingen 830, (Dieterich.)

Riepenhausen, Fr. und Joh. Erläuterung des polygnotischen Gemähldes auf der rechten Seite der Lesche zu Delphi. 1 Bd. Text. 4°. 1 Bd. 15 Kupfertafeln. Fol. Göttingen 1805.

Riepenhausen, F., u. J. **Riepenhausen,** Gemälde d. Polygnot zu Delphi (die Einnahme v. Troja u. die Abfahrt der Griechen darstellend). Gezeichnet u. gestochen nach der Beschreibg. d. Pausanias. 18 Photolith. qu. gr. Fol. Mit Text. 4. (4 S.) Leipzig 885. C. Hesse. geb. 15. —

— u. Jh., Gemälde Polygnots in d. Lesche zu Delphi, nach d. Beschreib. d. Pausaniae. 16 Bl. Mit Erklär. gr. qu. Fol. Götting. 805. Dieterich. 5 ℛ

Riepenhausen, F. und J. Geschichte der Mahlerei in Italien nach Entwickelung, Ausbildung und Vollendung. Aus den Werken der besten Künstler anschaulich dargestellt und mit kurzen Erläuterungen und Lebensbeschreibungen begleitet. Mit Kupferstichen. Tübingen 1810. Fol.

— u. Jh., Geschichte d. Malerei in Italien, nebst ihrer Entwickelung, Ausbildung u. Vollendung. Mit 24 Kpf. 2 Hefte. Fol. Tübing. 810. (v. Cotta). 8 ℛ 8 gr

– s. Hogarth, William: Kupferstiche ...

Riepenhausen, Frz. u. Johs., Leben Raphael Sanzio's v. Urbino, in zwölf Bildern dargest.; in Kupfer gest. v. C. Barth, Gtl. Rist u. Friedr. Schultze. — La vie de Raphaël Sanzio d'Urbino. Imp.-Fol. (1 Bl. Text.) Stuttgart 838, [Scheible, Rieger u. Sattler.]

— Leben und Tod der heiligen Genovefa in 14 Platten, mit beygefügtem Text. kl. Folio. Frankfurt, Varrentrapp und W. 806.

— Leben u. Tod d. heil. Genovefa in 14 Platten, mit beigefügtem Text. kl. Fol. Frkf. a. M. 806. Wenner. 9 ℛ 12 gr

– s.a. Mazeppa.

(——) Mazeppa. 4. (2 Kpfr. u. ½ B. Erklär.) Göttingen 831, Dieterich.

– s. Naturgeschichte, Allgemeine, der vierfüssigen Thiere.

(——) Samml. Hogarthischer Kupferst., s. Sammlung.

— 12 Umrisse zum Leben Raphaels von Urbino. A. u. d. T.: Vita di Raffaelle da Urbino disegnata da G. Riepenhausen in XII Tavole. Roma MDCCCXXXIII. (13 Kpfrtaf. u. 2 Blätter Text.) qu. 1/2 gr. Fol. Berlin u. Göttingen 835. Gebr. Rocca. (Leipzig, Rud. Weigel.) 1 1/2 ℛ

Vita di Rafaelle Sanzio da Urbino. XII Tavole. Disegnate dai fratelli Riepenhausen in Roma. Frankfurt a. M. 1818. Fol.

Riepenhausen, G., 12 Umrisse z. Leben Raphaels v. Urbino. — A. u. d. T.: Vita di Raffaelle da Urbino disegnata da G. Riepenhausen in XII Tavole. Roma MDCCCXXXIII. qu. 1/2 gr. Fol. (13 Kpfrt. u. 2 Bl. Text.) Berlin 835, Gebr. Rocca.

Riepenhausen, J., das Leben Rafaels v. Urbino. Gezeichnet u. gestochen v. R. Mit erläut. Text v. Rob. Dohme. (12 Kpfrtaf. m. VI S. Text.) 29,5×43 cm. Berlin 878. E. Wasmuth. Geb. in Leinw. 14. —

Johann Heinrich Riepenhausen

Morbi epidemii statim ab initio proximi belli usque ad eius finem, scilicet ab anno 1757 usque ad 1762 Goettingae et circa eam grassati, enarrati et descripti,... Tutus in fine ad hydropem per mercurium dulcem sanandum institutus usus adiunctus est. A Io[anne] Henrico Riepenhausen. Halae: Curtius 1766. 62 S. 8°

Riepenhausen, Jh. Hnr., (✝ 1771.) morbi epidemici statim ab initio proximi belli usque ad ejus finem scilicet anno 1757 usque ad 1762 Göttingae et circa eam, grassati. 8maj. Halle 766. (Laue in Berl.) 4 ℊ

Riepenhausen, Karl Alexander

Riepenhausen, C[arl] A[lexander] von, Leutnant à la suite d. 1. Garde-Drag.-Reg., kommandirt zur kais. Botschaft in Madrid: Das deutsche **Brieftauben-Recht** mit Berücksichtigung der französischen Gesetzgebung. *Greifswald 1900: J. Abel.* (77 S.) 8°
Greifswald, Jur. Diss. v. [5. Dez.] 1900

Riepenhausen-Crangen, K. v. Gesicherte Familienheimstätten im Deutschen Reich. 2. Aufl. gr. 8. (78 S.) Lpz. 890, Duncker u. Humblot. * 1 —
3. Aufl. u. d. T.:

Riepenhausen-Crangen, K. v., gesicherte Familienheimstätten f. alle Stände im Deutschen Reich. 3. Aufl. gr. 8. (IX, 80 S.) Leipzig 891. Duncker & Humblot. n. 1. —

— Stechginster [Ulex europaeus] u. seine wirtschaftl. Bedeutung als Futterpflanze f. den Sandboden. 1. u. 2. Aufl. gr. 8. (X, 78 S.) Ebd. 889. n. 1. 60

Rieper, Alfred, appr. Arzt a. Gaarden: Aus d. Kgl. Univ.-Psychiatrischen u. Nerven-Klinik zu Kiel. Über einen Fall von Tumor cerebri ohne Stauungspapille (Sitz im Centrum semiovale, den großen Ganglien und der 1. und 2. Stirnwindung). Kiel 1906: H. Fiencke. (28 S.) 8°
Kiel, Med. Fak., Ref. Siemerling, Diss. v. 15. Sept. 1906
[Geb. 9. Okt. 81 Gaarden, Kr. Ploen; Wohnort: Gaarden; Staatsangeh.: Preußen; Vorbildung: Gymn. Kiel Reife O. 01; Studium: Kiel 5, München 1, Kiel 3 S.; Coll. 23. März 06; Approb. 1. Sept. 06.]

Rieper, Eduard: Aus der medizinischen Klinik zu Kiel. Ueber neurogene Temperatursteigerungen bei chronischem Alkoholismus. *Kiel 1898: P. Peters.* (27 S. mit Taf.) 8°
Kiel, Med. Diss. v. [20. Juni] 1898

Riepke, Jh. Dav., (✝ d. . April 1800.) Erklär. d. 53. Kap. Jesaiä. 8. Schleusing. 782. Beckmann. 7 ℊ

* Vis materialis quam in universitate litterarum Wittebergensi A. D. XVIII. Mai. MDCCLXV. disceptandam proponunt praeses *Jo. Daniel Titius* Physic. Prof. Ord. H. T. decanus et respondens M. *Joan. David Riepke* Gubenensis Lusatus. Wittebergae, excudebat Ephraim Gottlob Eichsfeld. 4. 23 S.
1765.

Riepl, F. Geognostische Karte von Böhmen, sammt einem Blatt geognostischer Profil-Risse v. Böhmen. Wien. 1819. Fol.

Riepl, Pet.: Über die Vertheilung des deutschen Lehrstoffes auf Gymnasien. 18 S. – Linz, Progr. 1851.

Riepl, Rob.: Des heil. Gregor von Nazianz Urteil über die klssischen Studien und seine Berechtigung dazu. 18 S. – Linz, Progr. 1859.

Rieppel, Paul, Versuche üb. die Verwendung v. Teerölen zum Betrieb des Dieselmotors, s. a. Mitteilungen über Forschungsarbeiten auf dem Gebiete des Ingenieurwesens.

Rieppel, Paul: Versuche über die Verwendung von Teerölen zum Betrieb des Dieselmotors. 1907. 37 S. 4° ¶ Auch in: Mitteilungen über Forschungsarbeiten auf d. Gebiete d. Ingenieurwesens. H. 55. 1908; Ausz. in: Zeitschrift d. Vereines deutscher Ingenieure. Bd 51, Halbj. 1.
Berlin, Dr.-Ing.-Diss. v. 25. 2. 1907

Ries, s. a. Riess

Ries, das, wie es war, u. wie es ist. Eine histor.-statist. Zeitschr. In zwangl. Hftn., u. mit vorzügl. Berücksichtig. d. Stadt Nördlingen hrsg. v. Joh. Friedr. Weng u. Joh. Balth. Guth. 1—9. Hft. 8. (46 B. incl. 7 Tab. u. 14 Stnt.) Nördlingen 836—41, Beck'sche Buchh.

Ries, das, wie es war u. wie es ist. Eine histor.-statistische Zeitschrift. Mit vorzügl. Berücksichtig. der Stadt Nördlingen hrsg. v. Joh. Balth. Guth. 10. Hft. 8. (5 B. u. 2 Stnt.) Nördlingen 844, Beck'sche Buchh.
1—9. Hft. Ebendas. 1836—41. 2 Thlr. 6¼ Ngr.

Ries, über Harnverhaltung. (17 S.) gr. 8. Leipzig 905. Verlag der Monatsschrift f. Harnkrankh. n. — 80
Sonderabdruck aus: „Monatsschr. f. Harnkrankh. etc."

Ries, biographische Notizen üb. L. van Beethoven, s.: Wegeler.

Ries, Alois, aus Zaiertshofen, Kgl. Bez. A. Illertissen: Die **Krystallformen** der Chloroplatinate der aliphatischen Amine mit besonderer Berücksichtigung ihrer morphotropen Beziehungen. *Leipzig: W. Engelmann 1902.* (67 S.) 8° ¶ (Aus: Zeitschr. f. Krystallogr. u. Mineral., Bd 36, H. 4.)
München, Phil. Diss. v. 1902

Ries, Andreas, approb. Arzt aus Apenrade: Ein **Beitrag zur Kenntnis** der Darminvaginationen. *München 1900: Kastner & Lossen.* (38 S.) 8°
München, Med. Diss. v. 1901

Ries, Berta, von der Zeichnung zur Nadelarbeit. Versuch e. inneren Verbindg. v. Zeichen- u. Handarbeits-Unterricht an Mädchen- u. Frauenarbeitsschulen. Hrsg. v. der Frauenarbeitsschule des schwäb. Frauenvereins. 1. u. 2. Heft. gr. Fol. Stuttgart (903). K. Wittwer. n. 15. —
1. (12 Lichtdr.-Taf. m. IV S. Text.) n. 6. —
2. (14 [3 farb.] Lichtdr.-Taf. m. IV S. Text.) n. 9. —

Ries, C., zum Kampf um die allgem. Elementarschule. Aphoristisches, Kritisches u. Antikritisches. Ein Nachtrag zu der Schrift: „Die Gefahren der allgem. Volksschule". (40 S.) 8. Frankfurt a/M. 904. Kesselring. n. — 60

Ries, C. E., die Mädchenschule auf veränd. Grundlage. E. Studie zur Klärg. u. Förderg. d. Schulfrage. gr. 8. (16 S.) Frankenberg 897. (Straßburg, Ed. van Hauten.) n. — 30

Ries, C. E.: Die Mädchenschule auf veränderter Grundlage. Eine Studie z. Klärung u. Förderung d. Schulfrage. — Frankenberg: Reisel 1897. 16 S. 8°

Ries, C. E., Märchen f. Kinder im Alter v. 8—14 Jahren. Mit 1 farb. Umschlagbilde u. 4 Bildern im Text von Herm. Neuhaus. gr. 8. (III, 98 S.) München 900. C. H. Beck. Geb. n. 2. 20

— der Meisterfahrer. Roman. 8. (238 S.) Ebd. 900. n. 3. —; geb. in Leinw. n. 4. —

Ries, C. E. Novellen am Genfer See. In-8°. 314 S. Breslau, Schlesische Buchdruckerei. 1897. Brosch. Mk. 3 —; gebdn. Mk. 4 —

[F.] Novellen vom Genfer See. Von C. E. Ries. *Breslau: S. Schottlaender 1898.* (314 S.) 1 Bd 8. 93 170

Ries, C. E., Novellen vom Genfer See. 2. [Titel-] Aufl. 8. (314 S.) München (898) 899. C. H. Beck. n. 3. —; geb. n. 4. —

— der Schnitter u. and. Märchen. 8. (VIII, 276 S.) Ebd. 899. n. 3. 50; geb. n. 4. 50

Ries, Christoph

Ries, Chr., die elektrischen Eigenschaften u. die Bedeutung des Selens f. die Elektrotechnik. (95 S. m. Abbildgn.) Lex. 8. Berlin-Nikolassee 908. Administration d. Fachzeitschr. „Der Mechaniker". 3.—; geb. 4.—

— Das Licht in seinen elektrischen u. magnetischen Wirkungen, s.a. Wissen u. Können. 11.

Das Licht in seinen elektrischen und magnetischen Wirkungen. Versuchsergebnisse, Theorien u. Literatur. Von Dr. Chr[istoph] Ries. Mit 62 Abb. Leipzig: Barth 1909. VII, 202 S. 8°
(Wissen u. Können. 11.) 09. 0901

Ries, Christoph, aus Waldsassen: Das elektrische **Verhalten** des kristallinischen Selens gegen Wärme und Licht. *München 1902: G. Hafner.* (31 S.) 8°
Erlangen, Phil. Diss. v. 24. Juli 1902

Ries, Dan. Christ., Exegetische Beweise, daß in den Schriften des N. Test. nach ihrem wahrscheinlichern Sinne die Bandesauflösung giltiger Ehen allein für Juden, doch eingeschränkt, zugestanden, für das Christentum aber allgemein und unbedingt verboten werde. Ein Auszug aus der Schrift: „Meine Privatgedanken über die Praxis der kathol. Kirche, das eheliche Band nicht aufzulösen. Würzburg und Bamberg, 1817", Mainz, Müller, 1821, 8°, 152 S.
Matth. 5, 32—34; 19, 9 x. x.

Ries, Dan. Christoph., Chrestomathia biblica analytica linguarum orientalium Candidatis primae interpretationis textum sistens. Mainz, 1790, 8°.

—— Epitome philologiae, critices et hermeneutices sacrae specialis. Ebendas., 1789, 8°, 47 S. (mit Disputiersätzen).

Ries, Dan. Christoph., Epitome philologiae, critices et hermeneutices sacrae specialis. Köln, 1789, 8°.

— **epitome philologiae, critices et hermeneutices sacrae specialis. 8. Mainz 789.**

— institution. hebraicae. 8. Frft. Fleischer. 787.

Ries, Dan. Christoph., Institutiones linguae Hebraicae academicis praelectionibus ac domesticis usibus adaptatae. Mainz, Alef. 1787, 8°.

— **institutiones Hebraicae, academ. praelect. et domesticis usibus adaptatae. 8maj. Mogunt. 787. (Frankf. a. M., Streng). 12 gl**

— **Lehrbuch f. das griech. Sprachstudium, z. Gebrauch d. Schulen. 2 Thle gr. 8. Mainz 782, 83. 2e A. 786—88. Kupferberg. 20 gl (Müller das.) 1 ß**

Ries, Dan. Christ., De male iactato orientalismo biblico diss. I. Scopus protensi orientalismi biblici eiusque examen. Mainz, 1798.
Handelt über die Hebraismen im Neuen Test. Zwei andere bereits vorgearbeitete Dissertationen über diese Materie blieben ungedruckt.

— **linguae Hebraeae philologia critice exposita ac nonnullis digressionibus illustrata. 8. Mainz 784.**

—— Linguae Hebraeae philologia critice exposita ac nonnullis digressionibus illustrata. Ebendas., 1785, 8°, 88 S.

— **Privatgedanken üb. die Praxis d. kathol. Kirche: das eheliche Band nicht aufzulösen, in Verbindung mit der darüber herrschenden Lehre. 2 Thle. gr. 8. Bamb. 817. (Frankf. a. M., Wesché). 1 ß 16 gl**

Ries, Daniel Christoph., Quid conferant linguae orientales in systemate Catholicorum ad exegesin Scripturae s. Mainz, 1784 (1717), 8°, 13 S., Programm.

Ries, D. C., Versuchte Vereinigung zweier entgegengesetzter Meinungen über den Ursprung der Sprachen. Frankf. (Mainz) 786. 88. 2 Thle. 8. 1 rthl. 6 gr.

— **versuchte Vereinigung zweier entgegengesetzten Meinungen, üb. d. Ursprung d. Sprache, auf Erfahrr. u. Beobachtt. an Taubstummen gegründet etc. gr. 8. Frankf. a. M. 806. Andreä. 18 gl**

Ries, Dan. Christoph., Vita Dei hominis Jesu Christi publica a s. Joanne Evangelista enarratis illustrioribus factis ac sermonibus absoluta prolixiore commentario et epicrisi in quasdam Novi Test. interpretationes elucidata. Tom. I. Mainz u. Frankfurt, 1797, 8°, 19 Bg.
Der vorliegende 1. Bd. umfaßt d. Einleitung u. d. Exegese d. ersten 6 Kapp. Vgl. Schwarz, a. a. O. S. 212 -213. Die Fortsetzung, obwohl längst im Manuskript fertig vorliegend, gelangte nicht zum Druck.

— **Vita Dei hominis Jesu Christi, publ. a St. Joanne Evangelista, enarratis illustribus factis ac sermon. absoluta. Tom. I. 8maj. Mainz 797. (Andreä in Frkf. a. M.) 16 gl**

— s. Ant. Vogt, Commentarius.

Ries, E., die Gefahren der allgemeinen Volksschule (Einheitsschule). gr. 8. (72 S.) Frankfurt a/M. (901). Kesselring. n. — 80

Ries, E., s.: Gegen d. Knaben-Handarbeits-Unterricht.

Ries, E., die Simultanschule, s.: Zeitfragen, soziale.

Ries, Edmundus [Silesius] : Q u a e res et vocabula a gentibus semiticis in Graeciam pervenerint, quaestiones selectae ... Vratislaviae, typ. offic. Silesiae ant. S. Schottlaender (1890); 59 S. + 2 Bl. 8⁰
Breslau, Phil. Fak., Inaug.-Diss. v. 10. Febr. 1890

Ries, Emil [cand. med.]: **Klinisch-experimentelle Untersuchung über Schwangerschaftsniere** .... Strassburg, Univ.-Buchdr. v. J. H. Ed. Heitz (Heitz & Mündel), 1888; 52 S. 8⁰
Strassburg, Med. Fak., Inaug.-Diss. v. 1888

Das Fest der Maurer. Ein Lied für die Loge D. F. C. [d. i. des Frères Courageux] à l'O... de Bonn. In Musik gesetzt von F. Ries. Text von einem B. D. L. [d. i. Bruder der Loge]. Bonn [um 1816]: Simrock. 4 S. Quer-8⁰. [Umschlagtit.] [In Kupfer gestochen.]
„Jubelt, Brüder! diesem Feste" ...
Sehr selten.

Ries, François Xavier: Praktische A u f s a t z s c h u l e für Primärschulen. Genehmigt von der Königlich-Grossherzoglichen Unterrichts-Commission. Luxemburg: V. Bück 1859. X, 164, 1 S. 12⁰

– Dass. Zweite unveränderte Auflage. Ebd 1860. X, 164, 1 S. 12⁰

– Dass. Dritte verbesserte und vermehrte Auflage. Ebd. 1863. 174, 1 S. 12⁰

– Dass. Vierte verbesserte und vermehrte Auflage. Ebd. 1866. 174, 1 S. 12⁰

– Dass. Fünfte verbesserte und vermehrte Auflage. Ebd. 1869. 174, 1 S. 12⁰

– Dass. Sechste verbesserte und vermehrte Auflage. Ebd. 1871. 174, 1 S. 12⁰

– Dass. Siebente verbesserte und vermehrte Auflage. Ebd. 1874. 174, 1 S. 12⁰

– Dass. Achte verbesserte Auflage. Ebd. 1876. 174, 1 S. 12⁰

Ries, François Xavier, u. Jean Pierre Kirsch: Praktische A u f s a t z s c h u l e für Primärschulen. Neunte Auflage. Ebd. 1881. 174, 1 S. 12⁰

Ries, François Xavier: M a r g a r e t . Ein Lebensbild. Frei nach dem Französischen. Luxemburg: St. Paul.-Ges. [1888]. 20 S. 8⁰

Ries, Frz. Ulr., (✝ d. 6. Nov. 1755.) **Diss. I. et II. de arca foederis ejusque fatis et significatione mystica. 4. Marb. 753. Kessler. 8 Rthlr.**

— Diss. de Asylis seu urbibus refugii Vet. Test. eorumque fructu. 4. Marb. 754. Kessler 4 Rthlr.

— Tractatus theolog.-typicus de terra Canaan et omnibus ejus partibus. 4. Marb. 755. Kessler. 6 Rthlr.

Riess, F. U., de visibili Sp. S. e coelo ad modum columbae super Chr. descensu. Marb. 1736. 4.

— de d i v i n i t a t e s. scripturae. 4. ibid. 748.

Ries, F. U., de Jesu Nazareno in vaticiniis V. T. praedicto. Marb. 1722.

— Diss. de judice supremo et infallibili in rebus et controversiis fidei, non Papa Romano vel Concilio, sed scriptura sacra. 4. Marb. 753. Kessler. 5 Rthlr.

Ries, F. U., de morbo Pauli apostoli ad 2 Cor. 12, 7. Marb. 1714. 4.

Ries, Franc. Urb., Comment. critico-theol. de potestate ab uxore in Capite agnoscenda propter Angelos, etc. ad Loc. Pauli I. Corinth. XI. v. 10. Giess. 710. 4.

— de p o t e s t a t e ab uxore in capita agnoscenda propter angilos. 4. ibid. 738.

— de peccati orig. inhaer. a parentibus ad liberos p r o p a g a t i o n e. 4. Giesae, Krieger. 744.

Ries, F. U., de unctione Christi ad mortem praeparatoria. Marb. 1727. 4.

Ries, F. U., de urbibus refugii V. T. Marb. 1753. 4.

Ries, Franz Ulrich [Praes.], s. V o l m a r , Ludwig Dieter: De morbo Pauli apostoli, ad II. Corinth. cap. XII. comm. VII.

R i e s , Fr[ied[rich]). Antwort auf die Sendschreiben der Herren Archidiak. [Carl] Baggesen, Pfarrer [Johann Peter] Romang. u. a. m. 8. Bern 1847.

Ries, Frdr., Führer durch den Stadtgarten zu Karlsruhe. Im Auftrage des Stadtrats verf. 1. u. 2. Taus. 12. (126 u. VIII S. m. 26 Abbildgn. u. 1 farb. Plan.) Karlsruhe 902. Macklot. n.n. — 60

Ries, Frdr., die Gartenkunst, s.: Meyer, Frz. Sales.

R i e s , Fr[iedrich]. Auch ein Wort über die Anstellung des D[r] [Eduard] Zeller. 8. Bern 1847.

Ries, Geo., s.: Obst-, Gartenbau- u. Bienenzucht-Kalender.

Ries, Geo., s.: Obst-, Gartenbau- u. Bienenzucht-Kalender, praktischer.

Ries, Georg Wilhelm Otto von

v. Ries, G. W. Otto, Balladen, andere Gedichte u. krit. Versuche. 8. Copenh. 817. Schubothe. 12 Rthlr.

v. Ries, G. W. Otto, Gedichte; herausgg. v. Ant. Friedrichsen. 8. Kopenh. 792. Pelt. 12 Rthlr.

Knüttelgedichte, Erzählungen, Schwänke und ernste Balladen ⟨nicht modern⟩ v. Georg Wilhelm Otto von **Ries.** Altona. 1822. 8⁰

v. Ries, (G. W. O.,) Knittelgedichte, Erzählungen, Schwänke u. ernste Balladen (nicht modern.) 8. Altona 822, Hammerich.

— — die S a g e vom Meister in Osten, allen freyen Maurern gewidmet. 12. Altona Busch. 821.

Die Sage vom Meister im Osten. Allen freyen Maurern gewidmet, von Ihrem Br [G. W. Otto v.] Ries. Altona 1821: Pinckvoss. 30 S. 8°
Auszug in Dänisch. Übers.: Eos. 1822 S. 1 bis 14.
Recens: Gedanken über Frmrei. 1823 S. 62.
Kl. 616. Eine in Versen in der Loge zu Altona vorgetragene Legende von Christus, mit moralischer Nutzanwendung auf die Brrschaft nebst Lied, gesungen in der Loge 1820 [ohne Noten].

— die Sage v. Meister in Osten, allen freien Maurern gewidmet, 12. Altona 822. (Aue). 9 gr

— — Adolph Stelzfuß. Ein Gedicht für Kinder und Kinderfreunde. 8. Altona, Hammerich. 818.

— die Theses d. Hrn. C. D. Harms, beleuchtet v. einem aus d. Volke rc. s. a. Thesen.

Die höchstmerkwürdigen 95 Theses oder Streitsätze (des) Claus Harms, welche Derselbe im Jahr 1817 dem Volke würklich durch den Druck zur Prüfung und Beherzigung übergeben hat, beleuchtet von Einem aus dem Volke, dem ächte Religiosität, Wahrheit und Vernunft heilig sind [d. i.: Georg Wilhelm Otto von Ries]. Altona, im Januar 1818. 8°.

Ries, Gustavus: De aetiologicorum Propertii carminum fontibus. *Oldenburg 1900: G. Stalling.* (24 S.) 4°
Oldenburg, grossh. G, OP 1900 (722)

Ries, H., der Blutige u. seine Gesellen, u. d. Todten-Wacht. 16. (10 B.) Breslau 838. [Leipzig, Literar. Museum.]

RIES, H., Der Blutige und seine Gesellen und Die Todten-Wacht. Breslau, Verlags-Comtoir. 1838. 8°.
2 Bll., 156 S. — Zahm.

Ries, Hnr. Aug. Andr., († 1786.) auserles. u. vollständ. Gebetbuch f. gläubige Christen, in d. Morgen- u. Abendstunden, auf 8 Wochen. 2 Thle. 8. Nürnb. 787. 4e von J. P. S. Bunzel verm. Aufl. 8. Ebd. 790. 5e A. 797. 6e v. G. C. F. Seidel verb. Aufl. 4 Thle. 8. Ebd. 805. 9e (od. 4e von Seidel) verb. Aufl. Nebst e. Samml. auserles. Lieder. Mit 1 Bildn. 8. Ebd. 827. Bieling. (Fr. Fleischer in Leipz.) 1 Rthl — Anh. od. Samml. auserles. Lieder. 8. Ebd. 792. 6 gr

Ries, H. A. A., vollständ. Gebetbuch f. gläubige Christen in den Morgen- u. Abendstunden, verb. v. Fr. Seidel. 4 Thle. Neue Aufl. 8. Nürnberg. (Leipzig, Benj. Fleischer.) 813.

Ries, auserlesenes u. vollständiges Gebetbuch für gläubige Christen, enthltd. Morgen- u. Abendgebete auf 8 Wochen, Gebete auf alle Festtage u. für besond. Verhältnisse des Lebens. Nebst einem Anh. ausgewählter Morgen- u. Abend-Lieder auf 3 Wochen, sowie Lieder für Kranke u. Bekümmerte. Neu durchgesehen von e. evangel. Geistlichen. Stuttgart 865. Belser's Verl. 8. (492 S.) 18 ngr.; geb. 24 ngr.

— die jämmerl. Gestalt unsers leidenden Seelenfreundes, worinnen aber der Glaube die größte Schönheit findet rc. 8. Nürnberg 774.

— Predigten von Gott u. d. Natur, für alle Sonn- u. Festtage d. ganzen Jahres. gr. 8. Nürnb. 788. (Eichhorn). 2 Rthl

— Predigten von Gott und d. Natur auf alle Sonn- und Festtage d. Jahres. gr. 8. Nrnb. Grattenauer. 788.

Ries, Herrmann [prakt. Arzt aus Weissenthurm (Rheinprov.)]: Ueber persistirende Oedeme .... Berlin, Buchdr. v. Gustav Schade (Otto Francke) (1886); 30 + 2 S. 8°.
Berlin, Med. Fak., Inaug.-Diss. v. 15. März 1886.

Ries, Hermann, über persistirende Oedeme. Diss. Berlin 1886, Mayer & Müller. 8°. 30 S.

Ries, Hubert, Violin-Schule f. d. ersten Unterricht. Nebst 106 kleinen Duetten u. zweckmäss. Uebungsstücken. Fol. (20 B.) Leipzig 841, Hofmeister.

Ries, Jean Nicolas: Hufbeschlagcursus an der Ackerbauschule. S. 57–83. Ettelbrück, École agricole de l'État, Progr. 1893/94

Ries, Jean Nicolas: Die luxemburger Pferde. Eine historische Skizze. S. 76–93. Ettelbrück, École agricole de l'État, Progr. 1898/99

Ries, Jobst

— u. Hans Pfosch, Aufgaben f. das kaufmänn. Rechnen mit Erläuterungen u. Beispielen. Effekten-, Devisen-, Waren-, Gold-, Silber- u. Münzrechnung, Arbitragen. (272 S.) 8. Nürnberg 907. F. Korn. Geb. n. 2. 60

Ries, Jobst, Aufgaben für den Unterricht im kaufmänn. Rechnen. Die Elemente d. Rechnens m. unbenannten u. benannten Zahlen. 8. (64 S.) Nürnberg 894. Heerdegen-Barbeck. n. — 60

— Aufgabensammlung f. den Unterricht im Rechnen in kaufmännischen Fortbildungsschulen. Zusammengestellt unter besond. Berücksicht. des Nürnberger Lehrplanes. I. u. II. 8. Ebd. Kart. 1. 60
I. (32 S.) (907.) — 60. — II. (III, 61 S.) 908. 1. —.

Ries, Jobst, Aufgabensammlung f. den Unterricht im kaufmänn. Rechnen. Die Elemente des Rechnens m. unbenannten u. benannten Zahlen. 3. verm. Aufl. (70 S.) 8. Nürnberg 905. Heerdegen-Barbeck. n. 1. —

Ries, Jobst, Aufgabensammlung f. den Unterricht im kaufmännischen Rechnen. Die Elemente des Rechnens m. unbenannten u. benannten Zahlen. 4. verb. Aufl. (74 S.) 8. Nürnberg 911. Heerdegen-Barbeck. geb. 1. 20

— dasselbe. II. Regeldetrie, Kettenregel, Prozent-, Zins-, Diskont-, Termin-, Teilungs- u. Mischungsrechng. 3. Aufl. (Neu bearb.) (VI, 138 S.) gr. 8. Ebd. 908. Geb. 2. —

Ries, Johann Balthasar, In delictis carnis non nisi confessum esse condemnandum. Präs. Johann Julius Surland. Marburg (Ph. C. Muller) 25. IX. 1751. 16 S. (4.25) 28857

Ries, Joh. Heinrich (Friedberg)
Disputatio juridica inauguralis leg. III. cod. de pignoribus et hypothecis analysin exhibens.
Gissae Dez. 1703: Joh. Reinh. Vulpius. 34 S. 4°
pro licentia summos in utroque jure honores et privilegia doctoralia rite et solenni modo capessendi.

— **Johann Herrmann** (Weißenthurm / Rheinprov.), Über persistierende Ödeme. Diss. med.-chir. Berlin (G. Schade (O. Francke)) 15. III. 1886. 30 S. u. Biogr. (3.—) 28858
Oppon.: Helming, Hoogen, Wunsch. — Gew.: Louise Floeck (Tante.)

Ries, Jh. Ph., († d. 13. Nov. 1794.) prakt. Abhandl. von den Eigenschaften u. d. Zubereitung d. Alauns. 8. Marb. 785. 2e Aufl. 790. Krieger. 5 gr

— mineral. u. bergmännische Beobachtt. üb. einige Hessische Gebirgsgegenden; hrsgg. u. mit Anmerkk. begl. v. D. L. G. Karsten. Mit 6 Kpf. gr. 8. Berl. 791. Rottmann. 1 ℛ 4 gr

Ries, John

Ries, J., die Stellung von Subject u. Prädicatsverbum im Hêliand, s.a. Quellen u. Forschungen zur Sprach- u. Culturgeschichte der germanischen Völker.

Ries, John: Die Stellung von Subject und Prädicatsverbum im Hêliand. Ein Beitrag zur germanischen Wortstellungslehre. Strassburg, Karl J. Trübner, 1880. 8. VIII, 42 S.

Ries, John, was ist Syntax? Ein krit. Versuch. gr. 8. (IX, 163 S.) **Marburg 894.** N. G. Elwert's Verl. n. 3.

Ries, John, die Wortstellung im Beowulf. Gedruckt m. Unterstützg. der kgl. Gesellschaft der Wissenschaften zu Göttingen. (XV, 416 S.) gr. 8. Halle 907. M. Niemeyer. 10. —

Ries, Joseph

Ries, Jos., das geistliche Leben in seinen Entwicklungsstufen nach der Lehre des hl. Bernhard quellenmässig dargestellt. (XI, 327 S.) gr. 8. Freiburg i/B. 906. Herder. n. 7. —

Ries, Jos., die Sonntagsevangelien homiletisch erklärt, thematisch skizziert u. in Homilien bearb. 2 Bde. 8. Paderborn 909. F. Schöningh. 10. 40
I. Die Sonntage von Advent bis Pfingsten. (V, 515 S.) 5. 40
II. Die Sonntage nach Pfingsten. (III, 481 S.) 5. —

Ries, Julius. Neue Anschauungen über die Natur der Astrosphaeren, sowie einiger anderer Befruchtungs- und Teilungsvorgänge. (Separat-Abdruck aus den Mitteilungen der Naturforschenden Gesellschaft in Bern, [aus dem Jahre] 1907.) 18 S. 8. Bern, K. J. Wyss, 1907. [fr. —.50]

Ries, Julius. **Beiträge zur Histologie und Physiologie (*Umschlag:* B' zur Hystophysiologie) der Befruchtung und Furchung. (Mit 6 Abbildungen im Text und 15 Tafeln.) IV + 71 S. quer-8. Bern, Max Drechsel, 1908. [geb. fr. 20. —]**

Ries, Jul., Betrachtungen üb. Lehn- u. Seelenadel. 8. (3/4 B.) Berlin 841. (Leipzig, Hunger.)

Ries, Julius. Bewegungserscheinungen an Köpfen menschlicher Spermien. Von Dr. J'R', Assistent am Hallerianum [Bern]. [Mit Figuren.] Separatabdruck aus dem «Zentralblatt für Physiologie», Bd. 21, Nr. 10. II + 4 S. 8. In Selbstverlage des Verfassers — *Aufdruck:* ... Buchh. Max Drechsel, Bern — (Hofbuchdr. Carl Fromme, Wien) 1907. [zu beziehen für ca. fr. 1. —]

— Botanik im Treibhause für Tagesfragen. gr. 8. Schaffhausen 844, Brodtmann'sche Buchh. 1 1/3 ℛ

Ries, · Julius [Posnaniensis]: **De Aeneae Tactici commentario Poliorcetico. . . . Halis Saxonum, Berolini apud Mayerum et Muellerum, 1890; 2 Bl. + 44 S. + 1 Bl. 8°**
Halle, Phil. Fak., Inaug.-Diss. v. [19. Apr.] 1890

Ries, J., de Aeneae Tactici commentario poliorcetico. Diss. inaug. gr. 8. (44 S.) Halis Sax. 890. Berlin, Mayer & Müller. n. 1. 20

—— üb. das Eigenthümliche denkender Praktiker. 16. (1 1/2 B.) Berlin 842. [Leipzig, Hunger.]
Inhalt: Für deutsche Schafzüchter. — Zweck der Eisenbahnen. — Englands Getraidenoth.

— Erörterungen über vier pekuniäre Fragen u. die Eisenbahnen. gr. 8. Berlin 841. (Leipzig, Hunger.) n. 1/3 ℛ

Ries, Julius, aus Budapest: **Ueber die Erschöpfung und Erholung des zentralen Nervensystems. München 1905. 25 S. 8°. S.-A. a. d. Zeitschr. f. Biologie.** [24. II. 05.]
Bern. Med. Diss. 1904/1905.

Ries, Julius. Über die Erschöpfung und Erholung des zentralen Nervensystems. [Versuche an Fröschen.] Diss. Med. Bern. [Sep.-Abdr. aus: Zeitschrift für Biologie.... Band 47. Neue Folge Band 29. Heft 3.] 25 S. 8. München, R. Oldenbourg, 1905.

—— das merkantil. Gleichgewicht. gr. 8. (1 B.) Berlin 841. (Leipzig, Hunger.)

Ries, Julius. Kinematographie der Befruchtung und Zellteilung. (Hierzu Tafel I, IA und 12 Textfiguren. Sonder-Abdruck aus dem Archiv für mikroskopische Anatomie und Entwicklungsgeschichte. Bd. 74. 1909.) IV + 31 S. 8. Bonn, Friedrich Cohen, 1909. [M. 2. —]

— Kinematographie der Befruchtung u. Zellteilung. (31 S. m. Abbildgn. u. 2 Taf.) gr. 8. Bonn 909. (Bern, M. Drechsel.) 2. —
Sonderabdruck aus: „Archiv f. mikroskop. Anatomie u. Entwicklgsgesch."

— dramatische Kleinigkeiten. 1. Bdchn.: Wie wird's ablaufen? (Original-Lustspiel in 4 Acten.) — Er soll sie nicht haben. (Lustspiel in 1 Act.) gr. 12. Berlin 842. (Leipzig, Hunger.) 1 1/3 ℛ

Ries, Julius: Zur Physiologie des Insektenauges, s. Imchanitzky, Marie

Ries, Jul., Rückblicke auf Hamburg u. Cabale ohne Liebe. Als Vorläufer meiner Memoiren. 8. (134 S.) Altona 851. (Berlin, Oehmigke.) n. 1/2 ℛ

Ries, Julius. Schilderungen des Treibens in Leben u Handel in den VS und Havana, 1837-39. Berlin, 1840.

—— **Schilderungen d. Treibens im Leben u. Handel in d. Vereinigten Staaten u. Havana. Gesammelt auf Reisen in d. J. 1838 u. 1839. gr. 8. (15 1/2 B.) Berlin 840. (Leipzig, Hunger.)**

Ries, Jul., Schilderungen des Treibens im Leben und Handel in den Vereinigten Staaten und Havana. Gesammelt auf Reisen in den Jahren 1838 u. 1839. gr. 8. Berlin 840. (Jonas Verlagsbuchh.) n. 2 ℛ

— dass. Leipzig 840. (Hunger.) n. 2 1/4 ℛ

Ries, Julius. **Die Umwandlungen der Zona radiata und deren physiologische Bedeutung. [Mit Figuren.] Separatabdruck aus dem «Zentralblatt für Physiologie», Bd. 21, Nr. 16. II + 3 S. 8. (Wien, Carl Fromme,) 1907.**

— Vieles über Carlsbad (für Leberkranke) u. Einiges über Oesterreich, mit Bezugnahme auf dessen Industrie u. Anschluß an den deutschen Zollverein. Mit dem lith. Bilde (u. Facsimile) des Verf. 8. Leipzig 843, Hartknoch. n. 2/3 ℛ

Ries, Julius: Wie wirkt Bierhefe, ohne zu leuchten, auf die photographische Platte?, s. Imchanitzky, Marie

— Wird Hamburg sich zum verhängnißvollen Schritte entschließen müssen? Erörtert. breit 8. Hamburg 842, Berendsohn. n. 1/2 ℛ

Ries, Karl [aus Stuttgart]: Ueber die angeblichen Beziehungen von Varicen und Ulcus cruris chronicum zum peripheren Nervensystem ... Strassburg i. E., Buchdr. C. Goeller, 1892; 46 S. 8.
Strassburg, Med. Fak., Inaug.-Diss. v. 1892

Ries, Karl, über unverschuldete geschlechtl. Erkrankungen. Vortrag, geh. im Zweigverein Württemberg der deut. Gesellschaft zur Bekämpfg. der Geschlechtskrankheiten. (31 S.) gr. 8. Stuttgart 903. F. Enke. n. 1. —

— s.: Monatsschrift f. Harnkrankheiten u. sexuelle Hygiene.

Ries, M., ein Schidduch aus Haß. Humoreske aus dem jüd. Volksleben. (120 S.) 8. Lissa (909). O. Eulitz. 1. —

Ries, M., e. Schidduch aus Liebe. (Eine Liebesheirath.) Humoreske aus dem jüd. Volksleben. 8. (126 S.) Frankfurt a/M. 894. J. Kauffmann. n. 1. —

Ries, M., ein Schidduch aus Liebe. (Eine Liebesheirat.) Humoreske aus dem jüd. Volksleben. 2. Aufl. (125 S.) 8. Frankfurt a/M. 904. J. Kauffmann. n. 1. —

Ries, Markus Christian

Der curieuse Officier [Offizier] im Feld, das ist: Gründliche Unterweisung was ein Soldat im Feld zu thun hat, ... Hrsg. von Marc[us] Christ[ian] Riessen [Ries]. Nürnberg: Michahelles 1700. 200 S. 8

Ries, Mich. (geb. Berlin 1822): De atresia urethrae, adjecto exemplo in instituto policlinico obstetricio nuper observato. Berolini (1843). (31 S.) 8°
Berlin, Med. Diss. v. 11. Apr. 1843

Ries, Mch. A., Anrede bei d. Eröffnung des neuerricht. Schullehrer-Seminars zu Bensheim. 8. Mainz 821. Kupferberg. 2 gGr.

— kleine Ausbeute aus den Leben für das Leben. Gesammelt auf e. Ferienreise nach London u. Paris. 8. Darmstadt 827, Heyer.

— kleine Ausbeute aus den Leben f. das Leben. Gesammelt auf e. Ferienreise nach London u. Paris. 8. Darmst. 828. Heyer. 21 gGr.

Ries, Mich. A., pädagog.-krit. Bemerkungen, s. Demeter, J.

— s. J. Demeter, Grundzüge zur Organisation ꝛc.

—— das Elementarschulwesen u. d. Volksbildung als Angelegenheit aller Stände. gr. 8. (13½ B.) Mannheim 832, Löffler

—— die Errichtung, d. Fortgang u. Bestand d. Schullehrer-Seminars in Bensheim. Nach pädagog. Grundsätzen dargest. 8. (7½ B.) Darmstadt 832. (Heidelberg, Winter.)

Ries, (M. A.,) über die Unzulänglichkeit der Werktagsschulen zur Gesammtbildung der Jugend. 8. Darmstadt 825, Leske. Rthlr.

Ries, M. A., statistische Zusammenstellung der sämmtl. Elementarschulen im Großherzogthum Hessen. Nach dessen Tode fortgesetzt u. herausg. von Fr. Jos. Herrmann. (Mit 1 Tabelle.) gr. 8. Darmstadt 837. Heyer's Hofbuchh. (Jonghaus.) 1½ ℛ

—— über d. höchst folgenreiche Zusammenwirken zum bessern Gedeihen d. Elementarschulen u. d. Volksbildung. 8. (13½ B.) Mannheim 829, Löffler.

Ries, O., Treff-Singen. Zum Gebrauch an vielklassigen Elementarschulen u. niederen Klassen der höheren Lehranstalten. 8. (31 S.) Leipzig 887. W. Dietrich. n. – 50

Ries, Osc. Isacus [!] (geb. Jarotschin 5. 12. 1846): De inventione rerum casu amissarum. Berolini (1869). (111 S.) 8°
Berlin, Jur. Diss. v. 10. Aug. 1869

Ries, Oscar. Isac., de inventione rerum casu amissarum. Dissertatio inauguralis. Berlin 869. (Puttkammer & Mühlbrecht.) 8. (112 S.) n. 10 ngr.

TH. RIES, Geschichte der Pfarrei Stamsried. [Sonderheft zu den „Deutschen Gauen". E. Frank: Kaufbeuren 1906.] 8°.

— Wilhelm (Hamburg), De syphilide neona torum. Diss. med. Berlin (Brüschcke) 11. X. 1824. 40 S. mit Biogr. (3.50) 28860
Oppon.: A. Heichelheim, F. Ippel, H. Jonas. — Gew.: C. Eduard Boehr.

Ries, Wlh. Edw., Grundlinie zu ökonom. Pachtanschlägen d. Landgüter. 8. Hersf. u. Fulda 780.

Riess, W. L.: „Grundlinien zu ökonomischen Pachtanschlägen der Landgüter", Hersfeld 1780 (Mohr).

Riesa [Schlagwort]

Riesa, s.a. Deutschland. Kürschner-Pelp.

— s. a.: Sachsen. Karte. Messtischblätter.

Riesa i. S., s.a. Woerl's Reisehandbücher.

Riesa. Nitzsche, Curt, Plan v. Riesa. 1:4000. 42,5×87,5 cm. Farbdr. Riesa 908. J. Hoffmann. 1. —

Riesa [Verfasser]

Riesa, G. v., s.: Gedichte.

Riesbeck, s.a. Risbeck.

Riesbeck, H., einige Besteuerungs- u. Kalenderfragen! Einige berechtigte Neujahrswünsche. 1. u. 2. Aufl. gr. 8. (20 S.) Offenbach a/M. 893. (Th. Steinmetz.) n. — 25

§ BRIEFE eines reisenden Franzosen durch Bayern, Pfalz und einen Teil von Schwaben. Aus d. Französ. übersetzt. (Deutsches Original von *Joh. Casp. Riesbeck.*) O. O. (Zürich) 1783. 8°. (In Aarau, Cantonsbibl.)
Im Anon.-Lex. I. p. 264 wird (nach Meusel) auch ein C. A. Collini als Verfasser genannt und nur die „2. Aufl. Zürich 1783" angezeigt.

BRIEFE eines reisenden Franzosen über Deutschland an seinen Bruder in Paris. Uebersetzt von K. R. (verfaßt von *Joh. Caspar Riesbeck*, geb. 1749 oder 1750 zu Höchst bei Mainz, † 5. Febr. 1786 zu Aarau). 2 Thle. O. O. (Zürich) 1784—85. 8°. (5 Mk. Max Jaeckel, c. 1902.)
I, Brief 48—55, scharf-satyrische Charakteristik der Berliner Sittenzustände. — Th. 1 zuerst gedr. 1783. 8°. (In Hamburg, Commerz-Bibl.) Vgl. Anon.-Lex. I. p. 264.

BRIEFE (73) eines reisenden Franzosen über Deutschland an seinen Bruder in Paris, übers v. K. R. (Deutsches Original v. *Kaspar Risbeck* = *Riesbeck*, geb. 1754 zu Höchst bei Mainz, † 5. Febr. 1786 zu Aarau). 2 Bde. O. O. (Zürich) 1783. 8°. (In Zürich.) (6 Mk. Wilh. Scholz, Braunschw., 1898; 8 Mk. 50 Pfg. Taussig, Prag, 1901.)
Berühmtes Buch mit interess. Sittenschilderungen aus den Hauptstädten Wien, Berlin, München, Prag, Dresden, Hamburg, Cassel etc.
Der Verfasser dieses mit beissender Satire geschriebenen Werkes war ein Deutscher; er hatte alle Ursache seinen Namen zu verbergen, da die Freimüthigkeit seiner Sprache sehr oft die Grenzen des Erlaubten überschreitet. (S. auch Allg. Deutsche Bibl. 57,350.) 1: XIV u. 598 S., 2. (2. verbess. Aufl.): 412 S., 1 Bl.

— — Dasselbe. Zweyte beträchtlich verbesserte Auflage. 2 Bde. O. O. (Ebd.) 1784. 8°. (In Zürich.) (12 Mk. E. Frensdorff, 1906.)
„Ein Werk, das durch seine originellen und noch heute zutreffenden Ansichten von hohem Interesse ist, man vergleiche nur die Würdigung Goethes, die Bewunderung und Achtung vor Friedrich dem Grossen, die treffliche Charakteristik der Münchner u. Hessen etc." (S. Calvary's in Berlin März-Auction 1905, Nr. 625.)
§ — — Dasselbe. Zweyte (!) Ausgabe. 2 Bde. O. O. (Zürich) 1785. (!) 8°.

— — Dasselbe. Letzte verbesserte Auflage. 3 Bde. Wien, Schrämbl, 1790. 8°. (7 Mk. Taussig, 1907.)

Riesbeck, Kaspar Baron. Briefe eines reisenden Franzosen über Deutschland an seinen Bruder zu Paris, aus dem Französ. Zürich 1783. 8. . . . . [illegible]
—, —— übers. von K. R. 2. Aufl. Ebda 1784. 8. . . . . [illegible]
—, —— 3. Aufl. Bd. 1. 2. Ebda 1806. 8.

Riesbecks biographisches Denkmal. 8. Lpz. Graffé. 786.

v. Riesberch, Sigism., Gedichte. gr. 12. (X u. 251 S.) Leipzig 848, Voß in Comm. n. 1⅓ Thlr.

Riesberg, C. Vide: Gegenwart (Die).

Riesberg, Cph., Gedichte. 8. Bielefeld 843. (Helmich.) n. ⅔ Thlr.

Riesch, Andreas (Lindau/Bodensee), Non dari pactu dotalia per testamentum unius coniugis invito altero revocabilia. Altdorf (J. A. Hessel) 23. XII. 1745. 24 S. (4.50) 28861
Widm. v.: Jos. Ant. Burckle, Joh. Jakob Frey, F. G. Dannreuther, Joh. Jak. Solger (Oppon.), Jo. Bern. Degelmann.

Blüthen der Freymaurerey. Von Aug. Riesch. Cassel: 1811. III, 175, VII S. 8°. [Umschlagtit.]
Kl. 1166 b. Samml. von 110 Gesängen ohne Noten.

Freymaurer-Lieder zum Gebrauch für die St.·. J.·. Loge. [Zsgest. von Aug. Riesch.] [Kassel]: 1813. III, 175, VII S. 8°

[Dasselbe.] für die St.·. J.·. Loge Hieronymus Napoleon zur Treue im O.·. von Cassel. Ebendas. [1813.] III, 175, VII S. 8°
Selten. 110 Gesänge ohne Noten.

Riesch, Aug., gemeinnütz. encyklopäd. Handbuch f. Steuerbeamte, auch zum Gebrauch f. Gewerbetreibende. Mit Fig. gr. 8. Halle 817. Schimmelpfennig. 1 Thlr. 12 gr.

Riesch, Aug., s. a. Karl u. Julie.

CARL und Julie, oder die entschleierte Cabale. Von *August* R*** *(Riesch.)* Mit 1 Kpf. Jena, b. Joh. Chrn. Glo. Etzdorf. 1808. Kl. 8°.
3 Bl. u. 272 S. Theilweise freien Inhalts. Der Roman ist der Accise- u. Zoll-Räthin Villaret zu Halle gewidmet.

— Rechnungstabellen zur bequemern u. schnellern Berechnung aller Abgabensätze in vorsteh. Werke. 8. Halle 819. Bäntsch. (Leipz., Dyck). 6 gr.

— Uebersicht derjen. Gegenstände, welche nach dem Kön. Preuß Zoll- u. Verbrauchssteuertarif einer Abgabe unterworfen, od. davon befreit sind. Fol. Halle 819. Bäntsch. (Lpz., Dyck). 12 gr.

Riesch, F. A., s. a. Postschiff, das.

Riesch, F. A., d. Postschiff, od. Miscellen z. Volkskunde, ein unterh. Wochenblatt. Halle, Dietlein, das Quartal

Riesch, Franz v. (Bearb.), s. Arnault, Antoine Vincent: Germanicus.

v. Riesch, Graf Frz., Blüthenkränze der Phantasie. 8. Berl. 819. Rücker. 1 Thlr. 16 gr.

v. Riesch, Graf Frz., Bühnenspiele. 4 Bde. gr. 12. Wien 820, 21. Tendler. 2 Thlr. (1r Bd. A. u. d. T.: Lustspiele, enth.: Polybius, in 2 A. — Die Werbung, in 1 A. — Der Zaubergürtel, in 2 A. — Der Nebenbuhler, in 1 A. — Die Fürstin v. Astrachan, in 2 A. — Die treuen Ungetreuen, in 2 A. — Wer bin ich, in 2 A. — 2r Bd., enth.: Der Sturz in den Abgrund, Drama in 3 A. — Gabriele, Trspl. in 5 A. — 3r Bd., enth.: Wie du mir, so ich dir. — Ich bin nicht ich. — Die Ueberlisteten. — Das Gespenst im Keller. — Nichts. — Ein Scherz d. Schicksals. — Das Abentheuer einer Ballnacht. — Der Schellenbaum. — 4r Bd., enth.: Der Freischütz. — Die Bleikammer von Venedig. — Scherz, Gefahr u. Liebe). Daraus einzeln: Der Freischütz. Trspl. in 5 A. 8 gr. — Die Bleikammer v. Venedig. Drama in 2 A. 8 gr. — Scherz, Gefahr u. Liebe. Schspl. in 3 A. 6 gr.

— Gabriele; Trspl. in 5 A. gr. 12. Wien 820. Tendler. 16 gr.

— der Sturz in den Abgrund. Drama in 3 A. gr. 12. Wien 820. Tendler. 14 gr.

Riesch, H., Savonarola u. seine Zeit, s.: Jugend- u. Volksbibliothek, geschichtliche. 18. Bd.

Riesch, Isaak Wolfgang Graf von, s.a. Bemerkungen, Praktische, über die Oberlausitzische Landwirthschaft.

— prakt. Bemerk. üb. d. Oberlaus. Landwirthschaft. 8. Görl. Anton. 805.

— s. Considérations sur les differens principes ...

— s.a. Gedanken eines Lausitzischen Patrioten ...

Riesch, J. W. Graf v., Gedanken e. Lausitz. Patrioten. gr. 8. Dresden. (Anton in Görlitz.) 805.

— s.a. Lettres sur un voyage ...

Riesch, de, Lettres sur un voyage fait dans quelque, Prov. méridionales d'Angleterre. 8. Dresd. Walther. 786.

— s.a. Observations faites pendant un voyage en Italie.

— observations fait pend. un Voyage en Italie. II Vol. av. fig. 8. Dresd. Walther. 782.

v. Riesch, Graf Isaak Wolfg., († d. 25. März 1810.) Verzeichniß e. Mineraliensammlung. 8. Dresd. 781. ...

Rieschel, Chr. Salom., kurzer Elementarunterricht in d. griech. Sprache. 8. Nordhaus. 810. Nietzsche. 4 gr.

— Leitfaden beim christl. Religionsunterricht. 8. Leipz., Tauchnitz. 6 gr.

— Predigt am 10n Sonnt. nach Trinitatis. Nach d. großen Brande in Roßwein am 24. Juli 1806 gehalten. gr. 8. Leipz. 806. (Steinacker). 3 gr.

Rieschel, Friedr., Flexionslehre der lateinischen Verba für Schüler der oberen Gymnasialclassen. 8. (19 S. mit 2 Tab.) Osterwieck 877, Zickfeldt. * 50 Pf.; cart. * — 60

Rieschke, Hnr. Glo., († d. 16. Juni 1807.) Versuch e. Beitrags zur Geschichte d. deutschen Forstwissenschaft. 8. Bunzlau 803.

Riese, Adam, die Coß, s.: Berlet, Bruno, Adam Riese.

Riese, der, ohne Herz, s.: Schulbibliothek Stolze-Schrey.

Riese v.: Beitrag zu Thaers Theorie üb. das Verhältniss d. Ernten z. Fruchtbarkeit d. Bodens. Berl. 1823. 72 S.
(Beilage zu Möglinschen Annalen Bd. 12). 373.

v. Riese, (Ritter,) Beitrag zu Thaers Theorie üb. das Verhältniß d. Ernten z. Fruchtbarkeit d. Bodens. 4. Berlin 824, Rücker.

Riese's Wohnungsgärtnerei. Leichtfaßliche Anleitg., Blumen u. Blattpflanzen m. Erfolg ohne umständl. u. kostspiel. Einrichtgn. in unsren Wohnräumen zu halten, zu pflegen u. zu ziehen. Mit 216 Abbildgn. gr. 8. (VIII, 344 S.) Berlin 887. Parey. geb. n. 5. —

Riese, A., Heddernheimer Ausgrabungen, s. Donner v. Richter, Otto

Riese, A., Bericht üb. die Litteratur der Anthologia Latina 1878, 1874—1875, 1877, 1878 u. 1879. S.-A. 1878, 1876, 1877, 1879. 6, 7, 5 u. 9 S. à —.50

Riese, A., Deidamia an Achilles. Eine mittelalterl. Heroide. S.-A. s. a. 7 S.

Riese, A., Ueb. die Doppeltitel Varronischer Satiren. S.-A. s. a. 10 S.

Riese, A., Geographica. I. Kallimachos u. die Chalyber. II. Γορίλλας bei Hanno. III. Sarmaten u. Sauromaten. S.-A. 1881. 9 S. —.60

Riese, A., Ueb. d. Geschichtswerk d. L. Cornelius Sisenna. S.-A. 1865. 12 S.

Riese, A., Jahresbericht üb. die Litteratur zu Ovid v. 1876, 1878 u. 1879 — 1880 u. 1881. S.-A. 1876. 1878 u. 1881. 12, 17 u. 31 S. à —.60

Riese, A., Ueb. den Phönix d. Lactantius (A. L. 731.) und andre Gedichte d. latein. Anthologie. S.-A. 1876. 7 S. —.50

Riese Ad. d. j., der Handelsminister auf 6 Stunden. Hamburg 1851

Riese, Adam. Berechnungen nach Geld, Stückzahl, Maß und Gewicht für allerlei Hantierung, insonderheit für Hausfrauen. Neueste Ausg., enthaltend: Vergleichungs-Tabellen in Silbergelde, Pistolen und Kronen; Preisberechnungen nach Stückzahl, Maß und Gewichte &c. 16. (IV und 80 S.) Hannover 858, C. Rümpler.

Riese, Adam, der praktische Faulenzer. Ausg. A. schmal 8. (III, 107 S.) Düsseldorf 887, F. Bagel. cart.
Ausg. B. (III, 207 S.)
Ausg. C. (III, 307 S.)

Riese, Adam. Der praktische Faulenzer. schmal 8. Düsseld. 887. Frankf. a. M., Jaeger's Verlag. Ausg. A. 1 —; B. 1 50; C. 2 —

Riese, Alex., s.: Anthologia latina.

Riese, Alexander (geb. am 2 Juni 1840 in Frankfurt a. M.): De commentario Vergiliano qvi M. Valeri Probi dicitvr ... Bonnae, form. C. Georgi (1862). 1 Bl., 36 S. 8. ¶ Erschien zugleich selbständig bei Cohen & Sohn in Bonn.
Bonn, Phil. Fak., Diss. v. 5 Aug. 1862

Riese, Alex., de commentario Vergiliano, qui M. Valeri Probi dicitur. gr. 8. (32 S.) Bonn 862, Cohen und Sohn.

Riese, Alexander [Prof. Dr.]: Forschungen zur Geschichte der Rheinlande in der Römerzeit. Frankfurt a. M., Druck v. A. Mahlau (Fa. Mahlau & Waldschmidt), 1889; S. 3—26; 4°
Frankfurt a. M., st. G, OP 1889 (363)

Riese, Alex. Forschungen zur Geschichte der Rheinlande in der Römerzeit. gr. 4. (26 S.) Lpz. 889, Teubner. — 80

— das rheinische Germanien in der antiken Litteratur. gr. 8. (VIII, 496 S.) Leipzig 892. B. G. Teubner. n. 14. —

Riese, Alex., die Idealisirung der Naturvölker d. Nordens in der griechischen u. römischen Literatur. gr. 4. (46 S.) Heidelberg 875. G. Weiss. n. 1. 20

Riese, August

— der Kampf in und um Dörfer und Wälder. Nach den besten taktischen Werken und der Kriegsgeschichte bearb. gr. 8. (IX und 238 S.) Mainz 858, v. Zabern.

Riese, Aug., der Kampf in u. um Dörfer u. Wälder. Nach den besten takt. Werken u. der Kriegsgeschichte. bearb. Neue Ausg., m. e. Anh.: Das Dorf- u. Waldgefecht in den Kriegen der letzten Jahre. 1859—1866. gr. 8. (IX, 238 u Anh. 75 S.) Mainz 870. v. Zabern. n. 3. 60; der Anh. apart n. 1. 50

Riese, Aug., Carl X. Gustav's von Schweden Kriegszug über das Eis gegen Kopenhagen im J. 1658 mit einem Rückblick auf die damalige Kriegs-Verfassung Schweden's. Eine Episode aus der früheren Kriegs-Geschichte. Lex.-8. (85 S. mit 1 lithogr. und ill. Karte, 1 lithogr. und ill. Plane und 6 Beilagen, wovon 2 lithogr.) Berlin 861, Vossische Buchh.

— die eiserne Maske, auf Grund der neuesten französ. archival. Forschg.: „La vérité sur le Masque de fer, d'après des documents inédits des achives de la guerre etc. etc. par Th. Jung. Paris 1873," so wie nach andern französ. Quellen bearb. gr. 8. (83 S.) Greifswald 876. Bamberg. n. 1. 80

— die dreitägige Schlacht bei Warschau 28., 29. und 30. Juli 1656, „die Wiege preussischer Kraft und preussischer Siege". Beitrag zur brandenburgisch-schwed. Kriegsgeschichte. Mit 1 (lithogr.) Plan des Schlachtfeldes (in gr. Fol.) und 7 Beilagen. Nach bisher benutzten archival. Quellen dargestellt. gr. 8. (V, 214 S. mit 1 Stnt. in qu. 4.) Breslau 870, Mälzer. [Gera, Reisewitz' Verlag.] * 4 50

Riese, Aug., Friedrich Wilhelm's des Großen Curfürsten Winterfeldzug in Preußen und Samogitien gegen die Schweden im J. 1678/79. Ein Beitrag zur brandenburg. Kriegsgeschichte. gr. 8. (VIII und 104 S. mit 1 lithogr. und ill. Karte des Kriegsschauplatzes in qu. 4.) Berlin 864, v. Decker'sche geheime Ober-Hofbuchdruckerei.

Riese, Carl Christian, s. Riese, Karl Christian

de Riese, E. J. C. Frid. Christian (geb. 6. 12. 1790): Theoria approximationis duarum functionum. Pars prima. Berolini (1825) (10 S.) 4°
Berlin, Phil. Diss. v. 15. Nov. 1825

Riese, E. J. C. Fr. Chr., theoria approximationis duarum functionum. Pars I. 4maj. Berl. 825. Nauck. 18 gr.

de Riese, E. J. C. F., theoria approximationis duarum functionum. Pars I. 4. Berl. 825, jetzt Riese in Coesfeld. 1/2 ℛ

Riese, Ed., das Zeichnen der Landkarten. Allgemein faßliche Darstellung der zum Landkartenzeichnen erforderl. Kenntnisse. Ein Hülfsmittel für den geograph. Unterricht. Mit 2 Taf. Abbild. gr. 8. Coesfeld 845, Riese'sche Buchh. n. 5/12 ℛ

Riese, Ernst [prakt. Arzt aus Berlin]: Die Seekrankheit .... Berlin, Buchdr. v. Gustav Schade (Otto Francke) (1888); 126 S. + 1 Bl. 8°
Berlin, Med. Fak., Inaug.-Diss. v. 9. Jan. 1888

Riese, Ernst, die Seekrankheit. Inaugural-Dissertation. gr. 8. (126 S.) Berlin 888. (Leipzig, Fock.)

Riese, F., s.: Friedrich, W.

Riese, F. C. v., Vorschläge zu e. neuen Goniometer, mit welchem man sowohl spiegelnde als matte Krystalle so genau, als es d. Natur ihrer Oberflächen nur gestattet, messen kann. Nebst e. Anh., enthalt. d. Angabe e. Werkzeugs zu d. Zeichnung sämmtl. Kegelschnitte (Konographs). M. 2 Stnt. gr. 8. (8 B.) Bonn 829, Weber.

RIESE, F. W. RUD., De ictero diss. inaug. Kiliae. 1836. P.

Riese, Ferdinand. (von Frankfurt a M.): Beiträge zur Kenntniss des Dibrombenzols. [Teilweise mitgeteilt in: Vierteljahrsschrift der Naturforsch. Ges. in Zür., Bd 15, S. 129–151]. Zür. Zürcher u. Furrer Dr. 1869. 35 S. 8°.
[Zürich. Phil. Diss. v. 27. April 1869].

Riese, Franz, Referendar: Erörterungen über die Beerbung der Kinder aus nichtigen Ehen nach den für die deutsche Rechtsentwickelung in erster Linie in Betracht kommenden Rechten. Frankfurt a. M. 1904: C. Adelmann. (36 S.) 8°
Marburg, Jur. Fak., Ref. Westerkamp, Diss. v. 3. Nov. 1904
[Geb. 15. Aug. 81 Frankfurt a./M.; Wohnort: Frankfurt; Staatsangeh.: Preußen; Vorbildung: Goethegymn. Frankfurt a./M. Reife M. 99; Studium: Freiburg i. B. 4, Berlin 2, Marburg 1 S.; Rig. 6. Juli 03.]

Riese, Friedr. Jacob (Frankf./M.) [Auctor]
Dissertatio inauguralis medica De glandulis.
Giessae März 1781: Joh. Jac. Braun. 93 S. 4°
pro gradu doctoris summisque in medicina honoribus ac privilegiis rite obtinendis.

Riese, Friedrich Jakob (Frankfurt a. M.)
Dissertatio inauguralis juridica de restricta aedificandi libertate, ejusque praecipuo effectu, qui consistit in novi operis nunciatione.
Giessae April 1734: Eb. Henr. Lammers. (6), 58 S. 4°
pro summis in utroque jure honoribus et privilegiis doctoralibus rite obtinendis.

Riese, Georg, approb. Arzt aus Mainz: Aus d. chirurg. Universitäts-Klinik zu Giessen. Zur Casuistik der subcutanen Nierenverletzungen. *Mainz 1900: Ph. v. Zabern.* (31 S.) 8°
Giessen, Med. Diss. v. 1900

Riese, Heinrich [aus Berlin]: Zur Therapie des allgemein gleichmässig verengten Beckens .... Berlin, Buchdr. v. Gustav Schade (Otto Francke) (1887); 32 S. + 1 Bl. 8°.
Berlin, Med. Fak., Inaug.-Diss. v. 13. Aug. 1887.

Riese, Heinrich, zur Therapie des allgemein gleichmässig verengten Beckens. Diss. Berlin 1887, Mayer & Müller. 8°. 32 S.

Riese, Heinrich August Julius, s. Riese, Julius

Riese, Hieronymus

— — De legitima viventis. Diss. jur. Präs. Christian Thomasius. Halle (Chr. Salfeld) 23. III. 1700. 78 S. (5.25) 28868

— — Dasselbe. Halle (Chr. Salfeld) 23. III. 1700. 78 S. (5.25) 28869

— — Dasselbe. Halle/Magdeburg (Salfeld) 23. III. 1700. Rec. 1713. 78 S. (5.25) 28870

— — Dasselbe. Halle/Magdeburg (Salfeld) 23. III. 1700. Rec. 1727. 78 S. (5.25) 28871

— **Hieronymus** (Cassel/Hessen), Vindiciae juris majestatici circa sacra, Adversus Autorem simplicis Consilii, quomodo Ecclesiae Protestantium sint uniendae. Präs. Christian Thomasius. Halle/Magdeburg (Chr. Salfeld) 30. VI. 1699. 48 S. mit Corollarium v. Christian Thomasius. (4.75) 28864

— — Dasselbe. Halle/Magdeburg (Chr. Salfeld) 30. VI. 1699. 48 S. mit Corollarium v. Christian Thomasius. (4.75) 28865

— — Dasselbe. Halle/Magdeburg (Salfeld) 30. VI. 1699. 1713. 48 S. mit Corollarium v. Christian Thomasius. (4.75) 28866

— — Dasselbe. Halle / Magdeburg (J. H. Grunert) 30. VI. 1699. Rec. 1740. 48 S. mit Corollarium v. Christian Thomasius. (4.75) 28867

Riese, J. Étude syntaxique sur la langue de Froissart. Diss. Leipzig 1880. 29 S.

* Arithmetrische und Geometrische Vergleichung oder Eine Linie, welche wenn sie in Arithmetische Theile getheilet ist, giebet auf einer andern Linie Geometrische Proportiones; und diese geben mancherley Nutzen; und unter andern die reinen und richtigen Abtheilungen der Musicalischen Töne, und eine bequeme Arth die Circul in Quadrate, und die Quadrate in Circul zu verwandeln. Nebst einem Anhang eines Geometrischen und Arithmetischen Quadrantens wie auch das Verhältniss des Würffels zur Kugel und deren Berechnung. Erfunden und dargestellt von Königl. Cammer-Laquay *Joh. Henr. Riese.* Copenhagen, Gedruckt bey J. L. Borup, wohnhaft in der grossen Heilliggeist-Strasse. 4. 32 Seit. mit 3 Kupfert. 1759.

v. Riese, Jh. Jak., († d. 26. März 1808.) s. a. Beschreib. d. Städte u. Festungen.

(Riese.) Histor.-Geogr. Beschreibung der Städte u. Festungen des Kriegstheaters in den französ. Niederlanden, Elsass u. Lothringen. 2 Bd. 8. M. 29 Pl. Frankfurt 1793—94. 6,00.

— **Jo. Caspar,** Jus provocationum ex antiquitate Romana erutum. Präs. Franziskus Carl Conradi. Leipzig (B. Chr. Breitkopf) 25. VIII. 1723. 55 S. (4.75) 28872
Gew.: Gottlob Hieronymus von Leipziger.

Riese, Julius, Referendar: Ansprüche des Dritteigentümers bei Pfändung und Versteigerung dem Schuldner nicht gehöriger beweglicher Sachen. Borna-Leipzig 1909: Noske. VIII, 44 S. 8°
Heidelberg, Jur. Diss. v. 3. Juni 1909, Ref. Heinsheimer
[Geb. 6. Febr. 85 Berent; Wohnort: Berent; Staatsangeh.: Preußen; Vorbildung: Kgl. Gymn. Danzig Reife M. 04; Studium: Berlin 3, München 1, Königsberg 3 S.; Rig. 22. Jan. 09.] [U 09. 1885

Riese, Jul., Recherches sur l'usage syntaxique de Froissart. gr. 8. (IV, 68 S.) Halle 880, Niemeyer.

Riese, Julius [Oberl. Dr.]: Goethes italienische Reise. Rudolstadt, Druck der Fürstl. priv. Hofbuchdr. F. Mitzlaff, 1893; 23 S. 4.
Rudolstadt, fürstl. G u. RPG, OP 1893 (716)

— **Julius (Carl Friedrich Julius),** (Marienwerder), De simplicibus ventriculi ulceribus. Diss. med. Halle (Semmler) 28. IV. 1840. 42 S. mit Biogr. (M.: C. Hettig.) (3.75) 28873
Oppon.: O. H. Schulze, A. Harttung. — Gew.: Hermann Theoph. Wilh. Schulze.

(Riese. K.) Historisch-geograph. Beschreib. der Städte, Festungen etc. in den französ Niederlanden, Elsass u. Lothringen, od. das Kriegstheater an der französ. Grenze. 2 Bde. 8. M. 29 Pl. Frankfurt 1793. 94. 6,00.

Riese, Karl Christian

Riese, Carl Christian (Leipzig), Super juris naturalis finibus recte aestimandis. Präs. Friedrich Platner. Leipzig (Rumpf) 24. IX. 1761. 15 S. (4.—) 28862

— — Dasselbe. Leipzig (Rumpf) 24. IX. 1761. 15 S. (4.—) 28863
Gew.: Friedrich Sophus von Wartensleben, Friedrich von Wartensleben.

Riese, Margar., ein Glöcklen hör' ich klingen ... Gedichte. (72 S.) kl. 8. Leipzig-Gohlis 909. 10. B. Volger. 2. —

Riese, Natalie, die Waldfee. Eine Erzählg. 2 Bde. 8. (191 u. 156 S.) Halle a/S. 890. Kaemmerer & Co. n. 5. —; in 1 Bd. geb. n. 6. 50

Riese, Natalie, die Waldfee. Eine Erzählg. 2 Bde. 2. (Titel-) Aufl. 8. (191 u. 156 S.) Halle 894. C. A. Kaemmerer & Co. n. 5. —; in 1 Leinwbd. n. 6. 50

Riese, O., die Ingenieur-Bauwerke der Schweiz aus dem Gebiete d. Strassen-, Eisenbahnen- u. Brückenbaues neuerer Zeit. Bericht der auf Grund der Louis-Boissonnet-Stiftg. ausgeführten Studienreise V. Mit zahlreichen eingedr. Holzschn. u. e. Atlas v. 24 Taf. in Fol. (u. Mappe). gr. 8. (142 S.) Berlin 887. Ernst & Korn. n. 20. —

Riese, Otto, Guben: **Untersuchungen über die Überlieferung der Enfances Viviien.** *Halle a. S. 1900: (A. Koenig in Guben).* (67 S.) 8°
Halle, Phil. Diss. v. 1900

Riese, Wilhelm [aus Berlin]: Alliterierender **Gleichklang in der französischen** Sprache alter und neuer Zeit .... Halle a. S., Plötz'sche Buchdr. (R. Nietschmann), 1888; 38 S. + 1 Bl. 8°
Halle, Phil. Fak., Inaug.-Diss. v. [20. Jul.] 1888

Riese, Wilhelm, alliterierender Gleichklang in der französischen Sprache alter und neuer Zeit. Diss. Halle 1888, Lippertsche Buchh. 8°. 38 S.

Riese, Wilhelm [Dr.]: **Stratford-on-Avon. E. Bild aus alter u. neuer Zeit. ([Umschlagt.:] ... E. Wanderg durch** Shakespeares Geburtsstadt.) **Berlin, R. Gaertner,** 1896; 23 S. 4.
Berlin, Lessing-G, OP 1896 (61)

Rieseberg, Wilh., Radlers Liebeslust u. -Leid. Die Bremer Stadtmusikanten, s.: Radfahrer-Pantomimen.

— Der Raubanfall am Kreuzwege od. Der Wegweiser als Kleiderschrank, s.: Radfahrer-Pantomimen.

— Die lustige Zigeunerin od. Der schlaue Lumpensammler, s.: Radfahrer-Pantomimen.

Riesebieter, O., das bürgerliche Gesetzbuch nebst Einführungsgesetz m. den vom Reichsgericht in den amtlichen Entscheidungen in Zivil- u. Strafsachen ausgesprochenen Rechtssätzen in Kommentarform. (XII, 772 S.) 8. Oldenburg 905. [G. Stalling's Verl.] Berlin, Erich Weber. Geb. in Leinw. n. 7. —

Riesebieter, O., das bürgerliche Gesetzbuch nebst Einführungsgesetz m. den vom Reichsgericht in den sog. amtlichen Entscheidungen in Zivil- u. Strafsachen ausgesprochenen Rechtssätzen in Kommentarform. Fortgeführt bis 1. I. 1907. (XII, 772 u. II, 101 S.) kl. 8. Berlin 907. [E. Weber.] Neufeld & Henius. (Urspr. Pr. geb. in Leinw. 7. —)

— das Handelsgesetzbuch vom 10. V. 1897, nebst Einführungsgesetz unter Ausschluß des Seerechts mit der Rechtsprechung des Reichsgerichts in Kommentarform. (VIII, 278 S.) kl. 8. Ebd. 905. Geb. in Leinw. n. 4. 25

— Das Handelsgesetzbuch vom 10. V. 1897, nebst Einführungsgesetz unter Ausschluß des Seerechts m. der Rechtsprechung des Reichsgerichts in Kommentarform. (Neue [Titel-] Ausg.) (VIII, 278 S.) kl. 8. Ebd. 906. (Urspr. Pr. geb. in Leinw. 4. 25)

— die Rechtsprechung des Reichsgerichts zum bürgerlichen Gesetzbuch nebst Einführungsgesetz nach den amtlichen Entscheidungen d. Reichsgerichts in Zivil- u. Strafsachen. Kommentarweise zusammengestellt. Ausg. 1905. (XII, 212 S.) kl. 8. Ebd. 905. Geb. in Leinw. n. 3. 60

— Die Rechtsprechung des Reichsgerichts zum bürgerl. Gesetzbuch nebst Einführungsgesetz nach den sog. amtlichen Entscheidungen des Reichsgerichts in Zivil- u. Strafsachen. Fortgeführt bis 1. I. 1907. Kommentarweise zusammengestellt. (XII, 101 S.) kl. 8. Ebd. 907. (Urspr. Pr. geb. in Leinw. 3. 60)

Die Rechtsprechung des Reichsgerichts zum Bürgerlichen Gesetzbuch nebst Einführungsgesetz nach d. sog. amtl. Entscheidungen d. Reichsgerichts in Zivil- u. Strafsachen. Fortgeführt bis 1. Jan. 1907. Kommentarweise zsgest. von O. **Riesebieter**, 1. Staatsanw. Berlin: E. Weber 1907. (XII, 212, 101 S.) 8° [F.] [08. 10372

Programm, Zweites — des k. k. kathol. Staats-Obergymnasiums zu Vinkovce in der kroatisch-slavonischen Militär-Grenze, veröffentlicht am Schlusse des Schuljahres 1854/5. Wien. 1855. Gedr. bei A. Pichler's Wtw. und Sohn. (42 S. 4.)
Inhalt: Vaniček, Fr.: Die Vorzeit und erste Geschichtsperiode der Länder der österreichischen Monarchie, den reiferen Gymnasialschülern im Umrisse mitgetheilt von — —. — Etwas über das slavische Verbum. (Kroatisch.) Vom Prof. Riesel. — Zur österreichischen Vaterlandskunde. Von Fr. Vaniček. Schulnachrichten.

Riesel, Georg David: De Spina bifida, s.a. Cappel, Wilh. Friedr. [Praes.]

Riesel, G. D., de spina bifida. 4. Helmst. 793. Fleckeisen. 3 gr

Riesel, Karl

Riesel's, C., Ausflüge und Ferienreisen in die märkische Heimath. I—VI. 16. Berlin 865—67, C. Heymann's Verlag. *
Inhalt:
I. Buckow und Umgegend. (Märkische Schweiz.) (59 S.) * 4 Ngr.
II. Neustadt-Eberswalde und Umgegend und das Kloster Chorin. (42 S.) * 3 Ngr.
III. Freienwalde und Umgegend und der Blumenthal. (74 S.) * 4 Ngr.
IV. Wegweiser durch das Oderbruch. (80 S.) * 4 Ngr.
V. Potsdam und Umgegend. Kloster Lehnin und Brandenburg. (155 S.) * 6 Ngr.
VI. Königswusterhausen und der Spreewald. (Branitz und Muskau.) (156 S. mit 1 lithogr. Karte in gr. Fol.) * 8 Ngr.

Riesel's, Carl, Ausflüge und Ferienreisen in die märkische Heimath. I., III., IV. 16. Berlin, Imme. [Bichteler und Comp.] * 2 95
Inhalt:
I. Buckow und Umgegend. [Märkische Schweiz.] 2. verm. und verb. Aufl. (64 S. mit 1 lithogr. Karte der märk. Schweiz in qu. Fol.) 869. 75 Pf.
III. Freienwalde und Umgegend und der Blumenthal. Neustadt-Eberswalde. Chorin. Wriezen und der Oderbruch. Schwedt a. O. 2. Aufl. (87 S. mit lithogr. Karte in qu. Fol.) 875. *M. 1.
IV. Königswusterhausen und der Spreewald [Branitz und Muskau]. 2. Aufl. (150 S. mit lithogr. Karte in gr. Fol.) 875. *M. 1,20.
Heft 1—5. geb. *M. 2,40.

Riesel's, C., Ausflüge und Ferienreisen in die märkische Heimath. III. Freienwalde und Umgegend und der Blumenthal. Eberswalde. Chorin. Wriezen und der Oderbruch. Schwedt a. O. 3. Aufl. 16. (87 S. mit 1 lithogr. Karte in qu. Fol.) [Berlin 879, Bichteler und Comp.] Straßburg, Schultz und Comp. * 1 —

Riesel's, C., Ausflüge und Ferienreisen in die märkische Heimath. V. und VI. 2. Aufl. 16. Berlin 880, Riesel's Reise-Comptoir.
Inhalt:
V. Potsdam und Umgegend. Kloster Lehnin und Brandenburg. (156 S.) * 50 Pf.
VI. Königswusterhausen und der Spreewald (Branitz und Muskau). (150 S. mit 1 lithogr. Karte.) * 80 Pf.

Riesel's, Karl, neueste Eisenbahn- und Bäderkarte von Mittel-Europa. 5. Aufl. Lithogr. qu. gr. Fol. Berlin 887, Riesel's Reisekontor. *

Riesel, Karl, Neueste Eisenbahn- und Bäderkarte nebst Verzeichniss sämmtlicher Rundreisebillets nach den beliebtesten Reisegebieten Deutschlands, Oesterreichs, Italiens etc. Nach amtl. Quellen bearb. Berlin 1877. gr. qu.-Fol.

– Dass., s.a. Eisenbahnkarten.

Riesel's, Karl, Hotel-Führer, gleichzeitig Reisenotizbuch etc. 12. (93 S.) Berl. 891, Riesel's Reisekontor. cart. 1 —

Riesel's, Karl, Hotelführer. 1892/93. 12. (80 S.) Berlin 892. K. Riesel's Selbstvorl. Kart. 1. 50

— Hôtel- u. Bäder-Lexion. Mit 1 (lith.) Karte der Brunnen-, Bade- u. Luft-Kurorte sowie der Verkehrsstrassen Mittel-Europa's (in 4.) 16. (64 S.) Berlin 875. Nicolai's Verl. n. 1. —

—— Hôtel- und Bäder-Lexicon. Mit 1 (lithogr.) Karte der Brunnen-, Bade- und Luft-Kurorte sowie der Verkehrsstrassen Mittel-Europa's (in 4.). 16. (64 S.) Berlin 876, Nicolai'sche Verlagsh. * 1 —

Riesel's, C., Reise-Begleiter. Die neueste (lithogr.) Eisenbahn- und Bäderkarte, nebst Verzeichniss sämmtl. Rundreise-Billets nach den beliebtesten Reisegebieten Deutschlands, Oesterreichs, Italiens, der Schweiz, Niederlande, Englands und Skandinaviens. Nach amtl. Quellen bearb. qu. gr. Fol. Mit Text auf der Rückseite. Berlin 877, Nicolai'sche Verlagsh. — 60

—— Reiseblätter. Organ für den Reise-Verkehr. Hôtel- und Bäder-Zeitung. 1.—8. Jahrg. 1877—1884. à Jahrg. ca. 40 Nrn. (à Nr. 1—3 Bog.) Fol. Ebendas. à Jahrg.

— Reise-Lexikon, ein unentbehrlicher Rathgeber in allen Reisefragen, besonders über Reise-Vorbereitung, Reiseziele, Reiseplan u. Zeiteintheilung, Eisenbahnbillets [directe, Retour- u. Rundtour-] u. Fahrgelegenheit, Hôtel u. Pension, Reiseunfall-Versicherung, Geldwechsel etc. mit besonderer Rücksicht auf die von Carl Riesel's Reise-Comptoir, Haupt-Comptoir: Berlin SW., Jerusalemer-Strasse 42 I. am Dönhofsplatz gebotenen billigen Reise-Gelegenheiten u. Verkehrs-Erleichterungen. gr. 4. (40 S. m. 1 lith. Karte.) Berlin 880. Riesel's Selbstvorl. n. 1. —

—— Reise-Lexikon. Ein unentbehrl. Rathgeber in allen Reisefragen, besonders über Reise-Vorbereitung, Reiseziele, Reiseplan und Zeiteintheilung, Eisenbahnbillets [directe, Retour- und Rundtour-] und Fahrgelegenheit, Hôtel- und Pension, Reiseunfall-Versicherung, Geldwechsel etc. mit besond. Rücksicht auf die von Carl Riesel's Reise-Comptoir, Haupt-Comptoir: Berlin SW., Jerusalemer-Strasse 42 I. am Dönhofsplatz gebotenen billigen Reise-Gelegenheiten und Verkehrs-Erleichterungen. gr. 4. (40 S. mit 1 lithogr. Karte.) Ebendas. 884.

—— Reise-Oeconom. Hôtel- und Pensionsführer an der Hand der Retour- und Rundreise-Billette. Nebst je 1 (lithogr.) Routenkarte und Reise-Notizbuch. Nr. 1—6. qu. 16. Berlin 880, Riesel's Reise-Comptoir. cart. à Nr. *

Inhalt:

Nr. 1. Der Harz. (63 S.)
» 2. Der Rhein. (78 S.)
» 3. Sächsische Schweiz. (66 S.)
» 4. Thüringen. (76 S.)
» 5. Riesengebirge. (86 S.)
» 6. Schweiz. (78 S.)

Riesel's, K., Schlüssel zum Selbstzusammenstellen der Rundreisebillete f. In- u. Ausland, m. d. wichtigsten Schnellzugsverbindungen nach den Badeorten und Hauptreisegebieten Deutschlands, Oesterreichs u. der Schweiz, mit neuester Eisenbahn- u. Bäderkarte von Mittel-Europa, nebst Verzeichniss der bedeutendsten Aerzte u. Specialisten d. In- u. Auslandes u. e. Anh.: Illustrirter Führer durch die bayr. Lustschlösser weil. König Ludwig II. 8. (VIII, 104 u. Anh. 47 S.) Berlin 887. Riesel's Reisekontor. geb. n. 3. —; ohne Anh. n. 2. 50

Rieselanlagen. 1. Ueber Rieselanlagen mit besonderer Berücksichtigung von Breslau und über andere Reinigungsmethoden der städtischen Abwässer. 2. Moderne Desinfectionstechnik mit besonderer Beziehung auf öffentliche Desinfectionsanstalten. Braunschweig 1887

Rieselanlagen, die, in Osdorf. 8. (14 S. mit 1 chromolithogr. Taf. in Imp.-Fol.) Berlin 879, Sensenhauser'sche Buchh. * — 50

Riesell, Albert (Schöningen / Braunschweig), Untersuchungen über den Stickstoff-Umsatz in einem Falle von Pneumonie. Diss. med. Leipzig (C. G. Naumann) 14. V. 1869. 71 S. mit Biogr. u. Temperatur- u. Stickstoff-Zuschuss-Curve. (3.75) 28874
Oppon.: Knecht, A. Müller, Schubert.

Rieselmeister, der, od. Leitfaden zur richtigen Anlage u. Instandhaltung von Rieselwiesen. Herausgeg. von e. prakt. Rieselmeister. gr. 8. (Mit 1 Plan.) Cöslin 843, Hendeß. n. 1/2 ℔

Riesemann, Frau Hedda v., s.a. Schmid, Hedda v.

Endlich gefunden. Roman von Hedda v. Schmid [d. i. Hedda v. Riesemann]. *Berlin: Schriftenvertriebsanst. 1900.* (189 S.) 8° [J.] [ut. 9186

Nesthäkchen. Roman von Hedda von Schmid [d. i. Hedda von **Riesemann**]. Charlottenburg: A. Michow 1898. (200 S.) 8°
(Michow-Bücher. Bd 20.)

Riesemann, Oskar von: Die Notationen des alt-russischen Kirchengesanges. Moskau 1908: Synodal Buchdr. X, 108 S. 8°
¶ (Ersch. auch als: Publikationen d. internat. Musikgesellsch. Beihefte. F. 2, H. 8.)
Leipzig, Phil. Diss. v. 5. Jan. 1909, Ref. Riemann, M. Heinze
[Geb. 29. Febr. 80 Reval; Wohnort: Reval; Staatsangeh.: Rußland; Vorbildung: Gymn. Smolensk Reife Juni 98; Studium: Moskau 10, München 1, Leipzig 1, Berlin 1, Leipzig 1 S.; Rig. 24. Juli 08.] [U 09. 3051

Riesemann, Osk. v., die Notationen d. alt-russisch. Kirchengesanges, s.a. Publikationen der internationalen Musikgesellschaft. II, 8.

Die Notationen des alt-russischen Kirchengesanges von Oskar v. **Riesemann**. Leipzig: Breitkopf & Härtel 1909. X, 108 S., 12 Taf. 8°
(Publikationen d. internat. Musikgesellschaft. Beihefte. F. 2, H. 8.)

* Über die alten Riesen und ihre Nachkommenschaft. Eine Preisschrift welche bey der Ministerialacademie zu L** das Acceßit erhielt. (Satyre.) O. O. 1798. 8°. (In Berlin: Yy 7981.) Rar!

Riesen, über die alten, u. ihre Nachkommenschaft. 8. Frankf. a. M. 798. Gebhardt u. K. 6 ℋ

Riesen, Die, der Pflanzenwelt.
Leipz. 1863. V: *Mielck, Eduard.* (A)

Mein schnaps-politisches Glaubensbekenntniss. Ad. v. **Riesen**. *Danzig 1898.* (5 Bl.) 8° [J. u. Ant.]
— **Festschrift** über d. 300jährige Bestehen d. Liqueur-Fabrik 'Der Lachs' zu Danzig. [Beilage.] [ut. 6356 10

Riesen, Arno v., Blumen d. Liebe. 10 weibl. Studienköpfe (in Photogr.) nach Originalen. gr. 8. (M. untergedr. u. 2 Bl. Text.) Berlin 896. F. Grandt.
In Leinw.-Mappe 10. —

Riesen, C. O., s. Juristenkalender, schweiz.

Riesen, E. v., Gedanken üb. e. Instmanns-Ordng. gr. 8. (14 S.) Berlin 899. E. Apolant. n. — 60

v. **Riesen,** Emil (Red.), s. Organ des Breslauer Stenographen-Vereins.

Riesen, Franc. (Anton. Alexand.) (geb. Paderborn 1813): De phlegmasiae albae dolentis causis et natura. Berolini (1843). (32 S.) 8°
Berlin, Med. Diss. v. 27. Jan. 1843

Riesen, Frau Gertrud, s. a. Wiesen, V.

Freie Wahl. Lustspiel in 1 Akt v. V. Wiesen [d. i. Gertrud Riesen]. Mülheim a. d. Ruhr: J. Bagel [1901]. (28 S.) 8°
(Liebhaber-Theater. Bdch. 79.)

Riesen, Hermann van [aus Elbing]: Ueber ortho-Nitro-meta-Xylolsulfonsäure und einige ihrer Derivate .... Greifswald, Druck v. Julius Abel, 1886; 4 + 34 S. 8°.
Greifswald, Phil. Fak., Inaug.-Diss. v. 16. Jan. 1886.

Riesen, Hermann van, über ortho-Nitro-meta-Xylolsulfonsäure und einige ihrer Derivate. Diss. Greifswald 1886, Jul. Bindewald. 8°. 34 S.

Riesen, J. H., Vorschriften zum Schönschreiben; deutsch, latein., französ. rc. gr. Fol. Cassel, Luckhardt. 1 ℛ 8 𝒢𝓇

Riesen, Paul, das schlüssellose Noten-System der Zukunft. Mit in den Text gedr. Notenbeispielen u. e. Anh. von 5 im neuen System ausgeführten Musikpiècen. (Umschlag: Revolte od. Reform?) 1. u. 2. Aufl. gr. 8. (à 21 S.) Dresden 902. Calebow & Co. n. — 90

Riesen-Abreiß-Kalender pro 1895. II. Jahrgang
Wien: Perles 1894. 1.20

Riesen-Abreiss-Kalender 1897. 4. Jahrg. 1.20
Wien: Perles 1896.

Johann Heinrich Ferdinand Riesenbeck

Meletemata quaedam de morbo dysenterico. Helmstadii 1797: Fleckeisen. XXII S. 8°
Helmstedt, Med. Diss. v. 13. Dez. 1797

Karl Friedrich Christian Riesenbeck

Carol[us] Frider[icus] Christ[ianus] Riesenbeck: Analecta quaedam de febre intermittente nec non de eximia chinae regiae virtute febrifuga. Helmstadii (1797:) Fleckeisen. XLVIII S. 8°
Helmstedt, Med. Diss. v. 28. Aug. 1797

RIESENBERGER, CHR. GOTTL., De phosphori usu medico adversaria qvædam. Kiliæ. 1803. P.

Riesenberger, I. P., Spec med. inaug. et nonnullis indus originem petentibus medicam. 4. Gott. Dieterich. 771.

Riesenberger, P.: Obs. binae de asthmate singulari ..., s. Vogel, Rud. Aug. [Praes.]

Riesen-Block-Kalender 1.30
Wien: Engel 1890.

Riesenburg [Sachliches OW]

v. Riesenburg, Konrad; Schspl. in 4 A. 8. Wien, Wallishausser. 6 𝒢𝓇

Riesenburg, Liebmund von, oder die ersten eisernen Brüder. Eine Sage aus den Zeiten Herzogs Lothars von Sachsen. Vom Verf. Waldraf des Wandlers ... Prag, Wien u. Leipz. 1800. Leipz. 1801. V: *Gleich, Joseph Alois.* (BGE VI³, 46)

Riesenburg, Liebmund von, od. die eisernen Brüder; e. Sage a. d. Zeiten Herzog Lothars v. Sachsen, m. K. 8. Prag, (Joachim in Lpz.) 801.

Riesenburg [Schlagwort]

Riesenburg, s.: Geologische Karten (Preussen).

Riesenecker, Ant., Jesus unser Heil! Gebet- u. Betrachtungsbuch. Mit 1 Stahlst. Mainz 870. Kupferberg. 32. (XII, 468 S.)
10 ngr.

Riesenfeld, Adolph (geb. Ottmachau an d. Neisse 17. 3. 1838): De intestino crasso nonnullisque in eo fermentationibus cum experimentis analyticis. Berolini (1860). (34 S.) 8°
Berlin, Med. Diss. v. 8. Aug. 1860

Riesenfeld, Berthold (geb. Zulz 18. 9. 1841): Ueber 60 im pathologischen Institut zu Berlin in der Zeit von 1864 bis zum 15. Juli 1868 vorgekommene Fälle von Krebs der Leber. Berlin (1868). (32 S.) 8°
Berlin, Med. Diss. v. 28. Juli 1868

Riesenfeld, C. E. Entwurf zu einem Gesetz über Versicherungsgesellschaften für das Königreich Norwegen. Nebst der Begründung und einem Anhang, enthaltend den Entwurf zu einem Gesetz über Aktiengesellschaften für Norwegen. Straßburg 1897.

Riesenfeld, C. E., das besondere Haftpflichtrecht der deutschen Arbeiter-Versicherungs-Gesetze. Kritische Beiträge zur Erläuterg. insbesondere der §§ 95 bis 98 des industriellen Unfallversicherungsgesetzes vom 6. Juli 1884. gr. 8. (XVI, 313 S.) Berlin 894. Siemenroth & Worms. n. 7. —

*— Die Versicherungsaktiengesellschaft im Lichte der modernen Gesetzgebung unter besonderer Rücksicht auf Schweden und Norwegen. Straßburg 1897.

Riesenfeld, Conrad Ernst, s. Riesenfeld, Konrad Ernst

Riesenfeld, David [aus Nicolai (Schlesien)]: Wird bei der zweiten Drehung des Geburtsmechanismus der Kopf vom Rumpf oder der Rumpf vom Kopfe nach vorn gedreht? ... Würzburg, Druck d. Ferdinand Röhrl'schen Buchdr., 1890; 28 S. + 1 Bl. 8°
Erlangen, Med. Fak., Inaug.-Diss. v. 10. März 1889

Riesenfeld, E. H., anorganisch-chemisches Praktikum. Qualitative Analyse u. anorgan. Präparate. 2. Aufl. (XII, 340 S. m. 13 Abbild.) 8. Leipzig 910. S. Hirzel. Geb. in Leinw. 6. —

Riesenfeld, [illegible] Zur Frage über die [illegible] der [illegible] und die Receptionen aus der [illegible] Kammer. [illegible] (1871). [illegible]
Berlin, Med. Diss. [illegible]
[illegible]

Anorganisch-chemisches Praktikum. Qualitative Analyse u. anorgan. Präparate von Dr. E[rnst] Riesenfeld. 2. Aufl. Leipzig: Hirzel 1910. XII, 340 S. 8° [illegible] 7

Riesenfeld, Ernst H.: Zur Kenntnis der Oberchromsäuren und ihrer Salze. Freiburg i. B.: C. A. Wagner 1906. (60 S.) 8°
Freiburg i. B., Phil. Fak., Hab.-Schr. v. 1907

Riesenfeld, Ernst H(ermann), aus Breslau: Ueber elektrolytische Erscheinungen u. elektromotorische Kräfte an der Grenzfläche zweier Lösungsmittel. *Göttingen 1901: Dieterich.* (32 S.) 8°
Göttingen, Phil. Diss. v. [15. Jan.] 1902

Riesenfeld, Ernst H., über elektrolytische Erscheingn. u. elektromotorische Kräfte an der Grenzfläche zweier Lösungsmittel. Diss. Lex.-8. (III, 32 S. m. 7 Fig.) Göttingen 901. (Vandenhoeck & Ruprecht.) n. 1. —

Riesenfeld, Fritz, Referendar: **Wie scheiden sich Mitthäterschaft und Beihilfe?** *Breslau: M. & H. Marcus 1902.* (X, 52 S.) 8°
Rostock, Jur. Diss. v. [20. Juli] 1902

Riesenfeld, Hans: Aus d. chemischen Institut d. Universität Breslau. Über das Lösungsvermögen von Salzlösungen für Ammoniak nach Messungen seines Partialdrucks. Ein Beitrag zur Theorie d. Lösungsvorgangs. Mit 4 Fig. im Text. *Leipzig: W. Engelmann 1902.* (31 S.) 8° ¶(Aus: Zeitschrift f. physikal. Chemie. Bd 40, H. 1.)
Breslau, Phil. Diss. v. 4. März 1902

Riesenfeld, Josef [Apotheker aus Berlin]: Ueber das Harnstoffchlorid des Benzylamin's und einige Derivate desselben. ... Berlin, Buchdr. v. C. Berg, 1890; 42 S. + 1 Bl. 8°
Rostock, Phil. Fak., Inaug.-Diss. v. 10. März 1890

Riesenfeld. K. E., Der Gruben-Kollektiv-Vorstand. Ein Beitrag zur Lehre von der Vertretung der Gewerkschaft. Berlin. 1895. 41 S.

Riesenfeld, Konrad Ernst

Riesenfeld, Conrad-Ernst, die Anstellung v. Handels- u. Schiffahrts-Sachverständigen — Handelschemiker, Probenehmer, Messer, Wäger, Bücherrevisoren, Dispacheurs, Schiffsfrachtgutbesichtiger u. s. w. — durch die amtlichen kaufm. Interessenvertretgn. in Preussen. 8. (XVI, 226 S.) Berlin 901. [R. Gaertner.] Weidmann. Kart. n. 4. —

— der Einfluss des neuen Actienrechts auf die Statuten der bestehenden Gesellschaften. 8. (VII, 127 S.) Ebd. 899. n. 2. 40

— Breslauer Handelsgebräuche. Gutachten d. Handelskammer zu Breslau üb. Gewohnheiten u. Gebräuche im Handelsverkehr. Im amtl. Auftrage der Handelskammer zu Breslau aus Anlaß ihres 50jähr. Bestehens bearb., erläutert u. hrsg. gr. 8. (XLVIII, 283 S.) Breslau 900. J. U. Kern's Verlag. n. 6. —

Riesenfeld, Conr.-Ernst, Breslauer Handelsgebräuche. Neue Folge 1900–1906. Amtliche Sammlg. von Gutachten der Handelskammer zu Breslau üb. Gewohnheiten u. Gebräuche im Handelsverkehr aus den J. 1900 bis 1906. Im Auftrage der Handelskammer zu Breslau bearb. u. hrsg. (152 S.) Lex.-8 Breslau 906. J. U. Kern. n. 2. 50
(I u. II zusammen bezogen: Ermi. Pr. n. 6. 50)

Riesenfeld, Conr. Ernst, kaufmänn. Schiedsgerichte, s. a. Zeitfragen, volkswirthschaftl.

Kaufmännische Schiedsgerichte. Von Dr. jur. Conrad Ernst Riesenfeld, Kgl. Preuss. Gerichtsass. ... zu Breslau. *Berlin: L. Simion 1897.* (44 S.) 8.
= Zeitfragen, Volkswirthschaftl. H. 150. (Jg. 19. H. 6.) 97. 3.17

Riesenfeld, Conrad Ernst [Referendar am K. Amtsger. zu Zobten a. B.]: Verschollenheit und Todeserklärung nach gemeinem und preussischem Rechte, mit stäter Rücksicht auf die Vorschläge des Entwurfs eines bürgerlichen Gesetzbuchs für das deutsche Reich. (II. Abschnitt: Dogmatischer Teil.) ... (Vollst. ersch. 1891; IX, 175 S.) Breslau, W. Koebner, 1890; IX, 49 S., 1 Bl. 8°
Breslau, Jur. Fak., Inaug.-Diss. v. 15. Nov. 1890

Riesenfeld, C. E., Verschollenheit u. Todeserklärung nach gemeinem u. preussischem Recht m. stäter Rücksicht auf die Vorschläge d. Entwurfs e. bürgerlichen Gesetzbuchs f. das Deutsche Reich. gr. 8. (IX, 175 S.) Breslau 891. Koebner. n. 5. —

— was muß der Landwirt v. dem geschäftlichen Verkehr m. den Banken wissen? (32 S.) gr. 8. Berlin 906. P. Parey. n. — 60
Sonderabdruck aus: „Deut. landw. Presse".

Die Aufgaben der stenographischen Geschichtforschung. Von Kurt **Riesenfeld**-Breslau. (Sondershausen [1905]: F. A. Eupel.) (16 S.) 8° [Kopft. F.]
Aus: Allgem. Deutsche Univ.-Zeitung. 05. 6718

Riesenfeld, Nathan [pr. Arzt in Würzburg]: Aus d. pharmakolog. Institut d. Univ. in Würzburg. Die Löslichkeit des Quecksilbers in wässerigen Salzlösungen ... Würzburg, Buchdr. v. O. Klein, 1894; 24 S. 8.
Würzburg, Med. Fak., Inaug.-Diss. v. 1894

Riesenfeld, Paul [approb. Arzt aus Berlin]: Aus der med. Klinik zu Kiel. Über Hysterie bei Kindern .... Kiel, Druck v. A. F. Jensen, 1887; 44 S. + 1 Bl. 8°.
Kiel, Med. Fak., Inaug.-Diss. v. 17. März 1887.

Riesenfeld, P., über Hysterie bei Kindern. [Aus der medicin. Klinik zu Kiel.] Inaug.-Diss. gr. 8. (44 S.) Kiel 887. (Lipsius & Tischer.) n. 1. 20

Riesenfeld, S., das Wechselrecht in Frage u. Antwort. Nach dem System der Wechselordng. geordnet. gr. 8. (VII, 141 S.) Berlin 902. A. W. Hayn's Erben. n. 2. —

Riesenfeld, Wilh., fünf Fälle von Gelenkkörpern. [Mittheilungen aus dem Knappschaftslazareth des Hrn. Dr. Wagner in Königshütte.] Inaugural-Dissertation. gr. 8. (43 S.) Freystadt N.-Schl. 887. (Breslau, Köhler.)

Riesenfeldt, Wilhelm [pract. Arzt]: Fünf Fälle von Gelenkkörpern. (Mittheilungen aus d. Knappschaftslazareth d. Herrn Dr. Wagner in Königshütte.) ... Freystadt N.-Schles., F. Pohl (vorm. G. Doeger'sche Hofbuchdr.) (1887); 43 S. + 2 Bl. 8°
Breslau, Med. Fak., Inaug.-Diss. v. 3. Dez. 1887

Riesenferner-Gruppe,
s. Rieserferner-Gruppe.

Riesengebirge [Sachliches OW]

Riesengebirge, das. Nach Reymann's Karte von Deutschland. gr. Fol. Lith. u. color. Glogau 849, Flemming. 1/2 ℛ

Riesengebirge, das. Eine Wanderg. in Bildern durch die hervorragendsten Punkte desselben, nebst beschreib. Text v. Regell. 20 Vollbilder in photograph. Kunstdruck, aufgenommen u. ausgeführt v. E. Mertens & Co. in Berlin. gr. 4. (34 S.) Warmbrunn 892. M. Leipelt. Geb. in Prachtbd. n. 20. —

Riesengebirge, das. (Grosse Ausg.) qu. gr. 4. (26 Ansichten in Autotyp.) Berlin 897. Graph. Gesellschaft. 3. —; kleine Ausg. qu. 8. (28 Ansichten.) 1. 50; geb. in Leinw. n. 2. —

Riesengebirge, das, in 24 Bildern. Nach Orig.-Aufnahmen v. Ad. Rehnert. (Neue [Titel-]Ausg.) qu. 8. Warmbrunn [899.] (901). M. Leipelt. Geb. 1. 20; in 50 Bildern 1. 80; in 75 Bildern 2. 40

Riesen-Gebirge, das, in 50 Bildern. Nach Orig.-Aufnahmen v. Ad. Rehnert u. A. (50 Bl. m. VI S. Text.) qu. 8. Warmbrunn (904). M. Leipelt. Geb. n. 1. 80

Das Riesen-Gebirge in 100 Bildern nach Orig.-Aufn. von Ad. Rehnert u. a. Warmbrunn: M. Leipelt [1904]. (100 Tafelseiten.) quer-8° [illegible]

Riesengebirge, das, in 30 farbigen Bildern. (30 Bl.) 13,5 × 19 cm. Warmbrunn (908). M. Leipelt. 1. 50

Riesengebirge, das ganze, u. die Grafschaft Glatz, s. Grieben's Reise-Bibliothek.

Riesengebirge und die Grafschaft Glatz. 15. Aufl. Leipzig u. Wien 1906. 8°.
(Meyers Reisebücher.)

Das **Riesen-** und Glatzer **Gebirge** in Bild und Wort. 120 Ansichten nach Original-Aufn. Text von Prorektor Prof. [Emil] Rosenberg. *Berlin-Schöneberg: W. Sommer (1900).* (51 S., 46 Taf.) quer-8°
= **Album-Kollektion**, Sommer's neue. [6.] [02. 2551 II

Ⓑ **Riesen- u. Glatzer-Gebirge,** das. 900. (KBL 32.) Jetzt: Warmbrunn, E. Leipelt. Erm. Pr. 1. 50

Das **Riesengebirge,** Iser- und Lausitzer Gebirge nebst d. Glatzer- und Waldenburger Gebirge. (Grosse Ausg.) Prakt. Reise-Handb. 15. Aufl., unter Mitwirkg d. Gebirgs-Vereine bearb. v. Julius Ebert. *Berlin: A. Goldschmidt 1897.* (IV, 233 S., 1 Bl., 4 Kt., 1 Taf.) 1 Bd 8.
= **Reisebücher,** Griebens. Bd 18. [97. 4350

Das **Riesengebirge,** Iser-und Lausitzer- Gebirge nebst d. Glatzer- u. Waldenburger Gebirge. Prakt. Reise-Handb. 16. Aufl., unter Mitwirkg d. Gebirgs-Vereine bearb. v. Julius Ebert. Berlin: A. Goldschmidt 1899. (2 Bl., 209 S., 1 Bl., 28 S., 5 Kt.) 1 Bd. 8°
= Reisebücher, Griebens. Bd 18.

Das **Riesengebirge,** Iser- und Lausitzer Gebirge nebst dem Glatzer und Waldenburger Gebirge. Prakt. Reisehandbuch. 18. Aufl. unter Mitw. d. Gebirgs-Vereine bearb. von Dr. A[ugust] Otto. Mit 6 Karten u. 4 Panor, *Berlin: A. Goldschmidt 1903–04.* (IV, 190 S.) 8° [F. u. Ant.]
= **Reiseführer,** Griebens. Bd 18. [04. 3838

Das **Riesengebirge,** Iser- und Lausitzer Gebirge nebst d. Glatzer u. Waldenburger Gebirge. Prakt. Reisehandbuch. 19. Aufl. unter Mitw. d. Gebirgs-Vereine bearb. von Dr. A[ugust] Otto. Mit 7 Karten u. 4 Panoramen. Berlin: A. Goldschmidt 1905–06. (IV, 189 S.) 8°
= **Reiseführer,** Griebens. Bd 18. [06. 5318

Das **Riesengebirge,** Iser- und Lausitzer Gebirge nebst dem Glatzer und Waldenburger Gebirge. Prakt. Reisehandbuch. 20. Aufl., unter Mitw. d. Gebirgs-Ver. bearb. von Dr. A[ugust] Otto. Mit 8 Karten u. 4 Panoramen. Berlin: A. Goldschmidt 1907–08. (IV, 202, 36 S.) 8°
= **Reiseführer,** Griebens. Bd 18. [07. 8495

Das **Riesengebirge,** Iser- und Lausitzer Gebirge nebst d. Glatzer u. Waldenburger Gebirge. Prakt. Reiseführer. 21. Aufl. unter Mitw. d. Gebirgsvereine bearb. von Dr. A[ugust] Otto. Mit 8 Kt. u. 4 Panoramen. Berlin: Goldschmidt 1909-10. IV, 208 S. 8°
(Griebens Reiseführer. Bd 18.)

Das **Riesengebirge,** Iser-, Lausitzer, Glatzer und Waldenburger Gebirge. Kleine Ausg., nach d. 21. Aufl. d. größeren ... neu bearb. Führers ... Mit 4 Kt. Berlin: Goldschmidt 1909-10. IV, 94 S. 8°
(Griebens Reiseführer. Bd 81.)

Östliches **Riesengebirge** u. d. Adersbach-Weckelsdorfer Felsen. Im Einverständnisse mit d. Österr. Riesengebirgsverein hrsg. (Maßst. 1:100.000.) Leipzig & Wien: G. Freytag & Berndt [1906]. (1 Kartenbl. 37×31 cm mit Legende.) [Rückt. lith.] [kol.]
(G. Freytag's Ausflugskarten.) [06. 15566

Schlesisches **Riesen-** und Isergebirge. Hrsg. v. Verband d. Kurorte u. Sommerfrischen. (Vorr.: Dr. [Josef Gotth.] Siebelt, Bad Flinsberg.) Hirschberg i. Schles. (1907): General-Anz. f. d. Rsgb. (94 S.) 8° [07. 10870

Schlesisches **Riesen-** und Isergebirge. Hrsg. v. Verband d. Kurorte u. Sommerfrischen. 1908. Hirschberg i. Schl. 1908: General-Anzeiger f. d. R. (116 S.) 8° [08. 6968

Westliches **Riesengebirge.** Im Einverständnisse mit d. Österr. Riesengebirgsverein hrsg. (Maßst. 1:100.000.) Leipzig & Wien: G. Freytag & Berndt [1906]. (1 Kartenbl. 33×33 cm mit Legende.) [Rückt. lith.] [kol.]
(G. Freytag's Ausflugskarten.) [06. 15567

Riesengebirge [Schlagwort]

– s. a.: Einzelkarten.

— s.a. Eisenbahnkarten.

— s.a. Hand- u. Reisekarten. 14.

— s. a.: Hirschberg.

– s.a. Hirschberger Thal.

— s. a.: Jeschken- u. Isergebirge.

– s.a. Isergebirge.

– s.a. Schlesien. Liebenow, W.

— s.a. Woerl's Reisehandbücher.

Riesengebirge. Baron, Paul, Touristen-Karte des Riesen- u. Iser-Gebirges. (Umschlag: Wegekarte v. Riesen- und Isergebirge m. den Farbenmarkiergn. der Touristenwege.) 1:100,000. 43,5×73 cm. Farbdr. Schweidnitz (905). (G. Brieger.) n. — 30

Riesengebirge. Baron, Paul, Touristen-Karte des Riesen- u. Iser-Gebirges (m. den Farbenmarkiergn. der Touristenwege). 1:100,000. 3. Aufl. 43×72,5 cm. Farbdr. Schweidnitz (909). G. Brieger. — 30

Riesengebirge. Brey, neue Specialkarte d. Riesengebirges. 1:75,000. A. Grosse Ausg. m. Bergzeichng. in 7 Farben. 1.–4. Aufl. Imp.-Fol. Warmbrunn 888. Leipelt. n. 2. —; auf Leinw. in Leinw.-Carton n. 3. 60; B. Kleine Ausg. ohne Bergzeichng. in 3 Farben n. — 75; auf Leinw. in Leinw.-Carton n. 1. 75

Riesengebirge. Brey, neue Specialkarte d. Riesengebirges. 1:75,000. Ausg. A. Neue Ausg. 1891. Farbendr. 46,5×77,5 cm. Warmbrunn, M. Leipelt. n. 2. —

— — dasselbe. Ausg. B ohne Bergzeichng. 7. Aufl. 3farb. Druck. 42×67,5 cm. Ebd. 894. n. — 75; auf Leinw. in Karton n. 1. 75

— Brey, neue Spezial-Karte des Riesengebirges. Rev. bis 1909. 1:75,000. 54,5×61 cm. Farbdr. Dresden (909). A. Köhler. 1. —

Riesengebirge. Brey, neue Specialkarte des Riesen- u. Iser-Gebirges. 1:75,000. 9. Aufl. A. Grosse Ausg. m. farb. Höhenschichten. 62,5×108,5 cm. Warmbrunn (904). M. Leipelt. n. 2.—; auf Leinw. in Karton n. 4. —

— — dasselbe. B. Kleinere Ausg. m. Schichtlinien. 47×78 cm. Farbdr. Ebd. (904). n. 1. —; auf Leinw. in Karton n. 2. 50

Riesen- u. Isergebirge. Druschki, J., neue Wegekarte d. Riesen-, Iser- u. Jeschkengebirges. M. den v. den Gebirgs-Vereinen ausgef. farb. Wegebezeichngn. Neu bearb. u. rev. 1:125,000. 35×67,5 cm. Farbdr. Mit Namen-Verzeichniss auf der Rückseite. Warmbrunn 897. M. Leipelt. n. — 40

— Freytag's, G., Ausflugskarten m. farbigen Wegemarkierungen, vollständ. Ausflugsverzeichnis u. Angabe der Entfernungen des östl. Riesengebirges u. der Adersbach-Wekelsdorfer Felsen. Im Einverständnisse m. dem österr. Riesengebirgsverein hrsg. 1:100,000. 31,5×38 cm. Farbdr. Mit Text auf der Rückseite. Wien (906). G. Freytag & Berndt. n. — 50

— — dasselbe. Westl. Riesengebirge. Im Einverständnisse m. dem österr. Riesengebirgsverein hrsg. 1:100,000. 34×33,5 cm. Farbdr. Mit Text auf der Rückseite. Ebd. (906). n. — 50

— — Touristen-Wanderkarte des Riesengebirges m. in Farben ausgeführten Wegmarkierungen. Hrsg. im Einverständnis m. dem deutschen u. österr. Riesengebirgsverein. 1:100,000. 42×64,5 cm. Farbdr. Ebd. (906). n. 1. —; auf Leinw. n.n. 1. 80

— **Haupt**, E., Karte vom Riesengebirge. Gestochen v. Frdr. Brose u. E. Biedermann. 1 : 150,000. Lith. u. color. qu. gr. Fol. Mit e. Wegweiser v. J. G. Kutzner. 6. Aufl., durchgesehen u. berichtigt von A. v. d. Velde. 8. (42 S.) Glogau 890. Flemming. In Carton. n. 2. —

— **Haupt**, E., Karte vom Riesengebirge. 1 : 150,000. Gest. v. Frdr. Brose u. E. Biedermann. 49,5×63,5 cm. Lith. u. kolor. Nebst e. Wegweiser v. J. G. Kutzner. 7. Aufl., durchgesehen u. berichtigt v. A. v. d. Velde. 8. (42 S.) Glogau 893. C. Flemming. n. 2. —

— **Helbig**, Alb., Wandkarte vom Riesengebirge u. seinem Vorgelände. Entworfen v. Otto Herkt. 1:25,000. (4 Bl.) à 70,5×102 cm. Farbdr. Nebst Text. (8 S.) 8. Warmbrunn (907). M. Leipelt. 12.—; auf Leinw. m. Stäben 21. —

Riesen-Gebirgs — Karte des — nach den besten Hilfsmitteln und neuesten geographischen Ortsbestimmungen entworfen von Dr. Jos. C. E. Hoser 1806. Gestochen von Ch. Junker in Wien. 1 : 95,000. 1 Bl.

— **Karte** vom Riesen-Gebirge. [Aus: „Grieben's Reiseführer".] 1 : 100,000. 35,5×47 cm. Farbdr. Berlin 905. 906. A. Goldschmidt. In Mappe — 50

Riesen- und Eulen-Gebirge — Karte vom — nebst dem schlesischen Vorgebirge bis zum Gröditzberg und dem Zobten. Gez. von E. Haupt, gest. u. herausg. von H. Brose. 1855. 150,000. Verl. v. C. Flemming in Glogau. 1 Bl.

— **Karte** vom Riesen-Gebirge u. der Grafsch. Glatz. 1 : 250,000. Neue Aufl. Chromolith. qu. gr. Fol. Berlin 888. Alb. Goldschmidt. In Leinw.-Couvert. n. — 75

Riesengebirge. Karte vom Riesen-Gebirge u. der Grafsch. Glatz. 1 : 250,000. Ausg. 1897. 40×57 cm. Farbdr. Berlin 897. A. Goldschmidt. In Tasche n. — 50

— — dasselbe u. der Grafsch. Glatz. [Aus: „Grieben's Reiseführer".] 1 : 250,000. 40×57 cm. Farbdr. Ebd. 905. 906. In Mappe — 50

Riesen- u. Isergebirge. Karte des Riesen- u. Isergebirges, zugleich Special-Karte v. Gablonz u. Umgebg. 1 : 75,000. Steindr. 38×78,5 cm. Gablonz 891. H. Rössler. n. 1. 70; in Farbendr. n. 2. 50; auf Leinw. n. 3. 30

— **Karte** des Riesen- u. Iser-Gebirges. 1 : 75,000. 37,5×79,5 cm. Lith. Gablonz 897. H. Rössler. Auf Leinw. 1. 70; kolor. 2. 50; Aufzüge auf Leinw. n.n. 1. —

— **Kiessling's** neue Wanderkarte vom Riesengebirge. 1 : 40,000, in 9 Sektionen. Mit e. Übersichtskarte des ganzen Gebirges (auf der Rückseite). à ca. 29×31 cm. Farbdr. Berlin (909). A. Kiessling. à — 30; Selbstbinderdecke dazu — 25

Sektionen: Hohenelbe. — Jannowitz. — Johannisbad. — Rehorn. — Schmiedeberg. — Schneekoppe (Krummhübel). — Schreiberhau. — Spindelmühle. — Warmbrunn.

Riesengebirge. Leipelt's neue Wege-Karte d. Riesen-, Iser- u. Jeschkengebirges. Mit Angabe der Touristenwege u. Wald-Regionen. 6. Aufl. 1 : 125,000. 35×67,5 cm. Farbdr. Mit Text auf der Rückseite. Warmbrunn (900). M. Leipelt. n. — 40

— **Leipelt's** neue Wege-Karte des Riesen-, Iser- u. Jeschkengebirges. Mit Angabe der Touristenwege u. Wald-Regionen. 8. Aufl. 1 : 125,000. 35×67,5 cm. Mit Text auf der Rückseite. Warmbrunn (904). M. Leipelt. n. — 40

— **Leipelt's** neue Wege-Karte des Riesen-, Iser- u. Jeschkengebirges. Mit Angabe der Touristenwege u. Wald-Regionen. 10. Aufl. 1 : 125,000. 35×67,5 cm. Mit Text auf der Rückseite. Warmbrunn (907). M. Leipelt. — 40

— **Liebenow**, W., Karte vom Riesengebirge. 1 : 100,000. Ausg. 1894. 35×47 cm. Farbendr. Berlin, A. Goldschmidt. In Futteral. n. — 50

— **Liebenow**, W., neue Specialkarte vom Riesen-Gebirge. Grosse Ausg. I. 2farbig. 1 : 50,000. Imp.-Fol. Berlin 887. Pasch. n. 1. 50; auf Leinw. n. 3. 50

— — dasselbe. Grosse Ausg. II. 4farbig. Imp.-Fol. Ebd. 887. n. 3. —; auf Leinw. n. 5. —

— — dasselbe. Kleine Ausg. III. 2farbig. gr. Fol. Ebd. 887. n. — 75; auf Leinw. n. 1. 75

— — dasselbe. Kleine Ausg. IV. 4farbig. gr. Fol. Ebd. 887. n. 1. 50; auf Leinw. n. 2. 50

— **Mittelbach**, R., neueste Spezialkarte vom Riesengebirge. Offizielle Karte des Schneeschuhläuferverbandes „Riesengebirge", unter Mitwirkg. der Hauptvorstände des deutschen u. österreich. Riesengebirgsvereins anlässlich ihres 25jähr. Bestandes bearb. u. hrsg. 1 : 50,000. 77×78 cm. Farbdr. Leipzig (905). Mittelbach. n. 1. 50

— — neueste Spezialkarte des Riesengebirgskammes m. näherer Umgebung. 1 : 50,000. 43,5×56 cm. Farbdr. Ebd. (906). n. — 80

— **Mittelbach's**, R., Wintersportkarten. Riesengebirge. Offizielle Karte des Schneeschuhläuferverbandes „Riesengebirge". Bearb. unter Mitwirkg. der Ortsgruppen des Verbandes. 1 : 75,000. 56,5×53,5 cm. Farbdr. Leipzig (907). Mittelbach. 1. 50

— **Riesengebirgskarte** nach der neuesten preuss. Landesaufnahme m. farbig eingezeichn. u. nummerirt. Wegen (1 : 40,000. 45,5×71,5 cm. Farbendr.), nebst 1 Plan v. Krummhübel (1 : 6250. 55,5×37 cm. Lith. M. Häuserverzeichniss an d. Seite) u. kurzen schriftl. Erläutergn. f. Touristen u. insbes. f. d. Sommergäste v. Krummhübel u. der benachb. Sommerfrischen im Gebirge. Hrsg. v. einigen Mitgliedern d. Ortsvereins in Krummhübel. 8. (XIV, 47 S.) Schmiedeberg i/Rsgb. 895. (C. Sommer.) n.n. 1. 50

Riesengebirges, Specialkarte des. Im Massstab 1 : 75.000. Redig. u. herausg. v. der Section Riesengebirge d. Gebirgs-Vereines für Böhmen. 2 Bl. Westl. u. östl. Theil in Qu.-Fol. Farben-Lichtdr. Prag, H. Dominicus. Auf Leinwd. gespannt u. carton. in gr. 8. 2 fl. 80 kr. 1884. S. 301

— **Spezialkarte** vom Riesen-Gebirge. 1 : 100,000. [Aus: „Griebens Reisebücher".] 35,5×47 cm. Farbdr. Berlin 901. A. Goldschmidt. n. — 50

— **Spezialkarte** vom Riesengebirge. 1 : 100,000. (Neue Aufl.) 35,5×47 cm. Farbdr. Berlin 903. A. Goldschmidt. In Mappe n. — 50

— Straube, Jul., grosse Spezialkarte vom Riesen- u. Isergebirge, den ganzen Kreis Hirschberg umfassend einschliesslich des Bober-Katzbach-, Landeshuter-, Rehorn-, Raben-, Ueberschaar-Gebirges. Auf Grund preuss. u. österr. Generalstabskarten u. eigener Aufnahmen etc. entworfen u. gezeichn. 1 : 80,000. 6. Aufl. 78 × 57 cm. 2farbig. Nebst alphabet. Namens-Verzeichnis. 12. (12 S.) Berlin 898. J. Straube. n. 1. —; 3farbig n. 1. 50; 5farbig n. 2. —

— Straube's, Jul., grosse Spezialkarte v. Riesen- u. Isergebirge, den ganzen Kreis Hirschberg umfassend, einschliesslich des Bober-Katzbach-, Landeshuter-, Rehorn-, Raben-, Ueberschaar-Gebirges. Auf Grund preuss. u. österr. Generalstabskarten u. eigener Aufnahmen etc. entworfen u. gezeichnet. 1 : 80,000. 7. Aufl. 78×57 cm. 2farbig. Nebst alphabet. Namens-Verzeichnis. 12. (12 S.) Berlin 899. J. Straube. n. 1. —; 3farbig n. 1. 50; 5farbig n. 2. —

— Straube, Jul., grosse Spezialkarte vom Riesen- u. Isergebirge den ganzen Kreis Hirschberg umfassend einschliesslich des Bober-, Katzbach-, Landeshuter-, Rehorn-, Raben-, Ueberschaar-Gebirges. 1 : 80,000. 12. Aufl. 56×78 cm. Farbdr. Mit Namen-Verzeichnis. (14 S. m. 3 Karten.) kl. 8. Berlin (904). J. Straube. n. 1. 20; auf Leinw. n. 2. —

— Straube's grosse Spezialkarte vom Riesen- u. Isergebirge, den ganzen Kreis Hirschberg umfassend, einschliesslich des Bober-, Katzbach-, Landeshuter-, Rehorn-, Raben-, Ueberschaar-Gebirges. 1 : 80,000. 17. Aufl. 57×78 cm. Farbdr. Mit: Alphabetisches Namens-Verzeichnis. (12 S. m. 2 Karten.) 8. Berlin (909). J. Straube. 1. 20

— Straube, Jul., Specialkarte vom Riesengebirge. Unter redaktioneller Mitwirkg. d. 1. Vorsitzenden d. Riesengebirgs-Vereins Hrn. E. Fiek entworfen u. bearb. 1 : 80,000. Ausg. I. 6farbig u. in 4 Streifen zerlegt. Imp.-Fol. Mit alphabet. Namensverzeichniss. 8. (15 S) Berlin 888. Straube. In Leinw. geb. m. Klappe. n. 3. —; Ausg. II. 6farbig u. unzertheilt m. Namensverzeichniss, geb. n. 2. 50; 32theilig auf Leinw. n. 4. —; Ausg. III. Administrative Karte, ohne Bergzeichng. m. farb. Bezeichng der Landes- etc. Grenzen, nebst Namensverzeichniss, geb. n. 2. —; Ausg. IV. 3farbig, m. Bergzeichnung u. Namensverzeichniss n. 1. 50; wohlf. Ausg. V. 2farbig n. 1. —

Riesengebirge. Straube's, Jul., offizielle Wegekarte vom Riesen- u. Isergebirge. Im Auftrage des deutschen u. österreich. Riesengebirgs-Vereins gezeichnet u. hrsg. 1 : 150,000. 14. Aufl. 27×39 cm. Farbdr. Nebst alphabet. Namens-Verzeichnis. 12. (4 S.) Berlin (902). J. Straube n. — 30

— — offizielle Wegekarte vom Riesen- u. Isergebirge von Haindorf bis Adersbach m. der verschiedenfarbigen Bezeichnung der farbig markierten Wege. Im Auftrage des deutschen u. österreich. Riesengebirgs-Vereins gezeichnet u. hrsg. 1 : 150,000. 16. Aufl. 27×44 cm. Farbdr. Nebst alphabet. Namen-Verzeichnis. (10 S.) kl. 8. Ebd. (905). n. — 30

— Straube, Jul., Wegekarte vom Riesen- u. Isergebirge. Im Auftrage des Deutschen u. Österreich. Riesengebirgs-Vereins gezeichnet u. hrsg. 1 : 150,000. 2. Aufl. 1894. 27×29 cm. Farbendr. Berlin 894. J. Straube. n. — 30

— — Wegekarte vom Riesen- u. Isergebirge. Im Auftrage des deutschen u. österreich. Riesengebirgs-Vereins gezeichnet u. hrsg. 1 : 150,000. 27 × 39 cm. Farbdr. Ebd. 897. n. — 30

Riesen- u. Isergebirge. Weyrich, C., Wegekarte d. Riesen- u. Isergebirges. Mit d. vom deutschen u. österreich. Riesengebirgs-Verein ausgeführten farb. Wegebezeichngn. 1 : 125,000. 35 × 49 cm. Farbendr. Mit Text auf d. Rückseite. Warmbrunn 895. M. Leipelt. n. — 40

— Winkler, W., Special-Karte d. Riesen- u. Isergebirges. 1 : 100,000. Mit 4 Nebenkarten. 1 : 200,000. Farbendr. 36×47 cm. Schweidnitz 892. G. Brieger. n. — 50

Riesengebirgs-Nüsse, 20. Vorgelegt u. geknackt v. X. Y. Scherz- u. Denkfragen f. müß. Stunden. (16 S.) 12. Reichenberg (903). P. Sollors Nachf. — 30

EGINHARD aus Böhmen, König. — Riesen-Geschichte oder Kurzweilige und nützliche Historie von König Eginhard aus Böhmen (wie er des Kaisers Otto Tochter aus dem Kloster bringen lassen, und hernach viel Unglück im Königreich zu Böhmen entstanden ist.) Gedruckt in diesem Jahr. 8°.

128 S. Mit Holzschnitten. — Hagen's Bücherschatz no. 797

— — Dasselbe, titulo: Riesen-Geschichte, oder Historie vom König Eginhard aus Böhmen, wie er des Kaisers Otto Tochter aus dem Kloster bringen lassen und hernach viel Unglück zu Böhmen entstanden ist; Item wie die großen Riesen dasselbe Königreich überfallen etc. Von Leop. Richtern, gebürtig zu Lambach in Oberösterreich. Mit vielen Holzschnitten. O. O. u. J. (18. Jh.). 8°.

Haydinger's Bibl. I. 1. Wien 1876. no. 866 u. no. 870, Beibd.

• — — Dasselbe, tit.: Riesen-Geschichte, oder .... Historie vom König Eginhard aus Böhmen. Herausg. von Leopold Richtern aus Lambach in Oberösterreich Neu gedruckt. O. O. u. J. 8°. (In Berlin: Yt 4096.)

• — — Dasselbe, tit.: Riesen-Geschichte, oder .... Historie vom König Eginhard aus Böhmen. Köln a. Rhein, Chr. Everaerts. O. J. (um 1800). 8°. (In Berlin: Yt 4091.)

Riesenkampff, N. G., der deutsche Hof zu Nowgorod bis zu seiner Schliessung durch Iwan Wassiljewitsch III. im J. 1494. Eine Abhandlung verfasst zur Erlangung der Magister-Würde. gr. 8. (129 S.) Dorpat 854, (Glaeser's Verlag.)

Riesen-Räthsel, od. Tausend Räthsel in Einem. Burleske Selbstbeschreib. e. Allbekannten, mit eingestreut. Pfefferkörnern. Nebst e. Schluß-Vign., welche den Hauptschlüssel enthält, mit d. wohlgetreff. Portr. d. allbekannt. Unbekannten. Nebst Commentar, od. vollständ. Entzifferung alles darin vorkomm. Räthselhaften, nebst beiläuf. Erklär. der f. manche Leser fremden Worte, Namen u. Sachen. Hierbei als Zugabe: e. latein. Räthsel mit beigefügt. Auflösung. (2 Abthln.) 8. (18¼ B.) Leipzig 850, (Reclam.)

Riesen-Rohankartoffeln und Runkelrüben-Zucker-Fabrik. 8. Zittau 840. Birr. Versiegelt ¼ ₰

Riesensalamander. Der japanische R... und der fossile Salamander von Oeningen.... (Njbl.) s. [Moesch, Casimir].

Riesenschlacht, Die. ...

Ein Taschenbuch für das Jahr 1811. Wien u. Triest. V: *Passy*, *Joseph*. (GGr) (Kn)

Riesenschlacht, die, in Belgien, von einem Augenzeugen aus dem englischen Geniecorps. gr. 8. Frankfurt a. M., Körner. 815.

Riesenstein, Aline von, m. K. 3 Bde, s. Gemälde d. menschl. Herzens v. A. Lafontaine 10r 11r 12r.

Riesenstein, Graf Heinrich von, und sein Sohn; eine Familiengeschichte ... Prag 1800. V: *Polt, Joh. Jos.* (GGr)

— Graf Heinrich von, u. sein Sohn; e. Familiengesch. a. d. Archive d. Liebe und des Leichtsinns, m. K. 8. Prag, Polt. (Joachim in Lpz.) 800.

Riesenstein, Schloß, Roman mit u. ohne Gespenster, v. Fr. Laun (Fr. A. Schulz.) 2 Thle. 8. Leipz. Tauchnitz. 807. Rthlr.

— — Forts. desselb. s. Ehe, die seltsame.

Riesensteinburg, Die, oder Teutsche Frauenwürde; ein historisch-romantisches Gemälde der Vorzeit. Quedlinb. 1816. V: *Nicolai, Carl.* (MGT)

Riesensteinburg, die, oder deutsche Frauenwürde. Ein histor. romant. Gemälde der Vorzeit, von C. Nicolai. 2 Bde. 8. Quedlinb. Basse. 816.

Riesensteinburg, die, od. deutsche Frauenwürde. Ein histor.-romant. Gemälde d. Vorzeit. 2 Thle. 2. Aufl. 8. (29 B.) Quedlinburg 833, Basse.

Riesenthal, O. v., Bilder aus der Tuchler Haide. Galgenhumoristische Gesänge zur Erbauung aller Grünröcke und ihrer Freunde gereimt auch illustrirt. gr. 8. (19 S. mit Holzschn.) Leipzig 874, Schmidt und Günther. * 3 —

Riesenthal, O. v., Bilder aus der Tuchler Haide. Galgenhumoristische Gesänge, zur Erbaulichkeit aller Grünröcke und ihrer Freunde gereimt, auch illustrirt. 2. Aufl. Lex.-8. (V, 19 Bl. mit eingedr. Holzschn.) Trier 884, Lintz'sche Buchh.

Riesenthal, O. v., Bilder aus der Tuchler Haide. Galgenhumoristische Gesänge, zur Erbaulichkeit aller Grünröcke u. ihrer Freunde gereimt, auch illustrirt. 2. Aufl. Lex.-8. (V, 19 Bl. m. Holzschn.) Trier 885. Lintz. n. 1. 20

Riesenthal, O. v., Bilder aus d. Tuchler Haide. Galgenhumorist. Gesänge zur Erbaulichkeit aller Grünröcke u. ihrer Freunde gereimt u. illustrirt. 3. Aufl. Lex.-8. (III, 20 S.) Trier 896. J. Lintz. n. 1. 20

—— Damwild, s. Bibliothek für Jäger und Jagdfreunde.

Riesenthal, O. v., das Edelwild, s. Bibliothek für Jäger und Jagdfreunde.

—— Jagd-Lexikon. Handbuch für Jäger und Jagdfreunde mit besond. Berücksicht. der Naturgeschichte und Hege des Wildes. 8. (VI, 520 S. mit 123 eingedr. Holzschn.-Abbild.) Leipzig 882, Bibliograph. Institut. *M 5.; geb. *

Riesenthal, O. v., Jagd-Lexikon. Handbuch für Jäger und Jagdfreunde mit besond. Berücksicht. der Naturgeschichte und Hege des Wildes. 8. Leipzig 882, Fock. geb. [M 5.50.] *

—— s. Jester, F. E., die kleine Jagd.

— Kennzeichen unserer Raubvögel, nebst kurzer Anleitung zu Jagd und Fang. Mit 18 Illustr. vom Verf. 2. Aufl. gr. 8. (IV, 48 S.) Charlottenburg 880. (Berlin. Friedländer und Sohn.)
1. Aufl. erschien im Selbstverlage des Verfassers.

— die Kennzeichen unserer Raubvögel, nebst kurzer Anleitg. zu Jagd u. Fang. Mit 18 Illustr. vom Verf. 2. Aufl. gr. 8. (IV, 48 S.) Charlottenburg 884. (Berlin, Friedländer & Sohn.) n. 1. —

Riesenthal, O. v., Die Kennzeichen unserer Tauben, Scharr- u. Stelzvögel. Berlin 1891. gr. 8.
Sieh: Riesenthal, Die Kennzeichen der Vögel Mitteleuropas. Abt. 3.

Riesenthal, O. v., die Kennzeichen der Vögel Mitteleuropas u. angrenzender Gebiete. 1. u. 2. Abth. gr. 8. Berlin, Mückenberger. n. 8. —
1. Die Kennzeichen unserer Raubvögel, nebst kurzer Anleitung zu Jagd u. Fang u. e. Anh., die rabenartigen Vögel u. Würger enth. Mit 22 Illustr. u. 1 farb. Taf. vom Verf. 4., verm. Aufl. (VI, 70 S.) 889. n. 2. —
2. Die Kennzeichen unserer Wasservögel [Sumpf- u. Schwimmvögel], nebst kurzer Anleitg. zur Jagd. Mit 4 farb. Taf. vom Verf. (V, 159 S.) 889. n. 6. —

Riesenthal, O. v., die Kennzeichen der Vögel Mitteleuropas u. angrenzender Gebiete. 3. Abth. A. u. d. T.: Die Kennzeichen unserer Tauben, Scharr- u. Stelzvögel, nebst kurzer Anleitg. zur Jagd. Mit 4 farb. Taf. vom Verf. gr. 8. (IV, 77 S.) Berlin 891. R. Mückenberger. n. 5. — (1—3.: n. 13. —)

Riesenthal, O. v., Die Kennzeichen unserer Wasservögel. Berlin 1889. gr. 8.
Sieh: Riesenthal, Die Kennz. d. Vögel Mitteleuropas. Abt. 2.

RIESENTHAL, O. v.: Die Raubvögel Deutschlands und des angrenzenden Mitteleuropa's. Darstellung und Beschreibung etc. - Cassel 1876. 524 S., 60 Taf.

—— die Raubvögel Deutschlands und des angrenzenden Mitteleuropas. Darstellung und Beschreibung der in Deutschland und den benachbarten Ländern von Mitteleuropa vorkommenden Raubvögel. Allen Naturfreunden, besonders aber der deutschen Jägerei gewidmet. gr. 8. (XXIV, 522 S. und 6 lithogr. Taf. nebst 1 Atlas von 60 Chromolithogr. in Fol.) Kassel 876—78, Fischer. * M 72.; geb. * 80 —
Pracht-Ausg. gr. Fol. * M 120.; geb. * 140 —

Riesenthal, O. v., die Raubvögel Deutschlands u. d. angrenzenden Mitteleuropas. Darstellung u. Beschreibg. der in Deutschland u. den benachbarten Ländern v. Mitteleuropa vorkomm. Raubvögel. Allen Naturfreunden besonders aber der deutschen Jägerei gewidmet. 1. u. 2. Lfg. gr. 8. (VII, 96 S.) Kassel 876. Fischer. à Lfg. n. 1. —

— dasselbe. Atlas. 1. u. 2. Lfg. Fol. (4 Chromolith.) Ebend. 876. à Lfg. n. 4. —; Pracht-Ausg. gr. Fol. à Lfg. n. 8. —

— die Raubvögel Deutschlands u. des angrenzenden Mitteleuropas. Darstellung u. Beschreibung der in Deutschland u. den benachbarten Ländern von Mitteleuropa vorkommenden Raubvögel. Allen Naturfreunden, besonders aber der deutschen Jägerei gewidmet. 3—10. Lfg. gr. 8. (S. 97—432 m. 5 Steintaf.) Kassel 877. Fischer. à n. 1. —

— dasselbe. Atlas. 3—14. Lfg. Fol. (à 4 Chromolith.) Ebend. 877. 78. à n. 4. —;
Pracht-Ausg. gr. Fol. à n. 8. —

Riesenthal Ov. d.Raubvögel Deutschlands u d.angr.M.-Europa. (56 S 60 T) fol Gera 1894

—— s. Robert, Leo Paul, gefiederte Freunde.

— Vogelleben u. Vogelschutz. Schilderungen aus der uns umgeb. Vogelwelt. Allen, besonders aber der Jugend zugeeignet. gr. 8. (IV, 48 S.) Charlottenburg 884. (Trier, Lintz.) n. — 50

—— das Waidwerk. Handbuch der Naturgeschichte, Jagd und Hege aller in Mitteleuropa jagdbaren Thiere. Mit 69 (eingedr.) Holzschn. und 13 Farbendr.-Taf. nach Originalen des Verf. gr. 8. (XXV, 1016 S.) Berlin 880, [Wiegandt, Hempel und Parey.] Parey.

— aus Wald u. Welt. Bilder aus meines Freundes Skizzenbuch. 8. (285 S.) Leipzig 879. Schmidt & Günther. n. 3. —

Riesenthal, Osk. v., Onkel Martin. — Zugvögel, s.a. Kürschner's, Jos., Bücherschatz.

[F.] Onkel Martin. Zugvögel. Zwei Erzählgn v. Oskar v. Riesenthal. M. Ill. v. M. Ränike. *Berlin, Eisenach, Leipzig: H. Hillger (1898).* (128 S.) 1 Bd 8.
= Bücherschatz, Kürschners. No 121. 99 575

Die Stiefel des Herrn Oberforstmeisters, Der verrückte Keiler, sowie andere lustige u. ernste Geschichten u. Gedichte aus d. Leben e. alten Forstmannes, erzählt von Oskar v. Riesenthal, weil. Oberförster. (Hrsg.: E. v. Riesenthal.) *Neudamm: J. Neumann [1903].* (131 S.) 8° [F.] 04. 6665

Rieser, Ferdinand: Des Knaben Wunderhorn und seine Quellen. Einleitung und allgemeiner Teil. Dortmund 1907: F. W. Ruhfus. (58 S.) 8° ¶(Erscheint später vollst.)
Heidelberg, Phil. Fak., Ref. Braune, Diss. v. 10. Mai 1907
[Geb. 17. Dez. 74 Konstanz; Wohnort: Karlsruhe; Staatsangeh.: Baden; Vorbildung: Gymn. Bruchsal Reife M. 93; Studium: Freiburg i. B. 2, Heidelberg 2, Berlin 1, Straßburg 1, Heidelberg 1 S.; Rig. 1. Dez. 06.]

Rieser, Ferdinand. «Des Knaben Wunderhorn» und seine Quellen. Ein Beitrag zur Geschichte des deutschen Volksliedes und der Romantik. XII + 560 S. 8. Dortmund, Fr. Wilh. Ruhfus, 1908. [M. 16. —]

Rieser, Joh[ann]. Königin Bertha. Romantisches Schauspiel in fünf Akten mit Musikeinlagen. [Umschlag illustriert.] II + VI + 50 S. 8. Luzern, J. Schills Erben, 1910. [fr. 1. 25]

Rieser, Johann. Geschichte des Reims in der deutschen Literatur. Teil 1. XII + 110 S. 8.
Jahres-Bericht der kantonalen Industrieschule ... in Zug. Schuljahr 1907 1908. Zug, J. Speck & Cie., [1908]. (Programm.)

Rieser, Johann. Geschichte des Reims in der deutschen Literatur. Teil 2. Abteilung 1. 8.
Jahres-Bericht der kantonalen Industrieschule ... in Zug. Schuljahr 1908/09. Zug, W. Zürcher, [1909]. (Programm.) S. 1—48.

Rieser, Joh., Pannerherr Kollin od. Die Schlacht bei Arbedo, s.a. Bibliothek vaterländischer Schauspiele. 85. 86.

Rieser, Joh[ann]. Pannerherr Kollin oder Die Schlacht bei Arbedo. Vaterländisches Schauspiel in fünf Akten. 1. Aufl. [Mit 1 Ansicht.] 135 S. 8. Einsiedeln, Dr. und Komm. Eberle & Rickenbach, 1904. [fr. 1. 80]

Rieser, Joh[ann]. Pannerherr Kollin oder Die Schlacht bei Arbedo. Vaterländisches Schauspiel in fünf Akten. 2. Aufl. [Mit 1 Ansicht.] 135 S. 8. Aarau, H. R. Sauerländer & Co., 1906. [fr. 2. —] R (Bibliothek vaterländischer Schauspiele. 85/86.)

Rieser, J[ohann]. Landammann Reding oder Die Schlacht am Morgarten. Vaterländisches Schauspiel in fünf Akten. VI + 109 S. 8. Luzern, Komm. J. Schill, 1903. [fr. 1. 20]

Rieser, M., Feierstunden, s.: Schmidt's, F., Jugendbibliothek.

Rieser, M., Ferienstunden, s.a. Jugendbiblioth., deutsche.

Ferienstunden. Erzählungen f. junge Mädchen. Von M. Rieser. Mit 1 Titelbild. 4. Aufl. *Berlin: Neufeld & Henius [1902].* (102 S.) 8° [F.]
= [Jugendbibliothek, Deutsche. Bd 73.] 04. 6333

Rieser, M., ein Märchenstrauß. 6 Orig.-Märchen. Mit 6 (lith.) Orig.-Illustr. v. W. Schäfer. 8. (200 S.) Berlin 877. Hoborst. geb. 2. 50

—— eigene Wege, s. Reiselectüre.

Rieser, Otto. De Platonis Euthyphrone. Dissertatio inauguralis. In-8°, 34 p. Frauenfeldæ, typis J. Huberi. 1881.

Rieser, Siegfried, aus Zürich: Die kaufmännische Auskunfterteilung im Privat- und Strafrecht. Zürich 1908. XII + 148 S. 8°. [31. VIII. 08.]
Zürich. Staatswiss. Diss. 1907/08.

Rieser, Siegfr., die kaufmännische Auskunftserteilung im Privat- u. Strafrecht. (VIII, 148 S.) gr. 8. Zürich 908. Art. Institut Orell Füssli. 3. —

Rieser, Walth., das Schweizerbürgerrecht. Eine staatsrechtl. Studie. [Aus: „Zeitschr. f. schweiz. Statistik".] gr. 8. (205 S. m. 2 farb. Karten u. 2 graph. Taf.) Bern 892. (Schmid, Francke & Co.) n. 3. 50

Rieserferner-Gruppe [Schlagwort]

Rieserferner-Gruppe, s.a. Alpen. Artaria.

Rieserferner-Gruppe. Spezial-Karte der Rieserferner-Gruppe. 1 : 50.000. Hrsg. vom deutschen u. österr. Alpenverein. Neue Ausg. 1900. 34,5 × 48,5 cm. Kpfrst. München 900. (J. Lindauer.) n. 2. —

Riesler, Ulrich, Kynast. Romant. Spiel in 5 Aufzügen. (Als Manuscript für deutsche Bühnen gedruckt.) 8. Speyer 844. (Lang.) n. $2/3$ ₰

— die schöne Zweibrückerin. Ein Bild aus der vaterländ. Vorzeit. 2 Thle. 12. Zweibrücken 844. Ritter. $1^1/_3$ ₰

Riesler, Ulr. [Wilh. Molitor], die schöne Zweibrückerin. Ein Bild aus der vaterländ. Vorzeit. 2. (Titel-)Aufl. 12. (177 u. 207 S.) Zweibrücken 890. Ruppert. n. 2. 50

Riesner, Friedrich Andreas (Bautzen/Lausitz), Utrum debitor, qui solutionem in chirographo promisit, exceptione compensationis adhuc uti queat. Exercit. jur. quaestionem continens. Präs. Friedrich Gottlieb Zoller. Leipzig (Langenheim) 3. III. 1769. 11 S. (4.25) 28876

Riesner, Hnr. Ph., († d. 5. Dec. 1802.) s. Unterricht im Christenthum f. die Jugend.

Riess, s.a. Ries

Riess. Commentati[illegible] de [illegible] in lingua latina [illegible] Ru-teln. 4. 50 p.
Schul-/Univ.-Schrift 1864

Riess, A., Zögling Fritz. Eine lust. Militär-Erziehungsgeschichte. Illustriert v. Roland. (58 S.) 8. Laibach 907. (I. v. Kleinmayr & F. Bamberg.) 1. 30

Rieß, Adf., die Stallkrankheit. Klagelied. 6., erweit. Aufl. 12. (14 S.) Berlin 900. (Berolina-Versand-Buchh.) — 50

Rieß, Agnes, Thaulilien. Gedichte. Hrsg. v. Karl Schrattenthal. 8. (VI, 59 S.) Preßburg (Kisfaludygasse 22, I) 899. Prof. K. Weiß-Schrattenthal. 1. 20

Rieß, Alfons, Referendar: Die **Mitwirkung des Bundesrats und des Reichstags bei Abschluß und Inkraftsetzung von** Staatsverträgen des deutschen Reiches. *Breslau: M. & H. Marcus 1902.* (40 S.) 8° ¶ (Erscheint vollst. u. d. T.: 'Die Mitwirkung d. gesetzgebenden Körperschaften bei Staatsverträgen nach deutschem Staatsrechte' in: Abhandl. aus d. Staats- u. Verwaltungsrecht.)
Breslau, Jur. Diss. v. 29. Nov. 1902

Riess, Alfons, die Mitwirkung der gesetzgeb. Körperschaften bei Staatsverträgen nach deut. Staatsrechte, s.a. Abhandlungen aus dem Staats- u. Verwaltungsrecht. 10. Hft.

Die Mitwirkung der gesetzgebenden Körperschaften bei Staatsverträgen nach deutschem Staatsrechte von Alfons Rieß. *Breslau: M. & H. Marcus 1904.* (VI, 100 S.) 8°
= Abhandlungen aus d. Staats- u. Verwaltungsrecht. H. 10. 6

Riess, Andr. Hnr.

— kurze Anleit. zum Kopfrechnen, nebst e. Samml. von Aufgaben. 8. Magdeb. 802. (ohne sn. Namen). 2e A. 806. 3e A. 8. Leipz. 824. Lauffer. 8 gr.

Rieß, A. H., prakt. Anl. zum Rechnen in Volksschulen. 8. Magdeb. Hessenland. (v. Schultz.) 805. Rthlr.

— Anleit. z. Rechnen in Volksschulen. 8. Magdeb. 805. (Leipz., Lauffer). 22 gr.

Rieß, Andr. Hnr., Elementarbuch f. unmittelbare gleich nach der Lautkenntniß anzustellende Leseübungen. 8. Magdeb. 816. Heinrichshofen. 3 gr.

— — Elementarbuch für unmittelbare gleich nach der Lautkenntniß anzustellende Leseübungen. 8. Magdeburg, Heinrichshofen. 816.

Rieß, A. H., über den Elementar-Unterricht im Schreiben. (Aus Zerrenners neuestem deutschen Schulfreunde besonders abgedruckt.) 8. Magdeburg Heinrichshofen. 820.

— Handbuch f. Lehrer in Volksschulen. 1e Abtheil. Bemerkk. üb. die erste elementar. Unterrichtsmethode rc. 4 gr. 2e Abtheil. Hülfsbuch für Lehrer rc. 8 gr. 3e Abtheil. Bemerkk. über die Mittel zur Beförder. sittl.-religiöser Gesinnungen. 4 gr. 4e Abtheil. Moral.-religiöse Anschauungen rc. 8 gr. 8. Magdeb. 809. (Lauffer in Leipz.) 1 ℔

Rieß, (A. H.,) Lehr- u. Lesebuch f. Volksschulen. 3e Aufl. 8. Leipz. 824, Lauffer.

— Rechnenbuch f. niedere, besond. Landschulen. 8. Magdeb. 801. (Lauffer in Leipz.) 6 gr.

Rieß, A. H., element. Sprachunterricht, verbunden mit schriftl. Denk- u. Sprachübungen in 120 Vorlegeblätt. 8. Magdeb. Heinrichshofen. 815.

— Wesen, Zweck u. Behandlung des arithmet. Elementarunterrichts in Volksschulen. 8. Magdeb. 826, Creutz.

— allgemeiner Zahlenunterricht, als Weckungsmittel des gesunden Menschenverstandes behandelt. 1r u. 2r Cursus. 8. Magdeburg 826, Creutz.

Ein Vorerinnerungsbuch f. Lehrer ist hierzu:

Riess: Wesen, Zweck und Behandlung ...

— über den Zweck u. Gebrauch meiner Fibel. 8. Magdeb. 815. Heinrichshofen. 3 gr.

Riess, C.

— Anwendung der darstellenden Geometrie auf Beleuchtung und Schattierung. (96 S) Mit Atlas. (23 T) fol Stuttgart 1871

Rieß, C., Grundzüge der darstellenden Geometrie nebst e. Anh. enth.: die Anwendg. derselben auf Perspektive u. Schlagschattenconstruktion. Zum Selbststudium, sowie als Leitfaden beim Unterricht in Baugewerkschulen, Fortbildungsschulen, Oberrealschulen rc. Mit 10 lith. Figuren-Taf. (in qu. 4.) gr. 8. (V, 107 S.) Stuttgart 871. Metzler. n. 2. 40

Rieß, C., Grundzüge der darstellenden Geometrie, nebst e. Anh. enth. die Anwendg. derselben auf Perspektive u. Schlagschattenkonstruktion. Als Leitfaden beim Unterricht in Baugewerkschulen, Fortbildungsschulen, höheren Bürgerschulen rc. hrsg. 2., durchgeseh. Aufl. gr. 8. (V, 103 S. m. 10 Taf.) Stuttgart 893. J. B. Metzler's Verl. Kart. n. 2. 80

— — Lehrbuch der Linearperspective. Enthaltend: 1) Geometrische Perspective. 2) Freie Perspective. Mit 14 Tfln. Karlsruhe 1872. Fol.

—— der Münster, s. Baudenkmale, mittelalterliche.

Riess, Carl, s. Riess, Karl

Weber, Imm. [Präs.] u. Christian Anton Riess [Resp.]
Dissertatio inauguralis juridica, de appelationibus irregularibus ut et de eo, quod justum vel injustum est, circa appelationes in causis politicis, Vom Appelliren in Policey-Sachen.
Giessae Dez. 1725: Joh. Reinh. Vulpius. 60 S. 4°
pro impetranda licentia petendorum summorum in jure honorum.

Riess, Curt, s. Riess, Kurt

Riess, Ernst, Referendar beim Kgl. Landgericht in Breslau: Der Anspruch des Berechtigten aus Rechtshandlungen eines Unberechtigten. *Breslau: M. & H. Marcus 1902.* (96 S.) 8°
Breslau, Jur. Diss. v. 23. Juli 1902

Riess, Ernst, der Anspruch des Berechtigten aus Rechtshandlungen eines Unberechtigten (§ 816 B.G.B.). Zugleich e. Beitrag zur Lehre v. der ungerechtfertigten Bereicherg. gr. 8. (III, 96 S.) Breslau 902. M. & H. Marcus. n. 2.40

Riess, Ernestus [Hamburgensis]: Nechepsonis et Petosiridis fragmenta magica . . . Bonnae, typ. Caroli Georgi typogr. acad., 1890; 32 S. + 1 Bl. 8°
Bonn, Phil. Fak., Inaug.-Diss. v. 25. Jun. 1890

Rieß, Ernst, die neuen Prozeßgesetze vom 1. VI. 1909. Anleitung zu ihrer Anwendg. f. das Anwaltsbureau. 1.—12. Taus. (IV, 71 S.) kl. 8. Berlin 910. C. Heymann. In Leinw. kart. 1. —

— u. Max Binder, das neue Prozeß- u. Kostenrecht. Anleitung zur Anwendg. der Novelle vom 1. VI. 1909 f. die Beamten der Justiz u. Verwaltg. 1.—9. Taus. (IV, 100 S.) kl. 8. Ebd. 910. Kart. 1. —

Riess, E., Die neuen Prozesssachen vom 1. VI. 1909. Anleitung zu ihrer Anwendg. f. das Anwaltsbureau. 13. Taus. (IV, 71 S.) S. Berlin, C. Heymann. 1910. 1. —

Riess, Eugen [pr. Arzt]: Über den Einfluss des Bronchialkatarrhs auf die Aufnahme und Ausscheidung inhalierten Kohlenstaubes ... Königsberg i. Pr., Druck v. M. Liedtke, 1892; 2 Bl., 24 S., 2 Bl. 8.
Königsberg, Med. Fak., Inaug.-Diss. v. 30. März 1892

Riess, Eug., üb. den Einfluss d. Bronchialkatarrhs auf die Aufnahme u. Ausscheidung inhalirten Kohlenstaubes. Diss. gr. 8. (24 S.) Königsberg i/Pr. 892. (W. Koch.) n. — 60

Riess, F. U., s. Ries, Franz Ulrich

Riess, Felix

Riess, Fel., Beiträge z. Fauna d. Infusorien, mit d. beigefügten Ehrenberg'schen Systeme. Inaug.-Dissert. gr. 4. (5 B.) Wien 840, (Schaumburg u. Comp.)

Rieß, Florian, s. Verfried, Edg. Die alttestamentl.-jüd. Passah-Berechnung.

Rieß, Flor., der selige Petrus Canisius aus der Gesellschaft Jesu. Aus den Quellen dargestellt. gr. 8. (XX und 576 S.) Freiburg im Br. 865, Herder'sche Verlagsh.

Rieß, Florian, das Geburtsjahr Christi. Ein chronolog. Versuch mit einem Synchronismus über die Fülle der Zeiten und 12 mathemat. Beilagen. [Ergänzungshefte zu den „Stimmen aus Maria-Laach" 11. und 12.] gr. 8. (IV, 267 S.) Freiburg i. Br. 880, Herder'sche Verlagsh.

— die moderne Irrlehre, s.a. Encyclica.

Rieß, Florian, Die moderne Irrlehre oder der Liberalismus u. seine Verzweigungen im Lichte der Offenbarung. Freiburg, Herder, 1866, gr. 8°, 108 S., 1.—2. Aufl., 1.20 Mk.

Rieß, Flor., das ökumenische Concil, s. Concil.

Rieß, Florian, die württembergische Convention. Eine Studie. Freiburg im Br. 858. Herder. gr. 8. (IV, 150 S.) 18 ngr.

—— das Leben des seligen Petrus Canisius aus der Gesellschaft Jesu. Aus des Verf. größerem Werke über den Seligen im Auszuge für das Volk dargestellt. 12. (VIII und 220 S.) Freiburg im Br. 865, Herder'sche Verlagsh.

Rieß, Florian, nochmals das Geburtsjahr Jesu Christi, m. besond. Bezugnahme auf e. „Streitschrift" d. Dr. Peter Schegg in München. gr. 8. (X, 112 S.) Freiburg i/Br. 883. Herder. n. 1. 60

—— Staat und Kirche, s.a. Encyclica.

Riess, Florian, Staat und Kirche. Freiburg i. Br. 1869. 8°.
(D. Encyclica Papst Pius IX. vom 8. Dez. 1864. H. 12.)

– Der moderne Staat und die christliche Schule, s.a. Encyclica.

Riess, Florian, Der moderne Staat und die christliche Schule. Freiburg i. Br. 1868. 8°.
(D. Encyclica Papst Pius IX. vom 8. Dez. 1864. H. 11.)

—— Der moderne Staat u. die christliche Schule. Ebendas. 1868, gr. 8°, 216 S., 2,40 Mk.
Zur Erläuterung d. Encyklika, Heft 11.

Rieß, Flor., u. Weber, Karl v., Die päpstliche Unfehlbarkeit u. der alte Glaube der Kirche. Ökum. Konzil. Stimmen ꝛc. Freiburg. Herder, 1870, gr. 8°, Heft 10, IV, 112 S., 1 Mk.

—— eine Vorfrage über die Verpflichtung, s. Encyclica.

Riess, Friedrich, approb. Arzt: Zur Pathologie der Schrumpfniere. *Würzburg 1900: Memminger.* (32, II S.) 8°
Würzburg, Med. Diss. v. 1900

Riess, Georg: Die singulären eindeutigen Ebenen- und Raum-Transformationen niederer Ordnung ... Freising, Buchdr. Dr. F. P. Datterer, 1893; 63 S. 8.
Erlangen, Phil. Fak., Inaug.-Diss. v. 1893

Riess, Gustav Über die Bewegung einer Flüssigkeit in einem cylindrischen Gefäfse. 19 S. Progr. *Wurzen* 1881.

Riess, Gustav, aus Schwäbisch Gmünd: Ueber das 3.5-Dimethoxybenzoylacetophenon und über Chinoide Abkömmlinge des 1.4-Benzopyranols. *Tübingen: Selbstverl. 1903.* (63 S.) 8°
Tübingen, Naturwiss. Diss. v. 1903

Riess, Gustav Herm. [Prof.]: Die kürzeste Linie auf dem Paraboloid. Wurzen, Druck v. G. Jacob, *1897;* 1—28 S. 4.
Wurzen, k. G, OP 1897 (566)

Riess, H.

— De ellipsi in lingua Latina I. Pr. 1864. 50 S.

Riess, H., De enunciatorum conditionalium linguae latinae formis ellipticis. Pr. 1840. 28 S. 4°.

Riess (H.). Cassel beobachteten Pilze . . . Cassel, 1878. 8°.

Riess, Heinrich August Andreas. Auserlesenes und vollständiges Gebetbuch ... 3. ... Aufl. Nürnb. 1787. H: *Wilder, Georg Christoph.* (MGT) (will)

Rieß, Helene, s.: Jugendspiegel.

Rieß, Herm., s. Briefwechsel zwischen Frz. Delitzsch und H. R.

RIESS, J. Conrad (Nürnberg): De puerperii morbis.- Monachii: Wolf 1836. 16 S.
26.8.1835 - Urk; F 62
Diss. Ingolst.-Landsh.-Mchn.

Rieß, J. M., Abhandl. bewährter Versuche, mit vegetabilisch. Hülfsmitteln auf die vornehmsten Gegenstände der Haus- u. Landwirthschaft angewendet. 8. Wien, Blumauer. 8½ K

Riess, J. Ph. Mineralogische und bergmännische Beobachtungen über einige Hessische Gebirgsgegenden. Berlin. 1791.

Riess (J. P.), Mineralogische und bergmännische Beobachtungen über einige hessische Gegenden. Herausgegeben von D. L. G. Karsten. Berlin 1791. 8.

Riess, Joh., über einige fossile Chimaeriden-Reste im Münchner Palaeontograph. Museum. 4. (27 S. mit 3 Taf.) Stuttgart 887, Schweizerbart'sche Verlagsh.
Aus: Palaeontographica, besonders abgedruckt.

Riess, Joan. Clemens (geb. Berlin 30. 5. 1846): De aromaticis quibusdam alcoholis isobutylici derivatis. Berolini (1870). (43 S.) 8°
Berlin, Phil. Diss. v. 14. Dez. 1870

Verein gegen Missbrauch geist. Getränke zu Cassel. Referat über den Entwurf des Gesetzes betreffend die Bekämpfung der Trunksucht von Justizr. [Julius] Riess. *Cassel 1892: Gebr. Gotthelft.* (16 S.) 8° jos.1390&4

Riess, Justizrat. Referat über den Entwurf des Gesetzes betr. die Bekämpfung der Trunksucht. Kassel 1894.

Riess, Karl

Riess, Carl. Ueber einige Abkömmlinge des Kyanäthins. Leipzig, 1884.

Riess, Carl, Grabmonumente. Eine Sammlung von Grabsteinen, Stelen, Grabkreuzen, Obelisken etc. in verschiedenen Stilarten, entworfen und gezeichnet. (In 10 Lfgn.) 1. und 2. Lfg. Fol. (à Lfg. 5 Lichtdr.-Taf.) Stuttgart 884, Wittwer. à Lfg. *ℳ 3,60. *

Riess, Carl, Grabmonumente. Eine Sammlung von Grabsteinen, Stelen, Grabkreuzen, Obelisken etc. in verschiedenen Stilarten, entworfen und gezeichnet. 3.—8. (Schluss-)Lfg. Fol. (à Lfg. 5 Lichtdr.-Taf.) Stuttgart 885, Wittwer's Verlag. à Lfg. *ℳ 3.60. *
compl. in Mappe *
1. und 2. Lfg. Ebendas. 1884. à *ℳ 3.60.

Riess, Karl, s. Monisten-Kongress. – Der erste internationale Monisten-Kongress.

— **Schattirungskunde.** Anwendung der darstellenden Geometrie auf die Bestimmg. der Beleuchtg. u. das Schattiren regelmäss Körperflächen. Mit 23 (lith.) Taf. (in gr. 4. u. in Mappe.) gr. 8. (96 S.) Stuttgart 871. Wittwer. n. 8. —

— Schattierungskunde. Mit 10 Fig. im Text u. 3 Fig.-Taf. gr. 8. (26 S.) Stuttgart 884. Metzler's Verl. n. 1. 50

Riess, Kurt

Riess, Curt, auswärtige Hoheitsrechte der deut. Einzelstaaten, s.a. Abhandlungen aus d. Staats- u. Verwaltungsrecht, 11. Hft.

Auswärtige Hoheitsrechte der deutschen Einzelstaaten von Dr. Curt **Riess.** Breslau: M. & H. Marcus 1905. (80 S.) 8°
= **Abhandlungen** aus d. Staats- u. Verwaltungsrecht. H. 11. [05. 1077] 2

Riess, Curt, Gerichtsreferendar: **Inwieweit sind den deutschen Einzelstaaten auswärtige Hoheitsrechte verblieben?** Breslau: M. & H. Marcus 1904. (32 S.) 8° ¶(Ersch. vollst. in: Abhandlungen aus dem Staats- u. Verwaltungsrecht.)
Breslau, Jur. Fak., Ref. Brie, Diss. v. 5. Dez. 1904
[Geb. 4. Okt. 82 Breslau; Heimatsort: Breslau; Staatsangeh.: Preußen; Vorbildung: Johannes-Gymn. Breslau Reife M. 00; Studium: Breslau 1, Heidelberg 1, Breslau 4 S.; Rfg. 5. Febr. 04.]

Riess, Leop. (Petr.) (geb. Berlin 15. 12. 1840): De ductibus biliferis nonnulla. Berolini (1863). (40 S.) 8°
Berlin, Med. Diss. v. 8. Mai 1863

Rieß, Ludw., Allerlei aus Japan, s.a. Bücherei, deutsche.

Allerlei aus Japan. Von Ludwig **Rieß.** 1. 2. Berlin: H. Neelmeyer [1905]. 2 Bde 8° [F.]
= **Bücherei,** Deutsche. Bd 27. 28. [05. 1462]

Riess, Ludw. (geb. Deutsch-Krone 1. 12. 1861): Geschichte des Wahlrechts zum englischen Parlament im Mittelalter. [s. O.] 1884. (32 S.) 8° [F.] * Vollst. ersch. u. d. T.: Geschichte des Wahlrechts zum englischen Parlament. 1. Abth.: Im Mittelalter. Leipzig: Duncker u. Humblot 1885.
Berlin, Phil. Diss. v. 11. Nov. 1884

Rieß, Ludw., Geschichte d. Wahlrechts zum englischen Parlament. 1. Abth. Im Mittelalter. gr. 8. (XI, 115 S.) Leipzig 885. Duncker & Humblot. n. 2. 80

Rieß, Ludw., europäischer Geschichtskalender, s.: Schultheß.

— Die Politik Pauls IV. u. seiner Nepoten, s.a. Studien, historische. 67. Heft.

Die Politik Pauls IV. und seiner Nepoten. Eine weltgeschichtl. Krisis d. 16. Jhs. Von Ludwig **Riess.** Berlin: Ebering 1909. XVI, 496 S. 8° (Historische Studien. H. 67.) [09. 6697] 2

Riess, Max, J. Gottlieb Fichte, Evangelium der Freiheit. 8°. Jena, Eug. Diederichs, 1905.

Riess, Max [aus Quedlinburg]: **Quellenstudien zu Thomas Murners satirisch-didactischen Dichtungen. Erster Teil.** . . . Berlin, Buchdr. v. Gustav Schade (Otto Francke) (1890); 37 + 1 S. + 1 Bl. 8°
Berlin, Phil. Fak., Inaug.-Diss. v. 8. Aug. 1890

Riess, Max, Quellenstudien zu Thomas Murner's satirisch-didactischen Dichtungen. 1. Tl. Inaug.-Diss. gr. 8. (37 S.) Berlin 890. (Heinrich & Kemke.) n. 1. 20

Rieß, Minna, über vier Eddasagen. Die Ragnarok-, Heimdall-, Mimir- und Helsage. gr. 8. (127 S.) Gardelegen 881. (Leipzig, M. Schäfer.)

Riess, Otto

Rieß, O., nach Dänemark u. Schweden. Eine vergnügl. Touristenfahrt. 8. (V, 139 S.) Hamburg 889. Verlagsanstalt u. Druckerei, A.-G. n. 1. 50

— nach Portugal u. Spanien. Eine heitere Touristenfahrt. 8. (V, 118 S.) Berlin 887. v. Decker. n. 1. —

Riess, Otto [aus Berlin]: **Experimentelle Untersuchungen über das Thomson'sche Gesetz der Wellenbewegung auf Wasser.** . . . München, Druck v. R. Oldenbourg, 1890; 86 S. 8°
Rostock, Phil. Fak., Inaug.-Diss. v. 16. Okt. 1889

Riess, P., s. Riess, Peter Theophil

Rieß, Paul, der Antrag des Herrn Baron, | s.: Glaser's, Conr., Theater-Bibliothek.
— eine nette Bescheerung,
— einmal u. nicht wieder!

Rieß, Paul, in flagranti ertappt, s.: Teich's Vereinstheater.

Riess, Peter Theophil

Riess, Pet. Theoph., **Abhandlungen zu der Lehre von der Reibungselektricität.** gr. 8. (VI und 394 S. mit 1 lithogr. Fig.-Taf. in 4.) Berlin 867, A. Hirschwald.

Riess, Pet. Theophil, **Abhandlungen zu der Lehre von der Reibungselektricität.** 2. (Schluss-)Bd. gr. 8. (IV, 195 S. mit 1 lithogr. Fig.-Taf.) Berlin 879, Hirschwald. 5 —
1. Bd. Ebendas. 1867. *ℳ 8.

— Zur Bestimmung der magnetischen Inklination eines Ortes.

Riess, P., Ueber Doppel-Influenz und die Theorie der Elektrophor-Maschinen. (Auszug aus dem Monatsber. der Kön. Akad. der Wissensch. zu Berlin, 4. April 1867.)

— P[eter]. Die Lehre von der Elektricität. (Repert. der Physik. Bd. II u. VI.) Berlin 1838, 1842.

Riess, Peter Theoph., die Lehre von der Reibungselektricität. 2 Bde. gr. 8. (XVI und 1108 S. mit 12 Kpfrt. in qu. Fol.) Berlin 853, A. Hirschwald.

Riess, Petr. Theoph.: De telluris magnetismi mutationibus et diurnis et menstruis. Berolini 1831. (61 S.) 4°
Berlin. Phil. Diss. v. 28. Mai 1831

Riess, P. und Rose, G.: Ueber die Pyroëlektricität der Mineralien. (Aus den Abhandlungen der Akad. der Wiss. zu Berlin.) Berlin 1843. 4°

Rieß, P., s. Repertorium der Physik.

Riess, P., über die elektrischen Ringfiguren. gr. 4. (33 S.) Berlin 861, (Dümmler's Verlagsh.)
Aus: Abhandlungen der k. Akademie der Wissenschaften zu Berlin, Jahrg. 1861, besonders abgedruckt.

Riess, Peter, und Moser, Ludwig, Ueber die tägliche Veränderung der magnetischen Kraft und weitere Ausführung der Poisson'schen Methode, die Intensität des Erd-Magnetismus zu messen. (Aus: Annalen der Physik, B. 95, St. 2, J. 1830, St. 6.)

Riess, P., Ueber die elektrische Vermögenskraft und das elektrische Erwärmungs-Vermögen der Metalle. (Aus Poggendorff's Annal., Bd. XXXXV, 1838, No. 9.)

Riess, Richard von

Riess, Rich. von. Atlas historique et géographique de la Bible. 10 cartes coloriées. 2. éd. augmentée avec un vocabulaire donnant en français les mots allemands des cartes. Fol. (VIII S.) Freiburg i. Br. 892, Herder. * 5 —; geb. * 6 —

Atlas scripturae sacrae. 10 tabulae geogr. cum indice locorum scripturae sacrae vulgatae editionis, scriptorum ecclesiast. et ethnicorum auctore Dre Ricardo de **Riess.** Ed. 2. recogn. et collata, passim em. et aucta... studio Dris Caroli Rueckert, prof. Friburgi Br.: Herder 1906. (VI, 20 S., 10 Karten.) 4° [c6. 816

Rieß, Richard von, Bibel-Atlas in 10 Karten nebst geographischem Index. Zweite, in typographischem Farbendruck neu hergestellte und erweiterte Auflage. Freiburg, Herder, 1887, Folio, VIII u. 32 S. Text u. 10 Karten. 5 Mk.

Titel der 1. Auflage: Die Länder der heil. Schrift. Historisch-geographischer Bibelatlas als Hilfsmittel zum Verständnis der hl. Schrift und der Bibl. Geschichte. Zugleich mit Rücksicht auf die heutigen geogr. Verhältnisse Palästinas, der Sinai-Halbinsel und der Ruinenfelder von Assyrien und Babylon. Nach den neuesten und besten Hilfsquellen dargestellt.

Riess, R., biblische Geographie. Vollständiges biblisch-geograph. Verzeichniss als Wegweiser zum erläut. Verständniss der heil. Schriften alten u. neuen Testaments unter Zugrundelegg. d. bibl. Textes, besond. Berücksicht. der Vulgata u. m. Bezug auf die f. bibl. Geographie wicht. Schriftsteller d. Alterthums. Beigabe zum Bibel-Atlas d. Verf. Fol. (100 S.) Freiburg i. B. 872. Herder. n. 3. 60

Riess, Rich., die Länder der heiligen Schrift. Historisch-geographischer Bibel-Atlas als Hilfsmittel zum Verständniss der heil. Schrift und der bibl. Geschichte, zugleich mit Rücksicht auf die heutigen geograph. Verhältnisse Palästina's, der Sinai-Halbinsel und der Ruinenfelder von Assyrien und Babylon. Nach den besten und neuesten Hülfsquellen dargestellt in 7 (lithogr. und ill.) Karten. Fol. Freiburg im Br. 864, Herder'sche Verlagsh. In Mappe.

Riess, Rich., die Länder der heiligen Schrift. Historisch-geograph. Bibel-Atlas, als Hilfsmittel zum Verständniss der heiligen Schrift u. der bibl. Geschichte. Zugleich mit Rücksicht auf die heutigen geographischen Verhältnisse Palästina's, der Sinai-Halbinsel u. der Ruinenfelder von Assyrien u. Babylon. Nach den besten u. neuesten Hilfsquellen dargestellt in 7 (lith., z. Thl. color.) Karten. (Neue Aufl.) gr. Fol. Freiburg i/Br. 882. Herder. In Mappe. n. 2. 40

—— the Lands of Holy Scripture. A geographical and historical atlas of the Bible, intended to serve as an aid to the better understanding of the sacred text and of biblical history. Consisting of 7 (lithogr. and color.) maps, arranged according to the latest and most reliable authorities. Fol. (IV S.) Ebendas 880. In Mappe *

— Uhus Nachtlieder. (49 S.) 8. Ebd. 910. In Pappbd. 1. 50

Riesz, Rich., die Städtegründerin. Ein Akt. (53 S.) 8. Straßburg 910. J. Singer. 1. —

Rieß, Richard von, Wandkarte von Palästina. Im Anschluß zunächst an die Biblische Geschichte von Schuster und Mey. Lithographischer Farbendruck. Maßstab 1: 314 000. Mit einem Nebenkärtchen der sinaitischen Halbinsel u. Kanaans. Maßstab 1: 1 850 000. Größe mit Papierrand 82 1/2: 113 cm. Roh in 2 Blättern mit Umschlag 3,60 Mk.; aufgezogen auf Leinwand in Mappe 6,60; mit 2 schwarz polierten Halbstäben 7,60 Mk.; mit 2 schwarz polierten Rundstäben mit bester Rouleaux-Vorrichtung 8 Mk.

—— Wandkarte v. Palästina. 1: 314,000. Mit e. Nebenkärtchen der Sinait. Halbinsel u. Kanaans. 1: 850,000. 2 Blatt. 1. Aufl., u. 2. verb. Aufl. Farbendr. u. kolor. à 54,5×80 cm. Ebd. 889,92. 3 60
Auf Leinw. in Mappe * 6 60; m. Halbstäben * 7 60
Mit Rundstäben * 8 —

Rieß, Stephan Jakob (Nürnberg), De ecclesiis filialibus, earumque juribus. Diss. inaug. Nürnberg (H. Meyer) 23. VI. 1701. 52 S. (4.75) 28877
Gew.: Carl Gottlieb Fürer, Joh. Carl Schlüßelfelder, Ferdinand Sigismund Kreß, Wolfgang Jakob Nützel, Joh. Friedrich Löffelholz.

Riess, W. L., s. Ries

Riessberger, Alfr., s.: Haushaltungs-Buchführung, die, in einfacher, übersichtlicher Darstellung.

Riessen, *Peter:* Ein ungedrucktes Rechenbuch aus dem Jahre 1676. (Th. 1.) Glückstadt, Druck v. J. J. Augustin, 1893; 26 S. 4.
Glückstadt, k. G, OP 1893 (280)

Riessen, *Peter:* Ein ungedrucktes Rechenbuch aus dem Jahre 1676. '(Schlufs [d. P-Beil. 1893].)' Glückstadt, Druck v. J. J. Augustin, 1894; 24 S. 4.
Glückstadt, k. G, OP 1894 (279)

Riessen, P[eter]: Überblick und Kritik der Versuche, Zahlenausdrücke für die grössere oder geringere Küstenentwickelung eines Landes oder Kontinentes zu finden. *Minden i. W. 1898: J. C. C. Bruns.* (15 S. mit Taf.) 4° [F.]
Minden, k. Ev. G u. RG, OP 1898 (374)

Rießer, Gabriel, s. Lehmann, Emil.

Riesser. Neuere Lagerhaus- und Warrant-Gesetze (Abdruck aus der «Zeitschrift für Handelsrecht». Band 40. 1892.)

Rießer, Hottner, Hauber u. Bacher, vier Predigten an d. Gedächtnißfeyer des zweihundertjährigen Jubiläums d. Herren u. Bürger in München. Münch. Giel.

Riesser, G., Festrede zum 100jährigen Geburtstage Schiller's. 1. u. 2. Aufl. Hamburg 859. O. Meißner. gr. 8. (19 S.) n. 5 *ngr.*

Riesser, Gabriel

Riesser, Gabr., kritische Beleuchtung der in d. J. 1831 u. 1832 in Deutschland vorgekomm. ständ. Verhandlungen üb. d. Emancipation der Juden. gr. 8. (14 B.) Altona 833, Hammerich.
Aus d. Zeitschr. „der Jude" besond. abgedruckt.

Rießer, Gabr., Bemerkungen üb. die zweite Schrift des Hrn. Geh. Ober-Reg.-Raths Streckfuß üb. d. Verhältniß der Juden zu den christl. Staaten. gr. 8. (3 1/4 B.) Berlin 844, Veit u. Comp.

— Besorgnisse u. Hoffnungen für die künftige Stellung der Juden in Preußen. gr. 8. Hamburg 842, Berendsohn. n. 1/3 rf.

—— Betrachtungen üb. d. Verhältnisse d. jüd. Unterthanen d. Preuß. Monarchie. 8. (31 B.) Altona 834, Hammerich.
Aus d. Zeitschr. „der Jude" mit einigen Zusätzen besond. abgedruckt.

—— Börne u. die Juden. Ein Wort d. Erwiederung auf d. Flugschr. d. Hrn. D. Ed. Meyer gegen Börne. gr. 8. (2 B.) Altenburg 832. (Altona, Hammerich.)

— jüdische Briefe. Zur Abwehr und zur Verständigung. 16 Hft. 8. Berlin 840. Veit u. Comp. 2/3 rf.

Rieſſer, Gabr., jüdiſche Briefe. Zur Abwehr u. zur Verſtändigung. 2. Heft. gr. 8. Berlin 842, Veit u. Comp. (à) 2/3 ₰

— ſ. 1) Jude, der, periodiſche Blätter. 2) Jude, der, ein Journal.

Rieſſer, G., Rechenſchafts-Bericht an meine Wähler zur Deutſchen National-Verſammlung. gr. 8. (46 S.) Bonn 849, Henry & Cohen. 6 ngl

– (Vorr.), s. Salvador, J.: Geschichte der Mosaischen Institutionen ...

Rießer, Schlußrede über den Welckerschen Antrag. Gehalten in der 190. Sitzung der verfassunggebenden Reichs-Versammlung zu Frankfurt a. M. nebst dem Resultate der namentlichen Abstimmung über den Antrag des Verfassungs-Ausschusses. Frankfurt a. M., 1849. 48 S. 8º.

Rieſſer's, Gabr., geſammelte Schriften. Hrsg. im Auftrag des Comité der Rieſſer-Stiftung von M. Isler. 4 Bde. gr. 8. (XII, 663; 683; 697; 811 S.) Frankfurt a. M. 867,68, Verlag der Rieſſer-Stiftung. [Schwelm.] (*ℳ 18.) *

—— über d. Stellung der Bekenner d. Moſaiſchen Glaubens in Deutſchland. An die Deutſchen aller Confeſſionen. 2. Aufl. gr. 8. (5 B.) Altona 831, (Hammerich.)

— Unterſuchung der Frage, ob die Kurheſſiſchen Kapitalſchuldner durch d. ihnen in Napoleon's Auftrage ertheilte Quittung von ihrer Schuld befreit worden. Mit beſonderer Berückſichtigung der Schrift: Napoleon und die Kurheſſ. Kapitalſchuldner von F. C. Schweikart, Königsberg 833. gr. 8. Ebd. 837. 1 1/8 ₰

—— Unterſuchung d. Frage, ob d. kurheſſ. Kapitalſchuldner durch die ihnen in Napoleon's Auftrage ertheilte Quittung von ihrer Schuld befreit worden. gr. 8. (16 1/2 B.) Frankfurt a. M. 837. [Leipzig, Kerſten.]

Riesser, Dr. jur. Gabr. (Jude, geb. 1806 zu Hamburg). Vertheidigung der bürgerlichen Gleichstellung gegen die Einwürfe des Hrn. Dr. *H. E. G. Paulus*. Den gesetzgebenden Versammlungen Deutschlands gewidmet. Altona, J. F. Hammerich, 1831. 8º. 95 S. Gering papierfleckig. Cart.º)

—— einige Worte üb. Leſſing's Denkmal, an d. Iſraeliten Deutſchlands gerichtet. gr. 8. (2 B.) Frankfurt a. M. 838, (Schmerber'ſche Buchh.)

Riesser, Gabr., einige Worte über Lessing's Denkmal. Frankfurt a/M. 1838. Mit einer Widmung an Berth. Auerbach neu hrsg. von J. Riesser. gr. 8. (31 S.) Frankfurt a/M. 881. Mahlau & Waldschmidt. n. — 60

Riesser, Hans E., Referendar: Die Aufenthaltsbeschränkungen bestrafter Personen nach Deutschem Reichs- und Preußischem Landesrecht. Eine dogmat.-staatsrechtl. Untersuchung. Berlin 1910: Marschner. XII, 58 S. 8º
Jena, Jur. Diss. v. 29. April 1910, Ref. Niedner
[Geb. 17. Sept. 87 Frankfurt a. M.; Wohnort: Spandau; Staatsangeh.: Preußen; Vorbildung: Kaiser-Friedrich-Schule Charlottenburg Reife O. 06; Studium: Oxford 2, München 1, Berlin 4 S.; Rig. 12. März 10.] [U 10. 2263

Rießer, J., Handelsrechts-Practicum. Zum Selbſtſtudium, ſowie zum academ. Gebrauche. 8. (XII, 160 S.) Freiburg i/Br. 885. Mohr. geb. n. 3. 60

— Handelsrechts-Practicum. Zum Selbſtſtudium u. zum academ. Gebrauche. 2., verm. u. verb. Aufl. 12. (XVI, 180 S.) Freiburg i/B. 893. J. C. B. Mohr. n. 3. —; geb. n.n. 4. —

Zur Aufsichtsratsfrage. Von Dr. [Jakob] **Rießer,** Bankdir. zu Berlin. *Berlin: O. Liebmann 1903.* (S. 293-326.) 8º
Aus: Festgabe d. Jurist. Gesellsch. zu Berlin z. 50jähr. Dienstjubiläum d. Wirkl. Geh.R. Dr. Richard Koch. [03. 15435

Riesser, Jak. (Hrsg.), s. Bank-Archiv.

Rieſſer, d. Bankdepotgeſetz v. 5. VII. 1896. Aus d. Praxis f. d. Praxis insbeſ. d. Handelsſtandes erläutert. gr. 8. (VIII, 74 S.) Berlin 897. O. Liebmann. Geb. n. 2. —

— **das Bankdepotgeſetz** (Geſetz, betr. die Pflichten der Kaufleute bei Aufbewahrung fremder Wertpapiere, vom 5. VII. 1896). Für die Praxis erläutert. 2., völlig umgearb. Aufl. (X, 128 S.) 8. Ebd. 906. n. 3. —; geb. n. 3. 60

Riesser, (Jakob), Bemerkungen zum „Vorläufigen Entwurf e. deutschen Scheckgesetzes" unter besond. Berücksicht. der Herbeiführg. e. einheitlichen Scheck-Rechts in Deutschland, Oesterreich u. Ungarn. (84 S.) gr. 8. Berlin 908. J. Guttentag. 1. 50

Rießer, J., der Einfluß handelsrechtlicher Ideen auf den Entwurf e. bürgerlichen Geſetzbuchs f. das Deutſche Reich. gr. 8. (84 S.) Stuttgart 894. F. Enke. n. 2. —

Zur Entwicklungsgeschichte der deutschen Großbanken mit besond. Rücks. auf d. Konzentrationsbestrebungen. Vorträge geh. in d. Vereinigung f. staatswiss. Fortbildung zu Berlin von Dr. [Jakob] **Rießer,** Geh. Justizrat. Jena: G. Fischer 1905. (X, 284 S.) 8º [05. 11989

— **zur Entwicklungsgeschichte der deutschen Grossbanken m. besond. Rücksicht auf die Konzentrationsbestrebungen. 2., verm. u. verb. Aufl. (XII, 325 S.) gr. 8. Jena 906. G. Fischer. n. 7. —; geb. n. 8. —**
1. Aufl. (X, 284 S.) 905. n. 7. —; geb. n. 8. —

L. Goldschmidt. Gedächtnissrede, geh. in d. jur. Gesellschaft zu Berlin am 13. Nov. 1897 v. Justizr. Dr. [Jacob] **Riesser.** Nebst 1 Bildn. Goldschmidts. *Berlin: O. Liebmann 1897.* (58 S., 1 Portr.) 1 Bd 8. [98. 3006

— die deutschen Grossbanken u. ihre Konzentration im Zusammenhange m. der Entwicklung der Gesamtwirtschaft in Deutschland. 3. völlig umgearb. u. stark verm. Aufl. (XV, 715 S. m. 1 farb. Karte.) Lex. 8. Jena 910. G. Fischer. 15. —; geb. 16. 50

Riesser, J. Grundgedanken in den codificierten Handelsrechten aller Länder. gr. 8. (58 S.) Stuttg. 892, Enke. * 1 60

— Grundgedanken in den codificierten Handelsrechten aller Länder. gr. 8. (58 S.) Ebd. 894. n 1. 60

Rießer, (Jakob), ſ.: **Kommentar zum Börſengeſetz.**

– Finanzielle Kriegsbereitschaft u. Kriegsführung. (V. 104 S.) gr. 8. Jena 909. G. Fischer. 2. 40

— **zur Kritik d. Geſetzentwürfe betr. d. Hypothekenbankweſen u. d. gemeinſamen Rechte der Beſitzer v. Schuldverſchreibungen,** ſ. a. Zeitſchrift f. d. geſ. Handelsrecht.

[J.] Zur Kritik der Gesetzentwürfe betreffend das Hypothekenbankwesen u. d. gemeinsamen Rechte d. Besitzer v. Schuldverschreibgn v. Justizr. Dr. [Jacob] **Riesser** (Berlin). *Stuttgart: F. Enke 1898.* (VI, 106 S.) 1 Bd 8.
= Zeitschrift f. d. gesammte Handelsrecht. Bd 47. Beilageh. [98. 10800

Rieſſer, die handelsrechtlichen Lieferungsgeſchäfte. Eine Kritik der Rechtſprechg. des Reichsgerichts. gr. 8. (84 S.) Berlin 900. O. Liebmann. n. 1. 50

— die Neuerungen im deutſchen Aktienrecht, nebſt Entwürfen f. neue Statuten u. f. Statuten-Aenderungen. Mit Rückſicht auf den prakt. Gebrauch, insbeſondere des Handelsſtandes dargeſtellt u. erläutert. gr. 8. (XIV, 217 S.) Ebd. 899. n. 4. 50

— die Nothwendigkeit e. Revision des Börsengesetzes, s.a. Zeitfragen, volkswirthschaftliche. 185. 186.

Die Nothwendigkeit einer Revision des Börsengesetzes vom 22. Juni 1896. Vortrag geh. in Berlin 1901 von Dr. [Jakob] **Riesser** (Berlin). *Berlin: L. Simion 1901.* (64 S.) 8°
— Zeitfragen, Volkswirtschaftliche. H. 185/186. [01. 1831

Reden des Vorsitzenden im Präsidium des Hansa-Bundes für Gewerbe, Handel und Industrie, Geh. Just.R. Prof. Dr. [Jakob] Riesser, geh. 1909/10 in d. Versammlungen zu Cöln, Stettin, Mannheim ... (Nach d. stenogr. Niederschrift.) (Berlin [1910]: Scharnke.) 123 S. 8°
[10. 15297 6

Rießer, J., zur Revision d. Handelsgesetzbuchs, s.a. Zeitschrift f. das gesammte Handelsrecht, Beilageheft zum 33. u. 35. Bd.

Rießer, J.: Zur Revision des Handelsgesetzbuchs. Abth. 1. 2. Stuttgart 1887. 89.
Beih. zu 33. 35)
(Zeitschrift f. d. ges. Handelsrecht hrsg. von Goldschmidt. Beih. zu Bd 33. 35.)

Rießer, J., Scheckverkehr und Scheckrecht. Vortrag, gehalten in der 1. Generalversammlung des Mitteleuropäischen Wirtschaftsvereins in Deutschland am 27. Mai 1907 zu Dresden. Berlin, 1907. 12 S.

— Stand u. Aussichten der Börsengesetzreform, s.a. Zeitfragen, volkswirtschaftliche.

Stand und Aussichten der Börsengesetzreform. Referat erstattet auf d. 3. Allgem. Deutschen Bankiertage zu Hamburg 1907. Von Dr. [Jakob] **Riesser**. Berlin: L. Simion Nf. 1907. (42 S.) 8°
Aus: Verhandlungen d. 3. allgem. deutschen Bankiertages.
— Zeitfragen, Volkswirtschaftliche. H. 229. [07. 18201 3

Riesser, Jul., s. Riesser, Jakob

Riesser, L. J., Sendschreiben an meine Glaubensgenossen in Hamburg, oder eine Abhandl. über d. Israelit. Cultus. gr. 8. Altona. (Leipzig, Schmidt in Comm.) 819.

— — dasselbe mit hebräischer Schrift gedruckt. gr. 8. Ebend. (Ebend.) 819.

Riesser, Otto, a. Frankfurt a. M.: Zur Kenntnis der optischen Isomeren des Arginins und des Ornithins. Straßburg 1906: K. J. Trübner. (54 S.) 8°
Heidelberg, Naturw.-math. Fak., Ref. Curtius, Diss. v. 20. Okt. 1906
[Geb. 9. Juli 82 Frankfurt a. M.; Wohnort: Berlin; Staatsangeh.: Preußen; Vorbildung: Französ. Gymn. Berlin Reife M. 00; Studium: Heidelberg 3, Berlin 3, Heidelberg 5 S.; Rig. 2. Aug. 06.]

Riesser's, Gabr., Leben, s. Isler, M.

Riessler, Paul, Dr.: Das Buch Daniel. Textkritische Untersuchung. *Stuttgart & Wien: J. Roth 1899.* (56 S.) 8° ¶(Enth. d. Prolegomena zu einer gröss. Abh. über d. Komposition d. Buches Daniel.)
Tübingen, Phil. Diss. v. [20. Jan.] 1898
(Nicht für den Austausch)

Riessler, Paul, d. Buch Daniel. Textkrit. Untersuchg. gr. 8. (VII, 56 S.) Stuttgart 899. München, J. Roth. n. 2.—

— dasselbe, s.a. Commentar, kurzgefasster wissenschaftlicher, zu den hl. Schriften des Alten Testam.

Ⓢ **Riessler**, P., das Buch Daniel. 899. (KBL 32.) Jetzt: Mergentheim, C. Ohlinger.

— s.: Quartalschrift, theologische.

— Wo lag das Paradies?, s.a. Broschüren, Frankfurter zeitgemäße. 27, XII.

Wo lag das Paradies? Von Dr. P[aul] **Rießler**, Univ.Prof. Hamm (Westf.): Breer & Thiemann 1908. (24 S.) 8° [Umschlagt. F.]
— Broschüren, Frankfurter Zeitgemässe. Bd 27, H. 12. [08. 17049

Riester, Emil, Frithjof. Eine dramat. Dichtg. in Bildern. (VI, 182 S.) 8. Dresden 906. E. Pierson. n. 2. 50

Riester, Emil. Schattierte Ornamente. Fol. Karlsruhe 887. Fulda u. Lpz., Arnd. * 15 —

Riester, Emil, schattierte Ornamente. Vorlage für den Freihandzeichenunterricht. Nach Orig.-Modellen gezeichnet. Fol. (20 Lichtdr.-Taf.) Karlsruhe 887, J. Bielefeld's Verlag. In Mappe

Riester, Emil, schattierte Ornamente. Vorlagen f. d. Freihandzeichenunterricht. Nach Orig.-Modellen gezeichnet. 20 Taf. in Lichtdr. 2. Aufl. gr. Fol. Leipzig 897. J. J. Arnd. In Mappe n. 16. —

— moderner Schmuck u. Ziergeräte nach Pflanzen- u. Tierformen. 10 Lfgn. Fol. (à 2 farb. Taf.) Pforzheim 897. 98. E. Haug. à Lfg. n. 4. —

Riester, Jos., im Verkehr m. der Eisenbahn. 9. verb. u. verm. Aufl. (VIII, 208 S.) gr. 8. Bonndorf (910). Spachholz & Ehrath. Geb. in Leinw. 2. 50

Riester, K., Trauerrede, s. Hauber, Mich.

Riesterer, Martin, Kraftvoller Nachruf von des Hagenschießes waldumkränzten Höhen über die Hauptquellen des Pietismus unserer Zeit; aufgeweckt durch einen im Jänner 1831 geschehenen Notschrei der 7 neuen Glaubensprediger in den Landdiöcesen Karlsruhe rc. Nebst einer Abhandlung über den Religionsindifferentismus unserer Zeit. Karlsruhe u. Baden, Marx, 1831, 8°, 127 S.
Recens. Bonner Ztschr. f. Phil. u. k. Theol. 1832, Heft 1 S. 185—7. Verf. deckt die Quellen der im nördl. Baden verbreiteten pietistischen Schwärmerei auf, als deren vornehmste er die einseitige Auffassung u. Urgierung einzelner Glaubenswahrheiten hinstellt, z. B. der Lehre von dem Erlöser u. der Erlösung u. der daraus resultierenden Rechtfertigung u. Heiligung für uns.

Riesz, Alfred, Assistent am chemischen Laboratorium der Albertina: Beitrag zur Kenntnis der Tetraphenylenbernsteinsäure. Königsberg i. Pr. 1906: H. Jaeger. (23 S.) 8°
Königsberg, Phil. Fak., Ref. Klinger, Diss. v. 14. Aug. 1906
[Geb. 20. Mai 83 Biala, Österreich; Wohnort: Königsberg i. Pr.; Staatsangeh.: Ungarn; Vorbildung: Gymn. Bielitz, Österr.-Schles., Einj.-Freiw.-Zeugn. d. Prüfungs-Kommiss. zu Krakau; Studium: Jena 1, Königsberg 6 S.; Rig. 31. Juli 06.]

van der Riet, Berthault de St. *Jean* [Fellow of the Univ. of the Cape of Good Hope, aus Swellendam, Kap-Kolonie]: Zur Kenntniss der Dichlorbernsteinsäuren und ihrer Derivate ... Halle a. S., Hofbuchdr. v. C. A. Kaemmerer & C., 1893; 33 S., 1 Bl. 8.
Halle, Phil. Fak., Inaug.-Diss. v. [21. Okt.] 1893

Rietberg, Heini, Wintergarten-Ball, s.a. Geschichten, intime.

Wintergarten-Ball. Ein Großstadtbild von Heini Rietberg. *Berlin: Berliner Roman-Verl. [1904].* (64 S.) 8° [F.]
— Geschichten, Intime. 10. [04. 7141

Methodisch geordnete Sammlung von Aufgaben für das kaufmännische Rechnen von P[aul] **Rietdorf**, Rektor in Berlin. *Berlin: L. Oehmigke 1902.* (64 S.) 8° [F.] [03. 3363

Rietdorf, P., methodisch geordnete Sammlung v. Aufgaben f. das kaufmännische Rechnen. 5. Aufl. (64 S.) gr. 8. Berlin 906. L. Oehmigke's Verl. n. — 60; Resultate. (38 S.) 902. n. 1. —

Rietdorf, P., methodisch geordnete Sammlung v. Aufgaben f. das kaufmännische Rechnen nebst Musterbeispielen. 7. verm. u. verb. Aufl. (86 S.) 8. Berlin 908. L. Oehmigke's Verl. — 80

Rieter, der Familie, Reisebuch, s.: Bibliothek d. litterar. Vereins in Stuttgart. 168.

Rieter, Anna, 103 Recepte englischer Puddings u. Cakes. Leichtfassl. Anleitg. f. die deutsche Küche. 2. Aufl. 8. (49 S.) Zürich 895. Art. Institut Orell Füssli, Verl. n. 1. —

Rieter, Anna. 103 Rezepte Englischer Pudding's und Cakes. Leichtfassliche Anleitung für die deutsche Küche. 3. Aufl. 49 S. 8. Zürich, Orell Füssli, [1907]. [fr. 1.20]

R(ieter), F. Kurzer Abriss des deutsch-französ. Krieges 1870—1871. (IV. 79) 8. Frauenfeld 1871. 0.80.

Rieter, F[riedrich]. Wanderungen durch Afrika. Vortrag..., gehalten auf Veranlassung der Gemeinnützigen Gesellschaft Enge. 8. Zürich 1881.

Rieter, F., Wanderungen durch Afrika. Vortrag, gehalten auf Veranlassung der gemeinnütz. Gesellschaft Enge. gr. 8. (53 S.) Zürich 881, (Orell, Füssli und Comp.)

Rieter, H.: Administrativ-Bericht für die Wiener-Weltausstellung von 1873.

(Rieter, [Heinrich].) ...das Leben und die Charakteristik (Johann) Ludwig Aberli's von Winterthur (1723–1786. Nach der Biographie Aberlis von Herrn R'...). [Mit 1 Porträt und 1 Tafel.] Njbl. Künstlerges. Zürich 1817. 4. [Zürich.]

[**Rieter, Jacob.** Danske nationale Klaededragter. Danische National Kleidertrachten. Kiobenhavn faaes i Commission i Rothes Boghandling ... 1805.]
Zwei unvollständige Exemplare mit danischen u deutschen Unterschriften 4°
I. Exemplar: 61 Taf. in kol. Kupferst
II. Exemplar: 57 Taf. in Kupferst.
In Exemplar I 12 Taf. nicht mit II übereinstimmend. In Exemplar II 6 Taf. nicht mit I übereinstimmend.
Anzahl der Taf. einer vollständigen Folge unbestimmt. Die Univ. Bibl. in Kopenhagen besitzt ein Exemplar mit 72 Taf.
Zeichner: J. Senn
Abb. 66

S. auch Kaa 25 **Porter.** Travelling sketches in Russia and Sweden 1809

[**J. Rieter:** 17 Blatt Kleidertrachten aus Schleswig-Holstein. Kolor. Kupferst. Aus dessen: Danske nationale Klædedragter etc. Kjøbenhavn. 1806]. 4°

Katalog des Musikalien-Verlages nebst Schriften über Musik, Textbücher, Portraits von J. **Rieter-Biedermann** in Leipzig. Vollst. bis Ende 1896 ... [Nebst] Nachtragsliste [u.] Nachtrag. *(Leipzig: J. Rieter-Biedermann 1897–1900.)* 3 Bde 8°
Katalog (1897). Nachtragsliste (1900).
Nachtrag system. geordn. (Jan. 1897 Dec. 1899) (1900). [... 4279 4

Rieter-Fenner, H., Baumwollgespinnste und Baumwollgewebe, s. Weltausstellung, internationale, 1878 in Paris.

Rieth [Schlagwort]

Rieth, s.: Geologische Karten (Preussen).

Rieth, s.: Preussen. Messtischblätter.

Rieth [Verfasser]

Rieth. Praktische Mineralogie zum Selbststudium. Ilmenau 1828. 8.

Rieth, s.: Repertorium der technischen Journal-Litteratur.

Rieth, A., noch eine Stimme für das gute Recht der evangelisch-lutherischen Kirche in unserem Sachsen-Weimar-Eisenachischen Vaterland. Jena 870. Fr. Frommann. gr. 8. (8 S.) n. 1 *ngr.*

Rieth, Adolf, a. Eisenach: Irresein aus Zwangsvorstellungen. Heidelberg 1908: J. Hörning. (36 S.) 8°
Jena, Med. Fak., Ref. Binswanger, Diss. v. 10. Juni 1908
[Geb. 13. März 81 Eisenach; Wohnort: Jena; Staatsangeh.: Sachsen-Weimar; Vorbildung: Carl-Friedrichs-Gymn. Eisenach Reife O. 02; Studium: Jena 6, Berlin 1, Jena 3 S.; Coll. 2. Dez. 07; Approb. 10. Juni 08.]

Rieth, August, appr. Arzt: Puerperale Mortalität und Morbidität in ihrer Abhängigkeit von Geburtsleitung und Wochenbettdiätetik. Freiburg i. B. 1908: Kuttruff. 29 S. 8°
Freiburg i. B., Med. Diss. v. 1908, Ref. Krönig
[Geb. 10. Dez. 77 St. Martin (Pfalz); Wohnort: Freiburg i. B.; Staatsangeh.: Bayern; Vorbildung: Gymn. Neustadt a. H. Reife Juli 98; Studium: Freiburg i. B. 6, München 3, Freiburg i. B. 5 S.; Coll. 23. Juli 08; Approb. 2.. März 08.] [U 09. 967

Rieth, C., San Remo, e. deutsche Winterkolonie, s.: Koerner, R.

Rieth, F., der Interessen-Rechner, Interessen-Tabellen zu 1/3, 1/2, 1, 2, 3, 3½, 4, 4½, und 5 pCt. auf 1 Jahr, 1—11 Monate, 1—15 Tage in der Währung des Vierzehnthalerfußes. 4. (112 lithogr. S.) Weimar 856, Kühn.

Rieth, F., der Interessen-Rechner. Interessen-Tabellen zu 1/3, 1/2, 1, 2, 3, 3½, 4, 4½, u. 5 pCt. auf 1 Jahr, 1—11 Monate, 1—15 Tage in der Währung des Vierzehnthalerfußes. Weimar (857.) Kühn. 4. (112 lith. S.) n. 10 *ngr.*

Rieth, Frz., praktische Fälle aus dem Erb- u. Pflichttheilrecht nach dem neuen bürgerl. Recht. 8. (44 S.) Nürnberg 900. F. Korn. Kart. n. 1. —

Rieth, Frz., Kasuistik des Erbrechtes u. Pflichtteilsrechtes. (61 S.) 8. Leipzig 907. Dieterich. 2. —

Rieth, Frz., Skizzen u. praktische Fälle bezüglich des Erb- u. Pflichttheilsrechtes, sowie des ehelichen Güterrechtes. (44 S.) gr. 8. Nürnberg (904). (Fürth, G. Rosenberg.) n. 1. —

Rieth, Hermann [app. Arzt]: Über die Pentalnarkose ... (Aus: Beitr. z. klin. Chir., Bd. X Heft 1.) Tübingen: H. Laupp'sche Buchh. 1893. 2 Bl., 19 S. 8°
Tübingen, Med. Fak., Inaug.-Diss. v. 1893.

Rieth, Hugo, Leben u. Wirken des berühmten Straßburger Rectors Johannes Sturm. Eisenach 864. (Baerecke.) gr. 8. (19 S.) n. 2 *ngr.*

Rieth, Hugo, Methode u. Technik der Darbietung d. deutschen u. lateinischen Verbums in Sexta. 2 Thle. gr. 8. Eisenach 872. Jacobi. n.n. — 90
1. Für die Schüler. (27 S.) n.n. — 50
2. Für die Lehrer. (15 S.) n.n. — 40

Rieth, J., Praedicate. Anleitung f. die Kanzel, moderner Anforderg. entsprechend. (IV, 97 S.) 8. Breslau 905. G. P. Aderholz. n. 1. 20

Rieth, J. H. G., prakt. Mineralogie z. Selbststudium. Ein erklär. Verzeichniss mein. oryctognost. u. geognost. Mineralien-Cabinette, nebst e. Charakteristik derjen. einfach gemischt. Fossilien, welche d. gewöhnl. Hauptgemengtheile d. Gebirgsarten ausmachen, u. e. geognost. Beschreib. sämmtl. Gebirgsarten nach ihrer Formations- od. Altersfolge. Nebst 1 gr. Stnt. mit Gebirgsprofilen. gr. 8. (7 B.) Ilmenau 823, [Weimar,] Voigt.

RIETH, Josef: Das gesamte deutsche Bienenrecht in historischer Entwicklung und Gegenwart. - Diessen vor München 1910. VII, 136 S. - Diss. Univ. Heidelberg, Jur. Fak. 1910

Rieth, Karl, Rechtsprakt. a. St. Martin: Das Verbrechen der Vergiftung. Landau 1905: L. Georges. (60 S.) 8°
Würzburg, Jur. Fak., Ref. Oetker, Diss. v. 16. Sept. 1905
[Geb. 14. Febr. 80 St. Martin; Wohnort: St. Martin; Staatsangeh.: Bayern; Vorbildung: Gymn. Landau Reife Juli 99; Studium: Genf 1, Kiel 1, Berlin 1, Würzburg 5 S.; Rig. 26. Juli 05.]

Rieth, Otto, der Akt, s.: Koch, Max.

— Architektur-Skizzen. 120 Handzeichngn. in Autotypie. Fol. (2 S. Text.) Berlin 891. [G. Siemens.] Leipzig, Baumgärtner. Geb. in Leinw. n. 20.—

—— Skizzen. Eine neue Folge architekton. u. decorativer Studien u. Entwürfe. 20 Handzeichngn. in Lichtdr. gr. Fol. (6 S. Text.) Ebd. 892. geb. * 20 —

— Skizzen. Architekton. u. decorative Studien u. Entwürfe. 1.—4. Folge. Leipzig, Baumgärtner. Geb. in Leinw. à n. 20. —
1. (A. u. d. T.: „Architekturskizzen".) 120 Bl. Handzeichngn. in Autotypie. 2., durch Hinzufügg. e. erläut. Inhaltsverzeichnisses ergänzte, im Uebrigen unveränd. Ausg. hoch 4. 896.
2. 30 Bl. Handzeichngn. in Lichtdr. 2., um 10 neue Blatt verm. Ausg. Fol. 896.
3. 30 Bl. Handzeichngn. in Lichtdr. Fol. 896.
4. 30 Bl. Handzeichngn. in Lichtdr., hierunter 4 farb. Fol. (VII S. Text.) 899.

Rieth, Otto, Skizzen. Architekton. u. decorative Studien u. Entwürfe. 1. Folge. 2. abgeänd. u. um 24 Entwürfe verm. Aufl. Enth. 144 Handzeichngn. in Autotyp. auf 72 Blättern. gr. Fol. (VIII S. Text.) Leipzig 901. Baumgärtner. Geb. in Leinw. n. 20.—

Rieth, Otto, Skizzen. Architektonische u. dekorative Studien u. Entwürfe. 2. u. 3. Folge. Je 30 Bl. Handzeichngn. in Lichtdr. 2. neu durchgeseh. Aufl. (V u. VII S. Text.) Fol. Leipzig (904). Baumgärtner. Geb. in Leinw. à n. 20.—

Rieth, R., volumetrische Analyse. Unter Zugrundelegg. der in die Pharmacopoea germanica ed. II aufgenommenen Titriermethoden. Ein Hand- u. Lehrbuch f. Apotheker u. Chemiker. Mit e. Vorwort v. A. Hilger. Mit 27 Fig. 8. (IX, 209 S.) Hamburg 883. Voss. n. 2. 50; geb. n. 3.

Rieth, R., Berichtigungen, s.: Seling, E., Heeres-Organisation.

Rieth, R., die Volumetrie od. chem. Maassanalyse zum Gebrauch im Laboratorium. Mit 30 eingedr. Holzschn. gr. 8. (VIII, 348 S.) Bonn 871. Cohen & Sohn. n. 5. 40

Rieth, Reiner, über das Aribin, eine neue organische Base. Inaugural-Dissertation. gr. 8. (42 S.) Göttingen 861, (Vandenhoeck und Ruprecht's Verlagsh.)

Rieth, Rudolph

Rieth, Rud., Leitfaden zum Unterrichte in der Militär-Administration. Für die k. k. Militär-Akademien u. Kadetenschulen. Im Auftrage des k. k. Reichs-Kriegs-Ministeriums bearb. 2 Lfgn. gr. 8. (X, 212 S. mit 3 Tab.) Wien 882. Seidel & Sohn. n. 4. —

Rieth, Rud., feurige Zungen. Gedichte. (151 S.) 8. Berlin (906). Verlag Continent. n. 2. 50

Rieth, Wilh., amerikanische Geflügelformen, s. a. Aus Theorie u. Praxis der Geflügelzucht.

Amerikanische Geflügelfarmen. Reise-Eindrücke von Wilh[elm] Rieth. Mit 28 Abb. Berlin: Pfenningstorff [1910]. 34 S. 8°
(Aus Theorie u. Praxis d. Geflügelzucht. Jg. 3, H. 2.)

Riethdorff, der Fahrstuhlführer, s.: Generlich.

Riether, Gust., unser Kind. Ein Vormerkbüchlein (Lebensbuch) über das Gedeihen u. die Entwickelg. des Kindes, nebst den wichtigsten Vorschriften üb. Ernährg. u. Pflege hauptsächlich f. das 1. Lebensjahr. 8. (47 S. m. Abb.) Wien 902. A. Hölder. n. 1. —

Riether, Gust., Therapie im Säuglingsalter, s. a. Handbibliothek, medizinische. 10. Bd.

Riether, G., Therapie im Säuglingsalter. [Medizinische Handbibliothek. 10. Bd.] 8°. (143 S.) geb. K 2.80
Wien: Hölder 1904.

Riethmann, Jacob [aus Zürich]: Ueber einen besonderen Fall der Differentialgleichung
$$\frac{d^2x}{dt^2} + x\,(q^2 + 2q_1 \cos 2t + 2q_2 \cos 4t) = 0.$$
Zürich 1903. 27 S. 8°.
Zürich, Phil. Diss. II. S. 1902/1903.

Riethmann, Jacob. Ueber einen besonderen Fall der Differentialgleichung $\frac{d^2x}{dt^2} + x\,\langle q^2 + 2\,q_1 \cos 2\,t + 2\,q_2 \cos 4\,t\rangle = 0$. Diss. Phil. [II.] Univ. Zürich von Jakob Riethmann.... 27 S. 8. Zürich, Meyer & Hendess, 1903.

Riethmüller, F., Rechenbuch f. höhere Mädchenschulen, s.: Hügemeyer, G.

Rieti Cappuccino, Giovanni da, Grammatica teorico-pratica per imparare la lingua romanica. Compilata per uso specialmente dei giovani PP. Missionari della Rezia. (X, 405 S.) 8. Gossau 904. (Chur, J. Rich.) Geb. n. 4. —

Rietmann, A., Barren-Pyramiden. Pyramiden an 3 u. 4 Leitern. qu. 8. (60 lith. Taf.) St. Gallen 897. (Hof, R. Lion.) n. 3. 50

Rietmann, A., Buch der Reigen, s.: Jenny, Wilh.

Rietmann, A., Japanische Fächerpyramiden, St. Gallen 1904, 10 S., Quer-8°.

— Frei-Pyramiden. qu. 8. (25 lith. Taf.) Ebd. 897. n. 2. —

Rietmann, A., Pyramiden. 1. u. 2. Hft. qu. 12. Aarau 891. Hof, R. Lion. n. 3. 50
1. 60 Pyramiden an 1 u. 2 Pferden. (40 Taf.) n. 2. —
2. 40 Pyramiden an 3 u. 4 Pferden. (40 Taf.) n. 1. 50

— 50 Pyramiden an 1 u. an 2 Leitern. qu. 12. (50 Bl.) Ebd. 895. n. 3. —

Rietmann, A., 62, 85, 52 Pyramiden, enthalt. Stuhlpyramiden u. Verbindungen m. Leiter u. Stuhl, St. Gallen, Quer-8°. 3 Bde.

Rietmann, Arnold

Rietmann, A., Reigen und Reigentänze, m. Abb., Leipzig, 8°. 7 Bde.
T. 1: Charakter- u. Waffentänze, 1. u. 2. Aufl.
T. 2: Frei- u. Stabübungsreigen u. Reigentänze, 1., 2., 4. Aufl.
T. 3: Schulen u. Turnvereine, 1. Aufl.
T. 3: Schulen u. Turnvereine, 2. Aufl., durchges. u. erg. v. Heinrich Waessler.

— Reigen u. Reigentänze, enth. 18 Frei- u. Stabübungsreigen u. 21 Reigentänze. (Der „Reigentänze" 2. Tl.) 8. (VIII, 336 S. m. 245 Fig.) Leipzig 895. E. Strauch. Kart. n. 3. 30 (1. u. 2.: n. 6. 10)

— Reigen- u. Reigentänze, enth. 18 Frei- u. Stabübungsreigen u. 23 Reigentänze. (Der „Reigentänze" 2. Tl.) 3. Aufl. (VIII, 338 S. m. 248 Abbildgn.) 8. Leipzig (903). E. Strauch. Geb. n. 3. 30

— Reigen u. Reigentänze, enth. 18 Frei- u. Stabübungsreigen u. 23 Reigentänze. (Der „Reigentänze" 2. Tl.) 4. Aufl. (VI, 338 S. m. 248 Abbildgn.) 8. Leipzig (910). P. Eberhardt. Kart. 3. 90

Rietmann, A., Reigen u. Reigentänze f. Schulen u. Turnvereine. (Der „Reigentänze" 3. Tl.) 8. (VIII, 262 S. m. Fig.) Leipzig (901). E. Strauch. Kart. n. 3. —

— Reigen u. Reigentänze f. Schulen u. Turnvereine. 2. Aufl., durchgesehen u. ergänzt v. Heinr. Waeffler. Mit 138 Abb. u. dem Bildnis A. Rietmanns. (Der „Reigentänze" 3. [Schluß-] Tl.) (VIII, 301 S.) 8. Leipzig (907). E. Strauch. Kart. 3. —

Rietmann, A[rnold]. Zwölf Reigen für das Mädchenturnen. Von A. R' †, Turnlehrer in St. Gallen. Sonder-Ausgabe des « Anhangs » zur dritten Auflage von W[ilhelm] Jenny's « Buch der Reigen ». [Mit Figuren.] 66 S. 8. Hof (a. S., Bayern), Rud. Lion, 1907. [cart. M. 1. 80]

— Reigentänze. 21 Charakter- u. Waffentänze. 12. (VIII, 248 S. m. 284 Fig.) Leipzig 892. E. Strauch. Kart. n. 2. 80

— Reigentänze. 21 Charakter- u. Waffentänze. 2. Aufl. 8. (VIII, 248 S. m. 284 Fig.) Ebd. 895. Kart. n. 2. 80

Rietmann, A.: Reigentänze. 21 Charakter- u. Waffentänze. 4. Aufl. Leipzig um 1900. 248 S.

Rietmann, A[rnold]. Reigentänze. 3 Teile. 8. Leipzig, Eduard Strauch.

[Teil 1:] 21 Charakter- und Waffentänze, zusammengestellt von A. Rietmann, Turnlehrer ⟨St. Gallen⟩. 3. Aufl. [Mit 284 Figuren.] VIII + 248 S. [1901.] (cart. M. 2. 80)
Teil 2 *u. d. T.:* Reigen und Reigentänze, enthaltend 18 Frei- und Stabübungsreigen und 23 Reigentänze, zusammengestellt von A. Rietmann... ⟨Der « Reigentänze » Teil 2.⟩ 2. Aufl. ([Mit 248 Figuren und Musik zum] Lauterbacher Walzer.) X + 338 S. [1899.] ([cart.] M. 3. 30)
Teil 3 *u. d. T.:* Reigen und Reigentänze für Schulen und Turnvereine von A. Rietmann... ⟨Der « Reigentänze » Teil 3.⟩ ([Mit 116 Figuren und der Musik des] Berner-Marsch.) VIII + 264 S. [1901.] [cart. M. 3. —]

Rietmann, A[rnold]. Reigentänze Teil 2. *U. d. T.:* Reigen und Reigentänze enthaltend 18 Frei- und Stabübungsreigen und 23 Reigentänze, zusammengestellt von A. Rietmann, Turnlehrer ⟨St. Gallen⟩. ⟨Der « Reigentänze » Teil 2.⟩ 3. Aufl. Mit 248 Abbildungen ([und Musik zum] Lauterbacher Walzer). VIII + 338 S. 8. Leipzig, Eduard Strauch, [1903]. [geb. M. 3. 30]

Die Berichtigungen *der 2. Aufl. sind eingesetzt; sonst* unverändert. — 2. Aufl. [1899] *s. Bulletin 1902, S. 160:* N 1062

Rietmann, Arnold. Uebungen vorgeführt an der Versammlung schweizer. Turnlehrer in Glarus, den 4. und 5. Oct. 1879. Bern, B. F. Haller. 1879.

Rietmann, Heinrich

Rietmann, H., d' Wasserversorgig. Lustspiel in 1 Akt. (18 u. Musikbeilage 2 S.) 12. Aarau 904. H. R. Sauerländer & Co. n. — 40

Rietmann, H[einrich]. D'Wasserversorgig. Lustspiel in 1 Akt. (Mit einer Musikbeilage.) 2. Aufl. 18 + 2 S. 8. Aarau, H. R. Sauerländer & Co., 1910. [fr. —. 50]

Rietmann, J. U., d. Erschaffung d. Welten, d. Geister u. d. Menschen. Spiritist. Betrachtgn. üb. das Buch Geist, Kraft u. Stoff. Populär bearb. gr. 8. (164 S.) Zürich 897. A. Munk. n.n. 2. 50

Freimaurerische Lebensregeln. [Von J. U. **Rietmann.**] St. Gallen 1871: Kälin.] 8 Bl. 8° [Umschlagtit.]

[Dasselbe.] [Neue unveränd. Aufl. Ohne Angabe d. Druckorts.] 8 Bl. 8°
Franz. Übers. in: Vrt. 3 (1872) S. 90—93 [unvollst.].
cf. Bh. 15 (1872) S. 31.
Tt. 1759. Enth. die Hauptsentenzen der 3 Grade des neuen Rituals von O. Henne-Am-Rhyn.

Rietmann, Johann Jakob

— über Shakspeare's religiöse und ethische Bedeutung. Eine praktische Studie. St. Gallen 853. Huber u. Co. 12. (196 S.) 27 ngr.

Rietmann, J. J., das Evangelium in der Welt. Predigt über Jes. 60. 1—5. Gehalten am Jahresfest des protestantisch-kirchlichen Hülfsvereins zu St. Gallen. (St. Gallen 854. Huber u. Co.) gr. 8. (18 S.) 3 ngr.

Rietmann, J[ohann] J[acob]. Festrede bei Enthüllung des Denkmals auf Peter Scheitlin, Professor, anlässlich des Waisenhaus-Jubiläums zu St. Gallen gehalten von J. J. R', Pfarrer, den 22. Juli 1861. 8. St. Gallen 1861.

Rietmann, J. J., Hieb, od. das alte Leid im neuen Liede. Treu nach dem bibl. Originale bearb. gr. 16. St. Gallen 843, Huber u. Co. In Leinw. geb. n. 2/3 ℛ

Rietmann, J. J., Predigten in Liedern. 16. (160 S.) St. Gallen 851, Scheitlin & Zollikofer. 1/2 ℛ In Engl. Einb. m. Goldschn. n. 3/4 ℛ

Rietmann, J. J., Shakspeare u. seine Bedeutung. Festrede gesprochen an der Shakspearefeier in St. Gallen. St. Gallen 864. Huber & Co. 8. (24 S.) n. 5 ngr.

Rietmann, J. J., socialistische Träume. 8. (XVI und 202 S.) St. Gallen 858, Huber und Comp.

R[ietmann], J[ohannes] U[lrich]. Die Auferstehung und ihre geistige Bedeutung. Von J. U. R. in Z[ürich]. Abermals neu hrg. ⟨und ergänzt durch drei Gedichte⟩ von Cécil Bügel, Hamburg. 1903. 2. Aufl. ⟨3. und 4. Tausend.⟩ 16 S. 8. Bitterfeld und Leipzig, Comm. F. E. Baumann. (M. —. 15)

Rietmann, J[ohannes] U[lrich]. Ueber das Fortleben nach dem Tode. Von J. U. R', Zürich. 4. Aufl. 5.—14. Tausend. Mit Bewilligung des Verfassers hrg. durch Cécil Bügel, Hamburg. 16 S. 8. Bitterfeld, Komm. F. E. Baumann; Leipzig-Kl.-Zschocher, Komm. H. Döring, [1903]. (M. —. 15)

Rietmann, J[ohannes] U[lrich]. Wo ist die Liebe? Von J. U. R', Zürich. Hrg. durch C[écil] Bügel, Altona 1904. II + 16 S. 8. Hamburg, Otto Buchholz. [M. —. 05]

Rietmann, J[ohannes] U[lrich]. Die Zeit der Trübsal. Von J. U. R', Zürich. Hrg. durch C[écil] Bägel, Altona. 32 S. 8. (Bitterfeld, F. E. Baumann,) 1905. [M. —. 10]

(Rietmann, Michael, [und] Dürler, Friedrich [von].) Bericht über die Verheerungen im Kanton Graubündten, dem Central-Comite der Schweizerischen Gemeinnützigen Gesellschaft von den dahin abgeordneten Commissarien vorgelegt im Januar 1835. Erste Abtheilung, betreffend das Oberengadin, Puschlav, Bergell und die Gemeinden längs dem Rhein in der Gegend von Chur. (St. Gallen und Zürich, im Januar 1835.) 4. *o. O.*
[2. Abtheilung] *s.* (Erlach, R[obert] von, [und] Escher von der Linth, A[rnold]) Bericht....

Rietmann, O[thmar]. Wanderungen in Australien und Polynesien. [Mit 2 Karten.] 8. St. Gallen 1868.

Rietmann, O., Wanderungen in Australien u. Polynesien. St. Gallen 868. Scheitlin & Zollikofer. 8. (VII, 299 S. mit 2 chromolith. Karten in Fol.) 1 ℛ 15 ngr.

Rietmann, Ulrich. Orts-Lexikon der Kantone St. Gallen und Appenzell. Hrg. von U' R'.... [Mit 1 Karte. 2 Theile.] 8. St. Gallen 1818.
[Theil 1] *u. d. T.:* O'-L' des Kantons St G'... 1818.
[Theil 2] *u. d. T.:* O'-L' des K' App' beyder Rhoden ... 1819

Rietmann-Schmidt, C., Kriwo Notiz-, Kurz- u. Verkehrs-Schrift, dienend der Post-karten-korrespondenz. gr. 8. (16 S. m. 8 autogr. Taf.) St. Gallen 894. (W. Hausknecht.) n. — 80

Rietphoten, H. W. v. Untersuchungen über die isomeren Aldoxime. In-8°. 38 S. Zürich, Dissertat. 1894.

RIETSCH, F. G.: Abbildungen der wichtigsten deutschen Holzpflanzen nebst beigefügter Beschreibung über Anbau, Benutzung ... derselben. - Prag 1824-1831. 25 H.

Rietsch, F. G., Abbild. d. wichtigsten deutschen Holzpflanzen, nebst beigefügter Beschreib. über Anbau, Benutzung etc. derselben. 25 Hfte. Mit 50 Kpf. Fol. Prag 831. (G. Haase, Söhne). à Heft 8 gr. Velinp. 16 gr.

Rietsch, F. G. — Praktische Gebrauchs-Anweisung zur Verwendung des Getreidesteines (Zeilithoid) bei der Biererzeugung auf kaltem Wege vom Erfinder — —. Wien, 1855. Druck und Papier von Leopold Sommer. (23 S. 8.)

Rietsch, Heinrich

-- Die Grundlagen der Tonkunst, s.a. Aus Natur u. Geisteswelt.

Die Grundlagen der Tonkunst. Versuch e. genet. Darstellung d. allgem. Musiklehre. Von Prof. Dr. Heinrich **Rietsch** in Prag. Leipzig: B. G. Teubner 1907. (138 S.) 8° [F.]
= Hochschulkurse, Prager. Bd 4.
= **Natur**, Aus, u. Geisteswelt. Bdch. 178. [08. 1315

Rietsch, Heinr., Diabellis „Vaterländischer Künstlerverein", s.a. Bericht der Lese- u. Redehalle der deutschen Studenten in Prag.

Rietsch, Heinrich. Diabellis „Vaterländischer Künstlerverein." (S.-A. aus dem 57. Bericht der Lese- und Redehalle der deutschen Studenten in Prag über das Jahr 1905.) Prag 1906.

Rietsch, Heinr., d. Mondsee-Wiener Liederhandschrift, s.: **Mayer, F. Arnold.**

Rietsch, Heinr., die deutsche Liedweise. Ein Stück positiver Aesthetik der Tonkunst. Mit e. Anh.: Lieder u. Bruchstücke aus e. Handschrift des 14/15. Jahrh. (XI, 256 S.) gr. 8. Wien 904. C. Fromme. n. 5. —

Rietsch, Heinr., die Tonkunst in der 2. Hälfte des 19. Jahrh., s.a. Breitkopf & Härtel's Sammlung musikwiss. Arbeiten. 3. Bd.

Die Tonkunst in der zweiten Hälfte des neunzehnten Jahrhunderts. Ein Beitrag z. Gesch. d. musikal. Technik von Heinrich Rietsch, Privatd. in Wien. Mit 126 Notenbeisp. Leipzig: Breitkopf & Härtel 1900. (VIII, 137 S.) 8°
(Sammlung, Breitkopf & Härtels, musikwiss. Arbeiten v. deutschen Hochschulen. Bd 3.)

— die Tonkunst in der 2. Hälfte des 19. Jahrh. Ein Beitrag zur Geschichte der musikal. Technik. 2. durchgeseh. u. verm. Aufl. Mit 135 in den Text gedr. Notenbeispielen. (XII, 192 S.) gr. 8. Leipzig 906. Breitkopf & Härtel. n. 4. —; geb. n. 5. —

Rietsch, J., d. neue Jugendfreund, ein lehrr. Bilderbuch für Kinder. 16. Nürnb. Campe. 805.

— d. nützl. Kinderbuch z. Unterh. und Belehr. d. Jug. m. K. 16. Nrnb. Campe. 805.

RIETSCH, Johann (geb. 1778 in Nürnberg, Schellenmacher, † 10. Jan. 1814), Anekdoten und Gedichte in Nürnberger Mundart. 1811. (Selbstverlag.)
— — 2. Auflage. 1813. (Selbstverlag.)

— — 3. Auflage, titulo: Gedichte in Nernberger Mundart von alten und von junga *(Joh. Ferd.) Rietsch.* Döi von Alten seun in der dritten, döi von junga in der eirsten Afloag. Landshut, Rietsch, 1853. 16°. XVI, 187 S.
So bei Goedeke VII, 558, 78 (1—2 ohne Orts- u. Formatsangabe).

Rietsch, Gedicht in Nernberger Mundoart, s. Gedicht.

Rietsch, Jos., die nachevangelischen Geschicke der bethanischen Geschwister u. die Lazarusreliquien zu Andlau. gr. 8. (59 S.) Strassburg 902. F. X. Le Roux & Co. n. — 90

Rietsch, Karl Frdr., das Eschatokoll u. die Zukunftsform der Notariatsakte. gr. 8. (X, 66 S.) Wien 899. Manz n. 1. —

Rietsch, Karl Frdr., Handbuch der Urkundenwissenschaft. XVI, 550 S.) gr. 8. Basel 903. Basler Buch- u. Antiquariatsh. n. 16. —

— dasselbe. 2. Aufl. (XXIV, 848 S.) Lex.-8. Berlin 904. Struppe & Winckler. n. 20. —; geb. in Halbfrz. n. 22. 50

Rietsch, Karl Frdr., d. Stadtbuch v. Falkenau (1483—1528.) Ein Beitrag z. Geschichte d. deutschen Stadtrechtes aus Böhmen. [Zum Tl. aus: „Mitteilungen d. Vereines f. Geschichte d. Deutschen in Böhmen".] gr. 8. (66 S.) Prag 895. (J. G. Calve.) n. 1. 80

[F.] Das **Stadtbuch** von **Falkenau.** '(1483—1528.)' E. Beitr. z. Gesch d. deutschen Stadtrechtes in Böhmen v. Dr. Karl Friedrich Rietsch. *Prag: Ver. f. Gesch. d. Deutschen in Böhmen 1895.* (Theilw. Abdr. a. d. Mittheilgn d. Ver. f. Gesch. d. Deutschen in Böhmen. Jg. 33. H. 3.) (66 S.) 1 Bd 8. [97. 147

Der besondere Voraussetzungstatbestand beim Vergleich. Von Dr. Karl Friedrich **Rietsch.** Berlin: Struppe & Winckler 1906. (VI, 132 S.) 8° [R.]
[Erschien auch als Inaug.-Diss.] [07. 3410

Rietschel, Ernst, s.: Heinrich, W.

Rietschel, Ernst, vgl. Oppermann, Andr.

Rietschel. – Ernst Rietschel, s. Ree, Paul Joh.

Rietschel

— s. a. **Ritschel, Ritschl.**

Rietschel, Ernst, s. Briefwechsel zwischen Rauch u. Rietschel.

Rietschel's, Ernst, Jugenderinnerungen, s.a. Hesse's, Max, Volksbücherei.

— dasselbe, s.a. Volksbücher, Wiesbadener.

Rietschel, Ernst, Jugenderinnerungen. 8. (VI, 117 S.) Leipzig 881, Brockhaus. *ℳ 1,60.; cart. * 2 —
Aus: Oppermann, Andr., Ernst Rietschel, besonders abgedruckt.

Rietschel, Ernst, lutherische Rechtfertigungslehre od. moderne Heiligungslehre? Ein Beitrag zum Verständnis der modernen Heiligungsbewegg. m. besond. Berücksicht. des Buches v. Th. Jellinghaus: „Das völl., gegenwärt. Heil durch Christum". (40 S.) gr. 8. Leipzig 909. Dörffling & Franke. — 50

— Das Verhältnis v. Taufe u. Kirche im Sinne des Kirchenrechts u. des lutherischen Bekenntnisses. (32 S.) 8. Leipzig (907). G. Wigand. — 50

Rietschel, G., Heinrich Leonhard Heubner, ein brennend und scheinend Licht auf dem Leuchter Wittenberg. Predigt bei der Gedächtnissfeier des 100jähr. Geburtsjahrs Heinr. Leonh. Heubners, geb. den 2. Juni 1780 zu Lauterbach im Voigtlande, weil. Dr. th., Consistorialraths, Superintendenten und ersten Direktors am Predigerseminar zu Wittenberg, gehalten den 2. Juni 1880 in der Pfarrkirche zu Wittenberg. gr. 8. (16 S.) Wittenberg 880, Wunschmann. * — 40

Rietschel, Georg

Zur Feier des Reformationsfestes und des Übergangs des Rectorats auf D. Theodor Brieger ladet hiermit ein der Rector der Universität Dr. Justus Hermann Lipsius durch den designierten Decan der theologischen Facultät D. Georg **Rietschel.** — Die Aufgabe der Orgel im Gottesdienste bis in das achtzehnte Jahrhundert. Leipzig, Druck v. A. Edelmann, Univ.-Buchdr., 1892; 2 Bl., 78 S. 4.

Rietschel, Geo., dio Aufgabe der Orgel im Gottesdienste bis in das 18. Jahrh. Geschichtlich dargelegt. Lex.-8. (IV, 72 S.) Leipzig 893. Dürr'sche Buchh. Geb. in Leinw. n. 3. —

Rietschel, Geo., s.: Beiträge zur Reformationsgeschichte.

Rietschel, Geo., offener Brief an den Verfasser der Schrift „Ernste Gedanken" [Herrn v. Egidy]. 1. u. 2. Aufl. gr. 8. (20 S.) Leipzig 890. Wallmann. n. — 30

Fest-Gottesdienst zum deutschen Bachfeste in der Thomaskirche zu Leipzig. (Verf.: D. Georg **Rietschel.**) Leipzig: Breitkopf & Härtel (1905). (VI, 67 S.) 4°
— **Veröffentlichungen** d. Neuen Bachgesellschaft. Jg. 5, H. 1. [illegible]

— Festpredigt z. 50. Jahres-Fest d. Pos. Haupt-Vereins d. Gustav-Adolf-Stiftg., geh. in d. Kreuzkirche zu Lissa i. P. üb. 1. Kor. 15, 57—58. gr. 8. (11 S.) Lissa 895. F. Ebbecke. n. — 25

Rietschel, Geo., die Frage des kommenden Pfingstfestes beim Schluß der Synodalarbeit: Ist das Reich Gottes inwendig in euch? Predigt beim Gottesdienste zum Schlusse der 7. evangelisch-luth. Landessynode des Königr. Sachsen, in der evangel. Hofkirche zu Dresden am 23. V. 1901 geh. gr. 8. (16 S.) Dresden 901. v. Zahn & Jaensch. n. — 25

— die Frage des Zusammenschlusses der deutschen evangelischen Landeskirchen zur Wahrung u. Förderung ihrer gemeinsamen Angelegenheiten. gr. 8. (45 S.) Leipzig 900. F. Jansa. n. — 80

— Gedächtnisrede bei dem akademischen Trauergottesdienst der Universität Leipzig zum Andenken an Se. Maj. König Albert v. Sachsen am 29. VI. 1902, geh. in der Paulinerkirche. gr. 8. (12 S.) Leipzig (900). (A. Edelmann.) n. — 40

— der evangelische Gemeindegottesdienst unter dem Gesichtspunkte der Anbetung im Geist u. in der Wahrheit. Ein Beitrag zur Beurteilg. der Agendenfrage. Vortrag, geh. am 20. Septbr. 1894 auf der Pastoralkonferenz der Prov. Sachsen. gr. 8. (34 S.) Halle 894. R. Mühlmann's Verl. n. — 60

Rietschel, Geo., die Gewährung der Abendmahlsgemeinschaft an Reformirte u. Unirte in ihrem Rechte u. ihrer Pflicht nach dem Bekenntnisse der luther. Kirche in besonderer Rücksicht auf die sächs. Landeskirche. Leipzig 869. Roßberg. gr. 8. (V, 60 S.) n. 10 ngr.

Rietschel, Georg, D.: Glossen zu der Ordnung des Hauptgottesdienstes nach der Agende der sächsischen Landeskirche. *Leipzig 1898: A. Edelmann.* (70 S.) 4°
Leipzig, Progr. zum Reformationsfeste u. Rektoratswechsel 1898

— Luthers seliger Heimgang, s.: Schriften f. das deutsche Volk.

— dem Herrn sei Ehre in Ewigkeit! Predigt, bei der Festfeier der Enthüllg. d. Rietschel-Denkmals am 6. Juli 1890 in der Kirche zu Pulsnitz geh. gr. 8. (15 S.) Dresden 890. v. Zahn & Jaensch. n. — 25

— ich befehle euch Gott u. dem Worte seiner Gnade! Abschiedspredigt, geh. am 15. Sonntag nach Trinitatis den 29. Septbr. 1889 in der St. Matthäikirche zu Leipzig. gr. 8. (11 S.) Leipzig 889. Buchhandlg. d. Vereinshauses. n. — 30

— wider die Jesuiten. Bericht, erstattet bei der Volksversammlg. im Krystallpalast zu Leipzig am 9. Jan. 1891, u. in erweit. Form in Druck gegeben. 1.—3. Tausend. gr. 8. (51 S.) Leipzig 891. H. G. Wallmann. n. — 60

— Lehrbuch d. Liturgik (einschliessl. d. christl. Kunst), s.a. Sammlung v. Lohrbüchorn d. prakt. Thoologie.

Lehrbuch der Liturgik '(Einschl. d. kirchl. Kunst)' v. D. G[eorg] **Rietschel,** d. Prof. ... a. d. Univ. Leipzig. Lfg 1. *Berlin: Reuther & Reichard 1898.* 8.
— **Sammlung** v. Lehrbüchern d. prakt. Theologie. Lfg 29. [98. 5383]

Lehrbuch der Liturgik von D. G[eorg] Rietschel, Prof. Bd 1. 2. Berlin: Reuther & Reichard (1898–)1909. 8°
1. Die Lehre v. Gemeindegottesdienst. (1898–)1900.
2. Kasualien. 19(06–)09.
(Sammlung von Lehrbüchern d. prakt. Theologie. Bd 2. 3.) [09. 6669]

— Luther u. sein Haus, s.: Schriften f. das deutsche Volk, hrsg. vom Verein f. Reformationsgeschichte.

Rietschel, G., Luther u. die Ordination, s.a. Festschriften zur 400jährigen Jubelfeier der Geburt Dr. Martin Luthers.

— Luther u. die Ordination. 2., verb. Ausg. 8. (112 S.) Wittenberg 889. R. Herrosé's Verl., Sep.-Cto. n. 1. 60

— § 14 der Kirchengemeinde- u. Synodal-Ordnung u. die v. den Provinzialsynoden beantragte Änderung desselben, beleuchtet v. G. R. gr. 8. (56 S.) Wittenberg 885. Herrosé's Verl. n. — 80

— Predigt üb. Apostelgeschichte 16, 6—10, am Jahresfeste d. evangel. Missionsvereins in der Paulinerkirche zu Leipzig den 15. Novbr. 1885 geh. gr. 8. (15 S.) Leipzig 885. Fr. Richter. n. — 30

— Predigt bei d. 49. Hauptversammlg. d. evang. Vereins d. Gustav-Adolf-Stiftg., s.: Reichard.

— Privat-Agende, s.: Stier, Rud.

— Zur Reform des Religionsunterrichts in der Volksschule. Sind die Zwickauer Leitsätze des sächs. Lehrervereins geeignet, als Grundlage f. die Umgestaltg. des Religionsunterrichts zu dienen? 1. u. 2. Druck. (59 S.) gr. 8. Leipzig 909. J. C. Hinrichs' Verl. — 60

— was ist evangelischer Glaube? Predigt, geh. in der Paulinerkirche zu Leipzig am Sonntage Septuagesimä den 26. Jan. 1891 üb. Ev. Johannis 2, 23—25. 1. u. 2. Aufl. gr. 8. (20 S.) Leipzig 891. Dürr'sche Buchh. n. — 40

— Weihnachten in Kirche, Kunst u. Volksleben, s. a. Sammlung illustrierter Monographien. 5. Bd.

Rietschel, Georg. Weihnachten in Kirche, Kunst und Volksleben. Mit 4 Kunstbeilagen und 152 Abbildungen. IV + 160 S. gr.-8. Bielefeld und Leipzig, Velhagen & Klasing, 1902. [geb. M. 4.—]

Sammlung Illustrierter Monographien. Hrg.... von Hanns von Zobeltitz. [Band] 5. Weihnachten. — *Darin S. 34. 65. 135. 146. 148 f. [mit 3 Abbildungen] etc. Schweizer betr.*

Rektoratswechsel an der Universität Leipzig am 31. Oktober 1904. I. Rede des abtretenden Rektors Dr. Karl Bücher: Bericht über das Studienjahr 1903/1904. II. Rede des antretenden Rektors Dr. Georg Rietschel: Wie verhält sich die evangelische Kirche der sozialen Frage gegenüber, insbesondere wie haben sich die Geistlichen dieser Kirche als deren Diener in sozialen und wirtschaftlichen Fragen zu verhalten? Leipzig (1904): A. Edelmann. (42 S.) 4°

— Kaiser Wilhelm, e. Fürst v. Gottes Gnaden. Predigt, bei der Trauerfeier zum Gedächtniß Kaiser Wilhelm's am Tage seiner Beisetzg. den 16. März 1888 geh. gr. 8. (14 S.) Leipzig 888. Buchhandlg. d. Vereinshauses. — 30

— „Wir können nichts wider die Wahrheit, sondern f. die Wahrheit". Predigt bei der Wiedereröffng. der Paulinerkirche in Leipzig, am 2. Sonntag n. Trin., den 11. VI. 1899, geh. 8. (18 S.) Leipzig 899. F. Jansa. n. — 25

— das Wort vom Glauben. Predigten f. alle Sonn- u. Festtage d. Kirchenjahres. 2 Tle. gr. 8. Leipzig 892. Dürr'sche Buchh. n. 7. —; geb. in Leinw. n. 9. — (kplt. in 1 Bd.: n. 7. —; geb. in Leinw. n. 8. —; m. Goldschn. n. 9. —)

1. Die Festzeit. (VIII, 374 S.) n. 4. —; geb. in Leinw. n. 5. —
2. Die festlose Zeit. (IV, 304 S.) n. 3. —; geb. in Leinw. n. 4. —

Rietschel, Geo. Chrn., Martin Luther u. Ignatius v. Loyola. Eine vergleichende Charakteristik ihrer inneren Entwicklung. gr. 8. (VI, 62 S.) Wittenberg 879. Herrosé Verl. n. — 80

Rietschel, Gustav, appr. Arzt: Aus d. hygien. Inst. zu Bonn. Über Luftverschlechterung und ihren Zusammenhang mit der Temperatur. Elberfeld 1910: Wuppertaler Aktien-Dr. 25 S. 8°

Bonn, Med. Diss. v. 11. Juni 1910, Ref. Finkler

[Geb. 23. Juni 84 Mannheim; Wohnort: Elberfeld; Staatsangeh.: Baden; Vorbildung: Großherzog Friedrich-Gymn. Mannheim Reife Juli 03; Studium: Bonn 5, München 2, Bonn 3 S.; Coll. 11. Juni 10; Approb. 26. Jan. 10.] [U 10. 331

Rietschel, Hans, approb. Arzt aus Wittenberg: **Ueber verminderte Leitungsgeschwindigkeit des in Ringer'scher Lösung überlebenden Nerven.** *(Altenburg) 1902: (Pierer).* (22 S.) 8° ¶ (Aus: Archiv f. d. ges. Physiologie, Bd 92.)
Leipzig, Med. Diss. v. (26. Sept.) 1902

Rietschel, Hermann

Rietschel, H., s.: Anleitung zur richtigen Konstruktion usw. v. Gasheizapparaten

— Ein Beitrag zur Berechnung u. Ausführung der Heisswasserheizung (S.-A. a. d. „Ges. Ing." 1889.) Kl. Fol. (7387)

[F.] Gedächtnissrede zur Feier des 100. Geburtstages Sr Maj. des hochseligen Kaisers Wilhelms des Grossen geh. in der Kgl. Techn. Hochschule zu Berlin v. Hermann **Rietschel,** ... Prof. *Berlin: Buchdr. v. Denter & Nicolas 1897.* (17 S.) 1 Bd 4. [97. 8281

Rietschel, H., Leitfaden zum Berechnen u. Entwerfen v. Lüftungs- u. Heizungs-Anlagen. Auf Anregg. Sr. Exc. d. Hrn. Ministers der öffentl. Arbeiten verf. 2 Bde. gr. 8. (XII, 307 u. IV, 47 S. m. 48 Fig. u. 22 lith. Taf.) Berlin 893. J. Springer. Geb. in Leinw. n. 8. —

— dasselbe. 2., durchgesoh. Aufl. 2 Bde. gr. 8. (XII, 307 u. IV, 47 S. m. 48 Fig., 22 lith. Taf. u. 22 S. Erklärgn.) Ebd. 894. Geb. in Leinw. n. 8. —

Rietschel, H., Leitfaden zum Berechnen u. Entwerfen v. Lüftungs- u. Heizungs-Anlagen. Auf Anregg. Sr. Exc. des Hrn. Ministers der öffentl. Arbeiten verf. 3., vollständig neu bearb. Aufl. 2 Tle. gr. 8. (XV, 462 u. IV, 211 S. m. 72 Fig. u. 28 Taf.) Berlin 902. J. Springer. Geb. in Leinw. n. 20 —

— Leitfaden zum Berechnen u. Entwerfen v. Lüftungs- u. Heizungs-Anlagen. Ein Hand- u. Lehrbuch f. Ingenieure u. Architekten. 4., vollständig neubearb. Aufl. 2 Tle. (XV, 550 u. V, 195 S. m. 92 Fig. u. 33 Taf.) gr. 8. Berlin 909. J. Springer. Geb. in Leinw. 24. —

Rietschel, Herm., Lüftung u. Heizung v. Schulen. Ergebnisse im amtl. Auftrage ausgeführter Untersuchgn., sowie Vorschläge über Wahl, Anordng. u. Ausführg. v. Lüftungs- u. Heizungs-Anlagen f. Schulen. gr. 8. (VII, 95 S. m. 50 Tab. u. 56 graph. Steintaf.) Berlin 886. Springer. n. 9. —

Rietschel, H., über Schulheizung. Vortrag, gehalten in der ersten General-Versammlung des Verbandes deutscher Ingenieure für Heiz- und gesundheitstechn. Anlagen am 12. Jan. 1880 zu Dresden. gr. 8. (24 S.) Berlin 880, Polytechn. Buchhandlung. * — 50
Aus: Gesundheits-Ingenieur, besonders abgedruckt.

Der Stand der wissenschaftlichen und praktischen Wohnungs-Hygiene in Beziehung zur Luft. Rede z. Geburtsfeste ... d. Kais. ... in d. Aula d. Kgl. Techn. Hochsch. zu Berlin ... 1894 geh. v. d. zeit. Rektor Hermann **Rietschel.** *Berlin: Buchdr. v. Denter & Nicolas 1894.* (19 S.) 1 Bd 4. (8.) [94. 1639

Rietschel, H., Theorie u. Praxis d. Bestimmg. d. Rohrweiten v. Warmwasserheizgn. Lex.-8. (XXX, 131 S. m. 6 Fig.) München 897. R. Oldenbourg.
Geb. in Leinw. n. 5. —

Rietschel, Hermann Julius (Pulsnitz), De ulcere syphilitico primario, per methodum ectroticam sanando. Diss. med. Leipzig (W. Staritz) 11. VII. 1843. 28 S. (4.—) 28879

Rietschel, Johannes, approb. Arzt aus Borna, z. Z. Assist. am Stadtkrankenh. zu Zwickau: Ueber **Pseudobulbärparalyse.**
Leipzig 1903: B. Georgi. (30 S.) 8°
Leipzig, Med. Diss. v. (15. Juni) 1903

Rietschel, Lina, geb. Müllensiefen, eine Gustav-Adolf-Reise ins Siebenbürger Land, s.a. Festschriften f. Gustav-Adolf-Vereine.

Rietschel, Lina, geb. Müllensiefen: Eine Gustav-Adolf-Reise ins Siebenbürger Land. Lpz. ['08]. 32 S. (Festschriften f. Gustav-Adolf-Vereine. 59.)

Rietschel R, Gedächtnisrede zur Feier des 100 jährigen Geburtstages Seiner Majestät Kaiser Wilhelms des Grossen. (17 S) 4° Berlin 1897

Rietschel, Siegfr., zur Abwehr, Antwort auf die Angriffe des Hrn. Geh. Hofrat Professor Dr. Gerhard Seeliger an der Universität Leipzig. (26 S.) 8. Tübingen 909. J. C. B. Mohr. — 60

Rietschel, Siegfried. Das Burggrafenamt und die hohe Gerichtsbarkeit in den deutschen Bischofsstädten während des früheren Mittelalters. XII + 344 S. 8. Leipzig, Veit & Comp., 1905. [M. 10. —]
A. u. d. T.: Untersuchungen zur Geschichte der deutschen Stadtverfassung von Dr. S. R.... Band 1. [*cpl.* in 2 Bänden.]
Darin S. 13. 16. 37. 43/69. 301/13 passim. 316/8. 324 etc. die Städte Basel, Chur, Konstanz *u. a. betr.*

Rietschel, Siegfried [Dr. jur.]: **Ausgew. Doktordissertationen** d. Leipz. Juristenfakultät. **Die Civitas auf deutschem Boden** bis zum Ausgange der Karolingerzeit. **E. Beitr. z.** Gesch. d. deutschen Stadt. Leipzig, Veit & C., 1894; 102 S. 8.
Leipzig, Jur. Fak., Inaug.-Diss. v. [1. Aug.] 1893

Rietschel, Siegfr., die Civitas auf deutschem Boden bis zum Ausgange der Karolingerzeit. Ein Beitrag zur Geschichte der deutschen Stadt. (Ausgewählte Doktordissertationen der Leipziger Juristenfakultät.) gr. 8. (120 S.) Leipzig 894. Veit & Co. n. 3. —

Markt und Stadt in ihrem rechtlichen Verhältnis. E. Beitr. z. Geschichte d. deutschen Stadtverfassg v. Dr. Siegfried **Rietschel,** Privatd. . . . an d. Univ. Halle. *Leipzig: Veit & C. 1897.* (VIII, 233 S.) 1 Bd 8. (97. 2841

Rietschel, Siegfr., das Recht am eigenen Bilde. (55 S.) gr. 8. Tübingen 903. J. C. B. Mohr. n. 1. 20
Sonderabdruck aus: „Archiv f. d. civilist. Praxis".

Rietschel, Siegfried. Neue Studien über die älteren Stadtrechte von Freiburg im Breisgau, mit einer vergleichenden Ausgabe der lateinischen Stadtrechtstexte des 13. Jahrhunderts. Aus der Festgabe der Tübinger Juristenfakultät für Friedrich von Thudichum... [besonders abgedruckt]. II + 45 S. 8. Tübingen, H. Laupp, 1907. [M. 1. 50]

— Untersuchungen zur Geschichte der german. Hundertschaft. I. Tl. Die skandinav. u. angelsächs. Hundertschaft. (95 S.) gr. 8. Weimar 907. H. Böhlau's Nachf. 2. 40
Sonderabdr. a.: „Ztschr. d. Savigny-Stiftg. f. Rechtsgesch."

— Untersuchungen zur Geschichte der deutschen Stadtverfassung. (In 2 Bdn.) 1. Bd. Das Burggrafenamt u. die hohe Gerichtsbarkeit in den deutschen Bischofsstädten während des früheren Mittelalters. (XII, 344 S.) gr. 8. Leipzig 905. Veit & Co. n. 10. —

Rietschel & **Henneberg: Preis-Liste über Henneberg's Desinfektor. Berlin und** Dresden 1890. 1892

[Rietschi, Nicolaus.] Beschreibung der frühesten Schicksale der Stadt Luzern, ihres Eintrittes in den Eidgenössischen Bund, der Mordnacht daselbst, und ihrer Rettung durch einen Knaben. [Mit 1 Tafel.] (Neujahrs-Geschenk für die Luzernerische Schuljugend auf das Jahr 1827.) 4. (Luzern.)

Rietschi, N. Karte des Cantons Luzern mit den angrenzenden Theilen anderer Kantone. Luzern 1838. 1 Bl. c. L. Ff.

[Rietschi, Nicolaus.] Sammlung von Zügen des Heldenmuths und Biedersinns der Schweizer. Nebst Angabe der vorzüglichsten Momente der vaterländischen Geschichte. Der Schuljugend gewidmet. 5. vermehrte und verbesserte Aufl. 8. Luzern 1839.

[Rietschi, Nicolaus.] Sammlung von Zügen des Heldenmuths und Biedersinns der Schweizer. Mit Berücksichtigung der vorzüglichsten Momente der vaterländischen Geschichte. Der schweizerischen Jugend gewidmet. 8. St. Gallen.
7., sorgfältig verbesserte und vermehrte Aufl. 1853.
8., sorgfältig durchgesehene Aufl. 1860.

Rietschler, Adam Christian Gottlob (Bautzen/Lausitz), Specimen continens caput juris controversum an hodie actio ex contractu differat a condictione ex moribus. Präs. Christian Heinr. Breuning. Leipzig (Rumpf) 14. II. 1769. 16 S. (4.—) 28880
Gew.: Erdm. Gottlieb Püchler.

— Christian Gottlob (Bautzen/Lausitz), De praediis quae vulgo. Lass-Güther appellantur. Disput. jur. Präs. Andreas Florent. Rivinus. Leipzig (Breitkopf) 23. VI. 1735. 24 S. (4.25) 28881
Gew.: Adam Gottlob Rietschler.

Rietschoten, Wilhelm Hendrik van. von Rotterdam: Untersuchungen über die isomeren Aldoxime. Uster-Zür. A. Diggelmann Dr. 1893. 38 S., 1 Bl. 8°.
Zürich. Phil. Diss. [v. 9. Oct. 1893].

Rietter, A., Uber das Geschäft der Vernunft in dem theologischen Beweise. München (?) 1834, 8°. Gekrönte Preisschrift.

Rietter, Anton

Rietter, Ant., Breviarium der christl. Ethik. Regensburg 866. Pustet. 12. (894 S.) n. 1 Thlr 27 ngr.

Rietter, Ant., das Leben, das Werk u. die Würde Jesu Christi, dargestellt aus den Schriften der apostol. Väter. gr. 8. Regensburg 846, Manz. 1/2 Thlr

Rietter, Ant., der heiligen Liebe natürliches Licht und anerschaffene Kraft. 12. (VII und 247 S.) Augsburg 857, Rieger'sche Buchh.

Die Moral der christlichen Schriftsteller der ersten zwei Jahrhunderte, dargestellt von Dr. Anton Rietter, P. der Moraltheol. u. Pädag. (Ein Beitrag zur Geschichte der christlichen Ethik.) — 1845. Ebend. — S. 3–24.
Progr. Regensburg.

—— die Moral des heil. Thomas v. Aquin. 2 Abthlgn. gr. 8. (632 S.) München 858, Lentner'sche Buchh.

— Predigt über die Verachtung u. Gleichgültigkeit des Katholiken gegen seine Kirche, od. über den religiösen Indifferentismus, gehalt. zu Amberg am 13. März 1842. Mit e. Vorworte u. einigen Anmerk. gr. 8. Regensburg 842, Manz. 1/8 ℛ

— der Weg der heiligen Liebe. Eine Anweisung zur christlichen Lebensweisheit. München 856. (Regensburg, Pustet.) 16. (IV, 253 S.) n. 12 ngr.

Rietz, A., neue Vorschriften f. Schulen zum Unterr. im Schönschreiben. 4. Aufl. 4. (24 lith. Taf. od. 68 Vorlegebl.) Naumburg 829, Wild. Thlr.

Gedichte v. Adelheid Rietz ... (Vorr.: D. [Herm.] Eilsberger, Konsistorialr.) Königsberg i. Pr.: F. Beyer (1898). (84 S.) 1 Bd 8°

Rietz, Alfred, aus Brandenburg a. H.: Die Rückforderung von Depots zur Sicherung unverbindlicher Verträge. *Berlin 1903.* (37 S.) 8°
Gießen, Jur. Diss. v. 1903

Rietz, C. Fr. A., s. Rietz, Karl Friedrich August

Rietz, Emil

Rietz, *Hans Martin Wilhelm* Emil [aus Berlin]: Beitrag zur Kritik der balkenlosen Gehirne ... Berlin, C. Vogts Buchdr., *1894*; 39 S. 8.
Berlin, Med. Fak., Inaug.-Diss. v. 2. Nov. 1894

Rietz, Erich, a. Greifswald: Über Bildung und Spaltung von Diphenylmethan-Derivaten. Greifswald 1905: H. Adler. (58 S.) 8°
Greifswald, Phil. Fak., Ref. Auwers, Diss. v. 14. Aug. 1905
[Geb. 16. Jan. 83 Greifswald; Wohnort: Greifswald; Staatsangeh.: Preußen; Vorbildung: Gymn. Greifswald Reife O. 01; Studium: Greifswald 9 S.; Rig. 4. Aug. 05.]

Rietz, Hans Martin Wilhelm Emil, s. Rietz, Emil

— **Joh. Ernst** (Schonen/Schweden), De initiis philosophandi. Diss. philos. Präs. Laurentius F. Westman. Lund (C. Fr. Berling) 20. VI. 1838. 13 S. (4.—) 28883
Gew.: Carl G-son Ulfsparre u. seiner Frau Anna B. Ulfsparre.

Rietz, Johann Carl Alexander (Potsdam), Quaedam de urinae differentia in morbis. Diss. pathol.-semiol. Berlin (Nietack) 13. IV. 1832. 43 S. u. Biogr. (M.: Chr. Jürgens.) (4.25) 28882
Oppon.: F. Buettner, R. v. Siedmogrodzki, G. Peiffer. — Gew.: Jos. Buettner.

Rietz, Julius, deutsche Liederhalle, s. Liederhalle.

Rietz, Karl Friedrich August

Rietz, (C. F. A.,) die Einheit d. Glaubens d. röm.-kathol Kirche. Historisch beleuchtet. 8. Berl. 827, Reimer.

Rietz, Carl Friedr. August. Zur Erinnerung an Stralsunds heldenmüthige Vertheidigung gegen Wallenstein im Jahre 1628. 8. Stralsund 1828.

Rietz, C. Fr. A., zur Erinnerung an Stralsunds heldenmüth. Vertheidigung gegen Wallenstein im J. 1628. gr. 8. (4½ B.) Stralsund 828, (Löffler.)

Rietz, C. F. A., deutsches Lesebuch f. d. unt. Bildungsstufe d. Gymnasien. — A. m. d. Umschl.-T.: Erzählungen u. Gedichte z. Belebung d. sittl.-relig. Gefühles. Ein Geburtstags- u. Weihnachtsgeschenk f. Kinder v. 9—12 Jahren. gr. 8. (17½ B.) Stralsund 839, Löffler'sche Buchh.

—— Sundine, s. Sundine.

Rietzkow, *Otto* Albert [aus Pommern]: Beitrag zur Behandlung beginnender Lungentuberkulose mit Koch's Tuberkulin. ... Greifswald, Druck v. J. Abel, 1891; 34 S. 8°
Greifswald, Med. Fak., Inaug.-Diss. v. 16. März 1891

RIETZLER, Joseph (Sonthofen): (Titel nicht festgestellt)
7.12.1872 - Chr 1872/73,16
Diss. Ingolst.-Landsh.-Mchn.

Rietzler, Ludwig [app. Arzt aus München]: Beitrag zur Casuistik der Leberabscesse in Folge von Thrombo-Pylophlebitis septica. ... München, Buchdr. v. M. Ernst, 1891; 31 S., 1 Bl. 8°
München, Med. Fak., Inaug.-Diss. v. 1891

Rietzler, Max, Kassabuch zur Durchführung e. leichthandlichen u. genauen „häusl. Buchführung". (Umschlag: Häusliche Buchführung.) Fol. (45 S.) Donauwörth (899) (Dillingen, C. F. Blättermann.) — 60

Rietzler, Max, Marschliederbuch f. Soldaten. (IV, 187 S.) 16. Würzburg 910. H. Stürtz. Geb. in Leinw. nn — 50

Rietzsch, Arwed: Über die thermische und elektrische **Leitfähigkeit** von Kupfer-Phosphor und Kupfer-Arsen. *Leipzig: J. A. Barth 1900.* (29 S.) 8° • [Erschien im Auszug in: Annalen d. Physik, 4. Folge, Bd 3.]
Leipzig, Phil. Diss. v. [1. Sept.] 1900

Rietzsch, Ernst Albrecht, Referendar u. bacc. iur.: Effektenlombard. Borna-Leipzig 1909: Noske. VIII, 54 S. 8°
Leipzig, Jur. Diss. v. 11. Dez. 1909
[Geb. 24. Jan. 86 Kirchberg i. S.; Wohnort: Leipzig; Staatsangeh.: Sachsen; Vorbildung: Gymn. Schneeberg Reife O. 05; Studium: Tübingen 1, München 1, Kiel 1, Leipzig 4 S.; Rig. 10. Febr. 09.] [U 10. 2846

Rietzsch, F. F.: Bewegung eines schweren Punktes auf einigen Rotationsoberflächen. 1869. 8° Diss. Jena.

Rietzsch, Frz., die Grundlagen der Lebens-, Aussteuer- u. Altersrenten-Versicherung, gemeinverständlich dargestellt. gr. 4. (28 S.) Dresden 883. (Kaufmann's Sort.) n. — 60

Rietzschel, Carl Friedr., die Hyacinthe. Ihre Cultur in Töpfen und im freien Lande. gr. 8. (34 S.) Leipzig 879, H. Voigt. * 1 —

***Rieu**. Auguste, Rechtsconsulent in Lausanne, Kt. Waadt: Auf Grundlage einer kritischen Abhandlung über den Eid [De la suppression du serment, par A. R., avocat. Laus. F. Blanchard Impr. 1868. 71 S. 8°]. und anderer Schriften.
Promotion vom 26. Mai 1868.

Rieu, Aug., Sur le placement des capitaux. 22 pp. in-12. Bâle et Genève, H. Georg. 1871. —. 40

Rieu, Carl, s. Rieu, Karl

Provenzalische Lieder von Charloun **Riéu** [Ausz.]. Deutsch von Hans Weiske. Halle a. S.: M. Niemeyer 1907. (96 S.) 8° [07. 10025 3

Rieu, G. N. du, Disputatio de gente Fabia. Acc. Fabrorum pictorum et Serviliani fragmenta. 8maj. (VIII und 400 S.) Lugd.-Bat. 856, Fratres van de Hoek.

Rieu, Jean-Louis. Mémoires J.-L. Rieu (né en 1788), ancien Premier Syndic de Genève. ([Publiés par] Charles Rieu. [Avec portrait hors texte].) 8. Genève et Bâle 1870.

Rieu. Mémoires de Jean Louis Rieu, ancien premier syndic de Genève. Avec portrait lithogr. IV et 216 pages in-12. Genève et Bâle. H. Georg. 1871. 3. —

Rieu, Karl

Rieu, Carolus (geb. 1820 in Genf): Commentationis de Abul-Alae poetae Arabici vita et carminibus Pars prior ... Bonnae, form. F. P. Lechneri 1843. 2 Bl., 52 S., 1 Bl. 8. ¶ Erschien vollständig 1843 bei König in Bonn.
Bonn, Phil. Fak., Diss. v. 6 Sept. 1843

Rieu, Caroli, de Abul-Alae poetae Arabici vita et carminibus secundum codices Leidanos et Parisiensem commentatio. 8 maj. Bonnae 843, Koenig. n. 1⅓ ₰

Rieve, s. Rive.

Handbuch der Milchkunde. Von Dr. H[einrich] **Rievel**, Prof., Hannover. Hannover: M. & H. Schaper 1907. (X, 376 S.) 8° [07. 14..4

Rievel, (Heinrich), Handbuch der Milchkunde. 2., neubearb. Aufl. (X, 463 S. m. Abb.) 8. Hannover 910. M. & H. Schaper. 11.50; geb. in Leinw. 13. —
1. Aufl. (X, 376 S. m. Abb.) 907. 9.50; geb. 10. —

Rievel, Heinrich [Kgl. Kreisthierarzt zu Marburg]: Die Regeneration des Vorderdarmes und Enddarmes bei einigen Anneliden ... M. 3 Taf. u. e. Fig. im Text. (Aus: Zeitschr. f. wiss. Zool., Bd. LXII Heft 2.) Marburg, *Druck v. Breitkopf & Härtel in Leipzig*, 1896; 57 S., 3 Taf. 8.
Marburg, Phil. Fak., Inaug.-Diss. v. [12. Dez.] 1896.

Rievethal, Joh. Geo., Ceres, od. Beiträge z. Kenntniß des Menschen, besond. nach seinen körperl. u. geistigen Anlagen u. Eigenheiten ꝛc. 1r Bd. 8. Riga, Meinshausen. 812.

— Lectures intended for the instruction and Amusement of Young people. III Voll. 8. Riga 792—94. (Leipz., Hartknoch). 1 ₰ 6 gl.

— Lukumon, od. Nachr. v. außerordentl. Menschen u. s. w. 1r-3r Thl. 8. Leipzig, Hartknoch. 796-801. (1r 16 gr. 2r 20 gr. 3r 1 Rthlr.)

- Lukumon, od. Nachr. von außerordentl. Menschen ꝛc. 3 Thle. 8. Leipz. 796—802. Hartknoch. 2 ₰ 12 gl.

— Manuel de Conversation en ordre Alphab. 8. Riga 813. Meinshausen. 16 gl.

— historical and moral miscellanies. Vol. I. 8. Riga 794. Hartknoch in Leipz. 16 gl.

— s. la Ruche.

Rievethal, J. G., deutsches Uebersetzungsbuch für diejen. d. d. engl. Sprache erlernen. (a. u. d. Titel: deutsches Lesebuch f. Engl. die die deutsche Sprache erlernen.) 8. Riga, (Hartknoch in Leipzig.) 797. Rthlr.

Riewart, H., Cassandra. Eine Reihe patriot. Reden u. Denksprüche. 8. (5 B.) Zwickau 832, Gebr. Schumann.

Riewe, Emil: Die verwaltungsrechtlichen Pflichten des Hauseigentümers. Rostock 1909: Hinstorff. 63 S. 8°
Greifswald, Jur. Diss. v. 5. Febr. 1910, Ref. Hubrich
[Geb. 12. Dez. 83 Kaiserswalde, Kr. Wirsitz; Wohnort: Rostock; Staatsangeh.: Preußen; Vorbildung: Gymn. Schneidemühl Reife O. 03; Studium: Greifswald 3, Leipzig 1, Greifswald 5 S.; Rig. 27. Nov. 08.] [U 10. 1542

Riewe, F., Handwörterbuch der Tonkunst, sachlich und biographisch. gr. 8. (VI, 413 S.) Gütersloh 879, Bertelsmann. * 5 —

Riewe, F., Karte von Pommern, zum Gebrauche für Schulen eingerichtet, mit Benutzung der besten Hülfsquellen gezeichnet. 12 Bl. Lithogr. und color. Imp.-Fol. Köslin 876, Hendess. *

Riewe, (Adolph. Theod. (geb. Hamburg 20. 7. 1822): De [illegible] Berolini (1846). (31 S.) 8°
Berlin, Med. Diss. v. 31. März 1846

Riewel, Herm. v., s.: Ferstel, Heinr. v., die Votiv-Kirche in Wien.

Riewel, Herm. Ritter v., und Karl Schmidt, bautechnische Vorlageblätter für Maurer, Zimmerleute, Bautischler etc., sowie namentlich für den Unterricht an Bau-Gewerbeschulen. Hrsg. auf Veranlassung des Ministeriums für Cultus und Unterricht. 2. verb. und nach dem Metermaasse umgearb. Aufl. 6 Lfgn. Fol. (46 zum Theil farb. Stnt. in gr. Fol. mit 1 Bl. Text.) Wien 881, [Lehmann und Wentzel.] Lehmann. à Lfg. *ℳ 6. (*ℳ 36.) * 30 —

— u. Karl **Schmidt,** bautechnische Vorlageblätter f. Maurer, Zimmerleute, Bautischler etc., sowie namentlich f. den Unterricht an Bau-Gewerbeschulen. Hrsg. auf Veranlassg. des Ministeriums f. Cultus u. Unterricht. 3. Aufl. gr. Fol. (46 farb. Taf. m. 3 S. Text.) Wien 893. A. Lehmann. In Mappe. n. 30. —

Riezler, Erwin, Kommentar zum bürgerlichen Gesetzbuch, s.: Staudinger, J. v.

Riezler, Erwin, s.: Kommentar zum bürgerlichen Gesetzbuche f. das Deutsche Reich.

— Deutsches Urheber- u. Erfinderrecht. Eine systemat. Darstellg. 1. Abtlg. Allgem. Tl. Besonderer Tl.: Urheberrecht an Schriftwerken u. Tonwerken; Urheberrecht an Kunstwerken u. Photographien; Geschmacksmusterrecht. (XII, 494 S.) gr. 8. München 909. J. Schweitzer Verl. 10. —; geb. n 11.50

Riezler, Erwin: Das Wechselaccept bei Mangel im Deckungs- und im Valutaverhältnis ... München, kgl. Hofbuchdr. Kastner & Lossen, 1896; 69 S. 8.
München, Jur. Fak., Inaug.-Diss. v. 1897

Riezler, Erwin, Dr.: Der **Werkvertrag** nach dem Bürgerlichen Gesetzbuche für das Deutsche Reich. *Jena: G. Fischer 1900.* (IV, 163 S.) 8° [J.] ¶ (Aus: Abhandlungen zum deutschen Privatrecht, 4.)
München, Jur. Hab.-Schr. v. 1900
(Nicht für den Austausch)

— der Werkvertrag nach dem bürgerl. Gesetzbuche für das Deutsche Reich, s. a. Abhandlungen zum Privatrecht u. Civilprozeß des Deutschen Reiches. IV. 4.

Der Werkvertrag nach dem Bürgerlichen Gesetzbuche für das Deutsche Reich. Von Dr. Erwin Riezler, Privatd., München. *Jena: G. Fischer 1900.* (IV, 168 S.) 8° [J.]
= Abhandlungen z. Privatrecht u. Civilprozess d. Dt. R. Bd 4, H. 4. [00. 10343

Riezler, Kurt, München: Das zweite Buch der pseudoaristotelischen Ökonomik. Berlin 1906: Norddeutsche Buchdr. u. Verlagsanstalt. (39 S.) 8° ¶(Gekr. Preisschr. — Erschien vollst. u. d. T.: Über Finanzen und Monopole im alten Griechenland. Berlin: Puttkammer & Mühlbrecht 1906.)

München, Phil. Fak., Ref. Poehlmann, Diss. v. 1. März 1905

[Geb. 11. Febr. 82 München; Wohnort: München; Staatsangeh.: Bayern; Vorbildung: Theresien-Gymn. München Reife Juli .00; Studium: München 11 S.; Rig. 1. März 05.]

Riezler, Kurt, über Finanzen u. Monopole im alten Griechenland. Zur Theorie u. Geschichte der antiken Stadtwirtschaft. Von der philosoph. Fakultät der Universität München gekrönte Preisschrift. (98 S.) gr. 8. Berlin 907. Puttkammer & Mühlbrecht. n. 2. 40

Riezler, Roman, das Evangelium unseres Herrn Jesus Christus nach Lucas, monographisch erklärt u. m. e. übersichtl. Darstellg. der polit. u. religiösen Zustände in Palästina z. Z. Christi u. der Apostel versehen. gr. 8. (XII, 641 S.) Brixen 900. Buchh. des kath. polit. Preßvereins. n. 8. —; geb. n. 10. —

Riezler, S., zum Schutze der neuesten Edition von Aventins Annalen. gr. 4. (31 S.) München 886, (Franz' Verlag.) ** — 90
Aus: Abhandlungen der k. bayer. Akademie der Wissenschaften, besonders abgedruckt.

Riezler, S. O., das Herzogth. Bayern zur Zeit Heinrichs des Löwen u. Ottos I. von Wittelsbach, s. Heigel, C. Th.

Riezler, Sigmund

Riezler, Sigm., Annales ducum Boiariae, s. Turmair's, Johs., genannt Aventinus, sämmtliche Werke.

Riezler, S., s.: Arbeo's Vita Corbiniani in der ursprünglichen Fassung.

Riezler, Sigm., der **Aufstand** der bayerischen Bauern **im Winter 1633 auf 1634.** gr. 8. (S. 33—95.) München 900. (G. Franz' Verl.) n. 1. 20

Riezler, Sigm., u. K. Th. v. Heigel, zur Erinnerung an den 80. Geburtstag des Prinzregenten Luitpold v. Bayern. Zwei Festreden. gr. 8. (IV, 35 S.) München 901. C. H. Beck. n. — 80

Gedächtnisrede auf Wilhelm von Giesebrecht geh. in d. öffentl. Sitzung der k. b. Akad. d. Wiss. zu München ... am 21. März 1891 v. Sigmund **Riezler** ... *München: Verl. d. k. b. Akad.* 1891. (59 S.) 1 Bd 4. [93. 873

Riezler, Sigm., Gedächtnisrede auf Wilhelm v. Giesebrecht, geh. in der öffentl. Sitzg. der k. b. Akademie der Wissenschaften zu München zur Vorfeier ihres 132. Stiftungstages am 21. März 1891. gr. 4. (59 S.) München 891. (F. Franz' Verl.) n.n. 1. 80

Riezler, S., Geschichte Baierns, s.a. Geschichte der europäischen Staaten.

Riezler, Sigm., Geschichte Baierns, s.a. Staatengeschichte, allgemeine. Bd. V.

Riezler, Sigm., *Geschichte Baierns.* Bd. 1—2. Gotha, Frdr. Andr. Perthes. 1878—80. 8°. Eleg. braune Hsaffianbde.
Beide Theile m. Doppeltit. I (bis 1180) XXXII—850 S. incl. 1 S. Nachtr. u. Err.; II (bis 1347) XIX 38[?] S., 1 S. Nachtr. u. Err., 1 Bl. Beilage.
Gehört zur Sammlung Geschichte der europäischen Staaten. Herausgegeben von A. H. L. Heeren, F. A. Ukert u. W. v. Giesebrecht.

— dasselbe. 2. [Lieferungs-]Ausg. 1. Lfg. gr. 8. (1. Bd. XXXII u. S. 1—144.) Gotha 880. F. A. Perthes. n. 3. —

Geschichte Baierns. Von Sigmund **Riezler.**
Bd. 1. (Bis 1180.) Gotha. 1878. Bd. 2. (Bis 1347.) ebd. 1880. Bd. 3. (1347—1508.) ebd. 1889.
= Geschichte der europäischen Staaten. Hrgg. v. Heeren, Ukert u. Giesebrecht. (21.) 8°.

Geschichte Baierns v. Sigmund **Riezler.** Bd. 4. ⟨Von 1508—97.⟩ Gotha. 1899; Bd. 5. Von 1597—1651. ebd. 1903; Bd. 6. Von 1508—1651. ebd. 1903. = Geschichte der europäischen Staaten etc. (21.) 8°.

Riezler, Sigm., Geschichte d. fürstl. Hauses Fürstenberg u. seiner Ahnen bis zum J. 1509. Mit Abbildgn., Stammtaf. u. e. histor. Karte der adalmischen, urachischen, freiburgischen u. fürstenbergischen Lande in Schwaben. Lex.-8. (XXIV, 499 S.) Tübingen 883. (Laupp.) n.n. 10. —

Riezler, Siegm., Geschichte d. Hexenprozesse in Bayern. Im Lichte d. allgem. Entwickelg. dargest. gr. 8. (X, 340 S.) Stuttgart 896. J. G. Cotta Nachf. n. 6. —; geb. in Halbfrz. n. 8. —

— das glücklichste Jahrhundert bayerischer Geschichte 1806—1906. (59 S.) 8. München 906. C. H. Beck. Kart. n. 1. —

Riezler, Sigmund (Hrsg.), s.a. Kriegstagebücher aus dem ligistischen Hauptquartier 1620.

Riezler, Sigmund. Kriegstagebücher aus dem ligistischen Hauptquartier 1620 (Aus:) „Abhandlungen der k. bayerischen Akademie der Wissenschaften" III. Kl. XXIII. Bd. I Abteilung.
8. München 1903.

— Kriegstagebücher aus dem ligistischen Hauptquartier 1620. (S. 77—210.) gr. 4. München 903. (G. Franz' Verl.) n. 4. —

Riezler, Sigmund. Die Meuterei Johann's v. Werth 1647. Sonderabzug aus der „Historischen Zeitschrift". 82. Bd. Neue Folge. XLVI. Bd. 8. München 1898.

Riezler, S. Die Meuterei Johanns v. Werth 1647. München 1899. 107 S.

— Nachtselden u. Jägergeld in Bayern. Im Anh.: Jägerbücher des Herzogs Ludwig im Bart v. Bayern-Ingolstadt (1418 u. flgd. J.). (S. 537—631.) Lex.-8. Ebd. 905. n. 3. —
2 Sonderabdr. aus: „Abhandlgn. d. bayer. Akad. d. Wiss."

Nachtselden und Jägergeld in Bayern. Im Anh.: Jägerbücher d. Herzogs Ludwig im Bart von Bayern-Ingolstadt ⟨1418 u. flgd. J.⟩ von Sigmund **Riezler.** (München: K. Akad. 1906.) (S. 537—631.) 4°
= **Abhandlungen** d. historischen Klasse d. kgl. Bayerischen Akad. d. Wiss. Bd 23, Abt. 3. [2.] [06. 8253 B

Riezler, Sigm., die bayerischen u. schwäb. Ortsnamen auf -ing u. -ingen als historische Zeugnisse, s.a. Sitzungsberichte der königl. bayerischen Akademie der Wissenschaften. Philos.-philol. u. histor. Klasse. 1909. II.

Die bayerischen und schwäbischen Ortsnamen auf -ing und -ingen als historische Zeugnisse. Von Siegmund **Riezler.** — München: Kgl. Bayer. Akad. d. Wiss.; Franz in Komm. 1909. 60 S. 8° (Sitzungsberichte d. Kgl. Bayer. Akad. d. Wiss. Phils.-philolog. u. hist. Kl. Jg. 1909, Abh. 2.)

Sigmund Riezler, Die Ortsnamen der Münchner Gegend. München 1887.

Sonderabdruck aus dem Oberbayrischen Archiv für vaterländische Geschichte. Band XLIV. — Der Münchner Historiker begründete mit dieser Schrift die wissenschaftliche Auswertung der b. Ortsnamen für die Siedlungsgeschichte, im besonderen die Theorie der ing-Orte. (W)

— die bayerische Politik im schmalkald. Kriege. [Aus: „Abhandlgn. d. k. b. Akad. d. Wiss."] gr. 4. (112 S.) München 895. (G. Franz' Verl.) n.n. 3. 30

—— Quellen zur Geschichte der Grafen v. Fürstenberg, s. Urkundenbuch, Fürstenbergisches.

— die Schlacht bei Alerheim, 3. VIII. 1645. gr. 8. (S. 477—548.) Ebd. 901. n. 1. —
2 Sonderabdrucke aus: „Sitzungsber. d. bayer. Akad. d. Wiss."

Herzog Sigmund und die Münchener Frauenkirche von Sigmund Riezler. München: Akad.; Franz in Komm. 1910. 16 S. 8°
(Sitzungsberichte d. Kgl. Bayer. Akademie d. Wiss. Philos.-philol. u. hist. Kl. Jg. 1910, Abh. 9.) [n. n.]

— Studien z. ältesten Geschichte Münchens. Zugleich e. Beitrag z. Gesch. d. deutschen Zollrechts. (S. 281—343.) Lex. 8. München 906. (G. Franz' Verl.) 1. 50
Sonderabdr. a.: „Abhandlgn. d. bayer. Akad. d. Wiss."

— s.a. Urkundenbuch, Fürstenbergisches.

Riezler, S., Fürstenbergisches Urkundenbuch. Sammlung der Quellen zur Geschichte des Hauses Fürstenberg und seiner Lande in Schwaben. 6 Bde. Tübingen 1877—89. 4.

Riezler, Sigm., die literarischen Widersacher der Päpste zur Zeit Ludwig d. Baiers. Ein Beitrag zur Geschichte der Kämpfe zwischen Staat u. Kirche. gr. 8. (XII, 336 S.) Leipzig 874. Duncker & Humblot. n. 6. 80

— zur Würdigung Herzog Albrechts V v. Bayern u. seiner inneren Regierung. [Aus: „Abhandlgn. d. k. b. Akad. d. Wiss."] gr. 4. (68 S.) Ebd. 894. n.n. 2. —

Riezler, Walth., s.: Ausstellung, die, München 1906.

Riezler, Walther: Der Parthenon und die Vasenmalerei. Studien z. att. Vasengesch. München (1907): F. Straub. (33 S.) 8° ¶ (Gekr. Preisschr. 1902. — Nur Einleitung; erscheint später vollst. mit Abbildungen.)
München, Phil. Fak., Ref. Furtwängler, Diss. v. 12. Febr. 1902
[Geb. 2. Okt. 78 München; Wohnort: München; Staatsangeh.: Bayern; Vorbildung: Luitpold-Gymn. München Reife Juli 96; Studium: München 12 S.; Rig. 12. Febr. 02.]

Rjezyca [Schlagwort]

Rjezyca, s.: Europa. Uebersichtskarte.

MIX
Papier | Fördert
gute Waldnutzung
FSC® C083411

Kolibri 360 GmbH
Ferdinand-Jühlke-Straße 7
99095 Erfurt, Deutschland
produktsicherheit@kolibri360.de